Mitarbeiter dieses Bandes

Beck, Karin, Dr. rer. nat., Apothekerin u. wiss. Assistentin am Institut für Pharmazeutische Arzneimittellehre der Universität München

Dengler, Bernd, Dr. rer. nat., Apotheker u. wiss. Assistent am Institut für Pharmazeutische Arzneimittellehre der Universität München, z.Z. Visiting-Expert for Pharmacognosy on the National Health Science Institute, Department of Medical Sciences, Bangkok/Thailand

Dultz, Georg, Dr. phil., Farbwerke Hoechst AG, Frankfurt a.M.-Höchst

Groebel, Wilhelm, Dr., Chemisches Landesuntersuchungsamt Nordrhein-Westfalen, Münster

Häussler, Alfons, Dr., Farbwerke Hoechst AG, Frankfurt a.M.-Höchst

Hergott, Josef, Dr., Farbwerke Hoechst AG, Frankfurt a.M.-Höchst

Hörhammer, Ludwig, Dr. phil., Dr. phil. habil., Prof. h.c., Dr. med. h.c., o. ö. Universitätsprofessor für Pharmakognosie, Universität München, Direktor des Instituts für Pharmazeutische Arzneimittellehre

Kühle, Engelbert, Dr., Wiss. Hauptlaboratorium der Farbenfabriken Bayer AG, Leverkusen-Bayerwerk

Kuhnert-Brandstätter, Maria, Dr., o. Professor für Pharmakognosie, Universität Innsbruck, Vorstand des Instituts für Pharmakognosie

List, Paul Heinz, Dr. rer. nat., o. Professor für Pharmazeutische Chemie insbesondere Pharmazeutische Technologie, Universität Marburg/Lahn, Direktor des Instituts für Pharmazeutische Technologie

Luft, Peter, Dr. rer. nat., Universität Marburg/Lahn, Institut für Pharmazeutische Technologie

Mühlbauer, Christa, Apothekerin u. wiss. Assistentin am Institut für Pharmazeutische Arzneimittellehre der Universität München

Neidlein, Richard, Dr. rer. nat., o. Professor für Pharmazeutische Chemie, Universität (TH) Karlsruhe, Direktor des Pharmazeutisch-Chemischen Instituts

Roth, Hermann Josef, Dr. rer. nat., o. Professor für Pharmazie, Universität Bonn, Direktor des Pharmazeutischen Instituts

Rüger, Reinhart, Apotheker u. wiss. Assistent am Institut für Pharmazeutische Arzneimittellehre der Universität München

Schmid, Walter, Dr. med., o. Professor für Pharmakologie und Toxikologie, Universität Marburg/Lahn, Direktor des Pharmakologischen Instituts

Stamm, Helmut, Dr. rer. nat., Dozent, Universität Marburg/Lahn, Institut für Pharmazeutische Chemie

Surborg, Karl-Heinz, Dr., Universität Bonn, Pharmazeutisches Institut

Terlinden, Klaus, Dr. rer. nat., Temmler-Werke, Marburg/Lahn

Wagner, Hildebert, Dr. rer. nat., o. ö. Professor für Spezielle Pharmakognosie, Universität München, Co-Direktor des Instituts für Pharmazeutische Arzneimittellehre

Vorwort

Der vorliegende II. Band der vollständigen (vierten) Neuausgabe von Hagers Handbuch der pharmazeutischen Praxis enthält den Rest der im ersten Band begonnenen Wirkstoffgruppen von „Farbstoffe" bis „Zytostatica". Es wurden jeweils solche Stoffe zusammengefaßt, die nach ihrer pharmakologischen Wirkung, ihrer wirtschaftlichen Anwendung oder nach ihren chemischen Eigenschaften zusammengehören. In mehr oder weniger ausführlichen Vorspannen sind zur jeweiligen Gruppe allgemeine Überblicke über ihre chemischen und physikalischen Eigenschaften und pharmakologischen Wirkungen u. a. Erläuterungen gegeben. Die sich anschließende Aufzählung und Beschreibung der Stoffe kann naturgemäß nicht vollständig sein. Sie enthält stets die in den herangezogenen Arzneibüchern offizinellen Verbindungen und eine Anzahl nicht offizineller handelsüblicher Stoffe, soweit die Angaben darüber den Autoren zugänglich waren. Wenn nachträglich Verbindungen in die in den folgenden Bänden erscheinenden Monographien übernommen wurden, findet sich dort, falls sie zu einer der Wirkstoffgruppen gehören, ein entsprechender Hinweis.

Der Grund für eine solche Trennung ist meist darin zu sehen, daß viele Arzneistoffe nicht eindeutig nur einer der Wirkstoffgruppen zuzuordnen sind. Aus dem gleichen Grund ist auch die Auswahl der Wirkstoffgruppen auf die vorstehend aufgeführten beschränkt worden. Soweit sich Möglichkeiten einer weiteren Zusammenfassung ergaben, sind diese bei der Gestaltung der Monographien genutzt worden.

In einem anschließenden Anhang findet sich der spezielle Teil „Kennzahlen und Beschreibung der Substanzen" zur Identifizierung organischer Substanzen nach L. KOFLER. Er soll dem Benutzer schon vor Abschluß des Handbuches Informationen über physikalische Eigenschaften sehr vieler Arzneistoffe geben.

Im zweiten Teil des II. Bandes beginnen die Monographien der chemischen Verbindungen und Drogen, wobei wiederum nach Möglichkeit eine Zusammenfassung zu Gruppen unter Gesichtspunkten gemeinsamen Ursprungs, gleicher natürlicher oder chemischer Abstammung oder sonstiger gleicher Merkmale erfolgte.

Bei nicht offizinellen Pflanzen, die in der Eingeborenenmedizin oder in der Volksheilkunde verwendet werden, sollen die unter „Anwendung" aufgeführten, oft pharmakologisch oder klinisch unbegründeten, häufig auch unwissenschaftlich klingenden Indikationen lediglich über den bisherigen Gebrauch informieren.

Im Inhaltsverzeichnis sind die für die Wirkstoffgruppen verantwortlich zeichnenden Autoren hinter der Überschrift in Klammern genannt. Die Bearbeitung der Drogenmonographien erfolgte durch Prof. HÖRHAMMER und Mitarbeiter, die der Monographien der chemischen Verbindungen durch Prof. LIST.

Dem Verlag gebührt wiederum besonderer Dank für die gute Ausstattung des Werkes und für die stets gute Zusammenarbeit mit Autoren und Herausgebern. Allen Autoren sind wir für ihre wertvolle Mitarbeit sehr zu Dank verpflichtet.

Im Sommer 1968

Die Herausgeber

Inhaltsübersicht

WIRKSTOFFGRUPPEN II

CHEMIKALIEN UND DROGEN

Ausführliches Inhaltsverzeichnis s. nächste Seite

Inhaltsverzeichnis

WIRKSTOFFGRUPPEN II

CHEMIKALIEN UND DROGEN

Abkürzungen

a) Arzneibücher[1], Ergänzungsbücher[1], Nachschlagewerke u. a., die bei der Erarbeitung des Textes herangezogen wurden

Belg. III = Ph. Belg. = Pharmacopoea Belgica ed. III. 1906
Belg. IV = Pharmacopée Belge 4e Edition 1930
BP 14 = The British Pharmacopoeia 1914
BP 32 = The British Pharmacopoeia 1932
BP 53 = British Pharmacopoeia 1953
BP 58 = British Pharmacopoeia 1958
BP 58 - Add. 60 = British Pharmacopoeia 1958 - Addendum 1960
BP 63 = British Pharmacopoeia 1963
BP 63 - Add. 64 = British Pharmacopoeia 1963 - Addendum 1964
BP 63 - Add. 66 = British Pharmacopoeia - Addendum 1966
BPC 34 = British Pharmaceutical Codex 1934
BPC 49 = British Pharmaceutical Codex 1949
BPC 54 = British Pharmaceutical Codex 1954
BPC 59 = British Pharmaceutical Codex 1959
BPC 63 = British Pharmaceutical Codex 1963
Brasil. 1 = Pharmacopeia dos Estados Unidos do Brasil 1926
Brasil. 2 = Farmacopeia dos Estados Unidos do Brasil 1959
B. Vet. C. 53 = British Veterinary Codex 1953
CF 1908 = Ph. Gall. 08 = Code française = Pharmacopée française 1908
CF Vet. 1908 = Médicaments vétérinaires de la Pharmacopée française
CF 37 = Ph. Gall. 37 = Code française = Pharmacopée française 6e Edition 1937
CF 49 = Ph. Gall. 49 = Code Française = Pharmacopoea Gallica 1949
CF 65 = Ph. Gall. 65 = Code Française = Pharmacopoea Gallica 1965
Chil. III = Farmacopea Chilena, Tercera Edición 1941
CsL 2 = Pharmacopoea Bohemoslovenica, Editio secunda
CsL 2 - Add. = Pharmacopoea Bohemoslovenica, Editio secunda Addendum
Croat. II = Pharmacopoea Croatico-Slavonica, ed. II. 1901
DAB 5 = Deutsches Arzneibuch, 5. Ausgabe 1910
DAB 6 = Deutsches Arzneibuch, 6. Ausgabe 1926
DAB 6 - Nachtr. 54 (DDR) = Nachtrag zum DAB 6 aus dem Jahre 1954, DDR
DAB 6 - Nachtr. 59 (DDR) = Nachtrag zum DAB 6 aus dem Jahre 1959, DDR
DAB 6 - 3. Nachtr. (BRD) = 3. Nachtrag zum DAB 6 aus dem Jahre 1957, BRD
DAB 7 - BRD = Deutsches Arzneibuch, 7. Ausgabe, BRD 1968
DAB 7 - DDR = Deutsches Arzneibuch, 7. Ausgabe, DDR
Dan. 1907 - Pharmacopoea Danica 1907
Dan. VIII = Ph. Dan. 33 = Pharmacopoea Danica (Editio VIII) 1933
Disp. Dan. VIII = Dispensatorium Danicum 1938
Dan. IX = Ph. Dan. 48 = Pharmacopoea Danica 1948, Editio IX
Dan. IX - Add. = Ph. Dan. 48 - Add. = Pharmacopoea Danica 1948 Addendum
Disp. Dan. 63 = Dispensatorium Danicum 1963
DGF - Einheitsmethoden = Deutsche Einheitsmethoden zur Untersuchung von Fetten, Fettprodukten und verwandten Stoffen, Deutsche Gesellschaft für Fettwissenschaft, Münster
Egypt. P. 53 = Egyptian Pharmacopoeia 1953
Erg.B. IV = Ergänzungsbuch zum Deutschen Arzneibuch 4. Ausgabe 1916
Erg.B. 6 = Ergänzungsbuch zur 6. Ausgabe des Deutschen Arzneibuches
Extra P. 58 = The Extra Pharmacopoeia 1958 (Martindale)
Extra P. 67 = The Extra Pharmacopoeia 1967 (Martindale, 25. Ausg.)

[1] Da im internationalen Schrifttum häufig mehrere Abkürzungen für Arzneibuch- und Ergänzungsbuchnamen gebräuchlich sind, tauchen diese auch im vorliegenden Werk auf. Sie sind hier aufgeführt.

FDA = Food and Drug Administration, Department of Health, Education and Welfare, Washington 25, D.C., USA
Fenn. 37 = Suomen Pharmacopoea Editio sexta 1937
HAB 34 = Deutsches Homöopathisches Arzneibuch 1934
Helv. IV = Ph. Helv. IV = Pharmacopoea Helvetica, ed. IV. 1907
Helv. V = Ph. Helv. V = Pharmacopoea Helvetica 1933, Editio Quinta
Helv. V – Suppl. II = Pharmacopoea Helvetica 1933, Editio Quinta Supplementum secundum
Helv. V – Suppl. III = Pharmacopoea Helvetica 1933, Editio Quinta Supplementum tertium
Hisp. VII = Farmacopea Oficial Española VII, 1905
Hisp. VIII = Farmacopea Oficial Española, octava Edición 1936
Hisp. IX = Farmacopea Oficial Española, novena Edición 1954
HPUS 54 = The Homoeopathic Pharmacopoeia of the United States, 6. Edition Revised 1954
HPUS 64 = The Homoeopathic Pharmacopoeia of the United States, 7. Edition Revised 1964
Hung. III = Ph. Hung. 09 = Pharmacopoea Hungarica ed. III. 1909
Hung. IV = Ph. Hung. 34 = Pharmacopoea Hungarica ed. IV. 1934
Hung. V. = Ph. Hung. 54 = Pharmacopoea Hungarica Editio V. 1954
Ind. P. 55 = The Indian Pharmacopoeia 1955
Ind. P. 66 = The Indian Pharmacopoeia 1966
Ind. P. C. 53 = The Indian Pharmaceutical Codex 1953
Ital. III = Farmacopea Ufficiale del Regno D'Italia ed. III. 1909
Ital. VI = Farmacopea Ufficiale del Regno D'Italia ed. VI 1940
Ital. VII = Farmacopea Ufficiale della Republica Italiana settima Editione 1965
Jap. III = Pharmacopoea of Japan, ed. III. 1907
Jap. 51 = Pharmacopoea Japonica, Editio sexta 1951
Jap. 61 = Pharmacopoea Japonica, Editio septa 1961
Jap. 62 = Pharmacopoea Japonica, Editio septa 1962
Jug. I = Pharmacopoea Jugoslavica 1933
Jug. II = Pharmacopoea Jugoslavica, Editio secunda
Merck Ind. 60 = The Merck Index 1960
Mex. P. 52 = Farmacopea Nacional de los Estados Unidos Mexicanos II.
Ned. IV = Ph. Ned. 05 = Pharmacopoea Nederlandica, ed. IV. 1905
Ned. 5 = Ph. Ned. 26 = Nederlandse Pharmacopee Vijfde Uitgave 1926
Ned. 6 = Ph. Ned. 58 = Nederlandse Pharmacopee Zesde Uitgave 1958
NF I = The National Formulary First Edition 1888
NF VI = The National Formulary Sixth Edition 1936
NF IX = The National Formulary Ninth Edition 1950
NF X = The National Formulary Tenth Edition 1955
NF XI = The National Formulary Eleventh Edition 1960
NF XII = The National Formulary Twelfth Edition 1965
NFN = Nordisk Farmakopénaevn
NND 64 (65; 66) = New and Nonofficial Drugs 1964 (65; 66) vor 1958 als NNR = New and Nonofficial Remedies bezeichnet
Nord. 63 = Pharmacopoea Nordica 1963
Norv. IV = Pharmacopoea Norvegica, ed. IV. 1913
Norv. V = Pharmacopoea Norvegica, ed. V. 1939
ÖAB 8 = Pharmacopoea Austriaca ed. VIII 1906
ÖAB 9 = Österreichisches Arzneibuch, 9. Ausgabe
PI.Ed. I/1 oder I/2 = Internationale Pharmakopöe, I. Ausgabe, 1. oder 2. Teil
PI.Ed. I – Suppl. = Internationale Pharmakopöe I. Ausgabe, Supplement
PI.Ed. II = II. Ausgabe der Internationalen Pharmakopöe 1967
Pol. III = Farmacopea Polska III. 1954
Portug. 1876 = Pharmacopea Portugueza 1876
Portug. 35 = Pharmacopeia Portuguesa 1935
Ross. III = Pharmacopoea Rossica III. 1910
Ross. 34 = Pharmacopoea Rossica 1934
Ross. 8 = Pharmacopoea Rossica 1948, Editio octa
Ross. 8 – Add. 52 = Pharmacopoea Rossica 1948, Addendum 1952
Ross. 9 = Pharmacopoea Rossica 1961, Editio nona
Subs. Pharm. = Subsidia Pharmaceutica, Wissensch. Zentralstelle des Schweizerischen Apothekervereins, Zürich 1957 bis 1967
Svec. IX = Pharmacopoea Svecica Ed. IX. 1908
Svec. 25 = Svenska Farmakopen Ed. X. 1925
Svec. 46 = Svenska Farmakopen Ed. XI. 1946
USD 55 = United States Dispensatory 1955
USD 60 = United States Dispensatory 1960
USP IX = The Pharmacopoeia of the USA IX. 1916
USP XI = The Pharmacopoeia of the USA XI. 1936
USP XVII (XVI, XV, XIV) = The Pharmacopoeia of the USA, XVII. (XVI., XV., XIV.) Revision.

b) Abkürzungen im Text

A. = Äthylalkohol
Abb. = Abbildung(en)
abs. = absolut(e)
Ae. = Diäthyläther
A.G. = Atomgewicht
akt. = aktiv(e)
allg. = allgemein(e)
anorg. = anorganisch(e)
Anw. = Anwendung(en)
AZ = Acetylzahl
BAN = British Approved Name (anerkannte, britische Kurzbezeichnung)
bes. = besonders, besondere, insbesondere
Beschr. = Beschreibung(en)
bidest. = doppelt destilliert
Bldg. = Bildung(en)
Brit. = Britisch
Bu-Z = Buchner-Zahl
bzgl. = bezüglich
Bzl. = Benzol
Bzn. = Benzin
Chlf. = Chloroform
d = Dichte
d_4^{20} = Dichte bei 20° gemessen und bezogen auf W. von 4°
Darst. = Darstellung(en)
D.A.S. = Deutsche Auslegeschrift
DBP = Deutsches Bundespatent
DCF = Dénomination Commune Française
D.Chr. = Dünnschichtchromatographie
d.chr. = dünnschichtchromatographisch
DCI = Dénomination Commune Internationale proposée
DCI rec. = Dénomination Commune Internationale recommandée
dest. = destillieren, destilliert(e)
DL = dosis letalis
DRP = Deutsches Reichspatent
d.Th. = der Theorie
d.th. = des theoretischen (z.B. Wertes)
Durchf. = Durchführung(en)
Eig. = Eigenschaften
Einw. = Einwirkung(en)
entspr. = entspricht
Entw. = Entwicklung(en)
Ep. = Erstarrungspunkt
Erk. = Erkennung
EZ = Esterzahl
Farb-VL = Farb-Vergleichslösung
Fbg. = Färbung
Fl. = Flüssigkeit(en)
fl. = flüssig(e)
Fllg. = Fällung
Fp. = Schmelzpunkt
g.chr. = gaschromatographisch
Geh. = Gehalt(e)
gesätt. = gesättigt(e)
Gew. = Gewicht(e)
ggf. = gegebenenfalls
Ggw. = Gegenwart
Gl. = Gleichung
Gln. = Gleichungen
Hb. = Hämoglobin
Herst. = Herstellung
i.c. = intracardial
I.E. = Internationale Einheit
i.m. = intramusculär
inakt. = inaktiv
INN = International Nonproprietory Name (internationaler Freiname)
IP = isoelektrischer Punkt
i.p. = intraperitoneal
IR = Infrarot (Ultrarot)
i.v. = intravenös
JZ = Jodzahl
Komm. = Kommentar
Konst. = Konstante(n)
konst. = konstant(e)
konz. = konzentriert(e)
Kp. = Siedepunkt
$Kp._{0,2}$ = Siedepunkt bei 0,2 Torr
krist. = kristallisiert(e)
l.c. = loco citato
Lit. = Literatur
lösl. = löslich
Lsg. = Lösung(en)
Lsgm. = Lösungsmittel
m = molar (Konzentrationsangabe)
M. = Methanol
M.G. = Molekulargewicht
Min. = Minute(n)
Mitt. = Mitteilung(en)
mU = Millieinheit = milliunit
n = normal (Konzentrationsangabe)
n- = normal (Isomerieangabe)
Nachw. = Nachweis
Nd. = Niederschlag
OHZ = Hydroxylzahl
opt. akt. = optisch aktiv(e)
org. = organisch(e)
p.a. = pro analysi
PAe. = Petrolaether
Pat. = Patent
P.Chr. = Papierchromatographie
p.chr. = papierchromatographisch
Po-Z = Polenske-Zahl
prim. = primär(e)
Prod. = Produkt(e)
Prüf. = Prfg. = Prüfung(en)
qual. = qualitativ(e)
quant. = quantitativ(e)
quart. = quartär(e)
rac. = racemisch(e)
Rg. = Reagens
RhZ = Rhodanzahl
Rk. = Reaktion(en)
RL = Reagenslösung
R-M-Z = Reichert-Meißl-Zahl
s. = siehe
s.c. = subcutan
sd. = siedend(e)
Sek. = Sekunde(n)
sek. = sekundär
Spez. Gew. = spezifisches Gewicht
spp. = species
s.S. = siehe Seite

Std. = Stunde(n)
std. = stündig(e)
symm. = symmetrisch(e)
Syn. = Synonym(e)
Synth. = Synthese(n)
synth. = synthetisch(e)
SZ = Säurezahl
T. = Teil(e)
Temp. = Temperatur(en)
tern. = ternär(e)
tert. = tertiär(e)
Tr. = Tropfen
Trbg. = Trübung(en)
U = Umdrehung (z. B. U/min), aber auch Unit (Einheit) (z. B. S. 633)
U.E. = USP-Einheit(en)
ungesätt. = ungesättigt(e)
unlösl. = unlöslich(e)
Unters. = Untersuchung(en)
USAN = United States Adopted Name
UV = Ultraviolett
verd. = verdünnt(e)
vgl. = vergleiche
Vol. = Volumen, volumina
Vol.T. = Volumteil(e)
Vork. = Vorkommen
VZ = Verseifungszahl
W. = Wasser
Wrkg. = Wirkung(en)
wss. = wässerig(e)
Zerf. = Zerfall, Zerfälle
Zers. = Zersetzung(en)
Zersp. = Zersetzungspunkt
ZNS = Zentralnervensystem

c) Abkürzungen der Botanikernamen

AFZEL. = AFZELIUS, ADAM
AGARDH = AGARDH, JAKOB GEORG
AIT. = AITON, WILLIAM
ALL. = ALLIONI, CARLO
ANDR. = ANDREWS, HENRY C.
ANDRZ. = ANDRZEJOWSKI, ANTON LUKIANOWICZ
ASCHERS. = ASCHERSON, PAUL FRIEDRICH AUGUST
AUB. = AUBLET, JEAN BAPTISTE CHRISTOPHORE FUSEE

BABINGT. = BABINGTON, CHARLES CARDALE
BAILL. = BAILLON, HENRI ERNEST
BAK. = BAKER, JOHN GILBERT
BAL. = BALANSA, B.
BALF. f. = BALFOUR, ISAAC BAILEY
BARTL. = BARTLING, FRIEDRICH GOTTLIEB
BEAUV. = BEAUVOIS, PALISOT DE, AMBROISE MARIE FRANÇOIS JOSEPH, Baron
BENTH. = BENTHAM, GEORGE
BERG = BERG, OTTO KARL
BESS. = BESSER, WILLIBALD SWIBERT JOSEPH GOTTLIEB VON
B. S. P. = BRITTON NATHANIEL, STERN, POGGENB.
BGE. = BUNGE, ALEXANDER VON
BLANCO = BLANCO, MANUEL
BL. = BLUME, DR. CARL LUDWIG
BOISS. = BOISSIER, EDMUND
BOIV. = BOIVIN, LOUIS HYACINTHE
BOLUS = BOLUS, L. H. M.
BORNM. = BORNMÜLLER, JOSEPH FRIEDRICH NIKOLAUS
BORZI = BORZI, A.
BRITTON = BRITTON, NATHANIEL LORD
BRONGN. = BRONGNIART, ADOLPHE THEODOR
N. E. BR. = BROWN, NICOLAS EDWARD
BUC'HOZ = BUC'HOZ, PIERRE JOSEPH
BURCH. = BURCHELL, WILLIAM J.
BURM. f. = BURMANN (filius), NIKOLAUS LAURENZ
BURTT DAVY = BURTT DAVY, JOSEPH

CARR. = CARRIERE, ELIE ABEL
CATHEL. = CATHELINEAU, H.
CAV. = CAVANILLES, ANTONIO JOSE
CHAIX = CHAIX, DOMINIQUE
A. CHEV. = CHEVALLIER, AUGUSTE J. B.
C. B. CL. = CLARKE, C. B.
L. E. CODD = CODD, L. E.
CORREA = CORREA DA SERRA, JOSE FRANCISCO

DALLA TORRE = DALLA TORRE, KARL WILHELM
A. DC. = DE CANDOLLE, ALPHONSE
DC. = DE CANDOLLE, AUGUSTIN PYRAMUS
DECNE. = DECAISNE, JOSEPH
DEL. = DELILE, ALIRE RAFFENEAU
DESF. = DESFONTAINES, RENE LOUICHE
DIETR. = DIETRICH, ALBERT
DÖLL = DÖLL, JOH. CHRISTIAN
G. DON = DON, GEORGE
DONN = DONN, JAMES
DRUM. = DRUMMOND, JAMES
DRYAND. = DRYANDER, JONAS

E. u. Z. = ECKLON, CHRISTIAN FRIEDRICH und ZEYHER, KARL
ENGL. = ENGLER, HEINR. GUSTAV ADOLF

FORSK. = FORSKAL, P.
FORST. f. = FORSTER filius, JOHANN GEORG ADAM
J. R. et G. FORST. = FORSTER, JOHANN REINHARD und GEORG
FRANCH. = FRANCHET, ADRIEN R.

GAERTN. = GAERTNER, JOSEPH
J. GAY = GAY, JACQUES
J. GER. = GERMAIN de SAINT PIERRE, J. N. E.
GILIB. = GILIBERT, JEAN EMMANUEL
GODR. = GODRON, DOMINIQUE ALEXANDRE
GORD. = GORDON, GEORGE
GRAEBN. = GRAEBNER, KARL OTTO ROBERT PETER PAUL

Grev. = Greville, R. K.
Gren. = Grenier, Charles
Guill. = Guillemin, Antoine
Guerke = Guerke, R. L. A. M.
Guss. = Gussone, Giovanni

Hance = Hance, Henri F.
Harms. = Harmens, Gustav
Harv. = Harvey, William Henry
Haw. = Haworth, Adrian Hardy
Hemsl. = Hemsley, W. Botting
Hiern = Hiern, W. P.
Hochst. = Hochstetter, Christian Friedrich
Hoffm. = Hoffmann, Franz Georg
Hoffmgg. = Hoffmannsegge, Johann Centurius Graf von
Holub = Holub, J.
Hook. = Hooker, William Jackson
Hook. f. = Hooker (filius), Joseph Dalton
Hort. = hortorum = der Gärten, hortulanorum = der Gärtner, an Stelle eines nicht namentlich genannten Autors
Houtt. = Houttuyn, Martinus
Hutch. = Hutchinson, J.
Hyl. = Hylander, N.

Ind. Kew. = Index Kewensis

Jacq. = Jacquin, Nicolaus Joseph Baron von
Juss. = Jussieu, Antoine Laurent de

Kern. = Kerner von Marilaun, Anton Joseph
Klotzsch = Klotzsch, Johann Friedrich
Koelle = Koelle, Joh. Ludw. Chr.
Ktzg. = Kütz. = Kützing, Friedrich Traugott
O. Ktze. = Kuntze, Carl Ernst Otto

Lam. = Lamarck (La Marck), Jean Baptiste Antoine Pierre Monnet
Lamour. = Lamouroux, J.
Ledeb. = Ledebour, Carl Friedrich von
Leighton = Leighton, William Allport
Lem. = Lemaire, Charles
Lév. = Léveillé, Joseph Henrie und Auguste Abel Hector
Lewin = Lewin, L.
L'Hérit. = L'Héritier de Brutelle, Charles Louis
Lindl. = Lindley, John
Link = Link, Heinrich Friedrich
L. = Linné, Carl Ritter von
L. f. = Linné (filius), Carl von
Loes. = Loeselius, Johannes
Lour. = Loureiro, Juan

Mak. = Makino, Tomitaro
Markgr. = Markgraf, F.
Mart. = Martius, Karl Friedrich Philipp von
Mast. = Masters, Maxwell T.

M. B. = Marschall v. Bieberstein, Friedrich August, Freiherr
Meissn. = Meisner, Karl Friedrich
Merxmüller = Merxmüller, H.
Mey. = Meyer, Ernst Heinrich Friedrich
G. F. W. Mey. = Meyer, Georg Friedrich Wilhelm
Mez = Mez, Carl

L. Mill. = Miller, L.
Mill. = Miller, Philipp
Miq. = Miquel, Friedr. Anton Wilh.
Moench = Moench, Konrad
Moq. = Moquin-Tandon, Christian Horace Benedict Alfred
Müll. Arg. = Müller, Argoviensis Jean
F. v. Muell. = Mueller, Baron Ferdinand Jac. Heinr. von
Murr. = Murray, Joh. Andreas

Nakai = Nakai, T.
Neck. = Necker, Noel Joseph de
Nees = Nees ab Esenbeck, Christian Gottfr.
Nutt. = Nuttall, Thomas

Oerst. = Oersted, Anders Sandöe
Oliv. = Oliver, Daniel

Patrin = Patrin, Eugène Louis Melchior
Pax. = Paxton, Joseph
Pb. = Palisot de Beauvois, Ambroise Marie François Joseph, Baron
Pereira = Pereira, Jonathan
Perr. = Perrotet, G. S.
Pet. Th. = Theissen, Peter Ferdinand
Pillans = Pillans, S. Nevile
Pohl = Pohl, Johann Baptiste Emanuel
M. Pop. = Popov, M.
Pourr. = Pourret de Figeac, P.-A.

Radl. = Radlkofer, Ludw.
Rafin. = Rafinesque-Schmaltz, Constantin Samuel
Reg. = Regel, Eduard August von
Rchb. = Reichenbach, Heinz Gottl. Ludw.
Reinw. = Reinwardt, C. G. C.
A. Rich. = Richard, Achilles
De la Roche = De la Roche, François

Roem. = Roemer, Friedr. Adolph
Rosc. = Roscoe, William
Roxb. = Roxburgh, William
Royle = Royle, John Forbes
Ruiz et Pav. = Ruiz, Hipolito Ruiz Lopez et Pavon Joseph
Rupr. = Ruprecht, Franz J.

Salisb. = Salisbury, Richard Anthony Markham
Schindl. = Schindler, Anton K.
Schinz = Schinz, Hans
Schltr. = Schlechter, R.

FR. SCHMIDT = SCHMIDT, FRANZ
SM. = SMITH, SIR JAMES EDWARD
SCHMITZ = SCHMITZ, J. JOSEPH
SCHOTT = SCHOTT, HEINR. WILH.
SCHULT. = SCHULTES, JOSEPH AUGUST
SCH. BIP. = SCHULTZ, KARL HEINRICH, genannt BIPONTINUS
K. SCHUM. = SCHUMANN, KARL MORITZ
SCHWEINF. = SCHWEINFURTH, GEORG
SCOP. = SCOPOLI, GIOVANNI ANTONIO
SIEB. = SIEBOLD, PHIL. FRANZ VON
SIMS = SIMS, JOHN
SM. = SMITH, J. E.
SOLAND. = SOLANDER, DANIEL
SOND. = SONDER, W.
SPACH = SPACH, EDUARD
SPRENG. = SPRENGEL, CURT
STAPF = STAPF, O.
STEUD. = STEUDEL, ERNST GOTTLIEB
STEV. = STEVEN, CHRISTIAN
SUESSENGUTH = SUESSENGUTH, CARL
SW. = SWARTZ, O.
SWEET = SWEET, ROBERT
SWINGLE = SWINGLE

TAUSCH = TAUSCH, J. F.
G. TAYL. = TAYLOR, GEORGE
TEN. = TENORE, MICHELE
THELL. = THELLUNG, ALBERT
THUNB. = THUNBERG, CARL PETER
THW. = THWAITES, GEORGE HENRY KENDRICK
TOD. = TODARO, A.
PIT. TOURN. = TOURNEFORT, JOSEPH PITTON
TRELEASE = TRELEASE, W.
TURCZ. = TURCZANINOW, NIKOLAI STEPANOVICH

VAHL = VAHL, MARTIN
VANIOT = VANIOT
VENT. = VENTENAT, ÉTIENNE PIERRE
VELL. = VELLOZO, JOSE MARIANNO DA CONCEICAO
VIS. = VISIANI, ROBERTO DE

WALL. = WALLICH, NATHANAEL
WALLR. = WALLROTH, CARL FRIEDRICH WILHELM
WANGERIN = WANGERIN, WALTHER
WEBB = WEBB, PHILIPP BARKER
WEBER = WEBER, F.
WELW. = WELWITSCH, FRIEDRICH
WENDL. = WENDLAND, JOHANN CHRISTOPH
DE WILD. = WILDEMAN, E. DE
WILLD. = WILLDENOW, KARL LUDWIG
WILS. = WILSON, ERNEST HENRY
W. et A. = WRIGHT et ARNOTT, GEORGE ARNOLD WALKER-ARNOTT

ZUCC. = ZUCCARINI, JOSEPH GERHARD
ZUMAGL. = ZUMAGLINI, ANTONIO MAURITIO

Literaturverzeichnis für die Drogenmonographien

Die Liste führt die Standard- und Nachschlagewerke auf, die im Text der Drogenmonographien meist nur mit dem Autornamen erwähnt sind.

BAUMGARTEN, G.: Die herzwirksamen Glykoside, Edition Leipzig 1963. – BENIGNI, R., C. CAPRA u. P. E. CATTORINI: Piante medicinali chimica farmacologia e terapia, Milano: Inverni & Della Beffa, Bd. I (1962), Bd. II (1964)[1]. – BERGER, F.: Synonyma-Lexikon der Heil- und Nutzpflanzen, Wien: Österreichischer Apotheker-Verlag 1954/1955. – BERGER, F.: Handbuch der Drogenkunde, Wien: W. Maudrich, Bd. I (1949), Bd. II (1950), Bd. III (1952), Bd. IV (1954), Bd. V (1960), Bd. VI (1964), Bd. VII (1967). – BOIT, H.-G.: Ergebnisse der Alkaloid-Chemie bis 1960, Berlin: Akademie-Verlag 1962. – BRAUN, H.: Heilpflanzen-Lexikon für Ärzte und Apotheker, Stuttgart: Gustav Fischer 1968. – DRAGENDORFF, G.: Die Heilpflanzen der verschiedenen Völker und Zeiten, Stuttgart: Ferd. Enke 1898; Neudruck für Werner Fritsch Antiquariat München 1967. – FIESER, L. F., u. M. FIESER: Organische Chemie, Weinheim/Bergstr.: Verlag Chemie 1968. – GESSNER, O.: Die Gift- und Arzneipflanzen von Mitteleuropa, Heidelberg: C. Winter Universitätsverlag 1953. – GSTIRNER, F.: Prüfung und Verarbeitung von Arzneidrogen, Bd. I u. II, Berlin/Göttingen/Heidelberg: Springer 1955. – HARBORNE, J. B.: Comparative Biochemistry of the Flavonoids, London/New York: Academic Press 1967. – HEEGER, E. F.: Handbuch des Arznei- und Gewürzpflanzenanbaus, Berlin: Deutscher Bauernverlag 1956. – HEGI, G.: Illustrierte Flora von Mitteleuropa, München: J. F. Lehmanns Verlag, Bd. I (1935), Bd. II (1939), Bd. III (1912); München: Hanser, Bd. III/1 (1957); Bd. IV/1 (1919), Bd. IV/2 (1923), Bd. IV/3 (1924), Bd. V/1 (1925), Bd. V/2 (1926), Bd. V/3 (1927), Bd. V/4 (1928), Bd. VI/1 (1918), Bd. VI/2 (1929), Bd. VII (1931). – HEGNAUER, R.: Chemotaxonomie der Pflanzen, Basel/Stuttgart: Birkhäuser, Bd. I (1962), Bd. II (1963), Bd. III (1964), Bd. IV (1966). – HOPPE, H. A.: Drogenkunde, Hamburg: Cram, de Gruyter & Co. 1958. – HÖRHAMMER, L.: Teeanalyse, Berlin/Heidelberg/New York: Springer 1969. – KARRER, W.: Konstitution und Vorkommen der organischen Pflanzenstoffe (exclusive Alkaloide), Basel/Stuttgart: Birkhäuser 1958. – LEWIN, L.: Gifte und Vergiftungen, Ulm: Haug 1962. – LUCKNER, M.: Prü-

[1] Deutsche Ausgabe in Vorbereitung.

fung von Drogen, Jena: VEB Gustav Fischer 1966. – SCHINDLER, H., u. H. FRANK: Tiere in Pharmazie und Medizin, Stuttgart: Hippokrates-Verlag 1961. – WAGNER, H.: Rauschgiftdrogen, Berlin/Heidelberg/New York: Springer 1969. – WATT, J. M., and M. G. BREYER-BRANDWIJK: The Medicinal and Poisonous Plants of Southern and Eastern Africa, Edinburgh/London: E. & S. Livingstone 1962. – ZANDER, R.: Handwörterbuch der Pflanzennamen, Stuttgart: Eugen Ulmer 1964. – ZECHMEISTER, L.: Fortschritte der Chemie organischer Naturstoffe, Wien: Springer 1938ff.

Berichtigungen für Band I

S. 18: Nach Resolution 6 der 12. Generalkonferenz für Maß und Gewicht vom Oktober 1964 in Paris wird

1. die im Jahre 1901 von der 3. Generalkonferenz für Maß und Gewicht festgesetzte Definition des Liter außer Kraft gesetzt,
2. erklärt, daß das Wort „Liter“ als ein dem Kubikdezimeter gegebener besonderer Name benutzt werden kann,
3. empfohlen, daß der Name Liter nicht gebraucht werden sollte, um damit die Ergebnisse von Volumenmessungen hoher Präzision auszudrücken.

Damit ist 1 Liter gleich ein Kubikdezimeter und 1 Milliliter gleich 1 Kubikzentimeter (1 l = 1 dm^3; 1 ml = 1 cm^3).
Die auf Seite 18 gegebenen Bezeichnungen sind hinfällig.

S. 34: Hier gilt das oben Gesagte: 1 ml = 1 cm^3!

S. 50: In der Tabelle der Alkoholverdünnung sind in der 3. und 4. Kolumne die Bezeichnungen kg und Liter zu vertauschen.

S. 94: Vorschrift des DAB 7 – BRD. 3. Satz muß heißen: Nach dem Auffüllen mit W. ...

S. 100: Die Formel zur Umrechnung der Engler-Grade in absolute Werte muß lauten:

$$\text{Viscosität in cP} = \left(4{,}072\,E - \frac{3{,}510}{E}\right) 1{,}797\; d \;(d = \text{Dichte}).$$

S. 315: statt Methanilgelb **lies** Metanilgelb

S. 337, 4. Textzeile v. oben muß heißen:
Die Ammoniumgruppe ist im Sinne von BRÖNSTED eine Säure, ...
Mitte: Strukturformel des Meprobamats und des Reaktionsproduktes:

statt 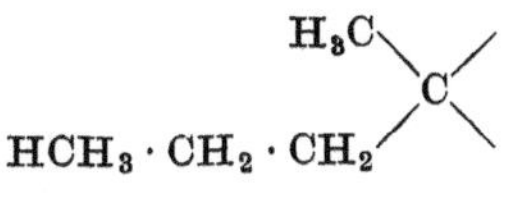 **lies** 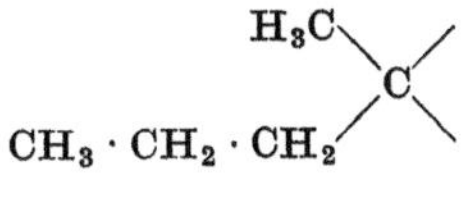

S. 435, 5. Zeile v. unten: Statt Asche **lies** Substanz

S. 1027, 7. Zeile v. unten: Statt positiv **lies** negativ

S. 1182: Meclozin-Formel lautet richtig:

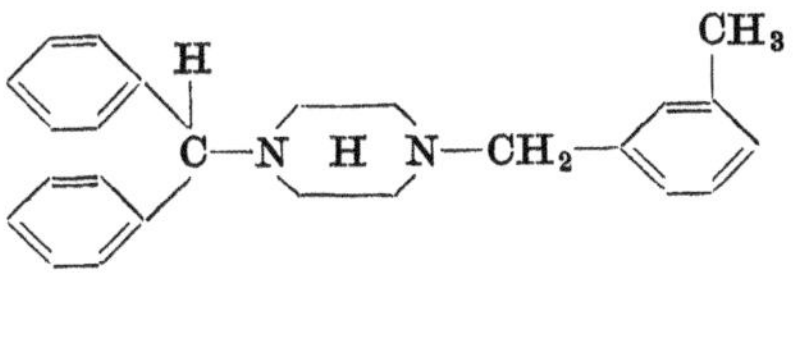

Inhalt der weiteren Bände

Wirkstoffgruppen II

Farbstoffe

Aus der Vielzahl der heute vorwiegend technisch, in gewissem Umfang aber auch medizinisch und pharmazeutisch verwendeten Farbstoffe finden sich hier diejenigen, die entweder als Monographie in einer der gültigen Pharmakopöen vorliegen oder als nicht offizinelle Therapeutica angewendet werden oder die als Lebensmittelfarbstoffe zugelassen sind. Gehört ein Farbstoff einer an anderer Stelle behandelten Stoffgruppe mit bes. Indikationsgebieten oder bes. chemischen Merkmalen an (z. B. Carotinoide, Chlorophylline), so findet er sich dort. Die als Indikatoren in der Maßanalyse verwendeten Farbstoffe finden sich in Bd. I auf S. 311 ff.

1. Nitrofarbstoffe

Goldgelb. 3,5-Dinitro-2-hydroxy-1-methylbenzol. 4,6-Dinitro-o-kresol. DNOC.

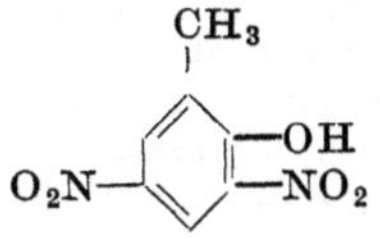

$C_7H_6N_2O_5$ M.G. 198,14

In Form des Ammoniumsalzes als Insektizid wirksam gegen Nonnenraupen. Wird auch gegen Hausschwamm verwendet.

Giftig!

Handelsform: Antinonnin (Bayer).

Martiusgelb. Naphthalingelb. Manchestergelb. Naphtholgelb. Safrangelb, ist das Ammonium-, Natrium- oder Calciumsalz des Dinitro-α-naphthols, $C_{10}H_5(OH)(NO_2)_2$.

Orangegelbes Pulver oder Blättchen, lösl. in W.

Anwendung. Zum Färben von Lacken. Es ist früher auch zum Färben von Nudeln benützt worden, ist aber giftig.

2. Azofarbstoffe

a. Monoazofarbstoffe

Amaranth. Amaranth USP XVII. Naphtholrot. FD & C Red No. 2. 1-(4'-Sulfo-1'-naphthylazo)-2-naphthol-3,6-disulfosäure (Tri-Natrium-Salz).

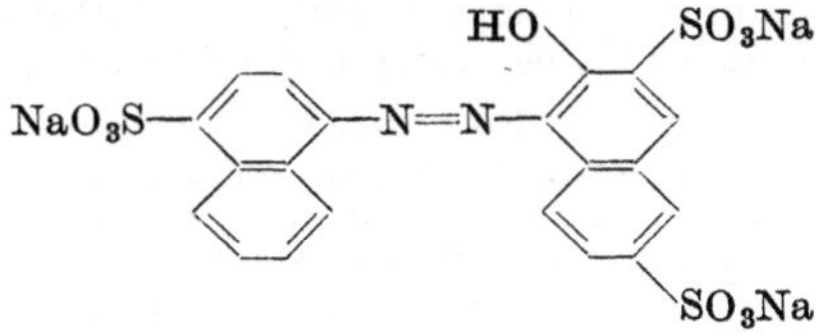

$C_{20}H_{11}N_2Na_3O_{10}S_3$ M.G. 604,48

Gehalt (USP XVII) mindestens 94%, berechnet auf die getrocknete Substanz.

Herstellung. α-Naphthylamino-4-sulfosäure wird diazotiert und mit β-Naphthol-3,6-disulfosäure alkalisch gekuppelt.

Eigenschaften (USP XVII). Rotbraunes Pulver, lösl. in 15 T. W., schwer lösl. in A.

Erkennung (USP XVII). 1. Die wss. Lsg. 1 : 100 ist bei Betrachtung durch eine Schichtdicke von 1 cm fuchsinrot gefärbt. Die Färbung bleibt nach Zugabe von Salzsäure unverändert, während Natronlauge eine Farbvertiefung hervorruft. – 2. Etwa 0,05 g Substanz werden in einem Prüfglas mit 0,2 g Natriumhydroxid zur Schmelze erhitzt. Nach dem Abkühlen wird mit 0,5 ml W. und einem geringen Überschuß an verd. Salzsäure erwärmt. Es tritt der Geruch von Schwefeldioxid auf, angefeuchtetes Kaliumjodatstärkepapier färbt sich blau.

Prüfung (USP XVII). 1. Wasserunlösliche Stoffe. 1 g Amaranth wird in 100 ml heißen W. gelöst. Nach dem Abkühlen wird die Lsg. durch einen Filtertiegel gesaugt, mit W. farbstofffrei gewaschen und 2 Std. bei 105° getrocknet. Der Rückstand darf 0,005 g (0,5%) nicht überschreiten. – 2. Erdalkali- und Schwermetalle. 1 g Amaranth wird mit 2 ml Schwefelsäure versetzt und langsam erhitzt, bis Schwefeltrioxid entweicht. Nach dem Abkühlen wird 1 ml Salpetersäure hinzugefügt und das Ganze vorsichtig abgeraucht. Das erkaltete Reaktionsprodukt wird nach Zugabe von 2 ml Salzsäure auf dem Wasserbad zur Trockne eingedampft und mit 15 ml verd. Salzsäure 5 Min. erwärmt. Die Lsg. wird quantitativ in ein 100-ml-Becherglas überführt, auf 50 ml verdünnt und mit je 5 ml Ammonoxalatlsg. und Ammonphosphatlsg., sowie in kleinen Anteilen unter Rühren mit 20 ml Ammoniak (10%) versetzt. Nach 3stündigem Stehen wird der Niederschlag auf einem Filtertiegel gesammelt und mit Ammoniak (0,1%) chloridfrei gewaschen. Nach dem Trocknen und Glühen darf der Rückstand 0,020 g nicht überschreiten, was einem Metallgehalt von höchstens 1% entspricht. – 3. Ätherlösliche Stoffe. 2 g Substanz werden in 50 ml W. gelöst und zweimal mit je 25 ml gewaschenem Äther (hergestellt durch zweimaliges Schütteln von Äther mit 1/5 seines Volumens W.) 1 Min. im Scheidetrichter geschüttelt. Die vereinigten Ätherauszüge werden mit kleinen Portionen W. (5 bis 7 ml) gewaschen bis die Waschflüssigkeit praktisch farblos ist. Nach Zusatz von 2 ml Natronlauge wird die Farbstofflsg. nochmals wie beschrieben mit Äther extrahiert. Die Ausschüttelung wird ein drittes Mal nach Zugabe von 5 ml verd. Salzsäure (10%) zur wss. Phase wiederholt. Sämtliche Ätherauszüge werden in eine gewogene Porzellanschale überführt und der Äther abgedampft. Nach dem Trocknen im Exsiccator über Silicagel bis zur Gewichtskonstanz darf der Rückstand 0,004 g (0,2%) nicht übersteigen.

Gehaltsbestimmung (USP XVII). Etwa 0,35 g Amaranth, genau gewogen, werden mit 50 ml W. quantitativ in einen 500-ml-Erlenmeyerkolben gebracht, mit 15 g Natriumcitrat versetzt und mit W. auf etwa 150 ml verdünnt. Die Lsg. wird zum Sieden erhitzt und mit 0,1 n Titan(III)-chloridlsg. bis zur Farblosigkeit titriert.

1 ml 0,1 n $TiCl_3$ entspricht 0,01511 g $C_{20}H_{11}N_2Na_3O_{10}S_3$.

Anwendung. Roter Farbstoff zur Färbung von Lebensmitteln[1] und Arzneimitteln.

Handelsformen: Amaranth, Naphtholrot S, Bordeaux S, Naphthylaminrot, Viktoriarubin, Azosäurerubin, Tuchrot, Wollrot extra, Azorubin, Fast Red D.

Chrysoidinum Ph.Dan. IX. Chrysoidin. 2,4-Diamino-azobenzol-hydrochlorid.

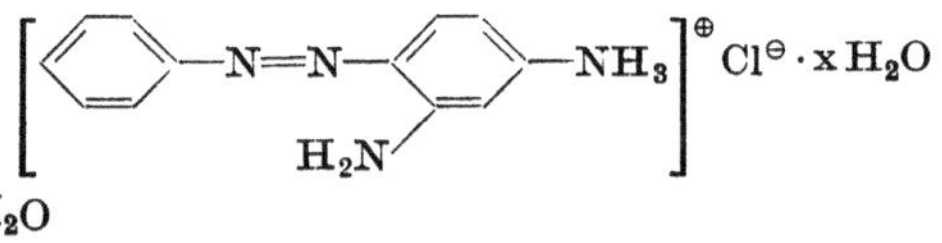

$C_{12}H_{12}N_4 \cdot HCl \cdot xH_2O$ M.G. 248,71

Herstellung. Phenyldiazoniumchlorid wird mit 1,3-Phenylendiamin-hydrochlorid in schwach saurer Lösung gekuppelt. Das Monohydrochlorid-citrat entsteht beim Zusammenschmelzen molarer Mengen von Chrysoidinhydrochlorid und Citronensäure.

Eigenschaften. Rotbraunes, kristallines, geruchloses, bitter schmeckendes Pulver, lösl. in W. und A. mit orangebrauner Farbe, wenig lösl. in Ae., praktisch unlösl. in Chlf.

Erkennung. 1. Fp. der Base 117,5°. Eine Lsg. 1 + 999 dient als Stammlösung. – 2. 2 Tr. Stammlsg. werden nach Zusatz von 2 ml W. von einigen Tr. Zinn(II)-chloridlsg. entfärbt (Ph.Dan. IX). – 3. 1 ml Stammlsg. färbt sich nach Zusatz von 10 ml Pufferlsg. pH 5,0 orange. Wird 1 ml Stammlsg. mit 10 ml Pufferlsg. pH 8,0 versetzt, so entsteht eine gelbe Färbung (Ph.Dan. IX). – 4. 1 ml Stammlsg. färbt sich nach Zusatz von 1 ml Schwefelsäure tief rot (Ph.Dan. IX). – 5. 0,1 g Substanz wird in einem Porzellantiegel mit 0,5 g

[1] Amaranth ist in der vom deutschen Lebensmittelgesetz zugelassenen Farbstoffliste nicht aufgeführt.

getrocknetem Natriumcarbonat erhitzt. Es entstehen basisch reagierende Dämpfe (Ph. Dan. IX).

Prüfung (Ph.Dan. IX). 1. Aethanolunlösliche Stoffe. 0,20 g Chrysoidin werden mit 20 ml A. versetzt und unter öfterem Umrühren 30 Min. stehengelassen. Anschließend wird die Lsg. zum Sieden erhitzt, heiß durch einen gewogenen Glasfiltertiegel (1 G 3) gesaugt und mit A. farbstofffrei gewaschen. Der bei 105° getrocknete Rückstand darf höchstens 0,0040 g wiegen. – 2. Trocknungsverlust. Höchstens 16,0%, bei 110° bis zum konstanten Gewicht getrocknet. – 3. Verbrennungsrückstand. Höchstens 0,1%.

Gehaltsbestimmung (Ph.Dan. IX). 0,100 g Substanz wird in einem 100-ml-Meßkolben mit W. zu 100,00 ml gelöst. 1,00 ml dieser Lsg. wird in einem weiteren Meßkolben auf 25,00 ml verdünnt. Die Flüssigkeit darf nicht schwächer gefärbt sein, als 5,00 ml 0,1 n Kaliumdichromatlösung in 5,00 ml 2 n Schwefelsäure.

Anwendung. Antisepticum und Chemotherapeuticum. Bei Anginen, Stomatitis, Gingivitis, infizierten Hautwunden, Furunkulose, Tuberkulose.

Dosierung. 0,01 bis 0,05 g oral; äußerlich 4%ige wäßrig-äthanolische Lösung.

Unverträglichkeiten. Basisch reagierende Stoffe, Säuren, Halogensalze, Quecksilbersalze, Jod.

Chrysoidin kann bei höherer Dosierung toxisch wirken (Abmagerung, Ekzeme).

Handelsformen: a) Als Monohydrochloridcitrat: Azohel (Dr.Huboldt & Bartsch). Azoangin (Dr. Huboldt & Bartsch). Azo-Pro-Dragees (Dr. Huboldt & Bartsch). – b) Als Monorhodanid: Azorhodan Puder, Salbe (Dr. Huboldt & Bartsch), Dairin (Dr. Huboldt & Bartsch).

2,4-Diamino-azo-benzol-dihydrojodid.

$C_{12}H_{12}N_4 \cdot 2\,HJ$ M.G. 468,11

Rote, länglich prismatische Kristalle, lösl. in W. und A. Fp. 184°. Jodgehalt 53,3%.

Anwendung. Chemotherapeuticum zur inneren und äußeren Anwendung, zur Jodtherapie.

Dosierung. 2%ige Lösung (Wasser, Aethanol, Glycerin).

Handelsform: Azojod (Dr. Huboldt & Bartsch).

Diacetylaminoazotoluolum DAB 7 – DDR, ÖAB 9, Ph.Helv. V. Diacetylaminoazotoluol DAB 7 – BRD. Pellidol DAB 6. 2,3'-Dimethyl-4'-diacetylamino-azobenzol. 4-(N,N-Diacetylamino)-3,2'-azotoluol. 1-(4'-Diacetylamino-3'-methyl-1'-phenylazo)-2-methylbenzol. 1-Diacetylamino-2-methyl-4-(2'-methyl-penylazo)-benzol.

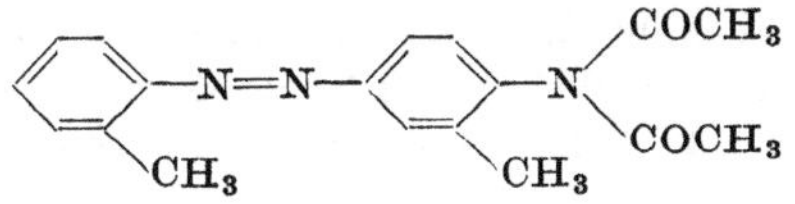

$C_{18}H_{19}N_3O_2$ M.G. 309,36

Herstellung. o-Toluidin wird mit konz. Salzsäure vermischt, gekühlt und mit wss. Natriumnitritlsg. versetzt, wobei unmittelbar die Kuppelung zu Aminoazotoluol erfolgt. Zur Gewinnung des Diacetylderivates wird mit Essigsäureanhydrid in Gegenwart von Natriumacetat erhitzt.

Eigenschaften. Gelbrotes, geruchloses oder höchstens schwach nach Essigsäure riechendes, geschmackloses oder höchstens schwach sauer schmeckendes, mikrokristallines Pulver, praktisch unlösl. in W., lösl. in A., Ae., Bzl., Chlf., Fetten, fetten Ölen, Vaseline und flüssigem Paraffin.

Diacetylaminoazotoluol kristallisiert in zwei Modifikationen, von denen die eine ziegelrote, bei 65° schmelzende Nadeln bildet, die andere orangefarbene Prismen, die bei 75° schmelzen. Der Schmelzpunkt differiert daher je nach Herstellungsart.

Erkennung. 1. Schmelzintervall: 74 bis 76° (DAB 6, Ph.Helv. V), 73 bis 76° (DAB 7 – BRD), 72 bis 74° (DAB 7 – DDR), 70 bis 76° (ÖAB 9). – 2. Eutektische Temperatur der Mischung mit Benzil (1 + 1): 53° (ÖAB 9). – 3. Lichtbrechungsvermögen der Schmelze: $n_D = 1{,}6011$ bei 100 bis 101° (ÖAB 9). – 4. Versetzt man eine Lösung von 0,2 g Diacetylaminoazotoluol in 4 ml A., mit 4 Tr. Schwefelsäure und hält die Mischung etwa 3 Min. im Sieden, so tritt der Geruch nach Essigsäureäthylester auf (ÖAB 9). – 5. Beim Abkühlen der Lsg. (4) scheidet sich ein orangeroter, kristalliner Niederschlag (Monoacetylaminoazotoluol) ab, der mit A. gewaschen und bei 105° getrocknet bei 185° (DAB 6), 183 bis 186° (DAB 7 – DDR, Ph.Helv. V), 186 bis 189° (DAB 7 – BRD), 187 bis 192° (ÖAB 9) schmilzt.

Prüfung. 1. Ätherunlösliche Stoffe. Monoacetylaminoazotoluol: 0,5 g Diacetylaminoazotoluol müssen sich in 5,0 ml Äther klar lösen (DAB 7 – DDR). – 2. Freie Säure. 0,200 g Substanz werden nach Zusatz von 5,0 ml CO_2-freiem Wasser 1 Min. geschüttelt. Das Filtrat muß nach Zusatz von 1 Tr. Phenolphthaleinlsg. und 0,50 ml 0,01 n Kalilauge rot gefärbt sein (DAB 7 – DDR). – 3. Trocknungsverlust. Höchstens 0,5%, bestimmt bei Zimmertemperatur im Vakuumexsiccator (ÖAB 9). – 4. Verbrennungsrückstand. Höchstens 0,1% (Ph.Helv. V). – 5. Sulfatasche. Höchstens 0,1% (DAB 7 – BRD).

Anwendung. Zur Wundbehandlung (Anregung der Epithelisierung); bei Ekzemen, Ulcus cruris.

Dosierung. 2%ige Salbe, 5%iger Puder.

Handelsformen: Pellidol (Hoechst), Dimazon (Heilkraft).

Phenazopyridin. β-Phenylazo-α,α'-diaminopyridinhydrochlorid. 3-Phenylazo-2,6-diaminopyridinhydrochlorid. 2,6-Diamino-3-phenylazo-pyridin-HCl.

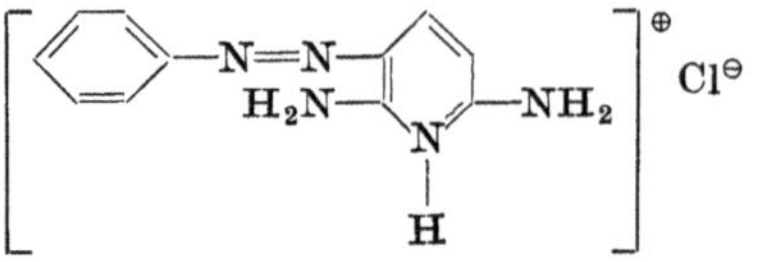

$C_{11}H_{11}N_5 \cdot HCl$ M.G. 249,70

Herstellung. Anilin wird diazotiert und mit α,α'-Diaminopyridin gekuppelt.

Eigenschaften. Ziegelrotes, mikrokristallines Pulver von schwach bitterem Geschmack. Wenig lösl. in kaltem W. (1 : 300) und A.; gut lösl. in heißem W. (1 : 20); praktisch unlösl. in Ae., Aceton, Bzl., Chlf. Fp. Base 139°.

Anwendung. Anaesthesierendes Harndesinfiziens, gegen Cystitis, Pyelitis, Blasentenesmen.

Dosierung. Oral 3mal tgl. 0,1 bis 0,2 g.
Phenazopyridin färbt den Harn rotorange.

Unverträglichkeiten. Phenazopyridin darf nicht zusammen mit schwefelhaltigen Mitteln und Mineralwasser eingenommen werden (Sulfhämoglobinbildung).

Handelsformen: Pyridium (Goedecke), Pyridacil (Cilag), Spasmo-Euvernil (Heyden), Mallophene (Mallinckrodt), Bisteril (Opfermann), Pyripyridium, Phenazodine, Uridinal, Uro-Gantrisin (Roche).

Tolylblau. Sodium Anoxynaphthonate BP 63. Anazolene sodium. 1-(8'-Hydroxy-3',6'-disulfo-1'-naphthylazo)-4-phenylnaphthylamin-5-sulfosäure (Tri-Natrium-Salz). 4'-Anilino-8-hydroxy-1,1'-azonaphthalin-3,6,5'-trisulfosäure (Tri-Natrium-Salz).

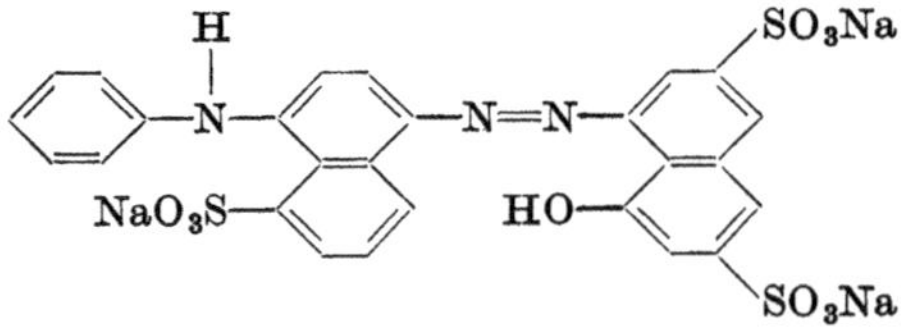

$C_{26}H_{16}N_3Na_3O_{10}S_3$ M.G. 695,59

Gehalt mindestens 95,0% (BP 63) bezogen auf die wasserfreie Substanz.

Eigenschaften (BP 63). Blaues oder blauschwarzes, hygroskopisches, geruchloses Pulver, lösl. in 30 T. W. mit blauer Farbe, praktisch unlösl. in A., Aceton und Chlf.

Erkennung (BP 63). 1. 0,0005 g Substanz werden in 10 ml W. gelöst und mit einem geringen Überschuß von Natronlauge versetzt. Die Farbe der Lsg. schlägt von Blau nach Rot um. – 2. 0,020 g Substanz werden in 5 ml W. gelöst, mit 2 ml Salzsäure und etwas Zinkstaub versetzt und vorsichtig zum Sieden erhitzt, bis die Flüssigkeit farblos ist. Nach Zusatz von 1 ml einer 5%igen (v/v) Lsg. von Furfurol in Eisessig zu 2 ml der entfärbten Lsg. entsteht eine rotbraune Färbung. – 3. Im Glührückstand läßt sich Na^+ nachweisen.

Prüfung (BP 63). 1. Wasserunlösliche Stoffe. 2,0 g Substanz werden mit 100 ml W. versetzt und 15 Min. gerührt. Nach weiteren 5 Min. wird die Lsg. durch einen gewogenen Glasfiltertiegel (größte Porenweite 5 bis 15 µ. 1 G4) gesaugt, mit W. farbstofffrei gewaschen und bis zur Gewichtskonstanz bei 105° getrocknet. Der Rückstand darf 0,010 g nicht übersteigen. – 2. Pyrogene Stoffe. Der Test auf pyrogene Stoffe wird an Kaninchen durchgeführt. Es werden mindestens 2 ml einer 0,25%igen (g/ml) Lsg. in Wasser zur Injektion pro kg Körpergewicht injiziert. – 3. Wassergehalt. 5 bis 15%, bestimmt mit Karl-Fischer-Lösung bei elektrischer Endpunktbestimmung (Dead-Stop-Methode).

Gehaltsbestimmung (BP 63). Etwa 0,1 g Substanz, genau gewogen, werden mit W. zu 500 ml gelöst. 5 ml davon werden mit einer wss. Lsg., die 0,76% Natriumphosphat ($Na_2HPO_4 \cdot 12H_2O$) und 0,181% Kaliumphosphat (KH_2PO_4) enthält, auf 100 ml aufgefüllt. Die Extinktion dieser Lsg. wird in 1 cm Schichtdicke spektrophotometrisch gemessen bei 570 mμ. $E_{1\%}^{1\,cm} = 555$.

Sterilisation. Tolylblaulösungen können im Autoklaven oder durch Sterilfiltration sterilisiert werden.

Anwendung. Zur Bestimmung der Blutmenge. Der Farbstoff wird injiziert, nach einigen Min. wird Blut entnommen und die Konzentration des Farbstoffes im Plasma photometrisch bestimmt.

Tolylblau ist gut verträglich und verändert die Hautfarbe nicht.

Dosierung. 50 bis 100 mg intravenös injiziert, gewöhnlich 5 ml einer 2- bis 4%igen Lösung.

Ampullen mit 4%igen Lösungen müssen vor Gebrauch 20 Min. in siedendes Wasser gelegt, anschließend kräftig geschüttelt und auf Körpertemperatur abgekühlt werden.

Handelsformen: Tolylblau SR (Hoechst); Fast Acid Blue, Coomassie-Blue (Imp. Chemic. Ind. Ayerst).

Sulfonsäureblau G, Wollblau, Neutralblau, Sulphon Acid Blue, Pontacyl Sulfone Blue R, Bleu solide pour laine NR, Bleuamidonaphthole R.

b. Bisazofarbstoffe

Evans Blue USP XVII. Azovan Blue BP 58. Azooanum coeruleum. 4,4'-bis[7-(1-Amino-8-hydroxy-2,4-disulfo)-naphthylazo]-3,3'-dimethyldiphenyl (Tetra-Natrium-Salz).

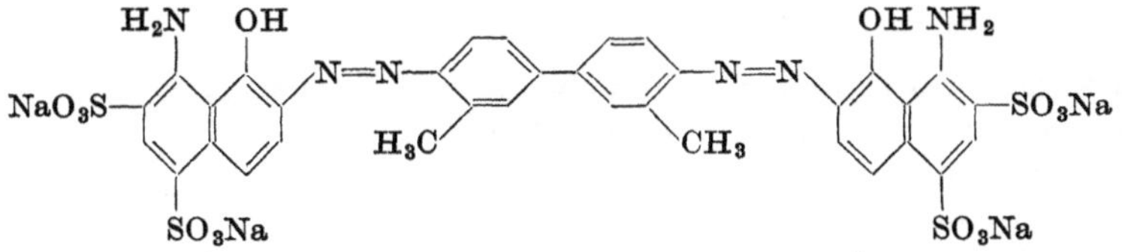

$C_{34}H_{24}N_6Na_4O_{14}S_4$ M.G. 960,82

Gehalt mindestens 95 und höchstens 105% berechnet auf die getrocknete Substanz.

Herstellung. Diazotiertes o-Toluidin wird mit 2 Mol 1-Amino-8-naphthol-2,4-disulfosäure in sodaalkalischer Lösung gekuppelt.

Eigenschaften. Grünes, blaugrünes oder braunes, geruchloses Pulver, leicht lösl. in W. mit blauer Farbe, wenig lösl. in A., praktisch unlösl. in Ae., Bzl., Chlf. und Tetrachlorkohlenstoff.

Die getrocknete Substanz ist hygroskopisch.

Erkennung. 1. Mit Hilfe der Elementaranalyse lassen sich Schwefel und Stickstoff nachweisen. – 2. Eine Lösung von Evans Blue, hergestellt wie unter „Gehaltsbestimmung" beschrieben, zeigt ein Absorptionsmaximum bei 610 mμ.

Prüfung (USP XVII). 1. Wasserunlösliche Stoffe. Etwa 1 g Substanz, genau gewogen, wird in 100 ml W. gelöst und durch einen gewogenen Glasfiltertiegel (kleine Porenweite) gesaugt. Der Rückstand wird mit W. farbstofffrei gewaschen und bei 105° bis zum konstanten Gewicht getrocknet. Er darf 0,05 % der eingewogenen Substanz nicht übersteigen.– 2. Chlorid. 0,025 g Substanz werden in 5 ml W. gelöst. 2 ml dieser Lsg. werden mit 2 ml Salpetersäure versetzt und zum Sieden erhitzt. Nach Zusatz von 9 ml W. und 0,5 ml Silbernitratlösung zu 1 ml der erhitzten Lsg. darf keine Trübung auftreten. – 3. Acetat. 2 ml der zur Prüfung auf Chlorid bereiteten Lsg. von Evans Blue werden mit 2 ml Schwefelsäure und 2 ml A. zum Sieden erhitzt. Es darf kein Geruch nach Essigsäure oder Essigester auftreten. – 4. Schwermetalle. Höchstens 70 ppm. – 5. Trocknungsverlust. Die 2 Std. bei 105° getrocknete Substanz darf nicht mehr als 15% ihres Gewichts verlieren.

Gehaltsbestimmung [USP XVI(!)]. Eine genau gewogene Menge Substanz, die etwa 0,350 g getrocknetem Evans Blue entspricht, wird in einem 1000-ml-Meßkolben mit W. zu 1 Liter gelöst. 10 ml dieser Lsg. werden in einen zweiten 1000-ml-Meßkolben pipettiert und dieser bis zur Eichmarke mit W. aufgefüllt. Nach gutem Durchmischen wird die Extinktion dieser Lsg. in 1 cm Schichtdicke spektrophotometrisch bei 610 mμ gegen W. gemessen. Der Gehalt in mg wird nach der Formel

$$\frac{100\,000 \cdot E}{a}$$

errechnet, wobei E die gemessene Extinktion und a der Extinktionskoeffizient $\left(E_{1\%}^{1\,cm}\right)$ des USP Evans Blue Reference Standard, bestimmt in einer Lsg., die etwa 3,5 mcg pro ml enthält, bedeuten.

Anwendung. Zur Bestimmung der Blutmenge. Eine bekannte Menge Farbstoff wird injiziert und nach einiger Zeit spektrophotometrisch die Konzentration des Farbstoffs in einer Blutprobe ermittelt.

Dosierung. 0,025 g intravenös (5 ml einer 0,5%igen wss. Lösung).

Unverträglichkeiten. Hohe Dosen können eine blaue Verfärbung der Haut verursachen.

Sterilisation. Evans Blue kann im Autoklaven (30 Min. bei etwa 7 atü) sterilisiert werden.

Handelsform: Geigy Blau 536.

Kongorot. Congo Red USP XV. Congazonnatrium Nord. 63. 4,4′-bis[1-Amino-4-sulfonaphthyl-(2)-azo]-diphenyl (Di-Natrium-Salz).

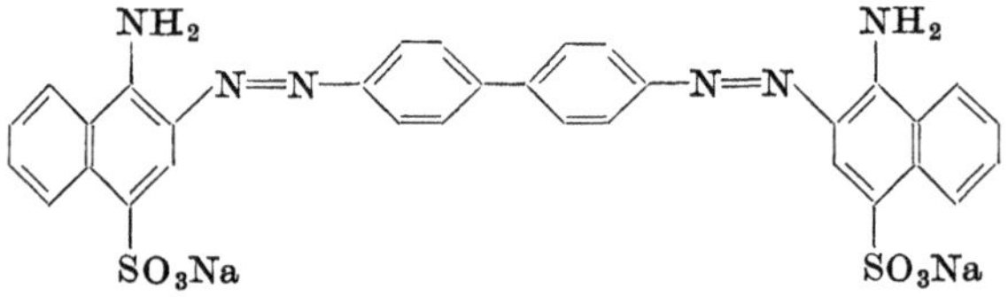

$C_{32}H_{22}N_6Na_2O_6S_2$ M.G. 696,69

Gehalt 98 bis 100,5%, berechnet auf die wasserfreie Substanz (Nord. 63).

Herstellung. 1 Mol Benzidin wird doppelt diazotiert und mit 2 Mol Naphthionsäure in essigsaurer Lösung gekuppelt.

Eigenschaften. Dunkelrotes oder rotbraunes, geruchloses Pulver, das sich unter Lichteinwirkung zersetzt. Es löst sich in W. mit rötlichbrauner Farbe, wenig lösl. in A., praktisch unlösl. in Ae. und Chlf.

Erkennung. 1. Eine Lsg. von Kongorot in 1 Volumenteil Phosphatlsg. und 4 Volumenteilen kohlendioxidfreiem Wasser hat ein Absorptionsmaximum bei 495 ± 1 mμ $E_{1\%}^{1\,cm} \approx 650$ (Nord. 63). – 2. Die wss. Lsg. 1 : 1000 wird mit einer Mineralsäure versetzt. Es scheidet sich ein blauer Niederschlag ab (freie Säure) (USP XV). – 3. Die wss. Lsg. 1 : 1000 wird mit Bromwasser versetzt. Die braunrote Farbe schlägt nach Gelb um (USP XV). – 4. Etwa 0,2 g Substanz werden in 10 ml Wasser gelöst, mit 3 ml Natronlauge versetzt und 10 Min. gekocht. Nach Zusatz eines geringen Überschusses an verd. Natronlauge entweicht Schwefeldioxid (USP XV). – 5. 5 ml einer 1%igen Kongorotlsg. werden mit 0,5 ml Salzsäure versetzt. In 2 ml des Filtrats, neutralisiert mit Ammoniak (Methylrot als Indikator) läßt sich Natrium nachweisen (Nord. 63).

Prüfung. 1. Säuren und Basen. 0,10 g Substanz, in 10 ml W. gelöst und mit 0,2 ml 0,01 n Natronlauge versetzt, müssen ein pH von mindestens 8,1 und nach Zusatz von 0,4 ml 0,01 n Salzsäure von höchstens 8,1 haben (mit der Glaselektrode gemessen) (Nord. 63). – 2. Empfindlichkeit. 50 ml kohlendioxidfreies W. werden mit 0,1 ml Kongorotlsg. (1 : 1000) versetzt. Die rote Farbe der Lsg. muß bei Zusatz von 0,05 ml 0,1 n Salzsäure nach Violett umschlagen. 0,05 ml 0,1 n Natronlauge müssen die Lsg. wieder rot färben (USP XV). – 3. Chlorid. Höchstens 300 ppm (Nord. 63). – 4. Zink. Höchstens 100 ppm (Nord. 63). – 5. Schwermetalle. Höchstens 400 ppm (Nord. 63). – 6. Trocknungsverlust. Höchstens 3%, 2 Std. bei 105° getrocknet (Nord. 63). – Sulfatasche. Mindestens 20% und höchstens 24%, berechnet auf die getrocknete Substanz (USP XV). – 8. Toxizität. Es darf nicht mehr als 110% der Toxizität des Nord. Standardpräparates besitzen. Die Prüfung wird an Mäusen vorgenommen.

Gehaltsbestimmung (Nord. 63). Etwa 0,2 g Substanz, genau gewogen, werden in 100 ml W. gelöst und mit 10 g Kalium-Natrium-Tartrat versetzt. Die Lsg. wird zum Sieden erhitzt und die Luft mit Kohlendioxid aus dem Titriergefäß verdrängt. Mit 0,1 n Titan(III)-chloridlsg. wird bis zum Farbumschlag nach Gelb titriert.

1 ml 0,1 n $TiCl_3$ entspricht 0,008708 g $C_{32}H_{22}N_6Na_2O_6S_2$.

Anwendung. Zur Bestimmung der Blutmenge (s. Evans Blue) und zur Diagnose der Amyloidose (amyloides Gewebe absorbiert Kongorot).

Dosierung. 0,1 bis 0,2 g intravenös.

Unverträglichkeiten. Schon normale Dosen können schwere allergische Erscheinungen, sogar plötzlichen Tod verursachen. Vorsicht bei Arteriosklerotikern und Patienten, denen schon einmal Kongorot injiziert wurde.

Handelsformen: Dianilrot R, Kosmosrot, Directrot C, Congo Red L, Amanil Congo YY, Erie Congo 4 B, Rouge Congo.

Bistolazonaphtholum rubrum ÖAB 9. Scarlet Red BPC 59. Rubrum scarlatinum. Sudan IV. Biebricher Scharlach. 5-o-Tolylazo-2-β-hydroxy-naphthylazotoluol. 1-[4′-(2″-Methyl-1″-phenylazo)-2′-methyl-1′-phenylazo]-2-hydroxy-naphthalin. o-Tolylazo-o-tolylazo-β-naphthol.

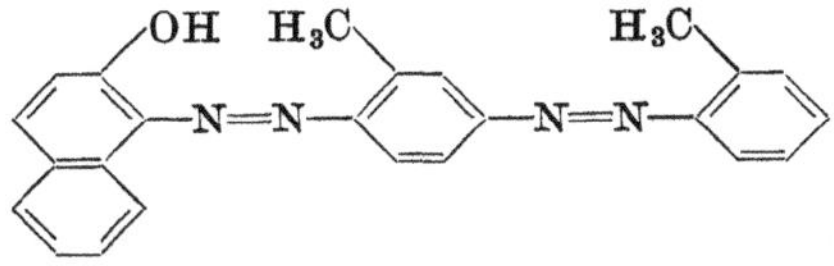

$C_{24}H_{20}N_4O$ M.G. 380,42

Herstellung. 4-Amino-3,2′-dimethylazobenzol wird diazotiert und mit β-Naphthol in alkalischer Lösung gekuppelt.

Eigenschaften. Dunkel-rotbraunes, geruchloses Pulver, praktisch unlösl. in W., wenig lösl. in A., Aceton und Bzl., lösl. in fetten Ölen, warmer Vaseline und warmem, flüssigem Paraffin.

Erkennung (ÖAB 9). 1. Etwa 0,001 g Substanz werden mit 1 ml Schwefelsäure versetzt. Es entsteht eine intensiv blaugrün gefärbte Lsg. Fügt man portionsweise W. hinzu, so geht die Färbung in Blau, Violett und Rotviolett über. Schließlich entsteht eine rote Trübung, während die Lsg. im durchscheinenden Licht blau erscheint. – 2. Etwa 0,005 g Substanz werden in 5 ml A. und mit 2 ml Olivenöl kräftig geschüttelt. Die Rotfärbung geht zum größten Teil in die Ölphase über.

Prüfung. 1. Tetrachlorkohlenstoffunlösliche Stoffe. 1,00 g Substanz wird in 50 ml siedendem Tetrachlorkohlenstoff gelöst, die heiße Lsg. durch einen gewogenen Filtertiegel gesaugt und mit heißem Tetrachlorkohlenstoff nachgewaschen, bis die ablaufende Flüssigkeit farblos ist. Der Rückstand darf nach dem Trocknen bei 105° bis zum konstanten Gewicht höchstens 0,0150 g betragen (ÖAB 9). – 2. Wasserlösliche Stoffe. 1,00 g Substanz werden mit 100 ml W. versetzt und unter häufigem Umschütteln 1 Std. stehengelassen. 50 ml des Filtrats dürfen nach dem Eindampfen und Trocknen höchstens 0,005 g Rückstand hinterlassen (ÖAB 9). – 3. Trocknungsverlust. Höchstens 1%, bei 105° bis zum konstanten Gewicht getrocknet (ÖAB 9). – 4. Sulfatasche. Höchstens 1,5% (BPC 59).

Anwendung. Zur Wundbehandlung. Scharlachrot regt die Epithelisierung bei Wunden und Brandwunden an.

Dosierung. 5%ige Salbe.

Unverträglichkeiten. Salben, stärker als 5%, können durch percutane Resorption der Substanz Gastroenteritis und Nierenreizung bewirken. In Österreich darf Scharlachrot nur zum tierärztlichen Gebrauch abgegeben werden.

Handelsformen: Fettponceau R, Cerotinponceau 3 B, Spirit Red III, Rouge P 1566, Sudan IV.

Sudan III. Aminoazobenzolrot. Pyronalrot B. Cerasinrot. Motitrot 2 R. Aminoazobenzolazo-β-naphthol.

$C_{22}H_{16}N_4O$ $C_6H_5N{=}NC_6H_4N{=}NC_{10}H_6OH$ M. G. 352,38

Es ist dem Biebricher Scharlachrot nahe verwandt und unterscheidet sich von diesem nur durch das Fehlen der Methylgruppen in den beiden Benzolkernen.

Eigenschaften. Ziegelrotes Pulver, unlösl. in W. und verd. Alkalilauge, lösl. in A., fetten Ölen und heißer Essigsäure. Aus letzterer kristallisiert es in braunen Blättchen mit grünem Metallschimmer. Fp. 195°.

Anwendung. Wie Biebricher Scharlach in Salben und in Öl gelöst. In der Mikroskopie als Farbstoff.

3. Triphenylmethanfarbstoffe

a. Diaminotriarylmethane

Brillantgrün. Brillant Green BP 63. Viride nitens Ross. 9. Tetraäthyl-p-aminofuchsonmonium-sulfat BP 63, -oxalat Ross. 9. Di-(4-diethylamino)-triphenylmethanol-anhydride.

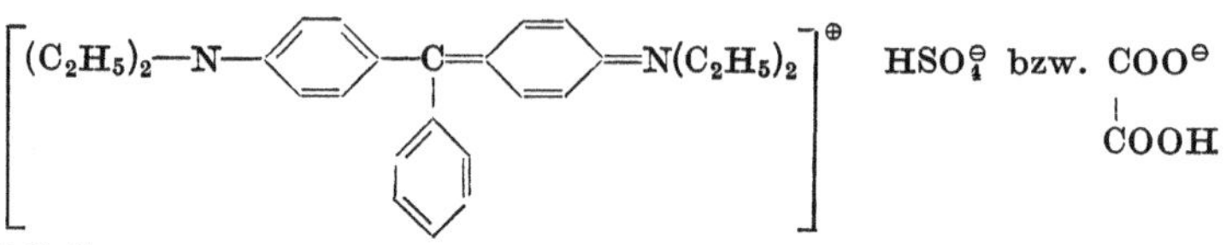

$C_{27}H_{34}N_2O_4S$ M.G. 482,63

$C_{29}H_{34}N_2O_4$ M.G. 474,58

Gehalt mindestens 96%, bezogen auf die bei 105° bis zum konstanten Gewicht getrocknete Substanz (BP 63).

Herstellung. Benzaldehyd wird mit Diäthylanilin in Gegenwart von Schwefelsäure oder Salzsäure zu Tetraäthyl-diaminotriphenylmethan kondensiert. Die Leukobase wird mit Mennige zum Farbstoff oxydiert.

Eigenschaften. Goldglänzende Kristalle oder grün-goldenes Pulver. Sulfat: Lösl. in W. und A. mit grüner Farbe. Oxalat: Praktisch unlösl. in W. und A., löslich in Chlf.

Erkennung (BP 63). Je 10 ml einer 0,05%igen Brillantgrünlsg. werden versetzt mit 1. einigen Tr. Salzsäure. Die Farbe schlägt von Grün nach Rotgelb um. – 2. einigen Tr. Natronlauge. Ein hellgrüner Niederschlag (die freie Base) fällt aus. – 3. 1 ml Salzsäure und 0,2 g Zinkstaub. Die Lsg. entfärbt sich und das Filtrat darf sich bei Luftzutritt nicht sofort wieder färben.

Prüfung. 1. Alkoholunlösliche Stoffe (Sulfat). 1,0 g Substanz werden mit 50 ml A. (90%) 15 Min. am Rückflußkühler gekocht, durch einen gewogenen Filtertiegel gesaugt, mit heißem A. (90%) farbstofffrei gewaschen und bei 105° bis zur Gewichtskonstanz getrocknet. Der Rückstand darf nicht mehr als 0,010 g betragen (BP 63). – 2. Arsen. Höchstens 4 ppm (BP 63). – 3. Blei. Höchstens 10 ppm (BP 63). – 4. Zink. 0,10 g Substanz werden mit Schwefelsäure befeuchtet und abgeraucht. Der Rückstand wird mit 5 ml verd. Salzsäure, 2 bis 3 Tr. Salpetersäure und 5 ml W. versetzt und zum Sieden erhitzt. Nach Zugabe von 5 ml verd. Ammoniak wird kurz aufgekocht und filtriert. Das Filtrat darf durch 2 Tr. Ammoniumsulfidlsg. nicht verändert werden (BP 63). – 5. Schwermetalle. Höchstens 25 ppm (Ross. 9). – 6. Sulfatasche. Höchstens 1% (BP 63). – 7. Trocknungsverlust. Höchstens 3,5%, bei 105° bis zur Gewichtskonstanz getrocknet (BP 63).

Gehaltsbestimmung (BP 63). Etwa 0,6 g Substanz, genau gewogen, werden in einer Mischung von 25 ml W. und 30 ml 20%iger Natriumcitratlsg. und mit 0,1 g Natriumbicarbonat versetzt. Zur Vertreibung der Luft wird in das Titriergefäß während der gesamten Bestimmung ein steter Kohlendioxidstrom eingeleitet. Nach Zugabe von 50 ml 0,1 n Titan(III)-chloridlösung wird die Flüssigkeit 5 bis 10 Min. unter gelegentlichem Umschütteln am schwachen Sieden erhalten und nach dem Abkühlen mit 20 ml Salzsäure angesäuert. Es wird mit W. auf 150 ml verdünnt und nach Zusatz von 0,2 ml einer 1,5%igen Methylenblaulsg. mit 0,1 n Ferriammonsulfatlsg. bis zum Umschlag nach Grünlichblau zurücktitriert. Unter den gleichen Bedingungen wird ein Blindversuch angesetzt. Die Differenz zwischen dem Verbrauch an 0,1 n Ferriammonsulfatlsg. im Haupt- und im Blindversuch entspricht dem Verbrauch an 0,1 n Titan(III)-chloridlsg.

1 ml 0,1 n $TiCl_3$ entspricht 0,02413 g $C_{27}H_{34}N_2O_4S$.

Anwendung. Antisepticum. Zur Behandlung von infizierten Wunden und Verbrennungen.

Dosierung. 0,05- bis 0,1%ige Lösung.

Handelsformen: Malachitgrün G, Diamantgrün G, Äthylgrün, Benzolgrün G, Smaragdgrün, Brilliant Green, Vert brillante.

Malachitgrün. Symm. Tetramethyl-p-amino-fuchsonimoniumchlorid. 4,4'-Bis-dimethylamino-triphenyl-carbinol (Monohydrochlorid). Tetramethyl-4,4'-diamino-triphenyl-carbinol (Monohydrochlorid). Malachit Green.

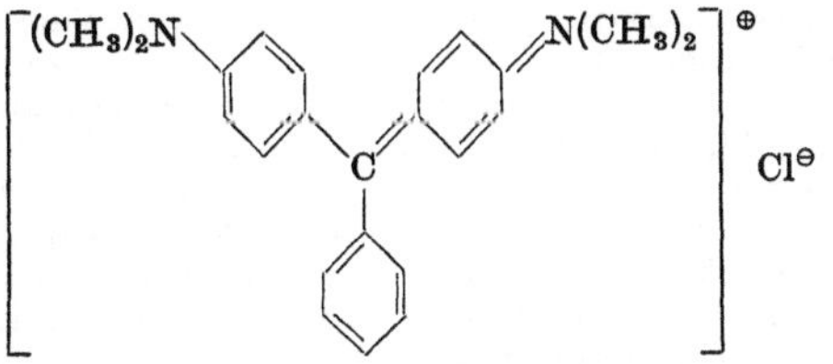

$C_{23}H_{24}N_2 \cdot HCl$ M.G. 364,90

Herstellung. Benzaldehyd wird mit Dimethylanilin in Gegenwart von Schwefelsäure kondensiert und die entstandene Leukobase in salzsaurer Lösung oxydiert.

Eigenschaften. Grüne, metallglänzende Kristalle, leicht lösl. in W. mit blaugrüner Farbe, lösl. in A. und Amylalkohol.

Erkennung. 1. Die wss. Lsg. färbt sich nach Zusatz von Salzsäure gelb. – 2. Wird die wss. Lsg. mit Natronlauge versetzt, so entsteht ein grünlich-weißer Niederschlag (Carbinolbase, Fp. 132°).

Anwendung. Antisepticum. Äußerlich gegen Mykosen und bakterielle Hautinfektionen.

Dosierung. 0,05- bis 2%ige wss. Lösung.

Handelsformen: Neuviktoriagrün 0, Benzalgrün 00, Diamantgrün B, Solidgrün 0, Viktoriagrün, Neugrün B 1, Vert malachite NB.

b. Triaminoarylmethane

Crystal Violett BP 63. Gentian Violet USP XVII. Viola crystallina. Medicinal Gentiana Violet. Methylrosaniline Chloride. Kristallviolett.

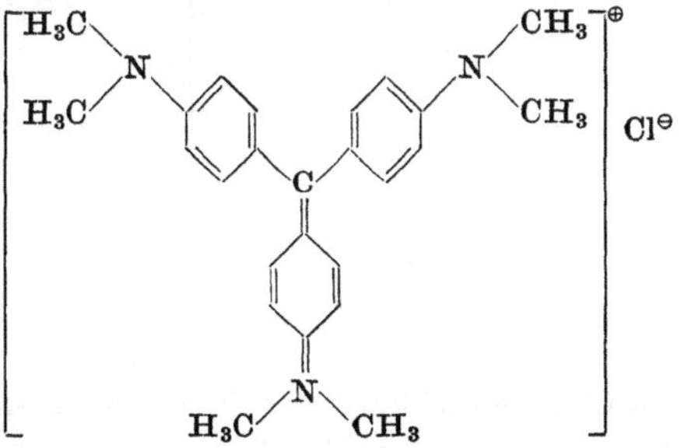

$C_{25}H_{30}ClN_3$ M.G. 407,99

Kristallviolett ist Hexamethylpararosanilin-chlorid, das normalerweise mit etwas Pentamethyl- und etwas Tetramethylpararosanilin-chlorid verunreinigt ist.

Gehalt: Mindestens 96,0%, berechnet auf $C_{25}H_{30}ClN_3$ und die getrocknete Substanz (BP 63 u. USP XVII).

Eigenschaften. Dunkelgrünes oder grünlich-bronzefarbenes, kristallines Pulver oder Kristalle, die einen metallischen Glanz zeigen. Geruchlos oder höchstens ganz schwach riechend. Löslich bei 20° in etwa 200 T. W., in 10 ml A., in etwa 15 ml Glycerin (jeweils 1 g), löslich in Chloroform, unlöslich in Ae.

Erkennung. a) Etwas Substanz wird auf 1 ml Schwefelsäure aufgestreut. Die Substanz löst sich mit orangeroter oder braunroter Farbe. Wenn mit Wasser vorsichtig verdünnt wird wechselt die Farbe über Braun und Grün nach Blau (USP XVII u. BP 63). – b) Etwa 20 mg Substanz werden in 10 ml W. und 5 Tr. Salzsäure gelöst. 5 ml dieser Lösung werden tropfenweise mit Gerbsäurelösung versetzt; es entsteht ein tiefblauer Niederschlag (BP 63 u. USP XVII). – c) Die verbliebenen 5 ml von b) werden mit 500 mg Zinkstaub versetzt und erhitzt; es tritt rasche Entfärbung der Lösung ein. Wird ein Tropfen der entfärbten Lösung auf ein mit Ammoniak getränktes Filterpapier gegeben, so entsteht an der Berührungsfläche eine blaue Zone (USP XVII u. BP 63).

Prüfung. a) Arsen: Höchstens 4 ppm (BP 63). – b) Blei: Höchstens 10 ppm (BP 63). – c) Zink: 0,10 g Substanz werden mit Schwefelsäure benetzt und verascht. Der Rückstand wird mit einem Gemisch von 5 ml verd. Salzsäure, 2 bis 3 Tr. Salpetersäure und 5 ml Wasser ausgekocht, mit 5 ml verd. Ammoniaklösung versetzt, erneut gekocht und filtriert. Das Filtrat darf nach Zusatz von 2 Tr. Ammoniumsulfidlösung keine Trübung bzw. weiße Fällung zeigen (BP 63). – d) Äthanolunlösliche Verunreinigungen: 1,00 g Substanz wird mit 15 ml A. 15 Min. zum Rückfluß erhitzt, durch einen tarierten Filtertiegel filtriert. Der im Tiegel verbliebene Rückstand wird so lange mit heißem A. gewaschen, bis das Filtrat farblos abläuft und 1 Std. bei 105° getrocknet: Höchstens 1% (USP XVII, BP 63). – e) Verbrennungsrückstand: Höchstens 1,5% (USP XVII). – f) Sulfatasche: Höchstens 1,5% (BP 63).

Gehaltsbestimmung. BP 63 und USP XVII geben titanometrische Titrationsvorschriften an. Ausführung nach USP XVII: 400 mg Substanz werden genau gewogen, in einem 300-ml-Kolben mit 25 ml W. und 10 ml Salzsäure versetzt und aus dem Kolben durch Einleiten von Kohlendioxid die Luft verdrängt. Während der ganzen Bestimmung wird ein kontinuierlicher Kohlendioxidstrom durch die Reaktionsflüssigkeit geleitet. Nach Zugabe von 50,0 ml 0,1 n Titan(III)-chloridlösung wird zum Sieden erhitzt und 10 Min. unter gelegentlichem Umschwenken gelinde erwärmt. Die Lösung wird dann abgekühlt, mit 5 ml 10%iger Ammoniumthiocyanatlösung versetzt und mit 0,1 n Eisen(III)-ammoniumsulfatlösung bis zum Umschlag nach schwach Rot titriert. Vor der Berechnung wird ein Blindversuch ausgeführt. 1 ml 0,1 n Titan(III)-chloridlösung entspricht 20,40 mg $C_{25}H_{30}ClN_3$.

Aufbewahrung. In dicht schließenden Gefäßen.

Fuchsin. Magenta BPC 63.

Gemisch aus 1. *Fuchsin* [Rosanilinhydrochlorid, p,p'-Diamino-m-methyl-fuchsonimoniumchlorid, 4,4',4''-Triamino-3-methyl-triphenylcarbinol (Monohydrochlorid)].

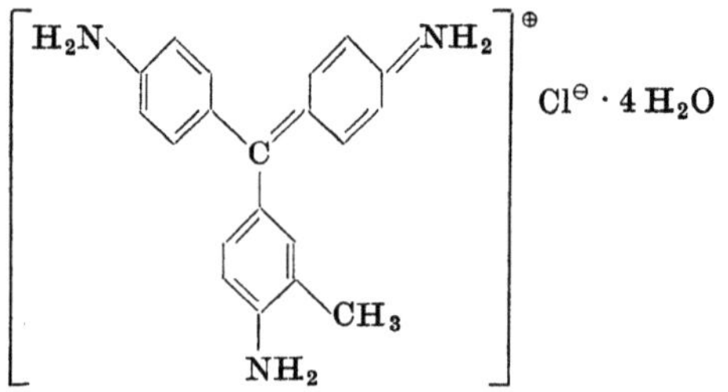

$C_{20}H_{19}N_3 \cdot HCl \cdot 4\,H_2O$ M.G. 409,92

2. *Parafuchsin* [Pararosanilinhydrochlorid, p,p'-Diaminofuchsonimoniumchlorid, 4,4',-4''-Triamino-triphenyl-carbinol (Monohydrochlorid)].

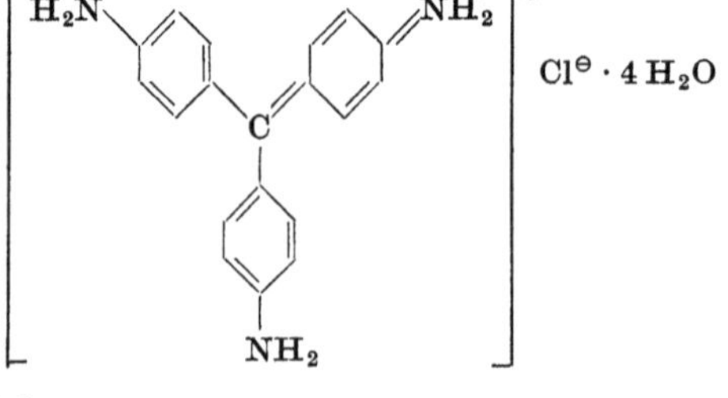

$C_{19}H_{17}N_3 \cdot HCl \cdot 4\,H_2O$ M.G. 395,89

Gehalt mindestens 85,0%, berechnet als Fuchsin ($C_{20}H_{19}N_3 \cdot HCl$), bezogen auf die 1 Std. bei 130° getrocknete Substanz (BPC 63).

Herstellung. Ein Gemisch aus Anilin, o-Toluidin und p-Toluidin wird mit Nitrobenzol in Gegenwart von Salzsäure und Eisen erhitzt (Nitrobenzolverfahren).

Eigenschaften. Metallisch grün glänzende, im durchfallenden Licht rot erscheinende, tetragonale Kristalle oder daraus hergestelltes, geruchloses, bitter schmeckendes Pulver, lösl. in W. und A. mit karmoisinroter Farbe, praktisch unlösl. in Ae. und Chlf.

Erkennung (BPC 63). 0,1 g der Substanz werden in 100 ml W. gelöst. 1. 5 ml der roten Lsg. färben sich nach Zusatz von 0,5 ml verd. Salzsäure gelb. – 2. 5 ml Stammlsg. werden mit 0,5 ml verd. Ammoniaklsg. versetzt. Nach etwa 1 Min. entsteht ein roter Niederschlag. – 3. In 5 ml der Lsg. wird 2 Min. lang Schwefeldioxid eingeleitet. Die Flüssigkeit färbt sich blaßgelb.

Prüfung. 1. Aethanolunlösliche Stoffe. Höchstens 0,0010 g, bestimmt wie bei Eosin angegeben (Nord. 63). – 2. Zink. 0,5 g Fuchsin werden mit Schwefelsäure abgeraucht, der Rückstand in 2 ml heißer verd. Salzsäure gelöst, mit 10 ml W. verdünnt und zum Sieden erhitzt. Nach Zusatz von 2 ml verd. Ammoniaklsg. wird aufgekocht, filtriert, mit verd. Salzsäure gegen Lackmus neutralisiert und mit 4 ml verd. Salzsäure versetzt. Die Lsg. darf sich nach Zusatz von 1 ml Kaliumhexacyanoferrat(II)-lsg. nicht trüben (BPC 63). – 3. Trocknungsverlust. Höchstens 10,0%, bei 130° 1 Std. getrocknet (BPC 53). – 4. Sulfatasche. Höchstens 1,0% (BPC 63).

Gehaltsbestimmung (BPC 63). Etwa 0,3 g Fuchsin, genau gewogen, werden in einer Mischung aus 75 ml A. und 50 ml W. gelöst und mit 25 ml einer 30%igen Kalium-Natriumtartratlsg. versetzt. Die Lsg. wird zum Sieden erhitzt und heiß mit 0,1 n Titan(III)-chloridlsg. titriert. Während der Bestimmung muß durch einen ständigen Kohlendioxidstrom die Luft aus dem Titriergefäß vertrieben werden. 1 ml 0,1 n $TiCl_3$ entspricht 0,01689 g $C_{20}H_{19}N_3 \cdot HCl$.

Anwendung. Als Anthelminticum s. Bd. I, S. 951.

c. Hydroxytriarylmethane

Phenolsulfonphthaleinum Ph.Helv. V – Suppl. I. Phenolrot. Phenolsulphonphthalein BP 63. Phenolsulfonphthalein USP XVII. Phenolsulfophthaleinum Nord. 63. Rouge de Phénol CF 65. Phenol Red. Rubrum phenoli. Sulton der 4,4′,α-Trioxy-triphenylmethan-2″-sulfosäure.

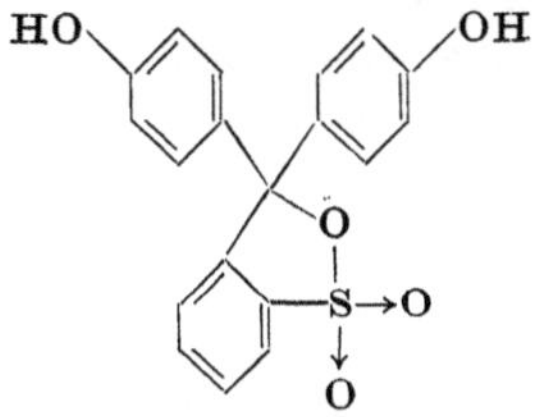

$C_{19}H_{14}O_5S$ M.G. 354,39

Gehalt 98,0 bis 101,0% (Nord. 63).

Herstellung. o-Sulfo-benzoesäure wird mit Phenol auf 130 bis 135° erhitzt.

Eigenschaften. Ziegelrotes bis dunkelrotes, kristallines, geruchloses, schwach bitter schmeckendes Pulver, lösl. in 1300 Teilen W., lösl. in A. und Aceton, wenig lösl. in Ae. und Chlf.

Erkennung. 1. In verd. Natronlauge löst sich Phenolrot mit dunkelroter, etwas blaustichiger Farbe. Bei starkem Verdünnen mit W. färbt sich die Lsg. bläulichrosa; beim Ansäuern schlägt die Farbe in orangegelb um (Ph.Helv. V – Suppl. I). Wird die saure Lsg. mit etwas Zinkstaub erwärmt, so tritt Entfärbung ein (BP 63). – 2. 0,005 g Substanz werden in einigen Tr. verd. Natronlauge gelöst und mit 2 ml 0,1 n Bromlsg. und 1 ml verd. Salzsäure versetzt. Die Lsg. wird geschüttelt und 5 Min. stehengelassen. Wird hierauf mit 2 ml verd. Natronlauge alkalisch gemacht, so entsteht eine intensiv blaurote Färbung (Ph.Helv. V – Suppl. I). – 3. 0,20 g Substanz wird mit 0,10 g wasserfreiem Natriumacetat und 1 ml Acetanhydrid 2 Min. gekocht. Anschließend wird der Überschuß an Acetanhydrid in einer Porzellanschale abgedampft und der Verdampfungsrückstand in 5 ml warmem Methanol gelöst. Beim Erkalten kristallisiert das Diacetylderivat des Phenolrots aus, das nach mehrmaligem Waschen mit Methanol und Trocknen bei 105° zwischen 130 und 135° schmilzt (Nord. 63).

Prüfung. 1. Säuren und Basen. 0,40 g Substanz werden 2 Min. mit 20 ml W. geschüttelt und filtriert. Das Filtrat muß ein pH von mindestens 2,6 und höchstens 2,9 haben, gemessen mit der Glaselektrode (Nord. 63). – 2. Alkaliunlösliche Stoffe. Etwa 1 g Phenolrot, genau gewogen, wird in einer filtrierten Lsg. von 0,5 g Natriumbicarbonat in 20 ml W. gelöst. Die Lsg. wird unter häufigem Umschütteln 1 Std. stehengelassen und anschließend mit W. auf 100 ml verdünnt. Nach 2 Std. wird durch einen gewogenen Filtertiegel filtriert und zuerst mit 25 ml 1%iger Natriumbicarbonatlsg., sodann mit 25 ml W. in kleinen Anteilen gewaschen. Der 1 Std. bei 105° getrocknete Rückstand darf nicht mehr als 0,2% betragen (USP XVII). – 3. Empfindlichkeit. Ein 100-ml-Jodzahlkolben wird mit frisch ausgekochtem und wieder abgekühltem Wasser so gefüllt, daß zwischen Glasstopfen und Wasseroberfläche ein Luftraum von etwa 3 ml bleibt. Nach Zusatz von 1 ml 0,1%iger Phenolrotlsg. und 0,5 ml 0,02 n Natronlauge wird die Lsg. kräftig geschüttelt. Sie muß sich intensiv rot färben (USP XVI). – 4. Arsen. Höchstens 10 ppm (USP XVII). – 5. Schwermetalle. Höchstens 200 ppm (Nord. 63). – 6. Chlorid. Höchstens 35 ppm (Nord. 63). – 7. Pyrogene Stoffe. 0,05 g Phenolrot werden in einer Mischung von 40 ml pyrogenfreiem, sterilem Wasser und 2,0 ml einer mit pyrogenfreiem, sterilem Wasser bereiteten 1 n Natronlauge gelöst. Die Lsg. wird mit pyrogenfreier, steriler 1 n Salzsäure auf pH 6,0 bis 7,5 eingestellt, mit pyrogenfreiem, sterilem Wasser auf 50 ml verdünnt und durch einen Glassintertrichter filtriert. Von dieser Lsg. werden den Kaninchen zur Prüfung auf Pyrogene 1 ml pro kg Körpergewicht injiziert (BP 63). – 8. Unzulässige Toxizität. Je 0,5 ml der zur Prüfung auf pyrogene Stoffe bereiteten Lösung werden 5 normalen, etwa 20 g schweren Mäusen intravenös injiziert. Kein Tier darf innerhalb von 24 Std. sterben. Überleben nur 4 Mäuse den Test, so wird der Versuch wiederholt. Stirbt kein Tier der zweiten Gruppe innerhalb von 24 Std., gilt die Substanz als verträglich (BP 63). – 9. Trocknungsverlust. Höchstens 1% (Ph.Helv. V – Suppl. I). – 10. Sulfatasche. Höchstens 0,2% (CF 65).

Gehaltsbestimmung (BP 63). 0,87 bis 0,90 g Substanz, genau gewogen, werden in 15 ml 1 n Natronlauge gelöst und mit W. auf 250 ml aufgefüllt. 50 ml der Lsg. werden in einem Jodzahlkolben mit 150 ml W., 50 ml 0,1 n Bromlsg. (Bromid-Bromat) und 5 ml Salzsäure versetzt. Die Lsg. wird 20 Min. ins Dunkle gestellt. Nach Zusatz von 1 g Kaliumjodid wird das ausgeschiedene Jod mit 0,1 n Natriumthiosulfatlsg. titriert, Stärkelsg. als Indikator.
1 ml 0,1 n Br_2 entspricht 0,004430 g $C_{19}H_{14}O_5S$.

Anwendung. Zur Nierenfunktionsprüfung. Phenolrot wird schnell und zu 94 bis 96% tubulär über die Nieren ausgeschieden. Die Farbstoffausscheidung innerhalb von 15 Min. nach der Injektion gilt als Maß der tubulären Sekretionsfähigkeit.

Dosierung. 6 mg intravenös; gewöhnlich 10 ml einer 0,06%igen Lösung.
Phenolrot dient in der Maßanalyse als Indikator, vgl. Bd. I, S. 312.

Sterilisation. Phenolrot kann durch Erhitzen im Autoklaven oder durch Sterilfiltration sterilisiert werden.

Handelsformen: Phenolsulfophthalein-Lösung „Merck“ (Merck), Fenolipuna, Sulphental, Sulphontal.

Sulfobromphthalein. Sulphobromophthalein Sodium BP 63. Sodium Sulfobromophthalein USP XVII. 4,5,6,7-Tetrabromphenolphthalein-3′,3″-disulfosäure (Di-Natrium-Salz).

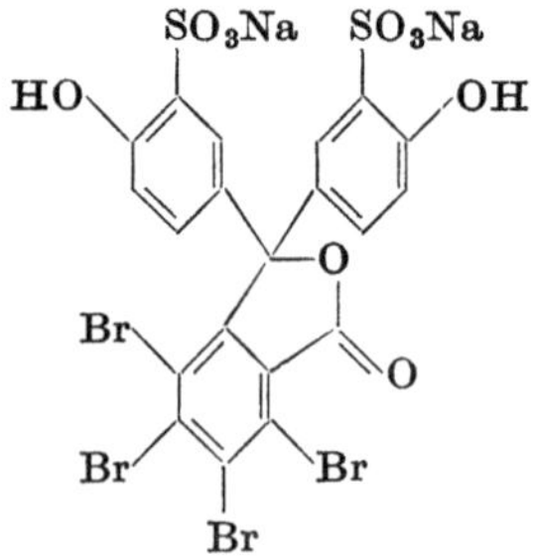

$C_{20}H_8Br_4Na_2O_{10}S_2$ M.G. 838,02

Gehalt mindestens 36,0% und höchstens 39,0% Brom, sowie mindestens 7,4% und höchstens 8,2% Schwefel, berechnet auf die bei 105° bis zum konstanten Gewicht getrocknete Substanz (BP 63).

Herstellung. Tetrabromphthalsäureanhydrid wird mit Phenol in Gegenwart von Schwefelsäure auf 145 bis 150° erhitzt und anschließend sulfoniert.

Eigenschaften. Weißes, kristallines, bitter schmeckendes, geruchloses, hygroskopisches Pulver, lösl. in W. und Alkali, praktisch unlösl. in A. und Aceton. Die alkalische Lsg. ist intensiv bläulich-purpurrot gefärbt.

Erkennung (BP 63). 1. Die Extinktion einer 0,0005%igen Lsg. in 0,05 n Natronlauge, in 1 cm Schichtdicke spektrophotometrisch gemessen bei 580 mμ beträgt etwa 0,40. – 2. Im Verbrennungsrückstand läßt sich Bromid nachweisen. – 3. Natrium kann durch Flammenfärbung nachgewiesen werden.

Prüfung (BP 63). 1. Wasserunlösliche Stoffe. 0,2 g Substanz müssen sich in 10 ml W. vollständig lösen. Die Lsg. muß klar und farblos sein. – 2. Halogene. 5 ml einer 1%igen Lsg. von Sulfobromphthalein werden mit je 1 ml verd. Salpetersäure und Silbernitratlsg. versetzt. Es darf höchstens eine leichte Opaleszenz auftreten. – 3. Sulfat. 10 ml einer 0,2%igen Lsg. werden mit 5 Tr. verd. Salzsäure zum Sieden erhitzt und mit 1 ml Bariumchloridlsg. versetzt. Die heiße Lsg. muß 2 Min. klar bleiben. (Beim Abkühlen kristallisiert das schwerlösliche Bariumsalz von Sulfobromphthalein aus.) – 4. Calcium. 5,0 g Substanz werden in einem Platintiegel verascht. Der erkaltete Rückstand wird mit 1 ml Salzsäure und 10 ml W. versetzt und 5 Min. auf dem Wasserbad erwärmt. Nach Zugabe von 1 g Ammoniumsulfat und 4 ml verd. Ammoniaklsg. wird nochmals 5 Min. erwärmt. Der Tiegelinhalt wird nun mit Hilfe von 50 ml W. in einen Weithals-Erlenmeyerkolben gespült, mit 20 ml Ammoniaklsg. versetzt und mit W. auf 100 ml verdünnt. Es werden 0,3 ml Natriumsulfidlsg., 1 ml Kaliumcyanidlsg., 74 ml abs. A. und als Indikator 0,1 g einer Mischung aus 1 T. Methylthymolblau und 99 T. Kaliumnitrat hinzugefügt. Die Lösung wird mit 0,01 m Äthylendiamin-tetraessigsäure-Dinatriumsalz-Lösung bis zur schwachen Graufärbung titriert. Hierbei dürfen nicht mehr als 6,25 ml 0,01 m Äthylendiamin-tetraessigsäure-Dinatriumsalz-Lösung verbraucht werden. – 5. Trocknungsverlust. Höchstens 5,0%, bei 105° bis zum konstanten Gewicht getrocknet.

Gehaltsbestimmung (USP XVII). Etwa 100 mg Substanz, genau gewogen, werden zu 500 ml im Meßkolben gelöst. 5 ml der Lsg. werden in einem 200-ml-Meßkolben mit Natriumcarbonatlsg. (1 in 100) bis zur Marke verdünnt. Daneben wird eine Lsg. von etwa 5 mcg je ml mit genau bekannter Menge USP Sulfobromophthalein Natrium Referenz Standard in Natriumcarbonatlsg. (1 in 100) hergestellt. Die Absorptionen beider Lsg. werden in 1 cm Schichtdicke bei 580 mμ gegen Natriumcarbonatlsg. gemessen und der Gehalt der Substanz an $C_{20}H_8Br_4Na_2O_{10}S_2$ nach 20 C(A_U/A_S) errechnet, wobei C die Konzentration des Standards im mcg je ml, A_U und A_S die Absorptionen der Untersuchungs- und der Standardlsg. bedeuten.

Anwendung. Zur Leberfunktionsprüfung. Sulfobromphthalein wird fast ausschließlich von der Leber aufgenommen und durch die Galle ausgeschieden. Bei Störungen der Leberfunktion verschwindet der Farbstoff langsamer aus dem Blut. Zur Beurteilung wird die Farbstoffkonzentration im Blut einige Zeit nach der Injektion gemessen (45-Minuten-Test, 60-Minuten-Test).

Dosierung. 5 mg/kg Körpergewicht intravenös.

Sterilisation. Sulfobromphthalein wird durch Sterilfiltration sterilisiert.

Handelsformen: Bromthalein (Merck), Hepartest (Mainkur), Bromsulfalein (Hynson, Westcott & Dunning).

Jodphthaleinum solubile Ph.Helv. V – Suppl. I. Tetrajodphenolphthalein. Jod-Tetragnost Erg.B. 6. Iodophthalein BP 53. Jodphthaleinum Ph.Dan. IX. Iodophthalein Sodium USP XV. Jodognostum Ross. 9. Natrium tetraiodophenolphthaleinicum. Soluble Iodophthalein. Tethiothalein Sodium. Tetraiodophthalein Sodium.

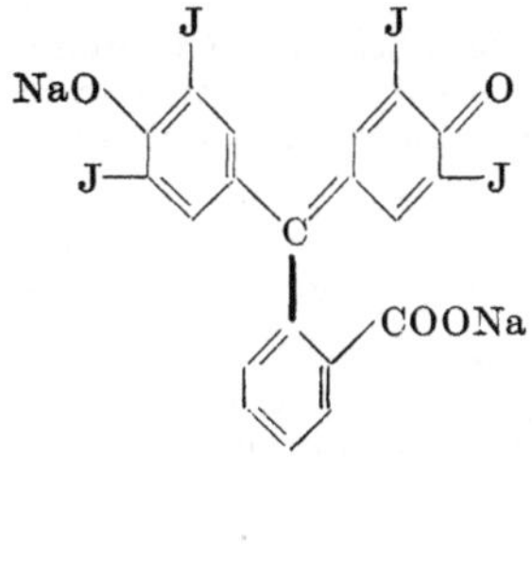

3′,5′,3″,5″-Tetrajodphenolphthalein (Di-Natrium-Salz).

$C_{20}H_8J_4O_4Na_2$ M.G. 865,95

Gehalt. Natriumtetrajodphenolphthalein kristallisiert mit wechselnden Mengen Kristall-Lösungsmittel (Wasser, Äthanol). Daher schwanken die Gehaltsforderungen in den einzelnen Pharmakopöen, je nach dem, ob Präparate mit Kristalläthanol (etwa 4 Mol C_2H_5OH) oder das Hydrat (3 Mol H_2O) zugelassen sind.

1. Kristalläthanol. 77 bis 86% $C_{20}H_8J_4O_4$. Dieses muß einen Jodgehalt von mindestens 59,5 und höchstens 62,6% aufweisen (Ph.Helv. V – Suppl. I). – 2. Kristallwasser. Mindestens 87% $C_{20}H_8O_4J_4$, berechnet auf die bei 105° bis zur Gewichtskonstanz getrocknete Substanz. Diese muß mindestens 60,0 und höchstens 63,0% Jod enthalten (BP 53). – 3. In Ross. 9 ist die 15%ige wäßrige Lösung offizinell. Sie muß mindestens 14,55 und höchstens 15,45% $C_{20}H_8J_4O_4Na_2$ enthalten.

Herstellung. Phenolphthalein wird in der Wärme mit Jodjodkali in alkalischer Lösung umgesetzt.

Eigenschaften. Graues (Kristalläthanol), an der Luft blauwerdendes, blaues (Kristallwasser) oder rötlichblaues, fast geruchloses oder schwach nach A. riechendes, salzig-süß, etwas zusammenziehend schmeckendes Pulver, lösl. in W., wenig lösl. in A., praktisch unlösl. in Ae.

Erkennung (Ph.Helv. V – Suppl. I). 1. Natrium-Tetrajodphenolphthalein färbt sich beim Erhitzen zuerst dunkelblau, dann unter Entwicklung von Joddämpfen braun und schwarz. – 2. 0,3 g Substanz müssen mit 15 ml kohlendioxidfreiem W. eine klare, in der Aufsicht dunkelblaue und in der Durchsicht violettrote Lsg. geben, die sich 3. beim Versetzen mit verd. Salpetersäure entfärbt. Dabei entsteht ein weißer, höchstens gelblichweißer, gallertiger Niederschlag (freie Säure).

Prüfung. 1. Jodid und Chlorid. Höchstens 3500 ppm (Ph.Dan. IX). – 2. Sulfat. Höchstens 60 ppm (Ph.Dan. IX). – 3. Carbonat. Höchstens 10000 ppm (Ph.Dan. IX). – 4. Schwermetalle. Höchstens 20 ppm (Ph.Dan. IX). 1,7 ppm (Ross. 9, Lösung).

Gehaltsbestimmung (Ph.Helv. V – Suppl. I). 1. Tetrajodphenolphthalein. Etwa 0,5 g Substanz, genau gewogen, werden in 50 ml W. gelöst und unter Umrühren mit 20 ml verd. Salzsäure versetzt. Nach 30 Min. wird der Niederschlag auf einem gewogenen Filtertiegel gesammelt und mit insgesamt 50 ml 1 n Salzsäure von etwa 60° in kleinen Portionen gewaschen. Der Tiegel wird 12 Std. an der Luft und anschließend bei 110° bis zum konstanten Gewicht getrocknet. – 2. Jod. Etwa 0,1 g des beim obigen Versuch erhaltenen getrockneten Tetrajodphenolphthaleins genau gewogen, wird in einem kleinen Nickeltiegel mit etwa 1 g getrocknetem Natriumcarbonat vermischt. Der Tiegel wird anschließend mit getrocknetem Natriumcarbonat unter Pressen vollständig gefüllt und umgekehrt in einen passenden größeren Nickeltiegel gestellt. Auch der Zwischenraum zwischen beiden Tiegeln wird unter Anpressen mit getrocknetem Natriumcarbonat gefüllt. Dann wird 20 Min. lang zur starken Rotglut erhitzt. Die abgekühlten Tiegel werden in ein Becherglas gebracht und der Tiegelinhalt durch Kochen mit W. gelöst. Die Lsg. wird in einen 500-ml-Erlenmeyerkolben filtriert und Tiegel und Becherglas mit heißem W. in kleinen Portionen halogenfrei gewaschen. Die vereinigten Flüssigkeiten werden langsam und unter ständigem Umrühren bis zur sauren Reaktion mit einer Mischung aus 25 T. Salpetersäure und 65 T. W. versetzt. Nach Zusatz von 10 ml 0,1 n Silbernitratlsg. und 5 ml Ferriammonsulfatlsg. wird mit 0,1 n Ammoniumrhodanidlsg. bis zum Farbumschlag nach Rötlichgelb titriert.

1 ml 0,1 n $AgNO_3$ entspricht 0,01269 g Jod.

Anwendung. Röntgenkontrastmittel zur Darstellung der Gallenwege (Cholezystographie). Kontraindikationen: Schwere Leber- und Nierenschäden, offene Tbc, Hyperthyreose und Sensibilität gegen Jod.

Dosierung. 4,5 g oral, 2 bis 4 g intravenös, gewöhnlich 50 ml einer 5%igen frischen Lösung.

Unverträglichkeiten. 1. Bei Luftzutritt wird Kohlendioxid absorbiert, wodurch die Löslichkeit unter Freisetzung von Tetrajodphenolphthalein zurückgeht. Lösungen müssen deshalb mit kohlendioxidfreiem Wasser hergestellt und unter Verschluß aufbewahrt werden. – 2. Sauer reagierende Stoffe (Zersetzung).

Sterilisation. Die Sterilisation erfolgt durch einstündiges Erhitzen auf etwa 60 bis 65° an drei aufeinanderfolgenden Tagen (Ph.Helv. V – Suppl. I).

Handelsformen: Jod-Tetragnost (Merck). Cholumbral, Jod-Cholumbral (Siegfried). Cystopac (Grubb Lab.) Foriod (Spécia). Opacin, Cholagnost, Jodeikon, Jodo-Ray. Opacol. Jodognost. Photobilin. Radiotétrane. Shadecol. Tetrajod.

4. Acridinfarbstoffe

Aminoacridini chloridum Nord. 63. Aminoacridin. Aminacrine Hydrochloride BP 63. 9-Aminoacridin-hydrochlorid.

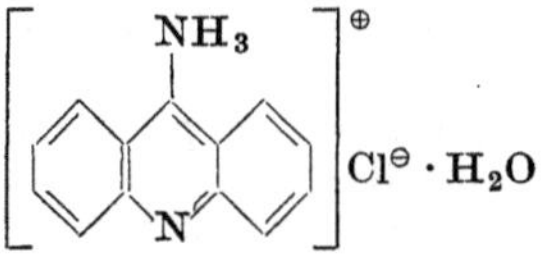

$C_{13}H_{10}N_2 \cdot HCl \cdot H_2O$ M.G. 248,71

Gehalt mindestens 98,5%, berechnet auf die bei 105° bis zum konstanten Gewicht getrocknete Substanz (BP 63).

Herstellung. N-Phenylanthranilsäure wird mit Phosphorpentachlorid erhitzt und anschließend mit Ammoniumcarbonat in Phenol behandelt.

Eigenschaften. Gelbes, kristallines, geruchloses, bitter schmeckendes Pulver, lösl. in W. und A., wenig lösl. in physiologischer Kochsalzlsg., praktisch unlösl. in Ae. und Chlf.

Erkennung. 1. Die gesättigte Lsg. von Aminoacridin ist blaßgelb gefärbt und fluoresziert grünlichblau. Eine stark verdünnte Lsg. fluoresziert intensiv blau (BP 63). – 2. 0,2 g Substanz werden mit 25 ml W. und 1 ml Natronlauge geschüttelt. Es entsteht ein gelber, kristalliner Niederschlag. Die Kristalle werden abfiltriert, mit W. gewaschen, aus verd. A. umkristallisiert und bei 105° getrocknet. Sie schmelzen bei 235° (BP 63). – 3. 0,2 g Substanz, 1,0 g wasserfreies Natriumacetat und 4 ml Acetanhydrid werden 2 Min. gekocht und anschließend mit 30 ml W. verdünnt. Die Lsg. wird nochmals zum Sieden erhitzt. Beim Erkalten scheidet sich ein kristalliner Niederschlag von 9-N-Acetylaminoacridin ab, der nach Waschen mit W. und Umkristallisieren aus 2 ml A. zwischen 148 und 152° schmilzt (Nord. 63). – 4. In der wss. Lsg. ist Chlorid nachweisbar (BP 63).

Prüfung. 1. Säuren und Basen. Das pH einer 0,2%igen Lsg. muß zwischen 5,0 und 6,5 liegen, gemessen mit der Glaselektrode (BP 63). – 2. Wasserunlösliche Stoffe. Eine Lsg. von 0,1 g Substanz in 15 ml W. darf nicht mehr getrübt sein, als eine schwefelsaure Lsg., die 0,01 mg Barium pro ml enthält (Nord. 63). – 3. Sulfat. Höchstens 3000 ppm (Nord. 63). – 4. Trocknungsverlust. Mindestens 6,0 und höchstens 8,0%, bei 105° bis zum konstanten Gewicht getrocknet (BP 63). – 5. Sulfatasche. Höchstens 0,1% (BP 63).

Gehaltsbestimmung (BP 63). Die Gehaltsbestimmung wird wie unter Diaminoacridin angegeben durchgeführt.

1 ml 0,1 m $K_3[Fe(CN)_6]$ entspricht 0,06921 g $C_{13}H_{10}N_2 \cdot HCl$.

Anwendung. Antisepticum. Zur Behandlung von infizierten Wunden, Brandwunden und parasitären Hautkrankheiten.

Dosierung. 0,1%ige Lösung.

Handelsformen: Acriflex (Allen & Hanbury). Aramidine (Wolley). Pologol flavum (Christie George). Monacrin. Minocrin. Acramine yellow.

Diaminoacridin. Proflavine Hemisulphate BP 63. Neutral Proflavine Sulphate. Proflavine. Proflavinae Hemisulfas. 3,6-Diamino-acridin-sulfat.

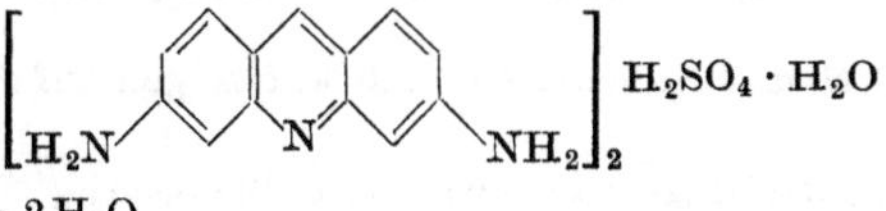

$(C_{13}H_{11}N_3)_2 \cdot H_2SO_4 \cdot 2\,H_2O$ M.G. 552,6

Gehalt mindestens 98%, berechnet auf die wasserfreie Substanz (BP 63).

Herstellung. Aus Formaldehyd und überschüssigem Anilin gewonnenes 4,4'-Diaminodiphenylmethan wird nitriert und zum Tetraaminoderivat reduziert. Durch Oxydation mit Luft bildet sich das 3,6-Diamino-acridin.

Eigenschaften. Orangerotes, kristallines, geruchloses, bitterschmeckendes, hygroskopisches Pulver, lösl. in W. mit tieforanger Farbe, lösl. in Glycerin, schwer lösl. in A., praktisch unlösl. in Ae. und Chlf.

Erkennung (BP 63). Für die folgenden Versuche wird eine Lsg. von 0,1 g Substanz in 30 ml W. verwendet: 1. Wenige Tr. der Lsg. zeigen nach der Verdünnung mit viel W.

eine grünliche Fluoreszenz. – 2. 1 ml Stammlsg. wird mit 2 Tr. Schwefelsäure versetzt. Es bildet sich sofort ein kristalliner Niederschlag aus rötlichorangefarbenen, prismatischen Nadeln. – 3. 2 ml der Lsg. werden mit Natronlauge versetzt. Es entsteht ein zitronengelber Niederschlag. – 4. 5 ml Stammlsg. werden mit 1 ml 1 n Salzsäure und 5 ml einer 10%igen Natriumnitritlsg. versetzt und 1 Min. gekocht. Es entsteht ein brauner Niederschlag; das Filtrat ist gelb gefärbt (Unterscheidung von anderen Acridinderivaten). – 5. In der Stammlsg. läßt sich Sulfat nachweisen.

Prüfung (BP 63). 1. Säuren und Basen. Das pH einer gesättigten Lsg. muß zwischen 6,0 und 8,0 liegen, gemessen mit der Glaselektrode. – 2. Andere Acridinderivate. 0,10 g Substanz müssen sich bei 35° in 100 ml einer 0,9%igen Kochsalzlsg. klar oder fast klar lösen. Die Flüssigkeit darf ihr Aussehen durch 24stdg. Stehen bei 15 bis 20° im Dunkeln nicht merklich verändern. – 3. Wassergehalt. 3,0 bis 7,0%, bestimmt nach der Karl-Fischer-Methode. Anstatt Methanol werden 20 ml einer Mischung aus gleichen T. Eisessig und wasserfreiem Pyridin verwendet. – 4. Sulfatasche. Höchstens 0,5%.

Gehaltsbestimmung (BP 63). Etwa 2 g Substanz, genau gewogen, werden in 750 ml W. gelöst. Die Lsg. wird mit 1 n Salzsäure schwach angesäuert (Kongopapier) und mit 5 g Natriumacetat sowie unter Umrühren mit 50 ml 0,1 m Kaliumhexacyanoferrat(III)-lsg. versetzt. Nach 10 Min. wird filtriert und der Niederschlag 3mal mit je 50 ml W. gewaschen. Die vereinigten Filtrate werden nacheinander unter gutem Umrühren mit 10 ml Salzsäure, 10 g Natriumchlorid, 1 g Kaliumjodid und einer Lsg. von 3 g Zinksulfat in 10 ml W. versetzt. Nach 3 Min. wird das ausgeschiedene Jod mit 0,1 n Natriumthiosulfatlsg. titriert, Stärkelsg. als Indikator. Kurz vor dem Äquivalenzpunkt wird die Titration für 3 Min. unterbrochen und anschließend zu Ende geführt. Unter gleichen Bedingungen wird ein Blindversuch angesetzt. Die Differenz zwischen dem Verbrauch an 0,1 n Natriumthiosulfatlsg. in Haupt- und Blindversuch entspricht dem Verbrauch an 0,1 m Kaliumhexacyanoferrat(III)-lsg.

1 ml 0,1 m $K_3[Fe(CN)_6]$ entspr. 0,07749 g $(C_{13}H_{11}N_3)_2 \cdot H_2SO_4$.

Anwendung. Antisepticum. Bei infizierten Wunden, parasitären Hauterkrankungen.

Dosierung. 0,1%ige wss. Lösung.

Unverträglichkeiten. Diaminoacridin kann, besonders bei frischen Wunden, reizend wirken und unter Umständen zu ausgedehnten Nekrosen führen.

Lösungen sollen in braunen Gefäßen abgegeben werden. Trübe Lösungen gelten als nicht mehr verwendungsfähig.

Handelsformen: Panacridine, Sanoflavin.

Aethacridinum lacticum DAB 7 – DDR, ÖAB 9, Ph.Helv. V – Suppl. III. Äthacridinlactat DAB 7 – BRD. Aethacridinum Ross. 9. Aethacridine. Acrinol. 2-Aethoxy-6,9-diamino-acridin-DL-lactat. Rivanol.

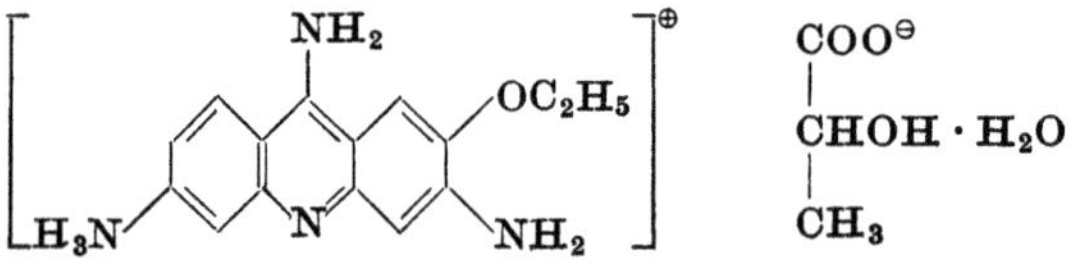

$C_{15}H_{15}N_3O \cdot C_3H_6O_3 \cdot H_2O$ M.G. 361,41 (DAB 7 – BRD, ÖAB 9, Ph.Helv. V – Suppl. III)

$C_{15}H_{15}N_3O \cdot C_3H_6O_3$ M.G. 343,39 (DAB 7 – DDR, Ross. 9)

Gehalt mindestens 99,45 und höchstens 100,80%, bezogen auf die wasserfreie Substanz (Ph.Helv. V – Suppl. III).

Herstellung. 2-Chlor-4-nitrobenzoesäure wird mit Phenacetin, Natriumacetat und Kupferbronze erhitzt und die gebildete Äthoxycarbonsäure mit Phosphoroxychlorid in das Säurechlorid übergeführt, worauf der Ringschluß zum 2-Aethoxy-6-nitro-9-chlor-acridin erfolgt. Mit wss. Ammoniaklsg. wird aminiert und mit Eisen und Salzsäure zur Äthacridinbase reduziert, die in das Lactat überführt wird.

Eigenschaften. Gelbes, mikrokristallines, geruchloses, stark bitter schmeckendes Pulver, lösl. in W., leicht lösl. in heißem W., schwer lösl. in A., praktisch unlösl. in Ae. und Chlf.

Erkennung. 1. Schmelzintervall 225 bis 250° (Zers.). Eutektische Temperatur der Mischung mit a) Salophen: 167°, b) Dicyandiamid: ~ 150° (ÖAB 9). – 1,000 g Substanz wird in W. zu 50 ml gelöst und dient als Stammlösung (DAB 7 – DDR). – 2. Die Stammlsg. zeigt eine kräftige gelbe Färbung und fluoresziert gelbgrün. – 3. 5 ml Stammlsg. werden mit 1,0 ml frisch bereiteter Natriumnitritlsg. und 1,0 ml 3 n Salzsäure versetzt. Es entsteht eine kräftig rotviolette Färbung. – 4. 5 ml Stammlsg. geben nach Zusatz von 1 ml 3 n Natronlauge einen Niederschlag. Das Filtrat wird mit 2,0 ml 3 n Schwefelsäure versetzt und 2 Tr. dieser Lsg. mit 2,0 ml Schwefelsäure auf einem Wasserbad von 80° 2 Min. erhitzt. Die Lsg. zeigt nach Zusatz von 2 Tr. Guajakollsg. eine rote Färbung (Milchsäure). – 5. 2 Tropfen Stammlsg. geben nach Zusatz von 5,0 ml W. und 3 Tr. 0,1 n Jodlsg. einen kräftigen blaugrünen Niederschlag, der sich nach Zusatz von 5 ml A. löst.

Prüfung. 1. Wasserunlösliche Stoffe. 0,100 g Substanz muß sich in 2,00 ml kohlendioxidfreiem W. klar lösen (DAB 7 – DDR). – 2. Säuren und Basen. Das pH der Stammlsg. muß zwischen 5,5 und 7,0 liegen (DAB 7 – BRD). – 3. Fettsäuren. 0,2 g Substanz werden in 10,0 ml W. gelöst und mit 5,0 ml 3 n Schwefelsäure versetzt. Werden 10,0 ml des Filtrates 5 Min. auf dem Wasserbad erhitzt, so darf kein Geruch nach Fettsäuren wahrnehmbar sein (DAB 7 – DDR). – 4. Arsen. Weniger als 10 ppm (DAB 7 – DDR). – 5. Ammonium. Weniger als 30 ppm (DAB 7 – DDR). – 6. Chlorid. Höchstens 500 ppm (Ross. 9). – 7. Sulfat. Höchstens 250 ppm (DAB 7 – DDR). – 8. Trocknungsverlust. a) Kristallwasserhaltiges Präparat: mindestens 4,5 und höchstens 5,2% (ÖAB 9). b) Kristallwasserfreies Präparat: höchstens 5,0% (DAB 7 – DDR). – 9. Schwermetalle. Höchstens 10 ppm (Ross. 9). – 10. Sulfatasche. Höchstens 0,1% (Ph.Helv. V – Suppl. III).

Gehaltsbestimmung (Ph.Helv. V – Suppl. III). Wie unter Acriflavinium chloratum angegeben, jedoch wird bis zum Farbumschlag nach Blaßblau titriert.

1 ml 0,1 n $K_2Cr_2O_7$ entspricht 0,012047 g $C_{15}H_{15}N_3O \cdot C_3H_6O_3 \cdot H_2O$ oder 0,01145 g $C_{15}H_{15}N_3O \cdot C_3H_6O_3$.

Anwendung. Antisepticum. Bei Wundinfektionen, eiternden Prozessen, Pyodermien, Harnweginfektionen.

Dosierung. Zur Blasenspülung 0,01- bis 0,02%ige wss. Lösung; zur Mundspülung 0,1- bis 0,2%ige wss. Lösung. Salben 0,5 bis 1,0%. Puder 2,5%.

Gegen Amoebendysenterie 0,05 bis 0,2 g oral.

Unverträglichkeiten. Säuren, Alkalien, Alkalihalogenide, Quecksilbersalze (Fällung), Oxydationsmittel (Zersetzung), Traganthschleime (Verflüssigung).

Handelsformen: Rivanol (Hoechst). Rimaon. Vucine. Ethodin. Acrolactine.

Acriflavinium chloratum Ph.Helv. V – Suppl. III, ÖAB 9. Trypaflavin. Acriflavine Gall. 49, BPC 63. Euflavinum Nord. 63, Ph.Dan. 48. Flavacridinum hydrochloricum Ross. 9. Gemisch aus ca. 65% 3,6-Diamino-10-methyl-acridiniumchlorid und ca. 35% 3,6-Diamino-acridin-hydrochlorid.

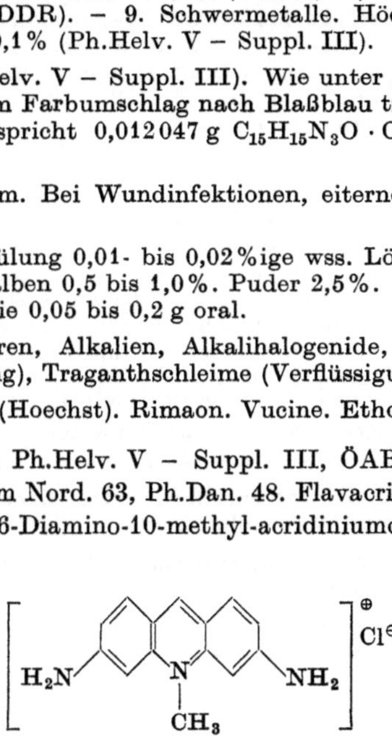

$C_{14}H_{14}N_3Cl$ M.G. 259,75

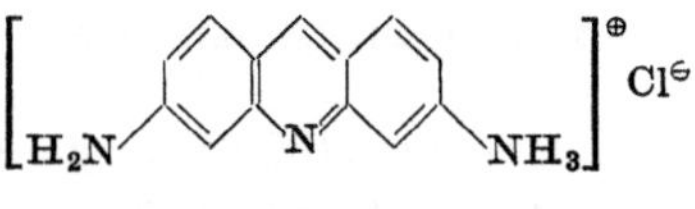

$C_{13}H_{11}N_3 \cdot HCl$ M.G. 245,72

Gehalt. Die wasserfreie Substanz muß mindestens 93,0 und darf höchstens 103,0% Acridinderivate enthalten, berechnet als 3,6-Diamino-10-methylacridin (Nord. 63).

Herstellung. 4,4′-Diamino-diphenylmethan wird nitriert und zu 2,2′,4,4′-Tetraaminodiphenylmethan reduziert, das beim Erhitzen auf 135° in 3,6-Diaminoacridin übergeht. Nach Acetylierung, teilweiser Methylierung mit Toluolsulfonsäure-methylester und Entacetylierung durch Kochen mit Salzsäure entsteht das vorliegende Gemisch.

Eigenschaften. Orangerotes bis rotbraunes, kristallines, geruchloses, bitter schmeckendes Pulver, lösl. in W. mit braunoranger Farbe, wenig lösl. in A. und Glycerin, praktisch unlösl. in Ae. und Chlf.

Erkennung. 1. 0,1 g Substanz werden in 20 ml W. gelöst. Es entsteht eine gelbe, intensiv grün fluoreszierende Lsg. Die Fluoreszenz der Lsg. verschwindet auf Zusatz von verd. Natronlauge vollständig, auf Zusatz von Salzsäure fast vollständig (ÖAB 9). – 2. Eine Lsg. von etwa 0,002 g Substanz in 1 ml W. wird mit 5 Tr. Jodlsg. versetzt. Es scheidet sich ein

Perjodid als schwarzbrauner, voluminöser Niederschlag aus (ÖAB 9). – 3. Versetzt man eine Lsg. von etwa 0,001 g Substanz in 1 ml W. mit 1 ml verd. Salzsäure und einigen Tr. Natriumnitritlsg., so färbt sich die Flüssigkeit intensiv violett (ÖAB 9). – 4. Etwa 0,010 g Substanz werden in 5 ml W. gelöst und mit einer Lsg. von 0,1 g Natriumsalicylat in 1 ml W. versetzt. Es entsteht ein orangegelber Niederschlag (Unterscheidung von Fluorescein) (ÖAB 9). – 5. Eine Lsg. von 0,020 g Substanz in 1 ml W. gibt mit 2 ml verd. Salpetersäure einen orangeroten Niederschlag. Im Filtrat läßt sich Chlorid nachweisen (Ph.Helv. V – Suppl. III). – 6. Etwa 0,040 g Substanz werden in 2 ml W. gelöst und tropfenweise mit gesättigter Kochsalzlsg. bis zur bleibenden starken Trübung versetzt. Nach 10 bis 15 Min. scheidet sich ein rotes Öl ab, das bald erstarrt (Ph.Helv. V – Suppl. III).

Prüfung. 1. Säuren und Basen. 0,20 g Trypaflavin werden in 10 ml W. gelöst und mit 0,2 ml 0,01 n Natronlauge versetzt. Die Lsg. muß ein pH von mindestens 6,9 und nach Zusatz von 0,4 ml 0,01 n Salzsäure von höchstens 6,9 haben, gemessen mit der Glaselektrode (Nord. 63). – 2. Wasserunlösliche Stoffe. 1,0 g Substanz müssen sich in 50 ml W. vollständig und klar lösen. Die Lsg. darf nach 24stündigem Stehen im Dunkeln bei 15 bis 20° nicht getrübt sein, noch darf sich ein Niederschlag gebildet haben (BPC 63). – 3. Andere Acridinderivate. 0,2 g Substanz werden in 100 ml 0,9%iger Kochsalzlsg. gelöst und filtriert. Es darf sich nach 24stündigem Stehen im Dunkeln kein Niederschlag gebildet haben (Ross. 9). – 4. Arsen. Höchstens 2 ppm (Ross. 9). – 5. Sulfat. Höchstens 3000 ppm (Nord. 63). – 6. Schwermetalle. Höchstens 10 ppm (Ross. 9). – 7. Trocknungsverlust. Höchstens 4% (Ph.Helv. V – Suppl. III). – 8. Sulfatasche. Höchstens 1% (Ross. 9).

Gehaltsbestimmung (Ph.Helv. V – Suppl. III). Etwa 0,3 g getrocknete Substanz, genau gewogen, werden in einem 100-ml-Meßkolben in 25 ml W. gelöst, mit 10 ml Natriumacetatlsg. und 2,50 ml 1 n Salzsäure versetzt. Unter Umschwenken werden langsam 50,00 ml 0,1 n Kaliumdichromatlsg. hinzugefügt und mit W. bis zur Marke aufgefüllt. Die Lsg. wird 1 Std. unter öfterem Umschütteln stehengelassen. Anschließend wird filtriert, wobei die ersten 20 ml des Filtrates verworfen werden. 50,00 ml des Filtrates werden in einem 250-ml-Jodzahlkolben mit 30 ml verd. Schwefelsäure und einer Lsg. von 1 g Kaliumjodid in 9 ml W. versetzt. Der verschlossene Kolben wird 5 Min. ins Dunkle gestellt. Dann wird das ausgeschiedene Jod nach Zusatz von 50 ml W. mit 0,1 n Natriumthiosulfatlsg. bis zum Farbumschlag nach Gelb titriert, Stärkelsg. als Indikator.
1 ml 0,1 n $K_2Cr_2O_7$ entspr. 0,008658 g $C_{14}H_{14}ClN_3$.

Anwendung. Antisepticum. Bei infizierten Wunden, Brandwunden, parasitären Hauterkrankungen und zur Hals- und Rachendesinfektion.

Dosierung. Oral 0,003 g pro Pastille; äußerlich 0,1- bis 0,5%ige wäßrige Lösung. 1,0- bis 2,0%ige Salben; 5%ige Puder.

Unverträglichkeiten. Säuren, Alkalien einschließlich Carbonate, Quecksilbersalze (Fällung), Oxydationsmittel (Zersetzung), Traganth-, Natriumcarboxymethylcellulose- und Natriumalginatschleime, Betonit-Gel (Verflüssigung).

Handelsformen: Trypaflavin (Hoechst). Panflavin (Hoechst). Euflavin (Bayer, Boots, Imp. Chem. Ind., May & Baker). Gonacrine (Spécia).

5. Thiazinfarbstoffe

Azuresin. Azuresin USP XVI. Azuresin BPC 63. Azure A Carbacrylic Resin. Azuresin ist der an ein Polyacrylsäureharz (Kationenaustauscher) gebundene Farbstoff Azure A. 3-Amino-7-dimethylamino-diphenazthioniumchlorid. 3-Amino-7-dimethylamino-phenothiazoniumchlorid. Assym. Dimethylthioninchlorid.

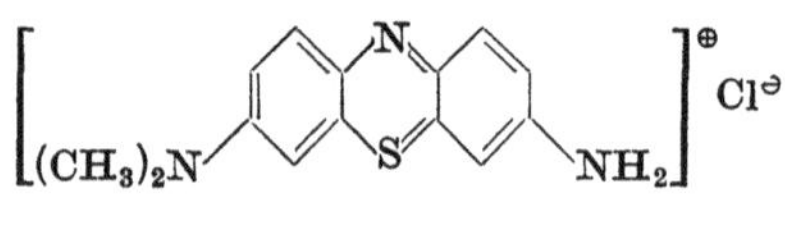

$C_{14}H_{14}ClN_3S$ M.G. 219,79

Gehalt mindestens 5,0% und höchstens 7,0% Azure A, berechnet auf 18 Std. bei 38° im Vakuum getrocknetes Azuresin (USP XVI).

Herstellung. Methylenblau wird mit Dichromat oxydiert.

Eigenschaften. Dunkelblaues oder purpurfarbenes, feuchtes, unregelmäßiges Granulat von schwach eigenartigem Geruch.

Erkennung (USP XVI). 2 g Azuresin werden mit 50 ml W. geschüttelt. Nach dem Absetzen des Harzes darf sich die überstehende Flüssigkeit nur sehr schwach blau färben. Auf Zusatz von 2 ml 1 n Salzsäure entsteht eine tiefblaue Lösung.

Prüfung (USP XVI). 1. Elutionstest. Zwei Jodzahlkolben werden mit je 1,00 ± 0,005 g Substanz, genau gewogen, beschickt. Einer der Kolben wird mit 100 ml W. versetzt, das mit Salzsäure sorgfältig auf pH 1,5 eingestellt wurde. Der andere Kolben erhält einen Zusatz von 100 ml W., das mit Salzsäure auf pH 3,0 eingestellt wurde. Nach einstündigem Schütteln wird das pH der Lösungen gemessen. Es darf sich in keinem Falle um mehr als 0,10 Einheiten verändert haben. – Wenn sich das Harz abgesetzt hat, werden von jeder der beiden Lsgn. 5 ml in je einen 500-ml-Meßkolben pipettiert. Es wird mit 0,1 n Salzsäure bis zur Marke aufgefüllt und kräftig geschüttelt. Von jeder Lsg. wird die Extinktion in 1 cm Schichtdicke bei 630 mμ spektrophotometrisch gegen 0,1 n Salzsäure gemessen. Die Extinktion der Lsg., die vorher auf pH 3,0 eingestellt war, darf nicht mehr als 0,1 E, und die Extinktion der auf pH 1,5 eingestellten Lösung nicht weniger als 0,3 E betragen, wobei E die Extinktion bei 690 mμ der zur Gehaltsbestimmung bereiteten Salzsäure-Äthanol-Lösung bedeutet. – 2. Trocknungsverlust. Nicht weniger als 18% und nicht mehr als 35%, im Vakuum bei 38° 18 Std. getrocknet.

Gehaltsbestimmung (USP XVI). In einem 1000-ml-Meßkolben werden 0,500 ± 0,005 g Azuresin, genau gewogen, mit einer Mischung aus 1 Volumenteil Salzsäure und 2 Volumenteilen Äthanol (50%) versetzt. Es wird mit der gleichen Mischung bis zur Marke aufgefüllt, 4 Std. geschüttelt und über Nacht stehengelassen. 10 ml der überstehenden Flüssigkeit werden in einen 50-ml-Meßkolben pipettiert und mit der Salzsäure-Äthanol-Mischung bis zum angegebenen Volumen aufgefüllt. Die Extinktion dieser Lsg. wird bei 690 mμ in 1 cm Schichtdicke spektrophotometrisch gegen die Salzsäure-Äthanol-Mischung gemessen. Der Gehalt an Azure A pro g Azuresin errechnet sich zu

$$\frac{500\,000 \cdot E}{\varepsilon \cdot p}\,\text{g},$$

wobei E die gemessene Extinktion, p die Einwaage in g, berechnet auf getrocknetes Azuresin, und ε der Extinktionskoeffizient $\left(E^{1\,\text{cm}}_{1\%}\right)$ des USP Azure A Reference Standard bedeuten, auf die gleiche Weise bestimmt in einer Salzsäure-Athanol-Mischung, die etwa 3 mcg Azure A pro ml enthält $\left[E^{1\,\text{cm}}_{1\%} = 1360 \text{ (BPC 63)}\right]$.

Anwendung. Zur Bestimmung der freien Salzsäure im Magensaft. Der an den Ionenaustauscher gebundene Farbstoff wird durch die Magensäure in Freiheit gesetzt und mit dem Urin ausgeschieden. Der Farbstoffgehalt, äquivalent dem Gehalt an freier Säure, wird durch Vergleich mit einem Urin bekannten Azure-A-Gehaltes ermittelt.

Dosierung. 2 g.

Handelsform: Diagnex (Squibb).

Methylenum caeruleum DAB 6. Methylenblau DAB 7 – BRD. Methylenum coeruleum Ph.Helv. V. Methylene Blue BP 63, USP XVII. Methylthionini chloridum Nord. 63. Bleu de méthylène officinal CF 65. Methylenum coeruleum Ross. 9. Methylenii caeruleum. 3,7-Dimethylamino-phenothiazoniumchlorid. Tetramethyl-diamino-diphenazthioniumchlorid.

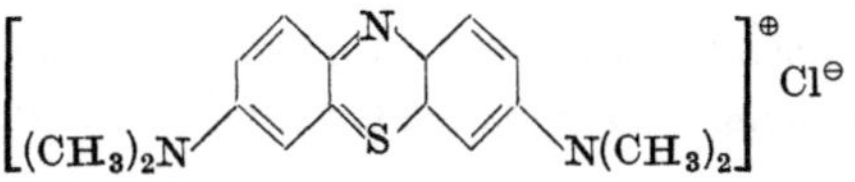

$C_{16}H_{18}ClN_3S$ M.G. 319,86

Gehalt mindestens 96 und höchstens 101%, berechnet auf die bei 105° bis zum konstanten Gewicht getrocknete Substanz (BP 63).

Herstellung. Oxydation von N,N-Dimethyl-p-phenylendiamin in Gegenwart von Natriumthiosulfat und Aluminiumsulfat zur Thiosulfonsäure. Diese wird zusammen mit Dimethylanilin durch Dichromat zur Indaminthiosulfonsäure oxydiert, die durch Kochen mit Zinkchlorid und Oxydation mit Dichromat in Methylenblau übergeführt wird.

Eigenschaften. Dunkelgrüne Kristalle oder dunkelgrünes, bronzeglänzendes Pulver, bitter schmeckend, geruchlos, gut lösl. in W. und A. mit tiefblauer Farbe, wenig lösl. in Chlf., praktisch unlösl. in Ae. und Benzin.

Erkennung. Je 10 ml einer 0,01%igen Methylenblaulsg. werden 1. mit 1 ml Essigsäure und 0,1 g Zinkstaub erwärmt. Die Lsg. wird entfärbt. Läßt man das Filtrat an der Luft stehen, so kehrt die blaue Farbe allmählich wieder zurück (BP 63). – 2. mit einigen Tropfen Kaliumjodidlsg. versetzt. Es entsteht ein tiefblauer, flockiger Niederschlag, der sich nur langsam absetzt; die überstehende Flüssigkeit ist nur noch blaßblau gefärbt (BP 63). – 3. mit 1 ml verd. Schwefelsäure und einigen Tr. 0,1 n Kaliumdichromatlösung versetzt. Die Lsg. färbt sich rötlichviolett, gleichzeitig fällt ein blauvioletter Niederschlag. Auf Zusatz von schwefliger Säure tritt wieder Blaufärbung ein (BP 63). – 4. mit einigen Tr. 0,1 n Jodlsg. versetzt. Es entsteht eine tiefbraune Färbung. Nach Zusatz von einigen Tr. 0,1 n Natriumthiosulfatlsg. kehrt die ursprünglich blaue Farbe zurück (BP 63). – 5. Lichtabsorption: Maxima zwischen 740 und 750 nm, zwischen 675 und 685 nm, zwischen 285 und 290 nm und zwischen 255 und 260 nm, gemessen an einer Lösung von 0,0005 g Substanz in 100 ml 3 n Salzsäure (DAB 7 – BRD).

$E_{1\%}^{1\,cm}$ (665 $\pm$ 1 mμ) = ca. 2600, berechnet auf die wasserfreie Substanz (Nord. 63).

Prüfung. 1. Säuren oder Basen. 0,1 g Substanz, gelöst in 10 ml W., muß nach Zusatz von 0,2 ml 0,01 n Natronlauge ein pH von mindestens 5,5 und nach anschließendem Zusatz von 0,4 ml 0,01 n Salzsäure von höchstens 5,5 haben (gemessen mit der Glaselektrode) (Nord. 63). – 2. Alkoholunlösliche Stoffe, Dextrin. 0,2 g gepulverte Substanz werden 1 Min. mit 20 ml A. ausgekocht und durch einen gewogenen Glasfiltertiegel (1 G 3) gesaugt. Der Rückstand wird mit A. gewaschen, bis das Filtrat praktisch farblos ist und anschließend 1 Std. bei 105° getrocknet. Der Rückstand darf 0,0020 g nicht überschreiten (Nord. 63). Er darf sich, in W. gelöst, nicht mit Jodjodkaliumlsg. rot oder bräunlich färben (CF 65). – 3. Arsen. Höchstens 2 ppm (Ross. 9). – 4. Blei. Höchstens 20 ppm (BP 63). – 5. Eisen. Höchstens 500 ppm (BP 63). – 6. Kupfer. Höchstens 200 ppm (USP XVI). – 7. Zink. Höchstens 50 ppm (Ross. 9). – 8. Schwermetalle. Höchstens 10 ppm (Ross. 9). – 9. Trocknungsverlust. Bei 105° bis zum konstanten Gewicht getrocknet, je nach Kristallwassergehalt. 2 H_2O: Nicht weniger als 8% und nicht mehr als 15% (BP 63). 3 H_2O: Mindestens 18,0% und höchstens 22,0% (DAB 7 – BRD). – 10. Sulfatasche. Höchstens 0,25% (CF 65).

Gehaltsbestimmung (BP 63). Etwa 0,5 g Substanz, genau gewogen, werden in 100 ml W. gelöst, mit 10 ml Salzsäure versetzt und zum Sieden erhitzt. Mit Kohlendioxid wird die Luft aus dem Titriergefäß verdrängt und die Lsg. mit 0,1 n Titan(III)-chloridlsg. bis zum Verschwinden der blauen Farbe titriert. Die austitrierte Lsg. ist dann rötlichgrau gefärbt.

1 ml 0,1 n $TiCl_3$ entspricht 0,01599 g $C_{16}H_{18}ClN_3S$.

Anwendung. 1. Antidot bei Blausäurevergiftungen. Methylenblau bildet mit seiner Leukoform ein Redoxsystem, das in der Lage ist, als Wasserstoffakzeptor in den intermediären Stoffwechsel einzugreifen und damit in gewissem Umfang energieliefernde Reaktionen in Gang zu halten. Injiziert man Methylenblau bei einer Cyanidvergiftung direkt ins Blut, so wird ein kleiner Teil des Hämoglobins in Methämoglobin verwandelt, das sich mit der Blausäure zu ungiftigem Cyanhämoglobin verbindet. Neues Methämoglobin wird gebildet, bis die gesamte Blausäure beseitigt ist. Dosierung: 50 ml einer 1%igen Lösung intravenös. – 2. Gegen Methämoglobinämie. Zum Beispiel bei Vergiftungen mit Anilin und anderen methämoglobinbildenden Substanzen. Dosierung: 0,001 bis 0,0015 g pro kg Körpergewicht langsam intravenös.

Unverträglichkeiten. Schon normale Dosen können Erbrechen, Unterleibs- und Brustschmerzen, Kopfschmerzen und Schwindelanfälle hervorrufen.

Isotonische Lösung. Zusatz von 1,8% trockenem Natriumsulfat (aus Kochsalzlösungen fällt Methylenblau aus).

Sterilisation. Methylenblaulösungen können im Autoklaven sterilisiert werden.

Handelsformen: Methylenblau B, Blau MTI. Äthylenblau. Methylene Blue ZX.

Toluidinblau. Tolonium chloride NNR 57, NFN 59. Toluidine Blue O NF VIII. Tolazul. 2-Amino-7-dimethylamino-3-methyl-phenothiazoniumchlorid.

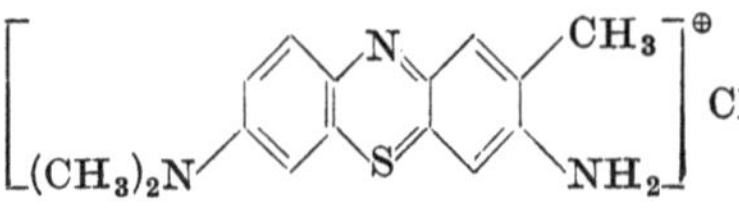

$C_{15}H_{16}ClN_3S$ M.G. 305,83

Herstellung. Oxydation von N,N-Dimethyl-p-phenylendiamin in Gegenwart von Natriumthiosulfat und Aluminiumsulfat zur Thiosulfonsäure. Diese wird zusammen mit o-Toluidin durch Dichromat zur Indaminthiosulfonsäure oxydiert, die durch Kochen mit Zinkchlorid und Oxydation mit Dichromat in Toluidinblau übergeführt wird.

Eigenschaften. Dunkelgrünes Pulver, lösl. in W. und A. mit blauvioletter Farbe.

Erkennung (NF VIII). 1. Absorptionsmaximum der wss. Lsg. bei 640,4 mμ. – 2. Wird die wss. Lsg. mit Natronlauge versetzt, so entsteht ein schmutzig-violetter Niederschlag.

Gehaltsbestimmung (NF VIII). Etwa 0,3 g Substanz, genau gewogen, werden in 150 ml W. gelöst und mit 10 g Natriumbitartrat versetzt. Die Lsg. wird zum Sieden erhitzt und mit 0,1 n Titan(III)-chloridlsg. bis zum Farbumschlag nach gelb titriert.
1 ml 0,1 n $TiCl_3$ entspricht 0,01529 g $C_{15}H_{16}ClN_3S$.

Anwendung. Perorales Antimenorrhagicum. Gegen Hypermenorrhoe, Meno-Metrorrhagien. Der Farbstoff soll eine heparinartige Hemmsubstanz der Blutgerinnung aktivieren.

Dosierung. 0,1 bis 0,2 g oral.

Unverträglichkeiten. Erbrechen und blaue Verfärbung der Haut wurden bei normalen bis höheren Dosen beobachtet. Toluidinblau färbt den Urin schwach blau.

Handelsformen: Gabilin (Simons Chem. Farb., Berlin). Blutene chloride (Abbott).

6. Anthrachinonfarbstoffe

Dihydroxyanthranolum Ph.Helv. V – Suppl. III. Anthralin USP XVI. Dithranol BP 63. Chrysanthrol. 1,8-Dihydroxy-9-anthranol ⇌ 1,8-Dihydroxy-9-anthron. 1,8,9-Trioxyanthracen ⇌ 1,8-Dioxy-9-oxo-dihydroanthracen. 1,8,9-Anthratriol.

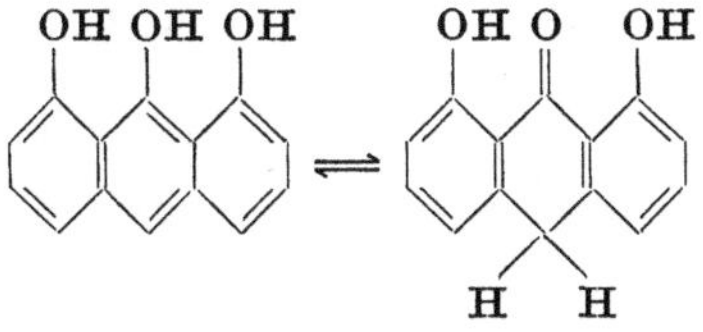

$C_{14}H_{10}O_3$ M.G. 226,23

Gehalt mindestens 95%, berechnet auf die getrocknete Substanz (Ph.Helv. V – Suppl. III).

Herstellung. Durch Reduktion von 1,8-Dihydroxyanthrachinon (Istizin) mit Wasserstoff unter hohem Druck am Nickelkontakt.

Eigenschaften. Gelbes, kristallines, geruch- und geschmackloses Pulver, unlösl. in W., wenig lösl. in A. und Ae., lösl. in Aceton, Bzl., Chlf. und fetten Ölen.

Erkennung. 1. 5 mg Substanz werden mit 5 ml 0,1 n Natronlauge versetzt. Es entsteht eine klare, gelbe bis orangefarbene Lsg., die grün fluoresziert und sich beim Stehen an der Luft allmählich rot färbt (Unterschied zu 1,2-Dihydroxy-9-anthron) (BP 63). – 2. 5 mg Substanz werden in 5 ml A. gelöst und mit 1 Tr. Eisen(III)-chloridlsg. versetzt; die Lsg. färbt sich grünlichbraun (Ph.Helv. V – Suppl. III). – 3. 5 mg Substanz werden in einem trockenen Reagensglas mit 0,1 g geschmolzenem Natriumacetat und 1 ml Acetanhydrid 30 Sek. zum Sieden erhitzt. Nach Verdünnung mit 20 ml A. wird die Lsg. bei diffusem Tageslicht in vertikaler Durchsicht gegen einen schwarzen Grund betrachtet. Es zeigt sich eine intensiv blaue Fluoreszenz (Ph.Helv. V – Suppl. III).

Prüfung. 1. Schmelzpunkt. Der Fp. muß zwischen 176 und 181° liegen (BP 63). Eutektische Temperatur mit a) Benzanilid 140°; b) Salophen 156°. – 2. Dihydroxyanthracen. 0,10 g Substanz müssen sich klar und vollständig in 5 ml heißem Bzl. lösen (BP 63). – 3. Dihydroxyanthrachinon, Alizarin. 0,001 g Substanz wird in einigen Tr. Schwefelsäure gelöst. Es muß eine klare Lsg. ohne Spur einer violetten Verfärbung entstehen (BP 63). – 4. Säuren und Basen. 0,2 g Substanz werden mit 10 ml frisch ausgekochtem und wieder erkaltetem W. 1 Min. geschüttelt. Das pH des Filtrats muß zwischen 6,0 und 7,6 liegen (Ph.Helv. V – Suppl. III). – 5. Chlorid. 1 ml der zur pH-Messung bereiteten Lsg. wird mit 1 ml W. verdünnt. In dieser Lsg. darf Chlorid nicht nachweisbar sein (Ph.Helv. V – Suppl. III). – 6. Sulfat. In der zur pH-Messung bereiteten Lsg. darf Sulfat nicht nachweisbar sein (Ph.Helv. V – Suppl. III). – 7. Schwermetalle. 0,2 g Substanz werden mit 1 ml verd. HCl versetzt und mit 4 ml W. zum Sieden erhitzt. Nach dem Erkalten dürfen im Filtrat keine Schwermetalle nachweisbar sein (Ph.Helv. V – Suppl. III). – 8. Trocknungsverlust. Höchstens 0,5%, bei 100 bis 105° bis zum konstanten Gewicht getrocknet (Ph.Helv. V – Suppl. III). – 9. Sulfatasche. Höchstens 0,1% (BP 63).

Gehaltsbestimmung (Ph.Helv. V – Suppl. III). Etwa 0,04 g Substanz, genau gewogen, werden in einem 100-ml-Meßkolben in Chlf. gelöst und mit Chlf. bis zur Eichmarke aufgefüllt. 5,00 ml dieser Lsg. werden in einem Meßkolben auf 200 ml verdünnt. Von dieser Lsg. werden bei einer Schichtdicke von 1 cm die Extinktionen bei 358 mμ und 432 mμ spektrophotometrisch gegen Chloroform gemessen. Der Gehalt an Anthralin errechnet sich zu

$$\frac{5{,}4 \cdot E_{358} - E_{432}}{0{,}6 \cdot p} \%,$$

wobei E_{358} die Extinktion bei 358 mμ, E_{432} die Extinktion bei 432 mμ und p die Einwaage in g bedeuten.

Anwendung. Starkes Hyperämisierungsmittel in der Dermatologie. Gegen Mykosen, chronische Dermatosen, Psoriasis.

Dosierung. 0,1- bis 1%ige Salbe; 0,1- bis 1%ige Lösung in Benzol.

Unverträglichkeiten. Anthralin ruft bei manchen Menschen Überempfindlichkeitserscheinungen hervor. Anthralin kann durch percutane Resorption bei Applikation auf große Hautflächen Nierenschäden verursachen. Vorsicht, Substanz nicht in die Nähe der Augen bringen; sie wirkt außerdem photosensibilisierend!

Handelsformen: Cignolin (Bayer). Anthralin (Abbott). Chrysodermol (Vigier).

Anthrarobin Ph.Helv. V – Suppl. III, Erg.B. 6. 1,2-Dihydroxy-9-anthron ⇌ 1,2-Dihydroxy-9-anthranol. 1,2-Dioxy-9-oxo-dihydroanthraceen ⇌ 1,2,9-Trioxyanthracen.

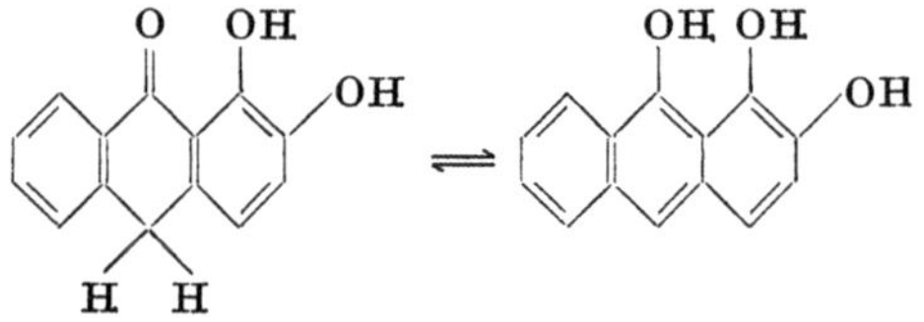

$C_{14}H_{10}O_3$ M.G. 226,23

Gehalt mindestens 50% 1,2-Dihydroxy-9-anthron bzw. 1,2-Dihydroxy-9-anthranol (Ph. Helv. V – Suppl. III).

Herstellung. Reduktion von Alizarin (1,2-Dihydroxyanthrachinon) mit Zinkstaub in ammoniakalischer Lösung.

Eigenschaften. Gelbbraunes oder dunkelbraunes, nahezu geruch- und geschmackloses Pulver, schwer lösl. in W. von 20°, leichter in heißem W., lösl. in A. und Aceton. Fp. 149 bis 151°.

Erkennung. 1. Wird eine Spur Anthrarobin (weniger als 0,5 mg) in 10 ml A. gelöst, so entsteht auf Zusatz von 5 Tr. Eisen(III)-chloridlösung eine grüne Färbung (Ph.Helv. V – Suppl. III). – 2. Die wss. Lsg. gibt mit Eisen(III)-chloridlsg. einen blauvioletten und mit Bleiacetatlsg. einen rotbraunen Niederschlag (Erg.B. 6).

Prüfung (Ph.Helv. V – Suppl. III). 1. Alizarin. Wird eine Spur Substanz in 5 ml verd. Natronlauge gelöst, so entsteht eine braunrote Färbung, die erst nach einigem Stehen an der Luft blau werden darf. – 2. Chrysarobin. Eine Spur Substanz wird mit einer abgekühlten Mischung von 5 ml Schwefelsäure und 10 Tr. Wasserstoffperoxid versetzt. Es entsteht eine bräunlichrote Lsg., die sich innerhalb von 15 Min. nicht bläulich oder violett verfärben darf. – 3. Chlorid. 0,2 g Substanz werden mit 5 ml W. geschüttelt. In dem Filtrat darf Chlorid nur in geringen Mengen nachweisbar sein. – 4. Sulfat. 1 ml des zur Prüfung auf Chlorid hergestellten Filtrates wird mit 2 ml W. verdünnt. In dieser Lsg. darf Sulfat nicht nachweisbar sein. – 5. Trocknungsverlust. Höchstens 3,5%, bei 100 bis 105° bis zum konstanten Gewicht getrocknet. – 6. Verbrennungsrückstand. Höchstens 1%.

Gehaltsbestimmung (Ph.Helv. V – Suppl. III). Etwa 0,1 g Substanz, genau gewogen, werden in einem Acetylierungskölbchen (50 ml Inhalt, etwa 1 m langes Steigrohr) mit 5 ml Acetanhydrid und 0,5 g geschmolzenem Natriumacetat auf dem Drahtnetz 1/2 Std. in gleichmäßigem Sieden gehalten. Nach dem Erkalten wird das Reaktionsgemisch mit Chlf. in einen 100-ml-Meßkolben gespült und mit Chlf. nachgewaschen, bis in der Waschflüssigkeit keine blaue Fluoreszenz mehr nachgewiesen werden kann. Nun wird mit Chlf. bis zur Marke aufgefüllt und gut durchmischt. 2,00 ml dieser Lsg. werden durch ein mit Chlf. angefeuchtetes Faltenfilter von 10 cm Durchmesser in einen weiteren 100-ml-Meßkolben filtriert. Das Filter wird mit Chlf. gut nachgewaschen und die Lsg. mit Chlf. bis zur Marke aufgefüllt. Von dieser Lsg. wird bei einer Schichtdicke von 1 cm die Extinktion des bei etwa 385 mμ liegenden Absorptionsmaximums spektrophotometrisch gegen Chloroform gemessen. Der Gehalt berechnet sich zu

$$\frac{15{,}58 \cdot E}{p} \%,$$

wobei E die gemessene Extinktion und p die Einwaage in g bedeuten. Die Lösung darf bei 391 mμ kein Absorptionsmaximum aufweisen (1,8-Dihydroxy-9-anthron).

Anwendung. Antisepticum. Bei Psoriasis, Mykosen, Herpes tonsurans, Akne, Ekzem. Anthrarobin ist ein Reduktionsmittel und bewirkt eine leichte Koagulation der obersten Epidermisschichten mit nachfolgender Abschälung.

Dosierung. Als Salbe 0,5 bis 2%. Als Pinselung 0,5- bis 2%ige Benzollösung.

Unverträglichkeiten. Jod, Jodtinktur, Alkalien, oxydierende Stoffe.

Chrysarobinum ÖAB 9, Nord. 63. Chrysarobin DAB 6, USP XVI, Ph.Helv. V.

Hauptbestandteile: 1. Chrysophansäure-anthron (ca. 45%). 1,8-Dihydroxy-3-methyl-9-anthron.

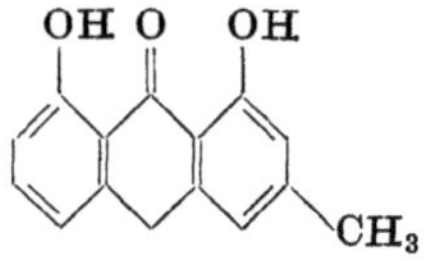

$C_{15}H_{12}O_3$ M.G. 240,26

2. Frangulaemodinanthron-monomethyläther (ca. 24%). 1,8-Dihydroxy-3-methyl-6-methoxy-9-anthron.

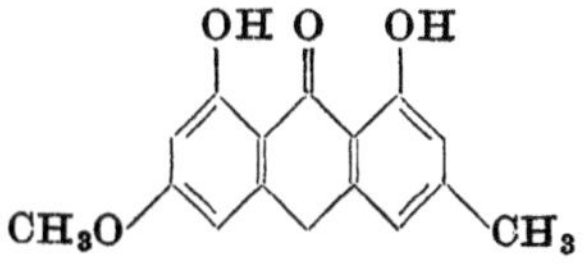

$C_{16}H_{15}O_4$ M.G. 271,29

3. Dihydrofrangulaemodinanthranol-monomethyläther (ca. 10%). Konstitution unsicher.

4. Chrysophansäure (ca. 5%). 1,8-Dihydroxy-3-methyl-anthrachinon.

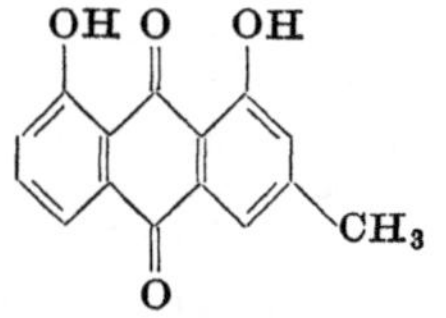

$C_{15}H_{10}O_4$ M.G. 254,23

Herstellung. Das in den Höhlen und Spalten der Stämme von *Andira araroba Aguiar* (Papilionaceae) ausgeschiedene Araroba- oder Goapulver wird mit Benzol extrahiert, filtriert und eingedampft.

Eigenschaften. Bräunlich bis orangefarbenes, leichtes, kristallines, geruchloses und geschmackloses Pulver, sehr wenig lösl. in W., besser in heißem A. und Ae., lösl. in Chlf. und Bzl.

Chrysarobin ruft, auf Schleimhäute gebracht, Entzündungen hervor!

Erkennung. 1. 0,0100 g Substanz werden in einem 200-ml-Kolben mit 10,00 ml 2 n Natronlauge versetzt und unter häufigem Umschütteln 30 Min. stehengelassen. Zu 1,00 ml der Lsg. werden 10 ml 2 n Natronlauge gegeben und dann mit W. auf 100 ml aufgefüllt. Die Lsg. hat ein Absorptionsmaximum bei 505 ± 5 mμ. $E^{1\%}_{1\,cm}$ = 200 bis 280 (Nord. 63). –

2. Chrysarobin schmilzt (bei etwa 150°) unter Entwicklung gelber Dämpfe (ÖAB 9). – 3. 0,1 g Substanz werden in 5 ml Schwefelsäure gelöst. Es entsteht eine tiefrote Färbung (USP XVI). Wird die Lsg. in 100 ml Wasser gegossen, so bildet sich ein orangegelber Niederschlag (ÖAB 9). – 4. 0,002 g Substanz werden in 2 Tr. rauchender Salpetersäure gelöst. Es entsteht eine rotbraune Lsg., die nach Zusatz von einigen Tr. Ammoniak nach Rotviolett umschlägt (Chrysophansäure würde die Lsg. gelb färben) (USP XVI). – 5. 0,1 g Substanz werden in einer Mischung von 5 ml Natronlauge und 5 ml W. gelöst. Es entsteht eine gelbbraune Lsg., die sich beim Schütteln allmählich intensiv rot färbt (Ph.Helv. V). Wird 1 Tr. dieser Lsg. mit 20 ml W. verdünnt, so zeigt sich im gefilterten UV-Licht eine deutliche, gelbgrüne Fluoreszenz, die bald wieder verschwindet (ÖAB 9).

Prüfung. 1. Schmelzpunkt. Zwischen 140 und 160° (Ph.Helv. V). – 2. Chloroformunlösliche Stoffe. 0,5 g Chrysarobin müssen sich in 15 ml warmem Chlf. ohne Rückstand zu einer goldgelben Flüssigkeit lösen (ÖAB 9). – 3. Säuren und Basen. 0,01 g Chrysarobin werden mit 20 ml W. aufgekocht. Das Filtrat muß gegen Lackmus neutral reagieren und darf durch 1 Tr. Eisen(III)-chloridlsg. nicht verändert werden (ÖAB 9). – 4. Verbrennungsrückstand. Höchstens 0,3 % (ÖAB 9).

Anwendung. Antimykoticum. Bei Psoriasis und anderen Hauterkrankungen.

Dosierung. 1- bis 5%ige Salben; 1- bis 10%ige Lsg. in Chlf.

Unverträglichkeiten. Alkalisch reagierende Stoffe, Oxydationsmittel.

Vorsicht, nicht in die Nähe der Augen bringen.

Carminum Ph.Helv. V. Erg. B. 6. Karmin. Carmine BPC 63. Carmin CF 65. Calcium-Aluminium-Lack (Ph.Helv. V) der Karminsäure. Aluminium-Lack (BPC 63) der Karminsäure. Karminsäure (Lebensmittelrot 2 der Farbstoff-Verordnung).

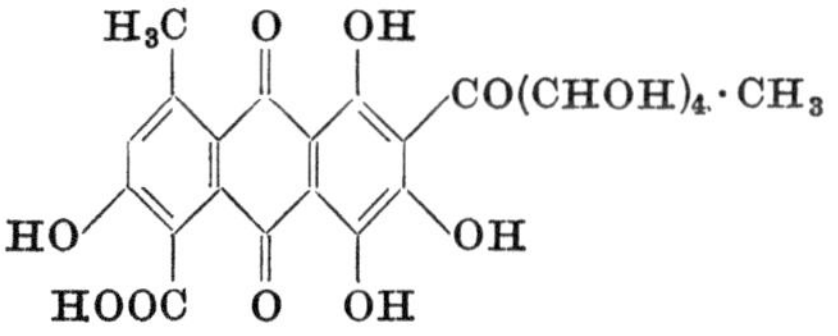

$C_{22}H_{20}O_{13}$ M.G. 492,4

Gehalt etwa 50% Karminsäure (BPC 63).

Herstellung. Karminsäure ist der Hauptfarbstoff der *Cochenille,* dem getrockneten, flügellosen Weibchen der Scharlachschildlaus *Coccus cacti L.* Die Cochenille wird mit heißem Wasser extrahiert und nach dem Einengen die Karminsäure mit starker Schwefelsäure freigemacht.

Durch Fällung heißer, wäßriger Cochenilleauszüge oder Karminsäurelösungen mit den entsprechenden Metallsalzen entstehen die Farblacke.

Eigenschaften. Leichte, scharlachrote, unregelmäßige, kantige, leicht zerreibbare, geruchlose, schwach zusammenziehend schmeckende Stücke oder aus diesen hergestelltes Pulver. Karmin ist wenig lösl. in W. und A., leicht lösl. in Alkalien.

Erkennung (Ph.Helv. V). 1. Beim Verbrennen entwickelt Karmin den Geruch nach verbrennenden Haaren. – 2. 5 ml der zur „Prüfung 1" verwendeten Lsg. werden mit 1 ml verd. Salzsäure versetzt. Es scheidet sich ein dunkelroter Niederschlag ab, das Filtrat ist heller rot gefärbt. – 3. 5 ml der zur „Prüfung 1" verwendeten Lsg. geben mit 1 ml Bleiacetatlsg. einen violettroten Niederschlag und nach ein- bis mehrmaligem Filtrieren ein farbloses Filtrat.

Prüfung. 1. Alkaliunlösliche Stoffe. 0,1 g Karmin muß sich in einer Mischung von 1 ml verd. Ammoniak und 9 ml W. beim Erwärmen auf dem Wasserbad vollständig oder beinahe vollständig zu einer tief karmoisinroten Flüssigkeit lösen (Ph.Helv. V). – 2. Wasserlösliche Stoffe. 1 g Karmin wird mit 50 ml W. 15 Min. am Rückflußkühler auf dem Wasserbad erhitzt. Nach Abkühlen und mehrmaligem Filtrieren durch ein vorher nicht benetztes Doppelfilter wird der Verdampfungsrückstand von 20 ml des klaren Filtrats in einem weithalsigen Wägeglas von 50 ml Inhalt bestimmt. Er darf höchstens 0,04 g betragen (Ph.Helv. V). – 3. Farbintensität. Eine 0,20 g getrocknetem Karmin entsprechende Menge Substanz wird in 5 ml verd. Ammoniak gelöst und mit W. auf 200 ml verdünnt. 5 ml dieser Lsg. werden mit W. auf 100 ml verdünnt und in einer 1-cm-Küvette gemessen. Die Farbintensität muß 9,0 bis 11,0 Lovibond Red Units[1] entsprechen (BPC 63). – 4. Arsen. Höchstens 4 ppm (BPC 63). – 5. Aschegehalt. Mindestens 6 und höchstens 9,5% (Ph.Helv. V). Der Verbrennungsrückstand wird in 6 ml verd. Salzsäure aufgenommen und zu folgenden Prüfungen verwendet: 6. Barium. In der Stammlsg. darf Barium nicht nachweisbar sein. – 7. Schwermetalle. In der Mischung von 1,5 ml Stammlsg. und 1,5 ml Natriumacetatlsg. dürfen keine in der sauren Phase fällbaren Schwermetallsulfide nachweisbar sein. – 8. Trocknungsverlust. a) Calcium-Aluminium-Lack: Höchstens 15% (Ph.Helv. V), b) Aluminumlack: 10 bis 21% (BPC 63).

Anwendung. Zum Färben von Arzneimitteln, kosmetischen Zubereitungen und Lebensmitteln.

Handelsformen: Cochenillelack, Carminlack, Karmesinlack, Carmoisinlack, Nacarat, Purpurcarmin, Krappcarmin, Florentiner Lack, Münchner Lack, Venezianer Lack, Pariser Lack, Kugellack, Neurotlack.

Dihydroxyanthrachinonum ÖAB 9. Dioxyanthrachinonum DAB 6. Dihydroxyanthrachinon DAB 7 – BRD. Danthron. Chrysazin. 1,8-Dihydroxyanthrachinon.

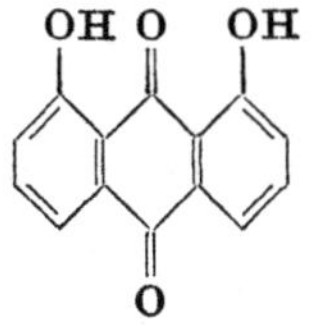

$C_{14}H_8O_4$ M.G. 240,22

Herstellung. 1,8-Anthrachinondisulfosäure wird mit Kalkwasser und $CaCl_2$ im Autoklaven auf 195 bis 200° erhitzt.

Eigenschaften. Orangegelbes, kristallines, geruch- und geschmackloses Pulver, praktisch unlösl. in W., wenig lösl. in A., Ae. und Chlf., lösl. in heißer Essigsäure und heißem Bzl.

Erkennung. 1. 0,1 g Substanz löst sich in 1 ml H_2SO_4 mit kirschroter Farbe und fällt beim Verdünnen mit W. in eigelben Flocken aus (DAB 6). – 2. 1,8-Dihydroxyanthrachinon löst sich in verd. Natronlauge mit intensivroter bis violettroter Farbe (ÖAB 9). – 3. Eine alkoholische Lsg. von 1,8-Dihydroxyanthrachinon färbt sich auf Zusatz von Eisen(III)-chloridlsg. tiefrot (ÖAB 9). – 4. 0,01 g Substanz wird mit 10 ml Kalilauge (1 + 99) gekocht. Das Filtrat wird mit HCl angesäuert und mit 10 ml Ae. ausgeschüttelt. Wird die gelbe Ätherphase mit 5 ml Ammoniaklsg. geschüttelt, so färbt sich die wäßrige Schicht kirschrot, während der Ae. gelb gefärbt bleibt (DAB 6).

Prüfung. 1. Physikalische Prüfung. Schmelzintervall 190 bis 192° (DAB 6), 188 bis 194° (DAB 7 – BRD), 192 bis 196° (ÖAB 9). Eutektische Temp. der Mischung mit Salophen 162° (ÖAB 9). 1,8-Dihydroxyanthrachinon sublimiert bei vorsichtigem Erhitzen. – 2. Freie Säure (ÖAB 9). 1 g Substanz wird mit 30 ml W. 1 Min. lang kräftig geschüttelt. 5 ml des Filtrats müssen sich auf Zusatz von 1 Tr. Bromthymolblaulsg. und 1 Tr. 0,1 n Natronlauge blau färben. Je 10 ml des für die Prüfung auf freie Säure bereiteten Filtrates dürfen enthalten: 3. Chlorid. Höchstens 100 ppm. 4. Sulfat. Höchstens 100 ppm. – 5. Trocknungsverlust. Höchstens 0,5% (DAB 7 – BRD). – 6. Sulfatasche. Höchstens 0,1% (DAB 7 – BRD).

Anwendung. Laxativum. 1,8-Dihydroxyanthrachinon regt die Peristaltik des Dickdarmes an. Geringe Anteile des Anthrachinonderivates werden resorbiert und führen zu einer gelblichroten, bei alkalischer Reaktion blutroten Verfärbung des Harns.

1,8-Dihydroxyanthrachinon wird an Glucuronsäure gepaart ausgeschieden, wodurch der Harn gelegentlich Nylanders Reagens reduziert.

Dosierung. 0,15 bis 0,3 g oral.

Vet.-Dosierung. Pferde – Kühe 15 bis 45 g. Hunde 0,3 bis 4,0 g. Katzen 0,5 bis 1,2 g.

Handelsformen: Istizin (Bayer). Dionone (Klug). Dorane (Schen Labs.). Altan. Diaquone. Istin. Antrapurgol.

[1] Das *Lovibond-Tintometer* ist ein Instrument zum Vergleichen von Farben. Die Vergleichshälfte des Photometerfeldes wird von der gleichen Lichtquelle erleuchtet, die auch die Probe beleuchtet, kann aber in Farbe und Farbintensität durch standardisierte Filterreihen in Rot, Gelb und Blau verändert werden. Die Farbe der Probe kann in den entsprechenden Filtereinheiten ausgedrückt werden. Diese sind in Sätzen von schwach bis stark gefärbten Gläsern angeordnet und sind so numeriert, daß sich die Nummern der Farbintensitäten entsprechend addieren lassen. Zum Beispiel ist der Effekt von Nr. 1 und Nr. 3 einer Farbe der gleiche, wie der von Nr. 4. Wenn man Filter der gleichen Nr. in allen 3 Farben benutzt, so ergibt sich eine neutrale, also graue Farbe.

7. Xanthenfarbstoffe

Eosinum Ph.Dan. IX. Eosin. Bromoeosine. FD & C Red No. 22. 2,4,5,7-Tetrabromfluoran ⇌ 2,4,5,7-Tetrabrom-3,6-dioxy-fluoran (Di-Natrium-Salz).

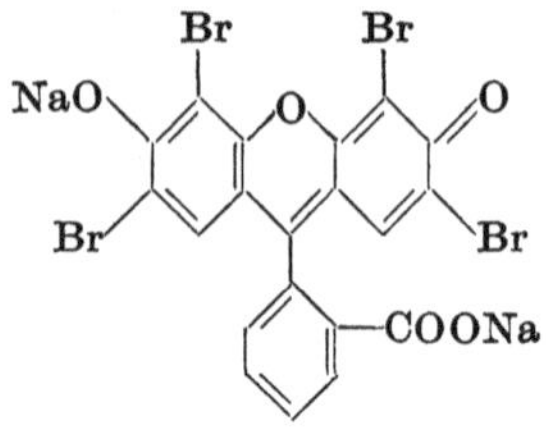

$C_{20}H_6Br_4Na_2O_5$ M.G. 691,91

Herstellung. Durch Einwirkung von 4 Mol Brom auf 1 Mol Fluorescein in Eisessig.

Eigenschaften. Bräunlichrotes, kristallines, geruchloses, bitter schmeckendes Pulver, lösl. in W. und A. mit rötlicher Farbe, gelbgrün fluoreszierend, prakt. unlösl. in Ae. und Chlf.

Erkennung (Ph.Dan. IX). 1. 1 ml einer 10%igen Eosinlsg. wird mit 1 ml 2 n Salzsäure versetzt. Es entsteht ein gelbroter Niederschlag, der sich nach Zusatz von 8 ml A. löst. – 2. In der Schmelze mit Natriumcarbonat läßt sich Bromid nachweisen.

Prüfung (Ph.Dan. IX). 1. Äthanolunlösliche Stoffe. 0,200 g Eosin werden mit 20 ml A. 1 Min. gekocht und anschließend heiß durch einen gewogenen Glasfiltertiegel (1 G 3) gesaugt. Der Rückstand wird mit A. gewaschen, bis das Filtrat nahezu farblos abläuft und bei 105° bis zum konstanten Gewicht getrocknet. Er darf höchstens 0,0100 g betragen. – 2. Trocknungsverlust. Höchstens 15,0%.

Anwendung. Es wird zur Färbung von Lösungstabletten für Mundwässer u. ä. verwendet.

Handelsformen: Bromofluorescein A. Eosine Yellowish. Bromo Acid. Bronze Bromo.

8. Indigoide Farbstoffe

Indigo HAB 34. Indigoblau. Indigotin. Anil. Bis-[indol-(2)]-indigo.

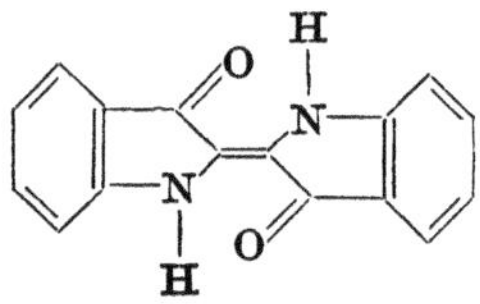

$C_{16}H_{10}N_2O_2$ M.G. 262,26

Herstellung. 1. Natürlicher Indigo bildet sich bei fermentativer oder saurer Hydrolyse unter Dehydrierung durch Luftsauerstoff aus dem Indoxylglykosid Indican über Indoxyl (3-Oxy-indol) und Indigoweiß (Dihydro-indigo).

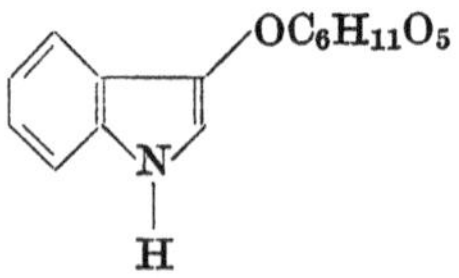

Indican

Indican kommt in ostasiatischen Indigoferaarten (*Indigofera tinctoria, I. anil*, Leguminosae), aber auch im heimischen Färberwaid (*Isatis tinctoria*, Cruciferae) vor.

Zur Indigoherstellung werden die Pflanzen zur Blütezeit geschnitten und in Holzbottichen mit Wasser bedeckt 12 bis 15 Std. der Gärung überlassen. Hierbei geht das Indican unter Entwicklung von Kohlendioxid und Glykosidspaltung in Lösung. Bei der nachfolgenden Belüftung scheidet sich der Farbstoff in blauen Flocken ab. Er wird gewaschen, abgepreßt und getrocknet (Rohindigo). Der natürliche Indigo ist heute fast völlig durch das synthetische Produkt verdrängt.

2. Großtechnisch wird Indigo hergestellt durch Kondensation von Anilin mit Formaldehyd und Blausäure bei 96°, Verseifung des entstandenen Phenylacetonitrils mit 50%iger Natronlauge zum Natriumsalz des Phenylglycins, Schmelzen mit Kaliumhydroxid, Natriumhydroxid und Natriumamid bei 216° und Oxydation der in Wasser gelösten Schmelze mit Luft (Ludwigshafener Verfahren).

Eigenschaften. Dunkelblaues, kupferglänzendes, geruch- und geschmackloses Pulver, praktisch unlösl. in W., A., und Ae., lösl. in warmem Anilin und in warmem Chlf.

Erkennung. 1. Indigo schmilzt bei 390 bis 392° oder sublimiert unzersetzt unter Bildung von kupferroten Prismen. – 2. Indigo löst sich in kalter Schwefelsäure mit grüner Farbe. Die Lsg. färbt sich beim Erwärmen blau. – 3. Die Substanz wird beim Erwärmen mit Natronlauge und Zinkstaub entfärbt.

Prüfung. 1. Gummi, Dextrin. Mit wenig W. verrieben, darf Indigo keine schleimige Flüssigkeit geben. – 2. Stärke. Indigo wird in Salpetersäure gelöst. Nach Zusatz von Kaliumjodidlsg. muß die Flüssigkeit farblos bleiben. – 3. Trocknungsverlust. 5 bis 7%, bei 100° bis zum konst. Gew. getrocknet (HAB 34). – 4. Verbrennungsrückstand. Höchstens 10% (HAB 34).

Gehaltsbestimmung. Etwa 1 g Substanz, genau gewogen, wird mit der gleichen Gewichtsmenge Glaspulver gemischt und mit 30 ml Schwefelsäure ($d = 1{,}841$) 2 bis 3 Std. auf 50 bis 55° erhitzt. Das Reaktionsprodukt wird auf 1000 ml verdünnt und filtriert. 50 ml des Filtrats werden mit 50 ml W. und 32 g Kochsalz versetzt. Nach einstündigem Stehen wird filtriert, der Niederschlag aus Indigokarmin mit gesättigter Kochsalzlsg. ausgewaschen und in heißem W. gelöst. Die Lsg. wird wie bei Indigokarmin beschrieben, mit 0,1 n Titan(III)-chloridlösung titriert.

1 ml 0,1 n $TiCl_3$ entspricht 0,01311 g $C_{16}H_{10}N_2O_2$.

Anwendung. Die Anwendung des Indigo in der Küpenfärberei ist heute zugunsten lichtechter Farbstoffe stark zurückgegangen.

Indigo-Karmin. Indigo Carmine BP 63. Sodium Indigotindisulfonate USP XVII. Indigocarminum. Lebensmittelblau 2 (Farbstoff-Verordnung). Indigo-5,5'-disulfonsäure (Di-Natrium-Salz).

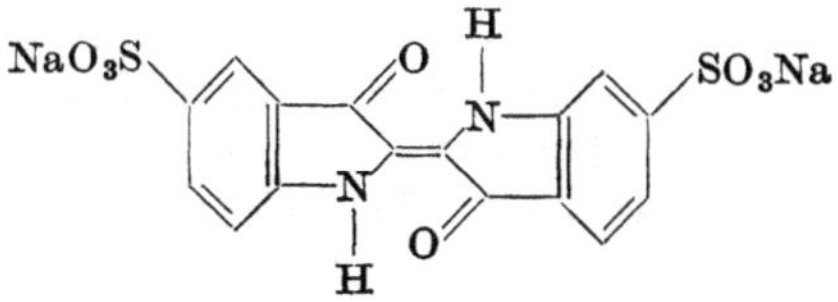

$C_{16}H_8N_2Na_2O_8S_2$ M.G. 466,37

Gehalt mindestens 96%, berechnet auf die bei 105° bis zum konstanten Gewicht getrocknete Substanz (USP XVII).

Herstellung. Einwirkung von rauchender Schwefelsäure auf Phenylglycin (DP 63218).

Eigenschaften. Blaues Pulver oder blaues, kupferartig glänzendes Granulat, mit purpurblauer Farbe in W. lösl., kaum lösl. in A., unlösl. in den meisten organischen Lösungsmitteln.

Erkennung. 1. Die wss. Lsg. wird durch Versetzen mit Salpetersäure oder Bromwasser entfärbt. Das gleiche geschieht beim Erwärmen mit Natronlauge und Zinkstaub (BP 63). – 2. Beim Versetzen der wss. Lsg. mit Natronlauge schlägt die Farbe von Blau nach Gelb bis Olivbraun um (USP XVII). – 3. Im Verbrennungsrückstand läßt sich Natrium nachweisen (BP 63). – 4. Indigokarmin wird aus wss. Lsg. durch Natriumchlorid als blauer Niederschlag gefällt (USP XVII).

Prüfung. 1. Niedriger sulfonierte Farbstoffe. Etwa 0,4 g Substanz, genau gewogen, werden in 100 ml W. gelöst. 50 ml dieser Lsg. werden mit 0,25 ml Salzsäure versetzt und nacheinander in 3 Scheidetrichtern mit je 50 ml Amylalkohol ausgeschüttelt. In der gleichen Reihenfolge werden die Amylalkoholextrakte nacheinander mit 50 ml verdünnter Salzsäure (1%) gewaschen. Dies wird wiederholt, bis die Waschflüssigkeit praktisch farblos abläuft. In jedem der 3 Scheidetrichter werden nun die Alkoholauszüge mit dem 1- bis 2fachen ihres Volumens Hexan verdünnt. Die niedriger sulfonierten Farbstoffe werden durch 6maliges Ausschütteln mit je 15 ml W. extrahiert, wobei das Extraktionsmittel die Scheidetrichter in entgegengesetzter Reihenfolge durchläuft. Die vereinigten Wasserauszüge werden mit 0,1 n Titan(III)-chloridlsg. titriert (wie unter Gehaltsbestimmung angegeben, mit Zusatz von 15 g Natriumbitartrat). Unter den gleichen Bedingungen wird ein Blindversuch mit 0,001 g Indigokarmin durchgeführt und der Wert des Hauptversuches gegebenenfalls korrigiert. 1 ml 0,1 n $TiCl_3$ entspricht 0,01822 g Natrium-Indigomonosulfat. – Indigokarmin darf höchstens 5% niedriger sulfonierte Farbstoffe enthalten, bezogen auf die bei 105° getrocknete Substanz (USP XVII). – 2. Säuren oder Basen. 1,0 g Substanz wird in 20 ml heißem W. gelöst, mit 5 g Kochsalz versetzt und geschüttelt. Nach dem Abkühlen wird filtriert und 10 ml des Filtrats, verdünnt mit 10 ml W., werden neutralisiert. Hierbei dürfen nicht mehr als 0,2 ml 0,1 n Natronlauge bzw. 0,1 n Salzsäure verbraucht werden. Methylrot als Indikator (BP 63). – 3. Wasserunlösliche Stoffe. 1 g Substanz werden in 100 ml W. gelöst, durch einen gewogenen Filtertiegel gesaugt und mit W. gewaschen, bis das Filtrat praktisch farblos abläuft. Der Rückstand, 1 Std. bei 105° getrocknet, darf höchstens 0,005 g betragen (USP XVII). – 4. Arsen. Höchstens 4 ppm (BP 63). – 5. Blei. Höchstens 10 ppm (USP XVII). – 6. Pyrogene Stoffe. Die Prüfung auf Pyrogene wird an Kaninchen durchgeführt. Es werden 2 ml einer 0,4%igen Lösung in pyrogenfreiem Wasser pro kg Körpergewicht der Versuchstiere injiziert (BP 63). – 7. Trocknungsverlust. Höchstens 10%, bei 105° bis zum konstanten Gewicht getrocknet (BP 63). – 8. Sulfatasche. 30 bis 40% der bei 105° bis zur Gewichtskonstanz getrockneten Substanz (BP 63).

Gehaltsbestimmung (USP XVII). Etwa 0,5 g Substanz, genau gewogen, werden in 200 ml W. gelöst und mit 15 g Natriumbitartrat versetzt. Die Lsg. wird zum Sieden erhitzt und mit 0,1 n Titan(III)-chloridlsg. titriert. Im Äquivalenzpunkt schlägt die Farbe von Blau nach Farblos oder Rotbraun um.

1 ml 0,1 n $TiCl_3$ entspr. 0,02332 g $C_{16}H_8N_2Na_2O_8S_2$.

Anwendung. Zur Nierenfunktionsprüfung. Bei normaler Funktion färbt sich der Urin etwa 10 Min. nach der Injektion.

Dosierung. 0,01 bis 0,02 g intravenös. Gewöhnlich 5 ml einer 0,4%igen wäßrigen Lsg.

Unverträglichkeiten. Indigokarmin ist sehr empfindlich gegen oxydierende Substanzen.

Handelsform: Indigocarmin „Merck" (Merck).

Lebensmittelfarbstoffe

1. Färbung von Lebensmitteln. Die Verwendung von Farbstoffen bei der Herstellung von Lebensmitteln ist heute weitgehend durch Gesetze und Verordnungen geregelt. Besonders der Zusatz fremder Stoffe, also auch das Färben mit synthetischen Farbstoffen, unterliegt strengen Bestimmungen. Der § 4a Abs. 1 des Lebensmittelgesetzes (LMG) verbietet den Zusatz fremder Stoffe, wenn sie nicht ausdrücklich erlaubt sind. Als nicht fremd im Sinne des Gesetzes gelten Stoffe, die einen Gehalt an verdaulichen Kohlenhydraten, verdaulichem Eiweiß, verdaulichen Fetten, oder einen natürlichen Gehalt an Vitaminen, Provitaminen, Geruchs- oder Geschmacksstoffen aufweisen (§ 4a Abs. 2 LMG).

Als Durchführungsverordnung zu dem allgemeinen Fremdstoffverbot des § 4a LMG ist die Farbstoff-Verordnung (VO über färbende Stoffe vom 19. 12. 1959 in der Fassung vom 20.1.1966) erlassen worden. Sie erlaubt die Färbung einer größeren Anzahl von Lebensmitteln und Verpackungsmitteln mit bestimmten zugelassenen fremden Stoffen im Sinne des § 4a Abs. 2 LMG (§ 1). Die erlaubten Farbstoffe sind in der Anlage 1, Liste A–C aufgeführt. Bei Lebensmitteln ist die Färbung mit diesen Stoffen grundsätzlich durch die Worte „mit Farbstoff" kenntlich zu machen (§ 4).

Außerdem enthält die Verordnung eine Anzahl nicht fremder, färbender Stoffe, deren Verwendung nicht kennzeichnungspflichtig ist (Anlage 4).

Liste A enthält die zum Färben von Lebensmitteln bei der Herstellung und Zubereitung zugelassenen Farbstoffe. Liste B enthält die zum Färben der Überzüge von Käse und der Hüllen von Gelbwurst zugelassenen fremden Stoffe. Liste C enthält Farbstoffe zum Stempeln der Oberfläche von Lebensmitteln und zum Färben von Eierschalen.

In Anlage 3 sind die Lebensmittel aufgeführt, bei denen der Zusatz von Farbstoffen der Liste A erlaubt ist:

Anlage 3

1. Seelachs (Lachsersatz)
2. Anchovispaste
3. Fischrogenerzeugnisse, ausgenommen geräucherter Rogen
4. Garnelen (Krabben) und Kaisergranat (Nephrops norvegicus), deren Haltbarkeit durch Erhitzen in geschlossenen Behältnissen verbessert worden ist.

5. Erdbeer-, Kirsch-, Himbeer- und Pflaumenkonserven in luftdicht verschlossenen Behältnissen
6. Konfitüren, Einfruchtmarmeladen und Gelees aus rotem Beerenobst und Kirschen, sterilisiertes Kirsch-, Himbeer- und Erdbeermark
7. Mehrfrucht- und gemischte Marmeladen
8. künstliche Heiß- und Kaltgetränke, Brausen
9. Cremespeisen, Pudding, Geleespeisen, rote Grütze, süße Suppen und süße Soßen, ausgenommen die mit Kakao, Schokolade, Kaffee, Ei oder Karamel hergestellten Erzeugnisse
10. Kunstspeiseeis, Kunsthonig
11. Kandierte oder mit Zucker überzogene Früchte und Fruchtteile, ausgenommen Zitronat, Orangeat sowie Nuß- und Mandelkerne als solche.
12 a) Zuckerüberzüge aller Art, insbesondere Verzierungen, Drageedecken, Zuckerschichten oder andere besonders erkennbare, auch zur Ausschmückung gefärbte Anteile von Schokolade- und Zuckerwaren, Fein- und Dauerbackwaren und von Kaugummi; ausgenommen sind Überzüge, die ausschließlich aus karamelisiertem Zucker bestehen, und Überzüge, in deren Bezeichnung auf Milch, Butter, Honig, Ei, Malz, Karamel, Kakao, Schokolade, oder Kaffee hingewiesen wird, sowie Lacküberzüge aus den nach § 2 Abs. 2 Nr. 13 der Allgemeinen Fremdstoff-Verordnung zugelassenen Stoffen zum Überziehen von Kakaoerzeugnissen.
b) Geleeartikel; Marzipan und Marzipanwaren; fetthaltige Füllungen von Fein- und Dauerbackwaren, ausgenommen die mit Ei, Malz, Karamel, Kakao, Schokolade, Kaffee hergestellten Erzeugnisse.
13. Sonstige Zuckerwaren, ausgenommen Lakritzen, Brausepulver und Waren, aus deren Bezeichnung hervorgeht, daß sie mit Milch, Butter, Honig, Ei, Malz, Karamel, Kakao, Schokolade oder Kaffee zubereitet sind.
14. Fruchtaromaliköre, Kräuter- und Gewürzliköre und Kräuter- und Gewürzbranntweine
15. Margarine, jedoch nur mit Farbstoff E 160b und unter Mitverwendung von Carotin.
16. Schnittkäse, halbfeste Schnittkäse und Chesterkäse, jedoch nur mit Farbstoff E 160b, auch als Ausgangsstoffe für die Herstellung von Schmelzkäse und Käsezubereitungen.

2. Färbung von Arzneimitteln. Die Färbung von Arzneimitteln ist in Deutschland nicht durch ein spezielles Gesetz geregelt. Daher dürften vorerst die Empfehlungen der Farbstoffkommission der Deutschen Forschungsgemeinschaft (Mitteilung 11 vom 5. März 1962, S. 70) gültig sein. Danach sind für Arzneimittel

a) zum inneren Gebrauch nur die Farbstoffe der Liste A annehmbar. Für die Oberflächenbehandlung von Arzneimitteln (z.B. Überzugsmassen von Dragees, und Gelatinekapseln) können auch die Farbstoffe der Liste B verwendet werden. Abweichend vom DAB 6 sind hier unter „innerem Gebrauch" alle Anwendungsformen verstanden, bei denen das Arzneimittel resorbiert werden soll, also auch die rektale Applikation, die Inhalation und die Injektion.

b) Zum äußeren Gebrauch sind darüber hinaus die Färbemittel für Kosmetica der Mitteilung 3 der Farbstoffkommission, 2. Auflage 1959, verwendbar.

Im übrigen wird auf die in Vorbereitung befindlichen EWG-Richtlinien zur Färbung von Arzneimitteln verwiesen, deren Entwürfe jedoch wegen laufender Änderungen nicht berücksichtigt werden konnten.

Sie werden die mit Nummern versehenen Farbstoffe enthalten.

CF 65 erlaubt die Färbung von Arzneimitteln mit folgenden Stoffen (in Klammern die EWG-Nr. der jeweiligen Farbstoffe):

a) Anorganische Farbstoffe Calciumcarbonat (E 170), Eisencarbonat, synth. Ultramarin, Eisenoxide (E 172), Titandioxid (E 171), natürlicher Ocker, sowie die Calcium-, Magnesium- und Aluminiumlacke der unter b und c genannten Farbstoffe.

b) Farbstoffe tierischen und pflanzlichen Ursprungs. Gelb: β-Carotin (E 160a), Curcuma (E 100), Kreuzbeerenextrakt, Riboflavin (E 101), Rocon und Bixin (E 160b), Safran und Crocin, Xanthophylle (E 161). Braun: Karamel. Rot: Alizarin, Blauholz, Brasilein, Catechu, Cochenille (E 120), Alkanna (Orcanette, Alkanna tinctoria Tausch), Orseille (E 121),

Purpurin, Quercitron. Blau: Indigocarmin (E 132). Grün: Chlorophyll. Schwarz: Carbo medicinalis. Verschiedene Farbtöne: Anthocyane (E 163), Myrtillin.

c) Synthetische organische Farbstoffe. Gelb: β-Carotin synth. (E 160a), Chrysoin S (E 103), Echtgelb (E 105), Chinolingelb (E 104), Riboflavin synth. (E 101), Tartrazin (E 102). Orange: Gelborange S (E 110). Rot: Amaranth (E 123), Chochenillerot A (E 124), Scharlach GN (E 125), Erythrosin, Alizarin synth. und seine sulfonierten Derivate.

Alizarinrot S. Alizarine S. Alizarin Red S. Ext. D C Red No. 7. 1,2-Dihydroxyanthrachinon-3-sulfonsäure (Natriumsalz).

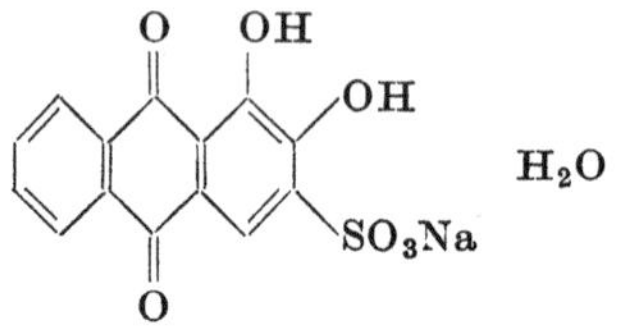

$C_{14}H_7NaO_7S \cdot H_2O$ M.G. 360,27

Herstellung. Alizarin wird mit rauchender Schwefelsäure sulfoniert.

Eigenschaften. Orange bis orange-grünliches Pulver, das im gefilterten UV-Licht dunkel zinnoberfarben fluoresziert. Die wäßrige Lösung (1 : 1000) ist bei pH 2,5 gelb-grünlich, bei pH 10,0 violett-weinrot. Spektrometrie: Maximum bei 520 nm, Minimum bei 400 nm (in 0,02 m Ammoniumacetatlsg.).

Blau: Anthrachinonblau (E 130), Indigocarmin (E 132), Patentblau V (E 131). Schwarz: Brillantschwarz BN (E 151).

Dosierung der Farbstoffe für die Färbung von Arzneimittteln.

Nach CF 65 darf die zugesetzte Menge an synthetischen organischen Farbstoffen höchstens 0,5% der abgabefertigen Arzneizubereitungen betragen.

3. Reinheitsforderungen an Lebensmittelfarbstoffe. Solange nicht im Verordnungswege besondere Reinheitsgebote und Untersuchungsvorschriften festgelegt sind, werden die Reinheitsprüfungen der Farbstoffkommission (Mitteilung 11 vom 5. März 1962, S. 74) zugrunde zu legen sein:

1. *Anorganische Verunreinigungen*

a) In Lebensmittelfarbstoffen dürfen nicht nachweisbar sein:
in verdünnter Salzsäure lösliche Bariumverbindungen, ferner Cadmium, Quecksilber und Selen einschließlich Tellur.

b) Für folgende weitere Verunreinigungen werden als Höchstgrenze festgelegt:

5 mg/kg Arsen,
20 mg/kg Blei,

je 100 mg/kg Antimon, Barium in Form des Sulfats, Chrom, Kupfer, Zink einzeln, jedoch insgesamt nicht mehr als 200 mg/kg.

c) Bei den mineralischen Pigmenten Titandioxid, Eisenoxid und Eisenoxidhydrate wird zur Prüfung ein Auszug mit 0,1 n Salzsäure verwendet.

2. *Organische Verunreinigungen*

a) *Aromatische Amine.* Lebensmittelfarbstoffe dürfen nicht mehr als 0,01% aromatische Amine enthalten.
2-Aminonaphthalin, 4-Aminodiphenyl, (Xenylamin) oder Benzidin dürfen nicht nachweisbar sein.

b) *Ätherextrahierbare Anteile.* Farbstoffe mit Sulfonsäuregruppen dürfen nicht mehr als 0,2% durch Äther extrahierbare Substanzen enthalten.

c) *Aromatische Kohlenwasserstoffe* mit mehr als 3 kondensierten Ringen dürfen nicht nachweisbar sein.

d) *Nebenfarbstoffe.* Bei der Herstellung unvermeidbar anfallende Nebenfarbstoffe dürfen insgesamt 4%, bezogen auf den Hauptfarbstoff, nicht übersteigen. Über die Art der jeweils in Betracht kommenden Nebenfarbstoffe siehe „Mitteilung 8" der Farbstoff-Kommission vom 23. November 1956 und Ergänzungen 1963.

4. Chromatographische Trennung der synthetischen Lebensmittelfarbstoffe. Am zweckmäßigsten verwendet man zur Trennung die Dünnschichtchromatographie (DC). Sie hat gegenüber der Papierchromatographie den Vorteil einer wesentlich kürzeren Laufzeit bei gleicher Nachweisempfindlichkeit. Die angegebenen Laufmittel können aber auch zur papierchromatographischen Untersuchung verwendet werden.

Schichten (S). a) S_1: Cellulosepulver MN 300 zur DC nach E. STAHL. b) S_2: Cellulosepulver MN 300 G (mit Gipszusatz) zur DC nach E. STAHL. (Beide Fa. Macherey, Nagel & Co., Düren a. Rh.).

Herstellung der Schichten. 15 g Cellulosepulver MN 300 oder MN 300 G werden mit 90 ml W. angerührt, am besten mit einem Mixgerät, und mit Hilfe eines Streichgerätes auf die Platten aufgetragen. Nach 10 Min. Trocknen bei 105° sind die Platten gebrauchsfertig. Die angegebene Menge ist ausreichend zum Beschichten von 5 Platten 200 × 200 mm.

Laufmittel (L). a) L_1: 2,5%ige Natriumcitratlsg., 25%iges Ammoniak (4 : 1). b) L_2: Propanol-Aethylacetat-Wasser (6 : 1 : 3). c) L_3: tert. Butanol-Propionsäure-Wasser (50:12:38) mit einem Zusatz von 0,4% KCl.

Ausführung. Das Substanzgemisch (0,1 bis 0,15%ig pro Komponente) wird 1,5 cm vom unteren Plattenrand entfernt aufgetragen. Nach dem Trocknen des Startflecks (Durchmesser höchstens 2 mm) werden die Platten in das mit Laufmittel beschickte Entwicklungsgefäß gestellt.

Entwicklungsdauer. Bei L_1 und L_2 30 Min., bei L_3 90 Min.

Die R_f-Werte der Farbstoffe bei den verschiedenen Schichten- und Laufmittelkombinationen sind in der folgenden Tabelle zusammengestellt:

Farbstoff	R_f-Werte					
	L_1S_1	L_1S_2	L_2S_1	L_2S_2	L_3S_1	L_3S_2
Echtgelb	0,57	0,58	0,53	0,51	0,58	0,45
Tartarzin	0,76	0,72	0,26	0,20	0,17	0,10
Chinolingelb	0,13	0,12	0,35	0,33	0,30	0,18
	0,23 N	0,20 N	0,27 N	0,21 N	0,16 N	0,07 N
	–	–	–	–	0,48 N	0,33 N
Chrysoin S	0,40	0,34	0,78	0,60	0,81	0,78
Orange GGN	0,52	0,45	0,55	0,54	0,64	0,51
	–	–	0,50 N	0,43 N	–	–
Gelborange S	0,48	0,42	0,52	0,52	0,61	0,48
	0,26 N	0,24 N	0,49 N	0,40 N	–	–
Azorubin S	0,16	0,12	0,64	0,56	0,68	0,63
	–	–	0,57 N	0,35 N	0,62 N	0,55 N
Amaranth	0,39	0,31	0,30	0,15	0,13	0,07
Cochenillerot A	0,62	0,55	0,35	0,28	0,34	0,23
Ponceau GR	0,77	0,76	0,13	0,05	0,06	0,04
Scharlach GN	0,85	0,90	0,64	0,64	0,75	0,68
	0,88 N	0,94 N	0,70 N	0,52 N	0,72 N	0,62 N
Anthrachinonblau	0	0	0	0	0	0
Indigotin I	0,12	0,29	0,33	0,22	0,18	0,11
	0,19 N	0,07 N	–	–	0,09 N	0,05 N
Brillantschwarz BN	0,15	0,10	0,20	0,10	0,03	0,02
	–	–	0,08 N	0,03 N	–	–
Erythrosin BN	0,02	0,04	7,00	0,74 X	1,00	1,00
	0,06 N	0,07 N	–	–	–	–
	0,10 N	0,12 N	–	–	–	–
	0,18 N	0,20 N	–	–	–	–

N = Nebenfleck, X = langgezogen.

Das Verfahren wurde von P. Wollenweber [Dünnschichtchromatische Trennung von Farbstoffen an Celluloseschichten. Journal of Chromatography 7, 557 (1962)] ausgearbeitet.

Farbstoffe der Liste A I

Zugelassen für die Färbung in der Masse und auf der Oberfläche des Lebensmittels. Von den angegebenen Stoffen dürfen die freie Säure, sowie die Natrium-, Kalium-, Calcium- und Aluminiumverbindungen verwendet werden. Die auf synthetischem Wege erhaltenen Produkte, die den nachstehenden färbenden Stoffen natürlichen Ursprungs entsprechen, sind ebenfalls zugelassen.

Gelbe Farbtöne

Curcumin. Curcumine, Curcumina (E 100)[1]. 1,7-Bis-(4-hydroxy-3-methoxy-phenyl)-1,6-heptadien-3,5-dion.

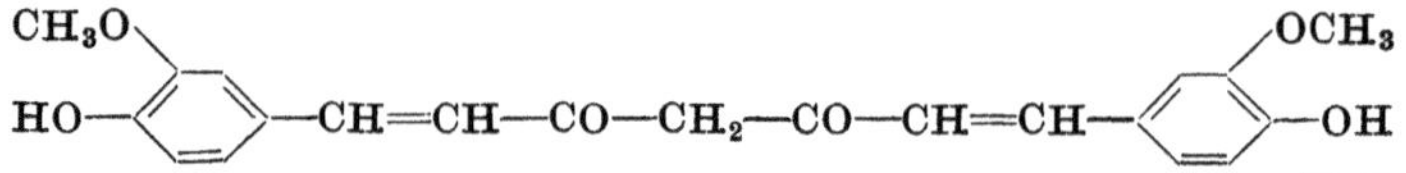

$C_{21}H_{20}O_6$ M.G. 368,37

Herstellung. Curcumarhizom wird mit Äthanol ausgezogen, das Filtrat mit Bleiacetat gefällt. Nach Behandeln des Niederschlages mit verd. Schwefelsäure zieht man mit siedendem Äthanol aus und dampft zur Trockne ein.

Eigenschaften. Orangefarbene Prismen oder Kristallpulver, schwer lösl. in W., wenig lösl. in A., leicht lösl. in Ae. Fp. 183°. Spektrometrie: Maximum bei 482 mμ (alkalisch-äthanolische Lsg).

Erkennung. 1. Die äthanolische Lsg. fluoresziert lichtgrün. – 2. Curcumin gibt mit Borsäure eine rotbraune Färbung, die nach Zusatz von Alkali nach Blau umschlägt.

Tartrazin. Hydrazingelb 0. Tartrazine. Tartrazina (E 102)[1]. Jaune tartrarique. FD + C Yellow No. 5. 4-(4'-Sulfo-1'-phenylazo)-1-(4'-sulfophenyl)-5-hydroxy-pyrazolon-3-carbonsäure (Tri-Natrium-Salz).

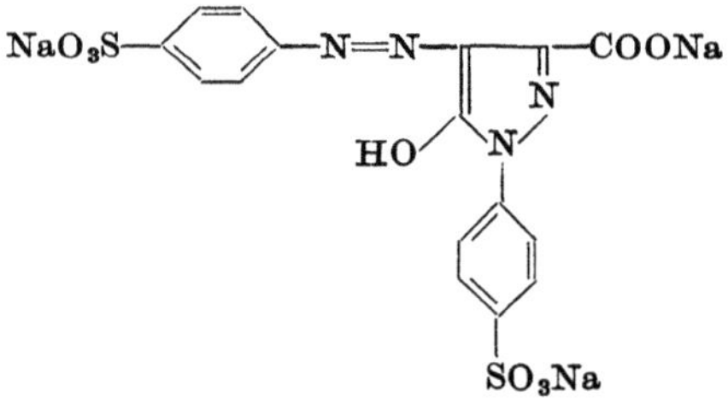

$C_{16}H_9N_4Na_3O_9S_2$ M.G. 534,38

Herstellung. Einwirkung von 2 Mol Phenylhydrazin-p-sulfosäure auf 1 Mol Dioxyweinsäure.

Eigenschaften. Orangegelbes Pulver, leicht lösl. in W.; hitzebeständig bis 100°. Spektrometrie: Maxima bei 260 und 420 mμ (Wasser).

Erkennung. 1. Chromatographisch. – 2. HCl: unverändert; NaOH: Färbung wird roter; H_2SO_4: orangegelbe Lösung.

Chrysoin S. Tropäolin O. Resorcin Yellow. Jaune de Resorcine. Chrysoine S. Crisoina S (E 103)[1]. 2,4-Dihydroxyazobenzol-4'-sulfosäure (Natrium-Salz).

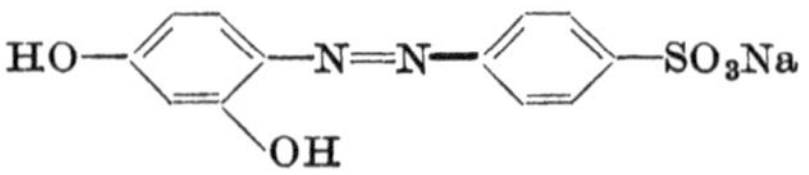

$C_{12}H_9N_2NaO_5S$ M.G. 316,25

[1] EWG-Nummer.

Herstellung. Resorcin wird mit diazotierter Sulfanilsäure in alkalischer Lsg. gekuppelt.

Eigenschaften. Braunes Pulver, in W. mit rötlichgelber Farbe lösl. Spektrometrie: Maxima bei 438 und 260 mμ (Wasser).

Erkennung. 1. Chromatographisch. – 2. HCl: unverändert; NaOH: rötlichbraun; H_2SO_4: gelb.

Chinolingelb. Chinolingelb extra. Chinolingelb wasserlöslich. Quinoline Yellow. Jaune de Quinoléine. Giallo di chinolina (E 104)[1]. Chinophthalondisulfonsäure (Di-Natrium-Salz).

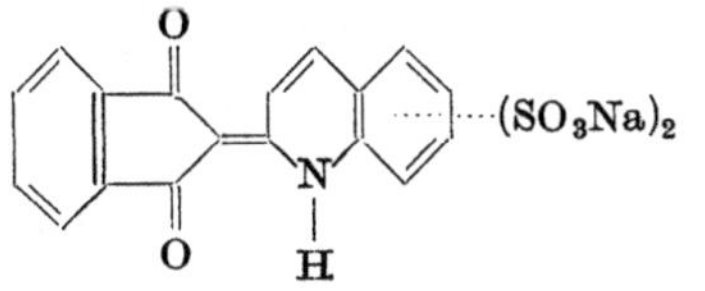

$C_{18}H_9NNa_2O_8S_2$ M.G. 477,38

Herstellung. Aus Chinaldin und Phthalsäureanhydrid hergestelltes Chinophthalon wird mit rauchender Schwefelsäure sulfoniert.

Eigenschaften. Gelbes Pulver, leicht lösl. in W., hitzebeständig bis 100°. Spektrometrie: Maxima bei 290 und 415 mμ (Wasser).

Erkennung. 1. Chromatographisch. – 2. HCl: Lsg. wird heller; NaOH: Lsg. wird dunkler; H_2SO_4: gelbrote Lsg.

Prüfung. Der Hauptfarbstoff kann aus 3 Komponenten bestehen, die sich lediglich durch die Zahl und Stellung der Sulfonsäuregruppen unterscheiden. Der Gehalt an Monosulfonsäuren soll 38% nicht übersteigen. Die Summe der Nebenfarbstoffe darf nicht mehr als 4% des Hauptfarbstoffes (Summe der 3 Komponenten) betragen.

Echtgelb. Säuregelb. Acid Yellow G. Fast Yellow G. Jaune solide. Giallo solido (E 105)[1]. 1-(4′-Sulfo-1′-phenylazo)-4-aminobenzol-5-sulfonsäure (Di-Natrium-Salz).

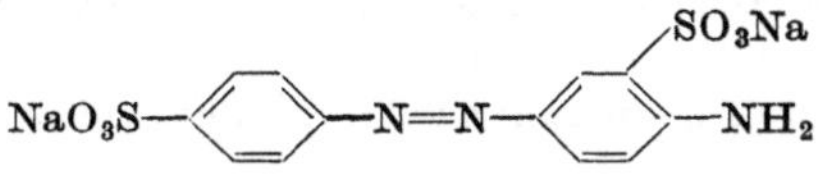

$C_{12}H_9N_3Na_2O_6S_2$ M.G. 401,38

Herstellung. p-Aminoazobenzolhydrochlorid wird mit rauchender Schwefelsäure sulfoniert. Dabei entsteht hauptsächlich Disulfonsäure neben wenig Monosulfonsäure.

Eigenschaften. Gelbes Pulver, leicht lösl. in W. Spektrometrie: Maximum bei 385 mμ (Wasser).

Erkennung. 1. Chromatographisch. – 2. HCl: fleischroter, gallertartiger Niederschlag von Aminoazobenzolmonosulfonsäure; rötliche, violett schimmernde Nadeln von Disulfonsäure. NaOH: unverändert. H_2SO_4: orangegelbe Lsg.

Prüfung. Echtgelb darf nicht mehr als 3% 4-Aminoazobenzol-4′-sulfonsäure (Natriumsalz) enthalten.

Orange Farbtöne

Gelborange S. Sunset Yellow FCF. FD + C Yellow No. 6. Jaune Orange S. Giallo arancio S (E 110)[1]. 1-(4′-Sulfo-1′-phenylazo)-2-naphthol-6-sulfonsäure (Di-Natriumsalz).

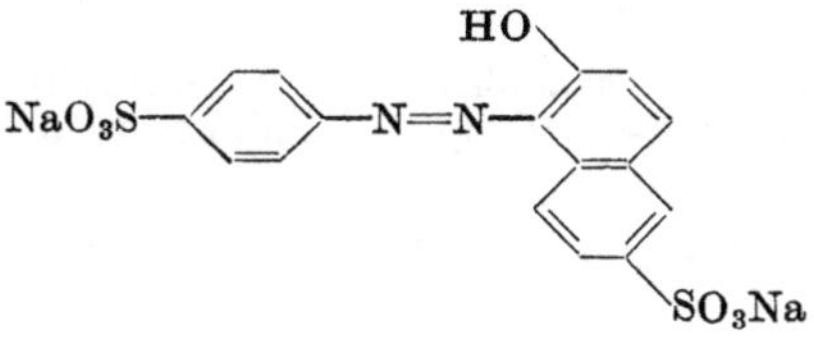

$C_{16}H_{10}N_2Na_2O_7S_2$ M.G. 452,38

Herstellung. Sulfanilsäure wird diazotiert und mit 2-Naphthol-6-sulfonsäure in alkalischer Lsg. gekuppelt.

[1] EWG-Nummer.

Eigenschaften. Gelbrotes Pulver, lösl. in W. mit gelboranger Farbe, schwer lösl. in A. Spektrometrie: Maxima bei 237, 315 und 490 mμ (Wasser).

Erkennung. 1. Chromatographisch. – 2. HCl: unverändert; NaOH: bräunlichrot; H_2SO_4: rötlichorange.

Orange GGN. Orange GGL. Arancio GGN (E 111)[1]. 1-(3'-Sulfo-1'-phenylazo)-2-naphthol-6-sulfonsäure (Di-Natrium-Salz).

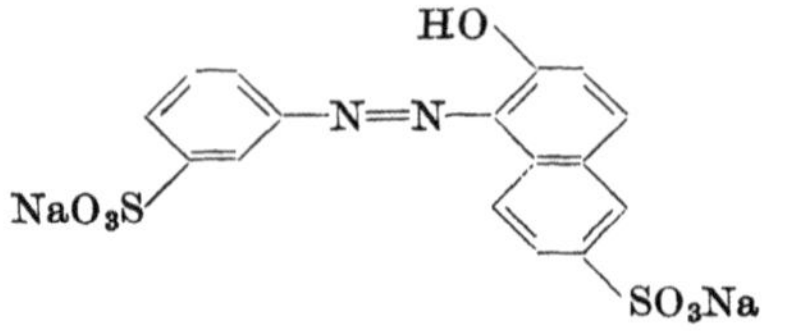

$C_{16}H_{10}N_2Na_2O_7S_2$ M.G. 452,37

Herstellung. 3-Amino-benzolsulfonsäure wird diazotiert und mit 2-Naphthol-6-sulfonsäure in alkalischer Lsg. gekuppelt.

Eigenschaften. Gelbes Pulver, mit goldgelber Farbe in W. lösl., wenig lösl. in A. Spektrometrie: Maxima bei 238 und 480 mμ (Wasser).

Erkennung. 1. Chromatographisch. – 2. HCl: goldgelb; NaOH: rotgelb bis braun; H_2SO_4 orange.

Rote Farbtöne

Karmin (E 120)[1]. Siehe Karmin, S. 24.

Orcein (E 121)[1]. Farbstoff der Orseille (s. dort). Gemisch aus roten, violetten und farblosen Substanzen, die aus Flechtenstoffen durch Behandeln mit Ammoniak und Alkalicarbonaten mit oder ohne Gärung entstehen.

Herstellung. Orseilleextrakt wird in Wasser gelöst, mit Salzsäure angesäuert und das eingedampfte Filtrat mit Ae. ausgezogen. Im Vakuum wird konzentriert und das ausgeschiedene Orcein mit W. und Ae. gewaschen.

Eigenschaften. Karminrotes, amorphes Pulver, prakt. unlösl. in W., Ae. und Chlf., lösl. in A. und Aceton.

Erkennung. Orcein gibt mit Salzsäure eine rote und mit Natronlauge eine blauviolette Lsg.

Literatur: Musso, H.: Planta med. (Stuttg.) *8*, 432 (1960).

Azorubin. Echtrot C. Pontacyl Ruby G. Azorubine. Carmoisin. Chromotrop FB. Azorubina (E 122)[1]. 2-(4'Sulfo-1-naphthylazo)-1-naphthol-4-sulfonsäure (Di-Natrium-Salz).

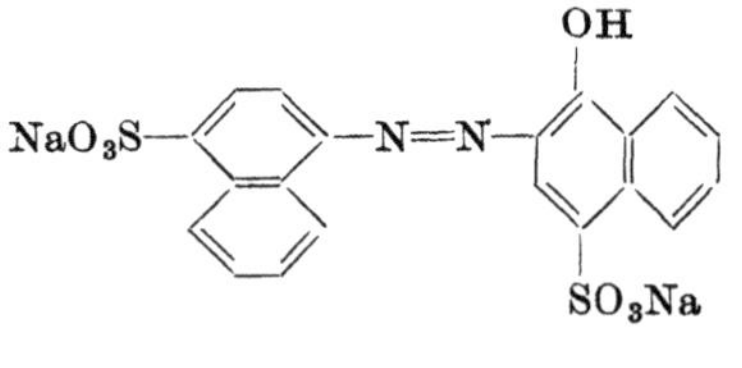

$C_{20}H_{12}N_2Na_2O_7S_2$ M.G. 502,43

Herstellung. Naphthionsäure wird diazotiert und mit 1-Naphthol-4-sulfonsäure in alkalischer Lsg. gekuppelt.

Eigenschaften. Granatrotes bis bräunliches Pulver, mit scharlachroter Farbe in W. löslich. Spektrometrie: Maximum bei 516 mμ, Minimum bei 370 mμ (in 0,02 m Ammoniumacetatlsg.).

Erkennung. 1. Chromatographisch. – 2. H_2SO_4: intensiv violettblau, HCl: Niederschlag, HNO_3: unverändert!

Amaranth (E 123)[1] s. S. 1.

Cochenillerot A. Viktoriascharlach 4 R extra. Neucoccin. Cochineal Red A. Rouge cochenille A. Coccine nouvelle. Ponceau 4 R. Rosso cocciniglia A. (E 124)[1].

[1] EWG-Nummer.

1-(4'-Sulfo-1'-naphthylazo)-2-naphthol-6,8-disulfonsäure (Tri-Natrium-Salz).

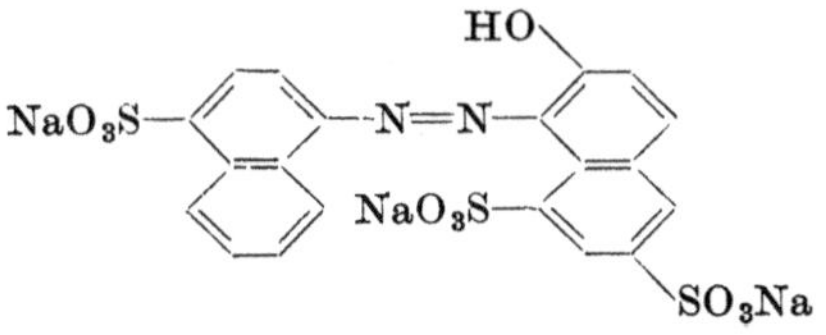

$C_{20}H_{11}N_2Na_3O_{10}S_3$ M.G. 604,47

Herstellung. Naphthionsäure wird diazotiert und mit 2-Naphthol-6,8-disulfonsäure in alkalischer Lsg. gekuppelt.

Eigenschaften. Kräftig scharlachrotes Pulver, das im gefilterten UV-Licht scharlachrot fluoresziert. Die wäßrige Lsg. (1 : 1000) ist kräftig orangerot gefärbt. Spektrometrie: Maximum bei 507 mμ, Minimum bei 375 mμ (in 0,02 m Ammoniumacetatlsg.).

Erkennung. 1. Chromatographisch. – 2. H_2SO_4: violettrot, HNO_3: orange, HCl: unverändert.

Scharlach GN. Ecarlate GN. Ecarlate acide. Scarlatto GN (E 125)[1]. 2-(2'-Sulfo-4',6'-dimethyl-1'-phenylazo)-1-naphthol-5-sulfonsäure (Di-Natrium-Salz).

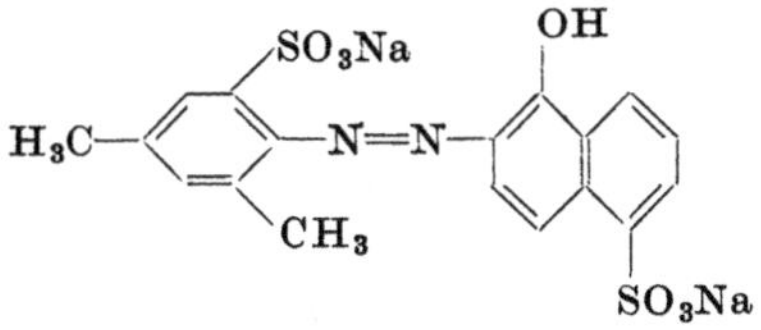

$C_{18}H_{14}N_2Na_2O_7S_2$ M.G. 480,42

Eigenschaften. Dunkelgranatrotes Pulver, das sich in W. (1 : 1000) mit oranger Farbe löst. Spektrometrie: Maximum bei 490 mμ, Minimum bei 395 mμ (in 0,02 m Ammoniumacetatlsg.).

Erkennung. 1. Chromatographisch. – 2. H_2SO_4: violettrot, HCl: scharlachrot, HNO_3: gelb, verblaßt nach wenigen Minuten.

Ponceau 6 R. Scarlet 6 R. (E 126)[1]. 1-(4'-Sulfo-1'-naphthylazo)-2-naphthol-3,6,8-trisulfonsäure (Tetra-Natrium-Salz).

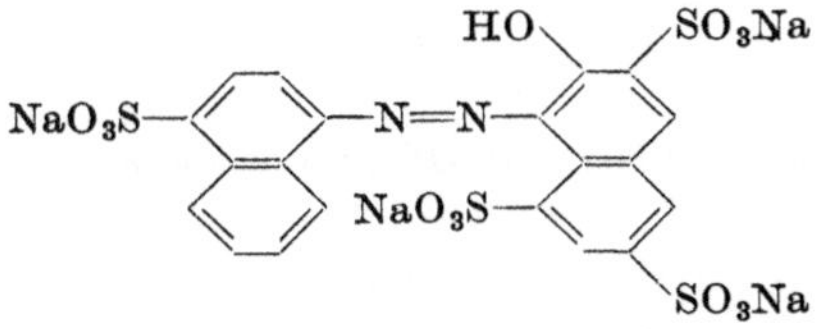

$C_{20}H_{10}N_2Na_4O_{13}S_4$ M.G. 706,52

Herstellung. Naphthionsäure wird diazotiert und mit 2-Naphthol-3,6,8-trisulfonsäure in alkalischer Lösung gekuppelt.

Eigenschaften. Braunes Pulver, in W. mit fuchsinroter Farbe lösl. Spektrometrie: Maxima bei 340 und 515 mμ (Wasser).

Erkennung. 1. Chromatographisch. – 2. HCl: unverändert; NaOH: rotbraun; H_2SO_4: violette Lsg.

Prüfung. Ponceau 6 R darf nicht mehr als 3% 1-(4'-Sulfo-1'-naphthylazo)-2-naphthol-3,6-disulfonsäure enthalten.

Erythrosin. Erythrosin extra bläulich. Erythrosine BS. Erythrosin J. FD + C Red No. 3. 2,4,5,7-Tetrajod-3,6-dioxy-fluoran (Di-Natrium- oder Di-Kalium-Salz). Tetrajodfluorescein

[1] EWG-Nummer.

(Di-Natrium- oder Di-Kalium-Salz).

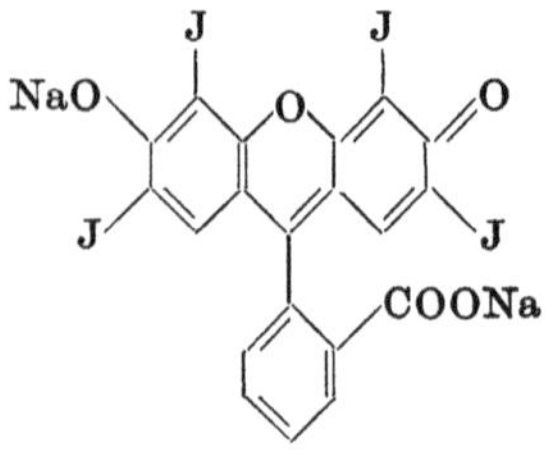

$C_{20}H_6J_4Na_2O_5$ M.G. 879,86

Herstellung. Fluorescein wird jodiert.

Eigenschaften. Braunes, kristallines Pulver, in W. mit kirschroter Farbe lösl. (ohne Fluoreszenz).

Erkennung. 1. Chromatographisch. – 2. HCl: braungelber Niederschlag; NaOH: lösl. roter Nd.; H_2SO_4: braungelbe Lsg., beim Erwärmen entweicht Jod.

Orceinsulfosäure (Calciumsalz)

Anthrachinonblau. Indanthrenblau RS. Bleu anthraquinonique. Bleu Solanthrène RS. Blu anthrachinonica (E 130)[1]. N,N'-Dihydro-1,2,1',2'-anthrachinonazin.

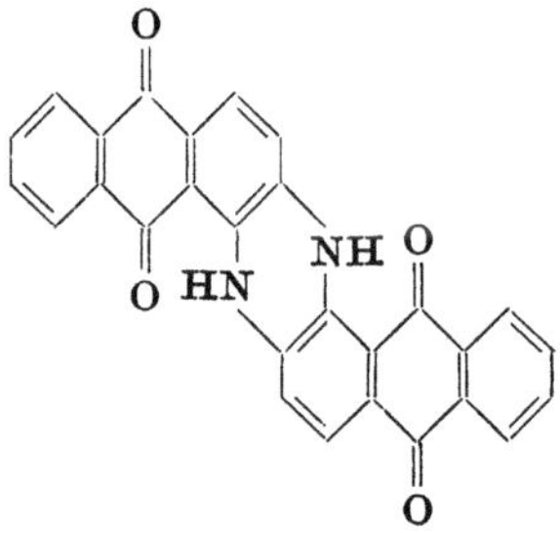

$C_{28}H_{14}N_2O_4$ M.G. 442,43

Herstellung. 2-Amino-anthrachinon wird mit Kaliumhydroxid in Gegenwart von Kaliumnitrat geschmolzen.

Eigenschaften. Schwärzlichblaues Pulver, prakt. unlösl. in W. und A., lösl. in Chinolin. Sublimiert bei 500° unter Zersetzung. Spektrometrie: Maximum bei 630 mμ (Dimethylformamid).

Erkennung. 1. Chromatographisch. – 2. HCl: unverändert; NaOH: unverändert; H_2SO_4: braune Lsg.

Patentblau V. Patent Blue V. Bleu patenté V. Blu patent. (E 131)[1]. Tetraäthyl-p-amminooxy-disulfofuchsonimonium. 2,4-Disulfo-5-hydroxy-4',4''-bis-(diäthylamino)-triphenylcarbinol (Calciumsalz des inneren Sulfonats).

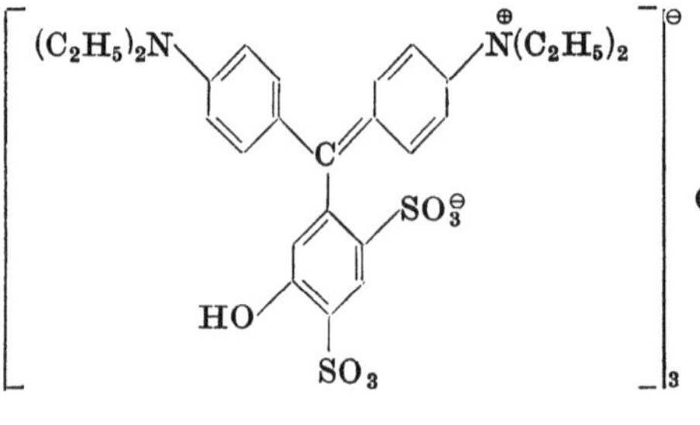

$(C_{27}H_{31}N_2O_7S_2)_2Ca$ M.G. 1159,44

[1] EWG-Nummer.

Herstellung. 1 Mol 3-Nitrobenzaldehyd wird mit 2 Molen Diäthylanilin zu 3-Nitrotetraäthyldiaminotriphenylmethan kondensiert. Nach Reduktion wird die entstandene Aminoverbindung durch Diazotieren und Verkochen in die Hydroxyverbindung überführt. Diese wird sulfoniert und das Calciumsalz (Leukoform) zum Farbstoff oxydiert.

Eigenschaften. Blau-dunkelviolettes Pulver. Die wäßrige Lösung (1 : 1000) ist bei pH 2,5 grün, bei pH 10,0 kräftig blau gefärbt. Spektrometrie: Maxima bei 410 und 640 mμ, Minimum zwischen 430 und 500 mμ (in 0,02 m Ammoniumacetatlsg.).

Erkennung. H_2SO_4: gelb, HNO_3: kräftig gelb, HCl: kräftig gelb.

Indigotin I (E 132)[1]. Lebensmittelblau 2. Siehe S. 27.

Grüne Farbtöne

Chlorophylle (E 140)[1] s. dort.

Chlorophyll-Kupfer-Komplexe und **Chlorophyllin-Kupfer-Komplexe** (E 141)[1].

Herstellung. Aus Chlorophyll durch Abspaltung der Methyl- und Phytyl-Ester-Gruppen mit Alkali, sowie teilweisen Ersatz des Magnesiums durch Kupfer.

Prüfung. Der Gehalt an ionogenem Kupfer darf 200 mg/kg nicht überschreiten.

Schwarze Farbtöne

Brillantschwarz BN. Noir Brillant BN. Nero Brillante BN. (E 151)[1]. 2-[4′-(4″-Sulfo-1″-phenylazo)-7′-sulfo-1′-naphthylazo]-1-hydroxy-8-acetylamino-naphthalin-3,5-disulfonsäure (Tetra-Natrium-Salz).

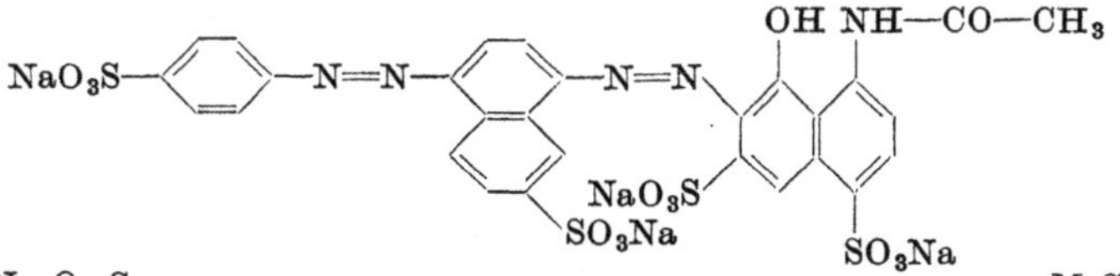

$C_{28}H_{17}N_5Na_4O_{14}S_4$ M.G. 868,69

Eigenschaften. Schwarzes Pulver, lösl. in W. mit blauvioletter Farbe, wenig lösl. in A. Spektrometrie: Maxima bei 405 und 570 mμ (Wasser).

Erkennung. 1. Chromatographisch. – 2. HCl: marineblau; NaOH: blauviolett; H_2SO_4: türkisblau, in der Verdünnung rotblau.

Schwarz 7984. Noir 7984. Nero 7984. (E 152)[1]. [4′-(4″-Sulfo-1″-phenylazo)-7′-sulfo-1′-naphthylazo]-1-hydroxy-7-amino-naphthalin-3,6-disulfonsäure (Tetra-Natrium-Salz).

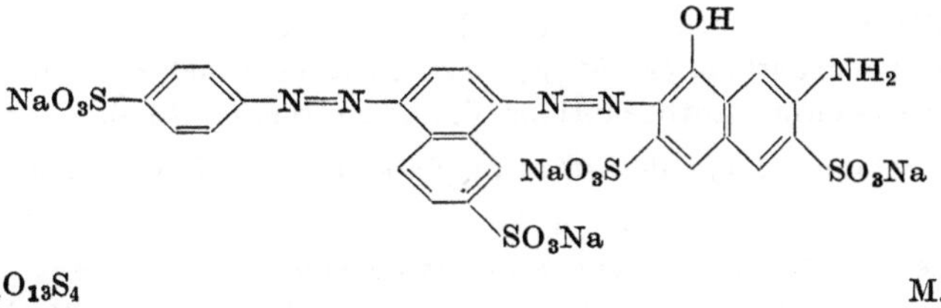

$C_{26}H_{15}N_5Na_4O_{13}S_4$ M.G. 825,65

Carbo medicinalis (E 153)[1] s. dort.

Die Kohle muß den Anforderungen des DAB 6 entsprechen. Es darf sich nach zweistündiger Extraktion mit optisch leerem Cyclohexan im Lösungsmittel keine Zunahme der Fluoreszenz zeigen.

Verschiedene Farbtöne

Bixin. Norbixin. Bissina. Norbissina. (E 160 b)[1]. Annatto. Arnotta. Orlean. Rocou.

Ölextrakt oder alkalisch-wäßriger Auszug aus dem Pericarp der Samen von *Bixa orellana L.* (Annattosaat) s. dort.

---

[1] EWG-Nummer.

Färbende Bestandteile:

1. *Bixin.* 3,7,12,16-Tetramethyl-octadecanonaen-(1,3,5,7,9,11,13,15,17)-dicarbonsäure-(1,18).

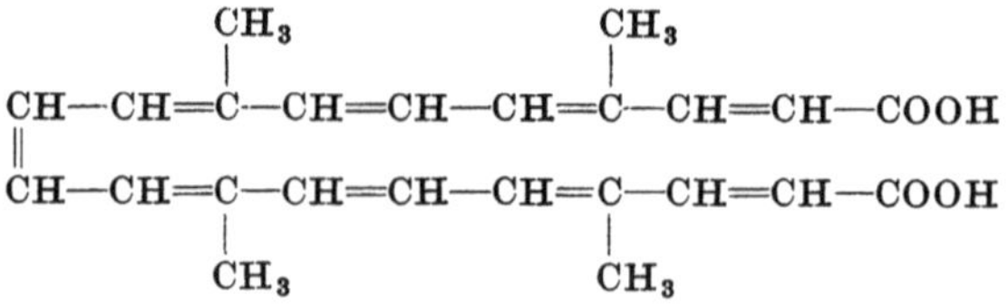

$C_{24}H_{28}O_4$ M.G. 380,49

Herstellung. Durch ölige Extraktion von Annattosaat.

Eigenschaften. Tief violette, dichroitische Prismen, unlösl. in W., wenig lösl. in kaltem, leichter in heißem A., leicht lösl. in Speiseölen (bis zu 5%) und durch Salzbildung in Alkali. Fp. 198° (bei schnellem Erhitzen). Spektrometrie: Maxima bei 439, 469,5 und 503 mμ (Chloroform).

2. *Norbixin.* 3,7,12,16-Tetramethyl-octadecanonaen-(1,3,5,7,9,11,13,15,17)-1-carbonsäure-18-carbonsäuremethylester.

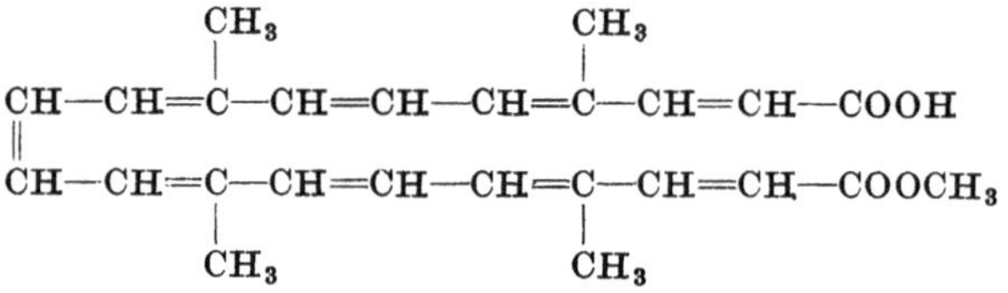

$C_{25}H_{30}O_4$ M.G. 394,52

Herstellung. Wäßrig-alkalische Extraktion von Annattosaat.

Eigenschaften. Rote Nadeln, prakt. unlösl. in W., leicht lösl. in Pyridin, heißem Eisessig und Alkalilaugen. Fp. 254 bis 255°. Spektrometrie: Maxima bei 442, 474 und 509 mμ (Chloroform).

Capsanthin. Capsorubin. Capsantéine. Capsantina. Capsorubina. (E 160c)[1]. Extrakt aus Paprika s. dort.

Lycopin. Lycopéne. Licopina. (E 160d)[1]. Transverbindung des Lycopins als Hauptbestandteil.

Xanthophylle (E 161)[1] s. dort.

Im einzelnen: Flavoxanthin, Flavoxanthine, Flavoxantina (E 161a)[1]; Lutein, Luteine, Luteina (E 161b); Rubixanthin, Rubixanthine, Rubixanthina (E 161d)[1]; Violoxanthin, Violoxanthine, Violoxanthina (E 161e)[1]; Rhodoxanthin, Rhodoxanthine, Rhodoxanthina (E 161f)[1]; Canthaxantin, Canthaxanthine, Canthaxantina (E 161g).

Beetenrot. Betanin. Rouge de betterave. Bétamine. Rosso di barbabietola. Betamina. (E 162)[1].

Anthocyane (E 163)[1] s. dort, jedoch nur aus Erdbeeren, Maulbeeren, Kirschen, Pflaumen, Himbeeren, Brombeeren, schwarzen und roten Johannisbeeren, Rotkohl, roten Zwiebeln, Preiselbeeren, Heidelbeeren, Auberginen, Weintrauben, Holunderbeeren.

Farbstoffe der Liste A II (Pigmentfarbstoffe)

Pigmentfarbstoffe sind nur zur Oberflächenbehandlung von Süßwaren zugelassen.

Calciumcarbonat (E 170)[1].

Titandioxid (E 171)[1].

Eisenoxide und Hydroxide (gelb, rot, braun, schwarz) (E 172)[1].

Aluminium (E 173)[1].

[1] EWG-Nummer.

Farbstoffe der Liste B

Liste B enthält Farbstoffe zum Färben von Käse-Überzügen und Gelbwurst-Hüllen: Alle Stoffe der Liste A I und zusätzlich solche, die nur zum Färben von Käse-Überzügen zugelassenen sind:

Rubinpigment BK. Litholrubin BK. Pigment Rubis. Pigmento Rosso. Permament Red 4b. (E 180)[1]. 1-(2'-Sulfo-4'-methyl-1'-phenylazo)-2-naphthol-3-carbonsäure (ausschließlich die Aluminium- und Calciumverbindungen).

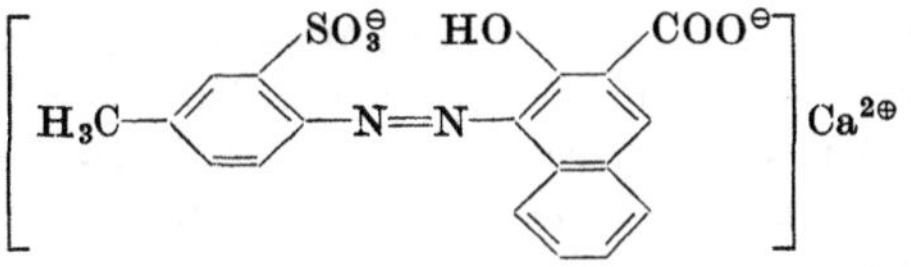

$C_{18}H_{12}CaN_2O_6S$ M.G. 424,45

Herstellung. p-Toluidin-o-sulfonsäure wird diazotiert und mit β-Oxynaphthoesäure in alkalischer Lsg. gekuppelt.

Eigenschaften. Feurigrotes Pulver, in heißem W. mit gelbroter Farbe lösl., prakt. unlösl. in A.

Erkennung. 1. Chromatographisch. – 2. HCl: braunroter Nd.; NaOH: braune Lsg.; H_2SO_4: fuchsinrote Lösung.

Gebrannte Schwarzerde. Terre d'ombre brûlée. Terra d'ombra bruciata. (E 181)[1].
Dieses Erzeugnis wird durch Brennen einer Mischung aus Eisenoxiden und Manganoxiden (jedoch von letzteren nicht mehr als 8%, berechnet als Mn_3O_4), Silicaten, Carbonaten und Sulfaten von Calcium und Aluminium an der Luft gewonnen.

Farbstoffe der Anlage 4

(Nicht fremde Stoffe, die zum Färben von Lebensmitteln zugelassen sind.)

Lactoflavin. Riboflavin. Lactoflavine. Lattoflavina. (E 101)[1]. Siehe S. 677.

α-, β-, γ-Carotin. α-, β-, γ-Carotene. α-, β-, γ-Carotène. (E 160a). Siehe S. 637 ff.
Trans-Verbindung des Carotins als Hauptbestandteil.

β-Apo-8'-Carotinal (C_{30}). (E 160e)[1].
Trans-Verbindung des β-Apo-8'-Carotinals als Hauptbestandteil.

β-Apo-8'-Carotinsäure-(C_{30})-äthylester (E 160f)[1].
Transverbindung als Hauptbestandteil.

Kryptoxanthin. Kryptoxanthine. Criptoxantine. (E 161 c)[1].

Hormone

Im Organismus der höheren Tiere und des Menschen wird das zweckmäßige und harmonische Zusammenwirken aller Organe und das Stoffwechselgleichgewicht der Zellen durch eine Reihe von Systemen aufrechterhalten. Neben der Regulation durch motorische und vegetative Nerven spielt die chemische Steuerung durch das hormonale System die wichtigste Rolle. Zwischen den einzelnen regulierenden Systemen bestehen enge Beziehungen, insbesondere zwischen vegetativem Nervensystem und hormonalem System. Als Schaltstelle zwischen beiden Systemen sind bestimmte Regionen im Zwischenhirn anzunehmen. Hor-

[1] EWG-Nummer.

mone werden zum überwiegenden Teil von besonderen drüsigen Organen produziert. Diese zeichnen sich durch die Besonderheit aus, daß sie die produzierten Wirkstoffe direkt in die Blutbahn zum Transport über den Blutkreislauf an das Erfolgsorgan abgeben. Sie werden als endokrine Drüsen oder Drüsen mit innerer Sekretion bezeichnet und damit von Drüsen unterschieden, die ihre Sekrete in den Magen-Darm-Kanal oder an andere innere und äußere Körperflächen durch Ausführungsgänge absondern.

Der Ausdruck Hormon ist vom griechischen Wort *ὁρμᾶν* (= antreiben, anregen) abgeleitet; er wurde 1905 von dem englischen Physiologen E. STARLING zum ersten Mal für das Sekretin, eine die Magensaftsekretion fördernde Wirksubstanz der Darmschleimhaut, gebraucht. Hormone zeichnen sich durch eine hohe Wirksamkeit und durch eine große Spezifität ihrer Wirkung aus; sie sind funktionsspezifisch, jedoch nicht artspezifisch, d.h. ein bestimmtes, von einer beliebigen Wirbeltierart gebildetes Hormon ist in der gleichen Weise auch bei anderen Tierarten und dem Menschen wirksam. Eine genaue Abgrenzung des Begriffes Hormon ist zur Zeit nicht durchführbar.

Zu dem endokrinen System der Wirbeltiere, welches Hormone im eigentlichen Sinne produziert, werden folgende Organe gerechnet:

1. Hypophyse (Hirnanhang)
2. Epiphyse (Zirbeldrüse)
3. Glandula thyreoidea (Schilddrüse)
4. Glandulae parathyreoideae (Nebenschilddrüsen, Epithelkörperchen)
5. Thymus (Bries)
6. Inselapparat des Pankreas (Bauchspeicheldrüse)
7. Glandulae suprarenales (Nebenniere)
8. Gonaden (Geschlechtsorgane)
   a) Ovarium (Eierstock)
   b) Testes (Hoden).

Außer diesen endokrinen Drüsen vermögen auch andere Gewebe Stoffe mit spezieller Wirksamkeit zu produzieren. Ihr Wirkungsbereich ist häufig auf das produzierende Gewebe selbst beschränkt. Diese Stoffe werden meist als Gewebshormone bezeichnet. Zu ihnen gehören z.B. die Kinine. Von dieser Stoffgruppe abzutrennen sind die sog. Überträgerstoffe, welche bei der Erregung von Nerven am Nervenende freigesetzt werden und für die Funktionsänderungen des Erfolgsorgans verantwortlich sind. Im weiteren Sinne spricht man auch von Phytohormonen, Nekrohormonen, Wundhormonen.

Die ersten klassischen Versuche über die Wirkungsweise von Hormonen wurden 1849 von BERTHOLD am Hahn durchgeführt. Er konnte zeigen, daß die nach Entfernung der Hoden auftretenden Veränderungen durch Reïmplantation dieser Organe wieder aufgehoben werden können. Diese Methode wurde auch in der Folgezeit für die Erforschung hormonaler Wirkungen benutzt, und zwar nicht nur für den Nachweis einer endokrinen Funktion überhaupt, sondern auch für die Prüfung von Zubereitungen, die aus solchen Organen hergestellt waren.

Bei der Gewinnung der ersten Hormonpräparate mußte man sich, solange der Wirkstoff nicht bekannt war, auf die Zurichtung der ganzen Drüse (siehe z.B. Glandulae thyreoideae sicc.) oder auf die Herstellung von Extrakten beschränken. Für die Kontrolle eines gleichmäßigen Wirkstoffgehaltes und der Haltbarkeit der Zubereitung mußte eine biologische Wirkung durch Testung am Tier herangezogen werden. Darauf ist die auch heute noch vielfach übliche Deklarierung nach biologischen Wirkeinheiten zurückzuführen; ebenfalls die Schaffung internationaler Standards.

Das Ziel mußte jedoch sein, die reinen Wirkstoffe zu isolieren und sie der Synthese zugänglich zu machen. Erst dann konnte die weitere Entwicklung darauf ausgehen, durch chemische Modifikation des Moleküls einzelne Wirkungen des physiologischen Wirkstoffs quantitativ herauszuheben oder zu verringern. Auf diese Weise kam man zu „synthetischen Hormonen“.

Hormone und Synthetica mit hormonartiger Wirkung, die Aufnahme in einige moderne Pharmakopöen gefunden haben

Bei den Pharmakopöen ist das Erscheinungsjahr und das Jahr des letzten Nachtrags angegeben. – Es bedeuten: M = In der Pharmakopöe als Monographie, R = als Reagens enthalten. – Die kleinen Buchstaben geben eine Zubereitung an: aus = Augensalbe; c = Creme; gi = Gelinjektion; h = Inhalation; i = Injektionslösung; imp = Implantat; l = Lösung; lo = Lotion; s = Suspension; supp = Suppositorien; t = Tabletten; u = Salbe; zs = Zinkhydroxid-Suspension.

	Belg. V 63	BP 63–64	CsL 54–59	DAB 6 26–59	DAB 7 – BRD	DAB 7 – DDR	CF 65	Helv. V 41–58	Jap. 61	Ned. 6 58	Nord. 63	ÖAB 9 60	Pl.Ed. 51–60	Ross. 9 61	USP XVII 65
I. Hypophysenvorderlappen-Präparate															
Gonadotropinum chorionicum	–	M, i	M	–	–	M	M	–	M, i	–	i	M	M	–	–
Gonadotropinum sericum	–	–	–	–	–	–	M	–	M, i	–	i	M	M	–	–
Corticotropin	–	M, i, gi, zs	–	–	–	M	M, i	–	i	–	–	M, i	–	–	i, gi, zs
II. Hypophysenhinterlappen-Präparate															
Pituitarium posterius	–	R	i	–	–	–	i	–	i	M	–	M, i	M, i	i	M, i
Oxytocin	–	i	–	–	–	–	–	–	i	–	i	–	i	–	i
Vasopressin	–	i	–	–	–	–	–	–	i	–	i	–	i	–	i
III. Schilddrüsenhormon-Präparate															
Thyreoidea siccata	–	M, t	–	M	–	–	–	M	–	M	M, t	M	M	M, t	M, t
Thyroxin	–	M, t	–	–	–	–	M	M	–	–	M	M	–	–	M, t
Dijodtyrosin	–	–	–	–	–	M	–	M	–	–	–	–	–	M	–
Trijodthyronin	–	M, t	–	–	–	–	–	–	–	–	–	–	–	–	M, t
IV. Nebenschilddrüsen-Präparate															
Parathyreoidinum	–	–	–	–	–	–	i	–	–	–	–	–	–	i	i
V. Bauchspeicheldrüsenhormon-Präparate															
Insulin	–	i	–	M	M	M, i	M, i	–	i	i	i	i	i	i	i
Depotpräparate:															
Globin-Zink-Insulin	–	i	–	–	–	i	–	–	–	–	–	–	–	–	–
Isophane Insulin Suspension	–	s	–	–	–	–	–	–	–	–	–	–	–	–	s
Protamin Zink Insulin	–	s	s	–	–	i	s	–	s	–	–	s	s	s	s
Zink-Insulin Suspension	–	s	–	–	–	–	s	–	s	–	–	s	s	–	s
Insulin-Zink-Suspension amorph	–	s	–	–	–	–	s	–	s	–	–	s	s	–	s
Insulin-Zink-Suspension crist.	–	s	–	–	–	–	s	–	s	–	–	s	s	–	s
Aminochincarbamid-Insulin-Injektionslsg.	–	–	–	–	–	i	–	–	–	–	–	–	–	–	–

Hormone und Synthetica mit hormonartiger Wirkung, die Aufnahme in einige moderne Pharmakopöen gefunden haben (*Fortsetzung*)

	Belg. V 63	BP 63–64	CsL 54–59	DAB 6 26–59	DAB 7 – BRD	DAB 7 – DDR	CF 65	Helv. V 41–58	Jap. 61	Ned. 6 58	Nord. 63	ÖAB 9 60	PI.Ed. 51–60	Ross. 9 61	USP XVII 65
VI. Nebennierenrindenhormon-Präparate															
Desoxycorticosteron acetat	M	M, i, imp	M	M	M	M	M	M	M, i	M	M, i	M	M, i	M, i	M, i, t
Desoxycorticosteron trimethyl-acetat	–	M, s	–	–	–	–	–	–	–	–	–	–	–	–	–
Cortison	–	–	–	–	–	–	–	–	–	–	–	–	–	–	R
Cortisonacetat	M	M, s, t	M	M	M	–	M	M	M, s, t	–	M, t	M	M	M, t	–
Hydrocortison	–	M, u	–	–	–	–	M	–	M, t	–	M, l, t, u	M	M, t	–	M, lo, t, u
Hydrocortisonacetat	M	M, s, u	–	--	–	M	M	M	M, s	–	M, aus, c, u	M	M	–	M, s, u
Hydrocortison hydrogensuccinat	–	M	–	–	–	–	M	–	–	–	–	–	–	–	–
Hydrocortison Natrium succinat	–	M, i	–	–	–	–	–	–	–	–	–	–	–	–	M, i
VII. Nebennierenmarkhormon-Präparate															
Adrenalin	M	M	M	M	M, l	M	M, i	M, l	M, i, l	M	–	–	M	l	M, h, i, l, s
Adrenalin hydrogentartrat	M	M, l, i	–	–	–	M	–	–	M	l	M, i, l	M, l	M, i	–	M
Noradrenalin hydrogentartrat	–	M	–	M	M	M	–	–	M, i	–	M, i	M	M, i	–	M, i
Noradrenalin hydrochlorid	–	–	–	M	M	–	–	–	–	–	–	–	–	–	–
VIII. Männliche Sexualhormon-Präparate															
Testosteron	–	M, imp	M	M	M	M	–	M	M, s	M	–	M	–	–	–
Testosteronacetat	–	–	–	–	–	–	M	–	–	–	–	–	–	–	–
Testosteronönanthat	–	–	–	–	–	M	–	–	M	–	–	–	–	–	–
Testosteronpropionat	M	M, i	–	M	M	M	M	M	M, s, i	M	M, i	M	M, i	M, i	M, i
Testosteronphenylpropionat	–	M, i	–	–	–	–	–	–	–	–	–	–	–	–	–
Testosteron-cyclopentylpropionat	–	–	–	–	–	–	–	–	–	–	–	–	–	–	M, i
IX. Weibliche Sexualhormon-Präparate															
Östradiol	–	–	–	M	M	–	M	M	M, s	M	–	M	M	–	–
Östradiolbenzoat	M	M, i	M	M	M	M	M	M	M, s, i	M	M, i	M	M	–	–
Östradioldipropionat	–	–	–	–	–	–	–	M	–	–	–	M	–	i	–
Östradiolvalerat	–	–	–	–	–	–	–	–	–	–	–	–	–	–	M, i
Östron	–	R	M	M	M	–	R	M	M	M	–	M	M	–	–
Progesteron	M	M, i	M	M	M	M	M	M	M, s, i	M	M, i	M	M	M, i	–

X. *Synthetica*

1. Adrenocorticosteroide															
Betamethason	–	M, t	–	–	–	–	–	–	–	–	–	–	–	–	–
Dexamethason	–	M, t	–	–	–	–	–	–	–	–	–	–	–	–	–
Dexamethasonacetat	–	M, t	–	–	–	–	–	–	–	–	–	–	–	–	–
Fludrocortisonacetat	–	M, t	–	–	–	–	M	–	–	–	–	–	–	–	–
Fluocinolonacetonid	–	M	–	–	–	–	–	–	–	–	–	–	–	–	–
Methylprednisolon	–	M, t	–	–	–	–	–	–	–	–	–	–	–	–	–
Prednisolon	–	M, t	–	–	–	M	M	M	M, t	–	–	–	–	–	M, t, u
Prednisolonacetat	–	M, t	–	–	–	M	M	–	M	–	–	–	–	–	M, s
Prednisolonphosphat(Di-Na)	–	–	–	–	–	–	–	–	–	–	–	–	–	–	M, i, l
Prednisolon-trimethylacetat	–	M, s	–	–	–	–	–	–	–	–	–	–	–	–	–
Prednison	–	M, t	–	–	–	M	M	M	M, t	–	–	–	–	–	M, t
Prednisonacetat	–	M, t	–	–	–	M	M	–	–	–	–	–	–	–	–
2. Androgene, anabolische Steroide															
Fluoxymestron	–	M, t	–	–	–	–	–	–	–	–	–	–	–	–	–
Methyltestosteron	–	M, t	M	M	M	M	M	M	M, t	–	M, t	M	M, t	M, t	–
3. Anabole Steroide schwach androgen															
Methandienon	–	M, t	–	–	–	–	–	–	–	–	–	–	–	–	–
Methandriol	–	–	–	–	–	–	–	–	–	–	–	–	M	–	–
Methandrioldipropionat	–	–	–	–	–	–	M	–	–	–	–	–	–	–	–
Nandrolonphenylpropionat	–	M, i	–	–	–	–	–	–	–	–	–	–	–	–	–
Norethandrolon	–	M, t	–	–	–	–	–	–	–	–	–	–	–	–	–
4. Östrogene															
Äthinylöstradiol	–	M, t	M	–	–	M	M	M	M, t	M	M, t	M	M	–	M, t
Diäthylstilböstrol	M	M, t	M	M	M	M	M	M	M, t	–	M, t	M	M, i, t	M, t	M, i, t, supp
Diäthylstilböstroldimethyläther	–	–	–	–	–	M	–	–	–	–	–	M	–	–	–
Diäthylstilböstroldipropionat	–	–	–	M	–	M	–	–	–	–	–	M	–	M, i	–
Natriumdiäthylstilböstrol-diphosphat	–	–	–	–	–	M	–	–	–	–	–	–	–	–	–
Dienöstrol	–	M, t	–	–	–	–	M	–	–	–	–	M	M	–	–
Dienöstroldiacetat	–	–	–	–	–	M	–	–	–	–	–	M	–	–	–
Hexöstrol	–	–	–	–	–	–	M	M	–	M	–	M	–	M, i, t	–
Octoöstrol	–	–	–	–	–	–	–	–	–	–	–	–	–	t	–
5. Gestagene															
Äthisteron	–	M, t	M	–	–	–	M	M	M, t	–	M, t	M	M, t	M	–
Dimethisteron	–	M, t	–	–	–	–	–	–	–	–	–	–	–	–	–
Medroxyprogesteronacetat	–	–	–	–	–	–	–	–	–	–	–	–	–	–	M, t, s
Norethisteron	–	M, t	–	–	–	–	–	–	–	–	–	–	–	–	–

Hypophyse

Hirnanhang. Glandula pituitaria. Hypophysis cerebri.

Die Hypophyse ist ein kleines, in die Schädelbasis eingebettetes Organ. Sie ist beim Menschen walzenförmig, größer als ein Kirschkern. Ihr Gewicht beträgt etwa 0,5 g, schwankt jedoch je nach Funktionszustand. Sie nimmt mit zunehmendem Alter zu, ebenso bei Schwangerschaft, im vorgeschrittenen Alter hingegen wird sie kleiner. Sie sitzt an der sogenannten Hypothalamusregion des Zwischenhirns an einem als Infundibulum bezeichneten trichterförmigen Stiel. Über den Hypophysenstiel besteht eine anatomische Verbindung zum Zwischenhirn. Makroskopisch und histologisch lassen sich beim Menschen zwei Anteile unterscheiden: der bräunlich dunklere, massigere Vorderlappen (Adenohypophyse), der mit dem Trichterstiel zusammenhängende hellere Hinterlappen (Neurohypophyse). Bei vielen Tieren ist noch ein dritter Anteil, der Zwischenlappen, ausgebildet, der beim Menschen nur angedeutet ist.

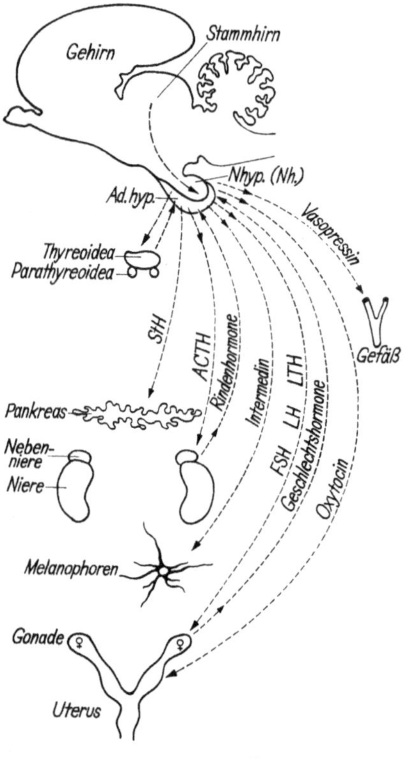

Abb. 1. Schematische Übersicht der übergeordneten funktionellen Stellung der Hypophyse zu den übrigen Hormondrüsen der Wirbeltiere.

Der Vorderlappen nimmt den größten Teil der Hypophyse ein und setzt sich aus drüsenartig angeordneten Zellen zusammen, die sich im fixierten Zustand gegen Farben different verhalten, schwächer färbbare (chromophobe) und stark färbbare (chromophile) Zellen. Letztere unterteilen sich in acido- (eosino-) und basophile Zellen. Diesem färberischen Unterschied entspricht auch eine differente Funktion, d.h. Produktion verschiedenartiger Wirkstoffe. Der Hinterlappen ist kleiner und enthält vorwiegend nervenähnliches Gewebe, das Nervenfasern durch das Infundibulum zum Hypothalamus ausstrahlt, so daß der Hypothalamus das eigentliche Zentrum für die übergeordnete Steuerung der Hypophysenhormone zu sein scheint. Der Vorderlappen produziert eine Vielzahl von Hormonen, deren Wirkung dadurch gekennzeichnet ist, daß sie die Tätigkeit anderer Drüsen mit innerer Sekretion stimulieren. Man bezeichnet sie deswegen als „...trope“ Hormone (Hormone mit gerichtetem Einfluß). Andererseits wird aber die Ausschüttung der „tropen“ Hormone wiederum durch den Spiegel der zugeordneten Hormone gesteuert. Das gesamte endokrine System bildet eine Einheit; ein Eingriff an irgendeiner Stelle dieses Systems bleibt nicht ohne Auswirkung auf die übrigen Teilfunktionen, und eine Therapie mit Hormonen oder ähnlichen Stoffen erfordert äußerste Vorsicht unter Berücksichtigung der Zusammenhänge. Die meisten endokrinen Drüsen – Schilddrüse, Nebenniere, Hoden, Ovarium u a. – stehen in ihrer Sekretionsleistung unter Kontrolle der Hypophyse. Zum Beispiel hemmt das Ansteigen der Keimdrüsenhormone die Ausschüttung und nach längerer Zeit auch die Bildung von gonadotropem Hormon. Aber auch nicht zugeordnete Hormone können auf den Funktionszustand des Vorderlappens Einfluß haben. So kann durch Ausschüttung von Adrenalin aus dem Nebennierenmark adrenocorticotropes Hormon mobilisiert werden, das die Nebennierenrinde stimuliert. Die Sekretion der vom Hypophysenvorderlappen abhängigen Hormone ist von der Blutkonzentration der entsprechenden glandotropen Hormone abhängig. Eine Inaktivierung, die hauptsächlich in der Leber stattfindet, beruht auf chemischen Veränderungen, die je nach der chemischen Konstitution des Hormons oxydativer, reduktiver oder proteolytischer Natur sind. Diese über den Hypophysenvorderlappen laufende Steuerung ist variabel; so werden bei Tieren z.B. in der Brunstzeit vermehrt gonadotrope und östrogene Hormone ausgeschüttet. Die Reize, die die Aktivität des Hypothalamus beeinflussen, werden durch Nervenbahnen von der Großhirnrinde bzw. von vegetativen Zentren oder auf humoralem Weg überbracht.

Die Gesamtextrakte des Hypophysenhinterlappens besitzen 3 wichtige Wirkungen: Sie erregen und fördern Wehen des hochschwangeren Uterus, sie erhöhen den Blutdruck durch Gefäßverengung und erregen die Darmperistaltik. Weiterhin hemmen sie den Wasseraustritt und fördern den Salzdurchtritt in der Niere.

Bis jetzt wurden neun Hypophysenhormone in reiner, zum Teil kristalliner Form isoliert:

A. *Hypophysenvorderlappen* (HVL). Wachstumshormon (STH). – Follikelreifungshormon (FSH). – Luteinisierungshormon (LH). – Luteotropes Hormon (LtH). – Adrenocorticotropes Hormon (ACTH). – Thyreotropes Hormon (TH).

B. *Hypophysenmittellappen* (HML). Melanophorenhormon (MSH).

C. *Hypophysenhinterlappen* (HHL). Oxytocin. – Vasopressin.

Nach den vorliegenden biologischen Ergebnissen ist die Existenz einer Reihe weiterer Hormone im Vorderlappen wahrscheinlich, ohne daß gesicherte chemische Befunde vorliegen. So wird u.a. ein pankreotropes Hormon angenommen, das eine Stimulierung der insulinproduzierenden Zellen, der LANGERHANSschen Inseln, in der Bauchspeicheldrüse bewirkt, ein adrenalotropes Hormon, das die Produktion von Wirkstoffen des Nebennierenmarks (des Adrenalsystems) steigert, ferner ein kontrainsuläres Hormon, u.a.m.

I. Hypophysenvorderlappen-Hormone

Die Hormone des Hypophysenvorderlappens kann man chemisch und biologisch in zwei Gruppen einteilen. Chemisch unterscheidet man die reinen Proteine (adrenocorticotropes Hormon, Wachstumshormon und luteotropes Hormon) sowie die zuckerhaltigen Proteide (Follikelreifungs-, Luteinisierungs- und thyreotropes Hormon). Biologisch kann man die Vorderlappenhormone einteilen in die „tropen" Hormone, die die Tätigkeit anderer endokriner Drüsen steuern (adrenocorticotropes, thyreotropes, Follikelreifungs- und Luteinisierungshormon) sowie solche, die ohne Vermittlung anderer Drüsen in den Stoffwechsel eingreifen (Wachstumshormon).

Wachstumshormon (Somatotropes Hormon, STH, Somatotropin, Growth Hormone).

Gewinnung. Aus Rinder-, Schaf- und Schweinedrüsen. Zur Extraktion verwendet man schwach alkalische Lösungen und Salzlösungen. Das Hormon ist ziemlich unbeständig; man arbeitet bei Temperaturen unter +5 °C. Das Hormon kann mit Salzlösungen geeigneter Konzentration (Ammoniumsulfat, Natriumchlorid) ausgesalzen werden. Nach C. H. LI und Mitarb. [J. biol. Chem. *159*, 353 (1945); *211*, 555 (1954)] werden die Hypophysenvorderlappen bei —10° in Acetontrockenpulver überführt, dieses wird dann mit Calciumhydroxidlösung pH 11,5 extrahiert. Durch Einleiten von CO_2 wird das pH auf 8,7 gebracht, der Niederschlag abgetrennt und die Flüssigkeit mit 2 m Ammoniumsulfatlösung ausgesalzt. Der Niederschlag wird durch Lösen in Wasser und erneutes Aussalzen gereinigt und zur Entfernung der Elektrolyte dialysiert. Während der Dialyse der Lösung scheidet sich der Niederschlag des Hormons ab und wird nach dem Lösen erneut durch Aussalzen bei pH 4,0 mit 0,1 m NaCl-Lösung fraktioniert. Nach Abtrennen des Niederschlages wird mit 5 m NaCl-Lösung gefällt, nochmals fraktioniert und das Hormon nach der Dialyse im isoelektrischen Punkt, pH 6,85, gefällt. Diese Reinigung wird noch zweimal wiederholt. Man erhält aus 1 kg Rindervorderlappen etwa 2 bis 3 g Hormon.

Chromatographisches Verfahren an Hyflo-Super-Cel (Kieselgur): CLAUSER, H., u. C. H. LI: J. Amer. chem. Soc. *76*, 4337 (1954). Gewinnung neben ACTH: PAWELEC, W.: Farm. pol. *10*, 20, 132 (1954). Somatotropinpräparate aus menschlichen Hypophysen: GEMZELL, C. A. u. Mitarb.: Endocrinology *59*, 681 (1956); EHRENBERG, A., u. F. HEIJKENSKJÖLD: Acta chem. scand. *10*, 1675 (1956).

Eigenschaften. STH ist ein Protein. M.G. 44000 bis 47000. IP: pH 6,85. Somatotropin aus Rinderhypophysen enthält nach den Dinitrophenylderivaten aus Hydrolysaten für die Molmasse von 45757 396 Aminosäurereste. Als Endgruppen des Rinderhormons wurden Alanin und Phenylalanin im Verhältnis 1 : 1 festgestellt. Offenbar besteht das Hormonmolekül aus 2 Peptidketten. Über die Zusammensetzung des aus Rinder-, Affen- und Waldrüsen isolierten Hormons bezüglich der Aminosäurefolge der N-endständigen Peptide: Li, C. H. u. Mitarb.: J. biol. Chem. *233*, 1140 (1958). Das Somatotropin der Affen- und Menschendrüsen unterscheidet sich vom Rinderhormon durch ein niedrigeres M.G. (etwa 26000), durch die Zusammensetzung und durch einen niedrigeren pH-Wert des IP. Dieses mag begründen, daß das Somatotropin der Rinderdrüsen beim Menschen unwirksam ist. Es ist eines der seltenen Beispiele für eine Artspezifität eines Hormons. Die meisten Hormone sind bei allen höheren Wirbeltieren wirksam [Li, C. H., u. H. Papkoff: Science *124*, 1293 (1956)].

STH ist in Wasser unlösl., lösl. in wss. Harnstofflsg. und Alkalien. Durch Kochen wird es zerstört, ebenso durch fermentative Einwirkung von Proteinasen (Trypsin und Papain). Bei pH 7,5 bis 8,0 und 5 °C sind Somatotropinlsg. relativ beständig.

Biologischer Test. Die bisher beste Methode beruht auf der Fähigkeit des STH, das Knochenwachstum zu fördern. Test: Wachstum des proximalen Epiphysenknorpels an der Tibia hypophysektomierter Ratten [Greenspan, F. S. u. Mitarb.: Endocrinology *45*, 455 (1949)]. USP-Reference Standard: Growth Hormone.

Spezial-Futtermischungen für hypophysektomierte Ratten: Rauen, H. M.: Biochemisches Taschenbuch, 2. Aufl., II. Teil, Berlin/Heidelberg/New York: Springer 1964.

Wirkung. Somatotropin ist für das normale Wachstum unentbehrlich. Fehlt es, so kommt es zum Zwergwuchs mit Wahrung der Proportionen zwischen den verschiedenen Körperteilen. Eine übermäßige Bildung des Hormons führt in der Jugend zum Riesenwuchs (Gigantismus), nach Beendigung des normalen Wachstums kommt es nur zur Vergrößerung der Füße, Hände, Kinn, Nase (Körperspitzen), zur sog. Akromegalie. Somatotropin greift ferner in den Eiweißstoffwechsel ein – es ruft Stickstoffretention im Organismus hervor – weiter in den Kohlenhydratstoffwechsel indirekt, indem es das Glucagon der Bauchspeicheldrüse mobilisiert. Bei höherer Dosierung tritt eine Erhöhung des Blutzuckers auf, es kommt zur Ausscheidung von Zucker im Harn. Dieser sog. Somatotropindiabetes kann mit Insulin gut beeinflußt werden.

Handelsformen: Somacton (Ferring, Düsseldorf) Amp.; Somatormone (Guien, Mailand); Ormone Somatotropo (Sim, Mailand).

Gonadotrope Hormone

Schon 1931 fanden H. L. Fevold u. F. L. Hisaw [Amer. J. Physiol. *97*, 291 (1931)] in Hypophysenextrakten zwei Wirkkörper mit verschiedenartiger gonadotroper Wirkung. Der eine ist für das Wachstum der Follikel im Eierstock wesentlich und beeinflußt auch die Spermatogenese in den Hoden (Follikelreifungshormon, FSH). Der andere (Luteinisierungshormon) übt eine Wirkung in erster Linie auf die interstitiellen Zellen der Keimdrüsen aus (daher auch als ICSH, *i*nterstitial *c*ell *s*timulating *h*ormone, bezeichnet). Es bewirkt im weiblichen Organismus die Umwandlung der Follikel in die Corpora lutea (Gelbkörper), beim männlichen Organismus eine vermehrte Bildung von Testosteron und dadurch eine Vergrößerung der sekundären Geschlechtsmerkmale. Die Wirkung beider Hormone ist somit „geschlechtsunspezifisch". Die Bildung und Abgabe des Follikelreifungshormons wird durch Östrogene und Androgene gehemmt, die des Luteinisierungshormons wird durch Östrogene erhöht, durch Progesteron gehemmt.

Im cyclischen Ablauf des weiblichen Organismus ergibt sich etwa folgendes Bild: Zunächst reift im Ovarium unter dem Einfluß des FSH ein Follikel heran. Dieser erzeugt fortlaufend in wachsender Menge Östradiol, wodurch die Abgabe des FSH gebremst und gleichzeitig die Produktion von ICSH gefördert wird. Der FSH-Blutspiegel nimmt daher langsam ab, der von ICSH steigt. Ist ein bestimmtes Verhältnis FSH/ISCH erreicht, kommt es zur Ovulation (Follikelsprung). Dieser Mechanismus ist noch nicht geklärt. Das in großer Menge entstandene Luteinisierungshormon bildet aus den Resten des gesprungenen Follikels den Gelbkörper. Dieser synthetisiert nun in steigendem Maß Progesteron und gibt es ins Blut ab, wodurch die Bildung von ICSH gehemmt wird. Das Absinken von ICSH im

Blut hat die Einstellung der Gelbkörpertätigkeit zur Folge. Hört diese auf, kommt es zur Menstruation.

Mit eintretender Schwangerschaft wird in verstärkter Menge die Bildung gonadotroper Hormone von der Placenta übernommen. Diese werden als choriogene gonadotrope Wirkstoffe bezeichnet (Chorion = griechisch Haut, Bezeichnung der zottenführenden Schicht der Placenta). Sie bestehen aus dem Reifungshormon (Hormon A) und dem Luteinisierungshormon (Hormon B).

Einzelne Hormone, von den Drüsen verschiedener Tiere gewonnen, zeigen gewisse Unterschiede, so daß die Wahl der entsprechenden Tiere wichtig ist. Als Ausgangsmaterial für Gonadotropin und ACTH geben die Hypophysen vom Schwein und vom Schaf höhere Ausbeuten, für das Wachstums- und das thyreotrope Hormon eignen sich besonders Rinderhypophysen.

Follikelreifungshormon. FSH. *F*ollikel*s*timulierendes *H*ormon. Thylakentrin.

Gewinnung. Aus Hypophysen von Menschen, Pferden, Schafen und Schweinen. Extraktion der gefrorenen, zermahlenen Organe mit Calciumhydroxid. Vorreinigung des Extrakts durch wiederholte Umfällungen und Dialyse. Weitere Reinigung durch Lösen in Alkohol. Ausfällen und erneutes Umfällen mit Ammonsulfat. Alle Operationen müssen in der Kälte durchgeführt werden. Ausbeute: 1,5 bis 3 g FSH je Kilogramm [STEELMAN, S. L. u. Mitarb.: Biochim. biophys. Acta (Amst.) *27*, 405 (1958)].

Reinigung durch Ionenaustauscher: LEONORA, J. u. Mitarb.: Endocrinology *63*, 867 (1958); SCHÄFER, G.: Pharmazie *16*, 508 (1961). Reinigung durch Stärkegel – Elektrophorese und Chromatographie an Dowex 2-x8, frei von ICSH, STH, ACTH, Prolactin und TSH: LAXENA, B. B. u. Mitarb.: Biochim. biophys. Acta (Amst.) *65*, 394 (1962).

Eigenschaften. FSH ist ein Glykoproteid. Das M.G. ist etwa 70000. IP: pH 4,5. FSH ist relativ hitzestabil. Durch kohlenhydratspaltende Fermente wird es inaktiviert. Chymotrypsin vermindert die Wirksamkeit stark, Trypsin jedoch erst, wenn 61 bis 75% des Hormons gespalten sind. Es ist nicht ganz sicher, ob das ganze Molekül zur Wirkung erforderlich ist oder ob nicht kleinere Bruchstücke die eigentlichen Wirkungsträger sind [LI, C. H.: J. Amer. chem. Soc. *72*, 2815 (1950)]. Aus Schweine- und Schafshypophysen gewonnene FSH sind wirkungsgleich; sie sind aber durch immunbiologische Methoden einwandfrei voneinander zu unterscheiden.

Biologischer Test. Einige Methoden beruhen auf der raschen Gewichtszunahme der Ovarien bei infantilen Tieren. Bei männlichen Tieren stimuliert das FSH das Epithel der Hodentubuli und fördert die Spermatogenese. Die Hodengewichtszunahme ist der FSH-Dosis proportional.

APOSTOLAKIS, M., u. K.-D. VOIGT: Acta endocr. (Kbh.) *28*, 54 (1958); EVANS, H. M.: Endocrinology *25*, 529 (1939).

Luteinisierungshormon. LH. *L*uteinizing *h*ormone. ICSH. *I*nterstitial *c*ell *s*timulating *h*ormone. Metakentrin. Gelbkörperreifungshormon.

Gewinnung. Ein wäßrig-alkoholischer Extrakt aus acetongetrockneten Drüsen wird durch Alkoholzusatz gefällt, der Niederschlag mit Wasser extrahiert, mit Aceton erneut gefällt und die Fällung mit Kochsalzlösung ausgezogen. Reinigung durch wiederholte fraktionierte Ammonsulfatfällung und Dialyse. Aus 1 kg Frischdrüse wurden 100 mg eines einheitlichen Proteids unter Anstieg der Aktivität auf mehr als das Tausendfache gewonnen [LI, C. H., M. E. SIMPSON u. H. M. EVANS: J. Amer. Chem. *64*, 367 (1942)].

Weitere Darstellungen: TAKEDA, K. u. Mitarb.: Proc. Jap. Acad. *28*, 353 (1952), ref. Chem. Abstr. *47*, 3383 (1953); OTSUKA, H., u. Y. NODA: J. Biochem. (Tokyo) *41*, 547 (1954).

Eigenschaften. ICSH ist ein Glykoproteid. Das M.G. ist bei Gewinnung vom Schaf etwa 40000, vom Schwein etwa 100000. Der IP liegt beim ersteren bei pH 4,6, beim zweiten bei pH 7,45. Der Zucker wurde als Mannose identifiziert. Die Verschiedenheit beider Präparate wurde auch immunologisch erwiesen. Es ist wasserlöslich. Durch die üblichen Fällungsmittel von Eiweißkörpern wie Pikrin-, Pikrolon-, Trichloressigsäure wird das LH gefällt. Verschiedene Enzyme wie Pepsin, Trypsin, Chymotrypsin heben die Aktivität auf.

Biologischer Test. Gewöhnlich in Kombination mit FSH. Bei einer Methode, bei der der ventrale Lappen der Prostata als Testobjekt benutzt wird, stört FSH nicht [GREEP, R. O. u. Mitarb.: Proc. Soc. exp. Biol. (N. Y.) *46*, 644 (1941)].

Gonadotropin. *H*uman *c*horionic *g*onadotropin – HCG. Gonadotrophinum Chorionicum PI.Ed. I/2, Jap. 61, Ind. P. 55, (INN). Chorionic Gonadotrophin BP 63. Gonadotrophine

Chorionique CF 65. Gonadotropinum chorionicum ÖAB 9. Choriongonadotropinum DAB 7 - DDR.

Gewinnung. Die Gewinnung der gonadotropen Hormone aus dem Harn ist gegenüber der aus Hypophysen relativ einfach, so daß sie daraus auch in fabrikatorischem Maßstab erhalten werden können. Choriongonadotropin ist eine trockene sterile Zubereitung der die Keimdrüsen stimulierenden Substanz aus dem Harn schwangerer Frauen. Das Hormon ist ein Glykoproteid von nur zum Teil bekannter chemischer Struktur. Das Vorhandensein von Tyrosin, Histidin, Arginin und Tryptophan ist erwiesen. Reines Choriongonadotropin soll ein M.G. von etwa 100000 haben. Der isoelektrische Punkt liegt bei pH 3,2 bis 3,3. Es enthält kein Cystin und wird deshalb im Gegensatz zu den gonadotropen Hormonen der Hypophyse durch Reduktion, z.B. mit Cystein, nicht zerstört.

Herstellung. BP 63: Choriongonadotropin wird mittels Adsorption an ein vorher durch Waschen gereinigtes Ionenaustauscherharz aus angesäuertem Urin schwangerer Frauen und Elution mit Alkalien gewonnen. Das Eluat wird auf pH 5 gebracht und das Hormon durch Zufügen von abs. A. bis zu einer Konzentration von etwa 80% gefällt. Das auf diese Weise oder auch auf eine andere geeignete Methode gereinigte Präparat wird sterilisiert (Keimfiltration) und im Vakuum getrocknet.

Andere Darstellungen siehe P. A. Katzmann, M. Godfrid, C. K. Cain u. E. A. Doisy: J. biol. Chem. *148*, 501 (1943) und L. Claesson u. Mitarb.: Acta endocr. (Kbh.) *1*, 1 (1948). Letztere erhielten ein kristallines Präparat, das aber weniger aktiv als das nach der Methode Katzmann u. Mitarb. gewonnene war.

Eigenschaften. Weißes oder leicht bräunliches Pulver, leicht lösl. in W., lösl. in wss. Glycerin und Glykolen, unlösl. in den gebräuchlichen wasserfreien organischen Lösungsmitteln. Aus neutraler oder leicht saurer Lsg. wird es durch 70%igen A. oder Aceton gefällt, ebenso durch Phosphormolybdän- oder Phosphorwolframsäure, nicht aber durch Trichloressigsäure, Sulfosalicylsäure, Pikrin- oder Pikrolonsäure. Verdünnte wss. Lsg. verlieren schnell ihre Aktivität auch bei Aufbewahrung bei 0°. Schutzkolloide (Gelatine, Serumproteine) verzögern etwas die Zersetzung.

Gehalt. 1 mg soll mindestens enthalten: PI.Ed. I/2 und Ind. P. 55 400, BP 63 1500, ÖAB 9 und CF 65 1000, Jap. 61 800 Internationale Einheiten.

Wertbestimmung. Von den Arzneibüchern werden verschiedene Methoden vorgeschlagen.

PI.Ed. I/2 und Jap. 61 legen die Gewichtszunahme von Ovarien nicht geschlechtsreifer weiblicher Ratten unter dem Einfluß von Choriongonadotropin von 0,01 g auf ein ungefähres Maximum von 0,04 g zugrunde.

BP 63, ÖAB 9 und Nord. 63 empfehlen den Vaginalabstrichtest. Infantile weibliche Ratten reagieren auf parenterale Verabreichung von Gonadotropin mit vaginalen Brunstsymptomen (Verschwinden der Leukozyten, Auftreten von körnigen Zellen und Schollen). ÖAB 9 empfiehlt außerdem den Spermitationstest. Geschlechtsreife männliche Kröten (Bufo viridis, Wechselkröte, oder Bufo bufo, Erdkröte) reagieren auf parenterale Verabreichung von Gonadotropin mit Freisetzung von Spermatozoen in den Hoden und Ausscheidung der freien Spermatozoen im Harn.

CF 65 testet die Vergrößerung des Gewichtes der Samenbläschen und der Prostata infantiler männlicher Ratten.

Biologische Wertbestimmung. BP 63: Die Wirksamkeit einer Choriongonadotropin-Zubereitung wird durch Vergleich ihrer Wirkung auf die Keimdrüsen mit der Wirkung einer Standardzubereitung von Choriongonadotropin mittels einer brauchbaren biologischen Methode festgestellt.

Standardpräparat und Einheit.

Standardpräparat ist ein Trockenextrakt aus dem Harn schwangerer Frauen. Das trockene Pulver wird mit Milchzucker verdünnt.

Als Einheit gilt die spezifisch gonadotrope Wirkung, die in einer von Zeit zu Zeit erneut vom Medical Research Council angegebenen Menge des Standardpräparates enthalten ist und die der Internationalen Einheit genau äquivalent ist. Eine Einheit ist in 0,1 mg des augenblicklich gebräuchlichen Standards (1962) enthalten. Diese Einheit wird zur Bezeichnung des Wirkungswertes aller Gonadotropinzubereitungen aus ausschließlich menschlichem Schwangerenharn verwendet.

Vorgeschlagene Methode.

Für den Test werden infantile weibliche Ratten im Alter von 21 bis 28 Tagen gleicher Herkunft und unter gleichen Fütterungs-, Temperatur- und Lichtbedingungen aufgezogen benutzt. Sie sollen zwischen 26 und 35 g wiegen, die Gewichtsspanne soll bei einem Versuch so eng wie möglich sein. Jedes Tier darf nur einmal für diesen Test genommen werden. Je zwei Dosen für das Standardpräparat und für die zur Testung vorgesehene Probe werden so gewählt, daß die kleinere Dosis genügt, um nur bei einigen Ratten eine positive Reaktion zu geben, und die größere Dosis nicht ganz bei allen Ratten eine positive Reaktion gibt.

Zunächst kann mit einer Annäherungsdosis von 0,6 und 0,9 Einheiten begonnen werden. Die Dosis wird jedoch sehr von der Sensibilität des Versuchstieres abhängen. Jeder der vier Dosierungsgruppen sind 18 Ratten zuzuteilen. Jede Dosis wird in 1 ml physiologischer Kochsalzlösung gelöst; davon werden 0,25 ml viermal über 3 Tage verteilt subcutan injiziert, z.B. die erste Injektion am ersten Tag am Nachmittag, die zweite und dritte am zweiten Tag morgens und am Spätnachmittag und die vierte am Morgen des dritten Tages. Am fünften Tag werden von jeder Ratte am Morgen und am Nachmittag und am Morgen des sechsten Tages das dritte und letzte Mal Vaginalabstriche genommen. Zur Entnahme wird eine kleine, vorher abgeflammte und in Wasser getauchte Platindrahtöse benutzt. Der Abstrich wird ohne Druck und nicht zu tief aus dem hinteren Teil der Vagina entnommen, auf einen sauberen Objektträger mit einem Tropfen Wasser gegeben und 3 Min. in Methanol fixiert, getrocknet, in Giemsa-Lösung gefärbt, mit Wasser gewaschen und an der Luft getrocknet. Das Kriterium einer positiven Reaktion ist die Anwesenheit einer großen Anzahl von körnigen Zellen und Schollen sowie das Fehlen oder das spärliche Auftreten von Leukozyten. Dieser ganze Vorgang soll wiederholt werden, um eine genügende Anzahl von Daten für die Berechnung des Endergebnisses zu beschaffen, die nach den Standardmethoden der Statistik vorzunehmen ist.

Die ermittelte Wirksamkeit soll mindestens 80% und höchstens 125% der angegebenen Wirksamkeit betragen. Gebräuchliche Fehlergrenzen der ermittelten Wirksamkeit (P = 0,95) sind zwischen 64 und 156% der angegebenen Wirksamkeit.

Biologische Wertbestimmung. Jap. 61: Es werden Choriongonadotropinstandard-Lsg. von 4, 8, 16 und 32 Einheiten in 2,5 ml Wasser bereitet. Jeder Ratte von 4 Gruppen mit je 3 bis 5 virginellen weißen Ratten von etwa 45 g Gewicht werden subcutan täglich 0,5 ml der entsprechenden Standardlösung injiziert. Am 6. Tag werden die Ovarien exstirpiert und für 1 bis 2 Std. in Bouinsche Lsg. (75 ml 1%ige Pikrinsäurelösung + 25 ml Formalin + 5 ml Eisessig) gelegt. Nach Entfernung von Fett und anhaftendem unerwünschtem Gewebe werden die Ovarien über Nacht wiederum in Bouinscher Lsg. fixiert. Darauf werden die Ovarien 2 bis 3 Std. in 70%igen A. gelegt und nach Entfernung des anhaftenden A. durch gelindes Pressen zwischen Filtrierpapier sofort gewogen und die Durchschnittsgewichte bestimmt.

Nun wird eine niedrige und eine hohe Dosis der Standardlösung ausgewählt, welche ein Durchschnittsgewicht der Ovarien von 14 bis 20 mg durch die niedrige Dosis und von 22 bis 35 mg durch die hohe Dosis bewirken, während das der Ovarien unbehandelter Kontrolltiere 6 bis 8 mg beträgt. Von den Lösungen des zu testenden Präparates wird eine niedrige Dosis, die der niedrigen Dosis der Standardlösung entspricht, und eine hohe Dosis, die gleich dem Produkt aus der niedrigen Testlösung und dem Quotienten aus der hohen Standarddosis zu der niedrigen Standarddosis ist, ausgewählt.

Die Tiere werden in 4 Gruppen, *A*, *B*, *C* und *D*, mit mehr als 10 Tieren in jeder Gruppe bereitgestellt, wobei das Gewicht der Tiere in jeder Gruppe möglichst gleich sein soll. Jeder Ratte der Gruppe *A* wird die hohe Dosis Standardlösung, jeder der Gruppe *B* die niedrige Dosis Standardlösung, jeder der Gruppe *C* die hohe Dosis der Testlösung und jeder der Gruppe *D* die niedrige Dosis der Testlösung subcutan injiziert.

Aus dem Resultat der Durchschnittsgewichte der Ovarien wird nach den Regeln der Statistik der Wirkungswert des Präparates berechnet. Die ermittelte Wirksamkeit soll mindestens 90% und höchstens 110% der angegebenen Wirksamkeit betragen. Die gebräuchliche Fehlergrenze (P = 0,95) ist zwischen 70 und 143%.

Biologische Wertbestimmung mittels Spermiationstest ÖAB 9.

Prinzip.

Geschlechtsreife männliche Kröten reagieren auf parenterale Verabreichung von Gonadotropin mit Freisetzung von Spermatozoen in den Hoden und Ausscheidung der freien Spermatozoen im Harn. Diese Spermiationsreaktion setzt 10 Min. bis 2 Std. nach der Injektion ein und hält mindestens 6 Std. an; sie ist spezifisch für Gonadotropine und eignet sich in gleichem Maß für die Auswertung der gonadotropen Wirkstoffe aus dem Harn schwangerer Frauen oder aus dem Serum trächtiger Stuten. Die folgenden Auswertungsvorschriften gelten daher für beide Substanzen.

Versuchstiere.

Geschlechtsreife männliche Kröten der Gattung *Bufo viridis* (Wechselkröte) oder *Bufo bufo* (Erdkröte).

Verläßliche männliche Geschlechtsmerkmale bei Kröten sind die Daumenschwielen und die stark entwickelte Unterarmmuskulatur. Geschlechtsreife ist gewährleistet bei ausgeprägten Daumenschwielen oder bei einem Körpergewicht von nicht weniger als 10 g (B. *viridis*) bzw. 15 g (*B. bufo*).

Die innerhalb einer Auswertung verwendeten Kröten sollen hinsichtlich ihres Gewichtes möglichst einheitlich sein, und die größte Gewichtsdifferenz soll nicht mehr als 5 g betragen.

Methodik.

Injektion. Die Präparate sind in dest. Wasser zu lösen[1] und so zu verdünnen, daß die gewünschte Dosis je Kröte in 1 ml enthalten ist; diese Menge wird auf einmal, ohne sterile Kautelen, subcutan injiziert. Hierbei wird die Oberschenkelmuskulatur von kaudal her durchstochen, die Nadelspitze kranialwärts unter die Rückenhaut vorgeschoben und in den dort gelegenen dorsalen Lymphsack injiziert.

Harnentnahme. Eine Harnprobe der Versuchstiere wird 3 bis $3^1/_2$ Std. nach der Injektion durch Katheterisierung mittels einer Glaspipette, deren eines Ende zu einer etwa 2 cm langen Kapillare von 0,2 bis 0,5 mm lichter Weite ausgezogen ist, entnommen. Hierzu wird das kapillare Ende wenige Millimeter in die Kloake des Versuchstieres eingeführt. Meist strömt darauf sofort Harn in die Pipette ein; wenn dies nicht der Fall ist, wird die Pipette unter sanften, drehenden Bewegungen einige Male vor- und zurückgeführt und gleichzeitig mit dem Finger ein leichter Druck auf den Bauch der Kröte ausgeübt. Ansaugen am freien Pipettenende ist zu vermeiden.

Harnuntersuchung. Ein kleiner Tropfen des so gewonnenen Krötenharnes wird mikroskopisch bei 100- bis 200facher Vergrößerung auf das Vorhandensein von Spermatozoen untersucht.

Beurteilung. Sind Spermatozoen nachweisbar, so wird das Ergebnis ohne Berücksichtigung der Zahl oder Beweglichkeit der Spermatozoen als positiv gewertet; wenn keine Spermatozoen gefunden werden, gilt das Ergebnis als negativ.

Wenn es sich bei den Versuchstieren um solche handelt, die während ihrer natürlichen Paarungszeit (März bis Mai) frisch gefangen wurden oder um solche, die vor weniger als 1 Woche für eine Prüfung verwendet wurden, ist vor Versuchsbeginn der Harn auf Spermienfreiheit zu prüfen; Tiere mit Spermatozoen im Harn sind für mindestens 1 Woche von Auswertungen zurückzustellen.

Durchführung des Versuches. Für eine Wertbestimmung sind vom Internationalen Standardpräparat und von jedem der zu untersuchenden Präparate je 2 Dosen, von denen die eine das Doppelte der anderen betragen soll, gleich großen Gruppen von Kröten zu verabfolgen. Die Tierzahl je Dosisgruppe hängt von der für die Bestimmung geforderten Genauigkeit ab, soll aber nicht kleiner als 10 (also 20 Tiere je Substanz) sein. Der Zusammenhang zwischen Auswertungsgenauigkeit und Versuchstieranzahl ist aus der folgenden Tabelle ersichtlich. Die Werte gelten sowohl für *B. viridis* als auch für *B. bufo* und ermöglichen es, für eine Auswertung die Zahl der Versuchstiere so zu wählen, daß erwartungsgemäß die geforderte Genauigkeit erzielt wird.

Zahl der Tiere je Präparat	Durchschnittliche Auswertungsgenauigkeit für die 95% Wahrscheinlichkeitsstufe
20	73–137%
30	77–130%
40	80–125%
60	88–120%
100	87–115%
200	91–110%

Die Kröten sind gegen Choriongonadotropin empfindlicher als gegen Serumgonadotropin; für beide Gonadotropine sind Wechselkröten empfindlicher als Erdkröten und beide Gattungen zeigen jahreszeitliche Schwankungen ihrer Empfindlichkeit. Als Richtlinien für eine zweckmäßige Wahl der Dosen werden die in der nachstehenden Tabelle angeführten Werte (in I.E.) für die niedere und hohe Dosis vorgeschlagen.

		Frühjahr	Sommer	Herbst, Winter
Bufo viridis	Choriongonadotropin	1,5; 3	2; 4	2,5; 5
	Serumgonadotropin	6; 12	8; 16	10; 20
Bufo bufo	Choriongonadotropin	4,5; 9	6; 12	7,5; 15
	Serumgonadotropin	18; 36	24; 48	30; 60

Wenn die niedere Dosis einer Substanz bei keiner der damit injizierten Kröten eine Spermiationsreaktion auslöst, d.h. zu dem Ergebnis 0% „positiv“ führt und außerdem in der

[1] Die den Handelspräparaten der Gonadotropine beigegebenen Lösungsmittel enthalten oft für Kröten toxische Zusätze und dürfen daher nicht verwendet werden.

mit der höheren Dosis dieser Substanz behandelten Gruppe weniger als 35% „positiv" beobachtet werden, so ist zusätzlich einer dritten Gruppe von Kröten das Doppelte der höheren Dosis zu injizieren. Im umgekehrten Sinn ist zu verfahren, wenn die hohe Dosis einer Substanz in der damit behandelten Gruppe zu dem Resultat 100% „positiv" führt und auf die niedere Dosis mehr als 65% „positiv" reagieren. In diesem Fall ist zusätzlich einer dritten Gruppe von Tieren die Hälfte der niederen Dosis zu injizieren.

Auswertung.

Für die Auswertung wird die Spermiationsreaktion als eine Alles- oder Nichts-Reaktion behandelt und demgemäß nur der Prozentsatz der positiv reagierenden Tiere in jeder Gruppe berücksichtigt. Die Auswertung erfolgt entweder graphisch, wenn eine Bestimmung der Vertrauensgrenzen nicht gefordert ist, oder nach der Methode der Probitanalyse für exakte Auswertungen mit gleichzeitiger Bestimmung der Vertrauensgrenzen.

a) Graphische Methode. Die Ergebnisse in den einzelnen Dosisgruppen werden als Punkte in ein Wahrscheinlichkeitsnetz, dessen Abszissenachse logarithmisch (1 log Einheit) und dessen Ordinatenachse nach dem Gaussschen Integral geteilt ist, eingetragen. Für die entsprechenden Dosen des Internationalen Standardpräparates und des zu untersuchenden Präparates nimmt man die gleichen Abszissenwerte, und zwar zweckmäßigerweise unabhängig von den tatsächlich verabfolgten Dosen, den Abszissenwert 1 für die niedere und den Abszissenwert 2 für die höhere Dosis, gemäß deren Verhältnis von 1 : 2. Die Ordinatenwerte ergeben sich aus den Häufigkeiten der positiven Reaktionen (in Prozent) in den Gruppen; im Falle 0% „positiv" bzw. 100% „positiv" werden Hilfspunkte mit den Ordinatenwerten 0,05% bzw. 99,95% eingetragen. Den so erhaltenen Punktepaaren (für Standardpräparat und zu untersuchende Substanz) werden parallele Gerade nach Augenmaß angelegt; sie stellen die Dosis-Wirkungskurven für Standard bzw. zu prüfende Substanz dar. Die horizontale Distanz zwischen diesen beiden Geraden entspricht dem Logarithmus des Wirkungsverhältnisses der verabreichten Dosen des zu untersuchenden Präparates und des Standardpräparates. Die Ablesung dieser Distanz an der logarithmisch geteilten Abszissenachse ergibt direkt den Antilogarithmus.

Es wurden z. B. vom Internationalen Standardpräparat die Dosen 2 und 4 I.E. und von dem zu untersuchenden Präparat 4 und 8 µg injiziert, d.h. je 1 I.E. Standard 2 µg der zu untersuchenden Substanz. Die Dosis-Wirkungslinie des Standards läge links von der des zu prüfenden Präparates und der Antilogarithmus des horizontalen Abstandes würde auf der Abszisse als 1,25 abgelesen. Dann ergibt sich das Wirkungsverhältnis wie folgt: 1 I.E. entspricht $1{,}25 \cdot 2\,\mu g = 2{,}5\,\mu g$ des zu prüfenden Präparates, d.h. dieses besitzt eine gonadotrope Wirksamkeit von 400 I.E. je Milligramm.

b) Probitmethode. Nach logarithmischer Transformation der Dosen und Probittransformation der beobachteten Wirkungsprozentsätze erfolgt die Auswertung nach der klassischen Methode der Probitanalyse und der Auswertung mittels paralleler Linien (parallel line assay). Diese Methode ist immer dann anzuwenden, wenn exakte Bestimmungen mit Angabe der Vertrauensgrenzen gefordert sind.

Prüfung auf Abwesenheit von Östrogenen nach BP 63 und Jap. 61. 3 ovarienexstirpierten Ratten oder Mäusen wird wenigstens 2 Wochen vor dem Test eine einzige Dosis von nicht weniger als 100 Einheiten in 0,5 ml physiologischer Kochsalzlösung subcutan injiziert. Die Vaginalabstriche am dritten, vierten und fünften Tag nach der Injektion dürfen keine Anzeichen einer positiven Reaktion unter den Bedingungen der oben angegebenen biologischen Bestimmungsmethode für Choriongonadotropin nach der Abstrichmethode zeigen.

Aufbewahrung. Choriongonadotropin ist in gut verschlossenen Gefäßen vor Licht, Feuchtigkeit und vor dem Eintritt von Mikroorganismen geschützt aufzubewahren. Die Temperatur soll 20° nicht übersteigen. Unter diesen Bedingungen ist es, vom Datum der Herstellung an gerechnet, 2 Jahre lang wirksam (PI.Ed. I/2, BP 63). ÖAB 9 schreibt noch ein Gefäß mit einem geeigneten Trocknungsmittel vor.

Beschriftung. Das Etikett des Gefäßes muß 1. die Anzahl Einheiten im Gefäß, 2. die Anzahl Einheiten pro Milligramm und 3. das Herstellungsdatum tragen (PI.Ed. I/2, BP 63).

Dosierung. BP 63, ÖAB 9 und Ind. P. 55: 500 bis 5000 Einheiten zweimal wöchentlich i. m.

Anwendung. Ist es bei der Mannigfaltigkeit des klinischen Bildes im Einzelfall schwer zu entscheiden, welcher Hormonkomplex fehlt, so ist es zweckmäßig, Hypophysenvorderlappenextrakte zu verwenden, die möglichst die gesamten Wirkstoffe des HVL enthalten. Die Wirkung des Choriongonadotropins unterscheidet sich von der der gonadotropen Hormone des Hypophysenvorderlappens. Bei der Frau wirkt das erstere vorwiegend luteinisierend, das letztere hauptsächlich follikelstimulierend, beim Mann stimuliert das Choriongonadotropin die Interstitialzellen der Testes und infolgedessen die Androgensekretion und die Entwicklung der sekundären Geschlechtsmerkmale. *Choriongonadotropin* bei der Frau:

bei Amenorrhöe, Sterilität und Menorrhagien; beim Mann: bei Hypogenitalismus, Kryptorchismus und Dystrophia adiposogenitalis.

Handelsformen:

Aus Hypophysen hergestellte gonadotrope Hormonpräparate: Antepan (Henning, West-Berlin): 1 Dragee bzw. 1 ml = 0,5 g frische Drüse. – Praephyson (Promonta, Hamburg): 1 Tabl. entspricht 0,8 g Hypophysenvorderlappen-Frischdrüse. 1 ml = 25 M.E., 1 ml P. forte = 75 M.E. subcutan oder i.m.

Antefisan Richter (Ormonoterapia, Mailand, Ital.). Antipofisina (Negroni, Cremona). Gonafina (Sinn, Mailand). Profani (Serono, Rom). Profisen (Dessy, Florenz).

Choriongonadotropin: Primogonyl (Schering, Berlin): Amp. zu 300, 1000, 5000 I.E. – Prolan (Bayer, Leverkusen): Amp. zu 500 I.E. – Choragon (Ferring, Düsseldorf): Amp. zu 500, 1500 I.E. – Predalon (Organon, München): Amp. zu 500, 1500, 5000 I.E.

Gonadotraphon L. H. (Paines & Byrne, Greenford, Middlesex). Pregnyl (Organon, Morden, Surrey). Corionic Gonadotrophin (Leo, London). Antuitrin (Parke, Davis, Hounslow, Middlesex). Coriantin Richter (Ormonoterapia, Mailand). Gonadocoryl (Maestretti, Mailand). Follutein (Squibb, New York). Pregnyl (Organon, West Orange, N. J.) A.P.L. (Ayerst, New York, N. Y.).

Serumgonadotropin. Stutenserumhormon. PMSG: *P*regnant *m*are *s*erum *G*onadotropin.

Im Serum trächtiger Stuten wurde 1930 von Cole und Hart sowie von Zondek ein weiteres gonadotropes Hormon entdeckt, das zwar seiner Wirkung nach mit den anderen Gonadotropinen identisch ist, sich aber nach seinen physikalisch-chemischen Eigenschaften von diesen unterscheiden läßt. Seine Bildungsstätte ist wahrscheinlich das Gewebe der Chorionzotten oder des Endometriums. Zwischen dem 40. und 100. Tage der Trächtigkeit ist der Blutspiegel am höchsten.

Gonadotrophinum sericum PI.Ed. I/2, Jap. 61, Ind. P. 55, BP 53, (INN). Gonadotropinum sericum ÖAB 9, Nord. 63. Gonadotrophine sérique CF 65.

Serumgonadotropin ist eine trockene, sterile Zubereitung der follikelstimulierenden Substanz aus dem Serum trächtiger Stuten. 1 mg soll mindestens 100 I.E. enthalten.

Herstellung. BP 53: Blut trächtiger Stuten wird zwischen dem 60. und 75. Tag der Tragzeit über Natriumoxalat gesammelt und über Nacht stehengelassen. Man trennt das Plasma ab und stellt mit Natriumhydroxid auf pH 9 ein. Die mit dem gleichen Volumen A. (95%) erzeugte amorphe Fällung wird durch Filtration entfernt. Zum Filtrat wird so viel abs. A. gegeben, daß die Alkoholkonzentration 70% (v/v) beträgt. Man stellt das Filtrat auf pH 5 ein. Die nach einigen Stunden ausgeschiedene Fällung wird gesammelt, in Wasser suspendiert, auf pH 9 gebracht und mit der gleichen Menge A. (95% v/v) versetzt. Eine erneute amorphe Fällung wird abfiltriert. Zum Filtrat gibt man abs. A. bis zu einer Konzentration von 70% (v/v). Nach Ansäuern bis pH 5 entsteht bei mehrstündigem Stehenlassen ein Niederschlag, der gesammelt wird.

Der nach dieser oder einer anderen gebräuchlichen Methode erhaltene Niederschlag wird im Vakuum getrocknet, pulverisiert und biologisch bestimmt.

Darstellung und Reinigung an Permutit mit der Aktivität 10000 bis 13000 I.E./mg: Legault-Démare, J.: Biochim. biophys. Acta (Amst.) *30*, 169 (1958).

Eigenschaften. Weißes Pulver, löslich in Wasser.

Wertbestimmung. Der biologische Wirkungswert wird nach einem der für Choriongonadotropin benutzten Verfahren bestimmt (vgl. S. 47f.).

Aufbewahrung und Beschriftung. Vor Licht geschützt, in Ampullen oder dicht schließenden Gefäßen, mit einem geeigneten Trocknungsmittel bei einer 20° nicht übersteigenden Temperatur.

Dosierung. ÖAB 9 und Ind. P. 55: 200 bis 1000 Einheiten i.m.

Anwendung. Zur subcutanen und intramuskulären Injektion bei Amenorrhoe und männlicher und weiblicher Sterilität.

Handelsformen: Anteron (Schering, West-Berlin): Amp. zu 1000, 5000 I.E. – Predalon S (Organon, München): Amp. zu 400, 1000 I.E.

Gestyl (Organon, Morden, Surrey). Gonadotraphon F.S.H. (Paines & Byrne, Greenford, Middlesex). Serum Gonadotrophin (Leo, London). Gonadoseryl (Maestretti, Mailand). Equinex (Ayerst, New York, N. Y.).

Literatur: Zusammenfassende Darstellung. Werth, G.: Die gonadotropen Hormone Arzneimittel-Forsch. *5*, 409, 735 (1955); *6*, 79 (1956); 491 Lit.-Zitate.

Schwangerschaftsreaktionen (s. auch Untersuchung des Harns, Bd. I, 590f.). Der Nachweis einer eingetretenen Schwangerschaft beruht auf der Tatsache, daß wenige Tage nach der Einbettung eines befruchteten Eies sowohl Human-Choriongonadotropin (HCG) wie auch Metabolite des Progesterons, hauptsächlich Pregnandiol, 5β-Pregnan-3α, 20α-diol und Allopregnandiol, 5α-Pregnan-3α,20α-diol im Harn ausgeschieden werden. So haben sich auch zwei verschiedene Arten des Schwangerschaftsnachweises herausgebildet. Die eine hat als Grundlage den Nachweis des Choriongonadotropins, die andere den der Progesteronmetabolite. Während man das Choriongonadotropin entweder biologisch am Tier oder immunologisch mittels des Agglutinations-Trübungstestes nachweist und bestimmt, werden die Steroide chemisch ermittelt.

Die erste zufriedenstellende Methode des frühzeitigen Schwangerschaftsnachweises mit einer biologischen Methode im Tierversuch fanden S. Aschheim und B. Zondek im Jahre 1928. Sie ist gegenüber moderneren Methoden mit viel Aufwand an Tieren und Zeit verbunden, wird aber als Aschheim-Zondek-Reaktion (AZR) besonders auch zur Differentialdiagnose noch gern benutzt.

AZR. Zwischen dem 30. und 100. Tag der Gravidität liegt der Höhepunkt der Ausscheidung von HCG. Nach etwa 10 Wochen nimmt der Blut- und damit der Harnspiegel wieder ab und sinkt nach der Geburt wieder auf Null. Fortbestehen nach der Geburt ist ein Zeichen für zurückgebliebene Placentareste oder für die Entwicklung bösartiger Tumoren (Blasenmole, Chorionepitheliom). Durch Einwirkung der gonadotropen Hormone kommt es im Follikelapparat der Ovarien und im inneren Genitalbereich der Versuchstiere zu charakteristischen Reaktionsformen. Die positive Schwangerschaftsreaktion zeigt sich in Blutungen in die wachsenden Follikel, sogenannten Blutpunkten und gelbkörperartigen Bildungen in den Ovarien.

Man injiziert infantilen Mäuseweibchen den sauer reagierenden, filtrierten, auf 36 bis 37° erwärmten Harn in mehreren Portionen im Lauf von 2 Tagen nach einem bestimmten Schema subcutan. Am 3. und 4. Tag werden Scheidenabstriche gemacht, darauf die Mäuse durch Einatmenlassen von Leuchtgas getötet und Uterus und Ovarien auf Blutpunkte oder Gelbkörper untersucht. Wenn bei mindestens 1 Tier von 5 eingesetzten Versuchstieren diese Merkmale der Vollbrunst zu beobachten sind, ist der Nachweis der Schwangerschaft erbracht. Der Scheidenabstrich weist unter dem Mikroskop bei vorhandener Brunst zahlreiche, abgestoßene verhornte, nicht mehr am Kern mit Hämatoxylin färbbare bzw. kernlose Epithelzellen auf, während er sonst nur Schleimfäden, einzelne Leukozyten und Zylinderepithelien enthält.

Weitere Methoden zum Nachweis der Schwangerschaft im Tierversuch beruhen alle darauf, daß durch die Gonadotropine die spezifische Funktion der Keimdrüsen angeregt wird. Sie zeichnen sich zum Teil dadurch aus, daß sie schon früher ansprechen als die AZR und das Ergebnis in wesentlich kürzerer Zeit abgelesen werden kann. Hierzu gehört die Prüfung am Kaninchen (Friedmann-Test), am afrikanischen Krallenfroschweibchen (Xenopus-Test, Hogben-Test), an Männchen von Kröten (Bufo arenarum, Bufo vulgaris), bei denen schon nach 2 bis 5 Std. nach der Injektion einer Harnprobe Spermatozoen im Blaseninhalt auftreten, der mit Hilfe eines Katheters gewonnen wird (Galli-Mainini-Test).

Literatur: Genaue Durchführung der Reaktionen. Hallmann, L.: Klinische Chemie und Mikroskopie, 6. Aufl. u. 9. Aufl., Stuttgart: Thieme 1950 u. 1960. Zusammenfassende Darstellungen: Wimmer: Südd. Apoth.-Ztg *89*, 204 (1949); Risse, E.: Südd. Apoth.-Ztg *90*, 444 (1950); Dietmann, H.: Südd. Apoth.-Ztg *90*, 445 (1950).

Agglutinations-Trübungstest. Bei dieser Methode wird ebenfalls das HCG nachgewiesen. Wie das Blutserum eines Organismus, der bestimmte Infektionskrankheiten überstanden hat, durch Bildung von Agglutininen (Antikörpern) die Fähigkeit besitzt, die Erreger dieser Krankheit (d.h. deren agglutinierbare Stoffe, die Proteidcharakter haben, die Agglutinogene oder agglutinable Antigene) zusammenzuballen, zu agglutinieren. so hat man Stoffe (Agglutinine) gefunden, die die zuckerhaltigen Proteide, aus denen das HCG besteht und die hier als Agglutinogene fungieren, zu agglutinieren. Diese Stoffe, Antikörper des HCG, in Lösung bilden das Antiserum. Als Agglutinogen wird zur Sichtbarmachung der positiven bzw. negativen Agglutination (Antigen-Antikörper-Reaktion) HCG verwendet, das auf Polystyrol-Latex-Partikelchen oder auf mit Formalin und Gerbsäure behandelten Erythrozyten u.a. fixiert wird, also auf ein Material, das einen leicht sichtbaren Träger für das Antigen darstellt, so daß die Antigen-Antikörper-Reaktion makroskopisch abgelesen werden kann (Testantigen). Durch Antiserum und Testantigen erfolgt Agglutination. Werden jedoch die Antikörper des Antiserums durch HCG (des Urins) gebunden, so wird die Agglutination verhindert.

Die Ausführung der Reaktion ist daher einfach: Zunächst wird der Urin der schwangeren Frau zusammen mit dem Antiserum etwa 1 Std. bei 37° gehalten, wobei die im Antiserum befindlichen Antikörper durch das HCG gebunden werden. Wird darauf Testantigen zugefügt und nochmals etwa 2 Std. auf 37° erwärmt, so wird kaum eine Sedimentation als Folge einer Agglutination erfolgen. Wird andererseits die Reaktion mit normalem Harn durchgeführt, so bleiben, da im normalen Harn kein HCG vorhanden ist, die Antikörper des Antiserums frei. Es kommt nach der zweiten Inkubation zur Agglutination, die Teilchen sedimentieren. Neuerdings erlaubt der „Gravindex-Test“ unter Wegfall der Inkubationszeiten das Ergebnis in 3 Min. abzulesen. Zu Gravindex-Antiserum wird der Harn einer Schwangeren gegeben, wodurch auf Grund des HCG-Gehaltes die Bindung der Antikörper erfolgt. Das anschließend zugefügte Gravindex-Antigen (reines HCG auf Latexpartikeln fixiert) ergibt eine milchige Trübung und keine Agglutination. Die Reaktion ist positiv. Bei Zugabe von Normalharn können die nicht verbrauchten Antikörper mit Gravindex-Antigen reagieren, wobei eine Agglutination erfolgt. Das Ergebnis ist negativ.

Literatur: Berichte über den Ortho-Schwangerschaftstest der Ortho Pharm. Corp. Raritan, New Jersey: Med. Welt *1962*, S. 2761, desgl. *1963*, S. 204, Münch. med. Wschr. *104*, 2216 (1962), Pharm. Ztg (Frankfurt) *107*, 537 (1962). Hämagglutinationstest mit Pregnosticon Organon: Pharm. Ztg (Frankfurt) *108*, 3436 (1963). Gravindex-Test Ortho Pharm. Corp.: Dtsch. Apoth.Ztg *104*, 809 (1964).

Chemische Tests.

Das Pregnandiol wird als Glucuronid-Natriumsalz ausgeschieden und ist ein Maß für die Aktivität des Corpus luteum. Es erscheint nur während der Sekretionsphase des Menstruationszyklus im Urin. Folgt darauf eine Gravidität, so bleibt die Pregnandiol-Ausscheidung bestehen.

Test nach D. Waldi. Dieser beruht darauf, daß 5 bis 10 Tage nach der Konzeption der Pregnandiol- bzw. Allopregnandiolspiegel im Harn über den Normalwert ansteigt. Bei Nichtgraviden liegt der Maximalwert bei 3 bis 5 mg Pregnandiol im Liter Urin. Beträgt der Gehalt unter 3 mg, so ist der Test negativ, beträgt er über 6 mg je Liter Urin, so ist er positiv. In den ersten 10 bis 14 Tagen nach der Konzeption werden 7 bis 10 mg gefunden, während der Pregnandiolgehalt nach dem Follikelsprung nicht über 3 bis 5 mg hinausgeht wenn keine Konzeption stattgefunden hat. Die Bestimmung wird dünnschichtchromatographisch durchgeführt. Siehe dazu Untersuchung des Harns (Bd. I, 591).

Literatur: Waldi, D.: Klin. Wschr. *40*, 827 (1962). – Genaue Durchführung des Waldi-Testes: Rink, M.: Die Harnanalyse, Stuttgart: Wissenschaftl. Verl.-Ges. 1964. Modifikation nach P. Fischer: Schweiz. Apoth.-Ztg *103*, 56, 137, 182 (1965).

Problematische, im allgemeinen als unzuverlässig bezeichnete chemische Schwangerschaftsnachweise:

1. Nachweis mit 2,4-Dinitrophenylhydrazin (Richardson-Test): Amer. J. Obstet. Gynec. *61*, 1317 (1951), ref. Dtsch. Apoth.-Ztg *92*, 346 (1952), ref. Chem. Zbl. *1952*, S. 1355, *1953*, S. 8640; Science *115*, 2984 (1952), ref. Dtsch. Apoth.-Ztg *4*, 231 (1952).
2. Jod-Rk. (Schlör-Rk.): Dtsch. Apoth.-Ztg *92*, 346 (1952); Umschau *55*, 504 (1955); Schweiz. Apoth.-Ztg *91*, 296 (1953).
3. Histidinnachweis (Kapeller-Adler-Methode): Dtsch. med. Wschr. *72*, 583 (1947), ref. Pharm. Ztg (Frankfurt) *87*, 191 (1948).
4. Orcin-Rk. (La Barre-Test): Umschau *52*, 728 (1952).
5. Lugol-Test als Frühschwangerschaftsnachweis: Mumalo, J., u. B. Kapetanović: Arch. Farmac. (Beograd) *11*, 129 (1961).

Blutungstest.

Dieser Test beruht auf der durch die Praxis bestätigten Überlegung, daß, falls keine auf einer organischen Ursache beruhende länger andauernde Amenorrhoe vorliegt, bei Ausbleiben der Menstruationsblutung entweder eine disfunktionelle Störung des Zusammenwirkens der Hormone von Hypophysenvorderlappen und Ovar oder eine Schwangerschaft besteht. Im Fall einer hormonalen Störung befindet sich das Endometrium im Proliferationszustand (vgl. S. 136). Bei einer von außen zugeführten Dosis Gestagen und Östrogen kommt es zur Auslösung einer menstruationsähnlichen Blutung, einer Entzugsblutung. Besteht dagegen eine Schwangerschaft, so tritt keine Blutung auf, da bei einer Gravidität die Bildung und Entwicklung der Dezidua (Schleimhaut des Gebärmutterkörpers) bereits unter dem Einfluß relativ hoher genuiner Östrogen- und Gestagenmengen erfolgt, und die exogene Zufuhr verhältnismäßig geringer Hormonmengen deshalb nicht blutauslösend wirkt. So läßt sich auf einfache Art bereits frühzeitig eine Gravidität mit großer Wahrscheinlichkeit von einer kurzfristigen Amenorrhoe unterscheiden.

An 2 aufeinanderfolgenden Tagen wird 1 Tablette bzw. 1 Dragee eingenommen. Liegt eine kurzfristige sekundäre Amenorrhoe vor, so tritt am 3. bis 6. Tage eine menstruationsähnliche Entzugsblutung ein. Kommt es nicht zu einer Blutung, so besteht eine Schwangerschaft. – Ein nachteiliger Einfluß auf den Verlauf der Schwangerschaft besteht nicht, im Gegenteil, Östrogene und Gestagene besitzen sogar eine Schutzwirkung. Wie bei jedem Schwangerschaftstest muß die Diagnose durch weitere Beobachtungen gesichert werden.

Präparate zur Erkennung einer Frühschwangerschaft durch Blutungstest: Amenyl (Merck, Darmstadt): 1 Tabl. enthält 4,0 mg Gestafortin (vgl. S. 179) und 0,04 mg Äthinylöstradiol. – Di-Pro (Organon, München): 1 Tabl. enthält 10 mg Pregneninolon und 0,01 mg Äthinylöstradiol. 1 Amp. enthält 12,5 mg Progesteron und 2,5 mg Östradiolbenzoat. – Duogynon (Schering, Berlin): 1 Dragee enthält 10 mg Norethisteronacetat und 0,02 mg Äthinylöstradiol. 1 Amp. enthält 20 mg Progesteron und 2 mg Östradiolbenzoat. Duogynon simplex zur Injektionsbehandlung enthält in 1 ml 50 mg Progesteron und 3 mg Östradiolbenzoat. – Gynäcosid (Boehringer, Mannheim): 1 Dragee enthält 5 mg Methylöstrenolon und 0,3 mg Methylöstradiol. – Lutrogen (Hoechst, Frankfurt a. M.): 1 Amp. zu 1 ml enthält 20 mg Progesteron und 2 mg Östradiolbenzoat.

Luteotropes Hormon. LTH. *L*ac*t*ogenes *H*ormon. Prolactin. Mammotropin. Luteotropin.

Das Luteotropin wird im Hypophysenvorderlappen von acidophilen Zellen mit besonders ausgeprägter Affinität gegenüber Azocarminfarbstoffen ausgeschieden. Dieser Teil der Acidophilen wird auch als „Carmin"-Zellen bezeichnet.

Das Hormon wurde 1928 von P. Stricker und F. Grüter [C. R. Soc. Biol. (Paris) *99*, 1978 (1928)] entdeckt und kommt bei allen Warmblütern vor, und zwar bei beiden Geschlechtern mit gleich hohem Gehalt. Es findet sich beim Menschen bis ins hohe Alter und ist auch in anderen Organen als der Hypophyse, z. B. in der Leber, vorhanden. Seine Bedeutung geht, zum mindesten bei einer Reihe von Tierarten, weit über die Beeinflussung der Mammafunktion hinaus. Es ist notwendig für die Produktion von Progesteron in den Corpora lutea und unterhält deren sekretorische Funktion. Auch Einwirkungen auf den Stoffwechsel, allerdings ungeklärter Art, sind nachweisbar. Seine spezielle Wirkung auf Wachstum und Funktion der Mamma ist kompliziert. So bedarf es der gleichzeitigen Mitwirkung von Östrogenen und von Progesteron; auch andere Hormone wie Nebennierenrindenhormone und Thyroxin scheinen eine gewisse Bedeutung zu haben.

Gewinnung. Als Ausgangsmaterialien dienen Hypophysen von Rindern und Schafen, die etwa mittels 60- bis 80%igem, mit Salzsäure angesäuertem Aceton bei pH 2,0 extrahiert werden. Der Extrakt wird dann durch Erhöhung der Acetonkonzentration auf ungefähr 90% gefällt, wobei das rohe Hormon präzipitiert. Das Produkt ist relativ frei von anderen Hypophysenvorderlappenhormonen. Am meisten stört bei diesem Verfahren das ACTH, das durch Fraktionierung abgetrennt werden muß. Durch wiederholte fraktionierte Ammonsulfatfällungen bei verschiedenen pH-Werten wird fast reines Prolactin erhalten. Eine Kristallisierung gelingt aus Essigsäure, Pyridin oder wäßriger Acetonlösung bei pH 5,4 [White, A.: Ann. N. Y. Sci. *43*, 341 (1943); Cole, R. D., u. C. H. Li: J. biol. Chem. *213*, 197 (1955) und *224*, 399 (1957)]. Aus 1 kg Drüsen wurden 2 g Hormon hergestellt.

Eigenschaften. Das Luteotropin ist ein Polypeptid. Das M.G. ist etwa 32000. Der IP liegt bei pH 5,7. In Wasser ist es ohne Elektrolyte nicht löslich. Das Hormon aus Schafsdrüsen und das aus Rinderdrüsen hat nicht dieselbe Löslichkeit in Pufferlösungen. In 0,357 m NaCl-Lösung bei pH 2,25 besitzt das aus Schafsdrüsen die Löslichkeit 0,606 g/l, das aus Rinderdrüsen nur 0,316 g/l. In Citratpuffer pH 6,36 ist das aus Rinderdrüsen löslicher als das aus Schafsdrüsen. Beide Hormone sind nicht identisch. Das reine Luteotropin ist thermolabil. Nicht ganz reine Lösungen zeigen eine größere Stabilität gegenüber Wärme (Schutzwirkung der begleitenden Eiweißkörper). In saurer oder alkalischer Lösung wird es beim Erwärmen rasch inaktiviert. Proteinasen inaktivieren es ebenfalls. Bezüglich des Gehaltes an den einzelnen Aminosäuren gibt C. H. Li für das Hormon aus Schafsdrüsen folgende Aufstellung [J. biol. Chem. *229*, 153 u. 157 (1957)]: Alanin 11, Arginin 11, Cystin 3, Asparaginsäure 19, Glutaminsäure 22, Glycin 12, Histidin 7, Leucin 4, Isoleucin 37, Lysin 10, Methionon 7, Phenylalanin 8, Prolin 14, Serin 18, Threonin 11, Valin 12, Tyrosin 7, Tryptophan 2, Amidogruppen 17.

Biologische Wertbestimmung. Vorzugsweise wird die am Taubenkropf nach Hormonzufuhr ausgelöste Reaktion benutzt [Riddle, O. u. Mitarb.: Amer. J. Physiol. *105*, 191 (1933)]. Das Gewicht der exstirpierten Kropfdrüsen ist der Menge des injizierten Präparates proportional. 6 bis 10 Wochen alten Tauben wird an 4 Tagen je einmal das zu untersuchende Präparat subcutan injiziert. 96 Std. nach der ersten Injektion erfolgt Autopsie. Die Präparate werden gegenüber einem Standardpräparat beurteilt.

Als internationale Einheit ist 0,1 mg des internationalen Standardpräparates festgesetzt (UNO 1950). Eine Taubeneinheit entspricht ungefähr 10 I.E.

Andere Auswertungsreaktionen sind die der Milchdrüse bei Kaninchen oder Meerschweinchen.

Eine Kanincheneinheit ist die Menge, die bei pseudograviden Kaninchen nach 7 Tagen die spezifische Reaktion der Brustdrüse hervorruft.

Handelsform: Luteolactin Richter (Ormonoterapia, Mailand).

Thyreotropes Hormon. TH. Thyreotropin. Thyrotropin. *T*hyroid *s*timulating *h*ormone. TSH.

Dieses Hormon wird in den basophilen Zellen des Hypophysenvorderlappens gebildet und regelt die Tätigkeit der Schilddrüse. Fehlt das Thyreotropin, so stellt die Schilddrüse ihre Tätigkeit ein und atrophiert. Als Folge der Entfernung der Hypophyse treten alle die Erscheinungen auf, die man bei fehlender oder magelhafter Schilddrüsenfunktion sieht. Nach Verabfolgung des thyreotropen Hormons lassen sich diese Störungen beheben. Voraussetzung hierfür ist natürlich das Vorhandensein einer Schilddrüse, ohne die auch höchste Dosen von Thyreotropin wirkungslos sind. Wird dem normalen Körper Thyreotropin verabreicht, so kommt es zu einer Vergrößerung der Schilddrüse mit einer erheblichen Steigerung ihrer Tätigkeit. Wie nach Injektion von Thyroxin oder bei der Basedowschen Krankheit finden sich Steigerung des Grundumsatzes, Erhöhung der Herzfrequenz, der Temperatur, Abnahme des Körpergewichts usw. Zwischen dem Thyroxinspiegel des Blutes und der Thyreotropinabgabe an das Blut besteht die Beziehung, daß das Absinken des Thyroxinspiegels (organischen Jodspiegels) unter eine bestimmte Grenze die Hypophyse zu einer vermehrten Bildung und Abgabe des thyreotropen Hormons anreizt.

Gewinnung. Die Darstellung der thyreotrop aktiven Substanz stieß lange auf beträchtliche Schwierigkeiten. Erst die chromatographischen und Ionenaustauschermethoden sowie die präparative Elektrophorese führten zu der Gewinnung hochaktiver Hormonpräparate. Man geht von Schweine- und Rinderhypophysenvorderlappen aus und benutzt saure, alkalische Extraktion oder eine solche mittels Salzlösung. Die Extrakte werden mit Aceton gefällt, das Präzipitat mit Wasser aufgenommen und von Eiweißballaststoffen durch Fällung mit Bleiacetat oder Trichloressigsäure befreit. Nach der Dialyse erfolgt die weitere Reinigung an Ionenaustauschersäulen von Amberlite IRC-50 bei pH 5,95 und 0,23 m $Na^{\oplus}$. Man eluiert durch Erhöhung der Na-Ionen-Konzentration. Beschreibungen der Verfahren: Ciereszko, L. S.: J. biol. Chem. *160*, 585 (1945); Fels, I. G. u. Mitarb.: J. biol. Chem. *213*, 311 (1955); Pierce, J. G., u. J. F. Nyc: J. biol. Chem. *222*, 777 (1956); Crigler, J. F., u. D. F. Waugh: J. Amer. chem. Soc. *77*, 4407 (1955); Condliffe, P. G., u. R. W. Bates: J. biol. Chem. *223*, 843 (1956); Limanova, E. E.: Probl. Éndokr. Gormonoter. *8*, 69 (1962).

Eigenschaften. Das thyreotrope Hormon ist ein Glykoproteid. Das M.G. beträgt auf Grund von Messungen mit der Ultrazentrifuge etwa 10000, nach Y. A. Fontaine u. P. G. Condliffe [Biochemistry *2*, 290 (1963)] 26000 bis 31000 aus Rinderhypophysen. Der IP liegt bei pH 8,5. Die Aktivität wird durch proteolytische Fermente und durch Reduktion mittels Cystein zerstört.

Es ist in Wasser, in verdünnter Säure und in Alkalien leicht löslich, unlöslich in Äther, A. und Chlf. In wss. Lsg. ist es instabil und wird bei 60° weitgehend, durch Erhitzen vollständig inaktiviert. Einwirkung von Trypsin und Chymotrypsin hebt die Wirksamkeit auf, dagegen nicht Papain.

Biologische Wertbestimmung. Es bestehen Methoden, bei denen der Einfluß des Hormons auf die Schilddrüse gemessen wird, vor allem gravimetrische Methoden und histologische Methoden. Als sehr genau erscheint die Methode der Messung der Retention von ^{131}J nach der Verabreichung von Thyreotropin [BRIMBLECOMBE, R. u. Mitarb.: J. Endocr. *8*, Proc. V (1952)].

Die USP-Einheit ist die Aktivitätsmenge, die in 20 mg eines Standardpräparates enthalten ist. Dieses ist aus Rinderdrüsen hergestellt und mit Lactose verdünnt. Das USP-Standardpräparat ist mit dem internationalen Standard identisch (WHO). Einer USP-Einheit entsprechen 10 bis 12 Junkmann-Schoeller-Einheiten. Diese nehmen diejenige Menge des Präparates als Einheit an, die nach 3tägiger Verabreichung des Hormons signifikante histologische Reaktionen bei 10 bis zu 150 g wiegenden Meerschweinchen hervorrufen [Klin. Wschr. *11*, 1176 (1932)].

Handelsformen: Actyron (Ferring, Schweden). Thyreostimulin (Organon). Thytropar (Armour, Eastbourne, Sussex).

Adrenocorticotropes Hormon. ACTH. *A*dreno*c*ortico*t*rope *h*ormone.

1926 entdeckte P. E. SMITH [*1*], daß die Hypophyse eine Wirkung auf die Nebennierenrinde ausübt. Eine genauere Aufklärung der Zusammensetzung dieses Inkrets gelang 1942/43, als das ACTH durch LI, SIMPSON und EVANS [*2*], SAYERS, WHITE und LONG [*3*] sowie TYSLOWITZ [*4*] von den anderen Hormonen der Hypophyse abgetrennt und isoliert werden konnte [*6*].

Isolierung und Aufklärung der Struktur wurden durch die Einführung der Ultrazentrifuge, Elektrophorese, Chromatographie und Gegenstromverteilung als technische Hilfsmittel der Forschung begünstigt: 1954 berichtet BELL [*6*] über die Isolierung, Reinigung und vollständige Struktur von β-Corticotropin aus Schweinehypophysen. Weitere Studien wurden speziell am β-Corticotropin durchgeführt [*7–10*]. Sieben aktive Komponenten sind durch Gegenstromverteilung von Oxycellulose-Corticotropin (OC–ACTH) [*15*] aus Schweinehypophysen abgetrennt worden. Das β-Corticotropin stellt die Hauptkomponente dar, ein bedeutender Teil der Corticotropin-Aktivität ist an diese Fraktion gebunden [*16*]. Es wurde deshalb auch für die weiteren chemischen Untersuchungen ausgewählt. Durch Endgruppenbestimmung und quantitative Aminosäureanalyse wurde es genau charakterisiert (s. Formel I).

LI und Mitarb. [*11, 12*] klärten die Struktur von Rinder- und Schafs-Corticotropin auf. Mehrere Forschergruppen beschäftigten sich mit der Aufklärung der Struktur des Corticotropins aus der Hypophyse des Menschen [*13–15*].

Es zeigte sich, daß das Corticotropin verschiedener Spezies stets aus 39 Aminosäuren aufgebaut ist und Unterschiede in der Aminosäuresequenz nur etwa zwischen den Positionen 23 und 36 auftreten. Diese Tatsachen stimmen gut mit den Befunden von BELL und Mitarb. [7] überein, wonach die ersten 24 oder 25 Aminosäuren für die volle biologische Aktivität wesentlich sind.

H—Ser—Tyr—Ser—Met—Glu—His—Phe—Arg—Try—Gly—Lys—Pro—Val—Gly—
—Asp—Glu—Ala—Gly—Asp—Pro—Tyr—Val—Lys—Val—Pro—Arg—Arg—Lys—Lys—
—Glu—Leu—Ala—Glu—Ala—Phe—Pro—Leu—Glu—Phe—OH
|
NH_2

I. Formel von β-Corticotropin [*9*].

Nach Untersuchungen von R. A. BROWN und Mitarb. [*16*] konnte β-Corticotropin als einheitliche Substanz mit Hilfe der Ultrazentrifuge charakterisiert werden. Nach der Archibald-Methode [*17*] wurde ein Molekulargewicht von 4500 errechnet, was gut mit dem theoretischen Wert der Formel I von 4567 übereinstimmt.

1960/61 wurde innerhalb weniger Wochen von 3 verschiedenen Forschergruppen über die unabhängig voneinander geglückte Synthese des ACTH berichtet. Genau genommen handelt es sich um eine Teilsynthese des Moleküls. Für die biologische Aktivität des ACTH sind nur etwa die ersten 20 bis 25 Aminosäuren wesentlich. SCHWYZER und Mitarb. [*18*] aus den Forschungslaboratorien der Ciba AG veröffentlichten ihre Ergebnisse der Synthese eines Nonadeca-peptides mit hoher corticotroper Wirksamkeit (20 bis 30 I.E./mg):

```
                        NH2
                         |
H—Ser—Tyr—Ser—Met—Glu—His—Phe—Arg—Try—Gly—Lys—Pro—Val—Gly—┐
                                 HO—Pro—Arg—Arg—Lys—Lys—┘
```

II. Formel von β^{1-19}-*Corticotropin-Glu*^{5}-γ-*amid.*

Li und Mitarb. [*19*] haben ebenfalls ein Nonadecapeptid synthetisiert. Die Aminosäuresequenz ist identisch mit jener der ersten 19 Reste (vom NH_2-Ende) aus Schafs-, Rinder- und Schweine-ACTH. Das Produkt besitzt eine ACTH-Aktivität von 29 bis 31 I.E./mg. In Position 5 (vom NH_2-Ende) der Kette dieses Peptids ist, abweichend von dem Produkt von Schwyzer und Mitarb., Glutaminsäure statt Glutamin eingebaut.

Anfang 1961 berichten K. Hofmann und Mitarb. [*20*] über die Synthese eines Tricosapeptid-amids (Formel III), das in vivo adrenocorticotrope Aktivität besitzt.

```
H—Ser—Tyr—Ser—Met—Glu—His—Phe—Arg—Try—Gly—Lys—Pro—Val—Lys—┐
                        Try—Val—Lys—Val—Pro—Arg—Arg—Lys—┘
```

III. Formel von *Tricosapeptid-amid.*

Die Ergebnisse dieser Synthesen rechtfertigen den Schluß, daß eine Folge von mehr als 16 Aminosäureresten des Corticotropinmoleküls (vom NH_2-Ende) für eine hohe corticotrope Aktivität erforderlich ist.

Literatur: [*1*] Smith, P. E.: Anat. Rec. *32*, 221 (1926). – [*2*] Li, C. H., M. E. Simpson u. H. M. Evans: Science *96*, 450 (1942); J. biol. Chem. *149*, 413 (1943). – [*3*] Sayers, G., A. White u. C. N. H. Long: J. biol. Chem. *149*, 423 (1943). – [*4*] Tyslowitz, R.: Science *98*, 225 (1943). – [*5*] Klingmüller, V.: Arzneimittel-Forsch. *1*, 55 (1955). – [*6*] Bell, P. H.: J. Amer. chem. Soc. *76*, 5565 (1954). – [*7*] Bell, P. H., K. S. Howard, R. G. Shepherd, B. M. Finn u. J. H. Meisenhelder: J. Amer. chem. Soc. *78*, 5059 (1956). – [*8*] Shepherd, R. G. et al.: J. Amer. chem. Soc. *78*, 5051 (1956). – [*9*] Shepherd, R. G., S. D. Willson, K. S. Howard, P. H. Bell, D. S. Davies, S. B. Davis, E. A. Eigner u. N. E. Shakespeare: J. Amer. chem. Soc. *78*, 5067 (1956). – [*10*] Howard, K. S., R. G. Shepherd, E. A. Eigner, D. S. Davies u. P. H. Bell: J. Amer. chem. Soc. *77*, 3419 (1955). – [*11*] Li, C. H., J. J. Geschwind, R. D. Cole, J. D. Raacke, J. J. Harris u. J. S. Dixon: Nature (Lond.) *176*, 687 (1955). – [*12*] Li, C. H., J. S. Dixon u. D. Chung: J. Amer. chem. Soc. *80*, 2587 (1958). – [*13*] Lee, T. H., A. B. Lerner u. V. Buettner-Janusch: Ciba Found. Coll. Endocrin. Vol. 13: Human pituitary hormones, London: J. & A. Churchill Ltd. 1960. – [*14*] Payne, R. W., M. S. Raben u. E. B. Astwood: J. biol. Chem. *187*, 719 (1950). – [*15*] Astwood, E. B., M. S. Raben, R. W. Payne u. A. B. Grady: J. Amer. chem. Soc. *73*, 2969 (1951). – [*16*] Brown, R. A., M. Davies, M. Englert u. H. R. Cox: J. Amer. chem. Soc. *78*, 5077 (1956). – [*17*] Archibald, W. J.: J. Phys. Colloid Chem. *51*, 1204 (1947). – [*18*] Schwyzer, R., W. Kittel, H. Kappeler u. B. Iselin: Angew. Chem. *72*, 915 (1960). – [*19*] Li, C. H., J. Meienhofer, E. Schnabel, D. Chung, Tung-bin Lo u. J. Ramachandran: J. Amer. chem. Soc. *82*, 5760 (1960). – [*20*] Hofmann, K. et al.: J. Amer. chem. Soc. *83*, 487 (1961).

Die durch ACTH mobilisierten NNR-Hormone[1] sind Regulatoren des Kohlenhydrat- und Mineralstoffwechsels. Das ACTH ist deshalb als ein zentrales Stoffwechselhormon anzusehen. Eine besondere Bedeutung kommt ihm bei der Reaktion des Organismus gegenüber sehr verschiedenartigen Schädigungen zu. So fand sich bei schweren Infektionen, bei Verbrennungen und bei allergischen Erkrankungen eine Hypertrophie der NNR und eine vermehrte Ausscheidung von NNR-Hormonen. Bei längerem Bestehen der Schädigung kann es in der 2. Phase zu einer Verkleinerung der NNR und einer Verminderung der NNR-Hormone im Harn kommen. Die auf Grund von tierexperimentellen Beobachtungen, die bei diesen Erscheinungen festgestellt wurden, von Selye propagierte Konzeption des „Stress" und der Adaptionskrankheiten ist noch umstritten. Unter Einwirkung des Corticotropins wird hauptsächlich Cortison ausgeschüttet. Man kann deshalb die Wirkungen des ACTH und

[1] NNR = Nebennierenrinde.

dieses Glucocorticosteroids in gewissem Umfang gleichsetzen. Als Folge einer vermehrten ACTH-Produktion findet sich Herabsetzung der Kohlenhydratausnützung, Auftreten von Ketokörpern (Aceton und Acet-Essigsäure), Natrium- und Wasserretention, Erhöhung der Kaliumausscheidung sowie Verkleinerung der lymphatischen Organe und eine Abnahme der eosinophilen Leukozyten.

Schicksal im Organismus. Nach intravenöser Injektion verschwindet ACTH sehr rasch aus dem Blut, geht aber selbst bei Anwendung sehr hoher Dosen nicht in den Harn über. Wie Versuche mit ^{131}Jod markiertem Hormon zeigten, erscheint es nach der Injektion in der Nebennierenrinde, verschwindet daraus aber wieder nach kurzer Zeit.

Eigenschaften. Weißes Pulver; leicht lösl. in W.; fällt beim isoelektrischen Punkt (pH 4,56 bis 4,80) teilweise aus. Merklich lösl. in 60 bis 70%igem A. oder Aceton. Wird von 2,5%iger Trichloressigsäurelsg. fast vollständig ausgefällt. Ebenso kann es aus verdünnter Lösung durch 20%ige Sulfosalicylsäure oder durch 5%ige Bleiacetatlsg. ausgefällt werden. Die Lösungen sind hitzestabil. Eine auf pH 7,5 gepufferte wss. Lsg. kann bis zu 120 Min. im siedenden Wasserbad erhitzt werden. Die biologische Wirksamkeit einer 0,2%igen Lsg. in 0,1 n HCl bleibt erhalten, wenn diese 60 Min. lang auf 100° erhitzt wird, jedoch geht die Aktivität in 0,1 n NaOH bereits in 30 Min. verloren. Bei 60° behält eine 0,2%ige Lsg. vom pH 10,8 60 Min. lang ihre Wirksamkeit. Im allgemeinen ist die Substanz in saurer Lösung haltbarer. Die biologische Aktivität des ACTH wird durch Pepsin nicht zerstört und seine Hydrolyseprodukte haben die gleiche Wirksamkeit.

Anwendung. ACTH findet bei akuter und chronischer Polyarthritis Anwendung; es treten aber nach Absetzen von ACTH oft Rückfälle ein. Oft ist die Anwendung beim Asthma bronchiale günstig, beim chronischen Asthma treten nach Abschluß der Behandlung aber nahezu regelmäßig Rezidive auf. Weiter wird ACTH bei Erythematodes, bei Gicht und Nephrosen angewendet.

In der Ophthalmologie wird ACTH mit Erfolg bei entzündlichen und allergischen Augenkrankheiten des hinteren Augenabschnittes eingesetzt. Ein dankbares Anwendungsgebiet sind die verschiedenen Hautkrankheiten, z.B. allergische Erscheinungen. Sehr wesentlich ist die Anwendung bei schweren Verbrennungen, wo selbst Fälle, bei denen 70 bis 80% der Körperoberfläche verbrannt waren, gerettet werden konnten.

Kontraindikationen sind Lungentuberkulose, Poliomyelitis, chronische Nephritiden, Hypertension. Vorsicht ist eventuell bei bestehenden Infektionskrankheiten und praepsychotischen und psychotischen Zuständen geboten. Als Nebenerscheinungen treten sehr häufig Ödeme auf; daher soll eine kochsalzarme, kaliumreiche Kost gegeben werden. Störungen treten auch von seiten der Nebenschilddrüse auf, die sich als Osteoporose zeigen. Gelegentlich tritt Akne auf. Da der Vitamin-C-Bedarf der NNR erheblich ansteigt, sollte man bei der ACTH-Behandlung Ascorbinsäure mit verabreichen.

Literatur: „Acethropan Broschüre" Farbwerke Hoechst, Frankfurt a. M./Höchst.

Corticotrophin BP 63, (INN). Corticotropinum DAB 7 — DDR.

Corticotropin kann durch Extraktion der Aceton-getrockneten, pulverisierten Drüsen mit dem 16fachen Volumen an Eisessig bei 70° gewonnen werden. Es wird filtriert und Verunreinigungen durch Zusatz von 8 Volumina Aceton ausgefällt. Schließlich wird die wirksame Substanz durch Zusatz des gleichen Volumens Äther gefällt und der Niederschlag mit Aceton von Eisessig freigewaschen. Die Fällung wird durch Adsorption an Oxycellulose oder durch andere geeignete Methoden gereinigt. Wenn andere Gewinnungsmethoden angewandt werden, sollten sie keine merkliche Hydrolyse oder Wertveränderung der wirksamen Substanz einschließen. Das gereinigte Material kann durch einen Filtrierungsprozeß keimfrei gemacht und durch eine geeignete Methode getrocknet werden.

Eigenschaften. Weiße oder nahezu weiße Flocken oder Pulver, hygroskopisch.

Prüfung (BP 63). 1. Blutdruckwirkung. Die Blutdruckwirkung wird biologisch wie bei Injection of Vasopressin (BP 63) bestimmt und darf auf 100 Corticotropin-Einheiten höchstens 5 Vasopressin-Einheiten entsprechen. – 2. Toxizität. Eine Menge von 9 Einheiten, in höchstens 0,3 ml W. oder physiologischer Kochsalzlösung gelöst, wird jeder von 5 Mäusen mit einem Gewicht von 18 bis 20 g i.v. injiziert. Keines der 5 Tiere darf innerhalb von 48 Std. sterben. Falls eines der Tiere stirbt, ist der Versuch zu wiederholen. Das Präparat entspricht den Anforderungen, wenn im zweiten Versuch keine der Mäuse innerhalb 48 Std. getötet wird. – 3. Klarheit der Lösung. Eine 1%ige (w/v)-Lösung, wenn nötig auf pH 3 bis 4 eingestellt, ist klar oder höchstens schwach opalisierend. – 4. Trocknungsverlust. Beim Trocknen bis zur Gewichtskonstanz bei 60° und bei einem Druck $\leq$ 5 Torr dürfen höchstens 7% Gewichtsverlust auftreten.

Wertbestimmung (BP 63). Man führt den biologischen Corticotropintest aus. Die ermittelte Wirkungsstärke betrage nicht weniger als 80% und nicht mehr als 125% der deklarierten Stärke. Die Vertrauensgrenzen des Fehlers der bestimmten Stärke (P = 0,95) betragen nicht weniger als 64% und nicht mehr als 156% der deklarierten Stärke.

Aufbewahrung. Corticotropin muß in gut verschlossenen Gefäßen, vor Feuchtigkeit, Mikroorganismen und Licht geschützt, bei Temperaturen unter 25° aufbewahrt werden. Unter diesen Bedingungen ist eine gleichbleibende Wirksamkeit für mindestens 2 Jahre zu erwarten. Die Substanz ist nach 3 Jahren von der Verwendung als Arzneimittel auszuschließen (DAB 7 – DDR).

Beschriftung (BP 63). Das Etikett auf dem Gefäß muß folgende Angaben enthalten:

1. Anzahl der Einheiten pro Milligramm,
2. Art und Weise der Injektion, die bei der Bestimmung der Wirkungsstärke angewandt wurde,
3. Tierart, aus der das Präparat gewonnen wurde,
4. Datum der Herstellung,
5. Verfallsdatum,
6. Lagerbedingungen.

Dosierung (DAB 7 – DDR). Einzelmaximaldosis i.m. 30 I.E., s.c. 30 I.E.; Tagesmaximaldosis: i.m. 150 I.E., i.v. 100 I.E. (Dauerinfusion) s.c. 150 I.E.

Zubereitungen. Corticotropin Injektion, Corticotropin Gelatine Injektion, Corticotropin Zinkhydroxid Injektion.

Handelsformen: ACTH Peptid (Ferring Arzneimittel GmbH, Düsseldorf) Ampullen. – ACTH Peptid prolongatum (Ferring Arzneimittel GmbH, Düsseldorf) Ampullen. – Acortan prolongatum (Ferring Arzneimittel GmbH, Düsseldorf) Ampullen. – ACTH „Schering", ACTH-Depot „Schering" (Schering AG, Berlin 65) Ampullen. – ACTH Uvocal (Dr. Kurt Mulli KG, Hamburg 6) Ampullen. – Acethropan (ACTH „Hoechst") (Farbwerke Hoechst AG, Frankfurt a. M./Höchst) Ampullen. – Depot-Acethropan (Farbwerke Hoechst AG, Frankfurt a. M./Höchst) Ampullen. – Cortiphyson ACTH (Chemische Fabrik Promonta GmbH, Hamburg) Ampullen.

II. Hypophysenzwischenlappen-Hormone

Hormone der Pars intermedia hypophysae

Bei vielen Tieren, besonders bei Amphibien und Fischen ist ein Hypophysenzwischenlappen oder Mittellappen ausgebildet. Beim Menschen ist er wenig ausgeprägt, meist vollkommen verlorengegangen. Die Bildungsstätten des Melanophorenhormons sind speciesabhängig. Ist eine Pars intermedia vorhanden, so wird das Hormon dort gebildet, im übrigen läßt es sich vor allem aus dem Hinterlappen und nur in geringem Maß aus dem Vorderlappen isolieren.

Melanophorenhormon. MSH. *M*elanophore *s*timulating *h*ormone. Intermedin. Chromatophorotropin. Melanophores Hormon. Melanotropin. Pigmenthormon.

Extrakte aus Säugetierhypophysen enthalten zwei verschiedene Substanzen mit MSH-Aktivität: α- und β-MSH. Beide sind Polypeptide mit 13 und 18 Aminosäuren, deren Sequenzen bekannt sind. [Isolierung des α- und β-MSH vgl. Proc. Soc. exp. Biol. (N. Y.) *104,* 290 (1960)]. Wie bei anderen Proteohormonen ist der Aufbau des Hormons bei den verschiedenen Tierarten etwas anders.

Asp—[Glu]—Gly—Pro—Tyr—Lys—Met—Glu—His—Phe—Arg—Try—Gly
1 2
HO—Asp—Lys—Pro—Pro—Ser
18

Zum Beispiel enthält das Hormon des Schweines in der 2-Stellung ein Glutaminsäuremolekül, während das des Rindes dort ein Serinmolekül eingelagert hat [Harris, J. I., u. P. Roos: Nature (Lond.) *178,* 90 (1956). Die Struktur eines Melanozyten stimulierenden Hormons aus der menschlichen Hypophyse: Harris, J. I.: Nature (Lond.) *184,* 167 (1959).

Synthese des α-Melanotropins: GUTTMANN, ST., u. R. A. BOISSOMAS: Helv. chim. Acta *42*, 1257 (1959)].

Das Melanophorenhormon ist maßgeblich am Farbwechsel von Tieren beteiligt, z. B. bei Elritzen an der Bildung des Hochzeitskleides und bei Amphibien bei der Farbanpassung an den Untergrund. Gewöhnlich ist das Melanin der Melanozyten (melaninbildende Zellschicht unter der Epidermis) um den Zellkern in Klumpen angeordnet. Die Froschhaut erscheint dann hell und durchsichtig. Bei Verabreichung von MSH wird das Melanin über die ganzen Zellen verstreut, die Haut wird dadurch undurchsichtig, es kommt zu einer Dunkel- bzw. Andersfärbung der Haut. Auch beim Menschen rufen Injektionen des Hormons innerhalb von 24 Std. Hautverdunkelung hervor. Erst 3 bis 4 Wochen nach der letzten Injektion kehrt die Normalfarbe wieder zurück. Über die Aufgaben des MSH bei den höher organisierten Lebewesen weiß man noch wenig. Wahrscheinlich besitzt es eine Bedeutung im normalen Ablauf der tagesperiodischen Vorgänge im Körper. Die jahresperiodischen Veränderungen in der Keimdrüsentätigkeit der Vögel werden von der jahreszeitlich bedingten Lichtzunahme und -abnahme reguliert. Die Steuerung erfolgt über das Auge und die Hypophyse. Vielleicht hat das MSH eine ähnliche Aufgabe beim Säugetier, Lichtreize auf das endokrine System zu übertragen. Vgl. Handbuch der Biologie, Bd. II, Konstanz: Akad. Verlagsges. Athenaion 1966, S. 105. – KRACHT, J.: Das melanozytenstimulierende Hormon. Dtsch. med. Wschr. *81*, 537 (1956).

Biologische Wertbestimmung. Bezugssystem ist die I.E. des Hinterlappenstandardpulvers. 1 Froscheinheit ist die Menge, die bei Fröschen die nach Aufenthalt auf weißem Grund aufgehellte Rückenhaut eben wahrnehmbar dunkler werden läßt. – 1 Phloxinuseinheit ist die Menge, die bei Elritzen (Phloxinus laevis) nach subcutaner Injektion an Brust- und Bauchflossen-Ansatzstellen eine leuchtendpurpurrote Verfärbung hervorruft.

Handelspräparat. Intermedine (Coates & Cooper, West Drayton, Middlesex): sterile isotonische Lösung in Ampullen zu 1 ml zum Gebrauch als Augentropfen.

Anwendung. Behandlung der Kurzsichtigkeit und Netzhaut-Pigmentdegeneration [Nachr. Ophthalmol. *73*, 35 u. 37 (1960), russ. Ref. Chem. Zbl. *1961*, S. 3715].

III. Hypophysenhinterlappen-Hormone

Gesamtextrakte des Hypophysenhinterlappens (HHL) besitzen 3 gleichstarke Wirkungskomponenten: Sie regen Uteruskontraktionen, besonders im Wehenstadium an, sie erhöhen kurzfristig den Blutdruck durch Kontraktion der peripheren und der Splanchnicusgefäße und verstärken die Darmperistaltik besonders die des Dickdarmes; ferner vermindern sie die Wasserausscheidung und erhöhen den Salzdurchtritt in der Niere. Schon 1923 gelang es ABEL und Mitarb. HHL-Extrakte herzustellen, die bis zu einer Konzentration von 0,001 mg/ml uteruserregend wirkten.

1928 konnten erstmalig KAMM und Mitarb. die Anwesenheit von 2 verschieden wirkenden Stoffen in diesen Extrakten nachweisen: Oxytocin, das nur die Uteruskontraktion anregt und Vasopressin, das die beiden oben noch angeführten Wirkungen besitzt. Die Trennung läßt sich auch in technischem Umfang bis zu einem bestimmten Prozentsatz durchführen.

1949/50 gelang es DU VIGNEAUD und Mitarb. das Oxytocin in reiner Form darzustellen. Die Aufklärung der Strukturformel erfolgte durch DU VIGNEAUD und Mitarb. sowie TUPPY. Die Synthese von Oxytocin gelang DU VIGNEAUD 1953 und die des Vasopressins 1954.

Pituitarium Posterius PI.Ed. I/1. Posterior Pitutary USP XVII. Powdered Pituitary (Posterior Lobe) BPC 63. Pituitrinum siccum. Pulvis partis posterioris glandulae pituitariae Ross. 9. Poudre de Posthypophyse. Poudre de Lobe Postérieur d'Hypophyse, Pulvis posthypophysae CF 65. Hypophysis cerebri pars posterior ÖAB 9. Pituitarium posterius Ph.Ned. 6.

Das Präparat stellt gereinigte, getrocknete und gepulverte Hypophysenhinterlappen von Rindern, Schweinen und Schafen dar.

Gehalt.

	PI.Ed. I/1	USP XVII	BPC 63	ÖAB 9	CF 65
Einheiten je mg	1	1	0,5	1	1

Gewinnung. Die Hypophysenhinterlappen sind gleich nach Tötung der Tiere zu entnehmen und nach bestimmten Verfahren schnellstens zu trocknen oder bis zur Trocknung möglichst an Ort und Stelle sofort einzufrieren.

Eigenschaften. Die Präparate sind leicht gelbliche oder gräuliche, amorphe, sehr hygroskopische Pulver von charakteristischem Geruch. Sie sind nur zum Teil im Wasser löslich.
Wasserlösliche Asche. CF 65: Höchstens 3%.
Wasserunlösliche Asche. CF 65: Höchstens 6%.

Histologie. USP XVII: Hypophysenhinterlappenpräparate enthalten zahlreiche Pituizyten (spez. Form der Neuroglia) mit granuliertem Inhalt und verzweigten Fortsätzen sowie spindelförmige, bipolare Nervenzellen, die sich beide mit Silbernitratlösung (1 : 100) schwarz färben. Weiter finden sich verstreut Bruchstücke von Kapillaren, die noch Erythrozyten enthalten und deren Endothel von einer Mischung gleicher Teile verdünnter Delafields Hämatoxylin-Lsg. (1 in 2) und Eosin-Y-Lsg. (1 : 100) hell purpur gefärbt wird, während sich die Erythrozyten dunkler färben; weiter findet man Fragmente markloser Nervenfasern mit oder ohne aufgetriebenen Enden, deren Axone von der Hämatoxylin-Eosin-Lösung blaß purpur gefärbt werden; Bruchstücke des Zwischenlappens mit kolloid gefüllten Bläschen, verstreut irregulär geformte, hyaline Fragmente von Kolloiden und runde bis polyedrische chromophile und chromophobe Zellen, wobei sich mit obiger Lösung die Kolloide rosa, die Kerne der chromophilen und chromophoben Zellen blau und ihr Zytoplasma rosa anfärben lassen. Dann sind noch irregulär abgeflachte Bruchstücke von Fasergewebe, oval bis sternförmige Bindegewebszellen zu finden sowie granuläre Intercellularsubstanz, die sich in einer Mischung gleicher Teile von Mallorys Stain und Phosphorwolframsäurelsg. (1 : 100) blau bis blaugrün färben. Gelegentlich findet man Amyloidkörper von eiförmiger, sphärischer oder halbmondförmiger Gestalt, die mit Jodwasser eine Tiefpurpurfärbung ergeben.

Delafields Hämatoxylinlösung. USP XVII: Man bereite 400 ml einer gesättigten Lsg. von Ammoniumalaun (*A*). 4 g Hämatoxylin sind in 25 ml Äthanol zu lösen, mit der Lsg. *A* zu mischen und 4 Tage lang in einem mit einem Wattebausch verschlossenen Kolben unter Einwirkung von Licht und Luft stehenzulassen (*B*). Dann filtriere man die Lsg. *B* und füge Lsg. *C* hinzu, die aus einer Mischung von 100 ml Glycerin und 100 ml Methanol besteht. Nach gründlichem Mischen läßt man die Lsg., bis sie sich dunkel färbt, an einem warmen Ort und im Licht 6 Wochen lang stehen. Die fertige Lsg. ist schließlich in gut verschlossenen Flaschen aufzubewahren. Soll sie zum Färben von endokrinen Drüsen verwendet werden, so ist sie mit der gleichen Menge W. zu verdünnen.

Eosin-Y-Lösung. USP XVII: 50 mg Eosin Y sind in 10 ml W. zu lösen.

Mallorys Stain. USP XVII: 500 mg wasserlösliches Anilinblau, 2 g Orange-G. und 2 g Oxalsäure sind in 100 ml W. zu lösen.

Erkennung. BPC 63: Man extrahiere mit einer 0,25%igen (w/v)-Essigsäure, die genügend warm ist, um die Proteine zu koagulieren und die autolytischen Fermente zu zerstören. Filtriere und bringe das pH auf 3 bis 4. Die Lösung entspricht folgenden Prüfungen:

1. Die Lösung ruft am isolierten Säugetieruterus Spontankontraktionen hervor; sie wird in einer Badflüssigkeit, wie sie für die biologische Bestimmung von Oxytocininjektion vorgesehen ist, beigefügt (BPC 63, PI.Ed. I/1). – 2. Die Lösung bewirkt Blutdruckerhöhung an einem vollnarkotisierten oder annarkotisierten und anschließend dekapitierten Säugetier (BPC 63, PI.Ed. I/1, USP XVII). – 3. Die Lösung hemmt nach s.c. Applikation und gleichzeitiger oraler Wassergabe von bestimmtem Volumen die Wasserausscheidung am Tier (BPC 63, USP XVI). – 4. Versetzt man die Lösung mit dem gleichen Vol. 2 n Natronlauge, läßt sie 1 Std. bei Zimmertemperatur stehen und neutralisiert anschließend, geht die Blutdruckwirkung und die Blockierung der Wasserausscheidung verloren. Die Uteruswirksamkeit bleibt bis zu einem Abfall von höchstens 5% gegenüber der ursprünglichen Wirkung erhalten (BPC 63).

Wertbestimmung. Die Bestimmung der Oxytocinwirksamkeit von HHL-Präparaten richtet sich nach den in den jeweiligen Staaten eingeführten Prüfmethoden. Die Methoden fußen auf dem Vergleich der Aktivität eines Präparates mit der des internationalen Standards von Hypophysenhinterlappen. Der Internationale Standard wird von London bezogen, steht jedoch nur in begrenzter Menge zur Verfügung. Es ist daher zweckmäßig und ratsam, einen eigenen Laboratoriumsstandard (Sub-Standard) herzustellen, dessen Wirkungswert erst in einigen Vergleichen mit dem Internationalen Standard ermittelt werden muß.

Internationaler Standard und Einheit. Der Internationale Standard ist ein trockenes mit Aceton extrahiertes und entfettetes Rinderhypophysenhinterlappenpulver. Eine Internationale Einheit (I.E.) entspricht der spezifischen Wirkungsstärke (Oxytocin, antidiuretische oder Blutdruckwirkung), die 0,5 mg des Internationalen Standardpulvers, wenn man nach einem festgelegten Verfahren extrahiert, hervorrufen (PI.Ed. I/1).

Methoden. BP 63 und USP-Methode siehe „Posterior-Pitutary Injection USP XVII".

A. Herstellung von trockenem Hypophysenhinterlappenpulver (Laboratoriumsstandard = Substandard) PI.Ed. I/1, USP XVII, BP 63.

Die Hypophysen werden Rindern gleich nach dem Schlachten entnommen, sofort eingefroren und ins Labor gebracht. Zum Einfrieren verwendet man mit Eis und Salzmischung gefüllte Dewar-Gefäße verschiedener Größe. Der Hinterlappen läßt sich viel leichter abtrennen, wenn die Drüse hart gefroren ist. Die birnenförmigen Hinterlappen werden vom anhängenden Gewebe gesäubert und in Kölbchen mit Aceton – 4 ml je Drüse – gegeben und 3 Std. darin gelassen. Anschließend werden sie in kleine Stückchen geschnitten und in frische Acetonlösung von gleichem Volumen gelegt, worin sie bis zum nächsten Tag bleiben. Die so vorbehandelten Drüsenstückchen trocknet man 5 Std. lang im luftleeren Exsiccator über Phosphorpentoxid oder Calciumchlorid. Anschließend wird das getrocknete Material in einem Mörser fein zerrieben und durch ein Sieb mit 0,315 mm Maschenweite (Sieb Nr. 26 PI.Ed. I/1; Sieb Nr. 44 BP 63) passiert.

Das so erhaltene Pulver wird erneut über Nacht im Vakuumexsiccator getrocknet und danach 3 Std. in einem Soxhlet-Extraktionsapparat mit Aceton extrahiert. Anschließend trocknet man noch einmal über Nacht im gleichen Exsiccator über Phosphorpentoxid. Dieses so behandelte Pulver hält sich am besten in verschlossenen Ampullen oder im Exsiccator über Phosphorpentoxid. Vor Gebrauch muß seine Wirksamkeit mit der des Internationalen Standards in mehreren Versuchen an isolierten Uterushörnern einiger Tiere (mindestens 5) verglichen und so die I.E. je Milligramm Pulver ermittelt werden.

B. Herstellung eines Extraktes aus dem Internationalen Standardpulver oder aus dem Laboratoriumsstandard (Substandard) ÖAB 9, PI.Ed. I/1.

Man bringt schnell eine Menge von mindestens 10 mg (besser 50 mg) des Standardpulvers in ein Wägeglas, verschließt rasch und wägt die Menge auf einer analytischen Waage. Die Verwendung eines Uhrglases ist wegen der Hygroskopizität des Pulvers untersagt. Wird der Standard in einem Exsiccator aufbewahrt, so muß vor Öffnung desselben langsam Luft, die mindestens durch 3 mit konz. Schwefelsäure halb gefüllte Waschflaschen streicht, eingelassen werden. Nach Wägung spült man das Pulver mit 0,25%iger Essigsäure (1 ml Essigsäure für 1 mg Pulver) in ein trockenes Reagensglas – alkaliarmes Glas oder in ein Hartglasgefäß – und verschließt es mit einem Wattebausch. Das Glasgefäß wird für 5 Min. – Burn u. Mitarb. geben 2 Min. an – in ein bereits gut siedendes Wasserbad gebracht, anschließend unter fließendem kaltem Wasser rasch abgekühlt und außen abgetrocknet. Der Inhalt wird durch ein trockenes Papierfilter in ein anderes Reagensglas bzw. Glasgefäß gegossen. Das Filtrat stellt so einen Auszug des Internationalen Standardpulvers oder eines Substandardpulvers mit einer Wirkungskomponente von 2 I.E. je Milliliter dar oder ist 2 I.E. je Milliliter äquivalent. Dieser wäßrige Internationale Standard bzw. Substandard wird im Verhältnis 1 zu 10 abermals mit 0,25%iger Essigsäure verdünnt. Das verdünnte Filtrat verteilt man in kleinen Portionen in Reagensgläser, verschließt diese mit je einem Wattebausch und „sterilisiert" sie 2 Min. in einem kochenden Wasserbad. Nach Abkühlen werden die Gläser im Eisschrank bei 0° aufbewahrt. Die Wirksamkeit der Lösung bleibt bis zu 6 Monaten voll erhalten, wenn der Wattebausch vom Reagensglas nicht entfernt wird. Die volle Wirksamkeit bleibt bis zu 2 Jahren erhalten, wenn die Lösung nicht in Reagensgläsern, sondern mit einem Konservierungsmittel versehen in Ampullen gefüllt, rasch verschlossen und unter oben angegebenen Bedingungen sterilisiert, im Eisschrank gelagert wird; Jap. 61 gibt 36 Monate an. Nach Ablauf von 6 Monaten ist der Reagensglasstandard zu verwerfen. Der Ampullenstandard ist jährlich – falls eine größere Anzahl von Ampullen hergestellt wurde – mit einem aus dem Internationalen Standard frisch hergestellten Extrakt wie oben beschrieben auf die volle Wirksamkeit zu überprüfen.

C. Vorgeschlagene Einzelheiten zur Auswertungsmethode ÖAB 9 und BP 63.

1. Oxytocinauswertung. Für den Test werden weibliche Ratten im Gewicht von 120 bis 200 g verwendet, die sich im Stadium des Proöstrus oder frühen Östrus befinden. In anderen Zyklusphasen zeigen die Uteri sehr oft starke Spontankontraktionen, die eine exakte Auswertung stören. Die weiblichen Tiere sollen vor dem Versuch längere Zeit von den männlichen getrennt gehalten werden. Das Zyklusstadium wird kurz vor dem Versuch mikroskopisch im Scheidenabstrich ermittelt. Das so gewählte Tier tötet man mit Nackenschlag,

entblutet es und präpariert die Uterushörner sorgfältig frei. Ein Horn wird in die mit Nährlösung gefüllte Versuchsapparatur eingehängt, das andere in gleicher Lösung in einer Schale im Kühlschrank bis zum nächsten Tag zur Weiterverwendung aufbewahrt. Die Zusammensetzung der Lösung ist wie folgt (BP 63):

Natriumchlorid	9,0 g
Kaliumchlorid	0,42 g
Calciumchlorid wasserfrei	0,12 g
Natriumhydrogencarbonat	0,5 g
Dextrose	0,25 g
Magnesiumchlorid	0,0025 g
Aqua bidest. (frei von Schwermetallionen)	1000 ml

Die für den Versuch verwendete Magnusapparatur besteht aus einem Glaszylindergefäß von 10 bis 50 ml Inhalt (Organbad) mit einem Glashäkchen am Boden und aus einem auf 32° konstant gehaltenen Wasserbad, in welchem das Zylindergefäß montiert ist. Die im Organbad befindliche Lösung muß ständig, aber langsam mit einem Sauerstoffgemisch (95% Sauerstoff, 5% Kohlendioxid) möglichst feinblasig durchperlt werden. Man kann auch gewöhnliche Luft dazu verwenden. In das Glashäkchen am Boden des Zylinders hängt man das eine Ende des Uterushornes mittels einer Fadenanschlußklemme, das andere Ende verbindet man auf gleiche Art über einen Faden mit einem Schreibhebel.

Die Kontraktionen des Uterushornes können nun mit dem Schreibhebel auf einer berußten Trommel eines langsamlaufenden Kymographions aufgezeichnet werden. Die Wertbestimmung fußt auf dem Vergleich von je 2 Dosen Standardlösung und je 2 Dosen der Lösung des zu prüfenden Präparates. Dabei müssen der logarithmische Dosenabstand und die Injektionsvolumina beim Standard und beim Prüfpräparat gleich sein. Die höhere Dosis muß so gewählt werden, daß sie gegenüber der niedrigeren eine stärkere Reaktion hervorruft. Günstige Dosenverhältnisse sind 4 : 3, 3 : 2 oder 8 : 5. Nicht gewählt werden sollten die Dosen 2 : 1 oder darüber. Die Ergebnisse werden sonst zu ungenau. Auch dürfen die durch die Dosen ausgelösten Kontraktionshöhen nicht weniger als 10% und nicht mehr als 70% der maximalen Kontraktion des Organs betragen. Je größer der Wirkungsunterschied zwischen hoher und niedriger Dosis ist, um so genauer wird das Versuchsergebnis.

In einem Vorversuch sucht man sich annähernd wirkungsgleiche Kontraktionshöhen für den Standard und für das zu prüfende Präparat in einem der oben angegebenen Verhältnisse und ermittelt die Dosis für die maximale Kontraktion. Die Einwirkungszeit jeder Dosis auf das Organ beträgt 45 Sek., der zeitliche Abstand zwischen den Injektionen in der Regel 3 Min. Bei Auftreten von Spontankontraktionen wird das Wasserbad bis auf 28° gesenkt. Führt diese Maßnahme nicht zum Erfolg, ist das Uterushorn zu verwerfen, desgleichen unempfindliche Uteri.

Für eine exakte Auswertung benötigt man mindestens 4 Blöcke, wobei 1 Block 2 Standard- und 2 Versuchspräparatdosen einschließt. Die Wahl der Blöcke (Reihenfolge) ist jedem einzelnen überlassen, soll aber dann nach Festlegung bei weiteren Testungen beibehalten werden. Beispiel von Blöcken: S II, S I, U II, U I; S I, U I, S II, U II; U II, S II, U I, S I; U I, S I, U II, S II oder ähnlich, wobei S I = Standard niedriger Dosis, S II = Standard höherer Dosis, U I = Unbekannte niedriger Dosis, U II = Unbekannte höherer Dosis darstellen.

Für die Errechnung der Versuchsergebnisse müssen die einzelnen Kontraktionshöhen in Millimeter gemessen und die Mittelwerte von S I, S II und U I, U II aus den 4 Blöcken errechnet werden.

Beispiel:

Block	Kontraktionshöhe je Dose in mm			
	S I	S II	U I	U II
1	20	21	21	36
2	14	42	17	41
3	16	32	16	34
4	14	33	18	33
Summe	64	128	72	144
Mittelwerte	16	32	18	36

Bezeichnung der Mittelwerte mit S 1, S 2, U 1, U 2.

Die weitere Auswertung stützt sich auf die Voraussetzung, daß die Beziehung zwischen dem Logarithmus der Dosis und der Wirkung innerhalb des Dosenbereiches linear verläuft.

Der Logarithmus des Wirkungsverhältnisses (M) wird nach folgender Formel berechnet:

$$M = \frac{I \cdot (U2 + U1 - S2 - S1)}{S2 - U2 - S1 - U1}.$$

I = Logarithmus des Dosenabstandes, in vorliegendem Fall als angenommenes Beispiel 4 : 3; Logarithmus 4 : 3 = 0,125.

In diesem Beispiel ist dann nach der oben genannten Formel

$$M = \frac{0{,}125 \cdot (36 + 18 - 32 - 16)}{32 + 36 - 16 - 18} = \frac{0{,}125 \cdot 6}{34} = 0{,}022.$$

Daher ist R (Wirkungsverhältnis) gleich antilog M. Antilog M von 0,022 = 1,05.

Wurde der Standard 1 : 100 (1 ml = 0,02 I.E.) und die Unbekannte 1 : 60 verdünnt, so ist die Wirkungsstärke der Unbekannten

$$\frac{U}{60} = 1{,}05 \cdot 0{,}02, \quad U = 1{,}26 \text{ I.E.}$$

Dies ist eine Kurzmethode nach dem ÖAB 9, die sich gut bewährt hat. Soll die Parallelität der Regressionslinien und der Streuungsbereich des Wirkungsverhältnisses errechnet werden, so kann dies nach der BP 63 erfolgen.

Andere internationale Prüfmethoden. Blutdrucksenkung am Huhn nach USP XVII, Blutdrucksenkung am Hahn nach BP 63, als 2. Methode angeführt und Uteruswirksamkeit am isolierten Meerschweinchenuterus PI.Ed. I/1 Anlage 27 (Bemerkung: Mit Uterushörnern von 3 bis 7 Tage alten, weiblichen Meerschweinchen sind exaktere Ergebnisse zu erzielen. Fehlergrenze bei einem einzelnen Versuch nur bei ± 15%).

Fehlergrenze. Die Fehlergrenze nach BP 63 (P = 0,95) einer einfachen Methode der Wirksamkeit, getestet am Rattenuterus, liegt zwischen 80 und 120% (± 20%); nach PI.Ed. I/1 (P = 0,99) zwischen 80 und 120% (± 20); nach USP XVII zwischen 85 und 120% (— 15 + 20%); nach Nord. 63 zwischen 80 und 125% (— 20 + 25%).

2. Antidiuretische Wirkung. Man nimmt 16 männliche, annähernd gewichtsgleiche Ratten zwischen 120 und 240 g und setzt sie über Nacht auf Hunger. Weibliche Ratten schwanken stärker im Versuchsergebnis, daher ungeeignet. Den Ratten gibt man durch eine Magensonde 5 ml auf Zimmertemperatur angewärmtes Wasser pro 100 g Körpergewicht. 8 Ratten erhalten gleich danach eine geeignete Dosis des Standardpräparates (z.B. 0,006 I.E.) in 0,2 ml Flüssigkeit pro 100 g Tier subcutan. Die restlichen 8 Ratten bekommen das zu prüfende Präparat in physiologischer Kochsalzlösung von gleichem Volumen pro 100 g Tier in einer Konzentration, die erwartungsgemäß der Verdünnung des Standards äquivalent ist.

Die Ratten werden in 4 Gruppen in nach unten trichterförmig verlaufende Käfige aus Kunststoff gesetzt und der Urin in daruntersteheriden Meßzylindern aufgefangen. Der Boden der Käfige besteht aus feinmaschigem Drahtgeflecht. Die Zeit der Verabreichung des Wassers und der Injektion des Präparates wird notiert. Ferner wird die Zeit und Menge der ersten Urinabgabe für jeden Käfig aufgeschrieben. Von diesem Zeitpunkt ausgehend wird in Abständen von 15 Min. das Volumen gemessen. In der Regel hört 3 bis 4 Std. nach Versuchsbeginn die Urinausscheidung ganz oder zum größten Teil auf. Die Beobachtungen werden daraufhin abgebrochen und die Zeiten notiert. Nunmehr stellt man das ausgeschiedene Gesamtvolumen vom Urin für jede Gruppe fest und den Zeitpunkt, an dem die Hälfte ausgeschieden war. Der Abstand von der Verabreichung des Wassers bis zu diesem Zeitpunkt wird in Minuten ausgedrückt.

Die Ratten kommen in die Tierhaltungskäfige zurück und werden gefüttert. Frühestens nach 24 Std. wird der Versuch an den gleichen Tieren unter gleichen Bedingungen im Kreuztest wiederholt, d.h. die Achter-Gruppe, die vorher den Standard erhalten hatte, bekommt jetzt das zu prüfende Präparat.

Aus den Ergebnissen der 2 Versuchsteile erhält man die Werte der mittleren Zeiten zwischen der Verabreichung von Wasser und dem Zeitpunkt der Ausscheidung der halben Urinmenge von beiden Gruppen. Diese mittleren Zeiten müssen, falls der Versuch in Ordnung ist, zwischen 135 und 175 Min. liegen. Sind die Werte für das Standardpräparat dem des zu prüfenden Präparates gleich zu setzen, dann erhält das injizierte Volumen vom Prüfpräparat die gleiche Anzahl I.E. wie der Standard bezogen auf 100 g Körpergewicht.

Werden verschiedene Zeiten gefunden, so kann die Wirksamkeit der Prüfsubstanz aus einer vorher vom Standard aufgestellten Kurve ermittelt werden. Diese Kurve drückt das

Verhältnis der injizierten Menge zur Ausscheidungszeit des halben Gesamtvolumens aus. Beispielsweise können in der Kurve folgende Werte aufgetragen sein:

Dosis I.E./100 mg	Zeit der Ausscheidung der Hälfte des Ges.-Vol. (Min.)
0,004	140
0,006	156,5
0,008	166
0,012	180,5

Wenn nun nach diesem Beispiel die Ausscheidungszeit der halben Gesamturinmenge vom Versuchspräparat bei einer Dosierung von 0,0006 ml pro 100 g/Ratte bei 166 Min. und die des Standards bei der Dosierung von 0,006 I.E. pro 100 g/Ratte bei 140 Min. liegt, so verhält sich die Wirksamkeit des Versuchspräparates zum Standard nach angegebener Tabelle wie 0,008 zu 0,004 oder wie 2 : 1. Das Prüfungspräparat ist demnach doppelt so wirksam wie der Standard. 0,0006 ml Prüfpräparat enthält somit 2mal 0,006 I.E. Standard. Die Wirksamkeit des zu untersuchenden Präparates beträgt demnach 20 I.E. pro Milliliter (PI.Ed. I/1, Anlage 27).

Fehlergrenze. Wegen den zur Zeit noch ungenügenden Unterlagen ist noch keine bestimmte Fehlergrenze anzugeben. Burn (1950) gibt 23% bei einer relativ geringen Anzahl von Versuchen an.

3. Blutdruckwirkung. Eine ausgewachsene, gesunde Katze wird mit einem Narcoticum narkotisiert und eine Trachealkanüle eingebunden. Anschließend dekapitiert man das Tier blutig (Durchtrennung des Rückenmarkes in Höhe des zweiten Halswirbels) oder unblutig mittels Injektion von 0,2 bis 0,3 ml einer 30%igen Trichloressigsäure durch das Foramen occipitale magnum in die Medulla oblongata. Die Atmung sistiert sofort, sie muß durch künstliche Beatmung über die Trachealkanüle aufrechterhalten werden. In eine der beiden Beinvenen (Vena Femoralis) bindet man zur Injektion des Standards und Prüfpräparats eine Flügelkanüle ein. In eine freipräparierte Arteria Carotis communis wird eine entsprechend dicke, stumpfe Kanüle eingeführt, ein geeigneter Gummischlauch darüber gestülpt und so die Verbindung mit einem Quecksilbermanometer hergestellt. Das Manometer zeichnet die Blutdruckschwankungen auf einem Kymographion auf. Der Anfangsdruck soll konstant sein und zwischen 50 und 100 Torr liegen. Bis zum Einpendeln des Blutdruckes auf die konstante Höhe wird am so vorbereiteten Prüftier, das auf einem Wärmetisch liegt, kein Versuch vorgenommen. Dann injiziert man durch die Beinvene 0,05 bis 0,1 I.E. des Standards, spült stets mit auf Zimmertemperatur erwärmter physiologischer Kochsalzlösung (0,5 ml) nach und beobachtet den Blutdruckanstieg. In der Regel erzeugt diese Menge einen Druckanstieg von 20 bis 30 Torr. Die nächste Injektion kann erst erfolgen, wenn sich der Blutdruck wieder auf die Ausgangsbasis eingestellt hat. In der Regel dauert das 25 bis 30 Min. Es kann auch vorkommen, daß sich der Blutdruck erst zu einem späteren Zeitpunkt wieder auf das Ausgangsniveau einspielt (bis zu 1 Std.).

Die Injektion von gleichem Volumen Kochsalzlösung als Kontrolle darf keinen Blutdruckanstieg erzeugen. Die gewählte Injektionsmenge von Standard muß so gehalten werden, daß nicht der maximale Blutdruckanstieg erreicht wird.

Man gibt nun abwechselnd Dosen vom Standard und solche vom Prüfpräparat. Dabei soll die Standarddosis konstant bleiben, die vom Prüfpräparat so lange variiert werden, bis die Wirkung vom Versuchspräparat gleich der des Standards ist. Das Ergebnis wird aus dem Mittel der Dosis der Prüflösung errechnet, die gerade noch einen etwas größeren bzw. etwas kleineren Effekt als die des Standards auslösen. Empfohlen wird für die Injektion das Schema: Standard – Prüfpräparat; Prüfpräparat – Standard (PI.Ed. I/1, Anlage 27).

Die Wirkung wird in I.E. pro Milliliter angegeben.

Fehlergrenzen können wegen zu geringer Zahl an Versuchen noch nicht bestimmt werden (PI.Ed. I/1). Nach jahrelangen Auswertungserfahrungen des Autors mit dieser Methode liegt die Fehlergrenze bei $\pm$ 15%.

Aufbewahrung. Hypophysenhinterlappenpräparate sind in gut verschlossenen Gefäßen bei Temperaturen nicht über 30° aufzubewahren (PI.Ed. I/1, USP XVII, BPC 63).

Oxytocin (INN).

Oxytocin ist das aus Hypophysenhinterlappen von gesunden Haustieren gewonnene Hormon mit annähernd reiner oxytocischer Komponente. M.G. etwa 1000, IP bei pH 7,7. Trypsin und Tyrosinase zerstören die Aktivität, Pepsin ist ohne Wirkung.

Oxytocin ist das erste Proteohormon, dessen Strukturformel durch die gelungene Synthese vollständig geklärt werden konnte. Nach V. Du Vigneaud und Mitarb. [J. Amer.

chem. Soc. *75*, 4870 (1953), ref. Mercks J. B. 53] besitzt Oxytocin folgende Strukturformel:

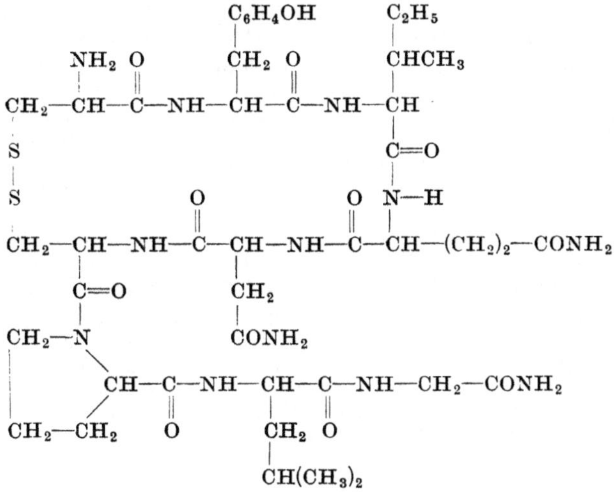

Oxytocin

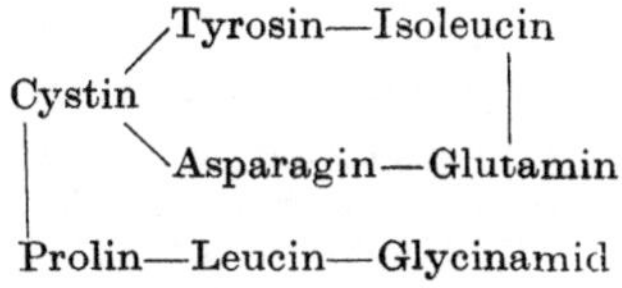

Oxytocin (schematische Formel)

Am Aufbau sind wie in der chemischen und schematischen Formel ersichtlich 8 Aminosäuren beteiligt.

Vasopressin.

Vasopressin ist ein Proteohormon, das sich nach V. Du Vigneaud vom Oxytocin im Aufbau der Strukturformel nur durch den Ersatz des Leucins und des Isoleucins durch Phenylalanin und Arginin bzw. Phenylalanin und Lysin – je nach Herkunft, ob vom Rind oder Schwein – unterscheidet (ref. Mercks J. B. 53). Der isoelektrische Punkt liegt um pH 10,3. Die Wirksamkeit wird durch Tyrosinase und Pepsin zerstört, Arginase ist ohne Einfluß.

Isolierung. Vorfraktionierung nach Kamm. Ein essigsaurer Extrakt aus mit Aceton getrocknetem HHL von Rindern oder Schweinen wird mit Ammonsulfat gefällt, das Sediment mit Essigsäure extrahiert und die Lösung wieder durch Äther, Petroläther und Aceton gefällt. Durch wiederholtes Auflösen und Wiederausfällen wird das Vasopressin in den Niederschlägen, das Oxytocin in der Mutterlauge angereichert. Die Reindarstellung des Oxytocins gelingt durch wiederholte Gegenstromverteilung zwischen Isobutanol und 0,05% Essigsäure, die des Vasopressins durch Gegenstromverteilung zwischen Butanol und wäßriger Toluolsulfosäure.

Die Annahme, daß Vasopressin und der „Antidiuresestoff" identisch sind, konnte in letzter Zeit durch verschiedene Veröffentlichungen mit synthetischem Vasopressin nicht bestätigt werden. Die Mehrzahl der synthetisierten Vasopressine zeigt im Vergleich zum Standardpräparat bei starker Pressorwirkung eine geringere antidiuretische Wirkung [Guhl, U.: Schweiz. med. Wschr. *91*, 798 (1961); Sawyer, W. H.: Endocrinology *63*, 694 (1958); Schmidt, L., W. Bernauer u. H. Menzel: Arzneimittel-Forsch. *12*, 1019 (1962); Vogel, G., u. J. Hergott: Arzneimittel-Forsch. *13*, 415 (1963)].

Reines Vasopressin besitzt eine gewisse eigenständige oxytocische Wirkung. 100 I.E. Vasopressin erzeugen am isol. Uterus oder am Blutdruck vom Huhn die oxytocische Wirkung von 0,1 bis 1 I.E.

Handelsformen der HHL-Präparate:

I. Gesamtinhaltsstoffe. Hypophysin (Farbwerke Hoechst AG, Frankfurt a. M./Höchst): 3 I.E. u. 10 I.E./ml. – Physormon (Promonta, Hamburg): Schnupfpulver 1 g = 100 V.E. (Voegtlin-Einh.). – Pituigan (Dr. Georg Hennig, Berlin-Tempelhof): 3 V.E. u. 6.V.E./ml, Schnupfpulver, 0,05 g = 30 V.E. – Hypophysis cerebri (Chem. Pharmaceut. Präparate Lakwitz GmbH, Gefrees über Bayreuth): Dragees zu 0,1 g. – Hyphibion (Klinge & Co., München): Tropfen perlingual. – Pituitrin (Hypophysin 10 U.E.) (Parke & Davis, Milano, Laimate, Ital.). – Timoneuren (Hypophysi posteriore) (Dessy, Firenze, Via San Domenico 107 bis 109 Ital.). – Estracto de Hipofisis Lobulo (Inorp, Buenos Aires, Argentinien). – Pituitrin (Hypophysin 10 U.E./ml) (Parke & Davis, Detroit, Michigan, USA). – Cyamal (Posterior Pituitary Solution 20 USP/ml) (National Laboratories Corp. Kansas City, USA).

II. Oxytocinpräparate. Orasthin (Farbwerke Hoechst AG, Frankfurt a. M./Höchst): synthetisches Oxytocin, 3 I.E. und 10 I. E./ml. – Oxytocin „Horm" (Hormonchemie Dr. L. Rammler, München-Freimann): 3 V.E. u. 10 V.E./ml. – Syntocinon „Sandoz" (Sandoz AG, Nürnberg): synthetisches Oxytocin, 3 I.E. u. 10 I.E. – Oxytocin (Cosma – Brescia, Via Soferino 28 A, Ital.). – Syntocinon (Sandoz, Milano Piazza Michele Cappelli 6, Ital.). – Uteracon (Oxytocic Principle Synthetic 20 USP/ml) (National Laboratories Corp. Kansas City, USA).

III. Vasopressinpräparate. Tonephin (Farbwerke Hoechst AG, Frankfurt a. M./ Höchst): Lösung, 5 I.E./ml, Pulver (1 g = 25 I.E.). – Pitocin (Parke & Daris, Milano Laimate, Ital.): 10 U.E. – Pitocin (10 U.E./ml) (Parke & Daris, Detroit, Michigan, USA).

Literatur: Abel, J. J. u. Mitarb.: J. Pharmakol. *22*, 289 (1923). – Kamm, O. u. Mitarb.: J. Amer. chem. Soc. *50*, 573 (1928). – Du Vigneaud, V. u. Mitarb.: J. Amer. chem. Soc. *75*, 4879 (1953); *75*, 4880 (1953). – Burn, J. H.: Biological Standardization, 2. Aufl., London/New York/Toronto: Geoffrey Cumberlege, Oxford University Press 1950; Biolog. Auswertungsmethoden, Berlin: Springer 1937. – Du Vigneaud, V. u. Mitarb.: J. biol. Chem. *200*, 559–564 (1953); *204*, 871–875 (1953); *206*, 353–360 (1954); J. Amer. chem. Soc. *76*, 3107–3121 (1954); *76*, 4751–4752 (1954); *75*, 4879 (1953).

IV. Schilddrüsen-Hormone

In der phylogenetischen Entwicklung geht die Schilddrüse aus einer Verdauungsdrüse hervor, die einen Ausführungsgang besaß. Im Verlaufe der Entwicklung ging diese Funktion offenbar verloren. Dabei bildete sich der Ausführungsgang zurück. Auch in der Ontogenese des Menschen spiegelt sich diese Entwicklung wieder. Eine Schilddrüse ist bei allen Wirbeltieren, sowohl bei Warm- wie Kaltblütern, vorhanden. Ihre Funktion besteht durch das von ihr produzierte Hormon in der Regulierung der Stoffwechselgeschwindigkeit sowie des Wachstums. Bei einigen Kaltblüterarten spielt sie außerdem eine entscheidende Rolle bei der Metamorphose. Schwere Krankheiten entstehen bei Hypo- bzw. Hyperfunktion der Drüse. Sie können durch Verabreichung von entsprechenden Präparaten therapeutisch beeinflußt oder sogar behoben werden.

Eine Unterfunktion der Drüse durch erworbene Schäden oder angeborene Unterentwicklung verursacht beim Menschen entsprechend dem Grade der Drüsenschädigung eine Einschränkung sämtlicher Stoffwechselprozesse. Eng damit verbunden ist eine starke Verminderung der körperlichen und geistigen Aktions- und Reaktionsfähigkeit. Das Wachstum des Gehirns und der Knochen, besonders an den Epiphysenenden, ist gestört. In der Subcutis sind durch Einlagerung von Mucopolysacchariden und Mucoproteiden teigige Ödeme vor allem in der Gesichts- und Halspartie sowie an den distalen Teilen der Extremitäten zu finden (Myxödem). Klinisch fehlen bei diesem Ödem die sonst typischen Dellenbildungen, wie sie bei dem renalen oder kardialen Ödem grundsätzlich vorhanden sind (siehe Rein/Schneider).

In manchen Gegenden, vor allem in Gebirgen, in denen infolge Jodmangels im Wasser oder durch unhygienisches Trinkwasser (u. a. Verunreinigung durch Urochrom) Kropf gehäuft vorkommt, findet sich eine typische Wachstumsstörung im Kindesalter, die als Kretinismus bezeichnet wird. Offenbar ist in diesen Fällen bereits eine irreversible Schilddrüsenschädigung in der intrauterinen Entwicklung des Kindes (Feten) eingetreten. Auch das Gehirn kann aufs schwerste geschädigt werden (Oligophrenie). Des öfteren sind bei der Geburt diese Störungen noch nicht völlig vorhanden, da das mütterliche Hormon den Ausfall kompensieren kann. Bei Fehlen der Schilddrüse tritt stets der Tod vor Erreichung des zweiten Lebensjahres ein. Ausfallserscheinungen von seiten der Drüse können ärztlicherseits behoben werden, nicht aber die im Fetalleben gesetzten Dauerschäden. Entscheidende Maßnahmen müssen daher in solchen Gegenden bei schwangeren Müttern durchgeführt werden (Jodgaben, hygienisches Trinkwasser, Lichtverhältnisse usw.) (siehe Rein/Schneider, Thannhauser).

Eine Überfunktion der Drüse findet sich bei der Basedowschen Krankheit mit folgenden Symptomen[1]: Erhöhung der Pulsfrequenz, des Grundumsatzes und des Herzminutenvolumens. Es besteht bei den Patienten eine gesteigerte nervöse Reizbarkeit mit Tremor an Händen, Hervortreten der Augäpfel (Exophthalmus) und eine Vergrößerung der Schilddrüse (Kropfbildung). Als Ursache der Überfunktion scheint nach dem Stand der neuesten Forschungen eine erhebliche Belastung des Systems Hypothalamus – Hypophyse – Schilddrüse in Frage zu kommen. Auf diese Weise ist es zu erklären, daß die Basedowsche Krankheit in kalten Gegenden weit häufiger auftritt als in warmen, auch in jodreichen Gegenden (Rein/Schneider).

Die Bildung und Abgabe des Schilddrüsenhormons wird vom thyreotropen Hormon des Hypophysenvorderlappens (HVL), dem Thyreotropin (TSH), gesteuert (siehe Hypophysenvorderlappen-Hormonpräparate, S. 56). Thyreotropin reguliert die Jodspeicherung in der Schilddrüse und die Synthese von Tri- und Tetrajodthyronin. Weiter beschleunigt es den Abbau des gebildeten Thyreoglobulins und erhöht die Ausschüttung des Schilddrüsenhormons in Blut und Gewebe.

Durch diese Regelung wird im Normalfall bei der Thyroxinbildung und -ausschüttung ein bestimmtes Maß nicht über- oder unterschritten. Reize zur Bildung und Ausschüttung von TSH bekommt die Hypophyse (HVL) von den vegetativen Zentren des Hypothalamus. Durch Überbelastung dieser Zentren können Dauerimpulse gegeben werden, die schließlich zur Dauerproduktion und -ausschüttung von Schilddrüsenhormon, verbunden mit Überforderung der Drüse und anschließender Hypertrophie führen kann (siehe Rein/Schneider).

Mit dem thyreotropen Hormon wird vom HVL eine Substanz produziert und ausgeschüttet, die sich vom TSH trennen läßt, deren eigentliche Funktion noch nicht bekannt ist. Bei deren übermäßiger Ausschüttung kommt es im Körper zu einer eigenartigen Fettablagerung in der Augenmuskulatur, der Orbita und des Herzmuskels. Es kommt zur Verdrängung des Augenbulbus, zum Exophthalmus mit Hebung der Oberlider bei gleichzeitiger Schwächung der Muskulatur und zur Herzschwäche. Die Substanz wird vorläufig Exophthalmus produzierende Substanz genannt (EPS) (siehe Rein/Schneider). Durch Experimente am Tier kann das Vorhandensein dieser Substanz nachgewiesen werden. Exophthalmus läßt sich auch medikamentös durch längere Blockierung der Schilddrüsentätigkeit hervorrufen bei der regulativ vermehrt Hypophysenhormon gebildet wird (siehe Rein/Schneider, Leuthardt).

Eine gewisse Wechselbeziehung findet man auch zwischen Schilddrüsen- und Wachstumshormonen (Somatotropin). Schilddrüsentotalentfernung ist mit einem Wachstumsstillstand verbunden (Kocher, 1883). Orale Gaben von rohen oder leicht angekochten Drüsen (Howitz, Fox 1892), getrocknetem Pulver und Drüsenextrakten (Murray, 1891) oder Thyroxin (Harrington und Barger 1927) vermögen die Ausfallserscheinungen zu kompensieren. Demnach regt Thyroxin (Schilddrüsenhormone) die Bildung und Ausschüttung des Wachstumshormons im HVL an. Umgekehrt verliert Thyroxin nach Exstirpation der Hypophyse seine Wachstumswirkung. Hypophysektomierte Tiere wachsen nur dann, wenn gleichzeitig mit dem Thyroxin Somatotropin verabreicht wird (Rein/Schneider).

Eine Schilddrüsenvergrößerung ist nicht immer die Folge einer gesteigerten Hormonproduktion. Echte Kropfbildung setzt ein, wenn durch ungenügende Jodzufuhr, durch unhygienische Lebensführung oder einseitige Ernährung (Kohl) die Drüse mit ihrem vorhandenen Gewebe nicht mehr in der Lage ist, einen ausreichenden Thyroxinspiegel im Körper aufrechtzuerhalten und somit einer dauernden Antreibung durch TSH des HVL ausgesetzt ist. Sie wird gezwungen, vermehrt Follikel zu bilden und es kommt somit zur Hypertrophie der Drüse. Auf diese Weise kann vorübergehend eine gewisse Kompensation erreicht werden. Ist die Drüse weiterhin der Belastung ausgesetzt, kommt es zur völligen Erschöpfung und zur Unfähigkeit überhaupt noch Hormone zu produzieren (Rein/Schneider). Letztlich ist die Entstehung des Kropfes noch immer nicht geklärt.

[1] Merseburger Trias: Exophthalmus, Schilddrüsenvergrößerung und Pulsbeschleunigung.

Bei Amphibien ist das Schilddrüsenhormon für die Metamorphose von entscheidender Bedeutung. Exogene Hormonzufuhr beschleunigt bei Kaulquappen die Entwicklung zu Fröschen. Die Anregung der Metamorphose wurde verschiedentlich als Test für die biologische Auswertung von Schilddrüsenpräparaten verwendet. Des Interesses halber sei erwähnt, daß hierzu auch der Axolotl verwendet wurde, der durch Schilddrüsenzufuhr in eine Landform verwandelt wird.

Die Schilddrüse besitzt die Fähigkeit, Jodidionen mit Hilfe aktiver Transportvorgänge durch die Membran gegen ein Konzentrationsgefälle aufzunehmen und im Epithel (Jodination nach SALTER) zu speichern. Dieser Vorgang kann nach Applikation von radioaktivem ^{131}J in Spurendosen eindrucksvoll demonstriert werden. An dem Speicherungsvorgang ist ein Ferment, die Jodinase, beteiligt. In einem 2. Schritt wird das Jodid zu Jod oxydiert (Jodisation), das mit dem Thyrosinrest des Drüseneiweißes zu jodhaltigen Produkten weiterreagiert. Dieser Vorgang wird durch ein Ferment, die Perjodase, ausgelöst, die wahrscheinlich mit der Cytochromoxydase identisch ist. Es werden nacheinander Monojodtyrosin, Dijodtyrosin, dann Trijodthyronin (GROSS u. Mitarb., 1952; ASPER u. Mitarb., 1953) und schließlich Tetrajodthyronin gebildet und an Eiweiß gebunden (Thyreoglobulin) gespeichert, um im Bedarfsfall hydrolytisch wieder abgebaut zu werden. Das bei diesem Prozeß (Bedarfsfall) freiwerdende Mono- und Dijodtyrosin kann durch eine Dehalogenase an Ort und Stelle dejodiert werden. Das so freigewordene Jod findet dann zu anderen Vorgängen Verwendung. Tri- und Tetrajodthyronin werden dabei nicht angegriffen und in die Blutbahn abgegeben. Der Transport im Blut erfolgt unter lockerer Bindung an das Plasmaeiweiß (TAUROG u. CHAIKOFF, 1947), an ein spezifisches α-Globulin. Die Bindung des Trijodthyronins scheint aber sehr locker zu sein, so daß es auf dem Transport rasch in die Zellen, wo es gebraucht wird, eindringen und zur Wirkung kommen kann (GROSS u. Mitarb., 1952 bis 1953). Die Bestimmung des eiweißgebundenen Jods im Blut ist deshalb zu einer wichtigen Nachweismethode geworden, um die Menge des zirkulierenden Schilddrüsenhormons erfassen und beurteilen zu können. Bei der Hormonbildung und -abgabe handelt es sich also um eine Reihe hintereinander geschalteter fermentativer Prozesse, die weitgehend vom Hypophysenvorderlappen gesteuert werden und die einzeln oder zusammen hemmbar sind (Thiouracilgruppe, Perchlorat, Thiocyanat).

Thyreoglobulin.

Thyreoglobulin ist das Proteid, welches das für die Drüse charakteristische „Kolloid" bildet. GRAP (1933), MCCLENDON sowie BEHRENS gewannen das reine Schilddrüsenkolloid, das ein Molekulargewicht von 650000 bis 680000 hat. Der IP liegt bei pH 4,6. Nach den neuesten Forschungen handelt es sich um ein dissoziables Protein, das in 4 Formen, wie oben angegeben, mit verschiedener Molekülgröße vorliegt. Als Protein kann es nicht unverändert, sondern erst nach Abbau in das Blut abgegeben werden. Somit stellt es ein Depot für das Thyreoideahormon dar (LEUTHARDT). Das im Blut kreisende Hormon besteht aus Thyroxin und Trijodthyronin.

Durch Koppelung von 2 Molekülen Dijodtyrosin wird bei gleichzeitiger Abspaltung eines Moleküls Alanin Thyroxin gebildet (siehe Formel). Diese Hypothese wurde erstmals von HARINGTON und BARGER (1927) aufgestellt. Sie gilt in ihren Grundzügen heute noch, wenn auch der Vorgang komplizierter ist als hier angegeben. Die Hypothese fand ihre Bestätigung, indem es gelang, aus L-Dijodtyrosin in vitro L-Thyroxin zu synthetisieren (HARINGTON 1944; REINEKE u. TURNER 1946). Bei der Jodierung tyrosinreicher Proteine, z. B. Casein, wird ebenfalls Thyroxin gebildet. Es hat den Anschein und alles spricht dafür, daß die Synthese des Thyroxins sowohl in vivo als in vitro im Proteinmolekül selbst stattfindet. Die Tyrosinmoleküle werden demnach erst jodiert, wenn sie in das Globinmolekül oder in ein anderes Proteinmolekül eingebaut sind (REIN/SCHNEIDER, LEUTHARDT).

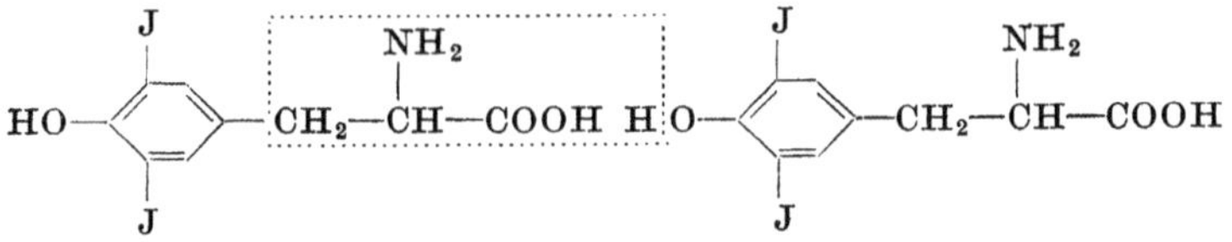

Dijodtyrosin Dijodtyrosin

Thyroxin enthält 65% Jod. Das wirksame und natürliche Thyroxin ist linksdrehend, das rechtsdrehende D-Thyroxin ist praktisch wirkungslos (HARINGTON, 1928; REINEKE u. TURNER, 1945).

Auch Trijodthyronin läßt sich synthetisch herstellen. Es ist im Tierversuch 3mal so stark wirksam wie L-Thyroxin. Der Tagesbedarf beim Menschen wird auf 80 γ geschätzt. Myxödeme können bei täglicher Applikation von 20 bis 80 γ mit gutem Erfolg behandelt werden.

Handelsform: Trijodthyronin, Hoechst (Farbwerke Hoechst AG, Frankfurt a. M./Höchst).

Der *Wirkungsmechanismus* des Schilddrüsenhormons ist noch nicht mit Sicherheit geklärt. Fest steht, daß der Angriffspunkt in den Zellen selbst liegt und eine Vermittlung etwa auf nervösem Wege nicht erfolgt. Die Wirkung der Hormone besteht in erster Linie in einer Beschleunigung der oxydativen Prozesse in sämtlichen Zellen. Dieser Vorgang läßt sich am überlebenden Gewebe in Versuchen nachweisen. Bei einer Überfunktion kommt es zu einer Grundumsatzerhöhung. Von der Erhöhung werden Kohlenhydrate, Fette und Eiweiße im gleichen Maße betroffen. Das Leberglykogen nimmt ab, die Fettdepots verschwinden und die N-Ausscheidung im Urin steigt infolge des erhöhten Eiweißabbaues an. Trotz des verstärkten Fettumsatzes kommt es nicht zu einer Ketose, da der Citronensäurezyklus ungestört abläuft. Merkwürdig ist die häufig beobachtete Verminderung der Kohlenhydrattoleranz bei Hyperfunktion der Drüse. Im Falle einer exogenen Glucosezufuhr kommt es dann zu einer anomalen Blutzuckersteigerung und zu einer alimentären Glucosurie. Die Ursache kann eine Leberstoffwechselstörung sein oder eine Schädigung der LANGERHANSschen Inseln. Weiter wird eine ganze Reihe fermentativer Prozesse durch die Anwesenheit der Schilddrüsenhormone beschleunigt (REIN/SCHNEIDER, LEUTHARDT). Nach MARTIUS gehört Thyroxin zu den Stoffen, welche Oxydation und Phosphorylierung entkoppeln.

Eine weitere Folge der Grundumsatzsteigerung ist eine intensive Durchblutung der meisten Organe und eine Zunahme des Herzminutenvolumens. Der Anstieg des Herzminutenvolumens ist größer als auf Grund des Sauerstoffmehrverbrauches zu erwarten wäre. Er ist mitbegründet in einer enormen Steigerung der Herzfrequenz, hervorgerufen durch erhöhte Impulssendungen über den Sympathicus, infolge Herabsetzung der Schwelle für die Überträgerstoffe durch das Schilddrüsenhormon. Hinzu kommt noch eine direkte Wirkung des Hormons auf den Sinusknoten (REIN/SCHNEIDER, LEUTHARDT).

Thyroid BP 63, USP XVII. Poudre de Glande Thyroide (Pulvis glandulae thyroidae) CF 65. Thyroideum Svec. 46, Nord. 63. Thyreoidea siccata CsL 2, Ph.Helv. V, PI.Ed. I/2. Thyroideum siccatum Jap. 61. Thyroidea siccata ÖAB 9. Thyreoidinum Ross. 9. Thyreoidum Ph. Ned. 6. Glandulae Thyreoideae siccatae.

Thyroid ist die von Fett und Bindegewebe befreite, gereinigte, möglichst rasch bei einer Temperatur unter 50° getrocknete, gepulverte Schilddrüse von gesunden Haustieren (Rind, Schaf, Schwein).

Das Präparat soll nicht weniger als 0,17% und nicht mehr als 0,23% organisch gebundenes Jod enthalten und soll von anorganisch gebundenem oder von in anderer als der Schilddrüse spezifischen Form vorliegendem Jod frei sein (USP XVII).

Nach BP 63 soll Thyroid 0,23 bis 0,27% Jod organisch gebunden enthalten. Nach PI.Ed. I/2 und ÖAB 9 enthält Thyroidea mindestens 0,2% organisch gebundenes Jod und mindestens 0,045% und höchstens 0,005% Thyroinjod. Nach Jap. 61 0,3 bis 0,35% organisch gebundenes Jod.

Gewinnung. BP 63: Das anhaftende Bindegewebe und äußere Fett entferne man von der Schilddrüse. Die Drüsen sind bei einer Temperatur von höchstens 60° zu trocknen, zu pulvern und zur weiteren Entfernung des Fettes mit Petroläther (Kp. 40 bis 60°) zu extrahieren. Der Rückstand wird getrocknet. Man bestimme das als Thyroxin vorliegende Jod und stelle, falls erforderlich, durch Vermischung des Rückstandes mit Milchzucker den geforderten Gehalt ein. Nach PI.Ed. I/2 Trocknungstemperatur 50°, desgleichen ÖAB 9.

Eigenschaften. Gelbliches bis bräunliches Pulver von eigenartigem, etwas an Fleischextrakt erinnernden Geruch und Geschmack (BP 63).

Erkennung. BP 63, USP XVII: Die getrocknete Drüse zeigt mikroskopisch in einer Mischung von gleichen Teilen Wasser, Glycerin und Methylenblaulösung zahlreiche charakteristische Kolloidteilchen in Form von weichen hyalinen, eckigen oder muschelförmigen Partikeln mit einigen Streifen und in ihrer Größe stark variierend, zwischen 10 und 15 μ und 95 und 140 μ. Stücke des Bindegewebes erscheinen als kleine unregelmäßige zylindrische Fragmente mit leicht gewellter Oberfläche und ausgefransten fibrösen Enden. Gelegentlich hängen kleine Drüsenstückchen noch zusammen, gefüllt mit hyalinem Kolloid. In geringer

Zahl kommen ein paar isolierte Epithelzellen, die oft einen großen Kern zeigen, vor; daneben sind selten Überreste von quergestreiften Muskelfasern zu beobachten. Die Kolloidteilchen werden mit Eosinlösung leicht rot gefärbt, gelb mit Jodlösung und blau bis grünblau mit Methylenblau.

Prüfung. Nach Trocknung im Vakuum bei 60°, 4 Std., Trocknungsverlust USP XVII: Nicht mehr als 6%; ÖAB 9 und PI.Ed. I/2 höchstens 8%, Jap. 61 nicht mehr als 6%.

Asche. Höchstens 5% Gesamtasche (PI.Ed. I/2, ÖAB 9, Jap. 61).

Wasserlösliche Asche. CF 65: Höchstens 4%.

Wasserunlösliche Asche. CF 65: Höchstens 3,5%.

Säureunlösliche Asche. BP 63: Nicht mehr als 0,5%.

Anorganische Jodide. USP XVII: Zu 1 g Thyroid füge man in einem trocknen Reagensglas 10 ml einer gesättigten Zinksulfatlösung. Nach 5 Min. filtriert man die Suspension durch eine Glasfritte. Zu 5 ml des Filtrates werden 0,5 ml Stärkelsg., 4 Tr. einer 10%igen Natriumnitratlsg. und 4 Tr. verd. Schwefelsäure gefügt und nach jeder Zugabe umgeschüttelt. Es darf keine Blaufärbung auftreten.

Wertbestimmung. USP XVII: Man wiegt genau 1 g Thyroid in einen Porzellanschmelztiegel, fügt 7 g wasserfreies Kaliumcarbonat hinzu und mischt sorgfältig. Durch mehrmaliges Aufstoßen des Tiegels auf eine Unterlage wird das Gemisch zusammengerüttelt. Man gibt weitere 10 g Kaliumcarbonat zu und wiederholt das Aufstoßen zur weiteren Verdichtung des Materials. Nun erhitzt man die geballte Mischung 25 Min. lang bei 675 bis 700° in einem auf diese Temperatur vorgeheizten Muffelofen. Dann läßt man abkühlen, fügt 20 ml W. und falls nötig mehr hinzu, erhitzt langsam bis zum gelinden Kochen und dekantiert den flüssigen Inhalt durch ein Filter in einen Erlenmeyerkolben. Man wiederholt die Extraktion durch erneutes Kochen des Materials mit 20 ml Wasser. Anschließend spült man den Tiegel und den Rückstand im Filter so lange mit heißem Wasser durch das Filter, bis das Filtrat im Kolben annähernd 200 ml mißt. Dazu gibt man 7 ml frisch hergestelltes Bromwasser (2 bis 3 ml Brom in 100 ml W.), dann langsam 40 ml verd. Phosphorsäure (1 : 2) und kocht so lange, bis Kaliumjodidstärkepapier von den aufsteigenden Dämpfen nicht mehr gefärbt wird. Während des Kochens wird durch Zusatz von W. das Volumen der Flüssigkeit stets auf 200 ml gehalten. Die Wände des Kolbens werden nun mit W. abgespült und der Inhalt nochmals 5 Min. gekocht. Nach dem Abkühlen setzt man 5 ml Phenollsg. (1 : 20) zu, spült die Wände erneut ab und läßt das Ganze 5 Min. lang stehen. Zu der so behandelten Flüssigkeit gibt man 2 ml Phosphorsäure (1 : 2) und 5 ml Kaliumjodidlsg. und titriert sofort mit 0,01 n Natriumthiosulfatlsg. Gegen Ende der Titration werden 3 ml Stärkelsg. als Indikator zugesetzt. Ein Blindversuch muß unbedingt mitlaufen, um notfalls Korrekturen vornehmen zu können. 1 ml 0,01 n Natriumthiosulfat-Lsg. entspr. 0,2115 mg Jod.

BP 63. Etwa 0,2 g, genau gewogen, werden in ein 7,5 × 10 cm Veraschungsfilter gewickelt und nach der „Oxygen Flask Method“ (s. Bd. I, 223) verbrannt. Man verwendet dazu einen 2000-ml-Schliffkolben, ein Platindrahtnetz von 2,5 cm Breite und 2 cm Länge und als Absorptionsflüssigkeit eine Mischung von 50 ml W. und 2 ml 1 n Natronlauge. Nach Öffnen des Kolbens verfährt man wie unter „Bestimmung von Jod“ (Bd. I, 223) angegeben, verwendet jedoch 0,005 n Natriumthiosulfatlsg. zum Titrieren.

1 ml 0,005 n Natriumthiosulfatlsg. entspr. 0,1058 mg Jod.

Aufbewahrung. Schilddrüse muß in einem dichtverschlossenen Behälter vor Licht geschützt aufbewahrt werden (PI.Ed. I/2).

Biologische Auswertungsmethoden.

1. Gewichtsmethode am Meerschweinchen nach Kreitmair. Als Versuchstiere verwendet man junge, gesunde Meerschweinchen im Gewicht von 250 bis 300 g, die ein konstantes Futter erhalten und bei bestimmter Temperatur gehalten werden. Das Futter der Tiere ist so bemessen, daß es nachts aufgebraucht wird. Die Tiere sind morgens nüchtern. In diesem Zustand werden sie täglich gewogen. Zu einer Versuchsgruppe nimmt man 4 Tiere. Das Präparat wird täglich 1mal morgens nach dem Wiegen mit der Schlundsonde als Lösung oder Suspension 6 Tage lang verabreicht. Eine Meerschweincheneinheit ist in derjenigen Substanzmenge enthalten, die an 6 aufeinanderfolgenden Tagen unter den angegebenen Versuchsbedingungen verabreicht, am 7. Tag bei 3 von 4 Tieren einen Gewichtsverlust von 10% herbeiführt.

2. Auswertungsmethode an Axolotln nach Kreitmair, Zawadowsky und Marx. Zum Versuch werden 6 bis 8 Monate alte, 12 bis 15 cm lange, gut genährte Axolotl mit gut ausgebildeten Kiemenbüscheln ausgesucht. Während des Versuches werden die Tiere in Einzelkäfigen (Terrarium) gehalten. Die Temperatur des Wassers soll 18 bis 22° betragen und täglich erneuert werden. Vor Versuchsbeginn und am Ende werden die Tiere von oben fotografiert. Das Futter der Tiere soll reichlich und konstant sein (Würmer, Schnecken und kleine Fleischstückchen). Das zu untersuchende Präparat wird täglich mit der Sonde per os verabreicht. Für einen Versuch verwendet man 2 bis 5 Tiere. Ist nach 4 Wochen keine

Metamorphose eingetreten, wird der Versuch als negativ gewertet. Eine Axolotl-Einheit ist diejenige kleinste Menge Schilddrüsenpräparat, die einen 12 bis 15 cm langen Axolotl innerhalb 4 Wochen aus einem kiemenatmenden „Molch" in einen lungenatmenden „Salamander" verwandelt.

Handelsformen: Thyreohorm (Hormon-Chemie, D. L. Rammler, München-Freiman, Wildshuter Straße 25): 1 Dragee = 0,1 mg org. geb. Jod = 5 I.E. – Thyratrop (Ferrin-Arzneimittel, Düsseldorf): Ampullen zu 10 I.E. und Lösungen zu 5 ml. – Thyreoid-Dispert (Kali-Chemie, Hannover): 10 E = 0,1 g Thyreoid sicc. Tabletten zu 5 E., 10 E. und 30 E. – Thyreoiton-Feldhoff (Feldhoff W. & Comp., Essen-West): Flüssigkeit zum Einreiben. – Thyreostimulin (Organon, München-Pasing): Lösung zu 3 ml = 30 I.E. = 300 Meerschweinchen-E. – Thyreoidin „Merck" (E. Merck AG, Darmstadt, Frankfurter Str. 250): 1 Dragee = 0,1 g Trockensubstanz = etwa 0,5 g frische Substanz = 40 Axolotl E. (Ax. E.). – Thyreo „Mack" (Heinrich Mack Nachf., Illertissen/Bayern): 1 Dragee = 0,1 bzw. 0,3 g. Gland. Thyreoid. sicc. (Standardisiert im Gewichtsverlusttest am Meerschweinchen). – Tyroxin, Roche-Milano, Paza Duranten. – Levoid (L Thyroxin-Sod), Nutrition Control Products-Washington. – Armour Thyroid, Armour Pharmaceutical Company P.O. Box 511 (Kankakee). – Thyrar Tablets, Armour Pharmaceutical Company P.O. Box 511 (Kankakee). – Thyroid Powder, Armour Pharmaceutical Company P.O. Box 511 (Kankakee). – Thyroid Tablets, Parke, Davis & Comp. Detroit, Michigan.

Thyroxinum ÖAB 9, DAB 6 – Nachtr. 54 (DDR), Ph.Helv. V – Suppl. II. Thyroxin.

Nach ÖAB 9 ist Thyroxinum L-D-Amino-β-[3,5-dijod-4 (3′5′-dijod-4-hydroxyphenoxy)-phenyl]-propion-säure

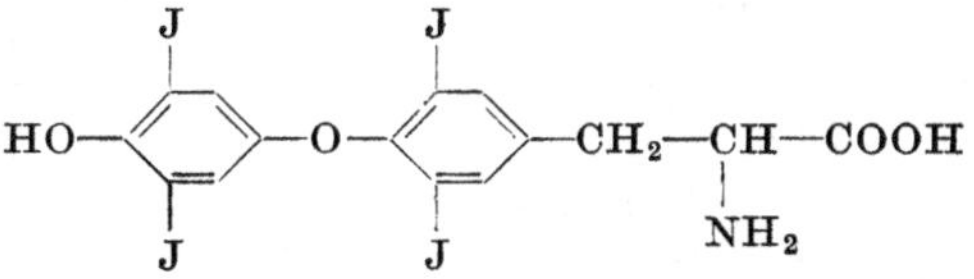

$C_{15}H_{11}J_4NO_4$ M.G. 776,90

Nach DRP kann Thyroxin aus Proteinen bei mäßiger Temperatur und pH 7 durch Jodierung mit gepulvertem Jod und alkalischem Abbau erhalten werden. Aus 100 g Serumglobulin erhält man 4 g Thyroxin.

Synthetisch läßt sich Thyroxin durch Anlagerung von Jod an unter geeigneten Versuchsbedingungen gewonnene Proteine neben Dijodtyrosin gewinnen (Ludwig und Mutzenbecher). Die Reaktion läßt sich wie folgt formulieren:

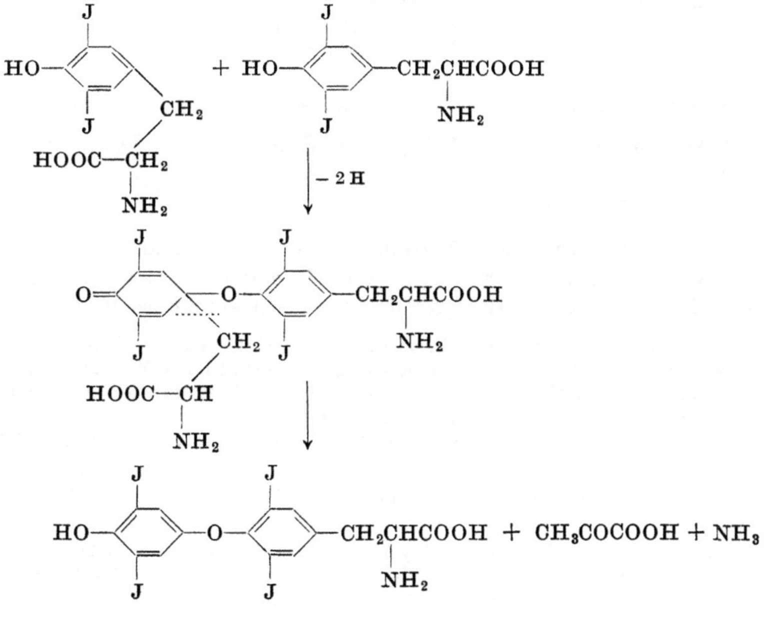

Eigenschaften. Kleine weiße nadelförmige Kristalle oder weißes kristallines Pulver ohne Geruch und Geschmack [ÖAB 9, DAB 6 – Nachtr. 54 (DDR)].

Thyroxin ist praktisch unlösl. in W., A., Ae. oder Chlf.; in Lösungen von Alkalihydroxiden, Alkalicarbonaten oder Ammoniak sowie in verd. Mineralsäuren löst es sich unter Erwärmung; es löst sich in Gegenwart von A. in verd. Mineralsäuren bei gewöhnlicher Temperatur gut (ÖAB 9).

Fp. 228 bis 233° (Zers.) (ÖAB 9).

Erkennung. ÖAB 9: 1. Erhitzt man 1 Tr. verd. Natriumhydroxid-Lsg., 1 ml W., 2 ml A. und 1 Tr. Phenolphthalein-Lsg. mit Thyroxin bis zur Entfärbung des Indikators, so gibt die nach dem Abkühlen von ungelöster Substanz abgegossene Lsg. mit 1 Tr. Eisen(III)-chlorid-Lsg. einen gallertartigen, violetten Niederschlag. – 2. Versetzt man eine Lsg. von etwa 5 mg Thyroxin in 2 ml A. und 1 Tr. konz. Salzsäure mit 5 Tr. Natriumnitritlsg., so tritt eine schwache Gelbfärbung auf, die sich beim Erwärmen vertieft. Setzt man nach dem Abkühlen 10 Tr. Ammoniak zu, so geht die Färbung in Rot über. – 3. Eine Mischung von etwa 100 mg Thyroxin und 2 ml verd. Salpetersäure färbt sich beim Erhitzen bräunlichgelb und entwickelt violette Joddämpfe. Schüttelt man die Lsg. nach dem Abkühlen mit Chlf., so färbt sich dieses violett.

Prüfung. 1. Trocknungsverlust höchstens 0,5% (ÖAB 9, Ph.Helv. V – Suppl. II). – 2. Chlorid und Jodid. Schüttelt man 0,01 g feingepulvertes Thyroxin mit 10 ml kohlensäurefreiem W. 1 Min. lang kräftig durch und filtriert durch ein feinporiges Filter, so darf eine Mischung von 1 ml des Filtrates und 9 ml W. nach Zusatz von 1 ml verd. Salpetersäure mit 3 Tr. Silbernitratlsg. nicht stärker getrübt werden als eine mit 10 ml Chloridstandardlsg. vorschriftsmäßig bereitete Vergleichslsg. (ÖAB 9). – 3. Wasserlösliche Basen oder Säuren. Je 2 ml von dem zur Prüfung vorbereiteten Filtrat müssen sich auf Zusatz von 1 Tr. Bromthymolblaulsg. gelb oder grün bzw. auf Zusatz von 1 Tr. Methylrot-Methylenblau-Lsg. grün färben (ÖAB 9).

Gehaltsbestimmung [DAB 6 – Nachtr. 54 (DDR)]. Etwa 0,05 g getrocknetes Thyroxin, genau gewogen, werden in einem Erlenmeyerkolben von 500 ml Inhalt in 2 ml verd. Natronlauge und 2 ml W. gelöst. Dann werden 20 ml einer filtrierten 5%igen Kaliumpermanganatlsg. und 10 ml 50%ige Schwefelsäure zugefügt. Nach Zugabe eines Siedesteinchens wird die Mischung unter gelegentlichem Umschwenken 5 Min. in schwachem Sieden gehalten, abgekühlt und mit 20%iger Natriummetabisulfitlsg. entfärbt. Hierauf versetzt man bis zur bleibenden Gelbfärbung tropfenweise mit filtrierter 5%iger Kaliumpermanganatlsg., gibt 2 ml Stärkelsg. hinzu und läßt aus einer Mikrobürette vorsichtig 0,2%ige Natriummetabisulfitlsg. zutropfen, bis die Blaufärbung verschwindet. Schließlich fügt man 15 ml rauchende Salzsäure und 5 ml 10%ige Kaliumcyanidlsg. zu und titriert sofort mit 0,1 n Kaliumjodatlsg., bis die anfangs blau gewordene Lsg. wieder entfärbt ist und mindestens 1 Min. farblos bleibt (Mikrobürette).

1 ml 0,1 n KJO_3 entspr. 0,004231 g J.

Getrocknetes Thyroxin muß mindestens 64,8% und höchstens 66,8% Jod enthalten (Ph.Helv. V – Suppl. II). Nach DAB 6 – Nachtr. 54 (DDR) muß Thyroxin 64 bis 65,8% Jod enthalten.

Aufbewahrung. Abgesondert, vor Licht geschützt, in gut schließenden Gefäßen.

Thyroxine Sodium BP 63. L-Thyroxine Sodium. Sodium Levothyroxine NNR 55. Thyroxin-Natrium.

$C_{15}H_{10}J_4NNaO_4 \cdot 5H_2O$ M.G. 888,9

Thyroxin-Na ist das Natriumsalz der L-α-Amino-β-[4-(4-hydroxy-3,5-di-jodophenoxy)-3,5-di-jodophenyl]-propionsäure. Es enthält nicht weniger als 97,0% und nicht mehr als 101,0% von $C_{15}H_{10}J_4NNaO_4$, berechnet auf die bei 105° getrocknete Substanz.

Herstellung. Thyroxinnatrium kann gewonnen werden durch Nitrierung von L-Tyrosin, Acetylierung des Produktes, Umwandlung des erhaltenen N-Acetyl-3,5-dinitro-L-tyrosins in den Acetylester, Behandeln mit p-Metoxyphenol, Reduktion des erhaltenen Diphenyläthers, Tetrazotierung, Zersetzen mit Jodlsg., Verseifen, Jodierung des erhaltenen Dijodo-L-thyronins und Überführung in das Natriumsalz (vgl. Thyroxin) (BP 54).

Eigenschaften. Weißes bis blaß gelbes Pulver oder krist. Pulver ohne Geruch. Es ist unlösl. in W., Chlf. und Ae.; lösl. bei 20° in 250 T. A. (95%); lösl. in Alkalihydroxidlsg. (BP 63).

Erkennung. BP 63 (s. auch Thyroxin). 1. Man löst 5 mg Thyroxin in einer Mischung von 2 ml A. (50%) und 1 Tr. HCl, gibt dazu 1 Tr. 10%ige (w/v)-Natriumnitritlsg. und kocht alles so lange, bis die Flüssigkeit gelb wird. Dann kühlt man ab und alkalisiert mit Ammoniaklsg. Das Gemisch wird rot. – 2. $E^{0,01\%}_{1\,cm}$ in 0,1 n Natronlauge bei 325 mμ liegt bei 0,76, berechnet auf die bis zur Gewichtskonstanz bei 105° getrocknete Substanz. – 3. Man feuchtet Thyroxin-Na mit Schwefelsäure an und glüht es. Der Rückstand ergibt die für Na charakteristische Reaktion.

Prüfung. Klarheit und Farbe der Lsg. 0,1 g Thyroxin-Na wird in einer siedenden Mischung aus 2 ml 1 n HCl und 8 ml 95%igem A. gelöst. Die Lsg. muß klar, farblos bis schwach gelblich-bräunlich bleiben (BP 63). – Spezifische Drehung. Die optische Drehung von Thyroxin-Na in einer 2%igen (w/v)-Lsg. in 1 Vol. 1 n HCl und 4 Vol. A. (95%) liegt bei +16° bis +20°, bezogen auf die bei 105° bis zur Gewichtskonstanz getrocknete Substanz (BP 63). – Natrium. 2,6 bis 3,2%, berechnet auf die getrocknete Substanz, bestimmt nach der unter Liothyronin-Na, S. 76, beschriebenen Methode (BP 63). – Chlorid. Es dürfen nicht mehr als 1,7 ml 0,05 n Silbernitratlsg. benötigt werden. Ausführung der Methode unter Liothyronin-Na S. 76 (BP 63).

Liothyronin-Natrium. Man führt die unter Liothyronni-Natrium, S. 76, beschriebene Prüfung auf Dijodthyronin und Thyroxin-Natrium aus. Man verwendet dabei 0,05 ml einer 1,0%igen (w/v)-Lsg. von Thyroxin-Natrium in einer Mischung von 5 Vol. konz. Ammoniaklsg. und 70 Vol. A. (95%) (Lsg. A) und 0,05 ml einer Lsg. von 1,0% (w/v)-Thyroxin-Natrium und 0,005% (w/v)-Liothyronin-Natrium in der gleichen Mischung (Lsg. B). Das Chromatogramm der Lsg. B zeigt einen starken Thyroxinfleck mit Schwanzbildung bis zum Startpunkt und einen schwächeren, aber distinkten Fleck von Liothyronin. Ein im Chromatogramm der Lsg. A auftretender Liothyroninfleck darf nicht größer sein als der bei Lsg. B.

Trocknungsverlust 6,0 bis 12,0% bei 105° (BP 63).

Gehaltsbestimmung. Mit etwa 25 mg, genau gewogen, führt man die „Oxygen Flask Method" für Jod (s. Bd. I, 223) durch.

1 ml 0,02 n Natriumthiosulfatlsg. entspr. 0,6658 mg $C_{10}H_{15}J_4NNaO_4$.

Aufbewahrung. Thyroxin-Na soll in einem gut verschlossenen Behälter lichtgeschützt aufbewahrt werden (BP 63).

Handelsformen: Thyroxin „Roche" Tabletten, Ampullen und Lsg. Deutsche Hoffmann-La Roche AG, Grenzach/Baden.

Dijodtyrosinum DAB 7 – DDR, Ph.Helv. V – Suppl. II. Dijodtyrosin. Jodgorgosäure. L-β-[3,5-Dijod-4-hydroxyphenyl]-alanin. L-α-Amino-β-[3,5-dijod-4-hydroxyphenyl]-propionsäure.

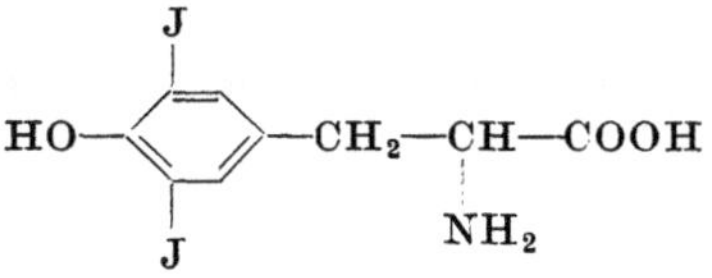

$C_9H_9J_2NO_3 \cdot H_2O$ (DAB 7 – DDR)	M.G. 451,01
$C_9H_9J_2NO_3 \cdot 2\,H_2O$ (Ph.Helv. V – Suppl. II)	M.G. 468,97
wasserfrei	M.G. 433,01

Herstellung. Durch Jodierung von Tyrosin in alkalischer Lsg.

Eigenschaften. Weißes oder braunstichiges, mikrokristallines Pulver mit schwach wahrnehmbarem Geruch und schwach bitterem Geschmack.

Fp. 192 bis 200° (Zers.) (DAB 7 – DDR).

$\alpha_D = -1{,}6$ bis $-1{,}8°$ (1,00 g mit 2,35 ml n Natronlauge versetzt und mit W. auf 200 ml verd.; $l = 200$ mm) (Ph.Helv. V – Suppl. II). $[\alpha]^{20}_D + 2{,}89°$ (0,246 g in 5 g 4%iger HCl) (The Merck Ind. 60). $[\alpha]^{20}_D + 2{,}27°$ (0,227 g in 5 g 24%ig NH_3) (The Merck Ind. 60).

Sehr schwer lösl. in W.; schwer lösl. in A.; fast unlösl. in Ae. und in Chlf.; leicht lösl. in verd. Mineralsäuren und in Alkalilaugen.

Erkennung. 1. 0,010 g Substanz wird nach Zusatz von 2,0 ml 5 n Salpetersäure erwärmt. Die Lsg. wird braun, beim Erhitzen entweichen violette Dämpfe (DAB 7 – DDR). – 2. 0,020 g Substanz werden mit 7,5 ml W. und 2,5 ml frisch bereiteter Triketohydrindenhydratlsg. (0,100 g/100,0 ml) (Ninhydrinlsg.) versetzt. Die Mischung wird 2 Min. lang im Sieden gehalten. Sie zeigt eine kräftig violette Färbung (DAB 7 – DDR).

Prüfung. 1. Prüflösung: 1,250 g Substanz werden nach Zusatz von 25,0 ml W. 60 Sek. geschüttelt. Das Filtrat wird als Prüflsg. verwendet. – 2. Schwermetall-Ionen. 5,0 ml Prüflsg. dürfen nach Zusatz von 5,0 ml W. bei „Prüf. auf Schwermetallionen", Methode I (s. Bd. I, 254) weder eine Trübung noch eine stärkere Färbung als die Vergleichsprobe zeigen (höchstens 0,004%, ber. als Pb^{2+}) (DAB 7 – DDR). – 3. Chlorid, Jodid. 1,00 ml Prüflsg. wird mit 9,0 ml W. versetzt und nach Bd. I, 257 geprüft (höchstens 0,02%, ber. als Cl^-) (DAB 7 – DDR). – 4. Jodid. 2,00 ml Prüflsg. werden nach Zusatz von 8,0 ml W., 1,0 ml 3 n Schwefelsäure, 3,0 ml Chlf. und 2 Tr. frisch bereiteter Tosylchloramid-Natrium-Lsg. (0,50 g/100,0 ml) geschüttelt. Nach dem Entmischen darf die Chlf.-Schicht nicht gefärbt sein (DAB 7 – DDR). – 5. Sulfat. Höchstens 0,01% SO_4^{2-} (DAB 7 – DDR). – 6. Tyrosin. 0,0100 g Substanz wird mit 5,0 ml W. und 1 Tr. Quecksilber(II)-nitratlsg. versetzt und 2 Min. lang im Wasserbad erhitzt. Nach dem Absetzen des Nd. darf die Fl. keine orange oder rote Färbung zeigen (DAB 7 – DDR). – 7. Sulfatasche. Höchstens 0,10% (DAB 7 – DDR). – 8. Trocknungsverlust. 0,3000 g Substanz werden bei 105° bis zum konstanten Gew. getrocknet. Gewichtsverlust höchstens 8,0% (DAB 7 – DDR).

Gehaltsbestimmung. 0,2000 g getrocknete Substanz werden in einer Mischung aus 5,0 ml W. und 5,0 ml n Natronlauge gelöst. Nach Zusatz von 25,0 ml Kaliumpermanganatlsg. (5,0 g/100,0 ml) und 10,0 ml konz. Schwefelsäure wird die Mischung 5 Min. im Sieden gehalten, anschließend schnell auf 20° abgekühlt und sogleich in 20,0 ml frisch bereitete Natriumsulfitlsg. (24,0 g/100,0 ml) gegeben. Die erkaltete Lsg. wird mit einer gleichen Kaliumpermanganatlsg. bis zur gelbbraunen Färbung und anschließend mit Natriumsulfitlsg. bis zur Entfärbung versetzt. Nach Zusatz von 2,0 ml Stärkelsg. wird tropfenweise 0,1 n Kaliumpermanganatlsg. bis zur deutlich erkennbaren Blaufärbung hinzugefügt und mit 0,1 n Silbernitratlsg. bis zum Umschlag nach Gelb titriert (Feinbürette).

1 ml 0,1 n Silbernitratlsg. entspr. 21,65 mg $C_9H_9J_2NO_3$ (DAB 7 – DDR).

Gehalt der bei 105° getrockneten Substanz 96,5 bis 100,5% Dijodtyrosin (DAB 7 – DDR).

Aufbewahrung. Vorsichtig! Vor Licht geschützt.

Anwendung.[1] Es wirkt wie elementares Jod als Hemmstoff bei Überfunktion der Schilddrüse, es soll auch eine hemmende Wirkung gegenüber dem thyreotropen Hormon des HVL besitzen. Bei schweren Fällen von Thyreotoxikose kann es i.v. injiziert werden.

Dosierung. Einzelmaximaldosis oral 0,3 g, Tagesmaximaldosis oral 0,6 g (DAB 7 – DDR).

Handelsform: Agontan (Knoll, Ludwigshafen) Ampullen.

Liothyronine Sodium BP 63, (INN). L-Tri-jodothyronine Sodium. L-Trijodothyronin-Natrium.

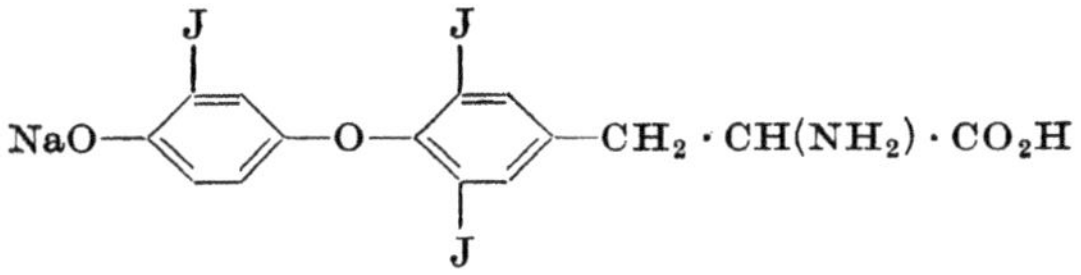

$C_{15}H_{11}J_3NNaO_4$ M.G. 673,0

Liothyronin-Na ist ein Na-Salz der L-α-Amino-β-[4-(4-hydroxy-3-jodophenoxy)-3,5-di-jodophenyl]-propionsäure. Es enthält nicht weniger als 95% und nicht mehr als 101% von $C_{15}H_{11}J_3NNaO_4$, berechnet auf die bei 105° bis zum konst. Gew. getrocknete Substanz.

Eigenschaften. Weiße bis lederfarbene, geruchlose Substanz. Unlösl. in W., Chlf. und Ae. Lösl. bei 20° in 500 T. 95%igem A.; lösl. in Alkalihydroxidlsg.

Erkennung. BP 63: 1. Man löst 5 mg Liothyronin-Na in 2 ml A. (50%), dem 1 Tr. Salzsäure beigefügt ist, gibt dann 1 Tr. einer 10%igen (w/v)-Natriumnitritlsg. hinzu und kocht auf. Dabei färbt sich die Lsg. gelb. Anschließend wird abgekühlt und mit Ammoniaklsg. alkalisiert. Die gelbe Farbe schlägt nach Rot um. – 2. $E_{1\,cm}^{0,01\%}$ bei 319 mμ in 0,1 n Natronlauge 0,65. – 3. Man feuchtet Liothyronin-Na mit etwas Schwefelsäure an und glüht. Der Rückstand erzielt die charakteristische Reaktion für Natrium.

Prüfung. Farbe der Lösung. Eine Lsg. von 0,1 g Liothyronin-Na in einer Mischung von 2 ml 1 n HCl und 8 ml A. (95%) ist klar; die Farbe der Lsg. ist blaß braun. – Optische Drehung. Die optische Drehung einer 2%igen Liothyroninlsg. in einer Mischung von 1 Vol.

---

[1] Nach neuesten Angaben ist Dijodtyrosin „praktisch unwirksam" (REIN/SCHNEIDER: Physiologie des Menschen, 15. Aufl., Berlin/Göttingen/Heidelberg: Springer 1964, S. 379; LEUTHARDT, F.: Lehrbuch der physiolog. Chemie, 15. Aufl., Berlin: de Gruyter 1963, S. 696), „Mono- und Dijodtyrosin sind inaktiv".

1 n HCl und 4 Vol. A. (95%) liegt bei + 18 bis + 21°. – Natrium. Der Natriumgehalt liegt bei 2,9 bis 4,0%, bezogen auf die bei 105° getrocknete Substanz, wenn er mit folgender Methode bestimmt wird: 1 g Substanz, genau abgewogen, wird mit Schwefelsäure in einer Quarzschale angefeuchtet und langsam, vorsichtig erhitzt, um einen Na-Jodidverlust durch eventuelle Verdampfung zu vermeiden. Man kühlt ab, befeuchtet nochmals mit Schwefelsäure und glüht bis zum konst. Gew. 1 g des Rückstandes entspr. 0,3238 g Na. Korrigiere das Ergebnis für Natrium entsprechend dem Chlorid, das bei Prüfung auf Chlorid gefunden wird. – Chlorid. Man löst 0,5 g Substanz, genau gewogen, in 5 ml 1 n Natronlauge und 90 ml W., gibt 15 ml Salpetersäure zu und titriert mit 0,05 n Silbernitratlsg. Der Endpunkt wird potentiometrisch bestimmt. Es dürfen nicht mehr als 3,4 ml 0,05 n Silbernitratlsg. benötigt werden. – Anorganisches Jodid. Man löst 0,25 mg Substanz in einer Mischung von 25 ml W. und 2,5 ml 1 n Natronlauge, gibt 10 ml 1 n HCl und W. zu 50 ml zu. Dann mischt man gut durch und filtriert. Zu 25 ml Filtrat gibt man 2,5 ml Wasserstoffperoxidlsg. und extrahiert mit 10 ml Chlf. Die Rosafärbung darf nicht dunkler sein, als die Färbung, die mit 0,275 mg Kaliumjodid als Kontrolle erreicht wird. – Dijodthyronin und Thyroxin-Na: Man schüttelt 5 Vol. Amylalkohol, 5 Vol. t-Amylalkohol, 3 Vol. konz. Ammoniaklsg. und 3 Vol. W. und läßt absetzen. Die untere Schicht dient als stationäre Phase, die obere als mobile Phase zur Entwicklung eines Rundfilterchromatogrammes. Die Temperatur in der Kammer soll 25° betragen. Auf einem runden Filterpapier von 36 cm Durchmesser zeichnet man in die Mitte mit dem Zirkel einen Kreis von 3,8 cm Durchmesser. Nun trägt man auf einen Punkt der Kreislinie 0,02 ml einer 1%igen (w/v)-Liothyronin-Na-Lsg. auf, gelöst in 5 Vol. konz. Ammoniaklsg. und 70 Vol. 95%igem A. (Lsg. A). Auf einem anderen Punkt der Kreislinie werden 0,02 ml einer Lsg. mit gleichem Lösungsmittel gegeben, die 0,05% (w/v)-Liothyronin-Na, 0,05% (w/v)-Thyroxin-Na und 0,02% (w/v)-Dijodthyronin enthält (Lsg. B). Mit einem Baumwolldocht, durch ein Loch in der Mitte des Kreises geführt, legt man das Filterpapier in die Kammer und wartet 4 Std. ab. Dann schiebt man den Docht in die Lsg. des Troges und läßt die Lösungsmittelfront etwa 15 cm weit wandern. Anschließend wird das Papier luftgetrocknet. Jetzt taucht man das Filterpapier in eine 0,25%ige (w/v)-Ninhydrinlsg. in Aceton, die 1% Essigsäure enthält und läßt es abermals 2 Std. lufttrocknen. Das Chromatogramm der Lsg. B enthält 3 Flecken, entsprechend Thyroxin, Liothyronin und Dijodthyronin in der Reihenfolge der R_f-Werte. Die Intensität der Flecken von Thyroxin und Dijodthyronin der Lsg. A darf nicht stärker sein als die der entsprechenden Flecken des Chromatogramms mit Lsg. B. – Trocknungsverlust. Nicht mehr als 4% (BP 63).

Gehaltsbestimmung. Nach der Oxygen-Flask-Methode für Jod (Bd. I, 223). Es müssen 25 mg genau abgewogen werden. 1 ml 0,02 n Natriumthiosulfatlsg. entspr. 0,7480 mg $C_{15}H_{11}J_3NNOa_4$ (BP 63).

Aufbewahrung. Gut verschlossen, vor Licht geschützt.

Dosierung. Je nach Alter und Kondition des Patienten 5 bis 100 γ täglich.

Handelsformen: Thybon-Tabletten (Farbwerke Hoechst AG, Frankfurt a. M./Höchst). – Thyreopasin (August Wolff KG, Bielefeld). Tirogen (Polifarma-Roma, Via Tor, Sapienza 138).

V. Nebenschilddrüsen-Hormone

Die Nebenschilddrüse (Epithelkörperchen) reguliert gewisse Phasen des Phosphat- und Calciumstoffwechsels. Das von ihr gebildete Hormon wird als Parathormon bezeichnet. Nach Totalentfernung der Epithelkörperchen gehen Hunde und Katzen infolge einer sich entwickelnden Tetanie zugrunde. Eine Unterfunktion der Drüse führt zu einer Hypocalcämie, eine Überfunktion zu einer Hypercalcämie (Leuthardt).

Collip gelang es, aus den Epithelkörperchen Extrakte herzustellen, die die Ausfallserscheinung zu kompensieren vermochten. Durch das Gegenstromverfahren konnte das Hormon gereinigt werden. Es handelt sich um ein hochmolekulares Polypeptid mit einem Molekulargewicht von 8500 (Rasmussen).

Das Parathormon ist für die Aufrechterhaltung der normalen Calciumphosphationen-Konzentration im Blut verantwortlich. Demzufolge greift es an den Organen mit an, von welchen der Stoffwechsel der oben genannten Ionen in der Hauptsache abhängig ist. Das sind Nieren, Knochen und Darm.

Das Hormon reguliert die Ausscheidung der Phosphationen durch die Niere. Durch Überfunktion kommt es zu einer Phosphatdiurese mit Absinken des anorganischen Phosphats im Blutplasma. Nach neuester Forschung liegt der Angriffspunkt des Hormons nicht in den Tubuli, sondern in den distalen Abschnitten der Nierenkanälchen, die das Phosphat aktiv sezernieren. Umgekehrt läßt ein Ansteigen des anorganischen Phosphatspiegels im Blutplasma auf ein Fehlen des Hormons schließen. Die Einwirkung des Parathormons auf die Niere läßt sich auch experimentell nachweisen (PULLMAN, LAVENDER u. AHO).

Das Hormon greift auch an den Knochen an, indem es die Knochenmineralien mobilisiert. Mehrere aufeinanderfolgende Injektionen des Hormons erzeugen eine starke Proliferation der Osteoklasten mit Rarefikation des Knochens. Der Ca-Ionenspiegel im Blut steigt an. Das Phosphat der Knochen geht in Lösung. Infolge der einsetzenden Phosphatdiurese wird der Phosphatspiegel des Blutplasmas gesenkt und nicht wie vermutet gehoben. Anscheinend ist die Wirkung des Hormons auf die Niere stärker als auf die Knochen (LEUTHARDT).

Die Wirkung des Parathormons auf den Darm besteht in einer vermehrten Aufnahme von Calciumionen. Seine Funktion ähnelt in dieser Hinsicht sehr der des Vitamin D (LEUTHARDT).

Nach COLLIP wird ein Parathormonextrakt aus den Nebenschilddrüsen von Ochsen durch Ausziehen mit 3- bis 5%iger HCl hergestellt. Den Auszug entfettet man, fällt die Eiweißkörper, trennt vorsichtig fremde Eiweißkörper vom Hormon, löst in Alkohol und fällt in einer Äther-Aceton-Mischung aus.

Der Wirkungswert ist in Einheiten ausgedrückt.

Collip-Einheit: 1/100 der s.c. applizierten Hormonmenge, die den Blut-Ca-Spiegel eines 20 kg schweren Hundes in 10 bis 18 Std. um 5 mg je 100 ml Serum erhöht.

USP-Einheit: 1/100 der Menge von Parathyroid Injection, die den Ca-Gehalt von 100 ml Blutserum von normalen Hunden (8 bis 16 kg) in 16 bis 18 Std. um 1 mg erhöht (USP XVII).

Ross-Einheit: 1/5 der Menge Parathyroidin, die auf 1 kg Hund berechnet, eine Erhöhung des Calciumspiegels um 30% bewirkt (Ross. 9).

Vgl. Parathyroid Injection.

Literatur

ASPER, S. A.: Physiol. Rev. *35*, 426 (1955); Bull. Johns Hopk. Hosp. *93*, 164 (1953). – v. BASEDOW, K.: Caspers Wschr. *1848*, S. 769. – BAUMANN, E.: Münch. med. Wschr. *43*, 309 (1896). – BETTENCOURT, R., u. J. A. SERANNO: Sem. méd. *10*, 294 (1890); Progr. méd. *12*, 170 (1890); J. Amer. med. Ass. *87*, 908 (1926); J. biol. Chem. *63*, 395 (1925). – COLLIP, J. B.: Biol. Rev. *15*, 1 (1940); Canad. med. Ass. J. *24*, 646 (1931). – CURLING, T.: Med. chir. Trans. *33*, 303 (1850). – FOX, E. L.: Brit. med. J. *1892/II*, S. 941. – GRAP, W.: Arch. exp. Path. Pharmak. *167*, 313, 413 (1932); *168*, 715 (1932); *172*, 587 (1933); Klin. Wschr. *1933*, S. 1102. – GRAVES, R. J.: Med. a. Surg. J. Lond. *173*, 12 (1835). – GROSS, J. u. Mitarb.: Vitam. and Horm. *11*, 159 (1953); Recent Progr. Hormone Res. *10*, 109 (1954). – GROSS, J., u. R. PITT-RIVERS: Lancet *262*, 1044 (1952); Biochem. J. *53*, 645 (1953). – GULL, W. W.: Trans. clin. Soc. Lond. *7*, 180 (1874). – HARINGTON, C. R.: Biochem. J. *20*, 300 (1926); *22*, 1429 (1928); *23*, 373 (1929); Lancet *228*, 1199, 1261 (1935); J. chem. Soc. *1944*, S. 193. – HARINGTON, C. R., u. G. BARGER: Biochem. J. *21*, 169 (1927). – HARINGTON, C. R., u. R. PITT-RIVERS: Biochem. J. *39*, 157 (1945); *43*, 223 (1948). – HOWITZ, FR.: Ugeskr. Laeg. *26*, 109 (1892). – KENDALL, E. C.: J. biol. Chem. *89*, 125 (1919); Endokrinologie *3*, 156 (1919); Amer. J. Physiol. *30*, 420; *31*, 134 (1916); *45*, 540 (1918); *49*, 136 (1919). – KENDALL, E. C., u. C. E. SIMON: J. biol. Chem. *80*, 357 (1928). – KOCHER, T.: Arch. klin. Chir. *29*, 254 (1883); Virchows Arch. *208*, 86 (1912). – KREITMAIR, H.: Z. ges. exp. Med. *61*, 202 (1928); Endokrinologie *6*, 339 (1929); Ergebn. Physiol. *30*, 202 (1930). – LEUTHARDT, F.: Lehrbuch der physiol. Chem., 15. Aufl., Berlin: de Gruyter 1963, S. 690 bis 702. – LUDWIG, W., u. P. MUTZENBECHER: Z. physiol. Chem. *258*, 195 (1939). – MARTIUS, C.: Arch. Biochem. *33*, 486 (1951); Die Wirkungsweise des Schilddrüsenhormones in „Hormone und ihre Wirkungsweise", 5. Coll. d. Ges. f. Physiolog. Chemie in Mosbach/Baden, Berlin/Göttingen/Heidelberg: Springer 1955, S. 143; Conférences et Rapports 3. Congrés Internat. de Biochem., Bruxelles (1955). – MARX, H.: Ergebn. Biol. *11*, 244 (1935). – MURAY, G. R.: Brit. med. J. *1891/II*, S. 796. – ORD, W. M.: Trans. med. Chir. Soc. *56*, 57 (1878). – OSWALD, A.: Z. physiol. Chem. *17*, 14 (1899); *13*, 265 (1897). – PULMAN, Th. N., A. R. LAVENDER u. J. AHO: Endokrinologie *67*, 570 (1960). – RASMUSSEN, H.: Amer. J. Med. *30*, 112 (1961). – REINEKE, E. P., u. C.W. TURNER: Endocrinology *36*, 200 (1945); J. biol. Chem. *162*, 369 (1946). – REVERDIN, J. L., u. A. REVERDIN: Rev. méd. Suisse rom. *3*, 169, 413 (1883). – SALTER, W. T.: The Chem. a. Physiol. of the Thyroidhormon in G. PINCUS u.

K. V. THIMANN: The Hormones, Bd. II, S. 181, S. 301 (The control of thyroid activity); J. clin. Invest. *12*, 327 (1933). – SCHIFF, E.: Rev. méd. Suisse rom. *4*, 65, 425 (1884); Arch. exp. Path. Pharmak. *18*, 25 (1884). – REIN/SCHNEIDER: Physiologie des Menschen, 15. Aufl., Berlin/Göttingen/Heidelberg: Springer 1964, S. 378 bis 393. – TAUROG, A. W., u. J. L. CHAIKOFF: J. biol. Chem. 169, 49 (1947); *171*, 439 (1947); *178*, 997 (1949); *184*, 83 (1950). – THANNHAUSER, S. J.: Lehrbuch des Stoffwechsels u. der Stoffwechselerkrankungen, Stuttgart: Thieme 1957, S. 167 bis 207. – ZOWADOWSKY, B.: Endokrinologie *10*, 550 (1926); Pflügers Arch. ges. Physiol. *217*, 198 (1927); Z. ges. exp. Med. *62*, 27 (1928).

VI. Bauchspeicheldrüsen-Hormone

Insulin ist eines der beiden von der Bauchspeicheldrüse ins Blut sezernierten Hormone, die den Kohlenhydratstoffwechsel regulieren.

Es ist ein Peptidhormon mit der elementaren Zusammensetzung 49,91% C, 7,16% H, 14,41% N, 2,95% S, dessen Konstitution von SANGER aufgeklärt wurde: 51 Aminosäuren verteilen sich auf 2 Polypeptidketten, die durch Disulfidbrücken von Cystinresten zusammengehalten werden (s. Abb. 2).

Sämtliche Aminosäuren liegen in der L-Form vor.

Aus dem Formelbild errechnet sich das M.G. des Insulins mit 5734. In der Regel bilden 2 oder mehrere dieser kleinsten Insulin-Einheiten Aggregate, wobei in wäßriger Lösung das Dimere (M.G. etwa 12000) und das Octamere (M.G. etwa 48000) eine besondere Stabilität besitzen.

Kristall-Insulin ist ein Zinkkomplex mit einem röntgenkristallographisch bestimmten M.G. von 36000; Zn 0,5 bis 1% (vermutlich 3 Atome je Molekül).

Eine Reduktion der Disulfidbindung zur Sulfhydrylform inaktiviert das Hormon. Mit Perameisensäure läßt sich das Insulin-Molekül durch Oxydation in 2 Ketten spalten, von denen die eine 4, die andere 2 Cystinsäurereste enthält. Die A-Kette beginnt mit Glycin, besitzt eine innere Brücke und ist aus 21 Aminosäuren aufgebaut. Die B-Kette beginnt mit Phenylalanin.

Von Tierart zu Tierart bestehen in der Aminosäuresequenz der Stellen 8, 9 und 10 geringfügige Unterschiede.

Die Abb. 3 zeigt das Human-Insulin und die Änderungen in der Sequenz bei Rinder- und Schweine-Insulin.

Insulin-Wirkungen[1]

Organ	Wirkung	Wirkungsmechanismus
Muskel	1. Erhöhte Glucose-Aufnahme und -Oxydation. Vermehrte Milchsäureabgabe.	Beschleunigung des Glucose-Transports durch die Membrane.
	2. Erhöhte Glykogensynthese.	Aktivierung des Uridyldiphosphatglucose-Glykogen-Glucosyltransferase.
	3. Erhöhte Eiweißbildung?	
Fettgewebe	1. Erhöhte Glucoseaufnahme.	
	2. Hemmung der Freisetzung von Fettsäuren.	Hemmung der Lipolyse.
	3. Erhöhte Glucoseoxydation durch Aktivierung des Glucose-6-Phosphat-Shunts.	Folge: Erhöhte Fettsäurebildung und Triglyceridsynthese.
Leber	1. Erhöhte Glucoseaufnahme oder verminderte Abgabe.	
	2. Erhöhte Fettsäuresynthese.	
	3. Erhöhte Eiweißsynthese.	Aktivierung der Ribosomen.

[1] Nach P. J. RANDLE, in „Mechanisms of Hormone action“, Stuttgart/London/New York: Thieme 1965, S. 95.

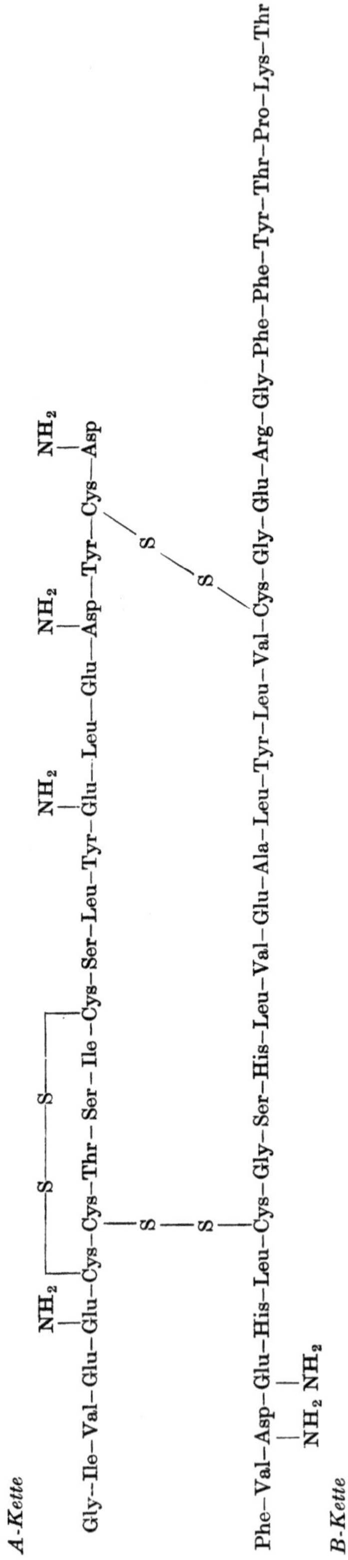

Abb. 2.

Human-Insulin

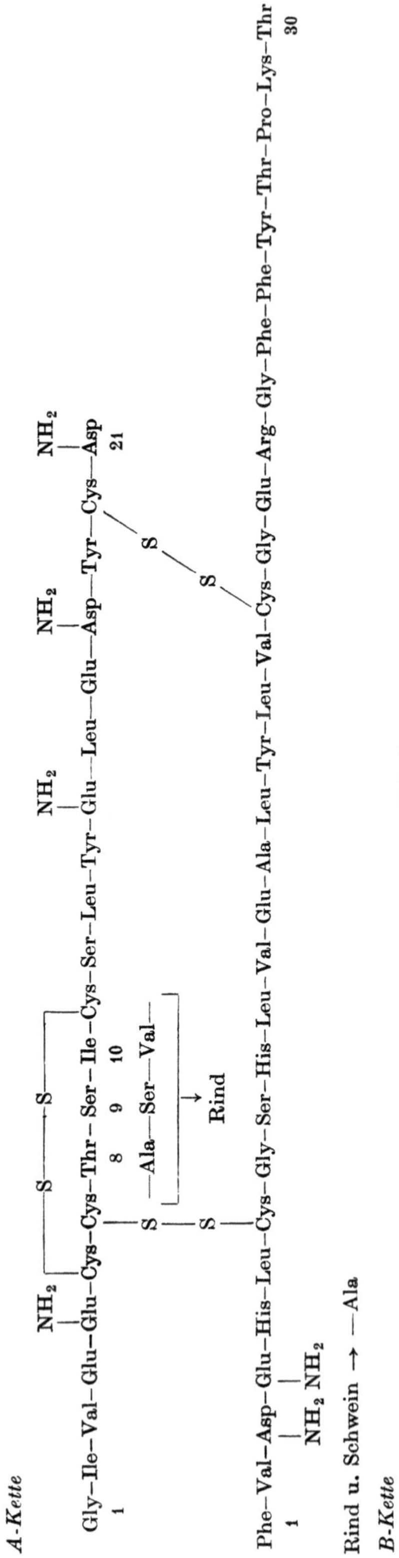

Abb. 3.

In seiner Aktivität und in seiner Kristallisationsform unterscheidet sich das von verschiedenen Tierarten gewonnene Insulin nicht. Die hohe biologische Spezifität des Hormons bleibt offenbar trotz einiger Variationsmöglichkeiten in der Aminosäurezusammensetzung erhalten.

Eine für den Wirkstoff spezifische Gruppe wurde bisher im Insulin-Molekül nicht aufgefunden. Wesentlich scheinen die Disulfidbrücken zwischen beiden Ketten und die innere Brücke in der A-Kette zu sein, da ihre Auflösung die Wirksamkeit aufhebt.

Insulin ist löslich in Wasser, in bis zu 80%igem Äthanol, Methanol, Essigsäure und Phenol. Beim isoelektrischen Punkt (pH etwa 5) ist Insulin praktisch unlöslich.

Literatur: SANGER, F.: Biochem. J. *45*, 563 (1949). – SANGER, F. u. Mitarb.: Biochem. J. *58*, VI bis VII (1954). – RYLE, A. P., F. SANGER, L. F. SMITH u. R. KITAI: Biochem. J. *60*, 541 (1955). – BROWN, H., F. SANGER u. R. KITAI: Biochem. J. *60*, 556 (1955). – HARRIS, J. I., F. SANGER u. M. A. NAUGHTON: Arch. Biochem. *65*, 427 (1956). – AMELUNG, D.: Dtsch. med. Wschr. *83*, 2002 (1958). – BEYER, H.: Lehrbuch der organischen Chemie, 8. Aufl., Leipzig: Hirzel-Verlag 1961.

Herstellung. BP 63: Fein zerteilte, frische oder nach der Entnahme aus dem Tier eingefrorene Bauchspeicheldrüsen von Säugetieren werden mit mineralsaurem A. extrahiert und der filtrierte Auszug im Vakuum auf ein kleines Volumen eingeengt. Nach Entfernen des ausgeschiedenen Fettes salzt man das rohe Insulin als Hydrochlorid aus oder fällt es als Pikrat und wandelt dieses anschließend in das Hydrochlorid um. Das Insulin-Hydrochlorid wird in W. gelöst und der wirksame Anteil ausgefällt, indem man ein pH von 5,2 einstellt und stehenläßt. Man reinigt das Produkt durch Kristallisation aus entsprechend gepufferter wss. Lsg., die Zinkchlorid enthält, und kristallisiert so lange um, bis man regulär kubische Kristalle erhält, die nicht weniger als 22 Einheiten pro Milligramm enthalten, bezogen auf die wasserfreie Substanz.

Zum Wirkungsmechanismus. Die blutzuckersenkende Wirkung von Insulin ist auf eine Reihe verschiedener Angriffspunkte zurückzuführen: Im Muskel wird der Einbau von Zukker in Glykogen gefördert, gleichzeitig wird in der Leber die Zuckerbildung (Gluconeogenese) aus Aminosäuren gehemmt und die Fettbildung aus Kohlenhydraten gesteigert. Die Zuckerverbrennung ist erhöht, und die Phosphorylierungsvorgänge sind vermehrt.

Welche Rolle die von CORI gefundene Aktivierung der Hexokinase durch Insulin für dessen Wirkungsmechanismus spielt, ist noch nicht voll geklärt. Besonders stark soll die Wirkung an der Muskelhexokinase sein. Insulin wird im Organismus rasch durch Fermente zerstört. Bei Diabetes soll deren Aktivität erhöht sein. Es ist jedenfalls sicher, daß die Zuckerkrankheit auf verschiedenem Wege entstehen kann, so z. B. auch infolge einer erhöhten Aktivität der α-Zellen.

Histologisch lassen sich in den LANGERHANSschen Inseln des Pankreas 2 Zelltypen unterscheiden: die sog. α-Zellen und die β-Zellen. Insulin wird in den β-Zellen gebildet. Es gibt Substanzen, die isoliert diese Zellen zerstören; dazu gehört das Alloxan und das Dithizon. Bei ihrer Anwendung läßt sich am Tier ein künstlicher Diabetes erzeugen.

Die α-Zellen sind, wie BÜRGER gezeigt hat, die Bildungsstätte eines zweiten in den Kohlenhydratstoffwechsel eingreifenden Hormons, des Glukagons.

Wie Insulin ist Glukagon ein Protein, in dem 29 Aminosäuren in einer geraden Kette aneinandergefügt sind. Sein kleinstes M.G. ist 3482. Die Aminosäuresequenz ist folgende:

```
          NH2
          |
His–Ser–Glu–Gly–Thr–Phe–Thr–Ser–Asp–Tyr–Ser–Lys–Tyr–Leu–Asp–Ser–Arg–Arg–
      NH2             NH2             NH2
      |               |               |
–Ala–Glu–Asp–Phe–Val–Glu–Try–Leu–Met–Asp–Thr
```

Das Glukagon kann als Antagonist des Insulins angesehen werden. Es erhöht den Blutzuckergehalt und führt zur Verarmung der Leber an Glykogen. Es unterscheidet sich von Insulin durch seine Stabilität gegenüber Alkali und wird durch Cystein inaktiviert. Im Gegensatz zu Insulin wird es durch Trypsin vollständig zerstört.

Glukagon wurde 1960 dem Handel übergeben. Es wird zur Unterbrechung von hypoglykämischen Zuständen gewöhnlich in einer Dosis von 0,5 bis 1 mg intravenös, intramuskulär oder subcutan angewandt (NND 1962).

Insulin DAB 7 – BRD. Insulin Crystals NND 62. Insulinum DAB 7 – DDR.

Zinkgehalt 0,3 bis 1,0% (DAB 7 – DDR und BRD), 0,45 bis 0,9% (NND: chemisch an das aktive Prinzip gebunden). 1 mg soll mindestens 22 I.E. enthalten (DAB 7 – BRD), 23 I.E. (DAB 7 – DDR).

Eigenschaften. Weißes bis schwach gelbliches, kristallines Pulver. Insulin fällt bei einem pH zwischen 4,8 und 5,2 aus der Lsg. aus. Die Fällung löst sich klar in Säuren und unter Opaleszenz in verd. Alkalilaugen.

Prüfung. 1. Zink: Etwa 0,050 g Substanz, genau gewogen, werden in einem Kolben von etwa 250 ml Inhalt mit 2,0 ml Schwefelsäure und 0,5 ml rauchender Salpetersäure bis zum Entweichen weißer Dämpfe erhitzt. Die klare, farblose Lsg. wird unter Nachspülen mit W. in einem Meßkolben auf 50,0 ml aufgefüllt. 5,00 ml dieser Lsg. werden in einem Scheidetrichter mit 10 ml W. verdünnt. Nach Zusatz einer Mischung gleicher Teile 6 n Ammoniaklsg. und W. bis zur schwach alkalischen Reaktion wird mit 3,0 ml Kaliumnatriumtartratlsg. versetzt. Mit Dithizonlsg. in Anteilen von jeweils 5,0 ml wird so lange ausgeschüttelt, bis der letzte Anteil noch schwach grün gefärbt bleibt. Die vereinigten Dithizonauszüge werden mehrmals mit je 10 ml Natriumsulfidlsg. so lange gewaschen, bis der letzte Anteil farblos bleibt. Der Dithizonauszug wird mit Tetrachlorkohlenstoff auf 60,0 ml aufgefüllt und die Extinktion E dieser Lösung in 1 cm Schichtdicke bei 530 mμ photometrisch gegen eine Blindprobe gemessen.

$$\text{Prozentgehalt Zink} = \frac{E \cdot 35{,}7}{e \cdot 1000}; \quad e = \text{Einwaage (in g) (DAB 7 – BRD).}$$

DAB 7 – DDR läßt den Zinkgehalt polarographisch und den N-Gehalt nach KJELDAHL ermitteln.

2. Sulfatasche. Höchstens 2,7% (DAB 7 – BRD).

Aufbewahrung. Vorsichtig aufzubewahren, bei einer Temperatur unter 25 °C gut verschlossen und vor Licht geschützt.

Injectio Insulini[1] PI.Ed. I/2, DAB 7 – DDR, ÖAB 9, Nord. 63. Insulinum pro Injectionibus Ross. 9. Insulin Injection BP 63. Insulin Injection USP XVII.

Insulin-Injektion ist eine sterile, saure Lösung des spezifisch antidiabetischen Prinzips der Bauchspeicheldrüse von Säugetieren. Sie darf nicht weniger als 90% und nicht mehr als 111% (BP 63) der deklarierten Wirksamkeit – in Einheiten ausgedrückt – besitzen.

Insulin-Injektion enthält 20, 40 oder 80 Einheiten pro Milliliter (BP 63) bzw. 20, 40, 80 oder 100 Internationale Einheiten pro Milliliter (PI.Ed. I/2) bzw. 40, 80, 100 oder 500 USP-Einheiten pro Milliliter (USP XVII) bzw. 20 oder 40 I.E./ml (ÖAB 9) bzw. 40 I.E./ml (DAB 7 – DDR, Nord. 63).

Herstellung. Durch Auflösen der erforderlichen Menge von Insulin-Kristallen in Wasser zur Injektion, das 1,6% (w/v)-Glycerin (BP 63) bzw. 1,45 bis 1,75 g Glycerin in 100 ml (ÖAB 9) bzw. 1,4 bis 1,8% (w/v) Glycerin (PI.Ed. I/2, DAB 7 – DDR, USP XVII) bzw. 1,6 bis 1,8% Glycerin (Ross. 9) und so viel Salzsäure enthält, daß ein pH von 3 bis 3,5 (BP 63) bzw. zwischen 2,5 und 3,5 (ÖAB 9, PI.Ed. I/2, USP XVII, DAB 7 – DDR) resultiert.

Außerdem gibt man ein geeignetes Konservierungsmittel hinzu; nach PI.Ed. I/2 und USP XVII 0,1 bis 0,25% Kresol (w/v) oder 0,15 bis 0,25% (w/v)-Phenol, DAB 7 – DDR 0,1% Methylhydroxybenzoat.

Die Lsg. ist durch Filtration zu sterilisieren, biologisch zu bestimmen und einzustellen (BP 63).

Eigenschaften. Bei einem Gehalt von nicht mehr als 100 Einheiten pro Milliliter ist die Insulin-Lsg. eine farblose oder fast (USP XVII) farblose Flüssigkeit. Bei einem Gehalt von 500 Einheiten kann sie strohgelb sein. Die Lsg. soll klar sein; bei der Aufbewahrung darf sich kein Bodensatz bilden (BP 63, ÖAB 9).

Das pH der Insulin-Injektionslsg. liegt, bei Messung mit einer Glaselektrode, zwischen 2,5 und 3,5 (ÖAB 9, PI.Ed. I/2, USP XVII) bzw. zwischen 3 und 3,5 (BP 63).

[1] Da Insulin praktisch nur in Form der Zubereitungen in Apotheken vorkommt, werden diese im Gegensatz zu den allgemeinen Arzneiformen bereits hier und nicht in Bd. VI beschrieben.

Erkennung. PI.Ed. I/2 u. USP XVII. 1. 6 Kaninchen mit einem Gewicht von je 1,8 bis 2,2 kg, die 18 bis 24 Std. hungerten, ist so viel Insulin-Injektionslsg. s.c. zu verabreichen, daß wenigstens 3 der Tiere Krämpfe bekommen. Sofort nach Auftreten der Krämpfe sind dem betreffenden Tier 5 ml einer 50%igen Traubenzuckerlsg. i.v. zu injizieren, wodurch die Krämpfe aufgehoben werden. Die Mehrzahl der Tiere, bei denen Krämpfe aufgetreten waren, muß noch mindestens 3 Tage am Leben bleiben. – 2. Insulin-Injektionslsg. ist auf ein pH zwischen 5,1 und 5,3 einzustellen: Es entsteht eine Fällung, die wieder verschwindet, wenn der pH-Wert auf 2,5 bis 3,5 gebracht wird. Wird ein pH zwischen 8,0 und 8,5 eingestellt, so ergeben Insulin-Lsg. mit einem Gehalt von nicht mehr als 100 Einheiten pro ml meist nur eine leichte Opaleszenz.

Prüfung. Der Ampulleninhalt ist so einzuteilen, daß nachfolgende Bestimmungen von Gesamtstickstoff, Zink und Verbrennungsrückstand gemacht werden können.

1. Gesamtstickstoff (USP XVII). Methode II: In einer genau gewogenen Menge von Insulin-Injektionslsg. von nicht weniger als 200 USP-Insulin-Einheiten wird die Gesamtmenge an Stickstoff nach Kjeldahl bestimmt. Die gefundene Stickstoffmenge pro 100 E. darf bei Injektionslsg. aus Zink-Insulin-Kristallen 0,70 mg, bei anderen Insulin-Injektionslsg. 0,85 mg nicht übersteigen.

2. Zinkgehalt (USP XVII). Der Gehalt an Zink pro 1000 USP-Einheiten darf nicht weniger als 0,1 mg und nicht mehr als 0,4 mg betragen.

Alle verwendeten Reagentien müssen so weit wie möglich frei von Schwermetallen sein. Falls notwendig, ist Wasser in Borsilicatglas zu destillieren. Alle Glasgeräte sind sorgfältig mit warmer, verd. Salpetersäure (1 : 2) und anschließend mit W. zu spülen. Chloroformlösliches Hahnfett ist zu vermeiden.

Alkalische Ammoniumcitratlösung. 50 g Diammoniumcitrat sind mit W. zu 100 ml zu lösen. Man fügt 100 ml konz. Ammoniakflüssigkeit hinzu und entfernt evtl. vorhandene Schwermetalle durch Ausschütteln mit 20-ml-Portionen einer Lsg. von 30 mg Dithizon in 1000 ml Chlf. und 5 ml A., die im Eisschrank aufbewahrt wurde. Das Ausschütteln ist zu wiederholen, bis das Dithizon seine orangegrüne Farbe behält. In der Citratlsg. verbliebenes Dithizon entfernt man durch Ausschütteln mit Chlf.

Chloroform. Man destilliert Chlf. aus einer Jenaer-Glas-Apparatur in die notwendige Menge abs. A., um eine Alkoholkonzentration von 1% im Destillat zu erhalten.

Dithizonlösung. 10 mg Dithizon sind in 1000 ml dest. Chlf. zu lösen und in bleifreien Glasstopfenflaschen, vor Licht geschützt, im Kühlschrank aufzubewahren.

Standard-Zinklösung. 625 mg bis zum konstanten Gewicht gelinde geglühtes Zinkoxid werden genau gewogen, in 10 ml Salpetersäure gelöst und die Lsg. mit W. auf 500 ml gebracht. Diese Lsg. enthält 1,0 mg Zink pro ml.

Verdünnte Standard-Zinklösung. Man verdünnt genau 1 ml der Standard-Zink-Lsg. mit 2 Tr. Salpetersäure und mit W. zu 100 ml. Diese Lsg. enthält 10 µg Zink pro ml. Sie ist 2 Wochen haltbar.

Trichloressigsäurelösung. 100 g Trichloressigsäure sind mit W. zu 1000 ml zu lösen.

Ausführung der Bestimmung.

Man bringt 1 bis 5 ml Insulin-Injektionslsg., genau gemessen, in ein graduiertes 40-ml-Zentrifugenglas. Falls nötig, fügt man tropfenweise so viel etwa 0,2 n Salzsäure hinzu, bis die Lsg. klar ist. Dann gibt man 5 ml Trichloressigsäure-Lsg. hinzu, füllt mit W. auf 40 ml auf, mischt sorgfältig und zentrifugiert.

Eine genau gemessene Menge der überstehenden Flüssigkeit mit einem zu erwartenden Gehalt von 5 bis 20 µg Zink bringt man in einen Scheidetrichter aus Jenaer Glas und verdünnt mit W. auf etwa 20 ml. Dann werden 1,5 ml der alkalischen Ammoniumcitrat-Lsg. und 35 ml Dithizon-Lsg. zugefügt. Man schüttelt kräftig 100mal und läßt die Chlf.-Phase absetzen. Der Auslauf des Scheidetrichters ist mit einem Wattepfropfen zu versehen, um alles mit dem Chlf. evtl. emulgierte W. zurückzuhalten. Die ersten Milliliter des Chlf.-Extraktes werden verworfen und der Rest in einem Reagensglas gesammelt, mit einem Kork verschlossen an einem kühlen Ort bis zur Messung der Absorption in einem Spektrophotometer bei 530 mµ aufbewahrt.

Die Höhe des Zinkgehaltes wird anhand einer Standardkurve ermittelt, die man mit 0,5, 1,0, 1,5 und 2,0 ml der „Verd. Standard-Zinklösung", gemessen gegen eine Blindlsg. mit sämtlichen Reagentien ohne Zink, aufgestellt hat.

Nur wenig modifiziert bestimmen BP 63 und PI.Ed. I/2 ebenso mit Dithizon-Lsg. den Zinkgehalt.

Nach ÖAB 9 wird der Zinkgehalt mit ÄDTA wie folgt bestimmt:

5,00 ml Insulin-Injektionslsg. werden mit 25 ml W., 5 ml Ammoniumchlorid-Ammoniak-Puffer-Lsg. und 0,1 g Eriochromschwarzverreibung versetzt. Hierauf titriert man mit 0,001 m Natrium-ÄDTA-Lsg. auf Blau (Mikrobürette). Gegen Ende der Titration ist die Titerlsg. nur langsam und tropfenweise zuzusetzen.

Eine zweite Bestimmung führt man in gleicher Weise als Blindprobe aus, wobei man anstelle der Insulin-Injektionslsg. 5 ml W. verwendet. Die Differenz der bei den beiden Titrationen verbrauchten Anzahl ml 0,001 m Natrium-ÄDTA-Lsg. darf für 100 I.E. Insulin nicht mehr als 0,61 ml betragen, entsprechend 0,040 mg Zink.

1 ml 0,001 m Natrium-ÄDTA-Lsg. entspr. 0,0654 mg Zn.

Bestimmung des Glyceringehaltes in Insulin-Injektion (BP 63 bzw. ÖAB 9). Dieser soll zwischen 1,45 und 1,75% (w/v) betragen und wird nach folgender Methode bestimmt. Zu 5 ml Injektionslsg. gibt man 30 ml Wasser, einen kleinen Überschuß einer 10%igen Natriumwolframatlösung und langsam unter beständigem Rühren 2 ml n Schwefelsäure. Man filtriert und wäscht den Rückstand mit W. Filtrat und Waschflüssigkeit werden vereinigt und mit W. auf 200 ml (bzw. ÖAB 9: auf 150 ml) aufgefüllt, 2 Tr. Bromkresolpurpur (bzw. ÖAB 9: 10 Tr. Bromthymolblau) zugefügt und mit soviel 0,1 n Natronlauge versetzt, bis die Farbe eben nach Blau (bzw. ÖAB 9: nach Grün) umschlägt. Dann gibt man 0,7 g Kaliumperjodat hinzu und erhitzt unter gelegentlichem Umschwenken 15 Min. lang auf 37 bis 40°. Nach Zugabe von 3 ml Propylenglykol wird gemischt, 3 bis 5 Min. stehengelassen und schließlich mit 0,1 n Natronlauge titriert, bis die blaue Farbe eben wieder auftritt (bzw. ÖAB 9: bis die grüne Farbe 10 Sek. lang bestehen bleibt). 1 ml 0,1 n Natronlauge entspr. 0,009209 g Glycerin.

Wertbestimmung (USP XVII). Standardlösung. Man löst eine geeignete, genau gewogene Menge von „USP-Zink-Insulin Crystals Reference Standard" in der nötigen Menge W., das 0,1 bis 0,25% (w/v)-Phenol oder Kresol, 1,4 bis 1,8% (w/v)-Glycerin und die erforderliche Menge Salzsäure enthält, um eine Standardlsg. von 40 USP-Insulin-Einheiten und ein pH von 2,5 bis 3,5 zu erhalten. Die Lsg. ist an einem kühlen Platz aufzubewahren, vor dem Einfrieren zu schützen und innerhalb von 6 Monaten zu verwenden.

Standardverdünnungen. Aus der Standardlsg. sind zwei Verdünnungen zu bereiten. Standardverdünnung 1 enthält 1,0 USP-Insulin-Einheiten pro ml, Standardverdünnung 2 enthält 2,0 USP-Insulin-Einheiten pro ml. Verdünnungsmittel: Eine Lsg. von 0,1 bis 0,25% Phenol oder Kresol, 1,4 bis 1,8% Glycerin und Salzsäure, damit die Lsg. ein pH von 3,0 $\pm$ 0,5 hat.

Prüfverdünnungen. Unter Verwendung des gleichen Verdünnungsmittels wie für die Standardverdünnungen werden zwei Verdünnungen der zu untersuchenden Injektionslsg. hergestellt:

Prüfverdünnung 1. Enthält – nach dem vermutlichen Wirkungswert berechnet – etwa 1,0 USP-Einheiten pro ml.

Prüfverdünnung 2. Enthält – nach dem vermutlichen Wirkungswert berechnet – etwa 2,0 USP-Einheiten pro ml.

Dosierung der injizierten Verdünnungen. Man wähle auf Grund von Vorversuchen oder Erfahrungen die Dosen der zu injizierenden Verdünnungen so, daß man im allgemeinen zwischen 0,30 und 0,50 ml zu verabreichen hat. Für jedes Tier muß die injizierte Menge an Standardverdünnung gleich der an Prüfverdünnung sein.

Versuchstiere. Gesunde Kaninchen von mindestens 1,8 kg Gewicht sind wenigstens 1 Woche lang vor dem Versuch im Laboratorium zu halten, mit gleichbleibender Kost zu füttern und zu jeder Zeit mit W. zu versorgen, nur nicht während der Bestimmung.

Ausführung der Bestimmung.

Die Kaninchen werden in 4 Gruppen mit je mindestens 6 Tieren eingeteilt. Am Vortage, etwa 20 Std. vor Versuchsbeginn, erhält jedes Kaninchen die Menge an Futter, die innerhalb von 6 Std. verbraucht sein wird. Der gleiche Fütterungsplan ist vor jedem Versuchstag zu befolgen. Während der Bestimmung sind Futter und W. bis nach der letzten Blutprobe vorzuenthalten. Man behandle die Tiere vorsichtig, um jede schädliche Aufregung zu vermeiden, und injiziere die vorgesehene Dosis s.c. nach folgendem Schema, wobei die „Zweite Injektion" einen oder spätestens 7 Tage nach der „Ersten Injektion" zu erfolgen hat.

Gruppe	„Erste Injektion"	„Zweite Injektion"
1	Standardverdünnung 2	Prüfverdünnung 1
2	Standardverdünnung 1	Prüfverdünnung 2
3	Prüfverdünnung 2	Standardverdünnung 1
4	Prüfverdünnung 1	Standardverdünnung 2

1 und $2^1/_2$ Std. nach der Injektion sind von jedem Kaninchen aus der Ohrvene Blutproben zu entnehmen und die Blutzuckerkonzentration jeder Probe zu bestimmen.

Blutzuckerbestimmung. In einem sauberen, trockenen Kölbchen oder Reagensglas ist 1 ml des entnommenen Blutes mit 8 ml saurer Zinksulfatlsg. (vgl. unten) zu mischen und kurze Zeit stehenzulassen. Man fügt 1 ml einer Mischung aus 81 ml einer 1 n NaOH und 19 ml W. zu, verschließt das Gefäß, schüttelt kräftig, läßt einige Minuten stehen und filtriert durch ein trockenes Filter in ein sauberes, trockenes Gefäß. Man pipettiert genau 2 bis 5 ml des Filtrates in ein 25 × 200-mm-Reagensglas mit genau 5 ml alkalischer Kupferjodidlsg. (vgl. unten), mischt vorsichtig und verschließt in geeigneter Weise, etwa mit einer Glaskugel. Das Gefäß wird mit einem Metallständer 20 Min. lang etwa 10 cm tief in ein siedendes Wasserbad gestellt. Man kühlt rasch ohne zu erschüttern auf 30° durch Eintauchen in W. ab. Nach Ansäuern mit 5 ml n Schwefelsäure und vorsichtigem Mischen läßt man mindestens 1 Min. stehen und titriert dann mit frisch bereiteter 0,005 n Natriumthiosulfatlsg. Sobald die Jodfbg. blaß wird, setzt man 1 ml Stärkelsg. zu und titriert bis zum Endpunkt. Unter Verwendung der gleichen Menge gleicher Reagentien ist in gleicher Weise ein Blindversuch durchzuführen, bei dem das Blutfiltrat durch eine entsprechende Menge W. ersetzt wird. Die Differenz an verbrauchten Milliliter Thiosulfatlsg. für den Blindversuch und die Blutzuckerbestimmung, multipliziert mit 113 und dividiert durch die eingesetzte Anzahl an Milliliter Blutserum, ergibt den Blutzuckerwert in Milligramm pro 100 ml Blut.

Saure Zinksulfatlösung. Man löst 12,5 g Zinksulfat in etwa 200 ml W., versetzt mit 31,25 ml n Schwefelsäure und füllt mit W. auf 1000 ml auf. Genau 50 ml dieser Lsg. werden mit 3 Tr. Phenolphthaleinlsg. versetzt und langsam mit einer Mischung von 81 ml n Natronlauge und 19 ml W. titriert, bis eine bleibende Rosafbg. entsteht: es müssen 6,20 bis 6,30 ml der Natriumhydroxidlsg. verbraucht werden.

Alkalische Kupferjodidlösung. In etwa 100 ml W. löst man 7,5 g Kupfersulfat ($CuSO_4 \cdot 5H_2O$). 25 g w.freies Natriumcarbonat, 20 g Natriumbicarbonat und 25 g Kaliumnatriumtartrat werden in einem zweiten Gefäß mit etwa 600 ml W. gelöst. Unter ständigem Rühren bringt man die Kupfersulfatlsg. durch einen Trichter auf den Grund der alkalischen Tartratlsg. Dann gibt man 1,5 g Kaliumjodid, 200 g w.freies Natriumsulfat, 50 bis 150 ml 0,02 m Kaliumjodatlsg. hinzu und füllt mit W. auf 1000 ml auf. (Die Menge der erforderlichen Jodatlsg. ist abhängig von der Blutzuckerkonzentration und vom Volumen des verwendeten Blutfiltrates.)

Berechnung. Man berechnet die Wirkung jeder Injektion bei jedem Tier aus der Summe der zwei Blutzuckerwerte und zieht die Wirkung der Verdünnung 1 von der der Verdünnung 2 ab. Auf die chronologische Reihenfolge, in der die Ergebnisse erhalten wurden, wird nicht Rücksicht genommen. Man erhält die individuellen Differenzen y.

Wenn die Ergebnisse von einem oder mehreren Kaninchen fehlen, ist nach geeigneten Methoden mit verschieden großen Gruppen zu rechnen; siehe USP XVII.

Gruppe	Differenzen	Einzelwirkung y	Gesamtwirkung T
1	Standard 2 – Probe 1	y_1	T_1
2	Probe 2 – Standard 1	y_2	T_2
3	Probe 2 – Standard 1	y_3	T_3
4	Standard 2 – Probe 1	y_4	T_4

Wenn die Anzahl (f) der Kaninchen, mit denen die Bestimmung ausgeführt wurde, in allen Gruppen die gleiche ist, so sind die y-Werte jeder Gruppe zu summieren und wie folgt zu rechnen:

$$T_a = -T_1 + T_2 + T_3 - T_4 \quad \text{und} \quad T_b = T_1 + T_2 + T_3 + T_4.$$

Dann ist der Logarithmus der relativen Wirksamkeit

$$M' = 0{,}301\, T_a/T_b,$$

und der Wirkungswert in USP-Einheiten gleich dem

Antilog [log der angenommenen Wirksamkeit M'].

Man bestimme den Zuverlässigkeitsbereich (confidence interval) des log Wirksamkeit M' (USP XVII). Falls dieser größer als 0,1212, was einem Wert $P = 0{,}95$ bei den Zuverlässigkeitsgrenzen von 87 bis 115% der angenommenen Wirksamkeit entspricht, so ist die Bestimmung zu wiederholen, bis die vereinigten Ergebnisse der beiden oder mehrerer Bestimmungen innerhalb dieser Grenzen liegen.

Die vorbeschriebene Wertbestimmung gemäß USP XVII findet sich mit wenigen, unwesentlichen Änderungen auch in BP 63 und PI.Ed. I/2. Diese beiden Pharmakopöen enthalten eine weitere Bestimmungsmethode.

Bestimmung an Mäusen durch s.c. Injektion gemäß BP 63, PI.Ed. I/2. Mindestens 96 gesunde Mäuse (gemäß PI.Ed. I/2: 120), deren Körpergewichte nicht mehr als 5 g auseinanderliegen und die bei angemessener Kost gehalten wurden, sind mindestens 2 Std. und höchstens 20 Std. vor Versuchsbeginn durch Futterentzug auf den Test vorzubereiten. Sie werden in 4 Gruppen eingeteilt, die je eine von 2 Verdünnungen des Standardpräparates und von 2 Verdünnungen der zu prüfenden Injektionslsg. subcutan verabreicht bekommen. Als geeignete Dosen für Mäuse mit einem Gewicht von etwa 20 g sind 0,015 und 0,030 Einheiten zu bezeichnen, jedoch müssen gelegentlich, wegen der verschiedenen Sensibilität örtlicher Mäusepopulationen, Änderungen vorgenommen werden. Als Verdünnungsmittel für die zu prüfende Injektionslsg. und für das Standardpräparat dient salzsaure, physiologische Kochsalzlsg. vom pH 2,5. Die Verdünnungen müssen die zu applizierende Dosis in Volumina von höchstens 0,5 ml enthalten. Die Verdünnungen der Prüflsg. sind so zu bereiten, daß ihr angenommener Wirkungswert dem der entsprechenden Standardverdünnung äquivalent ist.

Nach der Injektion hält man die Mäuse bei gleichbleibender Temperatur zwischen 29 und 35° entweder in einem Brutschrank mit einer Glasfront, in dem die Mäuse sich in Glasbehältern befinden, oder in einer Reihe von kleinen Kästen, die zu zwei Drittel ihrer Höhe in einem Wasserbad von entsprechender Temperatur stehen. Für Belüftung aller Behälter ist Sorge zu tragen.

Der Versuch sollte so aufgebaut werden, daß die Tiere in allen 4 Gruppen gleichmäßig über den ganzen Brutschrank oder Thermostaten verteilt sind und daß die am leichtesten zu fangenden Mäuse nicht alle der einen oder anderen Gruppe angehören.

Man beobachtet die Mäuse $1^1/_2$ Std. lang nach der Injektion und registriert die Anzahl der toten oder in Krämpfen liegenden Mäuse oder der Mäuse, die mehr als 2 bis 3 Sek. auf den Rücken gedreht, liegen bleiben.

Der Wirkungswert wird nach statistischen Standardmethoden errechnet.

Aufbewahrung. Insulin-Injektions-Lsg. in Mehrfachentnahmeflaschen (USP XVII u. DAB 7 – DDR) sollen bei einer möglichst niedrigen Temperatur oberhalb des Gefrierpunktes aufbewahrt werden. Unter diesen Bedingungen kann eine Haltbarkeit von wenigstens 2 Jahren erwartet werden. Bei Temperaturen um 20° tritt Zersetzung ein (BP 63 u. PI.Ed.I). Gemäß ÖAB 9 bei Kühlschranktemperatur aufbewahren. Nach USP XVII beträgt die Haltbarkeit bei Kühlschrankaufbewahrung 2 Jahre. Ross. 9: Bei Temperaturen von 1 bis 10° Haltbarkeit $1^1/_2$ Jahre.

Beschriftung. Das Etikett muß die Zahl der Einheiten pro ml sowie das Herstellungs- und Verfallsdatum tragen (BP 63, USP XVII, ÖAB 9).

Insulin-Präparate mit protrahierter Wirkung. Zur Verlängerung der blutzuckersenkenden Wirkung wird Insulin durch geeignete Mittel in schwerer lösliche Verbindungen überführt, die vom Organismus langsamer resorbiert werden. Die verlängerte Wirkungsdauer geht meist mit einem verzögerten Wirkungseintritt parallel.

Im Pankreas liegt das Insulin in einer Depotform vor, aus der es nur allmählich in die Blutbahn gelangt. So ist *Nativ-Insulin* ein natürliches Depot-Insulin, das durch besondere Extraktionsverfahren gewonnen wird.

Globin-Zink-Insulin und *Protamin-Zink-Insulin* sind Depot-Insuline, die durch Zusatz von Humanglobin (2 mg auf 100 I.E.) bzw. Globin aus Ochsenblut (4 mg Globin/100 I.E.) und 0,3 mg Zink bzw. Protamin aus dem Sperma von Fischen (Fam. Salmonidae) in schwerresorbierbare Verbindungen überführt wurden. Ross. 9 beschreibt ein *Histon-Zn-Insulin.*

Neben diesen genannten Depot-Insulinen aus Insulin und anderen basischen Eiweißstoffen erhält man Präparate mit Dauerwirkung durch Veränderung der chemisch-physikalischen Eigenschaften und der Zink- und Insulin-Konzentration sowie durch Variation des Puffers der Injektionslösung.

Lente-Insulin-Novo (Novo-Kopenhagen) ist beispielsweise eine Suspension von Zink-Insulin-Kristallen in gepuffertem, wäßrigem Medium unter Zusatz von 0,20 bis 0,25 mg Zink je 100 Einheiten. Durch diesen Zinküberschuß ist Insulin beim pH des Blutes schwer löslich (NNR 55).

Depot-Insulin „Hoechst" klar enthält als protrahiert blutzuckersenkenden Bestandteil den durch Einwirkung von „Surfen" (Hoechst) auf kristallisiertes Insulin entstehenden Surfen-Insulin-Komplex mit etwa 0,004 mg Surfen je I.E. Die protrahierte Wirkung kommt dadurch zustande, daß durch pH-Verdrängung der Komplex im Gewebe niedergeschlagen wird. Im *Iso-Insulin* (Novo, Kopenhagen), heute als Di-Insulin mit Alt-Insulin gemischt im Handel, sind die Aminogruppen des Insulin-Moleküls zum Teil durch Umsetzung mit Phenylisocyanat blockiert:

$$-NH_2 + O{=}C{=}N{-}C_6H_5 \rightarrow -N{=}C{=}N{-}C_6H_5.$$

Globin Zinc Insulin Injection USP XVII. Injectio Insulini Zinci globinati DAB 7 – DDR. Injection of Globin Zinc Insulin BP 63.

Globin-Zink-Insulin-Injektion ist eine durch Zusatz von Zinkchlorid und Globin modifizierte, sterile Lösung von Insulin. Das verwendete Globin ist aus Globinhydrochlorid aus Rinderblut hergestellt und hat den Anforderungen der einzelnen Staaten zu entsprechen. 1 ml der Injektionslösung enthält 40 oder 80 Einheiten.

Herstellung. BP 63: Eine sterile, salzsaure Lsg. von Insulin wird biologisch bestimmt und dann so verdünnt, daß die fertige Lsg. nach Zusatz der weiteren Inhaltsstoffe die erwünschte Anzahl von Einheiten im Milliliter aufweist. Dann gibt man je 100 Einheiten 3,6 bis 4,0 mg Globin, Zinkchlorid entsprechend 0,3 mg Zink, 1,6% (w/v)-Glycerin und die nötige Menge eines geeigneten Konservierungsmittels zu. Das Präparat muß aseptisch bereitet und in sterilisierte Behälter abgefüllt werden.

Eigenschaften. Fast farblose Flüssigkeit, frei von Trübungen und Schwebestoffen. pH der Lsg. 3,0 bis 3,5 (BP 63), 3,4 bis 3,8 (USP XVII).

Prüfung. Gesamtstickstoff USP XVII: Der Stickstoffgehalt ist wie bei Insulin-Injektion zu bestimmen und darf nicht mehr als 1,50 mg Stickstoff auf 100 Insulin-Einheiten betragen.

Gehalt an Zink USP XVII: Der Zinkgehalt wird wie im Insulin bestimmt und liegt zwischen 0,25 und 0,35 mg Zink pro 100 Einheiten.

Wertbestimmung USP XVII. Lösung 1: 300 mg Zinkoxid sind in 116 ml 0,1 n Salzsäure zu lösen. Man fügt 30 g Glycerin und 4,6 g Phenol (oder 3,5 g Kresol) zu und füllt mit W. auf 1000 ml auf.

Lösung 2: Man löst eine genau gewogene Menge „USP-Zinc-Insulin Crystals Reference Standard" in so viel Teilen der Lösung 1, daß pro ml 80 USP-Insulin-Einheiten enthalten sind. Die Lsg. ist kühl, vor dem Einfrieren geschützt, aufzubewahren und innerhalb von 6 Monaten zu verbrauchen.

Lösung 3: Man löst 100 mg USP Globin Reference Standard in 100 ml W. Zu dieser Lsg. gibt man langsam unter Rühren 1 ml 0,1 n Natronlauge und verdünnt mit W. bis zu einer Konzentration von 3,36 mg USP Globin Reference Standard pro ml. Die Lsg. ist stets frisch zu bereiten.

Globin-Zink-Insulin-Standard mit 40 Einheiten pro ml: Eine genau gemessene Menge der Lösung 2 ist mit dem gleichen Volumen der Lösung 3 zu versetzen. Liegt das pH der Mischung nicht zwischen 3,4 und 3,8, so verwerfe man sie und stelle eine gleiche her, bei der eine frische Lösung 3, durch Zusatz von Salzsäure oder Natronlauge auf das richtige pH gebracht, verwendet wird. Die Mischung ist kühl, doch vor dem Einfrieren geschützt, aufzubewahren und innerhalb von 6 Monaten zu gebrauchen.

Globin-Zink-Insulin-Standard mit 80 E./ml: Die Standardlsg. mit 80 Einheiten wird wie die Standardlsg. mit 40 E./ml bereitet, indem man die Konzentration an Zinkoxid und HCl in Lösung 1, das Insulin in Lösung 2 und den Gehalt an Globin in Lösung 3 verdoppelt.

Versuchstiere. Bezüglich der Tiere gelten die Bestimmungen von Insulin-Injektion.

Dosierung der Standard-Globin-Zink-Insulin-Injektion. Die zu injizierende Dosis der unverdünnten Standardlsg. soll so groß sein, daß der durchschnittliche Blutzuckerspiegel zwischen 70 und 95% des Ausgangswertes 6 bis 8 Std. nach der Injektion beträgt; die gewählte Dosis darf aber nicht so groß sein, daß bei mehr als 25% der Tiere Krämpfe auftreten.

Dosierung der zu prüfenden Globin-Zink-Insulin-Injektion: Die Dosis der zu prüfenden Globin-Zink-Insulin-Injektion ist die gleiche wie bei der Standardlsg.

Ausführung der Bestimmung.

Man teilt die Kaninchen in 2 Gruppen von etwa gleicher Anzahl. Die Tiere werden in Einzelkäfigen gehalten, 24 Std. vor dem Versuch wird ihnen das Futter, nicht aber das Wasser entzogen. Während des Versuches ist beides bis zur letzten Blutentnahme zu entziehen. Man behandle die Tiere vorsichtig, um jede schädliche Aufregung zu vermeiden. Man entnimmt etwas mehr als 1 ml Blut aus der Ohrvene eines jeden Tieres und sammelt das Blut in Gefäßen mit jeweils etwa 3 mg Natriumoxalat. Nachdem man aus diesen Proben die Anfangs-Blutzucker-Konzentration wie bei „Insulin-Injektion" bestimmt hat, injiziert man s.c. den Tieren der einen Gruppe eine geeignete Menge von unverdünntem Globin-Zink-Insulin-Standard mit einem Gehalt an Einheiten pro ml, der dem der deklarierten Anzahl Einheiten der zu prüfenden Globin-Zink-Insulin-Injektion entspricht. Den Kaninchen der anderen Gruppe verabreicht man das gleiche Volumen der zu prüfenden Injektionslsg.

Dann entnimmt man wie oben in Abständen von $1^1/_2$ bis 3 Std. mindestens 5 Blutproben von jedem Tier und bestimmt den Blutzuckergehalt jeder Probe.

Etwa 1 Woche später erhalten die Tiere, die vorher die zu prüfende Lsg. bekamen, die gleiche Menge des Standards und umgekehrt. Blutproben sind wie vorher zu entnehmen und auf den Zuckergehalt zu prüfen. Eine Bestimmung besteht aus den Ergebnissen von insgesamt mindestens 30 Kaninchen.

Auswertung der Ergebnisse.

Man subtrahiert die durchschnittliche Blutzuckerkonzentration der ersten Blutprobe der Gruppe, die die zu prüfende Lsg. verabreicht bekam, von der durchschnittlichen Blutzuckerkonzentration der ersten Blutprobe der Gruppe, die den Standard erhielt. Mit den Durchschnittswerten der 2. bis 5. Blutprobe jeder Gruppe verfährt man in gleicher Weise. Die Differenzen dürfen bis einschließlich 5 Std. nach der Injektion nicht mehr als 6 mg pro 100 ml und nach dieser Zeit nicht mehr als 8 mg pro 100 ml betragen. Das Mittel aus allen Differenzen, unter Berücksichtigung der Vorzeichen, darf nicht größer als ± 3 sein.

Aufbewahrung und Beschriftung. Es gelten die gleichen Vorschriften wie bei Insulin-Injektion.

Handelsformen: HG-Insulin (Hoechst), Globin Insulin with Zinc (Burroughs Wellcome, USA), Globin Zinc Insulin (Squibb, USA): 10-ml-Fläschchen mit 40 oder 80 USP-Insulin-Einheiten pro ml, konserviert mit 0,25% Phenol.

Histon-Zink-Insulinum Ross. 9.

1 ml des Präparates enthält 40 Einheiten Insulin, 0,114 mg Zink (in Form des Sulfates), 1 bis 1,2 mg Histon und Dinatriumphosphat zur Einstellung des erforderlichen pH-Wertes – nicht aber über 1%.

Histone sind schwächer basisch als die Protamine und stellen auch in bezug auf die Molekülgröße eine Übergangsstufe zwischen den Protaminen und den hochmolekularen Eiweißstoffen dar.

Eigenschaften. Farblose Flüssigkeit mit einem geringen, gelblichen Bodensatz; pH 6,0 bis 6,8.

Erkennung. Gibt man zu 1 ml des durchgeschüttelten Präparates 0,15 ml 0,1 n Salzsäure, so muß eine klare Lsg. entstehen; fügt man zu dieser Lsg. 1 bis 2 Tr. 5%ige Ammoniaklsg., so entsteht eine Fllg., die sich zum größten Teil durch weitere Ammoniakzugabe wieder löst (Unterscheidung von Triprotamin-Zink-Insulin).

5 ml werden zur Trockne eingedampft und verascht. Den Rückstand löst man in 1 ml verd. Salzsäure, verdünnt mit 3 ml W. und fügt einige Tr. Kaliumferrocyanidlsg. hinzu: es entsteht eine weiße Fllg. Man filtriert, versetzt das Filtrat mit verd. Ammoniaklsg. bis zur alkalischen Rk., versetzt mit einer Mischung gleicher Volumina 10%iger Ammoniumchloridlsg. und 10%iger Magnesiumchloridlsg.: es entsteht eine weiße, kristalline Fllg.

Gehaltsbestimmung. Nach biologischer Bestimmung soll 1 ml 40 Einh. enthalten; die Abweichung von der Deklaration darf -5 und $+10\%$ nicht übersteigen. Zentrifugiert man das Präparat 10 Min. lang, so soll 1 ml des Zentrifugats nicht mehr als 4 Einh. enthalten.

Protamine Zinc Insulin Injection BP 63, USP XVII. Injectio Insulini Zinci Protaminati PI.Ed. I/2.

Protamin-Zink-Insulin-Injektion ist eine sterile Suspension von Insulin in gepuffertem wäßrigem Medium unter Zusatz von Protamin und Zinkchlorid. Das Protamin wird aus dem Sperma oder den Testes von geschlechtsreifen Fischen wie *Oncorhynchus Suckley* oder *Salmo Linné* (Fam. Salmonidae) gewonnen. 1 ml Protamin-Zink-Insulin-Injektion enthält 40 oder 80 USP-Insulin-Einheiten.

Herstellung. BP 63: Eine sterile Lsg. von Insulin wird biologisch bestimmt und so verdünnt, daß die fertige Lsg. nach Zusatz der weiteren Inhaltsstoffe die erwünschte Anzahl von Einheiten im ml aufweist. Dann gibt man für je 100 Einheiten 1,0 bis 1,5 mg Protaminsulfat, Zinkchlorid entsprechend 0,2 mg Zink, 1,6% (w/v)-Glycerin und die nötige Menge eines geeigneten Konservierungsmittels zu. Das Präparat muß aseptisch bereitet und in sterilisierte Behälter abgefüllt werden. In jeden Behälter ist die nötige Menge steriler Dinatriumphosphatlsg. zu geben, die gegebenenfalls eine kleine Menge Natriumhydroxid oder Phosphorsäure enthält, so daß die endgültige Mischung auf je 100 Einheiten Insulin 10 bis 11 mg Dinatriumphosphat enthält und ein pH von 6,9 bis 7,3 aufweist (PI.Ed. I/2: pH 6,9 bis 7,4; USP XVII: pH 7,1 bis 7,4).

Eigenschaften. USP XVII, PI.Ed. I/2: Protamin-Zink-Insulin-Injektion ist eine weiße oder fast weiße Suspension, die nach dem Umschwenken frei ist von gröberen Bestandteilen.

Identitätsreaktionen. USP XVII, PI.Ed. I/2: 1. Man bringt Protamin-Zink-Insulin-Injektion auf ein pH von 2,5 bis 3,5: die feste Phase der Suspension löst sich, es entsteht eine klare, farblose Flüssigkeit. – 2. Mit einem Teil der nach 1. erhaltenen Lsg. führt man die Prüfung durch, wie bei Insulin-Injektion unter „Identitätsreaktionen 1" angegeben.

Gesamtstickstoff. Der Stickstoffgehalt ist wie bei Insulin-Injektion zu bestimmen und darf nicht mehr als 1,25 mg für 100 Einheiten betragen (USP XVII).

Zinkgehalt. USP XVII, PI.Ed. I/2: Der Gehalt an Zink ist wie bei Insulin-Injektion zu bestimmen und liegt zwischen 0,20 und 0,25 mg pro 100 Einheiten.

Wertbestimmung USP XVII.

Lösung 1: Man löst 183 mg Zinkoxid in 60 ml 0,1 n Salzsäure, gibt 16 g Glycerin und 2,5 g Phenol (oder 2 g Kresol) hinzu und füllt mit W. auf 1000 ml auf.

Lösung 2: Man löst 4 g Dinatriumphosphat (berechnet auf Na_2HPO_4), 16 g Glycerin und 2,5 g Phenol (oder 2 g Kresol) in W. und füllt mit W. auf 1000 ml auf. Falls nötig, stellt man das pH der Lsg. mit Salzsäure oder Natronlauge ein (vgl. unten).

Lösung 3: Mindestens 100 mg USP Protamin Reference Standard sind in so viel Teilen der „Lösung 1" zu lösen, daß 1 ml der Mischung 1 mg Protamin enthält. Die Mischung ist kühl, jedoch vor dem Einfrieren geschützt, aufzubewahren und innerhalb von 6 Monaten zu gebrauchen.

Lösung 4: Man löst eine genau gewogene Menge von USP Zinc Insulin Cristals Reference Standard in so viel Teilen der „Lösung 3", daß 1 ml der erhaltenen Lsg. 80 USP Insulin-Einheiten enthält. Falls erforderlich, fügt man 1 Tr. verd. Salzsäure zu, um eine klare Lsg. zu erhalten. Kühl, vor dem Einfrieren geschützt, aufzubewahren. Innerhalb von 6 Monaten zu verbrauchen.

Protamin-Zink-Insulin-Standard mit 40 Einheiten pro ml. Zu einer genau gemessenen Menge der „Lösung 4" gibt man die gleiche Menge „Lösung 2", schwenkt um und prüft das pH der Mischung. Falls dieses nicht zwischen 7,1 und 7,4 liegt, ist die Mischung zu verwerfen und mit einer mit Natronlauge oder Salzsäure entsprechend eingestellten, frisch bereiteten „Lösung 2" erneut herzustellen. Man bewahrt die Zubereitung an einem kühlen Ort, vor dem Einfrieren geschützt, auf. Die Standardlsg. ist frühestens 2 Tage und spätestens 6 Monate nach der Herstellung zu verwenden.

Protamin-Zink-Insulin-Standard mit 80 Einheiten pro ml. Unter Beibehaltung derselben Verhältnisse der Inhaltsstoffe zur Einheit Insulin ist dieser Standard, wie bei der Verdünnung mit 40 Einh. pro ml beschrieben, herzustellen.

Versuchstiere. Bezüglich der Tiere gelten die Bestimmungen von Insulin-Injektion.

Dosierung der zu prüfenden Protamin-Zink-Insulin-Injektion. Die Dosis der zu prüfenden Protamin-Zink-Insulin-Injektion ist für jedes Tier die gleiche wie vom Protamin-Zink-Insulin-Standard.

Ausführung der Bestimmung. Die Ausführung erfolgt wie unter Globin-Zink-Insulin-Injektion angegeben.

Auswertung der Ergebnisse. Man subtrahiere die durchschnittliche Blutzuckerkonzentration der ersten Blutprobe der Gruppe, die die zu prüfende Lsg. verabreicht bekam, von der durchschnittlichen Blutzuckerkonzentration der ersten Blutprobe der Gruppe, die den Standard erhielt. Mit den Durchschnittswerten der 2. bis 5. Blutprobe jeder Gruppe verfährt man in gleicher Weise. Die Differenzen dürfen nicht mehr als 5 mg pro 100 ml betragen, mit Ausnahme der letzten, die 8 mg pro 100 ml betragen darf. Das Mittel aus allen Differenzen, unter Berücksichtigung der Vorzeichen, darf nicht größer sein als ± 3.

Verpackung, Aufbewahrung und Beschriftung. Es gelten die gleichen Bestimmungen wie bei Insulininjektion. Verfallszeit 2 Jahre.

Handelsformen: Deposulin (Dr. Christian Brunnengräber, Chemische Fabrik & Co. mbH, Lübeck): Krist. Insulin, Protaminsulfat u. Zinkacetat. 40 I.E. in 1 ml. – Depot-Insulin „Horm" (Hormon-Chemie, München): Isotonische klare Lösung von Zink-Insulin-Protaminat und Kristall-Insulin in komplexer Bindung, 1 ml = 40 I.E. – SP-Depot-Insulin „Horm" (Hormon-Chemie, München): Isotonische klare Lsg. von Zink-Insulin-Protaminat und Kristall-Insulin in komplexer Bindung, mit Insulin ausschließlich aus Schweinepankreas (SP), 1 ml = 40 I.E. – Zink-Protamin-Insulin Novo (Novo-Industrie GmbH, Mainz): Kristall. Insulin, Protaminsulfat, Zinkacetat. 40 I.E./ml.

Triprotamin-Zinc-Insulinum Ross. 9.

1 ml der sterilen Suspension enthält:

Insulin	40 E.	Glucose	40 mg
$ZnCl_2$	0,08 mg	(oder Glycerin	16 mg)
Triprotamin	0,8 mg	Na_2HPO_4 etwa	4 mg
		Trikresol	3 mg

Eigenschaften. Farblose oder gelbliche Flüssigkeit mit einem Bodensatz, der 1/15 bis 1/20 des Volumens entspricht. pH = 6,9 bis 7,1.

Erkennung. Wird die Zubereitung geschüttelt, so soll eine gleichmäßige Suspension entstehen. Läßt man stehen, so setzt sich ein Nd. ab, der nach 1/2 Std. etwa 1/3 des Volumens entspricht. Die überstehende Flüssigkeit soll farblos oder schwach gelb sein.

Gibt man zu 1 ml des aufgeschüttelten Präparates 0,15 ml 0,1 n Salzsäure, so soll eine klare Lsg. entstehen. Wird tropfenweise 5%ige Ammoniaklsg. hinzugegeben, so entsteht eine Fllg., die sich bei weiterer Ammoniakzugabe nicht löst.

5 ml des Präparates werden zur Trockne eingedampft und der Rückstand mineralisiert. Man löst die Asche in 1 ml verd. Salzsäure, gibt 3 ml W. und einige Tropfen Kaliumferrocyanid-Lsg. hinzu: es entsteht ein weißer Nd. Man filtriert, versetzt das Filtrat mit Ammoniak-Lsg. bis zur alkalischen Reaktion und mit einer Mischung gleicher Teile 10%iger Ammoniumchlorid-Lsg. und 10%iger Magnesiumchlorid-Lsg.: es bildet sich ein weißer kristalliner Nd.

1 ml des Präparates wird mit einigen Millilitern W. verdünnt; man läßt absitzen und gießt die überstehende Flüssigkeit ab. Erhitzt man diese mit FEHLINGscher Lsg., so scheidet sich Kupfer(I)-oxid ab. Diese Rk. ist nur positiv, wenn das Präparat mit Glucose (nicht mit Glycerin) hergestellt worden ist.

Gehaltsbestimmung. Nach biologischer Bestimmung soll 1 ml 40 Einh. enthalten. Die Abweichung von der Deklaration darf — 5 oder + 10% nicht überschreiten.

Das Präparat darf nicht mehr als 2 Einheiten freies Insulin pro ml enthalten.

Haltbarkeit. 9 Monate.

Injectio Insulini aminochincarbamidati DAB 7 – DDR. Aminochincarbamid-Insulin-Injektionslösung.

Wäßrige Lösung von Insulin und 0,004 bis 0,005 g N,N'-Bis-[2-methyl-4-aminochinolyl-(6)]-carbamidhydrochlorid je 1000 I.E., die mit 3,8 bis 4,2 g Glucose und 0,1 g Methylhydroxybenzoat je 100 ml Lsg. sowie der erforderlichen Menge 0,1 n Salzsäure versetzt ist.

Eigenschaften. Klare, farblose Flüssigkeit, vom pH 2,5 bis 3,5.

Erkennung. 1. 5,0 ml Substanz werden durch Zusatz von 0,01 n Kalilauge auf einen pH-Wert von 5,0 bis 5,5 eingestellt. Es entsteht eine deutliche Trübung, die sich nach weiterem Zusatz von 0,01 n Kalilauge bis pH 7,0 nicht verändert. Nach darauffolgendem Zusatz von 2 Tr. Zinksulfatlsg. (10,0 g/100,0 ml) entsteht ein weißer Nd. – 2. Die Prüfung wird p.chr. nach dem aufsteigenden Verfahren durchgeführt.

Papier: Sorte D/I; 20 cm × 6 cm.
Aufzutragende Lösung: 45 bis 50 µl Substanz.
Lösungsmittelgemisch: 40,0 ml sek. Butanol, 10,0 ml Essigsäure und 50,0 ml W. werden gemischt.
Laufstrecke: 8 bis 9 cm.
Trocknung: Der Papierstreifen wird bei 20° getrocknet.
Reagens: 1,00 g Quecksilber(II)-chlorid wird in Bromkresolgrünlsg.[1] zu 100,0 ml gelöst.

Sichtbarmachung. Der Papierstreifen wird 10 Min. in das Rg. getaucht und anschließend 3mal je 5 Min. in der jeweils erneuerten Mischung aus 2,00 ml Essigsäure und 78,0 ml W. liegengelassen.

Auswertung. Auf dem Chromatogramm müssen ein kräftig gelbgrüner, gelblich gesäumter Fleck mit einem R_f-Wert von 0,75 bis 0,95 und ein gelblicher Fleck mit einem R_f-Wert von 0,35 bis 0,55 sichtbar sein.

Biologische Wertbestimmung wie unter Insulin angegeben.

Aufbewahrung. In Gefäßen von 10 ml Inhalt, die eine mehrmalige sterile Entnahme ermöglichen, vor Licht geschützt, kühl, bis zu 2 Jahren.

Die Substanz ist klinisch auf Verträglichkeit und Wirksamkeit in dazu bestimmten Einrichtungen zu prüfen.

Isophane Insulin Injection BP 63. Isophane Insulin Suspension USP XVII. NPH Insulin.

Isophane-Insulin-Injektion ist eine sterile Suspension von Zink-Insulin-Kristallen, Protamin und Zink in gepuffertem wäßrigen Medium. Das Protamin ist aus Hoden von geschlechtsreifen Fischen wie *Oncorhynchus Suckley* oder *Salmo Linné* (Fam. Salmonidae) gewonnen und soll den Anforderungen der „Federal Food and Drug Administration" für Arzneimittel, die ganz oder teilweise aus Insulin bestehen, entsprechen.

[1] Bromkresolgrünlsg. 0,050 g Bromkresolgrün werden in 10,0 ml A. gelöst. Die Lsg. wird mit W. zu 100,0 ml aufgefüllt.

Isophane-Insulin-Injektion enthält 40 oder 80 USP-Insulin-Einheiten pro Milliliter.

Eigenschaften. Isophane-Insulin-Injektion ist eine weiße Suspension stäbchenförmiger Kristalle von etwa 30 μ Länge (BP 63: etwa 20 μ Länge) und ist frei von größeren Kristallaggregaten. Die Suspension enthält entweder (1) 1,4 bis 1,8% (w/v) Glycerin, 0,15 bis 0,17% (w/v) m-Kresol und 0,06 bis 0,07% (w/v) Phenol oder (2) 0,42 bis 0,45% (w/v) Natriumchlorid, 0,7 bis 0,9% (w/v) Glycerin und 0,18 bis 0,22% (w/v) m-Kresol.

Isophane-Insulin-Injektion enthält außerdem 0,15 bis 0,25% (w/v) Dinatriumphosphat sowie auf je 100 Einheiten 0,016 bis 0,04 mg Zink und 0,3 bis 0,6 mg Protamin. Unter dem Mikroskop ist die unlösl. Masse des Präparates kristallin und zeigt höchstens Spuren von amorphen Bestandteilen.

Erkennung. USP XVII: 1. Man säuert Isophane-Insulin-Injektion auf ein pH von 2,5 bis 3,5 an; die feste Phase der Suspension geht dabei in Lsg., und es entsteht eine klare, farblose Flüssigkeit. – 2. Mit einem Teil der nach 1. erhaltenen Lsg. wird die Prüfung durchgeführt, wie bei Insulin-Injektion unter „Identitätsreaktionen, 1" angegeben.

Prüfung. 1. pH: Das elektrometrisch bestimmte pH von Isophane-Insulin-Injektion liegt zwischen 7,1 und 7,4 (BP 63). – 2. Gesamtstickstoff. USP XVII: Der Stickstoffgehalt ist wie bei Insulin-Injektion zu bestimmen und darf nicht mehr als 0,85 mg pro 100 Einheiten betragen. – 3. Zinkgehalt. USP XVII: Der Zinkgehalt wird wie bei Insulin-Injektion bestimmt und liegt zwischen 0,016 und 0,04 mg Zink pro 100 Insulin-Einheiten. – 4. Protaminase. BP 63: Von 40 ml werden 20 ml zentrifugiert und der Nd. mit abs. A. gewaschen. Danach wird über Phosphorpentoxid im Vakuum unter 5 Torr 24 Std. getrocknet und dann gewogen. Die anderen 20 ml werden 30 Tage bei + 37° gehalten und dann ebenso gewaschen, 24 Std. unter den angegebenen Bedingungen getrocknet und dann gewogen.

Die Differenz der beiden Wägungen darf nicht mehr als 10% betragen, bezogen auf die 1. Wägung.

Biologische Wirkung der überstehenden Flüssigkeit. USP XVII: Man zentrifugiert und führt mit der überstehenden Flüssigkeit die biologischen Bestimmungen wie bei Insulin-Injektion durch, wobei folgende Änderungen zu berücksichtigen sind:

Standardverdünnungen: Aus der Standardlsg. sind zwei Verdünnungen herzustellen. „Standardverdünnung 1" enthält 0,1 USP-Insulin-Einheiten pro ml; „Standardverdünnung 2" enthält 0,2 USP-Insulin-Einheiten pro ml.

Prüfverdünnungen: Unter der Annahme, daß die überstehende Flüssigkeit die unten angegebene Höchstmenge an freiem Insulin enthält, und unter Verwendung des gleichen Verdünnungsmittels wie bei den Standardverdünnungen sind aus der überstehenden Flüssigkeit zwei Verdünnungen herzustellen. „Prüfverdünnung 1" mit einer zu erwartenden Stärke von 0,5 Insulin-Einheiten pro ml; „Prüfverdünnung 2" mit einer zu erwartenden Stärke von 1,0 Einheiten pro ml.

Ausführung der Bestimmung.

Wie bei Insulin. Jedoch kann jede der 4 Gruppen aus nur 3 Kaninchen bestehen.

Bestimmung nach BP 63: Die überstehende klare Lösung, die man durch Zentrifugieren erhält, soll nicht mehr als 2,5% der deklarierten biologischen Aktivität enthalten, wenn die biologische Prüfung nach den Angaben wie unter Insulin-Injektion mit folgenden Modifikationen durchgeführt wird:

Von 2 Gruppen mit je 24 Mäusen erhält eine Gruppe Injektionen der Standard-Verdünnung in einer Dosis, die bei etwa der Hälfte der Tiere Krämpfe hervorruft; die 2. Gruppe bekommt eine Verdünnung der überstehenden Flüssigkeit. Die zur Applikation kommenden Einheitenzahlen und die Volumina sowohl des Standards als auch der Testlösung müssen gleich sein unter der Voraussetzung, daß die überstehende Lösung 2,5% der deklarierten biologischen Aktivität besitzt. Eine geeignete Dosis für etwa 20 g schwere Mäuse sind 0,03 Einheiten. Die Zahl der Tiere, die auf die Injektion mit der Testlösung mit Krämpfen reagiert, ist kleiner als die, denen die Standardlsg. injiziert wurde.

Berechnung. Die Berechnung erfolgt wie unter Insulin angegeben. Das Ergebnis ist nicht größer als ein Drittel der angenommenen Wirksamkeit, falls es jedoch größer ist, aber die angenommene Wirksamkeit selbst nicht übersteigt, so liegt die wie oben errechnete „Zuverlässigkeitsgrenze" nicht höher als bei 115% der angenommenen Wirksamkeit.

Die biologische Wirkung in 1 ml der überstehenden Flüssigkeit darf bei Isophane-Insulin-Injektion mit 40 Einheiten pro ml 1 USP-Insulin-Einheit, bei Isophane-Insulin-Injektion mit 80 Einheiten pro ml 1,5 USP-Insulin-Einheiten nicht übersteigen.

Aufbewahrung. Es gelten die gleichen Vorschriften wie bei Insulin-Injektion.

Beschriftung. Neben den wie bei Insulin-Injektion geforderten Angaben ist noch zu vermerken, daß Isophane-Insulin-Injektion vor Gebrauch kräftig umzuschütteln ist. Die Verfallszeit beträgt 18 Monate vom Tag der Abfüllung an gerechnet (nach BP 63: 2 Jahre).

Handelsformen: NPH Iletin (Lilly, USA), NPH Insulin (Squibb, USA): 40 oder 80 Einheiten im ml, konserviert mit 0,15% m-Kresol und 0,06% Phenol.

Handelsformen anderer Insulin-Präparate: Insulin Novo Lente (Novo-Industrie GmbH, Mainz): 10 ml zu 400 oder 800 Einheiten (enthält 70% krist. Insulin). – Semilente: 10 ml zu 800 Einheiten (amorph). – Ultralente: 10 ml zu 400 Einheiten (enthält 100% krist. Insulin).

Lente Iletin (Lilly, USA): 10 ml zu 400 oder 800 Einheiten (entspr. der NNR-55-Vorschrift).

Long-Insulin (Farbwerke Hoechst, Frankfurt a. M./Höchst): Depot-Insulin-Präparat, das kristallisiertes und amorphes Alt-Insulin und kristallisierte Surfen-Salze des Insulins enthält; 10 ml zu 400 Einheiten.

Komb-Insulin (Farbwerke Hoechst, Frankfurt a. M./Höchst): Enthält 1 Teil Alt-Insulin und 2 Teile Depot-Insulin; 10 ml zu 400 Einheiten.

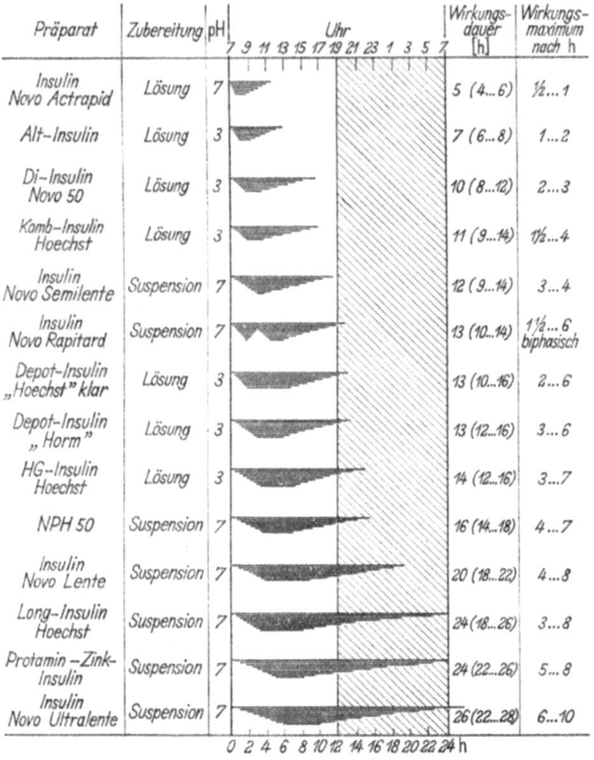

Abb. 4. Übersicht über die verschiedenen Insulin-Präparate, ihre Zubereitung, das pH, Wirkungsart, -dauer und -maximum (entnommen aus E. DÖRZBACH u. R. MÜLLER: Diabetes mellitus – Pathophysiologie und Klinik).

Orale Antidiabetica

Seit der Entdeckung von Insulin im Jahre 1921 hat es nicht an Versuchen gefehlt, dem Diabetiker die medikamentöse Behandlung durch Entwicklung oraler Antidiabetica zu erleichtern. Neben Pflanzenextrakten sind immer wieder synthetische Arzneimittel geprüft worden. So entdeckte WATANABE die blutzuckersenkende Wirkung des Guanidins, das aber neurotoxische Nebenwirkungen aufwies. Angeregt durch diese Ergebnisse fanden 1925/26 E. FRANK, M. NOTHMANN und HEYN, daß durch Einbau einer Kohlenstoffkette zwischen

2 Guanidin-Reste die blutzuckersenkende Wirkung verstärkt und die Toxizität gesenkt wurden. Auf diesem Weg gelangten E. Frank und Mitarb. zum Dekamethylendiguanidin Synthalin und später zu Dodekamethylendiguanidin Synthalin B. Die anfänglich großen Hoffnungen, die auf diese Substanzen gesetzt wurden, haben sich aus mehreren Gründen nicht erfüllt.

1941 synthetisierten Vonkennel und Kimmig das p-Aminobenzolsulfonamido-*iso*-*propyl*-*thiodi*azol (IPTD), von dem Jaubou bei Patienten mit Thyphus abdominalis als Nebenwirkung Hypoglykaemien erkannte. Loubatières ging diesen Befunden tierexperimentell nach.

1954 wurde die blutzuckersenkende Eigenschaft des N_1-Sulfanilyl-N_2-n-butylcarbamid in den Forschungsabteilungen der Firmen C. H. Boehringer Sohn und Farbwerke Hoechst AG entdeckt und das Präparat anschließend als perorales Antidiabeticum in den Handel gebracht. Kurze Zeit später kam ein verbessertes Harnstoffderivat, das N-[4-Methyl-benzol-sulfonyl]-N'-butyl-carbamid, D 860, in den Handel.

Seit dieser Zeit sind mehrere Präparate im Handel, und die Zahl der chemischen und medizinischen Publikationen ist nahezu unübersehbar geworden.

Man unterscheidet heute 2 Typen von peroralen Antidiabetica:

1. die Sulfonamide,
2. die Biguanide.

Literatur: Dtsch. med. J. *14*, 732–737 (1963); Schweiz. Apoth.-Ztg *103*, 675–720 (1965), Sondernummer 5 „Antidiabetica“.

1. Sulfonamide

a. Sulfonylharnstoffe

Acetohexamid (DCI, INN)
Dimelor (Lilly)

N-(Acetyl-4'-benzolsulfonyl)-N'-cyclohexyl-harnstoff

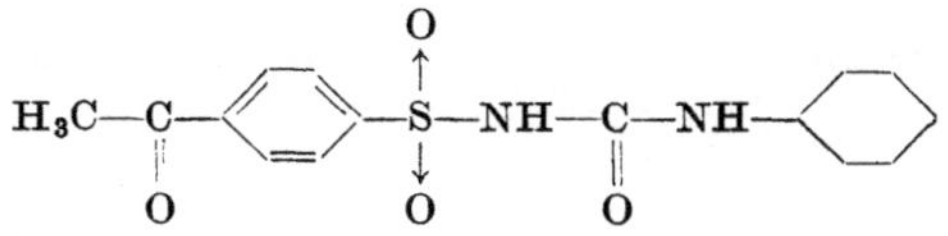

Carbutamid (BAN)
B.Z. 45
Glybutamid
Hypoglycamid
Antisukrin Berna
Bucrol (Boots)
Diabetin (Diasan)
Dicarbul (Grossmann)
Glucidoral (Servier)
Glucofren (Cophar)
Invenol (Hoechst)
Midosal (Cilag)
Nadisan (Boehringer)
Orabetic (Lilly)
Als Mischung mit Cholinbitartrat:
Ambolin (Schweizerhall)

N-Sulfanilyl-N'-n-butyl-harnstoff

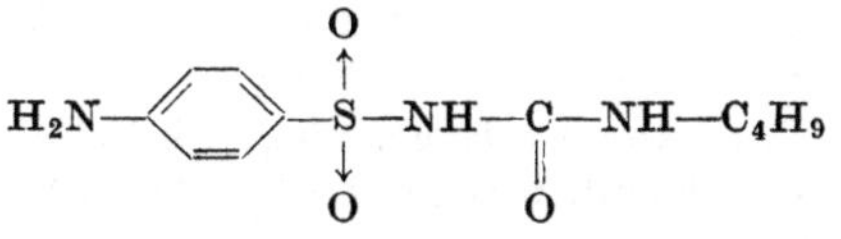

Chlorpropamid (DCI)
Chlorpropamid N.D.D. 1959, N.F.N.
Catanil (De Angeli)
Diabetabs (Wolfs)
Diabinese (Pfizer; Pfizer-Clin)
Mellinese (Pfizer)

N-(Chlor-4'-benzolsulfonyl)-N'-propyl-harnstoff

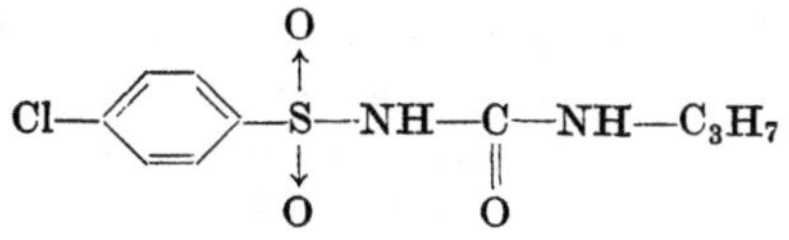

Glycyclamid (DCI)
Tolhexamid
K 386
Diaboral (Erba)

N-p-Toluolsulfonyl-N′-cyclohexyl-harnstoff

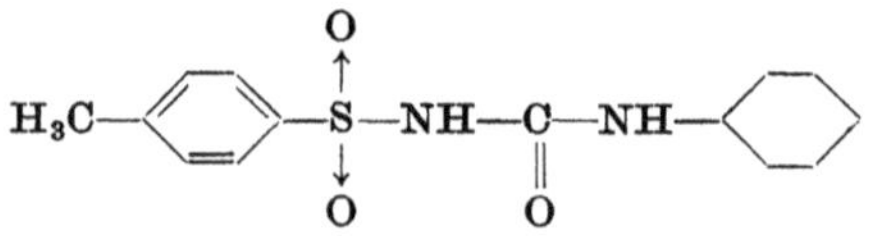

Metasulfanilyl-butylcarbamid
Sucrida Berna

N-(Amino-3-benzolsulfonyl)-N′-n-butyl-harnstoff

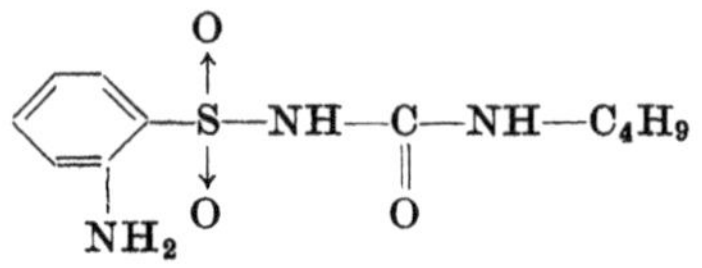

Tolbutamid (DCI)
Arcosal (Lundbeck)
Artosin (Boehringer)
D 860 (Hoechst)
Diabuton (Teknofarma, Italia)
Dolipol (Somedia, Frankreich)
Ipoglicone (Farmitalia)
Orinase (Upjohn)
Rastinon »Hoechst«
Toluina (De Angeli)
Toluvan (Zambelletti)

N-p-Toluolsulfonyl-N′-n-butyl-harnstoff

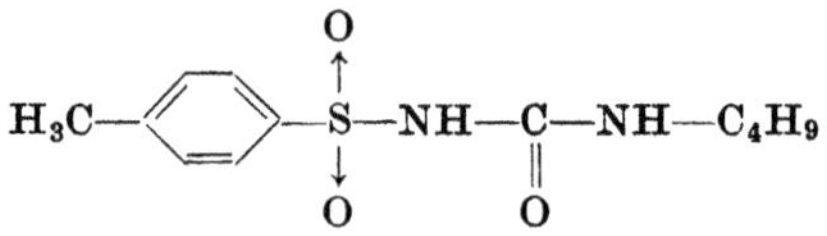

b. Sulfapyrimidine

Glykodiazin
als Natriumsalz: SH 717
Gondafon (Bayer, Schering/Schweiz)
Redul (Bayer, Schering/Deutschland)

Benzolsulfonamido-2-(methoxy-2′-äthoxy)-5-pyrimidin

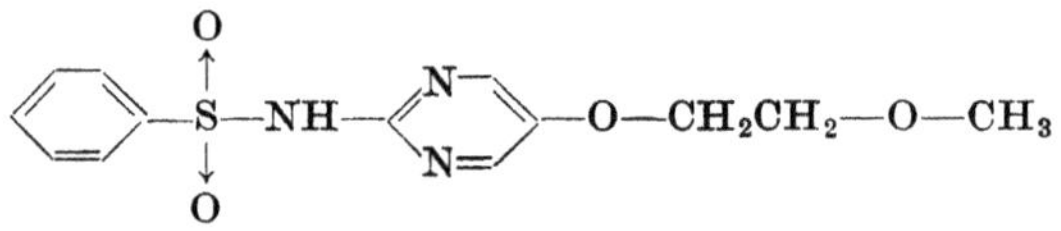

Wirkungsweise. Die ersten Versuche mit blutzuckersenkenden Sulfonamiden hatten gezeigt, daß die antidiabetische Wirkung an das Vorhandensein körpereigener Insulin-Reserven gebunden ist. Spätere Untersuchungen mit Sulfonylharnstoffen führten zu gleichen Schlußfolgerungen. So konnte z. B. an total pankreatektomierten Versuchstieren keine blutzuckersenkende Wirkung der Sulfonylharnstoffe beobachtet werden. Voraussetzung für die Wirkung der Sulfonylharnstoffe ist demnach ein – wenn auch vermindert – funktionstüchtiges Pankreas. Auf Grund dieses Wirkungsmechanismus ergeben sich folgende prinzipielle Anwendungsmöglichkeiten: Die Sulfonamide können nur in Anwesenheit von intakten Beta-Zellen ihre Wirkung entfalten. Aus diesem Grund sind sie bei solchen Diabetikern, bei denen die Fähigkeit zur endogenen Insulin-Produktion praktisch verschwunden ist, wirkungslos.

Indikationen. Die Wirkungsweise der Sulfonylharnstoffe bedingt, daß sich zur erfolgversprechenden Therapie mit diesen Substanzen nur solche Patienten eignen, deren endogene Insulin-Produktion noch nicht völlig erschöpft ist. Es sind dies vorwiegend übergewichtige Patienten, bei denen der Diabetes mellitus nach dem 40. Lebensjahr aufgetreten ist und die nicht zur Azidose neigen. Je geringer der Insulin-Bedarf des Patienten ist (oder besser: je größer seine körpereigenen Insulin-Reserven sind), desto aussichtsreicher ist eine Sulfonylharnstoffbehandlung. Die Dauer des Diabetes mellitus und die Dauer einer vorhergehenden Insulin-Therapie wirkt sich nur in geringem Maß ungünstig auf eine Sulfonyltherapie aus.

2. Biguanide

Im Handel sind erhältlich:

Buformin
Silubin (Grünenthal)

n-Butyl-guanylguanidin

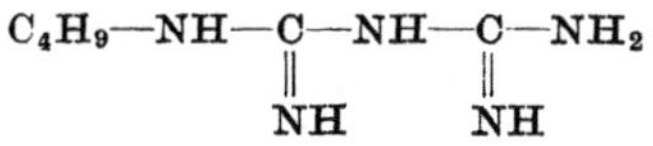

Metformin (BAN)
Dimethylbiguanid
als Chlorhydrat:
Diabefagos (Welpharm, Rom)
Glucophage (Rona Labs.)

N,N-Dimethylguanylguanidin

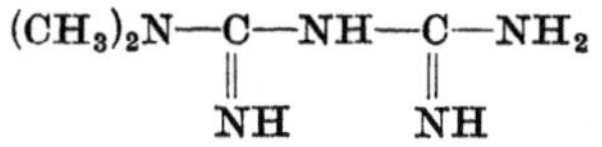

Phenformin (DCI)
Phenyläthylbiguanid
Phenäthylbiguanid
als Chlorhydrat:
DBI (Grünenthal; U.S. Vitamin)
Dibotin (Bayer; Winthrop)
Insoral (U.S. Vitamin; Roger Bellon)
Kataglicina (Marxer-Ivrea)
Diguabet (Grossmann)
Diabenide (Bouty, Milan)

β-Phenäthylguanylguanidin

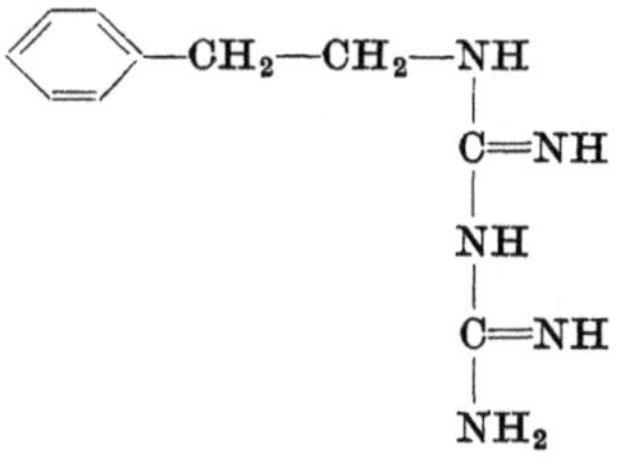

Wirkungsweise. Der blutzuckersenkende Effekt ist im Gegensatz zur Wirkungsweise der Sulfonylharnstoffe nicht an das Vorhandensein von funktionsfähigen Inselzellen gebunden. Die Biguanide sind aber kein Insulin-Ersatz, sondern benötigen zu ihrer blutzuckersenkenden Wirkung gewisse Mengen an körpereigenem Insulin oder Fremd-Insulin, das sie außerhalb des Pankreas zur Wirkung bringen und dessen Wirkung sie in der Peripherie zu verstärken scheinen.

Indikationen. Auf Grund dieser besonderen Art der Wirkungsweise werden die Biguanide bevorzugt in Kombination mit Fremd-Insulin oder mit Sulfonylharnstoffen, die körpereigenes Insulin zur Ausschüttung bringen, verabreicht. Dementsprechend erstreckt sich die Indikation der Biguanide auf alle Diabetiker, die entweder mit Diät und Sulfonylharnstoffen oder mit Diät und Insulin nicht befriedigend einzustellen sind.

Nebenwirkungen. Bei höherer Dosierung können bei der Biguanid-Medikation Nebenerscheinungen auftreten, die sich in Appetitlosigkeit, Magenschmerzen, Übelkeit, Brechreiz, zuweilen auch in Erbrechen und Durchfällen äußern und die nach Absetzen des Präparates rasch wieder verschwinden.

Chlorpropamide BP 63, USP XVII. Chlorpropamid (INN)

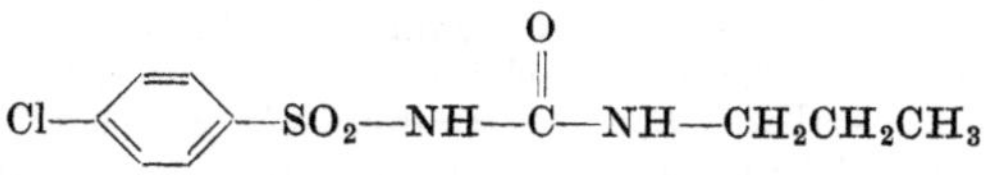

$C_{10}H_{13}ClN_2O_3S$ M.G. 276,74

Chlorpropamid ist N-4-Chlorbenzolsulfonyl-N′-propylharnstoff. Es enthält nicht weniger als 99% und nicht mehr als 101% $C_{10}H_{13}ClN_2O_3S$ (nach USP XVII 87 bis 103%) berechnet auf die bei 105° bis zur Gewichtskonstanz getrocknete Substanz.

Eigenschaften. Weißes, kristallines, fast geruch- und geschmackloses Pulver. Unlösl. in W. Lösl. in 12 T. A. (96%ig) bei 20°, in 9 T. Chlf., in 200 T. Ae. und in 5 T. Aceton, ebenso in verd. Alkalihydroxid-Lsg. – Fp. 126 bis 130° (BP 63), 125 bis 129° (USP XVII).

Erkennung. BP 63. 1. 0,1 g wird mit 8 ml Schwefelsäure (50%ig) 30 Min. lang unter Rückfluß gekocht, abgekühlt und dann filtriert. Der Schmelzpunkt des Niederschlags liegt nach Umkristallisieren aus Wasser bei 143°. – 2. Beim Alkalisieren und Erhitzen des unter 1. gewonnenen Filtrats entsteht ein Geruch nach Ammoniak. – 3. 0,1 g wird mit 1 g wasserfreier Soda 10 Min. lang bei mäßiger Rotglut erhitzt. Nach Abkühlen wird der Rückstand in Wasser aufgenommen und filtriert. Das Filtrat wird mit verd. Salpetersäure angesäuert. Nach Zugabe von Silbernitrat-Lsg. entsteht ein weißer Nd. – 4. 0,12 g werden in 50 ml M. gelöst. 5 ml dieser Lsg. werden mit 0,01 n Salzsäure auf 100 ml aufgefüllt und wieder 5 ml dieser Lsg. mit 0,01 n Salzsäure auf 100 ml aufgefüllt. Die Lichtabsorption der Endlösung im Bereich von 220 bis 350 mμ entwickelt ein Maximum bei 232 mμ. Die Extinktion dieser Lösung in 1 cm Schichtdicke und bei 232 mμ liegt um 0,36. – 5. Die Erkennung nach USP XVII basiert auf einem Vergleich der Infrarotspektren der zu untersuchenden Substanz mit einem Chlorpropamide-USP-Reference-Standard.

Prüfung. 1. Schwermetalle. Die Substanz muß den Anforderungen, die an Tolbutamid-Substanz (s. unten) gestellt werden, entsprechen (BP 63). Höchstens 30 ppm (USP XVII). – 2. Trocknungsverlust. Bei 105° bis zur Gewichtskonstanz getrocknet, nicht mehr als 1,5% (BP 63). Im Vakuum bei 60° 2 Std. lang getrocknet, nicht mehr als 1% (USP XVII). – 3. Glührückstand. Nicht mehr als 0,1% (BP 63), nicht mehr als 0,4% (USP XVII).

Gehaltsbestimmung. 1. BP 63 bestimmt den Gehalt an Stickstoff. Eingewogen werden etwa 0,3 g, genau gewogen, und 8 ml stickstofffreie Schwefelsäure zugefügt. 1 ml 0,1 n Schwefelsäure entspr. 0,01384 g $C_{10}H_{13}ClN_2O_3S$ (BP 63). – 2. Nach USP XVII wird die Gehaltsbestimmung durch UV-Messung durchgeführt, ähnlich wie sie im BP 63 unter „Erkennung" beschrieben ist. Es wird lediglich nach USP XVII eine Vergleichs-Lsg. mit USP-Reference-Standard hergestellt. Die Messung wird genau bei 232 mμ durchgeführt.

Anwendung. Orales Antidiabeticum. Einzeldosis: 250 bis 500 mg tägl. (BP 63) bzw. 100 bis 250 mg (USP XVII).

Aufbewahrung. In gut schließenden Behältern.

Tolbutamide BP 63, USP XVII. Tolbutamid (INN)

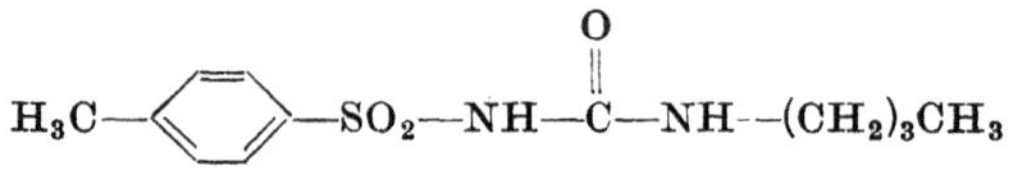

$C_{12}H_{18}N_2O_3S$ M.G. 270,35

Tolbutamide ist N-Butyl-N-toluol-4-sulfonylharnstoff. Es enthält nicht weniger als 99% und nicht mehr als 101% $C_{12}H_{18}N_2O_3S$ (nach USP XVII 98 bis 101%) berechnet auf die bei 105° getrocknete Substanz.

Eigenschaften. Weißes, kristallines, fast geruchloses, schwach bitteres Pulver. Unlösl. in W., lösl. in 10 T. A. (95%ig) bei 20° und in 3 T. Aceton, ebenso in Chlf., in Alkalihydroxid-Lsg. und in Mineralsäuren. Fp. 126 bis 130° (BP 63); 126 bis 132° (USP XVII).

Erkennung. 1. 0,2 g werden mit 8 ml Schwefelsäure (50%ig) 30 Min. lang unter Rückfluß gekocht, abgekühlt und dann filtriert. Das Filtrat wird aufbewahrt. Der Schmelzpunkt des Niederschlags nach Umkristallisation aus wenig Wasser liegt bei 136° (BP 63). – 2. Das unter 1. erhaltene Filtrat wird mit Natriumhydroxid-Lsg. versetzt und erhitzt. Es tritt ein Geruch nach Butylamin auf (BP 63). – 3. Die Erkennung nach USP XVII basiert auf einem Vergleich der Infrarot-Spektren der zu untersuchenden Substanz mit einem Tolbutamide-Reference-Standard. – 4. 100 mg werden mit 8 ml verd. Schwefelsäure (1 : 2) versetzt und 30 Min. lang unter Rückfluß gekocht. Die Lsg. wird mit Natriumhydroxid 1 : 5 stark alkalisch gemacht und 30 Min. lang eine Dampfdestillation durchgeführt. Das Destillat wird in 20 ml etwa 0,1 n Salzsäure gebracht. Zu 1 ml des Destillats werden 100 mg Natriumacetat und 10 ml eines alkalischen Boratpuffers pH 9,4 zugefügt. Die Lsg. wird in einem Eisbad 10 Min. lang gekühlt und dann 1 ml einer frisch bereiteten p-Nitroanilin-Lsg. zugefügt. Die Mischung läßt man 20 Min. lang stehen und fügt dann tropfenweise 2 ml einer Natriumhydroxid-Lsg. 1 : 10 hinzu. Es entsteht eine orangerote Farbe (USP XVII). – 5. Zu 0,1 g werden 8 ml verd. Schwefelsäure 1 : 2 zugefügt und 30 Min. lang unter Rückfluß erhitzt. Die Lsg. wird im Eisbad gekühlt und die ausgefallenen Kristalle auf einem Filter gesammelt. Es wird aus heißem Wasser umkristallisiert und anschließend bei 105° 3 Std. lang getrocknet. Das so erhaltene p-Toluolsulfonamid schmilzt zwischen 135 und 138° (USP XVII).

Prüfung. 1. Schwermetalle. Man löst den bei der Sulfatasche erhaltenen Rückstand in 10 ml verd. Salzsäure durch leichtes Erhitzen. Anschließend wird abgekühlt und mit W. auf 20 ml verdünnt. 5 ml dieser Lsg. werden mit verd. Ammoniak-Lsg. alkalisch gestellt und 0,5 ml einer Mischung von 1 T. Natriumsulfid-Lsg. und 19 T. W. zugefügt. Es darf unmittelbar nach dem Zufügen keine Farbvertiefung eintreten (BP 63). Höchstens 20 ppm (USP XVII). – 2. Trocknungsverlust. Bei 105° bis zur Gewichtskonstanz getrocknet, nicht mehr als 1% (BP 63). Bei 105° 3 Std. lang getrocknet, nicht mehr als 0,5% (USP XVII). – 3. Sulfatasche. Nicht mehr als 0,1% (BP 63). – 4. Sulfonylharnstoff. Man löst 0,5 g in 10 ml verd. Ammoniak. Es darf nicht mehr als eine leichte Opaleszenz resultieren (USP XVII).

Gehaltsbestimmung. 1. BP 63 bestimmt den Gehalt an Stickstoff. Eingewogen werden etwa 0,3 g, genau gewogen, und 8 ml stickstofffreie Schwefelsäure zugefügt. 1 ml 0,1 n Schwefelsäure entspr. 0,01352 g $C_{12}H_{18}N_2O_3S$. – 2. 0,5 g genau gewogenes Tolbutamid werden in 30 ml neutralem Alkohol gelöst und 20 ml W. zugefügt. Nach Zugabe von Phenolphthalein-Lsg. wird mit 0,1 n Natriumhydroxid-Lsg. titriert. 1 ml 0,1 n Natriumhydroxid-Lsg. entspr. 27,04 mg $C_{12}H_{18}N_2O_3S$ (USP XVII).

Aufbewahrung. In gut verschlossenen Behältern.

Anwendung. Perorales Antidiabeticum. Einzeldosis 0,5 bis 1,5 g tägl. (BP 63) bzw. 0,5 bis 2 g tägl. (USP XVII).

VII. Nebennierenrinden-Hormone

Für den normalen Ablauf der Lebensvorgänge sind die Nebennieren (Glandulae suprarenales) bei Mensch und Säugetier unentbehrlich. Sie sind an den oberen Nierenenden als unregelmäßig abgeplattete Gebilde von etwa 12 g angesetzt und von einer dünnen Fettschicht eingehüllt. Schon makroskopisch kann man zwei verschiedenartige Zellschichten unterscheiden. In der Mitte von zwei helleren, fester gefügten Reihen von Rindenzellen (Interrenalorgan) befindet sich ein dunkleres, weicheres Netzwerk, die Marksubstanz (Adrenalorgan). Die das Mark schalenartig umgebende Nebennierenrinde besteht aus 3 verschiedenen Zellschichten, in denen die Bildung der Rindenhormone stattfindet. An der Oberfläche bilden rundliche Zellhaufen die *Zona glomerulosa*, in der Mitte parallel geschichtete Reihen die *Zona fasciculata*, in der inneren Schicht netzartig angeordnete Zellen die *Zona reticularis*.

Physiologisch erweist sich die Rinde als der unbedingt lebensnotwendige Teil der Nebenniere. Eine Exstirpation oder eine Erkrankung dieses Organs, bekannt als ADDISONsche Krankheit (seit 1855), führt unter allgemeiner Muskelschwäche und völlig gestörtem Stoffwechsel zum Tod. Dies wurde schon frühzeitig damit in Verbindung gebracht, daß die von der Rinde ausgeschütteten Corticosteroide mehrere für den normalen Ablauf des Stoffwechsels notwendige Vorgänge steuern. Die nach der Entfernung der Nebennierenrinde erscheinenden Symptome sind Appetitlosigkeit und erhöhte Ermüdbarkeit, die Glykogenvorräte der Leber sind vermindert, der Blutdruck und die Körpertemperatur nehmen ab. Charakteristisch ist die Veränderung des Blutes. Der Natriumgehalt sinkt, während der Kaliumgehalt zunimmt. Dies beruht auf einer vermehrten Natriumausscheidung und einer erhöhten Kaliumretention durch die Niere. Dagegen enthalten die Gewebszellen vermehrt Kalium und binden dadurch osmotisch Wasser. Mit dem Natriumverlust ist ein entsprechendes Defizit von Chloridionen verbunden. Der Säurebasenhaushalt ist meist in acidotische Richtung verschoben, in schweren Fällen ist die Alkalireserve vermindert. Da auch die Wasseraufnahme aus dem Darm gehemmt ist, kommt es zu schweren Störungen des Wasserhaushalts. Die Wasserverarmung des Blutes führt zu einer entsprechenden Zunahme der Blutkörperchen, und damit zu einer starken Belastung des Kreislaufes. Die Resorption von Glucose im Darm ist vermindert, wahrscheinlich infolge Hemmung der zur Resorption notwendigen Hexosephosphatesterbildung. Der Blutzuckerspiegel nimmt ab, und die Insulintoleranz wird herabgesetzt, während der Reststickstoff steigt. Auch der Eiweißstoffwechsel ist verändert, insbesondere ist die Umwandlung von Aminosäuren in Zucker (Gluconeogenese) gehemmt. Bei der ADDISONschen Krankheit kommt als frühzeitiges Symptom auch noch eine allmähliche Braunfärbung (Melanose) von Haut und Schleimhäuten hinzu.

Alle diese Ausfallerscheinungen lassen sich mit Hilfe von Nebennierenrindenextrakten oder mit synthetisch hergestellten Corticosteroiden wieder beheben. Die nähere Untersuchung der wirksamen Rindensteroide hatte gezeigt, daß einerseits das Mineral- und andererseits das Kohlenhydrat-Stoffwechselsystem je nach Wirkstoff in verschieden starkem Umfang beeinflußt wird. Man unterscheidet daher *Mineralcorticoide* und *Glucocorticoide*, wobei jedoch die Unterschiede vorwiegend quantitativer Art sind und sich die Wirkungen beider Gruppen mehr oder weniger stark überschneiden. Hinzu kommt noch ein regulativer Einfluß auf Lymphozyten, Erythrozyten und Eosinophilen des Blutes, und damit auf die Funktion des Lymphgewebes.

Wie klinische Untersuchungen gezeigt haben, steht die entzündungswidrige Wirkung (anti-inflammatory activity) der Nebennierensteroide in enger Verbindung mit ihrer glucocorticoiden Eigenschaft und ebenso die Wirksamkeit, rheumatische und arthritische Beschwerden zu beseitigen [erster aufsehenerregender Bericht: Hench, P. S., E. C. Kendall, C. H. Slocumb u. H. F. Polley: Proc. Mayo Clin. *24*, 181 (1949)].

Die Mineralcorticoide werden in der *Zona glomerulosa* der Nebenniere gebildet. Sie regulieren den Natrium-Kalium-Haushalt und sekundär den Chloridspiegel sowie den Wasserhaushalt, wodurch ein normaler Gleichgewichtszustand von Wasser und Chlorionen erreicht wird und das richtige Blutvolumen sowie der richtige Blutdruck erhalten bleibt. Der Angriffspunkt der Mineralcorticoide liegt wahrscheinlich in den Nieren, wo sie die Rückresorption von Kalium, Natrium und Chloriden aus den Tubuli steuern.

Sieben aus der Nebennierenrinde isolierte wirksame Steroide

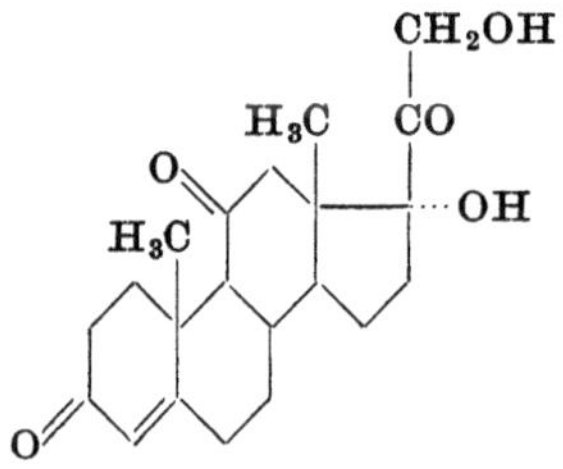

Cortison
Reichstein-Substanz Fa
Kendall compound E

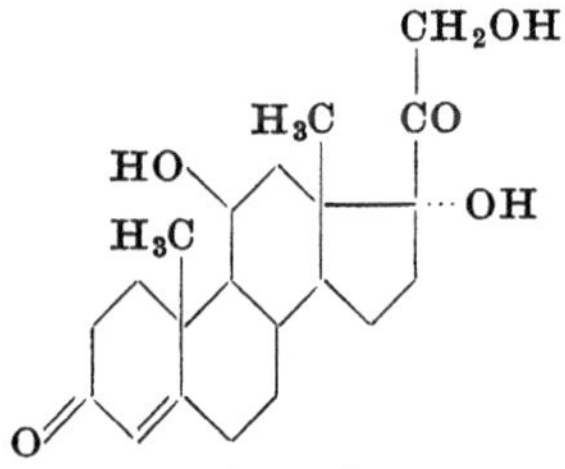

Hydrocortison
Reichstein-Substanz M
Kendall compound F

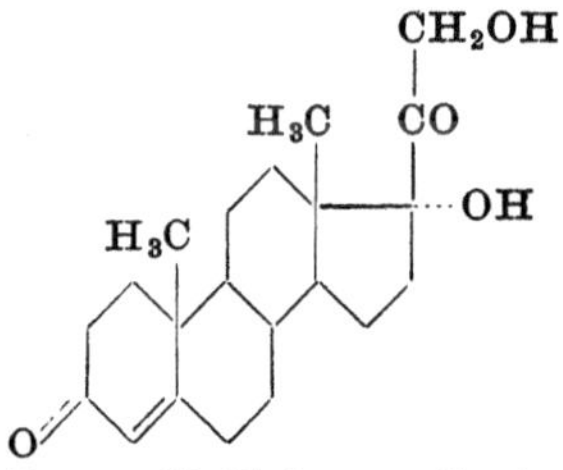

11-Desoxy-17α-Hydroxycorticosteron
Cortexolon
Reichstein-Substanz S

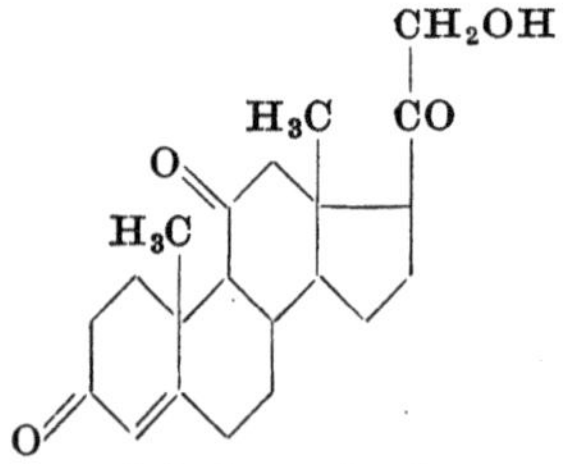

11-Dehydro-corticosteron
Kendall compound A

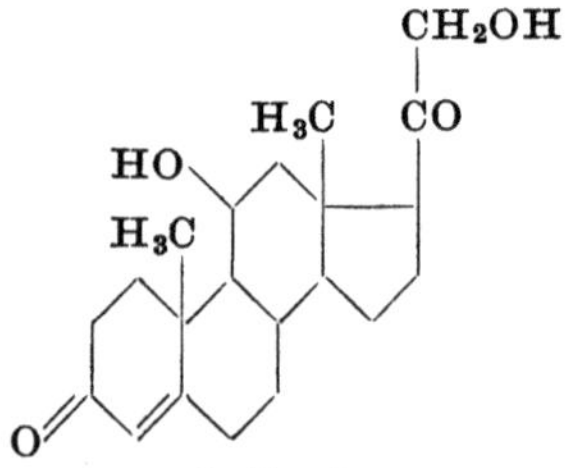

Corticosteron
Reichstein-Substanz H
Kendall compounds B

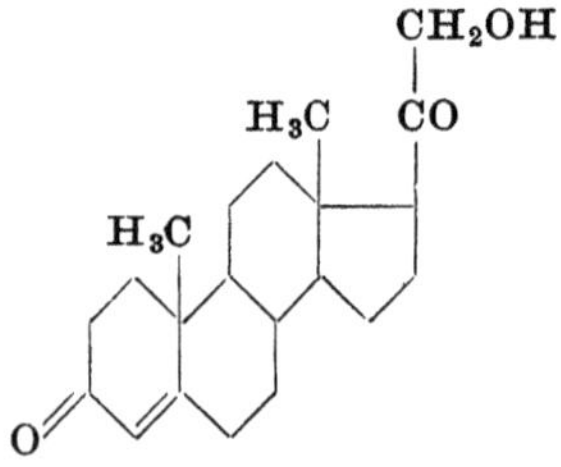

Cortexon
11-Desoxycorticosteron
Reichstein-Substanz Q

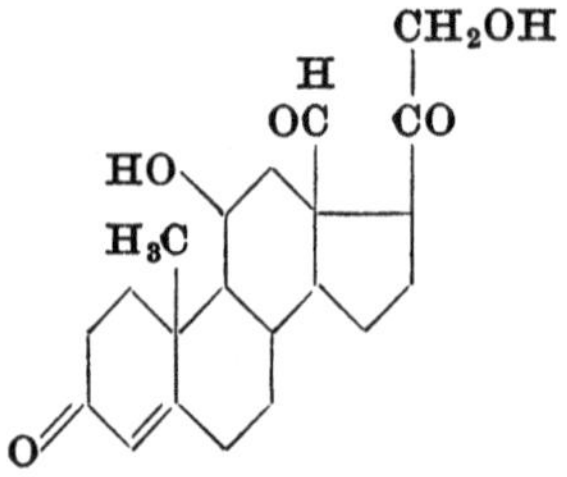

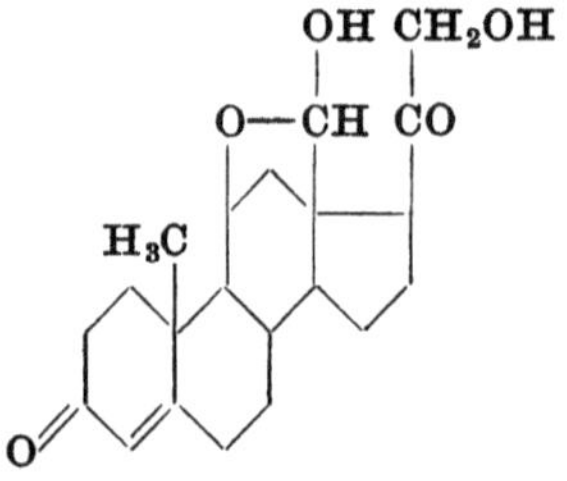

Aldosteron

Hydroxyaldehydform Hemiacetalform

Eine starke Wirkung dieser Art besitzen das Aldosteron und das 11-Desoxycorticosteron.

Die Glucocorticoide werden in der *Zona fasciculata* gebildet und sind von großer Bedeutung für den Eiweiß- und Kohlenhydratstoffwechsel. Sie bewirken die Überführung bestimmter Aminosäuren in Traubenzucker, setzen den Verbrauch an Kohlenhydraten herab und fördern die Speicherung von Glykogen in Leber und Muskel. In geringerem Umfang können die Glucosteroide jedoch auch den Mineralstoffwechsel beeinflussen. Diese Glucocorticoidwirkung besitzen das Cortison und das Hydrocortison.

Außer diesen Corticosteroiden wurden von KENDALL und REICHSTEIN noch etwa 40 verschiedene, kristallisierte Steroide zum Teil in sehr geringer Menge aus Rinder- und Schweine-Nebennieren isoliert [NEHER, R., u. A. WETTSTEIN: Helv. chim. Acta *39*, 2062 (1956); REICHSTEIN, T. u. Mitarb.: Helv. chim. Acta *41*, 1516, 1667 (1958)]. Die meisten dieser Steroide können als Zwischenprodukte der Biosynthese oder als Produkte des katabolischen Stoffwechsels der Nebennierenrindenhormone selbst angesehen werden und sind ohne bisher erkennbare biologische Wirkung. Auch kleine Mengen Androgene und Progesteron finden sich in der Nebennierenrinde.

An der Isolierung und Konstitutionsaufklärung arbeiteten vor allem die Arbeitskreise: O. WINTERSTEINER, E. C. KENDALL und T. REICHSTEIN in den Jahren 1931 bis 1938 [vgl. K. MIESCHER: Angew. Chem. *51*, 551 (1938)]. Das Aldosteron wurde 1953 von S. A. SIMPSON, J. F. TAIT, A. WETTSTEIN, R. NEHER, J. v. EUW und T. REICHSTEIN aus Rindernebennieren in kristalliner Form isoliert und die Konstitution kurz darauf aufgeklärt [Experientia (Basel) *9*, 333 (1953) und *10*, 132 (1954); Helv. chim. Acta *37*, 1163 (1954)].

Testmethoden. 1. *Lebenserhaltungstest:* Exstirpation der Nebennieren führt nach kurzer Zeit zum Tode. Bestimmung der Überlebensdauer von nebennierenlosen Tieren (Mäuse, Ratten, Katzen, Hunde) nach Applikation der zu prüfenden Substanz. – 2. *Natrium-Retentionstest:* Adrenalexstirpierte männliche Mäuse, die mit einem Standardfutter ernährt werden. Nach Belastung mit glucosehaltiger, physiologischer Kochsalzlsg. wird der Harn der Versuchstiere gesammelt und darin der Natriumgehalt flammenphotometrisch bestimmt. Bei wirksamen Mineralcorticoiden ist die prozentuale Natrium-Retention der Harnmengenverminderung proportional. – 3. *Leberglykogentest:* Bei adrenalektomierten Mäusen ruft eine wirksame zu testende Substanz eine deutliche Steigerung des Glykogengehaltes der Leber gegenüber unbehandelten Kontrollen hervor. Die zu testende Substanz wird innerhalb eines Tages in etwa 8 Injektionen zugeführt; 1 Std. nach der letzten Injektion wird die Leber entnommen und der Gehalt an Glykogen darin bestimmt.

Spezialfuttermischungen für Hormonversuche: RAUEN, H. M.: Biochemisches Taschenbuch, 2. Aufl., II. Teil, Berlin/Heidelberg/New York: Springer 1964, S. 306 u. 314. Literatur über Exstirpationsverfahren: daselbst S. 320.

Biosynthese der Steroidhormone. Die Nebennierenrindenhormone gehören chemisch betrachtet zu der Gruppe der Steroidhormone, wozu auch die männlichen und weiblichen Sexualhormone gehören. Von weiteren Naturstoffen besitzen noch die Sterine (z.B. Cholesterin), die Gallensäuren (z.B. Cholsäure), die pflanzlichen Herzglykoside (z.B. Strophanthidin), Steroidalkaloide (z.B. Solanidin), Saponine (z.B. Sarsasapogenin) und Krötengifte (z.B. Bufalin) Steroidstruktur. Einige dieser Stoffe bilden ein geeignetes Ausgangsmaterial für die partialsynthetische Darstellung der Steroidhormone. Ihre Struktur enthält das unsubstituierte und völlig hydrierte Cyclopentanoperhydrophenanthren

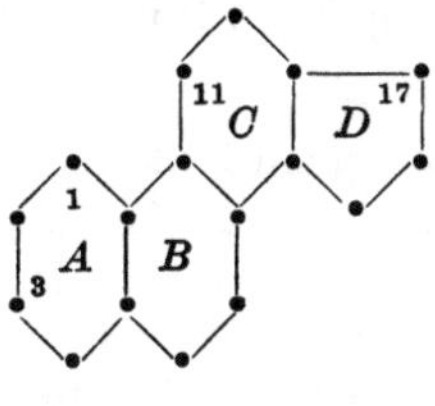

als Grundkörper, der früher mit „Steran" bezeichnet wurde, wovon sich der Name „Steroide" ableitet. Das sind Verbindungen, die im Aufbau ihres Grundskeletts dem Steran ähnlich sind. Einer der ersten entdeckten Körper dieser Klasse war das Cholesterin [CHE-

VREUL, M. E.: Ann. Chim. et Phys. *2*, 339 (1816)], welches im Organismus der Vorläufer für die Hormone vom Pregnen- und Androstentyp, indirekt auch für die Östronhormone, sein kann. Cholesterin kann durch Abbau der Seitenkette im Organismus in alle Steroidhormone übergeführt werden, wozu noch Hydroxylierungen in Stellung 11, 17 und 21 und Oxydationen mit der Bildung von Ketonen in Stellung 3, 11 oder auch am C-Atom 18, wie z.B. beim Aldosteron, gehören. Wie durch Arbeiten von BLOCH u. Mitarb. erwiesen zu sein scheint, kann im Organismus Cholesterin über die Bildung von Squalen aus Acetatresten aufgebaut werden [Helv. chim. Acta *36*, 1611 (1953)]. Mit Hilfe von Gewebsbrei von Ratten- und Schweineleber konnte Squalen in Lanosterin und Cholesterin umgewandelt werden [J. biol. Chem. *226*, 921, 931, 941 (1957)]. Wie aus Versuchen mit Leberschnitten und injiziertem markiertem Acetat hervorgeht, sind zum Aufbau der Steroide diese Zwischenprodukte jedoch nicht notwendig, und es sind sicher auch andere Wege der Biosynthese dieser Hormone direkt aus dem Acetat möglich [POPJAK, G.: Arch. Biochem. *48*, 102 (1954); BLOCH, E. u. Mitarb.: Arch. Biochem. *61*, 245 (1956)].

Die in den letzten Jahren, hauptsächlich mit Hilfe der Isotopentechnik, gewonnenen Erkenntnisse lassen den biochemischen Aufbau der Nebennierenrinden- und der Sexualhormone etwa folgendermaßen erscheinen:

Zunächst erfolgt unter Mitwirkung des Coenzyms A eine Verknüpfung zweier Essigsäuremoleküle zu einem Zwischenprodukt (Acetessigsäure), aus dem durch weitere analoge Kondensationen eine Acetylkette (Acetylaceton, Diacetylaceton usw.) gebildet wird. Reagiert jedoch die Acetessigsäure nicht mit einer CH_3-, sondern mit der CO-Gruppe mit aktivierter Essigsäure, so entsteht die Mevalonsäure, aus der Isoprenketten aufgebaut werden können.

Katabolismus der Steroidhormone. Die Regulation des gesamten endokrinen Systems beruht auf der Möglichkeit, die Menge der wirksamen Hormone je nach Bedarf zu erhöhen oder zu mindern, und die nicht mehr benötigten Hormone unwirksam zu machen und auszuscheiden. Die Inaktivierung der Hormone erfolgt wohl hauptsächlich in der Leber, vielleicht auch in anderen Organen wie Niere, Milz und Geweben, durch eine Veränderung der chemischen Struktur. Diese chemischen Veränderungen durch Reduktion, Oxydation, Hydrolyse, Dehydrierungen, Hydrierungen, Hydroxylierungen, Spaltung von Bindung zwischen Kohlenstoffatomen usw. werden durch vielseitige und bei vielen Organismen vorkommende Enzyme katalysiert. (Solche durch Enzyme katalysierten Vorgänge werden bei dem synthetischen Aufbau von künstlichen, hormonartig wirkenden Verbindungen nutzbringend durch die Verwendung der Enzymsysteme bestimmter Mikroben verwertet, vor allem dort, wo der chemisch-synthetische Weg verhältnismäßig schwierig gegenüber der mikrobiologischen Synthese ist.)

Durch Koppelung dieser Metabolite an Glucuron- oder Schwefelsäure werden sie wasserlöslich gemacht und durch die Niere oder Galle ausgeschieden. Da die Nebenniere im Körper die einzige Quelle für Steroide mit einer Sauerstoff-Funktion an C-11, C-17 oder C-21 ist, muß ein im Urin auftretendes C_{21}- oder C_{19}-Steroid mit einer oder mehrerer dieser Gruppen als Metabolit eines Rindenhormons gelten. Die große Anzahl der im Urin aufgefundenen Metabolite dieser Art werden hauptsächlich durch Reduktion an der 20-Ketogruppe gebildet sowie durch Reduktion des A-Ringes, wobei besonders 5-β-Pregnan-3-α-ole entstehen.

Synthese der Steroidhormone. Die guten Heilerfolge und der immer größere Bedarf an Nebennierenhormonen ließen erkennen, daß die Produktion dieser Substanzen mittels Extraktion des Drüsenmaterials oder des Harns nicht ausreichten. Die Totalsynthese war vor allem dadurch sehr erschwert, daß alle diese Steroide erheblich viele asymmetrische Zentren besitzen, z.B. Cholesterin 8, an C-3, C-8, C-9, C-10, C-13, C-14, C-17 und C-20. Wesentlich für die Corticosteroid-Wirksamkeit ist die Seitenkette $-COCH_2OH$ in Stellung 17, die OH-Gruppe in Stellung 17 und die Sauerstoffunktion in Stellung 11 im Molekül. Der Aufbau gelingt nur über sehr viele Zwischenstufen und wurde für die praktische Gewinnung

Schema des biochemischen Aufbaus der Nebennierenrinden- und Sexualhormone

$$3\ \text{Acetatreste} \xrightarrow{\text{Reduktion}} \text{Mevalonsäure}\ HOOC\cdot CH_2\overset{\displaystyle CH_3}{\underset{\displaystyle OH}{C}}-CH_2CH_2OH \xrightarrow{-CO_2-H_2O}$$

Isoprenkette. 6 Isoprenreste ⟶ Squalen:

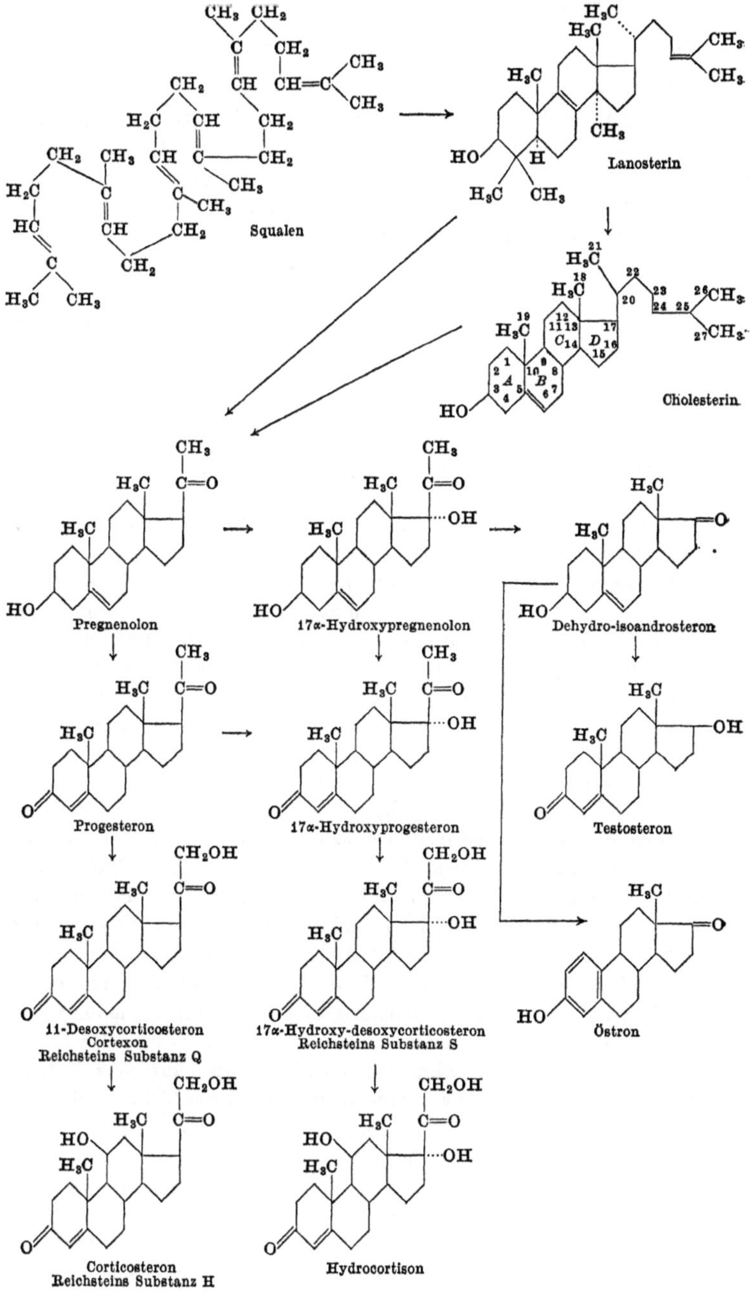

dieser Substanzen bedeutungslos, als es gelang, durch biochemische Verfahren in bereits vorhandene Steroidgerüste die chemisch sehr schwierig einzuführenden funktionellen Gruppen einzubauen. So konnten je nach Wahl der Reaktionsbedingungen und bestimmter Mikroorganismen z. B. Hydroxylierungen des Steroidmoleküls in 11α-, 11β-, 16α-, 17α-, 21-Stellung die Einführung der Doppelbindung in die Stellung Δ^1 vorgenommen werden.

Übersichtsdarstellung: Eppstein, S. H. u. Mitarb.: Microbiological Transformation of Steroids and their Application to the Synthesis of Hormones. Vitam. and Horm. *14,* 360 (1956). – Fried, J. H. u. Mitarb.: The Use of Microorganisms in the Synthesis of Steroid Hormones. Recent Progr. Hormone Res. *11,* 149 (1955). – Wettstein, A.: Conversions of Steroids by Microorganisms. Experientia (Basel) *11,* 465 (1955).

Mit Hilfe solcher biochemischer Verfahren werden heute technisch Cortison, Hydrocortison und viele noch wirksamere Synthetica hergestellt. Als Ausgangsmaterial werden reichlich in der Natur vorkommende Steroide benutzt, z. B. Cholesterin, Stigmasterin, für den oxydativen Abbau der Seitenkette, wobei als Zwischenprodukte Androst-5-en-3-ol-17-on und Pregn-5-en-3-ol-20-on entstehen, oder Sapogenine (Diosgenin), die sich besonders leicht durch einen speziellen Seitenkettenabbau zu Pregnenolon und Androst-5-en-3-ol-17-on umwandeln lassen. Auf chemischem oder mikrobiologischem Wege werden die Substanzen dann in die aktiven Steroide umgewandelt.

Dieser zumUnterschied von einer *Total-Synthese,* wie sie biochemisch erfolgt (vgl. oben) und auch künstlich, wenn auch mit viel Aufwand, erreicht werden kann, als *Partial-Synthese* bezeichnete Aufbau aus in der Natur vorkommenden Ausgangsstoffen wird auch für die therapeutisch besser nutzbaren künstlichen synthetischen Steroide benutzt. Die Nebennierenrindensteroide dienen einmal bei endokrinen Erkrankungen zur Substitution und dadurch zur Minderung der dabei auftretenden Ausfallerscheinungen, andererseits werden sie bei endokrin Gesunden zu einer pharmakodynamischen Therapie z. B., als entzündungshemmendes, antiarthritisches oder antiproliferierendes Agens, verwendet. Bei dieser Anwendungsart ist jedoch meist eine sehr hohe Dosierung notwendig, die von unerwünschten Nebenwirkungen begleitet ist. Es kommt bei einer solchen Behandlung zu einer verminderten Ausscheidung von Steroiden im Urin, die als Folge einer Hemmung der endogenen ACTH- und Corticoidsekretion gedeutet werden muß. Weiterhin tritt eine Minderung der Resistenz gegen Infektionskrankheiten ein, eine diabetogene Wirkung, eine Störung des Eiweißstoffwechsels, wodurch eine Schwächung der Muskulatur oder eine Osteoporose eintreten kann. Die Bestrebungen zielten daher dahin, durch Änderung von funktionellen Gruppen im Steroidmolekül für die gewünschte Therapie ein pharmakologisch wirksames Corticosteroid mit verminderten Nebenwirkungen zur Verfügung zu haben. So entstand durch Einführung der Doppelbindung in Ring A von C-1 nach C-2 aus Cortison und Hydrocortison das Prednison und das Prednisolon mit etwa 4- bis 5mal höherer Aktivität, so daß in der niedriger anzuwendenden Dosis der Natrium retinierende Effekt kleiner ist. Die Fluorierung in 9α-Stellung verstärkte sowohl die glucotrope, wie die mineralotrope Wirkung. 9α-Fluorcortisol (Fludrocortison) ist 11mal so wirksam wie Cortisonacetat. 2-Methyl-9α-fluorcortisol zeigte 166mal höhere Aktivität als Desoxycorticosteron und 4mal höhere als Aldosteron. Durch die Einführung einer Hydroxy- bzw. Methylgruppe in C-16-Stellung wurde die stark Natrium retinierende Wirkung des 9α-F-Atoms wieder weitgehend aufgehoben. So entstand das Triamcinolon und das Dexamethason. Das Fluormetholon, 21-Desoxy-9α-fluor-6α-methylprednisolon ist bei örtlicher Applikation, z. B. bei chronischen Dermatosen etwa 40mal so wirksam wie Hydrocortison. Diese bisher erzielten Erfolge des Molekülaufbaus in dieser oder jener Wirkungsrichtung geschahen rein empirisch und dieses empirische Forschen geht weiter, es werden weitere Bausteine zusammengetragen, bis man vielleicht Wirkungsweise und Konstitution auch rational und folgerichtig erklären kann. So wurden 9α-6α-Difluorderivate in den Handel gebracht und von Pyrazolderivaten wurde berichtet, die 500- bis 2000mal stärker sein sollen als Hydrocortison [Fried, J. H. u. a.: J. Amer. chem. Soc. *85,* 236 (1963) u. Hirschmann, R. u. a.: J. Amer. chem. Soc. *85,* 120 (1963)]. Die Erfahrungen in der Chemie polycyclischer Verbindungen haben in der letzten

Zeit die ersten industriell verwertbaren *Total-Synthesen* von Steroidhormonen ermöglicht [vgl. S. EUGYNON, 1908. Total Synthesis: SMITH, H. u.a.: Experientia (Basel) *19*, 177, 394 (1963); DOUGLAS, G. H., H. SMITH u.a.: J. chem. Soc. *1963*, S. 5072; VELLUZ, L., J. VALLS u. G. NOMINÉ: Angew. Chem. *77*, 185 (1965). Physiologische Wirkung: EDGREN, R. A. u.a.: Steroids 2, *1963*, S. 319 u. 731].

Im Verlauf der chemischen Synthese werden zur Anregung oder Vervollständigung der Reaktion Katalysatoren verwendet, wie Osmium, Palladium, Selen, Thallium. Daher haben manche Arzneibücher die Prüfung darauf im Fertigprodukt aufgenommen. Ebenso prüfen die modernen Pharmakopöen die Präparate auf Verunreinigungen mit Fremdsteroiden; das sind solche Steroide, die im Lauf der Synthese entstehen können und etwa nicht vollständig entfernt wurden, weiter können es Zersetzungsprodukte oder hydrolytisch bedingte Artefakte sein [DULTZ, G.: Über die Bestimmung einiger Glucocorticosteroide in pharmazeutischen Zubereitungen. Dtsch. Apoth.-Ztg *101*, 1339 (1961)].

Ausführliche Übersichtsdarstellung. FIESER, L. F., u. M. FIESER: Steroide, Weinheim/Bergstraße: Verlag Chemie 1961. – SHOPPEE, CH. W.: Chemistry of the Steroids, London: Butterworth 1958. – KAUFMANN, H. P.: Arzneimittel-Synthese, Berlin/Göttingen/Heidelberg: Springer 1953.

Übersichtsdarstellungen über Biosynthesen. HAYANO, M. u. Mitarb.: Some Aspects of the Biogenesis of adrenal steroid Hormones. Recent Progr. Hormone Res. *12*, 79 (1956). – PINCUS, G.: Ann. N. Y. Acad. Sci. *61*, 283 (1955). – TSCHESCHE, R.: Neuere Vorstellungen auf dem Gebiete der Biosynthese der Steroide. Fortschr. Chem. org. Naturstoffe *12*, 131 (1955). – WETTSTEIN, A. u. Mitarb.: The Biosynthesis of Aldosterone (Electrocortin) in the Adrenal. Ciba Found. Coll. Endocrin. *8*, 170 (1955). – KARRER, P.: Lehrbuch der organ. Chemie, 14. Aufl., Stuttgart: Thieme 1963.

Zusammenfassung über mikrobiologische Reaktionen an Steroiden. EPPSTEIN, S. H., u. P. D. MEISTER: Vitam. and Horm. *14*, 359 (1956). – VISCHER, F., u. A. WETTSTEIN: Angew. Chem. *69*, 456 (1957).

Index der biologisch wirksamen Steroide. APPLEZWEIG, N.: Index of Biologically Active Steroids. Steroid Drugs Vol. II, San Francisco/London/Amsterdam: Holden-Day Inc. 1964.

Analyse der Steroidhormone und ihrer Metabolite in Körperflüssigkeiten. Die Stoffwechselprodukte im Urin sind sowohl beim gesunden wie beim kranken Organismus eingehend untersucht worden. Das Ziel war es, bei Erkrankungen mannigfaltiger Art durch Abweichungen im Gehalt an Steroiden der verschiedenen Konstitution von den normal im Urin vorhandenen Hormonmetaboliten sichere Diagnosen endokriner Erkrankungen stellen zu können. Jedoch dürfen die Erwartungen infolge der äußerst komplexen Vorgänge im Organismus und angesichts des komplizierten Untersuchungsganges nicht überschätzt werden, nur sehr weitgehende Abweichungen von der Norm können bewertet werden. Vom pharmakologischen Standpunkt aus ist es unerläßlich, die Beeinflussung der Sekretion der innersekretorischen Drüsen durch entsprechende Heilmittel sowie ihr Verweilen und ihren Abbau im Organismus zu kennen, wobei in letzter Zeit auch Methoden mit markierten Atomen angewendet werden.

Bei allen chemischen Bestimmungsmethoden von Steroidmetaboliten in Körperflüssigkeiten müssen zunächst die Steroide mittels Hydrolyse aus ihren wasserlöslichen Konjugaten freigesetzt, eine Extraktion der freien Steroide mit geeigneten organischen Lösungsmitteln vorgenommen und mit Hilfe einer chemischen Reaktion die Steroide in quantitativ meßbare Verbindungen übergeführt werden.

Ein besonderes Problem ist die Hydrolyse, denn das natürliche Material enthält ein Gemisch von Steroiden, die von ungleicher chemischer Beständigkeit sind und viele eine stärkere Einwirkung des hydrolytischen Agens (heiße Verseifung mittels Salz- oder Schwefelsäure) benötigen, durch die andere labile Steroide unter Bildung von Artefakten verändert werden und so falsche Schlüsse bei der Beurteilung der Resultate gezogen werden können. Die enzymatische Hydrolyse (mittels β-Glucoronidase) ergibt andere Resultate als die Säurehydrolyse. Bei dem ausführenden Analytiker muß jedenfalls eine große Erfahrung vorausgesetzt werden. Zur Bestimmung werden die Steroide in Verbindungen übergeführt, die eine quantitative Auswertung ermöglichen. Dabei handelt es sich hauptsächlich um farbige Verbindungen, deren Farbtiefe mit dem Spektrophotometer gemessen wird. In der klinischen Analyse handelt es sich meist um Gruppenbestimmungen. Es werden alle Steroide, die die gleiche reaktionsfähige Gruppe besitzen, zusammen bestimmt, z.B. die 17-Hydroxycorticoide oder die 17-Ketosteroide. Eine besondere Reinigung wird durch Säulen- und Papierchromatographie erzielt, wobei die Bestimmung nach Eluierung auch durch UV-Spektrophotometrie vorgenommen werden kann. Auch polarographische Methoden werden verwendet.

Übersichtsdarstellungen. NEHER, R.: Chromatographie von Sterinen, Steroiden und verwandten Verbindungen, Amsterdam/London: Elsevier Publishing 1958. – ZIMMERMANN, W.: Chemische Bestimmungsmethoden von Steroidhormonen in Körperflüssigkeiten, Berlin/Göttingen/Heidelberg: Springer 1955. – Steroide in: HAIS, J. M., u. K. MACEK: Handbuch der Papierchromatographie, Jena: VEB G. Fischer 1958. – STAHL, F.: Analytik von Steroidhormonen in Körperflüssigkeiten. Pharmazie *19*, 625 (1964). – BUSH, I. E.: The Chromatography of Steroids, Oxford/London/New York/Paris: Pergamon Press 1961. – HIGUCHI, T., u. E. BROCHMANN-HANSSEN: Pharmaceutical Analysis, New York/London: Interscience Publishers 1961.

Chromatographischer Nachweis von Fremdsteroiden BP 63 – Add. 64.

Vorprobe. Absteigende Papierchromatographie. Laufmittel A oder B, spezifiziert nach Tab.1. Formamid als stationäre Phase. Das Papier wird durch eine 40%ige Lsg. von Formamid in Methanol gezogen und 2mal zwischen reinem Filtrierpapier abgepreßt. Gleich darauf werden 0,005 ml einer Lsg. der zu prüfenden Substanz, eines Standardpräparates und von Cortisonacetat in einer Konzentration nach Tab. 2 aufgetragen, so daß die Flecke 5 mm im Durchmesser nicht überschreiten. Es wird so lange chromatographiert, bis der Abstand der Lösungsmittelfront von der Startlinie die in Tab. 2 angegebene Entfernung erreicht hat. Darauf wird 5 Min. bei Raumtemperatur und 40 Min. bei 105° getrocknet, darauf der Papierstreifen durch eine alkalische Diphenylstyrylphenyltetrazoliumchlorid-Lsg. gezogen und zwischen Filtrierpapier getrocknet. Die zu prüfende Substanz und die Standardsubstanz zeigen auf gleicher Höhe violette Flecke. Erscheinen bei Benutzung des Laufmittels B keine zweiten Flecke, entspricht die Substanz der Anforderung. Sind beim Laufmittel A keine zweiten Flecke unterhalb 22 cm von der Startlinie bei Auftragen von 25 µg, oder oberhalb 22 cm von der Startlinie bei Auftragen von 50 µg sichtbar, entspricht die Substanz der Anforderung. Der Cortisonacetatfleck muß sichtbar sein, andernfalls ist der Test unbrauchbar.

Tabelle 1

Laufmittel A	Laufmittel B
Betamethason	Cortisonacetat
Dexamethason	Dexamethasonacetat
Fluocinolon acetonid	Fludrocortisonacetat
Hydrocortison	Hydrocortisonacetat
Methylprednisolon	Prednisolonacetat
Prednisolon	Prednisolontrimethylacetat
Prednison	Prednisonacetat

Tabelle 2

Laufmittel	Menge in µg			Abstand des Lösungsmittels vom Start in cm
	Standard	Prüfsubstanz	Cortisonacetat	
A	25	25 50	1,0	33–37
B	25	25 –	0,5	20–24

Hauptprobe. Erfüllt die Prüfsubstanz nicht die Anforderungen der Vorprobe, wird folgende Methode angewendet. Der Abstand des zweiten Flecks von der Startlinie wird gemessen und die Vorprobe mit den in Tab. 3 angegebenen oder durch Interpolation erhaltenen Mengen wiederholt, außerdem mit den gleichen Mengen Cortisonacetat wie in der Vorprobe. Ist auf dem Chromatogramm mit der kleineren Menge kein zweiter Fleck sichtbar, entspricht die Substanz der Anforderung. Zeigt das Chromatogramm mit der größeren Menge zweite Flecke, liegen die Verunreinigungen innerhalb der gestatteten Grenze. Der Cortisonacetatfleck muß sichtbar sein, andernfalls ist der Test unbrauchbar.

Tabelle 3

Abstand der zweiten Flecke vom Start in cm	Mengen der zu verwendenden Prüfsubstanz in µg	
4	4	2
8	8	5
12	12	7
16	16	10
20	20	12
24	24	14
28	30	18
32	38	23
36	50	30

Laufmittel A: Eine gesättigte Lsg. von Formamid in Chloroform.

Laufmittel B: Eine gesättigte Lsg. von Formamid in einer Mischung gleicher Volumen Benzol und Chloroform.

Alkalische Diphenylstyrylphenyltetrazolium-chlorid-Lsg.: 5 mg 2,5-Diphenyl-3-(4-styrylphenyl)tetrazolium-chlorid werden in 5 ml Alkohol (95%) gelöst und zu 50 ml mit 2 n Natriumhydroxid-Lsg. verdünnt.

Steroid-Bestimmung USP XVII.

Standardlösung. Der entsprechende USP Reference Standard wird bei 105° 3 Std. getrocknet, genau gewogen und in A. gelöst, so daß eine Lsg. in einer Konzentration von etwa 10 µg/ml entsteht. 20 ml dieser Lsg. werden in einen Erlenmeyer-Schliffkolben gegeben. – Prüflösung. Eine entsprechende Lsg. der zu prüfenden Substanz wird in derselben Weise bereitet. – Ausführung. In jeden der beiden Kolben und in einen dritten, der 20 ml A. enthält und als Blindwert dient, werden 2,0 ml einer Lsg. aus 50 mg Blau-Tetrazolium in 10 ml A. gebracht, darauf 2,0 ml einer Lsg. (1 in 10) von Tetramethylammoniumhydroxid in A. Man läßt 90 Min. im Dunkeln stehen. Danach wird die Extinktion der Lsg. bei 525 nm gemessen und aus dem Quotienten beider Lsg. der Gehalt errechnet.

Steroid-Nachweis USP XVII.

Eine allgemeine, zusätzliche Identifizierung der Steroide ist die mittels Dünnschichtchromatographie. Auf eine 0,25-mm-Schicht Kieselgel werden Lsg. der betreffenden Steroide neben denen ihrer Reference Standards in Chlf. (500 µg/ml) aufgetragen. Nach dem Antrocknen wird das Chromatogramm in einem Laufmittel aus 180 T. Chlf., 15 T. M. und 1 T. W. entwickelt. Nach dem Verdunsten der Lösungsmittel werden die Flecke unter kurzwelligem UV-Licht lokalisiert und mit dem des Reference Standards verglichen.

Desoxycorticosteronum aceticum DAB 7 – DDR, Ross. 9. Desoxycorticosteronacetat DAB 7 – BRD. Desoxycortoni Acetas PI.Ed. I/1, Jap. 61, Nord. 63. Desoxycortone Acetate BP 63. Desoxycorticosterone Acetate USP XVII. Desoxycorticosteronum acetylatum ÖAB 9. Desoxycortonum aceticum Ph.Helv. V – Suppl. II. Desoxycorticostérone (acétate de) CF 65. 21-Acetoxy-pregn-4-en-3,20-dion. 21-Acetoxy-4-pregnen-3,20-dion. 21-Acetoxy-3,20-diketopregnen-4. 21-Acetoxy-Δ^4-pregnen-3,20-dion. Δ^4-Pregnen-21-ol-3,20-dion-21-acetat. Acétate 21 de Δ 4,5-pregnène-ol 21-dione 3,20. Doca. Cortexon acetat. Acetat der Substanz Q Reichstein.

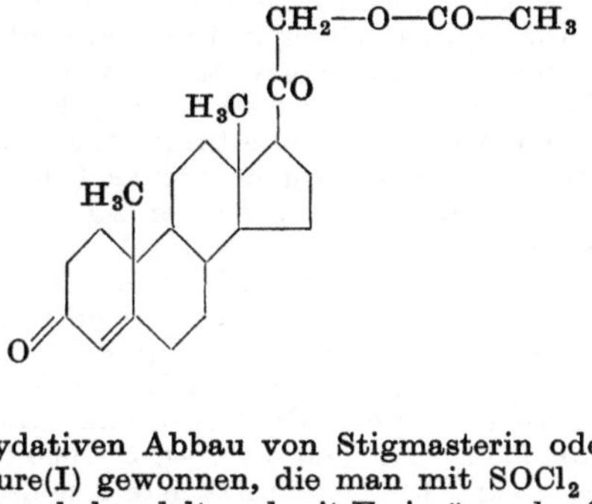

$C_{23}H_{32}O_4$ M.G. 372,51

Herstellung. Durch oxydativen Abbau von Stigmasterin oder Cholesterin wird die 3-Acetoxy-äthiochol-5-en-säure(I) gewonnen, die man mit $SOCl_2$ ins Säurechlorid umsetzt. Dieses wird mit Diazomethan behandelt und mit Essigsäure der Stickstoff abgespalten. Die

OH-Gruppe am C-3 wird mit CrO_3 in Eisessig oxydiert [REICHSTEIN, T.: Helv. chim. Acta *20*, 953, 1164 (1937)].

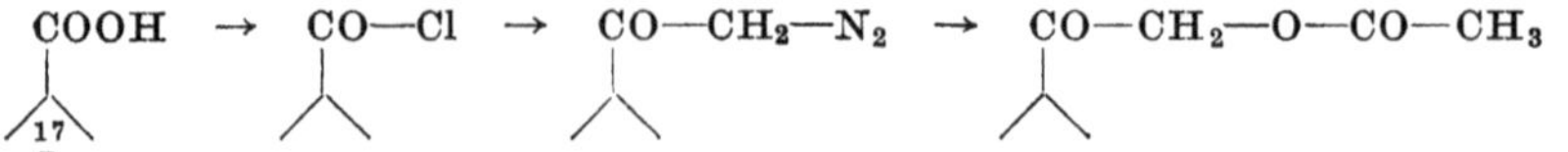

I

Abänderungen dieses Syntheseweges sind in zahlreichen Patenten beschrieben worden. Nach SERINI und LOGEMANN kann Desoxycorticosteron aus trans-Dehydroandrosteron synthetisiert werden, „Serini-Reaktion" [Chem. Ber. *71*, 1362 (1938) und *72*, 391 (1939)], ferner mittels mikrobiologischer Oxydation durch *Ophiobolus herpotrichus* aus Progesteron(II) [Helv. chim. Acta *37*, 1548 (1954)]

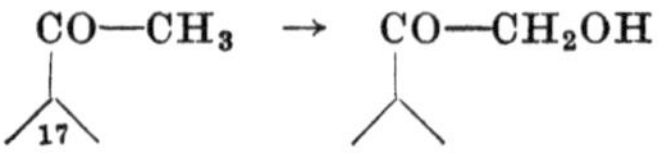

Eigenschaften. Farblose Kristalle oder weißes bis nahezu weißes, geruch- und geschmackloses, kristallines Pulver. Nahezu unlösl. in W.; lösl. in 50 T. A., 30 T. Aceton, 170 T. Propylenglykol, 150 T. Äthyloleat, 140 T. Arachisöl (BP 63), 120 T. Ae. (Nord. 63), sehr leicht lösl. in Chlf. und Benzol (PI.Ed. I/1).

Fp. 154 bis 161° (DAB 7 – BRD, CsL 2), 154 bis 160° (PI.Ed. I/1, Belg. V, ÖAB 9, Ross. 9) 155 bis 158° (DAB 7 – DDR,) 155 bis 161° (Nord. 63, Jap. 61, USP XVII), 156 bis 160 (Ph.Ned. 6), 157 bis 161 (BP 63), 158 bis 159° (CF 65). – Fp. nach L. KOFLER: 155 bis 159° (ÖAB 9), Schmelzpunktintervall Metallblock: 157 bis 161° (DAB 7 – BRD).

$[\alpha]_D$: In Dioxan + 168 bis + 176° (PI.Ed. I/1, USP XVII, DAB 7 – DDR, Belg. V, Jap. 61), + 168 bis + 177° (DAB 7 – BRD), in abs. A. + 179 bis + 184° (BP 63) + 182,5 ± 2,5° (CF 65), in A. (95%) + 175 bis + 181° (Ph.Ned. 6), + 175 bis + 185° (ÖAB 9), + 175 bis + 190° (Nord. 63).

UV-Absorption. In abs. A. beim Maximum etwa 240 nm $E_{1\,cm}^{1\%}$ = 430 bis 450 (BP 63, DAB 7 – DDR), 430 bis 460 (Belg. V), 440 bis 460 (Jap. 61), 445 ± 15 (CF 65), in A. (95%) 425 bis 445 (DAB 7 – BRD), etwa 430 (Ross. 9), nicht unter 440 (PI.Ed. I/1, CsL 2), etwa 445 (Nord. 63).

Erkennung. 1. 0,025 g werden in 2,5 ml M. gelöst und mit einer Lsg. von 0,025 g Kaliumhydrogencarbonat in 0,7 ml W. versetzt. Man läßt die Mischung 16 Std. bei Zimmertemperatur stehen, konzentriert im Vakuum auf ein kleines Volumen, impft mit einigen Kristallen Desoxycorticosteron an und läßt einige Stunden stehen. Die kristalline Fällung wird abgenutscht, mit W. gewaschen und aus wenig Aceton unter Zugabe von etwas Ae. umkristallisiert. Fp. 140 bis 143° (PI.Ed. I/1). – 2. Einige Milligramm werden in 1 ml abs. A. gelöst, mit 2 ml Schwefelsäure versetzt, geschüttelt und auf 80 bis 90° erwärmt. Die Lsg. ist dichroisch und erscheint im durchfallenden Licht blau mit roter Fluoreszenz (PI.Ed. I/1). In ähnlicher Weise wird die Färbung mit konz. Phosphorsäure entwickelt: Etwa 1 mg wird mit 2 ml konz. Phosphorsäure versetzt und langsam bis zum Sieden erhitzt. Die Mischung erscheint im durchfallenden Licht rot, in dünner Schicht längs der Reagensglaswand grünblau (Nord. 63). – 3. Die unter schwachem Erwärmen hergestellte Lsg. von 0,05 g in 2,0 ml M. wird nach dem Erkalten mit 15 ml 2,4-Dinitrophenylhydrazin-Lsg. (1,0 g Dinitrophenylhydrazin und 3,3 ml rauchende Salzsäure werden mit M. durch leichtes Erwärmen zu 100 ml gelöst) versetzt. Nach 3 Std. wird der Nd. abgesaugt, mit M. gewaschen und aus Äthylacetat umkristallisiert. Das orangerote Bis-2,4-dinitrophenylhydrazon des Desoxycorticosteronacetat schmilzt nach 2stünd. Trocknen bei 100 bis 105° zwischen 222 und 226° [DAB 6 – 3. Nachtr. (BRD)]. – 4. Die Lsg. von 50 mg in 10 ml M. wird mit 25 mg Hydroxylaminhydrochlorid und 25 mg wasserfreiem Natriumacetat versetzt und 2 Std. lang unter Rückfluß zum Sieden erhitzt. Nach dem Abkühlen und der Zugabe von 20 ml W. wird die Ausfällung abgesaugt, mit W. gewaschen und aus Äthylacetat umkristallisiert. Das farblose, kristalline Desoxycorticosteronacetatmonoxim schmilzt nach dem Trocknen bei 105° zwischen 243 und 250° (DAB 7 – BRD). – 5. Beim Erhitzen einer Lsg. von 5 mg in 0,5 ml M. mit 0,5 ml alkalischer Kupfertartratlsg. entsteht ein roter Nd. [DAB 6 – 3. Nachtr. (BRD), BP 63]. – 6. 0,005 g werden in 0,5 ml M. gelöst. Die Lsg. wird mit 0,5 ml Silber-Ammoniumnitrat-Lsg. versetzt. Es entsteht eine schwarze Fällung, in der Kälte allmählich, in der Hitze schneller (PI.Ed. I/1). – Ausführung gemäß Ph.Helv. V – Suppl. II: Wird die Lsg. von 1 mg in 0,5 ml M. mit 10 Tr. ammoniakalischer Silbernitrat-Lsg. und 1 Tr. konz. Ammoniak und 1 Tr. Natronlauge versetzt, so muß innerhalb 1 Min. eine grauschwarze Fbg., innerhalb 1 Std. ein Silberspiegel entstehen. – 7. 1 ml der Lsg. 1: 1000 in M. reduziert das gleiche Volumen NESSLERS Reagens (Belg. V). – 8. Versetzt man eine Lsg. von etwa 1 mg in 0,5 ml 95%igem A. mit etwa 1 mg m-Dinitrobenzol und 1 Tr. 8%iger Natronlauge, so färbt sich die Lsg. sofort tiefgelb und wird im Lauf von 1 Min. erst olivgrün bis braun, dann rotviolett und schließlich intensiv blauviolett (ÖAB 9). – 9. Versetzt man 5 mg mit 0,5 ml weingeistiger Kalilauge, verdampft über einer kleinen Flamme zur Trockne und erhitzt den Rückstand mit 5 mg As_2O_3, so tritt der widerliche Kakodylgeruch auf (Ph.Helv. V – Suppl. II). – 10. 5 mg werden in 10 Tr. abs. A. gelöst, mit 3 Tr. konz. Schwefelsäure versetzt und vorsichtig erwärmt. Es entsteht der Geruch nach Äthylacetat [DAB 6 – 3. Nachtr. (BRD)]. – 11. Etwa 1 mg wird in einem Reagensglas von 20 mm lichter Weite und 100 mm Länge mit 3 Tr. konz. Phosphorsäure versetzt. Das Reagensglas wird mit einem durchbohrten Kork, der ein kleines Reagensglas von etwa 9 mm Durchmesser, das zur Kühlung mit Wasser angefüllt ist, und außen als hängenden Tropfen eine 5%ige Lanthannitrat-Lsg. trägt, verschlossen und während 5 Min. ins Wasserbad gestellt. Nach dem Abkühlen wird der hängende Tropfen auf eine Tüpfelplatte gegeben und mit 1 Tr. 0,02 n Jod-Lsg. versetzt. Hierauf wird ohne zu mischen 1 Tr. n Ammoniak beigefügt. Es entsteht an der Grenzzone nach etwa 5 Min. eine blaue Färbung (wie bei Cortisonum acetylatum Ph.Helv. V – Suppl. III). – 12. Das UV-Spektrum der Lösung. 1: 100000 in A. weist den gleichen Kurvenverlauf auf wie der Reference Standard, und die beim Maximum, etwa 240 nm, gemessenen Extinktionen sollen nicht mehr voneinander differieren als 3% (USP XVII). – 13. Das Infrarot-Spektrum weist Maxima bei derselben Wellenlänge auf wie die Standard-Substanz (BP 63). – 14. Identifizierung nach L. Kofler. Eutektische Temperatur der Mischung mit Phenacetin 111°, Lichtbrechungsvermögen der Schmelze: $n_D = 1{,}5000$ bei 163 bis 164° (ÖAB 9).

Prüfung. 1. Trocknungsverlust. Bis zum konstanten Gewicht bei 100° getrocknet, nicht über 0,5% (PI.Ed. I/1), bei 105° (BP 63, DAB 7 – DDR, ÖAB 9, Jap. 61, Ross. 9), bei 100 bis 105° (CF 65). – Im Vakuum über Silicagel 4 Std. nicht über 0,5% (USP XVII). – 2. Glührückstand. Nicht über 0,1% (PI.Ed. I/1, CsL 2, Jap. 61). Nicht über 0,2% (Nord. 63). – 3. Sulfatasche: Nicht über 0,1% (BP 63, DAB 7 – BRD). – 4. Protolytische Verunreinigungen. Einer Lsg. von 0,02 g in 2 ml 95%igem A. werden 0,01 ml 0,01 n NaOH und 1 Tr. Bromkresolgrün-Lsg. hinzugefügt. Es entsteht eine blaue Farbe, die bei Zusatz von 0,025 ml 0,01 n HCl in Gelb umschlagen soll (Nord. 63). – 5. Freie Säure. 10 ml der Lsg. (1 + 99) in A. müssen sich auf Zusatz von 2 Tr. Bromthymolblau-Lsg. gelb oder grün und bei darauffolgendem Zusatz von 0,2 ml 0,01 n NaOH blau färben (ÖAB 9). – 6. Fluor. 10 mg werden im Sauerstoffkolben nach W. Schöniger unter Benutzung einer Absorptionslsg. von 20 ml W. und 0,5 ml 0,01 n NaOH verbrannt. Nach erfolgter Verbrennung werden in einem Reagensglas zu 2 ml der Absorptionslsg. und in einem zweiten Reagensglas zu 2 ml W. 0,5 ml Alizarin Fluorine Blue Solution und 0,2 ml einer Lsg., die 12% (g/v) Natriumacetat und 6% (v/v) Essigsäure enthält, gegeben. Beide Mischungen werden mit W. auf 5 ml ergänzt. Darauf werden in beide Gläser je 0,5 ml Cer(III)-nitratlsg. gegeben. Die Farbe in dem ersten Reagensglas darf, verglichen mit derjenigen im zweiten Reagensglas kein deutliches Blau aufweisen (BP 63). – 7. 5,6-en-Steroide. Werden 2 mg mit 2 Tr. Tetranitromethan versetzt, so darf die entstehende Lsg. höchstens leicht gelb, aber nicht dunkelgelb, orange oder braun gefärbt sein (Ph.Helv. V – Suppl. II).

Gehaltsbestimmung. Nord 63: Es werden folgende Lsg. bereitet: $a = 1{,}00$ mg ($= p$) der zu prüfenden Substanz in 95%igem A., $b = 1{,}00$ mg ($= q$) Standardsubstanz in 95%igem A., $c =$ 95%iger A. – Die Differenz der Extinktionen bei 241 nm von b und c sei k_1. Die Differenz der Extinktionen bei derselben Wellenlänge von b und a sei k_2. Dann errechnet sich der Prozentgehalt an $m = C_{23}H_{32}O_4$ nach folgender Formel:

$$m = \frac{q \cdot n}{p} \cdot \left(1 - \frac{k_2}{k_1}\right),$$

wobei n der Prozentgehalt an $C_{23}H_{32}O_4$ in der Standardsubstanz ist.

BP 63: Während der ganzen Bestimmung sind die Lösungen vor Licht zu schützen. Zu einer genau gewogenen Menge zwischen 440 und 460 µg in 10 ml abs. A., aldehydfrei, gelöst, werden in einem 25-ml-Meßkolben 2,0 ml 0,5%ige äthanolische Triphenyltetrazoliumchlorid-Lsg. gegeben. Die Luft in dem Gefäß wird durch sauerstofffreien Stickstoff verdrängt; unmittelbar darauf werden 2,0 ml verdünnte 1%ige äthanolische Tetramethylammoniumhydroxid-Lsg. zugegeben. Die Luft wird wiederum durch sauerstofffreien Stickstoff verdrängt. Nach leichtem Durchmischen wird die Lsg. bei 30° 1 Std. in ein Wasserbad gestellt, sofort abgekühlt, mit aldehydfreiem abs. A. auf 25 ml aufgefüllt und gemischt. Darauf wird die Extinktion dieser Lsg. in einer verschließbaren 1-cm-Küvette beim Maximum von etwa 485 nm gemessen, indem als Vergleichslsg. 10 ml abs. A. genommen wird, der in derselben Weise behandelt wurde. Der Gehalt an $C_{23}H_{32}O_4$ wird berechnet, indem als theoretischer Wert für $E^{1\%}_{1\,cm} = 405$ eingesetzt wird. Er soll nicht weniger als 96% und nicht mehr als 104%, berechnet auf die bei 105° getrocknete Substanz, betragen.

Unverträglichkeiten. Basisch reagierende und oxydierende Stoffe.

Aufbewahrung. In dicht geschlossenen Gefäßen, vor Licht geschützt.

Anwendung. Zur Corticosteroidtherapie. Bei Störung des Elektrolytstoffwechsels, der durch den Mangel an Hormonausschüttung der Nebennierenrinde verursacht wird. Bei Addisonscher Krankheit, bei Nebenniereninsuffizienz gemeinsam mit Hydrocortison. Obwohl ein mangelhafter Kohlenhydrat- und Proteinstoffwechsel durch Desoxycorticosteron nicht behoben wird, kann durch eine richtig dosierte Anwendung das Leben erhalten bleiben. Benützt werden: Ölige Lösungen für die i.m.-Injektion, Implantationstabletten für die subcutane und Buccaltabletten für die perlinguale Anwendung. Für die i.v.-Injektion wird das Desoxycorticosteronglucosid in wss. Lsg. verwendet.

Dosierung. BP 63: i.m. 2 bis 5 mg täglich. Zur Implantation 0,1 bis 0,4 g; USP XVII: Gebräuchliche Dosis i.m. 1 bis 2 mg, buccal 2 mg täglich; Nord. 63: Maximale Einzeldosis 10 mg, Tagesdosis 20 mg.

Deoxycortone Trimethylacetate BP 63. Desoxycorticosterone Trimethylacetate USP XVI. Desoxycorticosterone Pivalate NF XII. 11-Desoxycorticosteron-trimethylacetat. 21-Pivaloyloxypregn-4-en-3,20-dion. Desoxycorticosteron-pivalat.

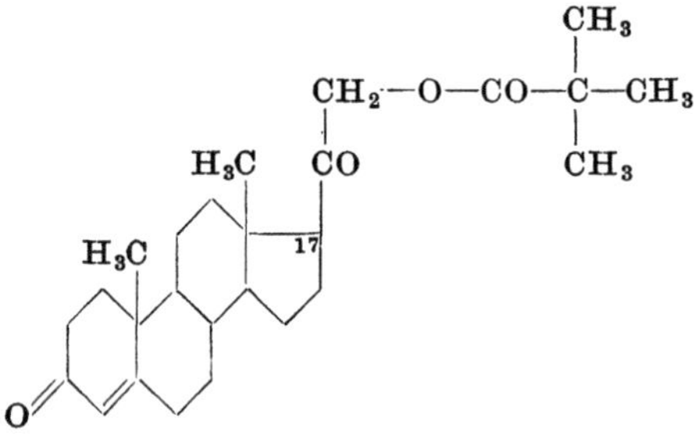

$C_{26}H_{38}O_4$ M.G. 414,59

Herstellung. Durch Partialsynthese, vgl. S. 100.

Eigenschaften. Weißes oder cremeweißes, geruchloses, kristallines Pulver. Praktisch unlösl. in W.; lösl. in 350 T. 95%igem A., 160 T. M., 57 T. Dioxan; schwer lösl. in Ölen (BP 63). Fp. 198 bis 204° (das Bad wird auf 188° vorgeheizt).
Spezifische Drehung. $[\alpha]_D$: + 153 bis + 161° (Dioxan), bezogen auf die getr. Substanz.
UV-Absorption. $E_{1\,cm}^{1\%}$ = 405 (Maximum etwa 240 nm, in abs. A.).

Erkennung. 1. Die Lsg. von 5 mg in 2 ml Schwefelsäure ist gelblich mit grüner Fluoreszenz. Beim Verdünnen der Lsg. mit 2 ml W. wird sie dunkel rotblau; bei Zusatz von weiteren 2 ml W. verschwindet die Farbe (USP XVI, NF XII). – 2. Fügt man zu einer warmen 1%igen (g/v) Lsg. in M. die gleiche Menge Kalium-Kupfertartrat-Lsg., so entsteht ein roter Nd. (BP 63). – 3. Das Infrarotspektrum der Kaliumbromiddispersion einer bei 105° 2 Std. getrockneten Substanz darf nur bei denselben Wellenlängen Maxima aufweisen, wie die gleiche Zubereitung einer Standardsubstanz (BP 63, USP XVI, NF XII). – 4. Das UV-Spektrum einer Lsg. 1 : 100000 in M. darf nur bei derselben Wellenlänge Banden zeigen, wie die USP-Reference Standardsubstanz; bezogen auf die getrocknete Substanz darf sie beim Maximum von etwa 241 nm keine größere Differenz von dem Referencestandard aufweisen als 4% (USP XVI, NF XII).

Prüfung. 1. Trocknungsverlust 2 Std. bei 105° nicht über 0,5%. – 2. Sulfatasche nicht über 0,1%. – 3. Fluor. Entsprechend der Vorschrift bei Desoxycorticosteronacetat, vgl. S. 107.

Gehaltsbestimmung. 10 mg werden in abs. A. zu 100 ml gelöst. 5 ml davon werden zu 50 ml mit abs. A. verdünnt. Die Extinktion dieser Lsg. wird beim Maximum von etwa 240 nm gemessen, und der Gehalt berechnet, indem als theoretischer Wert für $E_{1\,cm}^{1\%}$ 405 eingesetzt wird. Geforderter Gehalt 96 bis 104% (BP 63).

Anwendung. Wie Desoxycorticosteronacetat, s. oben. Das Trimethylacetat wird i.m. als mikrokristalline Suspension verabreicht und besitzt daher eine sehr lange Wirkungsdauer. Infolgedessen wird es hauptsächlich für die Behandlung chronischer primärer und sekundärer Nebennierenrinden-Insuffizienz angewendet.

Dosierung. Gebräuchliche Dosis i.m. 25 bis 100 mg einmal im Monat.

Aufbewahrung. In gut schließenden Gefäßen vor Licht geschützt bei Raumtemperatur.

Handelsformen: DOCA (Organon, München): Ampullen, Implantat, Buccaltabletten. – Cortiron (Schering AG, Berlin): Amp., Buccaltabl., Cortiron-Depot: Desoxycorticosteron-önanthat Amp. i.m., Cortiron-Glucosid: Amp. i.v. – Cortenil (Farbwerke Hoechst, Frankfurt a. M./Höchst) Depot: Desoxycorticosteron-cyclopenthylpropionat in öliger Lsg. Amp., Manole, Manoject. Corteniletten: Desoxycorticosteron-acetat (Buccaltabl.) – Percorten (Ciba, Wehr, Baden): Amp., Linguetten. Percorten M: Desoxycorticosterontrimethylacetat: Mikrokristallamp., Percorten, wasserlöslich: Das Glucosid: Amp. – Ellpsoral I (Dr. Ellendorf, Wuppertal-Barmen): Perlingualtabl.

Cortarmour (Armour, Kaukakee, Ill.), Cortate (Schering, Bloomfield, N. J.), Decortin (Schieffelin & Co., New York 3, N. Y.), Docosterone (Barry Lab., Detroit, Mich.), Doca acetate (Organon, WestOrange, N. J.), Percorten acetate (Ciba, Summit, N. J.).

Cortivis (Vismara), Syncortyl (Roussel, Paris).

Aldosteron. Elektrocortin. 18-Aldehydcorticosteron. 11β,21-Dihydroxy-3,20-dioxo-4-pregnen-18-al. Δ^4-Pregnen-11β,21-diol-18-al-3,20-dion. 18-Formyl-11β,21-dihydroxy-4-pregnen-3,20-dion. Δ^4-3,20-Dioxo-11β,18-oxido-18,21-dihydroxypregnen. 18-Formyl-Δ^4-pregnen-11β,21-diol-3,20-dion.

$C_{21}H_{28}O_5$ Strukturformel: S. 98 M.G. 360,45

Aldosteron ist das wirksamste Mineralcorticoid der Nebennierenrinde. Es ist das erste natürliche Steroid mit einer Sauerstoffunktion an C-18. Seine Existenz wurde von S. A. Simpson und J. F. Tait [Endocrinology *50*, 150 (1952)] mit dem sehr empfindlichen Test für mineralcorticoide Aktivität bewiesen, bei dem man am adrenalektomierten Tier die Änderung des Verhältnisses ^{23}Na : ^{42}K im Urin nach Applikation des zu prüfenden Materials bestimmt. Kristallisiertes Aldosteron besitzt eine mehr als 100mal so große mineralcorticoide Aktivität wie Desoxycorticosteron und verursacht im Gegensatz zu diesem keine Wasserretention. Zusammenfassung bei A. Wettstein: Verh. dtsch. Ges. inn. Med. *62*, 214 (1956).

Herstellung. Aus 13-Methylsteroiden mittels Loeffler-Freytag-Cyclisierung tert. N-Chloramine [Wolff, M. E., J. F. Kerwin u.a.: J. Amer. chem. Soc. *82*, 4117 (1960)], mittels direkter Einführung der O-Funktion in C-18 [Velluz, L. u.a.: C. R. Acad. Sci. (Paris) *250*, 725 (1960); Heusler, K., G. Cainelli u.a.: Helv. chim. Acta *44*, 502 (1961)], aus Corticosteronacetat-nitrit durch UV-Bestrahlung [Barton, D. H. R., u. J. M. Beaton: J. Amer. chem. Soc. *82*, 2641 (1960)]. Lit. Fieser, L. F., u. M. Fieser, vgl. S. 103.

Eigenschaften. Weißes, geruchloses, kristallines Pulver. Fp. 164° (wasserfrei). $[\alpha]_D^{23} = +152{,}2°$ (anhydr. in Aceton), $[\alpha]_D^{25} = +161°$ (Chlf.). Absorptionsmaximum bei 240 nm $\varepsilon = 15000$ (wasserfrei) 21-Acetat: $C_{23}H_{30}O_6$: Flache Nadeln aus Aceton-Äther. Fp. 198 bis 199°. $[\alpha]_D^{24} = +121{,}7°$ (Chlf.) (Merck Index).

Anwendung. Zur Mineralocorticoid-Therapie, bei akuter und chronischer NNR-Insuffizienz.

Handelsformen: Aldocorten (Ciba, Wehr, Baden): Amp., – Aldosteron (Organon, München).

Cortison. Cortisone (Reagens USP XVII). 17α,21-Dihydroxy-4-pregnen-3,11,20-trion. Δ^4-Pregnen-17α,21-diol-3,11,20-trion. 17-Hydroxy-11-dehydro-corticosteron. Synonyma: „Substanz Fa" Reichstein, „Compound E" Kendall, „Compound F" Wintersteiner.

$C_{21}H_{28}O_5$ Strukturformel: S. 98 M.G. 360,45

Herstellung. Durch Partialsynthese, vgl. S. 100 und bei Cortisonacetat, siehe unten.

Eigenschaften. Weißes, kristallines Pulver. Praktisch unlösl. in W.; wenig lösl. in M., A., Chlf. und Aceton; sehr schwer lösl. in Ae. und Bzl. Fp. 220° unter Zers. (das Bad wird auf 210° vorerhitzt) (USP XVII). $[\alpha]_D^{25}$ etwa + 209° in A. (USP XVII); + 164° in Aceton (Merck Index).

UV-Absorption. Maximum bei 238 nm in A. (USP XVII); $\varepsilon = 1{,}58 \cdot 10^4$ in A. (Merck Index).

Cortisonacetat DAB 7 – BRD. Cortisoni Acetas PI.Ed. I/2, Belg. V, Jap. 61, Nord. 63. Cortisone Acetate BP 63, USP XVI (!). Cortisonum acetylatum ÖAB 9, Ph.Helv. V – Suppl. III. Cortisonum aceticum CsL 2 – Suppl. 59, Ross. 9. Cortisone (acétate de) CF 65.

21-Acetoxy-17α-hydroxypregn-4-en-3,11,20-trion. 4-Pregnen-17α,21-diol-3,11,20-trion-21-acetat. Acetoxy-17α-hydroxy-3,11,20-triketopregnen-(4). (+)-21-Acetoxy-17α-hydroxy-3,11,20-trioxopregnen-(4). Acetylcortison.

$C_{23}H_{30}O_6$ Strukturformel: siehe unten. M.G. 402,49

Gehalt. Bezogen auf die getrocknete Substanz: 96,0 bis 104,0% (BP 63); 95,0 bis 103,0% (Nord. 63).

Herstellung. Mittels Partialsynthese, vgl. S. 100. (Das Ausgangsmaterial für die Herstellung von Cortison bildete lange die aus Ochsengalle isolierte Desoxycholsäure.) Sie erfolgt z.B. über das Pregn-16-en-3αol-11,20-dion und den Aufbau der Seitenkette mittels der Julian-Synthese [JULIAN, P. L. u.a.: J. Amer. chem. Soc. 77, 4601 (1955)]. Gegenüber der Synthese aus Gallensäure erfordert die aus Progesteron (I), das leicht aus Diosgenin zugänglich ist, erheblich weniger Stufen. Die Hydroxylierung zu 11α-Hydroxyprogesteron (II) erfolgt mikrobiologisch durch Schimmelpilze der Mucoraceae und Chonaphoraceae, besonders der Gattung Rhicopus, Cuminghamella und Curvularia. Durch Oxydation bildet

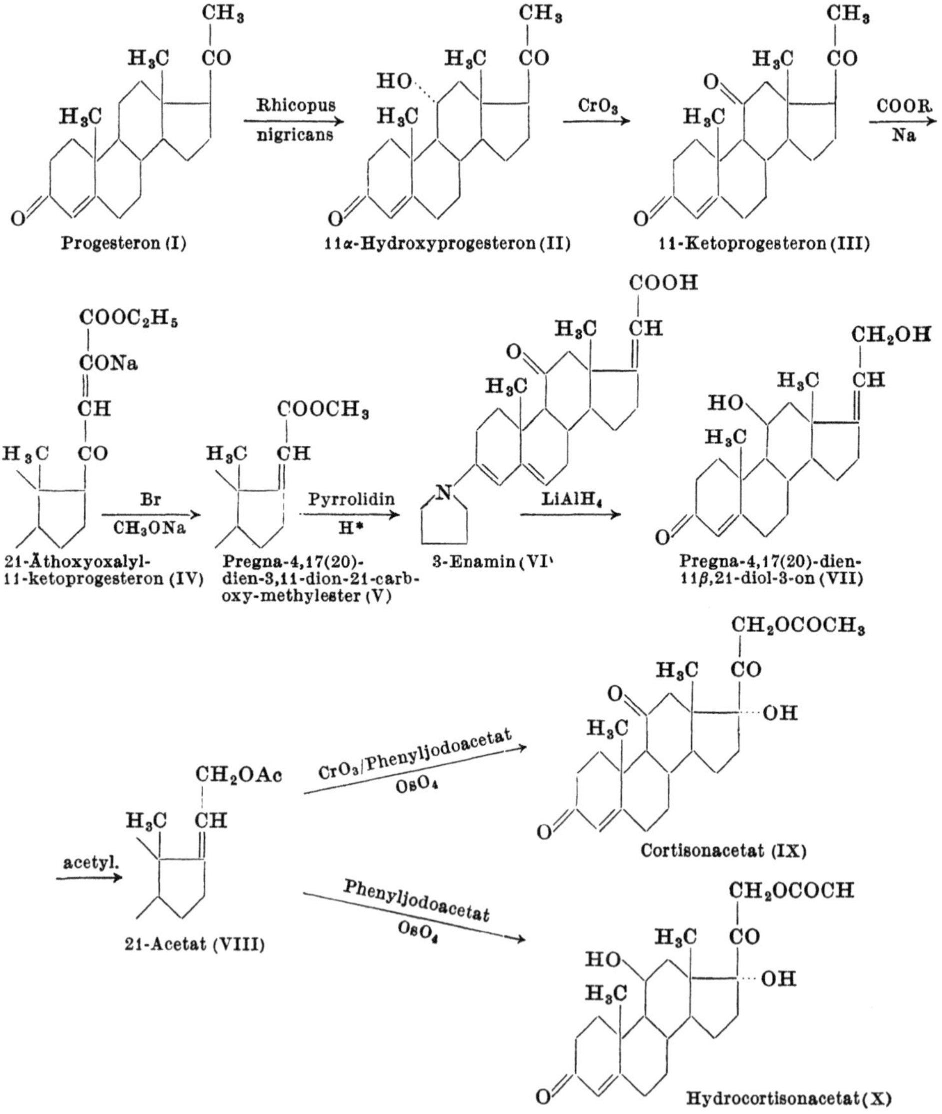

sich 11-Ketoprogesteron (III), aus dem sich nach J. A. HOGG u.a. [J. Amer. chem. Soc. 77, 4436 (1955)] eine direkte Cortisonsynthese durchführen läßt. Nach H. RUSCHIG [Ber. dtsch. chem. Ges. 88, 878 (1955)] kondensiert man mit Diäthyloxalat in Gegenwart von Natriummethylat zum 21-Äthoxyoxalyl-11-keto-progesteron(IV), bromiert dieses bei 0° in Gegenwart von Natriumacetat mit 2 Mol Brom und spaltet den 21-Äthoxyoxalyl-Rest mit Natriummethylat in Methanol ab. Durch eine Favorsky-Umlagerung [α-Halogenketon → Carbonsäure Umlagerung. MARKER, R. E., u. R. B. WAGNER: J. Amer. chem. Soc. 64, 216 (1942)] entsteht cis-Pregna-4,17(20)-dien-3,11-dion-21-carboxy-methylester(V). Um die Carboxyl- und die 11-Ketogruppe mit Lithiumaluminiumhydrid in Dibutyläther reduzieren zu können, wird die 4-En-3-ketogruppe mit Pyrrolidon und p-Toluolsulfonsäure zur Reaktion gebracht. Das entstehende 3-Enamin(VI) wird mit $LiAlH_4$ reduziert. Bei darauffolgender alkalischer Hydrolyse entsteht cis-Pregna-4,17(20)dien-11β,21-diol-3-on-(VII). Nach dem Acetylieren wird das 21-Acetat (VIII) mit Phenyljodoacetat und OsO_4 als Katalysator in tert. Butanol/Pyridin zum Hydrocortisonacetat hydrolysiert. Um Cortisonacetat zu erhalten, oxydiert man vorher das 21-Acetat an C-11 (vgl. Schema).

Eine andere Synthese nimmt als Ausgangsprodukt Pregnan-3α-11α-17α-triol-20-on [LEVIN, B. H. u.a.: J. Amer. chem. Soc. 75, 502 (1953) und 76, 546 (1954)].

Nach D. H. PETERSEN u.a. [J. Amer. chem. Soc. 75, 412 (1953)] gelingt die Darstellung aus 17α-Hydroxy-11-desoxycorticosteron (REICHSTEINS Substanz S). Hier fehlt gegenüber Cortison ein Sauerstoffatom am C_{11}. Als Ausgangsmaterial dient 16-Dehydropregnenolon (Pregna-5,16-dien-3β-ol-20-on), das aus Diosgenin gewonnen wird. Zur Einführung der 11α-Hydroxy-Gruppe eignen sich die gleichen Mikroorganismen wie bei der Darstellung von 11α-Hydroxy-progesteron, siehe oben.

Literatur: FIESER L. F., u. M. FIESER, vgl. S. 103.

Eigenschaften. Weißes bis nahezu weißes, geruchloses, kristallines Pulver, zunächst geschmacklos, dann von nachhaltigem, bitterem Geschmack. Es ist praktisch unlösl. in W. und PAe. 1 g ist lösl. in 350 ml A., 420 ml Ae., 4 ml Chlf., 75 ml Aceton, 30 ml Dioxan (USP XVI).

Fp. 233 bis 243° unter Zers. (PI.Ed. I/2, Belg. V, CsL 2 – Suppl. 59), etwa 240° unter Zers., das Bad wird auf 230° vorgeheizt (USP XVI, BP 63, DAB 7 – BRD, Jap. 61), 240 bis 247° (Nord. 63), 240 bis 250° (ÖAB 9). 235 bis 245° (Zers.) (Ross. 9), 244 bis 247° (CF 65).

Spezifische Drehung. $[\alpha]_D$: In Dioxan: + 208 bis + 217° (PI.Ed. I/2, USP XVI, Jap. 61, Belg. V, ÖAB 9, CsL 2 – Suppl. 59); + 208 bis + 219° (BP 63); + 208 bis + 220° (Nord. 63); + 209 bis + 217° (Ph.Helv. V – Suppl. III, DAB 7 – BRD); + 214 ± 2° (CF 65); in Aceton + 178 bis + 194° (Ross. 9).

UV-Absorption. $E^{1\%}_{1\,cm}$: In abs. A. bei Maximum etwa 238 nm: 382 bis 400 (PI.Ed. I/2, Belg. V); bei etwa 240 nm: 380 bis 400 (BP 63); in 96%igem A. bei 238 nm: 380 bis 400 (DAB 7 – BRD); in M.: Soll nicht mehr als 2,5% vom Reference Standard differieren (USP XVI); 390 (Jap. 61); 390 ± 10° (CF 65, Ross. 9, CsL 2 – Suppl. 59).

Erkennung. 1. Ungefähr 0,005 g werden in einem Reagensglas in 2 ml konz. Schwefelsäure gelöst und vorsichtig geschüttelt. Die so erhaltene Lsg. ist zunächst farblos, färbt sich aber nach ungefähr 1 Min. gelb. Beim Beobachten im auffallenden Licht darf sie keine grüne Fluoreszenz zeigen (zum Unterschied von Hydrocortison, das sich fast gleichzeitig gelb färbt und grün fluoresziert) (PI.Ed. I/2). Wird die Lsg. mit 10 ml W. verdünnt, verschwindet die Farbe, und die Lsg. bleibt klar (USP XVI). – 2. Man versetzt 10 Tr. 0,1 n Silbernitrat-Lsg. mit 1 Tr. 8%iger Natriumhydroxid-Lsg. und hierauf tropfenweise mit 3,5%iger Ammoniak-Lsg., bis sich der entstandene Nd. gelöst hat, und setzt hierauf noch weitere 2 Tr. Ammoniak-Lsg. zu. Fügt man 2 Tr. dieser Lsg. zu einer Lsg. von etwa 5 mg Cortisonacetat in 1 ml A., so färbt sich die Lsg. sehr rasch grauschwarz, und es scheidet sich nach einiger Zeit metallisches Silber als feiner schwarzer Nd. ab (ÖAB 9). – 3. Etwa 1 mg wird in 2 ml Weingeist gelöst. Die Lsg. wird mit 2 Tr. verd. NaOH und dann mit einer Lsg. von 5 mg Triphenyltetrazoliumchlorid in 1 ml abs. A. versetzt. Es entsteht eine Rotfärbung (Ph.Helv. V – Suppl. III). – 4. Zu 1 ml einer 0,01%igen (g/v) Lsg. in M. werden 8 ml frisch hergestellte Phenylhydrazin-Schwefelsäure (0,065%ige Lsg. von Phenylhydrazinhydrochlorid in konz. Schwefelsäure) gegeben und 15 Min. lang auf ungefähr 70° erwärmt. Die Lsg. färbt sich gelb (PI.Ed. I – Suppl., CF 65, Ross. 9). – 5. Versetzt man eine unter Erwärmen bereitete Lsg. von 1 mg in 0,5 ml A. nach dem Abkühlen mit etwa 1 mg m-Dinitrobenzol und 1 Tr. 8%iger Natronlauge, so färbt sich die Lsg. sofort zitronengelb und wird im Lauf von 1 bis 2 Min. erst olivgrün bis braun, dann rotviolett, schließlich blauviolett (ÖAB 9). – 6. Das 2,4-Dinitrophenylhydrazon schmilzt zwischen 232 und 240° unter Zers. (PI.Ed. I/2); zwischen 241 und 245° (CF 65). – 7. Versetzt man etwa 5 mg Cortisonacetat mit 5 Tr. A., 5 Tr. W. und 10 Tr. konz. Schwefelsäure und erwärmt, so tritt nach einiger Zeit der Geruch nach Essigsäureäthylester auf (ÖAB 9). – 8. 0,2 mg werden in 1 ml A. gelöst. Nach dem Eindampfen im Vakuum, Zufügen von 5 ml n Natronlauge und 30 Min.

Erwärmen auf 70° entsteht eine gelbe Lsg. mit einer starken Absorption bei 370 nm (Unterschied von Prednison) (BP 63). – 9. Die Lsg. von 50 mg in 15,0 ml 96%igem A. wird mit 50 mg Hydroxylammoniumchlorid und 50 mg wasserfreiem Natriumacetat versetzt und 20 Std. lang stehengelassen. Nach der Zugabe von 30 ml Wasser wird die Ausfällung abgesaugt, mit Wasser gewaschen und aus 70%igem A. umkristallisiert. Das farblose kristalline Cortisonacetatmonoxim schmilzt nach dem Trocknen bei 105° zwischen 245 und 251° unter Zersetzung (Metallblock 274 bis 280°) (DAB 7 – BRD). – 10. Das Infrarot-Absorptionsspektrum einer Kaliumbromid-Dispersion von vorher 3 Std. bei 105° getrocknetem Cortisonacetat weist Maxima nur bei denselben Wellenlängen auf wie ein auf gleiche Weise zubereiteter Reference-Standard. Tritt eine Differenz auf, werden Probe und Standard in einem geeigneten Lösungsmittel gelöst, das Lösungsmittel wird verdampft und das Infrarot-Spektrum mit dem Rückstand wiederholt (USP XVI). – 11. Das Ultraviolett-Absorptionsspektrum der Lösung 1 : 100000 in M. weist denselben Kurvenverlauf auf wie das des auf dieselbe Weise aufgenommenen Reference Standards. Die Extinktion beim Maximum von etwa 238 nm darf, auf die getrocknete Substanz berechnet, nicht mehr als 2,5% von der des Reference-Standards abweichen (USP XVI). NF XII läßt 3% zu. – 12. Identifizierung nach L. Kofler. Eutektische Temperatur mit Salophen: 175°. Lichtbrechungsvermögen der Schmelze: n_D = 1,5000 bei 205 bis 208° (ÖAB 9).

Prüfung. 1. Trocknungsverlust. 3 Std. bei 105° getrocknet, höchstens 1% (USP XVI, Jap. 61); bis zum konst. Gewicht bei 105° getrocknet, höchstens 0,5% (BP 63, Ross. 9, DAB 7 – BRD, CF 65); im Vakuum bei 60 bis 65° über Phosphorpentoxid getrocknet, höchstens 0,5% (PI.Ed. I/2, Belg. V); im Vakuum bei 60 bis 65°, höchstens 0,5% (ÖAB 9); 4 Std. bei 80° im Vakuum, höchstens 1% (Ph.Helv. V – Suppl. III). – 2. *Glührückstand.* Höchstens 0,1% (Jap. 61); unwägbar (USP XVI, Belg. V); höchstens 0,2% (Nord. 63). – 3. Sulfatasche. Höchstens 0,1% (BP 63, DAB 7 – BRD), 0,2% (CF 65). – 4. Hydrocortison. Werden 5 mg mit 2 ml Schwefelsäure versetzt, so bleibt die Mischung zunächst ungefärbt. Nach 1 Min. wird sie gelb ohne eine grüne Fluoreszenz im reflektierten Licht (Belg. V). – 5. Protolytische Verunreinigungen. Wie bei Desoxycorticosteronacetat, S. 107 (Nord. 63). – 6. Freie Säure. Eine Mischung von 5 ml der Lsg. in Dioxan (1 + 99), 5 ml W. und 3 Tr. Bromthymolblau-Lsg. darf bis zum Farbumschlag nach Blau höchstens um 0,02 ml 0,1 n Natronlauge mehr verbrauchen als eine Mischung von 5 ml Dioxan, 5 ml W. und 3 Tr. Bromthymolblau-Lsg. (ÖAB 9). – 7. Fluor. Ausführung entsprechend der Vorschrift auf S. 107. – 8. Fremdsteroide. Gemäß USP XVI: Papier für die aufsteigende Papierchromatographie: Mit Formamid imprägniertes Whatman No. 1 oder gleichwertiges Papier. Aufzutragende Lösungen: Test-Lösung: 25 mg/10 ml Aceton, davon 0,01 ml. Standard-Lösung: USP-Reference Standard oder eine entsprechende Standardsubstanz 25 mg/10 ml Aceton, davon 0,01 ml. Vergleichs-Standardlösungen von Cortison, Hydrocortison und Hydrocortisonacetat: je 2,5 mg auf je 100 ml Aceton, davon je 0,01 und 0,02 ml. Der chromatographische Vorgang wird in einem Chromatographiegefäß Type 1 mit Laufmittel No. 1 (zu einer Mischung von 75 ml Chlf. und 75 ml Äthylacetat wird 1 ml M. zugegeben) begonnen und das Papier so aufgehängt, daß es mit dem Startstrich nach unten gerade in das Lösungsmittel eintaucht. Wenn das Lösungsmittel die Startlinie erreicht hat, wird das Papier aus dem Chromatographiegefäß genommen, 2 Min. getrocknet und anschließend die Chromatographie in Gefäß Type 1 L, das das Laufmittel No. 3 [zu 50 ml Chlf. werden 100 ml Methylchloroform zugefügt (= 1,1,1,Trichloräthan)] enthält, fortgesetzt, bis das Laufmittel die obere Grenzlinie erreicht hat (bei 25° ungefähr in 1 Std.). Das Chromatogramm wird 5 Min. bei Raumtemperatur getrocknet, darauf unter der Analysenlampe bei 2537 Å mit der Vorderseite zur Lampe hin 3 Min. aktiviert und dann unter dem längerwelligen Licht von 3660 Å bestrahlt. Die Lagen und Intensitäten der Flecke werden ausgewertet. Das Chromatogramm wird nun zuerst bei Raumtemperatur 12 bis 18 Std., dann im Vakuum bei 70° 1 bis 2 Std. getrocknet und mit Reagens (zu 100 ml 10%iger NaOH-Lsg. werden 2 ml 0,2%ige Triphenyltetrazoliumchlorid-Lsg. gegeben, täglich frisch zu bereiten) besprüht. Nach dem Trocknen (etwa 5 Min. bei 90°) werden die Chromatogramme unter der UV-Lampe verglichen. Die Flecke der Test- und Standard-Lsg. müssen auf gleicher Höhe liegen. Etwa erschienene weitere Flecke in derselben Höhe wie die der aufgetragenen verd. Test-Lsg. dürfen nicht stärker sein als die der aufgetragenen 0,02-ml-Menge dieser verd. Test-Lsg., entsprechend weniger als 2% Fremdsteroide.

Gemäß BP 63: Es wird die absteigende Papierchromatographie Methode II und das Laufmittel B [eine 0,2%ige (v/v) Lsg. von Formamid in einer Mischung gleicher Volumen Bzl. und Chlf.] angewendet. Whatman No. 1 oder ein gleichwertiges Papier wird mit einer 40%igen (v/v) Lsg. von Formamid in M, imprägniert und ohne Hilfe von Hitze getrocknet. Aufgetragen werden 0,005 ml einer 0,5%igen (g/v) Lsg. des zu untersuchenden Cortisonacetats und ebenso einer auf dieselbe Weise zubereiteten Vergleichslösung mit einer Standardsubstanz. Hat das Laufmittel das Ende des Papierstreifens erreicht, etwa nach $2^1/_2$ Std., wird der Papierstreifen 5 Min. bei Raumtemperatur getrocknet, dann 40 Min. bei 105° erhitzt und mittels Durchziehen durch alkalische Triphenyltetrazoliumchlorid-Lsg. [1 Volumen einer 0,1%igen (g/v) Lsg. von 2,3,5-Triphenyltetrazoliumchlorid und 9 Volumen 2 n NaOH, frisch bereitet] entwickelt. Die zu untersuchende Substanz und der Standard zeigen in derselben Höhe und derselben Stärke je einen roten Fleck. Es dürfen keine weiteren Flecken erscheinen. Die entwickelten Papierstreifen werden 30 Min. bei 105° getrocknet; im UV-Licht, das Licht der Wellenlänge 366 nm noch enthält, weisen die Flecke eine Fluoreszenz auf.

Gemäß Ph.Helv. V – Suppl. III: Test-Lösung: 5 mg Acetylcortison pro ml (= Lsg. *a*). Laufmittel: 80 ml Toluol und 20 ml Methyläthylketon werden in einem Scheidetrichter gemischt und in die Kristallisierschale des zur aufsteigenden Papierchromatographie bestimmten Gefäßes eingefüllt. Chromatographiepapier: Schleicher & Schüll 2043 b Mgl mit Formamid imprägniert. Aufzutragende Lösung: 0,006 ml der Lsg. *a* = 0,03 mg Acetylcortison. Es wird chromatographiert, bis die Frontlinie des Laufmittels etwa 30 cm über die Startlinie gestiegen ist (etwa 3 bis 4 Std.). Darauf wird der Streifen bei 100° etwa 30 Min. getrocknet. Der getrocknete Streifen wird mit etwa 10 ml Sprühreagens (10 mg Blautetrazolium werden in 10 ml W. gelöst und mit 90 ml verd. Natronlauge versetzt) gleichmäßig besprüht und nach 5 Min. beobachtet. Das Chromatogramm soll einen blauen Fleck mit einem R_f-Wert von 0,7 bis 0,8 (Acetylcortison) aufweisen. Es dürfen keine weiteren auch nur schwach blauen Flecke auftreten (andere Corticosteroide mit α-Ketolgruppe).

Gehaltsbestimmung. Gemäß NF XII: Standard-Lsg.: 10 µg vorher 3 Std. bei 105° getrockneter Reference Standard Cortisonacetat pro ml werden in A. (95%) gelöst. 20 ml davon (= 200 µg) werden in einen 50-ml-Schliffkolben gegeben. – Prüf-Lsg.: 100 mg Cortisonacetat werden in A. zu 200 ml gelöst. Davon werden 5 ml in einem 250-ml-Meßkolben bis zur Marke verdünnt. 20 ml davon werden in einen 50-ml-Schliffkolben gegeben. Ausführung. In jeden der beiden Kolben und in einen dritten Kolben mit 20 ml A. als Blindlsg. gibt man 2,0 ml Blau-tetrazolium-Lsg. (500 mg Blue tetrazolium in A. ad 100 ml), mischt und gibt darauf 2 ml einer verdünnten (1 in 10 ml A.) Tetramethylammoniumhydroxid-Lsg. hinzu. Nach 45 Min. langem Stehen im Dunkeln werden die Extinktionen beider Lsg. gegen den Blindwert bei 525 nm gemessen. Die Menge Cortisonacetat in mg errechnet sich nach der Formel $10\,C(A_U/A_S)$, wobei A_S die Extinktion der Standard-Lsg., A_U die der Prüf-Lsg. und C die Konzentration in µg/ml des Reference Standards in der Standard-Lsg. ist. – Gemäß Jap. 61: 10 mg der 3 Std. bei 105° getrockneten Substanz werden in genau 100 ml M. gelöst. 5 ml dieser Lsg. werden wiederum zu genau 50 ml mit M. verdünnt. Es wird die Extinktion E beim Maximum zwischen 238 und 240 nm bei 1 cm Schichtdicke gemessen. Der Gehalt in mg errechnet sich nach folgender Formel:

$$\text{Gehalt in mg} = \frac{E \cdot 10000}{390}.$$

Unverträglichkeiten. Basisch reagierende und oxydierende Stoffe.

Aufbewahrung. In dicht geschlossenen Gefäßen, vor Licht geschützt.

Anwendung. Zur Glucocorticosteroid-Therapie: Cortison beeinflußt neben Kohlenhydrat- und Mineralstoffwechsel bevorzugt die Organe mesenchymaler Herkunft, wie lymphatisches Gewebe, Knochenmark, Bindegewebe und Synovialmembranen. Bei entzündlichen Prozessen hemmt es Ödembildung und Leukozytenaustritt und dämpft damit insgesamt die Entzündung. Eine besonders gute Wirkung wird bei akuten und chronischen rheumatischen Erkrankungen beobachtet, jedoch ist sie nicht causal. Nach dem Einstellen der Gabe erscheint häufig das Krankheitsbild wieder. Bei rheumatischer Arthritis ist die Wirkung nur suppressiv. Eine anhaltende Therapie hat verschiedene z.T. bedenkliche Nebenerscheinungen. Die Sekretion der Nebenniere und der Hypophyse wird zurückgedrängt, das elektrolytische Gleichgewicht und der Wasserhaushalt werden je nach Veranlagung des Patienten verschieden stark gestört, der normale Kohlenhydrat-Stoffwechsel wird in Mitleidenschaft gezogen und die Insulin-Reaktion beeinträchtigt. Im Proteinstoffwechsel zeigt sich bei sehr langer Cortisonanwendung eine negative Stickstoffbilanz. Der Widerstand gegen bakterielle Infektionen ist vermindert.

Lokal wird es am Auge verwendet. Bei allergischer Konjunktivitis, Keratitis, akuter Iritis werden anfänglich 1 oder 2 Tr. der 0,5 bis 2,5%igen Suspension in physiologischer Kochsalzlsg. jede Stunde in den Konjunktivalsack oder eine 1%ige Salbe 3- bis 4mal am Tag appliziert. Da Cortison keine antibakteriellen Eigenschaften besitzt, müssen bei Augeninfektionen Antibiotica oder Sulfonamide mit verabreicht werden. Cortison verhindert die Regeneration des Epithelgewebes und darf daher bei Hornhautgeschwüren nicht verwendet werden. Die Bildung von Narbengewebe wird gehemmt (antifibroplastische Wirkung), wodurch die weitere Anwendung zur Prophylaxe von Verwachsungen gegeben ist. Bei Magen- und Darmgeschwüren ist Cortison kontraindiziert.

Dosierung. Täglich 50 bis 400 mg oral oder i.m. in mehreren Dosen (BPC 63) Maximaldosis einzeln 0,1 g, tägl. 0,2 g (Nord. 63).

Handelsformen: Adreson (Organon, München): Tabl., Susp., Augentr. – Cortison (Ciba, Wehr, Baden): Tabl., Susp., Augentr. – Cortison (Hoechst, Frankfurt a. M.): Tabl., Susp., Augensalbe – Cortison (Dr. Winzer, Konstanz): Augensalbe. – Cortison POS (Bernhard, Buxmann, Saarbrücken): Augentr., Salbe. – Scheroson Depot (Schering, Berlin): -Önanthat und -undecylat Amp. i.m. Scheroson ophthalmicum: -önanthat, ölige Lsg. mit Chloramphenicol.

Cortone (Merck, Sharp & Dohme, USA); Cortril (Pfizer, USA); Cortogen acetate (Schering, USA).

Cortelan (Glaxo, England); Cortistab (Boots, England); Cortisyl (Roussel, England).

Hydrocortisonum PI.Ed. I – Suppl., ÖAB 9, Nord. 63, Jap. 61. Hydrocortisone BP 63, USP XVII, CF 65. Hydrocortison (INN). Cortisol; Substanz M, REICHSTEIN; Compound F, KENDALL. 11β,17α,21-Trihydroxypregn-4-en-3,20-dion. 4-Pregnene-3,20-dione-11β,17α,21-triol. (+)-11β,17α,21-Trihydroxy-3,20-dioxopregnen-(4). Δ^4-Pregnen-11β,17α-21-triol-3,20-dion. 17-Hydroxycorticosteron.

$C_{21}H_{30}O_5$ Strukturformel: S. 98 M.G. 362,47

Gehalt. 96 bis 104% bezogen auf die getrocknete Substanz.

Eigenschaften. Weißes oder nahezu weißes, geruchloses, kristallines Pulver, zunächst geschmacklos, dann von nachhaltig bitterem Geschmack. Unlösl. in W.; lösl. in 40 T. A. (95%), 80 T. Aceton; schwer lösl. in Chlf.; nahezu unlösl. in Ae.; leicht lösl. in Dioxan; lösl. in 4000 T. W., 4000 T. Ae., 500 T. Chlf.

Fp. 209 bis 220° (Nord. 63), 212 bis 218° (ÖAB 9); unter Zers. bei etwa 214° (BP 63), 212 bis 220°, es sei denn, daß sehr feines Pulver, das zu 95% Sieb Nr. 325 passiert, geprüft wird. Letzteres kann bereits bei 209° zu schmelzen beginnen (USP XVII, PI.Ed. I – Suppl.), bei etwa 215° (USP XVII – Suppl. 1); nach L. KOFLER: 208 bis 220° (ÖAB 9), 221 bis 223° (CF 65). – Spezifische Drehung. $[\alpha]_D$: In A. (95%) + 162 bis + 171° (BP 63); + 160 bis + 170° (ÖAB 9); + 162 bis + 173° (Nord. 63). In Dioxan + 150 bis + 156° (PI.Ed. I – Suppl., USP XVII; Jap. 61) 153 ± 3° (CF 65). – UV-Absorption. $E^{1\%}_{1\,cm}$ beim Maximum etwa 240 nm in abs. A. 420 bis 450 (BP 63); bei 242 nm 439 ± 11 (CF 65); bei 242 nm in M. 428 bis 450 (PI.Ed. I – Suppl.); 445 (Jap. 61).

Erkennung. 1. Versetzt man etwa 1 mg Substanz mit 1 ml konz. Schwefelsäure, so entsteht eine gelb bis orange gefärbte Lsg., die intensiv grün fluoresziert. Versetzt man die Lsg. mit 1 ml W., so färbt sie sich gelbbraun mit intensiv grüner Fluoreszenz (ÖAB 9, CF 65), versetzt man sie mit 10 ml W., färbt sie sich gelborangegelb mit grüner Fluoreszenz und es bildet sich ein geringer flockiger Nd. (USP XVII). – 2. Reaktion mit Phenylhydrazin-Schwefelsäure, Ausführung wie Nr. 4, S. 111 (PI.Ed. I – Suppl., CF 65). – 3. Reaktion mit m-Dinitrobenzol, Ausführung wie Nr. 5, S. 111 (ÖAB 9). – 4. Reduktion von Silbernitrat, Ausführung wie Nr. 2, S. 111 (ÖAB 9). – 5. IR-Absorptionsspektrum entspr. Nr. 10, S. 112 (USP XVII). – 6. Identifizierung nach L. KOFLER. Eutektische Temperatur der Mischung mit Dicyandiamid etwa 172° (ÖAB 9).

Prüfung. 1. Trocknungsverlust. Bei 105° bis zum konstanten Gewicht getrocknet, höchstens 1% (BP 63, CF 65, Jap. 61); im Vakuum bei 60 bis 65° getrocknet, höchstens 0,5% (ÖAB 9); im Vakuum 4 Std. bei 100° höchstens 1% (PI.Ed. I – Suppl.). – 2. Glührückstand. Höchstens 0,1% (Jap. 61); 0,2% (Nord. 63); unwägbar bei 0,1 g Einwaage (USP XVII). – 3. Sulfatasche. Höchstens 0,1% (BP 63), 0,2% (CF 65). – 4. Fluor. Wie bei Desoxycorticosteronacetat, S. 107 (BP 63). – 5. Lösung. Die Lsg. 1 + 99 in A. muß klar und farblos sein (ÖAB 9); 20 mg in 2 ml A. (95%) müssen bezüglich Klarheit und Farbe der Grenz-Lsg. entsprechen (Nord. 63). – 6. Freie Säure. 10 ml der A.-Lsg. 1 + 99 müssen sich auf Zusatz von 2 Tr. Bromthymolblau-Lsg. gelb oder grün und bei darauffolgendem Zusatz von 0,2 ml 0,01 n NaOH-Lsg. blau färben (ÖAB 9). – 7. Protolytische Verunreinigungen. Wie bei Desoxycorticosteronacetat S. 107. – 8. Fremdsteroide. Gemäß BP 63 vgl. S. 104. – Gemäß USP XVII wird verfahren wie bei Cortisonacetat USP XVI, S. 112, jedoch werden als Vergleichsstandard-Lsg. die von Cortison, Cortisonacetat und Hydrocortisonacetat aufgetragen und die Chromatographie in Gefäß Type 1 L mit dem Laufmittel Nr. 2 (zu 148 ml Chlf. werden 1,5 ml Isobutylalkohol zugefügt) vorgenommen.

Gehaltsbestimmung. Gemäß Jap. 61: Genau 0,01 g, vorher 3 Std. bei 105° getrocknet, werden zu 100 ml M. gelöst. 5 ml der Lsg. werden zu 50 ml mit M. aufgefüllt. Von dieser

Lsg. wird die Extinktion E beim Maximum zwischen 240 und 242 nm in einer 1-cm-Küvette bestimmt. Der Gehalt an Hydrocortison errechnet sich nach der Formel:

$$C_{21}H_{30}O_5 = \frac{E}{445} \cdot 10\,000\,\text{mg}.$$

Gemäß Nord. 63 erfolgt die Bestimmung mit Bezugnahme auf Hydrocortisonacetat als Standardsubstanz in der Ausführung wie bei Desoxycorticosteronacetat, S. 107. Die Messung der Extinktionen erfolgt bei 242 nm. Da als Standardsubstanz das Acetat eingesetzt wird, muß bei der Berechnung mit dem Quotienten der Molekulargewichte 0,8961 multipliziert werden nach der Formel:

$$m = \frac{q \cdot n \cdot 0{,}8961}{p} \cdot \left(1 - \frac{k_2}{k_1}\right).$$

Gemäß BP 63 wird die Triphenyltetrazoliumchlorid-Reaktion absolutcolorimetrisch angewendet (vgl. S. 107), indem als theoretischer Wert bei der Berechnung für $E^{1\%}_{1\,cm}$ = 435 bei 485 nm eingesetzt wird.

Unverträglichkeit. Basisch reagierende Stoffe.

Anwendung. Zur Glucocorticosteroid-Therapie in Form von Tabl. 10 mg, Susp. 25 mg/ml, Tropfen 0,25%, Suppos. 10 mg, Augentropfen 0,5%, Salbe 0,5, 1 und 2,5%, Creme 1%, Lotion 5 mg/ml, Spray 50 mg/40 g.

Handelsformen: Ficortril (Pfizer, Karlsruhe): Salbe, Lotion, Spray. – Hydrocort (Ferring, Düsseldorf): Augentr. Dermale Tropfen, Salbe, Liniment, Spray, Suppos. – Hydrocortison (Hoechst, Frankfurt a. M.): Tabl., Infusionslsg. – Incortin H (Merck, Darmstadt): Creme.

Hydrocortone (Merck, Sharp & Dohme, USA), Cortef (Upjohn, USA).

Corbadex (Brit. Drug Houses), Efcortelan (Glaxo, England), Genacort (Genatosan, England), Hydrocortisyl (Roussel, England).

Hydrocortisonum acetylatum Ph.Helv. V – Suppl. III, ÖAB 9. Hydrocortisonum Aceticum DAB 7 – DDR. Hydrocortisoni Acetas PI.Ed. I – Suppl., Belg. V, Jap. 61, Nord. 63. Hydrocortisone acetate BP 63, USP XVII. Hydrocortisone (acétate d') CF 65. Hydrocortisonacetat. 21-Acetoxy-11β,17α-dihydroxypregn-4-en-3,20-dion. Δ^4-Pregnen-11β,17α-21-triol-3,20-dion-21-acetat. 17-Hydroxycorticosteronacetat. (+)-21-Acetoxy-11β,17α-dihydroxy-3,20-dioxopregnen-(4). 11β,17α-Dihydroxy-21-acetoxy-Δ^4-pregnen-3,20-dion.

$C_{23}H_{32}O_6$ Strukturformel: S. 110 M.G. 404,51

Gehalt. 97 bis 103% $C_{23}H_{32}O_6$, bezogen auf die getrocknete Substanz.

Eigenschaften. Weißes oder praktisch weißes, geruchloses, kristallines Pulver, zunächst geschmacklos, dann von nachhaltig bitterem Geschmack. Unlösl. in W.; lösl. in 230 T. A. (95%), 150 T. Chlf., 1 : 400 in A. (95%), 1 : 5000 in Ae., 1 : 250 in Chlf.

Fp. 215 bis 225° (Zers.) (Nord. 63), bei 206° eingesetzt 216 bis 222° (USP XVII, Belg. V, DAB 7 – DDR, ÖAB 9), 219° (PI.Ed. I – Suppl.), etwa 220° (BP 63), 222 bis 224° (CF 65), nach L. Kofler 210 bis 222° (ÖAB 9), in Form eines feinen Pulvers (95% durch Sieb 325 = 44 μm lichte Maschenweite) 213° (USP XVII), etwa 220° (USP XVII – Suppl. 1).

$[\alpha]_D$: In Dioxan +157 bis +167° (BP 63), +157 bis +168° (Nord. 63), +158 bis +165° (PI.Ed. I – Suppl., USP XVII, Belg. V, Jap. 61, DAB 7 – DDR), +162 ± 4° (CF 65).

UV-Absorption. In abs. A. beim Maximum von etwa 240 nm $E^{1\%}_{1\,cm}$ = 380 bis 400 (BP 63) bei 242 nm = 395 ± 10° (CF 65), in A. (95%) = etwa 400 (Nord. 63), in M. bei 242 nm = 395 ± 10° (PI.Ed. I – Suppl.), = 385 bis 405° (Belg. V), = 390 (Jap. 61), 380 bis 410 (DAB 7 – DDR).

Erkennung. 1. Die Erk.-Rk. entspr. denen von Hydrocortison (S. 114). – 2. Der Acetatrest kann als Äthylacetat nachgewiesen werden. – 3. Identifizierung nach L. Kofler. Eutektische Temperatur der Schmelze mit Dicyandiamid: 190°. Lichtbrechungsvermögen der Schmelze n_D = 1,5101 bei 196 bis 197° (ÖAB 9). – 4. 0,02 g Substanz werden in einem Mikroreagensglas mit 0,05 g Calciumhydroxid gemischt. Hierbei auftretende Dämpfe färben 1 Tropfen o-Nitrobenzaldehyd-Reagens (1,2 g gepulvertes o-Nitrobenzaldehyd wird 10 Min. mit 100 ml 2 m Natronlauge geschüttelt und die Mischung filtriert; immer frisch bereiten) auf einem Stück Filtrierpapier gelbgrün bis blaugrün. Beim Befeuchten mit 2 m Salzsäure nimmt der Fleck eine blaue Farbe an (Nord. 63). Siehe auch Nr. 11, S. 107.

Prüfung. 1. Trocknungsverlust. Höchstens 1%, bei 100 bis 105° bis zum konstanten Gewicht getrocknet (CF 65); 3 Std. bei 105° (BP 63, Jap. 61, USP XVII); im Vakuum bei 60° (PI.Ed. I – Suppl., Belg. V), 4 Std. im Vakuum bei 80° (Ph.Helv. V – Suppl. III). Höchstens 0,5% im Vakuum bei 60 bis 65° (ÖAB 9). – 2. Glührückstand. Unwägbar (USP XVII, Belg. V), höchstens 0,2% (Nord. 63), höchstens 1% (Jap. 61). – 3. Sulfatasche. Höchstens 0,1% (BP 63), höchstens 0,2% (CF 65). – 4. Freie Säure. Eine Mischung von 5 ml der Lsg. in Dioxan (1 + 99), 5 ml W. und 3 Tr. Bromthymolblau-Lsg. darf bis zum Farbumschlag nach Blau höchstens um 0,02 ml 0,1 n Natronlauge mehr verbrauchen als eine Mischung von 5 ml Dioxan, 5 ml W. und 3 Tr. Bromthymolblau-Lsg. (ÖAB 9). – 5. Fluor. Ausführung entspr. der Vorschrift auf S. 107 (BP 63). – 6. Fremdsteroide. Gemäß Ph.Helv. V – Suppl. III wird ebenso chromatographiert wie bei Cortisonacetat, S. 113. Das Chromatogramm soll einen blauen Fleck mit einem R_f-Wert von 0,6 bis 0,7 (Acetylhydrocortison) aufweisen. Es dürfen keine blauen Flecke mit den R_f-Werten von 0,1 bis 0,2 (Hydrocortison und Cortison) und von 0,7 bis 0,8 (Acetylcortison) auftreten. Etwaige weitere blaue Flecke werden nicht berücksichtigt. Gemäß BP 63 vgl. S. 104.

Gehaltsbestimmung. Ausführung entsprechend den Angaben bei Cortisonacetat, S. 113. Die Messung der Extinktionen erfolgt gemäß Ph.Helv. V – Suppl. III, Jap. 61 und Nord. 63 beim Maximum von etwa 240 bis 242 nm. Bei der Berechnung gemäß BP 63 wird als theoretischer Wert für $E^{1\%}_{1\,cm}$ 390, gemessen bei 485 nm, eingesetzt.

Unverträglichkeiten. Basisch reagierende und oxydierende Stoffe.

Anwendung. Zur Glucocorticosteroid-Therapie. Für die intraarticuläre Injektion als Suspension, örtlich als Creme, Salbe und Lotion, ophthalmologisch als Augentropfen und Augensalbe.

Dosierung. Gebräuchliche Dosis: Intraarticulär 25 mg, i.m. 5 bis 50 mg, extern als Salbe, Augensalbe oder Suspension 0,5 bis 2,5%ig.

Handelsformen: Ficortril (Pfizer, Karlsruhe): Susp., Augensalbe. – Hydro-Adreson (Organon, München): Salbe, Augensalbe, Susp. – Hydrocortison (Ciba, Wehr, Baden): Amp., Creme; (Hoechst, Frankfurt a. M.): Kristallsusp., Salbe; Hydrocortison, POS (Bernhard, Buxmann, Saarbrücken): Augentr., Augensalbe; (Roussel, Koblenz): Salbe. – Litraderm (Desitin, Hamburg): Salbe. – Pabracort (Salopharma, Berlin): Zerstäuberkapseln. – Scheroson F (Schering, Berlin): Kristallsusp., Salbe.

Cortef acetate (Upjohn, USA), Cortril acetate (Pfizer, USA), Cortifan acetate (Schering, USA), Hydrocortone acetate (Merck, Sharp & Dohme, USA), als Hydrocortisonphosphat: Cortiphate (Travenol, USA).

Cortef (Upjohn, England), Hydrocortistab (Boots, England), Pabracort (Paines & Byrne, England), als Hydrocortison-Natriumsuccinat: Corlan (Glaxo, England), Solu-Cortef (Upjohn, England.

Flebocortid (Ormoterapia, Italien).

Hydrocortisonhemisuccinat. Hydrocortisone Hydrogen Succinate BP 63. Hydrocortisone (hémisuccinate d') CF 65. 21-(β-carboxypropionyloxy)-11β,17α-dihydroxypregn-4-en-3,20-dion. 11β,17α-21-trihydroxy-4-pregnen-3,20-dion,21-hemisuccinat.

$C_{25}H_{34}O_8$ M.G. 462,55

Herstellung. Durch Einwirkung von Bernsteinsäureanhydrid auf Hydrocortison.

Gehalt. 96 bis 104% $C_{25}H_{34}O_8$ bezogen auf die bei 100° und nicht über 5 Torr getrocknete Substanz (BP 63), mindestens 98,5% (CF 65).

Eigenschaften. Geruchloses, weißes oder nahezu weißes, kristallines Pulver. Nahezu unlösl. in W.; lösl. bei 20° in 25 T. 5%iger Natriumhydrogencarbonat-Lsg., in 40 T. A. (95%) und in 7 T. abs. A. Mit Zersetzung löst es sich auch in 20%iger Natronlauge.

Fp. etwa 168° (BP 63), 170 bis 173°, nach Rekristallisation zwischen 210 und 214° (CF 65). $[\alpha]_D$: In abs. A. + 147 bis + 153°, bezogen auf die getrocknete Substanz (BP 63), 130 ± 3° (CF 65). UV-Absorption: In abs. A. $E^{1\%}_{1\,cm}$ = 345 ± 10 bei 242 nm (CF 65).

Erkennung. 1. Das IR-Absorptionsspektrum weist Maxima bei nur denselben Wellenlängen auf wie die Standardsubstanz (BP 63). – 2. 25 mg werden 10 Min. mit 10 ml 10%iger Salzsäure in leichtem Sieden gehalten, dann auf dem Wasserbad zur Trockne eingedampft. Nach Zufügen von 5 ml 10%iger Ammoniak-Lsg. wird in einer kleinen Schale zur Trockne eingedampft und der Rückstand 30 Min. bei 100° getrocknet. Der Rückstand wird mit 2,5 g Zinkstaub gemischt, alles in ein Reagensglas übergeführt und über einer kleinen Flamme erhitzt, während ein vorher mit 32%iger Salzsäure gut befeuchteter Kiefernholzspan in die sich entwickelnden Dämpfe gehalten wird. Der Span wird rot bis braunrot (BP 63). – 3. Einige Milligramm werden in einem Mikrotiegel mit einer kleinen Spatelspitze Zinkpulver, 10 Tr. 7%iger Salzsäure und 3 Tr. 10%iger Ammoniumchlorid-Lsg. vermengt und auf dem Wasserbad zur Trockne eingedampft. Der Tiegel wird mit Filtrierpapier bedeckt, das mit 1 Tr. einer 5%igen Lsg. von p-Dimethylaminobenzaldehyd in 20%iger benzolischer Trichloressigsäure befeuchtet ist, und mit der Sparflamme eines Bunsenbrenners erhitzt. Auf dem Filtrierpapier entsteht eine Rotviolettfärbung. – 4. Einige Milligramm Substanz werden in 0,5 ml abs. A. gelöst und 5 ml 0,1%ige Phenylhydrazin-Lsg. in verd. Schwefelsäure (5 + 20) hinzugefügt. Nach kurzem Erwärmen auf dem Dampfbad bei 60° entwickelt sich eine intensiv gelbe Farbe (CF 65). – 5. Einige Milligramm Substanz werden in 2 ml Schwefelsäure gelöst. Es entwickelt sich eine gelbe bis rotbraune Farbe mit grüner Fluoreszenz (CF 65).

Prüfung. 1. Trocknungsverlust. Bis zum konstanten Gewicht bei 100° bei nicht mehr als 5 Torr getrocknet, höchstens 5% (BP 63). – 2. Sulfatasche. Nicht über 0,1% (BP 63), 1% (CF 65). – 3. Fluor. Ausführung entsprechend der Vorschrift auf S. 107. – 4. Reaktion. 1,0 g gelöst in 20 ml vorher mit Phenolphthalein neutralisiertem abs. A. darf nicht weniger als 20 ml und nicht mehr als 21,5 ml 0,1 n Natronlauge zur Neutralisation verbrauchen, Phenolphthalein als Indikator (BP 63).

Gehaltsbestimmung. BP 63: 10 mg werden zu 100 ml abs. A. gelöst, davon 5 ml zu 50 ml mit abs. A. verdünnt. Von der erhaltenen Lsg. wird die Extinktion bei 1 cm Schichtdicke beim Maximum von etwa 240 nm gemessen. Der Gehalt wird berechnet, indem als theoretischer Wert für $E_{1\,cm}^{1\%}$ 341 eingesetzt wird. – CF 65: Etwa 0,4 g Substanz, genau gewogen, werden in 20 ml abs. A. gelöst und 20 ml W. hinzugefügt, in Eiswasser gekühlt und mit 0,1 n Natriumhydroxid-Lsg. und Phenolphthalein als Indikator titriert. 1 ml 0,1 n Natriumhydroxid-Lsg. entspr. 0,04625 g Hydrocortisonhemisuccinat.

Anwendung. Zur Glucocorticosteroid-Therapie.

Hydrocortison-Natriumsuccinat. Hydrocortisone Sodium Succinate BP 63, USP XVII. Natriumsalz von 21-(3-carboxypropionyloxy)-11β,17α-dihydroxy-pregn-4-en-3,20-dion.

$C_{25}H_{33}NaO_8$ M.G. 484,53

Gehalt. 96 bis 104% $C_{25}H_{33}NaO_8$, bezogen auf die bei 100° und nicht über 5 Torr getrocknete Substanz (BP 63), 97 bis 103 % (USP XVII).

Eigenschaften. Weißes oder nahezu weißes, geruchloses, hygroskopisches, kristallines Pulver. Lösl. bei 20° in 3 T. W., 34 T. A. (95%), 200 T. abs. A.; unlösl. in Chlf. und in Ae. $[\alpha]_D$: + 134 bis + 146° in 95%igem A., + 135 bis + 145° (USP XVII).

Erkennung. 1. Die Erk-Rk. entspr. denen von Hydrocortisonhemisuccinat. – 2. Eine Probe mit Salzsäure befeuchtet und am Platindraht in der Bunsenflamme verbrannt gibt eine gelbe Flamme.

Prüfung. 1. Trocknungsverlust. Höchstens 3,0%, getrocknet bis zum konstanten Gewicht bei 100° und nicht mehr als 5 Torr. (BP 63), 2% (USP XVII). – 2. Fluor. Ausführung entsprechend der Vorschrift auf S. 107.

Gehaltsbestimmung. Wie bei Hydrocortison-hydrogensuccinat. Der Gehalt wird berechnet, indem als theoretischer Wert für $E_{1\,cm}^{1\%}$ 327 eingesetzt wird (BP 63).

Anwendung. Zur Glucocorticosteroid-Therapie. i.v.-Injektion etwa 50 mg.

Hydrocortisone Sodium Succinate for Injection USP XVII, BP 63. Hydrocortison-Natriumsuccinat zur Injektion.

Hydrocortison-Natriumsuccinat zur Injektion ist eine sterile Mischung von Hydrocortison-Natriumsuccinat mit geeigneten Puffersubstanzen.

Gehalt. 90 bis 110% der deklarierten Menge an Hydrocortison ($C_{21}H_{30}O_5$) (USP XVII), 92,5 bis 107,5 % (BP 63).

Erkennung. Etwa 100 mg werden 5 Min. lang mit 20 ml M. geschüttelt und filtriert. Das Filtrat wird auf dem Wasserbad zur Trockne verdampft und der Rückstand 3 Std. im Vakuum bei 60° getrocknet. Mit dem so erhaltenen, kristallinen Rückstand werden die Erk.-Rk. von Hydrocortison-Natriumsuccinat ausgeführt.

Prüfung. 1. pH der Lösung, die je Milliliter 50 mg Hydrocortison enthält, liegt zwischen 7 und 8. – 2. Trocknungsverlust. 3 Std. bei 105° getrocknet, höchstens 2%. – 3. Gehalt an Natrium. 1,0 g Substanz wird unter gelindem Erwärmen in 75 ml Eisessig gelöst. Nach Zugabe von 20 ml Dioxan und Kristallviolett als Indikator wird mit 0,1 n Perchlorsäure titriert. 1 ml 0,1 n Perchlorsäure = 2,299 mg Na. Die Grenzwerte sind 4,60 bis 4,89% Na berechnet auf die getrocknete Substanz. – 4. Sterilität. Es muß den Anforderungen von injizierbaren Substanzen entsprechen.

Gehaltsbestimmung. Eine genau gewogene Menge der Substanz, die etwa 100 mg Hydrocortison entspricht, wird zu genau 100 ml gelöst. 5 ml dieser Lsg. werden in einem Scheidetrichter mit 10 ml W. und 5 ml verd. Salzsäure versetzt und viermal mit je 25 ml Chlf. ausgeschüttelt. Die Chlf.-Auszüge werden jeweils durch einen mit Chlf. gewaschenen Wattebausch in einen 250-ml-Meßkolben filtriert. Man füllt mit Chlf. auf, mischt und nimmt von der Lsg. 10 ml, die in einem 50-ml-Schliffkolben auf dem Wasserbad zur Trockne verdampft werden. Der Rückstand wird in 20 ml A. gelöst und weiter nach der Blautetrazolium-Methode (s. S. 105) behandelt (USP XVII).

Der Gehalt der Einwaage an $C_{21}H_{30}O_5$ errechnet sich nach $10(C/1{,}337)(A_U/A_S)$, wobei 1,337 das Verhältnis des M.G. von Hydrocortison-Natriumsuccinat zu dem von Hydrocortison ist. Gemäß BP 63 werden 50 mg des gemischten Inhaltes von 10 Trockenampullen in 40 ml W. gelöst. Die Lsg. wird mit abs. A. zu 100 ml verdünnt und darauf die Extinktion beim Maximum etwa 240 nm bei 1 cm Schichtdicke gemessen. $E^{1\%}_{1\,cm}$ 435 = 100% für $C_{21}H_{30}O_5$.

Gebräuchliche Dosierung. 100 und 250 mg.

Synthetische Corticosteroide mit starkem antiphlogistischem Effekt.
Konstitutionsformeln: S. 133.

Betamethasone BP 63 – Add. 64, NF XII, (INN). 9α-Fluor-11β,17α,21-trihydroxy-16β-methyl-pregna-1,4-dien-3,20-dion. 9α-Fluor-16β-methyl-prednisolon.

$C_{22}H_{29}FO_5$ Strukturformel: S. 133 M.G. 392,47

Gehalt. 96 bis 104%, berechnet auf die getrocknete Substanz.

Eigenschaften. Weißes oder praktisch weißes, geruchloses, bitteres, kristallines Pulver. Nahezu unlösl. in W.; lösl. bei 20° in 75 T. A. (95%) und 1100 T. Chlf. Fp. etwa 246° (Zers.) (BP 63 – Add. 64), etwa 240° (Zers.) (NF XII).

$[\alpha]_D$: + 115 bis + 121° (BP 63 – Add. 64), + 112 bis + 120° (NF XII). $E^{1\%}_{1\,cm}$ = 370 bis 400 beim Maximum etwa 240 nm in abs. A. Der Quotient der Extinktionen beim Maximum und bei 263 nm soll zwischen 1,95 und 2,15 liegen (BP 63 – Add. 64).

Erkennung. 1. 0,5 ml Chromschwefelsäure (BP 63) werden in einem kleinen Reagensglas im Wasserbad 5 Min. erwärmt. Die Lsg. benetzt die Glaswand, haftet jedoch nicht daran. Nach dem Zufügen von 2 oder 3 mg Substanz wird wiederum 5 Min. im Wasserbad erwärmt. Die Lsg. benetzt die Glaswand nicht und läßt sich nicht leicht aus dem Reagensglas gießen (BP 63 – Add. 64). – 2. Zu 2 ml einer 0,01%igen Lsg. in A. (95%) fügt man 10 ml Phenylhydrazin-Lsg. und erwärmt 20 Min. bei 60°, kühlt darauf ab und mißt die Extinktion beim Maximum, etwa 450 nm. $E^{1\%}_{1\,cm}$ darf nicht mehr als 150 sein (Unterschied von Dexamethason) (BP 63 – Add. 64). – 3. Von einer Lsg. mit 500 mg im Milliliter werden 10 µl auf eine geeignete Dünnschichtplatte, die mit einer 0,25 mm Schicht Silicagel G überzogen ist, aufgetragen, ebenso 10 µl einer gleich starken Lsg. mit einem Standardpräparat. Nach dem Trocknen wird das Chromatogramm in einem System Chlf. – Diäthylamin 2 : 1 entwickelt, bis die Lösungsmittelfront 3/4 der Höhe der Platte erreicht hat. Die Platte wird nach Verdampfen des Lösungsmittels mit verd. Schwefelsäure (1 in 2) leicht besprüht und auf einer Heizplatte oder unter einer Lampe erwärmt, bis die Flecke erscheinen. Die R_f-Werte der beiden Lsg. müssen gleich groß sein (NF XII). – 4. IR-Absorption. – 5. UV-Absorption.

Prüfung. 1. Trocknungsverlust. Bis zum konstanten Gewicht bei 100° und nicht mehr als 5 Torr getrocknet, 0,5% (BP 63 – Add. 64); 3 Std. bei 105° höchstens 1% (NF XII). – 2. Sulfatasche. Höchstens 0,1% (BP 63 – Add. 64), höchstens 0,2% (NF XII). – 3. Gehalt an Selen. Ausführung wie bei Dexamethason, S. 119. – 4. Fremdsteroide. Entsprechend dem Test auf Fremdsteroide, S. 104, unter Benutzung des Laufmittels A.

Gehaltsbestimmung. Ausführung wie bei Dexamethason (BP 63 – Add. 64). Gemäß NF XII wird die Bestimmung entsprechend der bei Cortisonacetat, S. 113, ausgeführt, jedoch läßt man zur Farbentwicklung 90 Min. im Dunkeln stehen und unterbricht danach die Farbentwicklung durch einen Zusatz von je 1 ml Eisessig.

Anwendung. Als Glucocorticosteroid mit dem gleichen Indikationsbereich wie die natürlichen Corticoide mit Ausnahme der Substitutionstherapie.

Übliche Dosis. 600 µg 2- bis 4mal tägl.

Handelsformen: Celestone (Schering, Bloomfield, N. J.), Betnesol als Diphosphat (Glaxo-Evans, Paris). Betnovate als 17-Valerat (Glaxo, Bombay).

Dexamethasone BP 63, NF XII. Dexamethason (INN). 9α-Fluor-11β,17α-21-trihydroxy-16α-methyl-pregna-1,4-dien-3,20-dion. 9α-Fluor-16α-methyl-prednisolon.

$C_{22}H_{29}FO_5$ Strukturformel: S. 133 M.G. 392,47

Gehalt. 96 bis 104%, bezogen auf die getrocknete Substanz.

Herstellung. Mittels Partial-Synthese, vgl. S. 102, z.B. 16α-Methylierung mittels Grignard-Reaktion [Marker, R. E., u. H. M. Crooks jr.: J. Amer. chem. Soc. *64*, 1280 (1942)]. Hydrofluorierung über Bromhydrin und Epoxid sowie Dehydrierung mit SeO_2 ergibt 16α-Methyl-9α-fluor-prednisolon [Arth, G. E. u.a.: J. Amer. chem. Soc. *80*, 3161 (1958) und Oliveto, E. P. u.a.: J. Amer. chem. Soc. *80*, 4431 (1958)].

Eigenschaften. Weiße bis hellohfarbene, geruchlose, bittere Kristalle oder kristallines Pulver. Unlösl. in W.; lösl. bei 20° in 42 T. 95%igem A. und 165 T. Chlf. Fp. etwa 255° (BP 63), etwa 250° (NF XII). (Zers.). Spezifische Drehung: $[\alpha]_D$ in Dioxan: + 72 bis + 80°. – UV-Absorption: in M. beim Maximum von etwa 240 nm $E^{1\%}_{1\,cm}$ = 380 bis 410. Der Quotient der Extinktionen beim Maximum und bei 263 nm soll zwischen 1,92 und 2,13 liegen.

Erkennung. BP 63: 1. Reduktion von Kalium-Kupfertartrat, Ausführung wie Nr. 5, S. 106. – 2. Mittels Infrarot-Absorptionsspektrum entspr. Nr. 13, S. 107. – 3. Im Schöniger-Sauerstoffkolben werden 7 mg verbrannt. Als Absorptionsflüssigkeit dient eine Mischung aus 20 ml W. und 0,5 ml 0,01 n Natronlauge. Nach erfolgter Verbrennung werden 2 ml der Absorptionsflüssigkeit in einem Reagensglas mit 0,5 ml Alizarin Fluorine Blue Solution und 0,2 ml einer Lsg. aus 12% Natriumacetat, 6% Eisessig in 4 ml W. sowie 0,5 ml Cernitrat-Lsg. versetzt. Es entsteht eine tief lilablaue Farbe. Herstellung der Cernitrat-Lsg. und der Alizarin Fluorine Blue Solution s. Bd. I, Reagentienverzeichnis, S. 698 bzw. 678.

Prüfung. 1. Trocknungsverlust. Beim Trocknen bis zum konstanten Gewicht bei 100° und höchstens 5 Torr nicht mehr als 0,5% (BP 63); 3 Std. bei 105° höchstens 1% (NF XII).– 2. Sulfatasche: Nicht mehr als 0,1%. – 3. Selen. 0,1 g wird mit 2 ml rauchender Salpetersäure am Rückflußkühler 8 Std. gekocht, darauf nach dem Abkühlen mit 15 ml W. versetzt und nochmals 30 Min. gekocht, dann abgekühlt. Die Lsg. wird mit 30%iger Ammoniak-Lsg. neutralisiert und auf dem Wasserbad auf 5 ml eingedunstet. Darauf werden 5 ml 0,5 n HCl, 0,1 g Ammoniumsulfamat, 1 ml einer 1,25%igen Lsg. von 3,3′-Diaminobenzidin-tetrahydrochlorid und W. zu 25 ml hinzugefügt und 1 Std. stehengelassen. Darauf wird die Lsg. mit 5 ml Toluol und 7,5 ml 0,5 n NaOH 1 Min. geschüttelt, zur Trennung der Schichten stehengelassen, die wäßrige Schicht abgelassen, die Toluolschicht einmal mit 25 ml W. gewaschen und mit frisch geglühtem Natriumsulfat getrocknet. Die Extinktion dieser Lsg. bei 420 nm und 1 cm Schichtdicke soll nicht größer sein, als die von 2 ml einer Lsg. folgender Zusammensetzung, die auf dieselbe Weise behandelt wurde: 10 mg Selen werden mit 100 ml rauchender Salpetersäure durch Kochen am Rückflußkühler in Lsg. gebracht. 5 ml dieser Lsg. werden zu 100 ml mit rauchender Salpetersäure verdünnt (2 ml = 10 µg = 0,01%) (BP 63). – 4. Fremdsteroide. Ausführung und Auswertung vgl. S. 104, jedoch unter Verwendung des Laufmittels A (eine gesättigte Lsg. von Formamid in Chlf.) (BP 63).

Gehaltsbestimmung. Absolutkolorimetrisch mittels der Triphenyltetrazoliumchlorid-Reaktion. Theoretischer Wert für $E^{1\%}_{1\,cm}$ = 402 bei 485 nm (BP 63). Gemäß NF XII: Blau-Tetrazolium-Reaktion entsprechend Cortisonacetat, S. 113.

Anwendung. Zur Glucocorticoid-Therapie mit denselben Eigenschaften wie Cortison, jedoch mit nur geringer mineralcorticoider Wirkung. Die 16α-Methylierung erhöht die entzündungshemmende und antiarthritische Wirkung sowie die Leberglykogen-Aktivität und vermindert die unerwünschte Natriumretention. Es wirkt etwa 7mal so stark wie Prednisolon und 25- bis 35mal so stark wie Hydrocortison. Applikation: Oral als Tablette.

Dosierung. 0,5 bis 10 mg täglich in Teildosen.

Aufbewahrung. In gut verschlossenen Gefäßen, vor Licht geschützt.

Dexamethasone Acetate BP 63. Dexamethasonacetat. 21-Acetoxy-9α-fluor-11β,17α-dihydroxy-16α-methylpregna-1,4-dien-3,20-dion. 9α-Fluor-16α-methylprednisolon-acetat.

$C_{24}H_{31}FO_6$ M.G. 434,51

Gehalt. 96 bis 104% bezogen auf die getrocknete Substanz.

Eigenschaften. Weißes bis nahezu weißes, geruchloses Pulver. Nahezu unlösl. in W.; lösl. bei 20° in 40 T. 95%igem A., 25 T. abs. A., 17 T. Aceton, 1000 T. Ae. und 33 T. Chlf. Fp. etwa 225° (Zers.). $[\alpha]_D$: in Dioxan + 82 bis + 88°. UV-Absorption: In abs. A. im Maximum von etwa 240 nm, $E_{1\,cm}^{1\,\%}$ = 340 bis 370. Der Quotient der Extinktionen beim Maximum und bei 263 nm soll zwischen 1,95 und 2,15 liegen.

Erkennung. 1. Reduktion von Kalium-Kupfertartrat, Ausführung wie Nr. 5, S. 106. – 2. Mittels Infrarot-Absorptionsspektrum entspr. Nr. 13, S. 107. – 3. Nachweis von Fluor, Ausführung wie Nr. 3, S. 119. – 4. Etwa 50 mg werden mit 2 ml 0,5 n alkohol. KOH 5 Min. im Wasserbad erhitzt. Nach dem Abkühlen werden 2 ml 50%ige H_2SO_4 zugefügt und 1 Min. gelinde gekocht. Es entwickelt sich der Geruch nach Äthylacetat.

Prüfung. Ausführung und Beurteilung wie bei Dexamethason, S. 119. Fremdsteroide vgl. S. 104.

Gehaltsbestimmung. Mittels Triphenyltetrazoliumchlorid-Reaktion absolutkolorimetrisch. Theoretischer Wert für $E_{1\,cm}^{1\,\%}$ = 363.

Anwendung. Zur Glucocorticosteroid-Therapie wie Dexamethason.

Dosierung und Aufbewahrung. Wie bei Dexamethason.

Handelsformen: Tabl. zu 0,5 und 1,5 mg; Kristallsusp. zu 4 u. 8 mg; Inj. zu 5 mg; Salbe 0,1%; Creme 0,01%.

Decadron (Sharp & Dohme, München): Tabl., als -phosphat Inj.-Fl. – Dexacortidelt (Roussel-Koblenz): als -acetat Tabl. – Dexa-Dabroson (Pharma-Dabrowski, Düsseldorf): Tabl. – Dexamethason Ferring (Ferring, Düsseldorf): Tabl. – Dexa-Scheroson (Schering, Berlin): Tabl., als -Natrium-sulfat i.v.; i.m. Amp. – Fortecortin (Merck, Darmstadt): Tabl., Creme, als -acetat Kristallsusp. als Natrium-phosphat Amp. – Millicorten (Ciba, Wehr, Baden): Tabl. – Oradexon (Organon, München): Tabl. als -Natrium-phosphat Amp. – Spoloven (Byk-Gulden, Konstanz): Tabl., als -acetat Kristallsusp., als Natrium-m-sulfobenzoat Amp.

Decadron (Merck, Sharp & Dohme, USA), Deronil (Schering, USA), Gammacorten (Ciba), Hexadrol (Organon), Dexameth (U.S.Vitamin).

Dectancyl (Roussel, Paris), Dexa-Cortisyl (Roussel, Wembley Park, Middlesex), Dextelan (Glaxo, England), Deltafluorene (Lepetit, Mailand), Esacortid (Ormonoterapia).

Dexamethasone Sodium Phosphate NF XII. Dexamethason Natriumphosphat.

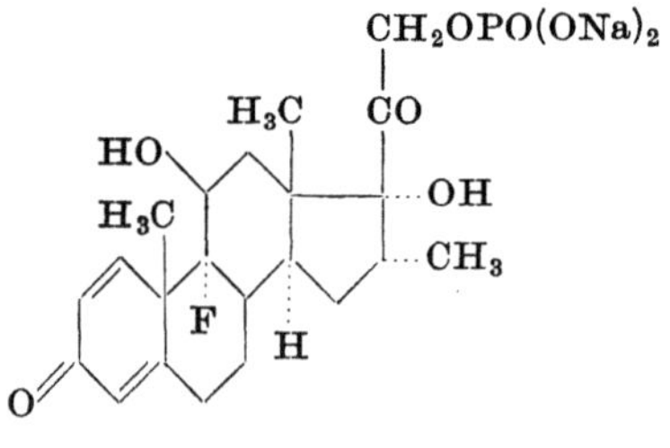

$C_{22}H_{28}FNa_2O_8P$ M.G. 516,42

Gehalt. Mindestens 95%, bezogen auf die wasser- und alkoholfreie Substanz.

Eigenschaften. Weißes oder schwach gelbliches, kristallines Pulver, geruchlos oder mit schwachem Geruch nach A. Sehr hygroskopisch. 1 g löst sich in etwa 2 ml W.; sehr schwer lösl. in Dioxan; schwer lösl. in A.; unlösl. in Ae. und Chlf. $[\alpha]_D$: In W., bezogen auf die wasser- und alkoholfreie Substanz + 74 bis + 82°.

Erkennung. 1. 5 mg Substanz in 2 ml Schwefelsäure geben nach 5 Min. eine leicht gelblichbraune Farbe. Beim Verdünnen mit 2 ml W. entsteht eine intensive bräunlichrote Färbung. Werden noch 8 ml W. hinzugefügt, bildet sich die leicht gelblichbraune Farbe wieder zurück und es entsteht ein flockiger Nd. – 2. Der Verbrennungsrückstand gibt die Erkennungsreaktionen für Natrium und Phosphat.

Prüfung. 1. pH einer 1%igen Lsg. in W.: 7,5 bis 10,5. – 2. Bestimmung des Alkoholgehalts: Gaschromatographisch. Der A.-Gehalt darf 8% nicht überschreiten. – Bestimmung des Wassergehaltes: Nach KARL FISCHER. Die Summe des W.- und A.-Gehaltes darf 16% nicht überschreiten. – 3. Phosphationen: Ammoniummolybdat-Lsg.: 6,4 g Ammoniummolybdat werden in 40 ml W. gelöst, 50 ml 10 n Schwefelsäure zugefügt, geschüttelt und mit W. auf 100 ml aufgefüllt. Die Lsg. ist etwa 2 Wochen stabil. – Zinn(II)-chlorid-Lsg.: 1 g Zinn(II)-chlorid · $2H_2O$ werden in 5 ml Salzsäure gelöst. 1 ml dieser Lsg. wird zu 100 ml mit W. kurz vor Gebrauch verdünnt. Ausführung. Etwa 200 mg Substanz, genau gewogen, werden zu 100 ml in einem Meßkolben gelöst. Davon werden 10 ml in einen 100-ml-Meßkolben, der 50 ml W. enthält, gegeben, 10,0 ml 10 n Schwefelsäure, 10,0 ml Ammoniummolybdat-Lsg. und 10,0 ml W. hinzugefügt, wobei jedesmal gut umgeschüttelt wird. Darauf werden unter leichtem Umschwenken 5,0 ml Zinn(II)-chlorid-Lsg. zugesetzt. Nach dem Auffüllen des Kolbens mit W. und Durchmischen wird 10 Min. stehengelassen, darauf wird die Extinktion der Lsg. bei 675 nm bestimmt. Sie darf nicht die Extinktion einer Lsg. überschreiten, die 20 µg PO_4-Ionen pro Milliliter enthält und ebenso behandelt wird, wie die Dexamethason Natriumphosphat-Lsg. – 4. Freies Dexamethason. Etwa 25 mg Substanz, genau gewogen, werden zu 25,0 ml in W. gelöst. 5 ml davon werden in ein 50-ml-Glasstopfengefäß gegeben und 25 ml Methylenchlorid zugefügt. Nach Umschütteln läßt man stehen, bis die Methylenchloridschicht klar geworden ist, und bestimmt die Extinktion E bei 236 nm in 1 cm Schicht und Methylenchlorid als Blindwert. Die in der eingewogenen Probe enthaltene Menge freies Dexamethason wird berechnet nach der Formel: 3,205 × E. Es sollen nicht mehr als 250 µg gefunden werden (= 1%).

Gehaltsbestimmung. pH-9-Puffer mit 0,001 m Mg^{++}. Zu einer Lsg. von 3,1 g Borsäure in 500 ml W. fügt man in einem 1000-ml-Meßkolben 21 ml n Natronlauge und 10 ml 0,1 m Magnesiumchlorid-Lsg., verdünnt bis zur Marke mit W. und mischt.

Alkalische Phosphatase-Lösung. 95 ± 5 mg alkaline phosphatase enzyme (z.B. lieferbar von der Worthington Biochemical Corp., Freehold, N. J.) werden in einem 50-ml-Meßkolben in der Puffer-Lsg. zu 50,0 ml gelöst. Die Lsg. ist tägl. frisch zu bereiten, das Enzympulver muß im Eisschrank aufbewahrt werden.

Standard-Lösung. 100 mg N. F. Dexamethason Sodium Phosphate Reference Standard werden genau gewogen und in W. zu 250,0 ml gelöst.

Prüf-Lösung. Etwa 100 mg Substanz werden genau gewogen und zu 250,0 ml W. gelöst.

Ausführung. Je 2 ml der Standard-Lsg. und der Prüf-Lsg. werden in je 2 graduierte 100-ml-Glasstopfenzylinder und in jeden Zylinder 5,0 ml alkalische Phosphatase-Lsg. gegeben. Nach dem Durchschütteln wird 45 Min. bei 37° stehengelassen. Darauf werden jedem Zylinder 50 ml Methylenchlorid zugefügt und die Zylinder 30 Sek. lang in jeder Sekunde einmal gewendet. Sobald die Methylenchlorid-Phasen nach kurzem Stehen klar geworden sind, werden ohne Verzug hintereinander die Extinktionen der Prüf-Lsg. (A_U) und der Standard-Zubereitung (A_S) bei 236 nm und Methylenchlorid als Blindwert gemessen. Das in der verwendeten Menge enthaltene $C_{22}H_{28}FNa_2O_8P$ errechnet sich nach der Formel: $0{,}25\,C \cdot (A_U/A_S) - 1{,}316\,D$, wobei C die genaue Konzentration in µg/ml in der Standardsubstanz, bezogen auf die W.- und A.-freie Substanz ist und D die bestimmte Menge von freiem Dexamethason in Milligramm in der Probe. Der Faktor 1,316 ist der Quotient aus den Molekulargewichten von Dexamethason und Dexamethason-Natriumphosphat.

Fludrocortisone Acetate BP 63 (INN). Fludrocortisone (acétate de) CF 65. 21-Acetoxy-9α-fluor-11β,17α-dihydroxypregn-4-en-3,20-dion. Δ^4-Pregnen-9α-fluor-11β-17α-21-triol-3,20-dion-21-acetat. 9α-Fluor-17-hydroxycorticosteron-21-acetat. Fluorhydrocortisonacetat. Fludrocortisonacetat (INN).

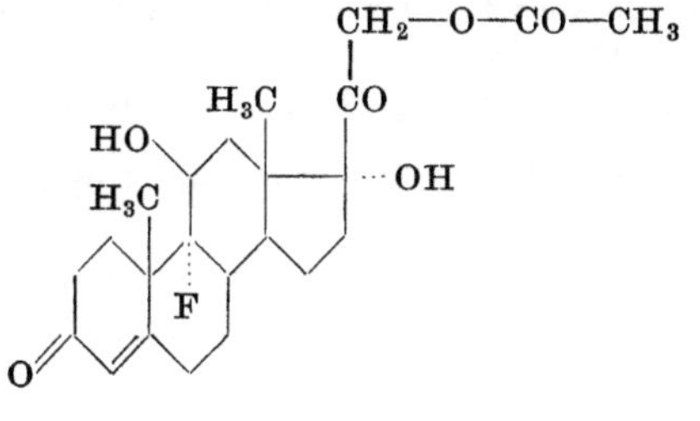

$C_{23}H_{31}FO_6$ M.G. 422,48

Herstellung. Durch Partial-Synthese, vgl. S. 102. Zum Beispiel gelangt man vom 11-epi-Hydrocortison aus REICHSTEINS Substanz S zum 9β,11β-Epoxy-4-pregnen-17α-21-diol-3,20-

dion-21-acetat, das in alkoholfreiem Chloroform durch Einwirkung von wasserfreiem Fluorwasserstoff bei 0° zu 9α-Fluor-Hydrocortisonacetat umgesetzt wird.

Gehalt. 96 bis 104%, bezogen auf die bei 105° getrocknete Substanz.

Eigenschaften. Weiße bis blaßgelbliche Kristalle, geruchlos oder nahezu geruchlos, geschmacklos, hygroskopisch. Unlösl. in W.; lösl. bei 20° in 50 T. A. (95%), in 250 T. Ae. und in 50 T. Chlf.

Fp. etwa 225°, eine niedriger schmelzende Modifikation schmilzt bei etwa 209° (BP 63). Etwa 230° (Zers.) (CF 65).

$[\alpha]_D$: in Dioxan + 148 bis + 156° (BP 63), + 145 ± 10° (CF 65). – UV-Absorption. In abs. A. bei etwa 240 nm $E_{1\,cm}^{1\%}$ = 390 bis 420 (BP 63), in M. bei 238 nm 403 ± 20 (CF 65).

Erkennung. 1. Reduktion von Kalium-Kupfertartrat, Ausführung wie Nr. 5, S. 106 (BP 63). – 2. Infrarot-Absorptionsspektrum entsprechend Nr. 13, S. 107 (BP 63). – 3. Nachweis von Fluor, Ausführung wie Nr. 3, S. 119 (BP 63). – 4. Nachweis von Acetat, Ausführung wie Nr. 4, S. 120 (BP 63), oder 2 mg werden in 1 ml Dioxan gelöst und 1 ml einer 7%igen wss. Lsg. von Hydroxylamin-hydrochlorid und genau 2 ml einer n NaOH hinzugefügt. Nach 15 Min. fügt man genau 2 ml n HCl und 0,2 ml einer 25%igen (v/v) Eisenchlorid-Lsg., die 2% konz. Salzsäure enthält, hinzu. Es erscheint eine violettrote Färbung (CF 65). – 5. Einige Milligramm werden in 2 ml abs. A. gelöst und einige Tropfen alkalische Kaliumquecksilberjodid-Lsg. hinzugegeben. Es bildet sich schnell eine Trübung und ein grauer Nd. (CF 65). – 6. Einige Milligramm werden in 0,5 ml abs. A. gelöst und 5 ml einer 0,1%igen (p/v) Lsg. von Phenylhydrazin in gekühlter verd. Schwefelsäure (5 Vol. konz. H_2SO_4 und 2 Vol. W.) hinzugefügt. Nach kurzer Erwärmung auf dem Wasserbad bei 60° entwickelt sich eine intensive gelbe Färbung (CF 65) – 7. Einige Milligramm werden in 2 ml konz. Schwefelsäure gelöst. Es entwickelt sich eine rote Farbe mit grüner Fluoreszenz (CF 65). – 8. Einige Milligramm werden in 2 ml abs. A. gelöst und 2 ml 0,2 n NaOH hinzugefügt. Nach 15 Min. fügt man 5 ml Fuchsinschweflige Säure hinzu und läßt 30 Min. im Dunkeln stehen. Es darf keine Farbentwicklung eintreten (CF 65).

Prüfung. 1. Trocknungsverlust. Beim Trocknen bis zum konstanten Gewicht bei 105° höchstens 1% (BP 63), 2 Std. im Vakuum (5 bis 10 Torr) bei 100° höchstens 3% (CF 65). – 2. Sulfatasche. Höchstens 0,1% (BP 63, CF 65). – 3. Fluorbestimmung (CF 65). Eine etwa 1,5 mg F enthaltende Menge wird im Sauerstoff verbrannt. Als Absorptionsflüssigkeit dienen 5 ml n NaOH. Darauf werden 0,8 ml Alizarinsulfonat-Natrium-Lsg. und weiter n HCl bis zum Umschlag von Violett nach Gelb, darauf 4 ml Puffer-Lsg. pH 3 hinzugefügt. Das Ganze wird in einen Kolben von etwa 100 ml übergeführt und mit einer 0,01 m Thoriumnitrat-Lsg. aus einer Mikrobürette bis zum Umschlag von Gelb in Rötlichgelb versetzt. Der Verbrauch sei n. Zur leichteren Beobachtung des Umschlages werden ebenfalls in einem 10-ml-Kolben 5 ml einer Fluor-Lsg. (0,4 mg/ml; 0,442 g Natriumfluorid in 500 ml n NaOH), 25 ml W. und 0,8 ml der Alizarinsulfat-Natrium-Lsg. gegeben. Hinzugefügt werden n HCl bis zum Umschlag von Violett nach Gelb, 5 ml Puffer-Lsg. pH 3 und darauf wird mit 0,01 m Thoriumnitrat-Lsg. wie oben titriert. Der Verbrauch sei n' ml. Der Prozentgehalt an Fluor errechnet sich nach der Formel: $0{,}2\, n/n' \cdot p$, er soll zwischen 4,1 und 4,9% liegen. – 4. Fremdsteroide. Wie bei Cortisonacetat, S. 112.

Gehaltsbestimmung. Absolutkolorimetrisch mittels Triphenyltetrazoliumchlorid-Reaktion. Theoretischer Wert für $E_{1\,cm}^{1\%}$ = 374 bei 485 nm (BP 63).

Anwendung. Zur Adrenocorticoid-Therapie. Eignet sich zur oralen Applikation in Tablettenform, zur lokalen Corticoidtherapie verschiedener Indikation als Salbe mit einem Antibioticum, als Kristallsuspension zur Infiltration in den erkrankten Gewebebezirk und zur intraartikulären Injektion.

Dosierung. Bei akuter adrenocorticoider Insuffizienz Anfangsdosis 1 bis 2 mg täglich, Erhaltungsdosis 0,1 bis 0,2 mg täglich.

Handelsformen: Scherofluron (Schering, Berlin); wss. Kristallsusp., interartikulär, Inj.-Fl. und Salbe.

Alflorone (Merck, Sharp & Dohme, USA), F-Cortef (Upjohn, USA), Florinef (Squibb, USA).

Fluocinolone acetonide BP 63 – Add. 64, (INN). 6α,9α-Difluor-11β,21-dihydroxy-16α,17α-isopropylidendioxypregna-1,4-dien-3,20-dion. 6α,9α-Difluor-16α-hydroxy-prednisolon-16,17-acetonid.

$C_{24}H_{30}F_2O_6$ Strukturformel: S. 133 M.G. 452,50

Eigenschaften. Weißes oder nahezu weißes, kristallines Pulver, geruchlos, geschmacklos. Unlösl. in W.; lösl. bei 20° in 10 T. Aceton, 26 T. abs. A. und in 15 T. Chlf.; nahezu unlösl.

in Leichtpetroleum. Fp. etwa 275° (Zers.). $[\alpha]_D$: In Dioxan + 92 bis + 96°. UV-Absorption: In abs. A. beim Maximum, etwa 240 nm $E_{1\,cm}^{1\%}$ = 330 bis 390.

Erkennung. 1. Reduktion von Kalium-Kupfertartrat, Ausführung wie Nr. 5, S. 106. 2. Mittels IR-Absorption entspr. Nr. 13, S. 107. – 3. Wie bei Betamethason mit Chromschwefelsäure, S. 118.

Prüfung. 1. Trocknungsverlust. Bei 50° und 5 Torr bis zum konstanten Gewicht getrocknet, höchstens 1,0%. – 2. Sulfatasche. Höchstens 0,1%. – 3. Fluorbestimmung. Gehalt 7,6 bis 8,6%. 4 mg werden in einem Schöniger-Sauerstoffkolben verbrannt. Absorptionsflüssigkeit: 20 ml W. Nach der Verbrennung wird auf 100 ml mit W. aufgefüllt. Zu 2 ml hiervon werden 50 ml W., 10 ml Alizarin-fluorine-blue-Lsg., 3 ml einer Lsg., die 12% Natriumacetat und 6% Eisessig enthält, 10 ml Cernitrat-Lsg. gegeben. Die Mischung wird auf 100 ml mit W. ergänzt. Nach 1stdg. Stehen im Dunkeln wird die Extinktion bei 610 nm und 4 cm Schichtdicke gegen eine ebenso bereitete Blindprobe ohne Prüfsubstanz gemessen. Der Gehalt an Fluor wird an einer mittels Natriumfluorid hergestellten Eichkurve abgelesen. – 4. Fremdsteroide. Entsprechend dem Test auf Fremdsteroide S. 104 unter Benutzung des Laufmittels A.

Gehaltsbestimmung. Ausführung entsprechend der Vorschrift für Desoxycorticosteronacetat, S. 107. Der Gehalt an $C_{24}H_{30}F_2O_6$ wird berechnet, indem als theoretischer Wert $E_{1\,cm}^{1\%}$ = 334 bei 485 nm eingesetzt wird.

Aufbewahrung. Vor Licht geschützt.

Anwendung. Örtlich zur Behandlung von Hautkrankheiten.

Handelsformen: Synalar-cream (Syntex; Imperial Chemical Indust.); Jellin (Grünenthal, Stollberg): Salbe, Creme, Lotion.

Fluocortolon ist 6α-Fluor-16α-methyl-1,4-pregnadien-11β,21-diol-3,20-dion. 6α-Fluor-16α-methyl-1-dehydro-corticosteron.

$C_{22}H_{29}FO_4$ Strukturformel: S. 133 M.G. 376,47

Fluocortoloncapronat.

$C_{28}H_{39}FO_5$ M.G. 474,62

Literatur: Doménico, A. u. a.: Arzneimittel-Forsch. *15*, 46 (1965).

Handelsform: Ultralan (Schering, Berlin): Salbe.

Flumethason (INN) ist 6α,9α-Difluor-11β,17α-21-trihydroxy-16α-methyl-1,4-pregnadien-3,20-dion. 6α-Fluor-dexamethason.

$C_{22}H_{28}F_2O_5$ Strukturformel: S. 133 M.G. 410,46

Handelsform: Locacorten (Ciba, Wehr, Baden): als -Pivalat, Salbe, Creme.

Fluorometholon (INN) NND 64 ist 9α-Fluor-11β,17α-dihydroxy-6α-methyl-1,4-pregnadien-3,20-dion. 21-Desoxy-6α-methyl-9α-fluor-prednisolon.

$C_{22}H_{29}FO_4$ Strukturformel: S. 133 M.G. 376,47

Literatur: Spero, G. B. u. a.: J. Amer. chem. Soc. *79*, 1515 (1957).

Handelsformen: Oxylon (Upjohn): Creme; Delmeson (Hoechst, Frankfurt a. M.): Creme, Salbe, Schaum, Hämorrhoidalsalbe, -Zäpfchen, Delmeson Tumenol. Ertolan (Chem. Werke Albert): Salbe.

9α-Fluorprednisolon-acetat.

Handelsform: Predef (Upjohn).

Fluperolon-acetat (INN) ist 21-Methyl-9α-fluorprednisolon-acetat.

Handelsform: Methral (Pfizer).

Fluprednisolon (INN) ist 6α-Fluor-prednisolon.

$C_{21}H_{27}FO_5$ Strukturformel: S. 133 M.G. 378,45

Literatur: Bowers, A., u. H. J. Ringold: J. Amer. chem. Soc. *80*, 4423 (1958).
Handelsform: Alphadrol (Upjohn).

Flurandrenolon ist 6α-Fluor-16α-hydroxy-hydrocortison-16,17-acetonid.

$C_{24}H_{33}FO_6$ Strukturformel: S. 133 M.G. 436,52

Literatur: Rostenberg, jr., A.: J. New Drugs *1*, 118 (1961).
Handelsform: Cordran (Lilly); Drenison (Serum- und Impfstoffinstitut, Bern).

Hydrocortamat-hydrochlorid (INN) ist 17α-Hydroxycorticosteron-21-diäthyl-aminoacetat-hydrochlorid.

$C_{27}H_{41}NO_6$ Strukturformel: S. 133 M.G. 475,63

Handelsform: Magnacort (Pfizer, New York): Salbe, kontraindiziert für ophthalmologische Zwecke.

Paramethason ist 6α-Fluor-16α-methyl-prednisolon.

$C_{22}H_{29}FO_5$ Strukturformel: S. 133 M.G. 392,47

Literatur: Edwards, J. A. u. a.: J. Amer. chem. Soc. *81*, 3156 (1959). – Schneider, W. P. u. a.: J. Amer. chem. Soc. *81*, 3167 (1959).
Handelsformen: Haldrone (Lilly, Indianapolis, Ind.), Haldrate (Lilly, England), Metilar (Imperial Chemical Ind.), Monocortin S (Grünenthal-Synthex, Stollberg): Amp.; Dilar (Cassenne-Synthex, Paris).

Prednisolonum Ph.Helv. V – Suppl. III, DAB 7 – DDR, Jap. 61. Prednisolone USP XVII, BP 63, (INN). Deltahydrocortisone CF 65. Prednisolon. 11β,17α,21-Trihydroxy-pregna-1,4-dien-3,20-dion. $\Delta^{1,4}$-Pregnadien-3,20-dion-11β,17α,21-triol. (+)-11β,17α,21-Trihydroxy-3,20-dioxopregna-dien-(1,4). Δ^1-Dehydro-hydrocortison. Metacortandralon. Deltahydrocortison.

$C_{21}H_{28}O_5$ Strukturformel: S. 134 M.G. 360,45

Gehalt. 96 bis 104% (BP 63, DAB 7 – DDR), 97 bis 103% (USP XVII), bezogen auf die bei 105° getrocknete Substanz.

Eigenschaften. Weißes bis nahezu weißes, geruchloses, kristallines Pulver mit bitterem Geschmack. 1 g löst sich in 30 ml A., 50 ml Aceton und 180 ml Chlf. Es ist lösl. in M., Dioxan; sehr schwer lösl. in W.

Fp. etwa 235° (Zers.) (Jap. 61), etwa 229° (Zers.) (BP 63). 225 bis 235°, Block 245 bis 250° (CF 65), 228 bis 232° (Zers.) (DAB 7 – DDR). $[\alpha]_D$: In Dioxan: +95 bis +103° (Ph.Helv. V – Suppl. III), +96 bis +102° (BP 63, DAB 7 – DDR), +97 bis +103° (USP XVII, Jap. 61), +98 ± 2° (CF 65).

UV-Absorption. in abs. A. beim Maximum von etwa 240 nm $E^{1\%}_{1\,cm}$ = 400 bis 430. Der Quotient der Extinktionen beim Maximum und bei 263 nm soll zwischen 1,5 und 1,7 liegen (BP 63, DAB 7 – DDR). In M. $E^{1\%}_{1\,cm}$ = 414 (Jap. 61). Die Extinktion soll nicht mehr als 2,5% vom Reference Standard differieren (USP XVII). In abs. A. bei 243 nm $E^{1\%}_{1\,cm}$ = 415 ± 15.

Erkennung. 1. Werden etwa 2 mg in 2 mg konz. Schwefelsäure gelöst und 5 Min. stehengelassen, so bildet sich eine intensiv weinrote Farbe, die keine Fluoreszenz zeigt. Nach dem Zufügen von 10 ml W. verschwindet die Farbe und es bildet sich ein grauer flockiger Nd. (USP XVII). – 2. Reduktion von Kalium-Kupfertartrat, Ausführung wie Nr. 5, S. 106 (BP 63). – 3. Reduktion von TTC, Ausführung wie Nr. 3, S. 111 (Ph.Helv. V – Suppl. III). – 4. Mittels IR-Absorptionsspektrum entspr. Nr. 10, S. 112 (USP XVII). – 5. Reduktion von Kaliumquecksilberjodid, Ausführung entpsr. Nr. 5, S. 122 (CF 65). – 6. Reaktion mit Phenylhydrazin, Ausführung und Ergebnis wie Nr. 4, S. 111 (CF 65).

Prüfung. 1. Trocknungsverlust. Prednisolon kristallwasserfrei nicht über 1%, kristallwasserhaltig nicht über 7%, 3 Std. bei 105° (USP XVII), 4 Std. bei 80° im Vakuum (Ph.-Helv. V – Suppl. III), 3 Std. bei 105° nicht über 1% (Jap. 61), bis zum konstanten Gewicht bei 105° (BP 63). Bei 100 bis 105° höchstens 0,5% (CF 65). – 2. Glührückstand. 100 mg dürfen keinen wägbaren Rückstand hinterlassen (USP XVII), nicht über 0,1% (Jap. 61). – 3. Sulfatasche. Nicht über 0,1% (BP 63). – 4. Fluor. Entspr. der von Desoxycorticosteron S. 107. – 5. Selen. Wie bei Dexamethason, S. 119 (BP 63). – 6. Fremdsteroide. Gemäß

USP XVII. Wie bei Prednison, jedoch wird die Chromatographie im Gefäß Type 2 mit dem Laufmittel Nr. 4 (zu 40 ml Chlf. werden 20 ml Hexan und 1 ml Isobutylalkohol gegeben) vollendet. – Gemäß BP 63: Wie bei Cortisonacetat, S. 112, jedoch mit dem Laufmittel A (gesättigte Lsg. von Formamid in Chlf.). – Gemäß Ph.Helv. V – Suppl. III. Wie bei Cortisonacetat, S. 113, jedoch dient als Laufmittel Methylenchlorid (50 ml). Auf das in gleicher Weise vorbereitete Papier werden 0,01 ml der Test-Lsg. (= 0,025 mg Prednisolon) auf den Startpunkt aufgetragen. Die Laufzeit beträgt hier etwa 7 bis 9 Std. Das Chromatogramm weist einen blauen Fleck mit einem R_f-Wert von 0,3 bis 0,5 (Prednisolon) auf. Es dürfen keine blauen Flecke mit den R_f-Werten von 0,6 bis 0,7 (Hydrocortison) und von etwa 0,8 (Prednison) auftreten. Etwaige weitere Flecke werden nicht berücksichtigt.

Gehaltsbestimmung. Die Messung der Extinktion der 0,001%igen Lsg. erfolgt gemäß Jap. 61 in M. beim Maximum von 238 bis 240 nm; bei der Berechnung wird als theoretischer Wert $E^{1\%}_{1\,cm} = 414$ eingesetzt. – Gemäß USP XVII wird die Blau-Tetrazolium-Methode angewendet, vgl. S. 105, gemäß Ph.Helv. V – Suppl. III erfolgt die Messung in Weingeist beim Maximum 239 nm und mit dem Vergleich mit der Standard-Substanz. Abweichung nicht mehr als $\pm 4\%$. – Gemäß BP 63 wird die TTC-Reaktion absolutkolorimetrisch angewendet, vgl. S. 107. Als theoretischer Wert für $E^{1\%}_{1\,cm}$ wird 440 bei 485 nm eingesetzt.

Eine weitere Bestimmungsmethode gemäß Ph.Helv. V – Suppl. III wird wie bei Prednison durchgeführt (vgl. S. 131). Bei dieser Bestimmung darf die Extinktion nicht mehr als 0,650 betragen.

Anwendung. Prednisolon hat dieselbe Wirkung und Anwendung wie Prednison. Oral als Tabletten mit 1 und 5 mg, örtlich in Salben von 0,25 und 0,5%.

Dosierung. 10 bis 100 mg täglich in Teildosen.

Handelsformen: Decortin H (Merck, Darmstadt): Tabl., Perlen, Creme, als -acetat Kristallsuspension, Solu-Decortin, H als Natriumsalz des 21-Hemisuccinats Trockenamp. – Deltacortril (Pfizer, Karlsruhe): Tabl., Kristallsusp., als 21-Diäthylaminoacetat-hydrochlorid i.v. Trockenamp. und -D-Salbe. – Hostacortin H (Hoechst, Frankfurt a. M.): Dragees, Tabl., Salbe, als Acetat Kristallsusp., als Natriumsalz des Hemisuccinats -solubile-Amp. – Hydrocortidelt (Roussel, Koblenz); als Acetat Inj.-Fl. – Scherisolon (Schering, Berlin): Tabl., als Acetat Kristallsusp., als Sulfatnatrium Augentropfen 1%ig. – Ultracorten H (Ciba, Wehr, Baden): Tabl., als Natrium-tetrahydrophthalat Trockenamp., als Trimethylacetat Ultracortenol Mikrokristallsusp., Salbe, Augensalbe, Augentropfen.

Co-Hydeltra, als tert.Butylacetat Hydeltra, als 21-Phosphat Hydeltrasol (Merck, Sharp & Dohme). – Delta-Cortef (Upjohn). – Meticortelone, als Succinatnatrium -Soluble (Schering). – Paracortol (Parke-Davis). – Predne-Dome (Dome). – Sterane (Pfizer).

Codelcortone (Merck, Sharp & Dohme). – Delta-Stab (Boots). – Delta-Genacort (Genatosan). – Di-Adreson (Organon). – Precortisy (Roussel). – Als Acetat Prednelan, als Dinatriumphosphat Predsol (Glaxo). – Deltacortelone, als Acetat Sintoftone (Lepetit, Mailand), Hydrocortancyl (Roussel, Paris).

Prednisolone Sodium Phosphate USP XVII, (INN), BP 63 – Add. 66. Prednisolon Natriumphosphat.

Prednisolon 21-dinatriumphosphat.

$C_{21}H_{27}Na_2O_8P$ M.G. 484,40

Gehalt. Mindestens 90% bezogen auf die getrocknete Substanz, 96 bis 104% (BP 63 – Add. 66).

Eigenschaften. Weißes oder schwach gelbliches, bröckliges Granulat oder Pulver. Es ist geruchlos oder besitzt einen sehr geringen Geruch. Schwach hygroskopisch. 1 g löst sich in 4 ml W. und in 13 ml M. Wenig lösl. in A. und Chlf.; sehr schwer lösl. in Aceton und Dioxan. $[\alpha]_D = +90$ bis $+110°$ in W. + 94 bis 100° (BP 63 – Add. 66). – pH einer 1%igen Lsg. zwischen 7,5 und 8,5. In Wasser beim Maximum etwa 247 nm $E^{1\%}_{1\,cm} = 312$ (BP 63 – Add. 66).

Erkennung. 1. 2 mg werden in 2 ml Schwefelsäure gelöst und 5 Min. stehengelassen. Es entsteht eine starke von Fluoreszenz freie, weinrote Farbe. Bei Zusatz von 10 ml W. verschwindet die Farbe und es bildet sich ein grauer flockiger Nd. – 2. Der bei der Verbrennung von etwa 20 mg erhaltene Rückstand zeigt eine positive Reaktion auf Natrium und Phosphat.

Prüfung. 1. Trocknungsverlust. Höchstens 8% bei Trocknung 5 Std. im Vakuum bei 105°. – 2. Phosphationen. 100 mg Prednisolon Natriumphosphat werden genau gewogen und zu 50 ml mit W. verdünnt. 10 ml dieser Lsg. werden in einen 50 ml W. enthaltenden

100-ml-Meßkolben gegeben, 10,0 ml 10 n Schwefelsäure 10,0 ml Ammoniummolybdat-Lsg. und 10,0 ml W. hinzugefügt. Nach jeder Zugabe wird geschüttelt. Darauf werden langsam unter Schütteln 5,0 ml Zinn(II)-chlorid-Lsg. zugegeben. Die Mischung wird durchgeschüttelt, 10 Min. beiseite gestellt und die Extinktion bei 675 nm gemessen. Diese darf die einer ebenso behandelten 20,0 µg/ml PO_4^{---} enthaltenden Lsg. nicht überschreiten. – 3. Freies Prednisolon. 25 mg werden in W. zu 25,0 ml gelöst. 5 ml dieser Lsg. werden in einem 50-ml-Kolben mit 25,0 ml Methylenchlorid versetzt, gelinde durchgeschüttelt und zur Trennung der Schichten etwa 20 Min. stehengelassen. Die Extinktionen der Methylenchlorid-Lsg. wird bei 241 nm gegen Methylenchlorid im Vergleichsstrahlengang gemessen und das freie Prednisolon in der verwendeten Menge mittels der Formel 3,1725 · A berechnet, wobei A die Extinktion der Lsg. ist. Es dürfen höchstens 2% gefunden werden.

Gehaltsbestimmung. Puffer pH 9 mit Magnesium. 3,1 g Borsäure und 500 ml W. werden in einem 1-l-Kolben gemischt, dann 21 ml n NaOH und 10 ml 0,1 m Magnesiumchlorid-Lsg. zugefügt. Es wird gemischt und bis zur Marke aufgefüllt. – Alkalische Phosphatase-Lsg. 95 ± 5 mg alkalisches Phosphataseenzym werden in einem 50-ml-Meßkolben gelöst und bis zur Marke mit Puffer-Lsg. pH 9 mit Magnesium aufgefüllt. Diese Lsg. ist tägl. frisch zu bereiten. – Standard-Lsg. 16 µg/ml des Prednisolon-Reference-Standardpräparates in Methylenchlorid. – Prüf-Lsg. 100 mg der zu prüfenden Substanz in 250 ml. Ausführung. 2 ml der Prüf-Lsg. werden in einem 100-ml-Schüttelzylinder mit 5,0 ml alkalischer Phosphatase-Lsg. gemischt und bei 37 ± 1° für 45 Min. stehengelassen. Darauf werden 50 ml Methylenchlorid zugefügt, der Zylinder wird 30 Sek. lang jede Sekunde einmal gewendet und dann 20 Min. beiseite gestellt, bis die Methylenchloridschicht klar geworden ist. Darauf wird sofort die Extinktion der Methylenchlorid-Lsg. der Standard- und der Prüf-Lsg. bei 241 nm gegen Methylenchlorid gemessen. Die Menge $C_{21}H_{27}Na_2O_8P$ in der verwendeten Menge wird mittels der Formel 1,344 $[6,25C(A_U/A_S)-P]$ errechnet, in der C die Konzentration an Prednisolon-Reference Standard im Milliliter der Standard-Lsg., A_U und A_S die Extinktion der Prüf- bzw. der Standard-Lsg. ist. 1,344 ist der Quotient der M.G. von Prednisolon-Natriumphosphat und Prednisolon, und P ist die ermittelte Menge freien Prednisolons in der Probemenge in Milligramm (USP XVII).

Gemäß BP 63 – Add. 66 werden etwa 0,1 g genau gewogen und in Wasser ad 200 ml gelöst. 5,0 ml dieser Lsg. werden ad 250 ml mit W. verdünnt. Von dieser Lsg. wird die Extinktion beim Maximum, etwa 247 nm, gemessen und der Gehalt an $C_{21}H_{27}Na_2O_8P$ unter Einsetzung von $E_{1\,cm}^{1\%} = 312$ als theoretischer Wert berechnet.

Prednisolone Acetate USP XVII, BP 63, (INN). Prednisolonum Aceticum DAB 7 – DDR. Prednisoloni Acetas Jap. 61. Prednisolonacetat. Deltahydrocortisone (acétate de) CF 65. 21-Acetoxy-11β,17α-dihydroxypregna-1,4-dien-3,20-dion. $\Delta^{1,4}$-Pregnadien-11β,17α,21-triol-3,20-dion-21-acetat. 1-Dehydro-17α-hydroxy-corticosteronacetat. Δ^1-Dehydrocortisolacetat. Δ^1-Dehydro-hydrocortison.

$C_{23}H_{30}O_6$ M.G. 402,49

Gehalt. 96 bis 104% bezogen auf die bei 105° getrocknete Substanz.

Eigenschaften. Weißes oder nahezu weißes, geruchloses, kristallines Pulver von bitterem Geschmack. Nahezu unlösl. in W.; lösl. bei 20° in 135 T. 95%igem A., 170 T. abs. A. und 150 T. Chlf. Fp. Unter Zers. etwa 235° (bei 225° eingesetzt USP XVII, Jap. 61), 236 bis 240° (DAB 7 – DDR), etwa 240° (BP 63, CF 65). Block: 246 bis 248° (CF 65). UV-Absorption: In abs. A. beim Maximum etwa 240 nm $E_{1\,cm}^{1\%} = 360$ bis 380 (BP 63), bei 243 nm = 373 ± 20° (CF 65). Der Quotient der Extinktionen beim Maximum und bei 263 nm soll zwischen 1,50 und 1,70 liegen (BP 63, DAB 7 – DDR).

$[\alpha]_D$: In Dioxan + 112 bis + 119 (BP 63, USP XVII), + 114 ± 3° (CF 65).

Erkennung. Wie bei Prednisolon, S. 124. Die Acetat-Komponente wie bei Desoxycorticosteronacetat Nr. 10 und Nr. 11, S. 127.

Prüfung. 1. Trocknungsverlust. Beim Trocknen bis zum konstanten Gewicht (BP 63), 3 Std. (USP XVII, Jap. 61) bei 105° nicht über 1,0%, bei 100 bis 105° höchstens 0,5% (CF 65). – 2. Glührückstand. 100 mg dürfen keinen wägbaren Rückstand hinterlassen (USP XVII, Jap. 61). – 3. Sulfatasche. Nicht über 0,1% (BP 63). – 4. Fluor. Wie bei Desoxycorticosteronacetat, S. 107. – 5. Selen. Wie bei Dexamethason, S. 119. – 6. Fremdsteroide. Gemäß USP XVII: Wie bei Cortisonacetat, S. 112, jedoch werden als verdünnte Vergleichs-Lsg. die von Cortisonacetat und von Hydrocortisonacetat aufgetragen. Nach dem chromatographischen Vorgang in Chromatographiergefäß Type I wird die Chromatographie in Gefäß Type 2 mit dem Laufmittel Nr. 6 (zu 10 ml Chlf. werden 20 ml Benzol und 20 ml Cyclohexan gegeben) fortgesetzt. – Gemäß BP 63: Wie bei Cortisonacetat, S. 112, mit dem gleichen Laufmittel B.

Gehaltsbestimmung. Gemäß Jap. 61 wird die Messung der Extinktion der 0,001%igen Lsg. in M. beim Maximum 240 bis 242 nm vorgenommen und bei der Berechnung als theoretischer Wert $E_{1\,cm}^{1\%} = 370$ eingesetzt. – Gemäß USP XVII wird die Blau-Tetrazolium-Methode angewendet, vgl. S. 105, gemäß BP 63 die TTC-Reaktion (vgl. S. 107). Als theoretischer Wert für $E_{1\,cm}^{1\%}$ wird 392 bei 485 nm eingesetzt.

Anwendung. Zur Glucocorticoid-Therapie vgl. Prednison.

Dosierung. 10 bis 100 mg tägl. in Teildosen.

Prednisolone Trimethylacetate BP 63, (INN). 11β,17α-Dihydroxy-21-pivaloyloxypregna-1,4-dien-3,20-dion.

$C_{26}H_{36}O_6$ M.G. 444,57

Gehalt. 96 bis 104% bezogen auf die bei 105° getrocknete Substanz.

Eigenschaften. Weißes oder nahezu weißes, geruchloses, kristallines Pulver. Nahezu unlösl. in W. Lösl. bei 20° in 150 T. 95%igem A. und in 16 T. Chlf. Fp. etwa 229°. $[\alpha]_D$: In Dioxan +104 bis +112°. UV-Absorption. In abs. A. beim Maximum von etwa 240 nm $E_{1\,cm}^{1\%} = 330$ bis 350. Der Quotient der Extinktionen beim Maximum und bei 263 nm soll zwischen 1,50 und 1,70 liegen.

Erkennung. 1. Reduktion von Kalium-Kupfertartrat, Ausführung wie Nr. 5, S. 106. – 2. Mittels IR-Absorptionsspektrum entspr. Nr. 13, S. 107.

Prüfung. 1. Trocknungsverlust. Beim Trocknen bis zum konstanten Gewicht bei 105° nicht über 0,5%. – 2. Sulfatasche. Nicht über 0,1%. – 3. Fluor. Wie bei Desoxycorticosteronacetat, S. 107. – 4. Fremdsteroide. Wie bei Cortisonacetat, S. 112, mit dem gleichen Laufmittel B.

Gehaltsbestimmung. Mittels TTC-Reaktion, vgl. S. 107. Als theoretischer Wert für $E_{1\,cm}^{1\%}$ wird 355 bei 485 nm eingesetzt.

Anwendung. Zur Glucocorticoid-Therapie wie Hydrocortison als entzündungshemmende Salbe zur Behandlung von Hautaffektionen und als mikrokristalline Suspension zur intraarticulären Injektion bei Arthritis.

Dosierung. Zur intraarticulären Injektion 5 bis 20 mg.

Prednisolamate Hydrochloride BPC 63. 21-Diäthylamino-acetoxy-11β,17α-dihydroxy-pregna-1,4-dien-3,20-dion-hydrochlorid.

$C_{27}H_{40}ClNO_6$ M.G. 510,08

Gehalt. Nicht weniger als 97% bezogen auf die getrocknete Substanz.

Eigenschaften. Weißes bis nahezu weißes, geruchloses, kristallines Pulver. Lösl. bei 20° in 7 T. W. und 17 T. A.; sehr schwer lösl. in Chlf., unlösl. in Ae. Fp. etwa 240° (Zers.). $[\alpha]_D$: In W. +120 bis +125°. UV-Absorption. In 95%igem A. $E_{1\,cm}^{1\%} = 290$ bei 242 nm.

Prüfung. 1. Trocknungsverlust. 4 Std. bei 60° im Vakuum getrocknet nicht über 2%. – 2. Sulfatasche. Nicht über 0,1%.

Anwendung. Als entzündungshemmendes Agens in Salben bei Hautaffektionen in derselben Weise wie Hydrocortisonacetat, 0,25%ig.

Methylprednisolone BP 63, NF XII. 6α-Methylprednisolon. 1,4-Pregnadien-6α-methyl-11β,17α,21-triol-3,20-dion. 11β,17α,21-Trihydroxy-6α-methylpregna-1,4-dien-3,20-dion. 6α-Methyl-1,4-pregnadien-3,20-dion-11β,17α,21-triol. 1-Dehydro-6α-methyl-17α-hydroxy-corticosteron.

$C_{22}H_{30}O_5$ Strukturformel: S. 134 M.G. 374,48

Herstellung. Durch Partialsynthese, vgl. S. 102, z.B. Umwandlung eines Δ^4-3-Ketons in sein Δ^5-3-Äthylketal. Durch Bildung des 5α-, 6α-Epoxids und Reaktion mit Methylmagnesiumjodid gelangt man zu 6α-Methyl-steroiden (FIESER, L. F., u. M. FIESER: Steroide, Weinheim/Bergstr.: Verlag Chemie 1961, S. 756).

Gehalt. 96 bis 104% (BP 63), 97 bis 103% (NF XII) bezogen auf die getrocknete Substanz.

Eigenschaften. Weißes oder nahezu weißes, geruchloses, kristallines Pulver, zunächst geschmacklos, dann von nachhaltigem bitterem Geschmack. Nahezu unlösl. in W.; lösl. bei 20° in 100 T. abs. A. und in 530 T. Chlf. Fp. etwa 243° (Zers.). $[\alpha]_D$: In Dioxan +79° bis +86°. UV-Absorption. In abs. A. beim Maximum von etwa 240 nm $E^{1\%}_{1\,cm}$ = 390 bis 410. Der Quotient der Extinktionen beim Maximum und bei 263 nm soll zwischen 1,50 und 1,70 liegen (BP 63).

Erkennung. 1. Reduktion von Kalium-Kupfertartrat, Ausführung wie Nr. 5, S. 106 (BP 63). – 2. Werden etwa 5 mg in 2 ml Schwefelsäure gelöst, so entsteht eine rote Farbe (NF XII). – 3. Mittels IR-Absorptionsspektrum entspr. Nr. 13, S. 107 (BP 63, NF XII). – 4. Mittels UV-Absorption entspr. Nr. 12, S. 107 (NF XII).

Prüfung. 1. Trocknungsverlust. Bei 105° bis zum konstanten Gewicht (BP 63), höchstens 0,5%, 3 Std. bei 105° höchstens 1% (NF XII). – 2. Sulfatasche. Höchstens 0,1% (BP 63), 0,2% (NF XII). – 3. Fluor. Ausführung entspr. der Vorschrift auf S. 107. – 4. Fremdsteroide. Ausführung und Auswertung vgl. S. 104.

Gehaltsbestimmung. Absolutkolorimetrisch mittels Triphenyltetrazoliumchlorid-Reaktion. Theoretischer Wert für $E^{1\%}_{1\,cm}$ = 421 für $C_{22}H_{30}O_5$ bei 485 nm (BP 63), gemäß NF XII mittels Blau-Tetrazolium-Reaktion (vgl. S. 105).

Anwendung. Zur Glucocorticoid-Therapie. Die Methylgruppe gibt der Substanz eine gesteigerte Wirkung gegenüber Prednisolon und setzt die mineralcorticoide Aktivität erheblich herab.

Dosierung. 8 bis 80 mg tägl. in Teildosen.

Methylprednisolone Acetate NF XII, (INN).

$C_{24}H_{32}O_6$ M.G. 416,52

Gehalt. 97 bis 103% bezogen auf die getrocknete Substanz.

Eigenschaften. Weißes oder praktisch weißes, geruchloses, kristallines Pulver. Fp. etwa 215° (Zers.) Lösl. in Dioxan; wenig lösl. in Aceton, A., Chlf. und M.; sehr schwer lösl. in Ae.; unlösl. in W. $[\alpha]_D$: In Dioxan +97 bis +105°.

Erkennung. 1. 5 mg, in 2 ml Schwefelsäure gelöst, geben eine weinrote Farbe. – 2. 5 mg werden mit 2 ml alkohol. Kalilauge 5 Min. im siedenden Wasserbad erwärmt. Nach dem Abkühlen werden 2 ml verd. Schwefelsäure (1 in 3,5) zugefügt und 1 Min. leicht aufge kocht. Es entsteht der Geruch nach Äthylacetat. – 3. Mittels IR-Absorptionsspektrums entspr. Nr. 10, S. 112. – 4. Mittels UV-Absorption entspr. Nr. 12, S. 107. Die Extinktion beim Maximum bei etwa 243 nm darf nicht mehr als 3% von der des Standards abweichen.

Prüfung. 1. Trocknungsverlust. 3 Std. bei 105° getrocknet, höchstens 1%. – 2. Sulfatasche. 0,2%.

Gehaltsbestimmung. Es wird die Blau-Tetrazolium-Methode angewendet, vgl. S. 105.

Gewöhnliche Dosis. Intraarticulär oder i.m. 40 mg. Extern 0,25 bis 1%.

Methylprednisolone Sodium Succinate NF XII, (INN).

$C_{26}H_{33}NaO_8$ M.G. 496,54

Gehalt. 97 bis 103% bezogen auf die getrocknete Substanz.

Eigenschaften. Weiße oder nahezu weiße, geruchlose, hygroskopische, amorphe Substanz. Sehr leicht lösl. in W. und A.; sehr schwer lösl. in Aceton; unlösl. in Chlf. $[\alpha]_D$: In A. +96 bis +104°.

Erkennung. 1. Werden 100 mg Substanz in 5 ml W. gelöst und 0,5 ml Salzsäure zugefügt, so bildet sich sofort ein weißer Nd. – 2. Werden etwa 3 mg Substanz in 2 ml Schwefelsäure gelöst, so bildet sich nach 5 Min. eine von Fluoreszenz freie weinrote Farbe. – 3. Beim Verbrennen erscheint die charakteristische Flammenfärbung des Natriums. – 4. IR-Absorptionsspektrum entspr. Nr. 10, S. 112. – 5. UV-Absorptionsspektrum entspr. Nr. 12, S. 107.

Prüfung. 1. Trocknungsverlust. 3 Std. bei 105° höchstens 3%. – 2. Natriumgehalt. Etwa 1 g Substanz, genau gewogen, wird unter gelindem Erwärmen in 75 ml Eisessig gelöst. Nach dem Zufügen von 20 ml Dioxan und Kristallviolett als Indikator wird mit 0,1 n Perchlorsäure in Eisessig titriert. Mittels Blindwert wird eine Korrektur vorgenommen. 1 ml 0,1 n Perchlorsäure entspr. 2,299 mg Na. Es sollen wenigstens 4,49% und höchstens 4,77% Natrium, berechnet auf die getrocknete Substanz gefunden werden.

Gehaltsbestimmung. Standard-Lsg. 20 ml einer Lsg. in A. des vorher 3 Std. bei 105° getrockneten NF. Methylprednisolone Sodium Succinate Reference Standard in einer Konzentration von 12,5 µg/ml. – Prüf-Lsg. 100 mg Substanz werden zu 200,0 ml gelöst und davon wiederum 5 ml zu 200 ml verdünnt. 20 ml dieser Verdünnung werden zur Ausführung der Blau-Tetrazolium-Reaktion verwendet. – Blind-Lsg. 20 ml A. – Ausführung. Zu jeder der Lsg. werden in je einem 50-ml-Glasstopfenglas je 2 ml Blau-Tetrazolium-Lsg. gegeben, darauf 4,0 ml verd. (1 in 10 A.) Tetramethylammoniumhydroxid-Lsg. Es wird 90 Min. im Dunkeln stehengelassen, 1 ml Eisessig zugesetzt und dann werden die Extinktionen dieser Lsg. gegen den Blindwert bei 525 nm gemessen.

Methylprednisolone Sodium Succinate for Injection NF XII ist ein steriles Methylprednisolon-Natriumsuccinat mit einem geeignetem Puffer, bzw. eine Trockenampulle mit dem gesonderten entspr. Lösungsmittel.

Gehalt. 90 bis 110% der deklarierten Menge Methylprednisolon.

Erkennung. Eine etwa 100 mg entspr. Menge wird mit 20 ml M. 5 Min. geschüttelt und die Lsg. filtriert. Das Filtrat wird auf dem Dampfbad zur Trockne gebracht, bei 60° im Vakuum 3 Std. getrocknet und in einem Exsikkator aufbewahrt bis der Rückstand kristallisiert. Die Kristalle geben die Erkennungsreaktion Nr. 2, und erfüllen die Forderung an die IR-Absorption für Methylprednisolon-Natriumsuccinat.

Prüfung. 1. pH bei 50 mg/ml 7,0 bis 8,0. – 2. Trocknungsverlust. 3 Std. bei 105° höchstens 2%.

Gehaltsbestimmung. Entsprechend der von Methylprednisolon-Natriumsuccinat. Der Quotient der Molekulargewichte zur Berechnung auf den Gehalt an Methylprednisolon $C_{22}H_{30}O_5$ beträgt 1,326.

16-Methylen-prednisolon, (INN). 1,4-Prednadien-16-methylen-11β,17α,21-triol-3,20-dion. 1-Dehydro-16-methylen-17α-hydroxy-corticosteron.

$C_{22}H_{28}O_5$ Strukturformel: S. 134 M.G. 372,46

Literatur: MANNHARDT, H. J. u. a.: Tetrahedron Letters *16*, 21 (1960). – TAUB, D.: J. org. Chem. *25*, 2258 (1960).

Anwendung. Zur Corticoid-Therapie.

Dosierung. 6, 12, 36, 48, 60 mg tägl.

Handelsformen: Decortilen (Merck, Darmstadt): Tabl. -retard Dragees. Als -21-Diäthylaminoacetat-hydrochlorid: Decortilen solubile, Trockenamp.

Prednisonum Ph.Helv. V – Suppl. III, DAB 7 – DDR, Jap. 61. Prednisone BP 63, USP XVII, (INN). Deltacortisone CF 65. 1,4-Pregnadien-17α,21-diol-3,11,20-trion. 17α-21-Dihydroxypregna-1,4-dien-3,11,20-trion. Δ^1-Dehydrocortison. Metacortandracin. Deltacortison.

$C_{21}H_{26}O_5$ Strukturformel: S. 134 M.G. 358,44

Herstellung. Man erhält die Dehydroverbindung des Cortisons durch mikrobiologische Dehydrierung mit Corynebacterium simplex [NOBILE, A. u. a.: J. Amer. chem. Soc. *77*, 4184 (1955)]. Eine methanolische Lsg. des Substrates wird mit einer 24 Std. alten Kultur des Bacteriums (0,1% Difco-Hefe-Extrakt, Puffer pH 7) gemischt und 3 bis 24 Std. bei 28° inkubiert. Nach der Extraktion des Ansatzes mit Chlf. läßt sich Prednison – bei entspr. Ausgangsmaterial Prednisolon – mit großer Ausbeute aus Aceton kristallisieren. – Einführung der 1-Doppelbindung durch Bakterien der Subtilisgruppe vgl. F. LINDNER, R. JUNK u. a. [Naturwissenschaften *43*, 39 (1956)], durch Schimmelpilze E. VISCHER u. a. [Helv. chim. Acta *38*, 835(1955)]. – Direkte Dehydrierung von Cortison auf chemischem Wege mit SeO_2 in tertiären Alkoholen siehe CH. MEYSTRE, A. WETTSTEIN u.a. [Helv. chim. Acta *39*, 734 (1956)].

Gehalt. 96 bis 104% bezogen auf die bei 105° getrocknete Substanz.

Eigenschaften. Weißes oder nahezu weißes, geruchloses, kristallines Pulver, zunächst geschmacklos, dann von nachhaltig bitterem Geschmack. Nahezu unlösl. in W.; lösl. in 190 T. 95%igem A., 300 T. abs. A., 200 T. Chlf., in 160 T. Aceton; unlösl. in Ae. Fp. bei 215° eingesetzt, etwa 225° (Zers.) (USP XVII, Jap. 61), 226 bis 231° (DAB 7-DDR), etwa 230° (BP 63, CF 65), Block etwa 240 bis 242° (CF 65). $[\alpha]_D$: In Dioxan + 167 bis + 175° (USP XVII, BP 63, Jap. 61, DAB 7 – DDR). + 171 ± 4° (CF 65).

UV-Absorption. In abs. A. beim Maximum etwa 240 nm $E_{1\,cm}^{1\%}$ = 420 bis 440. Der Quotient der Extinktionen beim Maximum und bei 263 nm soll zwischen 1,85 und 2,05 liegen (BP 63, DAB 7 – DDR). $E_{1\,cm}^{1\%}$ = 415 ± 20 bei 239 nm (CF 65).

Erkennung. 1. Versetzt man 2 mg mit 2 ml konz. Schwefelsäure, bildet sich eine zuerst gelbgrüne Farbe, die nach wenigen Minuten orange wird und keine Fluoreszenz am Tageslicht aufweist, jedoch entwickelt sich nach 5 Min. eine im UV-Licht sichtbare fahlgrüne Fluoreszenz. Beim Zufügen von 10 ml W. wird die Lsg. gelb und geht allmählich in Blaugrün über (USP XVII, Jap. 61). – 2. Reduktion von Kalium-Kupfertartrat, Ausführung wie Nr. 5, S. 106 (BP 63). – 3. Reduktion von 2,3,5-Triphenyltetrazoliumchlorid, Ausführung wie Nr. 3, S. 111 (Ph.Helv. V – Suppl. III). – 4. Mittels Infrarot-Absorptionsspektrum entspr. Nr. 10, S. 112 (USP XVII). – 5. 0,2 mg in 1 ml abs. A. gelöst, werden bei vermindertem Druck zur Trockne eingedampft. Nach Zufügen von 5 ml n NaOH und Erwärmen 30 Min. bei 70° wird die Lsg. nur leicht gelblich gefärbt, Unterschied von Cortisonacetat (BP 63). – 6. Reduktion einer Kaliumquecksilberjodid-Lsg., Ausführung entspr. Nr. 5, S. 122. – 7. Reaktion mit Phenylhydrazin, Ausführung und Ergebnis wie bei Nr. 4, S. 111.

Prüfung. 1. Trocknungsverlust. Beim Trocknen bis zum konstanten Gewicht bei 100 bis 105° höchstens 0,5% (CF 65), bei 105° (BP 63), 3 Std. bei 105° (USP XVII, Jap. 61), 4 Std. bei 80° im Vakuum (Ph.Helv. V – Suppl. III) höchstens 1%. – 2. Glührückstand. 100 mg dürfen keinen wägbaren Rückstand hinterlassen (USP XVII), höchstens 0,1% (Jap. 61). – 3. Sulfatasche. Nicht mehr als 0,1% (BP 63). – 4. Fluor. Wie bei Desoxycorticosteron, S. 107 (BP 63). – 5. Selen. Wie bei Dexamethason, S. 119 (BP 63). – Gemäß Ph.Helv. V – Suppl. III. 50 mg getrocknete Substanz wird in einem Schöniger-Sauerstoffkolben, der mit 15 ml W. beschickt ist, verbrannt. Hierauf wird mit 5 ml 10%iger Oxalsäure-Lsg. versetzt und 10 Min. auf dem Wasserbad erhitzt. Nach dem Erkalten wird die Mischung in einem Meßzylinder von 100 ml Inhalt mit Glasstopfen filtriert. Kolben und Filter werden 3mal mit je 10 ml W. gewaschen. Dann werden 10 ml 5 n HCl zugefügt. Die Mischung wird mit W. auf 70 ml ergänzt und geschüttelt. Man läßt während 45 Min. verschlossen stehen. Hierauf wird der gebildete Farbstoff mit 20 ml Chlf. extrahiert. Gleichzeitig wird unter denselben Bedingungen mit denselben Reagentien, aber ohne Verbrennung ein Vergleichsversuch mit 2,5 ml Selendioxid-Lsg. durchgeführt. Die mit Prednison erhaltene Färbung darf nicht stärker sein als die des Vergleichsversuches. – Selendioxid-Lsg. 0,1405 g Selendioxid (SeO_2, M.G. 110,96) werden in einem Meßkolben mit W. zu 200 ml gelöst, entsprechend 0,5 mg Selen pro Milliliter. Bei Bedarf werden 2,0 ml dieser Lsg. in einem Meßkolben mit W. zu 100 ml verdünnt, entsprechend 0,01 mg Selen pro Milliliter. – 6. Fremdsteroide. Gemäß USP XVII. Dieselbe Ausführung mit derselben Auswertung wie bei Cortisonacetat, S. 112, jedoch werden als verdünnte Vergleichsstandard-Lsg. die von Cortison und von Hydrocortison aufgetragen. Nach dem chromatographischen Vorgang im Chromatographiegefäß Type 1 wird die Chromatographie im Gefäß Type 2 mit dem Laufmittel Nr. 5 (zu 30 ml Chlf. werden 10 ml Hexan und 10 ml Cyclohexan gegeben) fortgesetzt. – Gemäß BP 63. Auswertung und Ausführung, vgl. S. 104. – Gemäß Ph.Helv. V – Suppl. III. Ausführung ähnlich der bei Cortisonacetat, S. 113. Als Laufmittel dient jedoch Methylenchlorid (50 ml). Auf das in gleicher Weise vorbehandelte Papier werden 0,005 ml der Test-Lsg. A (= 0,05 mg Prednison) aufgetragen. Die Laufzeit beträgt hier etwa 7 bis 9 Std. Der entwickelte blaue Fleck hat den R_f-Wert 0,7 bis 0,9. Es dürfen keine blauen Flecke mit etwas höherem R_f-Wert als 0,9 (Cortison) und mit einem R_f-Wert von 0,3 bis 0,5 (Prednisolon) auftreten. Etwaige weitere blaue Flecke werden nicht berücksichtigt.

Gehaltsbestimmung. Ausführung entsprechend den Angaben bei Cortisonacetat, S. 113. Die Messung der Extinktion der 0,001%igen Lsg. in M. erfolgt gemäß Jap. 61 beim Maximum 238 bis 240 nm. Der Gehalt errechnet sich aus der Formel:

$$\text{mg}\, C_{21}H_{26}O_5 = \frac{E \cdot 10000}{433}\,.$$

Gemäß Ph.Helv. V – Suppl. III wird die Extinktion beim Maximum etwa 239 nm mit der Standardsubstanz verglichen. Abweichung nicht mehr als ± 4%. Gemäß USP XVII wird die Blau-Tetrozolium-Methode angewendet, vgl. S. 105.

Eine weitere Bestimmung gemäß Ph.Helv. V – Suppl. III. Eine Lsg. von 500 µg in 5 ml Weingeist werden in einem Reagensglas von 20 ml Inhalt mit Glasstopfen verschlossen während 10 Min. in einem Wasserbad von 25° (± 1°) erwärmt. Hierauf wird 1,0 ml Thiosemicarbazid-Lsg. von 25° hinzugefügt, geschüttelt und die Mischung im verschlossenen Reagensglas während 120 (± 2) Min. in ein Wasserbad von 25° gestellt. Mit dieser Lsg. wird sofort bei einer Schichtdicke von 1 cm die Extinktion bei 302 nm (± 1 nm) gemessen.

Als Bezugsflüssigkeit dient eine gleichzeitig und in gleicher Weise frisch bereitete Mischung derselben Reagentien. Die Extinktion darf nicht höher als 0,850 betragen. – Thiosemicarbazid-Lsg. 0,9114 g Thiosemicarbazid werden in 50 ml 0,2 n Salzsäure gelöst und mit W. auf 100 ml ergänzt (bei Raumtemperatur mehrere Monate haltbar). – Gemäß BP 63 wird die Triphenyltetrazoliumchlorid-Reaktion absolutkolorimetrisch angewendet, vgl. S. 107. Als theoretischer Wert für $E_{1\,cm}^{1\%}$ wird 440 bei 485 nm eingesetzt.

Anwendung. Zur Glucocorticoid-Therapie. Prednison besitzt die Wirkung und kommt zur Anwendung etwa wie Cortisonacetat, jedoch genügt bereits der 5. Teil zur Erzielung der gewünschten entzündungshemmenden, antirheumatischen und antiarthritischen Wirkung. In dieser Dosis ist der Natrium retinierende Effekt erheblich geringer, als der von Cortison. Prednison wird hauptsächlich oral verabreicht.

Dosierung. 10 bis 100 mg tägl. in Teildosen (BP 63); gebräuchliche Dosis 5 mg 2- bis 4mal am Tag für 2 bis 7 Tage (USP XVII). Einzelmaximaldosis: oral 0,03 g, Tagesmaximaldosis: oral 0,1 g (DAB 7 – DDR).

Handelsformen: Cortidelt (Roussel, Koblenz): Tabl. – Decortin H (Merck, Darmstadt): Tabl., Perlen, -retard Dragees. – Di-Adreson (Organon, München): Tabl. – Erftopred (Erfto-Chemie, Nievenheim): Tabl. – Hostacortin (Hoechst, Frankfurt a. M.): Tabl., Dragees. – Keteocort (Desitin, Hamburg): Tabl. – Rectodelt (Trommsdorff, Aachen): Supp. – Ultracorten (Ciba, Wehr, Baden): Tabl.

Co-Deltra (Merck, Sharp & Dohme), Delta-Dome (Dome), Deltasone (Upjohn), Meticorten (Schering), Paracort (Parke-Davis).

Decortisyl (Roussel, Wembley Park, Middlesex). – Deltacortone (Merck, Sharp & Dohm, Hoddesdon, Herts.). – Als -Acetat Delta-Cortelan (Glaxo, Greenford, Middlesex).

Weitere Handelsformen: Cortancyl (Roussel, Paris), Deltacortene (Lepetit, Mailand), Kolpisone (Ormonoterapia, Mailand), Delta Prenovis (Vismara).

Prednisone Acetate BP 63, (INN). Prednisonum aceticum DAB 7 — DDR. Prednisonacetat. Deltacortisone (Acétate de) CF 65. 21-Acetoxy-17α-hydroxypregna-1,4-dien-3,11,20-trion. $\Delta^{1,4}$-Pregnadien-17α,21-diol-3,11,20-trion-21-acetat. Δ^1-Dehydrocortisonacetat.

$C_{23}H_{28}O_6$ M.G. 400,47

Gehalt. 96 bis 104% bezogen auf die bei 105° getrocknete Substanz.

Eigenschaften. Weißes oder nahezu weißes, geruchloses, kristallines Pulver, zunächst geschmacklos, dann von nachhaltig bitterem Geschmack. Nahezu unlösl. in W.; lösl. in 120 T. 95%igem A., 160 T. abs. A. und 6 T. Chlf. Fp. etwa 240° (Zers.) (BP 63). 232 bis 236° (Zers.) (DAB 7 – DDR). Block bei etwa 222°, rekristallisiert und schmilzt dann bei etwa 234° (CF 65). $[\alpha]_D$: In Dioxan + 183 bis + 190° (BP 63, DAB 7 – DDR), + 186 ± 4° (CF 65). UV-Absorption. In abs. A beim Maximum von etwa 240 nm $E_{1\,cm}^{1\%}$ = 360 bis 400 (BP 63), bei 239 nm = 385 ± 15 (CF 65). Der Quotient der Extinktionen beim Maximum und bei 263 nm soll zwischen 1,85 und 2,05 liegen (BP 63, DAB 7 – DDR).

Erkennung. Ausführung wie bei Prednison, S. 130. Die Acetat-Komponente wie bei Desoxycorticosteronacetat Nr. 10 und 11, S. 107.

Prüfung. 1. Trocknungsverlust. Beim Trocknen bis zum konstanten Gewicht bei 105° nicht mehr als 1,0%. – 2. Sulfatasche. Nicht mehr als 0,1%. – 3. Fluor. Wie bei Desoxycorticosteronacetat, S. 107. – 4. Selen. Wie bei Dexamethason, S. 119. – 5. Fremdsteroide. Ausführung und Auswertung wie bei Cortisonacetat, S. 112, mit der gleichen mobilen Phase B (BP 63).

Gehaltsbestimmung. Gemäß BP 63 wird die Triphenyltetrazoliumchlorid-Reaktion angewendet, vgl. S. 107. Als theoretischer Wert für $E_{1\,cm}^{1\%}$ wird 394 bei 485 nm eingesetzt.

Anwendung. Zur Glucocorticoid-Therapie vgl. Prednison.

Dosierung. 10 bis 100 mg tägl. in Teildosen. – Einzelmaximaldosis: oral 0,03 g, Tagesmaximaldosis: oral 0,1 g (DAB 7 – DDR).

16β-Methyl-prednison (INN) ist 1,4-Pregnadien-16β-methyl-17α-21-diol-3,11,20-trion.

Strukturformel: S. 134.

Anwendung. Zur Corticoid-Therapie.

Handelsform: Bétalone (Lepetit, Mailand/Paris): Buccaltabl.

Triamcinolone BPC 63. Triamcinolon. (INN). 9α-Fluor-11β,16α,17α,21-tetrahydroxy-pregna-1,4-dien-3,20-dion. 9α-Fluor-$\Delta^{1,4}$-pregnadien-11β,16,17,21-terol-3,20-dion. 9α-Fluor-16α-hydroxyprednisolon.

$C_{21}H_{27}FO_6$ Strukturformel: S. 134 M.G. 394,43

Herstellung. Durch mikrobiologische 16α-Hydroxylierung von 9α-Fluor-prednisolon [THOMA, R. W. u. a.: J. Amer. chem. Soc. *79*, 4818 (1957)].

Eigenschaften. Weißes oder nahezu weißes, geruchloses, kristallines Pulver. Lösl. bei 20° in 500 T. W. und 200 T. A.; sehr schwer lösl. in Ae. und Chlf. UV-Absorption. In M. beim Maximum von etwa 238 nm $E^{1\%}_{1\,cm}$ = 361 bis 399.

Erkennung. 1. Zu einer Lsg. von 1 mg in 6 ml 95%igem A. gibt man 5 ml einer 1%igen Lsg. von 2,6-Di-t-butyl-p-kresol in 95%igem A. und 5 ml verd. Natronlauge. Man erwärmt 20 Min. auf dem Wasserbad am Rückflußkühler. Es entsteht eine Rosa-Lavendel-Farbe. – 2. Mittels IR-Absorptionsspektrum entspr. Nr. 13, S. 107. – 3. Nachweis von Fluor entspr. Nr. 3, S. 119.

Prüfung. 1. Trocknungsverlust. Nicht über 2% 3 Std. bei 60° im Vakuum. – 2. Sulfatasche. Nicht über 0,5%. – 3. Gehalt an Fluor. 4,42 bis 5,52% bezogen auf die getrocknete Substanz. 0,035 g, genau gewogen, werden im Schöniger-Sauerstoffkolben verbrannt. Der Kolben wird 2mal mit je 10 ml 95%igem A. ausgespült. Nach Zufügung von 1,2 ml 6%iger Essigsäure wird mit 0,0025 m Thoriumnitrat-Lsg. titriert. Natrium-alizarinsulfonat als Indikator. 1 ml 0,0025 m Thoriumnitrat-Lsg. entspr. 0,1900 mg Fluor.

Anwendung. Triamcinolon besitzt eine hohe glucocorticoide und entzündungshemmende Aktivität nahezu ohne Salzretention. Die erforderliche Dosis ist erheblich niedriger als die von Prednisolon. Es wird hauptsächlich oral verabreicht.

Dosierung. Anfangsdosis 4 bis 48 mg tägl. in Teildosen, Erhaltungsdosis 8 mg tägl.

Triamcinolonacetonid (INN). Triamcinolone Acetonide BPC 63. 9α-Fluor-11β,21-dihydroxy-16α,17α-isopropylidendioxypregna-1,4-dien-3,20-dion. $\Delta^{1,4}$-Pregnadien-9α-fluor-11β,21-diol-16α-17α-isopropylidendioxy-3,20-dion. Δ^{1}-Dehydro-9α-fluor-16α-hydroxy-16α-17α-O,O-isopropyliden-hydrocortison. 9α-Fluor-16α-hydroxyprednisolon-acetonid.

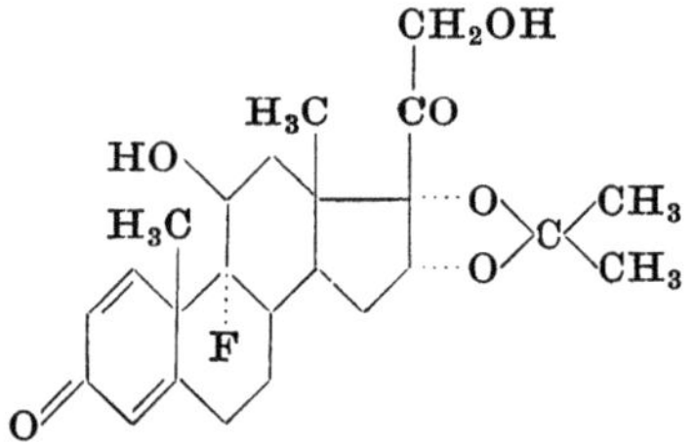

$C_{24}H_{30}FO_6$ M.G. 434,50

Eigenschaften. Weißes oder nahezu weißes, geruchloses, kristallines Pulver. Sehr schwer lösl. in W.; lösl. bei 20° in 150 T. A., in 40 T. Chlf. und in 11 T. Aceton. UV-Absorption. In M. beim Maximum etwa 238 nm $E^{1\%}_{1\,cm}$ = 326 bis 360.

Erkennung. 1. Zu einer Lsg. von 1,5 mg in 40 ml 95%igem A. gibt man 5 ml einer 1%igen Lsg. von 2,6-Di-t-butyl-p-kresol in 95%igem A. und 5 ml verd. Natronlauge. Man erwärmt 20 Min. auf dem Wasserbad am Rückflußkühler. Es entsteht eine grünliche Farbe. – 2. Mittels IR-Absorptionsspektrum entspr. Nr. 13, S. 107. – 3. Nachweis von Fluor entspr. Nr. 3, S. 119.

Prüfung. Wie bei Triamcinolon. Der Fluorgehalt soll zwischen 4,0 und 4,75% liegen.

Anwendung. Es eignet sich besonders zur lokalen Applikation und ist noch wirksamer als Triamcinolon. Es wird örtlich als 0,025 und 0,1%ige Salbe, Lotion oder Creme bei der Behandlung verschiedener Dermatosen angewendet.

Handelsformen: Delphicort (Lederle, Cyanamid, München): Tabl., als Diacetat Kristallsuspension in Amp., als Acetonid Salbe, Creme. – Volon (Squibb, Heyden, München): Tabl., als Acetonid Salbe, Creme.
Aristocort (Lederle), Kenacort als Diacetat, Kenalog als Acetonid (Squibb).
Adcortyl (Squibb, Twickenham, Middlesex), Ledercort (Lederle, London).

Weitere Handelsformen: Tédarol (als Diacetat, Solutédarol als Acetonidhemisuccinat (Specia, Paris).

Synthetische Corticosteroide mit starkem antiphlogistischem Effekt

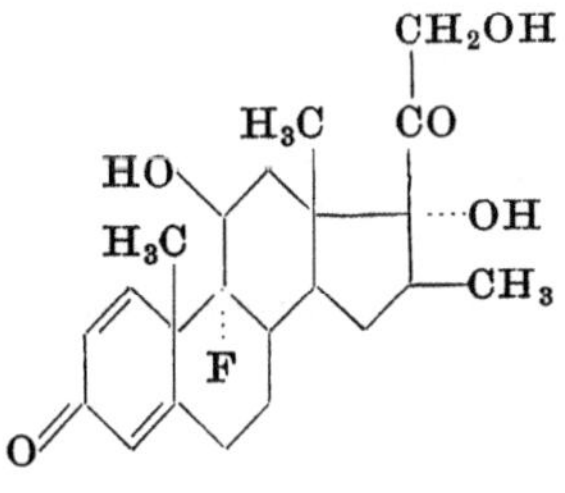
Betamethason

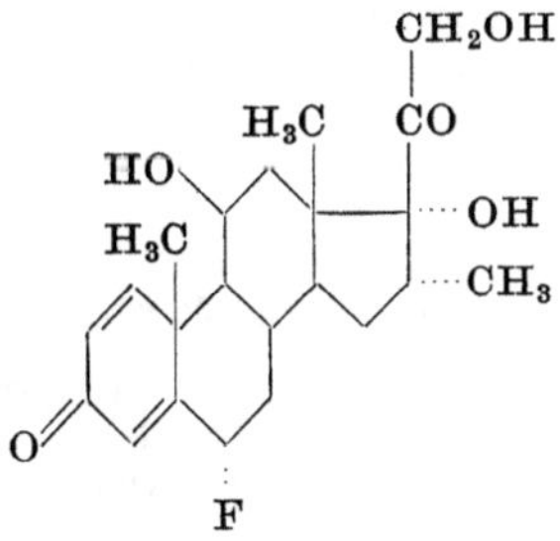
Paramethason

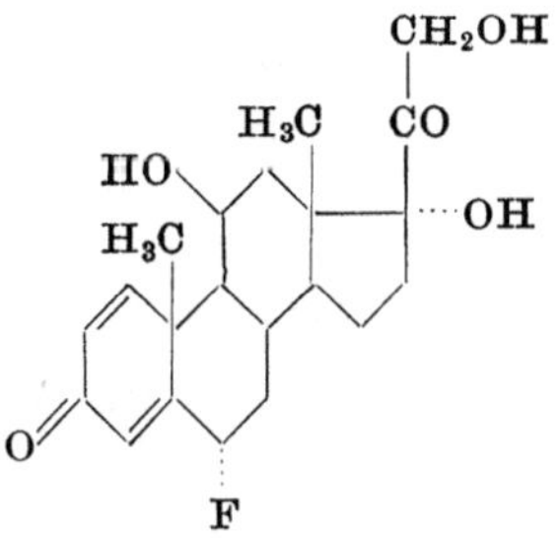
Fluprednisolon

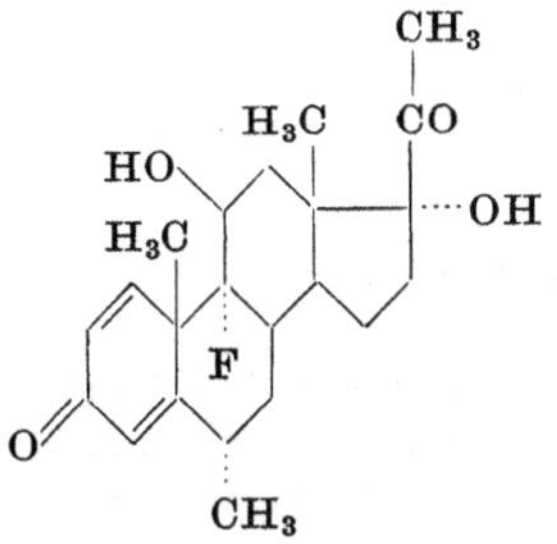
Fluorometholon

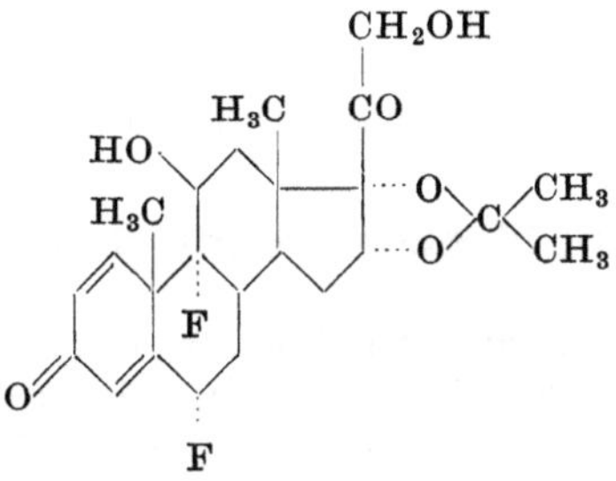
Fluocinolonacetonid

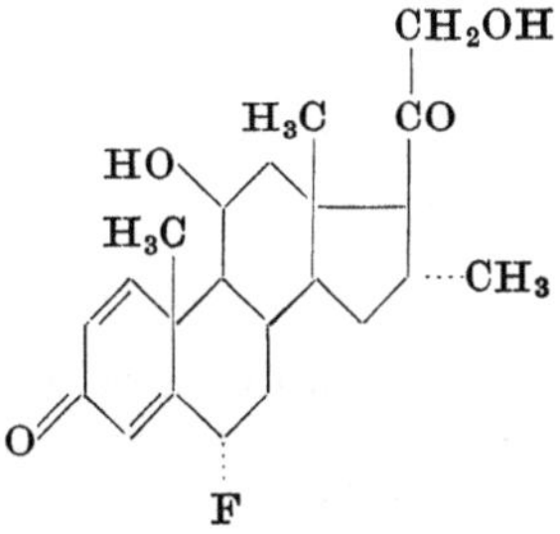
Fluocortolon

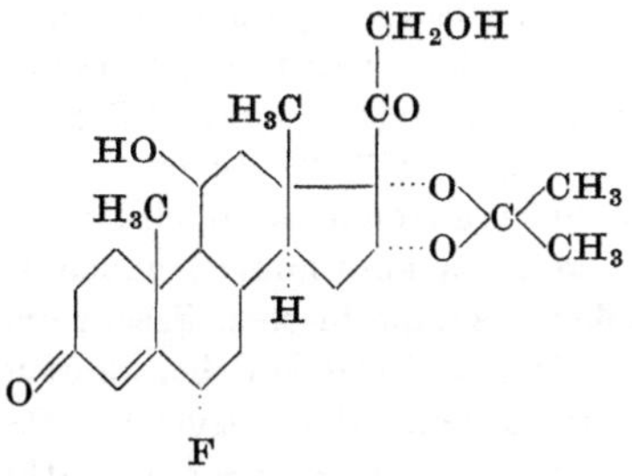
Flurandrenolonacetonid

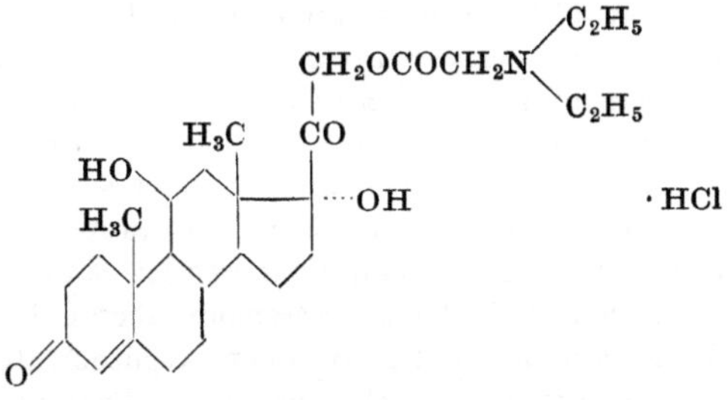
Hydrocortamat-hydrochlorid

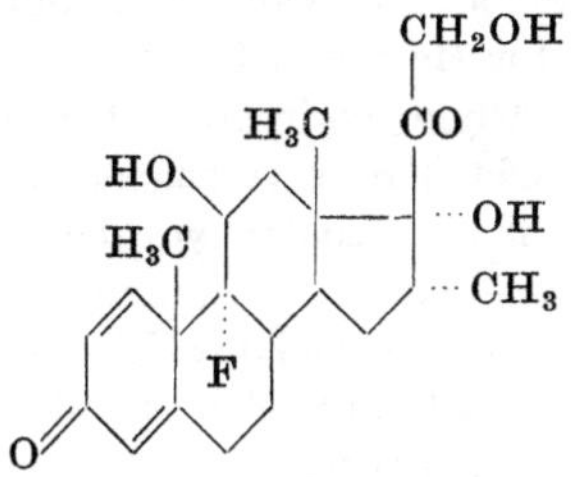
Dexamethason

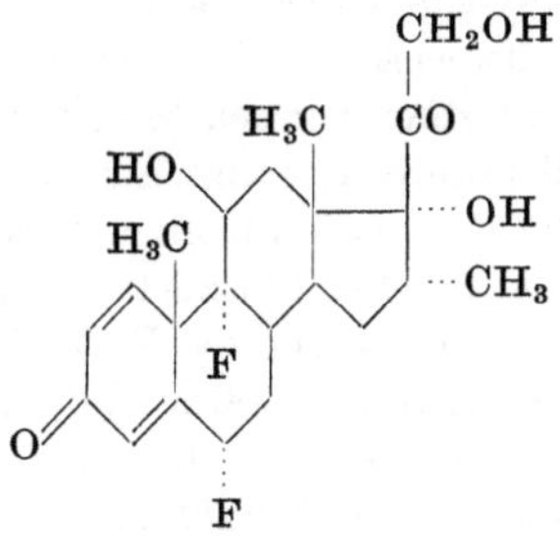
Flumethason

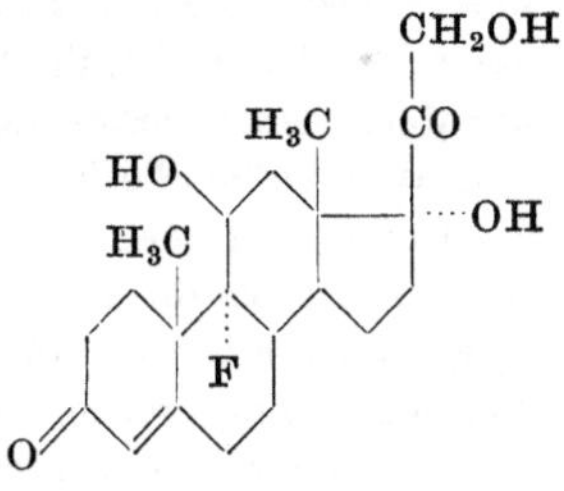
Fludrocortison

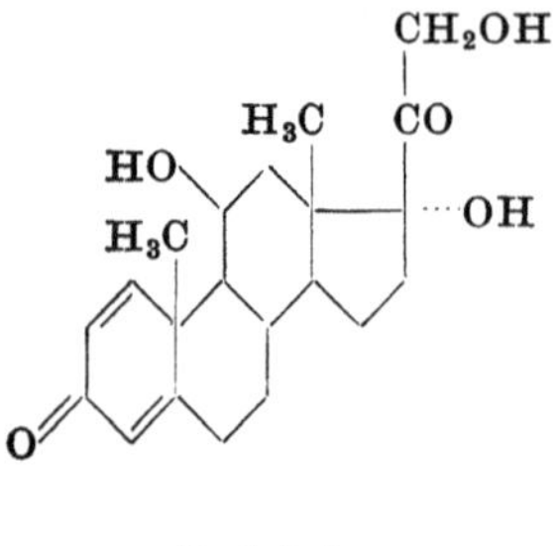

Prednisolon

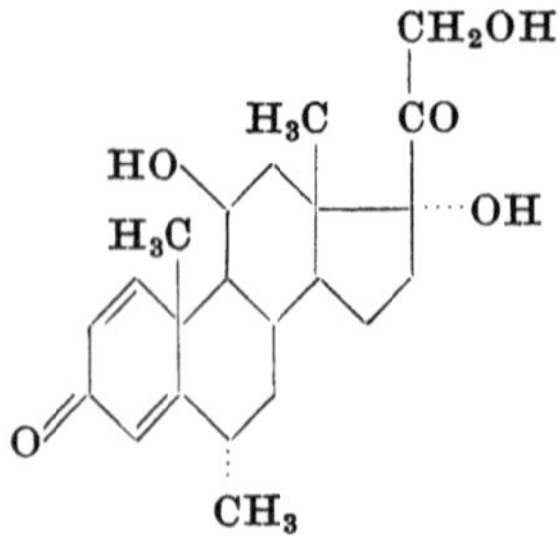

6α-Methylprednisolon

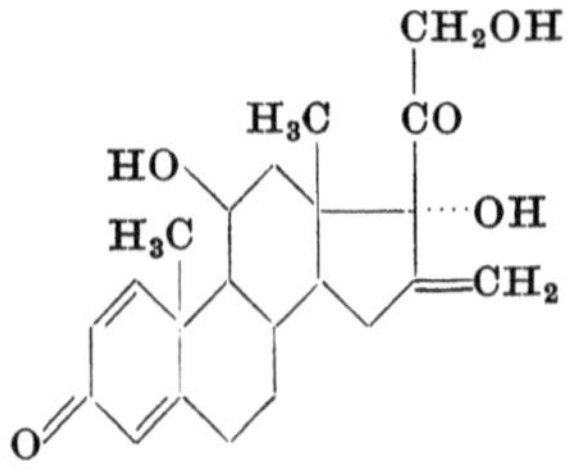

16-Methylen-prednisolon

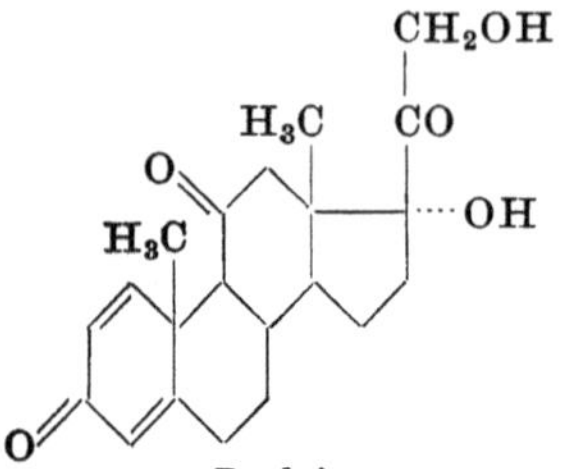

Prednison

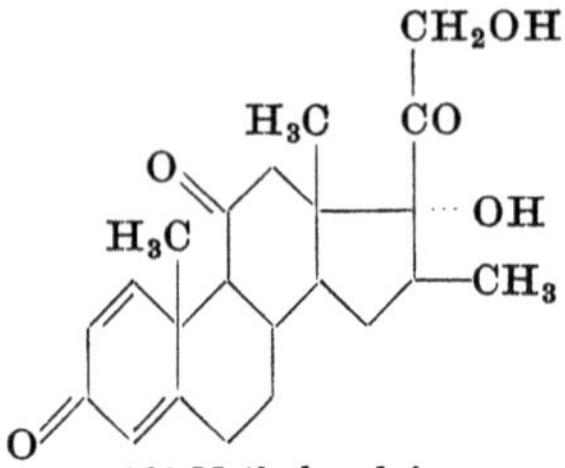

16β-Methylprednison

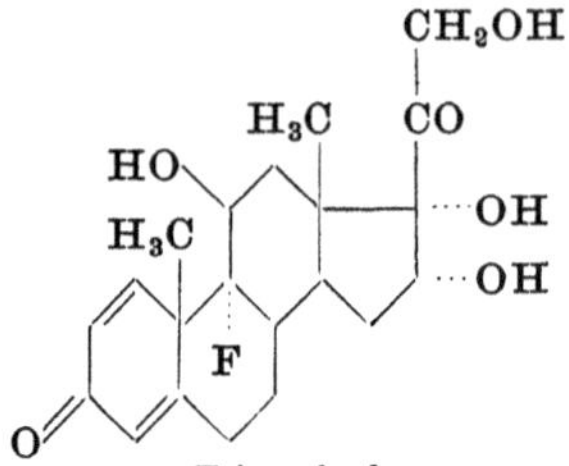

Triamcinolon

VIII. Nebennierenmark-Hormone

Die blutdrucksteigernde Wirkung von Nebennierenextrakten wurde bereits 1895 [Oliver, G., u. E. A. Schäfer: J. Physiol. (Lond.) *18*, 230 (1895)] erkannt. Die Isolierung des Wirkstoffes in kristalliner Form erfolgte erstmals durch J. Takamine [J. Physiol. (Lond.) *27*, Proc. 29 (1901/02)]. Er erhielt den Namen Adrenalin. Adrenalin war das erste Hormon von bekannter chemischer Zusammensetzung. 1904 erfolgte die synthetische Darstellung durch F. Stolz in den Laboratorien der Hoechster Farbwerke [Chem. Ber. *37*, 4149 (1904)] unter dem Namen Suprarenin. Im Rahmen seiner synthetischen Arbeiten stellte F. Stolz auch bereits das Noradrenalin dar, das wegen seiner starken blutdrucksteigernden Wirkung den Namen Arterenol erhielt, dessen physiologische Bedeutung als körpereigener Wirkstoff erst 40 Jahre später durch die Arbeiten von U. S. v. Euler [Zusammenfassung in Ergebn. Physiol. *46*, 261 (1950)] und P. H. Holtz u.a. [Klin. Wschr. *28*, 145 (1950)] erkannt wurde. Das Mischungsverhältnis beider Substanzen im NNM (= Nebennierenmark) wechselt von Tierart zu Tierart, beim Menschen ist es etwa 1 : 1. Die weiteren Forschungen haben ergeben, daß sich das Noradrenalin überall in den peripheren sympathischen Fasern und Ganglien findet, und zwar in einer Konzentration bis zu 1 bis 2 mg/100 g Gewebe, während hier der Adrenalingehalt nur wenige Prozent der Arterenolkonzentration ausmacht. Das Arterenol wird deswegen als die eigentliche Überträgersubstanz der peripheren sympathischen Erregung betrachtet.

Zwischen Adrenalin und Noradrenalin bestehen erhebliche und wichtige Wirkungsunterschiede, die den Stoffwechsel und das Gefäßsystem betreffen. Adrenalin beeinflußt vor allem den Kohlenhydratstoffwechsel und bewirkt in einer für Herz und Gefäße noch unzureichenden Dosierung bereits einen vermehrten Abbau von Glykogen in der Leber zu Glucose und im Muskel zu Milchsäure. Noradrenalin jedoch wirkt bereits verengend auf die Gefäße bei noch unzureichender Dosis für eine Wirkung auf den Kohlenhydratstoffwechsel. Adrenalin ist bedeutsam für den Blutzucker und die Regulation des Blutzuckerspiegels, Noradrenalin für den Blutdruck und die Einstellung der Blutdruckhöhe. Kleinste Dosen Adrenalin fördern die Herzfunktion, während die peripheren Gefäße eher erweitert werden. Trotzdem resultiert aber ein Blutdruckanstieg, der beim Menschen häufig von subjektiv unangenehmen Sensationen wie Herzklopfen und Druckgefühl auf der Brust begleitet ist. Arterenol verengt bei den gleichen Dosen die peripheren Gefäße, während das

Herz nicht oder in Richtung einer Herabsetzung der Leistung beeinflußt wird. Auch hier kommt es zum Blutdruckanstieg, der aber auf einem anderen Mechanismus wie der bei Adrenalin beruht. Meist fehlen die Nebenerscheinungen.

In höheren Dosen, wie sie therapeutisch verwendet werden, wirken allerdings beide Stoffe gefäßverengend. Hierbei kann die Herzwirkung des Adrenalins lebensgefährliche Schädigungen herbeiführen, so daß man neuerdings vielfach dem Arterenol allein oder einer Mischung von beiden Substanzen den Vorzug gibt. Auch die Motilität vieler glatter Muskeln (Darm, Uterus) wird durch Arterenol um ein Mehrfaches schwächer beeinflußt als durch Adrenalin.

Aufbau und Abbau des Adrenalins.

Das Adrenalin wird im Organismus zum größten Teil aus Phenylalanin aufgebaut. Diese Synthese ist neuerdings durch Verwendung ^{14}C-markierter Aminosäure bewiesen worden. Nach den Arbeiten von Holtz u.a. geht die Biosynthese über folgende Stufen: Phenylalanin → Tyrosin → 3,4-Dihydroxy-phenylalanin (Dopa) → 3,4,Dihydroxyphenyläthylamin (3-Hydroxy-tyramin, Dopamin) → Noradrenalin → Adrenalin. Ein Nebenweg scheint auch vom 3,4-Dihydroxyphenylserin zum Adrenalin zu führen. Der Abbau des Adrenalins und Arterenols erfolgt sowohl unter der Beteiligung von Monoaminooxydase durch Abbau der Seitenkette unter oxydativer Desaminierung als auch durch Methylierung zu Metanephrin mit Hilfe der Methyltransferase in der Leber. Dieser Abbau geht im Organismus relativ langsam vonstatten, so daß für die Eliminierung der beiden Substanzen auch die Ausscheidung durch die Niere von Bedeutung ist. Adrenalin und Noradrenalin erscheinen im Harn teils frei, teils an Glucuronsäure gebunden, ein weiterer Teil wird nach Holtz als Hydroxytyramin ausgeschieden. Von künstlich zugeführtem, mit ^{14}C markiertem Adrenalin erscheint innerhalb 20 Std. praktisch die gesamte Aktivität im Harn.

Zum Nachweis kleiner Wirkstoffmengen (1/1000 mg), wie sie in Körperflüssigkeiten oder Organextrakten in Frage kommen, ist eine vorherige Anreicherung erforderlich, die in enteiweißten Extrakten durch Adsorption an Aluminiumhydroxid bei alkalischer Reaktion und anschließender Elution bzw. Auflösung des Adsorbates in Säure durchgeführt werden kann, oder auch mit Hilfe von Ionenaustauschern [Bergström, S., u. G. Hansson: Acta physiol. scand. *22*, 87 (1951)]. Mit Methoden der Papierchromatographie können Adrenalin und Noradrenalin mittels Phenol-HCl oder n-Butanol-HCl als Laufmittel getrennt, die Chromatogramme mit Kaliumcyanoferrat(III) sichtbar gemacht, die Amine eluiert und dann quantitativ biologisch bestimmt werden [Vogt, M.: Brit. J. Pharmacol. *7*, 325 (1952); J. Physiol. (Lond.) *123*, 451 (1954)]. Mittels Messung des Blutdrucks der enthirnten Ratte mit ausgebohrtem Rückenmark können noch ng(1/1000 μg) Adrenalin nachgewiesen werden [Shipley, R. E., u. J. H. Tilden: Proc. Soc. exp. Biol. (N. Y.) *64*, 453 (1947)].

Zur Unterscheidung zwischen Adrenalin und Noradrenalin wird an mehreren Testobjekten, die verschieden empfindlich auf beide Wirkstoffe ansprechen, getestet z.B. am Blutdruck der Katze, der durch Noradrenalin 3- bis 5mal stärker erhöht wird als durch Adrenalin und am Uterus der Ratte, der auf Adrenalin empfindlicher reagiert. Aus dem Verhältnis beider Werte läßt sich der Gehalt beider Verbindungen etwa berechnen [v. Euler, U. S.: Acta physiol. scand. *19*, 207 (1949)].

Über die chemischen Bestimmungsmethoden sowie über Chemie und Galenik der Nebennierenmarkhormone vgl. Sympathicomimetica, S. 568.

IX. Sexualhormone

Das Geschlecht ist durch die männlichen oder weiblichen Geschlechtsdrüsen (Gonaden) bestimmt. Die sekundären Geschlechtsmerkmale bilden sich erst nach Erlangung der Geschlechtsreife aus, und zwar durch Einwirkung von Hormonen, die von den Geschlechtsdrüsen gebildet werden. Bei den Weibchen sind es die Ovarien, bei den Männchen die Hoden. Während es beim Säugetier nur ein männliches Sexualhormon gibt, existieren bei den Säugerweibchen zwei mit verschiedenen Aufgaben betraute Hormone. Alle drei Hormone sind chemisch Steroide, die sich in 3 Gruppen einteilen lassen: Östrogene, Gestagene (oder Progestagene) und Androgene.

Weibliche Sexualhormone

Die Eierstöcke (Ovarien) bestehen aus der Rinde und dem Mark. Die Rinde enthält eine große Zahl in Bindegewebe gelagerter Follikel (follis = Sack) und interstitielle Zellen. In den Follikeln reifen die Eier heran, und wenn der reife Follikel platzt, wandert das Ei mittels Cilienbewegung der Eileiter (Tuben) in die Gebärmutter (Uterus) [Ovulation]. Der gesprungene Follikel formt sich zu dem *Gelbkörper, Corpus luteum,* um, der sich nach Befruchtung des Eies weiter vergrößert, während der ganzen Schwangerschaft erhalten bleibt und erst nach der Geburt verschwindet. Tritt keine Befruchtung ein, bildet sich der Gelbkörper zurück.

Die Follikel produzieren das weibliche Sexualhormon, das die Brunst (Östrus) hervorruft; es wird daher *östrogenes Hormon* genannt. Es bewirkt die Entwicklung des weiblichen Genitaltraktes und die der sekundären Geschlechtsmerkmale sowie die Ausbildung und das Wachstum der Uterusmuskulatur, der Scheide und der Milchdrüse. Weiter ist es für den normalen Ablauf der zyklischen Veränderungen während der Geschlechtsreife unentbehrlich. Unter seinem Einfluß wird die bei der Menstruation abgestoßene Schleimhaut des Uterus wieder aufgebaut, sie wuchert und bildet die Aufnahmestätte für das aus dem geplatzten Follikel antransportierte Ei. Dieser Abschnitt wird die *Proliferationsphase* genannt, die Uterusschleimhaut (Endometrium) befindet sich im Proliferationszustand. Der Follikelsprung erfolgt in der Mitte zwischen zwei Menstruationen. Es beginnt nun das zweite weibliche Sexualhormon, das Progesteron, zu wirken, das in dem entstandenen Gelbkörper (Corpus luteum) gebildet wird und die Uterusschleimhaut in die *Sekretionsphase* überführt, in der die Schleimhaut auf die Aufnahme eines befruchteten Eies vorbereitet wird. Findet keine Befruchtung statt, bildet sich der Gelbkörper zurück, die Progesteronbildung hört auf, wodurch die Menstruation ausgelöst und die vorher stark durchblutete Uterusschleimhaut abgestoßen wird.

Findet eine Befruchtung statt, so bleibt das Corpus luteum erhalten und setzt die Bildung von Progesteron fort. Später übernimmt die Produktion von Progesteron und auch von Östradiol die Placenta, die nach der Einbettung (Nidation) des sich entwickelnden Keimes in das Endometrium gebildet wird. In der Frühschwangerschaft steht die Uterusschleimhaut unter dem Einfluß sehr großer Mengen von Gelbkörper- und Follikelhormon. Im späteren Stadium der Schwangerschaft inhibiert eine hohe Hormonkonzentration das weitere Wachstum des Uterus. Der zunehmende Östrogengehalt im Blut vor der Entbindung deutet auch auf eine wichtige Mitwirkung der Östrogene in der eigentlichen Geburtsphase.

Im Harn spiegelt sich der Progesteronstoffwechsel in der Höhe der Pregnandiolausscheidung. In der Proliferationsphase findet man sehr wenig, etwa 2 mg im Liter Harn, nach der Ovulation 4 bis 12 mg, dann steigt der Pregnandiolgehalt ständig an und erreicht mit 80 bis 100 mg im Liter seine Spitze im 7. bis 8. Monat. – Die Wirkung des Progesterons knüpft an die des Östrogens an. Während dieses den Uterus und die Milchdrüse vorbereitet, bringt jenes deren weitere Betätigung zur Entfaltung. Es ermöglicht nach Befruchtung die Festsetzung des Eies in der Uterusschleimhaut und bewirkt deren Weiterentwicklung. Dabei verhindert es gleichzeitig das Heranreifen neuer Follikel in den Eierstöcken, während der Gravidität. Es setzt die Erregbarkeit des Uterus durch das Hypophysenhinterlappenhormon Oxytocin herab, und erst wenn die Progesteronerzeugung beim Nahen der Geburt kontinuierlich absinkt, ist die Uterusmuskulatur wieder ansprechbar für das wehenauslösende Oxytocin. Bei mangelhafter Funktion des Gelbkörpers ist die Erhaltung der Schwangerschaft gefährdet. Da dieses Hormon in engem Zusammenhang mit der Schwangerschaft (Gestatio, gestare = tragen) steht, wird es das *gestagene Hormon* genannt. Bei den Hypophysenhormonen wurde bereits erwähnt, daß das gestagene Hormon von dem Luteotropin des Hypophysenvorderlappens gesteuert wird, der noch andere die Funktion der Ovarien anregende Hormone produziert, das die Follikelreifung stimulierende Hormon FSH und das die Sekretion von Östrogen anregende Luteinisierungshormon LH.

Männliche Sexualhormone

Die männlichen Geschlechtsdrüsen, Hoden (Testes), haben eine doppelte Funktion: die Produktion des Spermas und die des männlichen Sexualhormons, des Testosterons. Dieses wird in den Interstitialzellen des Testikulargewebes, den Leydigschen Zellen, unter dem Einfluß des Hypophysenvorderlappens gebildet und ist für die Entwicklung, Erhaltung und Anregung der männlichen Geschlechtsorgane, für die normale Funktion des männlichen Genitalsystems sowie für die Ausbildung der sekundären Geschlechtsmerkmale verantwortlich. Zu den letzteren gehören der Bartwuchs, die tiefe Stimme, der Einfluß auf die Spermatogenese, die Entwicklung der charakteristischen Beschaffenheit des männlichen Skeletts, der Muskeln, der Haut, des Haarwachstums. Diese ganze Gruppe kombinierter Wirkungseigenschaften wird als androgene Wirkung bezeichnet. Alle Ausfallserscheinungen, die bei Fehlen des Testikularhormons auftreten, können durch Gaben von Testosteron behoben werden. Dieselbe qualitative Eigenschaft wie Testosteron besitzen viele synthetisch hergestellte Verbindungen. Alle werden unter der Bezeichnung Androgene zusammengefaßt.

Die Androgene beeinflussen nicht nur die Geschlechtsfunktionen, sondern auch den Stoffwechsel. Ihre Wirkung ist verbunden mit der Vergrößerung des Körpergewichts und der Muskelmasse als Folge einer Retention von Stickstoff, anorganischem Phosphor, Sulfaten, Chloriden, Calcium, Natrium und Kalium. Besonders ausgesprochen ist ihre Wirkung auf den Eiweißstoffwechsel, sie fördern die Bildung und Speicherung von Eiweiß. Diese Wirkungen der Androgene werden als *anabole Effekte* bezeichnet. Insofern sind die Androgene Antagonisten des Cortisons und seiner Abkömmlinge einschließlich aller synthetischen Präparate, die zur Gruppe der katabolen (Eiweiß abbauenden) Hormone gehören. Während die katabolen Hormone zum Cushingsyndrom führen, zu dem auch die Osteoporose gehört, werden die anabolen Hormone zur Behandlung der Osteoporose herangezogen. Sie bewirken eine Stabilisierung des Skeletts. Bei bestimmten Indikationen sind sie von großem Wert für die Therapie bei beiden Geschlechtern.

Wie bei jeder Hormontherapie muß auch hier die Indikation sehr vorsichtig gestellt werden. Bei längerer Zufuhr von Androgenen tritt eine Atrophie der Hoden ein, da sie die Bildung von Gonadotropin im Hypophysenvorderlappen hemmen; bei der Frau unterdrücken sie die Bildung des Prolaktins und hemmen so die Laktation und führen zur Virilisierung. Sie steigern bei beiden Geschlechtern die Libido. Sie können auch Leberschädigungen hervorrufen. Androgene sind kontraindiziert bei schwangeren Frauen und bei Männern mit Prostatacarcinom.

Wegen der zweifachen Wirkung, der ausgesprochen androgenen und der anabolen, war man bestrebt, durch Veränderung des Testosteronmoleküls die androgene Wirkung möglichst abzuschwächen und die anabole Wirksamkeit zu erhöhen, da für die klinische Anwendung die anabole Wirkung (Erhöhung der Gesamtproteine des Organismus,) in vielen Fällen wichtiger ist, als die androgene, besonders bei Frauen, wo der androgene Effekt nur Nachteile hat. Eine verstärkte anabole und eine außerordentlich geschwächte androgene Wirkung konnte auf verschiedene Weise erreicht werden. So führte z. B. eine zusätzliche Doppelbindung beim 17α-Methyltestosteron, eines der bedeutendsten oral wirksamen Androgene, zum Methandrostenolon, eine Substitution zum 4-Hydroxy-17α-methyltestosteron oder zum Stanozolon, die Entfernung der 19-Methylgruppe zum Nortestosteron oder zum Norethandrolon, durch C-1-Methylierung und Einführung einer Doppelbindung am Kohlenstoffatom-1 an 5α-Androstan-17β-ol-3-on zum Primobolan.

Standardisierung. 1 Internationale Einheit entspricht 100 μg Androsteron.

Testung.

Zur Testung der Androgene gibt es hauptsächlich 2 Verfahren: 1. Im Kapaunenkammtest stellt das Flächenwachstum des Kammes eines kastrierten Hahnes das Maß für die

Wirksamkeit dar. Eine Kapauneneinheit entspricht etwa 1 Internationalen Einheit und ist der Menge gleich, die bei täglicher Injektion 5 Tage lang durchschnittlich 5 mm Zunahme an Länge und Höhe des Kammes ergibt [GALLAGHER, T. F., u. C. F. KOCH: J. Pharmacol. exp. Ther. *55*, 97 (1935)]. 1 Kapauneneinheit entspricht 200 μg Dehydroandrosteron, 100 μg Androsteron bzw. rund 14 μg Testosteron. – 2. Im Samenblasentest wird die Gewichtszunahme der Vesikulardrüsen, die bei Kastration verkümmern, an Ratten und Mäusen gemessen.

Die anabole Wirksamkeit wird gemessen an der Gewichtszunahme von Musculus levator ani und Samenblasen kastrierter Ratten [SUCHOWSKY, G., u. K. JUNKMANN: Acta endocr. (Kbh.) *39*, 68 (1962)], weiterhin an der Zunahme der Stickstoffretention im Bilanzversuch durch fortlaufende Kontrolle der Stickstoffausscheidung im 24-Stunden-Urin bei gleichbleibender Eiweißzufuhr.

Literatur: KRÜSKEMPER, H. L., u. H. BREUER: Verh. dtsch. Ges. inn. Med. *67*, 387 (1962). – KRÜSKEMPER, H. L.: Anabole Steroide, Stuttgart: Thieme 1963. – Wirkung und Anwendung anaboler Steroide. Kolloquium Berlin 1963, Berlin: Medicus-Verlag 1964: NOWAKOWSKI, H., u. H. P. SCHMIDT: Vergleichende Untersuchungen über die metabolische Wirkung von Anabolica, S. 131; VERMEULEN, A.: Der antikatabole Effekt anaboler Steroide, S. 420; v. WAYJEN, R. G. A.: Langfristige Bilanzuntersuchungen mit bestimmten anabolen Steroiden, S. 50; WERNER, E.: Anwendung von anabolen Steroiden in der Kinderheilkunde, S. 253. – BIANCO, L. u. a.: Eine Radiochemische Methode zur Bestimmung der anabolen Wirkung von Stoffen. Farmaco, Ed. prat. *19*, 189 (1964).

Androgene, anabole Steroide

Testosteron und seine Ester

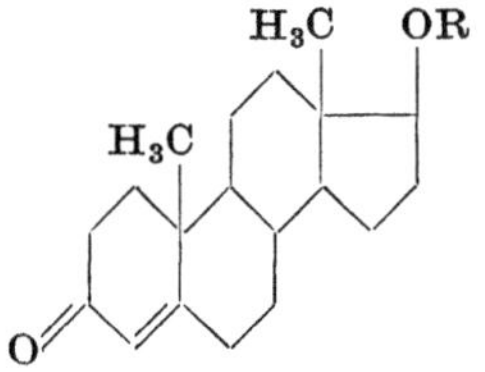

Testosteron: R= —H

Testosteronacetat R= $-CO-CH_3$

Testosteron-caprinat: R= $-CO-(CH_2)_8-CH_3$

Testosteron-caprinoylacetat: R= $-CO-CH_2-CO-(CH_2)_8-CH_3$

Testosteron-cyclopentylpropionat: R= $-CO-CH_2-CH_2-$ 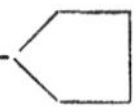

Testosteron-isobutyrat: R= $-CO-CH(CH_3)_2$

Testosteron-isocapronat: R= $-CO-CH_2-CH_2-CH(CH_3)_2$

Testosteron-önanthat: R= $-CO-(CH_2)_5-CH_3$

Testosteron-β-phenylpropionat: R= $-CO-CH_2-CH_2-$ 

Testosteron-propionat: R= $-CO-CH_2-CH_3$

Testosteron DAB 7 – BRD, (INN). Testosterone BP 63, NF XII. Testosteronum DAB 7 – DDR, ÖAB 9, Ph.Helv. V – Suppl. II, Ph.Ned. 6, Jap. 61. 17β-Hydroxy-4-androsten-3-on. Δ^4-Androsten-17β-ol-3-on. trans-Testosteronum.

$C_{19}H_{28}O_2$ Strukturformel: s. oben M.G. 288,43

Herstellung. 1931 isolierte A. BUTENANDT aus Männerharn das Androsteron und das 5-Androsten-3-ol-17-on, das Androstenolon. 1935 isolierten K. G. DAVID, E. DINGEMANSE,

J. Freud u. E. Laqueur [Hoppe-Seylers Z. physiol. Chem. *233*, 281 (1935)] aus Stierhoden das bedeutend wirksamere Testosteron, das von L. Ruzicka u. A. Wettstein [Helv. chim. Acta *18*, 1264 (1935)] sowie von A. Butenandt u. G. Hanisch [Chem. Ber. *68*, 1859 (1935)] partialsynthetisch aus Androstenolon dargestellt wurde. Das Androstenolon wurde durch Abbau des Cholesterins und aus den Sitosterinen der Sojabohne gewonnen. Cholesterin wurde mit Natrium und Propylalkohol zum Androstendiol reduziert und dieses durch partielle Hydrolyse seines Diacetates in das 17-Monoacetat übergeführt. R. V. Oppenauer [Rec. Trav. chim. Pays-Bas *56*, 137 (1937)] gelang die Oxydation der 3-OH-Gruppe des 17-Acetates mit Aluminium-tert.butylat und Aceton in Benzol. – Die mikrobiologische Gewinnung von Testosteron aus Androstenolon entwickelte L. Mamoli [Chem. Ber. *71*, 2278 (1938)]. Weitere Verfahren vgl. bei Fieser sowie bei H. P. Kaufmann (s. S. 103).

Eigenschaften. Farblose bis schwach gelbliche Kristalle oder kristallines Pulver ohne Geruch und mit schwach bitterem Geschmack. Nahezu unlöslich in W., lösl. bei 20° in 5 T. A. (95%), in 150 T. Äthyloleat (BP 63), leicht lösl. in A. (90%), Chlf., Aceton, wenig lösl. in Ae., fetten Ölen (DAB 7 – BRD), lösl. in Dioxan (ÖAB 9). Fp. 152 bis 157° (DAB 7 – BRD), 152 bis 156° (DAB 7 – DDR, BP 63), nach L. Kofler 151 bis 155° (ÖAB 9), 153 bis 157° (Jap. 61, Ph.Ned. 6, NF XII), 150,5 bis 153,5° (Ph.Helv. V – Suppl. II). $[\alpha]_D^{20}$: In Dioxan + 101 bis + 105° (DAB 7 – BRD, Jap. 61, NF XII), + 103 bis + 109° (Ph.-Ned. 6); in abs. A. + 106 bis + 112° (BP 63); in A. + 104 bis 113° (ÖAB 9), + 107 bis + 112° (Ph.Helv. V – Suppl. II); in M. + 104 bis + 110° (DAB 7 – DDR). – $E_{1\,cm}^{1\%}$ in A. bei 241 nm: 565 ± 10 (DAB 7 – BRD), 540 bis 580 (Jap. 61), in abs. A. bei etwa 240 nm 560 (BP 63), Extinktion der Lsg. 1 : 100000 in M. bei 241 nm liegt zwischen 0,555 bis 0,575 (DAB 7 – DDR).

Erkennung. 1. 50 mg Substanz werden mit 1 ml Acetanhydrid unter Rückfluß 1 Std. lang zum Sieden erhitzt. Nach dem Abkühlen wird die Lsg. mit 10 ml eisgekühltem W. versetzt. Unter mehrmaligem Schütteln wird so lange stehengelassen, bis der anfangs schmierige Nd. fest geworden und der Geruch nach Acetanhydrid nicht mehr wahrnehmbar ist. Der abgesaugte Nd. wird mit wenig W. gewaschen und aus A. (70%) umkristallisiert. Das Testosteronacetat schmilzt nach dem Trocknen zwischen 137 und 143° (DAB 7 – BRD). – 2. Die Lsg. von 50 mg Substanz in 10 ml A. (90%) wird mit 50 mg Hydroxylaminhydrochlorid und 50 mg wasserfreiem Natriumacetat versetzt und 2 Std. lang unter Rückfluß zum Sieden erhitzt. Nach Abkühlen und Zugabe von 20 ml W. wird die Ausfällung abgesaugt, mit W. gewaschen und aus Äthylacetat umkristallisiert. Das Testosteronoxim schmilzt nach dem Trocknen bei 105° zwischen 222 und 229° unter Zersetzung (DAB 7 – BRD). – 3. Versetzt man etwa 1 mg Substanz mit 1 ml konz. Schwefelsäure, so entsteht eine farblose bis gelbliche Lsg. Versetzt man die Lsg. mit 1 ml W., so färbt sie sich gelb bis rotbraun mit intensiv grüner Fluoreszenz. Fügt man sodann 4 ml W. und 6 ml konz. Schwefelsäure hinzu, so färbt sich die Lsg. grün mit grüner Fluoreszenz (ÖAB 9). – 4. Versetzt man die Lsg. von etwa 1 mg Substanz in 1 ml konz. Schwefelsäure mit 1 Tr. Eisen-Phosphorsäure-Lsg., so färbt sich die Lsg. bei gelindem Erwärmen intensiv violettrosa. Fügt man 1 ml W. hinzu, so geht die Färbung in Blau über (ÖAB 9). – 5. Versetzt man eine Lsg. von etwa 1 mg Substanz in 0,5 ml A. mit etwa 1 mg m-Dinitrobenzol und 4 Tr. verd. Natriumhydroxidlsg., so färbt sich die Lsg. innerhalb von 5 Min. gelblich bis hell rötlichbraun, nicht aber violettrosa (Unterschied gegenüber 17-Ketosteroiden und gesättigten 3-Ketosteroiden) (ÖAB 9). – 6. Erhitzt man etwa 20 mg Substanz mit einer Mischung von 1 ml Essigsäureanhydrid und 1 ml Pyridin 10 Min. lang unter Rückflußkühlung zum Sieden, fügt nach dem Erkalten 20 ml W. hinzu und schüttelt kräftig durch, so scheidet sich ein kristalliner Nd. von Acetyltestosteron aus. Nach Absaugen, Waschen und Trocknen schmilzt dieser zwischen 136 und 141° (ÖAB 9). – 7. 50 mg Substanz und 50 mg Semicarbazidhydrochlorid werden in einer Mischung von 5 ml Pyridin und 1 ml W. 10 Min. auf dem Wasserbad im Sieden gehalten. Darauf wird tropfenweise W. zugefügt, bis ein Nd. entsteht. Man setzt beiseite bis zur vollständigen Fällung. Der Nd. wird mit W. gewaschen, aus wasserhaltigem Pyridin umkristallisiert und getrocknet. Fp. etwa 225° (Ind.P. 55). – 8. Das IR-Absorptionsspektrum weist Maxima nur bei derselben Wellenlänge auf wie eine Standardsubstanz (BP 63). – 9. Identifizierung nach L. Kofler. Eutektische Temp. der Mischung mit Phenacetin 107°. Lichtbrechungsvermögen der Schmelze n_D = 1,5204 bei 157 bis 158°.

Prüfungen. 1. Trocknungsverlust. Bis zum konst. Gew. bei 105° höchstens 0,5% (BP 63), DAB 7 – BRD, DAB 7 – DDR. 4 Std. im Vakuum über Phosphorpentoxid getrocknet höchstens 0,5% (Jap. 61), 1% (NF XII). – 2. Die 1%ige Lsg. in A. (ÖAB 9), in M. (DAB 7 – DDR) muß klar und farblos sein. – 3. Verbrennungsrückstand. Höchstens 0,1% (Jap. 61). Sulfatasche. Höchstens 0,1% (BP 63, DAB 7 – BRD). – 4. Freie Säure. 10 ml der alkoholischen Lsg. (1 + 99) müssen sich auf Zusatz von 2 Tr. Bromthymolblau-Lsg. gelb oder grün und bei darauf folgendem Zusatz von 0,2 ml 0,01 n NaOH blau färben (ÖAB 9). – 5. Alkalisch oder sauer reagierende Verunreinigungen. Prüfung entsprechend der bei Testosteronpropionat angegebenen (DAB 7 – DDR). – 6. 17α-Hydroxysteroide. Erhitzt man 1 mg Substanz mit 1 Tr. Salicylaldehyd und 2 ml konz. Essigsäure 1 Min. lang im Wasserbad und fügt hierauf sofort 10 Tr. konz. Schwefelsäure hinzu, so darf die Lsg. keine grünlichblaue oder blauviolette Färbung mit roter Fluoreszenz aufweisen (ÖAB 9). – 7. Cis-Testosteron. Die Lsg. von 1 mg Substanz in 1 ml Chlf. darf nach Zufügen von 0,5 ml Essigsäureanhydrid und 1 Tr. Schwefelsäure nach 5 Min. keine rote Farbe oder grüne Fluoreszenz aufweisen (Ph.Ned. 6). – 8. 17-Ketosteroide. Die Lsg. von 1 mg Substanz und 1 ml Dinitrobenzol in 25 Tr. A. dürfen nach Zufügen von 1 Tr. NaOH nach 15 Min. keine violettrote Farbe aufweisen (Ph.Ned. 6).

Gehaltsbestimmung. 10 mg, genau gewogen, werden in 100 ml abs. A. gelöst, 5 ml davon werden auf 50 ml abs. A. verdünnt. Von dieser Lsg. wird die Extinktion beim Maximum etwa 240 nm gemessen. $E_{1\,cm}^{1\%} = 560$ entspr. 100%. Geforderter Gehalt: 97,0 bis 103,0% $C_{19}H_{28}O_2$ (BP 63).

Aufbewahrung. Vor Licht geschützt.

Anwendung. Zur Hormontherapie in Form von Implantationstabl. 75 mg, Injektionssuspension 25, 50, 100 mg/ml, Sublingualtabl. 3, 5, 6, 10, 25 mg.

Handelsformen: Perandren (Ciba, Wehr, Baden) Implantationstabl. Testosteron Supp. Ferring (Ferring, Düsseldorf) Suppositorien. Testoviron T (Schering, Berlin) äthanol. Lsg. transcutan, Tropffl.

Androlin (Lincoln, Decatur H) Aq. Susp., Öl-Lsg. Andronaq (Central Pharm. Hymouh, Ind.) Aq. Susp. Oreton-F (Schering, Bloomfield, N. J.). Aq. Susp., Pellets.

Testoral (Organon, London). Stérandryl als Propionat, Stérandryl retard als Hexahydrobenzoat, Lontanyl als Hexahydrobenzylcarbonat (Roussel, Paris).

Testostérone (acetate de) CF 65. Testosteronacetat.

$C_{21}H_{30}O_3$ Strukturformel: S. 138 M.G. 330,46

Weißes, geruchloses, kristallines Pulver. Unlösl. in W., lösl. in abs. A., leicht lösl. in Chlf. und Bzl.

Fp. 140 bis 141° (Schmelzbeginn 129 bis 130°, nach Rekristallisation bei 140 bis 141°) (CF 65). $[\alpha]_D^{20}$: In abs. A. + 87 ± 1° (CF 65), + 87 ± 0,5°. – UV-Absorption. In A. bei 241 nm $E_{1\,cm}^{1\%} = 500 \pm 15$.

Erkennung. Einige Milligramm werden in 2 ml einer vorher unter Kühlung hergestellten Mischung von 2 Vol. konz. Schwefelsäure und 1 Vol. abs. A. gelöst. Die Lsg. wird 5 Min. auf dem kochenden Wasserbad gehalten, dann abgekühlt, mit 0,5 ml Glyoxylsäure-Lsg. versetzt und umgeschüttelt. Es entwickelt sich eine rotviolette Färbung mit roter Fluoreszenz (CF 65).

Handelsformen: Deposteron (Syntex), Acéto-Stérandryl (Roussel).

Testosteron-caprinat. Testosteroncaprinsäureester.

$C_{29}H_{46}O_3$ Strukturformel: S. 138 M.G. 442,69

Handelsformen: In Kombination mit Testosteron-propionat, -phenylpropionat und -isocapronat: Sustanon „250" (Organon, München), 1 ml enstpr. 250 mg Testosteron.

Testosteron-caprinoylacetat. Testosteron-caprinoylessigsäureester.

$C_{31}H_{48}O_4$ Strukturformel: S. 138 M.G. 484,73

Handelsformen: In Kombination mit Östradiol und Reserpin: Klimatosid-Depot (Boehringer, Mannheim) Amp., mit Testosteronpropionat: Testosid (Boehringer, Mannheim): Amp.

Testosterone Cyclopentylpropionate. USP XVI. Testosterone Cypionate USP XVII, NND 64. 17β-Hydroxy-4-androsten-3-on-17β(3-cyclopentyl-propionat). Androst-4-en-17β-(3-cyclopentylpropionat)-3-on.

$C_{27}H_{40}O_3$ Strukturformel: S. 138 M.G. 412,62

Eigenschaften. Weißes oder cremeweißes, kristallines Pulver, geruchlos. Unlösl. in W., leicht lösl. in A., Chlf., Dioxan und Ae., lösl. in pflanzlichen Ölen. – Fp. 98 bis 104°. – $[\alpha]_D^{25}$: In Chlf. + 85 bis + 92°.

Erkennung. USP XVII. 1. Das IR-Absorptionsspektrum einer Kaliumbromid-Dispersion von vorher im Vakuum über Silicagel 4 Std. getrockneter Substanz zeigt Maxima nur bei denselben Wellenlängen wie eine gleich behandelte Probe von Testosterone Cyclopentylpropionate Reference Standard. – 2. Das UV-Absorptionsspektrum einer Lsg. 1 : 100000 in A. zeigt denselben Kurvenverlauf wie der USP Reference Standard und die Extinktion beim Maximum von etwa 242 nm, berechnet auf die getrocknete Substanz, darf nicht mehr als 3 % von diesem abweichen. – 3. Werden 25 mg Substanz mit 2 ml einer 1 %igen Lsg. von KOH in M. 1 Std. unter Rückflußkühlung im Sieden gehalten, mit 10 ml W. verdünnt, filtriert und wird der aus Testosteron bestehende Rückstand mit W. gewaschen, bis das Filtrat neutral gegen Lackmus reagiert, so schmilzt er nach 3stündigem Trocknen im Vakuum bei 60° zwischen 151 und 157°.

Trocknungsverlust im Vakuum über Silicagel 4 Std., höchstens 0,5%.

Aufbewahrung. Vor Licht geschützt.

Dosierung. Injektion i.m. 0,05 bis 0,1 bis 0,25 g alle 1 bis 3 (bis 40) Tage.

Anwendung. Als Hormondepot.

Handelsformen: Depovirin (Hoechst, Frankfurt a. M.) Öl-Lsg. zur Injektion; vgl. auch Kombinationspräparate, S. 185.
Depot-Testosterone Cypionate (Upjohn). Testostérone-retard (Rolland, Paris).

Testosteron-isobutyrat. Testosteron-isobuttersäureester.

$C_{23}H_{34}O_3$ Strukturformel: S. 138 M.G. 358,52

Handelsformen: Perandren M (Ciba, Wehr, Baden) Mikrokristallamp., in Kombination mit Östradiolmonobenzoat: Femandren M (Ciba) Mikrokristallamp.

Testosteron-isocapronat. Testosteron-isocapronsäureester.

$C_{25}H_{38}O_3$ Strukturformel: S. 138 M.G. 386,57

Handelsformen: In Kombination mit Östradiolbenzoat, Östradiolphenylpropionat, Testosteronpropionat und Testosteronphenylpropionat: Lynandron Prolongatum (Organon, München), mit Testosteron-propionat und -phenylpropionat: Sustanon „100" und mit Testosteron-propionat, -phenylpropionat und -caprinat: Sustanon „250" (Organon, München).

Testosterone Enanthate USP XVI, NF XII. Testosteronum oenanthicum DAB 7 – DDR. Testosteron-önanthat. Testosteroni oenanthas Jap. 61. Testosteron Heptanoat.

$C_{26}H_{40}O_3$ Strukturformel: S. 138 M.G. 400,61

Eigenschaften. Weißes oder cremeweißes, kristallines Pulver oder viskose amberfarbene Flüssigkeit, geruchlos oder mit einem schwachen charakteristischen Geruch nach Önanthsäure (USP XVI). Praktisch unlösl. in W., leicht lösl. in vegetabilen Ölen. 1 g ist lösl. in 0,2 ml Aceton, 0,2 ml Bzl., 0,3 ml A., 0,3 ml Ae., 0,3 ml Chlf. (Jap. 61). – Fp. 34 bis 39°, die Anfangstemp. des Bades soll 20° nicht überschreiten (USP XVI, NF XII), etwa 36° (Jap. 61). $[\alpha]_D^{25}$: In Dioxan + 77 bis + 82° (USP XVI, NF XII), + 70 bis + 88° (Jap. 61). In M. + 78,0 bis + 83,0° (DAB 7 – DDR).

Erkennung. Entsprechend den Erkennungsreaktionen von Testosteron-cyclopentylpropionat, S. 140.

Prüfung. 1. Trocknungsverlust. Höchstens 0,05% (Jap. 61); Wasser bestimmt nach Karl Fischer höchstens 0,05% (USP XVI, NF XII). – 2. Verbrennungsrückstand. Höchstens 0,1% (Jap. 61). – 3. Freie Önanthsäure. 0,5 g Substanz werden in 10 ml A., der vorher gegen Bromthymolblau-Lsg. bis zu einer schwach blauen Farbe neutralisiert wurde, gelöst und schnell mit 0,01 n NaOH bis zur schwach blauen Farbe titriert. Es dürfen nicht mehr als 0,6 ml verbraucht werden, entspr. 0,16% Önanthsäure (USP XVI).

Gehaltsbestimmung. 1. 0,1 g der vorher über Phosphorpentoxid im Vakuum 4 Std. getrockneten Substanz werden in A. zu 100 ml gelöst. 10 ml dieser Lsg. werden wiederum zu 100 ml und davon wiederum 10 ml auf 100 ml mit A. verdünnt. Von dieser Lsg. wird die Extinktion bei 241 nm bestimmt und der Gehalt in Milligramm an $C_{26}H_{40}O_3$ nach der Formel $\frac{E \cdot 100000}{426}$ berechnet (USP XVI). – 2. 0,2500 g Substanz werden in einem 100-ml-Rundkolben mit Schliff in 20,00 ml äthanolischer 0,1 n Kalilauge gelöst und im Wasserbad unter Rückflußkühlung 30 Min. erhitzt. Nach dem Erkalten wird die Lsg. mit 10,0 ml kohlendioxid freiem W. sowie 2 Tr. Phenolphthaleinlsg. versetzt und der Überschuß an Lauge mit 0,1 n Salzsäure titriert.
Unter den gleichen Bedingungen ist ein Blindversuch durchzuführen.

1 ml äthanolische 0,1 n Kalilauge entspricht 40,06 mg Testosteronönanthat (DAB 7 – DDR).

Gebräuchliche Dosierung. Intramuskulär 200 mg jede 2. bis 4. Woche, bis zu 400 mg monatlich (USP XVI). – Einzelmaximaldosis: im. 0,5 g, Tagesmaximaldosis: im. 0,5 g (DAB 7 – DDR).

Handelsformen: Delatestryl (Squibb), 200 mg/ml; Reposo TMD (Canfield); Primoteston Depot (Pharmethicals) 250 mg/ml.

In Kombination mit Östradiolvalerianat Primodian-Depot (Schering, Berlin) und mit Testosteronpropionat Testoviron-Depot (Schering, Berlin).

Testosterone Phenylpropionate BP 63. Testosteron-phenylpropionat. 17β-(3-phenylpropionyloxy)-androst-4-en-3-on.

$C_{28}H_{36}O_3$ Strukturformel: S. 138 M.G. 420,60

Gehalt. 97 bis 103% $C_{28}H_{36}O_3$.

Eigenschaften. Weißes bis cremeweißes, kristallines Pulver mit charakteristischem Geruch. Nahezu unlösl. in W., lösl. bei 20° in 40 T. A. (95%). Fp. 114 bis 117°. $[\alpha]_D^{20}$: In Dioxan + 86 bis + 91°.

Erkennung. 25 mg Substanz werden in 1 ml M. gelöst und 2 ml Semicarbazidacetat-Lsg. hinzugesetzt. Darauf wird 1/2 Std. am Rückflußkühler erhitzt. Das gebildete Semicarbazon wird abgesaugt und getrocknet; es schmilzt bei etwa 218°.

Prüfung. 1. Trocknungsverlust. Höchstens 0,5% bei 105° bis zum konst. Gew. – 2. Sulfatasche. Höchstens 0,1%.

Gehaltsbestimmung. Etwa 10 mg Substanz, genau gewogen, werden in abs. A. zu 100 ml gelöst. 5 ml davon werden zu 50 ml mit abs. A. verdünnt. Von dieser Verdünnung wird die Extinktion beim Maximum von etwa 240 nm gemessen. $E_{1\,cm}^{1\%}$ = 395 entspr. 100%.

Aufbewahrung. Vor Licht geschützt.

Handelsformen: Depot Androteston PP (Organon, München) Amp., Fl. – In Kombination vgl. die Präparate bei Testosteron-caprinat und -isocapronat, S. 140 u. 141.

Testosteronpropionat DAB 7 – BRD. Testosteronum propionicum DAB 7 – DDR, Ross. 9. Testosteronum propionylatum ÖAB 9. Testosterone Propionate BP 63, USP XVII. Testosteroni propionas PI.Ed. I/1, Nord. 63, Belg. V, Ph.Ned. 6, Jap. 61. Testostérone (propionate de) CF 65. 17β-Propionyloxy-4-androsten-3-on. 3-Keto-17-hydroxy-androsten-4-propionat. Δ^4-Androsten-17β-ol-3-on-17-propionat. (+)-17β-Propionyloxy-3-oxoandrosten-(4).

$C_{22}H_{32}O_3$ Strukturformel: S. 138 M.G. 344,50

Herstellung. Aus Testosteron mit Propionsäureanhydrid.

Eigenschaften. Weißes oder schwach gelbliches, kristallines, geruch- und geschmackloses Pulver. Praktisch unlösl. in W., lösl. bei 20° in 6 T. A. (95%), 4 T. Aceton, 25 T. Arachisöl, 20 T. Äthyloleat (BP 63), leicht lösl. in Ae., Chlf. (DAB 7 – BRD). Fp. 118 bis 122° (DAB 7 – BRD, PI.Ed. I/1, DAB 7 – DDR, Belg. V); 118 bis 123° (USP XVII, Nord. 63, Ross. 9); 119 bis 122° (BP 63, Ph.Ned. 6); 118 bis 121° (Ph.Helv. V – Suppl. II); 121 bis 122° (CF 65); 116 bis 122°, nach L. Kofler 118 bis 122° (ÖAB 9). $[\alpha]_D^{20}$: In Dioxan + 83 bis + 90° (DAB 7 – BRD, PI.Ed. I/1, BP 63, USP XVII). In abs. A. + 83 bis + 90° (Ph.Ned. 6); + 86 ± 0,5° (CF 65). In A. + 82 bis + 90° (Nord. 63); + 83 bis + 90° (Belg. V); + 87 bis + 90° (Ross. 9). In M. + 80 bis + 90° (DAB 7 – DDR). UV-Absorption: In A. bei 241 nm $E_{1\,cm}^{1\%}$ = 485 ± 12 (DAB 7 – BRD); etwa 490 (Nord. 63); etwa 465 (Ross. 9). In Petroläther (30 bis 60°) bei 230 nm $E_{1\,cm}^{1\,\%}$ etwa 493 (PI.Ed. I/1). In M. 480 bis 510 bei 241 nm (DAB 7 – DDR), 465 bis 495 (Jap. 61). In abs. A. bei 240 nm 490 (BP 63); bei 241 nm 480 ± 15 (CF 65).

Erkennung. 1. Das Gemisch von 50 mg Substanz, 50 mg Kaliumhydroxid und 5 ml Methanol wird unter Rückfluß auf dem Wasserbad 1 Std. lang erhitzt. Nach dem Abkühlen wird mit 20 ml W. versetzt. Der Nd. wird abgesaugt und mit W. gewaschen. Das Testosteron schmilzt nach dem Trocknen bei 105° zwischen 151 und 157° (DAB 7 – BRD). – 2. Die Lsg. von 50 mg Substanz in 15 ml M. wird mit 25 mg Hydroxylaminhydrochlorid und 25 mg wasserfreiem Natriumacetat versetzt und 2 Std. lang unter Rückfluß zum Sieden erhitzt. Nach Abkühlen und Zugabe von 30 ml W. wird die Ausfällung abgesaugt, mit

W. gewaschen und aus M. umkristallisiert. Das Testosteronpropionatoxim schmilzt nach dem Trocknen bei 105° zwischen 176 und 186° unter Zers. (DAB 7 – BRD), etwa 168° unter Zers. (BP 63). – 3. 20 mg werden 30 Min. mit 2 ml alkoholischer Kalilauge gekocht. Die Lsg. wird mit W. verdünnt und mit verd. HCl angesäuert und filtriert. Der Rückstand schmilzt nach dem Waschen und Trocknen bei 100° zwischen 151 und 155°. 5 mg des Rückstandes in 1,5 ml A. (90%) gelöst, werden mit einem Überschuß von Hydroxylaminhydrochlorid und 1 Tr. Eisessig versetzt und unter Rückfluß 1 Std. lang erwärmt. Nach nahezu vollständigem Abdampfen des A. werden 0,5 ml W. hinzugefügt. Das Testosteronoxim erscheint in Blättchen und hat nach dem Umkristallisieren aus verd. A. einen Fp. von 222° (Ind. P. 55). – 4. Versetzt man eine Lsg. von etwa 1 mg Propionyltestosteron in 0,5 ml A. mit etwa 1 mg m-Dinitrobenzol und 4 Tr. verd. Natriumhydroxid-Lsg., so färbt sich die Lsg. innerhalb von 5 Min. gelblich bis hell rötlichbraun, nicht aber violettrosa (Unterschied gegenüber 17-Ketosteroiden und gesättigten 3-Ketosteroiden) (ÖAB 9). – 5. Die Lsg. von 1 mg Substanz in 1 ml konz. Schwefelsäure ist nach dem Verdünnen mit 1 ml W. gelb gefärbt mit grüner Fluoreszenz. Nach dem Zufügen von 4 ml W. und 6 ml Schwefelsäure entsteht eine grüngelbe bis gelbgrüne Lsg., die grün fluoresziert (Ph.Ned. 6). – Gemäß Nord. 63 werden zu 5 Tr. einer 1%igen Lsg. in A. 3 ml konz. Schwefelsäure gegeben. Die Lsg. bleibt farblos. Beim Zusetzen von 3 ml W. nimmt sie eine gelbliche Farbe an mit grüner Fluoreszenz. Beim Stehen geht diese über Grün nach Blau über. – 6. Versetzt man eine Lsg. von etwa 1 mg Substanz in 1 ml konz. Schwefelsäure mit 1 Tr. Eisen-Phosphorsäure, so färbt sich die Lsg. beim Erwärmen intensiv violettrosa. Fügt man 1 ml W. hinzu, so geht die Färbung in Blau über (ÖAB 9). – 7. Löst man etwa 10 mg Substanz unter Erwärmen in 5 Tr. A. und fügt 5 Tr. W. und 10 Tr. konz. Schwefelsäure zu und erwärmt, so tritt nach einiger Zeit der Geruch nach Propionsäureäthylester auf (ÖAB 9). – 8. Das Filtrat von 1. wird mit 3 n Schwefelsäure angesäuert und mit 5 ml Ae. ausgeschüttelt. Der Eindampfrückstand des Ätherauszugs riecht nach Propionsäure (DAB 7 – BRD). – 9. Das UV-Absorptionsspektrum einer Lsg. von Testosteronpropionat, vorher 4 Std. im Vakuum über Silicagel getrocknet, 1 : 100000 in A. weist denselben Kurvenverlauf auf, wie der USP Reference Standard und darf beim Maximum von etwa 241 nm nicht mehr als 3% von diesem abweichen (USP XVII). – 10. Das IR-Absorptionsspektrum weist nur bei denselben Wellenlängen Maxima auf, wie ein Standard (BP 63). Gemäß USP XVII in Kaliumbromid-Dispersion wie USP Testosterone Propionate Reference Standard. – 11. Identifizierung nach L. Kofler. Eutektische Temperatur der Mischung mit Phenacetin 93°. Lichtbrechungvermögen der Schmelze: $n_D = 1{,}5000$ bei 122° (ÖAB 9).

Prüfung. 1. Die alkoholische Lsg. 1 + 99 muß klar und farblos sein (ÖAB 9). – 2. 2 ml einer 1%igen Lsg. in A. muß die Grenzprüfung B und die Farbgrenze S halten: 0,50 Co, 0,50 Cu, 0,50 Fe (Nord. 63). – 3. Protolytische Verunreinigungen. 2 ml der 1%igen Lsg. in A. sollen beim Zufügen von 0,005 ml 0,01 n NaOH und 1 Tr. Bromkresolgrün-Lsg. eine blaue Farbe annehmen. Beim Zufügen von 0,025 ml 0,01 n HCl soll die Farbe nach Gelb umschlagen (Nord. 63). – 4. Alkalisch oder sauer reagierende Verunreinigungen. 10 ml A. (70%) werden mit 4 Tr. Methylrot-Methylthioninchlorid-Lsg. und gegebenenfalls mit 0,01 n HCl bis zum Farbumschlag nach Grau versetzt. 0,05 g Substanz werden in 5 ml des so vorbehandelten A. unter mäßigem Erwärmen gelöst. Nach dem Erkalten muß die Lsg. grau oder grauviolett und nach darauf folgendem Zusatz von 0,05 ml 0,01 n KOH grün gefärbt sein (DAB 7 – DDR). – 5. Freie Säure. 10 ml der 1%igen alkoholischen Lsg. müssen sich auf Zusatz von 2 Tr. Bromthymolblau-Lsg. gelb oder grün und bei darauffolgendem Zusatz von 0,10 ml 0,01 n NaOH blau färben (ÖAB 9). – 6. Trocknungsverlust. Bei 105° höchstens 0,5% (DAB 7 – BRD, BP 63, DAB 7 – DDR), bei 100 bis 105° höchstens 0,5% (CF 65), 4 Std. im Vakuum über Silicagel höchstens 0,5% (USP XVII). – 7. Verbrennungsrückstand. Höchstens 0,1% (Belg. V). Sulfatasche. Höchstens 0,1% (DAB 7 – BRD, BP 63). – 8. Cis-Testosteron. Wird 1 mg des aus der Erkennungsreaktion 1 erhaltenen Testosteron in 1 ml Chlf. gelöst und werden 0,5 ml Essigsäureanhydrid und 1 Tr. Schwefelsäure zugefügt, darf die Mischung nach 5 Min. nicht rot sein und keine grüne Fluoreszenz aufweisen (Ph.Ned. 6). – 9. 17α-Hydroxysteroide und deren Ester. 0,2 ml der 1%igen alkoholischen Lsg. werden mit 0,2 ml alkoholischer Kalilauge 5 Min. lang unter Vermeidung einer völligen Verdunstung des Lösungsmittels im Wasserbad erwärmt. Hierauf dampft man zur Trockne ein, extrahiert den Rückstand 2mal mit je 5 ml Ae., filtriert die ätherische Lsg. und dampft sie zur Trockne ein. Erhitzt man dann den Rückstand mit 1 Tr. Salicylaldehyd-Lsg. und 2 ml konz. Essigsäure 1 Min. lang im Wasserbad und fügt sofort 10 Tr. konz. Schwefelsäure hinzu, so darf die Lsg. keine grünlichblaue oder blauviolette Färbung mit roter Fluoreszenz aufweisen. – 10. 17-Ketosteroide. Die Lsg. von 1 mg Substanz und 1 mg m-Dinitrobenzol in 25 Tr. A. darf nach Zufügen von 1 Tr. Natronlauge nach 15 Min. keine violette Farbe aufweisen (Ph.Ned. 6).

Gehaltsbestimmung. 1. BP 63: 10 mg werden zu 100 ml in abs. A. gelöst und davon 5 ml zu 50 ml mit abs. A. verdünnt. Von dieser Lsg. wird die Extinktion beim Maximum, etwa

240 nm gemessen. $E_{1\,cm}^{1\%}$ = 490 entspr. 100%. – DAB 7 – DDR: 0,250 g getrocknete Substanz werden in einem 100-ml-Rundkolben mit Normalschliff in 20,0 ml äthanol. 0,1 n KOH gelöst und im Wasserbad unter Rückflußkühlung 30 Min. erhitzt. Nach dem Erkalten wird die Lsg. mit 10,0 ml CO_2-freiem W. sowie 2 Tr. Phenolphthalein-Lsg. versetzt und der Überschuß an äthanol. 0,1 n KOH mit 0,1 n HCl titriert. Unter den gleichen Bedingungen wird ein Blindversuch durchgeführt. 1 ml äthanol. 0,1 n KOH entspr. 34,45 mg Testosteronpropionat. – 2. Nord. 63: 50 mg Substanz werden in 10 ml warmem A. gelöst und 10 ml heißes äthanol. Dinitrophenylhydrazin-Reagens zugesetzt. Die Mischung wird kurz unter Schwenken des Kolbens bis zur Bildung von Kristallen zum Sieden erhitzt. Nach dem Abkühlen und Zusetzen von 100 ml 2 m HCl wird die Mischung 1 Std. unter gelegentlichem Schütteln beiseite gestellt, darauf durch ein Glasfilter G 4 filtriert, der Rückstand mit etwa 50 ml W. gewaschen, bei 105° getrocknet und gewogen. 1 g Testosteronpropionat-2,4-dinitrophenylhydrazon entspr. 0,6567 g $C_{22}H_{32}O_3$. 1 g $C_{22}H_{32}O_3$ entspr. 1,523 g Hydrazon.

Aufbewahrung. Vor Licht geschützt.

Handelsformen: Androteston (Organon, München) Amp., Öl-Lsg., Salbe. – Perandren (Ciba, Wehr, Baden) Amp. Öl-Lsg. – Testosid (Boehringer, Mannheim) Amp. Öl-Lsg., Einreibung. – Testosteronpropionat „Eifelfango" (Eifelfango, Bad Neuenahr) Amp., Öl-Lsg. – Testosteron „Vitis" (Vitis, Hösel) Amp., Öl-Lsg. – Testoviron (Schering, Berlin) Amp. – Andromate (Central Pharm, Seymour, Ind.). – Andrusol-P (Smith, Miller & Patch, New York). – Masenate (Schieffelin). – Neo Hombreol (Organon). – Oreton-propionate (Schering). – Perandren (Ciba). – Synerone (Pitman-Moore, Indianapolis). – Testodet (Merck, Sharp & Dohme). – Testrone-P (Miller). – Stérandryl (Roussel).

Methyltestosteronum Pl.Ed. I/1, Ph.Helv. V – Suppl. II, DAB 7 – DDR, ÖAB 9, Nord. 63, Jap. 61, (INN). Methyltestosteron DAB 7 – BRD. Methyltestosterone BP 63, USP XVI, NF XII. Methyltestostérone CF 65. 17β-Hydroxy-17α-methyl-4-androsten-3-on. 17β-Hydroxy-17α-methylandrost-4-en-3-on. 17α-Methyl-Δ^4-androsten-17β-ol-3-on. 17-Oxy-17-methyl-3-keto-androsten-(4). (+)-17β-Hydroxy-17α-methyl-3-oxoandrosten-(4).

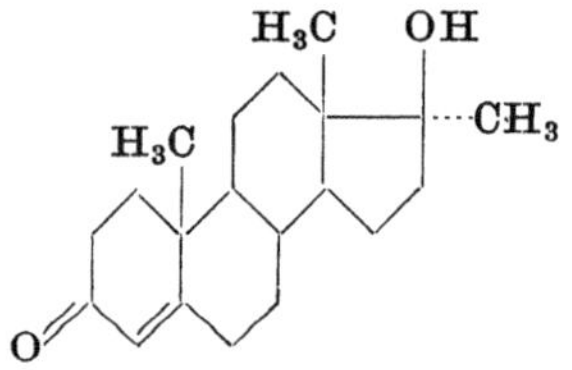

$C_{20}H_{30}O_2$ M.G. 302,46

Herstellung. Durch Oxydation von 17-Methyl-Δ^5-androsten-3,17-diol nach R. V. Oppenauer [Rec. Trav. chim. Pays-Bas *56*, 137 (1937)]. Ausführliche Darstellung vgl. H. P. Kaufmann (s. S. 103). Androstenolonacetat wird in Äther mit Methylmagnesiumbromid unter Rühren und Eiskühlung umgesetzt. Nach Zersetzung mit W. und Schwefelsäure erhält man das 17α-Methyl-5-androsten-3β,17β-diol, das mit Cyclohexanon und Aluminiumisopropylat in siedendem Toluol oxydiert wird. Das mit Aluminiumhydroxid ausgefallene Steroid wird nach dem Abdampfen der Lösungsmittel mit Essigester extrahiert.

Eigenschaften. Weißes bis cremeweißes, kristallines Pulver, geruch- und geschmacklos, leicht hygroskopisch, mit schwach bitterem Geschmack. Nahezu unlösl. in W., lösl. bei 20° in 10 T. Aceton, 5 T. A. (95%), 160 T. Arachisöl (BP 63), 60 T. Ae., 1,5 T. Chlf. (Nord. 63). Fp. 161 bis 163,5° (Ph.Helv.V – Suppl. II), 161 bis 166° (DAB 7 – BRD), 161 bis 167° (Ross. 9), 162 bis 167° (BP 63, DAB 7 – DDR, ÖAB 9), nach L. Kofler 162 bis 165° (ÖAB 9), 163 bis 168° (USP XVI, NF XII, Jap. 61), etwa 164° (CF 65). $[\alpha]_D^{20}$: In A. +77 bis +85° (Nord. 63), +78 bis +85° (ÖAB 9), +79 bis +85° (BP 63), +82 bis +85° (Ross. 9), in A. (90%) +77 bis +83° (Ph.Helv. V – Suppl. II), in M. +75 bis +81° (DAB 7 – DDR), in Bzl. +84 bis +87 (USP XVI, NF XII, Jap. 61), in Dioxan +69 bis +75° (DAB 7 – BRD), +72° (CF 65). UV-Absorption. Bei 241 nm $E_{1\,cm}^{1\%}$ in A. 540 ± 10 (DAB 7 – BRD), etwa 530 (Nord. 63), 510 bis 540 (Jap. 61), 520 bis 540 (Ross. 9), in abs. A. etwa 530 ± 10 (CF 65), in M. 535 bis 555 (DAB 7 – DDR).

Erkennung. 1. Die Lsg. von 50 mg Substanz in 10,0 ml A. (96%) wird mit 50 mg Hydroxylaminhydrochlorid und 50 mg wasserfreiem Natriumacetat versetzt und 2 Std. lang unter Rückflußkühlung zum Sieden erhitzt. Nach dem Abkühlen und Zugabe von 20 ml W. wird die Ausfällung abgesaugt, mit W. gewaschen und nach dem Trocknen aus Bzl. umkristallisiert. Das Methyltestosteronoxim schmilzt nach dem Trocknen bei 105° zwischen 225 und 230° unter Zers. (DAB 7 – BRD). Fp. von in ähnlicher Weise erhaltenem Oxim.

215 bis 223° (Zers.) (ÖAB 9), 210 bis 216° (Jap. 61, PI.Ed. I/1, CsL 2, Ross. 9). – 2. 50 mg Substanz werden mit 0,5 ml Essigsäureanhydrid und 1 Tr. wasserfreiem Pyridin 1 Std. unter Rückflußkühlung gelinde erhitzt, in Eiswasser gekühlt, nach Zufügen von 10 ml eiskaltem W. 30 Min. stehengelassen und filtriert. Der Rückstand wird mit W. gewaschen. Fp. nach dem Umkristallisieren aus verd. A. etwa 176° (BP 63). Fp. von in ähnlicher Weise erhaltenem Acetat: 172 bis 176° (DAB 7 – DDR), 173 bis 176° (Ross. 9), 173 bis 175° (CsL 2). – 3. Das bei der Gehaltsbestimmung erhaltene Methyltestosteron-2,4-dinitrophenylhydrazon schmilzt zwischen 220 und 227° (Nord. 63). – 4. 0,001 g Substanz in 1 ml konz. Schwefelsäure gelöst zeigt eine gelbliche Färbung und eine schwach grüne Fluoreszenz. Nach Zusatz von 1 ml W. zeigt die Lsg. eine kräftig gelbe Färbung und grüne Fluoreszenz (DAB 7 – DDR, ÖAB 9, Ph.Helv. V – Suppl. II). – 5. Versetzt man eine Lsg. von etwa 1 mg Methyltestosteron in 1 ml Schwefelsäure mit 1 Tr. Eisen-Phosphorsäure, so färbt sich die Lsg. beim Erwärmen orangegelb. Fügt man 1 ml W. hinzu so geht die Färbung in Grünlichbraun über (ÖAB 9). – 6. Versetzt man eine Lsg. von etwa 1 mg Methyltestosteron in 0,5 ml A. mit etwa 1 mg m-Dinitrobenzol und 4 Tr. verd. Natronlauge, so färbt sich die Lsg. innerhalb von 5 Min. gelblich bis bräunlich, nicht aber violettrosa (Unterschied gegenüber 17-Ketosteroiden und gesättigten 3-Ketosteroiden) (ÖAB 9). – 7. 1 mg Substanz wird in 1 ml konz. Schwefelsäure gelöst und mit 1 Tr. Kupfersulfat-Lsg. versetzt. Unter Eiskühlung wird 1 ml einer gesättigten wss. Lsg. von guajakolsulfonsaurem Kalium so langsam zugetropft, daß keine merkliche Temperatursteigerung eintritt. Wird das gelbbräunliche, grün fluoreszierende Gemisch 2 Min. im Wasserbad erhitzt, so darf es sich höchstens bräunlich, jedoch nicht bläulich färben (Ph.Helv. V – Suppl. II). – 8. Das UV-Absorptionsspektrum einer Lsg. von vorher 4 Std. im Vakuum über Silicagel getrocknetem Methyltestosteron 1 : 100000 in A. weist denselben Kurvenverlauf auf, wie der USP-Reference Standard und darf beim Maximum von etwa bei 241 nm nicht mehr als 3% von diesem abweichen (USP XVI). – 9. Das IR-Spektrum weist nur bei denselben Wellenlängen Maxima auf, wie ein Standardpräparat (BP 63). Gemäß USP XVI in Kaliumbromid-Dispersion wie USP Methyltestosterone Reference Standard. – 10. Identifizierung nach L. Kofler. Eutektische Temperatur der Mischung mit Phenacetin 112°. Lichtbrechungsvermögen der Schmelze $n_D = 1{,}5204$ bei 144 bis 145° (ÖAB 9).

Prüfung. 1. Die 1%ige Lsg. in A. muß klar und farblos sein (ÖAB 9). 2 ml einer 1%igen äthanol. Lsg. sollen die Klarheitsgrenzprüfung A und die Farbgrenzprüfung S: 0,50 Co, 0,50 Cu, 0,50 Fe halten (Nord. 63). – 2. Trocknungsverlust. Bis zum konst. Gew. bei 105° höchstens 0,5% (DAB 7 – BRD, DAB 7 – DDR, BP 63, CsL 2, Nord. 63), 1% (CF 65), 1,5% bei 100 bis 105° (Ross. 9). 4 Std. im Vakuum über Silicagel höchstens 1,0% (USP XVI), über Phosphorpentoxid höchstens 1,0% (Jap. 61), im Vakuum bei Zimmertemperatur höchstens 0,5% (ÖAB 9). – 3. Verbrennungsrückstand. Höchstens 0,1% (Jap. 61, Nord. 63, PI.Ed. I/1). Sulfatasche. Höchstens 0,1% (BP 63, DAB 7 – BRD, CF 65). – 4. Freie Säure. 10 ml der 1%igen äthanol. Lsg. müssen sich auf Zusatz von 2 Tr. Bromthymolblau-Lsg. gelb oder grün und bei darauffolgendem Zusatz von 0,1 ml 0,01 n NaOH blau färben (ÖAB 9). – 5. Alkalisch oder sauer reagierende Verunreinigungen. Prüfung wie unter Testosteronpropionat, S. 143 (DAB 7 – DDR). Protolytische Verunreinigungen. 2 ml einer 1%igen Lsg. sollen beim Versetzen mit 0,005 ml 0,01 n NaOH und 1 Tr. Bromkresolgrün-Lsg. blau werden. Nach Zufügen von 0,015 ml 0,01 n HCl soll sich die Farbe in Gelb ändern (Nord. 63). – 6. Δ^5-Steroide. Werden 2 mg Substanz mit 2 Tr. Chlf. und 5 Tr. Tetranitromethan versetzt, so darf die entstehende Lsg. höchstens leicht gelb, aber nicht dunkelgelb, orange oder braun gefärbt sein (Ph.Helv. V – Suppl. II).

Gehaltsbestimmung. 1. BP 63. Geforderter Gehalt 97 bis 103%. Etwa 10 mg, genau gewogen, werden zu 100 ml in abs. A. gelöst. 5 ml davon werden zu 50 ml mit abs. A. verdünnt. Es wird die Extinktion dieser Verdünnung beim Maximum von etwa 240 nm gemessen. $E_{1cm}^{1\%} = 535$ entspr. 100%. – 2. Nord. 63. Geforderter Gehalt 96 bis 102%. Zu einer Lsg. von 0,05 g Substanz in 2 ml A. und 1 ml W. werden 10 ml siedendes äthanol. Dinitrophenylhydrazin-Reagens zugesetzt. Unter Schwenken des Kolbens wird die Mischung kurz aufgekocht, worauf sich Kristalle abscheiden. Nach Abkühlung und Zusetzen von 100 ml 2 m Salzsäure wird der Kolben 1 Std. unter zeitweiligem Schwenken beiseite gestellt. Nach Filtration durch ein Glasfilter 1 G4 wird der aus Methyltestosteron-2,4-dinitrophenylhydrazon bestehende Rückstand mit etwa 50 ml W. gewaschen, bei 105° getrocknet und gewogen. 1 g Methyltestosteron-2,4-dinitrophenylhydrazon entspr. 0,6268 g $C_{20}H_{30}O_2$. – 1 g $C_{20}H_{30}O_2$ entspr. 1,596 g Hydrazon.

Aufbewahrung. Vor Licht geschützt.

Wirkung und Anwendung. Androgen; anaboles Steroid. Oral und sublingual wirksam.

Dosierung. 25 bis 50 mg tägl. für den Mann, 5 bis 20 mg tägl. für die Frau. Bei Behandlung von Brustdrüsencarcinom 50 bis 100 mg tägl. (BP 63).

Handelsformen: Androteston (Organon, München) Tabl. – Perandren (Ciba, Wehr, Baden) Linguetten. – Testosid (Boehringer, Mannheim) Tabl., -buccal. – Testoviron (Schering, Berlin) Tabl., -buccal. – In Kombination mit Dienöstrol-diacetat: Farmatest (Farmaryn, Berlin), mit Äthinylöstradiol: Femovirin oral (Farbwerke Hoechst, Frankfurt a.M.) und Lynandron (Organon, München).

Dumogran (Squibb), Malestrone (Kirk), Malogen (Testagar), Masenone (Schifflin), Metandren (Ciba), Metrone (Barre), Neo-Hombreol-M (Organon), Oreton (Schering), Synandrets (Pfizer), Synandrostabs (Pfizer), Testobase (Merck, Sharp & Dohme), Testora (Chicago Pharm.).

Glosso-Sterandryl (Roussel) Tabl., Micryston Testosterone (Labs. f. Applied Biology) Suspension.

Fluoxymestrone BP 63, (INN). 9α-Fluor-11,17-dihydroxy-17α-methyl-androst-4-en-3-on. 9α-Fluor-11-hydroxy-17α-methyltestosteron.

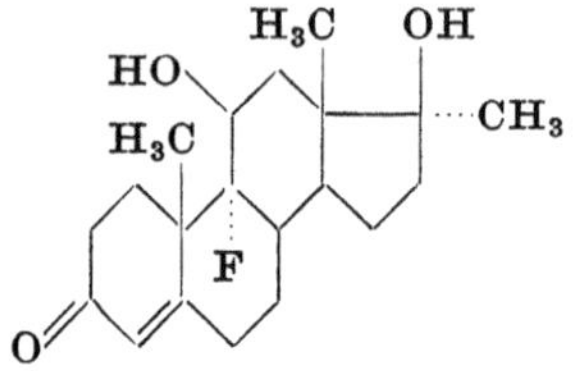

$C_{20}H_{29}FO_3$ M.G. 336,45

Eigenschaften. Weißes oder cremeweißes, kristallines Pulver, geruchlos. – Nahezu unlösl. in W., lösl. bei 20° in 70 T. A. (95%) und 200 T. Chlf. Fp. etwa 278°. Spezifische Drehung in A. (95%) $[\alpha]_D^{20}$: + 102 bis + 112°.

Erkennung. 1. Das IR-Spektrum weist Maxima nur bei denselben Wellenlängen auf, wie das einer Standardsubstanz. – 2. Nachweis von Fluor. Ausführung wie bei Dexamethason, S. 119.

Prüfung. 1. Trocknungsverlust. Trocknung 24 Std. über Phosphorpentoxid bei einem 5 Torr nicht überschreitenden Druck, höchstens 1,0%. – 2. Sulfatasche. Höchstens 0,1%. – 3. Fremdsteroide. Papierchromatographisch mit Benutzung der mobilen Phase B.

Gehaltsbestimmung. Geforderter Gehalt 97 bis 103%. Etwa 10 mg Substanz, genau gewogen, werden zu 100 ml in abs. A. gelöst. 5 ml davon werden zu 50 ml mit abs. A. verdünnt. Von dieser Verdünnung wird die Extinktion beim Maximum von etwa 240 nm gemessen. $E_{1\,cm}^{1\%}$ = 495 entspr. 100%.

Aufbewahrung. Vor Licht geschützt.

Anwendung. Androgen, anaboles Steroid. Oral, Tabl. zu 2,5 und 10 mg.

Dosierung. 1 bis 20 mg tägl.

Handelsformen: Ultandren (Ciba, Wehr, Baden) Tabl. Halotestin (Upjohn) Tabl. Ora-Testryl (Squibb).

Anabole, schwach androgene Steroide

Androisoxazol. 17α-Methyl-17β-hydroxy-5α-androstan-(3,2-c)-isoxazol. (Formel I).

Handelsform: Neo-ponden (Inst. Farm. Serono, Italien) Tabl., Tr.

Äthylöstrenol (INN). 17α-Äthyl-19-nor-androst-4-en-17-ol. 17α-Äthyl-17β-hydroxy-östr-4-en. (Formel II).

Handelsformen: Durabolin-O (Organon, München), Orabolin (Organon, London), Orgabolin (Endopancrine, Paris), Maxibolin (Organon, West Orange, N. J.).

Bolasteron. 7α,17α-Dimethyl-testosteron.

$C_{21}H_{32}O_2$ M.G. 316,48

Handelsform: Myagen (Upjohn).

Formelbilder der anabolen, schwach androgenen Steroide

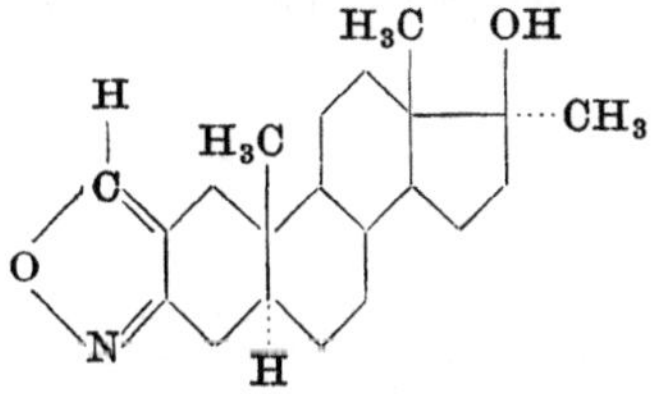

I. Androisoxazol

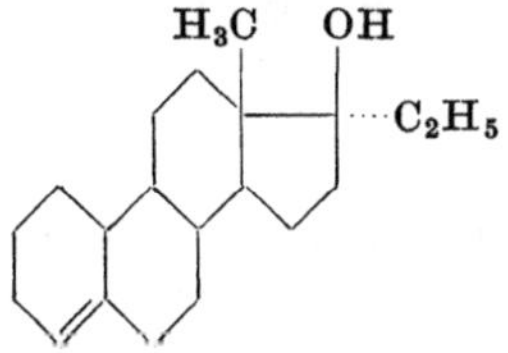

II. Äthylöstrenol

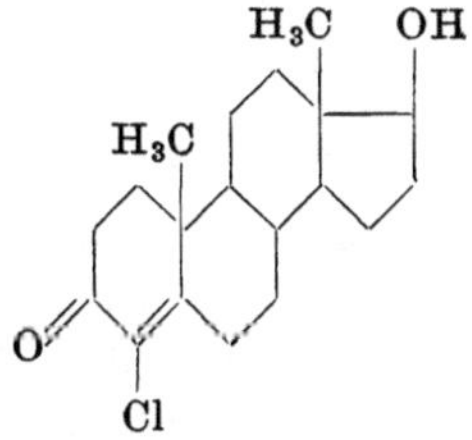

III. Chlortestosteron

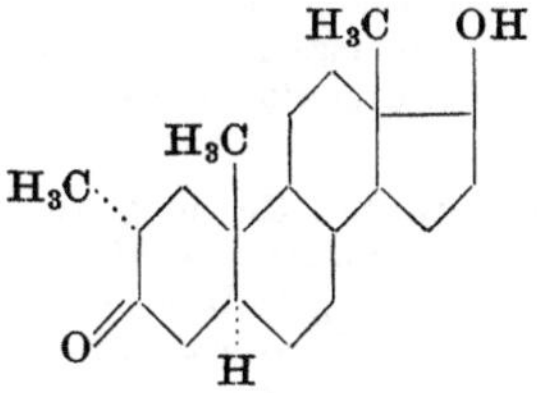

IV. Dromostanolon

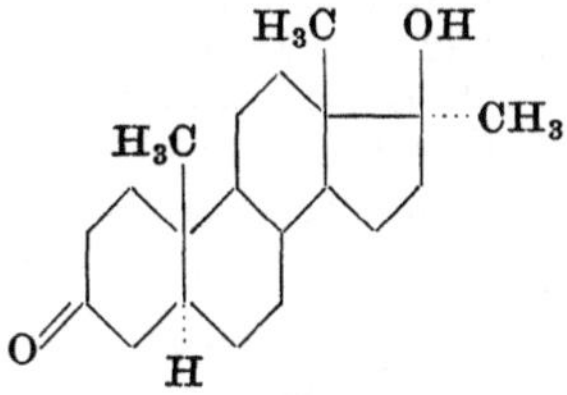

V. Mestanolon

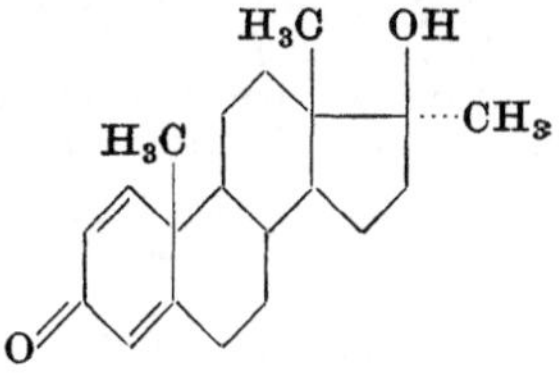

VI. Methandienon

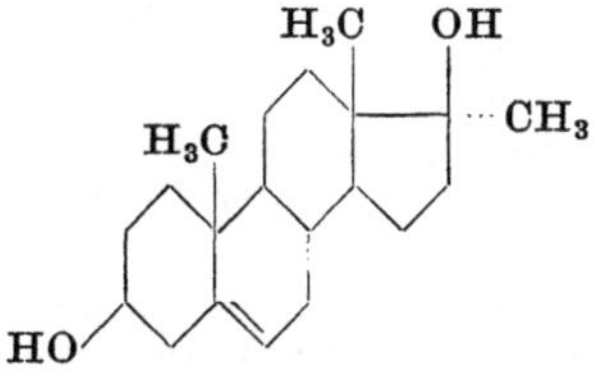

VII. Methandriol

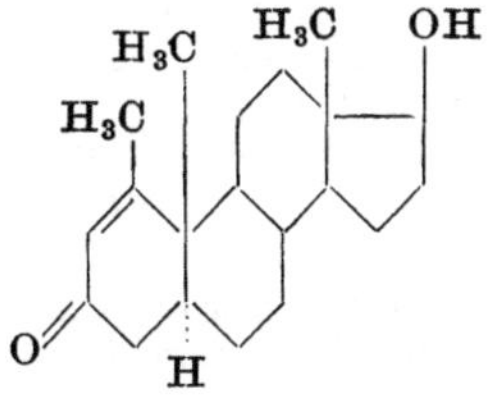

VIII. Methenolon

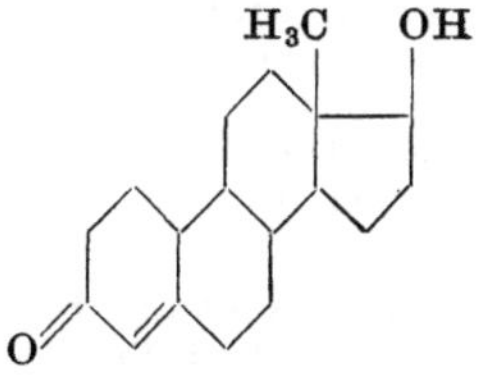

IX. Nandrolon

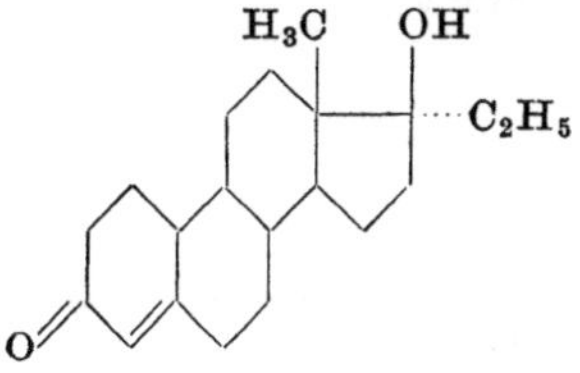

X. Norethandrolon

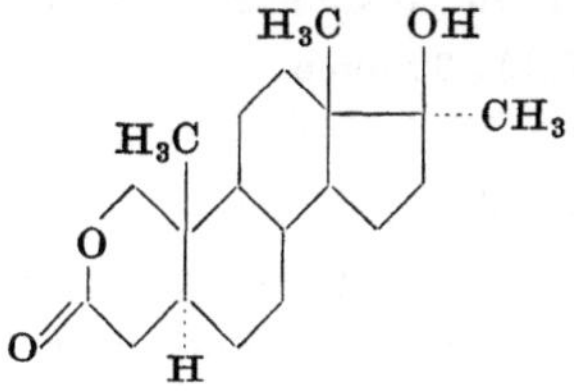

XI. Oxandrolon

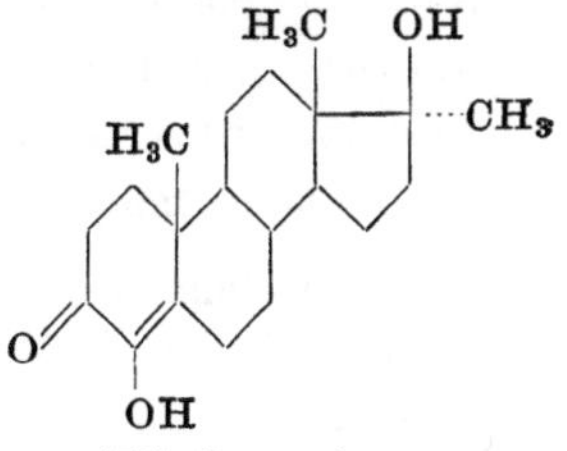

XII. Oxymesteron

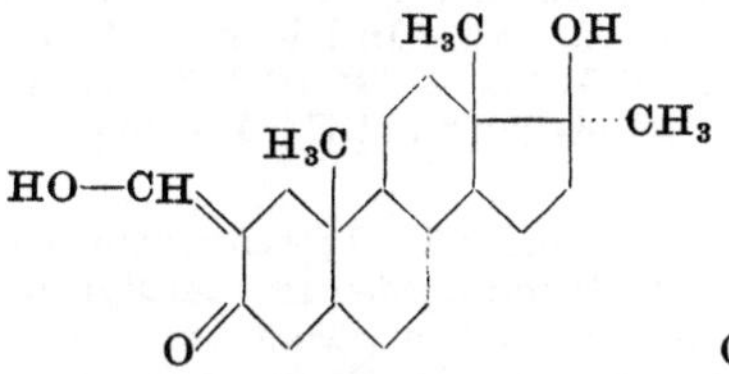

XIII. Oxymetholon

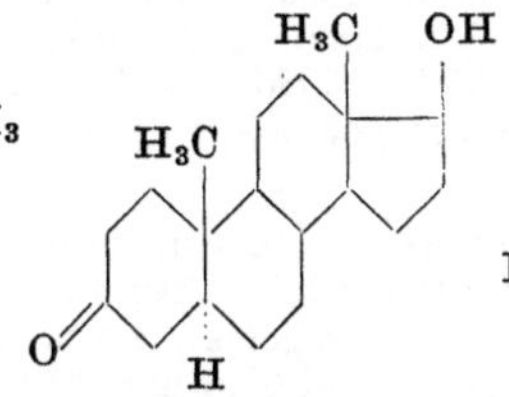

XIV. Stanolon

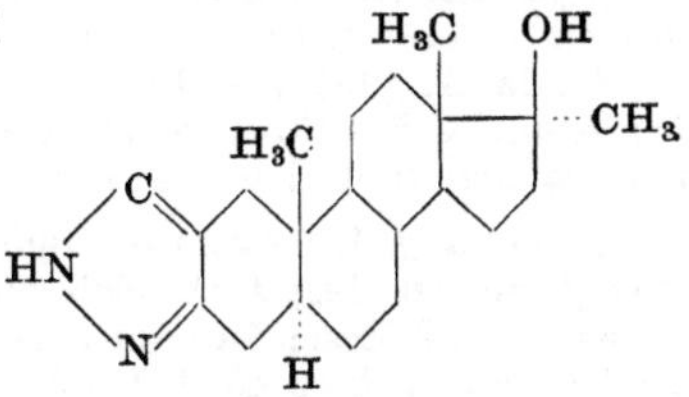

XV. Stanozolol

Chlortestosteronacetat. 4-Chlor-17β-hydroxy-androst-4-en-3-on-17β-acetat. (Formel III).

Handelsform: Steranabol (Farmitalia, Freiburg).

Dromostanolon-propionat. 17β-Hydroxy-2α-methyl-5α-androstan-3-on-propionat. (Formel IV). Gilt als Krebsbekämpfungsmittel.

Handelsform: Drolban (Lilly, Indianapolis, Ind.-Syntex).

Mestanolon (INN). 17α-Methyl-17β-hydroxy-5α-androstan-3-on. (Formel V).

Handelsform: Ermalone (Roussel, Paris) Tabl. mit Cyanocobalamin.

Methandienone BP 63. Methandrostenolone NND 64. 17β-Hydroxy-17α-methyl-androsta-1,4-dien-3-on. 1-Dehydro-17α-methyl-testosteron. 17α-Methyl-1,4-androstadien-17β-ol-3-on. (Formel VI).

$C_{20}H_{28}O_2$ M.G. 300,44

Herstellung. Durch Partialsynthese aus 17α-Methyl-testosteron.

Eigenschaften. Weißes oder schwach gelblichweißes, kristallines Pulver, geruchlos. Unlösl. in W., lösl. in A. (95%), Chlf. und Eisessig, schwer lösl. in Ae. Fp. 163 bis 167°. $[\alpha]_D^{20}$: In A. (95%) +7 bis +11°. UV-Absorption: In abs. A. bei 245 nm $E_{1\,cm}^{1\%} = 516$.

Erkennung. 1. Die Lsg. von 50 mg Substanz in 9 ml M. wird mit 1 ml einer Lsg. von Dinitrophenylhydrazin versetzt. Der nach dem Reiben der Glaswand sich bildende kristalline Nd. hat nach dem Waschen mit W. und Trocknen einen Fp. von etwa 213°. – 2. 10 mg Substanz werden in Nitrobenzol gelöst, 0,5 g wasserfreies Aluminiumchlorid hinzugefügt und mehrere Minuten geschüttelt. Es entsteht eine rote Farbe.

Prüfung. 1. Trocknungsverlust. Beim Trocknen bis zum konstanten Gewicht bei 100° und einem nicht über 5 Torr steigenden Druck höchstens 0,5%. – 2. Sulfatasche. Höchstens 0,1%. – 3. Methyltestosteron. Höchstens 0,5%. Zu einer Lsg. von 0,1 g Substanz in 5 ml Eisessig werden 5 ml einer 2,5%igen Lsg. von frisch dest. Anilin in Eisessig gegeben. Die beim Maximum von etwa 460 nm und 1 cm Schichtdicke gemessene Extinktion dieser Lsg., wobei als Blindwert eine Mischung von 5 ml Eisessig und 5 ml der Anilin-Lsg. genommen wird, sei A. Beide Lsg. werden 30 Min. bei 80° gehalten, abgekühlt. Die Extinktion wird bei 460 nm gemessen. Sie sei B. 5 ml einer 0,005%igen (g/v) Lsg. von Methyltestosteron in Eisessig werden mit 5 ml der Anilin-Lsg. gemischt 30 Min. auf 80° erwärmt, abgekühlt und gemessen. Die Extinktion sei C. Der Prozentgehalt an Methyltestosteron wird nach folgender Formel berechnet: 0,5(B — A)/C. – 4. Selen. Ausführung wie unter Dexamethason S. 119.

Gehaltsbestimmung. 50 mg Substanz werden genau gewogen und zu 500 ml mit abs. A. gelöst. 10 ml dieser Lsg. werden zu 100 ml mit abs. A. verdünnt. Die Extinktion dieser Lsg. wird beim Maximum von etwa 245 nm gemessen. $E_{1\,cm}^{1\%} = 516$ entspr. 100%.

Aufbewahrung. In gut geschlossenen Gefäßen, vor Licht geschützt.

Anwendung. In Form von Tabl., Tropfen.

Dosierung. 5 bis 10 mg tägl.

Handelsform: Dianabol (Ciba, Wehr, Baden).

Methandriolum PI.Ed. I – Suppl., CsL 2 – Add., (INN). Methandriol. 17α-Methyl-5-androsten-3,17-diol. Mestendiol. Methylandrostendiol. (Formel VII).

$C_{20}H_{32}O_2$ M.G. 304,47

Eigenschaften. Weißes, kristallines, geruchloses Pulver. Praktisch unlösl. in W., leicht lösl. in M. und A. (95%), lösl. in Äthylacetat, wenig lösl. in Ae. $[\alpha]_D^{20}$: In Dioxan —80 bis —84°, in A. (95%) —70 bis —77° (PI.Ed. I – Suppl.), —81 bis — 89° (CsL 2 – Add.) (Substanz 4 Std. über Schwefelsäure getrocknet)]. Fp. 198 bis 206° (PI.Ed. I – Suppl.), 202 bis 204° (CsL 2 – Add.).

Erkennung. 1. Ungefähr 0,005 g werden in 1 ml Chlf. gelöst und 5 Tr. Tetranitromethan zugegeben. Die Lsg. färbt sich gelb (PI.Ed. I – Suppl.). – 2. 25 mg werden in 1 ml Pyridin gelöst, 0,1 ml Essigsäureanhydrid hinzugegeben, 3 Std. lang auf 50° erwärmt und darauf 5 ml W. zugegeben. Nach Umrühren, Abkühlen und Filtrieren wird der Rückstand mit W. gewaschen, bis das Filtrat gegen Lackmuspapier neutral reagiert. Nach dem Trocknen der Kristalle werden diese in möglichst wenig Aceton gelöst. Zu der Aceton-Lsg. wird die 7fache Menge W. gegeben. Der kristalline Nd. wird mit W. gewaschen und bei 105° 1 Std. lang getrocknet. Schmelzbereich des so erhaltenen Methandriol-3-acetat 174 bis 180° (PI.Ed. I – Suppl.).

Prüfung. 1. Trocknungsverlust. Bis zur Gewichtskonstanz bei 105° höchstens 0,5%. – 2. Verbrennungsrückstand. Höchstens 0,1%.

Anwendung. Anabolicum mit schwach androgener Wirkung. Oral, buccal, sublingual oder i.m.

Dosierung. Mittlere Einzeleinnahme 0,01 bis 0,025 g bzw. 0,025 bis 0,1 g tägl. Mittlere Injektionsmenge 0,01 g bzw. 0,04 g tägl.

Handelsformen: Androteston-M (Organon, München) Tabl. – Notandron-Depot (Boehringer, Mannheim) als Diönanthoylacetat in öliger Lsg. Enthalten in den Kombinationspräparaten Predasmal und Senton (Organon, München). Stenediol (Organon, London) Tabl. Diolostene (Carnrick, Newark, N. J.). Néosteron (Endopancrine, Paris), Métandriol als Dipropionat (Roussel, Paris).

Methandrioldipropionat. Méthandriol (dipropionate de) CF 65.

$C_{26}H_{40}O_4$ M.G. 416,60

Eigenschaften. Weißes, geschmackloses, kristallines Pulver. Unlösl. in W., wenig lösl. in Ae. und Chlf., lösl. in A. Fp. Schmilzt zunächst bei 83 bis 86°, dann nach Rekristallisation auf dem Block bei 96 ± 2°. $[\alpha]_D^{20}$: In abs. A. — 50 ± 1°.

Erkennung. Zu einigen Milligramm Substanz werden 0,5 ml A. und 2 ml konz. Schwefelsäure gegeben. Es entwickelt sich eine gelborange Farbe mit einer gelbgrünen Fluoreszenz.

Prüfung. 1. Trocknungsverlust. Im Vakuum bei 60° bis zum konst. Gew. höchstens 0,2%. – 2. Sulfatasche. Höchstens 0,2%. – 3. pH mittels Bromthymolblau bestimmt. 6,5 bis 7,5. 0,1 g Substanz wird in 1 ml A. gelöst und 2 ml von Kohlendioxid befreites W. hinzugefügt.

Methenolon (INN). 1-Methyl-1-androsten-17β-ol-3-on. 1-Methyl-1-(5α-androsten)-17β-ol-3-on. 17β-Hydroxy-1-methyl-Δ^1-androsten-3-on. (Formel VIII).

Herstellung. Vgl. Dtsch. Apoth.-Ztg *103*, 92 (1963).

Anwendung. In Form von Tabl., Amp., als Acetat und als Önanthat.

Dosierung. Tabl. 10 bis 20 mg tägl., i.m. Injektion 0,02 g Acetat alle 2 Tage, 0,1 g Önanthat alle 14 Tage.

Handelsformen: Primobolan (Schering, Berlin) Tabl., Amp. enthalten das Acetat, Primobolan-Depot enthält das Önanthat. (Schering Chem., Burgess Hill, Sussex.)

Nandrolone Phenylpropionate NND 64. 19-Nor-17-hydroxy-3-keto-androst-4-en-17-phenylpropionat. 17β-Hydroxy-4-östren-3-on-17-phenylpropionat. Norandrostenolon. 19-Nortestosteron. Nortestrionat. Östrenolon. (Formel IX).

Anwendung. In Form von Injektions-Lsg. als Phenylpropionat und als Decanoat.

Dosierung. Erwachsene 25 bis 50 mg i.m. alle 7 bis 10 Tage als Phenylpropionat. Erwachsene 25 bis 50 mg i.m. alle 3 bis 4 Wochen als Decanoat.

Handelsformen: Durabolin (Organon, München) Fl.Amp. als Phenylpropionat. Deca-Durabolin Fl.Amp. als Decanoat(17-Caprinat). Enthalten im Docabolin (Organon) mit Desoxycorticosteron als Phenylpropionat und im Norlangadron als Hexahydrobenzoat (Ferring, Düsseldorf).

Déca-Durabolin (als Decanoat) (Endopancrine, Paris), Dynabolon (als Undecylat) (Théramex, Paris), Norybol als Propionat (Inst. Farmacol., Serono, Italien), Menidrabol als Hemisuccinat (Menarini, Italien), Anabolikum „Sanabo" als Cyclohexylpropionat (Sanabo, Wien).

Norboleton. 13-Äthyl-17-hydroxy-18,19-dinor-17α-pregn-4-en-3-on.

Literatur: J. Amer. pharm. Ass. *1964*, S. 514.

Handelsform: Genabol (Wyeth, Philadelphia, Pa.).

Norethandrolone NND 64, BP 63, (INN). 17α-Äthyl-17β-hydroxy-östr-4-en-3-on. 17α-Äthyl-17-hydroxy-19-nor-4-androsten-3-on. 17α-Äthyl-19-nortestosteron. (Formel X).

$C_{20}H_{30}O_2$ M.G. 302,46

Eigenschaften. Weißes, kristallines Pulver. Unlösl. in W., lösl. bei 20° in 8 T. A. (95%), 3 T. M., 14 T. Bzl. und 5 T. Chlf. Fp. etwa 135°. $[\alpha]_D^{20}$. In M. +20 bis +22,6°. UV-Absorption: In M. beim Maximum von etwa 240 nm $E_{1\,cm}^{1\%} = 565$.

Erkennung. Das IR-Spektrum zeigt Maxima nur bei denselben Wellenlängen, wie eine Standardsubstanz.

Prüfung. 1. Trocknungsverlust. Getrocknet bis zum konst. Gew. bei höchstens 5 Torr und 80°, höchstens 0,5%. – 2. Sulfatasche. Höchstens 0,1%.

Gehaltsbestimmung. 50 mg, genau gewogen, werden zu 250 ml in M. gelöst. 5 ml davon werden zu 100 ml mit M. verdünnt. Die Extinktion dieser Lsg. wird bei 240 nm in 1 cm Schichtdicke gemessen. $E_{1\,cm}^{1\%}$ = 565 entspr. 100%.

Anwendung. In Form von Tabl., Amp., orale Lsg.

Dosierung. 25 bis 50 mg tägl.

Oxandrolon (INN). 17β-Hydroxy-17α-methyl-2-oxa-5α-androstan-3-on. (Formel XI).

Handelsform: Anavar (Searle) Tabl.

Oxymesteron (INN). 4,17β-Dihydroxy-17α-methyl-androst-4-en-3-on. 4-Hydroxy-17α-methyl-testosteron. (Formel XII).

Handelsformen: Oranabol (Deutsche Farmitalia, Freiburg) Tabl., orale Lsg. Théranabol (Théraplix, Paris).

Oxymetholone NND 64, (INN). 17β-Hydroxy-2-hydroxymethylen-17α-methyl-5α-androstan-3-on. 2-Hydroxymethylen-17α-methyl-dihydrotestosteron. (Formel XIII).

Handelsformen: Adroyd (Parke, Davis, Detroit, Mich.), Anadrol (Clark, West. Divis., Synthex Palo Alto, Calif.). Anapolon (Imp. Chem. Ind., Macclesfield, Chshire). Nastenon (Cassenne-Synthex, Paris).

Stanolon NND 64. 5α-Androstan-17β-ol-3-on. Androstanolon. Dihydrotestosteron. (Formel XIV).

Handelsformen: Anaboleen (Bad. Arzneim.-Ges., Baden-Baden) Tabl. Neodrol (Pfizer). Anaprotin (Uni-Pharma, London). Protona (Grémy-Longuet, Paris).

Stanozolol NND 64. 17β-Hydroxy-17α-methyl-androstan-(3,2-c)-pyrazol. Androstanazol. Stanazol. (Formel XV).

Herstellung. Dtsch. Apoth.-Ztg *103*, 92 (1963).

Handelsformen: Winstrol (Winthrop, New York). Stromba (Bayer, Surbiton-upon-Thames, Surrey).

Östrogene

Unter die Östrogene werden die Substanzen gezählt, die die biologische Wirkung des Östradiols, das aus den Ovarialfollikeln ausgeschieden wird, besitzen. Hierzu gehören die aus Schwangerenharn und aus Follikelflüssigkeit der Ovarien isolierten Hormone Östradiol, Östron und Östriol [Isolierung dieser Hormone: Doisy, E. A. u.a.: Amer. J. Physiol. *90*, 329 (1929), Proc. Soc. exp. Biol. (N. Y.) *32*, 1182 (1935); Butenandt, A.: Naturwissenschaften *17*, 879 (1929), Dtsch. med. Wschr. *55*, 2171 (1929); Dingemanse, E. u.a.: Dtsch. med. Wschr. *56*, 301 (1930)] sowie das aus dem Harn trächtiger Stuten isolierte Equilin und Equilenin (vgl. Formeln II u. III, S. 151). Die östrogene Wirkung ist relativ wenig substanzspezifisch. Verschiedene Arten, Mensch, Pferd, Rind erzeugen etwas verschiedene östrogene Hormone. Auch in Pflanzen kommen Östrogene vor, z.B. Östron, Östriol, aber auch stark östrogen wirksame Substanzen, die keine Steroide, sondern z.B. Isoflavone sind. Weiterhin sind durch eine starke Wirkung auch synthetisch hergestellte Östrogene, wie Stilbene, ausgezeichnet, obwohl sie chemisch mit den natürlichen Hormonen keine sehr große Ähnlichkeit haben. Östron und Östriol sind biologisch weniger wirksam als Östradiol. Sie sind die Ausscheidungsprodukte des Östradiols und werden mit Schwefelsäure und Glucuronsäure verestert im Harn und zu einem beträchtlichen Teil auch mit der Galle ausgeschieden. Die Inaktivierung wird in der Leber durchgeführt. Die Fermente, die diese Inaktivierung bewirken, sind sehr spezifisch, denn sie sind nicht dazu befähigt, die synthetisch hergestellten Östrogene wie z.B. Stilböstrol oder Hexöstrol oder das Äthinylöstradiol so schnell wie das Östradiol zu zerstören, so daß diese auch oral appliziert ihre Wirksamkeit behalten. Jedoch werden auch diese künstlichen Östrogene rasch aus dem Organismus entfernt. Da sie aber langsamer inaktiviert werden, ist eine bestimmte Zeit hindurch ein wirksamer Östrogenspiegel im Körper vorhanden. Die Geschwindigkeit, mit der die Leber eine bestimmte Substanz zu inaktivieren vermag, ist für ihre Wirkung entscheidend.

Standardisierung. Follikelhormonpräparate werden nach Internationalen Einheiten standardisiert. Standardsubstanzen wurden nach dem Bezug auf das Substanzgewicht im Jahre 1950 aufgehoben [Wld Hlth Org. techn. Rep. Ser. Nr. 2, 9 (1950)]. Eine Internationale Einheit = 0,1 μg Östron. Da verschiedene Ester der Follikelhormone, insbesondere die Benzoesäureester sich gegenüber den natürlichen Hormonen durch eine protrahierte Wirksamkeit auszeichnen, hat man für diese eine besondere Einheit, die Benzoateinheit eingeführt. Eine Internationale Östradiolbenzoateinheit = 0,1 μg Substanz, gemessen an der brunsterzeugenden Wirkung.

Wertbestimmung. Während des gesamten Cyclus finden Veränderungen nicht nur an der Uterusschleimhaut statt, sondern auch an der Schleimhaut der Vagina, die für die Testung der Östrogene von besonderer Bedeutung ist. Am Aussehen der Scheidenausstriche der Ratte oder der Maus kann man feststellen, in welchem Stadium die Schleimhaut sich befindet. Das Brunststadium ist durch das Vorhandensein großer, kernloser, verhornter Zellen, sogenannter Schollen, ausgezeichnet. Die in einer Verdünnungsreihe vorliegende Substanz wird je Verdünnung etwa 20 ovarektomierten Ratten- oder Mäuseweibchen injiziert. Die Dosis, bei der mindestens 50% der Tiere mit Östrus (Brunststadium) reagieren, wird als positiv bewertet. Bei der Auswertung sind viele Faktoren zu berücksichtigen. Bei subcutaner Injektion und Einhaltung bestimmter Bedingungen beträgt bei Östradiol die Ratteneinheit 0,1 μg. In der gleichen Weise getestet ist Östron mit 0,8 μg und Östriol mit 10 μg wirksam.

Östradiol DAB 7 – BRD, (INN). Oestradiolum PI.Ed. I/1, ÖAB 9, Ph.Helv. V – Suppl. II, Ph.Ned. 6, Jap. 61. Oestradiol CF 65. Estradiol NF XII. Dihydrofolliculin. Betaoestradiol. 1,3,5(10)-Östratrien-3,17β-diol. 3,17β-Dihydroxy-Östratrien-1,3,5. Östra-1,3,5(10)-trien-3,17β-diol. $\Delta^{1,3,5(10)}$-Östratrien-3,17β-diol.

$C_{18}H_{24}O_2$ Strukturformel VI, s. unten M.G. 272,39

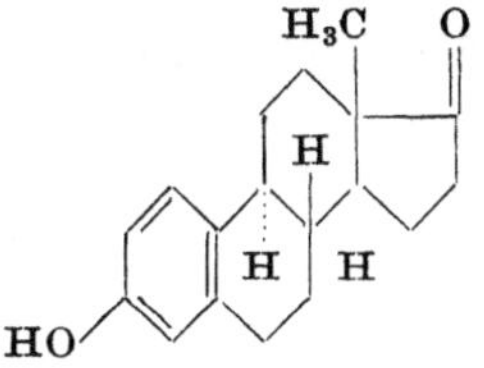

I. Östron

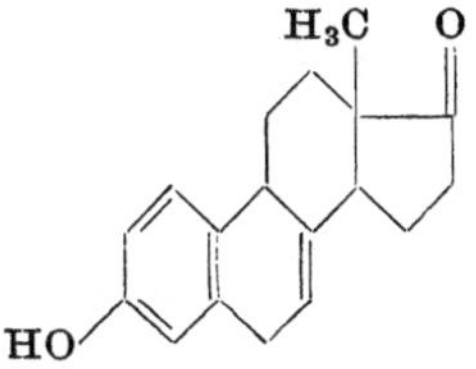

II. Equilin

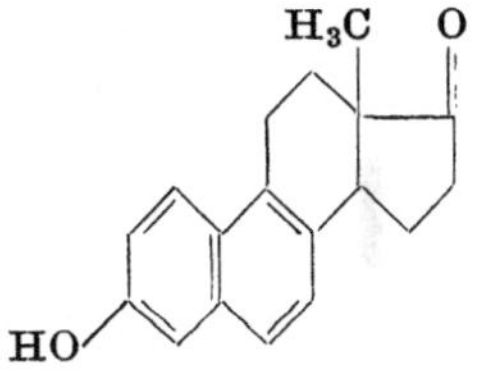

III. Equilenin

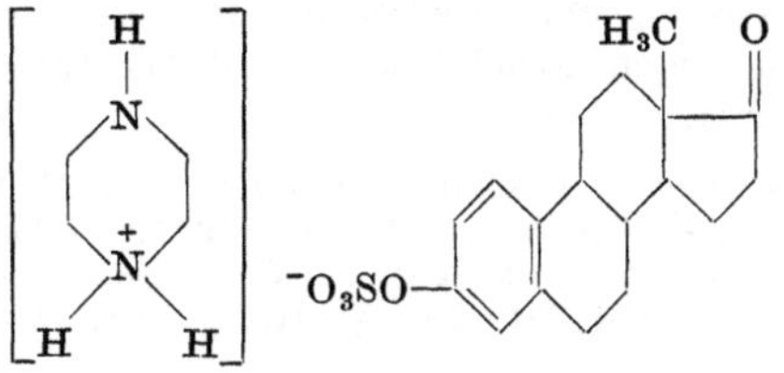

IV. Piperazin-Oestronsulfat

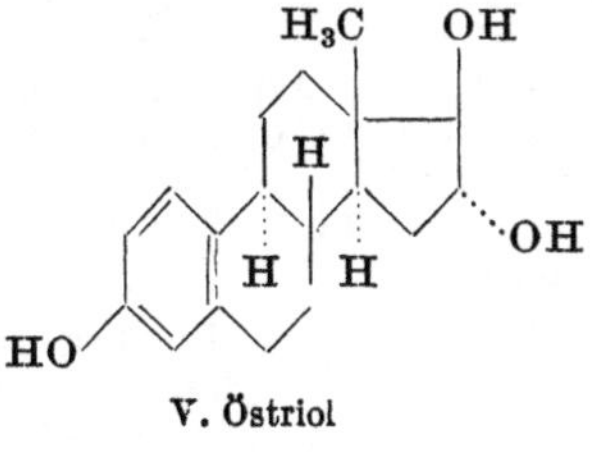

V. Östriol

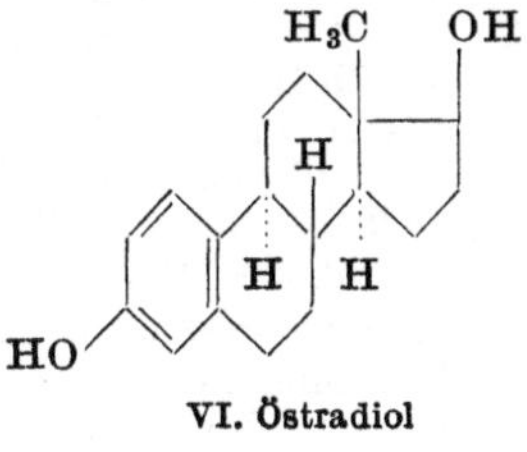

VI. Östradiol

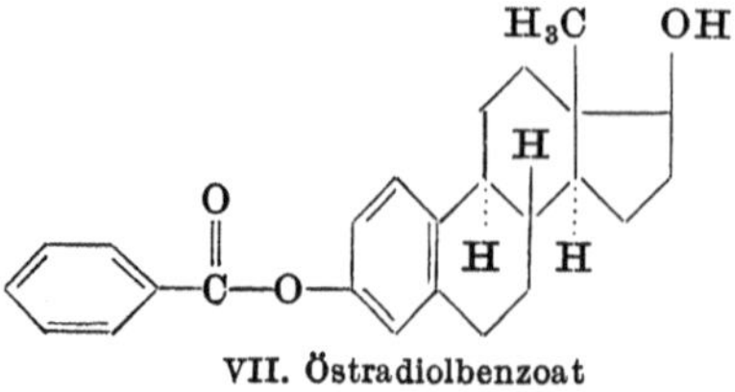

VII. Östradiolbenzoat

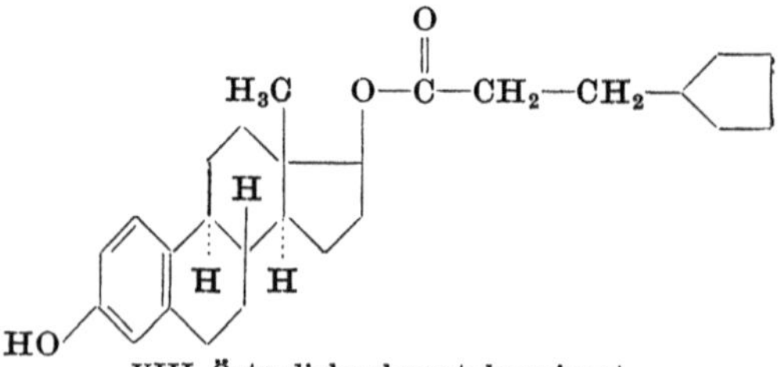

VIII. Östradiolcyclopentylpropionat

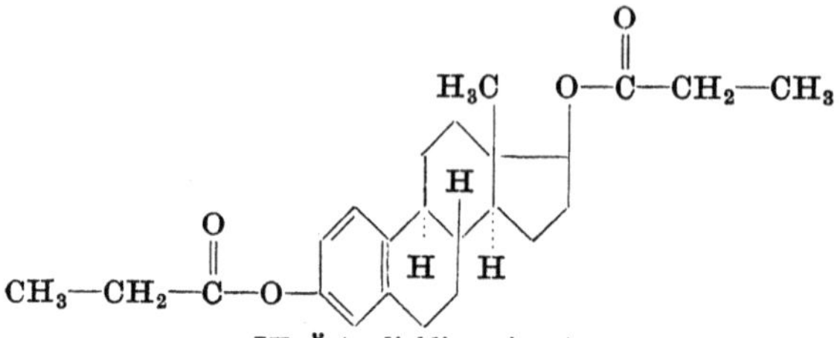

IX. Östradioldipropionat

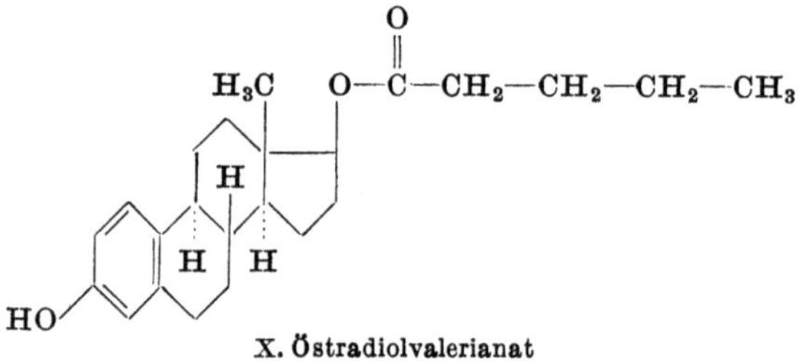

X. Östradiolvalerianat

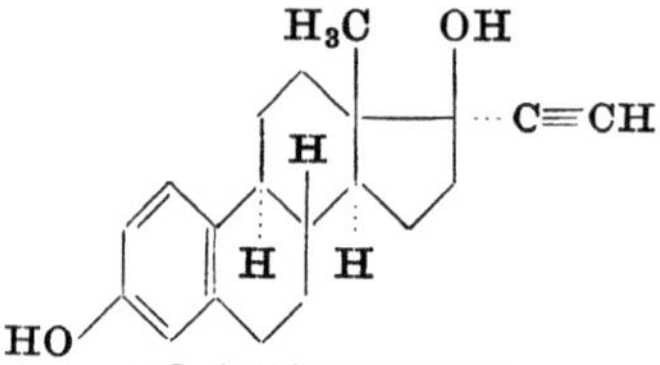

XI. Aethinylöstradiol

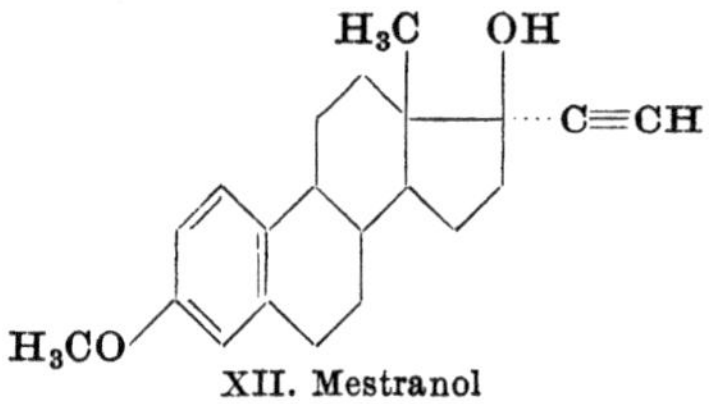

XII. Mestranol

Die 17-Hydroxygruppe des Östradiols hat β-Konfiguration. Sie entsteht überwiegend bei der Reduktion der 17-Ketogruppe des Östrons. Das epimere 17α-Östradiol ist physiologisch wenig wirksam. In älteren Arzneibüchern wird das Östradiol fälschlicherweise noch als „α"-Östradiol bezeichnet.

Herstellung. Partialsynthese aus Androstenolon vgl. H. H. Inhoffen und G. Zühlsdorff [Z. angew. Chem. *53*, 471 (1940) und *59*, 207 (1947)]. – Aus Östron durch Reduktion mit Natrium in alkohol. Lsg.: Girard, A. u. a.: C. R. Soc. Biol. (Paris) *112*, 964 (1933). Zahlreiche andere Verfahren und Patente vgl. H. P. Kaufmann und L. F. Fieser und M. Fieser (s. S. 103).

Eigenschaften. Farblose bis schwach gelbliche Kristalle oder kristallines Pulver, geruch- und geschmacklos. Praktisch unlösl. in W., leicht lösl. in A. (90%), Aceton und Dioxan, wenig lösl. in Chlf. und fetten Ölen, lösl. in verd. Alkalilaugen unter Phenolatbildung.

Fp. 171 bis 176° (Ph.Helv. V – Suppl. II), 173 bis 179° (Jap. 61, NF XII), 173 bis 180° (DAB 7 – BRD), 174 bis 178° (Ph.Ned. 6), 175 bis 178° (BPC 63), 175 bis 180°, L. Kofler: 175 bis 179° (ÖAB 9), 176 bis 179° (CF 65). $[\alpha]_D$: In Dioxan +75 bis +82° (Ph.Ned. 6), +76 bis +83° (DAB 7 – BRD, NF XII, Jap. 61), +78 ± 1° (CF 65), in A. +76 bis +83° (ÖAB 9), in Weingeist (Ph.Helv. V – Suppl. II).

Erkennung. 1. 0,002 g werden in 2 ml Schwefelsäure gelöst. Die Lsg. ist grüngelb und fluoresziert grün. Verdünnt man mit 2 ml W., so entsteht eine blasse Orangefärbung. Wird vor dem Verdünnen zur Schwefelsäure-Lsg. 1 Tr. Eisen-Ammoniumsulfat-Lsg. gegeben, so vertieft sich die Grünfärbung; verdünnt man diese Lsg. mit W., so entsteht Rotfärbung (PI.Ed. I/1, Jap. 61). – DAB 7 – BRD: Beim Lösen von 2,0 mg Substanz in 2,0 ml konz. Schwefelsäure entsteht eine grünlichgelbe Färbung mit grüner Fluoreszenz. Auf Zusatz von 0,05 ml Eisen(III)-chlorid-Lsg. verstärkt sich die grüne Färbung und schlägt nach Verdünnen mit 2,0 ml H_2O nach Orangerot um. Ph.Helv. V – Suppl. II und Ph.Ned. 6 versetzt 1 mg Östradiol mit 3 Tr. Molybdänschwefelsäure; es entsteht eine vorübergehende dunkelblaue Farbe. Nach Zusatz von 1 ml konz. Schwefelsäure und 9 ml W. muß die Verdünnung rosa gefärbt sein und eine gelblichgrüne Fluoreszenz aufweisen. – 2. 0,005 g werden in 5 ml 10%iger (g/v) Kaliumhydroxid-Lsg. gelöst. Man gibt diese Lsg. zu einer eiskalten Lsg. von 0,05 g Sulfanilsäure in 2 ml 3 n Salzsäure und fügt 0,3 ml 10%ige (g/v) Natriumnitrit-Lsg. hinzu: es entsteht eine tiefrote Färbung (PI.Ed. I/1, DAB 7 – BRD, Jap. 61). – 3. 0,05 g werden in 8 ml Kaliumhydroxid-Lsg. gelöst und die Lsg. auf 5° abgekühlt. Man gibt unter Schütteln 0,7 ml einer Mischung gleicher Volumina Benzoylchlorid und Ae. hinzu und schüttelt bis der Benzoylgeruch verschwunden ist. Das entstandene Östradiolbenzoat wird filtriert und mit W. bis zur neutralen Reaktion gewaschen. Man kristallisiert 2mal aus 2,5 bis 3 ml heißem A. (95%) um. Fp. nach 1stdg. Trocknen bei 100° 191 bis 196° (PI.Ed. I/1), 189 bis 198° (DAB 7 – BRD), 190 bis 196° (Jap. 61). – 4. Erhitzt man eine Lsg. von etwa 20 mg Östradiol in einer Mischung von 1 ml Essigsäureanhydrid und 1 ml Pyridin 10 Min. lang unter Rückflußkühlung zum Sieden, fügt nach dem Erkalten 20 ml W. hinzu und schüttelt kräftig durch, so scheidet sich ein kristalliner Nd. von Diacetylöstradiol aus. Dieser wird abgesaugt, mit W. bis zum Verschwinden des Pyridingeruches gewaschen und getrocknet. Fp. 123 bis 127° (ÖAB 9). Gemäß Ph.Helv. V – Suppl. II wird die Reaktion ohne Pyridin durchgeführt und nach dem Acetylieren mit 30 ml W. verdünnt. Fp. 120 bis 125°. – 5. Erhitzt man 0,05 mg mit 1 ml einer 2,5%igen (g/g) Lsg. von 2-Naphthol in Schwefelsäure 2 Min. lang auf 100°, kühlt und fügt 1 ml W. hinzu, so bildet sich eine orangegelbe Farbe, die in Rot umschlägt, wenn die Lsg. 90 Sek. lang auf 100° erwärmt wird (BP 63). – 6. Identifizierung nach L. Kofler. Eutektische Temperatur der Mischung mit Salophen: 153°. Lichtbrechungsvermögen der Schmelze $n_D = 1{,}5403$ bei 182 bis 184° (ÖAB 9).

Prüfung. 1. Trocknungsverlust. Bei 105° bis zum konst. Gew. höchstens 0,5% (DAB 7 – BRD, BP 63); 4 Std. bei 105° höchstens 3,5% (NF XII); im Vakuum 4 Std. über Phosphorpentoxid höchstens 0,5% (Jap. 61). – 2. Glührückstand. Höchstens 0,5% (PI.Ed. I/1). – 3. Sulfatasche. Höchstens 0,1% (DAB 7 – BRD, BPC 63). – 4. Lösung und Reaktion. 10 ml der alkoholischen 1%igen Lsg. müssen klar und farblos sein. Auf Zusatz von 2 Tr. Bromthymolblau-Lsg. muß sie sich gelb und bei darauf folgendem Zusatz von 0,25 ml 0,01 n Natronlauge blau färben (ÖAB 9). – Die durch Erwärmen bereitete Lsg. von 50 mg in 2,5 ml A. (95%) muß farblos sein und nach Abkühlung neutral reagieren (Ph.Ned. 6). – 5. α-Östradiol (NF XII). – Standardlösung. 50 μg pro Milliliter Estradiol Reference Standard, vorher 4 Std. bei 105° getrocknet, in Bzl.-Prüflösung. Die zu prüfende Substanz wird in derselben Weise gelöst. – Ausführung. Eine 100 μg entspr. Menge dieser Lsg. wird in je 1 Reagensglas 18mal 100 mm gegeben, das Bzl. verdampft und der Rückstand 1 Std. im Vakuumexsikkator aufbewahrt. In jedes der beiden Reagensgläser und ein drittes als Blindprobe gibt man 1 ml verd. Eisen-Phenol-Reagens (1 Vol. Eisen-Phenol-Reagens und 0,45 Vol. W.), schließt sie mit einem Gummistopfen und setzt sie in ein siedendes Wasserbad für 2 Min. Nach 30 Sek. schüttelt man um, ohne die Gläser aus dem Bad zu entfernen. Darauf bringt man sie für 2 Min. in ein Eisbad, fügt 4 ml verd. (35 in 100) Schwefelsäure hinzu und schüttelt um. Danach wird die Extinktion der Lsg. gegen den Blindwert bei 525 und 420 nm gemessen. Die Berechnung erfolgt nach der Formel:

$$\frac{A_{U\,525} - A_{U\,420}/2}{A_{S\,525} - A_{S\,420}/2},$$

wobei A_U die Extinktion der Prüf-Lsg., A_S die der Standard-Lsg. ist. – Der Gehalt an α-Östradiol in der zu prüfenden Probe Östradiol darf nicht mehr als das 3fache des in dem Standard enthaltenen betragen. – Beim Erhitzen von 5,0 mg Östradiol mit 0,5 ml wasserfreier Ameisensäure 30 Min. bei 100° darf keine grüne Farbe oder Fluoreszenz auftreten. – 6. Östron. Die Lsg. von 2,0 mg Substanz in 1 ml A. (96%) wird mit 0,2 ml 1,3-Dinitrobenzol-Lsg. und 0,1 ml 3 n Kalilauge versetzt und unter Lichtausschluß aufbewahrt. Nach 2 Std. darf die Lsg. nicht stärker gefärbt sein als das gleiche Volumen einer Mischung von 0,1 ml Kobalt(II)-chlorid-Lsg. und 4,0 ml 1%ige Salzsäure (DAB 7 – BRD). – Gemäß BPC 63 werden 2,5 mg Substanz in 0,5 ml n absolut-äthanolischer Kalilauge gelöst und die Lsg. mit 0,2 ml 2%iger absolutäthanolischer Dinitrobenzol-Lsg. versetzt. Man läßt bei 25° vor Licht geschützt 1 Std. stehen und gibt 10 ml abs. A. hinzu. Die Extinktion der Lsg. in 1 cm Schichtdicke bei 520 nm darf nicht größer sein als die einer auf die gleiche Weise bereiteten Lsg. mit 0,1 mg Östron. – 7. Östradiolbenzoat. 10 mg Substanz werden mit 10 mg Kaliumcarbonat und 2 Tr. W. sowie 1 ml M. zur Verflüchtigung des M. 2 Min. gekocht. Den Rückstand versetzt man mit 1 ml W. und 10 Tr. Calciumchlorid-Lsg. und filtriert. Das Filtrat darf durch 1 Tr. verd. Eisen(III)-chlorid-Lsg. (1 = 5) nicht getrübt werden (Ph.Ned. 6).

Anwendung. Zur Substitutionstherapie für Follikelhormon. Östradiol wird angewendet als Tabl. 0,1 und 1 mg, als Implantationstabl. 20 mg, als Injektion 10 mg/ml, als Creme 0,05%ig und als Salbe 0,01%ig (BPC 63).

Handelsformen: Menformon (Organon, München) Tropfen, äthanol. Lsg. Ovocyclin (Ciba, Wehr, Baden) Implantationstabl. Progynon (Schering, Berlin) Buccal-Dragees, Salbe.

Gynostril (Standard-Lab. USA), Lip-Oid (Tutag, USA), Diogyn (Pfizer, USA), Oestroform (Brit. Drug Houses). Gymestryl (Roussel, Paris).

Östradiolbenzoat DAB 7 – BRD. Oestradiolum benzoicum DAB 7 – DDR, Ph.Helv. V – Suppl. II, CsL 2. Oestradioli benzoas PI.Ed. I/1, Nord. 63, Ph.Ned. 6, Jap. 61. Östradiol (benzoate d') CF 65. Östradiol Benzoate BP 63. Estradiol Benzoate USP XVI, NF XII. Oestradiolum benzoylatum ÖAB 9. Oestradioli Monobenzoas Belg. V. Dihydro-Folliculinbenzoat. 3-Benzoyloxy-1,3,5(10)-östratrien-17β-ol. 3-Benzoyloxyoestra-1,3,5(10)-trien-17β-ol. 1,3,5(10)-Estratriene-3,17β-diol-3-benzoate. $\Delta^{1,3,5(10)}$-Oestratrien-3,17β-diol-3-benzoat. (+)-3-Benzoyloxy-17β-hydroxyestratrin-[1,3,5(10)].

$C_{25}H_{28}O_3$ Strukturformel VII: S. 152 M.G. 376,50

Herstellung. Durch Benzoylierung von Östron und katalytische Reduktion des Esters oder durch Veresterung des Östradiols z.B. in wäßrig-alkalischer Lsg. mit Benzoylchlorid.

Eigenschaften. Farblose bis schwach gelbliche Kristalle oder kristallines Pulver ohne Geruch und Geschmack. Praktisch unlösl. in W., lösl. in A., Ae., Dioxan, leicht lösl. in Aceton, Chlf., wenig lösl. in pflanzlichen fetten Ölen, lösl. in 200 T. Äthyloleat.

Fp. 186 bis 190° (Ph.Helv. V – Suppl. II), 187 bis 195° (Ph.Ned. 6), 189 bis 196° (Nord. 63), 190 bis 195° (DAB 7 – DDR, CsL 2), 190 bis 196° (USP XVI, Jap. 61, Belg. V), 191 bis 196° (PI.Ed. I/1), 191 bis 198° (DAB 7 – BRD), 193 bis 195° (CF 65), 193 bis 197° (ÖAB 9), L. Kofler 188 bis 195° (ÖAB 9).

$[\alpha]_D^{20}$: In Dioxan +57 bis +63° (BP 63, DAB 7 – BRD), 58 ± 1° (CF 65), +58 bis +63° (PI.Ed. I/1, USP XVI, NF XII, Jap. 61, Ph.Ned. 6), in A. +55 bis +62° (ÖAB 9, Nord. 63); in Weingeist +55 bis +62° (Ph.Helv. V – Suppl. II); in Chlf. +57 bis +63° (DAB 7 – DDR, Belg. V).

UV-Absorption. $E_{1\,cm}^{1\%}$ 231 nm in A. (96%) = 500 ± 20 (DAB 7 – DDR), etwa 485 (Nord. 63), 495 bis 520 (DAB 7 – DDR).

Erkennung. 1. Beim Lösen von 2,0 mg Substanz in 2,0 ml konz. Schwefelsäure entsteht eine gelblichgrüne Färbung mit blauer Fluoreszenz und beim anschließenden Verdünnen mit 2,0 ml W. eine gelborange Färbung (DAB 7 – BRD, in ähnlicher Weise PI.Ed. I/1, USP XVI, NF XII, Jap. 61, CsL 2). – Gemäß Ph.Helv. V – Suppl. II und Ph.Ned. 6: Versetzt man 1 mg mit 3 Tr. Molybdänschwefelsäure, so entsteht eine gelblichgrüne bis grüne Farbe mit intensiv grüner Fluoreszenz. Nach Zusatz von 1 ml konz. Schwefelsäure und 9 ml W. muß die Verdünnung rosa gefärbt sein und schwach grün fluoreszieren. – 2. Gibt man zu der Lsg. von 1 mg in 1 ml konz. Schwefelsäure 1 Tr. Eisenphosphorsäure, so färbt sich die Lsg. vorübergehend intensiv grün, dann grüngelb mit intensiver Fluoreszenz. Fügt man 1 ml W. hinzu, so geht die Färbung in Rot oder Orangerot mit grüner Fluoreszenz über (ÖAB 9). – 3. Das Gemisch von 0,10 g Substanz, 0,10 g Natriumcarbonatmonohydrat, 5,0 ml W. und 10,0 ml M. wird unter Rückfluß auf dem Dampfbad 2 Std. erhitzt. Nach Zusatz von 15 ml W. und Abdampfen des M. wird der Rückstand erneut mit 15 ml W. versetzt, mit Eiswasser gekühlt, der Nd. abgesaugt, mit eisgekühltem W. gewaschen und bei 80° getrocknet. Das Östradiol schmilzt nach dem Umkristallisieren aus Benzol zwischen 172 und 180° (DAB 7 – BRD). – In ähnlicher Weise verfahren USP XVI, PI.Ed. I/1, Jap. 61, CsL 2. – Fp. 173 bis 179° (USP XVI), NF XII 173 bis 178° (Ph.Ned. 6), 174 bis 180° (ÖAB 9). – Gemäß BP 63: 10 mg werden 30 Min. mit 1 ml alkoholischer Kaliumhydroxid-Lsg. gekocht; die Mischung wird mit W. verdünnt, mit Salzsäure angesäuert und mit Ae. ausgeschüttelt. Die Ätherauszüge wäscht man mit Natriumhydrogencarbonat-Lsg. und anschließend mit W. Der Ae. wird abgedunstet. Fp. etwa 177°. – Die getrockneten Substanzen geben die Erkennungsreaktionen des Östradiols. – 4. Das Filtrat von 3 wird auf dem Wasserbad bis auf etwa 5 ml eingeengt, abgekühlt, in einem Scheidetrichter mit 2,0 ml 3 n Salzsäure versetzt und mit 5,0 ml Ae. ausgeschüttelt. Der Ätherauszug wird mit wenig W. gewaschen, mit geglühtem Natriumsulfat getrocknet und auf dem Wasserbad eingedampft. Die erhaltene Benzoesäure schmilzt nach dem Trocknen bei 80° zwischen

120 und 123° (DAB 7 – BRD). – In ähnlicher Weise verfährt PI.Ed. I/1, USP XVI, NF XII, DAB 6, Jap. 61, CsL 2. Fp. 120 bis 122°. – 5. Das Filtrat von 3 wird auf etwa 0,5 ml eingedampft, mit 10 Tr. Calciumchlorid-Lsg. versetzt und warm filtriert. Das Filtrat gibt mit 1 Tr. verd. Eisen(III)-chlorid-Lsg. (1 = 5) einen gelbbraunen Nd. (Ph.Ned. 6). – 6. Versetzt man 5 ml einer gesättigten wss. Lsg. mit 2 bis 3 Tr. Quecksilbernitrat-Lsg. (MILLONS Reagens), so entsteht beim Erhitzen eine rote Färbung oder Fällung (BP 63). – 7. Das IR-Absorptionsspektrum einer Kaliumbromiddispersion zeigt Maxima nur bei denselben Wellenlängen wie das des Estradiol-Benzoate Reference Standard (USP XVI). – 8. Identifizierung nach L. KOFLER. Eutektische Temperatur mit Salophen: ~ 165°. Lichtbrechungsvermögen der Schmelze: n_D = 1,5403 bei 187 bis 188° (ÖAB 9).

Prüfung. 1. Trocknungsverlust. Nach Trocknen bei 105° bis zum konst. Gew. nicht über 0,5% (BP 63, CF 65, DAB 7 – BRD, DAB 7 – DDR, Belg. V, CsL 2) Im Vakuum über Phosphorpentoxid 4 Std. nicht über 0,5% (Jap. 61). – 2. Glührückstand. Nicht über 0,5% (PI.Ed. I/1); nicht über 0,1% (Nord. 63). – 100 mg dürfen keinen wägbaren Rückstand hinterlassen (USP XVI, Belg. V). – 3. Sulfatasche. Nicht über 0,1% (BP 63, DAB 7 – BRD), 0,2% (CF 65). – 4. Lösung und Reaktion. Die 1%ige Lsg. in A. muß klar und farblos sein (ÖAB 9). – Die Lsg. von 20 mg in 2,5 ml A. muß die Grenzprüfungen halten für Klarheit der Lsg. Grenze B, für die Farbe S: 0,50 Co, 0,50 Cu, 0,50 Fe (Nord 63). – 5. Freie Säure: 10 ml der 1%igen Lsg. in A. müssen sich auf Zusatz von 2 Tr. Bromthymolblau-Lsg. gelb oder grün und bei darauffolgendem Zusatz von 0,1 ml 0,01 n Natriumhydroxid-Lsg. blau färben (ÖAB 9). – Sauer reagierende Verunreinigungen: 0,05 g Substanz werden in 5,0 ml A. (90 Vol.-%) von 70 ± 3° gelöst. Nach Zusatz von 1 Tr. Methylrot-Methylthioninchlorid-Lsg. muß die Lsg. grün gefärbt sein (DAB 7 – DDR). – Protolytische Verunreinigungen. 2 ml der Lsg. von 20 mg in 2,5 ml A. muß nach Zugabe von 0,005 ml 0,01 n Natriumhydroxid-Lsg. und 1 Tr. Bromkresolgrün-Lsg. eine blaue Farbe geben, die nach Zugabe von 0,02 ml 0,01 n Salzsäure in Gelb umschlagen soll (Nord. 63). – 6. Östron. a) 2,5 mg werden in 0,5 ml n absolutäthanolischer Kaliumhydroxid-Lsg. gelöst und die Lsg. mit 0,2 ml 2%iger Dinitrobenzol-Lsg. in abs. A. versetzt. Man läßt 1 Std. bei 25° vor hellem Licht geschützt stehen und fügt 10 ml abs. A. hinzu. Die entstehende Färbung (mit einer Absorptionsbande im Grünen) soll weniger intensiv sein, als die, die von 0,1 mg Östron nach gleicher Behandlung hervorgerufen wird (BP 63). – b) Wird 1 mg mit 0,5 ml Antimontrichlorid-Lsg. versetzt, so darf weder eine Färbung noch eine Fluoreszenz auftreten (Ph.Helv.V – Suppl. II, Ph.Ned. 6). – c) Die Mischung von 0,15 ml einer Lsg. von 20 mg zu 2,5 ml A., 0,35 ml A. und 1 ml einer 0,5%igen (g/v) Lsg. von m-Dinitrobenzol in A. und 0,2 ml 2 n Kaliumhydroxid-Lsg. sollen nach 1 Std. Stehenlassen und Zufügen von 5 ml A. die Grenzprüfung für Farbe S: 2,00 Co bis 0,40 Fe halten, entspr. 30 mg/g (Nord. 63). – d) Die Lsg. von 2,0 mg Substanz in 1,0 ml A. (96%) wird mit 0,2 ml 1,3-Dinitrobenzol-Lsg. und 0,1 ml 3 n Kalilauge versetzt und unter Lichtausschluß aufbewahrt. Nach 2 Std. darf die Lsg. nicht stärker gefärbt sein, als das gleiche Vol. einer Mischung von 0,1 ml Kobalt(II)-chlorid-Lsg. und 4,0 ml 1%ige Salzsäure (DAB 7 – BRD). – 7. α-Östradiol gemäß USP XVI, NF XII. Ausführung entspr. der α-Östradiolbestimmung in Östradiol, S. 153, jedoch wird die auftretende Rotfärbung nicht gemessen, sondern nur visuell verglichen. Die in der Prüf-Lsg. auftretende Rotfärbung darf nicht intensiver sein als die beim Estradiol Benzoate Reference Standard. – In ähnlicher Weise wird auch gemäß Nord. 63 verfahren. Hier werden die Extinktionen der End-Lsg. wieder gemessen und ausgewertet. Es dürfen höchstens 3 mg/g gefunden werden.

Gehaltsbestimmung. Nord. 63. Von einer Lsg. 4,00 (= p) mg auf 100 ml Benzol werden je 0,5 ml in je 3 Reagensgläser (18 × 180 mm) gegeben und auf dem Wasserbad eingedampft. Die Reagensgläser werden darauf 1 Min. lang mit der Wasserstrahlpumpe evakuiert. Nach Zufügen von 1,00 ml Eisen-Phenol-Reagens aus einer Bürette werden die Gläser 35 Min. in ein Wasserbad gestellt und alle 5 Min. kräftig geschüttelt. Nach 2 Min. langer Abkühlung im Eisbad werden in jedes Reagensglas 4,00 ml 35%ige (v/v) Schwefelsäure gegeben (= Lsg. · a_1, a_2, a_3). – Gleichzeitig wird eine Standard-Lsg. mit Östradiolbenzoat-Standard von 4,00 (= q)mg auf 100,00 ml hergestellt. Ein Teil der Standard-Lsg. wird auf 17α-Östradiol geprüft. Gleichzeitig und in derselben Weise werden 0,5 ml dieser Standard-Lsg. behandelt, wie bei der Lsg. *a* angegeben (= Lsg. b_1 b_2 b_3) und auch eine Blindprobe aus den Reagentien angesetzt (= Lsg. *c*). – Die Differenzen der Extinktionen bei 525 nm und 420 nm zwischen b_1 und *c* seien k_1 und k_1'. Die Differenzen zwischen b_1 und b_2 und die zwischen b_1 und b_3 seien im Durchschnitt k_3 und k_3'. Die Differenzen zwischen den Lsg. b_1 und a_1, zwischen b_1 und a_2 und zwischen b_1 und a_3 seien im Durchschnitt k_2 und k_2'. – Der Gehalt *m* in Prozent $C_{25}H_{28}O_3$ errechnet sich dann mit Hilfe der Formel:

$$m = \frac{q \cdot n}{p} \cdot \frac{k_1 - k_2 - 1/2 \cdot (k_1' - k_2')}{k_1 - 2/3 \cdot k_3 - 1/2 \cdot (k_1' - 2/3 \cdot k_3')},$$

wobei *n* der Prozentgehalt an $C_{25}H_{28}O_3$ im Östradiolbenzoat-Standard ist.

Geforderter Gehalt 95,0 bis 105,0% $C_{25}H_{28}O_3$.

Anwendung. Zur Substitutionstherapie mit Follikelhormon. Östradiolbezoat wird angewendet als Injektion in öliger Lsg. 0,1, 1, 2 und 5 mg/ml und in wss. Suspension 1, 2, 5 und 10 mg/ml, ferner als Implantation 50 und 100 mg (BPC 63).

Dosierung. 1 bis 5 mg i.m. täglich.

Handelsformen: Menformon Prolongatum (Organon, München) als Mischung mit Phenylpropionat, Injektions-Lsg., Ovocyclin M (Ciba, Wehr, Baden) Kristallamp., Progynon B oleosum (Schering, Berlin) Amp., Solestro (Merck, Sharp & Dohme, West Point, Pa.) Amp., Benzo-Gynoestryl (als Hexahydrobenzoat Benzogynoestryl retard) (Roussel, Paris), Gynécormone (Lab. Nigy, Paris).

Östradiolcyclopentylpropionat. Estradiol Cyclopentylpropionate NF XI. Estradiol Cypionate[1] NF XII. Östradiol-17β-(3-cyclopentyl)propionat. 1,3,5(10)-Östratrien-3,17β-diol-17-cyclopentylpropionat.

$C_{26}H_{36}O_3$ Strukturformel VIII: S. 152 M.G. 396,58

Herstellung. Durch Behandlung von Östradiol mit Cyclopentylpropionylchlorid in Pyridin bildet sich der Diester an der 3- und 17-Stellung. Wird der 3,17-Diester mit Kaliumcarbonat in wss. M. behandelt, so tritt eine Verseifung nur in 3-Stellung ein. Durch Zugabe von W. erhält man den rohen 17-Ester, der aus 80%igem M. umkristallisiert wird.

Eigenschaften. Weißes oder praktisch weißes, geruchloses, kristallines Pulver. Praktisch unlösl. in W., lösl. in A., Aceton, Chlf., Dioxan, wenig lösl. in fetten Ölen. Fp. 149 bis 153°. $[\alpha]_D$: In Dioxan +39 bis +44°. UV-Absorption. Die Absorptionskurve weist ein Maximum bei 280 nm ± 2 nm auf (Lsg. 1 : 20000 in A.). Es darf nicht mehr als 3% von dem N.F.-Estradiol Cypionat Reference Standard abweichen.

Erkennung. 1. Eine Lsg. von etwa 2 mg Östradiolcyclopentylpropionat in 2 ml Schwefelsäure ist grünlichgelb mit einer grünen Fluoreszenz. – 2. Etwa 5 mg werden in einem kleinen Becherglas mit 5 ml 10%iger Kaliumhydroxid-Lsg. 15 Min. auf dem Wasserbad erwärmt. 50 mg Sulfanilsäure werden mit 2 ml verd. Salzsäure erwärmt, in Eiswasser gekühlt und langsam mit 0,3 ml einer 10%igen Natriumnitrit-Lsg. versetzt. Bei der Zugabe dieser Lsg. zu der verseiften Östradiolcyclopentylpropionat-Lsg. entsteht eine rote Farbe. – 3. Das IR-Absorptionsspektrum einer Nujol-Verreibung zeigt Maxima nur bei denselben Wellenlängen wie das des N.F.-Reference Standard.

Prüfung. 1. Glührückstand. 100 mg dürfen keinen wägbaren Rückstand hinterlassen. – 2. Trocknungsverlust. 4 Std. bei 105° getrocknet, nicht über 1%.

Anwendung. Wie Östradiol und sein Benzoat und Dipropionat, jedoch besitzt es in öliger Lsg. intramusculär injiziert eine länger verzögerte Wirkung. Durchschnittliche Dauer der Wirkung 3 bis 8 Wochen.

Handelsformen: Depofemin, im Femovirin mit Testosteroncyclopentylpropionat (Hoechst, Frankfurt a. M.) Amp. in ölig. Lsg., Depo-Estradiol (Upjohn, USA).

Oestradiolum dipropionicum Ph.Helv. V – Suppl. II. Oestradiolum dipropionylatum ÖAB 9. Estradiol Dipropionate USP XVI, NF XII. 3,17β-Dipropionoxy-$\Delta^{1,3,5(10)}$-östratrien. 1,3,5(10)-Estratrien-3,17β-diol-dipropionat. – 3,17β-Dipropionyloxyöstra-1,3,5(10)-trien.

$C_{24}H_{32}O_4$ Strukturformel IX: S. 152 M.G. 384,52

Herstellung. Durch Veresterung von Östradiol mittels Propionsäureanhydrid und Pyridin [Miescher, K., u. C. Scholz: Helv. chim. Acta *20*, 263 (1934)].

Eigenschaften. Weißes oder fast weißes kristallines, geruch- und geschmackloses Pulver. Praktisch unlösl. in W., lösl. in Ae., Aceton, Dioxan, A.; wenig lösl. in fetten pflanzlichen Ölen.

Fp. 104 bis 106,5° (Ph.Helv. V – Suppl. II), 104 bis 109° (Bad bis 94° vorgewärmt) (USP XVI, NF XII), 104 bis 109° (ÖAB 9), L. Kofler: 104 bis 109° (ÖAB 9). $[\alpha_D]$: In Dioxan +37 bis +41° (USP XVI, NF XII, Ph.Helv. V – Suppl. II); in A. +37 bis +41° (ÖAB 9).

Erkennung. 1. Versetzt man etwa 1 mg mit 1 ml konz. Schwefelsäure, so entsteht eine schwach gelbliche Lsg., die allmählich grünlichgelb wird und grün bis blau fluoresziert.

[1] Wortgeschützte Bezeichnung für Cyclopentylpropionat.

Versetzt man die Lsg. mit 1 ml W., so geht die Farbe in Orange über (ÖAB 9). – 2. Versetzt man eine Lsg. von etwa 1 mg Dipropionylöstradiol in 1 ml konz. Schwefelsäure mit 1 Tr. Eisenphosphorsäure, so färbt sich die Lsg. allmählich grüngelb mit intensiver Fluoreszenz. Fügt man 1 ml W. hinzu, so geht die Färbung in Orangerot mit grüner Fluoreszenz über (ÖAB 9). – 3. Erwärmt man etwa 10 mg mit 5 Tr. A., 5 Tr. W. und 10 Tr. konz. Schwefelsäure, so tritt nach einiger Zeit der Geruch nach Propionsäureäthylester auf (ÖAB 9). – 4. 20 mg werden in 2 ml A. gelöst und die Lsg. mit 2 ml weingeistiger Kalilauge und 10 ml W. 1/2 Std. auf dem Wasserbad am Rückflußkühler zum Sieden erhitzt. Nach dem Erkalten wird mit 1 ml verd. Salzsäure und 20 ml W. versetzt und stehengelassen, bis ein weißer Nd. entstanden ist. Das ausgeschiedene Östradiol wird abgenutscht, mit W. neutral gewaschen und bei 103 bis 105° getrocknet. Fp. 171 bis 175° (Ph.Helv. V – Suppl. II). – Gemäß USP XVI löst man 100 mg in 10 ml M., gibt eine Lsg. von 150 mg Kaliumcarbonat in 0,5 ml W. hinzu und kocht 4 Std. auf dem Dampfbad am Rückflußkühler. Dann werden 30 ml W. hinzugegeben und die Mischung auf etwa 15 ml eingedampft. Man kühlt, gibt 15 ml W. hinzu und läßt 1 Std. bei 5 bis 10° stehen. Der Nd. wird abgenutscht, mit kaltem W. gewaschen, bis das W. gegen Lackmus neutral reagiert, und bei 105° getrocknet. Fp. 173 bis 179°. – 5. Löst man etwa 2 mg des durch Hydrolyse gewonnenen Östradiols in 2 ml Schwefelsäure, so entsteht eine grünlichgelbe Fbg. mit grüner Fluoreszenz. Nach Zugabe von 1 Tr. Eisen-Ammoniumsulfat-Lsg. wird die Grünfärbung verstärkt; verdünnt man mit W., so entsteht Rot- bis Orangerotfbg. (USP XVI). – 6. Versetzt man 1 mg Östradioldipropionat mit 1 ml konz. Schwefelsäure und darauf mit 3 Tr. Molybdänschwefelsäure, so muß eine vorübergehende dunkelblaue Farbe entstehen. Nach Zusatz von 9 ml W. muß die Verdünnung rosa gefärbt sein und schwach grün fluoreszieren (Ph.Helv. V – Suppl. II). – 7. Wird 1 mg Östradioldipropionat in 0,5 ml A. gelöst und diese Lsg. mit 2 Tr. m-Dinitrobenzol und 1 Tr. verd. Kalilauge versetzt, so darf sich das Gemisch innerhalb 1 Std. nicht oder höchstens sehr schwach gelbbräunlich färben (Ph.Helv. V – Suppl. II). – 8. Identifizierung nach L. Kofler. Eutektische Temperatur der Mischung mit Benzil: 70°. Lichtbrechungsvermögen der Schmelze. n_D = 1,5000 bei 111 bis 113° (ÖAB 9). – 9. Das IR-Absorptionsspektrum einer Kaliumbromiddispersion der 4 Std. im Vakuum über Silicagel getrockneten Substanz zeigt Maxima nur bei denselben Wellenlängen, wie das des Estradiol Dipropionate Reference Standards (USP XVI, NF XII).

Prüfung. 1. Trocknungsverlust 4 Std. im Vakuum über Silicagel getrocknet: nicht über 0,5% (USP XVI, NF XII). – 2. Lösung und Reaktion. 100 mg sollen sich ohne Rückstand beim Erwärmen in 5 ml A. lösen; nach dem Erkalten darf die Lsg. gegen Lackmus nur schwach sauer reagieren (USP XVI, NF XII). – Die Lsg. in A. (1 + 199) muß klar und farblos sein (ÖAB 9). – 3. Freie Säure. 10 ml der Lsg. in A. (1 + 199) müssen sich auf Zusatz von 2 Tr. Bromthymolblau-Lsg. gelb oder grün und bei darauffolgendem Zusatz von 0,1 ml 0,01 n NaOH blau färben (ÖAB 9). – 4. Östron. Wird 1 mg Östradioldipropionat mit 0,5 ml Antimontrichlorid-Lsg. versetzt, so darf weder eine Färbung noch eine Fluoreszenz auftreten (Ph.Helv. V – Suppl. II).

Anwendung. Zur Substitutionstherapie von Follikelhormon. Es wird als Injektion in öliger Lsg. angewendet 1, 2,5, 5 mg in 1 ml oder 10, 50 mg in 10 ml.

Dosierung. 1 bis 5 mg i.m. täglich.

Handelsform: Ovocyclin (Ciba, Wehr, Baden) Amp.

Östradiolbutyrylacetat ist enthalten im Klimanosid „R"-Depot (Boehringer, Mannheim) Amp.

Östradiolphenylpropionat ist enthalten im Menformon prolongatum und im Lynandron prolongatum (Organon, München) Amp.

Östradioldiönanthat ist enthalten im Lactimex (Protina, München).

Östradiolundecylat ist enthalten im Progynon-Depot (Schering, Berlin) Amp.

Estradiol Valerate USP XVII. Oestradiolvalerianat. Oestra-1,3,5(10)-trien-3,17β-diol-17-valerianat.

$C_{23}H_{32}O_3$ Strukturformel X: S. 152 M.G. 356,51

Eigenschaften. Weißes, kristallines Pulver. Gewöhnlich geruchlos, doch zuweilen mit einem schwachen, fettigen Geruch behaftet. Prakt. unlösl. in W., lösl. in Ricinusöl, in M., in Benzylbenzoat und in Dioxan, wenig lösl. in Sesamöl und in Erdnußöl. Fp. 143 bis 150° (USP XVII). $[\alpha]_D^{25}$ +41 bis +47° (Dioxan, c = 2,5) (USP XVII).

Erkennung. USP XVII: Das IR-Spektrum in KBr zeigt den gleichen Kurvenverlauf wie das des USP Extradiol Valerate Reference Standard. – 2. Das UV-Spektrum einer alkoholischen Lsg. (1 in 20000) zeigt den gleichen Kurvenverlauf wie das des USP Estradiol Valerate Reference Standard und weicht im Maximum bei etwa 281 mμ um nicht mehr als 3% der Extinktion ab. – 3. 200 mg werden in 20 ml M. gelöst, mit 1 ml Kaliumcarbonat-Lsg. (1 in 3,3) versetzt und 4 Std. am Rückflußkühler erhitzt. Dann setzt man 30 ml W. zu und dampft langsam auf 15 ml ein, kühlt ab, versetzt mit 15 ml W. und läßt 1 Std. bei 5 bis 10° stehen. Dann saugt man ab und wäscht den Nd. mit kaltem W. neutral. 2 Std. bis 105° getrocknet schmelzen die so erhaltenen Östradiolkristalle zwischen 173 und 179°. – 4. Das bei 3 erhaltene Filtrat versetzt man mit 2 Tr. Kongorot-Lsg., säuert mit verd. Schwefelsäure an und gibt 10 ml Ae. zu. Man schüttelt aus, trennt die Ae.-Schicht ab und wiederholt die Ausschüttelung. Die vereinigten Ae.-Auszüge wäscht man mit 10 ml W., trocknet mit 1 g wasserfreiem Natriumsulfat und filtriert in eine Abdampfschale. Nach Abdampfen des Ae. neutralisiert man genau mit Ammoniak-Lsg. und gibt einige Tropfen Eisen(III)-chlorid-Lsg. zu: es entsteht ein rotbrauner Nd.

Prüfung. USP XVII. 1. Wassergehalt nach KARL FISCHER höchstens 0,1%. – 2. Freie Säure. 25 ml A. werden mit 0,01 n Natronlauge gegen Bromthymolblau neutralisiert. Darin löst man 500 mg Östradiolvalerianat, genau gewogen, und titriert rasch mit 0,01 n Natronlauge auf den ursprünglichen blaßblauen Farbton.

1 ml 0,01 n Natronlauge entspr. 1,021 mg Valeriansäure. Es dürfen nicht mehr als 0,5% freie Säure vorliegen.

Aufbewahrung. Gut verschlossen, vor Licht geschützt.

Anwendung. Östrogentherapie.

Dosierung. 5 bis 40 mg in i.m. Einzelgaben von 5 bis 20 mg alle 3 bis 4 Wochen.

Handelsformen: Östradiolvalerianat ist enthalten im Progynon-Depot (Schering, Berlin) Amp., in Primodian-Depot (Schering, Berlin) Amp., in Delestrogen (Squibb, New York).

Aethinyloestradiolum PI.Ed. I/2, ÖAB 9, Ph.Helv. V – Suppl. II, CsL 2 – Suppl., Jap. 61, DAB 7 – DDR, (INN). Aethynyloestradiolum Ph.Ned. 6. Ethinyloestradiol BP 63, CF 65. Ethinyl Estradiol USP XVII. Ethinyloestradiolum Nord. 63. Äthinylöstradiol. 17α-Äthinyl-$\Delta^{1,3,5(10)}$-östratrien-3,17β-diol. (+)-17α-Ethynyl-3,17β-dihydroxyestratrien-(1,3,5(10)]. 19-Nor-17α-pregna-1,3,5(10)-trien-20-yne-3,17-diol. 1,3,5(10)-Oestratrien-17α-aethinyl-3,17β-diol.

$C_{20}H_{24}O_2$ Strukturformel XI: S. 152 M.G. 296,41

Herstellung. Durch Einwirkung von Kaliumacetylid auf Östron in flüssigem Ammoniak, Verdampfen des NH_3, Lösen des Kaliumsalzes in W. und Fällung mit Mineralsäuren (BP 53). Vgl. H. H. INHOFFEN u.a.: Chem. Ber. *71*, 1024 (1938), Naturwissenschaften *26*, 96 (1938).

Gehalt. 98,0 bis 102,0% BP 63, 99% Nord. 63.

Eigenschaften. Weißes, geruchloses, kristallines Pulver. USP XVII, ÖAB 9, DAB 7 – DDR, Jap. 61 gestatten auch schwach gelbliche Färbung. – Praktisch unlösl. in W., lösl. bei 20° in 5 T. Aceton, 6 T. A. (95%), 20 T. Chlf., 4 T. Dioxan, 4 T. Ae. und in wss. Alkalihydroxid-Lsg.

Fp. 176 bis 181° (nach 1stdg. Trocknen bei 140°) (Ph.Helv. V – Suppl. II); 178 bis 184° bzw. 142 bis 146° (Ph.Ned. 6); 179 bis 186° (Nord. 63); 179 bis 184° (DAB 7 – DDR); 180 bis 186° bzw. 142 bis 146° (USP XVII, CsL 2, Jap. 61); 180 bis 184°, nach L. KOFLER 180 bis 185° (ÖAB 9); 182 bis 184° bzw. 141 bis 146° (BP 63); 182 bis 184° bzw. 144 bis 146° (PI.Ed. I/2). $[\alpha]_D$: In Dioxan 0 bis +3° (PI.Ed. I/2, BP 63); +1 bis +10° (Jap. 61); in A. +2 bis +10° (Ph.Helv. V – Suppl. II, Nord. 63); +1 bis +10° (ÖAB 9); +1 bis +5° (DAB 7 – DDR). UV-Absorption. $E_{1\,cm}^{1\%}$: In A. bei 281 nm 69,5 bis 72,5 (PI.Ed. I/2), 69,5 bis 72,0 (DAB 7 – DDR), 69 bis 73 (CsL 2, Jap. 61), etwa 70 (Nord. 63), in abs. A. bei etwa 280 nm 71 (BP 63).

Erkennung. 1. 0,002 g werden in 1 ml gekühlter Mischung gleicher Vol. Schwefelsäure und 95%igem A. gelöst. Die Lsg. ist orangerosa und zeigt gelbgrüne Fluoreszenz. Verdünnt man mit 2 ml W., so entsteht Rotfärbung (PI.Ed. I/2). – Gemäß BP 63 wird die Reaktion so durchgeführt, daß man 2 mg in 2 ml Schwefelsäure löst. Die Lsg. erscheint im durchscheinenden Licht orangerot und fluoresziert gelbgrün im reflektierten Licht. Versetzt man 1 ml der Lsg. mit 1 Tr. Eisen(III)-Ammoniumsulfat-Lsg. und 2 ml W., so entsteht eine rotbraune Fllg. Verdünnt man 1 ml der Schwefelsäure-Lsg mit 2 ml W., so entsteht eine rosenrote Fällung. Gemäß Ph.Helv. V – Suppl. II verdünnt man mit 10 ml W., es entsteht Violettfärbung und ein violetter Nd. – 2. 0,025 g werden in 10 ml 5%iger Kaliumhydroxid-

Lsg. gelöst und die Lsg. mit 0,1 g Benzoylchlorid geschüttelt. Fp. der Fllg. nach dem Umkristallisieren aus M. 200 bis 202° (Äthinylestradiol-3-mono-benzoat) (PI.Ed. I/2). – Gemäß USP XVII benzoyliert man bei etwa 10° durch Schütteln mit 0,3 ml einer Mischung von Benzoylchlorid mit 2 Raumteilen Ae. Gemäß Ph.Helv. V – Suppl. II soll das Benzoat bei 196 bis 199° schmelzen, die Benzoylierung erfolgt in verd. Natronlauge. 199 bis 202° (DAB 7 – DDR), 198 bis 204° (Nord. 63). – 3. Versetzt man etwa 5 mg in 0,5 ml A. mit 5 Tr. ammoniakalischer Silbernitrat-Lsg. so entsteht ein dichter, weißer, flockiger Nd., der sich auf Zusatz von einigen Tropfen verd. Salpetersäure in eine durchscheinende Gallerte umwandelt (ÖAB 9). – 4. Identifizierung nach L. Kofler. Eutektische Temperatur der Mischung mit Salophen: 151°. Lichtbrechungsvermögen der Schmelze: n_D = 1,5403 bei 179 bis 181° (ÖAB 9). – 5. Nach 4stdg. Trocknen im Vakuum über Silicagel zeigt das IR-Absorptionsspektrum einer Kaliumbromiddispersion Maxima nur bei denselben Wellenlängen wie das des Ethinyl-Estradiol-Reference-Standard (USP XVII). – 6. Das UV-Absorptionsspektrum einer Lsg. 1 : 20000 zeigt denselben Kurvenverlauf wie das des USP-Reference-Standard; die entsprechenden Extinktionen, bezogen auf die getr. Substanz, beim Maximum etwa 281 nm sollen nicht mehr als 3% differieren (USP XVII).

Prüfung. 1. Trocknungsverlust nicht über 0,5% bis zum konst. Gew. getrocknet bei 100° (PI.Ed. I/2), bei 105° (BP 63, ÖAB 9, DAB 7 – DDR), 4 Std. im Vakuum über Silicagel (USP XVII). – 2. Glührückstand. Nicht über 0,1% (PI.Ed. II/2, Jap. 61), ohne Rückstand (Ph.Ned. 6). Sulfatasche: Nicht über 0,1% (BP 63, Nord. 63). – 3. Protolytische Verunreinigung. 2 ml P (= 0,03 g in 3 ml A.) sollen sich nach Zufügen von 0,005 ml 0,01 n Natronlauge und 1 Tr. Bromkresolgrün-Lsg. blau färben. Die Farbe soll nach Zufügen von 0,025 ml 0,01 n Salzsäure in Gelb umschlagen (Nord. 63). – 4. Klarheit der Lösung. Eine 1%ige Lsg. in A. muß klar und farblos sein (ÖAB 9, DAB 7 – DDR). 0,1 g müssen sich klar und vollständig in 5 ml A. lösen (USP XVII). – 5. Färbung der Lösung. 2 ml Prüf-Lsg. sollen die Farbgrenze S (0,5 Co, 0,5 Cu, 0,5 Fe) halten (Nord. 63). – 6. Freie Säure. 10 ml der 1%igen Lsg. in A. müssen sich auf Zusatz von 2 Tr. Bromthymolblau-Lsg. gelb oder grün und bei darauffolgendem Zusatz von 0,2 ml 0,01 n Natriumhydroxid-Lsg. blau färben (ÖAB 9). – 10 ml A. (70%) werden mit 4 Tr. Methylrot-Methylthioninchlorid-Lsg. und gegebenenfalls mit 0,01 n Salzsäure bis zum Farbumschlag nach Grau versetzt. 0,05 g Substanz werden in 5,0 ml des so vorbehandelten A. unter Erwärmen gelöst. Nach dem Erkalten muß die Lsg. grau oder grauviolett und nach darauffolgendem Zusatz von 0,05 ml 0,1 n Kalilauge grün gefärbt sein (DAB 7 – DDR). – 7. Östron. 0,005 g werden in 0,5 ml A. (95%) gelöst, die Lsg. mit 0,005 g Dinitrobenzol versetzt und mit 0,5 ml frisch bereiteter alkoholischer Kaliumhydroxid-Lsg. gemischt. Man läßt 1 Std. im Dunkeln stehen und versetzt mit 10 ml A. (95%). Die Lsg. darf nicht intensiver gefärbt sein als ein Ansatz der Reagentien ohne Äthinylöstradiol (PI.Ed. I/2, Jap. 61). – Gemäß Nord. 63 muß eine Mischung von 0,5 ml einer 1%igen Lsg. von Äthinylöstradiol in A., 1 ml einer 0,5%igen (g/v) Lsg. von m-Dinitrobenzol in A. und 0,2 ml 2 m Kaliumhydroxid-Lsg. nach 1 Std. und Zufügen von 5 ml A. die Grenzprüfung Farbe S halten (2,00 Co bis 0,4 Fe).

Gehaltsbestimmung. Nord. 63. Versuchs-Lsg.: 5,0 (= p) mg in 100 ml A. (= Lsg. *a*). Standard-Lsg.: 5,0 (= q) mg Nordischer Äthinylöstradiol-Standard (= Lsg. *b*), Blind-Lsg.: A. (= *c*). Es werden die Extinktionen der Lsg. gemessen. Die Differenz der Extinktionen zwischen *b* und *c* sei k_1, die zwischen *b* und *a* sei k_2. Der Gehalt *m* in Prozent $C_{20}H_{24}O_2$ berechnet sich dann nach der Formel:

$$m = \frac{q \cdot n}{p} \cdot \left(1 - \frac{k_2}{k_1}\right),$$

wobei *n* der Prozentgehalt an $C_{20}H_{24}O_2$ im Standardpräparat ist.

Geforderter Gehalt 95 bis 103% $C_{20}H_{24}O_2$.

Anwendung. Äthinylöstradiol gehört zu den aktivsten bekannten Östrogenen. Der Abbau im Magen, Darm und in der Leber ist durch die Äthinylsubstitution gehemmt, so daß es oral wirksam ist, und zwar 20mal stärker als Stilböstrol.

Dosierung. Zur Behandlung der Menopausesymptome 10 bis 50 µg täglich. Für die Suppression der Laktation 100 µg 3mal tägl. für 3 Tage, dann 100 µg tägl. für 6 Tage. Für Behandlung des Prostata- und Brust-Carcinoms 1 bis 2 mg tägl. (BP 63).

Handelsformen: Menformon (Organon, München) Styli. – Progynon (Schering, Berlin) Tabl., -C und -M.

Diogyn-E (Pfizer, USA); Esteed (Warren-Teed, USA); Estigyn (British Drug Houses, Engl.); Estinyl (Schering, USA); Ethinoral (C. D. Smith, USA); Eticylol (Ciba, USA); Estorals (Key Corp., USA); Inestra (Merck Sharp & Dohme, USA); Lynoral (Organon, Engl.); Novestrol (Rorer, USA); Oradiol (Vanpelt & Brown, USA); Palonyl (Palmedico, USA); Crinex (Crinex, Paris).

Mestranol NND 64, (INN). Äthinylöstradiol-3-methyläther. Methoxyäthinylöstradiol. 17α-Äthinyl-3-methoxy-17β-hydroxy-1,3,5(10)-östratrien. 1,3,5(10)-Östratrien-17α-äthinyl-3-methoxy-17β-ol. 3-Methoxy-19-nor-17α-pregna-1,3,5(10)-trien-20-in-17-ol.

$C_{21}H_{26}O_2$ Strukturformel XII: S. 152 M.G. 310,43

Anwendung. Oral wirksames Östrogen zur Therapie bei Cyclusstörungen, meist in Verbindung mit einem Gestagen (vgl. Kombinationspräparate, S. 185).

Handelsformen: Enthalten in Norethindrone with Mestranol NND 64, Norethynodrel with Mestranol NND 64, Aconcen (Merck, Darmstadt), Instoral (Syntex), Lyndiol (Organon, München), Novacyclin (Ciba, Wehr, Baden), Ovulen (Boehringer, Mannheim).

17α-Methylöstradiol ist enthalten in Klimanosid „R" und im Gynäkosid (Boehringer, Mannheim) Dragees.

$C_{19}H_{27}O_2$ M.G. 287,42

Fp. 190 bis 192°.

Quinöstrol. 3-(Cyclopentyloxy)-äthinylöstradiol. 3-(Cyclopentyloxy)-19-nor-17α-pregna-1,3,5(10)-trien-20-yn-17-ol.

Handelsformen: Estrovis (Vismara, Italien), Pentovis (Warner, Eastleigh, Hampshire).

Östron DAB 7 – BRD, (INN). Oestronum PI.Ed. I/1, CsL 2 – Suppl., Jap. 61, Ph.-Ned. 6, ÖAB 9. Estrone USP XVI, NF XII. Oestrone Reagens BP 63, CF 65. Theelin. Folliculin. Ketohydroxyestrin. 3-Hydroxy-1,3,5(10)-östratrien-17-on. 3-Hydroxy-17-keto-oestratrien-1,3,5(10). $\Delta^{1,3,5(10)}$-Östratrien-3-ol-17-on. 1,3,5(10)-Estratrien-3-ol-17-one. 3-Hydroxyoestra-1,3,5(10)-trien-17-on.

$C_{18}H_{22}O_2$ Strukturformel I: S. 151 M.G. 270,37

Herstellung. Östron ist das einzige Steroidhormon, das heute noch z.T. aus natürlichem Material isoliert wird. Merkwürdigerweise ist die reichste Quelle für Östron der Hengstharn. In der Praxis wird es jedoch von *trächtigem Stutenharn* gewonnen, da hiervon größere Mengen zur Verfügung stehen. Es werden Extraktions-, Fällungs- und Adsorptionsmethoden angewendet.

Literatur: Ito, M., u. S. Hayazu: Münch. med. Wschr. *80*, 1969 (1933); – Curtis, J. M. u. a.: J. biol. Chem. *107*, 191 (1934). – Beall, D., u. M. Edson: Biochem. J. *30*, 577 (1936).

Eigenschaften. Kleine weiße oder schwach gelbliche Kristalle oder kristallines Pulver ohne Geruch und Geschmack. Praktisch unlösl. in W., lösl. in A., Ae., Chlf., Aceton, wenig lösl. in fetten Ölen.

Fp. unter Zers. (Bad auf 220° vorgewärmt) 249 bis 254° (Ph.Helv. V – Suppl. II), 254 bis 262° (Jap. 61, BP 63), 255° (DAB 7 – BRD), 256 bis 262 (Bad auf 220° vorgewärmt) (USP XVI, NF XII), 256 bis 260° (Ph.Ned. 6), 258 bis 262° (PI.Ed. I/1), 260 bis 265° (ÖAB 9), L. Kofler: Stabile Modifikation 260 bis 263°, instabile Modifikation 252 bis 256°, 260 bis 262° (CF 65).

$[\alpha]_D$: In Dioxan + 155 bis + 166° (Jap. 61), + 158 bis + 165° (USP XVI, NF XII), + 158 bis + 166° (BP 63, DAB 7 – BRD), 160 bis + 168° (Ph.Helv. V – Suppl. II, CsL 2 – Suppl.) + 161 bis + 165° (CF 65), + 163 bis + 168° (Ph.Ned. 6), in A. + 160 bis + 166° (ÖAB 9).

UV-Absorption $E^{1\%}_{1\,cm}$. 80 bis 90 in abs. A. bei 280 nm (BP 63,) in A. (96%) 80 ± 5 bei 281 nm (DAB 7 – BRD).

Erkennung. 1. Auf Zusatz von 1,0 ml 1,3-Dinitrobenzol-Lsg. und 1,0 ml 3 n KOH zu einer Lsg. von 2,0 mg Substanz in 1,0 ml A. (96%) entsteht eine rotviolette Färbung (DAB 7 – BRD, ÖAB 9). – 2. Die Lsg. von 50 mg Substanz in 10 ml A. (96%) wird mit 50 mg Hydroxylaminhydrochlorid und 50 mg wasserfreiem Natriumacetat versetzt und 2 Std. lang unter Rückfluß zum Sieden erhitzt. Nach Abkühlung und Zusatz von 20 ml W. wird die Ausfällung abgesaugt, mit W. gewaschen und aus A. (96%) umkristallisiert. Das Östronoxim schmilzt nach dem Trocknen bei 105° zwischen 245 und 252° (Metallblock) (DAB 7 – BRD). Gemäß PI.Ed. I/1 wird anstelle des wasserfreien Natriumacetats 1 ml Eisessig zugegeben und 5 Std. am Rückflußkühler gekocht. Fp. 229 bis 231°. – 3. Zu der eisgekühlten Lsg. von 50 mg Substanz in 4 ml Aceton, 3,5 ml 3 n NaOH und 2,0 ml W. werden tropfenweise 0,40 ml Benzoylchlorid gegeben. Nach kräftigem Schütteln bis zum Verschwinden des Geruches nach Benzoylchlorid wird das Gemisch mit 5,0 ml W. versetzt, der Nd. abgesaugt, mit warmem W. gewaschen und aus Aceton umkristallisiert. Das Östronbenzoat schmilzt nach dem Trocknen bei 105° zwischen 218 und 227° (DAB 7 – BRD), 218 bis 222° (PI.Ed. I/1, Ph.Ned. 6), 215 bis 222° (Jap. 61). – 4. Versetzt man etwa 1 mg Östron mit 1 ml konz. Schwefelsäure, so entsteht allmählich eine grünlichgelbe Lsg., die intensiv grün fluoresziert. Versetzt man die Lsg. mit 1 ml W., so geht die Färbung in Rotorange über (ÖAB 9). – 5. Erhitzt man eine Lsg. von etwa 20 mg Östron in einer Mischung von 1 ml Essigsäureanhydrid und 1 ml Pyridin 10 Min. lang unter Rückflußkühlung zum Sieden, fügt nach dem Erkalten 20 ml W. hinzu und schüttelt kräftig durch, so scheidet sich ein kristalliner Nd. von Acetylöstron aus. Dieser wird abgesaugt, mit W. bis zum Verschwinden des Pyridingeruches gewaschen und getrocknet. Fp. 123 bis 127° (ÖAB 9). In ähnlicher Weise bereitet, schmilzt das Östronacetat gemäß Ph.Helv. V – Suppl. II zwischen 121,5 und 125°. – 6. Versetzt man 1 mg Östron mit 3 Tr. Molybdänschwefelsäure, so muß eine rasch vorübergehende dunkelblaue Farbe entstehen. Nach Zusatz von 1 ml konz. Schwefelsäure und 9 ml W. muß die Verdünnung rosa gefärbt sein und eine gelbgrüne Fluoreszenz aufweisen (Ph.Helv. V – Suppl. II, Ph.Ned. 6). – 7. 4 mg Dinitrophenylhydrazin werden mit 1 ml A. und 1 Tr. konz. Salzsäure bis zur klaren Lsg. erhitzt. Zu der heißen Lsg. wird eine Lsg. von 5 mg Östron in 3 ml A. gegeben. Das Gemisch wird, ohne den verdampften A. zu ersetzen, so lange gekocht, bis ein gelber Nd. entsteht. Nach Zugabe von 4 ml A. wird während weiteren 2 Min. zum Sieden erhitzt und darauf abgekühlt. Das auskristallisierte Dinitrophenylhydrazon wird abgenutscht, zuerst mit 4 ml A., hierauf mit W. gewaschen und bei 103 bis 105° getrocknet. Der Fp. unter Zersetzung muß zwischen 270 und 274° liegen (Ph.Helv. V – Suppl. II), 276 bis 278° (Ph.Ned. 6). – 8. Das IR-Absorptionsspektrum einer Kaliumbromiddispersion zeigt Maxima nur bei denselben Wellenlängen wie das des Östron Reference Standard (USP XVI, NF XII). – 9. UV-Absorption. Die mittels Erwärmen im Dampfbad hergestellte Lsg. 1: 20000 in A. weist nach dem Abkühlen den gleichen Kurvenverlauf auf, wie der Estrone Reference Standard. Das Maximum bei etwa 280 nm darf vom Standard nicht mehr als 3% abweichen. – 10. Identifizierung nach L. Kofler. Eutektische Temperatur der Mischung mit Salophen ~ 178°, mit Dicyandiamid ~ 205°.

Prüfung. 1. Trocknungsverlust. Bei 105° getrocknet höchstens 0,5% (DAB 7 – BRD). – 2. Verbrennungsrückstand. Höchstens 0,5% (PI.Ed. I/1, Jap. 61); 100 mg dürfen keinen wägbaren Rückstand hinterlassen (USP XVI, NF XII, Ph.Ned. 6). – 3. Sulfatasche. Höchstens 0,1% (DAB 7 – BRD). – 4. Lösung. Die Lsg. in A. (1: 199) muß klar und farblos sein (ÖAB 9). – 0,1 g Östron werden auf dem Dampfbad in 100 ml n Natronlauge bis zur Lsg. erwärmt. Die Lsg. soll nach dem Abkühlen und Überführen in einen 100-ml-Nessler-Zylinder klar sein (NF XII). – 5. Equilenin und Equilin (s. Formeln III u. II, S. 151). 10 mg werden in A. zu 50 ml gelöst. 5 ml der Lsg. versetzt man mit 5 ml einer Pufferlsg., die aus 2 ml Essigsäure, 13,3 g wasserfreiem Natriumacetat und W. zu 100 ml hergestellt wird, erwärmt auf etwa 50° und gibt 1 ml einer frisch bereiteten 0,5%igen alkoholischen Dibromchinon-chlorimid-Lsg. hinzu. Die Mischung wird 30 Min. stehengelassen und darauf mit 10 ml Chlf. und 20 ml Natronlauge 2 Min. geschüttelt. Die Chlf.-Phase wird abgetrennt und durch Papier filtriert; die ersten 2 ml des Filtrates werden verworfen. Das weitere Filtrat darf gegen einen weißen Hintergrund nicht intensiver rot gefärbt erscheinen als auf die gleiche Weise behandelte 5 ml einer alkoholischen Lsg., die 20 µg Equilenin enthalten (USP XVI, CF 65). – Equilin: Beim schnellen Schmelzen darf Östron nicht rot oder rotviolett gefärbt werden (Ph.Ned. 6). – 6. Östradiol. 1 mg Östron wird mit einer Lsg. von 1 g Phenol in 1 ml konz. Schwefelsäure versetzt. Dann wird 1 ml W. zugegeben, gut durchgemischt und während 3 Min. im Wasserbad erhitzt. Das Gemisch muß sich schwach grün bis blau, jedoch nicht violett oder rosa färben (Ph.Helv. V – Suppl. II, Ph.Ned. 6).

Anwendung. Zur östrogenen Therapie.

Dosierung. Intramusculär 0,2 bis 1 mg (USP XVI).

Handelsformen: Menformon (Organon, München) Dragees, Salbe, Pessarien. Aquacrine (Ebdocrine USA). Estromone (Endo, USA). Estrugenone (Kremers-Urban, USA). Estrusol (Smith, Miller & Patch, USA). Menagen (Parke, Davis, USA). Theelin (Parke, Davis, USA). Thelestrin (Carnrick, USA). Wynestron (Wyeth, USA).

16α-Hydroxyöstron-diacetat.

Handelsform: Colpormon (Rolland, Paris).

Östriol. Estriol NNR 55. 3,16,17-Trihydroxy-1,3,5(10)-östratrien.

$C_{18}H_{28}O_3$ Strukturformel V: S. 151 M.G. 288,39

Herstellung. Nach A. Butenandt und E.-L. Schäffler [Z. Naturforsch. *1*, 82 (1946)] über den Isonitroso-östron-methyläther durch Reduktion und Entmethylierung. US-Pat. 1967350-1.

Eigenschaften. Weißes, geruchloses, mikrokristallines Pulver, das im filtrierten UV-Licht rötlich fluoresziert. Veränderungen unter dem Mikroskop bei 270 bis 275°, Fp. 282° (Steigerung der Temp. um 4° je Minute). Praktisch unlöslich in W., lösl. in A., Dioxan und Öl.

Erkennung. Gemäß NNR 52. 1. Man löst etwa 60 mg in einer Mischung von 6 ml Pyridin und 2 ml Essigsäureanhydrid und erhitzt 24 Std. lang auf 95° am Rückflußkühler. Die Lsg. wird in 100 ml eiskaltes W. gegossen und mit 0,1 n Natronlauge titriert. Acetylzahl 121 bis 129, entspr. 3 Acetylgruppen. Ein Blindversuch ist erforderlich. – 2. 40 mg werden in einer Mischung von 6 ml Pyridin und 2 ml Essigsäureanhydrid 24 Std. lang auf 95° am Rückflußkühler erhitzt. Man läßt darauf das Gefäß weitere 24 Std. bei 37° stehen, gibt dann 10 ml verd. A. hinzu und dampft im Vakuum zu einem dicken Sirup ein. Nach Zugabe von 1 ml A. läßt man zur Kristallisation stehen. Die abgenutschten Kristalle werden in 3 ml A. gelöst, der A. abgedunstet und der Rückstand in 4 ml Pyridin gelöst. Man fügt 16 ml W. hinzu und kristallisiert die ausgefallenen weißen Flocken 2mal aus 90%igem A. um. Die Kristalle werden im Vakuum bei 80° über P_2O_5 getrocknet. Fp. des Triacetates 125 bis 127°. – 3. 40 mg werden genau zu 1 ml in frisch dest. Dioxan gelöst. Man bestimmt die optische Drehung im 2-dm-Mikrorohr. $[\alpha]^{25}_{D} = +58 \pm 5°$.

Prüfung. 1. Trocknungsverlust. Bei 80° im Vakuum (2 Torr) getrocknet, nicht über 0,05%. – 2. Glührückstand. 2 mg dürfen keinen Rückstand hinterlassen.

Gehaltsbestimmung. Kohlenstoff-Wasserstoff-Bestimmung. 72,2 bis 74,6% C entspr. 99,5 bis 100,3% Östriol; 8,0 bis 8,7% H entspr. 95,4 bis 103,7%.

Handelsformen: Ovestin Tabl., Tr., Amp.; als Succinat Orgastyptin, Amp. (Organon, München); Theelol (Parke, Davis, Detroit, Mich.) Kapseln.

Piperazine Estrone Sulfate NF XI, NND 62. Piperazinsalz des Östronschwefelsäureesters.

$C_4H_{10}N_2 \cdot C_{18}H_{22}O_5S$ Strukturformel IV: S. 151 M.G. 436,58

Herstellung. Durch Behandlung mit Chlorsulfonsäure wird Östron in Östron-3-hydrogensulfat übergeführt. Die Überführung in das Piperazinsalz kann durch Lösen der Säure in warmem W., das äquimolare Mengen Piperazin enthält, und Eindampfen zur Trockne vorgenommen werden.

Erkennung. Weißes bis cremefarbenes, geruchloses, kristallines Pulver. Es schmilzt bei etwa 190° zu einem leicht braunen Sirup, der sich bei weiterem Erhitzen wieder festigt und endlich unter Zers. bei 245° schmilzt. Die gesättigte Lsg. reagiert neutral oder schwach alkalisch gegen Lackmus. Schwer lösl. in A. und W.

Erkennung. 1. Zu 5 ml einer Lsg. von Piperazinöstronsulfat werden 5 ml einer Chinon-Lsg. (1 g Chinon in 5 ml Eisessig, verdünnt auf 100 ml) gegeben; die Lsg. wird gekocht und dann abgekühlt. Es entwickelt sich eine rote Farbe (Piperazin). – 2. 5 mg werden mit 2 ml verd. Salzsäure 5 Min. auf dem Dampfbad erwärmt, abgekühlt, mit 10 ml 10%iger Kaliumhydroxidlsg. versetzt und darauf mit der diazotierten Sulfanilsäurelsg. wie auf S. 153 beschrieben. Es entsteht eine tief rote Färbung. – 3. Zu etwa 1 mg gibt man 1 ml 2,5%ige 2-Naphthol-Lsg. in Schwefelsäure und erhitzt 2 Min. lang im siedenden Wasserbad. Nach dem Erkalten wird mit 1 ml W. gemischt: es entsteht Orangegelbfärbung; erhitzt man 90 Sek. im siedenden Wasserbad, so entsteht Rotorangefärbung (Östron).

Prüfung. 1. Trocknungsverlust. 1 Std. bei 105° getrocknet, nicht über 1%. – 2. Sulfatasche. Nicht über 0,1%.

Gehaltsbestimmung. 50 mg, vorher bei 105° 1 Std. getrocknet, werden in einem Scheidetrichter in 50 ml W. gelöst und 5mal mit je 10 ml Chlf. extrahiert. Die Chlf.-Schichten werden verworfen. Die wss. Phase wird durch Erwärmen vom Chlf. befreit und in einem 100-ml-Meßkolben mit W. bis zur Marke verdünnt. 5 ml dieser Lsg. werden in einem 100-ml-Meßkolben mit 2 ml Salzsäure versetzt und 15 Min. auf dem Dampfbad erwärmt, abgekühlt, mit 2 n NaOH gegen Lackmus neutralisiert und bis zur Marke mit 0,1 n NaOH verdünnt. Von dieser Lsg. wird die Extinktion bei 238 nm und 1 cm Schichtdicke mit 0,1 n NaOH als Blindlsg. gemessen. Die Menge $C_4H_{10}N_2 \cdot C_{18}H_{22}O_5S$ errechnet sich nach der Formel: $20\,000 \cdot (A/a) \cdot 1{,}615$, wobei A die Extinktion der Lsg., a die der entspr. bereiteten Lsg. von Estrone Reference Standard und der Faktor 1,615 der Quotient der Molekulargewichte beider Substanzen ist.

Anwendung. Wie Östron in Tabletten tägl. 1,5 bis 4,5 mg.

Estrogenic Substances Conjugated. NND 62. Konjugierte östrogene Substanzen.

Das Präparat stellt eine amorphe, wasserlösliche Zubereitung der natürlichen Östrogene aus dem Harn trächtiger Stuten dar. Der vorherrschende östrogene Bestandteil ist *Natriumöstronsulfat*; daneben sind kleine Mengen anderer Östrogene und relativ viel nichtöstrogene

Stoffe enthalten. Die östrogene Wirkung des Präparates wird in natriumöstronsulfat-äquivalenten Einheiten ausgedrückt.

Herstellung gemäß NNR 52. Frischer Harn trächtiger Stuten im 5. oder fortgeschritteneren Monat der Gravidität wird mit Xylol zur Verhinderung der Hydrolyse versetzt und im Vakuum bei 40 bis 50° konzentriert. Der pH-Wert soll nahe dem Neutralpunkt gehalten werden. Man extrahiert das Konzentrat mehrmals mit wassergesättigtem Butylalkohol, schüttelt die Auszüge einige Male mit 0,1 n Natronlauge aus und konzentriert im Vakuum bei 40 bis 50° auf ein kleines Volumen.

Das Konzentrat wird mit Aceton ausgezogen und der Acetonauszug auf ein kleines Volumen eingeengt. Man behandelt mit einem Überschuß an Ae. und trocknet die entstandene Fllg. Diese stellt ein rotbraunes oder auch helles, amorphes, hygroskopisches Pulver dar; es ist lösl. in W., wobei gelbe Lsg. entstehen, lösl. in A. und Aceton, unlösl. in Bzl. und Ae. Die Herstellung kann auch durch selektive Adsorption und Elution erfolgen. Man reinigt die Eluate durch Verteilung zwischen verschiedenen Lösungsmitteln.

Der Gehalt an östrogenen Substanzen kann chemisch nach der KOBERschen Phenolsulfonsäuremethode, oder biologisch durch orale Verabreichung an erwachsene, ovarienexstirpierte Ratten nach KAHNT-DOISY bestimmt werden. Als Standardsubstanz verwendet man Östron.

Anwendung wie Östron.

Handelsformen: Presomen (Kali-Chemie, Hannover) Trockenamp., Dragees. Equigyne (Lab. Torande, Paris). Amnestrogen, Amniotin (Squibb), Amoryn (Plessner), Barestrogen (Barre), Cogenat (National Drug), Conestron (Wyeth), Estrifol (Premo), Estronoid (Sherman), Glyestrin (First Texas), Konogen (Lilly), Premarin (Ayerst), Proliculin (Merrell), Theogen (Sig), Ultrogen (Ulmer).

Dienoestrolum PI.Ed. I – Suppl., ÖAB 9. Dienoestrol BP 63, CF 65. Dienestrol USP XVI, NF XII. 3,4-Di-(4-hydroxyphenyl)-hexa-2,4-dien. 3,4-Bis-(4-hydroxyphenyl)-hexadien-(2,4). 3,4-Di-(p-hydroxyphenyl)-hexadien-(2,4). 4,4-(Diethylidineëthylene)-diphenol. Hexadienoestrol. Dehydrostilboestrol.

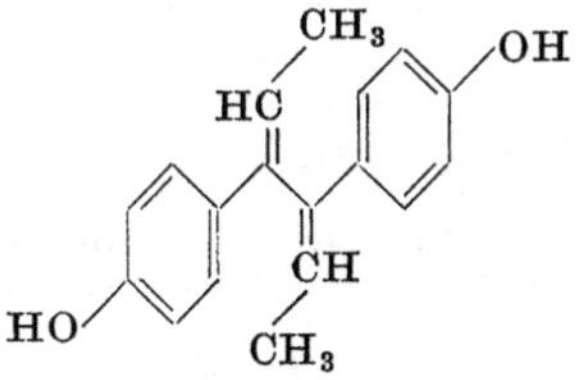

$C_{18}H_{18}O_2$ M.G. 266,34

Herstellung. Durch Reduktion von 4-Hydroxypropiophenon entsteht unter Dimerisierung ein Glykol, das durch Dehydration – evtl. Chlorierung und HCl-Abspaltung – das Dien gibt (vgl. Dan.-Pat. 59482, 60202).

Gehalt. Nicht weniger als 98% $C_{18}H_{18}O_2$, bezogen auf die bei 105° 2 Std. getrocknete Substanz (PI.Ed. I – Suppl., USP XVI); 98,5 bis 101,5% (BP 63); 98,5 bis 100,2% (ÖAB 9).

Eigenschaften. Farblose oder weiße oder praktisch weiße, nadelförmige Kristalle oder weißes oder praktisch weißes, kristallines Pulver ohne Geruch. Praktisch unlösl. in W., lösl. bei 20° in 8 T. A. (95), %5 T. Aceton, 15 T. Ae., lösl. in Alkalilaugen, lösl. in M., in Propylenglykol, schwer lösl. in Chlf., sehr schwer lösl. in Bzl. Fp. 227 bis 235° (PI.Ed. I – Suppl.), 227 bis 231° (USP XVI), 230 bis 235° (BP 63), 231 bis 234° (nach L. KOFLER 228 bis 234, ÖAB 9), 234 ± 1° (CF 65).

Erkennung. 1. 1 mg wird in 5 ml Eisessig gelöst, die Lsg. mit 0,2 ml 1%iger Brom-Lsg. in Eisessig und nach 20 Sek. mit 1 Tr. Phenolum liquefact. versetzt. Erhitzt man 2 Min. auf dem Wasserbad, so entsteht Grünfärbung. Werden einige mg Rohrzucker hinzugefügt und erhitzt man weiter auf dem Wasserbad, so wird die Färbung tiefblau, grau bis strohgelb und schließlich rotbraun (BP 63). – 2. 1 mg wird in 5 ml Eisessig gelöst, die Lsg. mit 1 ml 1%iger Brom-Lsg. in Eisessig versetzt und 2 Min. im Wasserbad erhitzt. 0,5 ml dieser Lsg. gibt man in ein trockenes Reagensglas, mischt mit 0,5 ml abs. A. und 10 ml W. Es entsteht Rotviolettfbg. Schüttelt man mit 5 ml Chlf., so färbt sich die Chlf.-Schicht tief orangerot, während die wss. Phase fast farblos wird (BP 63). – 3. 0,5 mg werden in 0,2 ml Eisessig gelöst. Nach Zufügen von 1 ml Phosphorsäure und 3 Min. Erhitzen im Wasserbad entsteht eine purpurrote Farbe, die beim Verdünnen mit 3 ml Eisessig etwas bläulicher wird (Unterschied von Stilböstrol) (BP 63). – 4. Eine Lsg. von etwa 10 mg in 1 ml verd. A.

färbt sich auf Zusatz von 1 Tr. 10fach verd. Eisen(III)-chlorid-Lsg. gelbgrün. Die Färbung geht allmählich in Gelb über (ÖAB 9). – 5. Versetzt man einige Milligramm mit einigen Tropfen konz. Salpetersäure, so entsteht eine rote bis orangerote Lsg. (ÖAB 9). – 6. Versetzt man etwa 1 mg mit etwa 1 ml konz. Schwefelsäure, so entsteht eine orangegelbe Lsg. die sich beim Verdünnen mit 10 ml W. entfärbt (ÖAB 9). 7. Das bei der Gehaltsbestimmung erhaltene Diacetat schmilzt zwischen 118 und 122° (PI.Ed. I – Suppl., USP XVI, ÖAB 9). – 8. Zu 0,5 ml einer 2,0 (g/v)prozentigen Lsg. in A. (95%) werden 1 ml HCl und etwa 0,05 g Vanillin gegeben. Es entsteht sofort eine Blaufbg., die beim Verdünnen mit W. erhalten bleibt, die aber bei Zugabe von Alkali wieder verschwindet [Unterschied von Diäthylstilböstrol, das farblos bleibt (PI.Ed. I – Suppl., USP XVI) und von Hexanoestrol (CF 65)]. – 9. Löst man einige Milligramm Dienöstrol und Vanillin unter Erwärmen in 10 Tr. konz. Essigsäure und fügt hierauf 0,5 ml konz. Salzsäure hinzu, so entsteht eine intensiv blaugrün bis blau gefärbte Lsg. (ÖAB 9). – 10. Identifizierung nach L. KOFLER. Eutektische Temp. der Mischung mit Salophen 168°, mit Dicyandiamid: 205° (ÖAB 9).

Prüfung. 1. Trocknungsverlust. Bei 100 bis 105° bis zum konst. Gewicht getrocknet, höchstens 0,5% (ÖAB 9, PI.Ed. I – Suppl.), höchstens 1% (CF 65); 2 Std. bei 105° getrocknet höchstens 0,5° (USP XVI, NF XII). – 2. Glührückstand. Höchstens 0,15% (PI.-Ed. I – Suppl.); 0,2% (ÖAB 9). – 3. Sulfatasche. Höchstens 0,1% (BP 63, CF 65), 0,15% (USP XVI, NF XII). – 4. Lösung. Die Lsg. von 0,1 g Dienöstrol in 5 ml A. muß klar sein und darf nicht stärker gefärbt sein als eine Mischung aus 0,3 ml Eisen-Farbstandard und 4,7 ml 1%iger Salzsäure. – 5. Freie Säure. Auf Zusatz von 1 Tr. Methylrot-Methylenblau-Lsg. muß sie sich grün färben. – 6. Laugenunlösliche Stoffe. Eine unter Erwärmen bereitete Lsg. von 0,2 g Dienöstrol in 3 ml n Natronlauge muß nach dem Verdünnen mit 7 ml W. klar sein (ÖAB 9).

Gehaltsbestimmung. Zu ungefähr 1,5 g, genau gewogen, werden 10,0 ml einer 12%igen (g/v) Lsg. von Essigsäureanhydrid in Pyridin gegeben und auf einem Wasserbad 2 Std. lang am Rückflußkühler gekocht. Nach dem Abkühlen werden 50 ml eiskaltes W. durch den Kühler zugegeben. Es wird durch einen Glasfiltertiegel filtriert und der Rückstand 3mal mit je 15 ml eiskaltem W. gewaschen. Das mit den Waschflüssigkeiten vereinigte Filtrat wird langsam unter kräftigem Umschütteln mit 0,5 n Natronlauge unter Verwendung von Phenolphthalein als Indikator titriert, bis die rote Farbe 10 Sek. lang erhalten bleibt. Die Bestimmung wird ohne Zusatz der zu prüfenden Substanz wiederholt. Die Differenz zwischen beiden Titrationen entspricht der zur Acetylierung verbrauchten Essigsäuremenge. 1 ml 0,5 n Natronlauge entspricht 0,06659 g $C_{18}H_{18}O_2$ (PI.Ed. I – Suppl., BP 63). Gemäß USP XVI, NF XII: Etwa 500 mg Substanz werden 2 Std. bei 105° getrocknet, genau gewogen und mit 2 ml Essigsäureanhydrid und 4 ml Pyridin 15 Min. am Rückflußkühler erhitzt. Nach dem Erkalten setzt man 50 ml W. hinzu und läßt über Nacht im Kühlschrank stehen. Der Nd. wird abfiltriert, mit W. gewaschen und 18 Std. bei 80° getrocknet. 1 g des erhaltenen Diacetates entspr. 0,7601 g $C_{18}H_{18}O_2$. 1 g Dienöstrol entspr. 1,3157 g Diacetat. In ähnlicher Weise verfahren ÖAB 9 und CF 65. Der Fp. des Diacetates liegt bei 115 $\pm$ 1° (CF 65).

Anwendung. Als Östrogen in der Cyclustherapie, oral, parenteral und cutan.

Dosierung. Behandlung der Menopausesymptome 0,5 bis 5 mg tägl. Zur Unterdrückung der Lactation 15 mg 3mal tägl. 3 Tage lang, darauf 15 mg tägl. 6 Tage lang. Zur Behandlung des Prostata- und Brust-Carcinoms 15 bis 30 mg tägl. (BP 63). Zur cutanen Behandlung Creme 0,01 und 0,16%ig, Salbe 2,5%ig (BPC 63). Suspension 50 mg in 10 ml (NND 62), i.m. Einzelmaximaldosis 0,003 g, Tagesmaximaldosis 0,006 g (DAB 7 – DDR).

Aufbewahrung. Vor Licht geschützt.

Dienoestrolum diaceticum DAB 7 – DDR. Dienoestrolum diacetylatum ÖAB 9. 3,4-Bis-[4-acetoxyphenyl]-hexadien-(2,4).

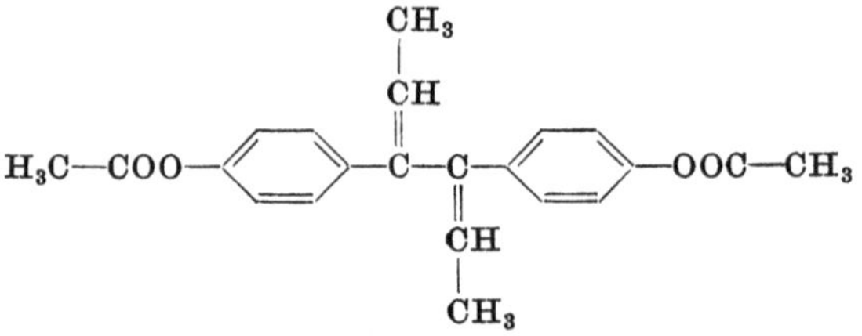

$C_{22}H_{22}O_4$ M.G. 350,42

Gehalt der bei 80° getrockneten Substanz 98,5 bis 100,5%.

Eigenschaften. Farblose Kristalle oder weißes, kristallines Pulver ohne Geruch und Geschmack. Praktisch unlösl. in W., lösl. in Ae., Chlf., Aceton, Bzl., wenig lösl. in A. und in fetten Ölen. Fp. 119 bis 122° (DAB 7 – DDR), 119 bis 123° (ÖAB 9). UV-Absorption: 0,0005%ig in Isopropanol in 1 cm Schichtdicke bei 223 nm 0,405 bis 0,425.

Erkennung. 1. 5 mg Substanz und 5 mg Vanillin werden in einer Porzellanschale mit 10 Tr. konz. Schwefelsäure versetzt und auf dem Wasserbad unter Schwenken 1 Min. erhitzt. Die Mischung zeigt eine braune Fbg. und einen rot gefärbten Rand. Nach dem Erkalten und Zusatz von 2 ml A. zeigt sie eine braunrote Fbg. (DAB 7 – DDR). – 2. Löst man einige Milligramm Substanz und Vanillin unter Erwärmen in 10 Tr. konz. Essigsäure und fügt nach dem Abkühlen etwa 0,5 ml konz. HCl hinzu, so entsteht ein weißer Nd. in einer gelblich gefärbten Lsg., die sich allmählich, rascher beim Erhitzen, intensiv blaugrün bis blau färbt (ÖAB 9). – 3. Versetzt man etwa 1 mg Substanz mit etwa 1 ml konz. Schwefelsäure, so entsteht eine orangerote Lsg., die sich beim Verdünnen mit W. entfärbt. (ÖAB 9). – 4. Werden 10 mg Substanz nach Zusatz von 5 Tr. A., 5 Tr. W. und 10 Tr. konz. Schwefelsäure erhitzt, so ist der Geruch nach Äthylacetat wahrnehmbar (ÖAB 9). – 5. Identifizierung nach L. KOFLER. Eutektische Temp. der Mischung mit Phenacetin: 103°. Lichtbrechungsvermögen der Schmelze $n_D = 1{,}5204$ bei 126 bis 127° (ÖAB 9).

Prüfung. 1. Die unter Erwärmen bereitete Lsg. von 0,05 g Substanz in 5 ml A. muß klar und farblos sein. Sie muß sich nach Zusatz von 1 Tr. Methylrot-Methylenblau-Lsg. (ÖAB 9) bzw. Methylrot-Methylthioninchlorid-Lsg. (DAB 7 – DDR) grün färben (freie Säure). – 2. Trocknungsverlust. Nicht über 0,5%, bestimmt bei 80° (ÖAB 9, DAB 7 – DDR). – 3. Glührückstand. Nicht über 0,2% (ÖAB 9). – 4. Dienöstrol. 0,01 g Substanz darf nach Zusatz von 1 ml konz. Salpetersäure innerhalb von 2 Min. keine rötliche Farbe zeigen (ÖAB 9), nach 60 Sek. keine Fbg. zeigen (DAB 7 – DDR).

Gehaltsbestimmung. 0,2 g der bei 80° getrockneten Substanz werden in einem Rundkolben in 2 ml A. unter Erwärmen gelöst. Nach Zusatz von 5 ml 0,5 n alkoholischer KOH wird 15 Min. lang am Rückflußkühler mit aufgesetztem Natronkalkrohr gekocht. Darauf fügt man 5 ml kohlensäurefreies W. und 5 Tr. Phenolphthalein-Lsg. hinzu und titriert das überschüssige KOH mit 0,5 n HCl zurück (Mikrobürette). 1 g Diacetyldienöstrol entspricht 11,41 ml alkoholischer 0,5 n KOH. 1 ml alkoholische 0,5 n KOH entspr. 87,61 mg $C_{22}H_{22}O_4$ (ÖAB 9). Gemäß DAB 7 – DDR wird mit alkoholischer 0,1 n KOH gearbeitet. 1 ml 0,1 n alkoholische KOH entspr. 17,52 mg Dienöstroldiacetat.

Aufbewahrung. Vor Licht geschützt.

Anwendung. Vgl. Dienöstrol. Für das Dienöstroldiacetat (und auch für andere Stilbenderivate) hebt W. LAUBENDER [Arzneimittel-Forsch. *3*, 621 (1953)] den geringen Unterschied zwischen peroral und subcutan wirksamer Dosis (1,5: 1) hervor. Beim Östradiol ist das Verhältnis 400: 1, beim Östron 60: 1.

Verschiedene Dienöstrolderivate.

Dienöstrol-dipropionat. Fp. 99 bis 102°. **Dienöstrol-diisovalerianat.** Fp. 112 bis 113°. **Dienöstrol-dibenzoat.** Fp. 224°. **Dienöstrol-monomethyläther.** Fp. 142°. **Dienöstrol-dimethyläther.** Fp. 130 bis 131°.

Literatur: The Merck Ind. 60.

Handelsformen: Depot Dienol forte (Hefa, Werne a. d. Lippe) Amp. mit Dienestrol, -monomethyläther und -dimethyläther. – Farmacyrol (Farmaryn, Berlin) Tabl. mit Diacetat, Tropfen, Salbe, Vaginalovale. – Östroral (Kali-Chemie, Hannover) Tabl. Tropfen. – Hormofemin (Medo-Chem, London) Creme. – Dienoestrol (Ortho, High Wycombe, Bucks, England) Creme. – Cycladiène (Lab. Bruneau, Paris), Synestrol (White, Kenilworth, N. J.).

Diaethylstilboestrolum DAB 7 – DDR, Nord. 63, Ross. 9, Belg. V, Ph.Ned. 6, (INN). Diethylstilboestrolum PI.Ed. I/1. Diäthylstilböstrol DAB 7 – BRD. Stilbœstrol BP 63. Diethylstilbestrol USP XVII. Stilboestrolum ÖAB 9, Ph.Helv. V – Suppl. II, CsL 2. 3,4-Di(4-hy-droxyphenyl)-hex-3-en. trans-3,4-Bis-(4-hydroxy-phenyl)-3-hexen. 4,4′-Dioxy-α,α′-diaethylstilben. trans-3,4-Bis(4-hydroxyphenyl)-hexen-(3). Dihydroxydiäthylstilben. Estilbestrol.

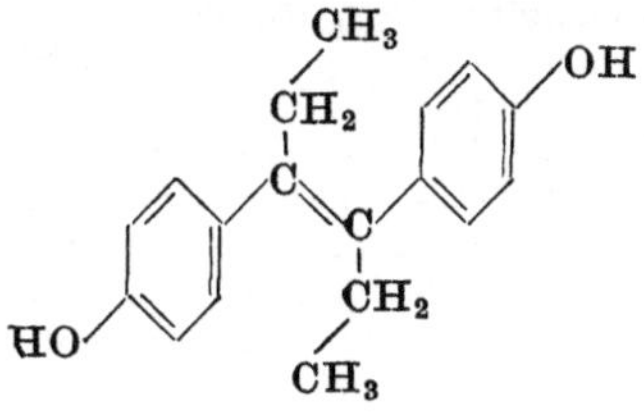

$C_{18}H_{20}O_2$ M.G 268,36

Herstellung. Die Strukturformel deutet die Ähnlichkeit mit dem Steringerüst an. Der wirksamen Form kommt trans-Konfiguration zu [Angew. Chem. *65*, 262 (1953)]. Die cis-Form ist nur mit Schwierigkeit darzustellen. Die Darstellung kann auf verschiedenen Wegen erfolgen. Möglich ist z.B. die Umsetzung von Anisoin mit Äthylmagnesiumbromid zum Dioxyäthylderivat. Beim Erwärmen wird W. abgespalten und das Äthyldesoxybenzoin nochmals mit Äthylmagnesiumbromid umgesetzt. Das Reaktionsprodukt gibt bei erneuter Wasserabspaltung das Dimethoxystilbenderivat (DRP 708202).

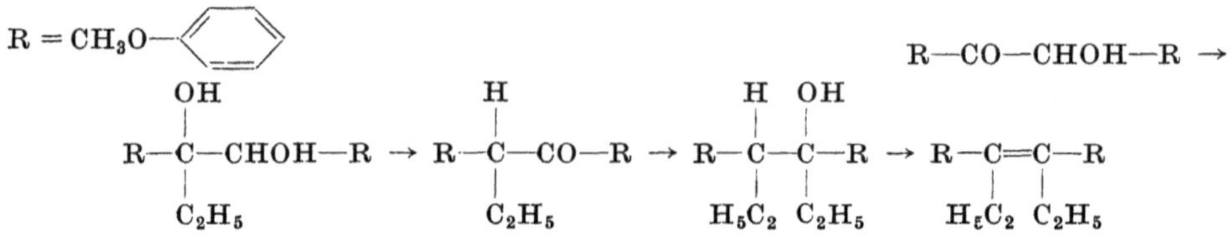

Das Stilböstrol wurde von E. C. Dodds u.a. [Nature (Lond.) *141*, 247 (1938)] entdeckt, aus Anisaldehyd synthetisiert und in die Medizin eingeführt. Weitere Verfahren zur Darstellung von Stilböstrol und Hexöstrol: v. Vargha, L. u. a.: Chem. Ber. *75*, 794 (1942). – Dodds, E. C. u.a.: Proc. roy. Soc. (Lond.) *132*, B, 83 (1944).

Gehalt. Mindestens 97% $C_{18}H_{20}O_2$ (USP XVII), 98,5% (DAB 7 – BRD, Jap. 61, CF 65, PI.Ed. I/1), 98,5 bis 100,2% (DAB 7 – DDR), 98,5 bis 101,5% (BP 63), mindestens 99% Belg. V, CsL 2, CF 65, Ross. 9), 99 bis 100,2% (Ph.Helv. V – Suppl. II), mindestens 99,5% (Nord. 63, Ph.Ned. 6).

Eigenschaften. Weißes oder nahezu weißes kristallines Pulver, geruch- und geschmacklos. Sehr schwer lösl. in W., lösl. bei 20° in 5 T. A. (95%), in 3 T. Ae., in 40 T. Arachisöl, lösl. in wss. Lsg. von Alkalihydroxiden in 120 T. Chlf. Fp. 165 bis 168° (Ph.Helv. V – Suppl. II), 168 bis 172 (DAB 7 – DDR, Ross. 9), 168 bis 173° (Nord. 63, CF 65), 169 bis 172° (USP XVII), bis 175°, jedoch Schmelzbereich innerhalb 4° (USP XIII – Suppl. 1) 169 bis 173° (Jap. 61, auch nach L. Kofler, ÖAB 9), 169 bis 174° (BP 63), 178 bis 180° auf dem Metallblock (DAB 7 – BRD). UV-Absorption. $E^{1\%}_{1\,cm}$ in A. bei 240 nm = 580 bis 630 (DAB 7 – DDR).

Erkennung. 1. Ausführung und Ergebnis der Rk. entsprechend der bei Dienöstrol Nr. 1, und Nr. 2, S. 163 (BP 63). – 2. 0,5 mg werden in 0,2 ml Eisessig gelöst. Nach Zufügen von 1 ml Phosphorsäure und 3 Min. Erwärmen im Wasserbad entsteht eine tiefgelbe Farbe, die bei der Verdünnung mit 3 ml Eisessig nahezu verschwindet (Unterschied von Dienöstrol) (BP 63). – 3. Zu einer Lsg. von 0,02 g in 2 ml A. (50%) gibt man 1 Tr. einer Mischung von 1 Vol. Eisen(III)-chlorid-Lsg. mit 9 Vol. W.: es entsteht Grünfbg., die allmählich gelb wird (PI.Ed. I/1, ÖAB 9, Jap. 61). Ähnlich wird die Rk. gemäß DAB 7 – BRD, Ph.Helv. V – Suppl. II, und Ross. 9 durchgeführt. – 4. Versetzt man einige Milligramm mit einigen Tropfen konz. Salpetersäure, so entsteht eine rote bis orangerote Lsg. (ÖAB 9). – 5. Löst man 0,01 g in 1 ml Schwefelsäure, so entsteht Orangefbg., die beim Verdünnen mit etwa 10 Vol. W. verschwindet (PI.Ed. I/1, DAB 7 – BRD, Ross. 9, CsL 2, CF 65). – 6. Das bei der Gehaltsbestimmung gewonnene Diacetat schmilzt bei 121 bis 124° (PI.Ed. I/1, Nord. 63, ÖAB 9, DAB 7 – DDR, Jap. 61), 120 bis 122° (Ph.Helv. V – Suppl. II), 121 bis 125° (CF 65). – 7. Die unter Erwärmen hergestellte Lsg. von 5,0 mg Substanz und 5,0 mg Vanillin in 1,0 ml Essigsäure wird nach dem Abkühlen mit 2,0 ml einer Mischung von 2,0 ml konz. Salzsäure und 1,0 ml W. versetzt und 10 Sek. lang zum Sieden erhitzt. Die schnell abgekühlte Lsg. gibt nach Zusatz von 5,0 mg Chloramin-T-Lsg.-I und kurzem Aufkochen eine blaue Fbg. (DAB 7 – BRD). – 8. 5 mg Substanz und 5 mg Vanillin werden in einer Porzellanschale mit 10 Tr. konz. Schwefelsäure versetzt und auf dem Wasserbad unter Schwenken 60 Sek. erhitzt. Die Mischung zeigt eine dunkelrote Fbg. und einen violett gefärbten Rand (DAB 7 – DDR). Gemäß Ph.Helv. V – Suppl. II wird eine Spur Stilböstrol mit einer Spur Vanillin und 5 Tr. konz. Phosphorsäure aufgekocht. Es tritt eine rotviolette Fbg. auf. – 9. Löst man einige Milligramm Substanz und Vanillin unter Erwärmen in 10 Tr. konz. Essigsäure und fügt hierauf etwa 0,5 ml konz. Salzsäure hinzu, so entsteht eine trübe, grünlichgelbe Lsg., die sich allmählich hell blaugrün und nach längerer Zeit, rascher nach Erwärmen, hell violettrosa färbt (ÖAB 9). – 10. 5 mg Substanz werden in 5 Tr. M. gelöst und mit 2 Tr. verd. Natronlauge und 0,5 ml verd. Ammoniaklsg. versetzt. Gibt man zu dieser Lsg. 1 ml Silbernitrat-Lsg. so entsteht ein brauner bis schwarzbrauner Nd. (Ph.Helv. V – Suppl. II). – 11. Identifizierung nach L. Kofler. Eutektische Temp. der Mischung mit Salophen: 139°. Lichtbrechungsvermögen der Schmelze $n_D = 1{,}5299$ bei 185 bis 187° (ÖAB 9). – 12. Die UV-Absorption zwischen 230 und 350 nm einer alkoholischen Lsg. von 10 µg in 1 ml und A. als Blindlsg. hat ein Maximum und eine zusätzliche Inflektion bei derselben Wellenlänge wie der auf dieselbe Art bereitete USP-Diethylstilboestrol Reference Standard. Die Extinktionen beim Maximum dürfen nicht mehr als

3% voneinander differieren (USP XVII). – 13. Die UV-Absorptionskurve zwischen 250 nm und 450 nm der bei der Gehaltsbestimmung erhaltenen gelben Bestrahlungslsg. weist Inflektionen nur bei denselben Wellenlängen auf, wie die des auf gleiche Weise behandelten Standards (USP XVII).

Prüfung. 1. 0,1 g Substanz muß sich in 5,0 ml A. (70%) klar und farblos lösen. – 2. Sauer oder alkalisch reagierende Verunreinigungen. Die alkoholische Lsg. darf nach Zusatz von 0,05 ml Methylrot-Lsg. II höchstens 0,05 ml 0,01 n Natronlauge bis zum Umschlag nach Gelb und anschließend höchstens 0,1 ml 0,01 n Salzsäure bis zum Umschlag nach Rot verbrauchen (DAB 7 – BRD). – 3. Die Lsg. 0,1 g in 5,0 ml A. muß sich auf Zusatz von 1 Tr. Methylrot-Methylenblau-Lsg. grün färben (freie Säure). Die unter Erwärmen bereitete Lsg. von 0,2 g Substanz in 3 ml n Natriumhydroxid-Lsg. muß nach dem Verdünnen mit 7 ml W. klar sein (laugeunlösl. Stoffe) (ÖAB 9). – 4. 10 ml A. (70%) werden mit 4 Tr. Methylrot-Methylthioninchlorid-Lsg. und gegebenenfalls mit 0,01 n Salzsäure bis zum Farbumschlag nach Grau versetzt. 0,05 g Substanz werden in 5,0 ml des so vorbehandelten A. gelöst. Die Lsg. muß grau oder grauviolett und nach Zusatz von 0,05 ml 0,01 n Kalilauge grün gefärbt sein (DAB 7 – DDR). – 5. Die Lsg. von 0,1 g in 2 ml 2 m Natriumhydroxid-Lsg. und 8 ml W. soll die Klarheitsgrenzprüfung A halten (Nord. 63). – 6. Die Lsg. 0,1 g in 10 ml A. soll die Farbgrenzprüfung S halten (1,00 Co, 1,00 Cu, 1,00 Fe) (Nord. 63). – 7. Trocknungsverlust. 4 Std. bei 100° (PI.Ed. I/1, Belg. V), 2 Std. bei 105° (USP XVII), 4 Std. bei 105° (Jap. 61), bis zum konstanten Gewicht (DAB 7 – BRD, DAB 7 – DDR, ÖAB 9, BP 63) getrocknet nicht über 0,5%, höchstens 1% (CF 65). – 8. Glührückstand. Nicht über 0,05% (PI.Ed. I/1, Jap. 61), nicht über 0,1% (Ph.Ned. 6, Ross. 9), nicht über 0,2% (Nord. 63), unwägbar (Ph.Helv. V – Suppl. II, Belg. V). – 9. Sulfatasche. Nicht über 0,05% (USP XVII), nicht über 0,1% (DAB 7 – BRD, BP 63, CF 65). – 10. Diäthylstilböstrol-dimethyläther. 0,2 g Substanz werden mit 3,0 ml n Natronlauge und 3,0 ml W. versetzt. Die Lsg. darf nicht stärker getrübt sein als die folgende Vergleichslsg. 0,5 ml Natriumchlorid-Lsg. werden mit 5,5 ml W. und 0,1 ml Silbernitrat-Lsg. versetzt. Die Beurteilung erfolgt 5 Min. nach Herstellung der Vergleichslsg. (DAB 7 – BRD). In ähnlicher Weise prüfen Jap. 61, Belg. V, CF 65.

Gehaltsbestimmung. PI.Ed. I/1. Etwa 0,5 g werden genau gewogen und mit 1,5 ml Essigsäureanhydrid und 3 ml Pyridin 5 Min. am Rückflußkühler erhitzt. Man gibt 50 ml W. hinzu und läßt 1 Std. stehen. Der Nd. wird abfiltriert, mit W. gewaschen, 18 Std. bei 75 bis 80° getrocknet und gewogen. 1 mg Diacetylstilböstrol entspr. 0,7615 mg $C_{18}H_{20}O_2$. 1 g Stilböstrol entspr. 1,3133 g Diacetylstilböstrol. – In ähnlicher Weise wird die Bestimmung durchgeführt gemäß DAB 7 – BRD, DAB 7 – DDR, Ph.Helv.V – Suppl. II, ÖAB 9, Nord. 63, Belg. V, Ph.Ned. 6, CsL 2, Jap. 61, CF 65. Gemäß BP 63: Ausführung wie unter Dienöstrol, S. 164 1 ml 0,5 n NaOH entspr. 0,06709 g $C_{18}H_{20}O_2$. In ähnlicher Weise bestimmt auch Ross. 9. – Gemäß USP XVII. Standardisierung der Bestrahlung. (Die Augen müssen vor dem UV-Licht geschützt werden.) Benutzt werden Quarzküvetten mit mindestens 4 ml Inhalt oder 150-mal-18-mm-Quarztestgläser, die vorher folgendermaßen getestet werden. In die zu testenden Gläser wird eine geeignete Menge der Standardlösung gegeben und 7 cm von einer 15-Watt-Entkeimungslampe 10 Min. lang bestrahlt. Die Lichtabsorption der gelben Lsg. wird in 1-cm-Küvetten bei 418 nm gegen W. gemessen. Darauf werden die Lsg. in 1 bis 3 Min. Intervallen wiederum gemessen. Die für die Entwicklung des Absorptionsfaktors erforderliche Zeit wird notiert. Mit Hilfe der Ergebnisse werden die Gläser herausgesucht, die eine identische Extinktion für die gleiche Zeitperiode zeigen. Der vollständige Bestrahlungsprozeß wird mit anderen Portionen der Standardlösung wiederholt, wobei jedoch der Abstand der Gläser von der Lampe variiert wird. Auf diese Weise wird die günstigste Bedingung für die Entwicklung einer stabilen reproduzierbaren Farbe festgestellt, die bei 418 nm ein Maximum und eine Extinktion von etwa 0,7 hat. – Standardlösung. Eine geeignete Menge des 2 Std. bei 105° getrockneter USP-Diethylstilbestrol Reference Standards wird in A. gelöst und stufenweise verdünnt, so daß in jedem Milliliter 20 µg Diäthylstilböstrol vorhanden sind. 25 ml dieser Lsg. werden mit dem gleichen Vol. einer Dikaliumhydrogenphosphat-Lsg. (1 in 55) verdünnt. Prüflösung. Mit der zu untersuchenden Substanz wird genau so verfahren, wie bei der Standardlösung. – Bestimmung. Gleiche Volumen der Standard- und der Prüflösung werden in die ausgetesteten Quarzgläser gegeben und unter den besten gefundenen Bedingungen bestrahlt. Danach werden beim Maximum, etwa 418 nm die Extinktionen jeder Lsg. gemessen. Die Menge von $C_{18}H_{20}O_2$ pro Milliliter der Prüflösung wird nach folgender Formel berechnet: $10\ (A_U/A_S)$, wobei A_U das Maximum der bestrahlten Prüflösung und A_S das der bestrahlten Standardlösung ist.

Anwendung. Als Östrogen in der Cyclustherapie, oral, parenteral.

Dosierung. Behandlung der Menopausesymptome 0,1 bis 1 mg tägl. Zur Unterdrückung der Lactation 5 mg 3mal tägl. 3 Tage lang, darauf 5 mg tägl. 6 Tage lang. Zur Behandlung des Prostata- und Brustcarcinoms 10 bis 20 mg tägl. (BP 63).

Handelsformen: Cyren (Bayer, Leverkusen) Implantationstabl., Salbe. Oestromon (Merck, Darmstadt) Tropfen, Salbe. Tampovagan (Camden, London) Pessaries. – Distilbène (UCEPHA, Saint-Denis).

Di-Estryl (Normand), Estrosyn (Buffington), Hi-Bestrol (Boyle), Microest (Massengill), Mikarol (Dumas-Wilson), Milestrol (Miller), Stilbetin (Squibb), Stil-Rol (Ballard). Stils (Key-Corp.).

Diaethylstilboestrolum dipropionicum DAB 7 – DDR. Diäthylstilböstroldipropionat DAB 7 – BRD. Diethylstilbestrol Dipropionate NF XII. Diaethylstilboestrolum propionicum Ross. 9. Stilboestrolum dipropionylatum ÖAB 9. trans-3,4-Bis(4-propionyloxy-phenyl)-3-hexen. 4,4'-Dihydroxy-α,α'-diaethylstilben-dipropionat. α,α'-Diäthyl-4,4'-stilbendiol-dipropionat.

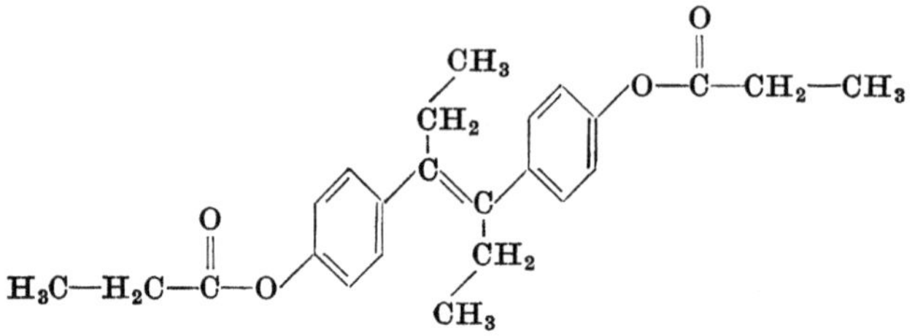

$C_{24}H_{28}O_4$ M.G. 380,49

Gehalt. 98,5 bis 100,5% der bei 70 bis 80° getrockneten Substanz (DAB 7 – DDR), mindestens 97,5% (DAB 7 – BRD), mindestens 98% (NF XII), 99 bis 100,5% (ÖAB 9), 99 bis 101% (Ross. 9).

Eigenschaften. Farblose Kristalle oder weißes, kristallines Pulver ohne Geruch und Geschmack. Praktisch unlösl. in W., wenig lösl. in A. (90%), M., lösl. in fetten Ölen, leicht lösl. in Ae., Chlf., Aceton, Bzl., heißem A. und M. Fp. 104 bis 108° bei Bestimmung auf dem Metallblock (DAB 7 – BRD), 104 bis 107° (DAB 7 – DDR, Ross. 9, 105 bis 107° (NF XII), 105 bis 109°, nach L. Kofler 103 bis 108° (ÖAB 9). UV-Absorption. In A. bei 237 nm $E^{1\%}_{1\,cm}$ = 380 bis 400 (DAB 7 – DDR), bei 238 nm = 395 (Ross. 9).

Erkennung. 1. Die unter Erwärmen hergestellte Lsg. von 5,0 mg Substanz und 5 mg Vanillin in 1 ml Essigsäure wird nach dem Erkalten mit 2 ml einer Mischung von 2 ml konz. Salzsäure und 1 ml W. versetzt und 10 Sek. lang zum Sieden erhitzt. Die schnell abgekühlte Lsg. gibt nach Zusatz von 5 mg Chloramin T und kurzem Aufkochen eine blaue bis grüne Farbe (DAB 7 – BRD). – 2. Die bei der Gehaltsbestimmung titrierte Lsg. wird auf dem Wasserbad bis auf 15 ml eingeengt. Nach Zusatz von 1 ml 3 n Schwefelsäure wird der Nd. abgesaugt, mit 15 bis 20 ml W. gewaschen, bei 105° getrocknet und aus Bzl. umkristallisiert. Das Diäthylstilböstrol schmilzt zwischen 175 und 180° auf dem Metallblock (DAB 7 – BRD). – Das in ähnlicher Weise erhaltene Diäthylstilböstrol schmilzt zwischen 167 und 173° (ÖAB 9), 166 bis 172° (DAB 7 – DDR). – 3. Im Filtrat von 2 ist beim Erwärmen der Geruch nach Propionsäure wahrnehmbar (DAB 7 – BRD, DAB 7 – DDR). – 4. Versetzt man eine Lsg. von etwa 10 mg Dipropionylstilböstrol in 5 Tr. A. mit 5 Tr. W. und 10 Tr. konz. Schwefelsäure und erwärmt, so tritt nach einiger Zeit der Geruch nach Propionsäureäthylester auf (ÖAB 9). – 5. 5 mg Substanz werden in einer Porzellanschale mit 5 mg Vanillin und 10 Tr. konz. Schwefelsäure versetzt und auf dem Wasserbad unter Schwenken 60 Sek. erhitzt. Die Mischung zeigt eine rotbraune Farbe und einen violett gefärbten Rand. Nach dem Erkalten und Zusatz von 2 ml A. zeigt die Mischung eine violette Fbg. (DAB 7 – DDR). – 6. Löst man einige Milligramm Substanz und Vanillin unter Erwärmen in 10 Tr. konz. Essigsäure und fügt hierauf etwa 0,5 ml konz. Salzsäure hinzu, so entsteht eine trübe, grüngelbe Lsg., die sich allmählich hell blaugrün und nach längerer Zeit, rascher beim Erwärmen, hell violettrosa färbt (ÖAB 9). – 7. Versetzt man etwa 1 mg Substanz mit etwa 1 ml konz. Schwefelsäure, so entsteht eine orangegelbe Lsg., die sich beim Verdünnen mit 10 ml W. entfärbt (ÖAB 9, Ross. 9, NF XII). – 8. Fügt man 1 ml einer Lsg. von Antimonpentachlorid in trockenem, alkoholfreiem Chlf. (1 in 2) zu 5 ml einer verd. Lsg. von Diäthylstilböstrol-dipropionat in demselben Lösungsmittel, so färbt sich die Lsg. rot (NF XII). – 9. Identifizierung nach L. Kofler. Eutektische Temp. der Mischung mit Benzil: 72°. Lichtbrechungsvermögen der Schmelze n_D = 1,5101 bei 96° (ÖAB 9).

Prüfung. 1. Trocknungsverlust. Höchstens 0,5% bei 70 bis 80° im Vakuum (DAB 7 – BRD, DAB 7 – DDR, ÖAB 9), bei 80° (NF XII). – 2. Glührückstand. Höchstens 0,2% (ÖAB 9), 0,1% (Ross. 9), 0,05% (NF XII). – 3. Sulfatasche. Höchstens 0,1% (DAB 7 –

BRD). – 4. 20,0 mg Substanz müssen sich in 2,0 ml A. (90%) unter schwachem Erwärmen klar und farblos lösen (DAB 7 – BRD). – 5. Die alkoholische Lsg. muß sich nach Zusatz von 1 Tr. Methylrot-Methylthioninchlorid-Lsg. (DAB 7 – DDR), bzw. 1 Tr. Methylrot-Methylenblau-Lsg. (ÖAB 9) grün färben. – 6. Eine 1%ige Suspension in A. (49%) ist gegen Lackmuspapier neutral. – 7. Diäthylstilböstrol. 10 mg Substanz dürfen nach Zusatz von 3 Tr. konz. Salpetersäure innerhalb 60 Sek. (DAB 7 – DDR), bzw. von 1 ml konz. Salpetersäure innerhalb 2 Min. (ÖAB 9) keine Fbg. zeigen.

Gehaltsbestimmung. 0,2 g Substanz, genau gewogen, werden unter schwachem Erwärmen in 10 ml A. (96%) gelöst. Die Lsg. wird mit 25,0 ml 0,1 n äthanol. Kalilauge versetzt und 1 Std. lang am Rückflußkühler auf dem Wasserbad erhitzt. Nach Zugabe von 0,1 ml Phenolphthalein-Lsg. wird mit 0,1 n Salzsäure zurücktitriert. Unter gleichen Bedingungen wird ein Blindwert angesetzt. 1 ml 0,1 n äthanol. Kalilauge entspricht 19,03 mg $C_{24}H_{28}O_4$ (DAB 7 – BRD). In ähnlicher Weise verfahren DAB 7 – DDR und Ross. 9. – Gemäß ÖAB 9 wird mit 0,5 n Lsg. gearbeitet. 1 ml äthanol. 0,5 n KOH entspr. 95,12 mg $C_{24}H_{28}O_4$. – Gemäß NF XII werden 300 mg Substanz, genau gewogen, in 10 ml einer Lsg. von Kaliumhydroxid in M. (15 in 100) gelöst und am Rückflußkühler 30 Min. gekocht. Nach Abkühlung wird mit 100 ml W. verdünnt, die Lsg. in einen Scheidetrichter überführt, mit Salzsäure angesäuert und 3mal mit je 20 ml und 2mal mit je 10 ml Ae. extrahiert. Die vereinigten Ätherextrakte werden 3mal mit je 5 ml Natriumhydrogencarbonat-Lsg. (1 in 20) und 1mal mit 5 ml W. gewaschen, durch einen mit Ae. gewaschenen Wattebausch in ein tariertes Becherglas filtriert. Der Scheidetrichter wird 2mal mit je 5 ml Ae. gewaschen und der Waschäther gleichfalls durch den Wattebausch in das Becherglas filtriert. Nach Verdampfen des Ae. in einem Warmluftstrom wird der Rückstand bei 80° bis zum konstanten Gewicht getrocknet. 1 g des so erhaltenen Diäthylstilböstrols entspricht 1,418 g Diäthylstilböstroldipropionat.

Anwendung. Als Östrogen in der Cyclustherapie, oral, parenteral.

Dosierung. Einzelmaximaldosis. Oral 0,001 g, i.m. 0,0005 g, Tagesmaximaldosis oral 0,005 g, i.m. 0,0005 g.

Handelsformen: Cyren B und S (Bayer, Leverkusen) Tabl., Amp. – Dibestil (Breon, USA).

Natrium diaethylstilboestrolum diphosphoricum DAB 7 – DDR. Natriumdiäthylstilböstroldiphosphat. Tetranatriumsalz des trans-4,4'-Diphosphoryloxy-α,β-diäthylstilbens.

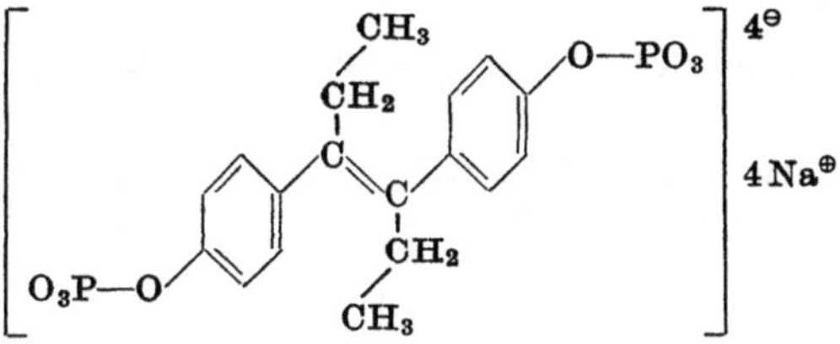

$C_{18}H_{18}Na_4O_8P_2$ M.G. 516,26

Gehalt. 97,0 bis 100,5%, berechnet auf die wasserfreie Substanz.

Eigenschaften. Weißes, geruchloses Pulver von laugigem Geschmack. Hygroskopisch. Leicht lösl. in W.; fast unlösl. in A.

Erkennung. 1. Die mit konz. Salzsäure befeuchtete Substanz färbt beim Erhitzen am Platindraht die nichtleuchtende Flamme kräftig und anhaltend gelb. – 2. 1,0 ml Prüflsg. I gibt nach Zusatz von 1,0 ml Silbernitratreagenslsg. beim Erhitzen zum Sieden einen grauschwarzen Nd. – 3. 0,010 g Substanz wird mit 0,010 g Vanillin sowie 2,0 ml Essigsäure versetzt und im Wasserbad 60 Sek. erhitzt. Die Mischung zeigt nach dem Erkalten und Zusatz von 4,0 ml konz. Salzsäure eine gelblichgrüne Färbung, die beim erneuten Erhitzen im Wasserbad in eine blauviolette übergeht. – 4. Papierchromatographische Erkennung und Prüfung.

Papier: Sorte D/II, 50 × 9 cm.

Aufzutragende Lösungen. Lösung 1: 0,0500 g Standardsubstanz werden in 10,00 ml W. gelöst. 10,0 µl werden auf Startpunkt *a* aufgetragen. – Lösung 2: 0,0500 g Substanz werden in 10,00 ml W. gelöst. 10,0 µl werden auf Startpunkt *b* aufgetragen.

Lösungsmittelgemisch. 60,0 ml n Butanol, 15,0 ml Essigsäure und 75,0 ml W. Die untere Schicht der entmischten Emulsion wird zum Klimatisieren, die obere als Laufmittel verwendet.

Reagens. 7,5 ml Eisen(III)-chloridlsg. (10,0 g/100,0 ml), 1,00 ml frisch bereitete Kaliumhexacyanoferrat(III)-Lsg. (5,0 g/100,0 ml) und 1,5 ml W. werden vor der Verwendung gemischt.

Sichtbarmachung. Der luftgetrocknete Papierstreifen wird gleichmäßig mit Formamid besprüht und anschließend bei 105° 30 Min. getrocknet. Danach wird mit dem Rg. besprüht und in einer Mischung aus 300 ml und 20 ml 3 n Salzsäure gewaschen.

Auswertung. Auf dem Chromatogramm muß unter den Startpunkten *a* und *b* je ein blauer Fleck in gleichem Abstand vom Startstrich sichtbar sein.

Prüfung. 1. Prüflösung I: 1,000 g Substanz wird in W. zu 20,0 ml gelöst. Prüflösung II: 8,00 ml Prüflsg. I werden nach Zusatz von 12,0 ml 2 n Salpetersäure und 20,0 ml Ae. 30 Sek. geschüttelt. Die wss. Schicht wird abgetrennt, erneut mit 20,0 ml Ae. 30 Sek. geschüttelt und nach dem Abtrennen als Prüflsg. II innerhalb 2 Std. verwendet. – 2. Reaktion der Lsg. Prüflsg. I pH 7,7 bis 8,5, potentiometrisch gemessen. – 3. Unlösl. Verunreinigungen, Farbe der Lsg. 5,0 ml Prüflsg. I müssen klar und farblos sein. – 4. Schwermetallionen. Höchstens 0,004%, ber. als Pb^{2+}. – 5. Chlorid. Höchstens 0,01%. – 6. Phosphat. 1,00 ml Prüflsg. II wird mit W. zu 50,0 ml aufgefüllt. 1,00 ml dieser Lsg. wird mit 4,0 ml W., 3,0 ml 2 n Salpetersäure, 1,0 ml Ammoniummolybdatlsg. (10,0 g/100,0 ml), 10 Tr. Benzidinlsg. sowie 2,0 ml 6 n Ammoniaklsg. versetzt und geschüttelt. Die Lsg. darf innerhalb 2 Min. keine blaue Färbung zeigen. – 7. Diäthylstilböstrol, Diäthylstilböstrolmonophosphat. Auf dem Chromatogramm dürfen unter Startpunkt *b* keine blauen Flecke mit R_x-Werten größer als 1,1 sichtbar sein. – 8. Wassergehalt. 10,0 bis 15,0%.

Gehaltsbestimmung. 0,1000 g Substanz wird in W. zu 250,00 ml gelöst. 5,00 ml Lsg. werden mit W. zu 100,00 ml aufgefüllt. $E_{1\,cm}$ bei 240 nm wird bestimmt.

Berechnung. Prozent Natriumdiäthylstilböstroldiphosphat, berechnet auf die wasserfreie Substanz $= \frac{E \cdot 1773}{E_w \cdot (100 - a)}$, worin E die Extinktion, *a* den Wassergehalt in Prozent und E_w die Einwaage der Substanz in Gramm bedeutet.

Aufbewahrung. Vor Licht geschützt.

Anwendung. Diäthylstilböstroldiphosphorsäureester, Tetranatriumsalz dient zur Behandlung des Prostatacarcinoms. Er besitzt im gesunden Organismus keine Östrogenwirkung. Er wird in der Prostata selektiv mittels saurer Phosphatasen in die wirksame Form gebracht.

Dosierung. Einzelmaximaldosis: oral 0,5 g, i.v. 0,5 g; Tagesmaximaldosis: oral 1,0 g, i.v. 0,5 g.

Handelsformen: Honvan (Asta, Brackwede, Westf.) Tabl., Amp. – Stilphostrol (Ames, Elkhart, Ind.).

Diaethylstilboestrolum dimethylicum DAB 7 – DDR. Stilboestrolum dimethylatum ÖAB 9. trans-4,4′-Dimethoxy-,α,β-diäthylstilben. trans-3,4-Di(p-methoxyphenyl)-hexen (3).

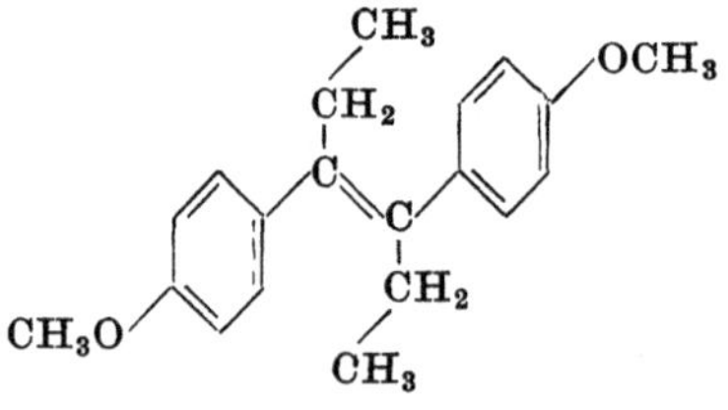

$C_{20}H_{24}O_2$ M.G. 296,41

Eigenschaften. Farblose Kristalle oder weißes, kristallines Pulver ohne Geruch und Geschmack. Praktisch unlösl. in W.; wenig lösl. in A.; leicht lösl. in Chlf.; lösl. in Ae.; mäßig lösl. in fetten Ölen. Fp. 122 bis 125°, nach L. Kofler 121 bis 124° (ÖAB 9), 122 bis 124° (DAB 7 – DDR). UV-Absorption. $E^{1\%}_{1\,cm}$ in A. bei 239 nm = 560 bis 585 (DAB 7 – DDR).

Erkennung. 1. Versetzt man etwa 1 mg mit etwa 1 ml Schwefelsäure, so entsteht Orangefbg., die beim Verdünnen mit etwa 10 Vol. W. verschwindet (ÖAB 9). – 2. Versetzt man einige Milligramm mit einigen Tropfen konz. Salpetersäure, so entsteht eine rote bis orangerote Lsg. (ÖAB 9, DAB 7 – DDR). – 3. Werden einige Milligramm mit etwas Vanillin unter Erwärmen in 10 Tr. konz. Essigsäure gelöst, und etwa 0,5 ml konz. HCl hinzugegeben, so entsteht ein weißer, kristalliner Nd., während sich die Lsg. grünlich färbt. Beim Erwärmen geht die Fbg. der Flüssigkeit in Grau und bei längerem Stehen in Violettrosa über (ÖAB 9). – 4. 5 mg Substanz und 5 mg Vanillin werden in einer Porzellanschale mit 10 Tr. konz.

Schwefelsäure versetzt und auf dem Wasserbad unter Schwenken 60 Sek. erhitzt. Die Mischung zeigt eine braunrote Fbg. und einen violett gefärbten Rand. Nach dem Erkalten und Zusatz von 2,0 ml A. zeigt die Mischung eine violette Fbg. (DAB 7 – DDR). – 5. 5 mg werden nach Zusatz von 2,0 ml Silbernitrat-Lsg. im Wasserbad erhitzt. Es entsteht ein grauer Nd. oder ein silberglänzender Beschlag an der Reagensglaswand (DAB 7 – DDR). – 6. Identifizierung nach L. Kofler. Eutektische Temp. der Mischung mit Phenacetin 115°. Lichtbrechungsvermögen der Schmelze n_D = 1,5299 bei 118 bis 119° (ÖAB 9).

Prüfung. 1. Eine unter Erwärmen bereitete Lsg. von 0,05 g Substanz in 5 ml A. muß klar und farblos sein. Sie muß sich auf Zusatz von 1 Tr. Methylrot-Methylenblau-Lsg. (ÖAB 9) bzw. von 1 Tr. Methylrot-Methylthioninchlorid-I (DAB 7 – DDR) grün färben (freie Säure). – 2. Trocknungsverlust. Bei 105° (DAB 7 – DDR) bzw. bei Raumtemperatur im Vakuumexsikkator (ÖAB 9) höchstens 0,5%. – 3. Glührückstand. Höchstens 0,2% (ÖAB 9).

Gehaltsbestimmung. 0,0250 g im Vakuumexsikkator getrocknete Substanz müssen bei der Bestimmung des Methoxylgehaltes 10,02 bis 10,14 ml 0,1 n Natriumthiosulfat-Lsg. verbrauchen, entspr. 99,0 bis 100,2% des theoretischen Wertes. Bei der Bestimmung sind der Jodwasserstoffsäure vorsichtig 0,5 ml Essigsäureanhydrid zuzusetzen. 1 ml 0,1 n Natriumthiosulfat-Lsg. entspr. 2,470 mg $C_{20}H_{24}O_2$. – 1 g Stilböstroldimethyläther entspr. 404,8 ml 0,1 n Natriumthiosulfat-Lsg. (ÖAB 9).

Diäthylstilböstrol monomethylat. 3-(4-Hydroxyphenyl)-4-(4-methoxyphenyl)-3-hexen. α,α'-Diäthyl-4'-methoxy-4-stilbenol. Mestilbol. Monomestrol.

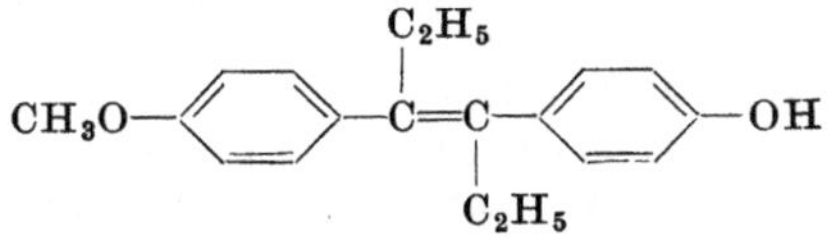

$C_{19}H_{22}O_2$ M.G. 282,39

Eigenschaften. Farblose Kristalle oder weißes, kristallines Pulver. Unlösl. in W.; lösl. in A.; leicht lösl. in Aceton und Ae.; lösl. in pflanzl. Ölen. Fp. 114 bis 117,5°.

Hexoestrolum Ph.Helv. V – Suppl. II, Ph.Ned. 6, ÖAB 9, (INN). Hexanœstrol CF 65, BPC 63. Synoestrolum Ross. 9. Dihydrostilboestrol. meso-3,4-Di(4-hydroxyphenyl)-hexan.

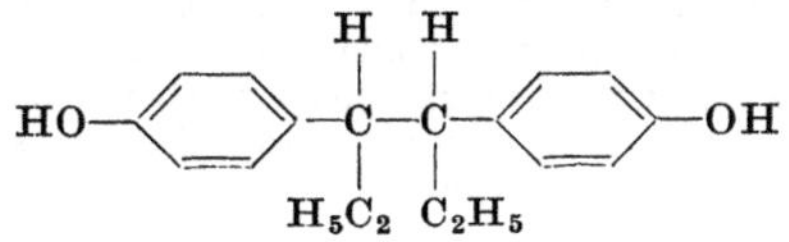

$C_{18}H_{22}O_2$ M.G. 270,38

Herstellung. Durch katalytische Hydrierung von Dimethoxystilböstrol und Demethylierung des entstandenen Produktes oder durch Umsetzung von Anethol mit Bromwasserstoff und Überführung des entstehenden Produktes in den Dimethyläther des Hexöstrols. Die Demethylierung kann mit äthanolischer KOH unter Druck durchgeführt werden (BPC 63).

Eigenschaften. Farblose Kristalle oder weißes, kristallines Pulver ohne Geruch und Geschmack. Praktisch unlösl. in W.; leicht lösl. in A. oder Ae.; wenig lösl. in Chlf.; lösl. in etwa 100 T. Olivenöl. In Alalihydroxid-Lsg. löst es sich unter Bildung von Phenolat (ÖAB 9). Fp. 181,5 bis 184° (Ph.Helv. V – Suppl. II) ,184 bis 186° (Ross. 9), 185 bis 190° auch nach L. Kofler (ÖAB 9), 185 bis 186° (CF 65). – UV-Absorption. $E^{1\%}_{1\,cm}$ = 140 bei 280 nm (BPC 63).

Erkennung. 1. Eine Lsg. von etwa 10 mg Substanz in 1 ml verd. A. färbt sich auf Zusatz von 1 Tr. 10fach verd. Eisen(III)-chlorid-Lsg. hell blaugrün. Die Fbg. geht rasch in Gelb über (Ph.Helv. V – Suppl. II, ÖAB 9). – 2. Versetzt man einige Milligramm mit einigen Tropfen konz. Salpetersäure, so färben sich Substanz und Flüssigkeit zitronengelb (ÖAB 9). – 3. Versetzt man etwa 1 mg mit 1 ml konz. Schwefelsäure, so tritt keine Verfärbung ein, fügt man einige Milligramm Paraform hinzu, so färbt sich die Flüssigkeit allmählich schmutzig violettrot (ÖAB 9). – 4. Löst man 0,02 g in 5 ml Schwefelsäure unter leichtem Erwärmen, so entsteht nach einiger Zeit eine schwache, grünliche Fluoreszenz. Gibt man 4,5 ml W. hinzu. so verschwindet die Fluoreszenz (Ross. 9). – 5. Löst man einige Milligramm mit Vanillin unter Erwärmen in 10 Tr. konz. Essigsäure und fügt 0,5 ml konz. HCl hinzu, so entsteht ein weißer krist. Nd., während sich die Lsg. gelblich färbt. Die Fbg. der Lsg.

verändert sich auch beim Erwärmen nicht wesentlich (ÖAB 9). – 6. 5 mg werden in 5 Tr. M. gelöst und mit 2 Tr. verd. Natronlauge und 0,5 ml verd. Ammoniak-Lsg. versetzt. Gibt man zu dieser Lsg. 1 ml Silbernitrat-Lsg., so entsteht allmählich ein feinkristalliner, weißer Nd. (Ph.Helv. V – Suppl. II). – 7. Wird eine Spur Hexoestrol mit einer Spur Vanillin und 5 Tr. konz. Phosphorsäure aufgekocht, so tritt Orangefbg. auf (Ph.Helv. V – Suppl. II). – 8. 0,25 g versetzt man mit 1 ml Essigsäureanhydrid und 2 ml trockenem Pyridin und kocht 15 Min. am Rückflußkühler. Nach dem Erkalten werden 25 bis 50 ml W. hinzugegeben, der Nd. abfiltriert, gewaschen und getrocknet. Er schmilzt bei 134 bis 137° (Ph.Helv.V – Suppl. II). – 9. Werden 2 mg Substanz mit 1 ml Schwefelsäure versetzt, so tritt nach Zufügen von 3 Tr. Molybdänschwefelsäure eine blaue Farbe auf (Ph.Ned. 6). – 10. Der bei der Gehaltsbestimmung erhaltene Nd. hat einen Fp. von 137 bis 139° (CF 65, Ph.Ned. 6), von 135 bis 139° (ÖAB 9). – 10. Identifizierung nach L. Kofler. Eutektische Temp. der Mischung mit Salophen 146°, mit Dicyandiamid 175° (ÖAB 9).

Prüfung. 1. Eine Lsg. von 0,1 g Hexöstrol in 5 ml A. muß klar und farblos sein. Sie muß sich auf Zusatz von 1 Tr. Methylrot-Methylenblau-Lsg. grün färben (freie Säure) (ÖAB 9). – 2. Eine unter Erwärmen bereitete Lsg. von 0,20 g Hexöstrol in 3 ml n NaOH und 7 ml W. muß klar sein (ÖAB 9). – 3. Trocknungsverlust. Bis zum konst. Gew. bei 100° getrocknet, höchstens 0,5% (Ph.Ned. 6), 1,0% (ÖAB 9, CF 65). – 4. Glührückstand. Höchstens 0,2% (ÖAB 9), nicht wägbar (Ph.Ned. 6). – 5. Sulfatasche. 0,1% (CF 65). – 6. Stilböstrol. Werden 10 mg der Substanz in 1 ml Schwefelsäure unter schwachem Erwärmen gelöst, darf die Lsg. nur schwach gelb gefärbt sein (Ph.Ned. 6). – 7. Dimethoxyderivate. Werden 200 mg mit einem Gemisch von 1 ml Natronlauge und 5 ml W. schwach erwärmt, dann muß eine klare Lsg. entstehen (Ph.Ned. 6). – Werden 0,2 g Substanz in einem Gemisch von 3 ml n NaOH und 3 ml W. durch Erwärmen auf 60° gelöst, so darf die entstehende Opaleszenz nicht größer sein als die einer Mischung von 0,1 ml Silbernitrat-Lsg. und 0,5 ml 0,001 n HCl in 6 ml W. (BPC 63).

Gehaltsbestimmung. ÖAB 9. 0,20 g getrocknetes Hexöstrol werden 15 Min. lang mit 1 ml Essigsäureanhydrid und 2 ml Pyridin unter Rückflußkühlung gekocht. Nach dem Erkalten fügt man 30 ml W. hinzu, schüttelt kräftig um und läßt 2 Std. lang stehen. Der entstandene Nd. von Diacetylhexöstrol wird über einen tarierten Filtertiegel abgesaugt mit W. gewaschen bis kein Pyridingeruch mehr wahrnehmbar ist und bei 103 bis 105° getrocknet. Sein Gewicht muß 0,2583 bis 0,2627 g betragen, entspr. 98,5 bis 100,2%, CF 65 wenigstens 99%. 1 mg Diacetylhexöstrol entspr. 0,7628 mg $C_{18}H_{22}O_2$. 1 g Hexöstrol entspr. 1,3110 g Diäthylhexöstrol. – Ross. 9. 0,05 bis 0,07 g, genau gewogen, werden in 25 ml A. in einem 250-ml-Schliffkolben gelöst. Es werden 25 ml 0,1 n Kaliumbromat-Lsg. und 1 g Kaliumbromid zugegeben. Die Lsg. wird 15 Min. in ein Wasserbad von 8 bis 10° gestellt. Es werden 20 ml auf dieselbe Temperatur gebrachte verd. Schwefelsäure (16%) zugefügt. Nach 3 Min. werden 1 g Kaliumjodid und 20 ml W. zugegeben und nach 5 Min. wird das gebildete Jod mit 0,1 n Natriumthiosulfat-Lsg. gegen Stärke titriert. Unter denselben Bedingungen wird ein Blindversuch angesetzt. 1 ml 0,1 n Kaliumbromat Lsg. entspr. 0,003380 g Hexöstrol. Es sollen mindestens 98,5% gefunden werden.

Anwendung. Wie Diäthylstilböstrol als Östrogen in der Cyclustherapie, jedoch ist es weniger wirksam. Oral.

Dosierung. Oral gegen Menopausesymptome 2 bis 3 mg tägl., als Erhaltungsdosis 0,2 bis 1 mg tägl.

Aufbewahrung. Vor Licht geschützt.

Handelsformen: Synthowo BPC 63. – Malun (Temmler, Marburg a. d. Lahn) Vaginalovale, Cycloestrol (Bruneau, Paris), Synthrogêne (Gerda, Tassin, Rhône), Hexital (Ortho Pharmac., Wycombe Bucks, Engl.) Tabl. mit Äthylphenylbarbit., Hexestrol-Tabl. (Massengill, USA), Hexestrol-Tabl. (Merrell, USA), Extra-Plex (Rowell, USA) Vaginal-Creme.

Benzestrol NF XII, (INN). Octoestrol Ross. 9. 3-Äthyl-2,4-bis(4-hydroxyphenyl)-hexan. 4,4′-(1,2-Diäthyl-3-methyltrimethylen)-diphenol.

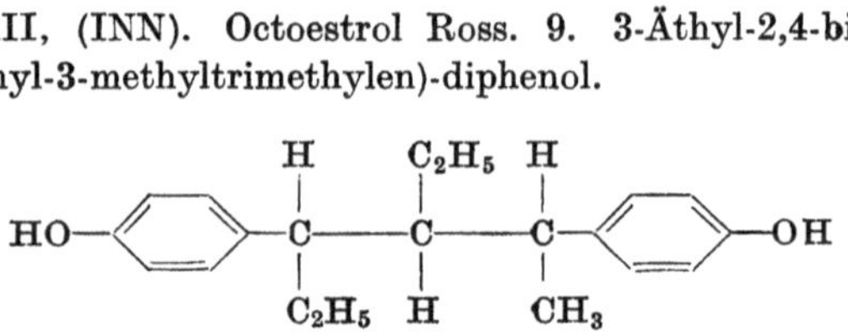

$C_{20}H_{26}O_2$ M.G. 298,43

Gehalt. Mindestens 98,5%.

Eigenschaften. Weißes, geruchloses, kristallines Pulver. Praktisch unlösl. in W. und verd. Mineralsäuren; leicht lösl. in Aceton, A., Ae., M. und Natronlauge; lösl. in pflanzlichen

Ölen; mäßig lösl. in Eisessig; schwer lösl. in verd. A., Bzl., Chlf., Hexan. Fp. 161 bis 163° (NF XII), 160 bis 162° (Ross. 9).

Erkennung. 1. 10 mg werden in 2 ml Schwefelsäure gelöst, es entsteht eine blasse Gelbfbg., die beim Verdünnen mit W. bestehen bleibt (Diäthylstilböstrol gibt dabei Orangefbg.) (NF XII). – 2. Gibt man einige Tropfen 50%ige Antimonpentachlorid-Lsg. in trockenem, äthanolfreiem Chlf. zu einer sehr verd. Lsg. von Benzestrol im gleichen Lösungsmittel, so entsteht eine Grünfbg., die schnell braun wird (Diäthylstilböstrol gibt hierbei eine rote oder bläulichrote Lsg.) (NF XII). – 3. Man gibt in einem Reagensglas zu 100 mg Benzestrol 1 ml Benzoylchlorid, kocht gelinde 5 Min. lang, kühlt ab, fügt 20 ml n Natronlauge hinzu und schüttelt, bis sich eine weiße, feste Substanz abscheidet. Nach dem Filtrieren, Waschen mit W., zweimaligem Umkristallisieren aus heißem A. und Trocknen bei 80°, 30 Min. lang, schmilzt das 2,4-Di-(4-hydroxyphenyl)-3-äthyl-hexan-dibenzoat zwischen 118 und 120° (NF XII).

Prüfung. NF XII. 1. Trocknungsverlust. 1 Std. bei 105° getrocknet, höchstens 0,1%. – Verbrennungsrückstand. 0,05%. – 2. Die Lsg. von Benzestrol in Äther (1 in 50) soll klar und farblos sein. – 3. Die Lsg. (1 in 50) in vorher neutralisiertem 80%igem A. soll neutral gegen Lackmus sein.

Gehaltsbestimmung. Standardlösung. 100,0 mg 1 Std. bei 105° getrockneten Benzestrol Reference Standards werden in 100,0 ml A. gelöst. 10 ml davon werden zu 100,0 ml mit A. verdünnt. – Prüflösung. 100,0 mg 1 Std. bei 105° getrockneter Substanz werden in 100,0 ml A. gelöst. 10 ml davon werden zu 100,0 ml mit A. verdünnt. – Ausführung. Je 5 ml der Standard- und der Prüflsg. werden in je einen 50-ml-Meßkolben gegeben. Jedem Kolben werden je 2 ml verd. Salzsäure und 4 ml Molybdänphosphorwolfram-Lsg. und nach 10 Min. 10 ml Natriumcarbonat-Lsg. (1 in 4) hinzugefügt. Die Kolben werden mit W. bis zur Marke aufgefüllt, 1 Std. stehengelassen, der Inhalt zentrifugiert und von der klaren überstehenden Flüssigkeit in 1 cm Schichtdicke bei 750 nm die Extinktion gegen einen Blindwert aus den auf die gleiche Weise behandelten Reagentien bestimmt. Die Berechnung der in der Probe enthaltenen Menge $C_{20}H_{26}O_2$ in Milligramm erfolgt nach der Formel $C \cdot A_U/A_S$, wobei C die verwendete Menge Benzestrol in der Standardlsg. in µg/ml, A_U die Extinktion der behandelten Prüflsg., A_S die der behandelten Standardlsg. ist (NF XII).

Anwendung. Als Östrogen in der Cyclustherapie. Benzöstrol gilt als wenig toxisch.

Handelsformen: Octofollin (Schieffelin, USA) Elixir NF XI, Tabl. NF XI, Amp., Vaginaltabl.

Chlorotrianisene NF XII, (INN). Chlor-tris-(4-methoxy-phenyl)-äthylen. Tri-(4-anisyl)-chloräthylen.

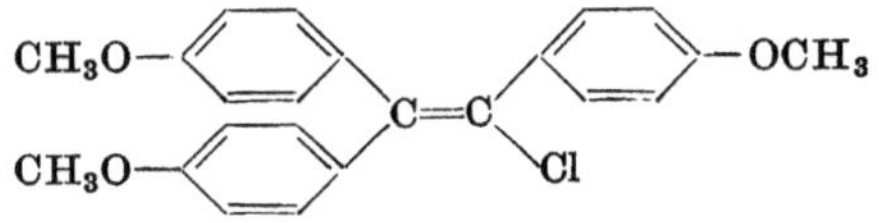

$C_{23}H_{21}ClO_3$ M.G. 380,88

Eigenschaften. Weißes, geruchloses, kristallines Pulver. 1 g löst sich in 4200 ml W., 360 ml A. oder M., 28 ml Ae., 7 ml Aceton, 2,5 ml Bzl., 1,5 ml Chlf., es ist praktisch unlösl. in 2,2,4-Trimethylpentan. Fp. 115 bis 117°.

Erkennung. 1. 10 mg werden in 2 ml Schwefelsäure gelöst, es entsteht eine tief dunkelpurpurrote Fbg., die beim Verdünnen mit 5 ml W. in Rosa übergeht (Unterschied von Diäthylstilböstrol, das eine orange Fbg. gibt; von Hexöstrol, das keine Fbg. erzeugt, von Benzöstrol, das eine gelbe, von Promesteroldipropionat, das eine orangerote Farbe ergibt). – 2. 10 mg in 2 ml Salpetersäure gelöst geben eine intensive Purpurfbg. Beim Verdünnen mit 5 ml W. entsteht eine gelbe Lsg. mit einem Nd. Nach dem Zufügen von 5 ml 50%iger Natronlauge verstärkt sich die gelbe Farbe und der Nd. löst sich auf. – 3. Die UV-Absorption einer Lsg. 1 in 100000 in Chlf. hat ein Maximum bei 310 ± 2 nm, das von der in der gleichen Weise bereiteten Lsg. des Chlortrianisen Reference Standards 2% abweichen darf.

Prüfung. 1. Trocknungsverlust. 18 Std. bei 80° getrocknet, höchstens 1%. – 2. Verbrennungsrückstand. Höchstens 1%. – 3. Schwermetalle. 10 mg/kg. – 4. pH einer gesättigten Lsg. zwischen 5 und 7.

Gehaltsbestimmung. 0,5 g vorher 18 Std. bei 80° getrocknete Substanz werden in einem 100-ml-Kolben mit 15 ml abs. A. bei mäßiger Wärme am Rückflußkühler in Lsg. gebracht. Der noch siedenden alkohol. Lsg. werden durch das Rückflußrohr 2 g in kleine Stücke geschnittenes reines Natrium zugegeben. Es wird wenigstens 1 Std. unter häufigem Umschütteln im Sieden gehalten, dann während des Siedens noch A. zur Lsg. des überschüssigen Natriums zugefügt und erhitzt, bis es sich restlos gelöst hat. Darauf wird die Mischung in ein 400-ml-Becherglas gegeben, der Rückflußkühler und der Kolben mit etwa 125 ml W. nachgespült und dieses der Mischung zugefügt. Nach Abkühlung werden 15 ml Salpetersäure und 25,0 ml 0,1 n Silbernitratlsg. zugegeben. Sobald der Nd. koaguliert ist, wird filtriert und das Filter mit W. gewaschen. Zu dem Filtrat gibt man 10 ml Eisen(III)-ammoniumsulfat-Lsg. und titriert den Überschuß von Silbernitrat mit 0,1 n Ammoniumthiocyanat-Lsg. zurück. 1 ml 0,1 n Silbernitrat-Lsg. entspr. 38,09 mg $C_{23}H_{21}ClO_3$.

Gehalt. 95 bis 105%.

Anwendung. Als Östrogen in der Cyclustherapie. Die Wirkung wird im Körper gesteigert. Nach oraler Verabfolgung findet man im Stuhl eine größere östrogene Aktivität wieder als sie der verabfolgten Dosis entspricht.

Handelsform: Tace (Merrell, USA, Engl.) Kapseln.

Methallenoestril BPC 63. Methallenestril NND 62, (INN). β-(6-Methoxynaphth-2-yl)-α,α-di-methyl-valeriansäure. α,α-Dimethyl-β-äthyl-6-methoxy-2-naphthalen-propionsäure.

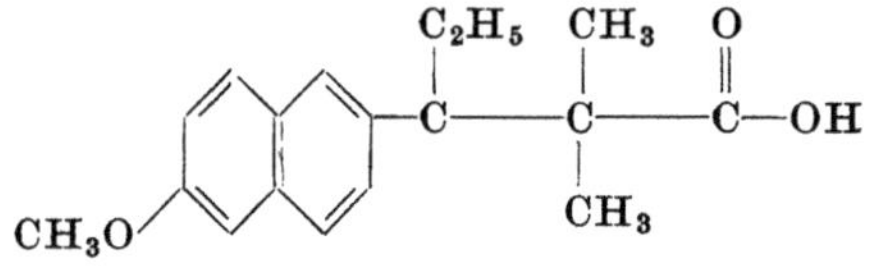

$C_{18}H_{22}O_3$ M.G. 286,38

Herstellung. Einwirkung von Äthyl-α-brom-α-methylbutyrat und 2-Methoxy-6-propionylnaphthalin in Gegenwart von Zink, darauf folgend Dehydration, Verseifung und Hydrierung (BPC 63).

Eigenschaften. Weißes oder nahezu weißes, geruchloses, kristallines Pulver, mit schwach bitterem Geschmack. Sehr schwer lösl. in W., lösl. bei 20° in 10 T. A., 8 T. Ae., 2 T. Chlf., lösl. in Alkalien. Fp. etwa bei 138°.

Erkennung. Die Lsg. in M. zeigt im UV-Spektrum wohldefinierte Maxima bei 317 und 332 nm. Die Extinktion einer 0,005%igen Lsg. ist im Maximum bei etwa 332 nm etwa 0,340 (BPC 63).

Gehaltsbestimmung. 0,25 g werden in 50 ml Pyridin gelöst und mit 0,1 n Tetrabutylammoniumhydroxid-Lsg. potentiometrisch titriert. 1 ml 0,1 n Tetrabutylammoniumhydroxid-Lsg. entspr. 0,02864 g $C_{18}H_{22}O_3$.

Anwendung. Wie die anderen synthetischen Östrogene,

Handelsform: Vallestril (Searle & Co., Chicago/Ill.) Tabl.

Promethestrol Dipropionate NNR 55, NND 62. 4,4′-(1,2-Diäthyläthylen)-di-o-kresol-dipropionat. Dimethylhexoestrol-dipropionat.

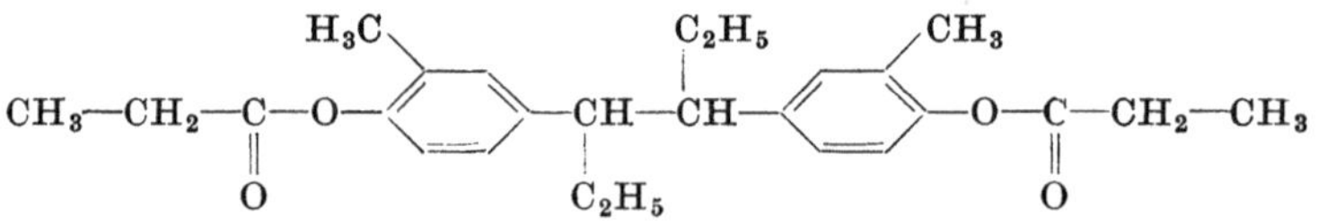

$C_{26}H_{34}O_4$ M.G. 410,56

Eigenschaften. Weißes, geruchloses, kristallines Pulver. Praktisch unlösl. in W., verd. Säuren, verd. Alkalien; schwer lösl. in A.; leicht lösl. in Bzl., Ae., Äthylacetat. Fp. 113 bis 116°.

Erkennung (NNR 52). 10 mg werden in 1 ml Schwefelsäure gelöst. Es entsteht eine orangerote Lsg. Verdünnt man mit 10 ml W., so entsteht eine trübe, rosafarbene Lsg., die nach einigen Minuten weiß wird (Unterscheidung von Benzoestrol, Diäthylstilböstrol, Äthinylöstradiol, Hexöstrol).

Prüfung (NNR 52). 1. Gibt man 1 Tr. Eisen(III)-chlorid-Lsg. zu 2 ml gesättigter Promethestrol-dipropionat-Lsg. in verd. A., so darf keine andere Fbg. entstehen, als wenn man das Reagens zum reinen Lösungsmittel gibt (Benzöstrol, Diäthylstilböstrol, Hexöstrol geben grünlichgelbe Fbg.). – 2. Das durch Hydrolyse gewonnene Promethestrol soll bei 150 bis 158° schmelzen. – 3. Die Verseifungszahl soll 200 bis 210 sein. – 4. Trocknungsverlust im Vakuumexsikkator über P_2O_5 24 Std. lang, höchstens 0,5%. – 5. Glührückstand. Höchstens 0,05%.

Gehaltsbestimmung (NNR 52). Etwa 0,25 g werden genau gewogen und 1 Std. mit 10 ml 15%iger methanol. KOH am Rückflußkühler gekocht. Nach dem Erkalten werden 100 ml W. zugegeben. Man säuert mit 10%iger HCl an und extrahiert 4mal mit je 50 ml Ae. Die vereinigten Ae.-Auszüge werden 3mal mit je 100 ml 5%iger Natriumhydrogencarbonat-Lsg. und 2mal mit je 100 ml W. gewaschen. Der Ae. wird filtriert, zur Trockne eingedampft und der Rückstand bis zum konst. Gew. getrocknet. 1 g entspr. 1,376 g Promethestrol-dipropionat. Forderung 98,5 bis 105,5%.

Anwendung. Wie Diäthylstilböstrol-dipropionat.

Handelsform: Meprane Dipropionate (Reed und Carnrick, Kenilworth, N. J.) Tabl.

Indenöstroldiacetat. 1-Methyl-2-(4-acetoxy-phenyl)-3-äthyl-6-acetoxyinden.

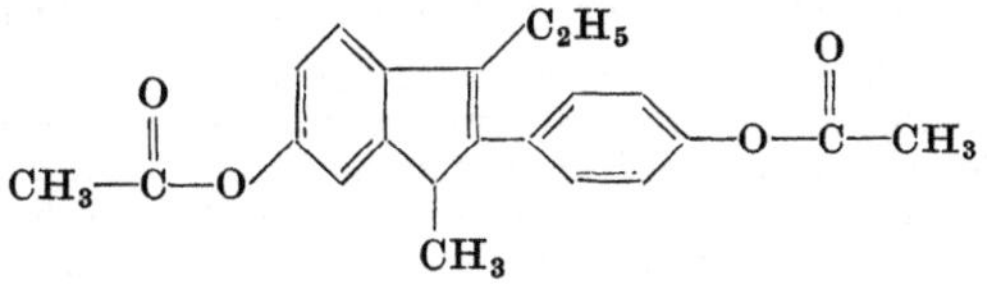

Herstellung. Eine Synthesemöglichkeit vgl. Helv. chim. Acta *36*, 1706 (1953).

Anwendung. Zur Therapie klimakterischer Beschwerden.

Handelsform: Klimoestrol (Woelm, Eschwege) Dragees mit 0,1 mg Indenöstroldiacetat, 140 mg α-Bromisovalerianylharnstoff, 100 mg Bromdiäthylacetylcarbamid.

Gestagene, Progestagene

Das natürliche Hormon dieser Gruppe von weiblichen Sexualhormonen ist das Progesteron. Obwohl es in den gleichen natürlichen Zellen der Ovarien produziert wird wie die Östrogene und es eine diesen sehr ähnliche chemische Struktur besitzt, hat es eine eigene, im vorhergehenden (S. 136) besprochene, von den Östrogenen verschiedene physiologische Wirksamkeit. Bei oraler Applikation ist Progesteron unwirksam. Auf der Suche nach anderen, auch oral wirksamen Gestagenen erwies sich ein Derivat des Testosterons, das 17α-Äthinyl-testosteron, das Äthisteron, als brauchbar, da die androgene Aktivität verschwindend klein ist. Es besitzt oral eingenommen etwa den fünften Teil der Wirksamkeit des parenteral applizierten Progesterons und fand in die meisten Pharmakopöen Eingang. Wegen seiner geringen Wirksamkeit im Vergleich zum Progesteron beginnt immer mehr sein Ersatz durch die in 17α-Stellung substituierten Progesteronderivate, die oral eingenommen z.T. eine erheblich höhere gestagene Aktivität entfalten als Progesteron, was möglicherweise mit einer Behinderung des Abbaus im Stoffwechsel zusammenhängt. Als sehr wirksame Gestagene erwiesen sich weiter für die orale Therapie Abkömmlinge der 19-Norsteroide und auch des retro-Progesterons, welches das Atom H-9 in β-Stellung, die 19-Methyl-Gruppe am C-10 in α-Stellung hat, im Gegensatz zu der normalen 9α,10β-Struktur des Progesterons.

Außer der Behandlung der funktionellen Uterus-Haemorrhagie und des drohenden Abortes werden die Gestagene, besonders ihre synthetischen Derivate, als Mittel zur Frühdiagnose einer Schwangerschaft (vgl. S. 55), als Mittel zur Menstruationsverschiebung und wegen ihrer Wirkung auf die Verhinderung der Ovulation und der Follikelentwicklung als perorale Anticonceptiva verwendet. Besonders bewährt hat sich hierfür die perorale Verwendung der Mischung eines Gestagens und eines Östrogens. Bei der ärztlich indizierten Konzeptionsverhütung ist der Zeitplan der Einnahme streng einzuhalten. 21 Tage Einnahme je eines Dragees, darauf 7 Tage Pause. Anwendungsbeginn am 5. Cyclustag, später jeweils nach einem einnahmefreien Intervall von 7 Tagen. Der 1. Tag der Blutung wird als „Tag 1" bezeichnet. Man nimmt die erste Tablette bzw. das erste Dragee am 5. Tag, anschließend ohne Unterbrechung jeden Abend 1 Tablette oder ein Dragee insgesamt 20 Tage lang. – Der Mechanismus der Ovulationsverhinderung ist noch nicht ganz aufgeklärt, wahrscheinlich besteht eine indirekte Wirkung durch Unterdrückung der Gonadotropinsekretion des Hypophysenvorderlappens.

Neuerdings wird noch ein anderer Weg der Gestagen-Östrogen-Konzeptionsverhütung, der den physiologischen Verhältnissen angeglichener sein soll, beschritten. Im Rahmen einer Zweiphasenmethode wird im ersten Teil des Behandlungszyklus täglich ein Östrogen und erst später täglich eine Östrogen-Gestagen-Kombination zugeführt, wodurch die hormonalen Regulationsvorgänge denen eines normalen Menstruationscyclus entsprechen sollen. Das Handelspräparat Estirona (Lilly) besteht aus 15 Tabl. (weiß) mit je 0,08 mg Mestranol und 5 Tabl. (orange) mit je 2 mg Chlormadinonacetat und 0,08 mg Mestranol.

Standardisierung. Für die Standardisierung von Corpus-luteum-Hormonpräparaten gelten die internationalen Einheiten. Standardsubstanzen wurden nach dem Bezug auf das Substanzgewicht aufgehoben. Eine internationale Einheit ist gleich 1 mg Progesteron. Eine Einheit nach CORNER und ALLEN ist gleich etwa 0,6 bis 0,7 mg kristallisiertem Progesteron [CORNER, G. W., u. W. M. ALLEN: Amer. J. Physiol. *88*, 326 (1929)].

Wertbestimmung. Der Test für das Corpus-luteum-Hormon beruht auf dessen wichtigster physiologischen Aufgabe, der Umwandlung der durch das Follikelhormon erzeugten Proliferationsphase des Uterus in die Sekretionsphase. Als Testtiere verwendet man infantile weibliche Kaninchen von etwa 1 kg Gewicht. Die Tiere erhalten 6 Tage lang tägl. 50 I.E. eines Östrogens injiziert, wodurch die Proliferationsphase ausgebildet wird. Vom 8. bis 12. Tag wird das zu prüfende Präparat verabreicht. Am 12. Tag ergibt die histologische Untersuchung der Uteri Aufschluß über die gestagene Wirksamkeit. Der Grenzwert, d.h. die kleinste wirksame Menge für Progesteron liegt bei 0,6 mg [CLAUBERG, C.: Zbl. Gynäk. *54*, 2757 (1930); HOPPE-SEYLER/THIERFELDER: Handbuch der physiologischen und pathologisch-chemischen Analyse, 10. Aufl., Bd. III/2, Berlin/Göttingen/Heidelberg: Springer 1955, S. 1451ff.].

Progesteronum PI.Ed. I/1, DAB 6 – 3. Nachtr. (BRD), ÖAB 9, Ph.Helv. V – Suppl. II, DAB 7 – DDR, CsL 2, Jap. 61, Ph.Ned. 6, (INN). Progesteron DAB 7 – BRD. Progesterone BP 63, USP XVI, NF XII. Progestérone CF 65. 4-Pregnen-3,20-dion. Pregn-4-en-3,20-dion. 3,20-Diketo-pregnen-(4). (+)-3,20-Dioxopregnen-(4). Δ^4-Pregnen-3,20-dion.

$C_{21}H_{30}O_2$ Strukturformel I, S. 110 M.G. 314,47

Herstellung. Zum Beispiel aus Stigmasterin über Pregnenolon: BUTENANDT, A., u. E. FERNHOLZ: Chem. Ber. *67*, 2027 (1934). – RUSCHIG, H.: Med. u. Chem. *4*, 327 (1942). – Aus Androstenolon: BUTENANDT, A., u. J. SCHMIDT-THOMÉ: Chem. Ber. *72*, 182 (1939). Zahlreiche weitere Verfahren, insbesondere aus Diosgenin, bei L. F. FIESER u. M. FIESER und bei H. P. KAUFMANN (s. S. 103).

Gehalt. 97,0 bis 103,0% $C_{21}H_{30}O_2$ bezogen auf die getrocknete Substanz (BP 63), 97,0 bis 102,0% (Nord. 63).

Eigenschaften. Weiße bis schwach gelbliche Kristalle oder kristallines Pulver ohne Geruch und von schwach bitterem Geschmack. Progesteron kommt in 2 Modifikationen vor, einer stabilen (α-Progesteron) und einer instabilen Form (β-Progesteron). Die β-Form kann durch Umkristallisieren aus wasserfreiem Methanol in die α-Form übergeführt werden (Ph.-Helv. V – Suppl. II). Praktisch unlösl. in W., löslich in 8 T. A. (95%), 16 T. Ae., 0,33 T. Chlf., 100 T. PAe. (40 bis 60°), 60 T. Arachisöl, 60 T. Äthyloleat (BP 63).

Fp. 127 bis 131° (α-Form) bzw. etwa 121° (β-Form) (PI.Ed. I/1, Belg. V, CsL 2, 127 bis 131° bzw. 120 bis 122° (DAB 7 – BRD); 128 bis 133° bzw. 120 bis 122° (Jap. 61); 128 bis 133° bzw. etwa 121° (USP XVI, NF XII); 128 bis 131° bzw. 120 bis 122° (ÖAB 9, DAB 7 – DDR); nach L. KOFLER 126 bis 131° bzw. 118 bis 124° (ÖAB 9); 127 bis 129° (Ross. 9); 127 bis 130° (Ph.Helv. V – Suppl. II); 127 bis 133° (Nord. 63); 128 bis 131° (Ph.Ned. 6); 129 bis 130° bzw. etwa 121° (CF 65); 128 bis 131° bzw. etwa 121° (BP 63).

Spezifische Drehung. $[\alpha]_D^{20}$: In Dioxan +172 bis +182°, die Substanz wird vor dem Lösen 4 Std. über Schwefelsäure getrocknet (PI.Ed. I/1. Jap. 61); +175 bis +183° (USP XVI, NF XII); +178 bis +186° (DAB 7 – BRD). In A. (95%) +186 bis +193° (ÖAB 9, DAB 7 – DDR); +186 bis +194° (Ph.Ned. 6, Belg. V); 187 ± 1° (CF 65); +186 bis +198° (Nord. 63); +190 bis +200° (Ross. 9); +195 bis +200° (CsL 2).

In abs. A. +186 bis +196° (BP 63). In Weingeist +186 bis +193° (Ph.Helv. V – Suppl. II). In Chlf. +188,0 bis +196° [DAB 6 – 3. Nachtr. (BRD)].

UV-Absorption. $E_{1\,cm}^{1\%}$: 241 nm in A. (95%) 535 ± 10 (DAB 7 – BRD), etwa 535 (Nord. 63), 0,525 bis 0,545 (DAB 7 – DDR), etwa 515 (Ross. 9), 515 bis 545 (Jap. 61). – In abs. A. 540 (BP 63), 535 ± 10 (CF 65).

Erkennung. 1. Werden 5 Tr. einer 1%igen Lsg. in A. (95%) mit 0,5 ml A. (95%) verdünnt und 3 ml konz. Schwefelsäure hinzugefügt, so entsteht eine farblose Lsg., die nach Zufügen von 3 ml W. eine schwach gelbliche Farbe mit einer schwachen grünen Fluoreszenz annimmt (Nord. 63, ÖAB 9). – 2. Die Lsg. von 0,05 g Substanz in 2,0 ml M. wird mit 15 ml einer 2,4-Dinitrophenylhydrazin-Lsg. versetzt und 1 Min. zum Sieden erhitzt. Nach 1 Std. wird der Niederschlag abgesaugt, mit M. gewaschen und 2mal aus Aceton umkristallisiert. Das orangerote Bis-2,4-dinitrophenylhydrazon schmilzt nach 2stdg. Trocknen bei 100 bis 105° zwischen 280 und 284° unter Zersetzung [DAB 6 – 3. Nachtr. (BRD)], 284 und 290° (Nord. 63). – 3. Die Lsg. von 50 mg Substanz in 10,0 ml A. (96%) wird mit 0,5 g Hydroxylaminhydrochlorid und 0,5 g wasserfreiem Natriumacetat versetzt und 2 Std. lang unter Rückfluß zum Sieden erhitzt. Nach Abkühlen und Zusatz von 20 ml W. wird die Ausfällung abgesaugt, mit W. gewaschen und aus A. umkristallisiert. Das Progesterondioxim schmilzt nach dem Trocknen bei 105° zwischen 252 und 259° unter Zersetzung (DAB 7 – BRD). Geringfügige Variationen dieser Reaktion finden sich in anderen Arzneibüchern. 236 bis 240° (PI.Ed. I/1), 236 bis 243° (ÖAB 9, DAB 7 – DDR), 235 bis 240° (Jap. 61), 238 bis 242° (Ind. P. 55), etwa 240° (BP 63, Belg. V). – 4. Versetzt man eine Lsg. von etwa 1 mg Progesteron in 0,5 ml A. mit etwa 1 mg m-Dinitrobenzol, und 4 Tr. verd. Natriumhydroxid-Lsg., so färbt sich die Lsg. innerhalb von 5 Min. gelblich bis hell rötlichbraun, nicht aber violettrosa (Unterschied gegenüber 17-Ketosteroiden und gesättigten 3-Ketosteroiden) (ÖAB 9). – 5. Versetzt man etwa 5 mg Progesteron mit 1 ml verd. Natriumhydroxidlsg. und einigen Tropfen Jodlsg. und erhitzt, so tritt der Geruch nach Jodoform auf (ÖAB 9). – 6. Identifizierung nach L. KOFLER. Eutektische Temp. der α-Form mit Phenacetin 95°, der β-Form 91°. Lichtbrechungsvermögen der Schmelze $n_D = 1{,}5204$ bei 121 bis 122° (ÖAB 9). – 8. Das IR-Absorptionsspektrum einer Kaliumbromiddispersion von vorher im Vakuum über Silicagel 4 Std. getrocknetem Progesteron hat Maxima nur bei denselben Wellenlängen wie die gleiche Zubereitung mit dem USP Reference Standard. – 9. Das UV-Absorptionsspektrum einer Lsg. von 1 g in 100000 ml M. zeigt denselben Kurvenverlauf wie das des USP-Reference-Standards. Die Extinktionen bei 241 nm dürfen nicht mehr als 2% voneinander abweichen.

Prüfung. 1. Klarheit der Lsg. 2 ml einer 1%igen Lsg. in A. sollen die Grenzprüfung B halten (Nord. 63). – 2. Farbe der Lsg. 2 ml einer 1%igen Lsg. in A. sollen die Grenzprüfung S (0,5 Co, 0,5 Cu, 0,5 Fe) halten (Nord. 63). Die 1%ige Lsg. in A muß klar und farblos sein (ÖAB 9, DAB 7 – DDR). – 3. Trocknungsverlust. Bei 105° nicht über 0,5% (DAB 7 – BRD, ÖAB 9, BP 63, Belg. V, CF 65). 4 Std. über Silicagel im Vakuum höchstens 0,5% (USP XVI, NF XII), 4 Std. über Phosphorpentoxid im Vakuum nicht mehr als 0,5% (Jap. 61). – 4. Glührückstand. Nicht über 0,2% (Nord. 63), 0,1% (Jap. 61), ohne Rückstand (Belg. V, Ph.Ned. 6). – 5. Sulfatasche. Nicht über 0,1% [BP 63, DAB 6 – 3. Nachtr. (BRD), DAB 7 – DDR]. – 6. Alkalisch oder sauer reagierende Verunreinigungen. 70,0 ml A. (70%) werden mit 4 Tr. Methylrot-Methylthioninchlorid-Lsg. und gegebenenfalls mit 0,01 n Salzsäure bis zum Farbumschlag nach Grau versetzt. 0,05 g Substanz werden in 5 ml des so vorbehandelten A. unter mäßigem Erwärmen gelöst. Nach dem Erkalten muß die Lsg. grau oder grauviolett und nach darauffolgendem Zusatz von 0,050 ml 0,01 n Kalilauge grün gefärbt sein (DAB 7 – DDR). – 7. Protolytische Verunreinigungen. 2 ml einer 1%igen Lsg. in A. geben mit 0,005 ml 0,01 n Natriumhydroxid-Lsg. und 1 Tr. Bromkresolgrün-Lsg. eine blaue Farbe, die mit 0,025 ml 0,01 n Salzsäure in Gelb übergehen soll. – 8. Andere Steroide. Werden 2 Tr. einer 1%igen Lsg. in Weingeist mit 5 Tr. konz. Schwefelsäure und 0,5 ml Weingeist versetzt, so muß das Gemisch farblos bleiben und keine Fluoreszenz aufweisen (Ph.Helv. V – Suppl. II). Werden 2 mg Progesteron mit 2 Tr. Chlf. und 5 Tr. Tetranitromethan versetzt, so darf die entstehende Lsg. höchstens leicht gelb, aber nicht dunkelgelb, orange oder braun gefärbt sein (Δ-5,6-Steroide) (Ph.Helv. V – Suppl. II).

Gehaltsbestimmung. Nord. 63. Zu 0,05 g in 5 ml A. gelöst, werden 30 ml siedende äthanolische Dinitrophenylhydrazin-Lsg. hinzugegeben. Die Lsg. wird vorsichtig 1 Min. unter Umschwenken im Sieden gehalten. Nach 1 Std. Stehenlassen unter gelegentlichem Umschütteln des Kolbens wird durch ein G4-Glasfilter filtriert. Der Rückstand wird mit einer Mischung von 2 ml konz. Salzsäure, 10 ml A. und darauf mit 25 ml W. gewaschen und bei 105° getrocknet. Fp. 284 bis 290° (bei schnellem Erwärmen von 4 bis 5° pro Minute). 1 g Progesteron-bis(2,4-dinitrophenylhydrazon) entspr. 0,4661 g $C_{21}H_{30}O_2$. 1 g $C_{21}H_{30}O_2$ entspr. 2,146 g Progesteron-bis(2,4-dinitrophenylhydrazon).

Geforderter Gehalt. 97,0 bis 102,0%.

Die Gehaltsbestimmung gemäß BP 63 wird mittels UV-Absorption in alkoholischer Lsg. bei 240 nm ausgeführt. Der theoretische Wert von $E^{1\%}_{1\,cm}$ ist 540.

Aufbewahrung. Vor Licht geschützt in dicht schließenden Gefäßen.

Anwendung. In der Cyclus-Therapie. In Form von Lösungen und Suspensionen für Injektionen sowie von Buccaltabl. und Vaginaltabletten.

Dosierung. BP 63. Intramusculär 20 bis 60 mg täglich. USP XVI. Buccal 10 bis 50 mg, intramusculär 5 bis 50 mg täglich.

Handelsformen: Lutocyclin (Ciba, Wehr, Baden) Amp.; Lutocyclin M Mikrokristall-Amp. – Lutren (Farbwerke Hoechst, Frankfurt a. M.) Lsg. in Manolen, Kristallsuspension. – Progestin (Organon, München) Lsg., Amp. – Progesteron (Eifelfango, Bad Neuenahr) Lsg., Amp. – Progesteron (Vitis, Hösel b. Düsseldorf) Lsg., Amp. – Proluton (Schering, Berlin) Lsg., Amp. – Colposterone (Ayerst) Vaginaltabl., Cortulone (Gold Leaf) Lsg., Amp.; Corpomone (Premo) Lsg. Fl.; Gesterol (Testagar) Susp., Lsg., Fl.; Lingusorbs (Ayerst) Buccaltabl.; Lipo-Lutin (Parke, Davis) Susp., Lsg., Amp.; Lucorteum (Merck, Sharp & Dohme) Susp.; Lutocylin (Ciba) Lsg., Amp.; Lutromone (Endo) Lsg., Amp.,; Lutrone (Buffington) Lsg., Amp.; Lutocylol (Ciba) Buccaltabl.; Macrogestin (Kirk) Susp.; Membrettes (Wyeth) Buccaltabl.; Progelan (Lanett) Susp.; Syngesterone (Pfizer) Susp., Lsg., Amp.; Syngestrets (Pfizer) Buccaltabl.

Progesteron und seine in 17α-Stellung substituierten Derivate, retro-Progesteron und Dehydro-retro-progesteron

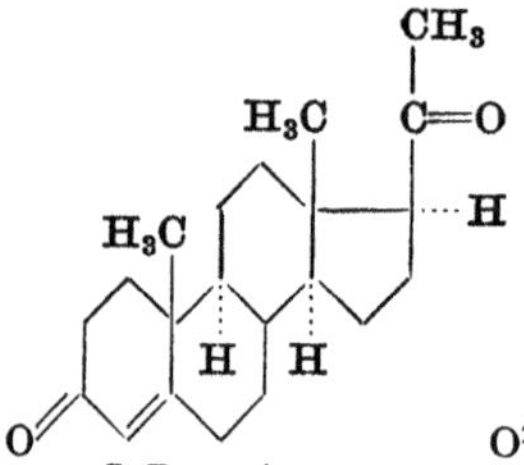

I. Progesteron

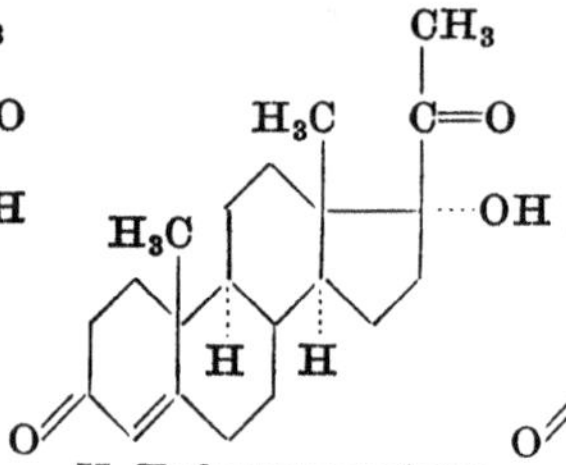

II. Hydroxyprogesteron

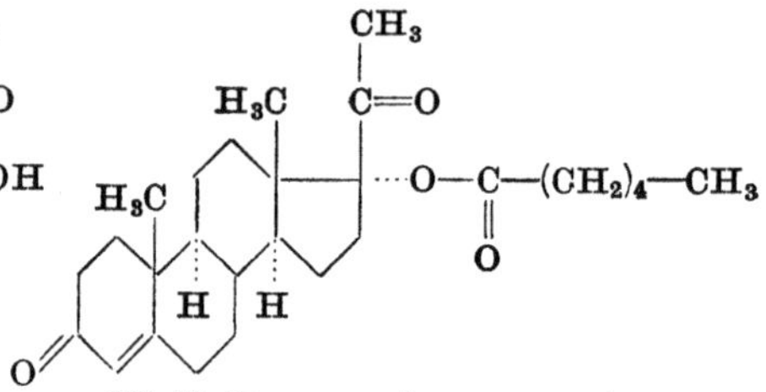

III. Hydroxyprogesteron-capronat

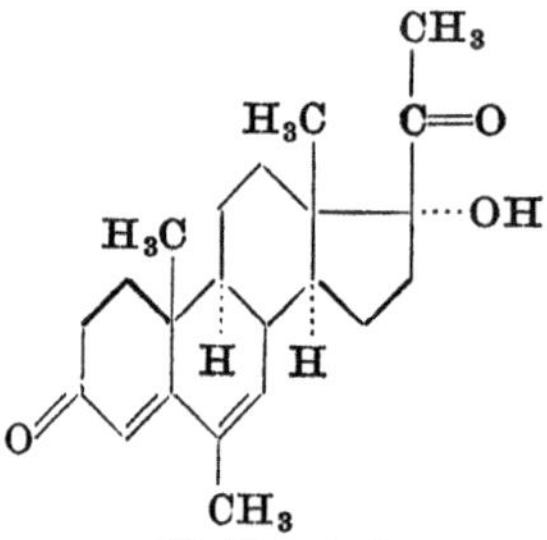

IV. Megestrol

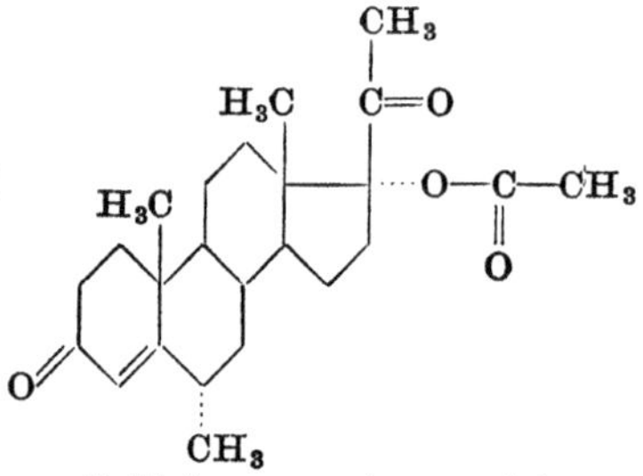

V. Medroxyprogesteron-acetat

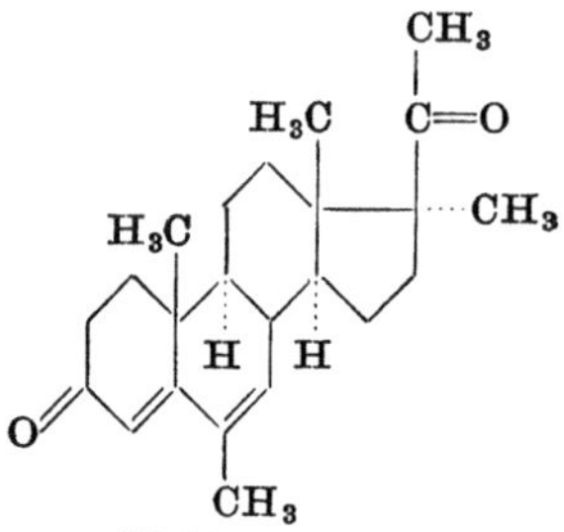

VI. Metrogeston

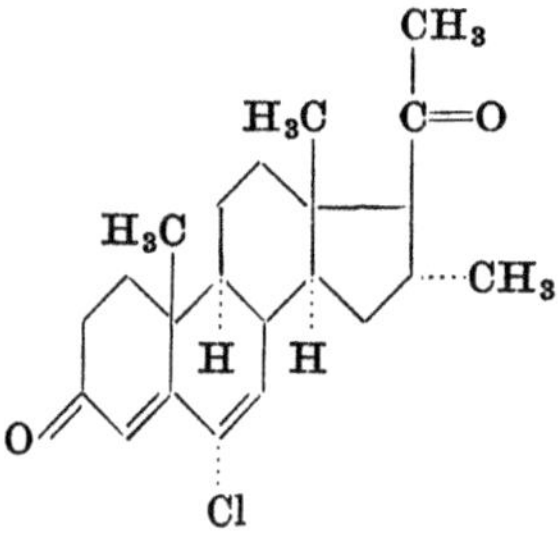

VII. Clometheron

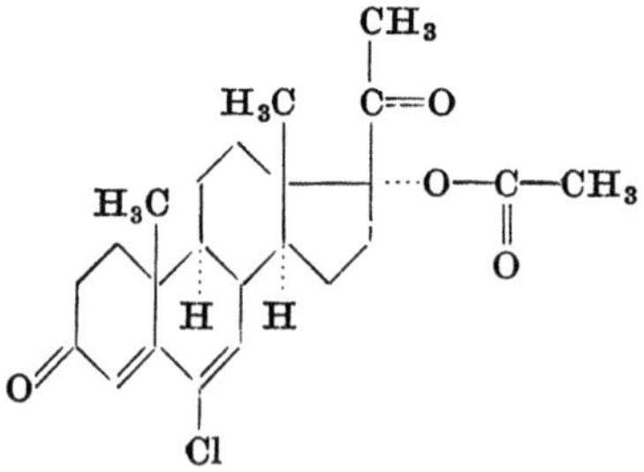

VIII. Chlormadinonacetat (= Gestafortin)

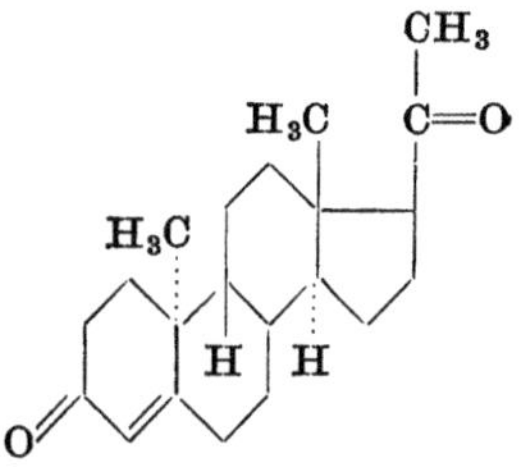

IX. retro-Progesteron

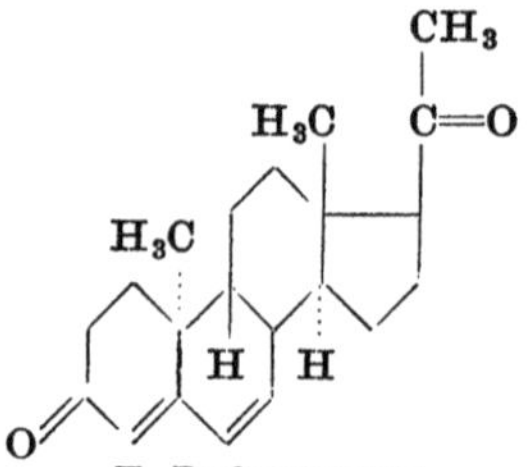

X. Dydrogesteron

Hydroxyprogesteron (Formel II) ist enthalten in Primosiston (Pharmeth., London), als Acetat in Prodox (Upjohn).

Hydroxyprogesterone capronate. 17α-Hydroxyprogesteron-hexanoat NND 64. 4-Pregnen-17α-ol-3,20-dion-17α-capronat. (Formel III).

Anwendung. Gestagen mit verlängerter Wirksamkeit. Therapie bei Cyclusstörungen in öliger Lsg. i.m. 125 bis 250 mg.

Handelsformen: Delalutin (Squibb), Proluton-Depot (Schering, Berlin).

Megestrol. 6-Methyl-6-dehydro-17α-hydroxy-progesteron. 17-Hydroxy-6-methyl-pregna-4,6-dien-3,20-dion. (Formel IV).

Anwendung. Als oral wirksames Gestagen.

Handelsformen: Niagestin als Acetat (Novo, Mainz), Volidan als Acetat (Brit. Drug Houses).

Medroxyprogesterone Acetate USP XVII, (INN). 17-Hydroxy-6α-methylpregn-4-en-3,20-dion-17-acetat. 6α-Methyl-17α-acetoxyprogesteron. (Formel V).

$C_{24}H_{34}O_4$ M.G. 386,54

Gehalt. 97 bis 103% bezogen auf die getrocknete Substanz.

Eigenschaften. Weißes bis nahezu weißes, geruchloses, kristallines Pulver. Unlösl. in W.; leicht lösl. in Chlf.; lösl. in Aceton und Dioxan; mäßig lösl. in A. und M.; schwer lösl. in Ae. Fp. 200 bis 208°, bis 210° (USP XVII – Suppl. 1) $[\alpha]_D$: +45 bis +51° in Dioxan.

Erkennung. 1. Mittels IR-Spektrum im Vergleich mit USP Medroxyprogesterone Acetate Reference Standard. – 2. Mittels UV-Spektrum in A. Die Extinktion beim Maximum von etwa 241 nm darf von der des Reference Standards höchstens um 2,5% differieren. – 3. 2 mg werden in einer Mischung von 5 ml Eisessig und 6 ml Schwefelsäure 5 Min. im kochenden Wasserbad erhitzt. Es entsteht eine fahlgrüne Farbe. – 4. Zu 50 mg fügt man in einem Reagensglas 2 ml alkoholische Kaliumhydroxid-Lsg. und erwärmt 5 Min. im kochenden Wasserbad. Nach dem Abkühlen werden 2 ml verd. Schwefelsäure (1 in 3,5) zugegeben und vorsichtig noch 1 Min. gekocht. Der Geruch nach Äthylacetat wird wahrnehmbar.

Prüfung. 1. Trocknungsverlust. 3 Std. bei 105° höchstens 1%. – 2. Sulfatasche. Höchstens 0,2%.

Gehaltsbestimmung. Standardlösung. Lsg. von etwa 40 µg/ml USP Reference Standard in Chlf. 5 ml dieser Lsg. werden in ein Glasstopfengefäß von 50 ml gegeben. – Prüflösung. 100 mg Substanz werden zu 200 ml in Chlf. gelöst. 20 ml dieser Lsg. werden in einen 250-ml-Meßkolben gegeben und dieser wird bis zur Marke mit Chlf. aufgefüllt. 5 ml davon werden in ein Glasstopfengefäß von 50 ml gegeben.

Ausführung. In beide Gefäße und in ein drittes mit 5 ml Chlf., dessen Inhalt als Blindwert dient, werden 10 ml einer Lsg. von 375 mg Isonicotinsäurehydrazid und 0,47 ml 38%ige Salzsäure in 500 ml M. gegeben. Nach Umschütteln und 45 Min. Stehen wird die Extinktion der erhaltenen Lsg. bei 380 nm bestimmt. Der Gehalt errechnet sich nach der Formel: $2{,}5\,C\,(A_U/A_S)$, wobei C die Konzentration in mg/ml des USP Reference Standards in der Standardlsg. ist.

Metrogestone (Ayerst). 6.17-Dimethylpregna-4,6-dien-3,20-dion. (Formel VI).

$C_{23}H_{32}O_2$ M.G. 340,51

Anwendung. Als oral wirksames Gestagen.

Clometherone (Eli Lilly). 6α-Chlor-16α-methylpregn-4-en-3,20-dion. (Formel VII).

$C_{22}H_{31}ClO_2$ M.G. 362,95

Anwendung. Als oral wirksames Gestagen.

Chlormadinonacetat (INN). 6-Chlor-6-dehydro-17α-acetoxyprogesteron. (Formel VIII).

Anwendung. Als oral wirksames Gestagen; bei Cyclusstörungen. Tabl. 2 mg.

Handelsformen: Gestafortin (Merck, Darmstadt), Lutoral (Synthex), in Kombinationspräparaten mit Östrogenen Amenyl, vgl. Schwangerschaftsfrühdiagnose, Aconcen, Menova (Merck, Darmstadt) vgl. Contraceptiva, S. 55 u. 175, Lormin (Eli Lilly).

Dydrogesterone NND 64, (INN). 9β-10α-Pregna-4,6-dien-3,20-dion. Dehydroretroprogesteron. Isopregnenon. (Formel X).

Anwendung. Oral wirksames Gestagen; bei Cyclusstörungen. 5 bis 10 bis 30 mg täglich.

Dydrogesteron ist ein synthetisches Gestagen, das sich vom retro-Progesteron (Formel IX) ableitet. Die Änderung der sterischen Konfiguration ist der Grund für seine pharmakologischen Unterschiede vom Progesteron und den anderen Gestagenen. Es erzeugt gestagene Reaktionen in dem östrogen-vorbereiteten Endometrium und bei nicht vorliegender Schwangerschaft Stillung von uterinen Blutungen. Es unterscheidet sich von den anderen Gestagenen dadurch, daß es keine erhöhte Körpertemperatur bewirkt und die Ovulation nicht beeinträchtigt. Es wird zu retro-Pregnenolen abgebaut, das im Urin 20 Min. nach der oralen Einnahme nachgewiesen werden kann.

Handelsformen: Duphaston (Philips Roxane, Columbus, Ohio; Philips-Duphar, Amsterdam; Lab. Duphar C. B., Paris; Crookes, London), Gestatron (Leo, Schweden).

17α-Äthinyl-testosteron und 19-nor-Steroide

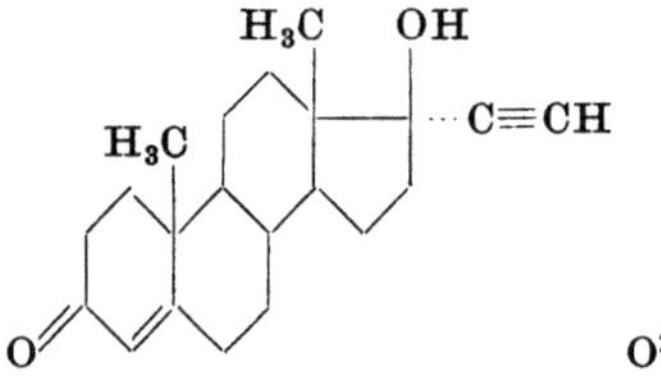

I. Äthisteron

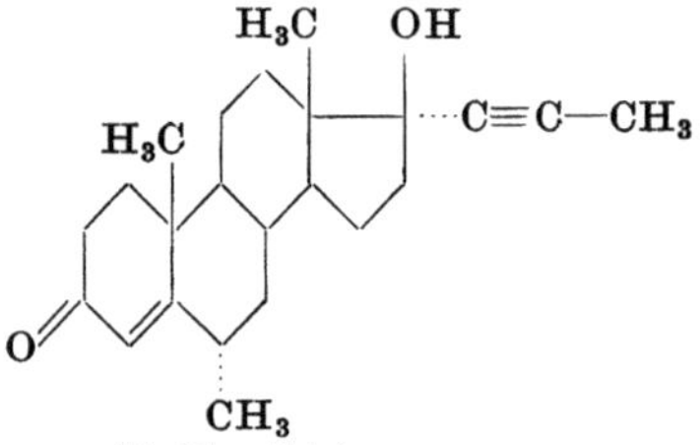

II. Dimethisteron

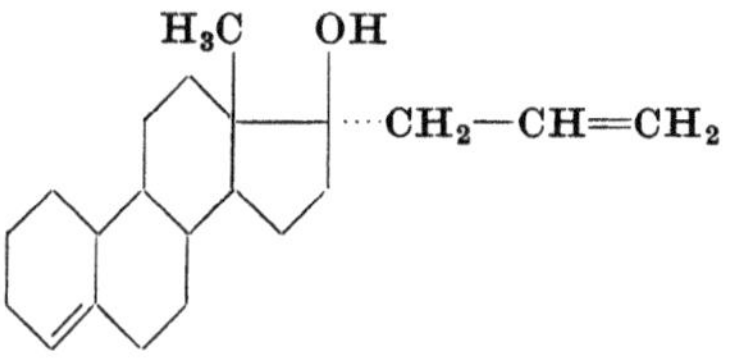

III. Allylöstrenol

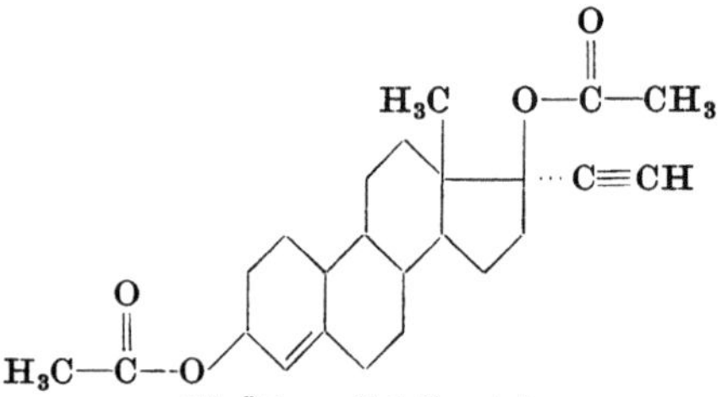

IV. Äthynodiol-diacetat

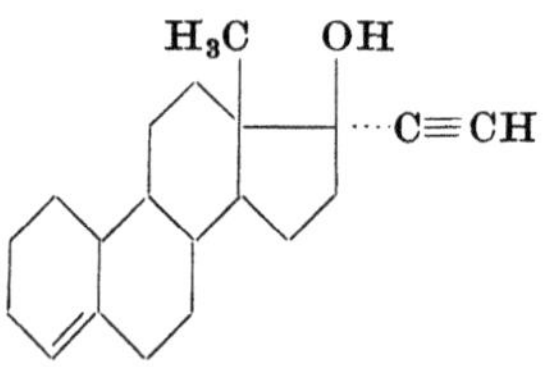

V. Lynöstrenol

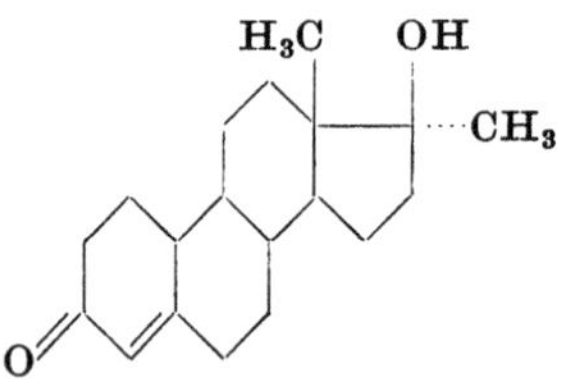

VI. Methylöstrenolon

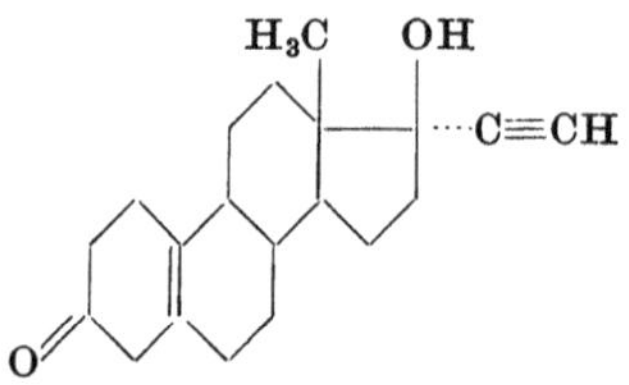

VII. Norethinodrel

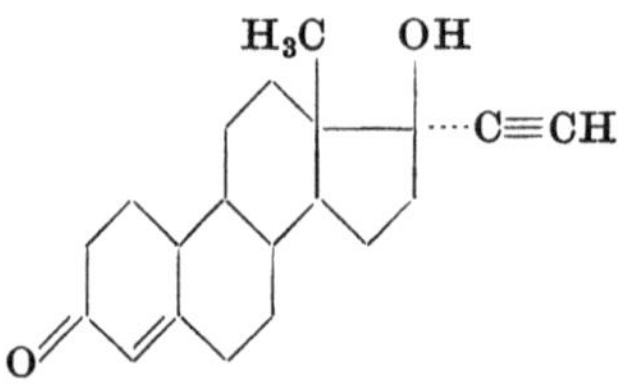

VIII. Norethisteron

Aethisteronum Pl.Ed. I/1, ÖAB 9, Ph.Helv. V – Suppl. II, CsL 2, Jap. 61, (INN). Ethistérone CF 65. Ethisterone BP 63, USP XVI, NF XII. Ethisteronum Nord. 63. Praegninum Ross. 9. Anhydrohydroxyprogesteronum Ph.Ned. 6. 17α-Äthinyl-17β-hydroxy-Δ^4-

androsten-3-on. 17β-Hydroxy-17α-pregn-4-en-20-yn-3-on. 17-Ethynyl-4-androsten-17β-ol-3-on. (+)-17α-Ethynyl-17β-hydroxy-3-oxoandrosten-(4). Pregneninolon. Äthinyltestosteron. (Formel I).

$C_{21}H_{28}O_2$ M.G. 312,46

Herstellung. Aus Androstenolen durch Addition von Acetylen an die Carbonylgruppe zu 17α-Äthinyl-androst-5-en-3β,17-diol, dann durch Oppenauer-Oxydation zu 17α-Äthinyltestosteron [INHOFFEN, H. H. u.a.: Chem. Ber. *71*, 1024 (1938)].

Gehalt. 97,0 bis 103,0% $C_{21}H_{28}O_2$ bezogen auf die bei 105° getrocknete Substanz (BP 63).

Eigenschaften. Weißes oder cremeweißes, kristallines Pulver ohne Geruch und Geschmack. Unlösl. in W., lösl. bei 20° in 850 T. Aceton, 800 T. A. (95%), 90 T. Chlf., 35 T. Pyridin, 4000 T. Arachisöl (BP 63), wenig lösl. in Ae., Dioxan (ÖAB 9).

Fp. 256 bis 263° unter Zers. (Das Bad ist auf 245° vorzuwärmen, Ph.Helv. V – Suppl. II), 267 bis 275° unter Zers. (USP XVI, NF XII, Jap. 61), 268 bis 274° (Ross. 9), 269 bis 277° (Nord. 63), 270 bis 276° unter Zers. (ÖAB 9) nach L. KOFLER 270 bis 276° (ÖAB 9), 272 bis 276° (BP 63), 275 bis 279° (CF 65).

Spezifische Drehung. $[\alpha]_D$: In Pyridin 1%ig (g/v) +29 bis +33° (BP 63), 31 ± 4° (CF 65), 4 Std. über Silicagel getrocknet +29 bis +33° (USP XVI), +28 bis +35° (Nord. 63, CsL 2). In Dioxan 1%ig +18 bis +28° (ÖAB 9), +17 bis +26° (Ph.Helv. V – Suppl. II). In A. (95%) +28 bis +32° (Ross. 9).

UV-Absorption. Bei 240 nm in abs. A. $E^{1\%}_{1\,cm}$ = 520 (BP 63), 515 ± 15 (CF 65), mindestens 480 (PI.Ed. I/1, CsL 2), bei 241 nm in A. mindestens 490 (Ross. 9), bei 241 nm in M. 500 bis 530 (Jap. 61).

Erkennung. 1. Versetzt man etwa 1 mg mit 1 ml konz. Schwefelsäure, so entsteht eine bräunlichorange gefärbte Lsg., die schwach blaugrün fluoresziert. Fügt man 1 ml W. hinzu, so entsteht eine gelbrote fluoreszierende Lsg., die in dünner Schicht blau, in dicker Schicht weinrot erscheint. Auf Zusatz von 10 ml W. wird die Lsg. gelb, und es scheiden sich allmählich gelbe Flocken aus (ÖAB 9). – 2. Versetzt man eine unter Erwärmen bereitete Lsg. von etwa 5 mg in 0,5 ml A. nach dem Abkühlen mit 5 Tr. ammoniakalischer Silbernitratlsg., so entsteht ein dichter weißer Nd., der auf Zusatz von 2 bis 3 Tr. Salpetersäure in Lsg. geht (ÖAB 9). – 3. 0,025 g werden mit 3 ml einer Lsg. von 0,15 g Semicarbazidhydrochlorid und 0,225 g Natriumacetat in 50 ml M. 2 Std. am Rückflußkühler erhitzt. Nach Entstehen eines Nd. kocht man noch weitere 15 Min., kühlt, filtriert, wäscht den Nd. mit wenig kaltem M. und kristallisiert aus 70%igem M. um. Fp. nach dem Trocknen bei 100° 228 bis 232° (PI.Ed. I/1). – 4. 0,025 g werden mit 3,5 ml einer Lsg. von 0,05 g Hydroxylaminhydrochlorid und 0,05 g Natriumacetat in 25 ml M. 5 Std. am Rückflußkühler erhitzt. Man fällt das Ketoxim mit 15 ml W., filtriert, wäscht den Nd. mit W. und kristallisiert aus 70%igem M. um. Fp. nach dem Trocknen bei 100° 226 bis 230° (PI.Ed. I/1), 225 bis 232° (USP XVI, NF XII, Jap. 61, CsL 2), 226 bis 232° (Ross. 9). – 5. 4 mg Dinitrophenylhydrazin werden mit 1 ml A. und 1 Tr. konz. Salzsäure bis zur klaren Lsg. erhitzt. Zu der heißen Lsg. wird eine Lsg. von 5 mg Äthisteron in 5 ml A. gegeben. Das Gemisch wird, ohne den verdampfenden A. zu ersetzen, so lange gekocht, bis eine orangegefärbte, kristalline Ausscheidung auftritt, und während 2 Min. weiter zum Sieden erhitzt. Nach Zugabe von 1 ml A. wird noch einmal aufgekocht, dann abgekühlt. Das auskristallisierte Dinitrophenylhydrazon wird abgenutscht, zuerst mit 3 ml A., hierauf mit W. gewaschen und bei 103 bis 105° getrocknet. Fp. 252 bis 256° (Zers.) (Ph.Helv. V – Suppl. II), 256 bis 262° (Nord. 63). – 6. Wird 1 mg mit 1 ml konz. Phosphorsäure langsam erhitzt, so muß eine vorübergehende grünblaue Farbe mit dunkelroter Fluoreszenz auftreten. Wird die Lsg. bis zum Sieden erhitzt, so muß die Farbe in Braungelb übergehen (Ph.Helv. V – Suppl. II, Nord. 63). – 7. Das UV-Absorptionsspektrum einer Lsg. 1 : 20000 in M. gibt Maxima und Minima bei denselben Wellenlängen wie der USP Ethisterone Reference Standard auf die gleiche Weise behandelt. Die entsprechenden Extinktionen beim Maximum von etwa 241 nm, berechnet auf die getrocknete Substanz, dürfen nicht mehr als 2% voneinander differieren (USP XVI, NF XII). – 8. Das IR-Absorptionsspektrum besitzt Maxima nur bei denselben Wellenlängen wie ein Standard-Ethisteron (BP 63). – 9. Identifizierung nach L. KOFLER. Eutektische Temperatur der Mischung mit Salophen 186°, mit Phenolphthalein 223° (ÖAB 9).

Prüfung. 1. Der wss. Auszug soll neutrale bis nahezu neutrale Reaktion haben. Eine 1%ige Lsg. in Pyridin muß die Grenzprüfung B halten (Nord. 63). Die 1%ige Lsg. in Dioxan muß klar und farblos sein (ÖAB 9). – 2. Trocknungsverlust bei 105° nicht über 0,5% (BP 63, ÖAB 9, Ross. 9, CF 65), 4 Std. im Vakuum über Silicagel (USP XVI, NF XII, Jap. 61). – 3. Glührückstand. Nicht über 0,1% (Jap. 61), nicht über 0,2% (Nord. 63). – 4. Sulfatasche. Nicht über 0,1% (BP 63), höchstens 0,5% (CF 65). – 5. Freie Säure. Eine

Mischung von 5 ml der 1%igen Lsg. in Dioxan, 5 ml W. und 3 Tr. Bromthymolblau-Lsg. darf bis zum Farbumschlag nach Blau höchstens um 0,02 ml 0,1 n Natriumhydroxid-Lsg. mehr verbrauchen als die gleiche Mischung ohne Äthinyltestosteron (ÖAB 9). – 6. Protolytische Verunreinigungen. 0,02 g werden in 2 ml W. aufgeschwemmt. Beim Zufügen von 1 Tr. Phenolphthalein soll die Aufschlämmung farblos, bei darauf folgendem Zusatz von 0,015 ml 0,01 n NaOH rot werden. Nach der Entfärbung mit 0,03 ml 0,01 n HCl soll die Mischung nach Zusatz von 2 Tr. Methylrot-Lsg. eine rote oder orange Farbe annehmen (Nord. 63). – 7. $\Delta^{5,6}$-Steroide. Wird 1 mg mit 10 Tr. Chlf. erwärmt und mit 5 Tr. Tetranitromethan versetzt, so darf das Gemisch höchstens leicht gelb, aber nicht dunkelgelb, orange oder braun gefärbt sein (Ph.Helv. V – Suppl. II).

Gehaltsbestimmung. Spektrophotometrisch in einer Lsg. von 1 mg in 100 ml abs. A. bei 240 nm. $E_{1\,cm}^{1\%} = 520$ entspr. 100% (BP 63). – Nord. 63. Zu 0,050 g, in 50 ml A. mittels Erwärmen gelöst, werden 15 ml heißes äthanolisches Dinitrophenylhydrazin-Reagens gegeben. Unter Schwenken des Kolbens wird vorsichtig 1 Min. zum Sieden erhitzt. Nach Abkühlung wird der Kolben unter gelegentlichem Umschwenken beiseite gestellt, bis sich ein kristalliner Nd. bildet. Es werden 25 ml 2 m Salzsäure zugesetzt. Nach 1 Std. Stehenlassen unter Umschwenken des Kolbens wird durch ein G4-Glasfilter filtriert und mit einem Gemisch von 5 ml A. und 5 ml 2 m HCl und darauf mit etwa 25 ml W. gewaschen. Trocknen bei 105°. Das 2,4-Dinitrophenylhydrazon schmilzt zwischen 256 und 262°. 1 g Äthisteron-2,4-dinitrophenylhydrazon entspr. 0,6343 g $C_{21}H_{28}O_2$, 1 g $C_{21}H_{28}O_2$ entspr. 1,576 g Hydrazon.

Anwendung. Zur oralen Gestagentherapie in Form von Tabletten; auch in Verbindung mit Östrogenen.

Dosierung. 25 bis 100 mg täglich, als Oral- oder Sublingual-Tabletten.

Aufbewahrung. Vor Licht geschützt in dicht schließenden Gefäßen.

Handelsformen: Lutocyclin (Ciba, Wehr, Baden) Linguetten, Amp., Proluton (Schering, Berlin) Amp.

Lucorteum (Merck, Sharp & Dohme) Tabl., Lutocyclol (Ciba, USA) Tabl., Linguetten. Lutoral (Schieffelin) Tabl., Ora-Lutin (Parke, Davis) Tabl., Pranone (Schering) Tabl., Prodroxan (Smith, Dorsey) Tabl., Progestab (Massengill) Tabl., Progestoral (Organon) Tabl., Prone (Barre) Tabl., Syngestrotabs Trosinone (Abbott) Tabl.

Dimethisterone BP 63, BPC 63 ist das Monohydrat des 17β-Hydroxy-6α-21-dimethyl-17α-pregn-4-en-20-yn-3-on. (Formel II).

$C_{23}H_{32}O_2 \cdot H_2O$ M.G. 358,52

Gehalt. 97 bis 103% $C_{23}H_{32}O_2$ bezogen auf die getrocknete Substanz.

Eigenschaften. Weißes oder nahezu weißes, kristallines Pulver, geruch- und geschmacklos. Unlösl. in W., lösl. bei 20° in 3 T. A. (95%), in 0,7 T. Chlf., in 1 T. Pyridin und in 80 T. Arachisöl. Fp. etwa 100° (Zers.). Spezifische Drehung. $[\alpha]_D^{20}$ in 2%iger Lsg. in Chlf. +16 bis +18°.

Erkennung. 1. Wie bei Norethisterone mit Hydroxylaminhydrochlorid. Fp. etwa 233° (Zers.). – 2. Das IR-Absorptionsspektrum weist Maxima nur bei denselben Wellenlängen auf wie eine Standardsubstanz von Dimethisterone.

Prüfung. 1. Wassergehalt nach K. FISCHER 3,5 bis 5,5%. – 2. Sulfatasche. Nicht über 0,1%.

Gehaltsbestimmung. 10 mg werden in abs. A. zu 100 ml gelöst und davon 5 ml zu 50 ml mit abs. A. verdünnt. Die Extinktion dieser Lsg. wird beim Maximum etwa 240 nm gemessen und der Gehalt berechnet. Der theoretische Wert von $E_{1\,cm}^{1\%}$ von $C_{23}H_{32}O_2$ beim Maximum etwa 240 nm ist 467.

Anwendung. Oral wirksames Gestagen mit etwa der gleichen Wirkung wie die gleiche Menge von parenteral verabreichtem Progesteron. Zur Therapie des Cyclus in Form von Tabletten. Große Dosen verursachen Beckenschmerzen und Schwindel.

Dosierung. 15 bis 40 mg täglich in kleinen Dosen von 5 mg.

Handelsform: Secrosteron (British Drug Houses, London) Tabl.

Allylöstrenol (INN). 17α-Allyl-17β-hydroxy-4-östren. (Formel III).

Anwendung. Als Gestagen gegen habituellen und drohenden Abort. Tabl. zu 5 mg.
Handelsformen: Gestanon (Organon, München) Tabl., Gestanin (Organon, London).

Äthinodioldiacetat. Ethynodiol diacetate. 17α-Äthinyl-4-östren-3β,17β-diol-diacetat. 19-Nor-17α-pregn-4-en-20-in-3β,17β-diol-diacetat. (Formel IV).

Anwendung. Als Gestagen in Kombinationspräparaten mit Östrogenen. Blutungsanomalien, Konzeptionsverhütung.

Handelsformen: Ist enthalten in Metrulen (Searle), Ovulen (Boehringer, Mannheim).

Äthinylöstrenol. Lynoestrenol. Ethinylestrenol. 17α-Äthinyl-4-östren-17β-ol. 17β-Hydroxy-17α-äthinyl-19-nor-4-androsten. 19-Nor-17α-pregn-4-en-20-in-17β-ol. (Formel V).

Anwendung. Oral wirksames Gestagen, zur Therapie bei Cyclusstörungen. Tabl. 5 mg.

Handelsformen: Orgametril (Organon, München), enthalten in Noracyclin (Ciba, Wehr, Baden) vgl. Contraceptiva, S. 175.

Methylöstrenolon. 19-Nor-17α-methyl-testosteron. 17α-Methyl-17β-hydroxy-4-östren-3-on. (Formel VI).

Anwendung. Oral aktives Gestagen, zur Therapie bei Cyclusstörungen.

Handelsformen: Orga-Steron (Organon, München), Orgastéron (Lab. Endopancrine, Paris). – Ist enthalten in Gynäkosid (Boehringer, Mannheim) vgl. Schwangerschafts-Frühdiagnose, S. 55.

Norethinodrel BPC 63, (INN). Norethinodrel with Mestranol NND 64. 17-Hydroxy-19-nor-17α-pregn-5(10)-en-20-in-3-on. (Formel VII). (Mestranol vgl. S. 160).

$C_{20}H_{26}O_2$ M.G. 298,42

Herstellung. Aus Östron durch Methoxylierung in 3-Methoxyöstra-1,3,5(10)-trien-17-on, Reduktion der 17-Ketogruppe, Teilreduktion des A-Ringes, Oxydation der 17-Hydroxylgruppe zur Ketogruppe und Umwandlung des Produktes in 3-Methoxy-19-nor-17α-pregna-2,5(10)-dien-17-ol. Darauf folgen Hydrolyse und Isomerisation. Bei normalem Gang der Synthese enthält das Produkt 1,5% der östrogenen Substanz Mestranol, 17α-Ethinyl-östradiol-3-methyläther.

Eigenschaften. Weißes, geruchloses, kristallines Pulver. Unlösl. in W., lösl. bei 20° in 30 T. A., 60 T. Ae., 7 T. Chlf. Fp. etwa 170°. Spezifische Drehung. $[\alpha]_D^{20°}$ in Dioxan + 118 bis + 123°.

Erkennung. 1. Eine Lsg. der isomerisierten Substanz, bereitet, wie bei der Gehaltsbestimmung angegeben, zeigt eine Lichtabsorption, die zwischen 220 und 360 nm nur ein wohldefiniertes Maximum bei etwa 240 nm hat. Die Extinktion einer 0,001%igen (g/v)-Lsg. in 1 cm Schichtdicke bei diesem Maximum ist etwa 0,56. – 2. Das IR-Absorptionsspektrum zeigt Maxima nur bei denselben Wellenlängen wie das eines Standards.

Prüfung. 1. Sulfatasche. Höchstens 0,1%. – 2. Aromatische Verbindungen. Die Extinktion bei 1 cm Schichtdicke einer 0,1%igen Lsg. in M. beim Maximum etwa 278 nm darf nicht über 0,160 liegen. – 3. Konjugierte Verbindungen. Die Extinktion einer 0,020-%igen (g/v)-Lsg. in M. beim Maximum etwa 240 nm darf nicht über 0,358 liegen.

Gehaltsbestimmung. Etwa 0,1 g, genau gewogen, werden in M. gelöst und zu 100 ml mit M. verdünnt. Zu 10 ml dieser Lsg. werden 40 ml M. und eine Mischung aus 3 ml Salzsäure und 2 ml W. gegeben. Nach 1 Std. wird mit M. auf 100 ml verdünnt. 10 ml dieser Lsg. werden zu 100 ml aufgefüllt. Innerhalb von 3 Min. wird die Extinktion dieser Lsg. in 1 cm Schicht beim Maximum von etwa 240 nm gemessen, indem eine 0,001%ige Lsg. der Probe in M. als Blindwert dient. Bei der Berechnung wird für $E_{1\,cm}^{1\%}$ 560 für Norethinodrel eingesetzt.

Geforderter Gehalt mindestens 95%.

Anwendung. Oral wirksames Gestagen, zur Therapie bei Cyclusstörungen in Form von Tabletten zur oralen Applikation 5 und 10 mg. – Zur Verhinderung der Ovulation ist das Präparat wirksam, wenn es vom 5. Tag an bis einschließlich 24. Tag des menstrualen Cyclus eingenommen wird.

Dosierung. 5 bis 30 mg täglich.

Handelsformen: Nur in Verbindung mit Mestranol, vgl. Anticonceptiva, S. 175 u. 186. Conovid, Conovid E (Searle), Enovid, Enovid E (Searle), Previson (Roussel).

Norethisterone BP 63. Norethindrone NND 64. Noräthisteron. 17α-Äthinyl-19-nor-4-androsten-17β-ol-3-on. 17α-Ethinyl-17β-hydroxy-östr-4-en-3-on. 17β-Hydroxy-19-nor-17α-pregn-4-en-20-yn-3-on. Äthinylnortestosteron. Anhydro-hydroxy-norprogesteron. (Formel VIII).

$C_{20}H_{26}O_2$ M.G. 298,42

Gehalt. 97 bis 103% $C_{20}H_{26}O_2$ bezogen auf die bei 105° bis zum konstanten Gewicht getrocknete Substanz.

Eigenschaften. Weißes oder cremeweißes, kristallines Pulver, geruchlos, von schwach bitterem Geschmack. Unlösl. in W., lösl. bei 20° in 150 T. A. (95%), 80 T. Aceton, 30 T. Chlf., 5 T. Pyridin. Nahezu unlösl. in vegetabilen Ölen. Fp. 201 bis 206°. Spezifische Drehung. $[\alpha]_D^{20}$: —23 bis —27° in Chlf.

Erkennung. 1. Zu 25 mg gibt man 3,5 ml einer Lsg. von 50 mg Hydroxyammoniumchlorid (= Hydroxylaminhydrochlorid) und 50 mg wasserfreiem Natriumacetat in 25 ml M. und erhitzt 5 Std. am Rückflußkühler. Darauf werden 15 ml W. hinzugefügt. Nach dem Filtrieren, Waschen mit W. und Umkristallisieren aus wässrigem M. ist der Fp. des Oxims etwa 115° (Zers.). – 2. Das IR-Absorptionsspektrum weist Maxima nur bei denselben Wellenlängen auf wie eine Standardsubstanz von Norethisteron.

Prüfung. 1. Trocknungsverlust. Bei 105° bis zum konstanten Gewicht getrocknet, nicht über 0,5%. – 2. Sulfatasche. Nicht über 0,1%.

Gehaltsbestimmung. 10 mg werden in abs. A. zu 100 ml gelöst und davon 5 ml zu 50 ml mit abs. A. verdünnt. Die Extinktion dieser Lsg. wird beim Maximum von etwa 240 nm gemessen und der Gehalt an $C_{20}H_{26}O_2$ berechnet. $E_{1\,cm}^{1\%}$ = 571 entspr. 100%.

Anwendung. Oral wirksames Gestagen mit schwach östrogener, aber ohne androgene Wirkung. Zur Therapie des Cyclus in Form von Tabletten zur oralen Applikation.

Dosierung. Gewöhnlich zusammen mit Östrogenen bei primärer und sekundärer Amenorrhoe 10 bis 20 mg tägl. – Zur Verzögerung oder Verhinderung der Menstruation 20 bis 30 mg tägl. Zur Verhinderung der Ovulation am 5. Tag des Cyclus. Längerer Gebrauch vermindert die Libido (BPC 63).

Durch Acetylierung von Noräthisteron zum Noräthisteron-17-acetat nimmt die gestagene Wirkung zu, während die Nebenerscheinungen abnehmen.

Handelsformen: Primolut N, als Acetat Primolut-Nor (Schering, Berlin), Norlutin, als Acetat Norlutate (Parke, Davis). In Kombinationspräparaten mit Östrogenen Primosiston (Schering, Berlin), Anovlar, Gynovlar (Pharmethicals), Ortho novum (Ortho), Norlestrin (Parke, Davis), Norinyl (Synthex) vgl. Contraceptiva, S. 175 u. 186.

Norgestrel. (±)-13-Äthyl-17α-äthinyl-17β-hydroxy-4-gonen-3-on.
Es unterscheidet sich vom Norethisterone dadurch, daß es in der 13-Stellung eine Äthyl-, anstelle einer Methylgruppe besitzt.

Anwendung. Ovulationshemmer mit extrem niedriger Dosis.

Handelsform. Eugynon (Schering, Berlin).

Relaxin.

Neben dem Follikelhormon und dem Gelbkörperhormon wird in den Ovarien und der menschlichen Placenta noch ein Proteohormon gefunden, das den Namen Relaxin erhalten hat. Relaxin bewirkt in der Schwangerschaft durch Depolymerisierung der Grundsubstanz und Erhöhung des Wassergehaltes eine Verbreiterung der Symphyse, eine Auflockerung des Beckengürtels und Erschlaffung der Beckenbänder, was ein Auseinanderweichen des Beckens ermöglicht und die Geburt wesentlich erleichtert. Das Hormon ist auch im Blut und im Gewebe schwangerer Frauen nachweisbar. Es ist wasserlöslich und auch im Urin festzustellen. Die Maximalmenge im Serum der schwangeren Frau fand sich mit 2 Meerschweincheneinheiten in der 38. bis 42. Woche. 24 Std. nach der Entbindung ist es nicht mehr nachweisbar. Zur Darstellung kann aus Ovarhomogenat mittels 5%iger Kochsalzlsg. ein Extrakt bereitet werden, aus dem durch Alkohol- und Acetonfällungen bei bestimmtem pH sowie durch Dialyse ein Pulver gewonnen werden kann, das aus einer Mischung von Polypeptiden besteht und an Meerschweinchen biologisch ausgetestet werden kann. Eine Meerschweincheneinheit (3 G.P.U., guinea pig units) wird definiert als die Menge, die bei $^2/_3$ von 12 oder mehr geschlechtsreifen Meerschweinchen eine Relaxation der Symphyse bewirkt (NND 62). Der therapeutische Wert des Relaxins ist noch ungewiß, die Beziehunhen zwischen Relaxin, Östrogen und Gestagen sind noch nicht geklärt.

Handelsformen: Releasin (Warner-Chilcott), Cervilaxin (National Drug).

Kombinationspräparate.

Der Mechanismus der Wirkung dieser Präparate ist noch nicht geklärt. Im Zustand der Gesundheit besteht ein hormonales Gleichgewicht und ein harmonisches Zusammenspiel der einzelnen Inkrete. Mehrere Hormone bzw. hormonwirksame Synthetica gemeinsam verabreicht weisen sowohl synergistische als auch antagonistische Wirkungen auf, und es gilt, durch eine geschickte Dosierung die erwünschte synergistische Wirkung auszunützen und die unerwünschten Nebenwirkungen des einen Hormons durch entsprechende antagonistische Wirkungen des anderen zu verringern oder aufzuheben.

I. Östrogene und Androgene. Beide fördern den Eiweiß- und Mineralstoffwechsel, die periphere und koronare Durchblutung und steigern dadurch die allgemeine Leistungsfähigkeit. Beide Hormone hemmen die während der Wechseljahre sich steigernden Hypophysenfunktionen, besonders die vermehrte Bildung von Follikelreifungshormon, FSH. Da Androgene am Endometrium blutungshemmend wirken, werden Blutungen, die durch Östrogene allein hervorgerufen werden können, durch die gemeinsame Gabe zurückgedrängt oder verhindert; Spannungsbeschwerden in der Brust werden aufgehoben. Durch Androgene verursachte Virilisierungserscheinungen bei Frauen werden bei einer gleichzeitigen Östrogengabe vermindert. Die kombinierte Östrogen-Androgen-Therapie wird hauptsächlich zur Behandlung klimakterischer Beschwerden angewendet, zur Behandlung von Menstruationsstörungen, der Osteoporose und zur Hemmung der Laktation.

Handelsformen: Femovirin (Hoechst, Frankfurt a. M.) Dragees: Methyltestosteron 5 mg, Äthinylöstradiol 0,01 mg. – Amp.: Testosteroncyclopentylpropionat 90 mg, Östradiolcyclopentylpropionat 3,5 mg.

Klimanosid „R" (Boehringer, Mannheim) Dragees: Methyltestosteron 3 mg, Methylöstradiol 0,005 mg, Reserpin 0,05 mg.

Lynandron (Organon, München) Tabl.: Methyltestosteron 4 mg, Äthinylöstradiol 0,004 mg. – Amp.: Testosteronpropionat 10 mg, Östradiolbenzoat 0,5 mg.

Lynandron Prolongatum Amp.: Testosteronpropionat 20 mg, Testosteronphenylpropionat 40 mg, Testosteronisocapronat 40 mg, Östradiolbenzoat 1 mg, Östradiolphenylpropionat 4 mg.

Primodian (Schering, Berlin) Tabl.: Methyltestosteron 4 mg, Äthinylöstradiol 0,002 mg. – Amp.: Primodian-Depot Testosteronönanthat 90,3 mg, Östradiolvalerianat 4 mg.

Einige ausländische Kombinationen.

Dumone (Squibb) Methyltestosteron 4 mg, Äthinylöstradiol 0,008 mg.

Duotrone (US-Standard) Methyltestosteron 5 mg bzw. 10 mg, Äthinylöstradiol 0,02 bzw. 0,04 mg.

Femandren (Ciba) Methyltestosteron 5 mg, Äthinylöstradiol 0,02 mg.

Tace mit Androgen (Merrell) Methyltestosteron 2,5 mg, Chlortrianisene 6 mg.

II. Gestagen und Androgen. Verschiedene unangenehme Symptome in der Zeit vor der Menses haben sich als Folgen einer erhöhten Follikulinausschüttung erwiesen, die sich besonders günstig durch Kombinationen eines Gestagens mit einem Androgen beheben lassen. Durch das Gestagen wird die überhöhte Menge Östrogen dem natürlichen Verhältnis angeglichen. Das Androgen hemmt die Aktivität des Hypophysenvorderlappens und damit auch die Östrogenbildung in den Ovarien.

Anwendung. Bei praemenstruellen Beschwerden.

Handelsformen: Testoluton (Schering, Berlin) Amp.: Testosteronpropionat 15 mg bzw. 25 mg, Progesteron 10 mg bzw. 10 mg.

Androgeston (British Schering) Methyltestosteron 5 mg, Äthisteron 15 mg.

III. Gestagene und Östrogene. Diese Kombinationen werden bei funktionellen Uterusblutungen, bei primärer und sekundärer Amenorrhoe angewendet, zur Behandlung des habituellen und drohenden Aborts benutzt und dienen als Frühdiagnostica einer Schwangerschaft (vgl. S. 55), zur Vorverlegung oder zum Hinausschieben der Menstruation und als Contraceptiva [vgl. K. JUNKMANN: Hormonale Konzeptionsverhütung. Mitt. dtsch. pharm. Ges. *34*, 33 (1964)]. Bei den Präparaten in oraler Form werden als Östrogene eigentlich nur zwei, das Äthinylöstradiol und das Mestranol, verwendet, bei öligen Lösungen für die i. m. Injektion Östradiolbenzoat.

Handelsformen:

Präparat	Hersteller	Gestagen	Östrogen	
		Äthinodioldiacetat	*Äthinylöstradiol*	*Mestranol*
Metrulen	Searle	1,0 mg		0,1 mg
Ovulen	Boehringer	1,0 mg		0,1 mg
		Äthinylöstrenol		
Lyndiol	Organon	5,0 mg		0,15 mg
		2,5 mg		0,075 mg
Noracyclin	Ciba	5,0 mg		0,15 mg
		Äthisteron		
Amenorone	Roussel	10,0	0,01 mg	
Di-Pro	Organon	10,0	0,01 mg	
Duosterone	Roussel	10,0	0,01 mg	
Menstrogen	Organon	10,0	0,01 mg	
Oracecron	Brit. Schering	10,0	0,05 mg	
		Chlormadinonacetat		
Aconcen	Merck	3,0 mg		0,1 mg
Amenyl	Merck	4,0 mg	0,04 mg	
Lutoral	Syntex	2,0 mg		0,08 mg
Menova	Merck	2,0 mg		0,02 mg
		Dimethisteron		
Secrodyl	Brit. Drug H.	10,0	0,05 mg	
		Medroxyprogesteronacetat		
Provest	Upjohn	10,0	0,05 mg	
		Megestrolacetat		
Volidan	Brit. Drug H.	4,0 mg		0,05 mg
		Norethinodrel		
Conovid	Searle	5,0 mg		0,075 mg
Conovid E	Searle	2,5 mg		0,1 mg
Enovid	Searle	5,0 mg		0,075 mg
Enovid E	Searle	2,5 mg		0,1 mg
Previson	Roussel	2,5 mg		0,1 mg
		Norethisteron		
Norinyl	Syntex	2,0 mg		0,1 mg
Norlestrin	Parke, Davis	2,5 mg	0,05 mg	
Ortho novum	Ortho	2,0 mg		0,1 mg
		Norethisteronacetat	*Äthinylöstradiol*	*Mestranol*
Anovlar	Schering, Berl.	4,0 mg	0,05 mg	
Duogynon	Schering, Berl.	10,0 mg	0,02 mg	
Gestest	Squibb	2,5 mg	0,05 mg	
Gynovlar	Pharethicals	3,0 mg	0,05 mg	
Primodos	Pharethicals	10,0 mg	0,02 mg	
Primosiston	Schering, Berl.	2,0 mg	0,01 mg	
		Norgestrel	*Äthinylöstradiol*	
Eugynon	Schering, Berl.	0,5 mg	0,05 mg	
		Progesteron	*Östradiol*	*Östradiolbenzoat*
Di-Pro	Organon	12,5 mg		2,5 mg
Disecron	Brit. Schering	12,5 mg	2,5 mg	
Duogynon	Schering, Berl.	20,0 mg		2,0 mg
		50,0 mg		3,0 mg
Lutrogen	Hoechst	20,0 mg		2,0 mg
		Hydroxyprogesteron		
Primosiston	Pharmethicals	250,0 mg		10,0 mg
		Methylöstrenolon	*Methylöstradiol*	
Gynäkosid oral	Boehringer	5,0 mg	0,3 mg	

IV. Androgene, Gestagene und Östrogene.

Handelsformen: Trihormonal (Key, Miami, USA) Methyltestosteron 0,5 mg, Progesteron 0,5 mg, Östradiol 0,05 mg-Amp.: Testosteronpropionat 25 mg, Progesteron 25 mg, Östradiolbenzoat 1 mg.

Trimone Sublets (Marschal, London) Methyltestosteron 2,5 mg, Äthisteron 5 mg, Äthinylöstradiol 0,005 mg.

X. Das Epiphysenhormon

Die Epiphyse, Zirbeldrüse oder Pinealdrüse gehört zu den Geweben des menschlichen Körpers, die nur im Kindesalter voll entwickelt sind. Sie liegt im Zwischenhirn. Sie soll auf die Entwicklung der Geschlechtsorgane einen hemmenden Einfluß haben. Aus der Epiphyse von Rindern wurde das **Melatonin**, N-Acetyl-5-methoxytryptamin, isoliert, das als Hormon der Zirbeldrüse angesehen wird [Lerner, A. B., u. J. D. Case: Fed. Proc. *19*, 590 (1960)]. Es besitzt eine Funktion, die die Hautfarbe aufhellt infolge Umkehr des Dunkelungseffektes von MSH (vgl. S. 60).

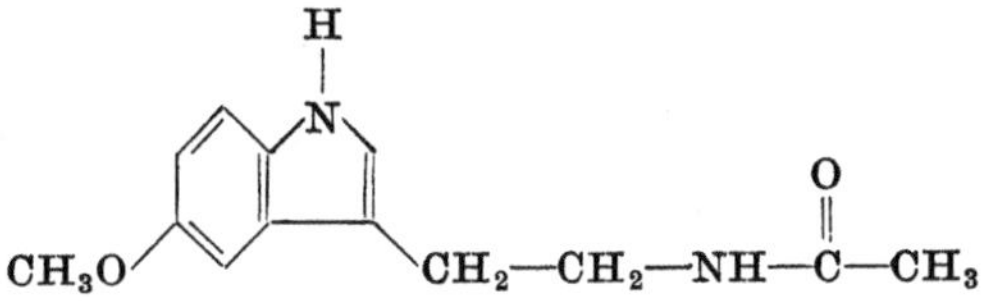

Fp. 117°. M.G. 232,28

Handelsform: Epiphysan „Disperga" (Seck, Ulm) Amp., Tabl. = 0,05 g frische tierische Zirbeldrüse.

XI. Das Thymushormon

Die Thymusdrüse, auch Bries oder Briesel genannt, ist der Kuppe des Herzbeutels aufgelagert. Ihre Größe ist vom Alter abhängig, sie ist im 2. bis 3. Lebensjahr am größten, mit dem 20. bis 25. Lebensjahr bis auf Reste geschwunden. Die Thymusfunktion läßt sich als eine hormonale bezeichnen, wenn das Organ auch keine eigentlichen Drüsenzellen enthält. Es wird heute als wesentliche Produktionsstätte der Lymphozyten und Bildungsstätte von Immunkörpern angesehen. Exstirpation der Thymusdrüse bewirkt schwere Wachstumsstörungen vor allem bei der Knochenbildung, jedoch ist noch nicht eine einheitliche Substanz mit Thymuswirksamkeit aus der Drüse isoliert worden.

Handelsform: Thymus „Henning" (Dr. Henning, Berlin) 1 Dragee entspr. 1,2 g frischer Drüse.

XII. Gewebehormone

Unter diesem Begriff werden Substanzen zusammengefaßt, die nicht, wie die eigentlichen „glandulären Hormone" von speziellen endokrinen Organen, sondern in bestimmten Geweben in den Gewebezellen selbst, also „aglandulär" gebildet werden. Ihre Wirkung kann auf den Ort ihrer Entstehung beschränkt sein, aber sich auch auf andere Organe des Körpers erstrecken. In der letzten Zeit ist eine größere Anzahl von Gewebehormonen chemisch identifiziert und synthetisiert worden. Ob sie eine physiologische Bedeutung haben oder nur bei pathologischen Veränderungen des Gewebes entstehen, ist meist noch nicht völlig geklärt.

Kinine.

Ihre charakteristische Wirkung besteht in einer Blutdrucksenkung, wahrscheinlich infolge Erweiterung der peripheren Gefäße sowie in einer Erregung isolierter glattmuskulärer Organe. Es sind heute 2 Kinine bekannt: das Bradykinin, das nach Habermann auch als Kinin 9 bezeichnet wird, und das Kallidin, für das die Bezeichnung Kinin 10 vorgeschlagen wurde. Bei Bradykinin handelt es sich um ein Nona-, bei Kallidin um ein Dekapeptid. Beide wurden synthetisch hergestellt.

Bradykinin: Arg—Pro—Pro—Gly—Phe—Ser—Pro—Phe—Arg.

Kallidin: Lys—Kinin 9 (Bradykinin).

Die beiden Kinine entstehen aus einem Plasmaprotein, dem Kininogen, das zu den α-Globulinen gehört, durch fermentative Abspaltung. Neben den im Reagensglas wirksamen Schlangengiften sowie dem Trypsin kommt unter den Bedingungen des Gesamtorganismus in erster Linie das Ferment Kallikrein in Frage, das ebenfalls aus einer Vorstufe, dem Kallikreinogen, entsteht.

Kallikreine werden als Warmblüterenzyme definiert, welche bei intravenöser Injektion am Hund in kleinen Dosen den Blutdruck senken. Sie kommen im Plasma, im Harn, ferner in der Bauchspeicheldrüse und in den Speicheldrüsen des Mundes, besonders der Glandula submaxillaris, vor. Ihr Molekulargewicht liegt zwischen 24000 und 33000. Die Wirkung von kallikreinhaltigen Spezialitäten, z. B. dem Padutin, ist auf die Freisetzung von Kininen zurückzuführen.

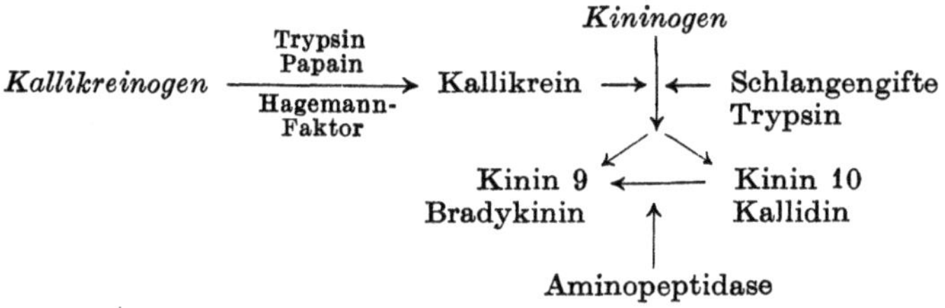

Als ein weiteres bradykininähnliches Peptid wurde das Eledoisin gewonnen und synthetisiert. Es ist ein Endekapeptid und wurde im Wespen- und Hornissengift sowie den hinteren Speicheldrüsen von Eledone gefunden.

Literatur: Habermann, E.: Fortschritte auf dem Gebiet der Plasmakinine. Naunyn-Schmiedeberg's Arch. exp. Path. Pharmak. *245*, 230 (1963). – Werle, E.: Über Plasmakinine. Naunyn-Schmiedeberg's Arch. exp. Path. Pharmak. *245*, 254 (1963).

Angiotensin.

Angiotensin wird als blutdrucksteigernde Substanz charakterisiert. Es steht jedoch nicht fest, ob es an der Regulation des Blutdrucks beteiligt ist. Folgende Möglichkeiten für seine physiologische Wirkung kommen außerdem in Frage: Wirkung auf die Durchblutung der Niere, Beeinflussung der tubulären Nierenfunktion, Anregung der Ausschüttung von Aldosteron, erregende Wirkung auf glattmuskuläre Organe. Es sind heute 2 Angiotensine bekannt, und zwar ein Deka- und ein Octapeptid. Sie entstehen im Plasma durch die Wirkung eines in der Niere entstehenden Enzyms, des Renins, aus einem Substrat, das den α_2-Globulinen zugerechnet wird. Die Sequenz der Aminosäuren weist bei einzelnen Tierarten geringe Abweichungen auf; die genaue Zusammensetzung von menschlichem Angiotensin ist bis jetzt nicht bekannt. Das Octapeptid ist als synthetische Substanz unter dem Namen Hypertensin im Handel und wird zur Behandlung von Schock- und Kollapszuständen verwendet, insbesondere, wenn die Ansprechbarkeit auf Catecholamine nicht ausreichend ist.

Entstehung von Hypertensin

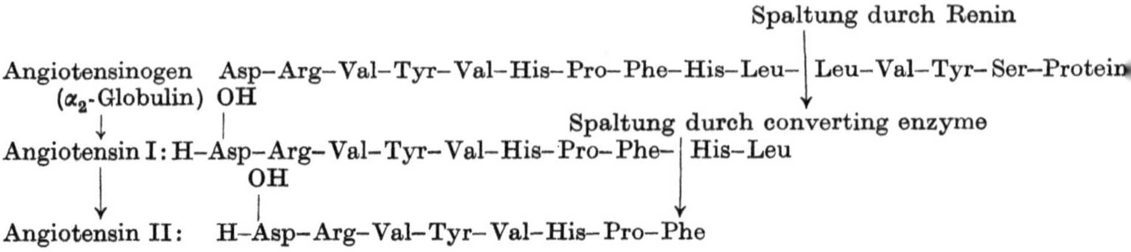

Literatur: GROSS, F.: Angiotensin. Naunyn-Schmiedeberg's Arch. exp. Path. Pharmak. *245*, 196 (1963).

Handelsform: Hypertensin (Ciba, Wehr, Baden).

Substanz P.

Der Stoff ist in Extrakten aus Gehirn und Darm enthalten. Seine charakteristische Wirkung besteht in einer Blutdrucksenkung am Kaninchen. Im biologischen Test ist er von den Kininen und anderen blutdrucksenkenden Substanzen, z.B. Acetylcholin, Histamin, Adenosin, deutlich abzugrenzen. Charakteristisch ist ferner eine kontraktionserzeugende Wirkung an isolierten glattmuskulären Organen. Am Ganztier wurde auch eine sedative Wirkung und ein Antagonismus gegenüber erregenden Pharmaka festgestellt. Diese Effekte werden aber wahrscheinlich durch Beimengungen hervorgerufen, da sie mit zunehmender Reinigung der Substanz zurückgehen.

Auch die Substanz P ist ein Polypeptid, deren Aminosäurezusammensetzung zwar bekannt, deren Sequenz aber noch nicht ermittelt ist. Die Bestimmung ihrer Wirksamkeit erfolgt deswegen auf biologischem Wege.

Literatur: ZETLER, G.: Substanz P. Naunyn-Schmiedeberg's Arch. exp. Path. Pharmak. *245*, 263 (1963).

Gastrin.

Gastrin wird von der Schleimhaut des Magens, besonders des antralen Anteils, produziert. Es ist neuerdings in reiner Form kristallisiert und synthetisiert worden. Es sind ihm folgende Wirkungen zuzuschreiben: Steigerung der Säure- und Pepsinsekretion im Magen, Steigerung der Sekretion der Bauchspeicheldrüse, Steigerung von Tonus und Motilität der Magen- und Darmmuskulatur.

Es sind 2 Gastrine bekannt: Gastrin II ist ein Heptadekapeptid, Gastrin I unterscheidet sich von diesem nur durch das Fehlen der Tyrosylsulfatestergruppe.

Gastrin II.

$$\begin{array}{c} \qquad\qquad\qquad\qquad\qquad\qquad\qquad\qquad\qquad\qquad\qquad SO_3H \\ \qquad\qquad\qquad\qquad\qquad\qquad\qquad\qquad\qquad\qquad\qquad | \\ \text{—Glu-Gly-Pro-Try-Met-Glu-Glu-Glu-Glu-Glu-Ala-Tyr-Gly-Try-Met-Asp-Phe-}NH_2 \end{array}$$

Literatur: GREGORY, H., P. M. HARDY, D. S. JENES, G. W. KENNER u. R. C. SHEPPARD: The Antral Hormone Gastrin. Nature (Lond.) *204*, 931 (1964).

Außer diesen wohldefinierten Substanzen wurde eine große Anzahl weiterer beschrieben. Unter diesen seien genannt das **Cholecystokinin,** das **Enterogastron,** das **Enterokinin,** das **Villikinin.**

Es ist nicht sicher, ob es sich bei diesen um einheitliche Substanzen handelt. Auch ihre physiologische Bedeutung ist nicht geklärt.

Serotonin (identisch mit Enteramin, Vasoconstrictin, Thrombocytin) ist 5-Hydroxytryptamin. Seine Einreihung ist schwierig. Es wird in besonderen Zellen, den sog. gelben, FEYRTERschen Zellen, gebildet. Diese finden sich in vielen Organen, besonders reichlich in der Schleimhaut des Magen-Darm-Kanals, ferner in den Speicheldrüsen und in der Milz. Serotonin wurde auch im Gehirn, bevorzugt im Stammhirn, ferner in den Blutplättchen, nachgewiesen. Zusammen mit seinem Abbauprodukt, der 5-Hydroxyindolessigsäure, wird es im Harn ausgeschieden. Als weitere Vorkommen seien genannt: Bienengift, Früchte wie Bananen und Walnüsse.

Serotonin wirkt kontrahierend auf Darm- und Uterusmuskulatur, es verengt die Gefäße und wirkt antidiuretisch. Seine Bedeutung für die Funktion des Zentralnervensystems ist noch nicht geklärt, ebensowenig wie seine physiologische Rolle.

Hypnotica

Hypnotica oder *Schlafmittel* setzen die Erregbarkeit des Zentralnervensystems herab, wodurch der Schlafeintritt gefördert wird. In niedriger Dosierung können die Hypnotica als Sedativa verwandt werden. Umgekehrt wirken die Sedativa bei hoher Dosierung wie Schlafmittel. Pharmakologische Verwandtschaft besteht auch zu den Narcotica, die in geeigneter Dosierung sedativ bzw. hypnotisch wirken. Schließlich zählt man die Hypnotica zu den Narcotica im weiteren Sinne.

Nach chemischen Gesichtspunkten werden die Hypnotica in zwei wesentliche Gruppen geteilt:

I. Barbitursäurederivate
II. Hypnotica verschiedener chemischer Konstitution.

I. Barbitursäurederivate

Die schlafmachende Wirkung der Barbiturate beruht auf einer narkotischen Lähmung des Zentralnervensystems, vor allem des Großhirns. Diese darf aber nur so schwach sein, daß ein Charakteristikum des natürlichen Schlafes, die Weckbarkeit, nicht aufgehoben wird.

Die *Wirkungsstärke* der Barbiturate nimmt im allgemeinen mit der Länge der lipophilen Seitenketten an C-5 zu. 5,5-Dimethylbarbitursäure ist unwirksam. Um wirksame Barbiturate zu erhalten, müssen die folgenden strukturellen Bedingungen erfüllt sein: An C-5 müssen beide H-Atome substituiert sein, ein Substituent muß offenkettig sein, die Kettenlänge soll 5 C-Atome nicht übersteigen, beide Substituenten sollen, wenn es sich um zwei kettenförmige handelt, zusammen 4 bis 8 C-Atome enthalten.

Für die praktische Anwendung teilt man die Barbiturate zweckmäßig nach ihrer *Wirkungsdauer* ein. Man unterscheidet 4 Gruppen: Verbindungen mit langdauernder Wirkung, mit mittlerer, kurzer und mit ultrakurzer Wirkungsdauer. Von den Barbitursäurederivaten mit langdauernder Wirkung werden einige auch als Antiepileptica verwandt, die ultrakurz wirksamen Derivate dienen in erster Linie zur Kurznarkose. Stoffe mit langer Wirkungsdauer, wie Barbitalum (Veronal) und Phenobarbitalum (Luminal) sind heute als Schlafmittel kaum mehr gebräuchlich, da sie erheblich kumulieren und Nachwirkungen, wie Benommenheit und Schläfrigkeit bis in den nächsten Tag erzeugen. Man gebraucht sie heute in geringer Dosierung als Sedativa. Die Substanzen mit mittlerer Wirkungsdauer, wie beispielsweise Allobarbitalum (Dial) sind als Durchschlafmittel geeignet, während solche mit kurzer Wirkungsdauer als Einschlaf- bzw. Wiedereinschlafmittel Verwendung finden. Als Ultrakurznarcotica werden heute in erster Linie die Thiobarbitursäurederivate gebraucht.

Die *Verteilung* der Barbiturate im Organismus erfolgt bei intravenöser Injektion für kurze Zeit nach dem für Narcotica charakteristischen Verteilungskoeffizienten Öl/Wasser. Nach wenigen Minuten und ebenso bei peroraler Verabreichung ist dieses Verhalten nur angedeutet zu finden. Die *Resorption* vom Magen-Darm-Kanal aus erfolgt in 1/2 bis 2 Std. Zu beachten ist die im Fettdepot des Patienten stattfindende Anreicherung, der eine allmähliche Abgabe an die Blutbahn folgt.

Die *Wirkungsdauer* der Barbiturate wird bestimmt durch die Ausscheidungsgeschwindigkeit und den chemischen Abbau. Stoffe mit langer Wirkungsdauer werden chemisch nur wenig angegriffen und außerdem sehr langsam ausgeschieden. So passieren z. B. 65 bis 80% des verabreichten Barbitalums (Veronal) den Körper unverändert, während nur 20% im Laufe der ersten 24 Std. und etwa 35% in 48 Std. eliminiert werden. Im Gegensatz dazu werden vom Hexobarbitalum (Evipan) weniger als 5% unverändert durch die Niere ausgeschieden, der überwiegende Teil chemisch abgebaut.

Der *Abbau* der Barbiturate erfolgt in der Leber, bei den Thiobarbituraten in mehr oder weniger großem Umfange auch in anderen Geweben. Definierte Abbauschritte sind: 1. Oxydation der Radikale unter Bildung von Hydroxy-, Keto- und Carboxybarbitursäuren, 2. Verlust des N-Radikals, 3. bei Thiobarbituraten Desulfurierung, 4. hydrolytische Öffnung des Barbituratringes.

Nebenwirkungen. Bei fortgesetztem Gebrauch von Barbituraten ist die Gefahr der *chronischen Vergiftung* gegeben, die sich in schweren nervösen und physischen Störungen, Antriebslosigkeit, Gedächtnisschwäche und Ataxien bemerkbar macht. Die *akute Schlafmittelvergiftung* bietet das Bild einer tiefen Narkose mit der Gefahr der Atemlähmung. Sie erstreckt sich meist über Tage und bedarf klinischer Behandlung. Ihre Letalität wird durch die Anwendung moderner Analeptica, wie Cardiazol, Megimid sowie Bluttransfusionen oder Blutersatzmittel und durch Extrakorporaldialyse erheblich vermindert. Eine gefährliche *Nebenwirkung der Barbituratnarkose* besteht in der Ansprechbarkeitssteigerung der Reflexe des Halsgebietes, besonders des Carotissinusreflexes. Sie kann Anlaß zu plötzlichem Herz- und Kreislaufversagen sein. Ihre Anwendung bei Operationen im Mund-Hals-Gebiet sollte deshalb vermieden werden. Bei den Thiobarbituraten, die als Kurznarcotica Verwendung finden, sollen diese Nebenwirkungen wesentlich geringer sein. Bei Kombinationen mit Opiaten kann es leicht zu Lähmungen des Atemzentrums kommen. Bei Lebererkrankungen ist eine Barbituratnarkose kontraindiziert. Es besteht fernes die Gefahr einer Hemmung der Nierentätigkeit.

Die folgende Tabelle enthält die wichtigsten Barbiturate, geordnet nach chemischen Gesichtspunkten:

A. Mit 2 Resten an C-5.
 a) 2 aliphatische, gesättigte Reste,
 b) 1 aliphatischer, gesättigter und 1 aromatischer Rest,
 c) 1 aliphatischer, gesättigter und 1 olefinischer Rest,
 d) 2 olefinische Reste.
B. Mit 2 Resten an C-5 und 1 Rest an N-1.
C. Mit S anstelle von O an C-2.

Allgemeine Bemerkungen zur Synthese der Barbiturate. Der allgemeine Weg zur Darstellung von 5,5-Dialkyl-barbitursäuren besteht in der Kondensation dialkylierter Malonester mit Harnstoff:

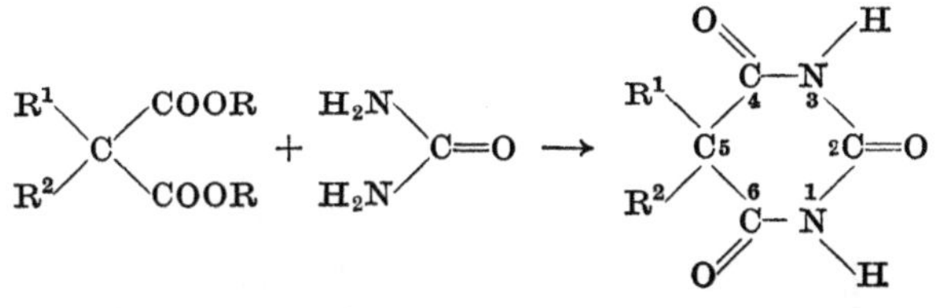

Durch Umsetzung mit Methylharnstoff werden die an N-1 methylierten Derivate erhalten, bei Verwendung von Thioharnstoff resultieren Thiobarbitursäurederivate.

Bromallylderivate (z. B. Noctal, Pernocton, Eunarcon) werden aus 5-Monoalkylbarbitursäuren und 1,2-Dibrompropen in Gegenwart von Natriumäthylat erhalten:

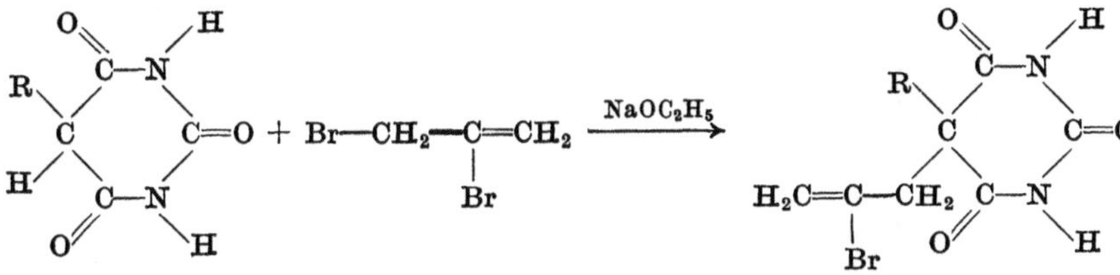

Läßt sich eine gewünschte Atomgruppierung über die entsprechende Halogenverbindung nicht in den Malonester einführen, z. B. die Cyclohexenylgruppe, so wird im allgemeinen mit Na-Cyanessigester (I) umgesetzt, das erhaltene Produkt (II) weiter alkyliert (zu III)

A 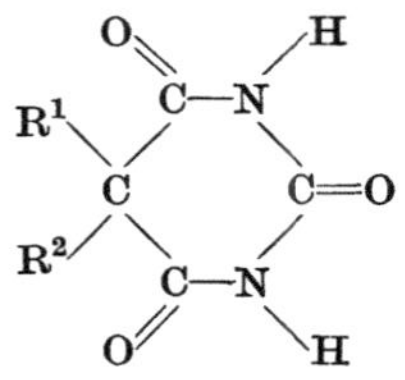

Nr.	R^1	R^2	Pharmakopöen	Internat. Bezeichnung oder Warenzeichen	Klassifizierung
1	$-C_2H_5$	$-C_2H_5$	Ac. diaethylbarbituricum ÖAB 9 Barbital DAB 7 – BRD Barbitalum USP XV (!), PI.Ed.I/1, Ross. 9 Barbitonum BP 53 (!), Ph.Jug. II Diemalum Ph.Dan. IX	Veronal (Bayer, Merck) (nicht mehr im Handel)	L
1 a	$-C_2H_5$	$-C_2H_5$	Natrium diaethylbarbituricum ÖAB 9 Barbital-Natrium DAB 7 – BRD Barbitone Sodium BP 63 Barbitalum-Natrium Ross. 9	Veronal Natrium (Bayer, Merck)	L
2 a u. b	$-C_2H_5$	$-CH(CH_3)_2$	Probarbitalum NNR 53	Ipral (Squibb)	M
3	$-C_2H_5$	$-(CH_2)_3CH_3$	Butobarbitone BP 63	Neonal (Abbott) Soneryl (May u. Baker)	L
4 a	$-C_2H_5$	$-\underset{\underset{CH_3}{\vert}}{CH}-CH_2-CH_3$	Butabarbital Sodium NND 63	Butisol (McNeil, USA)	M
5	$-C_2H_5$	$-\underset{\underset{CH_3}{\vert}}{CH}-CH_2-CH_3$	Pentobarbital NND 63	Nembutal (Abbott)	K
5 a	$-C_2H_5$	$-\underset{\underset{CH_3}{\vert}}{CH}-CH_2-CH_3$	Pentobarbitalum solubile Ph.Helv. V – Suppl. II Pentobarbitone Sodium BP 63 Pentobarbital Sodium USP XVI Aethalminalum-Natrium Ross. 9	Nembutal (Abbott) Pentol (Vampelt u. Brown)	K

Zeichenerklärung: Nummern ohne Zusatz bedeuten: freie Säuren, Nummer mit a bedeutet: Natriumsalz, Nummer mit b bedeutet: Calciumsalz.

L = lang dauernde Wirkung;
M = mittlere Wirkungsdauer;
K = kurze Wirkungsdauer;
UK = ultrakurze Wirkungsdauer;
N = zur Narkose;
E = Antiepilepticum.

5b	$-C_2H_5$	$-CH(CH_3)-CH_2-CH_3$	Pentobarbital Calcium NND 63	Nembutal (Abbott)	K
6	$-C_2H_5$	$-(CH_2)_2CH(CH_3)(CH_2)$	Amobarbital USP XVI Amobarbitone BP 63 Amobarbitalum NF IX Pentymalum Ph.Dan. IX – Add. Barbamylum Ross. 9	Amytal (Lilly)	M
6a	$-C_2H_5$	$-(CH_2)_2CH(CH_2)(CH_3)$	Amobarbital Sodium USP XVI Amobarbitone Sodium BP 63		M
7	$-C_2H_5$	$-(CH_2)_5CH_3$	Hexethal NNR 54	Ortal (Parke & Davis)	K
8	$-C_2H_5$	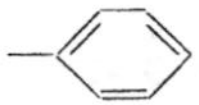	Ac. phenylaethylbarbituricum ÖAB 9 Phenobarbital USP XVI, DAB 7 – BRD Phenobarbitone BP 63 Phenobarbitalum PI.Ed. I/1, DAB 7 – DDR Phenemalum Ph.Dan. IX	Luminal (Bayer, Merck) Gardenal (May u. Baker) Somonal (Richter, Brit.)	L, E
8a	$-C_2H_5$	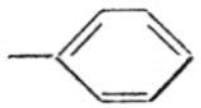	Natrium phenylaethylbarbituricum ÖAB 9 Phenobarbital-Natrium DAB 7 – BRD Phenobarbitalum natricum PI.Ed. I/1 Phenobarbitalum Natrium DAB 7 – DDR Phenobarbital Sodium USP XVI Phenobarbitone Sodium BP 63	Luminal Natrium (Bayer, Merck)	L, E
9	$-CH(CH_3)_2$	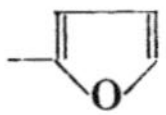	Ac. isopropyl-furfuryl-barbituricum	Dormovit (Diwag)	K
10	$-C_2H_5$	$-C(CH_3)=CH-CH_2-CH_3$	Vinbarbital NND 63	Delvinal (Sharp & Dohme)	M
10a	$-C_2H_5$	$-C(CH_3)=CH-CH_2-CH_3$	Vinbarbital Sodium NND 63	Delvinal Sodium (Sharp & Dohme)	M
11	$-C_2H_5$	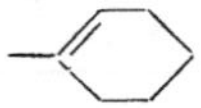	Ac. cyclohexenyl-aethyl-barbituricum ÖAB 9 Cyclobarbitalum DAB 6 – Nachtr. 59 (DDR)	Phanodorm (Bayer, Merck)	K

Fortsetzung der Tabelle von S. 193

Nr.	R¹	R²	Pharmakopöen	Internat. Bezeichnung oder Warenzeichen	Klassifizierung
11b	$-C_2H_5$	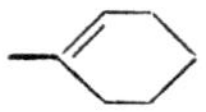	Calcium cyclohexenyl-aethyl-barbituricum ÖAB 9 Cyclobarbital-Calcium DAB 7 – BRD Hexemalcalcium Ph.Dan. IX Cyclobarbitone Calcium BP 63 Cyclobarbitalum calcium Ph.Helv.V – Suppl. II, DAB 7 – DDR	Phanodorm Calcium (Bayer, Merck)	K
12	$-C_2H_5$	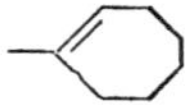	Heptabarbital NND 63	Medomin (Geigy) Heptadorm (Heptadorm-Arzneimittel GmbH, Lüdenscheid/Westf.)	M
13	$-CH(CH_3)_2$	$-CH_2CH{=}CH_2$	Aprobarbitalum DAB 7 – DDR, NNR 53	Alurate (Roche) Numal (Roche)	M
13a	$-CH(CH_3)_2$	$-CH_2CH{=}CH_2$	Aprobarbitalum Sodium NND 53		M
14	$-CH(CH_3)_2$	$-CH_2-C(Br){=}CH_2$	Isopropyl-bromallyl-barbitursäure DAB 7 – BRD DAB 6 – Nachtr. 59 (DDR)	Noctal (R. d. Haen) Nostal (USA)	K
15	$-CH(CH_3)-CH_2CH_3$	$-CH_2CH{=}CH_2$	Talbutal NND 63	Lotusate (Winthrop-Stearns)	K
16	$-CH(CH_3)-CH_2CH_3$	$-CH_2C(Br){=}CH_2$	Butyl-bromallyl-barbitursäure DAB 7 – BRD Ac. sonbutali Ross. 8 (!)	Pernocton (R. d. Haen) Pernoston (USA)	K
17	$-CH_2CH(CH_3)_2$	$-CH_2CH{=}CH_2$	–	Sandoptal (Sandoz)	K
18	$-CH-(CH_2)_2CH_3$	$-CH_2CH{=}CH_2$	Secobarbital USP XVI	Seconal (Lilly)	K
18a	$-CH-(CH_2)_2CH_3$	$-CH_2CH{=}CH_2$	Secobarbital Sodium USP XVI Quinalbarbitone Sodium BP 63		K
19	$-CH_2CH{=}CH_2$	$-CH_2CH{=}CH_2$	Ac. diallyl-barbituricum ÖAB 9 Diallymalum Ph.Dan. IX Allobarbitonum BPC	Curral (Roche) Dial (Ciba)	M
20	$-CH_2CH{=}CH_2$		Ac. allyl-cyclopentenyl-	Cyclopal	K

B 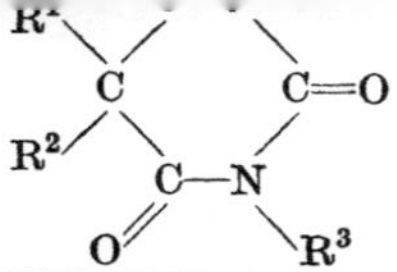

Nr.	R^1	R^2	R^3	Pharmakopöen	Internat. Bezeichnung oder Warenzeichen	Klassifizierung
1	$-C_2H_5$	$-C_2H_5$	$-CH_3$	Metharbital NND 63	Gemonil (Abbott)	E
2	$-C_2H_5$	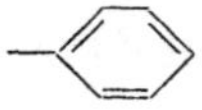	$-CH_3$	Ac. methyl-phenyl-aethyl-barbituricum ÖAB 9 Methylphenobarbital DAB 7 – BRD Methylphenobarbitonum BP 53(!) Mephobarbital USP XVI Enphenemalum Ph.Dan. IX – Add. Phenitonum Ph.Jug. II Methylphenobarbitalum Ph.Helv. V – Suppl. II, DAB 7 – DDR Mephobarbital NND 63	Prominal (Bayer, Merck) Mebaral (Winthrop-Stearns)	L, E
3	$-CH_3$	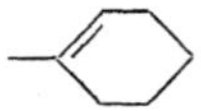	$-CH_3$	Ac. methyl-cyclohexenyl-methyl-barbituricum ÖAB 9 Hexobarbital DAB 7 – BRD Hexobarbitonum BP 53(!) Hexobarbitalum DAB 7 – DDR CsL 2, Ph.Helv. V – Suppl. II Enhexymalum Ph.Dan. IX	Evipan (Bayer) Evipal (Winthrop-Stearns) Cyclonal (May u. Baker)	UK, N
3a	$-CH_3$	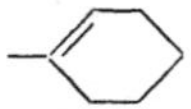	$-CH_3$	Natrium methyl-cyclohexenyl-methyl-barbituricum ÖAB 9 Hexobarbitalum solubile Ph.Helv. V – Suppl. II, CsL 2 Hexobarbital Sodium NND 60 Hexobarbitalum Natrium DAB 7 – DDR Hexobarbitonum Sodium BP 53(!), Ph.Jug. II Enhexymalnatrium Ph.Dan. IX	Evipan Natrium Evipal-Sodium Cyclonyl-Sodium	UK, N
4	$-CH(CH_3)_2$	$-CH_2C(Br)=CH_2$	$-CH_3$	Ac. pronarcosi Ross. 8(!)		K, N
4a	**$-CH(CH_3)_2$**	**$-CH_2C(Br)=CH_2$**	**$-CH_3$**	**Na. N-Methyl-bromallyl-isopropyl-barbituricum**	**Eunarcon (R. d. Haen)**	**K, N**

C 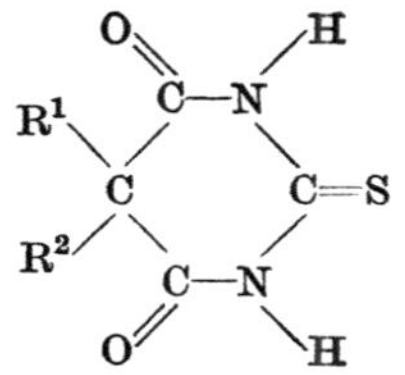

Nr.	R¹	R²	Pharmakopöen	Internat. Bezeichnung oder Warenzeichen	Klassifizierung
1a	$-C_2H_5$	$-CH-CH_2CH_3$ $\vert$ CH_3	Na. aethyl-2′-butyl-thiobarbituricum	Inactin (Promonta)	UK, N
2a	$-C_2H_5$	$-CH(CH_2)_2CH_3$	Thiopentalum Natricum PI.Ed. I/1 Na. isopentyl-aethyl-thiobarbituricum ÖAB 9 Thiopental Sodium USP XVI Thiopentone Sodium BP 63 Thiopentalum solubile Ph.Helv. V – Suppl. II	Pethothal (Abbott) Intravanal (May u. Baker) Trapanal (Promonta)	UK, N
3a	$-C_2H_5$	$-CH_2-S-(CH_2)_2CH_3$	Na. aethyl-(butylthiomethyl)-thiobarbituricum	Thionarcon	UK, N
4a	$-CH(CH_2)_2CH_3$ $\vert$ CH_3	$-CH_2-CH_2-S-CH_3$	Na. methylthioaethyl-2′-pentyl-thio-barbituricum	Thiogenal (Merck)	UK, N
5a	$-CH_2CH-CH_3$ $\vert$ CH_3	$-CH_2CH{=}CH_2$	Na. allyl-2′-methylpropyl-thiobarbituricum	Baytinal (Bayer)	UK, N
6a	$-CH(CH_2)_2CH_3$ $\vert$ CH_3	$-CH_2CH{=}CH_2$	Thiamylal Sodium NND 60(!) Thiamylal Sodium for Injection USP XVI	Surital (Parke & Davis)	UK, N
7a	$-CH_2CHCH_2$	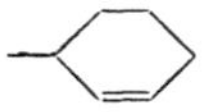	Na. allyl-cyclohexenyl-thiobarbituricum ÖAB 9	Kemithal (I. C. I., Brit., Rhein-Chemie, Heidelberg)	UK, N

und schließlich mit Harnstoff oder Guanidin kondensiert, wonach die entstandenen Iminogruppen zu Carbonylgruppen verseift werden müssen:

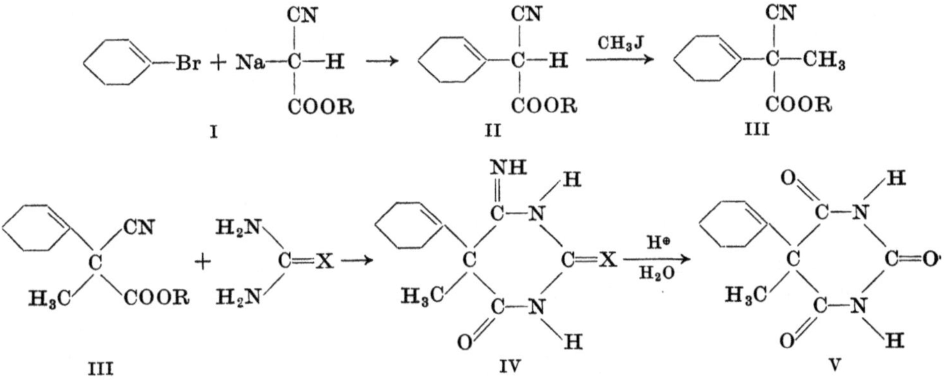

Da sich Arylgruppen in befriedigender Weise weder in Malonester noch in Cyanessigester direkt einführen lassen, geht man von Verbindungen aus, die bereits die gewünschte Arylgruppierung enthalten und sich zum Aufbau von 1,3-Di-estern eignen. Zur Darstellung von Phenyl-äthyl-barbitursäure wird beispielsweise Phenylacetonitril mit Oxalester zu I umgesetzt, die Nitrilogruppe in eine Estergruppe verwandelt (II) und durch thermische Zersetzung (Destillation) die in II enthaltene α-Ketoestergruppierung zu einer Estergruppe abgebaut (III). Der monoalkylierte Malonester III wird zu IV alkyliert und dann mit Harnstoff zu V kondensiert:

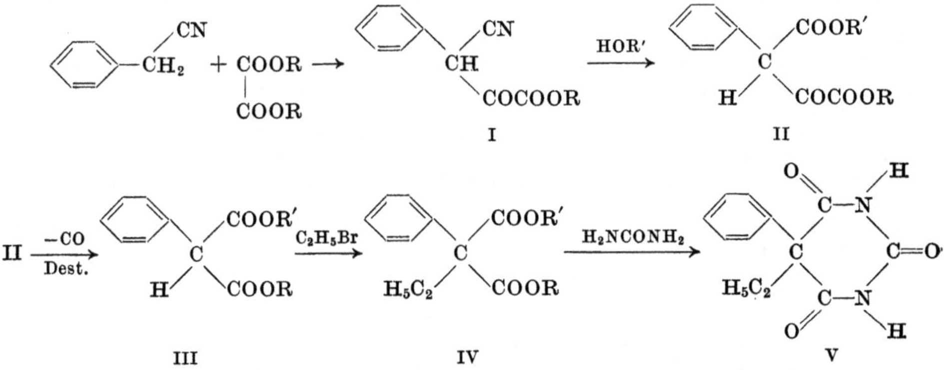

Allgemeine Hinweise zur Analytik der Barbiturate. 1. Alle Barbitursäurederivate enthalten Stickstoff, der sich z.B. nach LASSAIGNE nachweisen läßt oder als Ammoniak abgespalten wird, wenn die Substanz mit Alkali geschmolzen wird.

2. In den Thiobarbituraten läßt sich als weiteres Heteroelement Schwefel nachweisen, nach der Hydrolyse als Sulfid oder nach Oxydation als Sulfat.

3. Zwikker-Reaktion. Bei Zusatz von Kobalt(II)-salzen und einem alkalisierenden Reagens [$Ba(OH)_2$, LiOH, Piperidin, Piperazin, Pyridin, aliphathische Amine usw.] zur methanolischen Lösung eines Barbiturates entstehen violette Komplexe. Nach DAB 6 – 3. Nachtr. (BRD) verwendet man dazu etwa 50 mg Substanz, mischt mit 2 ml einer 1%igen, absolut-methanolischen Kobalt(II)-nitratlösung und gibt 0,5 ml einer/10%igen, abs.-methanolischen Piperidinlösung hinzu.

Literatur: ZWIKKER, J. J. L.: Pharm. Weekbl. *68*, 975 (1931). – BODENDORF, K.: Arch. Pharm. (Weinheim) *270*, 290 (1932). – MOHRSCHULZ, W.: Südd. Apoth.-Ztg *90*, 335 (1950). – AWE, W., u. W. WINKLER: Arzneimittel-Forsch. *5*, 378 (1955).

4. Mikroreaktionen. Mit Schwermetallsalzen wie Eisen(III)-chlorid oder Kupfersulfat entstehen charakteristische Komplexe, die unter dem Mikroskop identifiziert werden können.

Literatur: LANG, W., u. M. STEPHAN: Südd. Apoth.-Ztg *90*, 739 (1950). – KAISER, H., u. W. LANG: Dtsch. Apoth.-Ztg *92*, 428 (1952).

5. Barbiturate mit ungesättigten Gruppen in 5-Stellung entfärben in neutraler oder schwach saurer Lösung Kaliumpermanganat.

6. Barbiturate mit halogenierten Alkylgruppen in 5-Stellung ergeben nach Oxydation und alkalischer Hydrolyse eine positive Halogenidreaktion.

7. Da alle Barbiturate feste Verbindungen sind, die im allgemeinen auch gut kristallisieren, kann eine bequeme Identifizierung durch Schmelz- und Mischschmelzpunkt erfolgen.

8. Als gut kristallisierende Derivate eignen sich die p-Nitrobenzylverbindungen und die Xanthydrolverbindungen.

Literatur: Büchi, J., u. X. Perlia: Pharm. Acta Helv. *29*, 290 (1954).

9. Papierchromatographie.

Literatur: Macek, K.: Arch. Pharm. (Weinheim) *293*, 545 (1960). – Kala, H.: Dtsch. Apoth.-Ztg *99*, 1061 (1959).

10. Dünnschichtchromatographie.

Literatur: Bäumler, J., u. S. Rippstein: Pharm. Acta Helv. *36*, 382 (1961). – Frahm, M., A. Gottesleben u. K. Soehring: Pharm. Acta Helv. *38*, 785 (1963).

11. Zusammenfassungen über die Analytik von Barbituraten:

Literatur: Schwenker, G.: Dtsch. Apoth.-Ztg *97*, 238 (1957). – Mohrschulz, W.: Mitt. dtsch. pharm. Ges. *26*, 117 (1956).

Quantitative Bestimmungen. 1. Acidimetrische Bestimmung. Barbiturate können in wäßrig-alkoholischer Lösung gegen Thymolphthalein mit 0,1 n Lauge titriert werden, wenn man mit einer Farbvergleichslösung arbeitet.

Literatur: Poethke, W., u. D. Horn: Arch. Pharm. (Weinheim) *287*, 487 (1954).

2. Alkalimetrische Bestimmung. Da die Natriumsalze der Barbitursäuren in wäßriger Lösung stark hydrolysieren, läßt sich der Barbituratgehalt nach Art einer Verdrängungsreaktion direkt mit 0,1 n Säure titrieren.

3. Gravimetrische Bestimmung. Man extrahiert aus saurer Lösung mit einem geeigneten Lösungsmittel (Äther, Chloroform), dampft die Extrakte zur Trockne ein und wägt.

4. Argentometrische Bestimmung. Das Barbiturat wird in Sodalösung gelöst (Na-Salz!) und mit Silbernitratlösung bis zur bleibenden Trübung titriert. Die gebildeten Barbiturat-Ag^+-Komplexe haben normalerweise die Zusammensetzung $1 + 1$ und sind wasserlöslich. Die Trübung entsteht durch Bildung von Silbercarbonat bzw. -oxid.

Literatur: Budde, H.: Dtsch. Apoth.-Ztg *49* 295 (1934).

5. Die Bildung von Ag-Komplexen wird auch zur genaueren acidimetrischen Bestimmung herangezogen. Man titriert zunächst mit 0,1 n Lauge gegen Thymolphthalein, versetzt dann mit Silbernitratlösung im Überschuß und titriert weiter gegen Phenolphthalein. Aus dem Gesamtverbrauch an Lauge ergibt sich der Gehalt an Barbitursäure.

Literatur: Vieböck, F., u. K. Fuchs: Pharm. Mk. *15*, 19 (1934).

6. Derivate mit ungesättigten Seitenketten lassen sich bromometrisch mit 0,1 n $KBrO_3$/KBr titrieren.

7. Derivate mit bromierten Seitenketten lassen sich nach Oxydation mit Kaliumpermanganat in alkalischer Lösung und Reduktion des überschüssigen Oxydationsmittels mit Natriumhydrogensulfit argentometrisch titrieren.

Literatur: Poethke, W., P. Gebert, H. Gräser u. R. Wigert: Pharm. Zentralh. *95*, 238 (1957).

8. Thiobarbiturate lassen sich maßanalytisch mit Hilfe von alkalischer Jodlösung bestimmen, wobei pro Mol Thiobarbitursäure 8 Äquivalente Jod verbraucht werden und der Schwefel zum Sulfat oxydiert wird.

Literatur: Wojahn, H., u. E. Wempe: Arch. Pharm. (Weinheim) *285*, 280 (1952).

9. Eine weitere Methode beruht auf der Einwirkung von Silbernitrat, wodurch der Schwefel als Ag_2S quantitativ abgespalten wird. Das überschüssige $AgNO_3$ läßt sich nach Volhard bestimmen.

10. Kolorimetrische Bestimmung von Barbituraten.

Literatur: Pfeil, E., u. J. H. Goldbach: Hoppe-Seylers Z. physiol. Chem. *302*, 263 (1955).

11. Spektrophotometrische Bestimmung von Barbituraten.

Literatur: Paneus, W., u. O. Pribilla: Arzneimittel-Forsch. *3*, 478 (1953). – Ljungberg: Farm. Rev. (Stockh.) *51*, 569 (1952).

12. Photometrische Bestimmung von Thiobarbituraten.

Literatur: Heise, E., u. K. H. Kimbel: Arzneimittel-Forsch. *5*, 149 (1955).

Acidum diaethylbarbituricum ÖAB 9. Barbital DAB 7 – BRD. Barbitalum USP XV (!), DAB 7 – DDR, Ross. 9, Ph.Helv. V, PI.Ed. I/1. Barbitonum BP 53 (!), Ph.Jug. II. Diemalum Dan. IX. Barbital (INN).

Diäthylbarbitursäure, Diäthylmalonylharnstoff.

$C_8H_{12}N_2O_3$ Formel A. 1 M.G. 184,20

5,5-Diäthylbarbitursäure.

Herstellung. Durch Kondensation von Diäthylmalonsäurediäthylester mit Harnstoff in Gegenwart von Natriumäthylat oder durch Umsetzung von Diäthylcyanessigester mit Harnstoff und Verseifung der entstandenen Iminodiäthylbarbitursäure durch Mineralsäure.

Eigenschaften. Farblose Kristalle oder weißes, kristallines, geruchloses Pulver von schwach bitterem Geschmack. Löslichkeit: Löslich in etwa 160 T. W., in etwa 15 T. siedendem W., in etwa 10 T. A. (95%), in etwa 35 T. Ae., in etwa 130 T. Chloroform; unter Salzbildung löslich in Lösungen von Alkalihydroxiden, Alkalicarbonaten und Ammoniak. Schmelzintervall: 188 bis 192° (DAB 7 – BRD), 190 bis 193° (ÖAB 9), 189 bis 192° (PI.Ed. I/1), 185 bis 188° (Ph.Helv. V).

Erkennung. 1. Werden etwa 50 mg Diäthylbarbitursäure mit 1 ml konz. Natronlauge zum Sieden erhitzt, so entweichen nach einiger Zeit basisch reagierende Dämpfe (ÖAB 9). – 2. 50 mg Substanz werden mit 5,0 ml W. 2 Min. lang geschüttelt. In dem zum Sieden erhitzten Filtrat geben 0,05 ml einer Lösung von 0,10 g Quecksilber(II)-oxid in 0,40 ml 6 n Salpetersäure eine weiße, in 6 n Ammoniaklösung lösliche Fällung (DAB 7 – BRD). – 3. Versetzt man eine Lösung von etwa 2 mg Diäthylbarbitursäure in 1 ml methylalkoholischer Kobaltchloridlösung (0,1%) mit 1 Tr. verd. Ammoniak, so färbt sich die Lösung intensiv violett (ÖAB 9, ähnlich DAB 7 – BRD). – 4. Eine unter Erwärmen bereitete Lösung von etwa 5 mg Diäthylbarbitursäure in 3 ml W. gibt auf Zusatz von 2 Tr. Pyridin und 2 Tr. verd. Kupfersulfatlösung einen hellvioletten, kristallinen Niederschlag (ÖAB 9, ähnlich PI.Ed. I/1). – 5. Werden etwa 200 mg Diäthylbarbitursäure in etwa 1 g schmelzendes Kaliumhydroxid eingetragen, so entweichen aromatisch riechende Dämpfe, welche befeuchtetes Lackmuspapier bläuen. Die erkaltete Schmelze braust beim Versetzen mit verd. Schwefelsäure auf und entwickelt einen Geruch nach flüchtigen Fettsäuren (Ph.Helv. V, ähnlich PI.Ed. I/1).

Prüfung. 1. Alkalisch oder sauer reagierende Verunreinigungen: 10,0 ml Prüflsg. dürfen sich auf Zusatz von 0,15 ml Methylrotlsg. II nicht gelb färben und dürfen höchstens 0,10 ml 0,1 n Natronlauge bis zum Umschlag nach Gelb verbrauchen. Prüflsg.: 1,00 g Substanz wird mit 50,0 ml W. 2 Min. lang zum Sieden erhitzt und das nach dem Erkalten erhaltene Filtrat auf 50,0 ml ergänzt (DAB 7 – BRD). – 2. Reinheit: Eine Lösung von 1 T. Diäthylbarbitursäure in 20 T. siedendem W. muß klar und farblos sein und blaues Lackmuspapier röten (ÖAB 9). – 3. Chlorid und Sulfat: Kühlt man die erhaltene heiße Lösung ab und filtriert, so darf im Filtrat weder Chlorid noch Sulfat in unzulässiger Menge nachweisbar sein (ÖAB 9, DAB 7 – BRD). – 4. Ungesättigte Verbindungen: Eine Mischung von 10 ml des für die Prüfung von Chlorid und Sulfat bereiteten Filtrates, 1 ml verd. Schwefelsäure und 1 Tr. Kaliumpermanganatlösung darf die rote Farbe innerhalb 5 Min. nicht vollständig verlieren (ÖAB 9, ähnlich DAB 7 – BRD). – 5. Neutralstoffe, Salze organischer Basen: Eine Lösung von 1,0 g Diäthylbarbitursäure in 16 ml W. und 4 ml verd. Natronlauge muß klar und farblos sein. Die erhaltene Lösung wird mit 20 ml Äther ausgeschüttelt. Die ätherische Lösung wäscht man durch Schütteln mit 5 ml W., filtriert und dampft 10 ml davon zur Trockne ein. Das Gewicht des Rückstandes darf nicht mehr als 0,5 mg betragen (ÖAB 9). – 6. Schwermetalle: In einer Mischung von 2 ml der bei der vorhergehenden Prüfung mit Äther ausgeschüttelten Lösung und 8 ml W. dürfen Schwermetalle nicht nachweisbar sein (ÖAB 9). – 7. Fremde organische Stoffe: Eine Lösung von 0,1 g Diäthylbarbitursäure in 2 ml Schwefelsäure muß klar und farblos sein und darf sich nach Zusatz von 0,1 g Kaliumnitrat beim Erwärmen im Wasserbad innerhalb von 10 Min. nicht verfärben (ÖAB 9, ähnlich DAB 7 – BRD, Ph.Helv. V). – 8. Trocknungsverlust: Höchstens 0,5% (ÖAB 9, DAB 7 – BRD). Verbrennungsrückstand: Höchstens 0,1% (ÖAB 9). – 9. Sulfatasche: Höchstens 0,1 % (DAB 7 – BRD).

Gehaltsbestimmung. ÖAB 9 : 0,1842 g Diäthylbarbitursäure werden unter Erwärmen in 20 ml kohlensäurefreiem W. gelöst. Nach Zusatz von 10 Tr. Thymolphthaleinlösung titriert man mit 0,1 n Natronlauge, bis eine schwache Blaufärbung bestehen bleibt. Für die angegebene Einwaage müssen 9,80 bis 10,10 ml 0,1 n Natronlauge verbraucht werden. Die austitrierte Lösung versetzt man mit 1 ml Pyridin, fügt hierauf 21 ml 0,1 n Silbernitratlösung und 1 ml Phenolphthaleinlösung hinzu und titriert unter kräftigem Umschütteln mit 0,1 n Natronlauge auf Rot. Der Endpunkt der Titration ist erreicht, wenn die Rotfärbung auf Zusatz von weiteren 5 ml 0,1 n Silbernitratlösung bestehen bleibt. Für die angegebene Einwaage müssen bei den beiden Titrationen insgesamt 19,60 bis 20,10 ml 0,1 n Natronlauge verbraucht werden, entsprechend 98,0 bis 100,5% d. Th. 1 ml 0,1 n NaOH entspricht 9,210 mg $C_8H_{12}N_2O_3$.

DAB 7 – BRD. 0,50 g Substanz, genau gewogen, werden zusammen mit 2,0 g Natriumcarbonat-Monohydrat in 50 ml W. gelöst. Die klare Lösung wird mit 0,1 n Silbernitratlsg. bis zur 5 Min. lang anhaltenden, deutlichen Trübung titriert. 1 ml 0,1 n Silbernitratlsg. entspricht 18,42 mg $C_8H_{12}N_2O_3$.

Aufbewahrung. In gut schließenden Gefäßen.

Dosierung. Gebräuchliche Einzeldosis: 0,3 g; Einzelmaximaldosis: 0,5 g; Tagesmaximaldosis: 1,5 g (ÖAB 9, Ph.Helv. V); 1,0 g (DAB 7 - BRD).

Handelsformen: Veronal (Merck, Bayer), Medinal (Schering).

Natrium diaethylbarbituricum, ÖAB 9. Barbital-Natrium DAB 7 – BRD. Barbitalum solubile Ph.Helv. V. Barbitone Sodium BP 63. Barbitalum Natricum PI.Ed. I/1. Barbitalum Natrium DAB 7 – DDR. Barbitalum-Natrium Ross. 9. Diäthylbarbitursaures Natrium. Lösliches Barbital. Medinalum. Medinal.

$C_8H_{11}N_2NaO_3$ Formel A. 1 a M.G. 206,18
5,5-Diäthylbarbitursaures Natrium.

Eigenschaften. Weißes, kristallines, laugenhaft und bitter schmeckendes Pulver, das bei Luftzutritt Kohlendioxid anzieht. Löslichkeit: Bei 20° löslich in etwa 5 T. W., in etwa 200 T. A. (90%), in etwa 600 T. A. (96%), praktisch unlöslich in Ae. und Chloroform.

Erkennung. 1. Werden 200 mg Substanz in etwa 1 g schmelzendes Kaliumhydroxid eingetragen, so entweichen aromatisch riechende Dämpfe, welche befeuchtetes Lackmuspapier bläuen. Die erkaltete Schmelze braust beim Versetzen mit verd. Schwefelsäure auf und entwickelt einen Geruch nach flüchtigen Fettsäuren (Ph.Helv. V, ähnlich PI.Ed. I/1). – 2. In der wäßrigen Lsg. (1 + 4) erzeugen verd. Schwefelsäure oder Essigsäure einen voluminösen, weißen Niederschlag, der nach dem Auswaschen mit wenig Wasser, Umkristallisieren aus A. und Trocknen bei 190 bis 191° schmilzt (ÖAB 9, ähnlich DAB 7 – BRD, PI.Ed. I/1, BP 63). – 3. Die nach 2. erhaltene Substanz gibt die unter „Barbital" aufgeführten Identitätsreaktionen (DAB 7 – BRD). – 4. Versetzt man eine unter Erwärmen bereitete Lsg. von etwa 2 mg Substanz in 1 ml methanolischer Kobaltchloridlösung (0,1%) nach dem Abkühlen mit 1 Tr. verd. Ammoniak, so färbt sich die Lösung intensiv violettblau (ÖAB 9). – 5. Eine Lösung von etwa 5 mg Substanz in 3 ml W. gibt auf Zusatz von 2 Tr. Pyridin und 2 Tr. verd. Kupfersulfatlösung einen hellvioletten, kristallinen Niederschlag (ÖAB 9, ähnlich PI.Ed. I/1 und BP 63). – 6. Die Substanz gibt die für Natrium charakteristischen Reaktionen.

Prüfung. 1. Aussehen der Lösung. Die Lösung von 0,50 g Substanz in 5,0 ml ausgekochtem und wieder abgekühltem W. muß 15 Min. lang klar und farblos sein (DAB 7 – BRD). – 2. Alkalisch oder sauer reagierende Verunreinigungen: Die Lösung von 40 mg Substanz zu 10,0 ml darf sich auf Zusatz von 0,15 ml Thymolphthaleinlsg. höchstens schwach blau, muß sich jedoch auf Zusatz von 0,50 ml 0,1 n Natronlauge deutlich blau färben. – 3. Schwermetallionen: 0,75 g Substanz werden mit 10,0 ml W. und 0,30 ml 6 n Essigsäure zum Sieden erhitzt. Das Gemisch wird nach dem Erkalten mit 2,50 ml Acetat-Pufferlösung III versetzt und filtriert. Das Filtrat wird zu 15,0 ml verdünnt. 12,0 ml dieser Lösung werden wie in Bd. I, 254, angegeben, geprüft. Der Zusatz von Pufferlösung zur Prüflösung entfällt (DAB 7 – BRD, ähnlich DAB 7 – DDR). – 4. Chlorid- und Sulfationen: Werden 2 ml der wäßrigen Lösung (1 + 9) mit 2 Tr. Salpetersäure versetzt, so darf 1 ml des Filtrates durch 1 Tr. Silbernitratlösung und darauffolgenden Zusatz von 1 Tr. Bariumnitratlösung nicht verändert werden. – 5. Oxydierbare Verunreinigungen (ungesättigte Verbindungen): Bei Zugabe von 10,0 ml 3 n Schwefelsäure zu einer Lösung von 0,50 g Substanz in 10,0 ml W. entsteht ein weißer Niederschlag, der abgesaugt wird. Das Filtrat wird unter Nachwaschen des Filters auf 25,0 ml ergänzt. 10 ml dieses Filtrates werden mit 0,50 ml 0,01 n Kaliumpermanganatlösung versetzt. Die Lösung darf sich innerhalb von 5 Min. nicht entfärben. – 6. Neutrale und basische Verunreinigungen: Die Lösung von 1,00 g Substanz in 8,0 ml n Natronlauge und 12,0 ml W. wird mit 25,0 ml Äther 1 Min. lang geschüttelt. Die ätherische Lösung wird nach dreimaligem Waschen mit je 5,0 ml W. auf dem Wasserbad eingedampft. Das Gewicht des 1 Std. lang bei 105° getrockneten Rückstandes darf höchstens 2 mg betragen (DAB 7 – BRD). – 7. Verhalten gegen Schwefelsäure: 0,50 g Substanz werden nach der in Bd. I, 239, gegebenen Vorschrift geprüft. – 8. Blei: Höchstens 10 ppm (PI.Ed. I/1). – 9. Trocknungsverlust: Höchstens 1%, wenn bei 105° bis zur Gewichtskonstanz getrocknet wird (BP 63, ÖAB 9, ähnlich PI.Ed. I/1).

Gehaltsbestimmung. Nach Ph.Helv. V und ÖAB 9 wird Natrium diäthylbarbituricum mit 0,1 n Säure titriert. Vorschrift des ÖAB 9: 0,2062 g getrocknetes diäthylbarbitursaures Natrium werden in 20 ml W. gelöst und nach Zugabe von 2 Tr. Methylorangelösung mit 0,1 n Schwefelsäure titriert. Für die angegebene Einwaage müssen 9,80 bis 10,05 ml 0,1 n Schwefelsäure verbraucht werden, entsprechend 98,0 bis 100,5% d. Th. 1 ml 0,1 n H_2SO_4 entspricht 20,62 mg $C_8H_{11}N_2NaO_3$. Gemäß ÖAB 9 wird dann weiterhin die austitrierte Lösung zur Entfernung des Kohlendioxids zum Sieden erhitzt. Sodann fügt man 15 ml 0,1 n Natronlauge hinzu, kühlt ab, versetzt mit 1 ml Pyridin, hierauf mit 21 ml 0,1 n Silbernitratlösung und 1 ml Phenolphthaleinlösung und titriert unter kräftigem Umschütteln mit 0,1 n Natronlauge auf Rot. Der Endpunkt ist erreicht, wenn die Rotfärbung auf Zusatz von weiteren 5 ml 0,1 n Silbernitratlösung bestehen bleibt. Für die angegebene Einwaage müssen insgesamt 19,70 bis 20,10 ml 0,1 n Natronlauge verbraucht werden. 1 ml 0,1 n NaOH entspricht 10,31 mg $C_8H_{11}N_2NaO_3$. Nach BP 63 werden etwa 0,5 g Substanz, genau gewogen, in 5 ml W. gelöst, mit 2 ml verd. Salzsäure versetzt und bis zur erschöpfenden Extraktion mehrmals mit je 25 ml des folgenden Gemisches ausgeschüttelt: 7 Vol.T. Chloroform, 2 Vol.T. absol. A. und 1 Vol.T. Äther. Die vereinigten Extrakte werden mit 2 ml Wasser gewaschen, das 0,05 ml verdünnte Salzsäure enthält, eingeengt und der Rückstand bis zur Gewichtskonstanz bei 105° getrocknet. 1 g Rückstand entspricht 1,119 g $C_8H_{11}N_2NaO_3$. Ähnliche Bestimmung nach PI.Ed. I/1.

Nach DAB 7 – BRD und DAB 7 – DDR wird die Methode nach BUDDE zur quantitativen Bestimmung herangezogen. Vorschrift des DAB 7 – BRD: 0,50 g Substanz, genau gewogen, werden zusammen mit 2,0 g Natriumcarbonatmonohydrat in 50 ml W. gelöst. Die klare Lösung wird mit 0,1 n Silbernitratlösung bis zur 5 Min. lang anhaltenden deutlichen Trübung titriert. 1 ml 0,1 n Silbernitratlösung entspricht 18,32 mg $(C_8H_{11}N_2O_3)^-$, daraus berechnet 20,62 mg $C_8H_{11}N_2NaO_3$.

Aufbewahrung. In dicht schließenden Gefäßen.

Dosierung. Gebräuchliche Einzeldosis: 0,3 g; Einzelmaximaldosis: 0,75 g; Tagesmaximaldosis: 1,5 g (DAB 6 und ÖAB 9). Einzelmaximaldosis bei subcutaner Verabreichung: 0,5 g (ÖAB 9).

Handelsformen: Veronal-Natrium (Merck, Bayer), Medinal (Schering).

Probarbital Sodium NNR 53.

Formel A. 2 a M.G. 220,21

Natriumsalz der 5-Äthyl-5-isopropylbarbitursäure.

Herstellung. US-Pat. 1255951 (1918), 1576014 (1926).

Eigenschaften. Weißes, hygroskopisches Pulver, sehr gut löslich in W., wenig löslich in A.; wäßrige Lösungen zersetzen sich beim Stehen an der Luft.

Handelsform: Ipral (Squibb).

Probarbital Calcium NNR 53.

$(C_9H_{13}N_2O_3)_2Ca \cdot 3\,H_2O$ Formel A. 2 b M.G. 488,45

Calciumsalz der 5-Äthyl-5-isopropyl-barbitursäure (Trihydrat).

Eigenschaften. Weißes, kristallines Pulver von bitterem Geschmack. 1 g löst sich in etwa 40 ml W., unlöslich in A. Wäßrige Lösungen reagieren gegen Lackmus alkalisch.

Butobarbitone BP 63.

$C_{10}H_{16}N_2O_3$ Formel A. 3 M.G. 212,25

5-Äthyl-5-butyl-barbitursäure.

Eigenschaften. Weißes, feinkristallines Pulver, praktisch geruchlos, von schwach bitterem Geschmack. Löslichkeit: Bei 20° löslich in etwa 250 T. W., in etwa 1 T. A. (95%), in etwa 3 T. Chloroform, in etwa 10 T. Äther, unter Salzbildung löslich in wäßrigen Alkalihydroxid- und Alkalicarbonatlösungen.

Erkennung. 1. 0,1 g Substanz werden in einer Mischung von 0,5 ml n Natronlauge und 2 ml einer 10%igen Pyridinlösung gelöst, mit weiteren 8 ml Pyridinlösung versetzt, geschüttelt, mit 1 ml Kupfersulfat-Pyridin-Lösung versetzt und 10 Min. stehengelassen. Es bildet sich ein rotvioletter Niederschlag. Kupfersulfat-Pyridin-Lösung: 4 g Kupfersulfat werden in 90 ml W. gelöst und mit 30 ml Pyridin versetzt. – 2. 0,6 g Substanz werden mit 0,15 g wasserfreier Soda und 5 ml Wasser verrieben, mit einer Lösung von 0,45 g 4-Nitrobenzylchlorid in 10 ml A. versetzt und auf einem Wasserbad 30 Min. erwärmt. Nach dem Abkühlen wird 1 Std. stehengelassen, abfiltriert und der Rückstand mit 10 ml n Natronlauge sowie anschließend mit Wasser gewaschen. Nach dem Umkristallisieren aus A. (95%)/Chloroform: Fp. etwa 150°. – 3. Die gesättigte wäßrige Lösung reagiert gegen Lackmus sauer. – Fp. 122 bis 125°.

Prüfung. 1. Neutrale und basische Verunreinigungen: 1 g Substanz wird in einer Mischung von 2 ml Natronlauge und 13 ml W. gelöst und 1 Min. lang mit 25 ml Äther geschüttelt. Die ätherische Schicht wird 3mal mit je 5 ml W. gewaschen, eingedampft und 1 Std. bei 105° getrocknet. Der Rückstand darf nicht mehr als 2 mg betragen. – 2. Gewichtsverlust beim Trocknen bis zur Gewichtskonstanz bei 105°: Höchstens 1%. – 3. Sulfatasche: Höchstens 0,1%.

Dosierung. Gebräuchliche Einzeldosis: 100 bis 200 mg.

Handelsformen: Neonal (Abbott), Soneryl (May u. Baker).

Butabarbital Sodium NND 63. 5-sec-Butyl-ethyl-barbiturate.

Formel A. 4 a M.G. 234,23

Natriumsalz der 5-Äthyl-5-(2'-butyl)-barbitursäure.

Eigenschaften. Weißes, bitter schmeckendes Pulver. 1 T. löst sich in etwa 2 T. W., in 6,7 T. A., unlöslich in Benzol und Äther. Das pH einer 1%igen Lösung ist 9,0 bis 10,2. Die freie Säure schmilzt bei 165 bis 168°.

Handelsform: Butisol (McNeil, USA).

Pentobarbital NND 63, (INN). 5-Ethyl-5-(1-methylbutyl)-barbituric acid.

Formel A. 5

5-Äthyl-5-(2'-pentyl)-barbitursäure.

Eigenschaften. Weißes, körniges Pulver, leicht löslich in A., sehr wenig löslich in W.

Handelsform: Nembutal (Abbott).

Pentobarbitalum solubile Ph.Helv. V – Suppl. II. Pentobarbital Sodium USP XVI. Pentobarbitone Sodium BP 63. Aethalminalum-Natrium Ross. 9. Soluble Pentobarbitone. Soluble Pentobarbital. Pentobarbitonum Sodium. Natrium (1-methyl-butyl)-aethyl-barbituricum. Nembutalum.

$C_{11}H_{17}N_2NaO_3$ Formel A. 5 a M.G. 248,26

Natriumsalz der 5-Äthyl-5-(2'-pentyl)-barbitursäure.

Eigenschaften. Weißes, kristallines, geruchloses Pulver, von laugenartigem und bitterem Geschmack. Die wäßrige Lösung reagiert gegen Lackmus und gegen Phenolphthalein alkalisch. Löslichkeit: Sehr gut löslich in W., löslich in A., unlöslich in Äther. Beim Stehen der wäßrigen Lösungen tritt allmählich Zersetzung ein, Erhitzen beschleunigt die Zersetzung (Hydrolyse).

Erkennung. 1. Die Substanz gibt die Identitätsreaktion auf Natrium. – 2. Werden 200 mg Substanz in 1 g schmelzendes Kaliumhydroxid eingetragen, so entweichen aromatisch riechende Dämpfe, die befeuchtetes Lackmuspapier bläuen (Ph.Helv. V – Suppl. II). – 3. 5 ml der wäßrigen Lösung (1 + 10) werden mit einem Überschuß verd. Salzsäure versetzt: es entsteht ein weißer Niederschlag von Pentobarbital (USP XVI). – 4. Der beim Verbrennen von etwa 200 mg Substanz verbleibende Rückstand braust mit verd. Säuren auf und gibt die für Natrium charakteristischen Reaktionen (USP XVI). – 5. Der bei der Gehaltsbestimmung verbleibende Rückstand schmilzt bei 127 bis 133° (USP XVI). – 6. 0,1 g Substanz werden in 10 ml einer 10%igen Pyridinlösung gelöst, mit 1 ml Kupfersulfat-Pyridin-Lösung (s. unter Butobarbitone!) versetzt und 10 Min. stehengelassen. Es entsteht ein rotvioletter Niederschlag (BP 63).

Prüfung. 1. Alkalität: Das pH einer 10%igen, wäßrigen Lösung darf den Wert 11 nicht überschreiten (BP 63, ähnlich USP XVI). – 2. Blei: Nicht über 10 T. pro Million (BP 63). – 3. Schwermetalle: Nicht über 30 T. pro Million (USP XVI). – 4. Unlösliche Substanzen: 1 g Substanz wird in 10 ml frisch aufgekochtem und wieder erkaltetem W. in einem mit Glasstopfen verschließbaren Reagensglas gelöst. Die Lösung tritt schnell und vollständig ein, sie muß klar und farblos sein und darf innerhalb 1 Std. keine opalisierende Trübung zeigen (BP 63). – 5. Fremde organische Stoffe: 100 mg lösliches Pentobarbital müssen sich in 2 ml Schwefelsäure klar und farblos oder fast farblos lösen (Ph.Helv. V – Suppl. II, USP XVI). – 6. Gewichtsverlust beim Trocknen bis zur Gewichtskonstanz bei 105°: Höchstens 5,0% (BP 63); höchstens 2,0% (Ph.Helv. V – Suppl. II). – 7. Freies Pentobarbital: Etwa 2 g Pentobarbital Natrium werden genau gewogen und in einem 250-ml-Erlenmeyerkolben mit 75 ml Dimethylformamid gelöst. Nach Zusatz von 5 Tr. einer 1%igen Thymolblaulösung in Dimethylformamid wird mit 0,1 n Natriummethylatlösung titriert. Der Verbrauch wird mit Hilfe eines Blindversuches korrigiert. 1 ml 0,1 n $NaOCH_3$ entspricht 22,63 mg Pentobarbital. Forderung: Höchstens 3% freies Pentobarbital dürfen enthalten sein (USP XVI).

Gehaltsbestimmung. Nach Ph.Helv. V – Suppl. II, USP XVI und BP 63 wird eine bestimmte Einwaage an Pentobarbital Natrium angesäuert und quantitativ extrahiert. Vorschrift der Ph.Helv. V – Suppl. II: Etwa 0,5 g getrocknetes Pentobarbital-Na werden genau gewogen und in einem Scheidetrichter von 100 ml Inhalt in 20 ml W. gelöst. Nach Zusatz von 10 ml verd. Salzsäure wird 3mal mit je 25 ml Chloroform während 1 Min. kräftig geschüttelt. Die Chloroformauszüge werden in einem tarierten Erlenmeyerkolben von 200 ml Inhalt gesammelt, das Chloroform abdestilliert und das zurückgebliebene Pentobarbital während 30 Min. bei 103 bis 105° getrocknet und dann gewogen. 1 g $C_{11}H_{18}N_2O_3$ entspricht 1,0972 g $C_{11}H_{17}N_2NaO_3$. Das gefundene Gewicht muß einem Gehalt von 98,5 bis 100,5% $C_{11}H_{17}N_2NaO_3$ entsprechen, bezogen auf die getrocknete Substanz.

Aufbewahrung. In dicht schließenden Gefäßen.

Dosierung. Gebräuchliche Einzeldosis: 100 bis 200 mg (i.v.), oral: 50 bis 300 mg pro Tag (USP XVI).

Handelsformen: Nembutal (Abbott), Pentol (Vampelt u. Brown).

Pentobarbital Calcium NND 63. Calcium 5-ethyl-5-(1-methyl-butyl)-barbiturate.

Formel A. 5 b Calciumsalz der 5-Äthyl-5-(2'-pentyl)-barbitursäure.

Eigenschaften. Feinkristallines, weißes Pulver, wenig löslich in W. und A.

Handelsform: Nembutal Calcium (Abbott).

Amobarbital USP XVI. Amylobarbitone BP 63. Amobarbitalum NF. Pentymalum Ph.Dan. IX – Add. Barbamylum Ross. 9. Acidum isoamyl-aethyl-barbituricum (Stada).

$C_{11}H_{18}N_2O_3$ Formel A. 6 M.G. 226,28
5-Äthyl-5-(3'-methylbutyl)-barbitursäure.

Herstellung. US-Pat. 1514573 (1924).

Eigenschaften. Weißes, kristallines Pulver, geruchlos, von bitterem Geschmack. Die wäßrige Lösung reagiert gegen Lackmus sauer. Löslichkeit: Bei 20° löslich in 1300 bis 1500 T. W., löslich in etwa 5 T. A., in etwa 20 T. Chloroform, in etwa 6 T. Ae., unter Salzbildung löslich in Lösungen von Alkalihydroxiden und -carbonaten. Schmelzintervall: 156 bis 159° (USP XVI), 155 bis 158° (BP 63), 154 bis 159° (Ph.Dan. IX – Add.), 156 bis 158° (Stada).

Erkennung. 1. Beim Erhitzen mit Natronlauge entwickelt sich Ammoniak (USP XVI). – 2. Das p-Nitrobenzylderivat schmilzt bei 151 bis 154° (USP XVI), 169 bis 173° (Ph.Dan. IX – Add.), bei 150° oder bei 168° (BP 63). – 3. Gibt man zu einer Lösung in n Natronlauge Quecksilbernitratlösung, so entsteht eine weiße Fällung, die in Ammoniak löslich ist. – 4. Gibt man zu der gleichen Lösung Silbernitratlösung, so entsteht eine weiße Fällung, die sich anfangs wieder löst, in Gegenwart des überschüssigen Reagenses aber bestehen bleibt.

Prüfung. 1. Neutrale und basische Stoffe: 1 g Substanz wird in einer Mischung von 2 ml Natronlauge und 13 ml W. gelöst und 1 Min. lang mit 25 ml Äther geschüttelt. Die ätherische Schicht wird 3mal mit je 5 ml W. gewaschen, eingedampft und der Rückstand bei 105° getrocknet: nicht über 2 mg (BP 63). – 2. Fremde organische Stoffe: Die Lösung von 500 mg Substanz in 5 ml Schwefelsäure muß fast farblos sein (nicht stärker farbig als Farbvergleichslösung A USP XVI). – 3. Gewichtsverlust: Höchstens 1%, wenn 4 Std. bzw. bis zur Gewichtskonstanz bei 105° getrocknet wird (USP XVI, BP 63). – 4. Sulfatasche: Höchstens: 0,1% (USP XVI, BP 63).

Gehaltsbestimmung. Nach Ph.Dan. IX – Add. wird eine Kjeldahl-Bestimmung durchgeführt. Für 0,2500 g Substanz sollen bei der Titration 21,80 bis 22,30 ml 0,1 n Salzsäure verbraucht werden, was einem Gehalt von 98,6 bis 100,9% $C_{11}H_{18}N_2O_3$ entspricht. 1 ml 0,1 n HCl entspricht 0,01131 g $C_{11}H_{18}N_2O_3$.

Aufbewahrung. In dicht schließenden Gefäßen.

Dosierung. Gebräuchliche Einzeldosis 100 bis 200 mg (BP 63).

Handelsformen: Amytal (Lilly), Stadadorm (Stada).
Kombinationspräparate: Im Metrotonin (Temmler), neben N-Dimethyl-phenylisopropylamin-hydrochlorid.

Amobarbital Sodium USP XVI. Amylobarbitone Sodium BP 63.

$C_{11}H_{17}N_2NaO_3$ Formel A. 6 a M.G. 248,26
Natriumsalz der 5-Äthyl-5-(3'-methylbutyl)-barbitursäure.

Eigenschaften. Weißes, körniges, geruchloses Pulver von bitterem Geschmack, hygroskopisch. Die wäßrige Lösung reagiert gegen Lackmus und gegen Phenolphthalein alkalisch. Löslichkeit: Sehr gut löslich in W., löslich in A., praktisch unlöslich in Ae. und in Chloroform. Nach BP 63 löst sich 1 T. in weniger als 1 T. W. und in etwa 2 T. A. (95%).

Erkennung. 1. Der bei der Gehaltsbestimmung erhaltene Rückstand von Amobarbital schmilzt zwischen 156 und 159° (USP XVI) und gibt die dort angegebenen Reaktionen. – 2. Der beim Verbrennen von 200 mg Substanz verbleibende Rückstand braust mit verd. Mineralsäuren auf und gibt die für Natrium charakteristischen Reaktionen (USP XVI). – 3. Beim Versetzen der wäßrigen Lösung mit überschüssiger Säure entsteht ein weißer Niederschlag von Amylobarbital (BP 63). – 4. 0,1 g Substanz werden in 10 ml einer 10%igen Pyridinlösung gelöst, mit 1 ml Kupfersulfat-Pyridin-Lösung versetzt und 10 Min. stehengelassen: es entsteht ein rotvioletter Niederschlag (BP 63) (s. Butobarbitone, S. 201).

Prüfung. 1. Schwermetalle: Höchstens 30 T. pro Million (USP XVI). – 2. Blei: Höchstens 10 T. pro Million (BP 63). – 3. Unlösliche Verunreinigungen: Wie bei Barbitone Sodium (BP 63). – 4. Neutrale und basische Verunreinigungen: Wie bei Amylobarbitone (BP 63). – 5. Alkalität: Das pH einer 10%igen, wäßrigen Lösung darf den Wert 11 nicht überschreiten (BP 63). – 6. Gewichtsverlust: Höchstens 5%, wenn bei 130° bis zur Gewichtskonstanz getrocknet wird (BP 63). – 7. Freies Amobarbital: Etwa 1 g Amobarbital Sodium werden, genau gewogen, in einen mit Glasstöpsel versehenen Zylinder gegeben, mit 50 ml Benzol versetzt und 10 Min. lang geschüttelt. Die überstehende Flüssigkeit wird nach dem Absitzenlassen durch ein Papierfilter in ein tariertes Becherglas filtriert. Die Extraktion wird einmal mit 25 und einmal mit 15 ml Benzol wiederholt, wobei durch das gleiche Filter in das gleiche Becherglas filtriert wird. Die vereinigten Filtrate werden vorsichtig zur Trockne eingedampft, der Rückstand 30 Min. bei 105° getrocknet und gewogen. Forderung: Höchstens 0,5% der Einwaage.

Gehaltsbestimmung. Nach USP XVI und nach BP 63 wird eine bestimmte Einwaage an Amobarbital aus saurer Lösung ausgeschüttelt und gewogen. Vorschrift der BP 63: Etwa 0,5 g Substanz werden genau gewogen, in 15 ml W. gelöst, mit 5 ml verd. Salzsäure versetzt und mit 50 ml Äther sowie anschließend so oft mit je 25 ml Äther extrahiert, bis die Barbitursäure quantitativ ausgeschüttelt ist. Die vereinigten Ätherauszüge werden 2mal mit je 5 ml W. gewaschen, das Waschwasser mit 10 ml Äther gegengeschüttelt, der Äther mit der oben erhaltenen Ätherlösung vereint. Die gesamte Ätherlösung wird auf ein kleines Volumen konzentriert, mit 2 ml abs. A. versetzt und zur Trockne eingedampft. Der Rückstand wird bis zur Gewichtskonstanz bei 105° getrocknet und gewogen. 1 g entspricht 1,097 g $C_{11}H_{17}N_2NaO_3$. Forderung: Mindestens 98,5% und nicht über 101,0%, berechnet auf die getrocknete Substanz.

Aufbewahrung. In dicht schließenden Gefäßen.

Dosierung. Gebräuchliche Einzeldosis 100 bis 200 mg (BP 63).

Handelsform: Amytal-Sodium (Lilly).

Hexethal Sodium NNR 54. Natriumsalz der 5-Äthyl-5-hexyl-barbitursäure.

Formel A. 7a M.G. 262,29

Herstellung. US-Pat. 1624564.

Eigenschaften. Weißes oder schwach gelbliches Pulver von bitterem Geschmack, sehr gut löslich in W., löslich in A., praktisch unlöslich in Benzol, Äther und Chloroform. Die wäßrigen Lösungen sind nicht stabil, beim Kochen entwickelt sich Ammoniak, beim Ansäuern bildet sich ein weißer Niederschlag.

Handelsform: Ortal Sodium (Parke & Davis).

Acidum phenylaethylbarbituricum ÖAB 9. Phenobarbital DAB 7 – BRD, USP XVI, (INN). Phenobarbitone BP 63. Phenobarbitalum PI.Ed. I/1, DAB 7 – DDR. Phenemalum Ph.Dan. IX. Phenyläthylbarbitursäure.

$C_{12}H_{12}N_2O_3$ Formel A. 8 M.G. 232,24
5-Phenyl-5-äthylbarbitursäure.

Eigenschaften. Farblose Kristalle oder weißes, kristallines Pulver, geruchlos, von schwach bitterem Geschmack. Die gesättigte, wäßrige Lösung reagiert sauer gegen Lackmus. Löslichkeit: Bei 20° löslich in etwa 1000 T. W., in etwa 50 T. siedendem W., in etwa 40 T. Chloroform, in etwa 10 T. A., in etwa 25 T. Äther; unter Salzbildung löslich in Lösungen von Alkalihydroxiden, Alkalicarbonaten und Ammoniak. Schmelzintervall: 176 bis 180°

(im Kapillarröhrchen, ÖAB 9), 174 bis 177° (unter dem Mikroskop, ÖAB 9), 174 bis 178° (DAB 7 – BRD, USP XVI), 174 bis 177° (BP 63).

Erkennung. 1. Werden 50 mg Phenyläthylbarbitursäure mit 1 ml konz. Natronlauge erhitzt, so entweichen allmählich basisch reagierende Dämpfe (ÖAB 9). – 2. 50 mg Substanz werden mit 5,0 ml W. 2 Min. lang geschüttelt. Das Filtrat wird zum Sieden erhitzt und mit 0,05 ml einer Lösung von 0,10 g Quecksilber(II)-oxid in 0,40 ml 6 n Salpetersäure versetzt. Es entsteht ein weißer, in 6 n Ammoniaklösung löslicher Niederschlag (DAB 7 – BRD). – 3. Versetzt man die Lösung von etwa 2 mg Substanz in 1 ml methanolischer Kobaltchloridlösung (0,1%) mit 1 Tr. verd. Ammoniak, so färbt sich die Lösung intensiv violett (ÖAB 9). – 4. Eine unter Erwärmen bereitete Lösung von etwa 2 mg Substanz in 3 ml W. gibt nach dem Abkühlen auf Zusatz von 2 Tr. Pyridin und 2 Tr. verd. Kupfersulfatlösung einen hellvioletten, flockigen Niederschlag (ÖAB 9). – 5. Wird eine Lösung von etwa 1 mg Substanz in 4 ml konz. Schwefelsäure mit etwa 0,5 g Paraform erwärmt, so färbt sich die Lösung allmählich intensiv grün und fluoresziert braunrot (ÖAB 9). – 6. Werden 0,1 g Substanz in 2 ml Schwefelsäure gelöst, mit 0,5 g Kaliumnitrat versetzt und die Mischung 10 Min. auf dem Wasserbad erwärmt, so färbt sich die Lösung gelb (PI.Ed. I/1). – 7. Etwa 300 mg Substanz werden in 3 ml 0,5 n NaOH gelöst, mit 2 ml W. verdünnt, mit einer Lösung von 300 mg p-Nitrobenzylbromid in 10 ml A. versetzt und 30 Min. unter Rückfluß erhitzt. Nach dem Abkühlen wird der erhaltene Niederschlag auf einem kleinen Filter gesammelt und sorgfältig mit W. gewaschen. Der erhaltene Niederschlag schmilzt nach dem Umkristallisieren aus 25 ml A. und halbstündig. Trocknen bei 105° zwischen 183 und 185° (USP XVI, ähnlich BP 63). – 8. 20 mg Substanz geben nach Lösen in einer Mischung von 4,0 ml konz. Schwefelsäure mit 1,0 ml Formaldehydlösung beim Erhitzen im Wasserbad eine tiefrote Färbung (DAB 7 – BRD). – 9. 0,010 g Substanz wird mit 5,0 ml Piperonal-Schwefelsäure-RL versetzt und im Wasserbad 5 Min. erhitzt. Die Lösung zeigt eine olivgrüne Färbung (DAB 7 – DDR).

Prüfung. 1. Erhitzt man 2 mg Substanz mit 40 ml W. 1 Min. lang zum Sieden und filtriert nach dem Erkalten, so muß das Filtrat farblos sein und blaues Lackmuspapier röten (ÖAB 9). – 2. Alkalisch oder sauer reagierende Verunreinigungen: 10,0 ml Prüflösung dürfen sich nach Zusatz von 0,15 ml Methylrotlösung II nicht gelb färben und höchstens 0,10 ml 0,1 n Natronlauge bis zum Umschlag nach Gelb verbrauchen. Prüflösung: 1,00 g Substanz wird mit 50,0 ml W. 2 Min. lang zum Sieden erhitzt und das nach dem Erkalten erhaltene Filtrat unter Nachwaschen des Filters auf 50,0 ml ergänzt (DAB 7 – BRD). – 3. Phenylbarbitursäure: 1,0 g Substanz muß sich beim Kochen mit 5 ml A. (90%) unter Rückfluß innerhalb von 3 Min. klar lösen (PI.Ed. I/1, ÖAB 9). – 4. Neutrale und basische Substanzen: 0,5 g Substanz werden in einem geringen Überschuß Natronlauge gelöst, mit Äther extrahiert und die gewaschene und getrocknete Ätherlösung eingedampft; der Rückstand darf höchstens 0,001 g betragen (PI.Ed. I/1, ähnlich ÖAB 9). – 5. Fremde organische Stoffe: Eine Lösung von 0,2 g Substanz muß sich in 5 ml konz. Schwefelsäure ohne Färbung lösen (ÖAB 9). – 6. Ungesättigte Verbindungen: Eine Mischung des unter 1. bereiteten Filtrates mit verd. Schwefelsäure (10 T. + 1 T.) und 1 Tr. Kaliumpermanganatlösung darf die rote Farbe innerhalb von 5 Min. nicht vollständig verlieren (ÖAB 9). – 7. Chlorid und Sulfat: In dem unter 1. bereiteten Filtrat darf weder Chlorid noch Sulfat in unzulässiger Menge nachweisbar sein (ÖAB 9). – 8. Schwermetalle: In einer Mischung von 2 ml der unter 4. ausgeschüttelten Lösung und 8 ml W. dürfen Schwermetalle nicht nachweisbar sein (ÖAB 9, ähnlich DAB 7 – BRD). – 9. Trocknungsverlust: Höchstens 0,5% (ÖAB 9), höchstens 1,0%, wenn bei 105° bis zur Gewichtskonstanz getrocknet wird (BP 63, ähnlich USP XVI). – 10. Sulfatasche: Höchstens 0,1% (DAB 7 – BRD); höchstens 0,25% (DAB 7 – DDR). – 11. Verbrennungsrückstand: Höchstens 0,1% (ÖAB 9, BP 63); höchstens 0,15% (USP XVI).

Gehaltsbestimmung. Nach ÖAB 9: 0,2322 g Phenyläthylbarbitursäure werden in 10 ml A. gelöst. Nach Zusatz von 10 Tr. Thymolphthaleinlösung titriert man mit 0,1 n NaOH, bis eine schwache Blaufärbung bestehen bleibt. Für die angegebene Einwaage müssen 9,85 bis 10,10 ml 0,1 n NaOH verbraucht werden. Die austitrierte Lösung versetzt man mit 1 ml Pyridin, fügt hierauf 21 ml 0,1 n $AgNO_3$-Lösung und 1 ml Phenolphthaleinlösung hinzu und titriert unter kräftigem Umschütteln mit 0,1 n NaOH auf Rot. Der Endpunkt der Titration ist erreicht, wenn die Rotfärbung auf Zusatz von weiteren 0,1 n $AgNO_3$-Lösung bestehen bleibt. Für die angegebene Einwaage müssen bei beiden Titrationen insgesamt 19,40 bis 20,10 ml 0,1 n NaOH verbraucht werden, entsprechend 97,0 bis 100,5% d. Th. 1 ml 0,1 n NaOH entspricht 11,61 mg $C_{12}H_{12}N_2O_3$.

Nach DAB 7 – BRD wird eine Gehaltsbestimmung nach Budde durchgeführt: 0,50 g Substanz, genau gewogen, werden zusammen mit 2,0 g Natriumcarbonatmonohydrat in 50 ml W. gelöst. Die klare Lösung wird mit 0,1 n Silbernitratlösung bis zur 5 Min. lang anhaltenden deutlichen Trübung titriert. 1 ml 0,1 n Silbernitratlösung entspricht 23,22 mg $C_{12}H_{12}N_2O_3$.

Aufbewahrung. In gut schließenden Gefäßen.

Dosierung. Gebräuchliche Einzeldosis: 0,015 bis 0,2 g; Einzelmaximaldosis: 0,3 g; Tagesmaximaldosis: 0,6 g (ÖAB 9). 30 bis 120 mg (BP 63); 15 bis 100 mg (USP XVI).

Handelsformen: Luminal (Bayer, Merck), Gardenal (May u. Baker), Somonal (Richter, Brit.).

Natrium Phenylaethylbarbituricum ÖAB 9. Phenobarbital Natrium DAB 7 – BRD. Phenobarbitalum Natrium DAB 7 – DDR. Phenobarbital Sodium USP XVI. Phenobarbitone Sodium BP 63. Phenobarbitalum natricum PI.Ed. I/1. Phenobarbitalum solubile. Phenyläthylbarbitursaures Natrium.

$C_{12}H_{11}N_2NaO_3$ Formel A. 8 a M.G. 254,23
5-Phenyl-5-äthyl-barbitursaures Natrium.

Eigenschaften. Weißes, kristallines oder körniges, geruchloses, hygroskopisches Pulver, das bitter und laugenartig schmeckt und an der Luft Kohlendioxid anzieht. Die wäßrige Lösung reagiert gegen Lackmus und Phenolphthalein alkalisch. Löslichkeit: Bei 20° in etwa 1,5 T. W. oder etwa 15 T. A. löslich; praktisch unlöslich in Äther oder Chloroform. Bei längerem Aufbewahren der wäßrigen Lösung oder beim Kochen tritt teilweise Zersetzung unter Bildung von Phenyläthyl-acetylharnstoff ein, der nach dem Umkristallisieren aus verd. A. bei 147° schmilzt.

Erkennung. 1. Werden 50 mg Substanz mit 1 ml konz. Natronlauge zum Sieden erhitzt, so entweichen nach einiger Zeit basisch reagierende Dämpfe (ÖAB 9). – 2. Nach Zugabe von 10,0 ml 3 n Schwefelsäure zu einer Lösung von 0,50 g Substanz in 10,0 ml W. entsteht ein weißer Niederschlag, der abgesaugt wird. Das Filtrat wird unter Nachwaschen des Filters auf 25,0 ml ergänzt und für die Reinheitsprüfungen verwendet. Die Kristalle schmelzen nach dem Waschen mit W. und Trocknen bei 105° zwischen 174 und 178° und geben die unter „Phenobarbital" angeführten Identitätsreaktionen (DAB 7 – BRD). – 3. In 1 ml der wäßrigen Lösung (1 + 99) entsteht durch 3 Tr. Silbernitratlösung oder 1 Tr. Quecksilberchloridlösung ein weißer, in Ammoniak löslicher Niederschlag (DAB 6). – 4. Versetzt man etwa 2 mg Substanz mit 1 ml methanolischer Kobaltchloridlösung (0,1%), so entsteht eine schwach violett gefärbte Lösung, deren Färbung sich auf Zusatz von 1 Tr. verd. Ammoniak wesentlich vertieft (ÖAB 9). – 5. Eine Lösung von 5 mg Substanz in 3 ml W. gibt auf Zusatz von 2 Tr. Pyridin und 2 Tr. verd. Kupfersulfatlösung einen hellvioletten, flockigen Niederschlag (ÖAB 9). – 6. Fluoreszenzreaktion mit Schwefelsäure/Paraform analog Ac. Phenyläthylbarb. (ÖAB 9). – 7. Der Verbrennungsrückstand von 0,1 g Substanz färbt die nichtleuchtende Bunsenflamme intensiv und anhaltend gelb (ÖAB 9). – 8. Löst man den Verbrennungsrückstand von etwa 0,1 g Substanz unter Erwärmen in etwa 2 ml W., so gibt die filtrierte Lösung beim Erhitzen mit 2 ml Kaliumantimonatlösung einen weißen, kristallinen Niederschlag (ÖAB 9).

Prüfung. 1. Reaktion: Eine Lösung von 1 T. Substanz in 9 T. W. muß klar und farblos sein und gegen Phenolphthalein alkalisch reagieren (ÖAB 9). – 2. Chlorid und Sulfat: Werden 2 ml der wäßrigen Lösung (1 + 99) mit 2 Tr. Salpetersäure versetzt, so darf 1 ml des Filtrates durch 1 Tr. Silbernitratlösung und darauffolgenden Zusatz von 1 Tr. Bariumnitratlösung nicht verändert werden (ÖAB 9). – 3. Fremde organische Stoffe: 0,2 g Substanz müssen sich in 5 ml konz. Schwefelsäure ohne Gasentwicklung klar und farblos lösen (DAB 6, ÖAB 9). – 4. Ungesättigte Verbindungen: Eine Mischung von 5 ml der Lösung (1 + 9), 5 ml Wasser, 2 ml verd. Schwefelsäure und 1 Tr. Kaliumpermanganatlösung darf die rote Farbe innerhalb von 5 Min. nicht vollständig verlieren (ÖAB 9). – 5. Neutralstoffe, organische Basen: Eine Mischung von 10 ml der Lösung (1 + 9), 1 ml verd. Natronlauge und 9 ml W. wird mit 20 ml Äther ausgeschüttelt, die ätherische Schicht durch Schütteln mit 5 ml W. gewaschen und filtriert. 10 ml davon werden zur Trockne eingeengt. Das Gewicht des Rückstandes darf höchstens 1 mg betragen (ÖAB 9). – 6. Freies Barbital: 0,5 g Substanz werden 5 Min. mit 25 ml Äther geschüttelt, filtriert, das Filtrat verdampft und der Rückstand bei 100° getrocknet. Der Rückstand darf höchstens 0,003 g wiegen (PI.Ed. I/1). – 7. Schwermetalle: Höchstens 20 T. pro Million (PI.Ed. I/1). – 8. Blei: Höchstens 10 T. pro Million (BP 63). – 9. Trocknungsverlust: Höchstens 1,0%, nach Trocknen bei 100° bis zur Gewichtskonstanz (PI.Ed. I/1), höchstens 6,0%, bestimmt bei 150° (ÖAB 9), höchstens 7,0%, bei 130° bzw. 150° (BP 63 bzw. USP XVI).

Gehaltsbestimmung. Nach BP 63 und USP XVI, ebenso nach PI.Ed. I/1 wird eine bestimmte Einwaage an Natrium phenyläthylbarbituricum in Wasser gelöst, angesäuert und mit einem geeigneten Lösungsmittel erschöpfend extrahiert. 1 g des erhaltenen Rückstandes entspricht 1,095 g $C_{12}H_{11}N_2NaO_3$. Nach ÖAB 9 werden das Natriumsalz alkalimetrisch und die bei dieser Titration frei werdende Säure acidimetrisch bestimmt:

A. 0,2542 g, bei 150° getrocknetes Phenyläthylbarbitursaures Natrium werden in 20 ml W. gelöst und nach Zusatz von 2 Tr. Methylorangelösung mit 0,1 n H_2SO_4 titriert. Für die angegebene Einwaage müssen 9,85 bis 10,05 ml 0,1 n H_2SO_4 verbraucht werden, entsprechend 98,5 bis 100,5% d. Th. 1 ml 0,1 n H_2SO_4 entspricht 25,42 mg $C_{12}H_{11}N_2NaO_3$. – B. Die austitrierte Lösung wird zur Entfernung des Kohlendioxids zum Sieden erhitzt. Sodann fügt man 15,00 ml 0,1 n NaOH hinzu, kühlt ab, versetzt mit 1 ml Pyridin, hierauf mit 21 ml 0,1 n $AgNO_3$-Lösung und 1 ml Phenolphthaleinlösung und titriert unter kräftigem Umschütteln mit 0,1 n NaOH auf Rot. Der Endpunkt der Titration ist erreicht, wenn die Rotfärbung auf Zusatz von weiteren 5 ml 0,1 n $AgNO_3$-Lösung bestehen bleibt. Für die angegebene Einwaage müssen insgesamt 19,60 ml 0,1 n NaOH verbraucht werden, entsprechend 98,0 bis 100,5% d. Th. 1 ml 0,1 n NaOH entspricht 12,71 mg $C_{12}H_{11}N_2NaO_3$.

Nach DAB 7 – BRD und DAB 7 – DDR wird eine Bestimmung nach BUDDE vorgenommen. Arbeitsvorschrift des DAB 7 – BRD: 0,50 g Substanz, genau gewogen, werden zusammen mit 2,0 g Natriumcarbonat-monohydrat in 50 ml W. gelöst. Die klare Lösung wird mit 0,1 n Silbernitratlösung bis zur 5 Min. lang anhaltenden deutlichen Trübung titriert. 1 ml 0,1 n Silbernitratlösung entspricht 23,12 mg $(C_{12}H_{11}N_2O_3)^-$, daraus berechnet 25,42 mg $C_{12}H_{11}N_2NaO_3$.

Aufbewahrung. In dicht schließenden Gefäßen.

Dosierung. Größte Einzelgabe 0,5 g, größte Tagesgabe 1,0 g (DAB 7 – BRD). Gebräuchliche Einzeldosis 0,1 g, bei i.m. Verabreichung 0,2 g (ÖAB 9).

Handelsform: Luminal Natrium (Bayer, Merck).

Acidum Isopropyl-furfuryl-barbituricum.

Formel A. 9 5-Isopropyl-5-furfuryl-barbitursäure.

Handelsform: Dormovit (Diwag).

Vinbarbital NND 63. 5-Ethyl-5-(1-methyl-1-butenyl)-barbituric acid.

Formel A. 10 5-Äthyl-5-(1-methyl-1-butenyl)-barbitursäure.

Eigenschaften. Weißes Pulver von charakteristischem Geruch und bitterem Geschmack. Sehr wenig löslich in W., löslich in A.

Handelsform: Delvinal (Merck, Sharp & Dohme).

Vinbarbital Sodium NND 63. Sodium 5-ethyl-5-(1-methyl-1-butenyl)-barbiturate.

Formel A. 10 a Natriumsalz der 5-Äthyl-5-(1-methyl-1-butenyl)-barbitursäure.

Eigenschaften. Weißes, geruchloses, bitter und laugenartig schmeckendes Pulver, das an der Luft Feuchtigkeit und Kohlendioxid anzieht. Eine 1%ige wäßrige Lösung reagiert alkalisch (pH 8,5 bis 9,5). Ungepufferte wäßrige Lösungen sind nicht haltbar.

Handelsform: Delvinal Sodium (Merck, Sharp & Dohme).

Crotylbarbitalum DAB 7 – DDR. Crotylbarbital.

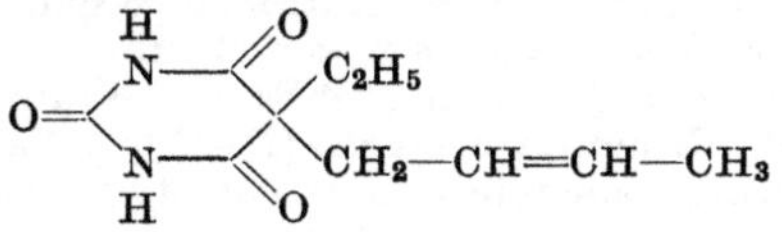

$C_{10}H_{14}N_2O_3$ M.G. 210,24

5-Äthyl-5-crotylbarbitursäure

Eigenschaften. Weißes, kristallines, geruchloses Pulver von bitterem Geschmack. Löslichkeit: Schwer löslich in W., sehr leicht löslich in A. oder Ae., löslich in Chloroform. Fp. 115 bis 120°.

Erkennung. 1. 10 mg Substanz werden in 2 ml Kobalt(II)-nitrat-Lsg. gelöst. Die Lösung zeigt nach dem Zusatz von 1 Tr. 6 n Ammoniaklösung eine violette Färbung. – 2. 10 mg Substanz werden in einer Mischung von 2 ml Chloroform und 3 Tr. Pyridin gelöst und die Lösung nach Zusatz von 2 ml Kupfer(II)-sulfatlösung (1/100) geschüttelt. Nach dem Entmischen zeigt die Chloroformschicht eine violette und die wäßrige Schicht eine blaue Färbung. – 3. 100 mg Substanz werden nach Zusatz von 4 ml 0,1 n Kalilauge und 1 ml W. 3 Min. lang geschüttelt. 2 ml des Filtrates geben nach Zusatz von 5 Tr. Quecksilber(II)-

chloridlösung (5/100) einen weißen Niederschlag, der sich nach Zusatz von 5 ml 6 n Ammoniaklösung auflöst. – 4. 50 mg Substanz werden in der Mischung aus 4,5 ml W. und 10 Tr. 3 n Natronlauge gelöst. Die Lösung zeigt nach Zusatz von 1 Tr. Kaliumpermanganatlösung (1/100) eine grüne Färbung. – 5. 50 mg Substanz zeigen nach dem Lösen in 1 ml konz. Schwefelsäure eine gelbe Färbung.

Prüfung. Prüflösung: 0,250 g Substanz werden mit 15,0 ml W. versetzt. Die Mischung wird zum Sieden erhitzt und nach dem Erkalten filtriert. 1. Unlösliche Verunreinigungen: Farbe der Lösung: 0,2 g Substanz werden in einer Mischung aus 1 ml Natriumcarbonatlösung (2/100) und 1 ml W. gelöst. Die Lösung muß klar und farblos sein. 5 ml Prüflösung müssen farblos sein. – 2. Alkalisch oder sauer reagierende Verunreinigungen: 10 ml Prüflösung müssen nach Zusatz von 1 Tr. Methylrot-Lsg. orangerot gefärbt sein. – 3. Schwermetallionen: 0,200 g Substanz werden mit 4 Tr. 5 n Essigsäure und 5 ml W. versetzt. Die Mischung wird zum Sieden erhitzt und nach dem Erkalten filtriert. Das unter Waschen des Filters mit W. zu 10 ml aufgefüllte Filtrat darf bei der „Prüfung auf Schwermetallionen" nach Methode I des DAB 7 – DDR weder eine Trübung noch eine Fällung zeigen. – 4. Bromid, Chlorid: 2,00 ml Prüflösung dürfen nach Zusatz von 8 ml W. bei der „Prüfung auf Chlorid" nach DAB 7 – DDR keine stärkere Trübung als die Vergleichsprobe zeigen (höchstens 0,05%, berechnet als Cl^-). – 5. Sulfat: 5,0 ml Prüflösung dürfen nach Zusatz von 5 ml W. bei der „Prüfung auf Sulfat" nach DAB 7 – DDR keine Trübung zeigen. – 6. Sulfatasche: Zur Bestimmung der Sulfatasche werden 0,500 g Substanz verwandt. Die Substanz darf höchstens 0,25% Rückstand hinterlassen. – 7. Trocknungsverlust: 0,200 g Substanz werden bei 80° getrocknet. Die Substanz darf höchstens 0,50% Masse verlieren.

Aufbewahrung. Vorsichtig! Vor Licht geschützt.

Dosierung. Einzelmaximaldosis: oral 0,5 g, Tagesmaximaldosis: oral 1,5 g.

Acidum Cyclohexenyläthylbarbituricum ÖAB 9. Cyclobarbitalum DAB 6 – Nachtr. 59 (DDR), (INN). Cyclohexenyläthyl-barbitursäure. Zyklobarbital. Cyclobarbitonum.

$C_{12}H_{16}N_2O_3$ Formel A. 11 M.G. 236,28
5-Äthyl-5-(Δ^1-cyclohexenyl)-barbitursäure.

Eigenschaften. Weiße oder nahezu weiße Kristalle, kristallinisches Pulver oder glänzende Kristallblättchen ohne Geruch, von schwach bitterem Geschmack. Löslichkeit: Wenig löslich in W., löslich in etwa 100 T. siedendem W., in etwa 5 T. A., in etwa 15 T. Äther oder Chloroform. Leicht löslich in Lösungen von Alkalihydroxiden, Alkalicarbonaten oder Ammoniak unter Salzbildung; in diesen Lösungen nicht haltbar. Schmelzintervall: 172 bis 174° [DAB 6 – Nachtr. 59 (DDR)], 170 bis 176° (im Kapillarröhrchen, ÖAB 9), 166 bis 173° (unter dem Mikroskop, ÖAB 9).

Erkennung. 1. Beim Erhitzen in konz. Natronlauge entweichen nach einiger Zeit basisch reagierende Dämpfe [ÖAB 9, ähnlich DAB 6 – Nachtr. 59 (DDR)]. – 2. Wird 0,1 g Substanz mit 4 ml 0,1 n KOH und 1 ml W. 3 Min. lang geschüttelt, so entsteht in 2 ml des Filtrates durch 5 Tr. Quecksilberchloridlösung ein weißer, in Ammoniak löslicher Niederschlag [DAB 6 – Nachtr. 59 (DDR)]. – 3. Eine Lösung von 50 mg Substanz in 0,5 ml Natriumcarbonatlösung und 4,5 ml W. nimmt auf Zusatz von 10 Tr. Kaliumpermanganatlösung eine braune Farbe an [DAB 6 – Nachtr. 59 (DDR)]. – 4. Versetzt man eine Lösung von etwa 5 mg Substanz in 2 Tr. verd. Natronlauge und 2 ml W. mit 1 Tr. Kaliumpermanganatlösung, so wird diese innerhalb von 2 Min. unter Grünfärbung reduziert (ÖAB 9). – 5. 50 mg Substanz lösen sich in 1 ml Schwefelsäure mit gelber Farbe, die bald in Orange und dann in tiefes Braunrot übergeht [DAB 6 – Nachtr. 59 (DDR)]. – 6. Versetzt man eine unter Erwärmen bereitete Lösung von etwa 2 mg Substanz in 1 ml methanolischer Kobaltchloridlösung (0,1%) nach dem Abkühlen mit 1 Tr. verd. Ammoniak, so färbt sich die Lösung intensiv violett (ÖAB 9). – 7. Eine unter Erwärmen bereitete Lösung von etwa 5 mg Substanz in 3 ml W. gibt nach dem Abkühlen auf Zusatz von 2 Tr. Pyridin und 2 Tr. verd. Kupfersulfatlösung einen hellvioletten, flockigen Niederschlag (ÖAB 9). – 8. Erwärmt man etwa 1 mg Substanz und etwa 1 mg α-Naphthol mit 2 ml konz. Schwefelsäure, so entsteht eine tief braunrote, grün fluoreszierende Lösung (ÖAB 9).

Prüfung. 1. 0,1 g Substanz muß sich in 1,5 ml Sodalösung (1 + 9) lösen; aus dieser Lösung wird die Cyclohexenyl-äthylbarbitursäure auf Zusatz von verd. Schwefelsäure unverändert wieder ausgeschieden [DAB 6 – Nachtr. 59 (DDR)]. – 2. Kocht man 0,2 g Substanz mit 20 ml W., so müssen 10 ml des nach dem Erkalten erhaltenen Filtrates durch 1 Tr. Methylrotlösung eine orangerote Färbung annehmen [DAB 6 – Nachtr. 59 (DDR)]. – 3. Chlorid und Sulfat: Je 5 ml des vorhergehend erhaltenen Filtrates dürfen durch Silbernitratlösung höchstens opalisierend getrübt und durch Bariumnitratlösung innerhalb von 5 Min. nicht verändert werden [DAB 6 – Nachtr. 59 (DDR), ähnlich ÖAB 9]. – 4. Schwermetalle: Werden 0,2 g Substanz mit 0,2 ml verd. Essigsäure und 5 ml W. aufgekocht, so darf das nach dem Erkalten erhaltene Filtrat durch 3 Tr. Natriumsulfidlösung nicht sofort verändert werden [DAB 6 – Nachtr. 59 (DDR), ähnlich ÖAB 9]. – 5. Neutralstoffe, Salze organischer Basen: Eine Lösung von 1,0 g Substanz in 16 ml W. und 4 ml verd. Natronlauge muß klar sein. Die erhaltene Lösung wird mit 20 ml Äther ausgeschüttelt, die ätherische Schicht gewaschen, filtriert und eingedampft. Das Gewicht des Rückstandes darf höchstens 1 mg betragen (ÖAB 9). – 6. Trocknungsverlust: Höchstens 0,5% (ÖAB 9). – 7. Verbrennungsrückstand: Höchstens 0,1% (ÖAB 9).

Gehaltsbestimmung. Nach ÖAB 9: A. Bromometrische Bestimmung: 0,2363 g Substanz werden in einem Schliffkolben in 15 ml Chloroform gelöst. Die Lösung versetzt man mit 30,00 ml 0,1 n $KBrO_3$-Lösung, fügt etwa 1 g Kaliumbromid und, sobald sich dieses aufgelöst hat, 10 ml verd. Schwefelsäure hinzu, schüttelt 1 Min. lang kräftig um und läßt dann 45 Min. lang unter häufigem Umschütteln verschlossen im Dunkeln stehen. Dann titriert man nach Zusatz einer Lösung von etwa 1 g Kaliumjodid in 10 ml W. langsam und unter kräftigem Schütteln mit 0,1 n $Na_2S_2O_3$-Lösung unter Verwendung von Stärkelösung als Indikator zurück. Für die angegebene Einwaage muß sich ein Verbrauch an 0,1 n $KBrO_3$-Lösung von 19,00 bis 20,10 ml ergeben, entsprechend 95,0 bis 100,5% d. Th. 1 ml 0,1 n $KBrO_3$-Lösung entspricht 11,81 mg $C_{12}H_{16}N_2O_3$. – B. Acidimetrische Bestimmung: 0,4726 g Substanz werden in 20 ml A. gelöst. Nach Zusatz von 10 Tr. Thymolphthaleinlösung titriert man mit 0,1 n NaOH, bis eine schwache Blaufärbung bestehen bleibt. Für die angegebene Einwaage müssen 19,80 bis 20,10 ml 0,1 n NaOH verbraucht werden, entsprechend 99,0 bis 100,5% d. Th. 1 ml 0,1 n NaOH entspricht 23,33 mg $C_{12}H_{16}N_2O_3$.

Aufbewahrung. Vor Licht geschützt, in gut schließenden Gefäßen.

Dosierung. Größte Einzelgabe oral 0,4 g, größte Tagesgabe oral 1,2 g [DAB 6 – Nachtr. 59 (DDR)]. Gebräuchliche Einzeldosis 0,1 bis 0,2 g, Tagesmaximaldosis 0,8 g (ÖAB 9).

Handelsform: Phanodorm (Bayer, Merck).

Anmerkung: Bayer AG, Leverkusen stellt im Interesse der Vereinfachung der Rezeptur und der Übersichtlichkeit ihrer Präparate in Zukunft nur noch Phanodorm-Calcium her, das bekanntlich rascher resorbiert und ausgeschieden wird und besser verträglich ist als Phanodorm.

Calcium cyclohexenyl-aethyl-barbituricum ÖAB 9. Cyclobarbital-Calcium DAB 7 – BRD. Cyclobarbitalum Calcium DAB 7 – DDR. Cyclobarbitone Calcium BP 63. Cyclobarbital Calcium. Cyclohexenyl-äthyl-barbitursaures Calcium. Cyclobarbitalum calcium Ph.Helv. V – Suppl. II. Hexemalcalcium Ph.Dan. IX.

$(C_{12}H_{15}N_2O_3)_2Ca$ Formel A. 11 b M.G. 510,62

Calciumsalz der 5-Äthyl-5-(Δ^1-cyclohexenyl)-barbitursäure.

Eigenschaften. Weißes, kristallines oder körniges Pulver, von bitterem Geschmack, geruchlos. Löslichkeit: Bei 20° löslich in etwa 200 T. W., sehr wenig löslich in A., praktisch unlöslich in Äther oder Chloroform. Die Lösungen bläuen Lackmuspapier.

Erkennung. 1. 0,40 g Substanz werden mit einer Mischung von 10,0 ml 6 n Essigsäure und 10,0 ml W. bis zur klaren Lösung erhitzt. Nach dem Erkalten wird das Kristallisat abfiltriert und das Filtrat unter Nachwaschen des Filters auf 20,0 ml ergänzt. Das kristalline Cyclobarbital schmilzt nach dem Trocknen bei 105° zwischen 171 und 176° (DAB 7 – BRD, ähnlich DAB 7 – DDR). – 2. 50 mg Substanz geben beim Schütteln mit 2,0 ml Kobalt(II)-nitrat-Lösung eine rotviolette Färbung, die auf Zusatz von 50 ml Piperidinlösung in Violett umschlägt (DAB 7 – BRD, ähnlich DAB 7 – DDR und ÖAB 9). – 3. 5,0 ml des Filtrates von 1. geben mit 0,5 ml Ammoniumoxalatlösung einen weißen, kristallinen, in 6 n Essigsäure oder 6 n Ammoniaklösung unlöslichen Niederschlag. – 4. 50 ml des nach 1. erhaltenen Cyclobarbitals werden mit 5,0 ml W. zum Sieden erhitzt. 2,0 ml des nach dem Erkalten erhaltenen Filtrates entfärben innerhalb 1 Min. 0,30 ml 0,01 n Kaliumpermanganatlösung (DAB 7 – BRD), ähnlich DAB 7 – DDR und ÖAB 9). – 5. 0,010 g des getrockneten Niederschlages von 1. werden in der Mischung aus 2,0 ml Chloroform und 3 Tr. Pyridin gelöst und die Lösung nach Zusatz von 2,0 ml Kupfer(II)-sulfat-Lösung (1,00 g/100,0 ml) geschüttelt. Nach dem Entmischen zeigt die Chloroformschicht eine violette und die wäßrige Schicht eine blaue Färbung (DAB 7 – DDR). – 6. 5,0 ml Prüflösung (0,5%ig) geben nach Zusatz von 5 Tr. Quecksilber(II)-chlorid-Lösung (5,0 g/100,0 ml) einen weißen Niederschlag, der sich nach Zusatz von 5,0 ml 6 n Ammoniaklösung löst (DAB 7 – DDR). – 7. 5,0 ml Prüflösung (0,5%ig) zeigen nach Zusatz von 10 Tr. 3 n Natronlauge und 1 Tr. Kaliumpermanganatlösung (1,00 g/100,0 ml) eine blaue Färbung, die in eine grüne übergeht (DAB 7 –

DDR). – 8. 0,050 g Substanz werden in 1,0 ml konz. Schwefelsäure gelöst. Die Lösung zeigt eine orange Färbung, die in eine braunrote übergeht (DAB 7 – DDR). – 9. Erwärmt man etwa 1 mg Substanz und etwa 1 mg α-Naphthol mit 2 ml konz. Schwefelsäure, so entsteht eine tiefbraunrote grünfluoreszierende Lösung (ÖAB 9).

Prüfung. 1. Aussehen der Lösung: eine 0,5%ige Lösung (Prüflösung) muß klar und farblos sein (DAB 7 – DDR). – 2. Alkalisch oder sauer reagierende Verunreinigungen: 0,100 g Substanz werden in 25,0 ml heißem W. gelöst. 10,0 ml der erkalteten Lösung dürfen sich auf Zusatz von 0,1 ml Thymolpththaleinlösung höchstens schwach blau, müssen sich jedoch auf Zusatz von 0,50 ml 0,1 n Natronlauge deutlich blau färben (DAB 7 – BRD). – 3. Schwermetallionen: 0,75 g Substanz werden mit 10,0 ml W. und 0,30 ml 6 n Essigsäure zum Sieden erhitzt. Das Gemisch wird nach dem Erkalten mit 2,50 ml Acetat-Pufferlösung versetzt und filtriert. Das Filtrat wird zu 15,0 ml verdünnt. 12 ml dieser Lösung werden nach Bd. I, 254, geprüft. Der Zusatz von Pufferlösung zur Prüflösung entfällt (DAB 7 – BRD, ähnlich DAB 7 – DDR). – 4. Chloridionen: 5,0 ml des Filtrats von 1. (Erkennung) werden nach Bd. I, 257, geprüft (DAB 7 – BRD). – 5. Sulfationen: 40,0 ml Prüflösung (0,5%ig) geben nach Zusatz von 0,5 ml 5 n Essigsäure beim Reiben der Gefäßwand mit einem Glasstab einen weißen, kristallinen Niederschlag, der auf einem Filter gesammelt wird. 10 ml des Filtrates dürfen bei der „Prüfung auf Sulfat" nach Bd. I, 263, keine Trübung zeigen (DAB 7 – DDR). – 6. Neutrale und basische Verunreinigungen: Die Mischung von 1,00 g Substanz mit 8,0 ml n Natronlauge und 12,0 ml W. wird mit 25,0 ml Ae. 1 Min. lang geschüttelt. Die ätherische Lösung wird nach dreimaligem Auswaschen mit je 5,0 ml W. filtriert, der Rückstand mit wenig Ae. nachgewaschen und das Gesamtfiltrat auf dem Wasserbad verdampft. Das Gewicht des 1 Std. lang bei 105° getrockneten Rückstandes darf höchstens 2 mg betragen (DAB 7 – BRD, ähnlich DAB 7 – DDR). – 7. Neutralstoffe, organische Basen: 1,0 g fein gepulverte Substanz wird mit 20 ml Chloroform 1 Min. lang kräftig geschüttelt und hierauf filtriert. Die Chloroformlösung schüttelt man in einem Scheidetrichter mit 5 ml verd. Natronlauge, wäscht sie sodann durch Schütteln mit 5 ml W., filtriert und dampft 10 ml des Filtrates zur Trockne ein. Das Gewicht des Rückstandes darf nicht mehr als 2 mg betragen—(ÖAB 9). – 8. Freies Cyclobarbital: 1 g Substanz wird mit 50 ml Benzol 10 Min. lang geschüttelt, absitzen gelassen und die überstehende, klare Lösung abgetrennt. Der Arbeitsgang wird mit 25 und dann mit 15 ml Benzol wiederholt. Die vereinigten, filtrierten Benzollösungen werden eingedampft und der Rückstand 30 Min. bei 105° getrocknet. Er darf höchstens 30 mg wiegen (BP 63). – 9. Trocknungsverlust: Höchstens 0,5%, bei 100 bis 105°, (DAB 7 – BRD, DAB 7 – DDR, ÖAB 9), höchstens 1,0% (BP 63).

Gehaltsbestimmung. Nach ÖAB 9, Ph.Dan. IX und BP 63 werden *bromometrische Bestimmungen* durchgeführt. DAB 6 – Nachtr. 59 (DDR), Ph.Dan. IX und ÖAB 9 bringen eine *alkalimetrische Bestimmung.* Vorschrift des DAB 6 – Nachtr. 59 (DDR): Etwa 0,2 g Substanz werden genau gewogen und unter schwachem Erwärmen in einer Mischung von 10,0 ml 0,1 n HCl und 15 ml A. gelöst. Nach dem Erkalten wird die Lösung mit 4 Tr. Bromphenolblaulösung versetzt und mit 0,1 n KOH bis zum Umschlag von Grün nach Blau titriert. Hierfür dürfen für je 0,2 g Substanz nicht weniger als 7,75 und nicht mehr als 7,90 ml 0,1 n HCl verbraucht werden, was einem Gehalt von 98,9 bis 100,8% löslichem Cyclobarbital entspricht. 1 ml 0,1 n HCl entspricht 0,2553 g $(C_{12}H_{15}N_2O_3)_2Ca$, Bromphenolblau als Indikator.

DAB 7 – BRD und DAB 7 – DDR lassen eine direkte *argentometrische Bestimmung* (nach Budde) durchführen: Etwa 0,30 g Substanz, genau gewogen, werden mit 6,0 ml Natriumcarbonatlösung und 20 ml W. versetzt. Das Gemisch wird unter Umschwenken auf dem Wasserbad bei 50 bis 60° erwärmt und noch warm filtriert. Kolben und Filter werden 2 mal mit je 10,0 ml einer Mischung gleicher Teile A. und W. gewaschen. Das klare Gesamtfiltrat wird mit 0,1 n $AgNO_3$-Lösung bis zur 5 Min. lang anhaltenden, deutlichen Trübung titriert. 1 ml 0,1 n $AgNO_3$-Lösung entspricht 0,02553 g $(C_{12}H_{15}N_2O_3)_2Ca$.

Ph.Helv. V – Suppl. II schreibt eine *gravimetrische Bestimmung* vor: Etwa 0,5 g getrocknetes Cyclobarbital-Calcium werden genau gewogen und in einem kleinen Erlenmeyerkolben mit 10 ml verd. Salzsäure versetzt. Das Gemisch wird unter Umschwenken während 2 Min. eben zum Sieden erhitzt und nach dem Erkalten in einem Scheidetrichter von 100 ml Inhalt viermal 1 Min. mit je 25 ml Chloroform ausgeschüttelt, das zuvor zum Nachspülen des Kolbens verwendet wurde. Die Chloroformauszüge werden durch wenig Watte in einen tarierten Erlenmeyerkolben von 200 ml Inhalt filtriert, das Chloroform abdestilliert, das verbliebene Cyclobarbital 30 Min. lang bei 103 bis 105° getrocknet und gewogen. 1 g $C_{12}H_{16}N_2O_3$ entspricht 1,0806 g $(C_{12}H_{15}N_2O_3)_2Ca$. Das gefundene Gewicht muß einen Gehalt von 99,0 bis 101,0%, bezogen auf getrocknete Substanz, ergeben.

Nach ÖAB 9 wird auch der *Calciumanteil komplexometrisch* erfaßt: Die bei der alkalimetrischen Bestimmung erhaltene, austitrierte Lösung (Einwaage 0,5106 g getrocknete Substanz) wird mit 100 ml W. verdünnt und mit etwa 5 ml Ammoniumchlorid-Ammoniak-Pufferlösung, 0,3 g Eriochromschwarzverreibung und etwa 10 mg Magnesium-ÄDTA versetzt. Hierauf titriert man mit 0,1 m Natrium-ÄDTA-Lösung auf Blau. Gegen Ende der Titration ist die Titerlösung nur langsam und tropfenweise zuzusetzen. Für die angegebene Einwaage müssen 9,90 bis 10,05 ml 0,1 m Na.-ÄDTA-Lösung verbraucht werden, entsprechend 99,0 bis 100,5% d. Th. 1 ml 0,1 m Na.-ÄDTA-Lösung entspricht 51,06 mg $(C_{12}H_{15}N_2O_3)_2Ca$.

Aufbewahrung. Vor Licht geschützt, in dicht schließenden Gefäßen.

Dosierung. Größte Einzelgabe 0,4 g, größte Tagesgabe 1,2 g [DAB 6 – 3. Nachtr. (BRD)]. Gebräuchliche Einzeldosis 0,1 bis 0,2 g (ÖAB 9).

Handelsform: Phanodorm Calcium (Bayer, Merck).

Heptabarbital NND 63. 5-(1-Cyclohepten-1-yl)-5-ethylbarbituric acid.

Formel A. 12 5-Äthyl-5-(Δ^1-cycloheptenyl)-barbitursäure.

Eigenschaften. Weißes, kristallines, geruchloses, bitterschmeckendes Pulver, schwer löslich in W., stabil gegen Licht- und Lufteinwirkung.

Handelsformen: Medomin (Geigy), Heptadorm (Heptadorm-Arzneimittel GmbH, Lüdenscheid/Westf.).

Aprobarbitalum DAB 7 – DDR, NNR 53, (INN). Aprobarbital NF XII. Acidum Allylisopropylbarbituricum. Allylpropynal. Isonal.

Formel A. 13 M.G. 210,23

5-Isopropyl-5-allyl-barbitursäure.

Herstellung. US-Pat. 1444802 (1923).

Eigenschaften. Farblose Kristalle, geruchlos, bitterschmeckend. Löslichkeit: Bei 20° löslich in etwa 350 T. W., in etwa 3 T. A., löslich in Äther und Chloroform, unter Salzbildung löslich in Alkalilaugen und Alkalicarbonatlösungen. Fp. 138 bis 141,5°.

Erkennung. 1. 0,010 g Substanz wird in 2,0 ml Kobalt(II)-nitrat-Lösung gelöst. Die Lösung zeigt nach Zusatz von 1 Tr. 6 n Ammoniaklösung eine violette Färbung (DAB 7 – DDR). – 2. 0,010 g Substanz wird in der Mischung aus 2,0 ml Chloroform und 3 Tr. Pyridin gelöst und die Lösung nach Zusatz von 2,0 ml Kupfer(II)-sulfat-Lösung(1,00 g/100,0 ml) geschüttelt. Nach dem Entmischen zeigt die Chloroformschicht eine violette und die wäßrige Schicht eine blaue Färbung (DAB 7 – DDR). – 3. 0,10 g Substanz wird nach Zusatz von 3,0 ml 0,1 n Kalilauge und 2,0 ml W. 3 Min. geschüttelt. 2,0 ml des Filtrates geben nach Zusatz von 5 Tr. Quecksilber(II)-chlorid-Lösung (5,0 g/100,0 ml) einen weißen Niederschlag, der sich nach Zusatz von 5,0 ml 6 n Ammoniaklösung löst (DAB 7 – DDR). – 4. 0,050 g Substanz werden in einer Mischung aus 4,5 ml W. und 10 Tr. 3 n Natronlauge gelöst. Die Lösung zeigt nach Zusatz von 1 Tr. Kaliumpermanganatlösung (1,00 g/100,0 ml) eine grüne Färbung (DAB 7 – DDR). – 5. 0,100 g Substanz wird in 5,0 ml konz. Schwefelsäure gelöst. Die Lösung zeigt weder eine gelbe noch eine braune Färbung (DAB 7 – DDR).

Prüfung. 1. Unlösliche Verunreinigungen, Farbe der Lösung: 0,200 g Substanz werden in der Mischung aus 3,00 ml Natriumcarbonatlösung (20,0 g/100,0 ml) und 2,00 ml W. gelöst. Die Lösung muß klar und farblos sein. – 2. Diäthylaminunlösliche Verunreinigungen: 0,500 g Substanz werden in der Mischung aus 2,00 ml Diäthylamin und 2,00 ml W. gelöst. Die Lösung muß klar und farblos sein. – 3. Alkalisch oder sauer reagierende Verunreinigungen: 10,0 ml Prüflösung müssen nach Zusatz von 2 Tr. Methylrotlösung orangerot gefärbt sein. Prüflösung: 0,250 g Substanz werden mit 25,0 ml W. versetzt. Die Mischung wird zum Sieden erhitzt und danach auf 2 bis 8° abgekühlt. Die Kristallisation ist durch Reiben der Gefäßwand mit einem Glasstab zu beschleunigen. Nach 30 Min. wird die Mischung filtriert und das Filtrat als Prüflösung verwendet (DAB 7 – DDR). – 4. Schwermetallionen: 0,500 g Substanz werden mit 4 Tr. 5 n Essigsäure und 10,0 ml W. versetzt. Die Mischung wird zum Sieden erhitzt, danach auf 2 bis 8° abgekühlt, nach 30 Min. filtriert. Das unter Waschen des Filters mit W. zu 10,0 ml aufgefüllte Filtrat darf nach dem Zusatz von 2 Tr. 6 n Ammoniaklösung bei der „Prüfung auf Schwermetallionen" nach Methode I (s. Bd. I, 254) weder eine Trübung noch eine stärkere Färbung als die Vergleichsprobe zeigen (höchstens 0,002%, berechnet als Pb^{2+}) (DAB 7 – DDR). – 5. Bromid, Chlorid: 2,00 ml Prüflösung dürfen nach Zusatz von 8,0 ml W. bei der „Prüfung auf Chlorid" (s. Bd. I, 257) keine stärkere Trübung als die Vergleichsprobe zeigen (höchstens 0,05%, berechnet als Cl^-) (DAB 7 – DDR). – 6. Sulfat: 5,0 ml Prüflösung dürfen nach Zusatz von 5,0 ml W. bei der „Prüfung auf Sulfat" (Bd. I, 263) keine Trübung zeigen (DAB 7 – DDR). – 7. Organische Verunreinigungen: Die Lösung von 5. (s. unter „Erkennung") darf 30 Min. nach dem Schwefelsäurezusatz keine stärkere Färbung zeigen als 5,0 ml Farb-VLA (DAB 7 – DDR). – 8. Sulfatasche: Höchstens 0,25% (DAB 7 – DDR). – 9. Trocknungsverlust: Höchstens 0,50%, wenn bei 105° getrocknet wird (DAB 7 – DDR).

Gehaltsbestimmung. Allylpropynal kann mit 0,1 n Alkalilauge gegen Thymolphthalein titriert oder bromometrisch bestimmt werden. Nach NF XII wird eine Titration in Dimethylformamid durchgeführt: Indikator ist Thymolblau, Titrierflüssigkeit ist 0,1 n Lithiummethylatlösung. 1 ml 0,1 n $LiOCH_3$ entspricht 21,02 mg $C_{10}H_{14}N_2O_3$.

Dosierung. Größte Einzelgabe 0,3 g, größte Tagesgabe 0,6 g.

Handelsformen: Alurate (Hofmann-La Roche), Numal (Hofmann-La Roche).

Aprobarbitalum Sodium NNR 53. Natrium allylisopropylbarbituricum.

Formel A. 13 a Natriumsalz der 5-Isporopyl-5-allyl-barbitursäure.

Eigenschaften. Hygroskopisches, geruchloses, weißes Pulver von laugenartig bitterem Geschmack. Sehr gut löslich in W., schwer löslich in A. Die wäßrigen Lösungen reagieren alkalisch.

Acidum isopropyl-bromallyl-barbituricum DAB 6 – Nachtr. 59 (DDR)(!). Isopropylbromallyl-barbitursäure DAB 7 – BRD.

$C_{10}H_{13}BrN_2O_3$ Formel A. 14 M.G. 289,15
5-Isopropyl-5-(2′-bromallyl)-barbitursäure.

Eigenschaften. Weißes, kristallines Pulver von bitterem Geschmack. Löslichkeit: Löslich in A., schwer löslich in Äther, sehr schwer löslich in W., unter Salzbildung löslich in verd. Alkalilaugen. Schmelzintervall: 179 bis 182°.

Erkennung. 1. Beim Erhitzen mit Natriumcarbonat entwickeln sich basisch reagierende Dämpfe. – 2. Die Lösung von 50 mg Substanz in 2,0 ml Kobalt(II)-nitratlösung gibt auf Zusatz von 0,50 ml Piperidinlösung eine violette Färbung (DAB 7 – BRD). – 3. 50 mg Substanz werden mit 5 ml W. zum Sieden erhitzt. Das nach dem Erkalten erhaltene Filtrat entfärbt 0,30 ml 0,01 n Kaliumpermanganatlösung innerhalb 1 Min. (DAB 7 – BRD). – 4. Die gelbe Lösung von 3. wird erneut mit 0,50 ml 0,01 n Kaliumpermanganatlösung und 5 mg Substanz versetzt, zum Sieden erhitzt und nach dem Abkühlen mit 0,10 ml konz. Wasserstoffperoxidlösung und 0,15 ml 3 n Salpetersäure versetzt. In der klaren, farblosen Lösung entsteht auf Zusatz von 0,10 ml Silbernitratlösung eine Trübung. Beim Erwärmen bildet sich ein gelblichweißer Niederschlag (DAB 7 – BRD). – 5. Wird 0,1 g Substanz mit 3 ml 0,1 n Kalilauge und 2 ml W. 3 Min. lang geschüttelt, so entsteht in 2 ml des Filtrates durch 5 Tr. Quecksilberchloridlösung ein weißer, in Ammoniak löslicher Niederschlag. – 6. 50 mg Substanz lösen sich in 1 ml Schwefelsäure mit hellgelber Farbe, die bei Raumtemp. langsam, beim Erwärmen schnell in Orange übergeht.

Prüfung. Nach DAB 7 – BRD: Prüflösung: 1,0 g Substanz wird mit 50 ml W. 2 Min. lang zum Sieden erhitzt und das nach dem Erkalten erhaltene Filtrat unter Nachwaschen des Filters auf 50 ml ergänzt.

1. Alkalisch oder sauer reagierende Verunreinigungen: Je 10 ml Prüflösung dürfen nach Zusatz von 0,25 ml Methylrotlösung II höchstens 0,25 ml 0,02 n Salzsäure bis zum Farbumschlag nach Rot und höchstens 0,25 ml 0,02 n Natronlauge bis zum Farbumschlag nach Gelb verbrauchen. – 2. Schwermetallionen: 0,75 g Substanz werden mit einer Mischung von 10,0 ml W. und 0,30 ml 6 n Essigsäure zum Sieden erhitzt. Das Gemisch wird nach dem Erkalten mit 2,50 ml Acetat-Pufferlösung III versetzt und filtriert. Das Filtrat wird zu 15,0 ml verdünnt. 12,0 ml dieser Lösung werden nach der Vorschrift Bd. I, 254 geprüft. Der Zusatz von Pufferlösung zur Prüflösung entfällt (DAB 7 – BRD). – 3. Sulfationen: 10,0 ml Prüflösung werden nach der Vorschrift Bd. I, 263 geprüft (DAB 7 – BRD). – 4. Als Bromid abspaltbares Brom: Die Lösung von 0,100 g Substanz in 1,5 ml 3 n Natronlauge und 8,5 ml W. wird kurz aufgekocht, rasch abgekühlt und mit 1,0 ml 6 n Essigsäure versetzt. Das Filtrat darf nach Zusatz von 0,75 ml 3 n Salpetersäure und 0,50 ml 0,1 n Silbernitratlösung nicht stärker getrübt sein als die Vergleichslösung nach Bd. I, 257 (DAB 7 – BRD). – 5. Neutrale und basische Verunreinigungen: Die Lösung von 1,00 g Substanz in 8,0 ml n Natronlauge und 12,0 ml W. wird mit 25,0 ml Ae. 1 Min. lang ausgeschüttelt. Die ätherische Lösung wird nach dreimaligem Auswaschen mit je 5,0 ml W. auf dem Wasserbad eingedampft. Das Gewicht des 1 Std. lang bei 105° getrockneten Rückstandes darf höchstens 3 mg betragen (DAB 7 – BRD). – 6. Trocknungsverlust: Höchstens 0,5%, wenn bei 105° getrocknet wird (DAB 7 – BRD). – 7. Sulfatasche: Höchstens 0,1% (DAB 7 – BRD).

Gehaltsbestimmung. Nach DAB 7 – BRD und DAB 6 – Nachtr. 59 (DDR) wird oxydativ abgebaut und das entstandene Bromid argentometrisch titriert: Etwa 0,50 g Substanz, genau gewogen, werden in 5,0 ml Natronlauge gelöst. Die Lösung wird nach Zusatz von 50 ml W. und 15 ml Kaliumpermanganatlösung (6%) im Wasserbad 30 Min. lang erhitzt und langsam abgekühlt. Das Gemisch wird mit 7,0 ml einer Mischung von 1 T. Natriumhydrogensulfitlösung und 2 T. W. und anschließend mit 15,0 ml verd. Schwefelsäure versetzt. Unter Umschwenken wird erneut tropfenweise Natriumhydrogensulfitlösung zugesetzt, bis die Lösung gerade entfärbt ist. Die farblose, klare Lösung wird mit 10,0 ml Salpetersäure, 25,00 ml 0,1 n $AgNO_3$-Lösung und 5,0 ml Toluol versetzt. Nach kräftigem Schütteln wird mit 0,1 n NH_4SCN-Lösung zurücktitriert [5,0 ml Eisen(III)-ammonium-sulfatlösung als Indikator]. 1 ml 0,1 n $AgNO_3$-Lösung entspricht 28,91 mg $C_{10}H_{13}BrN_2O_3$.

Aufbewahrung. Vor Licht geschützt.

Dosierung. Größte Einzelgabe 0,4 g, größte Tagesgabe 0,8 g. Übliche Dosis: abends 0,1 bis 0,2 g.

Handelsformen: Noctal (Riedel de Haen), Nostal (USA).

Talbutal NND 63. 5-Allyl-5-sec-butylbarbituric acid.

Formel A. 15 5-Allyl-5-(2′-butyl)-barbitursäure.

Eigenschaften. Weißes, kristallines Pulver, von bitterem Geschmack, schwer löslich in W., löslich in A.

Handelsform: Lotusate (Winthrop-Stearns).

Butyl-bromallyl-barbitursäure DAB 7 – BRD. Acidum sonbutali Ross. 8 (!). Acidum butyl-bromallyl-barbituricum.

$C_{11}H_{15}BrN_2O_3$ Formel A. 16 M.G. 303,17
5-(2′-Brom-allyl)-5-(1″-methyl-propyl)-barbitursäure.

Eigenschaften. Weißes, kristallines Pulver von schwach bitterem Geschmack. Löslichkeit: Leicht löslich in A. oder Äther, schwer löslich in W., unter Salzbildung löslich in verd. Alkalilaugen. Schmelzintervall: 129 bis 132°.

Erkennung. 1. Das Gemisch von 50 mg Substanz mit 2,0 ml Kobalt(II)-nitratlösung gibt auf Zusatz von 0,50 ml Piperidinlösung eine violette Färbung. – 2. 50 mg Substanz werden mit 5 ml W. zum Sieden erhitzt. Das nach dem Erkalten erhaltene Filtrat entfärbt 0,30 ml 0,01 n Kaliumpermanganatlösung innerhalb 1 Min. – 3. Die gelbe Lösung von 2. wird erneut mit 0,10 ml 0,01 n Kaliumpermanganatlösung versetzt, zum Sieden erhitzt und nach schnellem Abkühlen mit 0,10 ml konz. Wasserstoffperoxidlösung und 0,15 ml 3 n Salpetersäure versetzt. In der farblosen, klaren Lösung entsteht auf Zusatz von 0,10 ml Silbernitratlösung eine Trübung. Beim Erwärmen bildet sich ein gelblichweißer Niederschlag.

Prüfung. Prüflösung: 1,00 g Substanz wird mit 50 ml W. 2 Min. lang zum Sieden erhitzt und das nach dem Erkalten erhaltene Filtrat unter Nachwaschen des Filters auf 50 ml ergänzt.

1. Alkalisch oder sauer reagierende Verunreinigungen: Je 10,0 ml der Prüflösung dürfen nach Zusatz von 0,15 ml Methylorangelösung II höchstens 0,25 ml 0,02 n HCl zum Farbumschlag nach Rot und höchstens 0,25 ml 0,02 n KOH bis zum Farbumschlag nach Gelb verbrauchen. – 2. Schwermetalle: Höchstens 0,002%, berechnet als Pb^{2+}. – 3. Chlorid- oder Bromid-Ionen: Höchstens 0,02%, berechnet als Cl^-. – 4. Sulfat: Höchstens 0,05%. – 5. Leicht als Bromid abspaltbares Brom: Höchstens 0,04% (Ausführung analog Ac. isopropyl-bromallyl-barb.). – 6. Neutrale und basische Verunreinigungen: Die Lösung von 1,00 g Substanz in 8,0 ml n Natronlauge und 12,0 ml W. wird mit 25 ml Ae. 1 Min. lang ausgeschüttelt. Die ätherische Lösung wird nach dreimaligem Auswaschen mit je 5 ml W. auf dem Wasserbad eingedampft. Das Gewicht des 1 Std. bei 105° getrockneten Rückstandes darf höchstens 3 mg betragen. – 7. Trocknungsverlust: Höchstens 0,5%, bei 100 bis 105° bis zum konstanten Gewicht getrocknet. – 8. Sulfatasche: Höchstens 0,1%.

Gehaltsbestimmung. Nach dem oxydativen Abbau durch $KMnO_4$ und Reduktion des Überschusses mit $NaHSO_3$ wird das entstandene Bromid argentometrisch erfaßt. Ausführung analog Ac. isopropyl-bromallylbarbituricum! 1 ml 0,1 n $AgNO_3$ entspricht 30,32 mg $C_{11}H_{15}BrN_2O_3$.

Aufbewahrung. Vor Licht geschützt.

Dosierung. Größte Einzelgabe 0,5 g, größte Tagesgabe 0,6 g. Als Durchschlafmittel oral 0,2 g, als Dauerschlafmittel i. m. 0,3 g, als Basisnarcoticum i.v. 0,3 bis höchstens 0,5 g.

Handelsformen: Pernocton (Riedel de Haen), Pernoston (USA).

Acidum allyl-isobutyl-barbituricum.

Formel A. 17 5-Allyl-5-(2'-methyl-propyl)-barbitursäure.

Handelsform: Sandoptal (Sandoz).

Secobarbital USP XVI, (INN), 5-Allyl-5-(1-methylbutyl)barbituric acid.

$C_{12}H_{18}N_2O_3$ Formel A. 18 M.G. 238,29
5-Allyl-5-(1'-methyl-butyl)-barbitursäure.

Eigenschaften. Weißes, amorphes, geruchloses, bitter schmeckendes Pulver. Die ges. wäßrige Lösung reagiert gegen Lackmus sauer. Löslichkeit: Schwer löslich in Wasser, leicht löslich in A. oder Äther, sehr schwer löslich in Petroläther. 1 g Substanz löst sich unter Salzbildung in etwa 8,5 ml 0,5 n NaOH.

Erkennung. 1. Etwa 300 mg Substanz werden in 5 ml Natronlauge (1 in 100) gelöst und mit W. auf 10 ml verdünnt. Die Lösung wird in zwei gleiche Teile geteilt. Zu dem einen wird 1 ml Quecksilbernitratlösung gegeben; es entsteht ein weißer, in überschüssigem Ammoniak löslicher Niederschlag. Der andere Teil der Lösung wird mit 5 ml Silbernitratlösung versetzt; es entsteht ebenfalls ein weißer, in überschüssigem Ammoniak löslicher Niederschlag. – 2. Etwa 300 mg Substanz werden in 5 ml 0,25 n NaOH gelöst, mit einer Lösung von 300 mg p-Nitrobenzylbromid in 10 ml A. versetzt, 30 Min. am Rückfluß gekocht und abgekühlt. Der entstandene Niederschlag wird abfiltriert und gut mit Wasser gewaschen. Nach dem Umkristallisieren aus 25 ml A. und dem Trocknen bei 105° (30 Min. lang) schmilzt das erhaltene Derivat zwischen 156 und 160°.

Prüfung. 1. Trocknungsverlust: Höchstens 1%, wenn 18 Std. über Silicagel getrocknet wird. – 2. Verbrennungsrückstand: Höchstens 0,1%.

Gehaltsbestimmung. Die USP XVI läßt eine Kjeldahl-Bestimmung mit einer Einwaage von etwa 500 mg Substanz durchführen. 1 ml 0,1 n H_2SO_4 entspricht 11,914 mg $C_{12}H_{18}N_2O_3$.

Aufbewahrung. In dicht schließenden Gefäßen.

Dosierung. Übliche Dosis: 100 mg, bis 3mal täglich.

Handelsform: Seconal (Lilly).

Secobarbital Sodium USP XVI. Quinalbarbitone Sodium BP 63. Soluble Secobarbital.

$C_{12}H_{17}N_2NaO_3$ Formel A. 18a M.G. 260,28
Natriumsalz der 5-Allyl-5-(2'-methylbutyl)-barbitursäure.

Eigenschaften. Weißes, hygroskopisches, bitter schmeckendes, geruchloses Pulver. Die wäßrigen Lösungen reagieren gegen Lackmus und Phenolphthalein alkalisch. Löslichkeit: Leicht löslich in W., löslich in A., praktisch unlöslich in Äther.

Erkennung. 1. Etwa 1 g Substanz wird in einem 600-ml-Becherglas in 100 ml Wasser gelöst und mit 5 ml verd. Essigsäure versetzt. Unter kräftigem Rühren werden allmählich weitere 200 ml W. zugegeben. Dann wird bis zur Lösung der ausgeschiedenen öligen Tröpfchen gekocht. Anschließend kühlt man bis zur beginnenden Trübung ab, impft notfalls mit einem Kriställchen Secobarbital an und läßt zweckmäßig über Nacht stehen. Die erhaltenen Kristalle werden bei 60° 4 Std. lang getrocknet und schmelzen dann zwischen 96 und 100° (USP XVI). – 2. Etwa 300 mg Substanz werden in 5 ml W. gelöst und, wie unter Secobarbital beschrieben, mit 300 mg p-Nitrobenzylbromid umgesetzt. Schmelzintervall des getrockneten Derivates: 156 bis 160° (USP XVI, ähnlich BP 63). – 3. 10 ml einer Lösung (1 in 20) werden mit 2 ml Jodlösung versetzt. Die Färbung verschwindet innerhalb von 5 Min. vollständig (USP XVI). – 4. 0,1 g Substanz werden in 10 ml 10%iger Pyridinlösung gelöst, mit 1 ml einer Kupfersulfat-Pyridin-Lösung versetzt und 10 Min. stehengelassen; es entsteht ein rotvioletter Niederschlag (BP 63). – 5. 0,1 g Substanz gibt nach der Veraschung den üblichen Natriumnachweis (BP 63, USP XVI).

Prüfung. 1. Neutrale und basische Verunreinigungen: 1 g Substanz wird in einer Mischung von 2 ml Natronlauge und 13 ml W. gelöst und 1 Min. lang mit 25 ml Äther ausgeschüttelt. Die abgetrennte ätherische Schicht wird 3mal mit je 5 ml Wasser gewaschen und dann zur Trockne eingeengt. Der 1 Std. lang bei 105° getrocknete Rückstand darf höchstens 3 mg wiegen (BP 63). – 2. Unlösliche Substanzen: In einem verschließbaren Reagensglas werden 1,0 g Substanz in 10 ml frisch aufgekochtem und wieder erkaltetem W. gelöst. Die Lösung muß rasch erfolgen, quantitativ eintreten und eine klare, farblose Flüssigkeit ergeben, die während 1 Std. keinerlei Opaleszenz zeigt (BP 63). – 3. Freies Secobarbital: Etwa 1 g Substanz wird genau gewogen, in einem mit Glasstöpsel versehenen Zylinder 10 Min. mit 50 ml Benzol geschüttelt. Die nach dem Absetzen überstehende, klare Flüssigkeit wird durch ein Papierfilter in ein tariertes Becherglas filtriert. Der Vorgang wird mit 25 ml und dann mit 15 ml Benzol wiederholt, wobei das gleiche Filter benutzt und in das gleiche Becherglas filtriert werden. Die Benzollösung wird vorsichtig zur Trockne eingedampft und der Rückstand 1 Std. bei 80° getrocknet. Das Gewicht des Rückstandes darf 0,5% der Einwaage nicht übersteigen (USP XVI). – 4. Schwermetalle: Nicht über 30 T. pro Million (USP XVI). – 5. Blei: Höchstens 10 T. pro Million (BP 63). – 6. Trocknungsverlust: Höchstens 3%, wenn 5 Std. bei 80° getrocknet wird (USP XVI); höchstens 5%, wenn bei 105° bis zur Gewichtskonstanz getrocknet wird (BP 63).

Gehaltsbestimmung. Nach BP 63 und USP XVI wird eine bestimmte Einwaage angesäuert, das freie Secobarbital extrahiert und gewogen. Vorschrift des USP XVI: Etwa 500 mg Substanz werden genau gewogen, in 15 ml Wasser gelöst, mit 2 ml Salzsäure versetzt und das ausgeschiedene Secobarbital mit Portionen von je 25 ml Chloroform quantitativ ausgeschüttelt. Blindprobe mit 10 ml Chloroform, das beim Verdunsten höchstens 0,5 mg Rückstand hinterlassen darf. Die vereinigten Auszüge werden in ein tariertes Becherglas filtriert, Scheidetrichter und Filter mit kleinen Chloroformmengen nachgespült, die ebenfalls in das Becherglas gegeben werden. Der nach dem Eindampfen verbliebene Rückstand wird 18 Std. über Silicagel getrocknet. Das Gewicht des Rückstands ergibt den Gehalt an $C_{12}H_{17}N_2NaO_3$, wenn man mit 1,092 multipliziert.

Aufbewahrung. In dicht schließenden Gefäßen.

Dosierung. 50 bis 200 mg; parenteral 100 mg, bis 3mal täglich (USP XVI).

Handelsform: Seconal (Lilly).

Acidum diallylbarbituricum ÖAB 9. Diallymalum Ph.Dan. IX. Allobarbitone BPC 59. Diallylbarbitursäure. Diallymal. Allobarbital (INN).

$C_{10}H_{12}N_2O_3$ Formel A. 19 M.G. 208,22
5,5-Diallylbarbitursäure.

Eigenschaften. Weißes kristallines Pulver, oder farblose Kristalle, geruchlos, schwach bitter schmeckend. Löslichkeit: Bei 20° löslich in etwa 300 T. W., in etwa 15 T. A., in etwa 20 T. Äther; löslich in etwa 50 T. siedendem W., unter Salzbildung löslich in Lösungen von Alkalihydroxiden, Alkalicarbonaten und Ammoniak. Schmelzintervall: 173 bis 176° (im Kapillarröhrchen), 172 bis 174° (unter dem Mikroskop) (ÖAB 9).

Erkennung. Nach ÖAB 9: 1. Erhitzt man etwa 50 mg Substanz mit 1 ml konz. Natronlauge zum Sieden, so entweichen nach einiger Zeit basisch reagierende Dämpfe. – 2. Versetzt man eine Lösung von etwa 2 mg Substanz in 1 ml methanolischer Kobaltchloridlösung (0,1%) mit 1 Tr. verd. Ammoniak, so färbt sich die Lösung intensiv violett. – 3. Eine unter Erwärmen bereitete Lösung von etwa 5 mg Substanz in 3 ml W. gibt nach dem Abkühlen auf Zusatz von 2 Tr. Pyridin und 2 Tr. verd. Kupfersulfatlösung einen hellvioletten, kristallinen Niederschlag. – 4. Versetzt man eine Lösung von etwa 5 mg Substanz in 2 Tr. verd. Natronlauge und 2 ml W. mit 1 Tr. Kaliumpermanganatlösung, so wird diese sofort unter Grünfärbung reduziert.

Prüfung. Nach ÖAB 9: 1. Erhitzt man 1,5 g Substanz mit 30 ml W. 1 Min. lang zum Sieden und filtriert nach dem Erkalten, so muß das Filtrat farblos sein und blaues Lackmuspapier röten. – 2. Chlorid und Sulfat: Dürfen in dem oben bereiteten Filtrat in unzulässiger Menge nicht nachweisbar sein. – 3. Neutralstoffe, Salze organischer Basen: Eine Lösung von 1,0 g in 16 ml W. und 4 ml verd. Natronlauge, muß klar und farblos sein. Die erhaltene Lösung wird mit 20 ml Äther ausgeschüttelt. Die ätherische Schicht wäscht man durch Schütteln mit 5 ml W., filtriert und dampft 10 ml davon zur Trockne ein. Das Gewicht des Rückstandes darf nicht mehr als 1 mg betragen. – 4. Schwermetalle: In einer Mischung von 2 ml der bei der vorhergehenden Prüfung mit Äther ausgeschüttelten Lösung und 8 ml W. dürfen Schwermetalle nicht nachweisbar sein. – 5. Trocknungsverlust: Höchstens 0,5%. – 6. Verbrennungsrückstand: Höchstens 0,1%.

Gehaltsbestimmung. Nach ÖAB 9 und nach Ph.Dan. IX wird eine bromometrische Bestimmung durchgeführt. Vorschrift des ÖAB 9: 0,1041 g Diallylbarbitursäure werden in einem Schliffkolben in 20 ml Chloroform gelöst. Die Lösung versetzt man mit 30,00 ml 0,1 n $KBrO_3$-Lösung, fügt etwa 1 g Kaliumjodid und, sobald sich dieses aufgelöst hat, 10 ml verd. Schwefelsäure hinzu, verschließt sofort, schüttelt 1 Min. lang kräftig um und läßt hierauf 45 Min. lang unter häufigem Umschütteln im Dunkeln stehen. Dann titriert man nach Zusatz einer Lösung von etwa 1 g Kaliumjodid in 10 ml W. langsam und unter kräftigem Schütteln mit 0,1 n $Na_2S_2O_3$-Lösung unter Verwendung von Stärkelösung als Indikator. Für die angegebene Einwaage muß sich ein Verbrauch an 0,1 n $KBrO_3$-Lösung von 19,80 bis 20,10 ml ergeben, entsprechend 99,0 bis 100,5 d. Th. 1 ml 0,1 n $KBrO_3$-Lösung entspricht 5,205 mg $C_{10}H_{12}N_2O_3$.

Nach ÖAB 9 kann außerdem eine acidimetrische Bestimmung unter Zusatz von überschüssigem $AgNO_3$ durchgeführt werden (analog Ac. phenyläthylbarbituricum) Einwaage: 0,2082 g; Verbrauch an 0,1 n NaOH: insgesamt 19,60 bis 20,10 ml, entsprechend 98,0 bis 100,5% d. Th.

1 ml 0,1 n NaOH entspricht 10,41 mg $C_{10}H_{12}N_2O_3$.

Aufbewahrung. In dicht schließenden Gefäßen.

Dosierung. Gebräuchliche Einzeldosis 0,1 bis 0,2 g, Einzelmaximaldosis 0,3 g, Tagesmaximaldosis 0,6 g (ÖAB 9).

Handelsformen: Curral (Hofmann-La Roche), Dial (Ciba).

Acidum allyl-cyclopentenylbarbituricum.

$C_{12}H_{14}N_2O_3$ Formel A. 20 M.G. 234,25

5-Allyl-5-(Δ^2-cyclopentenyl)-barbitursäure.

Herstellung. D.P. 589947 (1930).

Eigenschaften. Weiße Kristalle oder kristallines Pulver, von bitterem Geschmack. Löslich in A. und den üblichen org. Lösungsmitteln, schwer löslich in W., etwas besser in heißem W. Fp. 139 bis 140°.

Dosierung. Oral 50 bis 150 mg.

Handelsform: Cyclopal [Siegfried, Säckingen (Rhein)].

Methabarbital NND 63, (INN). 5,5-Diethyl-1-methylbarbituric acid.

Formel B. 1 5,5-Diäthyl-2-methyl-barbitursäure.

Eigenschaften. Weißes, kristallines Pulver von schwach aromatischem Geruch, schwer löslich in W., löslich in A. Die ges. wäßrige Lösung reagiert leicht sauer (pH 5,6 bis 5,8).

Handelsform: Gemonil (Abbott).

Acidum methyl-phenyl-äthyl-barbituricum ÖAB 9. Methylphenobarbitonum BP 53 (!). Mephobarbital USP XVI, NND 63. Enphenemalum Ph.Dan. IX – Add. Phenitonum Ph. Jug. II. Methylphenobarbital DAB 7 – BRD. Methylphenobarbitalum Ph.Helv. V – Suppl. II, DAB 7 – DDR. Methyl-phenyl-äthylbarbitursäure.

$C_{15}H_{14}N_2O_3$ Formel B. 2 M.G. 246,27

Eigenschaften. Farblose Kristalle oder weißes kristallines Pulver, praktisch geruch- und geschmacklos. Löslichkeit: Sehr wenig löslich in W., löst sich in etwa 500 T. siedendem W., in etwa 200 T. A., in etwa 150 T. Äther oder in etwa 60 T. Chloroform, unter Salzbildung löslich in verd. Alkalilaugen. Schmelzintervall: 175 bis 178° (DAB 7 – BRD), 176 bis 181° (USP XVI), 173 bis 177° (Ph.Helv. V – Suppl. II), 177 bis 180° (im Kapillarröhrchen, ÖAB 9), 175 bis 180° (unter dem Mikroskop, ÖAB 9).

Erkennung. 1. Die Lösung von 50 mg Substanz in 2 ml Kobalt(II)-nitratlösung gibt auf Zusatz von 0,50 ml Piperidinlösung eine violette Färbung (DAB 7 – BRD). – 2. 50 mg Substanz werden mit 5 ml W. 2 Min. geschüttelt und dann filtriert. Das zum Sieden erhitzte Filtrat darf durch 1 Tr. einer Lösung von 0,10 g Quecksilberoxid in 10 Tr. Salpetersäure nicht sofort verändert werden (Unterschied zu den am Stickstoff nicht methylierten Barbituraten) (DAB 7 – BRD). – 3. Erhitzt man etwa 50 mg Substanz mit 1 ml konz. Natronlauge zum Sieden, so entweichen nach einiger Zeit basisch reagierende Dämpfe (ÖAB 9). – 4. Eine Lösung von etwa 5 mg Substanz in 3 ml siedendem W. gibt auf Zusatz von 2 Tr. Pyridin und 2 Tr. verd. Kupfersulfatlösung einen hellvioletten, flockigen Niederschlag (ÖAB 9). – 5. Versetzt man eine Lösung von etwa 1 mg Substanz in 4 ml konz. Schwefelsäure mit etwa 0,5 g Paraform und erwärmt, so färbt sich die Lösung intensiv olivgrün und fluoresziert braunrot (ÖAB 9). – 6. Versetzt man eine unter Erwärmen bereitete Lösung von etwa 5 mg Substanz in 10 Tr. A. mit 1 Tr. einer mit A. zehnfach verdünnten Phenolphthaleinlösung und fügt hierauf tropfenweise 0,01 n NaOH bis zur bleibenden Rosafärbung hinzu, so darf die Lösung auf Zusatz von einigen Tr. 0,1 n $AgNO_3$-

Lösung entfärbt werden, jedoch gegen Methylrot nicht sauer reagieren [Unterschied gegenüber am Stickstoff nicht methylierten Barbituraten (ÖAB 9)]. – 7. Etwa 300 mg Substanz werden mit 5 ml 0,2 n NaOH geschüttelt, filtriert und das Filtrat in zwei gleiche T. geteilt. Der eine T. wird mit Quecksilbernitratlsg., der andere mit Silbernitratlsg. versetzt. In beiden Fällen bilden sich weiße, in überschüssigem Ammoniak lösliche Niederschläge (USP XVI). – 8. Etwa 200 mg Substanz werden zu einer Mischung von 100 mg Kaliumnitrat und 2 ml Schwefelsäure gegeben und während 90 Min. unter gelegentlichem Umschütteln auf 45 bis 50° erwärmt. Die Reaktionslösung wird dann auf Zimmertemp. abgekühlt und in 10 ml einer Wasser-Eis-Mischung gegossen. Das erhaltene Präcipitat wird abfiltriert, mit 2 bis 3 ml W. gewaschen und aus A. umkristallisiert. Das auf diese Weise erhaltene Mononitro-mephobarbital schmilzt zwischen 155 und 160° (USP XVI).

Prüfung. 1. Erhitzt man 2 g Substanz mit 40 ml W. 1 Min. lang zum Sieden und filtriert nach dem Erkalten, so muß das Filtrat farblos sein und blaues Lackmuspapier röten (ÖAB 9). – 2. Alkalisch oder sauer reagierende Verunreinigungen: Je 10,0 ml Prüflösung dürfen nach Zusatz von 0,15 ml Methylrot-Lösung II höchstens 0,25 ml 0,02 n Salzsäure bis zum Umschlag nach Rot und nach Zusatz von 0,15 ml Bromthymolblaulösung höchstens 0,25 ml 0,02 n Natronlauge bis zum Umschlag nach Blau verbrauchen. Prüflösung: 1,00 g Substanz wird mit 50,0 ml W. 2 Min. lang zum Sieden erhitzt und das nach dem Erkalten erhaltene Filtrat unter Nachwaschen des Filters auf 50,0 ml ergänzt (DAB 7 – BRD). – 3. Ungesättigte Verbindungen: Eine Mischung von 10 ml des unter 1. bereiteten Filtrates, 1 ml verd. Schwefelsäure und 1 Tr. Kaliumpermanganatlösung darf die rote Farbe innerhalb von 5 Min. nicht vollständig verlieren (ÖAB 9). – 4. Neutralstoffe, Salze organischer Basen: Eine Lösung von 1,0 g Substanz in 160 ml W. und 4 ml verd. Natronlauge muß klar und farblos sein. Die erhaltene Lösung wird mit 20 ml Äther ausgeschüttelt. Die ätherische Schicht wäscht man durch Schütteln mit 5 ml W., filtriert und dampft 10 ml davon zur Trockne ein. Das Gewicht des Rückstandes darf höchstens 3 mg betragen (ÖAB 9). – 5. Fremde organische Stoffe: Eine Lösung von 0,1 g Substanz in 2 ml konz. Schwefelsäure muß klar und farblos sein (ÖAB 9). – 6. Chlorid-Ionen: 10,0 ml Prüflösung werden nach Bd. I 257 geprüft (DAB 7 – BRD). – 7. Sulfat-Ionen: 10,0 ml Prüflösung werden nach Bd. I, 263 geprüft (DAB 7 – BRD). – 8. Oxydierbare Verunreinigungen: 2,0 ml Prüflösung dürfen 0,30 ml 0,01 n Kaliumpermanganatlösung innerhalb 10 Min. nicht entfärben (DAB 7 – BRD). – 9. Neutrale und basische Verunreinigungen: Die Lösung von 1,00 g Substanz in 8,0 ml n Natronlauge und 12,0 ml W. wird mit 25,0 ml Ae. 1 Min. lang ausgeschüttelt. Die ätherische Lösung wird nach dreimaligem Auswaschen mit je 5,0 ml W. auf dem Wasserbad eingedampft. Das Gewicht des 1 Std. lang bei 105° getrockneten Rückstandes darf höchstens 10 mg betragen (DAB 7 – BRD). – 10. Organische Verunreinigungen: 0,100 g Substanz wird in 5,0 ml konz. Schwefelsäure unter Schütteln gelöst. 15 Min. nach dem Schwefelsäurezusatz darf die Lösung keine stärkere Färbung zeigen als die Mischung aus 2,50 ml Farb-VLA und 2,5 ml W. (DAB 7 – DDR). – 11. Trocknungsverlust: Höchstens 0,50%, wenn bei 105° getrocknet wird (DAB 7 – BRD und DAB 7 – DDR). – 12. Sulfatasche: Höchstens 0,1% (DAB 7 – BRD); höchstens 0,25% (DAB 7 – DDR).

Gehaltsbestimmung. Nach ÖAB 9 wird eine acidimetrische Titration durchgeführt: 0,4925 g Substanz werden in 20 ml A. gelöst. Nach Zusatz von 10 Tr. Thymolphthaleinlösung titriert man mit 0,1 n NaOH auf Blau. Für die angegebene Einwaage müssen 19,70 bis 20,10 ml 0,1 n NaOH verbraucht werden, entsprechend 98,5 bis 100,5% d. Th. 1 ml 0,1 n NaOH entspricht 24,63 mg $C_{13}H_{14}N_2O_3$.

Aufbewahrung. Vor Licht geschützt, in gut schließenden Gefäßen.

Dosierung. Größte Einzelgabe 0,5 g, größte Tagesgabe 0,8 g (DAB 7 – BRD). Gebräuchliche Einzeldosis 0,03 bis 0,2 g, Einzelmaximaldosis 0,3 g, Tagesmaximaldosis 0,6 g (ÖAB 9).

Handelsformen: Prominal (Bayer), Mebaral (Winthrop-Stearns).

Acidum Methyl-cyclohexenyl-methyl-barbituricum ÖAB 9. Hexobarbital DAB 7 – BRD, Hexobarbitalum DAB 7 – DDR. Ph.Helv. V – Suppl. II, CsL 2, (INN). Hexobarbitonum BP 53 (!). Enhexymalum Ph.Dan. IX. Methyl-cyclohexenylmethyl-barbitursäure.

$C_{12}H_{16}N_2O_3$ Formel B. 3 M.G. 236,28

1,5-Dimethyl-5-(Δ^1-cyclohexenyl)-barbitursäure.

Eigenschaften. Farblose Kristalle oder weißes, kristallines Pulver, das praktisch geruch- und geschmacklos ist. Löslichkeit: Bei 20° löslich in etwa 3000 T. W., in etwa 50 T. A., etwa 50 T. Äther, in etwa 6 T. Chloroform, bei Siedetemp. in etwa 250 T. W., unter Salzbildung löslich in verdünnten Alkalilaugen. Schmelzintervall: 143 bis 145° (DAB 7 – BRD,

144 bis 147° (DAB 7 – DDR), 142 bis 145° (Ph.Helv. V – Suppl. II), 144 bis 149° (im Kapillarröhrchen, ÖAB 9). 143 bis 146° (unter dem Mikroskop, ÖAB 9).

Erkennung. 1. Mit konz. Natronlauge erhitzt, entwickeln sich nach einiger Zeit basisch reagierende Dämpfe (ÖAB 9, Ph.Helv. V – Suppl. II). – 2. Wird 0,1 g Substanz mit 4 ml 0,1 n KOH und 1 ml W. 5 Min. lang geschüttelt, so entsteht in 2 ml des Filtrates durch 5 Tr. Quecksilberchloridlösung ein weißer Niederschlag; gibt man hierzu in einem Guß 3 ml Ammoniakflüssigkeit, so löst sich dieser vorübergehend, worauf sogleich erneute Ausscheidung eines weißen Niederschlages erfolgt (DAB 7 – DDR). – 3. Die Lösung von 50 mg Substanz in 2,0 ml Kobalt(II)-nitratlösung gibt auf Zusatz von 0,50 ml Piperidinlösung eine violette Färbung (ÖAB 9). – 4. 2,0 ml Prüflösung entfärben 0,30 ml 0,01 n Kaliumpermanganatlösung innerhalb 1 Min. Prüflösung: 1,00 g Substanz wird mit 50,0 ml W. 2 Min. lang zum Sieden erhitzt und das nach dem Erkalten erhaltene Filtrat unter Nachwaschen des Filters auf 50,0 ml ergänzt (DAB 7 – BRD). – 5. 50 ml Substanz werden mit 5,0 ml W. 2 Min. lang geschüttelt. Das zum Sieden erhitzte Filtrat darf durch 0,05 ml einer Lösung von 0,10 g Quecksilber(II)-oxid und 0,40 ml 6 n Salpetersäure nicht sofort verändert werden (DAB 7 – BRD). – 6. Versetzt man eine unter Erhitzen bereitete Lösung von 20 mg Substanz in 1 Tr. verd. Natronlauge und 2 ml W. mit 2 Tr. Pyridin und 2 Tr. Kupfersulfatlösung, so entsteht eine violette Färbung; beim Abkühlen und Schütteln scheiden sich violette, harzige Flocken ab (ÖAB 9). – 7. Erwärmt man etwa 1 mg Substanz und etwa 1 mg α-Naphthol mit 2 ml konz. Schwefelsäure, so entsteht eine tief braunrote, grün fluoreszierende Lösung. – 8. Versetzt man eine unter Erwärmen bereitete Lösung von etwa 5 mg Substanz in 10 Tr. A. mit 1 Tr. einer mit A. zehnfach verdünnten Phenolphthaleinlösung und fügt hierauf tropfenweise 0,01 NaOH bis zur bleibenden Rosafärbung hinzu, so darf die Lösung auf Zusatz von einigen Tropfen 0,1 n $AgNO_3$-Lösung entfärbt werden, jedoch gegen Methylrot nicht sauer reagieren (Unterschied gegenüber am Stickstoff nicht methylierten Barbitursäuren) (ÖAB 9). – 9. 50 mg Substanz lösen sich in 1 ml Schwefelsäure mit gelber Farbe, die bei Erhitzen im Wasserbad in eine rotbraune übergeht (DAB 7 – DDR, ähnlich Ph.Helv. V – Suppl. II).

Prüfung. 1. Erhitzt man 1,5 g Substanz mit 30 ml W. 1 Min. lang zum Sieden und filtriert nach dem Erkalten, so muß das Filtrat farblos sein und blaues Lackmuspapier röten (ÖAB 9). – 2. Alkalisch oder sauer reagierende Verunreinigungen: Je 10,0 ml Prüflösung dürfen nach Zusatz von 0,15 ml Methylrotlösung II höchstens 0,25 ml 0,02 n Salzsäure bis zum Umschlag nach Rot und nach Zusatz von 0,15 ml Bromthymolblaulösung höchstens 0,25 ml 0,02 n Natronlauge bis zum Umschlag nach Blau verbrauchen (DAB 7 – BRD). – 3. Schwermetall-Ionen: 0,75 g Substanz werden mit 10,0 ml W. und 0,30 ml 6 n Essigsäure zum Sieden erhitzt. Das Gemisch wird nach dem Erkalten mit 2,50 ml Acetat-Pufferlösung III versetzt und filtriert. Das Filtrat wird zu 15,0 ml verdünnt. 12,0 ml dieser Lösung werden nach Bd. I, 254 geprüft (DAB 7 – BRD). – 4. Chlorid-Ionen: 10,0 ml Prüflösung werden nach Bd. I, 257 geprüft (DAB 7 – BRD). – 5. Sulfat-Ionen: 10,0 ml Prüflösung werden nach Bd. I, 263 geprüft (DAB 7 – BRD). – 6. Neutrale oder basische Verunreinigungen: Die Lösung von 1,00 g Substanz in 8,0 ml n Natronlauge und 12,0 ml W. wird mit 25,0 ml Ae. 1 Min. lang ausgeschüttelt. Die ätherische Lösung wird nach dem dreimaligen Auswaschen mit je 5,0 ml W. auf dem Wasserbad eingedampft. Das Gewicht des 1 Std. lang bei 105° getrockneten Rückstandes darf höchstens 3 mg betragen (DAB 7 – BRD). – 7. Natriumcarbonat: 1,00 g Substanz wird in 5,0 ml Methanol gelöst. Die Lösung darf keine stärkere Trübung zeigen als 5,0 ml der nachstehend beschriebenen Vergleichsprobe. Vergleichsprobe: 0,050 ml Natriumcarbonatlösung (20,0 g/100,0 ml) werden mit 10,0 ml Methanol gemischt. Der Vergleich ist sofort vorzunehmen (DAB 7 – DDR). – 8. Trocknungsverlust: Höchstens 0,5% (DAB 7 – BRD, ÖAB 9); höchstens 0,2% (DAB 7 – DDR). – 9. Sulfatasche: Höchstens 0,1% (DAB 7 – BRD, ÖAB 9).

Gehaltsbestimmung. Nach ÖAB 9 wird eine bromometrische oder eine acidimetrische Bestimmung durchgeführt. A. Bromometrische Best.: Ausführung s. Ac. cyclohexenyläthylbarbituricum. Einwaage 0,2363 g, wofür sich ein Verbrauch von 19,70 bis 20,10 ml 0,1 n $KBrO_3$-Lösung ergeben muß, entsprechend 98,5 bis 100,5% d. Th. 1 ml 0,1 n $KBrO_3$-Lösung entspricht 11,81 mg $C_{12}H_{16}N_2O_3$. – B. Acidimetrische Best.: 0,4726 g Substanz werden in 20 ml A. gelöst. Nach Zusatz von 10 Tr. Thymolphthaleinlösung titriert man mit 0,1 n NaOH auf Blau. Für die angegebene Einwaage müssen 19,70 bis 20,20 ml 0,1 n NaOH verbraucht werden, entsprechend 98,5 bis 101,0% d. Th. 1 ml 0,1 n NaOH entspricht 23,63 mg $C_{12}H_{16}N_2O_3$.

Aufbewahrung. Vor Licht geschützt, in gut schließenden Gefäßen.

Dosierung. Größte Einzelgabe 0,75 g, größte Tagesgabe 1,5 g (DAB 7 – BRD). Gebräuchliche Einzeldosis 0,25 bis 0,5 g, Tagesmaximaldosis 2,0 g (ÖAB 9).

Handelsformen: Evipan (Bayer), Evipal (Winthrop-Stearns), Cyclonal (May u. Baker).

Natrium methyl-cyclohexenylmethylbarbituricum ÖAB 9. Hexobarbitalum solubile. Ph.Helv. V – Suppl. II, CsL 2. Hexobarbitalum Natrium DAB 7 – DDR. Hexobarbital Sodium NND 60. Hexobarbitonum Sodium BP 53 (!), Ph.Jug. II. Enhexymalnatrium Ph. Dan. IX. Methyl-cyclohexenylmethyl-barbitursaures Natrium. Lösliches Hexobarbital.

$C_{12}H_{15}N_2NaO_3$ Formel B. 3 a M.G. 258,26

Natriumsalz der 1,5-Dimethyl-5-(Δ^1-cyclohexenyl)-barbitursäure.

Eigenschaften. Weißes, kristallines Pulver oder lockere schaumartige Masse von bitterem, laugenartigem Geschmack, sehr hygroskopisch, zieht an der Luft Kohlendioxid an. Aus wäßrigen Lösungen scheidet sich beim Einwirken von Kohlendioxid allmählich die freie Säure aus. Löslichkeit: Sehr leicht löslich in W. leicht löslich in A., sehr wenig löslich in Äther.

Erkennung. 1. Beim Erhitzen mit konz. Natronlauge entweichen nach einiger Zeit basisch reagierende Dämpfe (ÖAB 9). – 2. In 5 ml der wäßrigen Lösung (1 + 99) erzeugen 5 Tr. Quecksilberchloridlösung einen weißen Niederschlag; gibt man in einem Guß 3 ml 6 n Ammoniakflüssigkeit hinzu, so löst sich dieser vorübergehend auf, worauf sogleich erneute Ausscheidung eines weißen Niederschlages erfolgt (DAB 7 – DDR). – 3. Versetzt man eine Lösung von 50 mg Substanz in 1 ml W. mit 2 ml 0,1 n Bromid-Bromat und 5 ml verd. Salzsäure, so entsteht ein weißer Niederschlag; die Flüssigkeit darf nicht gelb gefärbt werden (Ph.Helv. V – Suppl. II). – 4. 100 mg Substanz müssen sich in 2 ml konz. Schwefelsäure klar und mit anfangs gelblicher, allmählich in Goldgelb und schließlich in Rotbraun übergehender Farbe lösen (Ph.Helv.V – Suppl. II, ähnlich DAB 7 – DDR – 5. Versetzt man etwa 2 mg Substanz mit 1 ml methanolischer Kobaltchloridlösung (0,1 %), so entsteht eine schwach violett gefärbte Lösung, deren Färbung sich auf Zusatz von 1 Tr. verd. Ammoniak wesentlich vertieft (ÖAB 9). – 6. Eine Lösung von etwa 20 mg Substanz in 2 ml W. gibt auf Zusatz von 2 Tr. Pyridin und 2 Tr. verd. Kupfersulfatlösung einen violetten Niederschlag, der sich beim Schütteln in Form harziger Flocken abscheidet (ÖAB 9). – 7. Versetzt man eine Lösung von etwa 5 mg Substanz in 2 ml W. mit 1 Tr.verd. Natronlauge und 1 Tr. Kaliumpermanganatlösung, so wird diese innerhalb von 2 Min. unter Grünfärbung reduziert (ÖAB 9). – 8. Erwärmt man etwa 1 mg Substanz und etwa 1 mg α-Naphthol in 2 ml konz. Schwefelsäure, so entsteht eine tief braunrote, grün fluoreszierende Lösung (ÖAB 9). – 9. Versetzt man eine Lösung von etwa 5 mg Substanz in 1 ml W. mit 1 Tr. einer mit A. zehnfach verdünnten Phenolphthaleinlösung, so färbt sie sich rot. Fügt man einige Tr. 0,1 n $AgNO_3$-Lösung hinzu, so darf die Lösung entfärbt werden, jedoch gegen Methylrot nicht sauer reagieren (Unterschied gegenüber am Stickstoff nicht methylierten Barbitursäuren) (ÖAB 9). – 10. Aus einer Lösung von etwa 0,1 g Substanz in 5 ml W. scheidet sich auf Zusatz verd. Schwefelsäure Methylcyclohexenylmethylbarbitursäure als dichter, weißer, kristalliner Niederschlag aus, der abgesaugt, gewaschen und getrocknet wird. Schmelzintervall: 144 bis 149°, im Kapillarröhrchen (ÖAB 9, ähnlich DAB 7 – DDR). – 11. Der Verbrennungsrückstand oder die wäßrige Lösung der Substanz geben die üblichen Identitätsreaktionen auf Natrium.

Prüfung. 1. Eine Lösung von 1 T. Substanz in 9 T. frisch aufgekochtem und wieder erkaltetem W. muß klar und farblos sein und gegen Phenolphthalein alkalisch reagieren (ÖAB 9). – 2. Chlorid, Sulfat, Schwermetalle: Die mit verd. Essigsäure angesäuerte und nach dem Abscheiden des Niederschlages filtrierte wäßrige Lösung (1 + 99), darf weder durch Silbernitratlösung, noch durch Bariumnitratlösung innerhalb von 5 Min. und durch 3 Tr. Natriumsulfidlösung nicht sofort verändert werden (DAB 7 – DDR). – 3. Neutrale und basische Stoffe: Eine Lösung von 0,5 g Substanz in 5 ml W. wird mit 5 ml n KOH versetzt und mit 20 ml Äther 1 Min. lang geschüttelt. Die klare ätherische Schicht wird 3mal mit je 5 ml W. gewaschen. Der nach dem Verdunsten des Äthers und Trocknen bei 105° erhaltene Rückstand darf höchstens 2 mg betragen (DAB 7 – DDR, ähnlich ÖAB 9). – 4. Natriumcarbonat: Die Lösung von 1 g Substanz in 5 ml Methanol darf höchstens schwach getrübt sein (DAB 7 – DDR). – 5. Trocknungsverlust: Höchstens 5% (ÖAB 9); höchstens 2% (DAB 7 – DDR).

Gehaltsbestimmung. Nach ÖAB 9 wird eine bromometrische Bestimmung durchgeführt. Ausführung s. Ac. cyclohexenyläthylbarbituricum! Einwaage: 0,6457 g, wofür sich ein Verbrauch an 19,70 bis 20,20 ml 0,1 n $KBrO_3$-Lösung ergeben muß, entsprechend 98,5 bis 101,0% d. Th. 1 ml 0,1 n $KBrO_3$-Lösung entspricht 12,91 mg $C_{12}H_{15}N_2NaO_3$.

Ph.Helv. V – Suppl. II läßt eine gravimetrische Bestimmung durchführen, wobei eine best. Einwaage angesäuert und mit Chloroform quantitativ ausgeschüttelt wird. Nach ÖAB 9 und nach DAB 7 – DDR können alkalimetrische Titrationen durchgeführt werden. Vorschrift des DAB 7 – DDR: Etwa 0,2 g Substanz werden in einem verschlossenen Wägegläschen genau gewogen, in 5 ml W. und 15 ml A. gelöst und nach Zusatz von

4 Tr. Bromphenolblaulösung mit 0,1 n HCl bis zum Umschlag von Blau nach Grün titriert. Hierbei dürfen für je 0,2 g Substanz nicht weniger als 7,60 und nicht mehr als 7,90 ml 0,1 n HCl verbraucht werden, was einem Gehalt von 98,2 bis 102,0% d. Th. entspricht. 1 ml 0,1 n HCl entspricht 25,83 mg $C_{12}H_{15}N_2NaO_3$.

Aufbewahrung. In mit Glasstopfen dicht verschlossenen oder in zugeschmolzenen Gefäßen.

Dosierung. Gebräuchliche Einzeldosis bei i.v. Verabreichung 0,5 g. Einzelmaximaldosis und Tagesmaximaldosis bei i.v. Verabr. 1,0 g.

Handelsformen: Evipan-Natrium (Bayer), Evipal Sodium (Winthrop-Stearns), Cyclonal Sodium (May u. Baker).

Acidum Bromallyl-isopropyl-methyl-barbituricum. Acidum pronarcosi Ross. 8. N-Methyl-bromallyl-isopropylbarbitursäure.

$C_{11}H_{15}BrN_2O_3$ Formel B. 4 M.G. 303,16
1-Methyl-5-isopropyl-5-(2′-bromallyl)-barbitursäure.

Eigenschaften. Weißes, kristallines Pulver von bitterem Geschmack, löslich in 15 T. A., sehr schwer löslich in W., 1 g löst sich in 3 ml Chloroform (Unterscheidung von Rekton, Barbital, Sonbutal, Quietal, Phenobarbital). Fp. 113 bis 115°.

Prüfung. 1. Chlorid und Sulfat: 0,5 g Substanz werden mit 15 ml W., das mit Essigsäure angesäuert ist, geschüttelt und filtriert. Das Filtrat wird auf Chlorid (nicht über 0,02%) und auf Sulfat (nicht über 0,05%) geprüft. – 2. Acidität: 0,1 g Substanz werden mit 10 ml W. geschüttelt und mit 1 bis 2 Tr. Methylorangelösung versetzt. Es darf keine Rotfärbung entstehen. – 3. Schwermetalle: Nicht über 0,001%. – 4. Verbrennungsrückstand: Nicht über 0,15%.

Gehaltsbestimmung. A. In 2 Kolben gibt man je 20 ml A., 5 Tr. Thymolphthaleinlösung und aus einer Bürette 0,1 n Natronlauge bis zur bleibenden Gelbfärbung. In den einen Kolben werden 0,5 g Substanz zugegeben. Man titriert mit 0,1 n NaOH bis zu einer Farbe, wie sie im zweiten Kolben nach Zugabe von 15 ml W. entsteht. 1 ml 0,1 n NaOH entspricht 0,03032 g $C_{11}H_{15}BrN_2O_3$. Forderung: mindestens 98%. – B. 0,3 g Substanz versetzt man mit 40 ml 0,5 n alkoholischer KOH und dunstet den A., auf dem Wasserbad ab. Den Rückstand löst man in 100 ml W., neutralisiert mit verd. Salpetersäure gegen Lackmus, säuert mit 3 ml verd. Salpetersäure an und gibt 25 ml 0,1 n $AgNO_3$-Lösung hinzu. Nach kräftigem Schütteln wird mit 0,1 n NH_4SCN-Lösung titriert, Eisen(III)-ammoniumsulfat als Indikator. 1 ml 0,1 n $AgNO_3$-Lösung entspricht 0,007992 g Brom. Forderung mindestens 15,9 bis 16,6% Br.

Natrium bromallyl-isopropyl-methyl-barbituricum.

$C_{11}H_{14}BrN_2NaO_3$ Formel B. 4a
Natriumsalz der 1-Methyl-5-isopropyl-5-(2′-bromallyl)-barbitursäure.

Handelsform: Eunarcon und Cito-Eunarcon (Riedel de Haen).

Natrium aethyl-butyl-thiobarbituricum.

Formel C. 1 a Natriumsalz der 5-Äthyl-5-(2′-butyl)-2-thio-barbitursäure.

Anwendung. Als intravenöses Kurznarcoticum.

Handelsform: Inactin (Promonta).

Natrium isopentyl-äthyl-thiobarbituricum ÖAB 9. Thiopentalum Natricum PI.Ed. I/1. Thiopental Sodium USP XVI, (INN). Thiopentone Sodium BP 63. Thiopentalum solubile Ph.-Helv. V – Suppl. II.

$C_{11}H_{17}N_2NaO_2S$ Formel C. 2 a M.G. 264,33
Natriumsalz der 5-Äthyl-5-(1′-methylbutyl)-2-thiobarbitursäure.

USP XVI und Ph.Helv. V – Suppl. II führen die reine Substanz, in den übrigen Arzneibüchern ist ein Gemisch aus 100 T. Thiopentalnatrium und 6 T. wasserfreiem Natriumcarbonat beschrieben: Thiopentalum Natricum cum Natrii carbonatae PI.Ed. I/1, Natrium isopentylaethylthiobarbituricum cum Natrio carbonico ÖAB 9, Thiopentone Sodium BP 63.

Eigenschaften der reinen Verbindung. Gelbliches, zusammenbackendes, kristallines Pulver von lauchartigem Geruch und unangenehmem Geschmack. Die wäßrigen Lösungen reagieren gegen Lackmus alkalisch. Löslich in Wasser, weniger löslich in Äthanol, unlöslich in Äther und Benzol. Die Lösungen zersetzen sich beim Aufbewahren und scheiden beim Erhitzen einen Niederschlag aus.

Erkennung. 1. Werden 200 mg Substanz in 1 g schmelzendes Kaliumhydroxid eingetragen, so entweichen aromatisch riechende Dämpfe, die befeuchtetes rotes Lackmuspapier bläuen. Die Schmelze färbt sich beim Erkalten orangerot. Wird sie mit überschüssiger verd. Schwefelsäure versetzt und wenn nötig erwärmt, so entweichen Kohlendioxid und Schwefelwasserstoff, der befeuchtetes Bleiacetatpapier bräunt (Ph.Helv. V – Suppl. II, ähnlich USP XVI). – 2. Etwa 500 mg Substanz werden in 10 ml W. gelöst, mit 10 ml verd. Salzsäure angesäuert und das freigesetzte Thiopental mit 2 Portionen Chloroform à 25 ml ausgeschüttelt. Die vereinigten Chloroformauszüge werden zur Trockne eingedampft, mit 10 ml Äther versetzt, erneut zur Trockne eingedampft und der Rückstand 2 Std. bei 105° getrocknet. Fp. 157 bis 161° (USP XVI). – 3. Etwa 500 mg Substanz werden verascht. Der Rückstand gibt die Identitätsreaktionen auf Natrium (USP XVI und Ph.Helv. V – Suppl. II). – 4. Etwa 200 mg Substanz werden in 5 ml Natronlauge gelöst und mit 2 ml Bleiacetatlösung versetzt: es entsteht ein weißer Niederschlag, der beim Erhitzen der Mischung dunkelt. Beim Ansäuern entweicht Schwefelwasserstoff (USP XVI).

Prüfung. 1. 100 mg Substanz müssen sich in 2 ml konz. Schwefelsäure klar und mit hellgelber Farbe lösen (Ph.Helv. V – Suppl. II). – 2. 500 mg Substanz müssen sich bei Raumtemp. in 1 ml frisch aufgekochtem und wieder erkaltetem W. klar und vollständig mit hellgelber Farbe lösen. Diese Lösung wird mit 10 ml W. verdünnt und dient als Stammlösung für die folgenden Prüfungen. 1 ml der Stammlösung muß durch 1 Tr. Poirriers Blau rein blau, und nicht violettblau gefärbt werden. Der Rest der Stammlösung wird mit 1,5 ml verd. Essigsäure versetzt und der entstandene Niederschlag abfiltriert; das Filtrat wird für die folgenden Prüfungen verwandt. Der mit Wasser gewaschene und bei 103 bis 105° getrocknete Niederschlag muß zwischen 154 und 157° schmelzen. Im oben erhaltenen Filtrat dürfen Schwermetalle, Sulfat und Chlorid nicht nachweisbar sein (Ph.Helv. V – Suppl II). – 3. Freies Thiopental: Etwa 1 g Substanz wird genau gewogen und in einem mit Glasstopfen versehenen Zylinder mit 50 ml Benzol 10 Min. lang geschüttelt. Die überstehende, klare Flüssigkeit wird dann durch ein kleines Papierfilter in ein tariertes Becherglas filtriert, die Extraktion mit 25 ml und anschließend mit 15 ml Benzol wiederholt und die beiden Extrakte durch das gleiche Filter filtriert. Die vereinigten Benzollösungen werden zur Trockne eingedampft und der Rückstand 30 Min. lang bei 105° getrocknet. Das Gewicht des Rückstandes darf höchstens 0,5% der Einwaage betragen (USP XVI). – 4. Gewichtsverlust beim Trocknen: Höchstens 2%, wenn 4 Std., bei 80° getrocknet wird (USP XVI, Ph.Helv. V – Suppl. II, 24 Std. bei 80°!).

Gehaltsbestimmung. Nach Ph.Helv. V – Suppl. II wird eine *gravimetrische Bestimmung* vorgeschrieben: Etwa 0,5 g getrocknetes, lösliches Thiopental werden, genau gewogen, in einem Scheidetrichter von 100 ml Inhalt in 20 ml W. gelöst, nach Zufügen von 10 ml verd. Salzsäure 3mal je 1 Min. lang mit je 25 ml Chloroform ausgeschüttelt und die Chloroformauszüge in einem tarierten Erlenmeyerkolben von 200 ml Inhalt gesammelt. Nach dem Abdunsten des Chloroforms muß das zurückgebliebene Thiopental 30 Min. bei 103 bis 105° getrocknet werden. Das gefundene Gewicht muß einem Gehalt von 97,0 bis 100,0% $C_{11}H_{18}N_2NaO_2S$, bezogen auf getrocknetes lösliches Thiopental, entsprechen.
1 g $C_{11}H_{18}N_2O_2S$ = 1,0908 g $C_{11}H_{17}N_2NaO_2S$.

Nach USP XVI wird eine *spektrophotometrische Bestimmung* ausgeführt. Etwa 100 mg Substanz werden genau gewogen und in einem 200-ml-Meßkolben mit 0,1 n NaOH zu 200 ml gelöst. 5 ml davon werden schrittweise mit 0,1 n NaOH im Verhältnis 1 : 100 verdünnt. Die Absorption dieser Lösung wird in einer 1-cm-Küvette mit Hilfe eines geeigneten Spektralphotometers und 0,1 n NaOH als Vergleichslösung ermittelt. Der Gehalt wird durch die Formel 200000 · (1,091 A/a) ermittelt. A = Absorption der gemessenen Lösung, a die spez. Absorption des USP Thiopental Reference Standard.

Eigenschaften des mit 6 T. Na_2CO_3 *versetzten Präparates.* Aussehen, Geruch und Geschmack sind ähnlich wie bei reiner Substanz. Löslichkeit: Bei 20° löslich in 1,5 T. W., teilweise löslich in Äthanol, unlöslich in Äther und Benzol.

Erkennung. Gibt die gleichen Identitätsreaktionen, wie das reine Präparat. Weitere Reaktionen: 1. Versetzt man eine Lösung von etwa 2 mg Substanz in 1 ml methanolischer Kobaltchloridlösung mit 1 Tr. verd. Ammoniak, so färbt sich die Lösung violettrot (ÖAB 9). – 2. Eine Lösung von etwa 5 mg Substanz in 3 ml W. gibt auf Zusatz von 2 Tr. Pyridin und 2 Tr. verd. Kupfersulfatlösung einen gelbgrünen, flockigen Niederschlag (ÖAB 9). – 3. Carbonat: Löst man etwa 100 mg Substanz in 1 ml konz. Schwefelsäure, so entweicht unter deutlicher Gasentwicklung Kohlendioxid, das an der Trübung von Bariumhydroxidlösung erkannt wird (ÖAB 9). – 4. Etwa 0,2 g Substanz werden mit 5 ml einer 25%igen Natronlauge gekocht; es darf sich kein Ammoniak entwickeln (PI.Ed. I/1).

Prüfungen. Entsprechen im wesentlichen denen der reinen Substanz.

Gehaltsbestimmung. Eine *alkalimetrische Titration* schreiben vor: PI.Ed. I/1, ÖAB 9, BP 63. – Vorschrift des ÖAB 9: 0,5000 g Substanz werden in 20 ml Wasser gelöst und nach Zusatz von 20 ml Äthanol und 5 Tr. Bromphenolblaulösung mit 0,1 n HCl bis zum Farbumschlag nach Grün titriert. Hierauf erhitzt man zur Entfernung des Kohlendioxids 2 Min. lang zum Sieden und titriert nach dem Abkühlen neuerdings mit 0,1 n HCl nach Grün. Für die angegebene Einwaage müssen 21,75 bis 23,92 ml 0,1 n HCl verbraucht werden, entsprechend einem Gesamtalkaligehalt von 10,0 bis 11,0%, berechnet als Natrium. – *Gravimetrische Bestimmung* werden nach BP 63 und PI.Ed. I/1, analog der Vorschrift von Ph.Helv. V – Suppl. II durchgeführt. – Eine *jodometrische Titrationsvorschrift* gibt ÖAB 9: 0,05000 g Substanz werden in 80 ml W. gelöst. Die Lösung versetzt man mit 15 ml verd. Natronlauge und 30,00 ml 0,1 n Jodlösung und läßt 1 Std. lang stehen. Hierauf versetzt man mit 10 ml Salzsäure und titriert das überschüssige Jod unter Verwendung von Stärkelösung als Indikator zurück. Eine zweite Bestimmung führt man in gleicher Weise, ohne die zu untersuchende Substanz, als Blindprobe aus. Die Differenz der bei den beiden Titrationen verbrauchten Anzahl ml 0,1 n $Na_2S_2O_3$-Lösung muß für die angegebene Einwaage 13,87 bis 14,36 ml betragen, entsprechend einem Gehalt an $C_{11}H_{18}N_2O_2S$ von 84,0 bis 87,0%. 1 ml 0,1 n $Na_2S_2O_3$-Lösung entspricht 3,029 mg $C_{11}H_{18}N_2O_2S$.

Aufbewahrung. (Für beide Substanzen.) In zugeschmolzenen Ampullen oder in evakuierten, mit Stickstoff gefüllten Gefäßen.

Dosierung. Gebräuchliche Einzeldosis bei i.v. Verabreichung: 0,25 bis 0,5 g, als 2,5%ige Lösung. Einzelmaximaldosis, i.v., 1,0 g, Tagesmaximaldosis, i.v. 1,0 g (ÖAB 9). Rektal 25 bis 45 mg pro kg Körpergewicht (USP XVI).

Handelsformen: Pentothal (Abbott), Intravanal (May u. Baker), Trapanal (Promonta).

Natrium aethyl-butylthiomethyl-thiobarbituricum.

Formel C. 3 a Natriumsalz der 5-Äthyl-5-(n-butylthiomethyl)-2-thiobarbitursäure.

Handelsform: Thionarcon.

Natrium 2′-pentyl-methylthioäthyl-thiobarbituricum.

Formel C. 4 a Natriumsalz der 5-(2′-Pentyl)-5-methylthioäthyl-2-thiobarbitursäure.

Eigenschaften. Farblose, in W. leicht lösliche Kristalle.

Handelsform: Thiogenal (Merck).

Natrium allyl-isobutyl-thiobarbituricum.

Formel C. 5 a Natriumsalz der 5-Allyl-5-(2′-methylpropyl)-2-thiobarbitursäure.

Eigenschaften. Gelbliches, leicht wasserlösliches Pulver von schwach eigenartigem Geruch. Die wäßrigen Lösungen reagieren alkalisch.

Handelsform: Baytinal (Bayer).

Thiamylal Sodium for injection USP XVI. Thiamylal Sodium NND 60. Sodium 5-Allyl-5-(1′-methylbutyl)-2-thiobarbiturate.

$C_{12}H_{17}N_2NaO_2S$ Formel C. 6 a M.G. 276,34
Natriumsalz der 5-Allyl-5-(1′-methylbutyl)-2-thio-barbitursäure.

Thiamylal Sodium for injection ist eine sterile Mischung von Natrium Allyl-methylbutyl-thiobarbiturat mit etwa 6% wasserfreiem Natriumcarbonat. Gehalt nicht unter 93% $C_{12}H_{17}N_2NaO_2S$.

Eigenschaften. Schwach gelbliches, hygroskopisches Pulver von unangenehmem Geruch, leicht löslich in W.; die wäßrigen Lösungen reagieren gegen Lackmus alkalisch.

Erkennung. 1. Etwa 500 mg Substanz werden in 10 ml W. gelöst und mit überschüssiger verd. Salzsäure versetzt; es entsteht ein weißer Niederschlag von Thiamylal. – 2. Werden etwa 500 mg Substanz verascht, so zeigt der Rückstand die Identitätsreaktionen auf Carbonat und Natrium. – 3. Das bei der Gehaltsbestimmung isolierte Thiamylal schmilzt zwischen 133 und 139°.

Prüfung. 1. Vollständigkeit der Lösung: 1 g Substanz muß sich in 20 ml CO_2-freiem Wasser klar lösen. – 2. Schwermetalle: Höchstens 30 ppm. – 3. Trocknungsverlust: Höchstens 2%, wenn 16 Std. i. Vak. über P_2O_5 getrocknet wird. – 4. Freies Thiamylal: Höchstens 0,5%; Ausführung der Prüfung analog Thiopental Sodium (USP XVI).

Gehaltsbestimmung. Nach USP XVI: Etwa 500 mg Substanz werden genau gewogen, in 50 ml W. gelöst, mit 5 ml verd. Salzsäure versetzt und das ausgeschiedene Thiamylal mit 5mal 25 ml Chloroform ausgeschüttelt. Die Chloroformextrakte werden durch einen mit Chloroform angefeuchteten Wattebausch in ein tariertes Becherglas filtriert und die Watte mit wenig Chloroform nachgewaschen. Die vereinten Chloroformlösungen werden auf dem Wasserbad mit Hilfe eines elektrischen Föhnes eingedampft, der Rückstand 30 Min. bei 105° getrocknet, auf Raumtemp. abgekühlt und gewogen. Das Gewicht des Rückstandes ergibt, mit 1,086 multipliziert, den Gehalt an $C_{12}H_{17}N_2NaO_2S$ in der eingewogenen Substanz.

Aufbewahrung. Steril, luftdicht verschlossen, vor Licht geschützt.

Dosierung. Übliche Dosis, i.v. 3 bis 6 ml einer 2,5%igen Lösung; die Geschwindigkeit der Verabreichung soll so bemessen sein, daß innerhalb von 5 Sek. 1 ml injiziert wird (USP XVI).

Handelsform: Surital Sodium (Parke & Davis).

Natrium cyclohexenylallylthiobarbituricum ÖAB 9. Cyclohexenyl-allylthiobarbitursaures Natrium. Thialbarbitalum Natricum. Thialbarbitonum Sodium.

$C_{13}H_{15}N_2NaO_2S$ Formel C. 7 a M.G. 286,34

Natriumsalz der 5-Allyl-5-(Δ^2-cyclohexenyl)-2-thiobarbitursäure.

Eigenschaften. Gelblichweißes, kristallines, hygroskopisches Pulver von schwach lauchartigem Geruch, von unangenehm bitterem Geschmack, das an der Luft Kohlendioxid anzieht. Wäßrige Lösungen zersetzen sich allmählich schon bei Zimmertemp. und scheiden bei Einwirkung von Kohlendioxid die freie Säure aus. Leicht löslich in W. und A., sehr wenig löslich in Äther oder Chloroform.

Erkennung. 1. Erhitzt man etwa 20 mg Substanz mit 1 ml konz. Natronlauge zum Sieden, so entweichen nach einiger Zeit basisch reagierende Dämpfe. Versetzt man den Rückstand mit 2 ml W. und säuert hierauf mit Salzsäure an, so entweicht Schwefelwasserstoff, erkennbar am Geruch. – 2. Versetzt man eine Lösung von etwa 2 mg Substanz in 1 ml methanolischer Kobaltchloridlösung mit 1 Tr. verd. Ammoniak, so färbt sich die Lösung violettrot. – 3. Eine Lösung von etwa 5 mg Substanz in 3 ml W. gibt auf Zusatz von 2 Tr. Pyridin und 2 Tr. verd. Kupfersulfatlösung einen gelbgrünen, flockigen Niederschlag. – 4. Erwärmt man etwa 1 mg Substanz und etwa 1 mg α-Naphthol mit 2 ml konz. Schwefelsäure, so entsteht eine tiefrote, grün fluoreszierende Lösung. – 5. Aus einer Lösung von etwa 100 mg Substanz in 5 ml W. scheidet sich auf Zusatz von verd. Salzsäure Cyclohexenylallylthiobarbitursäure als dichter, weißer, kristalliner Niederschlag aus, der abgesaugt, gewaschen und bei 80° getrocknet wird. Schmelzintervall (im Kapillarröhrchen) der stabilen Modifikation: 136 bis 142°, der instabilen Modifikation 122 bis 126°. – 6. Substanz und Verbrennungsrückstand geben die für Natrium charakteristischen Identitätsreaktionen.

Prüfung. 1. Eine Lösung von 1 T. Substanz in 9 T. frisch ausgekochtem und wieder erkaltetem W. muß klar und hellgelb sein und gegen Phenolphthalein alkalisch reagieren. – 2. Chlorid, Sulfat und Schwermetalle dürfen in unzulässiger Menge nicht nachweisbar sein. – 3. Trocknungsverlust: Höchstens 2,5%, bestimmt bei 80°.

Gehaltsbestimmung. A. 0,5727 g getrocknete Substanz werden in 20 ml W. gelöst und nach Zusatz von 20 ml A. und 5 Tr. Bromphenolblaulösung mit 0,1 n HCl bis zum Farbumschlag nach Grün titriert. Hierauf erhitzt man zur Entfernung des Kohlendioxids 2 Min. lang zum Sieden und titriert nach dem Abkühlen neuerdings mit 0,1 n HCl auf Grün. Für die angegebene Einwaage müssen 19,80 bis 20,10 ml 0,1 n HCl verbraucht werden, entsprechend 99,0 bis 100,5% d. Th. 1 ml 0,1 n HCl entspricht 28,63 mg $C_{13}H_{15}N_2NaO_2S$. – B. 0,01716 g bei 80° getrocknete Substanz werden in 80 ml W. gelöst. Die Lösung versetzt man mit 15 ml verd. Natronlauge und 30,00 ml 0,1 n Jodlösung und läßt 1 Std. lang stehen. Hierauf versetzt man mit 10 ml Salzsäure und titriert das überschüssige Jod mit 0,1 n $Na_2S_2O_3$-Lösung unter Verwendung von Stärkelösung als Indikator zurück. Eine zweite Bestimmung führt man in gleicher Weise, ohne die zu untersuchende Substanz, als Blindprobe aus. Die Differenz der bei den beiden Titrationen verbrauchten Anzahl ml 0,1 n $Na_2S_2O_3$-Lösung muß für die angegebene Einwaage 19,40 bis 20,00 ml betragen, entsprechend 97,0 bis 100,0% d. Th. 1 ml 0,1 n $Na_2S_2O_3$-Lösung entspricht 3,579 mg $C_{13}H_{15}N_2NaO_2S$.

Aufbewahrung. In evakuierten oder mit Stickstoff gefüllten Gefäßen.

Dosierung. Gebräuchliche Einzeldosis bei i.v. Verabreichung: 0,5 bis 1,0 g. Einzel- und Tagesmaximaldosis, i.v.: 2,0 g.

Handelsform: Kemithal (I. C. I. Brit.; Rhein-Chemie, Heidelberg).

II. Cyclische Säureamide

Die hier beschriebenen Verbindungen gehören im wesentlichen zur Gruppe der *Oxopiperidine,* die in ihrer qualitativen Wirkung den Barbituraten ähnlich sind, jedoch etwas höher dosiert werden müssen, um eine vergleichbare Wirkungsdauer zu gewährleisten. Die üblichen Dosen liegen zwischen 0,2 und 0,5 g, kleinere Gaben werden als Sedativa verabreicht.

Pyrithyldion. Pyrthyldion.

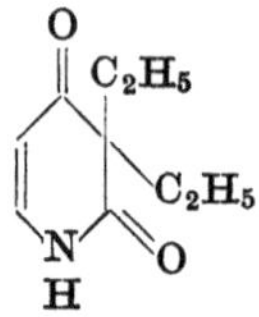

$C_9H_{13}NO_2$ M.G. 167,20

3,3-Diäthyl-2,4-dioxo-1,2,3,4-tetrahydro-pyridin.
3,3-Diäthyl-2,4-dioxo-5,6-dehydro-piperidin.

Herstellung. Durch Einwirkung von Ameisensäuremethylester und Natrium auf Diäthylacetessigsäure-äthylester gelingt die Kettenverlängerung zum 2,2-Diäthyl-3-keto-4,5-dehydro-5-hydroxy-valeriansäureäthylester, der durch Behandlung mit NH_4Cl/NH_3 in das entsprechende 5-Amino-derivat übergeht, das schließlich durch Alkalibehandlung zum Dioxopiperidin ringgeschlossen wird [Helv. chim. Acta *37,* 1839 (1954)].

Eigenschaften. Farb- und geruchloses, schwach bitter schmeckendes, kristallines Pulver; löslich in W., den gebräuchlichen org. Lösungsmitteln und fetten Ölen. Fp. 89 bis 90° (Kofler), sublimiert bei 75 bis 85°.

Erkennung. Nach Zugabe von Natronlauge fluoresziert die Substanz in wäßriger oder alkoholischer Lösung leuchtend blau; bei Zusatz von Hydroxylamin wird die Fluoreszenz gelöscht.

Nach F. Jaminet (ref. in Chem. Zbl. *1955,* S. 11046) eignet sich zum Nachweis von Pyrithyldion folgende Reaktion: Gibt man zu 2 ml einer wäßrigen Lösung 1 ml n NaOH und 1 Tr. H_2O_2-Lösung und erwärmt einige Min. auf dem Wasserbad, so entsteht eine Gelbfärbung mit einem Max. bei 400 mμ. Gibt man zu dieser Lösung 1 ml H_2SO_4 und 1 Tr. $FeCl_3$-Lösung, so entsteht sofort eine rotviolette Färbung.

Gehaltsbestimmung. Jaminet empfiehlt eine bromometrische Bestimmung.

Anwendung. Als Einschlafmittel, auch als Tagessedativum geeignet. Die Verbindung wird im Organismus weitgehend abgebaut und rasch ausgeschieden.

Handelsformen: Persedon (Hoffmann-La Roche AG), Persidon (Roche, USA).

Ethypiconum (INN).

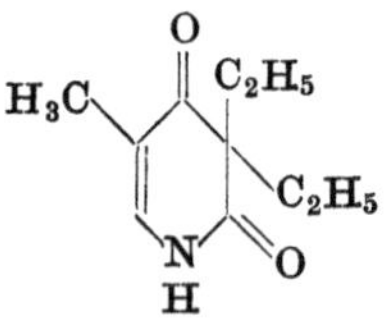

$C_{10}H_{15}NO_2$ M.G. 181,23

3,3-Diäthyl-2,4-dioxo-5-methyl-1,2,3,4-tetrahydropyridin.
3,3-Diäthyl-2,4-dioxo-5-methyl-5,6-dehydropiperidin.

Dihyprilon (INN). Piperidione.

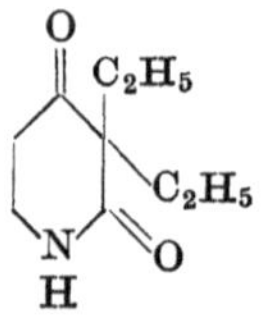

$C_9H_{15}NO_2$ M.G. 169,22

3,3-Diäthyl-2,4-dioxo-piperidin.

Handelsform: Die Substanz ist enthalten in Esanin (Hoffmann-La Roche).

Methyprylone BPC 63, NND 63, NF XII. Methyprylon (INN).

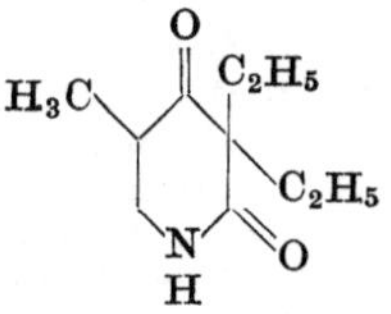

$C_{10}H_{17}NO_2$ M.G. 183,25

3,3-Diäthyl-2,4-dioxo-5-methyl-piperidin.

Eigenschaften. Weißes, kristallines Pulver von charakteristischem Geschmack, bitter nachschmeckend. Löslichkeit: Bei 20° löslich in 14 T. W., in 0,7 T. A. (97%), in 0,6 T. Chloroform, in 3,5 T. Äther. Fp. 74 bis 77°.

Erkennung. Nach BP 63: 1. Lichtabsorption: Die mit 50%igem A. bereitete Lösung zeigt zwischen 240 und 350 mμ nur ein Maximum bei 290 mμ. Die Extinktion einer 0,25%igen (g/ml) Lösung, gemessen in 1 cm Schichtdicke, beträgt etwa 0,50. – 2. 50 mg Substanz werden mit einer Mischung von 2 ml n NaOH und 5 ml W. versetzt, geschüttelt und mit 0,5 ml Kalium-hexacyanoferrat(III)-Lösung versetzt; die Lösung zeigt dann unter dem UV-Licht eine grüne Fluoreszenz.

Prüfung. 1. Trocknungsverlust: Höchstens 0,5%, wenn bei 50° und einem 5 Torr nicht überschreitenden Druck bis zur Gewichtskonstanz getrocknet wird. – 2. Sulfatasche: Höchstens 0,1%.

Gehaltsbestimmung. Nach BP 63 wird eine potentiometrische Titration mit 0,1 m alkalischer Kalium-hexacyanoferrat(III)-Lösung durchgeführt. 1 ml 0,1 m $K_3[Fe(CN)_6]$-Lösung entspricht 0,009163 g $C_{10}H_{17}NO_2$.

Aufbewahrung. Vor Licht geschützt, in gut schließenden Gefäßen.

Anwendung. Als Schlaf- und Beruhigungsmittel. Hinsichtlich seiner hypnotischen Wirkung soll die Verbindung eine Mittelstellung zwischen Pyrithyldion und Phenobarbital einnehmen.

Dosierung. Als Schlafmittel: 200 bis 400 mg.

Handelsform: Noludar (Hoffmann-La Roche).

Glutethimide BP 63, NND 63, NFN 59, NF XII, BPC 59, (INN). Gluthedimidum DAB 7 – DDR.

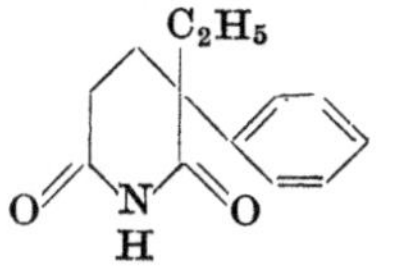

$C_{13}H_{15}NO_2$ M.G. 217,26

3-Phenyl-3-äthyl-2,6-dioxo-piperidin oder α-Phenyl-α-äthyl-glutarsäureimid.

Darstellung. Durch Cyclisierung von α-Phenyl-α-äthyl-glutarsäuremonoamid.

Eigenschaften. Farblose Kristalle oder weißes, kristallines Pulver, geruchlos, von bitterem Geschmack. Löslichkeit: Bei 20° löslich in 5 T. A. (95%), in 20 T. Äther und in weniger als 1 T. Chloroform. Fp. 85 bis 88°.

Erkennung. Nach BP 63: 1. 1 g Substanz wird mit 5 ml Natronlauge und 15 ml W. 30 Min. lang auf dem Wasserbad erhitzt, abgekühlt und gegen Lackmus mit verd. Salzsäure angesäuert; nach dem Filtrieren und Stehenlassen scheidet sich ein Kristallisat aus, das mit Wasser gewaschen und bei 100° getrocknet wird; Fp. bei 159°. – 2. 10 mg Substanz werden mit 2 ml W., 0,1 g Hydroxylamin-hydrochlorid und 1 ml Natronlauge versetzt, 10 Min. stehengelassen, dann mit 2 ml verd. Salzsäure angesäuert und mit 1 ml Eisen(III)-chlorid-Lösung versetzt; es entsteht eine tief braunrote Färbung. – 3. Die mit abs. A. bereitete Lösung zeigt zwischen 230 und 350 mμ drei Maxima: bei 251,5 mμ, 257,5 mμ und 263,5 mμ. Die Extinktion einer 0,025%igen (g/ml) Lösung, gemessen in 1 cm Schichtdicke, beträgt etwa: bei 251,5 mμ: 0,43, bei 257,5 mμ: 0,46 und bei 263,5 mμ: 0,36. – 4. 0,10 g Substanz wird nach Zusatz von 5,0 ml 3 n Natronlauge erhitzt. Die entweichenden Dämpfe färben angefeuchtetes rotes Lackmuspapier blau (DAB 7 – DDR). – 5. 0,10 g Substanz und 0,020 g Kobalt(II)-nitrat werden in 5,0 ml Methanol gelöst. Die Lösung zeigt nach dem Zusatz von 2,0 ml Bariumhydroxid-RL sofort eine Trübung und eine violette Färbung (DAB 7 – DDR).

Prüfung. 1. Unlösliche Verunreinigungen, Farbe der Lösung: 1,00 g Substanz muß sich in 10,0 ml Äthanol lösen. Die Lösung muß klar und darf nicht stärker gefärbt sein als 10,0 ml Farb-VLB (DAB 7 – DDR). – 2. Schwermetall-Ionen: 10,0 ml Prüflösung dürfen bei der

„Prüfung auf Schwermetalle" nach Methode I (Bd. I, 254) weder eine Trübung noch eine stärkere Färbung als die Vergleichsprobe zeigen (höchstens 0,002%, berechnet als Pb^{2+}). Prüflösung: 2,500 g Substanz werden nach Zusatz von 50,0 ml W. 1 Min. geschüttelt. Das Filtrat wird als Prüflösung verwendet (DAB 7 – DDR). – 3. Acetat: 5,0 ml Prüflösung dürfen nach Zusatz von 5,0 ml W. und 5 Tr. Eisen(III)-Chloridlösung (5,0 g/100,0 ml) keine braune oder rote Färbung zeigen (DAB 7 – DDR). – 4. Chlorid: 5,0 ml Prüflösung dürfen nach Zusatz von 5,0 ml W. bei der „Prüfung auf Chlorid" nach Bd. I, 257 keine Trübung zeigen (DAB 7 – DDR). – 5. Sulfat: 10,0 ml Prüflösung dürfen bei der „Prüfung auf Sulfat" nach Bd. I, 263 keine Trübung zeigen (DAB 7 – DDR). – 6. Sulfatasche: Höchstens 0,25% (DAB 7 – DDR); höchstens 0,1% (BP 63). – 7. Trocknungsverlust: Höchstens 0,50% (DAB 7 – DDR); höchstens 1,0%, wenn 24 Std. über Phosphorpentoxid und bei einem 5 Torr nicht überschreitenden Druck getrocknet wird (BP 63).

Gehaltsbestimmung. Nach BP 63: Etwa 0,5 g Substanz werden genau gewogen, mit 10 ml 0,5 n alkoholischer KOH auf dem Wasserbad 1 Std. am Rückfluß erhitzt, abgekühlt und mit 0,2 n HCl unter Verwendung von Phenolphthalein als Indikator titriert. Die Operation wird ohne Glutethimid als Blindversuch wiederholt. Aus der Differenz der beiden Titrationen ergibt sich die durch das Glutethimid verbrauchte Menge Alkali. 1 ml 0,2 n HCl entspricht 0,04345 g $C_{13}H_{15}NO_2$. Forderung: Mindestens 99,0%.

Das DAB 7 – DDR läßt eine Kjeldahl-Bestimmung durchführen. Dabei entspricht 1 ml 0,1 n Säure 21,73 mg Glutethimid.

Aufbewahrung. Vor Licht geschützt, in dicht schließenden Gefäßen.

Anwendung. Als Schlafmittel mittlerer Wirkungsstärke.

Dosierung. 250 bis 500 mg (BP 63).

Handelsform: Doriden (Ciba).

Amino-Glutethimide NND 62.

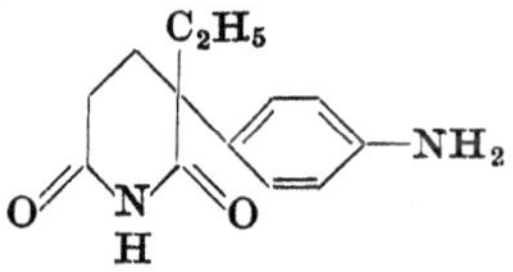

$C_{13}H_{16}N_2O_2$ M.G. 232,27

3-(p-Aminophenyl)-3-äthyl-2,6-dioxo-piperidin.

α-(p-Aminophenyl)-α-äthyl-glutar-säureimid.

Handelsform: Elipten (Ciba).

Iminophenimidum (INN).

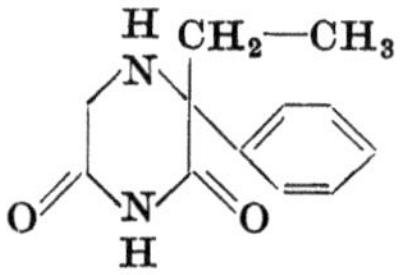

$C_{12}H_{14}N_2O_2$ M.G. 218,24

3-Äthyl-3-phenyl-piperazin-dion-(2,6).

Aminophenylpyridone NFN 61.

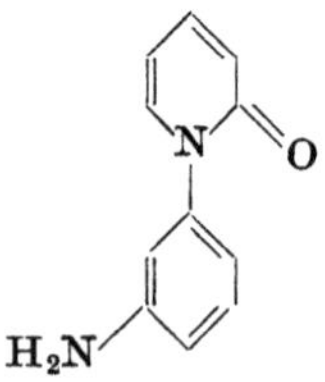

$C_{11}H_{10}N_2O$ M.G. 186,21

N-(m-Aminophenyl)-pyridon-2.

Handelsform: Dornval (Maltbie).

Ketohexazinum NFN 62.

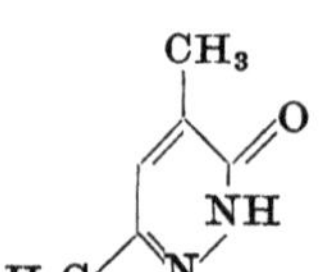

$C_6H_8N_2O$ M.G. 124,14

4,6-Dimethyl-2,3-dihydro-pyridazinon-(3).

Methaqualon (INN).

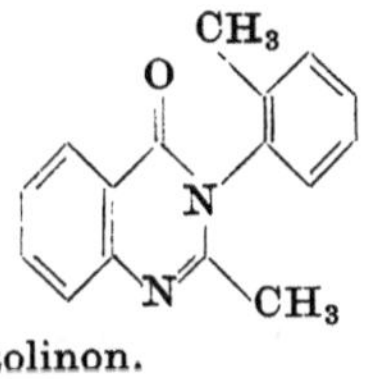

$C_{16}H_{14}N_2O$ M.G. 250,29

2-Methyl-3-o-tolyl-4-(3H)-chinazolinon.

Anwendung. Bei Einschlaf- und Wiedereinschlafstörungen sowie Schlaflosigkeit bei Schmerzen.

Handelsform: Revonal (Merck).

Aethinazon (INN).

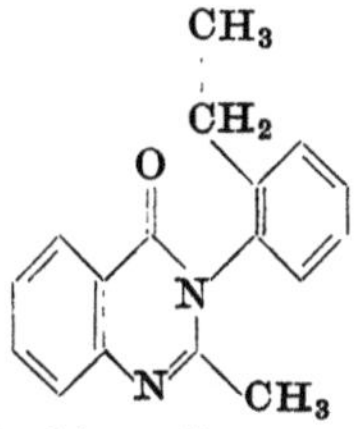

$C_{17}H_{16}N_2O$ M.G. 264,31

2-Methyl-3-o-äthylphenyl-4-(3H)-chinazolinon.

Anwendung. Tagessedativum und mildes Einschlafmittel.

Handelsform: Aolan (Beiersdorf).

Mogadan.

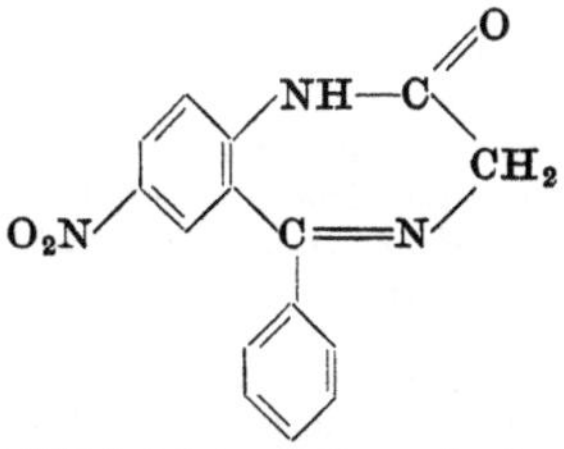

$C_{15}H_{11}N_3O_3$ M.G. 281,3

1,3-Dihydro-7-nitro-5-phenyl-2H-1,4-benzo-diazepin-2-on.

Darstellung s. L. H. Sternbach u.a.: J. med. pharm. Chem. *6*, 261 (1963).

Eigenschaften. Gelbliches, kristallines Pulver, praktisch geruch- und geschmacklos; löslich in Chloroform, Aceton, Alkoholen, Essigsäureäthylester, unlöslich in W., Ae., Benzol, Hexan, Petroläther. Fp. 216 bis 230°. UV- und IR-Spektrum s. O. Pribilla: Arzneimittel-Forsch. (Drug Res.) *15*, 1148 (1965).

Erkennung. 1. Durch saure Hydrolyse erhält man 2-Amino-5-nitro-benzophenon, dessen Hydrochlorid bei 161° (Kofler) schmilzt. – 2. DC: Stationäre Phase: Kieselgel G (Merck), Detektion durch Fluoreszenz im UV-Licht oder Besprühen mit Dragendorffs Reagens.

Mobile Phase	*R_f-Wert*
Benzol	0,05
Methanol	0,85
Benzol : Methanol = 29 : 0,1	0,05
Chloroform : Aceton = 9 : 1	0,45

3. Polarographie und Oszillopolarographie s. H. Oelschläger, J. Volke, G. T. Lim u. U. Frank: Arzneimittel-Forsch. (Drug Res.) *16*, 82 (1966).

Pharmakologische Eigenschaften. Mogadan steht als Benzodiazepinderivat hinsichtlich seiner chemischen, pharmakologischen und therapeutischen Eigenschaften den Präparaten Librium und Valium nahe. Es besitzt jedoch auch einen ausgeprägten hypnogenen Effekt und wirkt damit schlafinduzierend. Mogadan unterscheidet sich von den herkömmlichen Schlafmitteln durch seinen Wirkungsmechanismus, seinen normalisierenden Einfluß auf den Wach-Schlaf-Rhythmus, seine gute Verträglichkeit und geringe Toxizität.

Dosierung. Übliche Dosis: 5 bis 10 mg, wodurch eine Schlafdauer von 6 bis 8 Std. erreicht wird.

Anwendung. Bei Schlafstörungen durch Reizbarkeit, Überbeanspruchung, Ärger, Angst, Spannungen, Bedrückungen usw., bei Schlafstörungen, die durch organische Erkrankungen verursacht werden.

Handelsform: Mogadan (Hoffmann-La Roche).

III. Nichtcyclische Harnstoffderivate, Säureamide und Urethane

Die auch als Monoureide bezeichneten, nicht cyclischen Harnstoffderivate werden zur Behandlung leichter Schlafstörungen verwandt. Die Wirkung dauert etwa 3 bis 4 Std. Die Dosierung schwankt zwischen 0,5 und 1,5 g. In kleineren Dosen dienen die aufgezählten Verbindungen meist als Sedativa.

Bromadalum Ph.Helv. V. Bromdiäthyl-acetylcarbamid DAB 7 – BRD. Bromdiaethylacetylcarbamidum ÖAB 9. Carbromalum Ph.Dan. IX. Carbromal BP 63, BPC 54, NF X, (INN). Bromdiäthylacetylcarbamid. Bromdiaethylacetylurea. Bromadal.

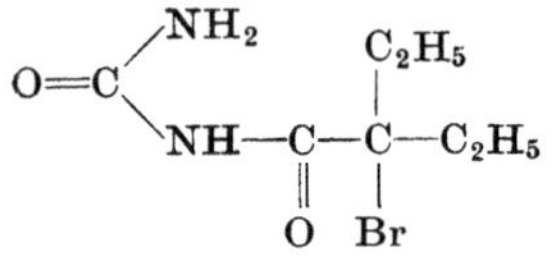

$C_7H_{13}BrN_2O_2$ M.G. 237,11

2,2-Diäthyl-2-brom-acetyl-harnstoff.

Eigenschaften. Weißes, praktisch geruch- und geschmackloses, kristallines Pulver; wasserdampfflüchtig, sublimiert geringfügig zwischen 60 und 80°; leicht löslich in A., Aceton, Benzol, löslich in siedendem W., sehr wenig löslich in W. oder Petroläther. Fp. 116 bis 118°.

Erkennung. 1. Werden 0,2 g Substanz mit 3 ml Natronlauge erhitzt, so entwickelt sich Ammoniak. – 2. 0,40 g Substanz werden mit 0,40 g Zinkstaub, 10,0 ml Äthanol 96% und 0,40 ml Essigsäure unter Rückfluß 30 Min. lang auf dem Wasserbad erhitzt. Aus der heiß filtrierten Lösung fällt beim Abkühlen Diäthylacetylcarbamid aus, das nach dem Auswaschen mit W. und Trocknen bei 105° zwischen 209 und 214° schmilzt (DAB 7 – BRD). – 3. 3,0 ml des Filtrates von 2. werden mit 1,0 ml 3 n Schwefelsäure angesäuert, mit 2,0 ml Chloroform und 1,0 ml Chloramin-T-Lösung versetzt. Beim Umschütteln färbt sich die Chloroformschicht braun (DAB 7 – BRD). – 4. Versetzt man die mit Natronlauge bis zur Ammoniakentwicklung erhitzte Lösung nach dem Abkühlen mit verd. Salpetersäure, Chloroform und Kaliumpermanganat bis zur Gelbfärbung, so färbt sich beim Schütteln das Chloroform bräunlich (Ph.Helv. V). – 5. Werden 100 mg Substanz in 1 ml A. gelöst, mit 1 ml konz. Schwefelsäure versetzt und dann zum Sieden erhitzt, so entwickelt sich ein fruchtesterähnlicher Geruch (Ph.Helv. V).

Prüfung. 1. Organische Verunreinigungen: Die Lösung von 100 mg Substanz in 1 ml konz. Schwefelsäure muß farblos oder beinahe farblos sein (Ph.Helv. V). – 2. 100 mg Substanz müssen sich in 2 ml A. klar, farblos und völlig lösen (Ph.Helv. V). – 3. Sulfat: Werden 0,2 g Substanz mit 10 ml W. geschüttelt, so darf das Filtrat Lackmuspapier nicht verändern und durch Bariumnitratlösung nicht getrübt werden (Ph.Helv. V). – 4. Bromid, Chlorid: 500 mg Substanz werden mit 5 ml frisch ausgekochtem und wieder erkaltetem W. während 1 Min. geschüttelt. 1 ml des Filtrates + 1 ml verd. Salpetersäure darf durch 4 Tr. Silbernitratlösung nicht stärker getrübt werden als 1 ml einer Mischung von 1 ml Chlorid-Vergleichslösung (etwa 0,002 n) + 9 ml W., welcher ebenfalls 1 ml verd. Salpetersäure + 4 Tr. Silbernitratlösung zugesetzt sind (Ph.Helv. V). – 5. 0,5 g Substanz dürfen beim Verbrennen keinen wägbaren Rückstand hinterlassen (Ph.Helv. V). – 6. Sulfatasche: Höchstens 0,1% (DAB 7 – BRD).

Gehaltsbestimmung. DAB 7 – BRD, Ph.Dan. IX, BP 63, ÖAB 9 und Ph.Helv. V lassen eine argentometrische Brombestimmung durchführen. Vorschrift nach Ph.Helv. V: Etwa 0,3 g Substanz werden genau gewogen und in einem Erlenmeyerkolben von 200 ml Inhalt am Rückflußkühler mit 10 ml konz. Natronlauge während 15 Min. in schwachem Sieden erhalten. Die Mischung wird mit 50 ml W. und 10 ml konz. Salpetersäure und nach dem Erkalten mit 20,00 ml 0,1 n $AgNO_3$-Lösung versetzt. Unter Verwendung von 2 ml Eisen(III)-ammoniumsulfatlösung wird das überschüssige Silbernitrat mit 0,1 n NH_4SCN-Lösung bis zum Farbumschlag in Rötlichgelb zurücktitriert (Mikrobürette). In einem Blindversuch ist ohne vorangehendes Kochen der Halogengehalt der 10 ml konz. Natronlauge festzustellen. 1 ml 0,1 n $AgNO_3$-Lösung entspricht 0,07992 g Brom. Forderung: Mindestens 33% und höchstens 33,7% Brom. 0,3000 g Substanz müssen mindestens 12,39 und höchstens 12,65 ml 0,1 n $AgNO_3$-Lösung verbrauchen.

Aufbewahrung. In gut verschlossenen Gefäßen.

Dosierung. Größte Einzelgabe 1,5 g, größte Tagesgabe 3,0 g.

Handelsform: Adalin (Bayer).

Bromisovalum Ph.Helv. V, DAB 7 – DDR, Ph.Dan. IX, NF XI. Bromisovalerianylcarbamid DAB 7 – BRD. Bromisovalerianylcarbamidum ÖAB 9. Bromeval BPC 54. Bromvaletone. Bromisoval. α-Bromisovalerylcarbamid. Bromisovalerianylurea. Bromisovalerianylharnstoff.

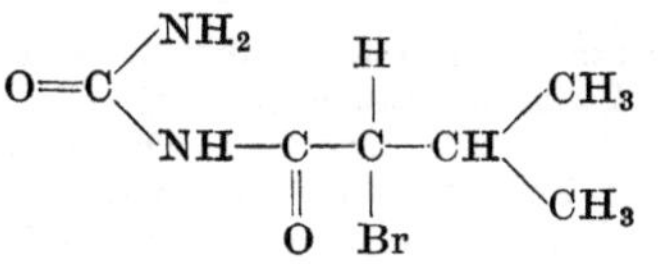

$C_6H_{11}BrN_2O_2$ M.G. 223,09

2-Brom-isovalerianyl-harnstoff.

Eigenschaften. Weißes, schwach bitter schmeckendes, fast geruchloses, kristallines Pulver, leicht löslich in A. oder Äther, wenig löslich in W., in siedendem W. löslich unter Zersetzung. Fp. unscharf bei 147 bis 149°.

Erkennung. 1. 0,40 g Substanz werden mit 0,40 g Zinkstaub, 10,0 ml Äthanol (96%) und 0,40 ml Essigsäure unter Rückfluß 30 Min. lang auf dem Wasserbad erhitzt. Aus der heiß filtrierten Lösung fällt beim Abkühlen Isovalerianylcarbamid aus, das nach dem Auswaschen mit W. und Trocknen bei 105° zwischen 202 und 206° schmilzt (DAB 7 – BRD). – 2. 3,0 ml des Filtrates von 1. werden mit 1,0 ml 3 n Schwefelsäure angesäuert, mit 2,0 ml Chloroform und 1,0 ml Chloramin-T-Lösung versetzt. Beim Umschütteln färbt sich die Chloroformschicht braun (DAB 7 – BRD). – 3. 0,10 g Substanz wird nach Zusatz von 5,0 ml 3 n Natronlauge erhitzt, die entweichenden Dämpfe färben angefeuchtetes rotes Lackmuspapier blau (DAB 7 – DDR). – 4. Die Mischung von 3. wird nach Zusatz von 5,0 ml 6 n Schwefelsäure erhitzt. Es ist der Geruch nach Isovaleriansäure wahrnehmbar (DAB 7 – DDR).

Prüfung. 1. Aussehen der Lösung: Die Lösung von 0,10 g Substanz in 2,00 ml Äthanol (90%) muß klar und farblos sein (DAB 7 – BRD), ähnlich DAB 7 – DDR). – 2. Sauer oder alkalisch reagierende Verunreinigungen: Je 5,0 ml Prüflösung dürfen nach Zugabe von 0,10 ml Methylrotlösung II höchstens 0,10 ml 0,02 n Natronlauge bis zum Umschlag nach Gelb und höchstens 0,10 ml 0,02 n Salzsäure bis zum Umschlag nach Rot verbrauchen. Prüflösung: 1,25 g Substanz werden 5 Min. lang mit 25,0 ml W. kräftig geschüttelt. Das Filtrat wird unter Nachwaschen des Filters auf 25,0 ml ergänzt (DAB 7 – BRD). – 3. Chlorid- und Bromid-Ionen: 2,0 ml Prüflösung werden nach der Vorschrift Bd. I, 257 geprüft (DAB 7 – BRD). – 4. Schwermetall-Ionen: 10,0 ml Prüflösung (2,500 g Substanz werden nach Zusatz von 50,0 ml kohlendioxidfreiem W. 1 Min. geschüttelt. Das Filtrat wird als Prüflösung verwendet) dürfen bei der Prüfung auf Schwermetall-Ionen nach Bd. I, 254 weder eine Trübung noch eine Färbung zeigen (DAB 7 – DDR). – 5. Verhalten gegen Schwefelsäure: 0,100 g Substanz werden nach Bd. I, 239 geprüft. Die Lösung darf nicht stärker gefärbt sein als 5,0 ml einer Mischung von 0,30 ml Eisen(III)-chlorid-Lösung III, 0,10 ml Kobalt(II)-chlorid-Lösung, 0,15 ml Kupfer(II)-sulfat-Lösung II und 49,4 ml Salzsäure, 1%ig (DAB 7 – BRD). – 6. Organische Verunreinigungen: 0,200 g Substanz werden in 5,0 ml konz. Schwefelsäure unter Schütteln gelöst. 15 Min. nach dem Schwefelsäurezusatz darf die Lösung keine stärkere Färbung zeigen als 5,0 ml Farb-VLE (DAB 7 – DDR). – 7. Trocknungsverlust: Höchstens 0,2% (DAB 7 – BRD); höchstens 0,25% (DAB 7 – DDR). – 8. Sulfatasche: Höchstens 0,1% (DAB 7 – BRD und DAB 7 – DDR).

Gehaltsbestimmung. Nach DAB 7 – BRD, DAB 7 – DDR, ÖAB 9, Ph.Dan. IX und nach Ph.Helv. V wird der Bromgehalt argentometrisch bestimmt. Vorschrift der Ph.Helv. V: Ausführung analog Bromadalum. Einwaage etwa 0,3 g, genau gewogen. 1 ml 0,1 n $AgNO_3$-Lösung entsprechen 0,07992 g Brom. Forderung: Mindestens 34%, höchstens 35,8% Brom. 0,3000 g Substanz müssen mindestens 12,76 und höchstens 13,44 ml 0,1 n $AgNO_3$-Lösung verbrauchen.

Aufbewahrung. Vor Licht geschützt, in gut schließenden Gefäßen.

Dosierung. Größte Einzelgabe 1,0 g, größte Tagesgabe 2,0 g.

Handelsform: Bromural (Knoll).

Acetylcarbromal. Acetcarbromal. Acetyladalin. Acetyldiäthylbromacetylcarbamid.

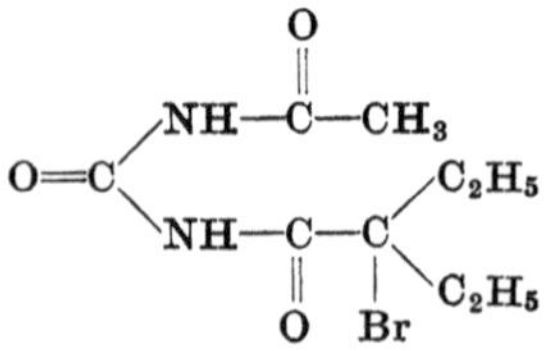

$C_9H_{15}BrN_2O_3$ M.G. 279,06

N-(2-Brom-2,2-diäthyl-acetyl)-N'-acetyl-harnstoff.

Eigenschaften. Weißes, kristallines, geruchloses, schwach bitter schmeckendes Pulver. Leicht löslich in A., schwer löslich in W. Fp. 108 bis 110°.

Erkennung. 1. Beim Erhitzen von etwas Substanz am ausgeglühten Kupferdraht entsteht eine Grünfärbung der Flamme (Beilstein-Probe). – 2. Beim Erhitzen mit Natronlauge tritt der Geruch nach Ammoniak auf. – 3. Die nach 2. erhaltene Lösung gibt nach dem Abkühlen, Ansäuern mit Salpetersäure und Versetzen mit Silbernitratlösung einen gelblichen Niederschlag von Silberbromid. – 4. Die nach 2. erhaltene Lösung gibt nach dem Ansäuern mit Schwefelsäure und Zusatz von A. beim Erhitzen den Geruch nach Essigsäureäthylester.

Prüfung. 1. Werden 0,2 g Substanz mit 10 ml W. geschüttelt, so darf das Filtrat Lackmuspapier nicht röten und durch Bariumnitratlösung nicht verändert werden. – 2. 100 mg Substanz müssen sich in 1 ml konz. Schwefelsäure farblos lösen. – 3. 0,2 g Substanz dürfen nach dem Verbrennen höchstens 0,001 g Rückstand hinterlassen.

Gehaltsbestimmung. Analog Bromisoval oder Carbromal kann eine argentometrische Brombestimmung durchgeführt werden. Dabei müssen für 0,3000 g Substanz 10,5 bis 10,8 ml 0,1 n $AgNO_3$-Lösung verbraucht werden, entsprechend 28,0 bis 28,8% Brom oder 97,7 bis 100,5% $C_9H_{15}BrN_2O_3$.

Dosierung. 0,25 bis 0,5 g dreimal täglich. Größte Einzelgabe 1,0 g, größte Tagesgabe 2,0 g.

Handelsform: Abasin (Bayer; Winthrop).

Apronalid. Apronalum.

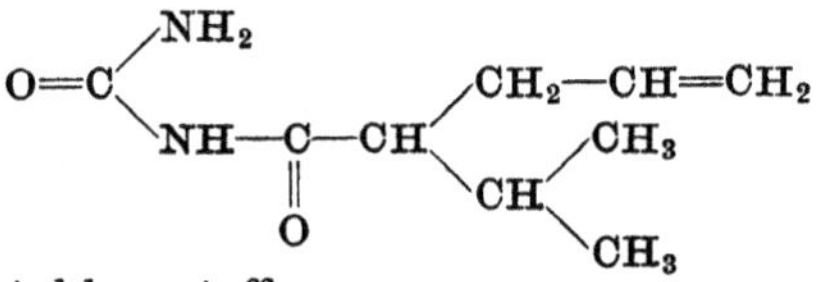

2-Allyl-2-isopropyl-acetyl-harnstoff.

Anwendung. Früher als Schlafmittel verwandt. Heute wegen seiner Nebenwirkungen (Purpura) kaum noch verordnet.

Handelsform: Sedormid (Hoffmann-La Roche).

Fenuron.

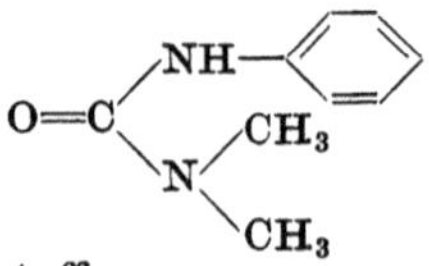

N-Phenyl-N',N'-dimethyl-harnstoff.

Anwendung. Als Beruhigungs- und leichtes Schlafmittel.

Diuron.

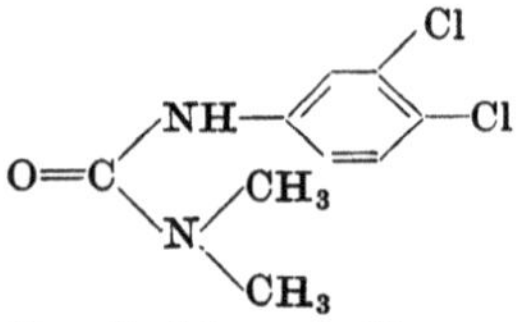

N-(3,4-Dichlorphenyl)-N',N'-dimethyl-harnstoff.

Anwendung. Als Beruhigungs- und leichtes Schlafmittel.

Ibrotalum NFN 57.

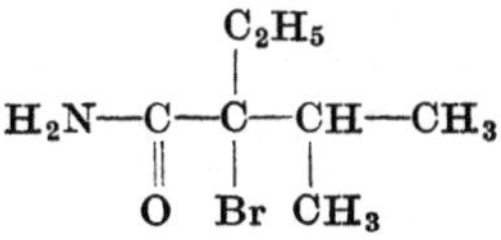

2-Brom-2-äthyl-3-methyl-butyrylamid.

Valoctamidum NFN 62.

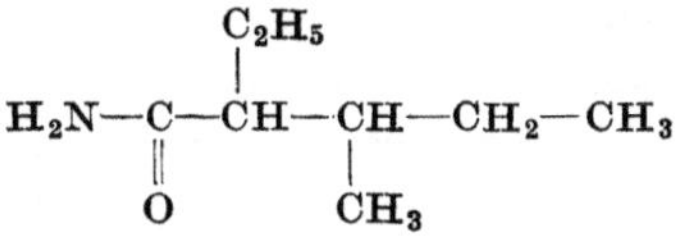

2-Äthyl-3-methyl-valerianyl-amid.

Handelsform: Axiquel (McNeil).

Urethanum DAB 6, Ph.Helv. V, Ph.Dan. IX, Gall. VII, ÖAB 9, PI.Ed. I/2. Urethan NF XII, USP XVI. Urethane BP 63. Äthylurethan. Äthylcarbamat.

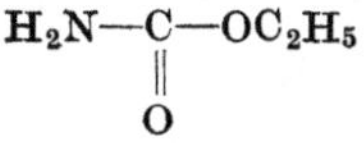

$C_5H_7NO_2$ M.G. 89,10

Carbaminsäureäthylester.

Eigenschaften. Farblose, fast geruchlose Kristalle oder Blättchen, oder weißes gekörntes Pulver von salzig-kühlendem, schwach bitterem Geschmack. Löslichkeit: Bei 20° löslich in etwa 1 T. W. oder A. in etwa 1,5 T. Äther oder Chloroform, in etwa 3 T. Glycerin, wenig löslich in fetten Ölen. Schmelzintervall: Nach dem Trocknen über Schwefelsäure 48 bis 50°.

Erkennung. 1. Beim Erhitzen in etwa 50%iger Schwefelsäure entweicht Kohlendioxid. – 2. Beim Erhitzen mit verd. Natronlauge wird Ammoniak entwickelt, das charakteristisch riecht und angefeuchtetes Lackmuspapier bläut. – 3. Versetzt man die bei der vorhergehenden Prüfung erhaltene Lösung mit einigen Tr. Jodlösung, so entsteht eine gelbe Trübung und es tritt ein intensiver Geruch nach Jodoform auf (ÖAB 9, ähnlich DAB 6, ähnlich PI.Ed. I/2, BP 63, USP XVI). – 4. Das IR-Spektrum einer 1%igen, mit abs. Chloroform bereiteten Lösung darf im Bereich von 2 bis 16 μ nur bei den gleichen Wellenlängen Banden aufweisen, wie das entsprechend gemessene USP-Standard-Präparat (USP XVI).

Prüfung. 1. Eine Lösung von 1 T. Substanz in 9 T. W. muß klar und farblos sein. – 2. Freie Säure: Eine Mischung von 5 ml der Lösung (1 + 9) und 5 ml W. muß sich nach Zusatz von 2 Tr. Phenolphthaleinlösung und 0,20 ml 0,01 n NaOH rot färben (ÖAB 9). – 3. Chlorid: Die wäßrige Lösung (1 + 9) darf durch Silbernitratlösung nicht verändert werden (DAB 6). – 4. Nitrat: 2 ml der wäßrigen Lösung (1 + 9) dürfen, mit der gleichen Raummenge Schwefelsäure gemischt, nach dem Überschichten mit 1 ml Eisen(II)-sulfatlösung keine gefärbte Zone zeigen (DAB 6). – 5. Ammonium: Eine Mischung von 5 ml der Lösung (1 + 9) und 5 ml W. darf sich auf Zusatz von 2 Tr. NESSLERs Reagens innerhalb von 5 Min. nicht verändern (ÖAB 9). – 6. Harnstoff: Die Lösung von 1 g Substanz in 1 ml W. darf, mit 1 ml konz. Salpetersäure gemischt, keinen Niederschlag geben (DAB 6). – 7. Schwermetalle: In der Lösung (1 + 9) dürfen Schwermetalle in unzulässiger Weise nicht nachweisbar sein (ÖAB 9). – 8. Blei: Höchstens 10 ppm (PI.Ed. I/2). – 9. Verbrennungsrückstand: Höchstens 0,1% (ÖAB 9), höchstens 0,05% (PI.Ed. I/2), 0,2 g Substanz dürfen keinen wägbaren Rückstand hinterlassen (DAB 6).

Gehaltsbestimmung. Nach BP 63, Ph.Dan. IX und ÖAB 9 wird eine Kjeldahl-Bestimmung durchgeführt. 1 ml 0,1 n HCl oder H_2SO_4 entspricht 8,910 mg $C_3H_7NO_2$.

Aufbewahrung. In gut verschlossenen Gefäßen.

Dosierung. 0,5 bis 3 g täglich (BP 63). Gebräuchliche Einzeldosis 1,0 bis 2,0 g. Einzelmaximaldosis 3,0 g, Tagesmaximaldosis 6,0 g (ÖAB 9).

Voluntal. Trichloräthyl-urethan.

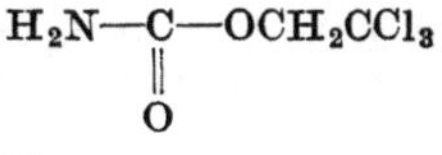

$C_3H_4NO_2Cl_3$ M.G. 278,51

Carbaminsäure-trichloräthylester.

Eigenschaften. Weißes, kristallines Pulver, fast geruchlos, von schwach bitterem Geschmack. Auf der Zunge verursacht die Substanz eine rasch vorübergehende Gefühllosigkeit. Leicht löslich in A. oder Äther, schwer löslich in W. Fp. etwa 64°.

Erkennung. 1. Gibt eine positive Beilstein-Probe. – 2. Mit Nesslers Reagens entsteht in wäßriger Lösung ein weißer, flockiger Niederschlag. In konz. Schwefelsäure in der Kälte farblos löslich; die Lösung zersetzt sich beim Erwärmen unter Gasentwicklung und Bräunung. – 3. Verdünnt man die unter 2. erhaltene Lösung mit Wasser und übersättigt mit Natronlauge, so wird beim Kochen Ammoniak entwickelt. – 4. Wird die Substanz mit Natronlauge gekocht und die erhaltene Lösung mit Salpetersäure angesäuert, so tritt auf Zusatz von Silbernitratlösung eine starke Fällung von Silberchlorid ein.

Anwendung. Früher als Hypnoticum und Sedativum, heute nur noch wenig verordnet.

Handelsform: Voluntal (Bayer, Leverkusen), enthalten im Compral (Bayer).

IV. Äthinol-Derivate

Die gebräuchlichen Äthinole sind durchweg milde Hypnotica und wirksame Sedativa. Sie besitzen eine kurze bis mittlere Wirkungsdauer und werden daher hauptsächlich als Ein- und Durchschlafmittel verwandt. Die Dosierung erstreckt sich von 0,2 bis 1,0 g. Nebenwirkungen wurden bei normaler Dosierung bisher nicht bekannt.

Methylpentinolum (INN). Methylparafynol. Meparfynol.

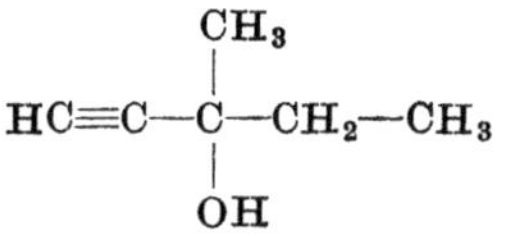

$C_6H_{10}O$ M.G. 98,14

3-Methyl-1-pentinol-(3).

Herstellung. Durch Äthinylierung von Methyläthylketon.

Eigenschaften. Flüssig, Kp. 117 bis 118°, von scharfem Geruch und brennendem Geschmack, löslich in Wasser.

Erkennung. Beim Erwärmen mit ammoniakalischer Kupferchloridlösung entsteht ein gelber Niederschlag, der unlöslich in W., löslich in Aceton, Chloroform und Äther ist. Mit ammoniakalischer Silbersalzlösung entsteht ein weißer, voluminöser Niederschlag. Trockene Acetylenide (z.B. die Silber- oder Kupferverbindungen) explodieren beim Erwärmen.

Anwendung. Als Einschlafmittel. Der Schlaf tritt etwa 30 Min. nach der peroralen Einnahme ein. Die Wirkung hält nur 1 bis 2 Std. an.

Handelsformen: Dormison (Schering, USA), Oblivon (Brit. Schering), Dormocit (Chemipharm GmbH, Saarbrücken), Allotropal (Heyl, Berlin-Steglitz).

Centalun.

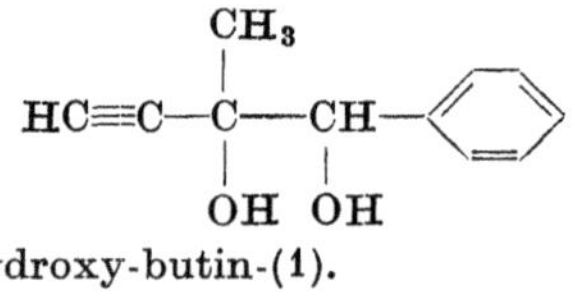

4-Phenyl-3-methyl-3,4-dihydroxy-butin-(1).

Anwendung. Als Sedativum und leichtes Schlafmittel.

Handelsform: Centalun (Boehringer, Ingelheim).

Ethychlorvynol NND 63, NF XII.

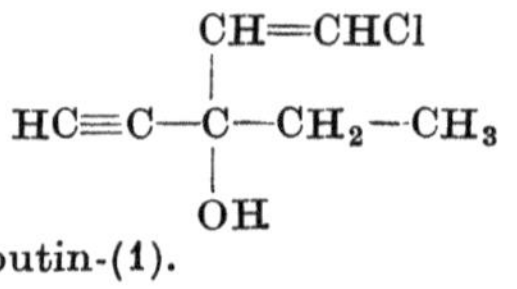

2-Hydroxy-2-(2′-chlorvinyl)-butin-(1).

Eigenschaften. Farblose bis leicht gelbliche Flüssigkeit von stechendem Geruch, mischbar mit den üblichen organischen Lösungsmitteln, nicht mischbar mit W.; dunkelt bei Zutritt von Licht und Luft.

Handelsformen: Placidyl (Abbott), Roeridorm (Roerig, Karlsruhe).

Ethinamate NND 63. 1-Äthinyl-cyclohexyl-carbamat NFN 59, NF XII.

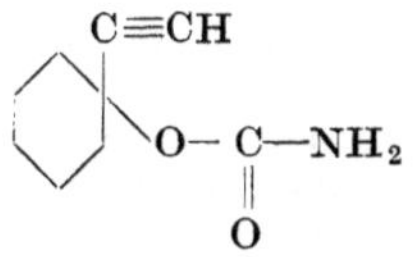

$C_9H_{13}NO_2$ M.G. 167,20

Carbaminsäureester des 1-Äthinyl-cyclohexanols-(1).

Eigenschaften. Weißes, geruchloses Pulver. Gut löslich in A., weniger löslich in W. Die ges. wäßrige Lösung reagiert nahezu neutral (pH 6,5 bis 7,0). Fp. 112° (96 bis 98°).

Anwendung. Bei leichten und mittelschweren Schlafstörungen.

Handelsformen: Valamin (Schering), Valamid (Lilly), Valaminetten (Schering).

Dolcental.

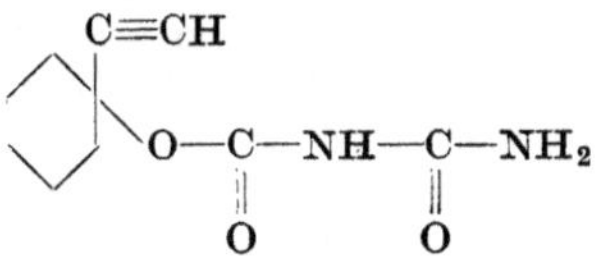

$C_{10}H_{14}N_2O_3$ M.G. 210,22

1-Äthinyl-cyclohexyl-allophanat-(1).

Eigenschaften. Kristallines, farbloses, geruch- und geschmackloses Pulver. Fp. 186 bis 187°.

Anwendung. Als Sedativum und Hypnoticum.

Handelsform: Dolcental (Pharma Rheinpreußen).

Repocal.

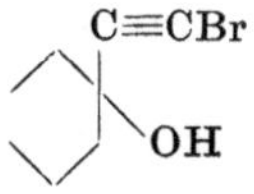

1-(2′-Bromäthinyl)-cyclohexanol-(1).

Handelsform: Repocal (Desitinwerk, Hamburg).

V. Chloralhydrat und Derivate

Chloralhydrat, das zwar ein gutes Schlafmittel ist, wegen seiner lokalen Unverträglichkeit (Schleimhautreizung) und der Geruchsbelästigung, die nach Verabreichung in der ausgeatmeten Luft auftritt, heute nur noch selten gegeben wird, erlangte in Form seiner Derivate wieder therapeutische Bedeutung. Chloralhydrat wird schnell resorbiert; die Wirkung dauert etwa 5 Stunden, wobei keine Katererscheinungen beobachtet werden.

Chloralum hydratum DAB 7 – DDR, ÖAB 9, Ph.Helv.V. Chloralhydrat DAB 7 – BRD. Chloral Hydrate USP XVI, BP 63. Chlorali Hydras PI.Ed. I/1, Ph.Dan. IX. Chloralhydrat. Chloral.

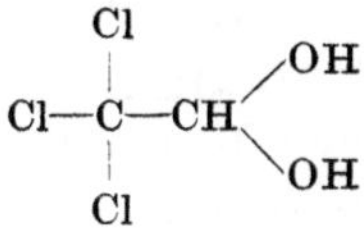

$C_2H_3Cl_3O_2$ M.G. 165,42

Trichloracetaldehyd-hydrat.

Eigenschaften. Farblose, durchsichtige, trockene Kristalle, die an der Luft nicht verwittern, von charakteristischem, stechendem Geruch, von schwach bitterem, brennendem Geschmack. Löslichkeit: Bei 20° löslich in etwa 0,3 T. W., in etwa 1 T. A. oder Äther, in etwa 3 T. Chloroform, in etwa 5 T. Schwefelkohlenstoff, leicht löslich in fetten Ölen. Chloralhydrat verflüchtigt sich an der Luft allmählich. Konzentrierte Lösungen wirken ätzend. Schmelzintervall: 51 bis 57° (im Röhrchen).

Erkennung. 1. Mit Natronlauge gibt Chloralhydrat eine trübe, unter Abscheidung von Chloroform sich klärende Lösung. – 2. Erwärmt man die Lösung bis zum Verschwinden des Chloroformgeruches und säuert hierauf mit Essigsäure an, so entsteht beim Erwärmen mit Quecksilber(II)-chloridlösung ein weißer, feinkristalliner Niederschlag (ÖAB 9). –

3. Beim Erhitzen mit einigen Tr. Anilin und Natriumhydroxid bildet sich der widerliche Isonitrilgeruch (USP XVI, PI.Ed. I/1).

Prüfung. 1. Chloralhydrat muß trocken sein und darf keine gefärbten Kristalle enthalten (Ph.Helv. V). – 2. Eine Lösung von 1 T. Chloralhydrat in 9 T. W. muß klar und farblos sein (ÖAB 9). – 3. Freie Säure: Die Lösung (1 + 9) darf gegen Methylorange nicht sauer reagieren (ÖAB 9). – 4. Chlorid-Ionen: 5,0 ml Prüflösung (10%ig) werden nach der in Bd. I, 257, gegebenen Vorschrift geprüft (DAB 7 – BRD). – 5. Benzol: Eine Lösung von 0,5 g Substanz in 5 ml Wasser darf beim Erwärmen nicht nach Benzol riechen (DAB 7 – BRD). – 6. Chloralalkoholat: Erwärmt man 1 g Chloralhydrat mit 5 ml Salpetersäure 5 Min. lang im Wasserbad, so dürfen sich keine rotbraunen Dämpfe bilden und die Lösung darf sich nicht gelb färben (ÖAB 9). – 7. Verhalten gegen Formaldehyd-Schwefelsäure: 2,00 g Substanz werden mit 10,0 ml konz. Schwefelsäure und 0,20 ml Formaldehydlösung in das bei „Äthanol" beschriebene Prüfglas eingefüllt. Nach dem Umschütteln darf sich das Gemisch innerhalb 30 Min. nicht färben (DAB 7 – BRD). – 8. 500 mg Substanz dürfen bei vorsichtigem Erhitzen in einer offenen Schale keine brennbaren Dämpfe entwickeln und nach dem Verbrennen keinen wägbaren Rückstand hinterlassen (Ph.Helv. V). – 9. Verdampfungsrückstand: Höchstens 0,1% (ÖAB 9). – 10. Sulfatasche: Höchstens 0,10% Rückstand (DAB 7 – DDR und DAB 7 – BRD).

Gehaltsbestimmung. Nach DAB 7 – BRD, DAB 7 – DDR, Ph.Dan. IX, Ph.Helv. V, PI. Ed. I/1, USP XVI, BP 63 und ÖAB 9 werden acidimetrische Bestimmungen durchgeführt. Vorschrift der PI.Ed. I/1: Etwa 4 g Substanz, genau gewogen, werden in 10 ml W. gelöst und mit 30 ml n NaOH versetzt. Die Lösung bleibt 2 Min. stehen und wird dann mit n H_2SO_4 unter Verwendung von Phenolphthalein als Indikator titriert. 1 ml n NaOH entspricht 0,1654 g $C_2H_3Cl_3O_2$.

Nach BP 63 wird in der mit Schwefelsäure austitrierten Lösung das Chlorid argentometrisch bestimmt.

Aufbewahrung. Kühl, vor Licht geschützt, in dicht verschlossenen Glasstopfengefäßen.

Dosierung. Einzelmaximaldosis 3,0 g, Tagesmaximaldosis 6,0 g. Gebräuchliche Einzeldosis 0,5 bis 1,5 g (in 100 ml W.).

Abgabe. Lösungen von Chloralhydrat sind bei Bedarf stets frisch zu bereiten.

Toloxichloralum.

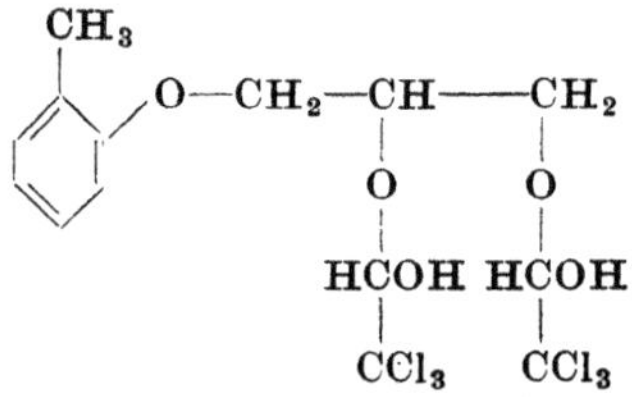

1,2-Bis-(2′,2′,2′-trichlor-1′-hydroxy-äthoxy)-3-(2′toloxy)-propan.

Chloralsalicylamid.

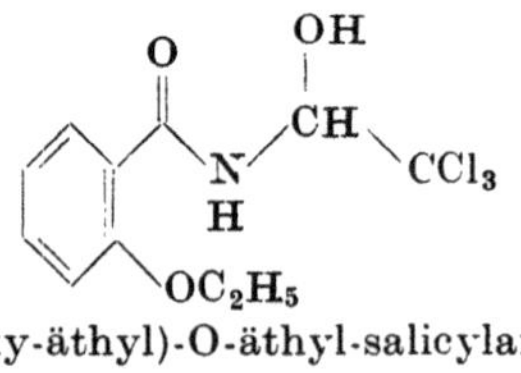

N-(2′,2′,2′-Trichlor-1′-hydroxy-äthyl)-O-äthyl-salicylamid.

Handelsform: Apaisyl (S. M. S. Bruxelles).

Petrichloral NND 63. Pentaerythrol Chloral.

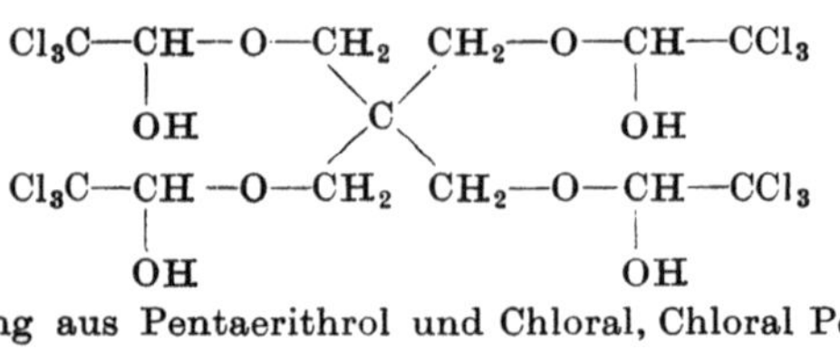

Molekularverbindung aus Pentaerithrol und Chloral, Chloral Pentaerythrolat.

Handelsform: Periclor (Ives-Cameron Company).

Chloralose. α-Chloralose. α-D-Glucochloralose.

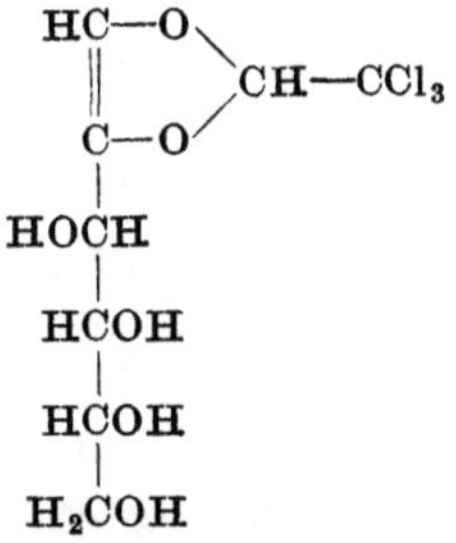

$C_8H_{11}Cl_3O_6$ M.G. 309,54

Eigenschaften. Nadeln aus A. oder Äther. Fp. 187°; $[\alpha]_D^{22}$ + 19° (A. 98%ig). 1 g löst sich in 255 ml W. bei 15°, in 120 ml bei 37°, in 15 ml A. bei 25°. Reduziert nicht ammoniakalische Silbernitratlösung; FEHLINGsche Lösung wird erst nach längerem Erhitzen reduziert. Mit Orcin und HCl entsteht eine Rotfärbung.

VI. Schlafmittel verschiedener chemischer Konstitution

Sulfonalum DAB 6, Ph.Helv. V, NF X, Ph.Gall. 49. Diäthylsulfondimethylmethan. Sulfonal.

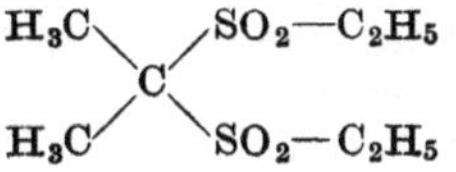

$C_7H_{16}O_4S_2$ M.G. 228,27
2,2-Bis-äthylsulfonyl-propan.

Eigenschaften. Farblose, geruchlose, praktisch geschmacklose, prismatische Kristalle. Löslichkeit: bei 20° löslich in etwa 500 T. W., in etwa 60 T. A., in etwa 100 T. Äther; löslich in 10 T. siedendem W., in etwa 2 T. siedendem A. Fp. 125 bis 126°.

Erkennung. 1. Erhitzt man gleiche Teile Sulfonal und gepulverte Holzkohle im Reagensglas, so tritt der Geruch nach Mercaptan auf. – 2. Werden etwa gleiche Teile Sulfonal und Kaliumcyanid zusammengeschmolzen (Abzug!) und mit wenig Wasser ausgelaugt, so gibt das wäßrige Filtrat nach dem Ansäuern mit Salzsäure auf Zusatz von Eisen(III)-chlorid eine blutrote Färbung (Bildung von Eisen(III)-rhodanid).

Prüfung. 1. Wäßrige Lösungen von Sulfonal dürfen Lackmuspapier nicht verändern. – 2. Löst man 0,5 g Substanz in 25 ml siedendem W., so darf kein Geruch auftreten (Mercaptol). – 3. Die nach dem Erkalten filtrierte Lösung darf weder durch Silbernitrat- noch durch Bariumnitratlösung verändert werden (Chlorid und Sulfat). – 4. 10 ml der Lösung dürfen 1 Tr. Kaliumpermanganatlösung nicht sofort entfärben (Reduzierende Stoffe, Mercaptol). – 5. 0,1 g Substanz muß sich in 2 ml konz. Schwefelsäure klar, farblos und vollständig lösen. – 6. 0,2 (0,5) g Substanz dürfen nach dem Verbrennen keinen wägbaren Rückstand hinterlassen.

Dosierung. Größte Einzelgabe nach DAB 6: 1,0 g; nach Ph.Helv. V: 2,0 g. Größte Tagesgabe nach DAB 6: 2,0 g; nach Ph.Helv. V: 4,0 g.

Methylsulfonalum DAB 6, Ph.Helv. V, NF X. Diäthylsulfonmethyläthylmethan. Methylsulfonal.

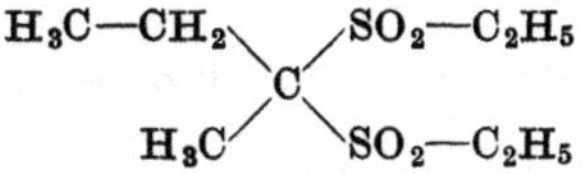

$C_8H_{18}O_4S_2$ M.G. 242,28
2,2-Bis-(äthylsulfon)-butan.

Eigenschaften. Farb- und geruchlose, glänzende Kristalle oder Kristallnadeln von bitterem Geschmack; leicht löslich in A. und Äther, in etwa 450 T. W. löst sich Methylsulfonal zu einer bitter schmeckenden Flüssigkeit, die Lackmuspapier nicht verändert. Fp. 76 bis 78°.

Erkennung. Werden etwa gleiche Teile Substanz und gepulverter Holzkohle im Reagensglas erhitzt, so tritt der Geruch nach Mercaptan auf.

Prüfung. 1. Mercaptol: Löst man 1 g Substanz unter Erwärmen in 50 ml W., so darf kein Geruch bemerkbar sein. – 2. Chlorid, Sulfat, Schwermetalle: Nach dem Erkalten und Abfiltrieren dürfen in dieser Lösung, die neutral reagieren muß, kein Chlorid, Sulfat oder Schwermetalle nachweisbar sein. – 3. Reduzierende Verunreinigungen: Versetzt man 10 ml der unter 1. erhaltenen, filtrierten Lösung mit 1 Tr. Kaliumpermanganat, so darf die Rosafärbung innerhalb 1 Min. nicht verschwinden. – 4. 0,2 bis 0,5 g Substanz dürfen nach dem Veraschen keinen wägbaren Rückstand hinterlassen.

Dosierung. Größte Einzelgabe 1,0 g, größte Tagesgabe 2,0 g.

Handelsform: Trional.

Amylenum hydratum DAB 6, Ph.Helv. V. Amylenhydrat. Amyleni hydras.

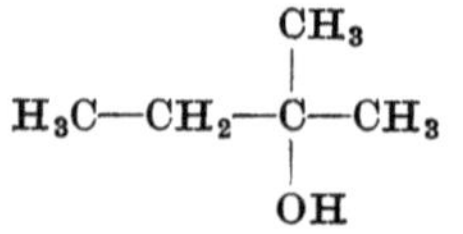

$C_5H_{12}O$ M.G. 88,10

2-Methyl-2-hydroxy-butan

Eigenschaften. Klare, farblose, ölige, flüchtige Flüssigkeit von eigenartigem, an Campher erinnerndem Geruch und brennendem Geschmack. Löslich in 8 T. W., in jedem Verhältnis mischbar mit A., Äther, Chloroform, Glycerin. Amylenhydrat brennt mit leuchtender, rußender Flamme. Dichte 0,810 bis 0,815 (DAB 6), Kp. 97 bis 103°.

Erkennung. Versetzt man eine nicht zu stark verdünnte wäßrige Lösung der Substanz mit dem halben Vol. Vanillin-Schwefelsäure, so entsteht eine violette Färbung (Ph.Helv. V).

Prüfung. 1. 20 ml der wäßrigen Lösung (1 + 19) dürfen nach Zusatz von 2 Tr. Kaliumpermanganatlösung die rote Farbe innerhalb von 10 Min. nicht verlieren (Amylen). – 2. Erhitzt man 20 ml der wäßrigen Lösung (1 + 19) mit 1 ml ammoniakalischer Silberlösung 10 Min. lang im siedenden Wasserbad, so darf weder eine Färbung noch eine braunschwarze Ausscheidung eintreten (Aldehyde). – 3. Bei der Siedepunktsbestimmung darf der erste Tr. nicht unter 79° abfallen; die ganze, auf den Vorlauf von höchstens 2,5 ml folgende Fraktion muß im Temperaturintervall von 98 bis 102° überdestillieren (Ph.Helv. V). – 4. 2 ml Substanz müssen sich in 18 ml W. klar und farblos lösen; die Lösung muß neutral reagieren und darf weder, nach dem Ansäuern mit Salpetersäure, durch Silbernitratlösung noch durch Bariumnitratlösung verändert werden. – 5. 5 ml Amylenhydrat dürfen keinen wägbaren Verdampfungsrückstand hinterlassen.

Aufbewahrung. Vor Licht geschützt, in gut verschlossenen Gefäßen.

Dosierung. Größte Einzelgabe 4,0 g, größte Tagesgabe 8,0 g.

Ethanion.

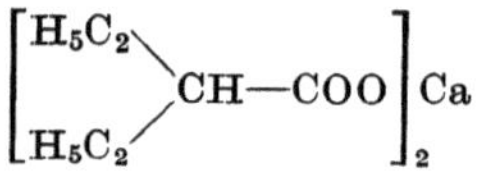

$(C_6H_{11}O_2)_2Ca$ M.G. 270,37

Calciumsalz der 2-Äthylbuttersäure.

Anwendung. Sedativum.

Handelsform: Ethanion (Lab. Roger-Bellon, Neuilly-sur-Seine).

Chlorethiazol.

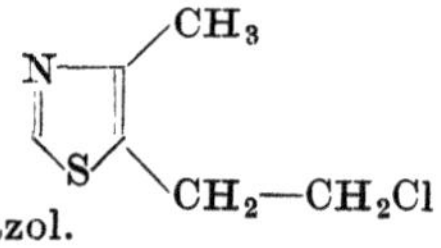

4-Methyl-5-(2′-chloräthyl)-thiazol.

Handelsform: Hemineurin (Debat).

Vesparax.

Neben Secobarbital und Brallobarbital enthält dieses Kombinationspräparat den Wirkstoff:

1-p-Chlorbenzhydryl-4-{2-[2-(2-hydroxyäthoxy)-äthoxy]-äthyl}-piperazin-dihydrogenmaleat

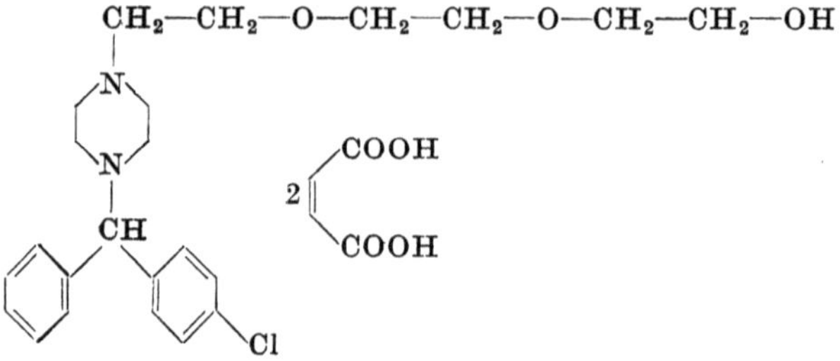

Handelsformen: Vesparax und Vesparax mite (UCB Chemie GmbH, Köln-Braunsfeld).

Hypnazol.

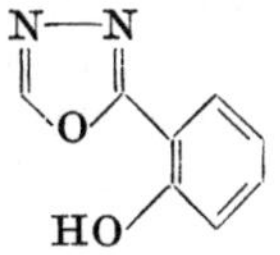

2-(o-Hydroxyphenyl)-oxadiazol-(1,3,4).

Handelsform: Hypnazol (Logeais).

Calmonal.

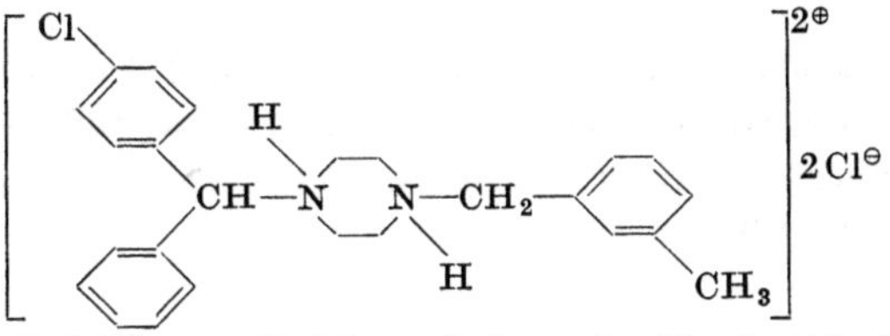

N-p-Chlorbenzhydryl-N'-m-methyl-benzyl-piperazin-dihydrochlorid.

Anwendung. Als Tagessedativum und Schlafmittel bei Schlafstörungen aller Art.

Handelsform: Calmonal (Chem. Fabr. von Heyden, München).

Kunststoffe

Begriffe, Definitionen, Einteilung. Als *Kunststoffe, Plaste* oder auch *Polyplaste* bezeichnet man *makromolekulare*, meist organische *Verbindungen*, die entweder synthetisch oder durch Umwandlung bzw. Abwandlung natürlicher Makromolekeln erhalten wurden (halbsynthetische oder vollsynthetische Makromolekeln).

Makromolekulare Verbindungen sind solche, deren Moleküle sich aus über 1000 Atomen zusammensetzen. Sie entstehen durch Verknüpfung einer großen Anzahl, mindestens 100, oft einfacher, niedermolekularer Bausteine, den *Monomeren*. Sie werden daher auch als *Polymere* bezeichnet.

Nach dem chemischen Aufbau lassen sich die Kunststoffe in folgende Gruppen einteilen, wobei sich die Bezeichnung nach den an der makromolekularen Kette oder Ringkette beteiligten Atomarten richtet:

a) *C-Plaste* (Carbo-Plaste),
b) *C–O-Plaste* (Carbo-oxy-Plaste),
c) *C–N-Plaste* (Carbo-azo-Plaste),
d) *C–S-Plaste* (Carbo-thio-Plaste),
e) *Si–O-Plaste* (Sil-oxy-Plaste).

Eine andere Einteilung ist nach dem physikalischen Verhalten möglich:

a) *Thermoplaste:* Nicht härtbare, bei höheren Temperaturen form- oder fließbare Polymere.
b) *Duroplaste:* Härtbare und gehärtete, makromolekulare Verbindungen.
c) *Elaste:* Zurückfedernde, gummielastisch makromolekulare Stoffe.

Eine dritte Einteilungsmöglichkeit ist durch die Form der Makromolekeln gegeben:

a) *Sphärokolloide:* Buschige oder geknäuelte Makromolekel.
b) *Linearkolloide:* Langgestreckte, fadenförmige Makromolekel.

Ferner können *nichtionogene* und *ionogene* Makromolekeln (Ionenaustauscher) unterschieden werden.

Herstellung. Halbsynthetische Makromolekeln werden durch chemische Veränderung der an natürlichen Makromolekeln vorhandenen funktionellen Gruppen erhalten. Vollsynthetische Makromolekeln werden durch Verknüpfung von monomeren Bausteinen erhalten. Damit die Monomeren zu einer Polymerisation im umfassenden Sinne befähigt sind, müssen sie mindestens bifunktionell sein. Die Verknüpfung von bifunktionellen Monomeren führt zu *linearen Makromolekeln.* Beteiligen sich tri- oder höherfunktionelle Monomere an der Verknüpfung, so entstehen *verzweigte* oder *vernetzte Polymere.* Man unterscheidet 3 wesentliche Bildungsweisen:

a) Polymerisation,
b) Polykondensation,
c) Polyaddition.

Die *Polymerisation* ist eine Kettenreaktion, bei der keine Zwischenstufen isolierbar sind. Die polymerisierbaren monomeren Bausteine enthalten reaktionsfähige Doppelbindungen oder reaktionsfähige Ringe. Sie treten entweder spontan oder unter Einwirkung von *Initiatoren* zu Polymeren zusammen.

Beispiele:

a) Polymerisation von Monomeren mit reaktionsfähiger Doppelbindung.

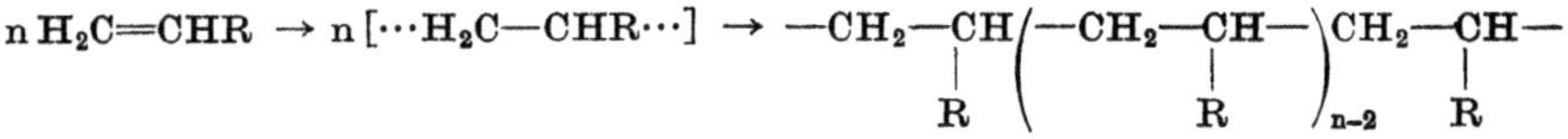

R = H	Polyäthylen,
R = Cl	Polyvinylchlorid,
R = OH	Polyvinylalkohol,
$R = OCOCH_3$	Polyvinylacetat,
R = 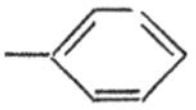	Polystyrol,
R = 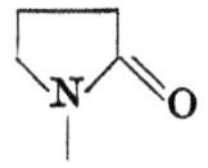	Polyvinylpyrrolidon.

b) Polymerisation von Monomeren mit reaktionsfähigem Ring.

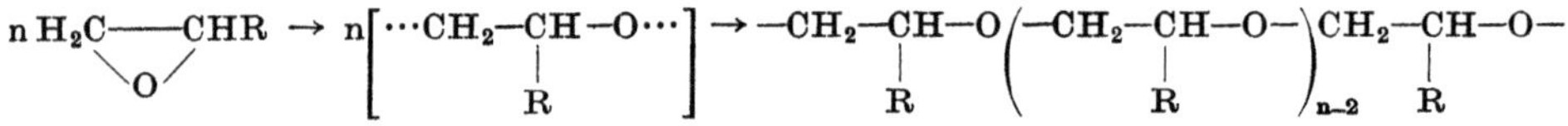

Substituiertes Polyäthylenoxid bzw. Polyäthylenglykol

Die *Polykondensation* ist eine Reaktion, bei der die Verknüpfung von Monomeren unter Abspaltung von Molekeln erfolgt (meist H_2O), die aus den in Reaktion getretenen funktionellen Gruppen stammen.

Beispiele:

a) Polykondensation gleichartiger Monomere.

$$HO{-}CH_2{-}CH_2{-}\boxed{OH + H}O{-}CH_2{-}CH_2{-}OH \text{ usw.}$$

$$\xrightarrow{-\,n\,H_2O} HO{-}CH_2{-}CH_2{-}O({-}CH_2{-}CH_2{-}O{-})_nCH_2{-}CH_2{-}OH$$

Polyäthylenglykol bzw. Polyäthylenoxid

b) Polykondensation zweier verschiedener Monomere.

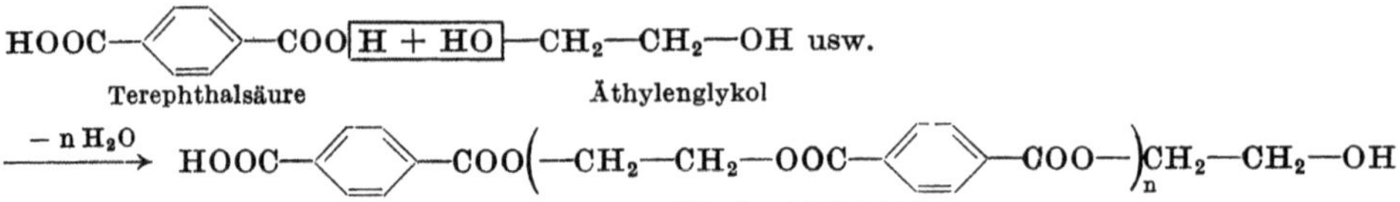

Terylen (Polyester)

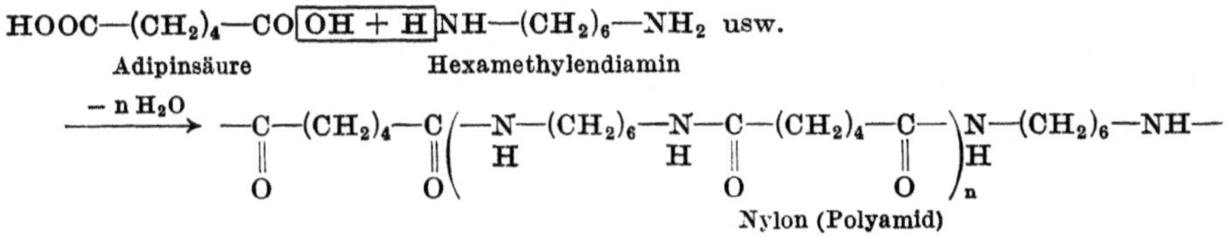

Die *Polyaddition* zeigt schematische Ähnlichkeit mit der Polymerisation. Die bi- oder oligofunktionellen Monomeren addieren sich, ohne daß Moleküle abgespalten werden. Jeder Reaktionsschritt erfolgt jedoch im Gegensatz zur Polymerisation unabhängig vom vorhergehenden.

Beispiel:

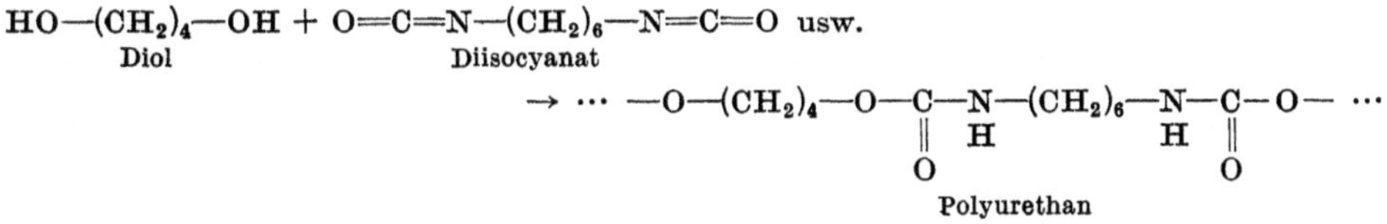

Chemisch-physikalische Eigenschaften. Die grundlegenden Arbeiten auf dem Gebiet der makromolekularen Chemie zeigten, daß sich Verbindungen mit einem Molekulargewicht ab 10000 aufwärts durch bestimmte Eigenschaften von niedermolekularen Verbindungen unterscheiden. Erwähnt sei das *Quellungsvermögen*, die Fähigkeit, *kolloide Lösungen* zu bilden, das *Faserbildungsvermögen* und die *Elastizität*. Dabei hängt das physikalische Verhalten nicht allein von der Größe der Molekel, sondern auch vom räumlichen Bau ab, der durch die Art der Verknüpfung zwischen den Monomeren bedingt ist. Die chemischen Eigenschaften richten sich nach den an der Makromolekel vorhandenen funktionellen Gruppen.

Verbindungstypen. In der folgenden Zusammenstellung werden nur solche Kunststoffe kurz besprochen, die pharmazeutische oder medizinische Bedeutung haben. Nicht aufgenommen sind die Grundstoffe zur Herstellung von Krankenpflegeartikeln und Verpackungsmaterial.

Die unter *Eigenschaften* und *Anwendung* gemachten Angaben sind nach pharmazeutischen Gesichtspunkten ausgewählt und berücksichtigen nicht die zahlreichen technischen bzw. großtechnischen Möglichkeiten.

I. Polymerisate

Polyvinylacetat.

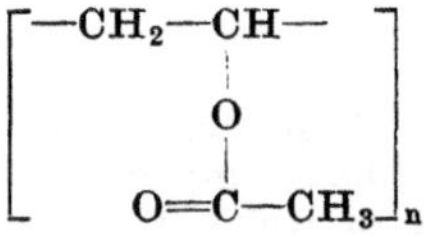

Herstellung. Durch Polymerisation von Monovinylacetat, das durch Einwirkung von Essigsäure auf Acetylen gewonnen werden kann:

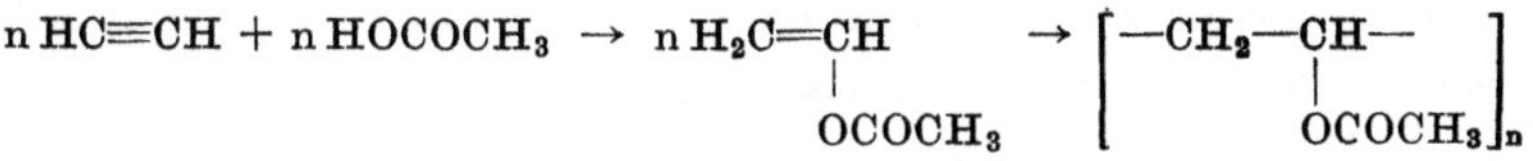

Als Katalysator wird Benzoylperoxid verwandt.

Eigenschaften. Mit W. leicht quellbar; leicht löslich in Ketonen, Estern, niederen Alkoholen, einigen chlorierten Kohlenwasserstoffen, weniger löslich in Isopropanol, Butanol oder Tetrachlorkohlenstoff.

Anwendung. Als Schutzkolloid, als Emulgator, zur Herstellung von Kaugummi.

Handelsformen: Appretan (Farbwerke Hoechst), Emultex (Revertex), Gelval (Shawinigan), Movicoll (Farbwerke Hoechst), Movilith (Farbwerke Hoechst), Rhodopas (Rhône-Poulenc), Vinylite (Carbide and Carbon), Vinnapas (Wacker-Chemie).

Polyvinylalkohol.

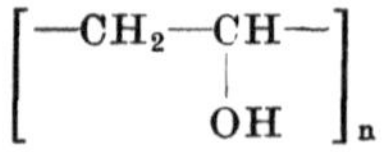

Herstellung. Durch Umesterung von Polyvinylacetat mit Methanol in Gegenwart von Natriumalkoholat:

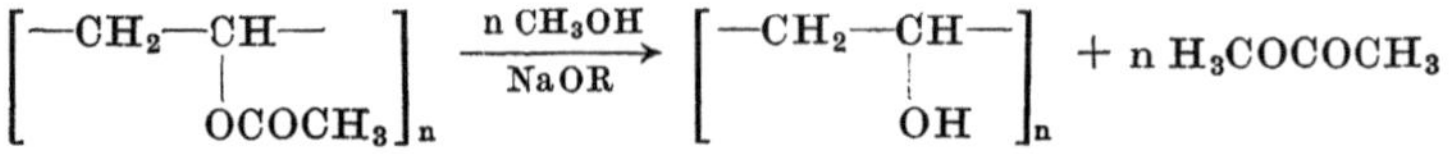

Eigenschaften. Lockeres Pulver, hygroskopisch. Die Niedrigpolymere sind leicht wasserlöslich, die Hochpolymere etwas langsamer, unter Quellung. Unlöslich in allen gebräuchlichen organischen Lösungsmitteln. Entsprechend der Konzentration und des Polymerisationsgrades des gelösten Produktes sind die wäßrigen Lösungen dünnflüssig bis hochviskos und farblos-klar bis gelblich-trübe. Die aus wäßrigen Lösungen durch scharfes Trocknen erhaltenen hornartigen Massen oder Filme sind spröde. Durch Zusatz von Glycerin oder Äthylenglykol zur wäßrigen Lösung lassen sich nach dem Trocknen plastische Filme oder Überzüge herstellen.

Anwendung. Als Arzneigrundstoff, als Sprengmittel für Tabletten und andere geformte Arzneizubereitungen.

Unverträglichkeiten. Verd. und konz. Alkalilaugen und Säuren, bestimmte Salze (z.B. Soda, Ammoniumsulfat). Die Anwesenheit von Borax oder Borsäure in Lösungen führt schon bei relativ geringer Konzentration zur Gelbildung. Gerbstoffe bewirken Ausflockung.

Handelsformen: Elvanol (Du Pont), Gelvatol (Shawinigan), Moviol (Farbwerke Hoechst), Polyviol (Wacker-Chemie).

Polyvinylpyrrolidon.

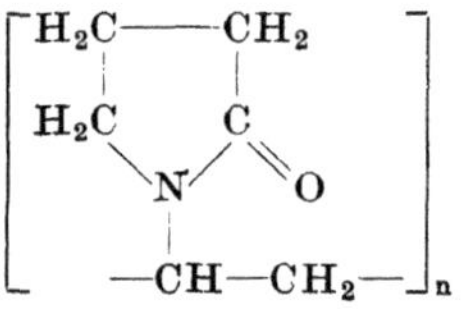

Herstellung. α-Pyrrolidon wird durch Umsetzung mit Acetylen zum N-Vinylpyrrolidon vinyliert und dieses polymerisiert:

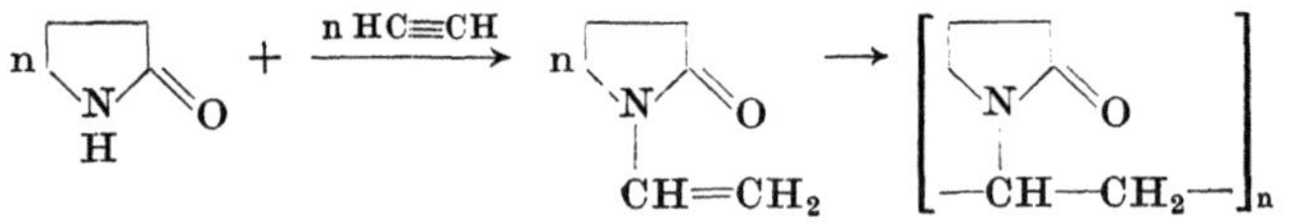

Eigenschaften. Löslich in Wasser, Methanol, Äthanol u.a. niederen Alkoholen, Äthylenglykol, Glycerin, Methylenchlorid, Chloroform; mäßig löslich in Dioxan, Tetrahydrofuran, Aceton, Benzol; unlöslich in Äther oder Kohlenwasserstoffen.

Anwendung. Therapeutisch als Blutersatzmittel, zur Schocktherapie, zur Ausschwemmung von Toxinen und anderen Gewebsgiften; galenisch als Schutzkolloid, als Emulgator, zur Bereitung von Injektionen mit Depotwirkung; technisch zum Entfärben von Geweben, als Grundlage für Klebstoffe und Bindemittel.

Unverträglichkeiten. Bei größeren Salzkonzentrationen wird Polyvinylpyrrolidon aus wäßrigen Lösungen ausgefällt.

Handelsformen: Collacrol K, Kollidon (BASF); Periston, Periston N (Bayer).

Polyacrylsäure.

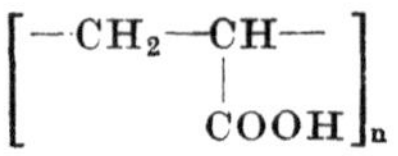

Herstellung. Durch Polymerisation der monomeren Acrylsäure, die heute auf verschiedenen Wegen zugänglich ist: z.B. durch Anlagerung von Blausäure an Äthylenoxid zu Äthylencyanhydrin, Wasserabspaltung zu Acrylnitril und dessen Verseifung:

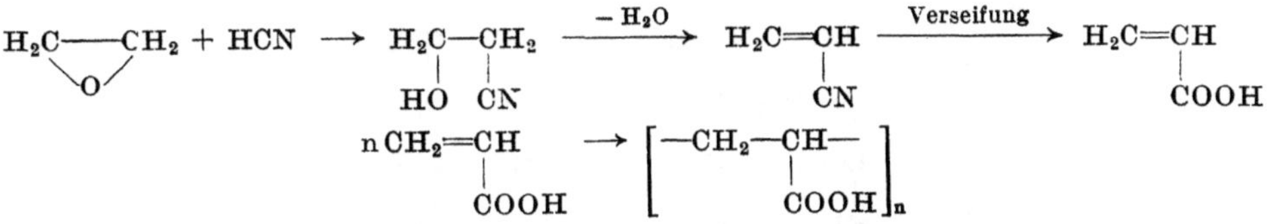

oder durch Anlagerung von Blausäure an Acetylen zu Acrylnitril, dessen Polymerisation und Verseifung:

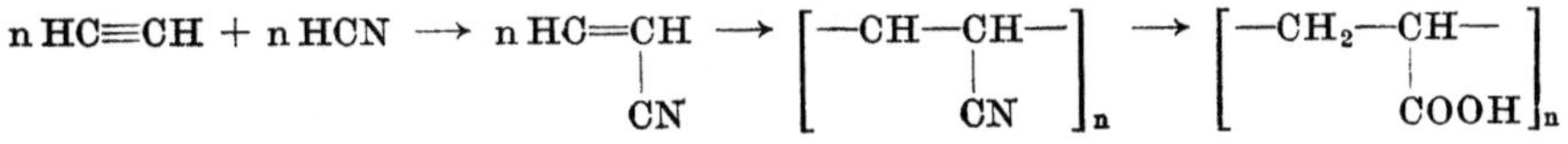

oder nach dem Reppe-Verfahren aus Acetylen und Kohlenmonoxid:

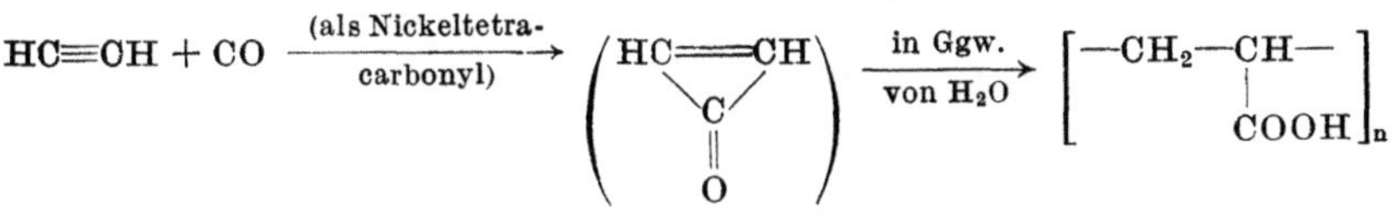

oder aus Keten und Formaldehyd über β-Propiolacton:

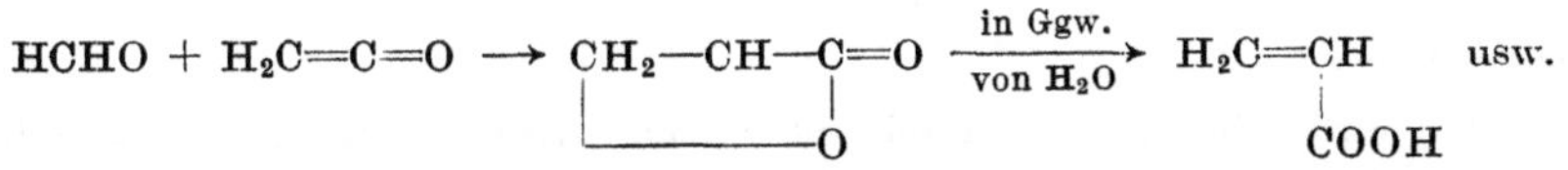

Eigenschaften. Anionischer Polyelektrolyt. Hygroskopisches Pulver, teilweise löslich in W., unter Salzbildung löslich in wäßrigen Lösungen von Alkalihydroxiden, Ammoniak oder Aminen.

Anwendung. Zur Herstellung von Schleimen, als Bindemittel in der Arzneimitteltechnologie, zur Bereitung von Depot-Arzneimitteln.

Unverträglichkeiten. Gellösungen von Polyacrylsäure verlieren bei Elektrolytzusatz an Viskosität und werden bei Äthanolzusatz ab 35% koaguliert.

Handelsformen: Carbopol 934 (Goodrich, Celvelang, Ohio, USA), Latekoll (BASF) = Polyacrylsaures Ammonium.

Acrylsäure(ester)-Mischpolymerisate

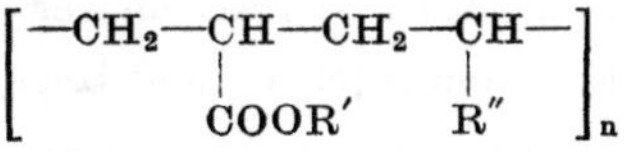

R′ = CH_3, C_2H_5, C_3H_7 oder C_4H_9
R″ = Cl, $OCOCH_3$, C_6H_5 oder CN

Herstellung. Acrylsäure oder Acrylsäureester bilden mit anderen Äthylenderivaten leicht Mischpolymerisate, z.B. mit Acrylnitril, Styrol, Vinylchlorid oder Vinylacetat, wodurch Polymerisate verschiedenartiger Zusammensetzung und verschiedener Plastizität erhalten werden.

Eigenschaften. Polyacrylsäure und Polyacrylsäureester liefern beim Eintrocknen Filme. Die Dehnbarkeit und Klebrigkeit nimmt mit der Größe der Alkoxygruppen zu. Durch Mischpolymerisation mit Monomeren, deren reine Polymerisate harte Plaste ergeben, werden Kunststoffe abgestufter Härte bzw. Plastizität erhalten.

Anwendung. In der Arzneimitteltechnologie zur Lösung verschiedener galenischer Probleme, beispielsweise zur Schaffung magensaftresistenter Überzüge auf Dragees, zur Bereitung fester Arzneiformen aus verschiedenen untereinander unverträglichen Stoffen, zur Umhüllung schlecht schmeckender und riechender Stoffe, zur Bereitung von Depot-Arzneimitteln, zur Fertigung tropenfester Dragees etc.

Polymethacrylsäure(ester). Eudragit.

Im Handel befinden sich Eudragit E, ein kationisches Polymerisat aus Dimethylamino-äthyl-methacrylat und anderen neutralen Methacrylsäureestern

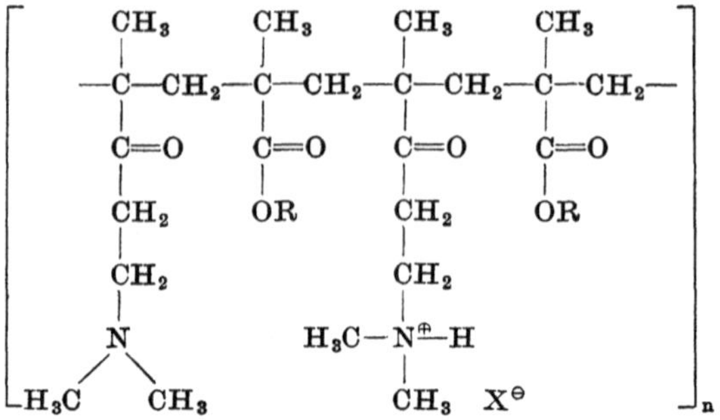

Eudragit E

sowie Eudragit L und S, anionische Polymerisate aus Methacrylsäure und Methacrylsäure-estern.

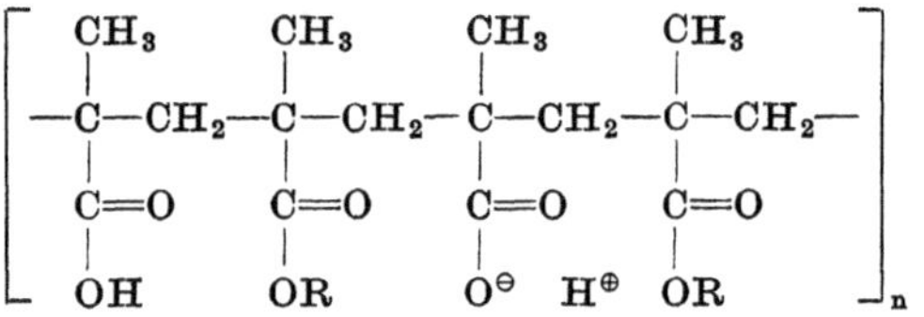

Eudragit L und S

(L und S unterscheiden sich durch die Anzahl freier Carboxylgruppen: Säurezahl$_L$ = 292; Säurezahl$_S$ = 178).

Herstellung. Methacrylsäure und Methacrylsäureester werden polymerisiert.

Eigenschaften. Eudragit E: Löslich in M., A., Propanol, Ketonen, Estern, Halogenwasserstoffen und in Säuren. Wenig löslich in Bzl., Pae. und anderen Kohlenwasserstoffen.

Eudragit L: Löslich in M., A., Propanol, Aceton und Puffern pH > 6; weniger löslich in Chlf., Äthylacetat und Kohlenwasserstoffen.
Eudragit S: Löslich wie Eudragit L, jedoch in Puffern erst mit pH > 7.

Anwendung. Eudragit E als Endlack zum Lackieren fertiger Dragees und Tabletten, löslich im Magensaft.

Eudragit L zur Herstellung magensaftresistenter Überzüge, unlöslich im Magensaft, leicht löslich im Darmsaft.

Eudragit S für magensaftresistente Überzüge mit verzögerter Auflösung im Darmsaft.

Handelsformen: Eudragit E, L und S (Röhm und Haas, Darmstadt).

Mischpolymerisat aus Styrol und Maleinsäureanhydrid.

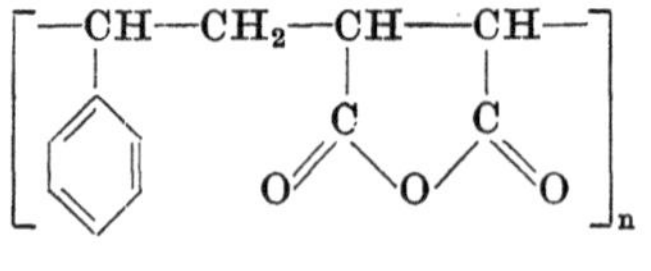

Herstellung. Das für sich alleine nicht polymerisierbare Maleinsäureanhydrid läßt sich zur Herstellung von Mischpolymerisaten verwenden, indem es mit der entsprechenden Menge Äthylenderivat (Styrol) vermischt und dann polymerisiert wird:

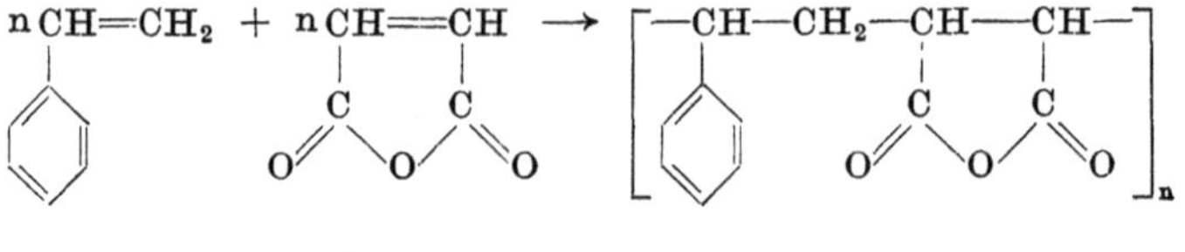

Eigenschaften. Die Eigenschaften der erhaltenen Mischpolymerisate richten sich nach dem Verhältnis der an der Polymerisation beteiligten Monomerenarten. In Lösungen von Alkalien und Aminen unter Salzbildung löslich.

Verwendung. Zu magensaftresistenten Überzügen und versch. galenischen Zwecken (s. unter Acrylsäure).

Polyäthylenglykole. PÄG. (Siehe auch Bd. VI.)

$$HO—CH_2—CH_2—(O—CH_2—CH_2)_n—O—CH_2—CH_2—OH$$

Herstellung. Äthylenoxid, das man durch HCl-Abspaltung aus Äthylenchlorhydrin oder durch partielle Oxydation von Äthylen gewinnt, wird bei Gegenwart alkalischer Katalysatoren und einer geringen Menge Wasser polymerisiert. Bei Verwendung von Ca-, Ba- oder Sr-Carbonaten gelangt man bei Temperaturen um 100° zu hohen Polymerisationsgraden.

Klassifizierung. Im allgemeinen wird bei Polyäthylenglykolen nicht die Zahl der Monomeren angegeben, sondern das ungefähre M.G. Beträgt n (Polymerisationsgrad, Zahl der polymerisierten Monomeren) beispielsweise 27, so ist das M.G. des vorliegenden Produktes etwa 1200. Man spricht von einem „Polyäthylenglykol 1200". Definitionsgemäß gehören die Polyäthylenglykole erst dann zu den Kunststoffen, wenn sie über 1000 Atome in der Molekel enthalten, d.h. über dem M.G. von rund 6300 liegen. Dazu müssen mindestens 144 Monomere zu einem Polymerisat zusammentreten.

Eigenschaften. Auf Grund von Viskositätsmessungen nimmt man an, daß die Polyäthylenglykolketten nicht gestreckt, sondern gefaltet sind und eine sog. Mäanderform aufweisen:

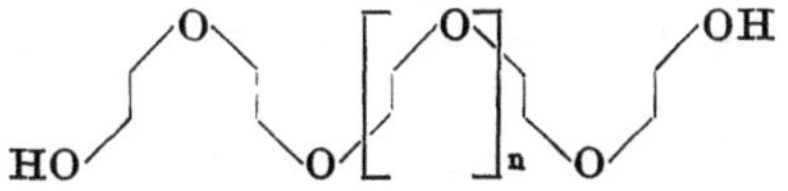

Die im Handel befindlichen Polymerhomologengemische bestehen aus zweiwertigen, primären Alkoholen, die außerdem Polyäther sind. Dadurch ist auch ihre große Hydrophilie bedingt. Durch Hydratisierung entstehen vielwertige Polyoxoniumhydroxide aus den im wasserfreien Zustand nicht-ionogenen Verbindungen. Während die nicht zu den Kunststoffen zählenden niederpolymeren Homologen flüssige, viskose bis schmalz- und wachsartige Substanzen sind, handelt es sich bei den hier in Frage kommenden höhermolekularen Typen um hartwachsartige bis sehr feste Stoffe, die weitgehend kristallin beschaffen sind. Sie sind noch gut wasserlöslich und ergeben hochviskose Lösungen. Beim Eintrocknen entstehen Filme beachtlicher Festigkeit.

Anwendung. Als Tablettenhilfsstoffe; als Zusatz von 1 bis 2% zu hochaktiven Waschmitteln, wobei die PÄG zunächst in Lösung gehen, dann aber als Filme auf der Haut verbleiben und so eine Austrocknung verhindern. PÄG vom M.G. 100000 an aufwärts sind wasserlösliche Pulver, die u.a. als Weichmacher, Filmbildner, Verdickungsmittel und Dragierhilfsmittel in der Arzneimitteltechnologie Anwendung finden.

Unverträglichkeiten. Polyäthylenglykole höherer Kettenlänge sind physiologisch gut verträglich.

Die chemischen und chemisch-physikalischen Inkompatibilitäten sind allerdings nicht unerheblich. Beispiele: Gelbfärbung mit Sulfonamiden, Entwicklung von Schwefelwasserstoff mit Thioharnstoffderivaten, Ausscheidung von met. Silber aus Silbersalzlösungen, rasche Inaktivierung von Penicillinen, Verseifung von Aspirin zu Salicyl- und Essigsäure, Niederschläge mit Phenolen, Jod-Jodkali etc. Zum Teil sind die genannten und weitere Unverträglichkeiten auf die Beimengung reduzierend wirkender Stoffe unbekannter Struktur zurückzuführen, deren Anteil mit steigendem M.G. der verwendeten Produkte zurückgeht.

Handelsformen und Bezeichnungen: Polydiole, Polywachse, Cremolane, Carbowachse, Polyoxe.

II. Polykondensate

Methylcellulosum ÖAB 9. Methylcellulose USP XVII. Methylcellulose 450 BP 63. Methylcellulose.

Gemisch von Monomethylcellulose und Dimethylcellulose

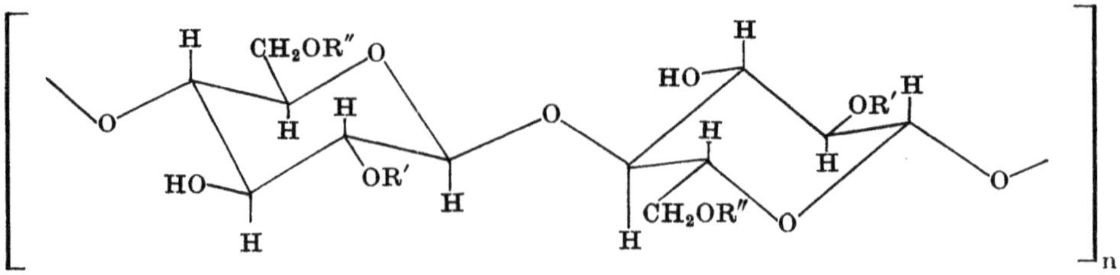

Monomethylcellulose: $R' = H$, $R'' = CH_3$
Dimethylcellulose: $R' = R'' = CH_3$

ÖAB 9: Polymethyläther der Cellulose, entsprechend der Formel

$$H[O—C_6H_7O(OR)_3—O—C_6H_7O(OR)_3]_n—OH$$

wobei n ungefähr zwischen 50 und 400 liegt. R = z.T. H, z.T. CH_3. Die der Bezeichnung „Methylcellulose" angefügte Zahl kennzeichnet Produkte, deren Lösungen bei gleicher Konzentration verschiedene Viskosität aufweisen.

USP XVII: Methylcellulose ist ein Methyläther der Cellulose, der mindestens 26 und höchstens 33% Methoxylgruppen (OCH_3) enthält, berechnet auf die getrocknete Substanz. Die Viskosität einer Lösung von 2 g Substanz pro 100 ml (W.) darf nicht weniger als 80% und nicht mehr als 120% betragen, wenn sie nach dem Verfahren für Viskositätstypen mit 100 oder weniger Centipois ermittelt und darf nicht weniger als 75% und nicht mehr als 140% betragen, wenn sie nach dem Verfahren für Viskositätstypen mit über 100 Centipois ermittelt wird.

BP 63: Methylcellulose 450 ist ein Methyläther der Cellulose mit 26,0 bis 32,0% CH_3O, berechnet auf die 4 Std. lang bei 105° getrocknete Substanz.

Herstellung. Cellulose wird mit überschüssiger, hochprozentiger Natronlauge behandelt, wobei sie in „Natroncellulose" übergeht. Diese wird mit Methylenchlorid umgesetzt.

Eigenschaften. Geringfügig hygroskopische, grießförmige Masse, quillt mit kaltem W. auf und geht in klarviskose Lösungen über, unlöslich in heißem W., in konz. Salzlösungen, Äther, A., Chloroform, löslich in Eisessig und in einer Mischung aus gleichen T. A. und Chloroform. Der pH-Wert wäßriger Lösungen liegt zwischen 7 und 7,8. Die wäßrige Lösung hinterläßt beim Eintrocknen in dünner Schicht Filme.

Nach ÖAB 9: Gelbliche bis grauweiße, faserige, flockige, schuppenförmige oder pulverförmige Substanz, die geruchlos ist und schwach salzig schmeckt. Löslichkeit: Quillt mit W. und bildet eine opalisierende oder schwach trübe, viskose, kolloide Lösung, die gegenüber der meisten Elektrolyten oder A. bis zu einer Konzentration von 40 Vol.-% beständig ist; unlöslich in A., Ae. oder Chloroform.

Erkennung. Nach ÖAB 9: 1. 1 g Substanz wird in 100 ml W. gelöst. Erhitzt man 5 ml dieser Lösung zum Sieden, so tritt eine Trübung oder ein flockiger Niederschlag auf; dieser verschwindet beim Abkühlen wieder (Unterschied gegenüber Carboxymethylcellulose-Natrium). – 2. Je 2 ml der Lösung 1 + 100 geben mit 0,5 ml Tanninlösung bzw. einer Lösung von 1 g Resorcin in 1 ml W. bzw. 2 Tr. verflüssigtem Phenol einen weißen Niederschlag (Unterschied gegenüber Carboxymethylcellulose-Natrium). – 3. Erhitzt man 5 ml der Lösung 1 + 100 mit 0,5 ml Bariumhydroxidlösung, so tritt eine Trübung auf; es bildet sich ein Gel, das sich beim Abkühlen wieder verflüssigt (Unterschied gegenüber Carboxymethylcellulose-Natrium oder Tragant). – 4. Gießt man einige Tr. der Lösung 1 + 100 auf eine Glasplatte, so bildet sich nach dem Verdunsten des Wassers ein dünnes, zusammenhängendes Häutchen.

Kennzahlen (ÖAB 9):

Sortenbezeichnung:	25	100	400	600	1000
Viskosität der 2%igen Lsg.:	40–60	80–120	220–380	600–1000	1500–2500
η 20°	cP	cP	cP	cP	cP

Zur Bestimmung werden 2,000 g Substanz in einem 250 ml fassenden Weithalskolben in 98 ml W. mit Hilfe eines mechanischen Rührers, unter Vermeidung des Einrührens von Luft, gelöst.

Methoxylgehalt: 25,0 bis 33,0%, bestimmt mit 0,0400 g der getrockneten Substanz, die in eine Gelatinekapsel eingewogen wird.

BP 63: 1. Einige mg Substanz werden in ein dünnes Reagensglas gegeben und dessen Öffnung mit Filtrierpapier bedeckt, das mit einer Mischung gleicher Teile einer 20%igen Morpholinlösung und einer frisch bereiteten 5%igen Natriumpentacyanonitrosylferrat(III)-Lösung benetzt wurde. Man erhitzt bis zum beginnenden Verkohlen der Substanz, wobei sich das Filterpapier blau färben muß. – 2. Einige mg Substanz werden in einem kleinen Reagensglas mit 0,1 ml einer 10%igen Benzoylperoxidlösung in Benzol versetzt und zur Trockne eingedampft. Das Reagensglas wird dann in vertikaler Lage in einem Glycerinbad auf 120 bis 130° erhitzt. Führt man einen mit Chromotropsäurelösung benetzten Glasstab ein, so färbt sich dieser in wenigen Minuten violett.

Prüfung. 1. Trocknungsverlust: Höchstens 5% (ÖAB 9), höchstens 5%, wenn 1 Std. bei 105° getrocknet wird (USP XVII), höchstens 10%, wenn 1 Std. bei 105° getrocknet wird (BP 63). – 2. Verbrennungsrückstand: Höchstens 0,5% (ÖAB 9), höchstens 1,0% (USP XVII). – 3. Sulfatasche: Höchstens 1,0% (BP 63). – 4. Arsen: Höchstens 1 T. pro Million (BP 63). – 5. Blei: Höchstens 5 T. pro Million (BP 63).

Aufbewahrung. In gut schließenden Gefäßen.

Gehaltsbestimmung. Nach ÖAB 9, USP XVII und BP 63 wird jeweils eine Methoxylbestimmung durchgeführt.

Anwendung. Als Laxativum, 1 bis 4 g täglich (BP 63). Zur Bereitung therapeutisch gebrauchter Schleime (Emollientien).

Galenisch: Als Emulsionshilfsmittel, Salbengrundlage für abwaschbare Salben, Klebstoffe, Suspendiermittel, Geschmackskorrigentien etc.

Unverträglichkeiten. Die viskosen Methylcelluloselösungen flocken infolge Dehydratisierung bei Zusatz größerer Salzmengen aus, besonders bei Zusatz von Phosphaten, Carbonaten oder Sulfaten, weniger bei Zusatz von Acetaten, Chloriden, Jodiden oder Nitraten. Phenole oder Gerbstoffe führen zur Koagulation.

Depolimerisationen der makromolekularen Teilchen können in saurer Lösung, durch Einwirkung von Oxydationsmitteln in alkalischer Lösung, durch Einwirkung von Bakterien oder Fermenten, sowie durch UV-Bestrahlung eintreten.

Handelsformen: Tylose SL (Kalle), Methocel (Dow).

Äthyl-hydroxyäthylcellulose

Formel: s. S. 244.

$R' = C_2H_5$, $R'' = C_2H_4OH$.

Herstellung. Durch Umsetzung von „Natroncellulose“ (s. Methylcellulose) mit Äthylchlorid und Äthylenchlorhydrin.

Eigenschaften. Grießförmige Masse, die an der Luft Feuchtigkeit anzieht, bei 15 bis 20° mit Wasser aufquillt und bei ausreichender Verdünnung in molekulardisperse Lösungen übergeht. Die Lösungen werden bei etwa 60° gelartig und flocken bei noch höheren Temperaturen aus. Äthyl-hydroxyäthylcellulose-gele zeigen Thixotropie.

Anwendung. Siehe unter Methylcellulose.

Unverträglichkeiten. Es gelten in abgeschwächter Form die unter Methylcellulose gemachten Angaben. Die wäßrigen Lösungen vertragen infolge der zusätzlichen sekundären OH-Gruppe höhere Äthanolzusätze ohne zu koagulieren. Elektrolytzusätze zu den wäßrigen Lösungen bewirken bis zu einem gewissen Grade Viskositätserhöhung. Bei zu hoher Elektrolytkonzentration tritt Koagulation und rascher Viskositätsabfall ein. Die Lösungen werden von solchen Enzymen und Bakterien zersetzt, die auch Cellulose abbauen. Bei Lagerung ist deshalb eine Konservierung notwendig.

Handelsformen: Modocoll, Etulos (ACO, Stockholm).

Oxidized Cellulose USP XVII, NND 63, BPC 63. Cellulosic Acid.

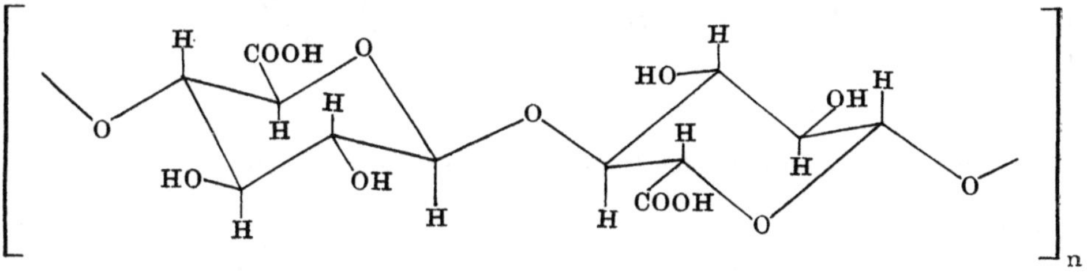

USP XVII: Oxidized Cellulose, die i. Vak. über Phosphorpentoxid 18 Std. getrocknet wurde, darf nicht weniger als 16% und nicht mehr als 24% Carboxylgruppen (COOH) enthalten.

Eigenschaften. Gaze oder Gewebebahnen, fast weiß oder weiß, sauer schmeckend, von leicht brenzligem Geruch. Unlöslich in W. und Säuren, löslich in verdünnten Alkalihydroxidlösungen.

Erkennung. Etwa 200 mg Substanz werden mit 10 ml 1%iger Natronlauge übergossen und 1 Min. lang geschüttelt. Nach Zugabe von 10 ml W. und weiterem Schütteln darf die entstandene Lösung höchstens einige Schlieren zeigen, muß aber frei sein von Fasern und fremden Partikeln. Nach 10minütigem Stehen muß eine klare Lösung vorliegen, die auf Zusatz von verd. Salzsäure einen flockigen weißen Niederschlag gibt.

Prüfung. 1. Trocknungsverlust: Höchstens 15%, wenn i. Vak. über Phosphorpentoxid 18 Std. getrocknet wird. – 2. Verbrennungsrückstand: Höchstens 0,15%. – 3. Stickstoff als Nitrat oder Nitrit: In einem 500-ml-Kjeldahl-Kolben wird 1 g Substanz, die vorher i. Vak. über P_2O_5 18 Std. getrocknet wurde, mit 100 ml frisch aufgekochtem W., 1 g Devarda-Legierung, einem kleinen Stückchen Paraffin und 100 ml Natronlauge versetzt. Der aufgesetzte Kühler taucht in einen Kolben, der 30 ml Borsäurelösung (1 in 25) und 6 Tr. Indikatormischung (1 T. Methylrotlösung und 4 T. Bromkresolgrünlösung) enthält, wobei der Vorstoß in die Flüssigkeit eintaucht. Die im Kjeldahl-Kolben befindliche Mischung wird so lange erhitzt, bis 45 bis 50 ml Destillat übergegangen sind. Nach dem Ausspülen des Kühlers und Zusatz des Waschwassers zum Destillat wird mit 0,02 n Schwefelsäure bis zum Umschlag nach Rosa titriert. 1 ml 0,02 n Schwefelsäure entspricht 0,2801 mg Stickstoff. Forderung: Nicht über 0,5%. – 4. Formaldehyd: Etwa 500 mg Substanz werden genau gewogen und in einen 500-ml-Jodzahlkolben gegeben. Nach Zusatz von 250 ml W. wird mindestens 2 Std. unter gelegentlichem Umschütteln stehengelassen. 0,5 ml der überstehenden Lösung werden in ein mit Glasstopfen verschließbares Reagensglas pipettiert und mit 10 ml Chromotropsäurelösung versetzt. Der Glasstopfen wird leicht aufgesetzt und das Reagensglas 30 Min. im Wasserbad erhitzt. Nach dem Abkühlen wird die Lichtabsorption dieser Lösung bei 570 mμ in einem geeigneten Spektrophotometer bestimmt, wobei eine Mischung von 0,5 ml W. und 10 ml Chromotropsäurelösung als Vergleichsflüssigkeit benutzt wird. Die Extinktion darf nicht stärker sein als die, welche 0,5 ml Formaldehydlösung (1 in 40,00) zeigen, wenn sie in gleicher Weise behandelt werden. – 5. Sterilität: Der Sterilitätstest muß nach einer gegebenen Vorschrift positiv sein, d.h. es dürfen keine Bakterien, Pilze und Sporen vorhanden sein.

Gehaltsbestimmung. Etwa 500 mg getrocknete (s. oben!) Substanz werden genau gewogen, in einem 125-ml-Kolben mit 50,0 ml Calciumacetatlösung (1 in 50) versetzt, umgerührt, bis die Substanz vollkommen benetzt und bedeckt ist und 30 Min. stehengelassen. Dann fügt man Phenolphthaleinlösung hinzu und titriert mit 0,1 n Natronlauge. Mit 50,0 ml Calciumacetatlösung wird ein Blindversuch ausgeführt, der zur Korrektur des gefundenen Verbrauches dient. 1 ml 0,1 n Natronlauge entspricht 4,502 mg Carboxylgruppen (COOH).

Aufbewahrung. In steriler Verpackung, vor direktem Sonnenlicht geschützt, an einem kühlen Platz.

Anwendung. Zur lokalen Blutstillung.

Carboxymethylcellulosi Natrium ÖAB 9. Carboxymethylcellulose-Natrium. Carboxymethylcellulose. Celluloseglykolsäure (Na-Salz). Celluloseglykolat (Na-Salz).

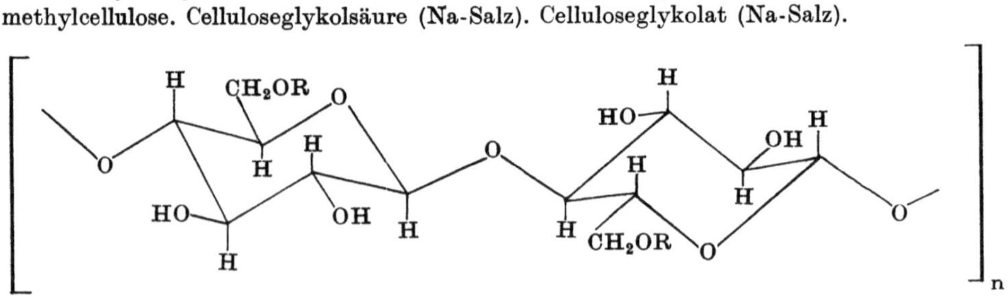

$R = CH_2—COO^{\ominus}Na^{\oplus}$

Pro Glucoseeinheit ist etwa eine Hydroxylgruppe carboxymethyliert.

ÖAB 9: Natriumsalz eines Polycarboxymethyläthers der Cellulose, entsprechend der Formel

$$H—[OC_6H_7O(OH)_2OR—O—C_6H_7O(OH)_2OR]_n—OH$$

wobei n ungefähr zwischen 50 und 400 liegt. R = z.T. H, z.T. CH_2COONa. Die der Bezeichnung „Carboxymethylcellulose-Natrium" angefügte Zahl kennzeichnet Produkte, deren Lösungen bei gleicher Konzentration verschiedene Viskosität aufweisen. Natriumgehalt der getrockneten Substanz: 7,0 bis 8,5% (Na, A.G. 22,991).

Herstellung. Durch Umsetzung von Natroncellulose mit Chloressigsäure.

Eigenschaften. Grießförmige oder amorphe Masse, die an der Luft Feuchtigkeit anzieht. In kaltem und in heißem Wasser löslich, wobei zuerst Quellung eintritt. Die wäßrigen Lösungen vertragen einen Äthanolzusatz bis etwa 50% und einen Acetonzusatz bis etwa 40%. Das pH der wäßrigen Lösungen liegt zwischen 7 und 8. Die Viskosität der Lösung hängt von der verwendeten Sorte des Celluloseglykolats ab und fällt mit steigender Temperatur. Beim Trocknen der wäßrigen Lösungen in dünner Schicht bleiben filmartige Trockengele zurück. Elastische Filme erhält man beim Eintrocknen glycerinhaltiger wäßriger Lösungen.

Erkennung. Nach ÖAB 9: Carboxymethylcellulose: 1. Verreibt man auf einem Objektträger 1 Tr. einer etwa 2%igen Lösung der Substanz mit 3 Tr. Chlorzinkjodlösung, so entsteht ein blauviolettes Koagulat, das bei der mikroskopischen Betrachtung zylindrische und ringförmige Stücke erkennen läßt. – 2. 1 g Substanz wird in 100 ml W. gelöst. Versetzt man 5 ml dieser Lösung mit 1 ml Salzsäure, so entsteht allmählich ein weißer Niederschlag. – 3. Versetzt man 2 ml der Lösung 1 + 100 mit 2 ml Bariumchloridlösung, so tritt allmählich eine weiße Trübung auf. – 4. Erhitzt man 5 ml der Lösung 1 + 100 zum Sieden, so bleibt sie klar (Unterschied gegenüber Methylcellulose). Natrium: Der Verbrennungsrückstand der Substanz färbt die nichtleuchtende Flamme anhaltend intensiv gelb.

Kennzahl: Viskosität.

Sortenbezeichnung	25	100	600	2000	3000
Viskosität der 2%igen Lsg.: η 20°	20–30 cP	55–75 cP	200–300 cP	450–650 cP	4500–7500 cP

Zur Bestimmung werden 2,000 g Substanz in einem 250 ml fassenden Weithalskolben in 98 ml W. mit Hilfe eines mechanischen Rührers, unter Vermeidung des Einrührens von Luft, gelöst.

Prüfung. ÖAB 9: 1. Freie Säuren, freie Basen: 5 ml der Lösung 1 + 100 müssen auf Zusatz von 1 Tr. Phenolphthaleinlösung farblos bleiben und sich auf Zusatz von 1 Tr. Bromthymolblaulösung grün oder blau färben. – 2. Trocknungsverlust: Höchstens 10,0%.

Gehaltsbestimmung. ÖAB 9: 0,5000 g getrocknete Substanz werden verascht. Den Rückstand befeuchtet man mit 1 ml konz. Schwefelsäure, erhitzt vorsichtig, bis keine weißen Dämpfe mehr entweichen und glüht hierauf bei dunkler Rotglut bis zur Gewichtskonstanz. Das Gewicht des Rückstandes von Natriumsulfat muß 0,1081 bis 0,1313 g betragen, entsprechend einem Natriumgehalt von 7,0 bis 8,5%. 1 mg Natriumsulfat entspricht 0,3237 mg Na.

Aufbewahrung. In dicht schließenden Gefäßen.

Achtung! Carboxymethylcellulosenatrium darf nicht unvermischt, trocken eingenommen werden.

Unverträglichkeiten. Beim Ansäuern der Lösungen fällt ab pH 3 die Polycarbonsäure flockenartig aus. Mit Schwermetallionen entstehen unlösliche Salze. Äthanol wirkt in Konzentrationen über 50% als Fällungsmittel, ebenso Gerbsäure.

Handelsformen: Tylose KN (Kalle, Wiesbaden), Hercules CMC (Hercules Powder Co).

Cellulosum Ligni regeneratum DAB 7 – DDR. Zellwolle.

Regenerierte Zellwolle, die nach dem Viskoseverfahren hergestellt ist.

Eigenschaften. Weiße bis gelbliche, glänzende, glatte, 3 bis 4 cm lange Fasern, die weder einen wahrnehmbaren Geschmack noch einen wahrnehmbaren Geruch besitzen.

Erkennung. Zellwolle zeigt beim Betupfen mit 1 Tr. Chlorzinkjod-Lsg. eine blauviolette Färbung, die sofort an Intensität zunimmt.

Prüfung. Prüflösung I: 15,00 g Zellwolle werden in einem Becherglas mit 150 ml siedendem W. versetzt und auf dem Wasserbad 15 Min. erhitzt. Die durch Absaugen erhaltene Flüssigkeit wird gegebenenfalls filtriert. Prüflösung II: 25,0 ml Prüflösung I werden mit 10 Tr. konz. Salpetersäure versetzt und 2mal mit je 20 ml Ae. ausgeschüttelt. Die wäßrige Lösung wird filtriert und als Prüflösung II verwendet. – 1. Ätherlösliche Verunreinigungen: 10,0 g Zellwolle werden in einem Soxhletapparat mit einer Mischung gleicher Volumina Ae. und Methylenchlorid 4 Std. lang extrahiert. Der Extrakt darf nach dem Eindampfen höchstens 0,30% Rückstand hinterlassen. – 2. Alkalisch oder sauer reagierende Verunreinigungen: 50,0 ml Prüflösung I müssen nach Zusatz von 3 Tr. Phenolphthaleinlösung farblos und nach darauffolgendem Zusatz von 0,150 ml 0,1 n Kalilauge rot gefärbt sein. – 3. Calciumionen: 2,00 ml Prüflösung II dürfen nach Zusatz von 8,0 ml W. bei der „Prüfung auf Calciumionen" keine stärkere Trübung als die Vergleichslösung zeigen (höchstens 0,025% Ca^{2+}). – 4. Chlorid: 1,00 ml Prüflösung II darf nach dem Verdünnen mit 9 ml W. bei der „Prüfung auf Chlorid" keine stärkere Trübung als die Vergleichslösung zeigen (höchstens 0,01% Cl^-). – 5. Sulfat: Analog Chlorid: höchstens 0,05% SO_4^{2-}. – 6. Schönungsmittel: 5,0 ml Prüflösung I dürfen nicht stärker gefärbt sein als 5,0 ml der Mischung aus 0,100 ml Eisen-FL, 0,050 ml Kobalt-FL und 9,9 ml 0,5 n Salzsäure. – 7. Fluoreszierende Schönungsmittel: Zellwolle darf im UV-Licht der Wellenlänge 360 nm höchstens eine schwach hellblaue oder schwach rötlichblaue, aber keine starke Fluoreszenz zeigen. – 8. Kupferzahl: Höchstens 1,20, bei sterilisierter Zellwolle höchstens 1,65. – 9. Saugfähigkeit: Die Untersinkdauer darf höchstens 10 Sek. betragen. – 10. Glührückstand: Höchstens 0,30%, bestimmt mit 2,000 g Substanz. – 11. Trocknungsverlust: Höchstens 11,0%, wenn 2 Std. bei 105° getrocknet wird.

Dextran NND 63. Verzweigtes Polysaccharid aus Glucoseeinheiten.

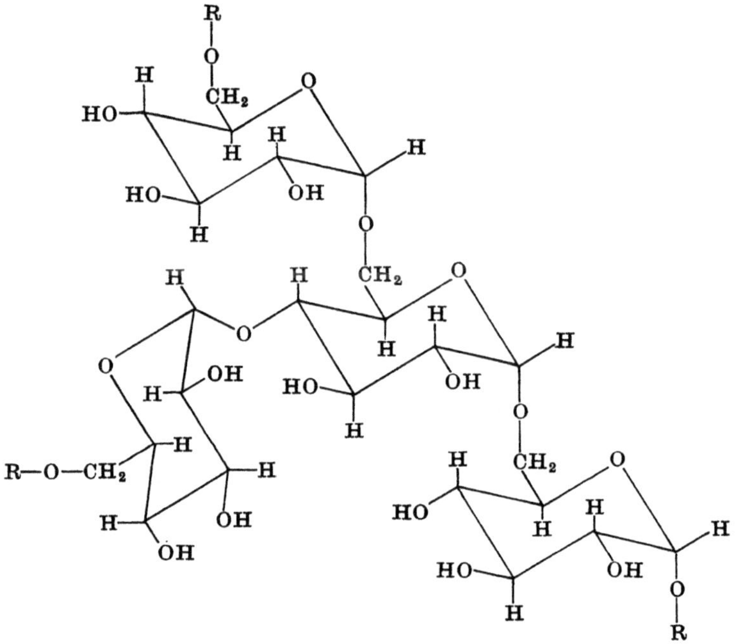

R = H oder Kette

Klassifizierung. Dextran kann als biochemisch gewonnener Kunststoff aufgefaßt werden, da es durch Polykondensation von Glucose unter – heute bewußter – Einwirkung eines Bakteriums dargestellt wird.

Herstellung. Durch Einwirkung von *Leuconostoc mesenteroides* auf Rohrzucker, wobei das Disaccharid zunächst in Glucose und Fructose gespalten wird und dann die Glucose zu einem Glucosan polykondensiert wird. Die Glucosemoleküle werden hauptsächlich in 1,6-Stellung miteinander verknüpft; daneben finden sich aber auch 1,4-Verknüpfungen, wodurch verzweigte Polymere aufgebaut werden. Die Bildung von Dextran, die ursprünglich als unliebsame Nebenerscheinung bei der Rübenzuckergewinnung beobachtet wurde (SCHEIBLER 1869), läßt sich durch die folgende Gleichung ausdrücken:

$$\underset{\text{(Saccharose)}}{\text{n } \alpha\text{-Glucosido-}\beta\text{-fructosid}} \xrightarrow[\text{Leuc. mesent.}]{} \underset{\text{(Dextran)}}{\text{Glucose}_n} + \text{n Fructose}$$

Eigenschaften. Die ursprünglich entstehenden, hochmolekularen Polykondensate mit M.G. von mehreren Millionen werden durch geeignete Hydrolyse (HCl, Aspergillusarten) in

Polymerisate vom mittleren M.G. 75000 fraktioniert. Weißes bis schwach gelbliches Pulver, praktisch geruch- und geschmacklos, amorph, löslich in Wasser, haltbar bei Raumtemperatur.

Anwendung. Als Blut- bzw. Plasmaersatzmittel. Verwendet wird eine 6%ige wäßrige Lösung der Chargen mit dem mittleren M.G. von 75000 unter Zusatz von 0,9% Kochsalz. Die Viskosität solcher Lösungen liegt zwischen 2,5 und 3,5 Centipoise bei 25°. Moleküle mit einem M.G. unter 60000 sind nierenfähig und werden in 5 bis 6 Std. im Urin ausgeschieden. Bei M.G. zwischen 60000 und 130000 besteht Kapillardurchlässigkeit. Moleküle mit einem M.G. zwischen 130000 und 250000 sind etwa 5 Tage lang im Blut nachweisbar. Von der 6%igen Lösung werden üblicherweise 500 ml innerhalb 25 bis 30 Min. intravenös verabfolgt. Die Gesamtmenge kann bei entsprechend längerer Injektionsdauer auch erheblich (bis zu 4 Litern) erhöht werden. Nebenwirkungen, wie Übelkeit, Oppressionsgefühl, Urticaria, Schüttelfrost etc. treten nur selten auf.

Literatur: Koch, K.: Arzneimittel-Forsch. *3*, 565 (1953). – Hildenbrandt, F.: Ärztl. Wschr. *5*, 141 (1950). – Grönwall, A.: Dtsch. med. Wschr. *76*, 1023 (1951). – Merck JB *52*, *53*. – Huber, W.: Schweiz. Apoth.-Ztg *93*, 444 (1955). – Geist, G.: Dtsch. Apoth.-Ztg *92*, 269 (1952).

Handelsformen: Dextran-Benger (Benger-Lab., Engl.); Expander, Expandex (Commercial Solvents, USA); Gentran (Baxter, USA); Intradex (Dextran Ltd., Darlington; Crooke's Lab., Engl.); Macrodex (Knoll, Ludwigshafen); Plavolex (Wyeth, USA).

Dextran-Sulfat. Schwefelsäureester des Dextrans.

Die Substanz wird durch Einwirkung von Chlorsulfonsäure und Pyridin auf Dextran hergestellt. Das M.G. des verwendeten Dextrans muß, damit ein verträgliches Präparat erhalten wird, unter 20000 liegen.

Anwendung. Der Schwefelsäureester des Dextrans hat gerinnungshemmende Eigenschaften. Er ist dem Heparin chemisch verwandt. Dextran-Sulfat übertrifft Heparin in der Wirkungsdauer. Vgl. dazu „Anticoagulantien", Bd. I, 1158.

Literatur: Extra P., Merck JB *52* u. *53*.

Dextrin DAB 7 – BRD. Dextrinum ÖAB 9, Helv. V. Dextrine.

Dextrin ist ein Sammelbegriff für Abbauprodukte der Stärke, die verschiedene Polymerisationsgrade aufweisen und chemisch noch wenig aufgeklärt sind.

DAB 7 – BRD: Gemisch von Polysacchariden, das durch Teilhydrolyse aus Stärke gewonnen wird.

ÖAB 9: Gemisch aus Polysacchariden, das nach dem Röstverfahren durch teilweise Hydrolyse von Stärke gewonnen wird.

Helv. V: Aus Stärke mittels verdünnter Mineralsäure in der Hitze gewonnenes Kohlehydratgemisch.

Herstellung. Die Umwandlung von Stärke in Dextrin kann durch Einwirkung von Hitze, Säuren oder Fermenten geschehen. Danach unterscheidet man die drei folgenden Verfahren.

1. Röstverfahren: Die Stärke wird in heizbaren Behältern, die entweder drehbar oder mit einem Rührwerk versehen sind, längere Zeit auf Temperaturen zwischen 160 und 220° erhitzt. Die notwendige Temperatur richtet sich nach dem Feuchtigkeitsgehalt der verwendeten Stärke. Bei vollkommen trockener Stärke ist 180°, bei lufttrockener Stärke 160° die optimale Temperatur. 220° dürfen in keinem Falle überschritten werden. Nach dem Abkühlen wird das Dextrin mit wasserdampfgesättigter Luft wieder angefeuchtet, so daß es etwa 10 bis 12% Wasser enthält. Das nach diesem Verfahren gewonnene Dextrin wird als *Röstdextrin* oder *Röstgummi* bezeichnet.

2. Säureverfahren: Nach diesem Verfahren wird die Stärke mit verd. Salzsäure befeuchtet und dann wieder vorsichtig getrocknet. Für 100 kg Stärke werden 350 ml konz. Salzsäure und 2 bis 10 l Wasser benötigt. Das Erhitzen erfolgt in den gleichen Apparaturen, wie beim Röstverfahren. Das hierbei gewonnene Dextrin wird als *Säuredextrin* bezeichnet.

3. Fermentverfahren: Durch Einwirkung von Diastase auf Stärke.

Gereinigtes Dextrin wird aus dem Röst- oder Säuredextrin durch Auflösen in Wasser, Filtrieren und Eindampfen gewonnen. Dabei kann der Säuregehalt der Dextrinlösung durch Zusatz von 1 bis 2% Calciumcarbonat und Erhitzen beseitigt werden. Durch Behandeln der Lösungen mit Tierkohle kann eine weitgehende Entfärbung erreicht werden. Durch Fällen einer konz., filtrierten Dextrinlösung mit Äthanol, wobei man die Dextrinlösung unter starkem Rühren in den Alkohol eingießt, erhält man ebenfalls gereinigtes Dextrin, das zugleich frei ist von Stärkezucker, der im gewöhnlichen Dextrin immer in geringer Menge vorhanden ist.

Eigenschaften. Das gewöhnliche Handelsdextrin ist ein weißes, gelbliches bis hellbraunes, fast geruchloses Pulver. Säuredextrin ist meist etwas heller als Röstdextrin. Beim Röstdextrin sind (in Äthanol) unter dem Mikroskop meist noch die Formen der Stärkekörner zu erkennen, so daß sich feststellen läßt, aus welcher Stärkeart das Dextrin hergestellt worden ist. Das aus Kartoffelstärke gewonnene Dextrin hat meistens einen unangenehmen, gurkenartigen Geruch. In kaltem Wasser löst sich das gewöhnliche Dextrin nicht vollständig auf. Es hinterbleibt ein Rückstand, dessen Menge von der Darstellungsart abhängig ist. In heißem Wasser löst es sich meist bis auf eine geringe Trübung. Die wäßrigen Lösungen des Dextrins, auch des Röstdextrins röten Lackmuspapier. Durch Jodlösungen werden Dextrinlösungen mehr oder weniger weinrot gefärbt. Intensität der Farbe und Farbton sind von der Zusammensetzung des Dextrins abhängig.

Das gereinigte Dextrin bildet körnige, gummiähnliche fast farblose bis gelbliche Massen oder weißes bis gelbliches Pulver, das sich in Wasser klar oder fast klar löst, in Äthanol aber unlöslich ist.

Löslichkeit: Löslich in W. von 20°, leicht löslich in siedendem W., praktisch unlöslich in A., Ae. und Chloroform (DAB 7 – BRD u. ÖAB 9).

Mikroskopie. ÖAB 9: Verteilt man Dextrin in einem Tr. Glycerin, so sieht man unter dem Mikroskop die scheinbar unveränderten Körner der Stärke, aus welcher das Dextrin gewonnen wurde. Die Körner besitzen anstelle des Bildungszentrums meist ein zentral oder exzentrisch gelegenes Gasbläschen. Läßt man W. zufließen, so lösen sich einzelne Schichten der Körner in Form von Häutchen ab. Der innerste Teil bleibt meist erhalten (ähnlich DAB 7 – BRD u. Helv. V).

Erkennung. 1. Eine Lösung von Dextrin färbt sich auf Zusatz von einigen Tr. Jodlösung rotviolett (DAB 7 – BRD, ÖAB 9). – 2. Erwärmt man eine Dextrinlösung mit FEHLINGscher Lösung, so entsteht nach kurzer Zeit ein roter Niederschlag (ÖAB 9, DAB 7 – BRD).

Prüfung. Nach ÖAB 9: 1. Eine unter Erwärmen bereitete Lösung von 1 T. Dextrin in 19 T. W. darf nicht stärker trüb sein, als eine mit 10 ml Chlorid-Standardlösung vorschriftsmäßig bereitete Vergleichslösung. – 2. Farbe der Lösung: Die, wenn nötig, filtrierte Lösung (1 + 19) darf nicht stärker gefärbt sein als eine Mischung von 0,80 ml Eisen-Farbstandard, 0,20 ml Kobalt-Farbstandard und 9,00 ml 1%iger Salzsäure. – 3. Freies Alkali, freie Säure: 10 ml der Lösung (1 + 19) dürfen sich auf Zusatz von 2 Tr. Phenolphthaleinlösung nicht verändern. Bei darauffolgendem Zusatz von 0,30 ml 0,1 n Natronlauge muß Rotfärbung auftreten. – 4. Oxalat: 10 ml der, wenn nötig, filtrierten Lösung (1 + 19) dürfen auf Zusatz von 1 ml Ammoniak und 1 ml Calciumchloridlösung innerhalb von 5 Min. nicht getrübt werden. – 5. Calcium: Eine Mischung von 2 ml der, wenn nötig, filtrierten Lösung (1 + 19) und 7 ml W. darf auf Zusatz von 1 ml verd. Essigsäure und 1 ml Ammoniumoxalatlösung innerhalb von 5 Min. nicht getrübt werden. – 6. Verbrennungsrückstand: Höchstens 0,5%, bestimmt mit 1,0000 g Dextrin. – 7. Schwermetalle: Der Verbrennungsrückstand von 6 wird unter Erwärmen in 3 ml verd. Salzsäure gelöst. Die, wenn nötig, filtrierte Lösung muß auf Zusatz von 2 ml W. und 5 ml verd. Ammoniak klar bleiben. In dieser Lösung dürfen Schwermetalle in unzulässiger Menge nicht nachweisbar sein. – 8. Trocknungsverlust: Höchstens 10,0%.

DAB 7 – BRD: Sulfatasche: Höchstens 0,3%.

Aufbewahrung. In gut verschlossenen Gefäßen.

Anwendung. Als Bindemittel bei der Tablettierung und Herstellung von Pillen, als Verdünnungsmittel für Extrakte, besonders Trockenextrakte, als Verdickungsmittel u.ä. Zwecke.

Unverträglichkeiten. Bei Verordnungen (Rezepturen), die Lösungen von Trockenextrakten in Äthanol oder verd. Äthanol verlangen, bildet sich bei Dextrin enthaltenden Extrakten Sedimente oder schleimartige Ausscheidungen.

Cellulosenitrat. „Nitrocellulose". Schießbaumwolle. Kollodiumwolle. Salpetersäurecelluloseester. Colloxylin.

Klassifizierung. Als „Nitrocellulose" bezeichnet man Salpetersäureester der Cellulose (Cellulosenitrate); es liegt also keine wirkliche Nitroverbindung vor. Kollodiumwolle und Schießbaumwolle unterscheiden sich durch den Grad der Veresterung.

Herstellung. Durch Behandeln reiner Baumwolle (entfettete Watte) mit einem Nitriergemisch (HNO_3 + H_2SO_4) bei Raumtemperatur. Die trockene Cellulose wird sukzessive in die Nitriersäure eingetragen, wobei darauf zu achten ist, daß sie ständig mit der Säure bedeckt bleibt. Nach Reaktionszeiten zwischen 30 und 90 Min. wird die äußerlich kaum veränderte Nitrocellulose abgepreßt oder ausgeschleudert, sorgfältig neutral gewaschen und mit großer Vorsicht getrocknet. In feuchtem Zustand kann Nitrocellulose gefahrlos verschickt werden. Den nach dem Abzentrifugieren verbliebenen Wasserrest von etwa 35% kann man durch Waschen mit Äthanol oder Butanol verdrängen, wonach sich die Nitrocellulose leichter trocknen läßt. Das Trocknen muß bei einer 30° nicht übersteigenden Temperatur vorgenommen werden.

Eigenschaften. Die Löslichkeit der Nitrocellulose hängt stark vom Grad der „Nitrierung" ab. Die pharmazeutisch interessierenden Chargen, die zur Herstellung von Lacken (Kollodium) und Filmen verwendbar sind, haben einen Stickstoffgehalt von etwa 12%. Die Nitrocellulose gleicht äußerlich der ursprünglichen Cellulose, fühlt sich aber etwas härter an. Sie ist unlöslich in W., Ae., A., löslich in Äthylacetat, Amylacetat und Aceton. In Äthanol-Äther-Gemischen ist sie je nach Nitrierungsgrad teilweise bis vollständig löslich. Durch Wasserzusatz wird sie aus den mit Wasser nicht oder nur teilweise mischbaren Lösungen gallertartig ausgeschieden. Die Lösungen hinterlassen beim Verdunsten des Lösungsmittels die Nitrocellulose in Form eines zusammenhängenden, durchsichtigen Filmes.

Anwendung. In Form von Lösungen als Kollodium, das bei Zusatz von Weichmachern (Ricinusöl, Campher) beim Eintrocknen auf der Haut elastische Filme hinterläßt.

Polygalakturonsäure-schwefelsäureester.

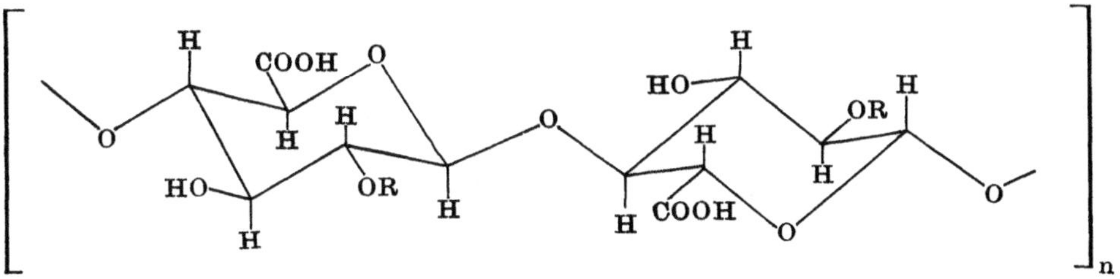

R = SO_3Na

Natriumsalz des Polygalakturon-sulfonates.

Herstellung. Durch Einwirkung von Schwefelsäure und Natronlauge auf Polygalakturonsäure.

Anwendung. Zur Prophylaxe und Therapie der Thrombose und Embolie, sowie deren Folgeerscheinungen. Hemmt die Blutgerinnung.

Handelsform: Thrombo-Stop (H. Optime GmbH, Frankfurt a. M.).

Xylan-schwefelsäureester.

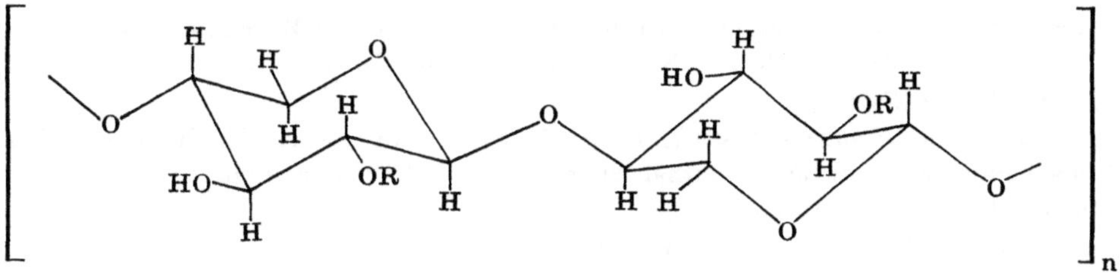

R = SO_3Na

Natriumsalz des Xylan-polyschwefelsäureesters u.ä. Pentosanpolyschwefelsäureester.

Herstellung. Aus pflanzlichem Material durch Einwirkung von Schwefelsäure und Neutralisation mit Natronlauge.

Eigenschaften. Schwefelgehalt 13 bis 14%. M.G. etwa 3000.

Anwendung. Als Anticoagulans, zur Verhinderung oder Herabsetzung der Blutgerinnung, zur Verflüssigung von Blutgerinnsel. Vgl. Bd. I, 1158.

Handelsform: Thrombocid (Bene-Chemie, München-Solln).

Poloxalkol NND 63.

Ein Oxyalkyl-Polymerisat.

$$HO(C_2H_4O)_a(C_3H_6O)_b(C_2H_4O)_cH$$

Eigenschaften. Praktisch geschmacklose, nichtionogene, oberflächenaktive Substanz.

Anwendung. Als Laxans.

Handelsform: Polykol (Upjohn Company, USA).

Hexadimethrine Bromide NND 63. Poly-(1,5-dimethyl-1,5-diazaundecamethylene-dimethobromide).

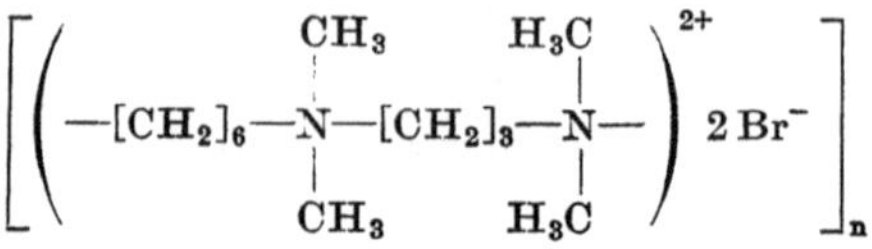

Wirkung. Die Substanz wirkt heparinneutralisierend, ähnlich wie Protaminsulfat oder Toluidinblau.

Handelsform: Polybrene (Abbott) Laboratories, USA).

Polyamine-Methylene Resin NND 63.

Ein Polymerisat aus Diphenylol-dimethylmethan, Polyäthylenamin und Formaldehyd.

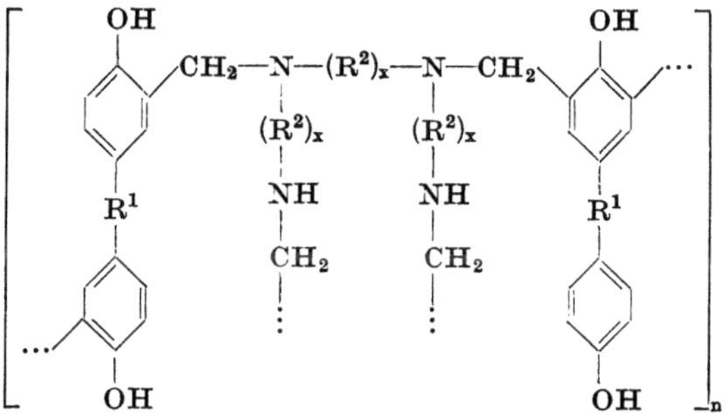

Eigenschaften. Hell bernsteinfarbenes, körniges, lockeres Pulver, ohne wahrnehmbaren Geruch, unlöslich in A. und W.

Anwendung. Zur Behandlung der Hyperacidität.

Handelsform: Resinat (National Drug Company, USA).

Povidone-Iodine NND 63.

Ein Jodkomplex des Polyvinylpyrrolidons.

Eigenschaften. Wasserlöslicher Komplex, der in Berührung mit der Haut oder mit Schleimhäuten Jod freisetzt.

Anwendung. Zur Behandlung von Infektionen des Mund- und Rachenraumes.

Handelsform: Betadine (Tailby-Nason Company, Inc., USA).

Dextriferron NND 63.

Eine kolloide Lösung von Eisen(III)-chlorid, das komplex an partiell hydrolysiertes Dextrin gebunden ist. 1 ml Lösung enthält 20 mg Fe; der pH-Wert beträgt etwa 7,6. Die Lösung ist etwa 2 Jahre haltbar.

Anwendung. Bei Anämie, zur Förderung der Blutbildung.

Handelsform: Astrafer (Astra Pharmaceutical Products, Inc., USA).

Kunststoffe als chirurgisches Nahtmaterial

Monofilament Nylon Suture BPC 63.

Nylonfäden, oder Polyamidfäden die durch Kombination von Hexamethylendiamin und Adipinsäure hergestellt sind.

Eigenschaften. Weiche, gleichartige Fäden, die rollenförmig aufgewickelt sind.

Erkennung. 1. Etwa 0,02 g Substanz werden in einem Verbrennungsröhrchen in vertikaler Haltung so lange erhitzt, bis sich schwere Dämpfe entwickeln. In die Dämpfe wird ein

Papierstreifen gehalten, der mit einer frisch bereiteten, gesättigten Lösung von o-Nitrobenzaldehyd in Natronlauge benetzt ist; es entsteht eine dunkelviolette Färbung, die langsam verbleicht und beim Waschen mit verdünnter Schwefelsäure und Wasser verschwindet (Unterschied gegenüber Polyesterfaden). – 2. Etwa 0,05 g Substanz werden mit 10 ml verdünnter Salzsäure einige Minuten erhitzt; der Faden muß sich vollkommen auflösen (Unterschied gegenüber Polyesterfäden).

Unverträglichkeiten. Phenole und phenolartige Substanzen.

Plaited Polyester Suture BPC 63.

Plattierte Fäden von Polyestern, die durch Kombination von Äthylenglykol und Terephthalsäure hergestellt sind.

Eigenschaften. Einheitliche plattierte Fäden, indifferent gegenüber Gewebeflüssigkeiten und lebenden Organen.

Erkennung. 1. Bei Ausführung des Testes 1. von Nylon Suture (s. o.) erscheint eine grünlichblaue Farbe auf dem Papierstreifen, die allmählich in Blau übergeht und sich mit verdünnter Schwefelsäure/Wasser auswaschen läßt (Unterschied gegenüber Nylonfaden). – 2. Etwa 0,05 g Substanz werden mit 10 ml verdünnter Salzsäure einige Minuten erhitzt; der Faden bleibt praktisch unverändert (Unterschied gegenüber Nylonfaden).

Kunststoffe als chirurgische Hilfsmittel

Gelatin Sponge, absorbable NND 63.

Steriles, resorbierbares, schwammartiges Material auf Gelatinebasis.

Eigenschaften. Leichtes, fast weißes, nicht elastisches, poröses Material, unlöslich in W. und wäßrigen Lösungen, jedoch allmählich resorbierbar durch Körperflüssigkeiten und lebende Gewebe. Pepsinlösungen bauen die Substanz vollständig ab.

Anwendung. Zur Auflage auf vernähte Operationswunden, zur Blutstillung u. ä. Zwekken. Die Substanz wird innerhalb 4 bis 6 Wochen ohne Komplikationen restlos resorbiert.

Handelsform: Gelfoam (Upjohn Company, USA).

Gelatin Film, absorbable NND 63.

Steriler, resorbierbarer, wasserunlöslicher Gelatinefilm.

Herstellung. Durch Eintrocknen von Gelatine-Formaldehydlösungen bei konstanter Temperatur und konstanter Luftfeuchtigkeit. Die Sterilisation erfolgt durch 12stündiges Erhitzen auf 146 bis 149°.

Eigenschaften. Hellgelbe, transparente, brüchige Platten von 0,076 bis 0,228 mm Dicke, mit einem sehr schwachen, an Bouillon erinnernden Geruch und Geschmack. Praktisch unlöslich in W. und Essigsäure. Die Substanz wird gummiartig, wenn man sie einige Minuten in W. taucht.

Anwendung. Zu chirurgischen Zwecken, bei Dura- und Pleuraoperationen.

Handelsform: Gelfim (Upjohn Company, USA).

Polyurethane Foam NND 63.

Herstellung. Durch Vermischen eines Präpolymers mit einem tertiären Amin (Katalysator) im Verhältnis 4 : 1. Das Präpolymer ist ein Gemisch eines Trihydroxyharzes mit überschüssigem, aromatischem Diisocyanat. Nach dem Vermischen beginnt sofort die Polymerisation unter Freisetzung von Kohlendioxid; es entsteht ein steifer Schaum, dessen Vol. etwa das Doppelte des Ausgangsmaterials beträgt.

Anwendung. Zum Verleimen von Knochenbrüchen.

Handelsform: Ostamer (Wm. S. Merrell Company, USA).

Hilfsstoffe zur Herstellung und Verarbeitung von Kunststoffen

Für den Gebrauch von Kunststoffen als Behälter und Verpackungsmaterial von Arzneimitteln sowie als chirurgische Geräte und Krankenpflegeartikel ist die Kenntnis solcher Verbindungen von Bedeutung, die von der Herstellung oder der Verarbeitung her im Kunststoff enthalten sein können. Es handelt sich dabei oft um physiologisch bedenkliche Stoffe, die auch in Spuren zu toxischen Erscheinungen führen können.

Die folgenden kurzen Erläuterungen definieren die gebräuchlichen Hilfsstoffgruppen, die zur Herstellung und Verarbeitung von Kunststoffen Verwendung finden. Es folgt eine tabellarische Übersicht der wichtigsten Hilfsstoffe, die keinen Anspruch auf Vollständigkeit erheben kann, schon deshalb nicht, weil die Entwicklung neuer Hilfsstoffe noch in vollem Gange ist.

Alterungsschutzmittel: Wärme- und Lichtstabilisatoren. Bei der Verarbeitung, der Anwendung und der Lagerung von Kunststoffen sind diese sog. technoklimatischen Bedingungen ausgesetzt, z.B. Hitze, Licht, Luft, mechanische Einwirkung, chemische Einwirkung. Bei der Umwandlung der polymeren Rohstoffe auf den Verarbeitungsmaschinen kommt das zu verarbeitende Material mit heißen Metallteilen in Berührung und ist somit thermischen oder auch metallkatalytischen Einflüssen ausgesetzt. Diese Einflüsse können sowohl die chemische Struktur als auch die physikalischen Eigenschaften der Kunststoffe verändern. Die zusammenfassend als Alterungserscheinungen bezeichneten Prozesse versucht man durch Zusatz von *Stabilisatoren* oder *Alterungsschutzmittel* zu verhindern oder doch einzuschränken. Nach der hauptsächlichen Wirkung der Stabilisatoren unterscheidet man Wärme- und Lichtstabilisatoren.

Die *Wärmestabilisatoren* sind meist Verbindungen, die Radikale abfangen. Radikale können durch Oxydation unter Wärmeeinwirkung entstehen.

Lichtstabilisatoren sind Verbindungen, die aktives Licht, besonders die ultraviolette Strahlung, abfangen und in thermische Energie (Wärme) verwandeln, wodurch photochemische Prozesse verhindert werden.

Aufheller. Da die ungefärbten oder „weißen" Plaste meist einen wahrnehmbaren Gelbstich zeigen, wird heute das Aussehen dieser Produkte durch Verwendung *optischer Aufheller* verbessert, wie es in der Papierindustrie, der Waschmittelindustrie und der Textilveredlung schon lange üblich ist. Der Bedarf an Aufhellern wird dadurch noch erhöht, daß durch das Altern bei zahlreichen Kunststoffen eine ursprünglich kaum wahrnehmbare Gelbstichigkeit deutlich zutage tritt.

Emulgatoren. Eine Reihe von Monomeren werden vorzugsweise in wässriger Suspension oder Emulsion polymerisiert, z.B. Vinylchlorid, Vinylidenchlorid, Acrylnitril. Die Polymerisationsgeschwindigkeit ist abhängig von der Konzentration des Emulgators, die u.U. relativ hoch liegen kann. Je nach Herstellungsart bleibt der verwendete Emulgator mehr oder weniger im fertigen Kunststoff enthalten.

Extender sind Produkte, die nach ihren Eigenschaften zwischen Weichmacher und Füllstoffe einzuordnen sind. Sie besitzen eine gewisse Weichmachereigenschaft, die aber meist nicht ausreicht, weshalb sie mit hochwirksamen Weichmachern zusammen verarbeitet werden.

Fällungsmittel werden angewandt, wenn bei der Polymerisation das Polymerisat im Monomeren löslich ist. Es handelt sich meist um Elektrolyte, die dann vom ausfallenden Kunststoff in geringem Maße eingeschlossen werden können.

Füllstoffe. Feste Zusätze, die in erster Linie durch Gewichts- und Volumenvergrößerung der Verbilligung von fertigen Produkten dienen, werden als Füllstoffe bezeichnet. Sie können anorganischer oder organischer Natur sein. Sie unterscheiden sich in ihrer Struktur wesentlich von den Kunststoffen. In einigen Fällen tragen sie auch zur Verbesserung der mechanischen Eigenschaften der Kunststoffe bei. Häufig verwendete *anorganische Füllstoffe* sind: Asbestmehl und kurzfaseriger Asbest, Gesteinsmehl, Glasfasern, Glimmerpulver, Kaolin, Kieselgur, Kreide, Schiefermehl, Schwerspat, Talkum. Als *organische Füllstoffe* finden vor allem Holzmehl, Papierschnitzel und Papierbahnen, Textilien und Gewebebahnen sowie kurzfaserige Cellulose Verwendung.

Inhibitoren. Darunter versteht man Stoffe, die eine Polymerisation der Monomeren verhindert. Sie werden deshalb auch als Stabilisatoren für Monomere bezeichnet. Bevor die entsprechenden Monomeren zur Polymerisation gelangen, müssen die Inhibitoren entfernt werden. Aus diesem Grunde ist die Gefahr, wesentliche Mengen an Inhibitoren im fertigen Kunststoff anzutreffen gering, zumal die verwendeten Inhibitormengen oft nur in der Größenordnung von 1 bis 2% liegen. Handelt es sich um Phenole, so können diese meist durch verdünnte Laugen ausgewaschen werden. Bei Verwendung von Aminen als Inhibitoren kann mit wässrigen Säuren ausgewaschen werden, sofern diese nicht mit den Monomeren reagieren.

Initiatoren (Radikalspender, Katalysatoren). Die meisten Äthylenderivate vom Vinyltyp ($H_2C{=}CHX$) oder vom Äthylidentyp ($H_2C{=}CXY$) polymerisieren nur unter dem Einfluß von *Katalysatoren*, die man hier als *Initiatoren* bezeichnet. Eine Ausnahme bildet Styrol, das sich spontan, d.h. unter dem Einfluß von Wärme polymerisiert. Für die *Radikalkettenpolymerisation* benötigt man als Initiatoren *Radikalspender*, das sind Verbindungen, die leicht in Radikale zerfallen, z.B. Azoverbindungen, Peroxide, Redoxsysteme, hexasubstituierte Äthanderivate. Für die *Kationenkettenpolymerisation* werden Kationen liefernde Systeme gebraucht, z.B. $BF_3 + HX$ ($= XBF_3^{\ominus} + H^{\oplus}$). Anionen liefernde Systeme dienen zur *Anionenkettenpolymerisation* (z.B. Anionen metallorganischer Verbindungen).

Regler. Stoffe oder Verbindungen, die als Kettenüberträger fungieren und dadurch bei der Polymerisation konjugierter Diene eine unbeabsichtigte Verzweigung verhindern oder während des Kettenwachstums die Reaktionsgeschwindigkeit beeinflussen und dadurch den Polymerisationsgrad regulieren, nennt man Regler.

Trennungsmittel (Gleitmittel). Zur verfahrenstechnischen Erleichterung bei der Verarbeitung von zähen Kunststoffen, zur Erhöhung der Fließfähigkeit, zur Beschleunigung der Vermischung auf Walzen, zur Erzielung maßgerechter Profile, zur Erzeugung glatter Oberflächen von Folien und Platten und ähnlicher Vorgänge werden Trennungs- und Gleitmittel eingesetzt. Es sind meist Erdalkalisalze höherer Fettsäuren oder höhermolekulare Wachse.

Weichmacher. Da die üblichen Kunststoffe für viele Anwendungszwecke zu spröde und zu hart sind, müssen sie durch Zusätze geeigneter Stoffe „weich gemacht werden". Stoffe, die vor der Polymerisation zugesetzt werden und zur Bildung von Mischpolymerisaten führen, bezeichnet man als *innere Weichmacher*. Ihrer Anwendung sind Grenzen gesetzt. Größere Bedeutung haben die *äußeren Weichmacher*, die dem fertigen Kunststoff zugesetzt werden. Durch Änderung der Mengenverhältnisse zwischen Polymerisat und äußerem Weichmacher läßt sich der Weichheitsgrad praktisch stufenlos regulieren. In der Praxis werden hierfür besonders hochsiedende Ester der Phthalsäure und der Phosphorsäure verwandt.

Alphabetische Tabelle der wichtigsten Hilfsstoffe bei der Herstellung und Verarbeitung von Kunststoffen[1]

Bezeichnung der Verbindungen	Formel	Verwendet als	Bei der Herst. od. Verarb. von
Abietinsäure-methylester	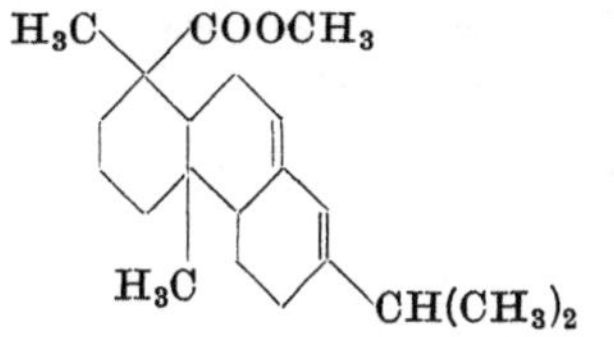	W	versch.
Adipinsäure-polyester	$—OC—(CH_2)_4—C(=O)—O—(CH_2)_n—O—C(=O)—(CH_2)_4$ (OC: C=O) … $—(CH_2)_4—CO—(CH_2)_n—OC$ (CO, OC: C=O)	W	versch.

[1] Zeichenerklärung s. S. 267.

Alphabetische Tabelle der wichtigsten Hilfsstoffe
bei der Herstellung und Verarbeitung von Kunststoffen (*Fortsetzung*)

Bezeichnung der Verbindungen	Formel	Verwendet als	Bei der Herst. od. Verarb. von
Acrylate	$(H_2C{=}CH{-}COO)_nMe$ Me = Fe, Cu, Cr oder Zn	versch.	versch.
Alkalialkoxide	MeOR Me = Na, K, Li R = CH_3, C_2H_5 etc.	I	PÄ
Alkaliborate	$Na_2B_2O_7 \cdot 10\,H_2O$ $NaBO_2$	A	PVC
Alkalimetalle	Na, K, Li	I RS	PÄ PD
Alkalipersulfate	Na_2SO_5, K_2SO_5, $(NH_4)_2SO_5$	RS	PD
Alkohole	H_3COH bis $H_{17}C_8OH$	StW	PVC
Alkoxy-aniline	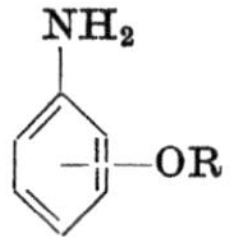 R = Alkylrest	StW	PVC
Alkylamine	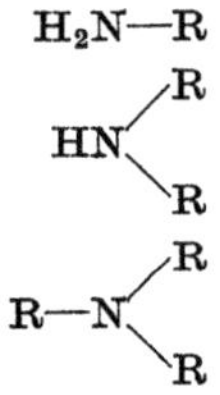 R = Alkylrest	StW	versch.
Alkylphenole	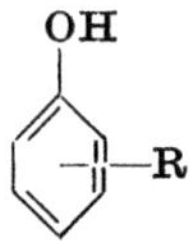 R = Alkylrest	StW	PÄ
Alkylsulfonsäure-ester des Phenols und der Kresole	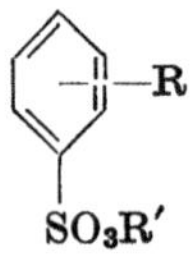 R = H oder CH_3 R′ = längerer Alkylrest z.B. $C_{15}H_{31}$	W	versch.
Aluminiumsulfat	$Al_2(SO_4)_3 \cdot 18\,H_2O$	FM	PST PVC
Ameisensäure	HCOOH	I	PÄ
Aminocrotonsäure-ester höherer Fettalkohole (= β-Imino-buttersäureester)	$H_3C{-}C({=}NH){-}CH_2{-}COOR$ R = längerer Alkylrest	A	PVC
Ammoniak	NH_3	I	PÄ
Ammoniumacetat	$H_3CCOONH_4$	I	PÄ

Alphabetische Tabelle der wichtigsten Hilfsstoffe
bei der Herstellung und Verarbeitung von Kunststoffen (*Fortsetzung*)

Bezeichnung der Verbindungen	Formel	Verwendet als	Bei der Herst. od. Verarb. von
Arylharnstoffe	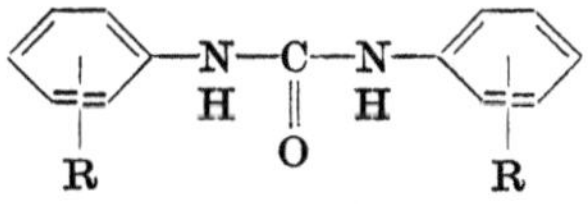 R = H, Cl oder CH_3	StW	PVC
Arylthioharnstoffe	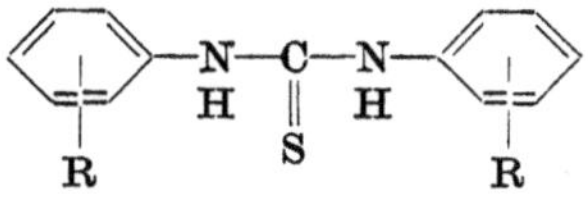 R = H, Cl oder CH_3 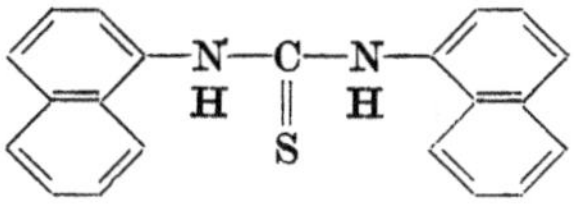	StW	PVC
Acetate	$(H_3CCOO)_2Me$ Me = Mn oder Cu	StL	PA
α,α'-Azoisobuttersäuredinitril	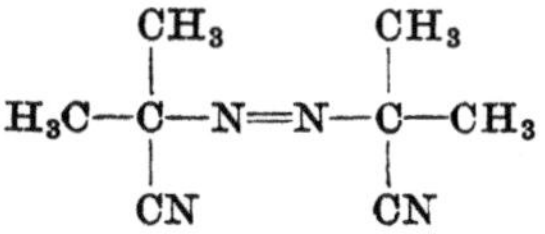	RS RS RS	PÄ PST PVC
aliphatische Azoverbindungen	R—N=N—R R = Alkylrest	RS	PD
Benzochinon	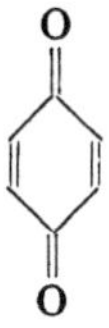	I	PÄ
Benzoesäure	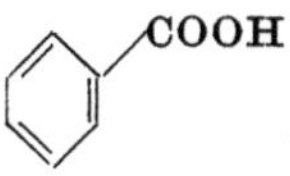	I StL	PÄ PVC
Benzolsulfonsäure-N-methylamid	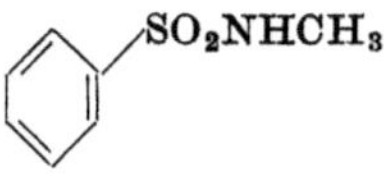	W	PA Ni Ac
Benzophenon (und Derivate)	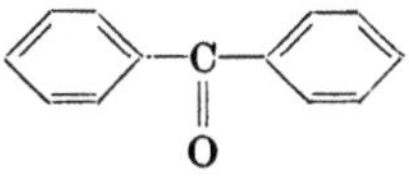	StL	PVC
Benzoylperoxid	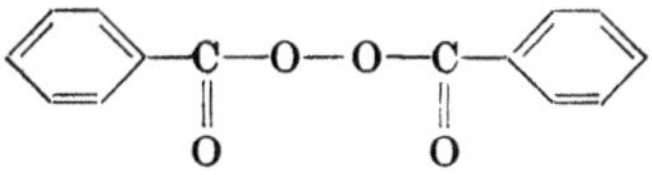	RS RS	PST PVC
Benztriazolderivate	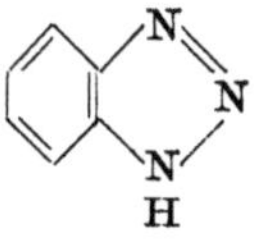	StL	PVC

Alphabetische Tabelle der wichtigsten Hilfsstoffe
bei der Herstellung und Verarbeitung von Kunststoffen (*Fortsetzung*)

Bezeichnung der Verbindungen	Formel	Verwendet als	Bei der Herst. od. Verarb. von
Benzyl-butyl-adipat	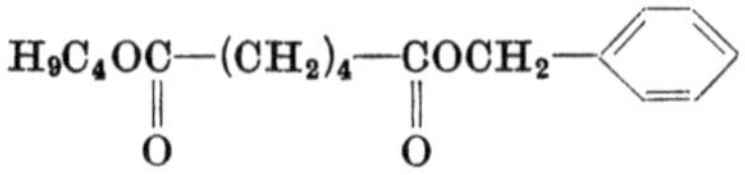	W	PVC u.a.
Benzyl-butyl-phthalat	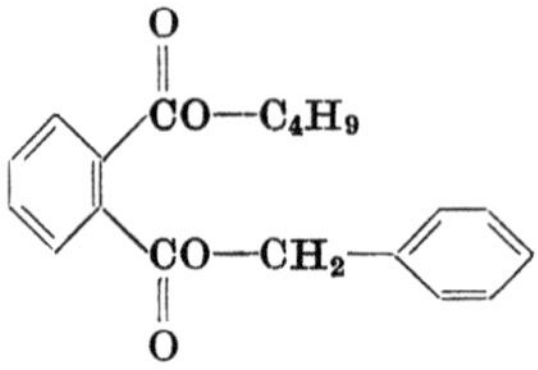	W	Ni PVC u.a.
Benzyl-octyl-adipat	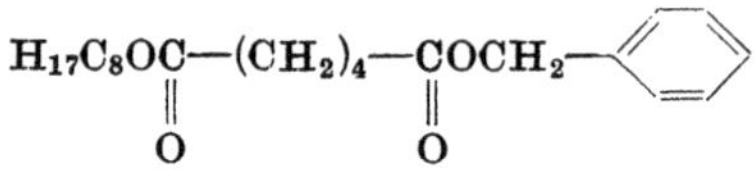	W	PVC u.a.
Bleioxide	PbO, PbO_2, Pb_3O_4	A	PVC
Brenzcatechin	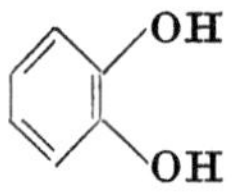	I	PÄ
p-Brom-benzoyl-peroxid	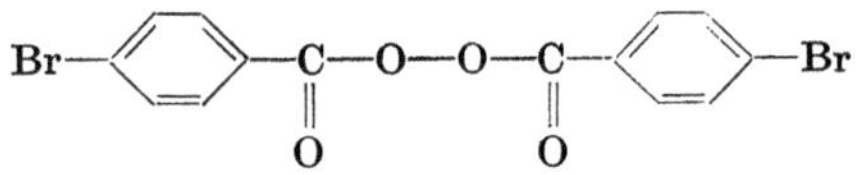	RS	PST
p-tert.-Butyl-brenzcatechin	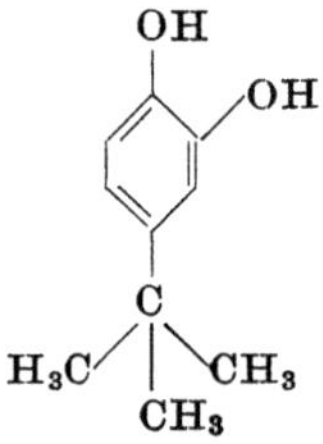	I	PÄ
tert.-Butylhydro-peroxid	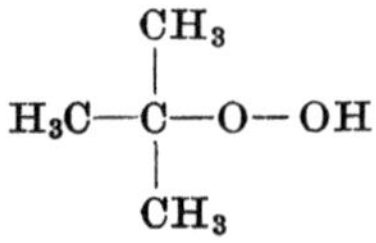	RS	PST
o-tert.-Butylphenole	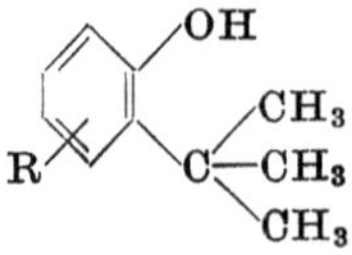 R = H, CH_3, Cl etc.	StW	PÄ
Butylstearat	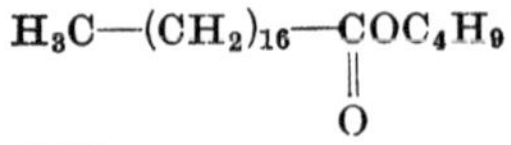	W Gl	versch.
Calciumchlorid	$CaCl_2$	FM	PST PVC

Alphabetische Tabelle der wichtigsten Hilfsstoffe
bei der Herstellung und Verarbeitung von Kunststoffen (*Fortsetzung*)

Bezeichnung der Verbindungen	Formel	Verwendet als	Bei der Herst. od. Verarb. von
Calciumstearat	$(H_3C-(CH_2)_{16}-COO)_2Ca$	A Gl Gl	PVC PÄ PST
Campher	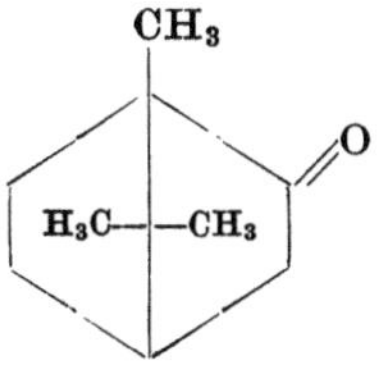	W	Ni u.a.
Chloraniline	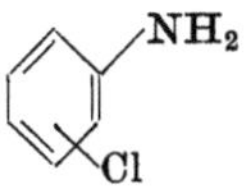	StW	PVC
Chloriertes Diphenyl	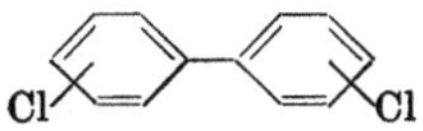	W	versch.
Chlorierte Paraffine	$H_3C-(CH_2)_n-(CH)_n-CH_3$ (an CH: Cl) u.ä.	Ex	versch.
Chromsalze	z.B. $CrF_3 \cdot 4H_2O$	StL	PA
Citronensäureester des Äthanols und Butanols	CH_2-COOR $HO-C-COOR$ CH_2-COOR $\quad R = C_2H_5$ oder C_4H_9	W	versch.
Dialkyl-zinn(IV)-verbindungen	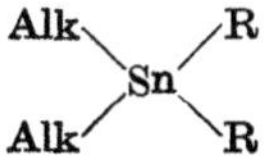 Alk = C_2H_5 bis C_4H_9 R = H, OH, OAlk, Cl etc.	StW	PÄ
Diarylamine	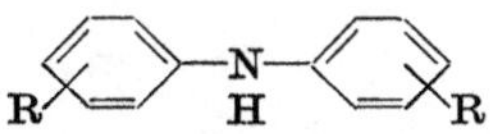 R = H, CH_3, Cl etc.	StW	PVC
Diäthylphthalat	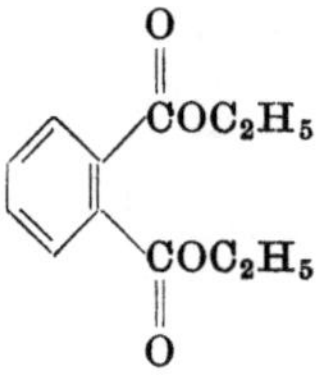	W	Ac
aromatische Diazoäther	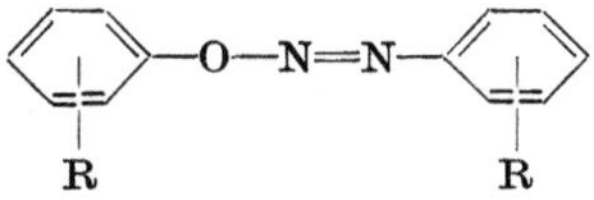 R = H, Cl, CH_3 etc.	RS	PD

Alphabetische Tabelle der wichtigsten Hilfsstoffe
bei der Herstellung und Verarbeitung von Kunststoffen (*Fortsetzung*)

Bezeichnung der Verbindungen	Formel	Verwendet als	Bei der Herst. od. Verarb. von
Dibutyladipat	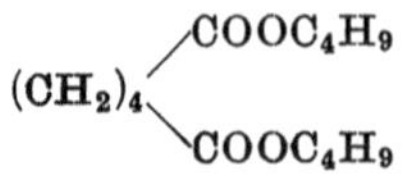	W	PVC u.a.
Dibutylamin	$HN(C_4H_9)_2$	I	PÄ
Di-tert.-butylperoxid	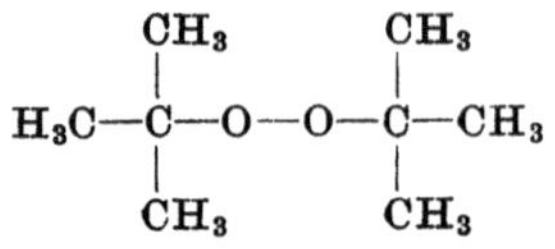	RS	PST
Dibutylphthalat	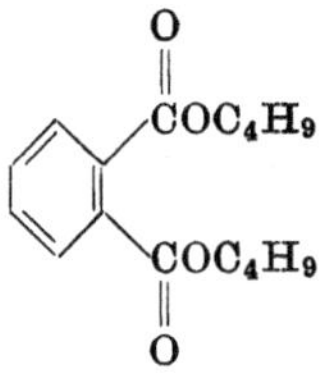	W	PVC Ni u.a.
2,4-Dichlor-6-nitrophenol	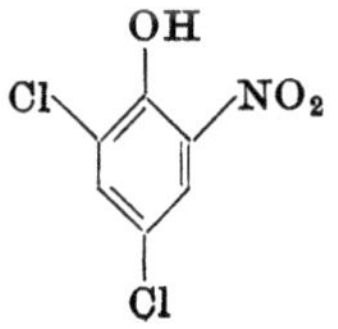	I	PÄ
Dicyclohexylphthalat	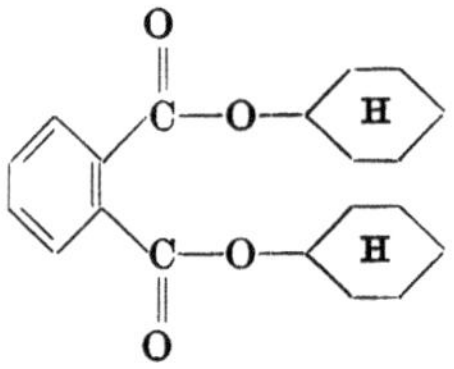	W	PST PVC Ni u.a.
Diisopropylxanthogendisulfid	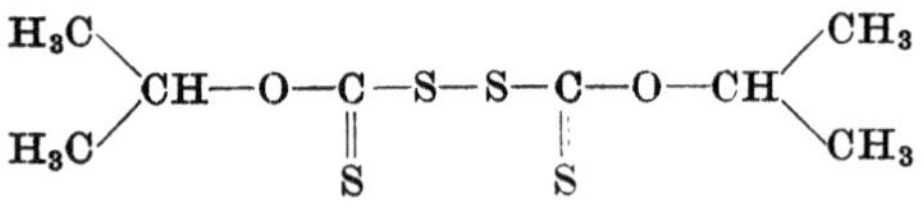	R	PD
Dimethylformamid	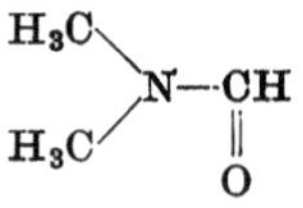	I	PÄ
Dimethylphthalat	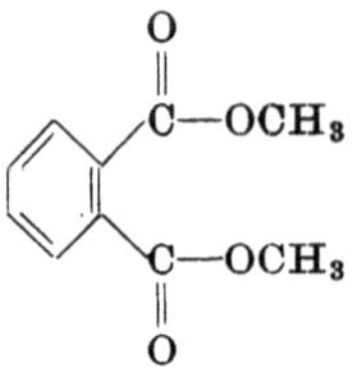	W	Ac

Alphabetische Tabelle der wichtigsten Hilfsstoffe
bei der Herstellung und Verarbeitung von Kunststoffen (*Fortsetzung*)

Bezeichnung der Verbindungen	Formel	Verwendet als	Bei der Herst. od. Verarb. von
1,3-Dinitrobenzol	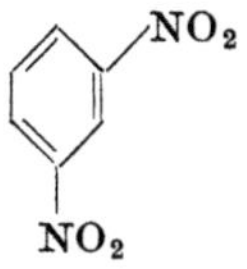	I	PÄ
2,4-Dinitrochlor-benzol	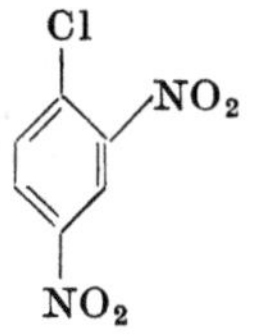	I	PÄ
Dioctylphthalat	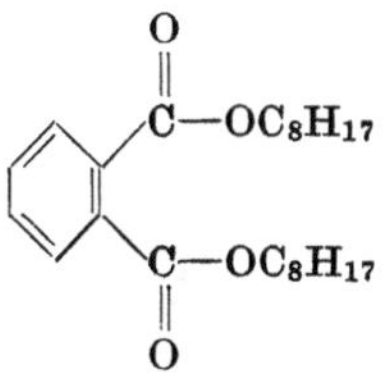	W	versch.
Diphenylguanidin	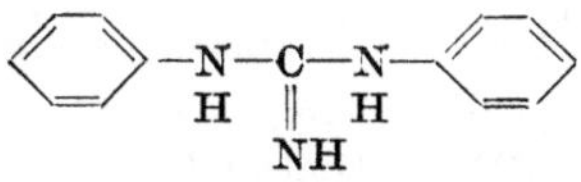	StW	PÄ
Diphenyl-kresyl-phosphat	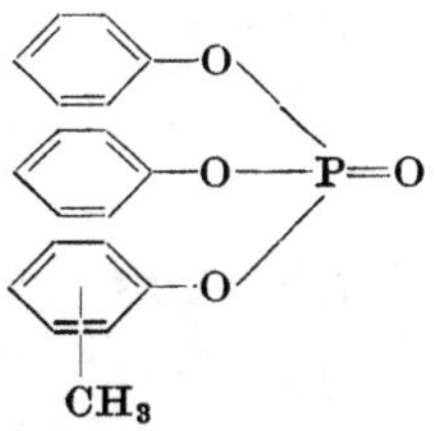	W	PVC u.a.
Diphenyl-octyl-phosphat	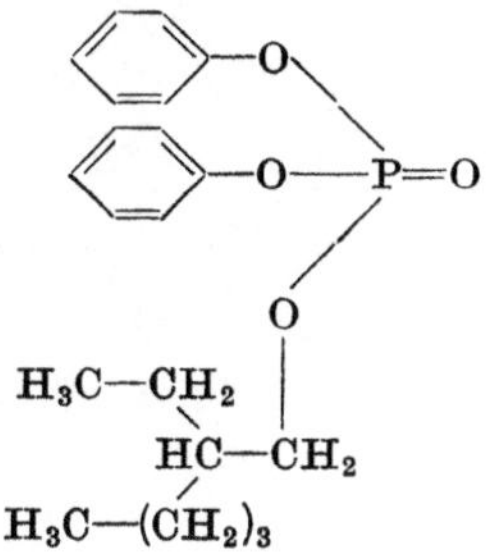	W	PVC u.a.
N,N'-Diphenyl-p-phenylendiamin		A	PA

Alphabetische Tabelle der wichtigsten Hilfsstoffe
bei der Herstellung und Verarbeitung von Kunststoffen (*Fortsetzung*)

Bezeichnung der Verbindungen	Formel	Verwendet als	Bei der Herst. od. Verarb. von
Diphenylphthalat	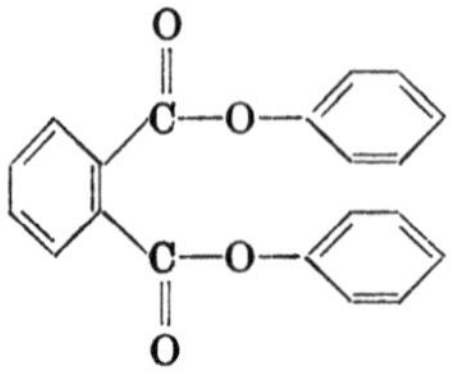	W	versch.
Diphenyl-xylenyl-phosphat	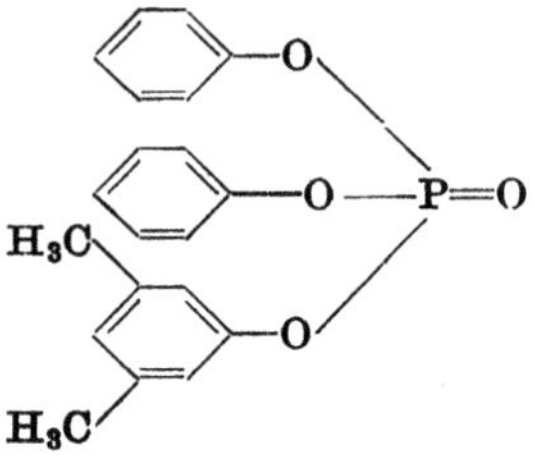	W	PVC u.a.
Dodecylmercaptan	$H_3C-(CH_2)_8-C(CH_3)_2-SH$	R	PD
Epoxyfettsäure-ester	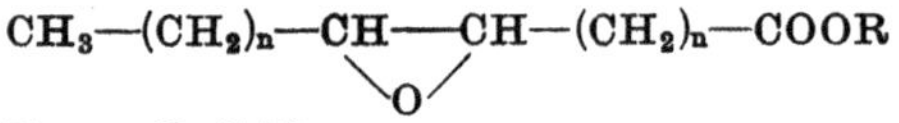 R = z.B. C_4H_9	W	versch.
verschiedene Essigsäureester des Glycerins	$H_2C(-OR)-HC(-OH)-H_2C-OH$, $H_2C(-OR)-HC(-OR)-H_2C-OH$, $H_2C(-OR)-HC(-OR)-H_2C-OR$, $H_2C(-OR)-HC(-OH)-H_2C-OR$, $H_2C(-OH)-HC(-OR)-HC-OH$; R = $-C(=O)CH_3$	W	Ni Ac
Fettsäure-Äthylenoxid-Addukte	$H_3C-(CH_2)_n-COO-(CH_2-CH_2-O)_n-CH_2-CH_2-OH$	Em	PÄ
Fettsaure Salze	$H_3C-(CH_2)_n-COOMe$	A	PVC
Formamid	$H_2N-CH=O$	I	PÄ
Gallussäure-polyester	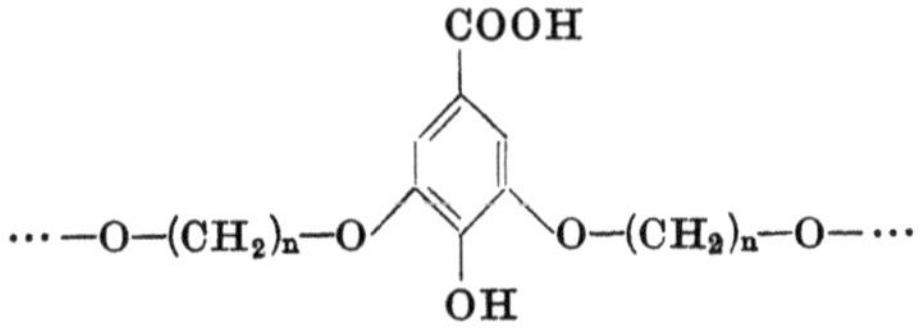	StW	PÄ
Glykol	$HO-CH_2-CH_2-OH$	W	versch.

Alphabetische Tabelle der wichtigsten Hilfsstoffe
bei der Herstellung und Verarbeitung von Kunststoffen (*Fortsetzung*)

Bezeichnung der Verbindungen	Formel	Verwendet als	Bei der Herst. od. Verarb. von
Glycerin	$HO-CH_2-CH(OH)-CH_2-OH$	W	versch.
Glycerinester natürlich vorkommender gesättigter und ungesättigter Fettsäuren	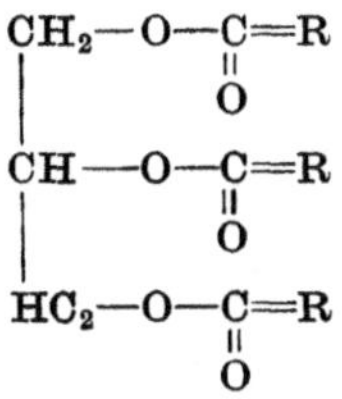 R = gesättigte oder ungesättigte Alkylreste	Gl	PVC u.a.
Hydrochinon		I I	PÄ PVC
2-Hydroxybenzophenon und Derivate	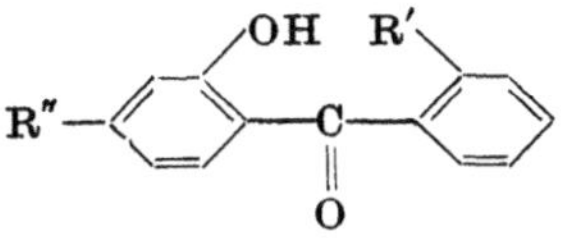 R′ = R″ = H R′ = H, R″ = OCH_3 R′ = OH, R″ = OCH_3	StL StL	PA PVC
butyliertes Hydroxyanisol	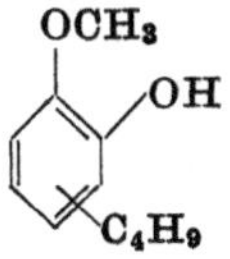	StW	PÄ
α-Hydroxyoctadecansulfonsaures Natrium	$H_3C-(CH_2)_{15}-CH(OH)-COONa$	Em	PVC PST
Kaliumhydroxid (fest)	KOH	I	PÄ
Knochenöl Knochenfett	—	Gl	PST
Kobaltnaphthenat	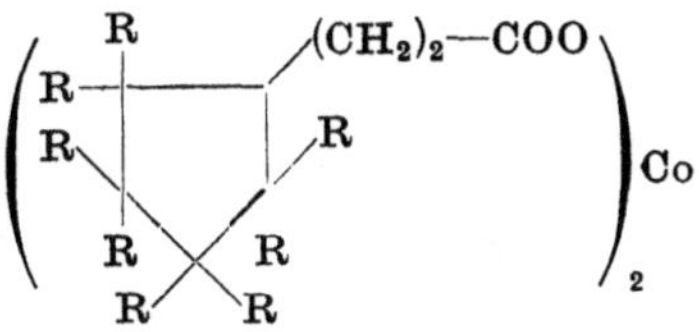 R = H oder Alkylrest	I	PÄ
Kupfer (met.)	Cu	I	PÄ
Kupfersalze	$CuCl_2$, $CuSO_4$, $Cu(CH_3COO)_2$	I	PÄ

Alphabetische Tabelle der wichtigsten Hilfsstoffe bei der Herstellung und Verarbeitung von Kunststoffen (*Fortsetzung*)

Bezeichnung der Verbindungen	Formel	Verwendet als	Bei der Herst. od. Verarb. von
Lactate	$(H_3C-CH(OH)-COO)_2$ Me = Mn oder Cu	StL	PA
Laurate	$(H_3C-(CH_2)_{10}-COO)_2Me$ Me = Ca, Ba, Si, Zn	A	PVC
Laurylperoxid	$H_3C-(CH_2)_{10}-C(=O)-O-O-C(=O)-(CH_2)_{10}-CH_3$	RS	PVC PST
Linolsäureester ein- und mehrwertiger Alkohole	$H_3C\text{-}(CH_2)_4\text{-}CH{=}CH\text{-}CH_2\text{-}CH{=}CH\text{-}(CH_2)_7\text{-}COOR$ R = Reste ein- und mehrwertiger Alkohole	W	versch.
Manganoxidhydrat	$MnO(OH)_2$	A	PVC
2-Mercapto-benzimidazol	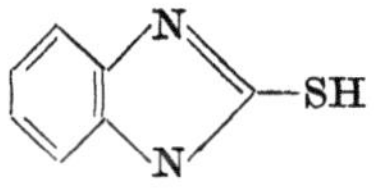	StW	PÄ u.a.
2,2'-Methylen-bis-(4,6-dialkyl-phenole)	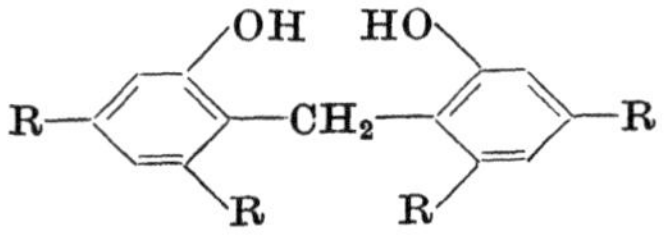 R = Alkylrest	StW	PÄ
Methylenblau	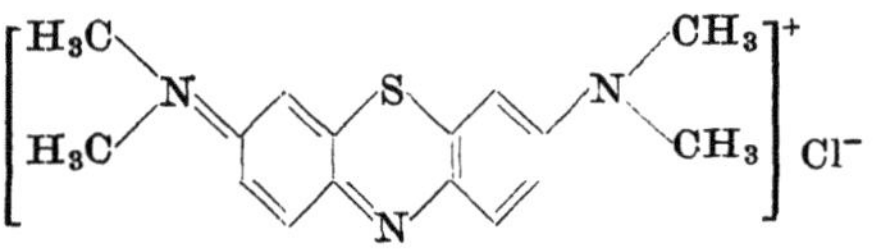	I	PÄ
Mineralöle (hochsiedende)	$H_3C-(CH_2)_n-CH_3$	Ex	versch.
Montansäureester	—	Gl	PVC
Natriumcarbonat	Na_2CO_3	A	PVC
Natriumnitrit	$NaNO_2$	I	PÄ
Natriumphosphat	Na_2HPO_4	A	PVC PST
Octadecylalkohol	$H_3C-(CH_2)_{16}-CH_2OH$	Gl	PST
Octen-(1)	$H_3C-(CH_2)_5-CH{=}CH_2$	I	PÄ
Ölsäureamid	$H_3C-(CH_2)_7-CH{=}CH-(CH_2)_7-C(=O)-NH_2$	Gl	PÄ

Alphabetische Tabelle der wichtigsten Hilfsstoffe
bei der Herstellung und Verarbeitung von Kunststoffen (*Fortsetzung*)

Bezeichnung der Verbindungen	Formel	Verwendet als	Bei der Herst. od. Verarb. von
Paraffine	$H_3C—(CH_2)_n—CH_3$	A Gl	PVC PST
Paraffinsulfonate	$H_3C—(CH_2)_n—SO_3Me$ n = 10 bis 19 Me = Na, K, Ca	Em	PST PVC
Phenolderivate	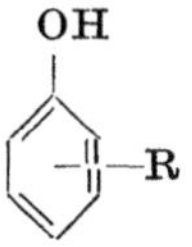 R = H, Alkylrest, Halogen etc.	A I I	PVC PÄ PVC
Salze von Phenolthioäthern	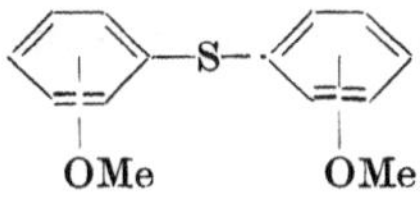 Me = Ni, Zn, Pb, Mg	A	versch.
Phenothiazin	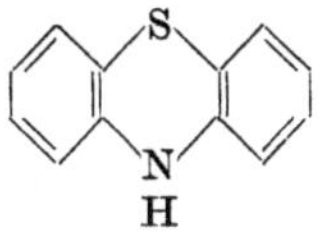	I	PÄ
2-Phenylindol	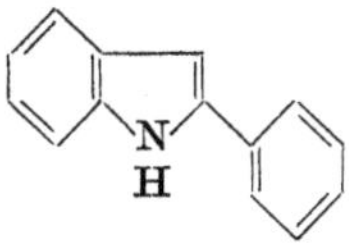	StW	PVC u.a.
Phenyl-β-naphthylamin	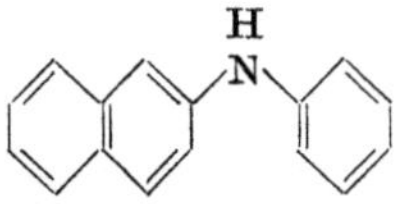	I StW	PÄ versch.
Phthalsäureäthylenglykolester	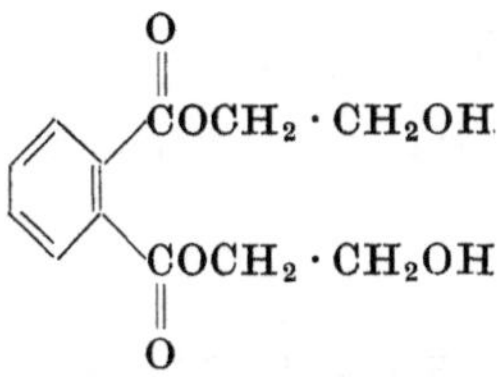	W	Ni Ac PVC
Polybutadienacrylnitril	$(—CH_2—CH{=}CH—CH_2—CH_2—CH(CN)—)_n$	W	versch.
Polyvinyläthyläther	$(—CH_2—CH(OC_2H_5)—CH_2—CH(OC_2H_5)—)_n$	Gl A	PVC PVC

Alphabetische Tabelle der wichtigsten Hilfsstoffe
bei der Herstellung und Verarbeitung von Kunsstoffen (*Fortsetzung*)

Bezeichnung der Verbindungen	Formel	Verwendet als	Bei der Herst. od. Verarb. von
Polyvinylalkohol	$(\text{—CH}_2\text{—CH(OH)—CH}_2\text{—CH(OH)—})$	Em	PVC PST
Polyvinyl-methyläther	$(\text{—CH}_2\text{—CH(OCH}_3\text{)—CH}_2\text{—CH(OCH}_3\text{)—})_n$	W	versch.
Pyrogallol	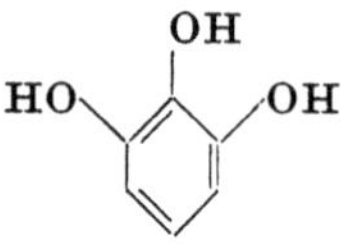	I	PÄ
Resinate	Cu-, Zn- oder Mg-Salze von Harzsäuren	I	PÄ
Ricinolate	$(H_3C\text{-}(CH_2)_5\text{-}CH(OH)\text{-}CH_2\text{-}CH{=}CH\text{-}(CH_2)_7\text{-}COO)_2Me$ Me = Ba, Ca, Si, Zn	A	PVC
Ricinolsäureester ein- und mehrwertiger Alkohole	$H_3C\text{–}(CH_2)_5\text{–}CH(OH)\text{–}CH_2\text{–}CH{=}CH\text{–}(CH_2)_7\text{–}COOR$ R = Reste ein- und mehrwertiger Alkohole	W	versch.
Ricinusöl	—	W	versch.
Ruß	C_n	StL	ÄP PA
Salicylsäure	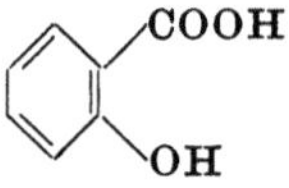	StL	PVC
Sebacinsäureester	$HOOC\text{—}(CH_2)_8\text{—}COOR$	W	versch.
Siliconöle	$(\text{—O—Si(CH}_3)_2\text{—O—Si(CH}_3)_2\text{—O—Si(CH}_3)_2\text{—})_n$	Gl	PST u.a.
Thio-bisphenole	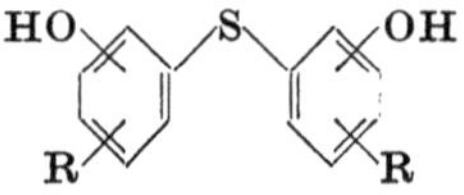 R = CH_3, C_4H_9 etc.	StW	PA
Thio-dipropion-säurelaurylester	$H_3C\text{—CH—COOR}$ $\vert$ S $\vert$ $H_3C\text{—CH—COOR}$ R = $CH_3\text{—}(CH_2)_{11}$	StW	PÄ
Thioharnstoff	$H_2N\text{—C(=S)—}NH_2$	StW	PVC

Alphabetische Tabelle der wichtigsten Hilfsstoffe bei der Herstellung und Verarbeitung von Kunststoffen (*Fortsetzung*)

Bezeichnung der Verbindungen	Formel	Verwendet als	Bei der Herst. od. Verarb. von
Thiuramdisulfid	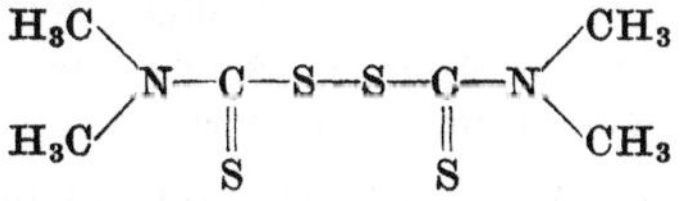	StW V	PÄ autsch. etc.
Triäthanolamin-oleat	$H_3C—(CH_2)_{10}COO^-[HN(CH_2CH_2OH)_3]^+$	Gl	PÄ
Tributylamin	$N(CH_2CH_2CH_2CH_3)_3$	I	PÄ
Tributylphosphat	$(H_9C_4O)_3P=O$	W	versch.
Trichloräthyl-phosphat	$(ClCH_2—CH_2—O)_3P=O$	W	PVC u.a.
Trikresylphosphat	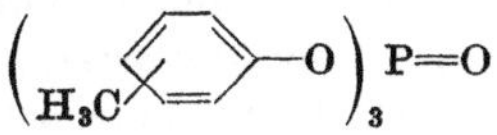	W	PVC u.a.
Trioctylphosphat	$(H_3C—(CH_2)_3—CH—CH_2O)_3P=O$ | CH_2 | CH_3	W	PVC u.a.
Triphenylphosphat	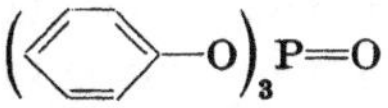	W	PVC u.a.
Tris-(β-hydroxy-äthyl)-amin	$N(CH_2CH_2OH)_3$	I	PÄ
Trixylenylphosphat	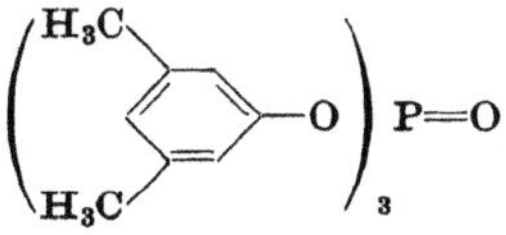	W	versch.
Weinsäureester des Äthanols und Butanols	COOR | CHOH | CHOH | COOR $R = C_2H_5, C_4H_9$	W	versch.
Ziegler-Katalysatoren	Versch. metallorgan. Verbindungen	RS	PD
Zinn(IV)-Verbindungen	SnR_4 R = Alkylrest, OH, Cl	A	PVC
Zinkstearat	$(H_3C—(CH_2)_{16}—COO)_2Zn$	Gl	PST

Zeichenerklärung. *Hilfsstoffe:* A = Alterungsschutzmittel (Wärme- und Lichtstabilisator), Em = Emulgator, Ex = Extender, F = Füllstoff, FM = Fällungsmittel, Gl = Gleitmittel und Formentrennmittel, I = Inhibitor, R = Regler, RS = Radikalspender, StL = Lichtstabilisator, StW = Wärmestabilisator, V = Vulkanisationsbeschleuniger, W = Weichmacher. *Kunststofftypen:* Ac = Acetylcellulose, PA = Polyamide, PÄ = Polyäthylene u.ä., PC = Polycarbonate, PD = Polydiene, PST = Polystyrole u.ä., PVC = Polyvinylchloride, chlorierte Polyäthylene u.ä., Ni = Nitrocellulose.

Zur Analytik der Kunststoffe

Elementaranalyse. Kunststoffe, die durch Polymerisation oder Polyaddition hergestellt sind, besitzen unabhängig von der Größe der Molekel praktisch die gleiche elementaranalytische Zusammensetzung wie die entsprechenden Monomeren. Die Elementaranalyse hat hier also nur geringe Bedeutung. Bei Polykondensaten mäßiger Molekülgröße kann aus den Ergebnissen der Elementaranalyse auf die Größe der Molekel geschlossen werden, da sich die elementaranalytische Zusammensetzung mit ihr ändert.

Endgruppenbestimmung. Besitzen die Makromolekeln funktionelle Endgruppen, was bei Polykondensaten und Polyadditionsprodukten meist der Fall ist, so können diese zur Bestimmung der Molekülgröße dienen.

Erkennung des Polymerentyps. Die Erkennung der Kunststofftypen kann auf physikalischem oder chemischem Weg erfolgen. Unter den *physikalischen Verfahren* ist besonders die IR-Spektrophotometrie zu erwähnen. Das wichtigste *chemische Verfahren* besteht im Abbau und in der Identifizierung der entstandenen Monomeren. Der Abbau kann thermisch, hydrolytisch, oxydativ oder reduktiv erfolgen. Sind in einer Makromolekel Aromaten vorhanden, so können diese durch Einwirkung von Salpetersäure erkannt werden, ähnlich wie aromatische Gruppen in Eiweißen durch die Xanthoproteinreaktion. Polyhydroxyverbindungen und Polyamide lassen sich durch Reaktivfarbstoffe anfärben.

Mechanische Eigenschaften. Zur Ermittlung der mechanischen Eigenschaften, wie Festigkeit, Elastizität, Reißfestigkeit, Härte, Sprödigkeit etc. stehen verschiedene Methoden zur Verfügung, die hier nicht näher interessieren.

Chemisch-physikalische Eigenschaften. Während die Feststellung der mechanischen Eigenschaften in erster Linie die Hersteller geformter Kunststoffe interessieren, sind die chemisch-physikalischen Eigenschaften von großer Bedeutung für die pharmazeutische und medizinisch-technische Verwendung von Kunststoffen. Die wichtigsten Eigenschaften sind:

Lichtdurchlässigkeit,
Gasdurchlässigkeit,
Durchlässigkeit für flüssige Stoffe,
Löslichkeit.

Analytik der Hilfsstoffe

An Kunststoffe, die zur Herstellung medizinisch-technischer Geräte und zur Verpackung von Arzneimitteln verwendet werden, sind in bezug auf die Reinheit und Beständigkeit gegenüber Körperflüssigkeiten, physiologischem Material, Lösungsmitteln und Arzneimitteln erhöhte Anforderungen zu stellen.

Die Prüfung muß sich auf eventuell vorhandene Monomere, besonders aber auf alle bei der Verarbeitung der Kunststoffe zu geformten Gegenständen und der Bildung der Polymeren verwendeten Hilfsstoffe erstrecken.

Als Methoden kommen besonders Extraktionsverfahren und die chromatographische Trennung der extrahierten Stoffe in Frage.

Über die qualitative Analyse von Weichmachern mittels Dünnschichtchromatographie s. D. Braun: Chimia *19*, 77 (1965).

Über den Nachweis höherer Alkohole in Packstoffen für Lebensmittel, die in gleicher Weise auch für die Verpackung von Arzneimitteln verwendet werden, berichten J. F. Reith u.a.: Z. Lebensmitt.-Untersuch. *126*, 49 (1964).

Zur physikalischen und chemischen Charakterisierung von Celluloseäthern s. S. Tr. Souci, F. Crössmann u. E. Mergenthaler: Z. Lebensmitt.-Untersuch. *125*, 247, 413 (1964); *126*, 173 (1965).

Untersuchungen über die Verwendbarkeit von Kunststoffen

Über die Verwendungsmöglichkeit von Kunststoffbehältern zur Aufbewahrung von Blut und Infusionslösungen s. B. BRAUN u. H. J. KÜMMELL: Dtsch. Apoth.-Ztg *103*, 467 (1963).

Untersuchungen über die Verwendbarkeit von Kunststoffbehältern für Transport und Aufbewahrung von destilliertem Wasser s. H. BRANTNER: Öst. Apoth.-Ztg *18*, 289 (1964).

Allgemeine Reaktionen zur Reinheitsprüfung von Kunststoffbehältern findet man in den Subsidia Pharmaceutica:

Die Reinheitsprüfungen werden in farblosen, klaren, alkaliarmen Reagensgläsern von etwa 180 mm Höhe und etwa 18 mm äußerem Durchmesser mit den vorgeschriebenen Reagentien, jeweils in der angegebenen Reihenfolge und, wenn nichts anderes vorgeschrieben ist, bei Zimmertemperatur durchgeführt.

Die Reaktion mit dem zu prüfenden Filtrat (Prüfung 4) bzw. den wäßrigen Auszügen (Prüfungen 5d, e, f und g) wird gleichzeitig mit der Grenzprüfung durchgeführt.

Die zu prüfenden Lösungen müssen klar sein. Sie sind daher nötigenfalls vor der Prüfung durch ein möglichst kleines, aschefreies Filter klar zu filtrieren.

Die aufgetretenen Färbungen sind vor einem rein weißen, die Opaleszenz oder Trübungen vor einem rein schwarzen Hintergrund, bei diffusem Tageslicht, in horizontaler Durchsicht, jeweils nach der angegebenen Wartezeit zu beurteilen.

Ammonium. 5 ml des wäßrigen Auszuges werden mit 5 ml verdünnter Natronlauge versetzt und, falls ein Niederschlag entsteht, durch ein kleines, befeuchtetes Filter klar filtriert. Das Filtrat wird mit Wasser durch das Filter auf 10 ml ergänzt. Hierauf wird die Lösung bzw. das Filtrat zu 1 ml Kaliummercurijodobromid gegossen. Es darf keine stärkere Färbung als bei der im folgenden beschriebenen Grenzprüfung auftreten.

Grenzprüfung. Eine Mischung von 2 Tr. Ammonium-Vergleichslösung (etwa 1 μg NH_3) + 5 ml Wasser wird mit 5 ml verdünnter Natronlauge versetzt. Die Lösung wird zu 1 ml Kaliummercurijodobromid gegossen.

Der Ausfall der Reaktionen wird nach 1 Min. verglichen.

Schwermetalle. Das Filtrat (Prüfung 4) bzw. 5 ml des wäßrigen Auszuges (Prüfung 5g) werden, wenn nötig, mit verdünnter Natronlauge neutralisiert. Hierauf werden in der Lösung 0,5 g festes Ammoniumchlorid (zur Analyse) gelöst; die Lösung wird mit 2 Tr. verdünntem Ammoniak versetzt und mit Wasser auf 10 ml ergänzt. Diese nötigenfalls filtrierte Lösung wird zu 1 Tr. Natriumsulfid gegossen und umgeschüttelt. Es darf höchstens eine sehr schwache weiße Opaleszenz, jedoch keine stärkere Färbung als bei der im folgenden beschriebenen Grenzprüfung auftreten.

Grenzprüfung. Eine Lösung von 0,5 g festem Ammoniumchlorid (zur Analyse) in 9,5 ml Wasser wird mit 2 Tr. verdünntem Ammoniak versetzt. Diese Lösung wird zu 1 Tr. Natriumsulfid gegossen und umgeschüttelt.

Der Ausfall der Reaktionen wird nach 2 Min. verglichen.

Chlorid. 10 ml des wäßrigen Auszuges werden mit Wasser auf 13 ml ergänzt, mit 1 ml verdünnter Salpetersäure versetzt und umgeschüttelt. Hierauf wird mit 3 Tr. Silbernitrat versetzt und sofort 10 Sek. kräftig umgeschüttelt. Es darf keine stärkere Opaleszenz als bei der im folgenden beschriebenen Grenzprüfung auftreten.

Grenzprüfung. Eine Mischung von 1 Tr. Chlorid-Vergleichslösung (etwa 1,25 μg Cl^-) + 13 ml Wasser + 1 ml verdünnter Salpetersäure wird mit 3 Tr. Silbernitrat versetzt und sofort 10 Sek. kräftig geschüttelt.

Der Ausfall der Reaktionen wird nach 3 Min. verglichen.

Sulfat. 10 ml des wäßrigen Auszuges werden mit Wasser auf 13 ml ergänzt. Andererseits werden 2 Tr. Sulfat-Vergleichslösung mit 1 ml Bariumchloridlösung und 1 ml verdünnter Salzsäure versetzt und 0,5 Min. geschüttelt. Hierauf wird die zu prüfende Lösung zugegeben, und es wird wieder umgeschüttelt. Es darf keine stärkere Opaleszenz als bei der im folgenden beschriebenen Grenzprüfung auftreten.

Grenzprüfung. 2 Tr. Sulfat-Vergleichslösung (etwa 5 μg SO_4^{2-}) werden mit 1 ml Bariumchloridlösung und 1 ml verdünnter Salzsäure versetzt, 30 Sek. geschüttelt, hierauf mit 13 ml Wasser versetzt und wieder umgeschüttelt.

Der Ausfall der Reaktionen wird nach 5 Min. verglichen.

Reagentien für die Reinheitsprüfungen:

Bariumchloridlösung. 24,4 g Bariumchlorid ($BaCl_2 \cdot 2H_2O$, M.G 244,3) werden in Wasser zu 100 ml gelöst. Die Lösung wird nach 24stündigem Stehenlassen klar filtriert.

Kaliummercurijodobromid. 1 g *Hydrargyrum bijodatum* und 5 g *Kalium bromatum* werden in 50 ml Wasser gelöst. Die Lösung wird in einen Meßkolben von 100 ml Inhalt filtriert und mit Wasser bis zur Marke ergänzt. Klare, farblose Flüssigkeit.

Prüfung von Kaliumbromid. 0,5 g Kaliumbromid müssen der Grenzprüfung auf Ammonium genügen. Kaliumbromid muß im übrigen den an *Kalium bromatum* gestellten Anforderungen genügen.

Die übrigen Reagentien sind in der Helv. V aufgeführt.

Vergleichslösungen für die Reinheitsprüfungen:

Ammonium-Vergleichslösung. 1 ml enthält 10 µg NH_3, entsprechend 31,4 mg Ammoniumchlorid (zur Analyse) im Liter.

Chlorid-Vergleichslösung. 1 ml enthält 25 µg Cl^-, entsprechend 52 mg Kaliumchlorid im Liter.

Sulfat-Vergleichslösung. 1 ml enthält 50 µg SO_4^{2-}, entsprechend 90 mg Kaliumsulfat in 1 Liter 25 Gew.-proz. Äthanol.

Über die *Prüfung von Kunststoffbehältern für Infusions- und Injektionslösungen* machen die Subsidia Pharmaceutica folgende Angaben:

1. Die Behälter müssen ungefärbt und durchscheinend sein.

2. Die Behälter dürfen der Lösung keine Arznei- oder Hilfsstoffe entziehen.

3. *Verbrennungsrückstand.* 1,0 g des unbeschrifteten Kunststoffmaterials wird in einem tarierten Platintiegel ohne Zusatz von Schwefelsäure verascht und bis zur Gewichtskonstanz geglüht. Der Rückstand darf höchstens 1 mg betragen. Er dient für Prüfung 4.

4. *Schwermetalle.* Der bei Prüfung 3 erhaltene Rückstand wird mit 1 ml verdünnter Salzsäure versetzt und zum Sieden erhitzt. Dann wird mit 4 ml Wasser verdünnt und filtriert. Das Filtrat muß den Anforderungen der Grenzprüfung genügen.

5. *Extraktivstoffe.* Die Behälter dürfen keine Extraktivstoffe an die Arzneimittellösung abgeben. Hierzu wird folgende Prüfung durchgeführt: 300 cm^2 unbeschriftete Teile eines Behälters bzw. der zur Herstellung des Behälters verwendeten Kunststoffolien werden in etwa 3 cm^2 große Stücke zerschnitten. Diese Schnitzel werden in einem Kolben aus alkaliarmem Glase zweimal mit je 100 ml Wasser gründlich gespült. Die so gereinigten Schnitzel werden hierauf in einem Erlenmeyerkolben aus alkaliarmem Glase von 500 ml Inhalt mit 200 ml Wasser versetzt und mit einem mit Gaze umhüllten Pfropfen aus nicht entfetteter Watte verschlossen. Anschließend wird während 30 Min. bei 110° (Autoklav) sterilisiert. In gleicher Weise wird eine Blindprobe angesetzt.

Die Prüfung des wäßrigen Auszuges geschieht in folgender Weise: a) Sinnenprüfung. Der unter Ziffer 5 gewonnene, abgegossene und erkaltete wäßrige Auszug muß farblos, geruch- und geschmacklos sein. Die Schnitzel dürfen nach dieser Behandlung nicht zusammengeschmolzen und höchstens leicht verklebt sein. – b) Schaumprobe. 5 ml des wäßrigen Auszuges werden in einem Reagensglas von 11 mm innerem Durchmesser während 3 Min. kräftig geschüttelt. Nach spätestens 2 Min. muß der Schaum völlig zusammengefallen sein. – c) Reaktion. Zur Prüfung werden je 20 ml des wäßrigen Auszuges bzw. der Blindprobe mit 1 ml einer 0,1%igen Natriumchloridlösung versetzt. Das pH, potentiometrisch bestimmt, darf gegenüber der Blindprobe höchstens um 1 pH-Einheit verschoben sein. – d) Ammonium. 5 ml des wäßrigen Auszuges müssen den Anforderungen der Grenzprüfung genügen. – e) Chlorid. 10 ml des wäßrigen Auszuges müssen den Anforderungen der Grenzprüfung genügen. – f) Sulfat. 10 ml des wäßrigen Auszuges müssen den Anforderungen der Grenzprüfung genügen. – g) Schwermetalle. 5 ml des wäßrigen Auszuges müssen den Anforderungen der Grenzprüfung genügen. – h) Reduzierende Substanzen. 20,00 ml des wäßrigen Auszuges werden mit 20,00 ml 0,01 n Kaliumpermanganat und 1 ml verdünnter Schwefelsäure versetzt und während genau 3 Min. zum Sieden erhitzt. Dann wird sofort unter fließendem Wasser abgekühlt. Nach Zusatz von 0,1 g Kaliumjodid und unter Verwendung von 5 Tr. Stärkelösung wird mit 0,01 n Natriumthiosulfat zurücktitriert. 20,00 ml des wäßrigen Auszuges dürfen unter Berücksichtigung des Blindwertes höchstens 1 ml 0,01 n Kaliumpermanganat verbrauchen. – i) Verdampfungsrückstand. 100 ml des wäßrigen Auszuges dürfen unter Berücksichtigung des Blindwertes einen Rückstand von höchstens 5 mg hinterlassen.

6. *Dampfdurchlässigkeit.* Die mit Wasser gefüllten und hermetisch verschlossenen Behälter werden mindestens 14 Tage bei einer relativen Luftfeuchtigkeit von 65% und einer Temperatur von 20° (± 2°) liegen gelassen. Die Gewichtsveränderung des Inhalts darf unter Berücksichtigung der Tara höchstens 0,2% pro 15 Tage, entsprechend höchstens 5% pro Jahr, betragen.

Steht für die Durchführung dieser Prüfung kein Klimaschrank zur Verfügung, so können an dessen Stelle ein geräumiger Exsikkator oder eine gut schließende Chromatographierwanne verwendet werden, die mit etwa 1 Liter 34%iger Schwefelsäure beschickt ist. Diese

Hygrostaten sind in einem Raume von 20° (± 2°) aufzustellen. Von Zeit zu Zeit ist die Konzentration der Schwefelsäure zu kontrollieren und, wenn nötig, wieder auf den geforderten Gehalt von 34% zu bringen.

7. *Durchlässigkeit für Mikroorganismen.* Die mit der Arzneistofflösung gefüllten Behälter werden in ein mit einer Glasplatte lose verschlossenes Gefäß eingebracht, welches etwa zu einem Drittel mit steriler Pepton-Glucose-Bouillon beschickt ist. Die Nährbouillon wird mit einer Aufschwemmung von *Serratia marcenses* (Bac. prodigiosus) beimpft und während 8 Tagen bei Zimmertemperatur bebrütet. Von Zeit zu Zeit wird der Behälter in der Nährbouillon bewegt. Nach der Bebrütung muß in der Nährbouillon ein kräftiges Wachstum festzustellen sein. Der Inhalt der Behälter muß steril sein (Helv. V – Suppl. II, S. 145). Zur sterilen Entnahme werden die Behälter äußerlich mit Wasser und zur Desinfektion anschließend mit einer Lösung eines geeigneten Antisepticums (z.B. quartäre Ammoniumverbindung) abgespült. Mit einem glühenden Glasstab von mindestens 6 mm Durchmesser wird ein Loch in den Behälter gebohrt und der Inhalt mit einer sterilen Injektionsspritze entnommen.

8. Die Behälter müssen so beschaffen sein, daß die Anforderungen betreffend Sterilität, Pyrogenfreiheit und Toxizität (Helv. V – Suppl. II, S. 145ff.) des Inhalts sichergestellt sind. Bei der Prüfung auf Toxizität ist pro Tier 1 ml zu injizieren. Die Beobachtungszeit ist auf 14 Tage auszudehnen. Nötigenfalls darf bei gegebener Toxizität des Arzneimittels die zu injizierende Menge bis zur Toleranzgrenze herabgesetzt werden.

Vorschriften zur *Prüfung von Kautschukgegenständen* gibt das ÖAB 9:

Prüfung von Kautschuk. Die für pharmazeutischen oder medizinischen Gebrauch bestimmten Geräte, Gegenstände und Verschlüsse aus Weichkautschuk sollen aus einem gut elastischen, indifferenten Material hergestellt sein. Sie dürfen die damit in Berührung kommenden Arzneimittel nicht verändern und durch diese auch keine Veränderungen erleiden. Wenn sie während 7 Tagen bei 90° im Trockenschrank bei guter Luftzirkulation belassen wurden, dürfen sie hinsichtlich Elastizität, Härte und Farbe keine wesentliche Änderung gegenüber einer unbehandelten Probe zeigen.

Zur weiteren Prüfung wird eine neue Probe des Kautschuks in möglichst kleine Stücke von einfacher, geometrisch leicht berechenbarer Form zerschnitten. 5 bis 10 g dieser Stücke, entsprechend einer Gesamtoberfläche von etwa 100 cm², kocht man zunächst zweimal mit je 100 ml Wasser zur Injektion 30 Min. lang aus und verwirft das Wasser. Hierauf werden die gut abgespülten Stücke in einem 300 ml fassenden Erlenmeyerkolben mit 200 ml kohlensäurefreiem Wasser zur Injektion übergossen; die Kolbenöffnung wird vollständig mit einer Scheibe Bleiacetatpapier bedeckt und darüber eine kleine Schale mit flachem Boden gestülpt. Man erhitzt 30 Min. lang bei 120° im Autoklaven[1].

Das Bleiacetatpapier darf nach dieser Zeit nicht stärker gefärbt sein als ein Bleiacetatpapier, das in folgender Weise behandelt wurde: In einen 300 ml fassenden Erlenmeyerkolben werden eine Lösung von 4,0 g Citronensäure in 200 ml Wasser und 0,2 ml einer Mischung von 0,1 ml Natriumsulfidlösung und 50 ml Wasser eingefüllt. Den Kolben bedeckt man in der oben angegebenen Weise und erhitzt die Mischung 30 Min. lang bei 120° im Autoklaven.

Die nach dem Autoklavieren von der wäßrigen Lösung abgetrennten Kautschukstücke dürfen nicht klebrig sein. Der abgetrennte wäßrige Auszug muß folgenden Bedingungen entsprechen:

1. Der wäßrige Auszug muß klar und farblos sein.
2. Der wäßrige Auszug darf nur schwach bitter schmecken.
3. Je 5 ml des wäßrigen Auszuges müssen sich auf Zusatz von 2 Tr. Methylrot-Methylenblaulösung blau oder grün bzw. auf Zusatz von 2 Tr. Phenolrotlösung gelb färben.
4. 10 ml des wäßrigen Auszuges dürfen auf Zusatz von 1 ml NESSLERS Reagens nicht stärker gefärbt werden als eine Vergleichslösung aus 1 ml Ammoniumchlorid-Standardlösung, 9 ml Wasser und 1 ml NESSLERS Reagens.
5. Eine Mischung von 20 ml des wäßrigen Auszuges, 5 ml verdünnter Schwefelsäure und 0,50 ml 0,1 n Kaliumpermanganatlösung darf die rote Farbe innerhalb von 15 Min. nicht vollständig verlieren.
6. Im wäßrigen Auszug dürfen Schwermetalle in unzulässiger Menge nicht nachweisbar sein. Bei der Prüfung darf auch ohne Zusatz von Ascorbinsäure und Kaliumcyanid keine weiße Trübung auftreten.
7. Im wäßrigen Auszug darf Chlorid in unzulässiger Menge nicht nachweisbar sein.
8. 100 ml des wäßrigen Auszuges dürfen nach dem Verdampfen und Trocknen höchstens 10 mg Rückstand hinterlassen.

---

[1] Bei Kautschuk, der nur zum Verschluß von Gefäßen mit trockenen Injektionspräparaten bestimmt ist, entfällt die Prüfung mit Bleiacetatpapier. In diesem Fall werden die Kautschukstücke nur mit Wasser zur Injektion autoklaviert.

9. Der wäßrige Auszug muß den Bedingungen der Prüfung auf pyrogene Stoffe entsprechen.

Kautschuk, der zum Verschluß von Gefäßen mit öligen Injektionspräparaten bestimmt ist, muß außerdem folgender Prüfung entsprechen: 2 bis 3 g der zerschnittenen Kautschukstücke, entsprechend einer Gesamtoberfläche von etwa 25 cm^2, werden mit 25 ml Öl zur Injektion 2 Std. lang im Trockenschrank bei 160° erhitzt. Nach dieser Zeit dürfen die sorgfältig vom Öl befreiten Kautschukstücke nicht klebrig sein; ihre Gewichtszunahme darf nicht mehr als 10% betragen.

Kunststoffe als analytische und präparative Hilfsmittel

Über die Verwendung von *Ionenaustauschern* s. Bd. I, 187.

Sephadex. Ein Verfahren zur Stofftrennung nach Molekülgröße ist die sog. *Gel-Filtration.* Sie wurde besonders durch die Einführung von Sephadex (1959) zu einer weitverbreiteten Laboratoriumsmethode. Sephadex ist eine hochpolymere Substanz, die durch Quervernetzung der linearen Makromoleküle von Dextran hergestellt wird. Die Substanz ist indifferent gegenüber Kationen und Anionen, stark hydrophil infolge zahlreicher Hydroxylgruppen, quillt in Wasser oder Elektrolytlösungen beträchtlich auf und bildet ein Gel mit einer Vielzahl von Poren, deren Größe vom Vernetzungsgrad abhängt. Füllt man die Substanz in ein Chromatographierohr und benetzt mit Wasser oder wäßrigen Lösungen, so kann diese Säule zwischen Molekeln verschiedener Größe unterscheiden. Moleküle, die größer als die größten Poren sind, können die Gelkörner nicht durchdringen, wandern an diesen vorbei und verlassen daher zuerst die Säule. Je kleiner die Moleküle sind, desto mehr Poren werden durchdrungen. Der Weg ist daher größer und sie erscheinen im Eluat in der Reihenfolge abnehmender Molekülgröße. Vgl. Bd. I, 188.

Bezugsquelle: Deutsche Pharmacia GmbH, 6 Frankfurt a. M. 1, Inckusstraße 11.

Ficoll. Inertes, nicht-ionisiertes Polysaccharid, das Lösungen von hoher Dichte und niedriger Viskosität ergibt. Der osmotische Druck dieser Lösungen ist im Vergleich zu Sucroselösungen niedrig. Ficoll diffundiert als Kolloid kaum durch Membranen. Es scheint Säugetierzellen nicht zu schädigen. Ficoll wird durch Polymerisation von Rohrzucker hergestellt. Es enthält keine polaren (ionogene) Gruppen. Die extreme Löslichkeit ist auf den hohen Gehalt an Hydroxylgruppen (23%) zurückzuführen. Bei pH-Werten unter 3 wird es rasch hydrolysiert, besonders bei höheren Temperaturen; in alkalischen und neutralen Lösungen ist es stabil. Anwendung: Zur Herstellung von Dichtegradienten für die Zentrifugation, die Elektrophorese, für Bestimmungen des spezifischen Gewichtes. Ficoll eignet sich als Bestandteil von isotonischen Lösungen, die zur Präparation von Zellen und Zellfragmenten verwendet werden. Es ist mit gutem Erfolg anwendbar bei der Konzentrierung von Lösungen empfindlicher Stoffe durch Dialyse.

Bezugsquelle: Siehe Sephadex.

Bio-Gel P-2 bis P-300. Sphärische Polyacrylamid-Gele zur Entsalzung und Trennung von Substanzen mit niedrigen (Peptide, Aminosäuren, Nucleotide) und hohen (Polypeptide, Eiweißstoffe, Polysaccharide etc.) Molekulargewichten. Die Gele sind harte Perlen, die rasch quellen und eine leichte Füllung ermöglichen; sie sind druckbeständig, erlauben eine hohe Durchflußgeschwindigkeit in der Säule, können in weiten pH-Bereichen eingesetzt werden und lassen sich wiederholt verwenden.

Bezugsquelle: Calbiochem. AG, 6000 Luzern (Schweiz), Löwengraben 14.

Dextran. Dextranfraktionen und Dextransulfate dienen zur Reinigung, Fraktionierung und Konzentrierung von Zellen, Viren, Mikroorganismen, Proteinen, Nucleinsäuren etc. in wäßrigen Zwei-Phasen-Systemen.

Bezugsquelle: Siehe Sephadex.

Polyamidpulver. Zur säulenchromatographischen und dünnschichtchromatographischen Trennung von Phenolen und phenolischen Substanzen dienen synthetische Polyamidpulver.

Bezugsquelle: Polyamidpulver Merck: E. Merck, Darmstadt.

Zur therapeutischen Anwendung von Kunststoffen

Plasmaersatzstoffe: Polyvinylpyrrolidon s. S. 240; Dextran s. S. 248.

Regelung des Elektrolytgehaltes von Körperflüssigkeiten: Ionenaustauscher s. Bd. I, 183.

Behandlung der Hyperacidität: Ionenaustauscher s. Bd. I, 183.

Behandlung der Subacidität: Ionenaustauscher s. Bd. I, 183.

Depoteffekt, Langzeitwirkung usw.: Ionenaustauscher s. Bd. I, 183; Polyvinylpyrrolidon s. S. 240; Dextran s. S. 248; Polyacrylsäure s. S. 240.

Schockbehandlung: Polyvinylpyrrolidon s. S. 240. Dextran s. S. 248.

Literatur: MEYER, W.: Der haemorrhagische Schock und seine Behandlungsmöglichkeiten. Schweiz. Apoth.-Ztg *102*, 761 (1964).

Ausschwemmung toxischer, nicht nierenfähiger Stoffe: Polyvinylpyrrolidon s. S. 240. Dextran s. S. 248.

Verzögerung der Blutgerinnung: Polygalakturonsäure-schwefelsäureester s. S. 251. Xylan-schwefelsäureester s. S. 251. Polyanetholsulfonsäure. Dextransulfat s. S. 249.

Laxantien, Emollientien, Antidiarrhoica: Celluloseäther s. S. 243. Poloxalkol s. S. 252.

Blutstillung: Oxydierte Cellulose s. S. 245.

Zur Verwendung der Kunststoffe in der Arzneimitteltechnologie

Emulgatoren (vgl. dazu den Abschnitt Emulsionen).

Zur Verwendung von Methyl- und Carboxymethylcellulosen als Emulgatoren s. H. HEBBERLING: Pharmazie *9*, 35 (1954).

Suspensionshilfsmittel (vgl. dazu den Abschnitt Suspensionen).

Zur Verwendung von Carbopol 934 als Suspensionsmittel s. W. B. SWAFFORD u. W. L. NOBLES: J. Amer. pharm. Ass., pract. Pharm. Ed. *16*, 171 (1955).
Zur Verwendung von Methylcellulosen als Suspendiermittel s. J. COHEN u. Mitarb.: J. Amer. pharm. Ass., pract. Pharm. Ed. *14*, 292 (1953).

Salbengrundlagen (vgl. dazu den Abschnitt Unguenta).

Über die Einarbeitung von Polyvinylalkohol, Polyvinylacetat und Polyvinylchlorid in Öl/Wasser- und Wasser/Öl-Emulsionen zur Herstellung von Salben und flexiblen Filmen s. J. E. HABERLE u. G. J. SPERRANDIO: J. Amer. pharm. Ass. *1*, 306 (1961).

Tabletten und Dragees (vgl. dazu die Abschnitte Tabletten und Dragees).

Vergleich von Polyvinylpyrrolidon mit anderen Bindemitteln s. G. P. LEHRMANN u. D. M. SKAUEN: Drug Stand. *26*, 170 (1958).
Methylcellulose und Carboxymethylcellulose als Bindemittel s. G. F. TROTTER u.a.: Amer. J. Pharm. *128*, 50 (1956); W. AWE u. H. J. FREUDENSTEIN: Dtsch. Apoth.-Ztg *97*, 906 (1957).
Amberlite XE 88, als Tablettensprengmittel s. N. J. v. ABBÉ u. J. T. REES: Chem. Zbl. *1960*, S. 3627.
Über Kunststoffe als Tablettenüberzüge s. H. KLÄUI: Schweiz. Apoth.-Ztg *95*, 135 (1957).

Kunststoffe in der Medizin

Man kann die Kunststoffe in der Medizin in zwei Anwendungsbereiche einteilen:

1. Kunststoffe, die zu prothetischen Zwecken im menschlichen Körper als Ersatz für Gewebs- oder Organteile, die durch Unfall oder Krankheit ausgefallen sind, implantiert werden.

2. Kunststoffe, die für die Herstellung medizinischer Bedarfs- und Hilfsartikel verwendet werden.

Zu 1.: Auf Grund der bestechenden Eigenschaften der Kunststoffe – Formbarkeit nach Wunsch, mechanische Festigkeit und gute Gewebsverträglichkeit – hat man versucht, sie als Prothesen für Gelenke und Ersatzteile im Knochengerüst, als röhrenförmige Gefäßprothesen und Gewebsprothesen, Lungenplomben und für viele andere Zwecke zu benutzen. Bei der Beobachtung des histochemischen Verhaltens derartiger implantierter Teile hat sich folgendes ergeben:
In zahlreichen Tierversuchen, insbesondere an Ratten, wurde von OPPENHEIMER, NOTHDORFT und MOHR gezeigt, daß im Säugetierkörper implantierte Kunststoffteile von *flächen-*

hafter Gestaltung sich genau so verhalten wie gleiche Fremdkörper aus Metall, Elfenbein, Glas, Quarz oder unresorbierbarem Eiweiß und Cellulose. Wenn sie nicht innerhalb einer gewissen Zeit resorbiert werden können, findet eine bindegewebliche Einkapselung statt, und nach entsprechender Zeit kann es an dieser Kapsel zu multilokulärer Sarkombildung kommen. Wenn man diese Versuche an Ratten zu den humanen Verhältnissen in Beziehung setzen will, so dürfte daraus zu folgern sein, daß nach einer Latenz von 10 bis 20 Jahren diese Möglichkeit nach der Implantation beim Menschen auch bestehen kann. Dies sollte man bei der Implantation von Kunststoffteilen bedenken, und man sollte sie nur zur Anwendung bringen, wenn die normale Lebenserwartung des betreffenden Patienten diese latente Frist nicht übersteigt und wenn diese Maßnahme die ultima ratio im Behandlungsprogramm darstellt. Zwar ist noch nicht erwiesen, wie OETTEL schreibt, daß der menschliche Organismus in derselben Weise auf die Implantation eines Fremdstoffes reagiert wie die Ratte, die Möglichkeit ist jedoch nicht auszuschließen.

Für Implantationszwecke sollten selbstverständlich nur solche Kunststoffe verwendet werden, die keine toxisch wirkenden Bestandteile haben, die vom menschlichen Gewebe extrahiert werden und zu entsprechenden pathologischen Gewebsreaktionen führen können. Dabei sind nicht nur die monomeren Bestandteile der betreffenden Kunststoffe in Betracht zu ziehen, sondern auch die zu ihrer Verarbeitung notwendigen Stabilisatoren, Weichmacher, Gleitmittel usw.

Daß der betreffende Kunststoff unbedingt sterilisierbar sein muß, ist selbstverständlich. Es wird jedoch leider immer wieder aus Unkenntnis der Chemie der Kunststoffe gegen obige primäre Forderungen gesündigt.

Ganz anders liegen die Verhältnisse bei implantierten Kunststoffgebilden, die *nicht flächenhaft* gestaltet, sondern nach einem Textilverfahren gewebt oder gestrickt sind. In diese Gruppe fallen vor allem Gefäß- und Gewebsprothesen, die bei Aneurysmen oder anderen Defekten großer Gefäße im Bauch und Brustkorb bzw. zum Verschluß von Gewebsdefekten in der Herzwand implantiert werden. Bei ihnen findet von der äußeren und inneren Oberfläche her eine Einwanderung von Granulationsgewebe statt, das mit der Zeit die Funktionen der entsprechenden ursprünglichen Gewebe aufnimmt, wobei das Kunststoffgewebe gleichsam nur noch als Stütz- oder Gerüstgewebe dient. Aber auch hier sollte die Anwendung nur in Fällen dringend notwendiger Alloplastiken stattfinden, bei denen die Implantation der betreffenden Prothesen als die letzte therapeutische Möglichkeit für den Patienten anzusehen ist.

Bei Schönheitskorrekturen, Gesichts- oder Brustplastiken sollte man bezüglich der Anwendung von Kunststofformteilen unter Beachtung obiger Ausführungen sehr kritisch sein.

Zu 2.: Wenn die Indikation von Kunststoffen für Implantate sehr eingeengt ist, so hat sich die Anwendung für die Herstellung *medizinischer Gebrauchsartikel* um so befriedigender entwickelt. Hier sind die Hoffnungen nicht nur erfüllt, sondern übertroffen worden, denn durch die Entwicklung zum Einmalgerät sind der Medizin wirksame Mittel in die Hand gegeben, um den Hospitalismus zu bekämpfen, Arbeitszeit und -kraft zu sparen und vorhandene Techniken zu vereinfachen.

Zuerst haben sich diese Vorteile bei den Geräten für Infusion und Transfusion gezeigt. Die einmalige Verwendung der Schlauchleitungen, Tropfkammern und Kanülen erspart nicht nur dem Pflegepersonal die sorgfältige Reinigung, die die früheren Glas- und Gummiteile erforderten, sondern schaltet auch die Möglichkeit der Bildung pyrogener Stoffe aus.

Die gleichen Vorteile zeigen Kanülen, Sonden zur Drainage, Katheterisation, Infusion und für Ernährungszwecke.

Durch die Konstruktion von Behältnissen zur Aufbewahrung parenteraler Lösungen und Blut wurden die Nachteile der Glasflaschen und ihrer Gummiverschlüsse ausgeschaltet.

Handschuhe zur einmaligen Verwendung für den Zweck der Untersuchung am Patienten und zum Tragen bei Verbandwechsel engen den Hospitalismus ebenso wesentlich ein wie die Einmalinjektionsspritzen.

Sauerstoffmasken und -brillen erleichtern die Zufuhr von Sauerstoff bei Schwerkranken.

Einmalbehälter zum Sammeln der festen und flüssigen Exkremente, Sputumschalen, Urinflaschen, Bettschieber erleichtern die Arbeit des Pflegepersonals und schalten manche Infektionsmöglichkeit aus.

Folien zum Abdecken des Operationsfeldes, zur Herstellung hydrophober Pflaster, Operations- und Verbandschürzen, Gesichtsmasken usw. ersetzen in hohem Maße die bisherigen Textilien und sind in ihrem Gebrauch zuverlässiger.

Operationsschuhe können ebenfalls im Spritzgußverfahren hergestellt werden und die bisherigen Gummi- und Lederschuhe ersetzen.

Aber nicht nur für diese Artikel des täglichen Bedarfs finden die Kunststoffe Anwendung, sondern ganz besonders auch in der Herstellung von Apparaturen, die sich in der großen Chirurgie am Herzen, an Lunge und Gefäßen in den letzten Jahren bewährt haben. Ohne Kunststoffe ist die Konstruktion dieser Maschinen und Apparate gar nicht mehr denkbar.

Die klassische *Sterilisation* bei Kunststoffgeräten mit gespanntem Wasserdampf bei 120 bzw. 134° kann nur bei den Kunststoffen angewandt werden, die bei diesen Temperaturen keine thermoplastischen Veränderungen erfahren. Sie kommt nicht in Frage für Gegenstände aus Polystyrol, Polyvinylchlorid und Hochdruckpolyäthylen. Sie ist anzuwenden bei Gegenständen, die aus Polyamiden, Polypropylen, Polycarbonat, Polyestern, Teflon und Silicon hergestellt sind. Für die erste Gruppe kommt die Sterilisation mit Äthylenoxid-Kohlensäure-Gemisch in Frage, wobei jedoch die genaue Einhaltung der Konzentration, Temperatur, des Feuchtigkeitsgehalts und der Zeit notwendig ist. Als chemische Sterilisation in wäßriger Lösung ist für alle Kunststoffe eine 2- bis 3%ige Wasserstoffperoxidlösung geeignet, die am besten mit Essigsäure auf ein pH von 2 bis 3 eingestellt ist. Hervorragend bewährt hat sich für alle Kunststoffe die Strahlensterilisation sowohl mit Elektronen- als auch mit Gammastrahlen. Leider sind die entsprechenden Anlagen für die Strahlensterilisation außerordentlich teuer, so daß deren wirtschaftliche Auswertung zur Zeit noch nicht gegeben ist.

Literatur

BRAUN, B.: D. A. S. 1065987 (1959). MAATZ, R., u. A. BAUERMEISTER: Der Kieler Knochenspan (Monographie), Herausgeber Med. Pharmaz. Werke B. Braun, Melsungen.

Über die Gefäßkonservierung durch Einbetten in schnellhärtende Kunststoffe s. G. CARSTENSEN: Chirurg *31*, 49 (1960); Langenbecks Arch. klin. Chir. *295*, 757 (1960); *296*, 88 (1960).

Harnstoff-Formaldehyd-Schäume als Wundauflagen s. W. SCHULZE u. H. BAUMANN: Zbl. Chir. *85*, H. 5 (1960); Prakt. Chem. *12*, H. 2, 56 (1961).

Lokalanästhetica

Lokalanästhesie ist die Methode zur Ausschaltung örtlicher sensibler Reize. Die Wirkung der Lokalanästhetica besteht in einer Blockierung der Erregungsfortleitung im Nerven. Sie beruht nach den Untersuchungen von SHANES [J. genet. Physiol. *33*, 57 (1939)] auf einer Membranabdichtung. Mit der dadurch bedingten Stabilisierung der Grenzfläche unter Aufhebung der K^+-Abgabe vereiteln die Lokalanästhetica den Grundprozeß der Erregung und Erregungsleitung (FLECKENSTEIN: Die periphere Schmerzauslösung und Schmerzausschaltung, Frankfurt 1950). Der Ansatzpunkt der Wirkung ist bei peripheren Nerven der RANVIERsche Schnürring, an dem die Nervenfasern bloßliegen. Von anderen Untersuchern wird auf eine gleichzeitig zu beobachtende Stoffwechselsenkung im Nerven als mögliche Ursache der Wirkung hingewiesen [GRAY, T. C., u. J. C. CEDDES: J. Pharm. (Lond.) *6*, 89 (1954); vgl. dazu auch BÜCHI u. PERLIA]. In den letzten Jahren sind Lokalanästhetica, unter ihnen besonders Procain, mehr und mehr zu anderen Indikationen als zu einer chirurgischen Lokalanästhesie herangezogen worden. Die von HUNEKE propagierte „Heilanästhesie" beruht wohl auf der Ausschaltung von Hautreizen, die auf dem Wege der sogenannten cutiviszeralen Reflexe mit Erkrankungen von inneren Organen verbunden sein können. Wichtig ist, daß auch Nerven des vegetativen Systems durch Lokalanästhetica blockiert werden können. Die Blockade wird benützt zur Hyperämisierung schlecht durchbluteter Gefäßgebiete (z. B. Unterbrechung des Grenzstranges bei RAYNAUDscher Gangrän), zur Aufhebung von Krampfzuständen in glattmuskulären Organen. Auch akut auftretende örtliche Kontraktionszustände der quergestreiften Muskulatur können durch Injektion von Lokalanästhetica oft schlagartig behoben werden. Zunehmende Bedeutung erlangten die Allgemeinwirkungen des Procains. Gesichert ist seine zentralanalgetische Wirkung bei intravenöser Injektion in genügend hoher Dosis. Weiterhin vermag es Reflexe, wie sie vom Herzinneren, vom Carotissinus oder von peripheren Gefäßen ausgehen, zu unterdrücken (Endoanästhesie nach K. F. ZIPF). Procain hemmt ferner die Erregbarkeit des Herzmuskels und verlangsamt die Reizleitung. Aus diesen Wirkungen sind die wichtigsten Indikationsgebiete zu verstehen: rheumatische Muskelschmerzen und Myogelosen (auch im Sport), Spasmen der glatten Muskulatur mit örtlicher Applikation, Tachykardien und Arrythmien (z. B. bei Narkose), zentrale Betäubung mit intravenöser Injektion. Procain und die anderen Benzoesäureester werden im Gewebe und in der Leber relativ rasch hydrolytisch gespalten. Die Lokalanästhetica mit Amidbindung werden dagegen an der Applikationsstelle kaum hydrolysiert; ihre Entgiftung erfolgt hauptsächlich in der Leber. Die Spaltprodukte des Procains, p-Aminobenzoesäure und Diäthylaminoäthanol, besitzen zwar Eigenwirkungen, doch können diese bei den zur Lokalanästhesie verwendeten Dosen vernachlässigt werden. Das Auftreten von Nebenwirkungen des Procains bei der intravenösen Injektion ist stark abhängig von der Injektionsgeschwindigkeit. Bei zu schneller Injektion kommt es schon bei 0,03 bis 0,05 g zu Kopfschmerzen, Augenflimmern, Schwindel, allgemeinem Wärmegefühl. Bei der ersten Injektion sollten 0,15 g nicht überschritten werden. Bei akuter Vergiftung kann es zu Erregungs- und Krampfzuständen, zentraler Lähmung und Kollaps kommen. Die Erregung wird bekämpft durch i.v. Injektion von Barbituraten, Kollapszustände durch peripher angreifende Kreislaufmittel (z.B. Sympatol, Suprifen). Bei zentraler Lähmung muß sofort künstliche Atmung eingeleitet werden; vor der Anwendung von Analeptica zur Anregung des Atemzentrums ist dringend zu warnen. Auf Grund der chirurgischen Erfahrung können als Höchstdosen für die Lokalanästhesie bei Procain angenommen werden:

0,5%ige Lösung	220 ml	=	1,25 g
1,0%ige Lösung	100 ml	=	1,0 g
2,0%ige Lösung	40 ml	=	0,8 g
4,0%ige Lösung	20 ml	=	0,8 g

Die oberflächenaktiven Anästhetica vom Typus der Polyäthylenglykoläther sowie der Polyäthylenglykolderivate der Butylaminobenzoesäure werden unter „Polyäthylenglykole" besprochen (s. dort). Das erste Lokalanästheticum, Cocain, findet sich unter „Coca" in Bd. III.

Die anästhetische Wirkung eines Stoffes kann von sehr verschiedenen chemischen Strukturen bedingt sein. So nennt J. Büchi [Arzneimittel-Forsch. *2*, 1, 114 (1952)] in einer Zusammenfassung zehn Stoffgruppen, in denen Substanzen mit guter lokalanästhetischer Wirkung gefunden worden sind: Alkohole, Amine, Aminoalkohole, Aminoketone, Aminoalkyläther, verschiedene Ester, Amide, Harnstoffe, Amidine und Guanidine. Für Zusammenhänge zwischen chemischer Konstitution und pharmakologischer Wirkung konnten keine strengen Gesetzmäßigkeiten gefunden werden; es bestehen allenfalls gewisse Zusammenhänge in sehr begrenzten, möglichst homologen Reihen. Dies ist nicht zuletzt darauf zurückzuführen, daß die physikalischen Eigenschaften der Lokalanästhetica, vor allem ihre Lipoidlöslichkeit, für das Eindringen in die Nervenfaser von wesentlicher Bedeutung sind. Besonders häufig hat das Procainmolekül als Basis für synthetische Arbeiten gedient. Carney [Medicinal Chemistry *1*, 280 (1951)] gab eine 1060 Benzoesäure-, p-Amino- und p-Hydroxybenzoesäureester umfassende Übersicht, aus der hervorgeht, daß diese Stoffklasse praktisch lückenlos durchgearbeitet worden ist. Die heute gebräuchlichen Lokalanästhetica lassen sich zum größten Teil vom Procain ableiten. Der Übersichtstabelle ist die folgende Einteilung zugrunde gelegt:

I. p-Aminobenzoesäureester

II. Procainreihe

A. Variationen der Amino-Alkohol-Komponente des Procains,

B. Variationen der Amino-Alkohol-Komponente und Alkylierung der aromatischen Aminogruppe,

C. Variationen nach 1. und 2. und zusätzliche Substitution am aromatischen Ring,

D. Ersatz der aromatischen Aminogruppen durch Alkoxygruppen.

III. N-Acylderivate von Anilinabkömmlingen.

IV. Verschiedene Lokalanästhetica.

I. 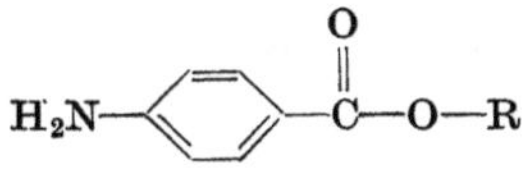

1. $R = C_2H_5$ Anästhesin, p-Aminobenzoesäureäthylester (S. 281).

2. $R = —CH_2—CH_2—CH_2—CH_3$ Butylaminobenzoat (S. 282).

3. R = 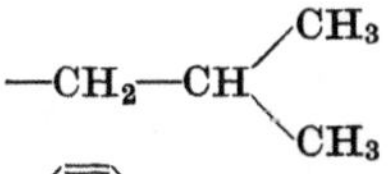 Isobutylaminobenzoat (S. 283).

4. 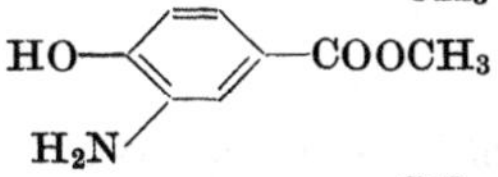 Orthoform (S. 283).

II. R = 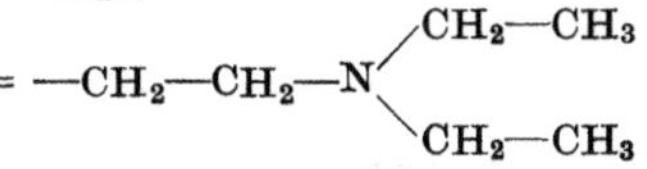 Procainbase und Salze (S. 284).

A. Variationen der Amino-Alkohol-Komponente.

1. R = 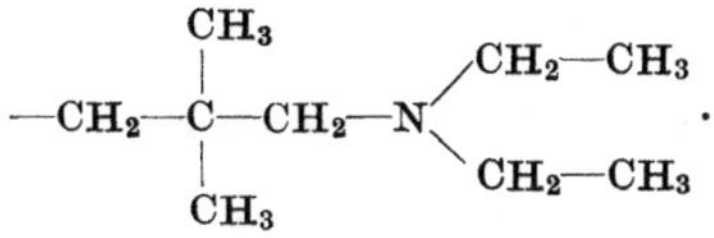 Larocain (S. 286).

2. R = 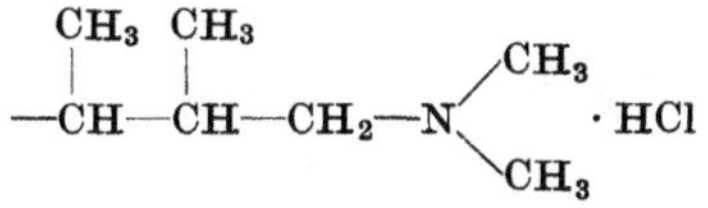 Tutocain (S. 286).

3. R = 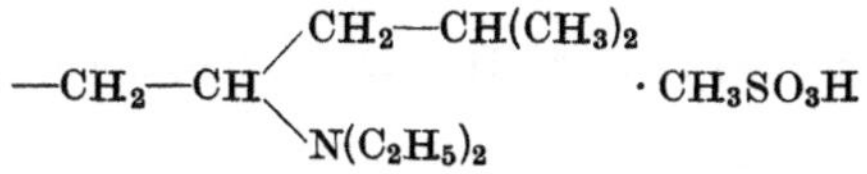 Panthesin (S. 286).

4. $R = —CH_2—CH_2—NH—CH_2—(CH_2)_3—CH_3 \cdot HCl$ Naepaine NF XI (S. 287).

5. R = 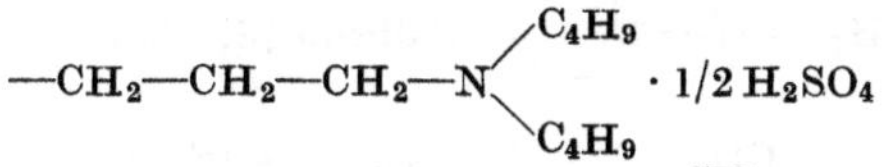 Butacaine BPC 63, PI.Ed. I/1 (S. 287).

6. R = 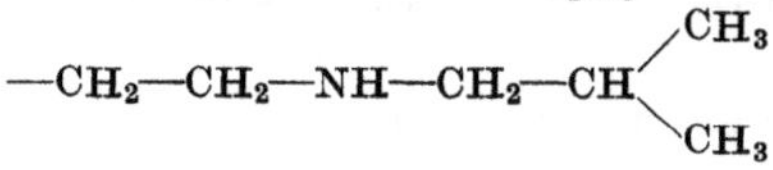 Butethamine NND 63 (S. 288).

B. Variationen der Amino-Alkohol-Komponente und Alkylierung der aromatischen Aminogruppe.

1. 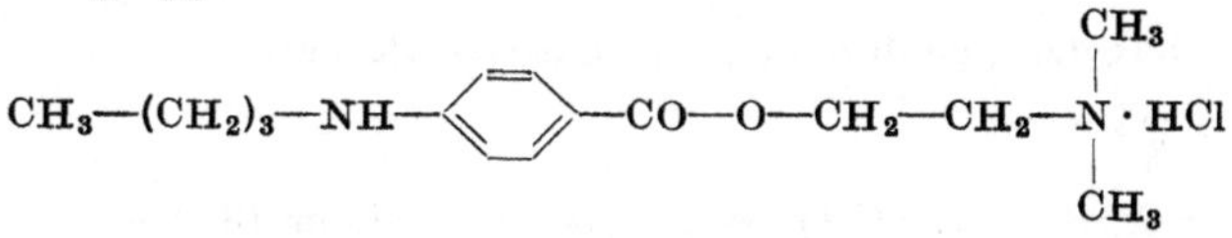 Tetracainhydrochlorid (S. 288).

2. 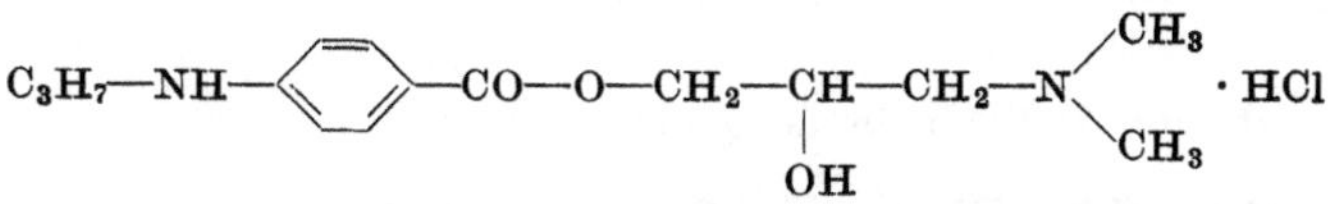 Cornecain (S. 291).

C. Variationen nach A und B und zusätzliche Substitutionen am aromatischen Ring.

1. 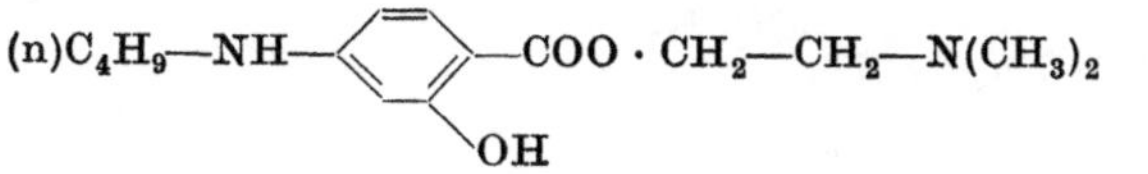 Salicain (S. 291).

2. 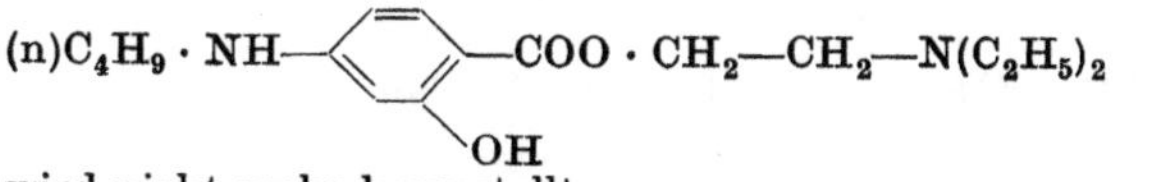 „S 650" (S. 292).

wird nicht mehr hergestellt.

3. 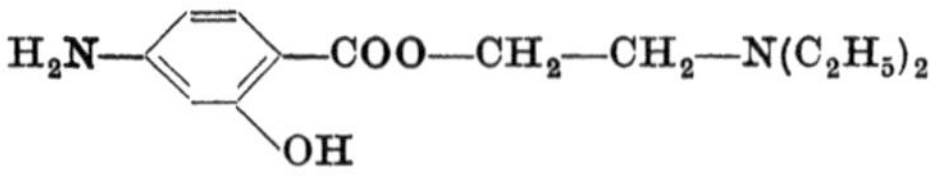 Oxyprocain (S. 292).

4. 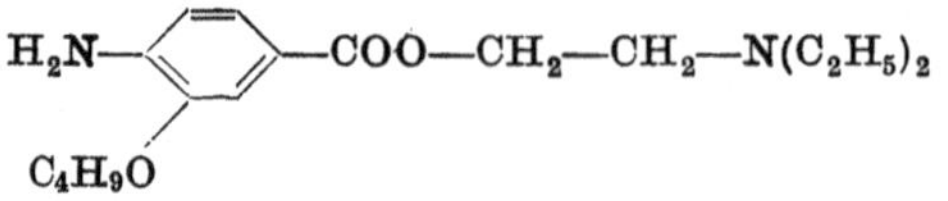 Butoxy-procain (S. 293).

5. 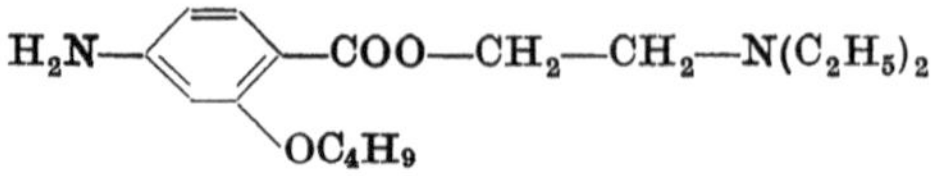 Sympocaine (S. 294).

6. 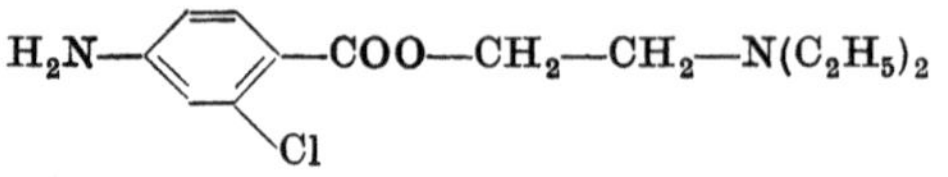 Chlorprocain (S. 294).

7. 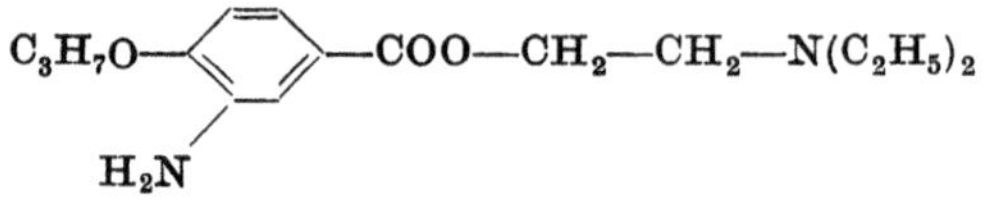 Proparacaine (S. 294).

D. Ersatz der aromatischen Aminogruppe durch Alkoxygruppen.

1. 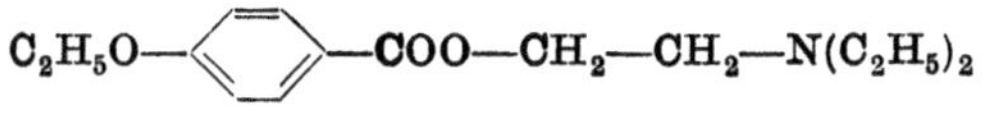 Intracaine (S. 294).

2. 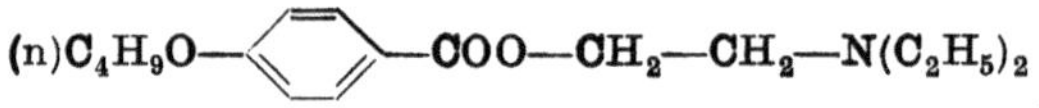 Stadacain (S. 295).

3. 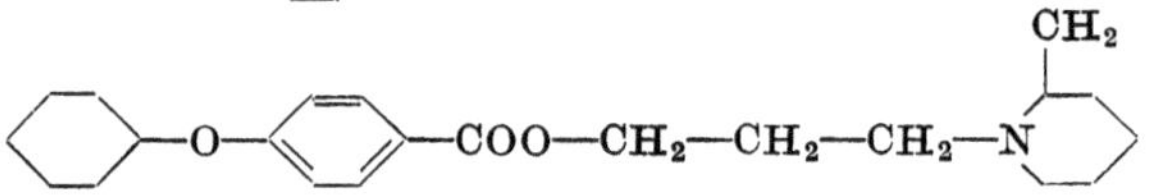 Cyclomethycaine (S. 295).

Ersatz der Carboxylgruppe durch eine Carbonylgruppe.

4. 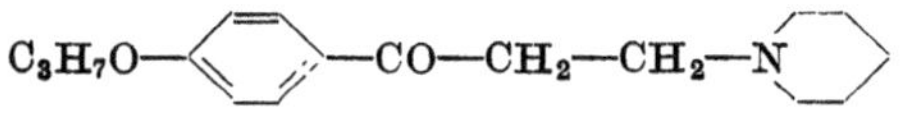 Falicain (S. 295).

5. 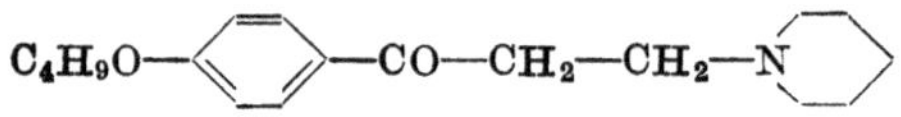 Dyclonine (S. 295).

Ersatz der Carboxylgruppe durch eine Ätherbrücke.

6. 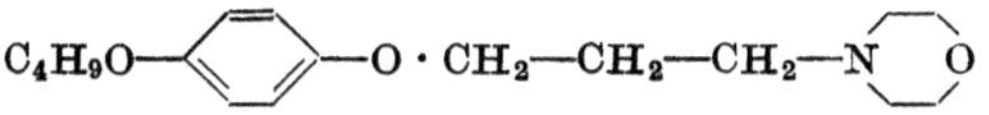 Pramoxine (S. 296).

Ersatz der Carboxylgruppe durch eine Thio-carboxylgruppe.

7. 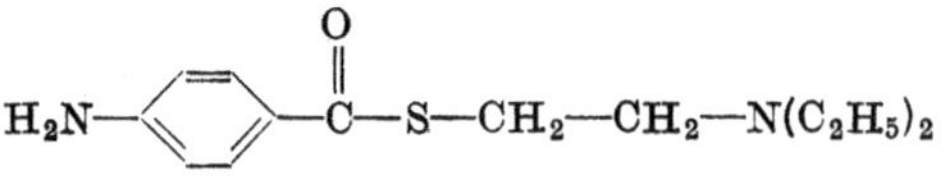 Thiocainum (S. 296).

III. N-Acylderivate von Anilinabkömmlingen.

1. 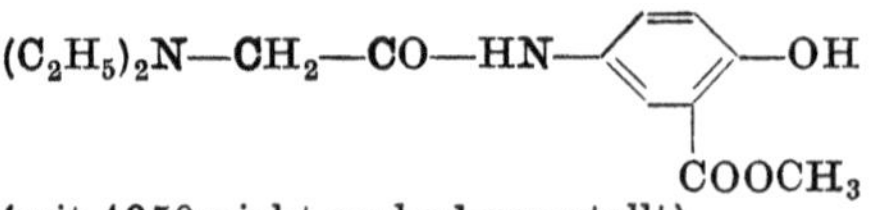 Nirvanin (S. 296)

(seit 1950 nicht mehr hergestellt).

2. 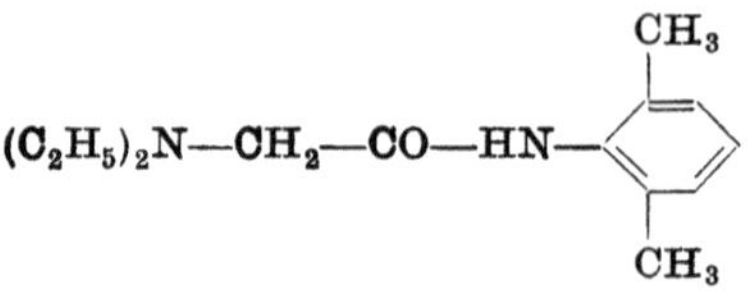 Lidocain (S. 296).

3. 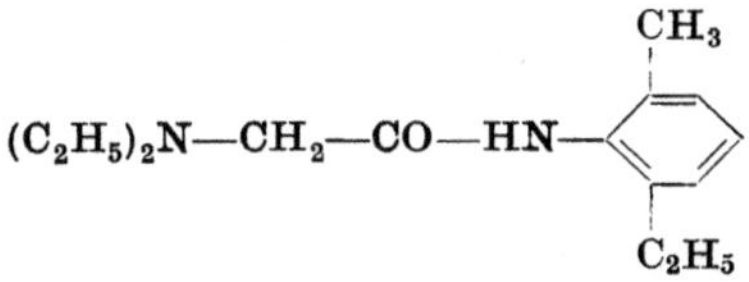 Gravocain (S. 298).

4. 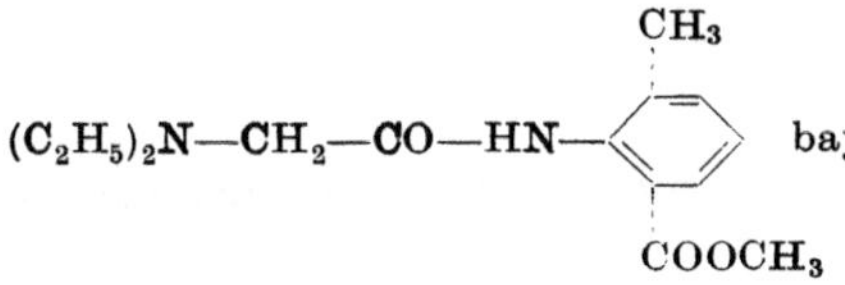 baycain (S. 298).

5. 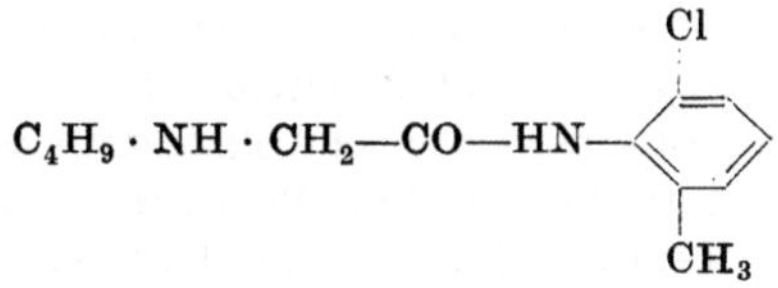 Hostacain (S. 298).

6. 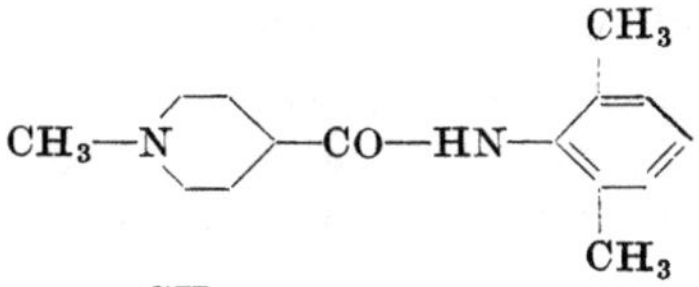 Scandicain (S. 299).

7. 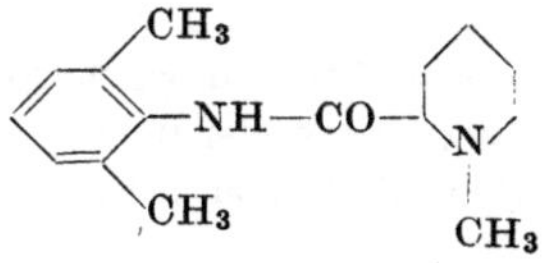 Mepivacain (S. 299).

8. 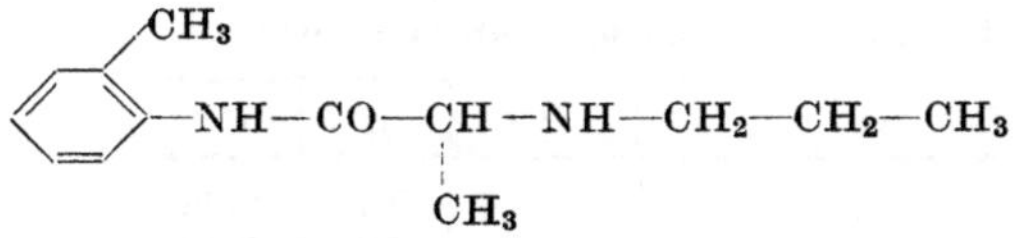 Prilocain (S. 299).

IV. Verschiedene Substanzen.

1. 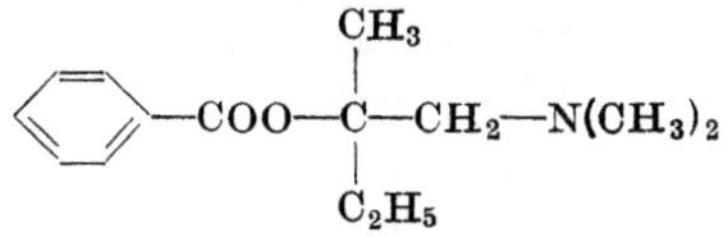 Amylocain (S. 299).

2. 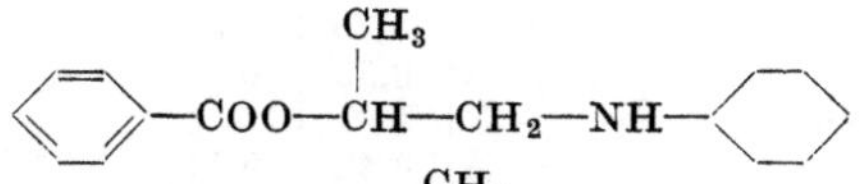 Hexylcain (S. 300).

3. 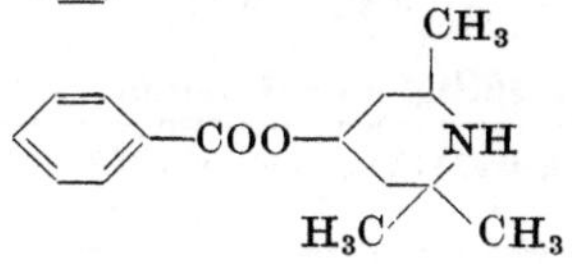 Eucain (S. 300).

4. 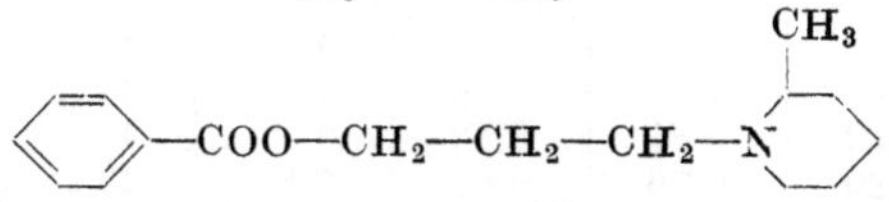 Piperocain (S. 301).

5. 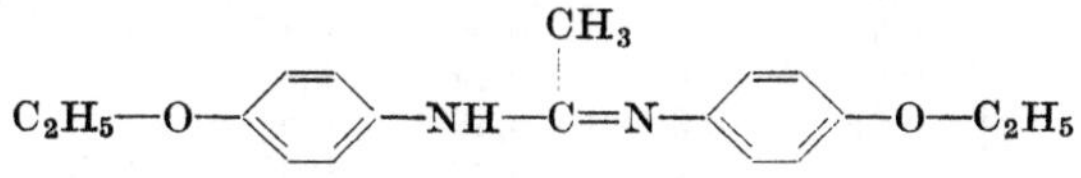 Phenacain (S. 302).

6. 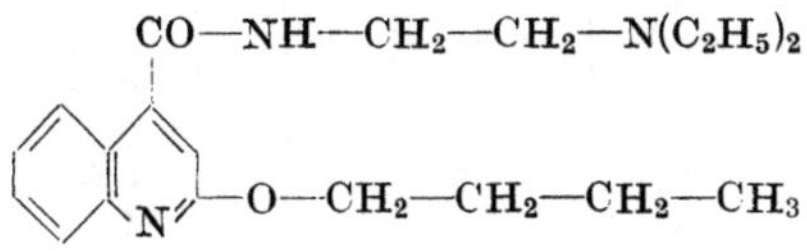 Cinchocain (S. 302).

7. 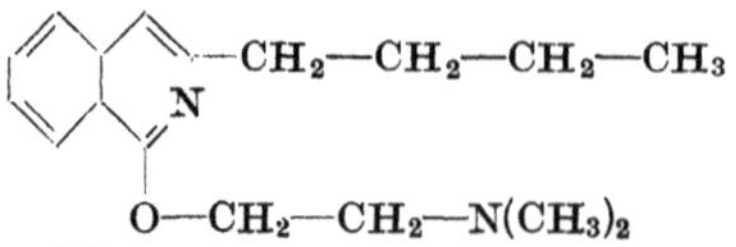 Dimethisochin (S. 304).

8. 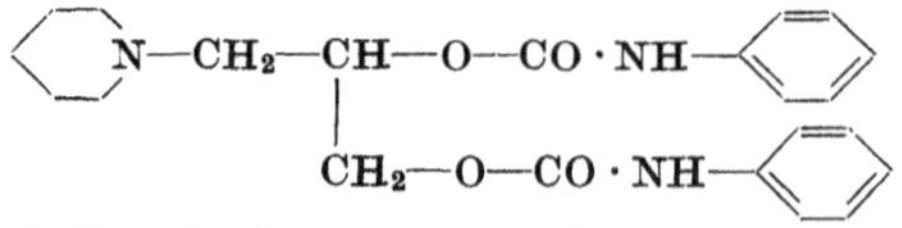 Diperodon (S. 304).

9. $C_{12}H_{25}—O—(CH_2—CH_2—O)_{8-9}—CH_2—CH_2OH$ Hydroxy-polyäthoxy-dodecan (S. 305).

Analytik der Lokalanästhetica. Neben den in den Arzneibüchern angegebenen Erkennungsreaktionen lassen sich Papierchromatographie und Dünnschichtchromatographie zur Trennung von Gemischen und zur Identifizierung der einzelnen Lokalanästhetica heranziehen. G. WAGNER und U. ZIMMER [Pharm. Acta Helv. *30*, 385 (1955); ref. in Z. analyt. Chem. *152*, 319 (1956)] trennten an Papier (Gessner u. Kreutzig 388 hart) mit drei verschiedenen Lösungsmittelgemischen nach der aufsteigenden Methode.

Lösungsmittelgemisch I: n-Butanol-Eisessig-Wasser = 4 : 1 : 5
Lösungsmittelgemisch II: n-Butanol-Salzsäure(25%ig)-Wasser = 10 : 5 : 9
Lösungsmittelgemisch III: n-Butanol-Salzsäure(25%ig)-Wasser = 10 : 7 : 9.

Desgleichen trennten sie an mit Phosphatpuffer getränkten Papieren mit wassergesättigtem n-Butanol. Die R_f-Werte für einige Lokalanästhetica sind in den beiden nachfolgenden Tabellen angegeben. Die Auffindung der Flecken erfolgte entweder im UV-Licht oder durch Besprühen der Bogen mit DRAGENDORFFs Rg. (Bd. I, 193) oder p-Dimethylaminobenzaldehyd.

R_f-Werte bei Trennung mit Lösungsmittelgemisch

Lokalanästhetica	I	II	III
Pantocain	1	0,71	0,88
Larocain	0,83	0,59	0,79
Tutocain	0,81	0,53	0,77
Procain = Novocain	0,70	0,34	0,63
Oxyprocain	0,72	0,37	0,63
Chlorprocain	0,83	0,51	0,71
Anästhesien	1	1	1
Procainamid, Novocamid	0,63	0,33	0,62
Cocain	0,81	0,84	1
p-Aminobenzoesäure		0,79	0,88
p-Aminosalicylsäure		0,85	0,93
2 Chlor-4-aminobenzoesäure		1	1
p-Aminobenzoesäureamid		0,42	0,61

R_f-Werte nach Entwicklung mit wassergesättigtem n-Butanol

Lokalanästhetica	Papier getränkt mit Puffer von pH					
	2	4	6	8	10	12
Anästhesien	1	1	1	1	1	1
Pantocain	1	1	0,86	1	1	1
Larocain	0,82	0,81	0,72	1	1	1
Chlorprocain	0,80	0,76	0,63	0,88	1	1
Tutocain	0,74	0,74	0,60	0,87	1	1
Oxyprocain	0,63	0,61	0,44	0,85	1	1
Procain	0,56	0,60	0,40	0,81	1	1
Procainamid	0,39	0,42	0,29	0,47	0,85	1
p-Aminobenzoesäure	0,87	0,90	0,81	0,22	0,05	0,06
2-Chlor-p-Aminobenzoesäure	1	1	0,77	0,21	0,10	0,11
p-Aminosalicylsäure	1	0,86	0,43	0,17	0,10	0,10
p-Aminobenzoesäureamid	0,48	0,61	0,65	0,66	0,63	0,65
Cocain	0,87	0,83	0,70	1	1	1

Dünnschichtchromatographisch wurden bisher nur relativ wenige Untersuchungen durchgeführt. Aus diesen geht hervor, daß Lokalanästhetica auf stark alkalischen Kieselgel-G-Schichten, die mit 0,5 n Natronlauge anstelle von Wasser hergestellt werden, mit neutralen Fließmitteln sehr gut abgegrenzte Flecken ergeben. Stellt man die Platten unter Zusatz von 2% Leuchtstoff her, so sind die Substanzen nach der Trennung im UV-Licht (254 nm) als dunkle Absorptionsflecke zu erkennen. Außerdem eignen sich auch hier p-Dimethylaminobenzaldehyd- oder DRAGENDORFFs-Rg. zur Anfärbung.

R_f-Werte einiger Lokalanästhetica auf alkalischen Sorptionsschichten

Lokal-anästhetica	R_f im Fließmittel[1] Chlf.-M. 80 + 10	Cyclohexan-Chlf.-M. 50 + 30 + 10
Procain	0,60	0,32
Tetracain	0,65	0,32
Benzocain	0,74	0,44

[1] Sorptionsschicht: 25 g Kieselgel G und 0,5 g Leuchtstoff werden mit 50 ml 0,5 n Natronlauge angerieben und daraus in der üblichen Weise 5 Platten hergestellt (s. Bd. I, 196). Die Schicht wird 2 Std. bei 120° getrocknet (STAHL, E.: Dünnschichtchromatographie, 2. Aufl., Berlin/Heidelberg/New York: Springer 1967).

Literatur: GRAY, T. CECIL, u. J. C. GEDDES: Übersicht über Lokalanästhetica. J. Pharm. (Lond.) *6*, 89 bis 114 (1954); ref. in Chem. Zbl. *1954*, S. 5567. – BÜCHI, J., X. PERLIA u. A. STREBEL: Vakuummikrosublimation einiger Lokalanästhetica u. ihre Identifizierung. Pharm. Acta Helv. *28*, 109 (1953). – BÜCHI, J., u. J. A. FREREN: Dünnschichtchromatographische Studien an homologen und analogen Reihen von Lokalanästhetica. Pharm. Acta Helv. *41*, 551 (1966). – GRAF, E., u. R. PREUSS: Gadamers Lehrbuch der chemischen Toxikologie und Anleitung zur Ausmittelung der Gifte, Göttingen: Vandenhoeck u. Ruprecht 1966.

Gruppe I (vgl. Tabelle S. 277)

Anästhesin DAB 6. p-Aminobenzoesäureäthylester DAB 7 — BRD. Anaesthesinum Ross. 9. Aethylium paraminobenzoicum Ph.Helv. V. Aethylum para-aminobenzoicum ÖAB 9. Aethylis aminobenzoas PI.Ed. I/1, Ph.Ned. 6. Benzocainum Ph.Dan. IX, Nord. 63, DAB 7 – DDR. Benzocaine BP 63.

$C_9H_{11}NO_2$ Formel I. 1 M.G. 165,19

Herstellung. Durch Reduktion von p-Nitrobenzoesäure mit Eisen bei Gegenwart von wenig Mineralsäure und Veresterung der p-Aminobenzoesäure.

Eigenschaften. Weißes, kristallines, geruchloses Pulver, das schwach bitter schmeckt und auf der Zunge vorübergehend Gefühllosigkeit hervorruft.

Fp. 88 bis 92° (Ph.Dan. IX, Ph.Ned. 6); 88 bis 90° (BP 63); 88,5 bis 90,5 (Ph.Helv. V); 89 bis 91° (DAB 7 – DDR u. BRD); 89 bis 92° (ÖAB 9, Nord. 63); 89 bis 91,5° (Ross. 9); 90 bis 91° (DAB 6). Sehr wenig lösl. in W.; lösl. in etwa 5 T. A., in etwa 4 T. Ae., in etwa 3 T. Chlf., in 30 bis 50 T. fettem Öl. In verd. Mineralsäuren unter Salzbildung lösl.

Erkennung. 1. Versetzt man eine Lsg. von etwa 20 mg Anästhesin in 3 Tr. verd. Salzsäure und 1 ml W. mit 5 Tr. Jodlsg., so scheidet sich ein Perjodid in Form dunkelbrauner, öliger Tröpfchen aus, die nach einiger Zeit zu Kristallen erstarren (ÖAB 9, BP 63, PI.Ed.I/1). Es entsteht kein Nd. mit Kaliumquecksilberjodidlsg. (Unterschied zu Procainhydrochlorid) (PI.Ed. I/1). – 2. Versetzt man eine Lsg. von etwa 5 mg in 5 Tr. verd. Salzsäure und 1 ml W. mit 5 Tr. Natriumnitritlsg. und macht hierauf mit 1 ml verd. Natronlauge alkalisch, so färbt sich die Lsg. auf Zusatz von etwa 5 mg β-Naphthol allmählich intensiv rot (ÖAB 9). – Etwa 20 mg werden in 10 ml W. unter Zusatz von einigen Tr. verd. Salzsäure gelöst und mit 5 Tr. einer 10%igen (w/v) Natriumnitritlsg. und anschließend mit 2 ml einer Lsg. von 0,1 g β-Naphthol in 5 ml Natronlauge versetzt. Es entsteht ein orangeroter Nd. (PI.Ed. I/1). – 3. Erwärmt man etwa 50 mg mit 3 Tr. Essigsäure und 5 Tr. konz. Schwefelsäure, so tritt der Geruch nach Essigsäureäthylester auf (ÖAB 9, Ph.Dan. IX, Ph.Ned. 6, PI.Ed. I/1, DAB 7 – BRD). – 4. Versetzt man eine Lsg. von etwa 5 mg in 2 ml verd. Salzsäure mit 1 ml Phenollsg. und 2 Tr. Kaliumbromatlsg., so färbt sich die Lsg. intensiv rotviolett (ÖAB 9). – 5. Erwärmt man etwa 10 mg mit 2 ml verd. Natronlauge und einigen Tr. Jodlsg., so tritt der Geruch nach Jodoform auf (ÖAB 9; in Ross. 9 ist bei der gleichen Rk. fälschlich „Geruch nach Chloroform" angegeben). – 6. 2 ml der Prüflsg. (0,60 g Benzocain, 3 ml 2 m Salpetersäure, 27 ml W.) geben auf Zusatz von 10 ml Pikrinsäurelsg. einen gelben, kristallinen Nd. von Benzocainpikrat, der nach Absaugen, Auswaschen mit W. und Trocknen bei 105° zwischen 129 und 132° schmilzt (Nord. 63). – 7. Identifizierung nach L. KOFLER. Schmelzintervall (unter dem Mikroskop): 88 bis 90°. Eutektische Temperatur der Mischung mit Benzil: 63°. Lichtbrechungsvermögen der Schmelze $n_D = 1{,}5502$ bei 104 bis 105° (ÖAB 9).

Prüfung. 1. 1,0 g wird in 10 ml vorher gegen Phenolphthalein mit 0,1 n Natronlauge neutralisiertem A. (90%) gelöst. Die Lsg. muß klar und farblos sein, und darf nach Verdünnen mit 10 ml W. und Zusatz von 2 Tr. Phenolphthaleinlsg. nicht mehr als 0,05 ml 0,1 n Natronlauge bis zur Rotfärbung verbrauchen (BP 63). – 2. Schwermetalle. In einer Mischung von 2 ml der alkoholischen Lsg. (1 + 9), 4 ml A. und 4 ml W. dürfen Schwermetalle nicht nachweisbar sein (s. Bd. I, 253) (ÖAB 9). – 3. Säureunlösl. Stoffe. Eine Lsg. von 0,2 g in 2 ml verd. Salpetersäure und 8 ml W. muß klar sein (ÖAB 9). – 4. Verhalten gegen Schwefelsäure. 0,30 g Substanz werden nach Ziffer 38 (s. Bd. I, 239) geprüft. Die Lsg. darf nicht stärker gefärbt sein als 5,0 ml einer Mischung von 0,50 ml Eisen(III)-chlorid-Lsg. III, 0,50 ml Lsg. Kobalt(II)-chlorid-Lsg., 0,50 ml Lsg. Kupfer(II)-sulfat-Lsg. II und 48,50 ml Lsg. 1%ige Salzsäure (DAB 7 – BRD). – 5. Chlorid. In der unter 3. bereiteten Lsg. darf Chlorid nicht nachweisbar sein (ÖAB 9). – 6. Trocknungsverlust. Bei höchstens 5 Torr 24 Std. über Phosphor(V)-oxid getrocknet höchstens 0,5% (BP 63) 0,1% (DAB 7 – DDR). – 7. Sulfatasche. Nicht mehr als 0,1% (BP 63).

Gehaltsbestimmung. 1. Etwa 0,3 g, genau gewogen, werden in 10 ml verd. Salzsäure und 80 ml W. gelöst. Man kühlt die Lsg. auf 15° ab und titriert langsam und unter kräftigem Umrühren mit 0,1 m Natriumnitritlsg. Der Endpunkt der Titration ist erreicht, wenn 1 Tr. der Lsg. 2 Min. nach der letzten Zugabe von 0,1 m $NaNO_2$ beim Tüpfeln auf einem Kaliumjodidstärkepapier sofort Blaufärbung hervorruft. Eine zweite Bestimmung führt man in gleicher Weise ohne die zu untersuchende Substanz als Blindprobe aus. Die Differenz der bei den beiden Titrationen verbrauchten Anzahl ml 0,1 m Natriumnitritlsg. entspricht dem Gehalt an p-Aminobenzoesäureäthylester (ÖAB 9). 1 ml 0,1 m Natriumnitritlsg. entspr. 16,52 mg $C_9H_{11}NO_2$. – BP 63 läßt den Endpunkt der Titration nach der deadstop-Methode bestimmen. – 2. Etwa 400 mg, genau gewogen, werden in 10 ml A. gelöst. Man versetzt mit 10,00 ml 0,5 n Natronlauge und einigen Glasperlen und kocht 30 Min. lang am Rückflußkühler, der mit einem Natronkalkrohr verschlossen ist. Nach dem Abkühlen wird der Überschuß an Lauge gegen Phenolphthalein zurücktitriert. 1 ml 0,5 n Natronlauge entspr. 82,5 mg $C_9H_{11}NO_2$ (Ph.Ned. 6). – 3. 80 bis 90 mg Substanz, genau gewogen, werden in einem 500-ml-Jodzahlkolben in 50,0 ml Essigsäure gelöst. Nach Zusatz von 2,0 g Kaliumbromid, 25,00 ml 0,1 n Kaliumbromatlsg. und 10,0 ml n Salzsäure wird bis zur Lsg. kräftig geschüttelt und 15 Min. lang stehengelassen. Die Lsg. wird sodann mit 1,0 g Kaliumjodid und 50 ml W. versetzt und mit 0,1 n Natriumthiosulfatlsg. unter Zusatz von Stärkelsg. titriert (Feinbürette). 1 ml 0,1 n Kaliumbromatlsg. entspr. 4,130 mg $C_9H_{11}NO_2$ (DAB 7 – BRD u. DDR).

Aufbewahrung. Vor Licht geschützt, in gut schließenden Gefäßen.

Anwendung. Anästhesin ist relativ wenig toxisch. Es besitzt etwa 1/10 der Giftigkeit des Cocains. Innerlich findet es Anwendung zur Schmerzbekämpfung bei Ulcus und Magenkrebs, bei Verletzungen im Mund und in der Speiseröhre. Um bei Bronchoskopie, Laryngoskopie und Gastroskopie den Brechreiz zu mildern, werden Pinselungen mit Anästhesin vorgenommen oder langsam lösliche Tabletten gegeben. Äußerlich unverdünnt oder in bis zu 50%igen Streupulvern oder Salben bei schmerzhaften Wunden, Geschwüren, Hauterkrankungen. In Suppositorien gegen Hämorrhoiden.

Handelsformen: Anaesthesin Hoechst (Farbwerke Hoechst). – Anaesthesin-Bonbons, -Dragees, -Hämorrhoidal-Zäpfchen, -Salbe, -Streupuder (Dr. Ritsert, Frankfurt a. M.). – Anaesthecomp-Hämorrhoidal-Zäpfchen, -Puder, -Salbe; Anaesthecomp-H-Hämorrhoidal-Zäpfchen, -Salbe (Dr. Ritsert, Frankfurt a. M.). – Mitin-Anaesthesie-Puder (Krewel, Eitorf) 10% Anaesthesin in Mitin. – Mitin-Anaesthesie-Salbe (Krewel, Eitorf). – Subcutin-Lsg. 2% (Dr. Ritsert, Frankfurt a. M.) phenolsulfosaures Anaesthesin in W.

Propäsin, p-Aminobenzoesäurepropylester, und Dipropäsin, die Carbonylverbindung des Propäsins, beide von ehem. Fr. Fritzsche u. Co., Hamburg, sind nicht mehr im Handel.

p-Aminobenzoesäurebutylester. Butyl Aminobenzoate NF XII. Butylis Aminobenzoas PI.Ed. I/1. Butoform.

$C_{11}H_{15}NO_2$ Formel I. 2 M.G. 193,25

Eigenschaften. Weißes, kristallines Pulver ohne Geruch und Geschmack. 1 T. löst sich in etwa 7000 T. W.; lösl. in verd. Säuren, A., Chlf., Ae. und in fetten Ölen. Es wird in siedendem W. langsam hydrolysiert. Fp. 57 bis 59°. Fp. des Pikrates 109 bis 110°.

Erkennung. 1. Zu 2 ml einer 1,0%igen (w/v) Lsg. in 0,1 n Salzsäure gibt man einige Tr. einer 10%igen (w/v) Natriumnitritlsg. und versetzt die Mischung mit einer Lsg. von 0,2 g β-Naphthol in 10 ml 10%iger (w/v) Natronlauge. Es entsteht ein scharlachroter Nd. (PI. Ed. I/1; NF XII). – 2. Zu 1 ml einer 1,0%igen (w/v) Lsg. in 0,1 n Salzsäure gibt man einige Tr. Jodlsg., schüttelt um und läßt 10 Min. unter gelegentlichem Schütteln stehen. Es entsteht ein dunkelbrauner Nd., der sich in große, rotbraune Prismen umlagert (unter gleichen Bedingungen gibt Anästhesin glänzende Schuppen;) (PI.Ed. I/1; NF XII).

Prüfung. 1. Unlösl. Anteile. 1 g muß sich in 30 ml A. und in 30 ml Ae. vollständig lösen (PI.Ed. I/1), und die Lsg. müssen farblos sein (NF XII). – 2. Schwermetalle. Höchstens 10 ppm (PI.Ed. I/1; NF XII). – 3. Chlorid. 0,2 g werden in 10 ml A. gelöst und mit 1 ml verd. Salpetersäure und einigen Tr. Silbernitratlsg. versetzt. Es darf keine Trübung entstehen (PI.Ed. I/1; NF XII). – 4. Verbrennungsrückstand. Höchstens 0,15% (PI.Ed. I/1; NF XII).

Aufbewahrung. Vor Licht geschützt, in dicht schließenden Gefäßen.

Anwendung. Wie Anästhesin. Es hat länger anhaltende Wirkung als die leichter lösl. Lokalanästhetica.

Handelsform: Cycloform (Bayer, Leverkusen) nicht mehr im Handel.

Das Pikrat des p-Aminobenzoesäurebutylesters ist unter dem Namen *Butesinpikrat* oder *Butambenpikrat* im Handel.

$(C_6H_4(NH_2) \cdot COOC_4H_9)_2 \cdot C_6H_2(NO_2)_5 \cdot OH$ M.G. 615,58

Gelbes Pulver von schwach bitterem Geschmack. Fp. 109 bis 110°. Lösl. in etwa 2000 T. W., in etwa 100 T. Baumwollsamenöl.

Lösl. in A., Ae., Chlf., Bzl.

Anwendung. Als Anästheticum in Salben und Augensalben, Butesin Picrate Ointment with Metaphen (Abbott, North Chicago); Planoform (MAY u. BAKER).

Isobutyl-p-aminobenzoat. Cycloform. Isocaine.

$C_{12}H_{15}NO_2$ Formel I. 3 M.G. 205,25

Weißes, kristallines Pulver. Wenig lösl. in W., lösl. in A., Bzl., Ae., Aceton, fetten Ölen. Fp. 65°.

Anwendung. Als Oberflächenanästheticum bei Pruritus und schmerzenden Hämorrhoiden. Es kann auch injiziert werden.

Dosierung. 5- bis 20%ig in Salben, 3%ig in Lsg. zur Injektion, 150 mg pro Suppositorium, 0,02% in Augenlösungen.

Methylium aminooxybenzoicum Ph.Helv. V. Orthoform. Ortocain. Aminobenz. 3-Amino-4-hydroxybenzoesäuremethylester.

$C_8H_9NO_3$ Formel I. 4 M.G. 167,16

Herstellung. p-Hydroxybenzoesäuremethylester wird durch Salpetersäure in m-Nitro-p-hydroxybenzoesäuremethylester übergeführt, der zu der Aminoverbindung reduziert wird.

Eigenschaften. Feines, fast weißes, kristallines Pulver oder feine Nadeln (aus Bzl.). Bildet aus Chlf. gelegentlich allotrope Modifikation vom Fp. 111°, die sich beim Erstarren der Schmelze in die stabile Form, Fp. 143°, umlagert. Kaum lösl. in W., lösl. in 5 bis 6 T. A., in 50 T. Ae. Leicht lösl. in Alkalilaugen und in verd. Mineralsäuren (Salzbildung).

Erkennung. 1. Schüttelt man etwa 0,1 g mit 10 ml W., so wird das Filtrat durch verd. Eisen(III)-chloridlsg. zunächst braunrot, dann dunkler gefärbt (Ph.Helv. V). – 2. Die Lsg. von 0,1 g Orthoform in einigen Tr. Salzsäure und 2 ml W. gibt mit etwa 0,02 g Natriumnitrit (in wenig W. gelöst) eine gelbrote Färbung und nach einiger Zeit einen Nd., der sich nach dem Abfiltrieren an der Luft intensiv rot färbt.

Prüfung. 1. Die Lsg. von 1 g Orthoform in 10 ml A. muß vollkommen klar und farblos sein und darf feuchtes Lackmuspapier nicht verändern. – 2. Schwermetalle. Die Lsg. (1 + 9) darf nach Zusatz von 1 bis 2 ml Salzsäure durch Schwefelwasserstoffwasser nicht verändert werden. – 3. Chlorid. Wird 1 g Orthoform mit 10 ml W. geschüttelt, so darf das

Filtrat nach Zusatz von 2 Tr. Salpetersäure durch Silbernitratlsg. nicht verändert werden. – 4. Glührückstand. Höchstens 0,1%.

Anwendung. Wie Anästhesin, besonders bei Wunden, Brandwunden, Ätzungen. Die Wrkg. tritt langsam ein, hält aber lange an. Innerlich, besonders bei Magengeschwüren, zu 0,5 bis 1,0 g mehrmals täglich. Größte Einzelgabe 1,0 g, größte Tagesgabe 3,0 g.

Gruppe II (vgl. Tabelle S. 277)

Procain (INN). p-Aminobenzoyldiaethylaminoäthanol. Diaethylaminoaethylester der p-Aminobenzoesäure.

$C_{13}H_{20}N_2O_2$ Formel II M.G. 236,30

Herstellung. Üblicherweise durch Veresterung von p-Nitrobenzoesäure mit 2-Diäthylaminoäthanol und Reduktion der Nitrogruppe zum aromatischen Amin.

Eigenschaften. Hygroskopische Plättchen aus Ae. Fp. 61°. Frisch umkristallisiert löst sich 1 T. in 200 T. W.; lösl. in A., Ae., Bzl., Chlf. Das Dihydrat kristallisiert in Nadeln aus A.; Fp. 51°. Geschmack schwach bitter. Es erzeugt vorübergehende Gefühllosigkeit auf der Zunge.

Anwendung. Als Lokalanästheticum in Form seiner Salze, vor allem des Hydrochlorids.

Procainum hydrochloricum ÖAB 9, Ph.Helv. V, DAB 7 – DDR. Procainhydrochlorid DAB 7 — BRD. Novocain hydrochloricum DAB 6. Novocainum Ross. 9. Procaini Hydrochloricum PI.Ed. I/1, Ph. Dan. IX, Ph.Ned. 6. Procaini chloridum Nord. 63. Procaine Hydrochloride USP XVII, BP 63. Ethocaine Hydrochloride. Allocain. Syncain. 2-Diaethyaminoaethyl-p-amino-benzoat-hydrochlorid.

$C_{13}H_{20}N_2O_2 \cdot HCl$ M.G. 272,78

Herstellung. Siehe Procain.

Eigenschaften. Farblose Kristalle oder weißes, kristallines Pulver ohne Geruch. Es schmeckt salzig-bitter und ruft auf der Zunge vorübergehend Gefühllosigkeit hervor. Wss. Lsg. zersetzen sich allmählich. Lösl. in etwa 1 T. W., in etwa 13 T. A. oder in etwa 450 T. Chlf.; prakt. unlösl. in Ae. Fp. 153 bis 154° (Ph.Helv. V); 153 bis 156° (USP XVII); 154 bis 156° (ÖAB 9, Ross. 9, BP 63, DAB 7 – DDR); 153 bis 157° (PI.Ed. I/1); 154 bis 157° (Ph.Dan. IX, Ph. Ned. 6); 156° (DAB 6); 154 bis 158° (Nord. 63).

Erkennung. 1. Procainhydrochlorid gibt positive Chlorid-Rk. – 2. Procainhydrochlorid-Lsg. (1 in 10) geben Fällungen mit Goldchlorid, Jod, Kaliumquecksilberjodid und Pikrinsäure (USP XVI); Fp. des Pikrates 153 bis 157° (Nord. 63). – 3. Eine 10%ige (w/v) Lsg. verändert sich nicht auf Zusatz von Natriumhydrogencarbonatlsg., gibt aber mit Natronlauge oder Natriumcarbonatlsg. einen farblosen, öligen Nd., der bald kristallin erstarrt. Fp. der Kristalle nach Waschen mit W., Trocknen bei 100° und Erstarrenlassen etwa 60° (BP 63). – 4. 100 mg werden in 5 ml W. gelöst und mit je 2 Tr. Salzsäure und Natriumnitritlsg. (1 in 10) versetzt. Dann gibt man eine Lsg. von 200 mg β-Naphthol in einer Mischung aus 3 ml Natronlauge und 7 ml W. zu. Es entsteht ein scharlachroter Nd. (USP XVII). – 5. Versetzt man eine Lsg. von etwa 5 mg in 1 ml W. mit 1 ml verd. Salzsäure, 1 ml Phenollsg. und 2 Tr. Kaliumbromatlsg., so färbt sich die Lsg. intensiv rotviolett (ÖAB 9). – 6. Man gibt zu 5 ml der Lsg. (1 : 10) 3 Tr. verd. Schwefelsäure und 3 Tr. 0,1 n Kaliumpermanganatlsg.; die violette Färbung verschwindet sofort (Unterschied zu Sovcain) (Ross. 9); (Unterschied zu Cocain USP XVII). – 7. Versetzt man eine Lsg. von etwa 10 mg in 1 ml W. mit 1 ml verd. Natronlauge, so scheidet sich die freie Base in Form weißer, öliger Tröpfchen aus. Fügt man einige Tr. Jodlsg. hinzu und erwärmt, so tritt der Geruch nach Jodoform auf (ÖAB 9). – 8. Identifizierung nach L. Kofler: Schmelzintervall (unter dem Mikroskop): 154 bis 156°. Eutektische Temp. der Mischung mit Benzanilid: 130°. Lichtbrechungsvermögen der Schmelze: $n_D = 1{,}5611$ bei 166° (ÖAB 9).

Prüfung. 1. Eine Lsg. von 1 T. Procainhydrochlorid in 9 T. W. muß klar und farblos sein (ÖAB 9). – 2. Freie Säure. 10 ml der Lsg. (1 + 9) müssen sich auf Zusatz von 2 Tr. Methylrot-Methylenblaulsg. und 1 Tr. 0,1 n Natronlauge grün färben (ÖAB 9). – pH der 4%igen (w/v) Lsg. 5,0 bis 6,5 (BP 63). – 3. Nitrat. Werden 2 ml der Lsg. (1 + 9) mit Diphenylamin-Schwefelsäure unterschichtet, so darf sich zwischen den beiden Flüssigkeiten keine blaue Zone bilden (ÖAB 9). – 4. Arsen. In 5 ml der Lsg. (1 + 9) darf mit 5 ml Hypophosphitlsg. Arsen nicht nachweisbar sein (ÖAB 9). – 5. Schwermetalle. In einem Scheidetrichter versetzt man 10 ml der Lsg. (1 + 9) mit 5 ml verd. Ammoniak und schüttelt die Base mit Ae. aus. In 10 ml der sorgfältig abgetrennten wss. Schicht dürfen Schwermetalle in unzulässiger Menge nicht nachweisbar sein (ÖAB 9). – Ross. 9 läßt die Sulfatasche auf Schwermetalle prüfen. – 6. p-Aminobenzoesäure. Versetzt man in einem Scheidetrichter 10 ml der Lsg. (1 + 9) mit 1,00 ml 0,1 n Schwefelsäure und schüttelt hierauf mit 20 ml Ae. 1 Min. kräftig durch, so dürfen 10 ml der sorgfältig abgetrennten und filtrierten ätherischen Schicht keinen wägbaren Verdampfungsrückstand hinterlassen (ÖAB 9). – 7. Fremde organische Stoffe. Eine Lsg. von 0,1 g Procainhydrochlorid in 2 ml konz. Schwefelsäure muß klar und farblos sein (ÖAB 9). – 0,5 g in 5 ml Salpetersäure; die Lsg. darf sich nicht sofort färben (Ross. 9). – DAB 7 – BRD: Analog Benzocain (S. 281), Verhalten gegen Schwefelsäure. – 8. Trocknungsverlust. Höchstens 0,5% (ÖAB 9, Ph.Dan. IX, BP 63); 1% (USP XVII). – 9. Verbrennungsrückstand. Höchstens 0,1% (ÖAB 9, Nord. 63, Ph.Dan. IX) 0,15% (USP XVII); (Sulfatasche 0,1% : BP 63).

Gehaltsbestimmung. Analog Anästhesin (S. 281). 1 ml 0,1 m Natriumnitritlsg. entspr. 27,28 mg $C_{13}H_{20}N_2O_2 \cdot HCl$. 1 ml 0,1 n Natronlauge entspr. 27,28 mg $C_{13}H_{20}N_2O_2 \cdot HCl$. Nord. 63 und DAB 7 – DDR lassen in wasserfreiem Medium mit Perchlorsäure gegen Kristallviolett bzw. Metanilgelb titrieren. 1 ml 0,1 n Perchlorsäurelsg. entspr. 27,28 mg $C_{13}H_{20}N_2O_2 \cdot HCl$.

Aufbewahrung. Vor Licht geschützt, in dicht schließenden Gefäßen.

Entkeimung. Lösungen nach dem unter c) angegebenen Verfahren (Bd. VI) unter Zusatz von 0,1% Natriumpyrosulfit (ÖAB 9).

Anwendung. Procainhydrochlorid ist heute der meist gebrauchte Substitut für Cocain in der Lokalanästhesie. Da es nur schlecht von der Haut und Schleimhaut resorbiert wird, wird es hauptsächlich injiziert. Die rasch einsetzende Wirkung klingt rasch ab, kann aber durch Adrenalinzusatz verlängert werden. Die Anw. erfolgt in 1- bis 2%igen Lsg. Gebräuchliche Einzeldosis bei i.m. Verabreichungen 0,2 bis 0,5 g; Einzelmaximaldosis i.m. 1,0 g; Tagesmaximaldosis 2,0 g (ÖAB 9).

Handelsformen: Impletol, äquimol. Lsg. von Procain und Coffein; Depot-Impletol (Bayer, Leverkusen). – Novocain zur Therapie (Farbwerke Hoechst) 1- u. 2%ige isotonische Lsg. – Causat, isotonische Lsg. von Procain, Phenyläthylbarbitursäure, Nicotinsäure u. Atropin (Reiss, Berlin). – Melcain, Procain in Bienenhoniglsg.; Myo-Melcain (Woelm, Eschwege). – Neocajod, Procainhydrojodid, Calciumjodid und Coffein (Chem. Fabrik Tempelhof, Berlin). – Prokopin, Kombination von 2% Procain-Procainglucosid in isotonischer Bienenhoniglsg.; Prokopin G (Woelm, Eschwege). – Kerocain, Puder, 2%ige Lsg., Tabl. (Kerfrot, Ashton-under-Lyne, Engl.). – Neotonocain, Procainlsg. mit Adrenalin (Gedeon Richter, London). – Parsetin (Parke, Davis, Hounslow, Engl.).

Procainum nitricum Ph.Helv. V, (INN). Novocain nitricum DAB 6. Prokainnitrat. Novokainnitrat. Procaine Nitrate.

$C_{13}H_{20}N_2O_2 \cdot HNO_3$ M.G. 299,32

Eigenschaften. Kleine, farb- und geruchlose Kristalle, die auf der Zunge vorübergehend Gefühllosigkeit hervorrufen. Fp. 100 bis 102°. Leicht lösl. in W. und in A. Die wss. Lsg. (1 + 9) reagiert neutral.

Erkennung. Gibt positive Probe auf Nitrationen. Sonst wie Procainhydrochlorid. Prüfung und Gehalt sinngemäß wie Procainhydrochlorid.

Anwendung. Anstelle des Hydrochlorids wenn gleichzeitig Silbernitrat verabreicht werden soll.

Procainum boricum (INN). Procainborat. Procaine Borate.

$C_{13}H_{20}N_2O_2 \cdot 5HBO_2$ M.G. 455,45

Kleine monokline Kristalle; Fp. 165 bis 166°. Lösl. in etwa 4 T. W.; lösl. in A.; unlösl. in Bzl., Chlf., Ae. Die wss. Lsg. reagiert alkalisch.

Anwendung. Als 0,5- bis 10%ige Lsg. zur Lokalanästhesie.

Procainglucosid-hydrochlorid. N-Glucosido-p-aminobenzoyl-diaethylaminoäthanol-hydrochlorid.

Herstellung. Procainhydrochlorid wird mit Glucose in abs. A. $1^1/_2$ Std. am Rückflußkühler gekocht, wobei fast vollständige Lsg. eintritt. Aus der filtrierten, sich abkühlenden Lsg. scheiden sich Kristalle ab, die aus Äthanol-Methanol-Mischung (1 : 1) umkristallisiert werden [DBP 916412; GRASSHOF, H., u. U. LIPPOLD: Arzneimittel-Forsch. *3*, 42 (1953)].

Eigenschaften. Farblose Kristalle. Fp. 142 bis 144° (Monohydrat); Fp. 174 bis 176° (wasserfrei aus abs. A.). Spaltet durch salzsaure Hydrolyse wieder in Glucose und Procainhydrochlorid.

Erkennung. Papierchromatographisch mit wassergesättigtem sek. Butanol:

Procainglucosidhydrochlorid	$R_f = 0{,}27$
Procainhydrochlorid	$R_f = 0{,}56$.

Anwendung. In verschiedenen Spezialitäten (s. Handelsformen, S. 285) zur Heilanästhesie. Sein „Depoteffekt" soll sich nach H. GRASSHOF und H. W. ROTH [Arzneimittel-Forsch. *4*, 729 (1954)] durch gute Verträglichkeit der Präparate auswirken. Nach N. PATEL und H. FRIEBEL [Arch. Pharm. (Weinheim) *295/67*, 106 (1962)] bildet Procainhydrochlorid in wss. Lsg. ebenso wie andere Lokalanästhetica mit freier aromatischer Aminogruppe schon bei Zimmertemperatur in kurzer Zeit N-Glucoside, die keine anästhesierende Wirkung mehr besitzen. Sonstige pharmakodynamische Eigenschaften der Aglucone, z. B. der geringe spasmolytische und der therapeutisch unwesentliche anticonvulsive Effekt, gehen durch die Substitution nicht vollständig verloren. Auch die Toxizität wird nur abgeschwächt.

Gruppe IIA (vgl. Tabelle S. 277)

Larocain. 3-Diaethylamino-2,2-dimethylpropyl-p-aminobenzoat-hydrochlorid. 1-Aminobenzoyl-2,2-dimethyl-3-diaethylaminopropanol-hydrochlorid. Dimethocain (INN).

$C_{16}H_{26}N_2O_2 \cdot HCl$ Formel II A. 1 M.G. 314,85

Kleine Kristalle oder kristallines Pulver von bitterem Geschmack. Sehr leicht lösl. in siedendem, 1:3 lösl. in kaltem W.; lösl. in A.; unlösl. in Ae. und in fetten Ölen. Fp. 196 bis 197°.

Anwendung. Früher in der Oberflächen- und Infiltrationsanästhesie.

Handelsform: Larocain (Hoffmann-La Roche) nicht mehr im Handel.

Tutocain (Bayer, Leverkusen) ist p-Aminobenzoyl-p-dimethylamino-α,β-dimethyl-n-propanol-hydrochlorid.

$C_{14}H_{22}N_2O_2 \cdot HCl$ Formel II A. 2 M.G. 286,80

Eigenschaften. Schwach bitter schmeckende, auf der Zunge vorübergehend Gefühllosigkeit hervorrufende, leicht gelblich-weiße Kristalle oder kristallines Pulver. Fp. 213 bis 215° (die Base schmilzt bei 80 bis 82°). Leicht lösl. in W.; schwer lösl. in A. Die wss. Lsg. (1 : 10) reagiert neutral und ist stabil genug, um durch kurzes Erhitzen sterilisiert werden zu können. Alkalihydroxide und -carbonate fällen die freie Base.

Anwendung. Früher zur Lokal- und Infiltrationsanästhesie, wie Procain.

Handelsform: Tutocain (Bayer, Leverkusen) nicht mehr im Handel.

Panthesin. Methansulfonsaures Salz des N-Diaethyl-leucinol-esters der p-Aminobenzoesäure.

$C_{18}H_{28}N_2O_2 \cdot CH_4O_3S$ Formel II A. 3 M.G. 388,52

Eigenschaften. Weißes oder schwach gelbliches, kristallines Pulver, das sich leicht in W. (1 : 3) und A. löst. Die wss. Lsg. (1 + 9) reagiert gegen Lackmus schwach sauer. Fp. 157 bis 159°. Die Lsg. in W. oder physiologischer Kochsalzlsg. läßt sich durch Aufkochen beliebig oft sterilisieren.

Erkennung. In der wss. Lsg. (1 + 9) erzeugt Quecksilberchlorid einen weißen, Jodlsg. einen braunen Nd. Mit Silbernitrat bleibt die Lsg. klar (Unterschied von Procain). Kalilauge verursacht in der wss. Lsg. eine milchige Trübung, die nach einiger Zeit zu einer wachsartigen, kristallisierten Masse erstarrt. Diese ist sehr leicht lösl. in Ae. und hinterbleibt beim Verdampfen des Ae. als strahlig kristallisierte Nadelbüschel. – Gibt man zu einer Lsg. von 0,1 g Panthesin in 5 ml W. 2 Tr. Salzsäure und 2 Tr. Natriumnitritlsg. und trägt die Mischung darauf in eine Lsg. von 0,2 g β-Naphthol in 1 ml Natronlauge und 9 ml W. ein, so entsteht ein ziegelroter Nd. Setzt man zu 10 bis 20 mg Panthesin in einem Porzellanschälchen 2 bis 3 Tr. einer 1%igen weingeistigen Furfurollsg. und läßt auf den Verdunstungsrückstand Salzsäuredampf einwirken, so färbt er sich intensiv violettrot.

Anwendung. Zur Infiltrations- und Leitungsanästhesie 0,2- bzw. 0,5%ige Lsg. mit dem üblichen Adrenalinzusatz. Zur Lumbalanästhesie 6 ml einer 0,5%igen Lsg. mit 4 ml Liquor gemischt. Zur Oberflächenanästhesie 10%ige Lsg. In der Zahnheilkunde zur terminalen und Leitungsanästhesie 0,5%ige Lsg. mit 1/2 Tr. Adrenalin 1 : 1000 pro ml.

Panthesin-Balsam (Sandoz AG., Nürnberg) besteht aus 5% Panthesinbase (N-Diäthylleucinolester der p-Aminobenzoesäure) in resorbierbarer Salbengrundlage. Handelsform: Salbe.

Anwendung. RheumatischeHaut-, Muskel- und Gelenkschmerzen, juckende und schmerzhafte Hautaffektionen.

Panthesin-Hydergin, (Sandoz AG., Nürnberg), 200 mg Panthesin und 0,3 mg Hydergin in Ampullen zur Therapie und Prophylaxe von Thrombosen und Embolien, bei schweren peripheren Durchblutungsstörungen, Myokardinfarkt, akuter Pankreatitis und Neuroplegie.

Naepaine Hydrochloride NF XI, (INN). 2-Pentylaminoaethyl-p-aminobenzoat-hydrochlorid. Amylsine Hydrochloride.

Früher als Amylcain bezeichnet. Der Name wurde wegen der Verwechslungsmöglichkeit mit Amylocain (Stovain) (S. 299) geändert.

$C_{14}H_{22}N_2O_2 \cdot HCl$ Formel II A. 4 M.G. 286,79

Die bei 105° 4 Std. lang getrocknete Substanz muß wenigstens 98,5% $C_{14}H_{22}N_2O_2 \cdot HCl$ enthalten.

Eigenschaften. Kleine weiße Kristalle oder weißes Pulver, ohne Geruch. Ruft auf der Zunge vorübergehend Gefühllosigkeit hervor. Fp. 175 bis 177° (NF XI); The Merck Index 1960 gibt Dimorphismus an: $Fp._1$ 176°; $Fp._2$ 153,5°; der höhere Fp. wird durch Umkristallisieren aus hoch siedenden Lösungsmitteln erreicht. Leicht lösl. in W.; wenig lösl. in A.; unlösl. in Bzl., Chlf., Ae.

Erkennung. NF XI: 1. Kaliumquecksilberjodid gibt einen weißen Nd. – 2. Fällung mit Pikrinsäure. – 3. Mit Natronlauge fällt aus der wss. Lsg. (1 in 20) die freie Base aus, die mit W. gewaschen und über Phosphor(V)-oxid getrocknet zwischen 64 und 66° schmilzt. – 4. Analog Benzocain – Erk. 2 (PI.Ed. I/1). – 5. 100 mg werden in 5 ml W. gelöst und mit 2 Tr. Schwefelsäure und 1 ml gesättigter Nitritlsg. versetzt. Erhitzt man die Mischung auf etwa 50°, so scheidet sich ein gelbes Öl ab (Unterschied zu Cocain). – 6. Positive Chlorid-Rk.

Prüfung. NF XI: Trocknungsverlust. 4 Std. bei 105°; nicht mehr als 0,2%. Verbrennungsrückstand. Höchstens 0,1%.

Gehaltsbestimmung. Analog Butethamine Hydrochloride (S. 288) 1 ml 0,02 n Schwefelsäure entspr. 5,736 mg $C_{14}H_{22}N_2O_2 \cdot HCl$.

Anwendung. In 2- oder 4%iger Lsg. zur Hornhautanästhesie, wenn Mydriasis unerwünscht ist.

Handelsform: Amylsine Hydrochloride (Novocol Chem. Mfg. Co., Brooklyn, N. Y.).

Butacaini Sulfas PI.Ed. I/1. Butacaine Sulphate BPC 63. Butacainsulfat. 3-(p-Aminobenzoxy)-1-di-n-butylaminopropan-sulfat. Butyn Sulfate (Abbott). Butelline.

$(C_{18}H_{30}N_2O_2)_2 \cdot H_2SO_4$ Formel II A. 5 M.G. 710,95

Herstellung. Eine benzolige Lsg. von p-Nitrobenzoylchlorid und γ-Di-n-butylaminopropanol wird am Rückflußkühler gekocht, das Rk.-Produkt mit Säure extrahiert und dessen NO_2-Gruppe mit Zinn(II)-chlorid zum aromatischen Amin reduziert (US-Pat. 1358751; 1676470).

Eigenschaften. Weißes, kristallines Pulver, ohne Geruch und von schwach bitterem Geschmack; erzeugt vorübergehend Gefühllosigkeit auf der Zunge. Zersetzt sich am Licht. 1 T. löst sich in weniger als 1 T. W.; sehr leicht lösl. in warmem A., in Aceton; wenig lösl. in Chlf.; prakt. unlösl. in Ae. Fp. 100 bis 103°. Die Base ist ölig.

Erkennung. Versetzt man mit Alkalibicarbonatlsg., so fällt ein kristallines Butacaincarbonat aus; auch Butacainhydrochlorid ist relativ schwer lösl. – Eine 10%ige Butacainsulfatlsg. gibt eine weiße Fllg. mit Quecksilber-Kaliumjodidlsg., eine braune Fllg. mit Jod- oder Goldchloridlsg., eine gelbe Fllg. mit Trinitrophenol-Rg. – Löst man 100 mg B.sulfat in 5 ml W., gibt 2 Tr. verd. Salzsäure, 2 Tr. einer 10%igen Natriumnitritlsg. und eine Lsg. von 200 mg β-Naphthol in 10 ml 10%iger Natriumhydroxidlsg. hinzu, so entsteht eine scharlachrote Fllg.

Prüfung. Die wss. Lsg. muß gegen Lackmus praktisch neutral reagieren (PI.Ed. I/1). Verbrennungsrückstand nicht über 0,2%.

Anwendung. Hauptsächlich als Oberflächenanästheticum; in der Ophtalmologie als 1 bis 2%ige Lsg.

Butethamine NND 64. Monocaine (Novocol) – ist 2-Isobutylaminoäthyl-p-aminobenzoesäureester. (Formel II A. 6). Gebräuchlich sind Formiat und Hydrochlorid.

Herstellung. Durch Umsetzung von p-Nitrobenzoylchlorid mit 2-Isobutylaminoäthanol und anschließende Reduktion der Nitrogruppe (US-Pat. 2139818).

Eigenschaften. Das Formiat schmilzt bei 136 bis 139°; es ist gut lösl. in A. u. W. Das pH einer 1%igen Lsg. ist etwa 6,1. Das Hydrochlorid schmilzt zwischen 192 und 196°; es löst sich schwer in W., sehr schwer in A. und Chlf. Das pH einer 1%igen wss. Lsg. ist etwa 4,7.

Erkennung des Butethaminformiates (Butethamine Formate, NNR 53). M.G. 282,34. Man löst 0,15 g in 10 ml W., gibt 25 ml Chlf. und einige Tr. 25%ige Ammoniaklsg. hinzu. Die Chlf.-Phase wird zur Trockne eingedampft und der Rückstand in 5,5 ml 0,1 n Salzsäure gelöst. Man verdünnt die eine Hälfte der sauren Lsg. auf 40 ml und führt die folgenden Proben durch: a) 5 ml der verd. Lsg. werden mit 0,5 ml verd. Salzsäure und 0,5 ml 10%iger Natriumnitritlsg. versetzt und dann mit 10 ml einer verd. Ammoniaklsg., die 0,2 g β-Naphthol enthält, gemischt: es entsteht eine ätherunlösliche, orangefarbene Fällung (Rk. der primären aromatischen Aminogruppe).

b) Die zweite Hälfte der sauren Lsg. wird auf 5 ml verd. Man gibt 2 Tr. Schwefelsäure und 1 ml gesättigte Natriumnitritlsg. hinzu. Beim Erhitzen auf 50° entsteht eine gelbe Emulsion; bei weiterem Erhitzen wird die Lsg. orangerot, und es bilden sich rote ölige Tropfen am Boden des Reagensglases. In der ursprünglichen wss. Phase der Chlf.-Extraktion wird die Ameisensäure wie folgt nachgewiesen: Man dampft die Lsg. zur Trockne ein, löst den Rückstand in 1 ml 4 n Salzsäure, gibt 40 mg o-Phenylendiamin hinzu und erhitzt 45 Min. am Rückflußkühler. Nach dem Erkalten neutralisiert man mit konz. NH_3-Lsg. und läßt einige Std. stehen; man filtriert und kristallisiert den Rückstand aus W. um. Das entstandene Benzimidazolderivat schmilzt bei 171°.

Gehaltsbestimmung des Butethaminformiates. 0,15 g werden in 10 ml W. gelöst, mit 25 ml Chlf. und einigen Tr. 25%iger Ammoniaklsg. versetzt. Man trennt das Chlf. ab und extrahiert noch mehrere Male mit 15, 10, 10 und 10 ml Chlf. Die vereinigten Chlf.-Lsg. werden durch Watte filtriert und zur Trockne eingedampft. Man löst den Rückstand in 5 ml neutralem A. und erwärmt bis zur Lsg.; nach Zugabe von 10 ml 0,1 n Salzsäure und Methylrot wird der Überschuß an Säure mit 0,1 n Natronlauge zurücktitriert. 1 ml 0,1 n HCl entspr. 0,02823 g Butethaminformiat. Der Gehalt soll nicht unter 95% liegen.

Die wss., mit Chlf. extrahierte Phase wird unter Nachspülen des Schütteltrichters mit 2 mal 20 ml W. in einem Becherglas mit 1 g Natriumcarbonat versetzt, auf etwa 100 ml verdünnt und auf 50 ml eingekocht. Man gibt in die noch heiße Lsg. 25 ml 0,1 n Kaliumpermanganatlsg., säuert vorsichtig mit konz. Schwefelsäure an, fügt 15 ml 0,1 n Oxalsäurelsg. hinzu und titriert den Überschuß der Oxalsäure mit 0,1 n Kaliumpermanganatlsg. zurück. 1 ml 0,1 n Kaliumpermanganatlsg. entspr. 0,002301 g Ameisensäure. Der Ameisensäuregehalt soll zwischen 15,8 und 16,8% liegen.

Erkennung des Butethaminhydrochlorides. M.G. 272,78. Man löst 0,1 g in 50 ml W. Die Chloridionen werden mit Silbernitratlsg. nachgewiesen. – Die β-Naphthol-Rk. wird wie beim Butethaminformiat unter a) beschrieben durchgeführt. – Versetzt man 2 ml der 0,2%igen Lsg. mit 1 ml Quecksilber-Kaliumjodid-Lsg., so entsteht eine weiße Fllg.

Zur Durchführung der Natriumnitrit-Rk. (s. B.formiat) löst man 0,1 g B.hydrochlorid in 5 ml W.

Gehaltsbestimmung des Butethaminhydrochlorides. NNR 53 schreiben eine gravimetrische Chloridbestimmung vor. 1 g AgCl entspr. 0,2473 g Chlorid; der Chloridgehalt soll 12,8 bis 13,2% betragen. Der Gehalt an Butethaminbase kann wie beim Formiat beschrieben bestimmt werden. 1 ml 0,1 n HCl entspr. 0,02728 g Butethaminhydrochlorid. Forderung: 95 bis 105%.

Anwendung. Das Formiat ist zur Spinalanästhesie vorgeschlagen worden; die anästhetische Wirkung und die toxischen Effekte sind um ein Drittel größer als beim Procain. Handelsüblich sind Trockenampullen mit 50 bis 200 mg und eine 5%ige Lsg. Das Hydrochlorid wird in 1- bis 1,5%igen Lsg. zur Nervenblockade bei Zahnbehandlungen und in der kleinen Chirurgie verwendet. Die Wirkung gleicht der Procainwirkung; die Dosierung beträgt 3/4 der beim Procain gebräuchlichen Konzentrationen.

Gruppe II B (vgl. Tabelle S. 277)

Tetracaine USP XVII, (INN). Tetracain.

$C_{15}H_{24}N_2O_2$ Formel II B. 1 M.G. 264,37

als Hydrochlorid.

Gehalt. Mindestens 98 und höchstens 101% $C_{15}H_{24}N_2O_2$, bezogen auf die getrocknete Substanz.

Herstellung s. Tetracainhydrochlorid.

Eigenschaften. Weiße oder gelbliche, wachsartige Substanz. Sehr leicht löslich in W.; löslich in A., Ae., Chlf. und in Bzl. Fp. 41 bis 46°.

Erkennung. 1. Etwa 90 mg, genau gewogen, werden in einem 500-ml-Meßkolben in 10 ml 0,1 n Salzsäure gelöst und mit W. auf 500 ml aufgefüllt. 5 ml dieser Lösung werden in einem 100-ml-Meßkolben mit 2 ml 10%igem pH 6-Phosphatpuffer versetzt und mit W. zu 100 ml verdünnt. Das UV-Spektrum dieser Lösung zeigt die gleichen Maxima und Minima wie eine gleiche Lösung der U.S.P. Tetracaine Hydrochloride Reference Standard. Die Extinktionen im Maximum bei 310 mμ, berechnet auf die trockene Base, dürfen nicht mehr als 2% differieren. – 2. 100 mg werden in 10 ml 0,1 n Salzsäure gelöst. Die Lösung gibt die unter Tetracainhydrochlorid aufgeführten Erkennungsreaktionen.

Prüfung. 1. Trocknungsverlust. 18 Std. im Vakuum über P_2O_5 getrocknet, nicht mehr als 0,5%. – 2. Glührückstand. Nicht mehr als 0,1%.

Gehaltsbestimmung. USP VXII läßt mit einer Lösung von 500 mg in 5 ml Salzsäure und 50 ml W. eine Diazotitration durchführen (s. Bd. I, 334). 1 ml 0,1 m Natriumnitritlösung entspricht 26,44 mg $C_{15}H_{24}N_2O_2$. – Es lassen sich auch die bei Tetracainhydrochlorid aufgeführten Gehaltsbestimmungen durchführen.

Anwendung. Als 0,5%ige Augensalbe.

Tetracainum hydrochloricum DAB 7 — DDR, ÖAB 9, Ph.Helv. V – Suppl. III, CSL 2, (INN). Butylaminobenzoyl-dimethylamino-aethanolum hydrochloricum DAB 6 – 3. Nachtr. (BRD). Tetracainhydrochlorid DAB 7 — BRD, (INN). Tetracaini hydrochloridum PI.Ed. I/1, Ph.Dan. IX, Tetracaini chloridum Nord. 63. Dicainum Ross. 9. Tetracaine Hydrochloride USP XVII. Amethocaine Hydrochloride BPC 63. Pantocain (Hoechst). 4-n-Butylaminobenzoesäure-dimethylaminoäthylester-hydrochlorid.

$C_{15}H_{24}N_2O_2 \cdot HCl$ Formel II B. 1 M.G. 300,84

Herstellung. Durch Umsetzung von p-n-Butylaminobenzoylchlorid mit Dimethylaminoäthanol (US-Pat. 1889645).

Eigenschaften. Farblose Kristalle oder weißes, kristallines Pulver ohne Geruch und von schwach bitterem Geschmack; ruft auf der Zunge vorübergehend Gefühllosigkeit hervor. Lösl. in etwa 8 T. W., in etwa 5 T. A. oder in etwa 30 T. Chlf.; prakt. unlösl. in Ae. Fp. 144 bis 149° (ÖAB 9, Ph. Dan. IX); 145 bis 147° (Ph.Helv. V – Suppl. III); 147 bis 150° (BP 63, Ph.Ned. 6, Ross. 9, DAB 7 – DDR); ~148° (USP XVII[1]); 148 bis 151° (Nord. 63); 146 bis 149°, das Heizbad wird auf 130° vorgeheizt (DAB 7 – BRD).

Erkennung. 1. 0,1 g wird in 10 ml W., das 0,5 g Natriumacetat enthält, gelöst und mit 1 ml einer 25%igen (w/v) Ammoniumrhodanidlsg. versetzt. Der entst. Nd. wird aus W. umkristallisiert und bei 80° getrocknet; Fp. der Kristalle etwa 131° (BP 63, Ph.Ned. 6, DAB 7 – BRD, DAB 7 – DDR, USP XVI, PI.Ed. I/1). – 2. Etwa 0,1 g wird in 10 ml W. gelöst, mit 0,2 ml verd. Salzsäure und 0,2 ml 10%iger Natriumnitritlsg. versetzt und die Mischung langsam einer Lsg. von 0,1 g β-Naphthol in 10 ml Natronlauge zugesetzt. Es entsteht ein weißer Nd., aber keine Färbung (Unterschied zu Procain) (PI.Ed. I/1). – 3. Das Gemisch von 2,0 ml Prüflsg. (0,500 g zu 25,0 ml gelöst), 1,0 ml W. und 5 Tr. Natronlauge wird zum Sieden erhitzt. Die sich entwickelnden Dämpfe färben Lackmuspapier blau (DAB 7 – BRD, Ph.Helv. V – Suppl. III). – 4. Versetzt man 5 ml der Stammlsg. (1 : 50) mit 1 ml verd. Ammoniak, so entsteht ein weißer, perlmuttartig glänzender Nd. Der mit W. gewaschene Nd. wird im Vak. über P_2O_5 getrocknet; sein Fp. muß zwischen 41 und 44° liegen (Ph.Helv. V – Suppl. III, Nord. 63, Ph.Dan. IX, DAB 7 – DDR). – 5. Versetzt man eine Lsg. von etwa 5 mg in 1 ml W. mit 5 Tr. Jodlsg., so scheidet sich ein Peroxid in Form dunkelbrauner, öliger Tröpfchen aus (ÖAB 9). – 6. 0,01 g wird im Porzellanschälchen mit 2 bis 3 Tr. konz. Salpetersäure befeuchtet und auf dem Wasserbad zur Trockne gebracht. Fügt man dem erkalteten Rückstand einige Tr. einer 0,05%igen alkoholischen Kalilauge zu, so entsteht eine blutrote Färbung (Ross. 9). – 7. Versetzt man eine Lsg. von etwa 10 mg

[1] USP XVII gibt an, daß zwei Modifikationen vorliegen können, deren eine etwa bei 148° und deren andere zwischen 134 und 139° schmilzt. Ein Gemisch von beiden schmilzt zwischen 134 und 147°.

Substanz in 1 ml W. mit 1 ml verd. Natronlauge, so scheidet sich die freie Base in Form weißer, öliger Tröpfchen aus. Fügt man einige Tr. Jodlsg. hinzu und erhitzt, so entfärbt sich die Lsg. und es tritt der charakteristische, widerliche Isonitrilgeruch auf (ÖAB 9). – 8. Versetzt man eine Lsg. von etwa 5 mg in 1 ml W. mit 1 ml verd. Salzsäure, 1 ml Phenollsg. und 2 Tr. Kaliumbromatlsg., so färbt sich die Lsg. intensiv violett (ÖAB 9). – 9. Identifizierung nach L. KOFLER. Schmelzintervall (unter dem Mikroskop) der stabilen Modifikation 147 bis 149°, der instabilen Modifikation 137 bis 140°. Eutektische Temperatur der Mischung mit Phenacetin 106°. Lichtbrechungsvermögen der Schmelze $n_D = 1,5502$ bei 143 bis 145° (ÖAB 9). – 10. Gibt positive Rk. auf Cl^-.

Prüfung. 1. Eine Lsg. von 1 T. Tetracainhydrochlorid in 9 T. W. muß klar und farblos sein (ÖAB 9). – 2. Freie Säure. 10 ml der Lsg. (1 + 9) müssen sich auf Zusatz von 2 Tr. Methylrot-Methylenblaulsg. und 1 Tr. 0,1 n Natronlauge grün färben. – Das pH der Lsg. (1 in 50) muß zwischen 4,6 und 5,4 liegen (Ph.Helv. V – Suppl. III). – 3. Cocain. Die Lsg. (1 in 50) darf bei 20° im 200-mm-Rohr keine optische Drehung aufweisen (Ph.Helv. V – Suppl. III). – 4. Procain. Wird 1 ml der Lsg. (1 in 50) mit 2 Tr. verd. Salzsäure und 2 Tr. Natriumnitritlsg. versetzt, so darf auf Zusatz von 0,5 ml einer Aufschüttelung von 0,01 g β-Naphthol in 2 ml Natriumcarbonatlsg. keine rote Färbung oder Fllg. auftreten (Ph.Helv. V – Suppl. III). – DAB 7 – DDR läßt mit 1 ml Furfurol-Essigsäure und 1 Tr. konz. Schwefelsäure prüfen. Es darf keine rotviolette Färbung auftreten. – 5. p-Butylaminobenzoesäure. Wie bei Procainum hydrochloricum, Prüf. 6 (S. 285) (ÖAB 9). – 6. Verhalten gegen Schwefelsäure. Die Lsg. von 0,50 g Substanz in 5,0 ml Schwefelsäure muß klar sein und darf nach 5 Min. nicht stärker gefärbt sein als 5,0 ml einer Mischung von 0,40 ml Eisen(III)-chlorid-Lsg. III, 0,10 ml Kobalt(II)-chlorid-Lsg., 0,10 ml Kupfer(II)-sulfat-Lsg. II und 4,40 ml Salzsäure, 1% (DAB 7 BRD). – 7. Schwermetalle, Arsen, Sulfat dürfen in der Lsg. (1 in 50) nicht nachweisbar sein (Ph.-Helv. V – Suppl. III). – 8. Trocknungsverlust. Höchstens 0,5%, getrocknet bei 105° bis zum konst. Gewicht (BP 63) – USP XVII läßt den Wassergehalt nach KARL FISCHER bestimmen: nicht mehr als 2%. – 9. Glührückstand. Höchstens 0,1% (USP XVII, ÖAB 9) – Sulfatasche: höchstens 0,1% (DAB 7 – BRD, BP 63).

Gehaltsbestimmung. 1. Etwa 0,35 g Substanz, genau gewogen, werden nach Zusatz von 2,0 ml Natriumcarbonatlsg. I und 50 ml Methylenchlorid in einem verschlossenen Erlenmeyerkolben von etwa 100 ml Inhalt 5 Min. lang geschüttelt. Nach Zugabe von 1,0 g Tragantpulver und 3 Min. langem Schütteln filtriert man nach 10 Min. durch Watte in einen 250-ml-Kolben und wäscht Kolben und Trichter 3mal mit je 10 ml Methylenchlorid. Das Gesamtfiltrat wird mit 20,00 ml 0,1 n Salzsäure versetzt und das Methylenchlorid auf dem Wasserbad abdestilliert. Nach Erkalten und Zugabe von 2 Tr. Methylrotlsg. und 1 Tr. Methylenblaulsg. wird der Säureüberschuß mit 0,1 n Kalilauge bis zum Farbumschlag nach Graublau zurücktitriert (Feinbürette). 1 ml 0,1 n Salzsäure entspr. 0,03008 g $C_{15}H_{24}N_2O_2 \cdot HCl$. Gefordert 98,5 bis 101,0% [DAB 6 – 3. Nachtr. (BRD), BP 63].

2. Etwa 0,3 g, genau gewogen, getrocknetes Tetracainhydrochlorid werden in einer Mischung von 10 ml A. und 5 ml Chlf. gelöst und nach Zusatz von 10 Tr. Phenolphthaleinlsg. mit 0,1 n Natronlauge unter kräftigem Umschütteln titriert. 1 ml 0,1 n Natronlauge entspr. 30,08 mg $C_{15}H_{24}N_2O_2 \cdot HCl$ (ÖAB 9; gefordert 98,5 bis 100,3%). – Ross. 9 läßt ebenso prüfen; gefordert mindestens 99,5%.

3. USP XVII läßt aus der mit Natronlauge alkalisierten Lsg. mit Ae. ausschütteln, den Ae. verdampfen, den Rückstand über Silicagel trocknen und auswägen. Das Gewicht des Rückstandes multipliziert mit 1,138 ergibt das Gewicht an $C_{15}H_{24}N_2O_2 \cdot HCl$.

4. Nord. 63: 0,1500 g, 5 ml Essigsäureanhydrid und 15 ml Eisessig läßt man 1 Min. kochen und abkühlen. Nach Zusatz von 20 ml Dioxan, 5 ml Quecksilber(II)-acetatlsg. (0,15 m) und 5 Tr. Kristallviolettlsg. titriert man mit 0,1 n Perchlorsäurelsg. bis rein Blau (Feinbürette). 1 ml 0,1 n Perchlorsäurelsg. entspr. 0,03008 g $C_{15}H_{24}N_2O_2 \cdot HCl$. – DAB 7 – DDR läßt gegen Methanilgelb titrieren.

Aufbewahrung. Gut verschlossen und vor Licht geschützt.

Anwendung. Tetracain ist zwar toxischer als Cocain und Procain, aber es ist dennoch sicherer, da seine anästhesierende Wirkung sehr viel stärker ist. Eine 0,1%ige Lsg. soll den gleichen Effekt besitzen wie ein 1%ige Procainhydrochloridlsg. Durch Zusatz von Adrenalin kann die Vergiftungsgefahr durch Resorptionsverzögerung noch weiter reduziert werden. Es wird als 0,5 bis 1%ige Lsg. in der Hals-, Nasen- und Ohrenheilkunde, als 0,5 bis 2%ige Lsg. in der Augenheilkunde und als 0,1%ige Lsg. in der Urologie verwendet. 1%ige Salben zur Wundbehandlung. Außerdem findet die Substanz Anwendung in der Periduralanästhesie, zur extraduralen Spinalanästhesie und zur Lumbalanästhesie.

Dosierung. Größte Einzelgabe 0,02 g; größte Tagesgabe 0,02 g.

Handelsformen: Pantocain (Hoechst), Pantocaine Hydrochloride (Winthrop-Stearns).

Tetracaini nitras Nord. 63. Tetracainnitrat.

$C_{15}H_{24}N_2O_2 \cdot HNO_3$ M.G. 327,38

Eigenschaften. Farblose Kristalle oder weißes, kristallines Pulver, ohne Geruch. Lösl. in 120 T. W., in 50 T. A. in 200 T. Chlf.; unlösl. in Ae. Fp. 130 bis 134°.

Erkennung. 1. Gibt positive Rk. auf Nitrationen. – 2. Entspr. sinngemäß den Erk.-Rk. von Tetracainhydrochlorid (S. 289).

Prüfung. Wie Tetracainhydrochlorid (S. 290).

Gehaltsbestimmung. Nach Ausschütteln der mit Ammoniak freigesetzten Base mit Chlf. und Verdampfen des Chlf. bis auf etwa 1 ml wird mit Essigsäureanhydrid versetzt und wie bei Tetracainhydrochlorid (S. 289) verfahren. 1 ml 0,1 n Perchlorsäurelsg. entspr. 0,03274 g $C_{15}H_{24}N_2O_2 \cdot HNO_3$.

Anwendung. Wie Tetracainhydrochlorid.

Dosierung. Nord. 63: Einzeldosis 20 mg; mit gefäßverengenden Zusätzen 50 mg; Tagesdosis 20 mg; mit gefäßverengenden Zusätzen 50 mg.

Cornecain (Farbwerke Hoechst AG) ist p-Propylamino-benzoesäure-γ-dimethylamino-β-oxypropylester-hydrochlorid. (Formel II B. 2).

Eigenschaften. Fp. 133 bis 134°. 1 Teil löst sich in etwa 10 T. W. oder 20 T. A. Die aus alkalischem Milieu ausgeschüttelte Base ist ölig.

Erkennung. Versetzt man eine wss. Lsg. mit Pikrinsäurelsg., so entsteht eine orangefarbene Fllg. Das Pikrat schmilzt nach dem Auswaschen und Trocknen bei etwa 126°.
Die Base wird durch konz. H_2SO_4 nicht verändert; gibt man einige Tr. rauchende Salpetersäure hinzu, so entsteht allmählich eine Rotfärbung.

Handelsformen: 1- und 3%ige Lsg., die zur Kennzeichnung der äußerlichen Anwendung blau gefärbt sind.

Anwendung. Zur Oberflächenanästhesie in der Ophthalmologie. In Versuchen am Kaninchenauge nach REGNIER erwies sich Cornecain als dem Tetracain wirkungsgleich und 5mal stärker als Cocain. Die Anästhesie erfolgt auch am menschlichen Auge rasch; zum Unterschied von Tetracain und Cocain verursacht die 1%ige Lsg. kein anfängliches Brennen [BREMER, H.: Klin. Mbl. Augenheilk. *123*, 225 (1953)]. Vergleichende Untersuchungen mit Cocain, Tetracain und Psicain-Neu führte J. H. KÜCHLE durch [Münch. med. Wschr. *96*, 689 (1954); ref. in Chem. Zbl. *1954*, S. 11238].

Gruppe II C (vgl. Tabelle S. 277)

Salicain (Farbwerke Hoechst) ist 4-n-Butylaminosalicylsäuredimethylaminoäthylester-hydrochlorid. (Formel II C. 1).

Synonym: 2-Oxytetracain. M.G. 325,8 (mit 1/2 H_2O).

Herstellung. Aus p-Aminosalicylsäure, β-Dimethylamino-äthanol und konz. Schwefelsäure bei 100 bis 110° (Schweiz. Pat. 289538).

Eigenschaften. Salicain kristallisiert aus W., A., oder Äthylacetat in Nadeln, die 1/2 Mol Kristallwasser enthalten. Das entwässerte Salz nimmt an der Luft allmählich wieder 1/2 Mol H_2O auf. – 100 mg lösen sich in 5 ml W. 1 g wird in der Wärme von je 5 ml W., A. oder Äthylacetat gelöst; beim Abkühlen kristallisiert ein Teil der Substanz wieder aus. – Fp. 155 bis 158°.

Erkennung. 1. Man löst 100 mg Salicain-hydrochlorid in 10 ml W. und fügt 1 ml einer wss. Lsg. von Kaliumrhodanid (1 in 5) hinzu. Das abgeschiedene, farblose, kristalline Rhodanid des Salicains wird aus W. umkristallisiert und bei 80° getrocknet. Es schmilzt zwischen 107 und 109°.

2. 100 mg Salicain-hydrochlorid werden in 10 ml W. gelöst. Zu dieser Lsg. gibt man 1 ml Natriumbicarbonatlsg. (1 in 10). Es scheidet sich die Base des Salicains ab, die zunächst ölig ist, aber nach kurzer Zeit kristallisiert. Das Produkt wird mehrere Stunden an der Luft bei Raumtemperatur getrocknet. Schmelzpunkt zwischen 47 und 49° [Chem. Ber. *84*, 734 (1951)]. –
Anstelle der Natriumbicarbonatlsg. kann man auch Natriumcarbonatlsg. oder Kaliumcarbonatlsg. verwenden.
Im Gegensatz zu Oxyprocainhydrochlorid wird die Salicainbase aus Salicainhydrochloridlsg. durch Natriumcarbonatlsg. abgeschieden.

3. 1 ml Salicainhydrochloridlsg. (1 in 100) gibt keine Verfärbung nach Zugabe von 3 Tr. EHRLICHS Reagens. [Dieses wird hergestellt aus: 5,5 g Natriumacetat ($\cdot 3 H_2O$), 10 ml W., 10 ml Essigsäure (100%ig), 0,2 g p-Dimethylaminobenzaldehyd.]

4. Eine wss. Lsg. von Salicainhydrochlorid (1 in 100) gibt mit Silbernitratlsg. einen weißen käsigen Nd.

Unterscheidung von Tetracainhydrochlorid. 1. Salicainhydrochlorid ist im Gegensatz zu Tetracainhydrochlorid in überschüssiger Natronlauge lösl. 100 mg Salicainhydrochlorid werden in 5 ml W. gelöst. Setzt man nun zu dieser Lsg. 3 ml Natronlauge tropfenweise zu, so scheidet sich zunächst die Salicainbase milchig ab, die dann durch Zugabe der restlichen Menge Natronlauge gelöst wird. – 2. Im Gegensatz zu Tetracainhydrochlorid geben wss. Lsg. von Salicainhydrochlorid mit Eisen(III)-chloridlsg. intensiv violette Färbungen. – 3. 1 ml einer Lsg. von 2 g Sulfanilsäure in 10 ml 1 n NaOH und 1 ml einer Lsg. von 800 mg Natriumnitrit in 10 ml W. werden gemischt. Zu dieser Lsg. gibt man 1 ml 1 n Salzsäure. Nach Zugabe von 1 ml Salicainhydrochloridlsg. (1 in 100) und 1 ml Natronlauge (1 n) erhält man sofort eine weinrote Lsg. Führt man diese Probe anstelle von Salicainhydrochloridlsg. mit derselben Menge Tetracainhydrochloridlsg. (1 in 100) durch, so findet keine Farbänderung statt. Es wird lediglich die unveränderte Tetracainbase ölig abgeschieden, welche bald kristallisiert. – 4. Das Pikrat schmilzt bei 131° [Chem. Ber. *87*, 179 (1954)].

Prüfung. 1. Trocknungsverlust: Salicainhydrochlorid wird 4 Std. über Schwefelsäure getrocknet. Der Gewichtsverlust darf nicht mehr als 1,5% betragen. – 2. Veraschungsrückstand: Salicainhydrochlorid ergibt nicht mehr als 0,1 % Veraschungsrückstand. – 3. Schwefelsäuretest: 100 mg Salicainhydrochlorid werden in 1 ml Schwefelsäure gelöst. Die Lsg. darf nicht stärker sein als die Vergleichsflüssigkeit G (USP) (s. Bd. I, 239).

Gehaltsbestimmung einer wäßrigen Salicainhydrochloridlösung. In einen Scheidetrichter gibt man eine abgemessene Menge einer wss. Salicainhydrochloridlsg., welche etwa 200 mg Salicainhydrochlorid enthält. Man alkalisiert mit Natronlauge und extrahiert 5mal mit je 20 ml peroxidfreiem Ae. oder Isopropylchlorid.

Die vereinigten Ae. oder Isopropylchloridextrakte werden mit 10 ml W. gewaschen und filtriert. Kolben und Filter werden mit je 10 ml eines dieser Lösungsmittel gewaschen. Die vereinigten Lsg. werden in einem Strom warmer Luft eingedampft. Das erhaltene Produkt wird über Schwefelsäure bis zur Gewichtskonstanz getrocknet. Das Gewicht des Rückstandes multipliziert mit 1,162 ergibt die in der eingesetzten Salicainhydrochloridlsg. enthaltene Menge $C_{15}H_{24}N_2O_3 \cdot HCl \cdot 1/2 H_2O$.

Handelsform: 2%ige Lsg.

Anwendung. Als Oberflächenanästheticum. Salicain soll 10mal wirksamer als Cocain sein. Die Toxizität ist geringer als die von Tetracain.

S 650 (Chem. W. Rheinpreußen AG, Moers-Meerbeck) ist p-Butylaminosalicylsäurediäthylaminoäthylester-hydrochlorid. (Formel II C. 2).

Auch „Bronchocain“ oder „Bronchiocain“ genannt.

Eigenschaften. Das Hydrochlorid schmilzt bei 127° [Chem. Ber. *87*, 179 (1954)], 138° [Chem. Ber. *84*, 734 (1951)], das Nitrat schmilzt bei 100° [Chem. Ber. *84*, 734 (1951)]. Das Hydrochlorid löst sich bei 20° in W. zu etwa 2,5%.

Erkennung. Das Pikrat schmilzt bei 97° [Chem. Ber. *87*, 179 (1954)].

Anwendung. Als Oberflächenanästheticum. S 650 gilt als doppelt so wirksam wie Tetracain, aber nur als halb so toxisch.

Handelsform: Früher als Bestandteil des „Gynodal“ (Chemiewerk Homburg AG, Frankfurt a. M.). Heute wird „Gynodal“ mit dem Äthyläther des gleichen Anästheticums hergestellt.

Oxyprocain-hydrochlorid (Farbwerke Hoechst) ist p-Aminosalicylsäure-β-diäthylaminoäthylester-hydrochlorid.

$C_{13}H_{20}N_2O_3 \cdot HCl$ Formel II C. 3 M.G. 288,77

Herstellung. Aus p-Aminosalicylsäure in Schwefelsäure mit Diäthylamonoäthanol [Chem. Ber. *84*, 734 (1951)].

Eigenschaften. 1 g Oxyprocainhydrochlorid löst sich in 10 ml W. oder in 100 ml A. Beim Erwärmen löst sich 1 g Oxyprocainhydrochlorid in 1 ml W. oder 30 ml A. Beim Abkühlen dieser Lsg. kristallisiert die Substanz zum Teil wieder aus; in Aceton und Chlf. schwer lösl., in Ae. und Bzl. nahezu unlöslich. Fp. 153 und 155°.

Erkennung. 1. Wss. Lsg. von Oxyprocainhydrochlorid geben Nd. mit Jodlsg., Kaliumquecksilberjodidlsg. und Trinitrophenollsg. – 2. Eine wss. Lsg. von Oxyprocainhydrochlorid (1 in 10) bleibt nach Zugabe einer frisch bereiteten wss. Lsg. von Natriumbicarbonat (1 in 20) unverändert. Mit Kaliumcarbonatlsg. oder Natriumcarbonatlsg. bildet sich jedoch eine schwach gelb gefärbte, ölige Abscheidung (Oxyprocainbase), die nicht kristallisiert. – 3. Löst man 100 mg Oxyprocainhydrochlorid in 5 ml W. und fügt je 2 Tr. konz. Salzsäure und einer Lsg. von Natriumnitrit (1 in 10) und dann eine Lsg. von 200 mg β-Naphthol in einer Mischung von 3 ml Natronlauge und 7 ml W. hinzu, so entsteht ein scharlachroter Azofarbstoff. – 4. 1 ml Oxyprocainhydrochloridlsg. (1 in 10) gibt eine intensive Gelbfärbung nach der Zugabe von 3 Tr. EHRLICHS Reagens [hergestellt aus: 5,5 g Natriumacetat (mit $3H_2O$), 10 ml W., 0,2 g p-Dimethylaminobenzaldehyd, 10 ml Essigsäure (100%ig)]. – 5. Das Pikrat schmilzt bei 198° [Chem. Ber. *84*, 734 (1951)].

Unterscheidung von Procainhydrochlorid. 1. Oxyprocainhydrochlorid ist im Gegensatz zu Procainhydrochlorid in überschüssiger Natronlauge lösl. 200 mg Oxyprocainhydrochlorid werden in 5 ml W. gelöst. Setzt man nun zu dieser Lsg. 3 ml Natronlauge tropfenweise hinzu, so scheidet sich zunächst die Oxyprocainbase milchig ab, die dann durch Zugabe der restlichen Menge Natronlauge gelöst wird. – 2. Scheidet man aus wss. Oxyprocainhydrochloridlsg. durch Zugabe verd. Natriumcarbonatlsg. die Oxyprocainbase ab, so bleibt diese ölig im Gegensatz zu Procain, dessen Base beim Stehen kristallisiert. – 3. Im Gegensatz zum Procainhydrochlorid geben wss. Lsg. von Oxyprocainhydrochlorid mit Eisen(III)-chloridlsg. intensiv violette Färbungen. – 4. 1 ml wss. Oxyprocainhydrochloridlsg. (1 in 10) wird mit 1 ml einer wss. Lsg. von Natriumpyrosulfit = $Na_2S_2O_5$ (1 in 10) versetzt. Es bildet sich ein farbloser krist. Nd. Nach dem Umkristallisieren aus W. und Trocknen bei 80° schmilzt die Substanz bei 137 bis 140°. Procainhydrochlorid gibt diese Rk. nicht. – 5. Eine diazotierte Lsg. von 100 mg Oxyprocainhydrochlorid (Identitätsreaktion 3) gibt mit einer Lsg. von 200 mg Oxyprocainhydrochlorid in einer Mischung von 3 ml Natronlauge und 7 ml W. sofort eine weinrote Lsg. Eine analog diazotierte Procainhydrochloridlsg. gibt mit der analogen Menge Procainhydrochlorid, in gleicher Weise bereitet, eine grüngelbe Lsg., die nach einiger Zeit allmählich violett wird.

Unterscheidung von Cocain. Zu einer Lsg. von 100 mg Oxyprocainhydrochlorid in 5 ml W. fügt man 3 Tr. verd. Schwefelsäure und alsdann 5 Tr. Kaliumpermanganatlsg. Die violette Farbe der Permanganatlsg. verschwindet sofort.

Prüfung. 1. Trocknungsverlust: Oxyprocainhydrochlorid wird 4 Std. über Schwefelsäure getrocknet. Der Gewichtsverlust darf nicht mehr als 1% betragen. – 2. Veraschungsrückstand: Oxyprocainhydrochlorid ergibt nicht mehr als 0,15% Veraschungsrückstand. – 3. Schwefelsäuretest: 500 mg Oxyprocainhydrochlorid werden in 5 ml Schwefelsäure gelöst. Die Lsg. darf nicht stärker gefärbt sein als die Vergleichsflüssigkeit G (USP) (Bd. I, 239).

Gehaltsbestimmung einer wäßrigen Oxyprocainhydrochloridlösung. In einen Scheidetrichter gibt man eine abgemessene Menge einer wäßrigen Oxyprocainhydrochloridlsg., die ungefähr 150 mg Oxyprocainhydrochlorid enthält. Man fügt 3 ml Ammoniaklsg. hinzu und extrahiert die abgeschiedene Oxyprocainbase durch mehrmaliges Ausschütteln mit Chlf. Der Chlf.-Extrakt wird filtriert, das Filter mit Chlf. gewaschen und die vereinigten Filtrate in einem Strom von Warmluft eingedampft. Zu dem öligen Rückstand fügt man 5 ml neutralisierten A., genau 15 ml 0,05 n Schwefelsäure und erhitzt auf dem Dampfbad, bis der Geruch nach Chlf. verschwunden ist. Nach dem Abkühlen wird der Säureüberschuß mit 0,05 n Natronlauge (Methylrot) titriert. 1 ml verbrauchter 0,05 n Schwefelsäure entspr. 14,44 mg $C_{13}H_{20}N_2O_3 \cdot HCl$.

Handelsform: Oxyprocain forte NNH (Hoechst) enthält Oxyprocain mit einem Zusatz von 3% Salicain in 2- und 4%iger Lsg. mit Suprarenin und Arterenol.

Butoxy-procain. Benoxinate Hydrochloride NND 62, (INN) – ist 3-Butoxy-4-aminobenzoesäure-diäthylamino-äthanolesterhydrochlorid.

Gesch. Wz.: Novesin (Wander AG, Schweiz), Dorsacain (Smith-Dorsey, USA) (Formel II C. 4).

Fp. 157–160°. Leicht lösl. in W., pH der wss. Lsg. etwa 5. Wss. Lsg. sind durch Hitze sterilisierbar.

Anwendung. Als Oberflächenanästheticum in der Ophthalmologie, Oto-Rhino-Laryngologie und Urologie. Urologie: 0,2%ige Lsg. Ophthalmologie: 0,2- bis 0,4%ig. Oto-Rhino-Laryngologie: 1%ig. Dosis maxima: 1,5 mg pro kg.

Literatur: Schweiz. Apoth.-Ztg *92*, 650 (1954).

Sympocaine. Win 3706. 2-Butoxy-4-aminobenzoesäure-β-diaethylaminoaethylester-hydrochlorid.

$C_{17}H_{28}N_2O_3 \cdot HCl$ Formel II C. 5 M.G. 344,88

Herstellung. US-Pat. 2689248.

Anwendung. Vorgeschlagen zur Lumbalanästhesie.

Handelsform: Sympocaine Hydrochloride (Sterling Drug Inc.).

Chlorprocainum hydrochloricum DAB 7 – DDR, (INN). Chlorprocainhydrochlorid. 2-Chlor-4-aminobenzoesäure-β-diäthylaminoäthylesterhydrochlorid. Chloroprocaine hydrochloride NND 64.

$C_{13}H_{19}ClN_2O_2 \cdot HCl$ Formel II C. 6 M.G. 307,22

Eigenschaften. Weißes, krist. Pulver ohne Geruch und von salzig bitterem Geschmack. Ruft auf der Zunge vorübergehend Gefühllosigkeit hervor. Lösl. in W.; schwer lösl. in A.; fast unlösl. in Ae. und Chlf. Fp. 174 bis 177°.

Erkennung. DAB 7 – DDR: 1. 2,0 ml Prüflsg. geben nach Zusatz von 3 Tr. 0,1 n Jodlsg. einen braunen Nd. – 2. 2 ml Prüflsg. zeigen nach Zusatz von 2 ml Furfurolessigsäure und 10 Tr. konz. Schwefelsäure eine rote Färbung. – 3. 2,0 ml Prüflsg. werden zu der Mischung aus 5 Tr. 3 n Schwefelsäure und 1,0 ml frisch bereiteter Kaliumpermanganatlsg. (0,100 g/100,0 ml) gegeben. Die violette Färbung verschwindet sofort. – 4. 2,0 ml Prüflsg. werden mit 5 Tr. 3 n Natronlauge versetzt und zum Sieden erhitzt. Die entweichenden Dämpfe färben angefeuchtetes rotes Lackmuspapier blau. – 5. Aus 2,0 ml der Prüflsg. und 10,0 ml heißer Pikrinsäurelsg. werden Kristalle erhalten, die nach Waschen mit W. und Trocknen bei 105° zwischen 148 und 152° schmelzen. – 6. Die Prüflsg. gibt positive Rk. auf Cl^-.

Prüfung. DAB 7 – DDR: 1. Prüflsg. 0,500 g werden in kohlendioxidfreiem W. zu 50,0 ml gelöst. – 2. Unlösl. Verunreinigungen, Farbe der Lsg. 5,0 ml Prüflsg. müssen klar und farblos sein. – 3. Alkalisch oder sauer rg. Verunreinigungen. 10,0 ml Prüflsg. müssen nach Zusatz von 2 Tr. Methylrotlsg. orangerot oder rot und nach darauffolgendem Zusatz von 0,50 ml 0,01 n Kalilauge gelb gefärbt sein. – 4. Schwermetallionen. In 10,0 ml der Prüflsg. dürfen nach Methode II (Bd. I, 254) keine Schwermetallionen nachweisbar sein. – 5. Organische Verunreinigungen. 0,100 g Substanz wird in 5,0 ml konz. Schwefelsäure unter Schütteln gelöst. Die Lsg. darf innerhalb 15 Min. keine Färbung zeigen. – 6. Sulfatasche. Höchstens 0,10%. – 7. Trocknungsverlust. Bei 105° getrocknet, höchstens 0,50%.

Gehaltsbestimmung. DAB 7 – DDR: 0,2500 g getrocknete Substanz werden in der Mischung aus 10,0 ml Quecksilber(II)-acetatlsg. und 5,0 ml Essigsäureanhydrid gelöst. Nach Zusatz von 25,0 ml wasserfreiem Bzl. und 3 Tr. Metanilgelblsg. wird mit 0,1 n Perchlorsäurelsg. bis zum Farbumschlag nach Violett titriert (Feinbürette).

1 ml 0,1 n Perchlorsäurelsg. entspr. 30,27 mg $C_{13}H_{19}ClN_2O_2 \cdot HCl$.

Aufbewahrung. Vor Licht geschützt.

Dosierung. Einzelmaximaldosis oral 0,5 g, i.m. 0,6 g, i.v. 0,2 g, s.c. 0,6 g. Tagesmaximaldosis oral 1,0 g, i.m. 0,6 g, i.v. 0,2 g, s.c. 0,6 g.

Anwendung. Als Lokalanästheticum mit rascher Penetration ins Nervengewebe zur Infiltrations- und Leitungsanästhesie. In 1-, 2- oder 3%igen Lsg. Es soll weniger toxisch sein als Procain.

Handelsform: Nesacaine Hydrochloride (Strasenburgh, Rochester N. Y.).

Proparacaine hydrochloride NND 64. Ophthaine hydrochloride: 3-Amino-4-propoxybenzoesäure-2-diaethylaminoaethylester-hydrochlorid.

$C_{16}H_{26}N_2O_5 \cdot HCl$ Formel II C. 7 M.G. 330,84

Das Hydrochlorid wird in 0,5%iger Lsg. als Oberflächenanästheticum in der Ophthalmologie verwendet.

Handelsform: Ophthaine Solution (Squibb, New York).

Gruppe II D (vgl. Tabelle S. 278)

Intracaine (Squibb). Diethoxin. Parethoxycaine. Diäthylaminoäthyl-p-äthoxy-benzoesäureester-hydrochlorid (Formel II D. 1).

Herstellung. Die Substanz wurde erstmals von ROHMANN [Arch. Pharm. (Weinheim) *274*, 238 (1936); ref. in Chem. Zbl. *II*, 2531 (1936)] dargestellt.

Eigenschaften. Fp. 174°.

Anwendung. Intracain gilt als doppelt so wirksam wie Procain und ist weniger toxisch [J. Pharmacol. exp. Ther. *61*, 107 (1937) und *63*, 369 (1938)]. Als Vorteil wird hervorgehoben, daß es Gefäßverengung im peripheren Gebiet erzeugt.

Stadacain (Stada) ist das Hydrochlorid des Esters der p-n-Butoxybenzoesäure mit Diäthylaminoäthanol.

$C_{17}H_{27}NO_3 \cdot HCl$ Formel II D. 2 M.G. 329,87

Eigenschaften. Farb- und geruchlose, auf der Zunge anästhesierend wirkende Kristalle; leicht lösl. in W. und Chlf., lösl. in M. und A., schwer lösl. in Bzl. und Toluol. Fp. 146 bis 147°. Die 1%ige wss. Lsg. hat ein pH von 5,8.

Erkennung. Die Base fällt durch Zugabe von Alkalihydroxid ölig aus. – Das Pikrat schmilzt bei 120 bis 121°.

Anwendung. Zur Schleimhautanästhesie. Nach K.-P. BOPP [Med. Klin. *48*, 606 (1953); ref. in Chem. Zbl. *1954*, S. 11238] ist die Wirkung im Vergleich zu Cocain 10mal intensiver, die Toxizität 10mal geringer. Stadacain hat geringe bakterizide Eigenschaften und hemmt die Wirkung von Sulfonamiden nicht. Es werden äußerlich etwa 1%ige Lsg. und Salben gebraucht.

Cyclomethycaine Hydrochloride (INN). Surfacaine hydrochloride. 3-(-2-Methylpiperidin)-propyl-p-cyclohexyloxybenzoesäure-hydrochlorid. Topocaine hydrochloride. Surfathesine hydrochloride.

$C_{22}H_{33}NO_3 \cdot HCl$ Formel II D. 3 M.G. 395,96

Herstellung. MCELVAIN, CORNEY: J. Amer. chem. Soc. *68*, 2592 (1946).

Eigenschaften. Fp. 178 bis 180° (Zers.). In W. zu etwa 1% lösl. Die wss. Lsg. kann durch Erhitzen sterilisiert werden.

Anwendung. Als Oberflächenanästheticum in Konzentrationen von 0,25% (Lsg.), 0,5% (Creme), 0,75% (Gelee), 1% (Salbe); 10 mg in Suppositorien (The Merck Index 1960). – Wird auch als Sulfat angewandt.

Handelsformen: Surfacaine, Surfacaine Compound (E. Lilly, Indiapolis).

Falicain (VEB Fahlberg-List, Magdeburg) ist β-Piperidinäthyl-p-propoxy-phenyl-keton-hydrochlorid. (Formel II D. 4).

Herstellung. Auf dem Wege der Mannich-Kondensation aus p-Propoxy-acetophenon, Paraformaldehyd und Piperidin [PROFFT, E.: Chem. Tech. *3*, 210 (1951)].

Eigenschaften. Fp. 164. Das Hydrochlorid ist in W. sehr gut lösl. Es löst sich auch in M. und A.

Erkennung. Versetzt man eine alkoholische Lsg. von Falicain mit m-Dinitrobenzol und Kalilauge, so tritt eine tiefe Violettfärbung auf; nach kurzer Zeit setzt sich bei größerer Konzentration ein flockiger Nd. ab. Die Intensität der Rotfärbung nimmt mit der Kohlenstoffatomzahl des als Lösungsmittel angewandten Alkohols zu, am geeignetsten ist n-Propanol [Arch. Pharm. (Weinheim) *278/59*, 82 (1954)].

Kolorimetrische Bestimmung. Eine genau gewogene Menge Falicain wird in 50 ml W. gelöst, mit 1 ml 15%iger Schwefelsäure angesäuert und mit 5 ml 2%iger Reinecke-Salzlsg. gefällt. Die Fllg. wird nach 1stündigem Stehen im Eisschrank filtriert, mit 10 ml W. gewaschen und in 25 ml Aceton gelöst. Man kolorimetriert gegen Aceton z.B. im Lange-Kolorimeter. Eichkurve: 10 mg – E = 0,099; 30 mg – E = 0,281 [Arch. Pharm. (Weinheim) *287/59*, 82 (1954)].

Literatur: PROFFT, E.: Die Falicaine, Berlin: Verlag Technik 1954. – HANNIG, E.: Chem. Konstitution und pharmakologische Wirkung des 4-Propoxy-β-piperidino-propiophenon-hydrochlorids, seiner Bausteine u. Derivate. Arzneimittel-Forsch. *5*, 559 (1955).

Dyclonine (INN). Dyclone. 3-Piperidino-4'-butoxypropiophenonhydrochlorid. (Formel II D. 5).

Herstellung. Wie Falicain aus p-Butoxyacetophenon [PROFFT, E.: Chem. Techn. *4*, 241 (1952); C. A. (N. Y.) *47*, 10531 (1953)].

Eigenschaften. Fp. 175 bis 176°. Lösl. in W., A., Aceton.

Erkennung und Gehaltsbestimmung. Analog Falicain (S. 295).

Anwendung. Oberflächenanästheticum. Kann nicht injiziert werden!

Pramoxine Hydrochloride. Tronothane hydrochloride. 4-[3-(p-Butoxyphenoxy)propyl]-morpholin-hydrochlorid.

$C_{17}H_{27}NO_3 \cdot HCl$ Formel II D. 6 M.G. 329,87

Herstellung. WRIGHT, MOORE: J. Amer. chem. Soc. *73*, 2281 (1951); *76*, 4396 (1954).

Eigenschaften. Wasserlösl. Kristalle. $Kp._6$ der freien Base 196°.

Anwendung. Als 1%ige Gelee, Lotio, Salbe oder Lsg. zur Oberflächenanästhesie auf der Haut oder in Form von Suppositorien rektal. Kann nicht injiziert werden! Wird auch als Aerosol verwendet.

Handelsformen: Tronolen Lotion, Tronothane Hydrochloride Aerosol und Cream (Abbott). Tron-Oto Otic Solution.

Thiocainum (Ross. 8) ist β-Diäthylaminoäthyl-p-aminothiobenzoat-hydrochlorid.

$C_{13}H_{20}N_2OS \cdot HCl$ Formel II D. 7 M.G. 288,83

Herstellung. Durch Erhitzen von β-Chloräthyl-p-amino-thiobenzoat mit Diäthylamin [J. Amer. chem. Soc. *55*, 2872 (1933); US-Pat. 2 090756 (1937)].

Eigenschaften. Gelbliches Pulver. Sehr gut lösl. in W., unlösl. in Ae. Fp. 177 bis 178°. Fp. der Base 52 bis 52,5°.

Erkennung. 0,1 g wird mit 0,2 g einer Mischung aus 2 T. wasserfreiem Natriumcarbonat und 1 T. Kaliumchlorat erhitzt. Man löst das Reaktionsgemisch in 10 ml W., neutralisiert und säuert mit Salzsäure an. Die Lsg. gibt Sulfat-Rk.

Reinheitsprüfungen. 1. 1 T. muß sich in 20 ml W. klar lösen. – 2. 5 ml der Lsg. werden mit Methylorange versetzt; durch Zugabe von 1 Tr. 0,1 n Salzsäure muß Rotfärbung entstehen. – 3. Sulfat: Höchstens 0,02%. – 4. Gewichtsverlust beim Trocknen bei 100° bis zum konstanten Gewicht: Nicht über 0,5%. – 5. Sulfatasche: Nicht über 0,1%.

Gehaltsbestimmung. 0,5 g werden in 15 ml W. gelöst und die Lsg. mit 30 ml neutralem A. versetzt. Man titriert mit 0,1 n Natronlauge (Phenolphthalein als Indikator). 1 ml 0,1 n Natronlauge entspr. 0,02888 g. Forderung: Mindestens 98,5%.

Gruppe III (vgl. Tabelle S. 278)

Nirvanin (Farbwerke Hoechst) ist ω-Diäthylaminoessigsäure-3-methylcarboxy-4-oxy-anilid. (Formel III. 1).

Es wurde bereits 1900 von EINHORN u. OPPENHEIMER [Justus Liebigs Ann. Chem. *311*, 155 (1900)] hergestellt und in die Therapie eingeführt; heute hat es als solches keine Bedeutung; Derivate dieses Typus haben aber in neuester Zeit größere Beachtung gefunden [Lidocain, Hostacain (Hoechst)].

Lidocainum PI.Ed. I – Suppl., (INN). Lidocain. Lidocaine USP XVII. 2,6-Dimethyl-N-di-aethylaminoacetylanilin. Diaethylaminoaceto-2,6-xylidid.

$C_{14}H_{22}N_2O$ Formel III 2 M.G. 234,35

Herstellung. Durch Umsetzung von Diäthylamin mit Chloracetylxylid (LÖFGREN, LUNDQUIST: US-Pat. 2441498).

Eigenschaften. Weißes oder schwach gelbliches Pulver von charakteristischem Geruch und laugigem Geschmack. Ruft auf der Zunge vorübergehend Gefühllosigkeit hervor. Praktisch unlösl. in W.; sehr leicht lösl. in A., Chlf., Bzl., Ae. Lösl. in fetten Ölen. Fp. 66 bis 69°.

Erkennung. 1. 0,1 g wird in 1 ml A. gelöst und mit 0,5 ml einer 10%igen Kobalt(II)-chloridlsg. 2 Min. geschüttelt. Es entsteht ein blaugrüner Nd. (PI.Ed. I – Suppl.). – 2. 0,1 g wird in 15 ml A. gelöst und mit 10 ml Pikrinsäurelsg. versetzt. Man erhitzt die Mischung bis sie klar ist, kühlt ab und filtriert den Nd., der nach Waschen und Trocknen bei etwa 230° schmilzt (PI.Ed. I – Suppl.). – 3. Zu einer Lsg. von etwa 100 mg Lidocain in 5 ml W. und 1 ml verd. Salpetersäure gibt man 3 ml Quecksilbernitratlsg. und erhitzt zum Sieden. Die Lsg. färbt sich gelb bis grün (Unterschied zu Verb. der p-Aminobenzoesäurereihe, die rot oder orange werden) (USP XVII).

Prüfung. 1. Blei: Nicht mehr als 10 ppm (PI.Ed. I – Suppl). – 2. Trocknungsverlust. Über Calciumchlorid im Vak. bis zur Gewichtskonstanz getrocknet, nicht mehr als 0,5% (PI.Ed. I – Suppl.). – 3. Glührückstand. Nicht mehr als 0,1% (PI.Ed. I – Suppl.). – 4. Sulfat. Etwa 200 mg werden in einer Mischung aus 2 ml verd. Salpetersäure und 20 ml W. gelöst und die Lsg. falls nötig filtriert. Die Hälfte der Lsg. versetzt man mit 1 ml Bariumchloridlsg. Sie darf nicht trüber werden als die verbliebene andere Hälfte (USP XVII). – 5. Halogenide. Zu 10 ml der von 4. verbliebenen Lsg. gibt man 1 ml Silbernitratlsg. Es darf keine Opaleszenz auftreten (USP XVII).

Gehaltsbestimmung. Etwa 0,3 g, genau gewogen, werden in 2 ml A. gelöst, mit 25 ml 0,1 n Salzsäure versetzt und der Säureüberschuß mit 0,1 n Natronlauge gegen Bromkresolgrün zurücktitriert. 1 ml 0,1 n Salzsäure entspr. 0,02343 g $C_{14}H_{22}N_2O$ (PI.Ed. I – Suppl.). Gefordert 99 bis 101% $C_{14}H_{22}N_2O$ (USP XVII).

Anwendung. Lidocain übertrifft in seiner lokalanästhetischen Wirkung Procain um das 2- bis 3fache. Die relative Toxizität ist etwas geringer als die des Procains. Es kann auch ohne Adrenalin- oder Arterenolzusatz verwendet werden und dient sowohl zur Schleimhaut- als auch zur Infiltrationsanästhesie.

Dosierung. Zur Infiltrationsanästhesie werden 0,5%ige Lsg. gebraucht, je nach Bedarf 2 bis 100 ml. Zur Leitungsanästhesie verwendet man 1-, an Schleimhäuten 2%ige Lsg.

Lidocainum hydrochloricum ÖAB 9. Lidocainhydrochlorid. Lidocaini Hydrochloricum PI.Ed. I – Suppl. Lidocaini chloridum Nord. 63. Lignocaine Hydrochloride BP 63, USP XVII.

$C_{14}H_{22}N_2O \cdot HCl \cdot H_2O$ M.G. 288,83

Herstellung. Siehe Lidocain (S. 296).

Eigenschaften. Weißes, kristallines, geruchloses Pulver, das salzig-bitter schmeckt und auf der Zunge vorübergehend Gefühllosigkeit hervorruft. Sehr leicht lösl. in W., lösl. in A., in Chlf.; prakt. unlösl. in Ae. Fp. 76 bis 79°.

Erkennung. 1. Positive Rk. auf Cl-Ionen. – 2. Versetzt man eine Lsg. von etwa 5 mg in 1 ml W. mit 5 Tr. Jodlsg., so scheidet sich ein Perjodid in Form dunkelbrauner Kriställchen aus (ÖAB 9). – 3. Versetzt man eine Lsg. von etwa 5 mg in 1 ml W. mit 1 Tr. Kupfersulfatlsg. und 1 ml verd. Natronlauge, so färbt sich die Lsg. tief violettblau (ÖAB 9). – 4. Erhitzt man etwa 5 mg mit 2 Tr. W. und 10 Tr. konz. Schwefelsäure zum Sieden, bis sich schwere weiße Dämpfe entwickeln, verd. nach dem Erkalten mit 2 ml W., versetzt hierauf mit 5 Tr. Natriumnitritlsg. und macht nach 1 Min. mit 5 ml verd. Natronlauge alkalisch, so färbt sich die Lsg. auf Zusatz von etwa 5 mg β-Naphthol intensiv orangerot (ÖAB 9). – 5. Versetzt man etwa 1 mg mit 1 ml konz. Schwefelsäure, so entsteht eine farblose Lsg. Diese verändert sich auf Zusatz von etwa 10 mg Paraform nicht. Fügt man einige Tr. Eisenphosphorsäure hinzu und erwärmt, so färbt sich die Lsg. intensiv grün. Nach einiger Zeit erscheint sie in dicker Schicht rot und fluoresziert intensiv rot (ÖAB 9). – 6. Lidocainhydrochlorid gibt außerdem die unter Lidocain (S. 296) aufgeführten Erk-Rk. – 7. Identifizierung nach L. Kofler. Schmelzintervall (unter dem Mikroskop) 65 bis 78°. Eutektische Temperatur der Mischung mit Benzil ~55°, mit Azobenzol 52° (ÖAB 9).

Prüfung. 1. Eine Lsg. von 1 T. Lidocainhydrochlorid in 9 T. W. muß klar und farblos sein (ÖAB 9). – 2. Freie Säure. Man löst 0,1 g in 10 ml frisch aufgekochtem und wieder erkaltetem W. und titriert mit 0,02 n Natronlauge gegen Methylrot. Es dürfen nicht mehr als 0,25 ml bis zum Farbumschlag verbraucht werden (PI.Ed. I – Suppl.). – 3. Arsen. In 5 ml der Lsg. (1 + 9) darf mit 5 ml Hypophosphitlsg. Arsen nicht nachweisbar sein (Bd. I, 243) (ÖAB 9). – 4. Schwermetalle. In einer Mischung von 1 ml der Lsg. (1 + 9) und 9 ml W. dürfen Schwermetalle nicht nachweisbar sein (Bd. I, 253) (ÖAB 9). – 5. Wasser. 5,0 bis 7,5%, bestimmt nach Karl Fischer (Bd. I, 58) (PI.Ed. I – Suppl.). 6. Glührückstand. Nicht mehr als 0,1%.

Gehaltsbestimmung. 1. Etwa 0,3 g Lidocainhydrochlorid, genau gewogen, werden in einer Mischung von 10 ml A. und 5 ml Chlf. gelöst und nach Zusatz von 10 Tr. Phenolphthaleinlsg. mit 0,1 n Natronlauge unter kräftigem Schütteln titriert. 1 ml 0,1 n Natronlauge entspr. 28,88 mg $C_{14}H_{22}N_2O \cdot HCl \cdot H_2O$ (ÖAB 9). – 2. Etwa 0,6 g, genau gewogen, werden in 25 ml Eisessig gelöst und mit 10 ml Quecksilberacetateisessiglsg. (Acetous mercuric acetate) versetzt. Man titriert mit 0,1 n Perchlorsäurelsg. gegen Kristallviolett nach rein Grün. 1 ml 0,1 n Perchlorsäurelsg. entspr. 0,027 08 $C_{14}H_{22}N_2O \cdot HCl$ (PI.Ed. I – Suppl.).

Anwendung. Vgl. Lidocain, S. 296.

Abgabe (ÖAB 9): Lösungen von Lidocainhydrochlorid, die nicht zur Injektion bestimmt sind, dürfen nur mit einem Zusatz von etwa 0,0005% Methylenblau abgegeben werden.

Handelsformen: Xylocain (Astra, Schweden; Pharma-Stern, Hamburg) Lsg. zu 0,5%, 1%, 2%. Lsg. mit Epinephrin (1 : 100000); Lsg. mit Nor-Epinephrin (1 : 80000); Salbe, Spray, Gel.

Gravocain (Bayer, Leverkusen) enthält in 1,0 ml 0,025 g 2-Methyl-6-äthyl-N-diäthyl-amino-acetanilid-phosphat, $C_{15}H_{24}N_2O. H_3PO_4$ (Formel III.3) M.G. 356,36 0,0125 mg Adrenalin und 0,05 mg Lovadil.

Anwendung. Lokalanästheticum mit raschem Wirkungseintritt und guter Tiefenwirkung. Durch Adrenalin wird die Resorption gehemmt, die Anästhesie verstärkt und das Operationsfeld blutleer. Lovadil, ein Kreislaufmittel der Nor-Adrenalinreihe (identisch mit Novadral, s. S. 594), fördert die Verträglichkeit.

baycain (Bayer, Leverkusen). 3-Methyl-2-(diäthyl-amino)-acetylamino-benzoesäure-methylester-hydrochlorid.

$C_{15}H_{22}N_2O_3 \cdot HCl$ Formel III. 4 M.G. 314,81

Herstellung. Die durch Nitrieren vom m-Tolylsäure und durch Behandeln mit A. von isomeren Produkten befreite 2-Nitro-3-methylbenzoesäure wird mit Methanol versetzt, anschließend reduziert und das aromatische Amin mit Chloracetylchlorid umgesetzt. Durch Kochen mit Diäthylamin in Bzl. entsteht baycain.

Eigenschaften. Leicht löslich in W. Hitzesterilisierbar. Fp. 142 bis 143°.

Anwendung. Infiltrations- und Leitungsanästheticum. Es wirkt rascher und länger als Procain bei etwa gleicher Toxizität.

Handelsformen: baycain „gelb" (30 mg baycain, 0,04 mg Epinephrin je ml Lösung); baycain „blau" (30 mg baycain, 0,02 mg Epinephrin, 0,02 mg Nor-Epinephrin je ml Lösung); baycain „grün" (30 mg baycain, 0,05 mg Nor-Epinephrin je ml Lösung).

Hostacain (Farbwerke Hoechst) ist ω-n-Butylaminoessigsäure-2-methyl-6-chloranilid-hydrochlorid. (Formel III 5).

Eigenschaften. Das Hydrochlorid schmilzt bei 232°; es ist in W. mit neutraler Reaktion lösl.; die Lsg. sind sterilisierbar. Fp. des Phosphates 127 bis 128° (nach dem Trocknen über P_2O_5).

Erkennung. Man versetzt eine Hostacainlsg. mit 0,1 n Natronlauge bis zur alkalischen Reaktion und gibt anschließend 1%ige Pikrinsäurelsg. im Überschuß zu; nach kurzem Erwärmen läßt man bei Zimmertemperatur kristallisieren. Die erhaltenen Kristalle werden filtriert, mit wenig eiskaltem W. gewaschen und getrocknet. Der Fp. liegt bei 157 bis 158°. Zur Erkennung eignet sich auch die Fllg. mit Kaliumferrocyanid [Dtsch. Apoth.-Ztg *95*, 886 (1955)].

Bestimmung nach A. Häussler und L. Ther [Arzneimittel-Forsch. *3*, 609 (1953)]: 5 ml Lsg. mit 25 bis 200 γ Hostacain werden in einem Scheidetrichter mit 5 ml Acetatpuffer vom pH 4,6 und 3 ml 0,1%iger Bromkresolpurpurlsg. versetzt. Anschließend wird 4mal mit je 5 ml Chlf. ausgeschüttelt. Die vereinigten Chlf.-Auszüge werden unter Vermeidung jeglicher Wasserspuren in ein 25-ml-Meßkölbchen gebracht. Man fügt 1 ml alkalisches Reagens (1 ml 15%ige Natronlauge wird mit M. auf 100 ml verd.) hinzu und füllt mit Chlf. zur Marke auf. Die entstandene Färbung wird gemessen. Geeignet ist das Lange-Kolorimeter, Filter OG-2, 10-ml-Küvetten. Nach der gleichen Vorschrift wird eine Eichkurve angelegt. Anstelle von Bromkresolpurpur kann auch Tropäolin 00 verwendet werden; die Extinktionswerte liegen höher [Dtsch. Apoth.-Ztg *95*, 886 (1955)].

Handelsformen: 2%ige Lsg. mit Arterenol- oder Suprareninzusatz, 0,5- und 1%ige Lsg. mit Suprarenin.

Anwendung. In der Zahnheilkunde als Leitungs- und Infiltrationsanästheticum; Hostacain gilt als etwa 4mal so wirksam wie Procain und ist dabei nicht toxischer. Hostacain wird in der Leber rasch gespalten; im Harn läßt sich als Abbauprodukt Chloraminotoluol nachweisen [Arzneimittel-Forsch. *3*, 609 (1953); Dtsch. zahnärztl. Z. *8*, 1224 (1953)].

Scandicain (Bofors, Schweden). Rac. N-Methylhexahydropicolinyl-2,6-dimethylanilid-hydrochlorid.

$C_{15}H_{22}N_2O \cdot HCl$ Formel III. 6 M.G. 282,82

Herstellung. N-Methyl-hexahydropicolinsäure-äthylester wird mit 2,6-Dimethylanilin-magnesium-bromid umgesetzt.

Eigenschaften. Leicht lösl. in W. Die Lsg. kann hitzesterilisiert werden.

Anwendung. Infiltrations- und Leitungsanästheticum mit geringer Toxizität, schnellem Wirkungseintritt und langer Wirkungsdauer.

Handelsform: Scandicain (Woelm, Eschwege).

Mepivacaine Hydrochloride NF XII, (INN). dl-1-Methyl-2′,6′-pipecoloxylidid-hydrochlorid.

$C_{15}H_{22}N_2O \cdot HCl$ Formel III. 7 M.G. 282.82

Gehalt. 98 bis 102% $C_{15}H_{22}N_2O \cdot HCl$ der getrockneten Substanz.

Eigenschaften. Weiße, geruchlose Kristalle. Leicht lösl. in W. und in M., wenig lösl. in Chlf.; praktisch unlösl. in Ae. Fp. 255 bis 262° (Zers.).

Erkennung. 1. Die Lsg. gibt positive Chlorid-Rk. – 2. 250 mg werden in 10 ml W. gelöst. Die Lsg. wird mit Natriumcarbonatlsg. schwach alkalisch gemacht und mit Ae. ausgeschüttelt. Nach Abdunsten des Ae. und 1stdg. Trocknen des Rückstands bei 60° schmilzt dieser zwischen 149 und 153°.

Prüfung. 1. Das IR-Spektrum der getrockneten Substanz (KBr-Verreibung) muß mit dem des N. F. Mepivacaine Hydrochloride Reference Standards identisch sein. – 2. pH der Lösung (1 in 50) ist etwa 4,5. – 3. Trocknungsverlust. 4 Std. bei 105° getrocknet, nicht mehr als 1,0%. – 4. Glührückstand. Höchstens 0,1%.

Gehaltsbestimmung. 350 mg der getrockneten Substanz, genau gewogen, werden nötigenfalls unter Erwärmen in 50 ml Eisessig gelöst. Man fügt 10 ml Quecksilberacetatlsg. und 2 Tr. Kristallviolettlsg. hinzu und titriert mit 0,1 n Perchlorsäure-Eisessig-Lsg. nach Grün. 1 ml 0,1 n Perchlorsäure entspr. 28,28 mg $C_{15}H_{22}N_2O \cdot HCl$.

Anwendung. Lokalanästheticum mit etwa den Wirkungseigenschaften des Lidocains. Allerdings hält seine Wirkung länger an, und es bedarf keines Epinephrinszusatzes.

Dosierung. 1- bis 2%ige Lsg. zur Infiltrations- und Leitungsanästhesie.

Handelsform: Carbocaine Hydrochloride (Winthrop Lab., New York).

Prilocaine Hydrochloride ND 1967, (INN). Citanest Hydrochloride (Astra Pharmaceutical Prod., USA). 2-(Propylamino)-propiotoluidid-hydrochlorid.

$C_{13}H_{20}N_2O \cdot HCl$ Formel III. 8 M.G. 256,78

Anwendung. Wie Mepivacain.

Dosierung. 1- bis 3%ige Lsg.

Handelsform: Citanest (Astra, USA).

Gruppe IV (vgl. Tabelle S. 279)

Amylocainum hydrochloricum Ph.Helv. V. Stovaine. Amyleinum hydrochloricum. 1-(Dimethylaminomethyl)-1-methylpropylbenzoat-hydrochlorid.

$C_{14}H_{21}NO_2 \cdot HCl$ Formel IV. 1 M.G. 271,80

Eigenschaften. Weißes, krist. Pulver, von bitterem Geschmack, das auf der Zunge vorübergehend Gefühllosigkeit hervorruft. Fp. 177 bis 179° (Zers.) (The Merck Index 1960); 169 bis 172° (Ph.Helv. V). 1 g löst sich in 2 ml W., in 3 ml A.; praktisch unlösl. in Ae. Die 5%ige wss. Lsg. reagiert gegen Lackmus schwach sauer, gegen Kongopapier neutral.

Erkennung. 1. Die wss. Lsg. (0,1 + 10) gibt mit Quecksilberchloridlsg. eine weiße Trübung; die Fl. klärt sich bald unter Abscheidung öliger Tröpfchen. – 2. 2 ml der Lsg. (0,2 : 10) werden mit 4 ml Pikrinsäurelsg. versetzt, die Mischung erwärmt und einige Min. stehengelassen. Der entstandene Nd. wird abgenutscht, mit W. gewaschen und bei 103 bis 105°

getrocknet; sein Fp. muß zwischen 112 und 115° liegen (Ph.Helv. V). – 3. Positive Chlorid-Rk.

Prüfung. Ph.Helv. V: 1. Stammlsg: 0,4 g müssen sich in 0,8 ml frisch ausgekochtem, erkaltetem W. klar und farblos völlig lösen. Die Lsg. wird mit dem gleichen W. auf 20 ml verd. – 2. Cocain. Die Stammlsg. darf bei 20° im 200-mm-Rohr keine optische Drehung aufweisen. – 3. Je 1 ml der Stammlsg. muß durch 1 Tr. Methylrotlsg. rot, durch 1 Tr. Bromphenolblaulsg. violett gefärbt werden. – 4. Procain. Wird 1 ml der Stammlsg. mit 2 Tr. verd. Salzsäure und 2 Tr. Natriumnitritlsg. versetzt, so darf auf Zusatz von 0,5 ml einer Aufschüttelung von 10 mg β-Naphthol in 2 ml Natriumcarbonatlsg. keine rote Färbung oder Fällung auftreten. – 5. In der Stammlsg. dürfen Arsen, Schwermetalle und Sulfat nicht nachweisbar sein. – 6. 0,1 g muß sich in 1 ml konz. Schwefelsäure unter Aufbrausen klar und farblos völlig lösen. Die Lsg. muß nach 5 Min. Erhitzen im Wasserbad noch farblos sein. – 7. Wassergehalt. Bestimmt mit 0,5 g, nicht mehr als 0,5%. – 8. Glührückstand. 0,5 g dürfen keinen wägbaren Rückstand hinterlassen.

Gehaltsbestimmung. Analog Tetracainhydrochlorid Methode 2 (S. 288). 1 ml 0,1 n Natronlauge entspr. 0,027164 g $C_{14}H_{21}NO_2 \cdot HCl$ (Ph.Helv. V).

Anwendung. Amylocain ist zwar nur halb so giftig wie Cocain, doch ist seine lokalanästhetische Wirkung geringer und es reizt stärker. Es wurde früher hauptsächlich zur Lumbalanästhesie verwendet.

Hexylcaine Hydrochloride NF XII. 1-Cyclohexylamino-2-propylbenzoat-hydrochlorid.

$C_{16}H_{23}NO_2 \cdot HCl$ Formel IV. 2 M.G. 297,83

Herstellung. Durch Umsetzung von Isopropanolamin mit Cyclohexanon unter Reduktion in Ggw. von Pt und anschließende Veresterung mit Benzoesäure [J. Amer. chem. Soc. *66*, 1453 (1944)].

Eigenschaften. Weißes, bitteres Pulver, von leicht aromatischem Geruch. Fp. 182 bis 184°. 1 T. löst sich in 17 T. W. (25°). Das pH einer Lsg. 1 in 20 liegt zwischen 4,0 und 6,0 (NF XII).

Erkennung. 1. Zu 5 ml einer Lsg. (1 in 20) gibt man 2 Tr. verd. Salzsäure und 2 Tr. Natriumnitritlsg. (1 in 10) und mischt mit einer Lsg. von 200 mg β-Naphthol in 10 ml 10%iger Natronlauge. Es entsteht ein weißer Nd., der sich zu einer gelblichen, öligen Masse umwandelt (NF XII). – 2. Man löst etwa 100 mg in 10 ml W. und teilt die Lsg. in 2 gleiche Teile. Zur einen Hälfte gibt man 2 ml Ammoniaklsg. und filtriert von der Hexylcainbase ab. Das Filtrat wird mit Salpetersäure schwach angesäuert und gibt dann positive $Cl^{\ominus}$-Rk. Die zweite Hälfte versetzt man mit 10 ml Pikrinsäurelsg. und 2 Tr. verd. Schwefelsäure. Man kühlt die Mischung 30 Min. im Kühlschrank, filtriert, und wäscht den Nd. 3mal mit je 3 ml kaltem Ae. und trocknet 15 Min. bei 105°. Das so erhaltene Pikrat schmilzt bei 129 bis 133° (NF XII). – 3. Eine Lsg. 1 in 100000 in 0,1 n Salzsäure zeigt Absorptionsmaxima bei etwa 232 nm und 275 nm (NF XII).

Prüfung. 1. Freie Säure. Man löst 1 g in 25 ml W., versetzt mit Methylrotlsg. und titriert mit 0,02 n Natronlauge. Zur Neutralisation dürfen nicht mehr als 0,5 ml verbraucht werden (NF XII). – 2. Trocknungsverlust. 4 Std. im Vakuumexsikkator über P_2O_5 getrocknet, nicht mehr als 0,2% (NF XII). – 3. Glührückstand. Höchstens 0,1% (NF XII). – 4. Schwermetalle. Höchstens 30 ppm (NF XII).

Gehaltsbestimmung. 100 mg der getrockneten Substanz, genau gewogen, werden mit 0,1 n Salzsäure zu 100,0 ml gelöst. 10 ml der Lsg. verdünnt man mit 0,1 n Salzsäure wieder zu 100,0 ml und wiederholt dies nochmals mit 10 ml der zweiten Verdünnung. Von der letzten Lsg. und einer Lsg. von N. F. Hexylcaine Hydrochloride Reference Standard mit 10 mcg/ml werden in 1-cm-Küvetten die Extinktionen bei 232 mμ gegen 0,1 n Salzsäure gemessen. Der Gehalt an $C_{16}H_{23}NO_2 \cdot HCl$ in der Probe errechnet sich nach $10\,C \times (A_u/A_s)$, worin C die genaue Konzentration der Standardlsg. in mcg/ml. A_u die Extinktion der Probelsg. und A_s die der Standardlsg. bedeuten (NF XII).

Anwendung. Zur Infiltrationsanästhesie verwendet man 0,25- bis 1%ige Lsg. Hexylcain gilt als etwas toxischer als Procain, ist aber 3- bis 6mal wirksamer.

Handelsform: Cyclaine (Sharp u. Dohme).

Eucain, Eucain-B. Eucaine Hydrochloride. Razemisches Benzamin. Betacaine. Betaeucaine hydrochloride. 2,2,6-Trimethyl-4-benzoxypiperidin-hydrochlorid.

$C_{15}H_{21}NO_2 \cdot HCl$ Formel IV. 3 M.G. 283,80

Weißes, geruchloses, kristallines Pulver. Fp. 270° (Zers.). 1 T. löst sich in 30 T. W., 35 T. A., 6 T. Chlf. Die wss. Lsg. ist gegen Lackmus neutral.

Anwendung. Früher als Oberflächenanästheticum in 1- bis 5%igen Lsg. oder zur Infiltrationsanästhesie in 0,1- bis 2%igen Lsg. Gelegentlich wurde auch das Eucainlactat, wegen seiner besseren Wasserlöslichkeit angewandt. Lösl. in 4 T. W., in 8 T. A. Fp. ~ 152° (The Merck Index 1960).

Piperocaine Hydrochloride USP XVI, BP 63. 3-(2-Methylpiperidino)propyl-benzoat-hydrochlorid.

$C_{16}H_{23}NO_2 \cdot HCl$ Formel IV. 4 M.G. 297,83

Herstellung. Aus 2-Methylpiperidin und γ-Chlorpropylbenzoat durch Kochen am Rückflußkühler bei 120 bis 140°, Verdünnen des Rk.-Produktes mit Äther und Einleiten von HCl-Gas [US-Pat. 1784903 (1930)].

Eigenschaften. Kleine weiße Kristalle oder krist. Pulver. Geruchlos, luftbeständig, von schwach bitterem Geschmack. Ruft auf der Zunge vorübergehend Gefühllosigkeit hervor. 1 g löst sich in 1,5 ml W., in 4,5 ml A.; leicht lösl. in Chlf.; prakt. unlösl. in Ae. und in fetten Ölen. Fp. 172 bis 175°.

Erkennung. 1. Lsg. von Piperocainhydrochlorid in W. (1 in 10) geben Nd. mit Goldchloridlsg., Jodlsg., Kaliumquecksilberjodidlsg. und mit Pikrinsäure (USP XVI). – 2. Die Lsg. (1 in 10) gibt auf Zusatz von Natriumbicarbonatlsg. (1 in 20) oder Natronlauge einen farblosen bis gelblichen, öligen Nd., der bei Zimmertemperatur nicht erstarrt (USP XVI). – 3. Erhitzt man die Substanz mit A. und Schwefelsäure, so tritt der Geruch nach Benzoesäureäthylester auf (BP 63). – 4. Die Lsg. in 0,01 n Salzsäure zeigt im Bereich von 230 bis 350 nm nur ein Maximum bei 274 nm; $E^{0,001\%}_{1\,cm} = 0,32$ bei 274 nm (BP 63). – 5. Gibt positive Rk. auf Chloridionen.

Prüfung. 1. Freie Säure. Man löst 1,0 g in 20 ml W., versetzt mit 1 Tr. Methylrotlsg. und titriert mit 0,02 n Natronlauge nach Gelb. Es dürfen nicht mehr als 0,5 ml verbraucht werden (USP XVI, BP 63). – 2. Trocknungsverlust. Nicht mehr als 1%, 2 Std. bei 105° getrocknet (USP XVI). – 3. Glührückstand. Nicht mehr als 0,15% (USP XVI). – Sulfatasche: Höchstens 0,1% (BP 63). – 4. Leicht verkohlende Substanzen. 200 mg werden in 2 ml Schwefelsäure 30 Min. bei Raumtemperatur stehengelassen. Die Lsg. muß farblos bleiben (USP XVI). – 5. Chloridgehalt. Etwa 500 mg vorher 2 Std. bei 105° getrocknete Substanz, genau gewogen, werden in einem Schliffkolben in 50 ml W. gelöst. Dann gibt man genau 25 ml 0,1 n Silbernitratlsg., 5 ml verd. Salpetersäure und 3 ml Nitrobenzol zu, schüttelt kräftig, versetzt mit 2 ml Eisen(III)-ammoniumsulfatlsg. und titriert mit 0,1 n Ammoniumrhodanidlsg. zurück. 1 ml 0,1 n Silbernitratlsg. entspr. 3,546 mg Cl. Es müssen 11,6 bis 12,1% Cl gefunden werden (USP XVI).

Gehaltsbestimmung. 1. Etwa 0,3 g, genau gewogen, werden in wasserfreiem Medium mit 0,1 n Perchlorsäure titriert. 1 ml 0,1 n Perchlorsäure entspr. 0,02978 g $C_{16}H_{23}NO_2 \cdot HCl$ (BP 63).

2. Etwa 150 mg, genau gewogen, werden im Scheidetrichter in etwa 10 ml W. gelöst. Man sättigt die Lsg. mit Natriumchlorid, versetzt mit 5 ml Natronlauge und extrahiert die Base quantitativ mit 6 oder mehr 25-ml-Portionen Ae. Die vereinigten Ae.-Auszüge werden so oft mit je 10 ml W. gewaschen, bis die letzte Waschfl. gegen Lackmus neutral reagiert. Dann extrahiert man die vereinigten Waschwässer nochmals mit 10 ml Ae. und gibt diese zu den Ae.-Auszügen. Nun versetzt man mit genau 20 ml 0,05 n Schwefelsäure, rührt gut um und verdampft vorsichtig den Ae. In der gekühlten Fl. titriert man die überschüssige Säure mit 0,05 n Natronlauge gegen Methylrot zurück. 1 ml 0,05 n Schwefelsäure entspr. 14,89 mg $C_{16}H_{23}NO_2 \cdot HCl$ (USP XVI).

Geforderter Gehalt: 97 bis 101% (USP XVI), mindestens 89,0% (BP 63), bezogen auf die getrocknete Substanz.

Anwendung. Piperocain ist ein sofort wirkendes Lokalanästheticum, das entweder injiziert oder oberflächlich aufgetragen wird. Es ist etwa um 1/3 stärker wirksam als Procain, wirkt schneller und länger. Es hat den Vorteil, zusammen mit Sulfonamiden verwendet werden zu können. 0,5 bis 1%ige Lsg. zur Infiltration, gewöhnlich mit 1 : 200000 Adrenalin. In Salben etwa 5%ig.

Handelsformen: Metycain, Puder, Lsg., Augensalbe, Ampullen, Suppositorien (E. Lilly, Indianapolis).

Phenacaine Hydrochloride NF XII. N,N'-Bis(p-aethoxyphenyl)-acetamidin-hydrochlorid.

$C_{18}H_{22}N_2O_2 \cdot HCl \cdot H_2O$ Formel IV. 5 M.G. 352,87

Eigenschaften. Kleine, weiße Kristalle, ohne Geruch und von bitterem Geschmack, die auf der Zunge vorübergehend Gefühllosigkeit hervorrufen. Die trockene Substanz schmilzt bei 190 bis 192°. 1 T. löst sich in 50 T. W.; leicht lösl. in A., in Chlf.; unlösl. in Ae.

Erkennung. NF XII: 1. Versetzt man 5 ml der gesättigten Lsg. mit einigen Tr. Natriumhypochloritlsg., so entsteht ein fleischfarbener Nd., der in wenigen Min. eine violette Farbe annimmt. Schüttelt man die Mischung mit Ae., so färbt dieser sich tiefrot. – 2. Die bei der Gehaltsbestimmung erhaltene freie Base hat, aus A. umkristallisiert und 1 Std. bei 105° getrocknet, einen Fp. von 116 bis 118°. – 3. Die Lsg. (1 in 100) gibt positive Chlorid-Rk.

Prüfung. NF XII: 1. Freie Säure. 1 g wird in 50 ml warmen W. gelöst, gekühlt und mit 1 Tr. Methylrotlsg. versetzt. Falls die Lsg. rot ist, dürfen nicht mehr als 0,5 ml 0,02 n Natronlauge bis zum Umschlag nach Gelb verbraucht werden. – 2. Trocknungsverlust. 6 Std. bei 105° getrocknet, nicht mehr als 7%. – 3. Glührückstand. Höchstens 0,15%. – 4. Acetophenetidin. 50 mg Substanz werden in 2 ml Salzsäure gelöst, 2 Min. lang gekocht, abgekühlt und mit 1 Tr. Kaliumdichromatlsg. versetzt. Es darf keine rubinrote Färbung auftreten.

Gehaltsbestimmung. NF XII: In einen Scheidetrichter gibt man zu 25 ml W. und 5 ml Ammoniaklsg. 500 mg vorher 6 Std. bei 105° getrocknetes und genau gewogenes Phenacainhydrochlorid. Die Lsg. schüttelt man mit 4 Portionen von 15, 10, 10 und 10 ml Chlf. aus und läßt die Chlf.-Auszüge durch einen kleinen Wattebausch in ein tariertes Gefäß laufen. Trichter und Watte werden mit wenig Chlf. nachgewaschen. Dann verdampft man vorsichtig das Chlf. und setzt gegen Ende 5 ml A. zu. Wenn auch dieser verdampft ist, trocknet man 1 Std. bei 105° und wiegt. Das erhaltene Gewicht der Phenacainbase, multipliziert mit 1,122, entspr. der Menge an $C_{12}H_{22}N_2O_2 \cdot HCl$. Es müssen 98 bis 102% $C_{18}H_{22}N_2O_2 \cdot HCl$ enthalten sein.

Anwendung. Phenacainhydrochlorid findet als Anästheticum vor allem in der Augenheilkunde in 1%iger Lsg. oder 1- bis 2%iger Salbe Anwendung. Es eignet sich nicht zur Injektion.

Handelsform: Holocain (Bayer Prod.).

Cinchocainum hydrochloricum Ph.Helv. V – Suppl. III, ÖAB 9, CsL 2. (INN). Cinchocaine Hydrochloride BP 63. Cincaini hydrochloridum Ph.Dan. IX. Cincaini chloridum Nord. 63. Dibucaine Hydrochloride USP XVII. Sovcainum Ross. 9. Cinchocainhydrochlorid. 2-n-Butoxychinolin-4-carbonsäurediaethylaminoaethylamid-hydrochlorid. Percain. Nupercaine Hydrochloride. Benzolin.

$C_{20}H_{29}N_3O_2 \cdot HCl$ Formel IV. 6 M.G. 379,94

Herstellung. Überführung der 2-Hydroxychinolincarbonsäure in die 2-Chlor-Verbindung, Umsetzung mit asym. Diaethylaethylendiamin und Erhitzen mit Natriumbutylat. Anschließend Behandlung mit HCl (US-Pat. 1825623).

Eigenschaften. Hygroskopische, farblose, glänzende Schnppen oder weißes, krist. Pulver ohne Geruch. Geschmack bitter und brennend scharf; ruft auf der Zunge vorübergehend Gefühllosigkeit hervor. Sehr leicht lösl. in W. und in A., leicht lösl. in Chlf.; sehr wenig lösl. in Ae. Fp. 90 bis 98° (Zers.) (The Merck Index 1960); 93 bis 101° (ÖAB 9); 95 bis 100° (Ph.Dan. IX, Nord. 63, USP XVII); 96,5 bis 99,5° (Ph.Helv. V – Suppl. III).

Erkennung. 1. Versetzt man eine Lsg. von etwa 5 mg Substanz in 1 ml W. mit 2 Tr. Jodlsg., so scheidet sich ein Perjodid als orangegelbe Trübung aus. Fügt man 5 Tr. verd. Salzsäure zu, so geht die Trübung in dunkel rotbraune Tröpfchen über (ÖAB 9). – 2. Man löst 200 mg Substanz in 5 ml W. und gibt 5 ml Natronlauge zu; dabei fällt die freie Base weiß aus. Diese extrahiert man mit 2mal 15 ml Ae., läßt den Ae. verdunsten und trocknet den Rückstand über Phosphorpentoxid. Die so erhaltene Base schmilzt zwischen 62 und 65° (USP XVII; prakt. identisch mit allen andern Pharmakopöen). – 3. Das UV-Spektrum einer Lsg. 1 in 100000 in 1 n Salzsäure zeigt Maxima und Minima bei den gleichen Wellenlängen wie das von USP Dibucaine Hydrochloride Reference Standard und die Extinktion des Maximums bei 247 nm darf um höchstens 3% verschieden sein (USP XVII). – 4. Versetzt man eine Lsg. von 50 mg Substanz in 5 ml W. mit einer Lsg. von etwa 0,2 g Ammoniumrhodanid in 1 ml W., so scheidet sich Cinchocainrhodanid in Form weißer, öliger Tröpfchen aus, die beim Reiben mit einem Glasstab rasch krist. erstarren. Abgesaugt, mit

W. gewaschen und getrocknet haben die Kristalle einen Fp. von 137 bis 142° (ÖAB 9). – 5. 5 ml einer 5%igen Lsg. versetzt man mit 10 ml gesättigter Kaliumperchloratlsg. Der Nd. wird aus W. umkristallisiert und bei 80° getrocknet. Fp. ~132° (BP 63). – 6. Die Lsg. gibt positive Chlorid-Rk. – 7. Identifizierung nach L. Kofler. Schmelzintervall (unter dem Mikroskop) 93 bis 101°. Eutektische Temperatur der Mischung mit Benzil 74°. Lichtbrechungsvermögen der Schmelze n_D = 1,5502 bei 105 bis 107° (ÖAB 9).

Prüfung. 1. Freie Säure. Das pH einer 2,0%igen (w/v) Lsg. muß zwischen 5,0 und 6,0 liegen (BP 63). – Eine Mischung von 5 ml der Lsg. (1 + 9) und 5 ml W. muß sich auf Zusatz von 2 Tr. Methylrot-Methylenblaulsg. und 0,10 ml 0,1 n Natronlauge grün färben (ÖAB 9).

2. Sulfat. In einer Mischung von 2 ml der Lsg. (1 + 9) und 8 ml W. darf Sulfat nicht nachweisbar sein (ÖAB 9).

3. Fremde Salze. Eine Lsg. von 0,5 g Substanz in 1 ml Chlf. muß klar sein (ÖAB 9).

4. Procain, Tetracain. Versetzt man 1 ml der Lsg. (1 + 9) mit 1 ml verd. Salzsäure, 1 ml Phenollsg. und 2 Tr. Kaliumbromatlsg., so darf sich die Lsg. innerhalb von 15 Min. nicht violett färben (ÖAB 9).

5. Cocain. Die Lsg. (1 in 50) darf im 200-mm-Rohr keine optische Drehung zeigen (Ph. Helv. V – Suppl. III).

6. Trocknungsverlust:

Art der Trocknung	max. %	Pharmakopöe
Vakuumexsikkator bei Zimmertemp.	3,0	ÖAB 9
Vakuum, 80°, 5 Std.	1	USP XVII
5 Torr, 70°, bis konst. Gew.	2,5	BP 63
105°, bis konst. Gew.	3	Ph.Dan. IX
Vakuum über P_2O_5, 48 Std.	2	Ph.Helv. V – Suppl. III
105°, bis konst. Gew.	2	Nord. 63

7. Glührückstand. Höchstens 0,1% (ÖAB 9, Ph.Dan. IX, Nord. 63). – Sulfatasche: Höchstens 0,1% (Ross. 9, BP 63).

Gehaltsbestimmung. 1. Etwa 0,3 g getrocknetes Cinchocainhydrochlorid, genau gewogen, werden in einem 150-ml-Scheidetrichter in 30 ml W. gelöst und unter Umschwenken mit 1 ml konz. Natronlauge versetzt. Hierauf wird mit 30 ml Chlf.-Isopropanol (3 Vol. Chlf. + 1 Vol. Isopropanol) während 2 Min. kräftig geschüttelt und nach klarer Trennung der Schichten die organische Schicht abgelassen. Die Ausschüttelung wird noch 2mal mit je 20 ml Chlf.-Isopropanol wiederholt. Die vereinigten Ausschüttelungen werden durch ein mit Chlf. benetztes Filter von 9 cm Durchmesser in einen 200-ml-Erlenmeyerkolben filtriert. Das Filter wird mit 20 ml Chlf.-Isopropanol nachgewaschen. Hierauf wird das Lösungsmittel auf dem Wasserbad abdestilliert, der Rückstand mit 10 ml A. versetzt und auch dieser verdampft. Dann wird der Rückstand in 10 ml A. gelöst, mit 10 ml CO_2-freiem W. und 5 Tr. Methylrotlsg. versetzt und mit 0,1 n Salzsäure bis zum Auftreten der Rotfärbung titriert (Mikrobürette). 1 ml 0,1 n Salzsäure entspr. 0,03799 g $C_{20}H_{29}N_3O_2 \cdot HCl$ (Ph.Helv. V – Suppl. III).

2. ÖAB 9 bestimmt analog Lidocainhydrochlorid (Best. 1), S. 297. 1 ml 0,1 n Natronlauge entspr. 37,99 mg $C_{20}H_{29}N_3O_2 \cdot HCl$.

3. BP 63 und USP XVII lassen in wasserfreiem Medium mit 0,1 n Perchlorsäure titrieren (Bd. I, 319). 1 ml 0,1 n Perchlorsäure entspr. 0,01900 g $C_{20}H_{29}N_3O_2 \cdot HCl$.

Geforderter Gehalt:

Ph.Helv. V – Suppl. III	99,0–100,5%	$C_{20}H_{29}N_3O_2 \cdot HCl$
ÖAB 9	98,5–100,2%	$C_{20}H_{29}N_3O_2 \cdot HCl$
BP 63	mindest. 99,0%	$C_{20}H_{29}N_3O_2 \cdot HCl$
USP XVII	mindest. 97%	$C_{20}H_{29}N_3O_2 \cdot HCl$
Nord. 63	97,5–100,1%	$C_{20}H_{29}N_3O_2 \cdot HCl$
Ph.Dan. IX	96,9–100,1%	$C_{20}H_{29}N_3O_2 \cdot HCl$

Anwendung. Cinchocainhydrochlorid ist etwa 5mal so giftig wie Cocain, aber etwa 10mal stärker anästhetisch wirksam. Es wirkt länger als Cocain und Procain und kann als Oberflächen- und als Lumbalanästheticum angewendet werden. Zur Applikation in der Hals-, Nasen-, Ohrenheilkunde werden 1- bis 2%ige Lsg. verwendet. In der Augenheilkunde haben 0,1%ige Lsg. die gleiche Wirkung wie eine 3%ige Lsg. von Cocain. Zur Infiltrationsanästhesie werden 0,05 bis 0,3%ige Lsg. mit 1 : 100000 Adrenalinhydrochlorid angewandt.

Handelsformen: Nupercain Hydrochlorid (Ciba). Puder, Lsg. zur Lumbal- und Epiduralanästhesie, ölige Lsg., Creme, Salbe, Suppositorien.

Cinchocainum. Cincainum Ph.Dan. IX, Nord. 63. Dibucaine USP XVI. 2-n-Butoxy-chinolin-4-carbonsäurediaethylaminoaethylamid.

$C_{20}H_{29}N_3O_2$ M.G. 343,48

Eigenschaften. Farbloses oder fast farbloses Pulver, ohne Geruch. Erzeugt auf der Zunge vorübergehend Gefühllosigkeit. Etwas hygroskopisch. Wenig lösl. in W.; lösl. in 1 n Salzsäure und in Ae. Fp. 64° (The Merck Index 1960); 62 bis 65° (USP XVI); 64 bis 66° (Ph. Dan. IX); 64 bis 67° (Nord. 63).

Erkennung und Prüfung. Sinngemäß wie Cinchocainhydrochlorid, S. 303.

Gehaltsbestimmung. 1. USP XVI läßt in wasserfreiem Medium mit 0,1 n Perchlorsäure bestimmen. 1 ml 0,1 n Perchlorsäure entspr. 17,17 mg $C_{20}H_{29}N_3O_2$. – 2. Ph.Dan. IX und Nord. 63: 0,2000 g Cincain, gelöst in 5 ml A., werden nach Zusatz von 5 Tr. Methylrotlsg. mit 0,1 n Salzsäure bis zum beginnenden Farbumschlag titriert. Nach Zusatz von 20 ml W. titriert man zu Ende. 1 ml 0,1 n Salzsäure entspr. 0,034 35 g $C_{20}H_{29}N_3O_2$. Geforderter Gehalt. 99,3 bis 100,3% (Ph.Dan. IX); 99,0 bis 101,0% (Nord. 63); mindestens 97% (USP XVI), bezogen auf die getrocknete Substanz.

Anwendung. Siehe Cinchocainhydrochlorid, S. 303.

Dimethisoquin Hydrochloride NF XII. Dimethisochin. Chinosocain (INN). Quotane®. Pruralgine. 3-Butyl-1-(2-dimethylaminoaethoxy)-isochinolin-hydrochlorid.

$C_{17}H_{24}N_2O \cdot HCl$ Formel IV. 7 M.G. 308,86

Herstellung. ANDERSON, WILSON, ULLYOT: J. Amer. pharm. Ass., sci. Ed. *41*, 643 (1952).

Eigenschaften. Weißes bis fast weißes krist. Pulver, ohne Geruch. 1 g löst sich in etwa 8 ml W., in 2 ml Chlf., in 3 ml A.; sehr wenig lösl. in Ae. Fp. 144 bis 148°.

Erkennung. NF XII: 1. Eine Lsg. (1 in 100) gibt positive Chlorid-Rk. – 2. Aus einer wss. Lsg. erhält man mit einigen Tr. Ammoniumreineckatlsg. einen rosa Nd. – 3. Eine Lsg. 1 in 20000 in Isopropanol zeigt Absorptionsmaxima bei 328 ± 2 nm, 316 ± 2 nm und 285 ± 2 nm; das Verhältnis der Absorptionen A_{316}/A_{328} liegt zwischen 1,05 und 1,12.

Prüfung. NF XII: 1. pH der Lsg. (1 in 100) = 3,5 bis 5,0. – 2. Trocknungsverlust. Höchstens 2%, 2 Std. bei 105° getrocknet. – 3. Glührückstand. Höchstens 0,05%.

Gehaltsbestimmung. NF XII: 100 mg der getrockneten Substanz, genau gewogen, werden im Meßkolben mit Isopropanol zu 100 ml gelöst und gemischt. 5 ml der Lsg. werden mit Isopropanol erneut auf genau 100 ml verd. und gemischt. Von dieser Lsg. bestimmt man die Absorption bei 328 nm und bei 360 nm in 1 cm Schichtdicke gegen Isopropanol. Man berechnet die Menge, in mg $C_{17}H_{24}N_2O \cdot HCl$ nach der Formel $2\,C(A_{u\,328} - A_{u\,360})/(A_{s\,328} - A_{s\,360})$, worin C die genaue Konz. des Standards in mcg/ml, $A_{u\,328}$ und $A_{u\,360}$ die Extinktionen der Probe und $A_{s\,328}$ und $A_{s\,360}$ die des Standards bei 328 mμ und 360 mμ bedeuten. Der Gehalt muß mindestens 98% betragen.

Anwendung. Als wenig toxisches Lokalanästheticum gegen Pruritus ani und chronische, juckende Dermatosen.

Handelsform: Quotane (Smith, Kline u. French): Salbe mit 0,5%.

Diperodon Hydrochloride NNR 54. Diothane Hydrochloride (Merrell) ist 3-(1-Piperidyl)-1,2-propanediol-dicarbanilat-hydrochlorid.

$C_{22}H_{27}N_3O_4 \cdot HCl$ Formel IV. 8 M.G. 433,93

Herstellung. Durch Kondensation von Piperidin mit Glycerinchlorhydrin in Gegenwart von Alkali und anschließende Umsetzung mit Phenylisocyanat [US-Pat. 2004132 (1935)].

Eigenschaften. Fp. 195 bis 200°. Die freie Base ist ölig. Das Hydrochlorid löst sich in A.; in W. im Verhältnis 1 : 100; unlösl. in Bzl. und Ae.

Handelsformen: Diothane (Merrell): Salbe 1%ig, Lsg. 0,5%ig und 1%ig, Lsg. 0,5%ig mit 0,6% NaCl.

Diperodon mit Hydrochinolinbenzoat (Merrell) ist Diperodon + 8-Oxychinolin + Benzoesäure. Salbe mit 1% Diperodon, 0,1% Oxychinolinbenzoat.

Eigenschaften. Gelbliches Pulver; in W. praktisch unlösl., gut lösl. in A., Bzl. und Ae.

Hydroxy-polyäthoxy-dodecan.

Formel IV. 9

Herstellung. Durch Erhitzen von Dodecylalkohol mit Äthylenoxid in Gegenwart geringer Mengen Ätznatron auf etwa 180°.

Anwendung. Oberflächenanästheticum.

Handelsformen: Thesit (Desitinwerke, Hamburg); Pistocain (v. Heyden, München).

Organotherapeutica

Organotherapeutica.

Organpräparate. Organtherapeutische Heilmittel. Opotherapeutica. (ὀπός = der Saft).

Organpräparate werden in der Regel aus frischen tierischen, seltener aus menschlichen Organen gewonnen. Je nach der Aufbereitung und Anwendungsart der Organe unterscheiden wir eine Therapie

a) mit Organextrakten oder ganzen, getrockneten Organen und

b) mit Zell- bzw. Gewebesuspensionen.

Organextrakte können je nach Herstellungsart peroral, intravenös, intramusculär, subcutan, intracutan oder intraarteriell appliziert werden.

Die Anwendung der Zell- bzw. Gewebesuspensionen erfolgt immer durch intramuskuläre Injektion.

Die Therapie mit Organextrakten ist wissenschaftlich begründet und hat sich bereits vielfältig praktisch bewährt.

Die zweite Anwendungsart gründet sich auf jahrzehntelange Empirie und ist wissenschaftlich z. T. noch ungeklärt. Ihrem Wesen nach handelt es sich um eine heteroplastische Gewebetransplantation.

In beiden Fällen aber liegt der Therapie die Annahme zu Grunde, daß man dem menschlichen Organismus mit den von gesunden Tieren gewonnenen Organ- oder Gewebepräparaten Stoffe zuführen kann, die das erkrankte Organ nicht mehr oder nur mehr in ungenügender Menge zu produzieren vermag (Substitutionstherapie). Daneben werden mit einem Organ- oder Gewebepräparat Stoffe zugeführt, die als sogenannte *Reizkörper* fungieren können. Inwieweit mit den einzelnen Präparaten nur organspezifische Beeinflussungen oder auch allgemeine Wirkungen auf den gesamten Organismus erzielt werden können, ist noch nicht in jedem Fall geklärt. Die Substitutionstherapie mit Organpräparaten wurde in den letzten Jahren durch die Verwendung von reinen Hormonen und Enzymen mit definierten Gehaltseinheiten zurückgedrängt. Allerdings zieht man diesen Reinsubstanzen sehr häufig Gesamtauszüge aus einem Organ vor, da diese die Organwirkstoffe in einem natürlichen und physiologischen Mengenverhältnis enthalten und deshalb geringere Gegenreaktionen auslösen sollen.

Inhaltsstoffe. An definierten Inhaltsstoffen werden für die Organpräparate Hormone, Enzyme, Vitamine, Nucleoside, Nucleotide, Lipide, Proteine, Peptide, Aminosäuren und andere organische Säuren, anorganische Salze sowie Spurenelemente angegeben. Ferner finden sich Hinweise, daß, durch eine entsprechende Vorbehandlung der Gewebe, sekundär sogenannte „biogene Stimulatoren" (s. Gewebetherapie nach Filatow, S. 328) gebildet werden können, die für die Aktivierung von Stoffwechselvorgängen verantwortlich sein sollen. Ihre chemische Natur ist noch unbekannt.

Man hat früher angenommen, daß die beste Form, in der die wirksamen Stoffe der Organe zur Anwendung kommen sollen, die frischen Organe selbst sind. Wie sich aber z. B. im Falle der Leber klar gezeigt hat, kommt heute der Anreicherung von wirksamen Organbestandteilen in dem natürlichen Mengenverhältnis eine zunehmende Bedeutung zu. Da Organpräparate häufig injiziert werden, ist eine entsprechende Organaufbereitung unumgänglich.

Gewinnung. Die Herstellung von Organpräparaten hat mit der größten Sorgfalt unter peinlichster Beachtung der Regeln der Aseptik zu geschehen. Es dürfen nur ganz frische Organe von nachweislich völlig gesunden Tieren verarbeitet werden. Die Verarbeitung hat sofort zu geschehen, damit die Möglichkeit der Einwirkung von Bakterien vermieden wird. Die Zerkleinerung der Organe muß in möglichst aseptisch gehaltenen Räumen stattfinden. Die dabei verwendeten Geräte und die Hände des Arbeitenden sind keimfrei zu machen. Die Herstellung von Organextrakten erfolgt nach firmeneigenen Verfahren, die mitunter eine Anreicherung der wirksamen Fraktion einschließen. Werden die Präparate zur Injektion verwendet, so werden sie enteiweißt und von jeglichen Gewebspartikeln befreit, um allergische und anaphylaktische Reaktionen auszuschließen. Das Enteiweißen erfolgt entweder durch Ausfällen oder durch Abbau. Eine spezielle Methode zum Eiweißabbau ist die Vakuumhydrolyse (s. zytolytische Therapie).

Aufbewahrung. Organpräparate sind, soweit sie nicht sofort nach Entnahme der Organe verwendet werden, in sterilen Gefäßen kühl und vor Licht geschützt aufzubewahren. Bei Fertigpräparaten ist auf entsprechende Hinweise der Firmen zu achten. Meist erfordert hier die Aufbewahrung keine besondere Vorsichtsmaßnahme.

Prüfung. Enthalten die Organpräparate Hormone, so wird deren Gehalt nach den Vorschriften des Abschnittes Hormone (s. S. 39) ermittelt. Der Gehalt an Enzymen kann nach der Vorschriftensammlung von BERGMEYER „Enzymatische Bestimmungsmethoden“, Verlag Chemie 1962, oder nach BOYER/LARDY/MYRBÄCK „The Enzymes“, Academic Press 1961, geprüft werden. Sind Vitamine als Organextraktbestandteile aufgeführt, so werden diese entsprechend dem Abschnitt „Vitamine“ (s. S. 620) oder nach STROHECKER/HENNING „Vitamin-Bestimmungen“, Verlag Chemie 1963, analysiert. Die Untersuchung der Peptide und Aminosäuren kann papierchromatographisch oder durch Elektrophorese nach TURBA „Chromatographische Methoden in der Protein-Chemie“, Springer-Verlag 1964, durchgeführt werden. Auf Anwesenheit von Eiweißstoffen wird mit der Xanthoproteinreaktion geprüft: Zu 3 ml proteinhaltiger Lösung fügt man 1 ml Salpetersäure. Es bildet sich ein weißer Niederschlag, der sich beim Kochen gelb färbt und in Lösung geht. Kühlt man die Lösung ab und gibt vorsichtig 30%ige Natronlauge zu, so schlägt die Farbe nach Orange um. Die Farbentwicklung basiert auf der Bildung von Nitroderivaten mit Benzolkernen, die in den Aminosäuren Tyrosin und Phenylalanin der Proteine enthalten sind.

Da das wirksame Prinzip vieler Organpräparate ein kompliziertes Gemisch von Verbindungen darstellt, oder aber die chemische Natur noch nicht bekannt ist, wird zur Prüfung häufig ein pharmakologischer oder biologischer Test herangezogen. Sind solche Methoden bekannt, so sind sie bei den entsprechenden Organpräparaten angeführt.

A. Therapie mit Organen und Organextrakten – Lysat-Therapie

Unter den eigentlichen Organpräparaten versteht man Gewebsextrakte, die durch chemische Eingriffe nach firmeneigenen Verfahren gewonnen werden. Sie werden in Vollextrakte und Hydrolysate unterteilt.

Die Hydrolysate sind durch Säure- oder Alkalihydrolyse chemisch weitgehend verändert. Es ist deshalb unwahrscheinlich, daß in Organhydrolysaten noch spezifische Proteine als Wirkungsträger der ehemaligen Zelle zu finden sind.

In der Praxis hat sich die Kombination von Organextrakten mit Vitaminen, Drogenextrakten und synthetischen Wirkstoffen durchgesetzt.

Die Extrakte werden in vielen Fällen auf den Wirkungsgrad von Enzymen oder auf einen bestimmten Vitamingehalt (z. B. an Vitamin B_{12}) standardisiert.

Hypophysis cerebri.

Glandula pituitaria. Hirnanhang (s. a. Hormone, S. 44).

Die Hypophyse, ein an der Basis des Gehirns gelegenes Organ, besteht aus einem Vorderlappen (Glandularteil), einem Mittellappen (Pars intermedia hypophysis) und einen Hinterlappen (Infundibularteil). Für die Therapie kommen Extrakte aus dem Hinterlappen und der gesamten Hypophyse in Frage.

Weshalb man auch heute noch vielfach die Hypophysen-Extrakte in der Therapie den reinen Hormonen vorzieht, ergibt sich aus der einfachen Erfahrungstatsache, daß eine Reihe von Krankheitsbildern, die ihre Ursache in einer Unterfunktion der Hypophyse haben, nur durch die Anwendung von Extrakten rasch und nachhaltig beeinflußt werden. Man darf daher annehmen, daß ähnlich wie bei anderen Organpräparaten das natürliche physiologische Verhältnis, in dem die Hormone in den Extrakten vorliegen, in solchen Fällen von Bedeutung ist. Die in den Extrakten außerdem noch enthaltenen teils bekannten, teils chemisch noch ungeklärten Verbindungen scheinen dabei ebenfalls von Wichtigkeit zu sein.

Die Hypophysenhinterlappen-Extrakte finden Anwendung 1. als Wehenmittel in der Geburtshilfe, 2. als Gefäßtonicum nach Operationen und bei Infektionskrankheiten, 3. zur Diuresehemmung bei Diabetes insipidus und 4. zur Kupierung von Asthma bronchiale-Anfällen.

Anwendung. Hypophysen-Gesamtextrakte werden bei Entwicklungsstörungen hypophysärer Genese gegeben.

Standardisierung. Hypophysenhinterlappen-Extrakte werden entweder nach ihrer Antidiurese- oder Blutdruck-Wirkung getestet oder auf reines Oxytocin bzw. Vasopressin standardisiert. Die Angabe erfolgt in Internationalen- (I.E.) oder Voegtlin-(V.E.)Einheiten.

Hypophysen-Gesamtextrakte können entweder auf Oxytocin bzw. Vasopressin oder auf eines der anderen Hormone standardisiert werden (z. B. auf ICSH-Mäuse-Einheiten).

Die Hypophysen-Präparate, die noch nach den Vorschriften von Pharmakopöen hergestellt werden, s. Hormone, S. 45ff. USP XVII, BPC 63, CF 65, ÖAB 9, Ned. 6, PI.Ed. I/1.

Adenoton (Dr. G. Henning, Berlin).

Gesamthypophysen-Extrakt aus 0,5 g frischer Drüse in 2 Drag. bzw. 1 ml.

Anwendung. Hypophysenfunktionsstörungen, endogene Depression.

Asthmolysin (Dr. Kade, Berlin).

1 Amp. enthält in wss. Lsg. 0,03 I.E. Hypophysenhinterlappen-Extrakt (+ 0,8 mg Adrenalin), 1 ml Depot-Asthmolysin, 0,04 I.E. HHL-Extrakt in öliger Lsg. (+ 1 mg Adrenalin), 1 ml Asthmolysin-Inhalat 0,03 I.E. HHL-Extrakt (+ 4 mg Adrenalin).

Anwendung. Prophylaxe und Kupierung von Asthma-Anfällen, spastische und chronische Bronchitis, Heuschnupfen.

Hyphibion (Klinge, München).

Extrakt der gesamten Hypophyse.

Anwendung. Hypophysär-diencephale Regulationsstörungen, präpuberale Entwicklungsstörungen (Adipositas).

Hypophysin (Farbwerke Hoechst).

Gesamtextrakt des Hypophysenhinterlappens. 1 ml Hypophysin-Amp. enthält 3 I.E. (= 3 V.E.). 1 ml Hypophysin stark-Amp. enthält 10 I.E. (= 10 V.E.).

Anwendung. Wehenschwäche in der Austreibungs-, atonische Blutungen in der Nachgeburtsperiode, Asthma bronchiale.

Hypophysis cerebri „Lankwitz" (Lankwitz, Gefrees).

1 Dragée enthält 0,117 g Hypophysis cerebri tot. sicc.

Anwendung. Insuffizienz der Hypophyse, Kachexie, vorzeitiges Altern.

Pituigan (Dr. G. Henning, Berlin).

Standardisierter Hypophysenhinterlappen-Extrakt.

Standardisierung. Auf 30 I.E. in 0,05 g Schnupfpulver eingestellt.

Anwendung. Diabetes insipidus.

Praephyson und Praephyson forte (Promonta, Hamburg).

1 ml Praephyson-Amp. enthält Extr. Gland. pituitar. lob. ant. entsprechend 25 M.E. gonadotropes Hormon (ICSH) – 1 Trockenampulle Praephyson forte enthält 75 M.E. ICSH. 1 Tabl. enthält 90 mg Gland. pituit. lob. ant. sicc. entsprechend 800 mg Frischdrüse).

Anwendung. Wachstumshemmungen, Infantilismus, Hypogenitalismus, Magersucht hypophysärer Genese.

Suprarenes.

Nebennierenrinde-(NNR). Glandulae suprarenales.

Die Nebennierenrinde produziert Hormone, die sich chemisch vom Cyclopentanoperhydrophenanthren (Steran) ableiten und als Corticosteroide bezeichnet werden. Bisher sind über 40 Verbindungen aus Nebennieren isoliert worden (s. Nebennierenrinden-Hormone, S. 97). Obwohl Nebennierenrinden-Hormone in reiner Form zur Verfügung stehen, gibt es noch einige Gründe, die zugunsten von Nebennierenrinden-Extrakten sprechen. Da die Extrakte die Corticosteroide in einem natürlichen biologischen Verhältnis enthalten, sind sie bevorzugt zur Substitutionstherapie geeignet. Die Funktion der Nebennierenrinde kann ersetzt oder stimuliert werden. Da mit den Extrakten nicht die starken Wirkungen hoher Dosen eines Einzelsteroids erzielt werden, sind außerdem unerwünschte Nebenwirkungen seltener.

Anwendung. Nebennierenrinden-Gesamtextrakte eignen sich vor allem zur physiologischen Substitutionstherapie bei Insuffizienz dieses Organs.

Prüfung. Die Einstellung des Wirkstoffgehaltes bei Gesamtextrakten erfolgt zweckmäßigerweise mit biologischen Methoden. Neben dem Lebenserhaltungs- und dem Natrium-Retentionstest wird vor allem der Leberglykogentest verwendet (s. a. Hormone, S. 99).

Cortigarant (Hormon-Chemie, München).

Cortigarant ist ein hochgereinigter Lipid-Extrakt aus frischen biochemisch aktivierten Nebennierenrinden. Das Herstellungsverfahren ermöglicht eine starke Anreicherung und Stabilisierung aller wirksamen NNR-Hormone. Die Standardisierung erfolgt nach chemischen, chromatographischen und biologischen Methoden.

1 ml Injektionslösung oleosum enthält 1,5 mg, 1 ml Injektionslösung aquos. 0,2 mg und 1 Suppositorium 3 mg Gesamtcorticosteroide.

Anwendung. Sekundäre bzw. relative NNR-Insuffizienz, Herzinsuffizienz, Hepatopathie, Hyperemesis, orthostatische Hypotonie, Röntgenkater, Tumorkachexie, Streß-Situationen, Addisonismus.

Cortineurin (Nordmark, Hamburg).

Wäßriger Nebennierenrinden-Extrakt in Ampullen, der am Glykogentest der Rattenleber geprüft ist. 1 ml enthält die Wirkstoffe aus 10 g Frischdrüse.

Anwendung. Coma hepaticum, Polyarthritis rheumatica.

Lipolysin fem. oder masc. (Dr. G. Henning Berlin).

2 Dragées bzw. 1 ml enthalten 0,154 g Thyreoidea sicca, Extrakte aus Hypophyse, Nebennierenrinde, Ovar bzw. Testes.

Anwendung. Adipositas, besonders bei endokrinen Störungen.

Mobilat-Salbe (Luitpold-Werk, München).

Der gereinigte Suprarenal-Extrakt enthält die Nebennierenrindenhormone der körpereigenen Synthese im physiologischen Gesamtkomplex und ist auf gleichbleibenden Gehalt an wirksamen Corticosteroiden standardisiert.

100 g Salbe enthalten 1 g Extract. suprarenal. purificat, 0,2 g Mucopolysaccharidpolyschwefelsäureester, 2 g Salicylsäure.

Anwendung. Entzündliche Gelenkserkrankungen, Arthrosen, Polyarthritiden, Kontusionen, Meniskusschäden, Periostitiden, Muskelrheumatismus.

Nebennierenrinden-Extrakt (Stada, Dortelweil).

Aus Nebennieren frisch geschlachteter Säugetiere nach Entfernung anhaftenden Fettgewebes gewonnener Extrakt, der nach Abtrennung des Adrenalins und unwirksamer Begleitstoffe unter Ausschluß von Oxydations- und Hitzeeinwirkung konzentriert wurde. Die Einstellung des Wirkstoff-Gehaltes erfolgt nach biologischen Methoden auf 13 Ratteneinheiten pro Gramm Extrakt.

Nebennierenrinden-Extrakt ist eine braune, geschmeidige, mit wachsartigen Bestandteilen durchsetzte Masse von Salbenkonsistenz und fettähnlichem Geruch.

Bestandteile. Hormone der Nebennierenrinde in natürlichem Verhältnis.

Prüfung. Dünnschichtchromatographischer Nachweis der Nebennierenrinden-Hormone.

Pancortex (Dr. G. Henning, Berlin).

Ein wäßriger, ascorbinsäurehaltiger, standardisierter und adrenalinfreier Extrakt aus Nebennierenrinde.

1 ml Injektionslösung enthält die 25 g frischer Drüse entsprechenden Wirkstoffe. 1 Dragée enthält einen lipidlöslichen Extrakt aus 10 g frischer Drüse.

Anwendung. Coma hepaticum, Hepatitis, hepatogene Herzmuskelstörungen, Hypotonie, schwere Infekte.

Thyreoidea.

Glandula thyreoidea. Schilddrüse (s. a. Hormone, S. 68).

Die Schilddrüse besteht aus zwei dem Schildknorpel aufliegenden Seitenteilen und einem Mittelstück.

Die Schilddrüse reguliert den Gesamtstoffwechsel. Störungen der Schilddrüsenfunktion wirken sich auf den Grundumsatz aus: er ist erhöht bei Überfunktion (Hyperthyreose, Morbus Basedow) und erniedrigt bei Unterfunktion (Myxödem). Die Regulierung selbst erfolgt durch die Hormone Thyroxin, Dijod- und Trijodthyronin, die bei Bedarf oder durch Stimulation der Drüse durch TH (thyreotropes Hormon) aus dem Thyreoglobulin freigesetzt und in das Blut abgegeben werden.

Das Thyroxin ist maßgebend an Vorgängen beteiligt, die mit der Regulierung der Oxydationsvorgänge des Zellstoffwechsels verbunden sind. Außerdem regt das Thyroxin die Bildung und Ausschüttung des Wachstumshormons (STH) an (vgl. Hormone, S. 69).

Anwendung. Durch Schilddrüsen-Gesamtextrakte oder Schilddrüsen-Pulver lassen sich vor allem Entwicklungsstörungen des jugendlichen Alters und andere Ausfallserscheinungen, die auf einer Unterfunktion der Schilddrüse basieren, beheben.

Standardisierung. Sie erfolgt biologisch entweder durch den Fütterungsversuch an Meerschweinchen (Gewichtsverlust = Meerschweinchen-Einheiten) oder durch den Metamorphose-Test an Axolotln (Axolotl-Einheiten).

Herstellung und Prüfung. Folgende Pharmakopöen geben Vorschriften für die Herstellung und Prüfung von Glandulae thyreoideae siccatae: BP 63, USP XVII, CF 65, Svec. 46, Nord. 63, CsL 2, Helv. V, PI.Ed. I/2 (s. a. Hormone, S. 72).

Astrumin (Mack, Illertissen).

1 Tablette enthält 15 mg Gland. thyreoid. sicc. und 0,066 mg Kalium jodatum (= 0,05 mg Jod) (stand. im Gewichtsverlusttest an Meerschweinchen).

Anwendung. Struma-Prophylaxe und -Therapie, Jodmangel.

Thyreo-Mack (Mack, Illertissen).

1 Tablette enthält 0,2 g Gland. thyreoid. sicc. (stand. im Gewichtsverlusttest an Meerschweinchen).

Anwendung. Schilddrüseninsuffizienz, Fettsuchtformen.

Thyreoidea – Henning (Dr. G. Henning, Berlin).

1 Dragée enthält 0,077 g Thyreoidea sicca entsprechend 0,2 mg Jod.

Thyreoidin „Merck" (E. Merck, Darmstadt).

Schilddrüsenpräparat, standardisiert nach Axolotl-Einheiten. Dragées zu 4, 40 und 120 Ax.E. (entspr. 0,05, 0,5 und 1,5 g frischer Schilddrüsensubstanz).

Anwendung. Hypothyreose, prim. u. sek. Myxödem, Pubertätsfettsucht, kindliche euthyreote Strumen.

Thyreoid-Dispert (Kali-Chemie, Hannover).

Pharmakologisch nach der Acetonitrilmethode stand. Schilddrüsenpräparat. 10 E. entspr. 0,1 g Thyreoid. sicca.

Anwendung. Myxödem, Hypothyreose, Adipositas.

Thyreohorm (Hormonchemie, München).

1 Dragée enthält 0,05 g getrocknete Schilddrüse mit 0,1 mg organisch gebundenem Jod (= 5 I.E.).

Anwendung. Myxödem, Hypothyreose verschiedenen Grades, Adipositas, Entwicklungsstörungen.

Thyreoiton-„Feldhoff" (Feldhoff, Essen).

Die Salbe enthält 18,9% frische Schilddrüsen, 5,4% frische Hypophysen, 35,7% frische Testes und Placenta (im Verhältnis 3 : 1).

Anwendung. Schilddrüsenfunktionsstörung.

Parathyreoidea.

Glandula parathyreoidea. Nebenschilddrüse. Epithelkörperchen (s. a. Hormone, S. 77).

Die Nebenschilddrüse produziert das für den Phosphat- und Calciumstoffwechsel wichtige Parathormon, ein Polypeptid, dessen Wirkungswert in Collip-Einheiten angegeben wird. In seiner Wirkung ist es dem Dihydrotachysterin (AT 10) ähnlich.

Wirkung. Es führt zu einer Steigerung der Phosphat-, Citrat- und Calciumkonzentration im Blut und zu erhöhter Phosphatausscheidung durch die Niere.

Herstellung. Da das Hormon in reiner Form schwer darstellbar ist, verwendet man Extrakte, die nach einem erstmals von J. B. COLLIP [Canad. med. Ass. J. *24*, 646 (1931) und Biol. Rev. *15*, 1 (1940)] angegebenen Verfahren aus Nebenschilddrüsen von Ochsen hergestellt werden.

Calciocrin (Nordmark-Werke, Hamburg).

Parathyreoid-Extrakt entspr. 0,25 g Frischdrüse je 5 ml Amp. und 0,15 g je Dragée in Verbindung mit isoionem K–Mg–Ca-Salzgemisch.

Anwendung. Lokalisierter oder universeller Pruritus, zur Juckreizbekämpfung bei Ekzemen und Dermatitis, Quinckesches Ödem, Asthma bronchiale.

Parathorm (Hormonchemie, München).

Wirksames Prinzip der Nebenschilddrüse.
1 ml Amp. = 20 Collip-Einheiten (= 100 USP-Einheiten).

Anwendung. Tetanie, postoperative Komplikationen, Anurie.

Paratotal (Labopharma, Berlin).

Epithelkörperchenextrakt.

Anwendung. Nebenschilddrüseninsuffizienz, Tetanie.

Thymus.

Innere Brustdrüse, beim Tier Bries.

Innersekretorische Drüse hinter dem Brustbein, die aus einer lymphozytären Rindenschicht und epithelialen Markschichten besteht. Die Thymusdrüse entwickelt sich nur bis zur Geschlechtsreife, dann erfolgt Rückbildung. Bei infantilen Meerschweinchen treten nach Thymektomie Wachstumshemmungen und progressiver Verfall auf. Der größte Teil der Tiere stirbt durch Kachexie. Die endokrinen Drüsen zeigen während dieser Zeit zwei Reaktionsphasen. In der Hypophyse kommt es zu einer gesteigerten Ausschüttung von Thyreotropin bis zur Verarmung der hormonbildenden Zellen. Danach beobachtet man einen Anregungszustand der Schilddrüse. Die Gonaden werden ebenfalls nach Thymektomie aktiviert, darauf folgt eine Degeneration. Mit einem wasserlöslichen Extrakt aus Thymus können sämtliche Störungen behoben werden. Die wirksame Substanz gibt die Biuretreaktion, ist mit Trichloressigsäure nicht fällbar und enthält weder Phosphor noch -SH-Gruppen (J. Comsa in „Fermente, Hormone, Vitamine", hrsg. von R. Ammon und W. Dirscherl, Stuttgart: G. Thieme 1960).

Wirkung. Parenteral und oral zugeführte Thymus-Extrakte können auf Grund ihrer Antithyroxinwirkung die Erscheinungen der Schilddrüsenüberfunktion kompensieren. Neben der Einwirkung auf die Hypophyse, die mit einer verminderten Ausschüttung von thyreotropem Hormon reagiert, kennt man auch eine direkte Wirkung durch eine Beschleunigung des Thyroxinabbaus.

Standardisierung. Nach J. Comsa kann eine Meerschweinchen-Einheit in einem Thymus-Extrakt gerade die Wirkung von 1 mg Thyroxin aufheben.

Thymus „Henning" (Dr. G. Henning, Berlin).

1 Dragée entspricht 1,2 g frischer Drüse.

Anwendung. Hyperthyreose, Wachstums- und Entwicklungsstörungen.

Ovarium.

Eierstöcke (s. a. Hormone, S. 136 u. 150).

Seit der Verwendung von Reinhormonen des Ovars konnte man immer wieder beobachten, daß diese eine den Drüsengesamtauszügen nicht analoge Wirkung haben. Selbst bei Zufuhr eines Kombinationspräparates mit allen bekannten Ovarienhormonen unterscheidet sich der therapeutische Effekt von der Wirkung eines Organextraktes.

Wirkung. Besonders deutliche Unterschiede ergeben sich bei der Behandlung klimakterisch bedingter Ausfallserscheinungen. Diese Beschwerden werden von Gesamtextrakten besonders günstig beeinflußt. Dabei soll es sich um einen Faktor handeln, der die Hypophyse anregt. Diese Anregung ist mit einer gonadotropen Rückwirkung auf das Ovar verbunden. Wie H. G. Rietschel feststellt, sind in den Vollextraktpräparaten häufig nur sehr geringe Hormonmengen vorhanden, so daß Wirkungen, die nach Anwendung solcher Präparate zu beobachten sind, nicht Hormoneffekten zugeschrieben werden können. Es dürften daher noch andere Mechanismen im Spiele sein (Rietschel, H. G.: Problematik und Klinik der Zellulartherapie, München: Urban & Schwarzenberg 1957, S. 248).

Feminal (Lankwitz, Gefrees).

1 Dragée enthält Ovar. tot. sicc. 0,1 g, Dienoestroldiacetat 0,01 mg, Pulsatilla D1 1 mg.
1 Tablette Feminal forte enthält Extr. Ovar. tot. sicc. 5 mg (25fach angereichert), Dienoestroldiacetat 0,25 mg, Pulsatilla D1 1 mg.

Anwendung. Ovarialinsuffizienz, Amenorrhoe, Dysmenorrhoe, Hauterkrankungen endokrinen Ursprungs.

Gynacton (Promonta, Hamburg).

Regulans ovarieller Dysfunktionen. 1 ml enthält Fluidextrakte aus 400 mg Ovarien (Frischorgan) und Drogen.

Anwendung. Klimakterische Beschwerden, prämenstruelle Spannungszustände, Dysmenorrhoe.

Klimakton (Knoll, Ludwigshafen).

Eine Bohne enthält 0,03 g Ovarialsubstanz (Ovaraden), 0,006 g Schilddrüsensubstanz, 0,15 g Bromural und 0,15 g Calcium-Diuretin.

Anwendung. Beschwerden im Klimakterium, Menstruationsstörungen.

Klimova (Organomed, Emmerich).

1 Dragée enthält 0,02 mg Oestradiolbenzoat, 0,05 g Ovar. sicc., 0,06 g Bromeiweiß und 0,05 g Animasa.

Anwendung. Beschwerden im Klimakterium.

Ovanorm (Organomed, Emmerich).

1 Dragée enthält 500 I.E. oestrogene Hormone, Ovar. sicc. 0,025 g.

Anwendung. Innersekretorische Störungen, klimakterische Haut- und Gelenkerkrankungen.

Ovapur-Feldhoff (Feldhoff, Essen).

Frische Ovarien 60%, Ölemulsion, fettfreie Salbenträger.

Anwendung. Spastische und spinale Lähmungen, neurovegetative Erkrankungen, Morbus Buerger.

Ovar-Lysat – B. A. G. (Schwarzhaupt, Köln).

Hydrolysat von voll funktionsfähigen gesunden Ovarien junger Tiere zur intramuskulären Injektion.

Anwendung. Funktionsstörungen der weiblichen Geschlechtsdrüsen.

Ovatest (Organomed, Emmerich).

1 Dragée enthält 0,05 mg Oestradiolbenzoat, 0,05 g Ovar. sicc. und 0,05 g Testes sicc.

Anwendung. Ausfallserscheinungen im Beginn des Klimakteriums, vegetative Dystonie, Prostatahypertrophie.

Ovibion (Klinge, München).

Ovarial-Extrakt.

Anwendung. Klimakterische Beschwerden, Menstruationsanomalien, funktionelle Sterilität.

Ovimpyn (Klinge, München).

Ovarial-Extrakt 90%, eingestellt auf 0,02 mg Ovumin/gtt. (Dienoestroldiacetat), Testis-Extrakt 5%.

Anwendung. Klimakterische Beschwerden, ovarielle Dysfunktionen, endokrin bedingte Dermatosen.

Ovovegan (A. Wolff, Bielefeld).

1 Dragée enthält die Wirkstoffe von 0,5 g Frischovar, 4 γ Oestriol, 25 mg Phenobarbital und 50 mg Chinaalkaloide.

Anwendung. Beschwerden im Klimakterium, Dysmenorrhöen, Pruritis vulvae.

Ovo Vinces (A. Wolff, Bielefeld).

1 Dragée enthält Wirkstoffe des Gesamtovars entsprechend 500 mg Frischovar.

Anwendung. Klimakterisches Beschwerdesyndrom, Menstruationsanomalien, Dermatosen bei ovarieller Insuffizienz.

Polyhormin fem. (Sanabo, Wien).

Kombination der Hormone der Keimdrüse, der Hypophyse und der Schilddrüse im physiologischen Mengenverhältnis 5 : 1 : 1,5.

Anwendung. Hypophysäre Fettsucht, menstruelle Störungen, klimakterische Beschwerden.

Yohosan (Sanabo, Wien).

Kombination von Ovarialsubstanz, aus natürlichen Keimdrüsen gewonnen, und Yohimbin.

1 Dragée enthält Ovarialsubstanz entsprechend 0,3 g frischer Drüse, 0,0025 g Yohimbin.

Anwendung. Hypofunktion der Ovarien, klimakterische Beschwerden, Adipositas post partum.

Testes.

Hoden. Testiculi. Testikel. Männliche Geschlechtsdrüsen. Prostata (Vorsteherdrüse).

Die Testes sind Bildungsstätten des Spermas und des männlichen Sexualhormons, des Testosterons. Das Testosteron sorgt für die normale Funktion des männlichen Genitalsystems und für die Ausbildung der sekundären Geschlechtsmerkmale. Daneben haben diese Hormone und ihre abgewandelten Verbindungen einen Einfluß auf den Eiweißstoffwechsel durch Förderung der Bildung und Speicherung von Eiweiß (s. Sexualhormone, S. 137).

Anwendung. Da die Substitution mit isolierten Hormonen oft nicht befriedigt, versucht man die komplette endokrine Funktion mit Testes-Gesamtextrakten anzuregen. Die Gesamtextrakte enthalten neben den spezifischen Hormonen noch weitere wirksame Substanzen. LAQUEUR [Acta brev. neerl. Physiol. *5*, 84 (1935) und Hoppe-Seylers Z. physiol. Chem. *233*, 281 (1935)] hat Fraktionen aus Hoden und Harn gewonnen, die für sich unwirksam waren, aber die Wirksamkeit der männlichen Sexualhormone steigerten. Er vermutet, daß u.a. gewisse Proteine als Biokatalysatoren eine Rolle spielen [s.a. DOERNBACH: Med. Klin. *50*, 1108 (1955)].

Wirkung. Die Organpräparate haben eine gute Wirkung bei Prostatahypertrophie und übertreffen die synthetischen Präparate (STAEHLER: Klinik und Praxis der Urologie, Stuttgart: G. Thieme 1959, S. 711).

Haemorrhoidal-Salbe „Feldhoff“ (Feldhoff, Essen).

Frischdrüsensalbe. Frische Testes und Placenta (3 : 1) 40%, p-Aminobenzoesäureaethylester 5%, Ölemulsion in fettfreiem Salbenträger.

Anwendung. Hämorrhoiden, Analfissuren, Rektalpruritis.

Orchibion (Klinge, München).

Testisextrakt zur oralen Anwendung.

Anwendung. Prostatahypertrophie, Klimakterium virile.

Orchimbin (Sanabo, Wien).

1 Dragée enthält Testissubstanz entsprechend 1 g frischer Drüse und Yohimbin hydrochlorid 0,00025 g.

Anwendung. Organische und funktionelle Störungen des Sexualvorganges.

Polyhormin masc. (Sanabo, Wien).

Kombination der Hormone der Keimdrüse, der Hypophyse und der Schilddrüse im physiol. Mengenverhältnis 5 : 1 : 1,5.

Anwendung. Dysfunktion der männlichen Keimdrüsen, Prostatahypertrophie.

Rheumamed-Feldhoff (Feldhoff, Essen).

Frischdrüsensalbe. Frische Testes und Placenta (3 : 1) 55%, Ol. Sinapis 1,5% in einem Spezialsalbenträger.

Anwendung. Rheuma, Ischias, Arthritiden.

Sanursex „M“ (Hormosan, Frankfurt).

1 Dragée enthält 20 mg Test. sicc., 5 mg Gland. pituitaria, daneben Vitamine, anorg. Salze, Lecithin, Glutaminsäure, Ephedrin, Extr. Muirae puamae.

Testasa (Organomed, Emmerich).

1 Dragée enthält 0,05 g Test. sicc., 0,03 g Animasa, 0,005 g Calc. hypophosphorosum und 0,02 g Extr. Yohimbehe.

Anwendung. Klimakterium virile, Potenzstörungen, nervöse Erschöpfungszustände.

Testes-Lysat B. A. G. (Schwarzhaupt, Köln).

Eiweißfreies Hydrolysat aus Testes junger Tiere und in physiologischer Wechselwirkung stehenden Organen zur intramuskulären Injektion.

Anwendung. Hypogenitale Entwicklungsstörungen.

Testifortan (Promonta, Hamburg).

Sexualtherapeuticum.

1 Ampulle zu 2 ml enthält 30 mg Extr. Test. (entspricht 4 g Frischdrüse), 1 mg Papaverinhydrochlorid und 1,15 mg Yohimbin hydrochlorid – 1 Dragée enthält 140 mg Test. sicc. pulv. (entspricht 910 mg Frischdrüse), 2,5 mg Gland. pituitaria lob. ant. sicc. pulv. (entspricht 31,25 mg Frischdrüse) und andere Bestandteile.

Anwendung. Impotenz, sexuelle Neurasthenie, Prostatahypertrophie.

Testigarant und **Testigarant forte** (Hormon-Chemie, München).

Keimdrüsenextrakt mit standardisiertem Testosteron-Gehalt. 1 Suppositorium enthält 0,2 g Organextrakte aus 85% Testes und je 5% Prostata, Ovar und Nebennierenrinde. Das Präparat ist eingestellt auf 10 mg Testosteron (Testigarant) bzw. 40 mg (Testigarant forte).

Anwendung. Klimakterium virile, Potenz- und Fertilitätsstörungen, Prostatahypertrophie.

Testimed (Adefochemie, Nürnberg).

1 Dragée enthält 0,16 g Testes sicc. pulv., 0,012 g Glandulae Prostatae sicc. und andere Bestandteile.

Anwendung. Neurasthenie, Impotenz, neurovegetative Störungen.

Testogan (Dr. G. Henning, Berlin).

1 Dragée enthält Testes-Extrakt entsprechend 0,5 g frischer Drüse, Thyreoidea-Extrakt, HVL-Extrakt und NNR-Extrakt und andere Zusätze.

Anwendung. Klimakterium virile.

Viracton (Promonta, Hamburg).

Organo-phyto-therapeutisches Regulans für den Mann.

1 ml Tropfen enthält Fluidextrakte aus 400 mg Testes (Frischorgan), 100 mg Nebennieren (Frischorgan) und Drogen.

Anwendung. Konzentrationsschwäche, Klimakterium virile, Prostatahypertrophie.

Visnervin (Lankwitz, Gefrees).

1 Dragée enthält 0,05 g Testes sicc., 0,005 mg Oestradiol, Lecithin, Yohimbin, Calc. phosph.

Anwendung. Adynamie, Klimakterium virile, Prostataadenom, Impotenz.

Hyaluronidase-Präparate

aus Stierhoden.

Hyaluronidasen sind Fermente, die die Mucopolysaccharidsäuren des Bindegewebes abbauen. Infolge der partiellen Auflösung der Grundsubstanz breiten sich Partikel und gelöste Stoffe im Gewebe rascher aus (spreading factor).

Herstellung. Die Hyaluronidase-Präparate werden durch Extraktion aus Stierhoden gewonnen und nach speziellen Methoden gereinigt. Da es sich dabei um praktisch reines Enzym ohne weitere Begleitsubstanzen aus diesem Organ handelt, liegt kein typisches Organotherapeuticum vor (z. B. Kinetin-Amp. Schering, Berlin).

Blut.

Wird bei Kälbern eine Hämolyse provoziert, so erhält man in Milz und Thymus eine Hyperthrophie der Reticulumzellen. Aus dem Blut solcher Tiere und vor allem aus dem Blut sehr junger Milchkälber mit hoher Aktivität des reticuloendothelialen Systems (RES) läßt sich ein eiweißfreier Extrakt gewinnen, der die Zellatmung fördert. Die chemische Zusammensetzung eines solchen Blutextraktes weicht von den Normalwerten eines Serums nur unbeträchtlich ab. Außerdem liegen die Substanzen, die als Einzelsubstrate eine analoge Atmungssteigerung bewirken (Bernsteinsäure, α-Ketoglutarsäure) in dem Extrakt in einer Menge vor, die etwa 3 Zehnerpotenzen unter der als wirksam angesehenen Konzentration liegt. Obwohl das aktive Prinzip bisher noch nicht chemisch definiert werden konnte, läßt sich zeigen, daß sich seine Konzentration im Blut umgekehrt proportional zum Alter des Tieres verhält.

Standardisierung. Sie kann nach K. H. JAEGER u. Mitarb. [Arzneimittel-Forsch. *15*, 750 (1965)] durch den Grad der Atmungssteigerung, der an Lebermitochondrien beobachtet wird, erfolgen.

Wirkung. Die Atmungssteigerung an Mitochondrien geht parallel mit einer Vermehrung der energiereichen Phosphate. Beim Versuchstier beobachtet man eine Zunahme des Herz- und Leberglykogens und eine Beschleunigung der Glucoseaufnahme von Gehirnzellen. Stoffwechselstörungen, die auf einem Sauerstoffmangel des Gehirns und Herzmuskels beruhen, werden günstig beeinflußt. Es kommt zu einer verbesserten Regenerationsfähigkeit des lebenden Gewebes.

Actihaemyl, Solcoseryl im Ausland (Hormon-Chemie, München).

Actihaemyl ist ein eiweißfreier, auf die Förderung der Zellatmung standardisierter Extrakt aus dem Blut von jungen Kälbern mit hoher RES-Aktivität.

Ampullen mit 2 und 5 ml, 5%ige Salbe, 20%iges Gelee.

Anwendung. Periphere Angiopathie, zerebrale und koronare Durchblutungsstörungen, Herzinfarkt, Ulcus ventriculi, Ulcus cruris, verzögerte Frakturheilung, Hauttransplantate (s. auch Animasa unter Gefäß-Präparaten).

Arteria.

Gefäße.

Animasa, Animasa-Forte, Neo-Animasa (Organomed, Emmerich am Rhein).

1 Dragée Animasa enthält 0,006 g Schlagadernhydrolysat, 0,003 g Bluthydrolysat und 0,041 g vakuumgetrocknetes Kälberblut.

1 Dragée Animasa-Forte enthält 0,1 g Animasa und andere Zusätze.

1 Dragée Neo-Animasa enthält 0,05 g Animasa und verschiedene andere Zusätze.

Anwendung. Hypertensionen, Kreislaufstörungen, venöse Stauungen.

Telatuten (Luitpold-Werk, München).

Aus Blutgefäßen junger Tiere dargestelltes Organpräparat mit den physiologisch wirkenden Komponenten der Gefäßwand (Intima, Media, Adventitia).

Anwendung. Arteriosklerose, Angina pectoris, Morbus Raynaud.

Myocard.

Herzmuskel.

Herstellung und Bestandteile. Herzmuskel-Extrakte werden aus Herzmuskeln von embryonalen oder erwachsenen Tieren gewonnen. Sie sind proteinfrei und enthalten Aminosäuren, Nucleotide und Phosphatide als wirksame Substanzen. Man hat als Bestandteil früher auch eine Substanz mit Hormoncharakter angenommen, doch dürfte es sich hierbei um einen Komplex aus Magnesium und einem Nucleoproteid handeln [LETTRÉ, H.: Med. Mschr. *4*, 78 (1950)]. Vorschrift zur Herstellung eines Herzmuskel-Extraktes (Stada, Frankfurt): Aus embryonalen Kälberherzen wird durch Kaltwasserextraktion ein Auszug bereitet. Aus der Lösung werden Proteine und Histamin abgeschieden. Anschließend wird der Auszug unter Vermeidung von Luftoxydation und Hitzeeinwirkung konzentriert. Das Konzentrat wird an einem isolierten Herzen auf einen konstanten Gehalt an „herzwirksamen" Phosphatiden standardisiert. Nach Einstellen auf pH 7,4 wird der Extrakt mit 0,5% Phenol konserviert.

Prüfung. Die Prüfung erfolgt nach J. LA BARRE [Therapiewoche *15*, 78 (1965)] am zweckmäßigsten an Kaninchenherzen, die durch vorherige Gabe von EDTA insuffizient gemacht wurden oder am isolierten Herzmuskel des ermüdeten Frosches. Die Aminosäuren verbessern bei beiden Testen die Kontraktionsleistung, während die Adenosinderivate nur am ermüdeten Froschherzen diese positive Wirkung entfalten. Die Phosphatide, und hier speziell das Lysolecithin, üben einen günstigen Einfluß auf den insuffizienten Herzmuskel aus.

Anwendung. Extrakte aus Säugetierherzen werden in der Therapie von Koronarerkrankungen, vor allem bei Koronarinsuffizienz, erfolgreich eingesetzt. Daneben finden diese Extrakte Verwendung bei entzündlichen und degenerativen Gefäßerkrankungen und bei Gefäßspasmen. Die Extrakte zeichnen sich durch 3 pharmakologische Effekte aus, die experimentell gut zu verfolgen sind:

1. Gefäßerweiterung durch Wirkung auf die glatte Muskulatur. Dadurch kommt es zu einer besseren Koronardurchblutung.

2. Wirkung auf den Stoffwechsel des Herzmuskels. Dieser Effekt kann durch eine Steigerung des Sauerstoffverbrauchs an Gewebeschnitten von Meerschweinchenherzen beobachtet werden. Der Stoffwechseleffekt kann auch auf einer besseren Sauerstoffausnützung basieren. Diese Wirkung greift über das Fermentsystem der Muskelzelle an [WIGAND, H.: Therapiewoche *2*, 16 (1965)].

3. Wirkung auf den Lipidstoffwechsel. Dabei kommt es zu einer Normalisierung erhöhter Cholesterinwerte und zu einer Senkung des Cholesterin-Phospholipid-Quotienten.

Cardiasan-Adenosin (Schaper & Brümmer, Salzgitter-Ringelheim).

1 ml Tropfen = 2 Dragées enthalten Herzextrakt stand. (Adenosin 3 mg), Convallaria-Glykoside 1 mg, Crataegus-Flavan-Kondensat 5 mg.

Anwendung. Altersherz, Präinsuffizienz, Myocardschäden.

Corhormon (Chemiewerk-Homburg, Frankfurt).

Extractum cordis embryonalis aquos. Dieser wird aus allen Zellen von embryonalen Herzen von 2 bis 4 Wochen alten Tierembryonen gewonnen. Als wirksame Verbindung wird u.a. eine Komplexverbindung aus Magnesium und einem Nucleoproteid angesehen.

1 Ampulle mit 1 ml enthält 1 mg Wirkstoffkonzentrat entsprechend 7 mg frischem Organ.

Anwendung. Myodegeneratio cordis, Coronarinsuffizienz, leichte Herzinsuffizienz, Rhythmusstörungen, Leberparenchymschäden.

Cortonin (W. Feldhoff, Essen).

Frischdrüsensalbe. Frische, zerkleinerte Kälberherzen, Frischdrüsen.

Anwendung. Coronarinsuffizienz, Rhythmusstörungen, Cardiotonicum.

Digicor (Hennig, Flörsheim).

1 Dragée enthält 0,05 mg Digitoxin und 13,33 mg Herzmuskel-Extrakt mit den Derivaten des Adenylsäuresystems. 1 ml der Tropfen enthält 0,15 mg Digitoxin und 40 mg Herzmuskel-Extrakt mit den Derivaten des Adenylsäuresystems.

Anwendung. Herzinsuffizienz mit Tachykardie, Altersinsuffizienz.

Extractum Cor (Hennig, Flörsheim).

1 ml Ampulle enthält 40 mg eiweißfreien Herzmuskel-Extrakt mit den Derivaten des Adenylsäuresystems. 1 ml Tropfen entspricht 50 mg.

Anwendung. Herz- und Kreislaufstörungen, Altersherz, Coronarinsuffizienz.

Herzmuskel-Extrakt (Stada, Frankfurt).

Kaltwasserextrakt aus embryonalem Kälberherz, auf einen konstanten Gehalt an herzwirksamen Phosphatiden standardisiert.

Recosenin (Robapharm, Freiburg im Breisgau).

1 ml Ampulle enthält 0,014 g Extractum cordis und 0,003 g m-Kresol. 1 Dragée enthält 0,2 g Praep. part. ferment. sicc. cordis.

Anwendung. Koronarsyndrome, Altersherz, Cor pulmonale chronicum, periphere Durchblutungsstörungen.

Strophocor (Hennig, Flörsheim).

Ampullen enthalten 1/8 mg/ml bzw. 1/4 mg/ml, die Tropfen in 1 ml 2,5 mg g-Strophanthin und jeweils 40 mg eiweißfreien Herzmuskel-Extrakt mit den Derivaten des Adenylsäuresystems.

Anwendung. Degenerative Herzerkrankungen.

Hepar.

Leber.

Herstellung. Die Organotherapeutica aus der Leber werden nach Herstellung und therapeutischer Indikation in zwei Gruppen eingeteilt. Zur ersten Gruppe zählen *Extrakte* mit antiperniziöser Wirkung. Bei ihrer Herstellung wird das Leberhomogenat schonend aufgeschlossen, wobei der Vitamin-B-Komplex, insbesondere das Vitamin B_{12}, erhalten bleibt. Die Testung der Leberextrakte erfolgt nach MINOT, DAMASHEK und CASTLE durch eine Verdoppelung der Reticulocytenzahl. Die Präparate der zweiten Gruppe hingegen werden durch tiefgehende Aufspaltung des Leberhomogenats als *Hydrolysate* erhalten. Dieses Verfahren beabsichtigt, aus makromolekularen Verbindungen wertvolle Faktoren freizulegen. Die regenerationsfördernde Wirkung dieser Hydrolysate wird den Purinen, insbesondere dem Adenin, zugeschrieben.

Standardisierung. Sie erfolgt bei den Extrakten auf Vitamin B_{12} und den Intrinsic-Faktor. Die Hydrolysate können auf Grund ihrer antinekrotischen Wirksamkeit im Allylalkoholtest an Ratten nach EGER eingestellt werden.

Wirkung. Die *Leberhydrolysate* schützen gesunde Leberparenchymzellen und finden Anwendung bei chronischer Hepatitis, Leberzirrhose, hepatokardialem Syndrom, Hepatopathien und Strahlenschäden.

Anwendung. Die *Leberextrakt-Präparate* werden wegen ihres Gehaltes an Vitamin B_{12}, an antianaemischen Faktoren und wegen des Gehaltes an Intrinsic-Faktoren verwendet. Daneben spielt der Vitamin-B-Komplex noch eine Rolle. Diese Präparate werden vor allem bei Anaemien, darüberhinaus bei Erschöpfungszuständen, Altersschwäche, seborrhoischen Dermatosen, Psoriasis vulgaris und in der Rekonvaleszenz verwendet.

A. Extraktpräparate

Campoferron Bayer (Bayer, Leverkusen).

100 ml enthalten 4,5 g Leberextrakt, 1,5 g Ferrum citric. ammoniatum und 0,01 g Cupr. bichlorat.

Anwendung. Sek. Anaemien.

Campolon, Campolon forte „Bayer" (Bayer, Leverkusen).

Injizierbares Leber-Vitamin-B_{12}-Präparat mit den Gesamtwirkstoffen der Leber. 1 ml Campolon enthält 6 γ, 1 ml Campolon forte 30 γ Vitamin B_{12}.

Anwendung. Perniziöse Anaemie, zum Leberschutz, lokal bei Ulcus cruris.

Cicaton (Stada, Frankfurt).

Leberextrakt mit antianaemischer Wirkung. Cicaton wird durch Hydrolyse frischer Gefrierleber von Schlachttieren gewonnen und nach der Reinigung konzentriert, 1 Teil entspricht 30 Teilen Frischleber.

Cholotonon (Promonta, Hamburg).

Organpräparat aus dem gesamten Leber-Gallenweg-System.
1 Dragée enthält 150 mg Fel Suis sicc., 75 mg Vesica fel sicc. und 15 mg Extr. Hepatis.

Anwendung. Akute und chronische Erkrankungen der Leber- und Gallenwege.

Ferronovin (Promonta, Hamburg).

Haemopoeticum-Energeticum.
1 Teelöffel des Saftes enthält 40 mg Leberextrakt (4 g Frischleber), 30 mg Ferrochlorid, Vitamine der B-Gruppe, Ascorbinsäure.

Anwendung. Kräftigungsmittel, zur Blutregeneration.

Heparhorm-Ampullen (Hormon-Chemie, München).

Der Leberextrakt wird durch selektive Extraktions- und Absorptionsmethoden aus frischer Leber gewonnen.

1 ml Injektionslsg. enthält gereinigten Leberextrakt mit 10 γ bzw. 35 γ (Heparhorm forte) Vitamin B_{12} und 0,5 mg Kobalt als Aminosäurekomplex.

Anwendung. Anaemie, chron. Hepatitis, Leberzirrhose, Röntgenkater.

Heparhorm Sirup (Hormon-Chemie, München).

Leberextrakt, standardisiert auf 15 γ Vitamin B_{12}, Vitamine, Spurenelemente, Adenosinphosphate.

Anwendung. Leberschutztherapie, Roborans.

Hepatrat (Nordmark, Hamburg).

Standardisierter Leberextrakt. 1 Bohne: 3 γ Vitamin B_{12}, 1 Eßlöffel von H. liquidum: 15 γ Vitamin B_{12}.

Anwendung. Anaemien, Rekonvaleszenz, seborrhoische Dermatosen, Psoriasis vulgaris.

Hepatrat forte (Nordmark, Hamburg).

1 ml Injektionslsg. enthält 100 mg Leberextrakt mit Vitaminen der B-Gruppe und 2 mg Xylocain.

Anwendung. Wie Hepatrat.

Hepavitex (Chodel, Köln).

1 Ampulle enthält 0,17 g Leberextrakt (entsprechend 5100 g Frischleber) und 40 γ Vitamin B_{12}.

Anwendung. Anaemien, Rekonvaleszenz, allergische Erkrankungen, Vergiftungen.

Hepsit forte (Promonta, Hamburg).

1 Ampulle (2 ml) Extr. Hepatis mit 0,02 mg Vitamin B_{12}.

Anwendung. Anaemie, Leberschädigung, Rekonvaleszenz.

Iloban (Merck, Darmstadt).

Leberextrakt mit Vitamin B_{12} und anderen Vitaminen zur intraglutäalen Injektion.

Anwendung. Makrozytäre Anaemien, Stomatitis, gastrointestinale Störungen, Neuralgien, chronische Ekzeme.

Neo-Gallonorm (Mauermann, Pöcking).

Hepar sicc., Fel Tauri, Pankreatin, Vitamine und verschiedene Drogen mit hepatropen Wirkstoffen.

Anwendung. Gallenblasen- und Leberentzündungen, Stoffwechselstörungen.

Opobyl (Vertriephar, Homburg).

1 Pille enthält Hepar Suis sicc. pulv. (1 g = 5 g frisches Organ), 0,05 g Fel Tauri und Drogen.

Anwendung. Mangelhafte Lebertätigkeit. Entzündungen der Gallenblase, chron. Verstopfung.

Panergon (Lankwitz, Gefrees).

1 Dragée enthält 0,24 g Hepar sicc., 0,04 g Mucosa gastr. sicc., Folsäure und Spurenelemente.

Anwendung. Anaemien, Ernährungsstörungen, Erschöpfungszustände, Ascites, Toxikosen.

Ripason (Robapharm, Freiburg).

1 ml Amp. enthält etwa 0,026 g Extr. Hepatis, 0,003 g m-Kresol, Aqua dest. ad inj. ad 1 ml.

1 Dragée enthält 0,1 g Praep. part. ferment. sicc. Hepatis.

Anwendung. Leberzirrhose, chronische Hepatitis.

B. Hydrolysatpräparate

Fissanamin (Deutsche Milchwerke, Zwingenberg).

Biotonicum.

5 g Granulat enthalten 2 g Fermenthydrolysat aus Casein, Frischhefe und Frischleber im Verhältnis 3 : 2 : 1, Vitamine, 100 mg Calciumphosphat, 100 mg Colaextrakt und 50 mg Condurangoextrakt.

Anwendung. Rekonvaleszenz, Entwicklungsstörungen, Blutarmut, Erschöpfungszustände.

Hepa-Tissan (Deutsche Milchwerke, Zwingenberg).

1 Dragée enthält etwa 300 mg Fermenthydrolysat aus Casein, Frischhefe und Frischleber im Verhältnis 3 : 2 : 1, Vitamine, Cholin und Methionin.

Anwendung. Hepatitis, Leberparenchymschäden, Schwangerschaftstoxikosen.

Prohepar (Nordmark, Hamburg).

Leberhydrolysat mit essentiellen Aminosäuren. 1 ml Injektionslsg. enthält 60 mg Lebelhydrolysat mit essentiellen Aminosäuren (antinekrotische Wirksamkeit im Allylalkohor-Test nach Eger eingestellt).

1 Bohne enthält 70 mg Leberhydrolysat mit essentiellen Aminosäuren, Cholin, Inosit und Vitamin B_{12}.

1 Teelöffel Sirup enthält 625 mg Hydrolysat mit essentiellen Aminosäuren, Cholin, Inosit und Vitamin B_{12}.

Anwendung. Chronische Hepatitis, Leberzirrhose, hepatokardiales Syndrom, Myokardose, Hepatopathien, Schwangerschaftstoxikosen, Strahlenschäden, Psoriasis vulgaris, hepatogene Osteoporose.

Knorpelgewebe.

Sanarthrit (Luitpold-Werke, München).

Aus Knorpelgewebe junger Tiere gewonnenes Organpräparat zur intraven. und intramusk. Injektion.

Anwendung. Chronisch-entzündliche Gelenkerkrankungen, Gelenkrheumatismus, Arthritis, Spondylitis.

Milz.

Lien, Splen.

Die Milz ist von Bedeutung für den Umsatz der roten und weißen Blutkörperchen: 1. Erythrozytenzerstörung im Rahmen der Blutmauserung, 2. neben anderen Organen Bildung von Lymphozyten. Als wichtige Funktion wird ihr auch ein hemmender Einfluß auf die Blutbildung im Knochenmark zugeschrieben. Kommt es zu einer Erhöhung der Erythrozytenzahl, so wird als Ursache der Erkrankung gewöhnlich eine Dysfunktion der Milz angenommen. Gorlitzer und Friedrich konnten durch Verabreichung einer Milzdiät die Erythrozyten zur Norm bringen [Med. Klin. *56*, 18 (1961)]. Außerdem sollen Milzpräparate regulierend und stützend auf die Leberfunktion wirken [Mahnert u. Moser: Wien. med. Wschr. *107*, 530 (1957)].

Prosplen (Ifa, Hamburg).

Dragées, Tropfen und Ampullen. Papierchromatographisch standardisierter Frischmilzextrakt.

Anwendung. Vegetative Dysregulationen, intestinale Allergien (Asthma bronchiale), Bestrahlungsschäden, zur Steigerung körpereigener Abwehrkräfte.

Splenosan (Sanabo, Wien).

Milzextrakt.

Renes.

Nieren.

Neben der Hauptaufgabe der Harnbereitung und Ausscheidung sollen die Nieren noch eine innere Sekretion mit einer spezifischen Wirkung auf das Reticulo-Endothel der Lungen und Bronchien besitzen.

Emphysemon Bürger (Ysatfabrik, Goslar).

Injektionslösungen mit dem eiweißfreien Extrakt aus Nierenparenchym.

Anwendung. Lungenemphysem, Asthma bronchiale.

Pankreas.

Bauchspeicheldrüse.

Die Bauchspeicheldrüse hat, bedingt durch die innere und äußere Sekretion, eine doppelte Funktion. Die *äußere* Sekretion, die etwa 15 bis 30 g Enzymgemisch je Std. liefert, dient dem Abbau der Nahrungsstoffe. Die Sekretion wird durch den Übertritt des sauren Mageninhalts in den Darm ausgelöst. Der alkalisch reagierende Pankreassaft enthält Proteasen zum Abbau der hochmolekularen Eiweißkörper, α-Amylasen zum Abbau von Kohlenhydraten und Lipasen zur Spaltung der Neutralfette. Durch die *innere* Sekretion werden den Kohlenhydratstoffwechsel regulierende Hormone, Insulin und Glucagon ins Blut abgegeben (s. Insulin, S. 79).

Wirkung. Durch Pankreaspräparate werden dem Körper die natürlichen Fermente des Pankreas zugeführt. Der Nahrungsabbau verläuft daher physiologisch. Demgegenüber bauen pflanzliche Fermente das Eiweiß in qualitativ anderer Weise ab.

Anwendung. Pankreasextrakte finden bei Pankreasinsuffizienz, Dyspepsien, Nahrungsmittelallergie, Meteorismus und Appetitlosigkeit Anwendung. Da die Enzyme bei der Magenpassage zerstört werden, erhalten die Präparate einen magensaftresistenten Überzug oder werden mit Gerbsäure stabilisiert.

Gerikreon (Kali-Chemie, Hannover).

Gerikreon ist ein Ferment-Vitamin-Präparat, das neben Pankreon (1 Dragée = 200 mg Pankreon) und Galledispert die wichtigsten Vitamine sowie Eisen und Cholin enthält.

Anwendung. Verdauungsstörungen, vor allem im Alter.

Pankreoflat (Kali-Chemie, Hannover).

1 Dragée bzw. 1 Meßlöffel (= 1 g) Granulat enthält 200 mg Pankreon mit einer Fermentaktivität von 8 Lipase-, 14 Amylase- und 24 Protease-Einheiten nach WILLSTÄTTER und 80 mg Dimethylpolysiloxan.

Anwendung. Meteorismus, Flatulenz, Roemheld-Syndrom.

Pankreon (Kali-Chemie, Hannover).

Standardisiertes magensaftresistentes Pankreasfermentpräparat. Pankreon-Tabletten, Pankreon comp. Dragées und Pankreon-Granulat. 1 Tablette enthält 10 Lipase-, 18 Amylase- und 30 Protease-Einheiten nach WILLSTÄTTER. Pankreon comp. enthält zusätzlich 50 mg Galle-Dispert.

3 g Pankreon-Granulat (= 1 gestrichener Teelöffel) enthalten 40 Lipase-, 50 Amylase- und 130 Protease-Einheiten.

Anwendung. Verdauungsinsuffizienz, Dyspepsien, Meteorismus, nach Magenresektion, Appetitlosigkeit.

„Lipocaic-Faktor“ aus Pankreas.

Die Bauchspeicheldrüse enthält einen Faktor, der den Fettstoffwechsel beeinflußt. Bei pankreasektomierten Hunden beobachtete man u. a. degenerative Verfettung der Leber und Störungen der Leberfunktion. Diese Symptome konnten verhindert und zur Rückbildung gebracht werden, wenn den Hunden täglich Rohpankreas verfüttert wurde. Der wirksame Faktor ist alkohollöslich und thermostabil. Er ist nicht identisch mit Methionin oder Cholin.

Lipotrat (Nordmark, Hamburg).

1 Dragée enthält 100 mg Lipocaic-Faktor (lipotrop wirksame Fraktion des Pankreas, standardisiert im biologischen Test nach LEITES und JAKUSCHEWA).

Anwendung. Arteriosklerose, Angiopathia diabetica, Leberverfettung, Lipidosen, Lipidnephrose, Psoriasis vulgaris.

Neo-Gallonorm (Mauermann, Pöcking).

Die Dragées enthalten Pankreatinum conc., Fel Tauri sicc., Hepar sicc., verschiedene Drogen mit hepatotroper und laxativer Wirkung und Vitamine.

Anwendung. Stoffwechselstörungen, Gallengangs- und Leberentzündungen.

Anmerkungen. Siehe auch Panzynorm, Nordmark, Hamburg, unter Extrakte aus Magen und Pylorus im folgenden Abschnitt.

Ventrum.

Magen. Pylorus, Magenpförtner.

Magenextrakte enthalten die Fermente Pepsin und Kathepsin, die die Eiweißverdauung einleiten. Besondere Bedeutung kommt dabei dem Kathepsin zu. Es entfaltet schon bei geringerer Säurekonzentration seine volle Wirkung. Während das Aktivitätsoptimum für Pepsin bei pH 1,5 liegt, hat das Kathepsin bei pH 3,0 seine optimale Wirkung. Das bedeutet, daß die Eiweißverdauung auch bei herabgesetzter Säureproduktion des Magens eingeleitet werden kann.

Pylorusschleimhaut-Extrakte enthalten Gastrin (s. Hormone, S. 189) und den Intrinsic-Faktor. Das Gastrin fördert die Magensaftsekretion, während dem Intrinsic-Faktor bei der Versorgung des Organismus mit dem Vitamin B_{12} Bedeutung zukommt.

Birobin (Sanabo, Wien).
Roborans.

1 Dragée enthält 0,1 g getrocknete Magenschleimhaut, Eisen in komplexer Bindung, Manganglycerophosphat, Kobaltgluconat und Chlorophyll.

Anwendung. Alimentäre Blutarmut, Anaemien in der Gravidität und Rekonvaleszenz nach schweren Krankheiten.

Enzynorm (Nordmark, Hamburg).

Standardisierter Magenextrakt mit peptischer und katheptischer Fermentaktivität und mucingebundener Salzsäure.

Handelsformen: Liquidum, Bohnen, Pulver, für Diabetiker Dia-Enzynorm ohne Zuckerzusatz. 1 Eßlöffel (15 ml) Enzynorm liquidum ist etwa 3 Enzynorm-Bohnen wirkungsgleich.

Anwendung. Subacidität bei akuter und chronischer Gastritis, Gastroenteritis, Magencarzinom, Afermentie nach Magenresektion, Cholezystopathie, Appetitlosigkeit, Akne vulgaris und hypochrome Anämie.

Panzynorm (Nordmark, Hamburg).

1 Dragée enthält 0,1 g Magenextrakt, 0,015 g Pylorusextrakt mit Intrinsic-Faktor-Aktivität, 0,095 g Pankreatin und 0,04 g Fel Tauri.

Anwendung. Verdauungsstörungen, besonders bei Pankreasinsuffizienz, Leber- und Gallenwegserkrankungen, Störungen der Fermentbildung bei Magencarzinom sowie nach Operationen an Magen, Pankreas, Gallenblase und Leber.

Robadin (Robapharm, Freiburg).

1 ml Amp. gegen Ulc. ventr. enthält etwa 0,012 g Extr. Ventriculi, etwa 0,005 g Extr. Duodeni und 0,003 g m-Kresol.

1 ml Amp. gegen Ulc. duod. enthält etwa 0,013 g Extr. Duodeni, etwa 0,0005 g Extr. Ventriculi und 0,003 g m-Kresol.

1 Dragée enthält Praep. part. ferment. sicc. Ventr. und 0,1 g Praep. part. ferment. sicc. Duod.

Anwendung. Ulcus ventr., Ulcus duodeni, Gastritis, Duodenitis.

Duodenum.

Zwölffingerdarm.

Der Zwölffingerdarm als oberster Abschnitt des Dünndarms schließt an den Pylorus des Magens an. Als eventuell wirksame Stoffe kommen Schleimstoffe in Betracht, die vom Duodenum abgesondert werden.

Opocarbyl (Vertriephar, Homburg a. d. Saar).

100 g Granulat enthalten Duodenum sicc. (1 g = 8 g frisches Organ) 0,5 g, Hepar Suis sicc. 0,5 g, Fel Tauri dep. sicc. 0,5 g und andere Zusätze.

Anwendung. Diarrhöen, bakterielle Magen- und Darm-Infektionen, Blähungen.

Anmerkung. Siehe auch Robadin unter Magen.

Gallenblasenwand.

Die Gallenblasenwand sezerniert einen Stoff, der die Wirkung der Pankreaslipase wesentlich steigert. Diese Substanz ist stickstofffrei und dialysierbar [PRIBRAM: Münch. med. Wschr. *46*, 1823 (1935)]. Die Proteasen und Amylasen werden durch Gallenblasenwandstoffe nicht aktiviert. Die Standardisierung der Präparate erfolgt mit Hilfe der Pankreaslipase. 1000 Einheiten entsprechen derjenigen Präparatmenge, die innerhalb von 3 Std. die Wirkung der Pankreaslipase auf das Doppelte steigert.

Cholecysmon (Südmedica, München).

Proteinfreier standardisierter Organextrakt mit dem lipaseaktivierenden Stoff der Gallenblase.

1 Pille enthält 500 Einheiten Gallenblasen-Wirkstoff. 1 Ampulle (i.m.) 200 Einheiten.

Anwendung. Ausfallserscheinungen der Gallenblasenfunktion, Hepatopathien, Gallensteinerkrankungen, Verdauungsstörungen unklarer Genese.

Placenta.

Nachgeburt, Mutterkuchen.

Die Placenta, die sich aus der Decidua basalis entwickelt, sorgt für die Ernährung und O_2-Versorgung der Frucht. Das Blut wird der Placenta von der Frucht über die Nabelarterien zugeführt und kehrt über die Nabelvene zurück. Die Placenta fungiert darüber hinaus als endokrine Drüse und bildet mit zunehmender Fruchtreife beträchtliche Mengen östrogener Hormone (Östradiol). Sie kompensiert damit den Ausfall der Follikelbildung im Eierstock während der Gravidität. Umgekehrt nimmt die Bildungsrate an Choriongonadotropin und Progesteron in der Placenta vom dritten Schwangerschaftsmonat ab. Bemerkenswert ist ein relativ hoher Gehalt an Corticosteroiden. Die Placenta wird zusammen mit den Eihäuten in der sogenannten Nachgeburtsperiode ausgetrieben.

Ausgangsmaterial. Tierische und menschliche Placenten, wobei von tierischen Placenten reife (geborene) oder unreife (ungeborene) zur Extraktbereitung benutzt werden.

Prüfung und Wirkung. Anhand des Einbaus von Phenylalanin bei der Proteinsynthese der Ribosomen erwies sich nur der Extrakt von unreifen Placenten als hochwirksam. Ein Extrakt aus reifen Placenten zeigte keinen Effekt [JACHERTS, D. D., BL. JACHERTS u. G. MAY: Med. Klin. *18*, 752 (1963)]. Als ausschlaggebend für die Wirksamkeit von Placentaextrakten wird neben der Anwesenheit von Corticosteroiden der Gehalt an „biogenen Stimulatoren", die bei der Aufarbeitung entstehen sollen, angesehen. Placentaextrakte wirken aktivierend auf das Hypophysen-Nebennierenrinden-System und regulierend auf den Stoffwechsel. Außerdem steigern sie die Durchblutung und die Zellatmung. Die therapeutische Wirksamkeit der Handelspräparate hängt stark vom Herstellungsverfahren ab.

Nebenwirkungen. Wegen der möglichen Nebenwirkungen durch östrogene Stoffe sollten Placenten der ersten Schwangerschaftsmonate verwendet werden, da diese keine oder nur

Spuren Follikelhormone enthalten. Für die Anwendung von Placentaextrakten in der Kosmetik wird vom Gesetzgeber die Abwesenheit von Hormonen gefordert. Die Überprüfung von verschiedenen Placentaextrakten auf östrogene Stoffe durch biologische und chemische Methoden hat Mengen ergeben, die an der untersten Erfaßbarkeitsgrenze liegen. Eine endokrine oder direkte hormonelle Wirkung durch derart geringe Substanzmengen ist daher nicht zu erwarten.

Standardisierung. Zur Standardisierung von Placentaextrakten sind verschiedene Methoden vorgeschlagen worden:

1. Bestimmung des Phosphatasegehaltes mit Bezug auf King-Armstrong-Einheiten.

2. Ermittlung der Atmungs- und Glykolysesteigerung auf die menschliche Haut nach KLUDAS und ESCHBACH [Hautarzt *11*, 515 (1960)].

3. Nach J. MEYER, R. ILLIEN und J. G. FAUDI mit Hilfe des Testbacillus Zymomonas mobile durch Plattenkulturen. Die Wachstumszonen sind dabei dem Wirkstoffgehalt direkt proportional [Arzneimittel-Forsch. *11*, 972 (1961)].

4. Einbau von markiertem Phenylalanin in den Ribosomen nach D. D. JACHERTS, BL. JACHERTS und G. MAY [Med. Klin. *18*, 752 (1963)].

Inplacen (Merz, Frankfurt).

Extrakt aus Rinderplacenten des 3. bis 4. Schwangerschaftsmonats, die tiefen Temperaturen ausgesetzt werden, wobei sie neue biologische Fähigkeiten gewinnen (biogene Stimulatoren nach FILATOW). Die Ampullen enthalten einen 10%igen wäßrigen Extrakt aus Rinderplacenten zur subc., intramusc., intraven. und intraarteriellen Injektion.

Anwendung. Periphere Durchblutungsstörungen, Arthrosen, verzögerte Kallusbildung, Adnexentzündungen, Ohrensausen und Ulcus cruris.

Placentadent (Merz, Frankfurt).

Salbe (Extr. Placentae 10%) und Ampullen (100 mg Extr. Placentae und 10 mg Lidocain-HCl in 1 ml).

Anwendung. Gingivitiden, Stomatitiden.

Placentan (Madaus, Köln).

1 Ampulle enthält 10 mg Extractum Placentae hominis; 20 g Salbe enthalten 700 mg lipidlösliche Wirkstoffe aus frischer Humanplacenta.

Anwendung. Durchblutungsstörungen und deren Folgezustände.

Placentapur-Feldhoff (Feldhoff, Essen).

Die Salbe enthält 60% frische tierische Placenta.

Anwendung. Spastische, spinale Lähmungen, venöse Durchblutungsstörungen.

Placenta-Serol-Salbe (Merz, Frankfurt).

10% standardisierter Placenta-Totalauszug in fettfreier Salbengrundlage.

Anwendung. Arthrosen, chron. Polyarthritis, Ulcus cruris, Brandwunden.

Placenta-Suspensata-Depot-Schwarzhaupt (Schwarzhaupt, Köln).

Zubereitung menschlichen Placentagewebes in kolloidaler Form und Partikelaufschwemmung in isoton. Lösung.

Anwendung. Affektionen der Haut, klimakterische Störungen, Arthrosen, periphere Durchblutungsstörungen.

Placentormon (Labopharma, Berlin).

Steriler, zellwandfreier, nach patentiertem Verfahren hergestellter, nach Phosphatase-Einheiten standardisierter Extrakt von frischen ungeborenen Rinderplacenten. Die Salbe enthält 40%, die Suppositorien enthalten 30% Extrakt. Placentormon-Pulpa besteht aus 86,6% kolloider Placenta. Ampullen mit 10% Extrakt zur i.v. und i.m. Injektion.

Anwendung. Durchblutungsstörungen, Altersherz, klimakterische Störungen und Ekzeme.

Placentubex (Merz, Frankfurt).

Hormonfreie Kosmetikcreme.

Re-Pla-Serol Augen-Placenta-Serol (Merz, Frankfurt).

Salbe mit 10% Extr. Placentae.

Anwendung. Dystrophische Hornhautprozesse, Keratitis, Akne rosacea.

Gerinnungsaktive Phospholipidkomplexe

aus tierischem Gewebe.

Tierische Phospholipidkomplexe beeinflussen den Ablauf der Blutgerinnung durch eine signifikante Verkürzung. Die Phospholipide greifen an drei Stellen in diesen Prozeß ein. Sie entfalten eine dem Thrombozytenfaktor III analoge Wirkung (Vorphase der Gerinnung). Sie beteiligen sich in der 1. Gerinnungsphase an der Prothrombinaktivierung. Schließlich haben sie eine Antiheparinwirkung und entsprechen damit dem Thrombozytenfaktor IV. Neben dem Einfluß auf die Blutgerinnung haben diese Gewebeextrakte auch eine Wirkung bei der Kapillarabdichtung, so daß sie Entzündungen und hämorrhagische Diathesen günstig beeinflussen.

Herstellung. Als Ausgangsgewebe dient schonend getrocknetes Hirn- oder Lungengewebe. Der Phospholipidkomplex wird mit entsprechenden Lösungsmitteln extrahiert und gereinigt. Die Extrakte sind eiweiß- und pyrogenfrei.

Gehaltsbestimmung. Die quantitative und qualitative Zusammensetzung kann papier- oder dünnschichtchromatographisch ermittelt werden (s. Lecithin). Die physiologische Standardisierung erfolgt durch die gerinnungsfördernde Aktivität in der Vorphase [EGLI: Thrombos. Diathes. haemorrh. *6*, 533 (1961)].

Clauden (Luitpold-Werk, München).

Isolierte Partialthrombokinase aus Hammel- und Schweinelungen. Aktivator der Thromboplastin-Bildung und Accelerator der Prothrombin-Thrombin-Umwandlung.

10 ml Injektionslösung enthalten 50 mg, 1 Tablette enthält 125 mg und 1 Pulverröhrchen 500 mg Partialthrombokinase.

Anwendung. Zur Behandlung von inneren und äußeren Blutungen (Lungen-, Magen-, Darm-, Blasen- und Nierenblutungen, in der kleinen Chirurgie, Oto-, Rhino-, Laryngologie, Zahnheilkunde und Unfallpraxis) (auch prophylaktisch), hämorrhagischen Diathesen und zur Injektionsbehandlung bei Bursitiden, Zysten, Arbeits- und Sportschäden.

Claudemor (Luitpold-Werk, München).

Enthält außer Clauden Aethyl.p-aminobenzoic., p-Aminobenzoyl-diaethylamino-aethanol, Balsam. peruvian., Bismut. subgallic. und Zinc.oxydat.

Salbe und Zäpfchen.

Anwendung. Äußere und innere blutende Hämorrhoiden, Analfissuren, Rhagaden.

Tachostyptan (Hormon-Chemie, München).

Standardisierter, gerinnungsaktiver Phospholipidkomplex aus dem Gehirn gesunder Schlachttiere. Das Präparat enthält neben natürlichen Stabilisatoren (Aminosäuren) folgende Aktivatoren der Thrombokinasebildung: Inositphosphatid, Lysolecithin, Lysokephalin, Lecithin, Phosphatidylserin und Phosphatidyläthanolamin.

5 ml Injektionslsg. enthalten 10 mg gerinnungsaktives Lipidthromboplastin.

Anwendung. Prophylaxe und Therapie von Blutungen, Thrombopathien, Ödemen und Hämatomen.

Tachostyptest (Hormon-Chemie, München).

Standardisierte Suspension von Lipidthromboplastin zur Gerinnungsanalyse. 0,1 ml Suspension entspricht der Plättchenfaktor-III-Aktivität von etwa 30 Mill. Thrombozyten.

Nucleosid- bzw. nucleotidhaltige Organextrakte

Nucleoside sind Bausteine der Nucleinsäuren und setzen sich aus Pyrimidin- bzw. Purinbasen und Ribose bzw. Desoxyribose zusammen. Die Nucleoside haben Trivialnamen, die sich von den jeweiligen Basen ableiten, z. B. Adenosin, Cytidin, Thymidin. Bei den Nucleotiden ist noch Phosphorsäure esterartig im Molekül gebunden. Die Nucleoside bzw. Nucleotide sind integrierende Bestandteile der im Zellkern oder Zytoplasma vorhandenen Nucleinsäuren. In der Desoxyribonucleinsäure des Zellkernes (DNS) ist die Information für die Synthese von Proteinen gespeichert. Im Zytoplasma befinden sich die für die Informationsübertragung (messenger-RNS) und den Aminosäuretransport (transfer-RNS) verantwortlichen Ribonucleinsäuren.

Anwendung. Die therapeutische Anwendung von nucleosid- bzw. nucleotidreichen Organextrakten geht von der Überlegung aus, dem insuffizienten Organ die für die Synthese von körpereigenen Nucleinsäuren notwendigen Vorstufen in physiologischem Verhältnis zuzuführen. Tierexperimentelle Untersuchungen zeigen, daß nucleosidreiche Organextrakte die Herzfrequenz beeinflussen und die Durchblutung der Herzmuskulatur fördern. In höheren Dosen wird der Sympathicotonus gedämpft und dadurch der Blutdruck gesenkt. Die Leistungsfähigkeit der Herz- und der Skelettmuskulatur wird gesteigert. Die Extrakte erzeugen neben der lang anhaltenden Durchblutungsvermehrung der Coronargefäße auch eine solche der peripheren Arterien. Die Gesamtwirkung dieser Präparate ist jedoch durch den Nucleosidgehalt allein nicht voll erklärbar.

Standardisierung. Sie kann dünnschichtchromatographisch (a) oder auf biologischem Wege (b) erfolgen:

a) Quantitative Dünnschichtchromatographie von Nucleotiden nach K. RANDERATH: Dünnschichtchromatographie, Verlag Chemie 1965, S. 240.

Die chromatographische Auftrennung der Nucleotidpräparate erfolgt an Ionenaustauschercellulose, wofür besonders die DEAE-Cellulose (Fa. Macherey, Nagel & Co, Düren/Rhld.) geeignet ist.

Ausführung. Auf die Dünnschichtplatte werden Mengen aufgetragen, die etwa 8 mcg Nucleotide enthalten. Als Fließmittel dient eine 0,02 n Salzsäure. Nach dem Entwickeln werden die Substanzzonen im kurzwelligen UV-Licht (254 mμ) mit einem weichen Bleistift markiert. Man umrandet eine dreieckförmige Zone um den Fleck und beseitigt mit einem Spatel die Schicht außerhalb dieser Umrandung. Anschließend eluiert man das Nucleotid mit einer Elektrolytlösung (0,5 bis 2 m LiCl). Die Lösung wird mit Hilfe einer Mikropipette portionsweise an einer Ecke der dreieckförmigen Zone zugefügt und zusammen mit dem Nucleotid an der Basis des Dreiecks von den Papierstreifen aufgenommen. Nach der Elution trocknet man den Papierstreifen. Unter der UV-Lampe läßt sich feststellen, ob alles eluiert ist. Ist dies nicht erfolgt, wiederholt man mit einer stärkeren Elektrolytlösung. Die Papierstreifen werden anschließend in einem Zentrifugenglas mit 0,5 bis 1,0 ml dest. Wasser (Monophosphate, Nucleotidzucker, DPN) oder 1,2 bis 1,5 m LiCl extrahiert. Nach 12 bis 20 Std. wird bei Raumtemperatur abzentrifugiert und die Extinktion der überstehenden Lösung bei 260 mμ gegen ein Eluat einer Leerzone gemessen.

Es gilt

$$E = \varepsilon \cdot c \cdot d$$

(E = Extinktion, ε = spezifischer Extinktionskoeffizient, c = Konzentration = M/l, d = Schichtdicke in cm).

b) Die Standardisierung kann auch mit Hilfe der Blutdrucksenkung am Kaninchen oder durch die Erschlaffung des isolierten Hühnercolons nach BARSOUM und GADDUM [J. Physiol. (Paris) *85*, 1 (1935)] erfolgen.

Adenylocrat-liquidum (Adenylchemie, Gerlingen bei Stuttgart).

100 g enthalten 30 g nucleosid- und nucleotidhaltigen Extrakt aus frischem Warmblütermyocard, eingestellt auf 200 mg Adenosin und 20 mg Adenosin-5'-monophosphorsäure, verschiedene Drogenbestandteile.

Anwendung. Prophylaxe und Therapie cardialer Durchblutungsstörungen, zur Therapie des Altersherzens, cerebrale Durchblutungsstörungen.

Carnigen (Chemische Werke Albert, Wiesbaden).

1 Ampulle zu 2 ml enthält einen nucleosidhaltigen Organextrakt aus Warmblüterorganen, entsprechend 4 mg Adenosin und 20 mg 1-(4'-Hydroxyphenyl)-2-methylamino-propanol-(1)-hydrochlorid–Rac.

1 ml Carnigen-Tropfen entspricht 3 mg bzw. 20 mg, 1 Carnigen-Tablette 1,2 mg bzw. 8 mg.

Anwendung. Hypertonie, Vasolabilität.

Embran (Südmedica, München).

Ampullen (i.m. und i.v.) und Tropfen. Protein- und lipidfreier Extrakt aus Skelettmuskulatur.

Anwendung. Herzerkrankungen, Reizleitungsstörungen, Durchblutungsstörungen, Infektionskrankheiten.

Lacarnol (Chemische Werke Albert, Wiesbaden).

Nucleosidhaltiger Extrakt aus Warmblüterorganen, entspricht 3 mg Adenosin in 1 ml Tropfen.

Anwendung. Koronare Durchblutungsstörungen.

Nucleoton (Hormon-Chemie, München).

Standardisierter Organextrakt mit phosphorylierten und dephosphorylierten Nucleinsäurederivaten, hergestellt aus insulinfreiem Pankreas.

1 ml enthält 3 mg Adenylsäurederivate, insgesamt mindestens 6 mg Gesamtpurine (davon 2 mg Nucleosid-di- und -triphosphate, 2 mg Nucleosid-monophosphate).

Anwendung. Periphere, cardiale und zentrale Durchblutungsstörungen, Hypertonie.

Parmanil (Hoechst, Frankfurt).

2 ml Injektionslsg. = 1 ml Tropflsg. = 1 Dragée enthalten 12 mg nucleosidhaltigen Extrakt aus Warmblüterorganen, entspricht 4 mg Adenosin und 220 mg 7-Hydroxyäthyltheophyllin.

Anwendung. Koronare und zerebrale Durchblutungsstörungen.

Regeneresen nach Prof. Dyckerhoff (Müller, Göppingen).

Organotrope Ribonucleinsäuren aus embryonalen und Jungtier-Zellen.

Anwendung. Siehe Spezialliteratur.

Sanursex „F" (= feminin) (Hormosan, Frankfurt).

1 Dragée enthält unter anderem 20 mg nucleosidhaltigen Organextrakt.

Anwendung. Allgemeine Erschöpfungszustände, Aufbau- und Stärkungsmittel, Klimakterium.

Polylysate

nach Kasakow.

Sie stellt eine Variante der Organpräparate dar, bei der niedermolekulare Spaltprodukte des Eiweißes aus mehreren Organen angewendet werden. Zur Herstellung der Lysate wird die Methode der tiefgreifenden Autoklavhydrolyse benützt. Dabei kommt es zu einem Abbau bis zu den Polypeptiden und Aminosäuren.

Hersteller von Polylysat-Präparaten. Hefa (Werne a. d. Lippe).

Anmerkung. Verwandt mit der Polylysat-Therapie ist die zytoplasmatische Therapie. Hier werden Organe nach der Schlachtung gefriergetrocknet und das Organpulver im Vakuum den Gasen flüchtiger Säuren ausgesetzt.

Hersteller. Vitorgan (Stuttgart).

B. Cellular- und Gewebetherapie

1. Cellulartherapie

Unter der auch heute noch umstrittenen Cellulartherapie nach P. Niehans versteht man die intramuskuläre Applikation von Suspensionen aus Zellen und Gewebepartikeln, die aus Organen fötaler oder jugendlicher Tiere und aus frisch anfallender Placenta gewonnen werden. Die Suspensionen sollen in möglichst unverändertem Zustand verwendet werden. Dazu wurden in den Anfängen der Cellulartherapie die Organe bei der Schlachtung sofort entnommen, mit Spezialinstrumenten zerkleinert und die mit Ringer- oder Tyrodelösung hergestellten Suspensionen unmittelbar im Anschluß daran möglichst an Ort und Stelle injiziert. Diese Methode der unmittelbaren Injektion einer Suspension hat Nachteile. Da die Zeit zwischen Entnahme und Injektion sehr kurz sein soll (20 Min.!), muß der Patient in die Nähe des Schlachthofes gebracht werden oder die Schlachtung hat in der Nähe der Klinik zu erfolgen. Ein weiterer gravierender Nachteil wurde darin gesehen, daß zwischen Entnahme und Injektion keine Sterilitätskontrolle möglich war. Die Übertragung von Krankheitserregern ließ sich trotz gründlicher Voruntersuchung der Tiere und peinlicher Asepsis bei der Zubereitung nicht mit Sicherheit ausschließen. Deshalb hat der wissenschaftliche Beirat des Präsidiums des Deutschen Ärztetages 1957 in einer Entschließung vor der Verwendung von Frischzellen gewarnt und außerdem den therapeutischen Wert dieser Behandlungsmethode in Frage gestellt. Schädigungen und selbst Todesfälle sind bekannt geworden [Ärztl. Mitt. (Köln) *1957*, S. 1062]. Die Entschließung gründet auf Untersuchungen von SCHULTE [Mkurse ärztl. Fortbild. *9*, 378 (1957)] und KANZOW (Medizinische *1957*, S. 447). Demgegenüber stellt RIETSCHEL (Medizinische *1958*, S. 1135) fest, daß die Beiträge von SCHULTE und KANZOW nicht geeignet sind, um über den Wert der Cellulartherapie zu urteilen: Die Zahl der untersuchten Kranken war nicht genügend, bei den Testpersonen handelte es sich um ambulante Patienten, die Placebos waren unzureichend. Einer kritischen Betrachtung wird diese Therapie in „Zellforschung und Zellulartherapie", hrsg. von F. SCHMID und J. STEIN (Verlag H. Huber, Bern/Stuttgart 1963), unterzogen. Neben einer Reihe von Faktoren, die zur Objektivierung dieser Methode angeführt sind, wird dabei besonders auf die Herstellung der Präparate Wert gelegt. Es wird darauf hingewiesen, daß von den drei möglichen Suspensionsformen – Frischzellen, Eiszellen (gefrorene Frischzellen), Trockenzellen (gefriergetrocknete Frischzellen) – nur die letzte allen Forderungen gerecht wird. Die „Eiszellen"-Methode hat zwar gegenüber der „Frischzellen"-Methode den Vorteil, daß zwischen Entnahme und Injektion eine Sterilitätsprüfung eingeschaltet werden kann, jedoch sind die ungenaue Dosierung, die umständliche Lagerung und das Auftauen vor der Anwendung nachteilig. Durch das Auftauen werden außerdem physikalische Vorgänge ausgelöst, die sich auf die Struktur der Zelle auswirken. Aus diesen Gründen werden heute fast ausschließlich *Trockenzellen* verwendet. Die frischen Organe werden dabei sofort nach dem Schlachten eingefroren und im gefrorenen Zustand getrocknet (s. Gefriertrocknung = Lyophilisation).

Allgemeine Wirkung im Organismus. Im Prinzip stehen einem Organismus drei verschiedene Wege zur Verfügung, sich mit körperfremden, transplantierten Geweben, um die es sich bei der Frisch- und Trockenzellentherapie handelt, auseinanderzusetzen:

α) Einbau in die eigenen Gewebe,

β) Abbau mit selektiver Verwertung und selektiver Eliminierung,

γ) Eliminierung in toto in Form eines sterilen Abszesses.

Der erste Weg wird bei körpereigenen (Haut- und Knochentransplantationen) und auch bei artgleichen Übertragungen (Knochen-, Knochenmark-, Gefäß- und Hornhauttransplantationen) beschritten.

Bei Zell- und Gewebesuspensionen findet man die beiden anderen Wege. In der Auseinandersetzung des Körpers mit Fremdgeweben scheint der Auflösung, dem parenteralen Abbau und dem Abtransport durch körpereigene Phagozyten die entscheidende Rolle zuzukommen. Körpereigene Makrophagen sind in der Lage, andere Zellen in toto aufzunehmen und abzubauen. Die foetalen, lyophilisierten Trockengewebe wirken im Empfängerorganismus offensichtlich weniger „fremd", da sie kaum nennenswerte Zellbildverschiebungen zur Folge haben. Der antigene Reiz ist gering. Da die injizierten Zellen oder Gewebepartikel als Ganzes schon innerhalb einer Stunde vom Ort der Injektion verschwinden, kommt ein fermentativer Abbau dafür weniger in Frage. Abtransportierte Zellen werden im reticulären und lockeren Bindegewebe abgelagert, wobei die Fremdzellen mit großer Sicherheit nicht in toto, sondern vermutlich durch Bestandteile ihres Zellplasmas und Zellkernes ihre Wirksamkeit entfalten. Die Teilprodukte der Zelle werden möglicherweise für die Regeneration bestimmter Organdefekte verwendet. Mitochondrien und Mikrosomen sind dafür nicht geeignet, da ihre Strukturen labil sind und zerfallen. Co-Fermente und Ribonucleinsäure dagegen könnten dafür in Frage kommen. Ein wesentlicher Effekt der Injektion fötaler oder adulter heterologer Zellen soll Auslösung von Antigen-Antikörper-Reaktionen sein. Die immunologischen Reaktionen sollen dabei nach NIEHANS zu einer Aktivierung des reticulo-endothelialen Systems führen und „klinisch das Phänomen der allgemeinen Erholung oder Revitalisierung auslösen" (NIEHANS).

Wirkungsspezifität und Indikationen. STEIN berichtet in einem Beitrag zur „Zellforschung und Zellulartherapie", Verlag H. Huber, Bern/Stuttgart 1963, über eine Reihe von Untersuchungen zur Objektivierung der Wirkungsspezifität überpflanzter Zellen. Um die organspezifische Regeneration durch Zellimplantate nachzuweisen, wurden Versuche mit der Schilddrüse, Hypophyse, Placenta, dem Hypothalamus und Pankreas durchgeführt und dabei Effekte festgestellt, die nur durch eine Wirkungsspezifität erklärbar sind. Es konnte nachgewiesen werden, daß die Effekte nicht mit einer unspezifischen Reizkörpertherapie zusammenhängen.

Indikationen und Kontraindikationen. Als Indikationen werden chronische Erkrankungen der Gefäße, vor allem Arteriosklerose, chronische nicht entzündliche Arthritiden, innersekretorische Störungen, Hypertonie, Nephrosen und Hepatosen angegeben.

Bedrohliche immunologische Reaktionen traten im Vergleich zur Zahl der Anwendung relativ selten auf. Dies wird darauf zurückgeführt, daß die Menge an löslichem Eiweiß, die mit einer Injektion zugeführt wird, gering ist (etwa 60 mg). Außerdem wird die Cellulartherapie im Gegensatz zu therapeutischen Seruminjektionen i.m. und sc. angewandt. Ein weiterer Grund für die selten auftretenden allergischen Reaktionen wird darin gesehen, daß hauptsächlich Organe von Schafen verwendet werden.

Kontraindiziert sind Zellpräparate bei allen akuten Infekten, entzündlichen Erkrankungen, Lungentuberkulose, Herzinsuffizienz, Hochdruck und bösartigen Tumoren.

Siccacell (Cybila, Heidelberg).

Durch Gefriertrocknung (Lyophilisation) konservierte, unter Vakuum in Ampullen abgefüllte Frischgewebe aus Herzmuskel, Leber, Milz, Magenschleimhaut, Nieren, Nebennieren, Ovar, Hoden, Hypophyse, Placenta, Thymus und anderen Organen von Tierföten und Jungtieren.

Anwendung. Unterfunktion der Drüsen mit innerer Sekretion, Durchblutungsstörungen, degenerative Organerkrankungen des Herzens, der Niere und der Leber, Entwicklungsstörungen im Kindesalter.

2. Gewebetherapie nach W. P. Filatow

Diese Therapie ist der Cellulartherapie nach P. NIEHANS ähnlich. Sie kann als eine Art von Synthese aus unspezifischer Reiztherapie und Wirkstofftherapie im Sinne der Hydrolysate aufgefaßt werden. Der Anwendung der FILATOWschen Gewebsextrakte liegt die Auffassung zugrunde, daß vom Organismus abgetrennte Gewebe tierischen oder pflanzlichen Ursprungs neue biologische Fähigkeiten gewinnen, wenn sie tiefen Temperaturen ausgesetzt werden. FILATOW schuf für diese Stoffe, die in ihrer chemischen Struktur noch unbekannt sind, den Ausdruck „Biostimuline oder biogene Stimulatoren". Sie sollen wasserlöslich, thermostabil und durch eiweißfällende Mittel nicht beeinflußbar sein.

Für die Bestimmung von Biostimulinen ist von J. MEYER, R. ILLIEN und J. G. FAUDI [Arzneimittel-Forsch. *11*, 972 (1961)] eine Methode ausgearbeitet worden, mit der die Aktivität dieser Stoffe an der Wachstumsrate von Zymomonaskulturen biophotometrisch und gasometrisch verfolgt werden kann.

Die Anschauungen von FILATOW sind nicht unwidersprochen geblieben. Die Existenz spezieller Biostimulatoren wurde in Frage gestellt und die Wirkung seiner Therapie als unspezifische Reiztherapie aufgefaßt.

Biostimulator Holzinger (Holzinger, Wien).

Biogene Katalysatoren aus pflanzlichen Geweben nach W. P. FILATOW gewonnen, standardisiert in isotonischer, steriler Lösung.

Anwendung. Asthma bronchiale, Furunkulose, Lupus, entzündliche Prozesse des Gefäßtraktes des Auges.

Stimocain (Sanabo, Wien).

Biogene Stimulatoren in 2%iger Procainchlorhydratlsg. zur intramuskulären Injektion.

Tissula-Neo (Hefa, Werne a. d. Lippe).

Enteiweißte Wirkstoffe von 1 g bzw. 2 g Gesamt-Human-Placenta in physiologischer Kochsalzlsg. mit anderen Zusätzen.

Ampullen, Salbe, Dragées, Nasenemulsion.

Anwendung. Schwere periphere Durchblutungsstörungen, chronische Arthritiden, hartnäckige Dermatosen, Rhinitis, Stomatitiden.

3. Bogomoletz-Therapie

Das antireticuläre Serum nach BOGOMOLETZ hat nichts mit einer Wirkstofftherapie oder unspezifischen Reizkörpertherapie zu tun. BOGOMOLETZ ging von der Überlegung aus, daß das Bindegewebe wichtige biologische Funktionen im Organismus zu erfüllen hat.

Es wird Milz- und Knochenmarkgewebe jugendlicher Personen, die nicht an einer interkurrenten Erkrankung gestorben waren, mehrfach Kaninchen oder Meerschweinchen eingespritzt. Die Tiere bilden Milz- oder Knochenmark-Menschen-Antikörper. Spritzt man das Blutserum dieser Tiere Menschen ein, so soll eine Immunreaktion entstehen, durch die spezifisch eine Stimulierung des menschlichen Mesenchyms bewirkt werden soll.

Serum Sclavo nach Bogomoletz (Schwarzhaupt, Köln).

Spezifische Antikörper enthaltendes Serum aus Meerschweinchen, vorbehandelt mit menschlichen Organextrakten, Titer 1 : 240 zur intracutanen Applikation.

Anwendung. Stimulans.

Serum nach Bogomoletz SSW (Südmedica, München).

Antireticuloendotheliales Serum von Kaninchen, gewonnen durch mesenchymale Injektionen und anschließende Gefriertrocknung.

Anwendung. Für Erkrankungen, die eine Stimulierung des RES und eine Umstimmung des Organismus erfordern.

Literaturhinweise zur Organ- und Cellulartherapie

FILATOW, W. P.: Die biologischen Grundlagen der Gewebetherapie. Sowjetwissenschaft, naturwissenschaftliche Abteilung *1*, 37 (1952). – NIEHANS, P.: Die Zellulartherapie, München/Berlin/Wien: Urban & Schwarzenberg 1954. – KUHN, W.: Zellulartherapie in Klinik und Praxis, Stuttgart: Hippokrates-Verlag 1956. – RIETSCHEL, H. G.: Problematik und Klinik der Zellulartherapie, München/Berlin/Wien: Urban & Schwarzenberg 1957. – SCHMID, F., u. J. STEIN: Zellforschung und Zellulartherapie, Bern/Stuttgart: Verlag H. Huber 1963. – UHLENBRUCK, P.: Die Therapie mit Organen und Organextrakten.

Parasympathomimetica

Parasympathomimetica (*Parasympathicomimetica*) oder *Cholinergica* verstärken oder stimulieren eine parasympathische Erregung an den Erfolgsorganen. Die Wirkungen dieser Stoffgruppe äußern sich vorwiegend in Blutdrucksenkung infolge Erweiterung von peripheren Gefäßgebieten und Hemmung der Herzfunktion, in Pupillenverengerung, in Erhöhung von Sekretion und Motilität des Magen-Darm-Traktes und in Sekretionssteigerung und Verengerungen an den Bronchien. Nach ihrer Wirkungsweise können zwei Gruppen unterschieden werden:

I. *Direkte Parasympathomimetica* sind Verbindungen, die im therapeutischen Bereich direkt an den parasympathischen Rezeptoren der Endorgane angreifen, während andere Organe, bei denen Acetylcholin ebenfalls als Überträgerstoff auftritt, wie die vegetativen Ganglien und Muskelendplatten im Vergleich dazu nur weniger empfindlich sind. Zu dieser Wirkstoffgruppe gehören das Acetylcholin und weitere Cholinester, über deren Wirkungsmechanismus man sich in den modernen Pharmakologielehrbüchern informiere. Auch Muscarin, Pilocarpin und Arecolin wirken sehr wahrscheinlich auf die gleichen Rezeptoren wie Acetylcholin.

II. *Indirekte Parasympathomimetica* sind Verbindungen, die Cholinesterasen hemmen bzw. inaktivieren (Cholinesterasehemmer). Diese Fermentgruppe (Cholin-Esterhydrolasen) spaltet das Acetylcholin in Cholin und Essigsäure mit hoher Geschwindigkeit und ist für die Beendigung der Übertragung eines parasympathischen Nervenimpulses verantwortlich. Die Wirkung der Cholinesterasehemmer besteht somit in einer Intensivierung und Verlängerung parasympathischer Erregungen. Die Cholinesterasehemmer, gelegentlich auch als Anticholinesterasen oder Anticholinester-Hydrolasen bezeichnet, lassen sich in 3 verschiedene chemische Gruppen unterteilen:

a) Physostigmin, Galanthamin.

b) Verbindungen mit quartärem Stickstoff, z.B. Neostigmin, Pyridostigmin.

c) Polyalkylphosphate, z.B. Fluostigmin, Nitrostigmin (E 605), die in der Therapie nur eine untergeordnete Rolle spielen, dagegen als Insektizide eine große Bedeutung haben.

Die therapeutische Bedeutung des Acetylcholins und seiner Derivate ist gering. Ein wesentlicher Grund dafür liegt in deren lebensbedrohlicher Kreislaufwirkung und in der kurzen Wirkungsdauer. Acetylcholin und Methacholin werden gelegentlich bei peripheren Durchblutungsstörungen zur Erweiterung der Arteriolen, Carbachol ferner zur Anregung der Motorik des Darmes und der Harnblase gegeben. Auch die paroxysmale Tachycardie kann bei Versagen anderer Mittel eine Indikation sein. Eine breitere Anwendung finden die indirekt wirkenden Stoffe. Neostigmin und Pyridostigmin werden parenteral bei Atonie des Darmes (paralytischer Ileus) und der Harnblase verwendet, ferner als Antagonisten bei Überdosierung von D-Tubocurarin und anderen Muskelrelaxantien I. Ordnung. Eine weitere Indikation ist die Myasthenie. Die therapeutische Breite ist auch bei diesen Substanzen wegen der negativen Kreislaufwirkung nicht sehr groß. Sie müssen deshalb vorsichtig dosiert werden. Beinahe alle Parasympathomimetica finden bei örtlicher Applikation Anwendung zur Pupillenverengerung und Erleichterung des Kammerwasserabflusses bei grünem Star (Glaukom).

I. Direkte Parasympathomimetica

Acetylcholinum chloratum ÖAB 9, DAB 7 – DDR, Ross. 9. Acetylcholini chloridum PI.Ed. I/2, Jap. 61. Acetylcholine Chloride USP XVII (als Reagens!). Chlorure d'Acétylcholine CF 65. Acetylcholinchlorid. Azetylcholinchlorid.

$C_7H_{16}ClNO_2$ $$\left[H_3C{-}\underset{\underset{O}{\|}}{C}{-}O{-}CH_2{-}CH_2{-}N(CH_3)_3\right]^{\oplus} Cl^{\ominus}$$ M.G. 181,67

β-Acetoxyäthyl-trimethylammoniumchlorid.

Gehaltsforderungen. ÖAB 9: 99,0 bis 100,5% des theroretischen Wertes.
DAB 7 – DDR: 99,0 bis 101,0% Acetylcholinchlorid, der bei 105° getrockneten Substanz.
Ross. 9: Mindestens 97,0%.
PI.Ed. I/2: Mindestens 98,0 und höchstens das Äquivalent von 100,2% $C_7H_{16}ClNO_2$, bezogen auf die bei 110° bis zur Gewichtskonstanz getrocknete Substanz.

Jap. 61: Die getrocknete Substanz muß mindestens 23,2% und darf nicht mehr als 24,2% Acetyl-Rest (CH_3CO : 43,05) enthalten; der Chloridgehalt darf nicht unter 19,3 und nicht über 19,8% liegen.

USP XVII: Chloridgehalt: zwischen 19,3 und 19,8%.

CF 65: Mindestens 98%.

Eigenschaften. Farblose Kristalle oder weißes, kristallines Pulver von schwach säuerlichem oder schwach aminartigem Geruch und scharf salzigem, etwas bitterem Geschmack. Die Substanz ist stark hygroskopisch. Unter der Einwirkung von Feuchtigkeit und in wäßriger Lösung tritt unter Abspaltung von Essigsäure Zersetzung ein. Löslichkeit: Sehr leicht lösl. in W. und A., leicht lösl. in Chlf., praktisch unlösl. in Ae. und Benzol. Schmelzbereich: 149 bis 152°, nach dem Trocknen; 144 bis 148° (ÖAB 9, im Kapillarröhrchen: zur Bestimmung wird die Substanzprobe in einem evakuierbaren Kapillarröhrchen vor dem Zuschmelzen durch 2stündiges Erhitzen im Wasserbad unter Evakuieren getrocknet); 145 bis 152° (ÖAB 9: Unter dem Mikroskop, wenn die Substanz bei 100° aufgelegt wird); Eutektische Temperatur der Mischung mit Phenacetin: 95° (ÖAB 9: Bereiten der Mischung bei 90° auf dem Heiztisch).

Erkennung. 1. Chlorid: Eine Lsg. von Acetylcholinchlorid gibt mit Silbernitratlsg. einen weißen, käsigen Niederschlag, der in Salpetersäure unlöslich und in verdünntem Ammoniak leicht lösl. ist (ÖAB 9 u.a. Pharmakopöen). – 2. 5 Tr. Prüflsg. werden nach Zusatz von 1,0 ml W. und 0,40 g Natriumhydroxid erhitzt. Die entweichenden Dämpfe färben angefeuchtetes rotes Lackmuspapier blau. Es ist der Geruch des Trimethylamins wahrnehmbar. Prüflösung: 1,000 g Substanz wird in W. zu 10,00 ml gelöst (DAB 7 – DDR). – 3. 5 Tr. Prüflsg. zeigen nach Zusatz von 1,0 ml W., 2 Tr. Kobalt(II)-chlorid-Lsg. (1,00 g/100,0 ml) und 2 Tr. Kaliumhexacyanoferrat(II)-Lsg. (5,0 g/100,0 ml) eine kräftig grüne Färbung (DAB 7 – DDR). – 4. Versetzt man eine Lsg. von etwa 5 mg Substanz in 1 ml W. mit 5 Tr. Jodlsg., so scheidet sich ein Perjodid in Form schwarzbrauner grünlich schillernder, öliger Tröpfchen aus (ÖAB 9). – 5. Versetzt man die unter 2. erhaltene Lsg. mit einigen Tr. Jodlsg. und erwärmt, so tritt der Geruch nach Jodoform auf (ÖAB 9). – 6. Erwärmt man etwa 5 mg Substanz mit 5 Tr. A. und 10 Tr. konz. Schwefelsäure, so tritt der Geruch nach Essigsäureäthylester auf (ÖAB 9). – 7. Die wäßrige Lsg. gibt mit Phosphorwolframsäure, mit Trinitrophenol und mit Jod Niederschläge (PI.Ed. I/2).

Prüfung. 1. Unlösliche Verunreinigungen, Farbe der Lösung: 5,0 ml Prüflsg. müssen klar und farblos sein (DAB 7 – DDR); eine Lsg. von 1 T. Substanz in 4 T. kohlensäurefreiem W. muß klar und farblos sein. – 2. Sauer reagierende Verunreinigungen: 0,4000 g getrocknete Substanz werden in einem mit Glasstopfen verschließbaren 200-ml-Erlenmeyerkolben in 20,0 ml kohlendioxidfreiem W. gelöst. Nach Zusatz von 2 Tr. Phenolphthaleinlsg. darf die Lsg. bei der Titration bis zur Rosafärbung höchstens 1,00 ml 0,01 n Kalilauge verbrauchen (DAB 7 – DDR, ähnlich ÖAB 9). – 3. Ammoniak, flüchtige Amine: Erhitzt man 1 ml der Lsg. (1 + 4) mit 3 ml Natriumcarbonatlsg. zum Sieden, so dürfen die entweichenden Dämpfe rotes Lackmuspapier nicht bläuen (ÖAB 9, ähnlich DAB 7 – DDR). – 4. Arsen: In 4 ml der Lsg. (1 + 4) darf mit 6 ml Hypophosphitlsg. Arsen nicht nachweisbar sein (ÖAB 9). – 5. Schwermetalle: In einer Mischung von 0,5 ml der Lsg. (1 + 4) und 9,5 ml W. dürfen Schwermetalle nicht nachweisbar sein (ÖAB 9, ähnlich DAB 7 – DDR). – 6. Blei: Höchstens 10 ppm (PI.Ed. I/2). – 7. Trocknungsverlust: Höchstens 1,0%, wenn bei 105° getrocknet wird (DAB 7 – DDR, ÖAB 9 u.a.); höchstens 0,75%, wenn bei 110° bis zur Gewichtskonstanz getrocknet wird (PI.Ed. I/2). – 8. Verbrennungsrückstand: Höchstens 0,1% (ÖAB 9, PI.Ed. I/2). – 9. Sulfatasche: Höchstens 0,10% Rückstand; Ausführung mit 1,00 g Substanz (DAB 7 – DDR).

Gehaltsbestimmung. Die meisten Pharmakopöen lassen eine Verseifungstitration durchführen. ÖAB 9 und USP XVII schreiben außerdem eine Bestimmung des Chloridgehaltes vor.

Acetylbestimmung: Arbeitsvorschrift des ÖAB 9: 0,4542 g getrocknete Substanz werden in einem Meßkolben in kohlensäurefreiem W. zu 50,00 ml gelöst. 20,00 ml dieser Lsg. werden in einem Schliffkolben mit 20,00 ml 0,1 n Natriumhydroxidlsg. versetzt und 30 Min. lang bei Zimmertemperatur verschlossen stehengelassen. Hierauf titriert man das überschüssige Natriumhydroxid nach Zusatz von 10 Tr. Phenolphthaleinlsg. mit 0,1 n Salzsäure zurück. Für die angegebene Menge muß sich ein Verbrauch an 0,1 n Natriumhydroxidlsg. von 9,80 bis 10,02 ml ergeben, entsprechend 98,0 bis 100,2% des theoretischen Wertes. 1 ml 0,1 n Natriumhydroxidlsg. entspricht 18,17 mg $C_7H_{16}ClNO_2$.

Vorschrift des DAB 7 – DDR: Die Lsg. nach 3. (Prüfung) wird mit 40,00 ml 0,1 n Kalilauge versetzt und 30 Min. im verschlossenen Erlenmeyerkolben stehengelassen. Anschließend wird der Überschuß an 0,1 n Kalilauge mit 0,1 n Salzsäure zurücktitriert. 1 ml 0,1 n Kalilauge ist 18,17 mg Acetylcholinchlorid äquivalent.

Chloridgehalt: Vorschrift nach ÖAB 9: 20,00 ml der zur quantitativen Bestimmung bereiteten Lsg. (s. oben) werden mit einigen Tr. Kaliumbromatlsg. versetzt und hierauf mit

0,1 n Silbernitratlsg. auf Rötlichgelb titriert. Für die angegebene Menge müssen 9,90 bis 10,05 ml 0,1 n Silbernitratlsg. verbraucht werden, entsprechend 99,0 bis 100,5% des theoretischen Wertes. 1 ml 0,1 n Silbernitratlsg. entspricht 18,17 mg $C_7H_{16}ClNO_2$.

Aufbewahrung. In Ampullen oder in dichtschließenden Gefäßen, mit einem geeigneten Trocknungsmittel.

Die über einem Trocknungsmittel aufbewahrte Substanz ist mindestens in Abständen von 1 Jahr auf den Trocknungsverlust zu prüfen (DAB 7 – DDR).

Dosierung. Gebräuchliche Einzeldosis bei subcutaner Verabreichung: 0,05 bis 0,1 g.
Einzelmaximaldosis bei subcutaner Verabreichung: 0,2 g.
Tagesmaximaldosis bei subcutaner Verabreichung: 0,4 g (ÖAB 9).
Einzelmaximaldosis: intramuskulär: 0,2 g.
Einzelmaximaldosis: intravenös: 0,0001 g/kg in Abhängigkeit von der Injektionsgeschwindigkeit (DAB 7 – DDR).

Abgabe. Lsg. von Acetylcholinchlorid sind bei Bedarf stets frisch zu bereiten. Zur Injektion bestimmtes Acetylcholinchlorid ist in zugeschmolzenen sterilen Ampullen, die nach dem Füllen nicht mehr erhitzt werden und die jeweils nur die für 1 Injektion vorgesehene Dosis enthalten dürfen, gemeinsam mit der zur Bereitung der Injektionslsg. erforderlichen Menge W. zur Injektion abzugeben (ÖAB 9).

Carbacholum DAB 7 – DDR, PI.Ed. I/1. Carbachol USP XVII, BP 63. Carbaminoylcholinum chloratum ÖAB 9. Carbacholinum Ross. 9. Carbacholini chloridum Nord. 63. Karbachol. Carbaminoylcholinchlorid. Carbacholine. Karbakoliniumklorid. Karbakolinklorid.

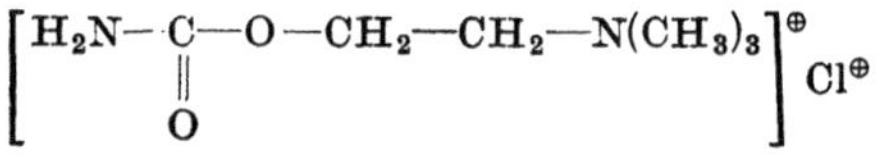

$C_6H_{15}ClN_2O_2$ M.G. 182,66

β-Carbamoxyäthyl-trimethylammoniumchlorid.

Gehaltsforderungen. DAB 7 – DDR: 99,0 bis 101,0% der bei 105° getrockneten Substanz.
PI.Ed. I/1: Mindestens 97,0%, bezogen auf die bei 110° bis zur Gewichtskonstanz getrocknete Substanz.
Nord. 63: Mindestens 89,5% Carbacholin ($C_6H_{15}N_2O_2 \cdot OH$) entsprechend 99,5% $C_6H_{15}ClN_2O_2$.
USP XVII: Mindestens 99% und höchstens 101%, berechnet auf die getrocknete Substanz.
BP 63: Mindestens 99,5%, berechnet auf die bei 105° bis zur Gewichtskonstanz getrocknete Substanz.

Eigenschaften. Weißes, hygroskopisches, kristallines Pulver von sehr schwachem aminartigem Geruch.

Löslichkeit: Sehr leicht lösl. in W. (die Substanz löst sich in etwa 1 T. W.), lösl. in 50 T. A., praktisch unlösl. in Ae. oder Chlf.

Schmelzbereich: 200 bis 206° unter Zersetzung. Zur Bestimmung ist die getrocknete Substanz zu verwenden (DAB 7 – DDR, ÖAB 9). 198 bis 200° unter Zersetzung bei der Bestimmung unter dem Mikroskop (nach Kofler) (ÖAB 9). Eutektische Temperatur der Mischung mit Salophen: etwa 165°; mit Dicyandiamid: 107° (ÖAB 9).

Erkennung. 1. 10 Tr. Prüflsg. werden nach Zusatz von 10 Tr. W. und 0,40 g Natriumhydroxid erhitzt. Die entweichenden Dämpfe färben angefeuchtetes rotes Lackmuspapier blau. Es ist der Geruch des Trimethylamins wahrnehmbar. Prüflsg.: 0,500 g Substanz werden in kohlendioxydfreiem W. zu 10,00 ml gelöst (DAB 7 – DDR, ähnlich ÖAB 9, PI.Ed. I/1 u. a. Pharmakopöen). – 2. 10 Tr. Prüflsg. zeigen nach Zusatz von 1,0 ml W., 2 Tr. Kobalt(II)-chloridlsg. (1,00 g/100,0 ml) und 2 Tr. Kaliumhexacyanoferrat(II)-Lsg. (5,0 g/100,0 ml) eine kräftig grüne Färbung (DAB 7 – DDR). – 3. Versetzt man eine Lsg. von etwa 5 mg Substanz in 1 ml W. mit 5 Tr. Jodlsg. so scheidet sich ein Perjodid in Form schwarzbrauner Kristalle aus (ÖAB 9). – 4. 10 Tr. Prüflsg. werden mit 2,50 ml heißer Tetrachlorogold(III)-säurelsg. (2,00 g/100,0 ml) versetzt. Beim Erkalten entsteht ein gelber, kristalliner Niederschlag, der auf einem Filter gesammelt wird. Die 2 mal mit je 5,0 ml W. gewaschenen und bei 105° getrockneten Kristalle schmelzen im Bereich von 182 bis 185° (DAB 7 – DDR, ähnlich USP XVII). – 5. Erhitzt man etwa 20 mg Substanz mit 1 ml verd. Natronlauge zum Sieden, so entweicht nach kurzer Zeit Ammoniak, das charakteristisch riecht und rotes Lackmuspapier bläut. Erhitzt man die Lsg. weiter, bis die Flüssigkeit fast vollständig verdampft ist, so entweicht unter Aufschäumen Trimethylamin, das charakteristisch fischartig riecht und rotes Lackmuspapier bläut. Versetzt man den erhaltenen Rückstand mit

2 ml W. und einigen Tr. Jodlsg. und erwärmt, so tritt der Geruch nach Jodoform auf (ÖAB 9). – 6. Eine Lsg. von etwa 5 mg Substanz in 1 ml W. gibt mit Nesslers Reagens einen hellgelben Niederschlag, der sich beim Erhitzen z.T. auflöst und z.T. zu schwefelgelben Klumpen zusammenballt. Beim Kochen wird die Lsg. plötzlich trüb unter Ausscheidung eines rotbraunen Niederschlages (ÖAB 9). – 7. 5 Tr. Prüflsg. geben nach Zusatz von 2,0 ml W. und 1,0 ml 0,1 n Silbernitratlsg. einen weißen Niederschlag, der sich nach Zusatz von 6 n Ammoniaklsg. löst und durch Ansäuern mit 5 n Salpetersäure erneut entsteht (DAB 7 – DDR, ähnlich alle anderen Pharmakopöen).

Prüfung. 1. Reinheit: Eine Lsg. von 1 T. Substanz in 9 T. W. muß klar und farblos sein (ÖAB 9). – 2. Unlösliche Verunreinigungen, Farbe der Lsg.: 5,0 ml Prüflsg. müssen klar und farblos sein (DAB 7 – DDR). – 3. Freie Base, freie Säure: Eine Mischung von 5 ml der Lsg. (1 + 9) und 5 ml W. muß sich auf Zusatz von 2 Tr. Bromthymolblaulsg. gelb oder grün und bei darauffolgendem Zusatz von 0,10 ml 0,01 n Natriumhydroxidlsg. blau färben (ÖAB 9). – 4. Ammonium: 5 ml Prüflsg. müssen nach Zusatz von 5,0 ml kohlendioxidfreiem W., 1 Tr. Phenolphthaleinlsg., 1,00 ml Formaldehyd und 1,00 ml 0,01 n Kalilauge eine rote Färbung zeigen (DAB 7 – DDR). – 5. Trocknungsverlust: Höchstens 1,0% (ÖAB 9, DAB 7 – DDR, USP XVII und BP 63); höchstens 0,5% nach dem Trocknen bis zur Gewichtskonstanz bei 100° (PI.Ed. I/1). – 6. Sulfatasche: Höchstens 0,20% (DAB 7 – DDR); höchstens 0,1% (BP 63). – 7. Verbrennungsrückstand: Höchstens 0,1% (ÖAB 9, PI.Ed. I/1).

Gehaltsbestimmung. Nach DAB 7 – DDR, USP XVII und BP 63 werden Titrationen in wasserfreiem Milieu durchgeführt. ÖAB 9, PI.Ed. I/1 und Ross. 9 lassen Chloridbestimmungen durchführen. In PI.Ed. I/1 ist außerdem eine Kjeldahlbestimmung aufgeführt.

Vorschrift des DAB 7 – DDR: 0,1500 g getrocknete Substanz werden in der Mischung aus 10,0 ml Quecksilber(II)-acetatlsg. und 10,0 ml wasserfreier Essigsäure gelöst. Nach Zusatz von 3 Tr. Kristallviolettlsg. wird die Lsg. mit 0,1 n Perchlorsäure bis zum Farbumschlag nach Blau titriert (Feinbürette). 1 ml 0,1 n Perchlorsäure ist 18,27 mg Carbachol äquivalent.

Vorschrift nach ÖAB 9: 0,3653 g getrocknete Substanz werden in 20 ml W. gelöst und nach Zusatz von einigen Tr. Kaliumchromatlsg. mit 0,1 n Silbernitratlsg. auf Rötlichgelb titriert. Für die angegebene Einwaage müssen 19,80 bis 20,10 ml 0,1 n Silbernitratlsg. verbraucht werden, entsprechend 99,0 bis 100,5% des theoretischen Wertes. 1 ml 0,1 n Silbernitratlsg. entspricht 18,27 mg $C_6H_{15}ClN_2O_2$.

Aufbewahrung. In sehr gut verschlossenen Gefäßen.

Entkeimung. Keimfiltration mit Überdruck oder Unterdruck und aseptische Weiterverarbeitung. Die zur Keimfiltration erforderlichen Geräte sind nach den Verfahren d) oder f) zu behandeln. Der Zusatz der Keimfilter und ihre Undurchlässigkeit für Bakterien muß regelmäßig überprüft werden (ÖAB 9).

Dosierung. Einzelmaximaldosis: oral 0,004 g, intramuskulär 0,00025 g, subcutan 0,00025 g.

Tagesmaximaldosis: oral 0,012 g, intramuskulär 0,001 g, subcutan 0,001 g (DAB 7 – DDR).

Maximalkonzentration zur Anwendung am Auge: 1% (DAB 7 – DDR).

Handelsformen: Doryl (Merck, Darmstadt); Carcholin (Merck, USA).

Methacholinae Chloridum USP XV(!), BP 53 (!). Methacholine Chloride NF XII. Methacholini chloridum.

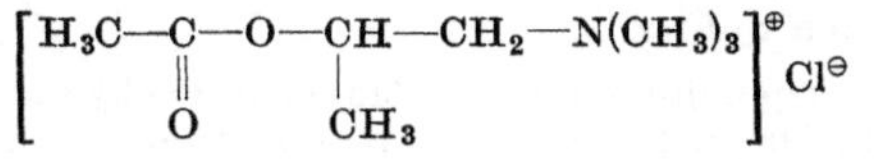

$C_8H_{18}ClNO_2$ M.G. 195,70

Acetyl-β-methylcholinchlorid.

Herstellung. Durch Acetylierung von β-Methylcholin, das man durch katalytische Reduktion von Trimethyl-acetonyl-ammonium-chlorid nach ADAMS und SHIRNER gewinnt.

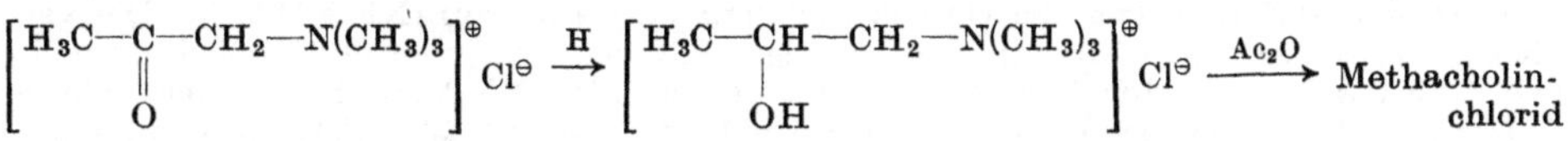

Die Darstellung des β-Methacholinsalzes kann auch durch Kondensation von Trimethylamin mit 1-Chlor-propan-ol-(3) erfolgen (US-Pat. 2192925; 2198629).

Eigenschaften. Farblose, fast geruchlose Kristalle oder weißes, kristallines Pulver. Die wäßrige Lsg. reagiert neutral gegen Lackmus. Fp.: 170 bis 173° (nach 4stündigem Trocknen bei 105°). Löslichkeit: Sehr leicht lösl. in W., gut lösl. in A. und in Chlf.

Erkennung. 1. Zu 100 mg Substanz gibt man auf einem Uhrglas 3 ml Platinchloridlsg., die man vorher mit 2 ml W. verdünnt hat. Es entstehen kleine rhomboedrische Platten, die bei 220 bis 225° schmelzen (Acetylcholinchlorid gibt hierbei strahlenförmige Nadeln, Cholinchlorid keine Kristalle; USP XV). – 2. Zu 1 ml einer 10%igen Lsg. gibt man 1 ml A. und 1 ml Schwefelsäure und erhitzt vorsichtig. Es entsteht Essigsäureäthylester, den man am Geruch erkennt (USP XV, BP 53). – 3. 5 ml einer 10%igen Lsg. versetzt man mit 2 g Kaliumhydroxid und erhitzt vorsichtig. Es entsteht Trimethylamingeruch (USP XV, BP 53). – 4. Die Lsg. gibt die bekannten Chloridreaktionen.

Prüfung. 1. Gewichtsverlust beim Trocknen: Nicht über 1,5%, wenn 4 Std. bei 105° getrocknet wird (USP XV); nicht über 1,5%, wenn bis zum konstanten Gewicht bei 105° getrocknet wird (BP 53). – 2. Verbrennungsrückstand: Nicht über 0,1%. – 3. Acetylcholinchlorid: Zu 2 ml einer 10%igen Lsg. gibt man 3 ml einer 20%igen Natriumperchloratlsg. und taucht das Gefäß für 5 Min. in Eiswasser. Es darf keine Fällung entstehen (USP XV). Gemäß BP 53 verwendet man 0,5 ml 50%ige Perchlorsäure, die mit Natronlauge neutralisiert und auf 3 ml verdünnt wird.

Gehaltsbestimmung. Nach USP XV, BP 53 und NF XII werden jeweils die Acetylgruppen und der Chloridgehalt bestimmt.

1. Acetylgruppen: 500 mg getrocknete Substanz werden in 15 ml W. gelöst, mit 50 ml 0,1 n Natronlauge versetzt und die Mischung 45 Min. auf dem Dampfbad erhitzt. Nach dem Erkalten titriert man die überschüssige Natronlauge mit 0,1 n Schwefelsäure zurück (Phenolphthalein als Indikator). Blindversuch ist erforderlich. 1 ml 0,1 n Natronlauge entspricht 4,304 mg CH_3CO (USP XV, BP 53, ähnlich NF XII). – 2. Chlorid: 500 mg getrocknete Substanz werden in 50 ml W. gelöst. Man gibt 3 ml Salpetersäure, 40 ml 0,1 n Silbernitratlsg. und 3 ml Nitrobenzol hinzu und titriert unter Schütteln mit 0,1 n Ammoniumrhodanidlsg., Eisenammoniumsulfat als Indikator. 1 ml 0,1 n Silbernitratlsg. entspricht 3,546 mg Cl.

Anwendung. Methacholin wirkt acetylcholinähnlich, doch ist es chemisch stabiler. Man verwendet die Substanz speziell bei Fällen aurikulärer, paroxysmaler Tachykardie, bei der übliche therapeutische Maßnahmen versagen.

Dosierung. Übliche Dosis 20 mg subcutan (NF XII).
Oral 0,1 bis 0,2 g, subcutan 10 bis 25 mg (BP 53).

Handelsformen: Mecholyl Chlorid (Sharp u. Dohme, USA); Amechol Chloride (Savory u. Moore, England).

Methacholini bromidum Nord. 63. Methacholine bromide NF XII. Methakolin-bromid. Methakolinium-bromid. Methacholinbromid.

$$\left[H_3C{-}\underset{\underset{O}{\|}}{C}{-}O{-}\underset{\underset{CH_3}{|}}{CH}{-}CH_2{-}N(CH_3)_3\right]^{\oplus} Br^{\ominus}$$

$C_8H_{18}BrNO_2$ M.G. 240,15

Acetyl-β-methylcholinbromid.

Gehaltsforderungen. Nord. 63: Etwa 73,5% Methacholin, entsprechend 99,5% Methacholinbromid.

NF XII: Mindestens 98%, höchstens 102% des theoretischen Wertes, bestimmt mit der 4 Std. bei 105° getrockneten Substanz.

Eigenschaften. Weißes, kristallines Pulver, das einen leicht aminartigen Geruch zeigen kann; sehr hygroskopisch. Der pH-Wert einer frisch bereiteten, 5%igen Lsg. liegt bei 5. Löslichkeit: Leicht lösl. in W. und A., praktisch unlösl. in Ae. und Benzol. Schmelzbereich: 147 bis 150° (NF XII); 149 bis 152° (Nord. 63).

Erkennung. 1. Etwa 1 g Substanz wird in 10 ml W. gelöst. Zu 1 ml dieser Lsg. wird 1 ml A. und 1 ml Schwefelsäure gegeben und auf dem Dampfbad erhitzt. Es tritt der Geruch nach Essigsäureäthylester auf (NF XII). – 2. Zu 5 ml Lsg. werden 2,5 g Natriumhydroxid gegeben und erhitzt. Es tritt der Geruch nach Trimethylamin auf (NF XII). – 3. Der verbliebene Rest der Lsg. wird mit überschüssiger Silbernitratlsg. versetzt, wobei ein gelblicher Niederschlag entsteht, der in Ammoniaklsg. lösl. ist (NF XII, ähnlich Nord. 63). – 4. Das Pikrat schmilzt nach dem Trocknen bei 105° zwischen 129 und 132° (Nord. 63). – 5. Etwa 200 mg Substanz werden in 2 ml Schwefelsäure gelöst. Es bildet sich ein braunes, hygroskopisches Gas (Brom); die Lsg. nimmt eine orangebraune Farbe an (Unterscheidung von Methacholinchlorid; NF XII). – 6. Einige Kriställchen Substanz werden auf einem Objektträger unter dem Mikroskop mit einigen Tr. Platinchloridlsg. versetzt. Es bilden sich kleine, rhomboedrische Platten (Unterscheidung von Acetylcholinchlorid, das bei dieser Behandlung Nadeln ergibt und von Cholinchlorid, das keine Kristalle liefert; NF XII).

Prüfung. 1. Trocknungsverlust: Höchstens 1,5%, wenn 4 Std. bei 105° getrocknet wird (NF XII). – 2. Acetylcholin: Zu 2 ml einer 10%igen Lsg. werden 3 ml einer Lsg. von Natriumperchlorat (1 in 5) gegeben und umgeschüttelt. Beim Kühlen in Eiswasser darf sich kein Niederschlag bilden (NF XII).

Gehaltsbestimmung. Nach Nord. 63 und NF XII werden Titrationen im wasserfreien Medium durchgeführt. Vorschrift der NF XII: Etwa 400 mg Substanz, die 4 Std. lang bei 105° getrocknet wurden, werden genau gewogen, in 50 ml Eisessig gelöst, mit 10 ml Quecksilber(II)-acetat-Lsg. und 2 Tr. Kristallviolettlsg. versetzt und mit 0,1 n Perchlorsäure in Eisessig titriert. Daneben wird ein Blindversuch zur Korrektur durchgeführt. 1 ml 0,1 n Perchlorsäure entspricht 24,02 mg $C_8H_{18}BrNO_2$.

Dosierung. Übliche Dosis: Innerlich 200 mg, 2- bis 3mal täglich (NF XII).

Unverträglichkeiten. Basische Stoffe wirken zersetzend (Nord. 63).

Handelsformen: Mecholyl Bromide (Sharp u. Dohme, USA); Amechol Bromide (Savory u. Moore, England).

Bethanechol Chloride USP XVII.

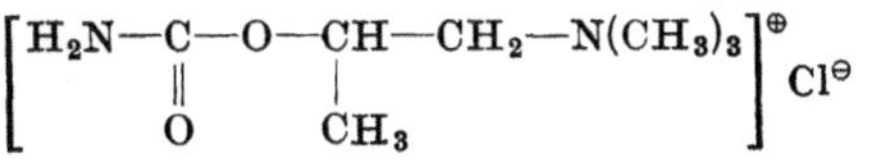

$C_7H_{17}ClN_2O_2$ M.G. 196,68

β-Methylcholincarbamatchlorid.

Gehaltsforderung. USP XVII: Mindestens 98% und nicht über 101,5% des theoretischen Wertes, berechnet auf die getrocknete Substanz.

Eigenschaften. Farblose oder weiße Kristalle oder weißes, kristallines Pulver, das meist einen leichten aminartigen Geruch zeigt, hygroskopisch. Die Substanz zeigt Polymorphie. Es wurden 2 Formen beobachtet, die eine schmilzt bei 211°, die andere bei 219°. Löslichkeit: 1 g Substanz löst sich in 1 ml W., in 10 ml A., unlösl. in Chlf. und Ae.

Erkennung. 1. Etwa 50 mg Substanz werden in 2 ml W. gelöst, mit 0,1 ml Kobalt(II)-chlorid-Lsg. (1 : 100) sowie 0,1 ml Kaliumhexacyanoferrat(II)-Lsg. versetzt. Es entsteht eine smaragdgrüne Färbung, die nach 5 bis 10 Min. verblaßt. (Cholinchlorid gibt die gleiche Farbreaktion, die allerdings bestehen bleibt.) – 2. Zu 1 ml Lsg. (1 : 100) werden 0,1 ml Jodlsg. gegeben. Es entsteht ein brauner Niederschlag, der rasch eine dunkelolivgrüne Farbe annimmt. – 3. Die Substanz gibt die für Chlorid üblichen Nachweisreaktionen.

Prüfung. 1. Gewichtsverlust: Höchstens 1%, wenn 2 Std. bei 105° getrocknet wird. – 2. Verbrennungsrückstand: Höchstens 0,1%.

Gehaltsbestimmung. 1. Chloridgehalt: Etwa 400 mg Substanz, die zuvor 2 Std. bei 105° getrocknet wurden, werden genau gewogen, in 30 ml W. gelöst und mit 40,0 ml 0,1 n Silbernitratlsg. versetzt. Man fügt dann 3 ml Salpetersäure und 5 ml Nitrobenzol zu und schüttelt einige Minuten um. Nach Zusatz von 2 ml Ammoniumeisen(III)-sulfat-Lsg. wird der Überschuß an Silbernitrat mit 0,1 n Ammoniumthiocyanat zurücktitriert. 1 ml 0,1 n Silbernitratlsg. entspricht 3,545 mg Cl. Forderung: Mindestens 17,7 und höchstens 18,3% Cl. – 2. Titration in wasserfreiem Medium: Etwa 500 mg der getrockneten Substanz werden genau gewogen, in einer Mischung von 10 ml Eisessig und 10 ml Quecksilber(II)-acetat-Lsg. gelöst, mit 0,1 ml Kristallviolettlsg. versetzt und mit 0,1 n Perchlorsäure titriert. Zur Korrektur wird ein Blindversuch durchgeführt. 1 ml 0,1 n Perchlorsäure entspricht 19,67 mg $C_7H_{17}ClN_2O_2$.

Anwendung. Als Parasympathomimeticum; insbesondere zur Anregung der Motalität des Gastrointestinaltraktes und der abführenden Harnwege. Die Substanz wird oral oder subcutan, nicht intravenös oder intramuskulär verabreicht.

Dosierung. Übliche Dosis: Oral, 10 mg, 3mal täglich; subcutan: 2,5 mg 3mal täglich.

Handelsform: Urocholine Chloride (Sharp u. Dohme, USA).

Pilocarpine CF 63. Pilocarpinum.

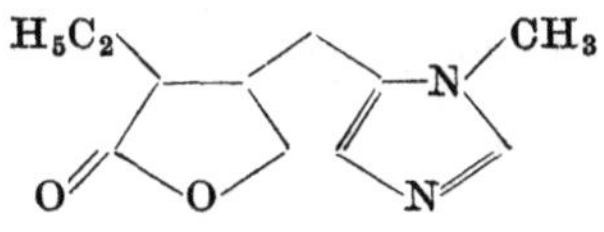

$C_{11}H_{16}N_2O_2$ M.G. 208,25

Eigenschaften. Viskose Masse oder schwer zu trocknender Kristallbrei. Fp.: etwa 34°. Löslichkeit: Leicht lösl. in A. und Ae., lösl. in W., wenig lösl. in Benzol. $[\alpha_D^{20}] = +106°$ [2,0 auf 100,0 W. (g/ml)].

Die wäßrigen Lsg. des Pilocarpins reagieren alkalisch und neutralisieren starke Säuren; umgekehrt löst sich jedoch Pilocarpin in wäßrigen Lsg. von Alkalilaugen und Bariumhydroxid unter Salzbildung.

Erkennung. 1. Einige mg Substanz werden mit einem Kaliumhydroxidplätzchen versetzt und im Reagensglas erhitzt. Es tritt aminartiger Geruch auf. 2. Zu 2 ml einer 0,5%igen wäßrigen Lsg. gibt man 2 ml Chlf. und 1 Tr. 2%iger Kaliumdichromatlsg. Die Chloroformschicht bleibt zunächst farblos, wird jedoch auf Zusatz von 1 ml Wasserstoffperoxidlsg. und Durchschütteln blau. Fügt man anschließend Zinn(II)-chloridlsg. zu und schüttelt durch, so verschwindet die Färbung.

Prüfung. 1. Eine 2%ige wäßrige Lsg. muß die spezifische Drehung von $[\alpha]_D^{20} = +106 \pm 2°$ zeigen. – 2. Trocknungsverlust: Höchstens 0,5%, wenn bei 100 bis 105° getrocknet wird. – 3. Sulfatasche: Höchstens 0,1%.

Aufbewahrung. In gut schließenden Gefäßen, unter Ausschluß von Licht- und Lufteinwirkung.

Pilocarpinhydrochlorid DAB 7 – BRD. Pilocarpinum hydrochloricum DAB 7 – DDR, ÖAB 9, Helv. V, Ross. 9, CsL 2. Pilocarpine hydrochloride USP XVII. Pilocarpini chloridum Nord. 63, Jap. 61. Pilokarpinhydrochlorid. Pilokarpinklorid. Pilokarpiniumklorid.

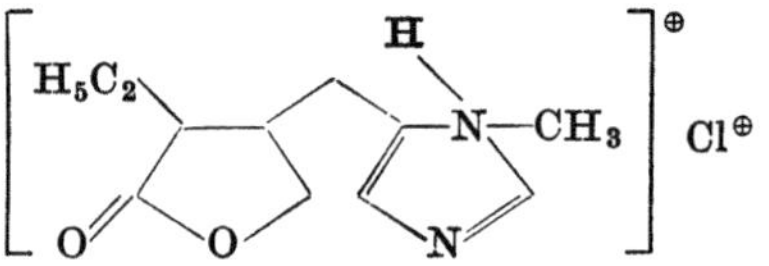

$C_{11}H_{17}ClN_2O_2$ M.G. 244,72

Gehaltsforderungen. DAB 7 – BRD: Mindestens 99,0%, berechnet auf die getrocknete Substanz.

DAB 7 – DDR: 98,5 bis 100,7%, berechnet für die bei 105° getrocknete Substanz.
ÖAB 9: 99,0 bis 100,5% des theoretischen Wertes.
Helv. V: Mindestens 99,5%.
Ross. 9: Mindestens 99,5%.
CsL 2: Mindestens 98,1%.
USP XVII: Mindestens 98,5%, berechnet für die getrocknete Substanz.
Nord. 63: Etwa 85% Pilocarpin entsprechend 100% Pilocarpinchlorid.

Eigenschaften. Farblose Kristalle oder weißes, kristallines Pulver, ohne Geruch, von bitterem Geschmack, hygroskopisch. Löslichkeit: Sehr leicht lösl. in W., lösl. in etwa 5 T. A., in etwa 600 T. Chlf., praktisch unlösl. in Ae. Schmelzbereich: 199 bis 204°; Schmelzintervall im Kapillarröhrchen: 201 bis 205°. Schmelzintervall unter dem Mikroskop: 195 bis 202°. Eutektische Temperatur der Mischung mit Salophen: 149° (ÖAB 9). Lichtbrechungsvermögen der Schmelze mit Salophen: $n_d = 1{,}5101$ bei 175 bis 177° (ÖAB 9).

Spezifische Drehung:

$[\alpha]_D^{20} = +89$ bis $+93°$, ($c = 2{,}0$) (DAB 7 – BRD),

$[\alpha]_D^{20} = +88{,}0$ bis $+92{,}0°$ ($c = 2{,}0$) (DAB 7 – DDR).

Spezifische Drehung: Mindestens 88,5 und höchstens 91,0° berechnet auf die getrocknete Substanz, bestimmt an einer Lsg., die 200 mg in 10 ml W. enthält (USP XVII).

Erkennung. 1. 0,50 ml Prüflsg. werden mit 5,0 ml W. verdünnt und mit einem Gemisch von 0,05 ml 3 n Schwefelsäure, 1,0 ml verd. Wasserstoffperoxidlsg., 1,0 ml Benzol und 0,50 ml 0,1 n Kaliumdichromatlsg. geschüttelt. Die Benzolschicht wird blauviolett gefärbt. Als Prüflsg. wird die bei „spezifischer Drehung" hergestellte Lsg. verwendet: 2%ig. (DAB 7 – BRD, ähnlich DAB 7 – DDR, ÖAB 9, USP XVII u.a.). – 2. 2,0 ml Prüflsg. geben auf Zusatz von 0,50 ml 3 n Salpetersäure und 0,10 ml Silbernitratlsg. einen weißen, sich zusammenballenden Niederschlag (DAB 7 – BRD, DAB 7 – DDR u.a. Pharmakopöen). – 3. Versetzt man eine Lsg. von etwa 2 mg Substanz in 1 ml W. mit 5 Tr. Jodlsg., so scheidet sich ein Perjodid in Form schwarzbrauner öliger Tröpfchen aus (ÖAB 9). – 4. Man versetzt eine Lsg. von etwa 5 mg Substanz in 1 ml W. und mit 5 Tr. Pentacyanonitrosylferrat(II)-Lsg. Säuert man nach 5 Min. mit verd. Salzsäure an, so färbt sich die Lsg. violettrot. Fügt man 2 Tr. verd. Wasserstoffperoxidlsg. hinzu, so geht die Färbung in Dunkelrot über (ÖAB 9).

Prüfung. 1. Aussehen der Lsg.: 5,0 ml Prüflsg. müssen klar und farblos sein (DAB 7 – BRD, ähnlich DAB 7 – DDR, ÖAB 9). – 2. Sauer oder alkalisch reagierende Verunreinigungen: 5,0 ml Prüflsg. dürfen auf Zusatz von 0,10 ml Bromkresolgrünlsg. weder gelb noch blau gefärbt werden (DAB 7 – BRD). Freie Base, freie Säure: Je 1 ml der Lsg. (1 + 9) muß sich auf Zusatz von 1 Tr. Methylrotlsg. rot bzw. auf Zusatz von 1 Tr. Bromphenolblaulsg. blau oder violettblau färben (ÖAB 9). – 3. Nitrat-Ionen: Beim Unterschichten einer Mischung von 0,50 ml Prüflsg. und 1,0 ml Eisen(II)-sulfat-Lsg. mit 2,0 ml konz. Schwefelsäure darf an der Berührungszone kein brauner Ring entstehen (DAB 7 – BRD, DAB 7 – DDR, ÖAB 9). – 4. Fremde Alkaloide: Eine Verdünnung von 2,0 ml Prüflsg. mit 2,0 ml W. muß auf Zusatz von 0,50 ml 6 n Ammoniaklsg. klar bleiben. 2,0 ml Prüflsg. müssen auf Zusatz von 1,50 ml 0,1 n Kaliumdichromatlsg. klar bleiben (DAB 7 – BRD, DAB 7 – DDR, ÖAB 9). – 5. Fremde organische Stoffe: Eine Lsg. von 0,01 g Substanz in 1 ml konz. Schwefelsäure muß klar und farblos sein. Die Lsg. darf sich auf Zusatz von 10 Tr. Salpeter–Schwefelsäure nicht verändern (ÖAB 9, ähnlich DAB 7 – DDR). – 6. Trocknungsverlust: Höchstens 1,0% (DAB 7 – BRD, DAB 7 – DDR, ÖAB 9); höchstens 3%, wenn 2 Std. bei 105° getrocknet wird (USP XVII). – 7. Verbrennungsrückstand: Höchstens 0,2% (ÖAB 9); höchstens 0,3% (USP XVII). – 8. Sulfatasche: Höchstens 0,3% (DAB 7 – DDR); höchstens 0,1% (DAB 7 – BRD).

Gehaltsbestimmung. Eine Verdrängungstitration in alkoholisch-chloroformischer Lsg. wird nach DAB 7 – DDR, DAB 7 – BRD, ÖAB 9 u.a. Pharmakopöen durchgeführt. Eine Titration im wasserfreien Milieu enthält die USP XVII.

Arbeitsvorschrift des DAB 7 – BRD: 0,20 g Substanz, genau gewogen, werden in einer Mischung von 20,0 ml A. (96%ig) und 10,0 ml Chloroform gelöst und nach Zusatz von 0,50 ml Phenolphthaleinlsg. mit 0,1 n Natronlauge unter kräftigem Schütteln bis zur Rosafärbung titriert (Feinbürette). 1 ml 0,1 n Natronlauge entspricht 20,93 mg $(C_{11}H_{17}N_2O_2)^+$, daraus berechnet 24,47 mg $C_{11}H_{17}ClN_2O_2$.

Arbeitsvorschrift der USP XVII: Etwa 500 mg Substanz werden genau gewogen, in einer Mischung von 20 ml Eisessig und 10 ml Quecksilber(II)-acetat-Lsg. unter leichtem Erwärmen gelöst. Danach wird die Lsg. auf Raumtemperatur abgekühlt, mit 2 Tr. Kristallviolettlsg. versetzt und mit 0,1 n Perchlorsäure titriert. Zur Korrektur wird ein Blindversuch durchgeführt. 1 ml 0,1 n Perchlorsäure entspricht 24,47 mg $C_{11}H_{17}ClN_2O_2$.

Aufbewahrung. Vor Licht geschützt, in dicht schließenden Gefäßen.

Entkeimung. Durch Erhitzen im freiströmenden Wasserdampf (von etwa 100°) während 30 Min. (ÖAB 9).

Dosierung. Größte Einzelgabe: 0,02 g; größte Tagesgabe 0,04 g. Gebräuchliche Konzentration in Augentropfen: 1% (ÖAB 9).

Pilocarpine nitrate USP XVII, BP 63. Pilocarpini nitras PI.Ed. I/1. Nitrate de Pilocarpine CF 65. Pilocarpinnitrat.

$C_{11}H_{16}N_2O_2 \cdot HNO_3$ Formel: vgl. Pil. hydrochlorid

$C_{11}H_{17}N_3O_5$ M.G. 271,28

Gehaltsforderungen. USP XVII: Mindestens 98,5%, berechnet auf die getrocknete Substanz.

BP 63: Mindestens 98,5%, berechnet auf die bei 105° bis zur Gewichtskonstanz getrocknete Substanz.

CF 65: Analytische Zusammensetzung: Pilocarpinbase 77,0%, Salpetersäure 23,0%.

Eigenschaften. Farblose Kristalle oder weißes, kristallines Pulver, geruchlos, von bitterem Geschmack. Die Substanz ist gegen Luft stabil, wird jedoch bei Lichteinwirkung verändert. Die Lsgn. reagieren sauer gegen Lackmus. Löslichkeit: 1 g löst sich in 4 ml W., in 75 ml A., praktisch unlösl. in Chlf. und Ae. Schmelzbereich: 174 bis 178° (PI.Ed. I/1, BP 63); 174 bis 179° (USP XVII); etwa 175° (CF 65).

Spezifische Drehung:

$[\alpha]_D^{20} = +81°$ (c = 2) (CF 65),

$[\alpha]_D^{20} = +80$ bis $+83°$ (PI.Ed. I/1, BP 63).

Die spezifische Drehung muß mindestens +79,5 und darf höchstens +82,0° betragen, berechnet auf die getrocknete Base, bestimmt an einer Lsg., die 200 mg in 10 ml enthält (USP XVII).

Erkennung. 1. Zu einer Lsg. von 10 mg Substanz in 5 ml W. werden 2 Tr. verd. Schwefelsäure, 1 ml Wasserstoffperoxidlsg., 1 ml Benzol und 1 Tr. einer 5%igen wäßrigen Lsg. von Kaliumchromat gegeben und durchgeschüttelt. Das Benzol färbt sich bläulichviolett, die wäßrige Schicht bleibt gelb (PI.Ed. I/1, ähnlich die anderen Pharmakopöen). – 2. Einige Kristalle Substanz werden mit einem Kaliumhydroxidplätzchen verrieben und im Reagensglas erhitzt. Es entwickelt sich ein aminartiger Geruch (CF 65). – 3. Die Substanz und deren Lsg. geben die üblichen Nitratnachweise.

Prüfung. 1. Spezifische Drehung: Eine 10%ige wäßrige Lösung muß eine spezifische Drehung von $[\alpha]_D^{20} = +81° \pm 2°$ aufweisen (CF 65). – 2. pH-Wert: Der pH-Wert einer wäßrigen, 0,5%igen Lsg. (g/ml) muß zwischen 3,8 und 5,4 liegen (CF 65). – 3. Chlorid: Zu 5 ml einer 2%igen wäßrigen Lsg., die mit Salpetersäure angesäuert ist, werden einige Tropfen Silbernitratlsg. zugegeben. Die Lsg. darf sich nicht sofort trüben (PI.Ed. I/1). – 4. Fremde Alkaloide: a) zu einer 1%igen wäßrigen Lsg. wird verd. Ammoniak gegeben. Die Lsg. darf sich nicht trüben. b) Zu einer 1%igen wäßrigen Lsg. wird Kaliumdichromatlsg. zugegeben. Die Lsg. darf sich nicht trüben (PI.Ed. I/1, ähnlich USP XVII). – 5. Trocknungsverlust: Höchstens 0,5%, wenn bei 100° bis zur Gewichtskonstanz getrocknet wird (PI.Ed. I/1, CF 65); höchstens 0,5%, wenn bei 105° bis zur Gewichtskonstanz getrocknet wird (BP 63); höchstens 2%, wenn 2 Std. bei 105° getrocknet wird (USP XVII). – 6. Verbrennungsrückstand: Höchstens 0,2% (USP XVII); höchstens 0,1% (CF 65, BP 63 und PI.Ed. I/1).

Gehaltsbestimmung. Nach USP XVII wird eine Titration im wasserfreien Milieu durchgeführt: Etwa 600 mg Substanz werden genau gewogen, in 30 ml Eisessig unter leichtem Erwärmen gelöst, auf Raumtemperatur abgekühlt und mit 0,1 n Perchlorsäure titriert, wobei der Endpunkt der Titration potentiometrisch ermittelt wird. 1 ml 0,1 n Perchlorsäure entspricht 27,13 mg $C_{11}H_{17}N_3O_5$.

Aufbewahrung. In dicht schließenden Gefäßen, vor Licht geschützt.

Dosierung. 0,1 ml einer 0,5 bis 4%igen wäßrigen Lsg. zur Anwendung am Auge; 1- bis 6mal täglich (USP XVII).

Arecolinum hydrobromicum Helv. V, CsL 2, Ross. 9. Arecoline Hydrobromide NF XII. Arecolini bromidum Nord. 63. Arecolini hydrobromidum. Arekolinbromid. Arekoliniumbromid.

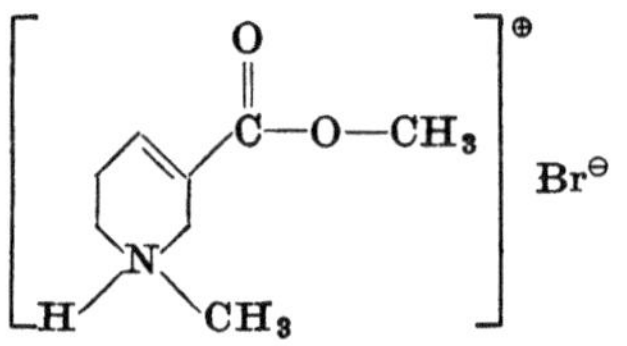

$C_8H_{14}BrNO_2$ M.G. 236,12

Methylester des N-Methyl-1,2,5,6-tetrahydronicotinsäurehydrobromids.

Eigenschaften. Weiße, oder nahezu weiße, Kristalle oder kristallines Pulver, ohne Geruch, bitter schmeckend, zersetzlich bei Lichteinwirkung. Löslichkeit: 1 g Substanz löst sich in etwa 1 ml W., etwa 10 ml A., etwa 2 ml siedendem A., sehr wenig lösl. in Ae. und Chlf. Schmelzintervall: Zwischen 169 und 171° (Helv. V); 171 bis 177° (Nord. 63); 169 bis 173° (Ross. 9).

Erkennung. 1. Die Lsg. der Substanz gibt positive Bromidnachweise. – 2. Die wäßrige Lsg. (1 : 50) wird mit einigen Tropfen Jodlsg. versetzt. Es bildet sich ein rotbrauner Niederschlag (NF XII). – 3. Zu 1 Tr. der Lsg. (1 : 20) wird 1 Tr. Quecksilber(II)-chlorid-Lsg. gegeben. Es bildet sich ein Niederschlag, der sich beim Umschütteln wieder löst. Setzt man weitere 0,5 ml Quecksilber(II)-chlorid-Lsg. zu, so erscheint der Niederschlag erneut, der sich bei weiterem Zusatz von 4 ml Quecksilber(II)-chlorid-Lsg. wieder löst. Einige Stunden später kristallisiert eine farblose Substanz aus (Ross. 9).

Prüfung. 1. Aussehen der Lösung: 400 mg Substanz müssen sich in 2 ml frisch ausgekochtem und wieder erkaltetem W. klar und farblos lösen. Diese Lsg. ist nach dem Verdünnen mit weiteren 6 ml ausgekochtem W. als Stammlsg. zu den folgenden Prüfungen zu verwenden (Helv. V). – 2. 1 ml Stammlsg. muß durch 1 Tr. Methylrot orange oder rot, aber nicht stärker rot gefärbt werden als 1 ml einer Mischung von 3 ml Natriumacetat + 3ml verd. Essigsäure + W. zu 20 ml (Helv. V). – 3. In der Stammlsg. darf Sulfat nicht nachweisbar sein (Helv. V). – 4. Fremde Alkaloide: Die Lsg. von 250 mg Natriumchlorid in 1 ml Stammlsg. darf durch 5 Tr. verd. Natronlauge nicht getrübt werden (Helv. V). – 5. Organische Verunreinigungen: Die in einem Schälchen befindliche Lsg. von 500 mg Substanz in 1 ml konz. Schwefelsäure ist gelb, muß aber bei leichtem Erwärmen auf dem Wasserbad farblos oder höchstens schwach gelb werden (Helv. V); setzt man 5 ml einer Lsg. (1 : 20) Ammoniaklsg. oder Natronlauge zu, so darf weder ein Niederschlag noch eine Trübung entstehen (NF XII). – 6. Fremde Alkaloide: Je 1 Drittel der vorangehend mit konz. Schwefelsäure bereiteten Lsg. darf weder durch ein Kriställchen Kaliumdichromat violett (Strychnin, Yohimbin) noch durch 2 Tr. konz. Salpetersäure rot (Morphin, Brucin) noch durch 1 Kriställchen Ammoniummolybdat überhaupt gefärbt werden (andere Alkaloide) (Helv. V). – 7. Trocknungsverlust: Höchstens 1%, wenn 2 Std. bei 80° getrocknet wird (NF XII). Verbrennungsrückstand: Höchstens 0,5% (NF XII).

Gehaltsbestimmung. Nach Ross. 9 und Nord. 65 werden Titrationen im wasserfreien Medium durchgeführt. Ross. 9 läßt außerdem eine Verdrängungstitration in alkoholisch-chloroformischer Lsg. durchführen.

Arbeitsvorschriften der Ross. 9: 1. Etwa 0,25 g Substanz werden genau gewogen, in einer Mischung von 10 ml A. und 5 ml Chlf. gelöst, die vorher gegen Phenolphthalein neutralisiert wurde. Anschließend wird mit 0,1 n Natriumhydroxidlsg. gegen Phenolphthalein titriert bis zum Auftreten einer rosa Färbung. 1 ml 0,1 n Natriumhydroxidlsg. entspricht 23,61 mg $C_8H_{14}BrNO_2$. – 2. Etwa 0,25 g Substanz werden in 20 ml wasserfreier Essigsäure unter leichtem Erwärmen gelöst, mit 5 ml Quecksilber(II)-acetat-Lsg. versetzt und mit 0,1 n Perchlorsäure bis zum Auftreten einer grünen Färbung titriert (Kristallviolett als Indikator). 1 ml 0,1 n Perchlorsäure entspricht 23,61 mg $C_8H_{14}BrNO_2$.

Aufbewahrung. In dicht schließenden Gefäßen, vor Licht geschützt.

Dosierung. Einzelmaximaldosis: 2 mg; Tagesmaximaldosis: 6 mg (Nord. 65).

Arecolin-hydrochlorid. Arecolinum hydrochloricum.

$C_8H_{13}NO_2 \cdot HCl$ Vgl. Formel von Arecol. hydrobromid.

$C_8H_{14}ClNO_2$ M.G. 191,67

Eigenschaften. Weiße, zerfließliche Kristalle, leicht löslich in W. und A. Fp.: 158°.

Aufbewahrung. Gut verschlossen und vor Licht geschützt.

Muscarin. (–)-Muscarin. Pilzmuscarin.

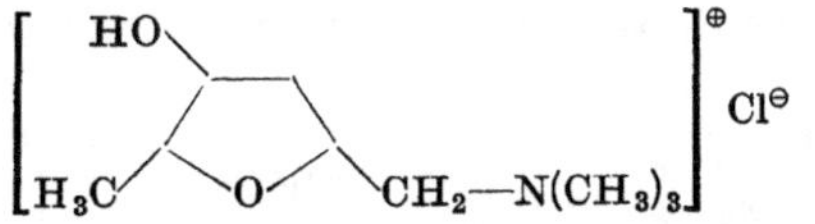

$C_9H_{20}ClNO_2$ M.G. 209,72

2-Methyl-3-hydroxy-5-trimethylaminomethyl-tetrahydrofuranchlorid.

Eigenschaften. Zerfließliche, farblose Kristalle oder sirupöse Flüssigkeit. Leicht lösl. in W., A. und Methanol, schwer lösl. in Chlf. und Isopropanol, praktisch unlösl. in Ae. und Aceton. Zersetzlich bei Luftzutritt, besonders in saurer Lsg. Die wäßrige Lsg. reagiert neutral gegen Lackmus. Fp.: 181 bis 182°.

$[\alpha]_D^{20} = +8$ (Äthanol).

Aufbewahrung. Unter einem inerten Gas.

Wirkung. Tonussteigerung der glatten Muskulatur des Magen-Darm-Kanals und der Bronchien; Erzeugung von Bradykardie, Gefäßerweiterung und Blutdrucksenkung. Da Muscarin kein Ester ist, wird seine Wirkung auch nicht durch Cholinester-Hydrolasen gehemmt.

Durch Atropin kann die Muscarinwirkung aufgehoben werden. Therapeutisch wird die Substanz nicht verwendet.

II. Indirekte Parasympathomimetica

Physostigmine USP XVII. Physostigmin. Physostigminum. Eserin. Eserinum.

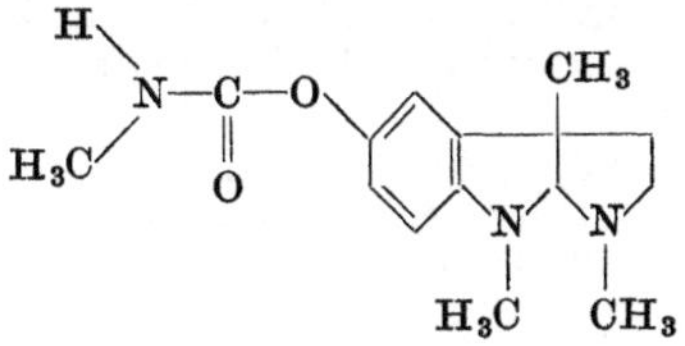

$C_{15}H_{21}N_3O_2$ M.G. 275,35

Gehaltsforderung. Mindestens 97 und höchstens 102% des theoretischen Wertes, berechnet auf die getrocknete Substanz.

Eigenschaften. Weißes, geruchloses, mikrokristallines Pulver. Bei der Einwirkung von Hitze, Licht, Luft oder Metallspuren nimmt die Substanz eine rötliche Färbung an. Fp.: Nicht unter 103°, wenn die Substanz vorher 24 Std. über Silicagel getrocknet wurde. Leicht lösl. in Chlf. und Dichlormethan, gut lösl. in A., lösl. in Benzol und fetten Ölen, schwer lösl. in W.

Erkennung. 1. Etwa 5 mg Substanz werden mit 5 Tr. Ammoniaklsg. versetzt und auf dem Dampfbad eingedampft. Es hinterbleibt ein blauer Rückstand, der nach dem Lösen in A. und Zusatz von 4 Tr. Eisessig eine kräftige rote Fluoreszenz zeigt. – 2. 5 ml der Lsg. (1 in 100) werden mit einigen Tropfen Natronlauge versetzt. Es bildet sich rasch eine Rosafärbung.

Prüfung. 1. Spezifische Drehung: Mindestens −119° und nicht über −121°, berechnet auf die getrocknete Substanz, bestimmt an einer Lsg., die 100 mg in 10 ml enthält. – 2. Trocknungsverlust: Höchstens 1%, wenn die Substanz 24 Std. über Silicagel getrocknet wird. – 3. Verbrennungsrückstand: 100 mg Substanz dürfen keinen wägbaren Rückstand hinterlassen. – 4. Leicht zersetzliche Verunreinigungen: 100 mg Substanz werden in 5 ml Schwefelsäure gelöst. Nach 5 Min. darf diese Lsg. nicht stärker gefärbt sein als Farbvergleichslsg. J (Bd. I, 239).

Gehaltsbestimmung. Etwa 175 mg Substanz werden genau gewogen und in 25 ml Chlf. gelöst. Nach Zusatz von 25 ml Eisessig wird mit 0,02 n Perchlorsäure in Dioxan titriert, wobei der Endpunkt potentiometrisch ermittelt wird. 1 ml 0,02 n Perchlorsäure entspricht 5,507 mg $C_{15}H_{21}N_3O_2$.

Aufbewahrung. In dicht schließenden Gefäßen, vor Licht geschützt; in Mengen, die 1 g nicht übersteigen.

Dosierung. Äußerlich: 0,25%ige Salbe zur Behandlung des Auges; bis zu 4 mal täglich.

Physostigminum salicylicum DAB 7 – DDR, ÖAB 9, Helv. V, CsL 2, Ross. 9. Physostigminsalicylat DAB 7 – BRD. Physostigmine salicylate USP XVII, BP 63. Physostigmini salicylas PI.Ed. I/1, Nord. 63, Jap. 61. Physostigminsalizylat. Eserinsalicylat.

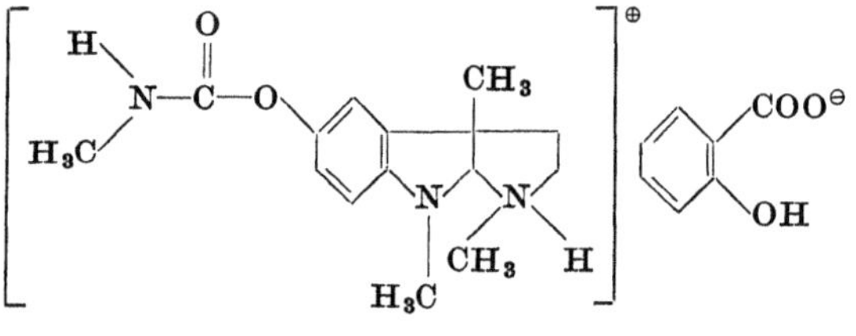

$C_{22}H_{27}N_3O_5$ M.G. 413,48

5-(N-Methylcarbamoyloxy)-1,1′,3-trimethylpyrrolidino-(2′,3′: 2,3)-indolin-salicylat.

Gehaltsforderungen. DAB 7 – BRD: Mindestens 99,0%, berechnet auf die getrocknete Substanz.

DAB 7 – DDR: 99 bis 100,5%, berechnet auf die bei 105° getrocknete Substanz.

ÖAB 9: 99,0 bis 101,0% des theoretischen Wertes.

Ross. 9: Mindestens 99%, berechnet auf die getrocknete Substanz.

USP XVII: Mindestens 97 und nicht mehr als 102% des theoretischen Wertes, berechnet auf die getrocknete Substanz.

Eigenschaften. Farblose oder fast farblose Kristalle oder weißes bzw. nahezu weißes bis gelbliches, kristallines Pulver, ohne Geruch. Die Substanz färbt sich, besonders in Lsg. bei Luftzutritt und am Licht allmählich rötlich. Löslichkeit: 1 T. löst sich in etwa 10 T. Chlf., in etwa 12 T. A., in etwa 90 T. W., sehr wenig lösl. in Ae. Schmelzintervall: 186 bis 189° (DAB 7 – BRD); 178 bis 185° unter Zersetzung (DAB 7 – DDR); 179 bis 185° unter Zersetzung (im Kapillarröhrchen; ÖAB 9); 178 bis 185° unter Zersetzung (unter dem Mikroskop; ÖAB 9); eutektische Temperatur der Mischung mit Benzanilid: 139°, mit Salophen: 156° (ÖAB 9). – Optische Drehung:

$[\alpha]_D^{20} = -91$ bis $-94°$ ($c = 1{,}0$) (DAB 7 – BRD),
$[\alpha]_D^{20} = -89{,}0$ bis $-94°$ ($c = 1{,}0$) (DAB 7 – DDR),
$[\alpha]_D^{20} = -90$ bis $-94°$ ($c = 1{,}0$) (ÖAB 9).

Erkennung. 1. 2,0 ml Prüflsg. färben sich durch Zugabe von 0,10 ml 6 n Natronlauge nach einigen Sekunden rot. Prüflsg.: 1%ige wäßrige Lsg., bereitet mit der getrockneten

Substanz (DAB 7 – BRD), ähnlich DAB 7 – DDR, ÖAB 9. – 2. 2,0 ml Prüflsg. werden auf Zusatz von 0,10 ml Eisen(III)-chlorid-Lsg. III violett gefärbt (DAB 7 – BRD, DAB 7 – DDR, ÖAB 9 u.a.). – 3. Versetzt man eine Lsg. von etwa 2 mg Substanz in 1 ml W. mit 5 Tr. Jodlsg., so scheidet sich ein Perjodid als rotbraune Trübung und in Form harziger Flocken aus (ÖAB 9). – 4. 1,5 ml Prüflsg. hinterlassen nach Zusatz von 1,0 ml 6 n Ammoniaklsg. beim Eindampfen auf dem Wasserbad einen blauen oder graublauen Rückstand. Dieser wird in der Mischung aus 3,0 ml 5 n Essigsäure und 2,0 ml W. gelöst. Die Lsg. zeigt eine violette Färbung und kräftig rote Fluoreszenz (DAB 7 – DDR, ähnlich ÖAB 9). – 5. Einige mg Substanz werden mit mehreren Tr. verd. Ammoniak erwärmt. Es bildet sich eine gelblichrote Lsg. Nach dem Abdampfen dieser Lsg. verbleibt ein bläulicher Rückstand, der folgende Forderungen erfüllt: a) Der Rückstand muß sich in Äthanol mit blauer Farbe lösen. Die Lösung erscheint nach Zugabe von Essigsäure im durchscheinenden Licht blau, sie zeigt eine rote Fluoreszenz, die bei der Verdünnung mit W. stärker hervortritt. b) Der Rückstand muß sich in Schwefelsäure mit grüner Farbe lösen. Diese Lsg. färbt sich bei allmählicher Zugabe von A. rot und wird beim Verdampfen des Ae. wieder grün (PI.Ed. I/1, ähnlich BP 63).

Prüfung. 1. Aussehen der Lsg.: 5,0 ml Prüflsg. müssen klar und farblos sein (DAB 7 – BRD und DAB 7 – DDR, ähnlich ÖAB 9). – 2. Alkalisch oder sauer reagierende Verunreinigungen: 10,0 ml Prüflsg. müssen sich auf Zusatz von 0,10 ml Methylrotlsg. II rot färben und dürfen höchstens 0,10 ml 0,02 n Natronlauge bis zum Umschlag nach Gelb verbrauchen (DAB 7 – BRD, ähnlich ÖAB 9 und DAB 7 – DDR). – 3. Eseridin: Versetzt man 5 ml der Lsg. (1 + 99) mit 5 Tr. verd. Salzsäure, 1 ml 0,1 n Kaliumjodatlsg. und 1 ml Chlf. und schüttelt 1 Min. lang kräftig durch, so darf sich die Chloroformschicht nicht violettrot färben (ÖAB 9, ähnlich DAB 7 – DDR). – 4. Fremde organische Stoffe: Eine Lsg. von 0,01 g Substanz in 2 ml konz. Schwefelsäure muß unmittelbar nach ihrer Herstellung klar und farblos oder fast farblos sein (ÖAB 9, ähnlich DAB 7 – BRD und DAB 7 – DDR). – 5. Sulfat: In der Lsg. (1 + 99) darf Sulfat nicht nachweisbar sein. Bei der Prüfung ist keine Salzsäure zuzusetzen (ÖAB 9, ähnlich DAB 7 – BRD, DAB 7 – DDR). – 6. Optische Reinheit: Die spezifische Drehung muß zwischen $-89{,}0°$ und $-94{,}0°$ liegen. Dementsprechend darf der Drehungswinkel von 0,2000 g Substanz, gelöst in Wasser zu 20 ml, bei 20° im 200-mm-Rohr bestimmt, nicht weniger als $-1{,}78$ und nicht mehr als $-1{,}88°$ betragen (Helv. V). – 7. Trocknungsverlust: Höchstens 1,0%, wenn die Substanz bei 105° getrocknet wird (DAB 7 – BRD, ÖAB 9, DAB 7 – DDR); höchstens 1%, wenn 24 Std. über Silicagel getrocknet wird (USP XVII). – 8. Sulfatasche: Höchstens 0,2%; Einwaage 50 mg (DAB 7 – BRD); 100 mg dürfen keinen wägbaren Rückstand hinterlassen (USP XVII).

Gehaltsbestimmung. Die meisten Pharmakopöen, z.B. DAB 7 – BRD, DAB 7 – DDR, ÖAB 9, Ross. 9, lassen eine Verdrängungstitration in äthanolisch-chloroformischer Lsg. durchführen. USP XVII enthält eine Titration in wasserfreiem Milieu.

Arbeitsvorschrift nach DAB 7 – BRD: 0,20 g Substanz, genau gewogen, werden in einer Mischung von 15,0 ml A. (96%ig) und 5,0 ml Chlf. gelöst und nach Zusatz von 0,50 ml Phenolphthaleinlsg. mit 0,1 n Natronlauge unter kräftigem Schütteln bis zur Rosafärbung titriert (Feinbürette). 1 ml 0,1 n Natronlauge entspricht 27,64 mg $(C_{15}H_{22}N_3O_2)^+$, daraus berechnet 41,35 mg $C_{22}H_{27}N_3O_5$.

Arbeitsvorschrift nach USP XVII: Etwa 250 mg Substanz werden genau gewogen und in 25 ml Chlf. gelöst. Nach Zusatz von 25 ml wasserfreier Essigsäure titriert man mit 0,02 n Perchlorsäure in Dioxan, wobei der Endpunkt potentiometrisch bestimmt wird. 1 ml 0,02 n Perchlorsäure entspricht 8,270 mg $C_{15}H_{21}N_3O_2 \cdot C_6H_7O_3$.

Aufbewahrung. In dicht schließenden Gefäßen aus alkaliarmem Glas, vor Licht geschützt.

Abgabe. Lösungen von Physostigminsalicylat sind bei Bedarf stets frisch zu bereiten und dürfen nicht erhitzt werden.

Entkeimung. Durch Keimfiltration mit Überdruck oder Unterdruck und aseptische Weiterverarbeitung (ÖAB 9).

Dosierung. Einzelmaximaldosis: Oral 0,001 g; subcutan 0,0005 g.
Tagesmaximaldosis: Oral 0,003 g; subkutan 0,001 g.
Maximalkonzentration zur Anwendung am Auge: 1% (DAB 7 – DDR und DAB 7 – BRD).
Gebräuchliche Konzentration in Augentropfen: 0,25 bis 0,5% (ÖAB 9).

Physostigmine sulfate USP XVII. Physostigmini sulfas PI.Ed. I/1, Nord. 63. Physostigminsulfat. Eserini sulfas. Eserinsulfat. Eserine sulfate.

$(C_{15}H_{21}N_3O_2)_2 \cdot H_2SO_4$ Formel: vgl. Physostigminsalicylat.
$C_{30}H_{44}N_6O_8S$ M.G. 648,78

Gehaltsforderungen. USP XVII: Mindestens 97 und nicht über 102% des theoretischen Wertes, berechnet auf die getrocknete Substanz.

Eigenschaften. Farblose oder schwach gelbliche Kristalle bzw. kristallines Pulver, das sich an der Luft oder am Licht allmählich rot färbt, geruchlos, Geschmack bitter. Fp.: 144 bis 146°, nach dem Trocknen (PI.Ed. I/1 und Jap. 61); nicht unter 143° (USP XVII). Löslichkeit: Sehr leicht lösl. in W. und A., lösl. in Chlf., praktisch unlösl. in Ae.

Erkennung. 1. Eine 1%ige wäßrige Lsg. bildet mit einer verd. wäßrigen Lsg. von Natriumhydroxid einen weißen Niederschlag, der sich allmählich rosa färbt. Der Niederschlag löst sich in überschüssigem Reagens mit roter Farbe (PI.Ed. I/1). – 2. Zu 5 ml einer 1%igen Lsg. gibt man einige Tropfen Natronlauge. Es entsteht sofort eine rötliche Färbung (Jap. 61). – 3. Einige mg Substanz werden mit mehreren Tr. verd. Ammoniak erwärmt. Es bildet sich eine gelblichrote Lsg. Nach dem Abdampfen dieser Lsg. verbleibt ein bläulicher Rückstand, der folgende Forderungen erfüllen muß: a) Der Rückstand muß sich in A. mit blauer Farbe lösen. Die Lsg. erscheint nach Zugabe von Essigsäure im durchscheinenden Licht blau und zeigt eine rote Fluoreszenz, die beim Verdünnen mit W. stärker wird. b) Der Rückstand muß sich in Schwefelsäure mit grüner Farbe lösen. Die Lsg. färbt sich bei allmählicher Zugabe von A. rot und wird beim Verdampfen des A. wieder grün (PI.Ed. I/1). – 4. Die wäßrige Lsg. gibt die Reaktionen auf Sulfat.

Prüfung. 1. Spezifische Drehung: Mindestens –113° und nicht über –116°, berechnet auf die getrocknete Substanz, bestimmt in einer Lsg., die 100 mg pro 10 ml W. enthält (USP XVII). – 2. Salicylsäure: 50 mg Substanz werden in 5 ml W. gelöst und mit 1 Tr. Eisen(III)-chlorid-Lsg. versetzt. Es darf sich keine violette Färbung zeigen (Jap. 61). – 3. Reaktion: Eine 1%ige wäßrige Lsg. reagiert neutral gegen Methylorange und schwach sauer gegen Lackmus. – 4. Trocknungsverlust: Höchstens 1,0% nach dem Trocknen bei 100° (PI.Ed. I/1, Jap. 61); höchstens 1% (wenn 24 Std. über Silicagel getrocknet wird) (USP XVII). – 5. Verbrennungsrückstand: 100 mg Substanz dürfen keinen wägbaren Rückstand hinterlassen (USP XVII); höchstens 0,1% (Jap. 61, PI.Ed. I/1).

Aufbewahrung. In kleinen, dicht schließenden Gefäßen, vor Licht geschützt.

Anmerkung. Physostigminlösungen färben sich am Licht rot; sie sollen nach Möglichkeit frisch bereitet werden; beim Lagern müssen sie in zugeschmolzenen Behältern aufbewahrt werden (PI.Ed. I/1).

Gehaltsbestimmung. Nach USP XVII werden etwa 175 mg Substanz, genau gewogen, in 25 ml W. gelöst. Die Lsg. wird durch Zugabe von etwa 1 g Natriumhydrogencarbonat alkalisch gemacht und 3mal mit je 25 ml Chlf. extrahiert. Die Chloroformauszüge werden durch ein trockenes Papierfilter filtriert. Man setzt dann 25 ml Eisessig zu und titriert mit 0,02 n Perchlorsäure, wobei der Endpunkt potentiometrisch bestimmt wird. 1 ml 0,02 n Perchlorsäure entspricht 6,488 mg $(C_{15}H_{21}N_3O_2)_2 \cdot H_2SO_4$.

Dosierung. Übliche Einzeldosis: 0,3 mg; übliche Tagesdosis: 1 mg; Maximaldosen: einfach: 1 mg; täglich: 3 mg (Jap. 61).

Für die Anwendung am Auge verwendet man 0,1 ml einer 0,25%igen Lösung, bis 4mal täglich (USP XVII).

Galanthamin.

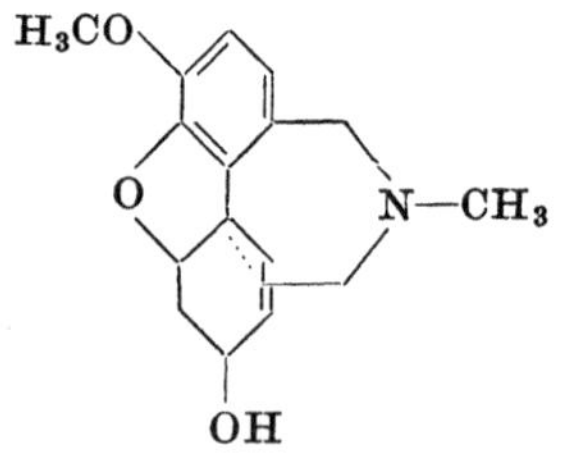

$C_{17}H_{21}NO_3$ M.G. 287,37

Vorkommen: In verschiedenen Amaryllidaceen, bes. Galanthus Woronowii.

Eigenschaften. Weißes, kristallines Pulver. Fp.: 126 bis 129°, $[\alpha]_D^{20} = -119°$ (Äthanol). Hydrochlorid: Fp.: 256 bis 257°. Hydrojodid: Fp.: 260 bis 261°. Perchlorat: Fp. 227°. Acetylderivat: Fp.: 130°.

Wirkung. Inhibiert die Cholinester-Hydrolyse, ähnelt im übrigen dem Physostigmin.

Neostigminum bromatum DAB 7 – DDR. Neostigmine bromate USP XVII, BP 63. Neostigmini bromidum PI.Ed. I/1, Nord. 63, Jap. 61. Bromure de Néostigmine CF 65. Neostigminbromid. Synstigminum bromatum ÖAB 9. Synstigminbromid. Synstigmini bromidum. Dimethylcarbaminoyloxyphenyl-trimethylammonium-bromid DAB 7 – BRD. Dimethylcarbaminoyl-oyxphenyl-trimethylammonium bromatum.

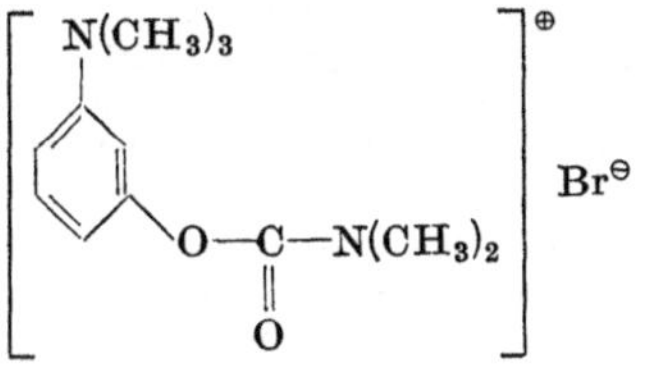

$C_{12}H_{19}BrN_2O_2$ M.G. 303,22

[3-(Dimethyl-carbamoyl-oxy)-phenyl]-trimethylammoniumbromid.

Gehaltsforderungen. DAB 7 – BRD: Mindestens 99%, berechnet auf die getrocknete Substanz.

DAB 7 – DDR: 98,5 bis 101,0% des theoretischen Wertes, berechnet auf die bei 105° getrocknete Substanz.

ÖAB 9: 98,5 bis 100,5% des theoretischen Wertes.

USP XVII: Mindestens 98 und nicht mehr als 102% des theoretischen Wertes, berechnet auf die getrocknete Substanz.

Nord. 63: Etwa 78,5% Neostigmin, entsprechend etwa 99% Neostigminbromid.

BP 63: Mindestens 98,5%, berechnet auf die bei 105° getrocknete Substanz.

PI.Ed. I/1: Mindestens 98,0%, bezogen auf die 6 Std. bei 100° getrocknete Substanz.

Eigenschaften. Weißes, kristallines u.U. hygroskopisches Pulver, ohne Geruch, von schwach salzigem und bitterem Geschmack. Löslichkeit: 1 T. löst sich in etwa 1 T. W., in etwa 4 T. A., in etwa 10 T. Chlf., praktisch unlösl. in Ae.

Schmelzintervall: 217 bis 221° (DAB 7 – BRD); 170 bis 175° unter Zersetzung (im Kapillarröhrchen; ÖAB 9); teilweises Schmelzen bei 190 bis 196°, die restlichen Kristalle zersetzen sich bei 205 bis 215° (unter dem Mikroskop nach Kofler; ÖAB 9); eutektische Temperatur der Mischung mit Salophen: 148°, mit Dicyandiamid 105° (ÖAB 9).

Erkennung. 1. 50 mg Substanz werden mit 0,40 g Kaliumhydroxid und 2,0 ml A. (90%) unter gelegentlichem Umschütteln und unter Ersatz des verdampften A. auf dem Wasserbad erwärmt. Nach etwa 15 Min. ist ein fischartiger Geruch wahrnehmbar. Die entweichenden Dämpfe färben angefeuchtetes rotes Lackmuspapier blau. Nach 30 Min. wird die Lsg. mit 2,0 ml W. versetzt und abgekühlt. Auf Zusatz einer Mischung von 5,0 ml Sulfanilsäurelsg. und 0,050 ml Natriumnitritlsg. II entsteht eine tiefrote Färbung DAB 7 – BRD, ähnlich DAB 7 – DDR, ÖAB 9). – 2. Versetzt man eine Lsg. von etwa 2 mg Substanz in 1 ml W. mit 5 Tr. Jodlsg., so scheidet sich ein Perjodid in Form feiner dunkelbrauner, öliger Tröpfchen aus (ÖAB 9, ähnlich DAB 7 – DDR). – 3. 2,0 ml Prüflsg. werden mit 5,0 ml Pikrinsäurelsg. I im Wasserbad bis zur fast klaren Lsg. erwärmt. Die nach dem Erkalten ausgefallenen Kristalle werden abfiltriert und mit wenig W. gewaschen. Das Pikrat schmilzt nach dem Trocknen bei 105° zwischen 183 und 188° (DAB 7 – BRD), ähnlich DAB 7 – DDR – 4. Die Lsg. der Substanz gibt die üblichen Bromidnachweise.

Prüfung. 1. Aussehen der Lsg.: 5,0 ml Prüflsg. müssen klar und farblos sein (Prüflsg. = 5%ige wäßrige Lsg.) (DAB 7 – BRD). – 2. Sauer oder alkalisch reagierende Verunreinigungen: 2,0 ml Prüflsg. dürfen sich nach Zusatz von 0,05 ml Bromkresolpurpurlsg. weder gelb noch violett färben (DAB 7 – BRD). – 3. Sulfat: In einer Mischung von 5 ml der Lsg. (1 + 9) und 5 ml W. darf Sulfat in unzulässiger Menge nicht nachweisbar sein (ÖAB 9). – 4. Dimethylaminophenol: Versetzt man 1 ml der Lsg. (1 + 9) mit 2 ml verd. Natriumhydroxidlsg. und fügt hierauf eine Mischung von 2 ml Sulfanilsäurelsg. und 5 Tr. Natriumnitritlsg. hinzu, so darf sich die Mischung nicht rötlich färben (ÖAB 9). – 5. 3-Hydroxyphenyltrimethylammoniumbromid: 1,00 g Substanz muß sich in 10,0 ml Chlf. klar lösen (DAB 7 – BRD, ähnlich DAB 7 – DDR, ähnlich ÖAB 9). – 6. Trocknungsverlust: Höchstens 0,5%, wenn bei 105° getrocknet wird (DAB 7 – BRD); höchstens 1,0% (DAB 7 – DDR, ÖAB 9, BP 63); höchstens 2%, wenn 3 Std. bei 105° getrocknet wird (USP XVII). – 7. Verbrennungsrückstand: Höchstens 0,1% (ÖAB 9); höchstens 1,05% (USP XVII, PI.-Ed. I/1). – 8. Sulfatasche: Höchstens 0,1% (DAB 7 – DDR und BP 63).

Gehaltsbestimmung. Die meisten Pharmakopöen lassen den Gehalt nach Art einer Kjeldahl-Bestimmung ermitteln, so z.B. USP XVII, BP 63, PI.Ed. I/1. DAB 7 – BRD schreibt zur Gehaltsbestimmung die Ionenaustauschermethode vor. Im DAB 7 – DDR ist eine Titration im wasserfreien Medium enthalten.

Vorschrift der PI.Ed. I/1: Ungefähr 0,35 g Substanz, genau gewogen, werden in einem 500-ml-Kjeldahl-Kolben in 200 ml W. gelöst und 50 ml Natriumhydroxidlsg. zugegeben.

Der Kolben wird über einen Destillationsaufsatz (z.B. nach REITMEYER) mit einem gut gekühlten Kühler verbunden, der in einen mit 25 ml 0,1 n Salzsäure beschickten Kolben taucht. Es werden ungefähr 200 ml überdestilliert und der Säureüberschuß mit 0,1 n Natriumhydroxidlsg. unter Verwendung von Methylrot als Indikator zurücktitriert. Die Bestimmung wird mit denselben Reagensmengen und auf dieselbe Art, aber ohne Neostigminbromid wiederholt. Die Differenz zwischen beiden Titrationen ergibt die Säuremenge, die zur Neutralisation des Destillates erforderlich war. 1 ml 0,1 n Salzsäure entspricht 0,03032 g $C_{12}H_{19}BrN_2O_2$.

Vorschrift des DAB 7 – BRD: In einem Glasrohr (10 mm lichte Weite, etwa 300 mm Länge), das unten mit einem Hahn verschließbar und darüber mit Glaswolle abgedichtet ist, werden 5,0 g stark basischer Anionenaustauscher mit frisch aufgekochtem und wieder abgekühltem W. bedeckt. Nach 5 Min. wird bis zur neutralen Reaktion gegen Lackmuspapier gewaschen. 0,20 g Substanz, genau gewogen, werden in 10,0 ml W. gelöst. Die Lsg. wird auf den Austauscher aufgegossen, die Durchlaufgeschwindigkeit auf etwa 2 bis 3 ml/min eingestellt und die abtropfende Flüssigkeit in einer Vorlage, die 10,00 ml 0,1 n Salzsäure enthält, aufgefangen. Der gerade noch mit Flüssigkeit bedeckte Austauscher wird mit 10 ml W. bei unveränderter Durchlaufgeschwindigkeit und anschließend mit 50 ml W. bei völlig geöffnetem Hahn nachgewaschen. Der Säureüberschuß, der in der Vorlage gesammelten Flüssigkeit wird nach Zugabe von 0,15 ml Methylrot-Mischindikator-Lsg. mit 0,1 n Natronlauge zurücktitriert (Feinbürette). 1 ml 0,1 n Salzsäure entspricht 7,991 mg Br^-, daraus berechnet 30,32 mg $C_{12}H_{19}BrN_2O_2$.

Vorschrift des DAB 7 – DDR: 0,2500 g getrocknete Substanz werden in 5,0 ml wasserfreier Essigsäure unter Erwärmen gelöst. Nach dem Erkalten und Zusatz von 10,0 ml Quecksilber(II)-acetat-Lsg., 25,0 ml wasserfreiem Benzol und 3 Tr. Brillantgrünlsg. wird die Lsg. mit 0,1 n Perchlorsäure bis zum Farbumschlag nach Gelb titriert (Feinbürette). 1 ml 0,1 n Perchlorsäure ist 30,32 mg Neostigminbromid äquivalent.

Aufbewahrung. In dicht schließenden Gefäßen, vor Licht geschützt.

Entkeimung. Die Lsg. werden durch Erhitzen im gesättigten Wasserdampf im Autoklaven 20 Min. bei 120° sterilisiert; der pH-Wert darf dabei 6 nicht übersteigen (ÖAB 9).

Dosierung. Größte Einzelgabe bei oraler Verabreichung 0,016 g, größte Tagesgabe bei oraler Verabreichung 0,048 g (DAB 7 – BRD). Maximalkonzentration zur Anwendung am Auge: 5% (DAB 7 – DDR).

Gebräuchliche Einzeldosis bei subcutaner Verabreichung: 0,0005 bis 0,001 g (ÖAB 9).

Neostigminum methylsulfuricum DAB 7 – DDR. Neostigmine methylsulfate USP XVII. Neostigmine methylsulphate BP 63. Neostigmini methylsulfas PI.Ed. I/1, Jap. 61. Méthylsulfate de Néostigmine CF 65. Neostigminmethylsulfat. Synstigminum methylsulfuricum ÖAB 9. Synstigminmethylsulfat. Synstigmini methylsulfas. Dimethylcarbaminoyloxyphenyl-trimethylammonium-methylsulfat DAB 7 – BRD. Dimethyl-carbaminoyl-oxyphenyl-trimethylammonium methylsulfuricum.

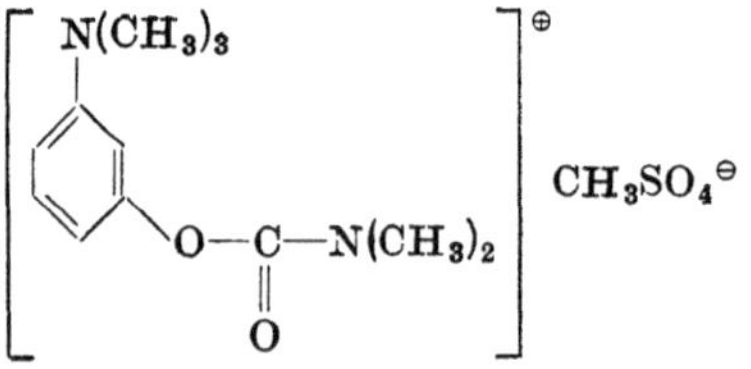

$C_{13}H_{22}N_2O_6S$ M.G. 334,39

[3-(Dimethyl-carbamoyl-oxy)-phenyl]-trimethylammonium-methylsulfat.

Gehaltsforderungen. DAB 7 – BRD: Mindestens 98,5%, berechnet auf die getrocknete Substanz.

DAB 7 – DDR: 87,5 bis 100,8% des theoretischen Wertes, berechnet auf die bei 105° getrocknete Substanz.

PI.Ed. I/1: Mindestens 98,0%, berechnet auf die 6 Std. bei 100° getrocknete Substanz.

ÖAB 9: 98,0 bis 100,5% des theoretischen Wertes.

USP XVII: Mindestens 98 und nicht über 102% des theoretischen Wertes, berechnet auf die getrocknete Substanz.

Eigenschaften. Weißes, kristallines, hygroskopisches Pulver von schwach salzigem und bitterem Geschmack, ohne Geruch. Löslichkeit: 1 T. löst sich in etwa 0,5 T. W., in etwa 3 T. A., in etwa 3 T. Chlf., praktisch unlösl. in Ae. Schmelzbereich: 143 bis 148° (DAB 7 –

BRD); 142 bis 145° (PI.Ed. I/1); 142 bis 146° (DAB 7 – DDR); 142 bis 146° im Kapillarröhrchen; zur Bestimmung wird die Substanzprobe in einem evakuierbaren Kapillarröhrchen vor dem Zuschmelzen durch 2stündiges Erhitzen im Wasserbad unter Evakuieren getrocknet (ÖAB 9); 143 bis 147° unter dem Mikroskop (nach KOFLER, ÖAB 9); eutektische Temperatur der Mischung mit Phenacetin: 103° (ÖAB 9); Lichtbrechungsvermögen dieser Schmelze: n_D = 1,4936, bei 142 bis 143° (ÖAB 9).

Erkennung. 1. 0,100 g Substanz wird nach Zusatz von 0,40 g Kaliumhydroxid und 2,0 ml A. m Wasserbad unter wiederholtem Schütteln und Ersetzen des verdampften A. erhitzt Es ist der Geruch des Dimethylamins wahrnehmbar. Die entweichenden Dämpfe färben angefeuchtetes rotes Lackmuspapier blau. Nach 30 Min. wird die Mischung mit 10,0 ml W. versetzt und auf 20° abgekühlt. 5,0 ml der Lsg. zeigen nach Zusatz von 10 Tr. 6 n Salzsäure, 1,0 ml Sulfanilsäurelsg. und 2 Tr. frisch bereiteter Natriumnitritlsg. (1,0 g/100,0 ml) eine orangerote Färbung (DAB 7 – DDR, ähnlich DAB 7 – BRD, ÖAB 9, u.a. Pharmakopöen). – 2. 5 ml der vorangehend beschriebenen Lsg. geben nach Zusatz von 10 Tr. 6 n Salzsäure und 10 Tr. Bariumchloridlsg. (5%ig) einen weißen kristallinen Niederschlag (DAB 7 DDR, ähnlich alle anderen Pharmakopöen). – 3. 2,0 ml Prüflsg. (5%ig) werden mit 5,0 ml Pikrinsäurelsg. I im Wasserbad bis zur fast klaren Lsg. erwärmt. Die nach dem Erkalten ausgefallenen Kristalle werden abfiltriert und mit wenig W. gewaschen. Das Pikrat schmilzt nach dem Trocknen bei 105° zwischen 183 und 188° (DAB 7 – BRD, ähnlich DAB 7 – DDR). – 4. 2,0 ml Prüflsg. (2%ig) geben nach Zusatz von 3 Tr. 0,1 n Jodlsg. einen braunen Niederschlag (DAB 7 – DDR).

Prüfung. 1. Unlösliche Verunreinigungen, Farbe der Lsg.: 5,0 ml Prüflsg. müssen klar und farblos sein (DAB 7 – DDR, DAB 7 – BRD). – 2. Alkalisch oder sauer reagierende Verunreinigungen: 10,0 ml Prüflsg. müssen nach Zusatz von 2 Tr. Methylrotlsg. orangerot oder rot und nach darauffolgendem Zusatz von 0,70 ml 0,01 n Kalilauge gelb gefärbt sein (DAB 7 – DDR); 2,0 ml Prüflsg. müssen sich nach Zugabe von 0,05 ml Bromkresolpurpurlsg. gelb bis grün, dürfen sich jedoch nicht violett färben (DAB 7 – BRD). – 3. Sulfat-Ionen: In einer Mischung von 0,5 ml der Lsg. (1 + 9) und 10,5 ml W. darf Sulfat in unzulässiger Menge nicht nachweisbar sein. Bei der Prüfung ist keine Salzsäure zuzusetzen (ÖAB 9, ähnlich DAB 7 – BRD und DAB 7 – DDR). – 4. Chlorid, Bromid: Eine Mischung von 2 ml der Lsg. (1 + 9) und 8 ml W. darf nach Zusatz von 1 ml verd. Salpetersäure mit 3 Tr. Silbernitratlsg. nicht stärker getrübt werden als eine mit 1 ml Chlorid-Standardlsg. vorschriftsmäßig bereitete Vergleichslsg. (ÖAB 9). – 5. Dimethylaminophenol: Versetzt man 1 ml der Lsg. (1 + 9) mit 2 ml verd. Natriumhydroxidlsg. und fügt hierauf eine Mischung von 2 ml Sulfanilsäurelsg. und 5 Tr. Natriumnitritlsg. hinzu, so darf sich die Mischung nicht rötlich färben (ÖAB 9). – 6. Trocknungsverlust: Höchstens 1%, wenn bei 105° bis zur Gewichtskonstanz getrocknet wird (BP 63, USP XVII); höchstens 1,5% (ÖAB 9); höchstens 0,5% (DAB 7 – BRD). – 7. Sulfatasche: Höchstens 0,1% (DAB 7 – BRD, DAB 7 – DDR, BP 63, USP XVII). – 8. Verbrennungsrückstand: Höchstens 0,1% (ÖAB 9).

Gehaltsbestimmung. Die Gehaltsbestimmungen werden nach den bei Neostigminbromid gegebenen Vorschriften durchgeführt. DAB 7 – DDR läßt hierbei ebenfalls eine Gehaltsermittlung nach Art einer Kjeldahl-Bestimmung durchführen. 1 ml 0,1 n Schwefelsäure ist 33,44 mg Neostigminmethylsulfat äquivalent. 1 ml 0,1 n Salzsäure entspricht 11,11 mg $(CH_3SO_4)^-$, daraus berechnet 33,44 mg $C_{13}H_{22}N_2O_6S$.

Aufbewahrung. Vor Licht geschützt, in dicht schließenden Gefäßen.

Entkeimung. Wie unter Neostigminbromid angegeben.

Dosierung. Größte Einzelgabe bei parenteraler Verabreichung: 0,001 g, größte Tagesgabe bei parenteraler Verabreichung: 0,005 g (DAB 7 – BRD), Einzelmaximaldosis: 0,001 g (intramuskulär und subcutan), Tagesmaximaldosis: 0,005 g (intramuskulär und subcutan) (DAB 7 – DDR), gebräuchliche Einzeldosis bei subkutaner Verabreichung: 0,0005 bis 0,001 g (ÖAB 9).

Pyridostigmine Bromide USP XVII, BP 63, NND 63. Pyridostigminum bromatum. Pyridostigmini bromidum. Pyridostigminbromid.

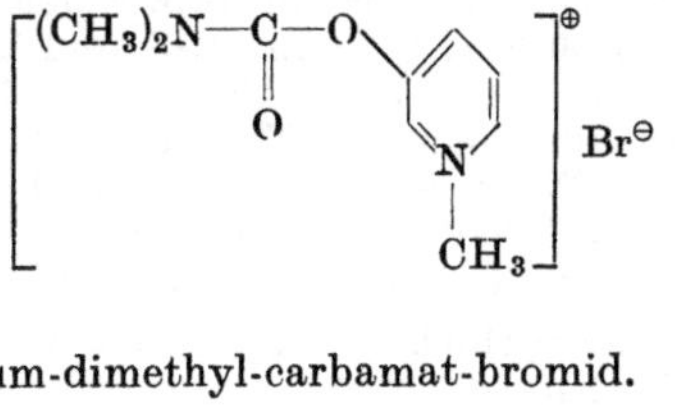

$C_9H_{13}BrN_2O_2$ M.G. 261,13

3-Hydroxy-1-methylpyridinium-dimethyl-carbamat-bromid.

Gehaltsforderungen. USP XVII: Mindestens 98,5%, berechnet auf die getrocknete Substanz.

BP 63: Mindestens 98,5%, berechnet auf die bis zur Gewichtskonstanz bei 105° getrocknete Substanz.

Eigenschaften. Weißes, oder fast weißes, kristallines Pulver oder farblose Kristalle von charakteristischem, angenehmem Geruch, von bitterem Geschmack, hygroskopisch.

Löslichkeit: Bei 20° löst sich 1 T. in 1 T. W., in etwa 1 T. A. (95%) und in 1 T. Chlf.; praktisch unlösl. in Ae. Schmelzbereich: 153 bis 156° (USP XVII); 154 bis 157° (BP 63, wenn die Substanz vorher im Vakuum über Phosphorpentoxid 4 Std. bei 100° getrocknet wurde).

Erkennung. 1. Zu 0,1 g Substanz werden 0,6 ml einer 5%igen Lsg. von Natriumhydroxid gegeben. Es entsteht eine orange Färbung. Beim Erwärmen wird die Farbe gelb und die entstehenden Dämpfe färben rotes Lackmuspapier blau (BP 63, USP XVII). – 2. Zu einer Lsg. von 20 mg Substanz in 10 ml W. werden 5 ml einer 2%igen Ammoniumreineckatlsg. in Methanol gegeben. Man läßt unter gelegentlichem Umrühren 30 Min. stehen. Es entsteht ein rosafarbener Niederschlag, der zwischen 153 und 156° schmilzt (USP XVII). – 3. Die Lichtabsorption im Bereich von 230 bis 350 mμ der wäßrigen Lsg. zeigt nur ein Maximum zwischen 259 und 270 mμ. Die Extinktion einer 1 cm dicken Schicht der 0,0025%igen Lsg. beim Maximum beträgt etwa 0,46 (BP 63). – 4. Die Substanz gibt die üblichen Bromidnachweise (BP 63, USP XVII).

Prüfung. 1. Trocknungsverlust: Höchstens 2,0%, wenn bei 105° bis zur Gewichtskonstanz getrocknet wird (BP 63); wenn im Vakuum über Phosphorpentoxid bei 100° 4 Std. lang getrocknet wird (USP XVII). – 2. Sulfatasche: Höchstens 0,1% (BP 63). – 3. Verbrennungsrückstand: Höchstens 0,1% (USP XVII).

Gehaltsbestimmung. Beide Pharmakopöen lassen eine Titration in wasserfreiem Milieu durchführen. Arbeitsvorschrift der USP XVII: Etwa 850 mg Substanz werden genau gewogen, in 80 ml Eisessig gelöst, mit 25 ml Quecksilber(II)-acetat-Lsg. und 2 Tr. Chinaldinrotlsg. versetzt und mit 0,1 n Perchlorsäure in Dioxan bis zum farblosen Endpunkt titriert. Der Wert wird an Hand eines Blindversuches korrigiert. 1 ml 0,1 n Perchlorsäure entspricht 26,11 mg $C_9H_{13}BrN_2O_2$.

Aufbewahrung. In dicht schließenden Gefäßen, vor Licht geschützt.

Dosierung. Übliche Dosis: 60 mg bis 3mal täglich. Dosierungsbereich: 180 bis 600 mg täglich (USP XVII). Subcutane, intramuskuläre und intravenöse Injektion 0,001 g.

Benzpyrinium bromide NF XII, NND 63.

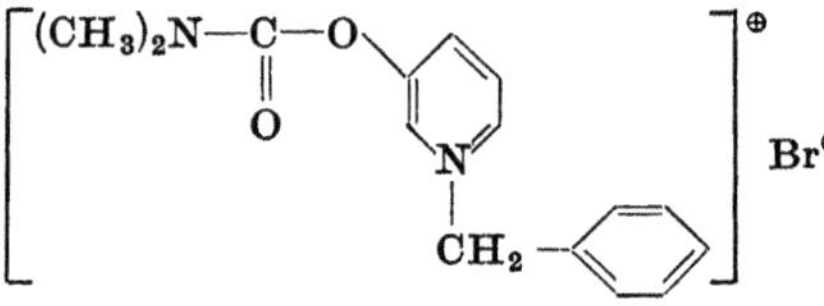

$C_{15}H_{17}BrN_2O_2$ M.G. 337,22

1-Benzyl-3-hydroxypyridinium-dimethyl-carbamat-bromid.

Gehaltsforderung. NF XII: Mindestens 98,5%, berechnet auf die 4 Std. bei 80° getrocknete Substanz.

Eigenschaften. Weiße oder leicht gelbliche Kristalle bzw. kristallines Pulver, praktisch geruchlos, leicht löslich in A. und W., praktisch unlösl. in Ae. Eine 1%ige wäßrige Lsg. reagiert leicht sauer; pH-Bereich: 4,5 bis 5,5. Schmelzbereich: 114 bis 120°.

Erkennung. 1. Zu etwa 2 ml einer Lsg. (1 in 100) werden 1 ml verd. Salpetersäure gegeben. Diese Lsg. gibt die üblichen Bromidnachweise (NF XII). – 2. Etwa 1 mg Substanz wird in einem kleinen Porzellanschälchen mit 5 ml Natriumhydroxidlsg. versetzt. Man dampft auf dem Wasserbad bis zur Trockne ein, bringt den Rückstand in ein kleines Reagensglas, erhitzt ihn im Ölbad 30 Sek. lang auf 250° und kühlt ab. Der erhaltene Rückstand wird in 0,5 ml W. gelöst, im Eisbad gekühlt und mit 1 ml diazotierter Sulfanilsäure versetzt. Es entsteht eine kirschrote Färbung (NF XII). – 3. Zu 50 ml einer Lsg. (1 in 500) werden 24 ml einer gesättigten Pikrinsäurelsg. gegeben, die 2 ml Schwefelsäure enthält. Nach 2 Std. wird der entstandene Niederschlag abfiltriert, mit 15 ml kaltem W. gewaschen und getrocknet. Das auf diese Weise erhaltene Pikrat schmilzt zwischen 114 und 120°.

Prüfung. 1. Trocknungsverlust: Höchstens 1%, wenn 4 Std. bei 80° getrocknet wird. – 2. Verbrennungsrückstand: Höchstens 0,1%.

Gehaltsbestimmung. NF XII: Etwa 500 mg Substanz, die 4 Std. bei 80° getrocknet sind, werden genau gewogen, in 60 ml Eisessig gelöst, mit 15 ml Quecksilber(II)-acetat-Lsg. versetzt und mit 0,1 n Perchlorsäure unter Verwendung von Kristallviolett als Indikator titriert. An Hand eines Blindversuches wird das Ergebnis korrigiert. 1 ml 0,1 n Perchlorsäure entspricht 33,72 mg $C_{15}H_{17}BrN_2O_2$.

Aufbewahrung. In dicht schließenden Gefäßen, vor Licht geschützt.

Dosierung. Übliche Dosis: 2 mg intramuskulär (NF XII).

Furamonum Ross. 8—Add. 52(!). Furtretonium Iodide NNR 52(!).

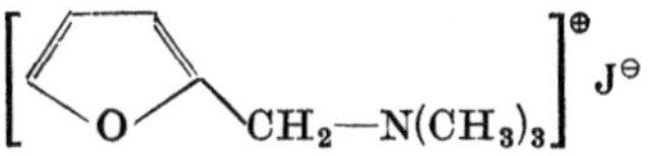

$C_8H_{14}JNO$ M.G. 267,12

Furfuryl-trimethylammoniumjodid.

Eigenschaften. Weißes bis cremefarbenes kristallines Pulver von charakteristischem Geruch. Fp.: 115 bis 119° (NNR 52); 116 bis 120° (Ross. 8 – Add. 52). Sehr gut lösl. in W. und A., praktisch unlösl. in Benzol und Ae. Die 1%ige Lsg. soll klar und praktisch farblos sein und einen pH-Wert von 5,3 bis 6,0 zeigen.

Erkennung. 1. 50 mg Substanz gibt man zu 2 ml Schwefelsäure und schüttelt mit 5 ml Chlf. Die Chloroformschicht wird violett (NNR 52). – 2. 0,05 g Substanz werden in 2 ml W. gelöst, einige Tropfen verd. Schwefelsäure und 1 ml Chlf. sowie 2 bis 3 Tr. Natriumnitritlsg. hinzugegeben. Nach energischem Schütteln färbt sich die Chloroformschicht violett (Ross. 8 – Add. 52). – 3. Man löst 0,1 g Substanz in 5 ml W., säuert mit Schwefelsäure an und gibt einen Überschuß gesättigter Pikrinsäurelsg. hinzu. Der entstandene Niederschlag schmilzt nach dem Trocknen bei 167 bis 170° (NNR 52).

Prüfung. Trocknungsverlust: Nicht über 5,0%, wenn 4 Std. i. Vak. über Phosphorpentoxid getrocknet wird. – 2. Sulfatasche: Nicht über 0,1% (NNR 52). – 3. Alkalität: 5 ml einer 10%igen Lsg. versetzt man mit 2 Tr. Methylrotlsg. Es entsteht Gelbfärbung, die nach Zugabe von 2 Tr. 0,01 n Salzsäure in Rot übergehen soll (Ross. 8 – Add. 52). – 4. Schwermetalle: Nicht über 0,001% (Ross. 8 – Add. 52).

Gehaltsbestimmung. Nach NNR 52: 1. Stickstoff. Es werden 0,25 g Substanz einer Kjeldahl-Bestimmung unterworfen. 1 ml 0,05 n Salzsäure entspricht 0,0007004 g N bzw. 0,01336 g Furtretoniumjodid. Forderung: 5,0 bis 5,3% N, entsprechend 95,4 bis 101,0% Furtretoniumjodid. – 2. Jodid: Es wird eine argentometrische Bestimmung durchgeführt. 1 g AgJ entspricht 0,5405 g J bzw. bzw. 1,138 g Furtretoniumjodid. Forderung: 46,1 bis 48,0% J, entsprechend 97,0 bis 101,0% Furtretoniumjodid. Nach Ross. 8 – Add. 52 werden 0,5 g Substanz in 25 ml W. gelöst, mit 5 Tr. Eosin-natrium-Lsg. und 2 ml verd. Essigsäure versetzt. Man titriert mit 0,1 n Silbernitratlsg. bis der gelbe Niederschlag rosafarben wird. 1 ml 0,1 n Silbernitratlsg. entspricht 0,02671 g Furamon. Forderung: Mindestens 98,5% in der getrockneten Substanz.

Anwendung. Furtretoniumjodid wirkt qualitativ methacholinähnlich. Oral ist es wirksamer als Methacholin. Furtretonium soll nicht intravenös injiziert werden. Man verwendet das Präparat bei Harnblasen-Atonie. Oral verabfolgt man 10 bis 30 mg 2- bis 3mal täglich, subkutan 3 mg.

Handelsformen: Furmethide Iodide (Smith, Kline u. French, USA). Als Toluolsulfonat: Fisostina (Carlo Ebra, Mailand). Als Benzolsulfonat: Bensamon (russ.).

Edrophonium Chloride USP XVII, BP 63.

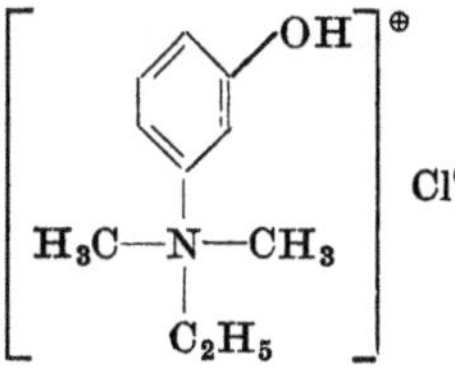

$C_{10}H_{16}ClNO$ M.G. 201,70

Dimethyl-äthyl-(3-hydroxyphenyl)-ammonium-chlorid.

Gehaltsforderungen. USP XVII: Mindestens 98%, berechnet auf die getrocknete Substanz.

BP 63: Mindestens 98,5%, berechnet auf die über Phosphorpentoxid bei einem Druck von höchstens 5 Torr in 20 Std. getrocknete Substanz.

Eigenschaften. Weiße, geruchlose Kristalle oder kristallines Pulver, von bitterem salzartigem Geschmack. Die 10%ige Lsg. ist praktisch farblos und zeigt einen pH-Wert von 4 bis 5. Löslichkeit: 1 g Substanz löst sich in etwa 0,5 ml W., in etwa 5 ml A. und ist praktisch unlösl. in Chlf. und Ae. Fp.: 268° (BP 63); zwischen 169 und 174° unter Zersetzung (USP XVII).

Erkennung. 1. Das UV-Absorptionsspektrum einer Lsg. 1:20000 in 0,1 n Salzsäure zeigt Maxima und Minima bei denselben Wellenlängen wie die USP-Standardsubstanz, die entsprechend gemessen wird. Die Extinktionen bei den Wellenlängen der Maxima bei etwa 273 mμ dürfen nicht mehr als 2% differieren (USP XVII). – 2. Zu 10 ml der Lsg. (1 in 10) wird 1 Tr. Eisen(III)-chlorid-Lsg. gefügt. Es entsteht eine violette Färbung (USP XVII, ähnlich BP 63). – 3. Die Lichtabsorption der Lsg. in 0,1 n Natronlauge zeigt im Bereich von 220 bis 350 mμ 2 Maxima, bei 240 und bei 294 mμ. Die Extinktion einer 1 cm dicken Schicht einer 0,002%igen Lsg. bei 240 mμ beträgt etwa 1,10 und bei 294 mμ etwa 0,34 (BP 63). – 4. Die Substanz gibt die für Chlorid charakteristischen Reaktionen.

Prüfung. 1. Dimethylaminophenol: Etwa 500 mg, genau gewogen, werden in ein mit eingeschliffenem Glasstopfen versehenes 50-ml-Zentrifugenglas gegeben. Man setzt 5 ml W. und 5 ml Phosphatpuffer (pH 8,0) zu und schüttelt um. Anschließend wird mit 20 ml n-Heptan durch Ausschütteln extrahiert und die beiden Phasen durch Zentrifugieren getrennt. Die obere Schicht wird quantitativ in 100-ml-Meßkolben übergeführt. Dann wird dieser Vorgang 4mal mit je 20 ml n-Heptan wiederholt und die erhaltenen Extrakte der ersten n-Heptanlsg. zugefügt. Die Absorption dieser Lsg., bestimmt in einer 1 cm dicken Schicht bei 252 mμ mit einem geeigneten Spektralphotometer, darf nicht mehr betragen als die Absorption einer Lsg. von Dimethylaminophenol 1:20000 in n-Heptan, die auf die gleiche Weise vermessen wird (USP XVII; ähnlich, aber in 0,1 n Natronlauge gemessen, BP 63). – 2. Trocknungsverlust: Höchstens 0,5%, wenn 3 Std. über Phosphorpentoxid i. Vak. getrocknet wird (USP XVII, BP 63). – 3. Schwermetalle: 1 g Substanz wird in 23 ml W. gelöst und mit 2 ml verd. Essigsäure versetzt. In dieser Lsg. dürfen höchstens 20 T. pro Million an Schwermetallen enthalten sein (USP XVII). – 4. Sulfatasche: Höchstens 0,1% (BP 63, USP XVII).

Gehaltsbestimmung. Beide Pharmakopöen lassen eine Titration in wasserfreiem Medium durchführen. Arbeitsvorschrift der USP XVII: Etwa 175 mg Substanz werden genau gewogen, in 20 ml wasserfreier Essigsäure gelöst, mit 5 ml Quecksilber(II)-acetat-Lsg. und einigen Tropfen Chinaldinrotlsg. versetzt und mit 0,1 n Perchlorsäure titriert. Der gefundene Wert wird mit Hilfe eines Blindversuches korrigiert. 1 ml 0,1 n Perchlorsäure entspricht 20,17 mg $C_{10}H_{16}ClNO$.

Aufbewahrung. In gut schließenden Gefäßen.

Dosierung. Intravenös: 10 mg; die Verabreichung kann notfalls nach 5 bis 10 Min. wiederholt werden. Üblicher Dosisbereich: 5 bis 20 mg (USP XVII).

Demecarium Bromide NND 63.

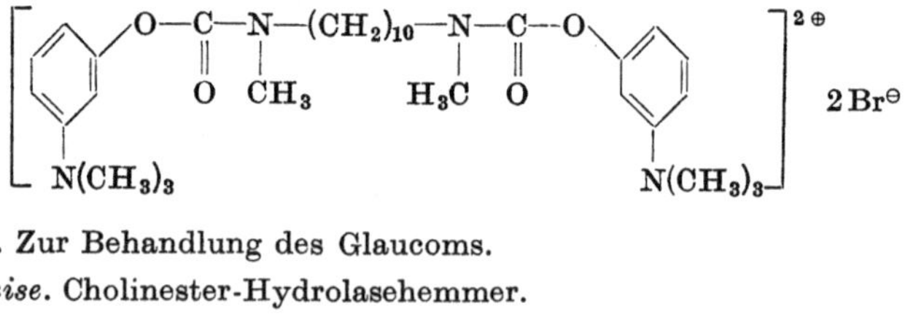

Anwendung. Zur Behandlung des Glaucoms.

Wirkungsweise. Cholinester-Hydrolasehemmer.

Handelsform: Humorsol (Merck, Sharp & Dohme, USA).

Ambenonium Chloride NND 63.

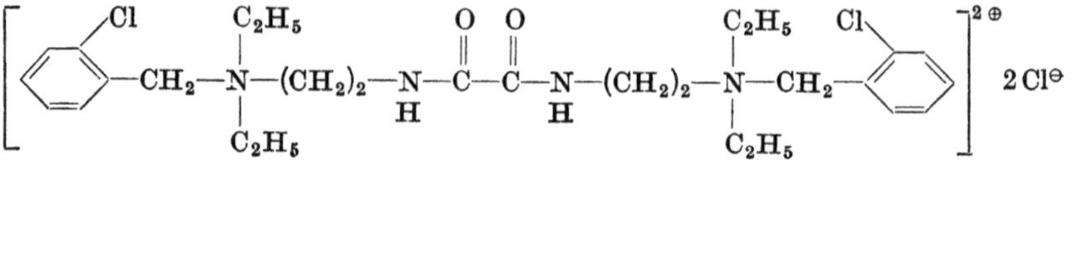

Anwendung. Wie Neostigmin.

Wirkungsweise. Cholinester-Hydrolasehemmer.

Handelsform: Mytelase Chloride (Winthrop Laboratories, USA).

Echothiophate Iodide USP XVII, NND 63.

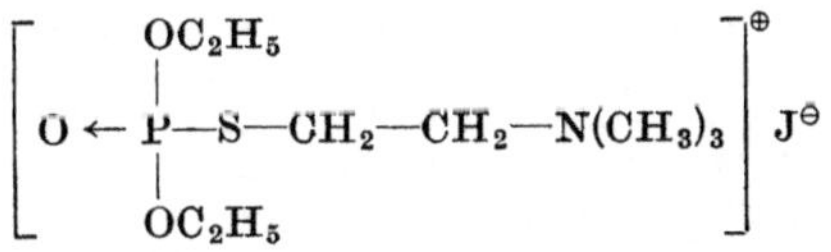

$C_9H_{23}JNO_3PS$ M.G. 383,23

S-Ester von (2-Mercaptoäthyl)-trimethylammoniumjodid mit O,O'-Diäthyl-monothiophosphorsäure.

Gehaltsforderung. Mindestens 88%.

Eigenschaften. Weiße, kristalline, hygroskopische, feste Masse oder amorphes Pulver mit einem an Mercaptane erinnernden Geruch. Die Lsg. reagieren sauer, pH: Etwa 4. Löslichkeit: 1 g löst sich in etwa 1 ml W., in etwa 3 ml Methanol, in etwa 25 ml wasserfreiem A., praktisch unlösl. in Ae., Benzol und den anderen organischen Lösungsmitteln. Schmelzbereich: Zwischen 116 und 122° unter Zersetzung.

Erkennung. 1. Etwa 100 g Substanz werden in 2 ml W. gelöst und mit 1 ml Salpetersäure versetzt. Es entsteht eine braune Fällung von Jod. Schüttelt man um und bringt 1 Tr. dieser Lsg. in ein anderes Reagensglas und versetzt mit 1 ml Tetrachlorkohlenstoff, so nimmt die Tetrachlorkohlenstoffschicht beim Schütteln eine rosarote Färbung an (USP XVII). – 2. Die nach 1. erhaltene Lsg. wird über freier Flamme so lange erhitzt, bis sie farblos geworden ist (etwa 3 Min.). Nach dem Abkühlen verdünnt man mit W. zu 10 ml. 2 ml hiervon geben einen positiven Phosphatnachweis, 2 ml werden zum Nachweis des entstandenen Sulfates verwandt.

Prüfung. Gewichtsverlust: Höchstens 1%, wenn 3 Std. bei 50° über Phosphorpentoxid i. Vak. getrocknet wird.

Gehaltsbestimmung. Nach USP XVII: Etwa 100 mg Substanz werden genau gewogen, in 5 ml frisch aufgekochtem und wieder erkaltetem W. gelöst und in einen geeigneten Titrationskolben übergeführt. Nach Zusatz von 6 ml Natriumhydroxidlsg. wird die Oberfläche der Lsg. mit Stickstoff begast, das Gefäß sofort leicht verschlossen und für 2 Min. in ein Wasserbad der Temperatur $50 \pm 1°$ gehalten. Dann wird das Gefäß sofort für 2 Min. in einem Eisbad abgekühlt. Anschließend wird mit 2 ml 6 n Salzsäure und mit einem kleinen Kristall Kaliumjodid versetzt und sofort mit 0,01 m Kaliumjodatlsg. aus einer 10-ml-Mikrobürette titriert, bis eine gelbe Färbung entsteht. Das erhaltene Ergebnis wird dadurch korrigiert, daß man einen Blindversuch ohne vorhergehende alkalische Hydrolyse durchführt, wobei freie Thiolgruppen erfaßt werden. Die Anzahl ml an 0,01 m Kaliumjodatlsg. beim Blindversuch werden dem Verbrauch beim Hauptversuch abgezogen. 1 ml 0,01 m Kaliumjodatlsg. entspricht 22,99 mg $C_9H_{23}JNO_3PS$.

Aufbewahrung. In dicht schließenden Gefäßen, lichtgeschützt, bei einer Temperatur von etwa 0°.

Handelsform: Phospholine Iodide (Campbell Pharmaceuticals, Inch., USA).

Isoflurophate USP XV(!), NND 63. Fluostigmin. Dyflos BPC 63. DFP.

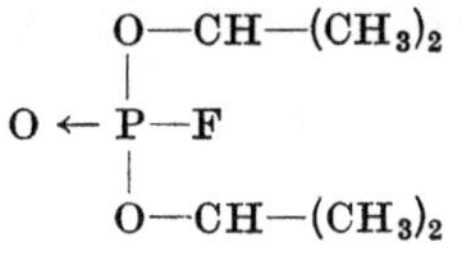

$C_6H_{14}FO_3P$ M.G. 184,15

Di-isopropyl-fluorophosphat.

Herstellung. Durch Umsetzung von Phosphortrichlorid mit Isopropanol, Chlorierung des Zwischenproduktes und Behandlung mit Natriumfluorid.

Eigenschaften. Farblose, fast geruchlose Flüssigkeit, die durch Wassereinwirkung schon bei Raumtemperatur H_2F_2 abspaltet. Dichte: Etwa 1,055. $Kp_{5\,mm}$: 46°; $Kp_{9\,mm}$: 62°; $Kp_{760\,mm}$: etwa 130°. Gefrierpunkt: −85°. n_D^{25} = 1,382. Löslichkeit: 1 T. löst sich in etwa 65 T. W., sehr gut lösl. in A., Ae., Chlf., Benzol und fetten Ölen.

Bemerkung. Die Dämpfe der Substanz sind sehr giftig.

Erkennung. 1. Gibt man 1 mg Substanz zu einer heiß gesättigten Lsg. von Kaliumdichromat in Schwefelsäure, so erscheinen an der Glaswand oberhalb des Meniskus charakteristische ölige Tropfen (BPC 63). – 2. Einige Tropfen Substanz werden in einen Platintiegel gegeben, mit Schwefelsäure versetzt und der Tiegel schnell mit einem sauberen Uhrglas bedeckt . Man läßt 10 Min. stehen und erwärmt dann weitere 5 bis 10 Min. auf dem Dampfbad. Das Uhrglas muß deutliche Ätzung zeigen (USP XV). – 3. Platintiegel und Inhalt (von 2.) werden bis zum Erscheinen weißer Dämpfe erhitzt. Man läßt erkalten, überdeckt den Tiegel in einem Becherglas mit W., gibt 3 ml Salpetersäure hinzu und kocht einige Minuten. Nach dem Erkalten wird Ammoniaklsg. bis zum wahrnehmbaren Ammoniakgeruch zugesetzt. Man fügt dann 1 ml Salpetersäure hinzu, filtriert, falls erforderlich, erwärmt auf etwa 40° und mischt mit 10 ml Ammoniummolybdatlsg. Es entsteht eine gelbe, in Ammoniaklsg. lösl. Fällung (USP XV).

Toxizität. Nach BPC 63 injiziert man subcutan 10 normalen Mäusen, deren Gewicht zwischen 17 und 22 g schwankt, je 0,5 ml einer Lsg. in W. oder physiologischer Kochsalzlsg., die 9 mg Substanz je Kilogramm Körpergewicht enthält. Es müssen innerhalb 48 Std. mindestens 5 Mäuse sterben.

Gehaltsbestimmung. Nach BPC 63: Man löst 0,6 g Substanz in 10 ml abs. A., setzt sukzessive 0,5 g metallisches Natrium hinzu und erhitzt, nachdem sich das Natrium vollständig gelöst hat, die erhaltene Flüssigkeit 5 Min. am Rückflußkühler. Nach dem Verdünnen mit W. auf 100 ml säuert man mit verd. Salpetersäure gegen Phenolblau schwach an und macht dann mit verd. Natronlauge gerade eben alkalisch. Nach Zugabe von 3 ml 10%iger Natriumchloridlsg. wird mit W. auf 250 ml verdünnt, 1 ml Salzsäure hinzugegeben und auf 80° erhitzt. Unter Rühren gibt man 5 g feingepulvertes Bleinitrat hinzu und nach dem Auflösen 5 g Natriumacetat. Der gebildete Rückstand wird abfiltriert, zunächst mit W., dann 4mal mit Bleifluoridlsg. und anschließend wieder mit W. gewaschen. Zu diesem Rückstand gibt man 50 ml W., 50 ml verd. Salpetersäure und 50 ml 0,1 n Silbernitratlsg., erhitzt 30 Min. auf dem Wasserbad, kühlt, filtriert, wäscht den Rückstand mit W. und titriert das überschüssige Silbernitrat mit 0,1 n Ammoniumisothiocyanatlsg. zurück [Eisen(III)-ammoniumsulfatlsg. als Indikator]. 1 ml 0,1 n Silbernitratlsg. entspricht 0,0184 g $C_6H_{14}FO_3P$. Forderung: Mindestens 90,0%.

Anwendung. DFP hemmt die Cholinesterhydrolasen und andere Esterasen und so den Abbau von Acetylcholin. Die Wirkungsdauer ist länger wie bei Physostigmin oder Pilocarpin. Praktische Anwendung findet die Substanz in der Behandlung des Glaucoms, und zuweilen bei Myasthenia gravis. Beim Glaucom gibt man 1- oder 2mal täglich 1 Tr. einer 0,1%igen Lsg. in Erdnußöl ins Auge. Bei Überdosierung treten Schwindel, Übelkeit, Erbrechen, Muskelschwäche auf. Als Gegenmittel ist 1 bis 2 mg Atropinsulfat intravenös oder intramuskulär zu injizieren.

Dosierung. Äußerlich 0,01- bis 0,1%ige Lsg., 1- bis 3mal täglich (USP XV).

Aufbewahrung. In luftdicht verschlossenen Gefäßen oder zugeschmolzenen Ampullen, an einem kühlen Platz.

Handelsform: Floropryl (Merck, USA).

Diäthylphosphorsäure-p-nitrophenolester.

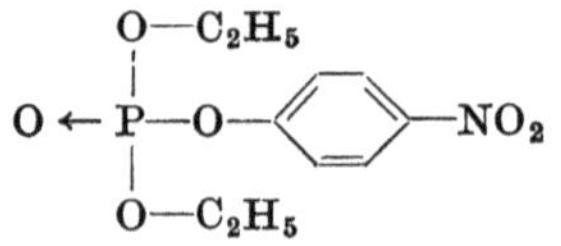

$C_{10}H_{14}NO_6P$ M.G. 276,09

Herstellung. Durch Umsetzung von p-Nitrophenolnatrium mit Chlorphosphinsäurediäthylester oder Nitrierung des Diäthylphosphorsäurephenylesters.

Anwendung. Als Parasympathomimeticum zur Therapie des Glaucoms.

Handelsform: Mintacol (Bayer, Leverkusen).

Psychopharmaka

Psychopharmaka sind Arzneimittel, die das psychische Verhalten, wie Stimmungslage und Antrieb, beeinflussen. Gleichzeitig können jedoch intellektuelle Leistungen verändert werden.

Im allgemeinen zeigen die hier aufzuführenden Substanzen daneben mehr oder weniger starke Wirkungen auf andere zentrale und periphere vegetative oder motorische Funktionen. Diese „Nebenwirkungen“ können oft schon bei geringer Änderung der Molekülstruktur dominieren, womit Übergänge und Überschneidungen mit anderen Arzneimittelklassen gegeben sind. Genannt werden müssen in diesem Zusammenhang vor allem Antihistamine, Hypnotica-Sedativa, Muskelrelaxantien, Sympathicomimetica, Anticholinergica (Spasmolytica) und Analeptica. Die historische Entwicklung ging oft den umgekehrten Weg von der psychotropen Nebenwirkung zum Psychopharmakon. Allgemein hervorzuheben ist die Häufigkeit, mit der psychotrop wirkende Substanzen mit den Wirkungen anderer Pharmaka interferieren, und zwar teils in fördernder (Potenzierung), teils in hemmender Richtung. Auch Präparate, die man zweifellos primär anderen Wirkstoffklassen zuordnen muß, werden oder wurden allein oder kombiniert in der Psychopharmakotherapie verwendet, wie etwa Weckamine und Barbiturate (z. B. anfangs der zwanziger Jahre die Schlafkuren nach

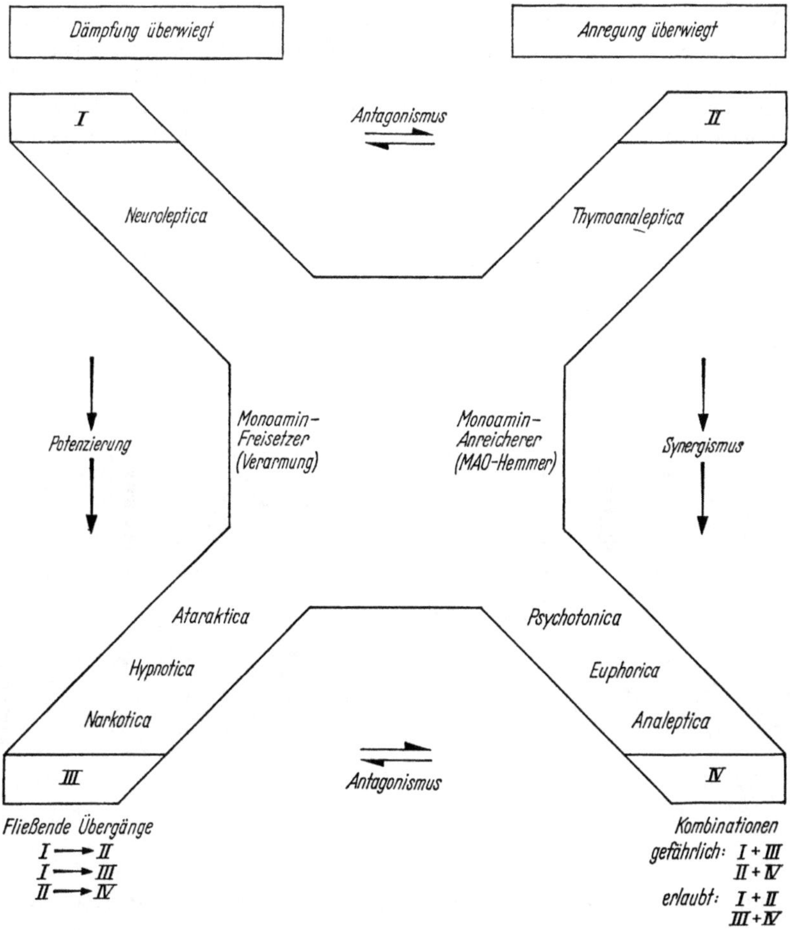

Abb. 5. Psychopharmaka; Wirkung (nach K. Kanig, modifiziert).

KLAESI mit Somnifen). Aus diesem Grund werden z.B. von W. PÖLDINGER Hypnotica, Sedativa, Antiepileptica und Psychostimulantia als „Psychopharmaka im weiteren Sinne" klassifiziert.

Die Literatur über dieses junge Gebiet zeigt keine einheitliche Systematik und Nomenklatur. Eine übersichtliche Darstellung ist nur unter starker Vereinfachung möglich. Als Beispiel sei das Einteilungsschema nach K. KANIG in der Modifikation nach H. SELBACH gebracht (Abb. 5), dessen Klassifizierungsprinzip Minderung oder Steigerung der psychischen und zentralnervösen Aktivität ist.

Hier stehen sich die psychisch dämpfenden Gruppen der Neuroleptica, Ataractica und MA[1]-Freisetzer einerseits und die anregenden Gruppen der Thymoanaleptica, Psychotonica und MAO[2]-Hemmer andererseits gegenüber. Indessen sind die Trennungslinien zwischen den einzelnen Gruppen nicht so scharf, wie es nach einem solchen Schema den Anschein hat. So können selbst zwischen antagonistischen Gruppen, wie Neuroleptica und Thymoanaleptica, fließende Übergänge bestehen.

In diesem Kapitel folgt die stoffliche Einteilung weitgehend dem Buch von D. WANDREY und V. LEUTNER. Andere Einteilungen (J. DELAY und P. DENIKER) unterscheiden Psycholeptica (Beruhigungsmittel), Psychoanaleptica (Anregungsmittel) und Psychodysleptica (halluzinogene und berauschende Mittel) oder aber „major tranquillizers", „minor tranquillizers" und „psychoenergizers".

Die therapeutischen Wirkungen der Psychopharmaka gehen möglicherweise in einigen Fällen über symptomatische Effekte hinaus. Hinsichtlich der Wirkungsmechanismen ist nämlich bei manchen Stoffen eine direkte oder indirekte Beteiligung der biogenen Amine Serotonin, Dopamin (m,p-Dihydroxyphenyläthylamin), Adrenalin und Noradrenalin sowie der γ-Aminobuttersäure (GABA) wahrscheinlich. Der Körper verfügt über Reservoire dieser Amine (Monoamine, MA) in inaktiver, gespeicherter Form. Aktiv sind sie erst nach Aus-

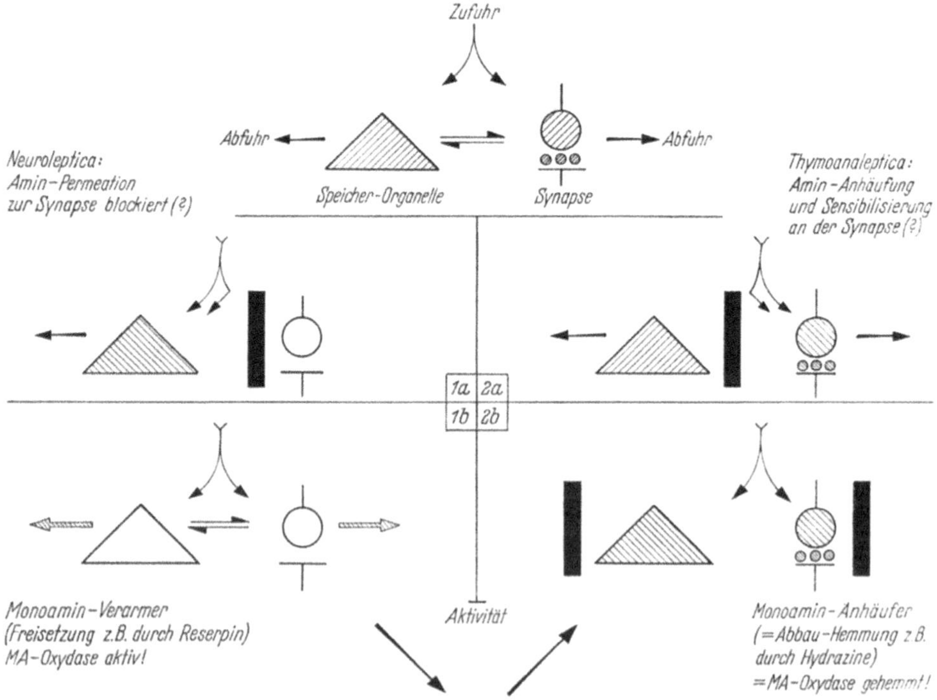

Abb. 6. Psychopharmaka und Monoamin-Stoffwechsel (nach PLETSCHER).

[1] MA = Monoamin. [2] MAO = Monoaminoxydase.

schüttung aus den jeweiligen Speichern, desaktiviert werden sie durch Oxydation mit Hilfe von Monoaminoxydase (MAO) und anderen Abbaufermenten. Das Gegenspiel von Ausschüttung und Desaktivierung reguliert die Konzentrationen an freien, aktiven Aminen. Psychopharmaka können in diese Regulation eingreifen, nicht nur direkt, sondern auch über Transport und Permeation der MA, oder sie können die Empfindlichkeit der Rezeptoren verändern. Die mehr dämpfenden MA-Freisetzer wie Reserpin führen über eine Entleerung der Speicher an den Synapsen und Zerstörung der freigesetzten MA durch die MAO zu einer Verarmung an MA. Die mehr psychisch aktivierenden MAO-Hemmer hemmen den Abbau der MA, wodurch sich diese Amine anreichern. Neuroleptica und ihre „Gegenspieler", die Thymoanaleptica, scheinen die MA-Sensibilität der Synapsen zu beeinflussen. Eine schematische Darstellung der Verhältnisse nach dem heutigen Erkenntnisstand stammt von PLETSCHER (Abb. 6).

Die Verknüpfung der psychopharmakologischen Aktivität mit einem gleichzeitigen Einfluß auf das Vegetativum kommt darin zum Ausdruck, daß im allgemeinen psychomotorisch dämpfende Stoffe ein Dominieren des trophotropen und psychomotorisch anregende Stoffe ein Dominieren des ergotropen Systems bewirken.

Gehirnteile, denen eine wichtige Rolle für die normalen psychischen Funktionen und damit auch eine medikamentöse Beeinflußbarkeit zugeschrieben wird, sind die Formatio reticularis, das Thalamus-Hypothalamus-Gebiet und das sogenannte limbische System.

Die Gruppe der Psychopharmaka als Ganzes zeigt eine Vielfalt chemischer Strukturen, die sich jedoch in einzelnen Abteilungen auf bestimmte Merkmale beschränken kann. So überwiegt bei den Thymoleptica und Neuroleptica als Bauprinzip der kondensierte Tricyclus, dessen beide Außenringe aromatisch sind und dessen mittlerer Ring eine basisch substituierte Kohlenstoffkette trägt.

„Bemerkt sei noch, daß all diese antipsychotischen Psychopharmaka (d. h. Neuroleptica und Thymoleptica) keine Sucht entwickeln und von gesunden Menschen in der Regel wegen ihres zunächst dysphorischen Effektes abgelehnt werden" (H. SELBACH).

Andererseits verleiten sie leicht zu übermäßigem Gebrauch und gelegentlich zu Mißbrauch.

Zusammenfassende Literatur

Psychopharmacological Agents, Vols. I/II, Herausgeber M. GORDON, aus der Monographiereihe „Medicinal Chemistry", Herausgeber G. DE STEVENS, New York/London: Academic Press 1964 u. 1967. – WANDREY, D., u. V. LEUTNER: Neuro-Psychopharmaca in Klinik und Praxis, Stuttgart: Schattauer-Verlag 1965. – HELWIG, B.: Moderne Arzneimittel, Stuttgart: Wissenschaftl. Verl.-Ges. 1961; dazu Nachtrags- und Ergänzungsband 1961–1964, 1964. – SELBACH, H.: Psychiatrische Pharmako-Therapie: Ergebnisse und Probleme in: Das Arzneimittel in unserer Zeit, Forum Philippinum 1964, herausgegeben vom Marburger Universitätsbund. – SCHENK, E., u. H. HERBST: Phenothiazine und Azaphenothiazine als Heilmittel, in E. JUCKER: Fortschritte der Arzneimittelforschung, Bd. 5, Basel/Stuttgart: Birkhäuser Verlag 1963, S. 269 bis 627. – STACH, K., u. W. PÖLDINGER: Strukturelle Betrachtungen der Psychopharmaka: Versuch einer Korrelation von chemischer Konstitution und klinischer Wirkung, in E. JUCKER: Fortschritte der Arzneimittelforschung, Bd. 9, Basel/Stuttgart: Birkhäuser Verlag 1966, S. 129 bis 190. – 3. Symposion der Deutschen Arbeitsgemeinschaft für Neuropsychopharmakologie, Nürnberg, 1963, veröffentlicht in Arzneimittel-Forsch. *14*, H. 6a, S. 479 bis 604 (1964). – Die systematische Analyse von Antihistaminen, Phenothiazinen und Substanzen mit phenothiazinähnlichen Ringsystemen. Pharm. Ztg (Frankfurt) *107*, 1333 (1962). – Vortragsreferat über Nebenwirkungen und polarographische Analyse der Psychosedativa: Dtsch. Apoth.-Ztg *104*, 1080 (1964). – TAESCHLER, M., u. E. SCHLAGER: Psychopharmaka. Schweiz. Apoth.-Ztg *99*, 683 (1961), *100*, 61 (1962). – JUCKER, E.: Chemie der psychotropen Pharmaka. Chimia (Zürich). – PÖLDINGER, W.: Kompendium der Psychopharmakotherapie. Wissenschaftlicher Dienst „Roche", Grenzach/Baden.

Analytik: EBERHARDT, H., O. W. LERBS u. J. FREUNDT: Der Nachweis von psychotropen Phenothiazin-Derivaten und ihrer Ausscheidungsprodukte mit Hilfe der Dünnschichtchromatographie. Arzneimittel-Forsch. *13*, 804 (1963). – PLETSCHER, A., K. F. GEY u. P. ZELLER: Monoaminoxydase-Hemmer, Chemie, Biochemie, Pharmakologie, Klinik, in E. JUCKER: Fortschritte der Arzneimittelforschung, Bd. 2, Basel/Stuttgart: Birkhäuser Verlag 1960, S. 417 bis 590. – JUCKER, E.: Einige neuere Entwicklungen in der Chemie der

Psychopharmaka. Angew. Chem. *75*, 524 bis 538 (1963). – WIRTH, W.: Chemie und Pharmakologie der Psychopharmaka. Dtsch. Apoth.-Ztg *104*, 1 bis 8 (1964). – GRÄFE, G.: Über Psychopharmaka. Chemie und Wirkung psychotomimetischer und psychotolytischer Verbindungen. Dtsch. Apoth.-Ztg *103*, 509 bis 514 (1963).

I. Tranquillizer, Ataractica („minor tranquillizers")

Unter diesen Bezeichnungen werden zentral dämpfende Stoffe zusammengefaßt, die in therapeutischen Dosen übermäßige Angst und Spannung zu lösen und agitierte Personen zu beruhigen (Ataraxia = Seelenruhe, Gleichmut; Tranquillitas = Windstille, Meeresstille) vermögen, ohne Schlaf oder Ataxie zu verursachen. Infolge ihrer beruhigenden Wirkung sind sie jedoch imstande, „den Schlaf anzustoßen". Die Spanne zwischen tranquillierender und sedierender Wirkung ist größer als bei den klassischen Sedativa und Hypnotica. Die geistigen Leistungen sollen von ihnen möglichst wenig beeinträchtigt werden. Im Gegensatz zu den stärker wirksamen „major tranquillizers", den Neuroleptica, sind sie nur bei im wesentlichen normalen Personen wirksam und versagen gegenüber Psychosen.

Die Gruppe ist in bezug auf die Molekülstruktur ihrer Mitglieder recht inhomogen. Entwicklungsmäßig bestehen Beziehungen zu den Muskelrelaxantien, Sedativa und Anticonvulsiva. Entsprechende Wirkungskomponenten werden in unterschiedlicher Stärke angetroffen.

Von manchen Seiten werden die stärker und spezifischer wirksamen Benzodiazepin-Derivate in eine eigene Gruppe zwischen Tranquillizer und Neuroleptica gestellt. Aus dieser Gruppe wird Mogadan gegen psychisch bedingte Schlaflosigkeit verwendet und gehört indikationsmäßig schon eher zu den Hypnotica.

Die Unterteilung der Ataractica wird zweckmäßig nach chemischen Gesichtspunkten vorgenommen:

a. Glycerin-Derivate

Die hier aufgeführten Verbindungen lassen sich auch an anderer Stelle (als Muskelrelaxantien und teilweise auch als Expectorantien) einordnen. Die Anwendung als Psychosedativa folgte historisch erst nach diesen anderen Indikationsstellungen. Mephenesin war das erste moderne Psychopharmakon, wird jedoch heute als solches kaum noch verwendet.

b. 1,3-Glykol-Derivate

Das Meprobamat kann man als klassischen Vertreter der „kleinen Tranquillizer" betrachten, der durch Weiterentwicklung aus den Glycerinderivaten hervorgegangen ist.

Gewisse in 2-Stellung verzweigte 1,3-Propandiole waren pharmakologisch in mancher Beziehung den Glycerinderivaten überlegen, hatten aber wie diese nur eine kurze Wirkungsdauer. Die kurze Wirkungsdauer beruht, wie bei Mephenesin, auf der schnellen enzymatischen Oxydation der primären Alkoholgruppe. Wirkungsverlängerung wurde daher durch Schutz dieser Gruppe durch Veresterung angestrebt. Dieser Weg führte von den Propandiolen zum Meprobamat. Meprobamat wirkt ähnlich wie Mephenesin, jedoch länger anhaltend, viel stärker anticonvulsiv und wegen der größeren Stabilität des Moleküls bei oraler Applikation allgemein stärker. – Das N-Isopropyl-Derivat des Meprobamats wird vorwiegend als Relaxans bei pathologisch erhöhtem Tonus der Skelettmuskulatur verwendet (Carisoprodol, Sanoma), wirkt jedoch auch zentral dämpfend.

c. Andere Alkohole und deren Ester

Diese etwas heterogene Gruppe zeigt häufiger Übergänge zu den Sedativa und Hypnotica.

d. Diphenylmethan-Derivate

Diese Gruppe ist nach Wirkung und chemischer Struktur sehr heterogen. Benactyzin ist auch anticholinergisch wirksam, und zwar etwa $^1/_3$ so stark wie Atropin. Das zentral beruhigende Azacyclonol wirkt antagonistisch gegen das stellungsisomere Pipradol und gegen

Amphetamin. Hydroxyzin leitet sich von den Antihistaminen Chlorcyclizin und Meclizin (Bd. I, 1194, 1196) ab und verbindet dementsprechend die tranquillierende Wirkung mit einem deutlichen Antihistamineffekt. Dieser Effekt fehlt dagegen beim Captodiamin, das sich durch Beruhigung und papaverinähnliche Spasmolyse auszeichnet. Die einzelnen Verbindungen potenzieren häufig die Wirkung von Alkohol, Hypnotica, Analgetica und Phenothiazinen. – Auch das Orphenadrin (Bd. I, 1202) kann man hier einordnen.

e. Benzodiazepin-Derivate

Diese Gruppe hat chemisch die wenigsten Beziehungen zu anderen Arzneistoffklassen. Die Präparate wirken entspannend auf Psyche, Vegetativum und Muskulatur (zentral und peripher). Pharmakologisch ist die zähmende Wirkung auf Wildtiere hervorzuheben, die eine Dämpfung der Aggressivität anzeigt. Der bahnende und regulierende Einfluß auf den Schlafrhythmus hat ihnen auch den Namen Euhypnica eingebracht. Das Nitrazepam wird als neuartiges Schlafmittel verwendet und gehört deshalb nur bedingt hierher.

f. Verschiedene Strukturen

Chlormethazanon ist wie Carisoprodol ein zentrales Muskelrelaxans mit tranquillierenden, sedativen und analgetischen Wirkungskomponenten. Das Aethinazon kann man als nächst höheres Homologes des Einschlaf- und Wiedereinschlafmittels Methaqualon (Revonal) betrachten. Im Aethinazon trägt der Phenylrest in o-Stellung eine Aethylgruppe, im Methaqualon eine Methylgruppe. Dementsprechend ist im Aethinazon die Sedierung ausgeprägt vorhanden.

a. Glycerin-Derivate

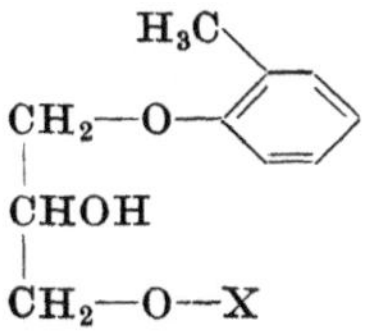

a. 1. X = H, Mephenesin
a. 2. X = $-CO-NH_2$ = = Mephenesin-carbamat

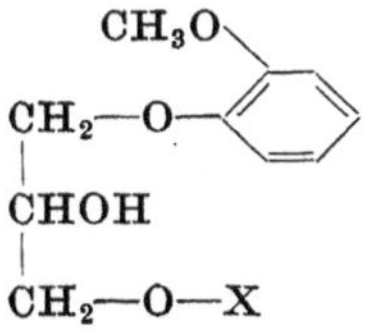

a. 3. X = H, Guaiphenesin
a. 4. X = $-CO-NH_2$ = = Methocarbamol

b. 1,3-Glykol-Derivate

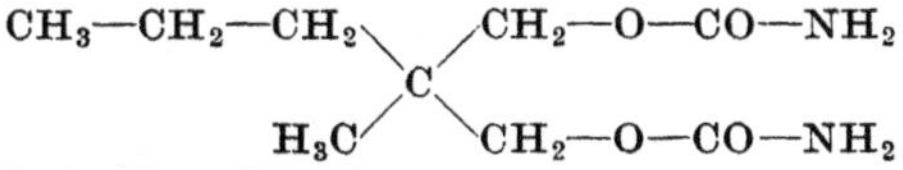

b. 1. Meprobamat

c. Andere Alkohole und deren Ester

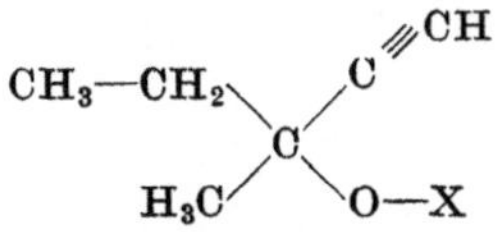

c. 1. X = H, Methylpentinol s. S. 232
c. 2. X = $-CO-NH_2$, Methylpentinolcarbamat

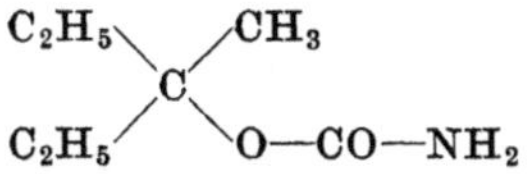

c. 3. Emylcamat

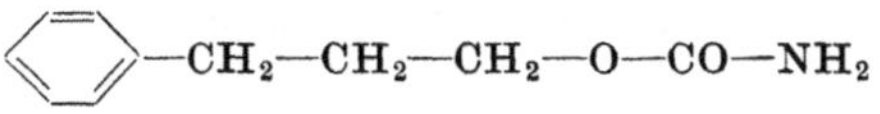

c. 4. Phenprobamat

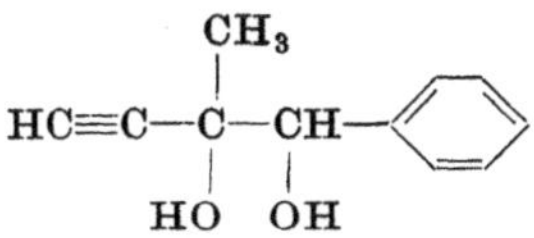

c. 5. Centalun, s. S. 232

d. Diphenylmethan-Derivate

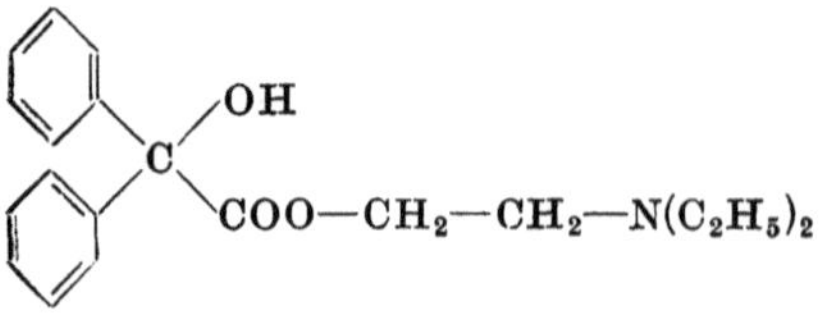

d. 1. Benactyzin

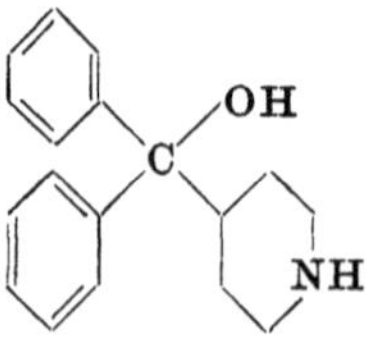

d. 2. Azacyclonol

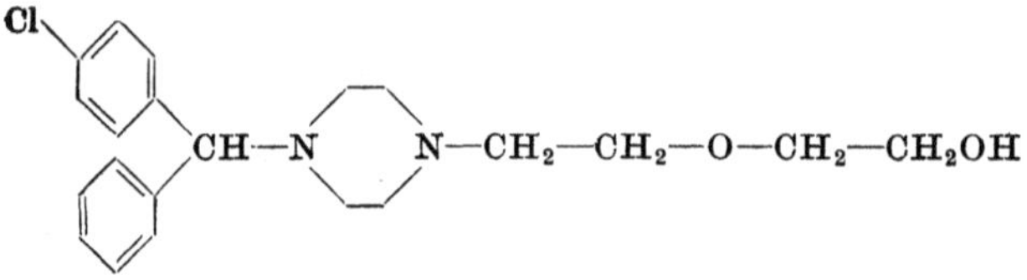

d. 3. Hydroxyzin

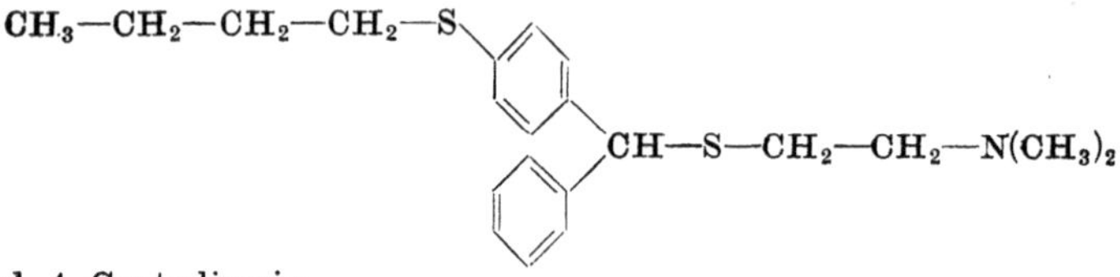

d. 4. Captodiamin

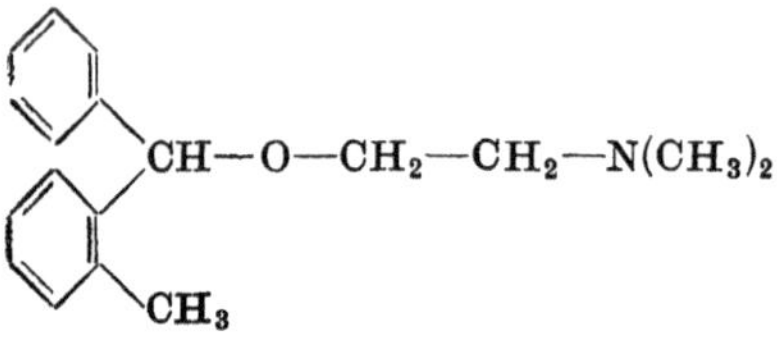

d. 5. Orphenadrin

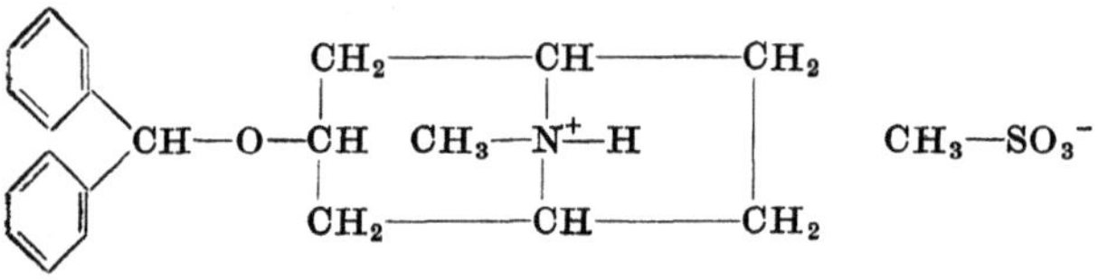

d. 6. Benztropin-methansulfonat

e. Benzodiazepin-Derivate

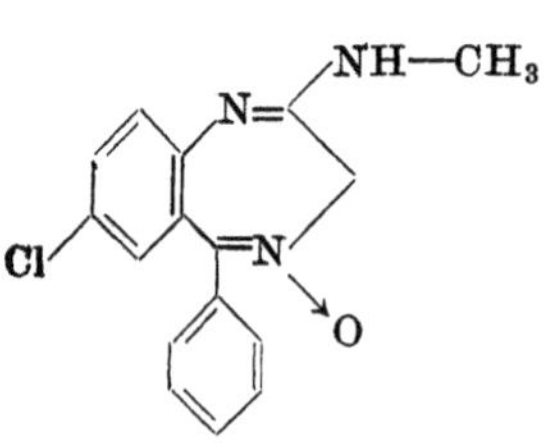

e. 1. Chlordiazepoxyd

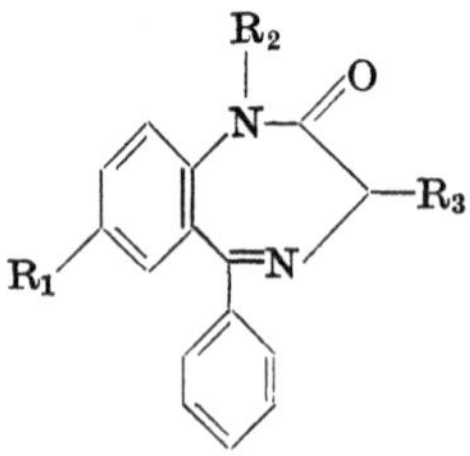

e. 2. R_1 = Cl, R_2 = CH_3, R_3 = H
Diazepam

e. 3. R_1 = NO_2, R_2 = H, R_3 = H
Nitrazepam

e. 4. R_1 = Cl, R_2 = H, R_3 = OH
Oxazepam

f. Verschiedene Strukturen

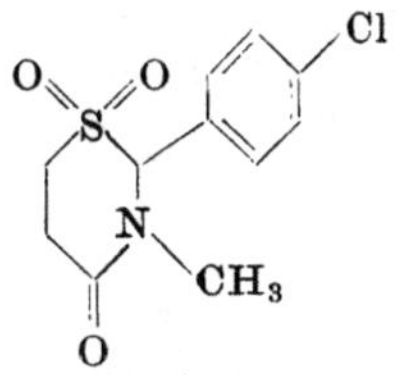

f. 1. Chlormethazon

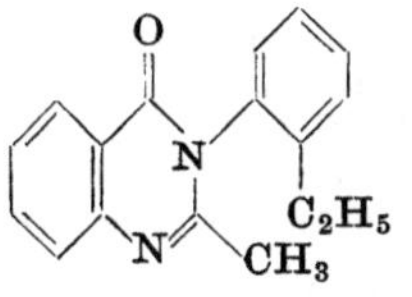

f. 2. Äthinazon

Mephenesinum Jap. 61. Mephenesin BPC 63, NF XII, INN. 3-(o-Tolyloxy)-propandiol-(1,2). 1,2-Dihydroxy-3-(2′-methyl-phenoxy)-propan. α-(o-Tolyl)-glycerinäther.

$C_{10}H_{14}O_3$ Formel a. 1, S. 355 M.G. 182,20

Herstellung. Aus 3-Chlor-propandiol-(1,2) und o-Kresol mit Hilfe von wss. Alkali bei etwa 100 °.

Eigenschaften. Weißes kristallines Pulver. Ohne Geruch (Jap. 61), fast geruchlos (BPC 63), mit schwachem charakteristischem Geruch (NF XII). – Geschmack bitter (BPC 63, NF XII), ruft ein taubes Gefühl auf der Zunge hervor (NF XII). – Fp. 68 bis 73 ° (Jap. 61), 70 bis 73 ° (BPC 63), 70 bis 73,5 ° (NF XII), 70 bis 72 ° (Merck Ind. 60).

Lösl. in 8 T. A., in 12 T. Chlf., in 100 T. W. bei 20 ° (Jap. 61, BPC 63), in 7 T. Propylenglykol (BPC 63), in 11 T. Ae. (Merck Ind. 60), wenig lösl. in Bzl. (NF XII). – Harnstoff und Urethan erhöhen die Löslichkeit in W.; lösl. in 60 T. 5%iger Urethan-Lsg., in 40 T. 10%iger Urethan-Lsg., in 4,5 T. 25%iger Urethan-Lsg. (Merck Ind. 60). pH der gesättigten wss. Lsg. etwa 6 (Merck Ind. 60). Wss. Lsg. sind stabil, können hitzesterilisiert werden und sind verträglich und gut mischbar mit Lsg. von Natriumchlorid, Glucose, Barbituraten und Thiobarbituraten (Merck Ind. 60).

Erkennung. 1. Eine Lsg. von 10 mg Mephenesin in 0,5 ml Schwefelsäure entwickelt eine rote (NF XII: rosa) Farbe (leicht carbonisierbare Verbindung), die bei Zusatz von 3 Tr. Formalin (NF XII: 1 Tr. 3%iger Formaldehyd-Lsg.) tief rot wird (Jap. 61, NF XII). – 2. Eine innige Mischung von 10 mg Mephenesin und 2 ml Natriumhydroxid-Lsg. wird mit 2 ml Kaliumpermanganat-Lsg. versetzt, erhitzt, bis die rote Lsg. braun wird, mit 5 ml W. verdünnt und filtriert. Das Filtrat ergibt mit 2 bis 3 Tr. p-Nitrobenzoldiazoniumchlorid-Lsg. eine rote Farbe, die beim Ansäuern mit Salzsäure verschwindet (Phenolstruktur) (Jap. 61, NF XII). – Herstellung der p-Nitrobenzoldiazoniumchlorid-Lsg.: Eine Lsg. von 100 mg p-Nitroanilin in 1,5 ml Salzsäure wird mit 1,5 ml W. verdünnt, in einem Eisbad gekühlt und tropfenweise unter ständigem Schütteln mit 5 ml Natriumnitrit-Lsg. (1 in 10) versetzt (NF XII). – 3. 1 g Mephenesin wird mit 2 ml Methylcarbonat und 0,2 ml einer Lsg. von 0,5 g Natrium in 10 ml entwässertem A. auf dem Wasserbad erhitzt, bis ein gelatinöser Nd. zurückbleibt. Die letzten Reste des Lösungsmittels werden durch Erwärmen unter vermindertem Druck entfernt. Der Rückstand wird unter Erwärmen in 10 ml entwässertem A. gelöst, filtriert, und der Verdampfungsrückstand in einem Luftstrom getrocknet. Der Rückstand schmilzt bei etwa 95 ° (BPC 63). – 4. Die wss. Lsg. zeigt im Bereich von 230 bis 360 nm ein gut ausgeprägtes Absorptionsmaximum nur bei etwa 270 nm ($E^{0,01\%}_{1\,\mathrm{cm}}$ etwa 0,79) (BPC 63). Absorptionsmaximum bei 270 nm: $E^{0,005\%}_{1\,\mathrm{cm}} = 0,395$ (Merck Ind. 60).

Prüfung. 1. Unlösliche Verunreinigungen und Farbe der Lsg. Eine Lsg. von 0,10 g Mephenesin in 10 ml W. ist klar und farblos (Jap. 61). – 2. Chlorid. 0,6 g Mephenesin werden mit 20 ml W. 1 Min. geschüttelt und filtriert. 10 ml des Filtrates dienen als Test-Lsg. Zur Vergleichs-Lsg. werden 0,7 ml 0,01 n Salzsäure zugesetzt. Nicht mehr als 0,083% (Jap. 61). – 2,0 g werden mit 40 ml W. geschüttelt und filtriert. Das Filtrat muß dem Grenztest für Chlorid entsprechen (BPC 63). – 3. Kresole. Die Lsg. von 0,10 g Mephenesin in 10 ml W. ist geruchlos und entwickelt mit 1 Tr. verd. Eisen(III)-chlorid-Lsg. keine grüne Farbe (Jap. 61). – Eine Lsg. von 100 mg Mephenesin in 5,5 ml W. wird mit 3 ml Natriumhexametaphosphat-Lsg. (1 in 25), 1,5 ml Folin-Ciocalteu-Phenolreagens und 400 mg wasserfreiem Natriumcarbonat versetzt, 5 Min. auf dem Dampfbad erhitzt und abgekühlt. Eine eventuell auftretende blaue Farbe darf nicht intensiver sein als die von einer Mischung aus 1 ml o-Kresol-Lsg. (1 in 100000) und 4,5 ml W. bei gleicher Behandlung (NF XII). – Wie vorstehend, statt Folin-Ciocalteu-Reagens 1,5 ml Lithium- und Natriummolybdophosphowolframat-Lsg., gleich zu behandelnde Vergleichs-Lsg. aus 3 ml 0,001%iger (g/v) wss. o-Kresol-Lsg. und 2,5 ml W. (BPC 63). – 4. Arsen. Test-Präparation mit 1 g Mephenesin muß den Bedingungen des Arsentests für organische Verbindungen genügen. 10 ppm As_2O_3 (NF XII). – 5. Schwermetalle. Eine Lsg. von 1 g Mephenesin in 5 ml Eisessig und 15 ml W. wird mit Ammoniak-Lsg. auf pH etwa 4 gebracht und mit W. auf 25 ml verdünnt. Mit dieser Lsg. wird auf Schwermetalle geprüft. Höchstens 20 ppm. – 6. Trocknungsverlust. Höchstens 0,50%, Einwaage 0,5 g, 24 Std. unter vermindertem Druck über Phosphorpentoxid (Jap. 61, NF XII). – NF XII auch titrimetrisch. Höchstens 1,0%, 24 Std. über Phosphorpentoxid im Vakuum (BPC 63). – 7. Glührückstand. Höchstens 0,10%, Einwaage 1 g (Jap. 61, NF XII). – 8. Sulfatasche. Höchstens 0,1% (BPC 63)

Gehaltsbestimmung. 1. Etwa 0,2 g vorher wie bei Prüf. auf Trocknungsverlust getrocknetes Mephenesin, genau gewogen, werden in einem Jodzahlkolben mit 5 ml einer Lsg. von Essigsäureanhydrid in Pyridin (3 ml auf 50 ml aufgefüllt) versetzt. Ein Rückflußkühler wird mittels Schliffverbindung aufgesetzt und die Mischung 2 Std. auf dem Wasserbad erhitzt. Es wird abgekühlt, der Kühler mit 10 ml W. in den Jodzahlkolben ausgespült und die Lsg. mit 0,1 n Natronlauge titriert. Indikator: 1 Tr. Phenolphthalein-Lsg. und 3 Tr. Methylgrün-Lsg. In der gleichen Weise wird eine Leerbestimmung durchgeführt und, falls erforderlich, die entsprechende Korrektur angebracht. 1 ml 0,1 n Natronlauge entspr. 9,111 mg $C_{10}H_{14}O_3$ (Jap. 61). – Entsprechend mit etwa 2,0 g Substanz, 20 ml 15%igem (v/v) Essigsäureanhydrid/Pyridin 40 ml W. und 1 n Natronlauge. 1 ml n Natronlauge entspr. 0,09111 g $C_{10}H_{14}O_3$ (BPC 61).

2. Etwa 100 mg genau gewogenes Mephenesin werden in einem 100-ml-Meßkolben unter Schütteln in 50 ml A. gelöst, mit A. aufgefüllt und gemischt. 2,0 ml dieser Lsg. werden in einem 50-ml-Meßkolben mit A. aufgefüllt und gemischt. Die Extinktion dieser Lsg. beim Maximum von etwa 272 nm wird in 1-cm-Küvetten mit Hilfe eines geeigneten Spektralphotometers gegen A. gemessen. Gleichzeitig wird auf gleiche Weise die Extinktion von Mephenesin-Standard gemessen. Die Anzahl mg Mephenesin ergibt sich aus der Formel $2{,}5\, C \times \frac{A_U}{A_S}$, wobei C die genaue Konz. der Mephenesin-Standard-Lsg. in mcg/ml, A_U die Extinktion der Analysen-Lsg. und A_S die Extinktion der Standard-Lsg. bedeuten (NF XII).

Geforderter Gehalt. Mind. 98,0%, bezogen auf die getrocknete Substanz (Jap. 61), mind. 97%, bezogen auf die getrocknete Substanz (NF XII), mind. 99,0%, bezogen auf die getrocknete Substanz (BPC 63).

Dosierung. Einzeldosis 0,6 bis 1,0 g, Tagesdosis 2,5 bis 5 g (Jap. 61); oral 0,5 bis 1,0 g ein- bis sechsmal täglich, i.m. oder i.v. 0,1 bis 1,0 g (BPC 63); gebräuchliche Dosierung 2 bis 3 g drei- bis fünfmal täglich oral, 30 bis 150 ml einer 2%igen Lsg. i.v. mit einer Geschwindigkeit von 6 oder 7 ml/Min. (NF XII).

Anwendung. Bei Spasmen der quergestreiften Muskeln, Lumbago, Muskelschmerzen. Wirkung zentral muskelerschlaffend durch Interneuronenblockade und schwach sedierend. Begleiterscheinungen Müdigkeit, Übelkeit, Erbrechen, Appetitlosigkeit. – DL_{50} 890 mg/kg Maus oral.

Handelsformen: Myanesin (British Drug Houses), Rhex „Hobein“, Byk-M_1, Renarcol (Byk).

Mephenesin Carbamate Merck Ind. 60. 3-o-Tolyloxy-1,2-propandiol-1-carbamat.

$C_{11}H_{15}NO_4$ Formel a. 2, S. 355 M.G. 225,24

Herstellung. Durch Überführung von Mephenesin mit Phosgen in den Chlorameisensäureester und dessen Umsetzung mit Ammoniak [US-Pat. 2609386 (1952), CA (N.Y.) *49*, 1801c (1955)].

Eigenschaften. Kristalle. Fp. 93° (als Hemihydrat Fp. 80 bis 84°). Lösl. in W. etwa 0,3%, in Chlf. etwa 2,0%. Leicht lösl. in A. Lichtabsorption in A.: Maxima bei 271 nm $\left(E^{1\%}_{1\,cm}\ 72{,}7\right)$ und 277 nm $\left(E^{1\%}_{1\,cm}\ 64{,}1\right)$, Minima bei 240 nm und 275,5 nm.

Anwendung. Wirkung ähnlich wie Mephenesin, aber etwas länger anhaltend. DL_{50} 7,7 mg/kg Maus i. p.

Handelsform: Tolseram (Squibb).

Guajacolum glycerolicum DAB 7 – DDR. Guaiacol Glyceryl Ether Merck Ind. 60. Guaiphenesin. Guajacol-glycerinäther. o-Methoxyphenoxypropandiol. 1,3-Dihydroxy-3-(o-methoxyphenoxy)-propan. Guajakolglyzeroläther.

$C_{10}H_{14}O_4$ Formel a. 3, S. 355 M.G. 198,20

Herstellung. Aus Guajacol und Glycerin mit Dehydratisierungsmitteln oder aus Guajacol und Monochlorhydrin mit Alkali [J. chem. Soc. *101*, 305 (1912)].

Eigenschaften. Weißes oder nahezu weißes, mikrokristallines Pulver. Geruch wahrnehmbar. Geschmack bitter (und aromatisch). Fp. 77 bis 82 ° (DAB 7 – DDR). Fp. 78,5 bis 79 °, $Kp._{19}$ 215 ° (Merck Ind. 60). Lösl. in 20 T. W. bei 20 °, leicht lösl. in heißem W., in A. und in Chlf., lösl. in Glycerin, Propylenglykol und Dimethylformamid, mäßig lösl. in Bzl., schwer lösl. in Ae., unlösl. in PAe.

Erkennung. 1. 2 ml einer Lsg. von 0,050 g Substanz in 5,0 ml konz. Schwefelsäure zeigen nach Zusatz von 1 Tr. Formaldehyd-Lsg. eine rotviolette Färbung (DAB 7 – DDR). – 2. 2 ml der Lsg. nach 1. zeigen nach Zusatz von 1 Tr. Eisen(III)-chlorid-Lsg. (5,0 g/100,0 ml) eine blaue Färbung (DAB 7 – DDR). – 3. Eine warm hergestellte Lsg. von 0,050 g Substanz in 3,0 ml n Natronlauge zeigt nach Erkalten und Zusatz einer Mischung aus 10 Tr. frisch bereiteter Natriumnitrit-Lsg. (1,00 g/100,0 ml) und 7,0 ml Sulfanilsäure-Reagenslösung eine gelbe bis gelborange Färbung (DAB 7 – DDR).

Prüfung (DAB 7 – DDR). Prüflösung: 2,000 g Substanz werden in W. zu 50,0 ml gelöst. 1. Unlösliche Verunreinigungen, Farbe der Lsg. 5,0 ml Prüflösung müssen klar und farblos sein. – 2. Alkalisch oder sauer reagierende Verunreinigungen. 10,0 ml Prüflösung müssen nach Zusatz von 2 Tr. Methylrot-Lsg. rot und nach darauf folgendem Zusatz von 0,100 ml 0,01 n Kalilauge gelb gefärbt sein. – 3. Schwermetall-Ionen. Bei der Prüf. von 10,0 ml Prüflösung nach Meth. I darf weder Trbg. nach Fbg. auftreten. – 4. Chlorid. 1,00 ml Prüflösung darf nach Zusatz von 9,0 ml W. bei der „Prüf. auf Chlorid" keine stärkere Trbg. als die Vergleichsprobe zeigen (höchstens 0,025% Cl^-). – 5. Sulfat. 10,0 ml Prüflösung dürfen bei der „Prüf. auf Sulfat" keine Trübung zeigen. – 6. 2-Methoxyphenol. 5,0 ml Prüflösung dürfen 5 Min. nach Zusatz von 1 Tr. Eisen(III)-chlorid-Lsg. (5,0 g/100,0 ml) keine stärkere Fbg. zeigen als die Mischung aus 1,50 ml Eisen-FL, 0,50 ml Kobalt-FL und 3,00 ml 0,5 n Salzsäure. – 7. Organische Verunreinigungen. 0,200 g Substanz werden in 5,0 ml konz. Schwefelsäure unter Schütteln gelöst. Nach 15 Min. darf die Fbg. nicht stärker sein als die einer Mischung aus 0,80 ml Kupfer-FL, 0,80 ml Kobalt-FL, 0,300 ml Eisen-FL und 3,10 ml 0,5 n Salzsäure. – 8. Sulfatasche. Höchstens 0,10%. – 9. Trocknungsverlust. Höchstens 0,25% bei 0,5000 g Substanz nach 24 Std. über Silicagel.

Gehaltsbestimmung (DAB 7 – DDR). 0,0800 g getrocknete Substanz und 1,0 g Kaliumbromid werden in einem 200-ml-Jodzahlkolben in 50 ml W. gelöst. Die Lsg. wird mit 10,0 ml konz. Salzsäure, 20,00 ml 0,1 n Kaliumbromat-Lsg. und unter Umschütteln mit 10,0 ml frisch bereiteter Kaliumjodid-Lsg. (10,0 g/100,0 ml) versetzt. Nach 60 Sek. wird erneut geschüttelt und das ausgeschiedene Jod mit 0,1 n Natriumthiosulfat-Lsg. titriert. Sobald die Lsg. nur noch schwach gelb gefärbt ist, werden 2,0 ml Stärke-Lsg. hinzugefügt. 1 ml 0,1 n Kaliumbromat-Lsg. entspr. 4,956 mg $C_{10}H_{14}O_4$.

Geforderter Gehalt. 98,5 bis 101,0% der getrockneten Substanz.

Dosierung. Einzelmaximaldosis oral 0,5 g, i.v. 3,0 g, Tagesmaximaldosis oral 2,0 g, i.v. 10,0 g.

Anwendung. Ursprünglich als Expectorans und Muskelrelaxans, später zur Beruhigung bei Erregungs-, Angst-, Spannungs-, Hemmungs- und Depressionszuständen und anderen psychischen Störungen; ferner bei Spannungserhöhungen der quergestreiften Muskulatur.

Handelsformen: Reorganin (Brunnengräber), Resyl (Ciba), Sirotol (Stada), Guaynesin (Various Mfr.), Myoscain (Holzinger).

Methocarbamol Merck Ind. 60. 3-(o-Methoxyphenoxy)-1,2-propandiol-1-carbamat. 3-(o-Methoxyphenoxy)-2-hydroxypropyl-1-carbamat. Guajacol-glycerinäther-carbamat.

$C_{11}H_{15}NO_5$ Formel a. 4, S. 355 M.G. 241,25

Herstellung. Aus dem Chlorameisensäureester des Guajacol-glycerinäthers mit Ammoniak [US-Pat. 2770649 (1956), CA (N. Y.) *51*, 7413 h (1957)].

Eigenschaften. Kristalle. Fp. 92 bis 94 °. Löslich in 40 T. W. bei 20 °, in A., in Propylenglykol.

Dosierung. 1 bis 1,5 g oral.

Anwendung. Bei schmerzhaften Muskelspasmen (auch Tetanus), als Adjuvans im Rahmen der Psychotherapie.

Handelsformen: Robaxin (Robins), Etroflex (Etro).

Meprobamatum DAB 7 – DDR, Nord. 63, Jap. 61. Meprobamate BP 63, BPC 63, USP XVI, NF XII. Procalmadiol, Procalmadiolum CF 65. Meprobamat INN. 2-Methyl-2-n-propyl-propandiol-(1,3)-dicarbamat. 2-Methyl-2-propylpropandiol-(1,3)-dicarbamidsäureester. 2,2-Di(carbamoyloxymethyl)pentan. Bis-(carbamoyloxy)-1,3 méthyl-2 propyl-2 propane.

$C_9H_{18}N_2O_4$ Formel b. 1, S. 355 M.G. 218,25

Herstellung. Aus dem zugrunde liegenden 2-Methyl-2-n-propylpropandiol-(1,3) nach verschiedenen Methoden. Die älteste Methode besteht in der Umsetzung mit Phosgen in Gegenwart eines tert. Amins als Protonenacceptor zum zweifachen Chlorameisensäureester und dessen Umsetzung mit Ammoniak [J. Amer. chem. Soc. *73*, 5779 (1951), US-Pat. 2724720].

Eigenschaften. Weißes, kristallines oder mikrokristallines Pulver, ohne wahrnehmbaren Geruch (DAB 7 – DDR), fast geruchlos (BP 63, BPC 63, Jap. 61, CF 65), mit schwachem eigentümlichem Geruch (Nord. 63, USP XVI, NF XII), mit bitterem Geschmack (NF XII, USP XVI, Nord. 63, Jap. 61), mit stark bitterem Geschmack (DAB 7 – DDR), mit schwach bitterem Geschmack (BP 63, BPC 63), mit charakteristisch bitterem Geschmack (CF 65). – Fp. 103 bis 107° (DAB 7 – DDR, BP 63, BPC 63, NF XII, USP XVI), dabei innerhalb 2° schmelzend ohne Zers. (NF XII, USP XVI), 105 bis 107° (Jap. 61), 104 bis 107° (Nord. 63), 103 bis 106° (CF 65). – Lösl. in 5 bis 7 T. A. (BP 63, BPC 63, Nord. 63), in 80 T. Chlf. (Nord. 63), in 70 bis 120 T. Ae. (BP 63, BPC 63, Nord. 63), bei 20° in 240 T. W. (BP 63, BPC 63), in 300 T. W. (Jap. 61), in 400 T. W. (Nord. 63), bei 25° in 250 T. W. und bei 50° in 71 T. W. (CF 65), bei 37° in 130 T. W. (Jap. 61), bei 20° zu 0,34% und bei 37° zu 0,79%, bildet leicht übersättigte Lsg. mit heißem W. (Merck Ind. 60), leicht lösl. in Aceton (USP XVI), leicht lösl. in organischen Lösungsmitteln (CF 65).

Erkennung. 1. Ammoniaknachweis nach Verseifung. 0,050 g Substanz werden nach Zusatz von 5,0 ml 3 n Natronlauge im Wasserbad 5 Min. erhitzt. Die entweichenden Dämpfe färben angefeuchtetes rotes Lackmuspapier blau (DAB 7 – DDR). Jap. 61 schreibt für diese Prüf. 0,5 g Substanz vor. – 2. Diacetylderivat. 0,50 g Substanz werden in der Mischung aus 1,0 ml Essigsäureanhydrid und 1 Tr. konz. Schwefelsäure unter Rühren gelöst. Die Lsg. wird unter wiederholtem Rühren 30 Min. stehengelassen. Danach werden unter Rühren 50 ml W. anteilweise hinzugefügt. Nach 5 Std. wird der entstandene Nd. auf einem Filter gesammelt und mit W. ausgewaschen, bis der Geruch der Essigsäure nicht mehr wahrnehmbar ist. Die über Silicagel 24 Std. getrockneten Kristalle schmelzen im Bereich von 124 bis 128° (DAB 7 – DDR). Entsprechend, wobei aber die klare Acetylierungslsg. tropfenweise zu 50 ml W. gegeben wird und später der Nd. bei 60° getrocknet wird und ein Fp. von 125 bis 130° gefordert wird (CF 65). Entsprechend, aber mit 0,05 ml Schwefelsäure und Eingießen der Acetylierungs-Lsg. unter kräftigem Rühren in 20 ml W. und Trocknen des gewaschenen Nd. während 1 Std. bei 60° und maximal 5 Torr, Fp. 127° (BP 63). Entsprechend, aber mit Eingießen der Acetylierungs-Lsg. unter kräftigem Rühren in 50 ml W. und Trocknen des gewaschenen Nd. bei etwa 60°, Fp. innerhalb 2° zwischen 124 und 130° (USP XVI). Wie USP XVI, aber Trocknen während 2 Std. bei 60° und vermindertem Druck (Jap. 61). 0,20 g Substanz, 1,0 ml Essigsäureanhydrid und 1 Tr. konz. Schwefelsäure hält man 1 Min. im Sieden und setzt vorsichtig 7 ml 2 m Natriumhydroxid-Lsg. zu. Man erwärmt zum Sieden und filtriert. Das Filtrat gibt beim Stehen und Reiben einen weißen kristallinen Nd. von Diacetylmeprobamat, das nach Auswaschen mit W., Umkristallisieren aus 5 ml W. und Trocknen bei 105° zwischen 124 und 127° schmilzt (Nord. 63). – 3. Zu 0,5 g Substanz gibt man 5 ml Schwefelsäure, erhitzt langsam und leitet das sich entwickelnde Gas in Calciumhydroxid-Lsg.: die Lsg. wird trübe (Jap. 61). – 4. Vergleich des IR-Spektrum (in KBr) mit Standard-Meprobamat (NF XII). – 5. 0,02 g werden in 2 ml einer Lsg. (10% g/v) von p-Dimethylaminobenzaldehyd in konz. Schwefelsäure gelöst. Dabei entwickelt sich eine gelbe Fbg., die innerhalb einiger Minuten in Orange übergeht. Nach 2 Min. auf dem siedenden Wasserbad wird die Fbg. intensiv rot. Die Mischung wird abgekühlt und tropfenweise zu 5 ml Eiswasser gegeben. Sie wird dabei zuerst dunkelrot und schließlich ziemlich haltbar violett-blauschwarz (CF 65).

Prüfung. 1. Unlösliche Verunreinigungen, Farbe der Lsg. 0,50 g Substanz müssen sich in 10,0 ml A. lösen. Die Lsg. muß klar und farblos sein (DAB 7 – DDR, Jap. 61). – Eine Lsg. von 0,50 g Substanz in 10 ml starkem A. soll die Prüfung A für Auflösungsunklarheiten und die Prüfung B für Farbe der Lsg. halten (Nord. 63). – 2. Alkalisch oder sauer reagierende Verunreinigungen. 0,75 g Substanz werden nach Zusatz von 15,0 ml W. 120 Sek. kräftig geschüttelt. 10,0 ml des klaren Filtrates müssen nach Zusatz von 2 Tr. Phenolphthalein-Lsg. farblos und nach darauffolgendem Zusatz von 0,200 ml 0,01 n Kalilauge rot gefärbt sein. Diese Mischung muß nach Zusatz von 0,400 ml 0,01 n Salzsäure farblos und nach darauffolgendem Zusatz von 2 Tr. Methylrot-Lsg. rot oder orange gefärbt sein (DAB 7 – DDR). – Prüf-Lsg. 2,00 g Substanz mit 40 ml W. zum Sieden erhitzen und unter Schütteln abkühlen und filtrieren. 10 ml Prüf-Lsg. müssen nach Zusatz von 2 Tr. Phenolphthalein-Lsg. farblos bleiben, nach anschließendem Zusatz von 0,2 ml 0,01 n Natronlauge rot werden. Nach Entfärben mit 0,4 ml 0,01 n Salzsäure muß die Mischung bei Zusatz von 5 Tr. Methylrot-Lsg. rot oder orange gefärbt sein (Nord. 63). – 3. Schwermetall-Ionen. 0,200 g Substanz werden in der Mischung aus 1,00 ml 5 n Essigsäure und 15,0 ml W. unter Erwärmen gelöst. Nach dem Erkalten wird die Lsg. mit W. zu 20,0 ml aufgefüllt und filtriert. 10,0 ml des Filtrates dürfen nach Meth. II keine stärkere Trbg. zeigen als die in gleicher Weise wie das Filtrat behandelte Mischung aus 9,5 ml W. und 0,50 ml 5 n Essigsäure (DAB 7 – DDR). – Test durchführen mit einer Lsg. aus 1,0 g Substanz in 20 ml A., 2 ml verd. Essigsäure und Wasser aufgefüllt auf 50 ml. Vergleichs-Lsg. aus 3,0 ml Standard-Blei-Lsg., 20 ml A., 2 ml verd. Essigsäure und Wasser aufgefüllt auf 50 ml. Nicht mehr als 30 ppm (Jap. 61). – Blei nicht mehr als 10 ppm (BP 63). – Die Prüf-Lsg. muß die Prüfung A halten (Nord. 63). – 4. Chlorid. 0,200 g Substanz werden in der Mischung aus 1,00 ml 2 n Salpetersäure und 15,0 ml W. unter Erwärmen gelöst. Nach dem Erkalten wird die Lsg. mit W. zu 20,0 ml aufgefüllt und filtriert. 10,0 ml des Filtrates dürfen bei der „Prüf. auf Chlorid" keine stärkere Trbg. zeigen als die nachstehend beschriebene Vergleichsprobe (höchstens 0,01 % Cl^-). Vergleichsprobe: Mischung aus 1,00 ml Chlorid-VL (s. Bd. I, 257), 8,5 ml W. und 0,50 ml 2 n Salpetersäure (DAB 7 – DDR). – 5. Sulfat. 5 ml Prüf-Lsg., 1 ml starker A. und 4 ml W. sollen die Grenzprüfung, Grenze A, bestehen. 0,1 mg/g (Nord. 63). – 6. Glührückstand. Höchstens 0,1 %, Einwaage 0,50 g (Nord. 63, Jap. 61). – 7. Sulfatasche. Höchstens 0,10 %, Einwaage 1,000 g (DAB 7 – DDR, BP 63). – 8. Trocknungsverlust. Nicht mehr als 0,5 % (BP 63), getrocknet 4 Std. bei 60 ° und maximal 5 Torr (DAB 7 – DDR), getrocknet 3 Std. im Vakuum bei 60 ° (USP XVI, Jap. 61), Einwaage 0,3000 g (DAB 7 – DDR), 1 g (Jap. 61).

Gehaltsbestimmung. 1. Stickstoffbestimmung nach KJELDAHL. Vorher getrocknete Einwaage 0,3000 g (DAB 7 – DDR), 0,02 g (Jap. 61). – Zu etwa 0,5 g genau gewogener Substanz fügt man 25 ml einer Mischung gleicher Vol. Schwefelsäure (50 % v/v) und W. und erhitzt 3 Std. unter Rückfluß. Nach Abkühlen fügt man Natriumhydroxid-Lsg. im Überschuß hinzu und destilliert das freigesetzte Ammoniak in 20 ml einer 4 %igen (g/v) Borsäure-Lsg. und titriert mit 0,1 n Schwefelsäure gegen Methylrot-Lsg. Man wiederholt die Bestimmung ohne Meprobamat. Die Differenz zwischen den beiden Bestimmungen ergibt die Menge freigesetztes Ammoniak (BP 63). 1 ml 0,1 n Schwefelsäure entspr. 10,91 mg Meprobamat, $C_9H_{18}N_2O_4$. 1 ml 0,01 n Schwefelsäure entspr. 1,0913 mg (Jap. 61).

2. 0,200 g Substanz und 10 ml konz. Salzsäure-A. werden 3 Std. unter Rückfluß gekocht und dann auf dem Wasserbad bis zur Trockne eingedampft. Der Eindampfrückstand wird unter Kochen in 10 ml wasserfreier Essigsäure und 10 ml 0,15 m Quecksilber(II)-acetat-Lsg. gelöst, nach Abkühlen und Zusatz von 20 ml Dioxan und 5 Tr. Kristallviolett-Lsg. mit 0,1 n Perchlorsäure auf blau titriert. 1 ml 0,1 n Perchlorsäure entspr. 0,01091 g $C_9H_{18}N_2O_4$, 1 g $C_9H_{18}N_2O_4$ entspr. 91,64 ml 0,1 n Perchlorsäure (Nord. 63).

3. Etwa 400 mg genau gewogenes Meprobamat werden in einen geeigneten Erlenmeyerkolben gegeben, 40 ml Salzsäure und einige Siedesteinchen zugefügt und 90 Min. unter Rückfluß erhitzt. Der Kühler wird entfernt und der Kolben weiterhin erhitzt, bis das Vol. auf 5 bis 10 ml reduziert ist. Dann wird auf Raumtemp. abgekühlt, 50 ml W. und 1 Tr. Methylrot-Lsg. zugesetzt und unter ständigem Kühlen vorsichtig mit Natriumhydroxid-Lsg. (4 in 10) bis zum Farbumschlag neutralisiert. Falls erforderlich, wird n Salzsäure bis zur Wiederherstellung der rosa Farbe zugefügt und dann vorsichtig mit 0,1 n Natronlauge neutralisiert. Eine vorher mit 0,1 n Natronlauge gegen Phenolphthalein neutralisierte Mischung von 15 ml Formaldehyd-Lsg. und 15 ml W. wird dann zugesetzt und anschließend mit 0,1 n Natronlauge auf Gelb titriert. Nach Zusatz von 0,2 ml Phenolphthalein-Lsg. wird mit 0,1 n Natronlauge auf deutlich Rosa weiter titriert. Eine Leerbestimmung wird durchgeführt und eine evtl. erforderliche Korrektur vorgenommen. 1 ml des Gesamtverbrauchs 0,1 n Natronlauge nach Zusatz der Formaldehyd-Lsg. entspr. 10,91 mg $C_9H_{18}N_2O_4$ (USP XVI).

4. In einem Rundkolben von 250 ml mit aufgesetztem 500 mm langem Rückflußkühler werden etwa 0,35 g genau gewogener Substanz mit 40 ml konz. Salzsäure versetzt sowie einigen kleinen Siedesteinen und während 1,5 Std. im schwachen Sieden gehalten. Der Kühler wird mit W. ausgewaschen und dann entfernt. Das Erwärmen wird fortgesetzt, bis das Volumen der Flüssigkeit etwa 10 ml beträgt. Nach Abkühlenlassen werden 50 ml W. und 2 Tr. Methylrotlsg. zugesetzt. Unter Kühlung wird der Säureüberschuß mit Natronlauge bis zum Farbumschlag neutralisiert. Durch Zugabe einiger Tr. n Salzsäure wird wieder angesäuert und dann durch vorsichtige Zugabe von 0,1 n Natriumhydroxid bis zum Farbumschlag nach rein Gelb genau neutralisiert. Nach Zusetzen von 30 ml neutralisierter Formaldehydlsg. wird die freigesetzte Säure mit 0,5 n Natriumhydroxidlsg. titriert, zuerst bis zum Farbumschlag nach Gelb, dann, nach Zugabe von 8 Tr. Phenolphthaleinlsg., bis zur bleibenden Rosafärbung. Der Verbrauch bei einem Blindversuch wird abgezogen. 1 ml 0,5 n Natronlauge entspr. 0,05456 g Meprobamat (CF 65).

Geforderter Gehalt. 98,0 bis 100,5% (Nord. 63); Gehalt der getrockneten Substanz 98,0 bis 101,0% (DAB 7 – DDR), mindestens 97,0% (BP 63, Jap. 61, USP XVI), mindestens 98,0% (CF 65).

Unverträglichkeit. Sauer oder basisch reagierende Stoffe (Spaltung) (Nord. 63). Jedoch beständig gegen verd. Säuren und Laugen (CF 65) sowie gegen Magen- und Darmsaft (Merck Ind. 60).

Dosierung. Einzelmaximaldosis oral 1,0 g, Tagesmaximaldosis 5,0 g (DAB 7 – DDR); 0,8 g und 2,4 g (Nord. 63). Gebräuchliche Dosis 0,4 bis 1,2 g täglich, unterteilt in Einzeldosen (BP 63); Einzeldosis 0,4 g, täglich 1 bis 1,6 g (Jap. 61); 0,400 g drei- bis viermal täglich, gebräuchlicher Dosisbereich 1 bis 4 g täglich (USP XVI).

Anwendung. Bei Angst- und Spannungszuständen, bei Muskelkrämpfen; ferner bei Schlaflosigkeit und zu Entwöhnungskuren bei Alkoholismus. Nebenwirkungen: verhältnismäßig häufig ist Schläfrigkeit zu beobachten; gelegentlich Kopfschmerz, Schwindelgefühl, Übelkeit, Erbrechen, Diarrhoe, Dermatitis, Urticaria, Fußödem, Gelenkschmerzen, geistige Erregung. Abrupter Entzug kann nach Zufuhr größerer Mengen Konvulsionen hervorrufen. – Meprobamat unterdrückt die interneuronale Leitung im Hypothalamus und im Rückenmark, nicht aber in der Medulla oblongata und im autonomen Nervensystem.

Handelsformen: Miltaun, Miltown (Wallace), Cyrpon (Tropon), Mepavlon (ICI), Meprocompren (MBK), Aneural (Wyeth).

Literatur: EIDEN, F., u. B. S. NAGAR: Nachweis und Bestimmung von Meprobamat und Carisoprodol. Dtsch. Apoth.-Ztg *104*, 281 (1964).

Das **N-Mono-isopropyl-Derivat des Meprobamats** (Formel b. 1, X = $-NH-CH(CH_3)_2$) wird als Analgeticum und Spasmolyticum der quergestreiften Muskulatur verwendet.

Handelsformen: Carisoprodol, Sanoma (Merck).

3-Methyl-1-pentyn-3-ol Carbamate Merck Ind. 60. Methylpentinol-carbamat.

$C_7H_{11}NO_2$ Formel c. 2, S. 355 M.G. 141,17

Herstellung. Aus Methylpentinol und Chlorameisensäurephenylester und anschließende Ammonolyse des erhaltenen gemischten Kohlensäureesters [J. org. Chem. *20*, 1379 (1955)]. Aus Methylpentinol, Kaliumcyanat und Trichloressigsäure [US-Pat. 2814637 (1957), CA (N. Y.) *52*, 2901 e (1958)].

Eigenschaften. Kristalle. Fp. 55,8 bis 57°, 53,5 bis 55°. Kp_{16} 120 bis 121°, $Kp_{0,01}$ 95° 1,6 g lösen sich in 100 ml W.

Dosierung. 300 bis 600 mg täglich.

Anwendung. Angstzustände, neurotische Störungen, Adjuvans bei psychosomatischen Erkrankungen und Enuresis nocturna. Begleiteffekte Übelkeit und paradoxe Effekte. DL_{50} 445 mg/kg Maus oral.

Handelsform: Trusono (Schur).

Emylcamat INN. 1-Äthyl-1-methyl-propylcarbamat.

Formel c. 3, S. 355

Herstellung. Durch Ammonolyse des gemischten Kohlensäureesters aus 1-Äthyl-1-methyl-propanol-(1) und Phenol [Brit. Pat. 851646 (1960), CA (N. Y.) *55*, 8776b (1961)].

Eigenschaften. Fp. 54 bis 55°.

Dosierung. 600 bis 800 mg täglich.

Anwendung. Bei psychosomatischen Erkrankungen, neurotischen Reaktionen, Angst- und Spannungszuständen, Muskelverspannung. Begleiterscheinungen Schläfrigkeit und Benommenheit.

Handelsformen: Nuncital, Restital (Kabi), Striatan (Merck, Sharp & Dohme).

Phenprobamat INN. Proformiphen. γ-Phenyl-propyl-carbamat.

Formel c. 4, S. 355

Herstellung. 3-Phenylpropanol wird mit Phosgen in den Chlorameisensäureester übergeführt, der bei der Ammonolyse das Carbamat ergibt [Brit. Pat. 837718 (1960), CA (N. Y.) *54*, 24803a (1960)].

Eigenschaften. Fp. 101 bis 102°.

Dosierung. 1,2 bis 2,4 g täglich.

Anwendung. Bei Muskelspasmen, auch mit psychischer Komponente.

Handelsform: Gamaquil (Siegfried).

Benactycine Hydrochloride INN, Merck Ind. 60. Benzilsäure-β-diäthylaminoäthylester-hydrochlorid. β-Diäthylaminoäthyl-benzilat-hydrochlorid.

$C_{20}H_{25}NO_3 \cdot HCl$ Formel d. 1, S. 356 M.G. 363,88

Literatur: Arzneimittelstandardisierung *4*, 689 (1963).

Herstellung. Aus β-Diäthylaminoäthanol und Benzilsäuremethylester durch Umesterung [Schweiz. Pat. 187825 (1936), Chem. Zbl. *1937*, II, 256].

Eigenschaften. Weißes, mikrokristallines Pulver in Form feiner Nadeln. Geruch nicht wahrnehmbar, Geschmack bitter. Fp. 177 bis 178° (Merck Ind. 60), 172 bis 179°. Fp. der instabilen Modifikation 154°. Lösl. bei 25° 14,9 g in 100 ml W., unlösl. in Ae. (Merck Ind. 60), lösl. in 20 T. W., 50 T. Chlf., 100 T. Aceton und in Essigsäure, unlösl. in n-Hexan, Cyclohexan und Tetrachlorkohlenstoff.

Erkennung. 1. Fp. der freien Base 51°. – 2. Benzilsäurederivat. 0,05 g Substanz geben mit 2 ml konz. Schwefelsäure eine gelb-orangefarbene Lsg., deren Fbg. rasch nach Dunkelrot umschlägt.

Gehaltsbestimmung. 1. Durch Austauschchromatographie mit Titration der freigesetzten Base. – 2. Durch Titration mit Perchlorsäure in Eisessig unter Zusatz von Quecksilber(II)-acetat. – 3. UV-spektrophotometrisch bei 258 nm in W. oder 0,01 n Schwefelsäure oder bei 259 nm in 0,01 n Kalilauge oder A. (96%).

Dosierung. Oral 1 bis 3 mg, 3 bis 9 mg täglich.

Anwendung. Bei leichteren Angstzuständen und Psychoneurosen mit depressiver Reaktion, Phobien, Zwangsvorstellungen. Im übrigen ist das Wirkungsbild parasympatholytisch, daher ist Glaucom eine Kontraindikation. Die Wirkung tritt in voller Stärke erst nach drei Tagen bis drei Wochen ein.

Handelsformen: Suavitil (Schweizerhall; Glaxo; Haury).

Azacyclonol Hydrochloride NF XII, INN, Merck Ind. 60. Gamma-Pipradol. α,α-Diphenyl-4-piperidinmethanol-hydrochlorid. α-(4-Piperidyl)-benzhydrol-hydrochlorid.

$C_{18}H_{21}NO \cdot HCl$ Formel d. 2, S. 356 M.G. 303,84

(mit 1 Mol Kristallwasser: Merck Ind. 60).

Herstellung. Durch katalytische Hydrierung von Diphenyl-4-pyridyl-carbinol.

Eigenschaften. Kleine weiße Kristalle oder kristallines Pulver, geruchlos, an trockener Luft beständig (NF XII). – Fp. zwischen 270 und 281° (Zers.) (NF XII). – Lösl. in etwa 200 T. W. und in etwa 1000 T. A., praktisch unlösl. in Chlf., Ae., Aceton und Hexan (NF XII).

Erkennung. 1. IR-Spektrum. Das IR-Spektrum (in KBr) der Substanz zeigt die gleichen Maxima wie das Spektrum des Standard-Azacyclonol-hydrochlorids (NF XII). – 2. UV-Absorption. Die wss. Lsg. (1 in 1000) der Substanz zeigt ein Absorptionsmaximum bei 258 $\pm$ 2 nm, dessen Extinktion höchstens 2% von der Extinktion einer gleichzeitig gemessenen entsprechenden Lsg. von Standard-Azacyclonol-hydrochlorid abweichen darf (NF XII).

Prüfung. 1. pH einer Lsg. (1 in 200) liegt zwischen 5 und 7 (NF XII). – 2. Schwermetalle. 1 g Substanz wird in 75 ml W., das 2 ml Eisessig enthält, unter Erwärmen auf dem Dampfbad gelöst. Nach Abkühlen wird auf 100 ml aufgefüllt und filtriert. 50 ml Filtrat dürfen mit 10 ml Schwefelwasserstoff-Lsg. keine Farbe ergeben, die dunkler ist als die einer Vergleichs-Lsg. aus 49 ml W., 1 ml Eisessig, 0,5 ml Standard-Blei-Lsg. und 10 ml Schwefelwasserstoff-Lsg. (10 ppm) (NF XII). – 3. Trocknungsverlust. Höchstens 1% nach 2 Std. bei 105° (NF XII). – 4. Glührückstand. Höchstens 0,2% (NF XII).

Gehaltsbestimmung. Etwa 500 mg Substanz, vorher getrocknet und genau gewogen, werden in einer Mischung von 40 ml A. und 20 ml W. gelöst und gegen Dichlorfluorescein mit 0,1 n Silbernitrat-Lsg. titriert. 1 ml 0,1 n Silbernitrat-Lsg. entspr. 30,38 mg $C_{18}H_{21}NO \cdot HCl$ (NF XII).

Geforderter Gehalt. 98 bis 102% der getrockneten Substanz (NF XII).

Dosierung. Gebräuchliche Dosis 20 mg dreimal täglich (NF XII). Oral 20 bis 100 mg, i.v. 100 mg.

Wirkung und Anwendung. Zentral dämpfend und halluzinationsbeseitigend. Anwendung als Ataracticum bei nicht psychotischer Angst, Spannung, Erregung und dadurch bedingter Schlaflosigkeit, psychosomatischen Störungen, Halluzinationen bei Schizophrenie und alkoholdeliranten Syndromen. Als Begleiterscheinungen können allergische Hautreaktionen auftreten.

Handelsformen: Frenquel und Mer 17 (Merrell).

Hydroxyzine Hydrochloride NF XII, INN, Dihydrochlorid von 2,2,4-(p-Chlor-α-phenyl-benzyl)-1-piperazinyl-äthoxy-äthanol. Dihydrochlorid von 1-(p-Chlorbenz-hydryl)-4,2-(2-hydroxy-äthoxy)-äthyl-piperazin.

$C_{21}H_{27}ClN_2O_2 \cdot 2HCl$ Formel d. 3, S. 356 M.G. 447,85

Herstellung. Piperazin wird mit den Seitenketten stufenweise verknüpft durch Umsetzung mit den entsprechenden Halogenverbindungen, z. B. p-Chlorbenzhydrylchlorid und 2-(2-Hydroxyäthoxy)-äthylchorid (US-Pat. 2899436).

Eigenschaften. Weißes geruchloses Pulver oder Kristalle von bitterem Geschmack. Fp. zwischen 196 und 204° (Zers.) (NF XII), 193° (Merck Ind. 60). – Lösl. in etwa 11 T. Chlf., sehr leicht lösl. in W., wenig lösl. in Aceton und praktisch unlösl. in Ae. (NF XII).

Erkennung. 1. Chlorid. 10 ml Hydroxyzin-hydrochlorid-Lsg. (1 in 400) gibt nach Zusatz von 2 Tr. Salpetersäure und 1 ml Silbernitrat-Lsg. einen käsigen weißen Nd., unlösl. in verd. Salpetersäure, aber lösl. in Ammoniak-Lsg. (NF XII). – 2. UV-Absorption. Eine Lsg. (1 in 100000) von Hydroxyzin-hydrochlorid in A. zeigt ein Absorptionsmaximum bei 230 ± 2 nm. Die Extinktion dieser Lsg. bei 230 nm darf um höchstens 3% von der der entsprechenden Lsg. der Standard-Substanz abweichen (NF XII).

Prüfung. 1. Schwermetalle. Der Glührückstand von 1 g Substanz wird in 23 ml W. gelöst und mit 2 ml verd. Essigsäure versetzt: Mit dieser Lsg. wird auf Schwermetalle geprüft. Höchstens 50 ppm für die Substanz (NF XII). – 2. Trocknungsverlust. Höchstens 5% nach 2 Std. bei 105° (NF XII). – 3. Glührückstand. Höchstens 0,5% (NF XII).

Gehaltsbestimmung. 150 mg Substanz, vorher getrocknet und genau gewogen, werden in 15 ml Chlf. gelöst, mit 10 ml Eisessig, 5 ml Quecksilber(II)-acetat-Lsg. und 1 Tr. Chinaldinrot-Lsg. versetzt und mit 0,1 n Perchlorsäure titriert. Mit einer Leerbestimmung wird die evtl. erforderliche Korrektur bestimmt.
1 ml 0,1 n Perchlorsäure entspr. 22,39 mg $C_{21}H_{27}ClN_2O_2 \cdot 2HCl$ (NF XII).

Geforderter Gehalt. Mindestens 98% der getrockneten Substanz (NF XII).

Dosierung. Gebräuchliche Dosis 25 mg dreimal täglich (NF XII). – 10 bis 25 mg oral (Merck Ind. 60).

Anwendung. Wirkung sedierend, muskelrelaxierend, antiemetisch, antikonvulsiv, leicht analgetisch und temperatursenkend. DL_{50} 45 mg/kg Ratte i.v. Anwendung als Tranquillizer bei Angstzuständen und kleineren Neurosen, bei psychischen und vegetativen Funktionsstörungen u.a. Unwirksam bei schweren Psychosen. Begleiterscheinungen: Schläfrigkeit, Schwächegefühl, paradoxe Effekte, Kopfschmerz.
Potenziert Analgetica und Phenothiazine.

Handelsformen: Atarax (Union Chimique Belge), Ataraxoid und Vistaril Parenteral (Pfizer). Kombinationspräparate: Diligan (Pfleger/Union Chimique Belge), Opticardon, Postafen Supp. und Vesparax (Union Chimique Belge).

Hydroxyzin-pamoat. Salz der Hydroxyzinbase mit 1,1-Methylen-bis-(2-hydroxy-3-carboxy-naphthalin).

Eigenschaften. Kristalle, lösl. in W.

Handelsformen: Masmoran „Roerig", Vistaril (Pfizer).

Captodiamin-hydrochlorid. Captodiam. Covatin Merck Ind. 60. p-Butylmercaptobenzhydryl-β-dimethylaminoäthylsulfid-hydrochlorid. 2-(p-Butylthio-α-phenylbenzylthio)-N,N-dimethyl-amin-hydrochlorid.

$C_{21}H_{30}NS_2 \cdot HCl$ Formel d. 4, S. 356 397,08

Herstellung. Aus dem Natriumsalz des p-Butylmercaptobenzhydrylmercaptans und β-Dimethylaminoäthylchlorid [Brit. Pat. 729619 (1955), CA (N. Y.) *50*, 6516f (1956)].

Eigenschaften. Fp. 131 bis 132 °.

Dosierung. 150 bis 450 mg täglich.

Anwendung. Bei neurovegetativen Regulationsstörungen, innerer Unruhe, Spannungszuständen, Stimmungslabilität, Reizbarkeit. Begleiteffekte: Magenbeschwerden, paradoxe Reaktionen, Schläfrigkeit. – DL_{50} pro kg Maus: i.v. 44 mg, i.p. 116 mg, oral 1500 mg.

Handelsformen: Covatix, Covatin (Gödecke; Lundbeck; Warner).

Benztropine Methanesulphonate BP 63, BPC 63. Benztropine Mesylate BP 63 – Add. 64, NF XII, Benztropine Methanesulfonate (Merck Ind. 60). Tropin-benzhydryl-äther-mesylat. 3-(Diphenylmethoxy)-tropan-methansulfonat.

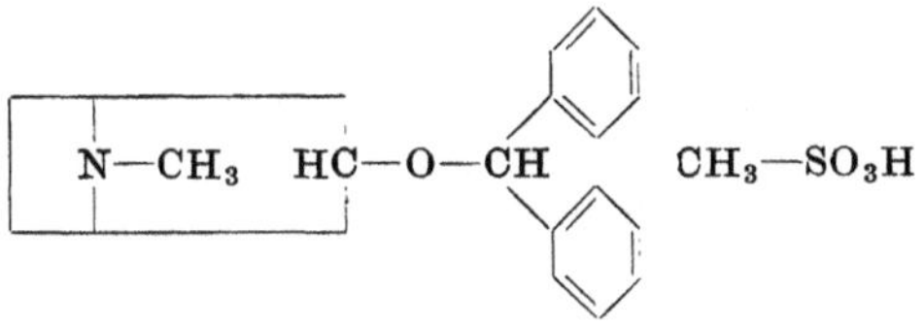

$C_{21}H_{25}NO \cdot CH_3SO_3H$ M.G. 403,53

Herstellung. Aus Tropin und Diphenyldiazomethan [US-Pat. 2595405 (1952), CA (N.Y.) *47*, 2218h (1953)].

Eigenschaften. Weißes, kristallines, geruchloses Pulver von bitterem Geschmack (BP 63). Leicht hygroskopisch (NF XII). Fp. 142 bis 144°. Lösl. bei 20° in 0,7 T. W. und in 1,5 T. A. (95%), unlösl. in Ae. (BP 63). pH der wss. Lsg. etwa 6 (Merck Ind. 60).

Erkennung. 1. Als Jodmethylat. Eine Lsg. von 0,2 g Substanz in 15 ml W. wird mit 5 ml verd. Ammoniaklsg. versetzt und zweimal mit je 10 ml Essigsäureäthylester extrahiert. Die vereinigten Extrakte werden mit wasserfreiem Natriumsulfat getrocknet und bleiben nach Zusatz von 0,5 ml Methyljodid 30 Min. stehen. Der mit Essigsäureäthylester gewaschene Nd. schmilzt bei etwa 253° (BP 63). Fp. 252 bis 254° (NF XII). – 2. UV-Absorption. Die wss. Lsg. zeigt im Bereich von 230 bis 350 nm ein Maximum nur bei 258 nm, $E^{0,05\%}_{1\,cm}$ etwa 0,56 (BP 63). – Maximum bei 259 nm mit E_M 437 (Merck Ind. 60).

Prüfung. 1. Trocknungsverlsut. Höchstens 5,0% bei 105° (BP 63), nach 12 Std. über Diphosphorpentoxid im Vakuum (NF XII). – 2. Sulfatasche. Höchstens 0,1% (BP 63). – 3. Glührückstand. Höchstens 0,1% (NF XII).

Gehaltsbestimmung. Etwa 60 mg Substanz, genau gewogen, werden in 25 ml W. gelöst, mit 5 ml Natriumcarbonatlsg. versetzt und viermal mit je 10 ml Chlf. extrahiert. Die vereinigten Extrakte werden mit 10 ml W. gewaschen, das Waschwasser mit 5 ml Chlf. extrahiert und diese Chlf.-Lsg. mit den anderen Chlf.-Extrakten vereinigt. Die Chlf.-Extrakte werden filtriert und das Filter mit 5 ml Chlf. ausgewaschen. Filtrat und Waschflüssigkeit werden vereinigt und nach Zusatz von 25 ml Dioxan mit 0,01 n Perchlorsäure gegen Methylrot (3 Tr. einer 1%igen Lsg., g/v in M.) titriert. 1 ml 0,01 n Perchlorsäure entspr. 4,035 mg $C_{21}H_{25}NO \cdot CH_3SO_3H$ (BP 63). – NF XII läßt die Bestimmung mit der getrockneten Substanz durchführen und läßt die Chlf.-Extrakte durch einen Wattebausch filtrieren.

Gehalt. Mindestens 98,0% bezogen auf die getrocknete Substanz (BP 63, NF XII).

Dosierung. Anfangsdosis 500 bis 750 mcg, Erhaltungsdosis 2 bis 6 mg täglich.

Anwendung. Parkinsonsche Erkrankung in ihrer postenzephalitischen, idiopathischen und atherosklerotischen Form. Atropinähnliche Wirkung.

Handelsform: Cogentinol (Pharma-Stern).

Chlordiazepoxid Hydrochloride NF XII, INN. 7-Chlor-2-(methyl-amino)-5-phenyl-3-H-1,4-benzodiazepin-4-oxid-hydrochlorid.

$C_{16}H_{14}ClN_3O \cdot HCl$ Formel e. 1, S. 356 M.G. 336,22

Herstellung. 2-Amino-5-chlor-benzophenonoxim wird mit Chloracetylchlorid in das N-Chloracetyl-Derivat übergeführt und dieses durch Wasserabspaltung mit Beckmann-

Gemisch (CH_3COOH/HCl) in 2-Chlormethyl-4-phenyl-7-chlor-chinazolin-3-oxid umgewandelt. Aus diesem erhält man bei der Umsetzung mit Methylamin unter Ringerweiterung das Chlordiazepoxid [J. org. Chem. *26*, 1111 (1961); J. org. Chem. *27*, 4671 (1962); US-Pat. 2893992].

Eigenschaften. Weißes oder fast weißes, geruchloses, lichtempfindliches kristallines Pulver. Fp. zwischen 212 und 218° (Zers.). Lösl. in W. und in A., unlösl. in Hexan.

Erkennung. 1. 20 mg Substanz werden in 5 ml Salzsäure und 10 ml W. bis zur Hydrolyse gekocht. Die abgekühlte Lsg. wird mit 2 ml Natriumnitrit-Lsg. (1 in 1000), 1 ml Ammoniumsulfamat-Lsg. (1 in 200) und 1 ml N-(1-Naphthyl)-äthylendiamin-dihydrochlorid-Lsg. (1 in 1000) versetzt; dabei entsteht eine rötliche Farbe (NF XII). – 2. UV-Absorption. Herstellen der Lösung unter Verwendung wenig lichtdurchlässiger Glasgeräte! Eine Lsg. (1 in 150000) von Chlordiazepoxidhydrochlorid in 0,1 n alkoholischer Schwefelsäure zeigt Absorptionsmaxima bei 245 ± 2 nm und bei 311 ± 2 nm. Die Extinktion bei 245 ± 2 nm darf um höchstens 3% von der der entsprechenden Lsg. der Standard-Substanz abweichen (NF XII).

Prüfung. 1. 5-Chlor-2-amino-benzophenon. Zu 100 mg Substanz in einem wenig lichtdurchlässigen 25-ml-Meßkolben werden 1 ml A., 1 ml verd. Salzsäure, 15 ml W. und 1 ml Natriumnitrit-Lsg. (1 in 1000) gegeben, gut gemischt und die Mischung 3 Min. stehengelassen. Nach Zusatz von 2 ml Ammoniumsulfamat-Lsg. (1 in 200) wird gemischt und 2 Min. stehengelassen. Nach Zusatz von 1 ml N-(1-Naphthyl)-äthylendiamin-hydrochlorid-Lsg. (1 in 1000), Mischen und erneutem Stehen für 5 Min. wird mit verd. A. aufgefüllt: eine evtl. auftretende Rosa-Fbg. darf nicht dunkler sein als die, die von 1 ml einer alkoholischen Lsg. von 45 mcg USP Sulfisoxazol-Standard-Substanz hervorgerufen wird (0,05% 5-Chlor-2-amino-benzophenon) (NF XII). – 2. Schwermetalle. Nach Meth. I. 1 g Substanz werden in 1 ml verd. Essigsäure und genügend W. gelöst und mit W. auf 25 ml aufgefüllt. Höchstens 20 ppm (NF XII). – 3. Trocknungsverlust. Höchstens 0,5% nach 4 Std. bei 60° im Vakuum über Phosphorpentoxid (NF XII). – 4. Glührückstand. Höchstens 0,1% (NF XII).

Gehaltsbestimmung. Etwa 1 g Substanz, vorher getrocknet, genau gewogen, werden in 80 ml Eisessig gelöst, mit 15 ml Quecksilber(II)-acetat-Lsg. versetzt und gegen Kristallviolett mit 0,1 n Perchlorsäure titriert. Mit einer Leerbestimmung wird die evtl. erforderliche Korrektur ermittelt. 1 ml 0,1 n Perchlorsäure entspr. 33,62 mg $C_{16}H_{14}ClN_3O \cdot HCl$ (NF XII).

Geforderter Gehalt. 99 bis 101% der getrockneten Substanz (NF XII).

Aufbewahrung. Vor Licht geschützt.

Dosierung. Gebräuchlicher Dosisbereich oral 10 bis 100 mg täglich, i.m. 50 bis 100 mg (NF XII).

Wirkung und Anwendung. Tranquillizer mit „Soforteffekt". Ausgeprägt ist seine starke angst- und spannungsdämpfende Wirkung, die vorwiegend durch selektive Dämpfung des limbischen Systems erklärt wird. Starke zähmende Wirkung auf angriffslustige Tiere ohne Beeinträchtigung der Aktivität. Deutlich muskelrelaxierend und antikonvulsiv, in hohen Dosen kräftig sedierend.

Anwendung bei psychischen Störungen, bei denen Angst, Spannung und Unruhe vorherrschen, bei Aktualkonflikten, Lampenfieber, psychosomatischen Erkrankungen, u.a. Prämedikation in der Zahnheilkunde und der Chirurgie. Begleiterscheinungen: anfangs Müdigkeit, ataktische Erscheinungen, Schwindel, Schläfrigkeit.

Kann die Alkoholwirkung verändern und verstärken.

Handelsformen: Librium (Roche).

Diazepam. 7-Chlor-1,3-dihydro-1-methyl-5-phenyl-2H-1,4-benzodiazepin-2-on.

$C_{16}H_{13}ClN_2O$ Formel e. 2, S. 356 M.G. 284,74

Literatur zur Analytik: Arch. Pharm. (Weinheim) *297*, 431 (1964); Z. anal. Chem. *202*, 28 (1964).

Herstellung. Aus 5-Chlor-2-amino-benzophenon wird mit Hilfe von Glycinester-hydrochlorid in einer Stufe oder durch Chloracetylierung, Umsetzung mit Ammoniak und Ringschluß in drei Stufen 7-Chlor-1,3-dihydro-5-phenyl-2H-1,4-benzodiazepin-on erhalten [J. org. Chem. *27*, 3788 (1962)], das über sein Natriumsalz methyliert wird [J. org. Chem. *26*, 4936 (1961)].

Eigenschaften. Fp. 125 bis 126°.

Dosierung. 6 bis 60 mg täglich.

Anwendung. Ähnlich Chlordiazepoxid, jedoch ist im Wirkungsbild der tranquillisierende, sedierende, schlafferdernde, muskelrelaxierende und antikonvulsive Effekt stärker ausgeprägt.

Handelsform: Valium (Roche).

Nitrazepam. 1,3-Dihydro-7-nitro-5-phenyl-2H-1,4-benzodiazepin-2-on.

$C_{15}H_{11}N_3O_3$ Formel e. 3, S. 356 M.G. 281,28

Literatur (Pharmakologie und Analytik). Verschiedene aufeinanderfolgende Publikationen in Arzneimittel-Forsch. *15*, 1126 bis 1162 (1965).

Herstellung. Durch Umsetzen von N-Bromacetyl-2-amino-5-nitrobenzophenon mit Ammoniak zum N-Glycyl-Derivat und dessen kondensierende Cyclisierung oder durch Nitrierung von 1,3-Dihydro-5-phenyl-2H-1,4-benzodiazepin-2-on mit einem Gemisch von Kaliumnitrat und konz. Schwefelsäure [J. med. Chem. *6*, 261 (1963)].

Eigenschaften. Fp. 224 bis 226°.

Dosierung. Abends 5 bis 20 mg.

Anwendung. Bei psychogener Schlaflosigkeit sowie Einschlaf- und Durchschlafstörungen leichteren und mittleren Grades. – Kontraindikation: Myasthenia gravis.

Handelsformen: Mogadan, Mogadon (Roche).

Oxazepam. 7-Chlor-1,3-dihydro-3-hydroxy-5-phenyl-2H-1,4-benzodiazepin-2-on. 7-Chlor-2,3-dihydro-3-hydroxy-5-phenyl-1H-benzo-1,4-diazepin-2-on.

$C_{15}H_{11}ClN_2O_2$ Formel e. 4, S. 356 M.G. 286,27

Herstellung. Durch Acylierung von 7-Chlor-1,3-dihydro-5-phenyl-2H-1,4-benzodiazepin-2-on-4-oxid wird unter Umlagerung ein Ester des 7-Chlor-1,3-dihydro-3-hydroxy-5-phenyl-2H-1,4-benzodiazepin-2-ons erhalten, der sauer verseift wird [Franz. Pat. 1378343 (1964), US-Pat. 3176009 (1965); CA (N. Y.) *62*, 10454g, 16281e (1965)]. Aus 7-Chlor-1,3-dihydro-3-amino-5-phenyl-2H-1,4-benzodiazepin-2-on durch Umsetzen mit salpetriger Säure oder Butylnitrit [Franz. Pat. 1363 973 (1964), CA (N. Y.) *62*, 577d (1965)].

Eigenschaften. Fp. 203 bis 204° (US-Pat. 3176009), 204 bis 205° (Franz. Pat. 1363973).

Anwendung. Nervosität, rastlose Getriebenheit, Unruhe, Angstzustände, Schlafstörungen, vegetative Dystonie. Ausgleichende und beruhigende Wirkung im affektiven und emotionellen Bereich.
Der spannungslösende Effekt erstreckt sich auch auf die Muskulatur.

Handelsformen: Adumbran (Thomae), Praxiten (Wyeth). Kombinationspräparat Tranquo-Alupent (C. H. Boehringer-Ingelheim).

Chlormethazanone Merck Ind. 60. Chlormezanon INN. Chlormethazon. 2-(4-Chlorphenyl)-3-methyl-4-metathiazanon-1,1-dioxid.

$C_{11}H_{12}ClNO_3S$ Formel f. 1, S. 357 M.G. 273,75

Herstellung. Durch azeotrope Kondensation von β-Mercaptopropionsäure mit der Schiffschen Base aus p-Chlorbenzaldehyd und Methylamin wird 2-(4-Chlorphenyl)-3-methyl-4-metathiazanon erhalten, das anschließend mit Permanganat in Eisessig oxydiert wird [J. Amer. chem. Soc. *80*, 3469 (1958)].

Eigenschaften. Kristalle, Fp. 116,2 bis 118,2°. Lösl. bei 25° in W. weniger als 0,25%, in A. (95%) weniger als 1,0%.

Dosierung. Oral 100 mg.

Anwendung. Skelettmuskelspasmen, Angst- und Spannungszustände. Zentrales Muskelrelaxans. Begleiterscheinungen: Schwindel, Übelkeit, Erbrechen, Appetitlosigkeit, Muskelschwäche, allergische Hautreaktionen.

Handelsformen: Trancopal, muskel-trancopal (Winthrop).

Äthinazon. 2-Methyl-3-(o-äthylphenyl)-benzopyrimidon-(4).

$C_{17}H_{16}N_2O$ Formel f. 2, S. 357 M.G. 264,33

Anwendung. Ängstliche Verspannung, Stimmungslabilität, Gereiztheit, psychische Übererregbarkeit.

Handelsformen: Aolan (Beiersdorf).

II. Neuroleptica („major tranquillizers")

Diese früher auch Neuroplegica („Plegica" = Dämpfungsmittel, Lähmungsmittel) genannten Arzneimittel sollen den zentralnervösen Grundtonus und besonders den psychischen Spannungsgrad herabsetzen, ohne das Bewußtsein auszuschalten. Sie führen eine zentrale und periphere Dämpfung herbei und sind vorwiegend gegen Erregungszustände gerichtet. Zum Unterschied von den Hypnotica wird auch durch hohe Dosen keine Narkose erreicht. Im Gegensatz zu den in etwa gleichsinnig wirkenden Ataractica sind sie auf Grund ihrer stärkeren Dämpfung und der geringeren therapeutischen Breite oft weniger als diese für eine ambulante Behandlung geeignet. Sie wirken ausgesprochen auch bei Psychosen und werden entsprechend in der Psychiatrie verwendet. Dämpfung und antipsychotische Wirkung gehen jedoch nicht immer parallel. So gibt es schwach dämpfende, aber gleichzeitig stark antipsychotisch wirksame Neuroleptica, die eine Dauerbehandlung ambulanter Patienten ermöglichen („Langzeit-Neuroleptica").

Häufig treten bei hoher Dosierung als Nebenwirkung sog. extrapyramidale Erscheinungen durch Übererregung des extrapyramidalen Systems (EPS) im Gehirn auf: Zungen-Schlund-Syndrom (Schwierigkeiten beim Sprechen und Schlucken), parkinsonähnliche Zustandsbilder (besonders nach längerer Verabreichung).

Die unten aufgeführten Gruppen a und b entfalten offenbar durch MA-Freisetzung ihre Wirkung. Bei den Gruppen c bis e nimmt man zur Erklärung der Wirkung eine Abschirmung des aufsteigenden retikulären Systems gegen sensorische Reize an; eine Beeinflussung der Funktionen der Formatio reticularis ist demonstriert worden. Als Wirkungsmechanismus wird eine Hemmung der MA-Permeation im Zentralnervensystem vermutet. Auf die eine oder andere Art wirken die Neuroleptica also antiadrenergisch.

Bei manchen Neuroleptica der Gruppe c bis e zeichnen sich Übergänge zu den Thymoleptica durch Andeutung antidepressiver Eigenschaften ab. Thioridazin, Mepazin und Chlorprothixen stehen in etwa in der Mitte zwischen den typischen Neuroleptica und den typischen Thymoleptica.

a. Rauwolfia-Alkaloide

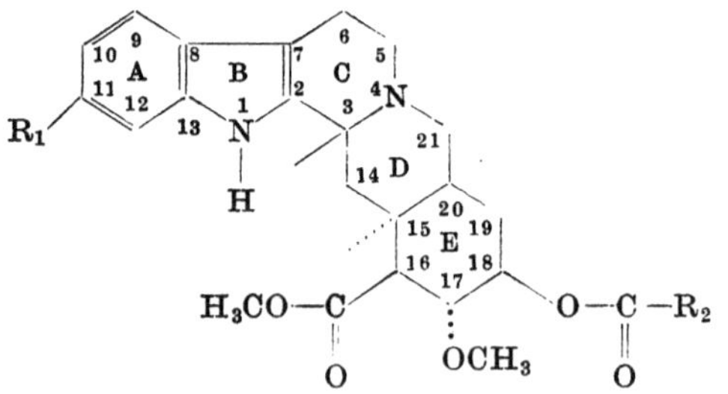

a. 1. Reserpin $R_1 = —OCH_3$

a. 2. Deserpidin $R_1 = H$

$R_2 =$ —

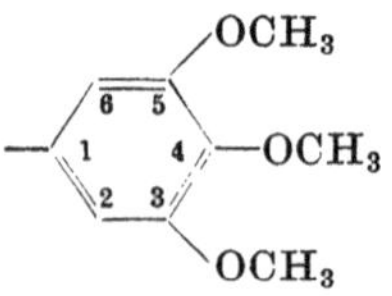

a. 3. Rescinnamin $R_1 = —OCH_3$ $R_2 = —CH{=}CH—$

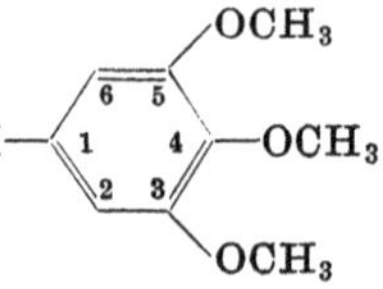

b. Benzochinolizin-Derivate

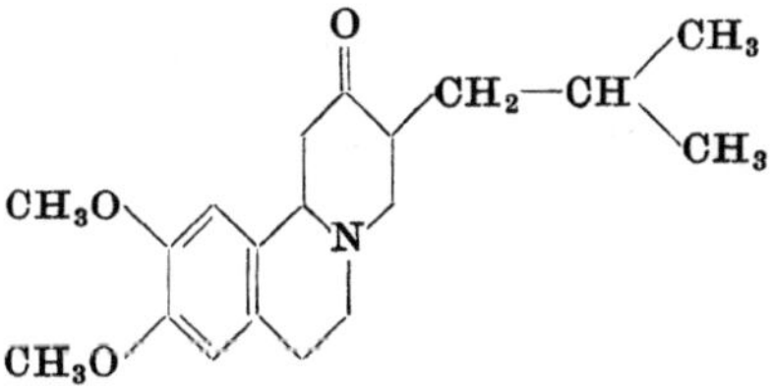

b. 1. Tetrabenazin

c. Phenothiazin-Derivate

(s. auch Kapitel Antihistaminica, Bd. I, S. 1177 ff.).

Hier werden nur die Phenothiazine aufgeführt, die nach Anwendung bzw. Wirkungsbild hierhergehören. Die Bezifferung des Phenothiazin-Ringgerüstes ist uneinheitlich. In diesem Kapitel erfolgt die Bezifferung nach: The Ring Index, ACS Monograph Series No. 84, New York: Reinhold 1960.

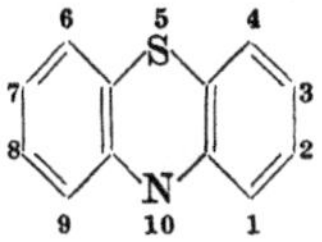

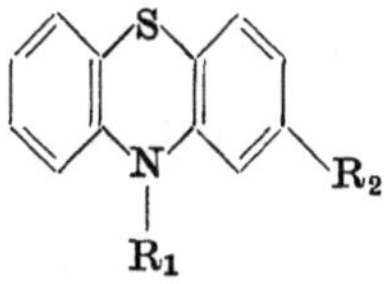

Im deutschen und französischen Schrifttum folgt die Bezifferung oft dem Beilstein, dabei wird aus einem 2-Substituenten ein 3-Substituent.

c. 1. R_1 = —CH_2—CH_2—CH_2—$N(CH_3)_2$

a) R_2 = H	Promazin
b) R_2 = Cl	Chlorpromazin
c) R_2 = —OCH_3	Methoxypromazin, Methopromazin
d) R_2 = —CF_3	Triflupromazin, Trifluopromazin
e) R_2 = —CO—CH_3	Acetylpromazin, Acepromazin

c. 2. R_1 = —CH_2—$CH(CH_3)$—CH_2—$N(CH_3)_2$

a) R_2 = H	Trimeprazin
b) R_2 = —OCH_3	Levopromazin, Levomepromazin

c. 3. R_1 = —CH_2—CH_2—CH_2—N  N—CH_3

a) R_2 = H	Perazin
b) R_2 = —CF_3	Trifluoperazin
c) R_2 = —CO—CH_2—CH_2—CH_3	Butyrylperazin
d) R_2 = —SO_2—$N(CH_3)_2$	Thioperazin, Thioproperazin
e) R_2 = Cl	Prochlorperazin, Chlorperazin, Prochlorpemazin

c. 4. R_1 = —CH_2—$CH(CH_3)$—CH_2—N  N—CH_2—CH_2—O—CH_2—CH_2—OH

R_2 = H Dixyrazin

c. 5. R_1 = —CH_2—CH_2—CH_2—N  N—CH_2—CH_2—O—R_3

a) R_2 = Cl R_3 = H Chlorperphenazin, Perphenazin

b) R_2 = Cl R_3 = 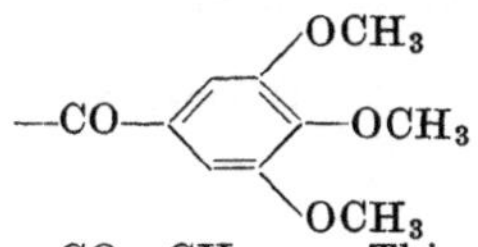 Methophenazin

c) R_2 = Cl R_3 = —CO—CH_3 Thiopropazat

d) R_2 = —CF_3 R_3 = H Fluphenazin

c. 6. 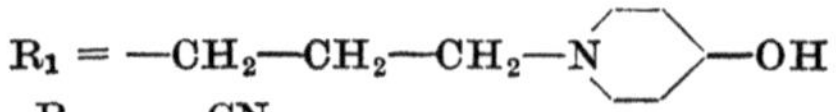
$R_2 = -CN$ — Propericiazin, Periciazin (Aolept)

c. 7. 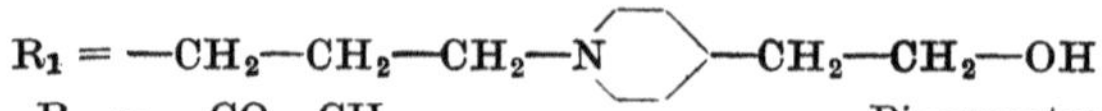
$R_2 = -CO-CH_3$ — Piperacetazin

c. 8. 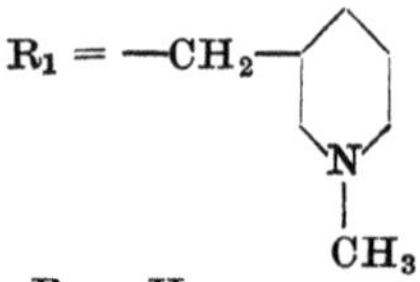
$R_2 = H$ — Mepazin [Pacatal (Promonta)]

c. 9. 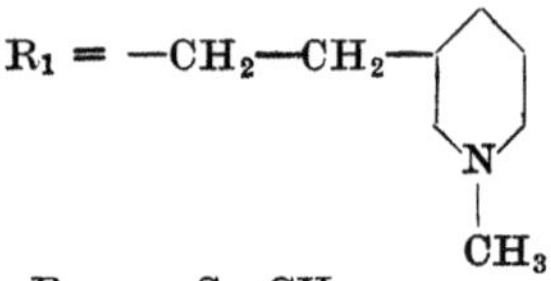
$R_2 = -S-CH_3$ — Thioridazin

c. 10. $R_1 = -CH_2 \cdot CH(CH_3) \cdot N(C_2H_5)_2$ — Ethopropazin
$R_2 = H$

c. 11. 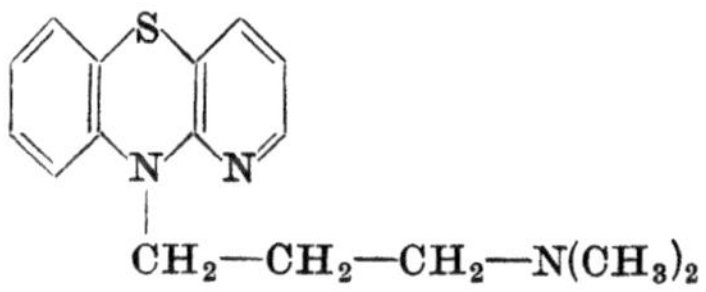
Prothipendyl, Dominal

d. Thioxanthen-Derivate

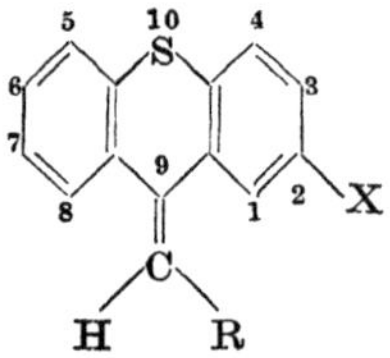

d. 1. X = Cl $R = -CH_2-CH_2-N(CH_3)_2$ — Chlorprothixen

d. 2. X = Cl 
Clopenthixol, Chlorperphentixen

d. 3. $X = -CF_3$ 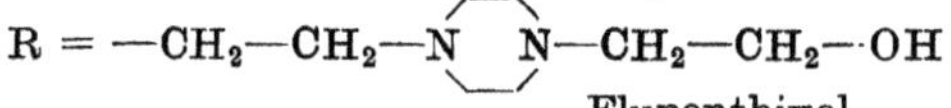
Flupenthixol

e. Butyrophenon-Derivate

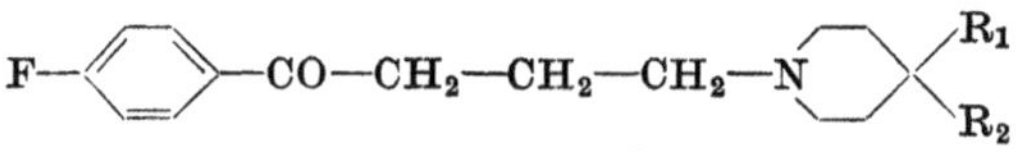
e. 1–e. 5

e. 1. $R_1 = OH$ 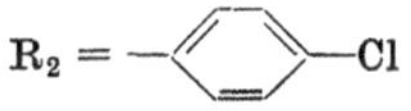
Haloperidol

e. 2. $R_1 = -OH$ 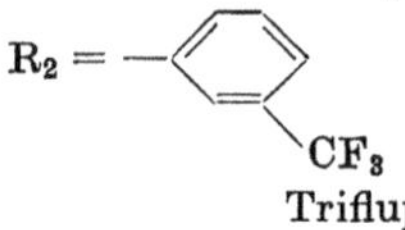
Trifluperidol, Triperidol

e. 3. $R_1 = -OH$ $R_2 =$ 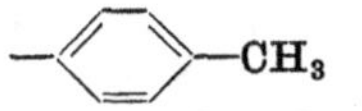

Methylperidol, Moperone

e. 4. $R_1 = -CO-NH_2$ $R_2 =$ 

Floropipamid, Fluorobutyrophenon

e. 5. $R_1 = H$ $R_2 =$ 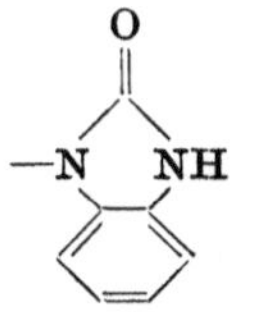

Glianimon

e. 6. 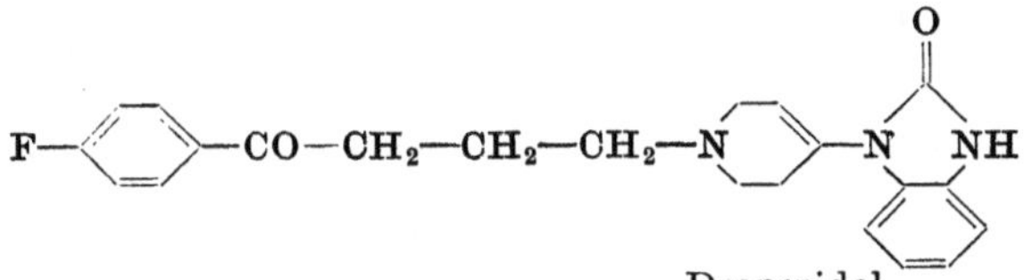

Droperidol

a. Rauwolfia-Alkaloide

Von den yohimbinähnlichen Rauwolfia-Alkaloiden besitzen nur die 18-Hydroxyyohimbine eine tranquillisierende, neuroleptische Wirkung. Ihr Hauptvertreter und das wichtigste Rauwolfia-Alkaloid überhaupt ist das Reserpin (Isolierung 1952 durch J. M. MÜLLER, E. SCHLITTLER und H. J. BEIN, Totalsynthese 1956 durch R. B. WOODWARD und Mitarbeiter). Reserpin bewirkt eine Sedierung des Zentralnervensystems (es kann Schlaf herbeiführen) zusammen mit einer Dämpfung des zentralen Sympathicustonus und gleichzeitigem Überwiegen des Parasympaticustonus. Peripher ist bei therapeutischen Dosen eine sympathicolytische Wirkung kaum nachzuweisen. Man bringt die Wirksamkeit des Reserpins mit der Freisetzung von Monoaminen und nachfolgenden Verarmung an diesen, vorwiegend Serotonin und/oder Arterenol, in Zusammenhang. Vorbehandlung mit MAO-Hemmern kann im Tierversuch zu einer Wirkungsumkehr führen. Als Neurolepticum wirkt es im allgemeinen qualitativ ähnlich den Phenothiazinen (Gruppe c), nur mit langsamerem Wirkungseintritt. Außerdem wird durch Reserpin das aufsteigende retikuläre System des Hirnstammes erregt. Analgetica werden durch Reserpin nicht potenziert.

Die Alkaloide Rescinnamin und Deserpidin wirken ähnlich Reserpin. Dem stellungsisomeren (Methoxygruppe von 11 nach 10) 10-Methoxydeserpidin geht dagegen die zentraldämpfende Wirkung fast ganz ab. Die Stereoisomeren des Reserpins sind pharmakologisch uninteressant. Die Wirkung ist offenbar an eine bestimmte räumliche Anordnung des ziemlich starren Yohimbin-Skeletts im Molekül gebunden (Anordnung entsprechend 3-Epi-α-yohimbin). – Zur Epimerisierung des Reserpsäuregerüstes am C_3 durch Säuren vgl.: Tetrahedron *23*, 4053 (1967).

Reserpinum DAB 7 – DDR, ÖAB 9, Nord. 63, Ross. 9, Jap. 61. Reserpin DAB 7 – BRD. Reserpine BP 63, BPC 63, CF 65, NF XII, USP XVII. 3,4,5-Trimethoxybenzoylreserpsäure-methylester (links drehende Form). 11,17α-Dimethoxy-18β-(3,4,5-trimethoxybenzoyloxy)-3β,15α, 20α-yohimban-16β-carbonsäuremethylester. (–)-2α,11-Dimethoxy-1β-methoxycarbonyl-3β-(3,4,5-trimethoxybenzoyl-oxy)-1,2,3,4,4α,5,7,8,13,13bβ,14,14aα-dodecahydrobenz[g]indolo[2,3-a]chinolizin (Nord. 63, Bezifferung entspr. Ring-Index). (–)-2,11-Dimethoxy-3-(3′,4′,5′-trimethoxybenzoyloxy)-yohimban-carbonsäure(1)-methylester (ÖAB 9, Bezifferung entspr. Ring-Index).

$C_{33}H_{40}N_2O_9$ Formel a. 1, S. 368 M.G. 608,70

Vorkommen. In fast allen bisher untersuchten Rauwolfia-Arten, ferner in geringeren Mengen in verwandten Apocynaceen wie Alstonia constricta F. MÜLL., Excavattia coccinea

MEJSMANN und BINNERDIJK, Mgf., Ochrosia Poweri BAILY, Tonduzia longifolia MARKGRAF, Vallesia dichotoma RUIZ und PAVON, Vinca minor L. und Vinca rosea L.

Gewinnung. Vorwiegend aus den Wurzeln von Rauwolfia serpentina *Benth.* und R. vomitoria *Afz.* nach den üblichen Alkaloidgewinnungsmethoden. Daneben synthetisch [J. Amer. chem. Soc. *78*, 2023, 2651 (1956); US-Pat. 2883384].

Eigenschaften. Kristallines Pulver oder Kristalle, weiß bis schwach gelblich. Aus wss. Aceton lange Prismen (Merck Ind. 60). – Färbt sich am Licht allmählich dunkler. Ohne Geruch und Geschmack. Der wss. Auszug reagiert neutral oder schwach sauer. Schwache Base, pK 6,6 (Merck Ind. 60). – Fp. um 270° (Zers.) nach Einbringen der Substanz bei 250° (BP 63, BPC 63, Jap. 61), 269 bis 276° bei schnellem Aufheizen und Einbringen der Substanz bei 255° (Nord. 63), 261 bis 265° (Zers.) bei Aufheizung der exsikkatorgetrockneten Substanz um 5°/Min. (Ross. 9), Zers. 264 bis 265°, 277 bis 277,5° im evakuierten Röhrchen (Merck Ind. 60). – Optische Drehung. 1%ige Lsg. (Gew./Vol.) in Chlf., $[\alpha]_D^{20} = -114$ bis $-131°$ (DAB 7 – BRD, Jap. 61), -113 bis $-127°$ (Nord. 63), -113 bis $-122°$ (Ross. 9), -113 bis $-123°$ (BP 63), $-118°$ (CF 65); $[\alpha]_D^{20} = -124°$, $[\alpha]_J^{20} = -124°$, $[\alpha]_V^{20} = -141°$ (CF 65). – (Merck Ind. 60): $[\alpha]_D^{23} = -118°$ ($c = 1$ in Chlf.), $[\alpha]_D^{26} = -164°$ ($c = 0{,}96$ in Pyridin), $[\alpha]_D^{26} = -168°$ ($c = 0{,}624$ in Dimethylformamid). – Lösl. in etwa 5 T. Chlf., in Methylenchlorid, in Eisessig, in etwa 100 T. Aceton; wenig lösl. in Bzl., in Essigester; sehr wenig lösl. in kaltem M., in A., in Ae., in wss. Essigsäure und Citronensäure; fast unlösl. in W.

Erkennung. 1. Lichtabsorption. DAB 7 – BRD vgl. Prüfung auf 3,4-Dehydroreserpin und andere Rauwolfia-Alkaloide. – $E_{1\,cm}^{1\%}$ (2 mg getrocknete Substanz in 100 ml Essigsäure, 10-mm-Schicht) bei 290 nm 178 bis 192, λ_{max} (im Bereich von 255 bis 295 nm) 267 bis 268 nm (Jap. 61). – $E_{1\,cm}^{1\%}$ in Chlf. beim Absorptionsmaximum 268 nm beträgt etwa 292 (CF 65). Die Lsg. in 5 ml Essigsäure zeigt ein Maximum bei 269 ± 2 nm mit $E_{1\,cm}^{1\%}$ von etwa 280 und eine Inflexion oder ein leicht ausgeprägtes Maximum bei 289 ± 2 nm mit $E_{1\,cm}^{1\%}$ von etwa 190 (Nord. 63). – Die alkoholische (95%) Lsg. zeigt im Bereich von 230 bis 350 nm ein Maximum bei 268 nm mit $E_{1\,cm}^{0{,}002\%}$ von etwa 0,54, im Bereich von 288 bis 295 nm ist $E_{1\,cm}^{0{,}002\%}$ etwa 0,34 (BP 63). – Eine entsprechend der Standard-Präparation bei der Gehaltsbestimmung hergestellte Lsg. (1 in 50000) muß im Bereich von 225 bis 350 nm die gleichen Maxima aufweisen wie die gleichzeitig gemessene Standard-Präparation und die gegen eine Mischung von 3,6 Vol. Chlf. und 1,4 Vol. M. gemessenen Extinktionen der Maxima bei etwa 268 nm und etwa 295 nm dürfen für Substanz und Standard nicht um mehr als 3% differieren (USP XVII). – Maxima in Chlf. 216 nm ($\varepsilon = 61700$), 267 nm ($\varepsilon = 17000$) und 295 nm ($\varepsilon = 10200$) (Merck Ind. 60). – 2. 1,0 mg Substanz gibt mit 2,0 ml konz. Schwefelsäure eine gelbgrüne Lsg., deren Färbung auf Zusatz von 0,25 ml Eisen(III)-chlorid-Lsg. IV nach Blau und auf anschließende Zugabe von 0,10 ml 3 n Salpetersäure nach Gelbbraun umschlägt (DAB 7 – BRD). – ÖAB schreibt für diese Prüf. 1 ml konz. Schwefelsäure, 3 Tr. Eisen-Phosphorsäure und 10 Tr. Salpeter-Schwefelsäure vor. – 3. 1 mg Substanz ergibt mit 0,1 ml einer 0,1%igen Lsg. von Natriummolybdat in Schwefelsäure unmittelbar eine Gelbfärbung, die in etwa 2 Min. nach Blau umschlägt (BP 63). – 4. Versetzt man eine Lsg. von etwa 1 mg Reserpin in 2 Tr. konz. Essigsäure mit etwa 1 ml W. und 5 Tr. Jodlösung, so scheidet sich ein Perjodid als dunkelbrauner, flockiger Nd. ab (ÖAB 9). – 5. Versetzt man eine Lsg. von etwa 1 mg Reserpin in 5 Tr. konz. Essigsäure mit etwa 1 mg Kaliumdichromat und fügt hierauf 2 ml konz. Schwefelsäure hinzu, so färbt sich die Lsg. tiefgrün und wird dann violett und schließlich rötlichbraun (ÖAB 9). – 6. Eine Lsg. von etwa 1 mg Reserpin in 1 ml A. färbt sich auf Zusatz von 1 Tr. verd. Schwefelsäure und einigen Tr. Natriumnitrit-Lsg. allmählich gelbgrün mit intensiv grüner Fluoreszenz (ÖAB 9). – Eine Lsg. von 1 mg Reserpin in 2 ml A. entwickelt nach Zusatz von 1 ml 0,5 n Salzsäure und 0,5 ml m Natriumnitrit-Lsg. innerhalb 1 bis 2 Min. eine blaue Fluoreszenz (Ross. 9). – 7. 1 mg Reserpin ergibt mit 0,2 ml einer frisch bereiteten 1%igen Lsg. von Vanillin in Salzsäure in etwa 2 Min. eine Rosafärbung (BP 63, Ross. 9), mit 2 bis 3 Tr. Vanillin-Salzsäure-Lsg. eine deutliche purpurrote Farbe (Jap. 61). – Wenn man eine Mischung von 0,5 ml Eisessig und 1 Tr. Lsg. 2 (s. Gehaltsbestimmung) mit 1 ml einer 2%igen Lsg. von Vanillin in Salzsäure versetzt, entwickelt sich eine rosa Farbe, die innerhalb einiger Minuten oder bei 10- bis 20sekundigem Erhitzen tief violettrot wird (USP XVII). – 8. 0,5 mg (CF 65: 1 mg) Reserpin ergibt mit 5 mg Dimethylaminobenzaldehyd, 0,2 ml Eisessig und 0,2 ml konz. Schwefelsäure eine grüne Färbung, die beim Verdünnen mit 1 ml Eisessig nach Rot umschlägt (BP 63, CF 65). – 9. Eine Lsg. von etwa 1 mg Reserpin in 3 ml Eisessig und 7 ml W. versetzt man mit 1 ml Wasserstoffperoxid-Lsg. und erhitzt 5 Min. auf dem siedenden Wasserbad: im UV-Licht tritt eine gelbgrüne Fluoreszenz auf (CF 65). – 10. Eine Lsg. von 0,050 g Reserpin in 1 ml konz. Essigsäure und 5 ml starkem A. gibt nach Zusatz von 3 Tr. konz. Perchlorsäure beim Reiben eine weiße kristalline Fällung von Reserpinperchlorat, das nach Auswaschen mit W., Umkristallisieren aus 4 ml W. und 2 ml starkem A. und Trocknen bei 105° nach schnellem Aufheizen zwischen 260 und 266° schmilzt (Nord. 63). – 11. Eine Lsg. von 1 mg Reserpin in 0,5 ml verd. Essigsäure gibt bei Zusatz von 5 Tr. Natriumchlorid-Lsg. einen weißen Nd. (Jap. 61). – 12. Eine Lsg. von 1 mg Reserpin in 5 ml Chlf. gibt bei Zusatz von 5 ml einer Lsg. (1 in 10) von Trichloressigsäure in Chlf. nach einigen Minuten eine helle Gelbfärbung, die von einer grünlichen Fluoreszenz begleitet wird (Jap. 61).

Prüfung. 1. 3,4-Dehydroreserpin und andere Rauwolfia-Alkaloide (DAB 7 – BRD). a) 20 mg Substanz werden in 30,0 ml Essigsäure gelöst und mit W. auf 100,0 ml verdünnt. Die Lsg. ist unter Ausschluß direkter Lichteinwirkung sofort zu untersuchen; die Extinktion bei 388 nm in einer Schichtdicke von 1 cm darf höchstens 0,10 betragen. – b) 10,0 ml einer Lsg. von a) werden mit einer Lsg., die 30,0 ml Essigsäure in 100,0 ml enthält, auf 100,0 ml verdünnt. Die Extinktion bei 268 nm in einer Schichtdicke von 1 cm muß zwischen 0,546 und 0,574 liegen. – c) 50,0 ml der verd. Lsg. von b) werden mit 2,30 ml Natriumnitrit-Lsg. IV versetzt und mit einer Lsg., die 30,0 ml Essigsäure in 100,0 ml enthält, zu 100,0 ml verdünnt. Nach dreistündigem Stehenlassen wird die Extinktion bei 388 nm gemessen; diese muß bei einer Schichtdicke von 1 cm zwischen 0,380 und 0,410 liegen. – 2. Reserpsäure und andere Rauwolfia-Alkaloide. 2 mg Reserpin, vorher 3 Std. im Vakuum bei 60° getrocknet und dann gewogen, werden in 100 ml Chlf. gelöst. Die Extinktionen der Lsg. bei 268 nm und bei 295 nm gegen Chlf. werden gemessen. Das Verhältnis E_{268}/E_{295} muß zwischen 1,75 und 1,85 betragen (Jap. 61, CF 65). – CF 65 verlangt eine gewaschene und getrocknete Chlf.-Lsg. und ferner $E_{1\,cm}^{1\%}$ 286 bis 300 bei 268 nm. In 5 ml Essigsäure muß E_{269}/E_{289} zwischen 1,43 und 1,53 betragen (Nord. 63). – Jap. 61 verlangt ferner: Kein Maximum bei 380 nm und kaum Fluoreszenz im UV-Licht. – 3. Optische Drehung einer 1%igen (g/v) Lsg. in Chlf., gemessen innerhalb 15 Min. nach Herstellung der Lsg.: $[\alpha]_D^{20} = -120° \pm 3°$ (CF 65). – 4. Fp. (Block) 296 ± 1° (CF 65). – 5. Farbe der Lsg. Die Lsg. in Chlf. (1 + 99) darf unmittelbar nach ihrer Herstellung nicht stärker gefärbt sein als eine Mischung von 0,40 ml Eisen-Farbstandard, 0,20 ml Kobalt-Farbstandard, 0,20 ml Kupfer-Farbstandard und 9,20 ml 1%iger Salzsäure (ÖAB 9). – Eine Lsg. von 0,050 g Reserpin in 10 ml Chlf. muß unmittelbar nach der Herstellung die Grenzprüfung, Farb-S: 1,00 Co – 1,00 Cu – 2,00 Fe, halten (Nord 63). – 6. Unlösl. Verunreinigungen. Die für 5. benutzte Lsg. muß die Grenzprüfung B halten (Nord. 63), muß klar sein (ÖAB 9). – 7. Sauer oder alkalisch reagierende Verunreinigungen. Prüf-Lsg.: 0,20 g pulverisiertes Reserpin werden 2 Min. mit 20 ml W. geschüttelt und filtriert; das Filtrat muß neutral reagieren (Nord. 63). – 8. Trocknungsverlust. Höchstens 1,0%, 2 Std. bei 60° über Phosphor(V)-oxid unterhalb 20 Torr (DAB 7 – BRD), 2 Std. bei 103 bis 105° (ÖAB 9), 2 Std. bei 60° und höchstens 5 Torr (BP 63). – Höchstens 0,5%, 3 Std. bei 60° (USP XVII), 3 Std. bei 60° im Vakuum (Jap. 61), bei 100° (CF 65). – 9. Sulfatasche. Höchstens 0,2%, Einwaage 50 mg (DAB 7 – BRD, CF 65). – Höchstens 0,1% (BP 63). – Sulfatasche von 0,2 g unwägbar (Ross. 9). – 10. Glührückstand. Höchstens 0,2% (ÖAB 9, Nord. 63). Höchstens 0,25% von 0,2 g (Jap. 61). Höchstens 0,1% von 1 g (USP XVII). – 11. Schwermetalle. 0,500 g Reserpin werden mit 5 ml 1 n Salzsäure einige Minuten zum Sieden erhitzt und nach Abkühlen auf 0° filtriert. Das Filter wird mit W. gewaschen bis zu einem Gesamtfiltrat von 10 ml. Das Filtrat wird mit Natronlauge gegen Phenolphthalein neutralisiert, dann mit einigen Tr. Eisessig angesäuert und mit 2 ml Schwefelwasserstoff-Lsg. versetzt. Nach 5 Min. darf eine evtl. Braunfärbung nicht stärker sein als die von 1 ml einer Lsg. mit 0,010 g Blei in 1000 ml bei gleicher Behandlung (CF 65).

Gehaltsbestimmung. 1. Titration mit 0,1 n Perchlorsäure: 0,25 g in Eisessig gegen 1-Naphtholbenzein-Lsg. (DAB 7 – BRD), 0,3 g in Chlf. gegen Kristallviolett auf Blau (Nord. 63), 0,05 bis 0,1 g in Eisessig gegen Kristallviolett auf Grün (Ross. 9). – Titration mit 0,01 n Perchlorsäure: 0,0609 g in 10 ml Eisessig + 10 ml Dioxan gegen Gentianaviolett auf Blau (ÖAB 9). Titration mit 0,1 n Perchlorsäure: 0,5 g in Eisessig gegen Chinaldinrot (CF 65). – 1 ml 0,1 n Perchlorsäure entspr. 60,87 mg $C_{33}H_{40}N_2O_9$.

2. Die Lsg. sind während der Bestimmung ständig vor Licht zu schützen. Etwa 20 mg Reserpin, genau gewogen und vorher 2 Std. bei 60° und höchstens 5 Torr getrocknet, werden mit 2 ml A. (95%) angefeuchtet und nach Zugabe von 2 ml 0,5 n Schwefelsäure und 10 ml A. (95%) leicht bis zum Auflösen erwärmt. Die Lsg. wird abgekühlt und mit A. (95%) auf 100 ml aufgefüllt. 5 ml dieser Lsg. werden mit A. (95%) auf 50 ml aufgefüllt. 10 ml dieser Lsg. werden mit 2 ml 0,5 n Schwefelsäure und 2 ml einer frisch bereiteten 0,3%igen (g/v) Natriumnitrit-Lsg. in einem Siederohr gemischt und 30 Min. in einem Wasserbad von 55° erhitzt. Die Lsg. wird abgekühlt, 1 ml einer frisch bereiteten 5%igen (g/v) Sulfaminsäure-Lsg. hinzugefügt und mit A. (95%) auf 20 ml aufgefüllt. Die Extinktion dieser Lsg. bei 390 nm wird in einer 1-cm-Küvette gegen eine zweite Lsg. gemessen, bei deren im übrigen gleicher Bereitung das Natriumnitrit fortgelassen worden ist. Für Reserpin, $C_{33}H_{40}N_2O_9$, ist $E_{1\,cm}^{1\%} = 400$ (BP 63).

3. USP XVII. Standard-Präparation: 25,0 mg genau gewogenes und vorher 3 Std. bei 60° getrocknetes USP-Standard-Reserpin werden in 0,25 ml Chlf. gelöst, mit etwa 30 ml 50° warmem M. gemischt, mit Hilfe von warmem M. in einen 250-ml-Meßkolben überführt, auf Raumtemp. abgekühlt und mit M. aufgefüllt und gemischt (= Lsg. 1). Die Lsg. ist vor Licht zu schützen. Unmittelbar vor der Verwendung bei der Gehaltsbestimmung werden 10 ml Lsg. 1 in einen 50-ml-Meßkolben pipettiert, 36 ml Chlf. zugefügt und mit M. aufgefüllt (= Standard-Präparation).

Analysen-Präparation: 25,0 mg genau gewogenes Reserpin werden in Chlf. gelöst und in einem 25-ml-Meßkolben mit Chlf. aufgefüllt (= Lsg. 2). 5 ml Lsg. 2 werden mit Chlf. auf 50 ml aufgefüllt (= Analysen-Präparation). Die Lsg. sind vor Licht zu schützen.

Verfahren: (Anmerkung: Die gesamte Bestimmung muß schnell und ohne Einwirkung von direktem Sonnenlicht ausgeführt werden. Die vorgeschriebenen Extraktionen sind in einem geeigneten Scheidetrichter vorzunehmen oder in einem mit geeignetem Stopfen versehenen 50-ml-Zentrifugenglas, wobei die Trennung durch Zentrifugieren bewirkt wird und die benötigte Phase mit einer Injektionsspritze mit Hilfe einer gerade abgeschnittenen 15 cm langen Kanüle Nr. 14 entnommen wird.) 10 ml der Analysen-Präparation werden in das Extraktionsgefäß pipettiert und mit 10 ml Citronensäure-Lsg. (1 in 50) 2 Min. kräftig geschüttelt. Die Chlf.-Lsg. wird abgetrennt und die Citronensäure-Lsg. noch zweimal mit je 10 ml Chlf. gewaschen. Alle Chlf.-Lsg. werden vereinigt, 2 Min. mit 10 ml Natriumhydrogencarbonat-Lsg. (1 in 100) geschüttelt, abgetrennt und durch einen Wattebausch in einen 50-ml-Meßkolben filtriert. Die wss. Phase wird im Extraktionsgefäß noch dreimal mit je 2 ml Chlf. extrahiert und jede Chlf.-Portion durch das Filter in den Meßkolben filtriert. Mit M. wird aufgefüllt und gemischt. Sowohl von der Chlf.-M.-Lsg. als auch von der Standard-Präparation werden jeweils 2 Proben (1 Probenpaar) zu 5 ml abpipettiert und in vier verschiedenen 10-ml-Meßkolben mit jeweils 2 ml M. versetzt. Von jedem Probenpaar wird der erste Meßkolben mit 1,0 ml Natriumnitrit-Lsg. (3 in 1000 50%igem M.) und 5 Tr. Salzsäure und der zweite Kolben (zur Herstellung der Leerlösung für die Messung) mit 1 ml 50%igem M. und 5 Tr. Salzsäure versetzt. Nach Durchmischen bleiben die Kolben 30 Min. stehen, werden jeweils mit 0,5 ml Ammoniumsulfamat-Lsg. (1 in 20) versetzt, mit M. aufgefüllt und bleiben weitere 10 Min. stehen. Die Absorption aller Lsg. werden mit einem geeigneten Spektralphotometer in 1-cm-Küvetten bei 390 nm gegen eine Mischung von 3,6 Vol. Chlf., 5,4 Vol. M. und 1 Vol. W. gemessen.

Die Anzahl mg Reserpin, $C_{33}H_{40}N_2O_9$, in der Analysenprobe ergibt sich nach der Formel $25\frac{(A - A_0)_U}{(A - A_0)_S}$, wobei $A - A_0$ jeweils für das zu untersuchende Reserpin (Index U) und das Standard-Reserpin (Index S) die Absorptionsdifferenz der nitritbehandelten (A) und der unbehandelten Lsg. (Leerlösung) (A_0) bedeutet.

4. Jap. 61. Etwa 2 mg Reserpin, genau gewogen und vorher 3 Std. bei 60° unter vermindertem Druck getrocknet, werden in einen Scheidetrichter überführt und in 50 ml Chlf. gelöst. Die Chlf.-Lsg. wird zweimal mit je 50 ml verd. Salzsäure (1 in 1000) gewaschen und die Waschflüssigkeiten vereinigt. Die Chlf.-Schicht wird zweimal mit je 50 ml Natriumhydrogen-carbonat-Lsg. (1 in 100) gewaschen und die Waschflüssigkeiten wieder vereinigt. Jede der beiden vereinigten Waschflüssigkeiten wird zweimal mit je 10 ml Chlf. gewaschen. Diese Chlf.-Extrakte werden zur Chlf.-Haupt-Lsg. gegeben und die gesamte Chlf.-Lsg. in einem Meßkolben mit Chlf. auf 100 ml aufgefüllt. 20,0 ml dieser Chlf.-Lsg. werden mit 0,5 g wasserfreiem Natriumsulfat gut geschüttelt. Die Absorption E_T der geklärten Lsg. wird in einer 1-cm-Küvette bei 268 nm gemessen. 2 mg Standard-Reserpin werden völlig gleich behandelt und die Absorption E_S bestimmt.

Die Anzahl mg Reserpin, $C_{33}H_{40}N_2O_9$, ergibt sich aus der Formel

$$\text{Einwaage (mg) Standard-Reserpin} \times \frac{E_T}{E_S}.$$

Geforderter Gehalt. 99,0 bis 101,0% (DAB 7 – BRD), 98,5 bis 101,5% (Ross. 9), 99,0 bis 101,5% (ÖAB 9), 98,5 bis 101,0% (Nord. 63), mind. 98,5% (CF 65), mind. 96,0% (Jap. 61), 97,0 bis 101,5% (BP 63), 96 bis 101% (USP XVII).

Dosierung. Größte Einzelgabe 1,5 mg, größte Tagesgabe 3 mg (DAB 7 – BRD), gebräuchliche Einzeldosis 0,25 bis 0,5 mg, Maximaldosen wie DAB 7 – BRD (ÖAB 9), gebräuchliche Dosen täglich 0,25 bis 1,5 mg (als Hypotensivum) und 1 bis 6 mg (als Sedativum), maximal 10 mg täglich (Jap. 61), größte Einzeldosis 1 mg, größte Tagesdosis 50 mg (Ross. 9), in der Psychiatrie 1 bis 5 mg täglich (unterteilt in Einzeldosen), bei Hypertension 0,5 mg täglich (BP 63), gebräuchliche Dosis oral oder parenteral 0,1 bis 0,25 mg täglich in zwei bis drei Einzeldosen, üblicher Dosisbereich 0,05 bis 0,5 mg als Antihypertensivum (USP XVII).

Unverträglichkeit. Basisch reagierende Stoffe (Spaltung), oxydierende Stoffe (Oxydation) (Nord. 63).

Aufbewahrung. Vor Licht und Wärme geschützt.

Anwendung. Hauptanwendungsgebiet ist die Behandlung der Hypertonie. Die Wirksamkeit beruht auf einer zentralen Dämpfung des sympathischen Nervensystems (im Tierversuch erkennbar an Miosis, Ptosis, Nickhautrelaxation, Hypotension, Bradycardie, vergrößerter sekretorischer und motorischer Aktivität des Magen-Darm-Traktes, Hypothermie) und wird erklärt mit der Entspeicherung von Catecholaminen durch Reserpin.

Die in höheren Reserpindosen eintretende sedative Wirkung ist anwendbar bei Psychosen, Angst- und Spannungszuständen. Sie wird zurückgeführt auf die Freisetzung von Serotonin und auch Catecholaminen im Zentralnervensystem, insbesondere im Hypothalamus.

Begleiteffekte: Neben peripheren Wirkungen, die auf das Dominieren des Parasympathicus zurückgehen, Angstträume, Depressionen, Parkinsonismus, vor allem nach längerdauernder Verabreichung. Schleimhautschwellung z. B. in der Nase.

Handelsformen: Serpasil (CIBA), Sedaraupin (Boehringer Mannheim), Rivasin (Giulini). Kombinationspräparate: Adelphan, Serpatonil (CIBA), rauwo-sanol (Sanol), Megaphen comp. (Bayer), Phaseïn forte (Boehringer Mannheim). In Form der Gesamtalkaloide siehe Rad. Rauwolfiae.

Deserpidin. Canescine Merck Ind. 60. Recanescin. 11-Desmethoxyreserpin.

$C_{32}H_{38}N_2O_8$ Formel a. 2, S. 368 M.G. 578,64

Vorkommen. In Rauwolfia canescens und anderen Apocynaceen-Arten.

Eigenschaften. Fünf- oder sechsseitige Plättchen. Fp. (Zers.) 230 bis 234°. $[\alpha]_D^{20}$ −163° (*c* = 0,5 in Pyridin). Lichtabsorption in A. Maxima bei 218 nm (log *ε* = 4,79), 272 nm (log *ε* = 4,26) und 290 nm (log *ε* = 4,07).

Erkennung. Das Hydrochlorid zersetzt sich bei 247 bis 253°.

Dosierung. Oral 0,1 bis 0,5 mg.

Anwendung. Ähnlich Reserpin.

Handelsformen: Harmonyl (Abbott), Raunormine (Pennic).

Rescinnamin. Rescinnamine Merck Ind. 60. 3,4,5-Trimethoxyzimtsäureester des Methylreserpats.

$C_{35}H_{42}N_2O_9$ Formel a. 3, S. 368 M.G. 634,71

Vorkommen. In Rauwolfia serpentina und anderen Apocynaceen-Arten.

Eigenschaften. Nadeln. Fp. 238 bis 239°. Optische Drehung. $[\alpha]_D^{24}$ −97° (*c* = 1 in Chlf.). Lichtabsorption in A. Maxima bei 229 nm (log *ε* = 4,73) und 302 nm (log *ε* = 4,39), Minimum bei 258 nm (log *ε* = 3,88). Praktisch unlösl. in W., mäßig lösl. in M., Bzl., Chlf.

Dosierung. Individuell oral 0,25 bis 1,0 mg, i.m. 5 bis 15 mg.

Anwendung. Ähnlich Reserpin. Der zentrale Dämpfungseffekt ist jedoch weniger stark ausgeprägt und die Nebenwirkungen sind weniger häufig.

Handelsformen: Moderil (Pfizer), Raupyrol (Schweizerhall). Kombinationspräparate Triraupin (Boehringer Mannheim), Rauwopur (Giulini).

b. Benzochinolizin-Derivate

Tetrabenazin schließt sich eng an Reserpin an. Es ist ebenfalls ein MA-Freisetzer und Antagonist der Antidepressiva. Tetrabenazinvorbehandelte Tiere werden deshalb zur pharmakologischen Prüfung auf antidepressive Wirkung herangezogen.

Tetrabenazine Hydrochloride INN, Merck Ind. 60. 2-Oxo-3-isobutyl-9,10-dimethoxy-1,2,3,4,6,7-hexahydro-11 bH-benzo[a]chinolizin-hydrochlorid.

$C_{19}H_{27}NO_3 \cdot HCl$ Formel b. 1, S. 369 M.G. 353,88

Herstellung. Aus 6,7-Dimethoxy-1,2,3,4-tetrahydroisochinolin durch Mannich-Kondensation mit i-Butylmalonsäuredimethylester und Paraformaldehyd, anschließende Dieckmann-Kondensation zum Hexahydrobenzochinolizin-Derivat und Abspaltung der Estergruppe durch saure Hydrolyse unter gleichzeitiger Decarboxylierung [Helv. chim. Acta *41*, 119 (1958)].

Eigenschaften. Kristalle. Fp. 208 bis 210°. Lichtabsorption in A. Maxima bei 230 nm (ε = 7780) und 284 nm (ε = 3820). Lösl. in heißem W., praktisch unlösl. in Aceton.

Erkennung. Base: (aus M.) Fp. 125 bis 126°. Oxim der Base: (aus verd. A.) Fp. 158°.

Dosierung. Klinisch 100 bis 150 mg, ambulant 50 bis 100 mg.

Anwendung. Bei psychomotorischen Erregungszuständen, akuten und chronischen Psychosen oder Neurosen, die mit Halluzinationen, Wahnideen und Angstzuständen einhergehen.

Handelsform: Nitoman (Roche).

c. Phenothiazin-Derivate

Diese Gruppe der Neuroleptica hat sich aus den Antihistaminen der Phenothiazinreihe entwickelt. Ist das Stickstoffatom der basischen Seitenkette nur durch zwei Kohlenstoffatome vom Ringstickstoffatom getrennt, überwiegen die Antihistamineigenschaften. Beträgt der Abstand dagegen drei Kohlenstoffatome, überwiegen im allgemeinen die neuroleptischen und dämpfenden Eigenschaften. Teilweise Einbeziehung dieser Dreikohlenstoffkette in einen gesättigten Ring (Mepazin, Thioridazin) und manchmal auch die Ausbildung einer Verzweigung (Lävopromazin, Methopromazin) scheint die antipsychotische Wirksamkeit zugunsten einer gewissen antidepressiven (thymoleptischen) Komponente zu vermindern, gleichzeitig treten Anzeichen extrapyramidal-motorischer Aktivitätssteigerung auf. Nicht nur bei den Phenothiazinen, sondern auch bei den anderen tricyclischen Psychopharmaka gibt es keine absolute Trennung in antidepressiv und neuroleptisch wirksame Präparate. Bei manchen dieser Verbindungen hängt es vielmehr weitgehend von der Dosierung ab, ob die eine oder die andere Wirkung vorherrscht („Dosisregel"). So wirken Chlorprothixen, Mepazin und Thioridazin in niedrigen Dosen antidepressiv. Entsprechend können auch bei genügend hoher Dosierung eines Präparates (z.B. Chlorpromazin) akute Dämpfung, antidepressive Wirkung und antipsychotische Wirkung zeitlich aufeinanderfolgen.

Die Art des in der Seitenkette fixierten basischen Restes beeinflußt das Wirkungsbild deutlich. So bringen Piperazinreste im allgemeinen die antipsychotisch-neuroleptische Komponente stärker zum Tragen. Eine Ausnahme macht dabei das Dixyrazin, das mehr tranquillierend als antipsychotisch wirkt. Weitere Substitution des tricyclischen Grundkörpers ist nur in 2-Stellung günstig im Sinne einer Wirkungsverstärkung. Die einzelnen, in der gesamten Klasse vorhandenen Wirkungskomponenten können dabei unterschiedlich verstärkt werden. Im übrigen findet man eine Vielfalt von Wirkungen nebeneinander, so außer der hier interessierenden psychomotorischen Dämpfung, dem antipsychotischen und teils auch antidepressiven Effekt z. B. antiemetische und analgetische Eigenschaften, Blutdrucksenkung, Temperatursenkung, Antagonismus gegen Histamin und Serotonin, anticholinergische und antiadrenergische Wirkungen, Lokalanästhesie. Häufig wird die Wirkung von Narcotica verstärkt („potenzierte Narkose"). Bei hohen Dosen und langdauernder Anwendung finden sich extrapyramidale Nebenwirkungen. Hyperkinetisch-dystone Phänomene, sogenannte dysleptische Anfälle können auftreten.

Indikationen in der Psychiatrie sind Schizophrenie, manische Zustände, toxische und senile Psychosen. Auch zur Unterstützung bei Entziehungskuren (Alkohol und Opiate) werden die Phenothiazine verwendet. Im nichtpsychiatrischen Bereich dienen sie zur Behandlung von Erbrechen, Singultus, psychisch ausgelösten Krankheiten (Asthma und Pruritus) sowie zur Vorbehandlung (Prämedikation) bei Narkosen. – Die potenzierende Wirkung kann durch Kombination mit Schlafmitteln oder narkotisch-analgetischen Mitteln in Form der „lytischen Mischungen" zu Schlafkuren und zur kontrollierten Hypothermie ausgenützt werden.

Die Azaphenothiazine unterscheiden sich durch Austausch von CH-Gruppen gegen N im aromatischen Teil von den eigentlichen Phenothiazinen. Sie werden ebenfalls in dieser Gruppe erfaßt.

An toxischen Wirkungen der Phenothiazine sind Leberschäden, Photosensibilisierung und allergische Reaktionen (z. B. Agranulozytose, Exantheme) zu nennen. Bei längerem Gebrauch werden deshalb regelmäßige Leber- und Blutkontrollen empfohlen. Akuter Einfluß größerer Narcotica-Hypnotica-Mengen (Alkohol, Barbiturate u. ä.) gilt als Kontraindikation.

Eine Anleitung zur Behandlung von akuten Vergiftungsfällen mit Phenothiazinen dieser Gruppe gibt BPC 63 unter Chlorpromazin, wie überhaupt Chlorpromazin die erste neuroleptisch verwendete Verbindung dieser Reihe war und wohl als Prototyp angesehen werden kann.

Ihrem Wirkungsbild nach gehören eigentlich nicht oder nur bedingt in dieses Kapitel die Wirkstoffe Trimeprazin, Prochlorperazin und Ethopropazin.

Literatur zur Analytik: EIDEN, F., u. H.-D. STACHEL: Beitrag zur Analytik von arzneilich verwendeten Phenothiazin-Derivaten. Dtsch. Apoth.-Ztg *100*, 1369 (1960). – STACHEL, H.-D., u. F. EIDEN: Beitrag zur Analytik von arzneilich verwendeten Phenothiazin-Derivaten. Pharm. Ztg (Frankfurt) *105*, 1330 (1960). – EIDEN, F., u. H. D. STACHEL: Das chromatographische Verhalten von Phenothiazin-Derivaten an verschiedenen Adsorbentien. Dtsch. Apoth.-Ztg *103*, 121 (1963). – STACHEL, H.-D., u. F. EIDEN: Die Bestimmung von Phenothiazinen in Ampullen und Tropfen. Dtsch. Apoth.-Ztg *103*, 753 (1963).

Promazini Hydrochloridum Jap. 61. Promazine Hydrochloride BP 63, NF XII. Promazine Merck Ind. 60. Promazin-hydrochlorid. 10-(3-Dimethylaminopropyl)-phenothiazin-hydrochlorid.

$C_{17}H_{20}N_2S \cdot HCl$ Formel c. 1. a), S. 369 M.G. 320,89

Herstellung. Durch Erhitzen von Phenothiazin und 3-Dimethylamino-propylchlorid in Xylol in Ggw. von Natriumamid [US-Pat. 2519886 (1950), CA (N. Y.) *45*, 673c (1951)].

Eigenschaften. Weißes oder (fast weißes, BP 63) schwach gelbliches, kristallines Pulver (Jap. 61, NF XII), geruchlos (Jap. 61), praktisch geruchlos (NF XII), geruchlos oder fast geruchlos (BP 63), Geschmack bitter (BP 63). Schwach hygroskopisch (BP 63, Merck Ind. 60). Promazinhydrochlorid färbt sich allmählich am Licht (Jap. 61), oxydiert sich, wenn es längere Zeit der Luft ausgesetzt wird, und nimmt eine blaue oder rosa Farbe an (NF XII). Fp. 178 bis 181° (Jap. 61), 177 bis 181° (BP 63), zwischen 172 und 182° innerhalb 3° (NF XII), Zers. 181° (Block) (Merck Ind. 60). Lösl. bei 20° in 1 T. W., 2 T. A., 2 T. Chlf. (BP 63), gut lösl. in W., A., Chlf., praktisch unlösl. in Ae., Bzl. (Jap. 61), gut lösl. in W. und in Chlf. (NF XII), lösl. in etwa 3 T. W., in M., in A., in Chlf., praktisch unlösl. in Ae. und in Bzl. (Merck Ind. 60).

Die Lsg. (1 → 20) reagiert sauer (Jap. 61). pH einer 5,0%igen (g/v) Lsg. zwischen 4,2 und 5,4 (BP 63), zwischen 4,2 und 5,2 (NF XII).

Base: Öl mit Amingeruch. $Kp._{0,3}$ 203 bis 210° (Merck Ind. 60).

Erkennung. 1. Pikrat. Eine Lsg. von 0,2 g in 4 ml wasserfreiem M. wird auf dem Wasserbad bis fast zum Sieden erhitzt und sofort mit 2 ml einer siedenden 3,5%igen (g/v) Lsg. von Pikrinsäure in wasserfreiem M. versetzt und 2 Min. gekocht. Nach Abkühlen in Eis wird filtriert und dreimal mit wasserfreiem M. ausgewaschen. Die Kristalle werden in 10 ml heißem wasserfreiem M. gelöst und wie vorher zur Kristallisation gebracht, filtriert und ausgewaschen. Die so erhaltenen rostroten Kristalle zeigen nach einstündigem Trocknen bei 105° einen Fp. von etwa 144° (BP 63). – Entsprechend, aber mit den fünffachen Mengen und Abkühlen unter Rühren, Sammeln der Kristalle im Sintertiegel, falls notwendig, Heißfiltration beim Umkristallisieren und anschließend Zusatz von 20 ml Hexan zur vollständigeren Kristallisation, Auswaschen mit 10 ml M. und dann mit 20 ml Hexan, 15minütigem Trocknen bei 80° und gefordertem Fp. zwischen 140 und 147° (NF XII). – 2. Eine Lsg. von 0,2 g in 10 ml W. wird mit 0,2 ml Salpetersäure versetzt. Dabei entsteht ein rötlichbrauner Nd. Nach Zugabe von weiteren 0,8 ml Salpetersäure löst sich der Nd. zu einer rötlich-braunen Lsg., die nach 1 Min. gelb wird (BP 63). – Durch Zugabe von 0,5 ml verd. Salpetersäure zu 2 ml Promazinhydrochloridlsg. (1 → 1000) wird eine rote Lsg. erhalten (Jap. 61). – Eine Lsg. von 500 mg in 20 ml W. ergibt mit 0,5 ml Salpetersäure einen orange gefärbten Nd., der schnell braun wird. Bei Zugabe von weiteren 2 ml Salpetersäure und Erwärmen entsteht eine gelbe Lsg. (NF XII). – 3. Verhalten gegen Schwefelsäure. Wie bei Chlorpromazinhydrochlorid (BP 63). – 4. Chlorid. Promazinhydrochlorid gibt die Rk. B für Chlorid (BP 63), gibt den Chloridtest, wie er für Alkaloidhydrochloride spezifiziert ist (NF XII). – Eine Lsg. von 0,5 g in 5 ml W. wird mit 2 ml Ammoniaklsg. versetzt und filtriert. 5 ml des Filtrates werden mit verd. Salpetersäure angesäuert. Die erhaltene Lsg. entspricht dem qualitativen Test für Chlorid (Jap. 61). – 5. 2 Tr. Eisen(III)-chloridlsg. färben 5 ml Lsg.

(1 → 1000) beständig dunkel rötlichbraun, 5 ml äthanolischer Lsg. (1 → 1000) gelb (Jap. 61). – 6. UV-Absorption. In wss. Lsg. liegt im Bereich von 220 bis 350 nm ein Maximum bei 251 nm und ein weniger gut ausgeprägtes Maximum bei etwa 301 nm. $E_{1\,cm}^{0,001\%}$ 0,91 bei 251 nm (BP 63). – Die UV-Absorption der zur Gehaltsbestimmung verwendeten Lsg. bei 301 nm gegen verd. Salzsäure (1 in 100) wird bestimmt. Analog wird die Absorption einer mit der gleichen Säure hergestellten 1 : 10-Verdünnung dieser Lsg. bei 251,2 nm bestimmt. Das Verhältnis 10 ($E_{251,5}/E_{301}$) liegt zwischen 7,1 und 7,9 (NF XII).

Prüfung. 1. Schwermetalle. Der Glührückstand von 1,0 g wird in 2 ml Salzsäure und 0,5 ml Salpetersäure aufgenommen und auf dem Wasserbad zur Trockne eingedampft. Nach Zusatz von 2 ml verd. Essigsäure und 15 ml W. wird einige Minuten erwärmt, filtriert und mit W. ausgewaschen. Filtrat und Waschwasser werden vereinigt und mit W. auf 50 ml verdünnt. Mit dieser Lsg. wird die Prfg. ausgeführt. Zur Kontrollsg. werden 2,0 ml Standard-Blei-Lsg. zugesetzt (nicht mehr als 20 ppm) (Jap. 61). Entsprechend, aber gefordert nicht mehr als 50 ppm (NF XII). – 2. Trocknungsverlust. Nicht mehr als 0,5% bei 105° (BP 63), nicht mehr als 0,5% nach 2 Std. bei 105°, bestimmt mit 1 g (Jap. 61). – 3. Verbrennungsrückstand. Nicht mehr als 0,10% (1 g) (NF XII, Jap. 61). – 4. Sulfatasche. Nicht mehr als 0,1% (BP 63). – 5. Vollständigkeit und Klarheit der Lsg. Die Lsg. (1 in 10) in W. sind praktisch klar und höchstens leicht gelb gefärbt (NF XII).

Gehaltsbestimmung 1. Etwa 1 g, genau gewogen, werden in 10 ml W. gelöst und nach Zugabe von 5 ml 0,1 n Natriumhydroxidlsg. mit 50 ml und dann dreimal mit je 25 ml Ae. ausgeschüttelt. Die vereinigten Ätherauszüge werden zweimal mit je 5 ml W. gewaschen. Die beiden Waschwässer werden nacheinander mit denselben 20 ml Ae. ausgeschüttelt. Dieser Ätherauszug wird mit dem ersten vereinigt und zur Trockne eingedampft. Der Rückstand wird in 2 ml A. gelöst und nach Hinzufügen von 50 ml 0,1 n Salzsäure bis zur vollständigen Auflösung erwärmt. Nach Abkühlen wird der Säureüberschuß mit 0,1 n Natriumhydroxidlsg. gegen Methylrot/Methylenblau zurücktitriert. 1 ml 0,1 n Salzsäure entspricht 0,03209 g $C_{17}H_{20}N_2S \cdot HCl$ (BP 63). – 2. Etwa 0,2 g, genau gewogen und vorher 2 Std. bei 105° getrocknet, werden in 20 ml Aceton für wasserfreie Titration gelöst und nach Zufügen von 5 ml Quecksilber(II)-acetat-Lsg. für wasserfreie Titration mit 0,05 n Perchlorsäure in Dioxan gegen 3 Tr. Bromkresolgrün/Methylrosanilinchlorid-Lsg. auf Blauviolett titriert. In einem Blindversuch wird eine eventuell erforderliche Korrektur bestimmt. 1 ml 0,05 n Perchlorsäure in Dioxan entspr. 16,045 mg $C_{17}H_{20}N_2S \cdot HCl$ (Jap. 61). – 3. Photometrisch. Für die Bestimmung sind Glasgefäße zu verwenden, die nur wenig lichtdurchlässig sind. Etwa 50 mg, vorher 2 Std. bei 105° getrocknet und genau gewogen, werden in einem 100-ml-Meßkolben mit verd. Salzsäure (1 in 100) zu 100 ml gelöst. Ohne Verzögerung wird die Absorption dieser Lsg. sowie die einer Lsg. (50 mcg/ml) von NF-Promazinhydrochlorid-Bezugsstandard im selben Lsgm. mit einem geeigneten Spektralphotometer gegen verd. Salzsäure gemessen (1-cm-Küvetten, λ etwa 301 nm). Die Anzahl mg $C_{17}H_{20}N_2S \cdot HCl$, die in der Einwaage enthalten waren, errechnet sich aus der Formel

$$c \cdot \frac{A_U}{A_S},$$

wobei c die genaue Konzentration (in mcg/ml) der Standardlsg., A_U die Absorption der zu untersuchenden Lsg. und A_S die Absorption der Standardlsg. bedeuten (NF XII).

Geforderter Gehalt. 98,0 bis 102,0%, bezogen auf die bei 105° getrocknete Substanz (BP 63, NF XII), mindestens 98,0% (Jap. 61).

Aufbewahrung. Gut verschlossen und vor Licht geschützt (BP 63, NF XII, Jap. 61).

Unverträglichkeit. Alkalien, Oxydantien, Schwermetalle (Merck Ind. 60).

Dosierung. 50 bis 800 mg täglich, unterteilt in Einzeldosen (BP 63). Gebräuchliche Dosis: Einzeln 15 bis 60 mg, täglich 50 bis 400 mg (Jap. 61), 25 bis 200 mg (NF XII, Merck Ind. 60), i.v. bei akuter Erregung 50 bis 400 mg (Merck Ind. 60). Maximaldosis: 1 g täglich (Jap. 61).

Anwendung. Angst-, Unruhe- und Erregungszustände, leichte Psychosen, Schlafstörungen, Entziehungskuren, Delirium tremens. Neurolepticum mehr für akute als für chronische Fälle. – Nebenwirkungen: Schläfrigkeit, Trockenheit des Mundes, Obstipation, Benommenheit, Agranulozytose, Urticaria, Dermatitis, Beeinträchtigung der Leberfunktion, Lichtscheu, parkinsonähnliche Erscheinungen, Konvulsionen, Hypotonie, Verstärkung bestehender Psychosen.

Handelsformen: Protactyl (Wyeth), Talofen (Pierrel).

Promazinum phosphoricum DAB 7 – DDR. Promazinphosphat. N-[3-Dimethylamino-propyl]-phenothiazindihydrogenphosphat.

$C_{17}H_{20}N_2S \cdot H_3PO_4$ Formel c. 1. a), S. 369 M.G. 382,42

Eigenschaften. Weißes, krist. Pulver ohne Geruch und von brennend bitterem Geschmack mit vorübergehender Anästhesie. Die Substanz verfärbt sich allmählich durch Lichteinwirkung. Lösl. in W., schwer lösl. in A., fast unlösl. in Ae. und in Chlf. Fp. 151 bis 158°.

Erkennung. 1. 5 bis 10 mg Substanz in 1 ml konz. Schwefelsäure gelöst, geben eine rosa Färbung, die über Orange nach Gelbbraun übergeht. – 2. 10 mg Substanz werden in 1 ml W. gelöst und mit 1 ml frisch bereiteter Chloraminlsg. (5%ig) versetzt. Es entsteht eine rötlichbraune Färbung, die in eine helle, violettblaue übergeht, und eine Trübung, die beim Schütteln eine harzige Abscheidung ergibt. Schüttelt man mit 2 ml Chlf., so färbt sich die Chlf.-Schicht gelblichrosa. – 3. Der Rückstand der Sodaschmelze gibt Sulfat-Rk. – 4. 5 bis 10 mg Substanz geben mit 2 ml einer Mischung aus 1 ml konz. Salpetersäure und 9 ml konz. Schwefelsäure eine dunkelgrüne Färbung. Verdünnt man nach 1 Min. tropfenweise und unter Kühlung mit 10 ml W., so schlägt die Färbung über Braun und Rot nach Bräunlichrot um. – 5. 100 mg Substanz geben mit Pikrinsäurelsg. bei Gegenwart von 3 Tr. 3 n Salzsäure einen Nd., der nach zweimaligem Umkristallisieren aus Aceton und Trocknen zwischen 141 und 146° schmilzt. – 6. Die Substanz gibt positive Phosphat-Rk.

Prüfung. 1. 0,100 g Substanz wird in W. zu 10,00 ml gelöst. Die Lsg. zeigt einen pH-Wert im Bereich von 4,0 bis 5,0 (potentiometrisch). – 2. Unlösl. Verunreinigungen, Farbe der Lsg. Die obige Lsg. muß klar und farblos sein. – 3. Ammonium. Darf nicht nachweisbar sein. – 4. Schwermetallionen. In 10 ml der 1%igen Lsg. dürfen Schwermetallionen nach Methode II (Bd. I, 254) nicht nachweisbar sein. – 5. Sulfat darf nicht nachweisbar sein. – 6. Sulfid. Das Filtrat des Phosphatnachweises aus 0,050 g Substanz und 3,0 ml W. darf mit Nitroprussidnatrium keine violette Färbung zeigen. – 7. Trocknungsverlust. Bei 105° getrocknet höchstens 0,50%.

Gehaltsbestimmung. 0,2000 g getrocknete Substanz werden in 30,0 ml Essigsäureanhydrid unter Erwärmen gelöst und die noch warme Lsg. mit 0,1 n Perchlorsäurelsg. gegen Malachitgrün nach rein Gelb titriert (Feinbürette).

1 ml 0,1 n Perchlorsäurelsg. entspr. 38,24 mg $C_{17}H_{20}N_2S \cdot H_3PO_4$.

Aufbewahrung. Vor Licht geschützt.

Dosierung. Einzelmaximaldosis oral 0,2 g, i.m. und i.v. 0,1 g; Tagesmaximaldosis 0,5 g.

Handelsform: Verophen (Bayer). Suppositorien enthalten die Base.

Chlorpromazinum hydrochloricum DAB 7 – DDR. Chlorpromazine Hydrochloride BP 63, BPC 63, USP XVII. Chlorpromazini Hydrochloridum Jap. 61, PI.Ed. I – Suppl. Clorpromazine (chlorhydrate de) CF 65. Chlorpromazini chloridum, Klorpromazinklorid Nord. 63. Chlorpromazin Merck Ind. 60. Aminazinum Ross. 9. 2-Chlor-10-(3-dimethylaminopropyl)-phenothiazin-hydrochlorid.

$C_{17}H_{19}ClN_2S \cdot HCl$ Formel c. 1. b), S. 369 M.G. 355,33

Herstellung. Aus 2-Chlorphenothiazin (verunreinigt mit 4-Chlorphenothiazin) und 3-Dimethylaminpropylchlorid mit Hilfe von Natriumamid in siedendem Xylol [C. R. Acad. Sci. (Paris) *235*, 59 (1952); US-Pat. 2645640 (1953), CA (N. Y.) *49*, 3268i (1955)].

Eigenschaften. Weißes, kristallines oder mikrokristallines Pulver (DAB 7 – DDR), farblose Kristalle oder weißes bis fast weißes Kristallpulver (Nord. 63), weißes kristallines Pulver (CF 65), weißes oder leicht cremefarbenes Pulver (BP 63, BPC 63, USP XVII, Jap. 61, PI.Ed. I – Suppl., Ross. 9). Geruch schwach wahrnehmbar (DAB 7 – DDR), geruchlos (CF 65, USP XVII) oder fast geruchlos (Nord. 63), höchstens (PI.Ed. I – Suppl.) mit schwachem Geruch (BP 63, BPC 63), manchmal mit schwachem charakteristischem Geruch (Jap. 61). Geschmack sehr bitter (BP 63, BPC 63, Jap. 61, Nord. 63, PI.Ed. I – Suppl.), süß, dann bitter (CF 65), Geschmack brennend, schwach bitter, vorübergehend anästhesierend (DAB 7 – DDR), verursacht vorübergehende Gefühllosigkeit in der Mundhöhle (Nord. 63). Chlorpromazinhydrochlorid ist nicht hygroskopisch (CF 65), ist an Luft von mehr als etwa 50% Feuchtigkeit hygroskopisch (Nord. 63), ist hygroskopisch (Ross. 9); färbt sich am Licht (bei längerer Einwirkung: USP XVII, PI.Ed. I – Suppl.) (allmählich: Jap. 61, DAB 7 – DDR) dunkel (Nord. 63, Ross. 9), blaurosa (CF 65).

Fp. 194 bis 198°, wobei die Probe bei 185° eingeführt wird (PI.Ed. I – Suppl.), 194 bis 197° (BP 63, BPC 63, Ross. 9), 194 bis 199°, wenn die Substanz bei 145 bis 150° in die Apparatur eingebracht wird (Nord. 63), 194 bis 198° (Jap. 61, DAB 7 – DDR), zwischen 195 und 198° (USP XVII), 179 bis 180° (Zers.) (CF 65), 179 bis 180° (Kapillare) und 194 bis 196° (Block) (Merck Ind. 60).

Es kann für Bestimmungen bei 105° getrocknet werden (Nord. 63).

Lösl. bei 20° in 0,4 T. (weniger als 1 T., BPC 63) W., 1,3 T. A., 1 T. Chlf., unlösl. in Bzl. und in Ae. (BP 63, BPC 63), sehr leicht lösl. in W., lösl. in 1,5 T. A., in 1 T. Chlf., fast unlösl. in Ae. (Nord. 63), lösl. in 2,5 T. W. (Merck Ind. 60), leicht lösl. in W., A., M., Chlf., wenig lösl. in Aceton, praktisch unlösl. in Bzl., Ae., Tetrachlorkohlenstoff, Schwefelkohlenstoff (CF 65), lösl. in 0,4 T. W., in etwa 1,5 T. A. und in Chlf., praktisch unlösl. in Ae. und in Bzl. (PI.Ed. I – Suppl.), ähnliche Angaben in Jap. 61, USP XVII, DAB 7 – DDR; leicht lösl. in W., A., Chlf., praktisch unlösl. in Ae. und in Bzl. (Ross. 9).

Die wss. Lsg. (1 → 20, Jap. 61) reagiert (schwach: Nord. 63, Jap. 61) sauer (USP XVII), pH einer frisch bereiteten 10%igen (g/v) Lsg. liegt zwischen 4,0 und 5,0 (BP 63, BPC 63, PI.Ed. I – Suppl.), einer 5%igen Lsg. zwischen 4,0 und 5,5 (Merck Ind. 60), einer frisch bereiteten wss. Lsg. (0,5%) zwischen 4,0 und 6,5 (CF 65). – pK_A 7,8 (Nord. 63).

UV-Absorption: Arch. Pharm. (Weinheim) *288*, 400 (1955).

Base: Öl mit Amingeruch, $Kp._{0,8}$ 200 bis 205° (Merck Ind. 60).

Erkennung. Prüflösung: 1,00 g in 50 ml W. (Nord. 63); 0,700 g in W. von 20° zu 70,0 ml gelöst, innerhalb 1 Std. zu verwenden (DAB 7 – DDR); 0,15 g in 15 ml W. (Ross. 9). – 1. Fp. (Nord. 63). – 2. Base. Eine Lsg. von 0,50 g in 5 ml W. wird mit 1 ml Natronlauge versetzt und die freigesetzte Base zweimal mit je 10 ml Ae. extrahiert. Die vereinigten Ätherauszüge werden mit Kaliumcarbonat geschüttelt, filtriert und eingedampft. Der Rückstand geht allmählich in eine kristalline Masse über. Die Kristallisation kann durch Animpfen beschleunigt werden. Die letzten Lösungsmittelreste werden durch Aufbewahren im Vakuum über Schwefelsäure entfernt. Die so erhaltene Chlorpromazinbase schmilzt zwischen 55 und 58° (CF 65). 5 ml Prüflösung geben mit 0,5 ml Natronlauge sofort einen weißen Nd. (Ross. 9). – 3. Pikrat. Fp. 172 bis 173° (Merck Ind. 60). Eine Lsg. von 0,10 g des gemäß Prfg. 2 erhaltenen Rückstandes (freie Base) in 2 ml M. wird in eine etwa 50° warme Lsg. von 0,4 g Pikrinsäure in 10 ml M. eingegossen. Das kristalline Pikrat wird auf einer Fritte gesammelt, mit M. ausgewaschen und im Vakuum über konz. Schwefelsäure bei normaler Temperatur getrocknet. Die Kristalle schmelzen bei 171 bis 172° (CF 65). – Eine Lsg. von 0,2 g Substanz in 2 ml W. wird mit Kaliumcarbonat gesättigt und zweimal mit je 10 ml Ae. extrahiert. Die vereinigten Ätherauszüge werden zur Trockne eingedampft. Der Rückstand wird in 2 ml M. gelöst und in eine auf etwa 50° vorgewärmte Lsg. von 0,4 g Pikrinsäure in 10 ml M. gegossen. Dann wird abgekühlt und durch Kratzen der Glaswand die Kristallisation ausgelöst. Nach 3 bis 4 Std. Stehen wird abfiltriert und mit M. ausgewaschen. Der Rückstand schmilzt bei etwa 175° (BP 63). – Eine Lsg. von 0,10 g in 10 ml starkem A. ergibt nach Zusatz von 10 ml Pikrinsäurelsg. (0,04 m) beim Stehenlassen und gegebenenfalls nach Reiben einen orangefarbenen kristallinen Nd. des Pikrats, der nach Auswaschen mit W. und Trocknen bei 105° zwischen 175 und 179° schmilzt (Nord. 63). – 10,0 ml Prüflösung werden mit 3 Tr. 3 n Salzsäure und 10,0 ml Pikrinsäurelsg. versetzt. Es entsteht ein orangefarbener Nd., der nach 5 Std. auf einem Filter gesammelt wird. Die mit 50 ml W. gewaschenen, aus 10,0 und 5,0 ml Aceton umkristallisierten und über Silicagel 24 Std. getrockneten Kristalle schmelzen im Bereich von 173 bis 176° (DAB 7 – DDR). – 4. Verhalten gegen Schwefelsäure. Beim Auflösen von 5 mg in 5 ml Schwefelsäure entsteht eine kirschrote Farbe, die beim Stehen allmählich dunkler wird. Ein Teil der Lsg. wird erwärmt, wobei sich die Farbe über Braun nach Fuchsinrot ändert. Der andere Teil ergibt mit einigen Tropfen 0,1 n Kaliumdichromat eine Farbänderung nach Bräunlichrot (BP 63). – Die Lsg. von etwa 0,2 g in 1 bis 2 ml konz. Schwefelsäure ist weinrot gefärbt (CF 65). – 2 Tr. Prüflsg. ergeben bei Zusatz von 2 ml konz. Schwefelsäure eine rote Farbe. Nach Zusatz von ein paar Tropfen konz. Salpetersäure ändert sich die Farbe nach Dunkelbräunlichgrün. (Nord. 63). – Die Lsg. von 0,005 bis 0,010 g in 1,0 ml konz. Schwefelsäure ist violettrot gefärbt (DAB 7 – DDR). – 5. Verhalten gegen Salpetersäure. Chlorid. Eine Lsg. von etwa 0,5 g in 10 ml W. ergibt bei Zusatz von 5 ml Salpetersäure einen roten Nd., der sich zu einer gelben Lsg. wieder auflöst. Bei Zugabe von 1 ml Silbernitratlsg. (5%) fällt Silberchlorid aus (CF 65). – 1 ml einer Lsg. (1 in 1000) werden mit 0,5 ml einer Mischung von 1 Volumen Salpetersäure und 2 Volumina W. versetzt. Dabei entstehen eine rote Farbe und eine vorübergehende weiße Trbg. Die Farbe wird schnell intensiver. Innerhalb 1 Std., je nach Temperatur, wird die Lsg. ganz plötzlich farblos (USP XVII). – Entsprechend, aber mit einer Mischung gleicher Volumina Salpetersäure und W. (PI.Ed. I – Suppl.). – Entsprechend, aber mit 0,6 ml verd. Salpetersäure, plötzlicher Entfärbung bereits nach 2 bis 3 Min. und anschließendem Chloridnachweis mit 1 Tr. Silbernitratlsg. (Jap. 61). – 6. Chlorid. Gibt die für Chlorid charakteristischen Rk. (BP 63, PI.Ed. I – Suppl.). Eine Lsg. (1 in 10) entspr. den Prfg. für Chloride (USP XVII). 10 Tr. Prüflsg. und 3 ml W. werden nach Zusatz von 5 Tr. Natriumcarbonatlsg. (1 ml) mit 10 ml Ae. ausgeschüttelt. Der filtrierte wss. Auszug gibt die Identitätsreaktion A für Chlorid (Nord. 63). 5,0 ml Prüflsg. werden mit 5 Tr. 6 n Ammoniaklsg. versetzt, bis zur Abscheidung öliger Tr. erhitzt und anschließend filtriert. Das Filtrat gibt nach Zusatz von 10 Tr. 5 n Salpetersäure und 1,0 ml 0,1 n Silbernitratlsg. einen weißen Nd., der sich nach Zusatz von 3,0 ml 6 n Ammoniaklsg. löst (DAB 7 – DDR). Die nach Prfg. 2 erhaltene Mischung wird nach 5 Min. durch ein dickes Papierfilter filtriert, mit verd. Salpetersäure angesäuert und mit 0,5 ml Silbernitratlsg. versetzt. Ein weißer, in Ammoniak lösl. Nd. fällt aus (Ross. 9). – 7. 0,5 g werden mit 10 ml Bromwasserstoffsäure 10 Min. am Rückflußkühler gekocht. Dann wird abgekühlt und nach Zusatz von 100 ml W. abfiltriert. Nach Auswaschen mit W. schmilzt der Rückstand bei etwa 195° (BP 63). – 8. 5 ml Lsg. (1 → 1000) färben sich nach Zugabe von 1 Tr. Eisen(III)-chlorid-Lsg. rot (Jap. 61). Entsprechend, aber mit 2 Tr. Eisen(III)-chlorid-Lsg. eine bleibende Rotfärbung und bei gleicher Behandlung einer entsprechenden Lsg. in A. eine Gelbfärbung (PI.Ed. I – Suppl.). – 9. Das IR-Absorptionsspektrum einer KBr-Dispersion der Substanz darf Maxima nur bei denselben Wellenlängen zeigen wie das einer gleichartigen Präparation von USP-Chlorpromazinhydrochlorid-Bezugsstandard (USP XVII). – 10. 5 ml Prüflsg. werden mit W. auf 10 ml verdünnt und mit 1 ml Bromwasser zum Sieden erhitzt. Dabei entsteht eine transparente leicht karmesinrote Lsg. (Ross. 9). – 11. 1,0 ml Prüflsg. zeigt nach Zusatz von 1 ml frisch bereiteter Tosylchloramid-Natrium-Lsg. (5,0 g/100,0 ml) eine violette Fbg., die in eine helle violettblaue Fbg. übergeht, und eine Trbg. Beim Schütteln zeigen sich an der Reagensglaswand dunkle, harzige Abscheidungen. Nach Schütteln mit 2,0 ml Chlf. zeigt die Chlf.-Schicht eine rotviolette Fbg. (DAB 7 – DDR). – 12. 0,20 g werden in einem Porzellantiegel mit 0,25 g Kaliumcarbonat und 0,25 g Natriumcarbonat versetzt. Die Mischung wird 10 Min. geglüht. Nach dem Erkalten wird der Rückstand in 5,0 ml 3 n Salzsäure gelöst und die Lsg. filtriert. Das Filtrat gibt nach Zusatz von 10 Tr. Bariumchloridlsg. (5,0 g/ 100,0 ml) einen weißen, kristallinen Nd. (DAB 7 – DDR). – 13. 0,005 bis 0,010 g werden in 2,0 ml der Mischung aus 1,0 ml konz. Salpetersäure und 9,0 ml konz. Schwefelsäure gelöst. Die Lsg. zeigt eine violettstichige, dunkelbraune Fbg. Nach 60 Sek. werden 10,0 ml W. tropfenweise unter Schütteln und Kühlen hinzugegeben. Die Fbg. schlägt über Braun und Grün nach Rotbraun um (DAB 7 – DDR).

Prüfung. 1. Fp. (Nord. 63). – 2. Unlösliche Verunreinigungen. Die Prüflsg. soll die Grenzprüfung B halten (Nord. 63). Die wss. Lsg. (10%) muß klar sein oder darf höchstens eine winzige Trbg. zeigen (CF 65). 10 ml Prüflsg. müssen klar sein (DAB 7 – DDR). – 3. Die wss. Lsg. (10%) darf bei ihrer Herstellung keine stärkere Fbg. zeigen als eine Verdünnung von 2 ml 0,1 n Jodlösung auf 1000 ml (CF 65). 10,0 ml Prüflsg. müssen klar und dürfen nicht stärker gefärbt sein als 10,0 ml der Mischung aus 0,350 ml Eisen-FL und 99,7 ml 0,5 n Salzsäure (DAB 7 – DDR). Die Lsg. von 0,25 g in 10 ml W. darf nicht stärker gefärbt sein als Standard Nr. 5 (Ross. 9). – 4. Sauer oder alkalisch reagierende Verunreinigungen. 10 ml Prüflsg. soll nach Zusatz von 0,4 ml 0,01 n Natriumhydroxidlsg. und 5 Tr. Bromkresolgrünlsg. eine blaue Farbe annehmen, die bei Zusatz von 0,6 ml 0,01 n Salzsäure nach Gelb umschlagen soll (Nord. 63). – Die Lsg. von 0,5 g in 10 ml W. nimmt nach Zusatz von 1 Tr. Methylrotlsg. eine rosa Farbe an, die bei Zugabe von 0,05 ml 0,05n Natronlauge nach orangegelb umschlägt (Ross. 9). pH der wss. Lsg. (0,5%) zwischen 4,0 und 6,5 (CF 65). – 5. Sulfat. Die Prüflsg. soll die Grenzprüfung A (Reinheitsklasse 0,3 mg/g) halten (Nord. 63). 10,0 ml Prüflsg. dürfen bei der „Prüfung auf Sulfat" keine Trbg. zeigen (DAB 7 – DDR). Eine Lsg. von 0,2 g in 10 ml W. soll nicht mehr Sulfat enthalten als 10 ml der Standardlsg., d.h. nicht mehr als 0,05% in der Substanz (Ross. 9). – 6. Schwermetalle. 0,20 g werden mit 0,20 g getrocknetem Natriumsulfat vermischt und geglüht, ohne daß das Natriumsulfat schmilzt. Nach dem Abkühlen wird der Rückstand mit 1 ml Salzsäure (2 m) bis zum Sieden erhitzt und mit 29 ml warmem W. versetzt. Die Mischung wird abgekühlt und filtriert. 9,5 ml Filtrat mit 0,5 ml Ammoniaklsg. versetzt soll die Grenzprüfung, Grenze A, halten (Nord. 63). – Eine Lsg. von 0,5 g in 5 ml W. wird mit 5 ml Schwefelwasserstofflsg. versetzt. Wenn eine Fbg. entsteht, so darf sie nicht stärker sein als die einer gleich (5 ml + 5 ml) behandelten Lsg., die 0,001 g Blei auf 1000 ml enthält (10 ppm) (CF 65). – Die Sulfatasche soll nicht mehr Schwermetalle enthalten als 10 ml der Standardlsg., d.h. nicht mehr als 0,001% in der Substanz (Ross. 9). – 10,0 ml Prüflsg. dürfen bei der „Prfg. auf Schwermetallionen" nach Methode II weder eine Trbg. noch eine stärkere Fbg. als die Mischung aus 10,0 ml Prüflsg. und 3,0 ml W. zeigen (DAB 7 – DDR). – 7. Arsen. 0,5 g darf keine Rk. auf Arsen geben (Prfg. auf Arsen, Vorbehandlung wie angegeben, aber 1 Std. in konz. Schwefelsäure kochen (Ross. 9). – 8. Ammonium. 10,0 ml Prüflsg. werden, wie bei der „Prfg. auf Ammonium" angegeben, behandelt. Das Lackmuspapier darf keine blaue Fbg. zeigen (DAB 7 – DDR). – 9. Sulfid. 0,050 g werden in 5,0 ml kohlendioxidfreiem W. gelöst. Die Lsg. darf nach Zusatz von 2,0 ml Blei(II)-acetat-Lsg. keine stärkere Fbg. als die Lsg. von 0,050 g Substanz in 7,0 ml W. zeigen. Die Beobachtung ist sofort nach dem Reagenszusatz vorzunehmen (DAB 7 – DDR). – 10. Höchstgehalt an Chlorphenothiazin. Man verreibt 0,5 g mit 10 ml Bzl. in einem kleinen Glas, filtriert in einen Scheidetrichter und wäscht die Benzollsg. zuerst mit 0,1 n Salzsäure (dreimal mit je 2 ml) und dann mit W. (zweimal mit je 2 ml). Man filtriert die gewaschene Benzolschicht in eine Porzellanschale, dampft auf dem Wasserbad zur Trockne ein, überführt den Rückstand mit 3 ml A. in ein Reagensglas, fügt 1 ml kalt gesättigtes Bromwasser hinzu und erhitzt 2 Min. auf dem siedenden Wasserbad, bis die gelbe Farbe des Broms verschwindet. Dann füllt man die Lsg. mit A. auf 8 ml auf. Die Farbe dieser Lsg. darf nicht stärker sein als die Farbe der Standardlsg. Standardlsg.: 2 g Kobaltchloridhexahydrat ($CoCl_2 \cdot 6H_2O$) (Ross. 9). – 11. Chromatographische Prfg. auf fremde organische Beimengungen. Man löst 0,1 g in 1 ml A. und gibt mit einer Mikropipette von 0,1 bis 0,2 ml Fassungsvermögen 0,01 ml dieser Lsg. auf die Startlinie. Der Durchmesser der Flecks soll nicht mehr als 0,4 bis 0,6 cm betragen. Der so vorbereitete Papierstreifen wird 25 bis 30 Min. in die Chromatographiekammer placiert. Dann wird absteigend mit n-Butanol/W./Essigsäure (50 : 50 : 1) chromatographiert, bis die Lösungsmittelfront 12 bis 15 cm gewandert ist. Das luftgetrocknete Chromatogramm wird mit Dragendorffs Reagens entwickelt. Am Start darf kein Fleck vorhanden sein (Ross. 9). – 12. Trocknungsverlust. Nicht mehr als 1,0% bei 105° (BP 63, BPC 63); nicht mehr als 0,5% nach 2 Std. bei 105° (USP XVII, PI.Ed. I – Suppl.); nicht mehr als 0,5% bei 100 bis 105°, bestimmt mit etwa 1 g Substanz (CF 65); nicht mehr als 0,10% (1 g, Jap. 61); nicht mehr als 1,5% nach 2 Std. bei 105°, bestimmt mit 0,20 g Substanz (Nord. 63); 2,000 g werden nach Vorschrift behandelt und bei 105° getrocknet. Die Substanz darf höchstens 0,50% verlieren und ist für die Gehaltsbestimmung zu verwenden (DAB 7 – DDR); nicht mehr als 0,5% bei 100 bis 105°, bestimmt mit etwa 0,5g (Ross. 9). – 13. Verbrennungsrückstand. Nicht mehr als 0,1% (USP XVII, PI.Ed. I – Suppl.), bestimmt mit 1 g (Jap. 61), mit 0,50 g (Nord. 63). – 14. Sulfatasche. Nicht mehr als 0,1% (BP 63, Ross. 9), bestimmt mit etwa 1 g (CF 65), mit 1,000 g (DAB 7 – DDR).

Gehaltsbestimmung. 1. Etwa 700 mg werden genau gewogen und in 75 ml Eisessig gelöst und nach Zusatz von 10 ml Quecksilberacetatlsg. mit 0,1 n Perchlorsäure bei potentiometrischer Endpunktsanzeige titriert. 1 ml 0,1 n Perchlorsäure entspricht 35,53 mg $C_{17}H_{19}ClN_2S \cdot HCl$ (USP XVII, BP 63). – Entsprechend, aber wahlweise auch gegen 2 Tr. essigsaure Blau-BZL-Lsg. als Indikator (PI.Ed. I – Suppl.). – Entsprechend, aber mit etwa 0,4 g vorher 2 Std. bei 105° getrockneter Substanz, die in einer Mischung aus 6 ml Quecksilberacetatlsg. und 50 ml Aceton (beide Reagentien für wasserfreie Titration) gelöst werden und gegen 3 Tr. Bromkresolgrün-Methylrosanilinchlorid-Lsg. als Indikator auf Blauviolett titriert werden und unter Berücksichtigung eines Blindversuches berechnet werden (Jap. 61). – Wie Jap. 61, aber mit 0,25 g Substanz, 100 ml Aceton, 5 ml Quecksilber(II)-acetat-Lsg. in Acetanhydrid, 1 ml gesätt. Lsg. von Helianthin in Aceton als Indikator und Farbumschlag nach Rosa (CF 65). – 0,2000 g getrocknete Substanz (von der Bestimmung des Trocknungsverlustes) werden in 30,0 ml Acetanhydrid gelöst. Nach Zusatz von 3 Tr. Malachitgrünlsg. wird die Lsg. mit 0,1 n Perchlorsäure bis zum Farbumschlag nach rein Gelb titriert (Feinbürette) (DAB 7 – DDR). – 2. 0,1000 g werden in 20 ml W. und 10 ml) Schwefelsäure (1 m) gelöst und sofort mit 0,1 n Cer(IV)-sulfat-Lsg. titriert, bis die beim Titrieren auftretende rote Farbe verschwindet (Halbmikrobürette). 1 ml 0,1 n Cer(IV)-sulfat-Lsg. entspr. 0,01777 g $C_{17}H_{19}N_2ClS \cdot HCl$, 1 g $C_{17}H_{19}ClN_2S \cdot HCl$ entspr. 56,29 ml 0,1 n Cer(IV)-sulfat-Lsg. (Nord. 63). – 3. Man löst 0,5 g genau gewogene Substanz in 10 ml W., fügt die vorher gegen Phenolphthalein neutralisierte Mischung von 20 ml A. und 10 ml Chlf. hinzu und titriert mit 0,1 n Natronlauge gegen Phenolphthalein auf Rosa. 1 ml 0,1 n Natronlauge entspricht 0,03553 g Aminazin (Ross. 9).

Geforderter Gehalt. 98,0 bis 101,5% (Nord. 63), bezogen auf die getrocknete Substanz (USP XVII); mindestens 98%, bezogen auf das getrocknete Produkt (CF 65, Jap. 61); 99,0 bis 101,0%, bezogen auf die getrocknete Substanz (BP 63, BPC 63, Ross. 9); 98,0 bis 101,0%, bezogen auf die (2 Std., PI.Ed. I – Suppl.) bei 105° getrocknete Substanz (DAB 7 – DDR).

Aufbewahrung. Vor Licht geschützt (BP 63, BPC 63, DAB 7 – DDR) und gut verschlossen (Nord. 63, USP XVII, Jap. 61, PI.Ed. I – Suppl.).

Sterilisation. Injektionslsg. werden durch Erhitzen im Autoklaven in einer Atmosphäre von Stickstoff oder einem anderen geeigneten Gas sterilisiert (BPC 63). – Mit 0,1% Natriumpyrosulfit: Autoklavieren (Nord. 63).

Unverträglichkeit. Basisch reagierende Stoffe (Ausfällung), oxydierende Stoffe (Verfärbung) (Nord. 63).

Warnung vor Kontaktexzemen. Chlorpromazin kann schwere Dermatitis bei sensibilisierten Personen hervorrufen. Bei häufigerem Umgang mit der Substanz sollten Masken und Gummihandschuhe getragen werden (BPC 63), oder man soll mit Gummihandschuhen unter dem Abzug arbeiten und nach Beendigung der Arbeit die Hände mit kaltem, am besten angesäuertem W. ohne Seife waschen (Ross. 9).

Dosierung. In der Psychiatrie 75 bis 500 mg täglich, als Antemeticum 25 bis 50 mg (BP 63, BPC 63).

Gebräuchliche Dosis: 10 bis 50 mg einzeln und 30 bis 200 mg täglich (Jap. 61), viermal täglich 25 mg, 10 mg bis 1 g täglich (USP XVII), 10 bis 400 mg täglich, individuell dosiert (Merck Ind. 60).

Maximaldosis: Einzeln 0,1 g, täglich 0,4 g (Nord. 63); täglich 1 g (Jap. 61); oral und i.m. einzeln 0,1 g, täglich 0,2 g (DAB 7 – DDR); oral und i.m. einzeln 0,15 g und täglich 0,5 g, i.v. einzeln 0,05 g und täglich 0,2 g (Ross. 9).

Dosierung in der Veterinärmedizin, nach Merck Ind. 60 (pro amerikanisches Pfund):

	i. m. mg	i. v. mg
Rind	0,5–1,0	0,1–0,5
Pferd	0,5–1,8	0,1
Katze, Schaf	1,0–3,0	0,25–2,0
Hund	0,5–3,0	0,25–2,0

Anwendung. Psychiatrie: Angst- und Spannungszustände, psychomotorische Erregung, Halluzinationen, Delirium tremens, Wahnstimmungen, Dämmerzustände, schizophrene und cerebralsklerotische Psychosen, Eklampsie, Entziehungskuren. Vorher aggressive und verwirrte Patienten werden ruhig und verträglich. Bei oraler Gabe werden die Patienten nach etwa 1 Std. schläfrig, apathisch, weniger ängstlich und manchmal euphorisch. Bei älteren oder debilen Patienten ist vorsichtig zu dosieren und evtl. abzusetzen, falls die Depression zunimmt.

Sonstige Anwendung: Erbrechen und Schluckauf, juckende Dermatosen, Potenzierung von Analgetica bzw. Narcotica, und zwar zur Verminderung der bei malignen Erkrankungen notwendigen Narcoticadosen oder zum Narkotisieren (z. B. 50 mg mit 50 mg Promethazin und 100 mg Pethidin kombiniert).

Zur Herbeiführung des „Künstlichen Winterschlafes" (Hibernation artificielle), für den man in Deutschland häufig den von Weese vorgeschlagenen Ausdruck „gesteuerte Hypothermie" gebraucht, verwendet man komplizierte Arzneimischungen, die man in ihrer Zusammensetzung stark variiert. Wesentliche Bestandteile dieses „Coctail Laborit" (nach H. Laborit so genannt) oder „Coctail lytique" sind gemäß einer Zusammenstellung in Merck JB 52 die folgenden:

1. Zur zentralen Dämpfung: Phenobarbital oder Pentobarbital, Pethidin oder Methorphinan, Scopolamin, Procain, Magnesiumsulfat, Aminophenazon.
2. Sympathikolytica: Phenothiazinderivate, z. B. Chlorpromazin, Promethazin, Diethazin, Phentolamin.
3. Parasympathikolytica: Atropin, Scopolamin, Promethazin, Diethazin, Chlorpromazin.
4. Antihistamine: Promethazin, Diethazin.
5. Ganglioplegica: Pendiomid (Ciba), Hexamethoniumsalze, Spartein, Magnesium sulfat.
6. Antifibrillatorisch am Herzen wirkende Mittel: Procain oder Procainamid, Spartein, Chinin und Chinidin.
7. Muskelrelaxantien, gemeinsam mit Thiopenton oder Lachgas: d-Tubocurarinchlorid, Gallaminae Triethiodidum, Succinylcholinchlorid u. a. Magnesiumsulfat.
8. Gefäßwirksame Stoffe: Synthetische Östrogene, Vitamin E.
9. Antibiotica und die Vitamine B_1, B_6, B_{12}, C.

Literatur: Arzneimittel-Forsch. *4*, 223 (1954); Mitt. dtsch. pharm. Ges. *24*, 76 (1954).

Nebenwirkungen: Allergische Erscheinungen, Gelbsucht, selten Agranulozytose, Kreislaufkollaps, akute Hypertension, Hypothermie, bei sehr hohen Dosen parkinsonähnliche Erscheinungen, Lichtempfindlichkeit, paradoxe Rk., Benommenheit, Akkommodationsstörungen, Mundtrockenheit.

Kontraindikation: Akuter Einfluß großer Narcoticamengen, Leberkrankheiten.

Pharmakologische Charakterisierung: Intensiv zentral dämpfend, antiemetisch, adrenolytisch, spasmolytisch, antipyretisch, histaminantagonistisch, Narcotica-Analgetica-Hypnotica potenzierend.

DL_{50} (14 Tage) in mg/kg:

	Ratte	Maus
i.p.	75–100	225–250 (24 Std.)
s.c.	540	160–200 } je nach
		400–465 } Futter
p.o.	492	
i.v.	25	27

Gegenmaßnahmen bei Vergiftung mit Chlorpromazin (BPC 63). Bei akuter Vergiftung Magenspülung. Bei akuter Hypotension den Patienten schräg lagern, Kopf nach unten,

Füße nach oben, und Noradrenalin durch Tropfinfusion zuführen. Die ZNS-Lähmung soll von selbst vorübergehen, nur soll Penicillin parenteral gegeben werden zur Verhinderung einer Pneumonie. Die Körpertemperatur soll sich ebenfalls von selbst normalisieren, sofern sie nicht so weit abgesunken ist, daß Herzarrhythmien zu befürchten sind.

Handelsformen: Megaphen (Bayer), Largactil und Hibanil (Specia), Propaphenin (Dt. Hydrierwerke Rodleben), Thorazine (Smith, Kline & French), Hibernal (Leo). Kombinationspräparat: Megaphen compositum (Bayer).

Methopromazin (INN) Merck Ind. 60. Methoxypromazin. Mopazin. 10-(3-Dimethylaminopropyl)-2-methoxyphenothiazin.

$C_{18}H_{22}N_2OS$	Formel c. 1. c), S. 369 Base	M.G. 314,46
$C_4H_4O_4 \cdot C_{18}H_{22}N_2OS$	Hydrogenmaleat	M.G.430,51
$C_2H_2O_4 \cdot C_{18}H_{22}N_2OS$	Hydrogenoxalat	M.G. 404,48

Herstellung. Aus 2-Methoxyphenothiazin und 3-Dimethylaminopropylchlorid in Gegenwart von Natriumamid [C. R. Acad. Sci. (Paris) *235*, 59 (1952)].

Eigenschaften. Base: Fp. 44 bis 48°. – Hydrogenmaleat: Fp. 141 bis 145°. Lichtempfindlich. – Löslichkeit bei 25° in W. 0,3% in M. 4%, in Chlf. 12,5%, in Dimethylformamid 100 g auf 100 ml. Sehr wenig lösl. in A., Bzl. Unlösl. in Ae. pH der gesätt. wss. Lsg. etwa 5. – Hydrogenoxalat: Kristalle Zers. 178 bis 179°. – Pikrat: Rötliche Kristalle, Fp. 141 bis 142°.

Dosierung. 25 mg oder mehr, individuell (Merck Ind. 60). Klinisch 50 bis 300 mg täglich, ambulant 25 bis 150 mg täglich.

Anwendung. Angst-, Spannungs-, Erregungszustände, Psychasthenie, neurotisch-hypochondrische Verhaltungsweise mit depressiver Verstimmung, Schmerzen und Spasmen im Magen-Darm-Trakt, juckende Hautkrankheiten.

Handelsformen: Mopazin (Specia), Tentone (Lederle).

Triflupromazinhydrochlorid (INN) Merck Ind. 60. Trifluormethylpromazin. 2-Trifluormethyl-10-(3-dimethylaminopropyl)-phenothiazin-hydrochlorid.

$C_{18}H_{19}F_3N_2S \cdot HCl$	Formel c. 1. d), S. 369	M.G. 388,89

Herstellung. Durch Verschmelzen von 3-Trifluormethyldiphenylamin mit Schwefel und etwas Jod entsteht ein Gemisch von 2- und 4-Trifluormethylphenothiazin, das sich durch Kristallisation trennen läßt. Das 2-Trifluormethylphenothiazin wird mit Natriumamid und 3-Dimethylaminopropylchlorid in siedendem Xylol umgesetzt [J. Amer. chem. Soc. *79*, 4375 (1957)].

Eigenschaften. Kristalle. Zers. 173 bis 174°. Lösl. in W., A., Aceton. pH einer wss. Lsg. (2%) 4,1. Bei Erhöhung des pH-Wertes auf 6,4 fällt die freie Base aus. UVλ_{max} 255 nm und 305 nm mit $E_{1\,cm}^{1\%}$ 700 bzw. 90.

Dosierung. 25 mg, bei Bedarf mehr, muß sorgfältig individuell angepaßt werden (Merck Ind. 60). Klinisch 50 bis 250 mg täglich, ambulant 10 bis 50 mg täglich.

Anwendung. Unruhe-, Angst- und Spannungszustände, psychomotorische Erregung bei organischen Gehirnerkrankungen, Entziehungskuren, Erbrechen, Operationsvorbehandlung.

Handelsformen: Psyquil und Nivoman (Heyden), Vesprin und Nivoman (Squibb), Fluorofen und Fluomazina (Savio).

Acetylpromazini maleas (INN) Jap. 61. Acetylpromazinmaleat. Acetylpromazin Merck Ind. 60. Acepromazine Maleate BPC 63. 2-Acetyl-10-(3′-Dimethylaminopropyl)-phenothiazin-hydrogenmaleat.

$C_{19}H_{22}N_2OS \cdot C_4H_4O_4$	Formel c. 1. e), S. 369	M.G. 442,54

Herstellung. Aus Acetyl-phenothiazin und 3-Dimethylaminopropylchlorid mit Hilfe von Natriumamid [Brit. Pat. 808049 (1959), CA (N. Y.) *53*, 12312e (1959)]. Oder durch Umsetzen von 2-Acetylphenothiazin mit Phosgen zum 10-Carbonsäurechlorid, das mit 3-Dimethylaminopropanol zum entsprechenden Ester kondensiert. Die freie Base des Esters wird in Gegenwart von Kupferpulver zum Acetylpromazin pyrolysiert. Acetylphenothiazin läßt sich durch Friedel-Crafts-Acetylierung von N-Propionylphenothiazin und anschließende Abspaltung des Propionylrestes mit alkoholischer Kalilauge gewinnen (Bull. Soc. chim. Fr. *1957*, S. 938).

Eigenschaften. Gelbes kristallines Pulver, geruchlos und mit bitterem Geschmack (Jap. 61, BPC 63), gelbe Kristalle (Essigester) (Merck Ind. 60). Fp. 136 bis 141° (Jap. 61), 135 bis 138° (BPC 63), 135 bis 136° (Merck Ind. 60). Leicht lösl. in Chlf., in siedendem W. und in warmem A., lösl. in W. und in A., praktisch unlösl. in Ae. und in PAe. (Jap. 61); bei 20° lösl. in 23 T. W., in 40 T. A. und in 3 T. Chlf., wenig lösl. in Ae. (BPC 63). pH der Lsg. (1 → 100) zwischen 4,0 und 4,8 (Jap. 61), pH der Lsg. (1,0%, g/v) in kohlendioxidfreiem W. zwischen 4,0 und 4,5 (BPC 63). – Base: Orange gefärbtes Öl. Kp.$_{0,5}$ 220 bis 240° (Merck Ind. 60).

Erkennung. 1. Die Lichtabsorption der zur Gehaltsbestimmung verwendeten Lsg. wird gemessen. Die Lsg. zeigt Maxima bei 243 ± 1 nm und 278 ± 1 nm. Die Absorptionen E und E' bei diesen Wellenlängen werden gemessen. Das Verhältnis E/E' liegt zwischen 1,33 und 1,44 (Jap. 61). – 2. Je 5 ml Lsg. (1 → 500) geben mit Jodlsg. einen rötlichbraunen Nd., mit Mayers Rg. einen gelblichweißen Nd., mit Pikrinsäurelsg. einen gelben Nd. (Acetylpromazin) (Jap. 61). – 3. 5 ml Lsg. (1 → 500) werden mit 3 bis 4 Tr. Eisessig und 5 mg p-Nitrophenylhydrazin auf siedendem Wasserbad erhitzt. Dabei entsteht eine orangerote Farbe und beim Abkühlen scheidet sich ein orange bis rötlich-orange gefärbter Nd. ab (Acetylpromazin) (Jap. 61). – 4. Man kocht 0,5 g 2 Std. mit 20 ml W. und 0,5 g Hydroxylammoniumchlorid am Rückflußkühler, kühlt ab und macht mit Natriumhydroxidlsg. alkalisch gegen Lackmuspapier. Der sich bildende Nd. schmilzt nach Umkristallisieren aus Essigester und Trocknen bei etwa 157° (BPC 63). – 5. 1 Tr Kaliumpermanganatlsg. wird durch 5 ml Lsg. (1 → 500) von Acetylpromazinmaleat sofort entfärbt (Maleinsäure) (Jap. 61). – 6. Zu 0,2 g gibt man 3 ml W. und 2 ml Natriumhydroxidlsg. Dabei entsteht eine gelbe viskose Schicht. Dann schüttelt man dreimal mit je 3 ml Ae. aus und erhitzt die wss. Lsg. mit 2 ml Bromlsg. AsT 10 Min. auf dem Wasserbad, kocht auf, kühlt ab und fügt 0,2 ml davon zu einer Lsg. von 10 mg Resorcin in 3 ml Schwefelsäure. Dann erhitzt man 15 Min. auf dem Wasserbad, dabei entsteht eine blauschwarze Farbe (BPC 63).

Prüfung. 1. Schwermetalle. Der Verbrennungsrückstand von 2,0 g wird in 2 ml Salzsäure gelöst und auf dem Wasserbad wieder eingedampft bis zur Trockne. Dieser Rückstand wird in 2 ml verd. Essigsäure aufgenommen und mit W. auf 50 ml aufgefüllt. Mit dieser Lsg. wird die Prfg. durchgeführt. Zur Vergleichslsg. gibt man 2,0 ml Standard-Blei-Lsg. (nicht mehr als 10 ppm) (Jap. 61). – 2. Chlorid. Man löst 0,20 g in 4 ml W., gibt 1 ml verd. Salpetersäure und 0,2 ml Silbernitratlsg. hinzu und läßt 5 Min. stehen. Es darf keine Opaleszenz entstehen (BPC 63). – 3. Trocknungsverlust. Nicht mehr als 0,50% (0,5 g, 105°, 4 Std.) (Jap. 61); nicht mehr als 1,0% bei 105° (BPC 63). – 4. Verbrennungsrückstand. Nicht mehr als 0,10% (2 g) (Jap. 61). – 5. Sulfatasche. Nicht mehr als 0,2% (BPC 63).

Gehaltsbestimmung. 1. Etwa 0,1 g vorher 4 Std. bei 105° getrockneter Substanz werden genau gewogen und mit W. auf genau 1000 ml aufgefüllt. Genau 10 ml dieser Lsg. bilden nach Verdünnen mit W. auf genau 100 ml die Prüflsg. Die Lichtabsorption E bei 243 nm und einer Schichtdicke von 10 mm wird bestimmt. Die Anzahl mg $C_{19}H_{22}N_2OS \cdot C_4H_4O_4$ ergeben sich aus 100000 · E/592 (Jap. 61). – 2. Durch wasserfreie Titration nach BP 63 von etwa 0,5 g genau gewogener Substanz. 1 ml 0,1 n Perchlorsäure entspr. 0,04425 g $C_{23}H_{26}N_2O_5S$ (BPC 63).

Geforderter Gehalt. Mindestens 98,0% (Jap. 61), 98,5 bis 101,5%, bezogen auf die getrocknete Substanz (BPC 63).

Aufbewahrung. Dicht verschlossen (Jap. 61), vor Licht geschützt (BPC 63).

Dosierung. Einzeldosis 10 bis 30 mg; Tagesdosis 30 bis 150 mg; Maximaldosis täglich 1 g (Jap. 61); Anfangsdosis das Äquivalent von 10 bis 26 mg der Base dreimal täglich, später, falls nötig, allmählich steigernd (BPC 63); bei Psychosen 150 bis 300 mg, bei Neurosen und anderen Indikationen 10 bis 30 mg (Merck Ind. 60); Tagesdosis klinisch 50 bis 100 mg und ambulant 10 bis 50 mg.

Anwendung. Angst-, Erregungs- und Verwirrtheitzustände, Schizophrenie, symptomatische Psychosen, Stimmungslabilität, Schlafstörungen, zentrales Erbrechen, Prämedikation bei Operationen, zur Potenzierung von Analgetica. Acepromazin ist wirksamer und weniger toxisch als Chlorpromazin, es besitzt eine geringe antipsychotische Wirkung bei mittelmäßiger zentraler Dämpfung und ausgeprägter adrenolytischer Wirkung. – Nebenwirkungen (seltener und schwächer als bei Chlorpromazin): Hypotension, extrapyramidale Symptome, Benommenheit, nächtliche Erregung, Obstipation, Dermatosen. – DL_{50} der Base: per os 130 mg/kg Maus, i.v. 70 mg/kg Ratte.

Handelsformen: Notensil (Fisons Pharmaceuticals), Plégicil (Clin-Comar).

Trimeprazin.

Formel c. 2. a), S. 369

Siehe Bd. I, 1193.

Trimeprazine Tartrate BPC 63. Trimeprazine Merck Ind. 60. 10-(2-Methyl-3-dimethylaminopropyl)-phenothiazin-tartrat.

$C_{40}H_{50}N_4O_6S_2$ M.G. 747,00

Herstellung. Aus Phenothiazin und 3-Dimethylamino-2-methyl-propylchlorid in Gegenwart von Natriumamid [BPC 63; US-Pat. 2837518 (1958), CA (N. Y.) *52*, 16382d (1958)].

Eigenschaften. Weißes oder schwach cremefarbenes, am Licht sich verfärbendes Pulver; geruchlos, Geschmack bitter. Fp. 160 bis 164°. Lösl. bei 20° in 4 T. W., in 30 T. A. und in 75 T. Chlf., sehr wenig lösl. in Ae. und in Bzl. (BPC 63). pH einer Lsg. (2,0%, g/v) in kohlendioxidfreiem W. liegt zwischen 5,5 und 7,0 (BPC 63). Base: Fp. 68°, $Kp._{0,3}$ 150 bis 175° (Merck Ind. 60). Maleat: Fp. 187° (Merck Ind. 60). Hydrochlorid: Zers. 216 bis 217° (Merck Ind. 60).

Erkennung (BPC 63). 1. Man löst 0,5 g in 5 ml W., gibt 1,5 ml Natriumhydroxidlsg. zu, extrahiert zweimal mit je 10 ml Ae. und hebt die wss. Schicht auf. Die vereinigten Ätherauszüge werden mit wasserfreiem Natriumsulfat geschüttelt, filtriert und eingedampft. Der Rückstand wird zur Kristallisation gebracht und schmilzt nach 16stündigem Trocknen im Vakuum über Phosphorpentoxid bei etwa 60°. – 2. 2 ml der nach 1 erhaltenen wss. Lsg. macht man mit Essigsäure schwach sauer gegen Lackmuspapier, gibt 1 ml einer Lsg. von 1 g Ammoniumvanadat in 2 ml Natriumhydroxidlsg. und 18 ml W. hinzu. Es entsteht eine orangerote Farbe. – 3. Eine Lsg. von 0,5 g in 10 ml W. gibt nach Zusatz von 1 ml Salpetersäure eine rote Farbe und einen weißen Nd., der sich schnell wieder auflöst. Beim Erwärmen schlägt die Farbe plötzlich nach Dunkelgrün um. – 4. Die Lichtabsorption einer Lsg. in 0,01 n Salzsäure zeigt im Bereich von 230 bis 360 nm gut ausgeprägte Maxima nur bei etwa 251 nm und 302 nm. Für λ = 251 nm ist $E^{0,0006\%}_{1\,cm}$ etwa 0,42.

Prüfung (BCP 63). 1. Trocknungsverlust. Bei 100° im Vakuum nicht mehr als 1,0%. 2. Sulfatasche. Nicht mehr als 0,1%.

Gehaltsbestimmung (BPC 63). Durch wasserfreie Titration nach BP 63 von etwa 1 g genau gewogener Substanz. 1 ml 0,1 n Perchlorsäure entspr. 0,03735 g $C_{40}H_{50}N_4O_6S_2$.

Geforderter Gehalt. 99,0 bis 101,0%, bezogen auf die getrocknete Substanz (BPC 63).

Dosierung. Individuell, oral 2,5 bis 10 mg (Merck Ind. 60); bei Pruritus Erwachsene 10 bis 40 mg täglich, Kinder 7,5 bis 15 mg täglich, zur Operationsvorbereitung bei Kindern 2 bis 5 mg/kg Körpergewicht (BPC 63).

Anwendung. Pruritus dermatologischen und nichtdermatologischen Ursprungs. – Nebenwirkungen: Müdigkeit, gelegentlich Benommenheit, Mundtrockenheit, Magen-Darm-Störungen.

Levomepromazin Merck Ind. 60. Methotrimeprazinmaleat (INN). 2-Methoxy-10-(2-methyl-3-dimethylaminopropyl)-phenothiazin-hydrogenmaleat.

$C_{19}H_{24}N_2OS \cdot C_4H_4O_4$	Formel c. 2. b), S. 369	M.G. 444,54
$C_{19}H_{24}N_2OS$	Base	M.G. 328,46

Eigenschaften. Kristalle, die am Licht dunkler werden. Zers. bei etwa 190°. Löslichkeit in W. 0,3% bei 20°, in A. 0,4%. pH einer 0,3%igen Lsg. 4,3. Freie Base: $[\alpha]_D^{20}$ — 17 (c = 5 in Chlf.).

Dosierung. 0,25 mg oder mehr, individuell. Suppositorien 100 mg.

Anwendung. Siehe Chlorpromazin. Sehr stark zentral dämpfend, ausgeprägt histaminantagonistisch, schwach antikonvulsiv.

Handelsformen: Neurocil (Bayer), Nozinan und Minozinan (Specia), Laevopromazin (Rhône-Poulenc), Veractyl (May & Baker), Methoxytrimeprazin.

Taxilan Merck Ind. 60. Perazin. 10-[3-(4-methyl-piperazino)-propyl]-phenothiazin.

$C_{20}H_{25}N_3S$ Formel c. 3. a), S. 369 Base M.G. 339,49

Herstellung. Aus Phenothiazin und 1-Methyl-4-γ-chlorpropyl-piperazin oder aus N-Methylpiperazin und 10-(γ-Brompropyl)-phenothiazin [Mh. Chemie *88*, 56, 193 (1957)].

Eigenschaften. Base: Kristalle. Fp. (Tetrachlorkohlenstoff) 196 bis 189° (andere Angabe 114 bis 116°). Sublimiert bei etwa 145°. Siedet bei 150 bis 160° Badtemperatur und 0,001 Torr. Lösl. in Schwefelkohlenstoff mit gelber Farbe.
Dihydrochlorid: Hygroskopische Nadeln. Zers. 228 bis 230°.
Dihydrochlorid-hemihydrat: Plättchen. Fp. (A.) 225 bis 227°.

Dosierung. 50 bis 150 mg.

Anwendung. Affektive Erregung, emotionelle Spannungszustände, psychomotorische Unruhe, depressive Verstimmung. Die mittelstarke zentrale Dämpfung setzt bald ein, die antipsychotische Wirkung ist relativ schwach. Vorsicht bei Leber- und Blutkrankheiten.

Handelsform: Taxilan (Promonta).

Trifluoperazine Hydrochloride (INN) BP 63, BPC 63. 2-Trifluormethyl-10-[3-(4-methylpiperazino)-propyl]-phenothiazin-dihydrochlorid. 10-[3-(4-methylpiperazin-1-yl)-propyl]-2-trifluormethylphenothiazin-dihydrochlorid.

Merck Ind. 60 beschreibt auch die Base, das Maleat und das Sulfoxid-dihydrochlorid.

$C_{21}H_{24}F_3N_3S \cdot 2HCl$ Formel c, 3, b), S. 369 M.G. 480,41
$C_{21}H_{26}Cl_2F_3N_3S$

Herstellung. Aus 2-Trifluormethyl-phenothiazin und 1-Methyl-3-γ-chlorpropyl-piperazin mit Hilfe von Natriumamid [J. org. Chem. *22*, 709 (1957)].

Eigenschaften. Hell cremefarbenes oder sehr schwach gelbes kristallines Pulver, geruchlos oder fast geruchlos und von bitterem Geschmack. Fp. etwa 240°. Lösl. bei 20° in 2 T. W., wenig lösl. in A. und in Isopropylalkohol, unlösl. in Ae. Die wss. Lsg. (5,0%, g/v) hat ein pH zwischen 1,7 und 2,6.

Base: $C_{21}H_{24}F_3N_3S$, M. G. 407,49. Kp. $_{0,7}$ 202 bis 210° (Merck Ind. 60).

Bis-hydrogenmaleat: $C_{21}H_{24}F_3N_3S \cdot 2C_4H_4O_4$. Fp. 193 bis 194° (Merck Ind. 60).

Sulfoxid-dihydrochlorid: $C_{21}H_{24}F_3N_3OS \cdot 2HCl \cdot 3H_2O$. Fp. 173 bis 175° (Merck Ind. 60).

Erkennung (BP 63). 1. Die Lichtabsorption in 0,01 n Salzsäure zeigt im Bereich von 220 bis 350 nm ein Maximum nur bei 256 nm, mit $E^{0,001\%}_{1\,cm}$ etwa 0,63. – 2. Fluornachweis nach Identitätsprobe D von Dexamethason. Man verbrennt 7 mg nach der Sauerstoffkolbenmethode (BP 63, Bd. I, 223), wobei man eine Mischung aus 20 ml W. und 0,5 ml 0,01 n Natriumhydroxid als Absorptionsflüssigkeit verwendet. Nach Abschluß der Prozedur überführt man 2 ml der Flüssigkeit in ein Reagensglas, fügt 0,5 ml Alizarinkomplexonlsg. („alizarin fluorine blue solution") und 0,2 ml einer Lsg. hinzu, die 12% (g/v) Natriumacetat und 6% (v/v) Eisessig enthält, verdünnt mit 4 ml W. und gibt 0,1 ml Cer(III)-nitrat-Lsg. hinzu. Dabei entsteht eine tief lilablaue Farbe. – 3. Fp. etwa 240°. – 4. Die Substanz gibt die Chloridreaktion B.

Prüfung (BP 63). 1. Trocknungsverlust. Nicht mehr als 1,0% bei 105°. – 2. Sulfatasche. Nicht mehr als 0,1%.

Gehaltsbestimmung (BP 63). Durch wasserfreie Titration von etwa 0,4 g genau gewogener Substanz gegen Oracetblau-B-Lsg. als Indikator. 1 ml 0,1 n Perchlorsäure entspr. 0,02402 g $C_{21}H_{24}F_3N_3S \cdot 2HCl$.

Geforderter Gehalt. 98,5 bis 101,0% (BP 63, BPC 63).

Aufbewahrung. Vor Licht geschützt (BP 63, BPC 63).

Sterilisation. Injektionslsg. werden durch Erhitzen im Autoklaven in einer Atmosphäre von Stickstoff oder einem anderen geeigneten Gas oder durch Filtration sterilisiert (BPC 63).

Dosierung. In der Psychiatrie 2 bis 30 mg täglich, in Einzeldosen unterteilt; als Antiemeticum 1 bis 6 mg täglich (BP 63, BPC 63). Individuell, 2 bis 20 mg oral, 1 bis 2 mg i.m. (Merck Ind. 60).

Anwendung. Trifluoperazin wirkt ähnlich wie Chlorpromazin, jedoch genügen wesentlich geringere Dosen. Angst-, Unruhe-, Erregungszustände, Geburtserleichterung, Operationsvorbereitung, Erbrechen. – Nebenwirkungen: Müdigkeit, Schwindelgefühl, verschwommene Sicht, Kopfschmerzen, Mundtrockenheit, Appetitlosigkeit, Hautreaktionen.

Handelsformen: Jatroneural und Jatroneural mite (Röhm und Haas), Stelazine (Smith, Kline und French).

Butyrylperazin. 3-n-Butyryl-10-[3-(4-methylpiperazino)-propyl]-phenothiazin-bis-hydrogenmaleat.

$C_{24}H_{31}N_3OS$ Formel c. 3. c), S. 369 M.G. 409,60

Anwendung. Als starkes Neurolepticum bei Psychosen des schizophrenen Formenkreises, Hebephrenie, Defektschizophrenie, manischen Zuständen, Erregungs- und Angstzuständen, zentralem Erbrechen.

Handelsform: Randolectil (Bayer).

Thioperazin. Thiproperazin. Thiopropemazin. 10-[3-(4-Methylpiperazino)-propyl]-phenothiazin-2-sulfonsäure-dimethylamid.

$C_{22}H_{30}N_4O_2S_2$ Formel c. 3. d), S. 369 M.G. 446,65

Anwendung. Akute Schizophrenien und schwerste Katatonien, paranoid-halluzinatorisches Syndrom, Erregungszustände, Manien. – Nebenwirkung: Häufig depressive Rk., Angstzustände, gelegentlich Euphorie.

Handelsformen: Majeptil (May und Baker), Vontil (Smith, Kline und French).

Prochlorperazin (INN). Prochlorpemazin. Chlorperazin. 2-Chlor-10-[3-(4-methyl-piperazino)-propyl]-phenothiazin. Prochlorperazine NF XII.

$C_{20}H_{24}ClN_3S$ Formel c. 3. e), S. 369 M.G. 373,95

Herstellung. Aus 2-Chlorphenothiazin und 4-Methyl-1-(3-chlorpropyl)-piperazin [Franz. Pat. 1167627 (1955), Chem. Zbl. *1960,* S. 1943].

Eigenschaften. Klare, schwach gelbe, viskose Flüssigkeit, lichtempfindlich. Sehr wenig lösl. in W., sehr gut lösl. in A., Chlf. und Ae.

Erkennung. Prochlorperazin entspr. der Identifikationsprüfung auf organische Stickstoffbasen (NF XII), wobei Prochlorperazinmaleat-Bezugsstandard der USP als Standard zum Vergleich dient.

Prüfung. Verbrennungsrückstand. Nicht mehr als 0,1%.

Gehaltsbestimmung. Man überführt etwa 500 mg genau gewogener Substanz in einen 125-ml-Erlenmeyerkolben, fügt 30 ml Eisessig hinzu und erwärmt zum Auflösen auf dem Dampfbad. Man fügt 2 Tr. Kristallviolettlsg. hinzu und titriert mit 0,1 n Perchlorsäure in Eisessig auf Blau. Mit Hilfe eines Blindversuches wird eine evtl. erforderliche Korrektur ermittelt.
1 ml 0,1 n Perchlorsäure entspricht 18,70 mg $C_{20}H_{24}ClN_3S$.

Aufbewahrung. Dicht verschlossen und vor Licht geschützt.

Dosierung. Rectal 2,5 bis 25 mg.

Anwendung. Bei Erbrechen, Reisekrankheit, Kopfschmerz, Migräne, Unruhe- und Erregungszuständen. – Nebenwirkungen: Schläfrigkeit, Benommenheit, Hautreaktionen, selten extrapyramidale Symptome. DL_{50} oral 1,25 mg/kg Maus.

Handelsformen: Nipodal (Bayer), Compazine (Smith, Kline & French), Tamatil (Rhône-Poulenc), Stemetil und Tementil (Specia).

Prochlorperazin wird als Base, Maleat, Methansulfonat und Edisylat beschrieben.

Prochlorperazine Maleate BP 63, USP XVII, BPC 63, Merck Ind. 60. Prochlorpémazine (maléate de) CF 65. Prochlorpemazini Maleas. Dimaléate de chloro-3-[(méthyl-4-pipérazinyl)-3-propyl]-10-phénothiazine. Bis-(hydrogenmaleat) des Prochlorperazins. 2-Chlor-10-[3-(4-methylpiperazino)-propyl]-phenothiazin-bis-hydrogenmaleat.

$C_{20}H_{24}ClN_3S \cdot 2C_4H_4O_4$ M.G. 606,07

Eigenschaften. Weißes Pulver, das sich am Licht rosa färbt (CF 65), weißes oder schwach gelbes, kristallines Pulver (BP 63, USP XVII, BPC 63), winzige Kristalle (Merck Ind. 60), ohne Geruch (CF 65), Geschmack schwach bitter (BP 63, BPC 63). Fp. 198 bis 203° (BP 63, BPC 63), 228° (Merck Ind. 60), ohne klar definierten Fp., gegen 220° (CF 65). Fast unlösl. in W. und in A., sehr wenig lösl. in Bzl., unlösl. in Ae. (BP 63), weniger als 0,1% bei 20° lösl. in W., etwas lösl. in M. und in A., unlösl. in Ae., Bzl. und Chlf. (Merck Ind. 60), lösl. in Dimethylformamid bei 70°, sehr wenig lösl. in W. und in A., praktisch unlösl. in Ae. und in Chlf. (CF 65), praktisch unlösl. in W. und in A., wenig lösl. in warmem Chlf. (USP XVII). Die gesätt. Lsg. reagiert sauer gegen Lackmus (USP XVII). pH der gesätt. Lsg. liegt zwischen 3,0 und 4,0 (CF 65).

Erkennung. 1. Maleinsäure. Eine Lsg. von 0,20 g in 2 ml W. wird mit 1 ml Natronlauge und 10 ml Ae. geschüttelt. Nach Abtrennen der ätherischen Schicht wird die wss. Schicht zweimal mit je 10 ml Ae. gewaschen. Zu 3 ml der wss. Schicht gibt man 1 ml Bromwasser und vertreibt das überschüssige Brom durch Kochen. Gleichzeitig werden in einem Reagensglas einige Milligramm Resorcin in 9 ml konz. Schwefelsäure gelöst. Dazu gibt man einige

Tropfen der mit Brom behandelten Lsg. und erwärmt 15 Min. auf dem Wasserbad. Dabei entwickelt sich eine weinrote Farbe (CF 65). – 2. Prochlorperazin als Pikrat. Die Ätherauszüge von Erkennungsprüfung 1. werden mit entwässertem Natriumsulfat getrocknet, filtriert und bei normaler Temperatur eingedampft. Der Rückstand wird in 10 ml M. gelöst und mit einer Lsg. von 0,15 g Pikrinsäure in 10 ml M. versetzt. Die sich bildenden Kristalle werden auf einer Fritte gesammelt, mit M. ausgewaschen und im Vakuumexsikkator über Schwefelsäure getrocknet. Sie schmelzen unter Zers. um 270° (CF 65). – 0,2 g werden in einer Mischung von 3 ml W. und 2 ml Natriumhydroxidlsg. gelöst und dreimal mit je 3 ml Ae. extrahiert. Die wss. Schicht wird aufgehoben für die Identitätsprüfung 3. Die vereinigten Ätherauszüge werden zur Trockne eingedampft. Der Rückstand wird in 10 ml heißem M. gelöst und in eine Lsg. von 0,4 g Pikrinsäure in 30 ml heißem M. gegossen. Nach Abfiltrieren und Auswaschen mit M. schmilzt der Rückstand um 255° (Zers.) (BP 63). – 3. Maleinsäure. Zu der wss. Schicht von Identitätsprüfung 2 gibt man 2 ml Bromlsg. AsT, erwärmt 10 Min. im Wasserbad, erhitzt zum Sieden, kühlt ab und fügt 2 Tr. einer Lsg. von 10 mg Resorcin in 3 ml Schwefelsäure hinzu. Bei 15minütigem Erhitzen auf dem Wasserbad entwickelt sich eine blauschwarze Farbe (BP 63). Zu etwa 500 mg gibt man 5 ml W. und 2 ml stärkeres Ammoniakwasser und extrahiert dreimal mit je 5 ml Chlf. Man dampft die wss. Lsg. zur Trockne ein, fügt zum Rückstand einige Tropfen verd. Schwefelsäure, dann etwa 5 ml W. und extrahiert die Lsg. viermal mit je 25 ml Ae. Der Ae. wird in einem warmen Luftstrom verjagt. Der Rückstand (Maleinsäure) schmilzt zwischen 128 und 133° (USP XVII). – 4. Prochlorperazinmaleat entspr. der Identifikationsprüfung auf organische Stickstoffbasen. Dabei wird die Auflösung des Salzes durch Zusatz von 0,5 ml verd. Salzsäure zu der in der Vorschrift angegebenen Menge W. und Erwärmen herbeigeführt (USP XVII). – 5. Verhalten gegen Schwefelsäure. Wie Identitätsprüfung 4 bei Chlorpromazinhydrochlorid (BP 63). – 6. Wie Identitätsprüfung 7 (HBr) bei Chlorpromazinhydrochlorid (BP 63).

Prüfung. 1. Der pH der gesätt. Lsg. muß zwischen 3,0 und 4,0 liegen (CF 65). – 2. Schwermetalle. Der Rückstand der Sulfataschebestimmung wird in 1 ml konz. Salzsäure aufgenommen und auf dem Wasserbad eingedampft. Dann wird erneut in 5 ml W. aufgenommen und mit 5 ml Schwefelwasserstofflsg. versetzt. Falls eine Färbung entsteht, so darf sie nicht stärker sein als die einer mit der gleichen Reagensmenge versetzten Mischung von 5 ml W. und 1 ml einer Lsg., die 0,01 g Blei auf 1000 ml enthält (10 ppm) (CF 65). – 3. Trocknungsverlust. Nicht mehr als 1,0% bei 105° (BP 63, BPC 63), nicht mehr als 0,5% bei 100 bis 105°, bestimmt an etwa 1 g (CF 65), nicht mehr als 0,5% nach 2 Std. bei 105° (USP XVII). – 4. Sulfatasche. Nicht mehr als 0,1% (BP 63) bestimmt mit etwa 1 g (CF 65). – 5. Verbrennungsrückstand. Nicht mehr als 0,1% (USP XVII).

Gehaltsbestimmung. Durch wasserfreie Titration von etwa 0,6 g genau gewogener Substanz (BP 63). Etwa 0,25 g werden genau gewogen und in 50 ml Eisessig unter schwachem Erwärmen gelöst. Nach Abkühlen werden 4 bis 5 Tr. α-Naphtholbenzeinlsg. zugegeben. Mit 0,1 n Perchlorsäure wird bis zum Farbumschlag nach Grün titriert. Der Verbrauch von einem Blindversuch wird abgezogen (CF 65). 1 ml 0,1 n Perchlorsäure entspr. 0,0303 g $C_{20}H_{24}ClN_3S \cdot 2C_4H_4O_4$. – Etwa 400 mg werden genau gewogen, in ein Becherglas überführt, und in 30 ml Chlf. unter Erwärmen auf dem Dampfbad gelöst. Man gibt 100 ml Eisessig hinzu, kühlt auf Zimmertemperatur ab und titriert mit 0,05 n Perchlorsäure bei potentiometrischer Endpunktbestimmung.

1 ml 0,05 n Perchlorsäure entspr. 15,15 mg $C_{20}H_{24}ClN_3S \cdot 2C_4H_4O_4$ (USP XVII).

Geforderter Gehalt. Bezogen auf das bei 105° getrocknete Produkt mindestens 98,0% (CF 65), 98,0 bis 101,0% (BP 63), 98,0 bis 101,5% (USP XVII).

Aufbewahrung. Vor Licht geschützt (BP 63, BPC 63) und gut verschlossen (CF 65, USP XVII).

Dosierung. In der Psychiatrie 15 bis 100 mg täglich, unterteilt in Einzeldosen, als Antiemeticum 10 bis 30 mg (BP 63, BPC 63); oral 5 bis 10 mg, in der Psychiatrie bei hospitalisierten Patienten bis 25 mg (Merck Ind. 60); als Antiemeticum 8 bis 15 mg (entspr. 5 bis 10 mg Base), übliche Dosis 8 mg (entspr. 5 mg Base) drei- bis viermal täglich (USP XVII).

Prochlorperazine Methanesulphonate BP 63, BPC 63. 2-Chlor-10-[3-(4-methylpiperazino)-propyl]-phenothiazin-bis-methansulfonat.

$C_{20}H_{24}ClN_3S \cdot 2CH_3SO_3H$

$C_{22}H_{32}ClN_3O_6S_3$ M.G. 566,16

Eigenschaften. Weißes, oder fast weißes, geruchloses Pulver mit schwach bitterem Geschmack. Fp. etwa 242°. Lösl. bei 20° in weniger als 0,5 T. W. und in 40 T. A., wenig lösl. in Chlf., unlösl. in Ae. pH einer 2,0%igen wss. Lsg. zwischen 2,0 und 3,0.

Erkennung. 1. Entsprechend den Identitätsprüfungen 2., 4. und 5. von Prochlorperazinmaleat. – 2. Man mischt 50 mg mit 0,2 g pulverisiertem Ätznatron, erhitzt zum Schmelzen und noch einige Sekunden länger, kühlt ab, gibt 0,5 ml W. und einen geringen Überschuß verd. Salzsäure hinzu und erwärmt. Dabei entwickelt sich Schwefeldioxid, das feuchtes Jodatstärkepapier blau färbt. – 3. Fp. um 242°. – 4. Lichtabsorption einer Lsg. in A. mit 0,01% (v/v) konz. Ammoniak. Im Bereich von 220 bis 350 nm tritt ein Maximum nur bei 258 nm auf, $E_{1\,cm}^{0,0007\%}$ etwa 0,44.

Prüfung. 1. Trocknungsverlust. Bei 100° und höchstens 5 Torr nicht mehr als 1,0%. – 2. Sulfatasche. Nicht mehr als 0,1%.

Gehaltsbestimmung. Nach Methode I für Stickstoffbestimmung mit etwa 0,6 g genau gewogener Substanz und 15 ml stickstofffreier Schwefelsäure.

1 ml 0,1 n Schwefelsäure entspr. 0,01887 g $C_{20}H_{24}ClN_3S \cdot 2CH_3SO_3H$.

Geforderter Gehalt. 98,0 bis 101,0%, bezogen auf die getrocknete Substanz.

Aufbewahrung. Vor Licht geschützt.

Sterilisation. Injektionslsg. werden in einem Autoklaven in einer Atmosphäre von Stickstoff oder einem anderen geeigneten Gas sterilisiert.

Dosierung. In der Psychiatrie zwei- bis dreimal täglich 12,5 bis 25 mg durch tiefe i.m. Injektion, als Antiemeticum 12,5 mg i.m. Weitere Anwendung in Sirupen.

Prochlorperazine Edisylate USP XVII. Prochlorperazin-äthandisulfonat. 2-Chlor-10-[3-(4-methylpiperazino)-propyl]-phenothiazin-äthandisulfonat.

$C_{20}H_{24}ClN_3S \cdot C_2H_6O_6S_2$ M.G. 564,15

$$C_{20}H_{26}ClN_3S^{++} \quad \begin{array}{l} CH_2{-}SO_3^- \\ | \\ CH_2{-}SO_3^- \end{array}$$

Eigenschaften. Weißes bis sehr schwach gelbes, geruchloses, kristallines Pulver. Lösl. in etwa 2 T. W. und in etwa 1500 T. A., unlösl. in Ae. und in Chlf. Die Lsg. reagieren sauer gegen Lackmus.

Erkennung. 1. Prochlorperazinedisylat entspr. der Identifikationsprüfung auf organische Stickstoffbasen, wobei Prochlorperazinmaleat-Bezugsstandard der USP als Standard zum Vergleich dient. – 2. Man schmilzt etwa 100 mg mit einigen Rotuli Ätznatron. Die erkaltete Schmelze gibt den Sulfitnachweis.

Prüfung. 1. Trocknungsverlust. Nicht mehr als 0,5% nach 3 Std. bei 100° im Vakuum. – 2. Verbrennungsrückstand. Nicht mehr als 0,1%.

Gehaltsbestimmung. Man überführt etwa 750 mg genau gewogener Substanz in einen Scheidetrichter, der 40 ml W. enthält, und schüttelt bis zur Auflösung. Man macht die Lsg. alkalisch mit starkem Ammoniakwasser und extrahiert dreimal mit je 25 ml Ae. Die vereinigten Ätherauszüge wäscht man einmal mit etwa 25 ml W., verwirft das Waschwasser, und dampft die Ätherlsg. auf dem Dampfbad zur Trockne ein. Man löst den Rückstand in 60 ml Eisessig, fügt Kristallviolettlsg. hinzu und titriert mit 0,1 n Perchlorsäure.

1 ml 0,1 n Perchlorsäure entspr. 28,21 mg $C_{20}H_{24}ClN_3S \cdot C_2H_6O_6S_2$.

Geforderter Gehalt. 98,0 bis 101,5%, bezogen auf die getrocknete Substanz.

Dosierung. 8 bis 16 mg als Injektion. Übliche Dosis 8 mg, entsprechend 5 mg Base, alle 3 oder 4 Std. Weiter Anwendung in Sirupen.

Dixyrazin. 10-{2-Methyl-3-[4-(2-hydroxyäthoxyäthyl)-piperazino]-propyl}-phenothiazin.

$C_{24}H_{33}N_3O_2S$ Formel c. 4., S. 369 M.G. 427,61

Anwendung. Psychosen, Neurosen, Angst, exogene Depressionen, neurovegetative Dystonien. – Nebenwirkungen: Müdigkeit, Mundtrockenheit, Schwindelgefühl.

Handelsform: Esucos (UCB-Chemie Köln).

Perphenazine (INN) BP 63, BPC 63, Merck Ind. 60. Perphenazin. Chlorperphenazin. 2-Chlor-10-{3-[4-(2-hydroxyäthyl)-piperazino]-propyl}-phenothiazin.

$C_{21}H_{26}ClN_3OS$ Formel c. 5. a), S. 369 M.G. 403,97

Herstellung. Aus 2-Chlor-10-(3-chlorpropyl)-phenothiazin und 1-(β-Hydroxyäthyl)-piperazin [Chem. Engng. News *35*, 27 (1957)].

Eigenschaften. Weißes, oder creme-weißes, fast geruchloses und bitterschmeckendes Pulver (BP 63, BPC 63), lichtempfindliche Kristalle (Merck Ind. 60). Fp. 96 bis 100° (BP 63, BPC 63), 94 bis 100° (Merck Ind. 60). Fast unlösl. in W., lösl. bei 20° in 20 T. A., in 1 T. Chlf. und in 80 T. Ae., leicht lösl. in verd. Salzsäure (BP 63, BPC 63), praktisch unlösl. in W. und in Sesamöl; lösl. in 1 l A. sind 153 g und in 1 l Aceton 82 g (Merck Ind. 60).

Erkennung (BP 63). 1. Man löst 0,2 g in 2 ml M. und gießt die Lsg. in eine Lsg. von 0,4 g Pikrinsäure in 10 ml M. bei 50°. Man kühlt ab und läßt 4 Std. stehen. Der Nd. schmilzt nach Umkristallisieren aus M. und Auswaschen mit M. bei etwa 248° unter Zers. – 2. Man löst 5 mg in 5 ml Schwefelsäure. Dabei entsteht eine fuchsinrote Farbe, die beim Erwärmen dunkler und beim Abkühlen heller wird. – 3. Die UV-Absorption in 0,1 n Salzsäure zeigt im Bereich von 230 bis 350 nm ein Maximum bei 254 nm und ein weniger gut ausgeprägtes Maximum bei etwa 305 nm. $E_{1\,cm}^{0,0008\,\%}$ bei 254 nm etwa 0,65.

Prüfung (BP 63). 1. Trocknungsverlust. Nicht mehr als 0,5% bei 65°. – 2. Sulfatasche. Nicht mehr als 0,1%.

Gehaltsbestimmung (BP 63). Durch wasserfreie Titration von etwa 0,5 g genau gewogener Substanz. 1 ml 0,1 n Perchlorsäure entspr. 0,02020 g $C_{21}H_{26}ClN_3OS$.

Geforderter Gehalt (BP 63, BPC 63). 98,5 bis 101,5%, bezogen auf die 65° getrocknete Substanz.

Sterilisation. Injektionslsg. werden durch Erhitzen im Autoklaven oder durch Filtration sterilisiert (BPC 63).

Aufbewahrung. Vor Licht geschützt (BP 63, BPC 63).

Dosierung. In der Psychiatrie 8 bis 24 mg täglich, in Einzeldosen unterteilt, als Antiemeticum 4 bis 8 mg (BP 63, BPC 63). Oral 2 bis 16 mg, dabei täglich nicht mehr als 64 mg und bei ambulanten Patienten nicht mehr als 24 mg, i.m. 5 bis 10 mg, i.v. 1 bis 5 mg (durch langsame Infusion oder Injektion in mehreren Portionen), Suppositorien 4 bis 16 mg (Merck Ind. 60).

Dosierung in der Veterinärmedizin (Merck Ind. 60). Bezogen auf das amerikanische Pfund (= lb.; s. Bd. I, 19).

	i.v.	i.m.	oral
Rinder			
von 800–1100 lb.	75 mg	100 mg	
von 1200–1500 lb.	100 mg	125 mg	
mehr als 1500 lb.	125 mg	150 mg	
Kälber und Färsen weniger als 800 lb.	10 mg/100 lb.	10 mg/100 lb.	
Schweine	10 mg/100 lb.	10 mg/100 lb.	
Hunde	5–20 mg/20 lb.	5–20 mg/20 lb.	8–32 mg/20 lb.
Katzen	2,5 mg/10 lb.	2,5 mg/10 lb.	2 mg/5 lb.

Anwendung. Wirkung und Anwendung ähnlich Chlorpromazin. Angst-, Erregungs- und Spannungszustände, Schizophrenie, manische Zustände, Dämmerzustände, Entziehungskuren, triebhafte Unruhe bei Schwachsinnigen, Erbrechen. – Nebenwirkungen: extrapyramidale Störungen, Mundtrockenheit, Akkomodationsstörungen, Kreislauflabilität. In therapeutischen Dosen sind Nebenwirkungen selten.

Handelsformen: Decentan (Merck), Trilafon (Schering USA), Fentazin (Allen & Hanbury).

Methophenazin. 2-Chlor-10-(3-{4-[β-(3,4,5-trimethoxybenzoyloxy)-äthyl]-piperazino}-propyl)-phenothiazin. N-(β-Hydroxyäthyl)-N′-[γ-(2-chlor-10-phenothiazinyl)-propyl]-piperazin-3,4,5-trimethoxybenzoat.

$C_{33}H_{40}ClN_3O_6S$ Formel c. 5. b), S. 369 M.G. 642,22

Anwendung. Schizophrene Verlaufsformen, die mit Antriebs- und Kontaktarmut einhergehen.

Handelsform: Frenolon (Richter).

Thiopropazate Hydrochloride (INN) BPC 63. Thiopropazat Merck Ind. 60. Thiopropazol. 2-Chlor-10-{3-[4-(2-acetoxyäthyl)-1-piperazino]-propyl}-phenothiazin-dihydrochlorid.

$C_{23}H_{28}ClN_3O_2S \cdot 2HCl$ Formel c. 5. c), S. 369
$C_{23}H_{30}Cl_3N_3O_2S$ M.G. 518,94

Herstellung. Durch Erhitzen von 2-Chlor-10-(γ-chlorpropyl)-phenothiazin mit überschüssigem Piperazin in Methyläthylketon in Gegenwart von Natriumamid und anschließende Umsetzung des erhaltenen Piperazinopropylderivates mit Essigsäure-β-bromäthylester in Toluol in Gegenwart von Kaliumcarbonat [US-Pat. 2766235 (1956), CA (N.Y.) *51*, 7442i (1957)].

Eigenschaften. Fast weißes, kristallines Pulver, Geruch schwach, Geschmack bitter. Fp. etwa 230° (BPC 63), Zers. 223 bis 229° (Merck Ind. 60). Lösl. bei 20° in 4 T. W. und in 126 T. A., sehr wenig lösl. in Chlf., unlösl. in Ae. (BPC 63).

Base: $Kp._{0,1}$ 214 bis 218°. Lösl. in Ae. (Merck Ind. 60).

Erkennung. 1. Beim Lösen von 5 mg in 1 ml Schwefelsäure entsteht eine rote Farbe, die beim Erwärmen in Braun übergeht. – 2. Eine Lsg. in 0,01 n Salzsäure zeigt eine Lichtabsorption, die im Bereich von 230 nm bis 360 nm gut ausgebildete Maxima nur bei etwa 255 nm und 305 nm besitzt. Bei 255 nm ist $E_{1\,cm}^{0,001\,\%}$ etwa 10,61 und bei 305 nm ist $E_{1\,cm}^{0,001\,\%}$ etwa 0,08. – 3. Eine Lsg. (10%, g/v) in kohlendioxidfreiem W. reagiert sauer gegenüber Lackmuspapier. – 4. Fp. etwa 230°. – 5. Thiopropazat-hydrochlorid gibt die für Chlorid charakteristischen Rk.

Prüfung. 1. Trocknungsverlust. Nicht mehr als 1,0% bei 105°. – 2. Sulfatasche. Nicht mehr als 0,1%.

Gehaltsbestimmung. Durch wasserfreie Titration (Methode BP 63) von etwa 0,6 g genau gewogener Substanz, die man nicht in 50 ml Eisessig, sondern in 30 ml Eisessig und 20 ml Aceton löst.

1 ml 0,1 n Perchlorsäure in Dioxan entspr. 0,02595 g $C_{23}H_{30}Cl_3N_3O_2S$.

Geforderter Gehalt. 98,0 bis 102,0%, bezogen auf die getrocknete Substanz.

Dosierung. 5 bis 10 mg dreimal täglich (BPC 63), falls notwendig mehr (Merck Ind. 60). Klinisch 15 bis 60 mg täglich, ambulant 5 bis 15 mg täglich.

Anwendung. Schwere psychomotorische Erregungszustände, Schizophrenie, Oligophrenie. Ähnlich Chlorpromazin. – Nebenwirkungen: Häufig extrapyramidale Erscheinungen wie Tremor, Speichelfluß, Zungen-Schlund-Syndrom, Hypotonie, verschwommenes Sehen, seltener als bei Chlorpromazin Leber- und Blutschädigungen. – Kontraindikation. Wie bei den anderen Phenothiazinen.

Warnung vor Kontaktdermatosen. Thiopropazat kann schwere Dermatosen bei sensibilisierten Personen hervorrufen. Bei häufigerem Umgang mit der Substanz sollten Masken und Gummihandschuhe getragen werden.

Handelsformen: Dartal und Dartalen (Searle).

Fluphenazin (INN). 10-{3-[4-(2-hydroxyäthyl)-piperazino]-propyl}-2-trifluormethylphenothiazin-dihydrochlorid.

$C_{24}H_{30}F_3N_3O_2S$ Formel c. 5. d), S. 369 M.G. 481,58

Anwendung. Schizophrenie, Manie, agitierte Depression, Erbrechen, vegetative Dystonien, Überforderungen, Angst- und Spannungszustände.

Handelsformen: Lyogen (Byk-Gulden), Omca (Heyden), Prolixin und Anatensol (Squibb), Sevinol (Schering USA).

Propericiazin. 3-Cyan-10-[3-(4-hydroxypiperidino)-propyl]-phenothiazin.

$C_{21}H_{23}N_3OS$ Formel c. 6., S. 370 M.G. 365,49

Anwendung. Ambulante Erhaltungs- und Dauertherapie aller Psychosen des schizophrenen Formenkreises, stationär bei akuten leichten bis mittelschweren Psychosen, Verhaltensstörungen bei psychotischen Erkrankungen, Schmerzzustände zentralen Ursprungs.

Handelsform: Aolept (Bayer).

Piperacetazin. 2-Acetyl-10-{3-[4-(β-hydroxyäthyl)-piperidino]-propyl}-phenothiazin.

$C_{24}H_{30}N_2OS$ Formel c. 7., S. 370 M.G. 394,58

Anwendung. Akute Psychosen mit Erregungszuständen und Halluzinationen, affektive Labilität, Erbrechen.

Handelsform: Quide (Pitman-Moore).

Mepazine Merck Ind. 60. Pecazin. 10-[1-(1-Methyl-3-piperidyl)-methyl]-phenothiazin-hydrochlorid.

$C_{19}H_{22}N_2S \cdot HCl$ Formel c. 8., S. 370 M.G. 364,92

Eigenschaften. Lichtempfindliche Kristalle von bitterem Geschmack. Zers.: 171 bis 174° (Kapillare), 185 bis 188° (Block). Sehr leicht lösl. in W., gut lösl. in A., lösl. in Chlf., praktisch unlösl. in Ae., Bzl. Pikrat: Orange Prismen vom Fp. 169°.

Erkennung. Die Pacatalbase ist ölig. Pacatal gibt als Phenothiazinderivat im allgemeinen Rk. wie Ethopropazin und Promethazin. Eine Unterscheidung ist mit Bromwasser möglich. Versetzt man eine etwa 0,5%ige Lsg. mit einigen Tr. frischem Bromwasser, so entsteht eine braune Fllg., die nach dem Aufkochen braunrot wird. Die UV-Absorptionskurve zeigt Maxima bei 250 und 300 mμ [Neuhoff, E. W., u. H. Auterhoff: Arch. Pharm. (Weinheim) *288/60*, 400 (1955)].

Dosierung. 50 mg (Merck Ind. 60). Klinisch 200 bis 600 mg täglich, ambulant 50 bis 150 mg täglich.

Anwendung. Psychosen, schwere Neurosen, Schlafstörungen, Entziehungskuren, Operationsvorbereitung, Potenzierung von Analgetica, Narcotica und Curaresubstanzen, Geburtserleichterung, juckende Dermatosen. – Nebenwirkungen: Mundtrockenheit, verschwommenes Sehen, Rk. des Magen-Darm-Traktes, leichte Hypotension, Blutkrankheiten. Überdosen können tödlich wirken durch Herzstillstand.

Handelsformen: Pacatal (Promonta), Pactal (Warner-Chilcott), Lacumin (Lundbeck),

Thioridazine Hydrochloride BP 63, BPC 63. Melleril Merck Ind. 60. 2-Methylmercapto-10-[2-(N-methyl-2-piperidyl)äthyl]-phenothiazin-hydrochlorid. 10-[2-(1-Methyl-2-piperidyl)-äthyl]-2-methylthio-phenothiazin-hydrochlorid.

$C_{21}H_{26}N_2S_2 \cdot HCl$ Formel c. 9., S. 370 M.G. 407,03

Herstellung. Aus m-Methylmercapto-diphenylamin und 1-Methyl-2-(β-chloräthyl)-piperidin erhält man mit Hilfe von Natriumamid das N-[2-(1-Methyl-2-piperidyl)-äthyl-m-methylmercapto-diphenylamin, das mit Schwefeldichlorid in Bzl. bei Zimmertemperatur zur Phenothiazinverbindung kondensiert wird [Helv. chim. Acta *41*, 1072 (1958)].

Eigenschaften. Weißes oder cremefarbenes kristallines Pulver mit schwachem Geruch und sehr bitterem Geschmack (BP 63, BPC 63). Fp. 159 bis 163° (BP 63), 157 bis 163° (BPC 63), 158 bis 160° und Sintern ab 153° (Merck Ind. 60). Lösl. bei 20° in 9 T. W., in 10 T. A. und in 1,5 T. Chlf., fast unlösl. in Ae. (BP 63, BPC 63). pH der Lsg. (10%, g/v) zwischen 3,5 und 4,5 (BP 63, BPC 63).

Base: M. G. 370,56. Fp. 72 bis 74°. $Kp._{0,02}$ 230°.
Hydrogenfumarat: $C_{21}H_{26}N_2S_2 \cdot C_4H_4O_4$. Fp. 158 bis 160°.
Hydrogentartrat: $C_{21}H_{26}N_2S_2 \cdot C_4H_6O_6 . H_2O$ Zers. 130°.

Erkennung (BP 63). 1. Die Lsg. von 10 mg in 2 ml Schwefelsäure ist tief blau gefärbt. – 2. Man löst 2 mg in 20 ml einer 1%igen (g/v) von Weinsäure. 1 ml dieser Lsg. mischt man mit 2 ml Dimethylaminobenzaldehydlsg. und läßt 10 Min. stehen. Eine tief bläulich-grüne Farbe entsteht. – 3. Man löst 10 mg in 2 ml W. und fügt ein paar Tropfen 0,1 n Cerammoniumsulfat hinzu. Es entsteht eine tief blaue Farbe, die bei Zusatz von einem Überschuß an 0,1 n Cerammoniumsulfat verschwindet. – 4. Die Substanz gibt die für Chlorid charakteristischen Rk.

Prüfung (BP 63). 1. Trocknungsverlust. Nicht mehr als 0,5% bei 105°. – 2. Sulfatasche. Nicht mehr als 0,1%.

Gehaltsbestimmung (BP 63). Man löst etwa 0,5 g genau gewogener Substanz in 30 ml W., gibt 2,5 ml verd. Ammoniaklsg. hinzu und extrahiert einmal mit 50 ml und viermal mit je 25 ml Chlf. Man vereinigt die Auszüge, filtriert, wäscht das Filter mit Chlf. und dampft zur Trockne ein. Den Rückstand löst man in 5 ml A., gibt 20 ml 0,1 n Salzsäure hinzu, erwärmt bis zur vollständigen Auflösung und titriert den Überschuß an Säure mit 0,1 n Natronlauge gegen Methylrotlsg. als Indikator.
1 ml 0,1 n Salzsäure entspr. 0,04070 g $C_{21}H_{26}N_2S_2 \cdot HCl$.

Geforderter Gehalt. 99,0 bis 101,0%, bezogen auf die bei 105° getrocknete Substanz (BP 63, BPC 63).

Aufbewahrung. Gut verschlossen und vor Licht geschützt (BP 63, BPC 63).

Dosierung. 30 bis 600 mg täglich, in Einzeldosen unterteilt (BP 63, BPC 63), klinisch 200 bis 800 mg täglich, ambulant 25 bis 150 mg täglich.

Anwendung. Angstzustände, Psychosen, depressive Zustandsbilder leichten Grades, zur Potenzierung von Narcotica und Hypnotica. Nebenwirkungen sollen seltener auftreten und schwächer sein als bei anderen Phenothiazinen, sind aber im übrigen gleicher Art.

Handelsformen: Melleril und Melleretten (Sandoz).

Ethopropazine Hydrochloride (INN) BP 63. Profenamini Hydrochloridum PI.Ed. I/2. N-(2'-Diäthylamino-2'-methyl)-aethylphenothiazin-hydrochlorid. Phenopropazin. Isothazine.

$C_{19}H_{24}N_2S \cdot HCl$ Formel c. 10, S. 370 M.G. 348,93

Herstellung. Aus 10-Phenothiazin-propyl-chlorid mit Diäthylamin in Gegenwart von Kupfer oder durch Einwirkung von Diäthylaminopropylchlorid auf Phenothiazin [US-Pat. 2607773 (1952), CA (N. Y.) *47*, 6989i (1953)].

Eigenschaften. Weißes oder schwach cremefarbenes Pulver, nahezu geruchlos und von bitterem Geschmack. 1 T. löst sich in 225 T. W., in 35 T. A. und in 7 T. Chlf.; prakt. unlösl. in Ae. und Bzl. Fp. 211 bis 212° (Zers.) (PI.Ed. I/2); 225° (Zers.) (BP 63). Tiefere Fp. als 223 bis 225° werden durch beigemengtes isomeres 10-(2-Diäthylaminoäthyl-1-methyl-äthyl)-phenothiazin-hydrochlorid verursacht, das bei 166 bis 168° schmilzt (Merck Ind. 60). Die Base schmilzt bei 53 bis 55°.

Erkennung. 1. 0,2 g werden in 5 ml heißem W. gelöst, die Lsg. abgekühlt und mit 1 ml 1 n Natronlauge versetzt. Dann schüttelt man die Base 3mal mit je 5 ml Ae. aus, verdampft die Ae.-Auszüge zur Trockne, löst den Rückstand in 2 ml M. und versetzt mit 50° warmer Lsg. von 0,4 ml Pikrinsäure in 10 ml M. Der Nd. wird mit M. und dann mit Ae. gewaschen. Er schmilzt bei etwa 145° (BP 63; PI.Ed. I/2 läßt mit Chlf. ausschütteln; Fp. des Pikrates 146 bis 149°). – 2. 5 mg werden in 5 ml Schwefelsäure gelöst. Es entsteht eine kirschrote Färbung, die beim Stehenlassen allmählich dunkler wird. Erwärmt man einen Teil der Lsg., so geht dessen Farbe über Braun nach Fuchsinrot. Zum anderen Teil der Lsg. gibt man einige Tr. 0,1 n Kaliumdichromatlsg.; die Farbe ändert sich nach Bräunlichrot (BP 63). – 3. Ethopropazinhydrochlorid gibt positive Rk. auf Cl-Ionen.

Prüfung. 1. 1 g muß sich in 19 ml W. von 75° klar lösen. Die Farbe der Lsg. darf nicht stärker sein als die einer 0,00005 n Jodlsg. (PI.Ed. I/2). – 2. Säure oder Alkali. 0,15g werden in 50 ml CO_2-freiem W. gelöst; die Lsg. darf gegen Methylrot nicht sauer sein und darf bis zum Farbumschlag nicht mehr als 0,2 ml 0,01 n Salzsäure verbrauchen (BP 63). pH der gesättigten Lsg. bei 20° 4,5 bis 6,5 (PI.Ed. I/2). – 3. Blei. Nicht mehr als 10 ppm (s. Bd. I, 244) (BP 63). – 4. Trocknungsverlust. Bei 105° bis zum konstanten Gewicht getrocknet, nicht mehr als 0,5% (BP 63). – 5. Glührückstand. Nicht mehr als 0,1% (PI.Ed. I/2) Sulfatasche höchstens 0,1% (BP 63).

Gehaltsbestimmung. 1. Etwa 0,7 g, genau gewogen, werden in wasserfreiem Medium titriert (Endpunktbestimmung potentiometrisch). 1 ml 0,1 n Perchlorsäure entspr. 0,03489 g $C_{19}H_{24}N_2S \cdot HCl$ (BP 63). – 2. Von etwa 0,3 g, genau gewogen, wird der N-Gehalt nach KJELDAHL bestimmt. 1 ml 0,1 n Schwefelsäure entspr. 0,01745 g $C_{19}H_{24}N_2S \cdot HCl$ (PI.Ed. I/2).

Aufbewahrung. Gut verschlossen, vor Licht geschützt.

Anwendung. Ethopropazin wird hauptsächlich als Parasympatholyticum und Antispasmodicum bei Parkinsonismus angewendet. Anfangsdosis 50 mg, bei schweren Fällen steigend bis tgl. 500 mg.

DL_{50} oral 650 mg/kg Maus. Kontraindikation: Glaukom.

Handelsformen: Dibutil (Bayer) Dragees; Lysivane (May a. Baker) Tabl.; Parsidol (Warner-Chilcott, USA); Rodipal (Dtsch. Hydr.-Werke, Rodleben).

Prothipendyl (INN). 10-(3-Dimethylaminopropyl)-1-azaphenothiazin-hydrochlorid.

$C_{16}H_{19}N_3S$ Formel c. 11., S. 370 M.G. 285,41

Dosierung. Klinisch 200 bis 400 mg täglich, ambulant 80 bis 200 mg täglich.

Anwendung. Vegetative Dystonie, Angst- und Spannungszustände, Einschlafstörungen, Reisekrankheiten.

Handelsformen: Dominal und Dominal forte (Homburg), Tolnate (Smith, Kline und French).

d. Thioxanthen-Derivate

Die Psychopharmaka der Thioxanthenreihe unterscheiden sich von den entsprechenden Phenothiazinen durch Austausch von >N—CH$_2$— gegen >C=CH— an der Verknüpfungsstelle von Tricyclus und Seitenketten. Sie schließen sich auch in ihren Wirkungsqualitäten eng an die Phenothiazine an: man findet eine starke zentrale Dämpfung, eine kataleptische Wirkung und Antagonismus gegen die Benzedrinerregung, ferner gegen Serotonin, Histamin. Die antipsychotische Komponente ist gegenüber den Phenothiazinen etwas abgeschwächt, der Wirkungseintritt erfolgt jedoch rasch. Beim Chlorprothixen tritt ferner ein antidepressiver Effekt deutlich hervor. Die anticholinergische und die adrenolytische Wirkung sind viel stärker als beim Chlorpromazin. Schwerwiegende Schädigungen sollen weniger oft auftreten als bei den analogen Phenothiazinverbindungen. Die therapeutische Breite ist beim Clopenthixol ziemlich klein. – Die beruhigende Wirkung von Chlorprothixen setzt ziemlich schnell ein.

Auf Grund der olefinischen Doppelbindung können die Verbindungen dieser Reihe (X = H) in zwei geometrischen Isomeren auftreten, die gewöhnlich bei der Synthese gemeinsam als Gemisch anfallen. Die stärkere Wirkung besitzt die trans-Form (Formel d, S. 370), bei der der 2-Substituent X des Thioxanthens und der flexible Teil R der basischen Seitenkette trans zueinander stehen.

Chlorprothixen INN. 2-Chlor-9-(γ-dimethylaminopropyliden)-thioxanthen.

Formel d. 1, S. 370

$C_{18}H_{18}ClNS$ als Base	M.G. 315,86
$C_{18}H_{18}ClNS \cdot HCl$ als Hydrochlorid	M.G. 352,32
$C_{18}H_{18}ClNS \cdot C_2H_4O_2$ als Acetat	M.G. 375,91

Angewendet wird das α-Isomere, dem ursprünglich die trans-Struktur zugeschrieben wurde, das aber lt. Röntgenanalyse eindeutig die cis-Verbindung darstellt [Helv. chim. Acta *47*, 1897 (1964)].

Literatur: Brit. Pat. 829763 (1960), CA (N. Y.) *54*, 18555h (1960); Brit. Pat. 834143 (1960), CA (N. Y.) *54*, 24811f (1960); DBP 1044103 (1958), CA (N. Y.) *55*, 2691efg (1961); Experientia (Basel) *16*, 325 (1960); Brit. Pat. 932494 (1963), CA (N. Y.) *61*, 9478a (1964); US-Pat. 3149103 (1964), CA (N. Y.) *62*, 536h (1965).

Herstellung. Durch Addition von 3-Dimethylaminopropylmagnesiumbromid an 2-Chlorthioxanthon und anschließende Dehydratisierung mit Hilfe von Acetylchlorid, Chlorwasserstoff oder Phosphoroxychlorid. Aus dem erhaltenen Isomerengemisch der Base scheidet sich beim Stehen oder bei der Behandlung mit Lösungsmitteln das α-Isomere aus. – Isomerisierung der geometrischen Isomeren durch Erhitzen mit Dimethylamin.

Eigenschaften des α-Isomeren: Fp. der Base 98 bis 99°, 95°, 97 bis 98°. Fp. des Hydrochlorids 211 bis 212,5° unter Zers., 191 bis 193°, 193 bis 194°, 223 bis 224°. Fp. des neutralen Sulfates 131 bis 140°. – Fp. des anderen Isomeren 43°, 47 bis 48°, 49°, als Hydrochlorid 212 bis 213°, 212 bis 214°.

Eigenschaften des Isomerengemisches: Kp.$_{0,50}$ 160 bis 162°. Fp. des Hydrochlorids 189 bis 190°.

Erkennung. 1. Lichtabsorption. Maxima bei 230 nm, 268 nm und 325 nm. – 2. Mit Schwefelsäure ergibt sich eine Rosafärbung mit den Absorptionsmaxima bei 389 nm, 492 nm und 518 nm. – 3. Bei UV-Bestrahlung zeigt sich eine gelbe Fluoreszenz mit dem Maximum bei 559 nm.

Dosierung. Klinisch 150 bis 800 mg, ambulant 5 bis 60 mg täglich.

Anwendung. Bei psychomotorischen Unruhe- und Erregungszuständen, depressiven Verstimmungen, cerebralsklerotischen und posttraumatischen Erregungszuständen, Halluzinationen, Wahnvorstellungen, Neurosen. – Begleiteffekte: Orthostatische Blutdrucksenkung, Tachycardie, Schläfrigkeit. – DL_{50} i.v. 45 mg/kg Maus, i.p. 114 mg/kg Maus, p.os 217 mg/kg Maus. – Als Metabolit wurde das zugehörige Sulfoxid gefunden.

Handelsformen: Taractan (Roche), Truxal (Tropon).

Clopenthixol INN. Chlorperphentixen. 2-Chlor-9-[3-(4-β-hydroxyäthyl-piperazino)-propyliden]-thioxanthen-dihydrochlorid.

$C_{22}H_{25}ClN_2OS \cdot 2HCl$ Formel d. 2, S. 370 M.G. 473,89

Literatur: Belg. Pat. 613363 (1962), CA (N. Y.) *59*, 3898e (1963); Brit. Pat. 932494 (1963), CA (N. Y.) *61*, 9478a (1964); US-Pat. 3149103 (1964), CA (N. Y.) *62*, 536h (1965).

Herstellung. Durch Addition von 3-Methoxypropylmagnesiumbromid an 2-Chlorthioxanthon zum entsprechenden sek. Alkohol, der durch Erhitzen mit Bromwasserstoffsäure unter Dehydratisierung und Ätherspaltung zum Brompropylidenderivat umgewandelt wird, das anschließend mit 1-Hydroxyäthylpiperazin umgesetzt wird. – Die dem Brompropylidenderivat entsprechende Chlorverbindung kann auch aus 2-Chlorthioxanthon durch Addition von Allylmagnesiumbromid zum 9-Allyl-thioxanthydrol und Behandeln des letzteren mit Thionylchlorid erhalten werden. Der weitere Aufbau kann stufenweise zuerst mit Piperazin zum Piperazinoderivat und dann durch Hydroxyäthylierung mit Äthylenoxid erfolgen. – Clopenthixol ist auch durch Umaminierung aus Chlorprothixen erhältlich.

Eigenschaften. Fp. 257 bis 258°, 250 bis 260°.

Dosierung. Klinisch 75 bis 150 mg, ambulant 10 bis 30 mg täglich.

Anwendung. Bei Unruhe-, Erregungs- und Verwirrtheitszuständen, Schizophrenien. – Begleiterscheinungen: Tachycardie und Blutdrucksenkung. – DL_{50} i.v. 125 mg/kg Maus, i.p. 222 mg/kg Maus und p.os 560 mg/kg Maus.

Handelsformen: Ciatyl (Tropon), Sordinol (Lundbeck).

Flupenthixol (INN). 2-Trifluormethyl-9-[3-(4-β-hydroxyäthyl-piperazino)-propyliden]-thioxanthen-dihydrochlorid.

$C_{23}H_{25}F_3N_2OS \cdot 2HCl$ Formel d. 3., S. 370 M.G. 507,44

Literatur: Subsidia med. (Wien) *19*, 48 (1967); Brit. Pat. 925538 (1963), CA (N. Y.) *59*, 12823a (1963); Acta pharmacol. (Kbh.) *19* (1), 87 (1962); Pharm. Ztg (Frankfurt) *112*, 516 (1967).

Herstellung. 2-Benzyloxy-äthanol wird mit Tosylchlorid in den p-Toluolsulfonsäureester übergeführt. Dieser liefert bei der Umsetzung mit 1-Äthoxycarbonyl-piperazin 1-Benzyloxyäthyl-4-äthoxycarbonyl-piperazin. Daraus erhält man durch langes Kochen mit Salzsäure unter Verseifung und Decarboxylierung 1-Benzyloxyäthyl-piperazin, das mit 3-Brompropanol zum 1-Benzyloxyäthyl-4-(3′-hydroxypropyl)-piperazin umgesetzt wird. Letzteres wird als Dihydrochlorid mit Thionylchlorid in das entsprechende 3′-Chlorpropylderivat umgewandelt und daraus mit Magnesium die entsprechende Grignardverbindung hergestellt. Die Grignardverbindung wird an 2-Trifluormethyl-thioxanthon zur entsprechenden 9-Hydroxy-thioxanthenverbindung addiert. Diese wird mit konz. Salzsäure gleichzeitig dehydratisiert und debenzyliert zum cis-trans-Isomerengemisch des Flupenthixols.

Eigenschaften. Weißes oder gelblich-weißes Pulver von bitterem Geschmack.

Dosierung. 0,25 bis 1 mg dreimal täglich, bei Schizophrenie Steigerung bis zu 3 mg zweimal täglich.

Anwendung. Langzeitbehandlung von ruhigen chronischen oder akuten schizophrenen Patienten. Paraphrenie. Als Adjuvans bei schweren Angstzuständen neurotischen Charakters. – Die kataleptische Wirksamkeit bei Mäusen ist stärker als die von Chlorprothixen, auch werden die bedingten Reaktionen stärker gehemmt. Dagegen ist die Potenzierung von Barbituraten schwächer. DL_{50} i.v. 94 mg/kg Maus, i.p. 240 mg/kg Maus und p.os 875 mg/kg Maus.

Handelsform: Fluanxol (Lundbeck, Tropon).

e. Butyrophenon-Derivate

Diese bei der Suche nach pethidinähnlichen Analgetica aufgefundene Gruppe von Neuroleptica enthält stark und ungewöhnlich rasch wirksame Präparate. Beim Methylperidol z. B. soll sich eine klinische Wirkung innerhalb 10 Tagen zeigen, andernfalls ist keine Wirkung mehr zu erwarten. Besonders rasch und vorübergehend (1 bis 2 Std.) ist die Wirkung des Droperidols, das als Neuroleptanalgeticum in der Anästhesiologie verwendet wird. Im übrigen sind die zentraldämpfenden Eigenschaften nur beim Haloperidol besonders deutlich ausgeprägt, das zuweilen bei schwersten Psychosen noch wirksam sein soll, wo andere

Neuroleptica (Phenothiazine und Reserpin) ungenügend wirken. Die Präparate Methylperidol und Floropipamid wirken u.a. günstig auf Stimmung und Antrieb sowie affektentspannend. Triperidol wirkt zwar stark antipsychotisch, aber daneben auch spezifisch antriebssteigernd. Damit leiten diese drei Präparate wiederum zu den Thymoleptica über. Floropipamid soll weder hypnotisch noch sedativ wirken.

Haloperidol INN. 1-(3-p-Fluorbenzoylpropyl)-4-p-chlorphenyl-4-hydroxy-piperidin.

$C_{21}H_{23}ClFNO_2$ Formel e. 1, S. 370 M.G. 375,87

Literatur: J. med. pharm. Chem. *1*, 281 (1959).

Herstellung. Aus 4-Chlor-p-fluorbutyrophenon und 4-Hydroxy-4-p-chlorphenyl-piperidin. Die letztere Zwischenverbindung wird ausgehend vom α-Methyl-p-chlorstyrol über das mit Formaldehyd und Ammoniumchlorid erhältliche 6-Methyl-6-p-chlorphenyl-tetrahydrooxazin, dessen säurekatalysierte Umlagerung zum 4-p-Chlorphenyl-1,2,3,6-tetrahydropyridin, Addition von Bromwasserstoff an die Doppelbindung und Hydrolyse des gesättigten Bromids gewonnen.

Eigenschaften. Fp. 148,0 bis 149,4°. pK_A 8,3. Lichtabsorption in Isopropanol/0,1 n Salzsäure (9 + 1): Maximum bei 247 nm (ε = 11900). Löslichkeit 1,4 mg in 100 ml W. Fp. des Hydrochlorids 226,0 bis 227,5°.

Dosierung. Klinisch 5 bis 16 mg, ambulant 0,5 bis 5 mg täglich.

Anwendung. Motorische und psychische Agitation, Manien, paranoidhalluzinatorische Zustandsbilder, agitierte Depressionen, Delirium tremens, Aggressivität, Melancholien. – DL_{50} i.v. 15 mg/kg Maus, s.c. 60 mg/kg Maus.

Handelsformen: Haloperidol (Janssen), Aldol, Haldol (Leo), Serenase (Searle).

Trifluperidol. Triperidol. 1-(3-p-Fluorbenzoylpropyl)-4-m-trifluormethylphenyl-4-hydroxy-piperidin-hydrochlorid.

$C_{22}H_{23}F_4NO_2 \cdot HCl$ Formel e. 2, S. 370 M.G. 445,89

Literatur: Brit. Pat. 895309 (1962), CA (N. Y.) *57*, 15081 d (1962).

Herstellung. Durch Umsetzen von m-Trifluormethylphenylmagnesiumbromid mit 1-Benzylpiperidon-(4), katalytisch-reduktive Debenzylierung des erhaltenen Produktes und schließliche Alkylierung des debenzylierten Piperidinderivates mit 4-Chlor-p-fluorbutyrophenon.

Eigenschaften. Fp. 200,5 bis 201,3 °.

Dosierung. 1,5 bis 3 mg täglich.

Anwendung. Ähnlich Haloperidol, bei Autismus.

Handelsform: Triperidol (Janssen).

Methylperidol. Moperone. 1-(3-p-Fluorbenzoylpropyl)-4-p-methylphenyl-4-hydroxy-piperidin-hydrochlorid. 4-(p-Tolyl)-1-(3-p-fluorbenzoylpropyl)-piperidinol-(4)-hydrochlorid.

$C_{22}H_{26}FNO_2 \cdot HCl$ Formel e. 3, S. 371 M.G. 391,92

Literatur: J. med. pharm. Chem. *1*, 281 (1959).

Herstellung. Entsprechend Haloperidol, ausgehend vom α,p-Dimethylstyrol.

Eigenschaften. Fp. 212,0 bis 213,0°. pK_A 8,3. Lichtabsorption in Isopropanol/0,1 n Salzsäure (9 + 1): Maximum bei 247,5 nm (ε = 13500). Fp. der Base 118,0 bis 119,5°.

Dosierung. Klinisch 6 bis 60 mg, ambulant 6 bis 15 mg täglich.

Anwendung. Bei Schizophrenien mit kataton-stuporöser oder paranoid-halluzinatorischer Symptomatik, Hebephrenie, Pseudoneurasthenie.

Handelsform: Luvatrena (Cilag).

Floropipamid. Fluorobutyrophenon. 1-(3-p-Fluorbenzoylpropyl)-4-piperidino-4-carbamido-piperidin. 1-(3-p-Fluorbenzoylpropyl)-4-piperidino-piperidin-4-carbonsäureamid.

$C_{21}H_{30}FN_3O_2$ Formel e. 4, S. 371 M.G. 375,49

Herstellung. Aus 4-Chlor-p-fluorbutyrophenon und 4-Piperidino-piperidin-4-carbonsäureamid [Belg. Pat. 610830 (1962). CA (N. Y.) *57*, 13740b (1962)].

Eigenschaften. Fp. 124,5 bis 126,0°.

Dosierung. Klinisch 120 bis 360 mg, ambulant bis 60 mg täglich.

Anwendung. Psychosen, besonders chronische Schizophrenien, dysphorische Zustände.

Handelsform: Dipiperon (Janssen).

Glianimon. 1-[3-(4-Fluorbenzoyl)-propyl]-4-[2-oxobenzimidazolinyl(1)]-piperidin.

$C_{22}H_{24}FN_3O_2$ Formel e. 5, S. 371 M.G. 381,46

Dosierung. 1,5 bis 6 mg täglich.

Handelsform: Glianimon (Tropon).

Droperidol. 1-(3-p-Fluorbenzoylpropyl)-4-(2-oxo-1-benzimidazolinyl)-1,2,3,6-tetrahydropyridin. ω-[4-(2-Oxo-1-benzimidazolinyl)-Δ4-piperideino]-p-fluorbutyrophenon.

$C_{22}H_{22}FN_3O_2 \cdot H_2O$ Formel e. 6, S. 371 M.G. 397,46

Literatur: Arzneimittel-Forsch. *13*, 205, 401 (1963); Belg. Pat. 626307 (1963); CA (N. Y.) *60*, 10690a (1964).

Herstellung. Durch Umsetzung von o-Phenylendiamin mit 1-Benzyl-4-oxo-piperidin-3-carbonsäureäthylester wird 1-Benzyl-4-(2-oxo-1-benzimidazolinyl)-1,2,3,6-tetrahydropyridin erhalten. Dieses wird hydrierend entbenzyliert und mit 4-Chlor-p-fluorbutyrophenon alkyliert.

Eigenschaften. Fp. 145,0 bis 146,5°. – Fp. des Oxalates 175 bis 197°.

Dosierung. Zur Prämedikation 2,5 bis 10 mg i.m., zur Einleitung 15 bis 25 mg i.m., während der Narkose nach Bedarf.

Anwendung. In der Anästhesiologie zur Neuroleptanalgesie. DL_{50} i.v. 20 mg/kg Maus, s.c. 250 mg/kg Maus.

Handelsform: Dehydrobenzperidol (Janssen).

III. Thymoleptica

Thymoleptica sind Arzneimittel mit spezifisch antidepressiven, stimmungshebenden und antriebssteigernden Wirkungen. Es sind Stoffe, die Gemüt (Thymós = Gemüt) und Stimmung bei depressiven Zuständen günstig beeinflussen sollen, d. h. also auf diese Bereiche anregend, aktivierend wirken. Daher ist auch der Ausdruck Thymoanaleptica in Gebrauch. Direkt erregend wie Analeptica und Psychotonica wirken die Thymoleptica in normaler Dosierung nicht. Auch bei Überdosierung von Desipramin tritt eine Hyperaktivität nur bei Patienten mit endogener Depression auf, nicht bei normalen Menschen.

Die Thymoleptica im engeren Sinne, wie sie in diesem Kapitel verstanden werden, unterscheiden sich von den manchmal ebenfalls als Thymoleptica bezeichneten und ebenfalls antidepressiv wirkenden MAO-Hemmern in erster Linie durch den offenbar andersartigen Wirkungsmechanismus, der nicht mit einer Hemmung der MAO in Verbindung gebracht werden kann. Es scheint so, als ob sie die Gewebskonzentrationen und Depots der körpereigenen Amine nicht beeinflußten.

Bisher einheitlich finden wir bei den Thymoleptica das von den Neuroleptica her bekannte Bauprinzip: Tricyclus mit basischer Seitenkette. Jedoch ist der mittlere Ring des kondensierten Tricyclus größer oder sperriger als bei den Neuroleptica. Wirkungsmäßig tritt durch diese Strukturänderung anstelle der psychomotorischen Dämpfung der Neuroleptica vorwiegend eine psychomotorische Aktivierung. Allerdings können, wie bereits bei der Besprechung der Neuroleptica erwähnt, bei erhöhter Dosierung auch dämpfende neuroleptische Eigenschaften auftreten, jedoch im allgemeinen schwächer als bei den eigentlichen Neuroleptica. Der fließende Übergang zwischen Antidepressiva und Neuroleptica läßt sich in folgender Reihe darstellen, und zwar nach ihrer Wirkung auf den psychomotorischen Antrieb: MAO-Hemmstoffe – Desipramin – Nortriptylen – Imipramin – Noveril – Amitriptylin – Thioridazin – Chlorprothixen. Die MAO-Hemmstoffe wirken stark psychomotorisch stimulierend ohne neuroleptische Komponente. Beim Imipramin sind in höheren Dosen neuroleptische Eigenschaften bereits angedeutet, beim Amitriptylin schon deutlicher ausgeprägt. Die letzten beiden Glieder der Reihe rechnet man schon zu den Neuroleptica. Das Opipramol mit seiner milden thymoleptischen und leichten neuroleptischen Wirkung wäre wohl mehr in der Mitte dieser Reihe einzuordnen.

Andererseits besteht ein Antagonismus zu den Neuroleptica, der sich u.a. darin äußern kann, daß Thymoleptica zur „Symptomprovokation bei larvierten schizophrenen Psychosen, zur abrupten Provokation manischer Phasen und zur Erzeugung deliranter Verwirrtheitszustände" fähig sind [Bente, D., M.-P. Engelmeyer, K. Heinrich, H. Hippius u. W. Schmitt: Arzneimittel-Forsch. *14*, 539 (1964)]. Diese Symptomprovokation kann zur Differentialdiagnose ausgenützt werden.

Wichtig ist weiterhin speziell der Antagonismus gegenüber Reserpin und Tetrabenazin, und zwar nicht nur im Hinblick auf die nach Reserpin und Tetrabenazin beobachteten Depressionen, sondern vor allem auch in Bereichen, die im Tierversuch einer Messung oder Beobachtung zugänglich sind. Das sind die durch Reserpin oder Tetrabenazin verursachten Erscheinungen der Sedierung, Ptosis, Hypothermie, Miosis, Katalepsie u.a. Die Verhinderung oder Aufhebung dieser Erscheinungen wird in der pharmakologischen Prüfung neuer Substanzen am Tier als Test auf thymoleptische Wirkung herangezogen. Es muß jedoch erwähnt werden, daß der positive Ausfall dieser Prüfungen durchaus noch kein ausreichender Nachweis thymoleptischer Wirksamkeit ist. Auch LSD, einige Lokalanästhetica und Serotonin sind z.B. solche Reserpinantagonisten. Weiter kann auf die Prüfungsmethoden hier nicht eingegangen werden. Es soll nur noch bemerkt werden, daß bei den Thymoleptica eine direkte stimulierende Wirkung im allgemeinen nicht beobachtet wird, sondern nur eine Verstärkung oder Abschwächung der Wirkungen anderer Substanzen.

Die antidepressive Wirkung der Thymoleptica macht sich erst nach länger dauernder Medikation bemerkbar, nach einer Latenzzeit, die einige Wochen betragen kann. Bei der Untersuchung der Metaboliten von Imipramin wurde gefunden, daß das Desmethylderivat schneller und vielleicht auch stärker wirkt als die Dimethylverbindung selbst. Die Entmethylierung im Körper, die man in vitro mit Hilfe von Enzymen der Lebermikrosomen nachvollziehen kann, scheint also bei der Wirkung der Dimethylaminoverbindung eine Rolle zu spielen. Das gleiche gilt für das Amitriptylin. Die beiden Monomethylaminoverbindungen haben unter der wissenschaftlichen Kurzbezeichnung Desipramin und Nortriptylin therapeutische Verwendung gefunden. Andere basische Gruppen als die Monomethyl- und Dimethylaminopropylgruppe scheinen keine Fortschritte zu bringen, ebensowenig wie Ringsubstitution im Tricyclus.

Die wichtigsten Präparate leiten sich von den Ringsystemen Dibenzazepin (Iminostilben) (Formel b), Dihydrodibenzazepin (Iminodibenzyl) (Formel a), Dihydrodibenzodiazepinon (Formel c) und Dibenzocycloheptadien (Formel d) ab. Weitere Tricyclen, deren nach bewährten Prinzipien konstruierte Derivate thymoleptisch wirken, sind das Dibenzocycloheptatrien (Formel e), das 9,9-Dimethylacridan (Formel f), das 9,9-Dimethyl-9,10-dihydroanthracen, das Dihydrodibenzoxepin (Formel h, X = O) und das Dihydrodibenzthiepin (Formel h, X = S) mit den Wirkstoffen Protriptylin, Istonil, Melitracen, Doxepin und Prothiaden. Istonil fällt ebenso wie Dibenzepin aus der Reihe der übrigen Thymoleptica dadurch heraus, daß die entsprechende N-Desmethylverbindung nicht stärker wirkt als die Dimethylverbindung. Das Dibenzepin hat als einzige Verbindung statt einer Aminopropyl- oder Aminopropyliden- eine Aminoäthylgruppe, die obendrein an einer ungewöhnlichen Verknüpfungsstelle des Tricyclus befestigt ist.

In der Praxis werden Thymoleptica häufig mit Tranquillantien kombiniert gegeben, besonders bei ängstlich getriebenen und agitierten Depressionen. Die ausgeprägt antriebssteigernden Thymoleptica allein sind vor allem bei gehemmten Depressionen angezeigt. Gleichzeitige Wirksamkeit gegen ängstlich gefärbte Depressionen findet man bei den Präparaten, die in der oben angeführten Übergangsreihe in der Nähe der Neuroleptica stehen, am stärksten beim Amitriptylin.

Potenzierungseffekte finden wir bei den Thymoleptica gegenüber Alkohol, Barbituraten, Analgetica u.a.

Carbamazepin ist im wesentlichen der strukturellen Verwandtschaft wegen hier aufgeführt. Die Verbindung ist ein Antiepilepticum mit geringer psychotroper Wirkung.

a. 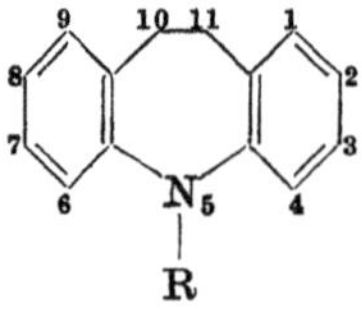

10,11-Dihydro-5H-dibenz[b,f]azepin, Iminodibenzyl (R = H)

a. 1. R = $-CH_2-CH_2-CH_2-N(CH_3)_2$ Imipramin

a. 2. R = $-CH_2-CH_2-CH_2-NH-CH_3$ Desipramin

b. 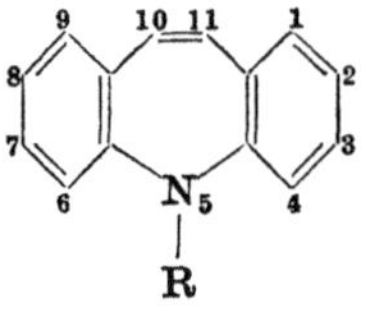

5H-Dibenz[b,f]azepin, Iminostilben (R = H)

b. 1. R = $-CH_2-CH_2-CH_2-$  $-CH_2-CH_2-OH$ Opipramol

b. 2. R = $-CO-NH_2$ Carbamazepin

c. 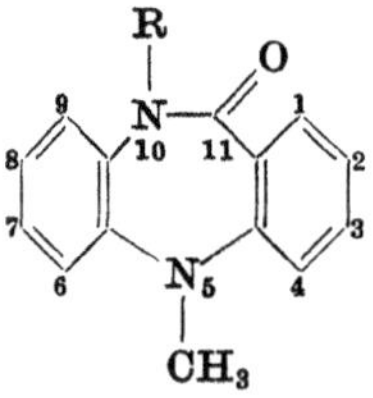

5-Methyl-10,11-dihydro-5H-dibenzo[b,e]-[1,4]-diazepinon-(11), 5-Methyl-10,11-dihydro-11-oxo-5H-dibenzo[b,e]-1,4-diazepin (R = H)

c. 1. R = $-CH_2-CH_2-N(CH_3)_2$ Dibenzepin

d. 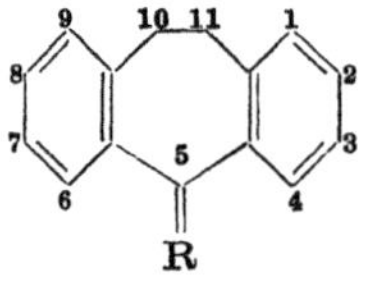

Dibenzo[a,d]cycloheptadien-(1,4) (R = H_2)

d. 1. R = $=CH-CH_2-CH_2-N(CH_3)_2$ Amitriptylin

d. 2. R = $=CH-CH_2-CH_2-NH-CH_3$ Nortriptylin

e. 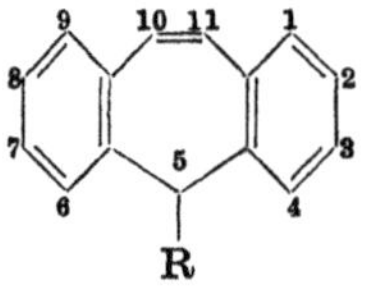

Dibenzo[a,d]cycloheptatrien-(1,4,6) (R = H)

e. 1. R = $-CH_2-CH_2-CH_2-NH-CH_3$ Protriptylin, 5-(3-Methylaminopropyl)-dibenzo[a,d]cycloheptatrien-(1,4,6)

f. 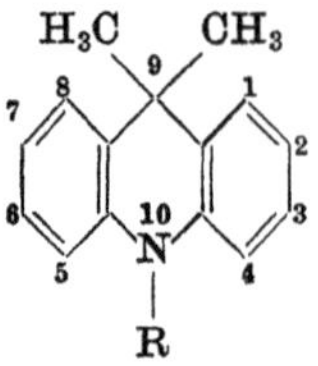

9,9-Dimethylacridan (R = H)

f. 1. R = $-CH_2-CH_2-CH_2-N(CH_3)_2$ Istonil, 9,9-Dimethyl-10-(3-dimethylaminopropyl)-acridan, SD 709

g. 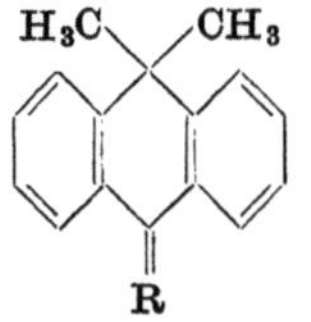

9,9-Dimethyl-9,10-dihydroanthracen ($R = H_2$)

g. 1. $R = {=}CH{-}CH_2{-}CH_2{-}N(CH_3)_2$ Melitracen, 9-(3-Dimethylaminopropyliden) 10,10-dimethyl-9,10-dihydroanthracen

h. 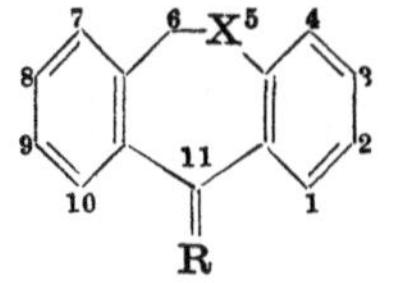

6,11-Dihydro-dibenz[b,e]oxepin ($X = O$, $R = H$)
6,11-Dihydro-dibenz[b,e]thiepin ($X = S$, $R = H$)

h. 1. $X = O$, $R = {=}CH{-}CH_2{-}CH_2{-}N(CH_3)_2$ Doxepin, 11-(3-Dimethylaminopropyliden)-6,11-dihydrodibenz[b,e]oxepin

h. 2. $X = S$, $R = {=}CH{-}CH_2{-}CH_2{-}N(CH_3)_2$ Prothiaden, 11-(3-Dimethylaminopropyliden)-6,11-dihydrodibenz[b,e]thiepin

Imipramine Hydrochloride BP 63, BPC 63, NF XII, INN. Hydrochlorid von 5-(3-Dimethylaminopropyl)-10,11-dihydro-5H-dibenz[b,f]azepin. Hydrochlorid von 1-(3-Dimethylaminopropyl)-4,5-dihydro-2,3 : 6,7-dibenzazepin. Hydrochlorid von N-(3-Dimethyl-aminopropyl)-iminodibenzyl. Tofranil Merck Ind. 60.

$C_{19}H_{24}N_2 \cdot HCl$ Formel a. 1, S. 400 M.G. 316,88

Herstellung. Bei der Behandlung von o-Nitrotoluol mit Natriumalkoholat in der Kälte entsteht o,o'-Dinitrodibenzyl, das katalytisch zu o,o'-Diaminodibenzyl hydriert wird. Salze des letzteren gehen bei der Pyrolyse in Iminodibenzyl oder 10,11-Dihydro-5H-dibenz[b,f]-azepin über. N-Alkylierung mit Hilfe von 3-(Dimethylamino)-propylchlorid und Natriumamid führt zum Imipramin [US-Pat. 2764580, CA (N. Y.) *51*, 4447f (1957); US-Pat. 2554736; CA (N. Y.) *46*, 3094d (1962); Helv. chim. Acta *37*, 472 (1954)].

Eigenschaften. Weißes bis fast weißes, kristallines Pulver, geruchlos oder fast geruchlos, Geschmack brennend, gefolgt von einem Taubheitsgefühl. Imipramin verfärbt sich am Licht gelb bis rötlich (Merck Ind. 60). Fp. 168 bis 171° (BP 63, BPC 63), Klasse Ia, zwischen 170 und 174° (NF XII) 174 bis 175° (Merck Ind. 60). Lösl. bei 20° in 2 T. W., in 1,5 T. A., leicht lösl. in Chlf. (BP 63, BPC 63), in etwa 5 T. W., in etwa 10 T. A., in etwa 15 T. Aceton, unlösl. in Ae. und Bzl. (NF XII), lösl. in Chlf., sehr wenig lösl. in Ae. (BP 63, BPC 63). – Base: $Kp._{0,1}$ 160° (Merck Ind. 60).

Erkennung. 1. Eine Lsg. von 5 mg Substanz in 2 ml Salpetersäure zeigt eine intensive blaue Farbe (BP 63, NF XII). – 2. Pikrat. Eine Lsg. von 0,5 g in 20 ml A. (95%) wird zum Sieden erhitzt, mit 5 ml einer gesättigten Lsg. von Trinitrophenol in A. (95%) versetzt und abkühlen gelassen. Fp. des mit A. (95%) gewaschenen Nd. etwa 140° (BP 63). – 3. Die Lsg. in 0,01 n Salzsäure zeigt im Bereich von 230 bis 350 nm ein Maximum nur bei 251 nm mit $E_{1\,cm}^{0,002\%}$ etwa 0,53 (BP 63). – 4. Chlorid. Substanz gibt die für Chloride charakteristischen Rk. (BP 63). – Eine Lsg. von 100 mg Substanz in 2 ml A. wird mit 1 ml verd. Salpetersäure und 3 Tr. Silbernitrat-Lsg. versetzt. Es entsteht ein weißer Nd., der sich bei der tropfenweisen Zugabe von starkem Ammoniakwasser auflöst (NF XII).

Prüfung. 1. pH einer 1,0%igen (g/v) Lsg. ist 5,7 bis 6,4 (BP 63, BPC 63). – 2. Schwermetalle. Bestimmung im Glührückstand, für Imipraminhydrochlorid höchstens 10 ppm (NF XII). – 3. Trocknungsverlust. Höchstens 0,5% nach Trocknen bei 105° bis zur Gewichtskonstanz (BP 63). Höchstens 0,5% nach 2 Std. bei 105° (NF XII). – 4. Sulfatasche. Höchstens 0,1% (BP 63). – 5. Glührückstand. Höchstens 0,1% (NF XII).

Gehaltsbestimmung. 1. Nach Meth. II der Stickstoffbestimmung mit etwa 0,25 g, genau gewogen, und 8 ml stickstofffreier Schwefelsäure. 1 ml 0,1 n Schwefelsäure entspr. 15,84 mg $C_{19}H_{24}N_2 \cdot HCl$ (BP 63). – 2. Etwa 300 mg Substanz, genau gewogen, werden in 80 ml Eisessig gelöst, mit 10 ml Quecksilber(II)-acetat-Lsg. und 1 Tr. Kristallviolett-Lsg. versetzt und mit 0,1 n Perchlorsäure auf Blau titriert. Mit einer Leerbestimmung wird eine evtl.

erforderliche Korrektur ermittelt. 1 ml 0,1 n Perchlorsäure entspr. 31,69 mg $C_{19}H_{24}N_2 \cdot HCl$ (NF XII).

Geforderter Gehalt. Mind. 98% bezogen auf die getrocknete Substanz (BP 63, BPC 63,) 98 bis 102% (NF XII).

Aufbewahrung. Vor Licht geschützt (BP 63, BPC 63).

Dosierung. 75 bis 150 mg täglich, in Einzeldosen unterteilt (BP 63, BPC 63). Gebräuchliche Dosis (oral und i.m.): Anfangs 75 mg (falls hospitalisiert 100 mg) täglich (alle Tagesdosen unterteilt), Erhaltungsdosis 50 bis 150 mg täglich (NF XII). – Bei älteren Patienten sind evtl. nur 10 bis 30 mg täglich erforderlich (BPC 63). – Maximaldosis im allgemeinen 250 mg täglich (Merck Ind. 60).

Wirkung und Anwendung. Antidepressiv ohne MAO-Hemmung, psychomotorisch aktivierend. Geringere zentrale Dämpfung als bei Chlorpromazin. Antagonist zur reserpinbedingten Sedation und zur chlorpromazinerzeugten Katalepsie. Wirkungsmechanismus unklar, vielleicht durch Wirkungsverstärkung adrenergischer Transmittersubstanzen im Zentralnervensystem. Anwendung bei endogenen Depressionen, psychomotorischen Hemmungszuständen, Depressionen oder depressiven Verstimmungszuständen, psychovegetativen Erschöpfungszuständen u.a. Der Eintritt spürbarer Wirkungen ist langsam, meist erst zwei bis drei Wochen nach Behandlungsbeginn. Wenn die gewünschte Wirkung eintritt, kann die Dosis allmählich vermindert werden. Oft ist aber eine längere Medikation erforderlich. Refraktäre Fälle können mit Elektroschock kombiniert werden.

Alkohol kann die Imipraminwirkung verstärken. Vor Kombination mit MAO-Hemmern wird gewarnt, ebenfalls vor Ablösung durch MAO-Hemmer ohne Leerintervall.

Begleiteffekte. Tachycardie, Blutdrucksenkung mit Kollapsneigung, Übelkeit, Schwitzen, Mundtrockenheit, Exantheme, Tremor, Schlafstörungen, Blasenstörungen, verschwommenes Sehen. – DL_{50} i.v. 35 mg/kg Maus und 22 mg/kg Ratte, p.os 666 mg/kg Maus und 625 mg/kg Ratte. – Metaboliten: Desipramin, N-Oxid (Seitenkette), 2-Hydroxy-Derivate.

Handelsformen: Tofranil und Tofranil mite (Geigy).

Desipramin. Desmethylimipramin. 5-(γ-Monomethylaminopropyl)-10,11-dihydro-5H-dibenz[b,f]azepin-hydrochlorid. 5-(γ-Methyl-amino-propyl)-iminodibenzylum hydrochloricum.

$C_{18}H_{22}N_2 \cdot HCl$ Formel a. 2, S. 400 M.G. 302,84

Herstellung. Desipramin kann durch Entmethylierung von Imipramin mit Hilfe von Chlorameisensäureestern und anschließende Spaltung des als Zwischenprodukt anfallenden Urethans erhalten werden [Belg. Pat. 614616 (1962), CA (N. Y.) *58*, 11337c (1963)].

Eigenschaften. Weiße Kristalle. Fp. 206 bis 208°. Ziemlich gut lösl. in W.

Dosierung. Klinisch 50 bis 200 mg, ambulant 25 bis 100 mg täglich.

Anwendung. Bei Depressionen mit psychomotorischer Hemmung, Neurosen, psychoreaktiven Störungen, Antriebsarmut. – Begleiterscheinungen ähnlich Imipramin. – DL_{50} i.v. 41 mg/kg Maus, 30 mg/kg Ratte, p.os 625 mg/kg Ratte, 935 mg/kg Maus.

Handelsformen: Pertofran (Geigy), Norpramin (Lakeside).

Opipramol INN. 5-[γ-(4-β-Hydroxyäthyl-piperazino)-propyl]-5H-dibenzo[b,f]azepin-hydrochlorid. 5-[γ-(4-β-Hydroxyäthyl-piperazino)-propyl]-iminostilben-dihydrochlorid. [3-(5H-Dibenzo[b,f]azepin-5-yl)-propyl]-1-piperazinäthanolum dihydrochloricum.

$C_{23}H_{29}N_3O \cdot 2HCl$ Formel b. 1, S. 400 M.G. 436,44

Herstellung. Durch pyrolytische Kohlendioxidabspaltung aus dem 3-(4-Acetoxyäthyl-piperazino)-propylester der Iminostilben-N-carbonsäure und anschließende hydrolytische Abspaltung des Acetylrestes, oder aus N-(Piperazinopropyl)-iminostilben und Äthylenoxid [Schweiz. Pat. 359143 und 360061 (1962), CA (N. Y.) *58*, 10218fh (1963)]. Oder aus N-(3-Chlorpropyl)-iminostilben und N-Acetoxyäthylpiperazin und nachfolgende Verseifung [DBP 1133729 (1962), CA (N. Y.) *58*, 10219 a (1963)].

Eigenschaften. Fp. 228 bis 230°. Fp. der Base 100 bis 101°.

Dosierung. 50 bis 300 mg täglich.

Anwendung. Bei Angst, Spannung, Unruhe, Schlaflosigkeit, vegetativen Störungen, Neurosen, leichten depressiven Verstimmungszuständen.

Handelsformen: Insidon, Ensidon (Geigy).

Carbamazepin INN. 5-Carbamyl-5H-dibenzo[b,f]azepin.

$C_{15}H_{12}N_2O$ Formel b. 2, S. 400 M.G. 236,28

Eigenschaften. Weiße Kristalle. Fp. 190 bis 193°. Praktisch unlösl. in W., lösl. in Propylenglykol [Arzneimittel-Forsch. *13*, 122 (1963)].

Anwendung. Bei epileptischen Zuständen, Trigeminusneuralgie.

Handelsformen: Tegretal, Tegretol (Geigy).

Dibenzepin INN. 5-Methyl-10-β-dimethylaminoäthyl-10,11-dihydro-11-oxo-5H-dibenzo-[b,e]-1,4-diazepin-hydrochlorid.

$C_{18}H_{21}N_3O \cdot HCl$ Formel c. 1, S. 400 M.G. 331,85

Herstellung. Aus 5-Methyl-10,11-dihydro-11-oxo-5H-dibenzazepin und Dimethylaminoäthylhalogenid mit Hilfe von Natriumamid in Dioxan [Arzneimittel-Forsch. *13*, 324 (1963)].

Eigenschaften. Fp. 234 bis 240°. Fp. der Base 116 bis 117°.

Dosierung. Klinisch 240 bis 480 mg, ambulant anfangs 80 bis 160 mg täglich.

Anwendung. Sowohl bei gehemmten als auch bei agitierten Depressionen. – Begleiteffekte: Müdigkeit, Schlafstörungen, innere Unruhe u.a. – DL_{50} p.os 215 mg/kg Maus.

Handelsform: Noveril (Wander).

Amitriptylin. Amytriptylin. 5-(3-Dimethylaminopropyliden)-5H-dibenzo[a,d]-cycloheptadien-(1,4)-hydrochlorid.

$C_{20}H_{23}N \cdot HCl$ Formel d. 1, S. 400 M.G. 313,85

Literatur: Brit. Pat. 858186 und 858187 (1961), CA (N. Y.) *55*, 14415f und 14484i (1961); Tschech. Pat. 99623 und 99624 (1961), CA (N. Y.) *56*, 4704fh (1962); J. med. pharm. Chem. *4*, 411 (1961); J. org. Chem. *27*, 230 (1962).

Herstellung. Durch Addition von 3-Dimethylaminopropylmagnesiumchlorid an 2,3 : 6,7-Dibenzosuberon und anschließende Dehydratisierung mit Acetanhydrid oder alkoholischer Salzsäure.

Eigenschaften. Weiße Kristalle. Fp. 194 bis 195°, 196 bis 197,5°, 197 bis 199°. 20 g sind in 100 ml W. lösl. – Fp. des Pikrates 144,5 bis 146°. – Base: $Kp._{1,8}$ 162 bis 182°, $Kp._{2,5}$ 173 bis 176°.

Dosierung. Klinisch 100 bis 300 mg, ambulant 25 bis 150 mg täglich.

Anwendung. Bei agitierten und gehemmten Depressionen und depressiven Verstimmungszuständen. – DL_{50} i.p. 76 mg/kg Maus, i.v. 21 bzw. 29 mg/kg Maus, oral 140 bzw. 280 mg/kg Maus. – Metaboliten: Nortriptylin und 10-Hydroxy-Derivate.

Handelsformen: Laroxyl (Roche), Tryptizol, Elavil (Merck, Sharp u. Dohme), Saroten (Lundbeck; Tropon).

Nortriptylin. 5-(3-Methylaminopropyliden)-dibenzo[a,d]cycloheptadien-(1,4)-hydrochlorid. Desmethylamitriptylin.

$C_{19}H_{21}N \cdot HCl$ Formel d. 2, S. 400 M.G. 299,84

Literatur: Subsidia med. (Wien) *17*, 86 bis 89 (1965), dort Originalstellen.

Herstellung. Aus 5-(3-Chlorpropyliden)-dibenzo[a,d]cycloheptadien-(1,4) und Methylamin. Die Chlorverbindung kann man durch Addition von Cyclopropylmagnesiumbromid an 2,3 : 6,7-Dibenzosuberon zum 5-Hydroxy-5-cyclopropyl-dibenzo[a,d]cycloheptadien-(1,4) und anschließende Behandlung mit Chlorwasserstoff erhalten [J. org. Chem. *27*, 4134 (1962)].

Eigenschaften. Weiße Kristalle. Fp. 216 bis 219°. Leicht lösl. in W.

Dosierung. Klinisch 75 bis 150 mg, ambulant 30 bis 40 mg.

Anwendung. Bei Depressionen, neurotischen Verstimmungszuständen mit depressiver Symptomatik, Schizophrenien, Alkoholismus, Psychoneurosen, Psychasthenie, Enuresis. – Begleiterscheinungen: Mundtrockenheit, Schläfrigkeit, Obstipation, Schwindel, Tremor, Unruhe. – DL_{50} i.v. 39 mg/kg Maus, i.p. 94 mg/kg Maus und etwa 70 mg/kg Ratte, oral 340 mg/kg Ratte.

Handelsformen: Nortrilen (Tropon), Aventyl, Acetexa (Lilly).

Protriptylin. 5-(3-Methylaminopropyl)-dibenzo[a,d]cycloheptatrien-(1,4,6).

$C_{19}H_{21}N$ Formel e. 1., S. 400 M.G. 263,39

Dosierung. 30 bis 120 mg täglich.

Anwendung. Gehemmte Depressionen. – Nebenwirkungen: Schlafstörungen, Tachycardie.

Handelsformen: Concordin, Triptil, Vivactil.

Melitracen. 9-(3-Dimethylaminopropyliden)-10,10-dimethyl-9,10-dihydroanthracen.

$C_{21}H_{25}N$ Formel g. 1., S. 401 M.G. 291,44

Literatur: Arzneimittel-Forsch. *17*, 1329 (1967).

Dosierung. 30 bis 250 mg täglich.

Anwendung. Depressionen mit ängstlichem Gepräge. – Nebenwirkungen: Mundtrockenheit, Herzklopfen, Schwitzen, Müdigkeit.

Handelsform: Trausabun (Byk-Gulden).

IV. Monoaminoxydase-Hemmstoffe (MAO-Hemmer) mit psychotroper Wirkung (Thymerethica)

Eine Reihe weiterer Substanzen mit antriebssteigernder und antidepressiver Wirkung ist dadurch gekennzeichnet, daß sie zu einer Hemmung der Monoaminoxydase (MAO) führen, die mit der klinischen Wirkung dieser Substanzen in Zusammenhang gebracht wird. Durch die Blockade der MAO wird der oxydative enzymatische Abbau der körpereigenen Monoamine (MA), wie Adrenalin, Noradrenalin, Dopamin, Tyramin, Tryptamin, Serotonin, Normetanephrin, Phenäthylamin, vermindert, so daß sie in Gehirn, Herzmuskel und anderen Organgeweben angereichert werden. In vivo macht sich der verminderte Abbau durch vermehrte Ausscheidung der Amine im Harn, vor allem nach entsprechender Belastung des Organismus mit einem dieser Amine, bemerkbar.

Der oxydative Abbau folgt der summarischen Gleichung

$$R{-}CH_2{-}NH_3^+ + O_2 + H_2O = R{-}CHO + NH_4^+ + H_2O_2.$$

Die Aldehyde lassen sich durch Carbonylreagentien abfangen, werden aber normalerweise schnell weiter umgewandelt zu den entsprechenden Carbonsäuren, ebenso wie das gebildete Wasserstoffperoxid sofort in Wasser und Sauerstoff zerlegt wird. Im übrigen beschränkt sich dieser Abbau nicht auf prim. Amine, sondern erfaßt auch sek. und selbst tert. Amine, wobei Alkylamine statt Ammoniak abgespalten werden. Die Affinität des Substrats zum Enzym geht nicht mit der Umsetzungsgeschwindigkeit parallel.

Außer den hier zu besprechenden Verbindungen gibt es eine ganze Anzahl weiterer MAO-Hemmer, die nur in vitro wirksam sind und durchweg keine psychomotorische Aktivität besitzen.

Die in vivo wirksamen MAO-Hemmer werden nach Wirkungsdauer in zwei Gruppen eingeteilt: die therapeutisch verwendeten, lang wirkenden Verbindungen, die sich überwiegend vom Hydrazin ableiten, und die kurz wirkenden Harmanderivate, die nach ihrer Wirkung auf den Menschen eigentlich besser den Halluzinogenen oder Psychotomimetica zugeordnet werden. Die folgende Darstellung beschränkt sich ausschließlich auf die erste Gruppe.

Die Hemmung der MAO durch Iproniazid (in vitro), den ersten und wohl am besten untersuchten Vertreter dieser Arzneistoffklasse, und vermutlich ebenso die Hemmung durch die anderen Hydrazinderivate verläuft in zwei Schritten. Sie ist zunächst kompetitiv und reversibel, nimmt aber anschließend nach einem Zeitgesetz erster Ordnung zu – offensichtlich auf Grund von Redoxvorgängen am gebildeten Enzym-Substrat-Komplex, die möglicherweise zu einer Reaktion zwischen Enzym und einem radikalischen Bruchstück des Hemmers führen – und ist dann weitgehend irreversibel. Die geringe oder fehlende Reversibilität der Enzym-Hemmstoff-Reaktion steht im Einklang mit der tagelangen Wirkungsdauer der Hydrazinverbindungen und der Kumulationswirkung auch unterschwelliger wiederholter Gaben.

Die Hydrazinderivate besetzen bei der Primärreaktion im aktiven Zentrum der MAO wahrscheinlich die gleiche Stelle wie die natürlichen Substrate. J. A. CARBON, W. P. BURK-

HARD und E. A. ZELLER [Helv. chim. Acta *41*, 1883 (1958)] vermuten als Reaktionsort im Enzym eine nichtaldehydische und nichtketonische Carbonylgruppe. Die Dissoziationskonstante des Enzym-Iproniazid-Komplexes wird mit $2 \cdot 10^{-4}$ angegeben. Damit ist die Affinität von Iproniazid zu MAO 15mal größer als die eines physiologischen Substrats wie Tyramin.

Im Gehirn läßt sich eine MAO-Hemmung länger nachweisen als eine Erhöhung des MA-Spiegels. Das beruht wahrscheinlich darauf, daß für einen wesentlichen Anstieg des MA-Gehaltes die MAO mindestens zu 80% blockiert sein muß.

Außer der oxydativen Desaminierung durch die MAO gibt es noch andere physiologische Inaktivierungsprozesse für die MA; außerdem kann der Anteil der MAO an ihrer gesamten physiologischen Inaktivierung verschieden sein. Nach heutigen Kenntnissen werden vorwiegend durch MAO inaktiviert die MA Phenäthylamin, p- und m-Tyramin und Tryptamin. Bei Dopamin ist noch unklar, ob die direkte Desaminierung oder eine vorhergehende O-Methylierung den größten Anteil zur Inaktivierung beiträgt. Mindestens scheint aber die MAO beim Dopamin-Abbau im Gehirn wesentlich beteiligt zu sein. Das gleiche gilt für das Serotonin. Histamin wird anscheinend vor einer Desaminierung durch MAO zum größten Teil N-methyliert. Bei Adrenalin und Noradrenalin schließlich scheint die 3-O-Methylierung eine größere Rolle zu spielen als die Desaminierung; hier kann die Anreicherung nach MAO-Hemmern nicht so zwingend erklärt werden. Unter anderem wird deshalb auch eine Beeinflussung der Speicherfähigkeit des Gewebes durch die MAO-Hemmer diskutiert. Auch für den Antagonismus der MAO-Hemmer gegen Reserpin und Tetrabenazin kommen neben einer direkten MAO-Hemmung ähnliche Erklärungen in Betracht.

Die Hemmwirkung beschränkt sich nicht auf die MAO, sondern erfaßt auch mehr oder weniger andere Aminoxydasen und andere Oxydasen. Zum Beispiel wird die Verlängerung der Barbituratnarkose durch MAO-Hemmer auf eine Herabsetzung der Seitenkettenoxydation der Barbiturate in den Lebermikrosomen zurückgeführt.

Abschließend zur kurz skizzierten Biochemie muß betont werden, daß für die MAO-Hemmer ein ursächlicher Zusammenhang zwischen Veränderung des MA-Stoffwechsels und Psychostimulierung zwar wahrscheinlich, aber noch nicht gesichert ist. Für die weiteren pharmakologischen Wirkungen ist ein solcher Zusammenhang nur teilweise wahrscheinlich.

Die therapeutisch nutzbare antidepressive Wirkung von Iproniazid „besteht in Hebung der Stimmung und Antriebssteigerung. Das Depressionsgefühl wird aufgehellt, die Patienten werden gelockert, nehmen wieder Anteil an der Umgebung und passen sich in die Umwelt ein. Das Müdigkeitsgefühl geht zurück, geistige und körperliche Aktivität und Appetit nehmen zu“ (PLETSCHER, A., K. F. GEY u. P. ZELLER, l. c.).

Zum Unterschied von den Thymoleptica kann es sogar zu einer psychomotorischen Erregung kommen, vereinzelt selbst bis zu psychotischen Zustandsbildern mit Halluzinationen. Bei richtiger Dosierung läßt sich jedoch der Stimmungsumschwung ohne wesentliche Erregung erreichen, im Gegensatz zu den Weckaminen, die außerdem den Appetit zügeln. Ferner kann es zu einer Abnahme von Libido und Potenz, Verzögerung der Ejakulation und zur Frigidität der Frau kommen.

Der Wirkungseintritt erfolgt im allgemeinen erst nach einer Latenzzeit von etwa ein bis drei Wochen.

Potenzierende Effekte (Wirkungsverstärkung oder -verlängerung) werden für Sympathicomimetica, Narcotica, Hypnotica und Analgetica beschrieben. Die Kombination mit Thymoleptica ist kontraindiziert, beim Übergang von MAO-Hemmern zu Thymoleptica ist ein Leerintervall von 10 bis 14 Tagen einzuschalten. Auch bei der Kombination mit MA-Freisetzern (Reserpin und Tetrabenazin) ist Vorsicht geboten.

Unter der Medikation mit MAO-Hemmern kann es nach Genuß tyramin- und tryptaminreicher Käsesorten zu akuten Blutdruckkrisen mit starken Kopfschmerzen und gelegentlichem zerebralem Insult kommen. Die chronische Toxizität der MAO-Hemmer äußert sich gelegentlich in Leberschäden, die bis zu schwerem Ikterus gehen können. Nialamid soll sich durch geringe Hepatotoxizität auszeichnen. – Die toxischen Nebenwirkungen der MAO-Hemmer haben dazu geführt, daß einige Präparate wieder aus dem Handel gezogen worden sind.

Die MAO-Hemmer haben auch Anwendung außerhalb der Psychiatrie und ihrer Grenzgebiete gefunden. So wird vor allem der anginöse Schmerz bei schwerer, therapierefraktärer Angina pectoris gedämpft, weniger ausgeprägt auch bei Myocardinfarkt. Die als Nebenwirkung vorhandene Blutdrucksenkung erinnert an die strukturell verwandten Hydrazinophthalazine und kann bei Hypertonie ausgenützt werden. Auch bei Schmerzzuständen und Begleitdepressionen im Gefolge chronischer Erkrankungen, wie rheumatischer Arthritis, sind günstige Erfolge erzielt worden.

Analytik (s. auch Isoniazid). 1. Dünnschichtchromatographische Trennungen antidepressiv wirksamer Psychopharmaka: SCHMID, E., E. HOPPE, Chr. MEYTHALER jr. u. L. ZICHA: Arzneimittel-Forsch. *13*, 969 (1963). – 2. Hydrazine und Hydrazide lassen sich mit Jodlösung in schwach alkalischer Lsg. [CANBÄCK, T.: J. Pharm. Pharmacol. *4*, 407 (1952)] oder mit Kaliumjodat-Lsg. in salzsaurer Lsg. [BARKE, D. J., u. E. R. COLE: J. appl. Chem. *5*, 477 (1955)] titrieren. Der bei der letzten Umsetzung freigesetzte Stickstoff kann nach volumetrischer Bestimmung im Azotometer ebenfalls zur quantitativen Bestimmung dienen [MCKENNIS jr., H., J. D. WEATHERBY u. E. P. DELLIS: Analyt. Chem. *30*, 499 (1958)]. Weitere zur Titration geeignete Oxydationsmittel sind Natriumhypochlorit und Kaliumperoxosulfat in Gegenwart von Jodmonochlorid [SINGH, B., G. P. KASHYAN u. S. S. SAHOTA bzw. B. SINGH, S. S. SAHOTA u. I. SINGH: Z. anal. Chem. *162*, 256, 357 (1958)], und Bis-(äthylendiamin)-cer(IV)sulfat-Lsg. [SINGH, B.: Analyt. chim. Acta (Amst.) *17*, 467 (1958)].

a. Hydrazin-Derivate

a. 1. $C_6H_5—CH_2—CH_2—NH—NH_2$ Phenelzin

a. 2. $C_6H_5—CH_2—CH(CH_3)—NH—NH_2$ Pheniprazin

a. 3. $C_6H_5—CH(CH_3)—NH—NH_2$ Mebanazin

a. 4. $C_6H_5—O—CH_2—CH(CH_3)—NH—NH_2$ Phenoxypropazin

b. 1. 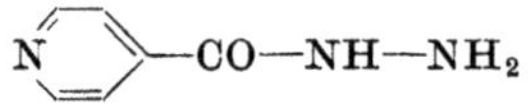 Isoniazid

b. 2. 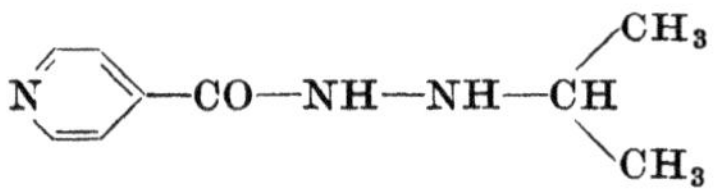 Iproniazid

b. 3. 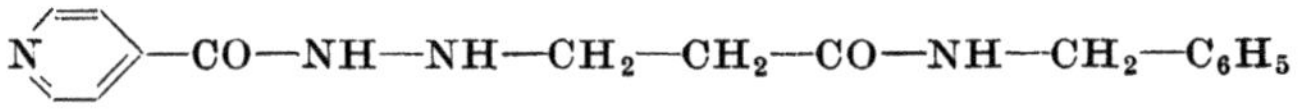 Nialamid

b. 4. 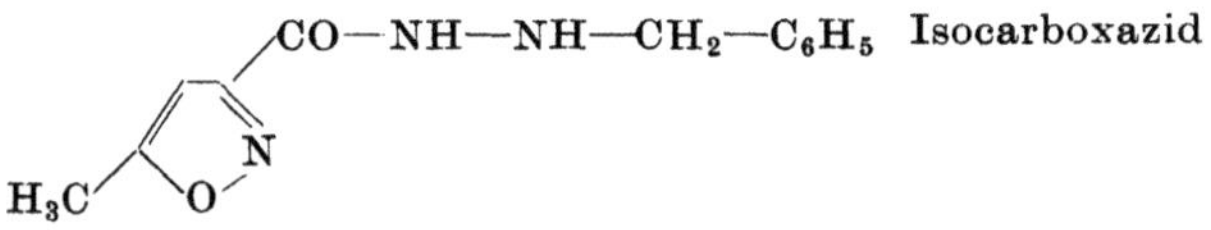 Isocarboxazid

b. 5. $CH_3—C(CH_3)_2—CO—NH—NH—CH_2—C_6H_5$ Pivazid

Phenelzin INN. Phenelzine Sulphate BP 63, BPC 63. β-Phenäthyl-hydrazin-dihydrogensulfat. 1-Phenyl-2-hydrazino-äthan-dihydrogensulfat.

$C_8H_{12}N_2 \cdot H_2SO_4$ Formel a. 1, S. 406 M.G. 234,27

Herstellung. Aus Phenäthylhalogeniden und überschüssigem Hydrazin-hydrat [J. Amer. chem. Soc. *81*, 2805 (1959)].

Eigenschaften. Weißes Pulver oder perlweiße Blättchen. Geruch stechend, Geschmack charakteristisch. Fp. 164 bis 168°. Lösl. bei 20° in 7 T. W., fast unlösl. in A. (95%), unlösl. in Chlf. und Ae. – Hydrochlorid: Fp. 174°. – Base: $Kp._{0,1}$ 74°.

Erkennung. 1. Eine Lsg. von 0,1 g Substanz in 5 ml W. gibt nach Alkalisieren mit Natronlauge und Zusatz von 1 ml Kalium-cupritartrat-Lsg. einen roten Nd. – 2. Gibt die für Sulfat charakteristischen Reaktionen.

Prüfung. Trocknungsverlust. Höchstens 1,0% nach 24 Std. über Diphosphorpentoxid bei höchstens 5 Torr.

Gehaltsbestimmung. Etwa 0,25 g genau gewogene Substanz werden in 50 ml W. gelöst, mit 1,5 g Natriumhydrogencarbonat und 50 ml 0,1 n Jodlösung versetzt und bleiben dann 90 Min. stehen. Nach Zusatz von 20 ml verd. Salzsäure wird mit 0,1 n Natriumthiosulfat-Lsg. gegen Stärke titriert, wobei der Stärkekleister erst gegen Ende der Titration zugesetzt wird. Das Ergebnis eines Blindversuches wird von dem Jodverbrauch abgezogen. 1 ml Jodlösung entspr. 5,857 mg $C_8H_{12}N_2 \cdot H_2SO_4$.

Geforderter Gehalt. Mind. 98,0% der getrockneten Substanz.

Aufbewahrung. Kühl und vor Licht geschützt.

Dosierung. 15 bis 45 mg täglich.

Anwendung. Bei reaktiven, endogenen, involutiven und cerebral-sklerotischen Depressionen, bei schweren chronischen Schmerzzuständen. Der Einfluß auf Angina pectoris ist verhältnismäßig gering. Die zentralen und peripheren Effekte sind schwächer als bei Iproniazid. – Begleiteffekte: orthostatische Hypotension mit Kollapsneigung, Schwindelgefühl, Schlafstörungen, Erregungen, Abnahme von Libido und Potenz. Phenelzin verstärkt die Wirkung von Alkohol, Äther, Dolantin, Procain, Phenylephrin. – DL_{50} i.p. 190 mg/kg Maus, oral 90 mg/kg Maus [J. med. Chem. *6*, 63 (1963)].

Handelsformen: Nardil, Nardelzin (Warner-Chilcott; Goedecke), Stinerval (Wander).

Pheniprazin. α-Methyl-β-phenyl-äthylhydrazin-hydrochlorid. 1-Phenyl-2-hydrazino-propan-hydrochlorid.

$C_9H_{14}N_2 \cdot HCl$ Formel a. 2, S. 406 M.G. 186,68

Herstellung. Durch katalytische Hydrierung des Phenyl-aceton-hydrazons bzw. durch reduktive Hydrazinierung von Phenyl-aceton [J. Amer. chem. Soc. *81*, 2805 (1959)].

Eigenschaften. Fp. 124 bis 125°. – Base: $Kp._{0,6}$ 82 bis 84°, n_D^{20} 1,5338, 1,5369, 1,5375.

Dosierung. Klinisch 3 bis 12 mg, ambulant 3 bis 6 mg täglich.

Anwendung. Bei Psychosen mit psychomotorischer Hemmung und depressiver Symptomatik. Bei Angina pectoris. Bei rheumatischer Arthritis. Wirkungseintritt nach einer Latenzzeit bis zu drei Wochen, meist ein bis zwei Wochen. – Begleiteffekte: Relativ häufig schwere Schädigung von Leber und Kreislauf. – DL_{50} i.p. 125 mg/kg Maus, oral 250 mg/kg Maus [J. med. Chem. *6*, 63 (1963)].

Handelsformen: Catroniazid (Lakeside, Pharma-Stern), Cavodil (Benger).

Mebanazin INN. α-Methyl-benzylhydrazin.

$C_8H_{12}N_2$ Formel a. 3, S. 406 M.G. 136,20

Herstellung. Durch katalytische Hydrierung von Acetophenon-hydrazon [J. Amer. chem. Soc. *81*, 2805 (1959)].

Eigenschaften. Phosphat ($C_8H_{12}N_2 \cdot H_3PO_4$): Fp. 150°. – Base: $Kp._{0,65}$ 69°.

Dosierung. 10 bis 40 mg täglich.

Anwendung. Bei Depressionen mit psychomotorischer Hemmung. Das Präparat zeigt ferner hypoglykämische Wirkung bei Diabetes mellitus.

Handelsform: Actomol (ICI).

Phenoxypropazin. N-(1-Methyl-2-phenoxy-äthyl)-hydrazin.

$C_9H_{14}N_2O$ Formel a. 4, S. 406 M.G. 166,22

Herstellung. 1-Methyl-2-phenoxy-äthanol wird mit Hilfe von Phosphortribromid in 1-Methyl-2-phenoxy-äthylchlorid umgewandelt und dieses mit Hydrazinhydrat umgesetzt [J. med. Chem. *6*, 63 (1963)].

Eigenschaften. Maleat ($C_9H_{14}N_2O \cdot C_4H_4O_4$): Fp. 107 bis 108°. – Base: $Kp._{0,2}$ 98 bis 102°. pK_A 6,9.

Dosierung. Klinisch 15 bis 30 mg, ambulant 5 bis 15 mg täglich.

Anwendung. In der Psychotherapie ähnlich den anderen MAO-Hemmern wie Iproniazid. – Begleiteffekte ähnlich Iproniazid. – DL_{50} i.p. 350 mg/kg Maus, oral 500 mg/kg Maus.

Handelsform: Drazin (Smith and Nephew).

Iproniazid INN, Merck Ind. 60. Isonicotinsäure-2-isopropylhydrazid. 1-Isonicotinoyl-2-isopropyl-hydrazin.

$C_9H_{13}N_3O$ Formel b. 2, S. 406 M.G. 179,22

Herstellung. Durch katalytische Hydrierung des Hydrazons aus Isonicotinsäurehydrazid und Aceton [J. org. Chem. *18*, 994 (1953)].

Eigenschaften. Nadeln. Fp. 112,5 bis 113,5°. Leicht lösl. in W. und in A., pH der wss. Lsg. etwa 6,7. – Fp. des Dihydrochlorids 227 bis 228° (Zers.).

Dosierung. Oral 10 bis 50 mg.

Anwendung. Psychosen verschiedener Genese, die mit depressiver Symptomatik und psychomotorischer Hemmung einhergehen. Angina pectoris. Hypertonie. – Begleiteffekte: Hypotension mit Kollapsneigung, Schwindel, Kopfschmerzen, Obstipation, Schlaflosigkeit, emotionelle Labilität.

Handelsformen: Marsilid (Roche). Produktion wurde 1962 eingestellt.

Nialamid INN. N-Isonicotinoyl-N′-(β-N-benzyl-carboxamido-äthyl)-hydrazin. N-Benzyl-β-(isonicotinylhydrazino)-propionamid.

$C_{16}H_{18}N_4O_2$ Formel b. 3, S. 406 M.G. 298,35

Herstellung. Aus 1-Isonicotinoyl-2-(β-methoxycarbonyläthyl)-hydrazin durch Aminolyse mit Benzylamin [US-Pat. 2894972 (1959), CA (N. Y.) *54*, 582a (1960)] oder durch Addition von Isonicotinsäurehydrazid an N-Benzyl-acrylamid [US-Pat. 2980728 (1961), CA (N. Y.) *55*, 20903i (1961)].

Eigenschaften. Fp. 151,1 bis 152,1°.

Dosierung. Klinisch 100 bis 200 mg, ambulant 50 bis 100 mg täglich.

Anwendung. Ähnlich Iproniazid. Ferner gegen Schmerzzustände und Begleitdepressionen bei chronischen Erkrankungen. – Begleiteffekte ähnlich Iproniazid. – DL_{50} oral 1000 mg/kg Maus und 1700 mg/kg Ratte, i.p. 742 mg/kg Maus und 760 mg/kg Ratte [Toxicol. appl. Pharmacol. *1*, 523 (1959), CA (N. Y.) *54*, 1752a (1960)].

Handelsformen: Niamid (Pfizer), Espril (Saba, Turin).

Isocarboxazid BPC 63. 1-Benzyl-2-(5-methyl-3-isoxazolyl-carbonyl)-hydrazin. 3-N′-Benzylhydrazinocarbonyl-5-methylisoxazol.

$C_{12}H_{13}N_3O_2$ Formel b. 4, S. 406 M.G. 231,25

Herstellung. Aus dem Benzaldehyd-5-methyl-3-isoxazolylcarbonyl-hydrazon durch Reduktion mit Lithiumalanat oder Kaliumboranat oder aus 5-Methyl-isoxazol-3-carbonsäureestern und Benzylhydrazin durch Hydrazinolyse [J. med. pharm. Chem. *2*, 133 (1960)].

Eigenschaften. Weißes oder cremefarbenes, kristallines Pulver von schwachem, charakteristischem Geruch. Fp. 105 bis 107°. Wenig lösl. in W., bei 20° lösl. in 150 T. A., in 50 T. Ae. und in 3 T. Chlf.

Erkennung. 1. Eine Lsg. von 0,01 g Substanz in 10 ml Aceton ergibt nach Zusatz von 0,2 ml W. und 0,2 ml einer Lsg. (1%, g/v) von Ammoniummolybdat in verd. Salzsäure eine Orangefärbung. – 2. Eine Lsg. von 0,01 g Substanz in A. (95%) wird mit einer 1% (v/v) Salzsäure enthaltenden Lsg. von 1% (g/v) Dimethylaminobenzaldehyd in A. (95%) versetzt. Es entsteht eine gelbe Fbg.

Prüfung. 1. Trocknungsverlust. Höchstens 0,5% nach 4 Std. bei 60° im Vakuum. – 2. Sulfatasche. Höchstens 0,1%.

Gehaltsbestimmung. Etwa 0,5 g genau gewogene Substanz werden in 20 ml Eisessig gelöst und nach Zusatz von 10 ml Salzsäure und 40 ml W. 0,1 m Natriumnitritlösung titriert unter elektrometrischer Endpunktsanzeige. 1 ml 0,1 m Natriumnitritlsg. entspr. 23,13 mg $C_{12}H_{13}N_3O_2$.

Geforderter Gehalt. Mind. 98,5% bezogen auf die getrocknete Substanz.

Dosierung. 20 bis 40 mg täglich in Einzeldosen unterteilt. Gebräuchliche Einzeldosis 10 mg oral.

Anwendung und Begleiteffekte ähnlich Phenelzin und Iproniazid. Begleiteffekte seltener und weniger ausgeprägt als nach Iproniazid.

Handelsformen: Marplan (Roche).

Pivazid. 1-Pivaloyl-2-benzyl-hydrazin. Pivalinsäure-2-benzyl-hydrazid. (Pivalinsäure = Trimethylessigsäure).

$C_{12}H_{18}N_2O$ Formel b. 5, S. 406 M.G. 206,28

Herstellung. Durch intermolekulare Wasserabspaltung aus Pivalinsäure und Benzylhydrazin in Acetonitril mit Hilfe von Dicyclohexylcarbodiimid unterhalb 30° [Schweiz. Pat. 369471 (1963), CA (N. Y.) *60*, 6768e (1964)].

Eigenschaften. Fp. 68 bis 69°.

Dosierung. Klinisch 75 bis 300 mg, ambulant 50 bis 200 mg täglich.

Anwendung. Bei Angina pectoris.

Handelsform: Tersavid (Roche).

b. Einfache Amine

Ephedrin und Amphetamin hemmen in vitro die MAO, jedoch nicht in vivo. Das strukturell nahe verwandte Tranylcypromin zeigt nicht nur in vitro eine stärkere Hemmung als Iproniazid, sondern ist auch in vivo wirksam. Die antidepressive Wirkung soll etwa so stark sein wie die der stärker wirksamen Hydrazinverbindungen. Die Wirkung setzt schneller ein und ist kürzer als bei den Hydrazinverbindungen, sie ist aber beträchtlich länger als bei den Harmala-Alkaloiden. Höhere Dosen rufen amphetaminähnliche Wirkungen hervor.

Das verwendete trans-Racemat ist im pharmakologischen Test wirksamer als das cis-Racemat. Die Lebertoxizität soll geringer sein als bei den Hydrazinen.

Äthyltryptamin wirkt schwächer und kürzer als Tranylcypromin. Nachdem Anzeichen auf die Gefahr einer Agranulozytose hindeuteten, wurde es aus dem Handel gezogen. Das niedere Homologe α-Methyltryptamin zeigt psychotomimetische Effekte ähnlich LSD-25. Das gleiche gilt für das N,N-Diäthyltryptamin und N,N-Dimethyltryptamin.

Von allen Nichthydrazinen scheint Pargylin in seinen MAO-Hemmeigenschaften dem Iproniazid am meisten zu ähneln. Es wird als Antihypertonicum verwendet.

c. 1. 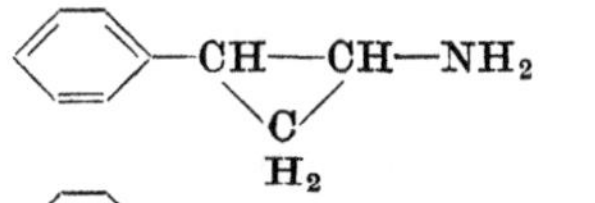 Tranylcypromin

c. 2. 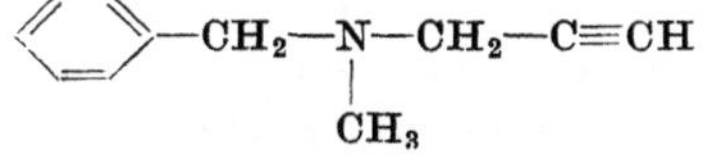 Pargylin

c. 3. 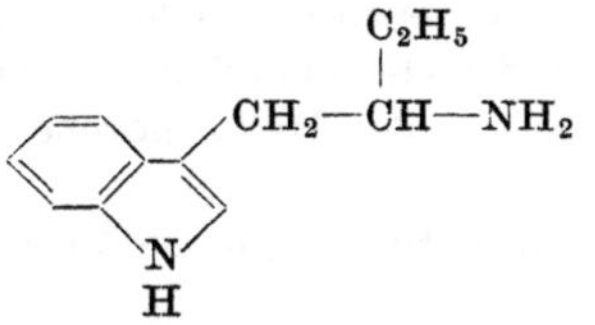 Äthyltryptamin, Etryptamin

Tranylcypromin. Tranylcypromine Sulfate NND 64. trans-d,l-2-Phenylcyclopropylamin-sulfat.

$2(C_9H_{11}N) \cdot H_2SO_4$ Formel c. 1, S. 409 M.G. 364,46

Herstellung. trans-2-Phenyl-cyclopropan-carbonsäure wird nach üblichen Methoden in ihr Azid übergeführt und dieses dem Curtius-Abbau zum trans-2-Phenyl-cyclopropyl-isocyanat unterworfen. Hydrolyse des Isocyanats mit Salzsäure liefert das Amin. Zur Isomerisierung der cis-2-Phenyl-cyclopropan-carbonsäure kann man diese durch Erhitzen mit Thionylchlorid in das Säurechlorid der trans-Säure umwandeln [J. Amer. chem. Soc. *70*, 2198 (1948); J. med. pharm. Chem. *5*, 1243 (1962); US-Pat. 2997422 (1959), CA (N. Y.) *56*, 1392e (1962); Latvijas PSR Zinatnu Akad. Vestis, Kim. Ser. *1963*, (1), 106, CA (N. Y.) *59*, 9919b (1963)].

Eigenschaften. Fp. 226 bis 228°. – Base: $Kp._{0,5}$ 69 bis 71°, Fp. 44 bis 45°. – Hydrochlorid: Fp. 153,5 bis 156,5° (Zers., bei 151,1° Sintern). 151 bis 154°.

Dosierung. Anfangsdosis 20 mg täglich, später individuell.

Anwendung. Bei psychomotorischen Hemmungszuständen mit depressiver Symptomatik.

Handelsformen: Parnate (Smith, Kline & French). Kombinationspräparat Jatrosom Röhm u. Haas).

Pargylin. Pargyline Hydrochloride NND 64. N-Methyl-N-(2-propynyl)-benzylamin-hydrochlorid. N-Methyl-N-propargyl-benzylamin-hydrochlorid.

$C_{11}H_{13}N \cdot HCl$ Formel c. 2, S. 409 M.G. 195,69

Herstellung. N-Methyl-benzylamin wird mit Propargylbromid in A. in Gegenwart von Soda umgesetzt [Brit. Pat. 906245 (1962), CA (N. Y.) *58*, 5570h (1963)].

Eigenschaften. Fp. 154 bis 155°. – Base: $Kp._{11}$ 96 bis 97°.

Dosierung. Anfangs 25 bis 50 mg täglich, eventuelle Steigerung in mindestens 7tägigen Abständen.

Anwendung. Bei Hypertension.

Handelsform: Eutonyl (Abbott).

Äthyltryptamin-acetat. Etryptamin. 3-(2-Aminobutyl)-indol.

$C_{12}H_{16}N_2 \cdot C_2H_4O_2$ Formel c. 3, S. 409 M.G. 248,32

Herstellung. Indol-3-carboxaldehyd wird mit 1-Nitropropan zum 3-(2-Nitro-1-butenyl)-indol (formuliert in der mesomeren zwitter-ionischen Struktur) kondensiert. Die Nitroverbindung wird mit Lithiumalanat zum Äthyltryptamin reduziert [J. org. Chem. *25*, 1548 (1960)].

Eigenschaften. Fp. 164 bis 165,5°, 165 bis 166°. Lichtabsorption: Maxima bei 220,5 nm (ε = 37050), 281 nm (ε = 6150) und 289,5 nm (ε = 5350). – Base: Fp. 97 bis 99°.

Dosierung. Klinisch 75 bis 150 mg, ambulant 10 bis 25 mg täglich.

Anwendung. Bei vitalen Depressionen mit Antriebshemmung.

Handelsform: Monase (Upjohn). – Monase wurde aus dem Handel gezogen.

c. Harmala-Alkaloide

Die hypotensive und zentralerregende Wirkung der Harmala-Alkaloide ist bereits länger bekannt. Die Kenntnis ihrer Hemmwirkung gegenüber MAO ist naturgemäß jüngeren Datums. Harmin, Harmalin, Harmalol, Tetrahydroharmin und verwandte β-Carbolin-Derivate hemmen die MAO in vitro stärker als die meisten Hydrazin-Derivate, wobei die Hemmung eindeutig reversibel ist. Ihre Enzymaffinität ist offenbar größer als die der Hydrazine. In vivo wirken sie wesentlich rascher und kürzer als die anderen MAO-Hemmer. Harmin gehört seiner psychomotorischen Wirkung nach zu den Halluzinogenen oder Psychotomimetica.

Die Alkaloide werden an anderer Stelle unter Peganum harmala beschrieben.

V. Psychotonica

Es gibt eine Reihe weiterer Substanzen, die auf die psychische Sphäre anregend wirken, ohne einer der vorstehend beschriebenen Arzneistoffklassen zuzugehören. Zweckmäßig werden diese Verbindungen als Psychotonica oder Psychoanaleptica zusammengefaßt, obwohl strukturelle Gemeinsamkeiten nur bei einem Teil der Verbindungen vorhanden sind und auch der Wirkungstyp nicht einheitlich ist.

Psychotonica erhöhen die psychische und physische Leistungsfähigkeit und heben im Zusammenhang damit die Stimmung und steigern den Antrieb. Die Wirkung ist am deutlichsten bei Ermüdung und Erschöpfungszuständen sowie bei schwächeren depressiven

Reaktionen. Die Anhebung der Stimmungslage bis zur Euphorie birgt die Gefahr des gewohnheitsmäßigen Dauergebrauchs in sich.

Die Wirkung kann ähnlich einem Analepticum schnell und direkt stimulierend einsetzen oder langsam „tonisierend" wie etwa beim Pyrithioxin. Bei den Verbindungen des ersten Typs verschwimmen die Grenzen zu den eigentlichen Analeptica. So kann man auch die an anderer Stelle dieses Handbuches beschriebenen Weckamine und das Coffein hier einordnen. Die ebenfalls unsichere Abgrenzung gegenüber den Thymoleptica und den MAO-Hemmern ergibt sich dadurch, daß die Psychotonica gegen echte psychotische Depressionen nur wenig wirksam sind.

Auf der anderen Seite bestehen Überschneidungen mit den Nerventonica und Allgemeinroborantien und man könnte eventuell z.B. den GABA-Vorläufer Glutaminsäure und die anorganischen und organischen Phosphorsäure- und Phosphorigsäurepräparate, die an anderer Stelle behandelt werden, in dieses Grenzgebiet einordnen.

Die Terminologie der Psychotonica ist uneinheitlich, und oft besitzt ein Präparat seinen eigenen, von einer allgemeinen Systematik unabhängigen Terminus. So findet man außer Psychotonicum noch Bezeichnungen wie Psychoenergizer, Psychoanalepticum, zentrales Physiolepticum, Neurotonicum, Neuroanabolicum, dynamisierendes Neurotrophicum.

a. Verbindungen mit Amphetamin-Struktur

Die an anderer Stelle beschriebenen Weckamine, wie Amphetamin und Methamphetamin, besonders aber Methylphenidat, sind bei Müdigkeit und bei depressiven Reaktionen angezeigt, die z.B. bei chronischen Schmerzen, in der Menopause und im Alter auftreten.

Entsprechend ihrer strukturellen und pharmakologischen Verwandtschaft mit dem Adrenalin ist die zentrale Erregung durch die Weckamine u.a. von peripherer Vasokonstriktion, Erhöhung des Sauerstoffverbrauchs und der unveresterten Fettsäuren im Blutplasma sowie von zentral ausgelöster Appetitminderung begleitet. Strukturelle Abwandlung des Amphetaminmoleküls kann die einzelnen Wirkungsrichtungen verschieden stark herausarbeiten oder unterdrücken. So kommt es, daß auch einige nicht zu den Weckaminen gerechnete Amphetaminderivate als Psychotonica im Handel sind. Dimephenopan („Dimethylamphetamin", im Metrotonin) wird in Kombination mit Amobarbital bei psychischer Labilität gegeben. Ein weiteres tertiäres Amin ist das Prolintan (zusammen mit Vitaminen im Katovit), bei dem tierexperimentell Blutzuckererhöhung und Kontraktion der Samenblase fehlen. Es wirkt schwächer erregend als Amphetamin, aber wesentlich stärker als Coffein.

Beim 7-(α-Methylphenäthylamino)-äthyltheophyllin (Captagon) sind sozusagen Amphetamin und Coffein in einem Molekül vereinigt. Ähnlich den Weckaminen werden durch Captagon psychische Funktionen gesteigert: im Leistungsbereich psychomotorisches Tempo, Konzentrationsvermögen, Denk- und Assoziationsgeschwindigkeit; im emotionellen Bereich Kontaktstreben, Stimmung, Aktivitätsbereitschaft und evtl. Aggressionsneigung. Periphere Kreislaufeffekte sind gering.

Eine weitgehende konformative Fixierung der Amphetaminstruktur liegt im 2-Aethylamino-3-phenyl-norcamphan (Fencamfamin, enthalten in Reactivan) vor. Die Substanz wirkt stark stimulierend ohne wesentliche Beeinflussung von Blutdruck und Herz. Bei erhöhten Anforderungen, insbesondere an das Konzentrationsvermögen, steigert sie die Antriebskomponenten des Leistungsvermögens ohne eine qualitative Leistungsbeeinträchtigung. Gleichzeitig wird das subjektive Leistungsgefühl leicht stabilisiert und höchstens kurzfristig gehoben.

Ein Amphetaminderivat, das in heißem Wasser eine Rückspaltung zum Amphetamin erleidet, ist das Aponeuron. Es wirkt stärker stimulierend als Coffein.

Eine stärker abgewandelte Amphetaminstruktur liegt im Pipradol vor. Das einfache β-Phenyl-äthylamin-Gerüst des Amphetamins ist durch ein β,β-Diphenyl-äthylamin-Gerüst ersetzt. Die weiteren Strukturelemente sind nicht ungewöhnlich für diese Stoffgruppe: die Hydroxylgruppe findet man beim Ephedrin wieder, und das Stickstoffatom ist beim Methylphenidat auf gleiche Weise in einen Piperidinring einbezogen. Pipradol wirkt zentral stimulierend und hat viel weniger Einfluß auf Herz und Kreislauf als die eigentlichen Weckamine.

Nach der Stärke der Stimulierung liegt Pipradol zwischen Coffein und Amphetamin. Im Gegensatz zu den Weckaminen soll nach Pipradol keine Reizbarkeit und keine Appetitminderung eintreten. – Die stellungsisomere Verbindung Azacyclonol enthält kein Amphetamingerüst mehr und wirkt nicht mehr zentral stimulierend, sondern im Gegenteil zentral dämpfend. Sie ist im Unterkapitel Tranquillizer beschrieben.

b. Dimethylaminoäthanol und Derivate

Dimethylaminoäthanol ist Ausgangsmaterial für die Acetylcholinsynthese. Es wird als mildes Neurotropicum bezeichnet und soll bei herabgesetztem Konzentrationsvermögen und bei Neurasthenie wirksam sein. Verwendet werden verschiedene Salze, z. B. Tartrat, Citrat und p-Acetamidobenzoat.

Der Ester des Dimethylaminoäthanol mit dem pflanzlichen Wuchsregulator p-Chlorphenoxyessigsäure ist das Centrophenoxin, das als cortico-subcorticales Neuroanabolicum und Psychoanalepticum bezeichnet wird. Es soll anregend (Stimulierung des Hypothalamusgebietes) und psychisch harmonisierend wirken, vor allem bei Bewußtseinsstörungen und cerebralen Insulten. Die Indikationen ähneln denen des Pyrithioxins. Im Tierversuch ist die Spontanaktivität gesteigert und die Krampfschwelle erniedrigt, und bei Kreislauf und Atmung macht sich eine leichte Sympathicuserregung bemerkbar.

Formell schließt sich hier ein Äther des Dimethylaminoäthanols an, der o-Methylbenzhydryläther, das Orphenadrin. Die Verbindung ist jedoch wohl kaum als Dimethylaminoäthanol-Lieferant anzusehen. Sie kann auch nur mit Vorbehalt als Psychotonicum eingeordnet werden. Der Struktur nach leitet sie sich von den Antihistaminen ab. Sie wird dementsprechend im Kapitel Antihistaminica dieses Handbuches (Bd. I, 1202) als BS 5930 kurz besprochen. Die Antihistaminwirkung ist jedoch schwach, und man muß Orphenadrin seiner Hauptwirkung nach als peripheres Muskelrelaxans und Antiparkinsonmittel mit schwach anticholinergischer Wirkung einstufen. Daneben wirkt es schwach antriebssteigernd und euphorisierend bei erschöpften und deprimierten Patienten, so daß eine Einordnung an dieser Stelle vielleicht doch erlaubt ist. Es wird auch mit Reserpin kombiniert gegeben.

c. Verschiedene Strukturen

Wirkungsmäßig schließt sich an die Amphetamingruppe eine Substanz an, von der man der Struktur nach eher eine dämpfende als eine stimulierende Wirkung erwarten könnte: das Pomolin oder Phenoxazol. Die Stärke seiner zentral erregenden Wirkung stellt es zwischen Coffein und Amphetamin. Es zeichnet sich dadurch aus, daß es anders als die Weckamine keine Kreislaufwirkung besitzt und die Nahrungsaufnahme fördert. Die normale Atmung wird nur wenig angeregt, stark dagegen die morphingeschädigte Atmung.

Ebenfalls direkt stimulierend wirkt das Natriumsalz der 3,3-Pentamethylen-4-hydroxybuttersäure (Gevilon), das einer Gruppe von zentral erregenden Spirolactonen entstammt, deren Wirkung man bei der Suche nach Hypnotica entdeckte. – Das unsubstituierte Butyrolacton ist ein Schlafmittel.

Ein ganz anderer Wirkstofftyp liegt im Pyrithioxin vor, das der Struktur nach ein Abkömmling des Vitamins B_6 ist, des Pyridoxins. Dieses „Pyridoxin-5-disulfid" besitzt jedoch eine sehr geringe Vitamin-B_6-Wirkung. Pharmakologisch lassen sich beruhigende und antikataleptische Wirkungen am Tier sowie eine Steigerung der psychomotorischen Leistungsbereitschaft beim Menschen nachweisen. Der Kreislauf bleibt im wesentlichen unbeeinflußt. Als „dynamisierendes Neurotrophicum" soll es eine Ökonomisierung des Gehirnstoffwechsels bewirken, die zu einer allmählichen cerebralen Leistungsverbesserung führt. Entsprechend erstreckt sich die Behandlung im allgemeinen über einen längeren Zeitraum. Es wirkt weniger stimulierend als langsam aufbauend und zeigt günstige Wirkungen vor allem bei Insuffizienzen des Vigilitätstonus, die sich durch Störungen im Wach-Schlaf-Rhythmus (nachts schlechter Schlaf und bei Tage Mattigkeit), Antriebsstörungen, depressive Stimmungen, Konzentrationsschwäche, Gedächtnis- und Hörstörungen sowie Kopfschmerzen bemerkbar machen. Das psychische Verhalten von Neurasthenikern und älteren Patienten wird gebessert. – Bei Parkinsonismus wird vor allem die Akinese gebessert, gegen Rigor und Tremor besteht kaum eine Wirkung. In der Behandlung der Epilepsie rufen therapeutische Dosen keine Sedierung hervor.

Allgemeine Literatur

EBERHARDT, H., u. M. DEBACKERE: Der Nachweis von zentral stimulierenden Substanzen in reiner Form und nach Körperpassage mit der Dünnschichtchromatographie. Arzneimittel-Forsch. *15*, 929 bis 930 (1965).

a. Verbindungen mit Amphetamin-Struktur

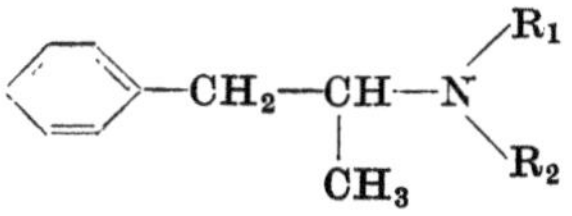

a. 1. $R_1 = R_2 = CH_3$ Dimephenopan

a. 2. $R_1 = H$

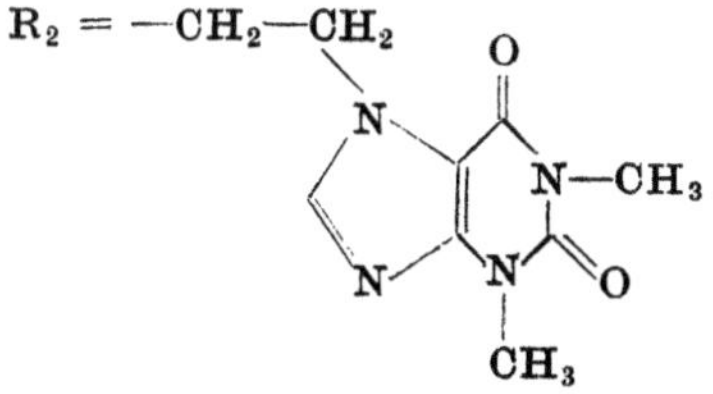

7-(α-Methylphenäthylamino)-äthyltheophyllin (Captagon)

a. 3. $R_1 = H$

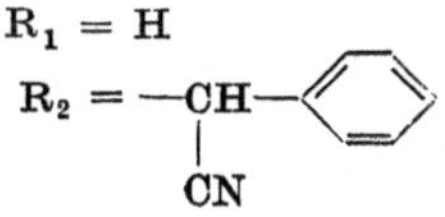

Aponeuron

a. 4.

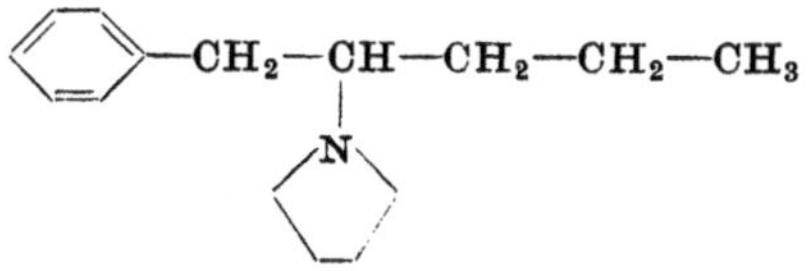

Prolintan

a. 5.

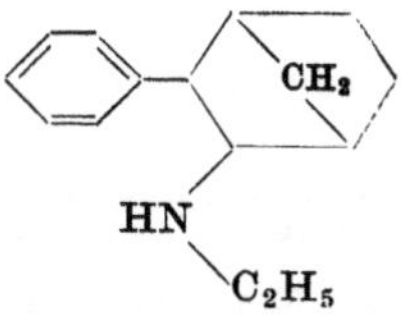

2-Äthylamino-3-phenyl-norcamphan (Fencamfamin)

a. 6.

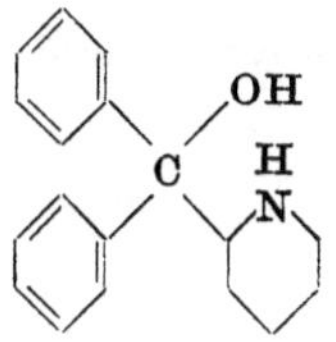

Pipradol

a. 7.

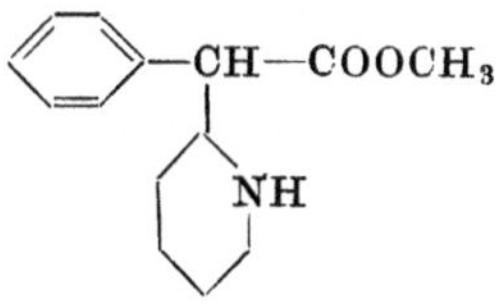

Methylphenidat

b. Dimethylaminoäthanol und Derivate

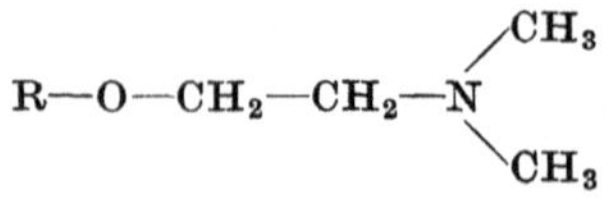

b. 1. R = H — Deanol, Dimethylaminoäthanol

b. 2. R = 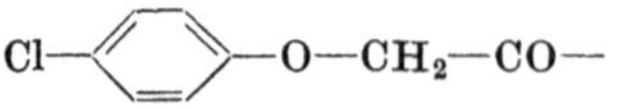 Centrophenoxin

b. 3. R = 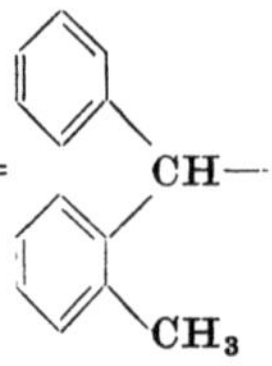 Orphenadrin

c. Verschiedene Strukturen

c. 1. 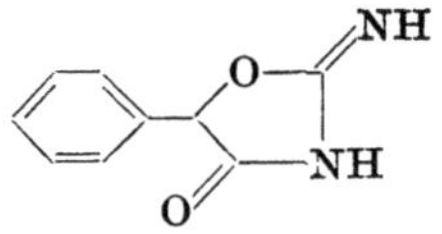 Pomolin, Phenoxazol

c. 2. 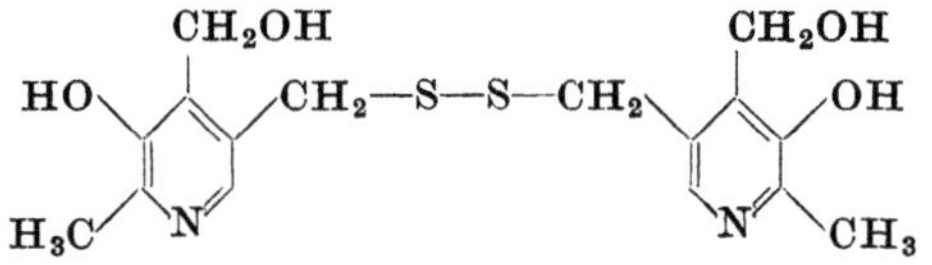 Pyrithioxin, Pyritinol

c. 3. 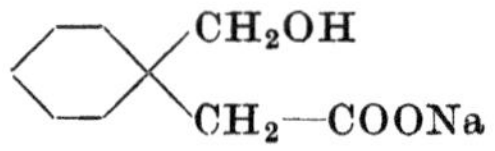 3,3-Pentamethylen-4-hydroxy-buttersaures Natrium (Gevilon)

Dimephenopan. 1-Phenyl-2-dimethylaminopropan-hydrochlorid, N-Dimethylphenylisopropylaminum hydrochloricum.

$C_{11}H_{17}N \cdot HCl$ Formel a. 1, S. 413 M.G. 199,72

Herstellung. Nach ESCHWEILER-CLARKE aus β-Phenylisopropylamin mit Formaldehyd und Ameisensäure [Bull. Soc. chim. Fr. *1963*, 2744, CA (N. Y.) *60*, 7938g (1964)].

Eigenschaften. Fp. 158°. – Base: Kp. 218°.

Dosierung. Kombiniert mit Isoamyläthylbarbitursäure morgens 5 mg, nachmittags 2,5 mg sowie als Erhaltungsdosis 2,5 mg täglich.

Anwendung. Bei neurovegetativen Störungen, Depressionen, Angstzuständen, neurotisch-hypochondrischen Symptomen, Exaltationen, Morgenmüdigkeit, Wetterfühligkeit.

Handelsform: Kombiniert mit Isoamyläthylbarbitursäure als Metrotonin (Temmler).

Captagon. 7-(N-α-Methylphenäthyl-aminoäthyl)-theophyllin-hydrochlorid. 7-[2-(1-Methyl-2-phenyl-äthylamino)äthyl]-theophyllin-hydrochlorid.

$C_{18}H_{23}N_5O_2 \cdot HCl$ Formel a. 2, S. 413 M.G. 377,87

Literatur: DAWEKE, H., u. A. OBERDORF: Neue Aminoalkyl-Derivate des Theophyllins. Arzneimittel-Forsch. *8*, 190 bis 196 (1958). – JANKE, W., u. H. BOSS: Experimentelle Untersuchungen über die psychischen Wirkungen eines neuen Psychotonicums. Arzneimittel-Forsch. *11*, 783 bis 786 (1961).

Herstellung. Aus 7-β-Chloräthyltheophyllin und überschüssigem α-Methyl-phenäthylamin [DBP 1123329 (1962), CA (N. Y.) *57*, 5933e (1962)].

Eigenschaften. Fp. 237 bis 239°. Eine Modifikation vom Fp. 227 bis 229° entsteht bei längerem Erhitzen mit A. Löslichkeit in W. 7%.

Dosierung. Anfangs 100 bis 200 mg, Erhaltungsdosis 25 bis 100 mg täglich.

Anwendung. Bei psychischer und physischer Erschöpfung, Leistungsabnahme, Konzentrationsmangel, leichter Ermüdbarkeit, depressiven Verstimmungszuständen, Antriebsarmut und in der Rekonvaleszenz. – DL_{50} i.p. 89 mg/kg Maus.

Handelsform: Captagon (Homburg).

Aponeuron. α-Phenyl-N-(β'-phenylisopropyl)-aminoacetonitril-hydrochlorid.

$C_{17}H_{18}N_2 \cdot HCl$ Formel a. 3, S. 413 M.G. 286,80

Herstellung. Rac. β-Phenylisopropylamin-hydrochlorid wird mit Natriumcyanid und Benzaldehyd in M./W. umgesetzt {J. prakt. Chem. [4] *20*, 275 (1963)}.

Eigenschaften. Fp. 158 bis 160°, Sintern bei 102 bis 104°. – Base: Fp. 85 bis 87°. Zersetzt sich in heißem W. zu Phenylisopropylamin, Cyanwasserstoff und Benzaldehyd.

Dosierung. Morgens 10 bis 20 mg, evtl. mittags 10 mg.

Anwendung. Zur Erhöhung des Vitaltonus und zur Steigerung der intellektuellen Leistungsbereitschaft. Bei Müdigkeit, Erschöpfungszuständen, depressiver Verstimmung, Arbeitsunlust und psychisch bedingten Potenzstörungen.

Handelsform: AN 1 (Dr. H. Voigt, Berlin).

Prolintan. 1-Phenyl-2-pyrrolidinopentan-hydrochlorid.

$C_{15}H_{23}N \cdot HCl$ Formel a. 4, S. 413 M.G. 253,82

Literatur: Kadatz, R., u. E. Pötzsch: Pharmakologische Eigenschaften des neuen Analepticums 1-Phenyl-2-pyrrolidino-pentan. Arzneimittel-Forsch. *7*, 344 bis 349 (1957).

Herstellung. Aus Benzylmagnesiumchlorid und α-Pyrrolidinovaleronitril [Brit. Pat. 814152 (1952), CA (N. Y.) *53*, 22023d (1959)]. Durch reduktive Alkylierung von Pyrrolidin mit Benzylpropylketon und katalytisch aktiviertem Wasserstoff (DBP 1093799 (1960), CA (N. Y.) *55*, 19950 e (1961)].

Eigenschaften. Fp. 134 bis 135°, 133 bis 134°. – Base: $Kp._{16}$ 153°, $Kp._{0,25}$ 90 bis 92°.

Dosierung. Morgens 5 bis 10 mg, am frühen Nachmittag 5 mg.

Anwendung. Bei hypotonen Kreislaufstörungen, verminderter Leistungsfähigkeit, Erschöpfungszuständen; in der Rekonvaleszenz. – DL_{50} oral 257 mg/kg Maus, s.c. 99 mg/kg Maus, i.v. 28 mg/kg Maus.

Handelsform: Kombiniert mit Vitaminen als Katovit (Thomae).

Fencamfamin. 2-Äthylamino-3-phenyl-norcamphan-hydrochlorid.

$C_{15}H_{21}N \cdot HCl$ Formel a. 5, S. 413 M.G. 251,80

Literatur: Hotory, R., H. J. Enenkel, J. Gillissen, A. Hoffmann, U. Jahn, H.-G. Kraft, H. Müller-Calgan, S. Sommer u. R. Struller: Pharmakologische Eigenschaften des 2-Äthylamino-3-phenyl-nor-camphans. Arzneimittel-Forsch. *11*, 20 bis 24 (1961). – v. Klebelsberg, D.: Experimental-psychologische Prüfung der Wirkung eines neuen Camphan-Derivates, Arzneimittel-Forsch. *11*, 24 bis 27 (1961).

Herstellung. 3-Phenyl-2-amino-norcamphan wird durch Erhitzen mit Acetaldehyd in die Schiffsche Base übergeführt und diese katalytisch zum Äthylderivat hydriert [DBP 1110159 (1961), CA (N. Y.) *56*, 2352i (1962)].

Eigenschaften. Fp. 192°. – Base: $Kp._{0,1}$ 128 bis 131°.

Dosierung. Morgens 10 bis 20 mg, evtl. mittags 10 mg.

Anwendung. In Kombination mit Vitaminen bei psychischer und physischer Erschöpfung in der Rekonvaleszenz, bei Leistungsabnahme, depressiven Verstimmungen, vegetativen Dysregulationen mit vorherrschend trophotroper Ausgangslage. – DL_{50} oral 135,0 kg/mg Maus, s.c. 85,5 mg/kg Maus, i.v. 15,7 mg/kg Maus.

Handelsform: Kombinationspräparat mit Vitaminen: Reactivan (Merck).

Pipradol Hydrochloride NF XII, BPC 63, Merck Ind. 60, INN. α-Pipradolhydrochlorid. α,α-Diphenyl-2-piperidinmethanol-hydrochlorid. α-(2-Piperidyl)-benzhydrol-hydrochlorid. Diphenylpiperid-2-ylmethanol-hydrochlorid.

$C_{18}H_{21}NO \cdot HCl$ Formel a. 6, S. 413 M.G. 303,84

Herstellung. Aus 2-Benzoyl-pyridin und Phenylmagnesiumbromid wird Diphenyl-α-pyridyl-carbinol erhalten, das bei der katalytischen Hydrierung Pipradol ergibt [J. Amer. chem. Soc. *70*, 4001 (1948); US-Pat. 2624739]. Diphenyl-α-pyridyl-carbinol kann man auch aus Benzophenon und α-Pyridyl-lithium herstellen.

Eigenschaften. Weiße, kleine Kristalle oder kristallines Pulver ohne Geruch. Geschmack schwach bitter. An der Luft stabil. – Fp. etwa 295° (Zers.) (BPC 63), zwischen 285 und 295° (Zers.) (NF XII), 308 bis 309° (Merck Ind. 60). – Lösl. in etwa 33 T. W., in etwa 8 T. M., in etwa 50 T. A., sehr wenig lösl. in Chlf., praktisch unlösl. in Ae. (NF XII). – Bei 20° lösl. in 29 T. W., in 35 T. A., in 1000 T. Chlf. (BPC 63). – Lösl. in 60 ml heißem W. (Merck Ind. 60).

Erkennung. 1. Die Lsg. (1 in 200) gibt den Chlorid-Test (NF XII, BPC 63). – 2. Das IR-Spektrum (in KBr) der getrockneten Substanz zeigt die gleichen Maxima wie das Spektrum der Standard-Substanz (NF XII). – 3. UV-Absorption. Die Lsg. (1 in 3333) zeigt ein Absorptionsmaximum bei 257,5 $\pm$ 2 nm und ein Minimum bei 245 $\pm$ 2 nm. Die Extinktion bei 257,5 nm darf höchstens um 3% von der einer gleichen Lsg. der Standard-Substanz abweichen (NF XII). – Die wss. Lsg. zeigt im Bereich von 230 bis 360 nm ein gut ausgeprägtes Maximum nur bei etwa 257 nm mit $E_{1\,cm}^{0,03\%}$ etwa 0,45 (BPC 63). – 4. Bei Zugabe von 2 ml Schwefelsäure zu 0,01 g Substanz entsteht eine tiefe Orangefärbung, die beim Stehen in Rot übergeht. Bei Zusatz von 0,05 ml Formaldehyd-Lsg. erfolgt sofort Farbumschlag nach Dunkelrotbraun (BPC 63). – 5. Unterscheidung von Azacyclonol-hydrochlorid. Eine Lsg. von 0,3 g Substanz in 100 ml W. wird mit Natriumcarbonat-Lsg. gegen Lackmus alkalisch gemacht und bleibt dann 16 Std. stehen. Der kristalline Nd. schmilzt nach Auswaschen mit W. und Trocknen bei etwa 84° (BPC 63).

Prüfung. 1. pH. Die Lsg. von Pipradol-hydrochlorid (1 in 100) hat ein pH zwischen 5 und 7 (NF XII). – 2. Schwermetalle. Prüflsg.: 1 g Pipradol-hydrochlorid in 48 ml W. und 2 ml verd. Essigsäure. Höchstens 10 ppm (NF XII). – 3. Trocknungsverlust. Höchstens 1% nach 2 Std. bei 105° (NF XII, BPC 63). – 4. Glührückstand. Höchstens 0,1% (NF XII). – 5. Sulfatasche. Höchstens 0,1% (BPC 63).

Gehaltsbestimmung. Etwa 200 mg Pipradol-hydrochlorid, vorher 2 Std. bei 105° getrocknet und genau gewogen, werden in 50 ml Eisessig gelöst, nötigenfalls unter Erwärmen. Nach Abkühlen auf Raumtemperatur werden 10 ml Quecksilber(II)-acetat-Lsg. und 2 Tr. Kristallviolett-Lsg. zugesetzt und mit 0,05 n Perchlorsäure titriert. Mit einer Leerbestimmung wird die evtl. erforderliche Korrektur ermittelt. Die Titration kann auch potentiometrisch durchgeführt werden. 1 ml 0,05 n Perchlorsäure entspr. 15,19 mg $C_{18}H_{21}NO \cdot HCl$ (NF XII). – Entsprechend mit etwa 0,5 g Substanz und 0,1 n Perchlorsäure. 1 ml 0,1 n Perchlorsäure entspr. 30,38 mg $C_{18}H_{21}NO \cdot HCl$ (BPC 63).

Geforderter Gehalt. 98,0 bis 102,0%, bezogen auf die getrocknete Substanz (NF XII, BPC 63).

Dosierung. 2 bis 6 mg täglich (6 mg als Anfangsdosis). Gebräuchliche Dosis 2,5 mg zweimal täglich.

Aufbewahrung. Vor Licht geschützt (BPC 63).

Anwendung. Bei verschiedenen Depressionszuständen und Müdigkeit. Begleiterscheinungen: Übererregbarkeit, Schlafstörungen, Appetitlosigkeit. Kontraindiziert bei Psychosen und schweren Neurosen.

Handelsformen: Meratran (Merrell), Leptidrol (Kabi). – Kombinationspräparat: Meratran W (Merrell).

Methylphenidat. Methylphenidate Hydrochloride (NF XII). Methyl-α-Phenyl-2-piperidinacetat-hydrochlorid. α-Phenyl-α-piperidyl-(2)-essigsäuremethylester-hydrochlorid.

$C_{14}H_{19}NO_2 \cdot HCl$ Formel a. 7., S. 413 M.G. 269,77

Herstellung. Phenylacetonitril und α-Chlorpyridin werden mit Hilfe von Natriumamid zu Phenyl-α-pyridyl-acetonitril kondensiert. Verseifung mit Schwefelsäure ergibt das entsprechende Amid, aus dem man durch Veresterung mit M./HCl und katalytische Hydrierung Methylphenidat erhält [Helv. chim. Acta *27*, 1748 (1944), US-Pat. 2507631 (1950), CA (N. Y.) *44*, 8379d (1950)].

Bei der Synthese wird ein Gemisch von zwei Racempaaren erhalten. Das wirksame Racemat wird durch Hydrolyse der Esterfunktion bei pH 6, wobei sich die zum wirksamen Racemat gehörende Carbonsäure bevorzugt abscheidet, und Wiederveresterung gewonnen [US-Pat. 2838519 (1958), CA (N. Y.) *52*, 16374c (1958)].

Eigenschaften. Feines, weißes, geruchloses, kristallines Pulver (NF XII). Die wss. Lsg. reagiert sauer. Fp. 208 bis 209°. Leicht lösl. in W. und M., lösl. in A., wenig lösl. in Aceton und in Chlf. (NF XII).

Erkennung. 1. Methylphenidat-hydrochlorid gibt den Chlorid-Test (NF XII). – 2. Das IR-Spektrum (in Nujol) der getrockneten Substanz zeigt die gleichen Maxima wie das Spektrum der Standardsubstanz (NF XII).

Prüfung. 1. Schwermetalle. Schwermetall-Grenzwert nach Methode II ist 10 ppm (NF XII). – 2. Trocknungsverlust. Höchstens 0,5% nach 4 Std. bei 60° im Vakuum (NF XII). – 3. Glührückstand. Höchstens 0,1% (NF XII).

Gehaltsbestimmung. Standardpräparation: Etwa 50 mg vorher getrocknete und genau gewogene Standardsubstanz werden in W. gelöst und auf 50,0 ml aufgefüllt.

Analysenpräparation: Etwa 50 mg genau gewogene und vorher getrocknete Substanz werden in W. gelöst und auf 50,0 ml aufgefüllt.

Verfahren. Je 4 ml Analysenpräparation, Standardpräparation und W. werden in verschiedene Teströhrchen pipettiert. Jedes Teströhrchen wird mit 1,0 ml 1 m Hydroxylaminhydrochlorid-Lsg. und 1,0 ml 3,5 n Natronlauge unter Umschwenken nach jeder Zugabe versetzt. Nach 10 Min. wird jedes Röhrchen mit 1,0 ml 3,5 n Salzsäure und 1,0 ml Eisen(III)-chlorid-Lsg. (0,3 m in 0,1 n Salzsäure) versetzt, wobei nach jeder Zugabe gemischt wird. Die Röhrchen bleiben 30 Min. stehen. Man läßt dann zur Entfernung von Gasblasen 1 bis 2 Min. lang einen Luftstrom durch die Lsg. strömen. Mit einem geeigneten Spektralphotometer werden die Extinktionen der nach obigen Angaben behandelten Analysenpräparation (A_U) und Standardpräparation (A_S) gleichzeitig bei 500 nm gegen die nach obigen Angaben behandelte Leerlsg. gemessen. Die Anzahl Milligramm Methylphenidat-hydrochlorid ergibt sich nach der Formel 0,05 C (A_U/A_S), wobei C die genaue Konzentration in mg/ml der Standardpräparation ist.

Gehalt. Mindestens 98%, bezogen auf die getrocknete Substanz.

Dosierung. Gebräuchliche Dosis oral oder parenteral dreimal täglich 10 mg.

Anwendung. Als zentrales Stimulans mit Wirkungsstärke zwischen Coffein und den Weckaminen. Bei Ermüdungserscheinungen, depressiven Verstimmungen, herabgesetzter Konzentrationsfähigkeit.

Handelsformen: Ritalin (Ciba). Kombinationspräparat Serpatonil (Ciba).

Dimethylaminoäthanol. Daenol. Daenol acetamidobenzoate NND 64.

$C_4H_{11}NO$ Formel b. 1, S. 414 M.G. 89,14

Herstellung. Dimethylaminoäthanol wird technisch u.a. durch Hydroxyäthylierung von Dimethylamin mit Hilfe von Äthylenoxid gewonnen [Ullmanns Encyklopädie der technischen Chemie, Bd. 3, München/Berlin 1953, S. 103].

Eigenschaften. Wasserlösliche Flüssigkeit, Kp. 135°, d^{20} 0,8866. n_D^{20} 1,43. – Verwendet werden die Salze mit verschiedenen Säuren.

Dosierung. Entsprechend 25 bis 300 mg Base täglich.

Anwendung. Bei herabgesetztem Konzentrationsvermögen (auch bei Kindern im Schulalter), Neurasthenie und vegetativen Neurosen. – Die Anwendung als Psychotonicum ist pharmakologisch nicht gesichert.

Handelsformen: Als Tartrat im Dimethaen (Ferring), als p-Acetamidobenzoat im Deaner (Riker), als Citrat im Kombinationspräparat MAR (Stada-Chemie).

Centrophenoxin. p-Chlorphenoxyessigsäure-dimethylaminoäthylester-hydrochlorid.

$C_{12}H_{16}ClNO_3 \cdot HCl$ Formel b. 2, S. 414 M,G. 294,19

Herstellung. Aus p-Chlorphenoxyessigsäurechlorid und Dimethylaminoäthanol oder aus p-Chlorphenoxyessigsäure und Dimethylaminoäthylchlorid [C. R. Acad. Sci. (Paris) *249*, 2081 (1959); CA (N. Y.) *54*, 12380c (1960)].

Eigenschaften. Fp. 131°, 135 bis 139° [CA (N. Y.) *55*, 18898b (1961)].

Dosierung. Dreimal täglich 100 bis 300 mg.

Anwendung. Als Psychoanalepticum bei zerebralen Insuffizienzen, bei kindlichen Entwicklungs-, Leistungs- und Verhaltensstörungen, bei Folgezuständen von Hirntraumen und apoplektischen Insulten mit Anoxie, bei zentral bedingten vegetativen Störungen. – DL_{50} 1750 mg/kg Ratte. Ratten vertragen eine Tagesgabe von 400 mg/kg mehrere Monate lang [Nature (Lond.) *188*, 152 (1960); CA (N. Y.) *55*, 6706c (1961)].

Handelsform: Helfergin (Helfenberg).

Orphenadrine Hydrochloride BPC 63, INN. Dimethyl-[2-(α-o-tolylbenzyloxy)-äthyl]-amin-hydrochlorid. β-Dimethylaminoäthyl-2-methylbenzhydryläther.

$C_{18}H_{23}NO \cdot HCl$ Formel b. 3, S. 414 M.G. 305,85

Eigenschaften. Weißes, kristallines, geruchloses Pulver. Geschmack bitter mit anschließender örtlicher Taubheit. Fp. etwa 162°. Lösl. bei 20° in 1 T. W., in 1 T. A., in 2 T. Chlf., unlösl. in Ae.

Erkennung. 1. UV-Absorption. Die Lsg. in 0,01 n Salzsäure zeigt im Bereich von 230 bis 360 nm ein gut ausgeprägtes Maximum nur bei etwa 264 nm mit $E^{0,03\%}_{1\,cm}$ etwa 0,62. – 2. Gibt Test 2 von Orphenadrin-Citrat. – 3. Gibt die für Chlorid charakteristischen Reaktionen.

Prüfung. 1. Blei. Höchstens 10 ppm. – 2. Trocknungsverlust. Höchstens 0,5% bei 105° bis zur Gewichtskonstanz. – 3. Sulfatasche. Höchstens 0,1%.

Gehaltsbestimmung. Durch wasserfreie Titration nach BP 63 von etwa 1 g genau gewogener Substanz. 1 ml 0,1 n Perchlorsäure entspr. 30,59 mg $C_{18}H_{23}NO \cdot HCl$.

Geforderter Gehalt. 98,0 bis 102,0% bezogen auf die getrocknete Substanz.

Dosierung. 200 bis 400 mg täglich, mit 200 mg beginnend.

Anwendung. Wirkung zentral muskelrelaxierend und schwach stimulierend, Antihistaminwirkung nur schwach. Anwendung bei Parkinsonismus, altersbedingten psychomotorischen Antriebsstörungen, postkommotionellen Beschwerden, leichteren psychischen Störungen, Singultus. Vermindert Schweiß- und Speichelbildung.

Handelsformen: Mephenamin (Boehringer), Brocasipal, Disipal (Brocades). – Kombinationspräparate: Phasein, Phasein forte, Gompyrid (Boehringer).

Orphenadrine Citrate BPC 63. Orphenadrin-citrat. Orphenadrin-dihydrogencitrat.

$C_{18}H_{23}NO \cdot C_6H_8O_7$ M.G. 461,53

Eigenschaften. Weißes, kristallines Pulver. Fast geruchlos, Geschmack bitter mit anschließender örtlicher Taubheit. – Fp. etwa 136°. – Bei 20° lösl. in 55 T. W., wenig lösl. in A., unlösl. in Ae. und in Chlf.

Erkennung. 1. UV-Absorption. Die Lsg. in 0,01 n Salzsäure zeigt im Bereich von 230 bis 360 nm ein gut ausgeprägtes Maximum nur bei etwa 264 nm mit $E^{0,03\%}_{1\,cm}$ etwa 0,42. – 2. Pikrat der Base. Eine Lsg. von 0,1 g in 10 ml A. (95%) ergibt nach Zusatz von 10 ml Trinitrophenol-Lsg. und Abkühlen in Eis einen Nd., der nach dem Auswaschen mit W. und Trocknen im Vakuum bei etwa 89° oder bei etwa 107° schmilzt. – 3. Citronensäure. 1,0 g wird mit 10 ml W. und 2 ml Natronlauge geschüttelt und zweimal mit je 10 ml Chlf. extrahiert. Nach Trennung der Phasen gibt die wss. Schicht die für Citronensäure-Lsg. charakteristischen Reaktionen.

Prüfung. 1. Blei. Höchstens 10 ppm. – 2. Trocknungsverlust. Höchstens 0,5% bei 105° bis zur Gewichtskonstanz. – 3. Sulfatasche. Höchstens 0,1%.

Gehaltsbestimmung. Durch Titration in wasserfreiem Medium nach BPC 63 von etwa 1 g genau gewogener Substanz. 1 ml 0,1 n Perchlorsäure entspr. 46,15 mg $C_{24}H_{31}NO_8$.

Geforderter Gehalt. 98,0 bis 102,0% bezogen auf die getrocknete Substanz.

Dosierung. 200 bis 400 mg täglich.

Anwendung. Wie Orphenadrin-hydrochlorid.

Pomolin. Phenoxazol. 5-Phenyl-2-imino-4-oxo-oxazolidin. Phenylisohydantoin.

$C_9H_8N_2O_2$ Formel c. 1, S. 414 M.G, 176,17

Literatur: SCHMIDT, L.: 5-Phenyl-2-imino-4-oxo-oxazolidin – ein zentral erregender Stoff. Arzneimittel-Forsch. *6*, 423 bis 426 (1956). – LIENERT, G. A., u. W. JANKE: Pharmakopsychologische Untersuchung über 5-Phenyl-2-imino-4-oxo-oxazolidin. Arzneimittel-Forsch. *7*, 436 bis 439 (1957).

Herstellung. Durch Erhitzen von Mandelsäureäthylester und Guanidin in A. [US-Pat. 2892753 (1959), CA (N. Y.) *53*, 20709c (1959)].

Eigenschaften. Fp. 256°.

Dosierung. Morgens 20 bis 30 mg, mittags 10 bis 20 mg.

Anwendung. Bei Ermüdungs- und Erschöpfungszuständen, Konzentrations- und Leistungsschwäche, Antriebsschwäche, depressiven Verstimmungen, Wetterfühligkeit, in der

Rekonvaleszenz und als Adjuvans in der antiepileptischen Behandlung. – DL_{50} oral 500 mg/kg Ratte.

Handelsformen: Tradon (Beiersdorf), Kethamed (Medo-Chemicals).

Pyrithioxin. Pyritinol. Bis-(3-hydroxy-4-hydroxymethyl-2-methylpyridyl-[5]-methyl)-disulfid-dihydrochlorid (Monohydrat). Dipyridoxolyldisulfid. Pyridoxin-5-disulfid.

$C_{16}H_{20}N_2O_4S_2 \cdot 2HCl \cdot H_2O$ Formel c. 2, S. 414 M.G. 459,42

Literatur: Kraft, H.-G., L. Fiebig u. R. Hotovy: Zur Pharmakologie des Vitamins B_6 und seiner Derivate. Arzneimittel-Forsch. *11*, 922 bis 929 (1961). – Hotovy, R., H. J. Enenkel, J. Gillissen, U. Jahn, H.-G. Kraft, H. Müller-Calgan, P. Mürmann, S. Sommer u. R. Struller: Zur Pharmakologie des Vitamins B_6 und seiner Derivate. Arzneimittel-Forsch. *14*, 26 bis 29 (1964).

Herstellung. 2-Methyl-3-hydroxy-4,5-bis-(hydroxymethyl)-pyridin-hydrobromid ergibt bei der Behandlung mit Bromwasserstoffsäure 2-Methyl-3-hydroxy-4,5-bis-(brommethyl)-pyridin-hydrobromid, das man in wss. Lsg. unter Kühlung mit Kaliumäthylxanthogenat reagieren läßt. Das dabei entstehende S-(2-Methyl-3-hydroxy-4-hydroxymethyl-5-pyridyl)-methyl-O-äthyl-xanthogenat geht bei der Behandlung mit wss.-alkoholischem Ammoniak in Pyrithioxin über. Man kann auch das 2-Methyl-3-hydroxy-4,5-bis-(brommethyl)-pyridin-hydrobromid in Gegenwart von W. mit Natriumdisulfid direkt zum Pyrithioxin umsetzen [Franz. Pat. (Méd.) 948 (1961), CA (N. Y.) *58*, 9032g (1963); Brit. Pat. 927666 (1963), CA (N. Y.) *60*, 5467h (1964); US-Pat. 3010966 (1961), CA (N. Y.) *56*, 13022h (1962)].

Eigenschaften. Fp. 184°. Leicht lösl. in W. – Base: Fp. 220°.

Dosierung. Dreimal täglich 100 mg und mehr. Die Behandlung muß über mehrere Wochen durchgeführt werden.

Anwendung. Bei cerebralen Abbauerscheinungen, Erschöpfungs- und Versagenszuständen nach psychischer Überlastung, Folgezuständen nach Schädel- und Hirntraumen, Entwicklungsverzögerung bei Kindern, postapoplektischen und postenzephalitischen Folgezuständen, Störungen des Schlaf-Wach-Rythmus, Migräne. – DL_{40} oral 6140 mg/kg Maus, s.c. 3170 mg/kg Maus, i.v. 225 mg/kg Maus.

Handelsformen: Encephabol, Bonifen (Merck), Kombinationspräparate Gerontabol und Gerontabol comp. (Merck).

3,3-Pentamethylen-4-hydroxy-buttersaures Natrium.

$C_9H_{15}Na \cdot H_2O$ Formel c. 3, S. 414 M.G. 164,23

Literatur: Enders, A., W. D. Vigelius u. G. C. van Wessem: Die Pharmakologie einer neuen Gruppe zentral-erregender Substanzen. Arzneimittel-Forsch. *10*, 243 bis 250 (1960).

Herstellung. Cyclohexanon wird nach Guareschi mit 2 Mol Cyanessigester und Ammoniak bei −10° zum Ammoniumsalz des β,β-Pentamethylen-α,α'-dicyanglutarimids kondensiert. Durch Erhitzen mit starker Schwefelsäure auf 190° erhält man daraus Cyclohexan-1,1-diessigsäure, deren Disilbersalz nach Hunsdiecker mit Jod zum β,β-Pentamethylen-butyrolacton abgebaut wird. Verseifung mit Natronlauge ergibt das β,β-Pentamethylen-hydroxy-buttersaure Natrium. US-Pat. 2960441 (1960), CA (N. Y.) *55*, 9308i (1961).

Eigenschaften. Fp. 104 bis 107°.

Dosierung. Dreimal täglich 25 bis 50 mg.

Anwendung. Bei Minderung der Leistungsfähigkeit im Präsenium, psychischen Veränderungen bei cerebraler Sklerose, Psychoasthenie, Ermüdungszuständen und Antriebsschwäche. In der Rekonvaleszenz. DL_{50} 3 mg/kg Ratte i.v.

Handelsform: Gevilon (Goedecke).

VI. Psychotomimetica (Halluzinogene, psychotoxische Substanzen Psychodysleptica, Psycholytica)

Die hier einzuordnenden Substanzen sind weniger aus therapeutischen als aus wissenschaftlichen Gründen interessant und haben darüber hinaus teilweise als Rausch- und Suchtmittel Bedeutung. Sie bewirken ausgeprägte Veränderungen im psychischen Bereich normaler Menschen ohne Verlust des Bewußtseins. Oft rufen sie einen Verlust des Raum- und Zeitgefühls hervor. Das visuelle Empfinden ist im allgemeinen besonders betroffen im

Sinne einer Sensitivierung; Halluzinationen sind häufig. Neuerdings wird die Bezeichnung Psychotomimetica (auch Psychosomimetica) der älteren Bezeichnung Halluzinogene vorgezogen. D. F. DOWNING [Quart. Rev. (Lond.) *16*, 133 (1962)] definiert ein Psychotomimeticum als ein Mittel, „das stets Veränderungen von Gedanken, Wahrnehmungsvermögen und Stimmung verursacht, ohne schwere Störungen des autonomen Systems oder eine andere ernsthafte Beeinträchtigung hervorzurufen".

Es ist eine Reihe psychotoxischer Substanzen (bzw. Drogen) bekannt, von denen die meisten natürlichen Ursprungs sind und bei den entsprechenden Drogen oder Stammpflanzen abgehandelt werden: zum Beispiel N,N-Dialkyltryptamine, Bufotenin, Psilocybin, Psilocin, Yohimbin, Iboga-Alkaloide, Harmala-Alkaloide, Haschisch, Mezcalin, Atropa-Alkaloide. Als Syntheticum soll hier lediglich das LSD (Lysergsäurediäthylamid) besprochen werden.

Das Lysergsäurediäthylamid wurde ursprünglich wegen möglicher Beziehungen zum analeptisch wirkenden Nicotinsäurediäthylamid synthetisiert. Die psychotoxische Wirkung wurde durch Zufall entdeckt. Bei näherer Untersuchung stellte sich heraus, daß bereits 20 bis 30 mcg oral gegeben beim gesunden Menschen psychische Veränderungen zusammen mit Farbvisionen und Halluzinationen bewirken. Die Wirkung ist ähnlich der nach Mezcalin, jedoch benötigt man vom Mezcalin etwa dreihundert- bis zehntausendfach höhere Dosen.

LSD hat zur Zeit als Rauschmittel in vielen Ländern, besonders in den USA, ausgedehnte Verwendung gefunden. Die medizinische Anwendung beschränkt sich auf die Psychotherapie zur Unterstützung psychoanaytlischer Behandlungsverfahren. „Durch den rauschartigen Zustand wird versucht, die affektive Entäußerungsfähigkeit gehemmter Patienten zu erleichtern, und durch gesteigerte Imaginationsfähigkeit wird die Produktion von Bildern angeregt, durch deren spätere assoziative Interpretation eine Bewußtwerdung unbewußter Zusammenhänge ermöglicht wird" (STACH, K. u. W. PÖLDINGER: Strukturelle Betrachtungen der Psychopharmaka: Versuch einer Korrelation von chemischer Konstitution und klinischer Wirkung, in E. JUCKER: Fortschritte der Arzneimittelforschung, Bd. 9, Basel/Stuttgart: Birkhäuser Verlag 1966, S. 132).

Literatur: CERLETTI, A., E. SCHLAGER, F. SPITZER u. M. TAESCHLER: Psychodysleptica. Schweiz. Apoth.-Ztg *101*, 210 (1963). – LEUNER, H. C.: Die experimentelle Psychose, Berlin/Göttingen/Heidelberg: Springer 1962. – WOOLLEY, D. W., u. E. SHAW: Biochemical and Pharmacological Suggestion about Certain Mental Disorders. Science *119*, 587 (1954).

(+)-**Lysergsäurediäthylamid.** (D)-Lysergsäurediäthylamid. LSD. LSD-25.
(Siehe auch Mutterkornalkaloide.)

Literatur: STOLL, A.: Recent Investigations on Ergot Alkaloids, in L. ZECHMEISTER: Fortschritte der Chemie organischer Naturstoffe, Bd. IX, Wien 1952, S. 114 bis 174, speziell S. 164 bis 166.

Herstellung. Aus natürlichem Material gewonnene Lysergsäure wird über den Methylester und das Hydrazid in das Azid umgewandelt, das schließlich bei der Umsetzung mit Diäthylamin LSD ergibt.

Eigenschaften. Zugespitzte Prismen (aus Benzol). Fp. 83°. $[\alpha]_D^{20}$ + 30° (in Pyridin). (D)-Isolysergsäurediäthylamid: Große Prismen (aus Aceton). Fp. 182°, $[\alpha]_D^{20}$ + 217° (in Pyridin).

Schädlingsbekämpfungsmittel

Aufgabe der Schädlingsbekämpfung ist die Abwehr oder Vernichtung solcher pflanzlicher und tierischer Lebewesen, die die Gesundheit oder die Ernährung der Menschen in irgendeiner Weise direkt oder indirekt bedrohen. Die Bekämpfung der Schädlinge kann mit biologischen, physikalischen oder chemischen Mitteln erfolgen. In jüngster Zeit wird die sogenannte integrierte Bekämpfungsweise angestrebt, bei der die biologische Schädlingsbekämpfung mit der physikalischen oder chemischen Methode gekoppelt werden soll.

Bei der biologischen Bekämpfung werden die natürlichen Feinde der Schädlinge zu deren Vernichtung eingesetzt. Auch werden mitunter „künstliche" biologische Maßnahmen getroffen. So richtet sich beispielsweise der Einsatz von Präparaten mit Bacillus thuringiensis selektiv gegen etwa 100 Raupenarten, während Nutzinsekten von diesen Bakterien verschont bleiben. Der „Kampf der Pilze untereinander" wird zum Teil mit bestimmten, von Pilzen erzeugten Antibiotica ausgetragen (vgl. S. 437).

Die physikalische Schädlingsbekämpfung hat zwar früher eine recht große Bedeutung erlangt, ist aber heute weitgehend von den chemischen Mitteln verdrängt worden. So ist z.B. das mechanische Unkrautjäten – abgesehen von wenigen Kulturen – mehr und mehr durch die Anwendung selektiver Herbizide abgelöst worden. An Stelle von Leimringen oder Fliegenfängern sind ungiftige Insektizide getreten. Die physiologisch wirkende Heißwasserbeize zur Bekämpfung des Weizen- und Gerstenflugbrandes wird dagegen in Ermangelung eines wirksamen chemischen Mittels auch heute noch durchgeführt (vgl. S. 424).

Die biologische und physikalische Schädlingsbekämpfung wird indessen von den modernen chemischen Schädlingsbekämpfungsmitteln weit in den Schatten gestellt. Mit ihrer Hilfe gelang es erst, die Schädlinge so wirksam zu bekämpfen, daß die Ernteerträge in hohem Maße gesteigert und eine Reihe von Krankheiten und Seuchen durch Bekämpfung ihrer Überträger eingedämmt bzw. deren epidemisches Auftreten bei Mensch und Tier verhindert werden konnte. Durch die chemische Schädlingsbekämpfung sind allerdings auch einige unliebsame Nebenerscheinungen mit in Kauf genommen worden, wie z.B. mitunter eine gewisse Störung des biologischen Gleichgewichtes (bei zu häufiger Spritzfolge der Präparate), das Auftreten von Resistenzerscheinungen (insbesondere bei Spinnmilben und Hausfliegen) oder aber der Verbleib der chemischen Wirkstoffe oder deren Abbauprodukte in Pflanzen und Erntegut (Rückstandsproblem).

Die Resistenzerscheinungen bei Insekten und Milben (bei Pilzen konnte bislang in der Praxis noch keine Resistenz beobachtet werden) lassen sich meist mit Mitteln aus anderen chemischen Verbindungsklassen beheben. – Die Rückstandswerte der chemischen Wirkstoffe bzw. deren Abbauprodukte in den Pflanzen werden heute schon in manchen Staaten (besonders in den USA und Europa) vom Gesetzgeber streng überwacht durch die Festsetzung zulässiger Höchstrückstandsmengen im Pflanzenmaterial (sog. Toleranzwerte) sowie durch die Forderung auf Einhaltung bestimmter Karenzzeiten zwischen letzter Spritzung und Ernte.

Hinsichtlich der Anwendungsgebiete unterscheidet man bei der Schädlingsbekämpfung zwischen dem Pflanzenschutz, Vorratsschutz, der Hygiene sowie Holz- und Materialschutz, wobei allerdings dem Pflanzenschutz die größte Bedeutung zukommt.

Der Pflanzenschutz umfaßt alle landwirtschaftlichen Zweige (Acker-, Obst-, Wein-, Hopfen-, Gemüse- und Zierpflanzenbau, Grünland, Gewächshauskulturen) und die Forstkulturen.

Das Saatgut (Beizung) und der Keimling im Boden (Bodenentseuchung) müssen genauso vor Schädlingen geschützt werden wie die Pflanzen und Früchte bis zur Erntezeit. Mit der Abwehr und Vernichtung der Schädlinge (Insekten, Milben und Nager) am Erntegut und den Lebensmittelvorräten befaßt sich dann der Vorratsschutz.

Die Anwendung auf dem Hygienesektor richtet sich schließlich vor allem gegen tierische Schädlinge, die bei Mensch und Tier als Überträger oder Zwischenwirte wichtiger Krankheiten auftreten.

Der Holz- und Materialschutz wird im Rahmen dieses Handbuches nicht behandelt.

Chemische Schädlingsbekämpfung

Die Anwendung der chemischen Schädlingsbekämpfungsmittel erfolgt in geeigneten physikalischen Zubereitungsformen (Formulierung), die je nach Wirkstoffeigenschaften oder nach den zu schützenden Objekten geeignete Inertmaterialien (z.B. Kaolin, Talcum, Kieselsäure), Hilfsstoffe (Emulgatoren, Netzmittel), organische Lösungsmittel oder Inertgase (z.B. Frigen) enthalten können.

Man unterscheidet bei den Wirkstoffzubereitungen:

a) Spritzpulver (Wettable powders), bei denen der Wirkstoff zusammen mit Inertmaterial sowie Netz- und Dispergiermitteln fein vermahlen (Teilchengröße 1 bis 20 μ) und vor der Anwendung in Wasser suspendiert wird.

b) Stäubemittel, bei denen der Wirkstoff in geringer Konzentration mit überschüssigem Inertmaterial evtl. unter Zusatz von Hilfsstoffen (Haftfestigkeit) fein vermahlen (Teilchengröße 10 bis 50 μ) und ohne weitere Streckung angewendet wird.

c) Granulate, bei denen der Wirkstoff auf Inertmaterial geeigneter Korngröße (zwischen 300 μ und einigen Millimetern) aufgezogen und so ausgestreut wird.

d) Emulgierbare Konzentrate, bei denen der Wirkstoff unter Zusatz von Emulgatoren in einem organischen Lösungsmittel möglichst konzentriert gelöst wird. Beim Eingießen in Wasser soll hierbei eine Spontanemulgierung eintreten.

e) Lösungen, bei denen der Wirkstoff ohne Emulgator in einem organischen Lösungsmittel (Mineralölfraktionen) gelöst direkt zur Anwendung gelangt. Sonderformen der Lösungen sind die Aerosole und Nebelmittel.

f) Räuchermittel, bei denen der Wirkstoff zusammen mit einem exotherm reagierenden Salzgemisch (z.B. Natriumchlorat und Bariumcarbonat) zur Anwendung kommt. Diese Anwendungsform eignet sich besonders in geschlossenen Räumen (Gewächshäusern).

Die Ausbringung der chemischen Schädlingsbekämpfungsmittel erfolgt mit speziellen technischen Geräten (Rückenspritze, Motorspritze, Sprüher, Beizgeräte usw.). Eine Zusammenstellung der modernen Pflanzenschutzgeräte findet man bei H. Koch und H. Goossen: „Die technischen Mittel des Pflanzenschutzes" in: Sorauers Handbuch der Pflanzenkrankheiten, Bd. VI, 2. Aufl., 3. Lfg., Berlin/Hamburg: Parey 1961, S. 303–554.

Die chemischen Schädlingsbekämpfungsmittel kann man entsprechend der zu bekämpfenden Schadorganismen einteilen in:

Fungizide (S. 422ff.);
Herbizide (S. 439 ff.);
Insektenbekämpfungsmittel (S. 456 ff.);
Akarizide (S. 473 ff.);
Nematizide (S. 476 ff.);
Rodentizide (S. 479 ff.);
Sonstige Anwendungsgebiete (Molluskizide, Vogelabschreckmittel, Nagetierabschreckmittel (S. 483ff.).

Der Marktanteil der einzelnen Mittel an der gesamten chemischen Schädlingsbekämpfung geht aus einer neueren Übersicht in Chem. Week vom 25. 5. 1963, S. 119, hervor, worin die Werte von 1962 und die geschätzten Werte von 1975 miteinander verglichen werden (für USA):

	1962 %	1975 (geschätzt) %
Insektizide	49	33
Fungizide	24	26
Herbizide	24	36
Sonstiges	3	5

Diese Gegenüberstellung zeigt recht deutlich, daß in naher Zukunft eine starke Verschiebung von den Insektiziden zu den Herbiziden zu erwarten sein dürfte (Arbeitskräftemangel), während der Anteil der fungiziden Mittel nahezu konstant bleiben wird.

A. Fungizide

Unter Fungiziden versteht man in der Schädlingsbekämpfung pilztötende Mittel zur Verhinderung und Bekämpfung von solchen Pflanzenkrankheiten, die durch phytopathogene Pilze verursacht werden.

Pflanzenkrankheiten können auf unbelebte und belebte Ursachen zurückgeführt werden. Unbelebte Ursachen sind bedingt durch Klimaeinflüsse (Wassermangel bei Dürre) oder aber durch mangelhafte Böden und Nährstoffmangel (Fehlen von Spurenelementen). Die Bekämpfung erfolgt hier zum Beispiel durch künstliche Bewässerung bzw. Dünge- und Bodenverbesserungsmittel. Als belebte Ursachen kommen phytopathogene Organismen in Frage:

a) *Pilze* lösen die wirtschaftlich bedeutendsten Erkrankungen aus, die chemisch durch Fungizide bekämpft werden.

b) *Bakterien* verursachen Pflanzenkrankheiten, die heute noch meistens durch Hygiene- und Kulturmaßnahmen bekämpft werden, da voll wirksame Bakterizide noch fehlen (Organoquecksilberverbindungen und Antibiotica wie Actidion oder Griseofulvin sind teilweise wirksam). Von wirtschaftlicher Bedeutung ist beispielsweise Xanthomonas malvacearum, eine Bakteriose der Baumwolle.

c) *Viren* erzeugen Virosen, die bis heute nur durch Pflanzenzüchtung, Hygienemaßnahmen oder indirekt dadurch bekämpft werden können, daß man die Überträger der Viruskrankheiten (meistens Insekten) vernichtet. Als Beispiel ist hier die Vernichtung der Blattläuse mit insektiziden Mitteln bei der Bekämpfung der Vergilbungskrankheit der Rüben zu erwähnen.

Der Pilz lebt als niedere Pflanze in enger Gemeinschaft (Ekto- oder Endo-Parasit) mit der Wirtspflanze zusammen und wird in Form von Sporen oder Mycel auf diese übertragen. Da der Zeitpunkt des Pilzbefalles in den meisten Fällen nicht bekannt ist, müssen die Fungizide in der Regel vorbeugend (protektiv oder präventiv) angewendet werden; aus diesem Grunde wird von den Bekämpfungsmitteln eine hohe Dauerwirkung erwartet. Verschiedene Präparate zeigen allerdings auch eine gewisse Tiefenwirkung in der Pflanze, so daß ihre Anwendung auch nach eingetretener Infektion, aber noch vor Ausbruch der Krankheit erfolgen kann (kurative Mittel).

Eine gewisse kurative Wirkung zeigen die Organoquecksilberverbindungen und das Dodecylguanidinacetat. Verbindungen, die auch nach Sichtbarwerden der Krankheitssymptome noch wirksam sind, die sogenannten Eradicativa, gibt es bisher noch nicht in befriedigendem Maße. Ansatzpunkte haben in jüngster Zeit das Acricid und Morestan beim Gurkenmehltau gezeigt. Systemische Fungizide, d.h. Mittel, die in die Pflanze eindringen und den Pilz „von innen her“ vernichten, sind bis heute ebenfalls noch nicht bekannt geworden. Systemische Effekte hat man bei der Anwendung von Antibiotica (z.B. Griseofulvin und Actidion) beobachtet.

Hinsichtlich ihres Anwendungsbereiches unterscheidet man bei den Fungiziden zwischen:

Saatbeizmitteln und Bodenfungiziden sowie
Blattfungiziden.

Saatbeizmittel und Bodenfungizide

Die Saatbeizmittel schützen bereits die Saat vor pilzlichen Krankheitserregern, die in Form ihrer Verbreitungsorgane (z.B. Sporen, Hyphen, Sclerotien) dem Samen anhaften. Die Anwendung der Beizen dient bei den samenbürtigen Krankheiten der Saatgutdesinfektion und bei den bodenbürtigen Krankheiten als Keimlingsschutzmittel. Reicht im letzteren Falle die Beizung nicht so lange vor, wie die Kulturpflanze durch Bodenpilze bedroht ist, so ist eine chemische Bodenbehandlung (zum Teil mit Karenzzeit) erforderlich, die allerdings arbeitstechnisch umständlicher und auch zeitraubender sowie präparatemäßig aufwendiger ist. Eine spezielle Bodenbehandlung zur Bekämpfung bodenbürtiger pilzlicher Krankheiten steckt heute noch in den Anfängen (Bodenentseuchung).

Die wirtschaftlich bedeutendsten Kulturpflanzen, bei denen in der Praxis eine Saatgutbeizung durchgeführt wird, sind die Getreidearten einschließlich Mais und Reis (vorwiegend samenbegleitende Pilze) sowie Rüben, Baumwolle, Flachs und Leguminosen (samen- und bodenbürtige Krankheiten). Die umstehende Übersicht umfaßt die wichtigsten Krankheiten und die einschlägigen Bekämpfungsmittel.

Geschichtliche Entwicklung der Saatbeizmittel. Bereits im Altertum wurde das Saatgut mit Harn, Wein oder Sodawasser „gebeizt“. Im 18. Jahrhundert wurden anorganische Salze wie Kochsalz, Kalk, Glaubersalz und auch Kupfersulfat als Beizen verwendet. Später kamen die quecksilberchloridhaltigen Präparate (Sublimat) dazu. Als erste organische Verbindung wurde Formaldehyd gegen Haferflugbrand eingesetzt. Die modernen Beizmittel gliedern sich in die quecksilberhaltigen und die quecksilberfreien Präparate.

1. Quecksilberhaltige Beizmittel

Ausgehend von den bekannten quecksilberchloridhaltigen Naßbeizen (Sublimatlösungen) wurde 1915 von den Farbenfabriken Bayer Uspulun, ein Mittel auf Basis von Chlorphenol-quecksilber, als Naßbeize gegen Weizensteinbrand und die Streifenkrankheit der Gerste eingeführt; diese Verbindung wies gegenüber den anorganischen Quecksilberver-

Wirtspflanze	Krankheit	Bekämpfungsmittel
Gerste	Hartbrand (Ustilago hordei)	Organoquecksilberverbindungen
	Flugbrand (Ustilago nuda)	Behandlung mit Heißwasser bzw. Methanol, neuerdings auch chemisch mit Vitavax
	Streifenkrankheit (Helminthosporium gramineum)	Organoquecksilberverbindungen
Hafer	Flugbrand (Ustilago avenae)	Alkylquecksilberverbindungen, Formaldehyd
Roggen und Weizen	Schneeschimmel (Fusariumarten)	Organoquecksilberverbindungen Furidazol
Weizen	Flugbrand (Ustilago tritici)	wie Gerstenflugbrand
	Steinbrand (Tilletia tritici)	Organoquecksilberverbindungen Hexachlorbenzol, Pentachlornitrobenzol
Mais	Beulenbrand (Ustilago zeae)	Organoquecksilberverbindungen
	Keimlingskrankheiten (bes. Pythium spp.)	Captan, Dexon
Reis	Bakanaekrankheit (Gibberella fujikuroi)	Organoquecksilberverbindungen
Rüben	samenbürtiger Wurzelbrand (Phoma betae)	Organoquecksilberverbindungen, TMTD
	bodenbürtiger Wurzelbrand (Pythium- und Aphanomycesarten)	Captan, Ceredon, Dexon
Baumwolle	samenbürtige Krankheiten: Colletotrichum gossypii, Xanthomonas malvacearum (Bakteriose!)	Organoquecksilberverbindungen
	Keimlingskrankheiten: (Pythium-, Rhizoctonia-, Fusariumarten)	Captan, Dexon, Pentachlornitrobenzol
Leguminosen	samenbürtige Keimlings- und Blattfleckenkrankheiten: (Ascochyta-, Colletotrichumarten)	Organoquecksilberverbindungen
	bodenbürtige Keimlingskrankheiten: (Pythium-, Aphanomyces-, Rhizoctoniaarten)	Captan, Dexon, TMTD
Zierpflanzen	bodenbürtige Krankheiten: Umfallkrankheiten (Pythium spp., Thielaviopsis basicola)	Organoquecksilberverbindungen, Captan, TMTD

bindungen eine bessere Pflanzenverträglichkeit auf. Ein entscheidender Schritt erfolgte beim Übergang von den Naßbeizen zu den heute fast ausnahmslos verwendeten Trockenbeizen. Hier wurde als erste die Uspulun-Trockenbeize mit Nitrophenol-quecksilber als Wirkstoff entwickelt. In der Folgezeit wurden von der IG Farbenindustrie die sogenannten Ceresan-Naß- und Trockenbeizen hergestellt, die nach dem zweiten Weltkrieg unter der gleichen Bezeichnung auch von verschiedenen anderen – insbesondere ausländischen – Firmen vertrieben wurden.

Im folgenden sind die gebräuchlichsten Organoquecksilberverbindungen mit den wichtigsten Daten aufgeführt:

Phenylquecksilberacetat.

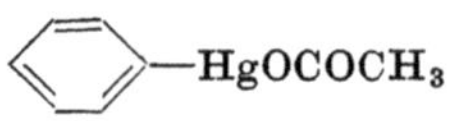

Erste Ceresan-Universal-Trockenbeize mit 2,5% Wirkstoffgehalt.

Herstellung. Umsetzung von Benzol mit Quecksilberacetat in Eisessig.

Eigenschaften. Farblose, geruchlose Kristalle vom Fp. 149 bis 153°. Löslich in Alkohol, Aceton und Benzol.

Toxizität. LD_{50}: 50 mg/kg Ratte.

Äthylquecksilberchlorid.

$$C_2H_5HgCl$$

Herstellung. Aus Diäthylquecksilber und Sublimat.

Eigenschaften. Farblose Kristalle vom Fp. 192,5°.

Toxizität. LD_{50}: 30 mg/kg Ratte.

Methoxyäthylquecksilberchlorid. Ceresan-Universal-Naßbeize. Agallol (Bayer). Aretan (Bayer).

$$CH_3OCH_2 \cdot CH_2HgCl$$

Herstellung. Die Einwirkung von Äthylen auf eine methanolische Quecksilberacetatlösung ergibt das Methoxyäthylquecksilberacetat, das leicht in das Chlorid oder in das ebenfalls gebräuchliche Silicat übergeführt werden kann.

Eigenschaften. Farblose Kristalle vom Fp. 65°, löslich in Aceton und Alkohol.

Toxizität. LD_{50}: 45 mg/kg Ratte.

Methylquecksilber-dicyandiamid. Panogen (Panogen Inc.).

$$CH_3\text{—}Hg\text{—}NH\text{—}\underset{\underset{NH}{\|}}{C}\text{—}NH\text{—}CN$$

Herstellung. Aus Methylquecksilberhydroxid und Dicyandiamid.

Eigenschaften. Farblose Kristalle vom Fp. 156 bis 157° mit charakteristischem Geruch; löslich in Wasser, Alkohol und Aceton.

Toxizität. LD_{50}: 45 mg/kg Ratte.
Diese Verbindung wird als Feucht- oder Ölbeize angewandt; hierdurch wird die Flüchtigkeit vermindert und eine Gefährdung durch Staub ausgeschlossen.

N-(Äthylquecksilber)-p-toluolsulfanilid. Ceresan-M (DuPont).

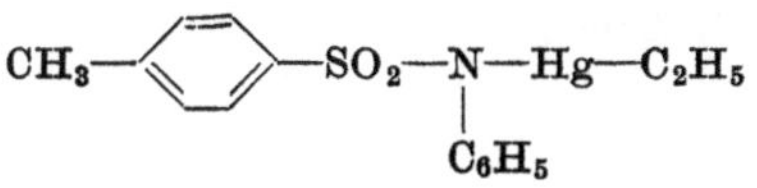

Herstellung. Aus p-Toluolsulfanilid und Äthylquecksilberacetat.

Eigenschaften. Farblose Kristalle vom Fp. 154 bis 157°, löslich in Aceton und Chloroform.

Toxizität. LD_{50}: 100 mg/kg Ratte.

Toxikologie der Organoquecksilberverbindungen. Die Giftaufnahme der Organoquecksilberverbindungen (akute orale LD_{50} an der Ratte meistens unterhalb 100 mg) kann durch den Mund, durch die Haut und durch Einatmen des Staubes oder des Dampfes erfolgen. Die Verbindungen werden vom Körper rasch resorbiert, wo sie mit Mercaptogruppen reagieren. Es können hierbei Vergiftungserscheinungen, insbesondere Schädigung des ZNS eintreten. Bei Hautkontakt kommt es zu Rötungen und Blasenbildungen, besonders an feuchten Hautstellen. Die Behandlung ist wie bei Brandblasen durchzuführen.

2. Quecksilberfreie Beizmittel

Die quecksilberfreien Beizen werden bei der Saatgutbehandlung vorwiegend als Keimlingsschutzmittel verwendet, und sind im Gegensatz zu den quecksilberhaltigen Universalbeizen selektiv nur bei einzelnen Krankheiten wirksam. Als Bodenbehandlungsmittel sollen sie dagegen Wurzeln und Stengelhals der Pflanzen vor Pilzbefall schützen. Beim Einsatz als Bodenfungizide muß bei verschiedenen Präparaten wegen ihrer pflanzenschädigenden Nebenwirkungen mitunter eine kürzere oder längere Karenzzeit eingehalten werden,

d. h. das Bodenfungizid wird eine bestimmte Zeit vor der Aussaat in den Boden ausgebracht. In der nachfolgenden Übersicht sind die wichtigsten quecksilberfreien Beiz- und Bodenbehandlungsmittel mit Angabe der Anwendungsgebiete zusammengestellt.

Hexachlorbenzol. Hexachlorobenzène CF 65. H.C.B.

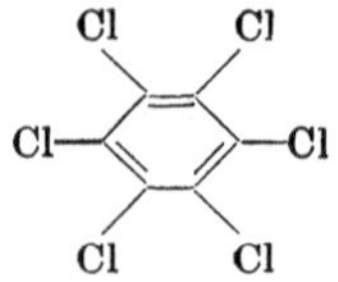

C_6Cl_6 M.G. 284,79

Herstellung. Chlorierung von Benzol in Gegenwart von Kernchlorierungskatalysatoren.

Eigenschaften. Farblose Kristalle vom Fp. 226°, praktisch unlöslich in Wasser, wenig löslich in organischen Lösungsmitteln.

Anwendung. Gegen Weizensteinbrand und Weizenzwergbrand.

Toxizität. Geringe akute Warmblütertoxizität; LD_{50}: >10 g/kg Ratte.

Pentachlornitrobenzol. Quintozen. Brassicol (Hoechst).

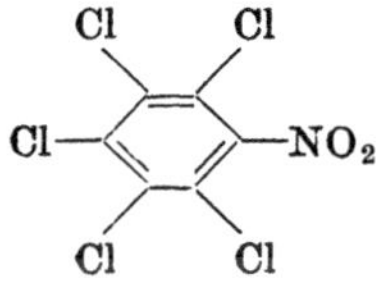

Herstellung. Chlorierung von Nitrobenzol in Gegenwart von Jod.

Eigenschaften. Farblose Kristalle vom Fp. 146°, löslich in Benzol und Chloroform.

Anwendung. Als Saatbeize gegen Weizensteinbrand und Weizenzwergbrand, als Bodenfungizid gegen Rhizoctonia z.B. bei Baumwolle und Rüben.

Toxizität. LD_{50}: > 12 g, bei Menschen sind bisher keine Vergiftungen bekannt geworden.

Chloranil. Spergon (US Rubber).

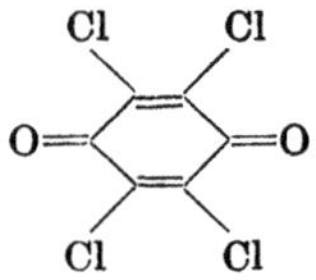

Eigenschaften. Gelbe Kristalle vom Fp. 290°, schwer löslich in heißem Alkohol, mäßig löslich in Äther.

Anwendung. Als Saatbeize bei Getreide, Reis, Leguminosen und Baumwolle.

Toxizität. LD_{50}: 4 g/kg Ratte.

2,3-Dichlor-1,4-naphthochinon. Dichlone. Phygon (US Rubber).

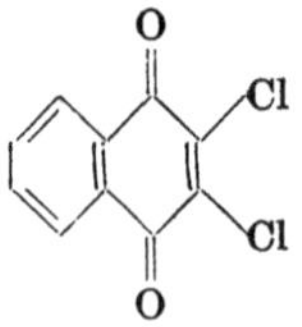

Herstellung. Chlorieren von 4-Amino-naphthalin-1-sulfosäure in schwefelsaurer Lösung in Gegenwart von Eisen.

Eigenschaften. Gelbe Kristalle vom Fp. 193°, schlecht löslich in Aceton und Benzol, mäßig löslich in Xylol.

Anwendung. Als Saatbeizmittel bei Mais und Rüben. Auch als Blattfungizid bei Apfelschorf verwendbar.

Toxizität. LD_{50}: 1300 mg/kg Ratte. Haut- und Schleimhautreizend.

4-Dimethylamino-benzol-diazosulfosaures Natrium. DAS. Dexon (Bayer).

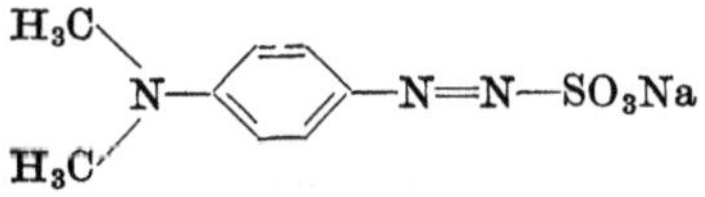

Herstellung. Diazotierung von N,N-Dimethyl-p-phenylendiamin und nachfolgende Umsetzung mit Natriumsulfit.

Eigenschaften. Gelblichbraunes Pulver, das in Wasser und Alkohol löslich ist.

Anwendung. Als Beiz- und Bodenbehandlungsmittel gegen Pythium-, Aphanomyces- und bodenbewohnende Phythophthoraarten z.B. bei Baumwolle und Rüben.

Toxizität. LD_{50}: 60 mg/kg Ratte.

Chinonoxim-benzoylhydrazon. Benquinose. Ceredon (Bayer).

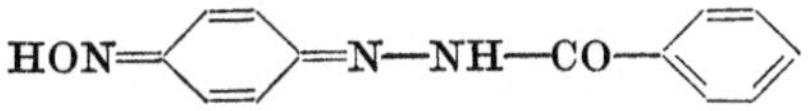

Herstellung. Umsetzung von p-Nitrosophenol mit Benzhydrazid in saurem Medium.

Eigenschaften. Gelblichbraune Kristalle vom Fp. 195° (Zers.), löslich in wäßrig-alkalischer Lösung und in organischen Lösungsmitteln.

Anwendung. Als Saatbeizmittel gegen Keimlingskrankheiten, auch in Kombination mit Organoquecksilberverbindungen und TMTD.

Toxizität. LD_{50}: 100 mg/kg Ratte.

Tetramethyl-thiuram-disulfid. Thiram. TMTD.

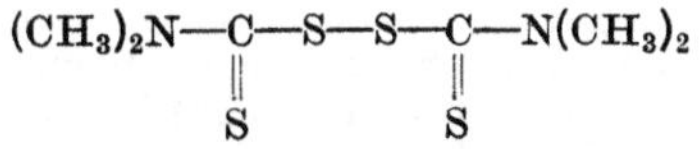

Herstellung. Oxydation von dimethyldithiocarbamidsaurem Natrium mit Wasserstoffperoxid.

Eigenschaften. Farblose Kristalle vom Fp. 155 bis 156°, löslich in Chloroform und Aceton.

Anwendung. Vor allem als protektives Blattfungizid (vgl. S. 431) sowie als Beizmittel und Bodenfungizid mit einem breiten Wirkungsspektrum, vor allem bei Rüben, Kartoffeln und Leguminosen.

Toxziität. LD_{50}: 780 mg/kg Ratte, haut- und schleimhautreizend.

2-(2′-Furyl)-benzimidazol. Furidazol. In Mischung mit Hexachlorbenzol als Voronit (Bayer).

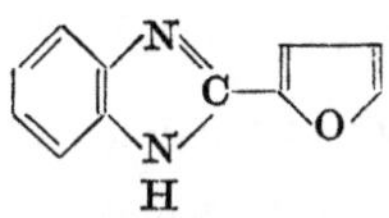

Herstellung. Kondensation von 1,2-Phenylendiamin mit Brenzschleimsäure.

Eigenschaften. Wasserunlösliches Kristallisat vom Fp. 284 bis 288°; lösl. in A. und Aceton.

Anwendung. Wirksam gegen Fusariosen. Voronit wird zur Beizung von Weizen und Roggen verwendet.

Toxizität. LD_{50}: 481 mg/kg Ratte.

2,3-Dihydro-5-carboxanilido-6-methyl-1,4-oxathiin. Vitavax (US Rubber).

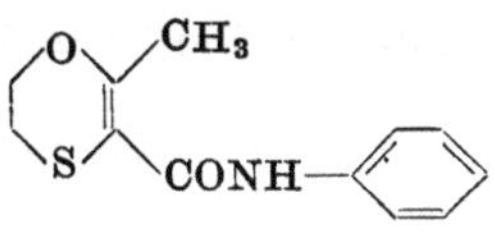

Herstellung. Chlorierung von Acetessigsäureanilid zum 2-Chloracetessigsäureanilid; weitere Umsetzung mit 2-Mercaptoäthanol und nachfolgende Cyclisierung durch azeotrope Entwässerung in Gegenwart von p-Toluolsulfonsäure.

Eigenschaften. Farbloses Kristallisat von Fp. 93 bis 95°, lösl. in Aceton.

Anwendung. Als systemisches Fungizid, vor allem gegen Rost- und Brandpilze im Getreide.

Toxizität. DL_{50}: 3200 mg/kg Ratte.

Blattfungizide

Im Gegensatz zu den Saatbeizmitteln und Bodenfungiziden werden die Blattfungizide zum Schutz von Blättern und Früchten eingesetzt. In der folgenden Tabelle sind die bedeutendsten pilzlichen Blatt- und Fruchterkrankungen in den einzelnen Pflanzenkulturen mit Angabe der wichtigsten Bekämpfungsmittel zusammengestellt.

Geschichtliche Entwicklung der Blattfungizide. Die gute fungizide Wirksamkeit der Kupfersalze wurde 1862 in Frankreich entdeckt, als man beobachtete, daß die zum Schutz vor Diebstählen mit einem Gemisch aus dem giftigen Schweinfurter-Grün und Kalk bedeckten Rebstöcke keinen Peronosporabefall zeigten. Diese „Giftmischung" wurde dann bald durch die billigere Kupfer-Kalk-Brühe (aus Kupfersulfat und Kalk) ersetzt, die noch heute als Bordeauxbrühe ein oft verwendetes Fungizid darstellt. Im Obst- und Ackerbau ist diese Kupfersalzlösung in der Zwischenzeit weitgehend durch Fertig-Kupferpräparate (insbesondere durch das sogenannte Kupferoxychlorid) verdrängt worden. Neben den Kupfermitteln haben die gegen Mehltaupilze wirksamen Schwefelpräparate (Schwefel, Schwefel-Kalk-Brühe und Bariumpolysulfid) eine große wirtschaftliche Bedeutung. Schwefel ist bereits 1821 als Stäubeschwefel gegen den Pfirsichmehltau eingesetzt worden. Im Laufe der Zeit konnte seine Wirkung durch physikalische Vorbehandlung stark verbessert werden (Kolloid- und Netzschwefel). So gilt der Netzschwefel auch heute noch als Standardpräparat bei der Bekämpfung des echten Mehltaus der Reben.

Die ursprünglich als Vulkanisationsbeschleuniger für Kautschuk entwickelten Thiurame und Dithiocarbamate (z.B. TMTD, Ziram, Ferbam) wurden bereits in den 30iger Jahren mit Erfolg als Blattfungizide angewandt. Erst nach dem zweiten Weltkrieg wurde die fungizide Wirkung von Salzen der Äthylen-bis-dithiocarbamidsäure gefunden. Die entsprechenden Zink- und Mangansalze (Zineb und Maneb) haben eine weltweite Bedeutung als Blattfungizide erlangen können. Gleichfalls nach Beendigung des zweiten Weltkrieges setzte die eigentliche systematische Forschung über die Synthese und Anwendung von organischen Blattfungiziden ein. Im Zuge dieser Arbeit konnte eine Reihe moderner Pflanzenschutzmittel geschaffen werden (z.B. Captan, Phaltan, Karathan, Acrizid, Melprex, Morestan, Euparen).

In der nachfolgenden Übersicht sind die gebräuchlichsten Blattfungizide nach chemischen Gesichtspunkten zusammengestellt ohne Berücksichtigung der gegen mehrere Pilzerkrankungen wirksamen handelsüblichen Kombinations- und Mischpräparate.

1. Kupferhaltige Blattfungizide

Kupfer-Kalk-Brühe. Bordeauxbrühe.

$$CuSO_4 \cdot 4\,Cu(OH)_2 \cdot 3\,Ca(OH)_2$$

Herstellung. Zugabe einer Kupfersulfatlösung zu einer Löschkalkbrühe.

Eigenschaften. Blaue amorphe Suspension in Wasser; gute Haftfähigkeit auf der Pflanze.

Anwendung. Breit wirksames Blattfungizid, vorwiegend gegen falsche Mehltaupilze.

Toxizität. Für Warmblüter ungiftig. Die orale Aufnahme kleiner Kupfermengen führt zu Erbrechen ohne nennenswerte Nachwirkungen.

Kupferoxychlorid. 40 bis 50% Cu-Gehalt.

$$CuCl_2 \cdot 3\,Cu(OH)_2$$

Herstellung. Einwirkung von Luft auf Kupfer in Kupferchlorid-Natriumchlorid-Lösungen.

Eigenschaften. Grünlichblaues Pulver, in Wasser unlöslich, löslich in Ammoniak und schwachen Säuren.

Kultur	Krankheiten	Mittel zur Bekämpfung
Obstbau	Schorferkrankungen:	
	z.B. Apfelschorf (Venturia inaequalis)	Captan, TMTD, Zineb, Ziram, Dodin, Euparen
	Birnenschorf (Venturia pirina)	Delan, Nirit, Ziram
	Mehltauerkrankungen:	
	z.B. Apfelmehltau (Podosphaera leucotricha) amerik. Stachelbeermehltau (Sphaerotheca mors uvae) Erdbeermehltau (Sphaerotheca humuli)	Schwefel, Karathan, Acricid, Morestan
	Sonstige Erkrankungen:	
	z.B. Graufäule der Erdbeeren (Botrytis cinerea)	TMTD, Phaltan, Euparen
	Kräuselkrankheit der Pfirsiche (Taphrina deformans)	Kupferpräp., TMTD
	Schrotschußkrankheit der Pflaumen und Kirschen (Clasterosporium carpophilum)	TMTD
	Moniliaerkrankung der Kirschen	Captan
Weinbau	Falscher Mehltau der Reben (Plasmopara viticola)	Kupferpräp., Zineb, Captan, Phaltan, Euparen, Difolatan, An- [tracol, Basfungin
	Echter Mehltau der Reben (Oidium tuckeri)	Schwefel
	Grauschimmel der Trauben (Botrytis cinerea)	Euparen, Phaltan
Hopfenbau	Falscher Mehltau des Hopfens (Pseudoperonospora humuli)	Kupferpräp., Metiram, Euparen, Antracol
Gemüsebau	Erkrankungen durch echte Mehltaupilze:	
	z.B.: echter Gurkenmehltau (Erysiphe spp.)	Schwefel, Morestan, Karathan
	Erkrankungen durch falsche Mehltaupilze:	
	z.B.: falscher Mehltau des Salats (Bremia lactucae) falscher Mehltau der Zwiebel (Peronospora schleideni)	Kupferpräp., Zineb
Ackerbau	Erkrankungen durch falsche Mehltaupilze:	
	z.B.: Kraut- und Knollenfäule der Kartoffeln und Tomaten (Phytophthora infestans)	Kupferpräp., Zineb, Maneb Difolatan
	Rosterkrankungen:	
	z.B.: Schwarzrost des Weizens (Puccinia graminis tritici)	Zineb + Nickelsulfat
	Branderkrankungen:	
	z.B.: Weizensteinbrand (Tilletia tritici) Haferflugbrand (Ustilago avenae)	Beizung vgl. S. 424
	Blattfleckenerkrankungen:	
	z.B.: Cercosporakrankheit der Rüben (Cercospora beticola)	Kupferpräp., Brestan
Zierpflanzenbau[1]	Erkrankungen durch echte Mehltaupilze:	
	z.B.: der Rosen (Sphaerotheca pannosa)	Schwefel, Karathan, Wepsin, Phaltan, Euparen
	Chrysanthemen (Oidium chrysanthemi)	Schwefel, Karathan

[1] Infolge großer Sortenverschiedenheit bei den Zierpflanzen kommt es durch die einzelnen Präparate mitunter zu Pflanzenschäden.

Kultur	Krankheiten	Mittel zur Bekämpfung
Zierpflanzenbau	Welkeerkrankungen:	
	z.B.: der Nelken (Fusarium dianthi, Phialophora cinerescens) der Chrysanthemen und Astern (Verticillium alboatrum)	chemisch direkt nicht bekämpfbar; unter Einhaltung einer Karenzzeit durch Bodendesinfektion
	Rosterkrankungen:	
	z.B.: der Nelken (Uromyces caryophyllinus) der Chrysanthemen (Puccinia chrysanthemi)	Zineb, Maneb
	Grauschimmelerkrankungen:	
	z.B.: Tulpenfeuer (Botrytis tulipae)	TMTD
	der Cyclamen (Botrytis cinerea)	TMTD
	Blattfleckenerkrankungen:	
	z.B.: Sternrußtau der Rosen (Diplocarpon rosae)	Zineb, Phaltan, Euparen
	Septoriakrankheit der Chrysanthemen (Septoria chrysanthemella)	Zineb, Maneb
	Alternariakrankheit der Nelken (Alternaria dianthicola)	Kupferpräp., Zineb, Maneb, TMTD
	Blattwucherungen und Tumoren:	
	z.B.: Ohrläppchenkrankheit der Azaleen (Exobasidium japonicum)	Kupferpräp., Zineb
Tropische und subtropische Kulturen	Blatt- und Fruchterkrankungen:	
	Sigatokakrankheit der Bananen (Mycosphaerella musicola)	Kupferpräp., Maneb, Mineralöl
	Melanose bei Citrus (Diaporthe citri)	Kupferpräp., Zineb, Captan
	Kaffeerost (Hemilea vastatrix)	Kupferpräp., Zineb, Urbacid
	Anthraknose des Kaffees (Colletotrichum coffeanum)	Kupferpräp., Urbacid
	Fruchtfäule an Kakao (Phytophthora palmivora) Augenfleckenkrankheit an Oliven (Cycloconium oleaginum) Blasenkrankheit des Tees (Exobasidium vexans)	Kupferpräparate
	Brusonekrankheit des Reises (Piricularia oryzae)	Organoquecksilberverbindungen Blasticidin S, Kasugamycin, Blastin, Kitazin, Hinosan
	Blattfleckenkrankheit des Reises (Corticium sasakii)	Urbacid
	Welkeerkrankungen:	
	Panamakrankheit der Banane (Fusarium cubense) Welkeerkrankung an Baumwolle (Fusarium vasinfectum, Verticillium alboatrum) Welkeerkrankung an Eierpflanzen (Verticillium alboatrum)	chemisch nicht bekämpfbar. Kulturmaßnahmen und Bodendesinfektion
Sonstige Kulturen	z.B.: falscher Mehltau des Tabaks (Peronospora tabacina)	Antracol, Maneb
Forstkulturen	Echte Mehltauerkrankungen:	
	z.B.: Eichelmehltau (Microsphaera quercina)	Schwefel
	Blattfleckenerkrankungen:	
	z.B.: Kiefernschütte (Lophodermium penastri)	Dithiocarbamate

Anwendung. Breit wirksames Blattfungizid, insbesondere bei der Kraut- und Knollenfäule der Kartoffel und der Cercosporakrankheit der Rüben.

Toxizität. LD_{50}: 1500 mg/kg Ratte.

2. Schwefelhaltige Präparate

Schwefel. Stäube-, Kolloid- und Netzschwefel.

Anwendung. Im Obstbau zur Schorf- und Mehltaubekämpfung, im Wein-, Gemüse- und Zierpflanzenbau zur Mehltaubekämpfung.

Toxizität. Ungiftig.

Bariumpolysulfid. Solbar (Bayer).

$$BaS_x$$

Herstellung. Schmelzen von Bariumsulfat oder Bariumoxid mit Kohle und Schwefel.

Eigenschaften. Wasserlösliches, gelbgraues Pulver.

Anwendung. Allgemein zur Mehltaubekämpfung und zur Schorfbekämpfung im Obstbau.

Toxizität. LD_{50}: 375 bis 500 mg/kg Ratte; 2 bis 5 g können für den Menschen tödlich sein, da die Verbindung durch die Magensäure in das giftige Bariumchlorid übergeführt wird.

3. Thiurame und Dithiocarbamate

Tetramethylthiuramdisulfid (TMTD).

Vgl. unter quecksilberfreie Saatbeizmittel (S. 427).

Anwendung. Bei Obstschorf und Grauschimmel an Erdbeeren.

Zinkdimethyl-dithiocarbamat. Ziram.

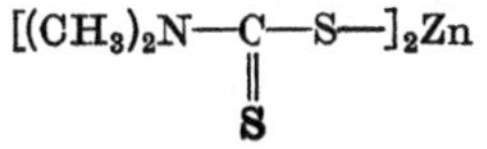

Herstellung. Fällung einer wäßrigen Lösung von dimethyldithiocarbamidsaurem Natrium mit einem wasserlöslichen Zinksalz.

Eigenschaften. Farbloses Pulver vom Fp. 246°, wenig löslich in Wasser und Alkohol, löslich in Chloroform und Schwefelkohlenstoff.

Anwendung. Bei Pilzerkrankungen an Steinobst und bei Obstschorf.

Toxizität. LD_{50}: 1400 mg/kg Ratte, haut- und schleimhautreizend.

Eisendimethyl-dithiocarbamat. Ferbam.

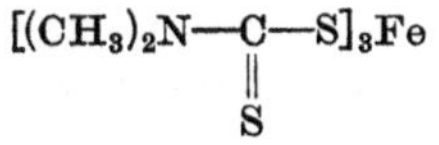

Herstellung. Fällung einer wäßrigen Lösung von dimethyldithiocarbamidsaurem Natrium mit einem wasserlöslichen Eisensalz.

Eigenschaften. Schwarzes Pulver, Zers. 180°, wasserunlöslich, löslich in Chloroform und Pyridin.

Anwendung. Bei Obstschorf.

Toxizität. LD_{50}: 4 g/kg Ratte, mögliche Haut- und Schleimhautreizung.

Methylarsin-bis-(dimethyldithiocarbamat). Urbacid (Bayer).

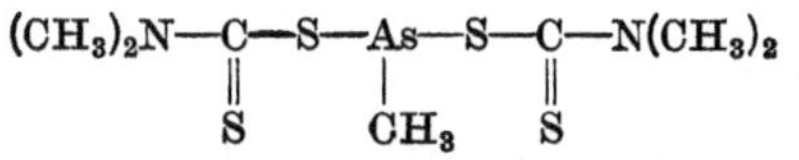

Herstellung. Umsetzung von Methylarsinoxid mit Dimethyldithiocarbamidsäure.

Eigenschaften. Farblose Kristalle vom Fp. 144°, löslich in den meisten organischen Lösungsmitteln.

Anwendung. Bei Obstschorf [besonders in Mischung mit TMTD und Ziram (Tuzet)], bei Kaffee- und Reiskrankheiten.

Toxizität. LD_{50}: 175 mg/kg Ratte.

Zinkäthylen-bis-dithiocarbamat. Zinèbe CF 65. Zineb.

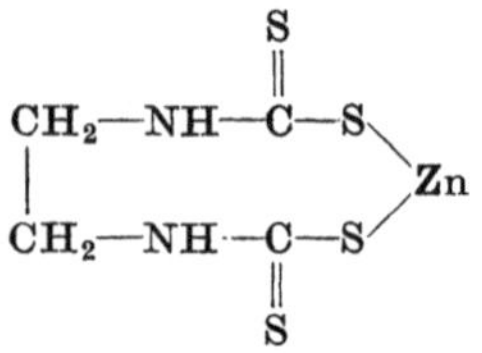

$C_4H_6N_2S_4Zn$ M.G. 275,73

Herstellung. Umsetzung von Äthylendiamin mit 2 Mol Schwefelkohlenstoff in Gegenwart von Natronlauge und nachfolgende Fällung mit einem wasserlöslichen Zinksalz.

Eigenschaften. Gelbbraunes Pulver, Zers. über 240°, sehr schwer löslich in Wasser, Säuren und Alkali; unlöslich in organischen Lösungsmitteln; zersetzt sich bei der Einwirkung von Luft, Licht und Feuchtigkeit.

Anwendung. Breit wirksames Fungizid mit guter Pflanzenverträglichkeit.

Toxizität. LD_{50}: > 5200 mg/kg Ratte. Haut- und Schleimhautreizungen möglich.

Manganäthylen-bis-dithiocarbamat. Maneb.

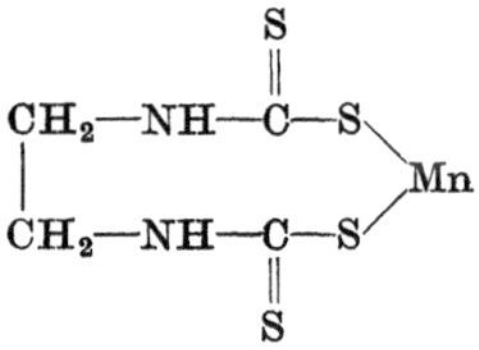

Herstellung. Fällung des wasserlöslichen Dinatriumsalzes der Äthylen-bis-dithiocarbamidsäure mit Mangansulfat oder -chlorid.

Eigenschaften. Gelbliches Pulver, Zers. über 240°, nur schwer löslich in Wasser; unlöslich in organischen Lösungsmitteln.

Anwendung. Breit wirksames Blattfungizid.

Toxizität. LD_{50}: etwa 4 g/kg Ratte. Mögliche Haut- und Schleimhautreizung.

Zink-propylen-bis-dithiocarbamat. Propineb. Antracol (Bayer).

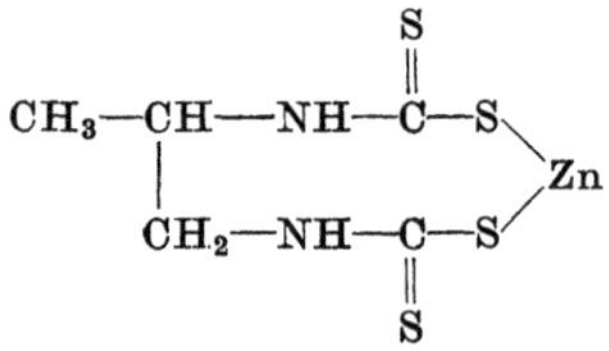

Herstellung. Umsetzung von 1,2-Propylendiamin mit zwei Mol Schwefelkohlenstoff in alkalischem Medium und nachfolgende Fällung mit einem wasserlöslichen Zinksalz.

Eigenschaften. Gelblich-weißes Pulver, das sich bei Temperaturen über 80° noch unterhalb des Schmelzpunktes zersetzt; unlösl. in allen gebräuchlichen Lösungsmitteln.

Anwendung. Breit wirksames Fungizid wie Zineb mit Nebenwirkung gegen echte Mehltaupilze und Spinnmilben.

Toxizität. LD_{50}: 8500 mg/kg Ratte.

Metiram. PÄTD. Polyram-combi (BASF). Mischung aus Zineb und dem zugehörigen Thiuramdisulfid.

Herstellung. Das aethylen-bis-dithiocarbamidsaure Natrium wird zum Teil mit Wasserstoffperoxid oxydiert und zum Teil mit Zinksulfat gefällt.

Eigenschaften. Pulver mit Fp. (Zers.) > 120°, unlöslich in organischen Lösungsmitteln.

Anwendung. Bei Obstschorf, Reben- und Hopfenperonospora.

Toxizität. LD_{50}: 3,8 g/kg Ratte.

Propimet. Basfungin (BASF). Komplexverbindung aus Zink-propylen-bis-dithiocarbamat und dem N,N-'Poly-1,2-propylen-bis-(thiocarbamoyl)-disulfid.

Herstellung. Ein wasserlösliches Salz der 1,2-Propylen-bis-dithiocarbamidsäure wird durch einen Unterschuß von Zinkionen teilweise in das Zinksalz und der Rest durch Oxydation in das Thiuramdisulfid übergeführt.

Eigenschaften. Hellgelbes Pulver vom Zersetzungspunkt 124°, in Wasser suspendierbar.

Anwendung. Bei Rebenperonospora und beim Roten Brenner mit Wirkung gegen Botrytis. Nebenwirkungen gegen Spinnmilben und Odium.

Toxizität. LD_{50}: 5600 mg/kg Ratte.

4. N-(Trihalogenmethylthio)-Verbindungen

N-(Trichlormethylthio)-tetrahydrophthalimid. Captan. Orthocid (California Chem. Co.).

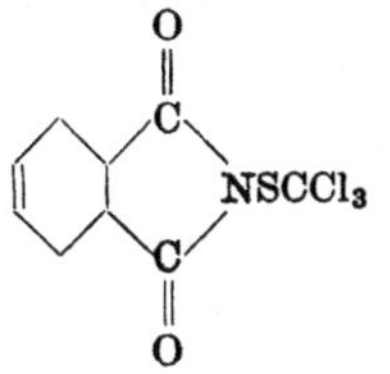

Herstellung. Einwirkung von Ammoniak auf das durch Addition von Maleinsäureanhydrid an Butadien entstehende Tetrahydrophthalsäureanhydrid und nachfolgende Umsetzung des Tetrahydrophthalimids mit dem durch Chlorierung von Schwefelkohlenstoff zugänglichen Trichlormethansulfenylchlorid.

Eigenschaften. Farbloses Kristallisat vom Fp. 172°, löslich in organischen Lösungsmitteln.

Anwendung. Bei Obstschorf und Rebenperonospora.

Toxizität. LD_{50}: 9 g/kg Ratte.

N-(Trichlormethylthio)-phthalimid. Folpet. Phaltan (California Chem. Co.).

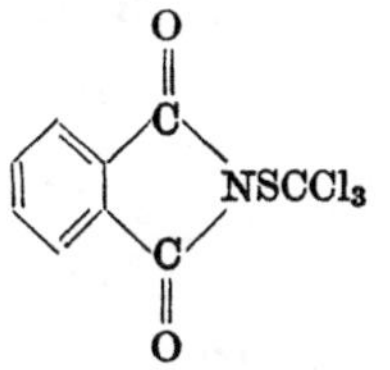

Herstellung. Umsetzung von Phthalimid mit Trichlormethansulfenylchlorid.

Eigenschaften. Farblose, kristalline Verbindung, vom Fp. 177°, in organischen Lösungsmitteln mäßig löslich.

Anwendung. Bei Hopfen- und Rebenperonospora, Grauschimmel und Rosenmehltau.

Toxizität. LD_{50}: > 10 g/kg Ratte.

N,N-Dimethyl-N'-phenyl-N'-(fluordichlormethylthio)-sulfamid. Dichlofluanid. Euparen (Bayer).

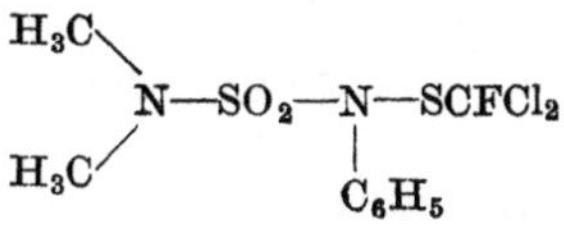

Herstellung. Durch Einwirkung des aus Dimethylamin und Sulfurylchlorid zugänglichen Dimethylsulfamidsäurechlorids auf Anilin und nachfolgende Umsetzung des hierbei entstehenden N,N-Dimethyl-N'-phenyl-sulfamids mit dem durch Fluorierung von Trichlormethansulfenylchlorid erhältlichen Fluordichlormethansulfenylchlorid.

Eigenschaften. Farbloses Kristallisat vom Fp. 105°, in Wasser unlöslich, in organischen Lösungsmitteln löslich.

Anwendung. Bei Obstschorf, Grauschimmelerkrankungen, Reben- und Hopfenperonospora und Rosenmehltau mit Nebenwirkungen gegen Mehltaupilze und Spinnmilben.

Toxizität. LD_{50}: 1000 mg/kg Ratte.

N-(1,1,2,2-Tetrachloräthylthio)-tetrahydrophthalimid. Difolatan (California Chem. Co.).

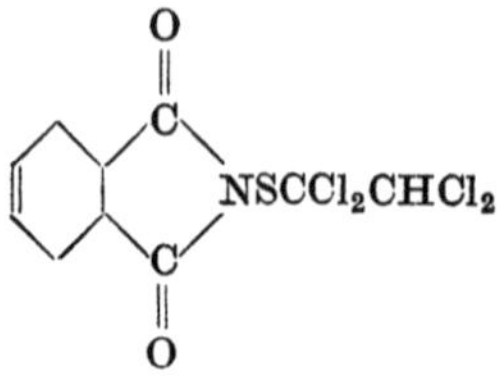

Herstellung. Umsetzung von Tetrahydrophthalimid (vgl. unter Captan, S. 433) mit 1,1,2,2-Tetrachloräthansulfenchlorid.

Eigenschaften. Farbloses Kristallisat vom Fp. 160 bis 161°, lösl. in Aceton.

Anwendung. Zur Bekämpfung von Nichtmehltaupilzen im Kartoffel- und Weinbau.

Toxizität. LD_{50}: 4600 mg/kg Ratte.

5. Nitroverbindungen

2,4-Dinitrorhodanobenzol. Nirit (Hoechst).

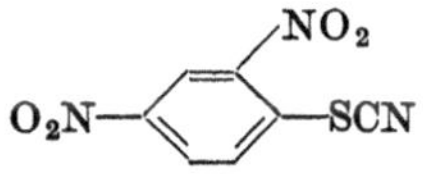

Herstellung. Umsetzung von 2,4-Dinitrochlorbenzol mit Ammoniumrhodanid.

Eigenschaften. Gelbliche Kristalle vom Fp. 138°, löslich in den meisten organischen Lösungsmitteln.

Anwendung. Bei Obstschorf.

Toxizität. LD_{50} des 50%igen Präparates: etwa 2,75 g/kg Maus.

2,6-Dichlor-4-nitranilin. Dicloran. Allisan (Boots Pure Drug Comp.).

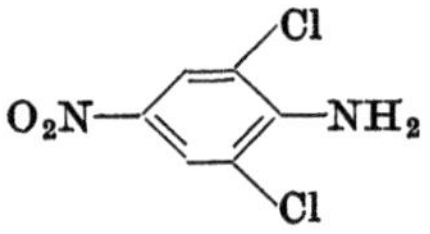

Herstellung. Chlorierung von p-Nitranilin.

Eigenschaften. Gelbliche Nadeln vom Fp. 192 bis 194°, löslich in organischen Lösungsmitteln.

Anwendung. Bei Grauschimmel im Zierpflanzenbau und bei Sclerotinia-Erkrankungen im Gemüsebau.

Toxizität. LD_{50}: $>$ 10 g/kg Ratte.

2(-1-Methylheptyl)-4,6-dinitrophenylcrotonat. Dinocap. Karathane (Röhm u. Haas).

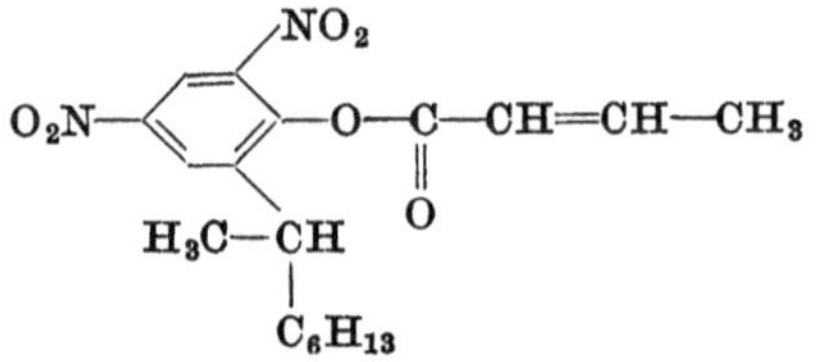

Herstellung. Dinitrierung von 2-Isocapryl-phenol und nachfolgende Umsetzung mit Crotonylchlorid in Pyridin.

Eigenschaften. Braune Flüssigkeit vom Kp.$_{0,05}$ 138 bis 140°. Löslich in den meisten organischen Lösungsmitteln.

Anwendung. Zuerst als Akarizid, dann als Fungizid bei echten Mehltaupilzen im Wein-, Obst-, Gemüse- und Zierpflanzenbau entwickelt.

Toxizität. LD_{50}: 980 mg/kg Ratte.

(2-sek.-Butyl-4,6-dinitro-phenyl)-dimethylacrylat. Binapacryl. Acricid (Hoechst).

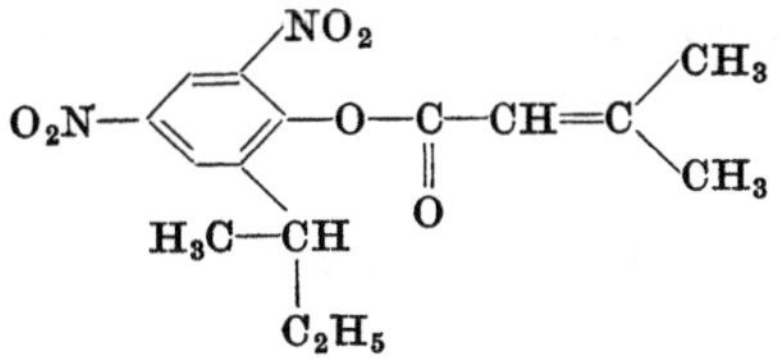

Herstellung. Dinitrierung von 2-sek.-Butylphenol und nachfolgende Veresterung mit Dimethylacrylchlorid.

Eigenschaften. Farblose Kristalle vom Fp. 69°, löslich in den meisten organischen Lösungsmitteln.

Anwendung. Als Akarizid und Fungizid bei echten Mehltaupilzen.

Toxizität. LD_{50}: etwa 160 mg/kg Ratte.

6. Dithiaverbindungen

1,4-Dithia-2,3-dicyano-anthrachinon. Dithianon. Delan (Merck).

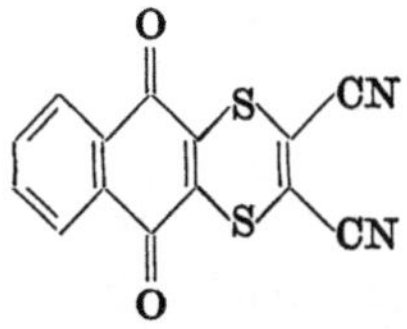

Herstellung. Umsetzung von 2,3-Dichlor-1,4-naphthochinon mit Dimercaptodicyanoäthylen.

Eigenschaften. Bräunliches Kristallisat vom Fp. 225°, in einigen organischen Lösungsmitteln löslich.

Anwendung. Bei Obstschorf und Rebenperonospora.

Toxizität. LD_{50}: 1015 mg/kg Ratte.

6-Methyl-2,3-chinoxalin-dithiocarbonat. Chinomethionat. Morestan (Bayer).

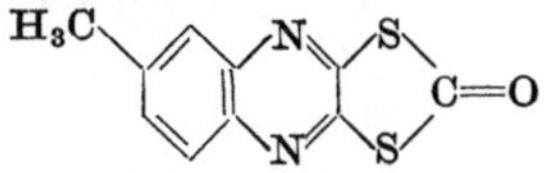

Herstellung. Cyclisierung von 6-Methyl-2,3-dimercapto-chinoxalin mit Phosgen.

Eigenschaften. Gelbliches Kristallpulver vom Fp. 172°, unlöslich in Wasser, in den meisten organischen Lösungsmitteln nur mäßig löslich, gut löslich in Dimethylformamid.

Anwendung. Als Akarizid gegen resistente Spinnmilben, als Fungizid bei Mehltaupilzen im Obst- und Gemüsebau.

Toxizität. LD_{50}: etwa 2500 mg/kg Ratte.

7. Sonstige Verbindungen

Dodecylguanidinacetat. Dodin. Cyprex (American Cyanamid.). Melprex.

$$C_{12}H_{25}{-}NH{-}\underset{\underset{NH}{\|}}{C}{-}NH_2 \cdot CH_3COOH$$

Herstellung. Umsetzung von Dodecylamin mit einer Methylisothiuronium-Verbindung und Behandlung mit Essigsäure.

Eigenschaften. Farblose Kristalle vom Fp. 136°, in heißem Wasser löslich, in den meisten organischen Lösungsmitteln unlöslich; oberflächenaktiv.

Anwendung. Bei Obstschorf mit zum Teil kurativer Wirkung. Nebenwirkung gegen Mehltau.

Toxizität. LD_{50}: > 1000 mg/kg Ratte. Hautreizend.

2,4-Dichlor-6-(2-chloranilino)-triazin. Zinochlor. Dyrene (Chemagro). Botrysan (Riedel-de-Haën).

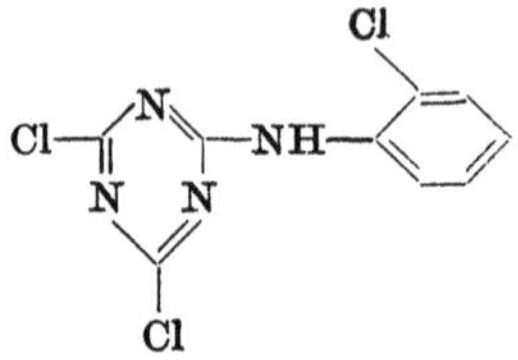

Herstellung. Umsetzung von Cyanurchlorid mit 2-Chloranilin.

Eigenschaften. Farblose Kristalle vom Fp. 155 bis 157°, unlöslich in Wasser, löslich in den meisten organischen Lösungsmitteln.

Anwendung. Bei Grauschimmelerkrankungen.

Toxizität. LD_{50}: 2710 mg/kg Ratte. Hautreizend.

Tetrachlorisophthalodinitril. Daconil 2787 (Diamond Alkali Comp.).

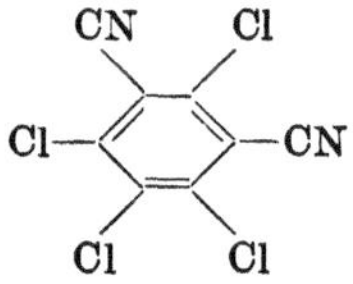

Herstellung. Chlorierung von Isophthalodinitril.

Eigenschaften. Fp. 250 bis 251°; Kp. 350°; Farblose Kristalle; mäßig lösl. in Xylol.

Anwendung. Als Blattfungizid bei Kartoffeln und einigen tropischen Kulturen sowie als Bodenfungizid bei Baumwolle.

Toxizität. LD_{50}: >10 g/kg Ratte.

Pentachlorbenzylalkohol. Blastin (Sankyo, Japan).

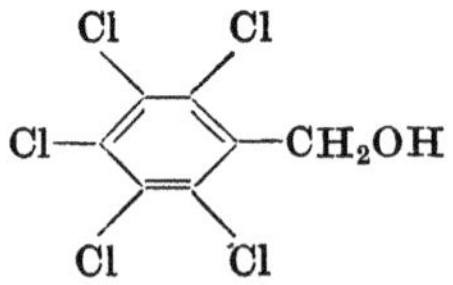

Herstellung. Kernchlorierung von Benzylchlorid und anschließende Hydrolyse.

Eigenschaften. Farblose Kristalle vom Fp. 198°; lösl. in Pyridin.

Anwendung. Zur protektiven Bekämpfung von Piricularia oryzae in Reis.

Toxizität. LD_{50}: 3600 mg/kg Maus.

Triphenylzinnacetat. Fentin. Brestan (Hoechst).

$$(C_6H_5)_3SnOCOCH_3$$

Herstellung. Umsetzung von Triphenylzinnhydroxid mit Natriumacetat.

Eigenschaften. Farblose Kristalle vom Fp. 124 bis 125°, schlecht löslich in Wasser und organischen Lösungsmitteln.

Anwendung. Bei Kraut- und Knollenfäule der Kartoffel und der Cercosporakrankheit der Rüben.

Toxizität. LD_{50}: 136 mg/kg Ratte.

1-Bis-(dimethylamido)-phosphoryl-3-phenyl-5-amino-1,2,4-triazol. Triamphos. Wepsyn. (Philips Duphar).

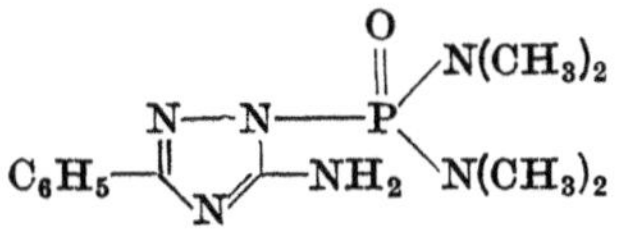

Herstellung. Umsetzung von 3-Phenyl-5-amino-1,2,4-triazol-natrium mit Bis-(dimethylamido)-phosphorylchlorid.

Eigenschaften. Farblose Kristalle vom Fp. 166 bis 170°, unlöslich in Wasser, löslich in den meisten organischen Lösungsmitteln.

Anwendung. Bei echtem Mehltau im Zierpflanzenbau. Darüber hinaus insektizid und akarizid wirksam.

Toxizität. LD_{50}: 20 mg/kg Ratte. Näheres unter Phosphorinsektizide.

O,O-Diäthyl-S-benzylthiophosphat. Kitazin (Ihara, Japan).

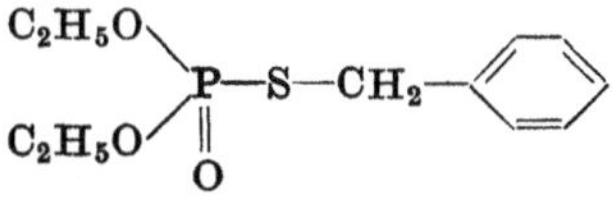

Herstellung. Umsetzung des Ammoniumsalzes der Diäthyl-thiophosphorsäure mit Benzylchlorid.

Eigenschaften. Flüssigkeit vom $Kp._{0,6}$ 130°, lösl. in organischen Lösungsmitteln.

Anwendung. Zur kurativen Bekämpfung von Piricularia oryzae im Reis.

Toxizität. LD_{50}: 235 mg/kg Maus.

O-Äthyl-S,S-diphenyl-dithiophosphat. Hinosan (Bayer).

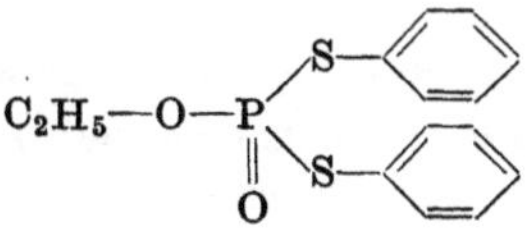

Herstellung. Umsetzung von Äthylphosphorsäuredichlorid mit Thiophenol.

Eigenschaften. Gelbliche Flüssigkeit vom $Kp._{0,01}$ 154°, lösl. in Aceton und Xylol.

Anwendung. Zur kurativen Bekämpfung von Piricularia oryzae im Reis.

Toxizität. LD_{50}: 218 mg/kg Maus.

8. Antibiotica

Cycloheximid. Actidion (Upjohn Co.).

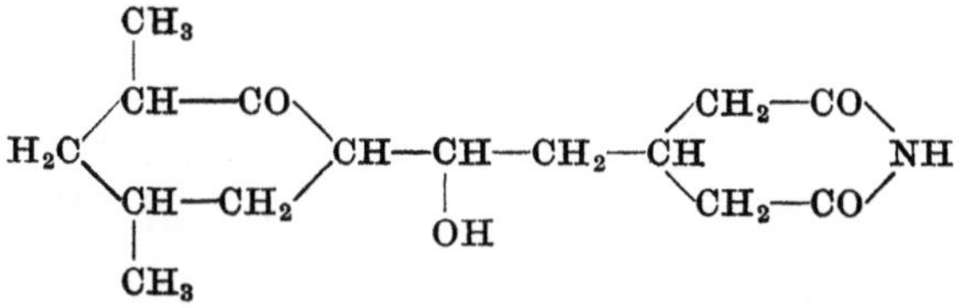

Herstellung. Nebenprodukt bei der Streptomycingewinnung aus Streptomyces griseus.

Eigenschaften. Farblose Kristalle vom Fp. 115,5 bis 117°, schlecht löslich in Wasser, löslich in Chloroform und Isopropanol.

Anwendung. Als Saatbeize bei Weizensteinbrand und verschiedenen Getreiderosten; bei echten Mehltaupilzen im Gewächshaus und bei Blattfleckenkrankheiten z.B. der Kirschen (stark phytotoxisch).

Toxizität. LD_{50}: 2,5 mg/kg Ratte.

Griseofulvin (s. Bd. I, 1035).

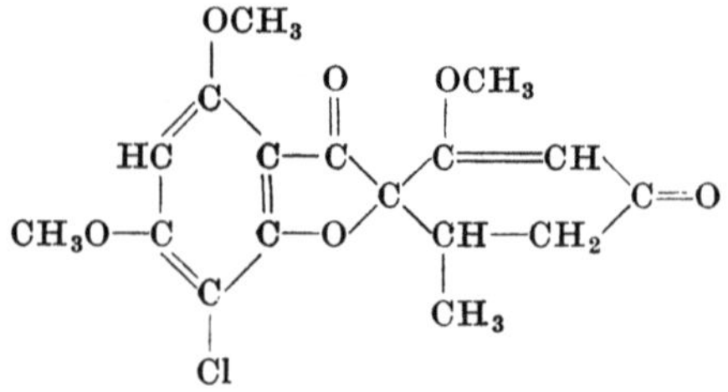

Herstellung. Extraktion aus Kulturlösungen von Penicillium griseofulvum mit Butylacetat.

Eigenschaften. Farblose Kristalle vom Fp. 222°; unlöslich in Wasser, löslich in Dimethylformamid.

Anwendung. Als systemisches Fungizid bei Grauschimmel- und Blattfleckenkrankheit und bei Gerstenmehltau. Wirksam bei Bakteriosen.

Toxizität. LD_{50}: > 10 g/kg Ratte.

Blasticidin S (Kaken Chem. Japan).

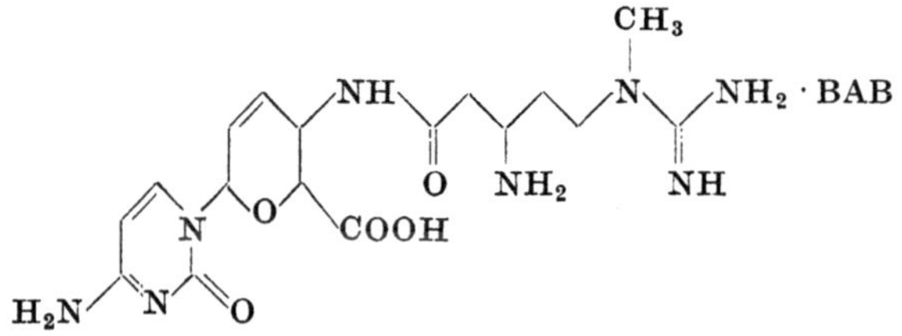

BAB = Benzylaminobenzolsulfonat

Herstellung. Aus Kulturfiltraten von Streptomyces griseochromogenes.

Eigenschaften. Farblose Nadeln vom Fp. 235 bis 236°. In Wasser und Essigsäure löslich, in anderen organischen Lösungsmitteln unlöslich.

Anwendung. Als Bakterizid bei Pseudomonaserkrankungen; als Fungizid bei Piricularia oryzae an Reis.

Toxizität. LD_{50} (freie Base): 16,3 mg/kg Ratte.

Kasugamycin. Kasumin (Hokko-Japan).

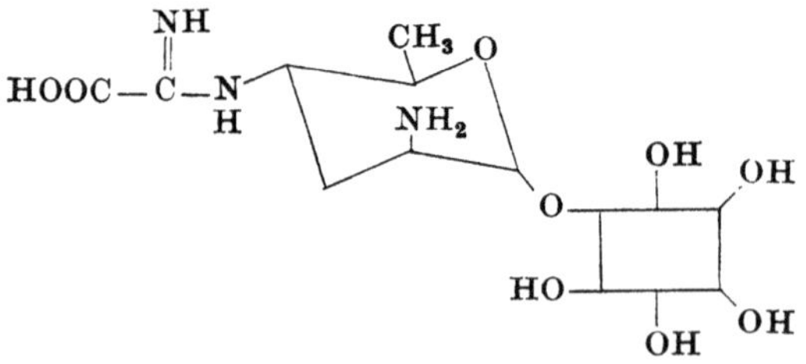

Herstellung. Antibioticum aus Streptomyces Kasugaensis.
Eigenschaften. Kasugamycin ist eine schwache Base; das Chlorhydrat schmilzt bei 202 bis 204° (Zers.) und ist wasserlöslich.

Anwendung. Zur kurativen und protektiven Bekämpfung von Piricularia oryzae im Reis.

Toxizität. LD_{50}: >2000 mg/kg Maus.

Das Antibioticum Chloramphenicol wirkt in Verbindung mit Phenylquecksilberacetat (vgl. S. 424) gegen bakterielle Erkrankungen des Reises.

B. Herbizide

Unter Herbiziden versteht man Mittel zur Vernichtung von Pflanzen bzw. zur Verhinderung des Pflanzenwuchses. Man unterscheidet je nach ihrer Wirkungsbreite zwischen:

I. Den Totalherbiziden, die jegliches Pflanzenwachstum verhindern bzw. vernichten,

II. den selektiven Herbiziden, die in pflanzlichen Kulturen unter Schonung der Nutzpflanzen den unerwünschten Pflanzenwuchs (Unkräuter) bekämpfen,

III. den Wasserherbiziden, zur Bekämpfung von Wasserpflanzen in stehenden und fließenden Gewässern und

IV. den Erntehilfsmitteln.

Während die selektiven Mittel vorwiegend in der Landwirtschaft Verwendung finden und nur eine zeitlich beschränkte Wirkung entfalten sollen, werden die Totalmittel überall dort angewendet, wo der Pflanzenwuchs schlechthin unerwünscht ist, wie z.B. in Gleisanlagen, auf Industrie- und Hafengelände, Sportplätzen und Straßen, aber auch auf Gartenwegen, Friedhöfen und in Parkanlagen. Von den Totalmitteln wird deshalb neben einem möglichst breiten Wirkungsspektrum gegen viele Pflanzenarten auch eine hohe Dauerwirkung verlangt.

Hinsichtlich der Wirkungsweise der Herbizide kann man die Wirkstoffe unterteilen in:

1. Kontaktmittel (contact herbicides), bei denen die Pflanzen bereits durch Berührung mit dem chemischen Wirkstoff absterben (z.B. Dinitro-o-kresol) und

2. Mittel, die über Blätter oder Wurzeln in die Pflanze eindringen (translocated herbicides) und deren physiologische Vorgänge beeinflussen (z.B. Zellstreckung durch Wuchsstoffpräparate).

Schließlich lassen sich die Herbizide noch nach dem Zeitpunkt ihrer Anwendung klassifizieren:

1. Vorsaatbehandlung (pre-sowing). Die Mittel werden vor der Aussaat bzw. vor der Pflanzung in den Boden eingearbeitet, z.B. zur Flughaferbekämpfung in Rüben und Getreide,

2. Vorauflaufbehandlung (pre-emergence). Die Mittel werden vor dem Auflaufen der Kulturpflanzen bzw. bei den Totalmitteln vor dem Auflaufen der gesamten Flora ausgebracht,

3. Nachauflaufbehandlung (post-emergence). Die Anwendung der Mittel erfolgt in verunkrauteten stehenden Kulturen bzw. bei den Totalmitteln bei unerwünschtem vorhandenem Pflanzenwuchs.

Geschichtliches. Bis etwa 1930 haben lediglich anorganische Salze als Totalmittel (Chlorate, Borate) und auch als selektive Herbizide (Arsenite, Kupfersalze, Nitrate) Verwendung gefunden. Als erstes organisches Kontaktherbizid wurde das seit der Jahrhundertwende als Insektizid bekannte Dinitro-o-kresol als Totalmittel sowie zur selektiven Anwendung in Getreide eingesetzt. 1942 wurde die herbizide Wirkung der Wuchsstoffpräparate auf Basis von 2,4-Dichlorphenoxy-essigsäure beschrieben; hieraus wurden dann später andere Phenoxyessigsäuren sowie die chlorierten Phenylessigsäuren und Benzoesäuren als Herbizide entwickelt. Etwa zur gleichen Zeit wurden die N-Arylcarbamate (IPC, CIPC) eingeführt, denen ab etwa 1950 die N-Aryl-N',N'-dialkylharnstoffe (Monuron, Diuron) folgten. Zu der seit 1944 als Herbizid bekannten Trichloressigsäure kamen später die 2,2-Dichlorpropionsäure und andere chlorierte Fettsäuren hinzu. Ein bedeutender Fortschritt auf der Suche nach modernen Herbiziden war die Auffindung der substituierten Triazine (Simazin u.a.), die als Totalmittel und je nach Substitution des Triazinringes auch als Selektiva in verschiedenen Kulturen breiten Eingang in die Praxis gefunden haben.

Totalherbizide

Der Begriff „Totalherbizide" läßt sich zwar definitionsgemäß (vgl. weiter oben) klar von den selektiven Herbiziden abgrenzen, bei der praktischen Anwendung dieser Mittel ist diese Unterscheidung jedoch nicht mehr so eindeutig. So können Selectiva bei zu hoher Aufwandmenge als Totalmittel eingesetzt werden, während Totalherbizide in geringer Anwendungskonzentration mitunter eine auch praktisch verwertbare Selektivität zeigen (z.B. Triazine, Harnstoffe).

In der folgenden Übersicht sind die wichtigsten Totalherbizide bzw. entsprechende Wirkstoffkombinationen zusammengestellt, die heute praktische Anwendung finden:

1. Anorganische Mittel: Natriumchlorat, Borax; Chlorat in Mischung mit 2,4-D-Mitteln (s. S. 444) und Trichloressigsäure.

2. N-Aryl-N',N'-dialkylharnstoffe: Fenuron, Monuron, Diuron, Trichloracetat des Monurons; Mischung aus Monuron und Borax.

3. Stickstoffheterocyclen: Triazine wie Simazin, Atrazin, Propazin und Mischungen dieser Wirkstoffe untereinander sowie mit 2,4-D-Mitteln und Aminotriazol; Aminotriazol in Mischung mit 2,4-D-Mitteln und Trichloressigsäure; Bromacil (Hyvar X), Daxtron.

Monokotyle Pflanzen (Gräser) werden von Trichloressigsäure und 2,2-Dichlorpropionsäure vernichtet.

Dikotyle Pflanzen (breitblättrige Pflanzen) werden mit den Wuchsstoffpräparaten (2,4-D; 2,4,5-T; MCPA u.a., s. S. 445) bekämpft.

Selektive Herbizide

Ein gutes selektives Herbizid darf bei Vernichtung möglichst der gesamten Unkrautflora die zu schützende Nutzpflanze nicht schädigen bzw. in ihrem Wuchs beeinträchtigen. Diese Anforderungen werden von den einzelnen Mitteln aber nur bis zu einem gewissen Grade erfüllt, so daß nicht immer alle Unkräuter von einem Präparat erfaßt werden. Der Praktiker hat sich deshalb – je nach der Zusammensetzung der regionalen Unkrautflora – für das eine oder andere Mittel oder aber für entsprechende Wirkstoffkombinationen zu entscheiden. Da die einzelnen Präparate von den verschiedenen Kulturpflanzen nur in bestimmten Aufwandmengen hinreichend vertragen werden, müssen selektive Mittel für jede Pflanzenkultur unter Berücksichtigung der Anwendungskonzentration und der Spritztermine genauestens erarbeitet werden.

In den nachfolgenden Übersichten sind die wichtigsten landwirtschaftlichen Kulturen bzw. Kulturpflanzen mit Angabe der gebräuchlichen Unkrautbekämpfungsmittel und der bekämpfbaren Unkräuter aufgeführt.

Wasserherbizide

Die Bekämpfung von submersen und freischwimmenden Wasserunkräutern erfolgt hauptsächlich in den tropischen und subtropischen Gewässern. Die hier verwendeten Verbindungen dürfen bei Landpflanzen nicht phytotoxisch sein (künstliche Bewässerung) und müssen toxikologisch unbedenklich sein (Trinkwasser, Fischbestände). Die gebräuchlichsten Mittel sind: Natriumarsenit, Diquat, Paraquat, Endothal.

In Deutschland wird zur Schilfbekämpfung Amitrol und Dalapon verwendet.

Erntehilfsmittel

1. Die Krautabtötung bei Kartoffeln wird durchgeführt, um die maschinelle Arbeit bei der Ernte zu erleichtern und Infektionen mit Phytophthora infestans an den Knollen zu verhüten. Es kommen zur Anwendung: Pentachlorphenol und Dinitro-o-kresol in Öl-Wasser-Emulsionen (Saatkartoffelbau) sowie Reglone.

2. Die Entblätterungsmittel (Defoliants) werden vorwiegend bei der Baumwollernte verwendet, um das maschinelle Pflücken zu ermöglichen und die manuelle Arbeit zu erleichtern. Zur praktischen Anwendung gelangen: Endothal, Amitrol, Tributyltrithiophosphit und Tributyltrithiophosphat sowie Magnesiumchlorat, Pentachlorphenol und Diquat als Desiccants.

3. Die Austrocknungsmittel (Desiccants) bewirken ein Austrocknen der Blätter und werden vorwiegend im Samenbau verwendet, um dort ein gleichmäßiges Reifen der Samen und einen maschinellen Ernteeinsatz zu ermöglichen. Bei Luzerne, Klee, Rüben, Buschbohnen und Gras finden Monochloressigsäure und Diquat Verwendung.

Mittel	Bekämpfbare Unkräuter	Anwendungszeit
1. Getreide		
Mineraldünger (Kainit, Kalkstickstoff)	Fast alle Samenunkräuter	pre-sowing post-emergence
DNOC. Aretit	Fast alle Samenunkräuter einschließlich Klettenlabkraut und Vogelmiere	post-emergence
2,4-D-Salze und -ester MCPA-Salze und -ester	Fast alle breitblättrigen Wurzelunkräuter, Wicken und Disteln sowie Samenunkräuter	post-emergence
CMPP	wie 2,4-D besonders bei Klettenlabkraut und Vogelmiere	post-emergence
2,4-DP	wie 2,4-D besonders bei Knöterich, Klettenlabkraut und Vogelmiere	post-emergence
2,4,5-T oder Mischung mit 2,4-D oder MCPA	besonders bei holzigen Pflanzen und Ackerhohlzahn	post-emergence
MCPA + TBA	besonders bei Kamille	post-emergence
Carbyne	Flughafer	post-emergence
Avadex	Flughafer und Ackerfuchsschwanz	pre-sowing
Simazin	Windhalm und Ackerfuchsschwanz	pre-emergence
Ioxynil	Samenunkräuter u. tiefwurzelnde Unkr.	post-emergence
CCC	Halmverkürzung bei Weizen	post-emergence
Aniten	Samenunkräuter u. tiefwurzelnde Unkr.	post-emergence
2. Wiesen und Weiden		
Kalkstickstoff	Breitblättrige Samenunkräuter	pre-emergence
2,4-D, MCPA, 2,4,5-T	Breitblättrige Samen- und Wurzelunkräuter	post-emergence
Amitrol, Dalapon	Rasenschmiele	post-emergence
Tordon	Umbelliferen	post-emergence
3. Rüben		
Alipur	Die wichtigsten keimenden einjährigen Unkräuter außer Wicken und Taubnesseln	pre-emergence
Avadex	Flughafer und Ackerfuchsschwanz	pre-sowing
Simazin	Späte Unkräuter, bes. Franzosenkraut	Unterblattspritzung
Pyramin	Fast alle Samenunkräuter einschließlich Wicken und Taubnesseln	pre- und post-emergence
Gatnon	Samenunkräuter	pre-emergence
4. Kartoffeln		
Aretit	Samenunkräuter außer Gräser und Wicken	post-emergence
Afalon	Keimende Unkräuter außer Gräser und Wicken	pre-emergence
Aresin	Keimende Unkräuter einschließlich Gräser und Wicken	pre-emergence
Patoran	Samenunkräuter	pre-emergence
Simazin	Auflaufende Unkräuter einschließl. Gräser	pre-emergence
Reglone	Vollentwickelte Unkräuter zur Erntezeit. Krautabtötung	pre-emergence post-emergence
5. Mais		
Aretit	Samenunkräuter außer Gräser und Wicken	post-emergence
Atrazin, Simazin	Die meisten Unkräuter außer Hirsearten	pre-emergence
Afalon	Keimende Unkräuter	pre-emergence
6. Reis		
Aminsalze von 2,4-D, 2,4,5-T und MCPA	Breitblättrige Unkräuter	post-emergence
Surcopur	Breitblättrige und grasartige Unkräuter	post-emergence

Mittel	Bekämpfbare Unkräuter	Anwendungszeit
7. Baumwolle		
Diuron	Die meisten breitblättrigen Unkräuter und Gräser	pre-emergence und Unterblattspritzung
CIPC	Die meisten breitblättrigen Unkräuter und Gräser	pre-emergence
Dacthal, Dalapon	Gräser und keimende Unkräuter	pre-emergence
Cotoran	Samenunkräuter	pre-emergence
8. Zuckerrohr		
2,4-D, 2,4,5-T	Breitblättrige Unkräuter	post-emergence
Monuron, Diuron	Breitblättrige Unkräuter und einjährige Gräser	pre-emergence
9. Raps		
TCA	Ackerfuchsschwanz	pre-emergence
10. Gemüsekuluren		
Erbsen		
Simazin	Auflaufende Unkräuter und Gräser	pre-emergence
Alipur	Samenunkräuter und Gräser	pre-emergence
Avadex	Flughafer	pre-sowing
Buschbohnen		
Alipur	Samenunkräuter und Gräser	pre-emergence
Aresin	Keimende Unkräuter und Gräser	pre-emergence
Möhren und Zwiebeln		
Afalon	Samenunkräuter	pre- u. post-emergence
CIPC, Alipur	Samenunkräuter und Gräser	pre-emergence
Potablan	Breitblättrige Unkräuter im Jugendstadium	post-emergence
Spargel		
Simazin, Diuron	Samenunkräuter und Gräser	pre-emergence
11. Obst- und Weinbau		
Kernobst		
Atrazin	Die meisten Unkräuter	pre-emergence
Simazin + Amitrol	Die meisten Unkräuter	pre-emergence
Beerenobst		
Simazin, Afalon	Samenunkräuter	pre-emergence
Weinbau		
Atrazin	Keimende Unkräuter	pre- u. post-emergence
DNOC	Keimende Unkräuter	post-emergence
Afalon	Keimende Unkräuter	pre-emergence
Diuron	Keimende Unkräuter	pre-emergence
Mischung vonDiuron oder Atrazin mit MCPA	Keimende Unkräuter	pre-emergence

12. Zierpflanzenbau

Hier werden vorzugsweise Simazin, CIPC, Alipur, Afalon und Solan verwendet.

Mittel	Bekämpfbare Unkräuter	Anwendungszeit
13. Forstkulturen		
Amitrol, Tordon	Adlerfarn	post-emergence
Dalapon	Gräser	pre-emergence
2,4-D, 2,4,5-T	Unerwünschter Strauch- und Baumwuchs	post-emergence
Simazin (nur in Forstbaumschulen)		pre-emergence

4. Keimhemmungsmittel. Es handelt sich hierbei um Mittel des Vorratsschutzes, die ein Auskeimen der Kartoffeln, Zwiebeln und Rüben verhindern bzw. unterdrücken sollen. Hier finden N-Phenylisopropylcarbamat, Tetrachlornitrobenzol und zum Teil noch Maleinsäurehydrazid Verwendung.

Herbizide Wirkstoffe

1. Anorganische Verbindungen

Natriumchlorat.

$$NaClO_3$$

Anwendung. Als Totalmittel auf Wegen und Plätzen bei Aufwandmengen von 300 kg/ha. Wirkungsdauer etwa 2 bis 6 Monate – als Selectivum im Zuckerrohr und im Forst. Das Magnesiumchlorat dient als Entblätterungsmittel.

Toxizität. LD_{50}: 1200 mg/kg Ratte.

Natriumtetraborat. Borax.

$$Na_2B_4O_7 \cdot 10\,H_2O$$

Anwendung. Als Totalmittel bei Aufwandmengen von 750 bis 4300 kg/ha. Größere Dauerwirkung als Natriumchlorat. Auch in Kombination mit Natriumchlorat und Monuron.

Toxizität. LD_{50}: 5330 mg/kg Ratte.

Kaliumchlorid-Magnesiumsulfat. Kainit.

$$KCl \cdot MgSO_4 \cdot 3\,H_2O$$

Eigenschaften. Wasserlösliches Doppelsalz.

Anwendung. Als Selectivum in Getreide.

Toxizität. Geringe Warmblütertoxizität.

Calciumcyanamid. Kalkstickstoff.

$$CaCN_2$$

Eigenschaften. Grauschwarzes Pulver, zersetzt sich mit Wasser langsam zu Harnstoff und Ammoniumcarbonat.

Anwendung. Als Selectivum in Wintergetreide, Gemüse und Kartoffelbau (Krautabtötung), und zur Baumwollentblätterung. Düngemittel.

Toxizität. LD_{50}: 1400 mg/kg Kaninchen.

Natriumarsenit.

$$NaAsO_2$$

Anwendung. Zur Krautabtötung bei Kartoffeln, als Desiccant und als Wasserherbizid.

Toxizität. LD_{50}: 10 mg/kg Ratte.

2. Phenolabkömmlinge

4,6-Dinitro-o-kresol. DNOC.

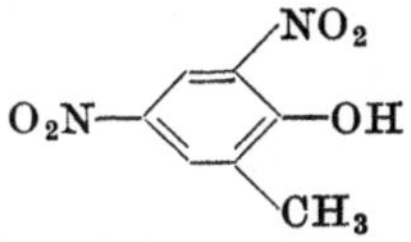

Herstellung. Nitrierung von o-Kresol.

Eigenschaften. Gelbliche Kristalle vom Fp. 86°, wasserunlöslich, löslich in den meisten organischen Lösungsmitteln und in Alkalien. Meistens in Form der Alkali- und Ammoniumsalze verwendet. Hautfärbend.

Anwendung. Zuerst als Kontaktinsektizid entwickelt. Verwendung als selektives Kontaktherbizid in Getreide, Flachs, Erbsen und Zwiebeln. Großes Wirkungsspektrum gegen einjährige Unkräuter, bei mehrjährigen Unkräutern werden nur die oberirdischen Teile vernichtet.

Toxizität. LD_{50}: 40 mg/kg Ratte.

4,6-Dinitro-o-sek.-butylphenol. DNBP. Dinoseb.

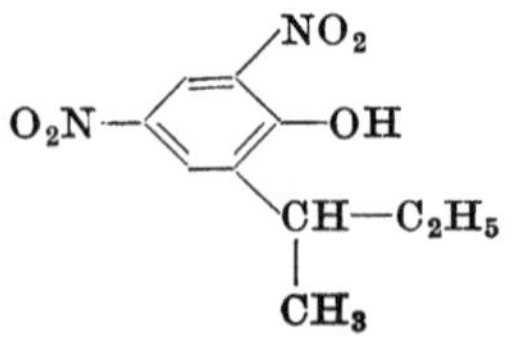

Herstellung. Umsetzung von Phenol mit Butylen und nachfolgende Nitrierung des o-Isomeren.

Eigenschaften. Das technische Produkt ist eine dunkelbraune Flüssigkeit (Fp. der reinen Verbindung 42°). Löslich in organischen Lösungsmitteln und Alkalien. Verwendung in Form des Natrium- oder Aminsalzes. Hautfärbend.

Anwendung. Anwendungsbreite wie DNOC, jedoch milder in der Wirkung. Als Desiccant im Samenbau.

Toxizität. LD_{50}: 40 mg/kg Ratte.

2-sek.-Butyl-4,6-dinitrophenylacetat. Dinosch-acetat. Aretit (Hoechst).

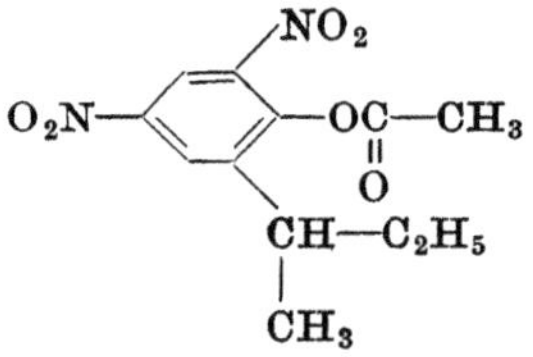

Herstellung. Acetylierung von 4,6-Dinitro-2-sek.-butylphenol.

Eigenschaften. In Wasser schwer lösliche, braune Flüssigkeit (Fp. 26,5 bis 28,5°), die im Gegensatz zum freien Phenol die Haut nicht färbt.

Anwendung. Wie Dinoseb.

Toxizität. LD_{50}: 55 mg/kg Ratte.

Pentachlorphenol. PCP.

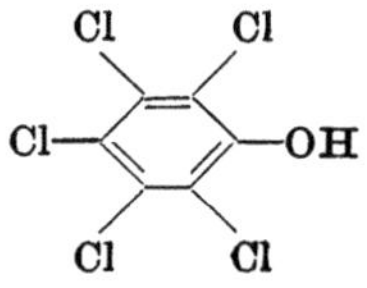

Herstellung. Katalytische Chlorierung von Phenol.

Eigenschaften. Farblose Kristalle von phenolischem Geruch vom Fp. 191°, unlöslich in Wasser, löslich in Lauge und organischen Lösungsmitteln.

Anwendung. Als Insektizid und Termitenmittel, als Baumwollentblätterungsmittel und als Selectivum gegen keimende Unkräuter bei Zuckerrüben, Zwiebeln und Möhren.

Toxizität. LD_{50}: 210 mg/kg Ratte. Schleimhautreizend.

2,4-Dichlor-phenoxyessigsäure. 2,4-D.

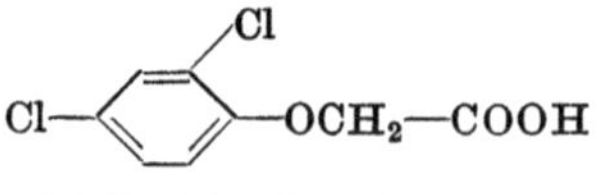

Herstellung. Umsetzung von 2,4-Dichlorphenolnatrium mit Chloressigsäure.

Eigenschaften. Farbloses Kristallisat vom Fp. 138°, wasserunlöslich, löslich in Alkohol und Alkali.

Anwendung. In Form des Natriumsalzes, der Aminsalze, des Isopropyl-, Butyl- und Butoxyäthylesters als Selectivum gegen breitblättrige Unkräuter in Getreide, Mais, Zuckerrohr, Kaffeekulturen, Rasen und als Wasserherbizid.

Toxizität. LD_{50}: 375 mg/kg Ratte.

2,4,5-Trichlorphenoxyessigsäure. 2,4,5-T.

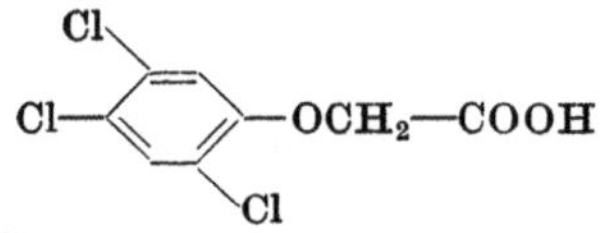

Herstellung. Analog zu 2,4-D.

Eigenschaften. Farbloses Kristallisat vom Fp. 155°, wasserunlöslich, löslich in Alkali.

Anwendung. Wie 2,4-D, besonders wirksam bei holzigen Unkräutern (Gebüsche und Unterholz).

Toxizität. LD_{50}: 500 mg/kg Ratte.

2-Methyl-4-chlorphenoxyessigsäure. MCPA.

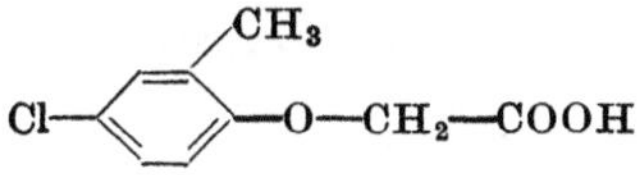

Herstellung. Analog zu 2,4-D.

Eigenschaften. Leicht braunes Pulver vom Fp. 99 bis 107° (Isomerengemisch). Löslich in Laugen und Alkohol.

Anwendung. Wie 2,4-D, gegenüber Kulturpflanzen verträglicher.

Toxizität. LD_{50}: 700 mg/kg Ratte.

α-(2-Methyl-4-chlorphenoxy)-propionsäure. MCPP. Mecoprop.

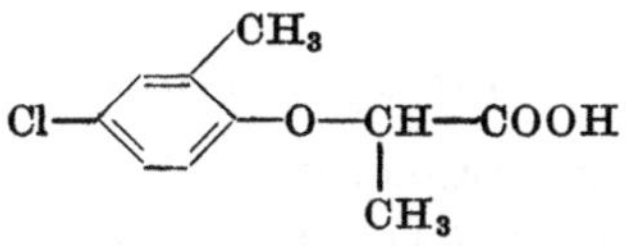

Herstellung. Umsetzung von 2-Methyl-4-chlorphenol-natrium mit α-Chlorpropionsäure.

Eigenschaften. Farbloses Kristallisat vom Fp. 94 bis 95°, löslich in Alkohol und Lauge.

Anwendung. Zur Vernichtung breitblättriger, schwer bekämpfbarer Unkräuter wie Klettenlabkraut und Vogelmiere bei einkeimblättrigen Kulturpflanzen. In Form des Esters bei Sträuchern wirksam.

Toxizität. LD_{50}: 700 mg/kg Ratte.

α-(2,4-Dichlor-phenoxy)-propionsäure. 2,4-DP. Dichlorprop.

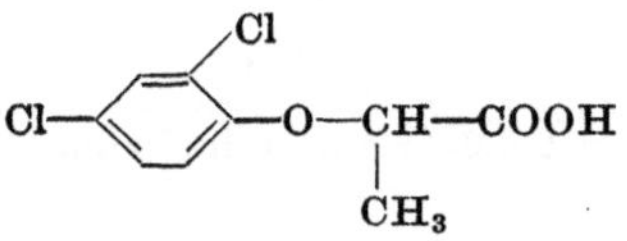

Herstellung. Analog zu MCPP.

Eigenschaften. Farbloses Kristallisat vom Fp. 117 bis 118°, löslich in Laugen.

Anwendung. Als Selectivum in Sommer- und Wintergetreide und als Wasserherbizid.

Toxizität. LD_{50}: 800 mg/kg Ratte.

γ-(2-Methyl-4-chlorphenoxy)-buttersäure. MCPB.

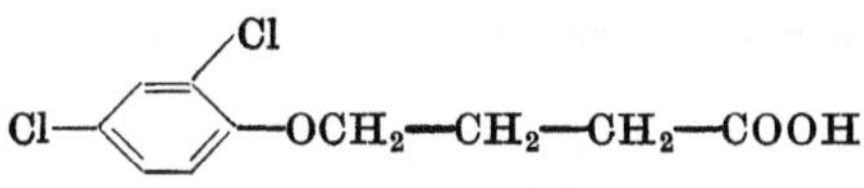

Herstellung. Umsetzung von 2-Methyl-4-chlorphenol mit γ-Butyrolacton.

Eigenschaften. Farbloses Kristallisat vom Fp. 99 bis 100°, löslich in Lauge.

Anwendung. Als Selectivum in Getreide, Kartoffeln, Erbsen und Bohnen.

Toxizität. LD_{50}: 700 mg/kg Ratte.

β-(2,4-Dichlorphenoxy)-äthylsulfat. SES. Seson.

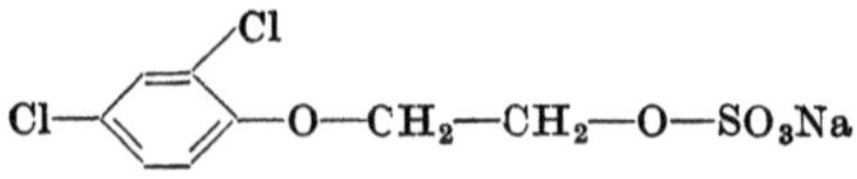

Herstellung. Einwirkung von Chlorsulfonsäure auf 2,4-Dichlorphenoxyäthanol.

Eigenschaften. Wasserlösliche Verbindung vom Fp. 170°.

Anwendung. Als Selectivum in Spargel, Obstanlagen und Baumschulen.

Toxizität. LD_{50}: 1400 mg/kg Ratte.

3. Halogenierte Carbonsäuren

Trichloressigsäure. TCA.

$$Cl_3C—COOH$$

Herstellung. Chlorierung von Essigsäure.

Eigenschaften. Hygroskopisches Kristallisat vom Fp. 56 bis 57° und Kp. 196 bis 197°, leicht löslich in Wasser und Alkohol.

Anwendung. Gute Wirkung gegen ein- und mehrjährige Gräser, insbesondere gegen die Quecke. Schnelle, aber keine andauernde Wirkung. Als Selectivum in Rüben, Obst und Gartenkulturen. Wegen der geringen Fischtoxizität auch bei verunkrauteten Entwässerungsgräben anwendbar. Als Totalmittel in Verbindung mit 2,4-D oder Amitrol.

Toxizität. LD_{50}: 5000 mg/kg Ratte; die freie Säure ist stark hautreizend.

2,2-Dichlorpropionsäure. Dalapon.

$$CH_3—CCl_2—COOH$$

Herstellung. Chlorierung von Propionsäure.

Eigenschaften. Das Natriumsalz ist ein hygroskopisches Salz vom Fp. 193 bis 197°, leicht löslich in Wasser und Alkohol.

Anwendung. Wie TCA einschließlich der Verwendung als Mittel zur Bekämpfung von Wasserunkräutern. Im Forst zur Bekämpfung von Adlerfarn.

Toxizität. LD_{50}: 6590 mg/kg Ratte; schleimhautreizend.

2,3,6-Trichlorbenzoesäure. TBA.

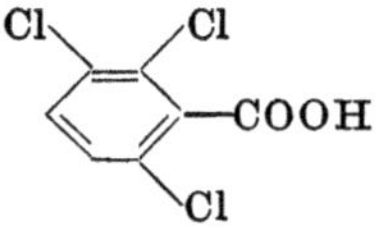

Herstellung. Chlorierung von 2,3,6-Trichlortoluol zum 2,3,6-Trichlorbenzotrichlorid und nachfolgende Hydrolyse.

Eigenschaften. Kristallisat vom Fp. 125°, löslich in Alkohol und Aceton. Die Alkalisalze sind wasserlöslich. Bei den technischen Produkten handelt es sich meist um Isomerengemische.

Anwendung. Wirksam bei tiefwurzelnden breitblättrigen Unkräutern. In Kombination mit 2,4-D als Selectivum in Getreide, besonders bei Anwesenheit von Klettenlabkraut und Kamille.

Toxizität. LD_{50}: 750 mg/kg Ratte.

2,3,6-Trichlorphenylessigsäure. Fenac.

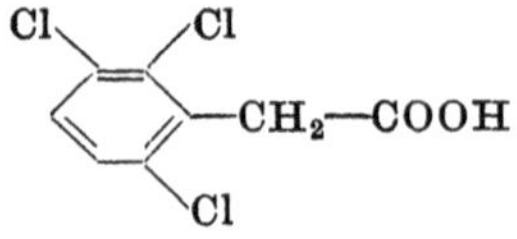

Herstellung. Chlorierung von 2,3,6-Trichlortoluol zum Trichlorbenzylchlorid, Umsetzung mit Kaliumcyanid zum Trichlorbenzylcyanid und nachfolgende Hydrolyse.

Eigenschaften. Kristallisat vom Fp. 161°, löslich in Form von Alkalisalzen.

Anwendung. Als Selectivum in verschiedenen Kulturen wie Zuckerrohr und Mais.

Toxizität. LD_{50}: 1780 mg/kg Ratte.

3-Amino-2,5-dichlorbenzoesäure. Chloramben. Amiben.

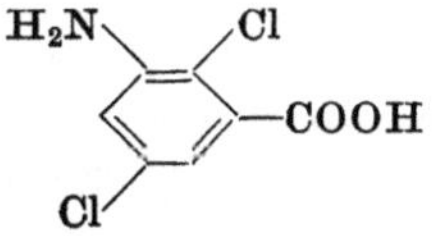

Herstellung. Reduktion der 3-Nitro-2,5-dichlorbenzoesäure.

Eigenschaften. Kristallisat vom Fp. 200 bis 201°, löslich in Alkohol und wäßrigem Alkali.

Anwendung. Als Selectivum in Sojabohnen, Tomaten und Gemüsekulturen.

Toxizität. LD_{50}: 3500 mg/kg Ratte.

4-Amino-3,5,6-trichlorpicolinsäure. Picloram. Tordon (Dow).

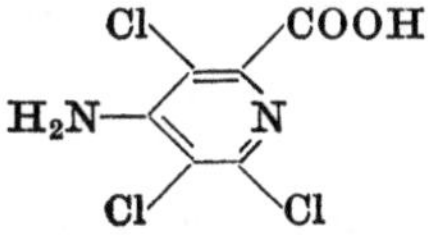

Herstellung. Perchlorierung von 2-Methyl-pyridin, nachfolgende Hydrolyse und Aminolyse.

Eigenschaften. Kristallisat vom Fp. 209,5 bis 210°, löslich in Aceton.

Anwendung. Als Selectivum in Wiesen und Weiden, Mais, Reis, Zuckerrohr und Kohlarten gegen tiefwurzelnde, breitblättrige Unkräuter.

Toxizität. LD_{50}: 8200 mg/kg Ratte.

2,6-Dichlorbenzonitril. Dichlobenil. Casoron (Philips).

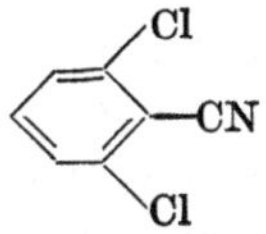

Herstellung. Aus 2,6-Dichlortoluol, Ammoniak und Sauerstoff über Vanadiumkatalysatoren.

Eigenschaften. Kristallisat vom Fp. 141 bis 144°, löslich in Alkohol und Aceton.

Anwendung. Als Selectivum in verschiedenen Kulturen. Wegen der Flüchtigkeit Einarbeitung in den Boden erforderlich.

Toxizität. LD_{50}: 2710 mg/kg Ratte.

Ähnlich wirkt auch das 2,6-Dichlorthiobenzamid (Chlorthiamid).

3,5-Dijod-4-hydroxybenzonitril. Ioxynil. Bentrol (Amchem), (May u. Baker).

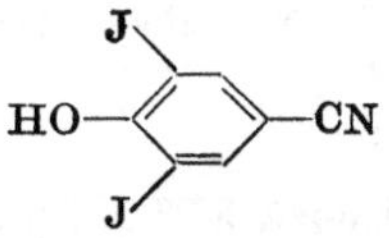

Herstellung. Der durch Jodierung von 4-Hydroxybenzaldehyd zugängliche 3,5-Dijod-4-hydroxybenzaldehyd wird mit Hydroxylamin in das Aldehyd-oxim übergeführt, das durch Acetylierung und nachfolgende alkalische Verseifung das 3,5-Dijod-4-hydroxy-benzonitril liefert.

Eigenschaften. Kristallisat vom Fp. 205 bis 206°, lösl. in A.

Anwendung. Selektives Herbizid in Sommer- und Wintergetreide.

Toxizität. LD_{50}: 110 mg/kg Ratte.

4. Carbamate

N-Phenylisopropylcarbamat. IPC. Propham.

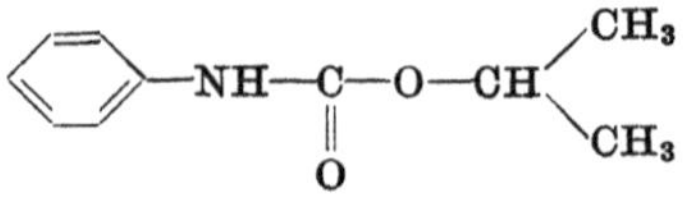

Herstellung. Umsetzung von Phenylisocyanat mit Isopropanol.

Eigenschaften. Farbloses Kristallisat vom Fp. 87°, löslich in fast allen organischen Lösungsmitteln.

Anwendung. Als Selectivum gegen verschiedene Gräser, in Baumwolle, Zuckerrüben, Sojabohnen und Gemüsekulturen sowie als Keimhemmungsmittel bei Kartoffeln.

Toxizität. LD_{50}: 1000 mg/kg Ratte.

N-(3-Chlorphenyl)-isopropylcarbamat. CIPC. Chlorpropham.

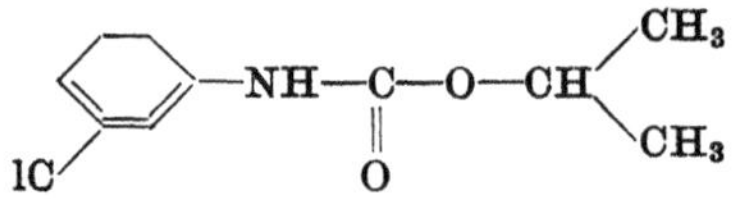

Herstellung. Wie IPC.

Eigenschaften. Das technische Produkt ist bei Raumtemperatur flüssig, der reine Wirkstoff schmilzt bei 36 bis 40°, löslich in organischen Lösungsmitteln.

Anwendung. Als Selectivum wie IPC mit größerer Dauerwirkung.

Toxizität. LD_{50}: 5000 mg/kg Ratte.

4-Chlorbutin-2-yl-N(-3-chlorphenyl)-carbamat. Barban. Carbyne (Spencer).

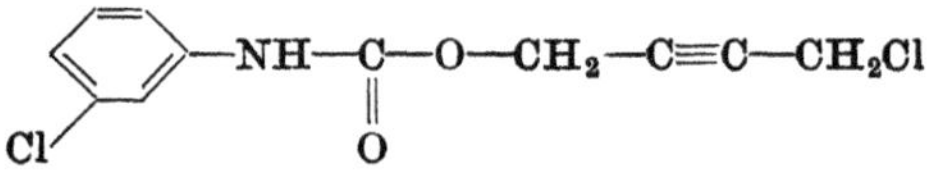

Herstellung. Umsetzung von 3-Chlorphenylisocyanat mit 4-Chlor-2-butinol.

Eigenschaften. Kristallisat vom Fp. 75 bis 76°, löslich in organischen Lösungsmitteln.

Anwendung. Spezifisch wirksam gegen Flughafer in Getreide und Rüben.

Toxizität. LD_{50}: 1350 mg/kg Ratte. Hautreizend.

1-Butinyl-3-N-(3-chlorphenyl)-carbamat. Chlorbufam. Zusammen mit N-Cyclooctyl-N',N'-di-methylharnstoff im Alipur (BASF).

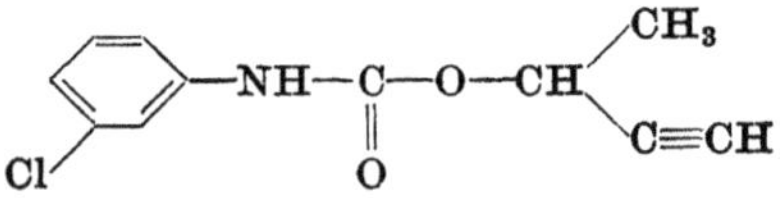

Herstellung. Umsetzung von 3-Chlorphenylisocyanat mit 1-Butin-3-ol.

Eigenschaften. Kristallisat vom Fp. 45 bis 46°, löslich in organischen Lösungsmitteln.

Anwendung. In Kombination mit N-Cyclooctyl-N',N'-dimethyl-harnstoff als Selectivum in Rüben und Gemüsekulturen.

Toxizität. LD_{50}: 2400 mg/kg Ratte.

S-Äthyl-N,N-di-n-propyl-thiolcarbamat. EPTC. Eptam (Stauffer).

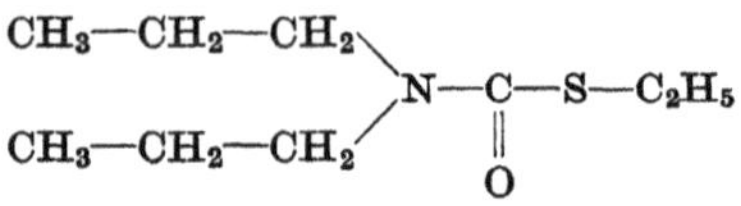

Herstellung. Umsetzung von N,N-Dipropylcarbamidsäurechlorid mit Äthylmercaptan.

Eigenschaften. Aromatisch riechende Flüssigkeit vom Kp_{20} 127°, mischbar mit organischen Lösungsmitteln.

Anwendung. Als Selectivum bei Kartoffeln und Gemüsekulturen; Einarbeitung in den Boden erforderlich.

Toxizität. LD_{50}: 1630 mg/kg Ratte.

In ähnlicher Weise wirkt das S-Propyl-N-aethyl-N-butyl-thiolcarbamat (PEBC; Tillam) (Kp_{20} 142,5°). (LD_{50}: 1120 mg/kg Ratte).

S-(2,3-Dichlor-allyl)-N,N-diisopropyl-thiolcarbamat. Diallate. Avadex (Monsanto).

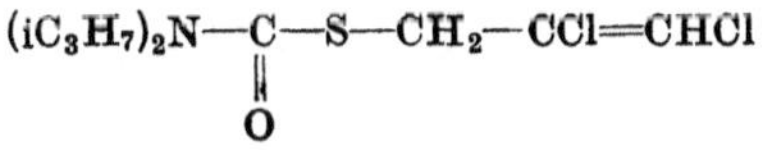

Herstellung. Umsetzung von N,N-Diisopropylcarbamidsäurechlorid mit 2,3-Dichlor-allyl-mercaptan.

Eigenschaften. Flüssigkeit vom Kp_9 150°, mischbar mit organischen Lösungsmitteln.

Anwendung. Als Selectivum gegen Flughafer in Getreide und Rüben, das vor der Saat in den Boden eingearbeitet werden muß.

Toxizität. LD_{50}: 395 mg/kg Ratte.

Das Triallate,

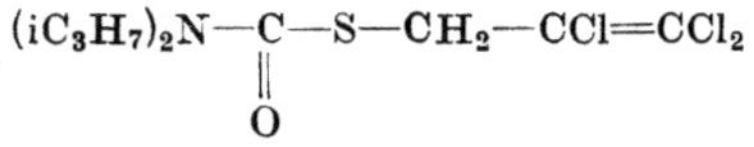

wird ebenfalls zur Bekämpfung von Flughafer und Ackerfuchsschwanz verwendet.

S-(2-Chlor-allyl)-N,N-diäthyl-dithiocarbamat. CDEC. Vegadex (Monsanto).

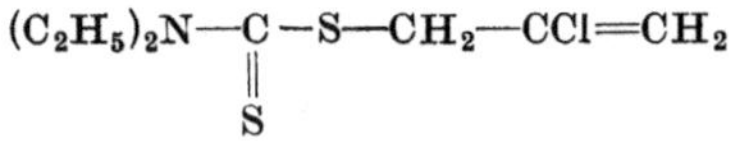

Herstellung. Umsetzung von diäthyldithiocarbamidsaurem Natrium mit 2,3-Dichlor-propen.

Eigenschaften. Flüssigkeit vom Kp_1 128°, mischbar mit organischen Lösungsmitteln.

Anwendung. Als Selectivum in Gemüsekulturen.

Toxizität. LD_{50}: 850 mg/kg Ratte.

5. Harnstoffe

N-Aryl-N′,N′-dialkylharnstoffe.

Fenuron
Dybar

Fp. 136°
LD_{50}: 6400 mg/kg Ratte

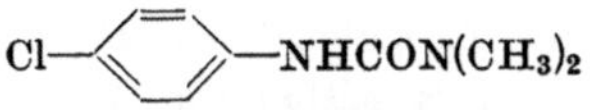

Monuron
Telvar

Fp. 170 bis 171°
LD_{50}: 3600 mg/kg Ratte

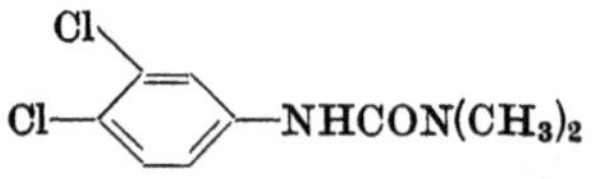

Diuron
Karmex

Fp. 158 bis 159°
LD_{50}: 3400 mg/kg Ratte

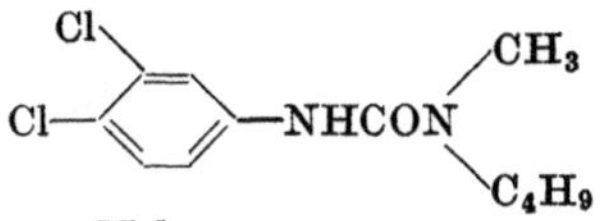

Neburon
Kloben

Fp. 101 bis 103°
LD_{50}: > 11000 mg/kg Ratte

Herstellung. Umsetzung der entsprechenden Arylisocyanate mit Dimethyl- bzw. Methyl-butyl-amin.

Eigenschaften. In der Reihenfolge von Fenuron zum Neburon abnehmende Wasserlöslichkeit; löslich in Alkohol.

Anwendung. In hohen Dosierungen (10 bis 50 kg/ha) werden die Harnstoffe als Totalherbizide verwendet, zum Teil auch in Form der Trichloracetate. In geringer Aufwandmenge als Selectiva: Monuron im Weinbau und Spargel, Diuron bei Zuckerrohr, Baumwolle, Citrus und Spargel, Neburon im Zierpflanzenbau.

N-Cyclooctyl-N′,N′-dimethylharnstoff. OMU. Cycluron (BASF).

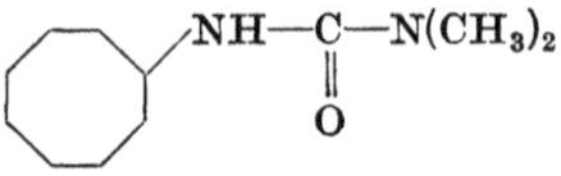

Herstellung. Umsetzung von Dimethylcarbamidsäurechlorid mit Cyclooctylamin.

Eigenschaften. Kristallisat vom Fp. 138° und geringer Wasserlöslichkeit.

Anwendung siehe bei 1-Butinyl-3-N(3-chlorphenyl)-carbamat.

Toxizität. LD_{50}: 2600 mg/kg Ratte.

N-(4-Chlorphenyl)-N′-methoxy-N′-methyl-harnstoff. Monolinuron. Aresin (Hoechst).

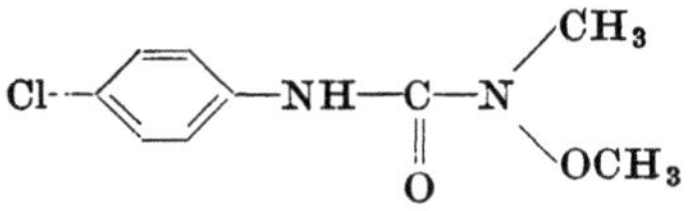

Herstellung. Umsetzung von 4-Chlorphenylisocyanat mit Hydroxylamin und nachfolgende Methylierung.

Eigenschaften. Farbloses Kristallisat vom Fp. 76 bis 78°, löslich in Alkohol und Aceton.

Anwendung. Als Selectivum in verschiedenen Kulturen wie Kartoffeln, Buschbohnen und im Weinbau.

Toxizität. LD_{50}: 1800 mg/kg Ratte.

N-(3,4-Dichlorphenyl)-N′-methoxy-N′-methyl-harnstoff. Linuron. Afalon (Hoechst). Lorox (Du Pont).

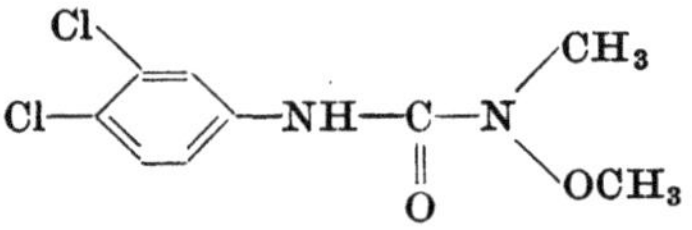

Herstellung vergleiche vorstehende Verbindung.

Eigenschaften. Kristallisat vom Fp. 93 bis 94°, löslich in Alkohol und Aceton.

Anwendung. Als Selectivum in Möhren, Mais, Sojabohnen, Kartoffeln, Obstanlagen und Ziergehölzen.

Toxizität. LD_{50}: 1500 mg/kg Ratte.

N-(4-Bromphenyl)-N′-methoxy-N′-methyl-harnstoff. Metobromuron, Patoran (BASF, Ciba).

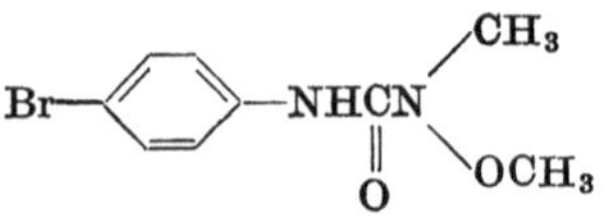

Herstellung. Umsetzung von 4-Bromphenylisocyanat mit Hydroxylamin und nachfolgende Methylierung.

Eigenschaften. Kristallisat vom Fp. 95,5 bis 96°, lösl. in A., Aceton und Chlf.

Anwendung. Als Vorauflaufherbizid in Kartoffeln, Mais, Flachs, Sojabohnen, Erdnüssen, Baumwolle und Möhren.

Toxizität. LD_{50}: >1000 mg/kg Ratte.

N-[4(4'-Chlorphenoxy)-phenyl]-N',N'-dimethylharnstoff. Chloroxuron. Tenoran (Riedel de Haen; Merck).

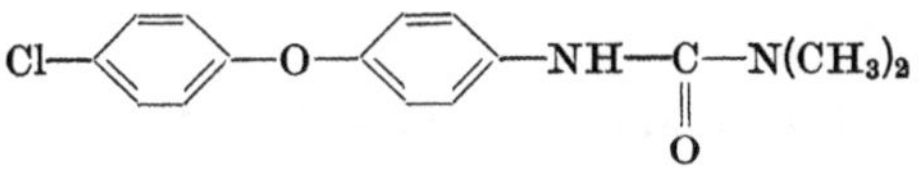

Herstellung. Umsetzung von 4-(4'-Chlorphenoxy)-phenylisocyanat mit Dimethylamin.

Eigenschaften. Kristallisat vom Fp. 151 bis 152°, löslich in Aceton.

Anwendung. Als Selectivum in Möhren, Erbsen, Sellerie, Lauch, Zwiebeln und Erdbeeren.

Toxizität. LD_{50}: > 1000 mg/kg Ratte.

N-(3-Trifluormethylphenyl)-N',N'-dimethylharnstoff. Cotoran (Ciba).

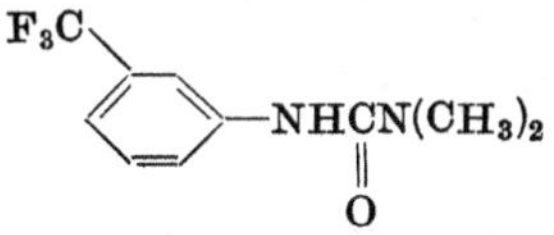

Herstellung. Umsetzung von 3-Trifluormethylphenylisocyanat mit Dimethylamin.

Eigenschaften. Farblose Kristalle vom Fp. 163 bis 164,5°, lösl. in Aceton und Dimethylformamid.

Anwendung. Als selektives Herbizid in Baumwolle, Citrus und Zuckerrohr mit breitem Wirkungsspektrum gegen Gräser und breitblättrige Pflanzen.

Toxizität. LD_{50}: des 80%igen Präparates 8900 mg/kg Ratte.

N-(2-Benzthiazolyl)-N'-methylharnstoff. Benzthiazuron. Gatnon (Bayer).

Herstellung. Umsetzung von 2-Aminobenzthiazol mit Methylisocyanat.

Eigenschaften. Farbloses amorphes Pulver vom Fp. 287° (Zers.), lösl. in Aceton, Xylol und Dimethylformamid.

Anwendung. Vorsaat- und Vorauflaufherbizid gegen Unkräuter in Zucker- und Futterrüben.

Toxizität. LD_{50}: >1000 mg/kg.

6. Carbonsäureamide

N,N-Diallylchloracetamid. CDAA. Randox (Monsanto).

$$ClCH_2-C(=O)-N(CH_2-CH=CH_2)_2$$

Herstellung. Umsetzung von Chloracetylchlorid mit Diallylamin.

Eigenschaften. Flüssigkeit vom Kp_2 92°, mischbar mit organischen Lösungsmitteln.

Anwendung. Gegen Gräser in Mais, Möhren, Kohl, Zwiebeln, Bohnen, Erbsen, Rüben, Sellerie und Salat.

Toxizität. LD_{50}: 700 mg/kg Ratte. Stark hautreizend (Umgang nur mit Gummihandschuhen).

N-(3,4-Dichlorphenyl)-propionsäureamid. Propanil. Surcopur (Bayer).

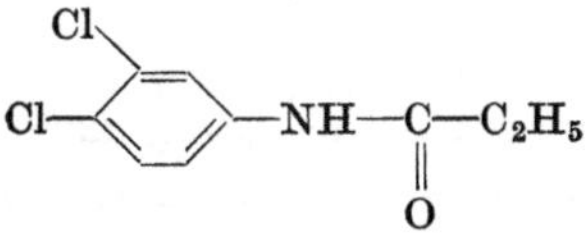

Herstellung. Umsetzung von 3,4-Dichloranilin mit Propionylchlorid.

Eigenschaften. Kristallisat vom Fp. 91 bis 92°, in organischen Lösungsmitteln löslich.

Anwendung. Als Selectivum in Reiskulturen, speziell gegen Gräser.

Toxizität. LD_{50}: 1300 mg/kg Ratte.

N-(3-Chlor-4-methylphenyl)-2-methylpentanamid. CMA. Solan.

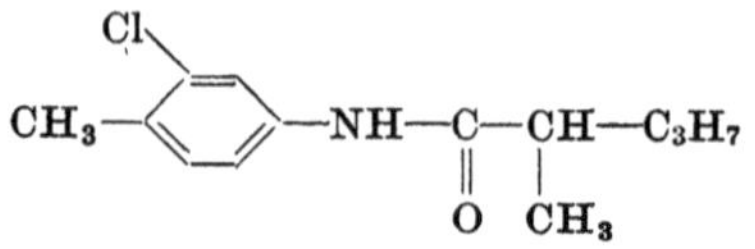

Herstellung. Umsetzung von 3-Chlor-4-methylanilin mit α-Methylvaleriansäurechlorid.

Eigenschaften. Kristallisat vom Fp. 85 bis 86°, löslich in organischen Lösungsmitteln.

Anwendung. Als Nachauflaufherbizid für Baumwolle und verschiedene Gemüsekulturen.

Toxizität. LD_{50}: > 10000 mg/kg Ratte.

Ähnlich wirksam ist

N-(3,4-Dichlorphenyl)-methacrylamid = Dicryl.

(Fp. 127 bis 128°; LD_{50}: 3160 mg/kg Ratte.)

N-(4-Chlorphenyl)-α,α-dimethylvaleriansäureamid = Potablan (Schering) wird als Selectivum in Möhren verwendet.

7. Stickstoffheterocyclen

Maleinsäurehydrazid. MH.

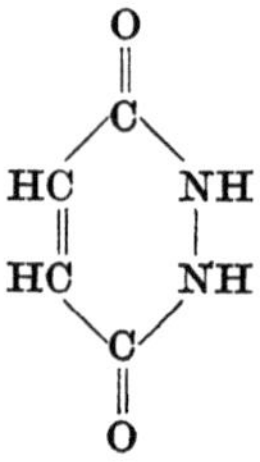

Herstellung. Umsetzung von Maleinsäureanhydrid mit Hydrazinhydrat.

Eigenschaften. Kristallisat vom Fp. 292°, in Wasser und Alkohol fast unlöslich, löslich in wäßriger Lauge.

Anwendung. Als Mittel zur Hemmung des Graswachstums auf Rasenflächen. Als Keimhemmungsmittel bei Kartoffeln, Zwiebeln und Rüben. Verhinderung des Nachtriebes nach dem Ausgeizen bei Tabak.

Toxizität. LD_{50}: 4000 mg/kg Ratte.

1-Phenyl-4-amino-5-chlorpyridazon-6. PCA. Pyramin (BASF).

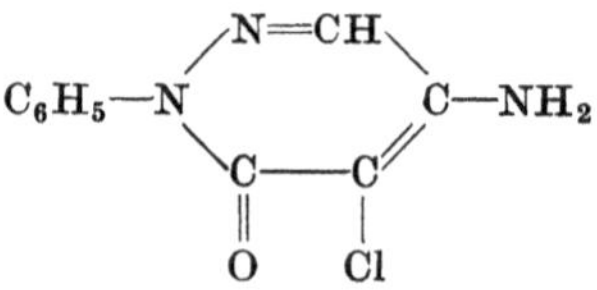

Herstellung. Kondensation von Phenylhydrazin mit Mucochlorsäure zum 1-Phenyl-4,5 dichlor-pyridazon-6 und nachfolgende Umsetzung mit Ammoniak.

Eigenschaften. Kristallisat vom Fp. 202°, in Wasser unlöslich, in Alkohol schlecht löslich.

Anwendung. Als Vor- und Nachauflaufherbizid für Rüben.

Toxizität. LD_{50}: 3600 mg/kg Ratte.

3-Sek. Butyl-5-brom-6-methyl-uracil. Bromacil. Hyvar X (Du Pont).

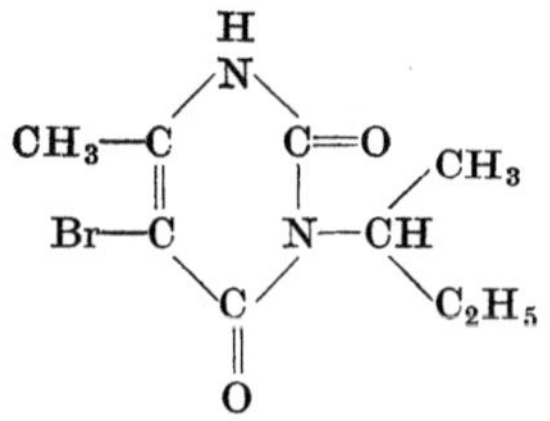

Herstellung. Cyclisierung des β-Ureido-crotonsäure-sek-butylamids zum 3-sek-Butyl-6-methyluracil und nachfolgende Bromierung.

Eigenschaften. Kristallisat vom Fp. 158 bis 159°. Gut löslich in Alkohol und Aceton.

Anwendung. Als Totalmittel bei perennierenden Gräsern und breitblättrigen Pflanzen (geringe Aufwandmenge und große Dauerwirkung).

Toxizität. LD_{50}: 3400 mg/kg Ratte. Mögliche Hautreizung.

3-Cyclohexyl-5,6-trimethylen-uracil. Venzar (Du Pont).

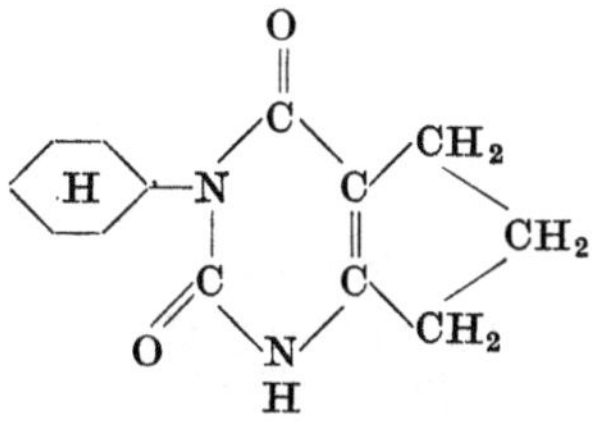

Herstellung. N-Cyclohexylharnstoff und 2-Cyclopentanon-1-carbonsäure-äthylester werden unter Zusatz von p-Toluolsulfonsäure in siedendem Xylol kondensiert.

Eigenschaften. Kristallisat vom Fp. 310 bis 313°, lösl. in Dimethylformamid.

Anwendung. Als selektives Herbizid in Spinat, Erdbeeren und Rüben.

Toxizität. LD_{50}: >11 g/kg Ratte.

3-Amino-1,2,4-triazol. Amitrol.

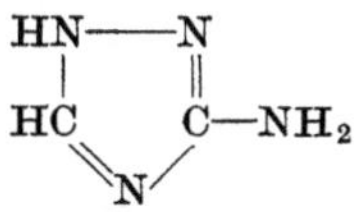

Herstellung. Kondensation von Aminoguanidin mit Ameisensäure.

Eigenschaften. Wasserlösliches Kristallisat vom Fp. 153 bis 154°.

Anwendung. Als Nachauflaufherbizid, das in die Blätter eindringt und das Chlorophyll zerstört. Bekämpfung widerstandsfähiger Unkräuter.
In Kombination mit TCA, 2,4-D, Harnstoffen oder Triazinen als Totalmittel anwendbar.

Toxizität. LD_{50}: 1100 mg/kg Ratte.

2,3,5-Trichlor-4-pyridinol. Daxtron (Dow Chem. Co.).

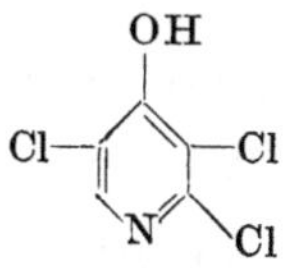

Herstellung. Das durch Chlorierung von Pyridin entstehende 2,3,4,5-Tetrachlorpyridin wird mit Natronlauge zum 2,3,5-Trichlor-4-pyridinol verseift.

Eigenschaften. Farbloses Kristallisat vom Fp. 216°, lösl. in Aceton und verd. Alkali. Angewendet als Kaliumsalz.

Anwendung. Als systemisch wirkendes Totalmittel, insbesondere gegen tiefwurzelnde Pflanzen.

Toxizität. LD_{50}: 80 mg/kg Ratte.

Substituierte 2-Chlor-4,6-bis-aminotriazine (Geigy).

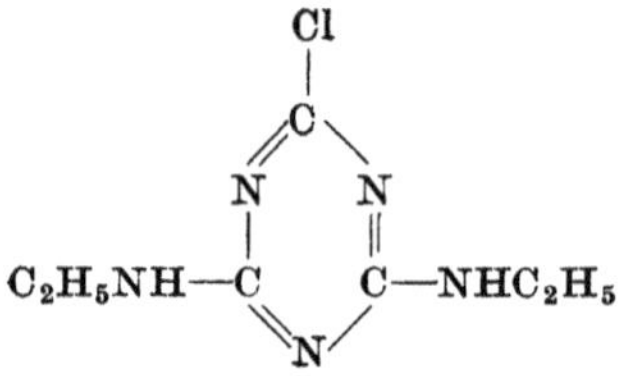

Simazin

Fp. 224 bis 225°
LD_{50}: > 5000 mg/kg Ratte

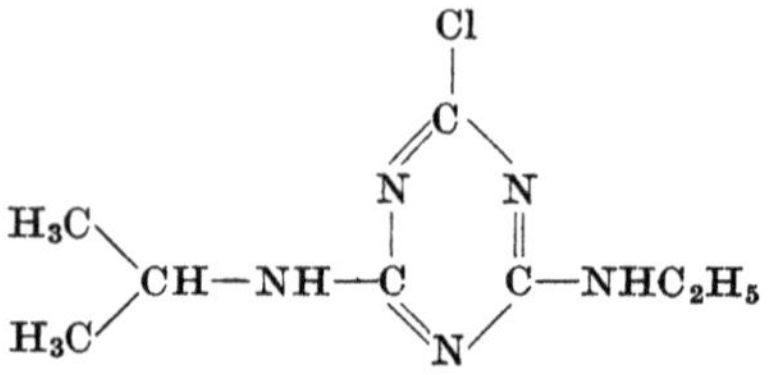

Atrazin

Fp. 173 bis 175°
LD_{50}: 3080 mg/kg Ratte

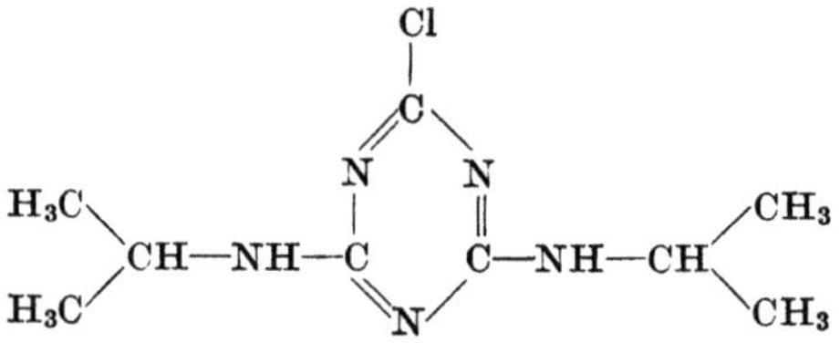

Propazin

Fp. 212 bis 214°
LD_{50}: > 5000 mg/kg Ratte

Herstellung. Umsetzung von Cyanurchlorid mit Äthylamin und/oder Isopropylamin.

Eigenschaften. Die Verbindungen besitzen eine geringe Wasser- und Alkohollöslichkeit.

Anwendung. Simazin und Atrazin werden im Vorauflaufverfahren als Totalmittel verwendet (5 bis 10 kg/ha). In geringer Aufwandmenge werden sie als Selectiva in verschiedenen Kulturen wie Mais, Zuckerrohr, Spargel und im Wein- und Obstbau eingesetzt. Propazin wird im Gemüsebau (Möhren und Karotten) verwendet.

2-Methyl-thio-4,6-bis-isopropylamino-triazin. Prometryn (Geigy).

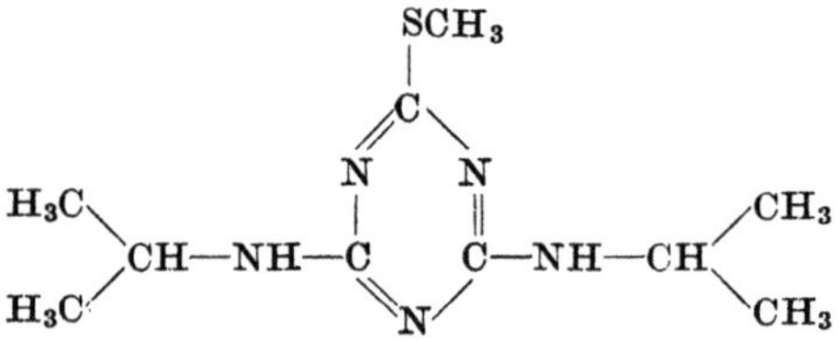

Herstellung. Umsetzung von 2-Chlor-4,6-bis-isopropylamino-triazin (Propazin) mit Methylmercaptan in alkalischem Medium.

Eigenschaften. Kristallisat vom Fp. 118 bis 120° und geringer Wasserlöslichkeit.

Anwendung. Als Nachauflaufherbizid in Baumwolle und verschiedenen Gemüsekulturen.

Toxizität. LD_{50}: 3750 mg/kg Ratte.

8. Sonstige Verbindungen

N-(1-Naphthyl)-phthalamidsäure. NPA. Naptalan. Alanap (US Rubber).

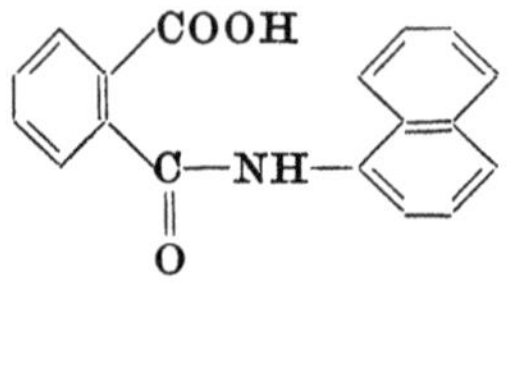

Herstellung. Umsetzung von Phthalsäureanhydrid mit 1-Naphthylamin.

Eigenschaften. Kristallisat vom Fp. 203°, schlecht löslich in Wasser, gut löslich in Laugen.

Anwendung. Als Vorauflaufherbizid in Gurken und Spargel.

Toxizität. LD_{50}: > 8500 mg/kg Ratte.

3,6-Endoxo-hexahydrophthalsäure. Endothal (Pennsalt).

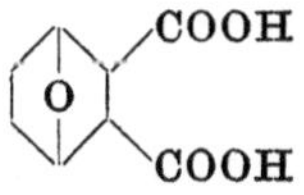

Herstellung. Diensynthese aus Maleinsäureanhydrid und Furan und nachfolgende Hydrierung.

Eigenschaften. Die freie Säure schmilzt bei 116 bis 117°, das Dinatriumsalz bei 263 bis 266°, letzteres ist wasserlöslich.

Anwendung. Als Vorauflaufherbizid in Rüben; als Entblätterungsmittel in Baumwolle; als Wasserherbizid.

Toxizität. LD_{50}: 35 mg/kg Ratte. Hautreizend.

N,N-Dipropyl-2,6-dinitro-4-trifluormethylanilin. Trifluralin. Treflan (Eli Lilly).

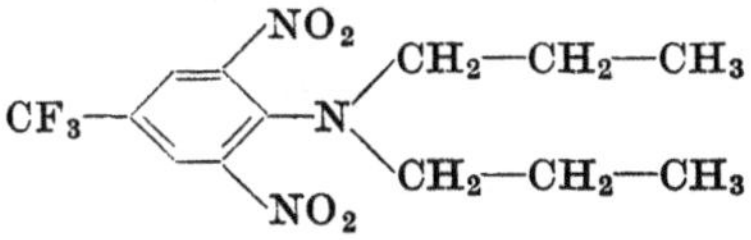

Herstellung. Umsetzung von 4-Trifluormethyl-2,6-dinitro-chlorbenzol mit Di-n-propylamin.

Eigenschaften. Gelboranges Kristallisat vom Fp. 46 bis 47°, löslich in organischen Lösungsmitteln.

Anwendung. Vorauflaufherbizid bei Rasen und Gemüsekulturen sowie bei Baumwolle.

Toxizität. LD_{50}: 10000 mg/kg Ratte.

Tetrachlor-terephthalsäure-dimethylester. DCPA. Dacthal (Diamond Alkali).

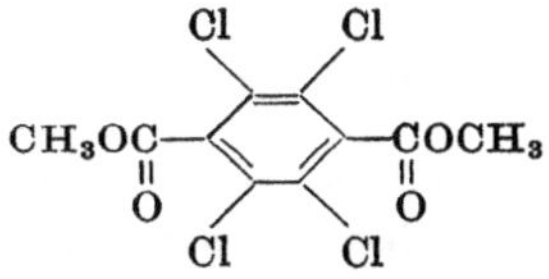

Herstellung. Veresterung von Tetrachlorterephthalsäure mit Methanol.

Eigenschaften. Kristallisat vom Fp. 156°, löslich in Aceton.

Anwendung. Selektives Vorauflaufherbizid bei verschiedenen Gemüsekulturen.

Toxizität. LD_{50}: > 3000 mg/kg Ratte.

1,1'-Äthylen-2,2'-dipyridylium-dibromid. Diquat. Reglone (Merck).

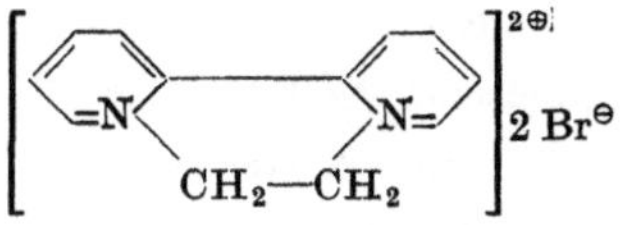

Herstellung. Quaternierung von 2,2'-Dipyridyl mit Äthylen-dibromid.

Eigenschaften. Wasserlösliches, gelbes Kristallsalz vom Fp. 335 bis 340°.

Anwendung. Als Entblätterungsmittel in Baumwolle, zur Krautabtötung in Kartoffeln, als Wasserherbizid und zur allgemeinen Unkrautbekämpfung mit schneller und kurz anhaltender Wirkung.

Toxizität. LD_{50}: 400 mg/kg Ratte.

N,N'-Dimethyl-4,4 -dipyridylium-bis-methansulfat. Paraquat. Gramoxone (Merck).

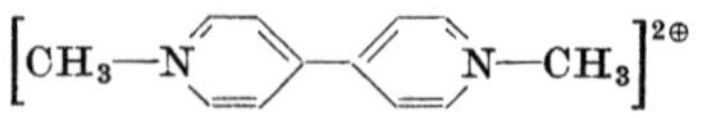

$2\,CH_3SO_4^{\ominus}$

Herstellung. Quaternierung von 4,4'-Dipyridyl mit Dimethylsulfat.

Eigenschaften. Wasserlösliches, gelbes Kristallsalz vom Fp. > 300°.

Anwendung. Wie vorstehende Verbindung, aber bessere Gräserwirkung.

Toxizität. LD_{50}: 157 mg/kg Ratte.

S,S,S-Tri-n-butyl-trithiophosphat. Def (Chemagro).

$$(nC_4H_9S)_3{-}P{=}O$$

Herstellung. Umsetzung von Phosphortrichlorid mit Butylmercaptan zum Tributyltrithiophosphit und nachfolgende Luftoxydation.

Eigenschaften. Flüssigkeit vom $Kp_{0,3}$ 150°, löslich in organischen Lösungsmitteln.

Anwendung. Als Entblätterungsmittel in Baumwolle.
Das Tributyltrithiophosphit (Folex) ist gleichfalls wirksam.

Toxizität. LD_{50}: 325 mg/kg Ratte.

2-Chloräthyl-trimethylammoniumchlorid. Chlormequat. CCC (Amer. Cyanamid, BASF).

$$[(CH_3)_3NCH_2CH_2Cl]^{\oplus}Cl^{\ominus}$$

Herstellung. Addition von 1,2-Dichloräthan an Trimethylamin.

Eigenschaften. Wasserlösliches Salz.

Anwendung. Zur Halmverkürzung bei Weizen.

Toxizität. LD_{50}: 670 mg/kg Ratte.

9-Hydroxy-fluoren-9-carbonsäure. Flurenol (Merck).

Aniten: Gemisch aus Flurenol + MCPA.

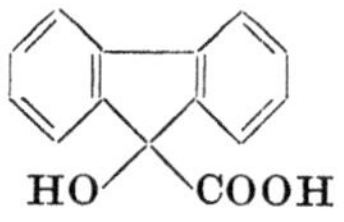

Herstellung. Durch alkalische Verseifung von Phenanthrenchinon.

Eigenschaften. Die kristallwasserhaltige Verbindung schmilzt bei 125°, die wasserfreie bei 166°.

Anwendung. Aniten dient als selektives Herbizid im Sommer- und Wintergetreide.

C. Insektenbekämpfungsmittel

Zu den Insektenbekämpfungsmitteln rechnet man im allgemeinen die:

I. Insektizide = insektentötende Mittel,

II. Repellents = insektenabweisende Mittel,

III. Attractants = insektenanlockende Mittel und

IV. Sterilisantien = insektensterilisierende Mittel.

Die mit Abstand größte praktische Bedeutung kommt den Insektiziden zu, während ein bescheidener Anteil bislang nur noch den Repellents eingeräumt werden kann. Die Attractants (insbesondere Sexuallockstoffe) und Sterilisantien haben bisher den Versuchsmaßstab nicht überschritten und sollen deshalb in dieser Zusammenstellung außer Betracht bleiben.

Insektizide

Im Gegensatz zu den Fungiziden, die vornehmlich protektiv angewandt werden, kommen die Insektizide erst bei vorhandenem Insektenbefall zum Einsatz. Eine vorbeugende Behandlung wird lediglich zum Schutz von Materialien (z.B. Holzschutz) oder Textilien (z.B. Mottenschutz) durchgeführt. Außerdem werden Bodeninsekten (Drahtwürmer, Engerlinge u.a.) bereits durch protektive Maßnahmen bekämpft.

Die Vielzahl der modernen Insektizide ist u.a. bedingt durch

1. den Artenreichtum der Insekten (über eine halbe Million),
2. das Auftreten von resistenten Stämmen (besonders bei Fliegen),
3. die Forderung nach selektiven Wirkstoffen (Schonung der Nutzinsekten und Bienen) und
4. die Entwicklung von neuen Verbindungen mit geringer Warmblütertoxizität und guter Pflanzenverträglichkeit.

Im allgemeinen sind die Insektizide bei allen Entwicklungsstadien der Insekten (Eier, Larven, Imagines) wirksam, jedoch ergeben sich oft große graduelle Unterschiede. Je nach ihrem Wirkungsschwerpunkt unterscheidet man daher noch Ovizide (eiabtötende Mittel) und Larvizide (Mittel zur Abtötung der Larven).

In einer Grobeinteilung kann man bei den Insekten unterscheiden zwischen

1. den beißenden Insekten (z.B. Käfer und Raupen) und
2. den saugenden Insekten (z.B. Blattläuse und Wanzen).

Die Dipteren (Fliegen und Mücken) nehmen in der Ernährungsweise eine Mittelstellung zwischen diesen beiden Gruppen ein.

Die Aufnahme der Wirkstoffe durch das Insekt kann auf dem Atemwege, durch Berührung oder Fraß erfolgen. So spricht man von:

1. Kontaktgiften, wenn das Mittel durch Berührung in die Cuticula des Insektes eindringt (z.B. DDT),

2. Atemgiften, wenn das Insektizid in geschlossenen Räumen oder im Boden in Form von Gasen oder Nebeln angewandt wird (z.B. Blausäure, Chlorpikrin, Äthylenoxid) und

3. Fraßgiften, wenn die Wirkung des Mittels nach direkter oraler Aufnahme einsetzt (z.B. anorganische Arsen- und Fluorverbindungen).

In den allermeisten Fällen sind jedoch verschiedene Wege der Giftaufnahme zu berücksichtigen, wobei innerhalb einer Wirkstoffgruppe die Art der Aufnahme weitgehend von den physikalischen Eigenschaften (z.B. Flüchtigkeit, Lipoidlöslichkeit) der speziellen Verbindungen abhängig ist.

Hinsichtlich der Wirkungsweise kann man die einzelnen Wirkstoffgruppen einteilen in:

1. Allgemeine Zellgifte (Eiweißfäller) (z.B. Dinitro-o-kresol),

2. Fermentgifte (z.B. Phosphorsäureester und N-Alkylcarbamate als Cholinesterasehemmer) und

3. Nervengifte (z.B. chlorierte Kohlenwasserstoffe).

Systemische Mittel. Bei den im Pflanzenschutz gebräuchlichen Insektiziden reicht die Palette der Wirkstoffe von solchen Verbindungen, die nicht in die Pflanze eindringen, bis zu den Mitteln, die rasch und fast quantitativ von der Pflanze aufgenommen werden. Bei den letzteren gibt es wiederum Präparate, die schnell abgebaut werden, und andere, die eine gewisse Zeit erhalten bleiben und z.T. im Saftstrom der Pflanze transportiert werden. Solche Verbindungen nennt man systemische oder innertherapeutische Mittel; sie wirken vornehmlich bei saugenden Insekten.

Synergisten. Substanzen, die ohne eigene insektizide Wirkung in Verbindung mit Insektiziden deren biologische Aktivität wesentlich erhöhen bzw. ihre Wirkungsdauer verlängern, nennt man Synergisten. Als bekanntes Beispiel sei die synergistische Wirkung des Piperonyl-butoxids bei Pyrethrum erwähnt.

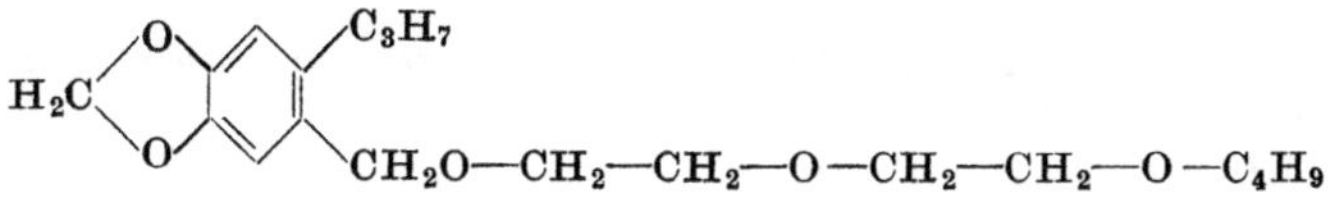

Geschichtliches. Bereits im Altertum wurden Arsenverbindungen zur Schädlingsbekämpfung eingesetzt. Im 18. Jahrhundert vernichtete man Blattläuse mit Tabaksbrühen. Im 19. Jahrhundert folgten dem aus diesen Tabaksbrühen isolierten Nicotin weitere natürlich gewonnene Insektizide (Derris, Quassia, Pyrethrum). Hinzu kam die Schwefel-Kalk-Brühe zur Bekämpfung der San José-Schildlaus. Erst im Jahre 1938 wurde mit dem Tetranitrocarbazol das erste vollsynthetische Insektizid zur Bekämpfung des Heu- und Sauerwurms im Weinbau geschaffen. Wenige Jahre später trat das DDT als ungiftiges und universal anwendbares Insektizid seinen Siegeszug an (P. MÜLLER, Geigy). Ihm folgten wenig später andere chlorierte Kohlenwasserstoffe. Hochwirksame Verbindungen wurden dann in der Reihe der von G. SCHRADER (Bayer) breit bearbeiteten Phosphorsäureester aufgefunden; die weitere Entwicklung auf diesem Gebiet dauert heute noch an. Auf ähnliche Weise wirken die modernen N-Alkylcarbamate (Cholinesterasehemmer).

1. Anorganische Insektizide

Die anorganischen Mittel wirken meistens als Fraßgifte. Wegen ihrer hohen Warmblütertoxizität und großen Stabilität (keine Zersetzung durch Witterungseinflüsse, Anreicherung im Boden, Rückstände auf der Pflanze) sind sie in der Praxis weitgehend von den organischen Wirkstoffen verdrängt worden. In den heute gültigen deutschen Pflanzenschutzmittelverzeichnissen werden sie nicht mehr geführt. Es genügt deshalb an dieser Stelle eine Zusammenstellung der wichtigsten Verbindungen. Arsenverbindungen: Blei- und Calciumarsenat, Schweinfurter-Grün. Fluorverbindungen: Natriumfluorid, Natriumfluosilicat, Kryolith.

2. Pflanzliche Insektizide

Die pflanzlichen Insektizide wirken meistens als Kontaktgifte und zeichnen sich mit Ausnahme des Nicotins durch eine sehr geringe Warmblütertoxizität aus. Aus diesem Grunde werden sie vorwiegend auf dem Hygienesektor eingesetzt. Einer breiten Anwendung steht allerdings der relativ hohe Preis hindernd im Wege, wenn auch die Wirksamkeit durch preisgünstige Synergisten stark verbessert werden kann. Die für pflanzliche Insektizide entwickelten Synergisten wie Piperonyl-butoxid und Sesoxan bewirken auch bei anderen Verbindungsklassen eine Steigerung der insektiziden Potenz.

Pyrethrum. Beim Pyrethrum handelt es sich um einen Rohextrakt, in dem hauptsächlich vier verschiedene Ester vorhanden sind:

Pyrethrin I, Pyrethrin II, Cinerin I, Cinerin II.

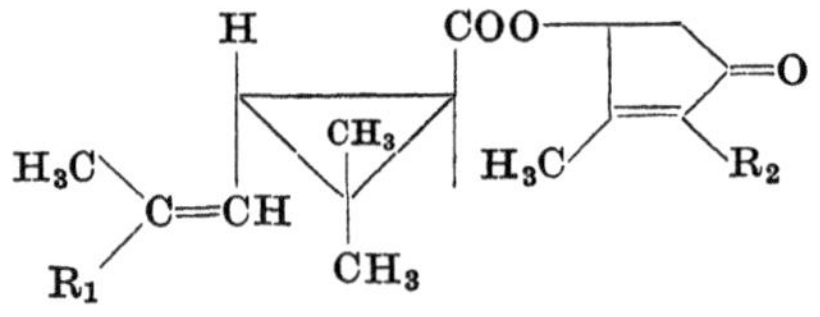

Pyrethrin I:	$R_1 = CH_3$;	$R_2 = CH_2—CH{=}CH—CH{=}CH_2$
Pyrethrin II:	$R_1 = COOCH_3$;	$R_2 = CH_2—CH{=}CH—CH{=}CH_2$
Cinerin I:	$R_1 = CH_3$;	$R_2 = CH_2—CH{=}CH—CH_3$
Cinerin II:	$R_1 = COOCH_3$;	$R_2 = CH_2—CH{=}CH—CH_3$

Gewinnung. Die Pyrethrine kommen in den Blüten verschiedener Chrysanthemenarten vor, in denen sie bis zu etwa 3% vorhanden sind. Sie werden durch Extraktion isoliert und als 25%ige Konzentrate angewandt. Unter den Bezeichnungen *Allethrine* sind auch bereits synthetische Pyrethrine ähnlicher Konstitution hergestellt worden

$$(R_1 = CH_3,\ R_2 = CH_2—CH{=}CH_2).$$

Eigenschaften. Öle, die sich in organischen Lösungsmitteln lösen, und langsam unter Lichteinfluß abgebaut werden.

Toxizität. LD_{50}: 570 mg/kg Ratte.

Nicotin. β-Pyridyl-α-methyl-pyrrolidin.

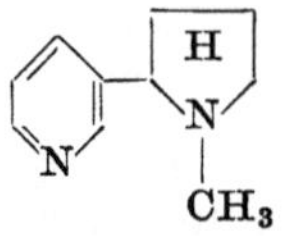

Gewinnung. Als Tabakslauge, Rohnicotin, Reinnicotin oder in Form von Salzen durch Extraktion oder Wasserdampfdestillation von Tabaksblättern.

Eigenschaften s. Nicotiana tabacum.

Anwendung. Örtlich noch im Weinbau und in Gewächshäusern zur Bekämpfung von Blattläusen von Bedeutung, sonst weitgehend verdrängt durch die synthetischen Insektizide.

Toxizität. LD_{50}: 60 bis 80 mg/kg Ratte.

Rotenon. Derris.

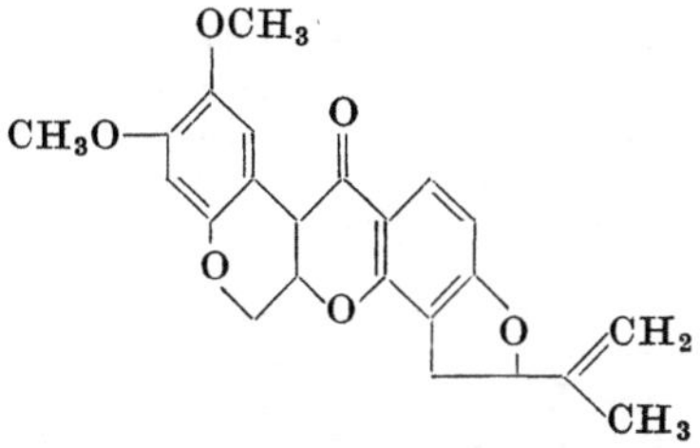

Gewinnung. Durch Mahlen und Extraktion getrockneter Derriswurzeln (Derris elliptica).

Eigenschaften. Sehr oxydationsempfindliches Kristallisat vom Fp. 163°, löslich in organischen Lösungsmitteln.

Anwendung. Die Bedeutung des Präparates als Insektizid ist stark zurückgegangen, Verwendung in der Veterinärmedizin zur Bekämpfung von Dasselfliegen.

Toxizität. LD_{50}: 3000 mg/kg Ratte.

3. Chlorkohlenwasserstoffe und verwandte Verbindungen

Die chlorierten Kohlenwasserstoffe wirken, soweit bekannt, über das Nervensystem. Sie sind lipoidlöslich und meistens chemisch recht stabil. Hieraus ergibt sich eine gute Dauerwirkung, andererseits aber eine Neigung zur Rückstandsbildung auf der Pflanze und zur Akkumulation im Körper.

Dichlor-diphenyl-trichloräthan DAB 7 – BRD. Dichlor-diphenyl-trichloräthan. Chlorphenothanum ÖAB 9, Nord. 63. Chlorphenotan. Klorfenotan. Chlorophenothanum (WHO). Penticidum Ph.Dan. 48. Chlorphenetanum Svec. 46. D.D.T. Technique CF 65. D.D.T. crudum CF 65. DDT. Gesarol (Geigy).

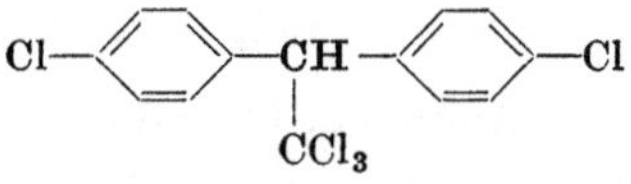

$C_{14}H_9Cl_5$ M.G. 354,51

4,4'-Dichlor-diphenyl-trichlormethyl-methan.

Herstellung. Durch Kondensation von Chlorbenzol mit Chloral in Gegenwart von Schwefelsäure.

Eigenschaften. DAB 7 – BRD: Gehalt: Mindestens 9,8 und höchstens 10,5% abspaltbares Chlor. Nord 63: Gehalt etwa 99% $C_{14}H_9Cl_5$. CF 65: DDT technique ist eine Mischung von DDT und ähnlichen Verbindungen.

Weißes bis gelblichweißes, kristallines oder amorphes Pulver von schwach aromatischem Geruch, Fp. 108,5° das nach DAB 7 – BRD bis 10% Isomere, vorwiegend 2-(4'-Chlorphenyl)-2-(2'-Chlorphenyl)-1,1,1,-trichloräthan, enthalten kann. Löslichkeit: wenig lösl. in A. oder PAe., leicht lösl. in Ae., Chlf., Aceton, Bzl. oder siedendem A., praktisch unlösl. in W.

Erkennung. Nach DAB 7 – BRD: a) Die Lösung von 0,25 g Substanz in 20 ml A. und 0,75 m 3 n Natronlauge wird unter Rückfluß auf dem Wasserbad 20 Min. lang erhitzt. Nach dem Verdünnen mit 5 ml W. wird in einer Porzellanschale auf dem Wasserbad auf etwa 5 ml eingeengt. Der Rückstand wird im Scheidetrichter mit 10 ml Ae. ausgeschüttelt und der Ätherauszug eingedampft. Das aus A. (90%) umkristallisierte und getrocknete Dichlordiphenyl-dichloräthylen schmilzt zwischen 87 und 90°. – b) Die mit Ae. ausgeschüttelte, wss. Lsg. gibt nach dem Ansäuern mit 1,5 ml 3 n Salpetersäure und 0,20 ml Silbernitratlsg. einen weißen, käsigen Nd. – Nach ÖAB 9: c) Erhitzt man die Substanz in einem Reagensglas über den Schmelzpunkt, so tritt unter Entweichung von Chlorwasserstoffgas Zersetzung ein, das an einem mit konz. Ammoniak befeuchteten Glasstab dichte, weiße Nebel erzeugt. – d) Versetzt man eine Lsg. von 10 mg Hydrochinon in 2 ml konz. Schwefelsäure mit einigen mg DDT und erhitzt, so färbt sich die Lsg. weinrot. – e) Erstarrungspunkt nicht unter 90°, bestimmt nach Methode I des ÖAB 9.

Prüfung. Nach DAB 7 – BRD: Prüflösung: 0,300 g Substanz werden mit 30,0 ml W. 2 Min. lang geschüttelt und filtriert. – 1. Alkalisch oder sauer reagierende Verunreinigungen: Je 10,0 ml Prüflsg. dürfen nach Zusatz von 0,10 ml Methylrotlsg. II höchstens 0,10 ml 0,1 n Salzsäure bis zum Farbumschlag nach Rot und höchstens 0,10 ml 0,1 n Natronlauge bis zum Farbumschlag nach Gelb verbrauchen. – 2. Chloridionen: Höchstens 0,08%. – 3. Sulfatasche: Höchstens 0,3%. – Nach ÖAB 9: 4. Chloralhydrat: 2 g Substanz werden in 20 ml Bzl. gelöst, mit 40 ml W. 1 Min. lang kräftig durchgeschüttelt und die wss. Schicht filtriert. Erhitzt man 10 ml hiervon, 1 ml verd. Ammoniak und 1 ml Silbernitratlsg. bis zum beginnenden Sieden, so darf die Lsg. nicht stärker gefärbt sein, als eine Mischung von 0,90 ml Eisen-Farbstandard, 0,50 ml Kobalt-Farbstandard, 0,40 ml Kupfer-Farbstandard und 8,20 ml 1%iger Salzsäure. – 5. Verbrennungsrückstand: Höchstens 0,5%.

Gehaltsbestimmung. Nach DAB 7 – BRD, ÖAB 9 und Nord. 63 wird mit Lauge verseift, mit Salpetersäure angesäuert und das gebildete Chlorid nach VOLHARD titriert. Ausführung nach DAB 7 – BRD: Etwa 0,50 g Substanz, genau gewogen, werden mit 20 ml A. (90%) und 20 ml 0,5 n alkoholischer Kalilauge unter Rückfluß auf dem Wasserbad 30 Min. lang erhitzt. Die abgekühlte Lsg. wird mit 20 ml W., 10 ml verd. Salpetersäure, 20,00 ml 0,1 n Silbernitratlsg. und 5,0 ml Toluol versetzt. Nach kräftigem Schütteln wird mit 0,1 n Ammoniumrhodanidlsg. zurücktitriert [5 ml Eisen(III)-ammoniumsulfatlsg. als Indikator]. 1 ml 0,1 n Silbernitratlsg. entspricht 0,003546 g Chlor. 1 g DDT entspricht 28,21 ml 0,1 n Silbernitratlsg.

Aufbewahrung. Vor Licht geschützt, in gut schließenden Gefäßen. Vorsichtig aufzubewahren (Separandum).

Anwendung. Erstes synthetisches Insektizid mit großer Wirkungsbreite gegen die meisten Insekten, schwache Wirkung gegen saugende Insekten. Keine Wirkung gegen Spinnmilben.

Toxizität. LD_{50}: 150 bis 500 mg/kg Ratte je nach Lösungsmittel. Bei Menschen wirken oral 10 bis 30 g DDT tödlich.

4,4'-Dimethoxy-diphenyl-trichlormethyl-methan. Methoxychlor. DMDT.

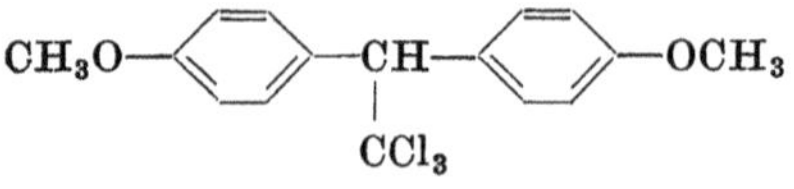

Herstellung. Kondensation von Anisol mit Chloral in Gegenwart von Schwefelsäure.

Eigenschaften. Farbloses Kristallisat vom Fp. 89°, löslich in aromatischen Kohlenwasserstoffen.

Anwendung. Da die Verbindung weniger toxisch ist als DDT, wird sie vor allem im Vorratsschutz, im Hygiene- und Veterinärsektor eingesetzt.

Toxizität. LD_{50}: 5000 bis 7000 mg/kg Ratte.

Hexachlorcyclohexan DAB 7 – BRD. Hexachlorcyclohexanum Ph.Ned. 6. gamma-Hexachlorcyclohexanum ÖAB 9. γ-Hexachlorcyclohexan. γ-Hexachlorcyclohexanum DAB 7 – DDR. Hexicidum Nord. 63. Hexicid. H.C.H. Officinal CF 65. H.C.H. officinale.

Hexachlorcyclohexaan. Gammabenzeni Hexachloridum (WHO). HCH. Gammexan. Lindan.

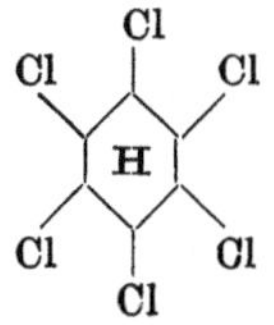

γ-Isomeres von 1,2,3,4,5,6-Hexachlorcyclohexan = 1a,2a,3a,4e,5e,6e-Hexachlorcyclohexan

$C_6H_6Cl_6$ M.G. 290,85

Herstellung. Durch Chlorieren von Benzol im Sonnenlicht oder bei Bestrahlung mit einer Quecksilberdampflampe entsteht ein Gemisch stereoisomerer Hexachlorcyclohexane, das etwa 10 bis 15% γ-Isomeres enthält. Zur Trennung und Isolierung des reinen HCH wird mit Hilfe verschiedener organ. Lösungsmittel extrahiert und fraktioniert kristallisiert.

Eigenschaften. Farblose Kristalle oder weißes, kristallines Pulver von schwach muffigem Geruch. Löslichkeit: praktisch unlösl. in W.; lösl. in etwa 30 T. A. oder Ae., in etwa 4 T. Chlf., in etwa 3 T. Bzl., in etwa 2 T. Aceton, wenig lösl. in PAe. Schmelzintervall: 112 bis 114° (DAB 7 – BRD), 111 bis 114° (ÖAB 9), 113 bis 115° (Nord. 63). Erstarrungstemperatur: 112 bis 112,7° (DAB 7 – DDR).

Erkennung. Nach DAB 7 – DDR: a) 0,50 g Substanz werden nach Zusatz von 1,0 g Zinkstaub und 10,0 ml A. im Wasserbad 2 Min. erhitzt, wodurch Benzolgeruch entwickelt wird. – b) Das Filtrat gibt nach Zusatz von 10 ml W. und 1 ml 0,1 n Silbernitratlsg. einen weißen, käsigen Nd.

Prüfung. 1. Aussehen der Lösung: Eine Lsg. von 0,50 g Substanz in 5,0 ml Aceton muß klar und farblos sein (DAB 7 – BRD); eine Lsg. von 2 g Substanz in 8 ml Bzl. muß klar sein (ÖAB 9). – 2. Freie Säure: Schüttelt man in einem Scheidetrichter die bereitete benzolische Lösung nach dem Verdünnen mit 12 ml Bzl. 1 Min. lang mit 20 ml W. kräftig durch, so müssen sich 10 ml der filtrierten wss. Schicht nach Zusatz von 2 Tr. Methylrotlsg. und 1 Tr. 0,1 n Natronlauge gelb färben (ÖAB 9). – 3. Chlorid: In einer Mischung von 1,5 ml der voranstehend beschriebenen, wss. Lsg. und 8,5 ml W. darf Chlorid in unzulässiger Menge nicht nachweisbar sein (ÖAB 9). – 4. Schwermetalle: dürfen in 5 ml der Prüflösung auf freie Säure nicht nachweisbar sein (ÖAB 9). – 5. Sulfatasche: Höchstens 0,1% (DAB 7 –BRD). – 6. Unzulässige Menge isomerer Hexachlorcyclohexane: ÖAB 9: Der Erstarrungspunkt, bestimmt nach Methode I, darf nicht unter 112° liegen.

Gehaltsbestimmung. Nach DAB 7 – BRD, DAB 7 – DDR, ÖAB 9 und Nord. 63 wird mit äthanolischer Lauge verseift und das gebildete Chlorid in der mit Salpetersäure versetzten Lsg. nach VOLHARD titriert. Arbeitsvorschrift des ÖAB 9: 0,1939 g Substanz werden in einem 100 ml fassenden Meßkolben in 50 ml A. unter Erwärmen gelöst. Nach dem Abkühlen versetzt man die Lsg. mit 10 ml alkoholischer Kaliumhydroxidlsg. und läßt 10 Min. lang im verschlossenen Kolben stehen. Hierauf verdünnt man mit 20 ml W., fügt 7 ml Salpetersäure und 25,00 ml 0,1 n Silbernitratlsg. zu und füllt mit W. bis zur Marke auf. Man schüttelt kräftig um, bis sich der Nd. zusammengeballt hat, filtriert durch ein trockenes Filter und verwirft die ersten 20 ml des Filtrates. In 50 ml des Filtrates wird nach Zusatz von 5 ml Eisen(III)-ammoniumsulfatlsg. das überschüssige Silbernitrat mit 0,1 n Ammoniumrhodanidlsg. zurücktitriert (Mikrobürette). Für die angegebene Einwaage müssen 19,80 bis 20,20 ml 0,1 n Silbernitratlsg. verbraucht werden, entsprechend 99,0 bis 101,0% d. th. Wertes. 1 ml 0,1 n Silbernitratlsg. entspricht 9,695 g $C_6H_6Cl_6$. 1 g γ-Hexachlorcyclohexan entspricht 103,1 ml 0,1 n Silbernitratlsg.

Aufbewahrung. In gut schließenden Gefäßen, vor Licht geschützt. Vorsichtig aufzubewahren (Separandum).

Anwendung. Gegen Bodeninsekten und gegen saugende und beißende Insekten in verschiedenen Kulturen, auch als Räuchermittel.

Toxizität. LD_{50}: 600 mg/kg Ratte (Isomerengemisch), LD_{50}: 125 mg/kg Ratte (γ-Isomeres).

Octachlor-camphen. Toxaphen. Chemisch nicht definiert, empirische Formel $C_{10}H_{10}Cl_8$.

Herstellung. Chlorierung von Camphen bis zu einem Chlorgehalt von 67 bis 69%.

Eigenschaften. Gelbe, wachsartige Verbindung von typischem Terpengeruch und einem Schmelzintervall von 65 bis 90°, löslich in organischen Lösungsmitteln.

Anwendung. Als bienenungefährliches Kontakt- und Fraßmittel, besonders zur Bekämpfung von Heuschrecken und des Baumwollkapselkäfers sowie gegen beißende Insekten in verschiedenen Kulturen. Außerdem wirkt die Verbindung als Rodentizid gegen Feldmäuse. In der Veterinärmedizin wird Toxaphen zur Zeckenbekämpfung angewandt.

Toxizität. LD_{50}: 60 bis 100 mg/kg Ratte je nach Zusammensetzung der technischen Produkte.

1,2,4,5,6,7,8,8-Octachlor-2,3,3a,4,7,7a-hexahydro-4,7-methano-inden. Octachlor. Chlordan.

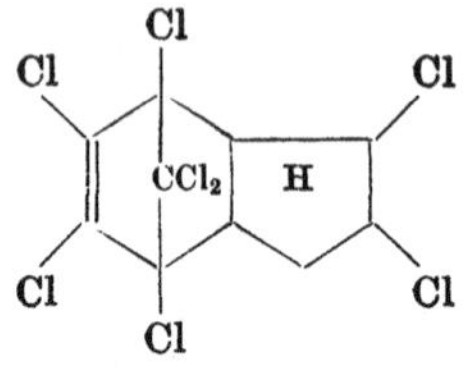

Herstellung. Diensynthese von Cyclopentadien an Hexachlorcyclopentadien und nachfolgende Chloraddition.

Eigenschaften. Eine viskose Flüssigkeit, die außerdem noch Chlorden, Heptachlor und Isomere des Chlordans enthält, löslich in organischen Lösungsmitteln.

Anwendung. Besonders zur Bekämpfung von Termiten, Heuschrecken, Ameisen und Bodeninsekten.

Toxizität. LD_{50}: 450 bis 500 mg/kg Ratte. Wegen Resorption durch die Haut keine Anwendung auf dem Hygienesektor.

1,4,5,6,7,8,8-Heptachlor-3a,4,7,7a-tetrahydro-4,7-methano-inden. Heptachlor.

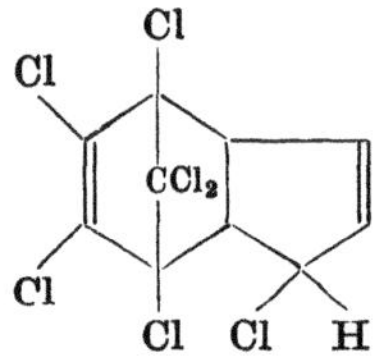

Herstellung. Chlorierung des Adduktes von Cyclopentadien an Hexachlorcyclopentadien mit Sulfurylchlorid in Gegenwart von Benzoylperoxid.

Eigenschaften. Die reine Verbindung schmilzt bei 95 bis 96°, löslich in organischen Lösungsmitteln. Das technische Produkt (etwa 72%ig) ist eine wachsartige Verbindung.

Anwendung. Wie die vorstehende Verbindung Chlordan sowie gegen Baumwollschädlinge.

Toxizität. LD_{50}: 130 bis 135 mg/kg Ratte.

1,2,3,4,10,10-Hexachlor-1,4,4a,5,8,8a-hexahydro-1,4-endo-exo-5,8-dimethanonaphthalin. Aldrin (Shell).

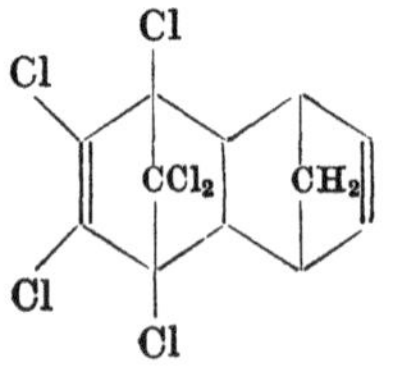

Herstellung. Diensynthese von Hexachlorcyclopentadien an Bicyclo-2,2,1-heptadien.

Eigenschaften. Die reine Verbindung schmilzt bei 104 bis 104,5°, das technische Produkt ist eine dunkelbraune Kristallmasse vom Schmelzbereich 49 bis 60°, löslich in organischen Lösungsmitteln.

Anwendung. Gegen Heuschrecken, Baumwollschädlinge und Bodeninsekten.

Toxizität. LD_{50}: 45 bis 60 mg/kg Ratte.

1,2,3,4,10,10-Hexachlor-6,7-epoxy-1,4,4a,5,6,7,8,8a-octahydro-1,4-endo-exo-5.8-dimethanonaphthalin. Dieldrin (Shell).

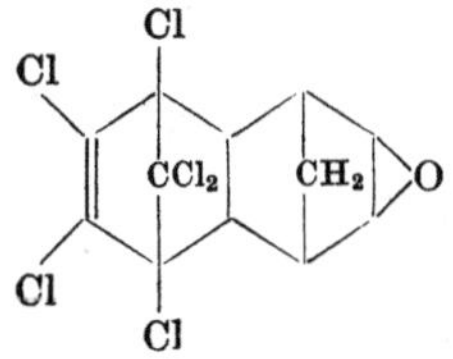

Herstellung. Oxydation von Aldrin mit Peressigsäure.

Eigenschaften. Die reine Verbindung schmilzt bei 175 bis 177°, löslich in organischen Lösungsmitteln. Die technische Ware mit einem Schmelzpunkt > 95° ist gelbbraun gefärbt.

Anwendung. Wie Aldrin sowie im Materialschutz, insbesondere gegen Termiten.

Toxizität. LD_{50}: 60 bis 90 mg/kg Ratte.

Das 1,4-endo-endo-Stereoisomere des Dieldrins ist das Endrin (Fp. 245°; LD_{50}: 10 bis 12 mg/kg Ratte), das als Insektizid vor allem im Baumwollanbau und gegen Weichhautmilben sowie wegen der hohen Warmblütertoxizität auch als Rodentizid angewandt wird.

6,7,8,9,10,10-Hexachlor-1,5,5a,6,9,9a-hexahydro-6,9-methano-2,4,3-benzodioxa-thiepin-3-oxid. Endosulfan. Thiodan (Hoechst).

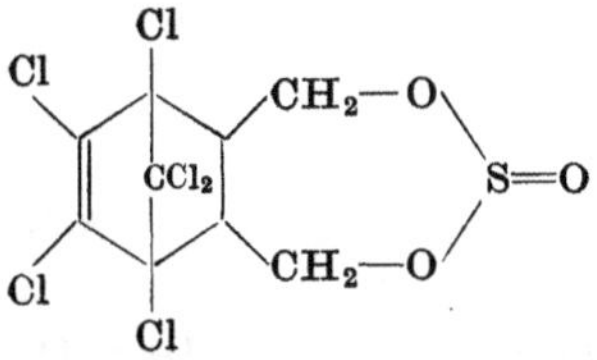

Herstellung. Diensynthese von Hexachlorcyclopentadien an Buten-2-diol-1,4-diacetat, Verseifung zum freien Diol und nachfolgender Ringschluß mit Thionylchlorid.

Eigenschaften. Isomerengemisch vom Fp. 95 bis 97°, löslich in organischen Lösungsmitteln.

Anwendung. Als Insektizid gegen beißende und saugende Insekten; bienenungefährlich.

Toxizität. LD_{50}: 100 mg/kg Ratte.

4. Organische Phosphorverbindungen

Der Wirkungsmechanismus aller insektizid wirksamen organischen Phosphorsäureester beruht auf der Blockierung der Cholinesterase. Die Verbindungen zeichnen sich fast alle durch eine große Hydrolyseanfälligkeit aus, so daß sie rasch auf der Pflanze oder im Boden in ungiftige anorganische Phosphate abgebaut werden. Wegen der Giftigkeit der meisten Phosphorsäureester – auch für den Menschen – sollen nachfolgend kurz die Vergiftungssymptome sowie eine Therapie bei Vergiftungen skizziert werden.

Symptome. Bei der oralen Aufnahme größerer Mengen eines Phosphorsäureesters kann die Vergiftung innerhalb weniger Minuten zum Tode führen. Bei nicht tödlichen Vergiftungen treten die Vergiftungserscheinungen je nach der Menge und Art der Aufnahme nach wenigen Minuten (bei Inhalation), bis zu einer Stunde (bei oraler Aufnahme) oder nach 2 bis 3 Std. (bei Hautresorption) ein. Als Symptome können auftreten Schwindel, Gleichgewichtsstörungen, Übelkeit, Erbrechen, Kopfschmerzen, Cyanose, Miosis, Sehstörungen, Schweißausbruch, Muskelzuckungen, Bewußtseinsstörungen, Magen- und Darmbeschwerden, Bradycardie, Lungenödem und Koma.

Behandlung. Sofortige Magenspülung unter Zusatz von Medizinalkohle, künstliche Beatmung, Injektion hoher Dosen an Atropin und PAM (= Pyridin-2-aldoxim-methojodid) oder Toxogonin (Vorschriften beachten!).

Ausführliche Angaben befinden sich in O. R. KLIMMER: „Pflanzenschutz- und Schädlingsbekämpfungsmittel. Abriß einer Toxikologie und Therapie von Vergiftungen", Hattingen/Ruhr: Hundt-Verlag 1964, S. 46 bis 50.

O,O-Diäthyl-O-(4-nitrophenyl)-thiono-phosphat. Parathion. E-605 (Bayer).

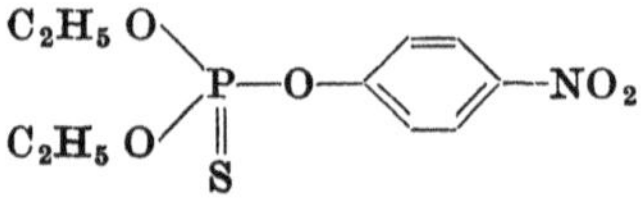

Herstellung. Umsetzung von Diäthyl-thiono-phosphorylchlorid (aus Thionophosphorylchlorid, Alkohol und Natriumäthylat) mit 4-Nitro-phenol-natrium.

Eigenschaften. Gelbbraune, schwach lauchartig riechende Flüssigkeit, löslich in organischen Lösungsmitteln.

Anwendung. Als breit wirksames Insektizid und Akarizid gegen beißende und saugende Insekten, Bodeninsekten sowie gegen Spinnmilben. Bienengefährlich, gute Pflanzenverträglichkeit mit Ausnahme einiger Zierpflanzen und weniger Obstsorten.

Toxizität. LD_{50}: 6 bis 15 mg/kg Ratte.

Wirkstoffe ähnlicher Struktur und etwa gleicher Wirkung sind

Methylparathion

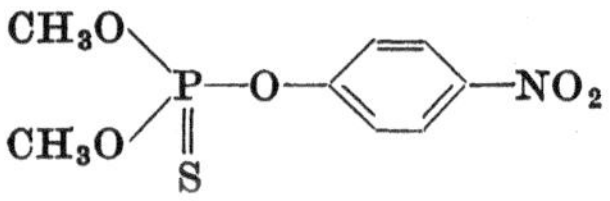

Dalf (Bayer).

Fp. 35 bis 36°
LD_{50}: 14 bis 42 mg/kg Ratte

Fenitrothion

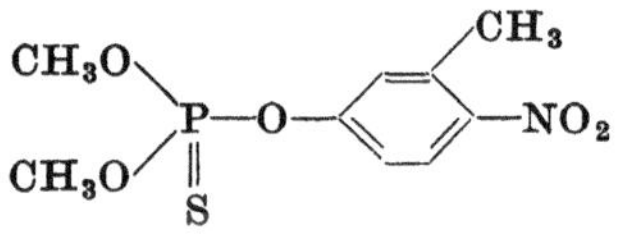

Folithion. Sumithion.

$Kp._{0,1}$ 109°
LD_{50}: 200 bis 500 mg/kg Ratte

Chlorthion

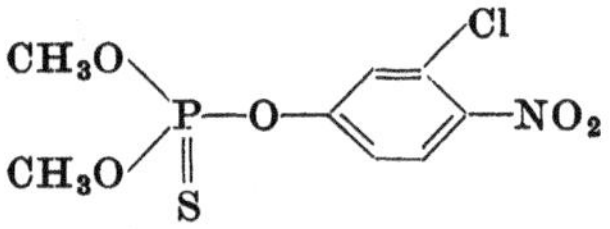

(Bayer).

$Kp._{0,2}$ 136°
LD_{50}: 625 bis 880 mg/kg Ratte.
Besonders wirksam gegen Mücken und Blattläuse.

Fenthion

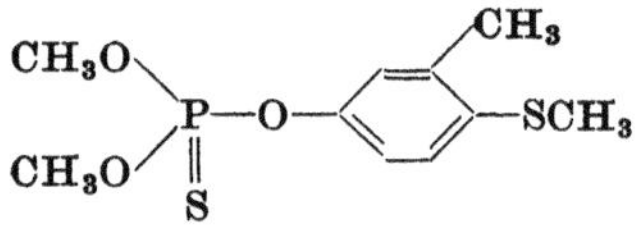

Baytex. Lebaycid (Bayer).

$Kp._{0,01}$ 87°
LD_{50}: 241 bis 316 mg/kg Ratte.
Hohe Residualwirkung. Auch im Hygienesektor und in der Veterinärmedizin (Dasselfliegenlarven) zu verwenden.

Bromophos

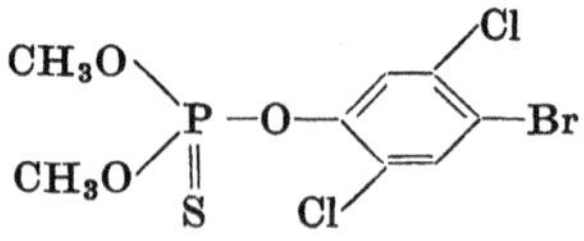

Nexion (Cela).

Fp. 48 bis 52°.
LD_{50}: 3750 mg/kg Ratte.

Tetraäthyl-dithio-pyrophosphat. Sulfotepp. Bladafum (Bayer).

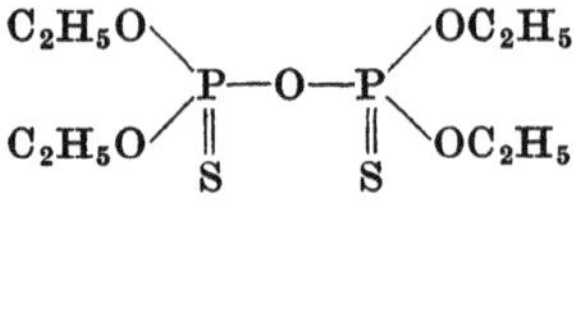

Herstellung. Umsetzung von Diäthylthiono-phosphorylchlorid mit diäthylthionophosphorsaurem Natrium.

Eigenschaften. Gelbliche Flüssigkeit vom Kp.$_1$ 92°, wenig wasserlöslich.

Anwendung. Als Räuchermittel in Gewächshäusern gegen Spinnmilben, Schmier- und Blattläuse, in Champignonkulturen gegen die Champignonfliege.

Toxizität. LD_{50}: 5 mg/kg Ratte.

Tetraäthylpyrophosphat. TEPP. Bladan (Bayer).

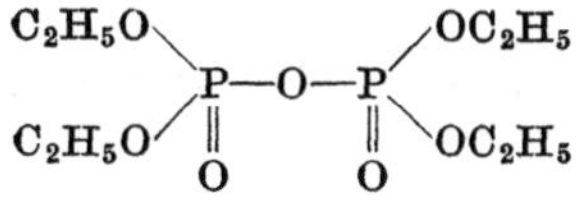

(Kp.$_1$ 124°, mit Wasser mischbare Flüssigkeit von angenehmem Geruch; LD_{50}: 1,12 mg/kg Ratte) wird nur noch im Ausland als Insektizid verwendet.

0,0-Dimethyl-0-(1-carbomethoxy-1-propen-2-yl)-phosphat. Mevinphos. Phosdrin (Shell).

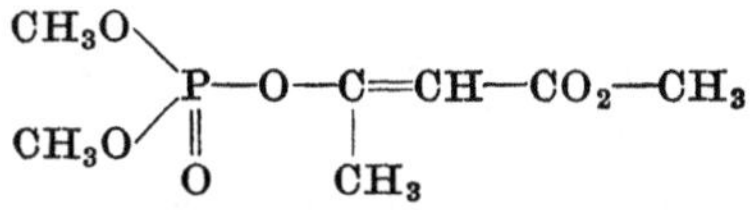

Herstellung. Umsetzung von Trimethylphosphit mit α-Chlor-acetessigsäure-methylester.

Eigenschaften. Mit Wasser mischbare Flüssigkeit vom Kp.$_{0,2}$ 76° und hoher Flüchtigkeit, löslich in Aceton und Benzol.

Anwendung. Gegen beißende und saugende Insekten sowie gegen Spinnmilben. Aufnahme und schneller Abbau durch die Pflanze, geringe Karenzzeit.

Toxizität. LD_{50}: 4 bis 7 mg/kg Ratte.

0,0-Dimethyl-S-(1,2-dicarbäthoxy-äthyl)-dithiophosphat. Malathion (Am. Cyanamid Comp.).

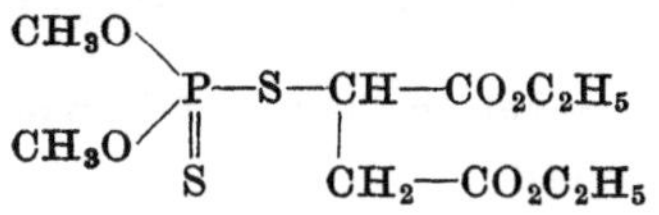

Herstellung. Addition von Dimethyl-dithio-phosphorsäure an Maleinsäurediäthylester.

Eigenschaften. Kohlartig riechende gelbliche Flüssigkeit vom Kp.$_{0,8}$ 146°, löslich in organischen Lösungsmitteln.

Anwendung. Zur Bekämpfung saugender und beißender Insekten sowie Spinnmilben. Wegen der geringen Warmblütertoxizität auch im Hygienesektor (Stubenfliegen) anwendbar.

Toxizität. LD_{50}: 400 bis 2100 mg/kg Ratte, je nach Reinheitsgrad des Präparates.

0,0-Dimethyl-S-(3,4-dihydro-4-oxo-1,2,3-benzotriazin-3-yl-methyl)-dithiophosphat. Azinphos. Gusathion (Bayer).

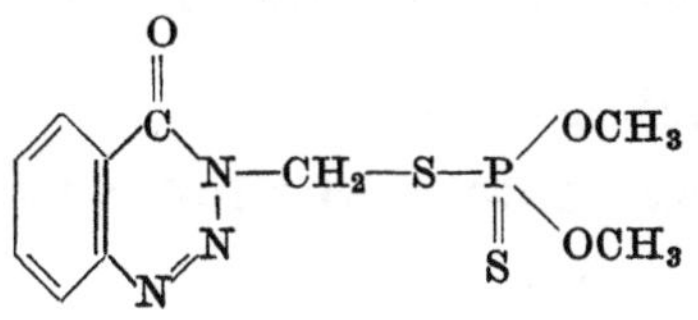

Der entsprechende O,O-Diäthyl-dithiophosphorsäureester ist unter der Bezeichnung Gusathion A im Handel.

Herstellung. Chlormethylierung von Benzazimid und nachfolgende Umsetzung mit dem Ammoniumsalz der Dimethyl-dithio-phosphorsäure.

Eigenschaften. Kristallisat vom Fp. 73 bis 74°, löslich in organischen Lösungsmitteln (Gusathion A schmilzt bei 53°).

Anwendung. Zur Bekämpfung von Insekten und Spinnmilben im Baumwoll-, Citrus- und Obstanbau. Hohe Dauerwirkung.

Toxizität. LD_{50}: 17 mg/kg Ratte (LD_{50} von Gusathion A: 18 mg/kg Ratte).

0,0-Diäthyl-0-(2-isopropyl-4-methyl-pyrimidyl-6-)thionophosphat. Diazinon (Geigy).

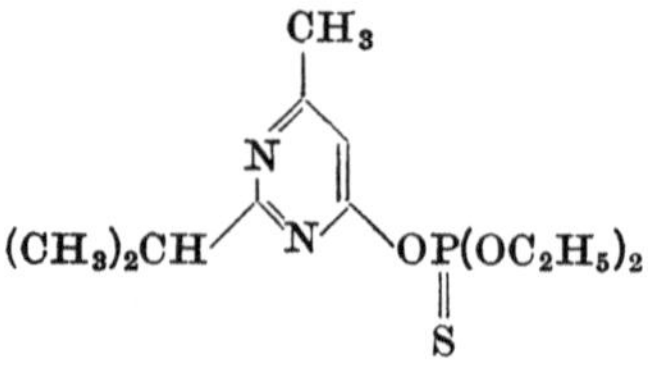

Herstellung. Kondensation von Acetessigester mit Isobutyroamidin zum 2-Isopropyl-4-methyl-6-oxy-pyrimidin und nachfolgende Phosphorylierung mit Diäthyl-thiono-phosphorylchlorid.

Eigenschaften. Gelbliche Flüssigkeit vom $Kp._1$ 125°, leicht löslich in organischen Lösungsmitteln.

Anwendung. Zur Bekämpfung von Insekten und Spinnmilben.

Toxizität. LD_{50}: 108 bis 225 mg/kg Ratte.

0,0-Diäthyl-S-(4-chlorphenyl-thiomethyl-)-dithio-phosphat. Carbophenothion. Trithion (Stauffer, Chemical Comp.).

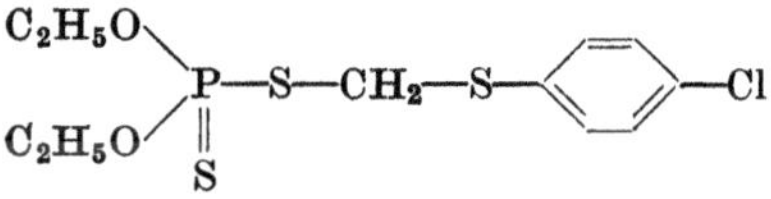

Herstellung. Chlormethylierung von 4-Chlor-thiophenol und nachfolgende Umsetzung mit dem Natriumsalz der Diäthyl-dithio-phosphorsäure.

Eigenschaften. Gelbes wasserunlösliches Öl, vom $Kp._{0,01}$ 130°, löslich in organischen Lösungsmitteln.

Anwendung. Zur Bekämpfung von Insekten und Spinnmilben.

Toxizität. LD_{50}: 30 mg/kg Ratte.

0,0-Dimethyl-(1-hydroxy-2,2,2-trichloräthyl)-phosphonat. Trichlorphon. Dipterex (Bayer).

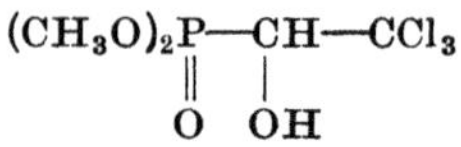

Herstellung. Umsetzung von Dimethylphosphit mit Chloral.

Eigenschaften. Farbloses Kristallisat vom Fp. 83 bis 84°, löslich in Wasser und in den meisten organischen Lösungsmitteln.

Anwendung. Breit anwendbares Mittel mit guter Wirkung gegen beißende Insekten, Dipteren, Wanzen und Zikaden. Auf dem Hygienesektor als Stallspritzmittel und als Ameisenköder.

Toxizität. LD_{50}: 450 bis 625 mg/kg Ratte.

0,0-Dimethyl-0-(2,2-dichlor-vinyl-)phosphat. DDVP. Dichlorphos.

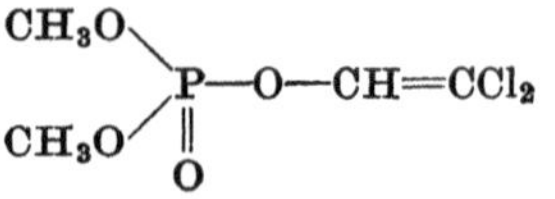

Herstellung. Umsetzung von Chloral mit Trimethylphosphit oder Abspaltung von Chlorwasserstoff aus Trichlorphon mittels Natronlauge, wobei Umlagerung eintritt.

Eigenschaften. Farblose Flüssigkeit von geringer Wasserlöslichkeit mit einem $Kp._1$ von 74°.

Anwendung. Vorwiegend zur Fliegenbekämpfung in geschlossenen Räumen (Tugonteller, Sprühdosen) sowie gegen Gewächshausschädlinge. Im Pflanzenschutz als Insektizid und Akarizid.

Toxizität. LD_{50}: 60 bis 80 mg/kg Ratte.

Octamethyl-pyrophosphorsäure-amid. OMPA. Schradan.

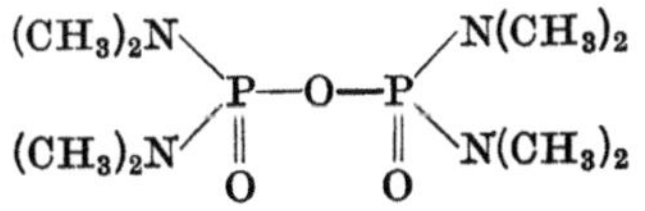

Herstellung. Umsetzung von Phosphoroxychlorid mit Dimethylamin in Gegenwart der erforderlichen Wassermenge. Die Reaktion verläuft hierbei über die Stufe des Bis-(dimethylamino-)-phosphorylchlorids.

Eigenschaften. Farblose Flüssigkeit, löslich in Wasser und den meisten organischen Lösungsmitteln.

Anwendung. Erste organische Phosphorverbindung mit systemischer Wirkung zur Bekämpfung von saugenden Insekten (Blattläuse) und Spinnmilben, heute nur noch von geringer Bedeutung.

Toxizität. LD_{50}: 9 mg/kg Ratte.

O,O-Diäthyl-O-[2-(äthylmercapto)-äthyl]-thiophosphorsäureester. Demeton. Systox (Bayer).

Gemisch aus 70%

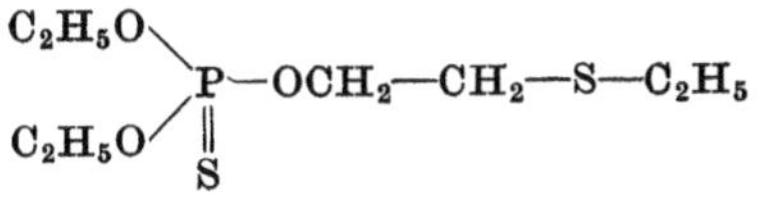

und 30%

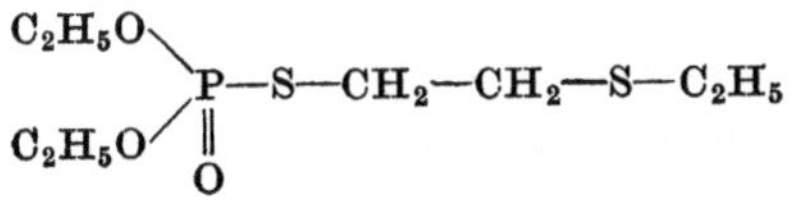

Herstellung. Umsetzung von Diäthylthionophosphorylchlorid mit 2-Äthyl-mercaptoäthanol.

Eigenschaften. Mercaptanartig riechende gelbliche Flüssigkeit, löslich in Wasser und den meisten organischen Lösungsmitteln.

Anwendung. Als Kontakt- und systemisches Insektizid mit guter Pflanzenverträglichkeit gegen saugende Insekten und Spinnmilben im Acker-, Obst-, Wein-, Hopfen- und Zierpflanzenbau sowie in Forstkulturen. Durch Bekämpfung der Blattläuse auch mittelbar wirksam gegen die Rübenvergilbung, Blattrollkrankheit der Kartoffeln und andere Viruskrankheiten.

Toxizität des Isomerengemisches. LD_{50}: 6 bis 12 mg/kg Ratte. Die Verbindung ist sehr flüchtig und wird durch die Haut und durch die Atemorgane gut aufgenommen.

Dem vorstehenden Phosphorsäureester verwandt sind die nachfolgenden Verbindungen:

70%

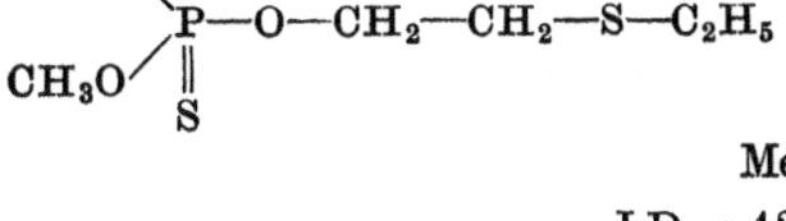

30%

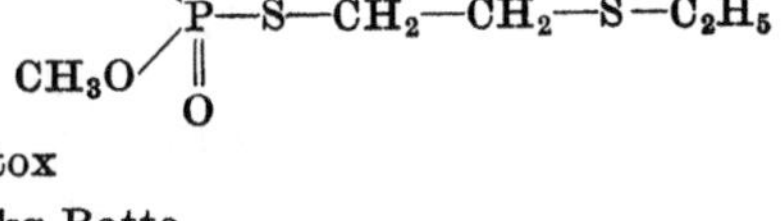

Metasystox

LD_{50}: 120 mg/kg Ratte

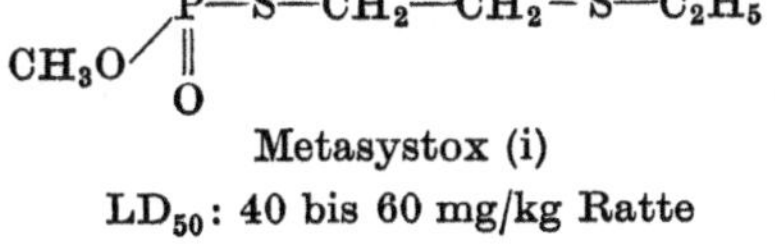

Metasystox (i)

LD_{50}: 40 bis 60 mg/kg Ratte

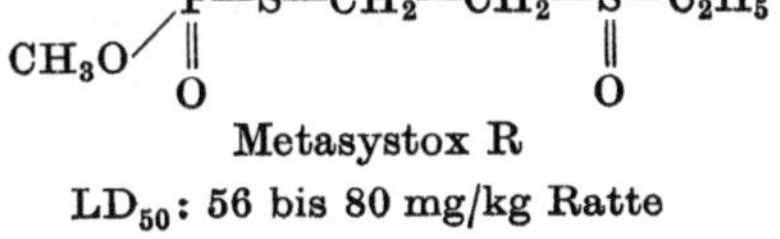

Metasystox R

LD_{50}: 56 bis 80 mg/kg Ratte

Anwendung. Wie bei Systox; die Präparate zeigen eine geringere Flüchtigkeit als Systox; Metasystox ist im Gegensatz zu den anderen Verbindungen dieser Reihe geruchlos.

O,O-Diäthyl-S-2-(äthylmercapto)-äthyl-dithiophosphorsäureester. Disulfoton. Disyston (Bayer).

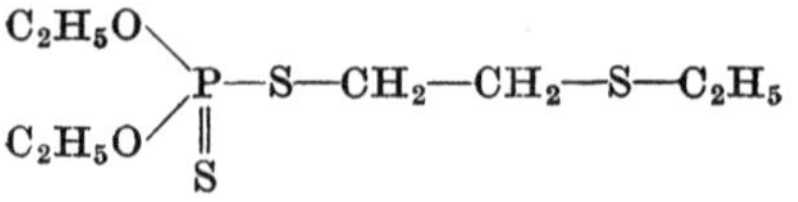

Herstellung. Umsetzung von 2-Äthylmercapto-äthyl-chlorid mit Diäthyl-dithiophosphorsäure.

Eigenschaften. Lauchartig riechende Flüssigkeit vom $Kp._{0,01}$ 62°, löslich in organischen Lösungsmitteln.

Anwendung. Als systemisches Insektizid und Akarizid mit langanhaltender Wirkung. Geeignet zur Saatgutbehandlung.

Toxizität. LD_{50}: 12,5 mg/kg Ratte.

O,O-Dimethyl-O-(1-chlor-1-N-diäthyl-carbaminyl-1-propen-2-yl)-phosphat. Phosphamidon (Ciba).

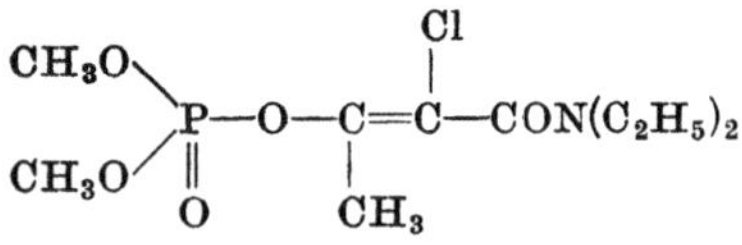

Herstellung. Umsetzung von Trimethylphosphit mit α,α-Dichloracet-essigsäure-diäthylamid.

Eigenschaften. Farb- und geruchlose Flüssigkeit vom $Kp._{0,2}$ 115°, löslich in Wasser und organischen Lösungsmitteln.

Anwendung. Als systemisches Insektizid und Akarizid.

Toxizität. LD_{50}: 16 bis 20 mg/kg Ratte.

O,O-Dimethyl-dithio-phosphor-essigsäure-N-methylamid. Dimethoate. Rogor (Soc. Montecatini).

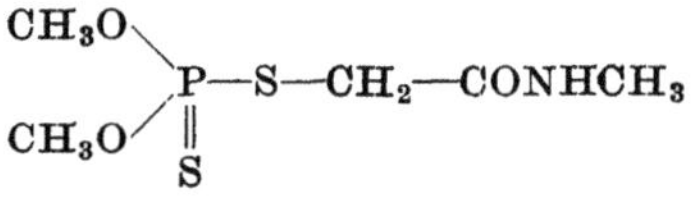

Herstellung. Umsetzung von dimethyldithiophosphorsaurem Kalium mit Bromessigsäuremethylamid.

Eigenschaften. Farbloses Kristallisat vom Fp. 51 bis 52°, löslich in organischen Lösungsmitteln.

Anwendung. Als systemisches Insektizid und Akarizid.

Toxizität. LD_{50}: 400 mg/kg Ratte. Schneller Abbau im Warmblüterorganismus.

O,O-Dimethyl-S-(methyl-carbamoylmethyl)-thiophosphat. Omethoat. Folimat (Bayer).

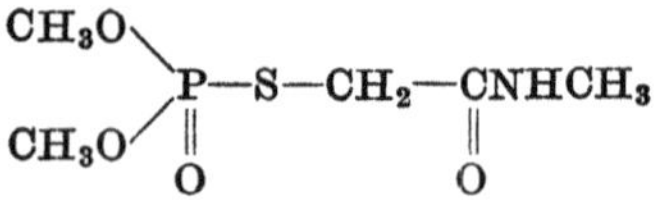

Herstellung. Umsetzung von dimethylmonothiophosphorsaurem Natrium mit Chloressigsäuremonomethylamid.

Eigenschaften. Nicht destillierbares Öl vom n_D^{22} 1,4990; lösl. in W., A. und Aceton.

Anwendung. Als systemisches Akarizid und Insektizid zur Bekämpfung saugender und beißender Schädlinge.

Toxizität. LD_{50}: 55 mg/kg Ratte.

0,0-Diäthyl-S-(N-isopropylcarbamoylmethyl)-dithiophosphat. Prothoate. FAC 20 (Montecatini).

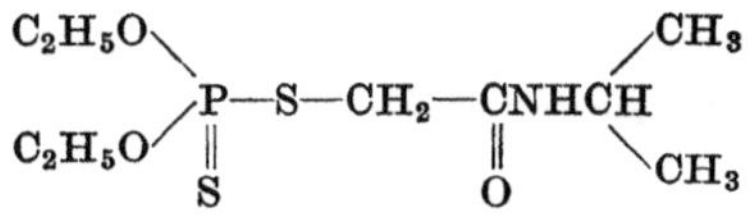

Herstellung. Umsetzung von diäthyldithiophosphorsaurem Natrium mit Chloressigsäureisopropylamid.

Eigenschaften. Farblose Kristalle vom Fp. 23 bis 24°; lösl. in organischen Lösungsmitteln.

Anwendung. Systemisches Indektizid und Akarizid.

Toxizität. LD_{50}: 8 mg/kg.

N-Methyl-5-(0,0-dimethylthiolophosphoryl)-3-thia-2-methyl-valeramid. Vamidothion. Kilval (Rhône-Poulenc).

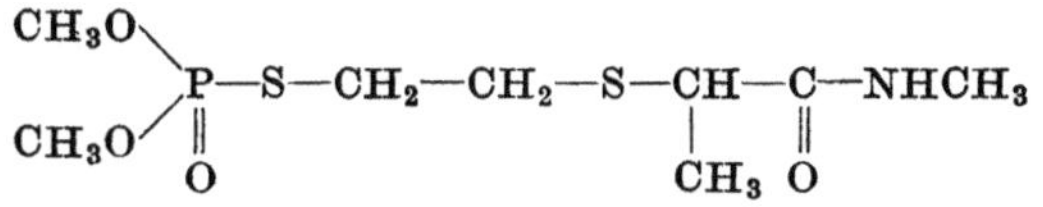

Herstellung. Umsetzung von dimethylthiophosphorsaurem Natrium mit N-Methyl-5-chlor-3-thia-2-methylvaleramid.

Eigenschaften. Die reine Verbindung schmilzt bei 46 bis 48° (Fp. der technischen Ware 33 bis 38°) und ist wasserlöslich.

Anwendung. Systemisches Insektizid und Akarizid mit besonderer Wirkung gegen die Blutlaus.

Toxizität. LD_{50}: 64 mg/kg Ratte.

5. Carbamidsäureester

Die N-Alkyl-carbamidsäureester sind wie die insektizid wirksamen Phosphorsäureester Cholinesterasehemmer, werden allerdings im Gegensatz zu den Phosphorverbindungen fest an das Enzymsystem gebunden. Es ist daher bei Vergiftungen nicht möglich, durch Zugabe von Antidota (wie Atropin oder PAM) die Cholinesterase wieder in Freiheit zu setzen. Die Warmblütertoxizität der einzelnen Carbamidsäureester ist sehr unterschiedlich; sie sind generell bienengefährlich.

1-Isopropyl-3-methyl-pyrazolyl-5-N,N-dimethylcarbamat. Isolan (Geigy).

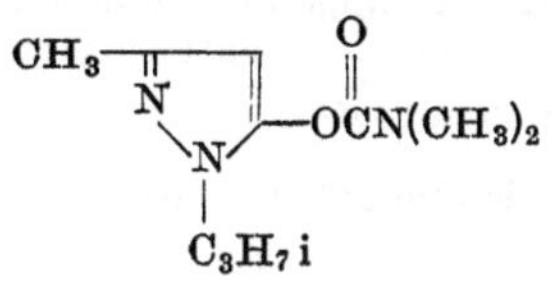

Herstellung. Umsetzung von 1-Isopropyl-3-methyl-pyrazolon-5 mit Dimethyl-carbamidsäurechlorid.

Eigenschaften. Der technische Wirkstoff ist eine rotbraune Flüssigkeit vom $Kp._{0,33}$ 105 bis 107°, löslich in Wasser, Alkohol und Aceton.

Anwendung. Als Mittel zur Bekämpfung saugender Insekten einschließlich Blutlaus und Fliegen.

Toxizität. LD_{50}: 23 mg/kg Ratte. Der Wirkstoff ist sehr flüchtig und besitzt eine große Hauttoxizität.

In ähnlicher Weise wirkt das **1-Phenyl-3-methyl-pyrazolyl-5-N,N-dimethylcarbamat** (Pyrolan; Fp. 50°; LD_{50}: 52 mg/kg Ratte).

2-(N,N-Dimethylcarbamoyl-)3-methyl-pyrazolyl-5-N,N-dimethylcarbamat. Dimetilane (Geigy).

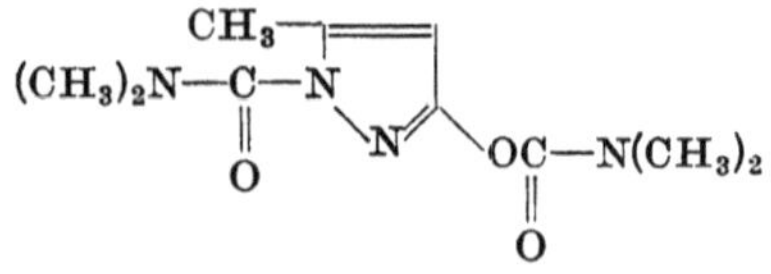

Herstellung. Umsetzung von 3-Methyl-pyrazolon-5 mit 2 Mol Dimethyl-carbamidsäurechlorid.

Eigenschaften. Wasserlösliches Kristallisat vom Fp. 56 bis 57°.

Anwendung. Spezielles Mittel zur Fliegenbekämpfung, insbesondere der gegen chlorierte Kohlenwasserstoffe und Phosphorester resistenten Stämme (Fliegenteller, Fliegenbänder).

Toxizität. LD_{50}: 64 mg/kg Ratte. Die Inhalationstoxizität ist sehr gering.

1-Naphthyl-N-methylcarbamat. Carbaryl. Sevin (Union Carbide Comp.).

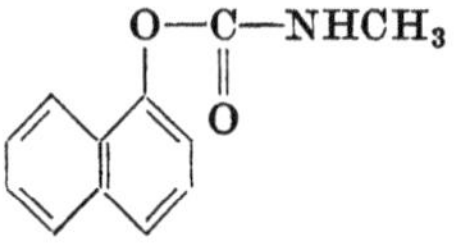

Herstellung. Umsetzung von Methylisocyanat mit 1-Naphthol.

Eigenschaften. Farbloses Kristallisat vom Fp. 142°, löslich in organischen Lösungsmitteln.

Anwendung. Zur Bekämpfung von Raupen, Käfern, Heu- und Sauerwurm im Obst- und Baumwollbau.

Toxizität. LD_{50}: 510 bis 850 mg/kg Ratte. Geringe Inhalationstoxizität.

3,5-Dimethyl-4-methylmercapto-phenyl-N-methylcarbamat. Metmercapturon. Mesurol (Bayer).

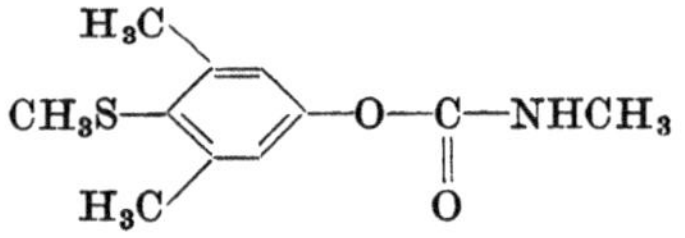

Herstellung. Umsetzung von Methylisocyanat mit 3,5-Dimethyl-4-methyl-mercaptophenol.

Eigenschaften. Farbloses Kristallisat vom Fp. 121°, löslich in organischen Lösungsmitteln.

Anwendung. Zur Bekämpfung von saugenden und beißenden Insekten sowie von Spinnmilben einschließlich der phosphorester-resistenten Stämme.

Toxizität. LD_{50}: 85 bis 130 mg/kg Ratte.

2-Isopropoxy-phenyl-N-methylcarbamat. Propoxur. Baygon. Blattanex. Unden (Bayer).

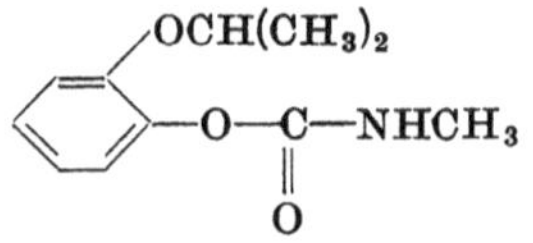

Herstellung. Umsetzung von Methylisocyanat mit 2-Isopropoxyphenol.

Eigenschaften. Farbloses Kristallisat vom Fp. 91,5°, in Wasser schlecht, in organischen Lösungsmitteln gut löslich.

Anwendung. Zur Bekämpfung saugender und beißender Insekten sowie von Hygieneschädlingen, insbesondere Schaben.

Toxizität. LD_{50}: 90 bis 100 mg/kg Ratte.

3-Methyl-4-dimethylamino-phenyl-N-methylcarbamat. Aminocarb. Matacil (Bayer).

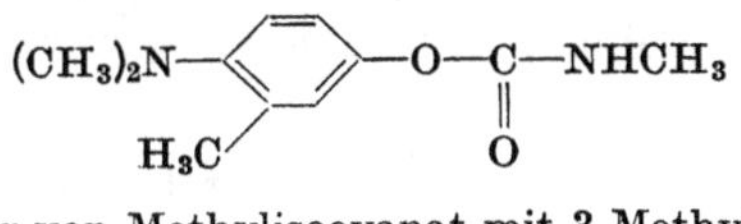

Herstellung. Umsetzung von Methylisocyanat mit 3-Methyl-4-dimethyl-aminophenol.

Eigenschaften. Farbloses Kristallisat vom Fp. 93 bis 94°, löslich in organischen Lösungsmitteln.

Anwendung. Als Insektizid gegen beißende Insekten, insbesondere gegen Raupen im Baumwoll- und Gemüsebau.

Toxizität. LD_{50}: 30 mg/kg Ratte.

In ähnlicher Weise wirkt das **3,5-Dimethyl-4-dimethylamino-phenyl-N-methylcarbamat** [Zectran (Dow Chemical Comp.); Fp. 85°, LD_{50}: 15 bis 63 mg/kg Labortier].

3-Methyl-5-isopropyl-phenyl-N-methylcarbamat. Promecarb. Carbamult (Schering).

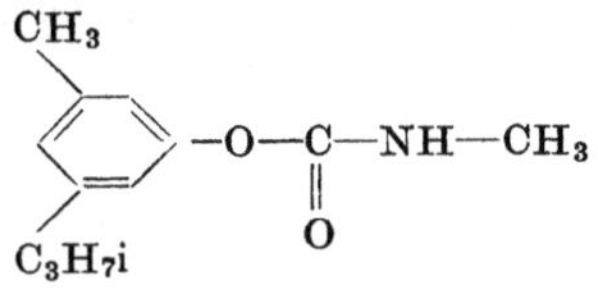

Herstellung. Umsetzung von 3-Methyl-5-isopropylphenol mit Methylisocyanat.

Eigenschaften. Farbloses Kristallisat vom Fp. 87°, lösl. in Aceton.

Anwendung. Gegen beißende Insekten und Käfer.

Toxizität. LD_{50}: 35 mg/kg Ratte.

2-Methyl-2-(methylthio)-propionaldehyd-O-(methylcarbamoyl)-oxim. Temik (Union Carbide).

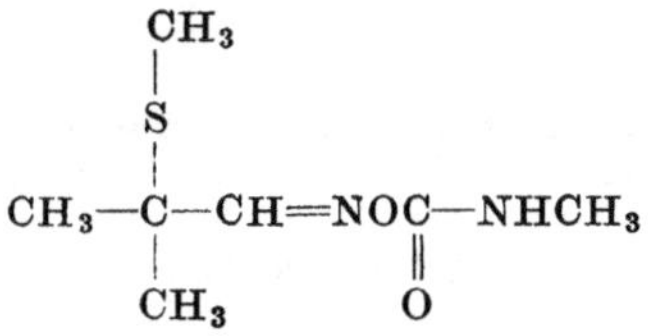

Herstellung. Umsetzung von Methylmercaptan-natrium mit dem dimeren 2-Chlor-2-methyl-1-nitrosopropan zum 2-Methyl-2-methylthio-propionaldehydoxim, an das Methylisocyanat addiert wird.

Eigenschaften. Farbloses Kristallisat vom Fp. 95°, lösl. in Essigsäureäthylester.

Anwendung. Als systemisches Insektizid gegen saugende Insekten. Nebenwirkung gegen Nematoden.

Toxizität. LD_{50}: 1 mg/kg Ratte! Vorsicht!

6. Begasungsmittel

Zur Schädlingsbekämpfung in Gewächshäusern, Lebensmittellagern, Schiffen und Silos sowie zur Bodendesinfektion werden gasförmige Mittel ausgebracht, die den gesamten Raum bzw. den Boden durchdringen sollen. Alle hier aufgeführten Begasungsmittel dürfen aber nur durch konzessionierte Betriebe angewendet werden.

Blausäure. HCN.

Die Blausäure wird in Form von Calciumcyanid oder als Zyklon (Blausäure an Kieselgur unter Zusatz von Bromessigester als Reizstoff) eingesetzt.

Anwendung. Zur Durchgasung von Mühlen und Silos.

Toxizität. Blausäure ist ein hochgiftiges Gas, das auf dem Atemwege und durch die Haut in den Körper eindringt. Die LD_{50} beim Menschen beträgt etwa 1 mg/kg. Bei leichten Vergiftungsfällen genügt Zufuhr frischer Luft, bei schwereren Fällen müssen direkte Sauerstoffzufuhr und künstliche Beatmung durchgeführt werden. Über weitere Angaben vgl. O. R. KLIMMER: „Pflanzenschutz- und Schädlingsbekämpfungsmittel. Abriß einer Toxikologie und Therapie von Vergiftungen“, Hattingen/Ruhr: Hundt-Verlag 1964.

Methylbromid. CH_3Br.

Eigenschaften. Flüssigkeit vom Kp. 4,5° und chloroformartigem Geruch.

Anwendung. Zur Durchgasung von Silos und Speichern.

Toxizität. Durch häufiges Inhalieren und durch Hautresorption treten allmählich irreparable Lungenschäden (Pneumonie) sowie Erregungs- und Lähmungserscheinungen auf.

Phosphorwasserstoff. PH_3.

Eigenschaften. Phosphorwasserstoff ist ein brennbares, nach faulen Fischen riechendes Gas. Er wird meistens in Form von Aluminium-, Calcium- oder Zinkphosphiden angewandt, die bei Anwesenheit von Feuchtigkeit den Phosphorwasserstoff in Freiheit setzen.

Anwendung. Zur Wühlmausbekämpfung in der Landwirtschaft sowie zur Insektenbekämpfung in Silos (Delitia-Verfahren).

Toxizität. Vergiftungen können durch Einatmen des Phosphorwasserstoffes oder durch Verschlucken der Phosphide auftreten. Symptome sind Kopfschmerz, Erbrechen, Durchfälle, Lungenödem. LD_{50} von Zinkphosphid: 45 mg/kg Ratte.

Acrylnitril. $CH_2{=}CH{-}CN$.

Eigenschaften. Flüssigkeit vom Kp. 77,5°, mischbar mit Wasser und organischen Lösungsmitteln.

Anwendung. Zur Durchgasung von Mühlen und Silos.

Toxizität. LD_{50}: 93 mg/kg Ratte. Die Giftaufnahme erfolgt auf dem Atemwege und durch die Haut. Therapie wie bei einer Cyanidvergiftung.

Äthylenoxid.

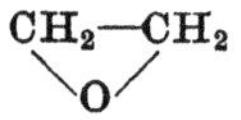

Eigenschaften s. S. 1136.

Anwendung. Zur Raumbegasung.

Toxizität. Äthylenoxid wird durch Einatmen und von der Haut aufgenommen. Es verursacht starke Reizerscheinungen, Kopfschmerzen, Übelkeit, Cyanose und Lungenödem.

Insektenrepellents

Die Insektenrepellents werden vornehmlich auf dem Hygienesektor zum Schutz von Mensch und Tier vor Insektenbefall eingesetzt. Die gebräuchlichsten Wirkstoffe sind:

3-Toluylsäure-diäthylamid. Delphen (Hercules Powder Comp.).

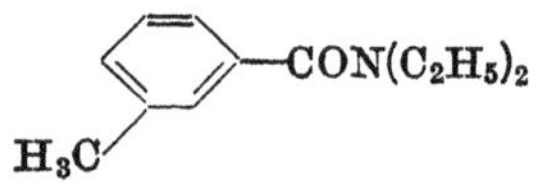

Herstellung. Umsetzung von 3-Toluylchlorid mit Diäthylamin.

Eigenschaften. In Alkoholen lösliche Flüssigkeit vom $Kp._1$ 111°.

Anwendung. Als Repellent bei Stechmücken.

Toxizität. LD_{50}: 2000 mg/kg Ratte.

Bernsteinsäure-di-n-butylester. Tabutrex (Glenn Chem. Comp.).

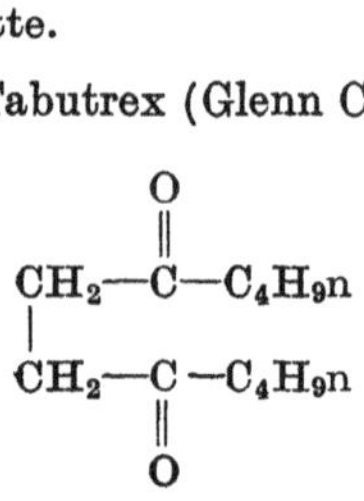

Herstellung. Veresterung von Bernsteinsäure mit Butanol.

Eigenschaften. Eine in organischen Lösungsmitteln lösliche Flüssigkeit vom $Kp._4$ 108°.

Anwendung. Als Repellent bei verschiedenen Insekten einschließlich Stechfliegen.

Toxizität. LD_{50}: 8000 mg/kg Ratte.

3,4-Dihydro-2,2-dimethyl-4-oxo-2-H-pyran-6-carbonsäure-n-butylester. Indalon (Fairfield Chem. Comp.).

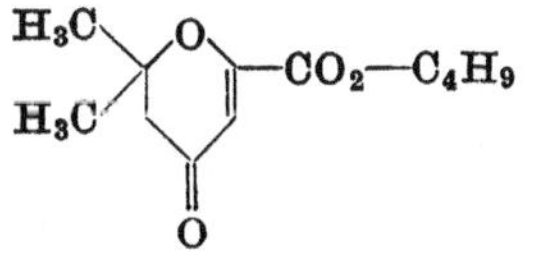

Herstellung. Umsetzung von Oxalsäure-di-n-butylester mit Mesityloxid in Gegenwart von Natriumalkoholat.

Eigenschaften. Flüssigkeit vom Kp. 256 bis 270°, löslich in organischen Lösungsmitteln.

Anwendung. Als Repellent bei Fliegen und Stechmücken.

Toxizität. LD_{50}: 7,4 ml/kg Ratte.

2,5-Pyridin-dicarbonsäure-di-n-propylester. MGK-Repellent 326.

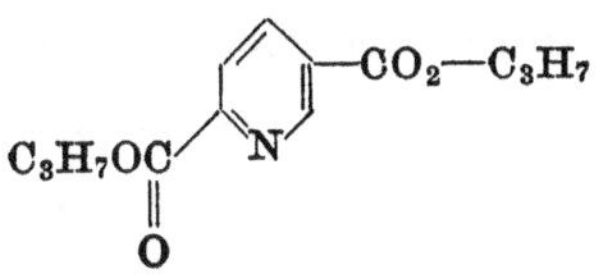

Herstellung. Oxydation von 2-Methyl-5-äthylpyridin zur Isocinchomeronsäure und nachfolgende Veresterung mit Propanol.

Eigenschaften. Flüssigkeit vom Kp. 186 bis 187°.

Anwendung. Als Fliegenrepellent.

Toxizität. Sehr geringe Warmblütertoxizität.

2,3; 4,5-Bis-(Δ^2-butenylen)-tetrahydrofurfurol. MGK-Repellent 11.

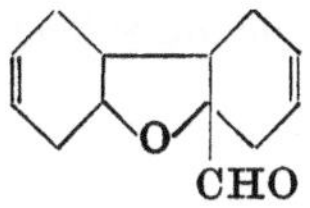

Herstellung. Addition von 2 Mol Butadien an Furfurol bei erhöhter Temperatur.

Eigenschaften. Gelbliche Flüssigkeit vom Kp. 307°.

Anwendung. Als Fliegenrepellent.

Toxizität. LD_{50}: 2500 mg/kg Ratte.

D. Akarizide

Unter Akariziden versteht man Mittel zur Bekämpfung von Milben, insbesondere von Spinnmilben.

Die Spinnmilben gehören zu den Gliederfüßlern (Arthropoden), zeichnen sich durch eine starke Vermehrung aus (bis zu etwa 10 Generationen innerhalb einer Vegetationsperiode) und können beträchtliche Blattschäden im Obst-, Wein-, Gemüse-, Hopfen- und Zierpflanzenbau sowie in Gewächshauskulturen verursachen. Sie sind besonders in den letzten Jahren zu einer drohenden Gefahr für die Landwirtschaft geworden, da

1. verschiedene Insektizide, wie z.B. die chlorierten Kohlenwasserstoffe gegen Spinnmilben bzw. deren Eier unwirksam sind,

2. ihre natürlichen Feinde unter den Insekten (z.B. Raubwanze, Marienkäfer, Kurzflügler) durch die Anwendung von Insektiziden stark dezimiert worden sind und

3. in Folge ihrer schnellen Vermehrung in starkem Maße Resistenzerscheinungen aufgetreten sind, die einen Ersatz bzw. eine chemische Abwandlung der gebräuchlichen Akarizide erforderlich machen (z.B. gibt es phosphorsäureester-resistente Spinnmilbenrassen, bei denen die meisten phosphororganischen Verbindungen in den üblichen Anwendungskonzentrationen nicht mehr hinreichend wirksam sind).

Geschichtliches. Bis vor etwa 20 Jahren bekämpfte man die Spinnmilben noch in ihrem überwinternden Eistadium durch Anwendung von sogenannten Winterspritzmitteln auf Basis von Dinitro-o-kresol und Mineralölen; im Sommer verwendete man dann zur Vernichtung der beweglichen Stadien zusätzlich Schwefel bzw. Schwefel-Kalk-Brühen. Unter den modernen Verbindungsgruppen zeichneten sich zunächst einige organische Phosphorsäureester durch eine gute akarizide Wirksamkeit aus. Das Auftreten von resistenten Spinnmilbenrassen machte einen Übergang zu phosphorfreien Wirkstoffen erforderlich. Da auch hier mit schnellen Resistenzerscheinungen gerechnet werden muß, ist die Entwicklung neuer Akarizide eine Notwendigkeit.

Akarizide Wirkstoffe, die bereits in den vorstehenden Kapiteln berücksichtigt worden sind:

Bei den Fungiziden: Schwefel, Dinocap, Binapacryl, Chinomethionat, Wepsyn.

Bei den Insektiziden:

a) Phosphorester: Parathion, Methylparathion, Fenitrothion, Chlorthion, Fenthion, Sulfotepp, Mevinphos, Malathion, Azinphos, Diazinon, Carbophenothion, OMPA, Systox, Metasystox, Metasystox (i), Metasystox R, Disyston, Phosphamidon, Dimethoate.

b) Carbamidsäureester: Metmercapturon.

Spezielle akarizide Wirkstoffe

1. Phosphorsäureester

O,O-Diäthyl-S-(2,5-dichlorphenyl-mercaptomethyl)-dithiophosphat. Phencapton (Geigy)

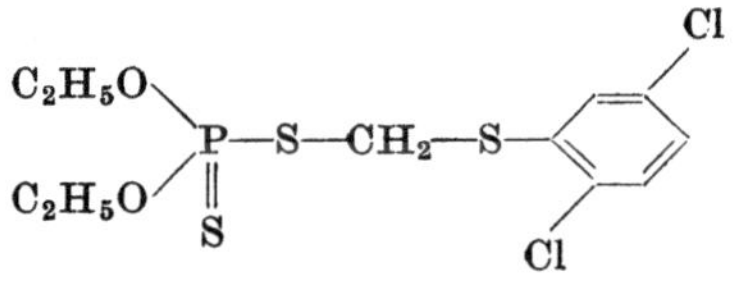

Herstellung. Umsetzung von 2,5-Dichlorphenyl-chlormethyl-thioäther mit diäthyl-dithiophosphorsaurem Natrium.

Eigenschaften. Nicht ohne Zersetzung destillierbare Flüssigkeit, löslich in organischen Lösungsmitteln.

Anwendung. Wirksam bei allen Stadien der Spinnmilben einschließlich der Eier, geringer insektizider Effekt.

Toxizität: LD_{50}: 182 mg/kg Ratte.

Die zugehörige 4-Chlorphenyl-Verbindung ist unter der Bezeichnung Trithion (Stauffer) als Akarizid entwickelt worden (LD_{50}: 30 mg/kg Ratte).

2. Schwefelfreie Derivate von chlorierten Aromaten

Bis-(4-chlor-phenoxy)-methan. Neotran (Dow Chem. Comp.).

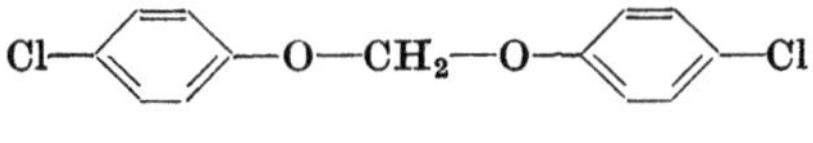

Herstellung. Umsetzung von Methylenchlorid mit 4-Chlorphenol-natrium.

Eigenschaften. Kristallisat vom Fp. 65°, löslich in Aceton und aromatischen Kohlenwasserstoffen.

Anwendung. Spezielles Ovizid, wirksam auch gegen die beweglichen Stadien.

Toxizität. LD_{50}: 5800 mg/kg Ratte.

1,1-Bis(4-chlorphenyl)-2,2,2-trichloräthanol. Dicofol. Kelthane (Rohm u. Haas).

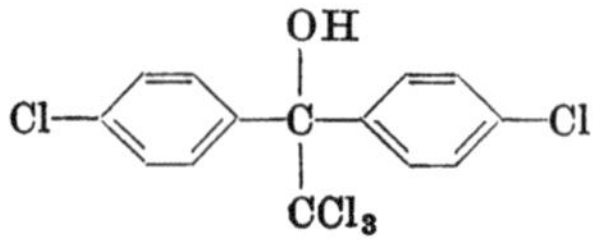

Herstellung. Verseifung von 1,1-Bis(4-chlorphenyl)-1,2,2,2-tetrachloräthan mit 90%iger Ameisensäure in Gegenwart von Toluolsulfosäure.

Eigenschaften. Farbloses Pulver vom Fp. 77 bis 78°, löslich in organischen Lösungsmitteln.

Anwendung. Breit anwendbares Akarizid von guter Pflanzenverträglichkeit; keine ovizide Wirkung.

Toxizität. LD_{50}: 730 mg/kg Ratte.

4,4'-Dichlorbenzilsäure-äthylester. Chlorbenzilat (Geigy).

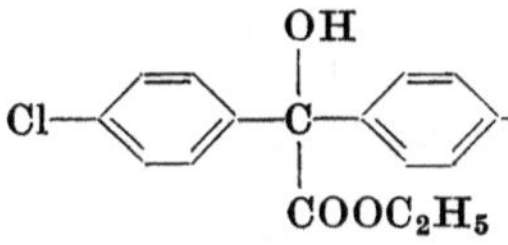

Herstellung. Veresterung der 4,4'-Dichlorbenzilsäure mit Diäthylsulfat.

Eigenschaften. Gelbliches Öl vom $Kp._{0,06}$ 141 bis 142°, löslich in organischen Lösungsmitteln.

Anwendung. Mittel zur Bekämpfung aller Stadien, vornehmlich der beweglichen.

Toxizität. LD_{50}: 3200 mg/kg Ratte.

3. Schwefelhaltige Derivate von chlorierten Aromaten

2,4,4',5-Tetrachlordiphenylsulfid. Tetrasul. Animert V 101 (Philips Duphar).

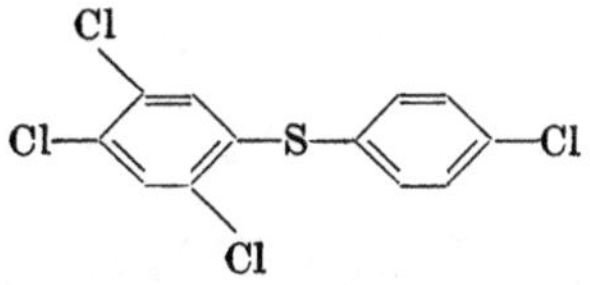

Herstellung. Umsetzung von 4-Chlor-thiophenol-natrium mit 1,2,4,5-Tetrachlorbenzol.

Eigenschaften. Cremefarbenes Kristallisat vom Fp. 80 bis 87°, löslich in Aceton.

Anwendung. Mittel mit besonderer Wirkung gegen Larven und Eier einschließlich der Wintereier.

Toxizität. LD_{50}: 6800 mg/kg Ratte.

4-Chlorphenyl-4-chlorbenzyl-sulfid. Chlorbenside. Chlorparacide (Boots Pure Drug Comp.).

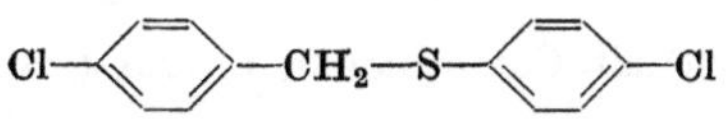

Herstellung. Umsetzung von 4-Chlorbenzylchlorid mit 4-Chlor-thio-phenol.

Eigenschaften. Farbloses Kristallisat vom Fp. 72°, löslich in Aceton und aromatischen Kohlenwasserstoffen.

Anwendung. Gute und anhaltende Wirkung gegen Larven und Eier; nur gering wirksam bei den Adulten.

Toxizität. LD_{50}: Oberhalb 10000 mg/kg Ratte.

2,4,4',5-Tetrachlordiphenylsulfon. Tetradifon. Tedion (Philips Duphar).

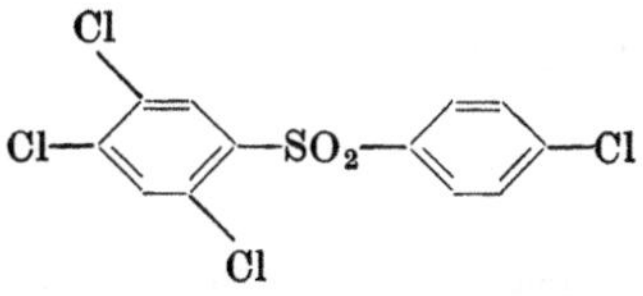

Herstellung. Kondensation von 2,4,5-Trichlorbenzol-sulfosäurechlorid mit Chlorbenzol in Gegenwart von Aluminiumchlorid.

Eigenschaften. Kristallisat vom Fp. 145 bis 146°, löslich in Chloroform und aromatischen Kohlenwasserstoffen.

Anwendung. Mittel mit guter Dauerwirkung gegen Larven und Eier; nur wenig wirksam bei den adulten Formen und bei Insekten.

Toxizität. LD_{50}: oberhalb 15000 mg/kg Ratte.

Ähnlich wie Tetradifon wirkt das chemisch verwandte **4-Chlor-diphenyl-sulfon** (Fp. 90°; LD_{50}: 14000 mg/kg Ratte).

Aromatische Sulfosäurearylester.

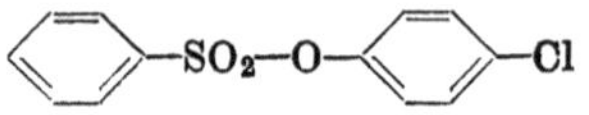

Fenson

Fp. 61 bis 62°

LD_{50}: 1350 mg/kg Ratte

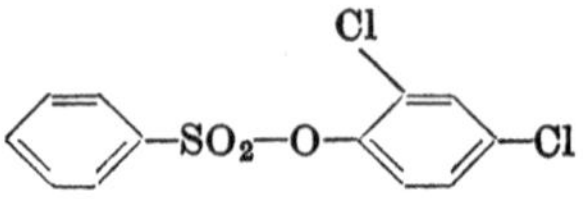

Genite

Fp. 42°

LD_{50}: 1400 mg/kg Ratte

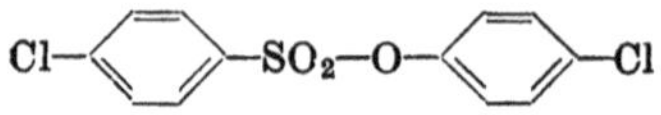

Chlorfenson

Ovotran (Dow Chem. Comp.)

Fp. 86°

LD_{50}: 2050 mg/kg Ratte

Die Präparate wirken bei Larven und Eiern und haben eine geringe Adultenwirkung.

Herstellung. Umsetzung von Benzol- bzw. 4-Chlor-benzol-sulfochlorid mit 4-Chlor- bzw. 2,4-Dichlor-phenol-natrium.

2-(4-tert.-Butyl-phenoxy)-isopropyl-2′-chloräthylsulfit. Aramite (US Rubber).

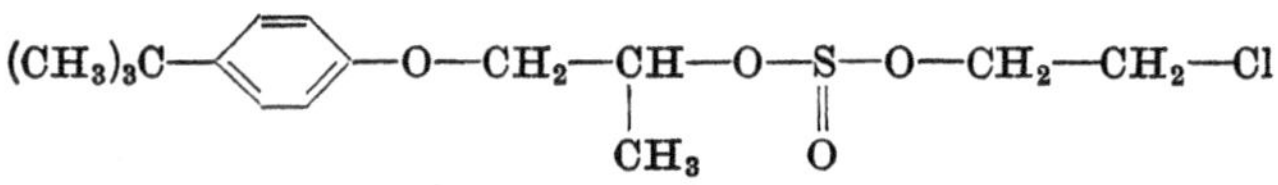

Herstellung. Umsetzung von Chlorsulfinsäure-(2-chloräthylester) mit dem aus 4-tert.-Butylphenol und Propylenglykol zugänglichen 2-(4-tert.-Butylphenoxy)-isopropanol.

Eigenschaften. Das technische Produkt ist eine braune Flüssigkeit mit etwa 90% Wirkstoffgehalt und mischbar mit den meisten organischen Lösungsmitteln. Die reine Verbindung siedet bei 175°/0,1 mm.

Anwendung. Gute Wirkung gegen alle beweglichen Stadien bei geringer ovizider Wirkung.

Toxizität. LD_{50}: 3900 mg/kg Ratte.

4. Sonstige Verbindungen

Chinoxalin-2,3-trithiocarbonat. Chinothionat. Eradex (Bayer).

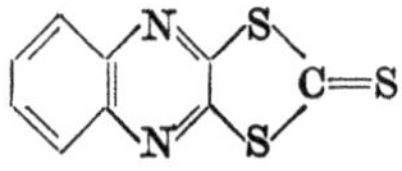

Herstellung. Umsetzung von 2,3-Dimercapto-chinoxalin mit Thiophosgen.

Eigenschaften. Bräunliches Pulver vom Fp. 180°, schwer löslich in organischen Lösungsmitteln, wie Alkohol und Aceton.

Anwendung. Gute und langandauernde Wirkung bei allen Stadien, speziell auch bei phosphoresterresistenten Rassen.

Toxizität. LD_{50}: 1800 mg/kg Ratte.

E. Nematizide

Unter Nematiziden versteht man Mittel zur Bekämpfung von phytopathogenen Nematoden. Es handelt sich hierbei um freilebende oder nichtfreilebende Fadenwürmer bzw. Älchen, die im Boden oder in der Pflanze vorkommen.

Nach ihrer wirtschaftlichen Bedeutung kann man die Nematoden in folgende Gruppen einteilen:

1. Wurzelgallennematoden (Meloidogyne spec.)
   an Tomaten, Gurken, Tabak und Baumwolle.
2. Freilebende Wurzelnematoden
   a) Endoparasitisch (Pratylenchus spec.)
   b) Ektoparasitisch (Rotylenchus, Paratylenchus, Hoplolaimus spec.)
      an Getreide, Baumwolle, Citrus, Kaffee, Tee, Baumschulen und Zierpflanzen.
3. Cystenbildende Nematoden (Heterodera spec.)
   an Kartoffeln, Rüben, Kohl, Hafer und Klee.
4. Blattnematoden (Aphelenchoides spec.)
   an Chrysanthemen, Gloxinien, Erdbeeren und Reis.
5. Stengelnematoden (Ditylenchus spec.)
   an Roggen, Klee, Futterrüben und Zwiebeln.

Die Nematodenbekämpfungsmittel müssen möglichst gleichmäßig in den Boden eingebracht bzw. eingearbeitet werden; dies geschieht:

a) durch Ausbringung in Form eines Granulates oder Pulvers und durch nachfolgendes mechanisches Einarbeiten (Einfräsen),
b) durch Verspritzen einer wäßrigen Lösung oder Emulsion,
c) mittels Injektoren in gewissen regelmäßigen Abständen (etwa 30 cm); hierzu eignen sich nur Verbindungen, die sich über die Gasphase im Boden verteilen (Gase, leicht siedende Flüssigkeiten).

Da die meisten Nematizide auch die Kulturpflanzen in gewissem Maße schädigen, muß zwischen der Bodenbehandlung und der Aussaat bzw. Anpflanzung der Kulturpflanze eine bestimmte Frist (Karenzzeit) eingehalten werden, deren Dauer außer von den speziellen Mitteln auch von Bodenart und Klima abhängig ist.

Die wichtigsten Nematodenbekämpfungsmittel sind:

1. Halogenierte Kohlenwasserstoffe

Gemisch aus 1,3-Dichlorpropen und 1,2-Dichlorpropan (2 : 1). Shell D-D.

$$CHCl{=}CH{-}CH_2Cl + CH_2Cl{-}CHCl{-}CH_3$$

Herstellung. Nebenprodukte bei der Glycerinherstellung aus Propylen.

Eigenschaften. Dunkel gefärbte Flüssigkeit vom Siedebereich 90 bis 160°, unlösl. in W.

Anwendung. Mittel gegen freilebende, wurzelgallen- und cystenbildende Nematoden unter Einhaltung einer Karenzzeit.

Toxizität. LD_{50}: 140 bis 300 mg/kg Ratte; schleimhautreizend.

1,2-Dibrom-3-chlorpropan. Nemagon (Shell).

$$CH_2Br{-}CHBr{-}CH_2Cl$$

Herstellung. Bromaddition an Allylchlorid.

Eigenschaften. Wasserunlösliche Flüssigkeit, vom Kp. 196°.

Anwendung. Wie D-D, besonders bei Rüben- und Kartoffelnematoden.

Toxizität. LD_{50}: 173 mg/kg Ratte; schleimhautreizend.

In ähnlicher Weise wirken Methylbromid und 1,2-Dibromäthan.

2. Methylsenföl und Methylsenföl-Abspalter

Methylsenföl. Trapex (Schering AG).

$$CH_3{-}N{=}C{=}S$$

Herstellung. Umsetzung eines N-methyldithiocarbamidsauren Salzes mit Phosgen in wäßriger Lösung.

Eigenschaften. Stechend riechende Kristallmasse vom Fp. 35° und Kp. 118°, lösl. in organischen Lösungsmitteln.

Anwendung. Universalmittel gegen alle Nematodenarten unter Einhaltung einer Karenzzeit mit Nebenwirkungen gegen Bodenpilze und Unkrautsamen (Bodenentseuchung).

Toxizität. LD_{50}: 95 mg/kg Ratte; stark haut- und schleimhautreizend.

N-Methyldithiocarbamidsaures Natrium. Metam. Vapam (Stauffer Chem. Comp.).

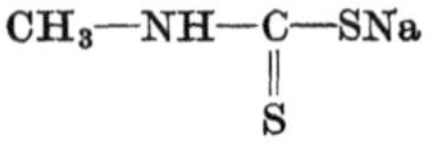

Herstellung. Umsetzung von Methylamin mit Schwefelkohlenstoff in wäßriger Natronlauge.

Eigenschaften. Der Wirkstoff ist nur haltbar als 20- bis 40%ige wäßrige Lösung.

Anwendung. Wie Methylsenföl.

Toxizität. LD_{50}: 820 mg/kg Ratte; haut- und schleimhautreizend.

3,5-Dimethyl-tetrahydro-1,3,5-thiadiazin-2-thion. Dazomet. Mylon (Union Carbide).

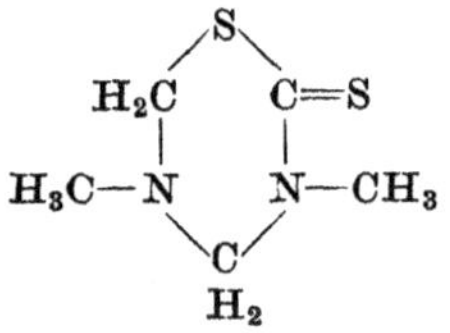

Herstellung. Umsetzung von Methylamin mit Schwefelkohlenstoff und Formaldehyd.

Eigenschaften. Farb- und geruchlose Kristalle vom Fp. 99,5°, unlösl. in W. ,lösl. in Aceton und Chlf.

Anwendung. Wie Methylsenföl.

Toxizität. LD_{50}: 650 mg/kg Ratte.

3. Phosphorsäureester

Von den unter den Insektenbekämpfungsmitteln (vgl. S. 463ff.) beschriebenen Phosphorsäureestern wirkt E 605 gegen Blattnematoden.

O,O-Diäthyl-O-(2,4-Dichlorphenyl)-thionophosphat. Dichlorfenthion. VC 13 (Virginia – Carolina).

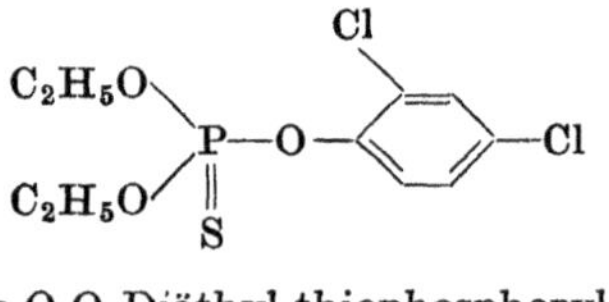

Herstellung. Umsetzung von O,O-Diäthyl-thiophosphorylchlorid mit 2,4-Dichlorphenolnatrium.

Eigenschaften. Wasserunlösliches Öl, vom $Kp._{0,2}$ 120 bis 123°, lösl. in organischen Lösungsmitteln.

Anwendung. Mittel gegen freilebende Nematoden.

Toxizität. LD_{50}: 270 mg/kg Ratte.

O,O-Diäthyl-O-(2-pyrazinyl)-thionophosphat. Thionazin. Zinophos (American Cyanamide).

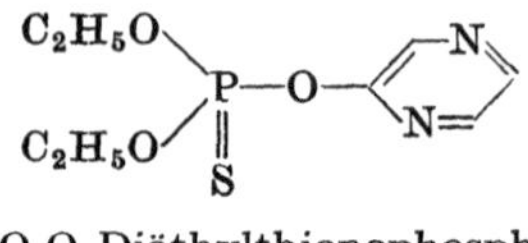

Herstellung. Umsetzung von O,O-Diäthylthionophosphorylchlorid mit Pyrazinol.

Eigenschaften. Flüssigkeit von geringer Wasserlöslichkeit, mischbar mit organischen Lösungsmitteln.

Anwendung. Mittel gegen freilebende, cystenbildende und Wurzelgallennematoden mit systemischer Wirkung.

Toxizität. LD_{50}: 12 mg/kg Ratte.

0,0-Diäthyl-0-(4-methylsulfinylphenyl)-thionophosphat. Fensulfothion. Terracur P (Bayer).

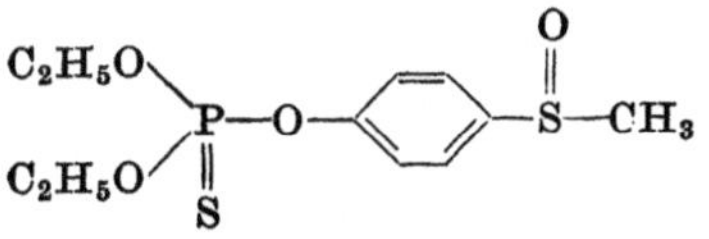

Herstellung. Oxydation von 0,0-Diäthyl-0(-4-methylmercaptophenyl)-thionophosphat mit Wasserstoffperoxid in Methanol.

Eigenschaften. Gelbliche Flüssigkeit vom $Kp._{0,01}$ 138 bis 141°, lösl. in organischen Lösungsmitteln.

Anwendung. Als Mittel gegen Stengelnematoden bei Rüben sowie als Nematizid in Rosenkulturen und Baumschulen.

Toxizität. LD_{50}: 1,16 bis 2,45 mg/kg Ratte.

F. Rodentizide

Rodentizide sind Mittel zur Bekämpfung von schädlichen Nagetieren (Rodentia), insbesondere von Ratten und Mäusen.

Die nachfolgende Übersicht enthält die wichtigsten Nagetiere mit Angabe der Bekämpfungsmittel.

Tierart	Bekämpfungsmittel
I. Mäuse (Muridae)	
1. Langschwanzmäuse (Murinae)	
Hausratte (Rattus rattus) Wanderratte (Rattus norvegicus)	Thalliumsulfat, Cumarinpräparate[1], Strychnin, Promurit, Raticate, Zinkphosphid
Hausmaus (Mus musculus)	Thalliumsulfat, Cumarinpräparate, Strychnin, Zinkphosphid
2. Kurzschwanzmäuse (Microtinae)	
Feldmaus (Microtus arvalis)	Toxaphen, Endrin, Zinkphosphid, Castrix
Erdmaus (Microtus agrestis)	Toxaphen, Endrin, Zinkphosphid
Große Wühlmaus (Arvicola terrestris)	Thalliumsulfat, Calcium-, Aluminium- und Zinkphosphid
II. Taschenratten (Geomyoidae)	
Gopherarten	Strychnin
III. Spezielle Bekämpfungen	
Wildkaninchen (in Australien) Ziesel (in Rußland) Erdhörnchen (in Amerika)	Strychnin

Je nach den örtlichen Gegebenheiten sind bei einer Nagetierbekämpfung verschiedene Anwendungsmethoden erforderlich:

1. Im Felde werden entweder ganze Flächen behandelt (Spritzbrühen), oder es werden Köder ausgelegt.

2. In Haus und Hof werden die Rodentizide als Streumittel (die orale Aufnahme erfolgt hier beim Sichputzen der Tiere) oder in Form eines Köders ausgebracht.

[1] Bei der Verwendung von Cumarinpräparaten ist gegenüber der Wanderratte die etwa 10fache Dosis erforderlich.

3. In geschlossenen Räumen (Silos, Schiffe) oder den unterirdischen Bauten der Schadnager wird eine Begasung durchgeführt.

4. Zur Wühlmausbekämpfung bringt man in die Gänge granuliertes Calcium- oder Aluminiumphosphid ein; oft werden aus Sicherheitsgründen auch Brennsätze verwendet, bei denen Calciumphosphat unter reduzierenden Bedingungen in Calciumphosphid übergeführt wird; aus den Phosphiden bildet sich dann durch Feuchtigkeitseinfluß Phosphorwasserstoff.

Mit Ausnahmen der langsam wirkenden Anticoagulantien auf Cumarin- und Indandionbasis, die ihre volle Wirkung erst bei mehrfacher Aufnahme entfalten, sind alle anderen Rodentizide „Starkgifte" mit rasch einsetzender Wirkung, so daß bei behandelten Rattenpopulationen schon nach kurzer Zeit eine Gift- oder Köderscheu als Abwehrreaktion einsetzt; dadurch ist eine Totalbekämpfung oft in Frage gestellt.

Geschichtliches. In früherer Zeit benutzte man Arsenik, Phosphor sowie die Meerzwiebel zur Nagetierbekämpfung. 1920 wurde als erstes synthetisches Rodentizid das 3-Methylxanthin eingeführt. Ab 1921 folgten die Arbeiten über Thalliumverbindungen; 1930 wurde Zinkphosphid in den Handel gebracht, und 1937 wurde die rodentizide Wirkung des Chlordimethylaminopyrimidins aufgefunden. Nach dem zweiten Weltkrieg erschien dann das erste Rodentizid aus der Reihe der Anticoagulantien (Warfarin).

Rodentizide Wirkstoffe

1. Anorganische Mittel

Thalliumsulfat. Tl_2SO_4.

Eigenschaften. Farblose Kristalle vom Fp. 632°, bis zu etwa 4,5% wasserlösl.

Anwendung. Zur Bekämpfung von Ratten, Haus- und Wühlmäusen in Form von Ködern.

Toxizität. LD_{50}: 16 mg/kg Wanderratte. Tödliche Dosis beim Menschen etwa 1 bis 1,5 g. Gegenmittel bei Vergiftungen: Medizinalkohle, Brechmittel und Magenspülungen.

Zinkphosphid (vgl. auch unter Phosphorwasserstoff). Zn_3P_2.

Eigenschaften. Graues Pulver vom Fp. 420°, lösl. in Bzl. und Schwefelkohlenstoff, zersetzt sich bei Feuchtigkeitseinfluß langsam unter PH_3-Entwicklung. Im sauren Medium des Magens erfolgt die Zersetzung rasch.

Anwendung. Zur Bekämpfung von Ratten, Hausmäusen sowie von Feld-, Erd- und Wühlmäusen.

2. Naturstoffe

Strychnin (s. dazu Strychnos).

Anwendung. Zur Bekämpfung von Langschwanzmäusen, Taschenratten, Ziesel, Erdhörnchen und Wildkaninchen.

Toxizität. LD_{50}: 1 bis 10 mg/kg Ratte.

Scillirosid (s. dazu Scilla).

Herstellung. Extrakte der roten Meerzwiebel (Scilla maritima).

Eigenschaften. Kristallisat vom Fp. 168 bis 170°, lösl. in A.

Anwendung. Zur Ratten- und Mäusebekämpfung in Spezialfällen.

Toxizität. Je nach Herkunft und Reinheit der Extrakte LD_{50} zwischen 100 und 600 mg Meerzwiebelextrakt/kg Ratte. Für reines Scillirosid beträgt die LD_{50} 0,5 bis 0,7 mg/kg Ratte.

3. Organische Starkgifte

Natriumfluoracetat. FCH_2COONa Compound 1080.

Eigenschaften. Hygroskopische Verbindung, die sich bei etwa 200° zersetzt.

Anwendung. Zur Bekämpfung von Ratten. Die Anwendung dieser Verbindung ist in Deutschland verboten.

Toxizität. LD_{50}: 0,22 mg/kg Ratte.

1-Naphthylthioharnstoff. ANTU.

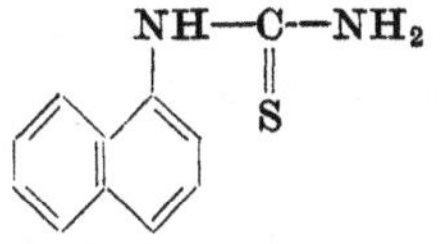

Herstellung. Umsetzung von 1-Naphthylamin mit Ammoniumrhodanid.

Eigenschaften. Kristallisat vom Fp. 198°, lösl. in A. und Aceton.

Anwendung. Zur Bekämpfung von Wanderratten.

Toxizität. LD_{50}: 5 bis 9 mg/kg Wanderratte, 500 mg/kg Hausratte.

3,4-Dichlorbenzol-diazothioharnstoff. Chlor-Promurit. Muritan (Bayer).

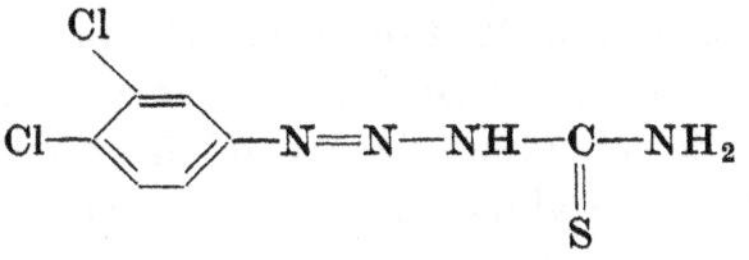

Herstellung. Behandlung von 3,4-Dichlorbenzol-diazocyanamid-natrium und Natriumhydrogensulfid in wäßriger Lösung mit überschüssigem Kohlendioxid.

Eigenschaften. Gelbliche Kristalle vom Fp. 145°, mäßig lösl. in W., lösl. in den meisten organischen Lösungsmitteln.

Anwendung. Zur Bekämpfung von Haus- und Wanderratte.

Toxizität. LD_{50}: 1 bis 2 mg/kg Ratte.

2-Chlor-4-dimethylamino-6-methylpyrimidin. Crimidin. Castrix (Bayer).

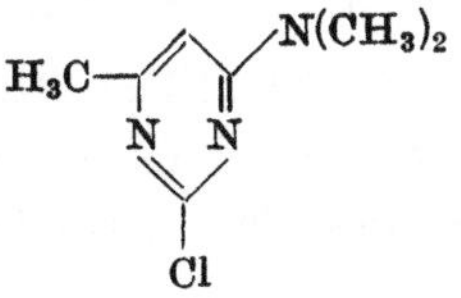

Herstellung. Kondensation von Harnstoff mit Acetessigester, nachfolgende Chlorierung und Einwirkung von Dimethylamin.

Eigenschaften. Bräunliche, wachsartige Verbindung (Reinsubstanz Fp. 87°) vom $Kp._4$ 140 bis 147°, lösl. in Aceton und A.

Anwendung. In Form von Giftkörnern zur Bekämpfung von Haus- und Feldmäusen.

Toxizität. LD_{50}: 1,25 bis 2,6 mg/kg Ratte. Beim Menschen wirken etwa 50 mg tödlich. Gegenmittel: Medizinalkohle und sofortige Magenspülung.

5-(α-Hydroxy-α-2-pyridylbenzyl)-7-(α-2-pyridylbenzyliden)-5-norbornen-2,3-dicarboximid. Norbormid. Raticate (Tavolek Lab.).

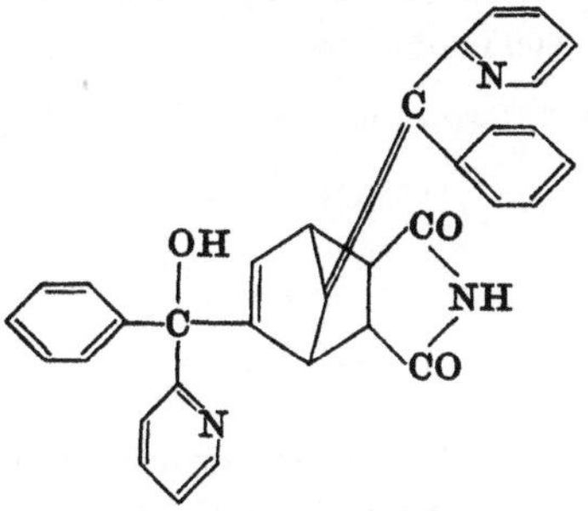

Herstellung. Basenkatalysierte Umsetzung von Cyclopentadien mit 2-Benzoylpyridin im Molverhältnis 1 : 2 und nachfolgende Diensynthese mit Maleinimid.

Eigenschaften. Farbloses Kristallisat vom Fp. 190 bis 198°.

Anwendung. Die Verbindung wirkt speziell bei Ratten.

Toxizität. LD_{50}: 12 mg/kg Wanderratte, 35 bis 40 mg/kg Hausratte und etwa 1000 mg/kg Katze, Hund, Affe und Geflügel.

4. Chlorierte Kohlenwasserstoffe

Die hierunter fallenden Wirkstoffe Endrin und Toxaphen sind bei den Insektenbekämpfungsmitteln näher beschrieben (s. S. 461 u. 463).

5. Anticoagulantien

(s. dazu auch Bd. I, 1158)

Bei den Anticoagulantien handelt es sich um Verbindungen, durch welche die Blutgerinnung infolge einer Blockierung der Prothrombinbildung (Verdrängung von Vitamin K) gehemmt wird. Es kommt hierbei zu Blutdiffusionen in das Gewebe und somit allmählich zu einer Verblutung. Die subchronische Warmblütertoxizität ist größer als die bei einmaliger Applikation auftretende akute Toxizität. Bei Vergiftungen kommt es nach etwa 1 bis 2 Tagen an der Haut zu Blutaustritten. Als Gegenmittel wird Vitamin K_3 verabreicht.

Die Verwendung der Anticoagulantien als Rodentizide erstreckt sich nur auf die Bekämpfung von Langschwanzmäusen.

3-(α-Acetonylbenzyl)-4-hydroxycumarin. Warfarin.

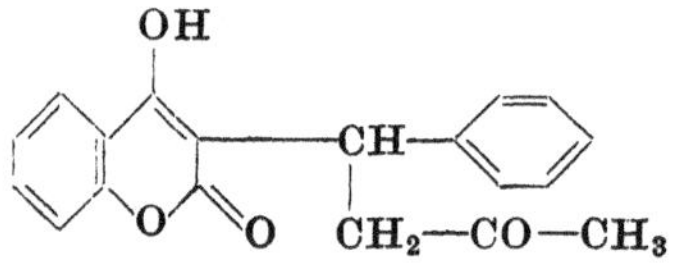

Herstellung. Kondensation von 4-Hydroxycumarin mit Benzalaceton.

Eigenschaften. Geruch- und geschmackloses Kristallisat vom Fp. 159 bis 161°, lösl. in Aceton.

Toxizität. LD_{50}: 14 bis 20 mg/kg Ratte.

3-(α-Acetonyl-4-chlorbenzyl)-4-hydroxycumarin. Cumachlor. Tomorin (Geigy).

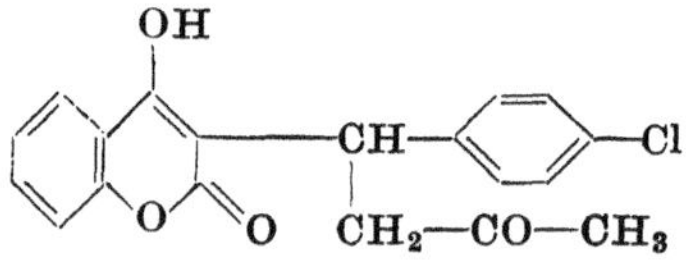

Herstellung. Kondensation von 4-Hydroxycumarin mit 4-Chlorbenzalaceton.

Eigenschaften. Farbloses Kristallisat vom Fp. 169 bis 171°, lösl. in Aceton.

Toxizität. LD_{50}: 400 bis 1200 mg/kg Ratte, 2000 mg/kg Maus.

3-(α-Tetralyl)-4-hydroxycumarin. Cumatetralyl. Racumin 57 (Bayer).

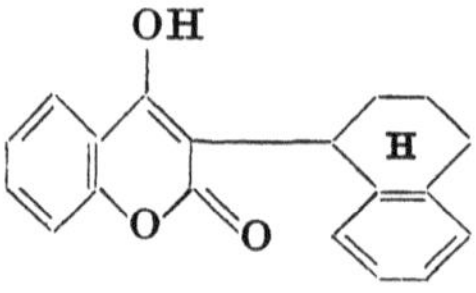

Herstellung. Kondensation von 4-Hydroxycumarin mit α-Tetralol.

Eigenschaften. Geruch- und geschmackloses Kristallisat vom Fp. 172 bis 176°, lösl. in den meisten organischen Lösungsmitteln und in wäßrigem Alkali.

Toxizität. LD_{50}: 16,5 mg/kg Ratte.

3-(α-Furyl-β-acetyläthyl)-4-hydroxycumarin. Fumarin. Cumafuryl. Cumarax-FU (Spieß).

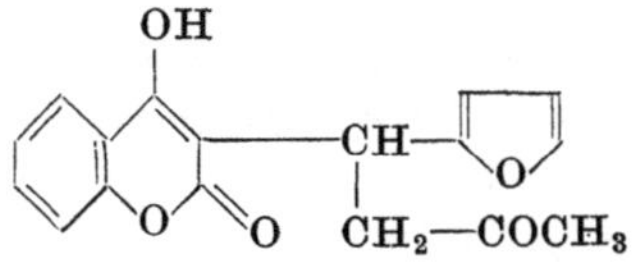

Herstellung. Kondensation von 4-Hydroxycumarin mit Furfurylidenaceton.

Eigenschaften. Kristallisat vom Fp. 124, lösl. in Aceton.

Toxizität. LD_{50}: 400 mg/kg Ratte.

2-Pivaloyl-1,3-indandion. Pindon. Pival (Kilgore Chem. Co.).

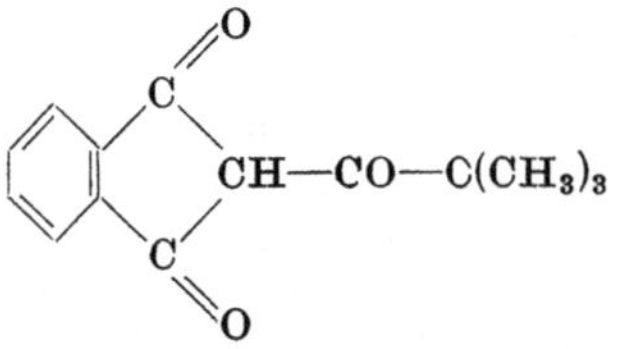

Herstellung. Kondensation von Phthalsäurediäthylester mit Pinacolin in Gegenwart von Natriummethylat.

Eigenschaften. Gelbliches Kristallisat vom Fp. 108,5 bis 110,5°, lösl. in den meisten organischen Lösungsmitteln.

Toxizität. LD_{50}: etwa 30 mg/kg Ratte.

Zur Wirkungssteigerung wird Pindon mit Warfarin kombiniert: Actosin P (Schering).

G. Sonstige Anwendungsgebiete

Abschließend sollen noch folgende Gebiete der Schädlingsbekämpfung kurz behandelt werden:

I. Molluskizide,
II. Vogelabschreckmittel,
III. Nagetierabschreckmittel.

I. *Molluskizide:* Hierunter versteht man Mittel zur Schneckenbekämpfung[1]. Die Schäden durch Schneckenfraß werden hauptsächlich durch Acker- und Wegschnecken verursacht. Vorwiegend werden dabei Salatpflanzen, Bohnen und Erdbeeren sowie einige Zierpflanzen geschädigt.

Als wirksames Mittel wird Metaldehyd (tetramerer Acetaldehyd, wasserunlöslich, LD_{50}: 600 bis 1000 mg/kg Hund) in Form eines 5- bis 10%igen Kleieköders angewandt.

In jüngster Zeit werden außerdem Präparate auf Basis von Carbamidsäureestern (vgl. S. 470f.) wie Zectran und Mesurol als Kleieköder empfohlen.

II. *Vogelabschreckmittel:* Sie dienen zum Schutz
1. des Saatgutes nach der Feldbestellung,
2. des Erntegutes und
3. von Gebäuden.

Mit chemischen Mitteln läßt sich nur das Saatgut (Getreide, Mais, Erbsen) befriedigend gegen Krähenfraß schützen, und zwar mit Teerölen, Tetramethylthiuramdisulfid (vgl. S. 427) oder Anthrachinon [Morkit (Bayer); Fp. 285°, LD_{50}: > 5000 mg/kg Ratte].

Beim Schutz des Erntegutes vor Vogelfraß reicht die Wirkung von Anthrachinon nicht immer aus. Hier werden meistens mechanische Abwehrmittel (z. B. Gespinstkabel im Weinbau) eingesetzt.

[1] Die Bekämpfung der krankheitsübertragenden Schnecken wird an anderer Stelle dieses Handbuches behandelt (s. dazu Anthelmintica, Bd. I, 899, bes. 968).

Der Gebäudeschutz wird in der Regel mit Polyisobutylen durchgeführt, wodurch die Vögel beim Auffliegen und Landen leicht ins Gleiten geraten.

III. *Nagetierabschreckmittel* sollen Samen und Sämlinge von schädigenden Nagern freihalten. Zur Vermeidung von Wildschäden in Forst- und Obstgehölzen werden sog. Wildverbißmittel angewandt. Geeignete Mittel sind:

Tetramethylthiuramdisulfid (vgl. S. 427),

Zinkdimethyldithiocarbamat-Cyclohexylamin-Komplex (ZIP, Fp. 104°, LD_{50}: > 500 mg/kg Ratte),

Anthropin (Gemisch niederer Carbonsäuren).

Geruchlich abschreckend wirken Verwitterungsmittel, die meist in getränkten Lappen (z. B. mit Tieröl) angewendet werden.

Literatur

Frear, D. E. H.: Pesticide Handbook, 16. Ed., State College, Pennsylvania: College Science Publishers 1964 (Übersicht über sämtliche Pesticide mit USA-Toleranzwerten). – Gunther, F. A., u. L. R. Jeppson: Modern Insecticides and World Food Production London: Chapman & Hall 1960. – Maier-Bode, H.: Pflanzenschutzmittelrückstände, Stuttgart: Eugen Ulmer 1965. – Martin, H.: Guide to the Chemicals used in Crop Protection, 4. Ed., Research Branch, Canada Department of Agriculture, Publication 1093. – Martin, H.: Insecticide and Fungicide Handbook for Crop Protection, Oxford: Blackwell Scientific Publications 1963 (Übersicht über die wichtigsten Schädlinge und Pflanzenkrankheiten sowie die chemischen Bekämpfungsmittel). – Metcalf, R. L.: Advances in Pest Control Research, New York/London: Interscience Publishers, seit 1957. – Perkow, W.: Die Insektizide, Heidelberg: Dr. A. Hüthig 1956 (Chemie, Wirkungsweise und Toxizität). – Schrader, G.: Die Entwicklung neuer insektizider Phosphorsäure-Ester, 3. Aufl., Weinheim/Bergstraße: Verlag Chemie 1963. – Tielecke, H.: Pflanzenschutzmittel, Berlin: Akademie-Verlag 1963. – West, T. F., u. J. E. Hardy: Chemical Control of Insects, 2. Ed. London: Chapman & Hall 1961. – Woodford, E. K.: Weed Control Handbook, 4. Ed., Oxford: Blackwell Scientific Publications. – Pflanzenschutzmittel-Verzeichnis, Biologische Bundesanstalt für Land- und Forstwirtschaft in Braunschweig. Erscheint jährlich.

Spasmolytica

Als Spasmolytica bezeichnet man Substanzen, die den Tonus der glatten Muskulatur herabsetzen, insbesondere wenn dieser pathologisch erhöht ist. Zu ihrem Wirkungsbereich gehören im weiteren Sinn das periphere Gefäßsystem, der Bronchialtractus, der Magen-Darm-Kanal mit den Gallenwegen, die abführenden Harnwege einschließlich der Harnblase. Da sich an den Gefäßen und an den Bronchien in der Praxis speziellere Arzneimittelgruppen bewährt haben, ist es weithin üblich, unter den Spasmolytica im engeren Sinn diejenigen Stoffe zusammenzufassen, deren Hauptindikationen Spasmen im Magen-Darm-Kanal und in den abführenden Harnwegen sind. Dies schließt allerdings nicht aus, daß sie auch an den anderen glattmuskulären Organen wirksam sind. Durch einige Substanzen dieser Wirkstoffgruppen werden außerdem spastische Zustände der quergestreiften Muskulatur beeinflußt, vor allem solche, die mit Tremor einhergehen (Parkinsonismus), und zwar teils durch zentrale und teils durch periphere Angriffspunkte. Sie werden auch als Antispasmodica bezeichnet.

Die Wirkung der Spasmolytica kann entweder vorwiegend über die Beeinflussung des vegetativen Nervensystems zustandekommen oder unabhängig von der vegetativen Innervation sein. Im ersten Falle spricht man von *neurotropen*, im zweiten von *muskulo-* oder *myotropen Spasmolytica*.

Das natürliche Vorbild der neurotropen Spasmolytica ist das *Atropin*. Synthetica mit atropinartiger Wirkung bezeichnet man auch als *Parasympathicolytica*, da Atropin den Parasympathicus lähmt. Der Prototyp der myotropen Spasmolytica ist das *Papaverin*.

Atropin hemmt die Wirkung des Acetylcholins, das am parasympathischen Nervenende freigesetzt wird. Am Rezeptor des Erfolgsorgans kommt es zwischen Acetylcholin und Atropin zur Konkurrenz. Atropinartige Spasmolytica werden deshalb auch *Anticholinergica* genannt. Nach dem gleichen Mechanismus wird auch die Wirkung anderer Parasympathicomimetica aufgehoben.

Papaverin greift an der glatten Muskulatur, z.B. der Coronar- und Hirngefäße, des Magen-Darm-Kanals, des Uterus, der Bronchien, der Gallen- und Harnwege, unabhängig von deren vegetativen Innervation an, und wird besonders dann angewandt, wenn Tonuserhöhungen dieser Muskulatur vorliegen.

Pharmakologische Unterscheidungsmöglichkeiten zwischen Atropin und Papaverin bestehen darin, daß ein durch Cholinester ausgelöster Spasmus praktisch nur vom Atropin gelöst werden kann, während die durch Bariumchlorid hervorgerufenen Spasmen besser durch Papaverin aufgehoben werden.

Unter den gebräuchlichen synthetischen Spasmolytica gibt es eine Reihe von Substanzen, die neben papaverinähnlichen Wirkungen auch atropinartige Wirkungskomponenten aufweisen und umgekehrt. Eine strenge Trennung in neuro- und myotrope Substanzen ist daher nicht immer möglich.

Da die parasympathische Blockade auch unerwünschte Wirkungen, wie Hemmung der Speichelsekretion, Pupillenerweiterung, Akkomodationshemmung im Auge, Beschleunigung der Herzfrequenz usw. hervorruft, war man bemüht, synthetische Spasmolytica mit selektiver Wirkung zu finden.

Bei den folgenden beschriebenen Substanzen handelt es sich teilweise um Parasympathicolytica, die vorwiegend den Gastrointestinaltrakt und die ableitenden Galle- und Harnwege und nur wenig oder nicht die Drüsen, das Herz oder das Zentralnervensystem beeinflussen.

I. Tropasäureester

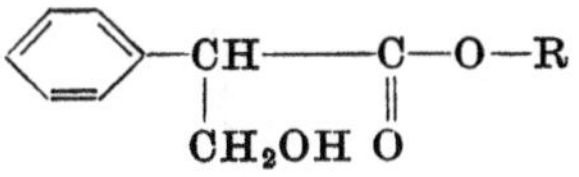

Nr.	R	Bezeichnung	Vorherrschende Wirkung
1	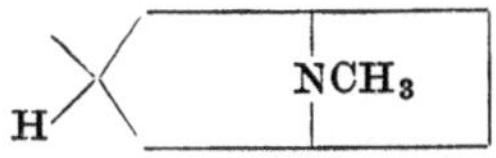	Atropin, Hyoscyamin	Atr.
2	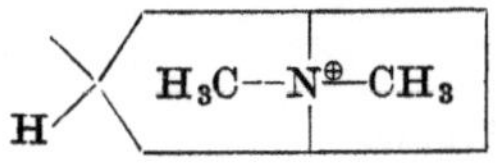	Methylatropin Eumydrin (Bayer)	Atr.
3	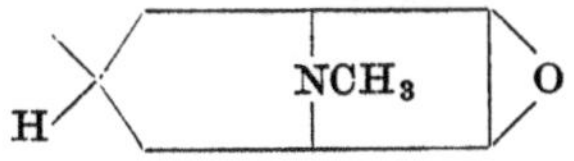	Scopolamin, Hyoscin	Atr.
4	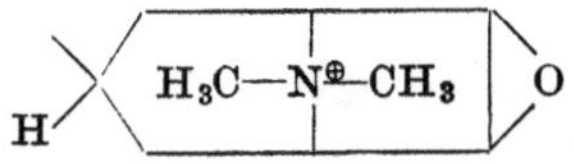	Methylscopolamin Pamine (Upjohn)	Atr.
5	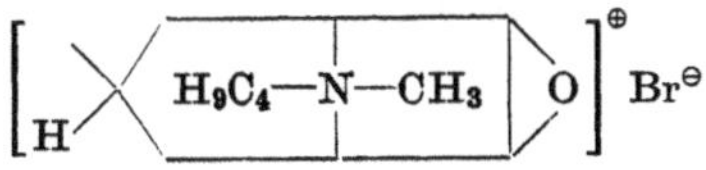	Buscopan (Boehringer, Ingelheim)	Atr. (ohne Atr.-Nebenwirkungen)
6	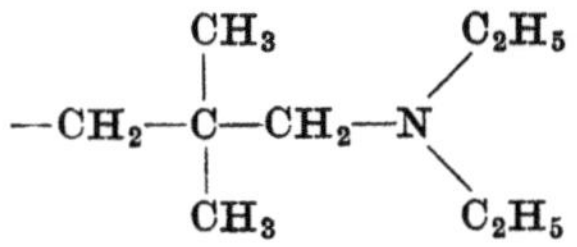	Amprotropine Syntropan (Roche)	Pap.

II. Mandelsäureester

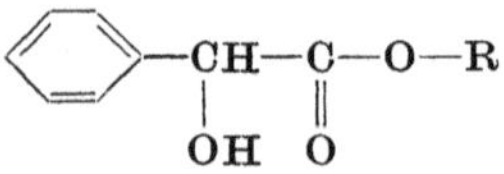

Nr.	R	Bezeichnung	Vorherrschende Wirkung
1	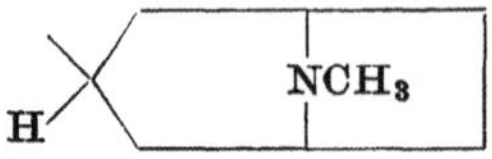	Homatropin	Mydr.
2	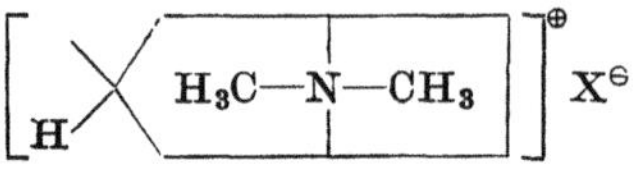	Methylhomatropin	Atr.
3	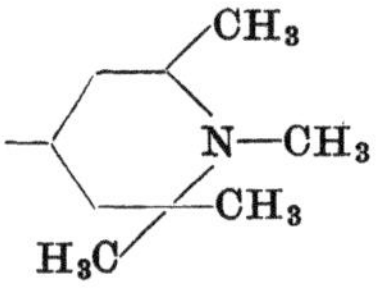	Eucatropin	

III. Benzilsäureester

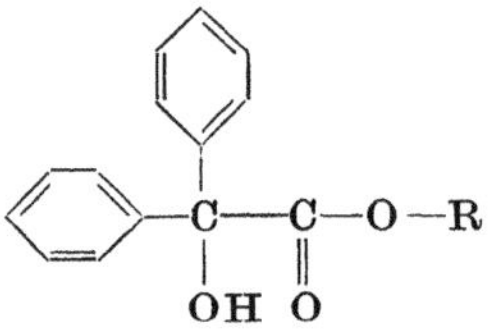

Nr.	R	Bezeichnung	Vorherrschende Wirkung
1		Benzilpseudotropein, Komp. von Emedian (Merck)	Atr.
2	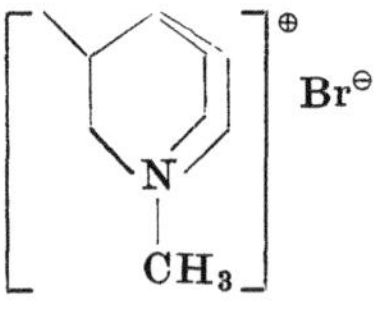	Clidiniumbromide, Quarzan (Roche)	Atr.
3	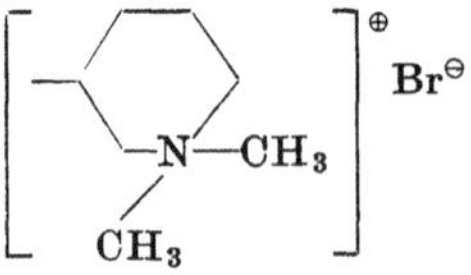	Mepenzolate methylbromide, Cantil (Lakeside)	Atr.
4	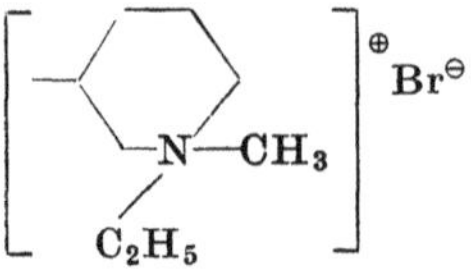	Pipenzolate methylbromide, Piptal (Lakeside)	Atr.

III. Benzilsäureester (*Fortsetzung*)

Nr.	R	Bezeichnung	Vorherrschende Wirkung
5	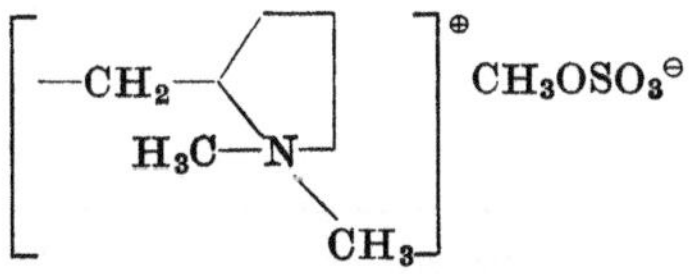	Poldine methylsulfate, Nacton (Bencard)	Atr.
6	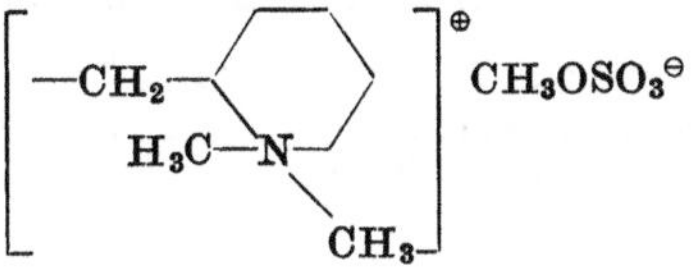	Piribenzil methylsulfate Acabel (Chemie Grünenthal)	Atr.
7	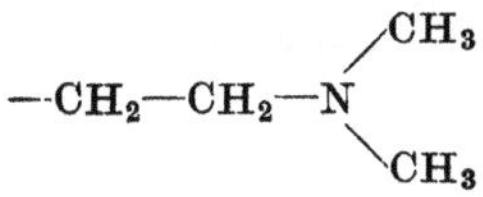	Diphemin-Asaletten (Asal)	Zur Linderung des Schnupfens
8	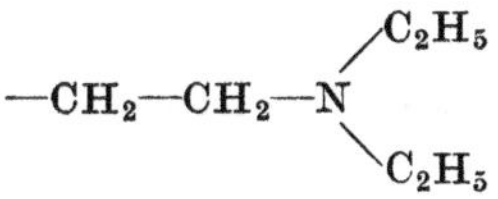	Benactyzine, Suavitil (Medicinalco)	Atr. (Tranqu.)
9	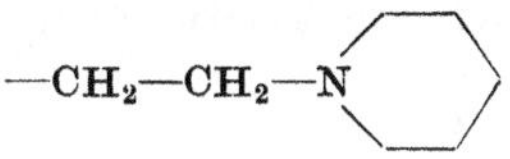	Lyseen (Hommel)	Atr.
10	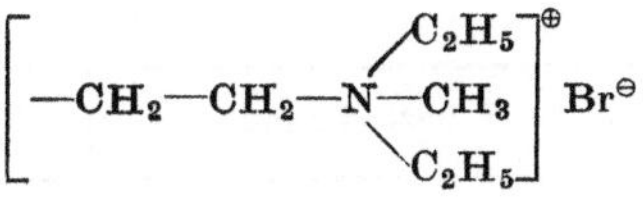	Benactyzine methylbromide, Spatomac (Laroze), Paragon (Tewa)	Atr.

IV. Partiell hydrierte Benzilsäureester

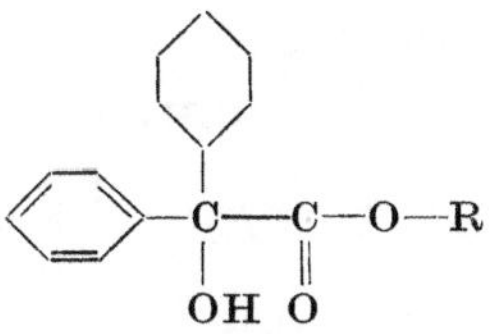

Nr.	R	Bezeichnung	Vorherrschende Wirkung
1	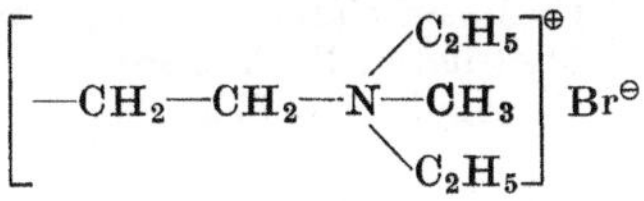	Oxyphenonium bromide, Antrenyl (Ciba)	Atr.
2	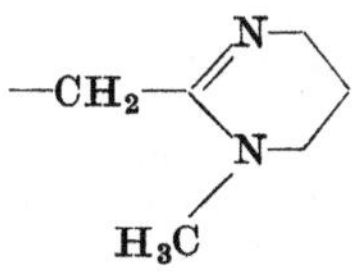	Oxyphencyclimine Daricon, Dominil, Zamanil (Roerig-Pfizer)	Atr.

V. Diphenylessigsäure- und Diphenylthioessigsäure-ester

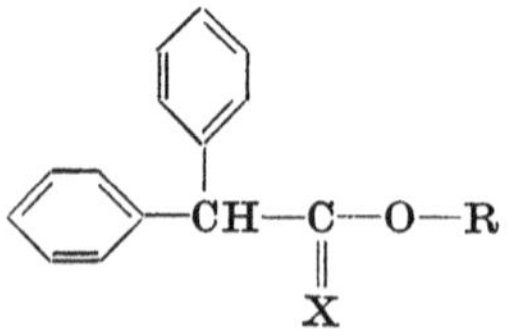

Nr.	X	R	Bezeichnung	Vorherrschende Wirkung
1	O	$-CH_2-CH_2-N(C_2H_5)_2$	Adiphemine, Trasentin (Ciba)	Pap.
2	O	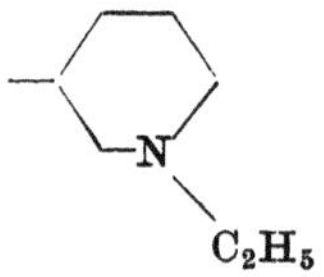	Piperidolate, Dactil (Lakeside)	Pap.
3	S	$-CH_2-CH_2-N(C_2H_5)_2$	Thiphenamine Trocinate (Poytress)	Pap.

VI. Phenylessigsäureester und ähnliche Verbindungen

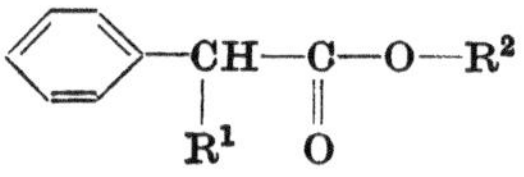

Nr.	R^1	R^2	Bezeichnung	Vorherrschende Wirkung
1	$-C_2H_5$	$-CH_2-CH_2-N(C_2H_5)_2$	Ventroquart (Dr. Thilo)	Atr., Pap.
2	$-CH_2-CH_2-CH_3$	$-CH_2-CH_2-N(C_2H_5)_2$	Propivane (Specia)	Pap.
3	$-CH(CH_3)(C_2H_5)$	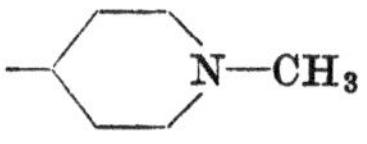	Pentapiperidinium, Lyspafen (Cilag)	Pap., Atr.
4	$-CH(CH_3)(C_2H_5)$	$\left[-CH_2-CH_2-\overset{\oplus}{N}(CH_3)(C_2H_5)_2\right]X^{\ominus}$	Valethamate, Epidosin (Kali-Chemie) Murel (Ayerst)	Atr., Pap.
5	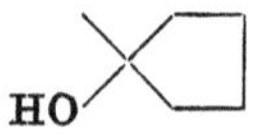	$-CH_2-CH_2-N(CH_3)_2$	Cyclopentolate, Mydrilate (Blenkinsop) Cyclogyl (Schieffelin)	Atr.
6	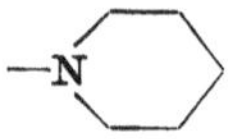	$-CH_2-CH_2-N(C_2H_5)_2$	Bietamiverine, Spasmaparid (Nordmark)	Pap.
7	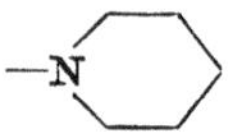	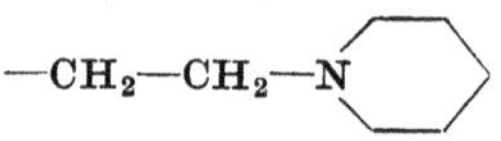	Dipiproverine, Spasmonal (Heyden) Levospasm (Dausse)	Pap.

VI. Phenylessigsäureester und ähnliche Verbindungen (*Fortsetzung*)

Nr.	Formel	Bezeichnung	Vorherrschende Wirkung
8	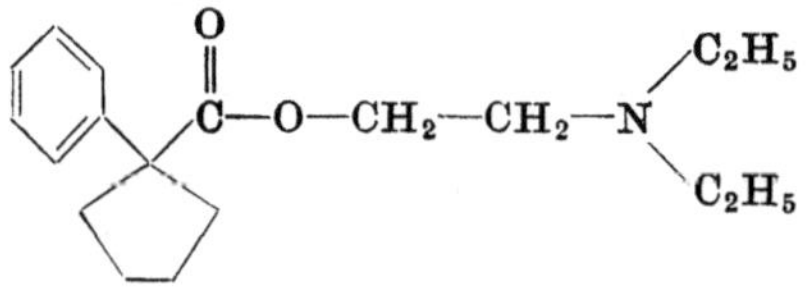	Caramiphen Parpanit (Geigy) Taoryl (Geigy)	Pap., Atr.
9	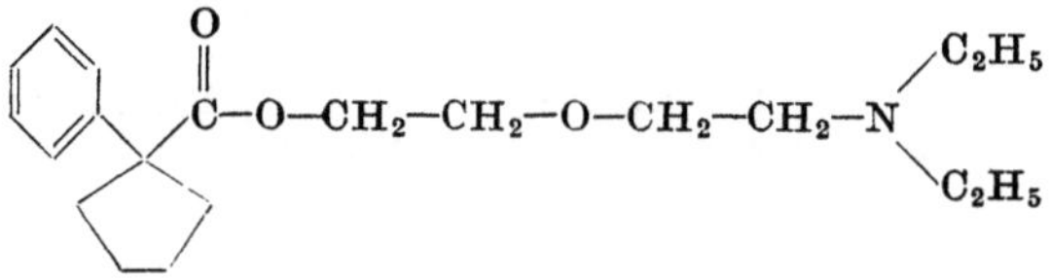	Sedotussin (Pfleger)	Husten- sedativum
10	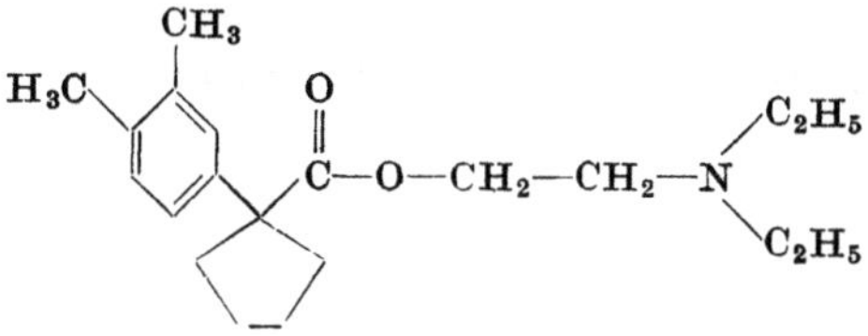	Metcaraphen Netrin (Geigy)	Pap., Atr.

VII. Verschiedene Alkanolaminester

Nr.	Formel	Bezeichnung	Vorherrschende Wirkung
1	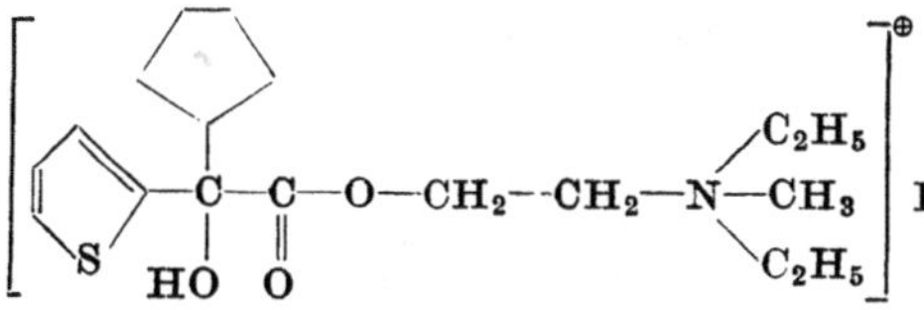	Penthienate bromide	
2	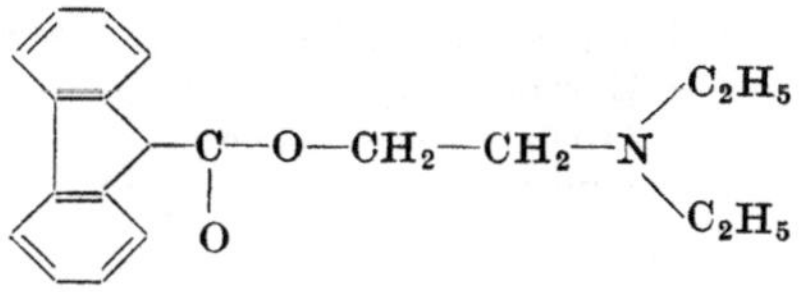	Pavatrine (Searle)	Pap., Atr.
3	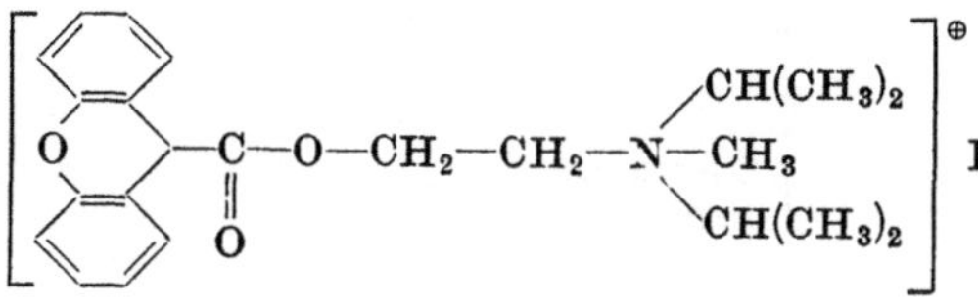	Propantheline bromide	Atr.
4	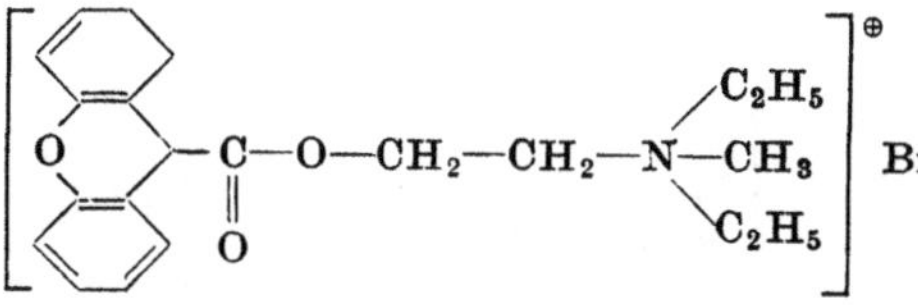	Methantheline bromide	Atr.

VII. Verschiedene Alkanolaminester (*Fortsetzung*)

Nr.	Formel	Bezeichnung	Vorherrschende Wirkung
5	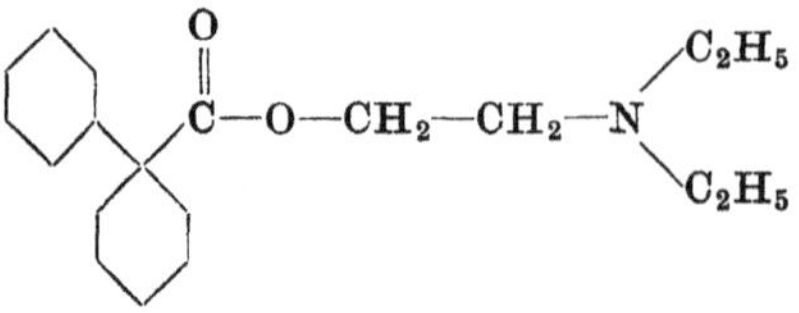	Dicyclomine, Bentyl (Merell) Atumin (Beiersdorf)	Pap., Atr.
6	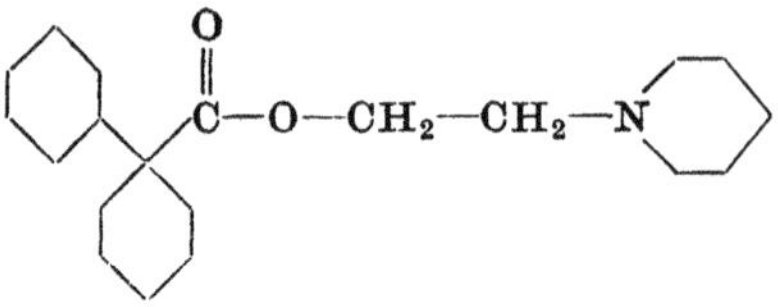	Dihexyverin, Spasmodex (Crinex-Uvé)	Pap., Atr.

VIII. Phenyl-propanol- und -äthanol-amine

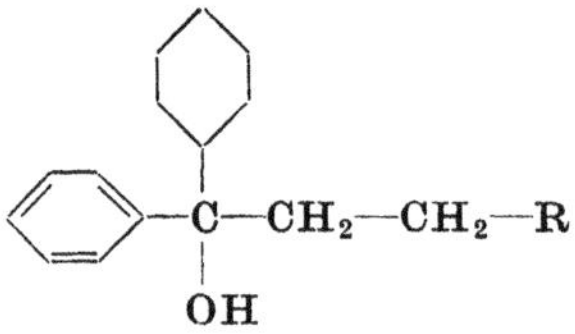

Nr.	R	Bezeichnung	Vorherrschende Wirkung
1	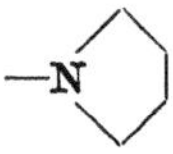	Procyclidine, Kemadrin (Burroughs-Wellcome)	Atr.
2	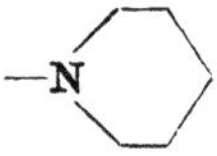	Trihexyphenidyl Artane (Lederle)	Atr.
3	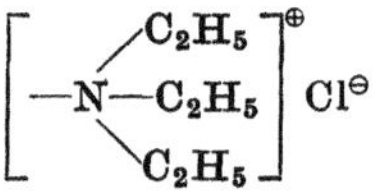	Tridihexethyl chloride Pathilon (Lederle) Claviton (Lederle)	Atr.
4	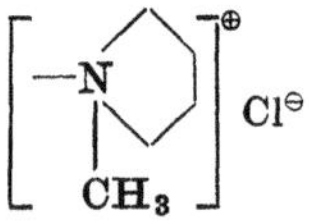	Tricyclamol chloride Elorine (Lilly) Tricoloid (Burroughs-Wellcome)	Atr.
	Formel		
5	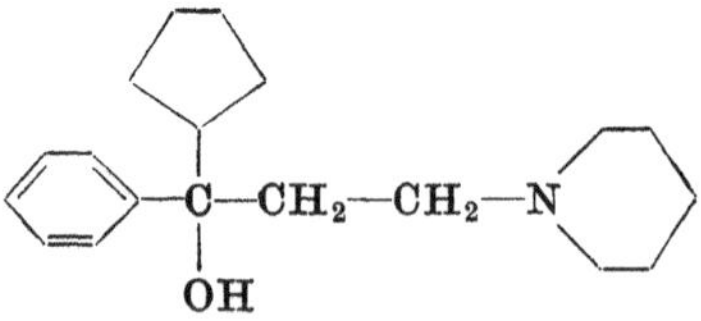	Cycrimine Pagitan (Lilly)	
6	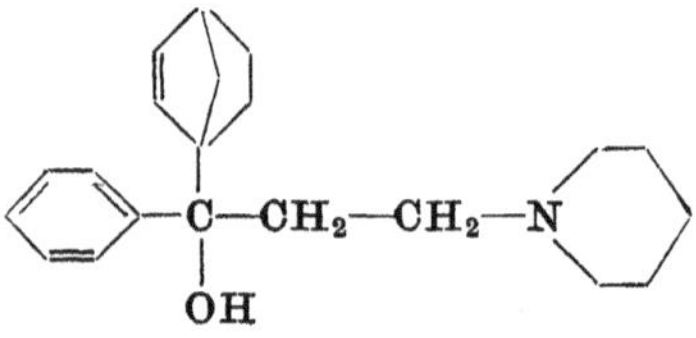	Bi(s)periden Akineton (Knoll)	Atr.

VIII. Phenyl-propanol- und äthanol-amine (*Fortsetzung*)

Nr.	R	Bezeichnung	Vorherrschende Wirkung
7	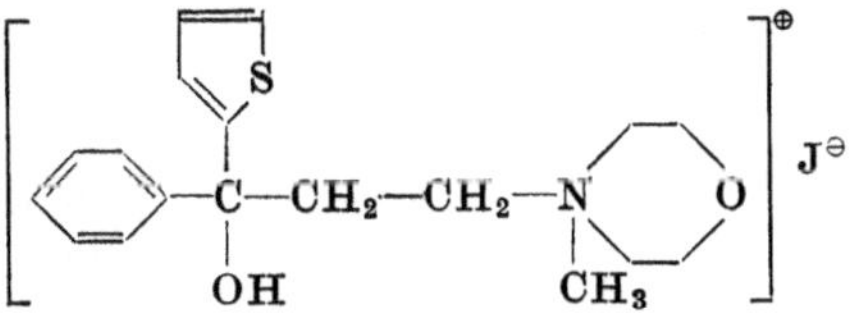	Tiemonium jodid Komp. im Bort (Ravensburg)	Atr., Pap.
8	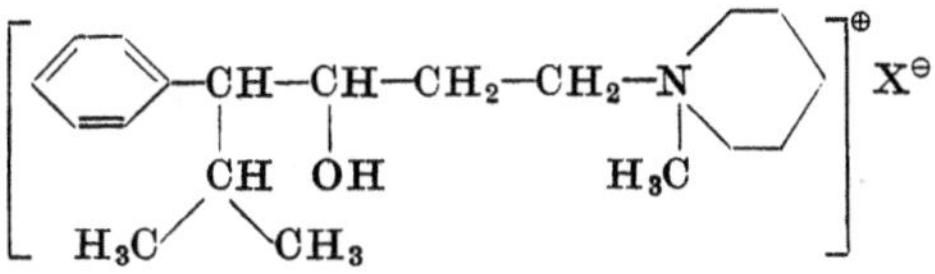	Mepiperphenindol, Darstine (Merck, Sharp, Dohme)	Atr.
9	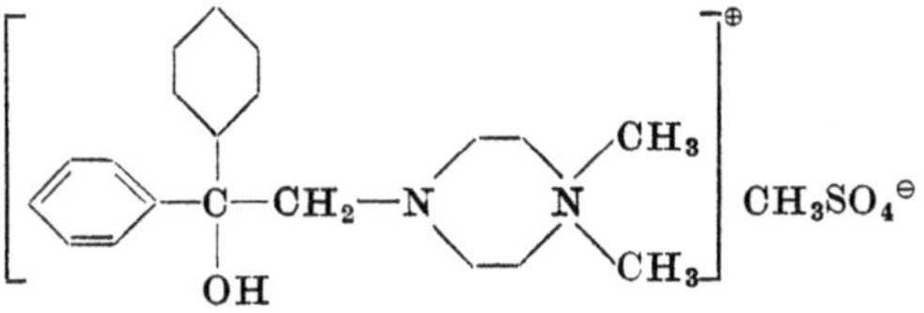	Hexocyclium methylsulfate	Atr.

IX. Basisch substituierte Diphenylessigsäureamide

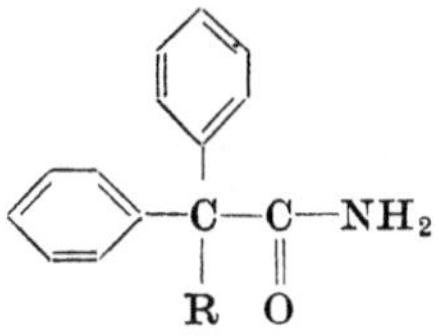

Nr.	R	Bezeichnung	Vorherrschende Wirkung
1	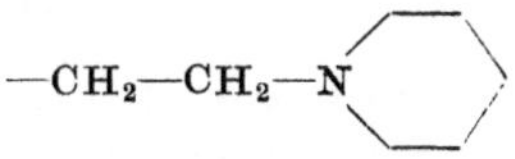	Komp. in Efosin (Hoechst)	Atr.
2	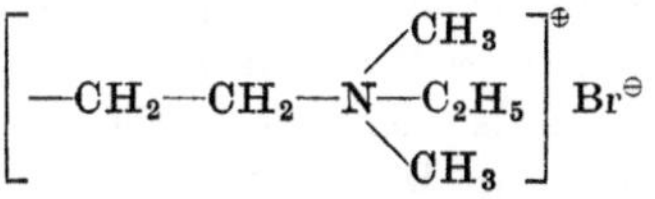	Ambutonium bromide, Komp. von Aludrox (Wyeth)	Atr.
3	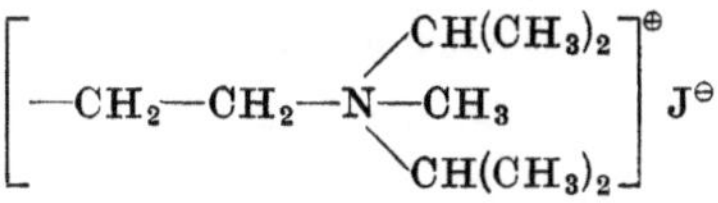	Isopropamide jodide, Priamide (Janssen) Darbid (Smith, Kline, French)	Atr.
4	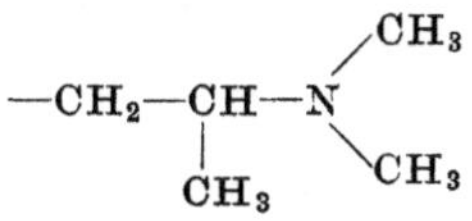	Aminopentamide, Centrine (Bristol)	Atr.

X. Aromatisch substituierte Alkylamine und Alkanolaminäther

Nr.	Formel	Bezeichnung	Vorherrschende Wirkung
1	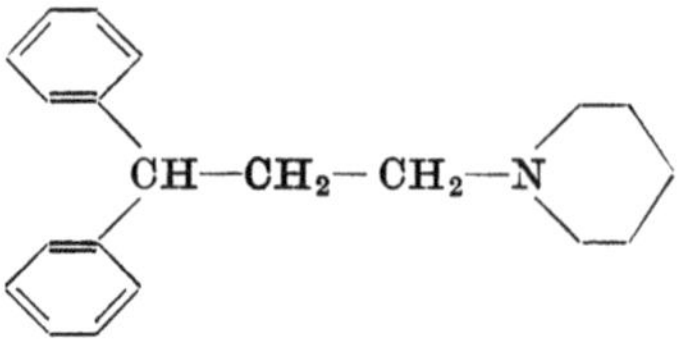	Aspasan (Hoechst) Komp. im Efosin (Hoechst)	Broncho-spasmolytikum
2	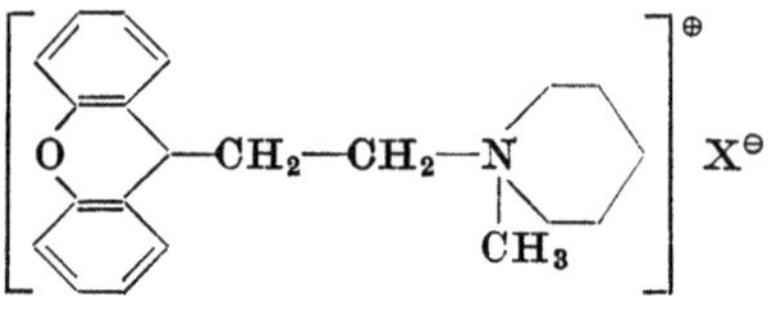	Spalisal (außer Handel) (Wander)	Atr.
3	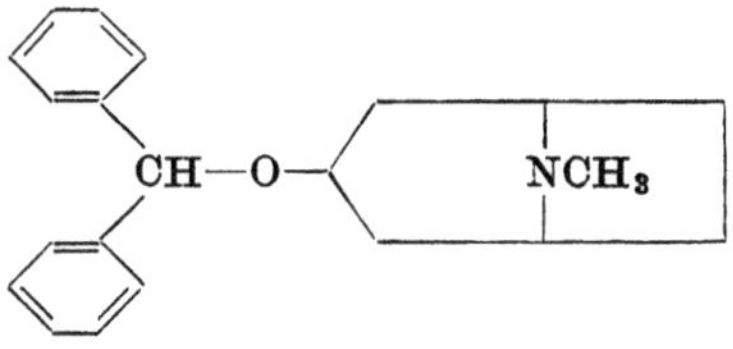	Benztropine, Cogentin (Merck, Sharp, Dohme)	Nict.
4	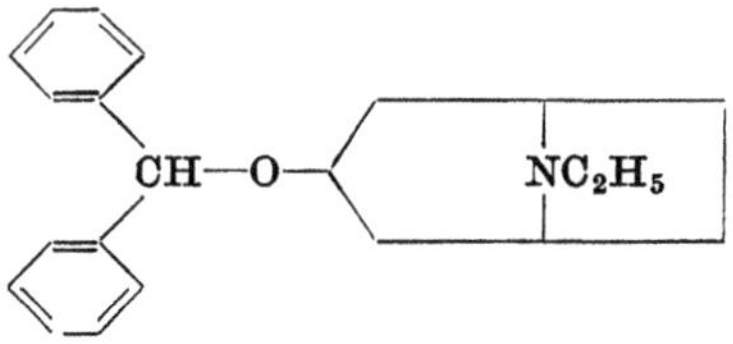	Ethybenzatropine Ponalid (San)	Nict.

Zeichenerklärung für die Tabellen I bis X. Atr.: wirkt bevorzugt atropinartig; Pap.: wirkt bevorzugt papaverinartig; Nict.: wirkt bevorzugt nicotinähnlich; Mydr.: wirkt bevorzugt mydriatisch; Tranqu.: wirkt bevorzugt als Tranquilizer.

I. Tropasäureester

Atropinum Erg.B. 6. Atropine BP 63, CF 65, PI.Ed. I/1. Atropin.

$C_{17}H_{23}NO_3$ Formel Nr. I 1, S. 485 M.G. 289,38

Atropin ist die optisch inaktive Form des Hyoscyamins (D+L-Hyoscyamin), dessen linksdrehende Form in verschiedenen Solanaceen: Atropa Belladonna L., Datura Stramonium L., Hyoscyamus niger L., Scopolia japonica, Duboisia myoporoides RBr. und anderen, vorkommt. Das Atropin wurde zuerst aus Atropa Belladonna L. gewonnen und hat daher den Namen. Es ist aber in der Pflanze nicht als solches enthalten, sondern entsteht erst während der Gewinnung aus dem L-Hyoscyamin. Die Umwandlung des L-Hyoscyamins in das inaktive Atropin erfolgt leicht durch Einwirkung von Alkalien. Das Atropin wird meist aus der Belladonnawurzel oder aus Stechapfelsamen gewonnen.

Gewinnung. 1000 T. gepulverte Tollkirschenwurzel werden mit Äthanol durch Perkolieren ausgezogen, bis die Menge des Auszuges 6000 T. beträgt. Der Auszug wird mit 50 T. Calciumhydroxid versetzt und nach 24 Std. filtriert. Das Filtrat wird mit verd. Schwefelsäure schwach angesäuert, wieder filtriert und zur völligen Beseitigung von Fett, Harz, Farbstoff u.a. wiederholt mit Ae. oder PAe. ausgeschüttelt. Die so gereinigte Alkaloidsalzlsg. wird dann mit wenig Kaliumcarbonatlsg. versetzt, bis zur schwach alkalischen Reaktion, wodurch noch harzige Verunreinigungen, aber noch kein Alkaloid abgeschieden werden. Die wieder filtrierte Flüssigkeit wird dann mit Kaliumcarbonatlsg. im Überschuß versetzt, und nach 24 Std. das ausgeschiedene Atropin abfiltriert. Das in der wäßrigen Flüssigkeit gelöst bleibende Atropin wird durch Ausschütteln mit Chlf. gewonnen. Das Rohatropin wird in Äthanol gelöst, die Lsg. mit Wasser bis zur eben beginnenden Trübung und dann wieder mit einer kleinen Menge Äthanol versetzt und stehen gelassen. Das Atropin scheidet sich dann kristallin aus, während kleine Mengen von unverändertem Hyoscyamin und von anderen Basen in der Mutterlauge gelöst bleiben. Durch Umkristallisieren in gleicher Weise kann es gereinigt werden. Die Ausbeute beträgt etwa 0,3 bis 0,4%. Aus dem Stechapfelsamen kann das Atropin zu etwa 0,25% in gleicher Weise gewonnen werden. Die Umwandlung (Racemisierung) von Hyoscyamin in Atropin läßt sich auf folgende Weise ausführen: Eine Lsg. von Hyoscyamin in Äthanol wird mit einigen Tropfen Natronlauge versetzt und etwa 2 Std. lang stehen gelassen, bis sie inaktiv geworden sind. Aus der Lsg. kann das Atropin dann durch Zusatz von Wasser abgeschieden werden.

Herstellung. Durch Veresterung von Tropin mit DL-Tropasäure.

Eigenschaften. Farblose, durchscheinende, glänzende, säulenförmige oder spießige Kristalle oder weißes kristallines Pulver, geruchlos, von bitterem Geschmack. Löslichkeit bei 20°: In 3 T. A. (95%), in 8 T. A. (90%), in 2 T. Chlf., in 35 T. Bzl., in 60 T. Ae., in 500 T. W. in 50 T. siedendem W., wenig in fetten Ölen. Fp. 115 bis 117° (Erg.B. 6), 115 bis 116° (CF 65), 115 bis 118° (BP 63). Die alkoholische Lsg. reagiert alkalisch und besitzt einen bitteren, kratzenden Geschmack.

Erkennung. 1. Wird 0,01 g Substanz mit 5 Tr. rauchender Salpetersäure in einem Porzellanschälchen auf dem Wasserbad eingetrocknet, so hinterbleibt ein kaum gelblich gefärbter Rückstand, der nach dem Erkalten beim Übergießen mit alkoholischer Kalilauge eine violette Farbe annimmt (Erg.B. 6, ähnlich CF 65 und BP 63). – 2. 50 mg Substanz werden in 5 ml W. suspendiert, mit Salzsäure angesäuert und mit Goldchloridlsg. versetzt. Es bildet sich ein zitronengelber Niederschlag, der rasch kristallin wird. Nach dem Umkristallisieren aus siedendem, salzsaurem W. erhält man winzige Kristalle, die beim Trocknen stumpf und pulverförmig werden. Fp. bei 136° (Unterscheidung von Hyoscyamin) (BP 63, ähnlich CF 65).

Prüfung. 1. 50 mg Atropin müssen sich in 1 ml konz. Schwefelsäure ohne Färbung lösen; nach Zusatz von 1 Tr. Salpetersäure darf sich diese Lsg. höchstens schwach gelb färben (fremde Alkaloide) (Erg.B. 6). – 2. 5 ml der mit Hilfe geringer Mengen verd. Salzsäure hergestellten wäßrigen Lsg. (1 + 79) dürfen durch 2 ml Ammoniakflüssigkeit nicht sofort verändert werden (Apoatropin) (Erg.B. 6). – 3. 5 ml einer 1%igen Lsg. in 0,05 n Salzsäure werden mit 0,25 ml 0,1 n Kaliumpermanganatlsg. versetzt; innerhalb 5 Min. darf die Permanganatfarbe nicht vollständig verschwunden sein (rasch oxydierbare Substanzen, Apoatropin) (BP 3, ähnlich CF 65). – 4. Die Substanz darf höchstens 0,1% Sulfat enthalten (CF 65). – 5. Optische Aktivität: Eine 10%ige, alkoholische (90%) Lsg. darf, gemessen in einem 2-dm-Rohr, die Ebene des polarisierten Lichtes von −0,25° bis +0,05° verändern (BP 63). – 6. Sulfatasche: Höchstens 0,1% (BP 63). – 7. 0,2 g Atropin dürfen nach dem Verbrennen keinen wägbaren Rückstand hinterlassen (Erg.B. 6).

Gehaltsbestimmung. Nach BP 63: Etwa 0,25 g Substanz werden genau gewogen, in 5 ml 95%igem, gegen Methylrot neutralisierten Äthanol gelöst, mit 20,0 ml 0,1 n Salzsäure versetzt und der Überschuß an Salzsäure mit 0,1 n Natronlauge gegen Methylrot als Indikator zurücktitriert. 1 ml 0,1 n Salzsäure entspricht 0,02894 g $C_{17}H_{23}NO_3$.

Mittlere Einzelgabe. Erg.B. 6: Als Einnahme 0,0003 g, als Zäpfchen 0,0003 g.

Unverträglichkeiten. Gerbsäure und gerbstoffhaltige Zubereitungen (Fällung), alkalisch reagierende Stoffe, diäthylbarbitursaures Natrium, gebrannte Magnesia, Magnesiumperoxid, Natriumbicarbonat, phenyläthylbarbitursaures Natrium (Zers.). (In trockenem Zustand tritt Zers. erst nach längerer Aufbewahrung in Erscheinung.)

Anwendung. Spasmolyticum, Parasympatholyticum.

Atropinum sulfuricum DAB 7 – DDR, ÖAB 9, Helv. V u. Suppl. I, Ross. 9, CsL 2. Atropine sulfate USP XVII. Atropine sulphate BP 63. Sulfate d'Atropine CF 65. Atropini sulfas PI.Ed. I/1, Nord. 63, Jap. 61, Ned. 6. Atropinsulfat DAB 7 – BRD. Atropiniumsulfat. Atropinium sulfuricum. Sulfato di Atropina. Siran atropinia.

$C_{34}H_{48}N_2O_{10}S \cdot H_2O$ Formel Nr. I 1, S. 485 M.G. 694,86
$(C_{17}H_{23}O_3N)_2 \cdot H_2SO_4 \cdot H_2O$

Gehaltsforderungen. DAB 7 – BRD: Mindestens 99,0%, berechnet auf die getrocknete Substanz.

DAB 7 – DDR: 98,6 bis 101,0%, berechnet auf die bei 110° getrocknete Substanz.

BP 63: Mindestens 98%, berechnet auf die bei 110° getrocknete Substanz.

Nord. 63: Etwa 82,5% Atropinbase, etwa 99% Atropinsulfat · 1 H_2O.
Jap. 61: Mindestens 98% wasserfreie Substanz.

Zusammensetzung. CF 65: Atropinbase 83,3%, Schwefelsäure 14,1%, Wasser 2,6%.

Herstellung. Eine unter guter Abkühlung hergestellte Mischung von 1 T. konz. Schwefelsäure und 10 T. abs. A. wird mit fein zerriebenem Atropin (etwa 6 T.) versetzt, bis die Flüssigkeit angefeuchtetes Lackmuspapier nicht mehr verändert. Die weingeistige Lsg. von Atropinsulfat wird dann in einer Flasche mit der vierfachen Raummenge wasserfreiem Ae. überschichtet und an einem kühlen Ort (unter 12°) stehen gelassen. Da das Atropinsulfat in Ae. fast unlösl. ist, wird es allmählich durch die durch Diffusion erfolgende Vermischung des Ae. mit dem A. kristallin abgeschieden. Der Kristallbrei wird abgesogen, mit wasserfreiem Ae. gewaschen und bei Raumtemperatur getrocknet.

Eigenschaften. Farblose Kristalle oder weißes, kristallines Pulver, ohne Geruch, von bitterem Geschmack. Atropinsulfat verwittert allmählich an trockener Luft. Löslichkeit: Sehr leicht lösl. in W., lösl. in etwa 4 T. A., wenig lösl. in Chlf., praktisch unlösl. in Ae und Bzl.

Erkennung. 1. Eine Lsg. von Atropinsulfat gibt mit Bariumchloridlsg. einen weißen, feinkristallinen Nd., der in Salzsäure unlösl. ist (ÖAB 9, ähnlich alle anderen Pharmakopöen). – 2. 1,0 ml Prüflsg. (nach DAB 7 – DDR: 1,000 g Substanz wird in kohlendioxidfreiem W. zu 20,00 ml gelöst) gibt nach Zusatz von 1,0 ml W. und 10 Tr. 0,1 n Jodlsg. einen braunen Nd. (DAB 7 – DDR, ähnlich ÖAB 9). – 3. 2 bis 5 mg Substanz werden mit 0,50 ml rauchender Salpetersäure zur Trockne eingedampft. Nach dem Erkalten wird der gelbliche Rückstand in 5,0 ml Aceton gelöst. Auf Zusatz von 1,0 ml 0,1 n äthanolischer Kalilauge färbt sich die Lsg. violett (DAB 7 – BRD, ähnlich DAB 7 – DDR, ÖAB 9, PI.Ed. I/1, USP XVII u.a. Pharmakopöen). Hyoscin und Hyoscyamin geben dieselbe Farbreaktion; die Gegenwart anderer Alkaloide kann diese Reaktion überdecken (PI.Ed. I/1). – 4. 5,0 ml Prüflsg. (DAB 7 – DDR) zeigen nach Zusatz von 2,0 ml 6 n Ammoniaklsg. eine Trübung. Beim Reiben der Gefäßwand mit einem Glasstab entsteht ein kristalliner Nd., der auf einem Filter gesammelt wird. Die mit 10 ml W. gewaschenen und 24 Std. über Silicagel getrockneten Kristalle schmelzen im Bereich von 114 bis 116° (DAB 7 – DDR, ähnlich die meisten anderen Pharmakopöen). Die erhaltene Base muß die unter „Atropin" beschriebenen Nachweisreaktionen geben (BP 63). – 5. Eine Lsg. (1 in 50) wird mit Goldchloridlsg. versetzt; es entsteht ein glanzloser Nd. Hyoscaymin gibt einen glänzenden Nd. (USP XVII). – 6. Erhitzt man etwa 2 mg Substanz mit 2 Tr. W. und 5 Tr. konz. Schwefelsäure bis zur beginnenden Braunfärbung, so tritt ein angenehmer, honigähnlicher Geruch auf (ÖAB 9). – 7. Versetzt man eine Lsg. von etwa 3 mg Substanz in 1 ml W. mit 1 ml Nesslers Rg., so entsteht eine weiße Trübung. Beim Erhitzen verschwindet die Trübung und es scheidet sich ein gelber, flockiger Nd. aus (ÖAB 9). – 8. Lsg. von Atropinsulfat wirken mydriatisch (CF 65). – 9. Schmelzintervall (im Kapillarröhrchen, bestimmt mit der bei 103 bis 105° getrockneten Substanz): 188 bis 195° (Zers.). Identifizierung nach KOFLER: Schmelzintervall unter dem Mikroskop: 188 bis 193°. Eutektische Temperatur der Mischung mit Salophen: 149°, mit Benzamilid: 146° (ÖAB 9).

Prüfung. 1. Aussehen der Lsg.: 5,0 ml Prüflsg. müssen klar und farblos sein. Prüflsg.: 5%ige Lsg. in CO_2-freiem Wasser (DAB 7 – BRD, DAB 7 – DDR, ÖAB 9). – 2. Alkalisch oder sauer reagierende Verunreinigungen: 10,0 ml Prüflsg. müssen sich nach Zusatz von 0,10 ml Methylrotlsg. II rot färben und dürfen höchstens 0,15 ml 0,02 n Natronlauge bis zum Umschlag nach Gelb verbrauchen (DAB 7 – BRD, ähnlich DAB 7 – DDR, ÖAB 9). – 3. Hyoscyamin: $[\alpha]_D^{20°} = +0,2°$ bis $-0,4°$, gemessen an einer 5%igen Lsg. in 10 cm Schichtdicke (DAB 7 – BRD). $\alpha_D^{20°} = -0,2$ bis $+0,2°$, bestimmt in einem Beobachtungsrohr von 20 cm Länge (DAB 7 – DDR, ähnlich ÖAB 9). – 4. Oxydierbare Verunreinigungen: Eine Mischung von 2,0 ml Prüflsg. mit 10,0 ml W. und 0,10 ml 0,1 n Kaliumpermanganatlsg. darf innerhalb 3 Min. nicht völlig entfärbt werden (DAB 7 – BRD, ähnlich ÖAB 9, BP 63). – 5. Organische Verunreinigungen: 0,0100 g Substanz werden mit 1,00 ml konz. Schwefelsäure unter Schütteln gelöst. Die Lsg. muß farblos sein und darf nach Zusatz von 1 Tr. 5 n Salpetersäure keine stärkere Färbung zeigen als 1,00 ml der Mischung aus 0,100 ml Eisen-FL und 3,90 ml 0,5 n Salzsäure (DAB 7 – DDR). – 6. Verhalten gegen Schwefelsäure: 0,200 g Substanz werden in 5,0 ml Schwefelsäure unter Schütteln gelöst. Die Lsg. darf nicht stärker gefärbt sein als eine Mischung von 0,40 ml Eisen(III)-chlorid-Lsg. III, 0,10ml Kobalt(II)-chlorid-Lsg., 0,10 ml Kupfer(II)-sulfat-Lsg. II und 4,40 ml 1%ige Salzsäure (DAB 7 – BRD). – 7. Apoatropin, Belladonnin, fremde Alkaloide: 1,00 ml Prüflsg. gibt nach Zusatz von 2 Tr. 6 n Ammoniaklsg. einen weißen Nd., der sich nach Zusatz von 2,00 ml W. lösen muß (DAB 7 – DDR, ähnlich ÖAB 9, USP XVII, PI.Ed. I/1). – 8. Morphin, Brucin: 20 mg Substanz müssen sich in 1 ml konz. Salpetersäure farblos lösen (Helv. V). – 9. Nicht veresterte Tropasäure: 5,0 ml Prüflsg. werden mit 20 ml W. verdünnt und nach Zusatz von 1,0 ml 3 n Schwefelsäure 2mal mit je 20 ml Ae. ausgeschüttelt. Die abgetrennten Ätherauszüge werden filtriert und eingedampft; der Rückstand wird in 10 ml warmem W. gelöst. Nach Zusatz von 0,10 ml Phenolphthaleinlsg. und 1,00 ml 0,02 n Natronlauge muß sich die Lsg. rot färben (DAB 7 – BRD). – 10. Trocknungsverlust: 2,0 bis 4,0% bei 125° getrocknet (DAB 7 – BRD); höchstens 4,0%, bei 110° getrocknet (DAB 7 – DDR, PI.Ed. I/1, BP 63); 2,5 bis 3% (ÖAB 9); höchstens 4%, getrocknet bei 100 bis 105° (CF 65). – 11. Wassergehalt: höchstens 4%, titrimetrisch bestimmt (USP XVII). – 12. Glührückstand: Höchstens 0,10% (DAB 7 – DDR, PI.Ed. I/1); höchstens 0,2% (ÖAB 9). – 13. Sulfatasche: Höchstens 0,2% (DAB 7 – BRD); höchstens 0,1% (BP 63).

Gehaltsbestimmung. Nach DAB 7 – BRD, ähnlich ÖAB 9 und Ross. 9: 0,30 g Substanz, genau gewogen, werden in einer Mischung von 30,0 ml A. 90% und 10,0 ml Chlf. gelöst und nach Zusatz von 1,0 ml Phenolphthaleinlsg. mit 0,1 n Natronlauge unter kräftigem Schütteln bis zur Rosafärbung titriert (Feinbürette). 1 ml 0,1 n Natronlauge entspricht 29,04 mg $(C_{17}H_{24}NO_3)^+$, daraus berechnet 33,84 mg $C_{34}H_{48}N_2O_{11}S$.

Nach BP 63, ähnlich Jap. 61: Etwa 0,25 g Substanz werden genau gewogen, in 25 ml W. gelöst, mit 10 ml verd. Ammoniaklsg. versetzt und mit Mengen von je 20 ml Chlf. quantitativ ausgeschüttelt. Die Chloroformauszüge werden mit 10 ml W. gewaschen, mit 2 ml A. (95%) versetzt und eingedampft. Der Rückstand wird in 2 ml A. (95)% gelöst, mit 20 ml 0,1 n Salzsäure versetzt und der Üderschuß an Salzsäure mit 0,1 n Natronlauge gegen Methylrot als Indikator zurücktitriert. 1 ml 0,1 n Salzsäure entspricht 0,03384 g $(C_{17}H_{23}NO_3)_2 \cdot H_2SO_4$.

Nach DAB 7 – DDR: 0,3500 g Substanz, die bei der „Bestimmung des Trocknungsverlustes" anfällt, werden in einem Erlenmeyerkolben mit aufgesetztem Silicagelrohr in 20,0 ml Essigsäureanhydrid unter Erwärmen gelöst. Nach dem Erkalten und Zusatz von 5 Tr. Bromphenolblaulsg. wird die Lsg. mit 0,1 n Perchlorsäure bis zum Farbumschlag nach Blaugrün titriert (Feinbürette). 1 ml 0,1 n Perchlorsäure ist 67,68 mg wasserfreiem Atropinsulfat äquivalent.

Aufbewahrung. Vor Licht geschützt, in dicht verschlossenen Behältern.

Dosierung. Nach DAB 7 – BRD: Größte Einzelgabe 0,005 g, größte Tagesgabe 0,01 g.

Nach DAB 7 – DDR: Einzelmaximaldosis: oral 0,001 g, subkutan 0,001 g. Tagesmaximaldosis: oral 0,003 g, subkutan 0,003 g. Maximalkonzentration: 1% zur Anwendung am Auge.

Nach BP 63: Bei subkutaner und intramuskulärer Injektion: 0,25 bis 2 mg.

Nach ÖAB 9: Gebräuchliche Einzeldosis bei oraler oder subkutaner Verabreichung: 0,00025 bis 0,0005 g. Einzelmaximaldosis: (oral oder subkutan) 0,001 g. Tagesmaximaldosis: (oral oder subkutan) 0,003 g. Gebräuchliche Konzentration in Augentropfen: 0,2%.

Entkeimung. Nach ÖAB 9: Durch Erhitzen der Lsg. im gesättigten Wasserdampf im Autoklaven während 20 Min. bei 120°, unter Zusatz von 0,1% 0,1 n Salzsäure.

Hyoscyaminum sulfuricum Helv. V – Suppl. I. Hyoscyaminumsulfat. Sulfate d'hyoscyamine. Sulfato di iosciamina.

$(C_{17}H_{23}NO_3)_2 \cdot H_2SO_4 \cdot H_2O$ Formel Nr. I 1, S. 485 M.G. 694,86

L-Hyoscyamin ist die dem Razemat Atropin entsprechende optisch aktive Form.

Eigenschaften. Lockeres, weißes Pulver oder weiße Kristallmasse, ohne wahrnehmbaren Geruch, von sehr bitterem Geschmack. Die Substanz ist lichtempfindlich, die wäßrigen Lsg. reagieren sauer gegen Lackmus. Löslichkeit: 1 g Hyoscyaminsulfat löst sich in etwa 0,5 ml W. und in etwa 5 ml A. Es ist praktisch unlösl. in Ae.

Erkennung. Hyoscyaminsulfat gibt die unter Atropinsulfat beschriebenen Reaktionen Nr.: 1. bis 4. und 7. bis 8. – 5. 1 ml der Lsg. (1 in 20) wird unter Schütteln tropfenweise mit Goldchloridlsg. versetzt, bis ein deutlicher Nd. entsteht. Nach Zusatz einer geringen Menge verd. Salzsäure wird durch Erwärmen gelöst. Beim Abkühlen scheiden sich glänzende goldgelbe Schuppen aus (Unterscheidung von Atropin und Scopolamin) (NF XII). – 6. Schmelzbereich: Die 4 Std. bei 105° getrocknete Substanz darf unterhalb 200° nicht schmelzen (NF XII).

Prüfung. 1. Wassergehalt: Mindestens 2,3% und höchstens 2,9%, ermittelt an 1 g Substanz (Helv. V – Suppl. I). – 2. Aussehen der Lsg.: Etwa 1 g wasserfreie Substanz, genau gewogen, muß sich in 2,5 ml frisch ausgekochtem und wieder erkaltetem W. klar und farblos völlig lösen. Diese Lsg. wird im Meßkölbchen mit frisch ausgekochtem und wieder erkaltetem Wasser auf 20 ml ergänzt und ist nach Feststellung der optischen Drehung als Stammlsg. für die übrigen Prüfungen zu verwenden (Helv. V – Suppl. I). – 3. Spezifische Drehung: Muß zwischen −26,5° und −28,5° liegen; demnach muß der Drehungswinkel von 1,000 g wasserfreier Substanz, gelöst in W. zu 20 ml, bei 20° im 20-mm-Rohr bestimmt, nicht weniger als $-2{,}65°$ und nicht mehr als $-2{,}85°$ betragen (Helv. V – Suppl. I). Nicht weniger als $-24°$, gemessen an einer wäßrigen Lsg. von 500 mg der 4 Std. bei 105° getrockneten Substanz in 10 ml (NF XII). – 4. Alkalisch oder sauer reagierende Verunreinigungen: 1 ml der Stammlsg. muß durch 1 Tr. Bromthymolblaulsg. gelb oder grünlichgelb, aber nicht grün, durch 1 Tr. Methylrotlsg. gelb, orange oder rot, aber nicht stärker rot gefärbt werden, als 1 ml einer Mischung von 3 ml Natriumacetat (27,2 g Natrium aceticum werden in W. zu 100 ml gelöst) + 3 ml verd. Essigsäure + W. zu 20 ml (Helv. V – Suppl. I). – 5. Fremde Anionen: In der Stammlsg. darf Bromid nicht nachweisbar sein (Helv. V – Suppl. I). – 6. Organische Verunreinigungen: Die Lsg. von 10 mg in 1 ml konz. Schwefelsäure muß farblos sein (Helv. V – Suppl. I, ähnlich NF XII). – 7. Morphin, Brucin: 20 mg Substanz müssen sich in 1 mol konz. Salpetersäure farblos lösen (Helv. V – Suppl. I). – 8. Fremde Alkaloide: 250 mg Substanz werden in 1 ml 0,1 n Salzsäure gelöst und mit W. auf 15 ml verdünnt. 5 ml dieser Lsg. werden mit wenigen Tropfen Platinchloridlsg. versetzt: Es darf kein Nd. entstehen. Zu weiteren 5 ml der Lsg. werden 2 ml Ammoniaklsg. gegeben: Es darf höchstens eine schwache Opaleszenz, jedoch keine sofortige Trübung oder ein Nd. entstehen (NF XII). – 9. Apoatropin, Belladonnin: Wird eine Mischung von 0,5 ml der Stammlsg. + 0,5 ml W. mit 4 Tr. verd. Ammoniaklsg. versetzt, so muß sich die Lsg. trüben; auf nachträglichen Zusatz von 2 ml W. muß die Trübung wieder verschwinden (Helv. V – Suppl. I). – 10. Aus 2 ml der Stammlsg. fällt auf Zusatz von 10 Tr. verd. Ammoniaklsg. Hyoscyamin aus. Dieses wird einige Minuten stehen gelassen, dann abfiltriert, mit wenig W. bis zur Sulfatfreiheit gewaschen und während 24 Std. im Schwefelsäureexsikkator getrocknet. Sein Schmelzpunkt muß zwischen 104 und 107° liegen (Helv. V – Suppl. I). – 11. Verbrennungsrückstand: Höchstens 0,2% (NF XII); 2 ml der Stammlsg. dürfen nach dem Verdampfen keinen wägbaren Verbrennungsrückstand hinterlassen (Helv. V – Suppl. I).

Gehaltsbestimmung. Nach Helv. V – Suppl. I.: 5 ml der Stammlsg., genau gemessen, werden mit 3 ml Chlf. versetzt und unter Verwendung von Phenophthalein mit 0,1 n Natronlauge unter Umschwenken bis zur Rosafärbung titriert (Feinbürette). 1 ml 0,1 n NaOH entspricht 0,033823 g $(C_{17}H_{23}NO_3)_2 \cdot H_2SO_4$.
Gehaltsforderung: Mindestens 99,3%.

Aufbewahrung. Vor Licht geschützt, in gut verschlossenem Glase.

Sterilisation. Durch Erhitzen im freiströmenden Wasserdampf (von etwa 100°) während 30 Min. (Helv. V – Suppl. I).

Dosierung. Helv. V – Suppl. I: Einzelmaximaldosis 0,0005 g, Tagesmaximaldosis 0,0015 g.

Unverträglichkeiten. Alkalien und alkalisch reagierende Stoffe (Razemesierung und Fällung); Jod, Gerbsäure (Fällung).

Anwendung. Als Parasympatholyticum.

Methylatropinium bromatum ÖAB 9, Helv. V – Suppl. I. Atropinum methylobromatum Erg.B. 6. Methylatropini bromidum Nord. 63. Methylatropinbromid. Atropinbrommethylat. Atropini methobromidum. Brommêthylate d'atropine. Brommetilato di atropina.

$C_{18}H_{26}BrNO_3$ Formel Nr. I/2, S. 485 M.G. 384,33

Eigenschaften. Farblose Kristalle oder weiße Blättchen oder weißes, kristallines Pulver, ohne Geruch, von bitterem Geschmack. Löslichkeit: Lösl. in etwa 1 T. W. oder in etwa 20 T. A., praktisch unlösl. in Ae. oder Chlf. Fp. 219 bis 221° (Erg.B. 6), 212 bis 216,5° (Helv. V – Suppl. I), 219 bis 223° im Kapillarröhrchen (ÖAB 9).

Erkennung. 1. Die wäßrige Lsg. gibt mit Silbernitratlsg. einen gelblichweißen, käsigen Nd., der in Salpetersäure unlösl. und in konz. Ammoniaklsg. lösl. ist (ÖAB 9). – 2. Versetzt man eine mit verd. Salzsäure angesäuerte Lsg. mit etwa 10 mg Chloramin und schüttelt mit Chlf., so färbt sich dieses braun (ÖAB 9, ähnlich Erg.B. 6). – 3. Versetzt man eine Lsg. von etwa 2 mg Substanz in 1 ml W. mit 5 Tr. Jodlsg., so scheidet sich ein Perjodid in Form schwarzbrauner, öliger Tröpfchen aus (ÖAB 9). – 4. Dampft man etwa 1 mg Substanz mit 1 ml rauchender Salpetersäure auf dem Wasserbad zur Trockne ein und befeuchtet den gelblichen Rückstand mit einigen Tropfen alkoholischer Kaliumhydroxidlsg., so entsteht eine violette Lsg., deren Färbung sich auf Zusatz von etwa 5 ml Aceton vertieft (ÖAB 9, ähnlich Helv. V – Suppl. I und Erg.B. 6). – 5. Versetzt man etwa 2 mg Substanz mit 2 Tr. W. und 5 Tr. konz. Schwefelsäure bis zur beginnenden Bräunung, so tritt ein angenehmer, honigähnlicher Geruch auf (ÖAB 9). – 6. Versetzt man eine Lsg. von etwa 5 mg Substanz in 1 ml W. mit 1 ml Nesslers Rg., so entsteht ein hellgelber, käsiger Nd. (ÖAB 9). – 7. Nach alkalischer Verseifung der Substanz läßt sich nach dem Ansäuern mit verd. Salzsäure die Tropasäure mit Hilfe von Ae. extrahieren. Fp. nach Trocknen bei 105° zwischen 117 und 120° (Nord. 63). – 8. Identifizierung nach KOFLER: Schmelzintervall unter dem Mikroskop: 222 bis 226° (Zers., wobei in der Schmelze kleine Nadeln entstehen). Eutektische Temp. der Mischung mit Salophen: 166°; mit Dicyandiamid: 127° (ÖAB 9).

Prüfung. 1. Aussehen der Lösung: Eine Lsg. von 1 T. Substanz in 19 T. kohlensäurefreiem W. muß klar und farblos sein (ÖAB 9, ähnlich Helv. V – Suppl. I). – 2. Optisch aktive Stoffe: Das optische Drehungsvermögen ($\alpha_D^{20°}$ l = 2) der Lsg. (1 + 19) darf um höchstens ±0,1° von 0° abweichen (ÖAB 9; bei 20° im 200-mm-Rohr keine optische Drehung, Helv. V – Suppl. I). – 3. Freies Alkali, freie Säure: Eine Mischung von 4 ml der Lsg. (1 + 19) und 6 ml kohlensäurefreiem W. muß sich auf Zusatz von 2 Tr. Bromthymolblaulsg. gelb oder grün und bei darauffolgendem Zusatz von 1 Tr. 0,01 n Natronlauge blau färben (ÖAB 9). – 4. Fremde Alkaloide: Man schüttelt eine Mischung von 10 ml Lsg. (1 + 19 und 1 ml Ammoniaklsg. in einem Scheidetrichter 1 Min. lang mit 20 ml Ae. aus. Die ätherische Lsg. wäscht man durch Schütteln mit 5 ml W., filtriert und dampft 10 ml davon zur Trockne ein. Das Gewicht des Rückstandes darf nicht mehr als 1 mg betragen (ÖAB 9); wird 1 ml Stammlsg. (1 + 19) tropfenweise mit verd. Ammoniaklsg. versetzt, so darf auch vorübergehend keine Trübung oder Fällung auftreten (Helv. V – Suppl. I). – 5. Leicht oxydierbare Stoffe: Eine Mischung von 2 ml der Lsg. (1 + 19), 8 ml W. und 0,10 ml Kaliumpermanganatlsg. darf die rote Farbe innerhalb von 5 Min. nicht vollständig verlieren (ÖAB 9). – 6. Nitrat: Werden 2 ml der Lsg. (1 + 19) mit Diphenylamin-Schwefelsäure unterschichtet, so darf sich zwischen beiden Flüssigkeiten keine blaue Zone bilden (ÖAB 9, ähnlich Helv. V – Suppl. I). – 7. Sulfat: In der Lsg. (1 + 19) darf Sulfat nicht nachweisbar sein (ÖAB 9). – 8. Trocknungsverlust: Höchstens 0,5% (ÖAB 9). – 9. Verbrennungsrückstand: Höchstens 0,2% (ÖAB 9); 4 ml Stammlsg. (1 + 19) dürfen nach dem Verdampfen keinen wägbaren Verbrennungsrückstand hinterlassen (Helv. V – Suppl. I). 0,2 g Substanz dürfen keinen wägbaren Verbrennungsrückstand hinterlassen (Erg.B. 6).

Gehaltsbestimmung. Nach ÖAB 9: 0,3843 g Methylatropinbromid werden in einem Schliffkolben in 10 ml kohlensäurefreiem W. gelöst. Die Lsg. versetzt man mit 20,00 ml 0,1 n Natriumhydroxidlsg. und läßt hierauf 1 Std. lang verschlossen stehen. Sodann titriert man das überschüssige Natriumhydroxid nach Zusatz von 10 Tr. Phenolphthaleinlsg. mit 0,1 n Salzsäure zurück. Für die angegebene Einwaage muß sich ein Verbrauch an 0,1 n Natriumhydroxidlsg. von 9,90 bis 10,18 ml ergeben, entsprechend 99,0 bis 101,8% des theoretischen Wertes. 1 ml 0,1 n Natriumhydroxidlsg. entspricht 38,43 mg $C_{18}H_{26}BrNO_3$, 1 g Methylatropinbromid entspricht 26,02 ml 0,1 Natriumhydroxidlsg.

Nach Helv. V – Suppl. I: 5 ml Stammlsg. (1 + 19) werden genau gemessen und mit W. auf 50 ml verdünnt. Dann werden 10 ml verd. Salpetersäure, 5 ml Eisen(III)-ammoniumsulfatlsg. und 10,00 ml 0,1 n Silbernitratlsg. zugefügt. Die Mischung wird geschwenkt, bis sich das gebildete Silberbromid zusammengeballt hat. Hierauf wird mit 0,1 n Ammoniumrhodanidlsg. bis zum Farbumschlag nach Rötlichgelb zurücktitriert (Mikrobürette). 1 ml 0,1 n $AgNO_3$ entspricht 0,038414 g $C_{18}H_{26}BrNO_3$. Methylatropinbromid muß mindestens 99,5% $C_{18}H_{26}BrNO_3$ enthalten. 0,2500 g müssen also mindestens 6,47 ml und dürfen höchstens 6,51 ml 0,1 n $AgNO_3$ verbrauchen.

Aufbewahrung. Vor Licht geschützt, in gut schließenden Gefäßen.

Unverträglichkeiten s. Atropin.

Dosierung. Erg.B. 6 und Helv. V – Suppl. I: Größte Einzelgabe 0,001 g, größte Tagesgabe 0,003 g.

Nach ÖAB 9: Gebräuchliche Einzeldosis 0,0005 bis 0,001 g. Einzelmaximaldosis 0,002 g. Tagesmaximaldosis 0,004 g. Gebräuchliche Konzentration in Augentropfen: 1 bis 2%.

Entkeimung. Die Lsg. werden unter Zusatz von 0,1% 0,1 n Salzsäure durch Erhitzen im gesättigten Wasserdampf in Autoklaven während 20 Min. bei 120° sterilisiert.

Anwendung. Parasympatholyticum.

Methylatropinium nitricum ÖAB 9. Atropine methonitrate BP 63. Atropini Methanitras PI.Ed. I – Suppl. Methylatropinnitrat. Methylatropini Nitras. Atropinum Methylonitricum. Atropinmethonitrat.

$C_{18}H_{26}NO_3 \cdot NO_3$	Formel Nr. I/2, S. 485	M.G. 366,42
$C_{18}H_{26}N_2O_6$		

Atropinmethylnitrat ist das Methonitrat des Alkaloids Atropin bzw. D,L-Tropasäuretropinester-Methonitrat.

Gehaltsforderungen. PI.Ed. I – Suppl.: Mindestens 98,0% und höchstens das Äquivalent von 100,9% $C_{18}H_{26}N_2O_6$.

BP 63: Mindestens 98,0% in der bei 105° konstant getrockneten Substanz.
ÖAB 9: 99,0 bis 101,8% des theoretischen Wertes.

Herstellung. Durch Umsetzung von Atropin-methojodid oder -methobromid mit Silbernitrat.

Eigenschaften. Farblose Kristalle oder weißes, kristallines Pulver, ohne Geruch. Löslichkeit: Lösl. in etwa 1 T. W., in etwa 13 T. A., praktisch unlösl. in Ae. und Chlf. Schmelzintervall im Kapillarröhrchen: 160 bis 166°, unter dem Mikroskop: 163 bis 169° (ÖAB 9); Schmelzbereich nach dem Trocknen bei 105°, 166 bis 168° (PI.Ed. I – Suppl. und BP 63).

Erkennung. 1. Nitrat: Unterschichtet man eine Lsg. von etwa 1 mg Substanz in 1 ml W. mit Diphenylamin-Schwefelsäure, so bildet sich zwischen den beiden Flüssigkeiten eine tiefblaue Zone (ÖAB 9, ähnlich BP 63 und PI.Ed. I – Suppl.). – 2. Versetzt man eine Lsg. von etwa 2 mg Substanz in 1 ml W. mit 5 Tr. Jodlsg., so scheidet sich ein Perjodid in Form feiner, brauner, öliger Tröpfchen aus (ÖAB 9). – 3. In 5 ml einer 10%igen wss. Lsg. werden 0,5 ml Salzsäure und 2,5 ml Gold(III)-chlorid-Lsg. gegeben. Das gebildete Gold(III)-chlorid-Salz hat nach dem Umkristallisieren aus mit Salzsäure angesäuertem, siedendem W. und nach dem Trocknen bei 105° eine Schmelztemp. von ungefähr 205° (Unterschied zu Atropin und Hyoscyamin) (PI.Ed. I – Suppl. und BP 63). – 4. In 5 ml einer 2%igen Lsg. werden 2 ml Natriumhydroxidlsg. gegeben; die Alkaloidbase darf nicht ausgefällt werden (PI.Ed. I – Suppl. und BP 63). – 5. Dampft man etwa 1 mg Substanz mit 1 ml rauchender Salpetersäure auf dem Wasserbad zur Trockne ein und befeuchtet den gelblichen Rückstand mit einigen Tropfen alkoholischer Kalilauge, so entsteht eine violette Lsg., deren Färbung sich auf Zusatz von etwa 5 ml Aceton vertieft (ÖAB 9, ähnlich BP 63 und PI.Ed. I – Suppl.). – 6. Versetzt man eine Lsg. von etwa 5 mg Substanz in 1 ml W. mit 1 ml Nesslers Rg., so entsteht ein hellgelber, käsiger Nd. (ÖAB 9). – 7. Eutektische Temperatur der Mischung mit Phenacetin: 118°; Lichtbrechungsvermögen der Schmelze: $n_D = 1{,}5204$ bei 166 bis 168° (ÖAB 9).

Prüfung. 1. Reinheit: Eine Lsg. (1 + 19) in kohlensäurefreiem W. muß klar und farblos sein (ÖAB 9). – 2. Halogenide: Eine Mischung von 2 ml der Lsg. (1 + 19), 8 ml W. und 1 ml verd. Salpetersäure darf auf Zusatz von 3 Tr. Silbernitratlsg. innerhalb 5 Min. nicht getrübt werden (ÖAB 9, ähnlich BP 63, PI.Ed. I – Suppl.). – 3. Silber: In 1 ml einer 10 prozentigen wss. Lsg. werden 0,2 ml Natriumsulfidlsg. gegeben; die Lsg. darf sich nicht dunkler färben (PI.Ed. I – Suppl. und BP 63). – 4. Schwermetalle: In einer Mischung von 2 ml der Lsg. (1 + 19) und 8 ml W. dürfen Schwermetalle nicht nachweisbar sein (ÖAB 9). – 5. ÖAB 9: „Die übrigen Reinheitsprüfungen sind in der bei Methylatropinium bromatum" angegebenen Weise auszuführen, wobei jedoch die Prüfungen auf Nitrat und Sulfat entfallen. – 6. Optische Drehung: Eine 4%ige Lsg. ist optisch inaktiv (PI.Ed. I – Suppl.); –0,25 bis +0,05°, gemessen an einer Lsg., die 10% des wasserfreien Salzes enthält, in einem 2-dm-Rohr (BP 63). – 7. Trocknungsverlust: Höchstens 0,5%, nach dem Trocknen bei 105° bis zur Gewichtskonstanz (PI.Ed. I – Suppl. und BP 63). – 8. Verbrennungsrückstand: Höchstens 0,1% (PI.Ed. I – Suppl.). – 9. Sulfatasche: Höchstens 0,1% (BP 63).

Gehaltsbestimmung. Nach ÖAB 9: 0,3664 g Methylatropinnitrat werden in einem Schliffkolben in 10 ml kohlensäurefreiem W. gelöst. Die Lsg. versetzt man mit 20,00 ml 0,1 n Natriumhydroxid und läßt hierauf 1 Std. lang verschlossen stehen. Sodann titriert man das überschüssige Natriumhydroxid nach Zusatz von 10 Tr. Phenolphthaleinlsg. mit 0,1 n Salzsäure zurück. Für die angegebene Einwaage muß sich ein Verbrauch an 0,1 n Natriumhydroxidlsg. von 9,90 bis 10,18 ml ergeben, entsprechend 99,0 bis 101,8% des theoretischen Wertes. 1 ml 0,1 n Natriumhydroxidlsg. entspricht 36,64 mg $C_{18}H_{26}NO_3 \cdot NO_3$. 1 g Methylatropinnitrat entspricht 27,29 ml 0,1 n Natriumhydroxidlsg.

Nach PI.Ed. I – Suppl.: Ungefähr 0,1 g, genau gewogen, wird in 40 ml W. gelöst, 20 ml verd. Schwefelsäure und 30 ml Ammoniumreineckatlsg. zugegeben, gut gemischt und 30 Min. lang stehen gelassen. Nach dem Filtrieren wird der Rückstand zunächst so oft mit Atropinmethylreineckatlsg. gewaschen, bis die Waschflüssigkeiten sulfatfrei sind, anschließend mit 3 ml W. und schließlich mit 2 ml Ae. (95%). Über Phosphorpentoxid wird bei höchstens 5 Torr 2 Std. lang getrocknet. 1 g des Rückstandes entspricht 0,5884 g $C_{18}H_{26}N_2O_6$.

Nach BP 63: Durch Titration im wasserfreien Milieu. Einwaage etwa 0,5 g Substanz, Lösungsmittel: Wasserfreie Essigsäure, Titrationslsg.: 0,1 n Perchlorsäure, Endpunktsbestimmung: potentiometrisch. 1 ml 0,1 n Perchlorsäure entspricht 0,03664 g $C_{18}H_{26}N_2O_6$.

Aufbewahrung. Vor Licht geschützt, in gut verschlossenen Gefäßen.

Entkeimung. ÖAB 9: Injektionspräparate werden nach dem aseptischen Verfahren hergestellt.

Dosierung. ÖAB 9: Gebräuchliche Einzeldosis 0,0005 bis 0,001 g. Einzelmaximaldosis 0,002 g. Tagesmaximaldosis 0,004 g. Gebräuchliche Konzentration in Augentropfen 1 bis 2%.

Anwendung. Als Parasympatholyticum.

Scopolaminum hydrobromicum ÖAB 9, DAB 7 – DDR, Helv. V, CsL 2, Ross. 9. Scopolaminhydrobromid DAB 7 – BRD. Scopolamine hydrobromide USP XVII. Bromhydrate de Scopolamine CF 65. Scopolamini bromidum Nord. 63. Scopolamini hydrobromidum Jap. 61. Hyoscine hydrobromide BP 63. Hyoscini Hydrobromidum PI.Ed. I. Bromidrato di Scopolamina. Hyoscinum hydrobromicum. Hyoscinhydrobromid.

$(C_{17}H_{21}NO_4)HBr \cdot 3H_2O$	Formel Nr. I/3, S. 485	M.G. 438,32
$(C_{17}H_{22}BrNO_4) \cdot 3H_2O$		

Tropasäure-6,7-epoxy-tropylester hydrobromid. (–)-Tropasäure-scopylester-hydrobromid.

Bemerkung. Die D,L-Form wird als Atroscin bezeichnet.

Gehaltsforderungen. DAB 7 – BRD: Mindestens 99,0%, berechnet auf die getrocknete Substanz.
Helv. V: Mindestens 99,3%, berechnet auf die wasserfreie Substanz.
Ross. 9: Mindestens 98,5%, berechnet auf die wasserfreie Substanz.
CsL 2: Mindestens 98,0%, berechnet auf die bei 100° getrocknete Substanz.
DAB 7 – DDR: 98,8 bis 101,0%, berechnet auf die bei 105° getrocknete Substanz.
ÖAB 9: 99,0 bis 103,0% des theoretischen Wertes.
Nord. 63: 98,2 bis 103,7% $C_{17}H_{21}NO_4 \cdot HBr \cdot 3H_2O$ bzw. 68,0 bis 71,8% $C_{17}H_{21}NO_4$.
USP XVII: 98,5 bis 102,0%, berechnet auf die wasserfreie Substanz.

Zusammensetzung. CF 65: Scopolaminbase 69,21%, Bromwasserstoff 18,46%, Wasser 12,33%.

Eigenschaften. Farblose Kristalle oder weißes, kristallines Pulver, ohne Geruch, das an der Luft leicht verwittert. Löslichkeit: Lösl. in etwa 2 T. W., in etwa 20 T. A. (95%), in etwa 15 T. A. (90%), wenig lösl. in Chlf., praktisch unlösl. in Ae.

Schmelztemperatur:		bestimmt mit:	
Helv. V:	191–194°		getrockneter Substanz
Ross. 9:	192–196°	3 Std. bei 100–105°	getrockneter Substanz
CsL 2:	193–196°	bei 100°	getrockneter Substanz
DAB 7 – DDR:	194–197°		getrockneter Substanz
USP XVII:	195–199°	3 Std. bei 105°	getrockneter Substanz
ÖAB 9:	195–200° im Kapillarröhrchen und unter dem Mikroskop	bei 103–105°	getrockneter Substanz
Jap. 61:	195–198°	3 Std. bei 105°	getrockneter Substanz
BP 63:	195–198°		getrockneter Substanz
PI.Ed. I:	197–200°		getrockneter Substanz
DAB 7 – BRD:	199–203° auf dem Metallblock		getrockneter Substanz

Spezifische Drehung: $[\alpha]_D^{20°} = -24$ bis $-26°$, $c = 5$ (DAB 7 – BRD, DAB 7 – DDR, ÖAB 9, CsL 2, USP XVII, PI.Ed. I, Jap. 61); $[\alpha]_D^{20°} = -24$ bis $-26{,}5°$ (BP 63); $[\alpha]_D^{20°} = -25° \pm 2°$ (CF 65); $[\alpha]_D^{20°} = -22$ bis $-26°$, $c = 5$ (Ross. 9); $[\alpha]_D$ $-19{,}5$ bis $24{,}0°$, $c = 2$, $\alpha_D = -0{,}78$ bis $-0{,}96°$ (200 mm) (Nord. 63).

Erkennung. 1. Die Lsg. der Substanz gibt mit Silbernitratlsg. einen gelblichweißen, käsigen Nd., der in Salpetersäure unlösl., in konz. Ammoniaklsg. lösl. ist (ÖAB 9 und andere Pharmakopöen). – 2. Versetzt man eine mit verd. Salzsäure angesäuerte Lsg. mit etwa 10 mg Chloramin und schüttelt mit Chlf., so färbt sich dieses braun (ÖAB 9 und andere Pharmakopöen). – 3. 2 bis 5 mg Substanz werden mit 0,50 ml rauchender Salpetersäure zur Trockne eingedampft. Nach dem Erkalten wird der gelbliche Rückstand in 5,0 ml Aceton gelöst. Auf Zusatz von 1,0 ml 0,1 n äthanolischer Kalilauge färbt sich die Lsg. violett (DAB 7 – BRD, ähnlich die meisten anderen Pharmakopöen). – 4. Versetzt man eine Lsg. von etwa 2 mg Substanz mit 1 ml W. und 5 Tr. Jodlsg., so scheidet sich ein Perjodid in Form schwarzbrauner, harziger Flocken aus (ÖAB 9, ähnlich DAB 7 – DDR). – 5. Erhitzt man etwa 2 mg Substanz mit 2 Tr. W. und 5 Tr. konz. Schwefelsäure bis zur beginnenden Braunfärbung, so tritt ein angenehmer, honigähnlicher Geruch auf (ÖAB 9). – 6. Versetzt man eine Lsg. von etwa 3 mg Substanz in 1 ml W. mit 1 ml Nesslers Rg., so bleibt die Lsg. klar. Beim Erhitzen entsteht allmählich eine feine graue Trübung von metallischem Quecksilber (ÖAB 9). – 7. Eutektische Temperatur der Mischung mit Salophen: 165°, mit Dicyandiamid: 126° (ÖAB 9).

Prüfung. 1. Aussehen der Lösung: Die Prüflsg. (1 + 19) muß klar und farblos sein (DAB 7 – BRD, DAB 7 – DDR, ÖAB 9). – 2. Sauer reagierende Verunreinigungen: 5,0 ml Prüflsg. (5%ig) dürfen nach Zusatz von 0,10 ml Methylrotlsg. II höchstens 0,20 ml 0,02 n Natronlauge bis zum Farbumschlag nach Gelb verbrauchen (DAB 7 – BRD). – 3. Alkalische oder sauer reagierende Verunreinigungen: 5,0 ml Prüflsg. (5%ig) müssen nach Zusatz von 1 Tr. Methylrotlsg. und 0,100 ml 0,01 n Salzsäure rot und nach darauffolgendem Zusatz von 0,400 ml 0,01 n Kalilauge gelb gefärbt sein (DAB 7 – DDR). – 4. Fremde Alkaloide: Die Verdünnung von 2,0 ml Prüflsg. mit 3,0 ml W. darf auf Zusatz von 1,0 ml 6 n Ammoniaklsg. nicht getrübt werden (DAB 7 – BRD, ähnlich DAB 7 – DDR und ÖAB 9). – 5. Oxydierbare Verunreinigungen: Eine Mischung von 2,0 ml Prüflsg. mit 10 ml W. und 0,10 ml 0,1 n Kaliumpermanganatlsg. darf innerhalb 5 Min. nicht völlig entfärbt werden (DAB 7 – BRD, ähnlich ÖAB 9 und DAB 7 – DDR). – 6. Nicht veresterte Tropasäure: 5,0 ml Prüflsg. werden mit 20 ml W. verdünnt und nach Zusatz von 1,0 ml 3 n Schwefelsäure 2mal mit je 20 ml Ae. ausgeschüttelt. Die abgetrennten Ätherauszüge werden filtriert. Der Abdampfrückstand wird in 10 ml warmem W. gelöst. Nach Zusatz von 0,10 ml Phenolphthaleinlsg. und 1,00 ml 0,02 n Natronlauge muß sich die Lsg. rot färben (DAB 7 – BRD).– 6. Trocknungsverlust: 11,0 bis 13,0%, im Exsikkator 24 Std. lang und anschließend bei 105° getrocknet (DAB 7 – BRD); höchstens 13,0%, über Silicagel 24 Std. und anschließend bei 105° getrocknet, ausgeführt mit 1,6000 g Substanz (DAB 7 – DDR); 9,5 bis 12,5%, bestimmt bei 103 bis 105° nach 24stündigem Vortrocknen der fein gepulverten Substanz im Vakuumexsikkator (ÖAB 9); mindestens 12% und höchstens 13%, nach dem Trocknen bis zur Gewichtskonstanz bei 100° (PI.Ed. I); mindestens 10%, höchstens 13% (BP 63); höchstens 13% (USP XVII). – 7. Verbrennungsrückstand: Höchstens 0,1% (DAB 7 – DDR, PI.Ed. I); höchstens 0,2% (ÖAB 9). – 8. Sulfatasche: Höchstens 0,1% (BP 63); höchstens 0,2% (DAB 7 – BRD).

Gehaltsbestimmung. Nach DAB 7 – BRD und ÖAB 9 wird in hydrogencarbonathaltiger Lsg. nach MOHR eine argentometrische Bestimmung ausgeführt.

Vorschrift des DAB 7 – BRD: 0,25 g Substanz, genau gewogen, werden in 10 ml W. gelöst, mit 20 mg Natriumhydrogencarbonat und 1,0 ml Kaliumchromatlsg. versetzt und mit 0,1 n Silbernitratlsg. titriert (Feinbürette). 1 ml 0,1 n Silbernitratlsg. entspricht 7,991 mg Br^-, daraus berechnet 38,43 mg $C_{17}H_{22}BrNO_4$. Nach DAB 7 – DDR, USP XVII, CF 65, Ross. 9 und andere Pharmakopöen wird im wasserfreien Milieu titriert.

Vorschrift des DAB 7 – DDR: 0,3500 g getrocknete Substanz werden in 10,0 ml wasserfreier Essigsäure gelöst. Nach dem Erkalten und Zusatz von 10,0 ml Quecksilber(II)-acetat-Lsg. sowie 3 Tr. Kristallviolettlsg. wird die Lsg. mit 0,1 n Perchlorsäure bis zum Farbumschlag nach Blaugrün titriert (Feinbürette). 1 ml 0,1 n Perchlorsäure entspricht 38,43 mg wasserfreier Substanz.

Aufbewahrung. Vor Licht geschützt, in gut schließenden Gefäßen.

Dosierung. Größte Einzelgabe 0,001 g (DAB 7 – BRD und DDR, ÖAB 9). Größte Tagesgabe 0,003 g. Gebräuchliche Einzeldosis 0,00025 bis 0,0005 g (ÖAB 9). Einzelmaximaldosis bei subcutaner Verabreichung 0,0005 g (ÖAB 9 und DAB 7 – DDR). Tagesmaximaldosis bei subcutaner Verabreichung 0,0015 g (ÖAB 9), 0,002 g (DAB 7 – DDR). Maximalkonzentration zur Anwendung am Auge: 0,5% (DAB 7 – DDR).

Hinweis. DAB 7 – BRD: Lsg. von Scopolaminhydrobromid dürfen nicht erhitzt werden. Wird Hyoscinum hydrobromicum verordnet, ist Scopolaminhydrobromid zu verwenden.

Entkeimung. ÖAB 9: Bei einem pH unter 7 können Lsg. durch Erhitzen im gesättigten Wasserdampf im Autoklaven während 20 Min. bei 120° entkeimt werden.

Unverträglichkeiten. Alkalien und alkalisch reagierende Stoffe, Jod, Silbersalze (Fällungen).

Anwendung. Parasympatholyticum; zur Dämpfung des Zentralnervensystems.

Scopolamini methylbromidum Jap. 61. Methscopolamine bromide NF XII, NND 63. Scopolamine methylbromide. N-Methylscopolammoniumbromide. Scopolaminmethobromid.

$C_{18}H_{24}BrNO_4$ Formel Nr. I/4, S. 485 M.G. 398,31

Gehaltsforderungen. Jap. 61: Mindestens 98,0% in der getrockneten Substanz.
NF XII: Mindestens 98 und höchstens 101% in der getrockneten Substanz.

Eigenschaften. Weiße Kristalle oder weißes, kristallines Pulver, ohne Geruch, von bitterem Geschmack. Löslichkeit: Leicht lösl. in W., weniger lösl. in A., sehr wenig lösl. in Aceton und Chlf., unlösl. in Ae. Die wss. Lsg. (1 + 99) reagiert praktisch neutral. Fp. etwa 225° (Zers.) (Jap. 61); zwischen 222 und 228° (NF XII). Spezifische Drehung: −21 bis

$-25°$, $c = 5$, berechnet auf die getrocknete Substanz (NF XII; ebenso Jap. 61: 0,2 g, W., 10 ml, 100 mm). Lichtabsorption: $E^{1\%}_{1\,cm}$ (257 mμ): 4,5 ~ 4,98 (0,1 g, W., 100 ml, 10 mm) (Jap. 61).

Erkennung. 1. 1 mg Substanz wird mit 3 Tr. rauchender Salpetersäure versetzt und auf dem Wasserbad zur Trockne eingedampft. Der Rückstand wird in 1 ml Dimethylformamid gelöst und mit 5 bis 6 Tr. einer Tetraäthylammonium-hydroxidlsg. (1 + 4) versetzt; es entwickelt sich eine purpurrote Färbung (Jap. 61). – 2. Etwa 5 mg Substanz werden in 5 ml W. gelöst, mit 3 Tr. Ammoniumreineckatlsg. versetzt und 5 Min. stehengelassen; es entsteht ein roter Nd. (NF XII, ähnlich Jap. 61). – 3. Die Lsg. der Substanz muß einen positiven Bromidnachweis geben. – 4. Das UV-Spektrum einer Lsg. 1 + 999, gemessen in einer 10-mm-Küvette zeigt Maxima bei 252 mμ (E_1), 257 mμ (E_2) und 263 mμ sowie Minima bei 248 mμ, 254 mμ und 261 mμ. Das Verhältnis $E_2/E_1 : E_1/E_2$ muß 1,10 : ~1,38 betragen (Jap. 61).

Prüfung. 1. Apoatropin: 0,15 g Substanz werden in 15 ml W. gelöst, mit 0,05 ml 0,1 n Kaliumpermanganatlsg. versetzt und 5 Min. stehengelassen; die rötliche Färbung darf nicht vollkommen verschwinden (Jap. 61). – 2. Fremde Alkaloide: 0,05 g Substanz werden in 1 ml W. gelöst und mit wenigen Tropfen Ammoniaklsg. versetzt; es darf keine Trübung entstehen (Jap. 61). – 3. Trocknungsverlust: Höchstens 3,0% (1 g, 105°, 4 Std.) (Jap. 61); höchstens 2% (105°, 3 Std.) (NF XII). – 4. Verbrennungsrückstand: Höchstens 0,10% (NF XII und Jap. 61).

Gehaltsbestimmung. Jap. 61: Etwa 0,7 g der bei 105° 4 Std. lang getrockneten Substanz werden genau gewogen, in 75 ml W. gelöst, mit 10 ml verd. Salzsäure und dann mit genau 25 ml 0,1 n Silbernitratlsg. versetzt. Der Überschuß an Silbernitrat wird mit 0,1 n Ammoniumthiocyanatlsg. gegen Eisen(III)-ammoniumsulfatlsg. als Indikator zurücktitriert. 1 ml 0,1 n Silbernitratlsg. entspricht 39,831 mg $C_{18}H_{24}BrNO_4$.

NF XII: Etwa 750 mg Substanz werden genau gewogen, in einer Mischung von 30 ml wasserfreier Essigsäure und 10 ml Quecksilberacetatlsg. unter vorsichtigem Erwärmen gelöst, auf Raumtemperatur abkühlen gelassen, mit 2 Tr. Kristallviolettlsg. versetzt und mit 0,1 n Perchlorsäure/Eisessig titriert. Der Verbrauch wird mit Hilfe eines Blindversuches korrigiert. 1 ml 0,1 n Perchlorsäure entspricht 39,83 mg $C_{18}H_{24}BrNO_4$.

Aufbewahrung. Lichtgeschützt, in gut schließenden Gefäßen.

Dosierung. Übliche Einzeldosis 2,5 mg, übliche Tagesdosis 5 mg, Einzelmaximaldosis 5 mg, Tagesmaximaldosis 15 mg (Jap. 61).

Handelsformen: Lescopine Bromide (Lincoln Laboratories, Inc., USA); Pamine Bromide (The Upjohn Company, USA).

Methylscopolamini nitras Nord. 63. Methscopolamine nitrate NND 63. Methylscopolaminnitrat. Methylscopolaminiumnitrat. Scopolaminmethonitrat.

$C_{18}H_{24}NO_4 \cdot NO_3$ Formel Nr. I/4, S. 485 M.G. 380,40
$C_{18}H_{24}N_2O_7$

Gehaltsforderung. Nord. 63: Etwa 87,5% Methylscopolamin, entsprechend etwa 99,5% Methylscopolaminnitrat.

Beschreibung. Weißes, kristallines Pulver oder farblose Kristalle ohne Geruch, von bitterem Geschmack. Löslichkeit: Leicht lösl. in A., unlösl. in Chlf. und Ae. pH-Wert einer 0,05%igen, wss. Lsg.: 5,0 bis 5,4. Fp. 194 bis 199° (bei 105° getrocknet). $[\alpha]_D$: $-22{,}0$ bis $-26{,}5°$, $c = 2$; α_D: $-0{,}88$ bis $-1{,}06°$, 200 mm.

Erkennung. Nach Nord. 63 (Prüflsg: 0,80 g Substanz in 40 ml W.). 1. 5 Tr. Prüflsg., verdünnt mit 2 ml W., geben einen positiven Nitratnachweis. – 2. Das Pikrat schmilzt nach dem Trocknen bei 105° zwischen 154 und 159°.

Gehaltsbestimmung. Nord. 63: 0,2000 g Substanz werden in 10 ml wasserfreier Essigsäure gelöst, mit 20 ml Dioxan, 10 ml Benzol und 5 Tr. Kristallviolettlsg. versetzt und mit 0,1 n Perchlorsäure bis zum Farbumschlag nach Blaugrün titriert (Semimikrobürette). 1 ml 0,1 n Perchlorsäure entspricht 0,03804 g $C_{18}H_{24}NO_4 \cdot NO_3$; 1 g $C_{18}H_{24}NO_4 \cdot NO_3$ entspricht 26,29 ml 0,1 n Perchlorsäure.

Aufbewahrung. Vor Licht geschützt, in gut schließenden Gefäßen.

Unverträglichkeiten. Basisch reagierende Stoffe.

Dosierung. Oral: Einzelmaximaldosis 2 mg, Tagesmaximaldosis 4 mg. Parenteral: Einzelmaximaldosis 0,5 mg, Tagesmaximaldosis 1 mg (Nord. 63).

Handelsformen: Scopolate Nitrate (Strasenburgh Laboratories, USA); Scopyl (Pharmacia Laboratories, USA).

Buscopan. Hyoscin-N-butylbromid. n-Butylscopolamin.

$C_{21}H_{30}BrNO \cdot 1/2 H_2O$ Formel Nr. I/5, S. 485 M.G. 449,38

Eigenschaften. Weißes, kristallines Pulver, ohne Geruch. Löslichkeit: Leicht lösl. in W. und in Chlf., schwer lösl. in A., praktisch unlösl. in Ae. und Bzl. Fp. 144 bis 146° (auf dem Metallblock nach DAB 7 – BRD). Die UV-Absorptionskurve zeigt ein Maximum bei 258 nm.

Erkennung. 1. Etwa 50 mg Buscopan werden mit einigen Tropfen rauchender Salpetersäure auf dem Wasserbad zur Trockne eingedampft. Der gelbe Rückstand färbt sich nach Zugabe von 10%iger alkoholischer Kalilauge zunächst violett und dann braun. – 2. Wird eine 10%ige wss. Lsg. mit einigen Tropfen Silbernitratlsg. versetzt, so entsteht ein gelblichweißer Nd.

Gehaltsbestimmung. Etwa 800 mg Substanz, genau gewogen, werden in wasserfreiem Eisessig gelöst und nach Zugabe von 10 ml 10%iger Quecksilberacetatlsg. mit 0,1 n Perchlorsäure gegen α-Naphtholbenzein titriert.
1 ml 0,1 n Perchlorsäure entspricht 44,94 mg $C_{21}H_{30}BrNO \cdot 1/2 H_2O$.

Amprotropine. Syntropan (Hoffmann-La Roche, Basel).

$C_{18}H_{29}NO_3 \cdot H_3PO_4$ Formel Nr. I/6, S. 485 M.G. 405,44
$C_{18}H_{32}NO_7P$

Eigenschaften. Weiße, körnige Kristalle oder weißes, kristallines Pulver, leicht lösl. in W., wenig lösl. in A., unlösl. in Chlf. und Ae. Die wss. Lsg. reagiert schwach sauer und schmeckt bitter.

Erkennung. 1. Die Substanz gibt die Vitalische Reaktion: beim Eindampfen mit einigen Tropfen rauchender Salpetersäure hinterbleibt ein gelblicher Rückstand, der nach dem Erkalten beim Übergießen mit alkoholischer Kalilauge eine rotviolette Farbe annimmt. – 2. Mit Ammoniak oder Natronlauge wird aus wss. Lsg. die Base in Form einer milchigen Trübung ausgeschieden, die im Gegensatz zum Atropin nicht kristallisiert. – 3. Zum Nachweis des Phosphates muß aus der wss. Lsg. mit Alkali zuerst die Base abgeschieden und dann mit Ae. ausgeschüttelt werden. In der verbleibenden wss. Lsg. muß dann Phosphat mit Magnesiamixtur oder Ammoniummolybdat nachweisbar sein.

Anwendung. Bei spastischen Zuständen im Bereich des Magen-Darm-Kanals, der Gallenwege und des Urogenitalsystems.

II. Mandelsäureester

Homatropinum hydrobromicum DAB 7 – DDR, ÖAB 9, Helv. V, CsL 2, Ross. 9. Homatropinhydrobromid DAB 7 – BRD. Homatropini hydrobromidum PI.Ed.I, Jap. 61. Homatropini bromidum Nord. 63. Homatropine hydrobromide USP XVII, BP 63. Bromhydrate d'homatropine. Bromidrato di omatropina.

$C_{16}H_{21}NO_3 \cdot HBr$ Formel Nr. II/1, S. 486 M.G. 356,26
$C_{16}H_{22}BrNO_3$

D,L-Mandelsäuretropylesterhydrobromid.

Gehaltsforderungen. DAB 7 – DDR: 98,6 bis 100,7% Substanz bei 105° getrocknet.
ÖAB 9: 99,0 bis 103,0% des theoretischen Wertes.
DAB 7 – BRD, Jap. 61, BP 63: Mindestens 99,0%, berechnet auf die getrocknete Substanz.
Helv. V, Ross. 9: Mindestens 99,3%, berechnet auf die getrocknete Substanz.
CsL 2: Mindestens 99,4%, berechnet auf die getrocknete Substanz.
USP XVII: Mindestens 98,5%, berechnet auf die getrocknete Substanz.
Nord. 63: Etwa 77% Base, entsprechend etwa 100% Hydrobromid.
PI.Ed. I: Mindestens 76,7%, höchstens 77,5% Base.

Eigenschaften. Farblose Kristalle oder weißes, kristallines Pulver, geruchlos, von bitterem Geschmack. Löslichkeit: Lösl. in etwa 6 T. W., in etwa 40 T. A. (90%), wenig lösl. in Chlf., unlösl. in Ae. Schmelzbereich: 211 bis 215° (Zers.) (DAB 7 – DDR); 220 bis 224° auf dem Metallblock (DAB 7 – BRD); 214 bis 219° im Kapillarröhrchen, 213 bis 218° (Zers.) unter dem Mikroskop (ÖAB 9).

Erkennung. Prüflösung nach DAB 7 – BRD und DDR: 5%ig, in kohlendioxidfreiem W. 1. Bromid: 2,0 ml Prüflsg. geben mit 0,50 ml 3 n Salpetersäure und 0,50 ml Silbernitratlsg. einen gelblichweißen, sich zusammenballenden Nd. (DAB 7 – BRD, ähnlich andere Pharmakopöen); der Nd. ist in Salpetersäure unlöslich, in konz. Ammoniak lösl. (ÖAB 9). 2,0 ml Prüflsg. werden nach Zusatz von 1 ml W., 5 Tr. 3 n Schwefelsäure, 3,0 ml Chlf. und 10 Tr. frisch bereiteter Tosylchloramid–Natrium-Lsg. (5,0 g/100,0 ml) geschüttelt. Nach dem Entmischen zeigt die Chloroformschicht eine rotbraune Färbung (DAB 7 – DDR, ähnlich ÖAB 9). – 2. Versetzt man eine Lsg. von etwa 2 mg Substanz in 1 ml W. mit 5 Tr. Jodlsg., so scheidet sich ein Perjodid in Form feiner, schwarzbrauner Tröpfchen aus, die nach einiger Zeit kristallin erstarren (ÖAB 9, ähnlich DAB 7 – DDR). – 3. 10 mg Substanz werden in einem Reagensglas bis zur Bildung weißer Nebel erhitzt, mit 1,0 ml konz. Schwefelsäure versetzt und kurz erwärmt. Beim Eingießen der Mischung in 2 ml W. entwickelt sich der Geruch nach Benzaldehyd (DAB 7 – BRD, ähnlich Helv. V). – 4. 2 Tr. Prüflsg. werden nach Zusatz von 5 Tr. 3 n Natronlauge und 3 Tr. W. zum Sieden erhitzt. Nach Zusatz von 2,0 ml 3 n Schwefelsäure sowie 5 Tr. Kaliumdichromatlsg. (5,0 g/100 ml) und erneutem Erhitzen ist der Geruch des Benzaldehyds wahrnehmbar (DAB 7 – DDR, ÖAB 9). – 5. 2,0 ml Prüflsg. werden mit 6,0 ml Pikrinsäurelsg. versetzt. Es entsteht ein gelber, kristalliner Nd., der auf einem Filter gesammelt wird. Die mit 5,0 ml W. gewaschenen, aus 2,0 ml siedendem W. umkristallisierten und bei 105° getrockneten Kristalle schmelzen im Bereich von 183 bis 185° (DAB 7 – DDR). – 6. Versetzt man eine Lsg. von etwa 3 mg Substanz in 1 ml W. mit 1 ml Nesslers Rg., so bleibt die Lsg. klar. Beim Erhitzen scheidet sich ein eigelber, flockiger Nd. aus (ÖAB 9). – 7. Versetzt man eine Lsg. (1 : 20) mit Natronlauge, so scheidet sich ein weißer Nd. aus, der sich im Überschuß des Rg. wieder löst (Ross. 9). – 8. Etwa 10 mg Substanz werden in 1 ml W. gelöst und mit einem geringen Überschuß an Ammoniaklsg. versetzt. Die Lsg. wird mit 5 ml Chlf. ausgeschüttelt, die abgetrennte Chloroformschicht auf dem Dampfbad zur Trockne eingeengt und der erhaltene Rückstand mit etwa 1,5 ml der folgenden Lsg. erwärmt: 500 mg Quecksilberchlorid werden in 25 ml einer Mischung von 5 Vol.-T. A. und 3 Vol.-T. W. gelöst. Die Mischung ist zuerst gelb und wird schließlich ziegelrot (Unterscheidung von den meisten anderen Alkaloiden, ausgenommen Atropin und Hyoscyamin) (USP XVII, BP 63, Jap. 63). – 9. Eutektische Temperatur der Mischung mit Salophen 169°, mit Dicyandiamid 144° (ÖAB 9).

Prüfung. 1. Aussehen der Lösung: Die Prüflsg. muß klar und farblos sein (DAB 7 – BRD, DAB 7 – DDR, ÖAB 9). – 2. Alkalisch oder sauer reagierende Verunreinigungen: 10,0 ml Prüflsg. müssen nach Zusatz von 0,10 ml Methylrotlsg. II rot gefärbt sein und dürfen höchstens 0,20 ml 0,02 n Natronlauge bis zum Umschlag nach Gelb verbrauchen (DAB 7 – BRD, ähnlich DAB 7 – DDR und ÖAB 9). – 3. Atropin und andere Tropaalkaloide: 0,10 ml Prüflsg. werden mit 0,50 ml rauchender Salpetersäure versetzt und auf dem Wasserbad zur Trockne eingedampft. Der gelbliche Rückstand muß sich auf Zusatz von 0,15 ml 0,1 n äthanolischer Kalilauge orange, darf sich aber nicht violett färben (DAB 7 – BRD, ähnlich DAB 7 – DDR und ÖAB 9). – 4. Fremde Alkaloide: 2,0 ml Prüflsg. dürfen auf Zusatz von 0,25 ml Tanninlsg. keinen Nd. geben (DAB 7 – BRD, ähnlich DAB 7 – DDR und ÖAB 9). – 5. Trocknungsverlust: Höchstens 0,2% (DAB 7 – BRD); höchstens 1,0% (ÖAB 9 und DAB 7 – DDR); höchstens 1,5% (USP XVII). – 6. Verbrennungsrückstand: Höchstens 0,2% (ÖAB 9); höchstens 0,25% (USP XVII, DAB 7 – DDR). – 7. Sulfatasche: Höchstens 0,1% (BP 63); höchstens 0,2% (DAB 7 – BRD).

Gehaltsbestimmung. Nach Helv. V wird eine Verdrängungstitration durchgeführt. DAB 7 – BRD und ÖAB 9 enthalten eine argentometrische Bestimmung des Bromids nach Mohr. DAB 7 – DDR, BP 63 und USP XVII lassen eine Titration im wasserfreien Milieu ausführen.

Vorschrift der Helv. V: Etwa 0,2 g Substanz werden genau gewogen, in einem Gemisch von 5 ml A. und 2,5 ml Chlf. gelöst und unter Verwendung von 2 Tr. Phenolphthaleinlsg. mit 0,1 n Natronlauge unter Umschwenken bis zur Rosafärbung titriert (Mikrobürette). 1 ml 0,1 n Natronlauge entspricht 0,03563 g $C_{16}H_{21}NO_3 \cdot HBr$.

Vorschrift des DAB 7 – BRD: 0,25 g Substanz, genau gewogen, werden in 10 ml W. gelöst und nach Zusatz von 20 mg Natriumhydrogencarbonat und 0,30 ml Kaliumchromatlsg. mit 0,1 n Silbernitratlsg. titriert (Feinbürette). 1 ml 0,1 n Silbernitratlsg. entspricht 7,991 mg Br^-, daraus berechnet 35,63 mg $C_{16}H_{22}BrNO_3$.

Vorschrift des DAB 7 – DDR: 0,3000 g getrocknete Substanz werden in 10,0 ml wasserfreier Essigsäure unter mäßigem Erwärmen gelöst. Nach dem Erkalten und Zusatz von 10,0 ml Quecksilber(II)-acetat-Lsg. sowie 3 Tr. Kristallviolett-Lsg. wird die Lsg. mit 0,1 n Perchlorsäure bis zum Farbumschlag nach Blaugrün titriert (Feinbürette). 1 ml 0,1 n Perchlorsäure ist 35,63 mg Homatropinhydrobromid äquivalent.

Aufbewahrung. Vor Licht geschützt, in gut schließenden Gefäßen.

Entkeimung. Lösungen können bei einem pH unter 7 während 15 Min. durch Erhitzen im freiströmenden Wasserdampf (von etwa 100°) entkeimt werden (ÖAB 9).

Dosierung. Einzelmaximaldosis: oral 0,001 g, Tagesmaximaldosis: oral 0,003 g (DAB 7 – DDR und ÖAB 9). Gebräuchliche Einzeldosis: 0,0005 g (ÖAB 9). Gebräuchliche Konzentration in Augentropfen: 0,5 bis 1,0% (ÖAB 9). Maximalkonzentration: 1% zur Anwendung am Auge (DAB 7 – DDR).

Unverträglichkeiten. Alkalien oder alkalisch reagierende Stoffe, Silbersalze, Jod (Fällung).

Methylhomatropinium bromatum ÖAB 9. Homatropine methylbromide USP XV(!), NNR 55, NF XII. Methylhomatropinbromid. Methylhomatropini Bromidum. Homatropini Methobromidum. Homatropinum methylobromatum. Homatropinbrommethylat.

$C_{17}H_{24}BrNO_3$ Formel Nr. II/2, S. 486 M.G. 370,30

DL-Mandelsäure-tropylester-methobromid.

Gehaltsforderungen. ÖAB 9: 99,0 bis 101,8% des theoretischen Wertes. NF XII: Mindestens 98,5%, berechnet auf die getrocknete Substanz.

Eigenschaften. Weißes, kristallines, geruchloses Pulver, das sich am Licht allmählich verfärbt. Seine Lsg. reagieren gegen Lackmus praktisch neutral. Löslichkeit: Lösl. in etwa 1 T. W., in etwa 15 T. A., praktisch unlösl. in Ae., Chlf. oder Aceton, aber lösl. in Aceton, das 20% W. enthält. Schmelzintervall im Kapillarröhrchen: 190 bis 195° (Zers.) (ÖAB 9); 190 bis 198° (NF XII); unter dem Mikroskop: stabile Modifikation: 190 bis 195°; instabile Modifikation 182 bis 185°.

Erkennung. 1. Bromid s. Homatropinhydrobromid. – 2. Versetzt man eine Lsg. von etwa 2 mg Substanz in 1 ml W. mit 5 Tr. Jodlsg., so scheidet sich ein Perjodid in Form schwarzbrauner, öliger Tröpfchen aus, die nach einiger Zeit kristallin erstarren (ÖAB 9). – 3. Kocht man etwa 2 mg Substanz mit 10 Tr. verd. Natronlauge kurz auf, versetzt hierauf mit 2 ml verd. Schwefelsäure und 5 Tr. Kaliumdichromatlsg. und erwärmt, so tritt ein intensiver Geruch nach Benzaldehyd auf (ÖAB 9). – 4. Versetzt man eine Lsg. von etwa 5 mg Substanz in 1 ml W. mit 1 ml Nesslers Rg., so entsteht ein hellgelber, käsiger Nd. (ÖAB 9, ähnlich NF XII). – 5. Versetzt man die Lsg. (1 : 50) oder konzentrierte Lsg. mit Alkalilauge oder Lsg. von Alkalicarbonaten, so tritt keine Fällung ein (Unterscheidung von den meisten anderen Alkaloiden) (NF XII). – 6. Versetzt man die Lsg. (1 : 50) mit Ammoniumreineckatlsg., so entsteht eine rote Fällung (NF XII). – 7. Eutektische Temperatur der Mischung mit Salophen: 153°, mit Benzanilid: 143° (ÖAB 9).

Prüfung. 1. Eine Lsg. von 1 T. Substanz in 19 T. kohlensäurefreiem W. muß klar und farblos sein (ÖAB 9). – 2. Freies Alkali, freie Säure: Eine Mischung von 4 ml der Lsg. (1 + 19) und 6 ml W. muß sich auf Zusatz von 2 Tr. Bromthymolblaulsg. gelb oder grün und bei darauffolgendem Zusatz von 1 Tr. 0,01 n Natronlauge blau färben (ÖAB 9). – 3. Atropin, Hyoscyamin und deren quartäre Salze: Dampft man 0,01 g Substanz mit 10 Tr. rauchender Salpetersäure auf dem Wasserbad zur Trockne ein und löst den Rückstand in 5 ml Aceton, so muß eine auf Zusatz von 1 ml alkoholischer Kalilauge etwa auftretende Violettfärbung sofort wieder verschwinden (ÖAB 9). – 4. Homatropin, Atropin und andere Solanaceen-Alkaloide: 1 ml der Lsg. (1 in 50) wird mit einigen Tropfen Ammoniaklsg. versetzt, mit 5 ml Chlf. ausgeschüttelt, die Chloroformschicht abgetrennt und auf dem Dampfbad zur Trockne eingeeingt. Der Rückstand wird mit 1,5 ml der folgenden Lsg. erwärmt: 500 mg Quecksilberchlorid werden in 25 ml einer Mischung von 5 Vol.-T. A. und 3 Vol.-T. W. gelöst. Es darf sich keine gelbe oder rote Farbe entwickeln (NF XII). – 5. Fremde Alkaloide: Man schüttelt eine Mischung von 10 ml der Lsg. (1 + 19) und 1 ml Ammoniaklsg. in einem Scheidetrichter 1 Min. lang mit 20 ml Ae. aus. Die ätherische Lsg. wäscht man durch Schütteln mit 5 ml W., filtriert und dampft 10 ml davon zur Trockne ein. Das Gewicht des Rückstandes darf nicht mehr als 1 mg betragen (ÖAB 9). – 6. Trocknungsverlust: Höchstens 0,5% (ÖAB 9 und NF XII). – 7. Verbrennungsrückstand: Höchstens 0,2% (ÖAB 9).

Gehaltsbestimmung. Nach ÖAB 9: 0,3703 g Substanz werden in einem Schliffkolben in 10 ml kohlensäurefreiem W. gelöst. Die Lsg. versetzt man mit 20,00 ml 0,1 n Natronlauge und läßt hierauf 1 Std. lang verschlossen stehen. Sodann titriert man das überschüssige Natriumhydroxid nach Zusatz von 10 Tr. Phenolphthaleinlsg. mit 0,1 n Salzsäure zurück. 1 ml 0,1 n Natronlauge entspricht 37,03 mg $C_{17}H_{24}BrNO_3$. 1 g Methylhomatropinbromid entspricht 27,01 ml 0,1 n Natronlauge.

Nach NF XII: Etwa 1,5 g Substanz werden genau gewogen, in einer Mischung von 20 ml wasserfreier Essigsäure und 10 ml Quecksilberacetatlsg. gelöst, mit 2 Tr. Kristallviolettlsg. versetzt und mit 0,1 n Perchlorsäure titriert. Der gefundene Wert wird mit Hilfe eines Blindversuches korrigiert. 1 ml 0,1 n Perchlorsäure entspricht 37,03 mg $C_{17}H_{24}BrNO_3$.

Aufbewahrung. Vor Licht geschützt, in gut schließenden Gefäßen.

Entkeimung. Injektionspräparate werden nach dem aseptischen Verfahren hergestellt (ÖAB 9).

Dosierung. Gebräuchliche Einzeldosis: 0,001 bis 0,005 g (ÖAB 9); 5 mg, 4mal täglich (NF XII). Einzelmaximaldosis: 0,01 g. Tagesmaximaldosis: 0,03 g (ÖAB 9).

III. Benzilsäureester

Mepenzolate Bromide NND 63. 1-Methyl-3-piperidyl benzilate methylbromide.

$C_{21}H_{26}BrNO_3$ Formel Nr. III/3, S. 486 M.G. 420,36

Anwendung. Hauptsächlich als anticholinergische Komponente bei Spasmen und Hypermotilität infolge Erkrankungen des unteren Gastrointestinaltraktes.

Handelsform: Cantil (Lakeside Laboratories, Inc. USA).

Pipenzolate methylbromide NND 63. 1-Ethyl-3-piperidyl benzilate bromide.

$C_{22}H_{28}BrNO_3$ Formel Nr. III/4, S. 486 M.G. 434,39

Anwendung. Hauptsächlich zur unterstützenden Behandlung von Magen- und Dünndarm-Ulcera.

Handelsform: Piptal (Lakeside Laboratories, Inc. USA).

Piribenzil-Methylsulfat. Benzilsäure-(N,N-dimethyl-2-hydroxymethyl-piperidinium)-ester-methylsulfat.

$C_{23}H_{31}NO_7S$ Formel Nr. III/6, S. 487 M.G. 465,58

Eigenschaften. Weiße, kristalline Substanz, leicht lösl. in W., A. und Methanol, schwer lösl. in Aceton, Ae. und Benzol; geruchlos, bitter schmeckend. Fp.: 133,5 bis 136°.

Wirkungsweise. Ausgewogene muskulotrope und neurotrope Eigenschaften; führt zu lang anhaltender Spasmolyse und Schmerzlinderung.

Handelsformen: Acabel und Acabel compositum (Chemie Grünenthal GmbH, Stolberg im Rhld.).

Diphemin-Asaletten (Asal, Berlin). α,α-Diphenyl-α-oxy-essigsäure-(β-dimethylaminoäthyl)-ester als benzilsaures und salzsaures Salz.

Formel Nr. III/7, S. 487

Hydrochlorid:

$C_{18}H_{21}NO_3 \cdot HCl = C_{18}H_{22}ClNO_3$ M.G. 335,83

Eigenschaften. Mikrokristalline, weiße Nadeln. Fp.: 186 bis 188°. Lösl. in kaltem W., in warmem A., unlösl. in Ae. und Benzol.

Erkennung. 1. Die wss. Lsg. der Substanz gibt auf Zusatz von Natronlauge einen weißen Niederschlag der freien Base. Diese schmilzt nach dem Waschen und Trocknen zwischen 83 und 85°, aus Petroläther umkristallisiert zwischen 88 und 90°. – 2. Die Substanz gibt die üblichen Chloridnachweise. – 3. Wird die Substanz mit konz. Schwefelsäure erwärmt, so entsteht eine dunkelrote Färbung.

Prüfung. Die Substanz muß auf einem Silberblech ohne Rückstand verbrennen.

Benzilat:

$C_{18}H_{21}NO_3 \cdot C_{14}H_{12}O_2 = C_{32}H_{33}NO_5$ M.G. 511,63

Eigenschaften. Kleine, weiße, glitzernde Prismen. Fp.: 158 bis 160°. Lösl. in heißem A.

Erkennung. 1. Die wss. Suspension ergibt beim Schütteln mit Natronlauge einen käsigen, weißen Nd der freien Base. – 2. Beim Erwärmen mit konz. Schwefelsäure entsteht eine rote Farbe.

Prüfung. Die Substanz muß ohne Rückstand verbrennen.

Anwendung. Zur Verhütung, Kupierung oder Linderung des Schnupfens.

Benactyzine hydrochloride BPC 59(!). 2-Diethylaminoethyl-benzilate hydrochloride.

$C_{20}H_{26}ClNO_3$ Formel Nr. III/8, S. 487 M.G. 363,88

Gehaltsforderung. Mindestens 99,0% und nicht mehr als 102,0% des theoretischen Wertes.

Eigenschaften. Weißes, kristallines Pulver, geruchlos, von bitterem Geschmack. Fp.: 177 bis 181°. Löslichkeit: Lösl. bei 20° in 14 T. W. und in 22 T. A., sehr schwer lösl. in Ae.

Erkennung. 1. 0,1 g Substanz werden in 1 ml Schwefelsäure gelöst; es entsteht eine gelbbraune Farbe, die rasch in Kirschrot übergeht. – 2. Die alkoholische Lsg. (mit 95%igem A. bereitet) zeigt eine charakteristische Lichtabsorption mit Maxima bei 252, 258 und 165 mμ; die Extinktion einer 0,04%igen Lsg. (g/ml), gemessen in 1 cm Schichtdicke, beträgt bei diesen Maxima 0,43, 0,49 und 0,39. – 3. Die Substanz gibt einen positiven Chloridnachweis.

Prüfung. 1. Acidität: Der pH-Wert einer 2,0%igen Lsg. (g/ml) in kohlensäurefreiem W. liegt zwischen 3,5 und 5,7. – 2. Aussehen der Lösung: 1,0 g Substanz ergibt in 50 ml frisch aufgekochtem und wieder erkaltetem W. eine klare, farblose Lsg. – 3. Freie Benzilsäure: Höchstens 0,2%, bestimmt nach der folgenden Methode: Etwa 0,5 g Substanz werden genau gewogen, in 40 ml 0,5 n Salzsäure ohne Erhitzen gelöst und mit 50 ml Äther pro narcosi extrahiert. Der Ätherextrakt wird 4mal mit je 10 ml 0,5 n Salzsäure gewaschen, zur Trockne eingedampft und der Rückstand in 10 ml absol. A. gelöst. Anschließend wird die Extinktion dieser Lsg. in 1 cm Schichtdicke beim Maximum von etwa 258 mμ gemessen. Der Prozentgehalt an freier Benzilsäure errechnet sich aus der Formel E (1%, 1 cm) · 5,0. – 4. Sulfatasche: Höchstens 0,1%.

Gehaltsbestimmung. Etwa 0,7 g Substanz werden genau gewogen, in 60 ml wasserfreier Essigsäure gelöst, mit 10 ml Quecksilberacetatlsg. versetzt und mit 0,1 n Perchlorsäure gegen Kristallviolett als Indikator von Violettblau nach rein Blau titriert. Der erhaltene Verbrauch wird an Hand eines Blindversuches korrigiert. 1 ml 0,1 n Perchlorsäure entspricht 0,03639 g $C_{20}H_{26}ClNO_3$.

Anwendung. Anticholinergicum mit Traquillizer-Eigenschaften.

Dosierung. 1 bis 2 mg als Einzelgabe.

Handelsform: Suavitil (Medicinalco).

IV. Partiell hydrierte Benzilsäureester

Oxyphenonium bromide NND 63. Oxyphenamine bromide. Diethyl-(2-hydroxyethyl)-methyl-ammonium bromide α-phenyl-α-cyclohexylglycolate.

$C_{21}H_{34}BrNO_3$ Formel Nr. IV/1, S. 487 M.G. 428,44

Anwendung. Anstelle von Atropin und Scopolamin bei Patienten, die überempfindlich auf Belladonnaalkaloide reagieren, als Spasmolyticum bei Magen- und Darmgeschwüren.

Handelsform: Antrenyl Bromide (Ciba Pharmaceutical Company, USA).

Oxyphencyclimine hydrochloride NND 63. (1-Methyl-1,4,5,6-tetrahydro-2-pyrimidyl)-methyl-α-cyclohexyl-α-phenylglycolate hydrochloride.

$C_{20}H_{28}N_2O_3$ Formel Nr. IV/2, S. 487 M.G. 344,45

Anwendung. Als Adjuvans bei der Behandlung von Magen- und Darmgeschwüren.

Handelsformen: Daricon (Pfizer Laboratories); Dominil, Zamanil (Roerig-Pfizer); Vio-Thene (Rowell Laboratories, Inc, USA).

V. Diphenylessigsäure- und Diphenylthioessigsäure-ester

Piperidolate hydrochloride NND 63. 1-Ethyl-3-piperidyl-diphenylacetate hydrochloride.

$C_{21}H_{25}NO_2$ Formel Nr. V/2, S. 488 M.G. 323,44

Anwendung. Zur Unterstützung der Behandlung gastrointestinaler Funktionsstörungen.

Handelsform: Dactil (Lakeside Laboratories, Inc. USA).

VI. Phenylessigsäureester u. ä. Verbindungen

Ventroquart (Dr. Thilo, Mainz) enthält Phenyläthylessigsäure-p-diäthylaminoäthylester-citrat.

$C_{16}H_{25}NO_2$ Formel Nr. VI/1, S. 488 M.G. 263,39

Anwendung. Bei Ulcus ventriculi et duodeni und bei Hyperacidität.

Valethamate bromide NND 63. 2-Diethylaminoethyl-3-methyl-2-phenylvalerate-methyl-bromide. 1-Phenyl-2-methyl-valeriansäure-β-diäthylamino-äthylester-brommethylat.

$C_{19}H_{32}BrNO_2$ Formel Nr. VI/4, S. 488 M.G. 416,38

Anwendung. Bei Spasmen des Magen-Darm-Traktes, Ulcusbeschwerden, Spasmen der Gallen- und Harnwege, spastische Obstipation.

Handelsformen: Epidosin (Kali-Chemie); Murel (Ayerst Laboratories, USA).

Cyclopentolate hydrochloride USP XVII, NND 63. 2-Dimethylaminoethyl-1-hydroxy-α-phenylcyclopentaneacetate hydrochloride.

$C_{17}H_{25}NO_3 \cdot HCl$ Formel Nr. VI/5, S. 488 M.G. 327,85

Gehaltsforderung. Mindestens 98%, berechnet auf die getrocknete Substanz.

Eigenschaften. Weißes kristallines Pulver, das bei Lagerung einen charakteristischen Geruch annimmt. Die Lsg. reagieren sauer gegen Lackmus. Löslichkeit: Leicht lösl. in W., lösl. in A., unlösl. in Ae. Fp. 137 bis 141°.

Erkennung. USP XVII: 1. Etwa 500 mg Substanz werden in einem 60-ml-Scheidetrichter mit 10 ml W. gelöst, mit etwa 2 g wasserfreiem Natriumcarbonat versetzt und 2mal mit je 10 ml Ae. ausgeschüttelt. Der Ätherextrakt wird mit wasserfreiem Natriumcarbonat getrocknet und durch ein trockenes Filter filtriert. Nach Zusatz von etwa 0,2 ml Dimethylsulfat läßt man 2 Std. bei Raumtemperatur stehen. Das auf diese Weise erhaltene Methyl(sulfat)-Derivat wird aus Aceton umkristallisiert, im Vak. über Silicagel 2 Std. getrocknet und muß dann zwischen 139 und 143° schmelzen. – 2. Die Lsg. (1 in 500) gibt einen positiven Chloridnachweis.

Prüfung. USP XVII: 1. pH: Der pH-Wert einer Lsg. (1 in 100) muß zwischen 5,0 und 5,4 liegen. – 2. Trocknungsverlust: Höchstens 0,5%, wenn die Substanz 4 Std. bei 105° getrocknet wird. – 3. Verbrennungsrückstand: Höchstens 0,05%.

Gehaltsbestimmung. USP XVII: Etwa 300 mg Substanz werden genau gewogen und in einem Scheidetrichter in 10 ml gesättigter Natriumchloridlsg. gelöst. Die Lsg. wird mit Ammoniaklsg. deutlich alkalisch gemacht und mit Portionen von je 10 ml Ae. erschöpfend extrahiert. Die vereinigten Ätherextrakte werden mit 5 ml W. gewaschen und das Waschwasser verworfen. Dann wird die ätherische Lsg. auf einem Dampfbad bis fast zur Trockne eingeengt, der Rückstand – wenn nötig unter Erwärmen – in 20,0 ml 0,1 n Schwefelsäure gelöst, die Lsg. solange erhitzt bis kein Äthergeruch mehr wahrnehmbar ist, mit Methylrotlsg. versetzt und mit 0,1 n Natronlauge zurücktitriert. 1 ml 0,1 n Schwefelsäure entspricht 32,79 mg $C_{17}H_{25}NO_3 \cdot HCl$.

Aufbewahrung. Vor Licht geschützt, in dicht schließenden Gefäßen.

Anwendung. Als Anticholinergicum in der Ophthalmologie. Die Substanz ist ein synthetisches Spasmolyticum, das beim Einträufeln einer Lsg. ins Auge eine intensive Akkommodationslähmung und Mydriasis hervorruft.

Dosierung. 0,1 ml einer 0,5- bis 1%igen Lsg. als Augentropfen, 1- bis 6mal täglich.

Handelsformen: Mydrilate (Blenkinsop); Cyclogyl (Schieffelin u. Co., USA).

Bietamiverine. Spasmaparid (Nordmark). Phenyl-(1-piperidino)-essigsäure-β-diäthylamino-äthylester-dihydrochlorid.

$C_{19}H_{32}Cl_2N_2O_2$ Formel Nr. VI/6, S. 488 M.G. 391,38

Wirkungsweise. Löst Krampfzustände der glatten Muskulatur auf neuro- und muskulatropem Wege, ist dabei frei von hypnotischer Wirkung, hemmt die Speichelsekretion nicht. Die Pupille wird nicht erweitert und die Akkommodation nicht gestört.

Anwendung. Bei Magen-, Darm- und Gallenkoliken sowie bei durch Meteorismus ausgelösten Beschwerden und Blasentenesmen.

Caramiphen hydrochloride BP 63. Caramipheni Hydrochloridum Extra P. Caramiphenii chloridum.

$C_{18}H_{27}NO_2 \cdot HCl$ Formel Nr. VI/8, S. 489 M.G. 325,88

Gehaltsforderung. Mindestens 98,5%, berechnet auf die bei 105° bis zur Gewichtskonstanz getrocknete Substanz.

Eigenschaften. Weiße oder fast weiße Kristalle oder kristallines Pulver, von schwachem, charakteristischem Geruch, von bitterem Geschmack, dem eine vorübergehende Gefühllosigkeit der Zunge folgt. Löslichkeit: Lösl. bei 20° in 4 T. W., in 8 T. A. (95%), praktisch unlösl. in Ae. Fp. 142 bis 146°.

Erkennung. 1. Beim Erwärmen mit Schwefelsäure entsteht eine blutrote Färbung. – 2. Eine geringe Menge Substanz wird auf dem Wasserbad mit 2 ml W. und 2 ml Salzsäure 30 Min. erhitzt. Die nach dem Erkalten, dem Waschen mit W. und Trocknen erhaltenen Kristalle schmelzen bei 159°. – 3. Die Substanz gibt einen positiven Chloridnachweis.

Prüfung. 1. Trocknungsverlust: Höchstens 1,0%, wenn die Substanz bei 105° bis zur Gewichtskonstanz getrocknet wird. – 2. Sulfatasche: Höchstens 0,1%.

Gehaltsbestimmung. Etwa 0,7 g Substanz werden genau gewogen, in 20 ml Quecksilberacetatlsg. gelöst, mit 25 ml 0,1 n Perchlorsäure versetzt und mit 0,1 n Natriumacetatlsg. gegen Oracetblau B als Indikator zurücktitriert. 1 ml 0,1 n Perchlorsäure entspricht 0,03259 g $C_{18}H_{27}NO_2 \cdot HCl$.

Anwendung. Parasympatholyticum, das zur Behandlung des Parkinson-Syndroms benutzt wird.

Dosierung. Anfangsdosis 50 mg täglich, in mehrere Gaben aufgeteilt; Steigerung bis 600 mg täglich.

Handelsformen: Parpanit (Geigy); Taoryl (Geigy).

Sedotussin (Pfleger, Bamberg) enthält 1-Phenyl-cyclopentancarbonsäure-(1)-2-(2-diäthylaminoäthoxy)-äthylester als Citrat.

$C_{26}H_{39}NO_{10}$ Formel Nr. VI/9, S. 489 M.G. 525,60

Anwendung. Dämpfend bei allen Hustenformen.

Metcaraphen. 1-(Carbo-β-diäthylaminoäthoxy)-1-(3',4'-dimethylphenyl)-cyclopentanhydrochlorid.

$C_{19}H_{32}ClNO_2$ Formel Nr. VI/10, S. 489 M.G. 369,94

Anwendung. Als Spasmolyticum mit muskulotroper und neurotroper Wirkung.

VII. Verschiedene Alkanolaminester

Penthienate bromide NF XII, NND 63. 2-Diethylaminoethyl-α-cyclopentyl-2-thiopheneglycolate methobromide. 2-Diethylaminoethyl-2-cyclopentyl-2-(2-thienyl)-hydroxyacetate methobromide.

$C_{18}H_{30}BrNO_3S$ Formel Nr. VII/1, S. 489 M.G. 420,42

Gehaltsforderung. Mindestens 98%, bezogen auf die bei 60° im Vak. bis zur Gewichtskonstanz getrocknete Verbindung.

Eigenschaften. Weißes, kristallines, geruchloses Pulver. Fp. 122 bis 128° Löslichkeit: Lösl. in W. und A., wenig lösl. in Chlf., praktisch unlösl. in Ae.

Erkennung. 1. Die wss. Lsg. gibt einen positiven Bromidnachweis. – 2. Siehe Schmelzbereich!

Prüfung. Trocknungsverlust: Höchstens 1%, wenn bei 60° im Vak. bis zur Gewichtskonstanz getrocknet wird.

Gehaltsbestimmung. Etwa 1 g der bei 60° im Vak. bis zur Gewichtskonstanz getrockneten Substanz wird genau gewogen, in 50 ml wasserfreier Essigsäure gelöst, mit 15 ml Quecksilberacetatlsg. und 2 Tr. Kristallviolettlsg. versetzt und mit 0,1 n Perchlorsäure titriert. Der gefundene Verbrauch wird mit Hilfe eines Blindversuches korrigiert. 1 ml 0,1 n Perchlorsäure entspricht 42,02 mg $C_{18}H_{30}BrNO_3S$.

Aufbewahrung. In dicht schließenden Gefäßen.

Dosierung. Übliche Dosis: 5 mg, bis 4mal täglich.

Anwendung. Zur Hemmung der Magensaftsekretion und der Motilität des Magen-Darm-Traktes.

Handelsform: Monodral Bromide (Winthrop Laboratories, USA).

Propantheline Bromide USP XVII, BP 63, BPC 63, NND 63. (2-Hydroxyethyl)-diisopropyl-methylammonium-bromide-9-xanthene-carboxylate.

$C_{23}H_{30}BrNO_3$ Formel Nr. VII/3, S. 489 M.G. 448,41

Gehaltsforderungen. USP XVII: Mindestens 98,0%, berechnet auf die getrocknete Substanz.

BP 63: 98,0 bis 102,0% des theoretischen Wertes, berechnet auf die bis zur Gewichtskonstanz getrocknete Substanz.

Eigenschaften. Weiße, fast weiße oder schwach gelbliche Kristalle oder kristallines Pulver, geruchlos, von bitterem Geschmack. Löslichkeit: Sehr leicht lösl. in W., lösl. in A. und in Chlf., praktisch unlösl. in Ae. und in Bzl. Fp. 155 bis 160° unter Zers. (getrocknete Substanz!)

Erkennung. 1. Etwa 500 mg Substanz werden in 10 ml W. gelöst, mit 2 ml 10%iger Natronlauge versetzt und vorsichtig bis zum beginnenden Sieden über einer Sparflamme erhitzt. Ohne weiteres Erhitzen wird die Lsg. sofort in eine etwa 60° warme Mischung von 5 ml verd. Salzsäure und 50 ml W. gegossen und kontinuierlich gerührt. Anschließend wird unter kräftigem Rühren gekühlt, der entstandene Nd. abfiltriert, mit W. gewaschen und bei 105° getrocknet. Die so erhaltene Xanthonsäure schmilzt zwischen 217 und 222° (USP XVII); nach BP 63 wird aus A. umkristallisiert. Der Fp. der bei 105° getrockneten Substanz liegt bei 220°. – 2. Etwa 10 mg der erhaltenen Xanthonsäure werden in einem Reagensglas mit 5 ml Schwefelsäure übergossen; man erhält eine leuchtend gelbe bis orangefarbene Lsg. (USP XVII und BP 63). – 3. 5 ml der Lsg. (1 in 100) werden mit 2 ml verd. Salpetersäure versetzt. Diese Lsg. gibt einen positiven Bromidnachweis (USP XVII, BP 63). – 4. Die wss. Lsg. reagiert gegen Lackmus sauer (BP 63).

Prüfung. 1. Trocknungsverlust: Höchstens 0,5%, wenn 4 Std. bei 105° getrocknet wird (USP XVII); höchstens 2%, wenn bei 105° bis zur Gewichtskonstanz getrocknet wird (BP 63). – 2. Verbrennungsrückstand: Höchstens 0,1% (USP XVII). – 3. Sulfatasche: Höchstens 0,1% (BP 63).

Gehaltsbestimmung. Nach USP XVII und BP 63 wird in wasserfreier Lsg. titriert. USP XVII läßt ferner den Bromidgehalt bestimmen.

Vorschriften der USP XVII: 1. Bromid: Etwa 500 mg Substanz werden genau gewogen, in 40 ml W. gelöst, mit 10 ml Eisessig, 40 ml Methanol und einigen Tropfen Eosin-Y-Lsg. versetzt und mit 0,1 n Silbernitratlsg. titriert. 1 ml 0,1 n Silbernitratlsg. entspricht 7,991 mg Br^-. Es darf nicht weniger als 17,5 und nicht mehr als 18,2% Bromid gefunden werden, berechnet auf die getrocknete Substanz. – 2. Etwa 1 g Substanz wird genau gewogen, in einer Mischung von 20 ml wasserfreier Essigsäure und 20 ml Quecksilberchloridlsg. – wenn nötig unter leichtem Erwärmen – gelöst, mit 1 Tr. Kristallviolettlsg. versetzt und mit 0,1 n Perchlorsäure titriert. Der gefundene Verbrauch wird mit Hilfe eines Blindversuches korrigiert. 1 ml 0,1 n Perchlorsäure entspricht 44,84 mg $C_{23}H_{30}BrNO_3$.

Aufbewahrung. In luftdicht verschlossenen Gefäßen.

Dosierung. Übliche Dosis: 15 mg, bis 4mal täglich (USP XVII), 15 bis 30 mg, bis 3mal täglich (BPC 63). Höchstdosis: 60 mg, 4mal täglich (USP XVII).

Anwendung. Bei allen Formen cholinergisch bedingter Reizzustände und Erkrankungen des Magen-Darm-Traktes.

Handelsform: Pro-Banthine Bromide (G. D. Searle & Co, USA).

Methantheline bromide NF XII, NND 63. Diethyl(2-hydroxyethyl)-methylammonium-bromide-xanthene-9-carboxylate.

$C_{21}H_{26}BrNO_3$ Formel Nr. VII/4, S. 489 M.G. 420,36

Gehaltsforderung. Mindestens 98%, berechnet auf die getrocknete Substanz.

Eigenschaften. Weißes, oder fast weißes, mikrokristallines Pulver, praktisch geruchlos, von sehr bitterem Geschmack. Löslichkeit: Leicht lösl. in W., weniger lösl. in A. und Chlf., praktisch unlösl. in Ae. Die wss. Lsg. zersetzen sich allmählich. Eine frisch bereitete, 2%ige wss. Lsg. zeigt einen pH-Wert von 5,0 bis 5,5. Fp. 171 bis 177°.

Erkennung. NF XII: 1. Etwa 250 mg Substanz werden in 10 ml W. gelöst. 2 ml dieser Lsg. werden mit 5 ml W., 2 ml verd. Salpetersäure und 2 ml Silbernitratlsg. versetzt. Es entsteht ein hellgelber, in Ammoniak lösl. Nd. – 2. Die restlichen 8 ml Lsg. von 1. werden mit 10 ml Natronlauge versetzt und zum Sieden erhitzt. Die heiße Lsg. wird nach 2 Min. etwas abgekühlt und mit 5 ml verd. Salzsäure angesäuert. Nach weiterem Abkühlen wird der entstandene Nd. abfiltriert, mit W. gewaschen, aus 50%igem A. umkristallisiert und 1 Std. bei 105° getrocknet. Die so erhaltenen Kristalle schmelzen zwischen 218 und 223°. – 3. Etwa 10 mg der unter 2. erhaltenen Kristalle werden in einem Reagensglas mit 5 ml Schwefelsäure versetzt. Es entsteht eine leuchtend gelbe bis orangefarbene Lsg.

Prüfung. NF XII: 1. Trocknungsverlust: Höchstens 0,5%, 4 Std. bei 105° getrocknet. – 2. Verbrennungsrückstand: Höchstens 0,15%.

Gehaltsbestimmung. NF XII: 1. Etwa 500 mg Substanz werden genau gewogen, in etwa 100 ml W. gelöst und mit 3 ml Salpetersäure versetzt. Nach Zusatz von 25,0 ml 0,1 n Silbernitratlsg. wird bis zur Koagulation des Nd. geschüttelt, durch eine Glasfritte filtriert und das Gefäß sowie die Fritte 3mal mit je 10 ml W. nachgewaschen. Die vereinigten Filtrate und Waschflüssigkeiten werden mit 2 ml Eisen(III)-ammoniumsulfat-Lsg. versetzt und das überschüssige Silbernitrat mit 0,1 n Ammoniumthiocyanatlsg. zurücktitriert. 1 ml 0,1 n Silbernitratlsg. entspricht 7,991 mg Br^-. Der Bromidgehalt, berechnet auf die getrocknete Substanz, muß zwischen 18,6 und 19,2% liegen. – 2. Mit etwa 150 mg Substanz wird eine Kjeldahl-Bestimmung durchgeführt. 1 ml 0,01 n Schwefelsäure entspricht 4,204 mg $C_{21}H_{26}BrNO_3$.

Aufbewahrung. In dicht schließenden Gefäßen.

Dosierung. Übliche Dosis: 50 mg, bis 4mal täglich (NF XII).

Anwendung s. Propantheline bromide.

Handelsform: Banthine Bromide (G. D. Searle & Co, USA).

Dicyclomine hydrochloride BPC 63, NND 63. Biscyclohexylcarbonsäure-diäthylamino-äthylester-hydrochlorid.

$C_{19}H_{36}ClNO_2$ Formel Nr. VII/5, S. 490 M.G. 345,96

Gehaltsforderung. 99,0 bis 102,0% des theoretischen Wertes, berechnet auf die getrocknete Substanz.

Eigenschaften. Weißes oder fast weißes, kristallines Pulver, praktisch geruchlos, von bitterem Geschmack, dem eine lokale Gefühllosigkeit folgt. Löslichkeit: Bei 20° lösl. in 20 T. W., in 5 T. A. und in 2 T. Chlf., unlösl. in Ae. Fp. 172 bis 174°.

Erkennung. 1. 3 ml einer 0,1%igen, wss. Lsg. von Natriumlaurylsulfat werden mit 5 ml Chlf. und 0,05 ml einer 1%igen, wss. Methylenblaulsg. versetzt und durchgemischt. Nach Trennung der beiden Phasen ist die Chloroformschicht blau gefärbt. Nun wird eine Lsg. von 0,02 g Substanz in 2 ml W. zugesetzt, erneut durchgeschüttelt und die Trennung der beiden Phasen abgewartet. Die blaue Färbung muß nun in der wss. Schicht erscheinen. – 2. 0,5 g Substanz werden in 20 ml W. gelöst, mit 1,5 ml verd. Salpetersäure versetzt und 2mal mit je 10 ml Ae. ausgeschüttelt. Dann wird die wss. Lsg. mit 5 ml Silbernitratlsg. versetzt, wobei sich ein weißer Nd. bilden muß.

Prüfung. Trocknungsverlust: Höchstens 1,0%, wenn bei 105° bis zur Gewichtskonstanz getrocknet wird.

Gehaltsbestimmung. Etwa 0,6 g Substanz werden genau gewogen und nach der Methode der BP 63 wasserfrei titriert. 1 ml 0,1 n Perchlorsäure entspricht 0,03460 g $C_{19}H_{36}ClNO_2$.

Dosierung. 10 bis 20 mg (BPC 63).

Anwendung. Als Spasmolyticum mit atropin- und papaverinähnlicher Wirkung bei krampfartigen Schmerzzuständen des Magen- und Darmtraktes, der Gallen- und Harnwege sowie des weiblichen Genitalsystems.

Handelsformen: Atumin (Beiersdorf, Hamburg); Bentyl Hydrochloride (Wm. S. Merell Company, USA).

VIII. Phenyl-propanol- und -äthanol-amine

Procyclidine hydrochloride BP 63, BPC 63. 1-Phenyl-1-cyclohexyl-3-pyrrolidino-1-propanol-hydrochlorid.

$C_{19}H_{29}NO \cdot HCl$ Formel Nr. VIII/1, S. 490 M.G. 323,91

Gehaltsforderung. Mindestens 99,0%, bezogen auf die bei 105° bis zur Gewichtskonstanz getrocknete Substanz.

Eigenschaften. Weißes, kristallines Pulver von schwach wahrnehmbarem Geruch und bitterem Geschmack. Löslichkeit: Bei 20° lösl. in 40 T. W., in 15 T. A. (95%), unlösl. in Aceton und Ae. Fp. 225 bis 227°.

Erkennung. BP 63: 1. 0,25 g Substanz werden in 10 ml W. gelöst, mit verd. Ammoniaklsg. alkalisch gemacht und 3mal mit je 10 ml Ae. ausgeschüttelt. Die vereinigten Ätherextrakte werden über wasserfreiem Natriumsulfat getrocknet, filtriert und der Äther abgedampft. Den Rückstand kratzt man, bis er kristallin oder fest geworden ist. Er muß dann bei 85° schmelzen. – 2. Die Substanz gibt einen positiven Chloridnachweis. – 3. Lichtabsorption: Die Extinktionen einer 0,08%igen Lsg. (g/ml), gemessen in 1 cm Schichtdicke, müssen bei 257 mμ zwischen 0,475 und 0,510, bei 263,5 mμ zwischen 0,350 und 0,390 liegen. Der Quotient aus der Extinktion bei 257 mμ und der Extinktion bei 263,5 mμ muß mindestens 1,30 betragen.

Prüfung. BP 63: 1. Acidität: Der pH-Wert einer 1,0%igen Lsg. (g/ml) muß zwischen 4,5 und 6,5 liegen. – 2. Trocknungsverlust: Höchstens 0,5%, wenn bei 105° bis zur Gewichtskonstanz getrocknet wird. – 3. Sulfatasche: Höchstens 0,1%.

Gehaltsbestimmung. Etwa 0,7 g Substanz werden genau gewogen, in 20 ml W. gelöst, mit 5 ml verd. Ammoniaklsg. versetzt und nacheinander mit Portionen von 20, 15, 10 und 10 ml Ae. extrahiert. Die vereinten Ätherextrakte werden 2mal mit je 5 ml W. gewaschen, auf einem Wasserbad zur Trockne eingedampft, der Rückstand in 25 ml 0,1 n Salzsäure gelöst und der Überschuß der Säure mit 0,1 n Natriumhydroxid gegen Methylrot als Indikator zurücktitriert. 1 ml 0,1 n Salzsäure entspricht 0,03239 g $C_{19}H_{29}NO \cdot HCl$.

Dosierung. Anfangsdosis 7,5 mg täglich, auf mehrere Gaben verteilt; Steigerung bis 30 mg täglich, ebenfalls auf mehrere Gaben verteilt.

Anwendung. Parasympatholyticum; zur Behandlung des Parkinsonismus geeignet.

Handelsform: Kemadrin (Burroughs-Wellcome, USA).

Trihexyphenidyl hydrochloride USP XVII. Benzhexol hydrochloride BPC 63. Benzhexolis Hydrochloridum. 1-Phenyl-1-cyclohexyl-3-piperidino-propanol-(1)-hydrochlorid.

$C_{20}H_{31}NO \cdot HCl$ Formel Nr. VIII/2, S. 490 M.G. 337,94

Gehaltsforderung. Mindestens 98%, berechnet auf die getrocknete Substanz.

Eigenschaften. Weißes oder beinahe weißes, kristallines Pulver von höchstens sehr schwachem Geruch. Löslichkeit: Leicht lösl. in W., lösl. in A. und Chlf. Fp. 247 bis 253° (Zers.).

Erkennung. USP XVII: 1. 5 ml der Lsg. (1 in 100) werden mit 1 ml einer Lsg. von 2 g Trinitrophenol (Pikrinsäure) in 100 ml Chlf. versetzt und gut umgeschüttelt; es entsteht momentan ein leuchtend gelber Nd. – 2. 5 ml der Lsg. (1 in 100) werden mit 2 ml Natronlauge versetzt; es entsteht sofort ein weißer Nd. – 3. 5 ml der Lsg. (1 in 100) werden mit 2 ml Silbernitratlsg. versetzt; es bildet sich sofort eine weiße Opaleszenz.

Prüfung. USP XVII: 1. Trocknungsverlust: Höchstens 0,5%, wenn 3 Std. bei 105° getrocknet wird. – 2. Verbrennungsrückstand: Höchstens 0,1%.

Gehaltsbestimmung. USP XVII: 1. Chlorid: Etwa 500 mg Substanz werden genau gewogen, in 200 ml W. von 60 bis 70° gelöst, mit 10 ml Salpetersäure versetzt, umgerührt und auf Raumtemperatur abgekühlt. Dann werden allmählich unter Umrühren 25,0 ml 0,1 n Silbernitratlsg. zugetropft. Anschließend versetzt man mit 5 ml Nitrobenzol, schüttelt kräftig durch, setzt dann 5 ml Eisen(III)-sulfat-Lsg. zu und titriert den Überschuß an Silbernitrat mit 0,1 n Ammoniumthiocyanatlsg. zurück. 1 ml 0,1 n Silbernitratlsg. entspricht 3,545 mg Cl. Es muß zwischen 10,3 und 10,7% Cl gefunden werden. – 2. Etwa 500 mg Substanz werden genau gewogen, in 100 ml Chlf. gelöst, mit 5 ml Quecksilberacetatlsg., dann mit 5 Tr. einer Lsg. von 1 g Thymolblau in 100 ml Dimethylformamid versetzt und mit 0,1 n Perchlorsäure in Dioxan titriert. Der Verbrauch wird anhand eines Blindversuches korrigiert. 1 ml 0,1 n Perchlorsäure entspricht 33,79 mg $C_{20}H_{31}NO \cdot HCl$.

Aufbewahrung. In gut schließenden Gefäßen.

Dosierung. 2 mg, 3 bis 4mal täglich; bis höchstens 15 mg täglich (USP XVII).

Anwendung. Gegen Parkinsonismus.

Handelsform: Artane (Lederle).

Tridihexethyl chloride NF XII, NND 63. (3-Cyclohexyl-3-hydroxy-3-phenylpropyl)-triethyl-ammonium Chloride.

$C_{21}H_{36}ClNO$ Formel Nr. VIII/3, S. 490 M.G. 353,98

Gehaltsforderung. Mindestens 98%, bezogen auf die 2 Std. bei 105° getrocknete Substanz.

Eigenschaften. Weißes, kristallines, geruchloses, bitter schmeckendes Pulver. Löslichkeit: Leicht lösl. in W., lösl. in M. und Chlf., praktisch unlösl. in Ae. und in Aceton. Fp. 163 bis 167°.

Erkennung. NF XII: 1. 25 mg Substanz werden in 10 ml W. gelöst. 5 ml dieser Lsg. versetzt man mit 2 ml pH 5,3-Phosphatpuffer (s. unten), 1 ml Bromkresolpurpurlsg. (s. unten) und 5 ml Chlf. Nach kräftigem Umschütteln wartet man die Phasentrennung ab und beobachtet; die Chloroformschicht muß eine gelbe Farbe annehmen. pH 5,3-Phosphatpuffer: 38,0 g Natriumdihydrogenphosphat ($NaH_2PO_4 \cdot H_2O$) und 2,0 g wasserfreies Dinatriumhydrogenphosphat werden in W. gelöst und auf 1000 ml aufgefüllt. Bromkresolpurpurlsg.: 400 mg Bromkresolpurpur werden in 30 ml W. gelöst, mit 6,4 ml 0,1 n Natronlauge versetzt und mit W. auf 500 ml aufgefüllt. – 2. Die restlichen 5 ml Lsg. (von 1.) geben einen positiven Chloridnachweis. – 3. Etwa 200 mg Substanz werden in 10 ml W. gelöst und unter Rühren mit 50 ml Natriumtetraphenylboratlsg. versetzt. Nach halbstündigem Stehen wird der gebildete Nd. auf einer Glassinternutsche gesammelt, 3mal mit je 5 ml W. gewaschen und durch halbstündiges Luftdurchsaugen getrocknet. Dann wird der Nd. in 5 ml Aceton gelöst, notfalls filtriert und unter kräftigem Umrühren in 50 ml W. eingegossen. Die Mischung wird erneut 30 Min. stehengelassen. der Nd. auf einer Glassinternutsche gesammelt, 3mal mit je 5 ml W. gewaschen und im Vakuumexsikkator über Silicagel 18 Std. lang getrocknet. Das auf diese Weise erhaltene Tetraphenylborat schmilzt unter leichtem Zersetzen zwischen 166 und 167°.

Prüfung. NF XII: 1. Trocknungsverlust: Höchstens 0,5%, wenn 2 Std. bei 105° getrocknet wird. – 2. Verbrennungsrückstand: Höchstens 0,1%. – 3. Sulfat: Höchstens 400 ppm; dazu werden 500 mg Substanz in 25 ml W. gelöst, auf 70° erwärmt und wieder auf Raumtemperatur abgekühlt. Das Filtrat darf nicht mehr Sulfat enthalten als 0,2 ml 0,02 n Schwefelsäure. – 4. Chloridgehalt: Höchstens 9,81%. Etwa 500 mg der 2 Std. bei 105° getrockneten Substanz werden genau gewogen, in 200 ml W. gelöst, mit 10 ml Salpetersäure und mit 25,0 ml 0,1 n Silbernitratlsg. versetzt.

Nach dem Mischen fügt man 5 ml Nitrobenzol und 5 ml Eisen(III)-ammoniumsulfatlsg. hinzu und titriert mit 0,1 n Ammoniumthiocyanatlsg. zurück. 1 ml 0,1 n Silbernitratlsg. entspricht 3,545 mg Cl. – 5. Schwermetalle: Höchstens 200 ppm.

Gehaltsbestimmung. NF XII: Etwa 600 mg der 2 Std. bei 105° getrockneten Substanz werden genau gewogen, in 100 ml Chlf. gelöst, mit 5 ml Quecksilberacetatlsg. und einigen Kriställchen Thymolblau versetzt und bis zum Umschlag nach Rosa mit 0,1n Perchlorsäure in Dioxan titriert. 1 ml 0,1 n Perchlorsäure entspricht 35,40 mg $C_{21}H_{36}ClNO$.

Aufbewahrung. In dicht schließenden Gefäßen.

Dosierung. 25 bis 50 mg, bis 4mal täglich (NF XII).

Handelsform: Pathilon Chloride (Lederle).
Das entsprechende Jodid wird unter der Bezeichnung Claviton (Lederle) gehandelt.

Tricyclamol Chloride NND 63. 1-Cyclohexyl-1-phenyl-3-pyrrolidino-1-propanol-methylchloride.

$C_{20}H_{32}ClNO$ Formel Nr. VIII/4, S. 490 M.G. 337,93

Eigenschaften. Weißes, kristallines Pulver von extrem bitterem Geschmack und schwach charakteristischem Geruch; lösl. in A. und W.

Handelsformen: Elorine Chloride (Eli Lilly and Company, USA), Tricoloid Chloride (Burrough Wellcome & Co, USA).

Cycrimine Hydrochloride NNR 55. 1-Phenyl-1-cyclopentyl-3-piperidino-propanol-(1)-hydrochlorid.

$C_{19}H_{30}ClNO$ Formel Nr. VIII/5, S. 490 M.G. 323,91

Eigenschaften. Weißes, kristallines Pulver, Fp. 241 bis 244° (Zers.). Löslichkeit: 1 g löst sich in 50 ml A., in 33 ml Chlf., in 165 ml W. Das pH einer 0,5%igen Lsg. ist 4,9 bis 5,4.

Anwendung. Als Antispasmodicum bei Parkinsonismus.

Dosierung. Bei Paralysis agitans 4mal täglich 2,5 mg bis alle 2 Std. 5 mg (max/die 45 mg).

Handelsform: Pagitan (Lilly, USA).

Biperiden Hydrochloride (Lactate) NND 63. α-(Bicyclo-[2,2,1]-hept-5-en-2-yl)-α-phenyl-1-piperidinopropanol-hydrochloride bzw. -lactate.

$C_{21}H_{29}NO$ Formel Nr. VIII/6, S. 490 M.G.$_{(Base)}$ 311,47

Anwendung. Bei Parkinsonismus und verschiedenen Spasmen.

Handelsformen: Akineton (Knoll A.G., Ludwigshafen); Akineton Hydrochloride und Akineton Lactate (Knoll Pharmaceutical Conpany, USA).

Hexocyclium Methylsulfate NND 63. N-(β-Cyclohexyl β-hydroxy-β-phenethyl)-N'-methylpiperazine-dimethylsulfate.

$C_{21}H_{36}N_2O_5S$ Formel Nr. VIII/9, S. 491 M.G. 428,59

Anwendung. Bei gastrointestinalen Störungen.

Handelsform: Hexocyclium methylsulfate (Abbott Laboratories, USA).

IX. Basisch substituierte Diphenylessigsäureamide

Isopropamide Iodide NND 63. (3-Carbamoyl-3,3-diphenylpropyl)-diisopropylmethyl-ammoniumiodide.

$C_{23}H_{33}IN_2O$ Formel Nr. IX/3, S. 491 M.G. 480,43

Anwendung. Zur Behandlung gastrointestinaler Störungen.

Handelsformen: Darbid (Smith, Kline & French Laboratories, USA), Priamide (Janson).

Aminopentamide Sulfate NND 63. 4-Dimethylamino-2,2-diphenyl-valeramidesulfate.

$C_{19}H_{24}N_2O$ Formel Nr. IX/4, S. 491 M.G.$_{(Base)}$ 296,41

Eigenschaften. Weißes, kristallines, geruchloses Pulver, lösl. in A. und W. Eine 2,5%ige Lsg. reagiert sauer; pH 1,3 bis 2,2.

Anwendung. Anstelle von Atropin bei gastrointestinalen Störungen.

Handelsform: Centrine (Bristol Laboratories Inc. USA).

X. Aromatisch substituierte Alkylamine und Alkanolaminäther

1,1-Diphenyl-3-piperidino-propan-hydrochlorid.

$C_{20}H_{26}ClN$ Formel Nr. X/1, S. 492 M.G. 355,89

Eigenschaften. Weißes, kristallines, geruchloses Pulver, leicht löslich in W., 90%igem A. und Chlf., praktisch unlöslich in Ae. und PAe., Gehalt mindestens 98,0% $C_{20}H_{26}ClN$, berechnet auf die getrocknete Substanz. Schmelzbereich: 215 bis 218°.

Erkennung. 0,1 g wird in einer Mischung von 5 ml 90%igem A. und 5 ml W. gelöst und mit 3 ml einer gesättigten wäßrigen Lsg. von Pikrinsäure versetzt. Es entsteht ein gelber Nd. der, bei 105° getrocknet, bei 136 bis 137° schmilzt.

Prüfung. 1. Trocknungsverlust: bei 100 bis 105° höchstens 1%. – 2. Sulfatasche: Höchstens 0,1%.

Gehaltsbestimmung. 1. Etwa 0,5 g, genau gewogen, werden in etwa 25 ml W. gelöst und nach Zusatz von 0,20 ml Phenolphthaleinlsg. mit 0,1 n Natronlauge unter kräftigem Schütteln bis zur Rosafärbung titriert. 1 ml 0,1 n Natronlauge entspricht 31,59 mg $C_{20}H_{26}ClN$. – 2. Etwa 0,5 g, genau gewogen, werden in 50 ml Eisessig gelöst. Nach Zugabe von 10 ml 5%iger Quecksilber(II)-acetatlsg. wird mit 0,1 n Perchlorsäure bis zum Farbwechsel des Indikators (Kristallviolett) auf Grünblau titriert. 1 ml 0,1 n Perchlorsäure entspricht 31,59 mg $C_{20}H_{26}ClN$.

Handelsformen: Aspasan, Afran und Efosin (Hoechst).

Die Aspasan-Inhalationslsg. enthält außerdem noch Dioxyephedrin und Suprifen und dient zur Vorbeugung und Bekämpfung asthmatischer Anfälle. Afran enthält außerdem

Prednison, Suprifen und Dimethylaminophenyldimethylpyrazolon in Tropfen und Suppositorien; die Dragees enthalten zusätzlich noch Coffein. Afran ist indiziert bei Asthma bronchiale, spastischen Bronchitiden, Emphysembronchitis und Heuschnupfen. Efcsin enthält außerdem noch 2,2-Diphenyl-4-piperidino-butyramidhydrochlorid und wird angewendet zur Beschleunigung der normalen Geburt, zur Behebung von Muttermundspasmen während der Geburt und bei spastischer Dysmenorrhoe.

Benztropine Methanesulphonate BP 63, BPC 63.

$C_{21}H_{25}NO_1CH_3SO_3H$ Formel Nr. X/3, S. 492 M.G. 403,55
$C_{22}H_{29}NO_4S$

Gehaltsforderung. Mindestens 98,0%, berechnet auf die bei 105° bis zur Gewichtskonstanz getrocknete Substanz.

Eigenschaften. Weißes, kristallines, geruchloses, bitter schmeckendes Pulver. Löslichkeit: Bei 20° lösl. in 0,7 T. W. und in 1,5 T. A. (95%), unlösl. in Ae. Fp. 142 bis 144°.

Erkennung. 1. 0,2 g Substanz werden in 15 ml W. gelöst, mit 5 ml verd. Ammoniaklsg. versetzt und 2mal mit je 10 ml Äthylacetat ausgeschüttelt. Die vereinigten Extrakte werden über wasserfreiem Natriumsulfat getrocknet, mit 0,5 ml Methyljodid versetzt und 30 Min. stehengelassen. Der Schmelzpunkt des erhaltenen Nd. liegt nach dem Waschen mit Äthylacetat bei 253°. – 2. Die UV-Absorptionskurve der wss. Lsg. zeigt zwischen 230 und 350 mμ nur ein Maximum bei 258 mμ. Die Extinktion einer 0,05%igen Lsg., gemessen in 1 cm Schichtdicke, beträgt bei 258 mμ etwa 0,56.

Prüfung. 1. Trocknungsverlust: Höchstens 0,5%, wenn bei 105° bis zur Gewichtskonstanz getrocknet wird. – 2. Sulfatasche: Höchstens 0,1%.

Gehaltsbestimmung. Etwa 60 mg Substanz werden genau gewogen, in 25 ml W. gelöst, mit 5 ml Natriumcarbonatlsg. versetzt und 4mal mit je 10 ml Chlf. extrahiert. Die vereinigten Extrakte werden mit 10 ml W. gewaschen, das Waschwasser mit 5 ml Chlf. durchgeschüttelt und das Chlf. den ursprünglichen Extrakten zugefügt. Die gesamte Chloroformlsg. wird anschließend filtriert, das benutzte Filter mit 5 ml Chlf. gewaschen. Filtrat und Waschchloroform werden vereint, mit 25 ml Dioxan versetzt und mit 0,01 n Perchlorsäure gegen 3 Tr. einer 1%igen Methylrotlsg. in M. titriert. 1 ml 0,01 n Perchlorsäure entspricht 4,035 mg $C_{21}H_{25}NO \cdot CH_3SO_3H$.

Aufbewahrung. In dicht schließenden Gefäßen.

Anwendung. Parasympatholyticum zur Behandlung des Parkinsonismus.

Dosierung. Anfangsdosis 0,5 mg täglich; Steigerung bis zu 6 mg täglich.

Handelsform: Cogentin (Merck, Sharp & Dohme).

XI. Verschiedene

(in alphabetischer Reihenfolge)

Avacan. Acamylophenin. α-(β-Diäthylaminoäthyl)-amino-phenylessigsäure-isoamylester-dihydrochlorid.

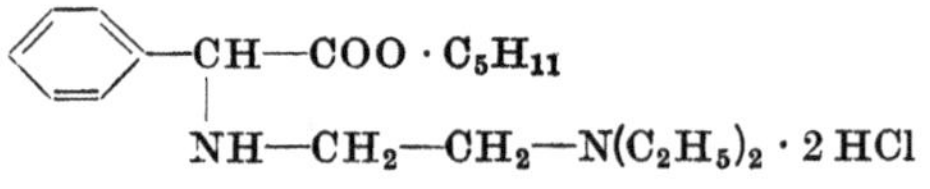

$C_{19}H_{34}Cl_2N_2O_2$ M.G. 393,42

Eigenschaften. Weißes, kristallines Pulver, geruch- und geschmacklos. Löslichkeit: Leicht lösl. in W. und A., praktisch unlösl. in Ae., Chlf. und PAe. Fp. 170 bis 175° (bestimmt nach USP).

Erkennung. Papierchromatographie. Prüflösung: 100 mg Substanz werden in 10 ml W. gelöst; 10 μl enthalten 100 μg. Papier: Schleicher & Schüll 2043b. Fließmittel: n-Butanol-Ameisensäure-Wasser = 12 : 1 : 7 (Volumina); verwendet wird die organische Phase. Ausführung: 10 μl der Prüflsg. werden 7 cm vom unteren Ende eines mindestens 3 cm breiten Filterpapierstreifens aufgetragen, über Nacht in der Chromatographierkammer konditionieren gelassen und danach aufsteigend entwickelt. Nachweis: Die entwickelten und hernach luftgetrockneten Streifen werden mit Dragendorff-Rg. besprüht. R_f-Werte: Etwa 0,7.

Gehaltsbestimmung. 1. Chlorid-Titration: Etwa 170 mg Substanz, genau gewogen, werden in 10 ml W. gelöst, mit verd. Salpetersäure angesäuert und der Chloridgehalt nach

VOLHARD bestimmt. 1 ml 0,1 n Silbernitrat entspricht 19,67 mg $C_{19}H_{34}Cl_2N_2O_2$. – 2. Perchlorsäuretitration: 10 ml Eisessig werden mit 5 ml einer 6%igen Lsg. von Quecksilber(II)-acetat in Eisessig versetzt und unter Verwendung von Oracet-Blue-B-Indikator mit 0,1 n Perchlorsäure in Eisessig neutralisiert. In diese austitrierte Lsg. werden etwa 170 mg Substanz, genau gewogen, eingebracht und mit 0,1 n Perchlorsäure in Eisessig titriert. 1 ml 0,1 n Perchlorsäure entspricht 19,67 mg $C_{19}H_{34}Cl_2N_2O_2$.

Anwendung. Als Spasmolyticum bei Spasmen der glatten Muskulatur im Bereich des Abdomens: Magen, Darm, Gallenblase, Niere, Harnleiter, Harnblase, Uterus; der Gefäße: Angina pectoris, Migräne; in der Kinderheilkunde: Pylorospasmus.

Handelsformen: Avacan (Asta, Brackwede), Avafortan (Kombinationspräparat; Asta, Brackwede), Belosin (Kombinationspräparat; Asta, Brackwede).

Belladonninbisulfat.

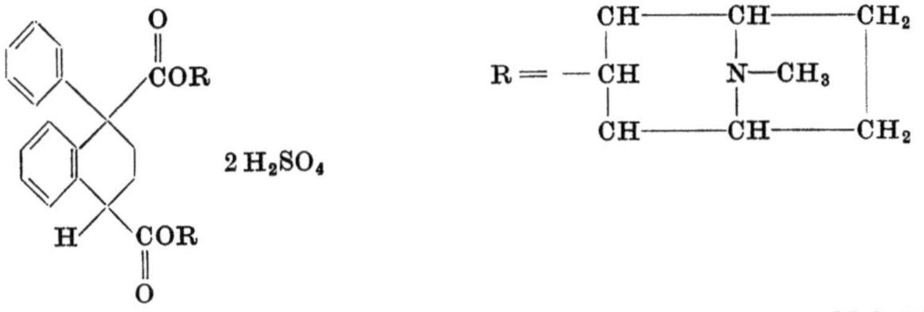

$C_{34}H_{46}N_2O_{12}S_2$ M.G. 738,86

Herstellung. Das durch Wasserabspaltung aus Atropin(I) entstehende Apoatropin(II) wird nach Art einer Dien-Reaktion zu III dimerisiert und dieses zu IV (Belladonnin) aromatisiert:

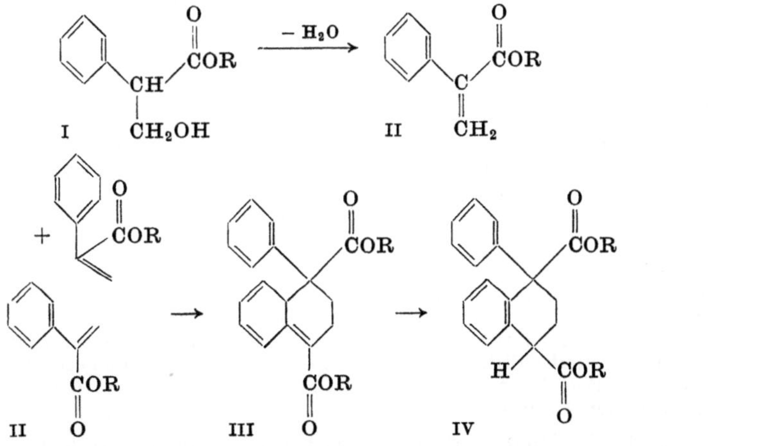

Eigenschaften. Weißes kristallines Pulver, leicht lösl. in W., lösl. in A. und M., praktisch unlösl. in Ae. Fp. der Base: 129°.

Anwendung. Hauptsächlich bei Parkinsonismus.

Aufbewahrung. In dicht schließenden Gefäßen.

Handelsform: Bellacristin (E. Merck, Darmstadt).

Benzomethamine. (Atr.)

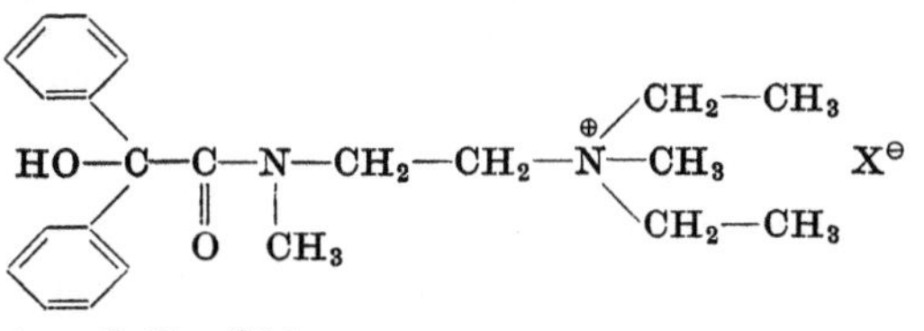

Handelsform: Contramil (Squibb).

Dibutoline Sulfate NND 63.

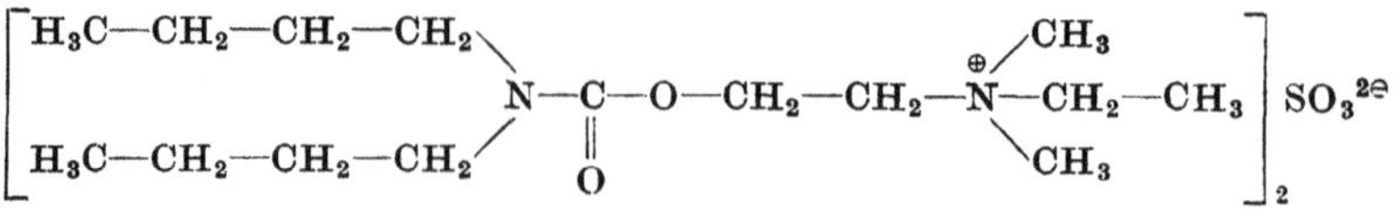

Anwendung. Bei gastrointestinalen Störungen.

Handelsform: Dibuline Sulfate (E. Merck, Sharp & Dohme, USA).

Dimethylan. 2,2-Diisopropyl-4-hydroxymethyl-1,3-dioxalan.

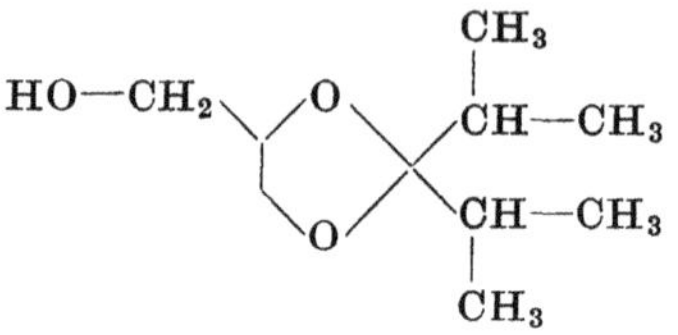

$C_{10}H_{20}O_3$ M.G. 188,26

Anwendung. Dimethylan blockiert interneurale Übertragungen und wird vornehmlich als Antispasmodicum bei Dismenorrhöe angewandt.

Diphemanil methylsulfate NF XII, NND 63. 4-Diphenylmethylene-1,1-dimethylpiperidinium-methylsulfate.

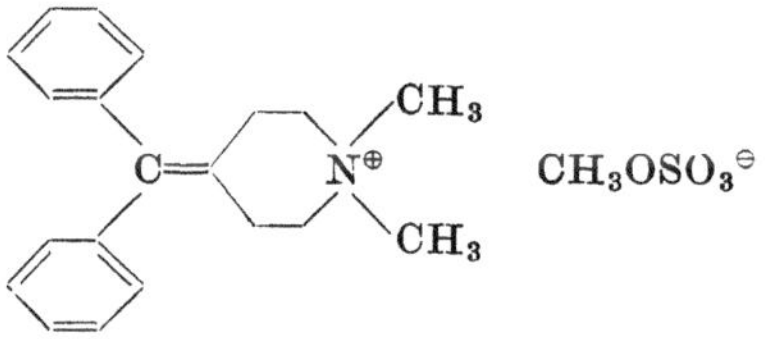

$C_{21}H_{27}NO_4S$ M.G. 389,52

Gehaltsforderung. Mindestens 97%, berechnet auf die getrocknete Substanz.

Eigenschaften. Weißes oder fast weißes, kristallines Pulver von bitterem Geschmack und schwach charakteristischem Geruch, hitze- und lichtbeständig, etwas hygroskopisch. Löslichkeit: 1 g Substanz löst sich in etwa 33 ml W., etwa 33 ml A. und in etwa 33 ml Chlf. Fp. 189 bis 196°.

Erkennung. 1. 10 ml der Lsg. (1 in 100) werden mit 1 ml Kaliumpermanganatlsg. versetzt und unter gelegentlichem Schütteln stehengelassen; es bildet sich ein brauner Nd. – 2. 10 ml der Lsg. (1 in 100) werden mit 7 ml einer gesättigten Pikrinsäurelsg. versetzt und unter gelegentlichem Umrühren stehengelassen. Das erhaltene Präzipitat wird abfiltriert, mit A. gewaschen und 5 Std. über Phosphorpentoxid im Vakuum getrocknet. Das auf diese Weise erhaltene Pikrat schmilzt zwischen 194 und 200°. – 3. Der pH-Wert der Lsg. (1 in 100) liegt zwischen 4 und 6.

Prüfung. 1. Trocknungsverlust: Höchstens 0,5%, wenn 4 Std. bei 105° getrocknet wird. – 2. Verbrennungsrückstand: Höchstens 0,1%. – 3. Schwermetalle: Höchstens 20 ppm. Zu dieser Prüfung wird der Verbrennungsrückstand von 1 g Substanz in 23 ml W. gelöst, mit 2 ml verd. Essigsäure angesäuert und untersucht.

Gehaltsbestimmung. Etwa 150 mg Substanz werden genau gewogen, in einem 150-ml-Becherglas in 50 ml W. gelöst und im Eisbad gekühlt. Unter Umrühren werden 17 ml einer in gleicher Weise gekühlten und filtrierten Ammoniumreineckatlsg. zugesetzt und die Mischung unter Kühlung 1 Std. stehengelassen. Der entstandene Nd. wird in einer tarierten Glasfritte gesammelt, mit kaltem W. solange gewaschen, bis die Waschflüssigkeit farblos abläuft und 2 Std. bei 105° getrocknet. Durch Multiplikation des Gewichtes des so erhaltenen Reineckats mit dem Faktor 0,6527 ergibt sich der Gehalt (in Milligramm) an $C_{21}H_{27}NO_4S$ in der angewandten Probe.

Aufbewahrung. In dicht schließenden Gefäßen.

Anwendung. Bei gastrointestinalen Störungen.

Dosierung. Oral: 100 mg alle 4 bis 6 Std.; i.m. und s.c.: 25 mg 4mal täglich (NF XII).

Handelsform: Prantal Methylsulfate (Shering Corporation, USA).

Escorpal. Phencarbamid. Diphenylcarbamidsäure-(2-diäthyl-aminoäthyl)-thioester.

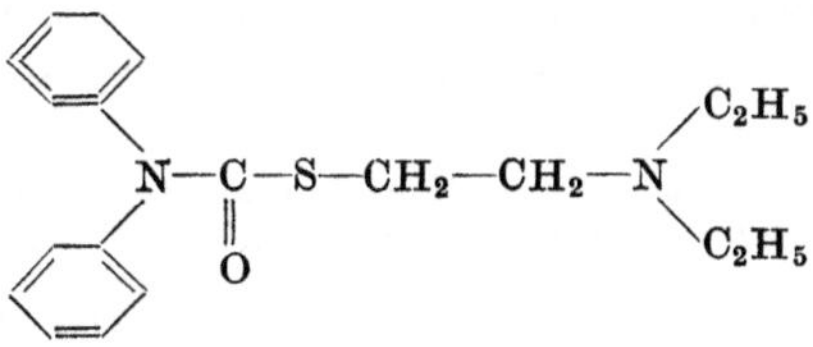

$C_{19}H_{24}N_2OS$ M.G. 328,48

Eigenschaften. Weißes, geruchloses, luftbeständiges, kristallines Pulver, sehr leicht lösl. in M., Ae., Chlf., leicht lösl. in P.Ae., praktisch unlösl. in W. Fp. 48 bis 49°.

Hydrochlorid.

$C_{19}H_{24}N_2OS \cdot HCl$ M.G. 364,94

Eigenschaften. Weißes, kristallines Pulver, leicht lösl. in W., A. und Chlf., praktisch unlösl. in Ae. und P.Ae. Fp. 180 bis 182°.

Anwendung. Spasmolyticum für die Geburtshilfe.

Handelsform: Escorpal (Bayer, Leverkusen).
(Ampullen enthalten das Hydrochlorid, Suppositorien die freie Base!) Als Komponente enthalten in Spasmo-Dolviran (Bayer, Leverkusen).

Lyspamin ist ein Kombinationspräparat, das neben Phenobarbital als spasmolytische Komponente das 1-Nicotinoylamino-1,2-diphenyläthan enthält:

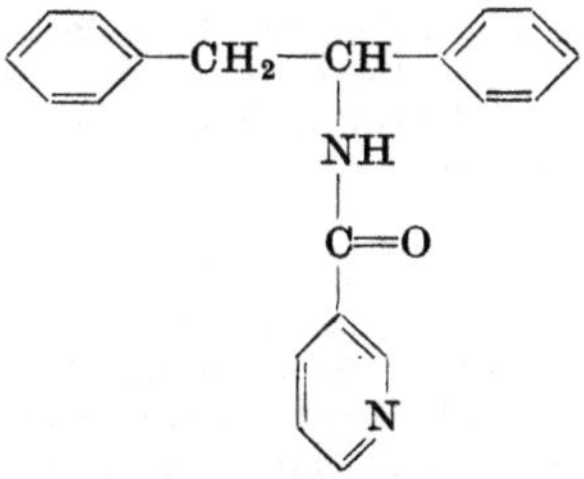

$C_{20}H_{18}N_2O$ M.G. 302,36

Eigenschaften. Farblose, nadelförmige Kristalle von leicht bitterem Geschmack, leicht lösl. in Eisessig, wenig lösl. in A. Fp. ~158°.

Anwendung. Zur Behebung myogener und neurogener Spasmen; auf Grund vasodilatorischer Wirkung zur Behandlung von Angina pectoris; bei Zirkulationsstörungen und Hypertonie; in der Geburtshilfe.

Handelsformen: Lyspamin, Lyspamin forte, Adysmen (Cilag GmbH, Alsbach/Bergstraße).

Sigmagyn ist ein Kombinationspräparat, das als spasmolytische Komponente den α-Phenylglycin-n-heptylester enthält:

$C_{15}H_{23}NO_2$ M.G. 249,34

Anwendung. Bei dysmenorrhoeischen Beschwerden.

Handelsform: Sigmagyn Tabletten (OWG Chemie, Kiel).

Tiemoniumjodid (INN).

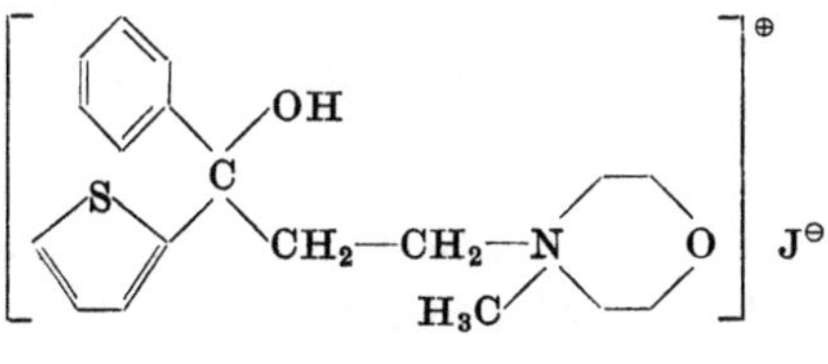

$C_{18}H_{24}JNO_2S$ M.G. 445,37

N-Methyl-N-(3-phenyl-3.2'-thienyl-3-hydroxy)-propyl-morpholiniumjodid. 4-(3'-Hydroxy-3'-phenyl-3'-(2''-thienyl))-propyl-4-methyl-morpholiniumjodid.

4-(3'-Hydroxy-3'-phenyl 3'-(2''-thienyl))-propyl-4-methyl-tetrahydro-1.4-oxazinium-jodid.

Eigenschaften. Gelblich-weißes, kristallines Pulver ohne Geruch und von sehr bitterem Geschmack. Fp. 189 bis 192° unter Zersetzung. Leicht lösl. in M.; lösl. in heißem W. und A.; wenig lösl. in W. (1 g/100 ml); schwer lösl. in A. und warmem Aceton; sehr schwer lösl. in Aceton und Chlf. (0,4 mg/100 ml) und Benzol (1,0 mg/100 ml) und den meisten organischen Lösungsmitteln.

Erkennung. 1. UV-Spektrum: Maximum bei 227 nm (c = 2 mg/100 ml W.), E (1%, 1 cm) = 471. – 2. Eine Spatelspitze Substanz gibt mit verd. Schwefelsäure (1 : 4) und Natriumnitrit Abscheidung von Jod; nach dem Verdünnen erhält man auf Zusatz von Stärkelsg. Blaufärbung. – 3. Mit Nesslers Rg. entsteht eine weiße Fällung, die mit konzentrierter Salpetersäure braun wird; dabei ist die Lsg. dunkler als der Niederschlag. – 4. Mit Quecksilber(II)-chlorid-Lsg. entsteht ein weißer Nd., der beim Erwärmen mit rosa Farbe in Lsg. geht und beim Erkalten wieder ausfällt. – 5. Mit Jod/Kaliumjodid fällt ein schwarzglänzendes Perjodid aus, das sich in M. mit brauner Farbe löst. – 6. Versetzt man 1 g mit 10 ml Pufferlsg. pH 7,5 und 2 ml Bromthymolblau-Lsg. (150 mg/100 ml Pufferlsg.) und schüttelt mit 10 ml Dichlormethan, so erhält man eine blaue wäßrige und eine gelbe organische Phase (Maximum bei 410 nm). Die organische Phase wird beim Versetzen mit 2 bis 3 Tr. 0,1 n Tetrabutylammoniumhydroxid in Isopropanol/Methanol blau (Maximum bei 630 nm).

Prüfung. 1. Beim Verbrennen dürfen höchstens 0,1% Asche hinterbleiben. – 2. 10 ml einer Lsg. von 300 mg in 30 ml W. dürfen auf Zusatz von 1 ml Salzsäure (1 : 4) und 1 ml Bariumchloridlsg. keine stärkere Trübung zeigen als eine Vergleichsprobe mit 0,5 ml Sulfat-Standardlsg. (1 ml = 0,1 mg Sulfat), 9,5 ml W., 1 ml Salzsäure und 1 ml Bariumchloridlsg. (= höchstens 0,05% Sulfat). – 3. 10 ml der Lsg. von 300 mg in 30 ml W. dürfen nach Zusatz von 5 Tr. Eisessig und 2 Tr. Natriumsulfidlsg. nicht verändert werden (= Schwermetalle in 100 mg nicht nachweisbar). – 4. Trocknungsverlust: Höchstens 1,5%, wenn bei 105° 2 Std. getrocknet wird.

Gehaltsbestimmung. 1. Stickstoff: Theoretisch 3,145%. Aufschluß von 200 mg nach KJELDAHL, 5 ml konz. Schwefelsäure, Spatelspitze Selen-Reaktions-Gemisch. Zur Destillation 30 ml 40%ige Natronlauge. 1 ml 0,1 n Säure entspricht 1,4008 mg Stickstoff. – 2. Jod: 500 mg werden in 40 ml W. und 5 ml Schwefelsäure (1 : 4) gelöst, mit 20 ml 0,1 n Silbernitratlsg. versetzt und mit Ammoniumrhodanid gegen Eisen(III)-Indikator titriert.

1 ml Silbernitratlsg. entspricht 12,691 mg Jod (Theorie 28,50%). 30 mg Substanz werden in 10 ml Wasser gelöst, mit 40 ml Isopropanol p.a. und 1 ml in Isopropanol p.a. gesättigte Lsg. von Diphenylcarbazon versetzt und mit 0,01 n Quecksilberperchloratlsg. auf Violettrot titriert.

1 ml entspricht 1,2691 mg Jod oder 4,4537 mg Tiemoniumjodid.

Anwendung. Die Verbindung hat spasmolytische, parasympathicolytische, anticholinergische, sowohl unmittelbar an den glatten Muskelfasern als auch über die postganglionären Nervenfasern des Darmplexus angreifende Effekte und wird medizinisch als krampflösendes Mittel bei spastischen Zuständen der glatten Muskulatur eingesetzt, vorwiegend also bei Krampfzuständen im Magen-Darm-Bereich, im Bereich der Gallenwege, der Harnwege und bei gynäkologisch-geburtshilflichen Indikationen.

Handelsformen: Im Kombinationspräparat Bort als Spasmolyticum neben Metamizol enthalten (Ravensburg GmbH, Konstanz).

β-Diäthyl-amino-äthyl-(α-methyl-2,5-endomethylen-Δ^3-tetrahydro-benzhydroxyl)-äther-brommethylat.

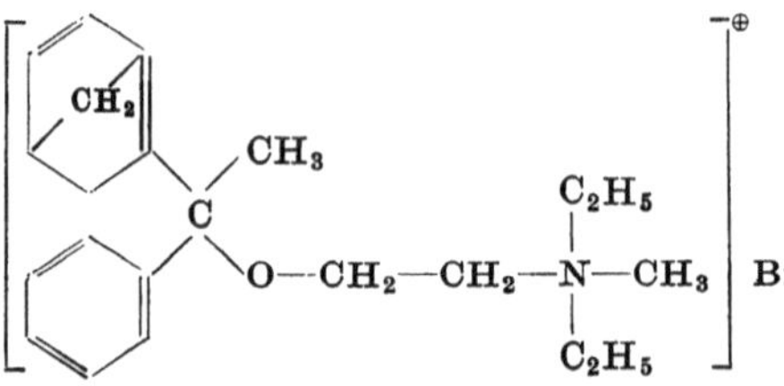

Wirkungsweise. Cholinolytisch und ausgeprägt myotrop spasmolytisch.

Handelsformen: Dolo-Adamon und Tranquo-Adamon; Kombinationspräparate (Asta-Werke AG, Brackwede/Westf.).

Sulfonamide

Trotz Entdeckung der Antibiotica und ihrer auffallenden therapeutischen Eigenschaften haben die als „Sulfonamide" bezeichneten Chemotherapeutica ihre Bedeutung zur Behandlung bakterieller Infektionen behalten. Von den seit der Synthese des „Prontosils" durch MIETZSCH und KLARER und der Erkennung seiner streptokokkenhemmenden Eigenschaft durch DOMAGK dargestellten, die Zahl 3000 übersteigenden, näher untersuchten Derivaten des p-Aminobenzolsulfonsäureamids, die im deutschen Sprachgebiet abgekürzt als Sulfonamide bezeichnet werden, besitzen heute die Vertreter mit der größten Wirksamkeit und der besten Verträglichkeit therapeutische Bedeutung.

Nach der chemischen Konstitution unterscheidet man die folgenden Typen:

A. Sulfonamide, die nur am Amidstickstoff ($= N^1$) substituiert sind,

B. solche, die am Amidstickstoff und am Stickstoff der aromatischen Aminogruppe ($= N^4$) substituiert sind,

C. Verbindungen, deren aromatische Aminogruppe in eine Azogruppe übergeführt ist,

D. Derivate, die anstelle der aromatischen Aminogruppe eine Aminoalkylgruppe besitzen,

E. solche, deren aromatische Aminogruppe durch eine Nitrogruppe ersetzt ist und schließlich

F. die Diphenyl-sulfone.

Nach dieser Einteilung ist die auf S. 524ff. beginnende tabellarische Übersicht gegliedert, die im wesentlichen die heute offizinellen, derzeitig handelsüblichen und daneben auch einige klassische Sulfonamide enthält, die nur noch gelegentlich verordnet werden.

Die *Synthese* der unter A. genannten Sulfonamide geht meist vom Acetanilid (I) aus, das zur N-Acetyl-anilinsulfonsäure (II) sulfoniert und mit Phosphorpentachlorid zum Säurechlorid (III) umgesetzt wird. III läßt sich auch durch unmittelbare Einwirkung von Chlorsulfonsäure auf I gewinnen. Durch Umsetzung mit Ammoniak, Aminen oder Harnstoffderivaten erhält man N^4-acetylierte Sulfonamide (IV), die durch saure Hydrolyse die N-Acetylgruppe abspalten und in V übergehen:

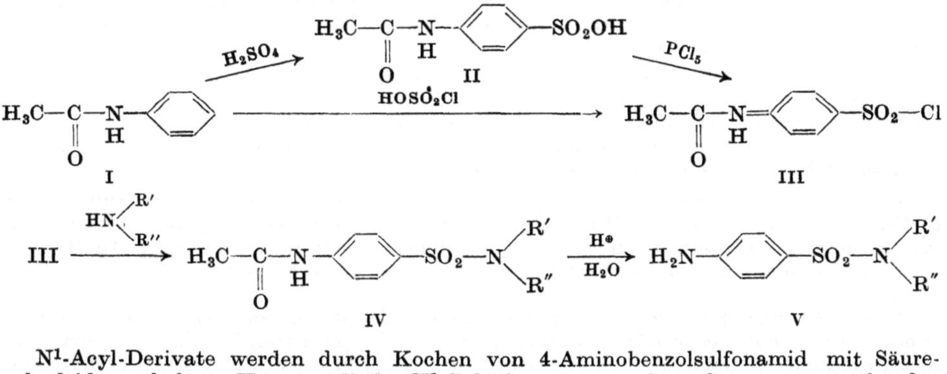

N^1-Acyl-Derivate werden durch Kochen von 4-Aminobenzolsulfonamid mit Säureanhydriden erhalten. Heterocyclische N^1-Substituenten werden oft aus entsprechenden Harnstoff-, Thioharnstoff- oder Guanidin-Derivaten aufgebaut. So läßt sich z. B. das Sulfathiazol durch Umsetzung von 4-Aminophenylsulfonyl-thioharnstoff mit Chloracetal aufbauen:

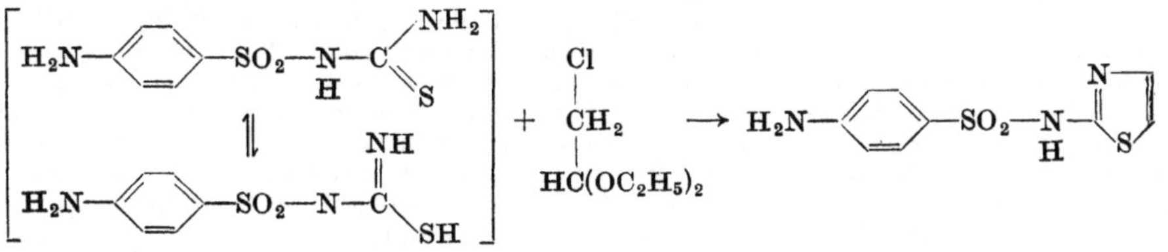

Durch Alkylierung oder Acylierung am N^4 gelangt man zur Reihe B. Diazotierung mit salpetriger Säure und Kupplung mit aromatischen Aminen oder Phenolen führt in die Reihe C. Die Derivate des 4,4'-Diamino-diphenyl-sulfons (Reihe F) werden aus p-Nitrochlorbenzol (I) und Natriumsulfid über das Sulfid II durch Oxydation zum Sulfon III und Reduktion dessen Nitrogruppen zu Aminogruppen (IV) erhalten. Die Aminogruppen lassen sich anschließend alkylieren oder acylieren (V):

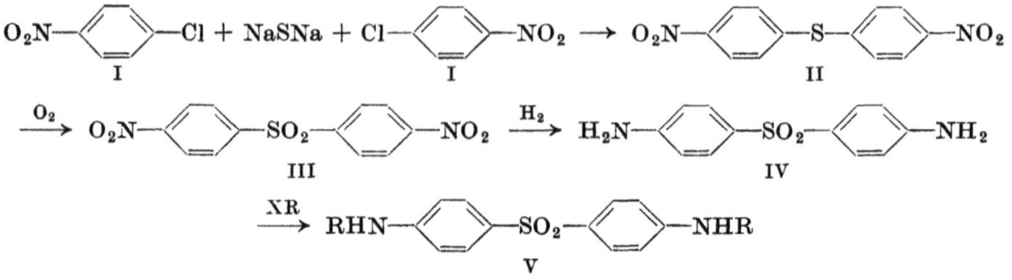

Anwendung. Sulfonamide üben eine bakteriostatische Wirkung auf Pneumokokken, Meningokokken, Gonokokken, grampositive Streptokokken sowie in geringem Maße auf Coli-Bakterien und auf die Shigella-Gruppe aus. Sie werden bei Infektionen, die durch solche Bakterien hervorgerufen sind, in relativ hoher Dosierung verabreicht. Bei den üblichen therapeutischen Dosen wird ein Blutspiegel zwischen 5 und 10 mg/100 ml erreicht. Diese Konzentration reicht aus, um bei sulfonamidempfindlichen Bakterien eine Hemmung der Vermehrung zu erzielen. Nur in sehr viel höherer Konzentration, die im menschlichen Körper nicht realisierbar ist, wirken einige Sulfonamide auch bakterizid. Die Beseitigung der beeinflußten oder geschädigten und der nicht mehr vermehrungsfähigen Bakterien erfolgt durch den Organismus selbst, in erster Linie durch Phagozytose.

Wirkungsweise. Nach der heute allgemein angenommenen Auffassung besteht der Wirkungsmechansimus der Sulfonamide in einer Verdrängung der p-Aminobenzoesäure (Vitamin H'), die nach dem Massenwirkungsgesetz abläuft. Das Wirkungsverhältnis ist etwa so, daß ca. 1600 Sulfonamidmolekeln 1 Molekel p-Aminobenzoesäure verdrängen. Nach Untersuchungen mit ^{14}C-markierter p-Aminobenzoesäure wird diese in ein für die Vermehrung der Bakterien notwendiges, der Tetrahydroformylfolsäure sehr nahestehendes Folsäurederivat eingebaut [WACKER, GRISEBACH, TREBST, WEYGAND: Angew. Chem. **66**, 326 (1954)].

Behandlungsschema. Die perorale Behandlung mit klassischen Sulfonamidpräparaten beginnt mit etwa 2 g Sulfonamid, dann wird 3 bis 4 Tage lang etwa alle 4 Std. 1 g gegeben, jedoch nicht länger als 10 Tage.

Eliminations-Halbwertszeit. Für die Wirksamkeit der Sulfonamide ist die Verweildauer im Organismus von ausschlaggebender Bedeutung. Als Maß der Verweildauer benutzt man heute die biologische Eliminations-Halbwertszeit, eine relative Größe, die angibt, wie schnell die Sulfonamidkonzentration im Blut abnimmt. Man bestimmt die Zeitspanne, in der ein bestimmter Blutspiegel auf die Hälfte absinkt.

Kurzzeit- und Langzeit-Sulfonamide. Nach der Halbwertszeit können die Sulfonamide in Ultrakurz-, Kurz-, Mittel-, Mittellang-, Langzeit-Gruppen usw. eingeteilt werden. Aus praktischen Gründen spricht man jetzt allgemein bei einer Halbwertszeit unter 10 Std. von Kurzzeitsulfonamiden, bei einer Halbwertszeit von mehr als 10 Std. von Langzeitsulfonamiden.

Einen gedrängten Überblick über die unterschiedlichen Eigenschaften der gebräuchlichen Sulfonamide vermitteln 3 schematische Abbildungen (Abb. 7 bis 9), die dem Aufsatz „Langzeitsulfonamide" von TH. STRULLER [Pharm. Acta Helv. *40*, 1 (1965)] entnommen sind.

Sulfaaddition. Wesentliche Fortschritte hat die Sulfonamidtherapie in den letzten Jahren durch die Anwendung des Prinzips der „Sulfaaddition" oder „Sulpha-combination" erzielt. Man versteht darunter die Anwendung von Sulfonamid-Mischpräparaten anstelle eines einzelnen Sulfonamids. Dadurch wird einerseits der antibakterielle Effekt additiv gesteigert und das Wirkungsspektrum erweitert und andrerseits die auf der relativen Schwerlöslichkeit der Sulfonamide beruhende Konkrementbildung in den Harnwegen vermieden. Da sich die einzelnen Sulfonamidkomponenten in ihrer Löslichkeit gegenseitig fast nicht beeinflussen, wird bei der Gabe mehrerer Sulfonamide jedes fast so gut gelöst, als wäre kein weiteres anwesend. Dadurch ist beispielsweise ein Gemisch von 3 in ihrer Löslichkeit vergleichbaren Sulfonamiden etwa 3mal leichter löslich als die gleiche Gewichtsmenge eines einzelnen Sulfonamids. Die bessere Löslichkeit bedingt auch eine höhere Konzentration im Serum. Ferner liegt die Toxizität rationeller Kombinationen unter denjenigen der einzelnen Komponenten.

Nebenwirkungen. Leichtere toxische Reaktionen sind Kopfschmerzen, Schwindel, Übelkeit und Erbrechen. Infolge Methämoglobinbildung kann es besonders bei der Verabreichung von Sulfanilamid und Sulfapyridin zu Cyanose kommen. Während einer Sulfonamidkur sind Sulfate, z. B. Magn. sulfuricum, zu vermeiden, da die Gefahr der (irreversiblen) Sulfhämoglobinbildung besteht. Schwere toxische Erscheinungen sind gelegentlich auftretende Hautausschläge und Leberschäden, die mit Gelbsucht verbunden sind. Bei der Sulfonamidkur ist auch Vorsicht mit alkoholischen Getränken geboten. In seltenen Fällen,

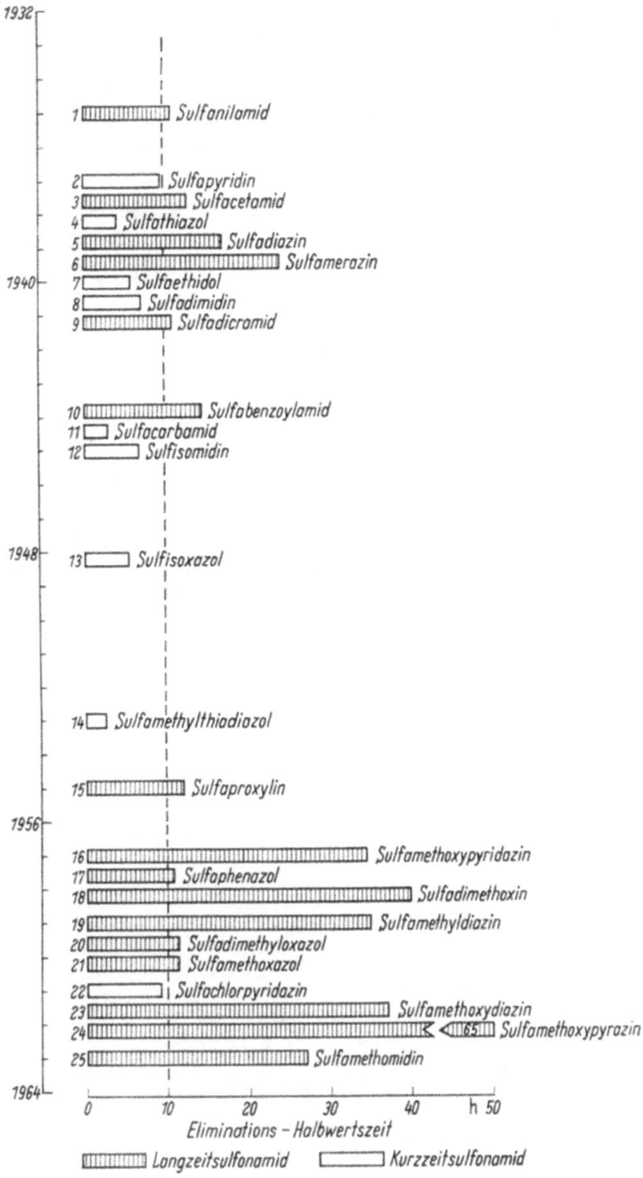

Abb. 7. Chronologische Übersicht über Sulfonamide, die bis heute eine größere Bedeutung erlangt haben. (Die Länge der Säulen entspricht der durchschnittlichen Eliminations-Halbwertszeit in Stunden.)

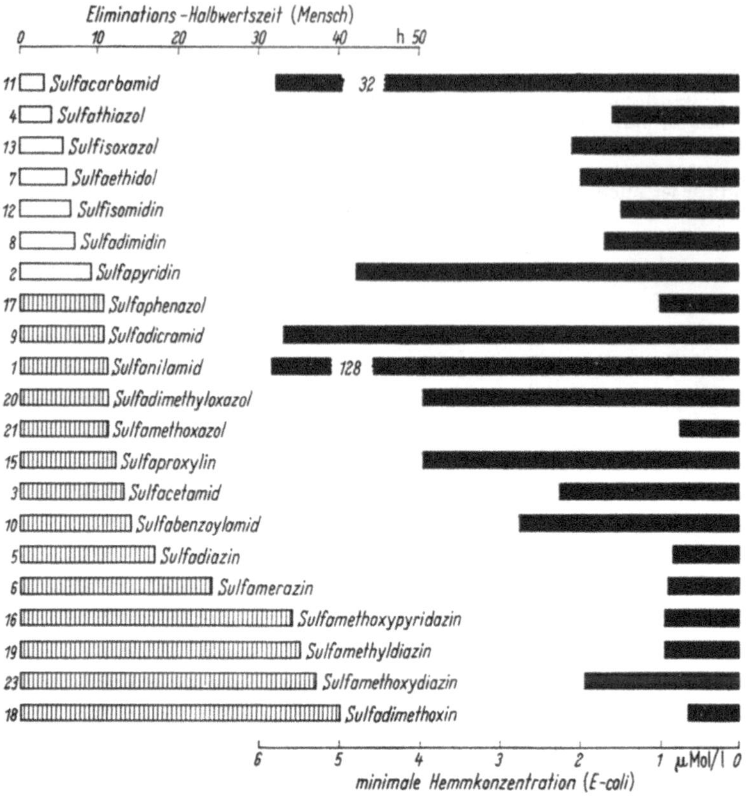

Abb. 8. Vergleich der durchschnittlichen Eliminations-Halbwertszeit älterer und neuerer Sulfonamide mit der in vitro-Aktivität (Escherichia coli).

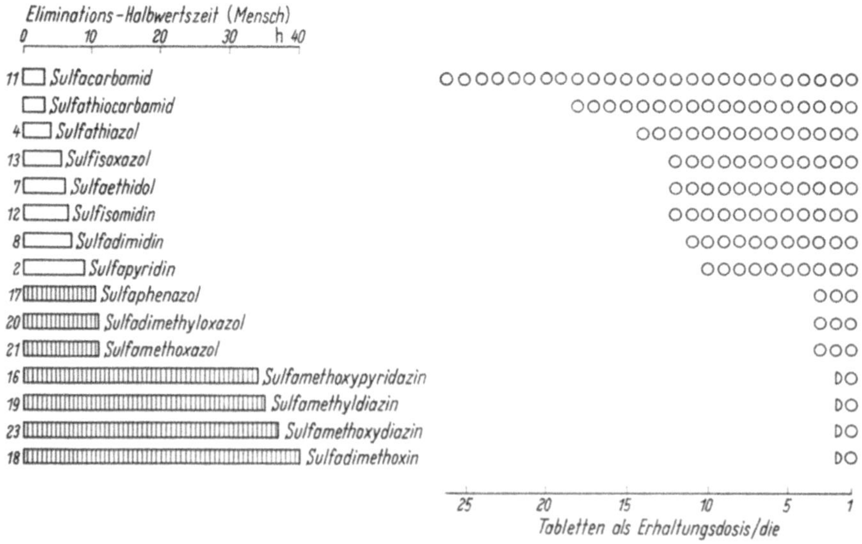

Abb. 9. Vergleich der durchschnittlichen Eliminations-Halbwertszeit älterer und neuerer Sulfonamide mit der im Schrifttum empfohlenen Anzahl Tabletten als mittlere tägliche Erhaltungsdosis.

besonders bei zu lang andauernder oder bei wiederholter Sulfonamidanwendung kann es zum Schwund der Leukozyten (Agranulozytose), u. U. auch zu Anämie kommen.

Ausscheidung. Etwa 80% des verabreichten Sulfonamids werden teils unverändert, teils acetyliert durch die Niere ausgeschieden. Da alle in Frage kommenden Verbindungen schwer wasserlöslich sind, vor allem bei saurer Reaktion des Harnes, besteht die Gefahr der Kristallisation und damit der Verstopfung der Harnkanälchen. Diese ist besonders bei älteren Sulfonamiden, darunter dem Sulfapyridin, gegeben. Durch Alkalisieren des Harnes (Diät, Na. hydrogencarbonat usw.) sowie durch reichliche Flüssigkeitszufuhr während der Sulfonamidkur, kann das Auskristallisieren vermieden oder stark verringert werden.

Resistenz. Durch Entwicklung unempfindlicher Mutanten kann sich Resistenz gegen Sulfonamide ausbilden. Diese Gefahr besteht vor allem dann, wenn zu geringe Dosen verabreicht werden. Sulfonamidresistente Bakterien sind aber noch empfindlich gegen Antibiotica.

Einteilung nach pharmakologischen Gesichtspunkten. Durch unterschiedliche Resorption, Verteilung im Organismus und Ausscheidung der einzelnen Sulfonamidpräparate ergeben sich verschiedene Anwendungsmöglichkeiten der an sich, in bezug auf die einzelnen Organe unspezifisch wirkenden Sulfonamide.

1. Sulfonamide, die peroral oder parenteral verabreicht werden und von der Blutbahn auswirken. Hier kommen die Sulfonamide mit der besten Löslichkeit in Frage.
2. Sulfonamide, die in den ableitenden Harnwegen noch wirksam sind. Solche Verbindungen dürfen bei der Körperpassage bis in die Harnwege in ihrer Konzentration nicht wesentlich abnehmen und müssen bis dorthin unverändert bleiben.
3. Schwerlösliche Sulfonamide zur Behandlung von infektiösen Darmkrankheiten. Es sind Verbindungen, die im Darm schwer resorbiert werden und deshalb eine lang andauernde lokale Wirkung entfalten.
4. Sulfonamide, die äußerlich angewandt werden.

Die folgenden Tabellen (s. S. 524ff.) enthalten die wichtigsten Sulfonamide und Sulfonderivate nach der auf S. 519 gegebenen Einteilung nach chemisch-konstitutionellen Gesichtspunkten.

Allgemeine Hinweise zur Analytik der Sulfonamide

Sulfonamide der Gruppe A (s. Tabelle S. 524) mit nicht substituiertem N^4 und monosubstituierter Sulfonamidgruppe sind amphotere Verbindungen, die mit Mineralsäuren an N^4 (I) und mit Alkalilaugen an N^1 (II) Salze bilden:

I II

Ebenso verhält sich das Marfanil (Gruppe D). Verbindungen des Typs Aa und Ab sind schwache Basen, Verbindungen des Typs B besitzen meist sauren Charakter.

Allen Sulfonamiden ist gemeinsam, daß sie wenig löslich in Wasser und Alkoholen sowie sehr wenig löslich in Äther und Chloroform sind. Die Löslichkeit in verd. Laugen und Säuren beruht jeweils auf der Salzbildung nach I oder II. Zur Isolierung aus dem Untersuchungsmaterial extrahiert man am besten mit Aceton, und zwar die amphoteren Verbindungen aus neutraler bis schwach saurer Lösung, die schwach basischen aus alkalischer und die sauren aus saurer Lösung bzw. aus dem jeweils eingedampften Rückstand. Umkristallisiert wird dann aus Wasser, Äthanol, gegebenenfalls unter Zusatz von Aceton.

Zur Erkennung und Unterscheidung der gebräuchlichen Sulfonamide eignet sich die von H. Kaiser und W. Lang [Arch. Pharm. (Weinheim) *285*, 230 (1954)] eingeführte mikroanalytische Methode.

Durchführung. Einige mg des Sulfonamids werden auf einem Objektträger mit 1 bis 2 Tropfen Reagens versetzt und mit einem Deckglas bedeckt. Über einer Mikroflamme wird bis zur Blasenbildung erwärmt. Nach dem Erkalten lassen sich die entstandenen Kristalle unter dem Mikroskop identifizieren (Abbildung s. Originalveröffentlichung).

Zusammensetzung der Reagentien. Eisenjodid-Komplex-Reagens: Liqu. Ferri sesquichlorati 3,0, Acid. hydrochl. conc. 1,0, Kal. jodat. 3,0, Aqua dest. ad 10,0. Kupferjodid-

(Fortsetzung s. S. 532)

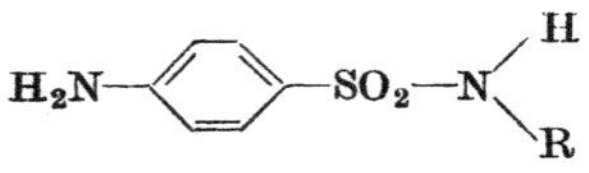

A. Sulfonamide

Nr.	R	Internationale Bezeichnung	Geschützte Warenzeichen	Pharmakopöen
1	$-H$	Sulfanilamid	Prontalbin (Bayer) Gombardol (C. F. Boehringer, Mannheim)	PI.Ed. I/1, Ph.Dan. IX DAB 7 – BRD, Erg.B. 6, DAB 7 – DDR, Ph.Helv. V – Suppl. I, ÖAB 9, Ross. 9
2	$-C(=O)-CH_3$	Sulfacetamid Sulfanilacetamid	Albucid (Schering) Sulamyd (Schering Comp., USA)	ÖAB 9, NND 63 DAB 7 – DDR. Ross. 8(!)
3	$-C(=O)-NH_2$	Sulfanilurea	Euvernil (Heyden)	DAB 7 – DDR
4	$-C(=NH)-NH_2$	Sulfaguanidin	Resulfon (Nordmark-Werke) Guanicil (Cilag) Ruocid (Homburg)	DAB 7 – DDR DAB 7 – BRD ÖAB 9, Ph.Helv. V – Suppl. II PI.Ed. I/1, CsL 2, Ph.Jug. II, Ross. 9
5	$-C(=S)-NH_2$	Sulfathiourea	Badional (Bayer)	DAB 7 – BRD, DAB 6 – Nachtr. 54 (DDR)
6	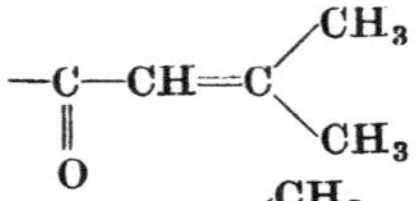	Senecionyl-Sulfanilamid Sulfacryl	Irgamid (Geigy)	
7	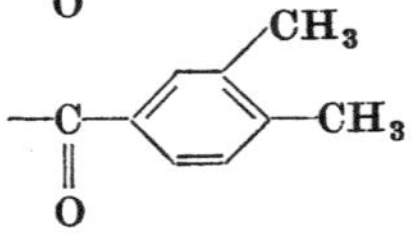	Sulfanilyl-Xylamid Sulfametoyl	Irgafen (Geigy)	
8	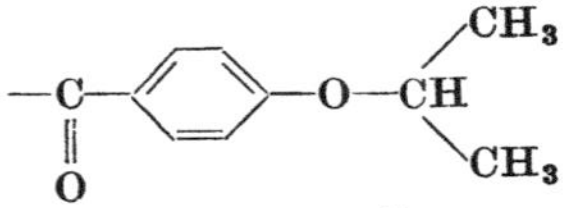	Sulfaproxylin	Bestandteil des Dosulfin (Geigy)	
9	$-CH_2-SO_3^{\ominus}$ $H\overset{\oplus}{N}(CH_2-CH_2-OH)_3$		Saltion „vet“ (Knoll)	

10	—CN	Sulcimid		Ross. 8(!)
11	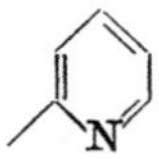	Sulfapyridin	Eubasin (Nordmark-Werke) Sulfapyridin (Bayer, Homburg)	USP XVII, Ross. 8(!), BPC 59
12	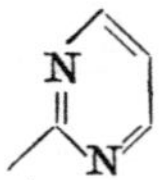	Sulfadiazin Sulfapyrimidin	Debenal (Bayer)	PI.Ed. I/1, Ph.Dan. IX, ÖAB 9, Ph.Helv. V – Suppl III, BP 63, Ph.Jug. II, USP XVII
13	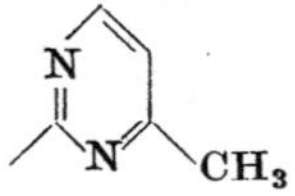	Sulfamerazin	Bestandteil verschiedener Handelspräparate	PI.Ed. I/1, Ph.Dan. IX, ÖAB 9, Ph.Helv. V – Suppl. III, USP XVII, NND 63
14	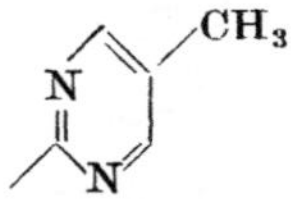	Sulfamethyldiazin	Pallidin (Merck)	
15	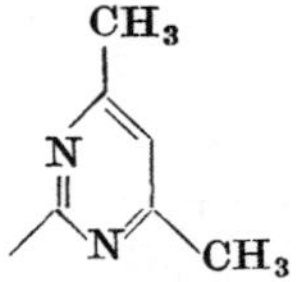	Sulfadimidin Sulfamethazine	Diazil (Cilag) Sulfamethazine (Imp. Chem. Products)	ÖAB 9, Ph.Helv. V – Suppl. II BP 63, Ph.Dan. IX – Add. USP XVII, CsL 2, NND 63, Ph.Jug. II, Ross. 9
16	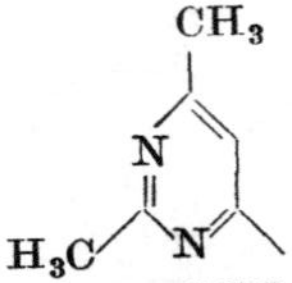	Sulfisomidin Sulfasomidin	Aristamid (Nordmark-Werke) Elkosin (Ciba)	DAB 7 – BRD BP 63, NND 63 DAB 7 – DDR
17	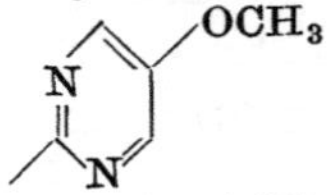	Sulfamethoxydiazin	Durenat (Bayer, Schering)	
18	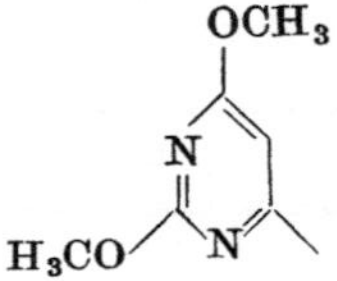	Sulfadimethoxin	Madribon (Roche)	NND 63

A. Sulfonamide (*Fortsetzung*)

Nr.	R	Internationale Bezeichnung	Geschützte Warenzeichen	Pharmakopöen
19	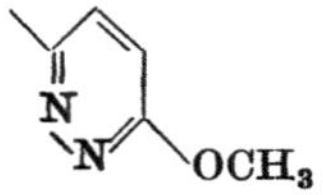	Sulfamethoxypyridiazin	Kynex (Lederle, USA) Midicel (Park Davis & Co., USA)	BP 63, USP XVII, NND 63, DAB 7 – DDR
20	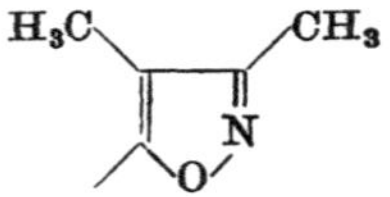	Sulfisoxazol	Gantrisin (Roche)	BP 63, USP XVII, NND 63
21	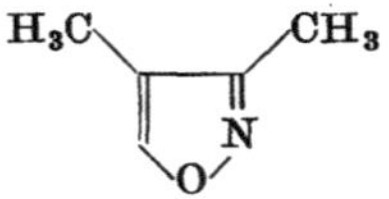 $HN(CH_2—CH_2—OH)_2$	Sulfisoxazol-Diäthanolamin	Gantrisin Diethanolamine (Roche Lab. Dir., USA)	USP XVI(!), NND 63
22	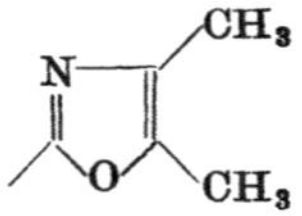	Sulfadimethyloxazol	Sulfuno (Nordmark-Werke) Tardamid (Grünenthal)	
23	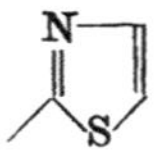	Sulfathiazol	Eleudron (Bayer) Cibazol (Ciba)	DAB 7 – BRD, ÖAB 9, PI.Ed. I/1, Ph.Dan. IX, Ph.Helv. V – Suppl. II, DAB 7 – DDR, Ross. 8(!)
24	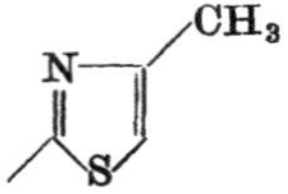	Sulfazol (Sulfamethylthiazol)	Ultraseptyl (Sanabo, Wien)	Ross. 8(!)
25	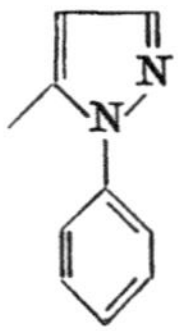	Sulfaphenazol	Orsine Orisul(Ciba)	DAB 7 – DDR

26	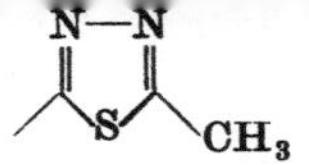	Sulfamethizol	Thiosulfil (Ayerst Lab., USA) Lucosil	BP 63, NND 63, Ph.Dan. IX – Add.
27	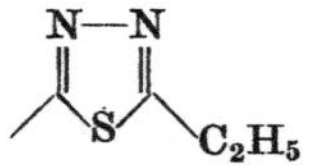	Sulfaethidol (Sulfaäthylthio-diazol)	Globucid (Schering) Sul-Spansion } (Smith, Kline u. Sul-Spantab } French, USA)	NND 63, DAB 7 – DDR
28	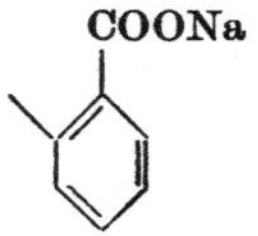	Sulfanthrolum		Ross. 9

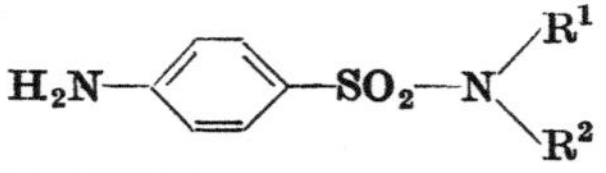

A.a) und A.b) Sulfonamide

Nr.	R^1	R^2	Internationale Bezeichnung	Geschützte Warenzeichen	Pharmakopöen
2a	$-C(=O)-CH_3$	Na	Sulfacetamid Natrium	Sodium Sulamyd (Schering Corp., USA)	BP 63, CsL 2, USP XVII, Ross. 9, NND 63
3a	$-C(=O)-NH_2$	Na	Sulfacarbamid-Natrium		DAB 7 – DDR
12a	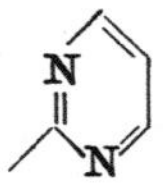	Na	Sulfadiazin Natrium		ÖAB 9, Ph.Jug. II, USP XVII, Ph.Dan. IX – Add., PI.Ed. I/1
13a	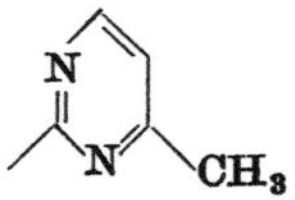	Na	Sulfamerazin Natrium		ÖAB 9, USP XV (!), PI.Ed. I/1
15a	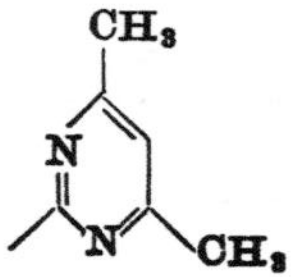	Na	Sulfadimidin Natrium		BP 63, ÖAB 9, Ph.Dan. IX – Add.

A. a) und A. b) Sulfonamide (*Fortsetzung*)

Nr.	R^1	R^2	Internationale Bezeichnung	Geschützte Warenzeichen	Pharmakopöen
23a		Na	Sulfathiazol Natrium		ÖAB 9, BP 53(!), PI.Ed. I/1, USP XIV(!) Ph.Dan. IX, Ross. 8(!)
19b	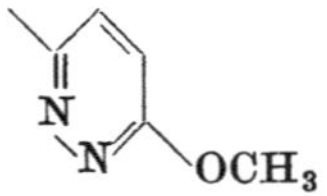	$-C(=O)-CH_3$	Acetyl-Sulfamethoxy-Pyridazin	Kynex Acetyl (Lederle, USA)	NND 63
20b	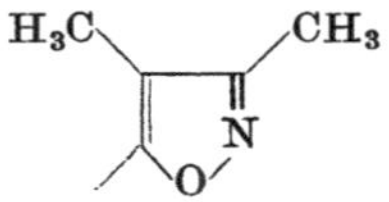	$-C(=O)-CH_3$	Acetyl-Sulfisoxazol	Gantrisin Acetyl (Roche Lab. Div., USA)	USP XVI(!), NND 63

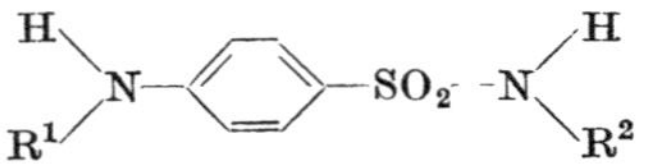

B. Sulfonamide

Nr.	R^1	R^2	Internationale Bezeichnung	Geschützte Warenzeichen	Pharmakopöen
1	NaO_3S-CH_2-	H	Streptocidum album solubile		Ross. 9
2	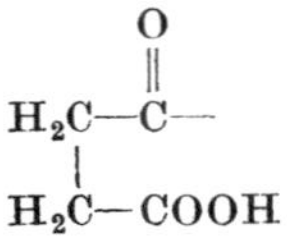	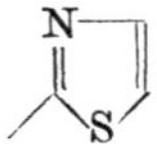	Succinyl-Sulfathiazol	Colistatin (Herts. Pharmac.) Sulfasuxidine (Merck, Sharp & Dohme)	BP 63, NND 63, PI.Ed. I/1
3	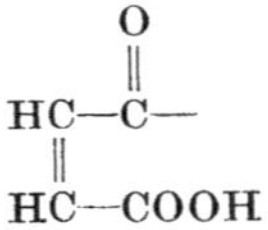	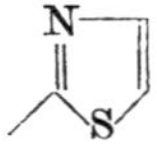	Maleyl-Sulfathiazol		
4	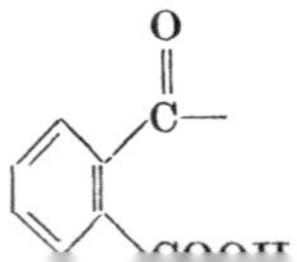	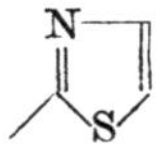	Phthalyl-Sulfathiazol	Taleudron (Bayer), Sulfathalidine (Merck, Sharp & Dohme), Thalazole (May u. Baker), Thalistatyl (Herts. Pharmac.)	BP 63, DAB 7 – DDR USP XVI(!), NND 63 Ph.Helv. V – Suppl. II, Ross. 9

5	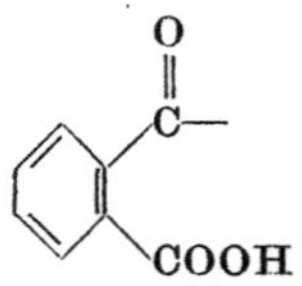 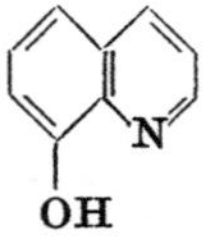	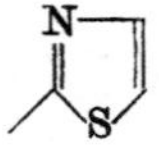	Oxychinolin-Phthalyl-Sulfathiazol	Ilentazol (Geistlich Söhne, Schweiz)	
6	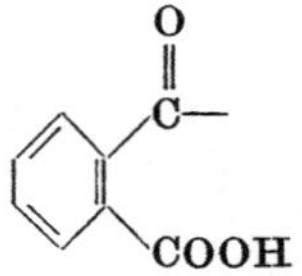	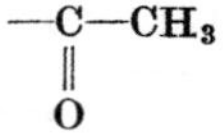	Phthalyl-Sulfanilacetamid		ÖAB 9
7	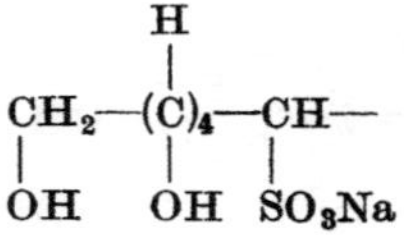	$-CH_2-OH$	Glucosulfonamid	Ladogal (C. F. Boehringer, Mannheim)	
8	statt: 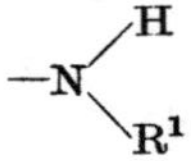 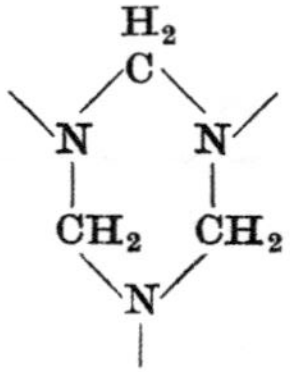	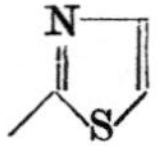	Formaldehyd-Sulfathiazol	Formo-Cibazol (Ciba)	

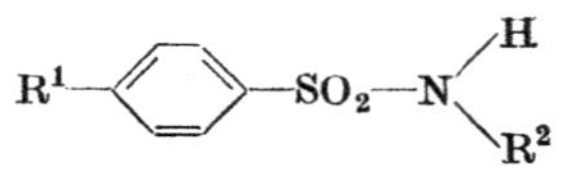

Nr.	R^1	R^2	Internationale Bezeichnung	Geschützte Warenzeichen	Pharmakopöen
			C.		
1	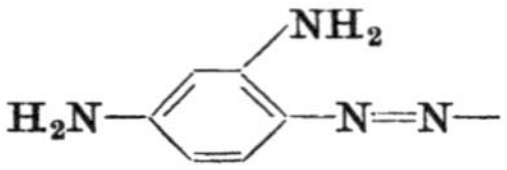	H	Prontosilum rubrum		Erg.B. 6, ÖAB 9
2	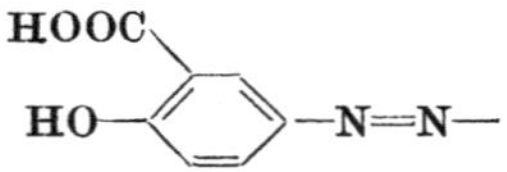	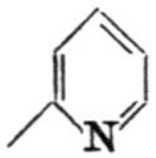	Salazosulfapyridin Salicylazosulfapyridin	Azulfidine (Pharmacia, USA)	NND 63
3	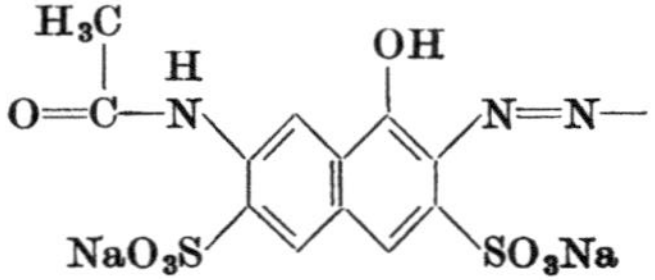	H	Prontosil solubile		Erg.B. 6
			D.		
1	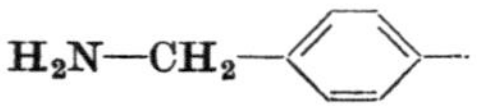	H		Marfanil	
			E.		
1	O_2N—		para-Nitrosulfathiazol	Nisulfazole (Breon Lab., USA)	NND 63

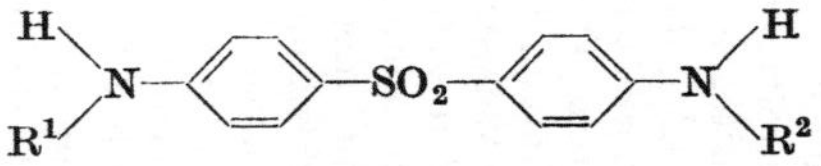

F. Diphenyl-sulfone

Nr.	$R^1 = R^2 =$	Internationale Bezeichnung	Geschützte Warenzeichen	Pharmakopöen
1	$—CH_2—SO_2Na$	Sulfoxon Natrium	Diasone Sodium (Abbott, USA)	USP XVII, NND 63
2	$—CH(CH_3)—SO_3Na$		Baludon (Bayer)	
3	$—CH(SO_3Na)—(CHOH)_4—CH_2OH$	Glucosulfon Natrium	Promin (Parke u. Davis)	USP XVII (als Injektions lsg.!), NND 63
4	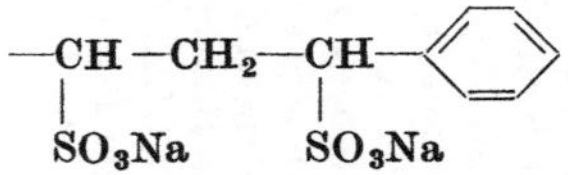	Solapson	Sulphetrone (Burroughs Wellcome), Sulfon (Cilag), Cimedone (Specia)	BP 63
5	$—CH_2—COONa$ (= R^1) | H (= R^2)	Acediasulfon Natrium	Ciloprin (Cilag)	
6	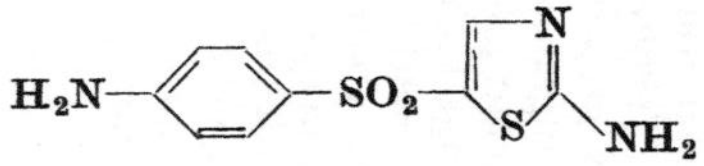	Thiazolsulfon	Promizole (Parke u. Davis, USA)	NND 60(!)

Komplex-Reagens: Cuprum sulfuric. 0,3, Acid. hydrochloric. conc. 1,0, Kal. jodat. 3,0, Aqua dest. ad 10,0.

Allgemeine Reaktionen der Sulfonamide:

1. *Schwefelnachweis.* Neben den üblichen Abbaureaktionen, die mit metallischem Natrium zum Sulfid und mit Salpetersäure zum Sulfat führen, wird bei den Sulfonamiden vor allem die folgende oxydative Spaltung angewandt: Etwa 50 mg Substanz werden in einem kleinen Becherglas mit 1 bis 2 ml 30%igem Wasserstoffperoxid und 1 Tr. Eisen(III)-chloridlösung versetzt, wobei eine heftige Reaktion eintritt, die notfalls durch Kühlung kontrolliert wird. Nachdem das Reaktionsgemsich eine hellgelbe Färbung angenommen hat, wird mit Wasser auf 5 ml verdünnt und mit $Ba(NO_3)_2HNO_3$ das entstandene Sulfat als weißer Niederschlag nachgewiesen.

2. *Nachweis der aromatischen Aminogruppe.* a) Durch Diazotierung und Kupplung mit einem Phenol, z. B. β-Naphthol:

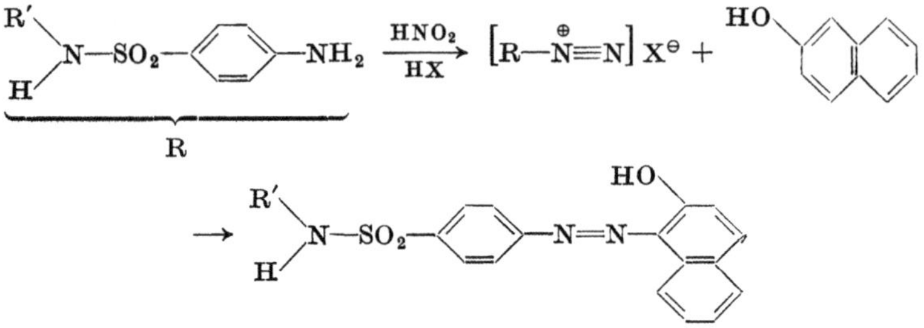

Dazu wird eine kleine Probe der Substanz in n HCl gelöst, unter Wasserkühlung mit wenig Natriumnitrit versetzt und nach einigen Sekunden unter Kühlung zu einer alkalischen, 2%igen β-Naphthollösung gegeben, wobei ein orangefarbener Niederschlag entsteht.

b) Durch Kondensation mit p-Dimethylaminobenzaldehyd (Ehrlichs Reagens):

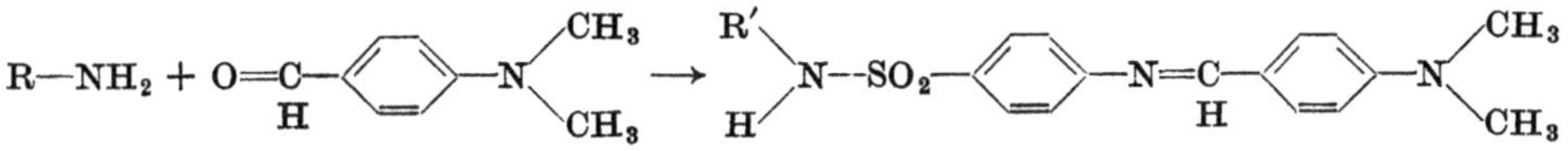

Die zu untersuchende Substanz wird in verdünnter Salzsäure gelöst und mit einigen Tropfen einer 1%igen Lösung von p-Dimethylaminobenzaldehyd in verdünnter Salzsäure (s. DAB 6) versetzt. Beim Erwärmen entsteht ein orangefarbener oder orangeroter Niederschlag.

Bei Sulfonamiden, die am N^4 acyliert sind, muß vor Ausführung der Reaktionen a) und b) die Acylgruppe durch Kochen mit Mineralsäure abhydrolysiert werden. Marfanil und Prontosil geben die Reaktionen a) und b) nicht.

Über dünnschichtchromatographische Trennung von Sulfonamiden in Arzneimitteln s. Pharm. Zentralh. *103*, 95 (1964), Dtsch. Apoth.-Ztg *104*, 1763 (1964) u. Pharm. Ztg (Frankfurt) *110*, 260 (1965).

Zur *quantitativen Bestimmung* der Sulfonamide eignen sich verschiedene Methoden.

a) Für die Beurteilung von Arzneimitteln, die außer einem Sulfonamid keine weiteren schwefelhaltigen Verbindungen enthalten, ist die Bestimmung des Schwefelgehaltes ein Verfahren relativ großer Spezifität und Sicherheit. W. Hoffmann [Südd. Apoth.-Ztg *88*, 216 (1948)] gibt folgende Arbeitsvorschrift: Etwa 0,1 bis 0,3 g des fein gepulverten Sulfonamids werden genau gewogen und in einen trockenen 1/2-Liter-Stehkolben gegeben. Die Höhe der Einwaage richtet sich nach der Art des Sulfonamids (Sulfathiazol enthält z. B. 2 S-Atome, Sulfadiazin 1 S-Atom). Die Substanz wird mit 10 g 30%iger, *sulfatfreier* Wasserstoffperoxidlösung übergossen. Bei besonders schwer zu oxydierenden Sulfonamiden, z. B. Sulfathiazol, hält man die Einwaage niedrig und nimmt 15 g H_2O_2-Lösung, bei Verwendung eines 3/4-Liter-Kolbens. Durch kreisende Bewegung des Kolbens wird das Sulfonamid möglichst gleichmäßig verteilt. Man fügt dann 5 Tr. Eisen(III)-chloridlösung hinzu und erwärmt. Unter Gasentwicklung setzt eine kräftige Reaktion ein; man läßt die Reaktion außerhalb der Flamme zu Ende gehen, kühlt unter der Wasserleitung und fügt dann aus einer Tropfpipette so viel verdünnte Natronlauge hinzu, daß das anfänglich ausfallende Eisenhydroxid wieder in Lösung geht. Einen etwaigen Überschuß an Lauge beseitigt man durch 1 Tr. verd. Salzsäure. Man fügt nun nochmals 10 g der 30%igen Wasserstoffperoxidlösung sowie 2 bis 3 Tr. Eisen(III)-chloridlösung hinzu und erwärmt. Während der zweiten Reaktion trübt sich das Gemisch durch Ausscheidung basischer Eisenverbindungen. Man kocht noch kurze Zeit, um den Rest des Wasserstoffperoxids zu zerstören. Nach Zugabe von 10 ml verd. Salzsäure wird gekühlt und danach 1 g Natriumnitrit hinzugefügt. Die entstehenden nitrosen Gase werden durch Erhitzen verjagt. Man verdünnt mit Wasser, fällt mit Bariumchloridlösung und bringt in üblicher Weise das Bariumsulfat zur Wägung. In der folgenden Tabelle sind einige Faktoren zusammengestellt, mit denen die Bariumsulfatwerte multipliziert werden müssen, um die entsprechenden Sulfonamidwerte zu erhalten.

Sulfonamid	Faktor Faktor × $BaSO_4$ = Sulfonamid
Sulfanilacetamid	0,9177
Sulfathiourea	0,4955
Sulfadiazin	1,072
Sulfamerazin	1,132
Sulfathiazol	0,5469
Sulfapyridin	1,068
Sulfanilurea	0,9220
Sulfaäthylthiazol	0,6920
„Marbadal" (Bayer)	0,5962
Sulfanilamid	0,7378
Prontosil rubrum	1,248
Sulfaguanidin	0,9182

b) H. Wojahn [Südd. Apoth.-Ztg *88*, 395 (1948)] hat Methoden zur bromometrischen Sulfonamidtitration ausgearbeitet.

Sulfonamide reagieren mit Brom nach dem allgemeinen Schema:

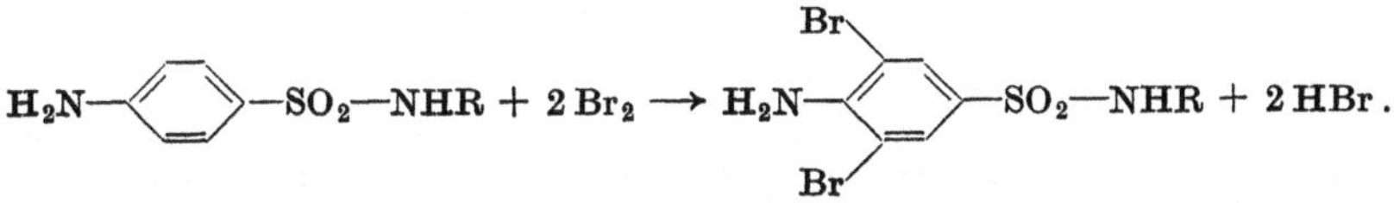

Der Bromüberschuß wird jodometrisch oder arsenometrisch bestimmt. Es müssen dabei genau vorgeschriebene Bedingungen eingehalten werden, da sich bei der Umsetzung mit Brom nicht alle Sulfonamide gleich verhalten; so reagieren z.B. Sulfathiazol und Sulfapyrimidinverbindungen mit 6 Äquivalenten Halogen, für Irgamid ist eine besonders lange Einwirkungszeit erforderlich usw.

Die allgemeine Arbeitsvorschrift lautet: Eine salzsaure oder schwefelsaure Lösung, deren Säurekonzentration 5 bis 10% beträgt und die annähernd 0,1 bis 0,2 g Sulfonamid enthält, wird mit 1 g Kaliumbromid und Essigsäure oder Methanol versetzt. Die Menge des organischen Lösungsmittels muß so bemessen sein, daß während der Bromierung keine Ausfällung unvollständig bromierter Produkte eintritt. Im allgemeinen ist eine Essigsäurekonzentration von 50% der Gesamtlösung ausreichend; der Methylalkoholzusatz muß mitunter größer sein. Die Lösung wird dann mit überschüssiger 0,1 n Kaliumbromatlösung versetzt. Bei Einhaltung der angegebenen Sulfonamidkonzentrationen genügt ein Zusatz von 30 bis 40 ml. Die erforderliche Dauer der Bromierung ist aus der nachfolgenden Tabelle zu ersehen.

Präparat	Mindestdauer der Bromierung	Mindestdauer von KJ-Zusatz bis zur $Na_2S_2O_3$-Titration	1 ml 0,1 n $KBrO_3$ entspricht g
Sulfanilamid	2 Min.	1 Min.	0,004305
Sulfanilacetamid	2 Min.	1 Min.	0,005035
Senecionyl-Sulfanilamid	60 Min.	1 Min.	0,004236
Sulfanilyl-Xylamid	20 Min.	1 Min.	0,007606
Sulfanilurea	2 Min.	1 Min.	0,005379
Sulfaguanidin	2 Min.	1 Min.	0,005354
Sulfapyridin	höchst. 10 Sek.	1 Min.	0,006230
Sulfaäthylthiazol	2 Min.	1 Min.	0,007106
Sulfathiazol	5 Min.	1 Min.	0,004254
Sulfamethylthiazol	5 Min.	45 Min.	a) 0,006731
			b) 0,004487
Sulfapyrimidin	5 Min.	1 Min.	0,004169
Sulfamerazin	5 Min.	45 Min.	a) 0,006605
			b) 0,004403
Sulfisomidin	5 Min.	1 Min.	0,006955

Die Rücktitration kann a) jodometrisch oder b) arsenometrisch erfolgen.

a) Man versetzt mit 0,5 bis 1,0 g Kaliumjodid. Das ausgeschiedene Jod wird nach der in der Tabelle angegebenen Zeit mit 0,1 n Natriumthiosulfatlösung, in Gegenwart von Stärkelösung titriert.

b) Man versetzt mit einem deutlichen Überschuß an 0,1 n Natriumarsenitlösung und titriert sodann erneut mit 0,1 n Kaliumbromatlösung bis zur deutlichen Gelbfärbung. In Gegenwart von Methylorange oder Indigokarmin ist der Endpunkt der Reaktion besser zu erkennen.

Th. Boehm und G. Horsch [Pharm. Zentralh. *91*, 219 (1952)] haben eine Vorschrift zur direkten Titration mit 0,1 n Kaliumbromatlösung in Gegenwart von Kaliumbromid vorgeschlagen.

c) Nach der PI.Ed. I und einigen ausländischen Pharmakopöen werden die Sulfonamide durch Titration mit Nitrit bestimmt (Diazotitration), die nach der folgenden Gleichung verläuft:

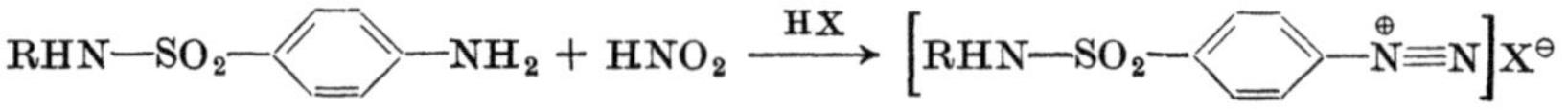

Ob das entstandene Diazoniumsalz dabei erhalten bleibt oder teilweise „verkocht" wird, spielt für den Nitritverbrauch keine Rolle. An der aromatischen Aminogruppe acylierte Sulfonamide müssen vor dieser Bestimmung mit Mineralsäure entacyliert werden.

Arbeitsvorschrift nach PI.Ed. I/1: Etwa 500 mg des Sulfonamidpräparates werden genau gewogen und in einer Mischung von 75 ml Wasser und 10 ml 25%iger Salzsäure gelöst. Die Lösung wird auf unter 15° gekühlt und langsam mit einer 0,1 n Natriumnitritlösung titriert. Den Endpunkt erkennt man durch Tüpfeln mit Jodid-Stärke-Lösung bzw. -Paste. Er ist erreicht, wenn 1 Tr. der Lösung Jodid-Stärke-Lösung sofort blau färbt und diese Reaktion auch nach 2minütigem Stehen der Titrationsflüssigkeit positiv ausfällt.

Jodid-Stärke-Lösung: 0,75 g KJ werden in 5 ml Wasser und 2 g Zinkchlorid in 10 ml Wasser gelöst. Nach dem Mischen der beiden Lösungen füllt man mit Wasser auf 100 ml auf. Die Lösung wird dann zum Sieden erhitzt, unter Rühren mit einer Suspension von 5 g Stärke in 35 ml Wasser versetzt und 2 Min. gekocht.

Faktoren zur Berechnung des Sulfonamidgehaltes: 1 ml 0,1 n Natriumnitritlösung entspricht:

0,03545 g Succinylsulfathiazol (ohne Kristallwasser)
0,02503 g Sulfadiazin
0,02723 g Sulfadiazin-Natrium
0,02142 g Sulfaguanidin (ohne Kristallwasser)
0,02643 g Sulfamerazin
0,02863 g Sulfamerazin-Natrium
0,01722 g Sulfanilamid
0,02553 g Sulfathiazol
0,02773 g Sulfathiazol-Natrium (ohne Kristallwasser).

d) Photometrische Bestimmungen, die meist der Erfassung kleinster Sulfonamidmengen in Körperflüssigkeiten dienen, beruhen auf der Diazotierung und Kupplung zu farbigen Azoverbindungen oder auf der Kondensation mit p-Dimethylaminobenzaldehyd. Literatur: Krebs u. Franke: Klin. Wschr. *18*, 1248 (1939); Kühnau: Klin. Wschr. *17*, 116 (1938).

Sulfanilamidum DAB 7 – DDR, Ph.Helv. V – Suppl. I, ÖAB 9, PI.Ed. I/1. Prontalbin Erg.B. 6. Sulfanilamid DAB 7 – BRD. p-Aminophenylsulfonamid. Prontosil album. Streptocidum album Ross. 9. Prontalbin. Gombardol. Chemodyn.

$C_6H_8N_2O_2S$ Formel A. 1 M.G. 172,15

4-Amino-benzolsulfonamid.

Eigenschaften. Farblose Kristalle oder fast weißes, körniges oder kristallines Pulver, geruchlos, schwach bitter schmeckend, mit süßlichem Nachgeschmack. Löslichkeit: Sulfanilamid löst sich in etwa 200 T. W. von 20°, in etwa 2 T. siedendem W., in etwa 4 T. Aceton, in etwa 30 T. A. (90%), in Glycerin, sehr wenig löslich in Ae. und Chloroform, unter Salzbildung löslich in verd. Mineralsäuren und verd. Alkalilaugen. Schmelzintervall: 163 bis 167° (DAB 7 – BRD), 162 bis 165° (Ph.Helv. V – Suppl. I), 164 bis 167° (ÖAB 9), 165° (Erg.B. 6), 164 bis 167° (DAB 7 – DDR), 164,5 bis 166,5° (PI.Ed. I/1).

Erkennung. a) Bei vorsichtigem Erhitzen über den Fp. färbt sich Sulfanilamid violett und entwickelt bei weiterem Erhitzen den Geruch nach Ammoniak und Anilin. – b) Die unter Erwärmen hergestellte Lösung von 0,050 g Substanz in 1,0 ml verd. Salzsäure gibt mit 5 Tr. 4-Dimethylaminobenzaldehydlösung (2%ige, salzsaure, frisch bereitete Lsg.) eine Gelborangefärbung, nach einigen Min. eine gleichfarbige Fällung. – c) 10 mg Sulfanilamid und 2 Tr. verd. Salzsäure werden in 1 ml W. gelöst. Die Lösung wird mit 2 Tr. Natriumnitritlösung versetzt. Beim darauffolgenden Zutropfen einer Lösung von 100 mg β-Naphthol in 2 ml verd. Natronlauge entsteht zuerst ein orangefarbener Niederschlag, dann eine tiefrote Färbung (Ph.Helv. V – Suppl. I; ähnlich in ÖAB 9). – d) Löst man 0,01 g Sulfanilamid in 1 ml Essigsäure und fügt 1 ml Furfurolessigsäure hinzu, so tritt eine rotgelbe Färbung auf; fügt man nach 2 Min. 1 Tr. Schwefelsäure hinzu, so färbt sich die Mischung tiefrot (DAB 7 – DDR). – e) 0,050 g Substanz werden in einem kleinen Becherglas mit 1,0 ml Wasserstoffperoxidlösung (30%ig) und 0,05 ml Eisen(III)-chloridlösung I versetzt. Unter heftiger Reaktion, die gegebenenfalls durch Wasserkühlung zu dämpfen ist, geht die anfangs tiefrote Färbung in Hellgelb über. Nach dem Verdünnen mit 3,0 ml W. und Zusatz von 1,0 ml 3 n Salzsäure und 1,0 ml Bariumchloridlösung III entsteht ein weißer, kristalliner, in 6 n Salzsäure unlöslicher Niederschlag (DAB 7 – BRD). – f) Versetzt man eine Lösung von etwa 2 mg Sulfanilamid in 1 ml verd. Salzsäure mit 1 ml Phenollösung (1%ig) und 2 Tr. Kaliumbromatlösung (0,1 n), so färbt sich die Lösung intensiv rotviolett (ÖAB 9). – g) Erhitzt man 0,2 g Sulfanilamid mit 0,25 g Kaliumcarbonat und 0,25 g getrocknetem Natriumcarbonat in einem Porzellantiegel und glüht 10 Min., so entweichen basisch reagierende Dämpfe. Nach dem Erkalten wird die weiße Schmelze in 5 ml verd. Salpetersäure gelöst, die Lösung filtriert und mit Bariumnitratlösung versetzt; es entsteht ein weißer, in verd. Säuren unlöslicher Niederschlag (DAB 7 – DDR und ÖAB 9). – h) Erhitzt man eine Mischung von 1 Tr. n Natronlauge, 1 ml W. und 1 Tr. Thymophthaleinlösung mit Sulfanilamid bis zur Entfärbung, so gibt die abgekühlte Lösung mit 1 Tr. Kupfersulfatlösung einen hellblauen, gallertigen Niederschlag, der beim Erhitzen hellblaugrün und flockig wird (ÖAB 9). – i) Löst man Sulfanilamid in wenig Kalilauge, so scheidet es sich auf Zusatz von Ammoniumchloridlösung wieder aus (Erg.B. 6).

Prüfung. Nach DAB 7 – BRD: Prüflösung: 1,00 g Substanz wird mit 50,0 ml W. 5 Min. lang auf 70° erwärmt und das nach dem Erkalten erhaltene Filtrat unter Nachwaschen des Filters auf 50,0 ml ergänzt. a) Alkalisch oder sauer reagierende Verunreinigungen: 10 ml Prüflösung dürfen durch 0,10 ml Phenolphthaleinlösung nicht rot gefärbt werden und höchstens 0,04 ml 0,02 n Natronlauge bis zum Farbumschlag nach Rot verbrauchen. – b) Schwermetallionen: Höchstens 0,002%, berechnet als Pb^{2+}. – c) Chloridionen: Höchstens 0,02% Cl^-. – d) Sulfationen: Höchstens 0,05% SO_4^{2-}. – e) Alkaliunlösliche Verunreinigungen: 0,100 g Substanz müssen sich in einer Mischung von 1,0 ml W. und 0,25 ml 3 n Natronlauge klar lösen. – f) Säureunlösliche Verunreinigungen: 0,100 g Substanz müssen sich in einer Mischung von 1,0 ml W. und 0,25 ml 3 n Salpetersäure klar lösen. – g) Trocknungsverlust: Höchstens 0,5%, bei 100 bis 105° bis zum konstanten Gewicht getrocknet. – h) Sulfatasche: Höchstens 0,1%. – i) Werden 100 mg Sulfanilamid in 1 ml Schwefelsäure während 3 Min. im Wasserbad erhitzt, so darf sich die Flüssigkeit nicht gelb färben (Ph. Helv. V – Suppl. I, organische Verunreinigungen). – k) Die wäßrige Lösung (1 + 99) darf beim Erwärmen mit 1 ml Natronlauge kein Ammoniak entwickeln [DAB 6 – Nachtr. 54 (DDR)(!), Ammoniumsalze].

Gehaltsbestimmung. Nach DAB 7 – BRD, DAB 7 – DDR und Ph.Helv. V – Suppl. I wird Sulfanilamid bromometrisch bestimmt. Arbeitsvorschrift nach DAB 7 – BRD: 0,100 bis 0,110 g Substanz, genau gewogen, werden in einem Jodzahlkolben von 200 ml Inhalt in 10,0 ml Essigsäure und 10,0 ml 6 n Salzsäure heiß gelöst. Nach Zusatz einer Lösung von 1,0 g Kaliumbromid in 2,0 ml Wasser und 20,0 ml Essigsäure wird die abgekühlte Lösung unter Umschwenken mit 30,00 ml 0,1 n Kaliumbromatlösung versetzt. Nach 2 Min. werden 0,50 g Kaliumjodid hinzugefügt. Nach einer weiteren Min. wird mit 0,1 n Natriumthiosulfatlösung zurücktitriert (Feinbürette, Stärkelösung als Indikator). 1 ml 0,1 n $KBrO_3$ entspricht 0,004305 g $C_6H_8N_2O_2S$.

Nach DAB 6 – Nachtr. 54 (DDR) (!) wurde die direkte bromometrische Titration durchgeführt: Etwa 0,1 g Sulfanilamid wird in einem Kölbchen von 100 ml Inhalt genau gewogen. Sodann fügt man 10 ml Salzsäure, 10 ml Essigsäure und die Lösung von 1 g Kaliumbromid in 1,5 ml Wasser hinzu. Die klare Lösung titriert man unter Umschwenken mit 0,1 n Kaliumbromatlösung bis zum Auftreten einer eben sichtbaren blaßgelben Färbung. Zur besseren Sichtbarmachung des Farbumschlages kann man gegen Ende der Titration 3 Tr. Indigokarminlösung hinzufügen und bis zur Entfärbung titrieren. Für je 0,1 g Sulfanilamid müssen mindestens 22,9 ml 0,1 n $KBrO_3$ verbraucht werden, was einem Mindestgehalt von 98,5% Sulfanilamid entspricht. 1 ml 0,1 n $KBrO_3$ entspricht 0,004305 g Sulfanilamid.

Nach PI.Ed. I/1 und ÖAB 9 wird eine titrimetrische Bestimmung mit Natriumnitritlösung in saurer Lösung durchgeführt (Diazotitration).

Arbeitsvorschrift des ÖAB 9: 0,3444 g Sulfanilamid werden in 10 ml konzentrierter Salzsäure und 50 ml Wasser gelöst. Die Lösung kühlt man auf 15° ab und titriert hierauf langsam und unter kräftigem Umrühren mit 0,1 n Natriumnitritlösung. Der Endpunkt der Titration ist erreicht, wenn 1 Tr. der Lösung 2 Min. nach der letzten Zugabe von 0,1 n

Natriumnitritlösung beim Tüpfeln auf einem Kaliumjodidstärkepapier sofort Blaufärbung hervorruft. Eine zweite Bestimmung führt man in gleicher Weise, ohne die zu untersuchende Substanz, als Blindprobe aus. Die Differenz der bei den beiden Titrationen verbrauchten ml 0,1 m Natriumnitritlösung muß für die angegebene Einwaage 19,80 bis 20,10 ml betragen, entsprechend 99,0 bis 100,5%. 1 ml 0,1 m $NaNO_2$ entspricht 17,22 mg $C_6H_8N_2O_2S$.

Aufbewahrung. Vor Licht geschützt, in gut schließenden Gefäßen.

Anwendung. Zur Behandlung von Streptokokken-, Staphylokokken- und B. coli-Infektionen.

Dosierung. Dosis maxima simplex 1,0 g, Dosis maxima pro die 5,0 g (Ph.Helv. V – Suppl. I). Gebräuchliche Einzeldosis 1,0 bis 2,0 g, Einzelmaximaldosis 3,0 g, Tagesmaximaldosis 12,0 g (ÖAB 9).

Handelsformen: Chemodyn (Nordmark-Werke, Hamburg), Gombardol (C. F. Boehringer, Mannheim), Prontalbin (Bayer).

Sulfanilacetamidum DAB 7 – DDR, ÖAB 9, CsL 2. Sulfacetamide NND 63. Sulfacylum Ross. 8(!). Sulfacetamid. Sulfanilacetamid. 4-Aminobenzolsolfonacetamid. N^1-Acetylsulfanilamid. Albucid. Sulamyd.

$C_8H_{10}N_2O_3S$ Formel A. 2 M.G. 214,25
4-Aminobenzolsulfonylacetamid.

Eigenschaften. Weißes, kristallines, geruchloses Pulver von schwach salzigem oder säuerlichem Geschmack, das sich am Licht allmählich verfärbt. Löslichkeit: Sulfanilamid löst sich in 150 bis 200 T. Wasser, in etwa 15 T. A. (ÖAB 9), in etwa 60 T. A., in etwa 10 T. Aceton, sehr wenig löslich in Äther oder Chloroform, löslich in etwa 10 T. siedendem Wasser, leicht löslich in verd. Mineralsäuren und verd. Alkalilaugen unter Salzbildung, nach ÖAB 9 ebenso in Lösungen von Alkalikarbonaten und Ammoniak. Die wäßrige Lösung rötet Lackmuspapier. Schmelzintervall: 180 bis 184° (ÖAB 9 u. DAB 7 – DDR).

Erkennung. a) Versetzt man eine Lösung von etwa 2 mg Sulfanilacetamid in 1 ml verd. Salzsäure mit 2 Tr. Natriumnitritlösung (0,1 m) und macht hierauf mit 2 ml verd. Natronlauge alkalisch, so färbt sich die Lösung auf Zusatz von etwa 5 mg β-Naphthol intensiv rot (ÖAB 9). – b) Versetzt man eine Lösung von etwa 2 mg Sulfanilacetamid in 1 ml verd. Salzsäure mit 1 ml 1%iger Phenollösung und 2 Tr. 0,1 n Kaliumbromatlösung, so färbt sich die Lösung intensiv rotviolett (ÖAB 9). – c) Löst man 0,01 g Substanz unter Erwärmen in 1 ml Essigsäure und fügt 1 ml Furfurolessigsäure hinzu, so tritt eine rotgelbe Färbung auf; fügt man nach 2 Min. 1 Tr. Schwefelsäure hinzu, so färbt sich die Mischung tiefrot (DAB 7 – DDR). – d) Nach dem Schmelzen und Glühen mit Natriumcarbonat/Kaliumcarbonat läßt sich Sulfat mit Bariumnitratlösung nachweisen; s. unter Sulfanilamid (DAB 7 – DDR, ÖAB 9). – e) Erwärmt man 0,1 g Sulfanilacetamid mit 1 ml Schwefelsäure und 10 Tr. Alkohol, so tritt der Geruch des „Essigäthers" auf (DAB 7 – DDR). – f) Erhitzt man eine Mischung von 1 Tr. Natronlauge, 1 ml Wasser und 1 Tr. Thymolphthaleinlösung mit Sulfanilacetamid bis zur Entfärbung, so bleibt die abgekühlte Lösung auf Zusatz von 2 Tr. Kupfersulfatlösung klar. Beim Erhitzen entsteht ein hell blaugrüner, feinkristalliner Niederschlag (ÖAB 9).

Prüfung. a) Eine Lösung von 0,5 g Sulfanilacetamid in 10 ml heißem W. muß klar sein (ÖAB 9). – b) Alkalisch reagierende Stoffe, freie Säure: Kühlt man die bereitete heiße Lösung rasch ab und filtriert, so muß sich das Filtrat auf Zusatz von 3 Tr. Bromphenolblaulösung grün färben (ÖAB 9). – c) Sulfat und Chlorid: Werden 0,2 g Sulfanilacetamid mit 10 ml W. angeschüttelt und dem Gemisch 2 ml Salpetersäure zugesetzt, so muß eine klare Lösung entstehen, die weder durch Bariumnitratlösung sofort verändert, noch durch Silbernitratlösung mehr als opalisierend getrübt werden darf (DAB 7 – DDR). – d) Schwermetalle: Die unter Erwärmen bereitete Lösung von 0,1 g Sulfanilacetamid in 3 ml W. und 2 ml verd. Essigsäure darf nach Zusatz von 3 Tr. Natriumsulfidlösung nicht sofort verändert werden [DAB 6 – Nachtr. 54 (DDR)]. – e) Arsenverbindungen: Ein Gemisch von 0,1 g Sulfanilacetamid und 3 ml Natriumhypophosphitlösung darf nach viertelstündigem Erhitzen im Wasserbad keine dunklere Färbung annehmen (DAB 7 – DDR). – f) Fremde organische Stoffe: Die Lösung von 0,1 g Sulfanilacetamid in 3 ml Schwefelsäure darf nach 5 Min. langem Erhitzen im Wasserbad höchstens hellgelb gefärbt sein (DAB 7 – DDR). – g) p-Acetaminobenzolsulfonylacetamid (und andere säureunlösliche Stoffe): Eine ohne Erwärmen bereitete Lösung von 0,5 g Sulfanilacetamid in einer Mischung von 5 ml verd. Salpetersäure und 5 ml Wasser muß klar sein (ÖAB 9). – h) Trocknungsverlust: Höchstens 0,5%. – i) Verbrennungsrückstand: Höchstens 0,1%.

Gehaltsbestimmung. Nach ÖAB 9: a) 0,4285 g Sulfanilacetamid werden unter Erwärmen in 20 ml kohlensäurefreiem Wasser gelöst und nach Zusatz von 10 Tr. Phenolphthaleinlösung mit 0,1 n Natronlauge auf Rosa titriert. Nun fügt man 21 ml 0,1 n Silbernitratlösung und 10 Tr. Phenolrotlösung hinzu und titriert weiter mit 0,1 n Natronlauge auf Rot. Für die angegebene Einwaage müssen 19,70 bis 20,10 ml 0,1 n NaOH verbraucht werden, entsprechend 98,5 bis 100,5% d. Th. 1 ml 0,1 n NaOH entspricht 21,43 mg $C_8H_{10}N_2O_3S$. – b) Titration mit Natriumnitritlösung in saurer Lösung, analog der Gehaltsbestimmung von Sulfanilamid. Bei einer Einwaage von 0,4285 g Sulfanilacetamid müssen 19,60 bis 20,10 ml 0,1 m Natriumnitritlösung verbraucht werden, entsprechend 98,0 bis 100,5% d. Th. 1 ml 0,1 m $NaNO_2$ entspricht 21,43 mg $C_8H_{10}N_2O_3S$. – c) Nach DAB 7 – DDR: Bromometrische Bestimmung analog Sulfanilamid. Einwaage: Etwa 0,1 g. Für je 0,1 g Sulfanilacetamid müssen mindestens 18,4 ml 0,1 n Kaliumbromatlösung verbraucht werden, was einem Mindestgehalt von 98,5% Sulfanilacetamid entspricht. 1 ml 0,1 n $KBrO_3$ entspricht 0,005356 g Sulfanilacetamid.

Aufbewahrung. Vor Licht geschützt, in gut schließenden Gefäßen.

Anwendung. Bei verschiedenen Infektionen: Pneumonie, Pleuritis, Magen-Darm-Infektionen, Pyelitis, Cholecystitis, Angina, Stirn- und Nasennebenhöhlenaffektionen, mischinfizierte Abszesse (s. dazu S. 520).

Dosierung. Gebräuchliche Einzeldosis 1,0 bis 2,0 g, Einzelmaximaldosis 4,0 g, Tagesmaximaldosis 12,0 g (ÖAB 9).

Handelsformen: Albucid (Schering AG, Berlin), Sulamyd (Schering Corporation, USA).

Sodium Sulfacetamide USP XVII. Sulphacetamide Sodium BP 63, NND 63. Sulfacetamidum solubile CsL 2. Sulfacylum solubile Ross 9. Soluble Sulfacetamide. Soluble Sulfacyl. N-Sulfanilacetamide Sodium.

$C_8H_9N_2NaO_3S \cdot H_2O$ Formel A. 2 a M.G. 254,25
Natriumsalz des 4-Aminobenzolsulfonylacetamids (Hydrat).

Eigenschaften. Weißes, kristallines, geruchloses, bitterschmeckendes Pulver. Löslichkeit: 1 T. löst sich in 1,5 bis 2,5 T. Wasser, wenig löslich in A. und Aceton, praktisch unlöslich in Benzol, Äther und Chloroform.

Erkennung. 1 g Substanz wird in 10 ml Wasser gelöst und mit 2 ml Eisessig versetzt. Das ausgefallene Präzipitat wird abfiltriert, mit kaltem Wasser gewaschen und bei 105° getrocknet. Die erhaltene Substanz muß den Anforderungen für Sulfacetamid entsprechen. Im Filtrat läßt sich Natrium nachweisen.

Prüfung. a) Reaktion der wäßrigen Lösung: Das pH einer 5%igen Lösung liegt zwischen 8,0 und 9,5. – b) Aussehen der Lösung: Eine 5%ige wäßrige Lösung ist klar und nicht stärker farbig als schwach gelb. – c) Schwermetalle: Nicht mehr als 0,000001%. – d) Gewichtsverlust beim Trocknen: Nicht weniger als 6% und nicht mehr als 8%, wenn bei 105° bis zur Gewichtskonstanz getrocknet wird.

Gehaltsbestimmung. USP XVII: Titrimetrische Bestimmung mit Natriumnitrit in saurer Lösung. 1 ml 0,1 m $NaNO_2$ entspricht 25,42 mg $C_8H_9N_2NaO_3S \cdot H_2O$. BP 63: Gleiche Methode, Einwaage etwa 0,5 g, Titration nach der dead-stop-end-point-Methode. 1 ml 0,1 m $NaNO_2$ entspricht 0,02362 g $C_8H_9N_2NaO_3S$.

Aufbewahrung. Vor Licht geschützt, in gut schließenden Gefäßen.

Anwendung. Vgl. Sulfacetamid; hauptsächlich zur Behandlung von Infektionen am Auge.

Dosierung. Augensalbe: 10%ig oder Augentropfen: 30%ig, alle 4 Std. 1 bis 2 Tropfen.

Handelsform: Sodium Sulamyl (Schering Corp., USA).

Sulfacarbamidum DAB 7 – DDR. Sulfanilcarbamidum. Sulfanilharnstoff. Sulfanilurea Euvernil.

$C_7H_9N_3O_3S \cdot H_2O$ Formel A. 3 M.G. 233,25
4-Amino-benzolsulfonylharnstoff.

Eigenschaften. Weißes, kristallines, praktisch geruchloses Pulver. Bei Raumtemp. sehr schwer löslich in W., leicht löslich in siedendem W., löslich in verd. Mineralsäuren, in verd. Alkalilaugen und in Ammoniakflüssigkeit, praktisch unlöslich in Äther und Chloroform, wenig löslich in A., leicht löslich in Aceton. Die wäßrige Lösung rötet Lackmuspapier. Fp. 151 bis 154° (unter Gasentwicklung).

Erkennung. a) 0,01 g Substanz werden in 1 ml Essigsäure unter Erwärmen gelöst und mit 1 ml Furfurolessigsäure (2 T. frisch dest. Furfurol in 98 T. Eisessig) versetzt; es tritt eine rotgelbe Färbung auf; fügt man nach 2 Min. 1 Tr. Schwefelsäure hinzu, so färbt sich die Mischung tiefrot. – b) Nach dem Glühen mit Natrium-Kaliumcarbonat läßt sich Sulfat nachweisen (Ausführung s. Sulfanilamid). – c) Erwärmt man 0,2 g Substanz in einem Reagensglas vorsichtig bis zum Schmelzen, so entwickelt sich Ammoniak; bei weiterem Erwärmen färbt sich die Schmelze violettrot. Übergießt man die noch warme Schmelze mit 5 ml A., so färbt sich die Lösung rötlich-violett.

Prüfung. a) Sulfat und Chlorid: Werden 0,2 g Substanz mit 10 ml W. angeschüttelt und dem Gemisch 2 ml Salpetersäure zugesetzt, so muß eine klare Lösung entstehen, die weder durch Bariumnitratlösung sofort verändert noch durch Silbernitratlösung mehr als opalisierend getrübt werden darf. – b) Schwermetalle: Die unter Erwärmen bereitete Lösung von 0,1 g Substanz in 3 ml W. und 2 ml verd. Essigsäure darf nach Zusatz von 3 Tr. Natriumsulfidlösung nicht sofort verändert werden. – c) Arsenverbindungen: Ein Gemisch von 0,1 g Substanz und 3 ml Natriumhypophosphitlösung darf nach viertelstündigem Erhitzen im Wasserbad keine dunklere Färbung annehmen. – d) Fremde organische Stoffe: Die Lösung von 0,1 g Substanz in 3 ml Schwefelsäure darf nach 5 Min. langem Erhitzen im Wasserbad höchstens blaßgelb gefärbt werden. – e) Gewichtsverlust beim Trocknen: 0,2 g Sulfanilharnstoff dürfen durch Trocknen bei 100° höchstens 0,015 g an Gewicht verlieren. – f) Verbrennungsrückstand: 0,2 g dürfen keinen wägbaren Rückstand hinterlassen.

Gehaltsbestimmung. Bromometrisch, wie Sulfanilamid. Einwaage etwa 0,1 g; für je 0,1 g Sulfanilharnstoff müssen mindestens 16,9 ml 0,1 n Kaliumbromatlösung verbraucht werden, was einem Mindestgehalt von 98,5% entspricht. 1 ml 0,1 n $KBrO_3$ entspricht 0,005831 g Sulfanilharnstoff.

Aufbewahrung. Vor Licht geschützt.

Anwendung. Als Chemotherapeuticum bei bakteriellen Infektionen, insbesondere der Harnwege (s. dazu S. 520).

Handelsform: Euvernil (Chem. Fabr. v. Heyden, München).

Intestin-Euvernil (Heyden) ist „Formo-Phthalyl-Euvernil", Methylol-4-Phthalylamino-benzol-sulfonylcarbamid.

Die Verbindung ist im Gegensatz zu Euvernil schwer resorbierbar und wird daher als darmspezifisches Sulfonamid verwandt.

Sulfacarbamidum Natrium DAB 7 — DDR. Sulfacarbamid-Natrium.

$C_7H_8N_3NaO_3S \cdot H_2O$ Formel A. 3a M.G. 255,23

Natriumsalz des N-(4-Aminobonzolsulfonyl)-harnstoffes.

Gehalt. 99,0 bis 102,0%, berechnet auf die bei 120° wasserfrei getrocknete Substanz.

Eigenschaften. Weißes oder nahezu weißes, kristallines Pulver, praktisch ohne Geruch, mit wahrnehmbarem Geschmack.

Löslichkeit: Leicht löslich in W., schwer löslich in A., praktisch unlöslich in Ae. Die Prüflösung reagiert schwach alkalisch.

Erkennung. 1. Die mit konz. Salzsäure befeuchtete Substanz färbt beim Erhitzen am Platindraht die nichtleuchtende Flamme kräftig und anhaltend gelb. – 2. 0,010 g Substanz wird in 1,0 ml Essigsäure gelöst. Nach Zusatz von 1,0 ml Furfurol-Essigsäure zeigt die Lsg. eine gelbrote Färbung. Nach 120 Sek. wird 1 Tr. konz. Schwefelsäure hinzugefügt. Die Lsg. zeigt eine kräftige Rotfärbung. – 3. 0,20 g Substanz werden in einem Porzellantiegel mit 0,25 g wasserfreiem Natriumcarbonat und 0,25 g Kaliumcarbonat versetzt. Die Mischung wird 10 Min. geglüht. Nach dem Erkalten wird der Rückstand in 5,0 ml 6 n Salzsäure gelöst und die Lsg. gegebenenfalls filtriert. Nach Zusatz von 10 Tr. Bariumchloridlsg. (5,0 g/100,0 ml) gibt die Lsg. einen weißen, kristallinen Niederschlag.

Prüfung. Prüflösung: 2,000 g Substanz werden in W. zu 20,0 ml gelöst. 1. Unlösliche Verunreinigungen, Farbe der Lsg.: 3,0 ml Prüflsg. müssen nach Zusatz von 2,0 ml W. klar und dürfen nicht stärker gefärbt sein als 5,0 ml Farb-VL B. – 2. Alkalisch reagierende Verunreinigungen: 5,0 ml Prüflsg. dürfen nach Zusatz von 3 Tr. Phenolphthalein-Lsg. und 1,50 ml 0,01 n Salzsäure nicht rot gefärbt sein. – 3. Schwermetall-Ionen: 5,0 ml Prüflsg. werden zu 3 Tr. Natriumsulfid-Lsg. gegeben. Die Lsg. darf weder eine Trübung noch eine stärkere Färbung als 5,0 ml Prüflsg. zeigen. – 4. Chlorid: 1,00 ml Prüflsg. darf nach Zusatz von 9,0 ml W. bei der „Prüfung auf Chlorid" keine stärkere Trübung als die Vergleichsprobe zeigen (höchstens 0,01% Cl^-). – 5. Sulfat: 1,00 ml Prüflsg. darf nach Zusatz von 9,0 ml W. bei der „Prüfung auf Sulfat" keine Trübung zeigen. – 6. Trocknungsverlust: 0,2000 g Substanz werden bei 120° getrocknet. Die Substanz darf nicht weniger als 6,0 und nicht mehr als 8,0% Masse verlieren. Die getrocknete Substanz ist für die Gehaltsbestimmung aufzubewahren.

Gehaltsbestimmung. 0,1200 bis 0,1300 getrocknete Substanz werden in einem mit Glasstopfen verschließbaren 200-ml-Erlenmeyerkolben in der Mischung aus 6,5 ml konz. Salzsäure und 3,50 ml W. gelöst. Nach Zusatz von 20,0 ml Essigsäure sowie 5,0 ml Kaliumbromidlsg. (20,0 g/100,0 ml) wird die Lsg. unter Schwenken mit 30,00 ml 0,1 n Kaliumbromatlsg. versetzt und 5 Min. stehengelassen. Anschließend werden 0,50 g Kaliumjodid hinzugefügt. Nach 60 Sek. wird das ausgeschiedene Jod mit 0,1 n Natriumthiosulfatlsg. titriert (Feinbürette). Sobald die Lsg. nur noch schwach gelb gefärbt ist, werden 2,0 ml Stärke hinzugefügt.

1 ml 0,1 n Kaliumbromatlsg. ist 5,930 mg wasserfreiem Sulfacarbamid-Natrium äquivalent.

Aufbewahrung. Vor Licht geschützt.

Dosierung. Einzelmaximaldosis: oral 5,0 g, intravenös 5,0 g. Tagesmaximaldosis: oral 15,0 g, intravenös 15,0 g.

Sulfaguanidin DAB 7 – BRD. Sulfaguanidinum ÖAB 9, Ph.Helv. V – Suppl. II, PI. Ed. I/1, USP XIV (!), CsL 2, Ph.Jug. II, DAB 7 – DDR. Sulphaguanidine BP 53 (!). Sulginum Ross. 9 Sulfanilguanidin, Sulgin. Resulfon, Guanicil, Ruocid.

$C_7H_{10}N_4O_2S \cdot H_2O$ Formel A. 4 M.G. 232,26
4-Aminobenzolsulfonylguanidin.

Eigenschaften. Weißes oder nahezu weißes, kristallines, geruchloses, schwach bitter schmeckendes Pulver, das sich bei Belichtung allmählich verfärbt. Löslichkeit: Schwer löslich in Wasser von 20° (etwa 1000 T.), leicht löslich in siedendem Wasser (etwa 10 T.), wenig löslich in A. (90%) oder Aceton, praktisch unlöslich in Äther, unter Salzbildung löslich in verd. Mineralsäuren, unlöslich in Alkalilaugen. Schmelzintervall: Die bei 100 bis 105° bis zur Gewichtskonstanz getrocknete Substanz schmilzt bei 188 bis 192° (DAB 7 – BRD, 188 bis 191° (DAB 7 – DDR), 189 bis 193° (ÖAB 9), 185 bis 188° (Ph.Helv. V – Suppl. II), 189 bis 192° (PI.Ed. I/1.)

Erkennung. a) Die Substanz färbt sich beim vorsichtigen Schmelzen unter Gasentwicklung violett. Die hierbei auftretenden Dämpfe riechen nach Ammoniak und färben rotes Lackmuspapier blau. – b) Reaktion mit 4-Dimethylaminobenzaldehyd führt zu einer gelborangefarbenen Fällung, deren Entstehen durch Abkühlen und Reiben mit einem Glasstab beschleunigt werden kann; Ausführung wie bei Sulfanilamid – c) Zersetzung mit Wasserstoffperoxid und Nachweis des entstandenen Sulfates wie unter Sulfanilamid (DAB 7 – BRD). – d) Die Lösung von 50 mg Substanz in 1 ml verd. Salzsäure gibt auf Zusatz von 4,0 ml Natronlauge eine starke, beim Erhitzen sich wieder lösende Fällung. Die hierbei auftretenden Dämpfe färben rotes Lackmuspapier blau (DAB 7 – BRD). – e) Reaktion mit Furfuroleisessig wie unter Sulfanilamid (DAB 7 – DDR). – f) Beim Glühen mit Natrium-Kaliumcarbonat läßt sich Sulfat in der Schmelze nachweisen; s. Sulfanilamid (DAB 7 – DDR). – g) Diazotierung mit Natriumnitrit in salzsaurer Lösung und Kupplung mit β-Naphthol führt zu einer tiefroten Färbung; s. Sulfanilamid oder Sulfacetamid (Ph.Helv. V – Suppl. II und ÖAB 9). – h) Farbreaktion mit Phenol und Kaliumbromatlösung analog Sulfanilamid (ÖAB 9). – i) Eine unter Erhitzen bereitete Lösung von etwa 5 mg Sulfaguanidin in 5 ml W. gibt nach dem Abkühlen mit Nesslers Reagens einen gelblichweisen, flockigen Niederschlag, der beim Erhitzen gelb wird (ÖAB 9).

Prüfung. Nach DAB 7 – BRD: Prüflösung: 1,00 g Substanz wird in 50 ml W. 5 Min. lang auf etwa 70° erwärmt und das nach dem Erkalten erhaltene Filtrat unter Nachwaschen des Filters auf 50,0 ml ergänzt. a) Alkalisch oder sauer reagierende Verunreinigungen: 10 ml Prüflösung dürfen durch 0,20 ml Methylrotlösung II nicht gelb gefärbt werden und höchstens 0,30 ml 0,02 n Natronlauge bis zum Farbumschlag nach Gelb verbrauchen. – b) Schwermetalle: Höchstens 0,002%, berechnet als Pb^{2+}. – c) Chlorid: Höchstens 0,02% Cl^-. – d) Sulfat: Höchstens 0,05% SO_4^{2-}. – e) Säureunlösliche Verunreinigungen: 0,100 g Substanz müssen sich in einer Mischung von 1,0 ml W. und 0,40 ml 3 n Salpetersäure lösen. – f) Trocknungsverlust: Mindestens 6,0 und höchstens 8,0%, bei 100 bis 105°, bis zur Gewichtskonstanz getrocknet. – g) Sulfatasche: Höchstens 0,1%. – h) Fremde organische Stoffe: Die Lösung von 0,1 g Sulfaguanidin in 3 ml Schwefelsäure darf nach 5 Min. langem Erhitzen im Wasserbad höchstens blaßgelb gefärbt werden.

Gehaltsbestimmung. Bromometrische Bestimmungen werden nach DAB 7 – BRD, DAB 7 – DDR und Ph.Helv. V – Suppl. II unter Anwendung einer Rücktitration mit Natriumthiosulfat/Kaliumjodid durchgeführt. Nach PI.Ed. I/1, ÖAB 6, USP XIV und BP 53 wird mit Natriumnitrit in saurer Lösung titriert.

DAB 7 – BRD: 0,095 bis 0,100 g Substanz, genau gewogen, werden in einem Jodzahlkolben von etwa 200 ml Inhalt in 5 ml 6 n Salzsäure gelöst. Nach Zusatz einer Lösung von 5,0 g Kaliumbromid in 10,0 ml Wasser und 15,0 ml Essigsäure wird die Lösung unter Umschwenken mit 20,00 0,1 n Kaliumbromatlösung versetzt. Nach 2 Min. werden 0,50 g Kaliumjodid hinzugefügt. Nach einer weiteren Min. wird mit 0,1 n Natriumthiosulfatlösung zurücktitriert (Feinbürette, Stärkelösung als Indikator). 1 ml 0,1 n $KBrO_3$ entspricht 0,005356 g $C_7H_{10}N_4O_2S$.

ÖAB 9: 0,4285 g getrocknetes Sulfaguanidin werden in 10 ml konz. Salzsäure und 50 ml Wasser gelöst. Die Lösung kühlt man auf 15° ab und titriert langsam unter kräftigem Umrühren mit 0,1 m Natriumnitritlösung. Endpunkt s. Best. von Sulfanilamid. Die Differenz der beim Haupt- und Blindversuch verbrauchten ml 0,1 m Natriumnitritlösung muß für die angegebene Einwaage 19,80 bis 20,10 ml betragen, entsprechend 99,0 bis 100,5% d. Th. 1 ml 0,1 m $NaNO_2$ entspricht 21,43 mg $C_7H_{10}N_4O_2S$.

Aufbewahrung. Vor Licht geschützt, in gut schließenden Gefäßen.

Anwendung. Bei Cholera, bazillärer Dysenterie, zur Prophylaxe bei Darmoperationen; in allen Fällen, in denen eine hohe Sulfonamidkonzentration im Darm und eine geringe im Blut erreicht werden soll.

Dosierung. Gebräuchliche Einzeldosis 2,0 g, Einzelmaximaldosis 3,0 g, Tagesmaximaldosis 12,0 g (ÖAB 9).

Handelsformen: Guanicil (Cilag), Resulfon (Nordmarkwerke), Ruocid (Chemiewerke Homburg), Sulfoguanidin (Calco), Sulfoguanil (Wander).

Sulfanilthiocarbamid DAB 7 – BRD. Sulfanilthiocarbamidum DAB 6 – Nachtr. 54 (DDR) (!). Sulfathiourea. Sulfanilthioharnstoff. 4-Aminobenzolsulfothiocarbamid. Badional.

$C_7H_9N_3O_2S_2$ Formel A. 5 M.G. 231,29
4-Amino-benzolsulfonyl-thioharnstoff.

Eigenschaften. Weißes, kristallines, fast geruchloses Pulver. Löslichkeit: Leicht löslich in Aceton, schwer löslich in A. (90%), sehr schwer löslich in W., unter Salzbildung löslich in verdünnten Mineralsäuren, verdünnten Alkalilaugen und Ammoniakflüssigkeit. Die wäßrige Lösung rötet Lackmuspapier. Schmelzintervall: Die bei 100 bis 105° bis zur Gewichtskonstanz getrocknete Substanz schmilzt zwischen 175 und 178° unter Zers. Das Schmelzpunktsröhrchen wird in ein auf 160° vorerhitztes Heizbad eingeführt und unter Temperatursteigerung von 4° je Min. weiter erhitzt.

Erkennung. a) 0,5 g Substanz werden 1 Min. lang mit 3 ml 3 n Natronlauge erhitzt. In der abgekühlten Lösung entwickelt sich nach Zusatz von 3 ml 6 n Salzsäure der Geruch nach Schwefelwasserstoff. Bleiacetatpapier wird allmählich schwarz gefärbt (DAB 7 – BRD). – b) Reaktion mit 4-Dimethylaminobenzaldehyd, s. Sulfanilamid. – c) Oxydative Zersetzung mit Wasserstoffperoxid und Nachweis des entstandenen Sulfates s. Sulfanilamid. – d) Die Lösung von 0,010 g Substanz in 2,0 ml verd. Salpetersäure gibt mit einigen Tr. Silbernitratlösung einen gallertigen, weißen Niederschlag, der sich auf Zusatz von 3,0 ml Ammoniakflüssigkeit schwarz färbt. – Nach DAB 6 – Nachtr. 54 (DDR): e) Reaktion mit Furfuroleisessig s. Sulfanilamid. – f) Nach dem Glühen mit Natrium-Kaliumcarbonat läßt sich in der Schmelze Sulfat nachweisen; Ausführung s. Sulfanilamid.

Prüfung. Nach DAB 7 – BRD: Prüflösung: 1,00 g Substanz wird mit 50,0 ml W. 5 Min. lang auf etwa 70° erhitzt und das nach dem Erkalten erhaltene Filtrat unter Nachwaschen des Filters auf 50,0 ml ergänzt. a) Alkalisch oder sauer reagierende Verunreinigungen: 10 ml Prüflösung dürfen durch 0,25 ml Bromkresolgrünlösung nicht grünblau gefärbt werden und höchstens 0,30 ml 0,02 n Natronlauge bis zum Farbumschlag nach Grünblau verbrauchen. – b) Schwermetall-Ionen: Der Rückstand der „Sulfatasche" wird in einer Mischung von 2,50 ml 3 n Salzsäure und 2,0 ml Tr. heiß gelöst. Die Lsg. wird mit 3 n Natronlauge neutralisiert, mit Tr. zu 15 ml verdünnt und filtriert. 12 ml dieser Lsg. werden nach Bd. I, 254 geprüft. – d) Sulfat: Höchstens 0,05%. – e) Alkaliunlösliche Verunreinigungen: 0,100 g Substanz müssen sich in einer Mischung von 2,0 ml W. und 0,25 ml 3 n Natronlauge lösen. – f) Säureunlösliche Verunreinigungen: 0,100 g Substanz müssen sich beim Schütteln in 5,0 ml 3 n Salzsäure bis auf eine geringe Trübung lösen. – g) Trocknungsverlust: Höchstens 0,5%, bei 100 bis 105° bis zum konstanten Gewicht getrocknet. – h) Sulfatasche: Höchstens 0,1%, Einwaage 1,50 g. – Nach DAB 6 – Nachtr. 54 (DDR): i) Arsenverbindungen: Ein Gemisch von 0,1 g Sulfanilthioharnstoff und 3 ml Natriumhypophosphitlösung darf nach viertelstündigem Erhitzen im Wasserbad keine dunklere Färbung annehmen. – k) Fremde organische Stoffe: Die Lösung von 0,1 g Sulfanilthioharnstoff in 3 ml Schwefelsäure darf nach 5 Min. langem Erhitzen im Wasserbad höchstens blaßgelb gefärbt werden.

Gehaltsbestimmung. Nach DAB 7 – BRD: 0,25 g Substanz, genau gewogen, werden unter Zusatz von 0,50 ml 6 n Natronlauge zu 25,00 ml gelöst. 5,00 ml dieser Lsg. werden mit 25,0 ml 6 n Natronlauge und 40,00 ml 0,1 n Jodlsg. versetzt; nach 1 Min. wird die Lsg. mit 100 ml W. verdünnt und mit 30,0 ml 6 n Schwefelsäure angesäuert. Ohne Rücksicht auf die Neutralisationswärme wird sofort mit 0,1 n Natriumthiosulfatlsg. unter Zusatz von Stärkelsg. zurücktitriert. 1 ml 0,1 n Jodlsg. entspricht 2,891 mg $C_7H_9N_3O_2S_2$.

Anwendung. Oral und parenteral bei Infektionen der Harnwege. Lokal bei Pilzerkrankungen. Hervorzuheben ist die gute Verträglichkeit und die gute Löslichkeit im sauren und alkalischen Bereich, wodurch eine Konkrementbildung in den ableitenden Harnwegen vermieden wird (s. dazu S. 520).

Handelsformen: Badional (Bayer), Fontamide (Rhone Poulenc).

Senecionyl-Sulfanilamid. N[1]-Dimethylacroyl-sulfanilamid. Sulfadicramid. Sulfacryl.

$C_{11}H_{14}N_2O_3S$ Formel A. 6 M.G. 254,31
4-Amino-benzolsulfonyl-(ω-dimethylacroyl)-imid.

Herstellung. Durch Umsetzung von β,β-Dimethylacrylamid mit p-Nitrobenzolsulfonsäurechlorid in Gegenwart von Natriumamid und anschließender Reduktion der Nitrogruppe mit Eisen und Säure (US-Pat. 2417005).

Eigenschaften. Der Schmelzpunkt der Substanz liegt bei 184 bis 185°. Die Substanz ist in W. und Ae. wenig, in A. und Aceton gut löslich.

Erkennung. Erhitzt man 50 mg Substanz mit 0,5 g wasserfreiem Natriumacetat im Glührohr, so entwickeln sich Dämpfe, die befeuchtetes Bleiacetatpapier schwärzen.

Handelsform: Irgamid (Geigy AG, Basel und K. Thomae GmbH, Biberach a. d. Riß).

Sulfanilylxylamidum. Sulfabenzoylamid. Sulfametoyl. N[1]-3,4-Dimethylbenzoyl-sulfanilamid.

Formel A. 7 4-Aminobenzolsulfonyl-3′4′-dimethylbenzoyl-imid.

Herstellung. Durch Umsetzung von p-Nitrobenzolsulfonamid mit 3,4-Dimethylbenzoylchlorid; die Nitrogruppe wird anschließend mit Eisen und verd. Essigsäure reduziert (US-Pat. 2383874).

Eigenschaften. Die aus A. kristallisierende Substanz schmilzt bei 221 bis 224°.

Erkennung. Glühprobe wie bei Senecionyl-Sulfonilamid.

Handelsform: Irgafen (Geigy AG, Basel).

N[1]-(4-Isopropoxybenzoyl)-sulfanilamid. Sulfaproxylin.

Formel A. 8 4-Amino-benzolsulfonyl-(4′-isopropoxybenzoyl)-imid.

Die Substanz ist Bestandteil des Kombinationspräparates „*Dosulfin*", das außerdem noch Sulfamerazin zu gleichen Teilen enthält.

Anwendung. Alle Gebiete der Sulfonamidtherapie, besonders bei Infektionen der ableitenden Harnwege.

Handelform: Dosulfin (Geigy AG, Basel).

Salthion liquidum „vet" (Knoll AG, Ludwigshafen a. Rh.) ist eine Lösung von 4-Amino-benzolsulfonyl-N[1]-aminomethansulfonsaurem Triäthanolamin.

Formel A. 9

Anwendung. Für veterinärmedizinische Zwecke, verdünnt oder unverdünnt, intrauterin, lokal oder oral. Seit dem 1. 1. 1956 auch als Lösung und Salbe für die Humanmedizin im Handel.

Sulcimidum Ross. 8(!). Sulfanil-cyanamid.

Formel A. 10 M.G. 197,21
4-Amino-benzolsulfonyl-cyanamid.

Erkennung. 0,1 g Substanz wird in 3 ml 8%iger Natriumhydrogencarbonatlösung gelöst: es entwickelt sich Kohlendioxid.

Eigenschaften. Wenig löslich in W., Ae., A. und Benzol, löslich in Alkalilaugen.

Anwendung. Die Verbindung ist wenig wirksam, doch brauchbar als Zwischenprodukt bei der Synthese versch. Sulfonamide.

Sulfapyridine USP XVII. Sulphapyridine BPC 59(!). Sulfidinum Ross. 8(!). Sulfapyridin.

$C_{11}H_{11}N_3O_2S$ Formel A. 11 M.G. 249,29
2-(4'-Amino-benzol-sulfonylamido)-pyridin.

Eigenschaften. Sulfapyridin ist ein weißes, oder nur sehr schwach gelbliches, kristallines oder körniges Pulver, geruchlos, stabil gegen Luftsauerstoff, dunkelt bei Belichtung. Löslichkeit: 1 g löst sich in etwa 3500 ml W., in etwa 440 ml A. und in etwa 65 ml Aceton; leicht löslich in verdünnten Mineralsäuren und verdünnten Alkalilaugen. Fp. 191 bis 193°.

Erkennung. Nach USP XVII: a) 100 mg Substanz werden mit 5 ml verd. Salzsäure etwa 5 Min. erhitzt. Nach dem Kühlen im Eisbad werden 4 ml Natriumnitritlösung (1 : 100) zugesetzt, mit 10 ml W. verdünnt und 10 Min. im Eisbad belassen. Zu 5 ml der gekühlten Lösung werden 50 mg β-Naphthol gegeben, die in 2 ml 10%iger Natronlauge gelöst sind. Es entsteht eine orangerote Fällung, die beim Stehen dunkler wird. – b) 50 mg Sulfapyridin werden im Reagensglas über offener Flamme oder im Sandbad vorsichtig geschmolzen: es entsteht eine braune Färbung. Bei weiterem Erhitzen entstehen gelbe Dämpfe, die den Geruch des Schwefeldioxids zeigen (Unterscheidung von Sulfanilamid, das eine blauviolette Färbung annimmt und den Geruch nach Ammoniak entwickelt). – c) Zu einer Suspension von 20 mg Sulfapyridin und 5 ml W. wird bis zur Lösung tropfenweise Natronlauge zugefügt. Bei Zusatz von 3 Tr. Kupfersulfatlösung entsteht eine grünliche Fällung, die beim Stehen graugrün wird. (Unterscheidung von Sulfathiazol, das eine purpurfarbene, und von Sulfanilamid, das eine blaue Fällung gibt.)

Prüfung. Nach USP XVII: a) Acidität: 2 g Sulfapyridin werden 5 Min. lang mit 100 ml W. auf etwa 70° erwärmt. Nach dem Abkühlen auf etwa 20° wird filtriert. Zu 25 ml dieser Lösung werden 2 Tr. Phenolphthaleinlösung gegeben und mit 0,1 n Natronlauge titriert. Zur Neutralisation dürfen nicht mehr als 0,2 ml verbraucht werden. – b) Gewichtsverlust: 1 g Substanz wird genau gewogen und 2 Std. bei 105° getrocknet: höchstens 0,5%. – c) Verbrennungsrückstand: Höchstens 0,1%. – d) Aussehen der Lösung: Eine Lösung von 1 g Sulfapyridin in einer Mischung von 20 ml W. und 5 ml Natronlauge ist klar und farblos. – e) Schwermetalle: Schwermetalle dürfen in unzulässiger Menge nicht nachweisbar sein.

Gehaltsbestimmung. Nach USP XVII: Titration mit 0,1 m Natriumnitritlösung in salzsaurer Lösung. Einwaage etwa 500 mg, Kühlung durch Zusatz von 25 g Eis in die Titrationsflüssigkeit, Endpunktsbestimmung durch Tüpfeln mit Kaliumjodid-Stärkepaste. 1 ml 0,1 m $NaNO_2$ entspricht 24,93 mg $C_{11}H_{11}N_3O_2S$.

Aufbewahrung. In gut verschlossenen Gefäßen, vor Licht geschützt.

Anwendung. Unter anderem bei Dermatitis herpetiformis (s. dazu S. 520).

Dosierung. 500 mg bis 1 g, bis 3mal täglich.

Sulfadiazinum ÖAB 9, PI.Ed. I/1, Ph.Dan. IX, Ph.Jug. II, Ph.Helv. V – Suppl. III. Sulfadiazine USP XVII. Sulphadiazine BP 63. Sulfadiazin. Sulfa-pyrimidin. 2-Sulfanilamido-pyrimidin.

$C_{10}H_{10}N_4O_2S$ Formel A. 12 M.G. 250,29
2-(4'-Amino-benzolsulfonylamido)-pyrimidin.

Darstellung. Durch Umsetzung von 2-Aminopyrimidin mit 4-Acetylaminobenzolsulfonylchlorid und anschließender Entacetylierung mit Natronlauge (Brit. Pat. 557055).

Eigenschaften. Weißes oder fast weißes, kristallines, geruchloses, fast geschmackloses Pulver, das sich bei Lichtzutritt allmählich verfärbt, aber nicht oxydationsempfindlich ist. Löslichkeit: Praktisch unlöslich in W., löslich in etwa 500 T. siedendem W., in etwa 1200 T. A., in etwa 300 T. Aceton, praktisch unlöslich in Ae. oder Chloroform, unter Salzbildung löslich in verd. Mineralsäure, verd. Alkalilaugen, sowie Lösungen von Alkalicarbonaten und Ammoniak. 1 g löst sich bei 37° in etwa 620 ml Humanserum.
Schmelzintervall: 252 bis 257° (Zers.) (ÖAB 9), 252 bis 256° (USP XVII), 245 bis 249° (Ph.Helv. V – Suppl. III), um 255° (Zers.) (BP 63).

Erkennung. a) Werden etwa 50 mg Substanz in einem kleinen, trockenen Reagensglas vorsichtig geschmolzen, so entsteht eine rotbraune Färbung. Die dabei entstehenden Dämpfe verändern angefeuchtetes Bleiacetatpapier nicht (Unterscheidung von Sulfathiazol) (USP XVII, BP 63). – b) Etwa 1 g Sulfadiazin wird im Reagensglas so lange erhitzt, bis ein Sublimat entsteht. Von diesem werden mit einem Glasstab einige mg abgenommen und in einem zweiten Reagensglas mit 1 ml einer 5%igen, äthanolischen Resorcinlösung gemischt. Nach Zusatz von 1 ml Schwefelsäure und dem Mischen durch Umschütteln entsteht sofort eine tiefrote Farbe. Beim vorsichtigen Verdünnen mit 25 ml eiskaltem Wasser und Versetzen mit Ammoniak im Überschuß entsteht eine blaue oder rotblaue Färbung (USP XVII, BP 63). – c) 10 mg Substanz werden in einer Mischung von 10 ml W. und 2 ml 0,1 n Natronlauge gelöst. Nach Zusatz von 0,5 ml Kupfersulfatlösung entsteht eine olivgrüne Fällung, die beim Stehen grauviolett wird (BP 63; ähnlich ÖAB 9). – d) Reaktion mit Nitrit und β-Naphthol führt zu einem orangefarbenen Niederschlag und zur tiefroten Lösung; Ausführung s. Sulfanilamid (BP 63, ÖAB 9, Ph.Helv. V – Suppl. III). – e) Reaktion mit Phenollösung und Kaliumbromat führt zu einer intensiv rotvioletten Lösung; Ausführung s. Sulfanilamid (ÖAB 9). – f) Erhitzt man etwa 10 mg Sulfadiazin in einem Porzellantiegel mit 0,1 g wasserfreiem Natriumcarbonat zum Schmelzen, so entweichen basisch reagierende Dämpfe. Löst man den Schmelzkuchen nach dem Erkalten in verd. Salzsäure, so gibt die filtrierte Lösung mit Bariumchloridlösung einen weißen, feinkristallinen Niederschlag (ÖAB 9). – g) 50 mg Sulfadiazin werden mit 400 mg getrocknetem Natriumcarbonat vermischt und in einem Reagensglas ohne zu glühen bis zur Verkohlung der organischen Substanz erhitzt. Nach dem Erkalten wird der Rückstand in 3 ml W. aufgenommen, mit 5 Tr. Bleiacetatlösung versetzt und mit konz. Salzsäure angesäuert. Nach dem Abklingen der Kohlendioxidentwicklung wird das Reagensglas mit einem mit Fuchsin-Formaldehyd getränkten Filtrierpapierscheibchen bedeckt und in ein heißes Wasserbad gestellt. Das Filtrierpapier färbt sich blau oder blauviolett.

Prüfung. a) Alkalisch reagierende Stoffe, freie Säure: Erhitzt man 1 g Sulfadiazin mit 50 ml W. 5 Min. lang auf etwa 70°, kühlt hierauf rasch ab und filtriert, so müssen sich 20 ml des Filtrats auf Zusatz von 3 Tr. Methylrotlösung rot oder orange und bei darauffolgendem Zusatz von 1 Tr. 0,1 n Natronlauge gelb färben (ÖAB 9, ähnlich Ph.Helv. V – Suppl. III, mit Phenolphthalein BP 63 und USP XVII). – b) Chlorid, Sulfat, Schwermetalle: In der oben erhaltenen Lösung dürfen Chlorid, Sulfat und Schwermetalle in unzulässiger Menge nicht nachweisbar sein (ÖAB 9). – c) Arsen: 0,5 g Sulfadiazin werden in einem mindestens 15 ml fassenden Porzellantiegel mit 0,5 g Magnesiumoxid sorgfältig gemischt und vorsichtig verascht. Den Rückstand glüht man so lange, bis er rein weiß geworden ist, befeuchtet ihn nach dem Erkalten mit wenig Wasser, löst ihn hierauf unter Erwärmen in 6 ml Salzsäure und filtriert durch Glaswolle. In der erhaltenen Lösung darf nach Zusatz von 0,1 g Kaliumjodid und 5 ml Hypophosphitlösung Arsen nicht nachweisbar sein (ÖAB 9). – d) Laugenunlösliche Stoffe: Eine Lösung von 0,5 g Sulfadiazin in 5 ml verd. Natronlauge und 5 ml Wasser muß klar sein (ÖAB 9). – e) Gewichtsverlust beim Trocknen bis zur Gewichtskonstanz bei 105°: Höchstens 0,5%. – f) Sulfatasche: Nicht über 0,1%.

Gehaltsbestimmung. a) Nach Ph.Helv. V – Suppl. III: Etwa 1 g Sulfadiazin wird genau gewogen und in einem Meßkolben von 100 ml Inhalt in 8 ml verd. Ammoniak gelöst. Die Lösung wird mit Wasser auf 100 ml verdünnt. 25,00 ml dieser Lösung werden unter leichtem Umschwenken in einen zweiten Meßkolben von 100 ml Inhalt zufließen gelassen, der eine Mischung von 15,00 ml 0,1 n Silbernitratlösung und 25 ml Wasser enthält. Nach 15 Min. Stehenlassen im Dunkeln werden 2 ml verd. Essigsäure zugesetzt; sollte das Gemisch dann noch alkalisch reagieren, so wird tropfenweise weitere verd. Essigsäure zugefügt, bis blaues Lackmuspapier eben schwach gerötet wird. Dann wird mit Wasser zu 100 ml ergänzt und nach einstündigem Stehenlassen im Dunkeln durch ein trockenes Filter filtriert. Die ersten 10 ml des Filtrates werden verworfen. 50,00 ml des klaren Filtrates werden mit 5 ml verd. Salpetersäure und 1 ml Eisen(III)-sulfatlösung versetzt und mit 0,1 n Ammoniumrhodanidlösung bis zum Farbumschlag nach Rötlichgelb titriert (Mikrobürette).

$$\text{Gehalt an } C_{10}H_{10}N_4O_2S = \left(\frac{a}{b} - b\right) \cdot \frac{20{,}02}{p}\ \%$$

a = zugefügte Anzahl ml 0,1 n Silbernitratlösung,
b = bei der Rücktitration verbrauchte Anzahl ml 0,1 n Ammoniumrhodanidlösung,
p = Einwaage in g.

Der so gefundene Gehalt an Sulfadiazin muß 99,0 bis 100,5% betragen.

b) Nach BP 63 und USP XVII wird der Gehalt an Sulfadiazin durch Titration mit 0,1 m $NaNO_2$ in saurer Lösung ermittelt. 1 ml 0,1 m $NaNO_2$ entspricht 25,03 g $C_{10}H_{10}N_4O_2S$.

c) Im ÖAB 9 ist neben der Titration mit Nitrit die folgende Gehaltsbestimmung angegeben: 0,5006 g Sulfadiazin werden in 20 ml siedendem A. möglichst vollständig gelöst. Nach Zusatz von 10 Tr. Phenolphthaleinlösung titriert man mit 0,1 n Natronlauge auf Rosa. Hierauf erhitzt man neuerdings zum Sieden, bis vollständige Lösung eingetreten ist, kühlt ab, fügt 21 ml 0,1 n Silbernitratlösung und 10 Tr. Phenolrotlösung hinzu und titriert weiter mit 0,1 n Natronlauge auf Rot. Für die angegebene Einwaage müssen insgesamt 19,70 bis 20,10 ml 0,1 n Natronlauge verbraucht werden, entsprechend 98,5 bis 100,5% d. Th. 1 ml 0,1 n NaOH entspricht 25,03 mg $C_{10}H_{10}N_4O_2S$.

Aufbewahrung. Vor Licht geschützt, in gut schließenden Gefäßen.

Anwendung. Zur Chemotherapie von Strepto-, Staphylo-, Gono-, Pneumo-, Meningokokken- und Coli-Infektionen.

Dosierung. Gebräuchliche Einzeldosis 1,0 bis 2,0 g, Einzelmaximaldosis 4,0 g, Tagesmaximaldosis 12,0 g (ÖAB 9). Initialdosis 4,0 g, dann 4mal täglich 1 g (BP 63 und USP XVII).

Handelsform: Debenal (Bayer).

Sulfadiazini Natrium ÖAB 9. Sodium Sulfadiazine USP XVII. Sulfadiazinum Natricum PI.Ed. I/1, Ph.Dan. IX – Add. II, Ph.Jug. II. Sulfadiazin Natrium. Soluble Sulfadiazine.

$C_{10}H_9N_4NaO_2S$ Formel A. 12 a M.G. 272,27
2-(4'-Amino-benzolsulfonylamido)-pyrimidin-Natrium.

Eigenschaften. Weißes oder fast weißes, kristallines, praktisch geruchloses Pulver, das schwach bitter und laugenhaft schmeckt und sich bei Belichtung allmählich verfärbt. An der Luft zieht die Substanz Kohlendioxid an, wobei sie teilweise schwer löslich in Wasser wird. Löslichkeit: Löslich in etwa 2 T. W., wenig löslich in A.

Erkennung. Aus einer Lösung von etwa 0,1 g Sulfadiazinnatrium in 2 ml W. scheidet sich auf Zusatz von 1 ml verd. Essigsäure Sulfadiazin als weißer kristalliner Niederschlag aus, der abgesaugt, gewaschen und getrocknet wird. Identifizierung s. Reaktionen des Sulfadiazins. Zum Nachweis des Natriums löst man den Verbrennungsrückstand von etwa 0,1 g Sulfadiazinnatrium unter Erwärmen in 2 ml W. und filtriert. Das Filtrat gibt beim Erhitzen mit 2 ml Kaliumantimonatlösung einen weißen, kristallinen Niederschlag (ÖAB 9).

Prüfung. Nach ÖAB 9: a) Eine Lösung von 1 T. Sulfadiazinnatrium in 9 T. kohlensäurefreiem W. muß klar sein und gegen Thymolphthalein alkalisch reagieren. – b) Freies Alkali: Versetzt man eine Mischung von 5 ml der Lösung (1 + 9) und 25 ml kohlensäurefreiem W. mit 10 Tr. Phenolrotlösung und hierauf unter kräftigem Umschütteln mit 20 ml 0,1 n Silbernitratlösung, so muß die Flüssigkeit gelb gefärbt sein. – c) Chlorid und Sulfat: Dürfen in unzulässiger Menge nicht nachweisbar sein. – d) Arsen: Nach dem Glühen von 0,5 g Sulfadiazinnatrium mit Magnesiumoxid (Durchführung s. Sulfadiazin) darf Arsen nicht nachweisbar sein. – e) Schwermetalle: Im Verbrennungsrückstand von 0,5 g Substanz dürfen Schwermetalle in unzulässiger Menge nicht nachweisbar sein. – f) Trocknungsverlust: Höchstens 0,5%.

Gehaltsbestimmung. Nach USP XVII, PI.Ed. I/1 und ÖAB 9 wird in saurer Lösung mit 0,1 m $NaNO_2$ titriert. 1 ml 0,1 m $NaNO_2$ entspricht 27,23 mg $C_{10}H_9N_4O_2SNa$.

Nach ÖAB 9 wird außerdem eine acidimetrische Bestimmung durchgeführt: 0,5445 g getrocknetes Sulfadiazinnatrium werden in 50 ml W. gelöst und nach Zusatz von 10 Tr. Methylrotlösung mit 0,1 n Salzsäure auf Rot titriert. Nun erhitzt man kurz zum Sieden und titriert gegebenenfalls nach 3 Min. neuerdings mit 0,1 n Salzsäure auf Rot. Für die angegebene Einwaage müssen 19,60 bis 20,04 ml 0,1 n Salzsäure verbraucht werden, entsprechend 98,0 bis 100,2% d. Th. 1 ml 0,1 n HCl entspricht 27,23 mg $C_{10}H_9N_4NaO_2S$.

Aufbewahrung. Vor Licht geschützt, in dicht schließenden Gefäßen.

Dosierung. 4 g in 5%iger Lösung, intravenös innerhalb 8 Std. (USP XVII). Gebräuchliche Einzeldosis bei intravenöser Verabreichung: 1,0 bis 2,0 g (als 5%ige Lösung). Einzelmaximaldosis bei intravenöser Verabreichung: 4,0 g, Tagesmaximaldosis bei intravenöser Verabreichung: 8,0 g (ÖAB 9).

Sulfamerazinum ÖAB 9, Ph.Helv. V – Suppl. III, PI.Ed. I/1, Ph.Dan. IX. Sulfamerazine USP XVII, BPC 59(!), NND 63. Sulfamerazin. N^1-(4-Methyl-2-pyrimidinyl)-sulfanilamide. Sulfamethylpyrimidin.

$C_{11}H_{12}N_4O_2S$ Formel A. 13 M.G. 264,32
2-(4'-Amino-benzolsulfonylamido)-4-methylpyrimidin.

Eigenschaften. Weißes oder fast weißes, kristallines, geruchloses, fast geschmackloses Pulver, das sich bei Belichtung allmählich verfärbt. Schmelzintervall: 234 bis 238° (PI.-Ed. I/1, ÖAB 9, USP XVII), 228,5 bis 232,5° (Ph.Helv. V – Suppl. III). Löslichkeit: Schwer löslich in Wasser (in etwa 6300 T.), löslich in etwa 250 T. siedendem W., in etwa 300 T. A., in etwa 60 T. Aceton, sehr wenig löslich in Äther und Chloroform, unter Salzbildung löslich in verd. Mineralsäuren, sowie in Lösungen von Alkalihydroxiden, Alkalicarbonaten und Ammoniak.

Erkennung. a) Diazotierung und Kupplung mit β-Naphthol führt zu einer intensiv roten Färbung; Ausführung s. Sulfanilamid (ÖAB 9, Ph.Helv. V – Suppl. III). – b) Reaktion mit Phenol und Kaliumbromat analog Sulfanilamid (ÖAB 9). – c) Etwa 200 mg Sulfamerazin werden in 5 ml Wasser suspendiert und bis zur Lösung tropfenweise mit Natronlauge versetzt. Bei Zusatz von 3 Tr. Kupfersulfatlösung entsteht ein olivgrüner Niederschlag, der beim Stehen dunkelgrau wird (USP XVII, PI.Ed. I/1, ähnlich Ph.Helv. V – Suppl. III). – d) Etwa 500 mg Sulfamerazin werden in einem Reagensglas, dessen Hals mit feuchtem Filtrierpapier umwickelt ist, in einem Bad auf 240 bis 280° erhitzt, bis im Hals des Glases ein weißes Sublimat entsteht. Die während der Sublimation entwickelten Dämpfe färben angefeuchtetes Bleiacetatpapier dunkel. Der Schmelzintervall des kristallinen Sublimates beträgt 153 bis 157° (USP XVII, PI.Ed. I/1). – e) 50 mg Sulfamerazin werden mit 400 mg getrocknetem Natriumcarbonat vermischt und in einem Reagensglas ohne zu glühen bis zur Verkohlung der organischen Substanz erhitzt. Nach dem Erkalten wird der Rückstand in 3 ml W. aufgenommen, mit 5 Tr. Bleiacetatlösung versetzt und mit konz. Salzsäure angesäuert. Nach Abklingen der Kohlendioxidentwicklung wird das Reagensglas mit einem mit Fuchsin-Formaldehyd getränkten Filtrierpapierscheibchen bedeckt und in ein heißes Wasserbad gestellt. Das Filtrierpapier färbt sich blau oder blauviolett (Ph.Helv. V – Suppl. III). – f) Nach dem Schmelzen mit Natriumcarbonat läßt sich im Schmelzkuchen Sulfat nachweisen; Ausführung s. Sulfanilamid (ÖAB 9).

Prüfung. a) Alkalisch reagierende Stoffe, freie Säuren: Erhitzt man 1 g Sulfamerazin mit 50 ml W. 5 Min. lang auf etwa 70°, kühlt hierauf rasch ab und filtriert, so müssen sich 20 ml des Filtrates auf Zusatz von 3 Tr. Methylrotlösung rot oder orange und bei darauffolgenden Zusatz von 1 Tr. 0,1 n Natronlauge gelb färben (ÖAB 9, ähnlich USP XVII). – b) Chlorid und Sulfat: In 5 ml der oben beschriebenen Prüflösung darf weder Chlorid noch Sulfat in unzulässiger Menge nachweisbar sein (ÖAB 9). – c) Arsen: s. Sulfanilamid. – d) Säureunlösliche Stoffe: Eine unter Erhitzen im Wasserbad bereitete Lösung von 0,5 g Sulfamerazin in einer Mischung von 5 ml verd. Salpetersäure und 5 ml W. muß klar sein (ÖAB 9). – e) Laugenunlösliche Stoffe: Eine Lösung von 0,5 g Sulfamerazin in 5 ml verd. Natronlauge und 5 ml Wasser muß klar sein (ÖAB 9). – f) Trocknungsverlust: Höchstens 0,5%, nach 2stündigem Trocknen bei 105° (USP XVII). – g) Verbrennungsrückstand: Höchstens 0,1%, bestimmt mit 0,5000 g Sulfamerazin (ÖAB 9). – h) Schwermetalle: Der erhaltene Verbrennungsrückstand wird mit 2 ml konz. Salpetersäure zur Trockne eingedampft. Den Rückstand löst man in 4 ml heißer, verd. Salzsäure, versetzt nach dem Abkühlen mit 6 ml verd. Ammoniak und filtriert. Im Filtrat dürfen Schwermetalle in unzulässiger Menge nicht nachweisbar sein (ÖAB 9).

Gehaltsbestimmung. Nach USP XVII, PI.Ed. I/1 und ÖAB 9 wird in saurer Lösung mit 0,1 m $NaNO_2$ titriert. 1 ml 0,1 m $NaNO_2$ entspricht 26,43 mg $C_{11}H_{12}N_4O_2S$.

Nach ÖAB 9 kann außerdem die folgende Bestimmung durchgeführt werden: 0,5286 g Sulfamerazin werden in 20 ml siedendem A. gelöst und nach Zusatz von 10 Tr. Phenolphthaleinlösung mit 0,1 n Natronlauge auf Rosa titriert. Nun kühlt man ab und fügt 21 ml 0,1 n Silbernitratlösung und 10 Tr. Phenolrotlösung hinzu und titriert weiter mit 0,1 n Natronlauge auf Rot. Für die angegebene Einwaage müssen insgesamt 19,70 bis 20,10 ml 0,1 n Natronlauge verbraucht werden, entsprechend 98,5 bis 100,5% d. Th. 1 ml 0,1 n NaOH entspricht 26,43 mg $C_{11}H_{12}N_4O_2S$.

Nach Ph.Helv. V – Suppl. III: Etwa 1 g Sulfamerazin werden, genau gewogen, in einem Meßkolben von 100 ml in 6 ml verd. Ammoniak gelöst und die Lösung mit W. auf 100 ml verdünnt. 25,00 ml dieser Lösung werden unter leichtem Umschwenken in einem zweiten Meßkolben von 100 ml Inhalt zufließen gelassen, der eine Mischung von 15 ml 0,1 n Silbernitratlösung (genau gemessen) und 25 ml Wasser enthält. Nach 15 Min. Stehenlassen im Dunkeln werden 1,5 ml verd. Essigsäure zugesetzt. Sollte das Gemisch dann noch alkalisch reagieren, so wird noch tropfenweise verdünnte Essigsäure zugesetzt, bis blaues Lackmuspapier eben schwach gerötet wird. Dann wird mit Wasser zu 100 ml ergänzt und nach einstündigem Stehenlassen im Dunkeln durch ein trockenes Filter filtriert. Die ersten 10 ml des Filtrates werden verworfen. 50,00 ml des klaren Filtrates werden mit 5 ml verd. Salpetersäure und 1 ml Eisen(III)-sulfatlösung versetzt und mit 0,1 n Ammoniumrhodanidlösung bis zum Farbumschlag nach Rötlichgelb titriert (Mikrobürette).

$$\text{Gehalt an } C_{11}H_{12}N_4O_2S = \left(\frac{a}{b} - b\right) \cdot \frac{21,14}{p}\ \%$$

a = zugefügte Anzahl ml 0,1 n Silbernitratlösung,
b = bei der Rücktitration verbrauchte Anzahl ml 0,1 n Ammoniumrhodanidlösung,
p = Einwaage in g.

Der so gefundene Gehalt an $C_{11}H_{12}N_4O_2S$ muß 99,0 bis 100,5% betragen.

Aufbewahrung. Vor Licht geschützt, in gut schließenden Gefäßen.

Dosierung. Gebräuchliche Einzeldosis 1,0 bis 2,0 g, Einzelmaximaldosis 4,0 g, Tagesmaximaldosis 8,0 g (ÖAB 9).

Handelsformen: Sulfamerazine (American Pharmaceutical Comp., Inc.; Eli Lilly & Comp., USA; Merck, Sharp & Dohme, USA).
In Kombination mit anderen Sulfonamiden in den Präparaten:
Pluriseptal (Bayer), Supronal (Bayer), Protocid (Schering), Dosulfin (Geigy), Andal (Schering).

Sulfamerazinum Natricum PI.Ed. I/1. Sulfamerazini Natrium ÖAB 9. Sulfamerazine Sodium USP XV (!). Sulphamerazine Sodium BPC 59 (!). Sulfamerazin-Natrium. Sulfamerazinum solubile. Sulfamethylpyrimidin-Natrium.

$C_{11}H_{11}N_4NaO_2S$ Formel A. 13 a M.G. 286,30
2-(4'-Amino-benzolsulfonylamido)4-methylpyrimidin-Natrium.

Eigenschaften. Weißes oder fast weißes, geruchloses, kristallines Pulver, das schwach bitter und laugenartig schmeckt und sich am Licht allmählich verfärbt. Bei Luftzutritt zieht die Substanz Kohlendioxid an und wird dabei teilweise wasserunlöslich. Löslichkeit: 1 g löst sich in etwa 4 ml Wasser, wenig löslich in A., praktisch unlöslich in Äther und Chloroform.

Erkennung. Eine Lösung von etwa 0,1 g Sulfamerazinnatrium in 2 ml W. scheidet auf Zusatz von 1 ml verd. Essigsäure Sulfamerazin als weißen, kristallinen Niederschlag aus, der abgesaugt, gewaschen und getrocknet wird. Fp. 235 bis 138°. Identitätsreaktionen s. Sulfamerazin. Natriumnachweis s. Sulfadiazinnatrium.

Prüfung. Eine Lösung von 1 T. Sulfamerazinnatrium in 9 T. kohlensäurefreiem Wasser muß klar sein und gegen Thymolphthalein alkalisch reagieren (ÖAB 9). Freies Alkali, Chlorid, Sulfat, Arsen und Schwermetalle s. Sulfadiazinnatrium. Trocknungsverlust: Höchstens 2,0% (ÖAB 9), höchstens 2,5% (PI.Ed. I/1).

Gehaltsbestimmung. Nach PI.Ed. I/1, ÖAB 9 und USP XV: Durch Titration mit Natriumnitrit in saurer Lösung. 1 ml 0,1 m $NaNO_2$ entspricht 28,63 mg $C_{11}H_{11}N_4NaO_2S$. Forderung: Nicht unter 99%. Nach ÖAB 9 wird außerdem mit 0,1 n HCl alkalimetrisch titriert. Ausführungen s. Sulfadiazinnatrium.

Aufbewahrung. Vor Licht geschützt, in dicht schließenden Gefäßen.

Dosierung. Gebräuchliche Einzeldosis bei intravenöser Verabreichung: 2,0 g (als 5%ige Lösung). Einzelmaximaldosis bei i.v. Verabreichung: 3,0 g, Tagesmaximaldosis bei i.v. Verabreichung: 6,0 g (ÖAB 9).

Sulfamethyldiazin. Pallidin (Merck).

$C_{11}H_{12}N_4O_2S$ Formel A. 14 M.G. 264,32
2-(4'-Amino-benzolsulfonylamido)-5-methylpyrimidin.

Anwendung. Als Depot-Sulfonamid (s. dazu S. 520).

Sulfadimidinum Ph.Helv. V – Suppl. II, ÖAB 9, CsL 2, Ph.Dan. IX – Add., Ph.Jug. II. Sulphadimidine BP 63. Sulfamethazine USP XVII, NND 63. Sulfodimezinum Ross. 9. Sulfadimidin. Sulfamethazin. Sulfamezathin. Sulfadimethylpyrimidin.

$C_{12}H_{14}N_4O_2S$ Formel A. 15 M.G. 278,34
2-(4'-Amino-benzolsulfonylamido)-4,6-dimethylpyrimidin.

Herstellung. Durch Umsetzung von Acetylsulfanilylchlorid mit 2-Amino-4,6-dimethylpyrimidin in Pyridin oder Pyridin/Aceton; anschließend wird natronalkalisch hydrolysiert. 2-Amino-4,6-dimethylpyrimidin wird aus Acetylaceton und Guanidincarbonat in Toluol hergestellt.

Eigenschaften. Weißes oder fast weißes, kristallines, geruchloses, schwach bitter schmeckendes Pulver, das sich bei Belichtung allmählich verfärbt. Löslichkeit: 1 T. Sulfadimidin löst sich in etwa 3000 T. W., in etwa 250 T. siedendem W., in etwa 120 T. A., in etwa 20 T. Aceton, wenig löslich in Chloroform, sehr schwer löslich in Äther, unter Salzbildung löslich in verd. Mineralsäuren, sowie Lösungen von Alkalihydroxiden, Alkalicarbonaten und Ammoniak. Schmelzintervall: 197 bis 200° (USP XVII, ÖAB 9), 197 bis 199° (BP 63), 196 bis 200° (Ph.Dan. IX – Add.), 193 bis 196° (Ph.Helv. V – Suppl. II).

Erkennung. a) Reaktion mit Phenol und Kaliumbromat s. Sulfanilamid (ÖAB 9). – b) Diazotierung mit Natriumnitrit in saurer Lösung und Kupplung mit β-Naphthol, s. Sulfanilamid (Ph.Helv. V – Suppl. II, ÖAB 9, BP 63). – c) Sulfatnachweis nach dem Glühen mit Natriumcarbonat, s. Sulfanilamid (Ph.Helv. V – Suppl. II, ÖAB 9). – d) Erhitzt man eine Mischung von 1 Tr. n Natronlauge, 1 ml Wasser und 1 Tr. Thymolphthaleinlösung mit Sulfadimidin bis zur Entfärbung, so gibt die abgekühlte Lösung mit 1 Tr. Kupfersulfatlösung einen gelbgrünen, flockigen Niederschlag, der bald braun und feinkristallin wird (ÖAB 9, ähnlich Ph.Helv.V – Suppl. II, BP 63, USP XVII). – e) Etwa 500 mg Substanz werden in einem Reagensglas, das oben mit einem feuchten Papierstreifen umwickelt ist, im Ölbad auf 230 bis 250° erhitzt. Es entsteht ein weißes, kristallines Sublimat, die entweichenden Dämpfe riechen nach H_2S. Das Sublimat wird abgehoben und in einem zweiten Reagensglas umsublimiert. Nach 24stündigem Trocknen über Phosphorpentoxid schmilzt es zwischen 151 und 153° (zugeschmolzene Kapillare!) (USP XVII).

Prüfung. a) Alkalisch reagierende Stoffe, freie Säuren: Erhitzt man 0,5 g Sulfadimidin mit 25 ml W. 5 Min. lang auf etwa 70°, kühlt hierauf rasch ab und filtriert, so müssen sich 20 ml des Filtrates auf Zusatz von 3 Tr. Methylrotlösung rot oder orange und bei darauffolgendem Zusatz von 1 Tr. 0,1 n Natronlauge gelb färben (ÖAB 9); 0,5 g Substanz werden mit 25 ml warmem Wasser unter häufigem Schütteln 5 Min. stehengelassen, dann wird auf Raumtemp. abgekühlt und filtriert. Das Filtrat muß sich auf Zusatz von 2 Tr. Phenolphthaleinlösung und höchstens 0,5 ml 0,1 n Natronlauge rosa färben (Ph.Helv. V – Suppl. II). – b) Säureunlösliche Stoffe: Eine Lösung von 0,5 g Sulfadimidin in einer Mischung von 5 ml verd. Salpetersäure und 5 ml W. muß klar sein (ÖAB 9); 0,5 g Sulfadimidin müssen sich in 5 ml verd. Salzsäure klar und mit höchstens blaßgelber Farbe lösen (Ph.Helv. V – Suppl. II). – c) Chlorid, Sulfat, Schwermetalle: 1 g Sulfadimidin wird mit 15 ml siedend heißem Wasser geschüttelt und nach dem Abkühlen filtriert. Im Filtrat dürfen Chlorid, Sulfat und Schwermetalle nicht nachweisbar sein. Bei der Prüfung auf Abwesenheit von Chlorid darf höchstens eine schwache Opaleszenz auftreten (Ph.Helv. V – Suppl. II, ähnlich ÖAB 9). – d) Arsen: In 50 mg darf Arsen nicht nachweisbar sein (Ph.Helv. V – Suppl. II, ÖAB 9: in 500 mg). – e) Laugenunlösliche Stoffe: Eine Lösung von 0,5 g Sulfadimidin in 5 ml verd. Natronlauge und 5 ml Wasser muß klar sein (ÖAB 9). – f) Trocknungsverlust: Höchstens 0,5%, wenn 2 Std. oder bis zur Gewichtskonstanz bei 105° getrocknet wurde. – g) Verbrennungsrückstand: Höchstens 0,1%.

Gehaltsbestimmung. Nach USP XVII, BP 63 und ÖAB 9: Titration mit Natriumnitrit in saurer Lösung. 1 ml 0,1 m $NaNO_2$ entspricht 27,83 mg $C_{12}H_{14}N_4O_2S$. Nach ÖAB 9 kann auch eine acidimetrische Titration mit 0,1 n Natronlauge unter Zusatz von Silbernitratlösung durchgeführt werden; vgl. Sulfamerazin. Nach Ph.Helv. V – Suppl. II wird eine argentometrische Titration durchgeführt; Ausführung wie unter Sulfamerazin beschrieben. Einwaage etwa 1 g Substanz.

$$\text{Gehalt an } C_{12}H_{14}N_4O_2S = \left(\frac{a}{2} - b\right) \cdot \frac{22{,}26}{p} \%$$

p = Einwaage in g,
a = zugefügte Anzahl ml 0,1 n Silbernitratlösung,
b = bei der Rücktitration verbrauchte Anzahl ml 0,1 n Ammoniumrhodanidlösung.

Forderung: Mindestens 99%.

Aufbewahrung. Vor Licht geschützt, in gut schließenden Gefäßen.

Dosierung. Gebräuchliche Einzeldosis 1,0 bis 2,0 g, Einzelmaximaldosis 4,0 g, Tagesmaximaldosis 10,0 g (ÖAB 9).

Zur Behandlung allgemeiner Infektionen: Anfangsdosis 3 g, dann bis 6 g täglich.

Zur Behandlung von Infektionen der Harnwege: Anfangsdosis 2 g, dann bis 4 g täglich (BP 63) (s. auch S. 520).

Handelsformen: Diazil (Cilag), Sulfamethazine (Lincoln Lab. Inc., USA), Neazina, Vertolan.

Sulfadimidini Natrium ÖAB 9. Sulphadimidine Sodium BP 63. Sulfadimidinnatrium Ph.Dan. IX – Add. Sulfadimidin-Natrium. Sulfamethazin-Natrium. Sulfadimethylpyrimidin-Natrium.

$C_{12}H_{15}N_4NaO_2S$ Formel A. 15 a M.G. 300,33
2-(4'-Amino-benzolsulfonylamido)-4,6-dimethylpyrimidin-Natrium.

Eigenschaften. Weißes oder fast weißes, kristallines, geruchloses, schwach bitter und laugenartig schmeckendes Pulver, das sich bei Belichtung allmählich verfärbt. Sulfadimidin-Natrium zieht an der Luft Kohlendioxid an, wobei es teilweise wasserunlöslich wird. Löslichkeit: Löslich in etwa 2,5 T. Wasser, wenig löslich in A., (etwa 60 T. A. 96%), unlöslich in Ae.

Erkennung. Aus einer Lösung von etwa 0,1 g Sulfadimidinnatrium in 2 ml W. scheidet sich auf Zusatz von 1 ml verd. Essigsäure Sulfadimidin als weißer, kristalliner Niederschlag aus, der abgesaugt, gewaschen und getrocknet wird. Schmelzintervall: 196 bis 200°. Identitätsreaktionen s. Sulfadimidin. Natrium: Löst man den Verbrennungsrückstand von etwa 0,1 g Sulfadimidinnatrium unter Erwärmen in 2 ml W. und filtriert, so gibt das Filtrat mit 2 ml Kaliumantimonatlösung beim Erhitzen einen weißen, kristallinen Niederschlag.

Prüfung. a) Aussehen der Lösung: Eine 5%ige, wäßrige Lösung ist klar und nicht stärker farbig als schwach gelblich. – b) Reaktion der Lösung: Das pH einer 10%igen, wäßrigen Lösung liegt zwischen 10,0 und 11,0 (BP 63). – c) Freies Alkali: Versetzt man eine Mischung von 5 ml der Lösung (1 + 9) und 25 ml kohlensäurefreiem Wasser mit 10 Tr. Phenolrotlösung und hierauf unter kräftigem Umschütteln mit 20 ml 0,1 n Silbernitratlösung, so muß die Flüssigkeit gelb gefärbt sein. – d) Chlorid, Sulfat, Schwermetalle, Arsen: Analog Sulfadiazinnatrium und Sulfamerazinnatrium. – e) Trocknungsverlust: Höchstens 2% (ÖAB 9 und BP 63), wenn bei 105° bis zur Gewichtskonstanz getrocknet wurde.

Gehaltsbestimmung. Nach BP 63 und ÖAB 9: Durch Titration mit Natriumnitrit in saurer Lösung. 1 ml 0,1 m $NaNO_2$ entspricht 30,03 mg $C_{12}H_{13}N_4NaO_2S$. ÖAB 9 gibt außerdem noch eine alkalimetrische Methode an: 0,6007 g getrocknetes Sulfadimidinnatrium werden in 50 ml Wasser gelöst und nach Zusatz von 10 Tr. Methylrotlösung mit 0,1 n Salzsäure auf Rot titriert. Nun erhitzt man kurz zum Sieden, kühlt ab und titriert gegebenenfalls nach 3 Min. erneut mit 0,1 n Salzsäure auf Rot. Für die angegebene Einwaage müssen 19,70 bis 20,04 ml 0,1 n HCl verbraucht werden, entsprechend 98,5 bis 100,2% d. Th. 1 ml 0,1 n HCl entspricht 33,03 mg $C_{12}H_{13}N_4NaO_2S$.

Aufbewahrung. Vor Licht geschützt, in dicht schließenden Gefäßen.

Dosierung. Gebräuchliche Einzeldosis bei i.v. Verabreichung: 1,0 bis 2,0 g (als 33%ige Lösung). Einzelmaximaldosis bei i.v. Verabreichung: 4,0 g, Tagesmaximaldosis bei i.v. Verabreichung: 10,0 g (ÖAB 9).

Sulfisomidin DAB 7 – BRD. Sulfisomidinum DAB 7 – DDR. Sulphasomidine BP 63. Sulfasomidin.

$C_{12}H_{14}N_4O_2S$ Formel A. 16 M.G. 278,33

6-(4'-Amino-benzolsulfonylamido)-2,4-dimethylpyrimidin.

Eigenschaften. Weißes bis gelblich-weißes, kristallines, schwach bitter schmeckendes Pulver mit süßlichem Nachgeschmack. Fp. 239 bis 242° (DAB 7 – DDR), bei etwa 240° (DAB 7 – BRD). Löslichkeit: Schwer löslich in Wasser von 20°, löslich in etwa 60 T. siedendem W., wenig löslich in A. und Aceton, fast unlöslich in Ae. und Chloroform, unter Salzbildung löslich in verd. Mineralsäuren, verd. Alkalilaugen und Ammoniaklösung. Die wäßrige Lösung soll Lackmuspapier nicht verändern.

Erkennung. a) Die bei schwachem Erhitzen von 0,05 g Substanz auftretenden Dämpfe färben rotes Lackmuspapier blau und Bleiacetatpapier schwarz (DAB 7 – BRD). – b) die Lösung von 0,05 g Substanz in 1 ml 3 n Salzsäure gibt mit 5 Tr. 4-Dimethylaminobenzaldehydlösung eine Gelborangefärbung und nach einigen Min. eine gleichfarbige Fällung. – c) Die Lösung von 0,05 g Substanz in 2,5 ml 0,1 n Natronlauge gibt mit 0,20 ml Kupfersulfatlösung einen olivgrünen, allmählich in Gelbgrün übergehenden Niederschlag (DAB 7 – BRD). – d) 0,10 g Substanz werden mit einer Mischung von 2,5 ml 6 n Essigsäure und 2,5 ml Wasser einige Min. lang geschüttelt. Im Filtrat entsteht auf Zusatz von 5,0 ml Mayers Reagens (Kaliumquecksilberjodid) ein hellgelber Niederschlag (DAB 7 – BRD). – e) Die Lsg. von 50 mg Substanz in 1,0 ml 3 n Salzsäure gibt mit 0,5 ml Natriumnitritlsg. und 0,10 ml 2-Naphthollsg. eine orangerote Färbung oder Fällung (DAB 7 – BRD). – f) Reaktion mit Furfuroleisessig, s. Sulfacetamid (DAB 7 – DDR). – g) Sulfatnachweis nach dem Glühen mit Natrium-Kaliumcarbonat s. Sulfacetamid (DAB 7 – DDR). – h) 0,1 g Substanz werden in 10 ml Eisessig gelöst und mit 5 ml einer 5%igen Lösung von Antimontrichlorid in Äther versetzt: es entsteht eine weiße Fällung (BP 63). – i) Diazotierung und Kupplung mit β-Naphthol, s. Sulfadiazin (BP 63).

Prüfung. Nach DAB 7 – BRD: Prüflösung: 1 g Substanz wird mit 50 ml Wasser 50 Min. lang auf etwa 70° erwärmt und das nach dem Erkalten erhaltene Filtrat unter Nachwaschen des Filters auf 50,0 ml ergänzt. a) Alkalisch oder sauer reagierende Verunreinigungen: 10 ml Prüflösung dürfen durch 0,20 ml Methylrotlösung II nicht gelb gefärbt werden und höchstens 0,30 ml 0,02 n Natronlauge bis zum Farbumschlag nach Gelb verbrauchen. – b) Schwermetallionen: Höchstens 0,002%, berechnet als Pb^{2+}. – c) Chlorid: Höchstens 0,02%. – d) Sulfat: Höchstens 0,05%. – e) Alkaliunlösliche Stoffe: 0,100 g Substanz müssen sich in einer Mischung von 1,0 ml Wasser und 0,25 ml 3 n Natronlauge klar lösen. – f) Säureunlösliche Stoffe: 0,100 g Substanz müssen sich in einer Mischung von 1,0 ml Wasser und 0,25 ml 3 n Salpetersäure klar lösen. – g) Trocknungsverlust: Höchstens 0,5%, bei 100 bis 105° bis zum konstanten Gewicht getrocknet. – h) Sulfatasche: Höchstens 0,1%.

Gehaltsbestimmung. Nach DAB 7 – BRD: 0,100 bis 0,110 g Substanz, genau gewogen, werden in einem Jodzahlkolben von etwa 200 ml Inhalt in 10,0 ml 6 n Salzsäure gelöst. Nach Zusatz von 10,0 ml Essigsäure und 1,0 g Kaliumbromid wird die Lösung unter Umschwenken mit 20,00 ml 0,1 n Kaliumbromatlösung versetzt. Nach 5 Min. werden 0,50 g Kaliumjodid hinzugefügt. Nach einer weiteren Min. wird mit 0,1 n Natriumthiosulfatlösung zurücktitriert (Feinbürette, Stärkelösung als Indikator). 1 ml 0,1 n Kaliumbromatlösung entspricht 0,006958 g $C_{12}H_{14}N_4O_2S$. Eine ähnliche Bestimmung schreibt DAB 7 – DDR vor. Nach DAB 6 – Nachtr. 54 (DDR) wurde eine direkte bromometrische Titration durchgeführt. Ausführung analog Sulfanilamid. Nach BP 63 wird in saurer Lösung mit 0,1 m Natriumnitritlösung titriert. Ausführung analog Sulfadiazin. 1 ml 0,1 m $NaNO_2$ entspricht 0,027 83 g $C_{12}H_{14}N_4O_2S$. Endpunkt nach der dead-stop-Methode.

Aufbewahrung. Vor Licht geschützt, in gut schließenden Gefäßen.

Dosierung. Zur Behandlung allgemeiner Infektionen: Anfangsdosis 3 g, dann bis 6 g täglich. Zur Behandlung von Infektionen der Harnwege: 3 bis 4 g täglich in mehreren Gaben (BP 63) (s. dazu S. 520).

Handelsformen: Aristamid (Nordmark-Werke), Elkosin (Ciba), Mefanal (Dehydag).
Kombinationspräparate: Aristasept, Aristogyn, Aristocillin (Nordmark-Werke), Globichthol mit Sulfonamid (Ichthyol-Ges.), Elkocillin (Ciba).

Sulfamethoxydiazin. Durenat (Bayer, Schering).

Formel A. 17 2-(4'-Amino-benzolsulfonylamido)-5-methoxypyrimidin.

Langwirkendes Sulfonamid. U. a. zur Behandlung von Angina und Mischinfektionen bei Grippe.

Sulfadimethoxine NND 63. N^1-(2,6-Dimethoxy-4-pyrimidyl)-sulfanilamide. 2,4-Dimethoxy-6-sulfanilamido-1,3-diazine.

Formel A. 18 4-(4'-Amino-benzolsulfonylamido)-2,6-dimethoxy-pyrimidin.

Handelsformen: Madribon (Roche), Madribon und Madriqid (Roche Lab. Div., USA). Lang wirkendes Sulfonamid.

Sulfamethoxypyridazine USP XVII, NND 63. Sulphamethoxypyridazine BP 63. Sulfamethoxypyridazinum DAB 7 – DDR. N^1-(6-Methoxy-3-pyridazinyl)-sulfanilamide.

$C_{11}H_{12}N_4O_3S$ Formel A. 19 M.G. 280,32
3-(4'-Amino-benzolsulfonylamido)-6-methoxy-pyridazin.

Eigenschaften. Weißes oder leicht gelbliches, kristallines, praktisch geruchloses Pulver mit bitterem Nachgeschmack. Es ist gegen Luftsauerstoff stabil, verfärbt sich jedoch allmählich bei Belichtung. Löslichkeit: Schwer löslich in Wasser, wenig löslich in A. und Aceton, leicht löslich in verd. Mineralsäuren und verd. Alkalilaugen unter Salzbildung. Schmelzintervall: 180 bis 183° (USP XVII); 178 bis 181° (DAB 7 – DDR).

Erkennung. a) Etwa 500 mg Substanz werden in 9 ml W. suspendiert und mit so viel Salzsäure versetzt, daß gerade Lösung eintritt. Die Hälfte dieser Lösung wird mit 2 ml Trinitrophenollösung versetzt. Es entsteht ein grobflockiger Niederschlag. Der Rest der Lösung wird mit 3 Tr. Formalin versetzt. Es bildet sich ein blaßgelbes, flockiges Präzipitat, das beim Erwärmen der Lösung im Wasserbad in Lösung geht, wobei eine rotorange Lösung entsteht, aus der beim Abkühlen ein hell-orangefarbener Niederschlag ausfällt (USP XVII, BP 63). – b) Das Infrarotspektrum eines KBr-Preßlings der Substanz muß in der Lage der verschiedenen Banden identisch sein mit einem entsprechend dargestellten Spektrum der USP-Standardsubstanz (USP XVII). – c) 20 bis 25 mg Substanz werden in 2 ml 4 n Schwefelsäure gelöst und dann vorsichtig mit einem Tr. ges. Kaliumbromatlösung versetzt. Es entsteht eine gelbe Färbung, die in dunkelbernsteingelb übergeht; evtl. bildet sich ein brauner Niederschlag (USP XVII, BP 63). – d) Beim Diazotieren und Kuppeln mit β-Naphthol entsteht ein orangeroter Niederschlag (BP 63). – e) 0,10 g Substanz wird in 1,0 ml Essigsäure unter Erwärmen gelöst. Nach Zusatz von 1,0 ml Furfurol-Essigsäure-Lsg. zeigt die Lsg. eine rotgelbe Färbung. Nach 2 Min. wird 1 Tr. konz. Schwefelsäure hinzugefügt. Die Lsg. zeigt eine kräftig rote Färbung (DAB 7 – DDR). – f) 0,20 g Substanz werden in einem Porzellantiegel mit 0,25 g wasserfreiem Natriumcarbonat und 0,25 g Kaliumcarbonat versetzt. Die Mischung wird 10 Min. geglüht. Nach dem Erkalten wird der Rückstand in 5,0 ml 6 n Salzsäure gelöst und die Lsg. gegebenenfalls filtriert. Nach Zusatz von 10 Tr. Bariumchloridlsg. (5,0 g/100,0 ml) gibt die Lsg. einen weißen, kristallinen Niederschlag (DAB 7 – DDR). – g) 0,50 g Substanz werden in 2,0 ml Essigsäure unter Erwärmen gelöst. Die Lsg. wird nach Zusatz von 0,50 ml Essigsäureanhydrid in einem Wasserbad von 80° 5 Min. erhitzt und anschließend mit 10,0 ml W. versetzt. Nach dem Erkalten wird der entstandene Niederschlag auf einem Filter gesammelt, mit 2,0 ml A. gewaschen und bei 105° 60 Min. lang getrocknet. Die aus 5,0 ml Essigsäure umkristallisierten und bei 105° getrockneten Kristalle schmelzen im Bereich von 221 bis 225° unter Zersetzung (DAB 7 – DDR).

Prüfung. a) Aussehen der Lösung. 1 g Substanz muß sich in einer Mischung von 10 ml Natronlauge und 15 ml W. klar lösen; die Lösung darf höchstens blaßgelb gefärbt sein (USP XVII, BP 63). – b) Schwermetalle: Nicht über 10 T. pro Million (BP 63), nicht über 20 T. pro Million (USP XVII). – c) Trocknungsverlust: Nicht über 0,5%, beim Trocknen bis zur Gewichtskonstanz, oder 2 Std. bei 105° (USP XVII, BP 63). – d) Verbrennungsrückstand: Höchstens 0,1% (USP XVII, Sulfatasche BP 63). – e) Säureunlösliche Verunreinigungen: 0,100 g Substanz muß sich in der Mischung von 5,0 ml W. und 1,00 ml 6 n Salzsäure lösen. Die Lsg. muß klar bleiben (DAB 7 – DDR). – f) Alkalisch oder sauer reagierende Verunreinigungen: 1,40 g Substanz werden mit 70,0 ml W. versetzt. Die Mischung wird auf 70° erwärmt und 5 Min. bei dieser Temperatur gehalten. Nach dem Abkühlen auf 20° wird die Mischung 30 Min. stehengelassen und anschließend filtriert. 25,0 ml des Filtrates müssen nach Zusatz von 3 Tr. Phenolphthaleinlsg. farblos und nach darauffolgendem Zusatz von 0,90 ml 0,1 n Kalilauge rot gefärbt sein (DAB 7 – DDR).

Gehaltsbestimmung. Nach BP 63 wird mit Natriumnitrit in saurer Lösung titriert. 1 ml 0,1 m $NaNO_2$ entspricht 0,02803 g $C_{11}H_{12}N_4O_3S$. Nach USP XVII wird im wasserfreien Milieu titriert: Etwa 500 mg Sulfamethoxypyridazin werden genau gewogen, in einen 125-ml-Jodzahlkolben gegeben, mit 30 ml Dimethylformamid versetzt, sofort verschlossen und 2 bis 3 Min. geschüttelt. Dann werden 5 Tr. einer 1%igen Thymolblaulösung in Dimethylformamid zugesetzt und mit 0,1 n Natriummethylatlösung auf Blau titriert. Der Verbrauch wird an Hand eines Blindversuches korrigiert. 1 ml 0,1 n $NaOCH_3$ entspricht 28,03 g $C_{11}H_{12}N_4O_3S$.

Nach DAB 7 – DDR wird eine argentometrische Bestimmung durchgeführt: 0,3000 g getrocknete Substanz werden in einem 100-ml-Meßkolben in 2,00 ml 3 n Ammoniaklsg. gelöst. Die Lsg. wird mit 20,0 ml W. sowie 20,00 ml 0,1 n Silbernitratlsg. versetzt und geschwenkt. Nach 15 Min. werden 4,00 ml n Essigsäure hinzugefügt. Die Mischung wird mit W. zu 100,00 ml aufgefüllt und nach 60 Min. durch ein trockenes Filter filtriert. Die ersten 15,0 ml Filtrat werden verworfen. 50,00 ml des klaren Filtrates werden mit 10,0 ml 5 n Salpetersäure und 5,0 ml Eisen(III)-ammoniumsulfat-Lsg. versetzt. Der Überschuß an 0,1 n Silbernitratlsg. wird mit 0,1 n Ammoniumthiocyanatlsg. bis zur rötlichgelben Färbung titriert (Feinbürette). 1 ml 0,1 n Silbernitratlsg. entspricht 28,03 mg $C_{11}H_{12}N_4O_3S$.

Aufbewahrung. Vor Licht geschützt, in gut schließenden Gefäßen.

Dosierung. Anfangsdosis 1 g, dann 500 mg täglich (USP XVII und BP 63).

Handelsformen. Kynex (Lederle, USA), Midicel (Parke, Davis & Comp., USA).

Acetyl-Sulfamethoxypyridazine NND 63. N^1-Acetyl-N^1-(6-methoxy-3-pyridazinyl)-sulfanilamide. 3-(N^1-Acetylsulfanilamido)-6-methoxypyridazine.

Formel A. 19 b 3-(4′-Amino-benzolsulfonyl-acetyl-imido)-6-methoxypyridiazin.

Handelsform: Kynex-Acetyl (Lederle, USA).

Sulfisoxazole USP XVII, NND 63. Sulphafurazole BP 63. N^1-(3,4-Dimethyl-5-isoxazolyl)-sulfanilamide.

$C_{11}H_{13}N_3O_3S$ Formel A. 20 M.G. 267,32
5-(4′-Amino-benzolsulfonylamido)-3,4-dimethyl-isoxazol

Herstellung. Durch Umsetzung von Acetyl-sulfanilylchlorid mit 3,4-Dimethyl-5-amino-isoxazol und anschließender Desacetylierung (US-Pat. 2430094, Brit. Pat. 595775).

Eigenschaften. Weißes oder leicht gelbliches, kristallines, geruchloses Pulver von leicht bitterem Geschmack. Löslichkeit: Löslich in etwa 6700 T. W., in etwa 10 ml siedendem A., in etwa 50 T. A., in etwa 1000 T. Chloroform, in etwa 800 T. Ae., in 30 T. 5%iger, wäßriger

Natriumhydrogencarbonatlösung, leicht löslich in verd. Mineralsäuren. Schmelzintervall: 194 bis 199° (USP XVII), um 196° (BP 63).

Erkennung. a) Das UV-Absorptionsspektrum einer 1%igen, mit Phosphatpuffer vom pH 7,5 bereiteten Lösung muß identisch sein mit dem Spektrum der USP-Standardsubstanz (USP XVII). Das in 0,01 n Salzsäure aufgenommene UV-Spektrum zeigt zwischen 230 und 350 mμ nur ein Maximum bei 268 mμ; die Extinktion einer 0,001%igen Lösung beträgt bei 1 cm Schichtdicke etwa 0,48 (268 mμ) (BP 63). Das in 0,01 n Natronlauge aufgenommene UV-Spektrum zeigt zwischen 230 und 350 mμ nur ein Maximum bei 253 mμ; die Extinktion einer 0,0005%igen Lösung beträgt bei 1 cm Schichtdicke etwa 0,39 (253 mμ) (BP 63). – b) Zu einer Suspension von 20 mg Substanz in 5 ml W. gibt man tropfenweise Natronlauge bis zur vollständigen Lösung und anschließend einige Tr. Kupfersulfatlösung: die Lösung wird grün und es entsteht eine blaugrüne Fällung (USP XVII, BP 63). – c) Nach der Diazotierung und Kupplung mit β-Naphthol entsteht ein orangeroter Niederschlag (USP XVII, BP 63).

Prüfung. a) Aussehen der Lösung: Eine 5%ige Lösung in verd. Salzsäure ist klar und höchstens blaßgelb gefärbt. – b) Acidität: 1,0 g Substanz wird mit 50 ml kohlendioxidfreiem W. 5 Min. auf 70° erwärmt, dann schnell auf Raumtemp. abgekühlt und filtriert. 25 ml des Filtrats dürfen zur Neutralisation nicht mehr als 0,25 ml 0,1 n Natronlauge erfordern (Phenolphthalein als Indikator) (BP 63). – c) Schwermetalle: Nicht mehr als 10 T. pro Million (BP 63; 20 T./Mill. USP XVII). – d) Gewichtsverlust beim Trocknen während 2 Std. bei 105°: Nicht über 0,5% (USP XVII, BP 63). – e) Sulfatasche: Höchstens 0,1%.

Gehaltsbestimmung. Nach BP 63: Etwa 0,2 g, nach USP XVII: Etwa 0,8 g werden, wie unter Sulfamethoxypyridazin beschrieben, im wasserfreien Milieu (Dimethylformamid) mit Natriummethylat und Thymolblau als Indikator titriert. Der Verbrauch an 0,1 n $NaOCH_3$ wird mit Hilfe eines Blindversuches korrigiert. 1 ml 0,1 n $NaOCH_3$ entspricht 26,73 mg $C_{11}H_{13}N_3O_3S$.

Aufbewahrung. Vor Licht geschützt, in gut schließenden Gefäßen.

Anwendung. Als Chemotherapeuticum bei Infektionen verschiedener Lokalisation, vor allem aber der Harnwege (s. dazu S. 520).

Dosierung. Anfangsdosis 4 g, dann alle 4 Std. 1 g (USP XVII). Bei der Behandlung von Infektionen versch. Lokalisation, Initialdosis 3 g, dann bis insgesamt 6 g täglich in mehreren Dosen; bei der Behandlung von Infektionen der Harnwege, Initialdosis 2 g, dann bis 4 g täglich in mehreren Gaben (BP 63).

Handelsform: Gantrisin (Roche).
Kombinationspräparat: Gantrisin-Bepanthen (Roche).

Acetyl-Sulfisoxazole USP XVI (!), NND 63. N^1-Acetyl-sulfisoxazole. N^1-Acetyl-N^1-(3,4-dimethyl-5-isoxazolyl)-sulfanilamide.

$C_{13}H_{15}N_3O_4S$ Formel A. 20 b M.G. 309,35
5-(4′-Amino-benzolsulfonyl-acetyl-imido)-3,4-dimethyl-isoxazol.

Beschreibung. Weißes oder schwach gelbliches, kristallines Pulver. Löslichkeit: Praktisch unlöslich in W., wenig löslich in A., sehr wenig löslich in Chloroform. Fp. 192 bis 194°.

Erkennung. a) Das UV-Spektrum in Äthanol muß identisch sein mit dem der USP-Standardsubstanz. – b) 10 mg Substanz werden in 1 ml Salzsäure gelöst und 1 Min. auf 100° erhitzt. Nach dem Abkühlen wird diazotiert und mit β-Naphthol gekuppelt: es entsteht eine orangefarbene Fällung. – c) 100 mg Substanz werden in einem Reagensglas mit 2 ml 10%iger Natronlauge versetzt, 2 Min. gekocht, abgekühlt und dann vorsichtig, tropfenweise mit verd. Salzsäure versetzt, bis ein Niederschlag entsteht und derselbe sich wieder aufgelöst hat. Dann wird mit Calciumcarbonat in kleinen Portionen neutralisiert, bis die Gasentwicklung beendet ist. Nach dem Filtrieren werden 3 Tr. Eisenchloridlösung zugesetzt: es entsteht eine rotbraune Färbung.

Prüfung. a) Schwermetalle: Höchstens 20 T. pro Million. – b) Gewichtsverlust: Höchstens 0,5%, wenn 3 Std. bei 105° getrocknet wird. – c) Verbrennungsrückstand: Höchstens 0,1%.

Gehaltsbestimmung. USP XVI: Etwa 1 g Acetylsulfisoxazol werden genau gewogen, in einem 250-ml-Becherglas mit 15 ml Eisessig durch kreisende Bewegung in Lösung gebracht, mit 2 ml Schwefelsäure und 25 ml Salzsäure versetzt und 80 ml W. zugefügt. Dann wird gekühlt und sofort mit 0,1 m Natriumnitritlösung titriert, wobei der Endpunkt potentiometrisch ermittelt wird (Kalomel- und Platinelektrode). 1 ml 0,1 m $NaNO_2$ entspricht 30,94 mg $C_{13}H_{15}N_3O_4S$.

Aufbewahrung. Vor Licht geschützt, in gut schließenden Gefäßen.

Dosierung. Anfangsdosis 4,6 g (entsprechend 4 g Sulfisoxazol), dann alle 4 bis 6 Std. 1,15 g (entsprechend 1 g Sulfisoxazol) (USP XVI).

Handelsformen: Gantrisin Acetyl, Lipo-Gantrisin Acetyl (Roche Lab., Div., USA).

Sulfisoxazole Diethanolamine USP XVI(!), NND 63. 2,2'-Iminodiethanol salt of N[1]-(3,4-dimethyl-5-isoxazolyl)-sulfanilamide.

$C_{11}H_{13}N_3O_3S \cdot C_4H_{11}NO_2$ Formel A. 21 M.G. 372,46

Diäthanolaminsalz des 5-(4'-Amino-benzolsulfonylamido)-3,4-dimethyl-isoxazols.

Herstellung. Einer Lösung von Sulfisoxazol wird so viel Diäthanolamin zugesetzt, daß sie ein pH um 7,5 zeigt. Dann wird i. Vak. eingeengt und umkristallisiert.

Eigenschaften. Blaßgelbes, kristallines Pulver. Löslichkeit: Leicht löslich in W., löslich in A., wenig löslich in Chloroform, praktisch unlöslich in Ae. Fp. 120 bis 123°.

Erkennung. a) Das UV-Spektrum einer mit Phosphatpuffer vom pH 7,5 bereiteten, 1%igen Lösung muß mit dem im gleichen Puffer gemessenen Spektrum der USP Sulfisoxazol-Standardsubstanz identisch sein. – b) Diazotierung und Kupplung mit β-Naphthol führt zu einem orangeroten Niederschlag.

Prüfung. a) Schwermetalle und b) Verbrennungsrückstand wie bei Sulfisoxazol. – c) Gewichtsverlust: Höchstens 0,2%, wenn i. Vak. 4 Std. lang über Phosphorpentoxid getrocknet wurde.

Gehaltsbestimmung. USP XVI: Titration im wasserfreien Milieu. Ausführung wie bei Sulfamethoxypyridazin. Einwaage etwa 1 g. 1 ml 0,1 n $NaOCH_3$ entspricht 37,24 mg $C_{11}H_{13}N_3O_3S \cdot C_4H_{11}NO_2$.

Aufbewahrung. Vor Licht geschützt, in gut schließenden Gefäßen.

Anwendung. Als Salbe, Augentropfen und Injektionslösung (s. dazu S. 520).

Handelsform: Gantrisin Diethanolamine (Roche Lab. Div., USA).

Sulfadimethyloxazol. 2-Sulfanilamido-4,5-dimethyloxazol. 2-(p-Amino-benzolsulfonamido)-4,5-dimethyloxazol. Sulfuno (Nordmark-Werke), Tardamid (Grünenthal).

$C_{11}H_{13}N_3O_3S$ Formel A. 22 M.G. 267,30

2-(4'-Amino-benzolsulfonylamido)-4,5-dimethyl-oxazol.

Anwendung. Als langwirkendes Sulfonamid bei den verschiedensten Infektionen.

Dosierung. Am 1. Tag morgens und abends je 1 g, dann 2mal täglich 0,5 g.

Sulfathiazol DAB 7 – BRD. Sulfathiazolum DAB 7 – DDR, Ph.Helv.V – Suppl. II, PI.Ed. I/1, ÖAB 9, CsL 2, Ph.Dan. IX, USP XIV (!). Sulphathiazole BP 53 (!). Norsulfazolum Ross. 8. Sulfathiazol. Sulfanilamidothiazol.

$C_9H_9N_3O_2S_2$ Formel A. 23 M.G. 255,32

2-(4'-Amino-benzolsulfonylamido)-thiazol.

Eigenschaften. Weißes bis schwach gelbliches, kristallines, geruchloses Pulver, das schwach süßlich-bitter schmeckt und sich bei Belichtung allmählich verfärbt. Löslichkeit: Sehr schwer löslich in W. von 20°, löslich in etwa 40 T. W. von 100°, in etwa 50 T. Aceton, in etwa 100 T. A. (90%), praktisch unlöslich in Ae. und Chloroform, unter Salzbildung löslich in verd. Mineralsäuren, verd. Alkalilaugen sowie Lösungen von Alkalicarbonaten und Ammoniak. Schmelzintervall: 189 bis 201° (DAB 7 – BRD), 197 bis 200° (DAB 7 – DDR), 199 bis 204° (ÖAB 9), 200 bis 204° (PI.Ed. I/1), 196 bis 199° (Ph.Helv.V – Suppl. II).

Erkennung. a) Die beim Erhitzen eines Gemisches von 0,05 g Substanz und 0,05 g getrocknetem Natriumcarbonat sich entwickelnden Dämpfe färben rotes Lackmuspapier blau und Bleiacetatpapier schwarz (DAB 7 – BRD). – b) Ungefähr 0,05 g Substanz werden in einem trockenen Reagensglas bis zum Schmelzen erhitzt; es bildet sich eine braune bis rote Färbung und bei weiterem Erhitzen entwickeln sich die Gerüche nach Ammoniak, Anilin und Schwefelwasserstoff (Unterschied von bestimmten anderen Sulfonamiden) (PI.-Ed. I/1). – c) Nach dem Glühen oder Erhitzen mit Natriumcarbonat oder einem Gemisch von Natrium- und Kaliumcarbonat läßt sich im Rückstand Sulfat nachweisen (Ph.-Helv. V – Suppl. II, DAB 7 – DDR, ÖAB 9). – d) Die Lösung von 0,05 g Substanz in 2,5 ml 0,1 n Kalilauge gibt mit einigen Tr. Kupfersulfatlösung eine grauviolette, voluminöse

Fällung (DAB 7 – BRD, ähnlich ÖAB 9, Ph.Helv. V – Suppl. II). – e) Diazotierung und Kupplung mit β-Naphthol gibt eine orangefarbene Fällung und eine tiefrote Lösung (Ph.-Helv. V – Suppl. II, ÖAB 9, PI.Ed. I/1). – f) Kondensation mit 4-Dimethylaminobenzaldehyd führt zu einer orangefarbenen Färbung und Fällung. – g) Reaktion mit Furfuroleisessig führt zu einer tiefroten Färbung (DAB 7 – DDR). – h) Übergießt man in einem Reagensglas ein Gemisch von 0,1 g Sulfathiazol und 0,2 g Zinkfeile mit 2 ml Salzsäure, so tritt ein merkaptanähnlicher Geruch auf (DAB 7 – DDR). – i) Reaktion mit Phenol und Kaliumbromat ergibt eine rotviolette Färbung (ÖAB 9).

Prüfung. a) Vollständigkeit und Farbe der Lösung: 0,5 g Substanz lösen sich vollständig in einer Mischung von 3 ml Natronlauge und 20 ml Wasser zu einer farblosen Lösung (PI.Ed. I/1). – b) Alkalisch oder sauer reagierende Verunreinigungen: Erhitzt man 1 g Substanz mit 50 ml W. 50 Min. lang auf etwa 70°, kühlt dann rasch ab und filtriert, so müssen sich 20 ml des Filtrates auf Zusatz von 3 Tr. Methylrotlösung rot oder orange und bei darauffolgendem Zusatz von 1 Tr. 0,1 n Natronlauge gelb färben (ÖAB 9, ähnlich DAB 7 – BRD, Ph.Helv. V – Suppl. II). – c) Schwermetalle: Höchstens 0,002%, berechnet als Pb^{2+} (DAB 7 – BRD, PI.Ed. I/1). – d) Chlorid: Höchstens 0,02%. – e) Sulfat: Höchstens 0,05%. – f) Alkaliunlösliche Verunreinigungen: 0,1 g Substanz müssen sich in einer Mischung von 1,0 ml W. und 0,25 m 3 n Natronlauge lösen (DAB 7 – BRD, ähnlich ÖAB 9). – g) Säureunlösliche Verunreinigungen: 0,1 g Substanz müssen sich in einer Mischung von 2,0 ml W. und 0,40 ml 3 n Salpetersäure beim Erwärmen lösen und beim Erkalten gelöst bleiben (DAB 7 – BRD, ähnlich Ph.Helv. V – Suppl. II, ÖAB 9). – h) Trocknungsverlust: Höchstens 0,5%, bei 100 bis 105° bis zur Gewichtskonstanz getrocknet. – i) Sulfatasche: Höchstens 0,1%.

Gehaltsbestimmung. a) Nach DAB 7 – BRD: Bromometrische Bestimmung mit Rücktitration des überschüssigen Broms. Ausführung wie bei Sulfanilamid. Einwaage etwa 0,1 g. 1 ml 0,1 n $KBrO_3$ entspricht 0,004255 g $C_9H_9N_3O_2S_2$ (ähnlich in Ph.Dan. IX u. DAB 7 – DDR). – b) Eine Titration mit Natriumnitrit in saurer Lösung lassen durchführen: PI.Ed. I/1, ÖAB 9 und CsL 2. – c) Nach ÖAB 9 wird außerdem eine acidimetrische Titration unter Zusatz von Silbernitrat vorgeschlagen; Ausführung s. Sulfamerazin. 1 ml 0,1 n NaOH entspricht 25,53 mg $C_9H_8N_3O_2S_2$. – d) Nach DAB 6 – Nachtr. 54 (DDR) wurde eine direkte bromometrische Bestimmung durchgeführt. Ausführung s. Sulfanilamid. 1 ml 0,1 n $KBrO_3$ entspricht 0,004255 g $C_9H_9N_3O_2S_2$. – e) Nach Ph.Helv. V – Suppl. II wird argentometrisch titriert. Ausführung analog Sulfamerazin.

$$\text{Gehalt an } C_9H_9N_3O_2S_2 = \left(\frac{a}{2} - b\right) \cdot \frac{20{,}42}{p}\ \%$$

p = Einwaage in g,
a = zugefügte Anzahl ml 0,1 n Silbernitratlösung,
b = bei der Rücktitration verbrauchte Anzahl ml 0,1 n Ammoniumrhodanidlösung.

Aufbewahrung. Vor Licht geschützt, in gut schließenden Gefäßen.

Anwendung. Bei Infektionen durch Pneumokokken, Gonokokken, Meningokokken, Staphylokokken, auch bei Coliinfektionen und bei Bazillenruhr. Sulfathiazol wird schnell resorbiert und schnell ausgeschieden.

Dosierung. Gebräuchliche Einzeldosis 1,0 bis 2,0 g, Einzelmaximaldosis 3,0 g, Tagesmaximaldosis 8,0 g (ÖAB 9).

Handelsformen: Cibazol (Ciba), Eleudron (Bayer), Thiazomide (Rhône-Poulenc).

Sulfathiazoli Natrium ÖAB 9. Sulfathiazolum Natrium DAB 7 – DDR. Sulfathiazolum Natricum PI.Ed. I/1. Sulfathiazolnatrium Ph.Dan. IX. Sulfathiazole Sodium USP XIV (!). Sulphathiazole Sodium BP 53 (!). Norsulfazolum solubile Ross. 8 (!), Sulfathiazol-Natrium.

$C_9H_8N_3NaO_2S_2 \cdot 1^1/_2 H_2O$ Formel A. 23 a M.G. 304,33
2-(4′-Amino-benzolsulfonylamido)-thiazol-Natrium.

Eigenschaften. Farblose Kristalle oder weißes oder fast weißes, kristallines, geruchloses Pulver von schwach bitterem und laugenartigem Geschmack, das an der Luft Kohlendioxid anzieht und dadurch teilweise unlöslich in Wasser wird. Löslichkeit: 1 T. löst sich in etwa 3 T. W. und in etwa 20 T. A.

Erkennung. Aus einer Lösung von etwa 0,1 g Sulfathiazolnatrium in 2 ml Wasser scheidet sich auf Zusatz von 1 ml verd. Essigsäure Sulfathiazol als weißer, kristalliner Niederschlag aus, der abgesaugt, gewaschen und getrocknet wird. Fp. 199 bis 204°.
Identitätsreaktionen s. unter Sulfathiazol. Natrium: s. unter Sulfadiazinnatrium.

Prüfung. Nach ÖAB 9: a) Reaktion der Lösung: Eine Lösung von 1 T. Sulfathiazol-natrium in 9 T. kohlendioxidfreiem W. muß klar sein und gegen Thymolphthalein alkalisch reagieren. – b) Freies Alkali: Versetzt man eine Mischung von 5 ml der Lösung (1 + 9) und 25 ml kohlendioxidfreiem W. mit 10 Tr. Phenolrotlösung und dann unter kräftigem Umschütteln mit 20 ml 0,1 n Silbernitratlösung, so muß die Flüssigkeit gelb gefärbt sein. – c) Chlorid: In einer Mischung von 2,5 ml der Lösung (1 + 9), 3,5 ml verd. Salpetersäure und 5 ml W. darf Chlorid in unzulässiger Menge nicht nachweisbar sein. – d) Sulfat: In einer c) entsprechenden, salzsauren Lösung darf Sulfat in unzulässiger Menge nicht nachweisbar sein. – e) Arsen: In einer Lösung von 0,5 g Substanz in 5 ml Salzsäure darf nach Zusatz von 0,1 g Kaliumjodid mit 5 ml Hypophosphitlösung Arsen nicht nachweisbar sein. – f) Schwermetalle: In einer Mischung von 1 ml der Lösung (1 + 9) und 9 ml W. dürfen Schwermetalle nicht nachweisbar sein. – g) Trocknungsverlust: 8 bis 9,5%, bestimmt bei 120°.

Gehaltsbestimmung. Nach PI.Ed. I/1 und ÖAB 9 wird in saurer Lösung mit Natriumnitrit titriert. 1 ml 0,1 m $NaNO_2$ entspricht 27,73 mg $C_9H_8N_3NaO_2S_2$. Die Substanz wird zuvor quantitativ getrocknet. Nach Ross. 8 und ÖAB 9 wird eine alkalimetrische Bestimmung mit 0,1 n Salzsäure, Methylorange bzw. Methylrot als Indikator, durchgeführt.

Nach DAB 7 – DDR wird eine argentometrische Bestimmung durchgeführt: 0,3000 g getrocknete Substanz werden in einem 100-ml-Meßkolben in 20,0 ml W. gelöst. Die Lsg. wird mit 20,00 ml 0,1 n Silbernitratlsg. versetzt und umgeschwenkt. Nach 15 Min. werden 3,00 ml Weinsäurelsg. (20,0 g/100,0 ml) hinzugefügt. Die Mischung wird mit W. zu 100,00 ml aufgefüllt und nach 60 Min. durch ein trockenes Filter filtriert. Die ersten 15 ml Filtrat werden verworfen, 50,00 ml des klaren Filtrates werden mit 10,0 ml 5 n Salpetersäure und 5,0 ml Eisen(III)-ammoniumsulfat-Lsg. versetzt. Der Überschuß an 0,1 n Silbernitratlsg. wird mit 0,1 n Ammoniumthiocyanatlsg. bis zur rötlichgelben Färbung titriert (Feinbürette). 1 ml 0,1 n Silbernitratlsg. entspricht 27,73 mg $C_9H_8N_3NaO_2S_2$.

Aufbewahrung. Vor Licht geschützt, in gut schließenden Gefäßen.

Dosierung. Gebräuchliche Einzeldosis bei i. v. Verabreichung: 1 bis 2 g, Einzelmaximaldosis bei i.v. Verabreichung: 3,0 g, Tagesmaximaldosis bei i.v. Verabreichung: 8,0 g (ÖAB 9).

Sulfazolum Ross. 8 (!), Sulfamethylthiazol. Ultraseptyl.

$C_{10}H_{11}N_3S_2$ Formel A. 24 M.G. 269,33

2-(4'-Amino-benzolsulfonylamido)-4-methyl-thiazol.

Eigenschaften. Gelbliches, kristallines Pulver. 1 T. löst sich in etwa 2000 T. W., unlöslich in Äther, unter Salzbildung löslich in Säuren und Alkalilaugen. Fp. nach Trocknen bei 105 bis 110° bis zum konstanten Gewicht 235 bis 240°.

Erkennung. Diazotieren und Kuppeln mit β-Naphthol.

Prüfung. a) Sulfat und Chlorid: 0,5 g Substanz werden 5 Min. lang mit 50 ml W. geschüttelt und filtriert. 10 ml des Filtrates werden auf Sulfat und 10 ml auf Chlorid geprüft. Berechnet auf die Substanz dürfen nicht über 0,1% Chlorid und nicht über 0,02% Sulfat nachweisbar sein. – b) Sulfanilsäure: 0,2 g Substanz werden mit 20 ml Wasser aufgekocht. Man läßt erkalten, filtriert und gibt zu 5 ml des Filtrates 1 Tr. Methylorangelösung: Es darf keine Rotfärbung auftreten. – c) Schwermetalle: Nicht über 0,001%. – d) Sulfatasche: Nicht über 0,2%.

Gehaltsbestimmung. 0,3 g Substanz werden genau gewogen, in einer Mischung von 25 ml Aceton und 25 ml W. unter Erwärmen bis auf 50 bis 60° gelöst und mit 0,1 n Natronlauge titriert (2 ml 0,1%ige Thymolphthaleinlösung als Indikator). Der Verbrauch wird mit Hilfe eines Blindversuches korrigiert.

Handelsform: Ultraseptyl (Sanabo, Wien).

Sulfaphenazolum DAB 7 – DDR. Sulfaphenazol. 3-Sulfanilamido-2-phenyl-pyrazol.

$C_{15}H_{14}N_4O_2S$ Formel A. 25 M.G. 314,37

5-(4-Aminobenzolsulfonamido)-1-phenylpyrazol.

Gehalt. 90,0 bis 101,0% der Theorie.

Eigenschaften. Weißes oder fast weißes, mikrokristallines Pulver, Geruch nicht wahrnehmbar, von bitterem Geschmack. Löslichkeit: In W. fast unlöslich, in A. schwer löslich, in Ae. praktisch unlöslich, löslich in Aceton, unter Salzbildung löslich in verd. Alkalilaugen und verd. Mineralsäuren. Schmelzbereich: 180 bis 183°.

Erkennung. a) 0,010 g Substanz wird in 1,0 ml Essigsäure unter Erwärmen gelöst. Nach Zusatz von 1,0 ml Furfurol-Essigsäure-Lsg. zeigt die Lsg. eine gelbrote Färbung. Nach 2 Min. wird 1 Tr. konz. Schwefelsäure hinzugefügt. Die Lsg. zeigt eine kräftig rote Färbung. – b) 0,20 g Substanz werden in einem Porzellantiegel mit 0,25 g wasserfreiem Natriumcarbonat und 0,25 g Kaliumcarbonat versetzt. Die Mischung wird 10 Min. geglüht. Nach dem Erkalten wird der Rückstand in 5,0 ml 6 n Salzsäure gelöst und die Lsg. gegebenenfalls filtriert. Nach Zusatz von 10 Tr. Bariumchloridlsg. (5,0 g/100,0 ml) gibt die Lsg. einen weißen, kristallinen Niederschlag.

Prüfung. a) Laugenunlösliche Verunreinigungen, Farbe der Lsg.: 0,75 g Substanz müssen sich in der Mischung aus 11,0 ml W. und 3,75 ml n Kalilauge lösen. Die Lsg. muß klar sein. 5,0 ml der Lsg. dürfen keine stärkere Färbung zeigen als 5,0 ml der Mischung aus 0,150 ml Eisen-FL, 0,150 ml Kobalt-FL, 0,200 ml Kupfer-FL und 9,5 ml 0,5 n Salzsäure. – b) Säureunlösliche Verunreinigungen: 0,1000 g Substanz muß sich in der Mischung aus 3,0 ml W. und 2,00 ml 6 n Salzsäurelsg. lösen. Die Lsg. muß klar sein. – c) Alkalisch oder sauer reagierende Verunreinigungen: 1,20 g Substanz werden mit 60,0 ml W. versetzt. Die Mischung wird auf 70° erwärmt, 5 Min. bei dieser Temperatur gehalten und nach dem Erkalten filtriert. 25,0 ml des Filtrates müssen nach Zusatz von 3 Tr. Phenolphthaleinlsg. farblos und nach darauffolgendem Zusatz von 3,00 ml 0,01 n Kalilauge rot gefärbt sein. – d) Schwermetall-Ionen: 5,0 ml der Lsg. von a) werden zu 3 Tr. Natriumsulfidlsg. gegeben. Diese Lsg. darf weder eine Trübung noch eine stärkere Färbung zeigen als 5,0 ml der Lsg. von a). – e) Chlorid: 5,0 ml des Filtrates von c) dürfen nach Zusatz von 5,0 ml W. bei der Prüfung auf Chlorid (Bd. I, 257) keine stärkere Trübung als die Vergleichsprobe zeigen (höchstens 0,01% Cl^-). – f) Sulfat: 5,0 ml des Filtrates von c) dürfen nach Zusatz von 5,0 ml W. bei der Prüfung auf Sulfat (Bd. I, 263) keine Trübung zeigen. – g) Sulfatasche: 1,00 g Substanz darf höchstens 0,10% Rückstand hinterlassen. – h) Trocknungsverlust: 0,200 g Substanz werden 24 Std. über Silicagel getrocknet. Die Substanz darf höchstens 0,50% Masse verlieren. Der Rückstand ist zur Gehaltsbestimmung aufzubewahren.

Gehaltsbestimmung. 0,1200 bis 0,1300 g getrocknete Substanz von h) werden in einem mit Glasstopfen verschließbaren 200-ml-Erlenmeyerkolben in der Mischung aus 6,50 ml konz. Salzsäure und 3,50 ml W. gelöst. Nach Zusatz von 50,0 ml Essigsäure und 5,0 ml Kaliumbromidlsg. (20,0 g/100,0 ml) wird die Lsg. unter Schwenken mit 30,00 ml 0,1 n Kaliumbromatlsg. versetzt und 10 Min. stehen gelassen. Anschließend werden 0,50 g Kaliumjodid hinzugefügt. Nach 1 Min. wird das ausgeschiedene Jod mit 0,1 n Natriumthiosulfatlsg. titriert (Feinbürette). Sobald die Lsg. nur noch schwach gelb gefärbt ist, werden 2,0 ml Stärkelsg. hinzugefügt. 1 ml 0,1 n Kaliumbromatlsg. ist 5,239 mg Sulfaphenazol äquivalent.

Aufbewahrung. Vor Licht geschützt.

Anwendung. Langwirkendes Sulfonamid zur Behandlung verschiedener Infektionen. Äußerlich als Gel anwendbar, in der Ophthalmologie als Salbe (s. auch S. 520).

Dosierung. Einzelmaximaldosis: oral 2,0 g. Tagesmaximaldosis: oral 4,0 g.

Handelsformen: Orisul (Ciba); Orsine.

Sulphamethizole BP 63. Sulfamethizole NND 63. Sulfamethizolum Ph.Dan. IX – Add. N^1-(5-Methyl-1,3,4-thiadiazol-2-yl)-sulfanilamide. 2-Sulfanilamido-5-methyl-1,3,4-thiadiazole.

$C_9H_{10}N_4O_2S_2$ Formel A. 26 M.G. 270,34
2-(4′-Amino-benzolsulfonylamido)-5-methyl-1,3,4-thiodiazol.

Eigenschaften. Farblose Kristalle oder weißes bis schwach gelbliches, kristallines, praktisch geruchloses Pulver von schwach bitterem Geschmack. Löslichkeit: Löslich in etwa 3000 T. W. von 20°, in etwa 60 T. siedendem W., in etwa 25 T. A., in etwa 15 T. Aceton, wenig löslich in Ae. und Chloroform sowie Benzol, unter Salzbildung löslich in verd. Mineralsäure und verd. Alkalilaugen. Fp. um 209° (BP 63), 209 bis 212° (Ph.Dan. IX – Add.).

Erkennung. a) 10 mg Substanz werden in einer Mischung von 10 ml W. und 2 ml 0,1 n Natronlauge gelöst und mit 0,5 ml Kupfersulfatlösung versetzt. Es entsteht eine hellgrüne Fällung, die beim Stehen ihre Farbe nicht verändert (BP 63). – b) Nach Diazotierung und Kuppeln mit β-Naphthol entsteht eine orangerote Fällung, die beim Stehen dunkler wird. – c) 0,2 g Sulfamethizol werden mit 5 ml Eisessig und 0,5 ml Acetanhydrid 3 Min. lang gekocht und mit 10 ml W. verdünnt. Es kristallisiert das Acetylprodukt von Fp. 241 bis 244° aus (Ph.Dan. IX – Add., BP 63).

Prüfung. Nach BP 63: a) Acidität: 1 g Substanz wird mit 50 ml W. 5 Min. lang auf etwa 70° erhitzt, rasch abgekühlt und filtriert. 25 ml des Filtrates dürfen zur Neutralisation gegen Phenolphthalein nicht mehr als 0,5 ml 0,1 n Natronlauge verbrauchen. –

b) Aussehen der Lösung: Eine 5%ige, mit verd. Salzsäure bereitete Lösung ist klar und nicht stärker gefärbt als blaßgelb. – c) Blei: Nicht über 10 T. pro Million. – d) Gewichtsverlust: Nicht über 0,5% bei 105° bis zur Gewichtskonstanz getrocknet. – e) Sulfatasche: Nicht über 0,1%.

Gehaltsbestimmung. Nach Ph.Dan. IX – Add. wird eine acidimetrische Titration durchgeführt: 0,1250 g Substanz werden unter Erwärmen in 10 ml A. gelöst, mit 10 ml W. verdünnt und mit 5 Tr. Thymolblaulösung versetzt. Der Verbrauch an 0,1 n Natronlauge soll 4,58 bis 4,67 ml betragen, was einem Gehalt von 99,0 bis 101,0% $C_9H_{10}N_4O_2S_2$ entspricht. Nach BP 63 wird in bekannter Weise mit Natriumnitrit in saurer Lösung titriert. 1 ml 0,1 m $NaNO_2$ entspricht 0,02703 g $C_9H_{10}N_4O_2S_2$. Forderung: Nicht unter 99%.

Aufbewahrung. Vor Licht geschützt, in gut schließenden Gefäßen.

Anwendung. In erster Linie zur Behandlung von Infektionen der Harnwege.

Dosierung. 100 bis 200 mg alle 4 bis 6 Std. (BP 63).

Handelsformen: Thiosulfil (Ayerst Lab., USA), Lucosil.

Sulfaethidolum DAB 7 – DDR. Sulfäthidol. Sulfaethidole NND 63, Sulfaäthylthiodiazol. N^1-(5-Ethyl-1,3,4-thiadiazol-2-yl)-sulfanilamide. 2-Sulfanilamido-5-ethyl-1,3,4-thiadiazole.

$C_{10}H_{12}N_4O_2S_2$ Formel A. 27 M.G. 284,34
2-(4′-Amino-benzolsulfonylamido)-5-äthyl-1,3,4-thiodiazol.

Eigenschaften. Weißes, kristallines, leicht bitter schmeckendes Pulver. Löslichkeit: Schwer löslich in W. und in A., löslich in Aceton, unter Salzbildung löslich in verd. Mineralsäuren und verd. Alkalilaugen. Aus der Lösung in 10 T. verd. Salzsäure scheiden sich beim Stehen feine Kristalle aus. Die wäßrige Lösung von Sulfaäthidol rötet Lackmuspapier schwach. Fp. 185 bis 188°.

Erkennung. a) Reaktion mit Furfuroleisessig wie bei Sulfathiazol. – b) Sulfatnachweis in der Kalium-Natriumcarbonat-Schmelze wie bei Sulfathiazol. – c) Wird die Lösung von 0,01 g Substanz in einer Mischung von 5 ml W. und 2 Tr. Natronlauge mit 2 ml einer Lösung von 1 T. Kupfersulfat in 9 T. W. versetzt, so entsteht ein grüngelber Niederschlag. – d) Übergießt man in einem Reagensglas ein Gemisch von 0,1 g Substanz und 0,2 g Zinkfeile mit 2 ml Salzsäure, so tritt ein merkaptanähnlicher Geruch auf (DAB 7 – DDR).

Prüfung. a) Sulfat und Chlorid: Die Lösung von 0,2 g Substanz in 10 ml verd. Salpetersäure muß klar sein und darf weder durch Bariumnitratlösung sofort verändert noch durch 3 Tr. Silbernitratlösung mehr als opalisierend getrübt werden. – b) Schwermetalle: 0,1 g Substanz wird unter Erwärmen in 3 ml W. und 2 ml verd. Essigsäure gelöst. Nach dem Erkalten wird filtriert. Wird das klare Filtrat mit 3 Tr. Natriumsulfidlösung versetzt, so darf es nicht sofort verändert werden. – c) Arsen: Ein Gemisch von 0,1 g Substanz und 3 ml Natriumhypophosphitlösung darf nach viertelstündigem Erhitzen im Wasserbad keine dunklere Färbung annehmen. – d) Fremde organische Stoffe: Die Lösung von 0,1 g Substanz in 3 ml Schwefelsäure darf nach 5 Min. langem Erhitzen im Wasserbad höchstens blaßgelb gefärbt werden. – e) Verbrennungsrückstand: 0,2 g Substanz dürfen nach dem Verbrennen keinen wägbaren Rückstand hinterlassen.

Gehaltsbestimmung. Direkte bromometrische Titration, Ausführung wie bei Sulfacetamid oder Sulfaguanidin. Einwaage etwa 0,1 g. 1 ml 0,1 n $KBrO_3$ entspricht 0,007108 g Sulfaäthylthiodiazol. Forderung: Nicht unter 98,1%.

Aufbewahrung. Vor Licht geschützt.

Handelsformen: Globucid (Schering), Sul-Spansion und Sul-Spantab (Smith, Kline & French, USA).

Sulfanthrolum Ross. 9. Sulfanthrol. 2-(p-Aminobenzolsulfonamido)-sodium benzoate hydrate.

$C_{13}H_{11}N_2NaO_4S \cdot 1^1/_2 H_2O$ Formel A. 28 M.G. 341,33
Natrium-2-(4′-amino-benzolsulfonylamido)-benzoat.

Eigenschaften. Weißes oder fast weißes, kristallines Pulver, löslich in W., leicht löslich in heißem W., wenig löslich in A.

Erkennung. a) 0,1 g Substanz werden mit 2 ml verd. Salzsäure vermischt und mit 5 ml 0,1 m Natriumnitritlsg. versetzt. Nach dem Schütteln gibt man diese Lsg. zu 5 ml alkalischer β-Naphthollsg. Es entsteht eine kirschrote Färbung. – b) 0,1 g Substanz wird in 5 ml

W. gelöst und mit 1 ml Kupfer(II)-sulfat-Lsg. versetzt. Es fällt ein hellgrüner Niederschlag aus, der nach 1 bis 2 Min. eine hell-blaugrüne Färbung annimmt (Unterschied zu anderen Sulfonamiden). – c) Die Substanz gibt eine gelbe Flammenfärbung.

Prüfung. a) Aussehen der Lösung: 0,5 g Substanz werden in 10 ml W. gelöst. Die Lsg. muß klar und farblos sein. – b) Sulfat: 0,3 g Substanz werden in 14 ml W. gelöst und mit 1 ml verd. Salpetersäure versetzt. Das ausgefällte Sulfonamid wird nach kurzem Stehen abfiltriert und das klare Filtrat auf Sulfat geprüft: höchstens 0,01% der Substanz. – c) Trocknungsverlust: Etwa 0,5 g Substanz werden genau gewogen und bei 115 bis 120° bis zur Gewichtskonstanz getrocknet. Trocknungsverlust höchstens 8%. – d) Schwermetallionen: Die Sulfatasche darf höchstens 0,001% Schwermetallionen, berechnet für die Substanz, enthalten. – e) Arsen: Höchstens 0,0002%.

Gehaltsbestimmung. Ross. 9 läßt entweder eine Diazotitration oder eine acidimetrische Titration durchführen. Vorschrift zur acidimetrischen Bestimmung: 0,1 bis 0,2 g Substanz werden genau gewogen, in 10 ml Methanol gelöst, mit dem gleichen Volumen Aceton versetzt und mit 0,1 n Salzsäure gegen Thymolblau bis zum Farbumschlag nach Rosa titriert. 1 ml 0,1 n Salzsäure (bzw. 1 ml 0,1 m Natriumnitrit) entspricht 0,03143 g getrocknetem Sulfanthrol.

Aufbewahrung. Vorsichtig! In gut schließenden Gefäßen, an einem trockenen Platz.

Sulfachlorpyridazin.

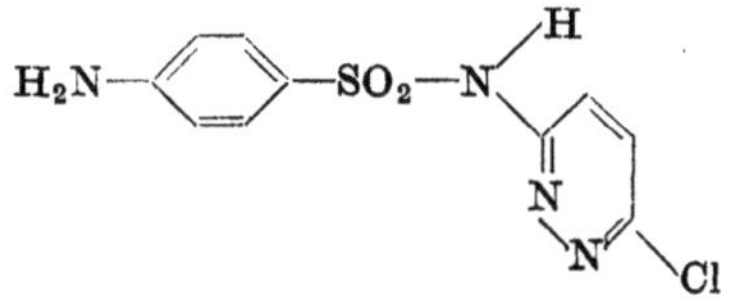

$C_{10}H_9ClN_4O_2$ M.G. 284,74

Handelsformen: Consulid, Nefrosulfin.

Sulfamethoxypyrazin. Sulfalen.

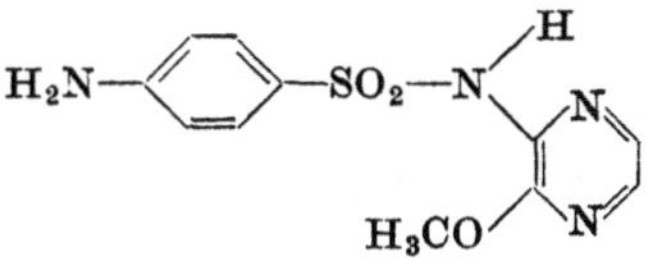

$C_{11}H_{12}N_4O_3S$ M.G. 280,31

Handelsform: Kelfizina.

Sulfamethoxazol.

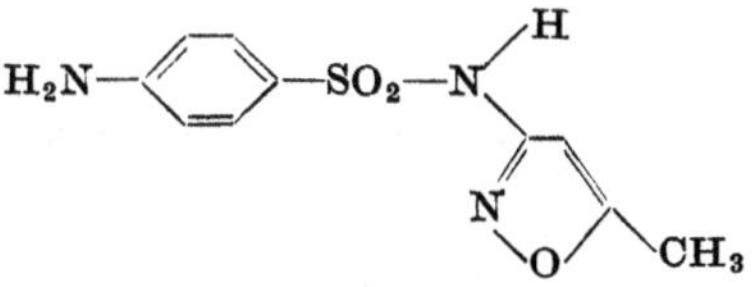

$C_{10}H_{11}N_3O_3S$ M.G. 253,29

Handelsform: Gantanol.

Streptocidum album solubile Ross. 9.

$C_7H_9N_2NaO_5S_2$ Formel B. 1 M.G. 288,28

Benzolsulfonylamid-4-aminomethansulfonat-natrium.

Eigenschaften. Sehr gut löslich in Wasser, unlöslich in organischen Lösungsmitteln.

Erkennung. 0,1 g Substanz löst man in 10 ml Salzsäure und kocht einige Min.: Es entsteht der Geruch nach schwefliger Säure. Das in der Lösung verbleibende Sulfanilamid gibt die S. 534 beschriebenen Reaktionen.

Prüfung. a) Eine 10%ige Lösung soll farblos sein. – b) Chlorid: Höchstens 0,02%. – c) Sulfitgehalt: Eine Lösung von 0,4 g Substanz in 40 ml Wasser versetzt man mit 3 Tr. Stärkelösung und titriert mit 0,1 n Jodlösung. Der Verbrauch darf höchstens 0,05 ml betragen. – d) Gewichtsverlust beim Trocknen bei 100° bis zum konstanten Gewicht: Nicht über 3%. – e) Sulfatasche: Nicht über 27,8%. – f) Schwermetalle: Nicht über 0,001%.

Gehaltsbestimmung. 0,2 g Substanz werden mit 5 ml 10%iger Natronlauge zur Trockne eingedampft. Den Rückstand versetzt man mit 15 bis 20 ml 10%iger Salzsäure und kocht bis zur Beendigung des Schwefeldioxidgeruchs. Dann werden 35 ml 0,1 n Kaliumbromatlösung, 2 g Kaliumbromid und 15 ml 10%iger Salzsäure zugegeben. Nach Zusatz von 15 ml 10%iger Kaliumjodidlösung wird mit 0,1 n Natriumthiosulfatlösung titriert. 1 ml 0,1 n $KBrO_3$ entspricht 0,0072 g. Forderung 96%.

Succinylsulphathiazole BP 63. Succinylsulfathiazole USP XV (!), NND 63. Succinylsulfathiazolum PI.Ed. I/1, CsL 2. 2-(N^4-Succinyl-sulfanilamido)-thiazol.

$C_{13}H_{13}N_3O_5S_2 \cdot H_2O$ Formel B. 2 M.G. 373,41

2-(4'-Succinylamido-benzolsulfonylamido)-thiazol (als Monohydrat).

Herstellung. Durch Umsetzung von Bernsteinsäureanhydrid mit Sulfathiazol (US-Pat. 2324013/4) oder aus p-Succinylamido-benzolsulfonylchlorid mit 2-Amino-thiazol in Benzol (Brit. Pat. 578004).

Eigenschaften. Weißes oder schwach gelbliches, kristallines, geruchloses Pulver von schwach bitterem Geschmack. Löslichkeit: Unlöslich in Wasser, löslich in etwa 200 T. A. (95%) bei 20°, wenig löslich in Aceton, unlöslich in Chloroform und Äther, löslich in Alkalilaugen und in Natriumhydrogencarbonatlösungen unter CO_2-Entwicklung. Fp. 188 bis 196 (PI.Ed. I/1), um 190° (BP 63) (Zers.).

Erkennung. a) Etwa 50 mg werden in einem trockenen Röhrchen bis zum Schmelzen erhitzt; bei weiterem Erhitzen entwickeln sich stechend riechende Dämpfe, die angefeuchtetes Bleiacetatpapier dunkel färben (BP 63, PI.Ed. I/1). – b) Succinylsulfathiazol gibt nach dem Verseifen durch Diazotieren und Kuppeln mit β-Naphthol einen orangefarbenen Niederschlag (PI.Ed. I/1). – c) Etwa 0,1 g Substanz werden mit 5 ml Natronlauge und 2,5 ml Wasser 1 Std. auf dem Wasserbad erhitzt. Nach dem Abkühlen wird auf 10 ml verdünnt und mit verd. Salzsäure neutralisiert. Es bilden sich Kristallschuppen, die abfiltriert, mit Wasser gewaschen und bei 100° getrocknet werden. Fp. 198 bis 204° (PI.Ed. I/1, ähnlich BP 63). – d) 0,5 g Substanz werden mit 10 ml verd. Salzsäure 10 Min. lang gelinde erhitzt und dann auf dem Wasserbad zur Trockne eingedampft. Dann werden 5 ml verd. Ammoniaklösung zugesetzt und in einem Schälchen auf dem Wasserbad erneut zur Trockne eingedampft. Anschließend wird 30 Min. bei 105° getrocknet. Der Rückstand wird mit 2,5 g Zinkstaub vermischt und in einem Reagensglas über freier Flamme vorsichtig erhitzt. In die entweichenden Dämpfe wird ein mit verd. Salzsäure angefeuchteter Fichtenspan gehalten, der eine rote bis rotbraune Färbung annimmt (BP 63; Kiefernholzspan: PI.Ed. I/1).

Prüfung. a) Vollständigkeit und Farbe der Lösung: 1 g Substanz muß sich in einem Gemisch von 20 ml Wasser und 5 ml Natronlauge vollständig lösen, wobei die Lösung höchstens schwach gelblich gefärbt sein darf (PI.Ed. I/1, ähnlich BP 63). – b) Acidität: 2 g Substanz werden mit 50 ml Wasser 5 Min. lang auf etwa 70° erhitzt, abgekühlt und filtriert. 25 ml des Filtrates dürfen zur Neutralisation gegen Phenolphthalein höchstens 1,0 ml 0,1 n Natronlauge verbrauchen (BP 63, PI.Ed. I/1). – c) Chlorid und Sulfat dürfen im gleichen Filtrat in unzulässiger Menge nicht nachweisbar sein (PI.Ed. I/1). – d) Blei: Höchstens 10 T. pro Million. – e) Schwermetalle: Höchstens 20 T. pro Million. – f) Arsen: Höchstens 2 T. pro Million. – g) Freies Sulfathiazol: Zu einer Lösung von 0,25 g Substanz in 45 ml A. (50%) werden 1 ml einer 10%igen, wäßrigen Lösung von Essigsäure und 2,5 ml einer 0,1%igen wäßrigen Lösung von Natriumnitrit zugegeben. Nach dem Mischen läßt man 3 Min. stehen. Dann wird 1 ml einer 2%igen, wäßrigen Lösung von Harnstoff zugesetzt, falls notwendig filtriert, die Lösung 10 Min. stehen gelassen, auf 50 ml aufgefüllt und 1 ml einer 0,1%igen Lösung von N-(1-Naphthyl)-äthylendiaminhydrochlorid zugegeben. Die gebildete Färbung darf nicht dunkler sein als eine entsprechend hergestellte Vergleichslösung aus 1,25 ml einer Lösung von 0,1 g Sulfathiazol und 0,5 ml Salzsäure in 100 ml Wassser, die mit Wasser auf 45 ml aufgefüllt und wie oben angegeben behandelt wurde (PI.Ed. I/1, ähnlich BP 63). – h) Trocknungsverlust: Höchstens 5%, nach dem Trocknen bei 105° bis zur Gewichtskonstanz (PI.Ed. I/1; zwischen 4,0 und 5,5% BP 63). – i) Sulfatasche: Höchstens 0,1%.

Gehaltsbestimmung. Nach BP 63 werden etwa 0,9 g, nach PI.Ed. I/1 etwa 0,5 g Substanz genau gewogen und mit Salzsäure in der Hitze verseift. Nach dem Abkühlen wird, wie unter Sulfathiazol beschrieben, mit Natriumnitrit titriert. 1 ml 0,1 m $NaNO_2$ entspricht 0,03554 g $C_{13}H_{13}N_3O_5S_2$. Forderung nach BP 63: 99,0 bis 101,0%, berechnet auf die getrocknete Substanz; nach PI.Ed. I/1: Mindestens 99,0%. Nach USP XV werden 0,5 g Substanz 4 Std. bei 105° getrocknet, natronalkalisch verseift, mit Salzsäure im Überschuß versetzt und dann ebenfalls mit Natriumnitrit titriert. Forderung: Mindestens 99,0%.

Aufbewahrung. Vor Licht geschützt, in dicht schließenden Gefäßen.

Anwendung. Als Chemotherapeuticum bei infektiösen Darmerkrankungen.

Dosierung. 10 bis 20 g täglich, in versch. Gaben (BP 63).

Handelsformen: Sulfasuxidine (Merck, Sharp & Dohme), Colistatin (Herts Pharmac., USA).

Phthalylsulfathiazolum DAB 7 – DDR. Ph.Helv. V – Suppl. II, Ph.Dan. IX – Add. Phthalylsulfathiazole USP XVII, NND 63. Phthalylsulphathiazole BP 63. 4'-(2-Thiazolylsulfamoyl)-phthalanilic acid. Phthalazolum Ross. 9.

$C_{17}H_{13}N_3O_5S_2$ Formel B. 4 M.G. 403,44

2-(4'-Phthalylamido-benzolsulfonylamido)-thiazol.

Herstellung. Durch Kondensation von Sulfathiazol mit Phthalsäureanhydrid (US-Pat. 2324013–15).

Eigenschaften. Farblose bis schwach gelbliche Kristalle oder weißes bis schwach gelbliches, geruchloses, schwach bitter schmeckendes, kristallines Pulver, das bei Belichtung allmählich dunkler wird. Löslichkeit: Fast unlöslich in Wasser und in Chloroform, sehr schwer löslich in Äther, löslich in jeweils etwa 250 T. A. oder Aceton, unlöslich in verd. kalter Salzsäure, löslich in Natronlauge und Natriumhydrogencarbonatlösung. Fp.: Phthalylsulfathiazol bräunt sich bei raschem Erhitzen bei etwa 245° und zersetzt sich zwischen 271 und 275°.

Erkennung. a) 250 mg Substanz werden mit 500 mg Natriumhydrogencarbonat und 10 ml Wasser erwärmt; die Substanz löst sich unter CO_2-Entwicklung (USP XVII). – b) Nach dem Verseifen mit verd. Salzsäure wird diazotiert und mit β-Naphthol gekuppelt: tiefrote Färbung (Ph.Helv. V – Suppl. II). – c) Nach dem Schmelzen oder Glühen mit Natrium-Kaliumcarbonat läßt sich Sulfat nachweisen (Ph.Helv. V – Suppl. II). – d) 0,1 g Substanz und 0,1 g Resorcin werden in einem Reagensglas mit 1 Tr. Schwefelsäure versetzt und vorsichtig erhitzt, bis die Schmelze eine Orangefärbung angenommen hat. Nach dem Erkalten werden vorsichtig 2 ml Natronlauge zugesetzt. Einige Tr. des Gemisches erzeugen in 200 ml Wasser eine gelbe Färbung mit starker grüner Fluoreszenz (DAB 7 – DDR, ähnlich in USP XVII, Ph.Helv. V – Suppl. II, BP 63). – e) 50 mg Substanz werden in einem trockenen Röhrchen stark erhitzt; die entstehenden, stechend riechenden Dämpfe färben angefeuchtetes Bleiacetatpapier dunkel (BP 63). – f) 2 g Substanz werden mit 20 ml Natronlauge 10 Min. lang gekocht, abgekühlt, mit 15 ml Salzsäure versetzt, erneut abgekühlt und so lange in kleinen Portionen mit Natriumhydrogencarbonatlösung versetzt, bis die CO_2-Entwicklung beendet ist und eine weiße Fällung entstanden ist. Nach dem Umkristallisieren aus Wasser und dem Trocknen bei 105° zeigt die Substanz einen Fp. um 200° (BP 63).

Prüfung. a) Lösliche Säure: 0,6 g Phthalylsulfathiazol werden 1 Min. lang mit 30 ml Wasser geschüttelt und dann filtriert. 10 ml des Filtrates dürfen nach Zusatz von 2 Tr. Phenolphthaleinlösung höchstens 0,2 ml 0,1 n Kalilauge bis zur bleibenden schwachen Rotfärbung der Lösung verbrauchen. – b) Sulfat und Chlorid: Das mit 0,5 ml Salpetersäure versetzte Filtrat darf weder durch Bariumnitratlösung sofort verändert noch durch Silbernitratlösung mehr als opalisierend getrübt werden. – c) Schwermetalle: Das Filtrat darf nach Zusatz von 3 Tr. verd. Essigsäure durch 3 Tr. Natriumsulfidlösung nicht sofort verändert werden. – d) Arsen: Ein Gemisch von 0,1 g Phthalylsulfathiazol und 3 ml Natriumhypophosphitlösung darf nach viertelstündigem Erhitzen im Wasserbad keine dunklere Färbung annehmen. – e) Fremde organische Stoffe: Die Lösung von 0,1 g Substanz in 3 ml Schwefelsäure darf nach 5 Min. langem Erhitzen im Wasserbad höchstens gelb gefärbt sein. – f) Freies Sulfathiazol: 0,1 g Substanz wird 1 Min. lang mit 0,5 ml verd. Salzsäure und 9,5 ml Wasser geschüttelt. 2 ml des Filtrates dürfen sich nach Zusatz von 2 Tr. Natriumnitritlösung nicht stärker gelb färben als 2 ml einer Lösung von 0,01 g Sulfathiazol in 5 ml verd. Salzsäure und 95 ml Wasser nach Zusatz von 2 Tr. der gleichen Natriumnitritlösung. – g) Verbrennungsrückstand: 0,2 g Phthalylsulfathiazol dürfen nach dem Verbrennen keinen wägbaren Rückstand hinterlassen. – Nach BP 63 und USP XVI: h) Gewichtsverlust beim Trocknen bis zur Gewichtskonstanz bei 105°: nicht über 2%. – i) Sulfatasche: Höchstens 0,1%.

Gehaltsbestimmung. Nach BP 63 und USP XVII wird mit verd. Salzsäure verseift und die erkaltete Lösung mit Natriumnitrit titriert. BP 63: Einwaage etwa 0,8 g, Endpunktsbestimmung mit der dead-stop-Methode. Forderung: 98,5 bis 102,5%; 1 ml 0,1 m $NaNO_2$ entspricht 0,04034 g $C_{17}H_{13}N_3O_5S_2$. USP XVI: Einwaage etwa 1 g. Forderung: Mindestens 98%.

Nach DAB 7 – DDR und Ph.Helv. V – Suppl. II wird eine argentometrische Titration durchgeführt. Vorschrift DAB 7 – DDR: 0,4000 g getrocknete Substanz werden in einem Meßkölbchen von 100 ml Inhalt in 1,00 ml 3 n Ammoniakflüssigkeit gelöst. Die Lösung wird mit 20 ml Wasser und 20 ml 0,1 n Silbernitratlösung versetzt und umgeschüttelt. Nach 15 Min. werden 6 ml Weinsäurelösung hinzugefügt; dann wird die Lösung kräftig umgeschüttelt und mit Wasser auf 100 ml aufgefüllt. Nach 1 Std. wird durch ein trockenes Filter filtriert. Die ersten 15 ml des Filtrates werden verworfen. 50 ml des klaren Filtrates werden mit 15 ml 5 n Salpetersäure und 5 ml Eisen(III)-sulfatlösung versetzt und mit 0,1 n Ammoniumrhodanidlösung bis zum Farbumschlag titriert. Für je 0,2 g Phthalylsulfathiazol müssen mindestens 4,86 ml 0,1 n Silbernitratlösung verbraucht werden, was einem Mindestgehalt von 98,0% entspricht. 1 ml 0,1 n $AgNO_3$ entspricht 0,043034 g $C_{17}H_{13}N_3O_5S_2$.

Aufbewahrung. Vor Licht geschützt, in gut schließenden Gefäßen.

Anwendung. Als Chemotherapeuticum bei infektiösen Darmerkrankungen und prophylaktisch prae- und postoperativ bei Magen- und Darmoperationen.

Dosierung. 1 g alle 4 Std. (USP XVII). 5 bis 10 g täglich, in versch. Gaben (BP 63).

Handelsformen: Taleudron (Bayer), Sulfathalidine (Merck, Sharp & Dohme), Thalazole (May u. Baker), Thalistatyl (Herts Pharmac.).

Oxychinolin-Phthalylsulfathiazol. Ilentazol.

Formel B. 5 Salzartige Verbindung aus 8-Hydroxychinolin und 2-(4'-Phthalylamidobenzolsulfonylamido)-thiazol.

Eigenschaften. Kristalle, die sich oberhalb 220° zersetzen. In W. schwer löslich. Spaltbar durch starke Säuren.

Anwendung. Zur Behandlung von Magen-Darm-Infektionen. Hervorgehoben wird das breite Wirkungsspektrum.

Literatur: BRODHAGE, H., u. A. E. WILDER-SMITH: Arzneimittel-Forsch. *4*, 735 (1954).

Handelsform: Ilentazol (Geistlich Söhne AG, Wolhusen, Schweiz).

Sulfanilacetamidum Phthalylatum ÖAB 9. Phthalylsulfanilacetamid.

$C_{16}H_{14}N_2O_6S$ Formel B. 6 M.G. 362,37

4-Phthalylamido-benzolsulfonyl-acetamid.

Eigenschaften. Weißes, kristallines Pulver, geruchlos, von schwach säuerlichem Geschmack, verfärbt sich bei Belichtung allmählich. Löslichkeit: Löslich in etwa 1200 T. W. von 20°, löslich in siedendem W., wenig löslich in A., mäßig löslich in Aceton, unlöslich in Säuren, unter Salzbildung und allmählicher Zersetzung löslich in Lösungen von Alkalihydroxiden, Alkalicarbonaten, Alkalihydrogencarbonaten und Ammoniak. Schmelzintervall 192 bis 196°.

Erkennung. a) Erhitzt man etwa 2 mg Substanz und 2 mg Resorcin mit 4 Tr. konz. Schwefelsäure bis zum Eintreten der Reaktion, welche unter Gasentwicklung und Grünfärbung der Mischung abläuft, verdünnt nach dem Abkühlen mit 5 ml Wasser und macht mit konz. Ammoniak alkalisch, so entsteht eine rötlichgelbe Lösung, die, besonders nach starkem Verdünnen, intensiv grün fluoresziert. – b) Erhitzt man etwa 0,1 g Substanz mit 2 ml verd. Natronlauge, 2 Min. lang zum Sieden und säuert hierauf nach Zusatz von 2 ml W. mit 2 ml Salzsäure an, so scheidet sich beim Abkühlen ein weißer, kristalliner Niederschlag von Phthalsäure aus. – c) Filtriert man von der Phthalsäure ab, so wird das Filtrat durch Diazotieren und Kuppeln mit β-Naphthol intensiv rot. – d) Reaktion mit Phenol und Kaliumbromat s. Sulfanilacetamid. – e) Sulfatnachweis in der Carbonatschmelze s. Sulfanilacetamid. – f) Erhitzt man eine Mischung von 1 Tr. n Natronlauge, 1 ml W. und 1 Tr. Phenolphthaleinlösung mit Phthalylsulfanilacetamid bis zur Entfärbung, so bleibt die abgekühlte Lösung auf Zusatz von 1 Tr. Kupfersulfatlösung klar. Beim Erhitzen entsteht ein hell blaugrüner, feinkristalliner Niederschlag. – g) Erhitzt man etwa 10 mg Substanz mit 5 Tr. W., 5 Tr. Äthanol und 10 Tr. konz. Schwefelsäure, so tritt der Geruch nach Essigsäureäthylester auf.

Prüfung. a) Wasserlösliche, sauer oder alkalisch reagierende Stoffe: Erhitzt man 1 g Substanz mit 50 ml W. 5 Min. lang auf etwa 70°, kühlt hierauf rasch ab und filtriert, so müssen sich 20 ml des Filtrats auf Zusatz von 5 Tr. Phenolblaulösung gelb oder grün und bei darauffolgendem Zusatz von 0,10 ml 0,1 n Natronlauge grün oder blau färben. – b) Chlorid und Sulfat dürfen in der oben erhaltenen Prüflösung in unzulässiger Menge nicht nachweisbar sein. – c) Arsen: In einer Mischung von 0,5 g Substanz und 5 ml Salzsäure darf nach Zusatz von 0,1 g Kaliumjodid mit 5 ml Hypophosphitlösung Arsen nicht nachweisbar sein. – d) Ammoniakunlösliche Stoffe: Eine Lösung von 0,5 g Substanz in 5 ml verd. Ammoniak und 5 ml W. muß klar und farblos sein. – e) In einer Mischung von 2 ml der bei der Prüfung auf ammoniakunlösliche Stoffe erhaltenen Lösung und 8 ml W. dürfen Schwermetalle nicht nachweisbar sein. – f) Freies Sulfanilacetamid: 0,020 g Phthalylsulfanilacetamid. werden in einem 50 ml fassenden Meßkolben in 2 ml Aceton gelöst. Die Lösung versetzt man mit 30 ml W. und 6 ml verd. Salzsäure, fügt hierauf 0,4 ml Natriumnitritlösung (0,1 m) hinzu, mischt und läßt 3 Min. lang stehen. Nun versetzt man mit etwa 0,2 g Ammoniumsulfamat ($NH_4SO_3NH_2$), läßt 5 Min. lang stehen, fügt 4 ml N-(1-Naphthyl)-äthylendiaminhydrochloridlösung (0,1%ig) hinzu, mischt und füllt mit W. bis zur Marke auf. Die erhaltene Lösung darf nicht stärker gefärbt sein als eine gleichzeitig in folgender Weise bereitete Vergleichslösung: 0,010 g Sulfanilacetamid wird in einem Meßkolben in 3 ml verd. Salzsäure und W. zu 100 ml gelöst. 5,00 ml dieser Lösung versetzt man in einem 50 ml fassenden Meßkolben mit 2 ml Aceton und 30 ml W. und behandelt die erhaltene Lösung weiter in der oben beschriebenen Weise. – g) Trocknungsverlust: Höchstens 0,5%. – h) Verbrennungsrückstand: Höchstens 0,1%.

Gehaltsbestimmung. a) 0,3624 g Substanz werden in 10 ml siedendem A. gelöst und nach Zusatz von 10 Tr. Phenolphthaleinlösung mit 0,1 n Natronlauge auf Rosa titriert. Nun fügt man 21 ml 0,1 n Silbernitratlösung hinzu und titriert weiter mit 0,1 n Natronlauge, unter Zusatz von 10 Tr. Phenolrotlösung, auf Rot. Für die angegebene Einwaage müssen insgesamt 19,80 bis 20,20 ml 0,1 n NaOH verbraucht werden, entsprechend 99,0 bis 101,0% d. Th. 1 ml 0,1 n NaOH entspricht 18,12 mg $C_{16}H_{14}N_2O_6S$. – b) 0,3624 g Substanz werden mit 80 ml einer Mischung von 1 Vol.-T. Salzsäure und 1 Vol.-T. W. 1 Std. lang unter Rückfluß gekocht. Die erhaltene Lösung kühlt man auf 15° ab und titriert hierauf langsam unter kräftigem Umrühren mit 0,1 n Natriumnitritlösung. Endpunktsermittlung durch Tüpfeln auf Kaliumjodidstärkepapier, Korrektur durch Blindversuch. Die Differenz der bei den beiden Titrationen verbrauchten ml 0,1 m $NaNO_2$ muß für die angegebene Einwaage 9,90 bis 10,10 ml betragen, entsprechend 99,0 bis 101,0% d. Th. 1 ml 0,1 m $NaNO_2$ entspricht 36,24 mg $C_{16}H_{14}N_2O_6S$.

Aufbewahrung. Vor Licht geschützt, in gut schließenden Gefäßen.

Dosierung. Gebräuchliche Einzeldosis 0,5 bis 1,0 g, Einzelmaximaldosis 1,0 g, Tagesmaximaldosis 3,0 g.

Glucosulfonamidum. p-Aminobenzolsulfanyl-oxymethylamid-N⁴-D-glucosidosulfonsaures Natrium. Ladogal.

Formel B. 7

4-Amino-benzolsulfonyl-hydroxymethylamid-N⁴-D-glucosidosulfonsaures Natrium.

Anwendung. Als Chemotherapeuticum, insbesondere in Fällen, wo eine gute Wasserlöslichkeit gefordert wird (s. dazu S. 520).

Handelsform: Ladogal (C. F. Boehringer, Mannheim).

Formaldehyd-Sulfathiazol. Formo-Cibazol.

Formel B. 8 Kondensationsprodukt von Sulfathiazol und Formaldehyd.

Herstellung. Bei der Kondensation von Sulfathiazol und HCHO entsteht nach NADKARNY, BHATNAGAR u. a. [Chem. Zbl. *II*, 408 (1950)] zunächst eine SCHIFFsche Base, worauf dann Trimerisierung erfolgt:

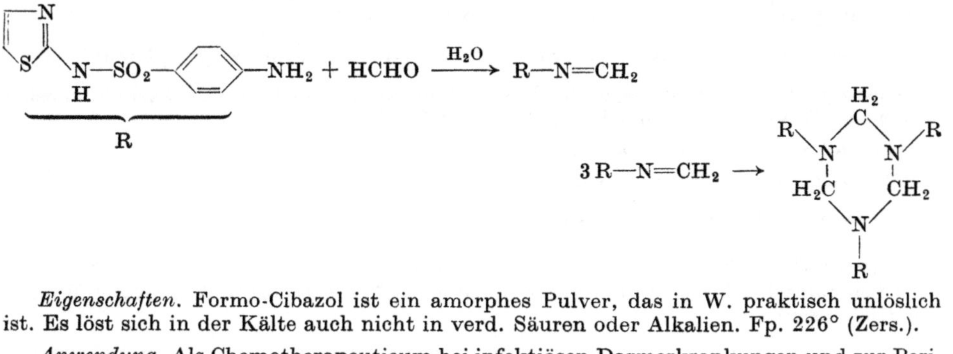

Eigenschaften. Formo-Cibazol ist ein amorphes Pulver, das in W. praktisch unlöslich ist. Es löst sich in der Kälte auch nicht in verd. Säuren oder Alkalien. Fp. 226° (Zers.).

Anwendung. Als Chemotherapeuticum bei infektiösen Darmerkrankungen und zur Peritonitisprophylaxe vor und nach Darmoperationen.

Handelsformen: Formo-Cibazol (Ciba) enthält einen Zusatz von 1% Sapamin, einem Netzmittel aus Ölsäurechlorid und einem Diäthylendiaminderivat.

Kombinationspräparate: Viozol (Ciba), Forbina-Streupulver (Ciba), Sulfa-Kohle-Compretten (Merck, Boehringer, Knoll).

Diaminoazobenzolsulfonamidum ÖAB 9. Prontosil rubrum Erg.B. 6. Diaminoazobenzolsulfonamid. 4-Sulfonamido-2,4-diaminoazobenzol. Rotes Prontosil.

$C_{12}H_{13}N_5O_2S$ Formel C. 1 M.G. 291,34

2′,4′-Diaminoazobenzol-4-sulfonsäureamid.

Eigenschaften. Orangerotes bis bräunlichrotes, kristallines, geruchloses und geschmackloses Pulver. Löslichkeit: Sehr wenig löslich in W., wenig löslich in A. oder Ae., löslich in Aceton und in verd. Essigsäure, unter Salzbildung löslich in verd. Alkalilaugen. Schmelzintervall 233 bis 235° (ÖAB 9), um 226° (Erg.B. 6).

Erkennung. Nach ÖAB 9: a) Sulfatnachweis in der Carbonatschmelze. – b) Erhitzt man etwa 10 mg Substanz mit 3 ml verd. Salzsäure und etwa 0,1 g Zinkstaub, so entsteht eine farblose Lösung. Filtriert man die Lösung vom überschüssigen Zinkstaub ab und versetzt die Hälfte des Filtrates nach dem Abkühlen mit einigen Tr. Natriumnitritlösung, so färbt sich die Lösung tiefrot. – c) Der Rest des Filtrates wird auf Zusatz von Phenol und Kaliumbromat (s. Sulfanilamid) intensiv rotviolett.

Prüfung. a) Laugenunlösliche Stoffe: Eine unter Erhitzen im Wasserbad bereitete Lösung von 0,5 g Substanz in einer Mischung von 1 ml verd. Natronlauge und 9 ml W. muß klar sein. – b) Ammonium: Erhitzt man 4 ml der bei der vorhergehenden Prüfung erhaltenen Lösung mit 2 ml verd. Natronlauge zum Sieden, so dürfen die entweichenden Dämpfe rotes Lackmuspapier nicht bläuen. – c) Anorganische Salze: Eine Lösung von 0,1 g Substanz in 5 ml Aceton muß klar sein. – d) Chlorid: Schüttelt man 0,2 g Substanz mit 10 ml W. 1 Min. lang kräftig durch und filtriert, so darf in einer Mischung von 2,5 ml des Filtrates und 7,5 ml W. Chlorid nicht nachweisbar sein. – e) Sulfat: In einer Mischung von 1 ml des oben bereiteten Filtrates und 9 ml W. darf Sulfat nicht nachweisbar sein. – f) Arsen: 0,5 g Substanz werden in einem mindestens 15 ml fassenden Porzellantiegel mit 0,5 g Magnesiumoxid sorgfältig gemischt und hierauf vorsichtig verascht. Den Rückstand glüht man so lange, bis er rein weiß geworden ist, befeuchtet ihn nach dem Erkalten mit wenig W., löst ihn hierauf unter Erwärmen in 6 ml Salzsäure und filtriert durch Glaswolle. In der erhaltenen Lösung darf nach Zusatz von 0,1 g Kaliumjodid mit 5 ml Hypophosphitlösung Arsen nicht nachweisbar sein. – g) Trocknungsverlust: Höchstens 0,1%. – h) Verbrennungsrückstand: Höchstens 0,2%, bestimmt mit 0,5000 g Substanz. – i) Schwermetalle: Der erhaltene Verbrennungsrückstand wird mit 2 ml Salpetersäure zur Trockne eingedampft. Den Rückstand löst man in 4 ml heißer, verd. Salzsäure, versetzt nach dem Abkühlen mit 6 ml verd. Ammoniak und filtriert. Im Filtrat dürfen Schwermetalle in unzulässiger Menge nicht nachweisbar sein.

Aufbewahrung. Vor Licht geschützt, in gut schließenden Gefäßen.

Dosierung. Einzelmaximaldosis 2,0 g, Tagesmaximaldosis 5,0 g (ÖAB 9).

Anwendung. Bei allen durch Streptokokken und Staphylokokken hervorgerufenen Erkrankungen und bei Koliinfektionen (s. dazu S. 520).

Handelsform: Prontosil (Bayer).

Salicylazo-Sulfapyridine NND 63. 5-[p-(2-Pyridylsulfamyl)-phenylazo]-salicylic-acid. Salazosulfapyridinum. Pyridylsulfamyl-phenylazo-salicylsäure.

Formel C. 2 3′-Carboxy-4′-hydroxy-azobenzol-4-sulfon-säure-α-pyridylamid.

Eigenschaften. Gelbbraunes, geruchloses Pulver, wenig löslich in A., praktisch unlöslich in Benzol, Chloroform, Ae. und W. Fp. 220 bis 240° (Zers.).

Anwendung. Oral, zur Behandlung chronischer Kolitis.

Handelsform: Azulfidine (Pharmacia Lab., USA).

Prontosil solubile Erg.B. 6. Lösliches Prontosil.

$C_{18}H_{14}N_4Na_2O_{10}S_3$ Formel C. 3 M.G. 588,50

Dinatriumsalz der 4′-Sulfonylamido-phenylazo-7-acetyl-amino-1-hydroxynaphthalin-3,6-disulfonsäure.

Eigenschaften. Dunkelrotes, feinkristallines Pulver, löslich in etwa 12 T. W. mit tiefroter Farbe.

Erkennung. Versetzt man die wäßrige Lösung (1 + 15) mit gleichen Teilen Kalilauge, so schlägt die Farbe in Braunrot um.

Anwendung wie Prontosil.

Dosierung. Größte Einzelgabe 0,25 g, größte Tagesgabe 0,75 g.

Handelsform: Prontosil solubile (Bayer).

Marfanil (Bayer). 4-Aminomethyl-benzolsulfonylamid.

Formel D 1, unterscheidet sich vom Typus des normalen Sulfanilamidderivates dadurch, daß es keine kernständige, sondern eine aliphatisch gebundene Aminogruppe besitzt (Benzylamin-Derivat). Diese strukturelle Verschiedenheit prägt sich auch im chemotherapeutischen Effekt aus. Während das Marfanil in seiner Streptokokkenwirksamkeit dem p-Aminobenzolsulfanilamid unterlegen ist, zeigt es eine hohe Wirksamkeit gegen anaerobe Erreger, insbesondere gegen Pararauschbrandbakterien. In dieser Eigenschaft übertrifft das Marfanil bei weitem die Sulfanilamidderivate.

Anwendung. Marfanil wird heute zu Kombinationspräparaten nach dem Sulfaadditionsprinzip verwandt. Es ist beispielsweise in den Kombinationspräparaten Marfanil-Prontalbin, Marbadal, Supronalum, Solu-Supronal und Supronal B (Bayer) enthalten; s. S. 565ff.

Para-Nitrosulfathiazole NND 63. 2-(p-Nitrophenylsulfonamido)-thiazole. 1-Nitro-N-2-thiazolylbenzenesulfonamide.

Formel E. 1 2-(4'-Nitro-benzolsulfonylamido)-thiazol.

Eigenschaften. Gelbes oder graugelbes, geruchloses, bitterschmeckendes Pulver, wenig löslich in A., sehr wenig löslich in W., Chloroform und Ae., unlöslich in Benzol, löslich in verd. Alkalilaugen. Fp. 255 bis 262°.

Anwendung. 10%ige Suspensionen werden rektal zur Behandlung unspezifischer, ulcerativer Kolitis und Proktitis verwendet.

Handelsform: Nisulfazole (Breon Lab., Inc., USA).

Sodium Sulfoxone USP XVII, NND 63. Sulfoxone Sodium. Sulfoxon Natrium. Disodium sulfonylbis(p-Phenylene-imino)-di-(methanesulfinate).

$C_{14}H_{14}N_2Na_2O_3S_5$ Formel F. 1 M.G. 448,46
4,4'-Diamino-diphenylsulfon-N,N'-di-methylen-sulfoxylat-dinatrium.

Herstellung. Aus p,p'-Sulfonyl-dianilin und Formaldehyd-sulfoxylat in Essigsäure oder Äthanol (US-Pat. 2234981 – 1941).

Eigenschaften. Weißes bis schwach gelbes Pulver mit charakteristischem Geruch, leicht löslich in W., wobei eine klare, blaßgelbe Lösung entsteht, wenig löslich in A.

Erkennung. a) 10 ml der Lösung (1 in 100) werden mit 1 ml Jodlösung und 2 ml Chloroform versetzt und stark durchgeschüttelt. Nachdem sich die beiden Schichten getrennt haben, darf keine gefärbt sein. – b) Man erhitzt eine Lösung von etwa 1 g Substanz in 30 ml W. mit 60 ml alkalischer Kupfertartratlösung 10 Min. zum Rückfluß. Nach dem Erkalten im Eisbad filtriert man den Niederschlag ab und wäscht mit Wasser nach. Die organische Komponente des erhaltenen Niederschlages wird mit 40 ml heißem A. extrahiert, das Filtrat mit etwa 50 ml W. verdünnt und auf dem Wasserbad zur Entfernung der Hautpmenge an A. erhitzt. Beim langsamen Abkühlen bilden sich farblose Nadeln von p,p'-Diamino-diphenylsulfon, die nach dem Trocknen im Vakuumexsikkator bei etwa 175 bis 177° schmelzen.

Prüfung. a) Gewichtsverlust beim Trocknen i. Vak. bei 60° nach 18 Std.: nicht über 5%. – b) Schwermetalle: Nicht über 20 T. pro Million. – c) Ungewöhnliche Toxizität: Man stellt eine Lösung 1 in 10 her. 25 Mäuse mit Einzelgewichten zwischen 20 und 25 g werden in 3 Gruppen geteilt. Den Mäusen der ersten Gruppe verabfolgt man oral je 0,02 ml der Lösung pro g Maus, den Mäusen der zweiten und dritten Gruppe je 0,025 bzw. 0,03 ml pro g Maus. Alle Mäuse der ersten Gruppe müssen 5 Tage überleben, von der zweiten Gruppe mindestens vier, von der dritten Gruppe mindestens zwei Tiere.

Gehaltsbestimmung. a) Zubereitung des Standards: 100 mg p,p'-Diamino-diphenylsulfon, das bei der Prüfung auf Identität gewonnen wurde, werden genau abgewogen und mit Aceton zu 100 ml gelöst (USP XV). Nach USP XVII wird hierzu USP-Reference Standard verwandt, der bei 105° 4 Std. lang getrocknet wurde. Die Acetonlösung wird dann schrittweise mit Wasser 1 : 100 verdünnt. – b) Bereitung der Untersuchungslösung: Etwa 125 mg Sulfoxone Sodium werden genau gewogen, in einen 250 ml fassenden Meßkolben gegeben und mit Wasser zu 250 ml gelöst. 4 ml dieser Lösung werden abpipettiert, in einen 100-ml-Meßkolben gegeben und mit 1 ml p-Toluolsulfonsäurelösung (1 in 5) und 0,5 ml verd. Salzsäure versetzt. Der Meßkolben wird dann 30 Min. in siedendes Wasser gehalten. Dann wird abgekühlt und mit W. bis zur Marke aufgefüllt. – c) Durchführung: 1 ml der Untersuchungslösung wird in ein Reagensglas pipettiert und in ein zweites 1 ml der Standardlösung. In jedes Reagensglas werden dann 1 ml verd. Salzsäure, 5 ml W. und 1 ml Natriumnitritlösung (1 in 1000) gegeben. Nach genau 3 Min. werden jeweils 0,5 ml Ammonium-sulfamatlösung (1 in 200) und 2 Min. später je 5 ml N-(1-Naphthyl)-äthylendiaminhydrochloridlösung (1 in 200) zugesetzt. Nach etwa 10 Min. wird die jeweilige Absorption der Lösungen bei 560 mμ mit Hilfe eines geeigneten Spektrophotometers gemessen. Der Gehalt an mg $C_{14}H_{14}N_2Na_2O_6S_3$ in der Einwaage wird berechnet nach der Formel:

$$62{,}5 \cdot (1{,}806\ A_u/A_s).$$

A_u = Absorption der Untersuchungslösung,
A_s = Absorption der Standardlösung,
1,806 = Verhältnis zwischen dem M.G. von Sulfoxone Sodium und p,p'-Diamino-diphenylsulfon.

Forderung: 73 bis 81%, berechnet auf die wasserfreie Substanz.

Aufbewahrung. Vor Licht geschützt, in dicht schließenden Gefäßen.

Anwendung. Chemotherapeuticum zur Behandlung von Lepra.
Als toxische Nebenerscheinungen können Nausea, Haematurie, Methaemoglobinurie und Leukopenie auftreten.

Dosierung. Gebräuchliche Tagesdosis 300 mg (oral), Tagesmaximaldosis 900 mg.

Handelsform: Diasone Sodium (Abbott, USA).

Baludon (Bayer) ad. us. vet. ist eine 50%ige, wäßrige Lösung von Acetaldehydbisulfitdiaminodisulfon-dinatrium.

Formel F. 2

Anwendung. Als Chemotherapeuticum zur Behandlung bakterieller Infektionskrankheiten der Tiere, insbesondere Streptokokkeninfektionen.

Sodium Glucosulfone NND 63. p,p'-Diaminodiphenylsulfone-N,N'-di-(dextrose-sodium-sulfonate). Glucosulfone Sodium. Glucosulfon Natrium.

$C_{24}H_{34}N_2Na_2O_{18}S_3$ Formel F. 3 M.G. 780,73
4,4'-Diamino-diphenylsulfon-N,N'-di-D-glucosesulfoxylat-dinatrium.

Herstellung. Durch Umsetzung von 4,4'-Diamino-diphenylsulfon mit Glucose und Natriumbisulfit in 80%igem Äthanol.

Eigenschaften. Sodium Glucosulfone ist eine Mischung, die etwa 88,5% 4,4'-Diaminidiphenylsulfon-N,N'-di-D-glucosesulfoxylatdinatrium und etwa 11,5% D-Glucose enthält. Weißes, amorphes Pulver, sehr gut löslich in W., unlöslich in lipophilen Lösungsmitteln, geruchlos, von süßlichem Geschmack.

Anwendung. Zur Behandlung von Lepra. Als toxische Nebenerscheinungen können vorübergehend Anämie und Arzneimittelfieber auftreten.

Handelsform: Promin Sodium (Parke, Davis & Comp., USA).

Solapsone BP 63. Solapson.

$C_{30}H_{28}N_2Na_4O_{14}S_5$ Formel F. 4 M.G. 892,84
Tetra-natrium-4,4'-diamino-diphenylsulfon-N,N'-di-(γ-phenyl-α,γ-disulfoxylato-propan).

Solapson enthält hauptsächlich hydratisiertes Tetranatriumsalz von „Bis-[4-(3-phenyl-1,3-disulphopropylamino)-phenyl]-sulphone". Gehalt nicht unter 90,0% $C_{30}H_{28}N_2Na_4O_{14}S_5$, berechnet auf die bei 100° und 5 Torr bis zur Gewichtskonstanz getrocknete Substanz.

Herstellung. Durch Umsetzung von 4,4'-Diamino-diphenylsulfon mit Zimtaldehyd und anschließender Behandlung der Dicinnamylidenverbindung mit Natriumhydrogensulfit (Brit. Pat. 491265 – 1938).

Eigenschaften. Weißes oder fast weißes, amorphes, praktisch geruchloses, alkalisch schmeckendes Pulver, das leicht wasserlöslich und praktisch unlöslich in allen lipophilen Lösungsmitteln ist. 20- bis 40%ige wäßrige Lösungen sind thermostabil und können im Autoklaven sterilisiert werden, wenn sie neutral oder schwach alkalisch sind. Im sauren Milieu tritt Zersetzung ein.

Erkennung. a) 1 g Substanz wird in 10 ml W. gelöst, mit Salzsäure angesäuert und erhitzt. Schwefeldioxid und Zimtaldehyd werden entwickelt. – b) Eine 0,001%ige wäßrige Lösung hat in einer 1-cm-Küvette bei 306 mμ eine Extinktion von 0,350.

Prüfung. a) Acidität oder Alkalität: Der pH-Wert einer 10%igen, mit CO_2-freiem Wasser bereiteten Lösung liegt zwischen 5,5 und 7,5. – b) Gewichtsverlust: Nicht unter 5% und nicht über 10%, wenn bei 100° und 5 Torr bis zur Gewichtskonstanz getrocknet wird.

Gehaltsbestimmung. Etwa 0,5 g Substanz werden genau gewogen, in 100 ml W. gelöst, mit 20 ml verd. Salzsäure versetzt und 1 Std. gekocht, wobei das verdampfende Wasser ersetzt wird. Nach dem Abkühlen wird in bekannter Weise mit 0,1 m Natriumnitritlösung titriert. 1 ml 0,1 m $NaNO_2$ entspricht 0,04464 g $C_{30}H_{28}N_2Na_4O_{14}S_5$.

Aufbewahrung. Vor Licht geschützt, in dicht schließenden Gefäßen.

Anwendung. Zur Behandlung von Lepra und als Adjuvans bei Tuberkulose. Eventuelle Nebenerscheinungen: Nausea, vorübergehende Anämie.

Dosierung. 1 bis 3 g täglich.

Handelsformen: Sulphetrone (Burroughs Wellcome), Sulfon (Cilag), Cimedone (Specia).

Acediasulfonum natricum. Ciloprin. Acediasulfon Natrium.

Formel F. 5 4-Carboxymethylamino-4′-amino-diphenylsulfon-natrium.

Herstellung. 4-Acetylamino-4′-chlor-diphenylsulfon wird mit Glykokoll, festem NaOH, 50%igem Methanol, Cu-Bronze im Drehautoklaven 20 Std. auf 200° erhitzt. Das Rohprodukt wird über das Natrium- oder Pyridinsalz gereinigt. (Schweiz. Pat. 278481 und 278482, sowie Zus. zu Schweiz. Pat. 254803; ref. in Chem. Zbl. *1949*, S. E 1697; *1954*, S. 7057).

Eigenschaften. Fp. 194°. Löslich in Methanol, Aceton, verd. Alkalilaugen, unlöslich in W.

Anwendung. Als Chemotherapeuticum zur lokalen Behandlung von bakteriellen Infektionen des Gehörganges.

Handelsform: Ciloprin (Cilag).

Thiazolsulfone NND 60 (!). 2-Amino-5-sulfanilyl-thiazole.

Formel F. 6 4′-Aminophenyl-2-aminothiazolyl-5-sulfon.

Herstellung. Aus dem Reaktionsprodukt von p-Nitrobenzolsulfonylchlorid und 2-Aminothiazol im Molverhältnis 1 : 2, nach Reduktion der Nitrogruppe mit Eisen in Ammoniumchloridlösung (US-Pat. 2389126).
Literatur: J. Amer. chem. Soc. *67*, 671 (1945).

Eigenschaften. Weißes, geruchloses, kristallines Pulver oder feine Nadeln (aus A.), die bei 219 bis 221° u. teilw. Zers. schmelzen. Wenig löslich in W., löslich in Aceton, Dioxan, A. (70%) und verdünnten Säuren. In 10%igem Alkali nur unter Zersetzung löslich!

Anwendung. Zur Behandlung von Lepra und Tuberkulose. Eventuelle toxische Nebenerscheinungen: Vorübergehende Anämie.

Dosierung. Anfangsdosis 1 g täglich, nach Erreichen der Toleranz 4 bis 6 g täglich in versch. Dosen.
Handelsform: Promizole (Parke u. Davis).

Kombinationspräparate nach dem Sulfaadditionsprinzip

(in alphabetischer Reihenfolge)

Andal (Schering AG, Berlin-West).
Enthält zu gleichen Teilen Sulfaethidol (Globucid), Sulfadiazin und Sulfamerazin.

Combiamid „Dr. Winzer“ (Dr. Winzer, Konstanz).
Augentropfen mit 9% Sulfacetamid und 1% 4-Aminomethyl-benzolsulfonylamid (entspricht der Marfanilbase „Bayer“).

Dosulfin (Geigy, Basel; Dr. Thomae, Biberach a. d. Riß).

Besteht aus gleichen Teilen 4-Amino-benzolsulfonyl-(4'-isopropoxybenzoyl)-imid (Formel A 8) und Sulfamerazin.

Anwendung. Alle Gebiete der Sulfonamidtherapie, besonders bei Infektionen der ableitenden Harnwege.

Marbadal (Bayer, Leverkusen).

Besteht aus 55% Badional (Bayer) und 45% Marfanil (Bayer) und ist als das 4-Aminobenzolsulfothiocarbamidsalz des 4-Aminomethylsulfonamids anzusehen.

Eigenschaften. Die Verbindung kristallisiert aus Wasser in farblosen Nädelchen. Bei 37° lösen sich 2 g in 100 ml W., bei 100° löst sich 1 T. Substanz in 1 T. W. Marbadal schmilzt u. Zers. bei 175°, wobei die Bestimmung in einem auf 160° vorgeheizten Bad durchgeführt wird.

Prüfung. Marbadal kann charakterisiert werden durch Bestimmung des organisch gebundenen Schwefels, wobei beide Komponenten erfaßt werden, und bromometrische Titration, wobei nur der Badionalanteil ermittelt wird [Pharmazie *5*, 158 (1950)].

Anwendung. Als Chemotherapeuticum zur lokalen Anwendung bei bakteriellen Infektionen sowohl durch anaerobe wie aerobe Erreger. Als einheitliche chemische Verbindung ist Marbadal durch Hitzeeinwirkung sterilisierbar und daher auch besonders zur intraperitonealen, intrapleuralen und intrauterinen Anwendung geeignet.

Pluriseptal (Bayer, Leverkusen).
Kombination aus 40% Sulfamerazin (genannt Debenal M) und 60% Sulfadimidin.

Anwendung. Als Chemotherapeuticum zur Behandlung bakterieller Infektionen, insbesondere bei Pneumonien und Infektionen der Harn- und Gallenwege.

Protocid (Schering AG, Berlin-West).
Kombination von Sulfamerazin (genannt Pyrimal M) und Sulfaethidol (Globucid).

Anwendung. Als Chemotherapeuticum zur Behandlung bakterieller Infektionen, insbesondere Pneumonie, Pleuritis, Mischinfektionen bei Grippe, Angina u. ä. Erkrankungen.

Sulfa-Oratren „Bayer“ (Bayer, Leverkusen).

1 Tablette enthält 60 mg Oratren (= 100000 E. Phenoxymethylpenicillin) und je 166,7 mg Sulfadiazin, Sulfamerazin, Sulfadimidin.

Sulfa-Tardocillin-Saft „Bayer“ (Bayer, Leverkusen).

1 ml Saft enthält 30000 E. Tardocillin (Penicillin G + Dibenzyläthylendiamin im Molverhältnis 2 + 1) und je 33 mg Sulfadiazin, Sulfamerazin und Sulfadimidin.

Sulfacinol-Wander (Wander GmbH, Frankfurt a. M.).
Kombination aus gleichen Teilen Sulfadiazin, Sulfadimidin und Sulfacetamid.

Supracid (VEB-Schering-Adlershof, Berlin-Adlershof).
Entspricht chemisch dem „Protocid“.

Supronalum (Bayer, Leverkusen).
Kombination gleicher Teile Marbadal (= Badional + Marfanil) und Sulfamerazin.

Prüfung. Da sich das Bromierungsprodukt von Sulfamerazin gegen Jodid und gegen arsenige Säure verschieden verhält, gelingt es, die Badional- und Sulfamerazinkomponenten nebeneinander durch Differenztitration zu bestimmen. Ermittelt man nach der „Sulfatmethode“ die Gesamtmenge organisch gebundenen Schwefels, so läßt sich unter Berücksichtigung der bromometrisch ermittelten Werte der Marfanilanteil berechnen [Pharmazie *5*, 158 (1950)].

Anwendung. Als Chemotherapeuticum bei Infektionen durch aerobe und anaerobe Erreger. Besonders hervorgehoben wird der günstige Verteilungskoeffizient (etwa 0,8) zwischen Blut und Gewebe (s. dazu S. 520).

Solu-Supronal (Bayer, Leverkusen).

Lösung, die in 100 ml 20,0 g Supronal und 29,9 g Natrium-1-phenyl-3-oxypropan-1,3-disulfonicum enthält.

pH der Lösung ist etwa 6,5.

Anwendung. Zur Behandlung von Infektionen durch aerobe und anaerobe Erreger: intravenös und lokal (rektal, zur Instillation, zur Inhalation). Die neutrale Reaktion der Lösung ermöglicht die Verwendung von Solu-Supronal als Lösungsmittel für Penicillin. Die gleichzeitige Anwendung von Supronal und formaldehydabspaltenden Harnantiseptica (z. B. Hexamethylentetramin) ist, wie das auch allgemein für andere Sulfonamide gilt, zu vermeiden, da es in den Harnwegen zur Bildung schwer löslicher SCHIFFscher Basen kommen kann.

Supronal „B-Puder" (Bayer, Leverkusen).

Besteht aus 90% Supronal und 10% Marfanil B (Bayer).

„Marfanil B" ist das Naphthalin-1,5-disulfonsaure Salz der Marfanilbase.

Anwendung. Supronal B-Puder findet in erster Linie zur Wundbehandlung in der Chirurgie Verwendung und hat auf Grund seiner relativ schwer löslichen Komponenten eine deutliche Depotwirkung. Als Sulfonamidgemisch ist der Puder nicht sterilisierbar und daher zur intraperitonealen und intrapleuralen Anwendung ungeeignet.

Trisulfapyrimidines Oral Suspension USP XVI.

100 ml Suspension sollen nicht weniger als 9,3 g und nicht mehr als 10,7 g Gesamtsulfapyrimidine enthalten. Die Menge der drei Einzelkomponenten soll je zwischen 3,0 und 3,7 g pro 100 ml liegen. Einzelkomponenten: Sulfadiazin ($C_{10}H_{10}N_4O_2S$), Sulfamerazin ($C_{11}H_{12}N_4O_2S$) und Sulfamethazin ($C_{12}H_{14}N_4O_2S$). Die Suspension darf Natriumcitrat oder Natriumlactat und eine geeignete antibakterielle Substanz enthalten.

Erkennung. Eine etwa 2 g Gesamtsulfapyrimidine entsprechende Menge wird mit der zweifachen Wassermenge gemischt und tropfenweise mit konz. Ammoniaklösung versetzt, bis eine klare Lösung entsteht. Man erhitzt dann auf etwa 80° und gibt tropfenweise Essigsäure hinzu, bis der entstehende Niederschlag sich nicht mehr vergrößert. Die Mischung wird unter Rühren 30 Min. auf 80° gehalten. Man gießt die überstehende Flüssigkeit ab und wäscht noch zweimal durch Dekantieren mit Wasser nach. Der Rückstand wird filtriert, 4 Std. bei 105° getrocknet und zu einem feinen Pulver zerrieben. Mit dem erhaltenen Pulver werden die folgenden Reaktionen durchgeführt: a) Eine etwa 150 mg Sulfadiazin entsprechende Menge Pulver wird in einem 500-ml-Weithalskolben mit 400 ml einer bei Raumtemp. bereiteten Sulfadiazinlösung in abs. A. versetzt. Der Kolben wird mit Aluminiumfolie verschlossen und unter gelegentlichem Umschütteln 18 Std. bei Raumtemp. stehengelassen. Den ungelösten Rückstand filtriert man durch eine Glassinternutsche und wäscht mit 15 ml der gesättigten Sulfadiazinlösung nach. Der auf dem Filter verbliebene Rückstand wird mit einem möglichst kleinen Volumen heißem abs. A. gelöst, die Lösung konzentriert und zur Kristallisation gebracht. Die erhaltenen Kristalle von Sulfadiazin schmelzen nach dem Umkristallisieren aus heißem abs. A. und Trocknen bei 105° zwischen 252 und 256°. – b) Eine etwa 150 mg Sulfamerazin entsprechende Menge des Pulvers wird mit 400 ml abs. A., der mit Sulfamerazin gesättigt ist, wie unter a) beschrieben, behandelt. Die gewonnenen Kristalle schmelzen bei 234 bis 238°. – c) Eine etwa 150 mg Sulfamethazin entsprechende Menge des Pulvers wird mit abs. A., der mit Sulfamethazin gesättigt ist, wie unter a) beschrieben, behandelt. Die erhaltenen Kristalle schmelzen bei 196 bis 200°.

Gehaltsbestimmung. Gesamtsulfapyrimidinegehalt: Eine etwa 500 mg Gesamtsulfapyrimidine entsprechende Menge Suspension wird genau gewogen, mit 10 ml Salzsäure 10 Min. erhitzt, die Lösung filtriert und der Rückstand auf dem Filter 3mal mit je 20 ml verd. Salzsäure gewaschen. Dann kühlt man auf 15° ab, gibt 25 g zerstoßenes Eis hinzu und titriert mit 0,1 m Natriumnitritlösung in der bei Sulfadiazin angegebenen Weise. 1 ml 0,1 m $NaNO_2$ entspricht 26,43 mg Gesamtsulfapyrimidin.

Gehalt an einzelnen Sulfonamiden: Standardkurven: Je 50 mg Sulfadiazin USP-Standard, Sulfamerazin USP-Standard und Sulfamethazin-USP-Standard werden in je 5 ml 0,1 n Natronlauge gelöst und die Lösungen mit Wasser auf je 100 ml verdünnt. 0,01 ml dieser Lösungen enthalten je 5 γ des Sulfonamids. Man trägt auf Chromatographiepapierstreifen je 0,01, 0,02, 0,03, 0,04 und 0,05 ml auf und chromatographiert in der unten beschriebenen Weise. Die nach der Elution ermittelten Absorptionen werden in ein arithmetisches Koordinatenpapier eingetragen.

Zubereitung der Probe: Eine etwa 1,5 g Gesamtsulfapyrimidin entsprechende Menge Suspension wird genau gewogen und in einer Mischung von 1 Vol. konz. Ammoniak und 9 Vol. Wasser durch 15 Min. langes Schütteln gelöst. Dann füllt man mit der verdünnten Ammoniaklösung auf 250 ml auf und verdünnt 25 ml der entstehenden Lösung mit Wasser auf 100 ml. 0,01 ml der Verdünnung entsprechen etwa 5 γ des einzelnen Sulfapyrimidinderivates.

Bestimmung. Der Boden eines Papierchromatographiegefäßes wird mit einer frisch bereiteten Emulsion von gleichen Teilen n Butanol und 3%iger Ammoniaklösung bedeckt. Man benutzt Papierstreifen von 4 × 57 cm, trägt von der Verdünnung der Suspension mit einer Mikropipette 0,02 ml auf und hängt die Streifen zur Sättigung in den Kasten. Als Lösungsmittel benötigt man für jeden Streifen etwa 10 ml mit 3%iger Ammoniaklösung gesättigtes n Butanol. Dann chromatographiert man absteigend 18 Std. lang oder bis die Lösungsmittelfront 25 mm von unteren Ende des Papierstreifens liegt. Die Streifen werden an der Luft getrocknet. Die Lokalisation der einzelnen Sulfonamide bestimmt man auf einem Vergleichsstreifen, indem man mit einer Mischung von 25 ml n Butanol, 50 ml Butylnitrit und 5 ml Essigsäure besprüht, 10 Min. trocknet und erneut mit einer Mischung von 100 mg N-(1-Naphthyl)-äthylendiamindihydrochlorid, 95 ml n-Butanol und 5 ml 2 n Salzsäure besprüht. Es entstehen violette Flecken.

Sulfadiazin wandert am langsamsten, der Sulfamerazinfleck liegt in der Mitte, Sulfamethazin wandert am weitesten. Aus nicht entwickelten Streifen schneidet man die entsprechenden Stellen heraus, eluiert jeweils 30 Min. lang mit 10 ml 0,12 n Salzsäure, zentrifugiert und pipettiert 5 ml der klaren Lösung ab. Zu den abpipettierten 5 ml Lösung gibt man 1 ml einer frisch bereiteten 0,1%igen Natriumnitritlösung, schüttelt 3 Min. lang, gibt 1 ml 0,5%ige Ammoniumsulfamatlösung hinzu, schüttelt 2 Min. lang und versetzt mit 1 ml 0,1%iger N-(1-Naphthyl)-äthylendiamindihydrochloridlösung. Nach 15 Min. wird die Durchlässigkeit bei 545 mμ gemessen. Mit Hilfe eines Blindversuches an einem Stück Papier, das keine Substanz enthält, werden die Werte korrigiert. Den Gehalt an den einzelnen Sulfonamiden errechnet man nach einem Mittelwert aus mindestens 3 Streifen.

Aufbewahrung. In dicht schließenden Gefäßen, bei einer dem Gefrierpunkt nahen Temperatur.

Dosierung. Anfangsdosis 40 ml Suspension (entspricht 4 g Trisulfapyrimidin), dann alle 4 Std. 10 ml.

Trisulfapyrimidines Tablets USP XVI.

Gehalt 95 bis 105% der deklarierten Menge der Gesamtsulfapyrimidine (Zusammensetzung wie unter Trisulfapyrimidine Suspension). Der Gehalt an jedem einzelnen der drei Sulfapyrimidine soll 31,5 bis 35,0% der deklarierten Gesamtsulfapyrimidinmenge betragen.

Erkennung. Die unter „Trisulfapyrimidines Oral Suspension" beschriebenen Reaktionen a), b) und c) werden mit fein pulverisierten Tabletten durchgeführt.

Gehaltsbestimmung. Gehalt an Gesamtsulfapyrimidinen: Mindestens 20 Tabletten werden zu einem feinen Pulver verrieben. Eine etwa 500 mg entsprechende Menge des Pulvers wird genau gewogen, mit 20 ml Salzsäure und 50 ml W. versetzt und so lange gerührt, bis alle lösliche Substanz in Lösung gegangen ist. Dann wird filtriert und der Rückstand 3 mal mit je 20 ml verd. Salzsäure nachgewaschen, das gesamte Filtrat auf 15° abgekühlt und mit Natriumnitrit, wie unter Sulfadiazin beschrieben, titriert. 1 ml 0,1 m $NaNO_2$ entspricht 26,43 mg Gesamtsulfapyrimidin.

Gehalt an einzelnen Sulfonamiden: Mindestens 20 Tabletten werden zu einem feinen Pulver verrieben. Eine etwa 1,5 g Gesamtsulfapyrimidin entsprechende Menge des Pulvers wird mit 20 ml konz. Ammoniaklösung und 20 ml W. 15 Min. lang geschüttelt und die Mischung zentrifugiert. Man dekantiert die klare Lösung und wäscht den Rückstand 3mal mit je 10 ml W. Die Lösungen werden vereint und mit W. auf 250 ml aufgefüllt. 25 ml verdünnt man mit W. auf 100 ml. Fortsetzung der Bestimmung siehe Trisulfapyrimidinsuspension.

Dosierung. Entsprechend der Suspension.

Sympathicomimetica

Als „Sympathicomimetica" oder „Sympathomimetica" bezeichnet man Wirkstoffe des autonomen Nervensystems, die die sympathischen Nerven erregen oder deren Wirkung der Reizung sympathischer Nerven ähnelt. Therapeutisch wird in erster Linie die Beeinflussung des Kreislaufes ausgenutzt. Der Schwerpunkt der Wirkung liegt von Stoff zu Stoff dieser Reihe verschieden.

Am längsten bekannt sind die Effekte des Adrenalins und des Ephedrins. Nach O. Schaumann liegen in diesen beiden Stoffen zwei Wirkungsextreme vor. Während vom Adrenalin als Überträgerstoff der sympathischen Erregung hauptsächlich periphere Wirkungen bekannt sind, wirkt Ephedrin zentral erregend und sympathicomimetisch.

Wegen ihrer adrenalinartigen Eigenschaften werden die Sympathicomimetica auch als „Adrenergica" bezeichnet. Ihre Wirkung auf den Kreislauf setzt sich zusammen aus einer Verengung der peripheren Gefäße und einer mehr oder weniger deutlichen Verstärkung der Herztätigkeit. Daraus resultiert meist eine Erhöhung des Blutdrucks und eine Beschleunigung des Herzschlages. Die bronchienerweiternde Wirkung der Sympathicomimetica wird häufig zur Behandlung von Asthma bronchiale ausgenutzt, besonders dann, wenn die Kreislaufwirkung der einzelnen Verbindungen relativ gering ist. Die Fähigkeit der Sympathicomimetica, die Pupillen zu erweitern und die Magen- und Darmmuskulatur zum Erschlaffen zu bringen, wird therapeutisch verhältnismäßig wenig ausgewertet. Beim Zusatz zu Lokalanästhetica wird die weitgehend auf den Ort der Applikation beschränkte Wirkung benützt, um die Resorption des Anästheticums zu verlangsamen und für den operativen Eingriff eine Blutleere zu erzeugen. Auf die Schleimhäute aufgebracht, wird eine Abschwellung bei katarrhalischen Entzündungen herbeigeführt, die allerdings nur eine symptomatische Besserung des Zustandes bedeutet.

Die sympathicomimetischen Substanzen mit starker zentral erregender Wirkung faßt man als „Weckamine" zusammen. Leider geht ihre an sich sehr gute und lang anhaltende analeptische Wirkung einher mit psychischer Anregung, die bis zur Euphorie gesteigert werden kann. Sie gab den Anlaß, die Substanzen unter die Verordnung über das Verschreiben von Betäubungsmitteln zu stellen (Pol.Verordn. v. 12. 6. und 22. 7. 1941).

Eine weitere Gruppe wird heute unter der Bezeichnung „Appetitzügler" abgegrenzt. Diese werden bei Entfettungskuren angewendet, weil sie einerseits die Eßlust herabsetzen und außerdem wohl auch auf Grund ihrer erregenden, coffeinähnlichen Wirkung die allgemeine Agilität steigern. Da sie bei Weckaminsucht als Ausweichmittel benutzt werden können, wurden sie in der BRD rezeptpflichtig.

Die mit Adrenalin und Ephedrin verwandten synthetischen Stoffe, von denen heute etwa 550 bekannt sind, stehen ihren Eigenschaften nach zwischen den beiden Naturstoffen und tendieren je nach ihrer Konstitution zur Adrenalin- oder Ephedrinähnlichkeit.

Die Sympathicomimetica sind Derivate des β-Phenyl-äthyl-amins:

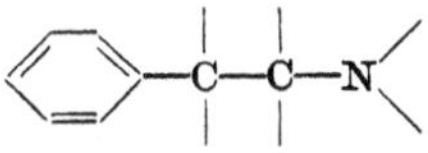

Die Bedeutung der Strukturelemente für die sympathicomimetischen Eigenschaften der einzelnen Verbindungen ist systematisch untersucht worden:

Kohlenstoffkette. Die größte Blutdruckwirksamkeit ist bei einem Abstand von 2 Kohlenstoffatomen zwischen aromatischem Ring und Stickstoff vorhanden:

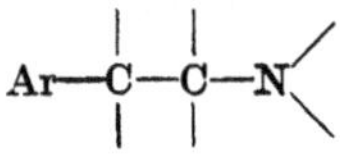

Benzylaminderivate

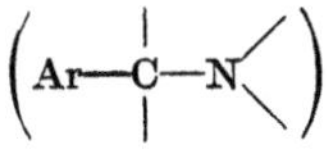

und 1-Amino-1-phenyl-äthanderivate

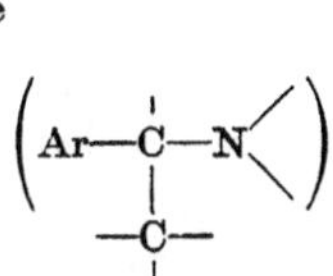

sind unwirksam.

Die Wirkung wird auch geringer, wenn die Anzahl der C-Atome zwischen Ring und Stickstoff über zwei hinaus erhöht wird. Das oral wenig wirksame β-Phenyl-äthylamin wird gegen enzymatischen Angriff durch Substitution mit einer Methylgruppe stabilisiert. Von den beiden möglichen Isomeren, dem 1-Amino-2-phenyl-propan (α-Form):

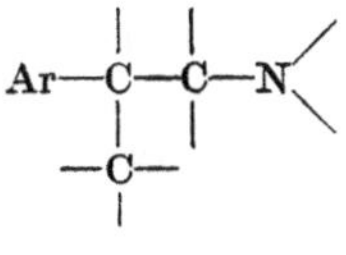

und dem 1-Phenyl-2-amino-propan (β-Form):

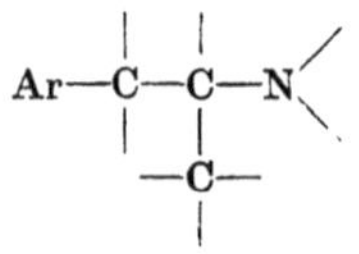

ist die letztere stabiler und damit länger und stärker wirksam.

Auch die optischen Antipoden der einzelnen Verbindungen sind in ihrer Wirkungsstärke verschieden.

Hydroxylgruppen in der Seitenkette haben etwa den gleichen Einfluß wie Methylgruppen; so gleichen sich z. B. Ph—$CH(CH_3)CH_2NH_2$ und Ph—$CH(OH)CH_2NH_2$ in ihrer Blutdruckwirkung und Toxizität.

Phenolische OH-Gruppen. In bezug auf die Blutdruckerhöhung liegt das Maximum bei der Brenzcatechinstruktur. Die Wirkung fällt bei Einführung eines dritten Hydroxyls wieder ab. Mögliche Grundgerüste:

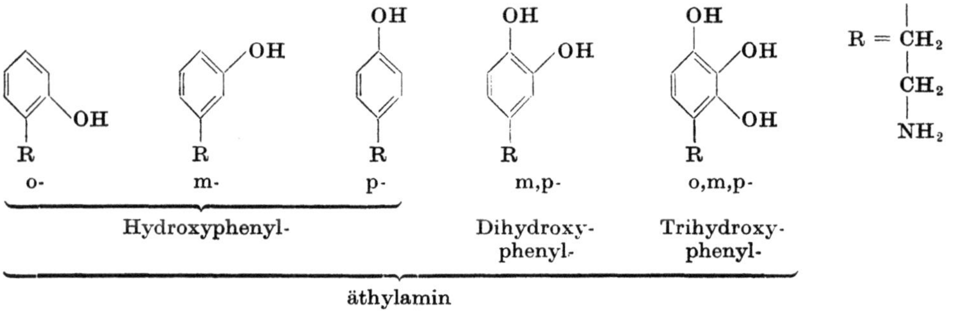

Veresterung und Verätherung der phenolischen OH-Gruppen schwächen die Blutdruckwirkung ab.

Verbindungen, die weder phenolische, noch alkoholische OH-Gruppen enthalten, wirken ausgeprägt zentral erregend. Gefäßkontraktion und Blutdruckerhöhung sind hier nur Nebenwirkungen, doch sind sie unter Umständen therapeutisch von Nutzen, z. B. bei der Behandlung von Vergiftungen. Hierher gehören die als Weckamine bezeichneten Substanzen. Sie verdrängen das Ermüdungsgefühl und regen meist die Gedankenassoziationen an. In manchen Fällen erzeugen sie eine ausgesprochene Euphorie und rauschähnliche Zustände, die Anlaß zur Sucht werden können. Neuerdings werden einige dieser Verbindungen auch als Entfettungsmittel empfohlen, da sie den Appetit herabsetzen und die körperliche Agilität erhöhen.

N-Alkylierung. Die Beobachtung BLASCHKOS und RICHTERS, daß die Aminoxidase für den Abbau von adrenalinartigen Substanzen Bedeutung hat, führte zur Untersuchung verschiedenster, N-alkylierter Derivate. Im allgemeinen nimmt mit zunehmender Alkylierung die Wirkung auf die peripheren Gefäße ab, während die Herzwirksamkeit erhalten bleibt. So steigert z. B. Isopropylarterenol nicht mehr den Blutdruck, während n-Butylnorsynephrin sogar Blutdrucksenkung hervorruft. Auch Dialkylierung am Stickstoff schwächt im allgemeinen die Wirkung ab.

Kern. Der Phenylkern kann durch andere, auch pseudoaromatische oder nicht aromatische Ringsysteme ausgetauscht werden, ohne daß die Wirkung verlorengeht. So ist das dem Amphetamin entsprechende 2-Thiophenyl-Derivat sehr wirksam. Hydrierung des Phenylkerns der Sympathicomimetica steigert die zentralerregende Wirkung. Substituenten im Phenylrest können die Wirkung in verschiedener Richtung beeinflussen. Nach HARTUNG soll ein p-ständiges Chlor die Wirkung erhöhen, ein p-ständiger Methylrest die

(Fortsetzung s. S. 575)

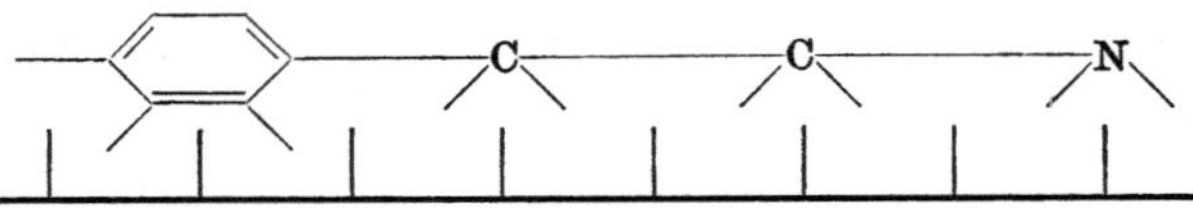

Nr.	Pharmakopöen- u. internat. Bezeichnungen (WHO)*	Geschützte Warenzeichen[1]									
	A. Dihydroxyphenyl-Derivate										
1	Adrenalin BP 63, DAB 7 – BRD Adrenalinum DAB 7 – DDR Adrénaline CF 65 Epinephrine USP XVII Epirenaminum Jap. 61	Suprarenin (Hoechst)	OH	OH	H	OH	H	H	H	H	CH_3
2	Noradrenalin* BP 63 DAB 7 – BRD, DAB 7 – DDR Norepirenaminum Jap. 61 Levarterenol USP XVII	Arterenol (Hoechst) Aktamin (Schering) Levophed (W.-St.)	OH	OH	H	OH	H	H	H	H	H
3	Corbadrin*	Corbasil (Hoechst)	OH	OH	H	OH	H	CH_3	H	H	H
4	Isoprenalin* BP 63, Jap. 61 Isoprenalinum DAB 7 – DDR Isoproterenol USP XVII	Aludrin (B., I.) Isolevin (Cilag) Isuprel (W.-St.) Neo-Epinin (B. W.) Norisodrine (Abbott)	OH	OH	H	OH	H	H	H	H	$HC(CH_3)_2$
5		Butanephrin (W.-St.)	OH	OH	H	OH	H	C_2H_5	H	H	H
6		Methadren (Lakeside)	OH	OH	H	OH	H	H	H	CH_3	CH_3
7		Epinin (B. W.)	OH	OH	H	H	H	H	H	H	CH_3
	B. p-Hydroxyphenyl-Derivate										
1	Oxyphenylmethylaminoaethanolum DAB 7 – DDR Hydroxyphenyl-methylaminoäthanol DAB 7 – BRD Synephrin*	Sympatol (B., I.) Synephrin (W.-St.)	OH	H	H	OH	H	H	H	H	CH_3

Nr.	Pharmakopöen u. internat. (WHO)*-Bezeichnungen	Geschützte Warenzeichen[1]	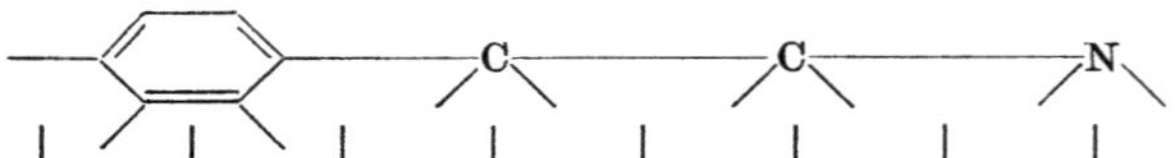								
2	Bamethan*	Vasculat (B., I.)	OH	H	H	OH	H	H	H	H	nC_4H_9
3		Suprifen (Hoechst)	OH	H	H	OH	H	CH_3	H	H	CH_3
4	Buphenin* Nylidrin NND 60	Dilatol (Troponwerke) Arlidrin (Arlington)	OH	H	H	OH	H	CH_3	H	H	$HC(CH_3)-CH_2-CH_2-C_6H_5$
5	Hydroxyamphetamin* USP XVII	Paredrine (S. K. F.)	OH	H	H	H	H	CH_3	H	H	H
6	Pholedrin* Pholedrinum DAB 7 – DDR	Veritol (Knoll) Pholetone (Boots)	OH	H	H	H	H	CH_3	H	H	CH_3

C. m-Hydroxyphenyl-Derivate

Nr.	Pharmakopöen u. internat. (WHO)*-Bezeichnungen	Geschützte Warenzeichen[1]									
1	Phenylephrin* USP XVII, BP 63 Neosynephrine CF 65 Mesatonum Ross. 9	Adrianol (B., I.) Neo-Synephrin (W.-St.) Phenylephrine (Boots)	H	OH	H	OH	H	H	H	H	CH_3
2		Effortil (B., I.)	H	OH	H	OH	H	H	H	H	C_2H_5
3		Novadral (Diwag)	H	OH	H	OH	H	H	H	H	H
4	Metaraminol* USP XVII	Icoral B (Bayer) Aramine (M. S. & D.)	H	OH	H	OH	H	CH_3	H	H	H

D. o-substituierte Phenyl-Derivate

Nr.	Pharmakopöen u. internat. (WHO)*-Bezeichnungen	Geschützte Warenzeichen[1]									
1	Methoxyphenamin* NND 60	Orthoxin (Upjohn)	H	H	OCH_3	H	H	CH_3	H	H	CH_3
2	Methoxamin* USP XVII	Vasoxyl (B. W.)	2,5-Bis-OCH_3			OH	H	CH_3	H	H	H

E. Phenyl-Derivate

1	Bis-Norephedrin	Apophedrin (Riedel)	H	H	H	OH	H	H	H	H	H
2	Norephedrin Norpseudoephedrinum DAB 7 – DDR Phenylpropanolamin NND 60	Propadrin (M. S. & D.)	H	H	H	OH	H	CH_3	H	H	H
3	l-Ephedrin(e) DAB 7 – BRD u. – DDR, ÖAB 9, USP XVII, Helv. V, CsL 2, PI.Ed. I, CF 65, Jap. 61 DL-Ephedrinum DAB 7 – DDR	 Ephetonin	H	H	H	OH	H	CH_3	H	H	CH_3
4	L- und DL-Methylephedrinum Jap. 61		H	H	H	OH	H	CH_3	H	CH_3	CH_3
5	N-Äthylephedrin	Nethamine (Merrell)	H	H	H	OH	H	CH_3	H	CH_3	C_2H_5
6	Amphetamin* BP 63 (dl) USP XVI(!), Jap. 61, CF 65 Dexamphetamin* BP 63 (d) Dextro-Amphetamin (d) USP XVI(!) Dexamphétamine CF 65	Benzedrin (S. K. F.) Elastonon (Nordmarkwerk) Ortedrine (Specia) d-Dexedrin (S. K. F.)	H	H	H	H	H	CH_3	H	H	H
7	Methamphetamin* (d) USP XV(!) DAB 7 – DDR, Jap. 61	Pervitin (Temmlerwerk) Isophen (Knoll)	H	H	H	H	H	CH_3	H	H	CH_3
	Phenylmethylaminopropan DAB 7 – BRD		H	H	H	CH_3	H	H	H	H	CH_3
8	Phenpromethamin* Phenylpropylmethylamin NND 60	Vonedrine (Merrell)									
9	Mephentermin* USP XVI (!)	Wyamine (Weyth)	H	H	H	H	H	CH_3	CH_3	H	CH_3

[1] Hier gebrauchte Abkürzungen von Firmennamen:

B., I. = Boehringer, Ingelheim, S. K. F. = Smith, Kline, French, B. W. = Burroughs Wellcome, W.-St. = Winthrop-Stearns, M. S. & D. = Merck, Sharp & Dohme.

Nr.	Pharmakopöen- u. internat. (WHO)*-. Bezeichnungen	Geschützte Warenzeichen[1]	Strukturformel
		F.	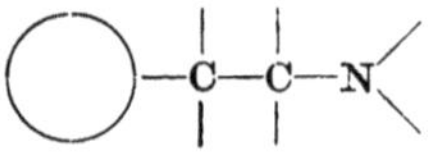
1	Propylhexedrin USP XVI(!), DAB 7 – DDR	Enthalten in Eventin (Chem. Werke, Minden) und in Benzedrex (S. K. F.)	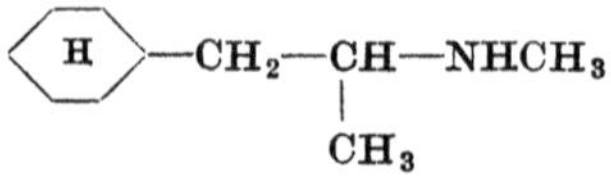
2	Cyclopentamin* NND 63	Clopane (Lilly)	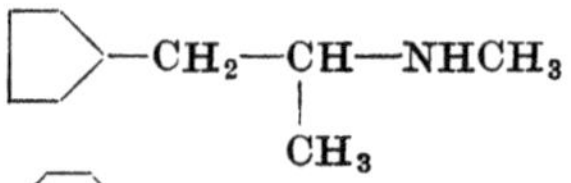
3	Naphazolin* USP XIV(!) **CF 65, Jap. 61, ÖAB 9**	Privin (Ciba)	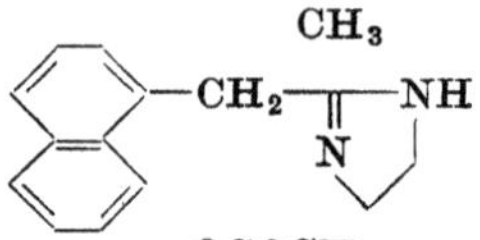
4		Ritalin (Ciba)	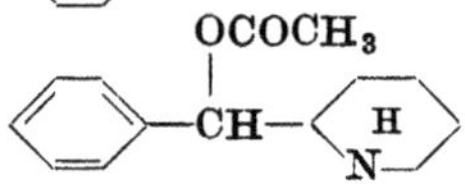
5		enthalten in Pectamed (Merck)	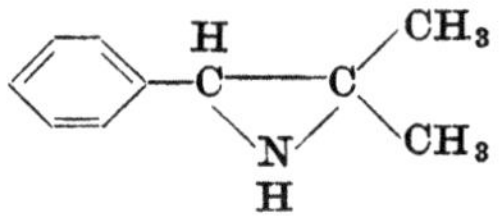
		G.	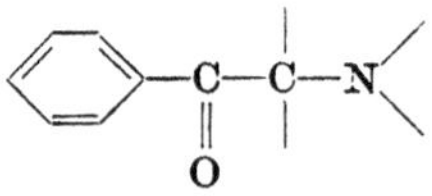
1	Adrenalon*	Styphnon (Chemosan) Kephrine (W.-St.)	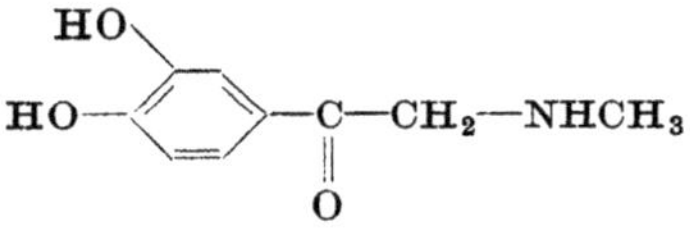
2		Asthma-Tropon (Tropon-Werke)	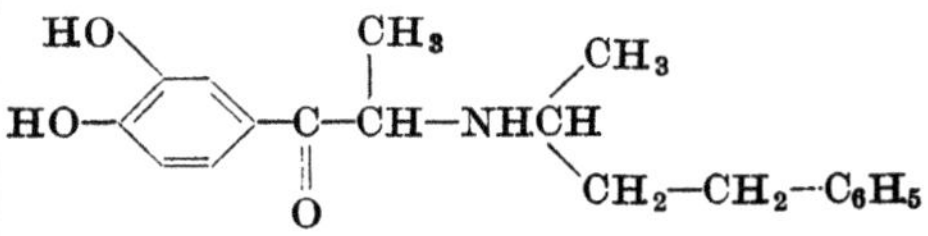
		H.	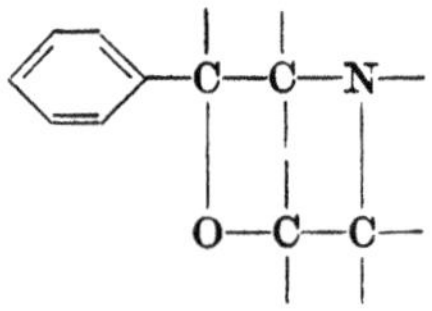
1		Rhinogutt (Thomae)	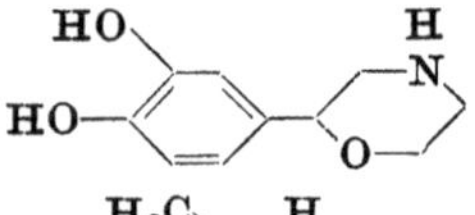
2		Preludin (B., I.) enthalten in Cafilon (Ravensburg)	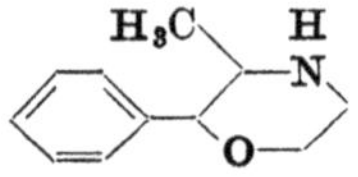
3		enthalten in Cafilon (Ravensburg)	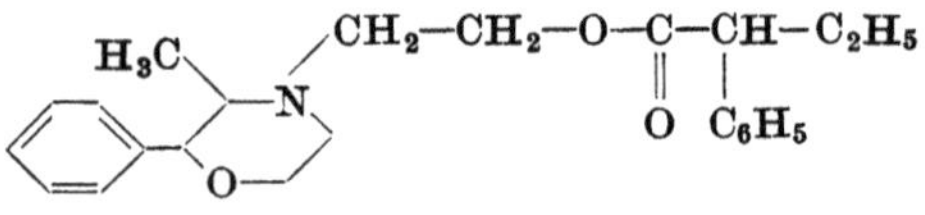

[1] Gebrauchte Abkürzungen von Firmennamen s. Fußnote S. 573.

Fortsetzung der Tabelle von S. 574

Nr.	Pharmakopöen- u. internat. (WHO)*-Bezeichnungen	Geschützte Warenzeichen[1]	Strukturformel
		I. Höhere, aliphatische Amine	
1	Tuaminoheptan NND 60	Tuamine (Lilly)	$CH_3—(CH_2)_4—CH(NH_2)—CH_3$
2		Oenethyl (Bilhuber-Knoll)	$CH_3—(CH_2)_4—CH(NHCH_3)—CH_3$
3	Methylhexaneamin NND 60	Forthane (Lilly)	$CH_3—CH_2—CH(CH_3)—CH_2—CH(NH_2)—CH_3$
4	Heptaminol*		$CH_3—C(CH_3)(OH)—(CH_2)_3—CH(NH_2)—CH_3$
		K. Verschiedene	
1		Tyzine (Pfizer)	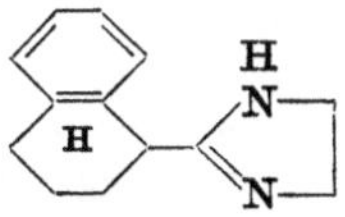
2		Ascensil (Raschig)	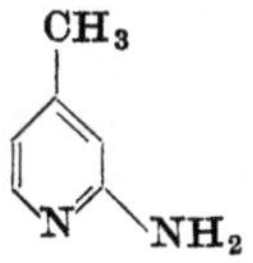

(Fortsetzung von S. 570)

Wirkung abschwächen. Nach MANNICH und BERGER wird durch eine o-Aminogruppe die Wirkung verringert.

Die gebräuchlichen Sympathicomimetica aus der Gruppe der Phenyläthylamine können nach verschiedenen Gesichtspunkten geordnet werden. In der voranstehenden, in Anlehnung an das von W. GRAUBNER [Angew. Chem. *66*, 371 (1954)] gegebene Schema zusammengestellten Tabelle sind die einzelnen Verbindungen nach ihrer chemischen Konstitution geordnet.

Neben den Phenyläthylamin-Derivaten finden auch einige Verbindungen als Sympathicomimetica Verwendung, die nur noch entfernte oder überhaupt keine chemische Verwandtschaft mit den Grenztypen Adrenalin und Ephedrin besitzen. In den Tabellen auf S. 574–575 sind die bekanntesten Verbindungen zusammengestellt.

Allgemeine Hinweise zur Analytik der Sympathicomimetica

1. Alle Sympathicomimetica der Phenyläthylaminreihe und anderer Konstitution geben einen positiven Stickstoffnachweis (z. B. nach LASSAIGNE).

2. Phenylalkylamine sind, sofern sie keine phenolischen OH-Gruppen enthalten, aus natronalkalischer Lösung ausschüttelbar, wegen der relativ guten Wasserlöslichkeit jedoch meist nicht quantitativ.

3. In vielen Fällen lassen sich die Basen durch Zusatz von Ammoniak zur wäßrigen Lösung der handelsüblichen Salze auskristallisieren.

4. Einige Phenylalkylamine, wie Ephedrin, Pervitin, Benzedrin usw. sind leicht wasserdampfflüchtig.

5. Verbindungen mit phenolischen OH-Gruppen geben Färbungen mit Eisen(III)-chlorid. Einwertige Phenole geben in schwach saurer bis neutraler Lösung eine meist blau- oder rotstichige Violettfärbung, Brenzkatechinderivate eine grünliche Färbung.

6. Verbindungen, die in α-Stellung zum Aromaten ein alkoholisches Hydroxyl und in β-Stellung die Aminogruppe tragen, erleiden die sog. „Hydraminspaltung". Bei trockenem Erhitzen der entsprechenden Salze tritt überwiegend Hydraminspaltung 1. Art ein:

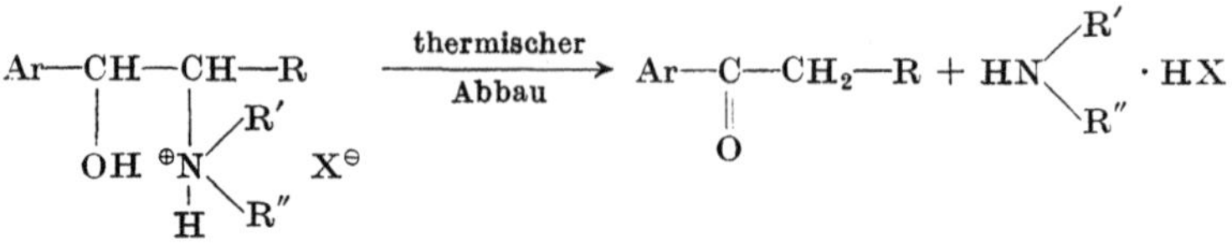

Erhitzt man mit konz. Phosphorsäure, so kommt es nach H. Auterhoff und H. J. Roth [Angew. Chem. *67*, 426 (1955); Arch. Pharm. (Weinheim) *298*, 470 (1958)] zur Hydraminspaltung 2. Art:

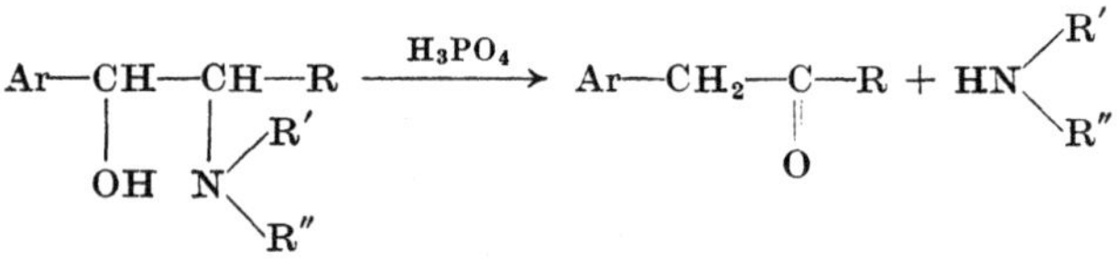

7. Verbindungen der Phenyläthylaminreihe mit sekundärer alkoholischer Gruppe in Nachbarschaft zum aromatischen Ring werden durch Kaliumhexacyanoferrat(III), Kaliumperjodat oder Jod in alkalischer Lösung oxydativ gespalten, wobei als leicht faßbares Spaltstück Benzaldehyd oder ein entsprechend substituiertes Derivat entsteht.

8. 1,2-Aminoalkohole mit sekundärer OH-Gruppe und primärer oder sekundärer Aminogruppe erleiden in wäßriger Lösung bei Einwirkung von Perjodsäure eine Glykolspaltung: z. B.

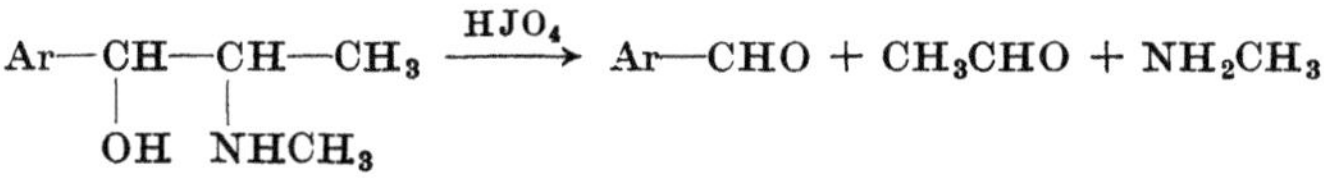

9. 1,2-Aminoalkohole mit sekundärer OH-Gruppe und primärer, sekundärer oder auch tertiärer Aminogruppe [s. H. J. Roth u. A. Brandau: Arch. Pharm. (Weinheim) *293*, 27 (1960); H. J. Roth: Arch. Pharm. (Weinheim) *294*, 427 (1961)] werden durch Bleitetraacetat in wasserfreier Lösung, beispielsweise in Eisessig oder in Benzol in zwei Carbonylverbindungen gespalten:

z. B.

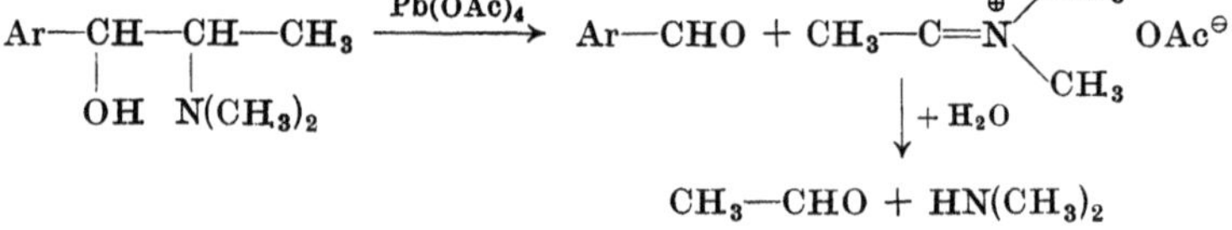

10. 1,2-Aminoalkohole mit aromatischem Ring geben mit Cu(II)-Salzen nach dem Alkalisieren im allgemeinen einen mit organischen Lösungsmitteln ausschüttelbaren chelatartigen Komplex (*Chen Kao*-Reaktion).

11. Verbindungen mit primärer Aminogruppe geben die folgenden Reaktionen: a) mit Aldehyden, besonders leicht mit p-Dimethylaminobenzaldehyd entstehen Schiffsche Basen:

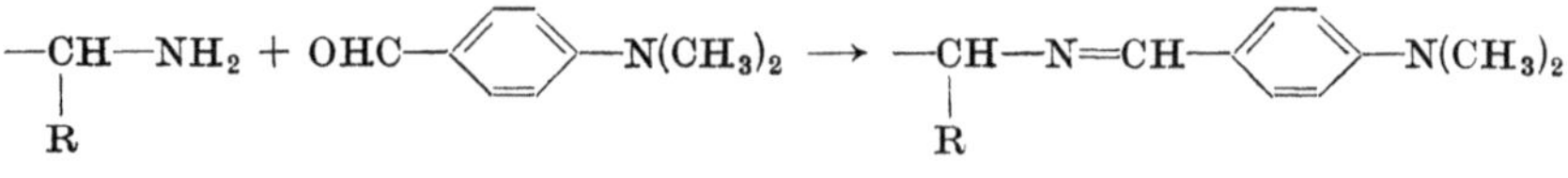

b) mit Schwefelkohlenstoff entstehen Dithiocarbaminsäurederivate, die durch $HgCl_2$ oder andere Schwermetallsalze in Senföle und Quecksilbersulfid oder andere Sulfide zerlegt werden:

$$-\underset{R}{\underset{|}{CH}}-NH_2 + CS_2 \longrightarrow -\underset{R}{\underset{|}{CH}}-NH-\underset{S}{\underset{\|}{C}}-SH \xrightarrow{HgCl_2} -\underset{R}{\underset{|}{CH}}-N{=}C{=}S + HgS + 2\,HCl$$

c) mit Chloroform und Alkalihydroxid werden Isonitrile gebildet:

$$-\underset{R}{\underset{|}{CH}}-NH_2 + CHCl_3 + 3\,KOH \longrightarrow -\underset{R}{\underset{|}{CH}}-\overset{\oplus}{N}{\equiv}\overset{\ominus}{C} + 3\,KCl + 3\,H_2O$$

d) durch Einwirkung von salpetriger Säure entstehen entsprechende Alkohole (Glykole):

$$R-\underset{OH}{\underset{|}{CH}}-\underset{NH_2}{\underset{|}{CH}}-R \xrightarrow{HNO_2} R-\underset{OH}{\underset{|}{CH}}-\underset{OH}{\underset{|}{CH}}-R + N_2 + H_2O$$

12. Verbindungen mit sekundärer Aminogruppe geben bei Einwirkung von salpetriger Säure Nitrosamine, die sich mit konz. Schwefelsäure grünblau färben:

$$-\underset{R}{\underset{|}{CH}}-NHCH_3 \xrightarrow{HNO_2} -\underset{R}{\underset{|}{CH}}-\underset{NO}{\underset{|}{N}}-CH_3 + H_2O$$

13. Papierchromatographie. Nach einem von A. Wankmüller [Dtsch. Apoth.-Ztg *6*, 247 (1954)] angegebenen Verfahren: Papier: Schleicher & Schüll 2043 b; aufsteigende Methode; Lösungsmittel: n-Butanol : Eisessig : Wasser = 4 : 1 : 2. Detektion: Die bei 90° getrockneten Streifen werden mit einer Ninhydrinlösung besprüht und sofort im Trockenschrank einige Minuten auf 120 bis 140° erhitzt. Es entstehen im allgemeinen helle oder dunkle, violettgraue Flecken. Sympatol muß mit Joddämpfen sichtbar gemacht werden. In einigen Fällen sind auch Dragendorffs Reagens oder andere Alkaloidreagentien als Detektionsmittel angebracht.

14. Dünnschichtchromatographie. Waldi, S. D.: Arch. Pharm. (Weinheim) *295*, 125 (1962).

Quantitative Bestimmungen

Wegen der guten Wasserlöslichkeit ist die allgemein zur Bestimmung von stickstoffhaltigen Basen gebrauchte Ausschüttelung und anschließende Titration mit Säure bei den Sympathicomimetica nicht anwendbar.

1. Chromatographische Bestimmung an einer Aluminiumoxidsäule nach H. Böhme und H. Hocke [Arch. Pharm. (Weinheim) *290*, 422 (1957)].

2. Titration in nicht wäßrigem Milieu mit $HClO_4$; Beispiel: Ephedrin [s. R. Pohloudek-Fabini u. K. König: Pharm. Zentralh. *98*, 176 (1959)].

3. Bromometrische Methode. Beispiele: Sympatol, Vasculat, Suprifen, Dilatol, Veritol, Effortil und Adrianol [s. W. Awe u. H. Stohlmann: Pharm. Zentralh. *96*, 371, 568 (1957)].

4. Kjeldahl-Bestimmung. Beispiele Dan. IX.

5. UV-Spektrophotometrische Methode. Beispiel: DAB 6 – 3. Nachtr. (BRD), Messung der Absorption von Noradrenalin bei 279 mμ.

6. Kolorimetrie der a) Pikrate in starker Verdünnung, b) p-Nitrobenzoldiazoniumchlorid-Kupplungsprodukte, c) Umsetzungsprodukte mit Ninhydrin [vgl. E. Graf: Pharmazie *5*, 108 (1950)].

7. Volhard-Titration des Halogenid-Ions der Salze. Beispiele: Ephedrin und Methylamphetamin nach DAB 6 – 3. Nachtr. (BRD).

Adrenalinum PI.Ed. I, DAB 7 – DDR. Adrenalin DAB 7 – BRD. Adrenalina BP 63. Adrénaline CF 65. Epinephrine USP XVII. Epirenaminum Jap. 61.

Suprarenin. Adrenalin. Paranephrin. Epinephrin. Epirenan. Takamine.

$C_9H_{13}NO_3$ Formel A. 1 M.G. 183,21

L-Form des 1-(m,p-Dihydroxyphenyl)-2-methylamino-äthanol-(1).

Gewinnung. Nebennieren von Rindern oder Schafen werden zerkleinert und in der Hitze mit schwach angesäuertem Wasser, dem zur Verhütung einer Oxydation des zu gewinnenden Materials etwas Zinkstaub zugesetzt ist, ausgezogen, der erhaltene Extrakt im Vakuum unter Durchleiten von CO_2 bei 50° eingeengt, der verbliebene Sirup mit Methanol vermischt und mit Bleiacetat versetzt, wodurch Eiweißstoffe, Phosphate und andere Nebenprodukte der Extraktion ausgefällt werden. Die mit Schwefelwasserstoff vom Blei befreite Lösung wird erneut im Kohlensäurestrom eingeengt und mit Ammoniakflüssigkeit versetzt, wobei sich das Adrenalin kristallin ausscheidet. Die Reinigung wird durch mehrmaliges Umfällen aus saurer Lösung mit Ammoniak durchgeführt.

Herstellung (DRP 137300, Farbwerke Hoechst). Brenzcatechin wird in einer Friedel-Crafts-Reaktion mit Chloracetylchlorid zum ω-Chlor-m,p-dihydroxy-acetophenon umgesetzt und dieses durch Einwirkung von Methylamin, in das entsprechende Aminoketon (Methylaminoacetobrenzcatechin, Adrenalon) übergeführt. Durch Reduktion mit Natriumamalgam wird das Racemat des zugehörigen Aminoalkohols erhalten, das mit Hilfe von Weinsäure in die beiden optisch aktiven Formen zerlegt wird (DRP 222451). Die fast unwirksame rechtsdrehende Form läßt sich durch Erhitzen mit 3- bis 4%iger Salzsäure oder 5%iger Schwefelsäure racemisieren (DRP 220355), so daß es möglich ist, das D-Adrenalin praktisch vollständig in die linksdrehende Form umzuwandeln.

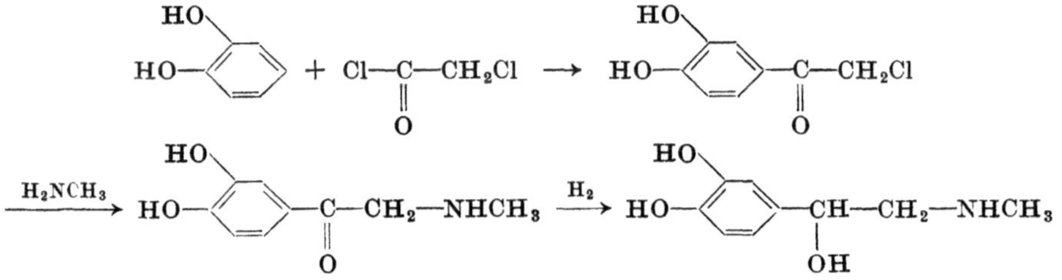

Nach einem anderen Verfahren wird Veratrol mit Phthalyl-glycylchlorid umgesetzt. Der erhaltene Phthalimido-acetobrenzcatechin-dimethyläther wird zum Aminoketon verseift und dieses mit p-Toluolsulfochlorid umgesetzt. Die erhaltene Verbindung wird mit Methyljodid methyliert, mit Salzsäure verseift und entalkyliert, worauf unter Druck zum Adrenalin reduziert wird:

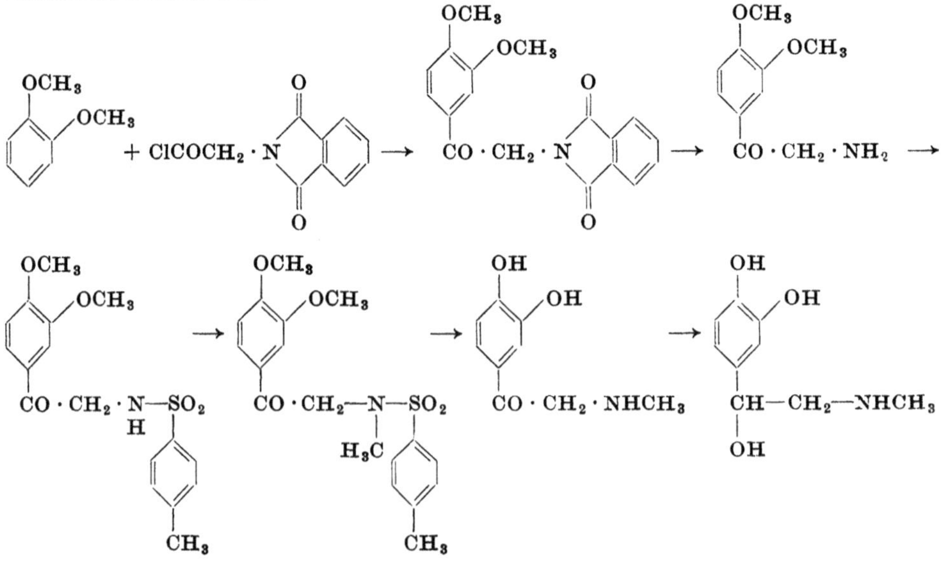

Gehalt. BP 63: Mindestens 99,0%, berechnet auf die über Phosphorpentoxid bei einem 5 Torr nicht übersteigenden Druck getrocknete Substanz. USP XVII: Mindestens 97%, berechnet auf die getrocknete Substanz. DAB 7 – BRD: Mindestens 95,0%, berechnet auf die getrocknete Substanz. DAB 7 – DDR: Mindestens 98,0 und höchstens 100,5%, berechnet auf die bei 15 bis 25 Torr getrocknete Substanz.

Eigenschaften. Weißes bis cremefarbenes, mikrokristallines Pulver, geruchlos, von bitterem Geschmack, das sich bei Licht- und Luftzutritt allmählich bräunlich verfärbt. Sehr schwer löslich in Wasser, praktisch unlöslich in A., Aceton, Ae., Chlf., fetten und ätherischen Ölen, löslich in verdünnten Mineralsäuren und verdünnten Alkalilaugen unter Salzbildung, jedoch nicht in Ammoniak oder Alkalicarbonatlösungen, mit denen es aus sauren, wäßrigen Lösungen als Base ausgefällt werden kann. Fp. 200 bis 210° unter Zers., wenn die Substanz in ein auf 180° vorgeheiztes Bad gebracht wird, dessen Temp. je Min. um 6° gesteigert wird; bei raschem Erhitzen im Block 253 bis 255°; bei sehr raschem Erhitzen 263°. $[\alpha]_D^{20} = -50$ bis $-53°$, gemessen an einer 2%igen Lösung in 0,5 n HCl oder an einer 4%igen Lösung in n HCl.

Erkennung. 1. PI.Ed. I: Unbeständig in neutralen oder alkalischen Lösungen. Diese Lösungen färben sich an der Luft schnell rot. – 2. Adrenalin reduziert ammoniakalische Silbersalzlösung, FEHLINGsche Lösung und in alkalischer Lösung TTC. – 3. PI.Ed. I: Wird 1 ml einer 0,1%igen wäßrigen Lösung mit 4 ml Wasser verdünnt und mit 1 Tr. einer 10%igen wäßrigen Eisen(III)-chloridlösung versetzt, so bildet sich eine smaragdgrüne Färbung, die nach Zugabe von 4 Tr. verdünntem Ammoniak in Kirschrot umschlägt. – 4. DAB 7 – BRD: Die Mischung von 0,10 ml einer 2%igen salzsauren Lösung und 4,0 ml Wasser wird mit 1,0 ml 0,1 n Jodlösung versetzt und gut umgeschüttelt; nach 2 Min. werden 2,0 ml 0,1 n Natriumthiosulfatlösung zugegeben, wobei sich die Lösung stark rot färbt. – 5. PI.-Ed. I: 1 ml einer 0,1%igen wäßrigen Lösung wird zu 5 ml einer 10%igen wäßrigen Lösung von Natriumacetat gegeben. Zu dieser Mischung fügt man 2 Tr. Quecksilber(II)-chloridlösung (6,5%ig), wobei sich allmählich eine Rotfärbung bildet, die nach einer halben Stunde Stehen bei Raumtemp. am stärksten ist. Bei kurzem Erwärmen im Wasserbad (10 bis 15 Sek.!) erscheint die Färbung schneller. – 6. Nach L. ROSENTHALER [Pharm. Ztg (Frankfurt) *20*, 100 (1955)] tritt Rotfärbung auf, wenn man zu einer sauren Lösung Nitrit gibt und anschließend alkalisch macht. – 7. Beim Erwärmen mit Alkalilauge spaltet Adrenalin Methylamin ab. – 8. Lösungen des Adrenalins werden durch die meisten Alkaloidreagentien nicht gefällt. – 9. DAB 7 – DDR: Lichtabsorption: 0,400 ml Prüflösung werden mit 0,01 n Salzsäure zu 100,00 ml aufgefüllt. 10,00 ml dieser Lsg. werden mit 0,01 n Salzsäure zu 100,0 ml aufgefüllt. Diese Lsg. wird in einer Schichtdicke von 1 cm gemessen. Extinktion: 0,308 bis 0,328 bei 279 nm. Diese Lsg. ist für die Prüfung auf Adrenalon aufzubewahren.

Prüfung. 1. Pflanzenalkaloide. USP XVI(!): Eine saure Lösung (1 : 1000) darf bei Zugabe von Pikrinsäure, Tannin, Phosphormolybdänsäure, Kaliumquecksilberjodid oder Platinchlorid keine sichtbaren Fällungen geben. – 2. Fremde Basen: 0,05 g müssen sich in einer Lösung von 0,1 g fester Oxalsäure in 1,5 g A. bei Raumtemp. klar und vollständig lösen. Die Lösung muß auch beim Stehen während 1 Std. klar bleiben. – 3. Pflanzenalkaloide und Eiweiß. Helv. V: Die Lösung von 0,1 g Adrenalin in 0,3 ml Wasser + 0,3 ml verdünnter Essigsäure darf durch 1 Tr. MAYERS Reagens nicht getrübt werden. – 4. Adrenalon. PI.Ed. I: 0,05 g müssen sich vollständig in einer Mischung von 0,15 ml Wasser und 0,15 ml Essigsäure lösen. – DAB 7 – DDR: Adrenalon: Die Lichtabsorption der Lsg. von 9. (s. Erkennung) wird in einer Schichtdicke von 2 cm bei der Wellenlänge von 310 nm gemessen. Die Extinktion darf höchstens 0,160 betragen. – DAB 7 – BRD: Bei der Messung der Extinktion in 1 cm Schichtdicke bei 310 mμ an einer genau 0,1%igen, salzsauren Lösung darf $E_{1\,cm}^{1\%}$ höchstens 3,34 betragen. – 5. Noradrenalin. USP XVII: 10 mg Adrenalin werden in 2 ml 0,5%iger Weinsäure gelöst. 1,0 ml der Lösung mischt man mit 4,0 ml Boratpuffer vom pH 9,6 und 1,0 ml einer frisch bereiteten 0,5%iger β-Naphthochinon-4-natriumsulfonatlösung und läßt 30 Min. stehen. Man fügt weiter 0,2 ml Benzalkoniumchloridlösung (1 : 1000) und 15 ml Toluol, das vorher mit Boratpuffer gewaschen und durch ein trockenes Papierfilter filtriert wurde, hinzu. Die Mischung wird 30 Min. lang unter gelegentlichem Umschütteln stehengelassen. Man läßt dann absitzen oder zentrifugiert im Bedarfsfall. Die eventuelle Rotfärbung der Toluolschicht darf nicht dunkler sein, als eine Färbung, die man erzielt, wenn man 1,0 ml einer Lösung mit 0,40 mg Levarterenolbitartrat und 9 mg Epinephrinbitartrat-USP-Standard den gleichen Operationen unterwirft (4%). – DAB 7 – BRD: Noradrenalin: 1,00 ml Prüflsg. (0,2000 g der unterhalb 20 Torr unter Lichtausschluß getrockneten Substanz werden zu 10,00 ml einer Mischung aus 5 T. 0,5 n Salzsäure und 5 T. frisch ausgekochtem und wieder abgekühltem W. gelöst) wird mit 3,00 ml frisch ausgekochtem und wieder abgekühltem W. verdünnt. 1,00 ml dieser Lsg. wird mit 4,0 ml

Borat-Pufferlsg. und 1,0 ml 1,2-Naphthochinon-4-natriumsulfonat-Lsg. versetzt und 30 Min. lang stehengelassen. Nach Zusatz von 0,20 ml Alkyldimethylbenzylammoniumchlorid-Lsg. II wird mit 15,0 ml Toluol 30 Min. lang ausgeschüttelt. Die abgetrennte Toluolschicht darf nicht stärker gefärbt sein als das gleiche Volumen einer Mischung von 0,90 ml Eisen(III)-chlorid-Lsg. III, 20 ml Kobalt(II)-chlorid-Lsg., 7,20 ml Kupfer(II)-sulfat-Lsg. II und 33,7 ml 1%ige Salzsäure. – 6. Brenzcatechin: Werden 0,005 g mit 2 ml Aceton 2 Min. lang geschüttelt und dann durch ein gehärtetes Filter filtriert, so darf das Filtrat nach dem Verdünnen mit 3 ml Wasser durch 1 Tr. stark verdünnter Eisen(III)-chlorid-Lsg. nicht grün gefärbt werden. – 7. Glührückstand: Höchstens 0,01%. – 8. Gewichtsverlust beim Trocknen über Schwefelsäure: Höchstens 0,5%.

Gehaltsbestimmung. DAB 7 – BRD: 2,00 ml einer genau 0,1%igen salzsauren Adrenalinlösung werden im 100-ml-Meßkolben mit 0,01 n HCl aufgefüllt. Die Extinktion dieser Lösung wird in 1 cm Schichtdicke bei 279 mμ gemessen. $E_{1\,cm}^{1\%}$ muß mindestens 140,0 und darf höchstens 148,9 betragen, entsprechend einem Gehalt von 95 bis 101% $C_9H_{13}NO_3$, berechnet auf die getrocknete Substanz $\left(E_{1\,cm}^{1\%} = 147{,}4 \text{ bei } 279\ m\mu\right)$.

USP XVII: 300 mg Substanz werden genau gewogen und, wenn nötig, unter leichtem Erwärmen in 50 ml Eisessig gelöst. Nach Zusatz von Kristallviolett-Lsg. wird mit 0,1 n Perchlorsäure titriert. Ein Blindversuch dient zur Korrektur des Verbrauches an Normallösung. 1 ml 0,1 n Perchlorsäure entspricht 18,32 mg $C_9H_{13}NO_3$. Eine gleichartige Bestimmung ist nach DAB 7 – DDR vorgeschrieben.

Aufbewahrung. Adrenalin muß in dicht schließenden Gefäßen vor Licht und Luft geschützt aufbewahrt werden, am besten in evakuierten, braunen Ampullen.

Anwendung. Subcutan hauptsächlich bei akutem Asthmaanfall, bei schwerem Kollaps und als Zusatz zu Lokalanästheticis.

Dosierung. Einzelmaximaldosis: i.m. 0,001 g; i.v. 0,0003 g; s.c. 0,001 g; intracardial 0,0003 g. Tagesmaximaldosis: i.m. 0,003 g; s.c. 0,003 g (DAB 7 – DDR).

Handelsformen: Adrenalin, Paranephrin, Epinephrin, Epirenan, Esphygmogenia, Takamina, Suprarenin (Hoechst), Suprarenalin (Armour), Supranephrin (Rorer), Renaglandin (Oppenheimer), Vaso-Constrictine (Duncam, Flockhart).

Adrenalinum hydrochloricum. Suprareninum hydrochloricum. Suprarenin Hydrochlorid.

$C_9H_{13}NO_3 \cdot HCl$ M.G. 219,68

Herstellung. Durch Neutralisation von natürlicher oder synthetischer L-Adrenalin-Base.

Eigenschaften. Nadelförmige Kristalle, löslich in Wasser, unlöslich in abs. A.; Fp. 161°.

Erkennung. a) Die wäßrige, salpetersaure Lösung gibt mit Silbernitrat einen weißen Niederschlag von Silberchlorid. – b) Wird die wäßrige Lösung mit Ammoniak versetzt, so fällt die Adrenalinbase aus; diese muß die für Adrenalin angegebenen Reaktionen zeigen. – c) Wäßrige Lösungen färben sich beim Aufbewahren rot, wenn das Glas auch nur Spuren von Alkalisilicaten an das Wasser abgibt.

Aufbewahrung. Vor Licht geschützt.

Adrenalinum bitartaricum ÖAB 9 DAB 7 – DDR. Adrenalini bitartras PI.Ed. I, Dan. IX. Epinephrine bitartrate USP XVII. Adrenaline acid tartrate BP 63. Adrenalinum tartaricum CsL 2. Epirenomini bitartras Jap. 61. Adrenalinhydrogentartrat. L-Adrenalin-D-hydrogentartrat.

$C_9H_{13}N_3O \cdot C_4H_6O_6$ M.G. 333,29

Gehalt. DAB 7 – DDR: 98,0 bis 101,0%, bezogen auf die bei 15 bis 25 Torr getrocknete Substanz. PI.Ed. I/2: Mindestens 95,0% und höchstens das Äquivalent von 101,0%, bezogen auf die wasserfreie Substanz. BP 63: Mindestens 99,0%, bezogen auf die über Phosphorpentoxid, bei einem 5 Torr nicht übersteigenden Druck während 18 Std. getrocknete Substanz. CsL 2: Mindestens 96,0%. USP XVII: Mindestens 97 und höchstens 102%, bezogen auf die getrocknete Substanz.

Herstellung. Durch Einengen einer L-Adrenalinlösung, die eine äquivalente Menge D-Weinsäure enthält.

Eigenschaften. Weißes, bis grauweißes, kristallines Pulver, das bei Licht- und Luftzutritt allmählich dunkler wird. 1 g löst sich in etwa 3 ml W.; schwer löslich in A. Fp. 147

bis 152° unter Zers. (USP XVII); um 150° unter Zers. (BP 63). $[\alpha]_D^{20} = -49{,}5$ bis $-53{,}5$ (CsL 2); $[\alpha]_D^{20} = -16{,}5$ bis $-18{,}7$, $c = 5$ in Wasser, $l = 2$ (ÖAB 9). Lichtabsorption: $E_{1\,cm}^{1\%}$ bei 279 mμ = 77 bis 82. Zur Bestimmung werden 0,0900 bis 0,1100 g Adrenalinbitartrat in einem Meßkolben in 0,01 n HCl zu 50,00 ml gelöst (Stammlösung). 1,00 ml der Stammlösung verdünnt man in einem zweiten Meßkolben mit 0,01 n HCl auf 50,00 ml und mißt hierauf in der vorgeschriebenen Weise (ÖAB 9). Reaktion einer 1%igen wäßrigen Lösung: pH 3,5 bis 5,0 (PI.Ed. I).

Erkennung. 1. Etwa 500 mg in 20 ml W. gelöst, das 100 mg Natriumhydrogensulfit enthält. Nach Versetzen mit Ammoniaklösung im Überschuß wird 1 Std. im Eisschrank gekühlt. Den entstandenen Niederschlag filtriert man ab, wäscht 3mal mit je 2 ml kaltem W., anschließend mit 5 ml kaltem A. und 5 ml kaltem Ae. Der Rückstand wird 3 Std. über Schwefelsäure getrocknet und soll den Identifizierungsreaktionen von „Epinephrin" entsprechen. Zur Bestimmung der spez. Drehung löst man 200 mg in 10 ml 0,5 n HCl, Forderung: -50 bis $-53{,}5°$ (USP XVII). – 2. Nach der BP 63 wird diese Identitätsreaktion in ähnlicher Weise mit 300 mg durchgeführt. – 3. Eine Lösung von etwa 50 mg Adrenalinbitartrat in 1 ml W. gibt mit einer Lösung von 0,1 g Kaliumchlorid in 1 ml W. allmählich einen weißen, kristallinen Niederschlag (ÖAB 9). – 4. Eine Lösung von etwa 2 mg Adrenalinbitartrat in 10 ml Pufferlösung vom pH 3,6 färbt sich auf Zusatz von 1 Tr. 0,1 n Jodlösung innerhalb von 1 Min. rot (Unterschied gegenüber Noradrenalin und Dihydroxyphenylaminopropanol). Fügt man 0,5 ml verdünnte Natronlauge hinzu, so verändert sich die Farbe nicht wesentlich (ÖAB 9). – 5. 0,1 g wird in einem kleinen Scheidetrichter in 10 ml W. gelöst, 3 g Natriumhydrogencarbonat und 0,3 ml Essigsäureanhydrid zugegeben, kräftig geschüttelt und von Zeit zu Zeit entlüftet. Das Schütteln wird bis zur Beendigung der Gasentwicklung fortgesetzt. Hierauf werden noch zweimal 0,3 ml Essigsäureanhydrid zugegeben und die Mischung anschließend geschüttelt. Nach Beendigung der Gasentwicklung wird die Mischung 15 Min. lang stehengelassen. Dann wird verd. Schwefelsäure vorsichtig bis zur sauren Reaktion der Mischung gegen Kongorot und anschließend noch weitere 5 ml verd. Schwefelsäure zugegeben. Unmittelbar danach wird viermal mit je 25 ml Chloroform extrahiert. Jeder Auszug wird mit einer Lösung von 1 g Natriumhydrogencarbonat in 10 ml W. gewaschen. Die vereinigten Chloroformauszüge werden mit getrocknetem Natriumsulfat entwässert, filtriert, auf ein kleines Volumen eingeengt und in einen kleinen Behälter gebracht. Dann wird zur Trockne eingedampft und i. Vak. über Phosphorpentoxid getrocknet. Der Rückstand wird in 0,15 ml Aceton gelöst und 1 ml Ae. zugegeben. Die Kristalle werden gesammelt und über Phosphorpentoxid i. Vak. getrocknet; Schmelzbereich des Rückstandes 93 bis 95° (PI.Ed. I).

Prüfung. 1. Eine Lösung von 1 T. Adrenalinbitartrat in 9 T. frisch ausgekochtem und wieder erkaltetem W. muß klar und fast farblos sein. – 2. Reaktion der Lösung: Eine Mischung von 2 ml der Lösung (1 + 9) und 8 ml W. muß sich auf Zusatz von 2 Tr. Bromphenolblaulösung grün färben (ÖAB 9). – 3. Adrenalon: $E_{1\,cm}^{1\%}$ darf bei 310 mμ höchstens 2,0 betragen (ÖAB 9). – 4. Noradrenalin: 0,020 g Adrenalinbitartrat werden unter gelindem Erwärmen in 10,0 ml Methanol gelöst. 1,00 ml dieser Lösung versetzt man mit 3 ml Pyridin und 1 ml einer Lösung von 25 mg Natriumnaphthochinonsulfat in 10 ml Methanol und läßt 30 Min. lang im Dunkeln stehen. Fügt man hierauf eine Lösung von 50 mg Ascorbinsäure in 5 ml Pyridin hinzu und schüttelt um, so darf die Flüssigkeit nicht stärker gefärbt sein als eine Mischung von 0,60 ml Eisenfarbstandard [50,0 g Eisen(III)-chlorid werden in 1%iger HCl zu 1000 ml gelöst], 1,50 ml Kobaltfarbstandard (65,0 g Kobaltchlorid werden in 1%iger HCl zu 1000 ml gelöst), 1,00 ml Kupferfarbstandard (65,0 g Kupfersulfat werden in 1%iger HCl zu 1000 ml gelöst) und 6,90 ml 1%iger HCl (ÖAB 9). – 5. Gewichtsverlust: Höchstens 0,5% beim Trocknen über Phosphorpentoxid, bei einem Druck von etwa 5 mm Hg, nach 18 Std. (BP 63). – 6. Sulfatasche: Höchstens 0,1% (BP 63).

Gehaltsbestimmung. BP 63: Etwa 0,5 g werden genau gewogen, in Eisessig gelöst und mit einer 0,1 n Perchlorsäure-Eisessiglösung (Kristallviolett als Indikator) titriert. 1 ml 0,1 n $HClO_4$ entspricht 0,03333 g $C_9H_{13}NO_3 \cdot C_4H_4O_6$.

USP XVII: Ebenfalls Titration in wasserfreiem Milieu, wobei etwa 500 mg Substanz in 20 ml Eisessig gelöst werden und mit einem Blindversuch gearbeitet wird.

Aufbewahrung. Vor Licht geschützt, in dicht schließenden Gefäßen.

Dosierung. Einzeldosis bei subc. Inj. 0,0001 g. Max. Einzeldosis bei subc. Inj. 0,0005 g, Max. Einzeldosis bei i.v. Inj. 0,00025 g.

Noradrenalin hydrochlorid DAB 7 – BRD. Noradrenalinum hydrochloricum.

$C_8H_{11}NO_3 \cdot HCl$ Formel A. 2. M.G. 205,65

L-1-(3′,4′-Dihydroxyphenyl)-2-amino-äthanol-(1)-hydrochlorid.

Gehalt. Mindestens 95,0 und höchstens 101,0% $C_8H_{11}NO_3 \cdot HCl$, berechnet auf die 6 Std. lang i. Vak. über Schwefelsäure getrocknete Substanz.

Eigenschaften. Weißes bis bräunlich-weißes, kristallines Pulver, das sich langsam unter Licht- und Lufteinwirkung verfärbt. Sehr leicht löslich in W., löslich in A. 90%. Schmelzintervall: 142 bis 148° unter Zers. $[\alpha]_D^{20} = -37{,}0$ bis $-41{,}0°$ ($c = 2{,}0$, berechnet auf die getrocknete Substanz).

Erkennung. Prüflösung 2%ig. 1. 0,50 ml Prüflösung geben mit 2,5 ml W., 3,0 ml Natriumacetatlösung und 0,10 ml Quecksilber(II)-chloridlösung eine rotviolette Färbung. – 2. Die Verdünnung von 0,15 ml Prüflösung mit 10 ml W. gibt mit Eisen(III)-chloridlsg. IV eine Grünfärbung, die mit 0,10 ml 6n Ammoniaklsg. in rot umschlägt. – 3. 0,15 ml Prüflösung geben nach Zusatz von 2,0 ml W. und einigen Tr. Salpetersäure mit Silbernitrat einen weißen, käsigen Niederschlag.

Prüfung. 1. Aussehen der Lösung: 5,0 ml der frisch bereiteten Prüflösung müssen klar sein und dürfen nicht stärker gefärbt sein, als eine Mischung von 0,20 ml Eisen(III)-chloridlösung (93,00 g Eisen(III)-chlorid werden mit 25,0 ml Salzsäure versetzt und mit W. zu 1000 ml aufgefüllt), 0,20 ml Kobaltchloridlösung (65,0 g $CoCl_2 \cdot 6\,H_2O$ + 25 ml Salzsäure, auf 1000 ml), 0,10 ml Kupfersulfatlösung (62,42 g je 1000 ml) und 4,50 ml 1%ige Salzsäure. – 2. pH-Wert: Der pH-Wert der Prüflösung muß zwischen 3,5 und 4,5 liegen (Glaselektrode). – 3. Adrenalin: 0,25 ml Prüflösung werden mit 5,0 ml W. und 0,10 ml Essigsäure versetzt. Diese Lösung darf nach Zusatz von 0,05 ml Natriumnitritlösung I innerhalb 1 Min. nur eine Gelbfärbung, jedoch keine gelbrote Färbung zeigen. – 4. Trocknungsverlust: Höchstens 0,5%, 6 Std. lang i. Vak. über Schwefelsäure getrocknet. – 5. Sulfatasche: Höchstens 0,2%.

Gehaltsbestimmung. Etwa 1,5 mg Substanz werden auf einer Mikrowaage genau gewogen und ein einem Meßkolben von 50 ml Inhalt in 0,01 n HCl gelöst. Die Extinktion dieser Lösung wird in 1 cm Schichtdicke bei 279 mµ spektrophotometrisch bestimmt. $E_{1\,cm}^{1\%}$ muß mindestens 125,4 und darf höchstens 133,3 betragen, entspr. einem Gehalt von 95,0 bis 101,0% $C_8H_{11}NO_3 \cdot HCl$, berechnet auf die getrocknete Substanz ($E_{1\,cm}^{1\%}$ = 132 bei 279 mµ).

Aufbewahrung. Vor Licht geschützt, in evakuierten Ampullen.

Dosis. Größte Einzelgabe 0,001 g; bei i. m. und i. v. Verabreichung 0,00025 g.

Noradrenalinum bitartaricum DAB 7 – DDR, ÖAB 9. Noradrenalinhydrogentartrat DAB 7 – BRD. Levarterenol Bitartrate USP XVII. Levarterenoli Bitratras PI.Ed. I/II. Noradrenaline Acid Tartrate BPC 63. Norepirenamini bitartras Jap. 61. Noradrenaline Tartras Acidus.

$C_8H_{11}NO_3 \cdot C_4H_6O_6 \cdot H_2O$ Formel A. 2 M.G. 337,29

L-1-(3',4'-Dihydroxyphenyl)-2-amino-äthanol-(1)-D-hydrogentartrat.

Herstellung. Durch Umsetzung von Chloracetylbrenzcatechin mit Ammoniak und anschließender Reduktion der Ketogruppe zum sek. Alkohol. Das entstandene Racemat wird über die D-weinsauren Salze in die optischen Antipoden getrennt. Nur die L-Form findet therapeutische Verwendung.

Gehalt. DAB 7 – BRD: Mindestens 95,0%. DAB 7 – DDR: Mindestens 97,0 höchstens 101,0%, berechnet auf die bei 15 bis 25 Torr getrocknete Substanz. USP XVII: Mindestens 97 und höchstens 102%, berechnet auf die bis zur Gewichtskonstanz getrocknete Substanz. PI.Ed. I/2: Mindestens 95,0% und höchstens das Äquivalent von 101,0%, bezogen auf die wasserfreie Substanz.

Eigenschaften. Weißes oder fast weißes, kristallines Pulver, das sich bei Licht- und Luftzutritt allmählich dunkler färbt. 1 g löst sich in 2,5 ml W.; schwer löslich in A. (1 : 300), praktisch unlöslich in Ae. pH einer 0.1%igen Lösung ist 3,0 bis 4,0. Fp. 100 bis 106° (trübe Schmelze!) (DAB 7 – BRD, ÖAB 9 und USP XVII). (Die Base schmilzt bei 215 bis 218°.) $[\alpha]_D^{20} = -9{,}0$ bis $-12{,}0°$ ($c = 5$, in W.); -10 bis $-12°$ (DAB 7 – BRD und USP XVII, $c = 2$, in W.); $-9{,}8$ bis $-11{,}2°$ (PI.Ed. I/2). Lichtabsorption: $E_{1\,cm}^{1\%}$ bei 279 mµ = 76 bis 84. Zur Bestimmung werden 0,0900 bis 0,1100 g wie unter Adrenalinbitartrat beschrieben behandelt (ÖAB 9).

Erkennung. 1. Bitartrat: Eine Lösung von etwa 50 mg Noradrenalin Bitartrat in 1 ml W. gibt mit einer Lösung von 0,1 g Kaliumchlorid in 1 ml W. allmählich einen weißen, kristallinen Niederschlag (ÖAB 9). – 2. Noradrenalin: Eine Lösung von 0,01 g in 2 ml W. versetzt man mit 1 Tr. Eisen(III)-chloridlösung; es tritt Grünfärbung auf, die beim Zusatz von 1 bis 2 Tr. Ammoniakflüssigkeit in Rot umschlägt. – 3. Die Lösung von 0,050 g Substanz und 0,10 g Resorcin in 1,0 ml Wasser wird mit 1,0 ml verd. Schwefelsäure versetzt. Nach dem Unterschichten mit 3,0 ml konz. Schwefelsäure entsteht beim schwachen Erwärmen der Schwefelsäureschicht etwas unterhalb der Berührungsfläche eine violettrote Färbung, die bei weiterem Erhitzen auf die gesamte Schwefelsäure übergeht (DAB 7 – BRD). – 4. 0,50 ml 2%iger Prüflösung geben mit 1,5 ml W., 4,0 ml Natriumacetatlösung und 2 Tr. Quecksilber(II)-chloridlösung eine rotviolette Färbung (DAB 7 – BRD). – 5. Eine Lösung von etwa 2 mg Noradrenalinbitartrat in 10 ml Pufferlösung vom pH 3,6 färbt sich auf Zusatz von 1 Tr. 0,1 n Jodlösung innerhalb von 1 Min. gelb, nicht aber rot (Unterschied gegenüber Adrenalin). Fügt man 0,5 ml verd. Natronlauge hinzu, so geht die Färbung in rot über (ÖAB 9).

Prüfung. 1. Aussehen der Lösung: Wie unter Adrenalinhydrochlorid beschrieben (DAB 7 – BRD). – 2. pH-Wert: der pH-Wert einer 2%igen wäßrigen Lösung muß zwischen 3,0 und 4,5 liegen (Glaselektrode) (DAB 7 – BRD). – 3. Eine Mischung von 2 ml der Lösung (1 + 9) und 8 ml Wasser muß sich auf Zusatz von 2 Tr. Bromphenolblaulösung grün färben (ÖAB 9). – 4. Noradrenalon: $E_{1\,cm}^{1\%}$ bei 310 mμ darf höchstens 2,0 betragen (ÖAB 9 und USP XVII). – 5. Adrenalin: 5 Tr. 2%iger Prüflösung werden mit 5,0 ml W. und 2 Tr. Essigsäure versetzt. Diese Lösung darf nach Zusatz von 1 Tr. Natriumnitritlösung innerhalb 1 Min. nur eine Gelbfärbung, jedoch keine gelbrote Färbung zeigen (DAB 7 – BRD). – 6. Wassergehalt: Nicht weniger als 4,5 und nicht mehr als 5,8%, bestimmt nach der Karl-Fischer-Methode (USP XVII). – 7. Sulfatasche: Höchstens 0,2% (DAB 7 – BRD).

Gehaltsbestimmung. a) Etwa 2,5 mg Substanz werden auf einer Mikrowaage genau gewogen und in einem Meßkolben von 50 ml Inhalt in 0,01 n HCl gelöst. Die Extinktion dieser Lösung wird in 1 cm Schichtdicke bei 279 mμ spektrophotometrisch gemessen. $E_{1\,cm}^{1\%}$ muß mindestens 76,5 und darf höchstens 81,3 betragen, entspr. einem Gehalt von 95,0 bis 101,0% $C_8H_{11}NO_3 \cdot C_4H_6O_6 \cdot H_2O$ $\left(E_{1\,cm}^{1\%} = 80{,}3 \text{ bei } 279\ m\mu\right)$ (DAB 7 – BRD).

b) Titration im wasserfreien Milieu: Etwa 500 mg, genau gewogen, werden in 20 ml Eisessig, notfalls unter leichtem Erwärmen gelöst und unter Verwendung von Kristallviolett als Indikator mit 0,1 n Perchlorsäure-Eisessiglösung titriert, wobei der Verbrauch an Hand eines Blindversuches korrigiert wird. 1 ml 0,1 n $HClO_4$ entspricht 31,93 mg $C_8H_{11}NO_3 \cdot C_4H_6O_6$ (USP XVII).

c) Fluorometrische Bestimmung s. K. Erne und T. Canbäck [J. Pharm. (Lond.) *7*, 248 (1955); ref. in Pharm. Ztg (Frankfurt) *91/100*, 1164 (1955)].

Aufbewahrung. In evakuierten Ampullen, vor Licht geschützt.

Anwendung und Dosierung. Als Sympathicomimeticum. Größte Einzelgabe: 0,001 g. Bei intravenöser Infusion: 5 γ pro Minute (USP XVII).

Handelsformen: Aktamin (Schering, Berlin-West): Amp. zu 1 ml mit 1 mg; Lösung: 1 : 1000; *Arterenol* (Hoechst): Amp. zu 1 ml mit 1 mg; Lösung: 1 : 1000; *Solution Levophed Bitartrate* (Winthrop-Stearns, USA): 0,2% 4-ml-Amp. mit 0,2% Natriumbisulfit als Konservierungsmittel; *Levophed* (Bayer Products, England).

Dihydroxyphenyl-aminopropanolum hydrochloricum ÖAB 9. Corbadrin. Corbasil.

$C_9H_{13}NO_3 \cdot HCl$ Formel A. 3 M.G. 219,68

1-(3′,4′-Dihydroxyphenyl)-2-amino-propanol-(1)-hydrochlorid (Racemat).

Herstellung. Analog der Adrenalinsynthese.

Eigenschaften. Weißes oder fast weißes, geruchloses Pulver, das sich bei Licht- und Luftzutritt allmählich verfärbt. Löslich in etwa 1,5 T. W., in etwa 12 T. A., praktisch unlöslich in Ae. oder Chloroform. Fp. 178 bis 179°; Schmelzintervall im Kapillarröhrchen: 164 bis 170° (Zers., trübe Schmelze) (ÖAB 9). $[\alpha]_D^{20} = -22{,}0$ bis $-27{,}0°$ ($c = 2{,}5$ in W., $l = 2$) (ÖAB 9). Lichtabsorption: $E_{1\,cm}^{1\%}$ bei 279 mμ = 120 bis 130; Bestimmung analog Adrenalinum bitartaricum (ÖAB 9).

Erkennung. Gemäß ÖAB 9: 1. Chlorid: Eine Lösung von Dihydroxyphenylaminopropanolhydrochlorid gibt mit Silbernitratlösung einen weißen, käsigen, allmählich grau werdenden Niederschlag, der in Salpetersäure unlöslich ist. – 2. Dihydroxyphenylaminopropanol: Eine Lösung von etwa 2 mg Substanz in 10 ml Pufferlösung vom pH 3,6 färbt sich auf Zusatz von 1 Tr. 0,1 n Jodlösung innerhalb 1 Min. gelb, nicht aber rot (Unterschied gegenüber Adrenalin). Fügt man 0,5 ml verd. Natronlauge hinzu, so geht die Färbung in Rot über.

Prüfung. Gemäß ÖAB 9: 1. Aussehen der Lösung: Eine Lösung von 1 T. Substanz in 9 T. frisch ausgekochtem und wieder erkaltetem Wasser muß klar sein und darf unmittelbar nach ihrer Herstellung nicht stärker gefärbt sein als eine Mischung von 0,10 ml Eisen-Farbstandard, 0,10 ml Kobalt-Farbstandard, 0,10 ml Kupfer-Farbstandard und 9,70 ml 1%iger Salzsäure (Farbstandardlösungen vgl. Prüfung des Adrenalinum bitartaricum, S. 581). – 2. Freie Base, freie Säure: Eine Mischung von 2 ml der Lösung (1 + 9) und 8 ml Wasser darf zur Neutralisation gegen Methylrot nicht mehr als 0,10 ml 0,01 n HCl oder 0,25 ml 0,01 n NaOH verbrauchen. – 3. Sulfat: In einer Mischung von 2 ml der Lösung (1 + 9) und 8 ml W. darf Sulfat nicht nachweisbar sein. – 4. Dihydroxyphenylaminoäthylketon: $E_{1\,cm}^{1\%}$ bei 310 mμ darf höchstens 2,0 betragen. Zur Messung verwendet man die für die Bestimmung der Lichtabsorption bereitete Stammlösung. – 5. Trocknungsverlust: Höchstens 0,5%, bestimmt bei Raumtemperatur im Vak.-Exsikkator. – 6. Verbrennungsrückstand: Höchstens 0,2%.

Aufbewahrung. Vor Licht geschützt, in dicht schließenden Gefäßen aus alkaliarmem Glas.

Anwendung und Dosierung. Als Zusatz zu Lokalanästhetica zur Oberflächen- und Infiltrationsanästhesie. Im Wirkungswert entspricht die 1%ige Corbasillösung ungefähr der 1‰igen Suprareninlösung, so daß von der handelsüblichen 1%igen Corbasillösung jeweils die gleiche Tropfenzahl zur Lösung des Lokalanästheticums zugesetzt werden kann, wie von der handelsüblichen (1‰igen) Suprareninlösung.

Einzelmaximaldosis bei subcutaner Verabreichung: 0,003 g (ÖAB 9).

Bemerkungen zur Sterilisation. Sterile wäßrige Corbasillösungen sind wesentlich haltbarer als die des Suprarenins. Vor Licht sind jedoch die Corbasillösungen ebenfalls zu schützen. Sie dürfen auch nicht lange gekocht werden. Die Herstellung einer sterilen Novocain-Corbasil-Lösung erfolgt zweckmäßig in der Weise, daß man zuerst die Novocainlösung sterilisiert und hierauf die Corbasillösung zusetzt. Gegen ein kurzes Aufkochen der Nov.-Corb.-Lösung bestehen dann keine Bedenken. Freies Alkali wirkt schon in Spuren zersetzend auf Corbasillösungen ein. N.-C.-Lösungen sind daher in Ampullen aus alkalifreiem Glas abzufüllen. Verdorbene Corbasillösungen zeigen Gelb- bis Braunfärbungen. Vgl. auch ÖAB 9!

Handelsformen: Corbasil (Hoechst) als Zusatz zu Novocain (Hoechst) in Amp. und Tab.; als „N-C"-Präparate bezeichnet, im Gegensatz zu „N-A"-Präparaten (Novocain-Arterenol) und „N-S"-Präparaten (Novocain-Suprarenin).

Isoprenaline Sulphate BP 63. Isoprenalinum sulfuricum DAB 7 – DDR. Isoprenalini Sulfas PI.Ed. I/2. Isoproterenol Sulfate NND 63. Isoprenalinsulfat. Isopropylnoradrenalinsulfat. Aludrin. Norisodrine. Isonorin. Aleudrin. Isupren. Neo-Epinine. Isuprel.

$C_{11}H_{17}NO_3 \cdot 1/2\,H_2SO_4 \cdot H_2O$ Formel A. 4 M.G. 278,32

1-(3′,4′-Dihydroxyphenyl)-2-isopropylamino-äthanol-(1)-sulfat. (Racemat).

Gehalt. BP 63: Mindestens 98,5%, bezogen auf die bei 100° und einem 5 Torr nicht übersteigenden Druck bis zur Gewichtskonstanz getrocknete Substanz. PI.Ed. I/2: Mindestens 95,0% und höchstens das Äquivalent von 101,0%, bezogen auf die wasserfreie Substanz. DAB 7 – DDR: 98,0 bis 100,2% (wasserfreie Substanz).

Herstellung. Durch katalytische Hydrierung des 3,4-Dihydroxy-phenacyl-isopropylamins. Analog der Adrenalinsynthese (DRP 723278).

Eigenschaften. Weißes oder fast weißes Pulver, geruchlos, von bitterem, adstringierendem Geschmack, löslich in 4 T. W., unlöslich in A. (95%), Ae., Chloroform und Benzol. Fp. 128° (Zers.).

Erkennung. 1. 2 ml einer 1%igen Lösung versetzt man mit 2 Tr. Eisenchloridlösung T. S.: es entsteht eine smaragdgrüne Färbung, die beim allmählichen Zusatz von Natriumhydrogencarbonatlösung nach Blau und dann nach Rot umschlägt (BP 63). – 2. Gibt man zu 5 ml einer 1%igen Lösung 2 Tr. Silbernitratlösung, so entsteht nach einiger Zeit ein grauer Niederschlag und die überstehende Lösung wird rosa (BP 63). – 3. Zu einer Lösung von 1 g Ammoniummolybdat in 10 ml Schwefelsäure gibt man 10 mg Substanz: es entsteht eine braune bis schwarze Färbung (Unterschied zu Amphetamin, Ephedrin, Methamphetamin, Naphazolin, Phenylpropanolamin, Phenylpropylmethylamin und Tuaminoheptan) (NNR 52). – 4. Wäßrige Lösungen werden beim Stehen an der Luft rötlich. – 5. In der salzsauren Lösung entsteht auf Zusatz von Bariumchloridlösung ein weißer Niederschlag. – 6. Lichtabsorption: Zwischen 230 und 350 mμ zeigt eine wäßrige 0,005%ige (g/v)-Lösung in einer Schichtdicke von 1 cm nur ein Maximum bei 280 mμ mit einer Extinktion um 0,50 (BP 63).

Prüfung. 1. Reaktion der Lösung: Der pH-Wert einer 1%igen Lösung liegt zwischen 4,5 und 5,5 (BP 63). – 2. Trocknungsverlust: Durch Trocknen bei 100° und 5 Torr bis zur Gewichtskonstanz: nicht mehr als 7,5% und nicht weniger als 5% (BP 63). – 3. Wassergehalt: Bei Bestimmung nach der Karl-Fischer-Methode: nicht über 7,0% (NNR 52). – 4. Sulfatasche: Nicht über 0,1% (BP 63).

Gehaltsbestimmung. 1. Nach BP 63: N-Bestimmung nach KJELDAHL, wobei etwa 0,5 g Substanz und 9 ml konz., N-freie Schwefelsäure gebraucht werden. 1 ml 0,1 n H_2SO_4 entsprechen 0,02603 g $C_{11}H_{17}NO_3 \cdot 1/2\,H_2SO_4$.

2. Nach BP 53(!): S-Bestimmung: 0,5 g werden in 100 ml W. gelöst, mit 2 ml verd. Salzsäure versetzt, die Mischung zum Sieden erhitzt und mit 4 ml siedender Bariumchloridlösung versetzt. Man läßt 1 Std. im Wasserbad stehen, filtriert und glüht den Rückstand bis zur Gewichtskonstanz. 1 g Rückstand entsprechen 0,1374 g S.

3. Spektrophotometrische Bestimmung nach PI.Ed. I/2: Man bestimmt $E^{1\%}_{1\,cm}$ bei 279 mμ in 0,01 n HCl und berechnet den Gehalt an $C_{11}H_{17}NO_3 \cdot 1/2\,H_2SO_4$, bezogen auf die wasserfreie Substanz, an Hand des Wertes 105,0 für $E^{1\%}_{1\,cm}$ bei 279 mμ von Isoprenalinsulfat in 0,01 n HCl.

4. DAB 7 – DDR: 0,3000 g Substanz werden in einem Erlenmeyerkolben mit aufgesetztem Silicagelrohr in 30,0 ml wasserfreier Essigsäure unter mäßigem Erwärmen gelöst. Nach dem Erkalten und Zusatz von 3 Tr. Kristallviolett-Lsg. wird die Lsg. mit 0,1 n Perchlorsäure bis zum Farbumschlag nach Blaugrün titriert (Feinbürette). 1 ml 0,1 n Perchlorsäure ist 55,66 mg Isoprenalinsulfat äquivalent.

Aufbewahrung. In einem dicht schließenden Gefäß, vor Licht geschützt.

Anwendung und Dosierung. Bei Asthma bronchiale peroral, nicht subcutan, oder zur Inhalation; auch bei Bronchitiden verschiedener Genese. Literatur: „Aludrin“, zusammenfassende Darstellung, von C. H. BOEHRINGER, Ingelheim a. Rh. 1952.
5 bis 20 mg sublingual oder zur Inhalation (BP 63).

Handelsformen: Aludrin (früher *Aleudrin*) (C. H. Boehringer, Ingelheim); Tabletten zu 0,02 g und 1%ige Lsg.; Elixier mit 0,005 g Aludrin und 0,015 g rac. Adrianol in 5 ml; *Powder (Inhalant) Norisodrine Sulfate* 10% und 25% (Abbott, USA): 10 mg und 25 mg in „Aerohalor Cartridges“; *Sol. (Inhal.) Norisodrine Sulfate 1: 100* (Abbott, USA), konserviert mit 0,1% Natriummetabisulfit und 0,15% Methylparaben; *Inhalant Solution Isonorin Sulfate* 1 : 200 (Carroll Dunham Smith Pharmacal Co., USA), konserviert mit 0,5% Chlorbutanol und 0,1% Natriummetabisulfit; *Aleudrin* (Lewis Lab., Engl.): Lsg. 1%ige und Tabl. zu 20 mg; *Isupren* (Bayer Prod., Engl.): Lsg. 1%ig und Tab. zu 20 mg; *Neodrenal* (Savory u. Moore, Engl.): Lsg. 1%ig und Tabl. zu 20 mg; *Neo-Epinine* (Burroughs Wellcome, Engl.); Nr. 1 = Lösg. 1%ig, Nr. 2 = Compound Spray Solution: 1% Isoprenalinsulfat, 2% Papaverin. hydrochlor., 0,2% Atropinmethonitrat; *Norisodrine* (Abbott Lab., Engl.): 10%ige und 25%ige Verreibung mit Laktose zur Inhalation. *Combaludrin* (C. H. Boehringer, Ingelheim) enthält Aludrin 7,5 mg, Effortil 3,0 mg, Buscopan 3,0 mg, Atropin.-sulf. 0,1 mg, Ac, phen. aeth. barb. 20 mg je Dragee.

Isoprenalini Hydrochloridum PI.Ed. I/2, Jap. 61. Isoproterenol Hydrochloride USP XVII. Isopropylarterenol Hydrochloride NND 63. Isopropylnoradrenalinhydrochlorid.

$C_{11}H_{17}NO_3 \cdot HCl$ Formel A. 4 M.G. 247,73

1-(3′,4′-Dihydroxyphenyl)-isopropylamino-äthanol-(1)-hydrochlorid. (Racemat).

Gehalt. PI.Ed. I/2: Mindestens 95,0% und höchstens das Äquivalent von 101,0%, bezogen auf die wasserfreie Substanz. USP XVII: Mindestens 97,0% und höchstens 101,5%, bezogen auf die getrocknete Substanz.

Eigenschaften. Weiße oder nahezu weiße, geruchlose, schwach bitter schmeckende, nicht hygroskopische, kristalline Substanz vom Fp. 167 bis 172°. 1 g löst sich in 3 ml W., in 50 ml A. (95%); unlöslich in Chloroform und Ae. An der Luft und am Licht färbt sich die Substanz allmählich dunkler.

Erkennung. 1. Chlorid: Die Substanz gibt mit Silbernitrat die Reaktion auf Chloride. – 2. Zu einer Lösung von 10 mg Substanz in 5 ml W. wird 1 Tr. Eisenchloridlösung gegeben: es tritt eine intensive Grünfärbung auf, die bei tropfenweisem Zusatz von frisch bereiteter Natriumhydrogencarbonatlösung (1 in 20) zuerst in Blau und dann in Rot übergeht (USP XVII). – 3. Je 1 ml einer 0,1%igen Lösung werden in 2 Kolben gegeben. Einer der Kolben enthält 10 ml einer Pufferlösung vom pH 3,5, der andere 10 ml Pufferlösung vom pH 6,5. Nach Zugabe von 1 ml 0,1 n Jodlösung zu beiden Kolben werden diese 5 Min. lang stehengelassen und je 2 ml 0,1 n Natriumthiosulfatlösung zugefügt. In der Lösung vom pH 3,5 bildet sich eine stark rote und in der Lösung vom pH 6,5 eine stark rotviolette Färbung (Unterschied zu Levarterenol) (PI.Ed. I/2). – 4. Zu einer Lösung von 10 mg Substanz in 1 ml W. wird 1 Tr. Phosphorwolframsäurelösung (1 : 100) gegeben: es fällt sofort ein weißer Niederschlag aus, der beim Stehen braun wird (Unterschied zu Epinephrin) (USP XVII).

Prüfung. 1. Reaktion der wäßrigen Lösung: pH einer 1%igen Lösung 4,5 bis 6,0 (PI.Ed. I/2), um 5 (USP XVI). – 2. Wassergehalt: Nach der Karl-Fischer-Methode höchstens 1% (PI.Ed. I/2). – 3. Gewichtsverlust, bei Trocknen i. Vak. über Phosphorpentoxid nach 4 Std., höchstens 1% (USP XVII). – 4. Verbrennungsrückstand: Nicht mehr als 0,2% (USP XVII). – 5. Isoprenalon: Die Absorptivität bis 310 mμ, gemessen an einer Lösung, die 4 mg Substanz in 100 ml W. enthält darf nicht über 2 gehen (USP XVI); $E_{1\,cm}^{1\%}$ bei 310 mμ, bestimmt in 0,01 n HCl darf höchstens 3,0 sein (PI.Ed. I/2).

Gehaltsbestimmung. 1. Titration im wasserfreien Milieu nach USP XVI: Etwa 500 mg Substanz werden über Phosphorpentoxid i. Vak. 4 Std. lang getrocknet, genau gewogen und in einer Mischung von 10 ml Eisessig und 10 ml Quecksilberacetat-Eisessiglösung, wenn nötig unter gelindem Erwärmen gelöst. Nach Zugabe von 2 Tr. Methylrosanilinhydrochloridlösung wird mit 0,1 n Perchlorsäure-Eisessiglösung titriert, wobei der Verbrauch mit Hilfe eines Blindversuches korrigiert wird. 1 ml 0,1 n $HClO_4$ entspricht 24,77 mg $C_{11}H_{17}NO_3 \cdot HCl$.

2. Bestimmung des N-Gehaltes nach Kjeldahl: 400 bis 450 mg der getrockneten Substanz werden genau gewogen und zusammen mit 250 mg Benzoesäure nach Kjeldahl mineralisiert. Zum Auffangen des entstehenden Ammoniaks werden 30,0 ml 0,1 n HCl oder H_2SO_4 vorgelegt und der Säureüberschuß mit 0,1 n NaOH zurücktitriert. 1 ml 0,1 n Säure entspricht 1,401 mg N. Forderung: 5,5 bis 5,8% N.

3. Spektrophotometrische Bestimmung nach PI.Ed. I/2: Man bestimmt $E_{1\,cm}^{1\%}$ bei 279 mμ in 0,01 n HCl und berechnet den Gehalt an $C_{11}H_{17}NO_3 \cdot HCl$, bezogen auf die wasserfreie Substanz an Hand des Wertes 110,0 für $E_{1\,cm}^{1\%}$ bei 279 mμ in 0,01 n HCl.

4. Bestimmung des Chloridgehaltes nach USP XVI: Etwa 500 mg des wie oben beschrieben, getrockneten Präparates werden in 5 ml W. gelöst, nachdem sie genau gewogen waren. Dann werden 5 ml Eisessig und 40 ml Methanol zugefügt und mit 0,1 n Silbernitratlösung unter Verwendung von Eosin als Indikator titriert. 1 ml 0,1 n Silbernitratlösung entsprechen 3,546 mg Cl. Forderung: 14,0 bis 14,7% Cl.

5. Nach USP XVII wird mit Hilfe der USP-Standard-Substanz eine spektrophotometrische Bestimmung durchgeführt.

Aufbewahrung. In dicht schließenden Gefäßen, vor Licht geschützt.

Übliche Dosis. Sublingual 10 mg alle 4 Std., falls erforderlich. Zur Inhalation, falls notwendig, bis 0,25 mg.

Handelsformen: Sublingual Tablets Aludrine Hydrochlorid (Eli Lilly & Co.): 5 und 10 mg; *Inhalant Solution Isoprel Hydrochloride* 1 : 100 und 1 : 200 (Winthrop-Stearns): 1 ml entspr. 10 bzw. 5 mg, konserviert mit 0,5% Chlorbutanol und 0,3% Natriumbisulfit; *Glossets Isuprel Hydrochloride* (Winthrop-Stearns): 10 oder 15 mg pro Tablette, konserviert mit 2 mg Natriumhydrogensulfit.

Isolevin-Tropfen (Cilag GmbH, Alsbach/Bergstraße) enthalten L-Isopropylnoradrenalin-D-bitartrat, das wirksamer sein soll. als das Racemat. 1 ml = 7,5 mg.

Formel A. 4

Anwendung. Bei Asthma bronchiale zur Inhalation. Literatur: Schweiz. Apoth.-Ztg *93*, 450 (1955).

Dihydroxyephedrin. D,L-1-(3′,4′-Dihydroxyphenyl)-2-methylamino-propanol-(1). Im Aspasan (Bayer) enthalten.

Formel

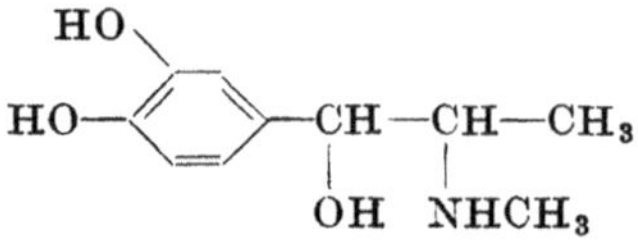

Butanephrin (Winthrop-Stearns). D,L-1-(3',4'-Dihydroxyphenyl)-2-aminobutanol-(1)-hydrochlorid.

$C_{10}H_{15}NO_3 \cdot HCl$ Formel A. 5 M.G. 233,70

Anwendung. Bei asthmatischen Erkrankungen und darniederliegendem Kreislauf.

Methadren (Lakeside). D,L-1-(3',4'-Dihydroxyphenyl)-2-dimethyl-amino-äthanol-(1). N-Methylepinephrine.

$C_{10}H_{15}NO_3$ Formel A. 6 M.G. 197,24

Anwendung. Als Vasoconstrictorzusatz zu Lokalanästheticalösungen.

Epinine (Burroughs Wellcome, Engl. und USA).

$C_9H_{13}NO_2 \cdot HCl$ Formel A. 7 M.G. 203,68
1-(3',4'-Dihydroxyphenyl)-2-methyl-amino-äthan-hydrochlorid.

Herstellung. a) Aus dem bei der Aufarbeitung des Opiums als therapeutisch wertlos anfallenden Laudanosin (I) durch Oxydation zu einem substituierten Lactam (II), das beim Erhitzen mit Salzsäure auf 170° aufgespalten, entmethyliert und zu III decarboxyliert wird; F. L. PYMAN [J. chem. Soc. *95*, 1266, 1610 (1909)]:

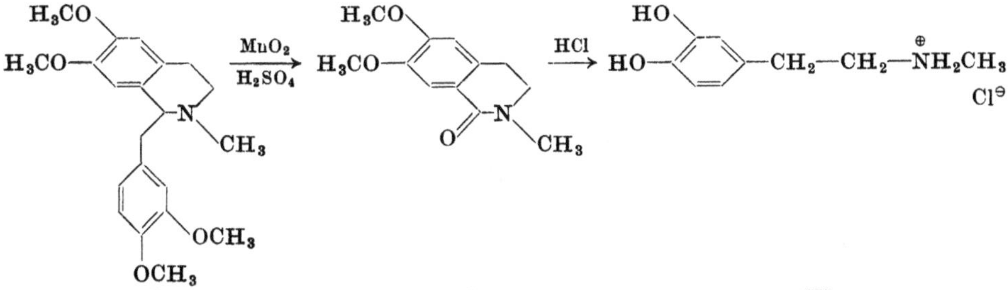

I II III

b) Synthetisch nach KINDLER u. PESCHKE sowie KINDLER u. HESSE [Arch. Pharm. (Weinheim) *270*, 340 (1932); *271*, 439 (1933); BUCK: J. Amer. chem. Soc. *52*, 4119 (1930)].

Eigenschaften (Base!): Farblose Kristalle, wenig löslich in W. und A., Fp. 188 bis 189°; bildet mit Mineralsäuren kristalline Salze.

Erkennung. 1. Die wäßrige Lösung wird durch einige Tr. verd. Eisen(III)-chloridlösung vorübergehend blau, dann grün gefärbt und geht auf Zusatz von Ammoniak in Rot über. – 2. In formaldehydhaltiger, konz. Schwefelsäure löst sich die Substanz mit violetter, später kirschroter Farbe.

Gehaltsbestimmung. a) Durch N-Bestimmung nach KJELDAHL. – b) Durch Titration in Eisessig mit Perchlorsäure.

Aufbewahrung. Vor Licht geschützt, in dicht schließenden Gefäßen.

Anwendung. In gleicher Weise wie Adrenalin; die Blutdruckwirkung ist etwa 10mal schwächer als die des Adrenalins, hält dafür aber wesentlich länger an.

Oxyphenylmethylaminoaethanolum tartaricum DAB 7 – DDR. Hydroxyphenylmethylamino-äthanol-tartrat DAB 7 – BRD. para-Hydroxyphenylmethylaminoäthanolum tartaricum ÖAB 9. Oxedrini Tartras Dan. IX. Oxedrinum tartaricum CsL 2. Synephrini Tartras. Sympatol. Synephrin.

$(C_9H_{13}NO_2)_2 \cdot C_4H_6O_6$ Formel B. 1 M.G. 484,50
D,L-1-(4'-Hydroxyphenyl)-2-methyl-amino-äthanol-(1)-D-tartrat.

Gehalt. DAB 7 – DDR: 98,6 bis 100,5%, bezogen auf die bei 105° getrocknete Substanz. DAB 7 – BRD: Mindestens 98,5%, berechnet auf die getrocknete Substanz. ÖAB 9: 99,0 bis 101,0% (wasserfreie Substanz).

Herstellung. a) Nach DRP 566578 durch katalytische Hydrierung des 4-Hydroxyphenacyl-methylamins.

b) Benzoyliertes oder acyliertes Phenol (I) wird in einer Friedel-Crafts-Reaktion mit Bromacetylbromid oder Chloracetylchlorid umgesetzt (II), dann mit einem Alkalisalz des p-Toluolsulfonsäuremethylamids zur Reaktion gebracht (III) und schließlich mit Mineralsäure hydrolysiert, wobei sowohl der Toluyl- als auch der Benzoylrest als Säuren abgespalten werden. Das erhaltene Keton IV wird [s. a)!] katalytisch zu V reduziert.

c) Eine andere Möglichkeit besteht in der Umsetzung des Halogenketons II mit Benzylmethylamin zu VI, das hydrolytisch von der Acylgruppe am phenolischen Sauerstoff und bei der Hydrierung der Ketogruppe zum Carbinol gleichzeitig von der Benzylgruppe befreit wird:

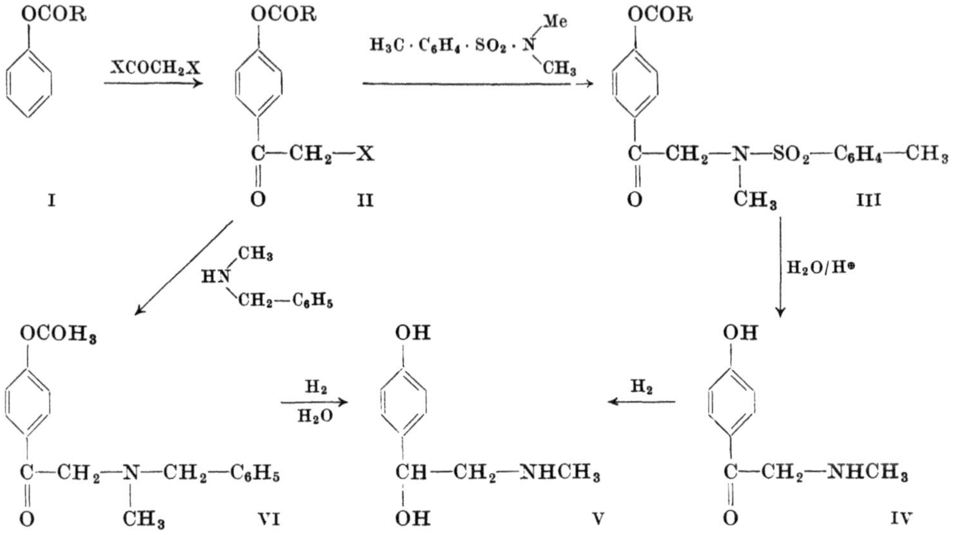

R = C_6H_5
X = Cl oder Br
Me = Na oder K

Literatur: Kommentar zu DAB 6 – 3. Nachtr. (BRD). – HÜCKEL, W.: Pharm. Chemie und Arzneimittelsynthese, Bd. II, 2. Aufl., Stuttgart: F. Enke 1962. – KAUFMANN, H. P.: Arzneimittelsynthese, Berlin/Göttingen/Heidelberg: Springer 1953.

Eigenschaften. Weißes, kristallines, geruchloses Pulver von bitterem Geschmack; löslich in etwa 2 T. W. schwer löslich in A. (90%), unlöslich in Ae., oder Chloroform. Schmelzintervall: 186 bis 190°; $[\alpha]_D^{20} = +12{,}5$ bis $+14{,}5°$ ($c = 5$, in Wasser).

Erkennung. Prüflösung nach DAB 7 – BRD: 5%ig (g/ml); nach DAB 7 – DDR: 10%ig (g/ml). – 1. 2,0 ml Prüflsg. werden mit 0,75 ml 3 n Natronlauge versetzt. Auf Zugabe von 1,0 ml Kupfer(II)-sulfatlsg. III entsteht eine ultramarinblaue Färbung; beim Schütteln mit 2,0 ml Ae. bleibt die Ätherschicht farblos (DAB 7 – BRD; ähnlich DAB 7 – DDR). – 2. In 2,0 ml Prüflsg. werden nach Zugabe von 2,0 ml 3 n Schwefelsäure 0,20 g Resorcin gelöst. Nach dem Unterschichten mit 5,0 ml konz. Schwefelsäure entsteht bei schwachem Erwärmen der Schwefelsäureschicht etwas unterhalb der Berührungsfläche eine violette Färbung, die bei weiterem Erhitzen auf die gesamte Schwefelsäure übergeht (DAB 7 – BRD). – 3. 10 Tr. Prüflsg. geben nach Zusatz von Brom-RL bis zur bleibenden Gelbfärbung einen weißen, flockigen Niederschlag. – 4. 1,0 ml Prüflsg. zeigt nach Zusatz von 2 Tr. Essigsäure, 2 Tr. frisch bereiteter Eisen(II)-sulfatlsg. (5,0 g/100,0 ml) und 4 Tr. verd. Wasserstoffperoxidlsg. eine grüne Färbung, die nach Zusatz von 4 Tr. 6 n Ammoniaklsg. in eine dunkelrote übergeht. – 5. 2,5 ml Prüflsg. werden mit 1,5 ml 6 n Ammoniaklsg. versetzt. Beim Reiben der Gefäßwand mit einem Glasstab entsteht ein weißer, kristalliner Niederschlag, der auf einem Filter gesammelt wird. Die mit wenig W. gewaschenen und bei 105° getrockneten Kristalle schmelzen im Bereich von 176 bis 180° u. Zers. Die Kristalle lösen sich in 3 n Natronlauge. – 6. 0,200 g Substanz werden nach dem Befeuchten mit 1 Tr. W. in 2,0 ml konz. Schwefelsäure gelöst. Die Lsg. zeigt nach Zusatz von 0,020 g Resorcin beim mäßigen Erwärmen eine kräftig rotviolette Färbung. – 7. Eine Lösung von etwa 0,1 g Substanz in 1 ml W. gibt nach Zusatz von 1 ml verd. Essigsäure mit einer Lösung von 0,1 g Kaliumchlorid in 1 ml W. allmählich einen weißen, kristallinen Niederschlag. (ÖAB 9). – 8. Eine Lösung von etwa 5 mg Substanz in 1 ml W. färbt sich auf Zusatz von 1 Tr. Eisen(III)-chloridlösung zitronengelb (ÖAB 9). – 9. Erhitzt man etwa 5 mg Substanz mit 1 ml verd. Schwefelsäure und 1 ml Natriumnitritlösung 5 Min. lang unter häufigem Umschütteln im Wasserbad, so färbt sich die Lösung orange und bleibt klar (ÖAB 9).

Prüfung. 1. Aussehen der Lösung: Eine 5%ige (DAB 7 – BRD) bzw. eine 10%ige mit frisch aufgekochtem und wieder erkaltetem Wasser bereitete Lösung (ÖAB 9) muß klar und farblos sein. – 2. Reaktion der Lösung: 2 ml Prüflösung (5%ig) dürfen durch 0,05 ml Bromthymolblaulösung nicht blau gefärbt werden (DAB 7 – BRD). – 3. Freie Basen, freie Säuren: 5 ml der Lösung (1 + 9) dürfen sich auf Zusatz von 1 Tr. Bromthymolblaulösung weder blau noch rein gelb färben (ÖAB 9). – 4. Chlorid und Sulfat: In einer Mischung von 5 ml der Lösung (1 + 9) und 5 ml W. dürfen weder Chlorid noch Sulfat in unzulässiger Menge nachweisbar sein (ÖAB 9). – 5. p-Hydroxyphenyl-methylamino-äthanon: 1,00 ml Prüflösung (5%ig) darf nach Zusatz von 1,0 ml W., 3,0 ml 1,3-Dinitrobenzollösung (1%ig in A. 96%) und 0,30 ml 3 n Natronlauge innerhalb 30 Min. nicht stärker gefärbt sein als die Mischung von 0,20 ml Eisen(III)-chloridlsg. III, 0,35 ml Kobalt(II)-chloridlsg. II, 0,10 ml Kupfer(II)-sulfatlsg. II und 4,35 ml 1%ige Salzsäure (DAB 7 – BRD). – 6. Fremde organische Stoffe: Die Lösung von 0,20 g Substanz in 5,0 ml Schwefelsäure muß klar und darf nicht stärker gefärbt sein als eine Mischung von 1,50 ml Eisen(III)-chloridlösung, 0,40 ml Kobalt(II)-chloridlösung, 0,30 ml Kupfer(II)-sulfatlösung und 2,80 ml 1%iger Salzsäure (DAB 7 – BRD). – 7. Schwermetalle: In einer Mischung von 5 ml der Lösung (1 + 9) und 5 ml W. dürfen Schwermetalle in unzulässiger Menge nicht nachweisbar sein (ÖAB 9). – 8. Trocknungsverlust: Höchstens 0,5%, wenn bei 100 bis 105° bis zur Gewichtskonstanz getrocknet wird (DAB 7 – BRD und ÖAB 9). – 9. Sulfatasche: Höchstens 0,1% (DAB 7 – BRD).

Gehaltsbestimmung. DAB 7 – BRD, DAB 7 – DDR und ÖAB 9 lassen eine bromometrische Bestimmung durchführen. Vorschrift nach DAB 7 – BRD: Etwa 0,150 g Substanz, genau gewogen, werden in einem Meßkölbchen von 50 ml Inhalt in W. gelöst. 10,00 ml dieser Lösung werden in einem Jodzahlkolben von etwa 100 ml Inhalt mit 4,0 ml n HCl, 2,0 g Kaliumbromid und nach dessen Auflösung unter Umschwenken mit 10,00 ml 0,1 n Kaliumbromatlösung versetzt. Den verschlossenen Kolben läßt man 60 Sek. lang stehen, setzt 0,50 g Kaliumjodid hinzu und titriert nach 1 Min. mit 0,1 n Natriumthiosulfatlösung zurück (Feinbürette, Stärkelösung als Indikator). 1 ml 0,1 n Kaliumbromatlösung entsprechen 6,056 mg $(C_9H_{13}NO_2)_2 \cdot C_4H_6O_6$.

Aufbewahrung. Vor Licht geschützt, in dicht schließenden Gefäßen.

Anwendung und Dosierung. Bei Kreislaufschwäche; zur Unterstützung des Kreislaufs bei Infektionskrankheiten, während und nach Operationen sowie bei vasomotorischen Störungen in der Rekonvaleszenz. Dosierung: Subk., i.v. oder i.m. 0,06 g (1- bis 2mal täglich); gebräuchliche Einzeldosis bei oraler Verabreichung: 0,1 g; Einzelmaximaldosis bei oraler oder subc. Verabreichung: 0,2 g; Tagesmaximaldosis: 0,6 g.

Handelsformen: Sympatol (C. H. Boehringer, Ingelheim): 10%ige Lösung (Sympatol liquidum), Amp. mit je 0,06 g; *Sympatovit-Lingual-Dragees* (C. H. Boehringer): enthalten je Dragee 50 mg Sympatol und versch. Vitamine; *Synthenate Tartrate* (Breon, USA); *Synephrine* (Winthrop-Stearns).

Bamethansulfat. Vasculat.

Formel B. 2 D,L-1-(4′-Hydroxyphenyl)-2-n-butylaminoäthanol-(1)-sulfat.

Eigenschaften. Fp. 172 bis 174°. Fp. der Base 117 bis 119°.
Lichtabsorption: Die Base zeigt in alkoholischer Lösung eine Maximum bei 280 mμ (log $\varepsilon \approx$ 3,11).

Gehaltsbestimmung. Bromometrisch, s. W. Awe und H. Stohlmann [Pharm. Zentralh. *96*, 371 (1957)].

Anwendung. „Vasculat“ ruft Gefäßerweiterung und Blutdrucksenkung hervor und wird bei Durchblutungsstörungen und Hypertonie angewandt. Systematische pharmakologische Untersuchung: Unna K.: Naunyn-Schmiedebergs Arch. exp. Path. Pharmak. *213*, 207 (1951).

Handelsformen: Vasculat (C. H. Boehringer, Ingelheim): Tabl. mit 25 mg, Amp. mit 50 mg.

Suprifen

$C_{10}H_{15}NO_2 \cdot HCl$ Formel B. 3 M.G. 217,70

D,L-1-(4′-Hydroxyphenyl)-2-methylamino-propanol-(1)-hydrochlorid.

Herstellung. DRP 547174, E. P. 396951, Fr. P. 821798.

Eigenschaften. Weißes, kristallines Pulver, löslich in etwa 2,5 T. W., etwa 10 T. A., etwa 5 T. Glycerin, schwer löslich in Aceton und abs. A. Fp. 203 bis 205° (Zers.). Fp. der Base 153 bis 155°. Lichtabsorption: Die Base zeigt in äthanolischer Lösung bei 180 mμ ein Maximum ($\log \varepsilon \approx 3{,}16$).

Erkennung. 1. Die mit verd. Salpetersäure angesäuerte 1%ige Suprifenlösung gibt mit Silbernitratlösung einen weißen, in Ammoniakflüssigkeit löslichen Niederschlag. – 2. 5 ml der 1%igen Lösung werden mit 3 Tr. 10%iger Kupfersulfatlösung und 3 Tr. Natronlauge versetzt. Nach 10 Min. tritt eine Violettfärbung auf, die mit Äther nicht ausgeschüttelt werden kann.

Gehaltsbestimmung. Bromometrisch, s. W. AWE und H. STOHLMANN [Pharm. Zentralh. *96*, 371 (1957)].

Anwendung. Als orales und parenterales Kreislauftonicum und Cardiacum. In pharmakologischer Hinsicht ähnelt das Suprifen dem Ephedrin, es ist jedoch wirksamer und dabei weniger toxisch als Ephedrin. Im Gegensatz zu Adrenalin ist es peroral wirksam.

Handelsformen: Suprifen (Hoechst): Tabl. zu 35 mg, Tropfen 2%ig, Amp. 2 ml je 1%ig.

Nylidrin Hydrochloride NND 63. Bunephrin, Dilatol, Arlidin.

$C_{19}H_{25}NO_2 \cdot HCl$ Formel B. 4 M.G. 335,88

D,L-1-(4'-Hydroxyphenyl)-2-(1''-methyl-3''-phenyl-propylamino)-propanol-(1)-hydrochlorid.

Eigenschaften. Nylidrin Hydrochloride ist ein weißes, geruchloses, praktisch geschmackloses, kristallines Pulver, wenig löslich in A. und W. pH einer 1%igen, wäßrigen Lösung 4,5 bis 6,5. Fp. der Base 111 bis 112°, Fp. des Hydrochlorids 228°. Bei der Synthese entstehen neben der therapeutisch gebrauchten Form auch andere Stereoisomere; eine in erheblicher Menge anfallende Substanz vom Fp. 139 bis 140° kann durch Kristallisation aus Methanol abgetrennt werden (HÜCKEL, W.: Pharm. Chemie u. Arzneimittelsynthese, Bd. II, 2. Aufl., Stuttgart: F. Enke 1962).

Quantitative Bestimmung. Bromometrisch nach AWE und STOHLMANN [Pharm. Zentralh. *96*, 371 (1957)].

Anwendung. Bei peripheren Durchblutungsstörungen. Die Substanz, die im Prüfungsstadium als „Suprifen Psb" (Psb = Phenyl-sek.butyl) bezeichnet wurde, erweitert die Gefäße, ohne wesentliche Wirkung auf den Blutdruck zu entfalten. Grundlegende Veröffentlichung s. F. KÜLZ und M. SCHNEIDER [Klin. Wschr. *28*, 535 (1950)].

Handelsformen: Dilatol (Troponwerke, Köln-Mühlheim): Tabletten zu 6 mg, Ampullen zu 5 mg/1 ml, Tropfenlösung mit 5 mg in 15 Tropfen. *Arlidin* (Arlington Funk, USA). *Douglan* (früher *Dilatol-Chinin*) (Troponwerke, Köln-Mülheim): Drag. mit 1,5 mg Dilatol, 25 mg Chininsulfat und 43,5 mg Dimethylaminophenazon; zur Schnupfen- und Grippekupierung.

Hydroxyamphetamine Hydrobromide USP XVII. Paredrine.

$C_9H_{13}NO \cdot HBr$ Formel B. 5 M.G. 232,14

1-(4'-Hydroxyphenyl)-2-amino-propan-hydrobromid, p-(2-Aminopropyl)-phenol-hydrobromid.

Herstellung. a) Aus p-Nitrobenzylchlorid und einem Salz des aci-Nitroäthans mit anschließender Reduktion der Nitrogruppen und Austausch der einen NH_2-Gruppe gegen OH [HOOVER, F. W., u. H. B. HAAS: J. org. Chem. *12*, 501 (1947)]. – b) Nach MANNICH und JACOBSOHN [Chem. Ber. *43*, 189 (1910)] aus dem Oxim des p-Methoxyphenylacetons (DRP 243546):

a)

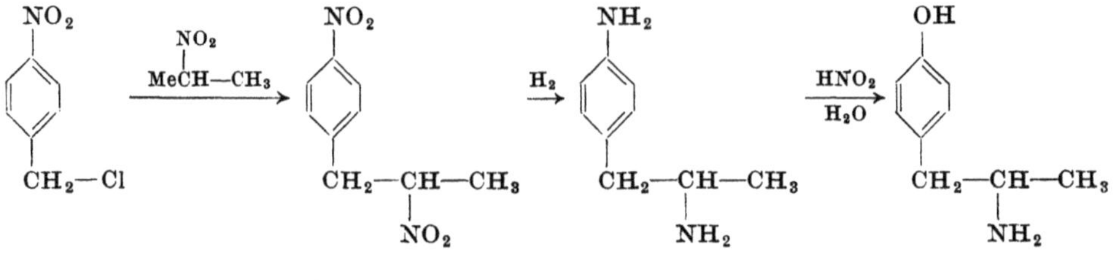

b)

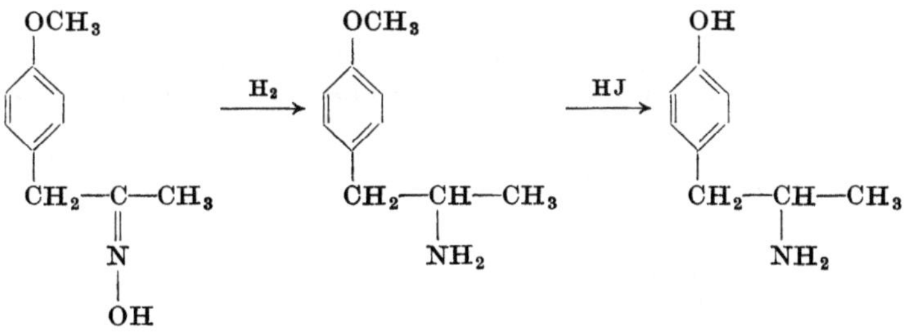

Eigenschaften. Weißes, kristallines Pulver, Fp. 189 bis 192°, 1 g löst sich in etwa 1 ml W. und etwa 2,5 ml A., wenig löslich in Chloroform, praktisch unlöslich in Ae.; Fp. des Hydrochlorids 171 bis 172°; Fp. des Hydrojodids 155°.

Erkennung. 1. Gibt man zu einer Lösung von 10 mg Substanz in 10 ml W. 0,5 ml Eisen-(III)-chloridlösung, so entsteht eine Rotfärbung (Unterschied zu Epinephrin und Isoprenalin, die Grünfärbungen geben). – 2. Etwa 500 mg Ammoniummolybdat werden in 10 ml Schwefelsäure gelöst und mit etwa 2 mg Hydroxyamphetamin-hydrobromid versetzt: es entsteht eine intensive Blaufärbung (ähnliche Amine, z.B. Amphetamin oder Methamphetamin, die keine phenolische OH-Gruppe besitzen, geben diese Reaktion nicht) (USP XVII). – 3. 200 mg Substanz werden in 2 ml Wasser gelöst und diese Lösung mit einer Lösung von 500 mg Kaliumcarbonat in 2 ml Wasser versetzt. Man extrahiert 2mal mit je 10 ml Äther, dampft die ätherische Lösung zur Trockne ein und trocknet den Rückstand bei etwa 80°: die gewonnene Base schmilzt bei 124 bis 127° (USP XVII). – 4. Zu einer Lösung von 10 mg Substanz in 10 ml Wasser gibt man nach dem Ansäuern mit 1 ml verd. Salpetersäure Silbernitratlösung: es entsteht eine gelbliche Fällung, die in Ammoniak wenig löslich ist (USP XVII). – 5. Man kühlt eine Lösung von 10 mg Substanz in 10 ml verd. Salzsäure im Salzeisbad, fügt 5 ml 20%ige Natriumnitritlösung hinzu und nach 5 Min. 10 ml Chloroform: die Chloroformschicht färbt sich bernsteingelb [Unterschied zu Phenylephrin, das Blaufärbung hervorruft (NNR 52)].

Prüfung. 1. Reaktion der wäßrigen Lösung: Die wäßrigen Lösungen des Hydroxyamphetamin-hydrobromids reagieren gegen Lackmus schwach sauer und zeigen ein pH um 5 (USP XVII). – 2. Gewichtsverlust beim Trocknen: Höchstens 0,5%, 2 Std. bei 105° (USP XVII). – 3. Verbrennungsrückstand: Höchstens 0,1% (USP XVII).

Gehaltsbestimmung. USP XVII: a) Bromidgehalt: Etwa 400 mg Hydroxyamphetamin-hydrobromid werden genau gewogen, in 50 ml Wasser gelöst und mit 50 ml Methanol sowie 10 ml Eisessig versetzt. Nach Zugabe von Eosin Y-Lsg. als Indikator wird mit 0,1 n Silbernitratlösung titriert. 1 ml 0,1 n $AgNO_3$ entspricht 7,992 mg Br. Forderung: Nicht weniger als 33,6% und nicht mehr als 35,2% Br, berechnet auf die getrocknete Substanz.

b) Hydroxyamphetamin: Etwa 400 mg Substanz werden genau gewogen und in einer Mischung von 10 ml Eisessig sowie 10 ml Quecksilberchlorid-Eisessiglösung, falls erforderlich unter leichtem Erwärmen gelöst. Dann wird mit 0,1 n Perchlorsäure-Eisessiglösung, Kristallviolett als Indikator, titriert. 1 ml 0,1 n $HClO_4$ entspricht 23,21 mg $C_9H_{13}NO \cdot HBr$; der Verbrauch wird an Hand eines Blindversuches korrigiert.

Aufbewahrung. Vor Licht geschützt, in dicht schließenden Gefäßen.

Anwendung. Als gefäßverengendes Mittel zur Behandlung von Schwellungen der Nasenschleimhäute. Am Auge als Mydriaticum.

Handelsformen: Aqueous Solution Paredrine Hydrobromide (Smith, Kline u. French, USA): 1 ml enthält 10 mg Hydroxyamphetamin, konserviert mit Thimerosal 1 : 100000; *Ophthalmic Solution Paredrine Hydrobromide* (Smith, Kline u. French, USA): 1 ml enthält 10 mg Hydroxyamphetamin und 20 mg Borsäure (letztere, um die Lösung isotonisch zu machen), konserviert mit Thimerosal 1 : 50000.

Pholedrinum sulfuricum DAB 7 – DDR. Pholedrine Sulfas BPC 49(!). Pholedrine. Pholedrinsulfat. Oxyphenylmethylaminopropanolum sulfuricum. Pholetane. Paredrine.

$(C_{10}H_{15}NO)_2 \cdot H_2SO_4$ Formel B. 6 M.G. 428,54

DL-1-(4′-Hydroxyphenyl)-2-methylamino-propan-sulfat, DL-p-(2-Methylaminopropyl)-phenol-sulfat.

Gehalt. Nach DAB 7 – DDR: 98,6 bis 100,5%, bezogen auf die bei 105° getrocknete Substanz.

Herstellung. a) Nach G. A. ALLES [J. Amer. chem. Soc. *54*, 271 (1932)] kondensiert man p-Methoxybenzaldehyd mit Nitroäthan, reduziert anschließend elektrolytisch, methyliert am Stickstoff und entmethyliert das phenolische Hydroxyl.

b) Eine vom Anethol ausgehende Synthese haben SSAWITZKI und MASCHENKO beschrieben [ref. in Chem. Zbl. *I*, 2764 (1942)].

a)

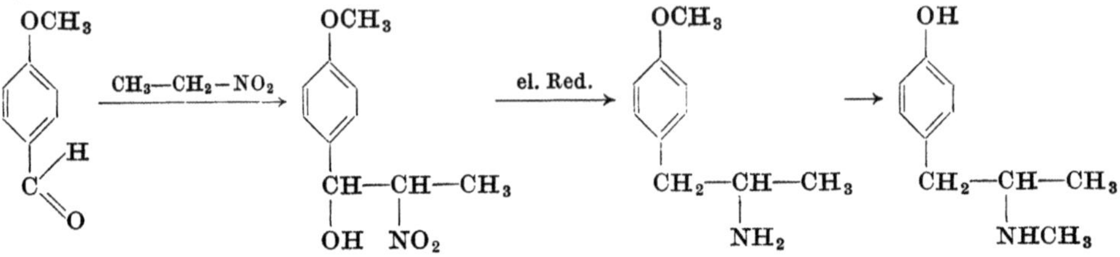

Eigenschaften. Weißes, kristallines Pulver von schwach bitterem Geschmack, löslich in 20 T. W., schwer löslich in A., praktisch unlöslich in Ae., oder Chloroform. Fp. 320 bis 323° (Zers.).

Erkennung. 1. Versetzt man 2,5 ml der wäßrigen Lösung (1 + 24) mit 0,5 ml einer Lösung von 1 T. Natriumcarbonat in 5 T. W. und reibt mit einem Glasstab, so entsteht allmählich ein kristalliner Niederschlag, der nach dem Waschen und Trocknen bei 163 bis 165° schmilzt. – 2. 2 ml 2,5%ige Lösung geben auf Zusatz von 10 ml Pikrinsäurelösung eine gelbe Trübung und nach längerem Stehen unter Kühlung einen gelben, kristallinen Niederschlag. Nach dem Waschen und Trocknen schmilzt das Pikrat bei 155 bis 158°. – 3. Die wäßrige Lösung des Sulfates (1 + 24) gibt mit 1 Tr. Eisen(III)-chloridlösung eine blauviolette Färbung und 4. mit Bromwasser im Überschuß eine rötlichgelbe Fällung. – 5. Bariumnitrat fällt aus der salpetersauren Lösung Bariumsulfat aus.

Prüfung. 1. Reaktion der Lösung: Die wäßrige Lösung (1 + 24) ist farblos und verändert Lackmuspapier nicht, oder rötet es nur ganz schwach. – 2. Fremde Basen: Schüttelt man eine Lösung von 0,2 g in 1 ml W. und 1 ml 3 n Natronlauge mit 2 ml Chloroform und läßt 1 ml der abgetrennten Chloroformschicht verdunsten, so darf der Rückstand nach dem Trocknen bei 105° nicht mehr als 0,001 g betragen. – 3. Schwermetalle und Chlorid: 2 ml 2,5%ige Lösung dürfen durch 3 Tr. Na_2S-Lösung und nach Zusatz von 1 Tr. Salpetersäure durch 1 Tr. Silbernitratlösung nicht verändert werden. – 4. Asche: 0,2 g dürfen nach dem Verbrennen keinen wägbaren Rückstand hinterlassen. – 5. Trocknungsverlust: Höchstens 0,5% (bei 105°).

Gehaltsbestimmung. Nach DAB 7 – DDR: 0,300 g getrocknete Substanz werden in W. zu 100,00 ml gelöst. 10,00 ml Lösung werden in einem 100-ml-Jodzahlkolben mit 10,00 ml 0,1 n Kaliumbromatlösung und 10 Tr. 6 n Salzsäure versetzt. Nach Zusatz von 1,0 g Kaliumbromid wird die Lösung unter wiederholtem Umschwenken 90 Sek. stehengelassen. Dann wird in einem Guß die Lösung von 0,50 g Kaliumjodid in der Mischung aus 2 ml W. und 10 ml Methanol zugefügt. Die Mischung wird geschüttelt und nach 2 Min. das ausgeschiedene Jod mit 0,1 n Natriumthiosulfatlösung titriert (Feinbürette). Sobald die Lösung nur noch schwach gelb gefärbt ist, werden 2,0 ml Stärkelsg. zugefügt. 1 ml 0,1 n Kaliumbromatlösung entspricht 5,357 mg Pholedrinsulfat.

Aufbewahrung. Vor Licht geschützt, in gut verschlossenen Gefäßen.

Anwendung. Bei Kreislaufinsuffizienz, Hypotonie und Kollaps. Als Mydriaticum, ohne wesentliche Steigerung des intraokularen Druckes.

Dosierung. Einzelmaximaldosis: oral 0,05 g; im. 0,05 g; iv. 0,01 g; sc. 0,05 g. Tagesmaximaldosis: oral 0,2 g; im. 0,15 g; iv. 0,02 g; sc. 0,15 g. (DAB 7 – DDR).

Handelsformen: Veritol (Knoll AG, Ludwigshafen a. Rh.): Lösung 1%ig, Ampullen zu 1,1 ml/0,02 g; Augentropfen: 5%ige Lösung von Veritol-Formiat; *Pholetone* (Boots, Engl.); *Stimatone* (Ward, Blenkinsop, Engl.); *Veritain* (Savory u. Moore, Engl.); *Pholedrin* „Grünau" (VEB Chem. Fabr. Grünau, DDR).

Phenylephrine Hydrochloride USP XVII, BP 63. Mesatonum Ross. 9. Adrianol. Phenylephrine. Chlorhydrate de Néosynéphrine CF 65. Neo-Synephrine.

$C_9H_{13}NO_2 \cdot HCl$ Formel C. 1 M.G. 203,68

L-1-(3'-Hydroxyphenyl)-2-methylamino-äthanol-(1)-hydrochlorid.

Gehalt. CF 65: Mindestens 99%. BP 63: Mindestens 98,5%, bezogen auf die bei 105° bis zur Gewichtskonstanz getrocknete Substanz. USP XVII: Mindestens 97,5 und höchstens 102,5%, bezogen auf die getrocknete Substanz. Ross. 9: Mindestens 98,5%.

Herstellung. a) Durch reduktive Methylierung von m-Hydroxymandelsäurenitril. – b) Durch katalytische Hydrierung des m-Hydroxyphenacyl-methylamins. Zur Spaltung in die optischen Antipoden eignet sich α-Camphersulfonsäure.

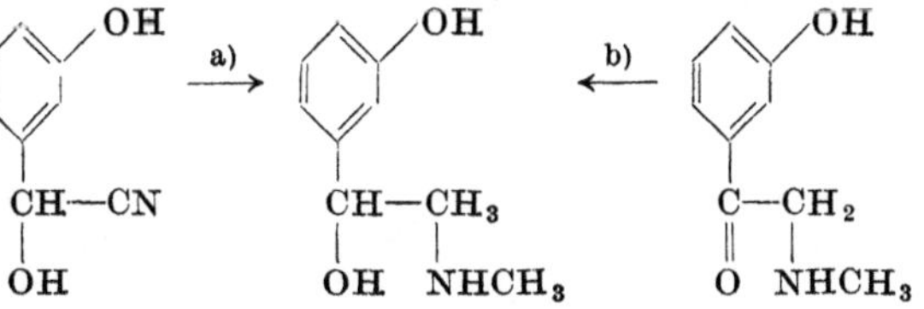

Eigenschaften. Farblose oder nahezu farblose Kristalle, geruchlos, von bitterem Geschmack, löslich in 2 T. W. und in 4 T. A., unlöslich in Oleum Arachidis. Fp. 140 bis 145° (USP XVII), 141 bis 144° (BP 63). $[\alpha]_D^{20} = -42$ bis $-47{,}5°$ (500 mg/10 ml in W., berechnet auf das getrocknete Hydrochlorid) (USP XVII), -43 bis $-47°$ ($c = 2$, in W.) (BP 63). Fp. der Base 172 bis 173°. Lichtabsorption der Base: Max. bei 280 mμ ($\log \varepsilon \approx 3{,}0$), in äthanolischer Lösung.

Erkennung. 1. Eine Lösung von 300 mg in 3 ml W. wird mit 1 ml Ammoniakflüssigkeit versetzt. Beim Reiben mit einem Glasstab scheidet sich die Base ab. Nach dem Waschen mit einigen Tr. eiskaltem W. wird 16 Std. über Silicagel getrocknet. Fp. der erhaltenen Base 170 bis 177° (USP XVII). – 2. Eine Lösung von 10 mg Substanz in 1 ml W. wird mit 1 ml Kupfersulfatlösung und 1 ml 20%iger Natronlauge versetzt. Es entsteht eine purpurrote (violette) Färbung, die nicht mit Äther extrahierbar ist (USP XVII bzw. BP 63). 3. Eine Lösung von 10 mg Substanz in 1 ml W. versetzt man mit 1 Tr. Eisen(III)-chloridlösung: es entsteht eine Blauviolettfärbung (USP XVII). – 4. Eine 1%ige Lösung gibt mit Silbernitrat den Chloridnachweis (USP XVII). – 5. Die Substanz zeigt in 0,1 n Schwefelsäure gelöst zwischen 230 und 350 mμ nur ein Maximum bei 273 mμ: die Extinktion einer 0,005%igen (g/v) Lösung in einer Schichtdicke von 1 cm beträgt etwa 0,48.

Prüfung. 1. Gewichtsverlust: Bei 2stündigem Trocknen bei 105°, höchstens 1% (USP XVII); bis zur Gewichtskonstanz bei 105°, höchstens 1,0% (BP 63). – 2. Verbrennungsrückstand: Nicht über 0,2% (USP XVII und BP 63). – 3. Sulfat: Eine Lösung von 50 mg Substanz in 25 ml W. darf keine stärkere Trübung zeigen als 0,1 ml 0,02 n Schwefelsäure in gleicher Verdünnung (0,2%) (USP XVII). – 4. Ketone: Zu einer Lösung von 200 mg Substanz in 1 ml W. gibt man 2 Tr. Nitroprussidnatriumlösung, 1 ml Natronlauge und schließlich 0,6 ml Eisessig. Die Mischung darf nicht intensiver gefärbt sein, als eine mit den gleichen Reagentien durchgeführte Blindprobe (USP XVII und BP 63).

Gehaltsbestimmung. a) Chloridbestimmung nach USP XVI(!): Etwa 300 mg Substanz werden genau gewogen und in 5 ml W. gelöst. Nach Zusatz von 5 ml Eisessig, 50 ml Methanol und Eosin Y-Lsg., als Indikator, wird mit 0,1 n Silbernitratlösung titriert. 1 ml 0,1 n $AgNO_3$ entspricht 3,546 mg Cl. Forderung: Zwischen 17,0 und 17,7% Cl, berechnet für die getrocknete Substanz. – b) Bromometrische Bestimmung nach USP XVII: Etwa 100 mg Substanz werden genau gewogen, in 40 ml W. gelöst, die sich in einem Jodzahlkolben befinden, mit 50,0 ml 0,1 n Bromlösung und dann mit 5 ml Salzsäure versetzt und sofort verschlossen. Die Mischung wird unter gelegentlichem Umschütteln 15 Min. stehengelassen. Hierauf werden mit einem Guß 10 ml Kaliumjodidlösung (1 in 10) zugesetzt, durchgeschüttelt, Stopfen und Kolbenhals mit einer kleinen Menge W. nachgespült, 1 ml Chloroform zugegeben. umgeschüttelt und das ausgeschiedene Jod mit 0,1 n Natriumthiosulfat, unter Zusatz von Stärke gegen Ende der Titration, titriert. Der Verbrauch wird mit Hilfe eines Blindversuches korrigiert. 1 ml 0,1 n $Na_2S_2O_3$ entspricht 3,395 mg $C_9H_{13}NO_2 \cdot HCl$. – c) Titration im wasserfreien Milieu nach BP 63, wobei etwa 500 mg eingesetzt werden. 1 ml 0,1 n $HClO_4$ entspricht 0,02037 g $C_9H_{13}NO_2 \cdot HCl$.

Aufbewahrung. Vor Licht geschützt, in dicht schließenden Gefäßen.

Anwendung und Dosierung. Phenylephrin wirkt stärker gefäßverengend als Synephrin und auch bei oraler Verabfolgung blutdruckerhöhend. Auf Schleimhäute gebracht, bewirkt Phenylephrin eine Abschwellung. Bei Bindehautentzündung lindert es durch Kapillarkontraktion den Reizzustand.

Subcutan und intramusculär 5 mg, bis 3mal täglich.

Handelsformen: Adrianol-Emulsion (C. H. Boehringer, Ingelheim): 0,25%ig, in Paraffinölemulsion; *Visadron-Augentropfen* (C. H. Boehringer, Ingelheim): 0,125%ig, in 3%iger Borsäurelösung; *Broemmel Pharmac. (USA): Sol. Isophrin Hydrochloride* 0,25%ig, konserviert mit 0,1% Chlorbutanol und 0,1% Natriumsulfit; Sol. Isophrin Hydrochloride Ophthalm. 0,125%, konserviert mit 0,01% Methylparaben, 0,005% Propylparaben, 0,01% Chlorbutanol und 0,1% Natriumsulfit; *Winthrop-Stearns (USA): Capsul Neo-Synephrine Hydrochloride:* 10 mg und 25 mg; *Elixier Neo-Synephrine Hydrochloride:* Alkohol. Lösung mit 1 mg/ml; *Emuls. Neo-Synephrine Hydrochloride:* 0,25% (*Intranasal*): 2,5 mg Substanz und 4 mg Natriumbenzoat im ml, konserviert mit 0,5% Chlorbutanol; *Emuls. Neo-Synephrine Hydrochloride:* 10% : 0,1 g Substanz und 4 mg Natriumbenzoat im ml, konserviert mit 0,1% Natriumbisulfit, 1% Ascorbinsäure und 0,5% Chlorbutanol; *Jelly Neo-Synephrine Hydrochloride* 0,5% : 5 mg Substanz und 5 mg NaCl im g, konserviert mit 0,45% Natriumbenzoat; *Sol. Neo-Synephrine Hydrochloride* 0,12% : gepufferte Lösung mit 1,25 mg im ml, konserviert mit 0,4% Chlorbutanol und 0,1% Natriumsulfit; *Sol. Neo-Synephrine Hydrochloride* 0,2% (für parenterale Zwecke): 2 ml Amp. mit 2 mg/ml, konserviert mit 0,1% Natriumbisulfit; *Nasal Sol. Neo-Synephrie Hydrochloride* 0,25% : konserviert mit Phenyl-quecksilberacetat 1 : 50000; Sol. *Neo-Synephrine Hydrochloride* 0,25% : gepufferte Lösung, konserviert mit 0,02% Methylparaben, 0,01% Propylparaben und 0,2% Natriumbisulfit; *Sol. Neo-Synephrine Hydrochloride in isotonic. Sol. of Three Chlorides* (aromatic), konserviert mit 0,1% Natriumbisulfit; *Sol. Neo-Synephrine Hydrochloride* (*Intranasal*): gepufferte Lösung, konserviert mit 0,02% Methylparaben, 0,01% Propylparaben und 0,2% Natriumbisulfit; *Sol. Neo-Synephrine Hydrochloride* 1%: 10 mg Substanz und 5 mg NaCl im ml, konserviert mit 0,02% Methylparaben und 0,01% Propylparaben und 0,1% Natriumbisulfit; *Sol. Neo-Synephrine Hydrochloride* 1% (für parenterale Zwecke): 1 ml Amp. und 5 ml Tropfen mit 6 mg NaCl im ml, konserviert mit 0,1% Natriumbisulfit; *Sol. Neo-Synephrine Hydrochloride* 2,5% : konserviert mit 0,4% Chlorbutanol und 0,2% Natriumbisulfit; *Sol. Neo-Synephrine Hydrochloride* 10% : gepufferte Lösung, konserviert mit 0,4% Chlorbutanol und 0,3% Natriumbisulfit; *Ophthalmic Sol. Neo-Synephrine Hydrochloride* 10% : gepufferte Lösung, konserviert mit 0,4% Chlorbutanol und 0,3% Natriumbisulfit.

Effortil (C. H. Boehringer, Ingelheim).

Formel C. 2 D,L-1-(3'-Hydroxyphenyl)-2-äthylamino-äthanol-(1)-hydrochlorid.

Eigenschaften. Weißes, kristallines Pulver, Fp. 119 bis 120°. Fp. der Base 142 bis 143,5°. Lichtabsorption: Die Base zeigt in alkoholischer Lösung bei 280 mμ ($\log \varepsilon \approx 2{,}95$) ein Maximum.

Gehaltsbestimmung. Bromometrisch, s. W. Awe und H. Stohlmann [Pharm. Zentralh. *96*, 568 (1957)].

Anwendung. Als Sympathicomimeticum mit lang andauernder und guter peroraler Wirkung bei Kreislaufschwäche und Hypotonie.

Handelsformen: Amp. zu 0,01, Tabletten zu 0,005 g.

Novadral (Diwag, Berlin-Waidmannslust).

Formel C. 3 D,L-1-(3'-Hydroxyphenyl)-2-amino-äthanol-(1)-hydrochlorid.

Anwendung. Gegen Hypotonie jeglicher Art.

Handelsformen: Tabl. zu 3 mg, Tropfen mit 6 mg/ml, Amp. zu 10 mg/ml.

Metaraminol. Icoral B. Aramine.

Formel C. 4 L-1-(3'-Hydroxyphenyl)-2-amino-propanol-(1).

Anwendung. Metaraminol ähnelt in Struktur und Wirkung dem Ephedrin. Wird bei Rhinitis, Sinusitis u. ä. Erscheinungen zum Abschwellen der Schleimhäute verwandt.

Handelsformen: Früher im Kombinationspräparat *Icoral* (Bayer). *Aramine* (Merck, Scarp & Dohme): 0,25%ige isotonische Lösung als Spray oder Tropfen zur Abschwellung der Nasenschleimhäute.

Methoxyphenamine Hydrochloride NND 63. Orthoxin.

$C_{11}H_{17}NO \cdot HCl$ Formel D. 1 M.G. 215,72

D,L-1-(2'-Methoxyphenyl)-2-methylamino-propan-hydrochlorid.

Eigenschaften. Farbloses, geruchloses, kristallines Pulver von bitterem Geschmack. Fp. 124 bis 128°. Sehr gut löslich in A., Chloroform und W., sehr schwer löslich in Ae. und Benzol. pH einer 5%igen wäßrigen Lösung: 5,3 bis 5,7.

Erkennung. 0,1 g werden mit 5 ml 55- bis 58%iger Jodwasserstoffsäure erhitzt und etwa 2 ml davon überdestilliert: am Boden des Auffanggefäßes bildet sich ein Tropfen Methyljodid (Nachweis der OCH_3-Gruppe). Den Rückstand verdünnt man mit 5 ml Wasser, kühlt auf 10° ab und gibt einige Tr. einer sauren, diazotierten p-Nitranilinlösung hinzu. Beim Alkalisieren mit Natriumcarbonatlösung entsteht eine orangerote Fällung (Nachweis der Hydroxyphenylgruppierung).

Prüfung. 1. Gewichtsverlust bei 24stündigem Trocknen i. Vak. über Phosphorpentoxid: Nicht über 0,5%. – 2. Sulfatasche: Nicht über 0,5%.

Gehaltsbestimmung. a) Methoxyphenamin: N-Bestimmung nach KJELDAHL. Durchführung mit etwa 250 mg. 1 ml 0,1 n Säure entspr. 0,01793 g Methoxyphenamin bzw. 0,02157 g Methoxyphenaminhydrochlorid, das entspricht 81,4 bis 84,8% Base oder 98,0 bis 102% des Hydrochlorids. – b) Chlorid: Analog Sodium chloride USP XVI. Forderung: 16,3 bis 16,7% Cl, das entspricht 98,9 bis 101,3% Methoxyphenaminhydrochlorid.

Anwendung. Als Sympathicomimeticum mit geringer Blutdruckwirkung, aber ausgeprägter bronchodilatorischer Wirkung. Bei Asthma und allergischer Rhinitis.

Handelsformen: Syrup Orthoxine Hydrochloride (Upjohn, USA): 1 ml enthält 10 mg, konserviert mit 0,1% Methylparaben; Tabletten zu 0,1 g.

Methoxamide Hydrochloride USP XVII, NND 63. Vasoxyl.

$C_{11}H_{17}NO_3 \cdot HCl$ Formel D. 2 M.G. 247,73

D,L-1-(2′,5′-Dimethoxyphenyl)-2-amino-propanol-(1)-hydrochlorid.

Eigenschaften. Weißes, bitterschmeckendes, kristallines Pulver. 1 g löst sich in etwa 2,5 ml W., in etwa 12 ml A., sehr wenig löslich in Ae. und in Chloroform. pH einer 2%igen wäßrigen Lösung ist etwa 5. Fp. 212 bis 216°.

Erkennung. 1. Zu einer Lösung von 20 mg Substanz in 2 ml W. gibt man 5 ml p-Nitroanilinlösung und 0,8 ml Natriumcarbonatlösung. Nach 1 bis 2 Min. Stehen wird 1 ml Natronlauge hinzugefügt: es entsteht eine tiefe Rotfärbung, die mit Butanol extrahierbar ist (USP XVI!). p-Nitroanilinlösung: 350 mg p-Nitroanilin werden mit 1,5 ml Salzsäure vermischt. Dann wird mit Wasser auf 50 ml aufgefüllt, gut durchgeschüttelt und absitzen gelassen. 5 ml der klaren, überstehenden Flüssigkeit gibt man in einen 100-ml-Meßkolben und kühlt im Eisbad. Nach Zugabe von 1 ml verd. Salzsäure und 2 ml 1%iger Natriumnitritlösung wird mit W. auf 100 ml aufgefüllt. – 2. Etwa 1 mg Substanz wird in einem Porzellanschälchen mit 3 Tr. einer Mischung von 3 ml Schwefelsäure und 2 Tr. Formaldehydlsg. versetzt; es entsteht sofort eine Purpurfärbung, die in Braun und dann in Grün übergeht (USP XVII). – 3. Die Substanz gibt einen positiven Chloridnachweis mit Silbernitrat.

Prüfung. 1. Gewichtsverlust beim Trocknen, 2 Std. bei 105°, höchstens 1%. – 2. Verbrennungsrückstand: Nicht über 0,2%.

Gehaltsbestimmung. a) Chloridgehalt nach USP XVII: Etwa 400 mg Substanz werden genau gewogen und in 50 ml Wasser gelöst. Dieser Lösung setzt man 50 ml Methanol und 10 ml Eisessig zu. Dann wird mit Eosin Y-Lsg. als Indikator und mit 0,1 n Silbernitratlösung titriert. 1 ml 0,1 n $AgNO_3$ entspricht 3,546 mg Cl. Forderung: Zwischen 14,1 und 14,5% Cl, berechnet auf die getrocknete Substanz. – b) Methoxamin: Titration im wasserfreien Milieu nach USP XVII: Etwa 400 mg werden genau gewogen und in einer Mischung von 10 ml Eisessig und 10 ml Quecksilberacetat-Eisessiglösung, falls erforderlich unter leichtem Erwärmen, gelöst. Dann wird mit 0,1 n Perchlorsäure-Eisessiglösung, Kristallviolett als Indikator, titriert. 1 ml 0,1 n $HClO_4$ entspricht 24,77 mg $C_{11}H_{17}NO_3 \cdot HCl$. Der Verbrauch an 0,1 n $HClO_4$ wird an Hand eines Blindversuches korrigiert.

Anwendung. Sympathicomimeticum, das bei geringer zentraler Wirkung peripher vasokonstriktorisch wirkt und zum Unterschied von anderen Sympathicomimetica die Herztätigkeit verlangsamt. Es wird intramuskulär oder intravenös zur Kreislaufunterstützung bei Operationen verabfolgt.

Dosierung. Intramuskulär 15 mg, intravenös 5 mg. Üblicher Dosierungsbereich: intramuskulär 5 bis 20 mg, intravenös 2,5 bis 10 mg (USP XVII).

Handelsformen: Sol. Vasoxyl Hydrochloride (Burroughs Wellcome, USA): Amp. mit 20 mg/1 ml; *Sol. Vasoxyl Hydrochloride with Procaine Hydrochloride:* Amp. zu 1 ml mit 15 mg Substanz und 10 mg Procainhydrochlorid, konserviert mit 0,1% Kaliummetabisulfit.

Apophedrin (Riedel de Haën AG, Seelze und Berlin). Bis-nor-ephedrin-sulfat. Phenyläthanolaminsulfat.

$(C_8H_{11}NO)_2 \cdot H_2SO_4$ Formel E. 1 M.G. 372,43
D,L-1-phenyl-2-amino-äthanol-(1)-sulfat.

Eigenschaften. Weißes Pulver oder derbe Kristalle, löslich in W., wenig löslich in A., unlöslich in Ae. Fp. 264 bis 265°. Fp. der Base 103 bis 105°. Lichtabsorption: Die Base zeigt in äthanolischer Lösung bei 240 mμ (log ε ≈ 2,74) ein Maximum.

Erkennung. Phenyläthanolamin wird durch salpetrige Säure in Phenyläthylenglykol umgesetzt, das mit Kaliumpermanganat oder Chromsäure Benzaldehyd und Formaldehyd liefert [GRAF, E.: Pharmazie *5*, 110 (1950)].

Anwendung. Phenyläthanolaminsulfat wirkt nach TAINTNER [J. Pharmacol. exp. Ther. *33*, 129 (1928)] ephedrinähnlich. Es wird als Kreislaufmittel angewandt und kann äußerlich als 2%ige Lösung zur Abschwellung der Nasenschleimhaut Verwendung finden.

Handelsformen: Apophedrin (früher „*Nor-Ephedrin*") (Riedel de Haën, Seelze und Berlin): 15%ige Tropflösung und Amp. zu 0,06 g/1 ml.

Phenylpropanolamine Hydrochloride NND 60. D,L-Norephedrin. Propadrine.

$C_9H_{13}NO \cdot HCl$ Formel E. 2 M.G. 187,67
D,L-1-Phenyl 2-amino-propanol-(1)-hydrochlorid.

Herstellung. a) Aus Benzaldehyd und Nitroäthan in alkoholischer Natronlauge und anschließende Reduktion der Nitrogruppe. – b) Durch Reduktion des Phenylmethyl-diketonmonoxims:

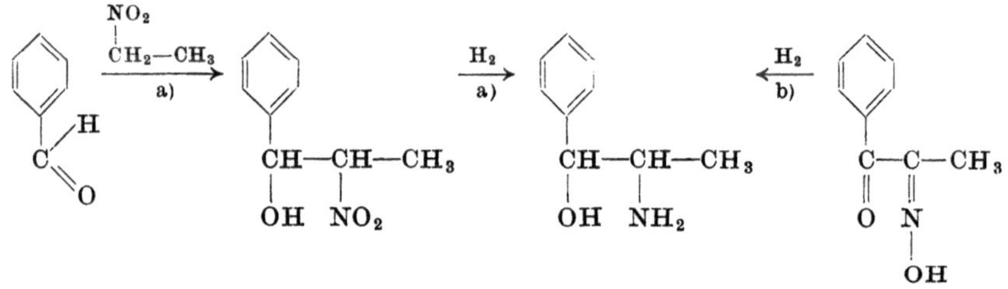

Eigenschaften. Farbloses, kristallines Pulver, sehr gut löslich in W. und A., unlöslich in Benzol, Chloroform und Ae. Fp. 190 bis 194°. Wäßrige Lösungen reagieren gegen Lackmus neutral.

Erkennung gemäß NNR 52: 1. 2 ml einer 0,05%igen Lösung geben mit 5 Tr. Eisen(III)-chloridlösung Gelbfärbung (Unterscheidung von Corbadrin und Epinephrin). – 2. Eine 0,05%ige Lösung gibt mit Kaliumquecksilberjodid-Lsg. keine Fällung (Unterscheidung von Amphetamin). – 3. 0,5 g werden in 25 ml W. gelöst und mit 5 ml gesättigter Natriumcarbonatlösung versetzt. Man kühlt im Eisbad, filtriert die ausgeschiedenen Kristallnadeln ab, wäscht und trocknet sie bei 80°: die so gewonnene Base schmilzt bei 101,0 bis 101,5°.

Prüfung gemäß NNR 52: 1. Sulfat: Gibt man zu einer Lösung von 0,1 g in 5 ml Wasser 1 ml verd. Salzsäure und 1 ml Bariumchloridlösung, so darf keine Trübung entstehen. – 2. Gewichtsverlust beim Trocknen: Nicht über 1,0%. – 3. Verbrennungsrückstand: Nicht über 0,3%.

Gehaltsbestimmung. Nach NNR 52: a) N-Bestimmung nach KJELDAHL: Durchführung mit 0,2 g Substanz. 1 ml 0,1 n Säure entspricht 0,001401 g N bzw. 0,01877 g Phenylpropanolaminhydrochlorid. Forderung: 7,3 bis 7,5% N, entsprechend 98,3 bis 100,8% Phenylpropanolaminhydrochlorid. – b) Chloridbestimmung: 0,2 g Substanz werden gelöst und mit Silbernitrat gefällt. 1 g AgCl entspricht 99,8 bis 105,6% Phenylpropanolaminhydrochlorid.

Anwendung. Die Wirkung ist ephedrinähnlich, soll aber länger anhalten und frei von Nebenwirkungen sein (bes. geringere zentralerregende Wirkung als Ephedrin).

Handelsformen: Merck, Sharp & Dohm, USA: *Caps. Propadrine Hydrochloride:* 25 mg und 50 mg; *Elixier Propadrine Hydrochloride:* 4 mg Substanz im ml; *Sol. Propadrine Hydrochloride:* 1%ig und 3%ig: Isotonische Lösungen, konserviert mit 0,5% Chlorbutanol.

Kombinationspräparate: *Prohexinol:* 1,5% Propadrine Hydrochloride mit Hexylresorcin 1 : 3000 als Nasentropfen; *Prothricin:* 1,5% Propadrine Hydrochloride, 0,02%

Tyrothricin, als Antibioticum und Vasokonstriktor; *Riona:* Kapseln mit 3/4 grain Propadrine Hydrochloride, 2 grain Phenacetin und 3 grain Ac. acetylosalic., gegen Erkältung, bei Heufieber und bei Dysmenorrhöe.

Norpseudoephedrinum hydrochloricum DAB 7 – DDR. Norpseudoephedrinhydrochlorid.

$C_9H_{14}ClNO$ Formel E. 2 M.G. 187,67

D,L-threo-1-Phenyl-2-aminopropanol-(1)-hydrochlorid.

Gehalt. 99,0 bis 100,5%, berechnet auf die bei 105° getrocknete Substanz.

Eigenschaften. Weißes, kristallines oder mikrokristallines Pulver, Geruch nicht wahrnehmbar, Geschmack bitter. Löslichkeit: Sehr leicht löslich in W., leicht löslich in A., fast unlöslich in Ae. Schmelzbereich: 169 bis 173°. Reaktion der wäßrigen Lsg.: Die Prüflsg. zeigt einen pH-Wert im Bereich von 4,5 bis 5,4.

Erkennung. Prüflösung: 2,000 g Substanz werden in kohlendioxidfreiem W. zu 20,0 ml gelöst. – 1. 0,50 g Substanz werden in 2,0 ml W. gelöst. Die Lsg. wird nach Zusatz von 5,0 ml 3 n Natronlauge und 2,0 ml Ae. geschüttelt. Die Ätherschicht wird abgetrennt. Nach dem Verdunsten des Ae. wird der Rückstand über Silicagel 24 Std. getrocknet. Die entstandenen Kristalle schmelzen im Bereich von 66 bis 72°. – 2. 1 ml Prüflsg. wird mit 2 Tr. 3 n Essigsäure, 5 Tr. Triketohydrindenhydrat-Lsg. sowie 2,0 ml Methanol versetzt und 5 Min. im Wasserbad erhitzt. Die Lsg. zeigt eine violettblaue Färbung. – 3. 4 Tr. Prüflsg. werden nach Zusatz von 0,50 ml Kupfer(II)-sulfatlsg. (10,0 g/100,0 ml), 1,0 ml 6 n Natronlauge und 5,0 ml n-Butanol kräftig geschüttelt. Nach dem Entmischen wird die Butanolschicht abgetrennt. Sie zeigt eine violette Färbung. – 4. 1,0 ml Prüflsg. gibt nach Zusatz von 5 Tr. 5 n Salpetersäure und 1,0 ml 0,1 n Silbernitratlsg. einen weißen Niederschlag.

Prüfung. 1. Unlösliche Verunreinigungen, Farbe der Lsg.: 5,0 ml Prüflsg. müssen klar und dürfen nicht stärker gefärbt sein als 5,0 ml der Mischung aus 0,500 ml Eisen-FL und 9,5 ml W. – 2. Schwermetall-Ionen: 1,00 ml Prüflsg. dürfen nach Zusatz von 9,0 ml W. bei der „Prüfung auf Schwermetall-Ionen" nach Methode I (Bd. I, 254) weder eine Trübung noch eine Färbung zeigen. – 3. Sulfat: 1,00 ml Prüflsg. darf nach Zusatz von 9,0 ml W. bei der „Prüfung auf Sulfat" nach Bd. I, 263, keine Trübung zeigen. – 4. Organische Verunreinigungen: 0,250 g Substanz werden in 5,0 ml konz. Schwefelsäure unter Schütteln gelöst. 15 Min. nach dem Schwefelsäurezusatz darf die Lsg. keine stärkere Färbung zeigen als 5,0 ml der Mischung aus 0,200 ml Eisen-FL, 0,200 ml Kupfer-FL, 0,300 ml Kobalt-FL und 9,3 ml 0,5 n Salzsäure. – 5. Sulfatasche: Die Substanz darf höchstens 0,25% Rückstand hinterlassen; Ausführung mit 0,4000 g Substanz. – 6. Trocknungsverlust: Die Substanz darf höchstens 0,50% Masse verlieren, wenn 0,4000 g bei 105° bis zur Gewichtskonstanz getrocknet werden.

Die getrocknete Substanz ist für die Gehaltsbestimmung aufzubewahren.

Gehaltsbestimmung. 0,1800 g getrocknete Substanz werden in der Mischung aus 10,0 ml Essigsäure und 10,0 ml Quecksilberacetat-Lsg. gelöst. Nach Zusatz von 3 Tr. Kristallviolett-Lsg. wird die Lsg. mit 0,1 n Perchlorsäure bis zum Farbumschlag nach Blau titriert (Feinbürette).

1 ml 0,1 n Perchlorsäure ist 18,77 mg Norspeudoephedrinhydrochlorid äquivalent.

Dosierung. Einzelmaximaldosis: oral 0,1 g, Tagesmaximaldosis: oral 0,3 g.

Ephedrin. L-Ephedrin. Ephedrine NF XII, USP XIV (!), BP 53 (!). Éphédrine CF 65. Ephedrinum Dan. IX.

$C_{10}H_{15}NO$ Formel E. 3 M.G. 165,12

erythro-L-1-Phenyl-2-methylamino-propanol-(1).

Räumlicher Bau (Konfiguration und Konstellation): Ephedrin, das zwei Asymmetriezentren aufweist, besitzt Erythrokonfiguration, Pseudoephedrin, das die gleiche Struktur hat, besitzt Threokonfiguration. Konstellationsanalytische Untersuchungen haben ergeben, daß in der Ephedrinbase die OH- und die Methylaminogruppe räumlich entfernt, in den Ephedrinsalzen jedoch räumlich benachbart angeordnet sind, wenn man die Molekel in Richtung der C–C-Achse betrachtet. Literatur: Hückel, W.: Pharm. Chemie u. Arzneimittelsynthese, Bd. II, 2. Aufl., Stuttgart: F. Enke 1962; Dtsch. Apoth.-Ztg *95*, 302 (1955). – Zymalkowski, F., u. H. Rimek: Arch. Pharm. (Weinheim) *294*, 581 (1961). – Roth, H. J., u. H. Nour El Din: Arch. Pharm. (Weinheim) *295*, 679 (1962); *296*, 265 (1963). – Roth, H. J.: Dtsch. Apoth.-Ztg *103*, 520 (1963). – Roth, H. J., u. B. Miller: Arch. pharm. (Weinheim *297*, 602 (1964).

L-Ephedrin ist das wirksame Alkaloid verschiedener asiatischer *Ephedraarten* (Gnetaceae), deren Kraut unter dem Namen *Ma Huang* in China schon seit etwa 5000 Jahren arzneilich verwendet wird. Als Stammpflanzen der Droge kommen hauptsächlich *Ephedra sinica* Stapf. mit einem Gehalt von 1,3% Ephedrin und *Ephedra equisetina* Bunge mit 2% Ephedrin in Frage. Andere, in Asien heimische Ephedraarten, z.B. *Ephedra vulgaris* L. enthalten weniger Ephedrin. Im Mittelmeergebiet heimische Ephedraarten enthalten kein L-Ephedrin, sondern das diesem isomere Pseudoephedrin, das rechts dreht, aber nicht die rechtsdrehende Form des Ephedrins ist (Diastereomere). Manche der zahlreichen Ephedraarten enthalten beide Alkaloide.

Gewinnung aus Ephedrakraut. Das Kraut kann 1. mit Äthanol, 2. in Gegenwart von Natriumcarbonat oder Ammoniak mit organischen Lösungsmitteln, oder 3. mit angesäuertem Wasser extrahiert werden. Aus den eingeengten Extrakten wird mit Salzsäure das Chlorid hergestellt und dieses aus Äthanol unter Zusatz von Aceton oder Äther kristallisiert. Vom Pseudoephedrin und anderen Nebenalkaloiden befreit man durch Umkristallisieren. Aus dem Hydrochlorid wird durch Zusatz von Ammoniak und Ausschütteln mit Chloroform die Base gewonnen.

Synthetische Herstellung. a) Eine Synthese, die direkt zum optisch aktiven Ephedrin führt, besteht in der katalytischen, reduktiven Methylaminierung des optisch aktiven Acyloins, das beim Zusatz von Benzaldehyd zu gärenden Zuckerlösungen (Acetaldehyd) auf enzymatischem Wege gewonnen wird:

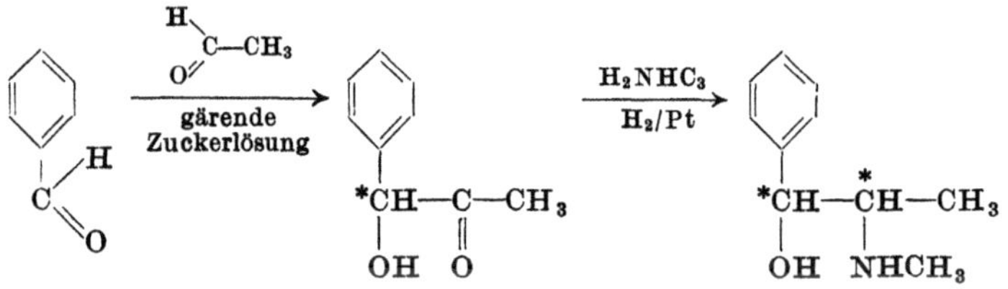

b) Phenylmethyldiketon liefert bei der reduktiven Methylaminierung neben sehr wenig racemischen Pseudoephedrin fast reines racemisches Ephedrin, wenn Platin als Katalysator verwendet wird:

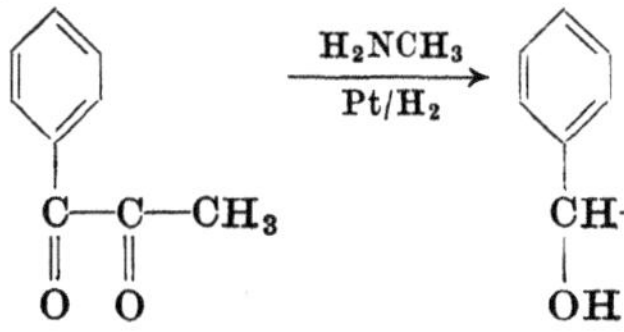

c) Propiophenon (I) wird bromiert zu II, mit Methylamin zu III umgesetzt und zu IV reduziert. IV ist ein Gemisch von rac. Ephedrin und rac. Pseudoephedrin, das durch Kristallisation getrennt werden kann:

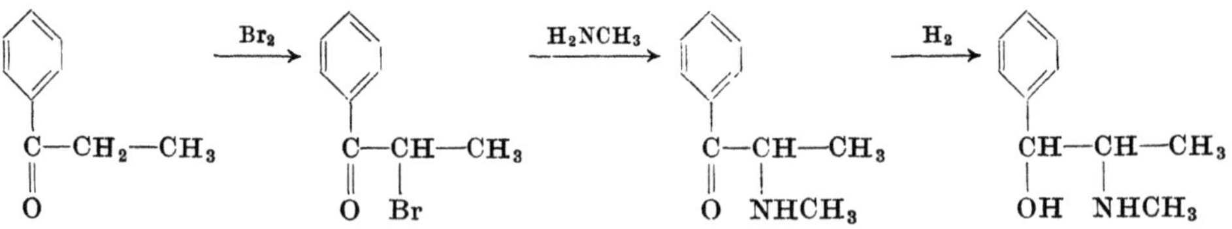

Die Synthesen nach b) und c) liefern die Racemform des Ephedrins, die als solche Verwendung findet (s. Ephetonin). Die Trennung mit Hilfe optisch aktiver Säuren hat heute keine praktische Bedeutung mehr, da nach a) direkt optisch aktives Ephedrin erhalten wird und die D,L-Form ähnliche therapeutische Wirkung besitzt wie die L-Form.

Eigenschaften. Hemihydrat: $(C_{10}H_{15}NO)_2 \cdot H_2O$ M.G. 348,50 bzw. $C_{10}H_{15}NO \cdot 1/2\ H_2O$ M.G. 174,25. Farblose hexagonale Kristalle, in reinem Zustand geruchlos, von eigenartig bitterem Geschmack, löslich in Wasser mit alkalischer Reaktion (Lackmuspapier wird stark gebläut), in A., Ae., Chloroform, in etwa 25 T. Glycerin, in etwa 90 T. Paraffinum liquidum, in etwa 25 T. Oleum Olivarum. Fp. 39 bis 42°, mit dem Feuchtigkeitsgehalt wechselnd, 40 bis 41° (BP 53). $[\alpha]_D^{20°} = -33$ bis $-35°$, gemessen an einer Lösung, die in 50 ml 2,05 g wasserfreies Ephedrin und 15 ml verd. Salzsäure enthält (BP 53). Die wäßrigen Lösungen drehen rechts, die äthanolischen links, wäßrige Lösungen des Hydrochlorids sind linksdrehend.

Erkennung. 1. 10 mg Substanz werden in 1 ml W. gelöst und mit 0,2 ml verd. Salzsäure versetzt. Dann gibt man 0,1 ml Kupfersulfatlösung und 1 ml Natronlauge hinzu, wobei sich die Flüssigkeit violett färbt. Nach Zusatz von 1 ml Äther und Umschütteln färbt sich die ätherische Schicht purpurrot, während die wäßrige Schicht eine blaue Farbe annimmt. – 2. Wird die wäßrige, etwa 0,2%ige Lösung mit 3 Tr. verd. Natronlauge und 3 Tr. Kaliumhexacyanoferrat(III)-lösung gelinde erwärmt, so tritt der Geruch nach Benzaldehyd auf. – 3. 0,2 g Substanz werden in 30 ml Chloroform gelöst und 12 Std. offen bei Raumtemp. stehengelassen, so daß das Chloroform allmählich verdunsten kann; es entsteht ein weißes Kristallisat von Ephedrinhydrochlorid, das mit 10 ml und dann noch 2mal mit je 5 ml Chloroform gewaschen und bei 105° getrocknet wird. Fp. des so erhaltenen Hydrochlorids um 218° (BP 53).

Prüfung. 1. Die Lösung von 0,25 g Ephedrin in 2 ml Salpetersäure (22%ig) und 3 ml W. muß klar und farblos sein und darf 2. weder mit Bariumchloridlösung, noch 3. mit Silbernitratlösung eine Trübung geben (Sulfat und Chlorid). – 4. 0,10 g Ephedrin müssen sich in 1 ml konz. Schwefelsäure farblos lösen.

Gehaltsbestimmung. Nach BP 53: Etwa 0,5 g werden genau gewogen, in 5 ml A. (95%) gelöst, mit 35 ml 0,1 n Salzsäure versetzt und mit 0,1 n Natronlauge zurücktitriert (Methylrot als Indikator). 1 ml 0,1 n HCl entspricht 0,01652 g $C_{10}H_{15}NO$.

Aufbewahrung. Vor Licht geschützt, in dicht schließenden Gefäßen.

Anwendung. Siehe Ephedrinhydrochlorid.

Ephedrinum hydrochloricum ÖAB 9, CsL 2, Helv. V, Ross. 9. L-Ephedrinum hydrochloricum DAB 7 – DDR. Ephedrini hydrochloridum PI.Ed. I/1, Dan. IX, Jap. 61. Ephedrine Hydrochloride BP 63, NF XII. Ephedrinhydrochlorid DAB 7 – BRD. Chlorhydrate d'Éphédrine CF 65.

$C_{10}H_{15}NO \cdot HCl$ Formel E. 3 M.G. 201,69

L-erythro-1-Phenyl-2-methylamino-propanol-(1)-hydrochlorid.

Gehalt. DAB 7 – BRD: Mindestens 99,0%, berechnet auf die getrocknete Substanz. DAB 7 – DDR: 98,8 bis 100,8%. ÖAB 9: 99,0 bis 100,5% des theoretischen Wertes. CF 65: Mindestens 99%. PI.Ed. I/1: Mindestens 80,0 und höchstens 82,5%. $C_{10}H_{15}NO$. Ross. 9: Mindestens 99,0%.

Herstellung s. L-Ephedrin.

Eigenschaften. Farblose Kristalle oder weißes, kristallines, geruchloses Pulver von bitterem Geschmack, löslich in etwa 4 T. W., etwa 9 T. A. (90%), praktisch unlöslich in Chloroform und Ae. Schmelzintervall 217 bis 220° (DAB 7 – BRD, BP 63, PI.Ed. I/1). 218 bis 221° (ÖAB 9), 212 bis 215° (Helv. V). $[\alpha]_D^{20°} = -34{,}0$ bis $-35{,}0°$, ($c = 5$), berechnet auf die getrocknete Substanz (DAB 7 – BRD, Helv. V), -33 bis $-35{,}5°$ ($c = 5$) (BP 63), -33 bis $-36°$ ($c = 5$, in Wasser) (PI.Ed. I/1).

Erkennung. Gemäß DAB 7 – BRD: Prüflösung I: Als Lösung wird die bei der „Spezifischen Drehung" hergestellte Lösung verwendet. Prüflösung II: 2,00 ml Prüflösung I werden mit 8,00 ml W. verdünnt. 1. In 2 ml Prüflösung II entsteht auf Zusatz von 2 Tr. Kupfer(II)-sulfatlösung III und 1,5 ml 3 n Natronlauge eine violette Färbung. Beim Ausschütteln mit 1 ml Äther färbt sich dieser rotviolett, die wäßrige Schicht blau. – 2. 2 ml Prüflösung II entwickeln beim Erhitzen mit einigen Tr. Kaliumhexacyanoferrat(III)-lösung und 1 ml Natronlauge den Geruch von Benzaldehyd. Die dabei entstehenden Dämpfe färben Lackmuspapier blau. – 3. In 2 ml Prüflösung II entsteht nach dem Ansäuern mit Salpetersäure mit einigen Tr. Silbernitratlösung ein weißer, käsiger Niederschlag. – 4. Nach ÖAB 9: Versetzt man eine Lösung von etwa 5 mg Ephedrinhydrochlorid in 1 ml Wasser mit 5 Tr. Jodlösung (25,0 g KJ + 14 g J_2/100 ml), so scheidet sich ein Perjodid in Form schwarzer, öliger Tropfen aus. – Nach DAB 7 – DDR: 5. 0,50 g Substanz werden in 2,0 ml W. gelöst. Die Lsg. wird nach Zusatz von 5,0 ml 3 n Natronlauge und 2,0 ml Ae. geschüttelt. Die Ätherschicht wird abgetrennt. Nach dem Verdunsten des Ae. wird der Rückstand über Silicagel 24 Std. getrocknet. Die entstandenen Kristalle schmelzen im Bereich von 35 bis 38°. – 6. 1,0 ml Prüflsg. (5%ig) wird mit 3 Tr. 3 n Schwefelsäure und 2,0 ml Kaliumtetrajodowismutat(III)-Lsg. versetzt. Die Mischung wird 12 Std. stehengelassen. Der entstandene Niederschlag zeigt bei der Betrachtung unter dem Mikroskop nur rote, nadelförmige Kristalle.

Prüfung. Gemäß DAB 7 – BRD: 1. Aussehen der Lösung: 5,0 ml der Prüflösung I müssen klar und farblos sein. – 2. Alkalisch oder sauer reagierende Verunreinigungen: Je

5,00 ml Prüflösung I dürfen nach Zusatz von 0,10 ml Methylrot-Lsg. II höchstens 0,10 ml 0,02 n Salzsäure bis zum Umschlag nach Rot und höchstens 0,10 ml 0,02 n Natronlauge bis zum Umschlag nach Gelb verbrauchen. – 3. Fremde Alkaloide: 1,00 ml der Prüflösung I muß auf Zugabe von 1,0 ml Wasser und 1,5 ml 3 n Natronlauge klar bleiben. – 4. Fremde organische Stoffe: Die Lösung von 0,100 g Substanz in 2,0 ml Schwefelsäure muß klar und farblos sein. – 5. Trocknungsverlust: Höchstens 0,5%, bei 100 bis 105° bis zum konstanten Gewicht getrocknet. – 6. Sulfatasche: Höchstens 0,1%. – Nach ÖAB 9: 7. Freie Basen, freie Säuren: 10 ml der Lösung (1 + 49) dürfen zur Neutralisation gegen Methylrot nicht mehr als 0,10 ml 0,01 n Salzsäure oder 0,20 ml 0,01 n Natronlauge verbrauchen. – 8. Sulfat: In der Lösung (1 + 49) darf Sulfat nicht nachweisbar sein. – 9. Schwermetalle: In einer Mischung von 9 ml der Lösung (1 + 49) und 1 ml verd. Ammoniak dürfen Schwermetalle nicht nachweisbar sein.

Gehaltsbestimmung. a) DAB 7 – BRD: Argentometrische Titration nach VOLHARD: Etwa 0,15 g Substanz, genau gewogen, werden in 25 ml W. gelöst. Die Lösung wird mit 6 ml 3 n Salpetersäure, 20,00 ml 0,1 n Silbernitratlösung und 5,0 ml Toluol versetzt. Nach kräftigem Schütteln wird mit 0,1 n Ammoniumthiocyanatlösung zurücktitriert [5,0 ml Eisen(III)-ammoniumsulfatlösung als Indikator]. 1 ml 0,1 n Silbernitratlösung entspricht 0,02017 g $C_{10}H_{15}NO \cdot HCl$.

b) ÖAB 9: Argentometrische Bestimmung nach MOHR. Einwaage 0,15 bzw. etwa 0,4 g. Forderung: Mindestens 98,8% $C_{10}H_{15}NO \cdot HCl$.

c) Ross. 9: 0,3 g löst man in 10 ml W., gibt 3 Tr. Bromphenolblaulösung und tropfenweise verd. Essigsäure hinzu, bis die Lösung eine grünlichgelbe Färbung annimmt. Diese Lösung wird dann mit 0,1 n Silbernitratlösung titriert, bis der Silberchloridniederschlag violett wird. Forderung: Mindestens 99% $C_{10}H_{15}NO \cdot HCl$.

d) CsL 2: Auf chromatographischem Wege. Siehe hierzu auch H. BÖHME und H. HOCKE [Arch. Pharm. (Weinheim) *290*, 422 (1957)].

e) PI.Ed. I/1: Isolierung der Base durch mehrmaliges Ausschütteln der alkalisierten Lösung mit Äther, Waschen, Trocknen, Versetzen mit 0,1 n Schwefelsäure, Abdampfen des Äthers und Rücktitration mit 0,1 n Natronlauge.

f) Dan. IX: N-Bestimmung nach KJELDAHL.

g) DAB 7 – DDR: Titration im wasserfreien Milieu. 0,1500 g Substanz werden in 10,0 ml wasserfreier Essigsäure gelöst. Nach Zusatz von 10,0 ml Quecksilber(II)-acetat-RL und 3 Tr. Kristallviolett-Lsg. wird die Lösung mit 0,1 n Perchlorsäure bis zum Farbumschlag nach Blau titriert (Feinbürette). 1 ml 0,1 n Perchlorsäure entspricht 20,17 mg L-Ephedrinhydrochlorid.

Aufbewahrung. Vor Licht geschützt, in gut schließenden Gefäßen.

Anwendung und Dosierung. Bei Asthma bronchiale, Allergien, Emphysembronchitis, chronischer Bronchitis, Heufieber, Rhinitis, Hypotonie, Kreislaufschwäche; lokal bei allergischer Konjunktivitis.

Größte Einzelgabe 0,05 g, größte Tagesgabe 0,15 g (DAB 7 – BRD). Gebräuchliche Einzeldosis 0,025 bis 0,05 g. Einzelmaximaldosis 0,06 g. Tagesmaximaldosis 0,15 g. Gebräuchliche Einzeldosis bei subcutaner Verabreichung 0,03 g. Einzelmaximaldosis bei subcutaner Verabreichung 0,06 g. Tagesmaximaldosis bei subcutaner Verabreichung 0,12 g (ÖAB 9).

Handelsformen: Ephedrin „Knoll" (Knoll AG, Ludwigshafen a. Rh.) Tabl. zu 0,05 mg Ephedrinhydrochlorid; *Ephedrin „Merck"* (E. Merck, Darmstadt): Tabl. zu 0,05 g Ephedrinhydrochlorid.

Ephedrine Sulfate USP XVII. Ephedrinum sulfuricum. L-Ephedrinsulfat.

$(C_{10}H_{15}NO)_2 \cdot H_2SO_4$ Formel E. 3 M.G. 428,56

L-erythro-1-Phenyl-2-methylamino-propanol-(1)-sulfat.

Herstellung s. L-Ephedrin.

Eigenschaften. Weißes, geruchloses, kristallines Pulver, leicht löslich in W., löslich in etwa 90 T. A. Schmelzintervall 240 bis 247°. $[\alpha]_D^{20°} = -30$ bis $-32{,}0°$ ($c = 5$, in Wasser), berechnet für die bei 105° während 3 Std. getrocknete Substanz.

Erkennung. 1. s. Reaktion 1. bei Ephedrinum hydrochloricum. – 2. s. weitere Reaktionen bei Eph. hydrochl. – 3. Die wäßrigen Lösungen geben eine positive Sulfatreaktion.

Prüfung. Gemäß USP XVII: 1. Freie Säuren, freie Basen: 1 g Substanz wird in 20 ml W. gelöst und mit 1 Tr. Methylrotlösung versetzt. Wenn die Lösung gelb gefärbt ist, muß sie bei Zusatz von nicht mehr als 0,1 ml 0,02 n Schwefelsäure in Rot umschlagen. Ist die Lösung rosa gefärbt, muß sie bei Zusatz von nicht mehr als 0,1 ml 0,02 n Natronlauge in Gelb umschlagen. – 2. Gewichtsverlust beim Trocknen: Nicht mehr als

2% bei 3stündigem Trocknen bei 105°. – 3. Verbrennungsrückstand: Höchstens 0,1%. – 4. Chlorid: 200 mg Substanz dürfen, in Lösung auf insgesamt 50 ml verdünnt, keine stärkere Trübung zeigen als 0,4 ml 0,02 n Salzsäure bei gleicher Verdünnung.

Gehaltsbestimmung. USP XVII: Etwa 400 mg Substanz werden in W. gelöst, die Lösung mit Kochsalz gesättigt und mit Äther quantitativ extrahiert. Nach Einengen wird mit überschüssiger 0,1 n H_2SO_4 versetzt und mit 0,1 n NaOH zurücktitriert. 1 ml 0,1 n H_2SO_4 entspricht 21,43 mg $(C_{10}H_{15}NO)_2 \cdot H_2SO_4$.

Aufbewahrung. Vor Licht geschützt, in dicht schließenden Gefäßen.

Anwendung s. Ephedrinhydrochlorid.

Dosierung. Oral und parenteral übliche Dosis 25 mg (alle 4 Std.). Größte Einzelgabe 50 mg.

D,L-Ephedrinum hydrochloricum DAB 7 – DDR. Racephedrinae Hydrochloridum. Racephedrine Hydrochloride NND 58, NF XII. D,L-Ephedrinhydrochlorid. Racemisches Ephedrinhydrochlorid. Ephetonin.

$C_{10}H_{15}NO \cdot HCl$ Formel E. 3 M.G. 201,69

D,L-1-Phenyl-2-methylamino-propanol-(1)-hydrochlorid.

Herstellung. Fr. P. 659882, DRP 472466, US-Pat. 1799100.

Eigenschaften. Weißes, kristallines, geruchloses Pulver von bitterem Geschmack, löslich in etwa 4 T. W., etwa 14 T. A., fast unlöslich in Ae., sehr schwer löslich in Chloroform; die wäßrigen Lösungen sind gegen Lackmus neutral. Fp. 188 bis 190°.

Erkennung. 1. 0,50 g Substanz werden in 2,0 ml W. gelöst. Die Lsg. wird nach Zusatz von 5,0 ml 3 n Natronlauge und 2,0 ml Ae. geschüttelt. Die Ätherschicht wird abgetrennt. Nach dem Verdunsten des Ae. wird der Rückstand über Silicagel 24 Std. getrocknet. Die entstandenen Kristalle schmelzen im Bereich von 73 bis 76°. – 2. 1,0 ml Prüflsg. (5%ig) wird nach Zusatz von 5 Tr. Kupfer(II)-sulfatlsg. (10,0 g/100,0 ml), 1,0 ml 3 n Natronlauge und 1,0 ml Ae. geschüttelt. Nach dem Entmischen zeigt die Ätherschicht eine rotviolette und die wäßrige Schicht eine blaue Färbung. – 3. 1,0 ml Prüflsg. wird mit 10 Tr. 3 n Natronlauge, 10 Tr. frisch bereiteter Kaliumhexacyanoferrat(III)-Lsg. (5,0 g/100,0 ml) sowie 3,0 ml W. versetzt und zum Sieden erhitzt. Es ist der Geruch des Benzaldehyds wahrnehmbar. Die entweichenden Dämpfe färben angefeuchtetes rotes Lackmuspapier blau. – 4. 1,0 ml Prüflsg. wird mit 3 Tr. 3 n Schwefelsäure und 2,0 ml Kaliumtetrajodowismutat(III)-Lsg. versetzt. Die Mischung wird 12 Std. stehengelassen. Der entstandene Niederschlag zeigt bei der Betrachtung unter dem Mikroskop nur rote, prismenförmige Kristalle. – 5. 1,0 ml Prüflsg. gibt nach Zusatz von 5 Tr. 5 n Salpetersäure und 1,0 ml 0,1 n Silbernitratlsg. einen weißen Niederschlag.

Prüfung. 1. Unlösliche Verunreinigungen, Farbe der Lsg.: 5,0 ml Prüflsg. müssen klar und farblos sein. – 2. Schwermetall-Ionen: 2,00 ml Prüflsg. dürfen nach Zusatz von 8,0 ml W. bei der „Prüfung auf Schwermetall-Ionen" nach Methode I (s. Bd. I, 254) weder eine Trübung noch eine Färbung zeigen. – 3. Sulfat: 2,00 ml Prüflsg. dürfen nach Zusatz von 8,0 ml W. bei der „Prüfung auf Sulfat" (s. Bd. I, 263) keine Trübung zeigen. – 4. Fremde Alkaloide: 1,00 ml Prüflsg. darf nach Zusatz von 1,0 ml W. und 1,00 ml 3 n Natronlauge keine Trübung zeigen. – 5. Organische Verunreinigungen: 0,250 g Substanz werden in 5,0 ml konz. Schwefelsäure unter Schütteln gelöst. 5 Min. nach dem Schwefelsäurezusatz darf die Lsg. keine stärkere Färbung zeigen als 5,0 ml Farb-Lsg. B. – 6. Sulfatasche: 1,000 g Substanz wird, wie unter „Bestimmung der Sulfatasche" angegeben, behandelt. Die Substanz darf höchstens 0,10% Rückstand hinterlassen.

Gehaltsbestimmung. 0,1500 g Substanz werden in einem Erlenmeyerkolben mit aufgesetztem Silicagelrohr in 10,0 ml wasserfreier Essigsäure unter Erwärmen gelöst. Nach dem Abkühlen auf 20° und Zusatz von 10,0 ml Quecksilber(II)-acetat-Lsg. sowie 3 Tr. Kristallviolett-Lsg. wird die Lsg. mit 0,1 n Perchlorsäure bis zum Farbumschlag nach Blau titriert (Feinbürette). 1 ml 0,1 n Perchlorsäure ist 20,17 mg DL-Ephedrinhydrochlorid äquivalent.

Aufbewahrung. Vor Licht geschützt, in gut schließenden Gefäßen.

Anwendung. Wie Ephedrin.

Dosierung. DAB 7 – DDR: Einzelmaximaldosis: oral 0,1 g; i. m. 0,1 g; s. c. 0,1 g. Tagesmaximaldosis: oral 0,3 g; i. m. 0,3 g; s. c. 0,3 g. Maximalkonzentration zur Anwendung am Auge und an den Schleimhäuten der Nase: 5%.

Handelsformen: Ephetonin (E. Merck, Darmstadt): Tabl. zu 0,5 g, Perlen zu 0,01 g, Amp. zu 0,05/1 ml, Salbe 3%ig, Hustensaft mit 0,2 g in 100 ml. *Cps. Racephedrine Hydro-*

chloride (Upjohn, USA) zu 25 mg; *Sol. Racephedrine Hydrochloride* 1%ig (Upjohn, USA): In Ringer-Lsg., mit 0,5% Chlorbutanol.

Ephecor (E. Merck, Darmstadt), früher *Ephetonin liquidum compositum:* Lösung von 2% Ephetonin und 2% Pyrazincarbosäure-isopropylidenhydrazid.

D,L-Ephedrinsulfat. Racephedrinsulfat.

$(C_{10}H_{15}NO)_2 \cdot H_2SO_4$ Formel E. 3 M.G. 428,54
D,L-1-Phenyl-2-methylamino-propanol-(1)-hydrochlorid.

Fp. 247°, löslich in A. und W.; wäßrige Lösungen reagieren gegen Lackmus neutral (pH 6).

l-Methylephedrini hydrochloridum Jap. 61. l-Methylephedrine hydrochloride. L-Methylephedrinhydrochlorid.

$C_{11}H_{18}ClNO$ Formel E. 4 M.G. 215,73
L-erythro-1-Phenyl-2-dimethylaminopropanol-(1)-hydrochlorid.

Gehalt. Mindestens 98,0%, bezogen auf die getrocknete Substanz.

Eigenschaften. Weißes, kristallines Pulver, geruchlos, von bitterem Geschmack. Löslichkeit: Löslich in W. und A., praktisch unlöslich in Ae. Schmelzbereich: 190 bis 195°, optische Drehung: $[\alpha]_D^{20}$: —28,0 bis —31,5°, bezogen auf die getrocknete Substanz, 0,5 g, W., 10 ml, 100 mm.

Erkennung. 1. Zu 2 ml einer 1%igen Lsg. wird 1 Tr. Kupfersulfatlsg. und 2 ml Natriumhydroxidlsg. gegeben: Es entsteht eine purpurblaue Farbe. Zu dieser Mischung fügt man 1 ml Ae. und schüttelt durch: Die Ätherschicht wird purpurrot und die Wasserschicht bleibt purpurblau. – 2. 1 ml der Lsg. (1 in 20) wird mit Natronlauge alkalisch gemacht, mit einigen Tr. Kaliumpermanganatlsg. versetzt und erhitzt: Der Geruch von Benzaldehyd entsteht und die gebildeten Dämpfe färben rotes Lackmuspapier blau. – 3. 0,1 g Substanz werden in 5 ml W. gelöst, mit 1 ml Natronlauge (20%ig) versetzt und 3mal mit je 20 ml Ae. ausgeschüttelt. Nach dem Abdampfen des Ae. verbleibt ein öliger Rückstand, der beim Erkalten kristallisiert. Die entstandenen Kristalle müssen bei etwa 88° schmelzen. – 4. Die Lsg. der Substanz gibt positive Chloridnachweise.

Prüfung. 1. Saure und basische Verunreinigungen: 1 g Substanz wird in 20 ml W. gelöst und mit 1 Tr. Methylrotlsg. versetzt. Wenn sich die Lsg. hierbei gelb färbt, muß auf Zusatz von 0,10 ml 0,02 n Schwefelsäure ein Farbumschlag nach Rot eintreten. Sollte die Lsg. rosa gefärbt sein, so muß auf Zusatz von 0,20 ml 0,02 n Natronlauge ein Farbumschlag nach Gelb eintreten. – 2. Trocknungsverlust: Höchstens 0,50%, wenn 1 g Substanz 3 Std. bei 105° getrocknet wird. – 3. Verbrennungsrückstand: Höchstens 0,10 %, Ausführung mit 1 g Substanz.

Gehaltsbestimmung. Etwa 0,4 g der 3 Std. bei 105° getrockneten Substanz werden genau gewogen, in einen Scheidetrichter gegeben, mit 10 ml gesättigter Kochsalzlsg. und 5 ml Natronlauge versetzt und zuerst mit 25 ml, dann 6mal mit 10 ml Ae. extrahiert. Die vereinigten Ätherextrakte werden 2mal mit je 5 ml gesättigter Kochsalzlsg. gewaschen. Die vereinigten Waschflüssigkeiten mit 10 ml Ae. ausgeschüttelt und die ätherische Lsg. dem ursprünglichen Ätherextrakt zugefügt. Die vereinigten Ätherextrakte werden mit genau 25 ml 0,1 n Schwefelsäure versetzt, durchgeschüttelt und so lange erwärmt, bis kein Äthergeruch mehr wahrnehmbar ist. Die zurückgebliebene Lsg. wird abgekühlt und der Überschuß an Säure mit 0,1 n Natronlauge unter Verwendung einiger Tr. Methylrot zurücktitriert. Der gefundene Gehalt wird an Hand einer Blindprobe korrigiert. 1 ml 0,1 n Schwefelsäure entspricht 21,573 mg $C_{11}H_{18}ClNO$.

Aufbewahrung. In gut schließenden Gefäßen unter Lichtausschluß.

Dosierung. Einfache Dosis: 30 bis 100 mg, Tagesdosis: 100 bis 150 mg.

dl-Methylephedrini hydrochloridum Jap. 61. dl-Methylephedrine hydrochloride. DL-Methylephedrinhydrochlorid.

$C_{11}H_{18}ClNO$ Formel E. 4 M.G. 215,73
DL-erythro-1-Phenyl-2-dimethylaminopropanol-(1)-hydrochlorid.

Gehalt. Mindestens 98,0%, berechnet auf die getrocknete Substanz.

Eigenschaften. Farblose Kristallplättchen oder weißes, kristallines Pulver, geruchlos, von bitterem Geschmack. Löslichkeit: 1 g Substanz löst sich in 4 ml W. und in 13 ml A. und ist praktisch unlöslich in Ae. Die 10%ige Lsg. zeigt kein optisches Drehungsvermögen. Schmelzbereich: 207 bis 210°.

Erkennung. 1. u. 2.: Analog l-Methylephedrini hydrochloridum. – 3. 1 g Substanz wird in 5 ml W. gelöst, mit 1 ml 20%iger Natronlauge versetzt und dann 3mal mit je 20 ml Ae. ausgeschüttelt. Die vereinigten Ätherextrakte werden auf dem Wasserbad zur Trockne eingedampft. Der ölige Rückstand kristallisiert allmählich und muß bei etwa 60° schmelzen. – 4. Siehe unter 4. bei l-Methylephedrini hydrochloridum.

Prüfung. Analog l-Methylephedrini hydrochloridum.

Gehaltsbestimmung. Siehe unter l-Methylephedrini hydrochloridum.

Aufbewahrung. Vor Licht geschützt, in gut schließenden Gefäßen.

Dosierung. Einfache Dosis: 30 bis 100 mg, Tagesdosis: 100 bis 150 mg.

N-Äthyl-L-ephedrin. Nethamine (Merell).

Formel E. 5 L-erythro-1-Phenyl-2-methyläthylamino-propanol-(1)

Anwendung. Bronchodilator und Vasokonstriktor. Nethamine (Merell) ist L-N-Äthyl-ephedrin-hydrochlorid.

Amphetaminum PI.Ed. I/1. Amphetamine BP 53 (!), USP XIV (!).

$C_9H_{13}NO$ Formel E. 6 M.G. 135,22

D,L-1-Phenyl-2-amino-propan.

Gehalt. PI.Ed. I/1: Mindestens 97% (wasserfreie Substanz). BP 53: Mindestens 98%, bezogen auf die bei 105° bis zur Gewichtskonstanz getrocknete Substanz.

Herstellung. a) Durch Reduktion des Phenylacetonoxims (I), oder b) nach KINDLER durch Hydrierung von Isonitroso-propiophenon (II). – c) Geeignet ist auch die Umsetzung von Phenylaceton mit Formamid nach LEUCKART und anschließende Hydrolyse mit Salzsäure:

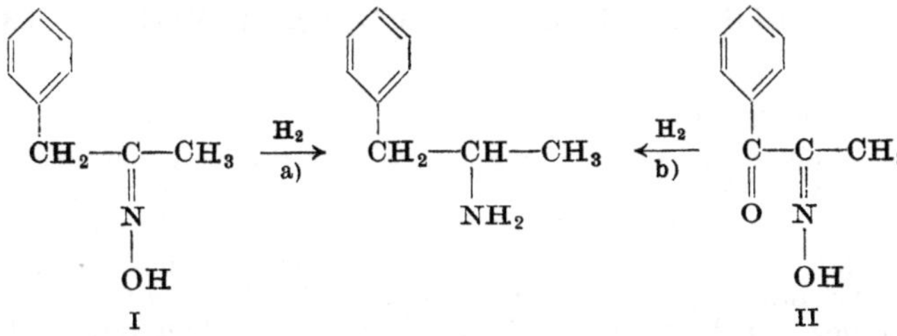

c)

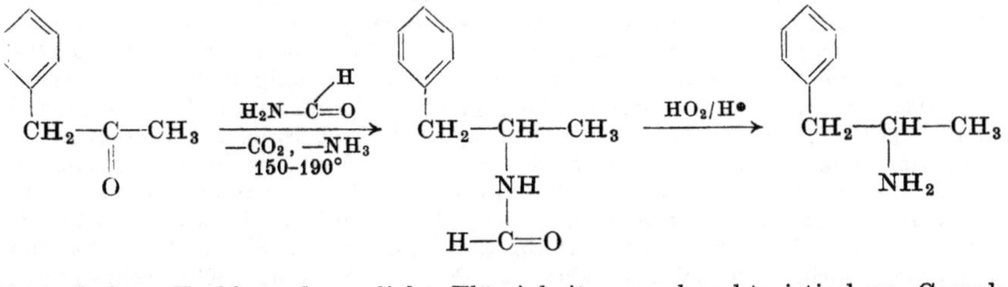

Eigenschaften. Farblose, bewegliche Flüssigkeit von charakteristischem Geruch und scharfem Geschmack, verflüchtigt sich langsam schon bei Raumtemperatur. Schwer löslich in W., sehr leicht löslich in A., Ae. und Chloroform, löslich in fetten und ätherischen Ölen und verd. Mineralsäuren. Siedeintervall 200 bis 203° (Zers.). Spez. Gew. 0,930 bis 0,936 (USP XIV); Gew. pro ml bei 20°: 0,930 bis 0,935; Dichte: 0,929 bis 0,934 (PI.-Ed. I/1).

Erkennung. Zu 1 g Substanz in einem Gemisch von 30 ml W. und 20 ml 10%iger Natronlauge gibt man so lange Benzoylchlorid in Mengen von 0,5 ml, bis kein weiterer Niederschlag mehr entsteht. Der Niederschlag wird abfiltriert, mit 15 ml kaltem W. gewaschen,

2mal aus verd. A. umkristallisiert und 2 Std. bei 80° getrocknet. Fp. des Benzoylamphetamins 131 bis 135° (USP XIV), etwa 135° (BP 53) und 132 bis 135° (PI.Ed. I/1).

Prüfung. 1. Verdunstungsrückstand: 0,5 ml dürfen nach dem Verdunsten auf dem Dampfbad und 1stündigem Trocknen bei 105° nicht mehr als 2 mg Rückstand hinterlassen (USP XIV); nach PI.Ed. I/1 und BP 53 dürfen 0,5 ml nicht mehr als 2,5 mg hinterlassen. – 2. Wasser: 0,1 g müssen sich in 10 ml Paraffinum liqu. ohne Trübung lösen (BP 53); nach PI.Ed. I/1 soll 1 ml in 10 ml klar löslich sein. – 3. Alkalität: Wäßrige Lösungen färben Lackmuspapier blau. – 4. Optische Aktivität: Eine Lösung in verd. Schwefelsäure soll optisch inaktiv sein (PI. Ed.I/1). – 5. Verbrennungsrückstand: Nicht über 0,1% (PI.-Ed. I/1).

Gehaltsbestimmung. USP XIV: Man löst 300 mg in 10 ml W. und 30 ml 0,1 n Schwefelsäure und titriert den Säureüberschuß mit 0,1 n Natronlauge (Methylrot) zurück. 1 ml 0,1 n Schwefelsäure entspricht 13,52 mg $C_9H_{13}N$. Forderung: Mindestens 97%.

BP 53: 0,25 g löst man in 25 ml 0,1 n Salzsäure und titriert mit 0,1 n Natronlauge (Methylrot). Forderung: Mindestens 98% $C_9H_{13}N$.

PI.Ed. I/1: 0,25 g löst man in 10 ml A. (95%) und titriert mit 0,1 n Salzsäure (Methylrot). Forderung: Mindestens 97% $C_9H_{13}N$.

Anwendung. Wegen der gefäßverengenden Wirkung wird Amphetamin als Base in öliger Lösung zur Inhalation bei Erkrankungen der Nasenschleimhaut, bei Heufieber, Asthma usw. angewandt. Die zentralerregenden Eigenschaften verbieten eine Daueranwendung. Vor einer Überdosierung ist zu warnen.

Amphetamine Sulfate USP XVI(!), BP 63. Amphetamini Sulfas PI.Ed. I/1 Jap. 61, Dan. IX. Amphetaminum sulfuricum Helv. V – Suppl. I, CsL 2. Sulfate d'Amphétamine CF 65. Phenylaminopropanum racemicum sulfuricum ÖAB 9. Desoxynorephedrin-sulfat.

$(C_9H_{13}N)_2 \cdot H_2SO_4$ Formel E. 6 M.G. 368,50

D,L-1-Phenyl-2-amino-propan-sulfat.

Gehalt. USP XVI: Mindestens 98%, bezogen auf die 2 Std. bei 105° getrocknete Substanz. BP 63: Mindestens 99,0%, bezogen auf die bei 105° bis zur Gewichtskonstanz getrocknete Substanz. PI.Ed. I/1: Mindestens 98,0%. CsL 2: Mindestens 98,0%. CF 65: Mindestens 98%.

Herstellung s. Amphetamine.

Eigenschaften. Weißes, kristallines, geruchloses Pulver von schwach bitterem Geschmack, löslich in etwa 10 T. W. oder 400 bis 500 T. A., praktisch unlöslich in Ae. und Chloroform. Fp. 260 bis 275° (unter dem Kofler-Schmelzpunktsmikroskop) (ÖAB 9).

Erkennung. Sulfat: Eine salzsaure Lösung der Substanz gibt mit Bariumchloridlösung einen weißen, feinkristallinen, in Salzsäure unlöslichen Niederschlag.

Phenylaminopropan: 1. Werden etwa 10 mg Substanz mit 2 ml verd. Natronlauge und einigen Tropfen Chloroform erwärmt, so tritt Isonitrilgeruch auf (ÖAB 9 und PI.Ed. I/1). – 2. 1 g Substanz wird in 50 ml W. gelöst. Zu dieser Lösung werden 10 ml Natronlauge und 0,5 ml Benzoylchlorid zugegeben. Man schüttelt und gibt so lange jeweils 0,5 ml Benzoylchlorid zu, bis keine weiße Fällung mehr entsteht. Nach 2maligem Umkristallisieren aus Äthanol (50%) und nach dem Trocknen beträgt das Schmelzintervall des Niederschlages 132 bis 135° (PI.Ed. I/1, BP 63 und USP XVI). – 3. 2 mg Substanz werden in 4 ml W. gelöst und nacheinander versetzt mit 1 ml n Salzsäure, 2 ml Lösung von diazotiertem p-Nitroanilin, 4 ml n Natronlauge und 2 ml n-Butanol. Nach dem Umschütteln und Absetzen nimmt das Butanol eine rote Farbe an (Unterscheidung von Methylamphetamin) (BP 63). – 4. Versetzt man eine Lösung von etwa 10 mg Substanz in 1 ml W. mit 5 Tr. Jodlösung (s. Ephedrinhydrochlorid!), so scheidet sich ein Perjodid in Form schwarzbrauner, öliger Tröpfchen aus (ÖAB 9). – 5. Eine Lösung von etwa 0,1 g Substanz in 5 ml W. gibt auf Zusatz von 10 ml Pikrinsäurelösung (1%ig in W.) einen gelben, kristallinen Niederschlag von Phenylaminopropanpikrat, der nach dem Absetzen abgesaugt, gewaschen und im Exsikkator getrocknet wird. Schmelzintervall 86 bis 90° (ÖAB 9, ähnlich Dan. IX). – 6. Eine 2%ige, wäßrige Lösung ist optisch inaktiv (Unterscheidung von Dexamphetamin) (BP 63, PI.Ed. I/1).

Prüfung. 1. Aussehen der wäßrigen Lösung: Eine Lösung von 1 T. Substanz in 19 T. W. muß klar und farblos sein (ÖAB 9). – 2. Reaktion der wäßrigen Lösung: Zu 10 ml einer 2%igen Lösung werden 5 Tr. Methylrotlösung gegeben, wobei sich eine gelbe oder schwach orange Färbung ergibt (pH 5,4 oder größer) (PI.Ed. I/1). – 3. Freie Basen, saures Salz: 10 ml der Lösung (1 + 19) dürfen zur Neutralisation gegen Methylrot nicht mehr als 0,20 ml 0,01 n Salzsäure oder 0,20 ml 0,01 n Natronlauge verbrauchen (ÖAB 9, BP 63). – 4. Chlorid: In der Lösung (1 + 19) darf Chlorid in unzulässiger Menge nicht nachweisbar sein (ÖAB 9). – 5. Schwermetalle: In einer Mischung von 7 ml der Lösung (1 + 19), 1 ml verd. Ammoniak und 2 ml A. dürfen Schwermetalle in unzulässiger Menge nicht nachweisbar sein (ÖAB 9). – 6. Trocknungsverlust: Nach Trocknen bei 100 bis 105° bis zur Gewichtskonstanz: Höchstens 1,0% (BP 63, USP XVI, PI.Ed. I/1, ÖAB 9). – 7. Verbrennungsrückstand: Höchstens 0,1% (ÖAB 9), höchstens 0,2% (PI.Ed. I/1, USP XVI, BP 63).

Gehaltsbestimmung. a) Nach PI.Ed. I/1 und USP XVI: Acidimetrische Titration der aus alkalischer Lösung mit Äther extrahierten Base.

b) Nach ÖAB 9: N-Bestimmung nach KJELDAHL: Einwaage 0,3685 g. Forderung: 19,60 bis 20,02 ml 0,1 n Schwefelsäure, entsprechend 98,0 bis 100,1% d. Th. 1 ml 0,1 n Schwefelsäure entspricht 18,43 mg $(C_9H_{13}N)_2 \cdot H_2SO_4$.

c) Nach BP 63: Wasserdampfdestillation von etwa 0,4 g Substanz, die in 120 ml W. und 2 ml Natronlauge gelöst sind. Vorlage: 50 ml 0,1 n Salzsäure, Rücktitration mit 0,1 n Natronlauge, Methylrot als Indikator. 1 ml 0,1 n HCl entspricht 0,01842 g $(C_9H_{13}N)_2 \cdot H_2SO_4$.

d) Nach Ph.Helv. V – Suppl. I: 0,2 g werden in einem unter Verwendung von 3 Tr. Phenolphthaleinlösung mit 0,1 n Natronlauge neutralisierten Gemisch von 2,5 ml Formaldehyd und 7,5 ml W. gelöst. Die Lösung wird mit 0,1 n Natronlauge bis zur beginnenden Rotfärbung titriert (Mikrobürette). 1 ml 0,1 n NaOH entspricht 0,01814 $(C_9H_{13}N)_2 \cdot H_2SO_4$.

Aufbewahrung. Vor Licht geschützt, in gut schließenden Gefäßen.

Anwendung. Psychische und physische Depressionen, vagotone Zustände, Kollapsneigung, Hypotonie, Narcoticavergiftungen. Als sog. Weckamin. Da Amphetamin das Hungergefühl dämpft, findet es bei Entfettungskuren Anwendung. Daneben besitzt es antiallergische Eigenschaften. Amphetamin wird versuchsweise bei gewissen Erkrankungen des Nervensystems angewandt, so z.B. Narkolepsie, postencephalitischem Parkinsonismus und als Hilfsmittel zur Behandlung des Alkoholismus. Seiner breiten Anwendung steht die Gefahr der Süchtigkeit entgegen.

Dosierung. Gebräuchliche Einzeldosis 0,005 g, Einzelmaximaldosis 0,015 g, Tagesmaximaldosis 0,03 g (ÖAB 9), 5 bis 10 mg, morgens und mittags (BP 63).

Handelsformen: Amphetamine Sulfate Tabl. zu 5 oder 10 mg (USA: Biorganic Lab., Gold Leaf Pharmac., Lincoln Lab., Physician Drug., Premo Pharmac. Lab.); *Amphamed* (Medo-Chemicals, Engl.); *Benzedrine Sulfate* (Smith, Kline und French, USA): „Spansule Substained Release Capsules" zu 15 mg, Tabl. zu 5 und 10 mg; *Benzedrine Sulphate* (Menley-James, Engl.); *Elastonon* (Nordmark-Werke, Hamburg): Amp. zu 15 mg/ml, Tabl. zu 5 mg, Tropfen mit 5 mg in 20 gtt.; *Adipan* (Gerot, Wien); *Aktedron* (Sanabo, Ungarn); *Simpamina* (Recordati, Italien).

Amphetamine Phosphate NF XII, NNR 55.

$C_9H_{13}N \cdot H_3PO_4$ Formel E. 6 M.G. 233,21

D,L-1-Phenyl-2-amino-propan-dihydrogenphosphat.

Eigenschaften. Farbloses, geruchloses Pulver von bitterem Geschmack. Sintert bei etwa 150°, zersetzt sich bei etwa 300°. Sehr gut löslich in W., schwer löslich in A., praktisch unlöslich in Benzol, Chloroform und Ae. Die 10%ige wäßrige Lösung zeigt ein pH von etwa 4,6.

Erkennung. Phosphat: 1. Man löst 0,1 g in 5 ml W. und gibt einige Tr. Silbernitratlösung hinzu: es entsteht ein gelber Niederschlag, der in verd. Salpetersäure oder in Ammoniakflüssigkeit löslich ist. – 2. Eine Lösung von 0,1 g in 5 ml W. gibt mit einigen Tr. Ammoniummolybdatlösung eine gelbe, in Ammoniakfl. lösliche Fällung. – Phenylaminopropan: s. Reaktionen des Amphetamine Sulfate!

Prüfung. 1. Sulfat: 10 ml einer 1%igen Lösung dürfen mit 2 ml Bariumchloridlösung keine Trübung geben. – 2. Schwermetalle: Eine 1%ige Lösung darf bei der Sättigung mit H_2S keine Färbung annehmen. – 3. Gewichtsverlust beim Trocknen, bei 105° bis zur Gewichtskonstanz: Nicht über 1%. – 4. Verbrennungsrückstand: Nicht über 5%.

Gehaltsbestimmung. Nach NNR 52: 0,2 g werden in W. gelöst, mit Natronlauge versetzt und mit Chloroform extrahiert. Die vereinigten Chloroformauszüge werden gewaschen, mit 0,1 n Schwefelsäure versetzt und der Überschuß an Säure mit 0,1 n Natronlauge zurücktitriert, nachdem das Chloroform abgedunstet wurde. Forderung: 57,1 bis 58,8% Amphetamin, entsprechend 98,5 bis 101,5% Amphetaminphosphat. 1 ml 0,1 n H_2SO_4 entspricht 0,01352 g Amphetamin bzw. 0,02332 g Amphetaminphosphat.

Anwendung. Wie Amphetaminsulfat.

Handelsformen: Elixier Raphetamine Phosphate (Strasenburgh, USA): Alkohol. Lösung mit 1,25 mg in ml; *Sol. Raphetamine Phosphate* 1% (Strasenburgh, USA): 10-ml-Fläschchen, konserviert mit 0,5% Chlorbutanol; *Tabl. Amphetamine Phosphate* zu 5 mg (Keith-Victor Pharmacal Co., USA).

Dextro Amphetamine Sulfate USP XVII. Dexamphetamine Sulphate BP 63. Sulfate d'Déxamphétamine CF 65. Sulfat der rechtsdrehenden Form des Amphetamins.

$(C_9H_{13}N)_2 \cdot H_2SO_4$ Formel E. 6 M.G. 368,50
D-1-Phenyl-2-amino-propan-sulfat.

Gehalt. USP XVII: Mindestens 98%, bezogen auf die getrocknete Substanz. BP 63: Mindestens 99,0%, bezogen auf die bei 105° bis zur Gewichtskonstanz getrocknete Substanz. CF 65: Mindestens 98%.

Eigenschaften. Weißes oder fast weißes, kristallines Pulver, löslich in 9 T. W. bei 20° und etwa 800 T. A. (90%), praktisch unlöslich in Ae. und Chloroform. Die Lösung (1 + 19) reagiert gegen Lackmus schwach sauer; pH 5 bis 6.

Erkennung. 1. Die Substanz gibt einen positiven Sulfatnachweis. – 2. Das Benzoylierungsprodukt des D-Amphetamins schmilzt bei 155 bis 158°; Ausführung der Reaktion wie beim racemischen Produkt. – 3. Isonitrilreaktion und 4. Reaktion mit diazotiertem p-Nitroanilin wie bei Amphetamin.

Prüfung. 1. Spezifische Drehung: $[\alpha]_D^{20°} = +19,5$ bis 22°, bestimmt an einer 8%igen wäßrigen Lösung (BP 63); $[\alpha]_D^{20°} = +20$ bis $+23,5°$, bestimmt an einer 4%igen wäßrigen Lösung, berechnet auf die 2 Std. bei 105° getrocknete Substanz (USP XVII). – 2. Reaktion der wäßrigen Lösung: s. Amphetaminsulfat. – 3. Trocknungsverlust: Nicht über 1%, wenn bei 105° bis zur Gewichtskonstanz getrocknet wird (BP 63) bzw. wenn 2 Std. bei 105° getrocknet wird (USP XVII). – 4. Verbrennungsrückstand: Höchstens 0,1% (USP XVII), bzw. Sulfatasche: Höchstens 0,1% (BP 63).

Gehaltsbestimmung. Wie bei Amphetaminsulfat.

Anwendung. Die Wirkung gleicht qualitativ derjenigen des racemischen Produktes; es wird zur Behandlung der Fettsucht angewandt.

Dosierung. 5 bis 10 mg, morgens und mittags (BP 63). 5 mg, alle 4 bis 6 Std., wenn nötig; übliche Dosis 5 bis 60 mg (USP XVII).

Handelsformen: Dexamed (Medo-Chemical, Engl.); *Dexedrine* (Smith, Kline u. French, USA; Menley-James, Engl.); *Dephadren* (Paines u. Byrne, Engl.); weitere Spezalitäten vgl. K. SOEHRING u. J. WITTEN [Pharm. Ind. (Aulendorf) *16*, 157 (1954)].

Beispiele von Kombinationspräparaten: *Drinamyl* (Smith, Kline u. French, USA; Menley-James, Engl.): Tabl. mit 5 mg D-Amphetamin und 32 mg Amylobarbiton; *Theosol* (Savory u. Moore, Engl.): „weiße Tabl." zu 2,5 mg D-Amphetamin mit Thyreoidea-Zub., Theobromin und Natriumsalicylat, „braune Tabl." mit Thyreoidea-Zub., Theobromin, Natriumsalicylat, Phenobarbiton und Aloin.

Methylamphetamine BPC 59. N-Methylamphetamin. Phenyl-methylamino-propan.

$C_{10}H_{15}N$ Formel E. 7 M.G. 149,24
D-1-Phenyl-2-methylamino-propan.

Herstellung. a) Durch Reduktion von D-Pseudoephedrin oder L-Ephedrin mit Jodwasserstoff und Phosphor oder durch katalytische Reduktion dieser Verbindungen gelangt man direkt zum optisch aktiven Methylamphetamin. – b) D-Pseudoephedrin, das bei verschiedenen Ephedrinsynthesen als Nebenprodukt anfällt, wird mit Phosphorpentachlorid oder Phosphoroxychlorid in D-Chlorpseudoephedrin verwandelt – das gleiche Produkt erhält man auch aus L-Ephedrin, – das sich leicht zum optisch aktiven Methylamphetamin katalytisch reduzieren läßt. – c) Durch Methylierung von optisch aktivem Amphetamin mit Formaldehyd in Gegenwart von aktiviertem Aluminium. Wird diese Reaktion mit rac. Amphetamin durchgeführt, so muß anschließend in die optischen Antipoden getrennt werden. – d) Durch reduktive Methylaminierung von Phenylaceton analog der Manske-Johnson- bzw. der Skita-Synthese des Ephedrins und Antipodentrennung. Die Trennung der optisch aktiven Basen wird mit D-Weinsäure durchgeführt. D-1-Phenyl-2-methylamino-propan-D-tartrat ist in Methanol und A. gut löslich.

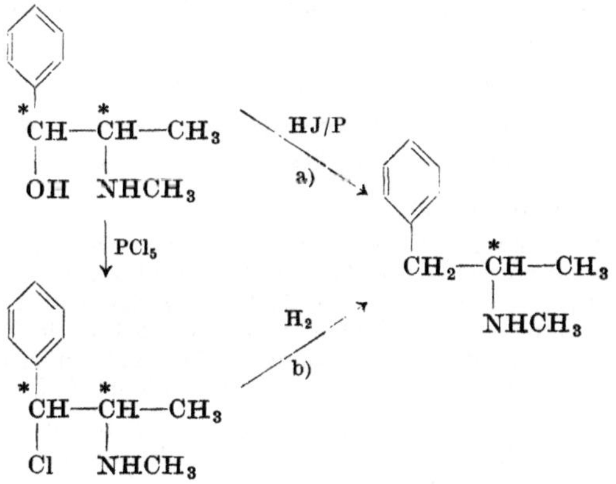

c)

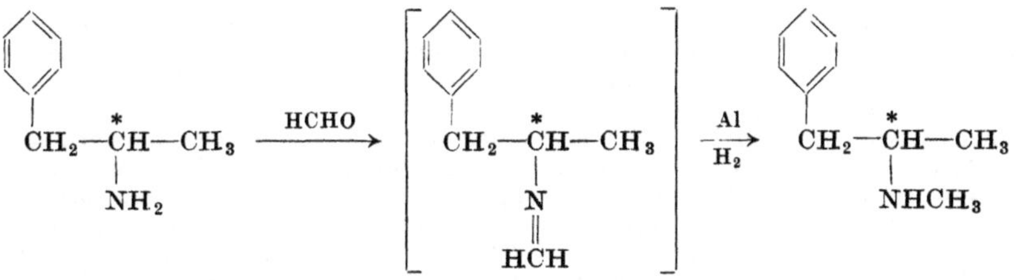

d)

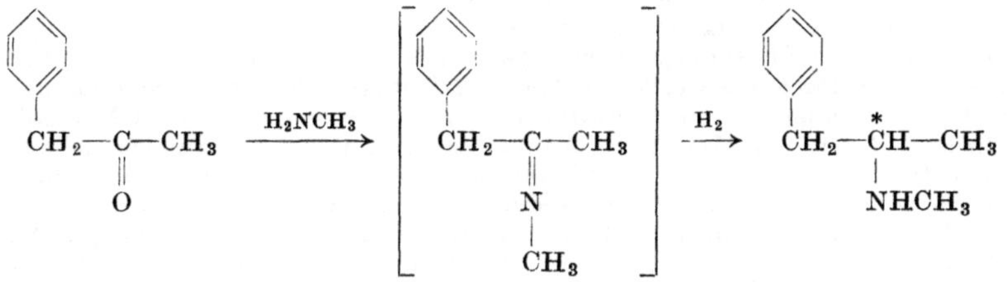

Eigenschaften. Klare, farblose, bewegliche Flüssigkeit von charakteristischem, geranienähnlichem Geruch. Kp. 214°, schwer löslich in W., mischbar mit A., Ae., Chloroform und Aceton. Gewicht pro ml bei 20°: 0,921 bis 0,922 g. $[\alpha]_D^{20°} = +16$ bis $+18$ ($c = 5$, in Wasser, als Hydrochlorid).

Erkennung. 1. Fp. des Hydrochlorids: 173°. – 2. Fp. des Pikrates: um 146°. – Siedepunkt: 214°. – 3. Eine wäßrige, gesättigte Lösung reagiert gegen Lackmus alkalisch.

Prüfung. 1. Spezifische Drehung: s. oben! – 2. Sulfatasche: Nicht mehr als 0,1%.

Gehaltsbestimmung. Man löst genau 1 g in 5 ml A. (95%), gibt 10 ml W. und verd. Salzsäure bis zur sauren Reaktion hinzu und dampft auf dem Wasserbad zur Trockne ein. Der bei 105° bis zur Gewichtskonstanz getrocknete Rückstand wird gewogen. 1 g Rückstand entspricht 0,8036 g $C_{10}H_{15}N$. Forderung: Nicht unter 99,0%.

Anwendung. Wie Amphetamin.

Handelsformen: „Methedrine Inhaler" (Burroughs Wellcome, USA).

Phenyl-methylamino-propanum hydrochloricum ÖAB 9. Phenyl-methylamino-propan-hydrochlorid DAB 7 – BRD. Methylamphetamine Hydrochloride BP 63, USP XV(!), BPC 63. Methamphetaminum hydrochloricum DAB 7 – DDR. Methylamphetamini hydrochloridum Jap. 61. Desoxyephedrinhydrochlorid.

$C_{10}H_{15}N \cdot HCl$ Formel E. 7 M.G. 185,70

D-1-Phenyl-2-methylamino-propan-hydrochlorid.

Bemerkung. Nach DAB 7 – BRD wird die Substanz als „L-2-Methylamino-1-phenylpropan-hydrochlorid“ bezeichnet, während DAB 7 – DDR und ÖAB 9 „D“- oder „D(+)-1-Phenyl-2-methylamino-propan-hydrochlorid“ schreiben. Es handelt sich dabei um die gleiche, rechtsdrehende Verbindung!

Gehalt. DAB 7 – BRD: Mindestens 99,0%, berechnet auf die getrocknete Substanz. DAB 7 – DDR: 98,5 bis 100,5%. ÖAB 9: 98,0 bis 100,5% des theoretischen Wertes. BP 63: Mindestens 99,0%, bezogen auf die bei 105° bis zur Gewichtskonstanz getrocknete Substanz.

Herstellung s. Methylamphetamin.

Eigenschaften. Farblose Kristalle oder weißes bzw. fast weißes, kristallines Pulver, geruchlos, von bitterem Geschmack. Fp. 171 bis 175° (DAB 7 – BRD, ÖAB 9, USP XV), 172 bis 174° (BP 63), 170 bis 173° (DAB 7 – DDR)]. 1 g löst sich in 2 ml W., in etwa 3 ml A., etwa 7 ml Chloroform, praktisch unlöslich in Ae., sehr schwer löslich in Aceton. $[\alpha]_D^{20°}$ = + 16,0 bis + 18,0° (c = 5, in Wasser, berechnet auf die getrocknete Substanz) (DAB 7 – BRD, BP 63); $[\alpha]_D^{20°}$ = + 16 bis + 19° (c = 2, in Wasser) (ÖAB 9, USP XV, DAB 7 – DDR).

Erkennung. Chlorid: Die 1%ige wäßrige Lösung gibt nach dem Ansäuern mit Salpetersäure bei Zusatz von 1 Tr. Silbernitratlösung einen weißen, käsigen Niederschlag, der sich in verd. Ammoniakflüssigkeit leicht löst.

Phenylmethylaminopropan: 1. In 2,0 ml 5%iger, wäßriger Lösung entsteht auf Zusatz von 10,0 ml Pikrinsäurelösung (1%ig in Wasser oder Pikrinsäure-Pikratlösung) ein gelber Niederschlag, der bald kristallin wird. Die gesammelten, mit wenig Wasser gewaschenen Kristalle schmelzen nach dem Trocknen bei 100 bis 105° zwischen 144 und 146° (DAB 7 – BRD, ÖAB 9: 145 bis 147°, DAB 7 – DDR: 143–146°). – 2. Versetzt man eine Lösung von etwa 5 mg Substanz in 1 ml W. mit 5 Tr. Jodlösung (s. Ephedrinhydrochlorid), so scheidet sich ein Perjodid als braunschwarzer Niederschlag aus (ÖAB 9). – 3. Zu 1 mg Substanz werden auf einer Tüpfelplatte 3 Tr. einer Mischung von Schwefelsäure und 2 Tr. Formalinlösung gegeben: es entsteht sofort eine intensive, ziegelrote Färbung, die bald in Braun und allmählich in Dunkelolivgrün übergeht (BP 63). – 4. 1 g Substanz wird in 20 ml Wasser gelöst, mit 10 ml Natronlauge und 2 g Dinitrobenzoylchlorid versetzt. Man schüttelt 30 Min., filtriert und wäscht den entstandenen Niederschlag, bis das Waschwasser gegen Phenolphthalein neutral reagiert. Nach 2maligem Umkristallisieren aus A. (60%) und Trocknen i. Vak. über Phosphorpentoxid besitzt das erhaltene Produkt einen Fp. um 115° (BP 63). – 5. 2 mg Substanz werden in 1 ml n Salzsäure gelöst und nacheinander versetzt mit 4 ml W., 2 ml einer Lösung von diazotiertem p-Nitroanilin, 4 ml n Natronlauge und 2 ml n-Butanol. Nach dem Umschütteln und Absetzen darf die Butanolschicht keine Färbung zeigen (Unterscheidung von Amphetamin) (BP 63). – 6. Gibt man zu einer 1%igen Lösung Quecksilberchloridlösung, so entsteht ein kristalliner Niederschlag (Unterscheidung von Ephedrin, Epinephrin. Phenylephrin, die keine Fällung geben) (USP XV). – 7. Man versetzt eine Lösung von 0,5 g in 10 ml W. mit 0,5 ml etwa 4,3%iger Natronlauge: es scheidet sich eine ölige Schicht ab; Sdp. der Base: etwa 214° (BPC 59). – 8. Pikrolonat: Fp. 183°. – 9. Versetzt man 1 ml der wäßrigen Lösung (1 + 19) mit 0,5 bis 0,7 ml Kaliumbleijodidlösung, so entsteht beim Schütteln allmählich ein ziegelroter Niederschlag. – 10. Weitere Reaktionen und Unterscheidung von anderen Sympathicomimetica, bes. von Benzedrin, s. E. GRAF [Pharmazie *5*, 108 (1950)].

Prüfung. 1. Aussehen der Lösung: Eine 5%ige, wäßrige Lösung muß klar und farblos sein (DAB 7 – BRD, ÖAB 9). – 2. Reaktion der Lösung: 2,0 ml der ausgekochten und wieder erkalteten Lösung (5%ig) dürfen durch Zusatz von 1 Tr. Methylrotlösung weder gelb noch rot gefärbt werden – 3. Freie Base, freie Säure: 10 ml der Lösung (1 + 19) dürfen zur Neutralisation gegen Methylrot nicht mehr als 0,20 ml 0,01 n Salzsäure oder 0,20 ml 0,01 n Natronlauge verbrauchen (ÖAB 9). – 4. Fremde organische Stoffe: Die Lösung von 0,100 g Substanz in 2,0 ml Schwefelsäure muß klar sein und 5 Min. lang farblos bleiben. – 5. Phenole: 1 ml der wäßrigen Lösung (1 + 19) darf nach Zusatz von 1 Tr. verd. Eisenchloridlösung (1 + 9) keine andere Färbung annehmen als eine Mischung von 1 ml W. und 1 Tr. der gleichen Eisenchloridlösung (DAB 7 – DDR). – 6. Sulfat: In der Lösung (1 + 19) darf Sulfat in unzulässiger Menge nicht nachweisbar sein (ÖAB 9, BP 63). – 7. Phosphat: Beim Erwärmen einer 1%igen Lösung mit 3 ml Ammoniummolybdatlösung darf kein gelblicher Niederschlag entstehen. – 8. Schwermetalle: In einer Mischung von 7 ml der Lösung (1 + 19), 2 ml A. und 1 ml verd. Ammoniak dürfen Schwermetalle in unzulässiger Menge nicht nachweisbar sein (ÖAB 9). – 9. Trocknungsverlust: Höchstens 0,5%, bei 100 bis 105° bis zur Gewichtskonstanz getrocknet (DAB 7 – BRD, ÖAB 9), unter 1% (BP 63). – 10. Sulfatasche: Höchstens 0,1% (DAB 7 – BRD, ÖAB 9, BP 63).

Gehaltsbestimmung. a) Nach DAB 7 – BRD: Chloridtitration nach VOLHARD: Etwa 0,30 g Substanz, genau gewogen, werden in 50 ml W. gelöst. Die Lösung wird mit 5,0 ml

Salpetersäure, 30,00 ml 0,1 n Silbernitratlösung und 5,0 ml Toluol versetzt. Nach kräftigem Schütteln wird mit 0,1 n Ammoniumthiocyanatlösung zurücktitriert [5,0 ml Eisen-(III)-ammoniumsulfatlösung als Indikator]. 1 ml 0,1 n $AgNO_3$ entspricht 0,01857 g $C_{10}H_{15}N \cdot HCl$. – b) Nach ÖAB 9: Chloridtitration nach MOHR: 0,3724 g Substanz werden in 20 ml W. gelöst und nach Zusatz von einigen Tr. Kaliumchromatlösung mit 0,1 n Silbernitratlösung auf Rötlichgelb titriert. Für die angegebene Einwaage müssen 19,60 bis 20,10 ml 0,1 n $AgNO_3$ verbraucht werden, entsprechend 98,0 bis 100,5% d. Th. 1 ml 0,1 n $AgNO_3$ entspricht 18,57 mg $C_{10}H_{15}N \cdot HCl$.

c) Nach USP XV: N-Bestimmung nach KJELDAHL im Makro- oder Semimikromaßstab.

d) Nach BP 63: Durch Wasserdampfdestillation der freigesetzten Base; Ausführung wie bei Amphetaminsulfat. 1 ml 0,1 n Salzsäure entspricht 0,01857 g $C_{10}H_{15}N \cdot HCl$.

e) Nach DAB 7 – DDR: Titration im wasserfreien Milieu. 0,1500 g getrocknete Substanz werden in 10,0 ml wasserfreier Essigsäure gelöst. Nach Zusatz von 10,0 ml Quecksilber(II)-acetat-Lsg. und 3 Tr. Kristallviolett-Lsg. wird die Lsg. mit 0,1 n Perchlorsäure bis zum Farbumschlag nach Blau titriert (Feinbürette). 1 ml 0,1 n Perchlorsäure ist 18,57 mg Methamphetaminhydrochlorid äquivalent.

Aufbewahrung. Gut verschlossen, vor Licht geschützt.

Anwendung und Dosierung. Methylamphetamin unterscheidet sich in der Wirkung nur wenig vom Amphetamin; der zentralerregende Effekt ist stärker ausgeprägt, die Kreislaufwirkung etwas geringer. Man dosiert Methylamphetamin gewöhnlich etwas geringer als Amphetamin. Größte Einzelgabe 0,015 g, größte Tagesgabe 0,03 g (DAB 7 – BRD), gebräuchliche Einzeldosis 0,003 g, Einzelmaximaldosis 0,009 g, Tagesmaximaldosis 0,02 g (ÖAB 9). Dosierung 2,5 bis 10 mg, bei intramuskulärer oder intravenöser Injektion 10 bis 30 mg (BP 63).

Handelsformen: BRD: *Isophen* (Knoll AG, Ludwigshafen a. Rh.): Tabl. zu 3 mg, Amp. zu 15 mg; *Pervitin* (Temmler-Werke, Marburg a. d. Lahn): Tabl. zu 3 mg, Amp. zu 15 mg. – England: *Methedrine* (Burroughs, Wellcome). – USA: *Desoxyn Hydrochloride* (Abbott. USA und Engl.): Elixier mit 0,66 mg/ml, Amp. mit 1 ml/20 mg, Tabl. zu 2,5 und 5 mg; *Tabl. Norodin Hydrochloride* (Endo): zu 2,5 und 5 mg; *Amphedroxyn Hydrochloride* (Eli Lilly): Elixier mit 0,62 mg/ml, Tabl. zu 2,5 und 5 mg; *Efroxine Hydrochloride* (Maltbie Lab.): Elixier mit 0,66 mg/ml, Tabl. zu 5 mg; *Tabl. Semoxydrine Hydrochloride* (Massengill): zu 2,5, 5 und 7,5 mg; *Syndrox Hydrochloride* (McNeil): Elixier mit 0,67 mg/ml, Tabl. zu 5 mg; *Doxyfeed Hydrochloride* (Raymer Pharm.): Sol. mit 1,5 mg/ml, Tabl. zu 2,5 und 5 mg; *Tabl. Methamphetamine Hydrochloride* (Rexall Drug): zu 2,5 und 5 mg; *Desoxyphedrine Hydrochloride* (Upjohn): Tabl. zu 5 mg; *Tabl. Dexoval Hydrochloride* (Vale Chem.): zu 2,5 und 5 mg; *Tabl. Methamphetamine Hydrochloride* (Warren-Teed): zu 5 mg. Weitere ausländische Spezialitäten s. K. SOEHRING und J. WITTEN [Pharm. Ind. (Aulendorf) *16*, 157 (1954)].

Phenylpromethamin. Phenylpropylmethylamine NNR 57. N.β-Dimethylphenethylamine. Vonedrine.

$C_{10}H_{15}N$ Formel E. 8 M.G. 149,23

D,L-1-Methylamino-2-phenyl-propan.

Herstellung. Durch Kondensation von Chlorbenzol mit Allylchlorid und anschließende Umsetzung mit Methylamin [PATRICK, MCBEL u. HASS: J. Amer. chem. Soc. *68*, 1009 (1946)].

Eigenschaften. Farblose bis leicht gelbliche Flüssigkeit, die bei 203° zu sieden beginnt und zu 98% zwischen 205 und 210° übergeht. Spez. Gew. 0,915 bis 0,925; $n_D^{20°} = 1,507$ bis 1,511. Sehr gut löslich in A., Benzol und Ae.; 1 T. löst sich in 80 T. W. Das pH einer Lösung von 0,1 ml in 10 ml W. ist etwa 10,5.

Erkennung. 1. Man löst 0,5 ml in 10 ml trockenem Benzol und leitet getrocknetes HCl-Gas ein, bis ein Niederschlag entsteht, der aus Benzol umkristallisiert und mit Benzol und Äther gewaschen wird. Fp. 147 bis 150°. – 2. Man bestimmt den Brechungsindex (s. oben).

Püfung. 1. Chlorid: Man löst 0,5 ml Substanz in 10 ml 10%iger Salpetersäure und gibt 1 ml Silbernitratlösung hinzu; es darf keine stärkere Trübung entstehen als mit 0,4 ml 0,01 n HCl. – 2. Rückstand beim Trocknen: Nicht über 0,5% beim Trocknen bis zur Gewichtskonstanz auf dem Dampfbad.

Gehaltsbestimmung. 0,5 bis 1,0 g Substanz werden in verd. A. zu 50 ml gelöst. Zu 10 ml der Lösung gibt man 20 ml 0,1 n Schwefelsäure und titriert den Überschuß mit 0,1 n Natronlauge (Methylrot als Indikator) zurück. 1 ml 0,1 n H_2SO_4 entspricht 0,01492 g Phenylpropylmethylamin. Forderung: 96,0 bis 101,0%.

Anwendung. Äußerlich zur Gefäßverengerung bei Schwellungen der Nasen- und Rachenschleimhaut. Die Substanz soll keine oder nur geringe zentralerregende und cardiovasculäre Eigenschaften haben.

Handelsformen: Inhaler Vonedrine: Einzeldosis 0,25 g Substanz mit aromatisierenden Zusätzen.

Phenylpropylmethylamine Hydrochloride NND 63. N,β-Dimethylphenethylaminhydrochlorid. Vonedrine (Merell, USA).

$C_{10}H_{15}N \cdot HCl$ Formel E. 8 M.G. 185,70
D,L-1-Methylamino-2-phenyl-propan-hydrochlorid.

Eigenschaften. Handelsüblich sind wäßrige Lösungen, die klar, farblos und nahezu geruchlos sind. Die pH-Werte liegen zwischen 5,5 und 6,5. Trockensubstanz ist nicht im Handel.

Erkennung. 10 ml Lösung sättigt man mit Kochsalz und gibt 15 ml n Natronlauge hinzu. Die freie Base wird mit 40, 30 und 30 ml Ae. extrahiert. Man wäscht die vereinigten ätherischen Lösungen mit 10 ml Wasser und trocknet 1 Std. mit 10 g wasserfreiem Natriumsulfat. Das Filtrat wird vorsichtig vom Äther befreit, der Rückstand mit 15 ml Benzol aufgenommen und trockenes HCl-Gas eingeleitet. Das ausfallende Hydrochlorid wird mit Benzol und Ae. gewaschen und in strömender Luft getrocknet. Fp. 147 bis 150°.

Gehaltsbestimmung. Nach NNR 52: 3 ml Lösung verdünnt man mit 10 ml W., sättigt mit Kochsalz, versetzt mit 5 ml n Natronlauge und extrahiert mit 40, 30 und 30 ml Ae. Die vereinigten ätherischen Lösungen wäscht man mit 5 ml W. und schüttelt sie anschließend mit 35 ml 0,02 n Schwefelsäure aus. Die Ätherphase wird mit 10 ml und anschließend 5 ml W. gewaschen und das Waschwasser zur sauren Phase gegeben. Nach dem Vertreiben von Ätherresten titriert man mit 0,02 n Natronlauge (Methylrot als Indikator). 1 ml 0,02 n Schwefelsäure entspricht 0,002985 g Phenylpropylmethylamin bzw. 0,003714 g des Hydrochlorides. Forderung: 74,7 bis 86,0% Base bzw. 93,0 bis 107,0% des Hydrochlorids im angegebenen Gehaltsanteil der Lösung.

Anwendung s. Phenylpropylmethylamin.

Handelsformen: Sol. Vonedrine Hydrochloride (Merell, USA): 1 ml enthält 28 mg Phenylpropylmethylaminhydrochlorid und 0,2 g Cetylpyridiniumchlorid, konserviert mit 0,05% Methylparaben und 0,01% Propylparaben.

Mephentermine NND 63. N,α,α-Trimethylphenethylamin. Wyamine.

$C_{11}H_{17}N$ Formel E. 9 M.G. 163,25
1-Phenyl-2-methylamino-2-methyl-propan.

Eigenschaften. Klare, farblose bis blaßgelbe Flüssigkeit mit fischartigem Geruch. Sehr gut löslich in A., praktisch unlöslich in W. Kp. 82 bis 83°; $n_D^{20°} = 1{,}511$; $d_{20°}^{20°} = 0{,}9231$. Die Verbindung besitzt zum Unterschied von den meisten gebräuchlichen Sympathicomimetica kein asymmetrisches Kohlenstoffatom.

Mephentermine Sulfate USP XVI(!). Mephentermine Sulphate BP 63. N,α,α-Trimethyl-phenethylamine Sulfate. Wyamine Sulfate.

$(C_{11}H_{17}N)_2 \cdot H_2SO_4 \cdot 2H_2O$ Formel E. 9 M.G. 460,64
1-Phenyl-2-methylamino-2-methyl-propan-sulfat-dihydrat.

Eigenschaften. Weißes, kristallines, geruchloses Pulver oder farblose Kristalle. 1 g löst sich bei 20° in 20 ml W. und in etwa 150 ml A. (95%); unlöslich in Chloroform und Ae. Die wäßrigen Lösungen reagieren gegen Lackmus sauer (pH $\approx$ 6).

Erkennung. Sulfat: Die wäßrige, mit Salzsäure angesäuerte Lösung gibt mit Bariumchloridlösung einen weißen Niederschlag von Bariumsulfat. – Mephentermin: 1. 20 mg Substanz werden in 10 ml W. gelöst. 5 ml davon werden mit einigen Tr. Jodlösung versetzt: es bildet sich ein brauner Niederschlag (BP 63, USP XVI). – 2. Die restlichen 5 ml werden mit Kaliumquecksilberjodidlösung versetzt: es entsteht ein cremefarbenes Präzipitat, das sich im Überschuß des Fällungsmittels löst (BP 63, USP XVI). – 3. 0,1 g Substanz werden in 5 ml W. gelöst, mit 10 ml Trinitrotoluollösung versetzt, umgerührt und 30 Min. stehen gelassen. Nach dem Waschen mit Wasser und Trocknen bei 105° zeigt der entstandene Niederschlag einen Fp. um 156° (BP 63); (154 bis 158°, USP XVI).

Prüfung. 1. Reaktion der Lösung: Eine 2%ige, wäßrige Lösung zeigt einen pH-Wert zwischen 4,0 und 6,5 (BP 63). – 2. Trocknungsverlust: Nicht unter 5,0% und nicht über

8,0%, wenn bei 105° bis zur Gewichtskonstanz getrocknet wird (BP 63); nicht über 8% (USP XVI). – 3. Sulfatasche: Nicht über 0,1% (BP 63, USP XVI).

Gehaltsbestimmung. USP XVI und BP 63: Etwa 400 mg Substanz werden genau gewogen, in 20 ml W. gelöst, mit 5 g Kochsalz und nach dessen Auflösung mit 5 ml Natronlauge versetzt und mit 30 ml sowie 4mal mit je 20 ml Ae. ausgeschüttelt. Die vereinigten Ätherextrakte werden 2mal mit je 10 ml W. gewaschen und das vereinigte Waschwasser mit 10 ml Ae. extrahiert, die dann der zuerst erhaltenen ätherischen Lösung zugefügt werden. Die ätherische Lösung wird mit genau 30 ml 0,1 n Schwefelsäure versetzt, durchgeschüttelt und der Äther abgedampft. Nach dem Erkalten wird Methylrot als Indikator zugegeben und der Säureüberschuß mit 0,1 n Natronlauge zurücktitriert. 1 ml 0,1 n H_2SO_4 entspricht 21,23 mg $(C_{11}H_{17}N)_2 \cdot H_2SO_4$. Forderung: Nicht unter 98%, berechnet auf die bei 105° getrocknete Substanz.

Aufbewahrung. Vor Licht geschützt, gut verschlossen.

Anwendung und Dosierung. Als Sympathicomimeticum, lokal zur Gefäßkontraktion und Schleimhautabschwellung bei Rhinitis, intravenös oder intramuskulär bei hypotensiven Zuständen. Es gilt als weniger wirksam, aber auch weniger toxisch als Amphetamin; die zentralerregenden Wirkungen sind geringer als die des Amphetamins und Methylamphetamins.

Intramuskulär und intravenös 20 mg (USP XVI). Tagesmaximaldosis 80 mg.

Handelsformen: Wyamine Sulfate Injection (Wyeth, Philadelphia): 1 und 10 ml, entsprechend 15 mg Base pro ml; *Wyamine Sulfate Nasal Solution* (Wyeth, Philadelphia): 0,5%ige Lösung in isotonischer NaCl-Lösung.

Propylhexedrine USP XVI(!). N,α-Dimethyl-2-cyclohexylethylamine. „CHP".

$C_{10}H_{21}N$ Formel F. 1 M.G. 155,29

D,L-1-Cyclohexyl-2-methylamino-propan.

Herstellung. Durch katalytische Hydrierung der entsprechenden Phenylverbindung in Eisessig mit Platin als Katalysator [nach ADAMS: J. Amer. chem. Soc. *69*, 1117 (1947)].

Eigenschaften. Klare, farblose Flüssigkeit von charakteristischem, aminartigem Geruch. Verdunstet langsam bei Raumtemperatur. Wäßrige Lösung reagieren gegen Lackmus alkalisch. Kp. etwa 205°. Wenig löslich in W., mischbar mit A., Chloroform und Ae. Spez. Gewicht: 0,848 bis 0,852. Das Hydrochlorid der D,L-Form schmilzt bei 127 bis 128°, die Hydrochloride der D- und der L-Form bei 138 bis 139°.

Erkennung. 1. Zu 3 ml W. gibt man 0,1 ml Propylhexedrin und 0,5 ml n Salzsäure. Nach Zugabe von 20 ml Pikrinlösung wird einige Min. lang geschüttelt und der Ansatz 2 Std. lang stehengelassen. Man filtriert den Niederschlag ab, wäscht mit 20 ml kaltem W. und trocknet 4 Std. bei 60°. Fp. 108 bis 110°. – 2. Eine nach 1. bereitete Lösung gibt mit Jodlösung einen braunen und mit Quecksilber-Kaliumjodidlösung einen weißen Niederschlag.

Gehaltsbestimmung. In einen tarierten Jodzahlkolben mit 15 ml W. gibt man etwa 0,5 ml Propylhexedrine und wiegt genau. Nach Zugabe von 30 ml neutralem A. und 2 bis 3 Tr. Methylrotlösung titriert man mit 0,1 n Schwefelsäure. 1 ml 0,1 n H_2SO_4 entspricht 15,53 mg $C_{10}H_{21}N$. Forderung: 98 bis 101%.

Anwendung. CHP unterscheidet sich vom Weckamin Methamphetamin chemisch dadurch, daß die Ringkomponente hydriert ist. Dem CHP fehlen stärkere zentralstimulierende Eigenschaften. Man verwendet es in Nasentropfen, wo es eine Abschwellung der Schleimhäute bedingen soll. In Kombination mit „Soventol" (Knoll) wird es zum Ausgleich der sedativen Eigenschaften dieses Antihistaminicums gebraucht.

Handelsformen: Eventin-Bohnen (Chem. Werke, Minden) mit 25 mg des Hydrochlorides zur Anwendung gegen Fettsucht; *Inhaler Benzedrex* (Smith, Kline u. French, USA): Mit je 0,25 g Propylhexedrine; *Pernasator* (Chem. Werke, Minden): CHP, Menthol und ätherische Öle.

Propylhexedrinum hydrochloricum DAB 7 – DDR. Propylhexedrinhydrochlorid.

$C_{10}H_{22}ClN$ Formel F. 1 M.G. 191,75

Gehalt. 99,0 bis 100,5%, bezogen auf die bei 105° getrocknete Substanz.

Eigenschaften. Weißes, kristallines oder mikrokristallines Pulver, Geruch nicht wahrnehmbar, Geschmack bitter. Löslichkeit: Sehr leicht löslich in W., leicht löslich in A. und Chlf., fast unlöslich in Ae. Schmelzbereich: 126 bis 130°. Reaktion der Lösung: Die Prüflsg. zeigt einen pH-Wert im Bereich von 5,1 bis 6,0. Prüflsg.: 2,000 g Substanz werden in kohlendioxidfreiem Wasser zu 20,0 ml gelöst.

Erkennung. 1. 4,0 ml Prüflsg. werden mit 16,0 ml Pikrinsäurelsg. versetzt. Es entsteht eine ölige Abscheidung, die nach dem Abkühlen der Mischung auf 0 bis 4° und Reiben der Gefäßwand mit einem Glasstab kristallin wird. Der orangefarbene, kristalline Niederschlag wird auf einem Filter gesammelt und 3mal mit je 10,0 ml W. von 1 bis 2° gewaschen. Die über Silicagel 24 Std. getrockneten Kristalle schmelzen im Bereich von 107 bis 112°. – 2. 1,0 ml Prüflsg. wird mit 4,0 ml 0,1 n Salzsäure, 3,0 ml Chloroform, 1,0 ml Kupfer(II)-acetat-Schwefelkohlenstoff-Lsg. sowie 3,0 ml konz. Ammoniaklsg. versetzt und die Mischung 30 Sek. geschüttelt. Nach dem Entmischen zeigt die Chloroformschicht eine braune Färbung und die wäßrige Schicht eine schwach gelbliche oder keine Färbung. – 3. 1,0 ml Prüflsg. gibt nach Zusatz von 5 Tr. 5 n Salpetersäure und 1,0 ml 0,1 n Silbernitratlsg. einen weißen Niederschlag.

Prüfung. 1. Unlösliche Verunreinigungen, Farbe der Lsg.: 5,0 ml Prüflsg. müssen klar und dürfen nicht stärker gefärbt sein als 5,0 ml der Mischung aus 0,300 ml Eisen-FL und 9,7 ml W. – 2. Schwermetall-Ionen: 0,200 g Substanz werden in einem Porzellantiegel verascht. Der Rückstand wird in 2,0 ml heißer 3 n Salzsäure gelöst, die Lsg. nach dem Erkalten mit 3 n Natronlauge auf einen pH-Wert im Bereich von 6,0 bis 8,0 eingestellt und mit W. zu 10,0 ml aufgefüllt. Die Lsg. darf bei der „Prüfung auf Schwermetall-Ionen" (s. Bd. I, 254) nach Methode I weder eine Trübung noch eine stärkere Färbung als die Vergleichsprobe zeigen (höchstens 0,005%, berechnet als Pb^{2+}). – 3. Sulfat: 2,00 ml Prüflsg. dürfen nach Zusatz von 8,0 ml W. bei der „Prüfung auf Sulfat" (s. Bd. I, 263) keine stärkere Trübung als die Vergleichsprobe zeigen (höchstens 0,025% SO_4^{2-}). – 4. Organische Verunreinigungen: 0,250 g Substanz werden in 5,0 ml konz. Schwefelsäure unter Schütteln gelöst. 15 Min. nach dem Schwefelsäurezusatz darf die Lsg. keine stärkere Färbung zeigen als 5,0 ml der Mischung aus 0,200 ml Eisen-FL, 0,200 ml Kupfer-FL, 0,300 ml Kobalt-FL und 9,3 ml 0,5 n Salzsäure. – 5. Sulfatasche: 0,500 g Substanz werden, wie unter „Bestimmung der Sulfatasche" angegeben, behandelt. Die Substanz darf höchstens 0,25% Rückstand hinterlassen. – 6. Trocknungsverlust: 0,4000 g Substanz werden, wie unter „Bestimmung des Trocknungsverlustes" angegeben, behandelt und bei 105° getrocknet. Die Substanz darf höchstens 0,50% Masse verlieren. Die getrocknete Substanz ist für die Gehaltsbestimmung aufzubewahren.

Gehaltsbestimmung. 0,1800 g getrocknete Substanz werden in der Mischung aus 10,0 ml wasserfreier Essigsäure und 10,0 ml Quecksilber(II)-acetat-Lsg. gelöst. Nach Zusatz von 3 Tr. Kristallviolett-Lsg. wird die Lsg. mit 0,1 n Perchlorsäure bis zum Farbumschlag nach Blau titriert (Feinbürette). 1 ml 0,1 n Perchlorsäure ist 19,17 mg Propylhexedrinhydrochlorid äquivalent.

Dosierung. Einzelmaximaldosis: oral 0,1 g; Tagesmaximaldosis: oral 0,3 g.

Cyclopentamine Hydrochloride NND 63, NNR 52. N,α-Dimethyl-cyclopentanäthylamin-hydrochlorid. Clopane.

$C_9H_{19}N \cdot HCl$ Formel F. 2 M.G. 177,72

D,L-1-Cyclopentyl-2-methylamino-propan-hydrochlorid.

Eigenschaften. Farbloses, fast geruchloses, kristallines Pulver von bitterem Geschmack. Fp. 113 bis 116°. 1 T. löst sich in 1 T. W. und in 1,8 T. A., in 23,8 T. Benzol und in 1,3 T. Chloroform, sehr wenig löslich in Ae. pH einer 1%igen, wäßrigen Lösung etwa 6,2.

Erkennung. 1. Zu 2 ml einer 2,5%igen Lösung gibt man 0,5 g Natriumnitrit und kocht 30 Sek. auf. Nach dem Erkalten werden 1,5 ml Salzsäure tropfenweise hinzugegeben: es entsteht eine gelborange gefärbte, ölige Abscheidung. Bei Zugabe von mehr Salzsäure verschwindet die ölige Schicht, und es entsteht ein weißer Niederschlag, der sich nach dem Abgießen der überstehenden Flüssigkeit in 5 ml W. löst. – 2. Zu einer Lösung von 0,5 g in 5 ml verd. Schwefelsäure und 20 ml W. gibt man 1 g Kaliumcyanat. Nach 1stündigem Erhitzen auf dem Dampfbad wird gekühlt und der entstandene Niederschlag abfiltriert. Man kristallisiert 2mal aus siedendem W. um und trocknet 4 Std. bei 80°. Fp. 126 bis 129°.

Prüfung. 1. Primäre Amine: 0,3 g Substanz werden in 2 ml W. gelöst, mit 5 Tr. Chloroform, 2 ml A. und 0,5 ml 50%iger Kalilauge versetzt und erhitzt. Es darf dabei kein Isonitrilgeruch auftreten. – 2. Gewichtsverlust beim Trocknen: Nicht über 0,4%, nach 3 Std., bei 80°. – 3. Verbrennungsrückstand: Nicht über 0,05%.

Gehaltsbestimmung. Nach NNR 52: 0,25 g Substanz löst man in 200 ml W., fügt 50 ml 50%ige Natronlauge hinzu und destilliert 150 ml in vorgelegte 40 ml 0,05 n Salzsäure (entsprechend 100 ml 0,02 n Salzsäure) über. Der Säureüberschuß wird mit 0,02 n Natronlauge zurücktitriert (Methylrot als Indikator). Ein Blindversuch ist erforderlich. Forderung: 98,0 bis 102,0%.

Anwendung. Cyclopentaminhydrochlorid ruft Blutdruckerhöhung und lokal Gefäßverengerung hervor. Zum Unterschied von Ephedrin hat es keine zentralerregenden Eigenschaften. Oral gegeben soll es wirksamer als Ephedrin sein.

Handelsformen: Sol. Clopane Hydrochloride (Eli Lilly, USA): 1 ml Amp. mit 25 mg; *Topical Sol. Clopane Hydrochloride* 0,5%: Isotonische Lösung mit 5 mg im ml, konserviert mit Phenylquecksilbernitrat 1 : 50000; *Sol. Clopane Hydrochloride* 1%: Isotonische Lösung mit 10 mg im ml, konserviert mit Phenylquecksilbernitrat 1 : 50000.

Naphazoline Hydrochloride BP 63, NND 63, NF XII. Naphazolinae Hydrochloridum USP XIV (!). Naphthylmethylimidazolinum hydrochloricum ÖAB 9. Naphazolini hydrochloridum Jap. 61. Privin. 2-(1'-Naphthylmethyl)-imidazolin-hydrochlorid.

$C_{14}H_{14}N_2 \cdot HCl$ Formel F. 3 M.G. 246,74
2-(1'-Naphthylmethyl)-Δ^2-imidazolin-hydrochlorid.

Herstellung. a) Durch Kondensation von 1-Naphthylacetonitril oder b) 1-Naphthylthioacetamid mit Äthylendiamin. – c) Durch Umsetzung von α-Naphthyl-acetimidoäthyläther mit Äthylendiamin.

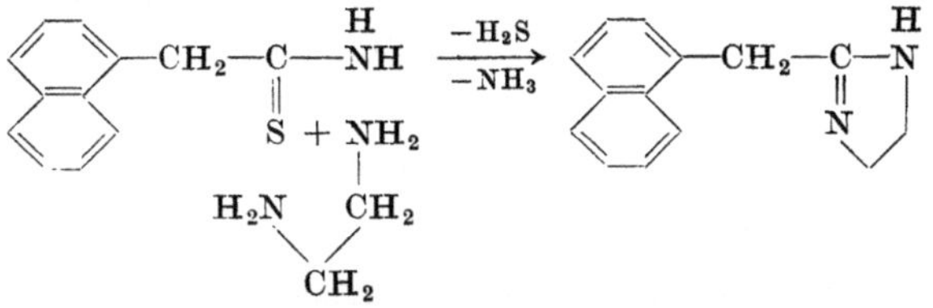

Eigenschaften. Farbloses, geruchloses, kristallines Pulver von bitterem Geschmack. Fp. 255 bis 260° (Zers.). 1 T. löst sich bei 20° in 6 T. W. und in 15 T. A.; sehr schwer löslich in Chloroform, praktisch unlöslich in Ae.

Erkennung. 1. Eine Lösung von 300 mg in 25 ml W. alkalisiert man mit Natronlauge und extrahiert 2mal mit je 25 ml Ae. Die ätherischen Auszüge werden zur Trockne eingedampft und der Rückstand 1 Std. bei 80° getrocknet. Fp. 117 bis 120°. – 2. 20 mg der nach 1. erhaltenen Base löst man in einigen Tr. verd. Salzsäure, verdünnt mit 5 ml W. und fügt 2 ml Ammoniumreineckatlösung hinzu: es entsteht ein violetter Niederschlag. – 3. Lichtabsorption: Die Substanz zeigt, in 0,01 n Salzsäure gelöst, im Bereich zwischen 230 und 350 mμ 4 Maxima. Die Extinktion einer 0,002%igen Lösung beträgt bei einer Schichtdicke von 1 cm: bei 271 mμ ~ 0,46, bei 281 mμ ~ 0,53, bei 288 mμ ~ 0,37 und bei 291 mμ ~ 0,37 (BP 63). – 4. Die Substanz gibt eine positive Chloridreaktion.

Prüfung. 1. Reaktion der Lösung: Das pH einer 1%igen wäßrigen Lösung liegt zwischen 5,0 und 6,5 (BP 63). – 2. Gewichtsverlust beim Trocknen: Nicht über 0,5%, wenn bei 105° bis zur Gewichtskonstanz getrocknet wird (BP 63). – 3. Sulfatasche: Nicht über 0,1% (BP 63), nicht über 0,2% (USP XIV). – 4. Reinheit: Eine Lsg. von 1 T. Substanz in 49 T. W. muß klar und farblos sein (ÖAB 9). – 5. Freie Base, freie Säure: 10 ml der Lsg. (1 + 49) müssen sich auf Zusatz von 5 Tr. Bromthymolblau-Lsg. gelb und bei darauffolgendem Zusatz von 1 Tr. 0,1 n Natronlauge grün färben (ÖAB 9). – 6. Nitrat: Werden 2 ml der Lsg. (1 + 49) mit Diphenylamin-Schwefelsäure unterschichtet, so darf sich zwischen den beiden Flüssigkeiten keine blaue Zone bilden (ÖAB 9). – 7. Sulfat: In der Lsg. (1 + 49) darf Sulfat in unzulässiger Menge nicht nachweisbar sein (ÖAB 9). – 8. Ammonium: Erhitzt man 5 ml der Lsg. (1 + 49) mit 1 ml verd. Natronlauge zum Sieden, so dürfen die entweichenden Dämpfe rotes Lackmuspapier nicht bläuen (ÖAB 9).

Gehaltsbestimmung. Nach BP 63: Etwa 300 mg werden genau gewogen, in 30 ml W. gelöst, mit 2 ml Natronlauge versetzt und 5mal mit je 25 ml Chloroform ausgeschüttelt. Die vereinigten Chloroformextrakte werden 2mal mit je 5 ml W. gewaschen, zur Trockne eingedampft, in 20 ml 0,1 n Salzsäure gelöst und mit 0,1 n Natronlauge (Methylrot als Indikator) titriert. 1 ml 0,1 n HCl entspricht 0,02367 g $C_{14}H_{14}N_2 \cdot HCl$. Forderung: Mindestens 98,5%.

Nach ÖAB 9: 0,2468 g Substanz werden in 10 ml kohlensäurefreiem W. gelöst und nach Zusatz von 10 ml Chloroform und 10 Tr. Phenolphthalein-Lsg. mit 0,1 n Natronlauge unter kräftigem Umschütteln titriert. Für die angegebene Einwaage müssen 9,90 bis 10,10 ml 0,1 n Natronlauge verbraucht werden, entsprechend 99,0 bis 101,0% des theoretischen Wertes. 1 ml 0,1 n Natronlauge entspricht 24,68 mg $C_{14}H_{15}ClN_2$.

Aufbewahrung. Vor Licht geschützt, gut verschlossen.

Dosierung. Gebräuchliche Konzentration in Nasentropfen: 0,05 bis 0,1%. Einzelmaximaldosis bei Verabreichung als Nasentropfen: 0,0004 g. Tagesmaximaldosis bei Verabreichung als Nasentropfen: 0,0012 g.

Anwendung. Als gefäßverengendes Mittel zur Abschwellung der Mucosa des Nasen-Rachen-Raumes und der Conjunctiva. Die Wirkung ist anhaltender als bei Adrenalin. Oral oder parenteral wird Naphazolin nicht angewandt. Im Tierversuch ruft es bei parenteraler Verabreichung starke Blutdrucksteigerung hervor. Vorsicht bei Säuglingen!

Handelsformen: Privin-Tropfenlösung (Ciba AG, Wehr, Baden): 1 : 2000 und 1 : 1000; *Privin-Nebulisator:* 10 ml Lösung 1 : 2000; *Privin-Cibazol:* Emulsion mit Privin 1 : 2000 und 5% Cibazol; *Antistin-Privin:* Nebulisator und Tropfenflaschen; *Nasal Jelly Privine Hydrochloride* (USA): 0,05%ig, in wasserlöslicher Grundmasse mit Glycerin, Tragant und aromatischen Zusätzen, konserviert mit 0,05% Thimerosal; *Sol. Privine Hydrochloride* 0,1% (Ophthalmic): gepufferte Lösung, konserviert mit 0,0065% Methylparaben und 0,0035% Propylparaben; *Sol. Privine Hydrochloride* 0,1% (für Erwachsene): Mit 0,26% Natriumphosphat, 0,32% Natriumchlorid, 0,22% Kaliumchlorid und 0,74% Kaliumhydrogenphosphat, konserviert mit Thimerosal 1 : 100000; *Sol. Privine Hydrochloride* 0,05%: Mit anorganischen Zusätzen wie bei vorstehender Lösung, konserviert mit Thimerosal 1 : 100000.

Naphazoline Nitrate BP 63, BPC 63. Nitrate de Naphazoline CF 65. Naphthylmethylimidazolinum nitricum ÖAB 9. Naphazolini nitras Jap. 61. 2-(1'-Naphthylmethyl)-imidazolin-nitrat.

$C_{14}H_{14}N_2 \cdot HNO_3$ Formel F. 3 M.G. 273,29

2-(1'-Naphthylmethyl)-Δ^2-imidazolin-nitrat.

Eigenschaften. Weißes oder fast weißes, kristallines Pulver von bitterem Geschmack. Löslich in 36 T. Wasser, in 16 T. A. (95%), wenig löslich in Chloroform, praktisch unlöslich in Ae., Fp. um 168°.

Erkennung. 1. Siehe Reaktion 1. unter Naph. Hydrochlorid. – 2. Siehe Rkt. 2. ebenda. – 3. Lichtabsorption: Bestimmung wie beim Hydrochlorid. Extinktionen bei: 271 mμ ~ 0,43, bei 281 mμ ~ 0,51, bei 288 mμ ~ 0,35 und bei 291 mμ ~ 0,34. – 4. Die Substanz gibt eine positive Nitratreaktion. – 5. Versetzt man eine Lsg. von 2 mg Substanz in 1 ml W. mit 5 Tr. Jodlsg., so scheidet sich ein Perjodid in Form schwarzer, grünlich schillernder, öliger Tröpfchen aus (ÖAB 9). – 6. Versetzt man eine Lsg. von etwa 5 mg Substanz in 1 ml W. mit 2 Tr. Bromwasser, so entsteht eine gelbe Trübung. Beim Erhitzen wird die Flüssigkeit klar und färbt sich hierauf intensiv violett (ÖAB 9). – 7. Versetzt man etwa 1 mg Substanz mit 1 ml Paraform-Schwefelsäure, so entsteht eine olivgrüne Lsg., die sich beim Erwärmen schmutzig-violett färbt (ÖAB 9).

Prüfung. 1. Reaktion der Lösung: Das pH einer 1%igen, wäßrigen Lösung liegt zwischen 5,0 und 6,5. – 2. Gewichtsverlust beim Trocknen: Nicht über 0,5%, wenn bei 105° bis zur Gewichtskonstanz getrocknet wird. – 3. Sulfatasche: Nicht über 0,1%. – 4. Reinheit: Eine Lsg. von 1 T. Substanz in 49 T. W. muß klar und farblos sein (ÖAB 9). – 5. Chlorid: In der Lsg. (1 + 49) darf Chlorid in unzulässiger Menge nicht nachweisbar sein (ÖAB 9). – 6. Schwermetalle: In einer Mischung von 5 ml der Lsg. (1 + 49), 4 ml A. und 1 ml verd. Ammoniak dürfen Schwermetalle nicht nachweisbar sein (ÖAB 9).

Gehaltsbestimmung. Ausführung wie bei Naphazolinhydrochlorid. 1 ml 0,1 n Salzsäure entspricht 0,02733 g $C_{14}H_{14}N_2 \cdot HNO_3$. Forderung: Mindestens 98,5% (BP 63). ÖAB 9: 1 ml 0,1 n NaOH entspricht 27,33 mg $C_{14}H_{14}N_2 \cdot HNO_3$; Ausführung analog Naphazolinhydrochlorid. Forderung: 99,0 bis 101,0% der Theorie.

Aufbewahrung. Vor Licht geschützt, gut verschlossen.

Anwendung. Wie Naphazolinhydrochlorid.

Ritalin. Ritaline. α-Phenyl-α-piperidyl-2-essigsäuremethylester-hydrochlorid.

$C_{14}H_{19}NO_2 \cdot HCl$ Formel F. 4 M.G. 268,76

D,L-α-2-Piperidyl-phenylessigsäure-methylester-hydrochlorid.

Eigenschaften. Weißes, bitter schmeckendes, kristallines Pulver. Fp. 207 bis 208°. Bei der Fp.-Bestimmung mit dem Kofler-Schmelzpunktsmikroskop erhält man ab 145° ein Sublimat, das bei 203 bis 207° schmilzt [Kaiser, H., u. Th. Haag: Dtsch. Apoth. Ztg *94*, 1256 (1954)].

Die Base läßt sich aus natronalkalischem Milieu mit Ae. ausschütteln.

Anwendung. Als zentrales Stimulans bei gesteigerter Ermüdbarkeit, mangelnder Konzentrationsfähigkeit und als Antidepressivum. Wegen der appetithemmenden Wirkung zur Unterstützung bei Entfettungskuren.

Handelsformen: Ritalin (Ciba): Tabl. zu 10 mg; *Plimasin* (Ciba): Kombinationspräparat mit Pyribenzamin.

Pectamed (E. Merck, Darmstadt); Hustentropfen, die als wesentlichen Bestandteil Dimethyl-phenyl-äthylenimin enthalten.

$C_{10}H_{13}N$ Formel F. 5 M.G. 147,21
D,L-1-Phenyl-2-dimethyl-äthylenimin.

Zusammensetzung: 0,2% Dimethyl-phenyl-äthylenimin, 0,75% Ephetonin. 2,0% Ammoniumchlorid. Extr. Thymi, Extr. Primulae, Menthol, Ol. Anisi. „Pectamed mit Codein" enthält außerdem 1,0% Codein. phosphoric.

Adrenalonum 1-(3',4'-Dihydroxyphenyl)-2-methylamino-äthanon-(1).

$C_7H_{11}NO_3$ Formel G. 1 M.G. 181,19

Adrenoni hydrochloridum Dan. IX, Ross. 8. Styphnon. Kephrine. Adrenalonum hydrochloricum.

$C_7H_{11}NO_3 \cdot HCl$ Formel G. 1 M.G. 217,65
1-(3',4'-Dihydroxyphenyl)-2-methylamino-äthanon-(1)-hydrochlorid.

Herstellung. Adrenalon, das dem sekundären Alkohol Adrenalin entsprechende Keton, ist ein Zwischenprodukt der Adrenalinsynthese (s. Adrenalin) und entsteht aus 4-(Chloracetyl)-brenzkatechin und Methylamin oder aus dem ω-(p-Toluolsulfonyl-methylamino)-3,4-dimethoxy-acetophenon durch Erhitzen mit Salzsäure unter Druck (DRP 152814 und 277540).

Eigenschaften. Das Hydrochlorid schmilzt bei 249 bis 251°; sehr gut löslich in W., löslich in A., unlöslich in Ae. Die Base schmilzt bei 235 bis 236°; schwer löslich in W., A. und Ae.

Erkennung. 0,5 g Substanz werden in 5 ml W. gelöst und mit 1 Tr. Eisenchloridlösung versetzt: es entsteht eine Grünfärbung, die bei starkem Verdünnen in Violett übergeht (Ross. 8).

Prüfung. Nach Ross. 8: 1. Acidität und Alkalität: 0,25 g Substanz werden in 5 ml W. gelöst und mit 1 Tr. 0,1 n Salzsäure versetzt. Die Lösung soll klar sein und nach Zugabe von 1 Tr. Bromphenolblaulösung Gelbfärbung annehmen. Gibt man 1 Tr. 0,1 n Natronlauge hinzu, so soll Violett-Blaufärbung auftreten. – 2. Ammoniumchlorid und Methylammoniumchlorid: 0,3 g Substanz werden in 10 ml W. gelöst und die Lösung in zwei Reagensgläser verteilt. Man setzt je 1 Tr. Methylrotlösung hinzu, wobei in beiden Fällen Rotfärbung auftritt. In ein Reagensglas wird dann 1 ml Formalinlösung, die gegen Methylrot neutralisiert ist, gegeben, in das zweite 1 ml Wasser. Die Rotfärbung in beiden Gemischen soll durch Zugabe von jeweils der gleichen Tropfenzahl 0,1 n Natronlauge in Gelb umschlagen. – 3. Gewichtsverlust beim Trocknen: Nicht über 3%, wenn bei 100 bis 105° bis zur Gewichtskonstanz getrocknet wird. – 4. Sulfatasche: Nicht über 0,1%. In der mit 0,5 g Substanz hergestellten Sulfatasche dürfen Schwermetalle nicht nachweisbar sein.

Gehaltsbestimmung. Nach Ross. 8: 0,3 g Substanz werden mit 2 ml n Natronlauge und 1 g Natriumhydrogencarbonat vorsichtig zur Trockne eingedampft. Zum Rückstand gibt man 5 ml W. und tropfenweise so viel verd. Salpetersäure, bis keine Gasblasen mehr gebildet werden. Man filtriert, wäscht mit W. nach, gibt 2 ml verd. Salpetersäure und 25,0 ml 0,1 n Silbernitratlösung hinzu, schüttelt gut durch, läßt 1 bis 2 Min. stehen und titriert dann mit 0,1 n Ammoniumrhodanidlösung [Eisen(III)-ammoniumsulfat als Indikator] den Überschuß an Silbernitrat zurück. 1 ml 0,1 n $AgNO_3$ entspricht 0,02177 g Adrenalonum. Forderung: Mindestens 99%, bezogen auf das getrocknete Präparat.

Anwendung. Wegen der gefäßverengenden Eigenschaften zur örtlichen Blutstillung. Höchste subcutane Einzeldosis 0,01 g.

Handelsformen: Kephrine Hydrochloride (Winthrop-Stearns, USA); *Styphnon* (Chemosan-Union AG, Wien, und Mainland GmbH, Frankfurt a. M.): Haftpulver mit 5% Adrenalon, 1% Tetracain, Borsäure, Borax und vegetab. Quellstoff; Styphnon-Lösung: 1 ml = 0,05 g Adrenolon; Injektionslösung zur subcutanen Verabreichung: mit 0,5% Adrenalon, zur intravenösen Verabreichung: mit 0,05% Adrenalon; Suppositorien: mit 3% Adrenalon, 1,5% Papaverinum Hydrochlor., 0,5% Extr. Bellad.; Verbandstoffe (Verbandst.-Fabrik P. Hartmann AG, Heidenheim/Brenz): Watte (15%), Pellets (25%), Gaze und Binden (8%), Tupfer (10%).

Asthma-Tropon (Tropon-Werke, Köln-Mülheim) ist D,L-1-(3′,4′-Dihydroxyphenyl)-2-(1″-methyl-3″-phenyl-propylamino)-propanon-(1)-hydrochlorid.

$C_{19}H_{23}NO_3 \cdot HCl$ Formel G. 2 M.G. 349,84

Anwendung. Bei Asthma bronchiale, asthmoider Bronchitis, Emphysem und allen Formen chron. Lungenstauung. Literatur: Klin. Wschr. *30*, 709 (1952).

Handelsformen: Amp. zu 20 mg/ml und Tabl. zu 10 mg.

Rhinogutt (Thomae, Biberach a. d. Riß) enthält als Wirkstoff 2-(3′,4′-Dihydroxyphenyl)-tetrahydro-1,4-oxazin-hydrochlorid.

$C_{10}H_{13}NO_3 \cdot HCl$ Formel H. 1 M.G. 231,59

Die Verbindung kann als Adrenalinabkömmling betrachtet werden, in dem die alkoholische OH-Gruppe und die N-Methylgruppe durch eine Methylengruppe zum Ring geschlossen sind.

Anwendung. Der Rhinoguttwirkstoff hat Adrenalineigenschaften, ist etwa 5mal weniger wirksam als das Adrenalin, dafür aber etwa 10mal weniger toxisch (an der Maus getestet). Praktische Anwendung findet Rhinogutt zur Gefäßkontraktion und Schleimhautabschwellung bei Rhinitis und Sinusitis.

Handelsform: 0,2%ige Lösung in Spezial-Sprayflaschen.

Preludin (C. H. Boehringer, Ingelheim a. Rh.) ist 2-Phenyl-3-methyl-tetrahydro-1,4-oxazin-hydrochlorid.

$C_{11}H_{15}NO \cdot HCl$ Formel H. 2 M.G. 213,70

Eigenschaften. Weißes, kristallines, bitterschmeckendes Pulver, leicht löslich in W. und A., löslich in Chloroform, wenig löslich in Ae. Fp. (im Röhrchen) 178° (Zers.); Fp. (KOFLER) ab 130° Tröpfchenbildung. Zur Erkennung eignet sich eine Mikroreaktion mit komplexem Kalium-Eisenjodid [KAISER, H., u. TH. HAAG: Dtsch. Apoth.-Ztg *94*, 1256 (1954)].

Anwendung. Als Appetitzügler. Literatur: KREBS, K. G.: Dtsch. Apoth.-Ztg *94*, 1043 (1954).

Handelsform: Tabletten zu 25 mg.

Cafilon (Ravensburg GmbH, Konstanz), Kombinationspräparat aus „Phenylmorpholin-(dimethylchlor)-xanthinat (I) und „Phenyläthyl-essigsäure-(phenylmethyl)-morpholino-N-äthanolester-hydrochlorid“ (II).

I ist das Salz aus der Preludin-Base und 8-Chlortheophyllin als Säure. II besitzt die Formel H. 3.

I = 2-Phenyl-3-methyl-tetrahydro-1,4-oxazin-1,3-dimethyl-8-chlor-xanthinat.

II = 2-Phenyl-3-methyl-tetrahydro-1,4-oxazin-4-äthanol-2′-phenyl-buttersäureester-hydrochlorid.

I

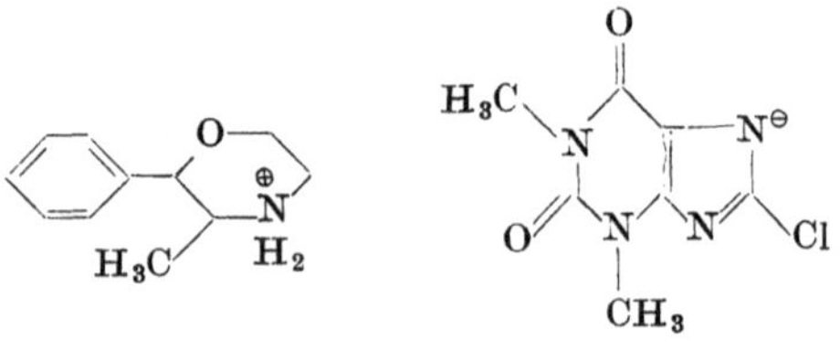

II

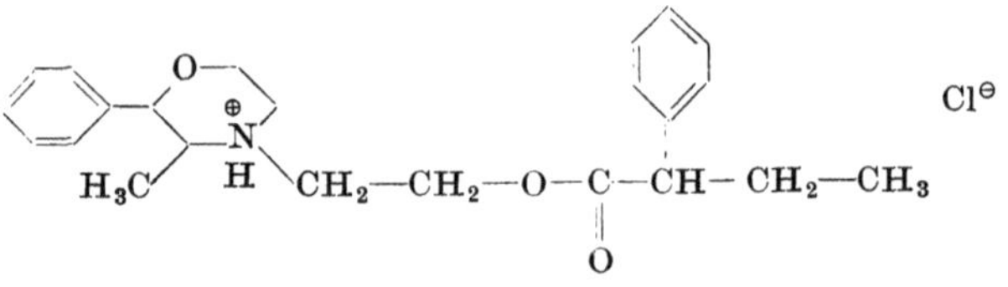

Anwendung. Zur Appetitminderung, gegen übermäßigen Fettansatz.

Handelsformen: Tabletten mit 30 mg I und 20 mg II.

Tuaminoheptan NND 63. 1-Methylhexylamin. Tuamine.

$C_7H_{17}N$ Formel I. 1 M.G. 115,22
D,L-2-Aminoheptan.

Herstellung. Durch Reduktion von 2-Nitroheptan mit Zinn und Salzsäure oder durch Umsetzung von 2-Bromheptan mit Ammoniak unter Druck.

Eigenschaften. Farblose bis hellgelbe Flüssigkeit, die zwischen 138,5 und 142,5° siedet. Sehr gut löslich in A., Benzol, Chloroform und Ae., schwer löslich in W. $n_D^{25°} = 1,4150$ bis 1,4200. Spez. Gew. 0,7600 bis 0,7660. pH einer 1%igen, wäßrigen Lösung 11,45 bis 11,5. Fp. des Hydrochlorids 133°.

Erkennung. NNR 52: Man löst 1 ml Tuaminoheptan und 1 g Kaliumcyanat in 20 ml W. und 5 ml 10%iger Schwefelsäure, erwärmt 1 Std. auf dem Dampfbad, kühlt, filtriert, wäscht und trocknet die erhaltenen Kristalle bei 105°; Fp. 127 bis 129°.
Als primäres Amin gibt Tuaminoheptan mit einigen Tropfen Chloroform und Natronlauge beim Erwärmen die Isonitrilreaktion.

Prüfung. NNR 52: 1 ml muß sich in 10 ml Paraffin. liqu. klar lösen. Rückstand beim Verdampfen auf dem Wasserbad: Höchstens 0,2%.

Gehaltsbestimmung. NNR 52: Man löst 1 g in 25 ml 0,5 n Schwefelsäure und titriert mit 0,5 n Natronlauge (Methylrot als Indikator) zurück. 1 ml 0,5 n H_2SO_4 entspricht 0,05761 g Tuaminoheptan. Forderung: Nicht unter 99%.

Anwendung. Zur Inhalation als gefäßverengendes Mittel bei Rhinitis.

Handelsform: Inhaler Tuamine (Lilly, USA): 0,325 g Tuamin mit aromatischen Zusätzen.

Tuaminoheptane Sulfate NND 63. 1-Methylhexylaminsulfat. Tuamine.

$(C_7H_{17}N)_2 \cdot H_2SO_4$ Formel I. 1 M.G. 328,51
D,L-2-Aminoheptansulfat.

Eigenschaften. Farbloses, geruchloses Pulver, sehr gut löslich in W., pH einer 1%igen, wäßrigen Lösung etwa 5,4.

Erkennung. Man erhitzt 1,2 g mit 1 g Kaliumcyanat in 25 ml W. 1 Std. auf dem Dampfbad. Fp. der ausgeschiedenen, gewaschenen, getrockneten Kristalle: 127 bis 129°.

Prüfung. 1. Gewichtsverlust beim Trocknen: Nicht über 1%, wenn bei 105° bis zur Gewichtskonstanz getrocknet wird. – 2. Sulfatasche: Nicht über 0,1%.

Gehaltsbestimmung. NNR 52: a) Tuaminoheptan: Man löst 1 g Substanz in W. und füllt auf 25,00 ml auf. Zu 5,00 ml dieser Lösung gibt man 3 ml 40%ige Natronlauge und destilliert mit Wasserdampf 25 ml in 20 ml vorgelegte 0,1 n Salzsäure über. Der Säureüberschuß wird mit 0,1 n Natronlauge (Methylrot als Indikator) zurücktitriert. 1 ml 0,1 n HCl entspricht 0,01152 g Tuaminoheptan bzw. 0,01643 g Tuaminoheptansulfat. Forderung: Nicht unter 67,7% Tuaminoheptanbase bzw. 96,5% Tuaminoheptansulfat. – b) Sulfat: Man löst 0,2 g in 100 ml W., gibt 1 ml Salzsäure hinzu und zur siedenden Lösung tropfenweise 20 ml Bariumchloridlösung. Nach 4stündigem Stehen wird filtriert, gewaschen und gewogen. 1 g $BaSO_4$ entspricht 0,4115 g Sulfat bzw. 1,407 g Tuaminoheptansulfat. Forderung: 28,5 bis 30,0% Sulfat entsprechend 97,5 bis 102,6% Tuaminoheptansulfat. – c) Stickstoff: Nach KJELDAHL 8,35 bis 8,75% N, entsprechend 97,9 bis 102,6% Tuaminoheptansulfat.

Anwendung. Als gefäßverengendes Mittel zur Behandlung von Schwellungen der Nasen-Rachen-Schleimhaut.

Handelsformen: Sol. Tuaminae Sulfate 1% (Lilly, USA): 1 ml enthält 10 mg Tuaminoheptansulfat, 6,8 mg Kaliumdihydrogenphosphat und 0,9 mg Natriumchlorid, konserviert mit Phenylquecksilbernitrat 1 : 50000; *Sol. Tuaminae Sulfate* 2% (Lilly, USA): 1 ml enthält 20 mg Tuaminoheptansulfat und 6,8 Kaliumdihydrogenphosphat, konserviert mit Phenylquecksilbernitrat 1 : 50000.

N,1-Dimethylhexylamin ist 2-Methylamino-heptan. Oenethyl ist das Hydrochlorid.

$C_8H_{19}N$ Formel I. 2 M.G. 129,24

Herstellung. Aus Heptanon-(2) durch Reduktion mit aktiviertem Aluminium in Gegenwart von Methylamin (US-Pat. 2256434).

Eigenschaften. Öl von aminartigem Geruch. Kp.$_{700}$ 155°. Wenig löslich in Wasser.

Anwendung. Zur Verhütung hypotonischer Zustände bei Spinalanästhesie.

Handelsformen: Oenethyl (Billhuber-Knoll, USA): Amp. mit 50 mg/1 ml und 100 mg/2ml; Nasentropfen, 1%ig und 2%ig, Lösungen des Sulfats.

Methylhexaneamine NND 63. 1,3-Dimethylamylamin. Forthane. Methylhexamin.

$C_7H_{17}N$ Formel I. 3 M.G. 115,22
D,L-2-Amino-4-methyl-hexan.

Herstellung. US-Pat. 2350318, 2386273.

Eigenschaften. Farblose bis blaßgelbe Flüssigkeit von ammoniakartigem Geruch. Kp.$_{760}$ 130 bis 135°; $n_D^{22°}$ = 1,4150 bis 1,4175; Spez. Gew. 0,7620 bis 0,7655. Sehr gut löslich in A., Chloroform und Ae., sehr schwer löslich in W., unter Salzbildung löslich in verd. Mineralsäuren.

Erkennung. NNR 52: 1. 5 Tr. werden mit 2 ml verdünnter Salzsäure und dann mit 1 ml 10%iger Natriumnitritlösung versetzt. Es entwickelt sich ein farbloses Gas (N_2 aus primärem Amin). – 2. Man löst 1 ml in 5 ml verd. Schwefelsäure und 20 ml W. und gibt 1 g Kaliumcyanat hinzu. Nach 1stündigem Erhitzen auf dem Dampfbad wird gekühlt, filtriert, 2mal aus siedendem W. umkristallisiert und über Nacht im Vakuumexsikkator getrocknet. Fp. 118 bis 121°.

Prüfung. NNR 52: 1. 1 ml Substanz muß sich in 10 ml Paraffin liqu. klar lösen (Wasser). – 2. Verdampfungsrückstand: Nicht über 0,2% beim Verdampfen auf dem Wasserbad.

Gehaltsbestimmung. NNR 52: 1 ml Substanz wird genau gewogen, in 25 ml 0,5 n Schwefelsäure gelöst und der Säureüberschuß mit 0,5 n Natronlauge (Methylrot als Indikator) zurücktitriert. 1 ml 0,5 n H_2SO_4 entspricht 0,05761 g Methylhexanamin. Forderung: 99,0 bis 101,0%.

Anwendung. Zur Inhalation als gefäßverengendes Mittel bei allergischer oder infektiöser Rhinitis und Sinusitis.

Handelsform: Inhaler Forthane (Lilly, USA): 250 mg Methylhexanamin als Carbonat und 32 mg Menthol.

Heptaminolum ist 2-Methyl-6-amino-heptanol-(2). „RP 2931".

$C_8H_{19}NO$ Formel I. 4 M.G. 145,24
$C_8H_{19}NO \cdot HCl$ (Hydrochlorid) M.G. 181,71

Eigenschaften. Fp. des Hydrochlorids 150°, sehr gut löslich in W., löslich in A., unlöslich in Benzol und Ae.; eine 2%ige wäßrige Lösung hat ein pH von 4,5 bis 5,5.

Anwendung. Als Cardiotonicum.

Tyzine (Pfizer, New York; C. H. Boehringer, Ingelheim a. Rh.) ist 2-(1,2,3,4-Tetrahydro-1-naphthyl)-imidazolin-hydrochlorid.

$C_{13}H_{16}N_2 \cdot HCl$ Formel K. 1 M.G. 236,74

Anwendung. Lokales Vasokonstringens. Bei Rhinitis vasomotorica, Rhinitis allergica, Sinusitis und Heufieber zur Abschwellung der Schleimhäute im Nasen-Rachen-Raum.

Handelsformen: Tyzine-Nasentropfen: 0,1%ige, wäßrige Lösung in Flasche mit Tropfpipette; 0,05%ige, wäßrige Lösung, für Kinder; *Tyzine compositum „Pfizer"* enthält 1,0 mg Tyzine, 0,2 mg Prednisolon und 0,6 mg Neomycin pro ml.

Ascensil (Raschig) ist 2-Amino-4-methyl-pyridin.

$C_6H_8N_2$ Formel K. 2 M. G. 108,14

Anwendung. Bei Herz- und Kreislaufschwäche, Hypotonie, Kreislaufkollaps, Barbituratvergiftungen.

Handelsformen: Ascensil-Lösung (Raschig, Ludwigshafen a. Rh.): 20 Tr. enthalten etwa 100 mg Ascensil, 25 mg Coffein und 10 mg Ephedrin; *Ascensil*-Tabletten: 1 Tabl. enthält 100 mg Ascensil, 25 mg Coffein und 10 mg Ephedrin.

Alupent (C. H. Boehringer, Ingelheim a. Rh.) enthält als Wirkstoff 1-(3′,5′-Dihydroxyphenyl)-2-isopropylamino-äthanol-(1)-sulfat:

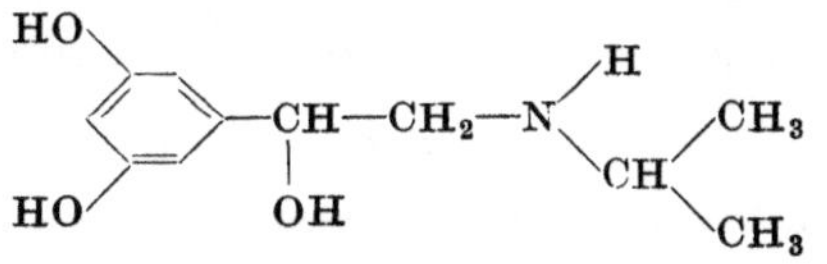

Anwendung. Bei Asthma bronchiale, chronischer Bronchitis, Silicose, Emphysem. Es ist oral etwa 3mal wirksamer als die entsprechende 3′-4′-Dihydroxyphenyl-Verbindung, das „Aludrin", parenteral aber wesentlich schwächer.

Handelsformen: Tabletten zu 0,01 g; Ampullen zu 0,5 mg/1 ml; Aerosol: 2%ige Lösung; 5%ige Lösung zur Inhalation mit Handvernebler; *Alupent-Dosier-Aerosol:* 1%ige Suspension; *Alupent-Asthmapulver:* 1 Pulver enthält 0,005 g Alupent, 0,6 g Phenyldimethylpyrazolon und 0,1 g Coffein.

Isometheptene Hydrochloride NND 63. 2-Methylamino-6-methyl-5-hepten-hydrochlorid.

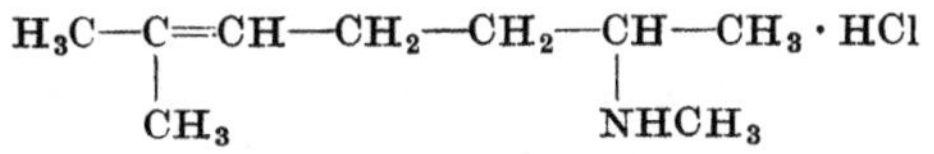

D,L-2-Methyl-6-methylamino-2-hepten-hydrochlorid.

Handelsform: Octin-Hydrochloride (Knoll Pharmac. Comp., USA).

Isometheptene Mucate NND 63. 2-Methylamino-6-methyl-5-hepten-mucat.

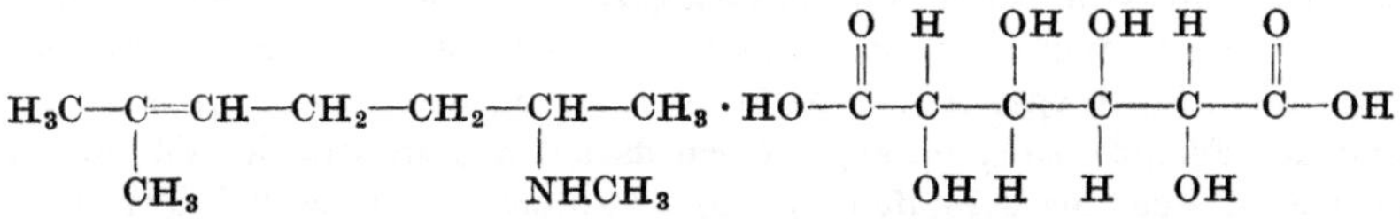

D,L-2-Methyl-6-methylamino-2-hepten-mucat (= schleimsaures Salz).

Handelsform: Octin-Mucate (Knoll Pharmac. Comp., USA).

Isoxsuprine Hydrochloride NND 63. 1-(p-Hydroxyphenyl)-2-[(1′-methyl-2′-phenyoxy)-ethanolamino]-1-propanol-hydrochloride.

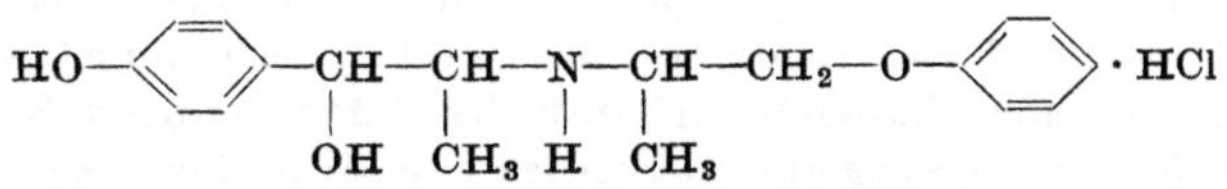

D,L-1-(4′-Hydroxyphenyl)-2-(2″-phenoxy-1″-methyl-äthylamino)-propanol-(1)-hydrochlorid.

Handelsformen: Vasodilan (Mead Johnson, Lab., USA).

Protokylol Hydrochloride NND 63. α[(α-Methyl-3,4-methylene-dioxy-phenethylamino)-methyl]-protocatechuylalcohol-hydrochloride.

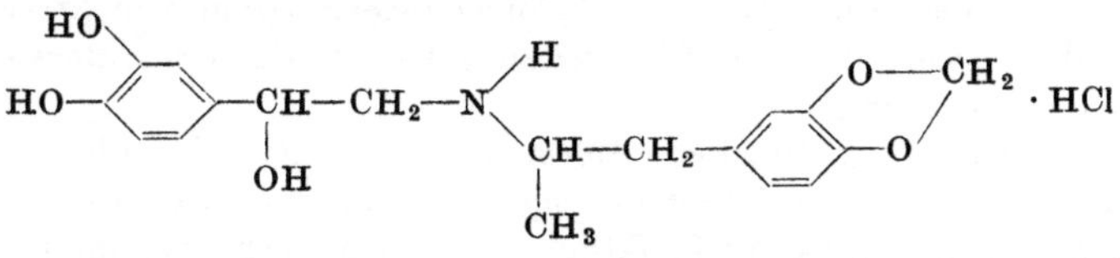

D,L-1-(3′,4′-Dihydroxyphenyl)-2-[2-(3″,4″-methyl-endioxyphenyl)-1-methyl-äthylamino]-äthanol-(1)-hydrochlorid.

Handelsform: Caytine (Lakeside Lab., USA).

Xylomethazoline Hydrochloride NND 63. 2-(4-tert.Butyl-2,6-dimethyl-benzyl)-2-imidazoline-hydrochloride.

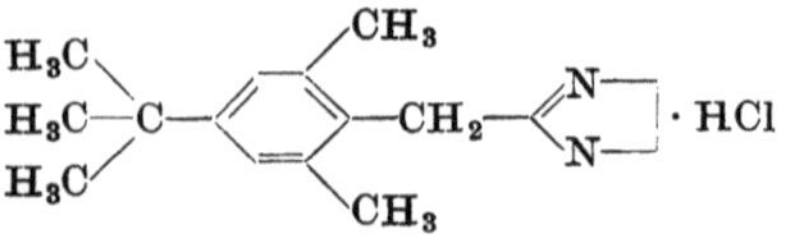

1-(4-tert-Butyl-2,6-dimethyl-benzyl)-Δ^2-imidazolin-hydrochlorid.

Handelsformen: Otrivin Hydrochloride (Ciba Pharmac. Comp., USA). – *Otriven* (Ciba AG, Wehr/Baden): Nebulisator mit 10 ml 0,1%iger Lösung; Pipettenflasche mit 10 und 20 ml 0,1%iger Lösung. Für Säuglinge und Kleinkinder: Pipettenflasche mit 10 ml 0,05%iger Lösung. *Anwendung.* Zur Abschwellung der Schleimhaut im Nasen-Rachen-Raum und an der Augenbindehaut. – *Otriven-Millicorten* (Ciba AG, Wehr/Baden): Kombinationspräparat, Supp. mit 0,05% Otriven und 0,02% Millicorten (Ciba) als Trimethylacetat; Nasentropfen.

Vitamine

Definition, allgemeine Bemerkungen. Vitamine sind Stoffe, die für den normalen Ablauf der Lebensvorgänge im tierischen Organismus unentbehrlich sind, in kleinen Mengen eine große Wirksamkeit entfalten und dauernd von außen, d.h. mit der Nahrung dem Körper zugeführt werden müssen. Der tierische Organismus ist im allgemeinen nicht in der Lage, Vitamine selbst zu synthetisieren. Durch diese Bedingung unterscheiden sich die Vitamine von den *Hormonen,* nämlich solchen Stoffen, die für den tierischen Organismus ebenfalls unentbehrlich sind, sich durch hohe physiologische Wirksamkeit auszeichnen und – im Gegensatz zu den Vitaminen – vom gesunden Organismus selbst produziert werden.

Der menschliche Körper ist zur Aufrechterhaltung der Lebensvorgänge, des Wachstums und der Fortpflanzung im allgemeinen darauf angewiesen, die Vitamine entweder in fertiger Form oder als Vorstufen, als sog. *Provitamine* mit der Nahrung aufzunehmen. Obwohl der tierische Organismus Vitamine in bestimmtem Umfang speichern und bei Bedarf freigeben kann, wodurch kürzere Perioden vitaminarmer Ernährung überbrückt werden, treten Mangelerscheinungen, sog. *Hypovitaminosen* beim Menschen relativ häufig auf. *Avitaminosen,* d.h. gänzliches Fehlen eines oder mehrerer Vitamine kommen bei normaler Ernährung selten vor. *Hypervitaminosen,* das sind Schädigungen nach Verabreichung zu großer Vitamingaben, sind in der Therapie bei einigen Vitaminen möglich; sie können durch Nahrungsmittel praktisch nicht verursacht werden. Bei bestimmten Belastungen hat der Mensch einen erhöhten Vitaminbedarf, z. B. bei Infekten, in der Rekonvaleszenz, in Wachstumsperioden, bei gesteigerter körperlicher und geistiger Anstrengung, in der Schwangerschaft und der Stillzeit, im Alter. Die dadurch bedingten Hypovitaminosen können oft durch die Nahrung allein nicht behoben werden. Zu Vitaminmangelerscheinungen kann es auch infolge von Erkrankungen des Magen-Darm-Traktes oder infolge enzymatisch bzw. hormonell bedingter Verwertungsstörungen kommen. In solchen Fällen werden Einzelvitamine oder Vitaminkombinationen peroral oder parenteral verabreicht, um den gestörten Vitaminhaushalt auszugleichen oder einem Defizit vorzubeugen. Verschiedene Vitamine besitzen aber auch davon unabhängig Eigenschaften von Arzneimitteln mit echter pharmakologischer Wirkung. Die Dosierung beträgt dann allerdings ein Vielfaches des bekannten Tagesbedarfs.

Das Einteilungsprinzip „Vitamine – Hormone" hat an Schärfe verloren, seitdem man festgestellt hat, daß Stoffe, die für eine bestimmte Tierart die Bedeutung eines Vitamins haben, bei anderen Organismen die Funktion eines Hormons erfüllen und umgekehrt. Beispielsweise ist die Ascorbinsäure für den Menschen ein Vitamin, da der Mensch seinen Bedarf an diesem Ernährungsfaktor aus der Nahrung decken muß. Für den Hund und die Ratte stellt die Ascorbinsäure jedoch nach obiger Definition ein Hormon dar, weil beide

Tierarten diesen Stoff selbst zu synthetisieren vermögen. Man hat daher den Vorschlag gemacht, beide Stoffklassen unter dem Begriff „Ergone" oder „Wirkstoffe" zusammenzufassen, da eine klare Abtrennung der Vitamine von den Hormonen nicht mehr möglich ist. Im folgenden wird dennoch, hauptsächlich aus praktischen Gründen zwischen Vitaminen und Hormonen unterschieden. Der Begriff „Ergone" hat sich bisher nicht eingebürgert, während der Begriff „Vitamine" geläufig geblieben ist. Darüber hinaus stellen die in dem Kapitel *Vitamine* behandelten Stoffe solche Faktoren dar, die – so weit sie für den Menschen von Bedeutung sind – die Rolle eines Vitamins gemäß der ursprünglichen Definition spielen.

Einteilung. In chemischer Hinsicht handelt es sich bei den meisten Vitaminen nicht um Amine, wie man aus dem 1912 von Funk geprägten Namen entnehmen könnte. Stickstoffhaltig sind nur die Vitamine des B-Komplexes. Eine Gruppeneinteilung nach chemischen Gesichtspunkten ist schwierig, da sich die einzelnen Vitamine in ihrer Konstitution stark unterscheiden. Im allgemeinen hält man an der Einteilung in *fettlösliche* und *wasserlösliche* Vitamine fest, die aus den Anfängen der Vitaminforschung stammt und sich nur auf die physikalischen Eigenschaften. Innerhalb der beiden Gruppen sollen die einzelnen Vitamine hier in alphabetischer Reihenfolge besprochen werden.

Die folgende Tabelle enthält die Bezeichnung nach Buchstaben, den chemischen Trivialnamen und die funktionelle Bezeichnung.

Einteilung der Vitamine

Buchstabenbezeichnung	Trivialnamen	Funktionelle Bezeichnung
	Fettlösliche Vitamine	
A	Axerophthol, Retinol	Antixeropthalmisches Vitamin, Epithelschutzvitamin, Antiinfektiöses Vitamin
D_2	Calciferol	Antirachitisches Vitamin
D_3	Cholecalciferol	Antirachitisches Vitamin
E	Tocopherol	Antisterilitätsvitamin, Fruchtbarkeitsvitamin
K_1	α-Phyllochinon, Phytonydion	Antihämorrhagisches Vitamin, Koagulationsvitamin
K_2	β-Phyllochinon, Farnochinon	Antihämorrhagisches Vitamin, Koagulationsvitamin
K_3	Menadion, Menaphthon	Antihämorrhagisches Vitamin, Koagulationsvitamin (Prothrombinfaktor)
	Wasserlösliche Vitamine	
B_1	Aneurin, Thiamin	Antineuritisches Vitamin, Antiberiberi-Wirkstoff
B_2	Lactoflavin, Riboflavin	
B_3	Pantothensäure	Anti-graue-Haare-Faktor, Filtrat-Faktor
B_5	Nicotinsäureamid	Pellagraschutzstoff, PP-Faktor
B_6	Adermin, Pyridoxin	
B_{12}	Cobalamin, Cyanocobalamin	Antiperniziosa-Wirkstoff, Antianämisches Vitamin, Animal protein factor, Extrinsic-factor
B_c	Folsäure	Antianämie-Faktor
H	Biotin	Hautvitamin
H′	p-Aminobenzoesäure	Wachstumsvitamin
C	Ascorbinsäure	Antiscorbutisches Vitamin
P	Citrin, Rutin	Permeabilitätsvitamin

Vitamineinheiten. Zur quantitativen Erfassung der Vitaminwirkung wurden zu einer Zeit, als die Konstitution der einzelnen Vitamine noch nicht bekannt war „Vitamineinheiten“ eingeführt, die jeweils durch das Eintreten eines bestimmten biologischen Effektes festgelegt waren. Nachdem die Struktur der meisten Vitamine bekannt war, hat man „Internationale Einheiten“ aufgestellt, welche die Wirkung einer bestimmten Menge eines reinen Vitamins oder eines Provitamins charakterisieren. Die folgende Tabelle enthält die Vitamine, für welche eine Internationale Einheit festgelegt ist:

Vitamin	1 I.E. entspricht
A	0,3 γ Vitamin-A-Alkohol = 0,344 γ Vitamin-A-Acetat = 0,6 γ β-Carotin
D	0,025 γ krist. Vitamin D_3
E	1 mg D,L-Tocopherolacetat
K	keine I.E. festgelegt; 1 Dam.E. = 0,1 γ Vitamin K_1
B_1	3 γ krist. Aneurinchloridhydrochlorid
C	0,05 mg krist. L-Ascorbinsäure

Beziehungen zwischen Vitaminen und Enzymen. Schon bald nach der Entdeckung der Vitamine wurde erkannt, daß zwischen diesen und einigen Enzymen enge Beziehungen bestehen. Einige Vitamine haben sich nämlich als die eigentlich wirkende Gruppe von Enzymen erwiesen. Nach dem allgemeinen Bauprinzip setzt sich ein Enzym aus einem *Coenzym* und einem *Apoenzym* (*Coferment* und *Apoferment*) zusammen; beide bilden zusammen das reaktionsfähige *Holoenzym* (*Holoferment*):

Coenzym + Apoenzym = Holoenzym.

Während das Apoenzym hochmolekularer, eiweißartiger Natur ist und die Aufgabe einer spezifischen Trägersubstanz erfüllt, kommen für das Coenzym niedermolekulare Verbindungen in Frage. Diesen Coenzymen kommt die eigentliche Wirksamkeit zu. Coenzyme einiger wichtiger Holoenzyme sind Vitamine, die oft über Phosphorsäure, in wenigen Fällen auch über andere niedermolekulare Substanzen an das Apoenzym gebunden sind. Beispiele:

Vitamin	Als Coenzym oder Teil eines Coenzyms enthalten in
Thiamin	Cocarboxylase
Riboflavin	Gelbes Atmungsferment u. a. gelbe Fermente
Nicotinsäureamid	Codehydrasen I u. II, Coferment n. WARBURG
Pyridoxin	Verschiedene wichtige Enzyme, die im Eiweißstoffwechsel eine Rolle spielen
Pantothensäure	Coacetylase, „Coenzym A“
Axerophtol	Rhodopsin

Vitamin A. Vitamin A USP XVII. Vitamine A CF 65. Axerophthol. Retinol. Epithelschutzvitamin. Antiinfektiöses Vitamin. Wachstumsvitamin. Antixerophthalmisches Vitamin. Vitamin A_1.

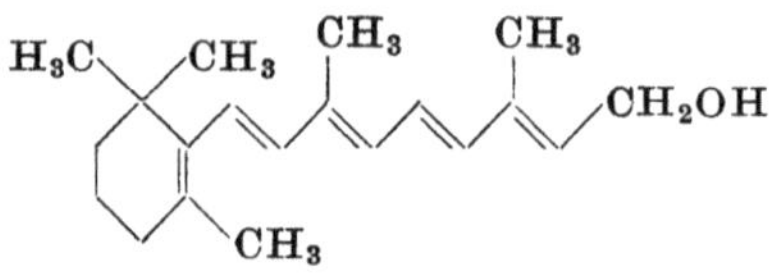

$C_{20}H_{30}O$ M.G. 286,46

all-trans 3,7-Dimethyl-9-(2′,6′,6′-trimethyl-1′-cyclohexen-1′-yl)-2,4,6,8-nonatetranen-1-ol.

Offizinelle, fettlösliche Vitamine (ohne Zubereitungen)

	USP XVII	BP 63	PI.Ed. I	DAB 7 – BRD	DAB 7 – DDR	ÖAB 9	CsL 2	CF 65	Ross. 9	Nord. 63	Helv.V–Suppl. II
Vitamin A	+	–	–	–	–	–	–	+	–	–	–
Vitamin-A-Acetat	–	+	–	+	–	–	+	–	–	–	–
Vitamin D_2	+	+	+	+	+	+	+	+	–	+	+
Vitamin D_3	+	–	–	–	–	+	+	+	–	–	–
Vitamin-D_3-Cholesterin	–	–	–	+	–	–	–	–	–	–	–
Vitamin E	–	–	–	–	–	–	–	–	–	–	–
Vitamin-E-Acetat	–	–	–	+	–	+	+	–	–	+	–
Vitamin-E-Succinat	–	–	–	–	–	–	–	–	–	+	–
Vitamin K_1	+	+	–	–	–	–	–	+	–	–	–
Vitamin K_2	–	–	–	–	–	–	–	–	–	–	–
Vitamin K_3	+	+	+	+	–	+	–	–	–	–	–
Vitamin K_3 (wasserlöslich)	–	+	–	–	+	–	–	–	+	+	–
Vitamin K_4 (wasserlöslich)	+	–	–	–	–	–	–	+	–	–	–
Acetomenaphthone	–	+	–	–	–	–	–	–	–	–	–

Darstellung. Zur Anreicherung des Vitamins aus Fischleberölen werden diese unter besonderen Vorsichtsmaßnahmen (Ausschluß von Luftsauerstoff) verseift und die nicht verseifbaren Anteile mit organischen Lösungsmitteln extrahiert. Die so erhaltenen Produkte enthalten neben Vitamin A noch Vitamin D, Sterine und Reste von unverseiftem Fett. Die weitere Reinigung kann chromatographisch erfolgen.

Gewinnung von Vitamin-A-Konzentraten und des reinen Vitamin A. Als Ausgangsmaterial dienen Fischleberöle, insbesondere die Leberöle vom Heilbutt und der Makrele; die frischen Fischlebern werden, sofern sie nicht gleich zur Verarbeitung gelangen, auf 75 bis 80° erwärmt, wodurch zersetzende Fermente inaktiviert und Mikroorganismen unschädlich gemacht werden. Hierauf erfolgt Tiefkühlung und Aufbewahrung der Lebern unter einer Kohlensäureatmosphäre, um das sauerstoffempfindliche Vitamin A vor Oxydation zu schützen. Neben der Gasabdichtung verwendet man auch die Isolierung mit flüssigem Paraffin, indem man die Lebern damit überspritzt. Die Gewinnung des Öles aus den Lebern kann auf verschiedenen Wegen erfolgen. Man behandelt entweder die Organe mit heißem Wasserdampf, oder man preßt die gefrorenen Lebern aus, oder man extrahiert sie mit geeigneten organischen Lösungsmitteln bzw. Gemischen dieser. Das gewonnene Öl muß wieder unter Kohlensäure- oder Stickstoffatmosphäre aufbewahrt werden. Die Notwendigkeit, das Vitamin A vor Oxydation zu bewahren, besteht auch während der weiteren Verarbeitung. Statt den Luftsauerstoff durch indifferente Gase auszuschließen, verhindert man die Oxydation auch durch Zusatz geeigneter Reduktionsmittel. In Frage kommen zwei- und dreiwertige Phenole wie z.B. Brenzkatechin, Hydrochinon, Pyrogallol.

Um vitaminreiche Fraktionen aus den Leberölen zu gewinnen, wird zunächst das fette Öl verseift. Die Verseifung darf wegen Zersetzungsgefahr nicht bei der Siedehitze erfolgen; sie wird bei Zimmertemperatur oder bei höchstens 60° durchgeführt. Außerdem muß für Luftabschluß gesorgt werden (Verseifung unter Stickstoffatmosphäre). Zwecks schnellerer Verseifung arbeitet man nicht in wäßrigen, sondern in wäßrig-alkoholischem bzw. acetonischem Medium. Als Verseifungsmittel dienen Kalium- oder Natriumhydroxid. Aus der verseiften Masse werden dann die Vitamine auf recht verschiedene Art isoliert. Das übliche Verfahren, Extraktion mit organischen Lösungsmitteln, wird in weitem Maße angewandt. Als Extraktionsmittel benutzt man vorzugsweise Äther, Petroläther oder Äthylendichlorid. Die vereinigten Auszüge werden im Vakuum eingedunstet, wobei man ein Produkt erhält, das außer den Vitaminen noch Sterine und Reste von unverseiftem Fett enthält. Für jede Operation zur Gewinnung der Leberöle und Leberölkonzentrate sind in der Patentliteratur des In- und Auslandes zahlreiche Patente beschrieben worden, auf deren Wiedergabe hier verzichtet werden muß. – Die gewonnenen Konzentrate enthalten stets beide fettlöslichen Vitamine A und D nebeneinander (vgl. hierzu auch die unter „D-Vitamine" beschriebene Gewinnung von Vitamin D_3, s. dort). Durch geeignete Auswahl der Fischsorten und durch die besondere Art der Weiterverarbeitung können die Mengenverhältnisse der beiden Vitamine zugunsten des einen oder anderen weitgehend verändert werden.

Für die weitere Anreicherung des Unverseifbaren an Vitamin A stehen wieder mehrere Methoden zur Verfügung. Nach einem Patentverfahren löst man das Unverseifbare in Methylalkohol und kühlt die Lösung mit Kohlensäureschnee und Aceton. Von den auftretenden Abscheidungen wird abfiltriert, das Filtrat mit wenig Wasser verdünnt und erneut tiefgekühlt. Hierbei wird eine zweite Abscheidung gewonnen, von der ebenfalls abfiltriert wird. Das Filtrat wird noch dreimal in entsprechender Weise behandelt. Hierbei werden fünf Fraktionen mit verschiedenem Vitamin-A-Gehalt erzielt. Den höchsten Vitamingehalt weist nach diesem Patentverfahren die Fraktion III auf.

Die Gewinnung reinster Präparate erfolgt durch die chromatographische Adsorptionsanalyse. Die Isolierung des reinen Vitamin A hat jedoch nur theoretische Bedeutung. In der Technik begnügt man sich meist mit der Darstellung hochwirksamer Vitamin-A-Konzentrate, da eine völlige Abtrennung der Sterinreste und des Vitamin D nicht erforderlich ist.

1. Synthese nach O. Isler, W. Huber u. a. [Helv. chim. Acta *30*, 1911 (1947)].

β-Ionon wird mit Chloressigester in Gegenwart von Natriumalkoholat zu einem hitzeempfindlichen Ester kondensiert, aus dem beim Verseifen und Decarboxylieren unter Verschiebung einer Doppelbindung der Aldehyd I entsteht:

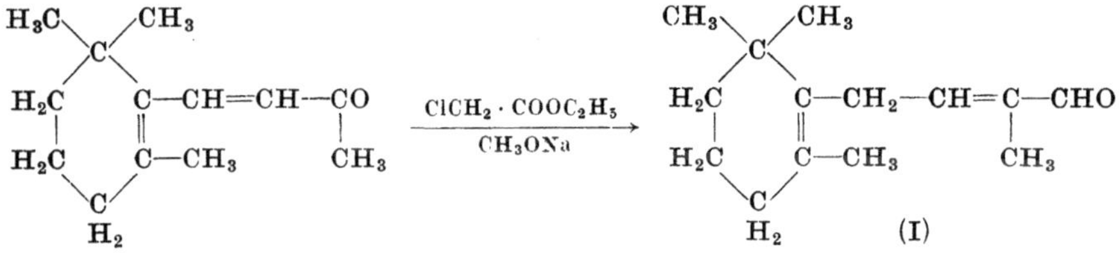

Acetylenlithium und Methylvinylketon werden in flüssigem Ammoniak kondensiert. Das Rk.-Produkt erleidet in verd. Schwefelsäure eine Allylumlagerung und wird mit Äthylmagnesiumbromid zur Grignard-Verbindung II umgesetzt:

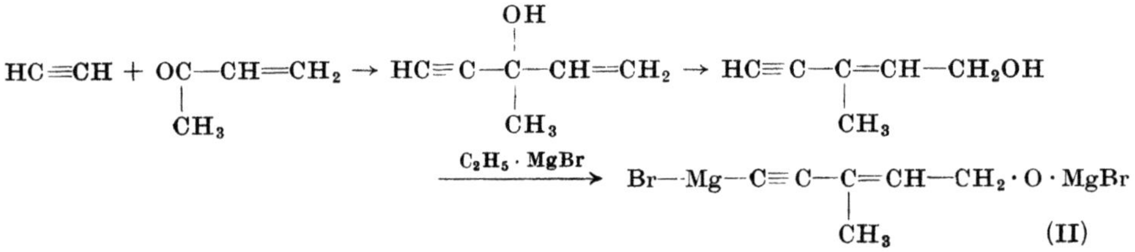

I und II werden kondensiert, das Rk.-Produkt partiell hydriert und zum Schutz der primären Alkoholgruppe acetyliert (III):

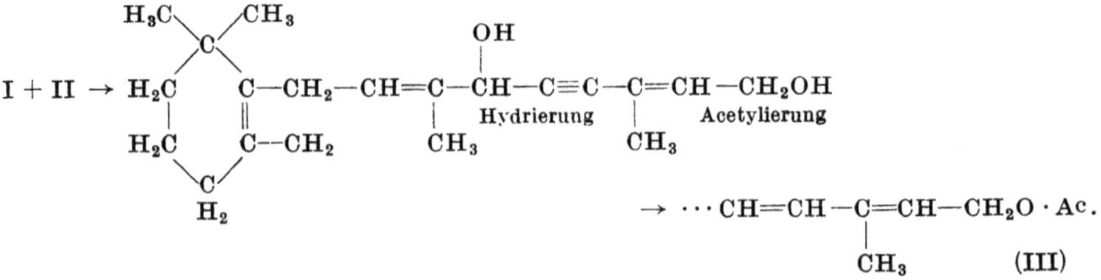

Den Ester dehydratisiert man in Petroläther in Gegenwart geringer Mengen Jod oder man setzt die sekundäre Alkoholgruppe mit konz. Bromwasserstoff um und spaltet dann durch Rühren mit W. HBr ab. Die Dehydratisierung erfolgt erst nach einer Allylumlagerung. Anschließende Verseifung liefert Vitamin A.

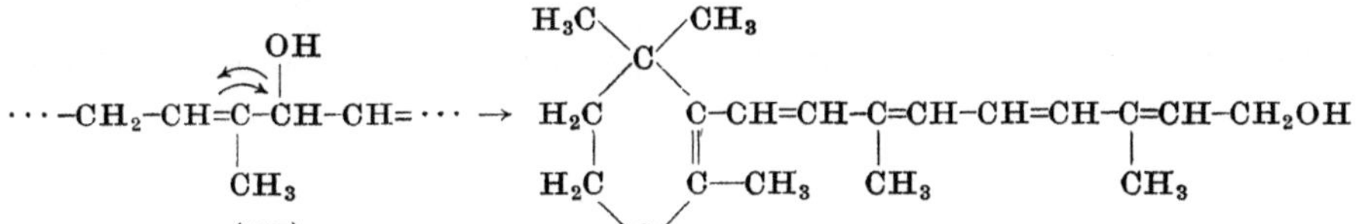

(III) Vitamin A

2. *Synthese nach D. A. Dorp und J. F. Arens* [Nature (Lond.) *160*, 189 (1947)].

β-Jonon wird mit Äthylbromacetat nach Reformatzky umgesetzt, das Rk.-Produkt dehydratisiert und mit $LiAlH_4$ in A. hydriert (I):

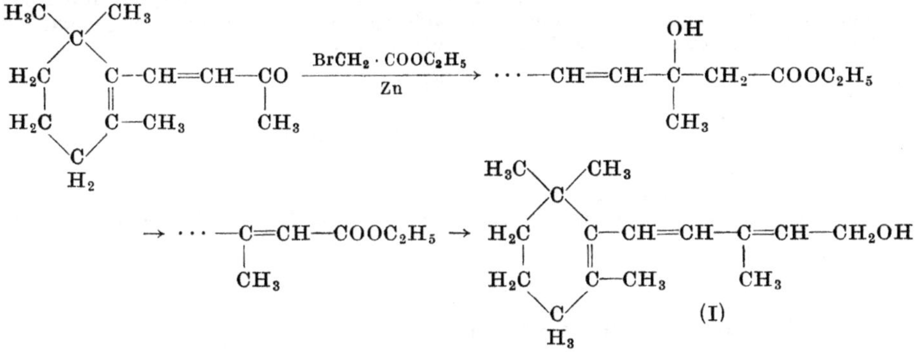

(I)

I wird nach Oppenauer oxydiert, der entstehende Aldehyd mit Aceton kondensiert, das C_{18}-Keton mit der Grignard-Verbindung des Acetylenäthyläthers umgesetzt, das Produkt (II) katalytisch partiell hydriert und mit HCl zum Vitamin-A-Aldehyd dehydratisiert:

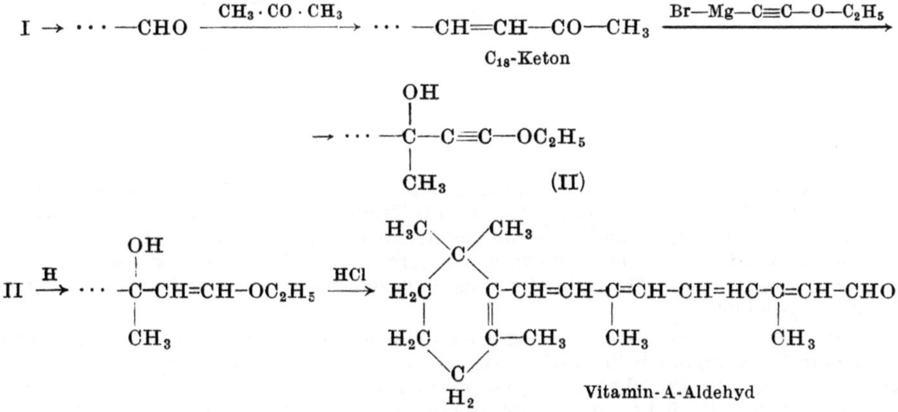

C_{18}-Keton (II) Vitamin-A-Aldehyd

Der Vitamin-A-Aldehyd kann nach Meerwein-Ponndorf zu Vitamin A reduziert werden.

Neben den beiden beschriebenen Synthesewegen gibt es noch eine Reihe weiterer Möglichkeiten; die Unterschiede liegen zumeist in verschiedenen Grignardierungs-Rkk.

3. *Synthesen nach H. Pommer* [DBP 951212 (Chem. Zbl. *1957*, S. 4194); DBP 950551 (Chem. Zbl. *1957*, S. 4776); D.A.S. 1001256 (Chem. Zbl. *1958*, S. 10451)]. Hierbei wird die „Carbonyl-Olefinierung" nach G. Wittig angewandt.

a) Das olefinische, 5 C-Atome enthaltende Halogenid I wird mit Triphenylphosphin zum Phosphoniumhalogenid II umgesetzt und auf dieses der C-15-Aldehyd III einwirken gelassen. Das Reaktionsprodukt IV wird anschließend mit Lithiumalanat zum Axerophthol reduziert:

$$\underset{\text{I}}{R{-}OOC{-}CH{=}\overset{CH_3}{\overset{|}{C}}{-}CH_2Br} + P(C_6H_5)_3 \rightarrow \underset{\text{II}}{\left[(C_6H_5)_3\overset{\oplus}{P}{-}CH_2{-}\overset{CH_3}{\overset{|}{C}}{=}CCH{-}COOR\right]}Br^{\ominus}$$

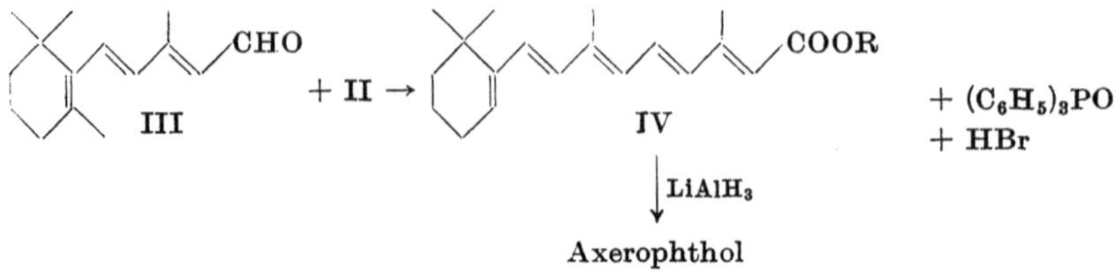

b) Eine andere Möglichkeit besteht in der Umsetzung von β-Ionylhalogenid mit einem Phosphin zum Phosphoniumhalogenid, Umwandlung desselben in ein β-Ionylidenphosphinylid und Einwirkung eines Aldehyds der allgemeinen Formel:

$$OHC{-}CH{=}CH{-}\overset{CH_3}{\overset{|}{C}}{=}CH{-}CH_2OR$$

c) β-Jonon (I) wird mit 6-Brom-3-methylhexen-(2)-in-(4)-säureäthylester-(1) (II) in Gegenwart aktivierter Metalle in wasserfreiem Tetrahydrofuran zu III umgesetzt. III wird nach Wasserabspaltung in mehreren Schritten selektiv zum Axerophthol reduziert:

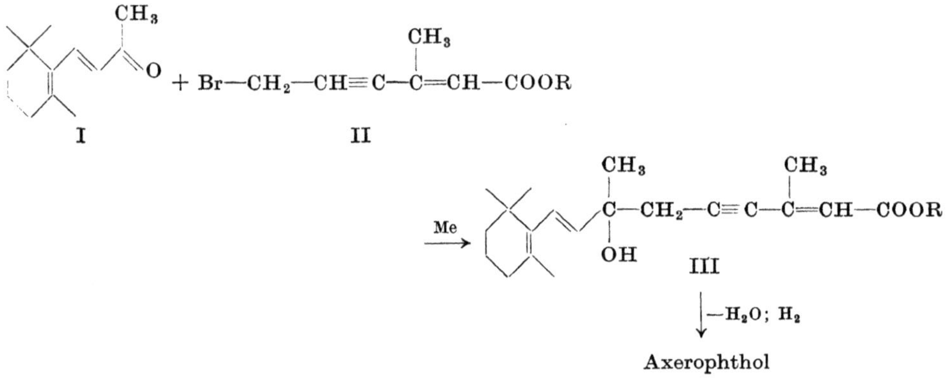

Vorkommen. Vitamin A kommt nicht in Pflanzen, sondern nur in Tieren und Tierprodukten vor. Viele Pflanzen enthalten die als Provitamine A bezeichneten Carotinoide, aus denen der menschliche und tierische Organismus Vitamin A bilden kann.

Vitamin A_1 ist vorwiegend in Form von Estern höherer Fettsäuren enthalten in Fischlebertran, Säugetierleber, Milch, Butter, Eigelb. Eigelb enthält zum großen Teil auch freien Vitamin-A-Alkohol.

Eigenschaften. Reines Vitamin A (all-trans-Konfiguration): Hellgelbe Nadeln, praktisch unlöslich in W., kann mit Hilfe stark oberflächenaktiver Stoffe in kolloide Lösungen überführt werden, sehr leicht löslich in Ae., Petroläther, Chloroform, Aceton, Methanol, Äthanol und fetten Ölen, stark licht- und sauerstoffempfindlich. Fp. 63 bis 64°. $n_D^{40} = 1{,}627$.

Die offizinellen Präparate bestehen zum großen Teil aus Vitamin-A-Alkohol, enthalten daneben aber auch Vitamin-A-Ester.

USP XVII gibt folgende Beschreibung: Vitamin A enthält eine geeignete Retinolform und muß mindestens 95% der deklarierten Vitamin-A-Aktivität besitzen. Es kann freies Retinol und Retinolester genießbarer Fettsäuren enthalten, vorwiegend Essigsäure- und Palmitinsäureester. Es kann mit eßbaren Ölen verdünnt oder in feste Arzneigrundlagen eingearbeitet sein und darf geeignete Konservierungsmittel, Antioxydantien usw. enthalten. Beschreibung: Hellgelbes bis rötliches Öl, das beim Unterkühlen erstarren kann. Es soll nahezu geruchlos sein oder mild fischartig riechen, darf aber nicht ranzig riechen oder schmecken. Löslichkeit: In flüssiger Form löslich in abs. A. und in pflanzlichen Ölen, leicht löslich in Ae. und Chloroform, unlöslich in W. und Glycerin.

Vitamin-A-Gehalt verschiedener Nahrungsmittel pro 100 g Frischgewicht

	I. E.	mg
Medizinallebertran		
(z. B. DAB 7 – BRD)	85000	26
Heilbuttlebertran	2000000–36000000	600–10800
Dorschlebertran	40000–1000000	12–300
Kabeljaulebertran	60000–400000	18–120
Steinbuttlebertran	ca. 50000	15
Thunfischlebertran	3400000–12000000	1020–3600
Geräucherter Hering	500–1500	0,15–0,45
Kalbsleber	10000–160000	3–50
Schweineleber	8000–36000	3–12
Rindsleber	12700–41800	4–13
Niere (Rind)	ca. 750	0,22
Butter	1000–3000	0,3–0,9
Vollfettkäse	ca. 1400	0,42
Kuhmilch	100–200	0,03–0,06
Hühnerei	400–1100	0,12–0,30
Margarine (vitaminisiert)	2000–3000	0,6–0,9

CF 65 macht folgende Angaben: Vitamin A kommt in nennenswerter Menge vergesellschaftet mit Vitamin D in verschiedenen Ölen vor, besonders in bestimmten Fischleberölen (Thunfisch, Hai, Flunder, Kabeljau). Vitamin A ist ein primärer Alkohol mit 5 konjugierten Doppelbindungen. Die Konfiguration des synthetischen Produktes ist fast vollkommen „trans“, im natürlichen Produkt liegt teilweise cis-Konfiguration vor. Das Vitamin-A-Acetat bildet blaßgelbe Kristalle, die zwischen 57 und 60° schmelzen. Es ist unlöslich in Wasser, löslich in A., Chloroform, Ae., Petroläther und fetten Ölen. Das synthetische Vitamin A wird mitunter als freier Alkohol dargestellt; dieser ist jedoch leicht oxydierbar. Man bevorzugt deshalb das kristalline Acetat oder Palmitat. Sehr häufig liegt Vitamin A in stark konzentrierten öligen Lösungen oder wäßrigen Suspensionen vor. Das natürliche Vitamin A besteht aus Mischungen von Estern, deren Eigenschaften denen des Palmitats ähnlich sind.

Optische Eigenschaften: Nach CF 65: Das freie oder veresterte Vitamin A zeigt im Ultravioletten ein charakteristisches Absorptionsspektrum, dessen Maximum für den freien Alkohol bei 325 mμ, für das Acetat und Palmitat bei 326 mμ und für Gemische der natürlichen Ester bei 328 mμ liegt.

Die spezifischen Absorptionen der Lösungen in Isopropanol betragen bei der Konzentration von 0,0003 T. pro 100 T. (g/vol).

$E^{1\%}_{1\,cm} = 1820$ (Vitamin-A-Alkohol)

$E^{1\%}_{1\,cm} = 1525$ (Vitamin-A-Acetat)

Die Absorptionswerte beiderseits der Maxima, bezogen auf den Wert 1,0 sind in der folgenden Tabelle angegeben:

Vergleichsspektren von Vitamin A in Isopropanol (optische Dichten)

λ mμ	Vitamin-A-Alkohol	Vitamin-A-Acetat	Vitamin-A-Palmitat
300	0,593	0,578	0,590
310	0,852	0,815	0,825
320	0,960	0,948	0,950
325	1,000	–	–
326	0,995	1,000	1,000
328	0,974	–	0,992
330	0,937	0,972	0,981
340	0,718	0,786	0,795
350	0,433	0,523	0,527

Erkennung. Nach USP XVII: a) Zu 1 ml der Lösung in Chloroform, die etwa 1 mcg Retinol enthält, werden 10 ml einer Antimon(III)-chloridlösung gegeben [20 g Antimon(III)-chlorid auf 100 ml Chloroform; wenn nötig filtrieren]. Es entsteht sofort eine Blaufärbung. – b) Chromatographischer Nachweis: Vitamin A oder seine Derivate werden dünnschichtchromatographisch mit einem Standard verglichen. Sorbens: Kieselgel. Fließmittel: Cyclohexan/Äther = 4/1. Sprühlösung: Antimon(III)-chloridlösung (s. o.). Laufstrecke: 10 cm. Standardlösung: Der Inhalt einer Ampulle „USP-Vitamin-A-Reference-Standard" wird zu 250 ml mit Chloroform gelöst. Liegt das zu untersuchende Vitamin in flüssiger Form vor, so wird eine Menge eingesetzt, die etwa 15000 USP-Einheiten entspricht und zu 10 ml mit Chloroform gelöst. Liegt das Vitamin in fester Form vor, so wird eine Menge abgewogen, die ebenfalls 15000 USP-Einheiten entspricht. Diese Einwaage wird in einem Schütteltrichter 1 Min. lang mit 75 ml W. kräftig durchgeschüttelt und dann 1 Min. lang mit 10 ml Chloroform ausgeschüttelt. Der Chloroformextrakt wird durch Zentrifugieren geklärt. Am Startpunkt werden 0,015 ml der Standardlösung und 0,01 ml der zu untersuchenden Vitamin-A-Lösung aufgetragen. Die Entwicklerkammer ist mit Filtrierpapier ausgekleidet, das in das Lösungsmittel eintaucht. Die entwickelte Platte wird an der Luft getrocknet. Der blaue Fleck nach dem Besprühen mit Antimon(III)-chloridlösung ist beweisend für die Anwesenheit von Retinol. Die mittleren R_f-Werte der Hauptflecken betragen für

Vitamin-A-Alkohol	0,1
Vitamin-A-Acetat	0,45
Vitamin-A-Palmitat	0,7

Weitere Identitätsreaktionen:

c) Messung des UV-Absorptionsspektrums; Maxima s. o.!

d) Überführung in Anhydrovitamin A: P. BUDOWSKI und A. BONDI [The Analyst *82*, 751 (1957)] beschrieben eine spektrophotometrische Methode, die auf der Umwandlung von Vitamin A in Anhydrovitamin A beruht. Vitamin A gibt als Alkohol in wasserfreiem Benzol bei Einwirkung von p-Toluolsulfonsäure eine Molekel Wasser ab:

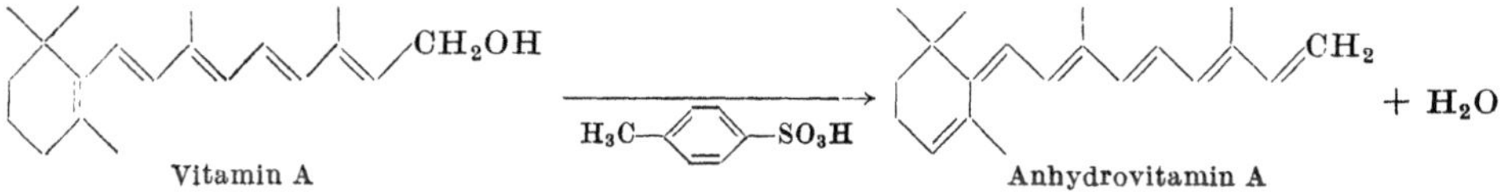

Das Absorptionsspektrum des entstandenen, stärker ungesättigten Kohlenwasserstoffs unterscheidet sich deutlich von dem des Vitamin A. Es enthält zwei ausgeprägte Maxima, bei 377 und 399 mμ. Da Vitamin A bei 399 mμ praktisch kein Licht absorbiert, können bei dieser Wellenlänge auch quantitative Messungen durchgeführt werden.

e) Biologische Bestimmungen:

Prophylaktischer und kurativer Wachstumstest an der Ratte, s. USP XIV.

Kolpokeratosetest an der Ratte und der Maus, s. W. HOHLWEG und M. DOHRN: Z. ges. exp. Med. *71*, 762 (1930) und Biochem. J. *30*, 932 (1936).

Antioestrustest, s. W. HOHLWEG: Klin. Wschr. *29*, 193 (1951) und Z. ges. inn. Med. *6*, 272 (1951) und Pharmazie *7*, 280 (1952).

Vitamin-A-Leberspeicherungstest an der Ratte, s. K. GUGGENHEIM u. W. KOCH: Biochem. J. *38*, 256 (1944).

Prüfung USP XVII: Die Abweichung der bei 325 mμ gemessenen Extinktion (Ausführung s. unter Gehaltsbestimmung von Vitamin A) von der korrigierten, beobachteten (A_{325}) darf nicht mehr als 0,85 betragen.

Gehaltsbestimmungen. Quantitative Bestimmungen sind außer in USP XVII und CF 65 auch in einigen Pharmakopöen zu finden, die Vitamin A nur in Zubereitungen oder Leberölen enthalten. Direkte spektrophotometrische Bestimmungsmethoden findet man z. B. in USP XVII, CF 65, DAB 6 – 3. Nachtr. (BRD), ÖAB 9.

Vorschrift des DAB 6 – 3. Nachtr. (BRD): Die Bestimmung ist unter Verwendung von Glasschliffgeräten möglichst schnell und vor Tageslicht geschützt auszuführen. Die in den einzelnen Monographien angegebene Gewichtsmenge Öl wird mit 30 ml Aceton (96%) und einer Lösung von 1,0 g Kaliumhydroxid in 3,0 ml W. auf dem Wasserbad unter Rückfluß und Einleiten von Stickstoff 30 Min. lang erhitzt. Nach dem Abkühlen auf Zimmertemp. wird mit 35 ml W. versetzt, das Gemisch in einen Scheidetrichter übergeführt und 4mal mit je 30 ml Ae. ausgeschüttelt. Der Gesamtätherauszug wird mit Wasser bis zur neutralen Reaktion des Waschwassers gegen Phenolphthaleinlösung gewaschen und sofort im Destillierkolben unter Einleiten von Stickstoff und schwachem Erwärmen eingedampft. Der Abdampfrückstand wird in einer genau gemessenen Menge Isopropanol gelöst. Aus dieser Stammlösung wird durch mehrfaches Verdünnen mit Isopropanol eine Meßlösung hergestellt, die 10 bis 15 I.E. Vitamin A/ml enthält, entsprechend einer Extinktion von etwa 0,4 bis 0,8 bei 325 mμ. Die Extinktion dieser Lösung wird in 1 cm Schichtdicke bei 310, 325 und 334 mμ spektrophotometrisch gemessen. Nach der Formel

$$E = 7E_{325} - 2{,}625\,E_{310} - 4{,}375\,E_{334}$$

wird die korrigierte Extinktion berechnet. Für die Umrechnung in Internationale Einheiten gilt die Formel

$$1 \text{ I.E. Vitamin A/g} = E^{1\%}_{1\,cm} \text{ (korrigiert)} \cdot 1830 .$$

Die Fehlergrenze der Methode beträgt $\pm 8\%$.

CF 65 enthält 5 Vitamin-A-Bestimmungsmethoden:

1. Direkte spektrophotometrische Bestimmung.
2. Spektrophotometrische Bestimmung nach Verseifung.
3. Spektrophotometrische Bestimmung nach Verseifung und Chromatographie.
4. Kolorimetrische Bestimmung nach Verseifung und Chromatographie.
5. Biologische Bestimmung.

Zunächst wird die 1. Bestimmungsart versucht. Die Verfahren 2., 3. und 4. kommen dann zur Anwendung, wenn sich das zu untersuchende Präparat nicht auf die unten beschriebene Weise bestimmen läßt. Versagt jede physikalische Methode, dann steht noch die biologische zur Verfügung.

Ausführung der direkten, spektrophotometrischen Methode: Man stellt sich eine etwa 0,2%ige Lösung (bezogen auf Vitamin A) in Isopropanol (für spektroskopische Zwecke) her und verdünnt mit diesem Lösungsmittel so lange, bis die Extinktion, gemessen in 1 cm Schichtdicke bei der Wellenlänge des Maximums den Wert 0,5 beträgt. Man mißt dann die Absorption von 300 bis 350 mμ und bezieht die für das Maximum beobachtete Extinktion, die zwischen 325 und 328 mμ gemessen werden muß auf den Wert 1,000. Auf diese Weise erhält man die relativen Extinktionswerte beiderseits des Maximums, die mit den in obiger Tabelle angegebenen Werten nahezu identisch sein müssen (Abweichung $\pm$ 0,03). Durch Multiplikation der Absorption im Maximum mit 1830 (für Vitamin A) oder mit 1900 (für Vitamin-A-Ester) erhält man den Gehalt in I.E. in 100 ml der untersuchten Lösung. Fehlergrenze $\pm 2{,}5\%$.

Kolorimetrische Vitamin-A-Bestimmungen. Carr-Price-Reaktion [Biochem. J. *20*, 497 (1926)]: Vitamin A (ebenso die Carotinoide) geben in wasser- und alkoholfreiem Chloroform auf Zusatz von Antimon(III)-chlorid im gleichen Lösungsmittel eine intensive Blaufärbung, die unter bestimmten Bedingungen zur kolorimetrischen Bestimmung verwandt werden kann. Das Maximum der Absorption liegt bei 620 mμ. Nach J. Brüggemann und Mitarb. [Naturwissenschaften *38*, 362 (1951)] soll die Blaufärbungsreaktion auf den Gehalt an Antimon(V)-chlorid zurückzuführen sein. Nach G. Cavina (Chem. Zbl. *1957*, S. 9706) ist die Anwesenheit von $SbCl_5$ nicht erforderlich.

Ausführung: Die Carr-Price-Reaktion wird entweder mit reinen Vitamin-A-Präparaten oder mit dem unverseifbaren Anteil öliger Lösungen durchgeführt. Die in Fischleberölen enthaltenen ungesättigten Fettsäuren stören die Bestimmung.

Antimon(III)-chloridlösung (nach Vitamin-Bestimmungen, E. Merck AG, Darmstadt, Verlag Chemie 1963, S. 48): Etwa 500 ml Chloroform p. A. werden im Schütteltrichter 3- bis 4mal mit je 200 ml Wasser ausgeschüttelt. Dann wird mit Kaliumcarbonat im gut verschlossenen Kolben über Nacht stehengelassen. Das Chloroform wird durch vorsichtiges Abgießen, notfalls durch Filtration, vom Kaliumcarbonat getrennt und über neu hinzugefügtem Kaliumcarbonat abdestilliert. Die ersten Anteile des Destillates werden verworfen. Etwa 30 g Antimon(III)-chlorid werden in möglichst großen Stücken schnell in eine Reibschale eingewogen und mit etwa 20 ml des frisch destillierten Chloroforms übergossen. Durch mehrmaliges schnelles Umschwenken werden die Kristalle auf allen Seiten abgespült. Die Spülflüssigkeit wird möglichst vollständig abgegossen. Die noch anhaftenden Chloroformreste verdunsten rasch. Die groben Stücke werden sofort etwas zerkleinert. Etwa 21 bis 23 g davon werden auf der Tarierwaage abgewogen, in einen absolut trockenen 100-ml-Meßkolben gegeben und in dem nach dem obigen Verfahren getrockneten und frisch destillierten Chloroform zu 100 ml gelöst. Die fertige Lösung kann zur besseren Haltbarkeit über wasserfreiem Natriumsulfat aufbewahrt werden. Ihr Gehalt an Antimon(III)-chlorid kann zur Kontrolle jodometrisch titriert werden.

Aufstellung der Eichkurve: 50 mg kristallisiertes Vitamin-A-Acetat werden genau gewogen und in Chloroform zu 50 ml gelöst. 1,0 ml dieser Lösung wird mit Chloroform auf 100 ml verdünnt. Von dieser Verdünnung werden jeweils in der 1-cm-Küvette mit Chloroform auf 1,0 ml ergänzt:

0,60 ml = 6 γ Vitamin-A-Acetat = 17,44 I.E. Vitamin A
0,50 ml = 5 γ Vitamin-A-Acetat = 14,54 I.E. Vitamin A
0,40 ml = 4 γ Vitamin-A-Acetat = 11,63 I.E. Vitamin A
0,30 ml = 3 γ Vitamin-A-Acetat = 8,72 I.E. Vitamin A
0,20 ml = 2 γ Vitamin-A-Acetat = 5,81 I.E. Vitamin A

Aus einer Pipette mit weiter Ausflußöffnung läßt man jeweils 3 ml Antimon(III)-chloridlösung in die Küvette fließen. Die Extinktion wird sofort im Photometer bei 620 mμ bzw. entsprechendem Farbfilter gegen eine Leerküvette gemessen. Die Zugabe der Antimon(III)-chloridlösung und die Ablesung der Extinktion werden zweckmäßig von 2 Personen ausgeführt, in dem eine Person die 3 ml Reagenslösung in starkem Strahl aus einer Pipette in die Küvette fließen läßt, während die andere die Extinktion mißt. Die Ablesung muß spätestens nach 8 Sek. beendet sein, weil die Farbintensität sofort nachläßt. Die gemessenen Extinktionen werden gegen die eingesetzte Menge Vitamin-A-Acetat (in μg) oder, was günstiger ist, gegen die entsprechende Menge an I.E. aufgetragen. Die Kurve ist jedesmal zu überprüfen, wenn eine neue Reagenslösung angebrochen oder angefertigt wird. Für den Fall, daß die Reagenslösung selten oder nur in großen Zeitabständen benutzt wird, empfiehlt es sich, die Kurve jedesmal durch Messung einer Eichlösung zu kontrollieren. Als Eichsubstanzen können auch konzentrierte, ölige Viatmin-A-Lösungen mit synthetischem Vitamin-A-Acetat oder -Palmitat verwendet werden. Verseifung des Untersuchungsmaterials: Ölige oder stark ölhaltige bzw. fetthaltige Proben werden am besten direkt mit äthanolischer Kalilauge verseift. Es empfiehlt sich oft, trockenes Material vorher mit Fettlösungsmitteln zu extrahieren. Der Extrakt wird eingedampft und der Rückstand anschließend alkalisch verseift. Dies ist allerdings nur unter der Voraussetzung möglich, daß das Vitamin A in extrahierbarer Form, also nicht in Form eines Gelatinegranulats vorliegt. Für die Vitamin-A-Bestimmung in Lebensmitteln und Futtermitteln sind besondere Maßnahmen zu beachten. Bei pharmazeutischen Zubereitungen wird im allgemeinen eine Menge von 1 g Untersuchungsmaterial in einem Verseifungskölbchen (Spitzkölbchen) genau gewogen und mit 30 ml Äthanol sowie 3 ml Kaliumhydroxidlösung auf dem Wasserbad unter Rückfluß und gleichzeitigem Einleiten von sauerstofffreiem Stickstoff 30 Min. lang erhitzt. Nach dem Abkühlen auf Zimmertemperatur und dem Verdünnen der alkalisch-äthanolischen Seifenlösung mit Wasser wird das Vitamin A mit Äther oder Petroläther extrahiert. Die vereinigten organischen Auszüge werden mit Wasser alkalifrei gewaschen und mit wasserfreiem Natriumsulfat getrocknet. Das Natriumsulfat wird nochmals mit Äther oder Petroläther gewaschen und die Waschflüssigkeit mit dem organischen Extrakt vereint. Das Lösungsmittel wird vorsichtig, am besten im Rotationsverdampfer bei einer Wasserbadtemperatur von etwa 40° eingedampft. Der Abdampfrückstand wird sofort in so viel Chloroform gelöst, daß 1 ml Chloroformlösung etwa 10 bis 15 I.E. Vitamin A enthält. 1 ml dieser Lösung wird in die 1-cm-Küvette des Photometers pipettiert. Nach Zugabe von 3 ml Antimon(III)-chloridlösung wird die Extinktion bei 620 mμ bzw. dem entsprechenden Filter sofort gegen eine Leerküvette gemessen (s. o.). Der Gehalt an Vitamin A wird der Eichkurve entnommen.

Photometrische Bestimmung nach A. E. Sobel und H. Werbin [Ind. Engng. analyt. Edit. *18*, 570 (1946)].

Die Methode nach Sobel und Werbin besitzt die gleiche Spezifität wie die Carr-Price-Reaktion, sie spricht also auch auf Carotinoide und andere Polyene an. Als Reagens wird aktiviertes Glycerindichlorhydrin verwandt, das mit Vitamin A und seinen Estern eine Blaufärbung ergibt, die in eine relativ beständige Violettfärbung übergeht. Da die Extinktion zwischen der zweiten und zehnten Minute nach Zugabe des Reagenses ihren maximalen Wert erreicht, kann die Messung von einer Person ausgeführt werden. Ein weiterer Vorteil gegenüber der Carr-Price-Methode liegt in den angenehmeren Eigenschaften des Reagenses, das nicht die ätzenden Eigenschaften konzentrierter Antimon(III)-chloridlösungen hat. Von Nachteil ist die geringere Empfindlichkeit; die Extinktion beträgt etwa ein Drittel, verglichen mit der Blaufärbung mit Antimon(III)-chlorid. Es empfiehlt sich, die Lösungen bei gleicher Temperatur zu messen bei der die Eichkurve ermittelt wurde.

Reagenslöung (nach Vitamin-Bestimmungen, E. Merck AG, Darmstadt, Verlag Chemie 1963, S. 52): 1 Liter α-Dichlorhydrin wird mit einer Lösung von etwa 20 g Antimon(III)-chlorid in 100 ml äthanolfreiem Chloroform gemischt. Die Mischung wird im Vakuum destilliert. Der Vorlauf, der bei 15 Torr bis etwa 70° übergeht, wird verworfen (hauptsächlich Chloroform). Die Hauptfraktion, das eigentliche Reagens, destilliert bei diesem Druck zwischen 72 und 75° als farblose Flüssigkeit über. In einer dunklen Flasche aufbewahrt, hält sich das Reagens einige Wochen. Für jedes frisch hergestellte Reagens ist eine neue Eichkurve herzustellen.

Ausführung: 2 ml einer Chloroformlösung, die zwischen 2 und 20 μg (= etwa 6 bis 60 I.E.) Vitamin A, berechnet als Vitamin-A-Acetat, enthalten, werden in ein 10-ml-Meßkölbchen pipettiert. Dann wird mit aktiviertem Dichlorhydrin zur Marke ergänzt und die Lösung durchgemischt. Die Extinktion dieser Lösung wird nach Ablauf von 5 Min., gerechnet von der Zugabe des Reagenses, innerhalb der auf diesen Zeitpunkt folgenden 5 Min., in der 1-cm-Küvette in einem geeigneten Photometer bei der Wellenlänge 555 mμ oder mit einem entsprechenden Filter gegen die Blindlösung (Mischung aus 2 ml Chloroform plus 8 ml Reagens) gemessen. Der Vitamin-A-Gehalt wird an Hand einer Eichkurve, die mit 2 bis 20 μg reinem Vitamin-A-Acetat unter den gleichen Bedingungen aufgestellt worden ist, berechnet. Anstelle von Vitamin-A-Acetat kann auch eine Vogan-Kapsel als Eichsubstanz verwendet werden. Der günstigste Meßbereich liegt bei Messungen in der 1-cm-Küvette zwischen 5 und 15 μg Vitamin-A-Acetat (etwa 15 bis 45 I. E. Vitamin A). Ist der Vitamin-A-Gehalt niedriger als 5 μg/10 ml Meßlösung, so kann die Messung selbstverständlich auch in der 2-cm-Küvette oder in einer 5-cm-Mikroküvette vorgenommen werden.

Biologische Wertbestimmungen. Zur Wertbestimmung von Vitamin A und seinen Derivaten können auch die gleichen Reaktionen herangezogen werden, die schon unter „Erkennung" genannt wurden. Die wichtigsten biologischen Methoden sind:

1. Prophylaktischer Test: Untersuchung der pathologischen Veränderungen, die durch Vitamin-A-Mangel im Zentralnervensystem von Ratten entstehen [Irvin, J. T., u. M. B. Richards: Biochem. J. *34*, 198 (1940)].

2. Kurative Teste: Heilung von Vitamin-A-Mangelsymptomen bei Ratten. Dabei wird die Gewichtszunahme kontrolliert.

a) Kurativer Wachstumstest, modifiziert nach Chr. Bomskow [Z. ges. exp. Med. *106*, 377 (1939)].

b) Xerophthalmietest [Wagner, K. H.: Biochem. Z. *296*, 193 (1938)].

c) Kolpokeratosetest [Pugsley, L. J. u. Mitarb.: J. Nutr. *28*, 365 (1944)].

Biologische Wertbestimmungen findet man beispielsweise in CF 65, PI.Ed. I/1 und in Helv. V – Suppl. II.

PI.Ed.I/1 macht folgende Angaben: Die Wirksamkeit eines Vitamin-A-Präparates wird biologisch durch den Vergleich mit der Wirksamkeit des internationalen Vitamin-A-Standardpräparates ermittelt. Als Vergleichspräparat kann auch ein Laboratoriumsstandard von bekanntem Wirkungswert dienen.

Internationaler Standard und Einheit: Das Internationale Standardpräparat ist Vitamin-A-Acetat. Als Internationale Einheit (I.E.) gilt die spezifische Wirkung von 0,344 γ des Internationalen Standardpräparates (1949).

Vorgeschlagene biologische Methode: 10 oder 12 Würfe mit je 4 oder 5 männlichen Ratten von 30 bis 40 g Gewicht erhalten so lange eine Kost, die alle wachstumsnotwendigen Stoffe mit Ausnahme von Vitamin A enthält, bis ihre Vitaminreserven ausgeschieden sind und die Tiere zu wachsen aufhören. Dies dauert, für den Fall, daß die Tiere aus einer Zucht stammen, die nur mit mäßig vitamin-A-haltiger Kost versorgt wurde, etwa 4 bis 5 Wochen.

Zusammensetzung der Kost für den Versuch:

Natrium-Caseinat	15%	Getrocknete, gewöhnliche Bierhefe	8%
Stärke, teilweise dextrinisiert	73%	Salzmischung	4%

Geeignete Salzmischung für die obengenannte Kost:

Natriumchlorid	23,4 Teile	Dicalciumphosphat	68,6 Teile
Magnesiumsulfat	24,6 Teile	Calciumlactat	15,4 Teile
Natriumphosphat	35,8 Teile	Eisencitrat	6,0 Teile
Kaliumphosphat	69,6 Teile	Kaliumjodid	0,2 Teile

Zusätzlich erhält jede Ratte einmal wöchentlich per os eine Dosis von 10 I.E. Vitamin D, die als Lösung von kristallisiertem Vitamin D_3 in einem vitaminfreien Öl verabreicht wird. An Stelle der Stärke kann die Kost auch 15% vitamin-A-freies Pflanzenfett, wie gehärtetes Arachisöl, enthalten. In diesem Fall kann das Vitamin D_3 dem Fett zugefügt werden. Jede Ratte erhält wöchentlich 5 mg DL-α-Tocopherolacetat. Täglich wird frisches Leitungswasser gegeben. Die Ratten werden zweimal wöchentlich gewogen; wenn drei aufeinanderfolgende Wägungen nicht mehr als 2 g Gewichtszunahme ergeben, dann ist die betreffende Ratte für die Bestimmung vorbereitet.

Man verwendet vier Gruppen auf diese Weise vorbereiteter männlicher Ratten. Die Tiere werden so verteilt, daß die einzelnen Gruppen eine gleiche Anzahl Ratten aus jedem der Würfe enthalten. Zwei Gruppen erhalten täglich oder halbwöchentlich Dosen des Internationalen Standardpräparates (geeignet sind pro Ratte und Tag 1 und 2 oder 3 I.E.). Die beiden anderen Gruppen erhalten jeweils am gleichen Tag Dosen des zu prüfenden Präparates im gleichen Verhältnis (bei Lebertran ist 1,0 mg als kleinere Dosis geeignet).

Die täglich oder halbwöchentlich gegebenen Dosen des Standards und des zu untersuchenden Präparates sollen per Schlundsonde durch eine Mikroinjektionsspritze mit stumpfer Nadel oder mit einer geeichten Mikropipette verabreicht werden. Die Ratten werden 3 Wochen lang, wenn nötig auch länger, wöchentlich gewogen. Die Genauigkeit des Testes erhöht sich bei der Verlängerung auf 4 oder 5 Wochen nur gering. Genauere Endgewichte erhält man, wenn die Ratten am 20., 21. und 22. Versuchstag gewogen und die Durchschnittsgewichte errechnet werden. Man ermittelt die durchschnittlichen Gewichtszunahmen der Tiere der 4 Gruppen und zieht den Vergleich zwischen den Gruppen, die den Standard und denen, die das zu untersuchende Präparat erhielten.

Aufbewahrung. In dicht schließenden Gefäßen, sorgfältig vor Licht geschützt, am besten unter Stickstoff oder einem anderen inerten Gas.

Vitamin-A-Einheiten.

1 I.E. = 0,3 γ Vitamin-A-Alkohol = 0,6 γ β-Carotin
= 0,34 γ Vitamin-A-Acetat

1 USP-E. = 1 I.E.

1 I.P.E. = die spezifische Aktivität, die in 0,344 γ des Internationalen Standardpräparates enthalten ist

1 Ratten-E. = 3 I.E.

1,5 bis 2 Sherman-E. = 1 I.E.

Tagesbedarf. 2000 bis 5000 I.E. Vitamin A = 0,7 bis 1,5 mg.

Dosierung (USP XVII). Prophylaktisch 1,5 mg (5000 I.E.) täglich. Therapeutisch 7,5 mg (25000 I.E.).

Üblicher Dosierungsbereich (USP XVII): Prophylaktisch 0,6 bis 1,5 mg (2000 bis 5000 I.E.), therapeutisch 7,5 bis 60 mg (25000 bis 200000 I.E.).

Physiologische Funktionen und Mangelsymptome. Vitamin A ist im ganzen menschlichen Organismus anzutreffen. Es wird hauptsächlich in der Leber gespeichert, die den Organismus bei Bedarf versorgt.

Besondere Bedeutung hat Vitamin A für den Aufbau und den Schutz epithelialer Gewebe wie Haut, Schleimhäute und Endothelien. Vitamin-A-Mangelsymptome äußern sich in charakteristischen Haut- und Schleimhautveränderungen wie Trockenheit und verstärkter Verhornung, bzw. Rückgang und Stillstand der Schleimsekretion. Ein weiteres Mangelsymptom besteht im Brüchigwerden und Ausfall der Haare. Durch die Schädigung der epithelialen Gewebe, insbesondere der Schleimhäute werden das Eindringen pathogener Keime erleichtert und damit infektiöse Prozesse gefördert. Durch Vitamin-A-Mangel wird der Allgemeinzustand beeinträchtigt (Nachlassen des Appetits, Müdigkeit usw.) und das Körperwachstum verlangsamt. Beeinflußt wird ferner die Bildung des Zahnschmelzes und des Dentins.

Eine der wichtigsten Funktionen des Vitamins A besteht in der Beteiligung am Aufbau des Sehpurpurs. Ein frühzeitig auftretendes Mangelsymptom ist die Nachtblindheit (Hemeralopie). Unter dem Einfluß von NAD (= DPN) wird der Vitamin-A-Alkohol unter Beteiligung von Alkohol-transhydrogenase zum Vitamin-A-Aldehyd (Retinen) oxydiert. Dieses verbindet sich nach Isomerisierung zu Neo-b-Retinen mit Opsin zum Rhodopsin (Sehpurpur). Das Rhodopsin, möglicherweise auch ein weiteres Chromoproteid, das Skotopsin sind für die Dunkeladaption verantwortlich. Das Rhodopsin geht bei Belichtung über orangefarbene Zwischenstufen in Sehgelb (Retinin) und Opsin über. Im Dunkeln wird das Rhodopsin wieder regeneriert.

Therapeutische Anwendungen (Indikationen). Innere Medizin: Bei erhöhter Anfälligkeit für katarrhalische Affektionen der Atemwege, des Urogenitaltraktes und der Verdauungsorgane: Enteritis, Laryngitis, Bronchitis, Urethritis, Zystitis, Nephrolithiasis, Cholelithiasis, Steatorrhoe, Fettresorptionsstörungen, Stomatitiden, anazide und subazide Gastritis, Ulcus ventriculi und duodeni, Colitis, Leberparenchymschäden, Hyperthyreose, Thyreotoxikosen, Magersucht und Unterernährung. Ferner zur Unterstützung der Karzinombehandlung in Kombination mit Vitamin C. – *Ophthalmologie:* Hemeralopie, Photophobie, Xeropthalmie, Keratomalazie, Gesichtsfeldeinengung für Gelb und Blau, Abnahme der Tränendrüsensekretion, Praexerosis der Hornhaut und der Bindehaut, Chalazion; bei arteriosklerotischer Chorioretinopathie in Kombination mit Vitamin E. – *Dermatologie:* Hyperkeratosen und Dyskeratosen: Hyperkeratosis follicularis, Ichthyosis, Morbus Darier, Pityriasis rubra pilaris, Keratosis pilaris, Xerosis cutis, Acne vulgaris, Arznei-Akne, Warzenbildung, Leukoplakien, Lichen pilaris, Phrynoderma, Comedonen, Keratoma senile, Nagelwachstumsstörungen, Brüchigwerden der Fingernägel; Glanzverlust, Trockenheit und Brüchigwerden der Haare. – *Oto-Rhino-Laryngologie:* Katarrhe der oberen Luftwege, Resistenzminderung der Schleimhäute gegen Infektionen, Ozaena, Abnahme des Riechvermögens, Innenohrschwerhörigkeit, Ohrensausen. – *Pädiatrie:* Zur ausreichenden Dekkung des Vitamin-A-Bedarfs in der Wachstumsperiode, zur Erhöhung der Widerstandsfähigkeit gegen Infektionen insbesondere Schleimhautinfektionen, bei erhöhter Anfälligkeit gegen Katarrhe. – *Chirurgie:* Zur Förderung der Wundheilung, als Leberschutzmittel vor Narkosen. – *Gynäkologie:* Prämenstruelle Beschwerden, Kolpokeratose, Kraurosis vulvae, Pruritis genitalis, Leukoplakie; während der Schwangerschaft und der Stillzeit zum Schutz der Vitamin-A-Verarmung von Mutter und Kind.

Axerophthylium aceticum CsL 2. All-trans Vitamin-A-Acetate BP 63. Essigsäureester des Vitamin-A-Alkohols. Vitamin-A-Acetat.

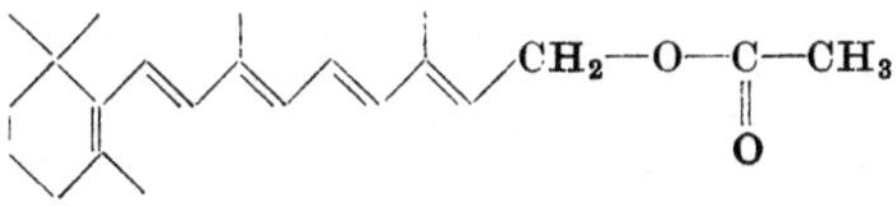

$C_{22}H_{32}O_2$ M.G. 328,48

Eigenschaften. Blaßgelbe, prismatische Kristalle, Fp. 58 bis 59° (CsL 2), 57 bis 60° (BP 63). Löslich in A. (95%), Ae., Chloroform, Petroläther und fetten Ölen, unlöslich in W. UV-Absorptionsmaximum (in Isopropanol): 328 mμ; ε = 50000 (CsL 2).

$E_{1\,cm}^{1\%}$ bei 325 mμ, in Isopropanol: mindestens 0,4575 (BP 63)

$E_{1\,cm}^{1\%}$ bei 327,5 mμ, in Cyclohexan: mindestens 0,4545 (BP 63)

$E_{1\,cm}^{1\%}$ bei 326 mμ, in abs. A.: mindestens 0,4635 (BP 63)

Erkennung. Antimon(III)-chlorid-Reaktion mit 0,05 mg Substanz.

Gehaltsbestimmung. 0,020 g werden in 100 ml Isopropanol gelöst und 2 ml der Lösung mit Isopropanol auf 100 ml aufgefüllt. Man stellt mit der Verdünnung eine UV-Absorptionskurve zwischen 300 und 350 mμ auf. Bei 328 mμ muß $E_{1\,cm}^{1\%}$ = 1525 ± 3% sein. Berechnungsfaktor: 1900. Die Absorptionen bei 313 und 338,5 mμ müssen um 0,857 niedriger sein als bei 328 mμ (CsL 2).

Gemäß BP 63 sollen 0,003%ige Lösungen in Cyclohexan gemessen werden. Die relativen Extinktionen bezogen auf E bei 327,5 mμ sind folgender Tabelle zu entnehmen:

	E
300 mμ	0,545–0,565
312,5 mμ	0,845–0,865
337,5 mμ	0,845–0,865
345 mμ	0,685–0,705
360 mμ	0,290–0,310

Handelsform: Arovit (Hoffmann-La Roche).

Ölige Vitamin-A-Lösungen DAB 7 – BRD.

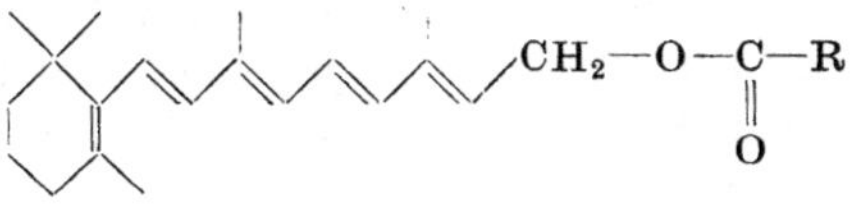

Ölige Vitamin-A-Lsgn. enthalten den Essigsäureester oder einen anderen geeigneten Fettsäureester des synthetischen Vitamins A ($C_{20}H_{30}O$; 286,5). Der Zusatz von Stabilisatoren ist gestattet.

Gehalt. Mindestens 50000 I.E./Gramm Lsg. 1 I.E. Vitamin A entspricht 0,300 μg Vitamin A oder 0,344 μg Vitamin-A-acetat.

Eigenschaften. Klare, hellgelbe bis braungelbe, ölige Flüssigkeit. Bei konz. Vitamin-A-Lsgn. können sich kristalline Ausscheidungen von Vitamin-A-Estern, vorwiegend des Essigsäureesters, bilden.

Erkennung. 1. In 1,0 ml einer Lsg., die eine etwa 20 I.E. entsprechende Menge Vitamin A in äthanol- und wasserfreiem Chloroform enthält, entsteht auf Zusatz von 4,0 ml Antimon-(III)-chlorid-Lsg. sofort eine blaue, allmählich verblassende Färbung. – 2. Die bei der Gehaltsbestimmung verwendete Lsg. des unverseifbaren Anteils in Isopropanol hat ein Absorptionsmaximum bei 325 nm.

Prüfung. Säurezahl: Höchstens 2,8. Einwaage 2,0 g Substanz, bis zur 3. Dezimale des Grammgewichtes gewogen.

Gehaltsbestimmung. Die spektrophotometrische Bestimmung von Vitamin A ist unter Verwendung von Glasschliffgeräten möglichst schnell und unter Ausschluß direkter Lichteinwirkung durchzuführen. Die jeweils angegebene Gewichtsmenge Öl wird mit 30 ml Äthanol 96% und 3,0 ml einer Lsg. von 5,0 g Kaliumhydroxid in 10,0 ml W. auf dem Wasserbad unter Rückfluß und Einleiten von Stickstoff 30 Min. lang erhitzt. Nach dem Abkühlen auf Raumtemperatur wird mit 35 ml W. versetzt, das Gemisch in einen Scheidetrichter übergeführt und 4mal mit je 30 ml peroxidfreiem Ae. ausgeschüttelt. Der gesamte Ätherauszug wird mit W. bis zur neutralen Reaktion des Waschwassers gegen Phenolphthalein-Lsg. gewaschen und sofort unter schwachem Erwärmen auf etwa 5 ml eingedampft. Der Rest des Lösungsmittels wird im Stickstoffstrom bei einer Temperatur des Wasserbades von höchstens 40° beseitigt. Der noch wasserhaltige Abdampfrückstand wird mit Isopropanol zu 100,0 ml gelöst. Aus dieser Stammlsg. wird durch mehrfaches Verdünnen mit Isopropanol eine Meßlsg. hergestellt, die 7 bis 15 I.E. Vitamin A/ml enthält, entsprechend einer Extinktion von etwa 0,4 bis 0,8 bei 325 nm.

Die Extinktion dieser Lsg. wird in einer Schichtdicke von 1 cm bei 310 nm, 325 nm und 334 nm gegen Isopropanol gemessen. Nach der Formel

$$E_{korr} = 6{,}815\ E_{325} - 2{,}555\ E_{310} - 4{,}260\ E_{334}$$

wird die korrigierte Extinktion berechnet. Weicht die korrigierte Extinktion (E_{korr}) um nicht mehr als $\pm$ 3% von E_{325} ab, so wird der Vitamin-A-Gehalt in Internationalen Einheiten folgendermaßen berechnet:

$$\text{I.E. Vitamin A/Gramm} = 1830 \cdot E^{1\%}_{1\,cm\,(325\,nm)} .$$

Ist die Abweichung größer als 3%, so ist die folgende Formel anzuwenden:

$$\text{I.E. Vitamin A/Gramm} = 1830 \cdot E^{1\%}_{1\,cm\,(korr)} .$$

Bei Verwendung der Korrektur beträgt die Fehlergrenze der Methode $\pm$8%.

Aufbewahrung. Vor Licht und Wärme geschützt, in dicht verschlossenen, möglichst vollständig gefüllten Gefäßen oder unter einem indifferenten Gas.

Hinweis. Sofern nicht anders verordnet wird, müssen ölige Vitamin-A-Lsgn. mit einem Gehalt von 50000 bis 55000 I.E./Gramm Lsg. abgegeben werden.

Vitamin A-Palmitat. Axerophtholpalmitat. Palmitinsäureester des Vitamin-A-Alkohols.

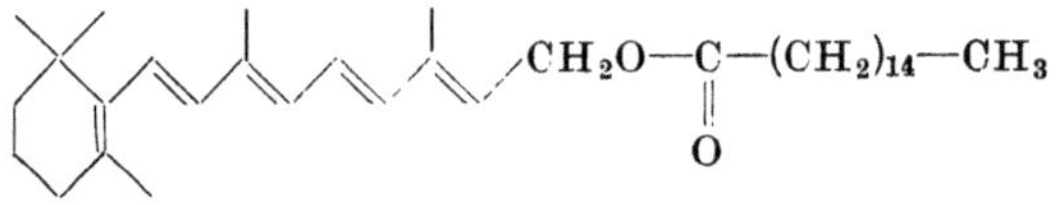

$C_{36}H_{60}O_2$ M.G. 524,88

Eigenschaften. Hellgelbe Kristalle, praktisch unlöslich in W., löslich in vegetabilen Ölen. Fp. 28 bis 29°. $E^{1\%}_{1\,cm}$ = 955 bei 327 mμ in Isopropanol, = 975 bei 325 bis 328 mμ in Äthanol. 0,55 g Vitamin-A-Palmitat entsprechen 1 I.E. Vitamin A.

Erkennung. Carr-Price-Reaktion.

Gehaltsbestimmung s. Vitamin A.

Aufbewahrung. In gut verschlossenen Gefäßen, vor Licht geschützt, bei einer 25° nicht übersteigenden Temperatur.

Handelsformen: Arovit, Vogan, Myvax, Avoleum, Davitamon A, Prepalin, Ro-A-Vit, Vitapex, Vitavel-A.

Vitamin A_2. 3-Dehydroretinol. All-trans-Vitamin A_2.

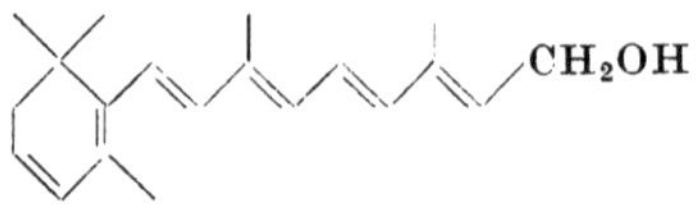

$C_{20}H_{28}O$ M.G. 284,46
3′,4′-Dehydrovitamin A_1

Eigenschaften. Hellgelbe Nadeln, λ_{max} bei 267, 286 und 350 mμ: E = 550, 710 und 1450, löslich in A. und Kohlenwasserstoffen. p-Phenylazobenzoat: dimorph: 1. hellorangefarbene Nadeln, Fp. 96 bis 98°, 2. orangefarbene, feine Nadeln, Fp. 74 bis 76°.

Vitamin A_2, das sich analytisch vom Vitamin A durch seine Verschiebung des Absorptionsmaximums des blauen Reaktionsproduktes mit Antimon(III)-chlorid unterscheidet, kommt in Leberölen von Süßwasserfischen oder Fischen, die im Süßwasser laichen, vor. Das Vitamin A_2 besitzt nach biologischen Versuchen an Ratten etwa 10% der Wirksamkeit des Vitamin A_1 (Kaufmann, H. P.: Arzneimittelsynthese, Berlin/Göttingen/Heidelberg: Springer 1953). Nach neueren Ansichten besitzt Vitamin A_2 etwa 40% Vitamin-A-Aktivität [RAUEN, H. M. (Hrsg.): Biochemisches Taschenbuch, 2. Aufl., Berlin/Göttingen/Heidelberg/New York: Springer 1964].

Vitamin-A_1-Aldehyd. ß-Retinen. All-trans-Vitamin A_1-Aldehyd.

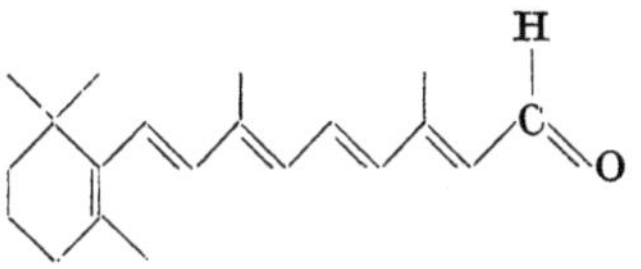

$C_{20}H_{28}O$ M.G. 284,46

Eigenschaften. Orangefarbene Prismen (dimorph), Fp. 57,6° bzw. 62 bis 64°, löslich in A., Chloroform und K. W. λ_{max} bei 381 mμ: E = 1530 (Äthanol). Oxim: orangegelbe Nadeln, Fp. 134 bis 136° bzw. 141 bis 143° (dimorph). 2,4-Dinitrophenylhydrazon: tief purpurrote Nadeln, Fp. 215°.

Vorkommen. In Citrusfrüchten, grünem Gemüse, Hagebutten, Leber, in der Darmmucosa.

Darstellung. Durch Oxydation von Vitamin A mit Braunstein in Petroläther.

Vitamin-A-Aktivität: 91%.

Vitamin-A_1-Isomere.

Neben dem all-trans-Vitamin A_1 gibt es noch einige cis- und cis-trans-Isomere. Entsprechende Isomere kennt man teilweise auch vom Vitamin-A_1-Aldehyd und vom Vitamin A_2. Diese Isomere werden im Organismus durch Fermente (Isomerasen) in die all-trans-Form umgewandelt.

Die wichtigsten Isomeren des Vitamin A_1 sind:

Neo-a-Vitamin A_1. 2-cis-Vitamin A_1 (Genfer Nomenklatur). 13-cis-Vitamin A_1 (Carotinoidnomenklatur).

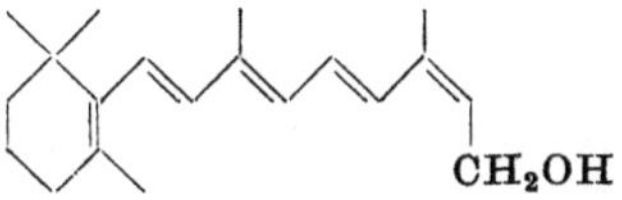

Eigenschaften. Gelbe Prismen, λ_{max} bei 328 mμ: E = 1686 (Äthanol), Fp. 58 bis 59°.

Vorkommen. In Fischleberölen.

Darstellung. Durch Reduktion von 13-cis-Vitamin-A-Carbonsäuremethylester mit Lithiumalanat.

Vitamin-A-Aktivität: 75%.

Neo-b-Vitamin A_1. 4-cis-Vitamin A_1 (Genfer Nomenklatur). 11-cis-Vitamin A_1 (Carotinoidnomenklatur).

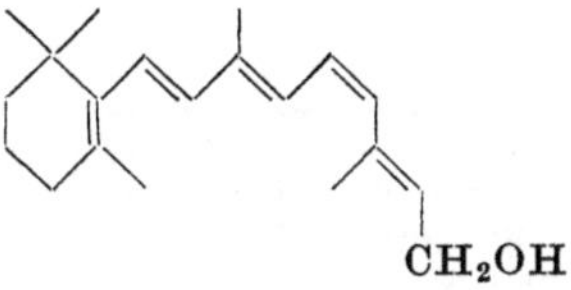

Eigenschaften. Orangegelbes Öl, λ_{max} bei 233 mμ: E = 370 und bei 319 mμ: E = 1220 (Äthanol).

Vorkommen. In der Retina.

Darstellung. Synthetisch.

Vitamin-A-Aktivität: 23% (Vorstufe des Sehpigmentes).

Neo-c-Vitamin A_1. 2,4-di-cis-Vitamin A_1 (Genfer Nomenklatur). 11,13-di-cis-Vitamin A_1 (Carotinoidnomenklatur).

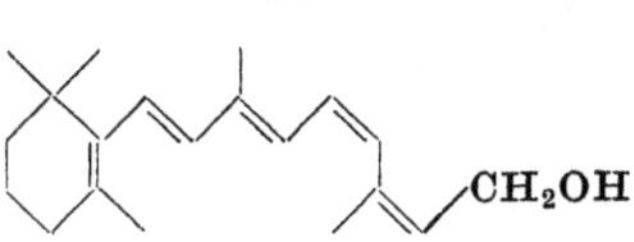

Eigenschaften. Lange farblose Nadeln (Petroläther/Ae.), λ_{max} bei 311 mμ: E = 1024 (Äthanol), Fp. 86 bis 88°, löslich wie die all-trans-Verbindung.

Vitamin-A-Aktivität: 15%.

Iso-a-Vitamin A₁. 6-cis-Vitamin A_1 (Genfer Nomenklatur). 9-cis-Vitamin A_1 (Carotinoidnomenklatur).

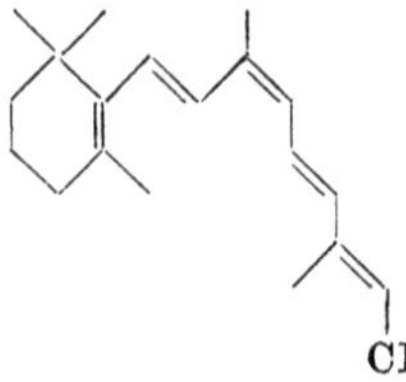

Eigenschaften. Gelbe Prismen, λ_{max} bei 258 mμ: E = 382, bei 323 mμ: E = 1477 (Äthanol), Fp. 81,5 bis 82,5°, löslich wie die all-trans-Verbindung.

Vitamin-A-Aktivität: 21%.

Iso-b-Vitamin A_1. 2,6-di-cis-Vitamin A_1 (Genfer Nomenklatur). 9,13-di-cis-Vitamin A_1 (Carotinoidnomenklatur).

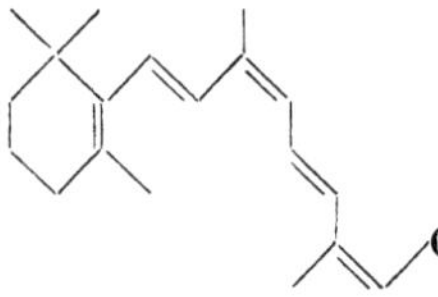

Eigenschaften. Gelbe Prismen, λ_{max} bei 263 mμ: E = 330, bei 324 mμ: E = 1379 (Äthanol), Fp. 58 bis 59°, löslich wie bei all-trans-Verbindung.

Vitamin-A-Aktivität: 24%.

Provitamine A.

Als biologische Vorstufen kommen solche Pflanzenstoffe in Frage, die in ihrer Molekel das Vitamin A ein- oder zweimal vorgebildet enthalten. Es sind dies in erster Linie die Carotinoide α-, β- und γ-Carotin, die sich als ständige Begleiter des Chlorophylls in zahlreichen höheren Pflanzen befinden und bei der chromatographischen Analyse von Blattauszügen als rötlichgelbe oder orangefarbene Zonen oder Flecke im Chromatogramm erscheinen. Weiterhin fungieren als Provitamine A Kryptoxanthin, Echineon, Citroxanthin, Myxoxanthin, Torularhodin und Aphanin. Da Carotinoide in jedem grünen Pflanzenteil auftreten, wird die Vitamin-A-Wirksamkeit von frischen Pflanzen erklärlich. Über den Gehalt an Carotinen unterrichtet die folgende Tabelle in der die wichtigsten, carotinreichen Pflanzen aufgeführt sind.

100 g veg. Material enthalten	mcg Carotin	100 g veg. Material enthalten	mcg Carotin
Ananas	60–160	Rosenkohl	240–2100
Aprikosen	250–2300	Endiviensalat	ca. 1200
getrocknete Aprikosen	5100–5500	Feldsalat	900–7500
Bananen	50–250	Kopfsalat	ca. 320
Blattsalat	1500–2400	frischer Orangensaft	120–400
getrocknete Datteln	ca. 100	Sellerieblätter	5700–7400
Hagebutten	3600–6000	Spargel	ca. 600
schwarze Johannisbeeren	180–300	Spinat	2600–7800
Melonen	ca. 1800	rote Tomaten	300–2100
gelbe Pfirsiche	880–2000	Wirsing	ca. 1000
Grünkohl	6000–20000	Maisöl	ca. 250
Karotten	1800–9600	Olivenöl	0–100
Kresse	2400–4200	gelbes Palmkernöl	ca. 600
Lauch	400–1000	rotes Palmkernöl	40000–300000
rote Paprika	3000–37000	Rapsöl	ca. 400

Carotine finden sich ferner in der Niere, der Leber, der Milz, im Serum, in der Milch, der Butter und im Käse.

Nach Aufnahme der Carotinoide mit der Nahrung findet überwiegend in der Darmwand eine Aufspaltung statt. Die Ausnutzung der Carotinoide insbesondere des β-Carotins erfolgt nicht quantitativ. Die Bauart des β-Carotins ist streng symmetrisch; beide Ringe an den Enden der Polyenketten stellen β-Jononringe dar. Werden an die mittelständige Doppelbindung 2 Mol Wasser unter Spaltung des Moleküls angelagert, so entstehen theoretisch 2 Mol Vitamin A. Diese Aufspaltung wird auch in der Leber des tierischen Organismus vollzogen. Ihre Nachahmung auf künstlichem Wege ist bisher nicht gelungen. Die Leber dient gleichzeitig als Hauptspeicherorgan für das gebildete Vitamin A. Eine ähnliche Aufspaltung erfahren auch die übrigen Carotinoide. Im Gegensatz zu dem symmetrisch gebauten β-Carotin liefern die übrigen Provitamine bei ihrer Spaltung theoretisch jeweils nur ein Mol Vitamin A. Dieses unterschiedliche Verhalten ist durch ihren unsymmetrischen Bau begründet. Sie enthalten zwar alle die gleiche Polyenkette wie das β-Carotin, jedoch nur einen β-Jononring. Das andere Ende der Kette wird von einer Atomanordnung eingenommen, die zwar dem β-Jononring weitgehend entspricht, sich aber dennoch strukturell von diesem unterscheidet. Entscheidend für die Vitamin-A-Wirksamkeit ist also das Vorhandensein eines intakten β-Jononringes. Dagegen können in den Polyenseitenketten gewisse chemische Veränderungen vorgenommen werden, ohne den Vitamincharakter zu zerstören.

α-Carotin.

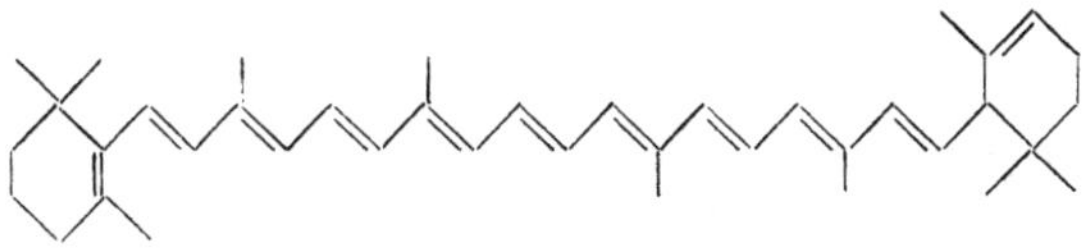

$C_{40}H_{56}$ M.G. 536,85

Eigenschaften. Dunkelviolette, prismatische Kristalle, sehr leicht löslich in Chloroform und Schwefelkohlenstoff, leicht löslich in Benzol und Ae., wenig löslich in Petroläther, praktisch unlöslich in A., W., Säuren und Alkalien. Fp. 187 bis 188°. Optisch aktiv: $[\alpha]_{Cd}^{18} = +359°$ (in Chloroform) $= +385°$ ($c = 0{,}08$ in Benzol) (Merck Ind. 60). Nimmt aus der Luft Sauerstoff auf. Die Oxydationsprodukte sind farblos und therapeutisch unwirksam.

Vorkommen. Zusammen mit Chlorophyll und β-Carotin in fast allen pflanzlichen und tierischen Bereichen, besonders in Palmöl, Vogelbeeren und Kastanienblättern.

Vitamin-A-Aktivität, bezogen auf β-Carotin: 50%.

β-Carotin.

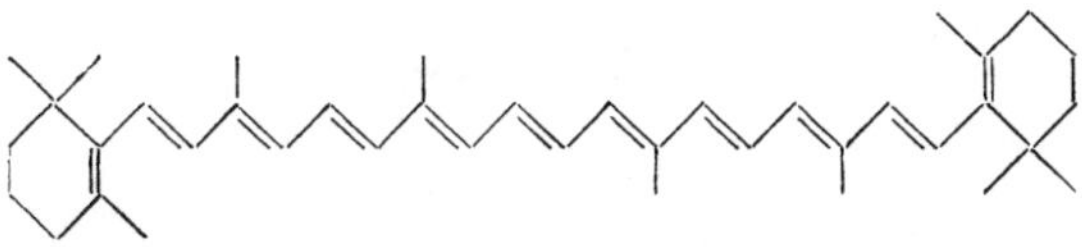

$C_{40}H_{56}$ M.G. 536,85

Eigenschaften. Dunkelviolette, prismatische Kristalle (Benzol + Methanol), praktisch unlöslich in W., Säuren und Alkalilaugen, leicht löslich in Schwefelkohlenstoff mit gelbroter Farbe, in Benzol und Methanol schwerer löslich als α-Carotin; optisch inaktiv; Fp. 184°. Wird an der Luft allmählich oxydiert zu farblosen Produkten, die therapeutisch unwirksam sind.

Wirksamkeit. 1 g = 1666000 I.E. Provitamin A; 0,6 mcg = 1 I.E.

Gewinnung. Synthetisch oder aus Karotten, Paprika, Kürbis, Palmöl und Brennesseln.

Verträglichkeit. β-Carotin besitzt eine sehr gute Dauerverträglichkeit.

γ-Carotin.

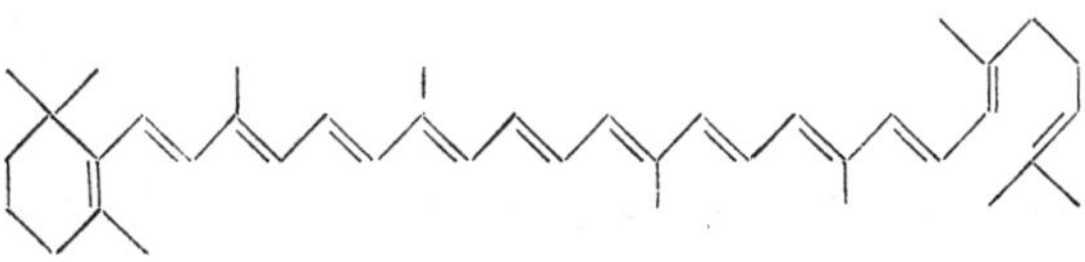

$C_{40}H_{56}$ M.G. 536,85

Eigenschaften. Dunkelrote, bläulich glänzende Kristalle, weniger löslich als β-Carotin in den entsprechenden Lösungsmitteln. Fp. 178°; optisch inaktiv.

Vorkommen. Besonders in den Narben von Krokusblüten, in den Früchten von Rosa rubiginosa und dem Fruchtfleisch von Aprikosen. γ-Carotin ist eines der seltensten natürlich vorkommenden Carotinoide; in Rübencarotin etwa 0,1% der β-Isomeren.

Kryptoxanthin. 3-Hydroxy-β-carotin.

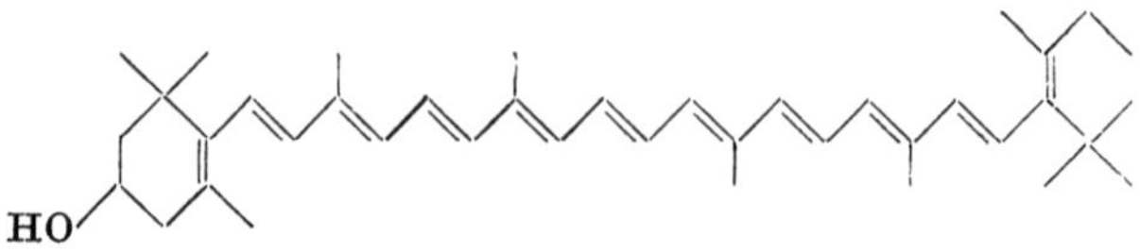

$C_{40}H_{56}O$ M.G. 552,85

Eigenschaften. Rote, metallischglänzende Blättchen (Ae./Methanol). Leicht löslich in Benzol, Chloroform, Pyridin, löslich in Petroläther, A. und Methanol. Fp. 158 bis 159°.

Vorkommen. In geringer Konzentration im Mais, Beeren, Orangenschalen, Eigelb, Butter, Blutserum.

Echinenon. Aphanin. Myxoxanthin. 4-Keto-β-carotin. 4-Oxo-β-carotin.

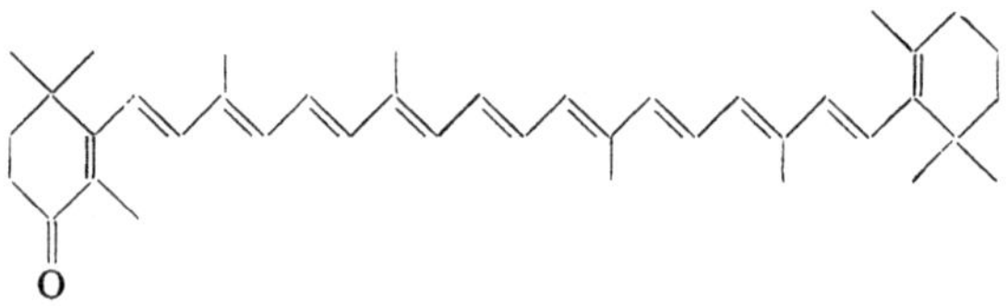

$C_{40}H_{54}O$ M.G. 550,83

Eigenschaften. Mattrote, rechteckige Platten (Benzol/Methanol), wenig löslich in Chloroform, leicht löslich in Chloroform/Äther. Fp. 178 bis 179°.

Vorkommen. In bestimmten Drüsen des Seeigels, in Algen (Rivularia nitida und Oscillatoria rubescens).

Citroxanthin. Mutatochrom. β-Carotin-oxid. β-Carotin-8,5-epoxid.

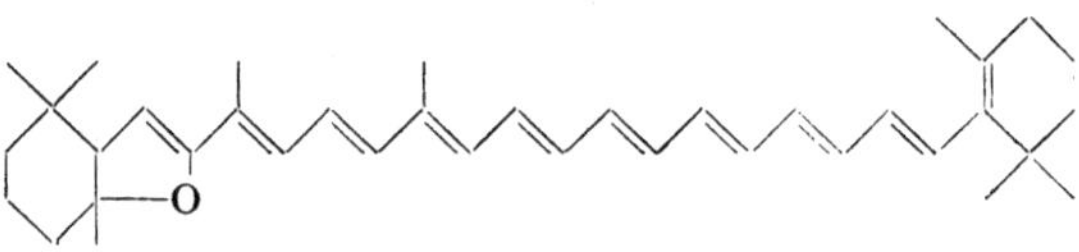

$C_{40}H_{56}O$ M.G. 552,85

Eigenschaften. Glänzende, orangefarbene Platten mit abgerundeten hellgelben Ecken (Benzol/Methanol); Fp. 163 bis 164°.

Vorkommen. In Orangenschalen, Früchten und Blättern von Capsicum annuum.

Torularhodin. 3′,4′-Dehydro-18′-carotinsäure.

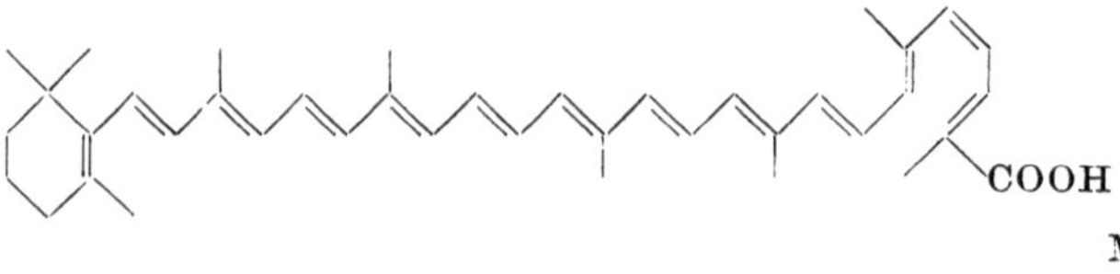

$C_{40}H_{52}O_2$ M.G. 564,83

Eigenschaften. Dunkelviolettes Kristallpulver (Toluol), Fp. 210 bis 212°.

Vorkommen. Rote Hefe, Rhodotorula mucilaginosa.

Calciferolum PI.Ed. I/1, Helv. V – Suppl. II, Nord. 63, CsL 2. Calciferol BP 63, DAB 7 – BRD. Calciférol CF 65. Ergocalciferolum DAB 7 – DDR, ÖAB 9. Ergocalciferol USP XVII. Vitamin D_2. Antirachitisches Vitamin. Ergokalziferol.

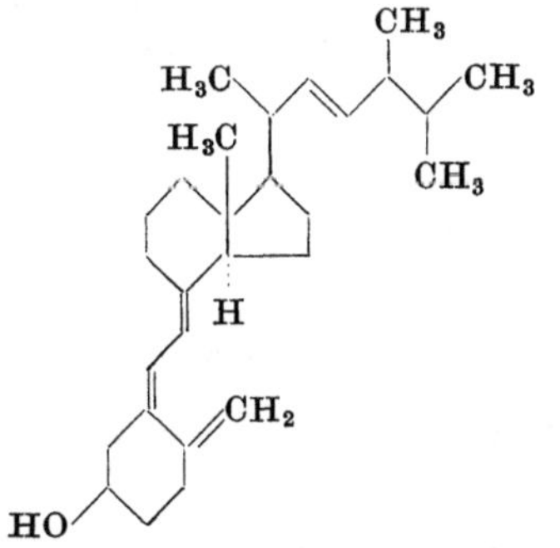

9,10-Seko-$\Delta^{5(6).7.10(19).22}$-ergosta-tetraen-3$\beta$-ol, (+)-3$\beta$-Hydroxy-24-methyl-9,10-secocholestatetraen-[5,7,10(19),22]

$C_{28}H_{44}O$ M.G. 396,66

Vorkommen. Vitamin D_2 kommt in kleinen Mengen in Fischleberölen und manchen Schwämmen vor. Dagegen ist das Vitamin D_3 in der Natur weit verbreitet (s. dort).

Herstellung. Vitamin D_2 wird durch Bestrahlung von Ergosterinlösungen mit UV-Licht dargestellt. Als Lösungsmittel dienen peroxidfreier Ae., Benzol oder A. Die Umsetzung wird während der Bestrahlung spektrophotometrisch verfolgt, um bei einem Gehalt von 4% Ergosterin abgebrochen zu werden, da dann die Bildung von „Suprasterinen", antirachitisch unwirksamer, aber stark toxischer Verbindungen, unterbleibt. Lichtquelle ist die Quecksilberbogenlampe oder der Magnesiumfunken.

Aus dem Bestrahlungsgemisch wird Vitamin D_2 durch fraktionierte Kristallisation gewonnen, nachdem zuvor Ergosterin durch Digitonin und Tachysterin durch Citraconsäure entfernt wurden. Calciferol kann auch als 3,5-Dinitrobenzoat abgetrennt, hydrolysiert und umkristallisiert werden. [Zur Chemie der Dinitrobenzoate s. Chem. Ber. *89*, 1634 (1956)]. Nach neueren Untersuchungen laufen bei der Bestrahlung die folgenden Reaktionen ab:

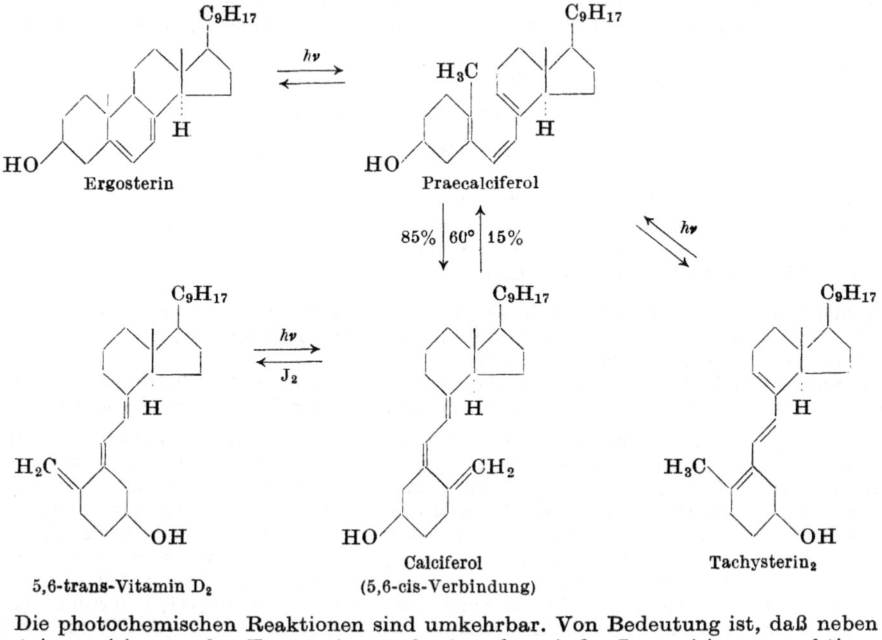

Die photochemischen Reaktionen sind umkehrbar. Von Bedeutung ist, daß neben der Photoisomerisierung des Ergosterins auch eine thermische Isomerisierungsreaktion auftritt, die im Dunkeln verläuft und die Umwandlung des Praecalciferols in das Calciferol bis zum Gleichgewicht bewirkt.

Eigenschaften. Weiße Kristalle oder kristallines Pulver, ohne Geruch und Geschmack, gegen Licht und Luft empfindlich. Fp. DAB 7 – BRD: 113 bis 117°; PI.Ed. I/1: Das mit der Substanz beschickte Röhrchen ist zu evakuieren, zuzuschmelzen und in ein auf 100° vorgeheiztes Bad zu bringen: 115 bis 118°; CsL 2: 115 bis 118°; Helv. V – Suppl. II: 110 bis 117°; Dan. IX: 115 bis 119° bzw. 117 bis 120° (bestimmt unter dem Mikroskop); Nord. 63: 112 bis 118°; DAB 7 – DDR: Das Bad ist 10° unter der zu erwartenden Schmelztemperatur zu erwärmen: 115 bis 118°; USP XVII: 115 bis 118°; BP 63: 115 bis 118°; ÖAB 9: 112 bis 118° (Kofler-Schmelzpunktsmikroskop); CF 65: 120° (ermittelt durch Aufstreuen des trockenen Pulvers auf den erhitzten Messingblock), 115 bis 118° (in der Kapillare, langsames Erhitzen der Badflüssigkeit).

Optisches Drehungsvermögen:

$[\alpha]_D^{20}$ = + 102,5 bis + 107,5 (c = 4,0, abs. Äthanol, frisch bereitete Lösung) (DAB 7 – BRD, BP 63, PI.Ed. I/1)

$[\alpha]_D^{20}$ = + 102 bis + 108 (c = 1, Äthanol) (ÖAB 9)

$[\alpha]_D^{20}$ = nicht weniger als + 103 und nicht mehr als + 106 (c = 1,5, Äthanol, frisch bereitete Lösung) (USP XVII)

$[\alpha]_D^{20}$ = + 79,5 bis + 83,5 (0,3200 g Substanz zu 20 ml mit Aceton gelöst) (DAB 7 – DDR)

$[\alpha]_D^{20}$ = + 79,5 bis + 83,5 (c = 1,6, Aceton) (CsL 2)

$[\alpha]_D^{20}$ = + 102 bis + 109 (c = 4, abs. Äthanol) (Helv. V – Suppl. II)

$[\alpha]_D^{20}$ = + 105 (c = 2% Gew./Vol., 95%iges Äthanol) bzw. + 100 (c = 2% Gew./Vol., abs. Äthanol) (CF 65)

α_D = + 4,10 bis + 4,35 (40,0 mg Substanz in 2,00 ml Lösung, abs. Äthanol, 1 = 200 mm) (Dan.IX)

$[\alpha]_D$ = + 100 bis + 108 (Äthanol, c = 1,00 g in 100 ml) bzw. = 2,00 bis + 2,16 (200 mm) (Nord. 63)

Lichtabsorption:

$E_{1\,cm}^{1\%}$ = 445 bis 485, bei 265 mμ, in abs. Äthanol (DAB 7 — BRD)

$E_{1\,cm}^{1\%}$ = 460, bei 265 mμ, in abs. Äthanol (PI.Ed. I/1)

$E_{1\,cm}^{1\%}$ = 450 bis 485, bei 265 mμ, in Äthanol (ÖAB 9)

$E_{1\,cm}^{0,001\%}$ = 0,560 bis 0,504, bei 265 mμ, in abs. Äthanol; 0,0500 g Substanz werden zu 50,0 ml gelöst; 1,00 ml dieser Lösung wird zu 100,00 ml aufgefüllt (DAB 7 – DDR)

$E_{1\,cm}^{0,001\%}$ = mindestens 0,460, bei 265 mμ, in Cyclohexan (BP 63)

$E_{1\,cm}^{1\%}$ = etwa 473, bei 265 mμ, in abs. Äthanol (CF 65)

$E_{1\,cm}^{1\%}$ = 460, bei 265 mμ, in Äthanol (Helv. V – Suppl. II)

$E_{1\,cm}^{1\%}$ = etwa 470, bei 265 mμ, in abs. Äthanol (Nord. 63)

E (1%) = darf bei 265 mμ nicht mehr als 3% von der des Vergleichsstandards abweichen; in Äthanol (USP XVII)

ε = 18250, bei 265 mμ, in Hexan (CsL 2).

Löslichkeit: Praktisch unlöslich in W., löslich in A. und fetten Ölen, leicht löslich in abs. A., Ae., Chloroform und Aceton, löslich in 50 bis 100 T. fettem Öl, bei 20° in 2 T. A. (95%), in 2 T. Ae., in 0,7 T. Chloroform, in 10 T. Aceton.

IR-Spektrum: USP XVII: Die Substanz muß, gemessen als KBr-Preßling, zwischen 2 und 12 μ die gleichen Banden aufzeigen wie der USP-Calciferol-Reference-Standard.

Erkennung. a) Zu einer Lösung von 0,5 mg Substanz in 5 ml Chloroform fügt man 0,3 ml Acetanhydrid und 0,1 ml Schwefelsäure zu und schüttelt kräftig durch. Es entsteht eine leuchtend rote Farbe, die schnell über Violett und Blau nach Grün übergeht (USP XVII, ähnlich DAB 7 – DDR, ÖAB 9, CsL 2, DAB 7 – BRD). – b) Versetzt man etwa 1 mg Substanz mit 1 ml konz. Schwefelsäure, so entsteht eine orangegelbe Lösung, die bald intensiv orangerot wird. Versetzt man diese Lösung mit etwa 2 ml W., so wird sie hellrotviolett und trüb (ÖAB 9). – c) In 0,5 ml Prüflösung (2,0 mg Substanz in 1,0 ml Chloroform) entsteht auf Zusatz von 4,0 ml einer gesättigten Antimon(III)-chloridlösung in Chloroform eine orangegelbe Färbung (DAB 7 – BRD, ähnlich DAB 7 – DDR und CF 65; gemäß CsL 2 liegt das Absorptionsmaximum dieser Lösung bei 500 mμ). – d) Man löst 50 mg Substanz und 50 mg 3,5-Dinitrobenzoylchlorid in je 1 ml Pyridin. Die Lösungen werden vermischt und 10 Min. lang auf dem Wasserbad erwärmt, mit 5 ml W. versetzt, filtriert und der Niederschlag mit kleinen Portionen kaltem W. gewaschen. Der Niederschlag wird 2 mal aus Aceton umkristallisiert und 2 Std. lang im Vakuumexsikkator getrocknet. Das Derivat schmilzt zwischen 147 und 149° (USP XVII, PI.Ed. I/1, BP 63, Nord. 63: 144 bis 148°). Die spezifische Drehung des Dinitrobenzolyderivates beträgt: $[\alpha]_D^{20} = +68{,}5$ bis $+72{,}5$ ($c = 1$, Benzol) (PI.Ed. I/1); $[\alpha]_D^{20}$ = etwa $+58$ (Benzol, $c = 1$) (BP 63). – e) Man löst einige mg Substanz in 1 ml Benzol, fügt 1 ml einer 2%igen Lösung von Furfurol in Benzol und 5 ml 85%iger Lösung von Trichloressigsäure in Benzol hinzu. Dann erhitzt man 1 Min. lang auf dem siedenden Wasserbad. Es entwickelt sich eine intensiv rosaviolette Farbe, die nach dem Erkalten noch beständig ist (Unterschied zu Ergosterol) (CF 65).

Prüfung. a) Ergosterin: Man löst 10 mg Substanz in 2 ml A. (90%), fügt eine Lösung von 20 mg Digitonin in 2 ml A. (90%) hinzu, vermischt und läßt 1 Std. lang stehen. Es darf kein Niederschlag entstehen (USP XVII, ähnlich DAB 7 – DDR, PI.Ed. I/1, Ph.Helv. V – Suppl. II, CsL 2). – b) Hydrochinon: 50 mg Substanz werden in 10 ml Isooctan gelöst und 3mal mit je 3 ml Wasser extrahiert. Die vereinigten Extrakte werden in einem 10-ml-Meßkolben mit W. bis zur Marke aufgefüllt. Man bereitet eine Standardlösung mit 5 mg Hydrochinon pro ml und bestimmt die Absorption der Standardlösung und des Extraktes gegen W. bei 287 und 320 mμ. Die Differenz der Absorptionen (A_{287} bis A_{320}) des wäßrigen Extraktes von Ergocalciferol darf nicht größer sein als der entsprechende Wert der Hydrochinon-Standard-Lösung (0,1%) (USP XVII). – c) Unlösliche Verunreinigungen: Farbe der Lösung: 1,0 ml Prüflösung müssen klar und farblos sein. Prüflösung: 0,0200 g Substanz werden in äthanolfreiem Chloroform zu 10,0 ml gelöst (DAB 7 – DDR).

Gehaltsbestimmung. Helv. V – Suppl. II (vgl. H. SCHNEIDER: Diss. Nr. 2110 der Eidg. Techn. Hochschule, Zürich 1952; BÜCHI u. SCHNEIDER: Festschrift A. JERMSTAD, 1955, S. 87): Etwa 0,01 g Calciferol, genau gewogen, werden im Meßkolben in thiophenfreiem Benzol zu 100 ml gelöst. 1 ml dieser Lösung wird in einem Reagensglas mit eingeschliffenem Steigrohr mit 2 ml Cuminaldehydlösung gemischt, dann gibt man 4 ml thiophenfreies Benzol und 3 Tr. Perchlorsäurereagens zu, versetzt mit einem Stückchen Glas und erhitzt $1^1/_2$ Min. im W.-Bad. Die rote Lösung wird 7 Min. erkalten lassen, dann in einen 10-ml-Meßkolben gebracht und das Reagensglas mit abs. Essigsäure nachgespült und damit bis zur Marke aufgefüllt. 9 Min. nach dem Erhitzen wird die Extinktion dieser Lösung bei 550 mμ und einer Schichtdicke von 1 cm gegen W. gemessen.

$$\text{Gehalt an } C_{28}H_{44}O = \frac{2{,}33 \cdot E}{p}\,\%.$$

E = gefundene Extinktion, p = Einwaage in g.

Der Gehalt soll mindestens 90,0% $C_{28}H_{44}O$ entsprechen. Die Farbbildung beruht auf der Kondensation des Calciferol-Carbenium-Perchlorates mit dem Cuminaldehyd:

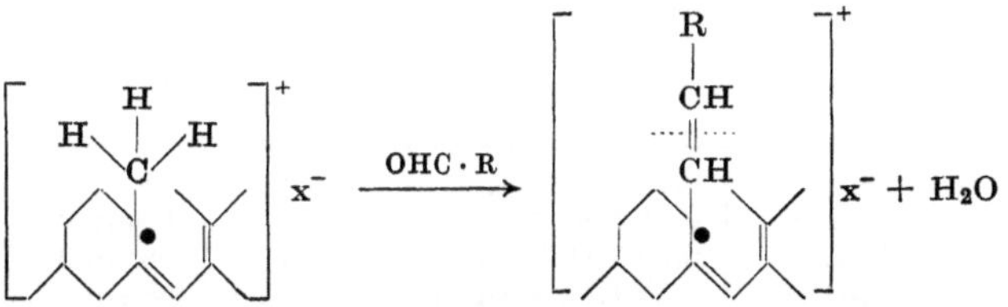

Die Spezifität der Farbreaktion soll gut sein, da die Kondensationsgeschwindigkeit und die Intensitätsunterschiede je nach der Konstitution der Sterine sehr verschieden sind. Die Methode geht auf Untersuchungen von H. SCHALTEGGER zurück [Experientia (Basel) *2*, 27 (1946); Helv. chim. Acta *29*, 285 (1946)].

CsL 2: Von einer Lösung in spektralreinem Hexan wird eine UV-Absorptionskurve zwischen 220 und 320 mμ aufgenommen. Das Maximum soll bei 265 mμ liegen. $E_{1\,cm}^{1\%} = 465 \pm 5\%$, Faktor 86000.

USP XVII: Es wird eine ausführliche Vorschrift zur Vorbereitung der Proben mittels Chromatographie und eine photometrische Bestimmung nach der Methode von BROCKMANN und CHEN [mit Antimon(III)-chlorid] gegeben.

Biologische Vitamin-D-Bestimmung nach DAB 7 – BRD:

Die Bestimmung erfolgt im prophylaktischen Rattenversuch, für den ein gleichartiges, am besten aus einer Inzucht stammendes und gleichmäßig ernährtes Tiermaterial Verwendung finden kann.

Die Muttertiere werden während ihrer Trächtigkeit mit einem vitamin-D-armen Futtergemisch ernährt und müssen weiter so gefüttert werden, daß die Jungtiere in 3 bis 4 Wochen das Einsatzgewicht von 32 bis 45 g erreichen.

Beispiel für ein vitamin-D-armes Futtergemisch:

Maisschrot 5 T., Weizen 10 T., Milch 8 T., Hafer 4 T. oder Brot 4 T., Casein 0,4 T. oder Reis 2 T., Natriumchlorid 0,06 T., Calciumcarbonat 0,025 T. und tägliche Zugabe von abwechselnd Blattgemüse, Rüben und Karotten.

Die für den Versuch notwendigen Tiere werden so verteilt, daß Tiere aus einem Wurf verschiedene Präparate und Dosen erhalten.

Während des Versuchs werden die Tiere auf Drahtsieben in sauberen Käfigen (z.B. Emaillekessel oder Glasgefäße) gehalten, die in einem abgedunkelten und gleichmäßig temperierten Raum (20 bis 26°) stehen, der tagsüber durch künstliches Licht beleuchtet wird. Die Versuchstiere erhalten aus Trinkkölbchen destilliertes W. nach Belieben und als Futter die McCollum-Kost 3243 folgender Zusammensetzung:

Maisschrot 33 T., Weizenschrot 33 T., Weizenkleber 15 T., Gelatine 15 T., Calciumcarbonat 3 T., Natriumchlorid 1 T., unbestrahlte Milch 50 T., W. 100 T.

Die Lösung der Gelatine in 100 T. heißem, destilliertem W. wird mit den vorher gut gemischten Bestandteilen vermengt. Der noch heiße Brei wird in 1,5 bis 2 cm Schichthöhe auf Bleche mit 4 cm hohem Rand aufgetragen. Die McCollum-Kost wird im Eisschrank aufbewahrt und für den Gebrauch in etwa 10 bis 20 g schwere Stücke geschnitten, die zur Fütterung direkt auf das Drahtnetz gelegt werden.

Vor Beginn des Versuchs werden die Jungtiere mit dem oben angegebenen Gewicht zunächst 2 Tage lang mit dieser Versuchsdiät gefüttert. Während des Versuchs, der sich über 14 Tage erstreckt, werden den Tieren 0,1 ml der öligen Lösung des vitamin-D-haltigen Präparates in die Schnauze gegeben.

Jede Versuchsserie besteht aus der Kontrollreihe, der Standardreihe und der Versuchsreihe.

Die Kontrollreihe umfaßt 10 Tiere, die nur das zur Verdünnung benutzte Sesamöl ohne Vitamin D erhalten. An Stelle von Sesamöl kann hier in der Standardreihe und in der Versuchsreihe auch Erdnußöl verwendet werden. Beide Öle müssen peroxidfrei sein.

In der Standardreihe werden 3 Dosen Vitamin D an je 10 Tieren geprüft. Als Standard dient kristallisiertes Vitamin D_3, das in Sesamöl gelöst ist. Es wird in Tagesdosen von 1,0 I.E., 0,75 I.E., 0,50 I.E. und 0,33 I.E. geprüft.

$$1 \text{ I.E.} = 0{,}025\,\gamma \text{ Vitamin } D_3.$$

In der Versuchsreihe werden die zu untersuchenden Öle mit Sesamöl so verdünnt, daß in der Einzeldosis von 0,1 ml voraussichtlich ebenfalls 1,0, 0,75, 0,50 und 0,33 I.E. enthalten sind.

Diese 4 Einzelgaben werden wie in der Standardreihe ebenfalls an je 10 Tieren geprüft.

Die angegebenen Zahlen sind als Richtlinie zu betrachten. Sie können mit der Empfindlichkeit des Tiermaterials in gewissem Umfang schwanken. Für die Auswertung eines Öles mit etwa 100 I.E./Gramm wird also beispielsweise folgende Versuchsanordnung benutzt:

Tierzahl	Tägliche Dosis
10 Ratten	0,1 ml Sesamöl
10 Ratten	0,75 I.E. Vitamin D_3 in 0,1 ml Sesamöl
10 Ratten	0,50 I.E. Vitamin D_3 in 0,1 ml Sesamöl
10 Ratten	0,33 I.E. Vitamin D_3 in 0,1 ml Sesamöl
10 Ratten	7,50 mg Öl in 0,1 ml Sesamöl
10 Ratten	5,00 mg Öl in 0,1 ml Sesamöl
10 Ratten	3,33 mg Öl in 0,1 ml Sesamöl

Während des Versuchs werden die Tiere alle 2 Tage gewogen und die Käfige gereinigt. Tiere, die während des Versuchs mehr als 22 g oder weniger als 5 g zugenommen haben, werden bei der Beurteilung ausgeschaltet.

Nach Abschluß der 14tägigen Versuchsperiode – 24 Std. nach der letzten Gabe – werden die Kniegelenke geröntgt. Zu diesem Zweck werden die Tiere so aufgespannt, daß das Fibula-Köpfchen den Gelenkspalt nicht verdeckt. Der Grad der Rachitis wird nach der Breite des Epiphysenspaltes am proximalen Ende der Tibia beurteilt. Verbreiterung der Epiphysenlinie in Form eines durchgehenden Spaltes von mindestens 0,5 mm Breite und deutliche Abhebung des Epiphysenkopfes gilt als Rachitis. Bei geschützten Tieren ist der Epiphysenspalt als schmale Linie eben noch erkennbar.

Für jede Tiergruppe wird auf Grund der Röntgenaufnahmen die Prozentzahl der geschützten Tiere errechnet. Sie muß bei der Kontrollgruppe gleich Null sein. Die Auswertung der übrigen Zahlen erfolgt graphisch. Dazu wird der prozentuale Anteil der geschützten Tiere in Abhängigkeit vom Logarithmus der Dosis auf Wahrscheinlichkeitspapier eingetragen. Für Standard und jedes geprüfte Präparat werden Gerade gezeichnet, die bei gleicher Neigung den jeweils 3 Punkten am nächsten liegen. Aus der Standardgeraden wird der Prozentsatz der Tiere abgelesen, die durch 0,025 γ Vitamin D_3 = 1 I.E. geschützt worden sind. Die Dosis der zu prüfenden Präparate, für die aus den zugehörigen Geraden der gleiche Schutz abzulesen ist, enthält 1 I.E. Aus dieser Dosis wird der Gehalt des Präparates in I.E./Gramm wie folgt errechnet:

1000 dividiert durch die einer I.E. Vitamin D_3 entsprechende Menge des zu prüfenden Präparates in Milligramm.

Biologische Wertbestimmung von Vitamin D nach PI.Ed. I/1:

Die Wirksamkeit eines Vitamin-D-Präparates wird durch Vergleich mit der Wirksamkeit des Internationalen Standardpräparates ermittelt. Das Ergebnis wird in I.E. pro g ausgedrückt.

Internationaler Standard und Einheit. Das Internationale Standardpräparat besteht aus kristallisiertem Vitamin D_3.

Die Internationale Einheit ist die antirachitische Wirksamkeit, die in 0,025 γ des Internationalen Standardpräparates enthalten ist.

Vorgeschlagene Methode. Die folgenden Methoden sind geeignet zur Bestimmung von Ölen, die am Menschen verwendet werden sollen. Bei Ölen für die Geflügelzucht müssen Hühner als Versuchstiere verwendet werden.

a) Heilwirkung. Für die Bestimmung sind mindestens 40 junge Ratten gleichen Geschlechts kurz nach dem Entwöhnen zu verwenden. Man wählt etwa 10 Würfe von 4 oder 8 Ratten aus, von denen das schwerste Tier eines Wurfes nicht mehr als 10 g schwerer sein darf als das leichteste. Sie werden etwa 3 Wochen mit rachitogener Kost gefüttert, die wie folgt zusammengesetzt sein kann:

Gemahlener gelber Mais	33%	oder	
Ganzer Weizen	33%	Gemahlener gelber Mais	76%
Weizenkleber	15%	Weizenkleber	20%
Gelatine	15%	Calciumcarbonat	3%
Calciumcarbonat	3%	Natriumchlorid	1%
Natriumchlorid	1%		

Die Entwicklung des erforderlichen Stadiums der Rachitis kann durch Röntgenographie der oberen Teile der Tibia und der unteren Teile von Ulna und Radius jeder Ratte unter leichter Narkose festgestellt werden.

Man teilt die Ratten in 4 Gruppen, indem man von Würfen mit 4 Tieren je eines, von solchen mit 8 je zwei einer Gruppe zuteilt. Die Ratten von 2 Gruppen erhalten Dosen von x und $n \cdot x$ Einheiten des Internationalen Standardpräparates (wobei n einen geeigneten Wert wie z. B. 2 oder 3 darstellt), während die Ratten der anderen beiden Gruppen je eine Dosis des zu untersuchenden Präparates erhalten, die im gleichen Verhältnis zueinander stehen wie die Dosen des Standards (1 : 2 oder 1 : 3). Geeignete Dosen des Standardpräparates sind 2 bis 8 I.E. für die niedrigere Dosierung. Jedes Tier kann die Gesamtdosis auf einmal oder auch in etwa 8 entsprechenden Tagesdosen erhalten.

10 bis 14 Tage nach Verabreichung der Vitamin-D-Gaben, bei verteilter Applikation 10 bis 14 Tage nach Verabfolgung der ersten Rate, werden die Tiere getötet. Dann wird anhand von Rötgenaufnahmen oder durch Untersuchung der gefärbten Knochen festgestellt, wieweit die Rachitis geheilt worden ist. In beiden Fällen ist das Ergebnis durch Vergleich mit einer Standardskala (vgl. Abbildungen USP XV) zu ermitteln. Zur Färbung werden die unteren Enden der Ulnae und Radii entfernt, dann werden die Knochen 24 Std. in eine 4%ige Formaldehydlösung gelegt, längs gespalten, einige Minuten in eine 1,5%ige Silbernitratlösung getaucht, einige Minuten dem Licht ausgesetzt und schließlich in W. gelegt.

Der Grad der Heilung durch eine gegebene Dosis von Vitamin D wechselt von Tier zu Tier. Infolgedessen wird der Durchschnitt des Heilungsgrades der Ratten jeder Gruppe ermittelt und die entsprechende Heilung der Ratten, die die zu bestimmende Probe erhalten haben, mit der Heilung der Ratten verglichen, die das Internationale Standardpräparat erhielten.

Fehlergrenzen. Die Fehlergrenzen der Bestimmung werden aus den Werten dieser Bestimmung selbst errechnet. Wenn die Schätzung der Steigung der Kurve, die eine Funktion des Logarithmus der Dosis und der Wirkung darstellt, ihren Standardfehler nicht um das Achtfache übertrifft, so können die Zuverlässigkeitsgrenzen errechnet werden.

b) Vorbeugende Wirkung. Mindestens 32 junge Ratten gleichen Geschlechts werden sofort nach dem Absetzen für die Bestimmung verwendet. Die Tiere werden in 4 Gruppen geteilt, wobei aus jedem Viererwurf je 1 Ratte jeder Gruppe zugeteilt wird.

Die Ratten werden mit einer der unter a) angegebenen Rachitisdiäten 4 oder 5 Wochen gefüttert. Während dieser Zeit erhalten die Tiere der verschiedenen Gruppen tägliche Dosen des Internationalen Standardpräparates oder der zu bestimmenden Probe im Verhältnis von 2 : 1. Geeignete Dosen des Internationalen Standards liegen zwischen 0,025 und 0,1 I.E.

Nach 4 bis 5 Wochen werden die Ratten getötet und entsprechende Knochen, z. B. Femora oder Humeri, sorgfältig aus jedem Tier herauspräpariert. Feuchtigkeit und Fett werden nach geeigneten Methoden von den Knochen entfernt: Man trocknet z. B. die Knochen bei 105°, füllt sie gespalten in Musselinsäckchen und extrahiert 48 Std. mit kochendem A. am Rückflußkühler. Dann werden die Knochen getrocknet, gewogen und in einem Tiegel verglüht. Für jede Ratte wird das Aschegewicht besonders bestimmt und der Prozentgehalt der Asche auf die getrockneten und extrahierten Knochen berechnet.

Dann wird der durchschnittliche Aschegehalt der Rattenknochen jeder Gruppe ermittelt und die Durchschnittszahlen der 4 Gruppen miteinander verglichen [wie unter a)].

Fehlergrenzen wie unter a).

Weitere Farbreaktionen s. A. Brasch [Pharm. Acta Helv. *24*, 377 (1949)] und W. Diemair u. Mitarb. [Pharm. Zentralh. *89*, 58 (1950)].

Aufbewahrung. Unter Stickstoff, luftdicht verschlossen, kühl und vor Licht geschützt. Ein zur Prüfung geöffnetes Gefäß muß umgehend unter Begasung mit Stickstoff wieder verschlossen werden, falls der Inhalt nicht sofort verwendet wird.

Standard.

1 I.E. = 0,025 (mcg) kristallisiertes Vitamin D_2
1 USP-Einheit = 1 I.E.
1 I.E. = 1 MRCU (1 Medical Research Council Unit)
1 I.E. = 1 internat. Kükeneinheit
1 g Vitamin D_2 entspricht 40000000 I.E.
1 klinische Einheit = ca. 12 bis 17 I.E. (0,3 bis 0,425 mcg)
1 biologische Einheit = ca. 0,125 I.E. (0,003 mcg)
1 Schutzeinheit = ca. 0,125 I.E. (0,003 mcg)
1 Coward-Einheit = ca. 1 I.E. (0,025 mcg)
1 Laquer-Einheit = ca. 0,14 I.E. (0,0035 mcg)
1 Poulsson-Einheit = ca. 0,2 I.E. (0,005 mcg)
1 Steenbock-Einheit = ca. 3 I.E. (0,075 mcg)

Dosierung. Nach BP 63: Prophylaxe: täglich nicht mehr als 20 mcg (800 I.E.); bei Rachitis und Osteomalazie: 0,125 bis 1,25 mg (5000 bis 50000 I.E.) täglich; bei Hypoparathyreodismus: 1,25 bis 5 mg (50000 bis 200000 I.E.) täglich.

Zur Wirkung der Vitamine D. Geschichtliches. Gegen die als Krankheit schon lange bekannte Rachitis wurde 1822 erstmals Lebertran (v. A. Trousseau) und Licht (J. Sniadecki) empfohlen. Seit 1890 erkannte man den Zusammenhang zwischen rachitischen Wachstumsstörungen und Lichtmangel. 1919 stellten E. Mellanby und McCollum erstmals heraus, daß in einigen animalischen Fetten ein antirachitischer Faktor enthalten ist, nachdem es McCollum gelungen war, durch geeignete Kost an Hunden Rachitis zu erzeugen. Im gleichen Jahr entdeckte Huldschinsky die rachitisheilende Wirkung des ultravioletten Lichts. 1921 wurde von Hess und Steenbock unabhängig voneinander entdeckt, daß Rachitis durch ultraviolett bestrahlte Nahrungsmittel geheilt werden kann. 1926 teilten Windaus, Pohl und Hess ihre Versuche mit, bei denen aus Ergosterin durch Bestrahlung Vitamin D_2 entstanden war. 1930 wurde dieses kristallin erhalten (Windaus u. Mitarb., Askew). 1935 wurde 7-Dehydrocholesterin aus Fischleber als Provitamin D_3 erkannt und ebenfalls durch UV-Bestrahlung in Vitamin D_3 überführt (Windaus, Brockmann, Lettré und Schenk).

Physiologische Funktionen und Mangelsymptome. Vitamin D spielt im Calcium- und Phosphatstoffwechsel eine beherrschende Rolle: 1. Förderung der Resorption von Calcium aus dem Darm. – 2. Beteiligung am Transport von Calcium und Phosphat sowie am selektiven Einbau der Calciumsalze in die organische Matrix der Knochen. – 3. Begünstigung der Rückresorption von Phosphat in den Tubuli der Nieren und dadurch Verminderung der Ausscheidung von Phosphat mit dem Harn. Für die Wirkung auf den Phosphatstoffwechsel wird die durch den erhöhten Blutcalciumspiegel erzeugte Hemmung der Nebenschilddrüse verantwortlich gemacht.

Über den Wirkungsmechanismus von Vitamin D ist noch wenig bekannt. Man weiß, daß Vitamin D die Aktivität der alkalischen Phosphatase steigert, die bei Rachitis vermindert ist. Es hemmt ferner die Oxydation der Citronensäure, wodurch die Citratkonzentration im Blut, in den Geweben und im Knochen gesteigert wird. Durch die verstärkte Calciumresorption wird sekundär durch das Vitamin D die Nebenschilddrüsentätigkeit gehemmt. Ferner besteht auch eine Beziehung des Vitamin D zum Aminosäurenstoffwechsel. Bei rachitischen Erkrankungen tritt eine Aminoazidurie auf. Diese vermehrte Ausscheidung einiger Aminosäuren im Harn geht bei Behandlung mit Vitamin D rasch zurück.

Vitamin-D-Mangel führt zu verschiedenen Störungen des Calcium- und Phosphatstoffwechsels, die sich in folgenden Erscheinungen äußern: Erweichung und Deformation der Knochen, besonders der langen Röhrenknochen (bei Säugetier und Vogel), Hemmung der Verkalkung an der Epi-Diaphysengrenze, Verbreiterung der Wachstumszonen, Rachitis. Mangelsymptome beim Säugling: Wachstumsstörungen, Offenbleiben der Fontanellen, Schwitzen am Kopfe, Schreien, Schreckhaftigkeit und depressive Verstimmung.

Kennzeichen des Vitamin-D-Mangels sind das caput quadratum bzw. natiforme, der verzögerte Durchbruch der Zähne, Schmelzdefekte an den Zähnen, Hypoplasien, Stellungsanomalien, rachitischer Rosenkranz, typische Deformationen des Brustkorbs, des Beckens, der Extremitäten, Neigung zu Knochenbrüchen und Verdickung der Epiphysengrenze in der Wachstumszone des Knochens.

Therapeutische Anwendungen (*Indikationen*). Die wichtigsten Indikationen sind: Rachitisprophylaxe und -therapie, Spätrachitis, Osteomalazie, Spasmophilie, Förderung der Zahnbildung und des Zahndurchbruchs, Förderung der Callusbildung bei Frakturen. Tagesbedarf: Erwachsene: 400 I.E., Kinder: 400 I.E., Frühgeborene: 800 bis 1400 I.E., Mütter während der Schwangerschaft und Stillzeit: 600 bis 700 I.E.

Rachitisprophylaxe beim Säugling: Die Prophylaxe kann parenteral zusammen mit Calcium über die Mutter im letzten Schwangerschaftsdrittel oder im frühen Säuglingsalter erfolgen. Die bisher übliche Rachitisprophylaxe mit Stoßdosen ist heute wieder zugunsten der protrahierten Verabreichung kleinerer Mengen (300 bis 400 I.E. pro Tag) verlassen werden.

Toxikologie. Bei übermäßig hohen Dosen wird der Vitamineffekt umgekehrt. Es kommt zur Entkalkung von Knochen, während im weichen Gewebe, vor allem in Hämatomen oder dem Druck ausgesetzten Körperstellen Kalkeinlagerungen (Verknöcherungen) auftreten können. Gefährdet sind besonders die Nieren und die großen Blutgefäße, in denen sich irreparable arteriosklerotische Veränderungen ausbilden können. Im Blut findet sich ein erhöhter Reststickstoff, daneben treten Polyurie und zentralnervöse Störungen auf. Vergiftungen wurden nach insgesamt 45 mg, ein Todesfall nach insgesamt 150 mg beobachtet. Nach leichteren Vergiftungsfällen kommt es in einigen Monaten zur Erholung.

Handelsformen: Vigantol (Bayer, Merck), Detalup (Bayer, Merck), Vigorsan forte (Albert), D-Tracetten (Albert); ferner enthalten in vielen Multivitaminpräparaten, Calcium-D-Cedoxon (Hoffmann-La-Roche), Cal-C-Vita (Hoffmann-La-Roche), Detavit-Aquat (Merck), Gerobion und Hormo-Gerobion (Merck).

Cholecalciferolum ÖAB 9. Cholecalciferol USP XVII. Activated 7-Dehydrocholesterol USP XVI. Vitamine D_3 CF 65. Vitamin D_3. Antirachitisches Vitamin.

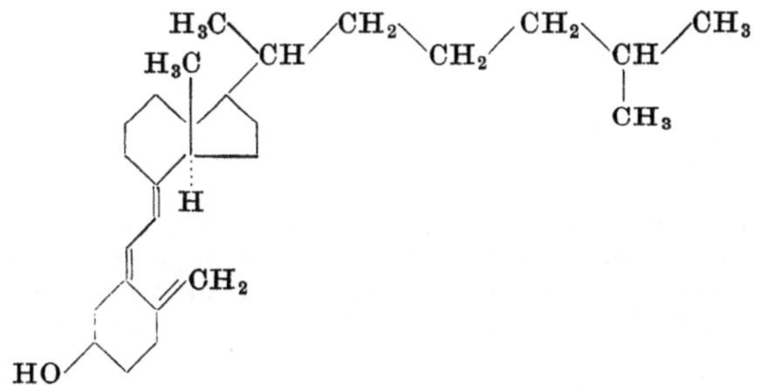

$C_{27}H_{44}O$ M.G. 384,65

Aktiviertes 5,7-Cholestadien-3β-ol

Vitamin D_3 ist wirksamer als Calciferol, jedoch ist der Wirkungsunterschied am Menschen nicht sehr groß. Am Küken besitzt es dagegen die 30- bis 100fache Wirksamkeit des Vitamins D_2. Gegenüber Calciferol soll Cholecalciferol aber noch den Vorteil größerer Stabilität und geringerer Toxizität haben. Dies gilt weniger für das reine Vitamin D_3, sondern mehr für den äquimolekularen Komplex mit Cholesterin. In vergleichenden Untersuchungen wurde der „toxische Grenzwert" für Vitamin D_2 und D_3 bestimmt und ein Verhältnis der Toxizitäten von etwa 4 : 3 ermittelt (Mäuse, Ratten, Hunde).

Unterschiedlich ist die Wirkung der beiden Vitamine D bei Verabfolgung durch intramusculäre Injektion; Vitamin D_2 wird dabei langsamer resorbiert, die Wirkung ist dafür anhaltender.

Vorkommen. Während Vitamin D_2 in der Natur nur in vereinzelten Fällen und kleinen Mengen anzutreffen ist, kommt Vitamin D_3 weit verbreitet vor. Über die wichtigsten natürlichen Quellen informiert die folgende Tabelle.

100 g Tierprodukt enthalten	I.E. Vitamin D:
Fische und Fischprodukte:	
Lachs	200–800
Kabeljau, frisches Fleisch	50 und mehr
Hering, frisches Fleisch	300–1700
Hering, geräuchert	5000
Sardine, frisches Fleisch	1800
Makrele, frisches Fleisch	500–700
Aal, geräuchert	bis 5000
Forelle, frisches Fleisch	500–4000
Medizinallebertran [DAB 6 – 3. Nachtr. (BRD)]	mind. 8500
Heilbuttlebertran	120000–400000
Dorschlebertran	6000–30000
Thunfischlebertran	700000–4500000
Säugetierprodukte:	
Kalbsleber	10–20
Rindsleber	40–100
Schafsleber	20
Schweineleber	40–180
Kuhmilch, frisch	Spuren bis 10
Kuhmilch, bestrahlt	bis 20
Schweinefleisch	40–50
Butter (je nach Jahreszeit)	10–100
Sahne	50
Vollfettkäse	50–200
Hühnerprodukte:	
Hühnerleber	60
Eidotter	150–500
Pilze:	
Verschiedene Speisepilze	80–125
Steinpilz	80
Pfifferling	80
Champignon, im Freien gewachsen	20
Champignon, im Dunkeln gewachsen	60

Darstellung. Neben der Anreicherung und Gewinnung aus Fischleberölen, die durch Chromatographie der unverseifbaren Anteile erfolgt, kann Vitamin D_3 aus Cholesterin dargestellt werden.

Cholesterylacetat liefert durch Oxydation (Chromsäure oder Luftsauerstoff) die 7-Oxo-Verbindung. Mit Aluminiumisopropylat läßt sich die Ketogruppe zur sek. Alkoholgruppe reduzieren. Das entstandene 7-Hydroxycholesterin gibt als Dibenzoat beim Erhitzen auf 200° 7-Dehydrocholesterin-benzoat, das nach Verseifung durch UV-Bestrahlung in Vitamin D_3 übergeht:

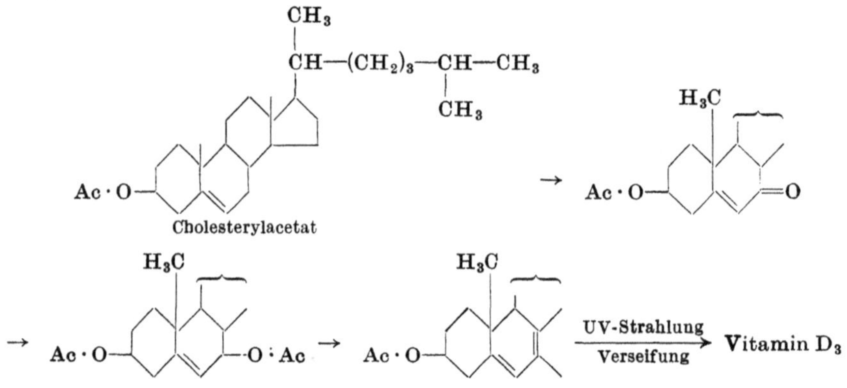

Die Abscheidung aus dem Bestrahlungsgemisch erfolgt wie bei Calciferol am leichtesten als 3,5-Dinitro-4-methylbenzoat. Man versetzt die Mischung zunächst mit Citraconsäure und läßt mehrere Tage stehen, filtriert die entstandene Fällung ab und schüttelt das Filtrat in wäßriger Phase mit Petroläther aus. Den Abdampfrückstand löst man in Bzl. und setzt das Vitamin D_3 mit Pyridin und 3,5-Dinitro-4-methyl-benzoylchlorid um. Der Ester wird umkristallisiert.

Eigenschaften. Weiße Kristalle, kristallines Pulver oder feine Nadeln (aus verdünntem Aceton) ohne Geruch und Geschmack, praktisch unlöslich in W., leicht löslich in A., Ae., Chloroform oder Aceton, mäßig löslich in fetten Ölen. Fp. 83 bis 88°, im evakuierten Kapillarrohr, Bad 10° unter Schmelztemperatur vorgewärmt (ÖAB 9); 84 bis 88° (USP XVII); 85 bis 86°, Kapillarröhrchen mit allmählicher Erwärmung (CF 65) bzw. 88°, durch Aufstreuen des getrockneten Pulvers auf den vorgeheizten Messingblock (CF 65).

Optisches Drehungsvermögen:

$[\alpha]_D^{20}$ = + 102 bis + 112° (c = 1, Äthanol) (ÖAB 9)

$[\alpha]_D^{20}$ = + 108 bis + 109° (c = 0,5, Gew.-Vol., Äthanol 95%ig) (CF 65)

$[\alpha]_D^{20}$ = + 106 bis 107° (c = 0,5 Gew.-Vol., abs. Äthanol) (CF 65)

$[\alpha]$ = nicht weniger als + 105° und nicht mehr als + 112° (c = 50 mg Substanz auf 10 ml A.; die Substanz soll einem nicht länger als 30 Min. geöffneten Gefäß entnommen werden. Die Drehung soll innerhalb von 30 Min. nach Bereitung der Lösung gemessen werden) (USP XVII).

Lichtabsorption:

$E_{1\,cm}^{1\%}$ = 450 bis 490 bei 265 mμ, in Äthanol (ÖAB 9)

$E_{1\,cm}^{1\%}$ = ca. 470 bei 265 mμ, in abs. Äthanol (CF 65).

Die Extinktion einer Lösung in A., darf bei 265 mμ nicht mehr als 3% von der des USP-Reference-Standard abweichen (USP XVII).

Erkennung. a) 1 mg Substanz wird mit 1 ml konz. Schwefelsäure versetzt. Es entsteht eine orangegelbe Lösung, die bald intensiv orangerot wird. Auf Zusatz von etwa 2 ml W. wird sie rotviolett und trüb (ÖAB 9). – b) 0,5 mg Substanz werden in 2 ml Chloroform gelöst, mit 2 Tr. Essigsäureanhydrid und 2 Tr. konz. Schwefelsäure versetzt. Die Lösung färbt sich beim Schütteln zunächst orange und wird dann sehr rasch violett, blau und schließlich intensiv grün (ÖAB 9; ähnlich USP XVII und CF 65). – c) 50 mg Substanz und 50 mg 3,5-Dinitrobenzoylchlorid werden getrennt in je 1 ml wasserfreiem Pyridin gelöst. Die Lösungen werden vermischt und 10 Min. lang auf dem Dampfbad erwärmt. Nach Zugabe von 5 ml W. wird die Lösung filtriert, der Niederschlag mit kleinen Portionen kalten W. gewaschen, 2mal aus Aceton umkristallisiert und dann im Vak.Exsikkator 2 Std. getrocknet. Das so erhaltene Dinitrobenzoylderivat schmilzt zwischen 133 und 135° (USP XVII). – d) Das IR-Spektrum der Substanz muß, gemessen als KBr-Preßling, zwischen 2 und 12 μ, identisch sein mit dem unter gleichen Bedingungen gemessenen Spektrum des USP-Reference-Standards (USP XVII). – e) Einige mg Substanz werden in 2 ml abs. A. gelöst, mit 1 ml einer 0,005%igen, alkoholischen Furfurollösung versetzt, durch Einstellen in Eis gekühlt, und langsam unter Kühlen und Umschwenken mit 7 ml konz. Schwefelsäure versetzt. Es entsteht eine gelborange Färbung (Vitamin D_2 ergibt hierbei eine rotviolette Färbung) (CF 65).

Gehaltsbestimmung. Zur quantitativen Analyse von Vitamin D_3 werden die gleichen Bestimmungsmethoden wie unter Vitamin D_2 (s. d.) ausgeführt.

Quantitative Bestimmungen von Vitamin D in Konzentraten, Arzneimitteln und weiteren Kombinationspräparaten mittels Dünnschichtchromatographie s. H. R. Bolliger und A. König [Z. analyt. Chem. *214*, 1 (1965)]. Die eindimensionale Trennung auf Kieselgelschichten und die kolorimetrische Messung zur Bestimmung von Vitamin D in den verschiedensten Präparaten wird beschrieben. Das Analysengut wird je nach seiner Zusammensetzung sowie Form und Menge des Vitamin D schonend und ohne Verseifung für die Dünnschichtchromatographie vorbereitet. Die Methode arbeitet verlustlos, zuverlässig und genau. Die Resultate stimmen mit den biologisch gefundenen Werten überein, die relative Standardabweichung beträgt 1,8 bis 2,7% und eine Doppelbestimmung dauert, abhängig von der Vorbehandlung, 3 bis 7 Std. Die grundlegenden Versuche und die Grenzen des Verfahrens werden diskutiert.

Aufbewahrung. Kühl, vor Licht geschützt, in evakuierten oder mit einem indifferenten Gas gefüllten, zugeschmolzenen Glasgefäßen.

Dosierung. Nach ÖAB 9: Gebräuchliche Einzeldosis 0,00001 bis 0,0005 g (400 bis 20000 I.E.), Tagesmaximaldosis bei wiederholter Anwendung 0,0015 g (60000 I.E.), Einzelmaximaldosis bei Stoßtherapie 0,015 g (600000 I.E.).

Standardisierung.

1 I.E. Vitamin D_3 = 0,025 cmg kristallisiertes Vitamin D_3 = 1 USP-Einheit
1 mcg Vitamin D_3 = 1 mcg Vitamin D_2 = 40 I.E.

Handelsformen: Vi-De-3 hochkonzentriert (Wander), Vi-De-3 Hydrosol (Wander), Vigorsan forte D_3 (Albert).

Cholecalciferol-Cholesterin DAB 7 – BRD. Cholecalciferol-Cholesterinum. Vitamin-D_3-Cholesterin.

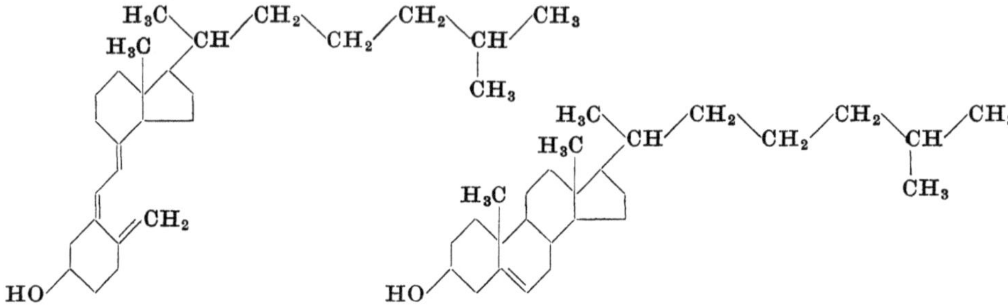

$C_{27}H_{44}O \cdot C_{27}H_{46}O$ M.G. 771,31
Molekülverbindung aus 1 Mol Cholecalciferol und 1 Mol Cholesterin

1 g Vitamin-D_3-Cholesterin entspricht in seiner antirachitischen Wirksamkeit 18000000 bis 20000000 I.E.

Eigenschaften. Farblose Kristalle, oder weißes, kristallines Pulver. Löslichkeit: Leicht löslich in Ae., Methanol, Chloroform und Aceton, wenig löslich in 96%igem A. und fetten Ölen, praktisch unlöslich in W. Schmelzintervall: 115 bis 121°.

Spezifische Drehung: $[\alpha]_D^{20} = +24{,}0$ bis $+28{,}0°$, gemessen an einer Lösung in Aceton. ($c = 2{,}0$, polarisiertes Licht der Wellenlänge 589,2 mμ, Schichtdicke 10 cm, Temp. 20 ± 1°).

Ultraviolettabsorption: $E_{1\,cm}^{1\%}$ = 230 bis 258 bei 265 mμ, gemessen in A. 96%ig.

Erkennung. Prüflösung: 0,010 g Substanz werden in 2,0 ml Chloroform gelöst. a) 1,0 ml Prüflösung gibt mit 1,0 ml Acetanhydrid und 0,05 ml konz. Schwefelsäure sofort eine Rotfärbung, die schnell über Violett nach Blau umschlägt. – b) In 1,0 ml Prüflösung entsteht nach Zugabe von 4,0 ml Antimon(III)-chloridlösung eine orangegelbe Färbung.

Aufbewahrung. In evakuierten oder mit einem indifferenten Gas gefüllten Ampullen, kühl und vor Licht geschützt.

Dosierung. Größte Einzelgabe 0,03 g, größte Tagesgabe 0,03 g.

Vitamin E. Tocopherol. Antidystrophisches Vitamin. Antisterilitätsvitamin. Fertilitätsvitamin.

Vitamin E ist der Gruppenname für alle Tocopherole, die sich durch Anzahl und Stellung der Methylgruppen am Hydroxychromanring, teilweise auch durch das Vorhandensein von Doppelbindungen in der Phytylseitenkette, unterscheiden. Im allgemeinen versteht man unter Vitamin E das α-Tocopherol oder sein Acetat, welches von allen Tocopherolen die größte biologische Wirksamkeit besitzt. Große Bedeutung kommt auch dem β-Tocopherol zu; daneben sind noch 5 weitere Tocopherole bekannt, von diesen sind die γ- und δ-Tocopherole relativ verbreitet.

Vorkommen der E-Vitamine. Wir finden die Tocopherole weit verbreitet im Pflanzenreich, und zwar als typisch lipoidlösliche Substanzen hauptsächlich in den Ölen der Pflanzen. Tierische Öle und Fette weisen nur geringen Vitamingehalt auf; jedoch enthält der Tierkörper bemerkenswerte Tocopherolmengen in Placenta und im Hypophysenvorderlappen. Die ergiebigste Vitaminquelle sind die Weizenkeimlinge, aus deren Öl die beiden Tocopherole zuerst isoliert worden sind. Das Weizenkeimlingsöl stellt auch das Ausgangsmaterial für die pharmazeutisch verwendeten Vitamin-E-Konzentrate (z. B. Ereton u. a.) dar. Relativ hohe Vitaminmengen trifft man ferner in den Ölen des Reis, der Erdnüsse und der Baumwollsamen an. Grüne Blätter sind ebenfalls Vitamin E-haltig, so daß eine Ernährung mit viel frischem Gemüse den Vitaminbedarf des Menschen vollauf decken kann. Als vitaminreich sind besonders der Salat und der Lattich zu bezeichnen. Der Vitamingehalt der grünen Blätter verringert sich beim Trocknen nur unwesentlich. Längeres Lagern bei Licht- und Luftzutritt bedingt jedoch einen Wirksamkeitsverlust, indem die Tocopherole einer allmählichen Oxydation anheimfallen. – Das im Tierkörper aufgefundene Vitamin stammt wohl in fast allen Fällen aus dem Vitamingehalt der als Nahrung verzehrten Pflanzen. Jedenfalls haben sich keine Anzeichen dafür ergeben, daß der tierische Organismus die Tocopherole selbst zu synthetisieren vermag. Doch ist er in der Lage, das Vitamin längere Zeit in seinen Organen zu speichern.

Quantitative Angaben über das Vorkommen der Tocopherole in pflanzlichen und tierischen Produkten findet man in der folgenden Tabelle:

100 g Substanz enthalten	mg Gesamt-tocopherole	100 g Substanz enthalten	mg Gesamt-tocopherole
Pflanzliche Öle:		Feldsalat	6
Kokosnußöl	5	Petersilie	5,5
Olivenöl	5	Lauch	8
Rapsöl	56	Schwarzwurzel	6
Leinöl	23	Wirsing	3–8
Erdnußöl	20	Sellerie	2,6
Sojabohnenöl	118	Spinat	1,7
Maisöl	100	Sojabohnen (grün)	18–19
Sonnenblumenöl	51		
Baumwollsaatöl	81	Tierische Produkte:	
Weizenkeimöl	255	Kalbsniere	ca. 10
Gerstenöl	238	Rindsniere	8–13
Roggenöl	248	Kalbsthymus (frisch)	3,5–5
Haferöl	61	Bückling	1,8
Palmkernöl	75	Kabeljaurogen	5,3–7,5
Reiskleieöl	90	Milch (frisch)	0,1
Senföl	52	Butter	1–2
Gemüse:		Eidotter	3–5
Endiviensalat	ca. 2	Dorschlebertran	30
Kopfsalat	3	Steinbuttlebertran	45

Gewinnung von Vitamin E-Konzentraten und des reinen natürlichen Vitamins. Als Ausgangsmaterial dienen in den meisten Fällen die Vitamin E-reichen Weizenkeimlinge. Diese werden vom Korn abgetrennt und mit Äther oder Petroläther extrahiert. Neben der Extraktion ist auch das Auspressen gebräuchlich. Die Ausbeute an Weizenkeimöl, das nach Abdunsten des Lösungsmittels als dunkelbraunes Öl hinterbleibt, beträgt 8 bis 10%. Nunmehr erfolgt die Abtrennung des Hauptballaststoffes, nämlich des fetten Öles. Dies geschieht durch Verseifung mit 10 bis 20%iger alkoholischer Kalilauge, also in prinzipiell ähnlicher Weise wie bei der Gewinnung der Vitamine A und D aus den Fischleberölen. Zur Schonung des Vitamin E läßt man hierbei milde Temperaturen obwalten. Die verseifte Lösung wird nach dem Verdünnen mit Wasser erschöpfend mit Petroläther ausgezogen. Das Vitamin E liegt jetzt im Unverseifbaren vor, das nach dem Abdunsten des Petroläthers eine dunkle, wachsartig erstarrende Masse darstellt. Aus dieser wird die Hauptmenge der Sterine, die im wesentlichen aus Sitosterin bestehen, durch fraktionierte Kristallisation aus Pentan entfernt. Die Mutterlauge liefert nach dem Abdunsten des Pentans ein hochwirksames Vitamin E-Konzentrat, welches für medizinische Zwecke vielfach Verwendung findet.

Zur weiteren Anreicherung an Vitamin E können verschiedene Wege eingeschlagen werden. Evans führte ein recht kompliziertes Reinigungsverfahren durch, das in einer mehrfachen Behandlung des Konzentrates mit Methanol und Petroläther, erneuter Verseifung, Abtrennung der Sitosterinreste durch Fällung mit Digitonin und in einer anschließenden Hochvakuumdestillation bestand.

Eine schnelle und gute Reinigung erreicht man durch Überführung des Vitamin E in das gut kristallisierende Allophanat (Ester der Allophansäure $H_2N \cdot CO \cdot NH \cdot COOH$), indem man in die petrolätherische Lösung des von Sitosterin weitgehend befreiten Vitaminkonzentrates Cyansäure einleitet. Durch Adsorption an eine Aluminiumoxidsäule wird das Allophanat weiterhin gereinigt. Aus dem umkristallisierten Allophanat erhält man durch Verseifung das reine Vitamin.

Synthese der Tocopherole. Nach P. KARRER geht man vom Trimethylhydrochinon (= Pseudocumohydrochinon) aus, das in Gegenwart von wasserfreiem Zinkchlorid mit Phytylbromid kondensiert wird, wobei in guter Ausbeute das D,L-α-Tocopherol erhalten wird:

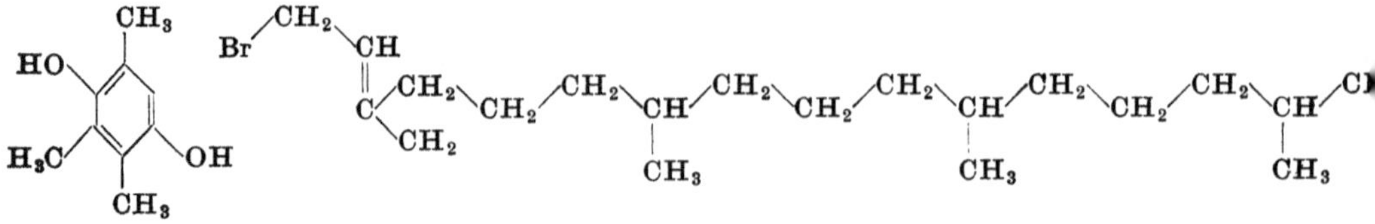

Pseudo-cumohydrochinon

Phytylbromid

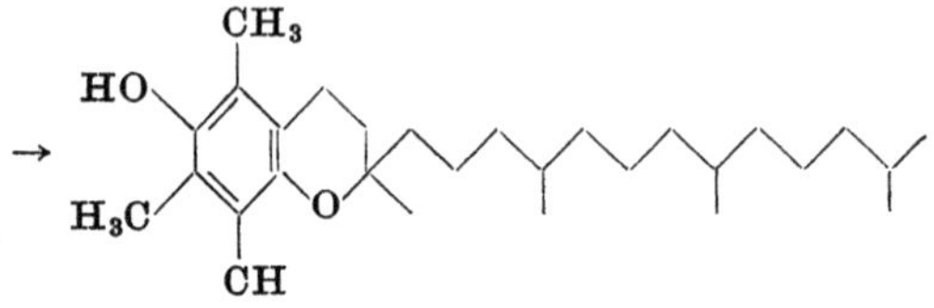

α-Tocopherol

Durch andere Autoren wurde diese Synthese in einigen Punkten modifiziert.

Literatur: KARRER, P. u. Mitarb.: Helv. chim. Acta *21*, 520, 820, 1234 (1938). – SMITH, L. J. u. Mitarb.: Science (New York) *88*, 37 (1938); J. Amer. chem. Soc. *61*, 2615 (1939); *64*, 440 (1942); *65*, 1276 (1943). – BERGEL, F. u. Mitarb.: J. chem. Soc. *1938*, S. 1382.

Synthese nach W. JOHN [JOHN, W., P. H. GÜNTHER u. F. H. RATHMAN: Hoppe-Seylers Z. physiol. Chem. *268*, 104 (1941); Chem. Ber. *72*, 649 (1939)]:

Als Ausgangsstoff für α-Tocopherol dient Pseudocumol, das nach GATTERMANN in den 3,4,6-Trimethyl-benzaldehyd überführt wird. Dieser wird mit Aceton kondensiert. Das entstandene Trimethylbenzyliden-Aceton wird hydriert und durch Nitrierung in das 2,5-Dinitro-3,4,6-trimethyl-benzyl-aceton übergeführt. Durch Reduktion erhält man das Diamin, das zum Chinon oxydiert werden kann. Zum Hydrochinon reduziert, wird dieses mit der Magnesiumverbindung des Phytylbromids nach GRIGNARD umgesetzt:

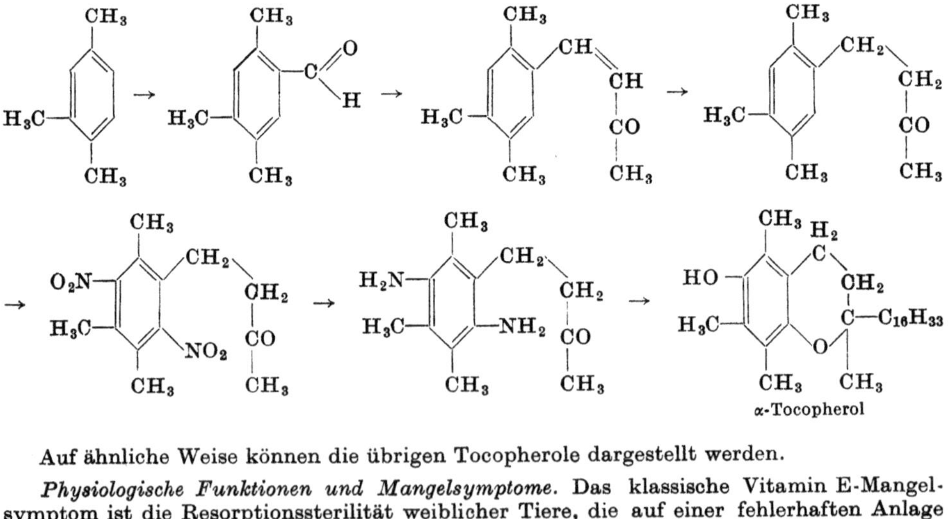

α-Tocopherol

Auf ähnliche Weise können die übrigen Tocopherole dargestellt werden.

Physiologische Funktionen und Mangelsymptome. Das klassische Vitamin E-Mangelsymptom ist die Resorptionssterilität weiblicher Tiere, die auf einer fehlerhaften Anlage und Entwicklung der fötalen Gefäße beruht. Eine E-Avitaminose tritt am deutlichsten bei der Ratte in Erscheinung. Sie bedingt schwere Fortpflanzungsstörungen, die auch andere Schäden im Gefolge haben. Insbesondere wird die Hypophyse nachteilig beeinflußt. Beim Rattenweibchen tritt partielle Unfruchtbarkeit auf, die sich in der nächsten Generation zur völligen Sterilität steigert. Es erfolgt noch eine normale Befruchtung; aber der Foetus wird intrauterin resorbiert. Beim Rattenmännchen offenbart sich eine E-Avitaminose in der Verkümmerung der Hoden; die Spermien werden in ihrer Bewegung langsam und das Tier zeigt sich am Geschlechtsleben desinteressiert. Durch Verfütterung von Vitamin E-haltigem Material können diese Schäden behoben werden; beim Männchen allerdings nur dann, wenn die letzten Stadien der Sterilität noch nicht erreicht sind. Andernfalls sind die Schäden irreparabel.

Interessant ist die Bedeutung des Vitamin E für das Bienenvolk. Eine Biene wird nur dann zur Königin, wenn sie mit Vitamin E-haltiger Nahrung gefüttert wird. Aus den übrigen Bienen, die als Larven keine solche Nahrung erhalten haben, entwickeln sich die sterilen Arbeitsbienen.

Bei den höheren Tieren, insbesondere bei Nutztieren und beim Menschen, kann die Neigung zu Fehlgeburten ein Zeichen für das Vorliegen eines Vitamin E-Mangels bzw. einer E-Avitaminose sein. Auch hier kann Heilung durch die Vitamin E-Therapie erzielt werden. Hervorzuheben ist, daß dem Vitamin E eine östrogene Wirksamkeit nicht zukommt.

Vitamin E ist auch am Eiweißstoffwechsel beteiligt. Es fördert u. a. die Nucleinsäuresynthese, steht mit den schwefelhaltigen Aminosäuren in Beziehung, wodurch es indirekt eine Leberschutzfunktion übernimmt und greift ferner über den Phosphokreatinumsatz in den Muskelstoffwechsel ein.

Einen weiteren Einfluß hat das Vitamin E auf den Kohlenhydrat- und Energiehaushalt. Ein erhöhter Sauerstoffverbrauch kann in einigen Geweben durch Vitamin E-Zufuhr herabgesetzt werden. Beziehungen bestehen ferner zum Bindegewebe, zu den Gefäßen, zum Hypophysen-Nebennierenrindensystem. Bei Vitamin E-Mangel kommt es zu Kreatinurie, die mit Angriffspunkten an der Muskulatur zusammenhängt.

Eine auffallende Wirkung der E-Vitamine ist ihr antioxydativer Effekt. Sie schützen leicht oxydable Vitamine, besonders das Vitamin A im Darm und in den Geweben vor Oxydationen. Dadurch wird einem Vitamin A-Mangel vorgebeugt.

Therapeutische Anwendungen. Innere Medizin: Osteochondrosen der Wirbelsäule, Lumbago, Myopathien, Zervical-Syndrom, zentralbedingte Fett- und Magersucht, periphere Gefäßstörungen, dystrophische Magengeschwüre, vegetative Störungen, essentielle Hypertonie, progressive Muskeldystrophie, Neuritiden, Lähmungszustände nach Diphtherie und Poliomyelitis, Fertilitätsstörungen des Mannes, Herz- und Kreislaufstörungen. In Kombination mit Vitamin A: Arteriosklerose, Hepatopathien, Magen- und Darmgeschwüre, degenerative Veränderungen der Gefäße, der Haut, der Schleimhäute und der Bindegewebe. – *Gynäkologie:* Klimakterische Beschwerden, Amenorrhoe, Oligomenorrhoe, Dysmenorrhoe, Menorrhagie, Pruritis vulvae, Kraurosis vulvae, Sterilität (die nicht durch anatomische Veränderungen bedingt ist), habitueller Abort, drohender Abort. In Kombination mit Vitamin A: Prämenstruelle Beschwerden, Kraurosis vulvae. – *Dermatologie:* Sklerodermie, Erythematodes, Narbenkeloide, Induratio penis plastica. In Kombination mit Vitamin A: Bei Akne vulgaris. – *Pädiatrie:* Säuglingsdystrophie, Sklerödem, Enuresis nocturna, zur Steigerung des Appetits, des Körpergewichts und zur Besserung der Muskelfunktionen.

Dosierung. Die therapeutischen und prophylaktischen Vitamin E-Gaben betragen ein Vielfaches des Tagesbedarfs. Sie richten sich nach der Indikation und dem klinischen Bild. Im allgemeinen benötigt man Mengen über 200 mg pro Tag, um Wirkungen zu beobachten.

Tagesbedarf. 10 bis 25 mg Vitamin E, berechnet als α-Tocopherol. Der Bedarf ist während der Schwangerschaft, im höheren Lebensalter, bei fettreicher Ernährung und bei Stress-Zuständen des Stoffwechsels erhöht.

Biologische Prüfung von Vitamin E-Konzentraten und -Präparaten. Die Prüfung erfolgt an virginellen Rattenweibchen, welche durch 3- bis 4monatige Verfütterung von Vitamin E-freier Kost in das Stadium der Resorptionssterilität gelangt sind. Nach erneuter Befruchtung wird das zu prüfende Material der Nahrung zugesetzt, und festgestellt, ob Fruchtbarkeit einsetzt, die durch die Geburt normal entwickelter Jungen zum Ausdruck kommen muß. Als Vitamin E-Einheit wurde diejenige Menge festgelegt, die bei einmaliger Gabe bei der Hälfte der Tiere das Austragen mindestens eines Jungen bewirkt. Diese Wirksamkeit entspricht der von 3 mg α-Tocopherol bzw. der von 5 mg β-Tocopherol.

Die zur Prüfung erforderliche Mangeldiät kann durch Bespritzen des Futters mit 1%iger ätherischer Eisen(III)-chloridlösung hergestellt werden, wobei aber zu berücksichtigen ist, daß durch diese Behandlung nicht nur das Vitamin E oxydativ zerstört wird, sondern auch die Carotinoide der Oxydation anheimfallen. Zweckmäßiger erscheint die Anwendung der von Evans angegebenen Mangeldiät, die sich folgendermaßen zusammensetzt: Stärke 40%, Casein 32%, Schweinefett 22%, Lebertran 2%, Salzmischung nach McCollum 4% nebst einem Hefezusatz von 0,4 bis 0,5 g pro Tag und Ratte. Da frisches Schweinefett und frischer Lebertran einen geringen Vitamin E-Gehalt aufweisen, dürfen beide Bestandteile nur im gelagerten Zustande zugesetzt werden.

Bei den biologischen Versuchen hat sich ergeben, daß eine Überdosierung an Vitamin E ohne schädigenden Einfluß ist.

α-Tocopherolacetat DAB 7 – BRD. Alpha-Tocopherolum acetylatum ÖAB 9. Tocoferyli acetas Nord. 63. Tocopherylium aceticum CsL 2. Tocopherolum aceticum. Tocopherolum acetylatum. Tocopherolacetat.

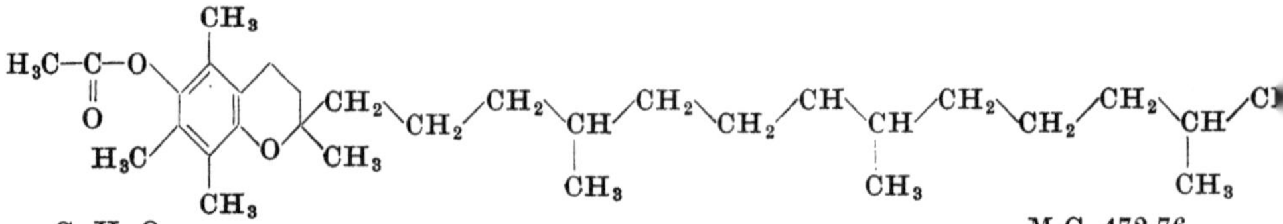

$C_{31}H_{52}O_3$ M.G. 472,76

D,L-2,5,7,8-Tetramethyl-2-(4′,8′,12′-trimethyl-tridecy)-6-acetoxy-chroman

Eigenschaften. Klare, gelbliche, viskose, nahezu geruchlose, geschmacklose Flüssigkeit, die sich am Licht allmählich bräunlich färbt. Löslichkeit: praktisch unlöslich in W., leicht löslich in A., in jedem Verhältnis mischbar mit Ae., Chloroform, Aceton oder fetten Ölen; 1 T. löst sich in ca. 20 T. A. (94%). pH: 0,1 g Substanz wird in 2 ml Petroläther gelöst und mit frisch ausgekochtem und wieder erkaltetem W. geschüttelt. Der pH-Wert des wäßrigen Auszuges = 4,8 bis 7,9.

Dichte:

ϱ = 0,954 bis 0,966 (ÖAB 9)
ϱ = 0,952 bis 0,966 (DAB 7 – BRD)
ϱ = ca. 0,96 (Nord. 63)

Brechungsindex:

n_D^{20} = 1,495 bis 1,497 (ÖAB 9)
n_D^{20} = 1,4958 bis 1,4970 (Subs. Pharm. 61)
n_D^{20} = 1,496 bis 1,499 (DAB 7 – BRD)
n_D = 1,495 bis 1,498 (Nord. 63)

Lichtabsorption:

$E_{1\,cm}^{1\%}$ = 42 bis 45, bei 285 mμ, in Äthanol (ÖAB 9)
$E_{1\,cm}^{1\%}$ = 46 bis 52, bei 285 mμ, in Äthanol (CsL 2)
$E_{1\,cm}^{1\%}$ = 42 bis 45, bei 285 mμ, in abs. Äthanol (DAB 7 – BRD)
$E_{1\,cm}^{1\%}$ = 42,0 bis 44,0, bei 284 mμ, in abs. Äthanol (Subs. Pharm. 61)
$E_{1\,cm}^{1\%}$ = ca. 45, bei 285 ± 1 mμ, in Äthanol (Maximum)
$E_{1\,cm}^{1\%}$ = ca. 10, bei 254 ± 2 mμ, in Äthanol (Minimum) (Nord. 63).

Erkennung. a) 1 Tr. Substanz wird in 1 ml abs. A. gelöst (bzw. 10 ml abs. A., nach DAB 7 – BRD), mit 1 ml 65%iger Salpetersäure versetzt und 5 Min. im Wasserbad zum Sieden erhitzt (bzw. mit 2 ml rauchender Salpetersäure, 15 Min. erhitzt). Die anfänglich gelbe Lösung muß nach dieser Zeit ziegelrot gefärbt sein. – b) Versetzt man etwa 5 mg Substanz mit 1 ml konz. Schwefelsäure, so entsteht allmählich eine intensiv grünlichgelbe Lösung. Fügt man, sobald sich die gesamte Substanz gelöst hat, 3 Tr. konz. Salpetersäure hinzu, so färbt sich die Lösung intensiv bräunlichrot (ÖAB 9). – c) Die Mischung von 2 Tr. Substanz mit 2,0 ml weingeistiger Kalilauge wird auf dem Wasserbad 5 Min. lang erhitzt, abgekühlt, mit 4,0 ml Wasser versetzt und mit 10,0 ml Ä. ausgeschüttelt. 2,0 ml des abgetrennten Ätherauszuges geben nach Zusatz von 3 Tr. 2,2′-Dipyridyllösung und 6 Tr. äthanol. Eisen(III)-chloridlösung eine rote Färbung [DAB 6 – 3. Nachtr. (BRD)(!)]. – d) Eine Lösung von etwa 0,1 g Substanz in 1 ml A. wird mit 1 Tr. konz. Natronlauge versetzt und hierauf im Wasserbad eingedampft. Den Rückstand löst man unter Erwärmen in 1 ml A., kühlt ab, versetzt mit 1 ml W. und fügt sehr vorsichtig 2 ml konz. Schwefelsäure hinzu. Erwärmt man die erhaltene Flüssigkeit, so tritt nach kurzer Zeit der Geruch nach Essigsäureäthylester auf (ÖAB 9). – e) Unterschied zu D-α-Tocopherolacetat: α_D für eine Lösung in Chloroform (10 g/100 ml) darf höchstens ± 0,05° (200 mm) betragen (Nord. 63). – f) Die Lösung von 0,10 g Substanz in 2,0 ml A. 96% wird nach Zugabe von 0,10 ml konz. Schwefelsäure 5 Min. lang im Wasserbad erhitzt. Nach Abkühlen und Zusatz von 3,0 ml A. 96% werden 0,2 ml Phenanthrolinhydrochloridlsg. und nach dem Durchmischen

0,30 ml Eisen(III)-chlorid-Lsg. zugegeben. Es entsteht eine Orangefärbung, die sich allmählich vertieft (DAB 7 – BRD).

Prüfung. a) Freies Tocopherol: 0,1 g Substanz muß sich in 4 ml abs. A. klar lösen. Diese Lösung muß farblos sein und sich nach Zusatz von 2 Tr. Diphenylaminlösung und 1 Tr. 0,1 n Cer(IV)-sulfatlösung kräftig blauviolett färben. Diese Färbung verschwindet nach einigen Sekunden (Subs. Pharm. 61, ähnlich DAB 7 – BRD). – b) Fremde Tocopherole: 1 Tr. Substanz wird in 5 ml abs. A. in einem Meßzylinder mit Glasstopfen von etwa 30 ml Inhalt gelöst. Man versetzt mit 0,2 ml konz. Essigsäure und 0,5 ml Natriumnitritlösung, schüttelt und läßt 1 Min. stehen. Diese Lösung wird mit 5 ml 2 n Natronlauge und 8 ml W. verdünnt und mit 5 ml Petroläther geschüttelt. Nach Trennung der beiden Phasen muß die Petrolätherschicht farblos sein (Subs. Pharm. 61). – c) Aussehen der Lösung: Eine Lösung von 0,1 g Substanz in 5 ml Petroläther muß klar und fast farblos sein (ÖAB 9). – d) Freies Alkali, freie Säure: Schüttelt man die bereitete Petrolätherlösung (s. voranstehende Prüfung) in einem Scheidetrichter mit 5 ml kohlensäurefreiem W. 1 Min. lang kräftig durch, so müssen sich je 2 ml der sorgfältig abgetrennten wäßrigen Schicht auf Zusatz von 1 Tr. Methylrotlösung gelb oder orange bzw. auf Zusatz von 1 Tr. Bromthymolblaulösung gelb oder grün färben (ÖAB 9). – e) Chlorid, Metalle und Glührückstand: s. Nord. 63 (S. 654).

Gehaltsbestimmung. Cerimetrische Gehaltsbestimmungen findet man in den Subs. Pharm. 61, im DAB 7 – BRD und in der Nord. 63.

Arbeitsvorschrift des DAB 7 – BRD: Etwa 0,050 g Substanz, genau gewogen, werden in 25,0 abs. A. gelöst und nach Zusatz von 10 ml Äthanol-Schwefelsäure am Rückfluß 2 Std. lang zum Sieden erhitzt. Die abgekühlte Lösung wird mit abs. A. in einen Meßkolben von 50 ml Inhalt übergespült und aufgefüllt. 10,00 ml dieser Lösung werden nach Zusatz von 0,05 ml Diphenylamin-Schwefelsäure mit 0,01 N-Ammoniumcer(IV)-sulfatlösung bis zu einer 10 Sek. lang anhaltenden Blaufärbung titriert (Feinbürette). 1 ml 0,01 n Cer(IV)-Sulfatlösung entspricht 0,002364 g $C_{31}H_{52}O_3$.

Aufbewahrung. Bei einer Temperatur unter 25°, gut verschlossen und vor Licht geschützt.

Standardisierung.

1 mg D,L-Tocopherolacetat = 1 I.E. Vitamin E
1 mg D,L-Tocopherol = 1,1 I.E. Vitamin E
1 mg D-Tocopherolacetat = 1,36 I.E. Vitamin E
1 mg D-Tocopherol = 1,49 I.E. Vitamin E
1 mg D-Tocopherolsuccinat = 1,21 I.E. Vitamin E (nach NF XII)
1 MFD (medien fertility dose = 1 mg D,L-Tocopherolacetat
1 Ratteneinheit = etwa 3 mg D-Tocopherol.

Dosierung. Gebräuchliche Einzeldosis: 0,003 bis 0,03 g (ÖAB 9). Nach Subs. Pharm. 61: Maximaldosis: Einzeldosis 50 mg, Tagesdosis 100 mg, Einzeldosis für i.m. Injektion 100 mg, Tagesdosis für i.m. Injektion 100 mg. Gebrauchsdosis: Einzeldosis 10 bis 50 mg, Tagesdosis 10 bis 100 mg, Einzeldosis für i.m. Injektion 30 mg, Tagesdosis für i.m. Injektion 30 bis 60 mg.

Handelsformen: Ephynal (Hoffmann-La-Roche), E-Vicortrat (Heyl), Davitamon, Eprolin, Ereton, Esorb, Evion (Merck), Eviterbin, Tocomine, Tocopherex, Vitemonta.

d-Alpha Tocopheryl acetate NF XII. D-α-Tocopherolacetat. Konstitutionsformel s. D,L-α-Tocopherolacetat.

$C_{31}H_{52}O_3$ M.G. 472,76

Gehalt: Mindestens 96% $C_{31}H_{52}O_3$, wenn die unten angegebene Bestimmung durchgeführt wird.

Eigenschaften. Gelbes, nahezu geruchloses, klares, viskoses Öl. Beim Stehen in der Kälte kann es erstarren und dann wieder bei etwa 25° schmelzen. Es wird durch Alkali zerstört und ist lichtempfindlich. Löslichkeit: Unlöslich in W., löslich in A., in jedem Verhältnis mischbar mit Ae., Chloroform, Aceton und vegetabilen Ölen.

Erkennung. a) Zu 10 ml der getrockneten, äthanolischen Lösung, die bei der Gehaltsbestimmung erhalten wird, fügt man unter Rühren 2 ml Salpetersäure und erhitzt auf 75° (15 Min. lang); es entwickelt sich eine kräftig rote bis orangerote Farbe. – b) Optische Drehung: $\alpha = +0{,}25$, Schichtdicke 200 mm, $c = 1$ in 10, Chloroform. – c) Lichtabsorption: Mindestens 4,0 und höchstens 4,4 bei 284 mμ, in Äthanol (bezogen auf die „Absorptivität"). – d) Spezifisches Gewicht: Mindestens 0,950, höchstens 0,964. – e) Brechungsindex: Höchstens 1,4985, mindestens 1,4940.

Gehaltsbestimmung. 250 mg Substanz (bzw. etwa 250 mg) werden genau gewogen, in einem 150-ml-Kjeldahl-Kolben (lichtundurchlässig) in 25 ml abs. A. gelöst und mit 20 ml einer 5 n äthanolischen Schwefelsäure versetzt. Die entstandene Lösung wird nach Aufsetzen eines Rückflußkühlers unter Vermeidung von direktem Sonnenlicht 3 Std. lang erhitzt. An der Apparatur dürfen nur Glasteile sein. Anschließend wird auf Raumtemperatur abgekühlt, die Lösung quantitativ in einen 200-ml-Meßkolben (lichtundurchlässig) übergespült und mit abs. Äthanol bis zur Marke aufgefüllt. 50 ml dieser Lösung werden in einen 250-ml-Erlenmeyerkolben pipettiert, mit 50 ml 0,5 n äthanolischer Schwefelsäure und 20 ml W. versetzt, 2 Tr. Diphenylaminlösung zugefügt und mit 0,01 n Cersulfatlösung bis zur 10 Sek. bestehenden Blaufärbung titriert. Der Zusatz der Maßlösung muß so erfolgen, daß innerhalb 10 Sek. etwa 25 Tr. zufließen. Mit 100 ml 0,5 n äthanolischer Schwefelsäure, 20 ml W. und 2 Tr. Diphenylaminlösung wird ein Blindversuch ausgeführt. 1 ml 0,01 n Cersulfatlösung entspricht 2,364 mg $C_{31}H_{52}O_3$.

Aufbewahrung. In dicht schließenden Gefäßen, vor Licht geschützt.

Dextocoferyli succinas Nord. 63. d-Alpha-Tocopheryl acid succinate NF XII. Dextokoferylsuccinat.

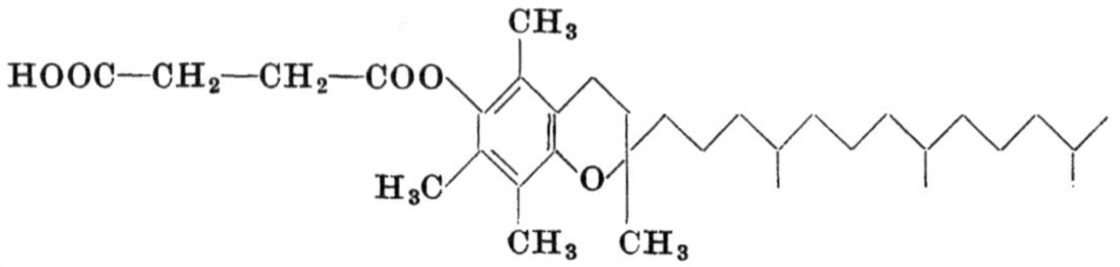

$C_{33}H_{54}O_5$ M.G. 530,80

(+)-6-(3-Carboxypropionyloxy)-2,5,7,8-tetramethyl-2-(4',8',12'-trimethyl-tridecyl)-chroman

Gehalt: Etwa 80,5% D-Tocopherol ($C_{29}H_{50}O_2$); das entspricht ca. 99,5% Dextocopherolsuccinat ($C_{33}H_{54}O_5$).

Eigenschaften. Farblose bis fast farblose Kristalle oder weißes bis gelblichweißes, kristallines Pulver, nahezu geruch- und geschmacklos. Der wäßrige Extrakt zeigt schwach saure Reaktion. Löslichkeit: Praktisch unlöslich in W., löslich in 5 T. A. (95%), in 1 T. Ae., in 0,8 T. Chloroform und in 60 T. Oleum Arachidis. Fp. 74 bis 79°. $[\alpha]_D = +2{,}1$ bis $+2{,}6°$, bestimmt mit einer Lösung in Chloroform, $c = 10{,}0$ g auf 100 ml. ($\alpha_D = +0{,}42$ bis $+0{,}52°$, 200 mm). Lichtabsorption (nach Nord. 63):

$E^{1\%}_{1\,cm}$ = ca. 34, bei 278 ± 1 mμ, in Äthanol } Maxima
$E^{1\%}_{1\,cm}$ = ca. 38, bei 285 ± 1 mμ, in Äthanol }

$E^{1\%}_{1\,cm}$ = ca. 33, bei 280 ± 1 mμ, in Äthanol } Minima
$E^{1\%}_{1\,cm}$ = praktisch keine Absorption bei 254 ± 2 mμ in Äthanol }

Erkennung. Nach Nord. 63: Prüflösung: 0,50 g Substanz in 25 ml A. 0,5 g Substanz werden mit 2 ml Natronlauge (2 m) und 5 ml W. 15 Min. lang unter häufigem Umschwenken erwärmt. Nach dem Abkühlen wird das Gemisch im Schütteltrichter mit 15 ml Petroläther ausgeschüttelt. Nach einigen Minuten wird die trübe wäßrige Schicht abgetrennt und nach Zusatz von 5 ml A. (95%) 2mal mit je 15 ml Petroläther ausgeschüttelt. Die wässrige Lösung wird mit 3 ml 1 m Schwefelsäure versetzt und filtriert. Das Filtrat wird im Schütteltrichter 2mal mit je 25 ml Aether pro narcosi ausgeschüttelt. Die filtrierten Ätherauszüge werden im Wasserbad zur Trockne eingedampft. Als Rückstand verbleibt Bernsteinsäure, die nach dem Trocknen bei 105° einen Fp. von 185 bis 189° zeigt.

Prüfung. a) Die Prüflösung muß klar und fast farblos sein (Vergleich mit einer vorgeschriebenen Lösung). – b) Freie Säure, freies Alkali: 0,40 g Substanz werden 2 Min. lang mit 20 ml W. geschüttelt und das Gemisch filtriert. 10 ml Filtrat dürfen sich nach Zusatz von 2 Tr. Phenolphthaleinlösung farblich nicht verändern. Nach Zusatz von 0,6 ml 0,01 n Natronlauge muß sich die Lösung rot, nach Zusatz von 0,8 ml 0,01 n Salzsäure und 5 Tr. Methylrotlösung rot oder orange färben. – c) Dextocopherol: 5 ml Prüflösung werden mit 2 Tr. Diphenylamin-Schwefelsäure und 0,1 ml 0,1 n Cer(IV)-sulfatlösung versetzt. Es entsteht sofort eine kräftig blaue Farbe. – d) Chloridionen und Metallionen dürfen nicht nachweisbar sein. – e) Glührückstand: Bei 0,50 g Substanz 0,0005 g (= 0,1%).

Gehaltsbestimmung (Nord. 63): Geforderter Gehalt: 98,0 bis 101,0%. Man kocht 0,0500 g Substanz und 10 ml A. (95%) 1 Min. lang in einem Schliffkolben, der mit einem Rückflußkühler versehen ist. Während des Erhitzens wird mit Hilfe eines Glasrohres ein schwacher

Stickstoffstrom durch den Kühler in die Lösung eingeleitet. Dann setzt man durch den Kühler ohne Unterbrechung des Stickstoffstromes 0,5 g NaOH zu und erhitzt weiter. Nach 15 Min. fügt man unter gleichen Bedingungen 10 ml 1 m Schwefelsäure, 30 ml W., 20 ml Chloroform hinzu und bringt das Gemisch nach dem Abkühlen in einen Scheidetrichter. Es wird 3mal mit je 10 ml Chloroform ausgeschüttelt. Die vereinten, filtrierten Chloroformauszüge werden auf dem Wasserbad zur Trockne eingedampft. Der Rückstand wird sofort in einem abgekühlten Gemisch von 1,5 ml konz. Schwefelsäure und 100 ml A. gelöst. Man versetzt mit 10 ml W. und 2 Tr. Diphenylamin-Schwefelsäure und titriert mit 0,01 n Cersulfatlösung bis zur Blaufärbung, die 5 Sek. lang bestehen bleiben muß. 1 ml 0,01 n Cer(IV)-sulfatlösung entspricht 2,654 mg $C_{33}H_{54}O_5$. 1 g $C_{33}H_{54}O_5$ entsprechen 376,8 ml 0,01 n Cer(IV)-sulfatlösung.

Aufbewahrung. Vor Licht geschützt, in dicht schließenden Gefäßen.

Unverträglichkeiten. Basisch reagierende Stoffe (Spaltung), oxydierende Stoffe (Oxydation).

dl-Alpha Tocopherol NF XII. D,L-α-Tocopherol.

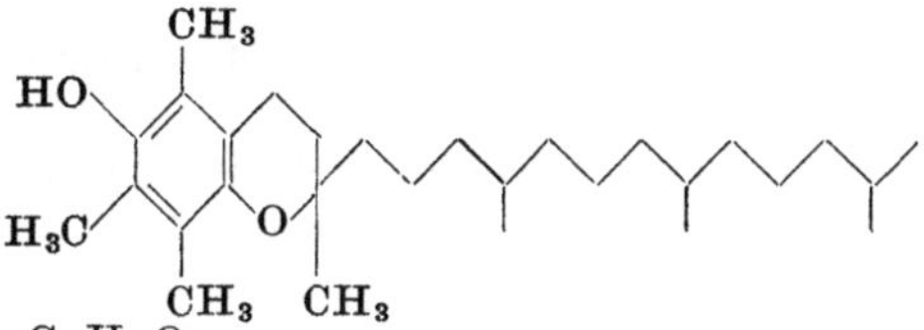

$C_{29}H_{50}O_2$ M.G. 430,72

D,L-2,5,7,8-Tetramethyl-2-(4′,8′,12′-trimethyl-tridecyl)-6-chromanol

Eigenschaften. Gelbes, nahezu geruchloses, klares, viskoses Öl, das bei Licht- und Lufteinwirkung dunkel und oxydiert wird. Löslichkeit: unlöslich in W., löslich in A., mischbar mit Ae., Chloroform, Aceton und vegetabilen Ölen.

Erkennung. a) 10 mg Substanz werden in 10 ml abs. A., gelöst, unter Rühren mit 2 ml Salpetersäure versetzt und 15 Min. lang auf 75° erhitzt. Es entsteht eine kräftige rote bis orangerote Farbe. – b) Optische Drehung: Darf nicht erkennbar sein, wenn eine Lösung in Chloroform (1 in 10) gemessen wird. – c) Absorptivität: Mindestens 7,1 und höchstens 7,6, bei 292 mμ, in Äthanol. – d) Spezifisches Gewicht: Mindestens 0,947 und höchstens 0,958. – e) Brechungsindex: Mindestens 1,5030 und höchstens 1,5070 bei 20°.

Gehaltsbestimmung. Etwa 50 mg Substanz werden genau gewogen, in 100 ml 0,5 n äthanolischer Schwefelsäure gelöst, mit 20 ml W. und 2 Tr. Diphenylaminlösung versetzt und mit 0,01 n Cer(IV)-sulfatlösung titriert. Der Endpunkt ist erreicht, wenn die Blaufärbung 10 Sek. bestehen bleibt. Die Titration muß so durchgeführt werden, daß pro 10 Sek. 25 Tr. Maßflüssigkeit zulaufen. Das Ergebnis wird an Hand eines Blindversuches korrigiert. 1 ml 0,01 n Cer(IV)-sulfatlösung entspricht 2,154 mg $C_{29}H_{50}O_2$.

Aufbewahrung. Vor Licht geschützt, in luftdicht verschlossenen Gefäßen.

Tocopherole.

Neben dem vorangehend beschriebenen α-Tocopherol besitzen verschiedene weitere Tocopherole Vitamin E-Wirksamkeit. Eigenschaften: die Tocopherole sind bei Raumtemperatur klare viskose, farblose bis blaß-gelbliche Öle. Sie sind praktisch unlöslich in Wasser, gut löslich in Fetten, fetten Ölen, Lipoiden und organischen Lösungsmitteln, wie Äther, Aceton, Chloroform, Methanol und Äthanol.

Im folgenden werden die Strukturformeln der wichtigsten, natürlichen Tocopherole wiedergegeben:

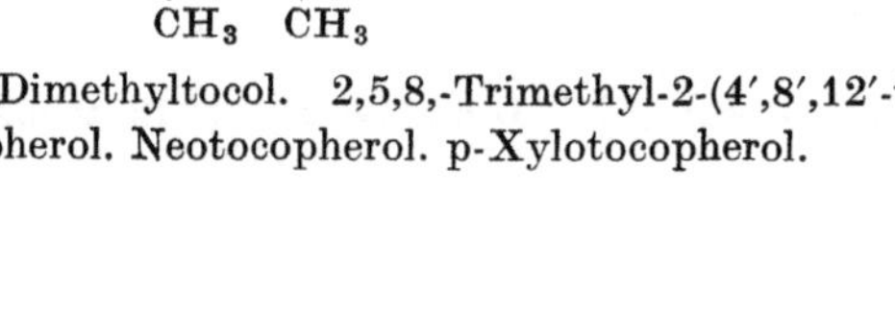

$C_{28}H_{48}O_2$ M.G. 416,66

β-Tocopherol. 5,8-Dimethyltocol. 2,5,8,-Trimethyl-2-(4′,8′,12′-trimethyl-tridecyl)-6-chromanol. Cumotocopherol. Neotocopherol. p-Xylotocopherol.

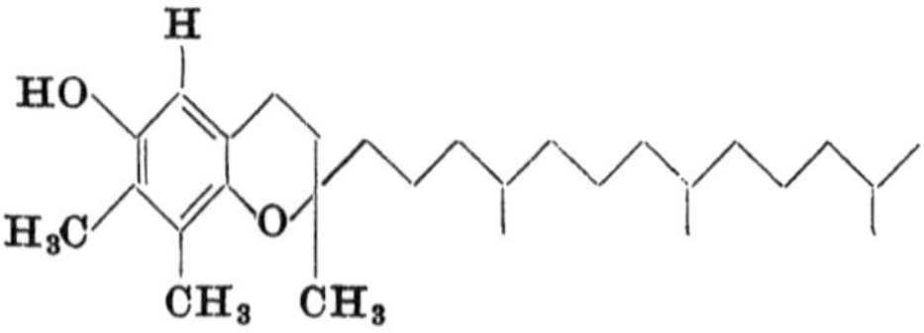

$C_{28}H_{48}O_2$ M.G. 416,66

***γ*-Tocopherol.** 7,8-Dimethyltocol. 2,7,8,-Trimethyl-2-(4′,8′,12′-trimethyl-tridecyl)-6-chromanol. o-Xylotocopherol.

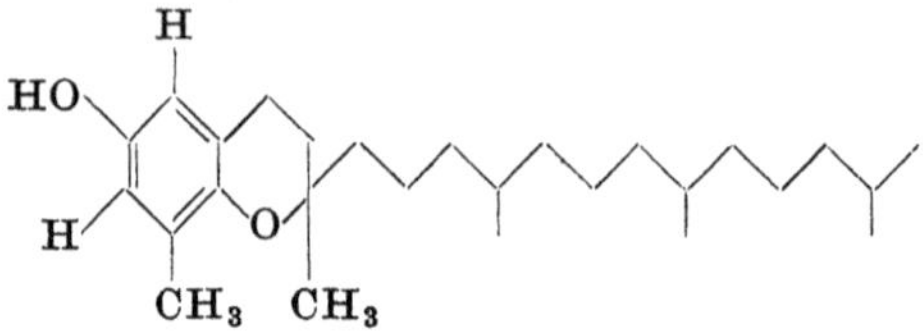

$C_{27}H_{46}O_2$ M.G. 402,64

***δ*-Tocopherol.** 8-Methyltocol. 2,8,-Dimethyl-2-(4′,8′,12′-trimethyl-tridecyl)-6-chromanol.

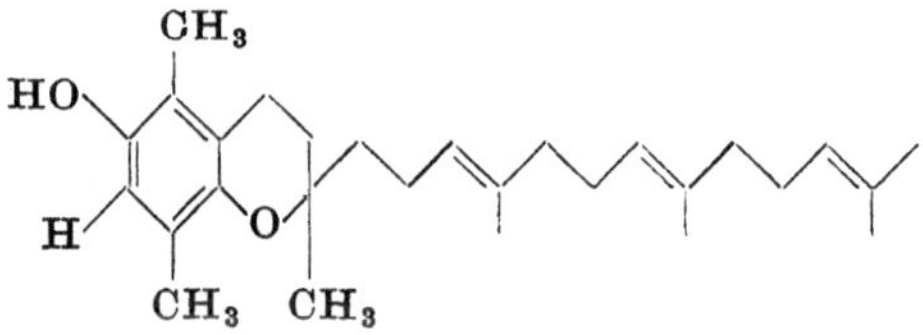

$C_{28}H_{42}O_2$ M.G. 410,64

***ε*-Tocopherol.** 5,8-Dimethyltocotrienol.

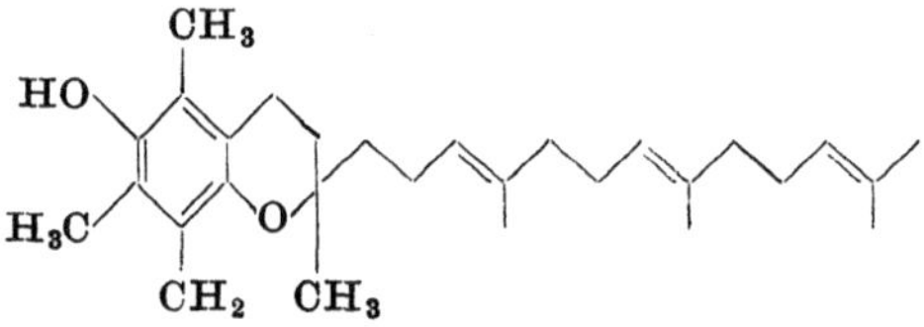

$C_{29}H_{44}O_2$ M.G. 424,67

ζ_1-Tocopherol. 5,7,8-Trimethyltocotrienol.

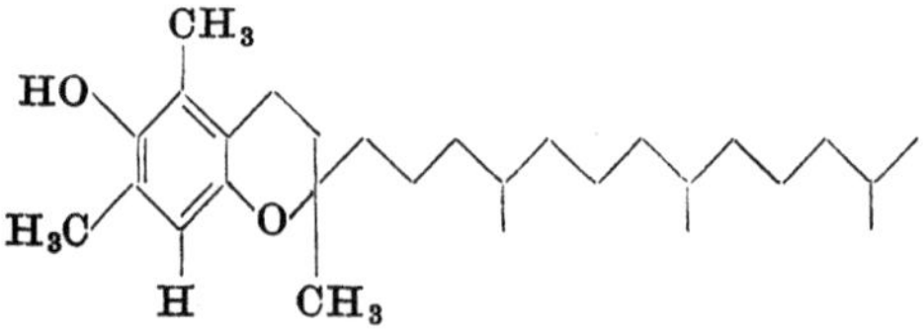

$C_{28}H_{48}O_2$ M.G. 416,66

ξ_2-Tocopherol. 5,7-Dimethyltocol. 2,5,7,-Trimethyl-2-(4′,8′,12′-trimethyl-tridecyl)-6-chromanol).

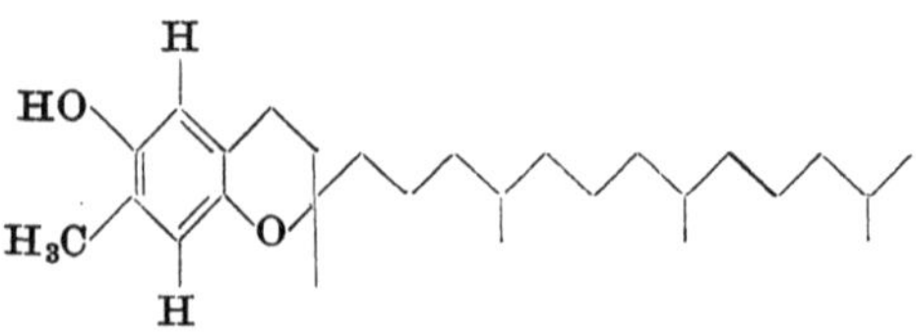

$C_{27}H_{46}O_2$ M.G. 402,64

***η*-Tocopherol.** 7-Methyltocol. 2,7,-Dimethyl-2-(4′,8′,12′-trimethyl-tridecyl)-6-chromanol.

Gegen chemische Einflüsse und gegen höhere Temperaturen sind die Tocopherole verhältnismäßig unempfindlich. Mineralsäuren üben selbst in der Wärme keinen schädigenden Einfluß aus. Temperaturen bis 170° werden anstandslos vertragen. Auch gegen den Luftsauerstoff sind die Tocopherole beständig; längeres Lagern von Vitamin E-haltigem Material bedingt jedoch eine allmähliche Oxydation, besonders bei Zutritt von UV-Licht.

Gegen die Einwirkung von alkoholischem Kaliumhydroxid in der Kälte sind die Tocopherole stabil. Mit zunehmender Temperatur (über 40°) erfolgt Zersetzung.

Starke Oxydationsmittel, wie z. B. Kaliumpermanganat, zerstören schnell die Vitamine, eine Oxydation erfolgt bereits durch Eisen(III)-chlorid. Von dieser Tatsache macht man Gebrauch bei der Herstellung von Mangeldiäten. Empfindlich sind ferner die Tocopherole gegen Peroxide; ölige Vitaminlösungen verderben daher, wenn die Öle zur Autoxydation befähigt sind und Peroxide bilden (Öle mit hohen Jodzahlen). Auch in ranzig gewordenen Ölen erfolgt Zerstörung des Vitamins.

Infolge der phenolischen Hydroxylgruppe lassen sich die Tocopherole verestern; so wurden Essigsäure-, Benzoesäure- und Naphthoesäureester hergestellt. Die genannten Ester weisen ebenfalls Vitaminwirksamkeit auf. Vom α-, β- und γ-D-Tocopherol sind die Allophanate bekannt:

D-α-Tocopherol-allophanat: Fp. 172°
D-β-Tocopherol-allophanat: Fp. 138°
D-γ-Tocopherol-allophanat: Fp. 136°

Vitamin K. Koagulationsvitamin. Antihämorrhagisches Vitamin.

Der Grundkörper aller Vitamin K-wirksamen Substanzen ist das 2-Methyl-1,4-naphthchinon:

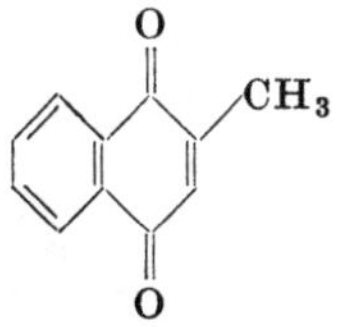

Es sind zwei natürliche K-Vitamine bekannt: Das Vitamin K_1, welches von der grünen, assimilierenden Pflanze gebildet wird und das Vitamin K_2, das durch die Tätigkeit zahlreicher Bakterienarten, z. B. des Bacterium coli des Darmes entsteht. Daneben gibt es zahlreiche, ähnlich gebaute, synthetische Produkte, von denen heute einige unter der Bezeichnung Vitamin K_3, K_4, K_5 usw. therapeutisch verwendet werden. Die K-Vitamine üben einen Einfluß auf die Blutgerinnung aus, indem sie die Gerinnungszeit auf der Norm halten. Fehlen sie in der Nahrung, so wird bei Vögeln (Hühner, Enten, Gänse) der Prothrombingehalt des Blutes und damit auch die Gerinnungsfähigkeit stark herabgesetzt. Blutungen dauern in diesem Falle 30 Min. und länger an. Durch Zufuhr von Vitamin K-haltigem Material kann die Blutgerinnungszeit bald wieder auf die Norm (2 bis 4 Min.) zurückgebracht werden. Vitamin K ist kein Bestandteil des Prothrombins, sondern ist zur Bildung des Prothrombins notwendig. Voraussetzung für seine Wirksamkeit ist eine ungestörte Funktion der Leber (Verwendung von Vitamin K zur Leberfunktionsprüfung). Die eigentliche Rolle, die dem Vitamin K zukommt, ist noch nicht bekannt. Der Chemismus könnte darin bestehen, daß durch die Naphthochinone die Bildung von Disulfidbindungen katalysiert wird, denn solche Bindungen sollen für den Bau des Prothrombinmoleküls charakteristisch sein.

Beim Säugetier und auch beim Menschen hat man eine K-Avitaminose, die lediglich durch den Entzug des in der grünen Pflanze gebildeten Vitamin K_1 bedingt wäre, nicht kennengelernt. Die Darmflora erzeugt das Vitamin K_2 in solchen Mengen, daß im Blut ein ausreichender Prothrombinspiegel vorliegt. Wenn bei Vögeln das von der Darmflora gebildete Vitamin K_2 nicht zur Auswirkung gelangt, so ist hierfür die kurze Darmlänge verantwortlich zu machen, welche eine ausreichende Resorption des Vitamins nicht gestattet.

Beim Menschen und beim Säugetier tritt jedoch dann eine K-Avitaminose auf, wenn durch Gallenleiden (Ikterus, Darmverschluß) der normale Galleabfluß zum Darm gestört oder unterbunden ist und daher weder das mit der Nahrung aufgenommene Vitamin K_1 noch das von der Darmflora produzierte Vitamin K_2 resorbiert werden können. Der Grund hierfür ist die typische Lipoidlöslichkeit beider K-Vitamine. Bei derartigen Leiden können Blutungen, insbesondere bei operativen Eingriffen, den Patienten schwer gefährden. Hier ist die Vitamin K-Therapie am Platze, welche, wie weiter unten gezeigt wird, sich von den beiden natürlichen K-Vitaminen unabhängig gemacht hat. Da die Vitamin K-wirksamen Kunstprodukte durch die Injektion direkt zur Resorption gebracht werden, erübrigt sich die gleichzeitige Zufuhr von Gallenpräparaten. Voraussetzung für den Erfolg ist jedoch, daß dem Organismus auch solche Vitamine zur Verfügung stehen, welche für die physiologische Funktion der Capillaren von Bedeutung sind, d.h. also die Vitamine C, E und P.

Ohne Einfluß ist die Vitamin K-Therapie auf solche Fälle, in denen die Bereitschaft zu lange anhaltenden Blutungen weder durch einen Mangel an Vitamin noch durch eine unzureichende Resorption desselben bedingt sind. Hierzu gehören vor allem die erbliche Bluterkrankheit (Hämophilie), die man zur Zeit als eine pluriglanduläre Erkrankung auffaßt, ferner starke Menstruationsblutungen, Fibrinogenopenie und Leberinsuffizienzen. Im letzteren Falle kann trotz des Vorliegens genügender Mengen an K-wirksamen Substanzen keine Bildung des für die Blutgerinnung erforderlichen Prothrombins stattfinden.

Vorkommen der K-Vitamine. Das Vitamin K_1 treffen wir vorzugsweise in grünen, gut belichteten Blättern an. Unbelichtete Blätter sind vitaminarm. Als gute Vitaminlieferanten sind z. B. die Blätter des Spinats und der Kohlarten zu bezeichnen. Andere Pflanzenteile wie Blüten, Früchte, Knollen, Wurzeln weisen im allgemeinen geringen Vitamingehalt auf. Mäßig ist auch der Gehalt tierischer Organe. Typische Speicherstätten für das Vitamin konnten bisher im Organismus nicht angetroffen werden. Doch läßt sich Vitamin K in Schweineleber oder im Eigelb deutlich nachweisen. Bemerkenswert ist der relativ hohe Vitamingehalt der Bakterienflora im Darm, insbesondere des Bacterium coli. Er ist wahrscheinlich von Bedeutung für die Vitamin K-Versorgung des menschlichen Organismus. Das Vitamin K_2 ist von DOISY aus faulendem Sardinenmehl isoliert worden.

Es wird auch durch Darmbakterien synthetisiert.

Einige quantitative Angaben macht die folgende Tabelle:

100 g Substanz enthalten	mg Vitamin K	100 g Substanz enthalten	mg Vitamin K
Pflanzliche Produkte:		Tierische Produkte:	
Brennesseln	1,6–3,2	Hühnerei (ganz)	ca. 0,02
Erbsen	0,1–0,3	Kuhmilch	ca. 0,002
Erdbeeren	ca. 0,1	Frauenmilch	ca. 0,02
Hagebutten	ca. 0,1	Dorschleber	ca. 0,1
Kartoffeln	ca. 0,1	Kabeljauleber	ca. 0,1
Kastanienblätter	6,4–8,0	Rindsleber	ca. 0,1–0,2
Wirsing } Kohlsorten		Ochsenleber	ca. 0,1–0,2
Federkohl } Kohlsorten	ca. 3,2	Schafsleber	ca. 0,1–0,2
Grünkohl } Kohlsorten		Schweineleber	0,4–0,9
Luzerne	1,6–3,2	Rindfleisch	0,1–0,2
Spinat (frisch)	3,0–4,6	Schafsfleisch	0,1–0,2
Grüne Tomaten	ca. 0,8	Schweinefleisch	0,1–0,2
Reife Tomaten	ca. 0,4		

Gewinnung des natürlichen Vitamin K_1. Als geeignetes Ausgangsmaterial hat sich die Alfalfa-Luzerne bewährt. Die Pflanze wird getrocknet und im pulverisierten Zustand mit Petroläther ausgezogen. Aus dem Petrolätherextrakt läßt sich durch wiederholte Chromatographie und Hochvakuumdestillation das Vitamin K_1 in einer Ausbeute von etwa 0,02‰ (bezogen auf die trockene Pflanze) isolieren.

Eine schnelle Reinigung erzielt man nach FIESER, wenn man das Vitamin K_1 durch Schütteln des petrolätherischen Konzentrates mit einer methylalkoholischen Lösung von Kaliumhydroxid und Natriumhydrosulfid zu dem entsprechenden Naphthohydrochinonderivat reduziert. Dieses geht als Natriumsalz in den Methylalkohol über, während fremde lipoidlösliche Ballaststoffe im Petroläther verbleiben. Das Naphthohydrochinonderivat läßt sich in einfacher Weise zu dem Naphthochinonderivat, d. h. zum Vitamin K_1, reoxydieren.

Synthese des Vitamin K_1. Die Synthese ist von FIESER, ALMQUIST und anderen Autoren durchgeführt worden. Nach FIESER wird Phytol mit einem Überschuß von 2-Methylnaphthohydrochinon bei Gegenwart von Oxalsäure kondensiert. Als Lösungsmittel dient Dioxan. Außer Nebenprodukten entsteht hierbei in brauchbarer Ausbeute das 2-Methyl-3-phytyl-naphthohydrochinon (= Dihydro-Vitamin K_1), welches mit Silberoxid zu Vitamin K_1 oxydiert wird. ALMQUIST führt die Synthese des Vitamin K_1 durch Kondensation von 2-Methyl-naphthochinon mit Phytylbromid durch. Hier erübrigt sich eine nachträgliche Oxydation zum Naphthochinonderivat. Es sei darauf hingewiesen, daß das Phytylbromid auch bei der Vitamin-E-Synthese als Reaktionspartner diente.

Vitamin-K_1-Synthese nach FIESER

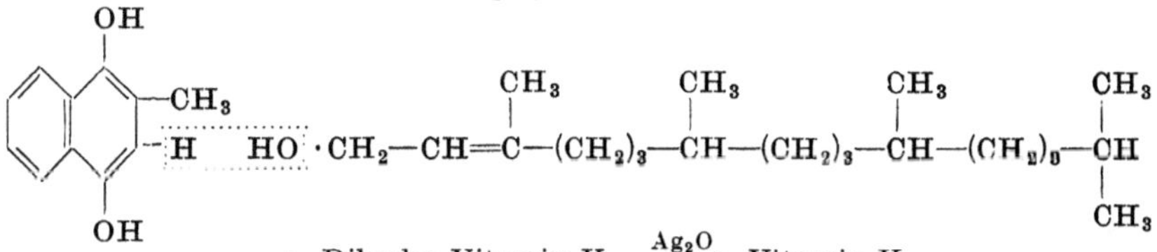

$\longrightarrow$ Dihydro-Vitamin K_1 $\xrightarrow{Ag_2O}$ Vitamin K_1

Vitamin-K_1-Synthese nach ALMQUIST

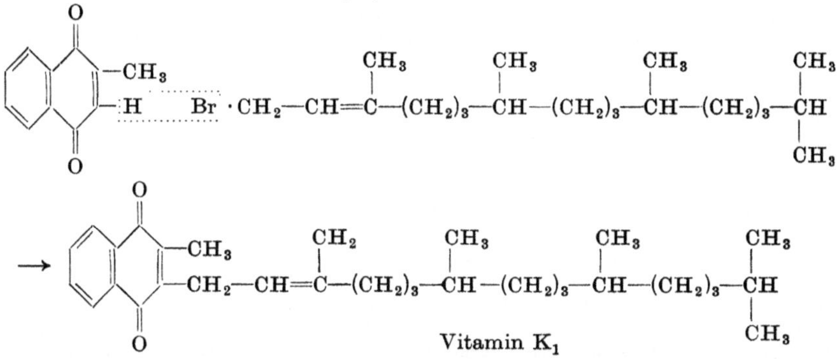

Vitamin K_1

Der Naphthochinoncharakter beider K-Vitamine (K_1 und K_2) ist in eingehenden Untersuchungen bewiesen worden. Besonders aufschlußreich war die Tatsache, daß beide K-Vitamine bei der hydrierenden Acetylierung in die entsprechenden Diacetyl-naphtho-hydrochinon-derivate übergingen und daß ferner die perhydrierten und farblos gewordenen Vitamine an der Luft allmählich wieder gelb wurden (Reoxydation zu den Naphthochinonderivaten). Über den Bau der Seitenketten gaben Chromsäureoxydation, Bromierung, katalytische Hydrierung und vor allem die Ozonisierung Auskunft.

Standardisierung. Eine internationale Einheit ist nicht festgelegt.

1 Dam-Glavind-Einheit (DGE)	= 0,083 mcg Vitamin K_1
	= 0,14 mcg Vitamin K_2
	= 0,04 mcg Menadion
1 Almquist-Einheit	= 16 mcg Vitamin K_1
	= 4,3 mcg Menadion
1 Schoenheyder-Einheit	= 1 DGE
1 Ansbacher-Einheit	= 20 DGE
1 Thayer-Doisy-Einheit	= 10 DGE
1 Doisy-Einheit	= 30 DGE

Übersichtstabelle mit den Bezeichnungen der einzelnen K-Vitamine

Vitamin	Chemische Bezeichnung
K_1	Phyllochinon; α-Phyllochinon; 2-Methyl-3-phytyl-1,4-naphthochinon
K_2	Farnochinon, β-Phyllochinon, 2-Methyl-3-difarnesyl-1,4-naphthochinon.
K_3 (öllöslich)	Menadion; 2-Methyl-1,4-naphthochinon
K_3 (wasserlöslich)	Menadion-Natriumhydrogensulfit
K_4	Menadiol; 2-Methyl-1,4-naphthohydrochinon
K_4 (öllöslich)	Menadiol-dibutyrat; 2-Methyl-1,4-naphthohydrochinon-dibutyrat
K_4 (wasserlöslich)	Menadiol-Natriumdiphosphat; 2-Methyl-1,4-naphthohydrochinon-diphosphorsäureester-tetranatriumsalz
K_5	2-Methyl-1-hydroxy-4-amino-naphthalin
K_6	2-Methyl-1,4-diamino-naphthalin
K_7	3-Methyl-1-hydroxy-4-amino-naphthalin

Phytonadione USP XVII. Phytoménadione CF 65. Phytomenadione BP 63. Vitamin K_1. 3-Phytyl-menadion. Phyllochinon. α-Phyllochinon. Phytonadion.

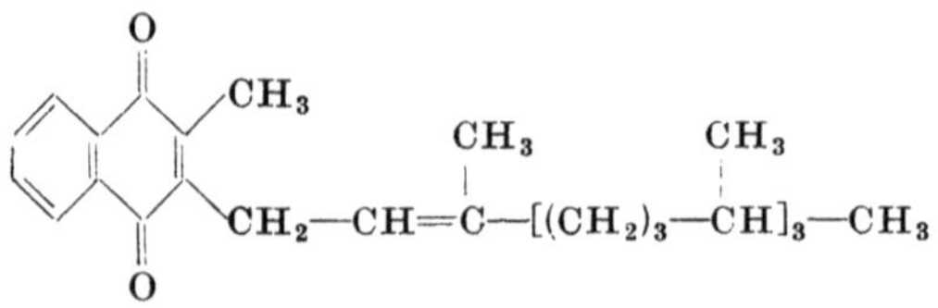

$C_{31}H_{46}O_2$ M.G. 450,71

2-Methyl-3-phytyl-1,4-naphthochinon

Eigenschaften. Klare, gelbe, sehr viskose, geruchlose oder fast geruchlose Flüssigkeit, beständig gegen Luft und Wärme, zersetzlich bei Einwirkung von Sonnenlicht und Alkali. Die Dichte beträgt etwa 0,967 (USP XVII). Löslichkeit: Sehr gut löslich in Benzol, Chloroform, Ae., pflanzlichen und tierischen Ölen, löslich in A., wenig löslich in Methanol, unlöslich in W. Nach BP 63 löst sich 1 T. bei 20° in 70 T. A. (95%).

Brechungsindex:

n_D^{25} = zwischen 1,5230 und 1,5252 (USP XVII)

n_D^{20} = 1,5255 bis 1,5285 (BP 63)

n_D^{20} = 1,526 (CF 65).

Erkennung. a) Eine Lösung von 0,05 ml oder einem Tr. Substanz wird mit 10 ml Methanol vermischt und mit 1 ml einer 20%igen Lösung von KOH in Methanol versetzt. Es entsteht eine grüne Farbe, die sich bei vorsichtigem Erwärmen in eine purpurrote und schließlich in eine rötlichbraune Farbe verwandelt (BP 63, ähnlich CF 65, USP XVII). – b) Man löst 1 Tr. Substanz in 10 ml 95%igem A. und gibt zu einigen Tr. dieser Lösung 2 ml 2%ige Natriumäthylatlösung. Es entwickelt sich eine klare gelbe Farbe, die über Blauviolett schnell nach Rotbraun übergeht (CF 65). – c) Man fügt zu 2 ml einer Lösung von 0,5 mg Substanz in 95%igem A. 2 ml einer 5%igen äthanolischen Lösung von Diäthylthiocarbamat und 1 ml Natriumäthylatlösung. Es entsteht eine kobaltblaue Farbe (CF 65). – d) 500 mg Substanz werden in 10 ml Methanol suspendiert, mit einer frisch bereiteten Lösung von 750 mg Natriumhydrogensulfit in 2 ml warmem W. versetzt und die Mischung einige Minuten lang kräftig durchgeschüttelt. Es entwickelt sich eine rötliche bis purpurne Farbe, die bald verblaßt (USP XVII).

Prüfung. a) Reaktion: Eine 5%ige Lösung der Substanz in 95%igem A. soll gegen Lackmus neutral sein (CF 65, ähnlich USP XVII). – b) Menadion: 50 mg Substanz, 1 ml 95%iger A., 1 ml konz. Ammoniaklösung und 1 Tr. Cyanessigsäureäthylester werden vermischt und gut durchgeschüttelt. Es darf weder eine blaue, noch eine rote Farbe entstehen (CF 65, ähnlich USP XVII). – c) UV-Absorption: Das Spektrum einer 0,001%igen Lösung in Trimethylpentan, Schichtdicke 1 cm, zeigt Maxima bei etwa 243, 249, 261 und 270 mμ. Die Extinktionen bei diesen Wellenlängen betragen etwa 0,398, 0,420, 0,385 und 0,390. Die Absorptionsminima liegen etwa bei 228, 246, 254 und 266 mμ. Das Verhältnis der Extinktionen des Minimums bei etwa 254 mμ und des Maximums bei etwa 249 mμ beträgt nicht weniger als 0,70 und nicht mehr als 0,75. $E_{1\,cm}^{0,01\%}$ = 0,69 bei 327 mμ (Maximum), = 0,22 bei 285 mμ (Minimum) (BP 63); USP XVII läßt das UV-Spektrum von Phytonadion in n-Hexan (1 : 100000) mit dem des USP-Reference-Standards vergleichen. Die maximale Absorption bei etwa 248 mμ darf nicht mehr als 3% von der des Reference-Standards abweichen; CF 65: Man löst 200 mg Substanz in 200 ml Isooctan. 2 ml dieser Lösung werden mit Isooctan auf 100 ml aufgefüllt. Man bestimmt schnell die Extinktionen dieser Lösung bei folgenden Wellenlängen: 249, 254, 270, 285 bis 287 mμ (in Quarzküvetten von 1 cm Schichtdicke). Man bezieht den bei den verschiedenen Wellenlängen gemessenen Extinktionswert auf den bei 249 mμ gemessenen. Die so erhaltenen Ergebnisse sollen zwischen folgenden Werten liegen:

$$\frac{E_{254}\,m\mu}{E_{249}\,m\mu} = 0{,}69 \text{ bis } 0{,}73$$

$$\frac{E_{270}\,m\mu}{E_{249}\,m\mu} = 0{,}91 \text{ bis } 0{,}95$$

$$\frac{E_{285}\,m\mu - E_{287}\,m\mu}{E_{249}\,m\mu} = 0{,}04 \text{ bis } 0{,}07.$$

Gehaltsbestimmung. Nach CF 65: Man löst eine etwa 100 mg Substanz entsprechende Menge, genau gewogen, in 100 ml Isooctan. 10 ml dieser Lösung werden auf 100 ml aufgefüllt. Von dieser Lösung werden erneut 10 ml auf 100 ml aufgefüllt. Als Lösungsmittel wird in beiden Fällen Isooctan verwandt. Die Extinktion dieser Lösung wird in einer Quarzküvette von 1 cm Durchmesser gegen Isooctan bei 249 mμ gemessen. Man berechnet $E^{1\%}_{1\,cm}$. Diese soll mindestens 403 betragen, was einem Gehalt von mindestens 96% Phytomenadion entspricht.

BP 63 macht folgende Angaben: Die Durchführung der Bestimmung erfolgt bei gedämpfter Beleuchtung. Man löst 0,1 g Substanz, genau gewogen, auf 200 ml Trimethylpentan. 2 ml dieser Lösung bringt man auf eine Aluminiumoxidsäule. Man eluiert mit 20 ml einer Mischung von 1 Vol.T. Aether pro narcosi und 49 Vol.T. Trimethylpentan und verdünnt mit Trimethylpentan auf 50 ml. $E^{1\%}_{1\,cm}$ soll bei 249 mμ den Wert 420 betragen. Herstellung der Säule. Man bringt 4,5 g neutrales Aluminiumoxid (7% W. enthaltend) in ein Glasrohr von 5 mm lichter Weite, das mit Trimethylpentan gefüllt ist. Man wartet, bis sich das Aluminiumoxid abgesetzt hat und der Flüssigkeitsmeniskus 2 mm über dem Sorbens steht.

Aufbewahrung. Gut verschlossen und vor Licht geschützt.

Dosierung. Nach BP 63: Als Gegenmittel für Anticoagulantien (ausgenommen Heparin) 5 bis 20 mg, bei i.v. Injektion 50 bis 150 mg. Diese Dosis kann nach einigen Stunden wiederholt werden. Bei Blutungen von Neugeborenen i.v. 5 bis 10 mg; prophylaktisch über die Mutter 0,5 bis 2 mg oral.

Nach USP XVII: Tägliche Dosis: oral 20 mg; i.m. oder i.v. 5 mg; täglicher Dosierungsbereich: oral 1 bis 100 mg, i.m. oder i.v. 0,5 bis 25 mg.

Handelsformen: Konakion (Hoffmann-La Roche), Mephyton (Merck, Sharp & Dohme, USA).

Vitamin-K_1-Oxid. 2-Methyl-3-phytyl-1,4-naphthochinon-2,3-oxid.

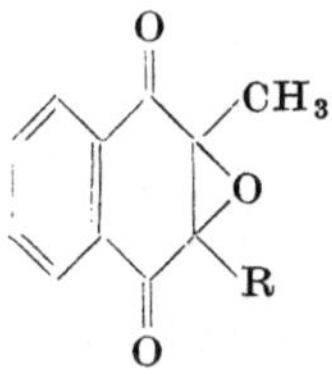

R = Phytylrest (s. Vitamin K_1)

$C_{31}H_{40}O_3$ M.G. 466,68

Eigenschaften. Farbloses Öl, gegen Licht beständiger als Vitamin K_1; Absorptionsbanden in A. bei 259 und 305 mμ (log ε = 3,79 und 3,31).

Wirkung und Anwendung. Die biologische Wirkung entspricht der des Vitamin K_1 in qualitativer und quantitativer Hinsicht. Es kommt in der Natur vor [FERNHOLZ, E., S. ANSBACHER u. Mitarb.: J. Amer. chem. Soc. *61,* 1613 (1939)] und kann durch Behandeln von Vitamin K_1 mit Wasserstoffperoxid dargestellt werden [FIESER, L. F. u. Mitarb.: J. Amer. chem. Soc. *61,* 3216 (1939)]. Vitamin-K_1-Oxid soll nach D. F. JAMES, J. L. BENNET u. Mitarb. die wirksamste Vitamin K-Verbindung sein. Während nach der i.v. Injektion von Menadion-Natriumbisulfit der Prothrombinspiegel des Blutes nach durchschnittlich 4,7 Tagen und bei Verwendung von Menadiol-Natriumdiphosphat nach 5,3 Tagen soweit erhöht ist, daß nicht mehr mit einer Blutung zu rechnen ist, tritt dieser Zustand bei Vitamin-K_1-Oxid bereits nach 4 Std. ein (Merck JB *1949,* S. 444). Vitamin-K_1-Oxid ist wie Vitamin K_1 zur Behandlung von Überdosierungen bei Cumarinderivaten geeignet (Merck JB *1954,* S. 276).

Vitamin K_2. 2-Methyl-3-difarnesyl-1,4-naphthochinon. Farnochinon. β-Phyllochinon.

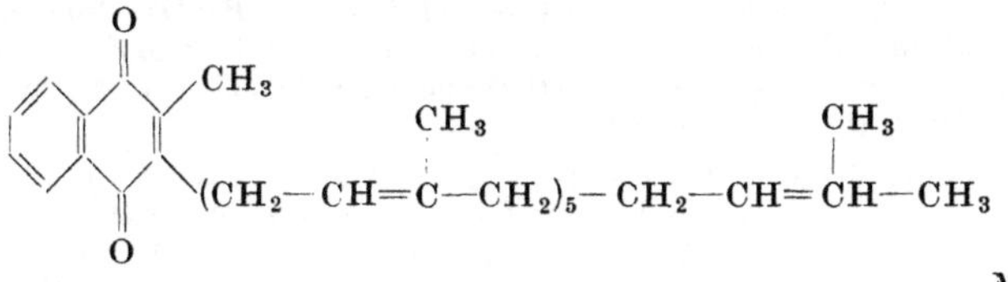

$C_{41}H_{56}O_2$ M.G. 580,86

Eigenschaften. Hellgelbes, mikrokristallines Pulver, wenig löslich in den meisten organischen Lösungsmitteln, Fp. 54° (aus Petroläther). $E^{1\%}_{1\,cm}$ in Hexan = 520 bei 249 mμ.

Herstellung. Durch Extraktion von faulendem Fischmehl [MCKEE, BINKLEY, THAYER, MCCORQUODALE u. DOISY: J. biol. Chem. *131,* 327 (1939)].

Aufbewahrung. Gut verschlossen und vor Licht geschützt.

Wirkung. Etwas schwächer wirksam als Vitamin K_1.

Methylnaphthochinon DAB 7 – BRD. Methylnaphthochinonum ÖAB 9. Menadion PI.-Ed. I/1. Menadione USP XVII. Menaphthone BP 63. Vitamin K_3.

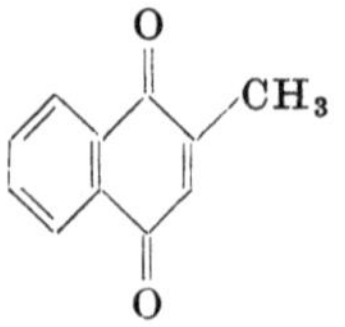

$C_{11}H_8O_2$ M.G. 172,19

2-Methyl-naphthochinon-(1,4)

Achtung! Methylnaphthochinon reizt die Schleimhäute und die Haut. Alkoholische Lösungen wirken blasenziehend (USP XVII).

Herstellung. Methylnaphthochinon kann durch Oxydation von 2-Methylnaphthalin mit Wasserstoffperoxid oder Chromtrioxid hergestellt werden (BP 63).

Eigenschaften. Zitronengelbes, kristallines Pulver, von schwachem, charakteristischem Geruch. Durch Einwirkung von Sonnenlicht wird es hellbraun gefärbt. Fp. 105 bis 108° (DAB 7 – BRD); 105 bis 107° (PI.Ed. I/1, BP 63, USP XVII); 105 bis 108° (in der Kapillare) bzw. 104 bis 107° (unter dem Mikroskop) (ÖAB 9). Löslichkeit: Unlöslich in W., wenig löslich in A. (95%), bei 20° in 50 Tr. fetten Ölen löslich, löslich in etwa 13 T. A., mäßig löslich in Ae., leicht löslich in Chloroform und Aceton, 1 g löst sich in etwa 10 ml Benzol.

Erkennung. a) Man löst etwa 0,5 mg Substanz in 5 ml A. (95%), fügt 2 ml konz. Ammoniaklösung hinzu und versetzt mit einigen Tr. Cyanessigsäureäthylester: Es entsteht eine violette Färbung. Nach Zusatz von 5 ml Natronlauge geht die Farbe in Braungelb über. Die violette Farbe wird durch Zusatz von Säure oder durch Einwirkung von Sonnenlicht zerstört (BP 63). – b) 50 mg Substanz versetzt man mit 5 ml W. und 75 mg Natriumhydrogensulfit, erhitzt auf dem Dampfbad, bis eine fast farblose Lösung entsteht, vermischt und verdünnt auf 50 ml. 2 ml dieser Lösung versetzt man mit einer Mischung von 1 ml konz. Ammoniaklösung, 1 ml A. und 3 Tr. Cyanessigsäureäthylester: Es entsteht eine rotblaue Färbung, die nach Zugabe von 1 ml Natronlauge (1 in 3) grün und dann gelb wird (PI.Ed. I/1, ähnlich USP XVII). – c) Eine Lösung von etwa 1 mg Substanz in 1 ml A. färbt sich auf Zusatz von 1 Tr. verdünnter Natronlauge rasch intensiv grün (ÖAB 9). – d) Erhitzt man eine Lösung von etwa 1 mg Substanz in etwa 0,5 ml A. mit 2 ml konz. Salzsäure im Wasserbad, so färbt sich die Lösung allmählich violettrosa (ÖAB 9, ähnlich DAB 7 – BRD).

Prüfung. a) Chrom: 0,5 g Substanz werden in einem Platintiegel verascht, der Rückstand wird in etwa 10 mg einer Mischung von 1,75 T. Kaliumcarbonat, 1,35 T. wasserfreiem Natriumcarbonat und 1 T. Natriumperoxid geschmolzen. Nach dem Abkühlen löst man die Schmelze in 10 ml W., säuert mit verd. Schwefelsäure an und füllt mit W. auf 25 ml auf. Zu 5 ml dieser Lösung gibt man 4 Tr. Diphenylcarbazidlösung (0,2%ige Lösung in einer Mischung von 10 ml Eisessig und 90 ml 90%igem A.) und füllt mit W. zu 10 ml auf. Eine eventuell entstehende Violettfärbung darf nicht stärker sein als die schwefelsaure Mischung von 1 ml einer 0,00283%igen Lösung von Kaliumchromat und 4 Tr. Diphenylcarbazidlösung, die mit W. auf 10 ml aufgefüllt wurde (BP 63). – b) Trocknungsverlust: Höchstens 0,3% ; bei Raumtemperatur im Vakuumexsikkator bei höchstens 15 Torr, bis zur Gewichtskonstanz getrocknet (ÖAB 9); höchstens 0,2% : im Vakuum über Schwefelsäure bis zur Gewichtskonstanz getrocknet (DAB 7 – BRD); höchstens 0,5%: über Phosphorpentoxid im Vakuum getrocknet, bei höchstens 5 Torr, 4 Std. lang (BP 63); höchstens 0,3% : 4 Std. über Schwefelsäure getrocknet (PI.Ed. I/1). – c) Sulfatasche: Höchstens 0,1% (DAB 7 – BRD, BP 63, USP XVII).

Gehaltsbestimmung. Nach DAB 7 – BRD und PI.Ed. I/1 wird eine cerimetrische, nach BP 63 eine titanometrische und nach ÖAB 9 eine jodometrische Bestimmung durchgeführt.

Arbeitsvorschrift der PI.Ed. I/1: Man wägt etwa 150 mg Substanz, die zuvor im Dunkeln 4 Std. über Schwefelsäure getrocknet wurde, genau ab, bringt die Substanz vollständig in einen 150-ml-Kolben und löst in 15 ml Eisessig und 15 ml verd. Salzsäure. Dann gibt man 3 g Zinkstaub hinzu, verschließt mit einem Bunsenventil, schüttelt gut um und läßt 1 Std. im Dunkeln unter wiederholtem Umschütteln stehen. Die Lösung wird rasch durch einen Wattebausch in einen anderen Kolben abgegossen; man wäscht den Reduktionskolben 3mal mit je 10 ml frisch aufgekochtem und wieder abgekühltem W. nach, gibt

0,1 ml o-Phenanthrolin-Indikatorlösung zu und titriert sofort die vereinten Flüssigkeiten mit 0,1 n Cer(IV)-sulfatlösung. In gleicher Weise führt man einen Blindversuch aus und bringt nötigenfalls Korrekturen an. 1 ml 0,1 n Cer(IV)-sulfatlösung entsprechen 8,609 mg $C_{11}H_8O_2$. Forderung: Mindestens 98,5%, in der getrockneten Substanz.

Arbeitsvorschrift der BP 63: 0,2 g Substanz werden genau gewogen und in einer Mischung von 10 ml A. (95%) und 15 ml Eisessig gelöst. Man gibt 4 g wasserfreies Natriumcarbonat und 25 ml einer 10%igen (Gew./Vol.) wäßrigen Lösung von Natriumkaliumtartrat hinzu und titriert mit 0,1 n Titan(III)-chloridlösung in CO_2-Atmosphäre. Als Indikator werden 3 Tr. 0,1%ige, wäßrige Indigokarminlösung hinzugegeben. 1 ml 0,1 n Titan(III)-chloridlösung entsprechen 8,609 mg $C_{11}H_8O_2$. Forderung: mindestens 98,5%.

Arbeitsvorschrift des ÖAB 9: Es wird zunächst nach der Vorschrift der PI.Ed. I/1 verfahren. Einwaage: 0,1722 g Substanz. Man läßt den Reduktionskolben 30 Min. lang unter häufigem Umschütteln im Dunkeln stehen. Hierauf filtriert man die Flüssigkeit rasch durch einen befeuchteten Wattebausch in einen 500 ml fassenden Erlenmeyerkolben, der 30,00 ml 0,1 n Jodlösung und 5 g Natriumhydrogencarbonat enthält. Kolben und Watte wäscht man 3mal mit je 10 ml frisch aufgekochtem und wieder erkaltetem W. nach, schüttelt um und titriert das überschüssige Jod mit 0,1 n Natriumthiosulfatlösung unter Verwendung von Stärke als Indikator. Für die angegebene Einwaage muß sich ein Verbrauch an 0,1 n Jodlösung von 19,70 bis 20,20 ml ergeben, entsprechend einem Gehalt von 98,5 bis 101,0% d. Th. 1 ml 0,1 n Jodlösung entsprechen 8,609 mg $C_{11}H_8O_2$. 1 g Methylnaphthochinon entsprechen 116,2 ml 0,1 n Jodlösung.

Aufbewahrung. Vor Licht geschützt, gut verschlossen.

Dosierung. Nach ÖAB 9: Gebräuchliche Einzeldosis: 0,001 g bis 0,005 g; Einzelmaximaldosis: 0,015 g; Tagesmaximaldosis: 0,04 g. Nach BP 63: Bei i.m. Injektion 5 bis 10 mg täglich, in Übereinstimmung mit der Prothrombinaktivität des Blutes. Nach USP XVII: Tägliche Dosis 2 mg; täglicher Dosierungsbereich: 1 bis 5 mg.

Menadionum Natrium bisulfurosum DAB 7 – DDR. Menadioni Natrii bisulfis Nord. 63. Menadione Sodium Bisulfite NF XII. Menaphthone Sodium Bisulphite BP 63. Vikasolum Ross. 9. Wasserlösliches Vitamin K_3.

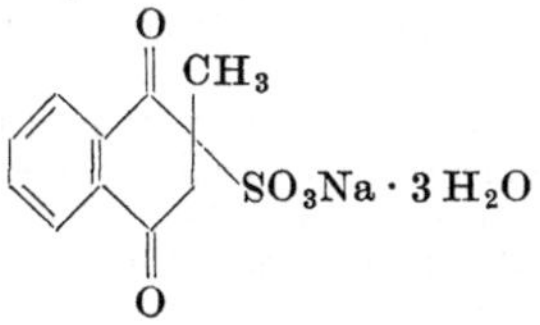

$C_{11}H_9NaO_5S \cdot 3H_2O$ M.G. 330,30

Natriumsalz des 2-Methyl-2-sulfo-1,4-naphthochinons

Nord. 63 enthält ein Menadion-Natriumbisulfit mit nur 2 Mol Kristallwasser: $C_{11}H_9NaO_5S \cdot 2H_2O$, M.G. 312,28; Natrium(±)2-methyl-1,4-dioxotetralin-sulfonat-(2)-dihydrat.

Herstellung. Durch Umsetzung von Menadion mit Natriumhydrogensulfit.

Gehaltsbestimmung. Mindestens 96% $C_{11}H_9NaO_5S$ (DAB 7 – DDR); 52,6 bis 56,1% Menadion, entsprechend 95,4 bis 101,7% Menadion-Natriumbisulfit + $2H_2O$ (Nord. 63); nicht unter 95% (Ross. 9); nicht weniger als 94% (BP 63).

Eigenschaften. Weißes, kristallines Pulver mit nicht wahrnehmbarem Geruch und bitterem Geschmack, hygroskopisch, löslich in 2 T. W., in 95%igem A., fast unlöslich in Ae. und Chloroform. Nach Nord. 63: Farblose bis nahezu farblose Kristalle oder weißes bis rötlichweißes, kristallines Pulver, ohne Geruch und mit eigentümlichem, bitterem Geschmack, hygroskopisch in Luft mit mehr als 80% Feuchtigkeitsgehalt; die wäßrige Lösung zeigt schwach saure Reaktion.

Erkennung. a) 5,0 ml Prüflösung (1,000 g Substanz zu 50,0 ml CO_2-freiem W.) werden in einem Scheidetrichter mit 10,0 ml Chloroform versetzt und geschüttelt. Dann werden 0,2 bis 0,3 g NaOH zugegeben. Nach kräftigem Schütteln bis zur Lösung des Natriumhydroxids wird das Chloroform abgetrennt, mit 10,0 ml W. gewaschen, durch ein mit Chloroform getränktes Filter in eine kleine Abdampfschale filtriert und auf dem Wasserbad verdampft. Der über Silicagel, vor Licht geschützt, 24 Std. getrocknete Rückstand schmilzt im Bereich von 102 bis 106° (DAB 7 – DDR). Ähnliche Reaktionen beschreiben BP 63 (Fp. etwa 105°), Nord. 63 (Fp. 103 bis 107°) und Ross. 9 (Fp. 104 bis 107°); die Differenzen sind wohl hauptsächlich durch die unterschiedliche Art der Trocknung des Rückstandes bedingt. – b) 2,0 ml Prüflösung (s. o.) zeigen nach Zusatz von 1,0 ml A. und 1,0 ml konz.

Ammoniaklösung eine gelbliche Färbung, die in eine rote übergeht. Nach darauffolgendem Zusatz von 1 Tr. Äthylcyanacetat zeigt die Lösung eine tiefblaue bis blauviolette Färbung, die nach Zusatz von 3,0 ml 3 n Natronlauge zunächst in eine grüne und nach 5 Min. in eine grünbraune übergeht (DAB 7 – DDR). – c) Man versetzt 5 Tr. Prüflösung (1,00 g in 50 ml H_2O) mit 10 Tr. Dinitrophenylhydrazin, 1 ml W. und hält das Gemisch ca. 1 Min. lang im Sieden. Nach dem Abkühlen versetzt man mit 3 ml A. (95%), 2 ml Amylalkohol und 2 ml Ammoniaklösung (5 m): Es entsteht eine grüne Färbung, die beim Versetzen mit 10 ml W. und kräftigem Schütteln in die Amylalkoholschicht übergeht (Nord. 63). – d) Die mit konz. Salzsäure befeuchtete Substanz färbt beim Erhitzen am Platindraht die nichtleuchtende Flamme kräftig und anhaltend gelb (DAB 7 – DDR). – e) Zu 5 ml einer Lösung (1 auf 50, W.) gibt man 1 ml konz. Schwefelsäure: es tritt der Geruch nach Schwefeldioxid auf (Ross. 9). – f) Man erwärmt 2 ml einer 40%igen, wäßrigen Lösung mit einigen Tr. verd. Salzsäure; es entwickelt sich Schwefeldioxid (BP 63). – g) Zu 0,1 g Substanz gibt man 3 ml 2 m Salzsäure; es entwickelt sich ein Gas, das einen auf Filtrierpapier aufgetragenen Tr. Jodlösung entfärbt (Nord. 63). – h) 5,0 ml Prüflösung (s. o.) werden in einem 25-ml-Erlenmeyerkolben mit 1,0 ml 3 m Phosphorsäure gemischt. Der Kolben wird mit 2 durchbohrten Uhrgläsern bedeckt, zwischen denen im Bereich der Bohrungen ein Stück Filtrierpapier liegt, das mit einer Anreibung von 0,10 g Kaliumjodat in 2,0 ml Stärkeindikator angefeuchtet ist. Beim Erwärmen der Mischung zeigt das Filterpapier eine blaue Färbung, die beim Erhitzen der Mischung teilweise verschwindet (DAB 7 – DDR).

Prüfung. a) Unlösliche Verunreinigungen, Farbe der Lösung: 5,0 ml Prüflösung (s. o.) müssen klar und dürfen nicht stärker gefärbt sein, als die Mischung aus 2,50 ml Farb-VL B und 2,5 ml 0,5 n Salzsäure (DAB 7 – DDR, ähnlich Nord. 63 und Ross. 9). – b) Alkalisch oder sauer reagierende Verunreinigungen: 10,0 ml Prüflösung (s. o.) müssen nach Zusatz von 5 Tr. Bromkresolgrün-Lsg. und 0,100 ml 0,01 n Kalilauge blau und nach darauffolgendem Zusatz von 0,300 ml 0,01 n Salzsäure gelb gefärbt sein (DAB 7 – DDR); 10 ml der frisch bereiteten Prüflösung (2%ig, wäßrig) müssen sich nach Zusatz von 0,2 ml 0,01 n Natronlauge und 5 Tr. Methylrotlösung gelb färben und nach Zusatz von 0,4 ml 0,01 n Salzsäure rot färben (Nord. 63). Eine 1%ige, wäßrige Lösung reagiert gegen Lackmus neutral (BP 63). – c) Chromverbindungen: 0,600 g Substanz werden in einem Porzellantiegel verascht und 30 Min. lang geglüht. Der Rückstand wird mit 0,100 g der Mischung aus 0,50 g Kaliumcarbonat, 0,50 g wasserfreiem Natriumcarbonat und 0,30 g Kaliumnitrat versetzt und geschmolzen. Nach dem Erkalten wird dieser Rückstand in 5,0 ml W. unter Erwärmen gelöst, die Lösung in einen 25-ml-Meßkolben überführt und der Porzellantiegel 2mal mit je 3,0 ml W. gewaschen. Die Waschflüssigkeiten werden zu der Lösung gegeben. Nach Zusatz von 2,0 ml 3 n Schwefelsäure wird die Lösung mit W. zu 15,0 ml aufgefüllt. 5,0 ml dieser Lösung dürfen nach Zusatz von 5,0 ml W. und 4 Tr. Diphenylcarbazid-Lsg. keine stärkere Färbung als die nachstehend beschriebene Vergleichsprobe zeigen (höchstens 0,005% Chrom); Vergleichsprobe: 0,1000 g Kaliumdichromat wird in W. zu 100 ml gelöst. 1,00 ml Lösung wird mit W. zu 100,0 ml aufgefüllt; 3,00 ml dieser Lösung werden mit 1,0 ml 3 n Schwefelsäure, 6,0 ml W. und 4 Tr. Diphenylcarbazid-Lsg. versetzt (DAB 7 – DDR). Eine ähnliche Bestimmung enthält BP 63. – d) Natriumsulfat: 0,3000 g Substanz werden in einem 100 ml Erlenmeyerkolben mit 30,0 ml A. versetzt und im Wasserbad unter häufigem Schwenken 8 Min. erhitzt. Anschließend wird die Mischung durch einen, bei 105° bis zur Konstanz getrockneten Glasfiltertiegel (G 4) filtriert. Kolben und Glasfiltertiegel werden mit insgesamt 20,0 ml A. gewaschen. Der Rückstand wird bei 105° bis zur Konstanz getrocknet. Die Substanz darf höchstens 2% Rückstand hinterlassen (DAB 7 – DDR und Nord. 63). – e) 2-Methyl-1,4-naphthohydrochinon-3-sulfonat: 5,0 ml Prüflösung (s. o.) dürfen nach Zusatz von 2 Tr. Ferroinindikator keine Trübung zeigen (DAB 7 – DDR). Man fügt zu 0,1 g Substanz in 5 ml W. 0,1 ml Ferroin-Eisen-Komplexlösung: Es darf kein Niederschlag entstehen (BP 63). – f) Chlorid: 10,0 ml Prüflösung (s. o.) dürfen bei der Prüfung auf Chlorid keine stärkere Trübung als die Vergleichsprobe zeigen. (Höchstens 0,005% Cl-Ionen) (DAB 7 – DDR, ähnlich Nord. 63). – g) Schwermetallionen: 0,500 g Substanz werden in einem Porzellantiegel nach Zusatz von 1,0 ml konz. Schwefelsäure vorsichtig erhitzt und anschließend 30 Min. geglüht. Der Rückstand wird in 5,0 ml heißer 5 n Salpetersäure gelöst und mit 50 ml W. in einen 100-ml-Meßkolben gespült. Nach Zusatz von 10,0 ml 3 n Ammoniaklösung wird mit W. zu 100 ml aufgefüllt. 10,0 ml dieser Lösung dürfen bei der Prüfung auf Schwermetallionen nach Methode I weder eine Trübung noch eine Färbung zeigen (DAB 7 – DDR, ähnlich Nord. 63). Nach Ross. 9 soll die Sulfatasche von 0,5 g Substanz nicht mehr als 0,001% Schwermetalle enthalten. – h) Wassergehalt: 11,0 bis 16,5% (BP 63); 10,0 bis 13,0%, bestimmt durch Titration (Nord. 63). – i) Natriumhydrogensulfit: Man löst 1 g Substanz, genau gewogen, in 30 ml W., fügt 20 ml 0,1 n Schwefelsäure und 30,00 ml 0,1 n Jodlösung hinzu. Der Überschuß an Jod wird mit 0,1 n Natriumthiosulfatlösung zurücktitriert. Stärkelösung als Indikator. 1 ml 0,1 n Jodlösung entsprechen 0,005203 g $NaHSO_3$. Forderung: Nicht mehr als 2% (Ross. 9).

Gehaltsbestimmung. Nach DAB 7 – DDR: Die Bestimmung ist unverzüglich und unter Lichtschutz durchzuführen. 0,3000 g Substanz werden in einem Scheidetrichter in 20,0 ml W. gelöst. Die Lösung wird mit 20,0 ml Chloroform versetzt und geschüttelt. Dann werden 0,4 bis 0,6 g Natriumhydroxid zugegeben. Nach kräftigem Schütteln bis zur Lösung des Natriumhydroxids wird das Chloroform in einen zweiten Scheidetrichter abgelassen und die wäßrige Schicht 2mal mit je 20 ml Chloroform versetzt und ausgeschüttelt. Die vereinigten Chloroformauszüge werden mit 10,0 ml W. gewaschen und durch ein mit Chloroform getränktes Filter in einen 200-ml-Erlenmeyerkolben mit Schliff filtriert. Das Filter wird mit 5,0 ml Chloroform gewaschen. Die vereinigten Filtrate werden im Wasserbad vorsichtig zur Trockne eingedampft. Nach Zusatz von 15,0 ml Essigsäure und 15,0 ml 3 n Salzsäure wird die Mischung umgeschwenkt, bis der Rückstand gelöst ist. Nach Zusatz von 3,0 g Zinkstaub wird der Kolben sofort durch einen Stöpsel mit Bunsenventil verschlossen und vor Licht geschützt unter häufigem Schütteln 60 Min. stehengelassen. Darauf wird die Lösung über Watte in einen zweiten Erlenmeyerkolben dekantiert, der Rückstand 3mal mit je 10,0 ml kohlendioxidfreiem W. gewaschen und die Waschflüssigkeit durch die Watte filtriert. Die vereinigten Filtrate werden mit 2 Tr. Ferroinindikator versetzt und sofort mit 0,1 n Cer(IV)-sulfatlösung bis zur Grünfärbung titriert. Unter den gleichen Bedingungen ist ein Blindversuch durchzuführen. 1 ml 0,1 n Cer(IV)-sulfatlösung entspricht 16,51 mg Menadion-Natriumbisulfit.

BP 63 verfährt zunächst ähnlich, läßt aber dann das isolierte 1-Methylnaphthochinon nach Zugabe von 4 g wasserfreiem Natriumcarbonat und 25 ml einer 10%igen, wäßrigen Kaliumtartratlösung titanometrisch bestimmen [0,1 n Titan(III)-chloridlösung, 3 Tr. Indigokarminlösung als Indikator; vgl. Bestimmung von Menadione nach BP 63].

Eine ähnliche titanometrische Bestimmung führt Nord. 63 durch, jedoch wird hier als Indikator Kongorotlösung (als Dinatriumsalz; 0,1%ige wäßrige Lösung) verwendet.

Nach Ross. 9 wird das isolierte 1-Methylnaphthochinon genau gewogen. Durch Multiplikation der ausgewogenen Menge mit dem Faktor 1,9183 erhält man den Gehalt an Vikasol (Menadion-Natriumbisulfit, in 0,3 g der ursprünglichen Einwaage).

Äquivalente: 1 ml 0,1 n Cer(IV)-sulfatlösung entspricht 16,51 mg $C_{11}H_9NaO_5S \cdot 3H_2O$ (DAB 7 – DDR).

1 ml 0,1 n Titan(III)-chloridlösung entspricht 0,01381 g $C_{11}H_9NaO_5S$ (BP 63 u. Nord. 63).

1 g $C_{11}H_9NaO_5S$ entspricht 72,40 ml 0,1 n Titan(III)-chloridlösung (Nord. 63).

Aufbewahrung. Vor Licht geschützt, in gut verschlossenen Gefäßen.

Unverträglichkeiten. Sauer oder basisch reagierende Stoffe (wirken spaltend), oxydierende Stoffe.

Sterilisation der Lösung. In Anwesenheit von 0,2% Natriumpyrosulfit und 2% 0,1 n Salzsäure: 100°, 20 Min. (Nord. 63). Injektionslösungen werden, wenn nichts anderes angegeben, unter diesen Bedingungen hergestellt. Injektionslösungen mit Menadion-Natriumbisulfit kann man aufbewahren und in Ampullen abfüllen (Nord. 63).

Dosierung. Nach DAB 7 – DDR: Einzelmaximaldosis: oral 0,05 g, i.m. 0,05 g, i.v. 0,05 g; Tagesmaximaldosis: 0,15 g, i.m. 0,05 g, i.v. 0,05 g. Nach BP 63: Bei s.c. und i.m. Injektion 1 bis 2 mg täglich, in Übereinstimmung mit der Prothrombinaktivität des Blutes. In dringenden Fällen bis zu 50 mg, alle 4 Std. in Übereinstimmung mit der Prothrombinaktivität des Blutes. Bei s.c. Injektion bei der Behandlung von Neugeborenen bis zu 1 mg als Einzeldosis. Nach Ross. 9: Einzelmaximaldosis: 0,015 g, i.m. 0,015 g; Tagesmaximaldosis 0,03 g, i.m. 0,02 g.

Menadiol-dibutyrat. Dibuttersäureester des 1,4-Dihydroxy-2-methylnaphthalins. Öllösliches Vitamin K_4.

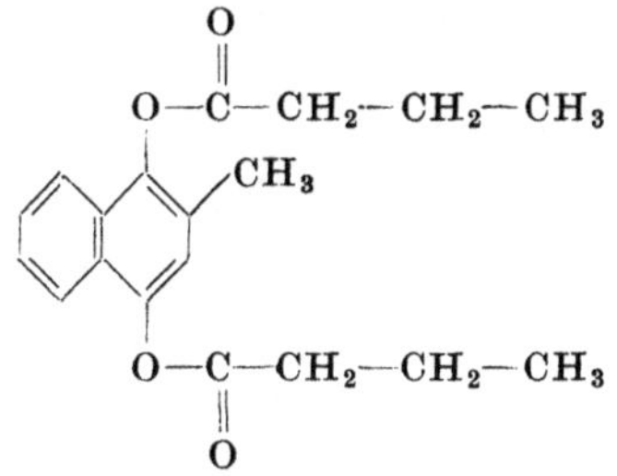

$C_{19}H_{22}O_4$ M.G. 314,39

2-Methyl-1,4-naphthohydrochinon-dibutyrat

Eigenschaften. Weißes Pulver, praktisch unlöslich in W., löslich in A., Benzol und fetten Ölen. Fp. um 53°.

Wirksamkeit. 1 mg Substanz entspricht etwa 27000 Dam-Einheiten.

Aufbewahrung. Gut verschlossen und vor Licht geschützt.

Acetomenaphthone BP 63. Diessigsäureester des 1,4-Dihydroxy-2-methylnaphthalins.

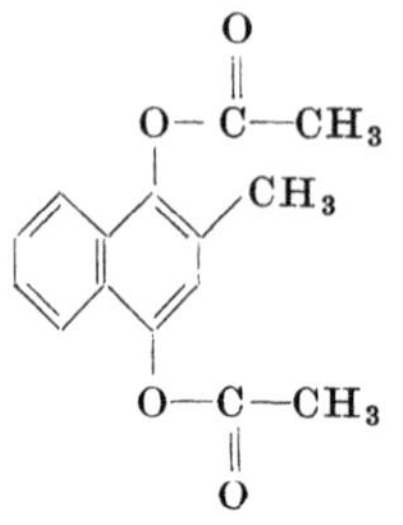

$C_{15}H_{14}O_4$ M.G. 258,3

1,4-Diacetoxy-3-methyl-naphthalin

Herstellung. Durch Reduktion von 2-Methyl-1,4-naphthochinon mit Zink und Essigsäure in Gegenwart von Essigsäureanhydrid.

Eigenschaften. Weißes, kristallines Pulver, geruchlos oder von schwachem Geruch nach Essigsäure und von bitterem Geschmack. Praktisch unlöslich in W., wenig löslich in kaltem A. (95%), löslich in 3,3 T. siedendem A. (95%). Fp. 112 bis 115°. UV-Absorption bei 285 mμ in absolut. A.: $E_{1\,cm}^{0,003\%}$ 0,69 bis 0,78.

Erkennung. 50 mg werden einige Min. mit 5 ml 0,1 n Natronlauge erwärmt; man kühlt, gibt einige Tropfen Wasserstoffperoxidlösung hinzu und neutralisiert mit verd. Salzsäure. Der Niederschlag wird filtriert und gewaschen und gibt dann die Menaphthonreaktionen. Im Filtrat läßt sich Acetat nachweisen.

Prüfung. a) Zink: 1 g wird mit 10 ml verd. Salzsäure erhitzt. Man filtriert und wäscht mit heißem W., bis 50 ml Filtrat gewonnen werden. Nach Zugabe von 1 ml Kaliumhexacyanoferrat(III)-lösung darf keine stärkere Trübung auftreten, als 0,2 mg Zinksulfat in 40 ml W. und 10 ml verd. Salzsäure mit 1 ml Kaliumhexacyanoferrat(III)-lösung geben. – b) Gewichtsverlust beim Trocknen: Beim Trocknen bei 80° bis zum konstanten Gewicht – nicht über 0,5%. – c) Sulfatasche: Nicht über 0,1%.

Gehaltsbestimmung. 0,2 g werden genau gewogen, mit 15 ml Eisessig und 15 ml verd. Salzsäure 15 Min. am Rückflußkühler gekocht. Nach dem Erkalten titriert man mit 0,05 n Cer(IV)-Ammoniumsulfatlösung, 0,1 ml o-Phenanthrolin-Eisenkomplexlösung als Indikator. Ein Blindversuch ist zur Korrektur erforderlich. 1 ml 0,05 n Cer(IV)-Ammoniumsulfatlösung entspr. 0,006457 g $C_{15}H_{14}O_4$. Forderung: Mindestens 98,0%, in der getrockneten Substanz.

Dosierung. 2 bis 10 mg.

Handelsformen: Davitamon-K (Oral) (Organon Lab.), Kapilon (Glaxo Lab.), Kappaxan (Oral) (Bayer-Prod.), Prokayvit-Oral (Brit. Drug. Houses), Vitavel-K (Oral) (Vitamins Ltd.).

Menadiol Sodium Diphosphate USP XVII. Menadiolum solubile CsL 2. Menadion-Diphosphate. Menadiol-Tetranatriumdiphosphat. Wasserlösliches Vitamin K_4.

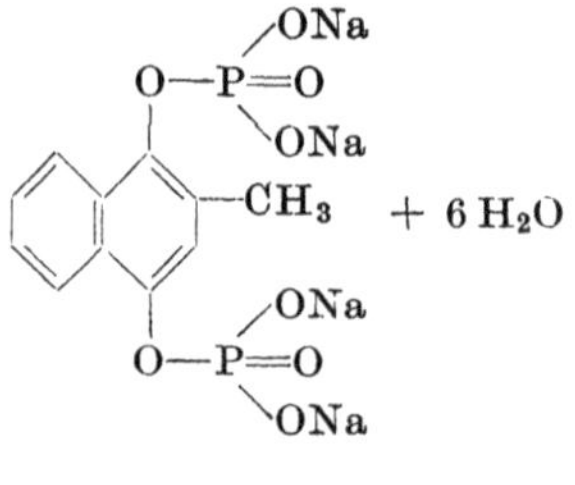

$C_{11}H_8Na_4O_8P_2 \cdot 6\,H_2O$ M.G. 530,20

Gemäß CsL 2 – xH_2O, wasserfrei M.G. 422,11.

Eigenschaften. Weißes bis rosa gefärbtes Pulver von charakteristischem Geruch. Es ist hygroskopisch. Wäßrige Lösungen reagieren gegen Lackmus neutral oder schwach alkalisch (pH 7 bis 9). Sehr gut löslich in W., unlöslich in A. – UV-Absorptionsmaximum bei 298 mμ $\left(E^{1\%}_{1\,cm}\ 133{,}5\right)$, Minimum bei 254 mμ (CsL 2).

Erkennung. USP XVII: a) Man löst etwa 200 mg Menadiol-Natrium-Diphosphat in 10 ml W., gibt 10 ml verd. Schwefelsäure, 10 ml 0,1 n Cer(IV)-sulfatlösung und eine Mischung von 1 ml 30%igem Wasserstoffperoxid und 5 ml W. zu und extrahiert die Lösung zweimal mit je 10 ml Chlf. Die klare Chlf.-Lsg. wird auf dem W.-Bad zur Trockne eingedampft und 1 Std. bei 80° getrocknet. Der Rückstand schmilzt zwischen 104 und 107° und entspricht den Identitätsreaktionen von Menadion.

b) Zu etwa 20 mg Menadiol-Natrium-Diphosphat gibt man in einem kleinen Becherglas 1 ml W., 2 Tr. Salpetersäure und 1 ml Schwefelsäure und erwärmt langsam bis zum Auftreten weißer Nebel. Nach dem Abkühlen verdünnt man vorsichtig mit 10 ml W. und filtriert, falls nötig. Das Filtrat oder die klare Lösung wird mit Ammoniak schwach alkalisch gemacht (Lackmus) und dann mit Salpetersäure angesäuert. Zur warmen Lösung gibt man 3 ml Ammoniummolybdatlösung: innerhalb weniger Minuten entsteht ein gelber Niederschlag.

Prüfung. Wassergehalt. Etwa 500 mg Menadiol-Natrium-Diphosphat werden bei 120° bis zur Gewichtskonstanz getrocknet: der Gewichtsverlust soll zwischen 19 und 21,5% liegen; theoretisch enthält das Hexahydrat 20,39% W., das Dodecahydrat 33,78%. – CsL 2 läßt den Wassergehalt nach der Karl-Fischer-Methode bestimmen.

Gehaltsbestimmung. USP XVII: Etwa 100 mg Menadiol-Natrium-Diphosphat werden genau gewogen und in 25 ml W. gelöst. Man gibt 25 ml Eisessig und 25 ml verd. Salzsäure zu und titriert die Lösung mit 0,02 n Cer(IV)-sulfatlösung. Der Endpunkt wird potentiometrisch unter Verwendung einer Platin-Kalomel-Elektrodenkette bestimmt.

1 ml 0,02 n Cer(IV)-sulfatlösung entspricht 4,221 mg $C_{11}H_8Na_4O_8P_2$. Forderung: Mindestens 97,5% und höchstens 102,0% in der getrockneten Substanz. – Gemäß CsL 2 wird der Gehalt UV-spektrophotometrisch ermittelt. – Polarographische Bestimmung siehe O. Hrdy: Chem. Zbl. *1956*, S. 2828.

Verpackung und Aufbewahrung. Dicht verschlossen, kühl und vor Licht geschützt.

Dosierung. USP XVII: Parenteral 5 mg täglich, Dosierungsbereich: 4 bis 8 mg. CsL 2: Einzeldosis 0,01 g, Tagesdosis 0,03 g.

Handelsformen: Synka-Vit (Hoffmann-La Roche, Grenzach/Baden). Bezeichnung in den USA: Synkayvite (früher war das Disuccinylderivat im Handel).

Vitamin K_5. 2-Methyl-1-hydroxy-4-aminonaphthalin-hydrochlorid. 4-Amino-2-methyl-1-naphthol-hydrochlorid.

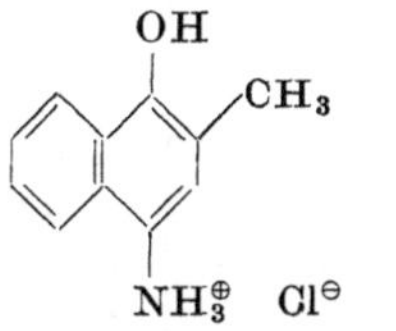

$C_{11}H_{12}ClNO$ M.G. 209,68

Herstellung. Menadion wird an der einen Ketogruppe oximiert und das Monoxim zur entsprechenden Aminoverbindung reduziert.

Eigenschaften. Farblose Nadeln, die unter Zers. bei 280 bis 282° schmelzen und sich unter Licht- und Lufteinwirkung rosa färben. Leicht löslich in W., Methanol, löslich in A., Propylenglykol, praktisch unlöslich in Ae. Die wäßrigen Lösungen sind sehr instabil und werden durch Zusatz von Natriummetabisulfit haltbar gemacht.

Nach J. Oneto u. P. Sah [Pharm. Acta Helv. *24*, 108 (1949); ref. Pharm. Nachr. *1*, 58 (1949); vgl. auch Z. Lebensmitt.-Untersuch. *91*, 207 (1950)] soll Vitamin K_5 stark antihämorrhagisch wirken und dabei wenig toxisch sein. Die Substanz hemmt das Pilzwachstum und verhindert die alkoholische Gärung; sie soll auch bakterizid wirken und das Wachstum von Tuberkelbakterien hemmen.

Wirksamkeit. 1 mg Substanz entspricht etwa 1500 Dam-Einheiten.

Aufbewahrung. Unter Stickstoff, in zugeschmolzenen Ampullen, vor Licht geschützt.

Anwendung. Vitamin K_5 ist als Konservierungsmittel in der Lebensmittelchemie vorgeschlagen worden. Medizinische Verwendung findet Vitamin K_5 zusammen mit Nicotinsäurebenzylester in der „K_5-Tinktur“ (Nordmark-Werke, Hamburg) bei Alopecie verschiedener Genese.

Handelsformen: Kavitrat (Nordmark-Werke) enthält N-Acetyl-Vitamin K_5, Synkamin, Kayvisyn (Parke-Davis).

Vitamin K_6. 1,4-Diamino-2-methyl-naphthalin. 2-Methyl-1,4-diaminonaphthalin (Dihydrochlorid).

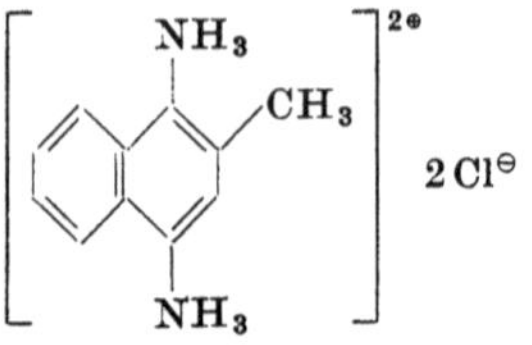

$C_{11}H_{14}Cl_2N_2$ M.G. 245,16

Eigenschaften. Farblose Kristalle, leicht löslich in W., unlöslich in Ae., sintert bei etwa 300°.

Aufbewahrung. In dicht schließenden Gefäßen, vor Licht geschützt.

Offizinelle, wasserlösliche Vitamine (ohne Zubereitungen)

	USP XVII	BP 63	Pl.Ed. I/1,2	DAB 7 – BRD	DAB 7 – DDR	ÖAB 9	CsL 2	CF 65	Ross. 9	Nord. 63	Helv. V – Suppl. I, II, III	NF XII
Vitamin B_1:												
Thiaminchlorid-hydrochlorid	+	+	+	+	+	+	+	+		+	+	–
Thiaminbromid-hydrobromid	–	–	–	–	–	–	–	–	+	–	–	–
Thiaminmononitrat	+	–	–	+	–	–	–	–	–	–	–	–
Vitamin B_2:												
Riboflavin	+	+	+	+	+	+	+	+	+	+	+	–
Riboflavin-Natrium-phosphat	–	–	–	–	–	–	–	–	–	+	–	–
Vitamin B_6:												
Pyridoxolhydrochlorid	+	+	–	+	+	+	–	+	+	+	–	–
Pyridoxalhydrochlorid	+	–	–	–	–	–	–	–	–	–	–	–
Pyridoxamindihydrochlorid	+	–	–	–	–	–	–	–	–	–	–	–
Vitamin B_{12}:												
Cyanocobalamin	+	+	+	+	+	+	–	+	+	+	–	–
Folsäure	+	+	+	+	–	+	–	–	–	+	–	–
D,L-Calciumpantothenat	+	–	–	–	–	–	–	–	–	–	–	–
D-Calciumpantothenat	+	–	–	+	+	+	–	+	–	–	+	–
Pantothenol	–	–	–	–	+	+	–	–	–	+	–	–
Nicotinamid	+	+	+	+	+	+	+	+	+	+	+	–
Biotin	+	–	–	–	–	–	–	–	–	–	–	–
Vitamin C:												
Ascorbinsäure	+	+	+	+	+	+	+	+	+	+	+	–
Vitamin H′:												
p-Aminobenzoesäure	+	+	–	–	–	+	–	–	–	–	–	–
Vitamin P:												
Rutin	–	–	–	+	+	+	–	+	+	–	–	+[1]
Hesperidin	–	–	–	–		–	–	–	–	–	–	–
Inositol	–	–	–	–	–	–	–	+	–	–	–	+
Calc.Inosito-hexaphosphat	–	–	–	–	–	–	–	+	–	–	–	–

[1] NF XI.

Vitamin K_7. 4-Amino-3-methyl-1-naphthol. 1-Hydroxy-3-methyl-4-amino-naphthalin. 3-Methyl-4-amino-1-hydroxy-naphthalin (Hydrochlorid).

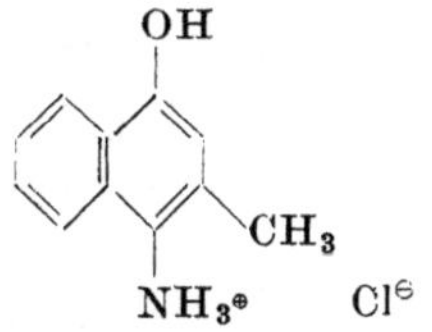

$C_{11}H_{12}ClNO$ M.G. 209,68

Eigenschaften. Farblose Kristalle, die sich bei Einwirkung von Licht und Luft violett verfärben. Löslich in W., unlöslich in Ae. Fp. 270° unter Zers.

Aufbewahrung. Dicht verschlossen, vor Licht und Luft geschützt, bei einer Temperatur unter 25°.

Vitamin B_1. Aneurinum hydrochloricum ÖAB 9. Aneurinchloridhydrochlorid DAB 7 – BRD. Aneurine Hydrochloride BP 63. Thiaminum hydrochloricum CsL 2, DAB 7 – DDR. Thiamine hydrochloride USP XVII. Thiamini hydrochloridum PI.Ed. I/1. Aneurinum Ph.-Helv. V – Suppl. I. Chlorhydrate de Thiamine CF 65. Thiaminhydrochlorid. Thiamin. Aneurin. Antineuritisches Vitamin. Anti-Beri-Beri-Vitamin. Beri-Beri-Schutzstoff. Torulin.

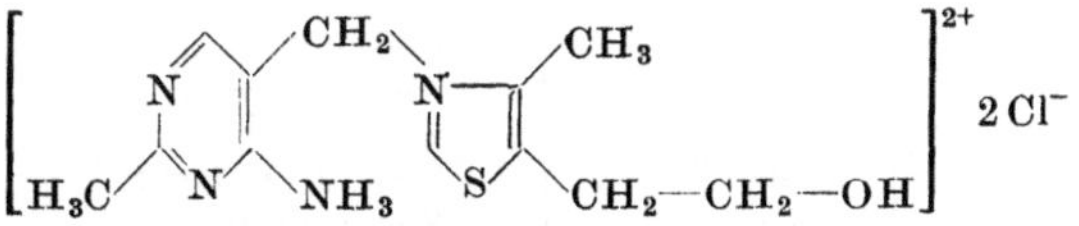

$C_{12}H_{17}ClN_4OS \cdot HCl$ M.G. 337,27

3-[2-Methyl-4-aminopyrimidyl-(5)-methyl]-4-methyl-5-(2-hydroxyäthyl)-thiazoliumchlorid-hydrochlorid

Gehalt: Die meisten Pharmakopöen fordern einen Gehalt zwischen 98 und 101%.

Herstellung. Die beiden wichtigsten Verfahren bestehen 1. in einem getrennten Aufbau des Pyrimidin- und des Thiazolringes, die anschließend miteinander verknüpft werden, mit nachfolgender Quarternisierung zum Thiazoliumsalz und 2. in einer Synthese der Pyrimidinkomponente, die in 5-Stellung eine CH_2-NH_2-Gruppe enthält, welche verlängert und nachträglich zum Thiazoliumring geschlossen wird.

Zu 1.:

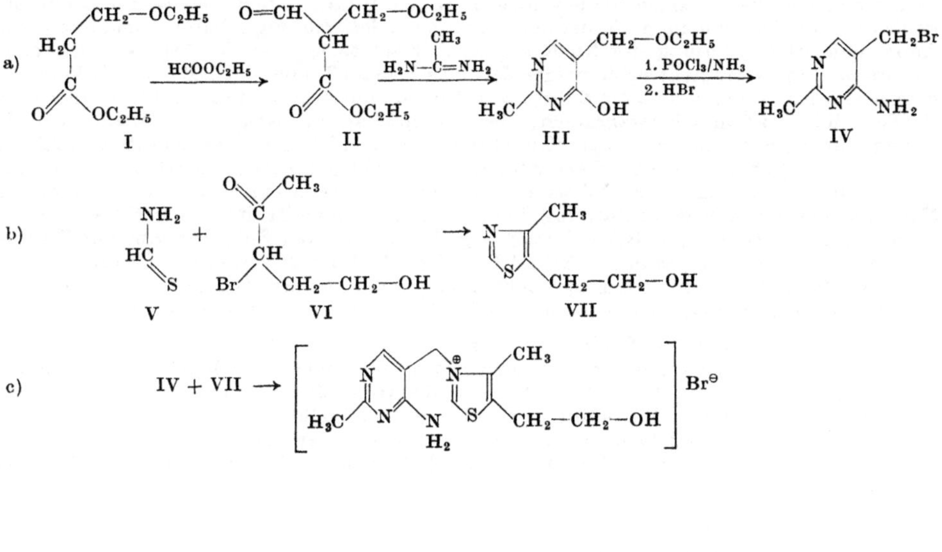

Vorkommen.

100 g Substanz enthalten	mcg Vitamin B_1	100 g Substanz enthalten	mcg Vitamin B_1
Fische:		Apfelsinen	50–100
Dorsch	40–100	Pfirsiche	10–50
Hering	ca. 50	Pflaumen	50–150
Thunfisch	40–65	Walnüsse	300–500
		Haselnüsse	300–500
Hühnerprodukte:		Zwiebeln (frisch)	ca. 50
Eiklar	Spuren	Weißkohl	60–120
Dotter	200–400	Tomaten	50–100
		Spinat	50–550
Säugetierprodukte:		Sojabohnen (reif)	1000–1300
Kalbfleisch	70–150	Bohnen (grün)	100–600
Rindfleisch	50–200	Bohnen (weiß)	450–1500
Rinderleber	250–300	Erbsen (frisch, grün)	250–500
Rinderhirn	150–400	Erbsen (getrocknet)	600–1400
Rinderniere	300–500	Grünkohl	20–200
Schweinefleisch	500–1500	Karotten	50–100
Schweineleber	300–400	Linsen (getrocknet)	ca. 950
Schweineniere	ca. 700	Kartoffeln (roh)	70–170
Gekochter Schinken	70–100	Gerste (Korn)	300–700
Kuhmilch (Vollmilch)	30–70	Hafer (Korn)	ca. 1150
Frauenmilch	0–23	Reis (Vollkorn)	280–400
Vollfettkäse	ca. 50	Reis (poliert)	50–200
		Reiskleie	1500–2500
Pflanzliche Produkte:		Roggen (Vollkorn)	250–500
Äpfel	10–100	Roggenkeime	900–1000
Bananen	30–160	Weizen (Vollkorn)	200–700
Kirschen	30–50	Weizenkeime	2500–12000

Eigenschaften. Farblose Kristalle oder weißes, kristallines bis mikrokristallines Pulver von schwachem, an Hefe erinnerndem Geruch und eigenartigem, schwach bitterem und schwach sauerem Geschmack. Löslichkeit: 1 T. löst sich in etwa 1 T. W., in etwa 100 T. A., löslich in Glycerin, praktisch unlöslich in Aceton, Ae. oder Chloroform. Die Substanz zersetzt sich bei etwa 250° unter Braunfärbung.

Erkennung. a) Thiochromreaktion: 0,10 ml Prüflösung (2,50 g Substanz, gelöst zu 25,0 ml) werden nach Zusatz von 3,0 ml n Natronlauge, 0,10 ml einer frisch bereiteten Kalium-hexacyanoferrat(III)-lösung und 5,0 ml Isobutanol-(1) einige Minuten lang kräftig geschüttelt. Nach der Entmischung zeigt die obere Schicht eine blauviolette Fluoreszenz, die auf Zusatz von 0,10 ml n Salzsäure verschwindet und nach anschließender Zugabe von 0,10 ml n Natronlauge wieder auftritt (DAB 7 – BRD, ähnlich ÖAB 9, DAB 7 – DDR, USP XVII, BP 63). – b) Chloridnachweis: 0,50 ml Prüflösung geben mit 1,0 ml Silbernitratlösung einen weißen, käsigen Niederschlag (DAB 7 – BRD, ähnlich viele weitere Pharmakopöen). – c) Erwärmt man die bei der vorhergehenden Prüfung erhaltene und mit verd. Ammoniak bis zur Lösung des Niederschlages versetzte Lösung, so färbt sie sich gelb bis braun und es entsteht nach einiger Zeit eine braune Trübung (ÖAB 9). – d) Versetzt man eine Lösung von etwa 5 mg Substanz in 1 ml W. mit 5 Tr. Jodlösung, so scheidet sich ein Perjodid in Form schwarzbrauner, öliger Tröpfchen aus (ÖAB 9). – e) 1,0 ml Prüflösung (3,000 g Substanz, gelöst zu 30,0 ml in CO_2-freiem W.) gibt nach Zusatz von 2,0 ml Quecksilber(II)-chloridlösung einen weißen Niederschlag (DAB 7 – DDR). – f) 10 Tr. Prüflösung (s. o.) zeigen nach Zusatz von 1,0 ml Blei(II)-acetatlösung und 2,0 ml 6 n Natronlauge sofort eine gelbe Färbung. Beim darauffolgenden Erhitzen entsteht ein braunschwarzer Niederschlag (DAB 7 – DDR). – g) Die Lösung der Substanz gibt mit Pikrinsäure einen gelben Niederschlag (USP XVII u. BP 63). Wird das erhaltene Pikrat bei 105° auf einem Tonteller 30 Min. lang getrocknet so schmilzt es bei etwa 207° unter Dunkelfärbung und Zersetzung, nachdem bei etwa 200° Sinterung eingetreten ist (BP 63).

Prüfung. Nach DAB 7 – BRD: a) Aussehen der Lösung: 5,0 ml Prüflösung (s. o.) müssen klar sein und dürfen nicht stärker gefärbt sein, als 5,0 ml einer Mischung von 0,10 ml Eisen(III)-chloridlösung III und 10 ml W. – b) Reaktion: Je 1,0 ml einer Verdünnung von 1 T. Prüflösung und 1 T. W. muß durch 1 Tr. Methanilgelblösung gelb und durch 1 Tr. Methylorangelösung rot gefärbt werden. – c) pH-Wert: Der pH-Wert einer Lösung von 0,50 g/10,0 ml muß zwischen 2,5 und 3,2 liegen (Glaselektrode). – d) Schwermetallionen:

Höchstens 0,002%, berechnet als Pb^{2+}. – e) Sulfat: Höchstens 0,01%. – f) Trocknungsverlust: Höchstens 5,0%, bei 100 bis 105° bis zum konstanten Gewicht getrocknet. – g) Sulfatasche: Höchstens 0,2% (BP 63: nicht über 0,1%). – h) Nitrat (nach USP XVII): 2 ml einer 2%igen Lösung werden mit 2 ml Schwefelsäure versetzt, gekühlt und mit 2 ml einer Eisen(II)-sulfatlösung überschichtet; es darf an der Berührungsfläche kein brauner Ring entstehen.

Gehaltsbestimmung. Die meisten Pharmakopöen führen sowohl eine acidimetrische Verdrängungstitration als auch eine argentometrische Bestimmung an.

Arbeitsvorschriften nach DAB 7 – BRD:

a) Etwa 0,25 g Substanz werden genau gewogen, in 20 ml frisch ausgekochtem und wieder erkaltetem W. gelöst und nach Zusatz von 0,10 ml Bromthymolblaulösung mit 0,1 n Natronlauge titriert (Feinbürette). 1 ml 0,1 n Natronlauge entspricht 33,73 mg $C_{12}H_{17}ClN_4OS \cdot HCl$.

b) Etwa 0,25 g Substanz werden genau gewogen und in 20 ml W. gelöst. Die Lösung wird mit 5 ml 6 n Salpetersäure, 25,00 ml 0,1 n Silbernitratlösung und 5,0 ml Toluol versetzt. Nach kräftigem Schütteln wird mit 0,1 n Ammoniumthiocyanatlösung zurücktitriert [5 ml Ammoniumeisen(III)-sulfatlösung als Indikator]. 1 ml 0,1 n Silbernitratlösung entspricht 3,545 mg Cl^-, daraus berechnet 16,86 mg $C_{12}H_{17}ClN_4OS \cdot HCl$.

BP 63 läßt das Gesamtchlorid und das als Hydrochlorid enthaltene Cl^- titrimetrisch bestimmen und enthält außerdem eine gravimetrische Bestimmungsmethode für den Aneurinteil der Molekel:

a) Gesamt-Cl^-: Etwa 0,2 g Substanz werden genau gewogen, in 20 ml W. gelöst, mit verd. Salpetersäure angesäuert und mit 15 ml 0,1 n Silbernitratlösung versetzt. Man filtriert, wäscht mit W. nach und titriert das Filtrat mit Waschflüssigkeit mit 0,1 n Ammoniumthiocyanatlösung; Ammoniumeisen(III)-sulfat als Indikator. 1 ml 0,1 n Silbernitratlösung entspricht 0,003546 g Cl. Forderung: mindestens 20,6% und höchstens 21,2%.

b) Cl^- als Hydrochlorid: Etwa 0,2 g Substanz werden genau gewogen, in 20 ml W. gelöst und mit 0,1 n Natronlauge gegen Bromthymolblau titriert, und zwar bis zu einer Blaugrünfärbung, die ein pH um 7 anzeigt. 1 ml 0,1 n Natronlauge entsprechen 0,003546 g Cl^- Forderung: Mindestens 10,4 und höchstens 10,7%.

c) Etwa 50 mg Substanz werden genau gewogen, in 50 ml W. gelöst, mit 2 ml Salzsäure versetzt und zum Sieden erhitzt. Die siedende Lösung wird tropfenweise (rasch) mit 4 ml Silicowolframsäurelösung versetzt und 4 Min. im Sieden gehalten. Dann wird durch eine Glassinternutsche filtriert. Man wäscht mit 50 ml einer siedend heißen Mischung von 1 Vol.T. Salzsäure und 19 Vol.T.. W., die 0,2% Silicowolframsäure enthält und dann 2mal mit je 5 ml Aceton. Der Rückstand wird 1 Std. bei 105° getrocknet, 10 Min. lang abgekühlt und dann 2 Std. lang in einem Exsikkator aufbewahrt, der mit 38%iger Schwefelsäure beschickt ist. 1 g Rückstand entspricht 0,1929 g $C_{12}H_{17}ClN_4OS \cdot HCl$.

Nord. 63 läßt eine Titration im wasserfreien Milieu durchführen:

0,1000 g Substanz werden unter schwachem Erwärmen in 20 ml wasserfreier Essigsäure gelöst und nach dem Abkühlen sowie Versetzen mit 5 ml 0,15 m Quecksilber(II)-acetatlösung, 20 ml wasserfreiem Dioxan und 5 Tr. Kristallviolettlösung mit 0,1 n Perchlorsäure bis zum Farbumschlag nach Blau titriert. 1 ml 0,1 n Perchlorsäure entspricht 0,01776 g $C_{12}H_{17}ClN_4OS \cdot HCl \cdot H_2O$. 1 g $C_{12}H_{17}ClN_4OS \cdot Cl \cdot H_2O$ entspricht 56,29 ml 0,1 n Perchlorsäure.

Nach Dan. IX wird der organisch gebundene Schwefel in 0,300 g Substanz bestimmt und als $BaSO_4$ gewogen. 1 g $BaSO_4$ entspricht 1,455 g $C_{12}H_{17}ClN_4OS \cdot HCl$.

USP XVII und PI.Ed. I/1 enthalten fluorimetrische Bestimmungen.

Vorschriften der PI.Ed. I/1:

a) Visuelle Methode. 0,02 bis 0,1 g werden auf $\pm$ 0,0001 g genau gewogen und in W. zu 100 ml gelöst. 20 ml dieser Lösung mischt man mit 100 ml 0,1 n Salzsäure und verdünnt mit W. auf 1000 ml. Je 1 ml der Verdünnung – gemessen mit einer Mikropipette mit der Genauigkeit $\pm$ 0,002 ml – gibt man in zwei mit Glasstöpseln verschlossene Schütteltrichter, die mit A und B bezeichnet werden. 1 ml einer Standardlösung von Thiaminhydrochlorid FT, mit der gleichen Genauigkeit gemessen, gibt man in einen dritten Schütteltrichter C. In jeden Schütteltrichter werden 2 ml Methanol FT hinzugegeben. Zu A und C gibt man je 1 ml Natronlauge und 1 Tr. Kaliumferricyanid FT-Lösung; zu B wird nur 1 ml Natronlauge gegeben. Nach 1 Min. fügt man zu A, B und C je 0,5 ml W. und 10 ml Isobutanol FT, schüttelt 1 Min. lang, läßt absitzen und verwirft die wäßrigen Phasen. Die Isobutanolphasen werden in markierten 15 ml-Fläschchen mit absolutem A.-FT auf je 15 ml aufgefüllt. Je 10 ml der Lösung A und B werden in gleiche Reagensgläser aus nichtfluoreszierendem Glas gegeben. – Mit Hilfe einer Mikrobürette gibt man die Lösung C so lange zu B, bis A und B im UV-Licht einer Quecksilberdampflampe mit einem Wood-Glasfilter gleich intensiv fluoreszieren. Die Lösungen sollen ihrer Zersetzlichkeit wegen nicht länger als erforderlich dem UV-Licht ausgesetzt werden. Man vergleicht die Fluoreszenz mehrfach und erlaubt dem Auge, sich zwischendurch jeweils einige Minuten im Dunkeln zu erholen. 1 ml der Lsg. C entspr. 0,000002667 g wasserfreiem Thiaminhydrochlorid.

Standardlösung von Thiaminhydrochlorid FT: Die Internationale Standardsubstanz wird in einer Menge entsprechend 20 ± 0,0001 g wasserfreiem Thiaminhydrochlorid in 0,01 n äthanolischer Salzsäure FT zu 100 ml gelöst.

b) Photoelektrische Methode. Man geht wie bei der „visuellen Methode" vor, doch ist der Schütteltrichter C nicht erforderlich, und man extrahiert jeweils mit 25 ml Isobutanol FT. Die Messung der Fluoreszenz wird in einem geeigneten Fluorometer durchgeführt. Als Standard dient eine auf die gleiche Weise behandelte Thiaminhydrochlorid-Standardsubstanz (als stabile Standardsubstanz kann Chininsulfat verwendet werden; eine etwa 0,0001%ige Lösung von Chininsulfat in 0,1 n Schwefelsäure wird mit dem Internationalen Thiaminhydrochloridstandard eingestellt).

Eine einfache Gehaltsbestimmung für Vitamin B_1 durch Titration mit Silicowolframsäure und Metanilgelb als Indikator beschreiben E. GRAF und E. FIEDLER: Arzneimittel-Forsch. *3*, 489 (1953).

Bestimmung von Vitamin B_1 auf polarographischem Wege siehe E. GÜNTHER: Pharmazie *6*, 577 (1951).

Bestimmung von Vitamin B_1 durch Umsetzung mit diazotierten Aminen siehe folgende Autoren: RUNTI, C. S.: Chem. Zbl. *1948*, II, S. 729; LODI, M.: Z. Lebensmitt.-Untersuch. *89*, 206 (1949); KAPELLER, K.: Z. Lebensmitt.-Untersuch. *88*, 272 (1948) und Pharm. Zentralh. *88*, 153 (1949).

Zur photometrischen Bestimmung des Vitamin B_1 als Thiaminreineckat siehe F. J. BANDELIN und J. V. TUSCHHOFF: Analytic Chem. *25*, 1198 (1953).

Mikrobiologische Methoden:

Zur Messung der Gewichtszunahme von Phycomyces Blakesleanus siehe J. BOUMAN: J. Acta physiol. pharmacol. neerl. *2*, 94 (1951) und R. GOODHART u. H. M. SINCLAIR: J. biol. Chem. *132*, 11 (1940).

Zur Messung der Gärungsintensität von Saccharomyces cerevisiae siehe H. W. SCHOPFER: Z. Vitaminforsch. *7*, 143 (1938) und Experientia (Basel) *1*, 183 (1945).

Zur Messung der Vermehrung von Streptococcus salivarius siehe C. F. NIVEN und K. L. SMILEY: J. biol. Chem. *150*, 1 (1943).

Gehaltsforderungen.

PI.Ed. I/1: Mindestens 98,0% Thiaminchlorid-hydrochlorid ($C_{12}H_{17}ClN_4OS \cdot HCl$), nach 3 Std. Trocknen bei 100°.

BP 63: Mindestens 98,5% Thiaminchlorid-hydrochlorid, wenn bei 105° bis zur Gewichtskonstanz getrocknet wurde.

CF 65: 94,93% Thiaminchlorid-hydrochlorid wasserfrei. 19,96% Gesamtchlor, 5,07% H_2O, 15,77% Stickstoff.

CsL 2: Mindestens 97% Thiaminchlorid-hydrochlorid, nach Trocknen bei 105° bis zur Gewichtskonstanz.

Dan. IX: 97,3 bis 100,7% Thiaminchlorid-hydrochlorid, nach Trocknen bei 105° bis zur Gewichtskonstanz.

DAB 7 – BRD: Mindestens 98,0 Thiaminchlorid-hydrochlorid, berechnet auf die bei 100 bis 105° bis zur Gewichtskonstanz getrocknete Substanz.

DAB 7 – DDR: 98,0 bis 100,10% bei 105° bis zur Gewichtskonstanz getrocknet.

Helv. V – Suppl. I: 98,5 bis 100,5%, in der getrockneten Substanz.

Nord. 63: 85% Thiamin, entsprechend ca. 100,5% Thiaminchlorid-hydrochlorid.

USP XVII: Mindestens 98% und höchstens 102%, berechnet auf die wasserfreie Substanz.

Aufbewahrung. Bei einer Temperatur unter 25°, in dicht schließenden Gefäßen, vor Licht geschützt.

BP 63: Die Substanz soll beim Aufbewahren nicht mit Metallen in Berührung kommen. Sterile Lösungen, die auf etwa pH 4 eingestellt sind, verlieren nur sehr langsam an Wirksamkeit, neutrale und alkalische Lösungen dagegen sehr rasch, besonders bei Einwirkung von Luft.

Dosierung. Nach ÖAB 9: Gebräuchliche Einzeldosis bei oraler oder parenteraler Verabreichung 0,002 bis 0,05 g. Nach BP 63: Prophylaktisch 2 bis 5 mg täglich; therapeutisch 25 bis 100 mg täglich; bei subc. oder i.m. Injektion 25 bis 100 mg.

Standard. 1 I.E. = 3 mcg Thiamin.

Biologische Funktionen und Mangelsymptome. Das Thiamin ist als Cofaktor in verschiedene Enzyme eingebaut: s. Cocarboxylase und α-Liponylthiamin.

Die Cocarboxylase ist das Coenzym der Carboxylase, die an verschiedenen wichtigen Reaktionen des Kohlenhydratstoffwechsels teilnimmt, wobei besonders die Decarboxylierung der Brenztraubensäure zu erwähnen ist.

Bei kohlenhydratreicher Kost ist der tägliche Vitamin B_1-Bedarf erhöht. Bei vermehrter Fettzufuhr verringert sich der Thiaminbedarf. Der Bedarf wird auch durch vermehrte Muskelarbeit gesteigert, weil dadurch der Kohlenhydratumsatz erhöht wird und durch vermehrte Schweißabsonderung ein Verlust an Vitamin B_1 eintritt. Die wichtigsten Mangelsymptome sind Störungen des Kohlenhydratstoffwechsels und des Wasserhaushaltes. Die am längsten bekannte und schwerste Stoffwechselentgleisung ist die Beriberi.

Einzelne Symptome beim Menschen:

a) Neurologische und vegetative Symptome: Kopfschmerzen, Müdigkeit, Schlaffheit, Untertemperatur, Schlaflosigkeit, erhöhtes Schwitzen, Parästhesien, periphere Neuritis, Retrobulbärneuritis, Nystagmus, Papillenödem, Netzhautblutungen.

b) Gastrointestinale Symptome: Appetitlosigkeit, Gewichtsverlust, Achylie, Magen-Darm-Atonie, Resorptionsstörungen, Verstopfung, Erbrechen.

c) Symptome am Bewegungsapparat: Muskelschwäche, Muskelschwund, Neigung zu Wadenkrämpfen.

d) Cardio-vaskuläre Symptome: Herzklopfen, Dyspnoe bei geringster Anstrengung, Extrasystolen, Überleitungsstörungen, Tachykardie, Erweiterung des rechten Ventrikels und Rechtsversagen des Herzens bei Beriberi. Das so geschädigte Herz spricht bei einer Avitaminose (B_1) nicht auf Digitalis an.

Therapeutische Anwendungen (Indikationen). Neurologie: Polyneuritis, neuritische Zustände nach Infektionen, Alkohol-, Metall-, Arzneimittel-, gewerblichen Intoxikationen. Ischias, Neuritis, Neuralgien, Myalgien, Muskellähmungen, Viruserkrankungen des Nervensystems, Parästhesien. – *Innere Medizin:* Herz- und Kreislaufstörungen, fieberhafte Erkrankungen, akute und chronische Nierenerkrankungen. – *Gynäkologie:* Neuritis bei Schwangerschaftstoxikose, Emesis, Toxämie; zur Abkürzung der Geburtsdauer und Verminderung der Geburtsschmerzen (hohe Dosen), in der Schwangerschafts- und Stillzeit.

Thiamine Mononitrate USP XVII. Aneurinnitrat DAB 7 – BRD.

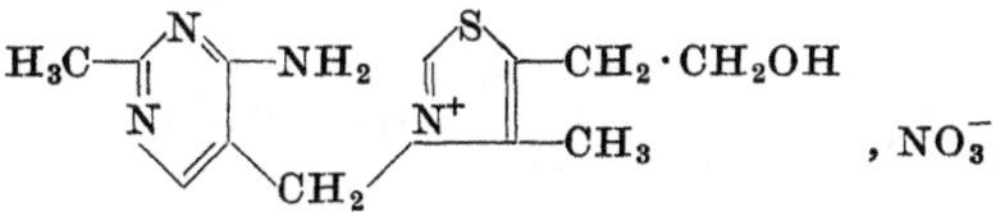

$C_{12}H_{17}N_5O_4S$ M.G. 327,37

Eigenschaften. Weißes, kristallines Pulver von schwachem, charakteristischem Geruch. 1 g löst sich in etwa 35 ml W.; schwer löslich in A. und Chlf.

Erkennung. Siehe Thiaminhydrochlorid. Nachweis des Nitrations: 2 ml einer 2%igen Lösung mischt man mit 2 ml Schwefelsäure, kühlt und überschichtet mit 2 ml Eisen(II)-sulfatlösung: es entsteht an der Berührungsstelle ein brauner Ring.

Prüfung. 1. Aussehen der Lsg.: 5,0 ml Prüflsg. müssen klar und dürfen nicht stärker gefärbt sein als 5,0 ml einer Mischung von 0,10 ml Eisen(III)-chlorid-Lsg. III und 20,0 ml W.; Prüflsg.: 1,00 g Substanz wird zu 50,0 ml gelöst (DAB 7 – BRD). – 2. pH-Wert: 6,0 bis 7,5, gemessen in der Prüflsg. (DAB 7 – BRD, USP XVII). – 3. Schwermetall-Ionen: 12,0 ml Prüflsg. werden nach Bd. I, 254 geprüft. Für die Vergleichslsg. ist 1,00 ml Blei(II)-nitrat-Lsg. II zu verwenden (DAB 7 – BRD). – 4. Chlorid-Ionen: 4,00 ml Prüflsg. werden nach Bd. I, 257 geprüft (DAB 7 – BRD); nicht über 600 T. pro Million (USP XVII). – 5. Sulfat: 5 ml einer 1%igen Lsg. versetzt man mit 0,5 ml verd. Salzsäure und 0,5 ml Bariumchloridlsg. Es darf innerhalb 5 Min. keine Trübung auftreten (USP XVII). – 6. Trocknungsverlust: Höchstens 0,1% (DAB 7 – BRD); wenn 2 Std. bei 105° getrocknet wird (USP XVII). – 7. Sulfatasche: Höchstens 0,2% (DAB 7 – BRD, USP XVII).

Gehaltsbestimmung. Nach DAB 7 – BRD wird in wasserfreiem Medium titriert, USP XVII läßt eine fluorimetrische Bestimmung durchführen. Vorschrift des DAB 7 – BRD: 0,08 bis 0,10 g Substanz, genau gewogen, werden in 100 ml Essigsäure gelöst. Die Lsg. wird nach Zusatz von 0,05 ml 1-Naphtholbenzein-Lsg. mit 0,1 n Perchlorsäure bis zum Umschlag nach Grün titriert (Feinbürette). 1 ml 0,1 n Perchlorsäure entspricht 16,37 mg $C_{12}H_{17}N_5O_4S$.

Arbeitsvorschrift der USP XVII: Etwa 50 mg werden nach vorherigem 2stündigem Trocknen bei 105° genau gewogen und in W. zu 1000 ml gelöst. Ein etwa 500 γ entsprechendes Volumen der Lösung verdünnt man auf 500 ml. Die Bestimmung wird weiter wie mit Thiaminhydrochlorid (USP XVII) durchgeführt. Berechnung: mg $C_{12}H_{17}N_5O_4S$ in der verwendeten Menge Thiaminmononitrat = $(A/S) \times 0,9706 \times 50$. Forderung: Mindestens 98% und höchstens 102% $C_{12}H_{17}N_5O_4$ in der getrockneten Substanz.

Thiaminum bromatum Ross. 9. Thiaminbromidhydrobromid.

$C_{12}H_{17}BrN_4OS \cdot HBr \cdot {}^1/_2\, H_2O$ M.G. 435,19

Eigenschaften. Weißes bis leicht gelbliches, kristallines Pulver von charakteristischem Geruch. Gut löslich in W. und M., schwer löslich in A., unlöslich in Ae. Wäßrige Lösungen reagieren sauer; pH einer 0,12%igen Lösung ist etwa 3. Fp. 210 bis 215° (Zers.). Saure Lösungen sind stabil; in alkalischer und neutraler Lösung tritt leicht Zersetzung ein.

Erkennung. 5 ml einer 0,1%igen mit Salpetersäure angesäuerten Lösung versetzt man mit 5 ml 0,1%iger Kaliumhexacyanoferrat(III)-lösung und 1 ml 0,1 n Natronlauge. Nach Zugabe von 5 ml Butanol oder Isoamylalkohol wird 2- bis 3mal durchgeschüttelt; die Alkoholphase zeigt eine blaue Fluoreszenz.

Prüfung. a) Farbe der Lösung: 0,2 g werden in 5 ml W. gelöst. Die Lösung soll farblos oder höchstens schwach gelblich gefärbt sein; eine eventuelle Färbung darf nicht intensiver sein als die von 5 ml der Vergleichslösung Nr. 5. – b) Sulfat: Nicht über 0,05%. – c) Gewichtsverlust beim Trocknen bis zum konstanten Gewicht im Vakuum über Schwefelsäure – nicht über 2%.

Gehaltsbestimmung. 0,3 g werden genau gewogen, in 30 ml W. gelöst und mit 0,1 n Natronlauge bis zur Gelbfärbung von Bromthymolblau titriert. Man säuert darauf mit Salpetersäure an, versetzt mit 1 ml Eisen(III)-ammoniumsulfatlösung und 2 Tr. 0,1 n Ammoniumrhodanidlösung und titriert mit 0,1 n Silbernitratlösung. Von den verbrauchten ml der Silbernitratlösung werden die verbrauchten ml Natronlauge subtrahiert. Multipliziert mit 0,04352 erhält man die Thiaminbromidmenge. Forderung: Mindestens 98,5%.

Ross. 9 gestattet anstelle des Thiaminbromids die Verwendung des Chlorids.

Fettlösliche Vitamin B_1-Derivate.

Diacetylthiamin.

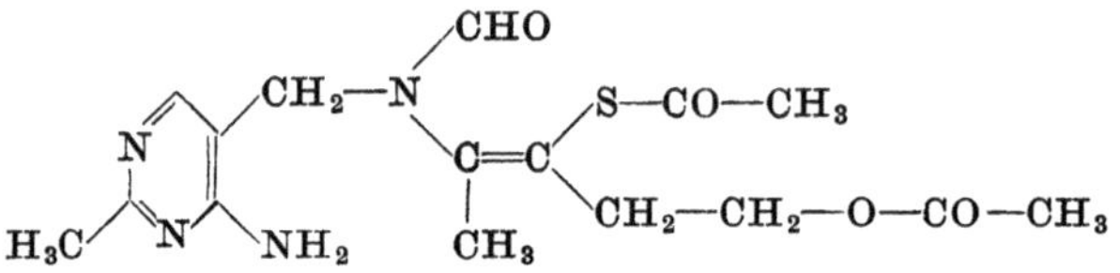

$C_{16}H_{22}N_4O_4S$ M.G. 366,43

Eigenschaften. Geruchloses, fettlösliches Vitamin B_1-Derivat.

Bemerkung zur Struktur. Im Gegensatz zum Thiamin enthält dieses Derivat einen geöffneten Thiazolring, der zweifach acetyliert ist. Ein Acetylrest ist an dem durch die Ringöffnung bindungsfähig gewordenen S-Atom fixiert.

Bemerkung zur Wirksamkeit. Infolge der lipophilen Eigenschaften des Diacetylthiamins ergeben sich bei oralen Verabreichungen die folgenden Vorteile: Erhöhte Resorption, hoher Blutspiegel, prolongierte Gewebskonzentration, signifikante Erhöhung der Organ-Cocarboxylase.

Anwendung. Bei Neuritis, Polyneuritis, Neuralgien, Myalgie, akuten rheumatischen Schmerzen, Myocardinsuffiziens, Herzrhythmusstörungen, Hepathopathien, Alkoholleber, Ischias, Wurzelschmerzen, Trigeminus- und Intercostalneuralgie, Schulter-Arm-Syndrom, Amputationsschmerzen, Migräne, Lumbago, Torticollis, Muskelkrämpfen, Nicotinabusus, Herpes zoster, Schwangerschaftsneuritis, polyneuritischen Schüben bei Diabetes.

Handelsformen: Thianeuron (Badische Arzneimittelgesellschaft mbH. Baden-Baden); enthalten im Thianeuron forte (neben Salicylamid und Phenyl-4-n-butyl-3,5-dioxopyrazolidin, Polymethylsiloxan und Aluminiumhydroxid).

Früher wurde unter der Bezeichnung „Thianeuron" das Dithiopropylthiamin verstanden (s. u.).

Dithiopropylthiamin. Thiamin-propyl-disulfid.

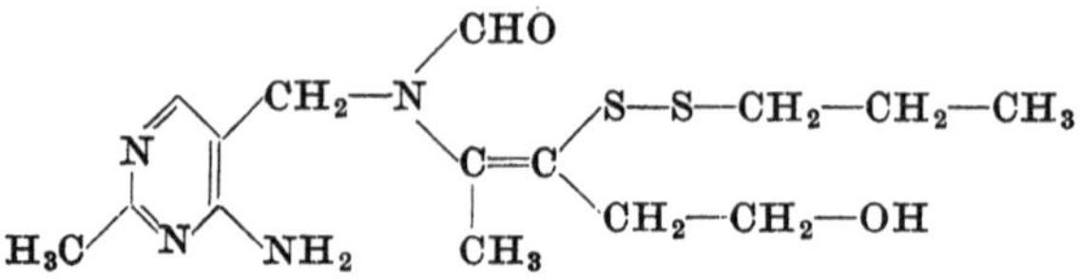

Eigenschaften. Lipophiles Vitamin B_1-Derivat, in dem der Thiazolring geöffnet ist und eine Thiopropylgruppe an dem durch die Ringöffnung bindungsfähig gewordenen S-Atom fixiert ist.

Anwendung und Wirkung. Ähnlich wie bei Diacetylthiamin.

Thiamin-tetrahydro-furfuryl-disulfid TTFD.

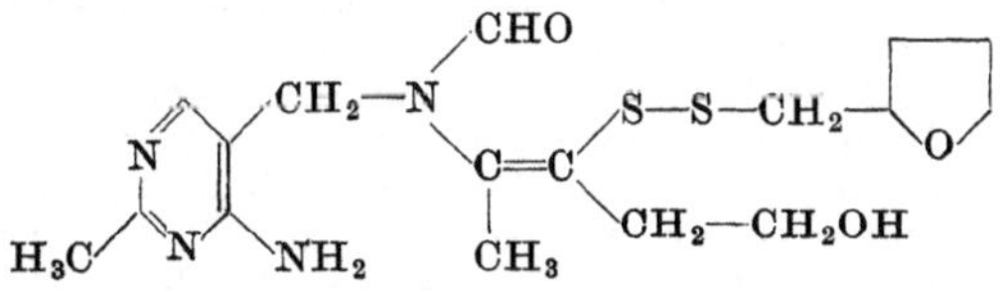

$C_{17}H_{26}N_4O_3S_2$ M.G. 398,53

Eigenschaften. Fettlösliches Vitamin B_1-Derivat.

Wirkung. Es besitzt gegenüber dem gebräuchlichen, wasserlöslichen Thiamin bei oraler Verabreichung eine außergewöhnliche biologische (pharmakologische) Aktivität. Sie beruht auf der fast unbeschränkten Resorption, der hohen und lang anhaltenden Blut- und Gewebekonzentration sowie auf einer Steigerung der stoffwechselaktiven Cocarboxylase um etwa 100%.

Indikationen s. Diacetylthiamin.

Handelsformen: Judolor (Woelm, Eschwege); enthalten im Judolor compositum (neben Magnesium methylaminophenyl-dimethyl-pyrazolon-methansulfonicum), in Judolor-Salbe (neben Dibenzoylthiamin und Pyridin-β-carbonsäurebenzylester).

Benfotiamin (INN).

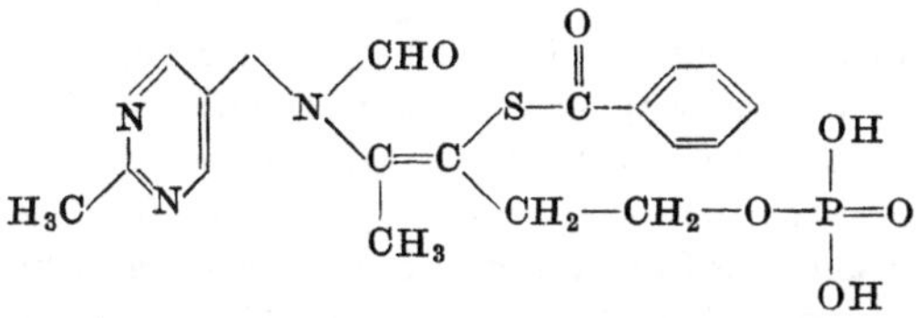

$C_{12}H_{23}N_4O_6PS$ M.G. 466,47

S-Benzoylthiamin-O-monophosphat.

Eigenschaften. Farb- und geruchlose, prismatische Kristalle oder kristallines Pulver. Fp. Etwa 195° unter Zers., leicht löslich in W.

Wirkungsweise. Die nach oraler Verabfolgung erreichten Serum- und Gewebsspiegelwerte liegen wesentlich höher als nach vergleichbaren Thiaminhydrochlorid-Dosen. Die Umwandlungsquote in Cocarboxylase ist bei Benfotiamin, den pharmakologischen Untersuchungsergebnissen zufolge, 2- bis 5mal höher als nach Gabe gleicher Vitamin B_1-Mengen.

Anwendung. Innere Medizin: Myocardschäden infolge Vitamin B_1-Mangel, diabetische Polyneuritis, rheumatische Erkrankungen usw. *Neurologie:* Neuritiden, Polyneuritiden, Intoxikationen durch Alkohol und Nicotin, Neuralgien, Lumbago, Ischias usw. *Gynäkologie und Geburtshilfe:* Schwangerschaftstoxikosen, Schwangerschaftsneuritis, Geburtsschmerzen, Schwangerschaftserbrechen. *Chirurgie:* Zustand nach Magenresektion, Strahlenschäden des Dünndarms, postoperative Motilitätsstörungen des Darms.

Handelsformen: Cortigamma, Milgamma und Pyragamma [Ankermann & Co., Friesoythe (Oldb.)-Berlin].

Cocarboxylase – ist die prosthetische Gruppe des Ferments Carboxylase und chemisch der Pyrophosphorsäureester des Vitamins B_1.

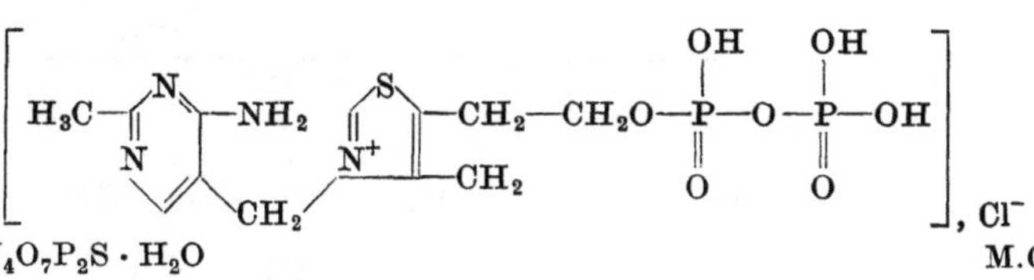

$C_{12}H_{19}ClN_4O_7P_2S \cdot H_2O$ M.G. 478,78

Andere Aneurin-Phosphorsäureester siehe O. Zima u. Mitarb., Mercks JB 53.

Eigenschaften. Fp. 240 bis 244°. Löslich in W.; pH einer 0,3%igen Lösung. 2,23. Die trockene Substanz ist stabil, Lösungen sind unstabiler als Thiaminhydrochloridlösungen (Merck Ind. 60).

Wirkung und Anwendung. Die Cocarboxylase steuert als Bestandteil des Fermentes Carboxylase die Verwertung der im Organismus entstehenden Brenztraubensäure. Diese wird wahrscheinlich phosphoryliert und dadurch zur Spaltung aufgelockert. Es entstehen dabei CO_2 und auf oxydativem Wege ein Essigsäurerest, der für Acetylierungen verwandt bzw. über den Citronensäurecyclus abgebaut werden kann (LEHNARTZ, E.: Chem. Physiologie, Berlin/Göttingen/Heidelberg: Springer 1952). Normalerweise bildet sich bei ausreichender Vitamin B_1-Zufuhr die Cocarboxylase in den Körperzellen in genügender Menge. Bei Phosphorylierungsstörungen z.B. im Coma diabeticum ist diese Rk. gehemmt und der Brenztraubensäurespiegel erhöht. Cocarboxylasegaben verringern die Brenztraubensäurevermehrung und die dadurch bedingte Acidose (vgl. α-Liponylthiamin).

Indikationen für die Cocarboxylase als Arzneimittel sind Acidosen verschiedener Genese, Toxikämien und Nephropathien während der Schwangerschaft, Toxikosen und Dyspepsien bei Säuglingen, die multiple Sklerose, Röntgenbestrahlungsschäden.

Dosierung. 50 bis 100 mg i.v., i.m. oder auch subcutan täglich.

Handelsform: Berolase (Hoffmann-La Roche, Grenzach/Baden): Trockenampullen zu 50 mg mit Solvensampulle (Natriumacetat-Puffer-Lösung) zu 2 ml.

α-Liponyl-thiamin.

Die Spaltung der Brenztraubensäure (BTS) durch die Carboxylase zu Acetaldehyd ist zwar bei der alkoholischen Gärung der Hauptweg des BTS-Abbaus, beim tierischen Organismus bedeutet sie aber nur einen Nebenweg. Hier wird die Brenztraubensäure oxydativ decarboxyliert zur „aktivierten Essigsäure" [= Acetyl-Coenzym A, vgl. auch Pantothensäure, S. 694]. Das Ferment für diese wichtige, schon länger bekannte Reaktion war bisher noch nicht gefunden worden; man wußte nur, daß auch für sie Thiaminphosphat notwendig ist. Diese Lücke ist nunmehr durch Arbeiten von L. J. REED und Mitarb. geschlossen worden: Es wurde gefunden, daß α-Liponsäure für bestimmte Bakterien ein Wuchsstoff ist und die sonst als Substrat erforderliche Essigsäure zu ersetzen vermag.

α-Liponsäure wurde aus Leberextrakten isoliert (30 mg aus 10 Tonnen Leber!). Sie besitzt die Summenformel $C_8H_{14}O_2S_2$ und die Strukturformel:

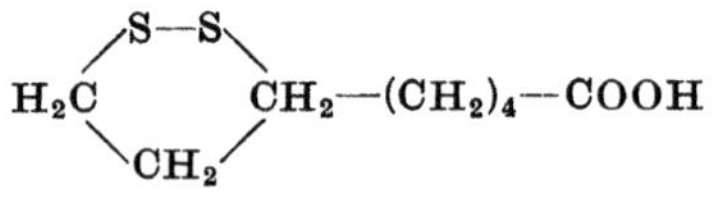

Schließlich wurde mit mikrobiologischen Methoden gefunden, daß α-Liponsäure und Thiamin zu einem Coferment verbunden sind. [Vgl. Ref. Schweiz. Apoth.-Ztg *93*, 496 (1955); Angew. Chem. *65*, 118 (1953).]

Die Wirkungsweise des Ferments ist folgendermaßen zu denken: Brenztraubensäure wird nach Anlagerung an die Disulfidbrücke der α-Liponsäure gespalten, wobei $-COCH_3$ an ein S-Atom gebunden wird. Der Essigsäurerest wird dann auf die Thiogruppe des Coenzyms A übertragen.

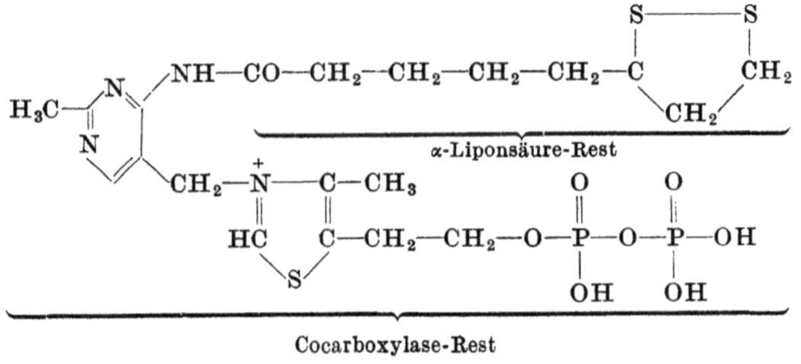

Vitamin B_2. Riboflavinum ÖAB 9, DAB 7 – DDR, Nord. 63, Ross. 9, PI.Ed. I/1, CsL 2. Riboflavin DAB 7 – BRD, USP XVII. Riboflavine BP 63, CF 65. Lactoflavinum Helv. V – Suppl. I. Riboflavin. Lactoflavin.

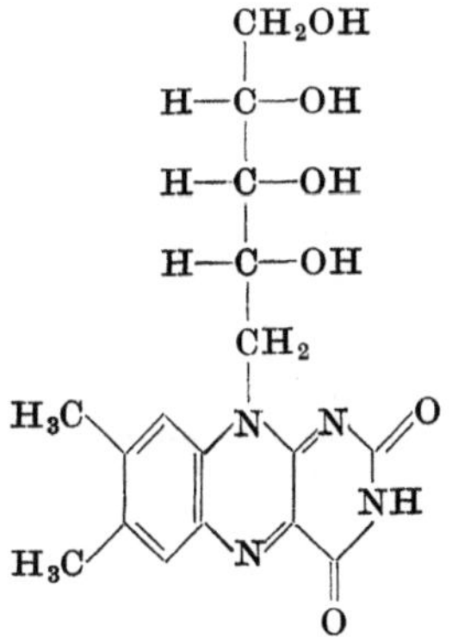

$C_{17}H_{20}N_4O_6$ M.G. 376,38

6,7-Dimethyl-9-(D-1′-ribityl)-isoalloxazin

Vorkommen. Riboflavin kommt in der Natur praktisch nur in gebundener Form vor: Riboflavin-5′-phosphorsäureester (Flavin-mononucleotid) und Riboflavin-phosphorsäure-adenin-dinucleotid (Flavin-adenin-dinucleotid). Diese Nucleotide sind im tierischen und pflanzlichen Organismus an spezifische Eiweißstoffe gebunden und bilden die sog. „Gelben Fermente". Besonders riboflavinreich sind: Hefen, Leber, Niere, Herz, Milch, versch. Gemüse und Hülsenfrüchte.

Die Bezeichnung „Lactoflavin" hängt mit dem relativ hohen Gehalt der Milch und der Isolierung aus Molke zusammen.

Die folgende Tabelle enthält die wichtigsten natürlichen Vitamin-B_2-Quellen:

100 g Substanz enthalten	mcg Riboflavin
Fischprodukte:	
Hering	250–300
Dorsch	50–150
Thunfisch	300–400
Säugetierprodukte:	
Kalbfleisch	200–400
Rindfleisch	100–400
Rinderleber	2800–3400
Rinderhirn	150–300
Rinderniere	1500–3000
Schweinefleisch	150–300
Schweineleber	ca. 3000
Frauenmilch	30–45
Kuhmilch	50–160
Vollfettkäse	300–450
Hühnerprodukte:	
Hühnerei:	
Eiklar	300–600
Dotter	200–600
Obst:	
Äpfel	5–50
Bananen	20–75
Orangen	20–60
Pflaumen	20–80
Walnüsse	ca. 100

100 g Substanz enthalten	mcg Riboflavin
Gemüse und Hülsenfrüchte:	
Bohnen (grün)	150–300
Bohnen (weiß)	200–400
Erbsen (grün, frisch)	100–300
Erbsen (getrocknet)	200–500
Grünkohl	100–350
Karotten	20–100
Linsen (getrocknet)	ca. 50
Sojabohnen (reif)	230–300
Spinat	100–350
Tomaten	10–60
Weißkohl	60–100
Zwiebeln	ca. 25
Kartoffeln (roh)	40–50
Getreide:	
Gerste (Korn)	100–300
Hafer (Korn)	ca. 165
Haferflocken	130–200
Reis (Korn)	50–100
Reiskorn (poliert)	20–50
Reiskleie	200–250
Roggen (Korn)	300–800
Roggenkeime	600–1500
Weizen (Korn)	150–900
Weizenkeime	500–1200

Herstellung. Es sind mehrere Synthesen von KARRER, KUHN und v. EULER durchgeführt worden. Alle Synthesen haben gemeinsam, daß ihr letzter Schritt in einer Kondensation eines, mit einem N-ständigen Zuckerrest versehenen Dimethylphenylen-diamins mit Alloxan besteht.

Literatur: KARRER, P., K. SCHÖPP u. F. BENZ: Helv. chim. Acta *18*, 426 (1935). – v. EULER, H., P. KARRER, H. MALMBERG, K. SCHÖPP, F. BENZ, B. BECKER u. P. FREI: Helv. chim. Acta *18*, 522 (1935). – KARRER, P., B. BECKER, F. BENZ, P. FREI, H. SALOMON u. K. SCHÖPP: Helv. chim. Acta *18*, 1435 (1935). – KUHN, R., K. REINEMUND, F. WEYGAND u. R. STRÖBELE: Ber. dtsch. chem. Ges. *68*, 1765 (1935). – KARRER, P., u. H. F. MEERWEIN: Helv. chim. Acta *18*, 1130 (1935) und *19*, 264 (1936).

Nach KARRER und MEERWEIN kondensiert man unter gleichzeitiger katalytischer Reduktion das 3,4-Dimethylanilin (I) mit D-Ribose zum 3,4-Dimethylphenyl-D-ribamin (II). Dieses führt man mit Phenyldiazoniumchlorid in den Azofarbstoff III über. III wird mit $Na_2S_2O_4$ zum 3,4-Dimethyl-6-aminophenyl-D-ribamin (IV) reduziert bzw. gespalten. IV wird anschließend mit Alloxan (V) in Eisessig zu VI kondensiert.

Diese Kondensation wird durch die Gegenwart von Borsäure entscheidend beeinflußt und durch sie mit guter Ausbeute durchgeführt. Die Hauptschwierigkeit der Synthese lag in der Darstellung des Phenylendiaminderivates, so daß die Lactoflavinsynthese von der Synthese dieses Körpers und dessen Ausbeuten abhängig war. Seine Darstellung ist den Forschern KUHN und KARRER auf verschiedenen Wegen gelungen. Auf ihre Schilderung muß hier verzichtet werden. Bei der Synthese des Phenylendiaminderivates wurden die verschiedensten Pentosen (Arabinose, Ribose, Xylose, Lyxose) verwendet, um auf diese Weise herauszufinden, welches der synthetischen Produkte nach Kondensation mit Alloxan dem natürlichen Lactoflavin entsprach. Dabei ergab sich, daß dasjenige Produkt, das den Ribitylrest trug, identisch mit Lactoflavin war. Der sterische Bau der zuckerähnlichen Seitenkette im Lactoflavin entspricht dem der D-Ribose. Mit dieser Feststellung waren gleichzeitig Konstitutionsermittlung und Synthese zum Abschluß gebracht worden. Die synthetischen Flavine mit anderer stereochemischer Bauart der Seitenkette – theoretisch sind 8 Stereoisomere möglich – zeigten zwar auch Vitaminwirksamkeit, doch war diese schwächer und unregelmäßiger als die des Lactoflavins.

Von den zur Synthese benötigten Ausgangsmaterialien – o-Xylol, D-Ribose, Alloxan – ist die D-Ribose am schwersten zugänglich. Sie kann über die Arabinose durch Abbau der Glucose gewonnen werden; oder man zerlegt Hefenucleinsäuren, indem man aus ihnen die Phosphorsäure auf enzymatischem Wege und die basischen Nucleotidkomponenten durch Kochen mit verdünnten Säuren abspaltet, wobei D-Ribose zurückbleibt.

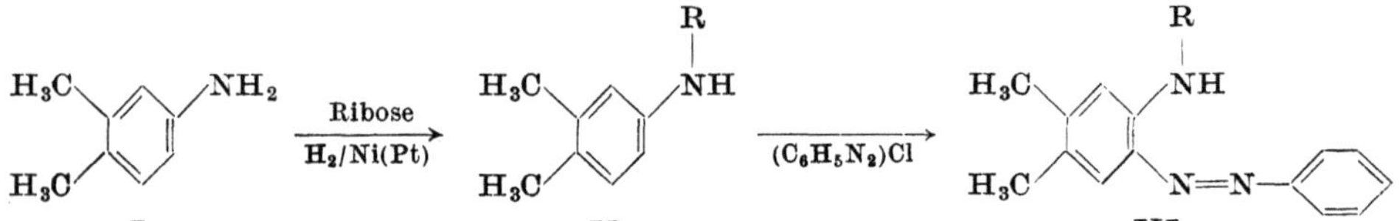

I II III

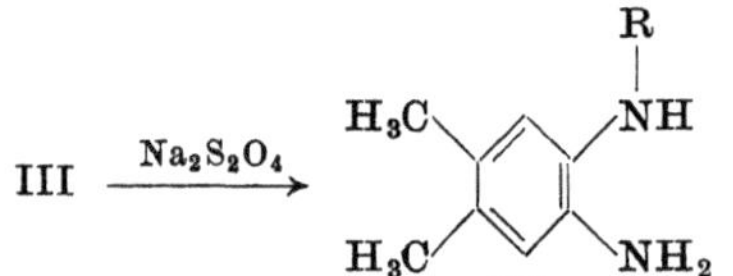

IV

; $R = CH_2—(CHOH)_3—CH_2OH$

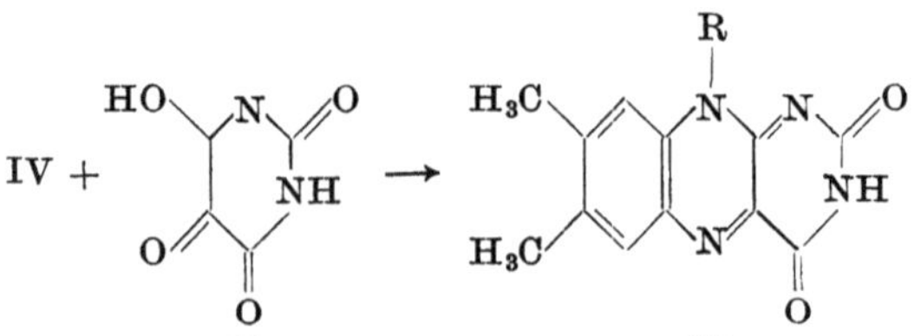

V VI

Gewinnung des natürlichen Lactoflavins aus Molke. Die Labmolke, die bei der Käsebereitung als Nebenprodukt gewonnen wird, wird mit Adsorptionsmitteln (Fullererde, Frankonit) behandelt, wobei das Lactoflavin fast vollständig vom Adsorbens aufgenommen wird. Hierauf eluiert man mit einem Pyridin-Methanol-Wassergemisch. Adsorption und

Elution werden mehrere Male wiederholt, wobei verschiedene Adsorptionsmittel zur Anwendung gelangen. Aus dem Eluat werden die letzten Anteile fremder basischer Substanzen durch Fällen mit Pikrinsäure entfernt.

Eigenschaften. Gelbes bis orangegelbes, kristallines Pulver, fast geruchlos, von schwach bitterem Geschmack. Die Substanz schmilzt bei etwa 280° unter Zers. und wird durch Lichteinwirkung allmählich zersetzt. Geruch: Höchstens schwach wahrnehmbar. Löslichkeit: Fast unlöslich in W., schwer löslich in siedendem W., sehr schwer löslich in A. und Chloroform, leicht löslich unter Salzbildung in Natronlauge. Gegen Säuren und Oxydationsmittel ist es recht beständig, nicht aber gegen Alkali. Die 4 seitenständigen alkoholischen Hydroxylgruppen lassen sich leicht verestern. So liefert Lactoflavin mit Essigsäureanhydrid in Pyridin ein gut kristallisierendes Tetra-acetylderivat. In neutralen Lösungen des Lactoflavins rufen Silbernitrat und Bleiacetat Fällungen hervor. Geeignete Reduktionsmittel, insbesondere reaktionsfähiger Wasserstoff, führen das gefärbte Lactoflavin in die farblose Leukoverbindung (Leukolactoflavin) über; beim Schütteln der Lösung mit Luft kehrt die gelbe Farbe wieder, indem die Leukoverbindung wieder zu Lactoflavin oxydiert wird.

Spezifische Drehung: $[\alpha]_D^{20} = -110{,}0$ bis $-130{,}0°$, gemessen an einer Lösung von 0,0500 g der bei 100 bis 105° unter Lichtausschluß getrockneten Substanz zu 10,00 ml einer Mischung aus 2 T. 0,1 n äthanolischer Kalilauge und 8 T. frisch aufgekochtem und wieder erkaltetem W. Die Bestimmung muß spätestens 30 Min. nach Herstellung der Lösung ausgeführt werden (DAB 7 – BRD, ähnlich DAB 7 – DDR, ÖAB 9, Nord. 63, CsL 2 und PI.-Ed. I/1). USP XVII: Mindestens $-112°$ und höchstens $-120°$, berechnet auf die getrocknete Substanz. Bereitung der Lösung s. o.!

BP 63: -126 bis $-138°$, Lösung analog DAB 7 – BRD.

CF 65: $[\alpha]_D^{20} = -127° \pm 12°$.

Lichtabsorption: Maxima bei 267, 375 und 444 nm, gemessen an der unter Gehaltsbestimmung angegebenen Lösung.

Erkennung. a) Die Lösung von 1,0 mg Substanz in 100 ml W. ist im durchscheinenden Licht grünlichgelb gefärbt und zeigt intensiv gelbgrüne Fluoreszenz, die auf Zusatz von 1,0 ml verd. Salzsäure oder 1,0 ml Natronlauge verschwindet (DAB 7 – BRD, ähnlich ÖAB 9, DAB 7 – DDR, USP XVII, CF 65, PI.Ed. I/1, CsL 2 und Helv. V – Suppl. I). – b) Bei Zusatz von Natriumhydrogensulfit verschwindet sowohl die Fluoreszenz als auch die Farbe (Ross. 9). – c) Die Fluoreszenz verschwindet bei Zusatz von Mineralsäuren, Alkalilaugen oder von reduzierenden Substanzen, wie etwa Natriumdithionit (BP 63). – d) 1,0 mg Substanz gibt nach Zusatz von 1,0 ml Silbernitratlösung innerhalb einiger Minuten eine rote Färbung und nach längerem Stehenlassen einen roten Niederschlag (DAB 7 – BRD, ähnlich ÖAB 9, DAB 7 – DDR, Helv. V – Suppl. I). – e) Etwa 10 mg Substanz werden in 5 ml Schwefelsäure gelöst: Es entsteht eine rote Lösung (CsL 2). – f) 0,10 g Substanz wird einige Minuten mit 5 ml Pyridin und 5 ml Essigsäureanhydrid gekocht. Nach dem Erkalten gibt man 10 ml Chloroform, 5 ml 2 n Salzsäure und 5 ml W. hinzu und schüttelt durch. Die wäßrige Phase wird noch einmal mit 10 ml Chloroform ausgeschüttelt und die vereinigten Chloroformauszüge mit 5 ml 2 n Salzsäure und 5 ml W. und anschließend 3mal mit je 20 ml W. gewaschen. Man trocknet die Chloroformlösung mit Natriumsulfat und dampft zur Trockne ein. Der Rückstand, Lactoflavintetraacetat, kann aus 100 ml W. umkristallisiert werden: Fp. 241 bis 247° (Dan. IX; ähnlich Nord. 63: Fp. des aus W. umkristallisierten und bei 105° getrockneten Riboflavintetraacetats: 243 bis 248°). – g) Das Verhältnis der Extinktion bei 375 nm zu der bei 267 nm liegt zwischen 0,314 bis 0,333 und das Verhältnis der Extinktion bei 444 nm zu der bei 276 nm zwischen 0,364 bis 0,388 (DAB 7 – BRD).

Prüfung. a) Alkalisch oder sauer reagierende Verunreinigungen: 0,10 g Substanz werden mit 10 ml W. einige Minuten lang kräftig geschüttelt. Das Filtrat muß gegen Lackmus neutral reagieren (PI.Ed. I/1, CsL 2). Nach DAB 7 – DDR soll das Filtrat schwach sauer reagieren. Nach ÖAB 9 schüttelt man 0,40 g Substanz mit 20 ml kohlensäurefreiem W. 1 Min. lang kräftig durch und filtriert durch ein feinporiges Filter. 10 ml des Filtrates müssen auf Zusatz von 5 Tr. Bromthymolblaulösung gelb bleiben und sich bei darauffolgendem Zusatz von 0,20 ml 0,01 n Natronlauge grün färben (ÖAB 9, ähnlich Dan. IX und Nord. 63). – b) Acidität: 0,20 g Substanz werden mit 30 ml W. 2 Min. lang gekocht. Man läßt unter Luftausschluß (CO_2!) abkühlen und titriert die Suspension auf pH 7 mit 0,02 n Natronlauge. Dabei dürfen höchstens 0,2 ml 0,02 n Natronlauge verbraucht werden (BP 63). – c) Lumiflavin: 0,0250 g Substanz werden mit 10,0 ml Chloroform 5 Min. lang unter Lichtausschluß geschüttelt. Das Filtrat darf nicht stärker gefärbt sein, als eine Mischung von 0,25 ml Eisen(III)-chlorid-Lsg. III und 10 ml W. (DAB 7 – BRD, ähnlich Nord. 63, ÖAB 9, DAB 7 – DDR; USP XVII, BP 63 und CF 65 lassen einen Farbvergleich mit einer Kaliumdichromatlösung durchführen). – d) Trocknungsverlust: Höchstens 1,5%, bei 100 bis 105° unter Lichtausschluß bis zum konstanten Gewicht getrocknet (DAB 7 – BRD, CsL 2, BP 63, USP XVII, PI.Ed. I/1, ÖAB 9, Ross. 9, Dan. IX, wobei auf verschiedene Art getrocknet wird). Höchstens 1% nach DAB 7 – DDR. – e) Sulfatasche: Höchstens 0,3% (DAB 7 – BRD, DAB 7 – DDR, ÖAB 9, Ross. 9, BP 63); höchstens 0,5% (CF 65). – f) Verbrennungsrückstand: Höchstens 0,3% (USP XVII); höchstens 0,5% (PI. Ed. I/1, Dan. IX, Nord. 63); höchstens 0,1% (Helv. V – Suppl. I); gemäß CsL 2 dürfen 0,2 g Substanz keinen wägbaren Rückstand hinterlassen. – g) Chlorid: In einer Mischung von 5 ml des Filtrats von der Prüfung auf Alkali und freie Säure und 5 ml W. darf Chlorid in unzulässiger Höhe nicht nachweisbar sein (ÖAB 9).

Gehaltsbestimmung. Methoden, die auf einer Perjodatspaltung beruhen, sind aufgeführt in ÖAB 9 und Nord. 63.

Arbeitsweise des ÖAB 9: 0,1000 g Substanz werden in einem Schliffkolben unter Erhitzen in 100 ml W. gelöst. Nach dem Abkühlen auf etwa 30° versetzt man die Lösung mit 30 ml Natriumperjodatlösung und läßt 30 Min. lang verschlossen im Dunkeln stehen. Hierauf fügt man 3 ml Propylenglykollösung hinzu und titriert nach Zusatz von 1 ml Bromthymolblaulösung mit 0,1 n Natronlauge bis zum Farbumschlag nach Olivgrün (Feinbürette). Für 0,1000 g als getrocknete Substanz berechnetes Riboflavin müssen 5,26 bis 5,39 ml 0,1 n Natronlauge verbraucht werden, entsprechend 99,0 bis 101,5% d. Th. 1 ml 0,1 n Natronlauge entspricht 18,82 mg $C_{17}H_{20}N_4O_6$. 1 g Riboflavin entspricht 53,14 ml 0,1 n Natronlauge.

Eine spektrophotometrische Methode enthalten DAB 7 – DDR, DAB 7 – BRD und BP 63.

Arbeitsvorschrift des DAB 7 – DDR: Die Bestimmung ist unter Lichtschutz durchzuführen. 0,0500 g getrocknete Substanz (bei 105°) werden in der Mischung aus 2,0 ml Essigsäure und 200 ml W. unter Erhitzen im Wasserbad gelöst. Die Lösung wird mit 700 ml W. versetzt und nach dem Erkalten mit W. zu 1000,0 ml aufgefüllt. 10,00 ml der Lösung werden nach Zusatz von 3,50 ml Natriumacetatlösung (1,36 g/100,0 ml) mit W. zu 100,00 ml aufgefüllt. Die Extinktion dieser Lösung wird in einer Schichtdicke von 1 cm bei der Wellenlänge von 267 mμ gegen die Blindprobe gemessen.

$$\text{Berechnung: \% Riboflavin} = \frac{E \cdot 11{,}76}{Ew}.$$

E = Extinktion der Lösung, Ew = Einwaage der Substanz in g.

Nach BP 63 wird die Probelösung ähnlich vorbereitet. Die Messung wird jedoch bei 444 mμ durchgeführt.

Nach USP XVII und CsL 2 werden spektrofluorimetrische Methoden ausgeführt: 50 mg getrocknetes Riboflavin werden genau gewogen, mit 5 ml Essigsäure und etwa 800 ml W. versetzt und auf dem Wasserbade bis zur Lösung erhitzt. Man kühlt auf 25° ab und verdünnt auf genau 1000 ml. 10 ml dieser Lösung werden mit W. auf 1000 ml weiter verdünnt. Sofern das verwendete Fluorometer es verlangt, kann noch weiter verdünnt werden.

Man stellt sich eine Lösung etwa gleicher Konzentration mit der USP-Riboflavin-Standardsubstanz her und mißt die Intensitäten der Fluoreszenzen in einem geeigneten Fluorometer bei etwa 460 mμ. Sofort nach der Ablesung gibt man zu den Lösungen je 10 mg „Natriumhydrosulfit" ($Na_2S_2O_4$), rührt gut durch und mißt wiederum die Fluoreszenzen. Die Differenzen der Ablesungen entsprechen den Riboflavinfluoreszenzen. Forderung: Mindestens 98% $C_{17}H_{20}N_4O_6$ bzw. mindestens 98% der Fluoreszenz des Standards.

Eine polarographische Bestimmung siehe W. J. SEAGERS [J. Amer. pharm. Ass., sci. Ed. *42*, 317 (1953)].

Nach Ross. 9, Dan. IX und PI.Ed. I/1 werden Kjeldahl-Bestimmungen durchgeführt.

Vorschrift der Ed. I/1: 0,1 g werden genau gewogen, mit 1 g wasserfreiem Natriumsulfat, 0,05 g pulverisiertem Kupfersulfat und 3,5 ml N-freier Schwefelsäure mineralisiert. Nachdem die Flüssigkeit farblos geworden ist, erhitzt man noch weitere 2 Std., kühlt, verdünnt mit 30 ml W. und versetzt in einer Ammoniakdestillationsapparatur mit 20 ml 30% (w/v) Natronlauge und einigen Körnchen Zink. Das Destillat wird in 15 ml 0,1 n Schwefelsäure aufgefangen und mit 0,1 n Natronlauge gegen Methylrot titriert. 1 ml 0,1 n Schwefelsäure entspr. 0,0014008 g N.

Forderung: 14,5 bis 15,2% N in der getrockneten Substanz.

Lumiflavinmethode siehe O. WARBURG und W. CHRISTIAN: Biochem. Z. *266*, 377 (1933).

Biologische Methoden:

Mikrobiologischer Test: Turbidimetrische Wachstumsmessung oder Bestimmung der Milchsäurebildung durch Lactobacillus casei ATCC 7469 siehe E.C. ROBERTS und E. E. SNELL: J. biol. Chem. *163*, 499 (1946).

Lactobacillus-helveticus-Test siehe M. LANDY und D. M. DICKEN: J. Lab. clin. Med. *27*, 1086 (1942).

Die biologische Prüfung erfolgt im Rattenversuch. Junge Ratten werden so lange mit einer lactoflavinfreien Nahrung, der sog. Bourquin-Sherman-Diät, gefüttert, bis Gewichtsstillstand eingetreten ist. Hierauf wird das zu prüfende Präparat zugegeben und der einsetzende Gewichtsanstieg ermittelt. Um bei einer gewichtskonstanten Ratte nach 20 Tagen eine Gewichtssteigerung von durchschnittlich 20 g zu erzielen, ist eine tägliche Dosis von etwa 3 γ Lactoflavin erforderlich. Diese Menge wird als eine Ratteneinheit (1 RE.) bezeichnet.

Aufbewahrung. Gut verschlossen und vor Licht geschützt.

Unverträglichkeiten. Basische Stoffe wirken spaltend (Nord. 63).

Dosierung. ÖAB 9: Gebräuchliche Einzeldosis: 0,002 bis 0,015 g. USP XVII: Täglich – oral oder sc. – prophylaktisch 2 mg, therapeutisch 10 bis 15 mg; täglicher Dosierungsbereich 2 bis 15 mg. BP 63: Prophylaktisch 1 bis 4 mg täglich, therapeutisch 5 bis 10 mg täglich.

Standard. Eine I.E. ist nicht festgelegt.

1 Bourquin-Sherman-Einheit = 2 bis 3 γ Riboflavin
1 Ratten-Einheit = 2 bis 3 γ Riboflavin
1 Cornell-Einheit = etwa 1 γ Riboflavin
1 v. Euler-Einheit = 5 γ Riboflavin.

Wirkung und Bedeutung. Riboflavin ist ein Bestandteil einer größeren Anzahl sog. „gelber Fermente". Es ist in die prosthetische Gruppe meist in Form eines Adenin-dinucleotids, seltener als Mononucleotid eingebaut. Durch Anlagerung der prosthetischen Gruppe an bestimmte, differente Eiweißkörper kommt die Spezifität der gelben Fermente zustande. Ihr gemeinsamer Wirkungsmechanismus ist der der Wasserstoffaufnahme bzw. Übertragung. Der Ort des Eingriffs wird durch das Eiweiß des Holoferments bestimmt.

		Substrat
Altes gelbes Atmungsferment	Mononucleotid	CoH_2 — II
Gelbes Atmungsferment	Dinucleotid	CoH_2 — II
Diaphorase	Dinucleotid	CoH_2 — I
Cytochrom-c-Reduktase	Mononucleotid	CoH_2 — II
Aminooxydase	Dinucleotid	Aminosäuren
Glucoseoxydase (Notatin)	Dinucleotid	Glucose

Schicksal im Organismus: Lactoflavin wird bei peroraler Verabfolgung in der Darmwand mit Phosphorsäure verestert und in dieser Form in Leber, Herz und Niere gespeichert. Der Aufbau der spezifischen Fermente erfolgt vor allem in der Leber. Es wird als „Uroflavin", einem Harnfarbstoff mit Vitamineigenschaften, ausgeschieden. Die Depots werden sehr stark festgehalten, so daß sie auch bei schwerem äußeren Mangel nur um etwa 30% reduziert werden. In den Faeces ist der B_2-Gehalt häufig größer als die mit der Nahrung zugeführte Menge, was auf eine Synthese durch Darmbakterien hinweist.

Mangelsymptome: Reine „Ariboflavinosen" sind selten, was angesichts des gemeinsamen Vorkommens des Gesamt-B-Komplexes verständlich ist. Trotzdem kann eine Anzahl charakteristischer Erscheinungen am Menschen genannt werden: Entzündung der Mundschleimhaut mit Atrophie der Zungenpapillen, Glänzend- und Rissigwerden der Haut um den Mund, besonders an den Mundwinkeln, mit borkigen Rhagaden (Cheilosis). Besonders häufig stehen im Vordergrund Erscheinungen an den Augen; diese bestehen in Lichtscheu, verminderter Sehschärfe, Lidbrennen, u. U. Lidkrampf. Objektiv findet sich ein Einwachsen von Gefäßen in die Hornhaut, das als eine Folge der verminderten Gewebsatmung gedeutet wird. Weiterhin ist der Hämoglobinstoffwechsel gestört, so daß es zur Porphyrinurie kommt. Auch Hautveränderungen (Schuppung, fleckige Rötung, Talgansammlung) werden beobachtet.

Zum B_2-Mangel kann es außer bei extremem Nahrungsmangel vor allem bei chronischer Diarrhöe infolge verminderter Resorption, aber auch wohl bei „Sterilisation" des Darms durch Sulfonamide und Antibiotica kommen.

Am Tier (Ratte) treten außer Wachstumsstörungen Schädigungen der Haut, Schleimhäute und des Auges (Keratitis, Star) auf.

Anwendung. Bei langdauernder Enterocolitis wie Sprue, Ruhr und nach Sulfonamid- und Antibioticakuren. Bei Hauterkrankungen, besonders bei Psoriasis. Als Adjuvans bei Eisenmangelanämie (BINGOLD, K., u. W. STICH: Münch. med. Wschr. *1953*, S. 76). Bei Röntgenschädigung der Leber. Hier soll es unter B_2 zu einer Erhöhung des Glykogengehalts kommen (Mercks JB 53).

Handelsformen: Beflavin (Hoffmann-La Roche); Lactoflavin (Bayer u. Merck).

Warenzeichen gemäß Extra P. 58: Beflavit (Roche Products), Lactobene (Bayer Products), Ribovel (Vitamins Ltd.).

Enthalten in: Iloban, Lanibion, Multibionta, Polybion (Merck); BVK-Roche (Hoffmann-La Roche).

Natrii riboflavinophosphas Nord. 63. Natriumriboflavinfosfat. Mononatrium-riboflavinphosphat.

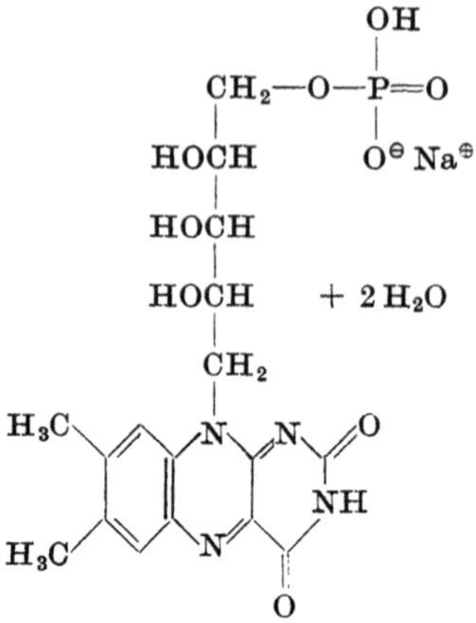

$C_{17}H_{20}N_4NaO_9P \cdot 2\,H_2O$ M.G. 514,37
Mononatriumsalz des Riboflavin-5-phosphorsäureesters

Die Substanz darf auch Dinatriumsalz enthalten. Gehalt: 65,2 bis 77,0% Riboflavin ($C_{17}H_{20}N_4O_6$) bzw. 89,0 bis 105,3% Natriumriboflavinphosphat ($C_{17}H_{20}N_4NaO_9P$, $2\,H_2O$).

Eigenschaften. Gelbes bis orangegelbes, kristallines Pulver, ohne Geruch, von bitterem Geschmack; in Luft mit mehr als 30% Feuchtigkeit ist die Substanz hygroskopisch. $pK_A = 2{,}5$; 6,5; 10,3. Die wäßrigen Lösungen sind gelb, zeigen eine gelbgrüne Fluoreszenz und reagieren neutral bis schwach sauer. Löslichkeit: 1 T. in 20 T. W., schwer löslich in A., nahezu unlöslich in Ae. und Chloroform.

Erkennung. Prüflösung: 0,50 g werden in 25 ml W. gelöst. a) Spezifische Drehung: $[\alpha]_D^{20} = -30{,}0$ bis $-50{,}0°$. Zur Messung werden 0,500 g Substanz in 100,0 ml einer Mischung von 1 T. 0,1 n Natronlauge und 1 T. W. gelöst. $\alpha_D = -0{,}30$ bis $-0{,}50°$, 200 mm. – b) 0,10 g Substanz werden unter Erwärmen bis Kochen in 1 ml 5 m Salzsäure gelöst und mit 10 ml A. versetzt. Nach dem Abkühlen und Kratzen an den Gefäßwänden fällt ein kristalliner, gelboranger Niederschlag von Riboflavinphosphorsäure an. Dieser wird auf einer Glasfritte (G 4) gesammelt, mit A. und Ae. gewaschen und getrocknet. Fp. 194 bis 200°, wobei schnell erhitzt wird. – c) Etwa 0,1 g Substanz werden verascht. Nach dem Abkühlen wird der verbliebene Rückstand unter Erwärmen bis Kochen mit 5 ml 2 m Salpetersäure ausgezogen und das entstandene Gemisch nach dem Erkalten filtriert. 2 ml Filtrat geben eine positive Identitätsreaktion auf Phosphat. – d) Etwa 0,1 g Substanz werden in 2 ml W. gelöst. Diese Lösung zeigt eine positive Natriumreaktion.

Prüfung. a) Aussehen der Lösung: Die Prüflösung wird mit einer Farblösung verglichen. – b) Saure Verunreinigungen: Der pH-Wert der Prüflösung muß zwischen 4,0 und 6,3 liegen; bestimmt mit der Glaselektrode. – c) Lumichrom und Lumiflavin: 0,050 g Substanz werden 5 Min. lang mit 20 ml Chloroform geschüttelt und das Gemisch filtriert. Das Filtrat darf nicht stärker gefärbt sein als eine Mischung von 0,50-Co-, 0,50-Cu-, 0,75-Fe-Farbstandard. – d) Phosphat: 0,50 ml Prüflösung und 10 ml W. werden mit 5 ml folgender Mischung versetzt: 1 ml Kupfer(II)-sulfatlösung (1 m). 47 ml 5 m Essigsäure, 17 ml 2 m Ammoniaklösung und Wasser ad 100,00 ml. Dann werden 2 ml einer 3%igen Lösung von Ammoniummolybdat, 1 ml einer Lösung von 2,0 g p-Methylaminophenolsulfat und 5 g Natriumpyrosulfit in 100 ml W., 1 ml 2%iger Perchlorsäurelösung und so viel W. zugefügt, daß genau 25,00 ml entstehen. Der Extinktionskoeffizient dieser Lösung, gemessen nach 5minütigem Stehen soll höchstens 0,60 betragen; gemessen bei 865 mμ. – e) Metalle: 0,50 g Substanz werden mit 0,20 g Natriumsulfat (wasserfrei) bis zum Schmelzen erhitzt. Nach dem Abkühlen wird das Gemisch unter Erwärmen bis Kochen mit 1 ml 2 m Salzsäure extrahiert und mit 29 ml warmem W. versetzt. 9,5 ml des abgekühlten Filtrates dürfen nach Zugabe von 0,5 ml 2 m Ammoniaklösung Metalle in unzulässiger Menge nicht enthalten.

Gehaltsbestimmung. Es wird eine spektrophotometrische Methode angegeben, die mit Hilfe einer Vergleichslösung von Riboflavin in einem Gemisch von 1 Vol. T. 2 m Essigsäure und 99 Vol. T. W. durchgeführt wird. Die Messung wird bei 267 mμ vorgenommen; die Konzentration der Vergleichslösung beträgt 0,80 mg/100,00 ml. Beide Lösungen werden gegen Wasser als Vergleichslösung vermessen.

Aufbewahrung. Gut verschlossen, vor Licht geschützt.

Unverträglichkeiten. Säuren, verschiedene Metallsalze (Fällungen).

Sterilisation. Die Hitzesterilisation im Autoklaven ist möglich, wenn der pH-Wert der Lösungen 6 nicht überschreitet.

Methylol Riboflavin NNR 55, NND 63 – ist eine Mischung von Methylolderivaten des Riboflavins. Die Zahl der Methylolgruppen variiert zwischen eins und drei.

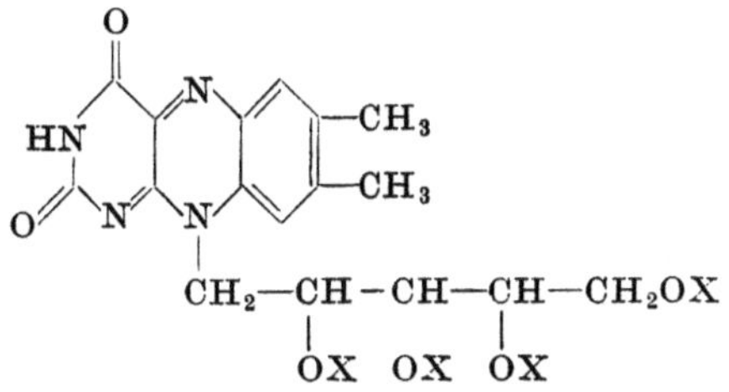

X = 1–3 H und 3–1 (—CH_2OH).

Herstellung. Durch Einwirkung von Formaldehyd auf Riboflavin in schwach alkalischer Lösung.

Eigenschaften. Orangefarbenes oder gelbes, hygroskopisches Pulver, fast geruchlos oder mit einem schwachen Geruch nach Formaldehyd. Löslich in W., praktisch unlöslich in A., Bzl., Chlf. und Ae. Die Substanz ist rechtsdrehend. pH einer 10%igen Lösung ist 6,7 bis 7,9. Das trockene Präparat ist nicht stabil; die biologische Aktivität geht in einigen Monaten zurück; Formaldehyd wird dabei frei, und es entstehen z. T. in W. unlösliche Verbindungen.

Erkennung. NNR 52: 10 mg werden in 1000 ml W. gelöst. Es entsteht eine im durchfallenden Licht blaß grüngelbe Lösung mit deutlich gelbgrüner Fluoreszenz. Zu 100 ml der Lösung gibt man einige Tropfen verd. Salzsäure und zu weiteren 100 ml einige Tropfen verd. Natronlauge: in beiden Fällen verschwindet die Fluoreszenz.

Reinheitsprüfungen. NNR 52: Prüfung auf Lumiflavin: Siehe Riboflavin. – Gewichtsverlust beim Trocknen: 18 Std. im Vakuum über Schwefelsäure – nicht über 4,0 %. – Asche: Nicht über 3,0%.

Gehaltsbestimmung. NNR 52: 0,2 g werden nach Kjeldahl mineralisiert. Geforderter N-Gehalt: 11,0 bis 12,0%. – Die Riboflavinaktivität wird mikrobiologisch gemäß USP XIV (!) bestimmt.

Handelsform: Solution Hyflavin with Benzyl Alcohol 2% (Endo, USA): 1-ml-Amp. und 10-ml-Fläschchen, entsprechend 10 mg Riboflavin im ml.

Vitamin B_6. Pyridoxin. Adermin. Anti-Akrodynie-Faktor. Anti-Dermatitis-Faktor. Rattenpellagra-Schutzstoff.

Nomenklatur. Unter der Bezeichnung „Pyridoxin" faßt man heute die Gruppe der drei definierten Wirkstoffe Pyridoxol, Pyridoxal und Pyridoxamin zusammen:

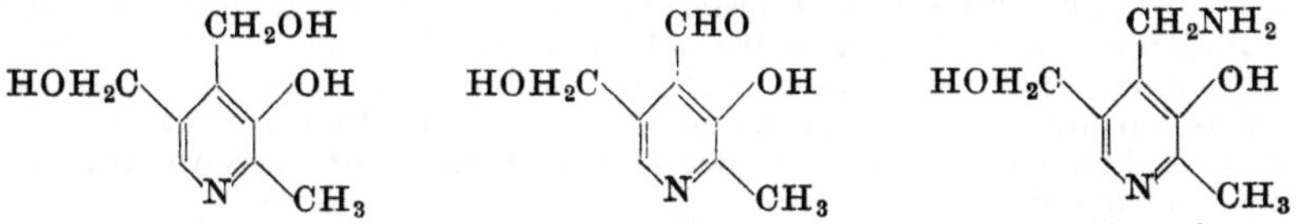

Pyridoxol Pyridoxal Pyridoxamin

In vielen Arzneibüchern und in der älteren Literatur wird unter „Pyridoxin" der heute exakt als Pyridoxol bezeichnete Alkohol verstanden. Alle drei Verbindungen entfalten im Organismus Vitamin B_6-Wirkung. Ein Gemisch von Pyridoxal und Pyridoxamin wurde eine Zeitlang als einheitlich angesehen und „Pseudopyridoxin" genannt.

Geschichtliches. 1925 wurde von Goldberger das Vorkommen von Pellagra bei Ratten entdeckt und 1935 von Györgyi und Harris von der menschlichen Pellagra dadurch abgegrenzt, daß ihr Schutzstoff in anderen Substraten zu finden war, als der der menschlichen Erkrankung. 1938/39 erfolgte durch KUHN, WERNER, HAARIS und FOLKER die Strukturermittlung und Synthese des Wirkstoffes Pyridoxol (der damals als Pyridoxin bezeichnet wurde). 1940 bis 1945 wurden weitere „Pyridoxine" entdeckt.

Vorkommen.

100 g Substanz enthalten	mcg Vitamin B_6
Fische und Fischprodukte:	
Dorsch	ca. 350
Dorschleber	ca. 3000
Dorschrogen	2500
Hering	130–200
Kabeljau	ca. 150
Hühnerprodukte:	
Eiklar	ca. 100
Eidotter	ca. 450
Säugetierprodukte:	
Rindfleisch	800–1000
Rinderleber	500–1000
Rinderhirn	ca. 160
Rinderniere	350–450
Schweinefleisch	100–400
Schweineleber	ca. 500
Schweineniere	ca. 500
Kuhmilch (Vollmilch)	60–75
Frauenmilch	3–23
Käse (Vollfett)	60–70
Obst:	
Äpfel	ca. 25
Bananen	ca. 350
Erdbeeren	ca. 50
Apfelsinen	ca. 80
Gemüse:	
Tomaten	50–70
Zwiebeln (frisch)	ca. 60
Spinat	80–500
Sojabohnen (reif)	650–1000
Mohrrüben	ca. 120
Grünkohl	ca. 100
Erbsen (getrocknet)	ca. 300
Erbsen (frisch)	50–200
Bohnen (grün)	ca. 550
Kartoffeln (roh)	ca. 200
Getreide:	
Gerste (Korn)	800–2300
Hafer (Korn, enthülst)	ca. 200
Reis (Vollkorn)	300–1000
Reis (Korn, poliert)	ca. 200
Reiskleie	800–5000
Weizen (Vollkorn)	350–650
Weizenkeime	500–1000

Biologische Funktionen und Mangelsymptome. Im Organismus stellen die drei Derivate des Vitamin B_6 als Phosphorsäureester wichtige Cofermente des Eiweißstoffwechsels dar. Ihre Funktion erstreckt sich auf Decarboxylierungen, bei denen z. B. aus Aminosäuren die entsprechenden Amine entstehen (Tyramin aus Tyrosin). Außerdem sind sie an Transaminierungen von Ketosäuren zu Aminosäuren beteiligt und vermögen die D- oder L-Form einer Aminosäure zu racemisieren. Weitere Fermente, in denen Pyridoxalphosphat als Coferment auftritt, sind Transsulfurasen und Desmolasen.

Näher aufgeklärt ist ihre Rolle beim Tryptophanstoffwechsel. Das aus dem Tryptophan entstehende Kynurenin wird durch ein Ferment, die Kynureninase, zu Oxykynurenin oxydiert. Die Kynureninase enthält als Coferment Pyridoxalphosphat.

Mangelerscheinungen: Am Tier, speziell an der Ratte, ergeben Schwellung, Rötung, Abschuppung der Haut an symmetrischen Körperstellen, wie Augen, Ohren, Pfoten, Schnauze und außerdem Wachstumsstillstand, das Bild der Akrodynie. Am Hund und an anderen Tieren kommt es obendrein zu degenerativen Veränderungen am Nervensystem, die sich mit Krämpfen äußern. Welche Mangelerscheinungen am Menschen auftreten, ist noch nicht völlig geklärt.

F. THEDERING JR. (Medizinische *1955*, S. 1763) hat folgende Mangelerscheinungen beschrieben: Beim Kind Gewichtsstillstand, Übererregbarkeit und Reizbarkeit, Neigung zu Krämpfen. Beim Erwachsenen stehen Veränderungen der Haut und Schleimhäute im Vordergrund. Es treten juckende, schuppende Erytheme um Mund, Nase und Augen auf, u. U. kommt es zu Brennen der Lippen. Ferner wurden Nervenentzündungen und Anämie beobachtet.

Weitere einzelne Mangelsymptome sind: Epileptiforme Krämpfe bei Säuglingen, neuritische Erscheinungen, brennende Schmerzen in den Füßen, seborrhoische Hautveränderungen, Erosionen an Lippen und Mundschleimhaut, megaloblastäre, hyperchrome Anämie.

Solche Mangelerscheinungen am Menschen lassen sich auch künstlich durch das als Antivitamin wirksame 4-Desoxypyridoxin erzeugen. Da Isonicotinsäurehydrazid ebenfalls B_6-antivitaminotisch zu wirken vermag, ist bei längerer Verabreichung dieser Substanz, z. B. bei Tuberculose, mit Mangelerscheinungen zu rechnen.

Zur Diagnose des B_6-Mangels dient die mengenmäßige Xanthurensäureausscheidung nach Verabreichung von 20 g Tryptophan, deren Mechanismus noch nicht näher geklärt ist.

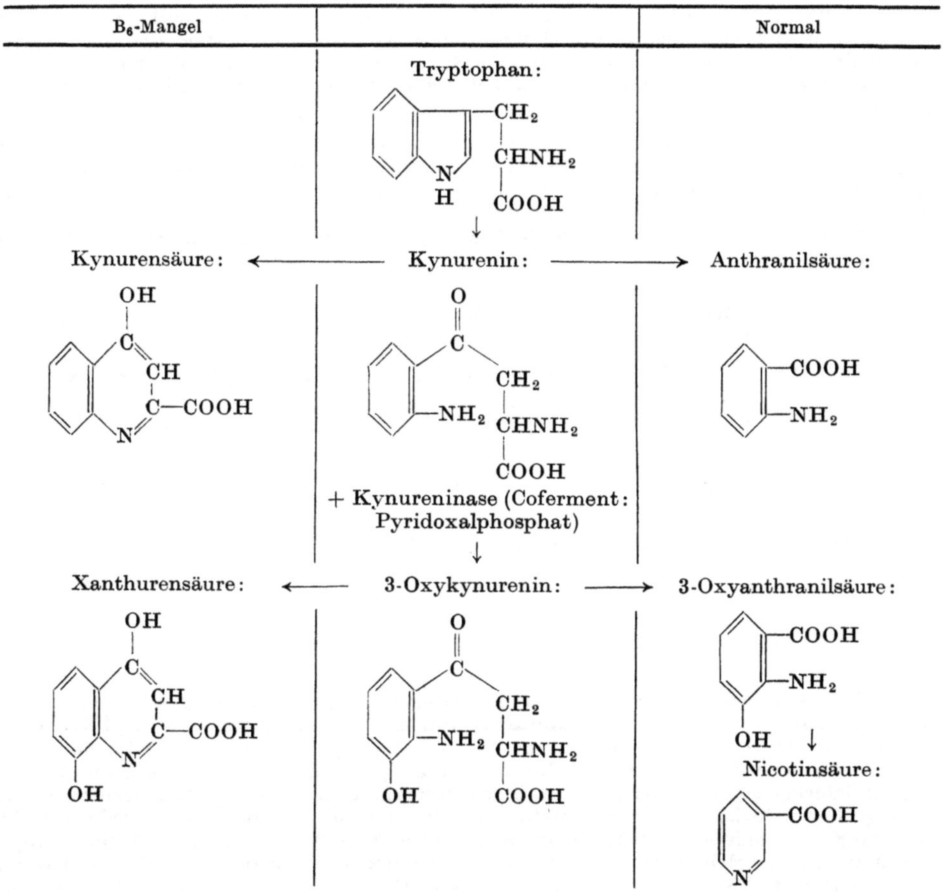

Therapeutische Anwendungen (*Indikationen*). *Neurologie:* Paralysis agitans, Chorea minor, Enzephalitiden, Hemiplegien, Gehirntumor, frühinfantile Hirnsklerose, LITTLEsche Krankheit, Epilepsie, toxische Nervenschädigungen. – *Innere Medizin:* Behandlung von Strahlenkrankheiten, Emesis gravidarum, postnarkotischer und postoperativer Vomitus, Nausea, Reisekrankheiten. – *Dermatologie:* Akne juvenilis, seborrhoische Dermatitis. – *Gynäkologie:* Menorrhagien, Metrorrhagien.

Standardisierung. Eine I.E. ist nicht festgelegt.

1 Ratten-Einheit = ca. 7,5 mcg Pyridoxin.

Pyridoxinum hydrochloricum Ross. 9, DAB 7 – DDR. Pyridoxinhydrochlorid DAB 7 – BRD. Pyridoxine hydrochloride USP XVII, BP 63. Chlorhydrate de Pyridoxine CF 65. Pyridoxini chloridum Nord. 63. Pyridoxolum hydrochloricum ÖAB 9. Aderminum hydrochloricum. Pyridoxinhydrochlorid.

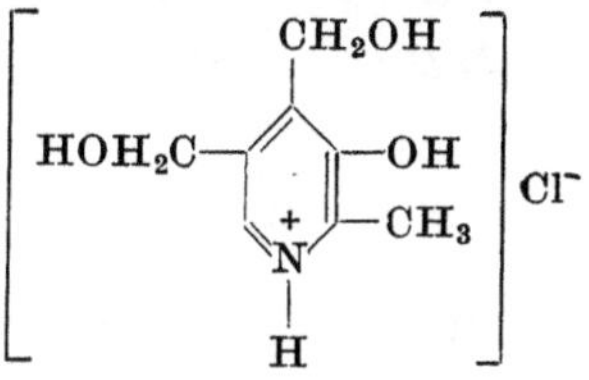

$C_8H_{11}NO_3 \cdot HCl$ M.G. 205,64

2-Methyl-3-hydroxy-4,5-bis-(hydroxymethyl)-pyridin-hydrochlorid

Herstellung. Es wurden zwei grundsätzliche Wege der Pyridoxinsynthese entwickelt. R. Kuhn u. Mitarb. gingen von Chinolin- bzw. Isochinolinderivaten aus und bauten sie zu den entsprechenden Pyridindicarbonsäuren ab. Harris und Folkers synthetisierten die benötigten Pyridine aus 1,3-Diketonen. Dieser Weg hat sich in der Technik durchgesetzt.

a) Synthese nach R. Kuhn. 2-Methyl-3-methoxy-pyridin-4,5-dicarbonsäure wird über das Diamid in das Dinitril übergeführt. Durch katalytische Hydrierung erhält man daraus das Bis(aminomethyl)-derivat, das mit salpetriger Säure den Methyläther des Adermin-chlorhydrats liefert. Mit Bromwasserstoff entsteht unter Spaltung des Äthers das Hydrobromid des 2-Methyl-3-hydroxy-4,5-bis-(brommethyl)-pyridins, das mit Silberacetat zum Pyridoxin verseift wird:

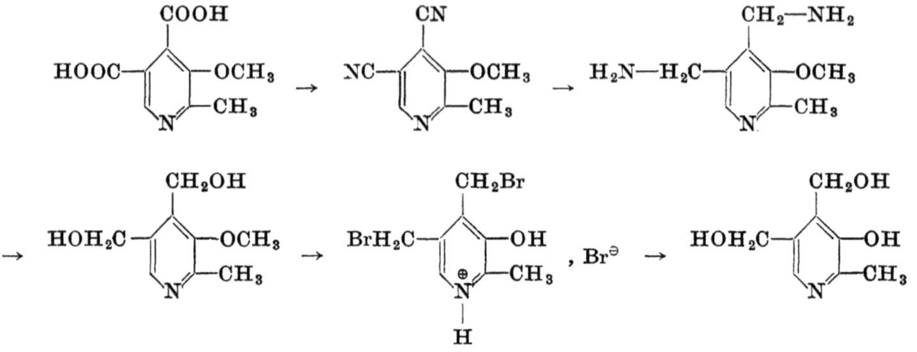

b) Synthese nach Harris und Folkers. Äthoxy-acetylaceton und Cyanacetamid werden in Gegenwart von Piperidin als Katalysator in A. zu 5-Cyan-4-äthoxymethyl-2-methyl-pyridon-(6) kondensiert. Dieses wird mit rauchender Salpetersäure in Essigsäureanhydrid unter Zusatz von Harnstoff in die 3-Nitroverbindung überführt. Man erhitzt dann in trokkenem Chlorbenzol mit Phosphorpentachlorid und erhält das 6-Chlor-pyridinderivat, dessen Nitrogruppe reduziert wird. Das 2-Methyl-3-amino-4-äthoxymethyl-5-cyan-6-chlor-pyridin wird bis zur Aufnahme von 3 Mol Wasserstoff hydriert, wobei das Nitril zur Aminomethylverbindung unter gleichzeitiger Abspaltung des Chloratoms reduziert wird. Mit salpetriger Säure entsteht 2-Methyl-3-hydroxy-4-äthoxy-methyl-5-hydroxymethyl-pyridin, das zur Spaltung der Äthergruppe mit Bromwasserstoff behandelt wird. Mit Silberoxid bildet sich Adermin:

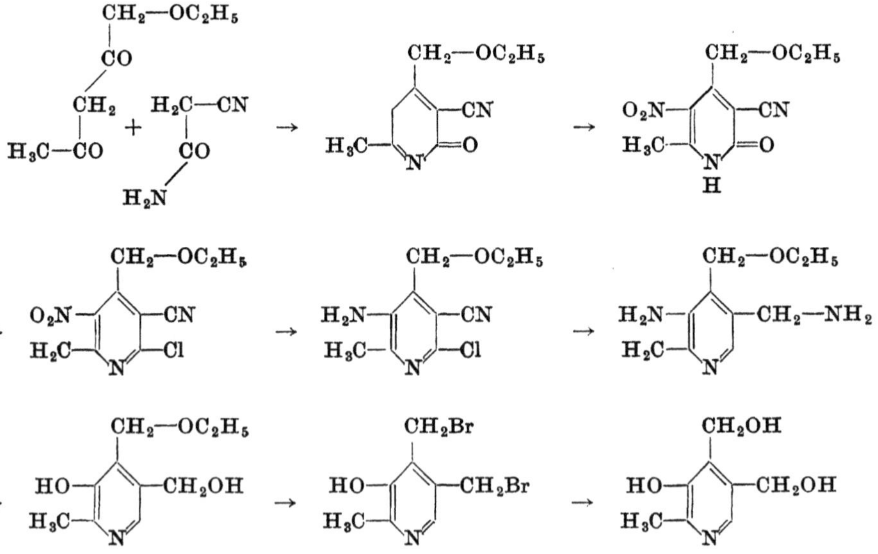

Adermin

Neben den beiden genannten Synthesewegen gibt es noch zahlreiche andere Methoden, die sich durch verschiedene Darstellung der Zwischenstufen unterscheiden.

Literatur: KAUFMANN, H. P.: Arzneimittelsynthese, Berlin/Göttingen/Heidelberg: Springer 1953. – BURGER, A.: Medicinal Chemistry, Bd. 1, New York/London: Interscience Publishers 1951.

Eigenschaften. Weißes bis fast weißes, kristallines Pulver, das sich bei etwa 210° unter Braunfärbung zersetzt, ohne Geruch und von saurem, schwach bitterem Geschmack. Löslichkeit: Löslich in etwa 5 T. W., in etwa 80 T. A., praktisch unlöslich in Ae. und Chloroform. Die Substanz ist luftbeständig, wird aber durch Sonneneinstrahlung allmählich zersetzt.

Erkennung. a) In einer Verdünnung von 0,05 ml Prüflösung (10%) mit 1,0 ml W. entsteht auf Zusatz von 0,05 ml Eisen(III)-chloridlösung I eine rote Färbung, die beim Ansäuern in Gelb übergeht (DAB 7 – BRD, ähnlich ÖAB 9, DAB 7 – DDR, Ross. 9). – b) Aus einer Lösung von 0,10 g Substanz in 0,50 ml W. scheiden sich nach Zusatz von 3,0 ml Pikrinsäurelösung I innerhalb einiger Stunden gelbe Nadeln des Pyridoxinpikrates ab. Nach dem Absaugen, Auswaschen mit eiskaltem W. und 2stündigem Trocknen bei 100 bis 105° schmilzt die Verbindung zwischen 157 und 159° (DAB 7 – BRD, ähnlich DAB 7 – DDR). – c) 5,0 ml Prüflösung (10%) zeigen nach Zusatz von 1,0 ml 3 n Natronlauge an der Oberfläche eine sich vertiefende, rotbraune Färbung. Nach dem Schütteln zeigt die gesamte Lösung eine dunkle, rotbraune Färbung (DAB 7 – DDR). – d) Versetzt man eine Lösung von etwa 2 mg Substanz in 1 ml W. mit 5 Tr. Jodlösung, so scheidet sich ein Perjodid in Form brauner, grünglänzender nadelförmiger Kristalle aus (ÖAB 9). – e) Versetzt man etwa 0,5 ml Sulfanilsäurelösung mit 3 Tr. Natriumnitritlösung und macht hierauf mit 1 ml verd. Natronlauge alkalisch, so färbt sich die Lösung auf Zusatz von etwa 5 mg Substanz tiefgelb. Fügt man 2 ml verd. Essigsäure hinzu, so geht die Färbung in Orangerot über (ÖAB 9). – f) Versetzt man eine Lösung von etwa 5 mg Substanz in 1 ml W. mit 1 Tr. Kupfersulfatlösung, so färbt sich die Lösung auf Zusatz von 1 ml verd. Natronlauge intensiv violettblau (ÖAB 9). – g) 1 mg Substanz wird in 10 ml W. gelöst. Zu 1 ml dieser Lösung fügt man 1 ml einer 0,04%igen Lösung von Dichlorchinonchlorimid in abs. Äthanol und 0,05 ml verd. Ammoniaklösung: Es entsteht eine Blaufärbung. Zu einem weiteren ml der Lösung fügt man 1 ml einer gesättigten Borsäurelösung, 1 ml der Dichlorchinonchlorimidlösung und 0,05 ml verd. Ammoniaklösung: Es darf keine Blaufärbung entstehen (BP 63; ähnlich USP XVII; Ross. 9, ohne vergleichende Probe mit Borsäure!; CF 65, ohne Borsäure, Butanol als Lösungsmittel; DAB 7 – DDR). – h) 2 ml einer 0,5%igen Lösung werden mit 0,5 ml Phosphorwolframsäure-Lsg. versetzt: Es entsteht ein weißer Niederschlag (USP XVII, ähnlich CF 65). – i) Die aus wäßriger Lösung durch Zusatz von Natronlauge gefällte Base schmilzt nach dem Trocknen bei 105° zwischen 155 und 158° (Nord. 63). – j) Die Substanz gibt einen positiven Chloridnachweis. – k) Die in 0,1 n Salzsäure gelöste Substanz zeigt im Bereich von 230 bis 320 mμ nur ein Maximum bei 291 mμ. Die Extinktion einer 0,001%igen Lösung beträgt bei einer Schicht von 1 cm etwa 0,43 bei 291 mμ (BP 63).

Prüfung. Nach ÖAB 9: a) Eine Lösung von 1 T. Substanz in 9 T. W. muß klar und farblos oder fast farblos sein. – b) Freie Base, freie Säure: Je 1 ml der Lösung 1 + 9 muß sich auf Zusatz von 1 Tr. Methylorangelösung rot bzw. auf Zusatz von 1 Tr. Thymolblaulösung gelb färben. – c) Ammoniumionen: Eine Mischung von 2 ml der Lösung 1 + 9 und 7 ml W. darf sich auf Zusatz von 3 Tr. NESSLERS Reagens innerhalb von 5 Min. nicht verändern. – d) Schwermetalle: In einer Mischung von 2 ml der Lösung 1 + 9, 7 ml W. und 1 ml verd. Ammoniaklösung dürfen Schwermetalle nicht nachweisbar sein. – e) Trocknungsverlust: Höchstens 0,5%. – f) Verbrennungsrückstand: Höchstens 0,2%. – Nach DAB 7 – BRD: g) Eisenionen: Höchstens 0,002%. (Trocknungsverlust: Höchstens 0,2%). – h) Sulfatasche: Höchstens 0,1%.

Gehaltsbestimmung. Titrationen im wasserfreien Milieu lassen USP XVII, BP 63, CF 65, Nord. 63 und Subsidia Pharmazeutica durchführen.

Vorschrift der Subs. Pharm.: Etwa 0,2 g getrocknete Substanz werden genau gewogen, in einem Erlenmeyerkolben mit Glasstopfen von 100 ml in 20 ml wasserfreiem Eisessig gelöst und nach Zusatz von 5 ml Essigsäureanhydrid sowie 10 ml gesättigter Quecksilber(II)-acetatlösung (wasserfreie Essigsäure) unter Verwendung von 3 Tr. Kristallviolettlösung als Indikator mit 0,1 n Perchlorsäure bis zum Farbumschlag von Blau nach grünstichig Blau titriert (Feinbürette). Mit der gleichen Menge gesättigter Quecksilber(II)-acetatlösung wird ein Blindwert bestimmt, der von der verbrauchten Menge Perchlorsäure abgezogen wird. 1 ml 0,1 n Perchlorsäure entspricht 20,565 mg $C_8H_{11}NO_3 \cdot HCl$.

Eine argentometrische Bestimmung läßt ÖAB 9 ausführen. 0,2057 g Substanz werden in 20 ml W. gelöst. Die Lösung neutralisiert man mit 1 n Natronlauge gegen Methylrot und titriert hierauf nach Zusatz von einigen Tr. Kaliumchromatlösung mit 0,1 n Silbernitratlösung auf Rötlichgelb. Für die angegebene Einwaage müssen 9,85 bis 10,10 ml 0,1 n Silbernitratlösung verbraucht werden, entsprechend einem Gehalt von 98,5 bis 101,0% d. Th. 1 ml 0,1 n Silbernitratlösung entspricht 20,57 mg $C_8H_{11}NO_3 \cdot HCl$. 1 g $C_8H_{11}NO_3 \cdot HCl$ entspricht 48,63 ml 0,1 n Silbernitratlösung.

DAB 7 – BRD läßt eine spektrophotometrische Bestimmung durchführen: 0,100 g Substanz, genau gewogen, werden in 0,1 n Salzsäure zu 100,0 ml gelöst. 1,00 ml dieser Lsg. wird mit 0,1 n Salzsäure zu 100,0 ml verdünnt. Die Extinktion dieser Verdünnung wird in einer Schichtdicke von 1 cm bei 290 nm gegen 0,1 n Salzsäure gemessen.

$E^{1\%}_{1\,cm}$ muß mindestens 422 und darf höchstens 438 betragen, entsprechend einem Gehalt von 98,0 bis 102,0%. $C_8H_{12}ClNO_3$, berechnet auf die getrocknete Substanz: $E^{1\%}_{1\,cm} = 430$ bei 290 nm.

Ross. 9 gibt folgende Vorschriften: 1. Man löst etwa 0,1 g Substanz, genau gewogen, in einem 50-ml-Meßkolben in Wasser und füllt zur Marke auf. 20 ml dieser Lösung werden mit 2 bis 3 Tr. Bromthymolblaulösung versetzt und mit 0,1 n Natronlauge bis zum Farbumschlag nach Hellblau titriert (Feinbürette). 1 ml 0,1 n Natronlauge entspricht 20,56 mg Pyridoxinhydrochlorid. – 2. Etwa 0,06 g Substanz werden genau gewogen, in 10 bis 15 ml W. gelöst, mit 1 Tr. verd. Salpetersäure sowie 8 bis 10 Tr. Diphenylcarbazidlösung versetzt und mit 0,1 n Quecksilberoxidnitratlösung bis zum Farbumschlag von Gelb nach Violett titriert (Feinbürette). 1 ml 0,1 n Quecksilberoxidnitratlösung entspricht 20,56 mg Pyridoxinhydrochlorid, entsprechend einem Gehalt von 98,5 bis 100,5%.

DAB 7 – DDR läßt eine Kjeldahl-Bestimmung durchführen:

1 ml 0,1 n Schwefelsäure entspricht 20,56 mg Pyridoxinhydrochlorid.

Aufbewahrung. Vor Licht geschützt, in dicht schließenden Gefäßen.

Dosierung. ÖAB 9: Gebräuchliche Einzeldosis: 0,005 g. USP XVII: Oral oder parenteral: prophylaktisch 1 bis 2 mg, therapeutisch 5 bis 150 mg.

Unverträglichkeiten. Oxydierende Stoffe.

Sterilisation. Nord. 63: Die Hitzesterilisation ist im Autoklaven bei einem pH-Wert von höchstens 5 möglich.

Handelsformen: Benadon (Hoffmann-La Roche), Hexobion (Merck).

Pyridoxal hydrochloride USP XVII.

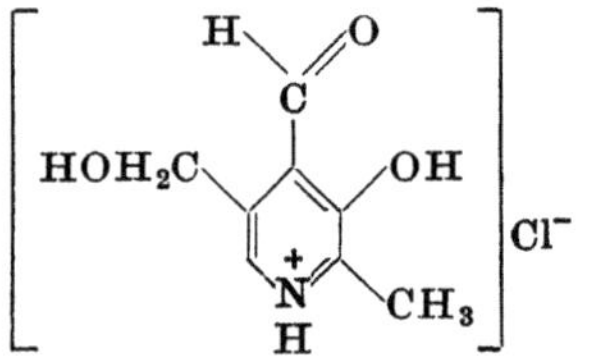

$C_8H_9NO_3 \cdot HCl$ M.G. 203,63

2-Methyl-3-hydroxy-4-formyl-5-hydroxymethyl-pyridin-hydrochlorid

Eigenschaften. Weiße oder schwach gelbliche Kristalle oder kristallines Pulver, das unter Lichteinwirkung oder an der Luft allmählich dunkelt. 1 g löst sich in etwa 2 ml W., in etwa 25 ml A., unlöslich in Aceton, Chloroform und Ae. Die wäßrige Lösung reagiert sauer: pH-Wert etwa 3. Fp. zwischen 171 und 175° unter teilweiser Zers.

Prüfung. a) Glührückstand: Höchstens 0,1%. – b) Trocknungsverlust: Höchstens 0,5%, wenn 2 Std. bei 105° getrocknet wird.

Gehaltsbestimmung. 1. Stickstoffgehalt: Die 2 Std. bei 105° getrocknete Probe wird nach Kjeldahl bestimmt. Der Stickstoffgehalt soll zwischen 6,7 und 7,1% liegen. – 2. Chloridgehalt: Etwa 500 mg Sustanz werden 2 Std. bei 105° getrocknet, genau gewogen und in 50 ml W. gelöst. Nach Zusatz von 3 ml Salpetersäure und 50,0 ml 0,1 n Silbernitratlösung wird mit 3 ml Nitrobenzol versetzt und 2 Min. lang geschüttelt. Dann gibt man Eisen(III)-ammoniumsulfatlösung als Indikator zu und titriert den Überschuß an Silbernitrat mit 0,1 n Ammoniumthiocyanatlösung zurück. 1 ml 0,1 n Silbernitratlösung entspricht 3,545 mg Cl^-. Forderung: Zwischen 17,2 und 17,7%.

Pyridoxamine dihydrochloride USP XVII.

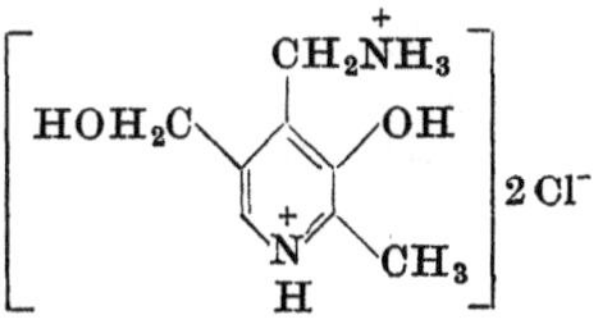

$C_8H_{12}N_2O_2 \cdot 2HCl$ M.G. 241,12

2-Methyl-3-hydroxy-4-aminomethyl-5-hydroxymethyl-pyridin-dihydrochlorid

Eigenschaften. Weiße bis schwach gelbe Kristalle oder kristallines Pulver, das unter Einwirkung von Sonnenlicht oder Luft allmählich dunkelt. 1 g löst sich in etwa 1 ml W., in etwa 60 ml A., unlöslich in Chloroform und Ae. Die wäßrige Lösung der Substanz reagiert sauer. Fp. 225 bis 230° unter teilweiser Zers.

Prüfung. a) Verbrennungsrückstand: Höchstens 0,15%. – b) Trocknungsverlust: Höchstens 0,5%, wenn bei 105° 2 Std. lang getrocknet wird.

Gehaltsbestimmung. 1. Stickstoffgehalt: Die 2 Std. bei 105° getrocknete Probe wird nach KJELDAHL bestimmt. Der Stickstoffgehalt soll zwischen 11,3 und 11,8% liegen. – 2. Chloridgehalt: Analog Pyridoxal hydrochloride, s. o. Forderung: 29,1 bis 29,6% Cl^-.

Vitamin B_{12}. Cyanocobalamin. Erythrotin. Animal protein factor (APF). Antiperniciosa-Faktor. Extrinsic factor.

Cobalamine. Außer dem Cyanocobalamin konnte bisher eine beträchtliche Anzahl von anderen Vitamin B_{12}-Faktoren isoliert und dargestellt werden, die sich durch Verschiedenheit im Nucleotidanteil unterscheiden. Sie werden zusammenfassend als Cobalamine bezeichnet und besitzen unterschiedliche biologische B_{12}-Aktivität. Daneben kennt man einige natürliche und halbsynthetische Cobalamine, die sich durch die Gruppe unterscheiden, die anstelle von CN steht (Hydroxycobalamin, Nitrosocobalamin, Aquocobalamin).

In den heutigen Arzneibüchern ist stets das Cyanocobalamin aufgeführt.

Geschichtliches. Mitte der zwanziger Jahre wurde von MINOT u. MURPHY die grundlegende Entdeckung gemacht, daß die bis dahin nicht wirksam zu behandelnde perniciöse Anämie durch orale Zufuhr größerer Mengen frischer roher Tierleber therapeutisch günstig beeinflußt werden kann. Es gelang dann, Leberextrakte darzustellen, die zur parenteralen Behandlung der perniciösen Anämie geeignet waren und mehrere Jahrzehnte hindurch mit Erfolg therapeutische Verwendung fanden. Der eigentlich wirksame Faktor der Leberpräparate war aber nicht bekannt. Als die Folsäure durch STOCKSTAD isoliert wurde, glaubte man anfänglich, das wirksame Prinzip gefunden zu haben. Man erkannte auch, daß Thymin die Blutregeneration anregt. Beide Stoffe konnten aber nicht der Antiperniciosafaktor sein, da sie erst in Mengen wirken, die auch in den wirksamsten Leberextrakten nicht enthalten sind.

1946 stellten CARY u. HARTMANN fest, daß Ratten trotz Zugabe aller bekannten B-Vitamine mit hochgereinigtem Casein nicht am Leben gehalten werden können, wenn ihnen ein in vielen Nahrungsmitteln vorkommender Stoff fehlt. Dieser Stoff „X" war in der Geflügelzucht als „animal protein factor" bekannt. 1947 fand M. SHORB, daß der Lactobacillus Dorner außer allen bekannten B-Vitaminen einen Faktor benötigt, der vor allem in Leberextrakten vorkommt. Dieser „Lactobacillus-lactis-Dorner-Faktor" (LLD-Faktor) wurde dem Cary-Hartmann-Faktor gleichgesetzt. 1948 gelang es in den USA FOLKERS, RICKES u. Mitarb. aus Leber einen außerordentlich wirksamen Antiperniciosafaktor in kristalliner Form darzustellen; sie nannten ihn „Vitamin B_{12}". Unabhängig von den amerikanischen Forschern gelang L. SMITH in England gleichzeitig die Darstellung des kristallinen Vitamins B_{12}. Das Vitamin kommt in der Leber nur in sehr geringer Menge vor; so konnten aus 1000 kg Frischleber 20 mg dargestellt werden. Die therapeutische Verwendung war darum erst möglich, als man lernte, aus Streptomyces-griseus-Kulturen Vitamin B_{12} in größerer Menge herzustellen. Besonders zweckmäßig sind auch Kulturen von Bacillus megatherium und Streptomyces olivaceus.

Nach wertvollen Vorarbeiten zahlreicher Forschergruppen gelang es A. TODD u. Mitarb. 1955 unter Zuhilfenahme physikalischer Methoden (Röntgenanalyse, Computer) eine befriedigende Strukturformel aufzustellen [Ref. i. Angew. Chem. *67*, 428 (1955)]. Nur die genaue Stellung der Doppelbindungen war noch nicht gesichert.

Vorkommen und Gewinnung. Besonders Vitamin B_{12}-reich sind die folgenden Substrate:

Animalische: Leber, Milz, Niere, Herzmuskel, Thymus, Gehirn, Muskelfleisch, Fischextrakte, Faeces von Mensch und Tier, Kuhmist.

Mikrobiologische: Kulturmedien von Streptomycesarten, besonders von Streptomyces griseus, Rückstände der Streptomycinfabrikation, Kulturmedien vieler anderer Bakterien.

100 g Substanz enthalten	mcg Vitamin B_{12}	100 g Substanz enthalten	mcg Vitamin B_{12}
Fischprodukte:		Säugetierprodukte:	
Hering	9–11	Schweineleber	20–180
Heringsmehl	ca. 26	Rindfleisch	2–3
Kabeljau	ca. 10	Rinderleber	30–150
Schellfisch	ca. 11	Rinderniere	20–32
Austern	15–280	Kalbsleber	ca. 240
		Kalbsmilz	ca. 95
Hühnerprodukte:		Käse	ca. 20
Hühnereier		Kuhmilch	0,3–1,2
(ganz, ohne Schale)	5–10	Ziegenmilch	0,007–0,02
Eidotter	10–40	Frauenmilch	0,003–0,15

Vitamin B_{12} wird bevorzugt aus Kulturen von Streptomyces griseus und ähnlicher Organismen gewonnen.

Physiologische Bedeutung. Der Wirkungsmechanismus im menschlichen Organismus ist noch nicht eindeutig geklärt. Es steht aber fest, daß Vitamin B_{12} für die Blutbildung unbedingt erforderlich ist. Nach WHRIGT ist es als Coenzym der Nucleosidsynthese zu betrachten; so kann sich Thymidin aus Thymin nur in Gegenwart von Vitamin B_{12} bilden. Vitamin B_{12} ist höchstwahrscheinlich mit dem antiperniciösen Wirkstoff der Leber und gleichzeitig mit dem „CASTLEschen extrinsic factor" identisch.

Im Gegensatz zu der großen Wirksamkeit des Vitamin B_{12} nach parenteraler Zufuhr ist die Wirksamkeit des per os zugeführten Vitamins beim Perniciosakranken gering und unregelmäßig, da der größte Teil nicht zur Resorption kommt; diese ist an die Gegenwart eines im normalen Magensaft vorkommenden eiweißartigen Stoffes, des sog. „intrinsic factor", der im Magensaft des Perniciosakranken fehlt, gebunden. Man stellt sich vor, daß der „intrinsic factor", auch Apoerythein genannt, selbst keine Wirkung hat, das Vitamin aber vor den Darmbakterien und vor chemischen Veränderungen schützt. In der Darmwand wird der Apoerythein-B_{12}-Komplex dann wieder zerlegt.

Literatur: WODSAK, W.: Pharm. Ind. (Aulendorf) *14*, 335 (1952). – BOETGE, K.: Arzneimittel-Forsch. *3*, 348 (1953) [208 Lit.-Zit.] u. Arzneimittel-Forsch. *4*, 715 (1954) [245 Lit.-Zit.]. – DORNOW, A., u. G. PETSCH: Arzneimittel-Forsch. *5*, 305 (1955). – JOHNSON, A. W., u. A. TODD: Endeavour *15*, 29 (1956) [16 wichtige Lit.-Zit.]. – HEINRICH, H. C., u. J. KÜHNAU: Vitamin B_{12} und Intrinsic Factor. 2. Europäisches Symposium, Hamburg 1961, Stuttgart: F. Enke 1962.

Anwendung. Spezifisch ist die Wirkung bei perniciöser Anämie und makrozytärer Anämie nach Ernährungsstörungen. Unspezifisch sind die lipotrope Wirkung bei Leberparenchymschäden, die Wirkung bei Wachstumsstörungen im Kindesalter und die Haut- und Schleimhautwirkungen bei seborrhoischer Dermatitis, Colitis ulcerosa u. ä. Bei Neuralgien und Polyneuritiden, die auf kleinere Dosen nicht ansprechen, ist es üblich geworden, sehr große Dosen wie 1000 γ anzuwenden.

Da Patienten mit perniciöser Anämie unterschiedlich reagieren, ist während der Behandlung eine laufende Blutbildkontrolle erforderlich; bei leichter perniciöser Anämie (über 3 Mill. Erythrozyten pro mm^3) werden wöchentlich etwa 30 γ intramusculär injiziert, bei mittelschweren perniciösen Anämien (2 bis 3 Mill. Erythrozyten pro mm^3) – in der ersten Woche etwa 60 γ, dann wöchentlich etwa 30 γ, bei schweren perniciösen Anämien (unter 2 Mill. Erythrozyten pro mm^3) – in der ersten Woche etwa 90 γ, dann wöchentlich etwa 30 γ.

Neben der medizinischen Verwendung hat Vitamin B_{12} als Zusatz zu Futtermitteln große Bedeutung erlangt. Es wird eine Verbesserung der Gewichtszunahme erreicht, insbesondere bei Anwendung in Kombination mit Antibiotica. Die zugemischten Mengen an Vitamin B_{12} und an Antibiotica sind gering, z. B. pro Tonne Futtermittel 5 bis 20 mg B_{12} und 5 bis 20 g Antibioticum. Der Gesamtbedarf an Vitamin B_{12} ist durch diese Verwendung aber sehr stark gestiegen [vgl. Schweiz. Apoth.-Ztg *94*, 96 (1956)].

Cyanocobalaminum PI.Ed. I/2, ÖAB 9, Ross. 9, DAB 7 – DDR. Cyanocobalamin DAB 7 – BRD, BP 63, USP XVII. Cyanocobalamine CF 65. Cycobeminum Nord. 63. Zyanokobalamin. Vitamin B_{12}.

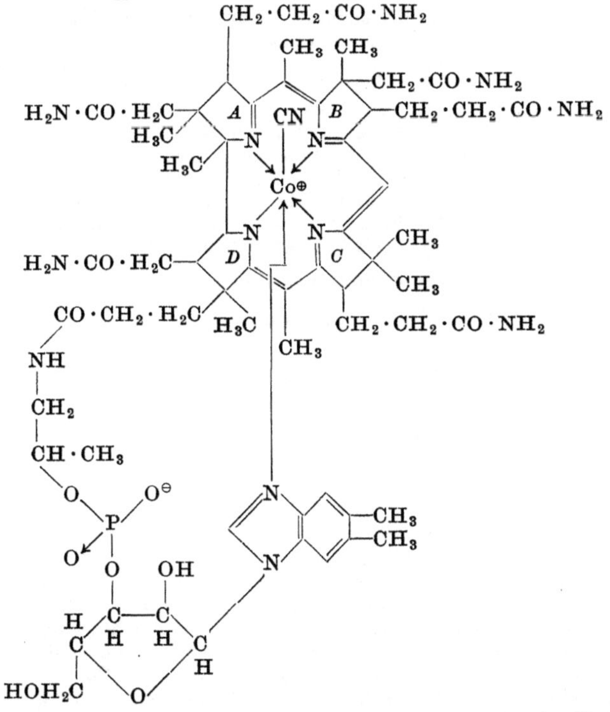

$C_{63}H_{88}CoN_{14}O_{14}P$ M.G. 1355,40

Eigenschaften. Dunkelrote Kristalle oder kristallines Pulver; ohne Geruch und Geschmack; sehr hygroskopisch. An der Luft nimmt das wasserfreie Produkt bis zu 12% W. auf. 1 g löst sich in etwa 80 ml W., in 150 ml A. Unlöslich in Aceton, Chlf. und Ae. – Beim Erhitzen auf etwa 200° verliert die Substanz ihre Farbe, schmilzt aber auch bis 300° nicht.

Erkennung. 1. Lichtabsorption:

Maximum bei 278 mμ (±1 mμ)
Maximum bei 361 mμ (±1 mμ)
Maximum bei 550 mμ (±2 mμ)

gemessen an einer wäßrigen Lösung, berechnet auf die getrocknete Substanz. Das Verhältnis der Extinktion bei 361 mμ zu der bei 278 mμ liegt zwischen 1,62 und 1,88 und das der Extinktion bei 361 mμ zu der bei 550 mμ zwischen 2,83 und 3,45 (DAB 7 – BRD).

0,002000 g getrocknete Substanz werden in W. zu 50,00 ml gelöst. Die Lösung wird in einer Schichtdicke von 1 cm gemessen.

Extinktionen:

0,786 bis 0,828 bei 361 mμ (±1 mμ)
0,437 bis 0,460 bei 278 mμ (±1 mμ)
0,239 bis 0,252 bei 550 mμ (±2 mμ) (DAB 7 – DDR).

2. 0,001 g wird mit 0,05 g Kaliumbisulfit in einem Porzellantiegel geschmolzen und die Schmelze in 3 ml W. unter Kochen gelöst. Man gibt 1 Tr. Phenolphthaleinlösung hinzu und versetzt mit so viel Natronlauge, daß die Lösung gerade Rosafärbung annimmt. Nach Zugabe von 0,5 g Natriumacetat, 0,5 ml verd. Essigsäure und 0,5 ml 0,2%iger wäßriger 1-Nitroso-2-naphthol-3,6-dinatriumsulfonatlösung (Nitroso-R-Salz USP) entsteht eine rote oder orangerote Färbung. Die Färbung bleibt bestehen, wenn man 0,5 ml Salzsäure hinzugibt und die Mischung 1 Min. lang kocht (PI.Ed. I/2, ähnlich DAB 7– BRD, CF 65, BP 63, USP XVII, Ross. 9).

3. 1,5 bis 2,0 mg werden in 5 ml W. gelöst und die Lösung in einem 50-ml-Destillationskolben mit 2,5 ml unterphosphoriger Säure (H_3PO_2) versetzt. Das Ende des Kühlers

taucht in 1 ml 0,5 n Natronlauge. Man erhitzt zuerst 10 Min. lang und destilliert dann 1 ml über. Das Destillat wird mit 4 Tr. kalt gesättigter Eisen(II)-ammoniumsulfatlösung und 30 mg NaF versetzt und aufgekocht. Gibt man tropfenweise 25%ige Schwefelsäure bis zur Klärung der Mischung und dann 3 bis 5 Tr. überschüssige Säure hinzu, so entsteht in einigen Minuten eine blaue oder blaugrüne Färbung (USP XVII).

4. 0,5 mg Substanz werden in einem Porzellantiegel nach Zusatz von 20 mg Kaliumhydrogensulfat bis zur Bildung einer klaren Schmelze erhitzt. Nach dem Erkalten wird der Rückstand unter Benutzung eines Glasstabes mit 1 Tr. W. versetzt und angerührt. Die Mischung zeigt nach Zusatz von 5 bis 10 Tr. Ammoniumthiocyanat-Aceton RL eine blaugrüne Färbung (DAB 7 – DDR, ähnlich Nord. 63, ÖAB 9).

5. 0,5 mg Substanz werden in einem Reagensglas von 8 mm Durchmesser und 70 mm Länge in zwei Tr. W. gelöst und mit 1 Tr. 3 n Schwefelsäure versetzt. Die Öffnung des Reagensglases wird mit einem Streifen Filterpapier, das mit Benzidin-Kupfer(II)-acetat RL getränkt wurde, bedeckt. Die Flüssigkeit wird vorsichtig zum Sieden erhitzt. Das Filterpapier zeigt eine blaue Färbung (DAB 7 – DDR, Nord. 63).

Prüfung. 1. Fremde lichtabsorbierende Stoffe:

$$\frac{E\,(1\%,\,1\,\text{cm})\text{ bei }361\text{ m}\mu}{E\,(1\%,\,1\,\text{cm})\text{ bei }278\text{ m}\mu} = 1{,}65 \text{ bis } 1{,}90$$

$$\frac{E\,(1\%,\,1\,\text{cm})\text{ bei }361\text{ m}\mu}{E\,(1\%,\,1\,\text{cm})\text{ bei }548\text{ m}\mu} = 3{,}10 \text{ bis } 3{,}45$$

(ÖAB 9, ähnlich DAB 7 – DDR, Ross. 9 und PI.Ed. 1/2).

2. Hydroxocobalamin:

$$\frac{E\,(1\%,\,1\,\text{cm})\text{ bei }361\text{ m}\mu}{E\,(1\%,\,1\,\text{cm})\text{ bei }351\text{ m}\mu} = 1{,}54 \text{ bis } 1{,}75 \qquad (\text{ÖAB } 9).$$

3. Pseudo-cyanocobalamin: 1,0 mg Substanz werden in 20 ml W. gelöst, in einem Scheidetrichter mit 5 ml einer Mischung von gleichen Vol.-T. Tetrachlorkohlenstoff und Kresol versetzt und 1 Min. lang durchgeschüttelt. Nachdem sich die Schichten getrennt haben wird die obere Phase in einen zweiten Scheidetrichter gegeben, mit 5 ml verd. Schwefelsäure versetzt und gut durchgeschüttelt. Nachdem sich diese beiden Phasen getrennt haben (notfalls durch Zentrifugieren) darf die obere Phase nicht stärker gefärbt sein als eine Mischung von 0,15 ml 0,1 n Kaliumpermanganatlösung und 250 ml W. (USP XVII, ähnlich Nord. 63).

4. Farbige Verunreinigungen: Höchstens 4,0%, nach der folgenden Methode: Man schüttelt 500 ml W. mit 500 ml s-Butanol (Butanol-2) und läßt über Nacht bei 25 bis 30° stehen. Es wird absteigend chromatographiert (Papier). Als stationäre Phase verwendet man die obere Schicht des Lösungsmittels, der man 1% Essigsäure und 0,5 g Kaliumcyanid hinzufügt. Als mobile Phase verwendet man die untere Schicht, der man 5% s-Butanol und 1% Essigsäure zusetzt. Etwa 5 mg Substanz werden genau gewogen und in der kleinstmöglichen Menge W. gelöst. Diese Lösung trägt man auf eine mit Bleistift markierte Linie in einer Länge von 22,5 cm auf, wobei der Abstand zu beiden Papierenden 2,5 cm beträgt. Nach Einhängen des Chromatogramms läßt man mindestens 4 Std. zur Sättigung stehen. Man läßt so lange entwickeln, bis das Cyanocobalamin 2/3 der Länge des Papiers durchlaufen hat. Aus dem getrockneten Chromatogramm wird die Cyanocobalaminzone herausgeschnitten und verworfen. Aus den verbliebenen beiden Papierstücken werden die ungefärbten Zonen herausgeschnitten. Die verbliebenen beiden Streifen werden zu zwei Zylindern gefaltet und so lange auf feuchtem Filterpapier aufgestellt, bis die farbigen Zonen jeweils die oberen Enden erreicht haben. Die farblosen Zonen werden wiederum entfernt und die gefärbten Papierstreifen durch absteigende Chromatographie mit der kleinstmöglichsten Menge Wasser eluiert. Die beiden Eluate werden vereint, mit Wasser auf ein geeignetes Volumen aufgefüllt und durch eine Glassinternutsche filtriert. Man mißt die Extinktion des Filtrates beim Maximum von etwa 361 mμ. Als Vergleichslösung wird die Flüssigkeit verwendet, die man bei Wiederholung des gesamten Prozesses ohne Cyanocobalamin erhält. Dabei müssen Papierzylinder von den gleichen Zonen verwendet werden wie im Hauptversuch und auch die gleichen Zonen jeweils eliminiert werden. Die Extinktion $\left(E^{1\%}_{1\,\text{cm}}\right)$ der gefärbten Verunreinigungen beträgt 207 bei 361 mμ (BP 63).

5. Trocknungsverlust: Höchstens 12%, wenn bei 100° in der Trockenpistole unterhalb 20 Torr über Phosphorpentoxid bis zum konstanten Gewicht getrocknet wird (DAB 7 – BRD). Die weiteren Pharmakopöen lassen ebenfalls höchstens 12% Gewichtsverlust zu, wobei auf verschiedene Art getrocknet wird.

Gehaltsbestimmung. Die in den verschiedenen Pharmakopöen angegebenen Methoden beruhen sämtlich auf der spektrophotometrischen Cobalaminbestimmung. USP XVII und Nord. 63 arbeiten mit einem Vergleichsstandard.

Vorschrift nach DAB 7 – BRD: 0,0020 g Substanz werden auf einer Mikrowaage bis zur 6. Dezimale des Grammgewichtes gewogen und in einem Meßkolben von 50 ml Inhalt in W. gelöst. Die Extinktion dieser Lösung wird in 1 cm Schichtdicke bei 361 mμ spektrophotometrisch gemessen. $E^{1\%}_{1\,cm}$ muß mindestens 196,7 und darf höchstens 207 betragen, entsprechend einem Gehalt von 95,0 bis 100,0% Cyanocobalamin, berechnet auf die getrocknete Substanz $\left(E^{1\%}_{1\,cm} = 207 \text{ bei } 361\ m\mu\right)$.

Vorschrift nach DAB 7 – DDR: Die Extinktion der Prüflösung (0,002000 g Substanz, gelöst zu 50,00 ml mit W.) wird in einer Schichtdicke von 1 cm bei der Wellenlänge von 361 ± 1 nm gemessen.

$$\text{Berechnung: \% Cyanocobalamin} = \frac{E \cdot 5000}{207 \cdot Ew \cdot (100 - a)}.$$

E = Extinktion der Prüflösung, Ew = Einwaage der zur Herstellung der Prüflösung verwendeten Substanz in Gramm, a = Trocknungsverlust der Substanz in Masseprozent.

Kolorimetrische Bestimmung siehe H. C. HEINRICH: Fresenius Z. analyt. Chem. *135*, 251 (1952).

Polarographische Bestimmung siehe H. VOGEL und H. KNOBLOCH: Chemie und Technik der Vitamine, 3. Aufl., Bd. 2/1, Stuttgart: F. Enke 1955, S. 255.

Mikrobiologische Methoden: Zur Gehaltsbestimmung kann auch die allerdings nicht ganz spezifische Wachstumsanregung gewisser Milchsäurebakterien (z. B. Lactobacillus Leichmannii) ausgenutzt werden [vgl. Ref. in Dtsch. Apoth.-Ztg *91*, 764 (1951)]. Die mikrobiologische Methode wird insbesondere bei Konzentraten wie Leberpräparaten verwandt. BOXER u. RICHARDS bestimmen den HCN-Gehalt [Ang. Chem. *63*, 318 (1951)]. H. C. HEINRICH nutzt zur colorimetrischen Bestimmung die durch Hydrolyse entstehende kobalthaltige sog. „rote Säure" aus (Ref. i. Chem. Zbl. *1953*, S. 85). SCHWITZER u. WITTERN berichteten über die Abtrennung von Vitamin B_{12} aus Leberextrakten mittels der Papierelektrophorese [Arzneimittel-Forsch. *2*, 185 (1952)].

Wachstumstest mit Lactobacillus Leichmannii: THOMPSON, H. T., L. S. DIETRICH u. C. A. ELVEHJEM: J. biol. Chem. *184*, 175 (1950).

Wachstumstest mit Escherichia coli: ARONOVITCH, J. N., u. N. GROSSOWICZ: Clin. Chem. *4*, 22 (1958).

Wachstumstest mit Euglena gracilis: HEINRICH, H. C., G. RÄDEL u. L. SOMMER: Z. Vitamin-, Hormon- u. Fermentforsch. *7*, 124 (1955).

Wachstumstest mit Ochromonas malhamensis: WOLKES, F., u. M. H. WOOLAM: J. Pharm. Pharmacol. *9*, 850 (1957).

Aufbewahrung. Vor Licht geschützt, in sehr gut verschlossenen Gefäßen. Die Substanz ist mindestens in Abständen von 2 Jahren zu prüfen (DAB 7 – DDR).

Unverträglichkeiten. Alkalien, reduzierende Substanzen (beispielsweise Ascorbinsäure).

Standardisierung.

1 I.E. ist nicht festgelegt.
1 USP-Einheit = etwa 1 mcg Vitamin B_{12}
1 mcg Vitamin B_{12} = 11000 Lactobacillus lactis Dorner-Einheiten.

Handelsformen: Cytobion (Merck), Rubivitan (Bayer), Dociton (Rhein-Chemie), enthalten in Eryfol, neben Folsäure (Hoffmann-La Roche), B_{12} Siegried (Siegfried, Säckingen, Schweiz), Cycoplex (Tosse u. Co., Hamburg), Docigram (Frankf. Arzneim.-Fabr.), Beridax (Abbott, USA), Bifacton (Organon, USA), Cytadon (Glaxo Lab., G.Br.) Megalovel (Vitamins Ltd., G.Br.), Anacobin (Brit. Drug Houses, G.Br.), Biteran (Evans Med. Suppl., G.Br.), Rubramin (Squibt, New York).

Aquocobalamin. Hydroxycobalamin. Vitamin B_{12a}. Vitamin B_{12b}.

$C_{62}H_{90}CoN_{13}O_{15}P$ M.G. 1347,40

Während das Cyanocobalamin eine CN-Gruppe in komplexer Bindung am zentralen Kobaltatom enthält, ist im Aquocobalamin ein H_2O angelagert.

Eigenschaften. Dunkelrote Nadeln, etwas hydrophiler als Cyanocobalamin, das in Wasser gemessene Spektrum zeigt Maxima bei 274, 350 und 522 mμ.

Es weist die gleiche biologische Vitamin-B_{12}-Wirksamkeit wie Cyanocobalamin auf, verbleibt jedoch länger im menschlichen Organismus und kann daher als Depotform des Vitamin B_{12} aufgefaßt werden. Die längere Retinierung im Organismus beruht auf einer schnelleren und festeren Bindung an die Serumproteine. Aquocobalamin ist bisher in der Natur nicht aufgefunden worden und wird synthetisch aus Cobalamin durch Belichtung, katalyt. Reduktion oder chem. Hydrierung dargestellt.

Vitamin B_{15}. Pangaminsäure. Pangamsäure. Pangametin.

Empirische Formel:

$C_{10}H_{19}NO_8$ M.G. 281,26

Es scheint ein sekundäres Aminoderivat der Glucuronsäure zu sein.

Eigenschaften. Als farbloses, kristallines Natriumsalz isoliert. Die freie Säure ist leicht löslich in W. und unlöslich in den üblichen Fettlösungsmitteln.

Vorkommen. Reiskleie, pflanzliche Samen, Aprikosenkerne, Ochsenblut, Pferdeleber.

Physiologische Funktionen. Wenig bekannt. Soll fördernd in die Oxydationsvorgänge eingreifen. Ist möglicherweise am oxydativen Abbau der Glucose beteiligt.

Tagesbedarf. Schätzungsweise unter 2 mg.

D-(+)-Pantothensäure. Filtratfaktor. Küken-Antidermatitis-Faktor. Anti-Graue-Haare-Faktor der Ratte.

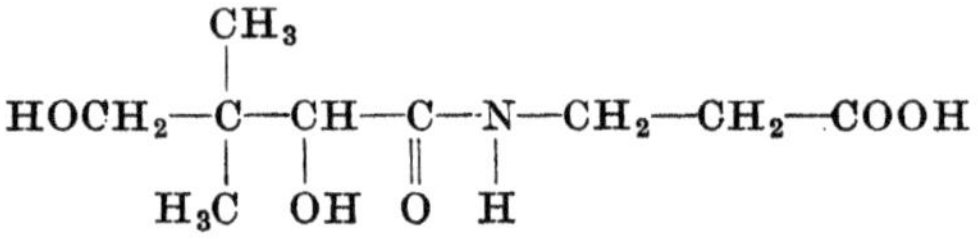

$C_9H_{17}NO_5$ M.G. 219,23

D(+)-N-(α,γ-Dihydroxy-β,β-dimethyl-butyryl)-β-alanin

Geschichtliches. 1930 wurde die Dermatitis der Hühner (Hühnerpellagra) von NORRIS und RINGROSE als Avitaminose erkannt. 1933 isolierte R. J. WILLIAMS aus Säugetierleber die Pantothensäure und stellte fest, daß sie in allen Pflanzen vorkommt. Er erkannte sie als Wuchsstoff für Bakterien und Hefe. 1937 wurde von ELVEHJEM, INKES u. Mitarb. aus der B-Gruppe der „Hühnerdermatitisfaktor" abgetrennt und auf dessen Ähnlichkeit mit Pantothensäure hingewiesen. Sie wurde 1938 von WILLIAMS endgültig bestätigt. 1940 gelang die Aufklärung der Konstitution der Pantothensäure sowie ihre Synthese (WILLIAMS u. MAJOR, KUHN, WIELAND, REICHSTEIN). 1946 fanden LIPMAN u. KAPLAN, daß sie ein Bestandteil des Coenzyms A und für die Umsetzung der Essigsäure in jedem lebenden Organismus unentbehrlich ist.

100 g Substanz enthalten	mcg Pantothensäure
Fischprodukte:	
Heringe	930–950
Kabeljau	ca. 1600
Sardinen, Makrelen, Thunfisch	100–500
Säugetierprodukte:	
Kalbfleisch	1000–2500
Rindfleisch	500–1000
Rinderhirn	1000–3000
Rinderniere	ca. 4000
Schweinefleisch	500–1500
Schweineleber	4000–10000
Schweineniere	ca. 3600
Kuhmilch	200–470
Frauenmilch	160–360
Käse (Vollfett)	150–1000
Hühnerprodukte:	
Eiklar	ca. 600
Eidotter	ca. 7000
Gemüse und Hülsenfrüchte:	
Champignons	1700–2500
Zwiebeln (frisch)	ca. 130
Weißkohl	ca. 1100
Tomaten	300–400
Gemüse und Hülsenfrüchte:	
Spinat	180–200
Sojabohnen (reif)	1000–4000
Karotten	200–1000
Grünkohl	200–300
Erbsen (frisch, grün)	300–1000
Bohnen (weiß)	1700–2000
Bohnen (grün)	ca. 800
Kartoffeln (roh)	ca. 600
Obst:	
Walnüsse	ca. 800
Haselnüsse	ca. 2500
Pflaumen	ca. 50
Apfelsinen	100–350
Erdbeeren	ca. 260
Bananen	ca. 180
Äpfel	ca. 50
Getreidearten:	
Gerste (Korn)	ca. 1000
Hafer (enthülstes Korn)	ca. 2500
Reis (Vollkorn)	ca. 1700
Reis (poliertes Korn)	ca. 600
Reiskleie	ca. 3000
Roggen (Vollkorn)	ca. 1000
Roggenkeime	ca. 800
Weizen (Vollkorn)	800–1600
Weizenkeime	300–2000

Vorkommen. Das Vorkommen der Pantothensäure erstreckt sich sowohl auf pflanzliches wie auf tierisches Material. Wir finden sie in Bakterien, Algen, Pilzen, Samenpflanzen, niederen Tieren (Schaltieren, Regenwürmern), in Organen höherer Tiere, kurz gesagt in fast jeder biologischen Materie.

Gewinnung. Als bestes Ausgangsmaterial für die Gewinnung der Pantothensäure hat sich die Leber von Rindern, Schafen und Schweinen erwiesen. Doch boten Reindarstellung und Konstitutionsermittlung große Schwierigkeiten, zumal die Pantothensäure im kristallinen Zustande nur als Calciumsalz erhalten werden konnte. Der Ertrag der sehr mühevollen Aufarbeitung ist mäßig; 250 kg Leber ergeben durchschnittlich nur etwa 1 g einer noch unreinen Pantothensäure. Störend wirkte sich ferner ihre hohe Wasserlöslichkeit aus.

Herstellung. Die Synthese der Pantothensäure erfolgt durch Koppelung der Komponenten I und II, wobei der Butyrolactonanteil auf verschiedenen Wegen erhalten werden kann. Das β-Alanin wurde hierbei als Methylester zur Reaktion gebracht.

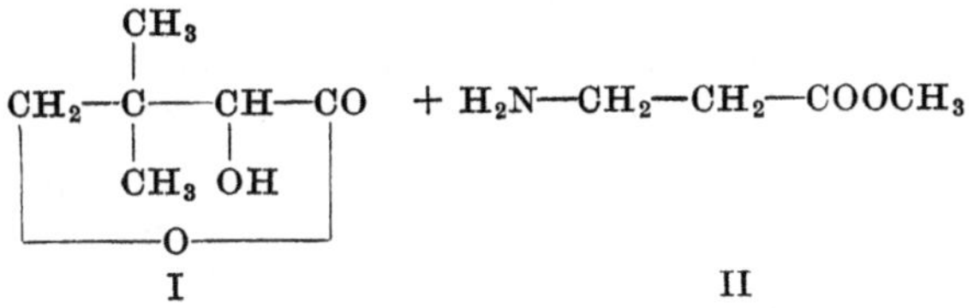

$\longrightarrow$ Pantothensäure-methylester $\xrightarrow{\text{verseift}}$ Pantothensäure.

REICHSTEIN und GRÜSSNER vollzogen die Koppelung beider Komponenten in methylalkoholischer Lösung, während WILLIAMS u. Mitarb. die beiden trockenen Reaktionspartner (das β-Alanin als Na-Salz) erhitzten und hierbei sofort das pantothensaure Natrium in fast theoretischer Ausbeute erhielten.

Die Synthese liefert die racemische Pantothensäure, welche im biologischen Versuch nur halb so wirksam war wie die natürliche Pantothensäure. R. KUHN gelang es, die D, L-Pantothensäure mit Hilfe der gut kristallisierenden Chininsalze in die optischen Antipoden zu zerlegen. Versuche an Ratten, Hühnern und pflanzlichen Mikroorganismen zeigten, daß die synthetische rechtsdrehende Pantothensäure die gleiche Wirksamkeit wie die natürliche Pantothensäure besaß. Damit war die Totalsynthese dieses Stoffes gelungen.

Da die linksdrehende Form der synthetischen Säure im biologischen Versuch versagte, liegt hier Konfigurationsspezifität der Wirkung vor.

Zur synthetischen rechtsdrehenden Pantothensäure gelangt man auch, wenn man statt des racemischen Butyrolactons seine linksdrehende Form mit β-Alanin zur Reaktion bringt.

Das als Pantolacton bezeichnete Butyrolactonderivat I wird, ausgehend vom Isobutyraldehyd (III) über den α,α-Dimethyl-β-hydroxy-propionaldehyd (IV), dessen Bisulfitverbindung mit KCN zum Nitril V umgesetzt wird, durch Verseifung über die Pantoinsäure (VI) erhalten:

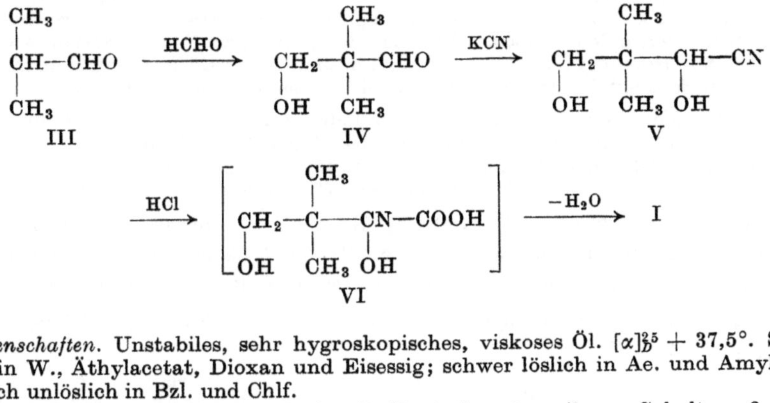

Eigenschaften. Unstabiles, sehr hygroskopisches, viskoses Öl. $[\alpha]_D^{25}$ + 37,5°. Sehr gut löslich in W., Äthylacetat, Dioxan und Eisessig; schwer löslich in Ae. und Amylalkohol; praktisch unlöslich in Bzl. und Chlf.

Die gute Wasserlöslichkeit verdankt die Pantothensäure ihrem Gehalt an 2 alkoholischen Hydroxylen und einer Carboxylgruppe. Da im Molekül 1 asymmetrisches C-Atom vorhanden ist, zeigt die natürliche Pantothensäure optische Aktivität, und zwar dreht sie nach rechts. Von ihren Salzen sei das Calciumsalz, $(C_9H_{16}NO_5)_2Ca$, erwähnt, das im Gegensatz zu der amorphen Säure mikrokristalline Struktur besitzt.

Bei der hydrolytischen Spaltung der peptidartigen Bindung (—CO · NH—) zerfällt die Pantothensäure in β-Alanin und in α,γ-Dihydroxy-β,β-dimethylbuttersäure, welche sofort ein substituiertes γ-Butyrolacton bildet.

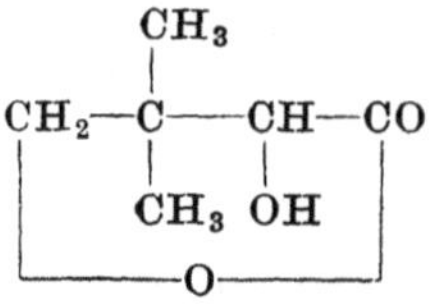

α-Hydroxy-β,β-dimethyl-γ-butyrolacton

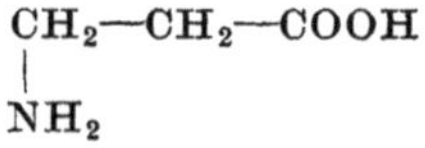

β-Alanin

Als Test für die Pantothensäure verwertet man ihre das Wachstum von Hefen und Milchsäurebakterien fördernde Eigenschaft. Als Maß für die Vermehrung dieser Mikroorganismen dient die Trübung der Kulturlösung, welche photoelektrometrisch bestimmt wird.

Die Pantothensäure ist ein im Tier- und Pflanzenreich weit verbreiteter biologischer Faktor. Ihr Fehlen bedingt bei Mikroorganismen (Hefen, verschiedenen Bakterienarten) Stillstand in der Vermehrung, bei Tieren Wachstumsstörungen. Letztere wurden besonders an Hühnern und Ratten beobachtet; neben der Wachstumsverzögerung tritt bei Hühnern noch eine Hautkrankheit auf. Durch Gaben von Pantothensäure bzw. pantothensäurehaltigem Material konnten die Vermehrung der Mikroorganismen gefördert und die Wachstumsstörungen der Hühner und Ratten behoben werden. Für den tierischen Organismus hat also die Pantothensäure die Bedeutung eines Vitamins, während sie für den pflanzlichen Organismus die Rolle eines Biosstoffes spielt.

Der sog. Filtratfaktor = Hühnchenantidermatitisfaktor hat sich als identisch mit der Pantothensäure erwiesen; sehr wahrscheinlich ist die Pantothensäure auch identisch mit dem das Wachstum der Ratten fördernden Filtratfaktor.

Wirkungsmechanismus. Die Pantothensäure ist ein Bestandteil des Coenzyms A bzw. des am Schwefel acetylierten Coenzyms A, der „aktivierten Essigsäure", und nimmt so eine zentrale Stellung im intermediären Stoffwechsel ein. Folgendes Schema zeigt die Umsatzmöglichkeiten:

Milchsäure ⇆ Brenztraubensäure ⇆ Alanin
⇅
Acetylierungen ← CoA—S—CO—CH_3 ⇌ Acetessigsäure ← β-Oxydation-Fettsäuren
⇅
Oxalessigsäure
⇅
Citronensäure

Mangelerscheinungen. Am Küken Wachstumsstillstand, Dermatitis und Federdepigmentation, an der Ratte ebenfalls Wachstumsstillstand und Motilitätsstörungen im Magen-Darm-Kanal mit Schleimhautatrophie und Blutungen in der Nebenniere. Ähnliche Erscheinungen werden auch beim Hund beobachtet. Hier tritt Verfettung der Leber hinzu. Beim Menschen ist kein ausgesprochenes Mangelsymptom bekannt, doch werden Störungen der Nebennierenrinde und Paraesthesien in den peripheren Körperpartien, wie sie beim Burning-feet-Syndrom bei Mangelernährung im spanischen Bürgerkrieg und in Ostasien beobachtet wurden, mit Pantothensäuremangel in Zusammenhang gebracht.

Anwendung. Meist als Calciumsalz. – Bei Lebererkrankungen (Leberschutztherapie), bei chronischen entzündlichen Erkrankungen des Magen-Darm-Kanals und der Luftwege, beim „Burning-feet-Syndrom", bei allergischen Dermatosen und varicösen Ulcera. Zur Förderung der Wundheilung bei Brand- und Schürfwunden und Geschwüren.

Calcium pantothenicum DAB 7 – DDR, ÖAB 9, Helv. V – Suppl. III. Calcium-D-pantothenat DAB 7 – BRD. Calcium Pantothenate USP XVII. Pantothénate de Calcium CF 65. Calciumpantothenat. Pantothensaures Calcium. Dextro Calcium Pantothenate.

Darunter wird in allen Fällen das Calciumsalz des D-N-(α,γ-Dihydroxy-β,β-dimethylbutyryl)-β-alanins verstanden.

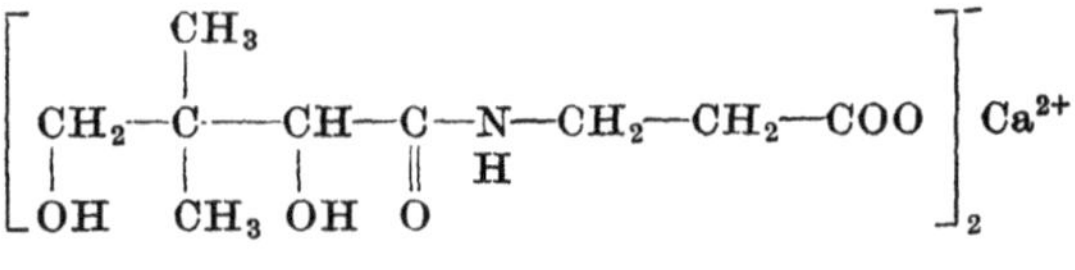

$C_{18}H_{32}CaN_2O_{10}$ M.G. 476,54

Herstellung s. Pantothensäure.

Eigenschaften. Schwach hygroskopisches, weißes, geruchloses Pulver von bitterem Geschmack. Es ist an der Luft stabil. Wäßrige Lösungen reagieren gegen Lackmus neutral oder schwach alkalisch (pH 7 bis 9). 1 g löst sich in etwa 3 ml W.; löslich in Glycerin, praktisch unlöslich in A., Chlf. und Ae. Fp. 194 bis 200° (DAB 7 – DDR), 194 bis 200°, im Kapillarröhrchen unter Zers. (ÖAB 9), 190 bis 195° (Ph.Helv. V – Suppl. III).

Optisches Drehungsvermögen:

$[\alpha]_D^{20°}$ = + 26,0 bis +28,0° (bestimmt mit der getrockneten Substanz, c = 5, in W.) (ÖAB 9)

$[\alpha]_D^{20°}$ = + 25,5 bis 27,5° (berechnet auf die getrocknete Substanz, c = 5,0) (DAB 7 – BRD)

$[\alpha]_D^{20°}$ = + 25,0 bis +27,5° (zur Bestimmung wird 1,0000 g getrocknete Substanz in W. zu 20,00 ml gelöst) (DAB 7 – DDR, analog USP XVII)

$[\alpha]_D^{20°}$ = + 26 bis 27,5° (wäßrige, 4%ige Lösung, bezogen auf die getrocknete Substanz) (CF 65)

$[\alpha]_D^{20°}$ = + 25,0 bis +27,0° (dementsprechend darf der Drehungswinkel, ermittelt an 1,250 g getrockneter Substanz, gelöst in W. zu 50 ml bei 20° im 200-mm-Rohr bestimmt, nicht weniger als +1,25° und nicht mehr als +1,35° betragen) (Helv. V – Suppl. III).

Erkennung. 1. Die Mischung von 1,0 ml Prüflösung (1,50 g Substanz zu 30,0 ml W.), 4,0 ml W. und 3,0 ml n Salzsäure wird im Wasserbad 20 Min. lang erhitzt. Der abgekühlten Lösung werden 2,0 ml Hydroxylaminhydrochloridlösung und 7,0 ml n Kalilauge hinzugefügt. Nach 5 Min. wird mit 4,5 ml n Salzsäure versetzt. 1,0 ml dieser Lösung gibt nach dem Verdünnen mit 1,0 ml W. auf Zusatz von 6 Tr. Eisen(III)-chloridlösung eine tiefweinrote Färbung (DAB 7 – BRD, ähnlich CF 65). – 2. Eine Lösung von etwa 10 mg Substanz in 1 ml W. färbt sich auf Zusatz von 1 Tr. Eisen(III)-chloridlösung bräunlich-gelb. Beim Erhitzen wird die Lösung intensiv gelbbraun (ÖAB 9). – 3. Erhitzt man etwa 10 mg Substanz mit 1,0 ml n Natronlauge etwa 1 Min. lang zum Sieden und fügt hierauf 1,1 ml n Salzsäure hinzu, so färbt sich die Lösung nach dem Abkühlen auf Zusatz von 1 Tr. Eisen(III)-chloridlösung zitronengelb (ÖAB 9, ähnlich DAB 7 – DDR, Helv. V – Suppl. III, USP XVII). – 4. Eine Lösung von etwa 10 mg Substanz in 2 ml verd. Natronlauge färbt sich auf Zusatz von 3 Tr. Kupfersulfatlösung tiefblau (ÖAB 9, ähnlich DAB 7 – BRD, DAB 7 – DDR, CF 65, Helv. V – Suppl. III). – 5. Versetzt man eine Lösung von etwa 10 mg Substanz in 1 ml W. vorsichtig mit 3 ml konz. Schwefelsäure und erhitzt, bis sich reichlich kleine Gasbläschen bilden, so färbt sich die Lösung auf Zusatz von einigen mg Guajakolcarbonat violettrot (ÖAB 9). – 6. Das als KBr-Preßling gemessene IR-Spektrum der 3 Std. lang bei 105° getrockneten Substanz muß mit dem analog gemessenen Spektrum des USP-Reference-Standards übereinstimmen (USP XVII). – 7. Die Substanz gibt eine positive Calciumreaktion.

Prüfung. Nach ÖAB 9: 1. Aussehen der Lösung: Eine Lösung von 1 T. Substanz in 9 T. CO_2-freiem W. muß klar und farblos sein. – 2. Freies Alkali, freie Säure: 5 ml der Lösung (1 + 9) müssen auf Zusatz von 1 Tr. Phenolphthaleinlösung farblos bleiben und sich bei darauffolgendem Zusatz von 0,30 ml 0,01 n Natronlauge rosa färben. – 3. Chlorid: In einer Mischung von 1 ml der Lösung (1 + 9) und 9 ml W. darf Chlorid nicht nachweisbar sein. – 4. Schwermetalle: In einer Mischung von 1 ml der Lösung (1 + 9) und 9 ml W. dürfen Schwermetalle nicht nachweisbar sein. – 5. Alkaloide: Eine Mischung von 4 ml der Lösung (1 + 9) und 1 ml verd. Salzsäure darf auf Zusatz von 2 Tr. MAYERS Reagens nicht getrübt werden. – 6. Trocknungsverlust: Höchstens 3,0%. – Trocknungsverlust nach USP XVII: Höchstens 5%, nach DAB 7 – BRD: Höchstens 5%, nach DAB 7 – DDR sowie CF 65: Höchstens 2%. – Nach DAB 7 – DDR: zusätzlich: 7. Sulfat: 10,0 ml Prüflösung dürfen höchstens 0,01% SO_4^{2-} enthalten. Nach Helv. V – Suppl. III: zusätzlich: 8. Bariumionen: 4 ml Stammlösung (1,25 g auf 50,00 ml) werden mit 2 ml Gipswasser versetzt, wobei innerhalb 5 Min. weder ein Niederschlag noch eine Trübung entstehen dürfen.

Gehaltsbestimmung. Eine Kjeldahl-Bestimmung zur Ermittlung des Stickstoffgehaltes und eine komplexometrische Bestimmung des Calciumgehaltes bringen USP XVII, DAB 7 – DDR und CF 65. Im DAB 7 – BRD ist lediglich die komplexometrische Ca-Bestimmung aufgeführt. Das ÖAB 9 und die Helv. V – Suppl. III bringen außer der komplexometrischen Ca-Bestimmung eine Formoltitration der hydrolysierten Substanz.

Kjeldahl-Bestimmung. Nach USP XVII: Etwa 500 mg 3 Std. bei 105° getrocknete Substanz werden genau gewogen und unter den üblichen Bedingungen im Kjeldahl-Kolben naß verascht. Der überdestillierte Ammoniak wird in überschüssiger 0,1 n Salz- oder Schwefelsäure aufgefangen und der Säureüberschuß mit 0,1 n Lauge zurücktitriert. 1 ml 0,1 n Mineralsäure entspricht 1,401 mg Stickstoff. Forderung: Mindestens 5,7%, höchstens 6,0%.

Komplexometrische Calciumbestimmung. DAB 7 – BRD: 0,60 g Substanz, genau gewogen, werden in 150 ml W. gelöst. Nach Zusatz von 5,00 ml 0,1 m Zinksulfatlsg., 10,0 ml Ammonium-Pufferlsg. I und 70 mg Chromschwarz-Mischindikator wird mit 0,1 m Natrium-ÄDTA-Lsg. bis zum Umschlag nach Grün titriert. Aus der Differenz zwischen dem Verbrauch an 0,1 m Natrium-ÄDTA-Lsg. und der vorgelegten Menge an 0,1 m Zinksulfatlsg. wird der Gehalt berechnet. 1 ml 0,1 m Natrium-ÄDTA-Lsg. entspricht 4,008 mg Ca^{2+}, daraus berechnet 47,65 mg $C_{18}H_{32}CaN_2O_{10}$. Der gefundene Gehalt muß zwischen 97,5 und 102,5% liegen.

Formoltitration. Nach ÖAB 9: 0,2383 g getrocknete Substanz werden in 10 ml W. gelöst und nach Zusatz von 1 ml verd. Natronlauge 30 Min. lang unter Rückflußkühlung gekocht. Hierauf fügt man 2 Tr. Methylrotlösung hinzu, versetzt tropfenweise mit 2 n Salzsäure bis zum Farbumschlag nach Rot, fügt noch weitere 0,2 ml n Salzsäure hinzu und erhitzt 1 Min. lang zum Sieden. Nach dem Abkühlen neutralisiert man mit 0,1 n Natronlauge gegen Phenolphthalein, fügt sodann 10 ml gegen Phenolphthalein neutralisierte Formaldehydlösung hinzu und titriert hierauf mit 0,1 n Natronlauge auf deutlich Rot. Zur Erkennung des Endpunktes verwendet man zweckmäßigerweise eine Vergleichslösung aus 15 ml W., 10 ml der neutralisierten Formaldehydlösung, 2 Tr. Methylrotlösung, so viel Phenolphthaleinlösung, als der Probe zugesetzt wurde und 0,20 ml 0,1 n Natronlauge. Für die angegebene Einwaage müssen 9,50 bis 10,10 ml 0,1 n Natronlauge verbraucht werden, entsprechend 95,0 bis 101,0% d. Th.

1 ml 0,1 n Natronlauge entspricht 23,83 mg $(C_9H_{16}O_5N)_2Ca$ oder 1 g Calciumpantothenat entspricht 41,97 ml 0,1 n Natronlauge.

Aufbewahrung. In dicht schließenden Gefäßen.

Unverträglichkeiten. Alkalien und Säuren, Sulfate, Phosphate, Carbonate und Salze von Säuren, deren Ca-Salze schwer löslich sind.

Veränderlichkeit. Die Substanz zersetzt sich beim Erhitzen unter Ammoniakabspaltung (Helv. V – Suppl. III).

Standardisierung.

1 I.E. ist nicht festgelegt.
1 Hühncheneinheit = 14 mcg Pantothensäure
1 Hefewachstumseinheit = 0,08 mcg Calciumpantothenat
1 Coenzym-A-Einheit = 0,7 mcg gebundene Pantothensäure.

Dosierung. ÖAB 9: Gebräuchliche Einzeldosis: 0,005 bis 0,02 g. USP XVII: Übliche Dosis: 10 mg; üblicher Dosierungsbereich: 10 bis 50 mg.

Entkeimung. ÖAB 9: Durch Erhitzen im gesättigten Wasserdampf im Autoklaven bei 110°, während 30 Min., bei einem pH von 5 bis 7.

Racemic Calcium Pantothenate USP XVII.

Strukturformel s. Calcium pantothenicum.

$C_{18}H_{32}CaN_2O_{10}$ M.G. 476,54

Racemisches Calciumpantothenat ist ein Gemisch der Calciumsalze der links- und rechtsdrehenden Pantothensäure. Es enthält mindestens 45% D-Calciumpantothenat, berechnet auf die getrocknete Substanz.

Die physiologische Aktivität der Substanz entspricht etwa der Hälfte der Aktivität der rechtsdrehenden Form.

Eigenschaften. Weißes, schwach hygroskopisches Pulver, geruchlos, von bitterem Geschmack, luftbeständig. Die wäßrige Lösung reagiert gegen Lackmus neutral bis schwach alkalisch. Die Substanz ist optisch inaktiv. Löslichkeit: Leicht löslich in W., löslich in Glycerin, praktisch unlöslich in A., Chloroform und Ae.

Erkennung s. Calcium pantothenicum.

Prüfung. a) Alkalität: 1,00 g Substanz werden in 15 ml CO_2-freiem W. gelöst. Sobald die Substanz gelöst ist, fügt man 1,6 ml 0,1 n Salzsäure und 0,05 ml Phenolphthaleinlösung hinzu und mischt. Innerhalb von 5 Sek. darf keine rosa Färbung entstehen. – b) Trocknungsverlust: Höchstens 5%, wenn die Substanz 3 Std. lang bei 105° getrocknet wird. – c) Schwermetalle: Höchstens 20 T. pro Million. Dazu wird 1 g Substanz in 20 ml W. gelöst, mit 1 ml 1 n Salzsäure versetzt und auf 25 ml verdünnt.

Gehaltsbestimmung s. Calcium pantothenicum.

Aufbewahrung s. Calcium pantothenicum.

Dosierung. Übliche Dosis: 20 mg (entsprechend 10 mg D-Calciumpantothenat); üblicher Dosierungsbereich: 20 bis 100 mg.

Pantothenolum DAB 7 – DDR, ÖAB 9, Nord. 63. Pantothenylalkohol. Dexpanthenolum. Pantothenol.

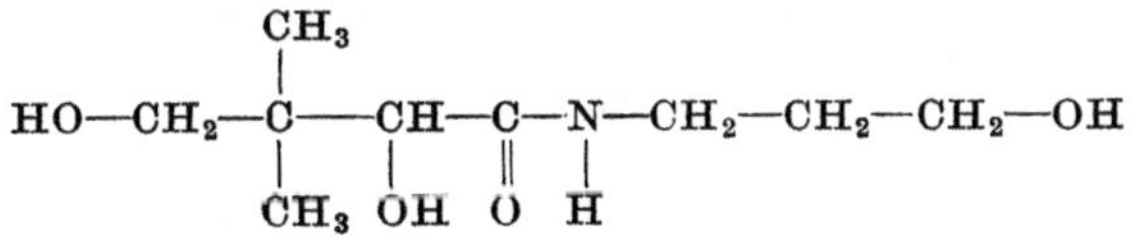

$C_9H_{19}NO_4$ M.G. 205,26

D(+)-N-(α,γ-Dihydroxy-β,β-dimethyl-butyryl)-γ-amino-n-propanol

Herstellung. Durch Umsetzung von Propanolamin mit optisch aktivem α,γ-Dihydroxy-β,β-dimethylbutyrolacton. Schweiz. Pat. 227706, Brit.Pat. 582, 156, US-Pat. 2413077.

Eigenschaften. Klare, farblose, hochviskose Flüssigkeit, schwach hygroskopisch, ohne Geruch, von bitterem Geschmack. Leicht löslich in W. oder A., mäßig löslich in Ae., löslich in 100 T. Chloroform. Dichte: ϱ = ca. 1,2 (Nord. 63).

Brechungsindex:

$n_D^{20°}$ = 1,496 bis 1,498 (ÖAB 9, DAB 7 – DDR),

n_D = 1,497 bis 1,501 (Nord. 63).

Optisches Drehungsvermögen:

$[\alpha]_D^{20°} = +29{,}0$ bis $+30{,}0°$

(bestimmt mit der getrockneten Substanz, $c = 5$, W. als Lösungsmittel) (ÖAB 9 u. DAB 7 – DDR)

$[\alpha]_D = +29{,}0$ bis $+32{,}0°$

(bestimmt für eine 2%ige, wäßrige Lösung; $\alpha_D = +1{,}16$ bis $+1{,}28°$, 200-mm-Rohr) (Nord. 63).

Erkennung. 1. Eine Lösung von etwa 5 mg Substanz in 1 ml W. färbt sich auf Zusatz von 1 Tr. Eisen(III)-chloridlösung zitronengelb (ÖAB 9, DAB 7 – DDR). – 2. 2 ml Prüflösung (0,50 g Substanz in 50 ml W.) werden mit 5 Tr. 2 n Natronlauge versetzt und 1 Min. lang erhitzt. Nach dem Abkühlen wird die Lösung mit 6 Tr. 2 n Salzsäure und 1 Tr. 0,1 m Eisen(III)-chloridlösung versetzt. Es entsteht eine kräftig gelbe Färbung (Nord. 63). – 3. Versetzt man eine Lösung von etwa 10 mg Substanz in 2 ml verd. Natronlauge mit 3 Tr. Kupfersulfatlösung, so färbt sich die Lösung tiefblau (ÖAB 9, ähnlich DAB 7 – DDR). – 4. Versetzt man eine Lösung von etwa 10 mg Substanz in 1 ml W. vorsichtig mit 3 ml konz. Schwefelsäure und erhitzt, bis sich reichlich kleine Gasbläschen bilden, so färbt sich die Lösung auf Zusatz von einigen mg Guajakolcarbonat violettrot (ÖAB 9). – 5. Erwärmt man etwa 10 mg Substanz mit 2 ml verd. Natronlauge und 5 Tr. Chloroform, so tritt nach einiger Zeit der charakteristische, widerliche Isonitrilgeruch auf (ÖAB 9). – 6. 5 Tr. Prüflösung (s. o.) werden mit 1 ml 2 n Salzsäure versetzt und 1 Min. lang gekocht. Nach dem Abkühlen versetzt man die Lösung mit ca. 0,01 g Hydroxylaminhydrochlorid und 1,5 ml 2 n Natronlauge. Nach 2minütigem Stehen zeigt die Lösung auf Zusatz von 0,6 ml 2 n Salzsäure und 1 Tr. 0,1 m Eisen(III)-chloridlösung eine rotviolette Farbe (Nord. 63).

Prüfung. Nach ÖAB 9: 1. Aussehen der Lösung: Die wäßrige Lösung (1 + 19) muß klar und farblos sein. – 2. Freies Alkali: 5 ml der Lösung (1 + 19) dürfen zur Neutralisation gegen Phenolphthalein nicht mehr als 0,20 ml 0,1 n Salzsäure verbrauchen. – 3. Chlorid: In einer Mischung von 2 ml der Lösung (1 + 19) und 8 ml W. darf Chlorid nicht nachweisbar sein. – 4. Sulfat: In der Lösung (1 + 19) darf Sulfat nicht nachweisbar sein. – 5. Schwermetalle: In einer Mischung von 2 ml der Lösung (1 + 19) und 8 ml W. dürfen Schwermetalle nicht nachweisbar sein. – 6. Trocknungsverlust: Höchstens 2%. – 7. Verbrennungsrückstand: Höchstens 0,1%. – Nord. 63: zusätzlich: 8. Saure Verunreinigungen: 10 ml der frisch bereiteten Prüflösung (s. o.) zeigen nach dem Versetzen mit 0,1 ml 0,01 n Natronlauge und 2 Tr. Phenolphthaleinlösung eine rote Farbe. Nach dem Versetzen mit 1,1 ml 0,01 n Salzsäure und 5 Tr. Methylrotlösung muß die Lösung rot oder orange gefärbt sein.

Gehaltsbestimmung. DAB 7 – DDR und ÖAB 9 lassen nach dem Verseifen der Substanz und dem Neutralisieren eine Formoltitration ausführen.

Arbeitsweise des DAB 7 – DDR: 0,2000 g Substanz werden in einem 100-ml-Rundkolben mit Normalschliff in 10,0 ml W. gelöst. Die Lösung wird nach Zusatz von 1,00 ml 3 n Natronlauge unter Rückflußkühlung 30 Min. im Sieden gehalten und nach dem Erkalten mit 2 Tr. Methylrot sowie mit n Salzsäure bis zum Farbumschlag versetzt. Die Lösung wird nach Zusatz von weiteren 0,20 ml n Salzsäure 60 Sek. im Sieden gehalten und nach dem Erkalten und Zusatz von 2 Tr. Phenolphthalein mit 0,1 n Kalilauge bis zum Farbumschlag über Gelb nach Rosa versetzt. Danach werden 10,0 ml Formaldehyd-Lsg. zugegeben. Die Lösung wird mit 0,1 n Kalilauge titriert, bis sie die Färbung der Mischung aus 10,0 ml Formaldehyd-Lsg., 15,0 ml W., 2 Tr. Methylrot (I), 2 Tr. Phenolphthalein und 0,20 ml 0,1 n Kalilauge zeigt.

Berechnung: $\% \text{ Pantothenol} = \frac{a \cdot 205{,}3}{Ew \cdot (100 - b)}$.

a = Anzahl ml verbrauchter 0,1 n Kalilauge, b = Wassergehalt in Masseprozent, Ew = Einwaage der Substanz in Gramm.

1 ml 0,1 n Natron- bzw. Kalilauge entspricht 20,53 mg $C_9H_{19}NO_4$. 1 g Pantothenylalkohol entspricht 48,72 ml 0,1 n Lauge.

Nach Nord. 63 wird eine Titration im wasserfreien Milieu durchgeführt: 0,1000 g Substanz werden 20 Min. lang unter Rückfluß mit 10,00 ml 0,1 n Perchlorsäure erhitzt. Nach dem Abkühlen gibt man durch den Rückflußkühler 20 ml Dioxan zu. Das Gemisch wird nach dem Versetzen mit 5 Tr. Kristallviolettlösung mit 0,1 n Natriumacetatlösung bis zur Violettfärbung zurücktitriert (Feinbürette). 1 ml 0,1 n Perchlorsäure entspricht 20,53 mg $C_9H_{19}NO_4$. 1 g Pantothenylalkohol entspricht 48,72 ml 0,1 n Perchlorsäure.

Aufbewahrung. In dicht schließenden Gefäßen.

Unverträglichkeiten. Saure oder basische Stoffe (Spaltung), Oxydantien.

Sterilisation. ÖAB 9: Im Autoklaven, durch Erhitzen im gesättigten Wasserdampf, bei 110°, 30 Min. lang, pH: 3 bis 5. Nord. 63: bei 100°, 20 Min. lang, pH: 4 bis 7.

Wäßrige Lösungen können auf übliche Weise durch Erhitzen sterilisiert werden; eine Racemisierung tritt erst bei längerem Erhitzen ein. Die Stabilität ist im allgemeinen größer im sauren Gebiet als im alkalischen.

Dosierung. ÖAB 9: Gebräuchliche Einzeldosis: 0,1 g.

Handelsform: Bepanthen (Hoffmann-La Roche).

Nicotinamidum DAB 7 – DDR, PI.Ed. I/1, Nord. 63, Ross. 9. Nicotinsäureamid DAB 7 – BRD. Nicotinamide BP 63, CF 65. Nicotinylamidum ÖAB 9. Nicotinoylamidum. Niacinamide USP XVII. Niacinamidum CsL 2. Nicotylamidum Helv. V – Suppl. I. Nicotinamid. Nicotinsäureamid. Vitamin PP. Pellagraschutzfaktor. PP-Faktor. Pellagra preventive factor. Pyridinum aminocarbonicum.

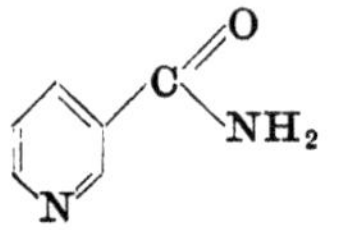

$C_6H_6N_2O$ M.G. 122,13

Pyridin-3-carbonsäureamid

Geschichtliches. GOLDBERGER u. Mitarb. (1925) sowie SPIES (1935) zeigten, daß Pellagra eine Avitaminose ist und durch Hefeextrakte verhütet und geheilt werden kann. Das wirksame Prinzip erhielt den Namen „Pellagra-preventive-(PP-)Faktor". Es konnte auch gezeigt werden, daß die „schwarze Zunge" sowie Haut- und Schleimhautgeschwüre, die bei Hunden durch Mangeldiät erzeugt werden können, auf den gleichen Faktor ansprechen. 1937 isolierten ELVEHJEM u. Mitarb. das wirksame Agens aus Leber und identifizierten es als Nicotinsäureamid. (Nicotinsäure selbst ist schon von FUNK 1911 aus Reisschalen und Hefe dargestellt worden.)

Vorkommen. Nicotinsäureamid ist in der Natur weit verbreitet. Sie tritt in der Tier- und Pflanzenwelt in freier und in gebundener Form auf. Besonders nicotinamidreich sind Hefen und Pilze, ferner einige tierische Organe, wie Herzmuskel, Niere und Leber.

100 g Substanz enthalten	mg Nicotinamid	100 g Substanz enthalten	mg Nicotinamid
Fischprodukte:		Säugetierprodukte:	
Thunfisch	10–15	Kalbfleisch	6–12
Kabeljau	2–2,5	Rindfleisch	4–10
Heringe	3–5	Rinderleber	12–25
Dorsch	1,5–2	Rinderhirn	3–6

100 g Substanz enthalten	mg Nicotinamid
Säugetierprodukte:	
Rinderniere	7–17
Schweinefleisch	3–9
Schweineleber	10–25
Schweineniere	7–18
Kuhmilch (Vollmilch)	0,02–0,12
Frauenmilch	0,12–0,22
Käse (Vollfett)	1–1,6
Hühnerprodukte:	
Eiklar:	0,005–0,01
Gemüse:	
Kartoffeln (roh)	0,4–1,2
Zwiebeln (frisch)	ca. 0,1
Weißkohl	0,2–0,4
Tomaten	0,3–1,0
Spinat	0,4–1,7
Pilze	ca. 65
Linsen (getrocknet)	ca. 2,6
Karotten	0,3–0,5
Grünkohl	ca. 0,2
Erbsen (getrocknet)	2,5–3,6
Erbsen (frisch, grün)	1,5–3,3
Bohnen (weiß)	0,8–3,6
Bohnen (grün)	0,9–2,5

100 g Substanz enthalten	mg Nicotinamid
Obst:	
Äpfel	0,05–0,6
Bananen	0,6–0,7
Kirschen	0,1–0,2
Apfelsinen	0,2–0,3
Pfirsiche	ca. 1,0
Pflaumen	ca. 0,5
Walnüsse	1,0–1,2
Getreide:	
Gerste (Korn)	5,5–6,5
Hafer (enthülstes Korn)	ca. 1,1
Reis (Vollkorn)	2,5–5,5
Reis (poliertes Korn)	1,4–1,9
Reiskleie	20–100
Maiskorn	1,6–2,4
Roggen (Vollkorn)	1,0–4,0
Roggenkeime	ca. 2,3
Weizen (Vollkorn)	4,8–10,6
Weizenkeime	2,2–5,4
Verschiedenes:	
Preßhefe	40–50
Röstkaffee	2–10
Weizenmehl (75%)	0,8–1,0
Weizenvollkornbrot	ca. 4
Roggenbrot (dunkel)	ca. 2

Herstellung. Herstellung der Nicotinsäure s. S. 974.

Die drei wichtigsten Darstellungsmethoden des Amids sind:

1. Umsetzung der Nicotinsäure mit Thionylchlorid und Behandeln des erhaltenen Säurechlorids mit Ammoniak:

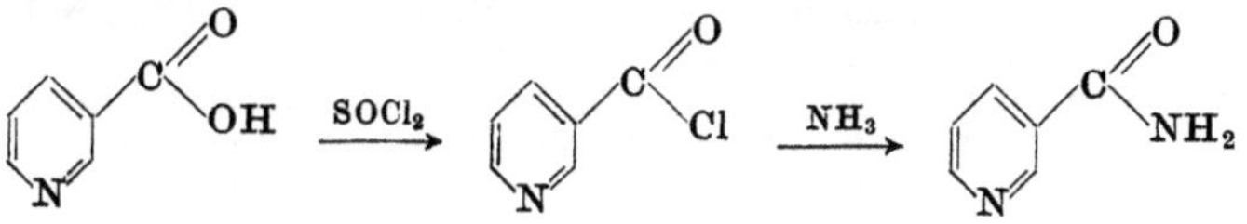

2. Aus Nicotinsäureestern durch Umsetzung mit Ammoniak:

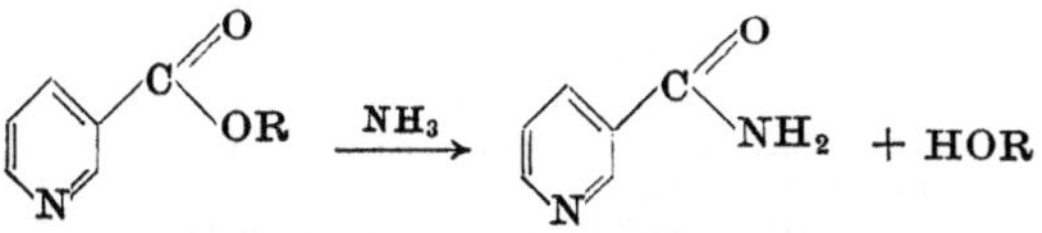

3. Aus Nicotinsäurenitril durch partielle Hydrolyse:

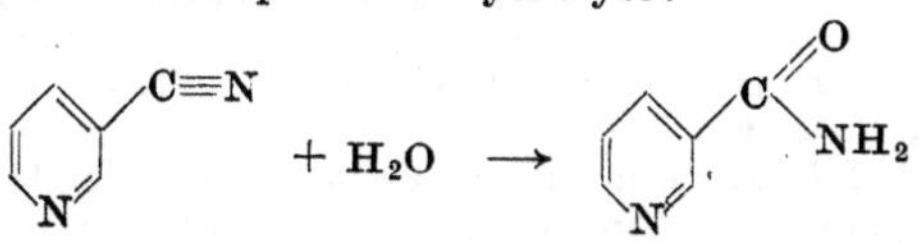

Eigenschaften. Weißes, geruchloses, kristallines Pulver, von kühlendem und bitterem Geschmack oder verfilzte, glänzende Nadeln mit den gleichen Eigenschaften. Löslichkeit: Löslich in etwa 2 T. W., in etwa 4 T. A., in etwa 10 T. Glycerin, wenig löslich in Ae. oder Chloroform. Fp. 128 bis 131° (USP XVII, Ross. 9, BP 63, DAB 7 – DDR), 128 bis 130° (CF 65), 127 bis 131° (Nord. 63), 128 bis 132° (DAB 7 – BRD), 126 bis 128° (Helv. V – Suppl. I).

Erkennung. 1. Beim Erhitzen von 0,10 g Substanz mit 5,0 ml Natronlauge entwickelt sich der Geruch von Ammoniak (DAB 7 — BRD, ähnlich Helv. V – Suppl I, ÖAB 9, DAB 7 – DDR, BP 3, CF 65, Ross. 9, USP XVII). – 2. Beim Erhitzen von 0,10 g Substanz und 0,10 g getrocknetem Natriumcarbonat entwickelt sich der Geruch von Pyridin (DAB 7 – BRD, ähnlich ÖAB 9, DAB 7 – DDR, Ross. 9, CF 65). – 3. 0,010 g einer Verreibung von 1 T. Substanz und 2 T. 2,4-Dinitrochlorbenzol werden in einem Reagensglas einige Sekunden lang geschmolzen. Die erkaltete Schmelze wird mit 2,0 ml weingeistiger 0,5 n Kalilauge gelöst; es entsteht eine tiefrote Färbung (DAB 7 – BRD, ähnlich DAB 7 – DDR,

Helv. V – Suppl. I). – 4. Versetzt man die bei der Prüfung 1. erhaltene Lösung mit 1 Tr. Phenolphthaleinlösung und fügt hierauf verd. Schwefelsäure bis zur Entfärbung hinzu, so gibt die erhaltene Lösung mit Kupfersulfatlösung einen hellblauen, kristallinen Niederschlag (ÖAB 9). – 5. 2 ml einer 0,1%igen, wäßrigen Lösung werden mit 6 ml einer Bromcyanlösung und 1 ml einer 2,5%igen Anilinlösung versetzt. Es entsteht eine goldgelbe Farbe (BP 63, ähnlich CF 65, wobei Sulfanilamid anstelle von Anilin verwendet wird). – 6. Die Prüflösung (5%ig) gibt auf Zusatz von 0,04 m-Pikrinsäurelösung einen Niederschlag von Nicotinamidpikrat, der nach dem Auswaschen mit W. und Trocknen bei 105° zwischen 192 und 196° schmilzt (Nord. 63). – 7. Etwa 20 mg Substanz werden in Wasser zu 1 Liter gelöst. Man mißt die Lichtabsorption bei 245 und 262 mμ in der 1-cm-Küvette, wobei W. als Vergleichsflüssigkeit verwendet wird. Das Verhältnis der Absorptionen bei 245 und 262 mμ muß zwischen 0,63 und 0,67 liegen (USP XVII).

Prüfung. Nach DAB 7 – BRD: 1. Aussehen der Lösung: 5,0 ml Prüflösung (2,00 g Substanz in 20,0 ml W.) müssen klar und farblos sein. – 2. Sauer reagierende Verunreinigungen: 0,25 g Substanz werden in 10 ml frisch ausgekochtem und wieder abgekühltem W. gelöst und mit 2 Tr. Phenolphthaleinlösung versetzt. Bis zur Rosafärbung dürfen höchstens 0,10 ml 0,1 n Natronlauge verbraucht werden. – 3. Schwermetallionen: Höchstens 0,003%, berechnet als Pb^{2+}. – 4. Sulfationen: Höchstens 0,01% SO_4^{2-}. — 5. Fremde organische Stoffe: 0,050 g Substanz werden in 5,0 ml Schwefelsäure gelöst. Nach 15 Min. darf die Lösung nicht stärker gefärbt sein, als eine Mischung von 0,20 ml Eisen(III)-chlorid-Lsg. III, 0,20 ml Kobalt(II)-chlorid-Lsg., 0,20 ml Kupfer(II)-sulfat-Lsg. II und 4,40 ml Salzsäure (1%ig). – 6. Trocknungsverlust: Höchstens 0,5%, bei 100 bis 105° bis zum konstanten Gewicht getrocknet. – 7. Sulfatasche: Höchstens 0,1%. – Zusätzlich: Nach ÖAB 9: 7. Freies Alkali und freie Säure: 10 ml der Lösung (1 + 9) müssen auf Zusatz von 2 Tr.Phenolphthaleinlösung farblos bleiben und sich bei darauffolgendem Zusatz von 0,10 ml 0,1 n Natronlauge rot färben. – 8. Chlorid: In einer Mischung von 5 ml der Lösung (1 + 9) und 5 ml W. darf Chlorid nicht nachweisbar sein. – Nach DAB 7 – DDR: 9. Nitroverbindungen: 5,0 ml Prüflösung (10%ig in CO_2-freiem W.) dürfen nach Zusatz von 4,0 ml W. und 1,00 ml 6 n Natronlauge keine stärkere Färbung zeigen als 10,0 ml der Mischung aus 1,0 ml Eisen-FL, 0,200 ml Kobalt-FL, 0,200 ml Kupfer-FL und 98,6 ml 0,5 n Salzsäure. – Nach Helv. V – Suppl. I: 10. In der Stammlösung dürfen u. a. Nitrat und Arsen nicht vorhanden sein. Nach Nord. 63 wird außerdem mit Hilfe einer Formoltitration auf Ammoniak geprüft.

Gehaltsbestimmung. Titrationen im wasserfreien Milieu sind beschrieben in ÖAB 9, USP XVII, DAB 7 – DDR, DAB 7 – BRD und Nord. 63.

Nach BP 63, Ross. 9, CF 65, Helv. V – Suppl. I und PI.Ed. I/1 wird die Einwaage mit Natronlauge verseift und der entstandene Ammoniak nach Art einer Kjeldahl-Bestimmung überdestilliert und alkalimetrisch erfaßt. CsL 2 läßt eine polarographische Gehaltsbestimmung durchführen.

Vorschrift des ÖAB 9: 0,1221 g getrocknete Substanz werden in 10 ml wasserfreier Essigsäure gelöst und nach Zusatz von 5 Tr. Gentianaviolettlösung mit 0,1 n Perchlorsäure-Essigsäurelösung auf Blaugrün titriert. Für die angegebene Einwaage müssen 9,85 bis 10,00 ml 0,1 n Perchlorsäure-Essigsäurelösung verbraucht werden, entsprechend 98,5 bis 100,0% d. Th. 1 ml 0,1 n Perchlorsäure entspricht 12,21 mg $C_6H_6N_2O$. 1 g Nicotinamid entspricht 81,88 ml 0,1 n Perchlorsäure.

Vorschrift des DAB 7 – DDR: 0,1000 g getrocknete Substanz wird in 10,0 ml wasserfreier Essigsäure gelöst. Nach Zusatz von 10,0 ml wasserfreiem Benzol, 1 Tr. Kristallviolett und 1 Tr. Malachitgrün wird die Lösung mit 0,1 n Perchlorsäure bis zum Farbumschlag nach Grün titriert (Feinbürette). Forderung: 98,5 bis 100,5%, berechnet auf die bei 105° getrocknete Substanz.

Vorschrift der PI.Ed. I/1 (die in ähnlicher Form auch in der USP XV(!) zu finden ist: 0,3 g Substanz werden genau gewogen, in 200 ml W. gelöst und mit 50 ml 30,0%iger (w/v)-Natriumhydroxidlösung versetzt. Das Ende des leistungsfähigen Kühlers wird in 40 ml 0,1 n Schwefelsäure getaucht, die Mischung 20 Min. gekocht und dann etwa 200 ml überdestilliert. Nach dem Erkalten gibt man 75 ml W. hinzu und destilliert weitere 70 ml in dieselbe Vorlage über. Nach Zugabe einiger Tropfen Methylrotlösung wird mit 0,1 n Natronlauge titriert. Zur Korrektur wird ein Blindversuch ohne Nicotinamid durchgeführt. 1 ml 0,1 n Schwefelsäure entspr. 0,01221 g $C_6H_6N_2O$. BP 53 läßt die Bestimmung fast auf die gleiche Weise durchführen, gemäß Helv. V – Suppl. I und Dan. IX geht man von 0,25 g Nicotinamid aus: die Methoden unterscheiden sich durch geringfügige Änderungen der Destillations- und Vorlagevolumina.

Forderungen des Gehalts an $C_6H_6N_2O$ in der getrockneten Substanz: Mindestens 98,5% (PI.Ed. I/1, BP 53, USP XV, DAB 7 – BRD), mindestens 98,4% (Dan. IX), mindestens 99% (Helv. V – Suppl. I).

Aufbewahrung. Vor Licht geschützt, in dicht schließenden Gefäßen.

Unverträglichkeiten. Säuren und Basen (wirken spaltend) (Nord. 63).

Entkeimung. Nach ÖAB 9: Die Lösungen können durch Erhitzen im Autoklaven im ges. Wasserdampf während 20 Min. bei 120° sterilisiert werden.

Dosierung. Nach ÖAB 9: Gebräuchliche Einzeldosis: 0,015 bis 0,25 g. Nach USP XVII: Übliche Dosis: Oral oder parenteral: prophylaktisch 20 mg, therapeutisch 3- bis 10mal täglich 50 mg; üblicher Dosierungsbereich: bis zu 500 mg täglich. Nach BP 63: Bei i.v. Injektion: 50 bis 250 mg täglich.

Standardisierung. 1 I.E. oder andere Einheiten sind nicht festgelegt. Die Dosierung erfolgt in Gewichtseinheiten.

Biologische Funktionen und Mangelsymptome. Die Nicotinsäure bzw. das aus ihr entstehende Amid erfüllen ihre physiologische Funktion als prosthetische Gruppe von Fermenten, und zwar der Codehydrase I (Diphosphopyridinnucleotid = DPN = NAD), der Codehydrase II (Triphosphopyridinnucleotid = TPN = NADP) sowie verschiedener weiterer Dehydrasen. Diese Fermentgruppe funktioniert an verschiedenen Stellen des Stoffwechsels als Wasserstoffüberträger, so im Kohlenhydrat- und Eiweißab- und -aufbau. Die hydrierten Fermente geben ihren Wasserstoff entweder an Substrate oder an andere wasserstoffübertragende Fermente wie die gelben Fermente ab. Wie bei den gelben Fermenten wird der Ort der Reaktion im Stoffwechsel durch das Apoferment bestimmt.

Mangelerscheinungen: Nicotinsäureamidmangel hat bei Mensch und Tier schwere Stoffwechselstörungen zur Folge, die zu Veränderungen an Haut und Schleimhäuten sowie am peripheren und zentralen Nervensystem führen. Charakteristisch beim Hund ist die „schwarze Zunge", die als Test für Wirksamkeitsbestimmungen verwendet wird. Die menschliche Pellagra ist ebenfalls in erster Linie durch Nicotinsäuremangel bedingt, doch spielt in vielen Fällen auch das Fehlen von anderen Faktoren des B-Komplexes eine Rolle. Als wesentliche Krankheitserscheinungen sind zu nennen: Dermatitis mit Geschwürs- und Rhagadenbildung, vor allem an den dem Licht ausgesetzten Hautteilen, Zahnfleischentzündung, Inappetenz, Durchfälle, Nervosität, Angst- und Erregungszustände, Paraesthesien.

Schicksal im Organismus: Nicotinsäure wird im Organismus in das Amid umgewandelt und in der Leber gespeichert. Wesentlich ist aber, daß sie im Organismus selbst aufgebaut werden kann. Ihre Entstehung aus der Aminosäure Tryptophan kann heute auf folgendem Wege als gesichert gelten (s. dazu auch S. 685):

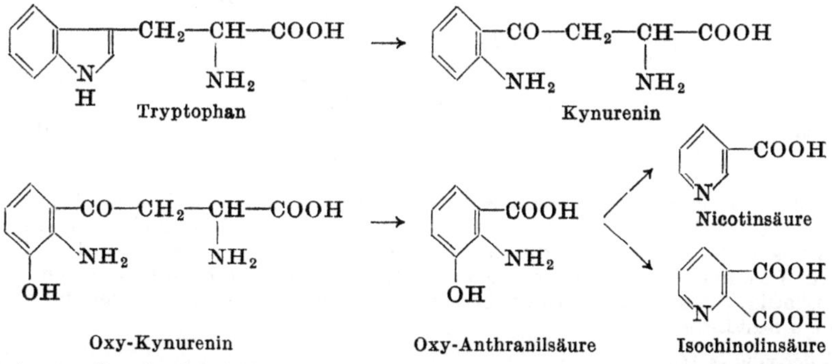

Tryptophanstoffwechsel bei Neurospora nach F. A. HASKINS u. H. K. MITCHELL.

Der gleiche Weg wie bei Neurospora führt auch im Warmblüterorganismus zur Nicotinsäure. Wahrscheinlich spielt als Ferment Pyridoxalphosphat eine Rolle. Die Wichtigkeit dieser Genese geht daraus hervor, daß Pellagra durch Zufuhr von Tryptophan geheilt werden kann. Dies erklärt auch, warum bei einseitiger Maisernährung Pellagra entstehen kann, da Mais nur sehr spärlich Tryptophan enthält.

Nicotinsäureamid wird im Harn zu 80% als N-Methyl-nicotinsäureamid und als N-Methylpyridonsäureamid ausgeschieden. Der Umbau zu Trigonellin ist nach neueren Anschauungen wenig wahrscheinlich.

Nicotinsäureamid wird auch von Darmbakterien synthetisiert, doch ist entweder die Menge zu gering oder die Resorption zu schlecht, so daß der Organismus offenbar auf die Eigensynthese angewiesen ist. Interessanterweise kann in den Codehydrasen Nicotinsäureamid ohne Wirkungsverlust durch andere Pyridinderivate, z. B. Nicotinsäurediäthylamid, Chinolinsäure, Pyrazin-mono- und -dicarbonsäure ersetzt werden.

Anwendung. Nicotinsäureamid wird außer bei echter Pellagra zur Behandlung von toxisch oder alimentär bedingten Hauterkrankungen, bei Enteritiden infolge Infektion, bei Alkoholismus, nach Magen-Darm-Operationen und nach Behandlung mit Chemotherapeutica angewandt. Hier handelt es sich in allen Fällen darum, den Nicotinsäureamidmangel, der durch Ausfall des von Darmbakterien stammenden Vitamins entsteht, zu ersetzen. Günstige Wirkungen wurden aber auch beobachtet bei Röntgenkater, Hyperemesis gravidarum und Perniones. Dies ist z. T. auf die ausgesprochen gefäßerweiternde Wirkung zurückzuführen, die Nicotinsäure außer ihren Vitamineigenschaften besitzt. Auf dieser Wirkung beruht auch die Anwendung bei vasomotorischen Kopfschmerzen und bei Durchblutungsstörungen der Netzhaut des Auges und der Coronargefäße (vgl. Acidum nicotinicum).

Handelsformen: Benicot (Hoffmann-La Roche), Niadon (Riedel de Haen), Nicobion (Merck), Niozymin (Zyma-Blaes, München).

Codehydrasen I und II.

Synonyma:

Codehydrase I = Codehydrogenase I = Diphosphopyridin-nucleotid = DPN = Nicotinamid-adenin-dinucleotid = NAD = Cozymase.

Codehydrase II = Codehydrogenase II = Triphosphopyridin-nucleotid = TPN = Nicotinamid-adenin-dinucleotid-phosphat = NADP.

Strukturformeln und Eigenschaften:

Codehydrase I.

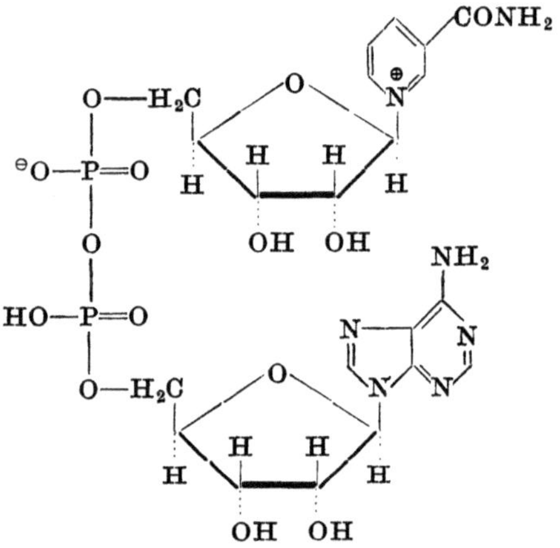

$C_{21}H_{27}N_7O_{14}P_2$ M.G. 663,45

Weiße, etwas hygroskopische Substanz, amorph, leicht löslich in W., unlöslich in A. und Aceton. Bildet mit Schwermetallen unlösliche Salze. Kristallisiert mit Chinin im Molverhältnis 2 : 3 und kann dadurch in reinem Zustand gewonnen werden. Konzentrierte wäßrige Lösungen sind in der Kälte einige Tage haltbar. Verdünnte wäßrige Lösungen sind unbeständig. Die wäßrigen Lösungen reagieren sauer und sind gegenüber Oxydationsmitteln ziemlich beständig.

Codehydrase II.

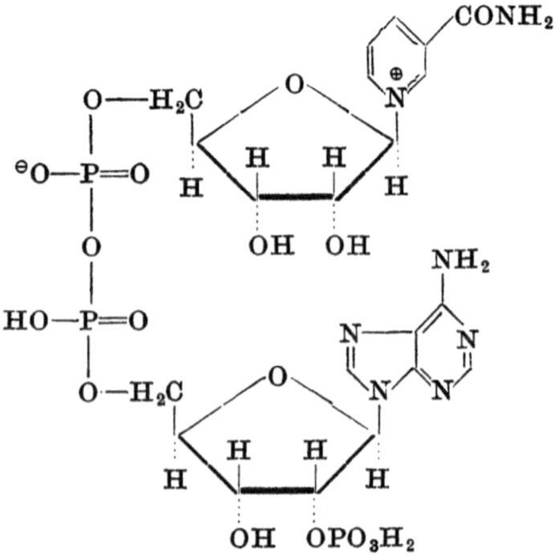

$C_{21}H_{28}N_7O_{17}P_3$ M.G. 743,43

Weißes, amorphes Pulver, leicht löslich in W., löslich in Methanol, unlöslich in A., Aceton, Essigester. Bildet mit Schwermetallen unlösliche Salze.

Die beiden Codehydrogenasen sind an vielen Reaktionen des tierischen Organismus beteiligt, die über fermentative Dehydrierungen ablaufen. Über die wichtigsten, heute bekannten Stoffwechselumsetzungen dieser Art gibt die folgende Tabelle Aufschluß (entnommen aus: Vitamine in der ärztlichen Praxis, E. Merck, Darmstadt 1959):

Angriffspunkt im Stoffwechsel	Katalysierte Reaktion	Benötigte Code-hydrogenase
Kohlenhydratstoffwechsel	Glucose ⇌ Gluconsäure	I, II
	Glucose-6-phosphorsäure ⇌ 6-Phosphogluconsäure	II
	Glycerinaldehydphosphorsäure ⇌ 1,3-Diphosphoglycerinsäure	I
	Äthylalkohol ⇌ Acetaldehyd	I
	Äpfelsäure ⇌ Oxalessigsäure	I
	Äpfelsäure ⇌ Brenztraubensäure + CO_2	II
	Milchsäure ⇌ Brenztraubensäure	I
	Isocitronensäure ⇌ Oxalbernsteinsäure	II
Fettstoffwechsel	β-Hydroxybuttersäure ⇌ Acetessigsäure	I
	Fettsäuren ⇌ Dehydrofettsäuren	II
Eiweißstoffwechsel	Glutaminsäure ⇌ Iminoglutarsäure	I, II
	Betainaldehyd ⇌ Betain	I
Hormonstoffwechsel	Testosteron ⇌ Androstendion	I
	Androsteron ⇌ Androstendion	I
	Oestradiol ⇌ Oestron	I
Vitaminstoffwechsel	Vitamin-A-aldehyd (= Retinen) ⇌ Vitamin A (Alkohol) (= Vitamin A)	I
Mineralstoffwechsel	Nitrit ⇌ Nitrat	II

Biotin USP XVII. Vitamin H. Hautvitamin. Coenzym R. Bios II. Bios IIb. Antiseborrhoisches Vitamin. β-Biotin.

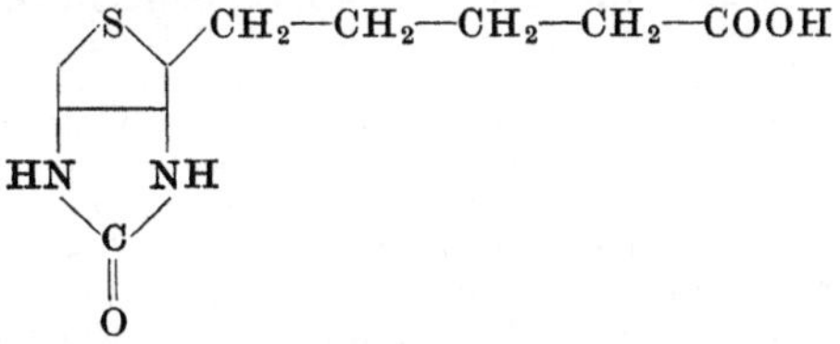

$C_{10}H_{16}N_2O_3S$ M.G. 244,31

(+)-3,4-(2′-Ketoimidazolido)-2-(ω-carboxybutyl)-thiophan

oder cis-Hexahydro-2-oxo-1H-thieno-(3,4)-imidazoline-4-valeric Acid (USP XVII)

Geschichtliches. E. Wildiers entdeckte 1901, daß die Hefe für ein optimales Wachstum einen damals noch unbekannten Wuchsstoff braucht, den er „Bios" nannte. F. Kögl hat diesen Stoff isoliert und näher untersucht. Er nannte ihn Biotin. György fand, daß der von Boas als Faktor X bezeichnete Wuchsstoff die Hautfunktionen regelt und zugleich den Stoffwechsel der Fette und Eiweißstoffe beeinflußt, und bezeichnete ihn als Vitamin H.

Heute sind alle diese Faktoren als identisch erkannt:

Bios (Wildiers 1901),
Bios II (Lucas 1924),
Faktor X (Boas 1927),
Vitamin H (György 1931),
Coenzym R (Allison, Hoover u. Burk 1933),
Bios IIb (Miller 1934),
Anti-egg-white-injury-Factor (Lease u. Parsons 1934),
Biotin (Kögl 1935),
Faktor W (Elvehjem 1936),
Vitamin Bw (Lunde u. Kringstad 1940)
S- oder Hautfaktor (Skin-Factor) (Marshall 1939).

Kaufmann, H. P.: Arzneimittelsynthese, Berlin/Göttingen/Heidelberg: Springer 1953.

Vorkommen. Biotin ist in der Natur weit verbreitet. Es findet sich in Bakterien und Pilzen (besonders in Torula utilis), in höheren Pflanzen und in tierischen Geweben, besonders reichlich in der Leber. Die Biotinversorgung des tierischen Organismus könnte zum Teil durch Eigensynthese von seiten der Darmbakterien erfolgen, doch ist es fraglich, ob es in ausreichender Menge resorbiert wird. Jedenfalls geht die Ausscheidung im Harn parallel mit der peroralen Aufnahme [OPPEL, T. W.: Amer. J. med. Sci. *204*, 886 (1942)].

Biotin findet man selten frei vor; meist liegen Verbindungen mit Eiweißstoffen vor (vgl. Biocytin).

100 g Substanz enthalten	mcg Biotin
Fischprodukte:	
Thunfisch	3–6
Heringe	3–6
Säugetierprodukte:	
Rindfleisch	2,5–7,5
Rinderleber	90–580
Schweinefleisch	2–7,5
Schweineleber	ca. 250
Schweineniere	ca. 180
Kuhmilch (Vollmilch)	2–11
Frauenmilch	0–0,5
Käse (Vollfett)	1–7
Hühnerprodukte:	
Eidotter	ca. 30
Gemüse und Hülsenfrüchte:	
Kartoffeln (roh)	0,5–1,0
Champignons	ca. 15
Tomaten	3,1–5,0

100 g Substanz enthalten	mcg Biotin
Gemüse und Hülsenfrüchte:	
Spinat	5,9–7,1
Sojabohnen (reif)	ca. 60
Karotten	1–5
Grünkohl	ca. 2,5
Erbsen (frisch, grün)	2–12
Blumenkohl	ca. 17
Bohnen (grün)	ca. 7
Obst:	
Äpfel	ca. 1
Bananen	ca. 4,5
Erdbeeren	ca. 4
Apfelsinen	ca. 2
Pfirsiche	ca. 1,7
Getreidearten:	
Reis (Vollkorn)	ca. 12
Reis (poliertes Korn)	ca. 4
Reiskleie	ca. 45
Weizen (Vollkorn)	5–30

Herstellung. (Literatur: KAUFMANN, H. P.: Arzneimittelsynthese, Berlin/Göttingen/Heidelberg: Springer 1953.) Bisher soll nur ein Verfahren zur Herstellung von Biotin praktisch verwendet werden. Es ist dies die Synthese nach GOLDBERG u. STERNBACH (FP 947209). Dabei wird Fumarsäure zu Dibrombernsteinsäure bromiert und in die Bis-benzylaminobernsteinsäure verwandelt. Mit Phosgen umgesetzt, entsteht daraus die 1,3-Dibenzylimidazolidon-(2)-cis-4,5-dicarbonsäure (I), die mit Essigsäureanhydrid ins Anhydrid überführt wird. Die Reduktion mit Zink ergibt das 3,4-(1′,3′-Dibenzyl-2′-keto-imidazolido)-2-keto-5-acetoxytetrahydrofuran, das mit Schwefelwasserstoff und Salzsäure in 3,4-(1′,3′-Dibenzyl-2′-keto-imidazolido)-2-keto-thiophan (II) umgewandelt wird. Dieses wird nach GRIGNARD mit 4-Methoxybutyl-magnesiumbromid umgesetzt und aus dem Kondensationsprodukt W. abgespalten. Dabei entsteht die 1′-ω-Methoxybutylidenverbindung, die zum ω-Methoxybutylthiophan (III) hydriert wird. Dann wird in flüssigem Ammoniak mit Natrium der 1′-Benzylrest abgespalten und mit Bromwasserstoff und anschließend mit KCN die ω-Cyanverbindung (IV) dargestellt. Die Verseifung mit KOH führt zu N-Benzyl-d,l-Biotin, aus dem durch Verseifen mit Natrium in flüssigem Ammoniak der zweite Benzylrest abgetrennt wird.

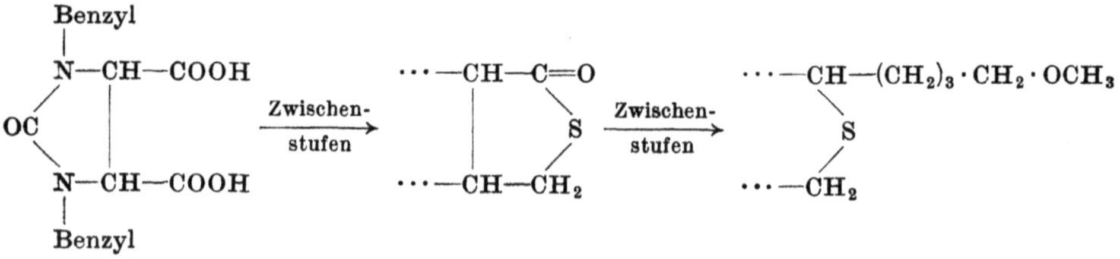

I II III

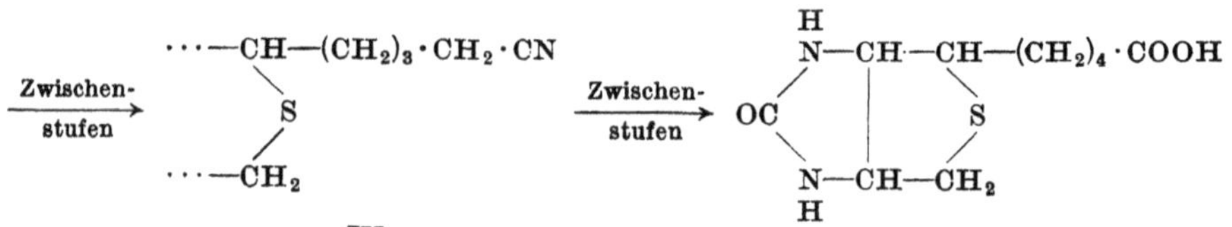

IV d,l-Biotin

Die gegebene Formel trifft für das aus Milch und Leber isolierte Biotin zu (DU VIGNEAUD). Seinem 1935 aus Eigelb isolierten Biotin gab KÖGL eine Formel mit anderer Seitenkette:

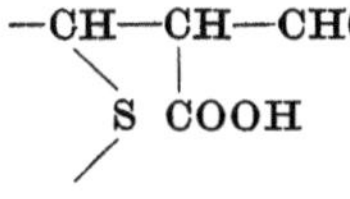

Es ist noch nicht eindeutig entschieden, ob beide Biotine nicht identisch sind. Zunächst wird das Eierbiotin als „α-Biotin" und das Leberbiotin als „β-Biotin" bezeichnet.

Eigenschaften des Leberbiotins (β-Biotin): $C_{10}H_{16}N_2O_3S$. M.G. 244,31.

Dünne, lange Nadeln; Fp. 232 bis 233° [α-Biotin (KÖGL) soll bei 220° schmelzen]; $[\alpha]_D^{21}$ + 91° (c = 1 in 0,1 n NaOH); isoelektrischer Punkt bei pH 3,5; pH einer 0,01%igen Lösung = 4,5; bei 25° lösen sich etwa 22 mg in 100 ml W., leichter löslich in heißem W., bei 25° lösen sich etwa 80 mg in 100 ml A. (95%).

Es ist unlöslich in anderen, gebräuchlichen organischen Lösungsmitteln. Die reine Verbindung ist luft- und hitzebeständig. Leicht saure oder leicht alkalische Lösungen halten sich mehrere Monate. Wäßrige Lösungen schimmeln leicht. Saure Lösungen können durch Hitzeeinwirkung sterilisiert werden. Biotin verträgt nicht die Einwirkung von oxydierenden Agentien, Formaldehyd, starken Säuren und Laugen.

Eigenschaften des USP-Präparates. Weißes, kristallines Pulver, das durch Einwirkung von oxydierenden Substanzen, wie Wasserstoffperoxid oder peroxidhaltigem Ae. zersetzt wird. Sehr leicht löslich in W., leicht löslich in Lösungen von Alkalien, unlöslich in kaltem A. und anderen gebräuchlichen organischen Lösungsmitteln. Fp. 230 bis 232° unter teilweiser Zers. Spezifische Drehung: + 92°, bestimmt in einer 0,3%igen Lösung in 0,1 n Natronlauge bei 22°.

β-Biotin-methylester, $C_{11}H_{18}N_2O_3S$, bildet Kristalle, die bei 166,5° schmelzen; $[\alpha]_D^{25}$ + 82° (7,5 mg in 1,28 g M.).

Leicht löslich in W.; 1 T. löst sich in etwa 100 T. M. Löslich in anderen Alkoholen, Aceton, Methyl-äthyl-keton, Benzol, Cyclohexen, aber unlöslich in gesättigten Kohlenwasserstoffen.

Wirkung. Die Wirkungsweise ist noch nicht völlig geklärt. Es wird aber angenommen, daß Biotin als prosthetische Gruppe eines Coferments in die Umsetzung der Brenztraubensäure eingreift und auf diese Weise als Wuchsstoff für viele Bakterien und Pilze und als Wachstumsfaktor für pflanzliche und tierische Zellen wirksam ist. Es ist für Decarboxylierungen sowie Transaminierungen von Bedeutung und ist an der Harnstoffbildung (aus Citrullin) beteiligt. Ferner greift es in die Fixierung von CO_2 bei Synthesen ein z.B. der des Adenins. Embryonale Gewebe und Tumoren sind besonders biotinreich.

Mangelsymptome. Ein Bestandteil des rohen Hühnereiweißes, das Glucoproteid Avidin, bindet Biotin in stöchiometrischem Verhältnis[1] so fest, daß es im Darm nicht resorbiert werden kann. Auch Hefe vermag den Komplex nicht zu verwerten. So kann durch einseitige Zufuhr von Hühnereiweiß an Mensch und Tier eine H-Avitaminose erzeugt werden. Sie kann auch eintreten, wenn der Darm durch Sulfonamid- oder Antibioticakuren „sterilisiert" wurde. Am Tier kommt es zum Wachstumsstillstand, schlechtem Allgemeinbefinden; das Fell wird matt und struppig, stellenweise fallen die Haare aus (Alopecie). Ratten zeigen außerdem eine ekzematöse Dermatitis. Am Menschen wurde bei täglicher Einnahme von 200 g Trockenei über mehrere Wochen eine schuppende Dermatitis mit fahler, trockener Haut und Zungenatrophie beobachtet. Weiterhin bestand Müdigkeit, Appetitlosigkeit, Störungen der sensiblen Innervation und depressive Stimmung [SYDENSTRIKER u. Mitarb.: Science *95*, 176 (1942)].

Anwendung. Bei schuppenden Hauterkrankungen kann Biotin versucht werden. Heilung wurde bei der sog. Erythrodermia desquamativa (LEINER) der Kinder beobachtet, ferner erzielte man Besserungen bei Ichthyosis und bei seborrhoischen Hauterkrankungen. Biotinentzug durch Hühnereiweißernährung führte bei Carcinom zu keinem Erfolg.

Dosierung. Parenteral: 5 bis 10 mg. Der Tagesbedarf wird mit 0,1 bis 0,3 mg angegeben.

Standardisierung. 1 I.E. ist nicht festgelegt. 1 Ratten-Einheit = etwa 0,04 mcg Biotin. Im allgemeinen werden als 1 Biotin-Einheit 10 mcg angegeben.

Unverträglichkeiten. Salpetersäure und andere Oxydationsmittel, Formaldehyd, starke Säuren und starke Alkalien.

Handelsform: Biotin V. L. (Vitamin Ltd., Gr.Brit.).

---

[1] Über das Biotin-Avidin-Gleichgewicht siehe Chem. Zbl. *1956*, S. 3254.

Biocytin ist das ε-N-Biotinyl-l-lysin, $C_{16}H_{28}N_4O_4S$.

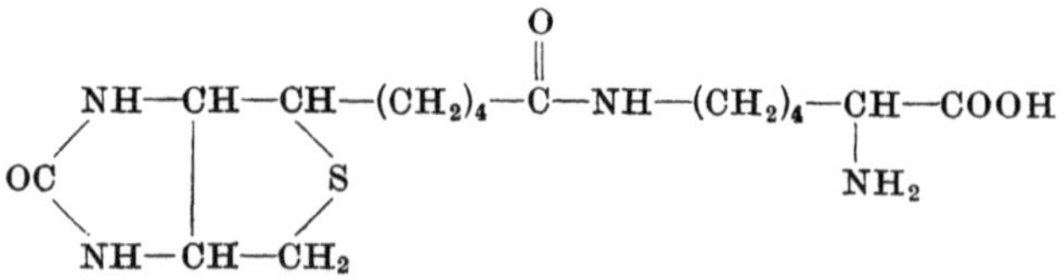

Biocytin ist eine natürlich vorkommende Verbindung des Biotins, das meist in dieser Form vorliegt und daraus erst durch Fermente des Magens oder des Darmes freigesetzt wird.

Kristalle vom Fp. 228,5°. Leicht löslich in W. (Merck Ind. 52).

Inositol CF 65, USP XVII. Inosit. Meso-Inosit. Bios I. Inositolum. Hexahydroxycyclohexan.

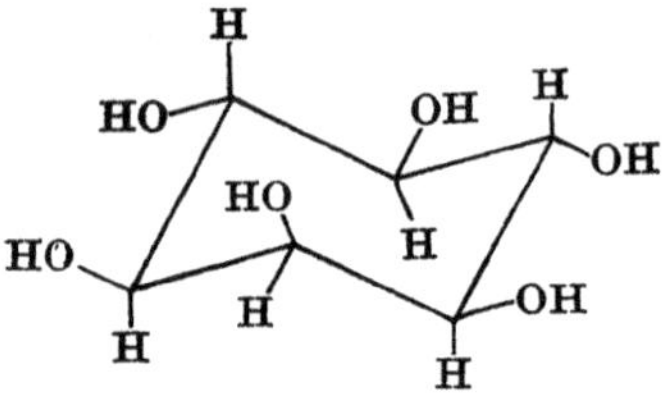

bzw.

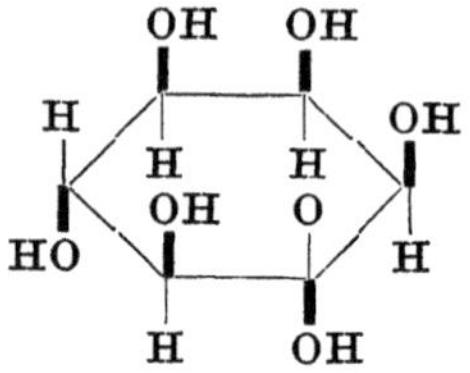

bzw. schematisch:

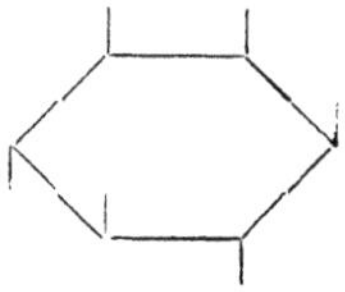

$C_6H_{12}O_6$ M.G. 180,2

Hexahydroxycyclohexan $\frac{1,2,4,6,}{3,5}$ Anhydrid (CF 65)

Neben der wasserfreien Form existiert ein Dihydrat (nicht in CF 65 enthalten!):

$C_6H_{12}O_6 \cdot 2\,H_2O$ M.G. 216,19

Vorkommen. Mesoinosit kommt in der Natur sowohl in freier Form als auch in verschiedenen Verbindungen wie Phytin, Liposterin usw. vor. Im Gehirn findet es sich im Kephalin, in der Pflanze am häufigsten als saures Calcium-Magnesiumsalz der Phytinsäure (Hexaphosphorsäureester des Inosits), daneben auch als Mono- und Triphosphorsäureester.

100 g Substanz enthalten	mg Inosit
Fische:	
Heilbutt	15–20
Säugetierprodukte:	
Rindfleisch	ca. 11
Rinderleber	ca. 50
Rinderhirn	ca. 200
Schweinefleisch	35–45
Kuhmilch (Vollmilch)	3–40
Frauenmilch	20–50
Hühnerei (ganz)	ca. 33
Gemüse und Hülsenfrüchte:	
Kartoffeln (roh)	ca. 30
Tomaten	40–55
Gemüse und Hülsenfrüchte:	
Spinat	ca. 27
Karotten	26–27
Bohnen (grün)	ca. 120
Obst:	
Äpfel	ca. 24
Bananen	ca. 35
Apfelsinen	210–320
Pfirsiche	ca. 95
Getreidearten:	
Maismehl (entkeimt)	ca. 45
Weizen (Vollkorn)	170–250
Weizenkeime	700–900

Herstellung. Synthetisiert wurde Mesoinosit von WIELAND u. WISHART [Chem. Ber. *47*, 2082 (1914)], aus Leber isoliert von WEOLLEY [J. biol. Chem. *139*, 29 (1941)].

Eigenschaften (der wasserfreien Substanz, CF 65 u. USP XVII). Weißes, mikrokristallines Pulver, geruchlos, von leicht süßlichem Geschmack. Fp. 224 bis 225° (CF 65), 223 bis 226° (USP XVII) luftbeständig. Löslichkeit: Sehr leicht löslich in abs. A., Essigsäure, löslich in W., unlöslich in Aceton, Ae. und Chloroform. Die wäßrige Lösung reagiert gegen Lackmus neutral. Sie reduziert weder in der Kälte noch in der Hitze FEHLINGsche Lösung. Die Lösung ist optisch inaktiv.

Erkennung. Werden 1 bis 2 mg Substanz mit 1 Tr. Quecksilber(II)-nitratlösung auf dem Wasserbad zur Trockne eingedampft, mit 5 Tr. einer 1%igen Bariumacetatlösung in Eisessig versetzt und erneut eingedampft, so entsteht eine Rosafärbung, die sich vertieft, wenn nochmals 2 bis 3 Tr. der Bariumacetatlösung zugegeben werden und erneut eingedampft wird (CF 65).

Prüfung. 1. Barium, Chloride, Eisen, Blei und Schwermetalle, Sulfate, Dextrine: Die Substanz muß hierbei den Anforderungen entsprechen, die an Glucose (CF 65) gestellt werden. – 2. Albumine: 0,50 g Substanz werden in 5 ml W. gelöst, mit 3 ml Natronlauge und 1 Tr. einer 4%igen Kupfersulfatlösung versetzt: Es darf keine Violettfärbung auftreten. – 3. Phosphate: 500 mg Substanz dürfen nach dem Lösen in W. mit Ammoniummolybdat keine gelbe Fällung oder Trübung ergeben. – 4. Trocknungsverlust: Höchstens 0,2%, bezogen auf die bei 100 bis 105° bis zur Gewichtskonstanz getrocknete Substanz (CF 65); höchstens 0,5%, 4 Std. bei 105° getrocknet (USP XVII). – 5. Sulfatasche: Höchstens 0,1%. – 6. Glührückstand: Höchstens 0,1% (USP XVII).

Bemerkung. Es existiert eine andere Inositol-Handelsform: Das Dihydrat. Von diesem entsprechen 120 g 100 g wasserfreiem Inositol.

Eigenschaften des Dihydrats: Verwitternde Kristalle von süßem Geschmack. Fp. 218°. Es verliert bei 100° sein Kristallwasser. Das Dihydrat entsteht bei Kristallisation unter 50°.

Aufbewahrung. In gut verschlossenen Behältern.

Wirkung. Über den Wirkungsmechanismus ist nichts Näheres bekannt. Man weiß, daß es wie Cholin und Methionin in den Fettstoffwechsel als sogenannte lipotrope Substanz eingreift.

Mangelsymptome wurden bei Mäusen und Ratten beobachtet; es kommt zu Gewichtssturz und Haarausfall. Am Hund kommt es zur Hemmung der Darmmotorik. Mangelerscheinungen sind am Menschen bis jetzt nicht bekannt geworden, doch wurde eine lipotrope Wirkung bei Carcinom des Magens und des Darmes beobachtet. Der Blutspiegel bei Menschen beträgt 0,37 bis 0,76 mg/100 ml.

Viele Cerealien enthalten reichlich Phytinsäure (s. S. 708!). Da ihr natürlich vorkommendes Calciumsalz schwer löslich ist, wird weder dieses noch das Phosphat in nennenswertem Umfang resorbiert. Es scheint sogar noch zusätzlich Calcium gebunden werden zu können, so daß bei Kindern eine rachitogene Wirkung auftreten kann. Durch Hefegärung, z. B. bei Hefegebäck, wird die Phytinsäure abgebaut.

Anwendung. Mesoinosit wird bei Lebererkrankungen und als Roborans empfohlen, zuweilen auch in der Dermatologie und bei Muskeldystrophie zusammen mit Vitamin E (vgl. Mercks JB 53).

Literatur: BECKMANN, R.: m-Inosit, Aulendorf: Editio Cantor-Vlg. 1954.

Standardisierung. 1 I.E. ist nicht festgelegt.

Tagesbedarf. Schätzungsweise 1 bis 1,5 g.

Handelsform: Inositol-V.L- (Vitamin Ltd., Gr.Brit.).

Acidum folicum ÖAB 9, PI.Ed. I/2, Nord. 63. Folic acid USP XVII, BP 63. Folsäure, DAB 7 – BRD. Pteroylglutaminsäure. Vitamin B_c. Vitamin M. Eluatfaktor (Leber). Lactobacillus casei-Faktor. Folacin. Norit-Eluat-Faktor. Streptococcus lactis R-Faktor. SLR-Faktor. Vitamin B_{10}. Vitamin B_{11}.

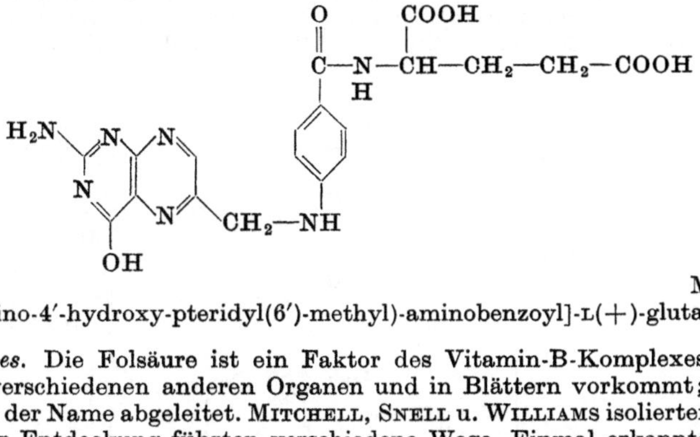

$C_{19}H_{19}N_7O_6$ M.G. 441,42

N-[4-(2′-Amino-4′-hydroxy-pteridyl(6′)-methyl)-aminobenzoyl]-L(+)-glutaminsäure

Geschichtliches. Die Folsäure ist ein Faktor des Vitamin-B-Komplexes, der in Hefe, Eiern, Leber, verschiedenen anderen Organen und in Blättern vorkommt; vom letzteren Vorkommen ist der Name abgeleitet. MITCHELL, SNELL u. WILLIAMS isolierten sie aus Spinat (1947). Zu ihrer Entdeckung führten verschiedene Wege. Einmal erkannte man, daß für das Wachstum von Lactobacillus casei Leber- und Hefeextrakte erforderlich waren. Wirksame Extrakte konnten durch Aktivkohle in verschiedene Faktoren zerlegt werden, von denen einzelne wie Pyridoxin und Biotin bereits bekannt waren; ein aus einem Kohleadsorbat eluierter Faktor zeigte aber neuartige Wirkungen. Der gleiche Faktor war bei Küken wirksam, bei denen man durch eine Diät, die alle bis dahin bekannten Faktoren enthielt, Anämie erzeugt hatte. Die Anämie konnte auch durch einen „Leberfaktor B_c“ verhindert werden, der sich als mit dem Lactus casei-Faktor identisch erwies. Auch ein sog. „Faktor M“, bei dessen Fehlen Macacus-Affen an makrozytärer Anämie erkranken, war mit den vorgenannten Faktoren gleich.

Chemisch wurde die Folsäure als Verbindung aus dem Pteridinfarbstoff Xanthopterin, der p-Aminobenzoesäure und der Glutaminsäure erkannt. Daß alle gefundenen, biologisch wirksamen Faktoren dieses Typus nicht völlig gleich wirksam waren, erklärte sich durch den verschiedenen Glutaminsäuregehalt: Vitamin B_c ist die eigentliche Folsäure oder Pteroylglutaminsäure mit 1 Mol Glutaminsäure, ein sog. „Gärungs-L-casei-Faktor“ trägt 3 Mol Glutaminsäure und ein „Vitamin-B_c-Konjugat“, das erst nach fermentativer Spaltung (B_c-Konjugase) Vitaminwirkung erhält, 7 Mol Glutaminsäure.

Vorkommen. Die Folsäure kommt in erster Linie als Konjugat in der Natur vor: Pteroylhexaglutaminyl-glutaminsäure, Pteroyl-diglutaminsäure. Sie wird durch zahlreiche Mikroorganismen produziert: Proteus vulgaris, Escherichia coli, Enterococcen, Hefen.

100 g Substanz enthalten	mcg Folsäure
Säugetierprodukte:	
Kalbfleisch	20–170
Kalbsleber	430–880
Rindfleisch	30–100
Rinderleber	150–450
Rinderniere	30–100
Rinderhirn	ca. 50
Kuhmilch	0–0,25
Frauenmilch	33–50
Käse (Vollfett)	2–5
Hühnerprodukte:	
Eiklar	6–9
Dotter	ca. 30
Gemüse und Hülsenfrüchte:	
Kartoffeln (roh)	ca. 140
Champignons	ca. 100
Tomaten	40–110
Spinat	100–300
Petersilie	ca. 170
Spargel	100–140
Gemüse und Hülsenfrüchte:	
Linsen (getrocknet)	ca. 210
Karotten	60–130
Grünkohl	90–100
Erbsen (frisch, grün)	25–120
Bohnen (grün)	ca. 220
Blattsalat	10–70
Sojabohnenmehl	30–70
Obst:	
Äpfel	ca. 8
Bananen	5–10
Erdbeeren	ca. 23
Apfelsinen	ca. 85
Pfirsiche	ca. 17
Grapefruit	ca. 24
Getreidearten:	
Gerste (Korn)	ca. 65
Hafer (enthülstes Korn)	ca. 55
Weizen (Vollkorn)	50–200
Weizenkeime	330–1100
Hefen	200–800

Herstellung. 1. Durch Kondensation von 2,4,5-Triamino-6-hydroxy-pyrimidin (I) mit β,γ-Dibrompropionaldehyd (II) und p-Aminobenzoyl-1-(+)-glutaminsäure (III) [ANGIER, R. B.: J. Amer. chem. Soc. *70*, 19 (1948); vgl. H. P. KAUFMANN: Arzneimittelsynthese, Berlin/Göttingen/Heidelberg: Springer 1953]. – 2. Man stellt zunächst die Pyridinium-Verbindung V durch Kondensation von I mit II in Gegenwart von Pyridin her. V wird dann in Gegenwart von Natriummethylat in Äthylenglykol zur Folsäure (IV) umgesetzt:

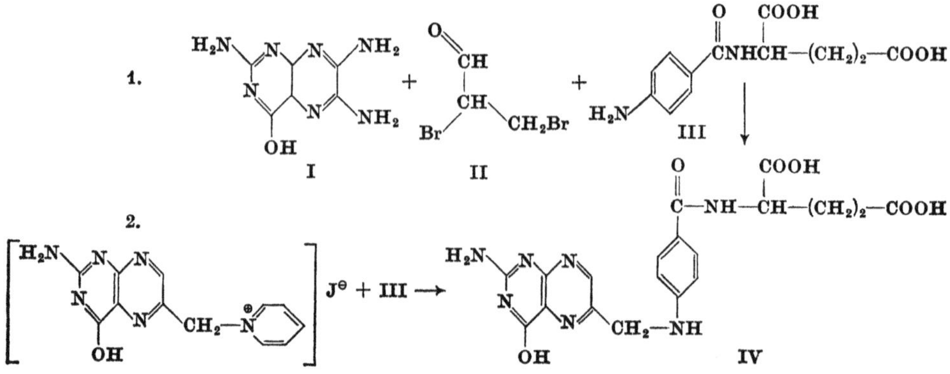

Eigenschaften. Gelbes bis gelboranges, kristallines oder mikrokristallines Pulver, ohne Geruch und Geschmack, das sich oberhalb von 250° dunkel färbt und allmählich verkohlt. Löslichkeit: Praktisch unlöslich in kaltem W., löslich in ca. 5000 T. siedendem W., praktisch unlöslich in A., Ae. oder Chloroform, löslich unter Salzbildung in Lösungen von Alkalihydroxiden, Alkalicarbonaten oder Ammoniak sowie in warmen, verdünnten Mineralsäuren. Die Lösungen sind schwach gelb gefärbt. Hygroskopisch in Luft mit einem Feuchtigkeitsgehalt über 80%. Die wäßrigen Lösungen zeigen eine schwach saure Reaktion.

Spezifisches Drehungsvermögen:

$[\alpha]_D^{20°}$ = + 17 bis + 23°, berechnet auf die getrocknete Substanz (c = 0,5, in 0,1 n Natronlauge, l = 2) (ÖAB 9).

$[\alpha]_D^{20°}$ = + 18,0 bis + 23,0°, gemessen an einer Lösung von 0,0500 g der bei 70 bis 75° in der Trockenpistole unterhalb 20 Torr über P_2O_5 bis zum konstanten Gewicht getrockneten Substanz zu 10,00 ml 0,1 n Natronlauge (DAB 7 – BRD).

Die spezifische Drehung einer 0,5%igen Lösung in 0,1 n Natronlauge beträgt ca. + 20° (BP 63).

Lichtabsorption:

$E_{1\,cm}^{1\%}$ bei 256 mμ = 545 bis 565, bei 283 mμ = 530 bis 545, bei 365 mμ = 190 bis 200, gemessen in 0,1 n Natronlauge (ÖAB 9).

Maxima bei 256 nm, bei 283 nm und bei 365 nm, gemessen an der unter Gehaltsbestimmung angegebenen Verdünnung (DAB 7 – BRD).

$E_{1\,cm}^{1\%}$ (basische Lösung): bei 256 ± 1 mμ = ca. 585, bei 283 ± 1 mμ = ca. 570, bei 365 ± 1 mμ = ca. 205, wobei die Substanz in 0,1 n Natronlauge gelöst und auf die wasserfreie Substanz berechnet wird (Nord. 63).

$E_{1\,cm}^{1\%}$ (saure Lösung): bei 298 ± 1 mμ = ca. 465, Minimum bei ca. 245 mμ, wobei die Substanz in 0,1 n Salzsäure gelöst und auf die wasserfreie Substanz berechnet wird (Nord. 63).

$E_{1\,cm}^{1\%}$ bei 256 mμ = ca. 570, bei 283 mμ = ca. 560, bei 365 mμ = ca. 200, bezogen auf die bei 105° bis zur Gewichtskonstanz getrocknete Substanz, die zur Messung in 0,1 n Natronlauge gelöst wird (PI.Ed. I/2).

Die in 0,1 n Natronlauge gelöste Substanz zeigt im Bereich von 230 bis 380 mμ 3 Maxima bei 256 mμ, 283 mμ und 365 mμ. Die Extinktionen bei einer Schichtdicke von 1 cm gemessen an einer Lösung von 0,0015% betragen: bei 256 mμ etwa 0,82, bei 283 mμ etwa 0,80 und bei 365 mμ etwa 0,28. Das Verhältnis der Extinktionen bei 256 mμ und 365 mμ beträgt 2,80 bis 3,00 (BP 63).

Das UV-Spektrum einer 1%igen Lösung in 0,1 n Natronlauge muß die gleichen Maxima und Minima zeigen, wie die entsprechende Lösung des USP-Reference-Standards. Das Verhältnis der Absorption bei 265 mμ zu 365 mμ liegt zwischen 2,80 und 3,00 (USP XVII).

Erkennung. 1. Versetzt man eine Mischung von 1 Tr. 1 n Natronlauge und 1 ml W. mit Folsäure, bis eine schwache Trübung bestehen bleibt, und verdünnt hierauf mit 2 ml W., so gibt 1 ml der erhaltenen Lösung mit 2 Tr. Kupfersulfatlösung einen grünlichgelben, flockigen Niederschlag (ÖAB 9). – 2. 1 ml der unter 1. bereiteten Lösung gibt mit 5 Tr. Silbernitratlösung einen orangegelben, gallertigen Niederschlag, der sich in 1 bis 2 Tr. konz. Ammoniak mit gelber Farbe löst. Versetzt man die Lösung mit 1 Tr. verd. Natronlauge und erhitzt, so färbt sie sich tief rotbraun (ÖAB 9). – 3. Versetzt man eine unter Erwärmen bereitete Lösung von etwa 5 mg Substanz in 1 ml verd. Salzsäure nach dem Erkalten mit 5 Tr. Jodlösung, so scheidet sich ein Perjodid als dunkelbrauner, kristalliner Niederschlag aus (ÖAB 9). – 4. Versetzt man eine unter Erwärmen bereitete Lösung von etwa 5 mg Substanz in 1 ml verd. Salzsäure nach dem Erkalten mit 1 ml Phenollösung und 2 Tr. Kaliumbromatlösung, so färbt sich die Lösung tief violett und wird nach kurzer Zeit weinrot (ÖAB 9). – 5. Versetzt man eine unter Erwärmen bereitete Lösung von etwa 5 mg Substanz in 2 ml verd. Salzsäure mit etwa 0,1 g Zinkstaub, so wird die Lösung entfärbt. Filtriert man nach 5 Min. und versetzt das Filtrat mit 2 Tr. Natriumnitritlösung, so färbt sich die Lösung vorübergehend hellviolettrot und dann gelblich. Fügt man eine Lösung von etwa 5 mg β-Naphthol in 3 ml verd. Natronlauge hinzu, tritt eine intensive Rotfärbung auf (ÖAB 9, ähnlich Nord. 63). – 6. Das Verhältnis der Extinktion bei 256 nm zu der bei 365 nm liegt zwischen 2,80 und 3,00 (DAB 7 – BRD).

Prüfung. 1. Reinheit: Eine Lösung von 0,1 g Substanz in 5 ml verd. Ammoniak muß klar sein. Versetzt man die erhaltene Lösung mit 5 ml Salzsäure, so muß sich der vorübergehend ausfallende Niederschlag beim Erwärmen im Wasserbad wieder klar lösen (ÖAB 9). – 2. Trocknungsverlust: Höchstens 5% (ÖAB 9); höchstens 10%, wenn bei 105° bis zur Gewichtskonstanz getrocknet wird (PI.Ed. I/2). – 3. Wassergehalt: Höchstens 8,5%, bestimmt nach der Karl-Fischer-Methode) (USP XVII, DAB 7 – BRD); 5,0 bis 8,5% (BP 63). – 4. Verbrennungsrückstand: Höchstens 0,5% (PI.Ed. I/2, Nord. 63);

100 mg dürfen keinen wägbaren Rückstand hinterlassen (USP XVII). – 5. Sulfatasche: Höchstens 0,2% (DAB 7 – BRD); höchstens 0,1% (BP 63). – 6. p-Aminobenzoylglutaminsäure: Die bei der quantitativen Bestimmung abgelesene Extinktion (2.) darf für die angegebene Einwaage, berechnet als getrocknete Substanz, höchstens 0,200 betragen (ÖAB 9). – 7. Saure Verunreinigungen: 10 ml Prüflösung (0,30 g gepulverte Substanz werden 1 Min. lang mit 30 ml W. gekocht und nach dem Abkühlen filtriert) müssen nach dem Versetzen mit 2 Tr. Phenolphthaleinlösung farblos bleiben und sich nach dem darauffolgenden Zusatz von 1,5 ml 0,01 n Natronlauge rot färben. Nach weiterem Zusatz von 1,7 ml 0,01 n Salzsäure und 5 Tr. Methylrotlösung muß die Lösung rot bis orangefarben sein (Nord. 63). – 8. Chlorid, Bromid: Die Substanz darf Chlorid und Bromid in unzulässiger Menge nicht enthalten (Nord. 63).

Gehaltsbestimmung. Nach ÖAB 9. PI.Ed. I/2, USP XVII BP 63, Nord. 63 und DAB 6 – 3. Nachtr. BRD(!) wird die Substanz mit Zink und Salzsäure reduziert, das erhaltene Spaltprodukt mit Natriumnitrit diazotiert und mit N-(1-Naphthyl)-äthylendiamin gekuppelt. Die entstandene Azofarbstofflösung wird spektrophotometrisch oder photometrisch bestimmt. DAB 6 – 3. Nachtr. BRD unterscheidet dabei zwischen Gesamtaminen und freien Aminen.

Vorschrift des DAB 6 – 3. Nachtr. (BRD)(!): Stammlösung: Etwa 0,050 g Substanz, genau gewogen, werden in einem Meßkolben von 50 ml Inhalt in 0,1 n KOH gelöst. 1,00 ml dieser Lösung wird in einem Meßkolben von 100 ml Inhalt mit 70 ml W., 18,0 ml verd. HCl versetzt und mit W. aufgefüllt.

a) Zur Bestimmung der Gesamtamine (GA) werden 75 ml Stammlösung in einem Erlenmeyerkolben mit 0,50 g Zinkstaub versetzt. Nach einmaligem Umschütteln läßt man 15 Min. lang stehen, filtriert durch ein trockenes Filter in ein trockenes Gefäß und verwirft die ersten 10 ml. 2,00 ml des Filtrats werden in einem Meßkolben von 10 ml Inhalt nach Zusatz von 3,0 ml W., 0,70 ml verd. HCl und 1,0 ml 0,1%iger Natriumnitritlösung umgeschüttelt. Nach 3 Min. wird 1,0 ml Ammoniumsulfamatlösung, nach weiteren 2 Min. 1,0 ml N-(1-Naphthyl)-äthylendiamindihydrochloridlösung hinzugefügt und mit W. ergänzt. Nach 5 Min. wird die Extinktion der violetten Lösung bei 550 mμ photometrisch gegen eine Leerprobe gemessen.

b) Zur Bestimmung der freien Amine (FA) werden 2,00 ml der nicht mit Zinkstaub in Rk. gebrachten Stammlösung in gleicher Weise wie das Filtrat nach a) behandelt.

c) Zur Herstellung einer Eichkurve werden 0,050 g der zuvor 2 Std. lang über Schwefelsäure getrockneten 4-Aminobenzoesäure genau gewogen und in einem Meßkolben von 50 ml Inhalt nach dem Lösen in 25 ml A. 96% mit W. auf 50 ml verdünnt. 1,00 ml dieser Verdünnung wird im Meßkolben von 250 ml Inhalt nach Zusatz von 175 ml W. und 45 ml verd. HCl mit W. aufgefüllt. Von dieser Lösung, die in 1 ml 0,004 mg 4-Aminobenzoesäure enthält, werden genau gemessene Volumina von 1, 2, 3 und 4 ml in Meßkolben von je 10 ml Inhalt jeweils auf 5,00 ml verdünnt. Nach Zusatz von 0,70 ml verd. HCl und 1,0 ml 0,1%iger Natriumnitritlösung wird weiter wie nach a) verfahren. Aus den gemessenen Extinktionswerten und den entsprechenden Gewichtsmengen wird eine Eichkurve aufgestellt.

Der Gehalt an Folsäure wird nach folgender Formel berechnet:

$$\text{Prozentgehalt Folsäure} = \frac{(\text{GA} - \text{FA}) \cdot 3{,}22 \cdot 25 \cdot 10000}{\text{e}}.$$

GA = mg Gesamt-Amine; FA = mg Freie Amine; e = mg Einwaage. (Der Faktor 3,22 ist das Verhältnis des M.G. der Folsäure zu dem der 4-Aminobenzoesäure.)

DAB 7 – BRD läßt eine spektrophotometrische Bestimmung durchführen: 50 mg Substanz, genau gewogen, werden in 0,1 n Natronlauge zu 100,0 ml gelöst. 2,00 ml dieser Lsg. werden mit 0,01 n Natronlauge zu 100,0 ml verdünnt. Die Extinktion dieser Verdünnung wird in einer Schichtdicke von 1 cm bei 256 nm gegen 0,1 n Natronlauge gemessen. $E_{1\,cm}^{1\%}$ muß mindestens 572 und darf höchstens 602 betragen, entsprechend einem Gehalt von 97 bis 102% $C_{19}H_{19}N_7O_6$, berechnet auf die wasserfreie Substanz.

Gehaltsforderungen.

DAB 7 – BRD: Mindestens 97,0% und höchstens 102% $C_{19}H_{19}N_7O_6$, berechnet auf die im Vakuum bei 70 bis 75° bis zum konstanten Gewicht getrocknete Substanz.

ÖAB 9: Mindestens 94,0%, berechnet auf die getrocknete Substanz.

PI.Ed. I/2: Mindestens 85,0%, bezogen auf die bei 105° bis zur Gewichtskonstanz getrocknete Substanz.

Nord. 63: 86,5 bis 95,8%, bezogen auf die wasserfreie Substanz.

USP XVII: Mindestens 98 und höchstens 102%, bezogen auf die wasserfreie Substanz.

BP 63: Mindestens 95,0%, bezogen auf die wasserfreie Substanz.

Aufbewahrung. Vor Licht geschützt, in gut schließenden Gefäßen.

Dosierung. ÖAB 9: Gebräuchliche Einzeldosis: 0,002 bis 0,01 g. Nach USP XVII: Therapeutisch: oral oder i.m.: 10 mg täglich. BP 63: 5 bis 20 mg täglich.

Unverträglichkeiten: Reduzierende oder oxydierende Stoffe.

Standardisierung.

1 I.E. ist nicht festgelegt.
1 Sauberlich-Baumann-Einheit = 0,00015 mcg Folinsäure
1 Keresztesy-Silverman-Einheit = 0,0057 mcg Folinsäure
1 mikrobiologische Einheit: entspricht der 100fachen Folsäuremenge, die bei Lactobacillus casei in 10 ml Nährmedium halbmaximales Wachstum hervorruft.
1 mg kristallisierte Folsäure = 20000 mikrobiologische Einheiten.

Wirksamer als die Folsäure bzw. die eigentliche Wirkform ist die **Folinsäure** (folinic acid), ein Formylderivat der Tetrahydro-Folsäure:

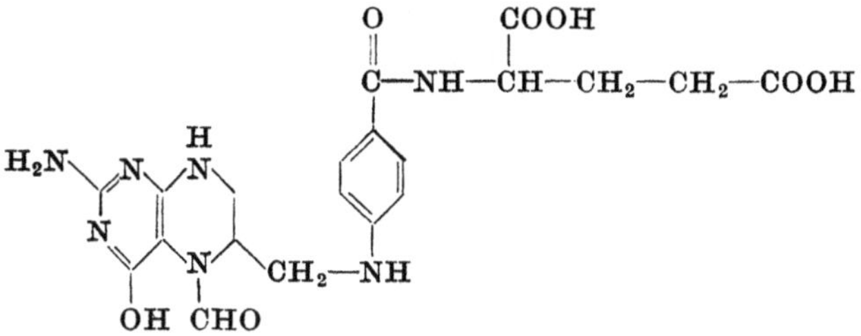

Die Folinsäure wird auch als „Citrovorumfaktor" bezeichnet, die synthetische Substanz als „Leukovorin" [Fp. 240 bis 250° (Zers.), $E_{1\,cm}^{1\%}$ (bei 282 mμ) = 545. Herstellung: J. Amer. chem. Soc. *73*, 1979 (1951)].

Literatur: Lehnartz, E.: Chem. Physiologie, Berlin/Göttingen/Heidelberg: Springer 1952. – Kaufmann, H. P.: Arzneimittelsynthese, Berlin/Göttingen/Heidelberg: Springer 1953. – Mercks JB *52*, *53*, 54/55.

Mangelsymptome. Störungen der Hämopoese, gastrointestinale Symptome, entzündliche Veränderungen der Mundschleimhaut, Hautläsionen.

Der Folsäurebedarf des Menschen wird im allgemeinen durch die bakterielle Synthese im Darm gedeckt, so daß primäre Folsäuremangelsymptome praktisch nicht vorkommen.

Der sekundäre Folsäuremangel kann verschiedene Ursachen haben: Hinderung einer ausreichenden Resorption durch krankhafte Veränderungen der Darmschleimhaut (z. B. bei Entzündungen). Störung der intestinalen Synthese durch Antibiotica oder Sulfonamide. Folsäureverdrängung durch strukturmäßig ähnlich gebaute Verbindungen (Barbiturate, Hydantoine).

Wirkung. Biologische Funktionen. Die Bedeutung der Folsäuren im Intermediärstoffwechsel beruhen auf der Fähigkeit, aktivierte C_1-Fragmente zu übertragen. Sie greifen u. a. in den Thymonucleinsäurestoffwechsel ein. Uracil kann zu Thymin nur in Gegenwart der Folsäure methyliert werden; Thymin verbindet sich mit Desoxyribose zum Nucleosid Thymidin nur in Gegenwart von Vitamin B_{12}. So sind beide Vitamine für die Neubildung von Zellen unbedingt erforderlich.

$$\text{Uracil} \xrightarrow{\text{Folsäure}} \text{Thymin} \xrightarrow{B_{12}} \text{Thymidin.}$$

Im Tierversuch wirkt die Folsäure als Wachstumsvitamin, so ist sie z. B. bei Vögeln für die Ausbildung des Federkleides notwendig. Beim Menschen zeigen sich die ersten Mangelsymptome in der Ausschüttung unausgereifter roter Blutzellen. Zur Aufrechterhaltung einer normalen Blutbildung scheint der gesunde Erwachsene etwa 1 bis 2 mg Folsäure täglich zu benötigen.

Anwendung. Zur Behandlung von Mangelerscheinungen, die sich am roten Blutbild zeigen. Das Hauptindikationsgebiet sind makrozytäre Anämien, die ohne neurale Begleitsymptome verlaufen. Auch Anämien, die alimentäre Ursachen haben, können mit Folsäure erfolgreich behandelt werden.

Handelsformen: Cytofol (Lappe), Folbal (Geigy), Folcidin (Bayer), Folinor (Nordmark-Werke), Folsan (Kali-Chemie). Enthalten in Eryfol (Hoffmann-La Roche), in Rubrocyt (Kali-Chemie), in Nicofol (Nordmark-Werke), in B_{12}compositum (Siegfried).

Vitamin P. Rutin. Vitamin-P-Faktor. Antipermeabilitätsfaktor.

Das zur Vitamin B-Gruppe zählende Vitamin P, das oft mit „Rutin" gleichgesetzt wird, ist chemisch kein einheitlicher Stoff. Es handelt sich um verschiedene Verbindungen, die unter diesem Sammelbegriff zusammengefaßt sind und zur Gruppe der Flavon-, Flavonol- und Flavanonderivate gehören. Sie sind gemeinsam dadurch ausgezeichnet, daß sie in Kombination mit Vitamin C die Gefäßbrüchigkeit und die Durchlässigkeit der Gefäßwände herabsetzen.

Der gebräuchlichste dieser Faktoren ist Rutin (Rutosid), weitere, definierte Verbindungen sind das Hesperidin und das Narginin.

Rutinum ÖAB 9, Ross. 9. Rutin DAB 7 – BRD. Rutine CF 65. Rutosidum DAB 7 – DDR. Rutosid. Quercetin-3-rutinosid.

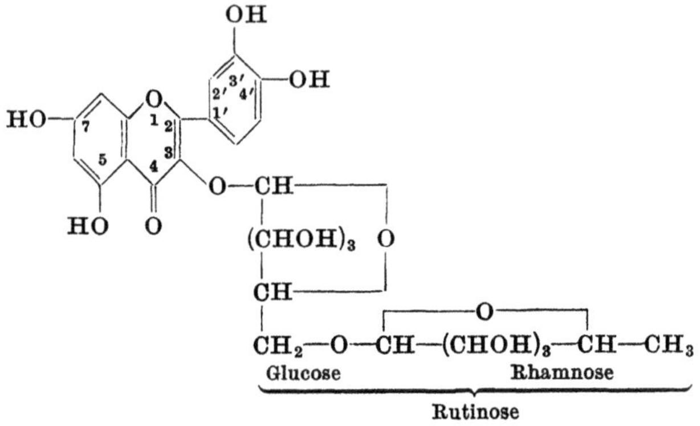

$C_{27}H_{30}O_{16}$ M.G. 610,51
$C_{27}H_{30}O_{16} + 3H_2O$ M.G. 664,46

Rutin ist das 3-Rutinosid des Quercetins. Quercetin ist 3,5,7,3′,4′-Pentahydroxyflavon bzw. 5,7,3′,4′-Tetrahydroxyflavonol. Die Rutinose ist β-L-Rhamnosido-6-β-D-Glucose.

Geschichtliches. Es wurde bereits 1842 von dem Nürnberger Apotheker Weiss aus der Gartenraute (Ruta graveolens) isoliert, wird aber erst seit neuerer Zeit therapeutisch angewandt.

Vorkommen und Gewinnung. Es findet sich in zahlreichen Pflanzen, besonders reichlich aber (1 bis 2%) im Buchweizen (Fagopyrum esculentum), der auch der praktischen Darstellung dient (vgl. Chem. Zbl. *1950*, I, S. 212). Ferner in Ruta graveolens, Saphora japonica, Eucalyptusarten.

Eigenschaften. Aus W. kristallisiert die Verbindung mit $3H_2O$; trocknet man bei 95 bis 97°, so geht nur $1H_2O$ weg. Die wasserfreie Verbindung wird nach 12stündigem Trocknen im Vakuum (10 mm Hg) gewonnen. Diese wird bei 195 bis 197° weich und zersetzt sich unter Aufbrausen bei 214 bis 215°. Die wasserfreie Verbindung ist hygroskopisch und nimmt aus der Luft 2,5 Mol H_2O auf.

Feines, gelbes bis grünlichgelbes, mikrokristallines Pulver, geruch- und geschmacklos, das bei etwa 185° erweicht und sich bei weiterem Erhitzen zersetzt. Löslichkeit: Löslich in etwa 300 T. siedendem W., in etwa 180 T. A., sehr wenig löslich in kaltem W., praktisch unlöslich in Ae. oder Chloroform. Unter Phenolatbildung löslich in Lösungen von Alkalihydroxiden oder Ammoniak, wobei orangegelbe Lösungen entstehen. In W. gut löslich ist ein Komplex aus 3 Mol Rutin und 1 Mol Methylglucamin. Unter Lichteinwirkung wird die Substanz leicht bräunlich.

Erkennung. 1. Optisches Drehungsvermögen: $[\alpha]_D^{20°} = -37$ bis $-40°$ ($c = 1$, in wasserfreiem Pyridin) (ÖAB 9). – 2. Lichtabsorption: 0,0500 g Substanz werden in wasserfreiem A. zu 100,00 ml gelöst. 1,000 ml Lösung wird mit wasserfreiem A. zu 50,00 ml aufgefüllt. Diese Lösung wird in einer Schichtdicke von 1 cm gemessen. Die Extinktion bei 330 mμ = 0,290 bis 0,310 (DAB 7 – DDR); die Lösung 1/50000 in 95%igem A. zeigt, gemessen in einer Schichtdicke von 1 cm 2 Maxima: bei 259 mμ und 362,5 mμ (CF 65). – 3. In 5,0 ml Prüflösung (0,020 g Substanz werden in 10,0 ml heißem W. gelöst) entsteht auf Zusatz einiger Tr. Bleiessig ein orangefarbener Niederschlag (DAB 7 – DDR). – 4. Die Verdünnung von 1,0 ml Prüflösung mit 10,0 ml W. wird durch Zusatz von 1 Tr. Eisen(III)-chloridlösung dunkelgrün und auf Zusatz von 1 Tr. Natronlauge rotbraun gefärbt (DAB 7 – BRD, ähnlich DAB 7 – DDR, Ross. 9, ÖAB 9, CF 65). – 5. Die Lösung von 0,010 g Substanz in 5,0 ml abs. A., mit 1,0 g Zinkfeile und 2,0 ml Salzsäure versetzt, färbt sich nach einigen Minuten rot (DAB 7 – BRD, ähnlich DAB 7 – DDR, analog mit metal. Magnesium: CF 65 und Ross. 9). – 6. Versetzt man eine unter Erhitzen bereitete Lösung von etwa 1 mg Rutin in 2 ml verd. Salzsäure mit etwa 0,5 g Zinkstaub, so färbt sich die Lösung vorübergehend himbeerrot und wird bald nahezu farblos. Versetzt man die vom überschüssigen Zinkstaub abgegossene Lösung mit 2 ml konz. Ammoniak, so färbt sie sich hellblauviolett (ÖAB 9). – 7. Etwa 50 mg Substanz werden mit etwa 5 ml verd. Salzsäure gekocht, bis sich aus der in der Hitze zunächst klaren Lösung ein hellgelber Niederschlag ausscheidet. Man kühlt ab und filtriert. Versetzt man 1 ml des Filtrates mit 1 ml verd. Natronlauge und 2 ml FEHLINGscher Lösung und erhitzt, so scheidet sich nach kurzer Zeit ein feiner, gelbroter Niederschlag aus (ÖAB 9). – 8. Erhitzt man den Rest des bei der vorhergehenden Prüfung bereiteten Filtrates mit der doppelten Menge konz. Salzsäure und etwa 0,1 g Vanillin 15 Min. lang im Wasserbad, so färbt sich die Lösung tief olivgrün bis blaugrün (ÖAB 9). – 9. Papierchromatographischer Nachweis: Es werden 5 ml einer 1%igen methanolischen Lösung bei $20 \pm 1°$ aufgetragen. Lösungsmittel: Butanol : Eisessig : Wasser = 4 : 1 : 5 (Vol.-T.). R_f-Wert ohne vorhergehende Sättigung: $0{,}48 \pm 0{,}02$; bei 24stündiger Sättigung: $0{,}58 \pm 0{,}02$. Detektion: UV-Licht oder Besprühen mit 1%iger alkoholischer Aluminium(III)-chloridlösung sowie Betrachten im filtrierten UV-Licht (CF 65).

Prüfung. 1. Aussehen der Lösung: 5,0 ml der heißen Prüflösung (0,020 g Substanz werden in 10,0 ml heißem W. gelöst) müssen klar sein (DAB 7 – BRD, ähnlich Ross. 9). – 2. Unlösliche Verunreinigungen, Farbe der Lösung: 0,100 g Substanz muß sich in 5,00 ml 6 n Ammoniaklösung lösen. Die Lösung muß klar und orange gefärbt sein (DAB 7 – DDR). – 3. Äthanolunlösliche Verunreinigungen: 0,250 g Substanz müssen sich in 12,5 ml wasserfreiem A. unter Erwärmen lösen. Die Lösung muß klar sein (DAB 7 – DDR), ähnlich DAB 7 – BRD). – 4. Chlorophyll: 0,100 g Substanz wird nach Zusatz von 10,0 ml Ae. 60 Sek. lang geschüttelt. Das Filtrat muß farblos sein (DAB 7 – DDR, ähnlich Ross. 9). – 5. Chlorophyll und rote Pigmente: 0,40 g Substanz werden in 100 ml Isopropanol bis zur beinahe quantitativen Lösung erwärmt und filtriert. Das Filtrat darf bei 590 mμ (rote Pigmente) und bei 655 mμ (Chlorophyll) keine Absorptionsmaxima zeigen (CF 65). – 6. Quercetin: 0,50 ml der Lösung von Prüfung 3. werden in einem mit Glasstopfen verschließbaren Reagensglas mit 5,0 ml W., 1 Tr. Eisen(III)-chloridlösung (10%ig) sowie 5,0 ml Ae. versetzt und geschüttelt. Der abgetrennte Ae. muß farblos sein (DAB 7 – DDR). – 7. Reduzierende Verunreinigungen: 0,100 g Substanz wird in 5,0 ml 3 n Natronlauge gelöst. Nach Zusatz von 5,0 ml FEHLINGscher Lösung wird die dunkelgrüne Lösung zum Sieden erhitzt, sofort unter fließendem W. abgekühlt und nach 60 Sek. unter Spülen des Reagensglases mit W. durch einen Glasfiltertiegel G 4 gesaugt. Es darf weder der Glasfiltertiegel einen roten Rückstand enthalten noch die Filterplatte eine rötliche Färbung zeigen (DAB 7 – DDR). – 8. Reduzierende Zucker: Eine Lösung von 0,1 g Rutin in 5 ml verd. Natronlauge darf beim Erhitzen mit 5 ml FEHLINGscher Lösung im Wasserbad innerhalb von 1 Min. nicht getrübt werden (ÖAB 9). – 9. Quercetin und reduzierende Zucker: 0,10 g Substanz werden mit 10,0 ml alkalischer Kupfertartratlösung zum Sieden erhitzt. Nach dem Abkühlen darf die Mischung innerhalb 1 Min. weder eine bräunliche Verfärbung, noch eine rote Fällung geben (DAB 7 – BRD). – 10. Trocknungsverlust: Höchstens 8,5%, 3 Std. lang bei 130° getrocknet (DAB 7 – BRD; Ross. 9: bei 135° bis zum konstanten Gewicht getrocknet). Zwischen 6 und 9%, 4 Std. lang bei 125° getrocknet (CF 65). Nicht weniger als 5,5% und nicht mehr als 9,5%, bei 125° getrocknet (DAB 7 – DDR). 5,5 bis 8,5%, bei 110 bis 115° getrocknet (ÖAB 9). – 11. Sulfatasche: Höchstens 0,1% (DAB 7 – BRD, Ross. 9, DAB 7 – DDR). Höchstens 0,5% (CF 65). – 12. Verbrennungsrückstand: Höchstens 0,2% (ÖAB 9). – 13. Schwermetalle in der Sulfatasche: Höchstens 0,001% (Ross. 9). – 14. Alkaloide: 2 bis 3 ml der gesättigten, äthanolischen Lösung der Substanz werden mit 2 bis 3 ml Pikrinsäurelösung versetzt. Es darf kein Niederschlag entstehen (Ross. 9).

Gehaltsbestimmung. Die in den Pharmakopöen angegebenen Bestimmungen beruhen auf der Verseifung des Glykosides und der gravimetrischen Erfassung des entstandenen Quercetins.

Arbeitsvorschrift des DAB 7 – BRD: Etwa 0,50 g Substanz, genau gewogen, werden mit einer Mischung von 20 ml 3 n Schwefelsäure und 40 ml W. unter Rückfluß 1 Std. lang zum Sieden erhitzt. Nach 3 Std. langem Aufbewahren bei etwa 0° wird der aus Quercetin bestehende Niederschlag in einem Filtertiegel gesammelt, mit 20 ml kaltem W. gewaschen, 2 Std. lang bei 130° getrocknet und gewogen. 0,1 g Quercetin entsprechen 0,2020 g $C_{27}H_{30}O_{16}$. F. v. BRUCHHAUSEN u. W. KÜSSNER [Pharm. Ind. (Aulendorf) *17*, 37 (1955)] geben zusätzlich an, daß das isolierte Quercetin ungefähr bei 312° unter Zersetzung schmelzen soll.

Gehalt. Ross. 9: Mindestens 97,0 und höchstens 102,0% $C_{27}H_{30}O_{16}$, berechnet auf die 3 Std. lang bei 120 bis 125° getrocknete Substanz.

DAB 7 – DDR: Mindestens 97,0% Rutosid; ebenso DAB 7 – BRD, berechnet auf die getrocknete Substanz.

ÖAB 9: 97,0 bis 101,0%, bezogen auf die wasserfreie Substanz.

CF 65: Mindestens 95% wasserfreies Rutin.

Aufbewahrung. Vor Licht geschützt, in gut schließenden Gefäßen.

Sterilisation. Lösungen können durch Erhitzen im gesättigten Wasserdampf im Autoklaven während 20 Min. bei 120° sterilisiert werden (ÖAB 9).

Dosierung. Gebräuchliche Einzeldosis bei oraler oder parenteraler Verabreichung: 0,02 g bis 0,1 g (ÖAB 9).

Wirkung. Rutin wirkt von den bisher bekannten Derivaten der Gruppe der Flavone, Flavonole und Flavanone in bezug auf die sog. „Vitamin-P-Wirksamkeit" am stärksten. Es normalisiert eine erhöhte Permeabilität der Kapillargefäße, die sich unter anderem in verstärkter Lymphzirkulation, vermehrtem Eiweißaustritt und Neigung zur Ödembildung äußert. Auch die Kapillarbrüchigkeit (Fragilität), die sich durch Neigung zu kapillären Blutungen (Petechien) zu erkennen gibt, wird durch Rutin gemindert.

Diese Wirkungen lassen sich am Tier nachweisen: Beeinflussung der Permeabilität der Kapillarwände für kolloidgelöste Farbstoffe [Ambrose u. De Eds: J. Pharmacol. (Am.) *90*, 359 (1947)], Hemmung der Ödembildung (Kuschinsky: Klin. Wschr. *1949*, 17/18, S. 317), Unterdrückung von Saugblutung und Quaddelbildung.

Der Wirkungsmechanismus ist noch nicht völlig geklärt. Rutin hemmt das Ferment Hyaluronidase, das durch den Abbau der Hyaluronsäure die Permeabilität steigert. Weiterhin geht Rutin mit Eiweißstoffen stabile Bindungen ein. Dem Aglucon Quercetin wird andererseits die Rolle eines Redoxkatalysators zugeschrieben. Griffith, J. A., Ch. F. Krewson u. J. Naghski: Rutin and related Flavonoids, Easton/USA: Mack Publishing Co. *1954*, 803 Lit. Zit.)

Anwendung. Ein Anwendungsgebiet für Rutin ist die Hypertonie. Rutin vermag zwar nicht den Blutdruck zu senken, doch ist die Fragilität der Kapillaren bei Drücken von mehr als 160 mm Hg stark erhöht. Rutinmedikation soll die Gefahr der Apoplexie verringern. Auch hat es sich bei der Behandlung von Blutungen verschiedenster Art bewährt. Es eignet sich weiter bei Ödemneigung (nicht bei manifesten Ödemen) und findet Anwendung bei Kapillarschäden, die durch Dauermedikation anderer Präparate wie Insulin, Sulfonamide, Gold-, Arsen-, Salicylsäure-, Rhodan- und Dicumarolderivate entstehen können.

Dosierung. Peroral: Prophylaktisch 50 bis 100 mg täglich, therapeutisch 150 bis 200 mg täglich (400 mg sind ohne Schaden verträglich); i.m., i.v.: 100 bis 200 mg täglich.

Handelsformen: Birutan (Merck), die Ampullenlösung enthält das Natriumsalz des Rutinsulfats. Fagopyrol (Bonomedic, München), Rucetin (Bigot-Schärfe, Hamburg), Rutinion (Rhein-Chem., Heidelberg), Calcium-Rutinion, Ce-Rutinion.

Hesperidin – ist Hesperetin-7-rutinosid. Hesperetin ist 3',5,7-Trihydroxy-4'-methoxyflavanon; Rutinose siehe Rutin.

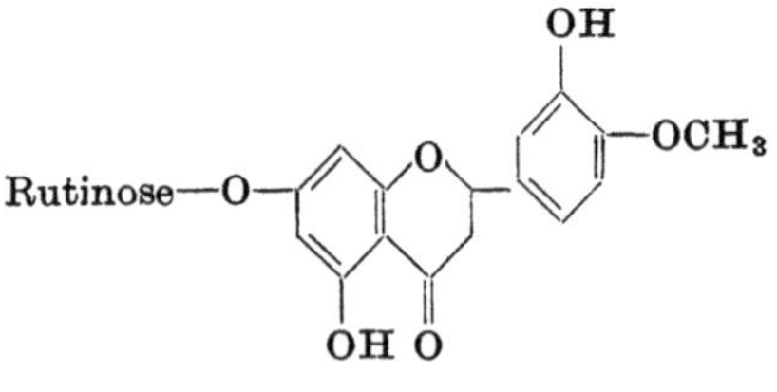

$C_{28}H_{34}O_{15}$ M.G. 610,55

Eigenschaften. Fp. 258 bis 262° (Zers.); $[\alpha]_D^{20°}$ — 76° (0,3 g in 15 ml Pyridin).

Schwer löslich in M., Essigsäure; unlöslich in W. (1 in 50000), in Aceton, Bzl. und Chlf. (Merck Ind. 52).

Wirkung und Anwendung. Die Vitamin-P-Wirksamkeit ist geringer als die des Rutins. Man hat Hesperidinphosphat – aus der Überlegung heraus, daß es die Hyaluronidase hemmt – zur Konzeptionsverhütung Männern und Frauen in einer Dosierung von täglich 300 bis 400 mg oral gegeben. Die Wirkung trat nicht immer ein (Mercks JB 52 u. 53). Auch in Tierversuchen an Ratten konnte die Wirkung nicht von allen Untersuchern bestätigt werden.

Handelsform: Hesperidin „Promonta" (Promonta, Hamburg).

Naringin ist Naringenin-7-glucorhamnosid.
Naringenin ist 4',5,7-Trihydroxy-flavanon.
Synonyme von Naringin: Aurantiin, Isohesperidin, Naringosid, Glucorhamnose.

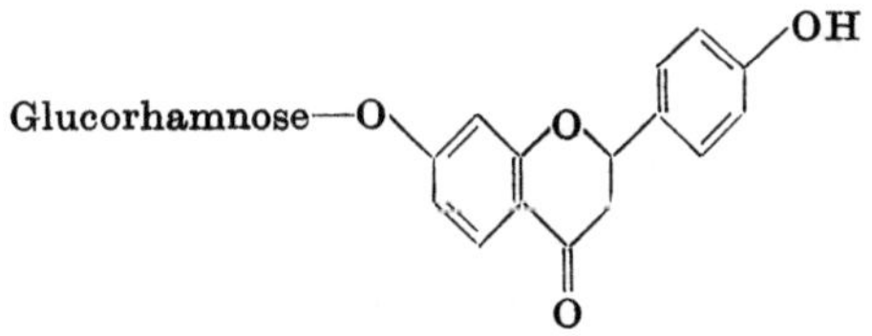

$C_{27}H_{32}O_{14}$ M.G. 596,52

Eigenschaften. Nadeln aus W. (+ 8 H_2O), Fp. 82°, Fp. für die wasserfreie Substanz 171°; $[\alpha]_D$ —82 bis —89° (für die wasserfreie Subst. in A.); Geschmack bitter; leicht lösl. in A., siedendem W., unlösl. in Ae.

Dünnschichtchromatographische Trennung und spektralphotometrische Bestimmung der Vitamin P-Faktoren (Rutin, Hesperidin und Naringin) s. F. DRAWERT, W. HEIERMANN u. A. ZIEGLER: Fresenius Z. analyt. Chem. *217*, 22 (1966).

Übersicht über weitere Faktoren des Vitamin B-Komplexes

Außer den voranstehend beschriebenen, genau definierten Verbindungen des Vitamin-B-Komplexes existieren noch einige weitere Substanzen, die infolge bestimmter Eigenschaften dem Vitamin-B-Komplex zugeordnet werden und einen entsprechenden Index erhielten. Über ihre biologische Wirksamkeit herrscht z. Z. noch keine völlige Klarheit. Es ist außerdem möglich, daß einige der aufgezählten Faktoren identisch mit bereits bekannten Verbindungen der Vitamin-B-Gruppe sind.

Bezeichnung:	Bemerkungen:
Vitamin B_3	Vorkommen: In Hefen. Wirkung: Gewichtsanstieg nach Beriberi. Existenz zweifelhaft. Evtl. identisch mit Pantothensäure. Die Bezeichnung Vitamin B_3 wird im franz. Schrifttum oft für Nicotinsäureamid verwendet.
Vitamin B_4	Vorkommen: In Hefen. Wirkung: Wachstumsfaktor für einige Tiere. Existenz zweifelhaft. Evtl. identisch mit Cholin. Die Bezeichnung Vitamin B_4 wird gelegentlich auch für Nicotinsäureamid gebraucht. In der franz. Literatur wird Adenin mit Vitamin B_4 bezeichnet.
Vitamin B_5	Wirkung: Wachstumsfaktor für bestimmte Tiere. Existenz umstritten. Evtl. identisch mit Nicotinsäureamid oder Vitamin B_6. Die Bezeichnung Vitamin B_5 wird oft, besonders in der franz. Literatur für Pantothensäure verwendet.
Vitamin B_7	Vorkommen: In Reiskleie. Wirkung: Soll Magen- und Darmstörungen bei Vögeln verhüten. Existenz zweifelhaft. Möglicherweise identisch mit Biotin.
Vitamin B_8	Identisch mit Adenylsäure (AMP).
Vitamin B_9	Identisch mit Folsäure.
Vitamin B_{10}	Vorkommen: In der Leber. Wirkung: Soll bei Vögeln die Befiederung und das Wachstum fördern. Die Substanz ist möglicherweise ein Gemisch von Folsäure und B_{12}-Faktoren.
Vitamin B_{11}	Entspricht dem Vitamin B_{10}.
Vitamin B_{13}	Frühere, gelegentliche Bezeichnung für Uracil-4-carbonsäure. Nach neueren Forschungsergebnissen gehört diese Verbindung nicht zu den Vitaminen.
Vitamin B_{14}	Ist evtl. identisch mit Xanthopterin oder enthält dieses. Wirkung: Regt das Zellwachstum an, soll bei Ratten Anämien verhüten.

Acidum Ascorbicum ÖAB 9, DAB 7 – DDR, Nord. 63, Pl.Ed. I/1. Helv. V – Suppl. I, CsL 2. Acidum Ascorbinicum Ross. 9. Ascorbic Acid USP XVII, BP 63. Ascorbique

(Acide d') CF 65. Ascorbinsäure DAB 7 – BRD. Askorbinsäure. L-Ascorbinsäure. Vitamin C. Antiskorbutisches Vitamin. Antiskorbutin. Hexuronsäure.

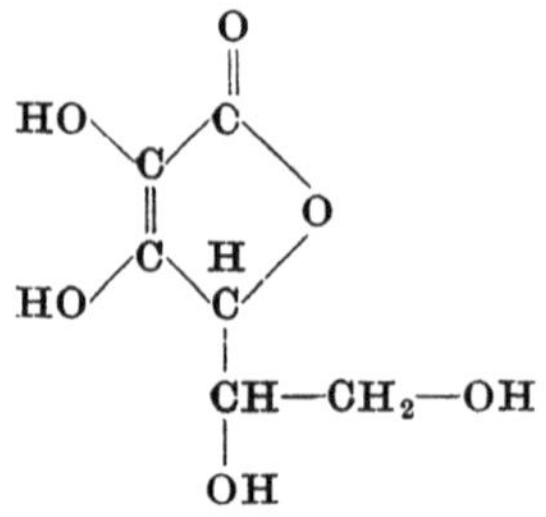

$C_6H_8O_6$ M.G. 176,13

3-Oxo-L-gulonsäure-γ-lacton
bzw. L-Threo-2,3,4,5,6-pentoxy-hexon-2-carbonsäurelacton
bzw. L-Threo-3-ketohexonsäure-enol-lacton

Geschichtliches. Schon im 16. Jahrhundert wußte man, daß die charakteristische Mangelkrankheit, der von allen Seefahrern gefürchtete Skorbut, durch Genuß frischer Kräuter wie Cochlearia oder Veronica geheilt werden konnte. Man verabreichte auch Abkochungen aus Fichtennadeln (Cartier 1545) und erkannte ziemlich bald die gute Wirkung der Citrusfrüchte. Offenbar wurden aber diese Kenntnisse nicht Allgemeingut und gingen immer wieder verloren. Die systematische Erforschung begann erst, als im durch Mangelkost erzeugten Meerschweinchenskorbut ein geeigneter Test gefunden war (Holst u. Fröhlich 1912). 1932 wurde fast gleichzeitig eine Hexuronsäure von Szent Györgyi aus Nebenniere und von C. G. King u. Waugh aus Zitronen isoliert und ihre antiskorbutische Wirkung festgestellt. Sie wird seit 1933 auf Vorschlag von Szent Györgyi Ascorbinsäure genannt.

An der Konstitutionserforschung beteiligten sich insbesondere Haworth, Hirst, Karrer, Micheel und v. Euler. Auch die Totalsynthese gelang (Reichstein, Haworth und Hirst) und die L-Ascorbinsäure wurde das erste synthetisch zugängliche Vitamin.

Vorkommen. Das Vitamin ist in allen grünen, d. h. assimilierenden, Pflanzen enthalten; besonders reichlich tritt es in deren Früchten auf. Der Vitamingehalt der Zitronen, Mandarinen, Apfelsinen, Paprikaschoten, Hagebutten und Gladiolen ist als hoch zu bezeichnen. Eine gute Vitaminqelle sind auch die schwarzen Johannisbeeren. In den übrigen Obstarten und im Gemüse ist der Vitamingehalt zwar geringer, aber doch völlig ausreichend für die normale Ernährung. Rohe Kartoffeln enthalten etwa ein Fünftel bis ein Drittel der Vitaminmenge des Zitronensaftes. Beim Kochen der Kartoffeln, insbesondere im geschälten Zustande, verringert sich der Vitamingehalt. Im tierischen Organismus findet sich das Vitamin in fast allen Organen, am reichlichsten in der Nebennierenrinde. In den meisten Fällen handelt es sich hierbei um den aus der Nahrung stammenden Vitamingehalt; doch sind Hund und Ratte auf diesen nicht angewiesen, sie vermögen die Ascorbinsäure in ihrem Organismus selbst zu synthetisieren.

100 g Substanz enthalten	mg Vitamin C	100 g Substanz enthalten	mg Vitamin C
Obst und Obstprodukte:		Gemüse:	
Äpfel	8–22	Paprika (rot)	150–225
Apfelsine (Fruchtfleisch)	16–100	Tomaten	10–100
		Feldsalat	20–60
Erdbeere	40–100	Petersilie	100–300
Johannisbeere (schwarz)	110–420	Rosenkohl	65–150
Himbeere	20–40	Grünkohl	60–150
Stachelbeere	15–40	Schnittlauch	60–120
Hagebutte	70–4800	Blumenkohl	50–90
Johannisbeere (rot)	20–65	Gartenkresse	60–80
Weintrauben	2–6	Kohlrabi (Knollen)	35–120
Zitronensaft	30–80	Löwenzahn	35–100
Grapefruitsaft	35–50	Wirsing	30–70
Johannisbeersaft (schwarz)	90–360	Spinat	20–80
		Spargel	20–35
Sanddornbeerensaft	360–900	Kartoffeln	10–35
Puerto-Rico-Kirschen-Saft	1200–2500	Bohnen (grün)	10–30
		Karotten	2–7

100 g Substanz enthalten	mg Vitamin C
Säugetierprodukte:	
Kalbsleber	20–70
Rinderleber	30–40
Schafleber	25–50
Schweineleber	20–30
Rinderniere	10–20
Schafniere	ca. 18
Nebennierenrinde (Schwein)	90–115
Nebennierenrinde (Rind)	180–270
Kalbshirn	ca. 11
Schweinehirn	ca. 25
Butter	Spuren
Kuhmilch (frisch)	1–1,7
Ziegenmilch (frisch)	ca. 5,5
Nebennierenmark (Rind)	ca. 100
Hühnerprodukte:	
Leber	30–60
Ei	Spuren
Fischprodukte:	
Dorschleber	ca. 10
Fischprodukte:	
Kabeljauleber	ca. 25
Dorschrogen	20–50
Kabeljaurogen	120–160
Getränkegrundstoffe:	
Kaffee (frisch geerntet)	56–61
Tee (frische Blätter)	ca. 120
Menschlicher Organismus:	
Nebenniere	ca. 460
Corpus luteum	ca. 150
Hypophysenvorderlappen	ca. 150
Hypophysenhinterlappen	ca. 100
Muskel	ca. 2
Augenkammerwasser	ca. 50
Liquor cerebrospinalis	0,7–3
Speichel	0,07–0,25
Magensaft (nüchtern)	ca. 1
Blut (Normbereich)	0,8–1
Colostralmilch	ca. 7,5
Frauenmilch	3,2–5

Herstellung. Früher wurde das Vitamin C aus vitaminreichen Früchten und Blättern, wie Paprika, Zitronen, Irisblättern, Gladiolenblättern und Hagebutten gewonnen.

Heute stellt man die Ascorbinsäure ausschließlich auf synthetischem Wege her.

Synthese. Die Synthese des Vitamin C ist von verschiedenen Autoren auf mehreren Wegen durchgeführt worden. Wegen der strukturellen Ähnlichkeit der Ascorbinsäure mit den Zuckern kamen als Ausgangsmaterial naturgemäß nur diese in Frage. Da die Monosaccharide in beliebiger Menge durch hydrolytischen Abbau der Polysaccharide (Stärkesorten, Xylosane) erhältlich sind, können letztere als die eigentlichen Ausgangsmaterialien für die Ascorbinsäure-Synthese angesehen werden. Daneben kommen auch andere natürliche Kohlenhydrate und mehrwertige Alkohole wie Rohrzucker, Milchzucker und D-Sorbit als Ausgangsstoffe in Betracht.

Der synthetische Weg führt sowohl von Hexosen (D-Glucose, L-Sorbose) als auch von Pentosen (L-Xylose, L-Lyxose) zur Ascorbinsäure. Im letzteren Falle wird durch eine Cyanhydrinreaktion das sechste C-Atom in das Molekül der Pentose eingebaut. Von den zahlreichen Synthesen seien hier nur 2 Beispiele wiedergegeben.

1. Der Weg von Glucose zur Ascorbinsäure. Die durch hydrolytischen Abbau der Stärke erhältliche D-Glucose wird durch katalytische Hydrierung in einen 6-wertigen Alkohol, D-Sorbit, übergeführt. Letzterer kann aber auch direkt aus den Früchten von Sorbus aucuparia, der Eberesche, gewonnen werden. Der D-Sorbit wird bakteriell zu L-Sorbose mittels Bacterium xylinum oxydiert. Mit Phenylhydrazin bereitet man das Osazon, aus welchem man durch Abspaltung der Phenylhydrazinreste das entsprechende Oson erhält. Durch Oxydation mit Brom geht das Oson in eine Ketohexonsäure über, welche beim Erhitzen ihrer wäßrigen Lösung unter Schließung des Lactonringes und Enolisation in die Ascorbinsäure übergeht.

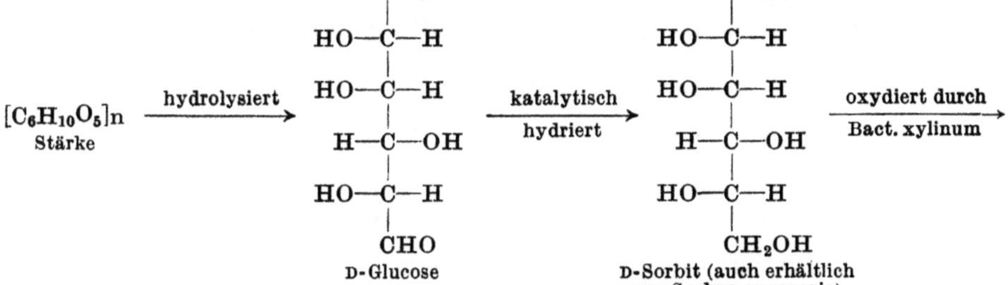

D-Glucose

D-Sorbit (auch erhältlich aus Sorbus aucuparia)

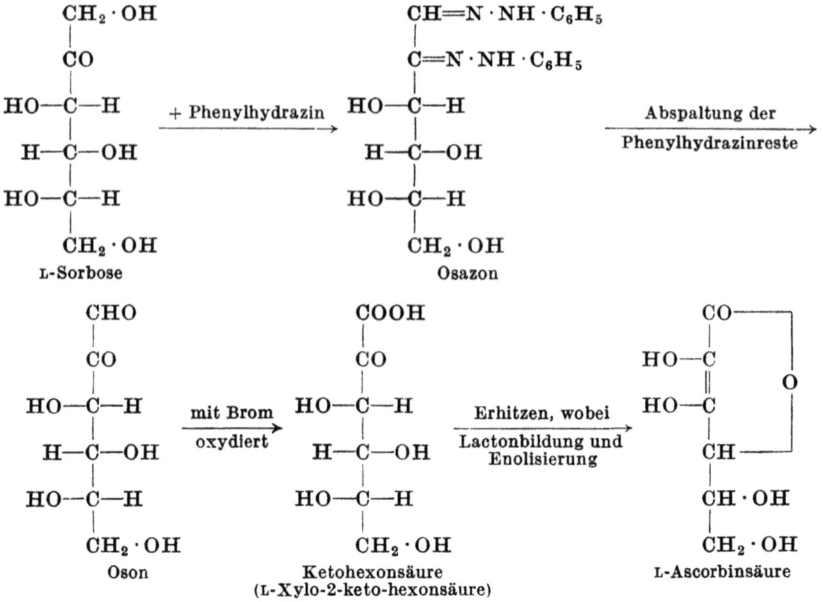

Eine ähnliche, von der D-Glucose (I) ausgehende Synthese, die heute große technische Bedeutung besitzt, besteht zunächst im gleichen Verfahren, d. h. in der katalytischen Reduktion zum D-Sorbit (II) und anschließender Oxydation, die hier jedoch durch Acetobacter suboxydans bewirkt wird, zu L-Sorbose (III). III wird dann mit Aceton zu einem ketalischen Diacetonderivat IV umgesetzt, in dem außer der OH-Gruppe an C 1 alle Hydroxylgruppen geschützt sind. IV wird mit alkalischer Permanganatlösung oder anderen Oxydationsmitteln zum Diacetonderivat der 2-Oxo-L-gulonsäure (V) oxydiert. Bei der anschließenden sauren Hydrolyse entsteht über die freie 2-Oxo-L-gulonsäure (VI) unter Enolisierung das stabile Lacton VII, die übliche Form der L-Ascorbinsäure:

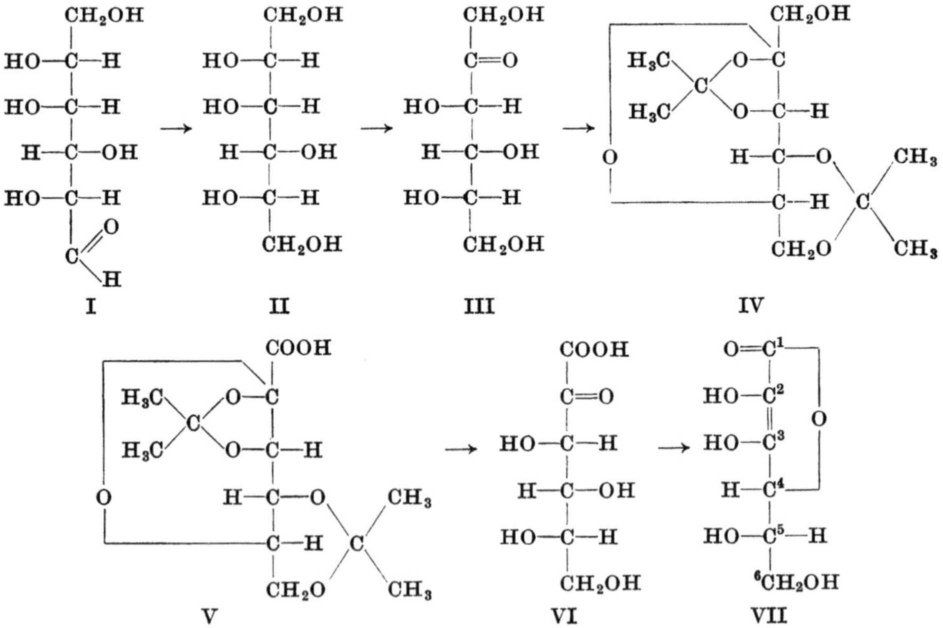

2. Der Weg von einer Pentose zur Ascorbinsäure. Als Ausgangsmaterial dient L-Xylose, eine Pentose, die aus den Xylosanen der Buchenholzspäne und ähnlicher Rohprodukte,

ferner aus der Reisstärke durch chemischen Abbau gewonnen wird. Die L-Xylose wird mit Phenylhydrazin in ihr Osazon übergeführt, aus welchem man durch Abspaltung der beiden Phenylhydrazinreste mittels Säuren das Oson gewinnt. Durch Anlagerung von Blausäure an die Aldehydgruppe dieses Osons erhält man ein Nitril, das durch Verseifung in eine 3-Keto-hexonsäure übergeht. Letztere lagert sich beim Erhitzen ihrer wäßrigen Lösung unter H_2O-Abspaltung (Lactonbildung) und Enolisation in die Ascorbinsäure um.

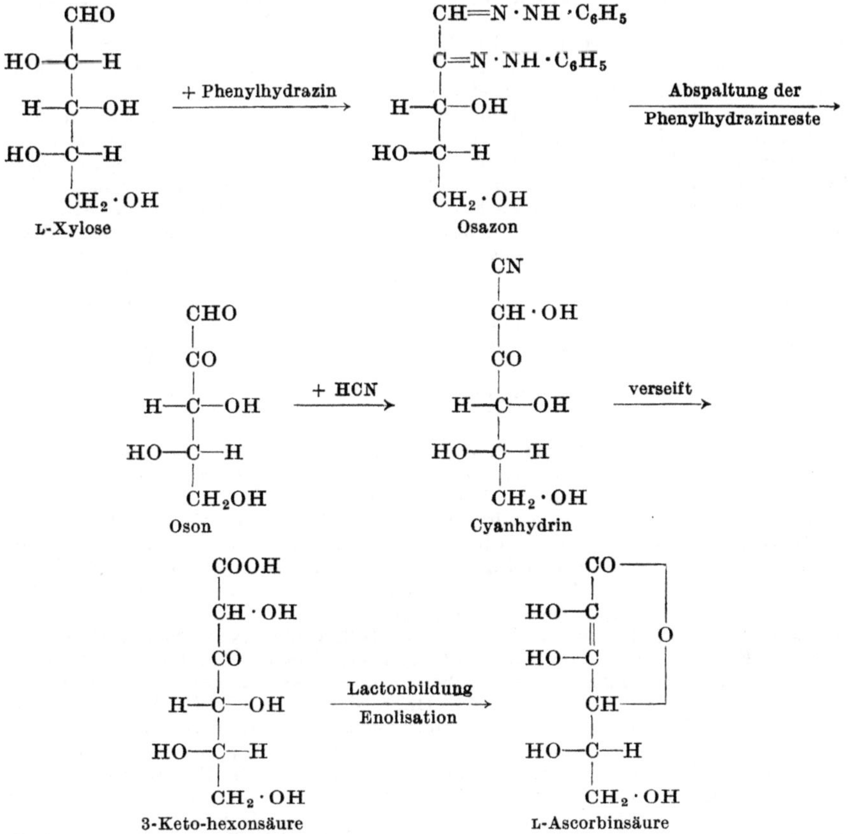

Eigenschaften. Weißes, oder fast weißes, kristallines Pulver, ohne Geruch, von saurem Geschmack. pK_a-Werte: 4,2 und 11,6 (Nord. 63). Die wäßrigen Lösungen reagieren schwach sauer. Unter Licht- und Lufteinwirkung verlieren sie rasch an Wirksamkeit. Bei einem pH von etwa 5,4 besitzen sie maximale Stabilität (CF 65). Löslichkeit: Löslich in etwa 4 T. W., in etwa 30 T. A., löslich in Methanol, schwer löslich in Aceton, unlöslich in Ae., Chloroform, Benzol und Petroläther.

Fp.: 188 bis 193° (DAB 7 – DDR); 189 bis 192° u. Zers. (ÖAB 9, CsL 2); 189 bis 194° (Dan. IX); etwa 190° u. Zers. (DAB 7 – BRD, USP XVII); 190 bis 192° u. Zers. (BP 63); 190 bis 193° u. Zers., bei Temperatursteigerung von 4 bis 5° pro Minute (Ross. 9); 191 bis 194° (PI.Ed. I/1); 191 bis 195°, bei schnellem Erwärmen (Nord. 63); etwa 192° (CF 65).

Optisches Drehungsvermögen:

$[\alpha]_D^{20°}$ = + 22,0 bis + 23,0°, c = 2,0 in W. (DAB 7 – BRD, DAB 7 – DDR, BP 63, PI.Ed. I/1)

$[\alpha]_D^{20°}$ = + 20,0 bis + 23,0°, c = 10 in W. (ÖAB 9)

$[\alpha]_D^{20°}$ = + 22 bis + 24°, c = 2,0 in W. (CF 65)

$[\alpha]_D^{20°}$ = mindestens + 20,5° und höchstens + 21,5°, c = 10 in W. (USP XVII)

$[\alpha]_D$ = + 47,5 bis + 52,0°, c = 2,0 in Methanol (Nord. 63)
α_D = + 1,90 bis + 2,08° im 200-mm-Rohr (Nord. 63)

$[\alpha]_D^{20°}$ = + 112 bis + 115°, c = 2,0, in 12 ml n NaOH + H_2O ad 100,0 ml (CsL)

$[\alpha]_D^{20°}$ = + 49 bis + 51°, c = 2 in Methanol (Helv. V – Suppl. I und CF 65).

Ultraviolettabsorption: $E_{1\,cm}^{0,002\%} = 550$, gemessen bei 245 mμ, gelöst in W., pH etwa 3 (PI.Ed. I/1).

Die wäßrige, 0,002%ige, mit der äquimolaren Menge KCN versetzte Lösung zeigt ein einziges Maximum bei 265 mμ. In wäßriger Lösung zeigt die Substanz bei einem pH von 3 oder darunter ein Maximum bei 245 mμ. Das gleiche Maximum besitzt die 0,002%ige äthanolische Lösung (CF 65).

Die hervorstechendste chemische Eigenschaft der Ascorbinsäure ist ihr starkes Reduktionsvermögen. Sie reduziert in der Kälte Jodlösung, Silbernitrat, FEHLINGsche Lösung und Kaliumpermanganat. Hierbei wird die Ascorbinsäure irreversibel oxydiert. Das hohe Reduktionsvermögen bedingt gleichzeitig eine hohe Empfindlichkeit gegen alle Oxydationsmittel. Wäßrige Ascorbinsäurelösungen werden bereits durch den Luftsauerstoff schnell zersetzt, besonders bei alkalischer Reaktion. Eine sehr schnelle oxydative Zerstörung des Vitamins erfolgt bei Gegenwart geringer Kupfermengen, selbst wenn der Luftsauerstoff weitgehend ausgeschaltet ist. Daher muß bei der Herstellung von Lösungen, Säften, Extrakten auf absolute Abwesenheit von Kupfer oder Kupfersalzen strengstens geachtet werden. Ferner dürfen Vitamin C-Lösungen, die man entfärben oder klären will, nicht mit Kohle (Carbo med., Carbo Ligni) geschüttelt werden, da der von der Kohle okkludierte Sauerstoff das Vitamin schädigt. Gegen erhöhte Temperaturen sind die Vitaminlösungen ebenfalls empfindlich. Bei völligem Luftabschluß und saurer Reaktion können sie jedoch einige Zeit auf 100° erhitzt werden. Als sehr guter Stabilisator für Vitamin C-Lösungen hat sich die Metaphosphorsäure (HPO_3) erwiesen. Die saure Natur des Vitamins ist deutlich ausgeprägt. Das pH seiner 5%igen wäßrigen Lösung beträgt etwa 2,2. Die Ascorbinsäure läßt sich daher gegen Natronlauge als einbasische Säure titrieren (Phenolphthalein). Bei der Titration ist eine Verseifung des Lactonringes nicht zu befürchten, da dieser sehr stabil ist und auch in der Hitze von Alkalien schwer verseift wird.

Erkennung. 1. Auf Zusatz von 0,50 g Natriumhydrogencarbonat zu 2 ml Prüflösung (1,00 g Substanz zu 20,0 ml gelöst) entwickelt sich Kohlendioxid (DAB 7 – BRD). – 2. 1,0 ml Prüflösung (s. o.) geben nach Zusatz von 0,5 ml Salpetersäure und 1,0 ml 0,1 n Silbernitratlösung einen grauen Niederschlag (DAB 7 – BRD, ähnlich ÖAB 9, DAB 7 – DDR, Ross. 9, BP 63). – 3. Die Verdünnung von 2 Tr. Prüflösung (s. o.) mit 5,0 ml W. entfärbt 10,0 ml 2,6-Dichlorphenol-indophenolnatriumlösung (DAB 7 – BRD, ähnlich CsL 2, Ross. 9, CF 65, BP 63). – 4. Versetzt man eine Lösung von einigen mg Substanz in 1 ml W. mit einigen mg Natriumhydrogencarbonat und einigen Kriställchen Eisen(II)-sulfat, so färbt sich die Lösung rasch violett (ÖAB 9, ähnlich Nord. 63 und DAB 7 – DDR: die violette Farbe verschwindet auf Zusatz von Salzsäure). – 5. 2,0 ml Prüflösung (2%ig) geben nach Zusatz von 2,0 ml FEHLINGscher Lösung einen orangeroten oder roten Niederschlag (DAB 7 – DDR, ähnlich CF 65, Helv. V – Suppl. I, USP XVII). – 6. Wird 1 ml der 2%igen Lösung mit 1 Tr. Natriumpentacyano-nitroso-ferrat(II)-Lösung und 3 Tr. verd. Natronlauge versetzt, so färbt sich die Mischung auf tropfenweisen Zusatz von verd. Salzsäure blau (Helv. V – Suppl. I, ähnlich USP XVII). – 7. Die wäßrige Lösung reduziert Kaliumpermanganatlösung in der Kälte sofort zu einem braunen Niederschlag (PI.Ed. I/1). – 8. 15 mg Substanz werden in 15 ml einer 5%igen Lösung von Trichloressigsäure in W. gelöst, mit 200 mg Aktivkohle versetzt und 1 Min. lang kräftig geschüttelt. Zu 5 ml des klaren Filtrates wird 1 Tr. Pyrrol gegeben und bis zur völligen Auflösung geschüttelt. Beim anschließenden Erwärmen im Wasserbad auf etwa 50° entwickelt sich eine blaue Farbe (USP XVII).

Prüfung. 1. Löslichkeit: 2 g Substanz müssen sich vollständig in 100 ml W. lösen. Die Lösung muß farblos sein (PI.Ed. I/1, ähnlich DAB 7 – BRD, ÖAB 9, DAB 7 – DDR). – 2. Die Prüflösung (2%ig) zeigt einen pH-Wert im Bereich von 2,3 bis 2,8 (DAB 7 – DDR, wobei die Messung potentiometrisch durchzuführen ist). – 3. Schwermetallionen: 0,50 g Substanz werden in W. zu 9,0 ml gelöst. Die Lösung darf nach Zusatz von 1,0 ml 6 n Ammoniaklösung bei der Prüfung auf Schwermetallionen nach Methode I weder eine Trübung noch eine stärkere Färbung als die Vergleichsprobe zeigen (höchstens 0,002%, berechnet als Pb^{2+}) (DAB 7 – DDR, ähnlich USP XVII, DAB 7 – BRD, ÖAB 9). – 4. Sulfat: Höchstens 0,025% SO_4^{2-} (DAB 7 – DDR). – 5. Organische Verunreinigungen: 0,050 g Substanz werden in 5,0 ml konz. Schwefelsäure unter Schütteln gelöst. 15 Min. nach dem Schwefelsäurezusatz darf die Lösung keine Färbung zeigen (DAB 7 – DDR, ähnlich DAB 7 – BRD, Helv. V – Suppl. I). – 6. Chloridionen: Höchstens 0,04% Cl^- [DAB 6 – 3. Nachtr. (BRD) (!)]. Die Lösung von 0,100 g Substanz in 4,0 ml Ammoniakflüssigkeit wird nach Zusatz von 2,0 ml Wasserstoffperoxidlösung in einem Porzellanschälchen zur Trockne eingedampft. Die Lösung des Rückstandes in 1,0 ml Salpetersäure und 9,0 ml W. wird nach Bd. I, 257 geprüft. – 7. Sulfatasche: Höchstens 0,10% (DAB 7 – DDR, DAB 7 – BRD, BP 63, Ross. 9). – 8. Trocknungsverlust: Höchstens 0,20%, 24 Std. lang über Silicagel getrocknet (DAB 7 – DDR); 0,1%, bei 90° 3 Std. lang getrocknet (Ross. 9). – 9. Verbrennungsrückstand: 0,300 g dürfen keinen wägbaren

Rückstand hinterlassen (Helv. V – Suppl. I); höchstens 0,1% (USP XVII, Nord. 63, ÖAB 9).

Gehaltsbestimmung. Acidimetrische Titrationen sind enthalten in: DAB 7 – BRD, PI.Ed. I/1, ÖAB 9, CF 65.

Arbeitsvorschrift des DAB 7 – BRD: Etwa 0,30 g Substanz, genau gewogen, werden in 20 ml frisch ausgekochtem und wieder abgekühltem W. gelöst und nach Zusatz einiger Tr. Phenolphthaleinlösung mit 0,1 n Natronlauge bis zum Auftreten einer etwa 5 Sek. lang anhaltenden Rotfärbung titriert. 1 ml 0,1 n Natronlauge entspricht 17,61 mg $C_6H_8O_6$.

Direkte jodometrische Bestimmungen sind zu finden in: DAB 7 — BRD, Helv. V – Suppl. I, USP XVII, Nord. 63, ÖAB 9, CF 65.

Arbeitsvorschrift des DAB 7 – BRD: Die nach der oben gegebenen Vorschrift titrierte Lösung wird sofort mit 10 ml 3 n Schwefelsäure versetzt und nach Zusatz einiger Tr. Stärkelösung mit 0,1 n Jodlösung bis zur anhaltenden Blaufärbung titriert. 1 ml 0,1 n Jodlösung entspricht 8,806 mg $C_6H_8O_6$.

Indirekte jodometrische Bestimmungen sind enthalten in DAB 7 – DDR, Ross. 9 und BP 63.

Arbeitsvorschrift des DAB 7 – DDR (ähnlich in Ross. 9): 0,2000 g getrocknete Substanz werden in 10,0 ml W. gelöst. Nach Zusatz von 10 Tr. frisch bereiteter Kaliumjodidlösung (10%ig), 2,0 ml Stärkelösung und 1,0 ml 3 n Salzsäure wird die Mischung mit 0,1 n Kaliumjodatlösung bis zur beständigen Blaufärbung titriert: 1 ml 0,1 n Kaliumjodatlösung entspricht 8,806 mg $C_6H_8O_6$.

Arbeitsvorschrift der BP 63: Etwa 0,17 g Substanz werden genau gewogen und in einem Jodzahlkolben in 10 ml W. gelöst. Man fügt 50 ml Salzsäure hinzu, kühlt und läßt unter Umschwenken aus einer Bürette 47 ml 0,01 m Kaliumjodatlösung zufließen. Nach erneutem Kühlen werden 5 ml Chloroform zugegeben. Der Kolben wird verschlossen und die Mischung kräftig geschüttelt. Anschließend wird die Titration unter kräftigem Schütteln sukzessive fortgesetzt bis die violette Farbe der Chloroformschicht eben verschwindet. 1 ml 0,01 m Kaliumjodatlösung entspricht 3,523 mg $C_6H_8O_6$.

Außer diesen offizinellen Bestimmungsmethoden werden in der Praxis einige weitere Verfahren benutzt, die auf dem starken Reduktionsvermögen des Vitamin C beruhen. Bestimmte organische Farbstoffe werden zu ungefärbten Leukoverbindungen reduziert, so daß sich aus dem Verbrauch an Farbstoff der Gehalt an Ascorbinsäure ermitteln läßt. Die Bestimmung wird auf titrimetrischem Wege vorgenommen. Als Titerflüssigkeit hat sich besonders 2,6-Dichlorphenol-indophenol bewährt. Außer diesem wird auch Methylenblaulösung benutzt. Unter der Voraussetzung, daß die zu analysierende Lösung keine störenden, insbesondere keine oxydierenden oder reduzierenden Substanzen enthält, liefert diese Methode Werte, die mit den Resultaten des biologischen Versuches in relativ guter Übereinstimmung stehen. Da in den meisten Fällen mit störenden Substanzen zu rechnen ist, muß der eigentlichen Titration eine Abtrennung der störenden Begleitstoffe vorausgehen. Bei der Mannigfaltigkeit der zu prüfenden Materialien existiert naturgemäß keine Aufarbeitungsmethode, die allgemein anwendbar wäre. Es muß daher jeweils der geeignete Weg eingeschlagen werden. Bei unsicheren Resultaten ist allein der Tierversuch entscheidend.

Eine ausführliche Beschreibung der verschiedenen Bestimmungsmethoden gibt F. GSTIRNER in „Chemisch-physikalische Vitaminbestimmungsmethoden", 5. Aufl., Stuttgart: F. Enke 1965. Die Bestimmungen sehen auch die Erfassung der ebenfalls wirksamen Dehydro-Ascorbinsäure vor (vgl. „Physiologische Bedeutung des Vitamin C").

Eine spezifische Vitamin-C-Bestimmung schlägt M. OTT vor [Z. angew. Chem. *54*, 170 (1941)]. Die Methode besteht darin, daß der mit verdünnter Schwefelsäure oder Phosphorsäure gewonnene Extrakt zunächst in einfacher Weise reduziert wird (Überführung der Dehydro-Ascorbinsäure in Ascorbinsäure) und hierauf einmal direkt, ein zweites Mal nach Zusatz von Kupfersulfat mit der Farbstofflösung titriert wird. Die erste Titration liefert die Gesamtheit aller reduzierenden Substanzen, während durch die zweite Titration – nach erfolgter Zerstörung des Vitamins durch das Kupfersulfat – nur die fremden reduzierenden Substanzen ermittelt werden. Die Differenz beider Titrationswerte ergibt den Ascorbinsäuregehalt.

Prüfung des Vitamin C-Gehaltes im Harn. Zur Verwendung gelangt das oben erwähnte 2,6-Dichlorphenol-indophenol (= 2,6-Dichlorchinon-4-p-oxyphenyl-imid).

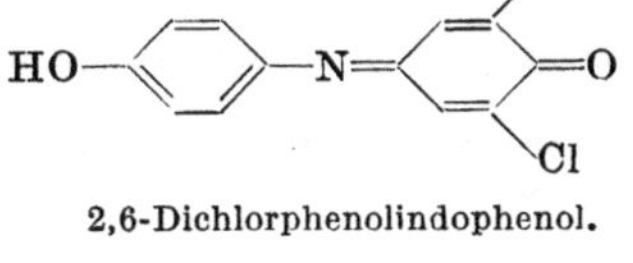

2,6-Dichlorphenolindophenol.

Das Reagens stellt ein schwarzgrünes Pulver dar, das sich in Wasser und in Alkohol löst. Seine wäßrige Lösung ist höchstens 2 Tage haltbar.

Für den Gebrauch in der Harnanalyse wird das Reagens von E. Merck, Darmstadt und F. Hoffmann-La Roche, Grenzach/Baden in Tablettenform in den Handel gebracht. Der Farbstoff einer Tablette wird durch 1 mg Ascorbinsäure entfärbt.

Mit Hilfe dieser Tabletten kann in einfacher Weise ermittelt werden, ob bei einem Patienten der normale Vitamin C-Sättigungszustand erreicht oder unterschritten ist. Bekanntlich scheidet der Organismus den Überschuß an Vitamin durch den Harn wieder aus. Als untere Grenze für die Sättigung betrachtet man den Zustand, bei welchem 100 ml Harn den Reduktionswert von 5 mg Ascorbinsäure aufweisen, bei welchem also durch 20 ml Harn der Farbstoff einer Indikatortablette entfärbt wird.

Ausführung (nach Gander und Niederberger): 1 Indikator-Tablette wird in 50 ml dest. Wasser gelöst und hierauf mit 20 ml des frischen Harns versetzt. Erfolgt innerhalb von 30 Sek. Entfärbung, so ist der geforderte Sättigungszustand erreicht oder auch überschritten, falls sofortige Entfärbung eintritt.

Wird die Indikatorlösung nicht entfärbt, so kann die Vitaminbilanz im Körper noch ausgeglichen sein; es kann aber auch ein Defizit vorliegen. In der Praxis verabreicht man in diesem Falle dem Patienten eine größere Menge Ascorbinsäure (etwa 0,3 g) und prüft, ob nunmehr der Sättigungszustand erreicht ist. Im negativen Falle wird die Verabreichung von Vitamin C so lange fortgesetzt, bis Entfärbung des Indikators eintritt.

Eine *polarographische Bestimmungsmethode* gibt die CsL 2. Ferner: E. Kodicek u. K. Wenig: Nature (Lond.) *142*, 35 (1938); L. Nebbia: Acta vitamin. (Milano) *12, 107* (1958); K. O. Räker: Fresenius Z. analyt. Chem. *173*, 102 (1960); T. S. Ono, M. Tagaki u. T. Wasa: Bull. chem. Soc. Japan *31*, 356, 364 (1958); K. Scharrer u. W. Werner: Z. Pflanzenernähr. Düngg. Bodenkde. *77*, 111 (1957).

Bestimmung der Ascorbinsäure mit *2,4-Dinitrophenylhydrazin* siehe I. H. Roe u. C. A. Kuether: J. biol. Chem. *147*, 399 (1943).

Bestimmung mit *Folins Reagens* siehe A. Fujita u. T. Ebihara: Biochem. Z. *290*, 182 (1937).

Bestimmung mit *diazotiertem 4-Methoxy-2-nitranilin* siehe M. Schmall, Ch. W. Pifer u. E. G. Wollish: Analyt. Chem. *25* 1486 (1953).

Potentiometrische Bestimmung siehe S. M. Deshpande u. R. Natarajan: J. Amer. pharm. Ass. *47*, 633 (1958).

Papierchromatographie siehe R. Strohecker, W. Heimann u. F. Matt: Fresenius Z. analyt. Chem. *145*, 401 (1955); W. Feldheim u. J. Seidemann: Pharmazie *14*, 265 (1959).

Dünnschichtchromatographie siehe H. Gänshirt u. A. Malzacher: Naturwissenschaften *47*, 279 (1960).

Bestimmung des Vitamin C auf biologischem Wege. Die biologische Bestimmung wird an Meerschweinchen durchgeführt, die mit einer Vitamin C-freien Nahrung gefüttert werden. Diejenige kleinste Tagesdosis, die imstande ist, ein Meerschweinchen von 200 g Körpergewicht mindestens 2 Monate vor Ausbruch des Skorbuts zu schützen, wird als 1 Meerschweincheneinheit (1 M.E.) bezeichnet; sie beträgt 0,05 mg krist. Vitamin C. Unter einer internationalen Einheit (1 I.E.) versteht man diejenige Vitaminwirksamkeit, die durch 0,05 mg reines Vitamin C ausgelöst wird. Es entsprechen also 1 M.E. = 1 I.E. = 0,05 mg Vitamin C = etwa 1 ml Zitronensaft.

Enzymatische Bestimmung mit Ascorbinase siehe H. Tauber u. I. S. Kleiner: J. biol. Chem. *110*, 559 (1935); T. Nagayama: Biochem. Z. *307*, 107 (1940).

Klinische Bestimmungsmethoden siehe F. H. L. Taylor u. Mitarb.: Biochem. J. *30*, 1119 (1936); C. C. Lund: Klin. Wschr. *16*, 1085 (1937).

Literatur zu Bestimmungsmethoden: Wendland, G.: Pharm. Ztg (Frankfurt) *85*, 60 (1949); Übersichtsreferat. – Schwarze, W. K., u. E. Günther: Biochem. Z. *319*, 139 (1948); Bestimmung in Pflanzenmaterial; Methylenblau- und Phosphorwolframsäuremethode. – Jäger, H.: Pharmazie *3*, 536 (1948); Stabilisierung von Lösungen. – Braun, H., u. E. Meyer: Biochem. Z. *319*, 304 (1949); Stabilisierung von Lösungen. – Barakat, M. Z. u. Mitarb.: Chem. Zbl. *1952*, S. 5604; Urannitratmethode.

Aufbewahrung. Vor Licht geschützt, in dicht schließenden Gefäßen.

Entkeimung. ÖAB 9: Wäßrige Lösungen können bei einem den Wert 6 nicht überschreitenden pH durch Erhitzen im freiströmenden Wasserdampf von etwa 100° während 30 Min. sterilisiert werden.

Dosierung. ÖAB 9: Gebräuchliche Einzeldosis: 0,05 bis 0,2 g. USP XVII: Gebräuchliche Dosis: Täglich oral oder subcutan etwa 75 mg (= Tagesbedarf), therapeutisch: 500 mg; täglicher Dosierungsbereich: 75 mg bis 1 g.

Standardisierung. 1 I.E. = 50 mcg Ascorbinsäure. 1 Meerschweinchen-Einheit (ME) = 50 mcg Ascorbinsäure.

Wirkungsmechanismus. Auf Grund ihres günstig gelegenen Redoxpotentials vermag die Ascorbinsäure in eine Reihe von Stoffwechselreaktionen einzugreifen und Fermente zu aktivieren. In welchem Umfang die meist in vitro gewonnenen Ergebnisse auf den menschlichen Organismus zu übertragen sind, mag im einzelnen schwer zu bestimmen sein; sicher ist, daß auch im Organismus die Hauptfunktionen auf der Redoxeigenschaft beruhen. So greift sie z. B. in noch ungeklärter Weise in den Stoffwechsel aromatischer Aminosäuren z. B. von Tyrosin ein [SEALOCK, R. R., u. H. E. SILBERSTEIN: J. biol. Chem. *135*, 251 (1940)]. Bemerkenswert ist ferner, daß innersekretorische Organe wie der Hypophysenvorderlappen, die Nebenniere und das Corpus luteum besonders viel Ascorbinsäure enthalten [vgl. H. v. EULER u. H. HASSELQUIST: Hoppe-Seylers Z. physiol. Chem. *303*, 176 (1956) u. H. v. EULER: Naturw. Rdsch. *9*, 83 (1956)].

Schicksal im Organismus. Nach der Resorption wird ein Teil der Ascorbinsäure auf die Gewebe verteilt und gespeichert, ein weiterer Anteil wird unverändert hauptsächlich im Harn ausgeschieden und eine nicht unbeträchtliche Menge auf noch unbekannte Weise abgebaut. Die im Organismus zurückgehaltene Menge hängt ab vom Bedarf, der z. B. im Wachstum und in der Schwangerschaft erhöht ist, und von der Speicherung. Durch die Bilanz zwischen Vitamin C-Zufuhr und Vitamin C-Ausscheidung kann man einen Einblick in die Versorgungslage erhalten. Wenn der Körper sich im Vitamin C-Gleichgewicht befindet, beträgt die im Körper abgebaute Menge 25 bis 50 mg pro Tag. Die Ausscheidung im Harn beläuft sich auf etwa 35 mg. Eine Ausscheidung von weniger als 10 bis 15 mg zeigt Vitamin C-Mangel an. Die Größe der Ausscheidung im Harn kann man als klinischen Test für den Vitamin C-Bedarf benützen. Wenn beim Erwachsenen nach einer Einzeldosis von 600 mg weniger als 30% innerhalb 24 Std. ausgeschieden werden, liegt ein Bedarf vor.

Mangelsymptome. Die Ascorbinsäure kann vom Menschen und einigen Tieren wie Meerschweinchen, Reh und Affe nicht synthetisiert werden. Es ist deshalb verständlich, daß bei diesen besonders leicht Mangelerscheinungen auftreten, die sich in erster Linie und besonders frühzeitig im mesenchymalen Gewebe (Stützgewebe) abspielen. Hier kommt es zu ungenügender Ausbildung von „Kittsubstanz". Diese ist die Ursache für Blutungen und für Verzögerung der Heilung von Wunden und Knochenbrüchen. Ferner ist die normale Funktion der Osteoblasten gestört, so daß es an den Zähnen zu mangelhafter Dentinbildung und am Knochen zur Störung der Kalkeinlagerung kommt. Weiterhin ist die Resistenz gegenüber Infektionen herabgesetzt. Man findet eine Herabsetzung von Komplementtitern und eine Hemmung der Phagozytose. Daher ist Vitamin C auch als „antiinfektiöses" Vitamin bezeichnet worden.

Die ausgesprochene C-Avitaminose, der Skorbut, kommt zwar nicht mehr als Massenerkrankung, aber doch immer wieder in Einzelfällen bei ungenügender Ernährung mit Frischgemüse vor. Die Hauptsymptome bestehen in feinen oder flächenhaften Blutungen an Haut und Schleimhäuten, an Muskulatur und Gelenken, in Entzündung des Zahnfleisches mit Lockerwerden und Ausfall der Zähne. Beim Säugling tritt die Avitaminose unter den Zeichen der MÖLLER-BARLOWschen Erkrankung auf, die durch flächenhafte Blutungen unter der Knochenhaut und in der Muskulatur sowie durch Brüchigkeit der Knochen charakterisiert ist.

Wesentlich häufiger sind C-Hypovitaminosen. Solche können durch unzweckmäßig zusammengesetzte oder durch langes Kochen geschädigte Nahrung gefördert werden, ferner aber auch durch Verminderung der Resorption bei Darmerkrankungen verursacht werden. Ein Mehrbedarf liegt bei langdauernden Infektionen vor. Als Symptome seien angeführt: Müdigkeit, herabgesetzte Leistungsfähigkeit, Neigung zu Blutungen, z. B. am Zahnfleisch, Anfälligkeit gegen Infektionen und schlechte Wundheilung.

Anwendung. Bei allen C-Hypovitaminosen, bei erhöhtem Vitamin C-Bedarf wie Infektionskrankheiten, Schwangerschaft, Lactation und bei künstlich ernährten Säuglingen. Unter Umständen wirkt Ascorbinsäure auch günstig bei schlecht heilenden Frakturen. – *Innere Medizin:* Skorbut, Infektionskrankheiten, Diphtherie, Scharlach, Pneumonie, Tuberkulose, Malaria, Keuchhusten, Typhus, Angina Plaut-Vicent usw., rheumatische Erkrankungen, Magen-Darm-Krankheiten, Ödeme, Herzinsuffizienz. – *Pädiatrie:* MÖLLER-BARLOWsche Krankheit, Präskorbut, Dystrophie, Atrophie, Ernährungsstörungen. – *Chirurgie:* Verhütung von Narkoseschäden, bei postoperativem Erbrechen, bei erhöhter Blutungsneigung, bei schweren Verbrennungen, bei verzögerter Wundheilung. – *Gynäkologie:* Bedarfsdeckung in Schwangerschaft und Stillzeit, Hyperemesis gravidarum, Gingivitis gravidarum, Chloasma uterinum, zur Wehenverstärkung und Abkürzung der Geburtsdauer, habitueller Abort, Menstruationsstörungen, Genitalblutungen. – *Dermatologie:* Pathologische Pigmentierungen, Unverträglichkeitserscheinungen bei der Therapie mit Arsenobenzolderivaten, Furunkulose, noduläre Tuberkulide. – *Ophthalmologie:* Verätzungen, Blutungen nach Staroperationen. – *Hals-Nasen-Ohrenheilkunde:* Entzündungen, Larynxödem, Erkältungskrankheiten, Nasenbluten. – *Zahnheilkunde:* Zahnfleischbluten, Gingivitiden, Stomatitiden, Paradentose.

Handelsformen: Cebion (Merck), Redoxon (Hoffmann-La Roche).

Reduktone.

Unter „Reduktonen" versteht man im allgemeinen Substanzen, die bei der Vitamin C-Bestimmung durch Titration mit 2,6-Dichlorphenol-indophenol miterfaßt werden, die aber keine antiskorbutische Wirkung haben. Vom chemischen Gesichtspunkt gehört aber auch Vitamin C zu den Reduktonen. Das eigentliche Redukton, das nach H. v. EULER u. C. MARTIUS [Justus Liebigs Ann. Chem. *505*, 73 (1933)] aus Glucose dargestellt werden kann, ist Oxymethylglyoxalenol. Eine starke Reduktionswirkung hat auch die sog. Reduktinsäure, die aus „Tetragalacturonsäure" [Chem. Ber. *62*, 1974 (1929)] nach T. REICHSTEIN u. R. OPPENAUER [Helv. chim. Acta *16*, 988 (1933)] darstellbar ist [vgl. Synthese von G. HESSE u. E. BÜCKING: Justus Liebigs Ann. Chem. *563*, 31 (1949)].

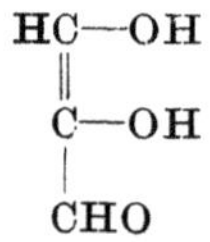

Redukton

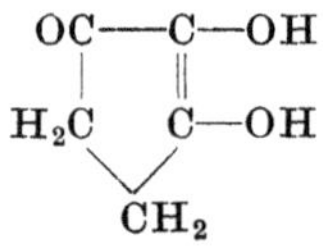

Reduktinsäure

G. HESSE bezeichnet als „Reduktone" im allgemeinen solche α-Oxyaldehyde und α-Ketole, die in der Endiolform beständig sind [Angew. Chem. *64*, 512 (1952); *62*, 27 (1949)]. Eine moderne Zusammenfassung über das Gebiet der „Reduktone" im weitesten Sinne dieser Bezeichnung geben H. v. EULER, B. EISTERT unter Mitwirkung von H. HASSELQUIST: Chemie und Biochemie der Reduktone und Reduktonate, Stuttgart: F. Enke 1957.

Redukton, Triose-Redukton, $C_3H_4O_3$.

Farblose, glänzende bis schwach gelbe Kristalle. Zersetzungspunkt etwa 220°. Leicht löslich in W., A. und Aceton, schwerer in Essigester, noch schwerer löslich in Ae., unlöslich in Bzl. und Petroläther. Beständig nur unter Luftabschluß [DIEMAIR, W., u. E. LÖTZBEYER: Z. Lebensmittel-Untersuch. *89*, 125 (1949)].

Reduktinsäure, $C_5H_6O_3$.

Zersetzung zwischen 161 und 198°. Leicht löslich in W. und A., schwerer in Essigester, Ae. und Aceton, unlöslich in Bzl. Beständig nur unter Luftabschluß [DIEMAIR, W., u. E. LÖTZBEYER: Z. Lebensmitt.-Untersuch. *89*, 125 (1949)].

Acidum para-aminobenzoicum ÖAB 9. Para-aminobenzoic Acid USP XVII. 4-Aminobenzoic Acid BP 63. p-Aminobenzoesäure. 4-Aminobenzoesäure. Vitamin H'. PABA.

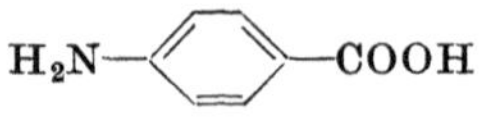

$C_7H_7NO_2$ M.G. 137,14

Herstellung. Aus p-Nitrotoluol oder p-Nitrozimtsäure wird durch Oxydation mit Kaliumdichromat/Schwefelsäure p-Nitrobenzoesäure erhalten, die mit Zinn/Salzsäure oder anderen Reagentien zur p-Aminobenzoesäure reduziert wird.

Geschichtliches. Bei der Beschäftigung mit dem Wirkungsmechanismus der Sulfonamide wurde von verschiedenen Forschergruppen (WOODS; STAMP u. a.) 1939/40 beobachtet, daß Extrakte aus Hefe und Bakterien den bacteriostatischen Effekt dieser Substanzen aufzuheben vermögen. Als das wirksame Prinzip konnte die p-Aminobenzoesäure, die chemisch schon lange bekannt war, identifiziert werden. Es fand sich, daß diese für viele Bakterien, aber auch für Pflanzen, ein unentbehrlicher Wuchsstoff ist. Da sich weiterhin herausstellte, daß auch bei Tieren Krankheitssymptome durch p-Aminobenzoesäure zu beheben sind, sprach man ihr Vitamincharakter zu.

Eigenschaften. Weiße bis gelbliche Kristalle oder kristallines Pulver, ohne Geruch, und von schwach säuerlichem sowie bitterem Geschmack. Die Substanz färbt sich bei Belichtung allmählich braun. Löslichkeit: Löslich in etwa 200 T. W., in etwa 6 T. A., in etwa 50 T. Ae., in Lösungen von Alkalihydroxiden, von Alkalicarbonaten oder Ammoniak sowie in verd. Mineralsäure ist die Substanz leicht und unter Salzbildung löslich, leicht löslich in Chloroform, löslich in warmem Glycerin. Fp. 186 bis 169° unter Zers.

Erkennung. 1. Versetzt man eine Lösung von etwa 5 mg Substanz in 5 Tr. verd. Salzsäure und 1 ml W. mit 5 Tr. Natriumnitritlösung und macht hierauf mit 1 ml verd. Natronlauge alkalisch, so färbt sich die Lösung auf Zusatz von etwa 5 mg β-Naphthol orangerot (ÖAB 9). – 2. Versetzt man eine Lösung von etwa 5 mg Substanz in 2 ml verd. Salzsäure mit 1 ml Phenollösung und 2 Tr. Kaliumbromatlösung, so färbt sich die Lösung rotviolett (ÖAB 9).

Prüfung. 1. Laugeunlösliche Stoffe: Eine Lösung von 1 T. Substanz in 9 T. verd. Natronlauge muß klar sein (ÖAB 9). – 2. Chlorid: In einer Mischung von 2 ml der alkalischen Lösung (1 + 9), 4 ml verd. Salpetersäure und 5 ml W. darf Chlorid in unzulässiger Menge nicht nachweisbar sein. Bei der Prüfung ist keine Salpetersäure mehr zuzusetzen (ÖAB 9). – 3. Sulfat: In einer Mischung von 0,5 ml der alkalischen Lösung (1 + 9), 2 ml verd. Salzsäure und 8,5 ml W. darf Sulfat in unzulässiger Menge nicht nachweisbar sein. Bei der Prüfung ist keine Salzsäure mehr zuzusetzen (ÖAB 9). – 4. Trocknungsverlust: Höchstens 0,5% (ÖAB 9); höchstens 0,2% 2 Std. bei 105° getrocknet (USP XVII). – 5. Verbrennungsrückstand: Höchstens 0,1%, bestimmt mit 0,5000 g Substanz (ÖAB 9, USP XVII); höchstens 0,2% (BP 63). – 6. Schwermetalle: Der Verbrennungsrückstand wird unter Erwärmen in 3 ml verd. Salzsäure gelöst. In der erhaltenen Lösung dürfen nach Zusatz von 2 ml W. und 5 ml verd. Ammoniak Schwermetalle in unzulässiger Menge nicht nachweisbar sein (ÖAB 9). – 7. Eisen: 1,0 g werden mit 1 g wasserfreiem Natriumcarbonat verascht. Der Rückstand wird in 15 ml verd. Salzsäure gelöst. Mit der Lösung wird die Grenzwertbestimmung für Eisen durchgeführt (BP 63).

Gehaltsbestimmung. Nach BP 63 werden eine acidimetrische, nach USP XVII eine Diazo-Titration und nach ÖAB 9 beide Bestimmungen durchgeführt.

Arbeitsvorschriften des ÖAB 9: a) 0,2742 g Substanz werden in etwa 50 ml CO_2-freiem W. gelöst und nach Zusatz von 10 Tr. Phenolphthaleinlösung mit 0,1 n Natronlauge titriert. Für die angegebene Einwaage müssen 19,80 bis 20,04 ml 0,1 n Natronlauge verbraucht werden, entsprechend 99,0 bis 100,2% d. Th. 1 ml 0,1 n Natronlauge entspricht 13,71 mg $C_7H_7NO_2$. 1 g p-Aminobenzoesäure entspricht 72,92 ml 0,1 n Natronlauge.

b) Die austitrierte Lösung versetzt man mit 10 ml verd. Salzsäure und 30 ml W., kühlt auf 15° ab und titriert hierauf langsam und unter kräftigem Umrühren mit 0,1 m Natriumnitritlösung. Der Endpunkt der Titration ist erreicht, wenn 1 Tr. der Lösung 2 Min. nach der letzten Zugabe von 0,1 m Natriumnitritlösung beim Tüpfeln auf einem Kaliumjodid-Stärke-Papier sofort Blaufärbung hervorruft. Eine zweite Titration führt man in gleicher Weise ohne die zu untersuchende Substanz als Blindprobe aus. Die Differenz der bei den beiden Titrationen verbrauchten Anzahl ml 0,1 m Natriumnitritlösung muß für die angegebene Einwaage 19,70 bis 20,10 ml betragen, entsprechend 98,5 bis 100,5% d. Th. 1 ml 0,1 m Natriumnitritlösung entspricht 13,71 mg $C_7H_7NO_2$. 1 g p-Aminobenzoesäure entspricht 72,92 ml 0,1 m Natriumnitritlösung.

Aufbewahrung. Vor Licht geschützt, in gut schließenden Gefäßen.

Dosierung. ÖAB 9: Gebräuchliche Einzeldosis: 1,0 bis 4,0 g.

Wirkungsmechanismus. Bei Escherichia coli ist p-Aminobenzoesäure am Purinstoffwechsel beteiligt nach folgenden Schema (nach W. SHIVE):

Amino-imidazolcarbonsäureamid ⟶ Hypoxanthin
↑
p-Aminobenzoesäure → Co-enzym (Folsäure)
↓
Vorstufe ⟶ Thymin

Ferner greift sie in die Bildung von Serin aus Glykokoll ein.

Mangelerscheinungen. An Kücken und Ratten wurden Wachstumsstörungen beobachtet. Bei Ratten ist PABA unentbehrlich für die normale Pigmentierung. Über Mangelerscheinungen am Menschen ist nichts bekannt.

Anwendung. In großen Dosen verstärkt PABA die Wirkung von Cortison bei Gelenkrheumatismus, wahrscheinlich infolge Hemmung des Abbaus in der Leber. Auch bei Parotitis epidemica wurden Erfolge mit PABA-Medikation beobachtet. Die frühere Indikation bei Rickettsiosen ist durch die viel stärker wirksamen Antibiotica heute überholt.

Einige handelsübliche Polyvitaminpräparate. (Die Tabelle erhebt keinen Anspruch auf Vollständigkeit.)

Name und Hersteller	Vit. A I.E.	Vit. B_1 mg	Vit. B_2 mg	Pantothensäurederiv. mg	Nicotinamid mg	Vit. B_6 mg	Folsäure mg	Vit. B_{12} γ	Vit. C mg	Vit. D_3 I.E.	Vit. E (α-Toc. acet.) mg	Vit. K mg	Biotin mg	Rutin mg	Mesoinosit mg	Sonstige Bestandteile
Aletavit Pulver Alete GmbH, München	12000	1,4	1,8	–	15,0	–	–	–	172,0	1300	13,7	–	–	–	–	dazu auf 100 g Pulver 94,13 g Milchinhaltsstoffe u. anorganische Salze
Bi-Color „Kollath“ Dragees Schaper & Brümmer, Ringelheim	2500	2	2	5 Ca-Salz	15 Nic.-Säure	2	0,5	2,5	–	500	5	2	0,05	20	1	Vitamine in grünen Dragees; in gelben Dragees je 4,52 mg Spurenelemente
Cal-C-Vita Hoffmann-La Roche, Grenzach/Baden	–	–	–	–	–	15	–	–	1000	300 D_2	–	–	–	–	–	+ 625 mg Calciumcarbonat, 1,35 g Citronensäure, 880 mg Zucker, je Brausetablette
Combionta E. Merck, Darmstadt	1250	0,5	0,75	2,5 Ca-Salz	7,5	1,0	0,125	0,5	25,0	250	1,0	–	–	–	–	dazu 321, 964 mg Spurenelemente je Dragee
Darthronol Chas. Pfizer C.H.Boehringer, Ingelheim/Rh.	5000	3,0	2,0	1,0 Ca-Salz	15,0	0,3	–	–	75,0	50000 D_2	3,3	–	–	–	–	je Kapsel
Eunova Dragees Bauer/Wülfing, Düsseldorf	4000	2	2	6,0 Ca-Salz	15,0	2	0,2	1	70	400	3	1 K_3	0,01	10	–	je Dragee + 83,835 mg Spurenelemente

Gerobion E. Merck, Darmstadt	5000	4 (Phosphorsäureester)	3 (Phosphorsäureester)	–	25	4	–	–	50	200	10	–	–	10	50	dazu lipotrope Substanzen 100 mg je Kapsel
Gevrabon Lederle	2500	2,5	2,5	2,5 Ca-Salz	7,5	0,25	2,5	0,5	25	250	5 I.E.	–	–	12,5	25	+Lysin, Cholin, Spurenelemente je Kapsel
Litrison Hoffmann-La Roche, Grenzach/Baden	–	2	2	3 Panthenol	6	2	0,4	0,67	–	–	3	–	0,1	–	–	dazu je 100 mg dl-Methionin u. Cholintartrat im Dragee
Martol J. E. Stroschein, Bad Ems	5000	1,5	0,66	5 Ca-Salz	6,6	1,0	–	–	40	800	–	–	–	–	–	dazu 67,6 mg Spurenelemente je 2 Teelöffel
	5000	1,5	0,66	5,0 Ca-Salz	6,6	1,0	–	1	40,0	800	2,0	–	–	10	–	in 2 Kapseln, dazu 100 mg Spurenelemente u.10 mg Lecithin
Multibionta Merck, Darmstadt	2500	1,0	1,5	5,0 Ca-Salz	15,0	2,00	0,25	1	50,0	500	2,0	–	–	–	–	je Kapsel
	5000	2	0,8	10 Panthenol	30	4	–	–	100	1000	4	–	–	–	–	+ 1,5 mg o-Benzoesäuresulfimid-Na je ml Tropfen
	3000	2	2,5	8 Ca-Salz	20	4	–	2	100	–	2,5	–	0,3	10	–	+ 5 mg Benzoesäuresulfimid-Na je Brausetablette
Multi-Vicotrat Heyl & Co., Berlin-Stegl.	3000	1,5	1,5	5,0 Ca-Salz	15,0	0,5	0,25	3	50,0	500	2,0	–	–	–	–	je Kapsel

Einige handelsübliche Polyvitaminpräparate (*Fortsetzung*)

Name und Hersteller	Vit. A I.E.	Vit. B_1 mg	Vit. B_2 mg	Pantothensäurederiv. mg	Nicotinamid mg	Vit. B_6 mg	Folsäure mg	Vit. B_{12} γ	Vit. C mg	Vit. D_3 I.E.	Vit. E (α-Toc. acet.) mg	Vit. K mg	Biotin mg	Rutin mg	Mesoinosit mg	Sonstige Bestandteile
Multivitamin „Bonz" Bonz & Sohn, Chem. Fabr., Böblingen/Württ.	5000	2,5	2,5	5 Ca-Salz	20	0,5	0,5	1	40	1000	2	–	–	–	–	je Kapsel
Multivitamin-Lappe P. Lappe, Bensberg/Köln	2500	1,5	1,75	5,25 Vit. B_3?	15	2	0,5	2	50	400	1,5	–	7,25	5,25	–	je Dragee
Multivitamin-Schi-Wa Schi-Wa GmbH, Glanzdorf, Bez. Osnabrück	5000	2,5	2,5	5 Ca-Salz	20	0,5	0,5	1	40	1000	2	–	–	–	–	je Kapsel
	2500	1	1	10 Na-Salz	20	–	0,15	0,25	50	200	2	–	–	–	–	je 5 ml Sirup
Nicalzon Wülfing, Düsseldorf	–	2	2	–	50	–	–	–	20	350	–	–	–	–	–	dazu 100 mg Calcium je Dragee
Obron-Kapseln Chas. Pfizer C.H. Boehringer, Ingelheim/Rh.	2500	1,0	1,0	1,5 Ca-Salz	10,0	0,25	–	–	18,75	200 D_2	200	–	–	–	–	je Kapsel, dazu 393,457 mg anorganische Verbindungen (viel Calcium)

Pluri-Viton, C.F. Asche & Co., Hamburg	2500	1,5	1,0	2,0 Ca-Salz	5,0	0,5	0,3	1	25,0	250	1,0	–	–	–	–	je Kapsel, dazu 65,0 mg Hefe
Poly-Mulsin Mucos Emulsions-ges. m.b.H., München	2500	0,7	0,35	1,5 Ca-Salz	4	0,25	0,2	0,3	12	250	4	–	–	–	–	je Lutschdragee
Polyvitamin „Dr. Bode“ Dr. F. Bode KG, Köln/Rhein	2000	0,5	1,0	2,0 Ca-Salz	6,0	0,25	0,1	5	15,0	200 D_2	1,0	–	0,01	–	–	je Kapsel
Prenatal-Kapseln Lederle	1000	1,0 (Nitrat)	1,0	–	3,5	–	0,5	0,5	17,5	200 D_2	–	0,25	–	–	–	je Kapsel mit Ca, P, Fe, Mn
Protovita „Roche“ (Dtsch. Hoffmann-La Roche AG, Grenzach) Kapseln:	2500	2	1,5	10 Panthenol	10	1	0,25	1	50	500	1,5	–	0,05	–	–	je ml
Tropfen:	5000	2	1	10 Panthenol	10	1	–	–	50	1000	3	–	0,1	–	–	je Kapsel
Rovigon Roche, Grenzach/Baden	30000	–	–	–	–	–	–	–	–	–	70	–	–	–	–	je Dragee
Stresscaps-Kapseln Chem. Grünenthal, Stolberg/Rhld.	–	10 Nitrat	10	20 Ca-Salz	100	2	1,5	4	300	–	–	2 Menadion	–	–	–	je Kapsel

Einige handelsübliche Polyvitaminpräparate (*Fortsetzung*)

Name und Hersteller	Vit. A I.E.	Vit. B_1 mg	Vit. B_2 mg	Pantothensäurederiv. mg	Nicotinamid mg	Vit. B_6 mg	Folsäure mg	Vit. B_{12} γ	Vit. C mg	Vit. D_3 I.E.	Vit. E (α-Toc. acet.) mg	Vit. K mg	Biotin mg	Rutin mg	Mesoinosit mg	Sonstige Bestandteile
Supradyn-Kapseln,	25000	20	5	10 Panto-thenol	50	10	–	5	150	1000 D_2	10	–	0,25	–	–	+ Ca, Fe, Mg, Mn, Cu, Co, Mo, B, P je Kapsel
Brausetabl. Hoffmann-La Roche	25000	20	5	11,6 Ca-Salz	50	10	–	5	150	–	10	–	0,25	–	–	+ Ca, Fe, Mg, Mn, Cu, Mo, Co, Zucker je Brausetablette
Viliquid-Tropfen Desitinwerk, Hamburg	5000	3	3	10 Na-Salz	20	2	–	1	50	1000	2	–	–	–	–	je ml bzw. Dragee
Vi-Magna Lederle	5000	3,0	3,0 bzw. 2,0	1,0 Ca-Salz	20,0	0,2	1,0	1 bzw. 5	75,0	500	—	–	–	–	–	je Kapsel bzw. Teelöffel Sir.
Vi-Magna forte Lederle	5000	3	3	1	20	0,5	0,2	1	50	500	5	–	–	–	–	+ Bioelemente, Spurenelemente je Kapsel
Vitagutt Chemipharm GmbH, Saar-brücken	5000	2	1	10 Ca-Salz	15	1	–	–	50	800 D_2	2	–	–	–	–	+ 1 mg Benzoesäuresulfimid; je ml
	3000	2	2	5 Ca-Salz	20	1	0,5	1	50	500 D_2	5	–	0,01	5	20	+ Spurenelemente, Cholin; je Dragee
Vitamin „10", Orgapharm GmbH, München	1000	0,5 Nitrat	0,5	1,0 Ca-Salz	5,0	0,2	0,1	0,5	20,0	500 D_2	—	–	–	–	–	je Dragee
Vitaminets Hoffmann-La Roche	4000	10	2	10 Ca-Salz	20	3	–	1	50	400 D_2	1,5	–	0,05	–	–	+ Ca, Fe, Mg, Mn, P; je Drag.

Viterra Pfizer	2500	1,5	1,5	2,5 Ca-Salz	12,5	0,25	–	0,5	25,0	250	1,15	–	–	–	–	je Kapsel, dazu 201,325 mg Spurenelemente (viel Calcium)
Vitamin-B-Kombinationspräparate																
Bevimult Desitin-Werk, Hamburg	–	6	2	6 Na-Salz	30	3	–	15	–	–	–	–	–	–	–	je ml
B-Viton-Kapseln C.F. Asche & Co., Hamburg	–	3,0	0,75	3,0 Ca-Salz	5,0	0,75	–	–	–	–	–	–	–	–	–	dazu Hefe 75,00 mg je Kapsel
Gevrabon Sirup Chem. Grünenthal, Stolberg/Rhld.	–	5	2,5	1,0 Panthenol	50	1	–	1	–	–	–	–	–	–	100	dazu 100 mg Cholin, 124 mg anorg. Best., 18% Alkohol in 15 ml
Iloban E. Merck, Darmstadt	–	5,0	0,5	–	10,0	–	–	10	–	–	–	–	–	–	–	je ml Leberextrakt
Lederplex Lederle	–	2,0 Nitrat	2,0	3,0 Ca-Salz	10,0	0,2	0,2	1,0	–	–	–	–	–	–	10,0	je Kapsel 20,0 mg Cholin u. 414,0 mg unlösliche Leberfraktion
	–	0,5 Nitrat	0,5	0,5 freie Säure	2,5	0,05	0,05	1,25	–	–	–	–	–	–	2,5	je ml Sirup 5,0 mg Cholin und 117,5 mg lösl. Leberfraktion
Ledinac Lederle	–	1 Nitrat	1,5	1,25 freie Säure	5,3	0,15	1,5	30	–	–	–	–	9	–	23	+ Fe, Ca, P, hydrolysierte Leberproteide, Malzsirup; je 30 g

Einige handelsübliche Polyvitaminpräparate (*Fortsetzung*)

Name und Hersteller	Vit. A I.E.	Vit. B_1 mg	Vit. B_2 mg	Pantothensäurederiv. mg	Nicotinamid mg	Vit. B_6 mg	Folsäure mg	Vit. B_{12} γ	Vit. C mg	Vit. D_3 I.E.	Vit. E (α-Toc. acet.) mg	Vit. K mg	Biotin mg	Rutin mg	Mesoinosit mg	Sonstige Bestandteile
Litrison-Sirup Hoffmann-La Roche	–	3	3	4,5 Panto-thenol	9	3	–	1	–	–	–	–	0,15	–	–	+ 150 mg DL-Methionin u. 85 mg Cholintartrat je 5 ml
Neurotrat Bohnen	–	5	–	–	–	3	–	10	–	–	–	–	–	–	–	+ 300 mg Leberextrakt je Bohne
Ampullen Nordmark-Werke	–	100	–	–	–	100	–	300	–	–	–	–	–	–	–	+ 300 mg Leberextrakt, 6 mg Lidocain je Ampulle zu 3 ml
Polybion Merck, Darmstadt	–	5	2	3 Ca-Salz	20	2	–	4	–	–	–	–	–	–	–	je Dragee
– forte	–	15	15	25 Ca-Salz	50	10	–	10	–	–	–	–	–	–	–	je Dragee
– Amp.	–	10	4	6 Pan-thenol	40	4	–	8	–	–	–	–	–	–	–	je Ampulle
– Tropfen	–	50	20	30 Pan-thenol	200	20	–	40	–	–	–	–	–	–	–	in 20 ml
Polyvital Bayer, Leverkusen	–	2,8	0,084	0,256	0,56	0,028	–	—	–	–	–	–	–	–	–	+ Hefeextrakt; je ml
	–	3,3	0,1	0,333 Ca-Salz	0,60	0,033	–	—	–	–	–	–	–	–	–	+ Hefeextrakt; je Kapsel
Vitamin-B-Komplex Roche, Grenzach/Baden	–	5,15 Nitrat	2	3 Ca-Salz	20	2	–	4	–	–	–	–	0,05	–	–	je Dragee
(BVK) Syn.	–	5	2	–	20	2	–	4	–	–	–	–	0,25	–	–	je 2 ml Tropfen
– forte	–	15	15	25	50	10	–	—	–	–	–	–	–	–	–	je Dragee

– Ampulle	–	10	4	6 Panthenol	40	4	–	–	–	–	–	–	–	–	–	je Ampulle
– Sir.	–	5	2	3 Panthenol	20	2	–	–	–	–	–	–	–	–	–	je 5 ml
Vitamin-B-Komplex Organon Orgapharm/München	–	1,5	2	10	20 Nic.-Säure	2	0,25	–	–	–	–	–	–	–	–	dazu 100 mg Hefe je Dragee
Vitamin-B-Komplex „Bonz" Bonz & Sohn, Chem. Fabr., Böblingen/Württembg	–	10	5	5 Na-Salz	50	5	–	10	–	–	–	–	–	–	–	je Ampulle
	–	5	2	3 Ca-Salz	20	2	–	4	–	–	–	–	–	–	–	je Dragee
Vitamin-B-Komplex „Schi-Wa" (Schi-Wa-plex)	–	10	4	6 Panthenol	40	4	–	8	–	–	–	–	0,5	–	–	je Ampulle
	–	5	2	3 Ca-Salz	20	2	0,25	4	–	–	–	–	0,05	–	–	je Dragee
	–	5	2	3 Panthenol	20	2	0,24	4	–	–	–	–	0,25	–	–	je 2 ml Tropfen
Vitamin-B-forte-Komplex „Schi-Wa" (Schi-Wa-plex forte)	–	50	4	10 Panthenol	100	10	–	30	–	–	–	–	0,5	–	–	je Ampulle
	–	15	15	25 Ca-Salz	50	10	0,6	10	–	–	–	–	0,15	–	–	je Dragee
Schi-Wa GmbH, Glanzdorf, Krs. Osnabrück	–	15	2	25 Panthenol	50	10	0,6	10	–	–	–	–	0,5	–	–	je 2 ml Tropfen

In den letzten Jahren ist es üblich geworden, *Antibiotica*, insbesondere die „Breitspektrumantibiotica", mit Vitaminen zu kombinieren. Solche Präparate sind in der Tabelle nicht berücksichtigt (vgl. Antibiotica): *Geriatrica* enthalten oft zusätzlich Hormonpräparate.

Vitamineinheiten des täglichen Vitaminbedarfs und der Dosierung

Vitamin	Einheit	Ungefährer täglicher Bedarf	Durchschnittliche therapeutische Dosis[1]
A	1 I.E. = 0,3 γ Vit. A-Alkohol = 0,344 γ Vit. A-Acetat = 0,6 γ β-Carotin	2000–5000 I.E.	25000–200000 I.E.
D	1 I.E. = 0,025 γ krist. Vit. D_3	400–800 I.E.	5000–50000 I.E.
E	1 I.E. = 1 mg D,L-Tocopherolacetat	?	10–100 mg
K	keine I.E. festgelegt 1 Dam.E. = 0,1 γ Vit. K_1	–	1–5 mg
B_1	1 I.E. = 3 γ krist. Aneurinchloridhydrochlorid	1–2 mg	5–100 mg
Pantothensäure	keine I.E. festgelegt	?	10 mg
B_2	keine I.E. festgelegt	3 mg	2–20 mg
Nicotinamid	keine I.E. festgelegt	15 mg	150–500 mg
B_6	keine I.E. festgelegt	2–4 mg	40–80 mg
Biotin	keine I.E. festgelegt	0,01 mg	5–10 mg
Mesoinosit	keine I.E. festgelegt	1 mg	100 mg
B_{12}	keine I.E. festgelegt	1–3 γ	50–100 γ in der Woche
Folsäure	keine I.E. festgelegt	1–2 mg	5–20 mg
C	1 I.E. = 0,05 mg krist. L-Ascorbinsäure	75 mg	200–1000 mg

[1] Prophylaktisch werden meist Mengen verabfolgt, die an der oberen Grenze des ungefähren Bedarfs liegen.

Die Vitaminisierung von Lebensmitteln

Eine zusammenfassende Darstellung über die Situation in einer Reihe von europäischen und außereuropäischen Ländern haben S. W. Souci u. A. Schillinger gegeben [Dtsch. Leb. Rdsch. *52*, 49 (1956)].

In Deutschland wurde am 1. 9. 1942 die „Verordnung über vitaminisierte Lebensmittel" (Reichsges.-Bl. I, 1942, S. 538) erlassen. Danach dürfen „Lebensmittel, deren Vitamingehalt ganz oder teilweise auf einem Zusatz von natürlichen oder synthetischen Vitaminen oder von besonders vitaminreichen Stoffen oder auf der Anwendung von chemischen, physikalischen oder biologischen Verfahren beruht", nur dann mit einem Hinweis auf ihren Vitamingehalt in den Verkehr gebracht werden, wenn sie beim Reichsgesundheitsamt (jetzt bei den Gesundheitsbehörden der Länder) angemeldet worden sind. Nach § 1 (2) dieser Verordnung kann die zuständige Behörde den Verkehr mit vitaminisierten Lebensmitteln einschränken oder untersagen. Als Vitamine im Sinne der Verordnung gelten auch die Provitamine. Die Art und Menge der zugesetzten Vitamine sowie das Herstellungsdatum müssen auf der Verpackung angegeben werden. – Da diese Verordnung nicht mehr in allen Punkten den jetzigen Verhältnissen entspricht, ist in der Deutschen Bundesrepublik ein

Richtlinien für die Bewertung des Vitamingehaltes eines Lebensmittels auf Grund der Schweizer Bestimmungen

Vitamin	„genügend"	„reich"
A	1000 I.E. (entspr. 0,3 mg Vit.-A-Alkohol	3000 I.E. (entspr. 0,9 mg Vit.-A-Alkohol)
B_1	0,240 mg	0,720 mg
B_2	0,300 mg	1,0 mg
Nicotinsäureamid	30 mg	100 mg
C	15 mg	45 mg
D	150 I.E. (entspr. 0,0038 mg)	450 I.E. (entspr. 0,0113 mg)

„Entwurf für die Neufassung der Verordnung über vitaminisierte Lebensmittel" vom „Ausschuß Lebensmittelchemie der Arbeitsgemeinschaft der für das Gesundheitswesen zuständigen Minister" ausgearbeitet worden. Literatur siehe S. W. SOUCI u. A. SCHILLINGER.

In der Schweiz gelten die „Leitsätze über die Bewilligung von Anpreisungen vitaminhaltiger Lebensmittel" vom 2. 8. 1940. Danach darf der Vitamingehalt eines Lebensmittels als „genügend" bzw. „reich" bezeichnet werden, wenn in der Tagesration des Lebensmittels die in der vorhergehende Tabelle angeführten Vitaminmengen enthalten sind.

Das am häufigsten vitaminisierte Lebensmittel ist die Margarine. Die nachfolgende Tabelle zeigt, welche Zusätze in verschiedenen Ländern üblich sind.

Die Vitaminzusätze zur Margarine in verschiedenen Ländern

Land	Zusatz pro kg Margarine Vitamin A	Vitamin D
Dänemark	14000 I.E. als Vitamin A und 6000 I.E. als β-Carotin (entspr. 4,2 mg Vit.-A-Alkohol u. 3,6 mg β-Carotin)	500 I.E. (entspr. 0,0125 mg)
Deutsche Bundesrepublik	20000 I.E. (entspr. 6,0 mg Vit.-A-Alkohol)	300 I.E. (entspr. 0,0075 mg)
Westberlin	30000 I.E. (entspr. 9,0 mg Vit.-A-Alkohol)	–
England	30000 I.E. (entspr. 9,0 mg Vit.-A-Alkohol)	2900–3500 I.E. (entspr. 0,0725 bis 0,0875 mg)
Niederlande	22000 I.E. (entspr. 6,6 mg Vit.-A-Alkohol)	1000 I.E. (entspr. 0,0250 mg)
Norwegen	20000 I.E. (entspr. 6,0 mg Vit.-A-Alkohol)	2500 I.E. (entspr. 0,0625 mg)
Schweden	30000 I.E., wovon 5000 I.E. als β-Carotin vorliegen dürfen (entspr. 9,0 mg Vit.-A-Alkohol bzw. 7,5 mg Vit.-A-Alkohol u. 3,0 mg β-Carotin)	1500 I.E. (entspr. 0,0375 mg)
Schweiz	22000 I.E. (entspr. 6,6 mg Vit.-A-Alkohol)	kein Zusatz
USA	33000 I.E. (früher 20000) [entspr. 9,9 mg Vit.-A-Alkohol (früher 6,0 mg)]	keine Mengenangabe

Antivitamine

Die Antivitamine gehören zu der größeren Gruppe der Antimetabolite. Man versteht darunter unphysiologische Substanzen, die auf Grund einer Affinität zu einem biologischen Reaktionssystem, meist einer Fermentreaktion, den natürlichen Reaktionspartner nach dem Massenwirkungsgesetz verdrängen (competitive inhibition), ohne dessen physiologische Funktion zu übernehmen. Den Grad der Verdrängung kann man zahlenmäßig erfassen mit dem Hemmungsindex. Dieser ergibt sich aus der folgenden Gleichung:

$$\text{Enzymsubstrat} + \text{Hemmstoff} \leftrightarrows \text{Enzymhemmstoff} + \text{Substrat.}$$

Daraus ergeben sich die Konstanten:

$$\frac{[\text{Enzym}] \times [\text{Substrat}]}{[\text{Enzymsubstrat}]} = k_S \qquad \frac{[\text{Enzym}] \times [\text{Hemmstoff}]}{[\text{Enzymhemmstoff}]} = k_H$$

$$\text{Hemmungsindex}\ \frac{[\text{Hemmstoff}]}{[\text{Substrat}]} = \frac{k_S \times [\text{Enzymhemmstoff}]}{k_H \times [\text{Enzymsubtrat}]}.$$

Ein altbekanntes Beispiel für eine solche Verdrängungsreaktion ist die Kohlenoxidhämoglobinbildung. Ohne das übrige Hämoglobinmolekül zu verändern, tritt dabei das

CO am Fe^{2+} des Hämoglobins an die Stelle des O_2, wobei die Affinität des CO zum Hämoglobin etwa 250mal größer ist als die des Sauerstoffs. Der Hemmungsindex beträgt 1 : 250.

Strenge zahlenmäßige Beziehungen sind vor allem aus Versuchen mit Mikroorganismen gewonnen worden. Am komplizierteren Organismus des Tieres und des Menschen sind die Antagonismen zwar ebenfalls ausgeprägt, in ihrem quantitativen Verhalten aber wegen des chemischen Umbaus und Ausscheidung der Hemmsubstanz wesentlich unübersichtlicher.

Die Antivitamine haben zur Erzeugung experimenteller Avitaminosen Bedeutung erlangt. Sie spielen aber auch eine wichtige praktische Rolle. So beruht die Wirkung der Sulfonamide auf ihrer Antivitamineigenschaft gegenüber der p-Aminobenzoesäure, einem essentiellen Wachstumsvitamin für viele Bakterien. Am Menschen kann es bei länger dauernder Anwendung des Tuberkulosemittels Isonicotinsäurehydrazid auf dem Wege der Verdrängung zu einer Pyridoxinhypovitaminose kommen. Beispiele für Antivitamine:

1. Ersatz einer Carboxylgruppe durch einen Sulfosäurerest bzw. eine Ketogruppe:

Vitamin	Antivitamin
p-Aminobenzoesäure	Sulfanilamid, p-Aminoacetophenon
Nicotinsäure	Pyridin-3-sulfosäure, 3-Acetylpyridin
Pantothensäure	Thiopansäure (= Pantoyl-taurin), Phenylpantothenon

2. Veränderungen in Ringsystemen:

Vitamin	Antivitamin
Thiamin	Pyrithiamin (Thiazol- durch Pyridinring ersetzt)
Nicotinsäureamid	5-Thiazolcarbonsäureamid (Pyridin- durch Thiazolring ersetzt)
Lactoflavin	2,4-Diamino-7,8-dimethyl-10-d-ribityl-5,10-dihydrophenazin
Biotin	Desthiobiotin

3. Veränderung von Seitenketten:

Vitamin	Antivitamin
Thiamin	Oxythiamin (Oxyaneurin), Butylthiamin
Riboflavin	Araboflavin (statt Ribose Arabinose), Dichlorflavin
Pyridoxin	Desoxypyridoxin
Folinsäure	7-Methylfolinsäure

4. Homologe Substanzen:

Vitamin	Antivitamin
Pantothensäure	Pantoylglycin, Pantoyl-γ-aminobuttersäure
Biotin	Homobiotin enthält $(CH_2)_5$ statt $(CH_2)_4$, Norbiotin.

Außer durch Verdrängung können Vitamine auch durch andere Mechanismen unwirksam gemacht werden. So kommt bei gewissen Fischen ein Ferment Thiaminase vor, das Aneurin spaltet. Verfütterung solcher Fische erzeugt im Experiment eine schwere B_1-Avitaminose. Auch in Pflanzen wurden thiaminzerstörende Substanzen gefunden. Ein andersartiges Beispiel der Inaktivierung liegt beim Biotin vor, das durch das im Eiklar vorkommende Avidin gebunden und dadurch unwirksam gemacht wird.

Zytostatica

In der Gruppe der Zytostatica sind Stoffe zusammengefaßt, die in der Chemotherapie von Tumoren, insbesondere von verschiedenen Krebsformen, von Leukämien, der Lymphogranulomatose (Hodgkinschen Krankheit) sowie von Polyzythämien verwendet werden. Sie hemmen nach verschiedenen Wirkungsmechanismen allgemein die Zellvermehrung, bevorzugt die von rasch wachsenden Geweben. Ihre Wirkung ist somit nicht spezifisch gegen das maligne Wachstum gerichtet, sondern betrifft auch normale Zellen. Dies erklärt das Auftreten von Nebenwirkungen, die bei längerem Gebrauch von Zytostatica fast unvermeidlich sind. Besonders häufig kommt es dabei zu Störungen am Knochenmark, an den Keimdrüsen, am Haarwachstum und an der Darmschleimhaut. Sofern die Substanzen durch die Placentarschranke gehen, können auch Schädigungen an Foeten auftreten. Schließlich wird auch die Bildung von Abwehrstoffen (Immunkörpern) gehemmt. Dieser Effekt wird zur Zeit therapeutisch bei Organverpflanzungen ausgenützt. Da Zytostatica in den Stoffwechsel der Nucleinsäuren, auch den der Desoxyribonucleinsäuren, eingreifen, ist es möglich, daß in überlebenden Zellen Mutationen erzeugt werden. Diese mutagene Wirkung muß bei der Indikationsstellung berücksichtigt werden.

Im weiteren Sinne gehören zu diesem Kapitel auch die in der zytostatischen Therapie verwendeten Hormone (Nebennierenrinde, Gonaden). Sie seien hier nur erwähnt, da sie an anderer Stelle ausführlich abgehandelt werden. Auch auf die Verwendung von radioaktiven Isotopen (z. B. Radiojod, Radiogold) in der Tumortherapie sei in diesem Zusammenhang hingewiesen.

Insgesamt haben in der Tumortherapie Operation und Bestrahlung nach wie vor den Vorrang vor der Chemotherapie. Nur wo die beiden ersten Maßnahmen nicht oder nicht mehr möglich sind, wird man die Zytostatica alleine verwenden.

Nachfolgende Einteilung wird dem Abschnitt zugrunde gelegt:

A. Alkylantien (Stickstofflost-Analoga, Äthyleniminderivate, Oxiranderivate).
B. Antimetaboliten des Nucleinsäurestoffwechsels.
C. Naturstoffe mit zytostatischem Effekt.
D. Antibiotica.
E. Andere Präparate.

Zu A. Der Wirkungsmechanismus der alkylierenden Substanzen wird in der Übertragung von Alkylgruppen auf biologische Substrate gesehen. Solche Veränderungen an den Nucleinsäuren sind besonders folgenschwer, da sie unmittelbar am Zellwachstum und an der Zellteilung beteiligt sind. Da ein Wirkungsbild resultiert, das formal den Folgen einer Bestrahlung ähnlich ist, werden die Alkylantien auch als Radiomimetica bezeichnet.

Zu B. Die Antimetabolite hemmen kompetitiv die Bildung von Nucleinsäuren, insbesondere von Desoxynucleinsäure. Die hierher gehörigen Antifolsäuren greifen in die Übertragung von C_1-Bruchstücken in die Basen der Nucleotide ein, die Antipurine und die Antipyrimidine in die Polymerisierung der Nucleinsäurebausteine.

A. Alkylantien

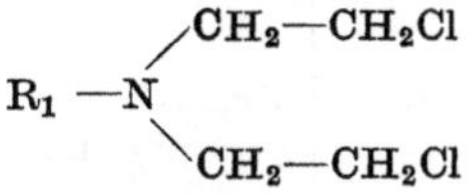

Nr.	R_1 bzw. Formel	Internationale Bezeichnung	Eingetragene Warenzeichen und sonst übliche Bezeichnungen
		I. Stickstofflostderivate	
1	Methyl	Chloraethazin	Chloramin (Simes) Chlorethazin (2,2′-Dichlor)-diäthylmethylamin β, β′-Dichlordiäthylmethylamin Mechloraethamin Mechlorethamin Methyl-bis-(2-chloraethyl)-amin Methyl-(β,β′-dichlor)-diaethylamin Mustine-hydrochloride BP 63 Stickstofflost

A. Alkylantien (*Fortsetzung*)

Nr.	R_1 bzw. Formel	Internationale Bezeichnung	Eingetragene Warenzeichen und sonst übliche Bezeichnungen
2	β-Naphthyl	Chlornaphazin	Chloronaftina (Simes, Mailand) Erysan (Meco-Dumex) β,β'-Dichlordiäthyl-naphthylamin
3	2,6-Dihydroxypyrimidyl (Uracilyl)	Chlor-aethaminacil	Uracil-Lost Uracil-Mustard (Upjohn) Dopan (UdSSR)
4	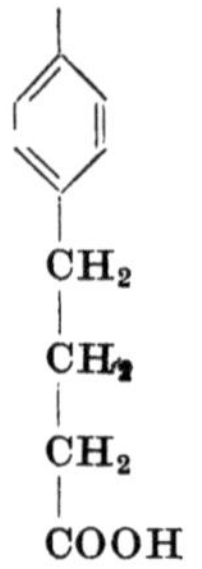	Chlorambucil	4-[4'-(Bis-β-chloräthyl)-amino]-phenylbuttersäure 4-[N-Bis-(2'-chloräthyl)-4-aminophenyl]-buttersäure Chlorambucil BP 63 Chloraminophen Amboclorin (Simes) p-[Di-(2-chloräthyl)-amino]-phenylbuttersäure Leukeran (Burroughs Wellcome)
5	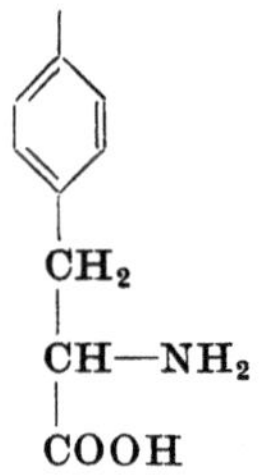	Melphalan	Alkeran (Burroughs Wellcome) 3-[p-(Bis-2-chloräthyl)-4'-aminophenyl]-alanin 3-[N-Bis-(2''-chloräthyl)-4'-aminophenyl]-2-amino-propionsäure [Di-(2'-chloräthyl)-4-amino]-L-phenylalanin Sarcoclorin (Simes) Sarcolyszin (UdSSR)
6	β-Chloräthyl	Trimustin	Sinalost (Nordmark Werke GmbH) Tri-(β-chloraethyl)-amin Trillekamin (Crookes-Barnes Laboratories Inc. USA) 2,2',2''-Trichlortriäthylamin β,β',β''-Trichlortriäthylamin Tris-(2-chloräthyl)-amin Trimitan (VEB Ankerwerke DDR)
7	N',O-Trimethylenphosphorsäure-ester-diamidyl	Cyclo-phosphamid	Cyclophosphamid DAB 7 – DDR Cyclophosphamide (BP 63 – Add. 64) N,N-Bis-(2-chloräthyl)-N',O-propylenphosphorsäure-ester-diamid N,N-Bis-(β-chloräthyl)-N',O-trimethylenphosphorsäure-ester-diamid 2-[Di-(β-chloräthyl)]-amino-1-oxa-3-aza-2-phosphacyclohexan-2-oxid
8	$-P(=O)(NH-CH_2-CH_2-CH_2OH)(OCH_2-CH_2Cl)$	Trichlor-äthoxy-phos-phamid	Mitarson (Asta)

A. Alkylantien (*Fortsetzung*)

Nr.	R_1 bzw. Formel	Internationale Bezeichnung	Eingetragene Warenzeichen und sonst übliche Bezeichnungen
9	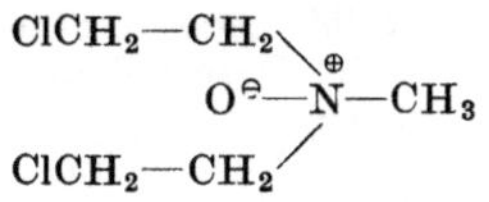	Mechlor-äthaminoxid	Methyl-bis-(β-chloräthyl)-amin-N-oxid Nitromin (Takeda, Osaka/Jap. Mitomen (Asta)
10	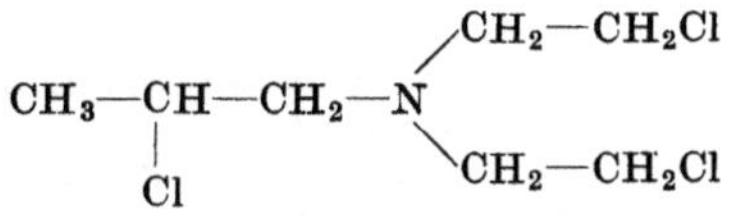	Novembichine	Novembichinum Ross. 9 2-Chlorpropyl-bis-(β-chlor-äthyl)-aminhydrochlorid
11	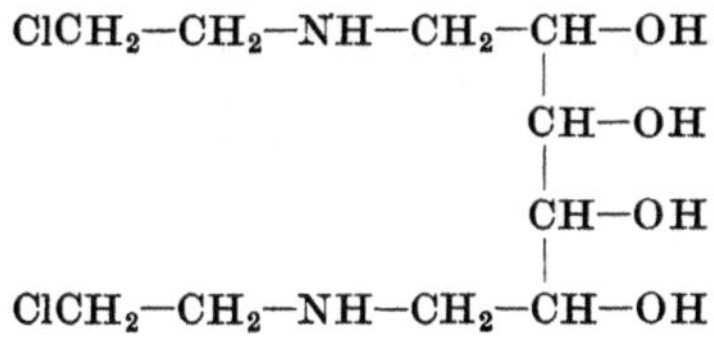	Mannomustin	Mannomustine Hydrochloride (BPC 63) 1,6-Bis-(β-chloraethyl-amino)-1,6-di-desoxy-D-mannit 1,6-Di-desoxy-1,6-bis-(2-chlor-aethylamino)-D-mannit Degranol (Berk Pharmaceuticals)

II. Aethyleniminderivate

Nr.	R_1 bzw. Formel	Internationale Bezeichnung	Eingetragene Warenzeichen und sonst übliche Bezeichnungen
1	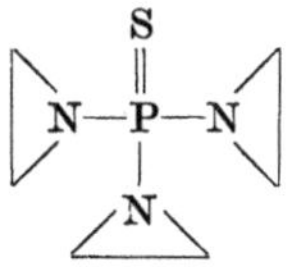	Thiotepa	Thiophosphorsäure-tri-(aethylenimid) Thiophosphorsäure-N,N′,N″-triaethylentriamid N,N′,N″-Triaethylen-thio-phosphorsäuretriamid Tris-(1-aziridinyl)-phosphin-sulfid Thiotepa (Lederle), Onco-Thiotepa (Simes)
2	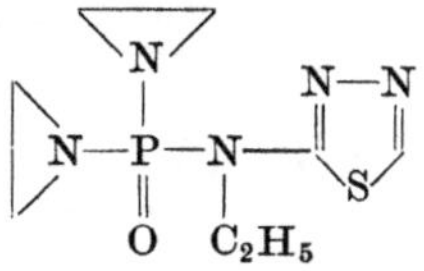		Azetepa (Lederle) Bis-äthylenimino-N-äthyl-1,3,4-thiodiazolyl-(2)-phosphorsäureamid
3	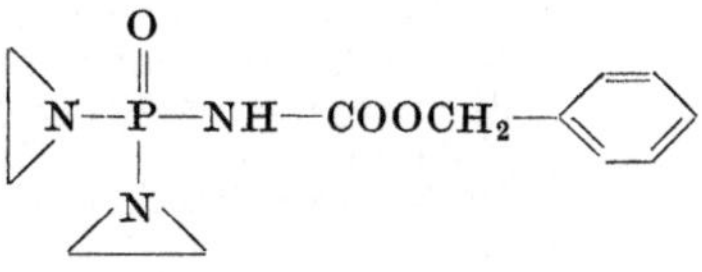	Benzodepa	Benzyl-[N-(di-aziridinyl)-phosphinyl]-carbamat N-[(Di-aziridinyl)-phos-phinyl]-carbamidsäure-benzylester Dualar (Armour USA)
4	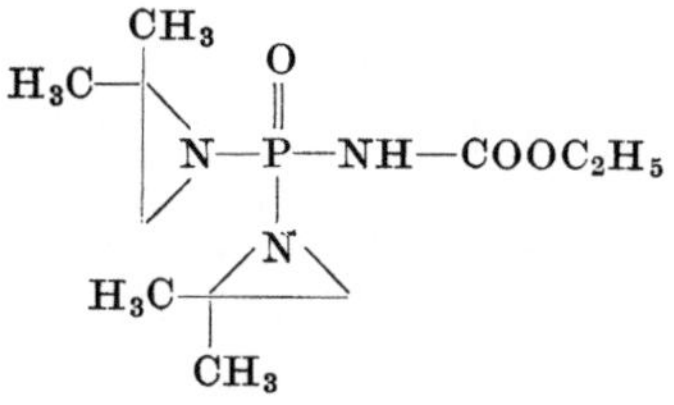	Meturedepa	N-[Bis-(2,2-dimethyl-äthylenimino)-phosphoryl-]-carbamidsäureäthylester Dimethyl-urethimine Phosphorsäure-[N,N′-di-(1,1-dimethyl-äthylen)-imid]-N″-äthoxycarbonyl-amid Turloc (Armour)
5	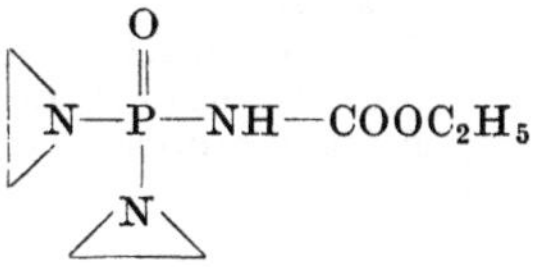	Uredepa	N-[Bis-(äthylenimino)-phosphoryl]-carbamidsäure-äthylester

A. Alkylantien (*Fortsetzung*)

Nr.	R_1 bzw. Formel	Internationale Bezeichnung	Eingetragene Warenzeichen und sonst übliche Bezeichnungen
6	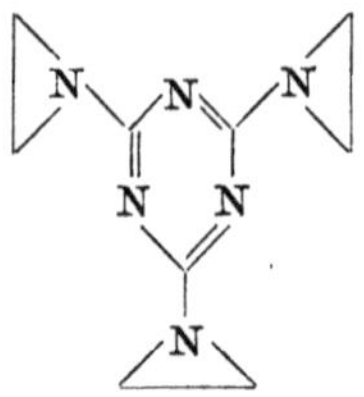	Tretamin	TEM (Lederle, Simes) 2,4,6-Triaethylenimino-s-triazin Triaethylenmelamin Triamelin (Imperial Chemicales). 2,4,6-Tris-(aethylenimino)-1,3,5-triazin 2,4,6-Tris-(1′-aziridinyl)-1,3,5-triazin
7	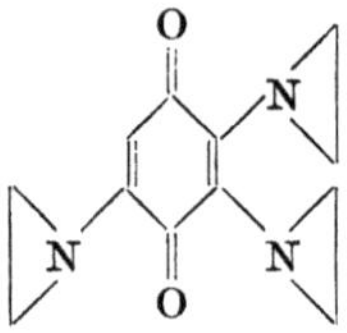	Triaziquonum	Trenimon (Bayer) 2,3,5-Tris-aethylen-imino-benzochinon-(1,4)
	III. Oxiranderivate		
1	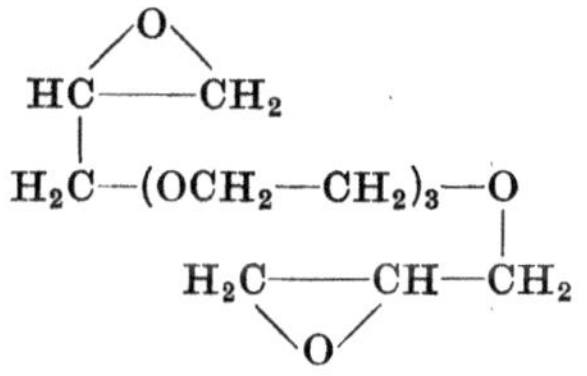	Epodyl (ICI)	1,2-15,16-di-epoxy-4,7,10,13-tetraoxahexadecan Triäthylenglykol-diglycidyl-äther

B. Antimetaboliten

Nr.	R_1 bzw. Formel	Internationale Bezeichnung	Eingetragene Warenzeichen und sonst übliche Bezeichnungen
	I. Folsäurederivate		
1	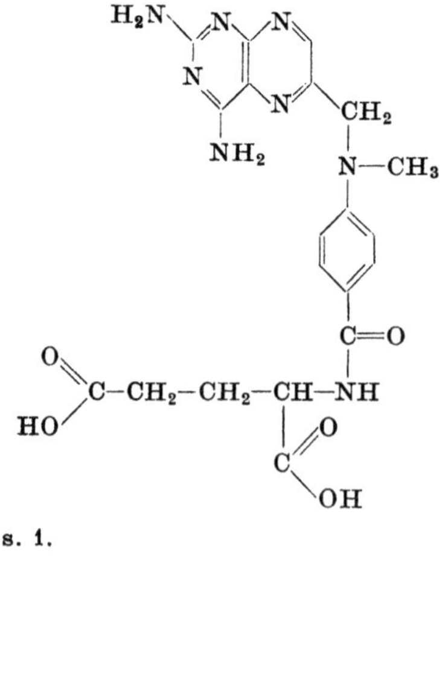	Aminopterin	4′-Aminofolsäure 4-Amino-pteroyl-glutamin-säure 4′-Desoxy-4′-aminofolsäure N-{4-[(2′,4′-Diamino-6′-pteridylmethyl)-amino]-benzoyl}-glutaminsäure Methotrexat (USP XVII, Lederle)
2	s. 1.	Aminopterin-Natrium	Di-natriumsalz der 4′-Amino-folsäure Di-natriumsalz der 4-Amino-pteroylglutaminsäure Aminopterin-Natrium (Lederle)

B. Antimetaboliten (*Fortsetzung*)

Nr.	R_1 bzw. Formel	Internationale Bezeichnung	Eingetragene Warenzeichen und sonst übliche Bezeichnungen
	II. Purinderivate		
1	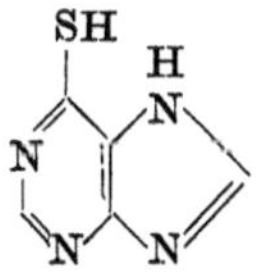	Mercaptopurin	Mercaptopurin (USP XVII, BP 63) 6-Mercaptopurin Mercapto purina (Simes) Puri-Nethol (Burroughs Wellcome, USA)
2	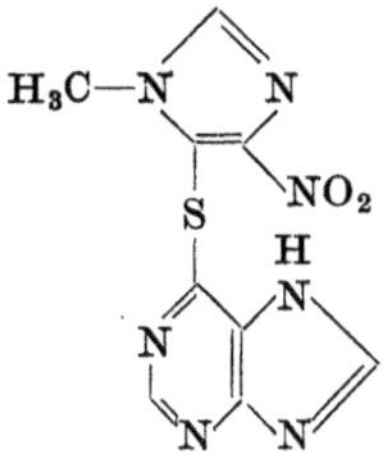	Azathioprin	6-(4'-Nitro-1'-methyl-5'-imidazolyl)-mercaptopurin Imuran (Burroughs Wellcome)
	III. Pyrimidinderivate		
1	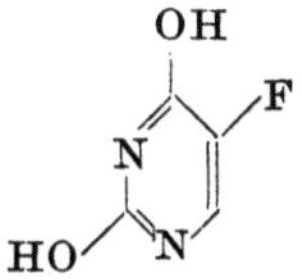	Fluracil	2,6-Dihydroxy-5-fluor-pyrimidin 5-Fluor-uracil Fluoro-Uracil (Roche)

C. Naturstoffe mit zytostatischem Effekt

1.

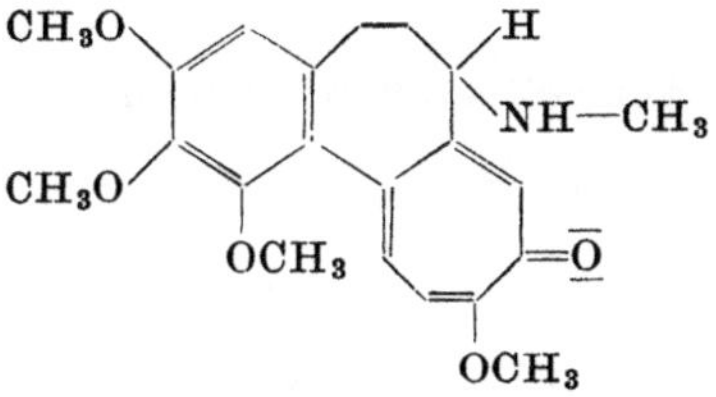

Demecolcin

Colcemide (Ciba)
Demecolcine
Desacetyl-N-methyl-colchicin

2.

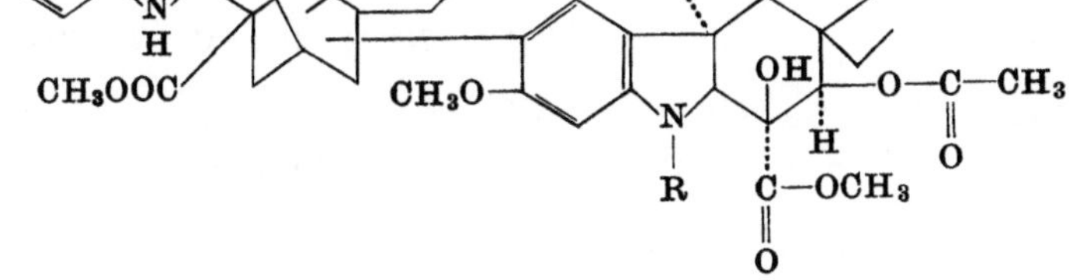

a. R = CH_3 Vinblastin Velbe (Lilly)

b. R = 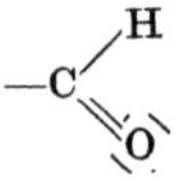 Vincristin (Lilly)

3.

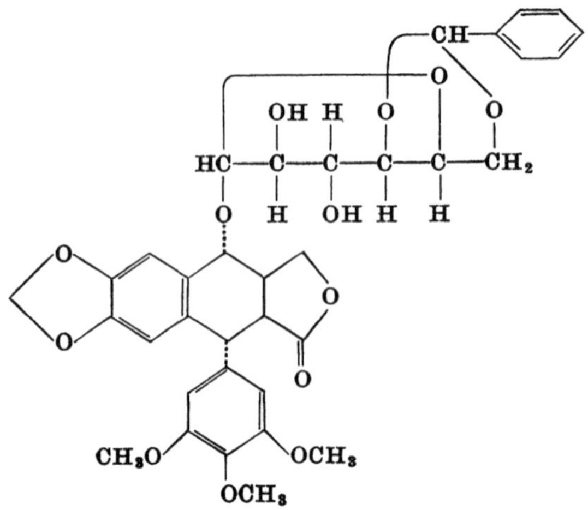

SP-G (Sandoz). Proresid (Sandoz)

4.

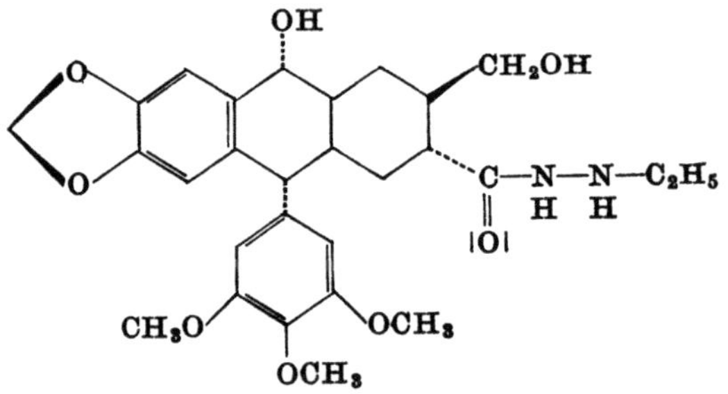

Podophyllinsäureäthylhydrazid. SP-I-(Sandoz). Proresid (Sandoz)

D. Antibiotica mit zytostatischem Effekt

1.

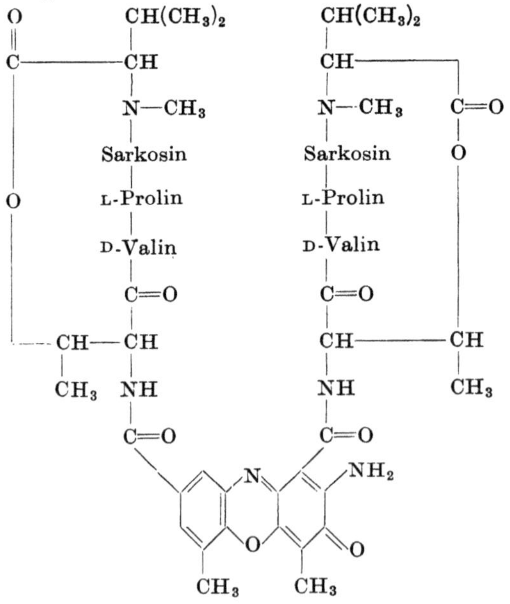

Dactinomycin. Actinomycin D

2. Actinomycin C (Bd. I, 1040)
Cactinomycin

3.

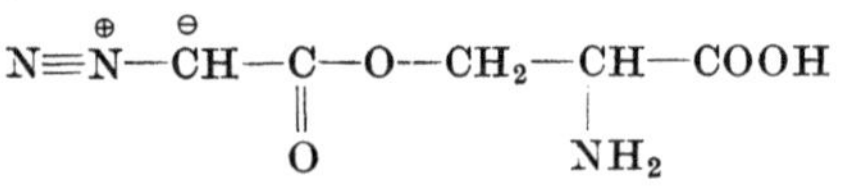

Azaserin (Parke-Davis)
Diazoessigsäure-serinester

4.

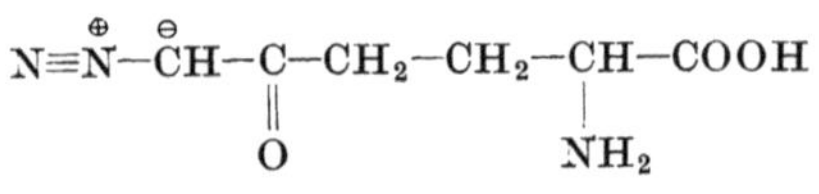

6-Diaza-5-oxo-L-norleucin

E. Andere Präparate

1.

$CH_3—SO_2—O—(CH_2)_4—O—SO_2—CH_3$

Busulfan
Busulphan (BP 63, USP XVII)
Butandiol-1,4-bis-methylsulfonat
Myleran (Burroughs Wellcome)
1,4-Bis-(methansulfonoxy)-butan
Miclucin (Simes)
Sulfabutin (Sanabo)

2.

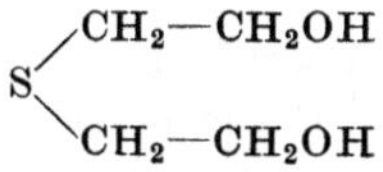

Thiodiglycol
Bis-(2-hydroxyäthyl)-sulfid
Tedegyl (Labaz)

3.

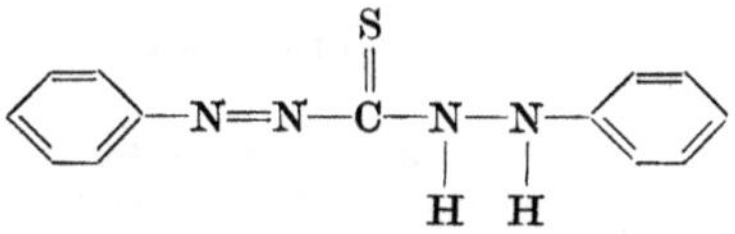

Diphenyl-thiocarbazon
Diphenyl-thiocarbazone
Dithizon (Fischers Scientific)

4.

$H_2N—COOC_2H_5$

Urethanum (DAB 7 – BRD, DAB 7 – DDR, ÖAB 9, BP 63, BPC 63)
Aethylurethan
Carbaminsäureäthylester

5.

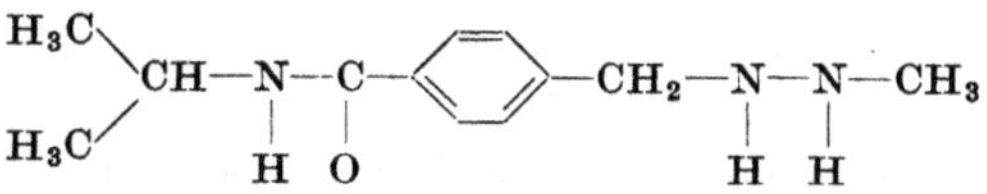

Natulan (Roche)
1-Methyl-2-p-(isopropylcarbamoyl)-benzyl-hydrazin

6.

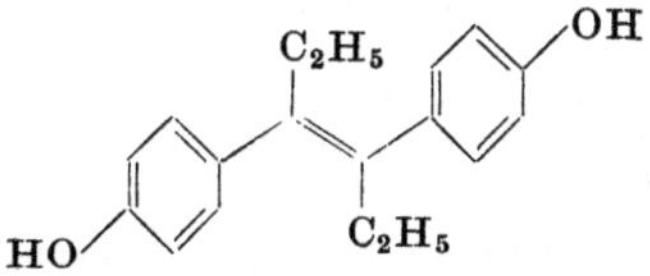

Diaethylstilboestrol[1]
Diaethylstilboestrolum (DAB 6 – 3. Nachtr.)
d,d'-Diaethyl-4,4'-dihydroxystilben
Diaethyl-dioxystilben
4,4'-Dioxy-α,α'-diaethylstilben
Trans-3,4-Di-(p-oxyphenyl)-3-hexan
Stilboestrol

a)

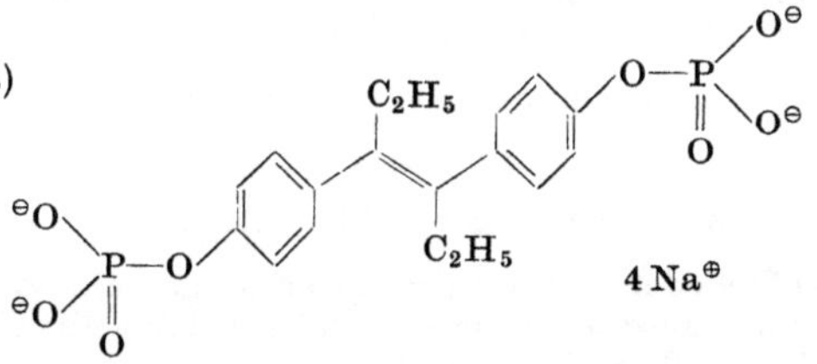

a) als Tetra-natrium Diphosphat DAB 7 – DDR

b)

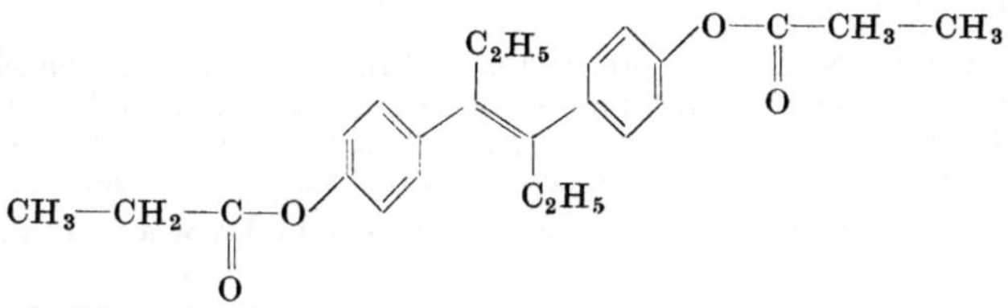

b) als Dipropionat

Diaethylstilboestrolum dipropionicum (DAB 6 – 3. Nachtr., DAB 7 – BRD, DAB 7 – DDR Ross. 9, Dan. IX)
Diaethylstilboestroldipropionat
4,4'-(Dipropionoxy)-α,α'-diaethylstilben

[1] Siehe auch Hormone, S. 165ff.

A. Alkylantien

I. Stickstofflostderivate

Mustine Hydrochloride BP 63. Chloraethazin-hydrochlorid (INN). Chlorethazin-hydrochlorid. (2,2'-Dichlor)-diäthylamin-hydrochlorid. β-Dichlordiäthylmethylamin-hydrochlorid. Mechloraethamin-hydrochlorid. Mechlorethamin-hydrochlorid. Methyl-bis-(2-chloraethyl)-amin-hydrochlorid. Methyl-(β,β'-dichlor)-diaethylamin-hydrochlorid.

$C_5H_{12}Cl_3N$ Formel A. I-1 M.G. 192,52

Gehalt. Mindestens 98% und nicht mehr als 101,0% an $C_5H_{12}Cl_3N$.

Herstellung. Durch Einwirken von Thionylchlorid auf Di-(2-hydroxyäthyl-)-methylamin [Chem. Zbl. *VI*, 2817 (1935); *I*, 30 (1942)].

Eigenschaften. Weißes, oder nahezu weißes, kristallines, sehr hygroskopisches, blasenziehendes Pulver; leicht lösl. in W., lösl. in A. Fp. 108° (BP 63).

Erkennung (BP 63). 1. Etwa 50 mg Substanz löst man in 5 ml W. und gibt 1 ml Natriumhydroxidlsg. hinzu; es bilden sich ölige Tröpfchen, die sich durch Erwärmen auflösen. – 2. Es werden etwa 50 mg Substanz in 5 ml W. gelöst und 0,02 ml $K_2[HgJ_4]$-Lsg. zugegeben, worauf ein cremefarbener Niederschlag entsteht.

Gehaltsbestimmung. Zu 0,2 g gibt man 15 ml 1 n alkoholische Kalilauge und 15 ml W., kocht 2 Std. am Rückflußkühler, konzentriert durch Erhitzen auf dem Wasserbad auf etwa das halbe Volumen, verdünnt auf 150 ml mit W., fügt 3 ml Salpetersäure sowie 50 ml 0,1 n Silbernitratlsg. hinzu. Nach kräftigem Schütteln wird filtriert und das Filtrat mit W. gewaschen. Filtrat und Waschwasser werden vereinigt und mit 0,1 n Ammoniumrhodanidlsg. (Eisenammoniumsulfatlsg. als Indikator) titriert. 1 ml 0,1 n Silbernitratlsg. entspr. 0,006418 g $C_5H_{12}Cl_3N$ (BP 63).

Anwendung. Bei Lymphogranulomatose, Lymphosarkom, Leukämie, Polycythaemia rubra. Die Wirkung kann mehrere Monate anhalten; eine zweite Behandlung ist meistens weniger erfolgreich.

Als Nebenerscheinungen treten bei den behandelten Patienten oft Nausea und Erbrechen auf. Subcutane Injektion von 0,5 bis 1 mg Scopolaminhydrobromid oder orale Verabfolgung von 0,2 g Pyridoxinhydrochlorid sollen diese Nebenwirkungen unterdrücken.

Dosierung. Bei intravenöser Verabreichung 400 μg/kg Körpergewicht als Einzeldosis oder verteilt über 4 Tage.

Handelsformen: Chloramin (Simes), Dichloren (Ciba, Wehr/Baden), Mustine Hydrochloride (Boots, England), Sinalost (Nordmark-Werke).

Chlornaphazin (INN). β,β'-Dichlordiäthyl-naphthylamin.

$C_{14}H_{15}Cl_2N$ Formel A. I-2 M.G. 268,19

Gehalt. Mindestens 98,3%, höchstens 100,5% $C_{14}H_{15}Cl_2N$.

Eigenschaften. Farblose oder schwach gelb gefärbte, geruchlose Kristalle. Wird die Substanz der Lichteinwirkung ausgesetzt, so verfärbt sie sich gelb. Unlösl. in Äthanol, leicht lösl. in Ae. und Chlf. Fp. 52,0 bis 55,0°.

$E^{1\%}_{1\,cm}$ (in abs. A.): 348 mμ = 103 ± 5; 296 mμ = 377 ± 12; 286 mμ = 432 ± 12; 254 mμ = 2050 ± 150.

Erkennung. 1. 0,1 g Substanz wird in 2 ml 37%iger Salzsäure durch schwaches Erwärmen gelöst; anschließend werden 10 ml W. hinzugefügt. Es entsteht eine opaleszierende Trübung. – 2. 0,1 g Substanz reagiert heftig mit 2 ml 69%iger Salpetersäure; nach Zugabe von 10 ml W. zu der rotbraunen Lsg. entsteht ein rotbrauner flockiger Niederschlag.

Gehaltsbestimmung. Der Gehalt wird nach der Kjeldahl-Methode ermittelt. 1 ml 0,1 n Salzsäure entspr. 0,02682 g $C_{14}H_{15}Cl_2N$.

Anwendung. Lymphogranulomatose, lymphatische Leukämie, chronische leukämische Myelose, Polycythaemia rubra.

Dosierung. 1. Intramuskuläre Verabreichung: 1 Amp. mit 200 mg pro Tag. 2. Peroral: 1 bis 2 Kapseln (100 mg) pro Tag für Behandlungszyklen von 10 bis 15 Tagen.

Aufbewahrung. Kühl, in luftdicht verschlossenen Behältern aufzubewahren.

Handelsformen: Erysan (Meco-Dumex, Tabletten), Chloronaftine (Simes, Kapseln, Ampullen).

Chloraethaminacil (INN). 5-[Bis-(β-chloräthyl-)amino]-uracil. Uracil-Lost. Uracil-Mustard.

$C_8H_{11}Cl_2N_3O_2$ Formel A. I-3 M.G. 252,11

Herstellung.

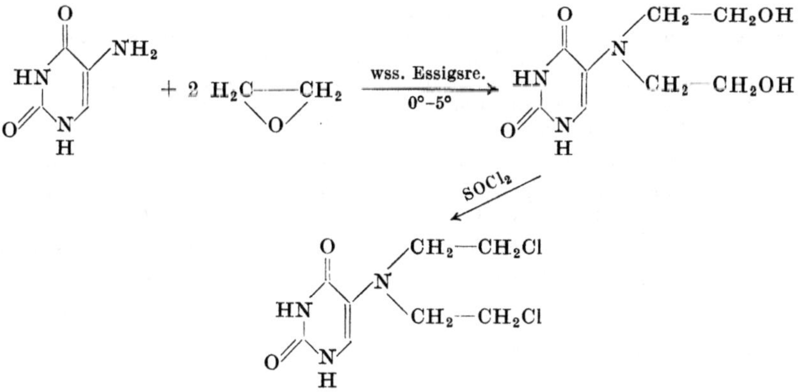

Eigenschaften. Weiße, geruchlose Kristalle, die bei 203 bis 206° unter Zersetzung schmelzen und sich nur wenig in M. sowie Aceton lösen.

Erkennung. Das UV-Absorptionsspektrum einer 2,5%igen alkoholischen Lsg. von Chloraethaminacil zeigt ein Maximum bei 256 ± 3 mμ, eine Schulter bei 295 ± 3 mμ und ein Minimum bei 232 ± 3 mμ. Die Extinktion bei 256 ± 3 mμ darf um nicht mehr als 3% von dem Extinktionswert einer Standardvergleichslsg. abweichen.

Gehaltsbestimmung. 100 mg Substanz werden in einen 200-ml-Meßkolben eingewogen, in 50 ml A. gelöst und der Kolben mit weiterem A. aufgefüllt. Danach werden 5 ml dieser Lsg. in einen 100-ml-Meßkolben gegeben, mit A. bis zur Marke aufgefüllt und gut umgeschüttelt. Die Extinktion dieser Lsg. wird in einem geeigneten UV-Spektrophotometer bei 256 mμ ermittelt.

Anwendung. Lymphatische Leukämie, Kaposi-Sarkom, Lymphoblastome, Morbus Hodgkin.

Dosierung. Oral: 0,01 bis 0,03 mg/kg Körpergewicht, täglich einige Wochen lang.

Handelsformen: Uracil-Lost, Uracil-Mustard (Upjohn).

Chlorambucil BP 63, (INN). 4-[4′-(Bis-β-chloräthyl)-amino]-phenylbuttersäure. 4-[N-Bis-(2′-chloräthyl)-4-aminophenyl]-buttersäure. Chloraminophen. p-[Di-(2-chloräthyl)-amino]-phenylbuttersäure.

$C_{14}H_{19}Cl_2NO_2$ Formel A. I-4 M.G. 304,21

Gehalt. Nicht weniger als 98,5% und nicht mehr als 101,0% $C_{14}H_{19}Cl_2NO_2$.

Herstellung. Durch Einwirkung von Phosphoroxychlorid auf γ-[p-Bis-(β-hydroxyäthyl)-amino-phenyl]-buttersäure-methylester.

Eigenschaften. Fp. 64 bis 67°; weißes kristallines Pulver, unlösl. in W., lösl. in 1,5 T. 95%igem A. bei 20°, in 2,5 T. Chlf. und in 2 T. Aceton.

Erkennung. 10,4 g Substanz werden unter gelegentlichem Umschütteln in verd. Salzsäure (10%ig) 30 Min. stehengelassen; nach Filtration und wiederholtem Waschen des Rückstandes mit je 10 ml W. wird sowohl das erste Filtrat als auch die folgenden wäßrigen Filtrate für eine weitere Identifizierung aufbewahrt.

Der Schmelzpunkt des auf dem Filter verbliebenen Rückstandes muß nach dreistündigem Trocknen über Phosphorpentoxid bei 5 Torr ungefähr 146° betragen.

1. Zu 10 ml der vereinigten Filtrate werden 0,5 ml einer $K_2[HgJ_4]$-Lsg. (Mayers Reagens) zugegeben; ein lederfarbener Niederschlag fällt aus (BP 63). – 2. Zu weiteren 10 ml Filtratlsg. werden 0,5 ml einer 1%igen Kaliumpermanganatlsg. zugegeben; die rote Farbe verschwindet. – 3. 0,6 g Chlorambucil werden mit 0,2 ml Phenylhydrazin 10 Min. im Wasserbad unter Rühren erhitzt, nach Zugabe von 2 ml abs. A. weitere 20 Sek. erhitzt, anschließend filtriert und 30 Min. stehengelassen. Es bildet sich Phenylhydrazinium-chlorid, das nach wiederholtem Waschen mit je 1 ml abs. A. und Trocknen bei 105° einen Schmelzpunkt von ungefähr 245° (Zers.) besitzt.

Prüfung. 1. 0,5 g werden in 50 ml einer Mischung aus gleichen Teilen Aceton und W. gelöst, und hierzu 0,5 ml 5%ige Silbernitratlsg. sowie 0,05 ml 70%ige Salpetersäure gegeben; es darf weder eine opaleszierende Trübung noch ein Niederschlag auftreten. – 2. Sulfatasche. Nicht mehr als 0,1%.

Gehaltsbestimmung. 0,5 g, genau gewogen, werden in 20 ml einer 0,1 n alkoholischen Kalilauge 2 Std. unter Rückfluß erhitzt. Nach dem Abkühlen wird diese Lsg. in einen 100-ml-Meßkolben gegossen, 50,0 ml 0,1 n Silbernitratlsg. sowie 5 ml 70%ige Salzsäure zugegeben und mit W. auf 100 ml aufgefüllt. Vom ausgefallenen Silberchlorid wird abfiltriert und in 50,0 ml des Filtrates das überschüssige Silbernitrat mit 0,1 n NH_4SCN in Gegenwart von 3 ml einer 10%igen wss. Ferriammoniumsulfatlsg. zurücktitriert.

1 ml 0,1 n $AgNO_3$ entspr. 0,01521 g $C_{14}H_{19}Cl_2NO_2$.

Anwendung. Zur Behandlung von Leukämie und anderen bösartigen Neoplasmen.

Dosierung. 0,2 mg/kg Körpergewicht täglich 3 bis 6 Wochen lang, dann reduzieren auf 0,03 mg/kg Körpergewicht pro Tag. Einzeldosis 15 mg, Tagesdosis 15 mg.

Aufbewahrung. Gut verschlossen, kühl, in lufttrockenen Gefäßen aufzubewahren.

Handelsformen: Leukeran (Burroughs Wellcome), Amboclorin (Simes).

Melphalan (INN). 3-[(p-Bis-2-chloräthyl)-4′-aminophenyl-]-alanin. 3-[N-Bis-(2″-chloräthyl)-4′-aminophenyl]-2-amino-propionsäure. [Di-(2′-chloräthyl)-4-amino]-L-phenylalanin.

$C_{13}H_{18}Cl_2N_2O_2$ Formel A. I-5 M.G. 305,20

Herstellung.

1.

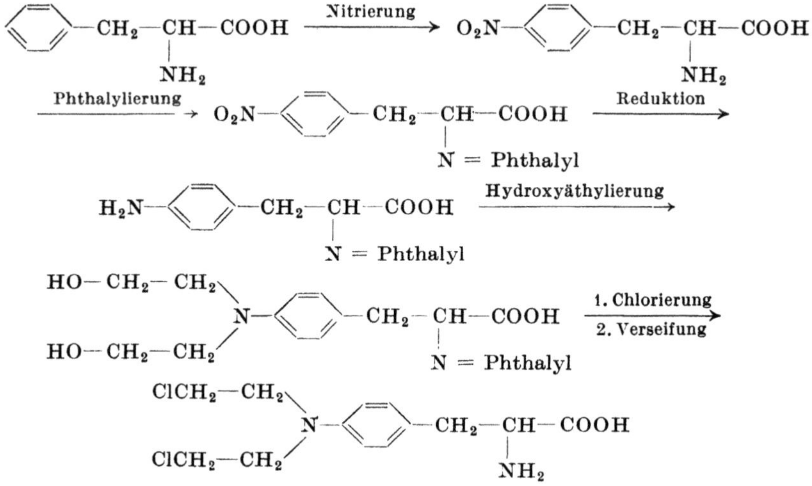

2.

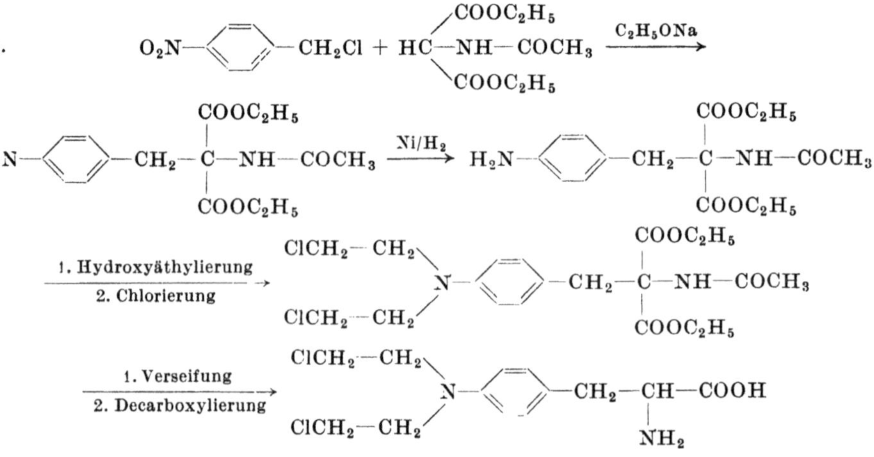

Eigenschaften. D,L-Gemisch: Fp. 180 bis 181°. D-Isomeres: Fp. 181,5 bis 182° (Zers.)

$[\alpha]_D^{21°} = -7{,}5° \pm 0{,}5°$ ($c = 1{,}26$ in n HCl)

L-Isomeres: Fp. 182 bis 183° (Zers.)

$[\alpha]_D^{21°} = +7{,}5° \pm 0{,}5°$ ($c = 1{,}33$ in n HCl)

$[\alpha]_D^{22°} = -31{,}5° \pm 0{,}5°$ ($c = 0{,}67$ in CH_3OH).

(BERGEL, F., u. J. A. STOCK: J. chem. Soc. *1954*, S. 2414).

Anwendung. Zur Behandlung multipler Myelome, Morbus Hodgkin, chronische Leukämien.

Kontraindikationen. Das Präparat soll nicht gegeben werden, wenn ähnliche Chemotherapeutica oder Röntgenbestrahlung zur Behandlung der Krankheit angewandt worden sind.

Dosierung. Die übliche Dosis beträgt 6 mg (3 Tabl.) täglich.

Handelsformen: Alkeran (Burroughs Wellcome), Sarcoclorin (Simes), Sarcolysin (UdSSR).

Trimustin (INN). Tri-(β-chloräthyl)-amin. 2,2′,2″-Trichlortriäthylamin. β,β′,β″-Trichlortriäthylamin. Tris-(2-chloräthyl)-amin. Als Hydrochlorid.

$C_6H_{13}Cl_4N$ Formel A. I-6 M.G. 241,00

Gehalt. 5,8% Stickstoff (Kjeldahl), Gesamtchlor 58,9%.

Herstellung. Zu einer Suspension von 185,5 g (1 Mol) Triäthanolaminhydrochlorid in 1100 ml Chlf. werden im Laufe von 3 Std. in der Siedehitze und unter intensivem Rühren 445 g (3,75 mol) Thionylchlorid getropft. Man hält eine weitere Stunde im Sieden und saugt nach dem Abkühlen die gebildeten Kristalle ab. Das feuchte Rohprodukt wird aus A. umkristallisiert.

Ausbeute: 70% d. Th. (Nordmark-Werke GmbH).

Eigenschaften. Farblose, wasserlösliche Kristalle vom Fp. 125 bis 126° (korr.); die Substanz wird durch Feuchtigkeit allmählich zersetzt.

Erkennung. Es wird das Pikrat gebildet: $N(CH_2CH_2Cl)_3 \cdot C_6H_3N_3O_7$; goldgelbe Nadeln aus Aceton vom Fp. 136,5 bis 147 .

Gehaltsbestimmung. 1. Eine Ampulle wird vorsichtig aufgeschnitten und der tropfenförmige Inhalt mit wenig W. von den Wänden gespült. Man versetzt mit 2 ml 0,1 n Silbernitratlsg. und titriert mit 0,1 n Ammoniumrhodanidlsg. unter vorsichtigem Umrühren mit einem dünnen Glasstab zurück.

1 ml 0,1 n Silbernitratlsg. entsprechen 24,10 mg $C_6H_{13}Cl_4N$.

2. Der Inhalt einer oder mehrerer Ampullen wird mit W. in einen Erlenmeyerkolben gespült. Man titriert die Lsg. mit 0,1 n Natronlauge gegen Phenolphthalein als Indikator. Die vorher verbrauchte Menge an 0,1 n Silbernitratlsg. wird abgezogen. 1 ml 0,1 n entspr. 7 mg Citronensäure ($C_6H_8O_7 \cdot H_2O$).

Anwendung. Lymphogranulomatose, Lymphosarkom, chronische myeloische Leukämie, lymphatische Leukämie, Myelomatose, Polycythaemia rubra, Mycosis fungoides, maligne Tumoren, besonders Bronchialcarcinome.

Sinalost (Nordmark-Werke GmbH) ist ausschließlich in Ampullen im Handel, die die Trockensubstanz als durchsichtigen Film enthalten. Diese Trockensubstanz wird in etwa 2 bis 2,5 ml steriler 0,5%iger Kochsalzlsg. durch gelindes Schütteln gelöst. Die Lsg. wird in einer 10-ml-Spritze aufgezogen. Nach Venenpunktion wird Blut bis zur Spritzenfüllung aspiriert, wodurch eine Mischung mit der Sinalostlsg. eintritt. Unmittelbar danach kann langsam injiziert werden.

Handelsformen: Sinalost (Nordmark-Werke GmbH), Trillekamin (Crookes-Barnes Laboratories Inc.), Trimitan (VEB Ankerwerke).

Cyclophosphamidum DAB 7 – DDR. Cyclophosphamid (INN). Cyclophosphamide BP 63 – Add. 64. N,N-Bis-(2-chloräthyl)-N′,O-propylen-phosphorsäureester-diamid. N,N-Bis-(β-chloräthyl)-N′,O-trimethylen-phosphorsäureester-diamid. 2-[Di-(β-chloräthyl)]-amino-1-oxa-3-aza-2-phosphacyclohexan-2-oxid.

$C_7H_{15}Cl_2N_2O_2P \cdot H_2O$ Formel A. I-7 M.G. 279,11

Gehalt. 98,0 bis 101,0% wasserfreies $C_7H_{15}Cl_2N_2O_2P$, berechnet auf die wasserfreie Substanz.

Herstellung.

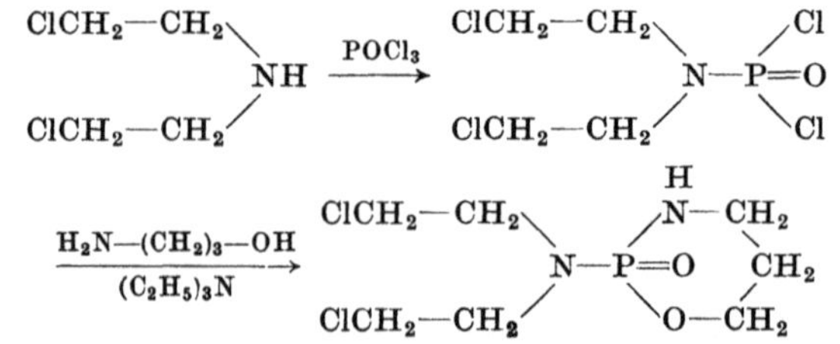

Eigenschaften. Weißes, kristallines Pulver mit bitterem Geschmack, lösl. in W. und Ae., sehr leicht lösl. in A. und Chlf. Fp. 49,5 bis 53° (BP 63 – Add. 64).

Erkennung. 1. Zu einer Lsg. von 0,1 g Substanz in 10 ml Wasser werden 5 ml Silbernitratlsg. gegeben; es entsteht kein Niederschlag. Nach kurzem Erhitzen fällt ein weißer Niederschlag aus, der in Salpetersäure unlösl. ist, jedoch im verd. Ammoniak in Lsg. geht und mit Salpetersäure erneut ausgefällt werden kann (BP 63 – Add. 64). – 2. Das IR-Absorptionsspektrum einer 5%igen Lsg. in Chlf. muß dieselben charakteristischen Absorptionsbanden bei den gleichen Wellenlängen haben wie eine entsprechende authentische Vergleichsprobe mit reinstem Cyclophosphamid (BP 63 – Add. 64). – 3. 0,200 g Substanz werden in kohlendioxidfreiem W. zu 10,00 ml gelöst. Die Lsg. zeigt einen pH-Wert im Bereich von 4,3 bis 6,0. Die Messung ist potentiometrisch durchzuführen (DAB 7 – DDR). – 4. Papierchromatographische Prüfung (DAB 7 – DDR). Als Chromatographierpapier wird solches der Sorte D (DAB 7 – DDR) verwendet (Abmessung 35 cm × 9 cm). Auf dem Papierstreifen werden die Startpunkte a und b markiert.

Aufzutragende Lösungen: Lsg. 1 : 0,05 g Substanz werden in 5,0 ml Natriumcitrat-Natronlauge-Puffer-Lsg. gelöst. 10,0 µl dieser Lsg. werden unmittelbar nach der Herstellung auf den Startpunkt a aufgetragen. Lösung 2: 0,05 g Substanz werden in 5,0 ml W. gelöst. Die Lsg. wird unter Rückflußkühlung 30 Min. im Sieden gehalten und anschließend auf 20° abgekühlt. 10,0 µl dieser Lsg. werden auf den Startpunkt b aufgetragen. Beim Auftragen darf das Trocknen nicht durch einen Heißluftstrom beschleunigt werden.

Lösungsmittelgemisch: 100,0 ml n-Butanol werden nach Zusatz von 50,0 ml Natriumcitrat-Natronlauge-Puffer-Lsg. in einem Scheidetrichter 60 Sek. geschüttelt. Nach dem Entmischen wird die klare, obere Schicht als Laufmittel verwendet.

Laufstrecke: 24 bis 25 cm.

Trocknung: Der Papierstreifen wird bei 20° getrocknet.

Reagens: Triketohydrindenhydratlsg.

Sichtbarmachung: Der Papierstreifen wird gleichmäßig mit dem Reagens besprüht und bei 20° getrocknet. Anschließend wird der Papierstreifen bei 105° 15 Min. erhitzt.

Auswertung: Auf dem Chromatogramm muß über dem Startpunkt a ein bräunlichvioletter Fleck mit einem Rf-Wert im Bereich von 0,80 bis 0,95 sichtbar werden. Über dem Startpunkt b darf jedoch in diesem Bereich kein bräunlichvioletter Fleck sichtbar sein; während auf dem Startpunkt b ein bräunlichvioletter Fleck vorhanden sein muß.

Gehaltsbestimmung. 0,200 g Substanz werden in einem 250-ml-Erlenmeyerkolben mit 20,0 ml äthanolischer 0,5 n Kalilauge versetzt. Die Mischung wird im Wasserbad unter Rückflußkühlung 60 Min. im Sieden erhalten. Nach dem Erkalten werden 30,0 ml W., 10,0 ml 5 n Salpetersäure und 20,00 ml 0,1 n Silbernitratlsg. hinzugefügt. Nach Zusatz von 5,0 ml Nitrobenzol und 5,0 ml Eisen(III)-ammoniumsulfatlsg. wird der Überschuß an 0,1 n Silbernitratlsg. bis zur rötlichgelben Färbung titriert.

Berechnung. DAB 7 – DDR: Prozent wasserfreies Cyclophosphamid, berechnet auf die

$$\text{wasserfreie Substanz} = \frac{a \cdot 130{,}5}{Ew \cdot (100 - b)}.$$

a = Anzahl Milliliter verbrauchter 0,1 n Silbernitratlsg., b = Wassergehalt in Masseprozent, Ew = Einwaage der Substanz in Gramm.

Anwendung. Zusatztherapie bei Carcinomen und Sarkomen als Ergänzung der operativen Tumorbehandlung und der Strahlentherapie, bei Tumoren mit disseminiertem Wachstum, bei chronischen lymphatischen und myeloischen Leukämien, Lymphogranulomatose, Lymphosarkom, Retothelsarkom, Plasmozytom.

Dosierung. Einzelmaximaldosis: oral 0,5 g, i.v. 0,5 g. Tagesmaximaldosis: oral 1,0 g, i.v. 1,0 g.

Lsg. der Substanz sind bei Bedarf frisch zu bereiten.

Aufbewahrung. Vorsichtig! In sehr gut verschlossenen Gefäßen aufzubewahren.

Handelsformen: Endoxan (Asta; Ampullen, Dragees), Cytoxan (Mead Johnson), Procytox (Herner), Sendoxan (Pharmac).

Trichloräthoxy-phosphamid (INN). N,N,O-Tris-(β-chlor-äthyl-)-N'-(3-hydroxypropyl)-phosphorsäureesterdiamid.

$C_9H_{19}Cl_3N_2O_3P$ Formel A. I-8 M.G. 340,60

Anwendung. Dauerbehandlung bei malignen Tumoren zur Fortsetzung und Ergänzung einer mit Endoxan (Asta-Werke AG) eingeleiteten Therapie (HELWIG, B.: Moderne Arzneimittel, Stuttgart: Wissenschaftl. Verl.-Ges. 1967).

Dosierung. Beginn mit 4 bis 6 Kapseln täglich. Zur Dauertherapie 2 bis 3 Kapseln täglich (s. HELWIG, B.: l.c.).

Handelsform: Mitarson (Asta-Werke AG, Kapseln).

Mechloräthaminoxid-hydrochlorid (INN). Methyl-bis-(β-chloräthyl)-amin-N-oxid-hydrochlorid.

$C_5H_{12}Cl_3NO$ Formel A. I-9 M.G. 208,53

Herstellung. N-Oxydation von N-Methyl-N,N-bis-(2-chloräthyl)-amin mit Benzopersäure.

Eigenschaften. Weißes, geruchloses Pulver, in W. und A. lösl., Fp. 109 bis 110° (Merck Ind. 60).

Anwendung. „Schutztherapie" bei Carcinomen und Sarkomen (Kombination mit Operation und Strahlentherapie), Tumoren mit disseminiertem Wachstum, chronische myeloische und lymphatische Leukämie, Lymphogranulomatose u. a. Reticulosen.

Dosierung. Dosis anfangs einmal 25 mg pro die intravenös, steigend auf zweimal 25 mg oder zweimal 50 mg bis zu einer Gesamtdosis von 600 bis 700 mg.

Nebenwirkungen. Als Nebenwirkungen können bei empfindlichen Personen Nausea, Erbrechen, Appetitlosigkeit, Fieber, Kopfschmerzen, auftreten. Gleichzeitige Gabe von hohen Dosen Vitamin C und Kochsalz steigern die Verträglichkeit, evtl. können Antiemetica verabreicht werden. Blutbildkontrolle ist unerläßlich; bei Leukozytenzahlen unter 3000 ist die Behandlung abzubrechen.

Handelsformen: Mitomen (Asta), Nitromin (Takeda, Osaka/Jap.).

Novembichinum Ross. 9. Novembichine (INN). 2-Chlorpropyl-bis-(β-chloräthyl)-amin-hydrochlorid.

$C_7H_{15}Cl_4N$ Formel A. I-10 M.G. 255,03

Gehalt. Mindestens 98,5% $C_7H_{15}Cl_4N$.

Eigenschaften. Weißes Pulver mit Fp. 69 bis 71°; lösl. in W. und A., unlösl. in Ae.

Erkennung. 1. Zu einer mit verd. Salpetersäure angesäuerten Lsg. von Novembichinum (1 : 100) werden 0,5 ml Silbernitratlsg. gegeben, worauf ein in Ammoniak lösl. Nd. ausfällt. – 2. Auf ein Uhrglas werden einige Tropfen der Prüflsg. (1 : 100), 1 Tr. verd. Schwefelsäure sowie 2 bis 3 Tr. einer Kaliumtetrajodo-wismutat(III)-Lsg. gegeben; ein orange gefärbter Niederschlag fällt aus.

Prüfung. Eine Lsg. von 0,04 g Substanz in 2 ml W. muß klar und farblos sein.

Gehaltsbestimmung. 0,1 g Substanz, genau gewogen, werden in 5 ml W. gelöst; diese Lsg. wird mit 2 ml verd. Salpetersäure sowie mit 5 ml 0,1 n Silbernitratlsg. versetzt und kräftig umgeschüttelt. Das überschüssige Silbernitrat wird mit 0,1 n Ammoniumrhodanidlsg. in Gegenwart von einigen Tropfen Ferriammoniumsulfatlsg. zurücktitriert. 1 ml 0,1 n Silbernitratlsg. entspr. 0,02550 g $C_7H_{15}Cl_4N$.

Anwendung. Als Zytostaticum.

Dosierung. Einzeldosis 0,01 g.

Aufbewahrung. In gut verschlossenen Gefäßen oder in Ampullen kühl aufzubewahren.

Mannomustine Hydrochloride BPC 63. Mannomustin (INN). 1,6-Bis-(β-chloraethylamino)-1,6-di-desoxy-D-mannit. 1,6-Di-desoxy-1,6-bis-(2-chloraethylamino)-D-mannit.

$C_{10}H_{24}Cl_4N_2O_4$ Formel A I-11 M.G. 378,13

Eigenschaften. Weißes, geruchloses bzw. nahezu geruchloses, kristallines Pulver. Eine 2,5%ige Lsg. des Salzes in W. hat einen pH-Wert von 2 bis 3,5. Lösl. in 2 T. W., schwer lösl. in A., unlösl. in wasserfreiem A., in Chlf. und in Ae.

Anwendung. Chronische, lymphatische Leukämie, Reticulosarkome, multiple Myelome sowie Polycythaemie.

Dosierung. Intravenöse Injektion täglich oder jeden 2. Tag 100 mg. Die Gesamtdosis variiert zwischen 0,6 und 1,0 g bei Hodgkinscher Krankheit sowie zwischen 0,7 und 1,8 g bei Leukämie.

Nebenwirkungen. Anorexie, Nausea, weniger häufig Thrombocytopenie, Agranulocytose.

Handelsformen: Degranol (Berk Pharmaceuticals), Trockenampullen, überzogene Tabletten.

II. Aethyleniminderivate

Thiotepa (INN). Thiophosphorsäure-tri-(aethylenimid). Thiophosphorsäure-N,N′,N″-triaethylentriamid. N,N′,N″-Triaethylen-thiophosphorsäure-triamid. Tris-(1-aziridinyl)-phosphinsulfid.

$C_6H_{12}N_3PS$ Formel A. II-1 M.G. 189,22

Gehalt. Mindestens 97% und nicht mehr als 102% $C_6H_{12}N_3PS$, berechnet auf die getrocknete Substanz.

Herstellung. Aus Thiophosphorylchlorid und Aethylenimin in Gegenwart von Kaliumcarbonat bei —5 bis —10°.

Eigenschaften. Weiße, kristalline Flocken von Fp. 52 bis 57°.

Erkennung. Das IR-Spektrum einer Lsg. von 75 mg in 10 ml Chlf. zeigt bei denselben Wellenlängen dieselben Absorptionsbanden wie eine entsprechende authentische Vergleichssg.

Prüfung. Der Wassergehalt darf nicht größer als 2% sein.

Gehaltsbestimmung. 250 mg Substanz, genau gewogen, werden in einen 250-ml-Jodzahlkolben gegeben; anschließend erfolgt Zugabe von 50 ml 20%iger Natriumthiosulfatlsg. sowie 1 Tr. Methylorangelsg. Die Lsg. wird auf einmal mit 0,1 n Salzsäure auf schwach Rot titriert; der Endpunkt soll mindestens 10 Sek. bestehen bleiben. Der Kolben wird verschlossen und 30 Min. lang stehengelassen. 4 Tr. Phenolphthaleinlsg. werden zugegeben und anschließend mit 0,1 n Natronlauge titriert. Die Menge an 0,1 n verbrauchter Salzsäure wird aus der Differenz von verbrauchter 0,1 n Natronlauge und 0,1 n Salzsäure ermittelt; gleichzeitig ist der erhaltene Blindwert zu berücksichtigen.
1 ml 0,1 n HCl entspr. 6,307 mg $C_6H_{12}N_3PS$.

Anwendung. Chronische Leukämie, myeloische und lymphatische Leukämien, Neoplasien der Brustdrüsen, der Ovarien sowie der Lungen.

Dosierung. Die therapeutischen Dosen können zwischen 5 bis 10 mg täglich und zwei- bis dreimal je 20 bis 30 mg wöchentlich bis zu einem Gesamtverbrauch von 300 bis 400 mg schwanken. Die intravenöse oder intramuskuläre Verabreichung ist absolut frei von sekundären toxischen Erscheinungen wie Übelkeit, Erbrechen oder Schmerzen; die intravenöse Verabreichung hat selten Erscheinungen wie Thrombose zur Folge.

Aufbewahrung. In dunklen Behältern vor Licht geschützt aufzubewahren.

Handelsformen: Thiotepa (Lederle), Onco-Thiotepa (Simes).

Azetepa (Lederle). Bis-äthylenimino-N-äthyl-1,3,4-thiodiazolyl-(2)-phosphorsäureamid.

$C_8H_{14}N_5OPS$ Formel A. II-2 M.G. 259,28

Herstellung.

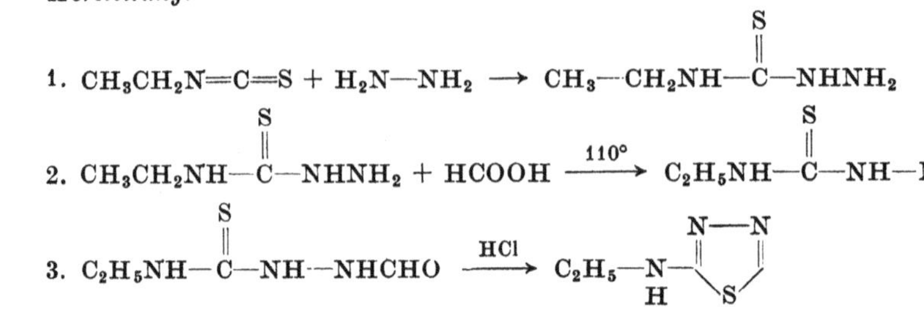

4. 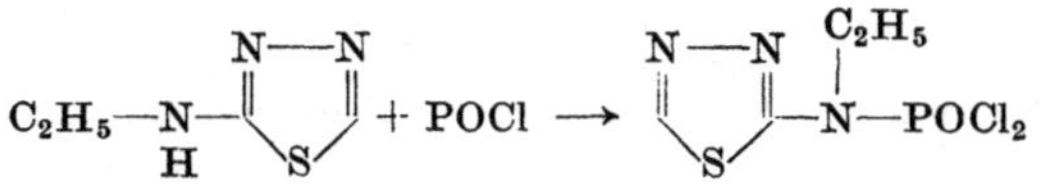

5. 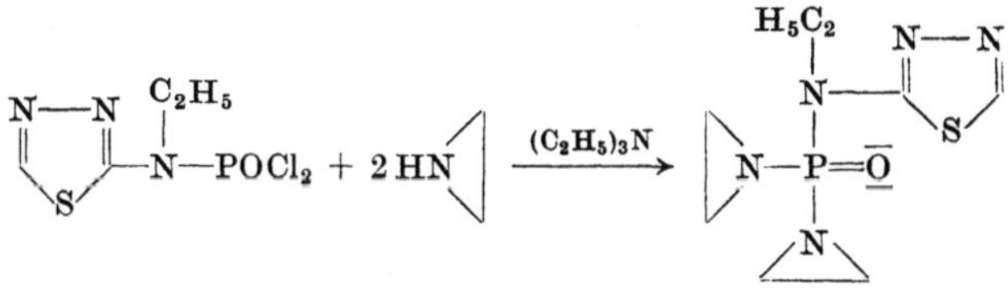

Eigenschaften. Weißes Pulver vom Fp. 95 bis 97°, lösl. in n-Hexan.

Das Präparat befindet sich noch im Versuchsstadium.

Benzodepa (INN). Benzyl-[N-(di-aziridinyl)-phosphinyl]-carbamat. N-[(Di-aziridinyl)-phosphinyl]-carbamidsäure-benzylester.

$C_{12}H_{16}N_3O_3P$ Formel A. II-3 M.G. 281,24

Anwendung. Zur Behandlung von Bronchialcarcinomen [LIDDLE, H. V., u. J. M. THOMAS: Cancer Chemother. Rep. *39*, 61 (1964)].

Handelsform: Dualar (Armour, USA).

Meturedepa (INN). N-[Bis-(2,2-dimethyl-äthylenimino)-phosphoryl-]-carbamidsäure-äthylester. Dimethylurethimine. Phosphorsäure-[N,N′-di-(1,1-dimethyl-äthylen)-imid]-N″-äthoxycarbonylamid.

$C_{11}H_{22}N_3O_3P$ Formel A. II-4 M.G. 275,28

Anwendung. Bronchialcarcinome. Es wird während einer Bestrahlungstherapie verabreicht [VELASCO, H. A. u. Mitarb.: Cancer (Philad.) *17*, 841 (1964); Int. pharm. Abstr. *1*, 1525 (1964)].

Dosierung. i.v. 0,5 bis 1,0 täglich.

Handelsform: Turloc (Armour).

Uredepa. N-[Bis-(äthylenimino)-phosphoryl]-carbamidsäure-äthylester.

$C_7H_{14}N_3O_3$ Formel A. II-5 M.G. 188,21

Handelsform: Avinar (Armour).

Tretamine BPC 63. Tretamin (INN). 2,4,6-Tri-aethylenimino-s-triazin. Triaethylenmelamin. 2,4,6-Tris-(aethylenimino)-1,3,5-triazin. 2,4,6-Tris-(1′-aziridinyl)-1,3,5-triazin.

$C_9H_{12}N_6$ Formel A. II6- M.G. 204,23

Gehalt. Nicht weniger als 97%.

Herstellung. Aus Cyanursäurechlorid und Aethylenimin in Gegenwart von Kaliumcarbonat.

Eigenschaften. Weißes, oder nahezu weißes, kristallines Pulver. Lösl. in 3 T. W. bei 20°, in 15 T. A., in 200 T. Ae. und in 4 T. Chlf.

Erkennung. 5 mg werden in 5 ml W. gelöst, 0,3 ml Phenolphthaleinlsg. und 0,02 g Natriumthiosulfat hinzugegeben, anschließend umgeschüttelt und dann 3 Min. lang stehengelassen; das Gemisch färbt sich rosa.

Prüfung. Sulfatasche: Nicht mehr als 0,1%.

Gehaltsbestimmung. 0,4 g Substanz, genau gewogen, werden in 25 ml W. gelöst, 1,6 g Natriumthiosulfat und 25 ml Aceton zugegeben. Die Reaktionslsg. wird zum Sieden erhitzt und langsam mit 0,2 n Essigsäure titriert, indem nach jeder Zugabe 1 Min. lang die Lsg. aufgekocht wird. (Phenolphthaleinlsg. als Indikator.) Die Titration ist dann beendet, wenn die Lsg. nach 3 Min. Kochen keine basische Reaktion mehr zeigt.
1 ml 0,2 n Essigsäure entspr. 0,01361 g $C_9H_{12}N_6$.

Anwendung. Zur Behandlung von chronischer lymphatischer Leukämie, chronischer myeloischer Leukämie, Lymphosarkom und Morbus Hodgkin.

Dosierung. 2,5 mg werden an 2 aufeinanderfolgenden Tagen gegeben, am 3. Tag ebenfalls wieder 2,5 mg sofern sich keine Anorexie eingestellt hat. Die durchschnittlich zu verabreichende Dosis schwankt zwischen 0,5 und 1 mg alle 7 bis 14 Tage, und 2,5 bis 5,0 mg alle 2 bis 5 Tage in Abhängigkeit von der Empfindlichkeit des Patienten (BPC 63).

Handelsformen: Triaethylenmelamin (Lederle, Simes; Tabletten, Ampullen), Triamelin (Imperial Chemicales).

Triaziquonum (INN). 2,3,5-Tris-aethylenimino-benzochinon-(1,4).

$C_{12}H_{13}N_3O_2$ Formel A. II-7 M.G. 231,25

Herstellung. Durch Umsetzung von 2,6-Dimethoxybenzochinon mit Aethylenimin wird unter geeigneten Bedingungen 2,3,5-Tris-äthyleniminobenzochinon-(1,4) erhalten.

Eigenschaften. Rötlichviolett gefärbte, kristalline Substanz vom Fp. 159 bis 162°; lösl. in Chlf., schwer lösl. in A. und W. sowie praktisch unlösl. in Ae.

Erkennung. 1. Werden 10 ml einer 0,05%igen wss. Lsg. der Substanz mit 1 ml 25%iger Salzsäure versetzt, so schlägt die ursprüngliche blauviolette Färbung der Lsg. nach Blaßrot um; wird anschließend mit Ae. ausgeschüttelt, dann färbt sich die Ätherschicht schwach bläulich. – 2. Werden 10 ml einer 0,05%igen wss. Lsg. der Substanz mit 1 ml 15%iger Natronlauge versetzt, so schlägt die blauviolette Färbung nach Blau um. – 3. Etwa 0,05 g Substanz werden in einem Gemisch von 8 ml M. und 2 ml 25%igem Ammoniak durch gelindes Erwärmen gelöst. Auf Zusatz von 3 Tr. Cyanessigsäureäthylester und 1 ml 15%iger Natronlauge schlägt die blauviolette Färbung nach Grün um.

Gehaltsbestimmung. Etwa 130 mg Substanz werden genau gewogen und in 100 ml M. durch Erwärmen auf 50 bis 60° gelöst. Die Lsg. wird mit 20 ml 25%iger Salzsäure versetzt und bei etwa 50° unter Einleitung von Kohlendioxid mit 0,1 n Titantrichloridlsg. titriert bis die Eigenfärbung der Lsg. nahezu verschwunden ist. Nach Zugabe von 10 Tr. einer 0,1%igen wss. Safraninlsg. wird bis zum Umschlag von Rotviolett nach Gelb weitertitriert. (Die zur Titration verwendete 0,1 n $TiCl_3$-Lsg. muß gegen Safraninlsg. eingestellt werden.) 1 ml 0,1 n Titantrichloridlsg. entspr. 11,562 mg $C_{12}H_{13}N_3O_2$.

Anwendung. Zur zusätzlichen prä- und postoperativen Behandlung bei allen Carcinomen oder Sarkomen, von myeloischen und lymphatischen Leukämien.

Dosierung. 0,2 mg langsam i. v. jeden 2. oder 3. Tag. Für die orale Anwendung 0,5 mg ein- bis zweimal pro Woche. Beim Absinken der Gesamtleukocytenzahlen unter 3000 pro mm^3 ist eine Pause in der Behandlung einzuschalten.

Handelsform: Trenimon (Bayer).

III. Oxiranderivate

Epodyl. 1,2-15,16-di-epoxy-4,7,10,13-tetraoxahexadecan. Triäthylenglykol-diglycidyläther.

$C_{12}H_{22}O_6$ Formel A. III-1 M.G. 262,29

Eigenschaften. Klare, farblose, schwach viskose Flüssigkeit der Dichte 1,13. Die Substanz erstarrt bei Temperaturen unterhalb —10° und läßt sich mit W. in jedem Verhältnis mischen; hierbei entstehen neutrale Lsg. (ICI, Ind. limit., Wilmslow).

Anwendung. Maligne Melanome, lymphatische Leukämie, Lymphosarkome, Carcinome des Gastro-intestinaltraktes.

Aufbewahrung. Kühl aufzubewahren.

Handelsform: Epodyl (ICI, Wilmslow Ampullen).

B. Antimetaboliten des Nucleinsäurestoffwechsels

I. Folsäurederivate

Methotrexat USP XVII. Aminopterin (INN). 4′-Aminofolsäure. 4-Amino-pteroyl-glutaminsäure. 4′-Desoxy-4′-aminofolsäure. N-{4-[(2′,4′-Diamino-6′-pteridyl-methyl)-amino]-benzoyl-}glutaminsäure.

$C_{20}H_{22}N_8O_5$ Formel B. I-1 M.G. 454,45

Methotrexat ist eine Mischung aus 4-Amino-N^{10}-methylpteroylglutaminsäure und verwandten Verbindungen.

Gehalt. Nicht weniger als 95% $C_{20}H_{22}N_8O_5$, berechnet auf die getrocknete Substanz.

Herstellung.

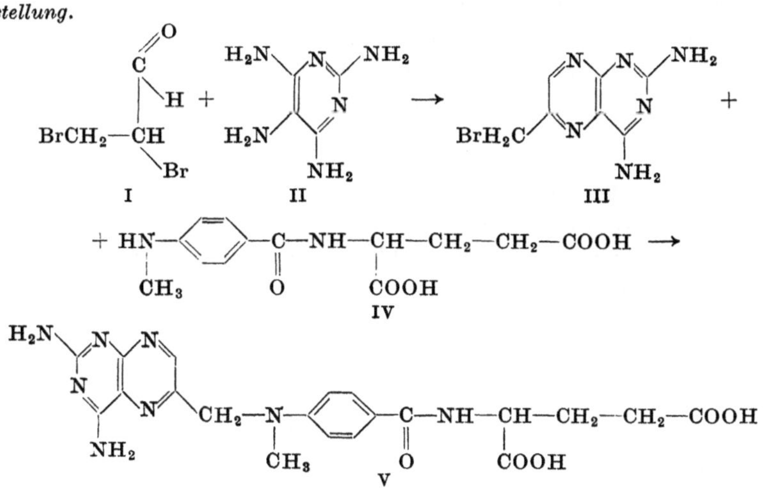

2,3-Dibrompropionaldehyd (I) wird in wäßrigem Milieu mit 2,4,5,6-Tetraaminopyrimidin (II) kondensiert unter Bildung von 6-Brom-methyl-2,4-diaminopteridin (III). Eine weitere Kondensation von III mit p-Methylaminobenzoylglutaminsäure (IV) ergibt Methotrexat (V).

Eigenschaften. Orangebraunes, krist. Pulver, praktisch unlösl. in W., A., Chlf. und in Ae. Gut lösl. in verd. Lsg. von Alkalihydroxiden und Alkalicarbonaten. Schlecht lösl. in verd. Salzsäure.

Erkennung (USP XVII). 1. Das IR-Spektrum muß bei den gleichen Wellenlängen dieselben Maxima und Minima enthalten wie ein authentisches Vergleichspräparat. – 2. Das UV-Spektrum einer Lsg. muß ebenfalls dieselben Maxima und Minima bei denselben Wellenlängen aufweisen wie ein authentisches Vergleichspräparat. Die Herstellung der Lsg. erfolgt nach der bei der Gehaltsbestimmung angegebenen Vorschrift.

Prüfung (USP XVII). Wassergehalt: Nicht größer als 8%, ermittelt nach der Karl-Fischer-Methode. – Der Verbrennungsrückstand darf nicht größer als 0,1% sein.

Gehaltsbestimmung (USP XVII). 250 mg Methotrexat, genau gewogen, werden in 10 ml W. gelöst, 2 Tr. konz. Ammoniaklsg. zugegeben und auf 50,0 ml verdünnt. 10,0 ml dieser Lsg. werden mit W. auf 200,0 ml verdünnt und zu 10,0 ml dieser Lsg. werden 25 ml 1 n HCl hinzugefügt; anschließend wird zu 250,0 ml ergänzt. Gleichzeitig wird eine Vergleichsstandardlsg. in 0,1 n Salzsäure hergestellt; die Konzentration beträgt ungefähr 10 mcg/ml. Nun werden in einem geeigneten Spektrophotometer die Extinktionen von beiden Lsg. in 1 cm Schichtdicke bei ungefähr 306 mμ gegen 0,1 n Salzsäure ermittelt. Die Menge an $C_{20}H_{22}N_8O_5$ in Milligramm kann nach folgender Gleichung errechnet werden:

$$25 \cdot c\left(\frac{E_U}{E_S}\right).$$

c = Konzentration in mcg/ml der Methotrexat-Vergleichstandard-Lsg.,
E_U = Extinktion der Methotrexatlsg.,
E_S = Extinktion der Vergleichsstandardlsg.

Anwendung. Akute Leukämien vor allem des Kindesalters; bei malignen Neoplasmen im Bereich von Kopf, Nacken, Uterus sowie bei primären und sekundären Hirntumoren. Gelegentlich können auch manche Fälle von Mammacarcinomen, Seminomen, Blasencarcinomen, Lymphosarkomen und Mycosis fungoides vorübergehend gebessert werden.

Dosierung. 1. Peroral: Säuglinge und Kleinkinder 1,25 bis 2,5 mg 3- bis 6mal wöchentlich. Kinder 2,5 bis 5,0 mg 3- bis 6mal wöchentlich. Erwachsene 5,0 bis 10,0 mg 3- bis 6mal wöchentlich. – 2. Intravenös und intramuskulär: Die Dosierung bei intravenöser und intramuskulärer Darreichung ist die gleiche wie bei peroraler Gabe. Da peroral gegebenes Methotrexat sehr gut resorbiert wird und die intravenöse sowie intramuskuläre Verabreichung keine besonderen Vorteile bietet, wird die perorale Behandlung vorgezogen. – 3. Intraarteriell: als Dauerinfusion in physiologischer Kochsalzlsg. oder in Glucose. – 4. Intrathekal: 0,02 bis 0,05 mg/kg in etwa einwöchentlichen Abständen.

Aufbewahrung. Dicht verschlossen, vor Licht geschützt aufzubewahren.

Handelsformen: Methotrexat (Lederle: Ampullen, Tabletten).

Aminopterin-Natrium (INN). Di-natriumsalz der 4'-Aminofolsäure. Di-natriumsalz der 4-Amino-pteroylglutaminsäure. Di-natriumsalz der 4'-Aminofolsäure.

$C_{19}H_{18}N_8Na_2O_5$ Formel B. I-2 M.G. 484,38

Herstellung. Die freie Säure kann in derselben Weise wie bei Methotrexat beschrieben, hergestellt werden; es wird jedoch p-Aminobenzoylglutaminsäure anstelle von p-Methylamino-benzoyl-glutaminsäure verwendet.

Eigenschaften. Gelbes, geruchloses Pulver.

Anwendung. Zur Behandlung akuter Leukämie bei Kindern.

Dosierung. Für Säuglinge 0,25 mg (oral) und für Kinder 3- bis 6mal wöchentlich 0,5 mg.

Handelsform: Aminopterin-Natrium (Lederle).

II. Purinderivate

Mercaptopurin USP XVII, BP 63. (INN). 6-Mercaptopurin.

$C_5H_4N_4S \cdot H_2O$ Formel B. II-1 M.G. 170,19

Gehalt. Mercaptopurin enthält nicht weniger als 97 % und nicht mehr als 102 % $C_5H_4N_4S$, berechnet auf die wasserfreie Substanz.

Herstellung. Aus Hypoxanthin und Phosphorpentasulfid [ELION, BURGI u. HITCHINGS: J. Amer. chem. Soc. *74*, 411 (1952)].

Eigenschaften. Gelbes, kristallines, nahezu geruchloses Pulver vom Fp. 308° (Zers.). Unlösl. in W., Aceton, Ae., lösl. in heißem A. und in verd. alkalischen Lsg., schlecht lösl. in verd. Schwefelsäure.

Erkennung (USP XVII). 1. Eine Lsg. von 20 mg Substanz in 20 ml warmem A. (95%) wird mit 1 ml einer gesättigten alkoholischen Lsg. von Quecksilber(II)-acetat versetzt; ein weißer Niederschlag fällt aus. – 2. Zu einer Lsg. von 20 mg Substanz in 20 ml warmem A. (95%) wird 1 ml einer 1%igen alkoholischen Lsg. Bleiacetat zugegeben; ein gelber Niederschlag fällt aus. – 3. Zu einer Lsg. von 600 mg Substanz in 6 ml Natriumhydroxidlsg. (1:33) werden unter Umschütteln 0,5 ml Methyljodid gegeben. Die Probe läßt man 2 Std. bei Raumtemperatur stehen, kühlt anschließend mit Eis und bringt die Probelsg. mit Essigsäure auf einen pH-Wert von 5. Die erhaltenen Kristalle werden 30 Min. bei 120° getrocknet; das erhaltene Methylmercaptopurintrihydrat schmilzt im Bereich von 218 bis 222° (Zers.).

Prüfung. 1. Hypoxanthin (BP 63). 0,1 g Substanz werden in 500 ml warmem W. gelöst und nach dem Abkühlen die Lsg. mit W. auf 1000 ml verdünnt. Zu 5 ml dieser Lsg. werden 40 ml 0,5 n Salzsäure gegeben und erneut mit W. auf 250 ml verdünnt. Die Extinktion einer Probe wird bei 325 mμ ermittelt (Schichtdicke 1 cm). 25 ml dieser Probelsg. werden nun mit weiteren 10 ml 0,5 n Salzsäure versetzt und auf 50 ml mit W. verdünnt; die Extinktion dieser Lsg. wird anschließend bei 255 mμ ermittelt (Schichtdicke 1 cm). Der Quotient aus der Extinktion bei 255 mμ und jener bei 325 mμ darf nicht größer als 1,60 sein. – 2. Sulfat (BP 63). Zu einer Lsg. von 50 mg Substanz in 10 ml verd. Salzsäure werden 0,2 ml Bariumchloridlsg. gegeben und 5 Min. lang stehengelassen; es darf keine Trübung auftreten. – 3. Phosphor (USP XVII). 200 mg Substanz werden mit 2 ml verd. Schwefelsäure digeriert, wobei von Zeit zu Zeit einige Tropfen Salpetersäure vorsichtig zugegeben werden. Dieses Reaktionsgemisch wird zur Trockne eingedampft. Der Rückstand wird mit Hilfe von W. in einen 25-ml-Meßkolben gespült, 1 ml verd. Schwefelsäure, 0,5 ml Salpetersäure, 0,75 ml Ammoniummolybdatlsg. sowie 1 ml 1,2,4-Aminonaphtholsulfonsäurelsg. zugegeben und anschließend mit W. auf das genannte Volumen aufgefüllt. Nach 5 Min. Stehenlassen der Lsg. wird die Extinktion bei 750 mμ in einem geeigneten Spektrophotometer bestimmt, indem als Vergleichslsg. eine solche dient, die sich aus denselben Reagentien gleicher Konzentration zusammensetzt. Die Extinktion der Untersuchungsprobe darf nicht größer sein als die einer Vergleichsstandardlsg., hergestellt aus 2 ml einer Phosphatlsg., wobei in 1 ml 43,96 mcg getrocknetes einbasisches Kaliumphosphat enthalten sind.

Gehaltsbestimmung (USP XVII). 300 mg Mercaptopurin, genau gewogen, werden in 80 ml Dimethylformamid gelöst. Dazu werden 5 Tr. einer 1%igen Thymolblau-Dimethylformamidlsg. gegeben und mit 0,1 n Natrium-methylat-Lsg. titriert. Gleichzeitig ist eine Blindwertbestimmung durchzuführen. 1 ml 0,1 n Natriummethylatlsg. entspr. 15,22 mg $C_5H_4N_4S$.

Anwendung. Akute Leukämien, wobei Kinder anscheinend besser als Erwachsene ansprechen. Bei anderen Leukämien, Lymphogranulomatose und Tumoren ist es wirkungslos. Als Nebenwirkungen können bei hoher Dosierung Thrombopenien und Hämorrhagien auftreten, ferner Leukopenie, Stomatitis, Übelkeit, Erbrechen, Diarrhoe; infolge Gewebszerfall kommt es zu einem Ansteigen der Harnsäure im Blut.

Dosierung. Anfangsdosis im allgemeinen etwa 2,5 mg/kg Körpergewicht pro Tag (bei Erwachsenen etwa 100 bis 200 mg, bei einem 5 Jahre alten Kind etwa 50 mg).

Bei 2,5 mg/kg Körpergewicht kann bei Erwachsenen mit akuten Leukämien und chronischer myeloischer Leukämie ein schneller Leukozytenabfall eintreten, weshalb eine Blutbildkontrolle dringend notwendig ist. Bei den ersten Anzeichen einer Knochenmarkschädigung die Behandlung sofort abbrechen oder die Dosis herabsetzen.

Aufbewahrung. In gut verschlossenen Gefäßen aufzubewahren.

Handelsformen: Tabletten (BP 63, USP XVII), Mercapto purina (Simes), Puri-Nethol (Burroughs Wellcome, USA).

Azathioprin (INN). 6-(4′-Nitro-1′-methyl-5′-imidazolyl)-mercaptopurin.

$C_9H_7N_7O_2S$ Formel B. II-2 M.G. 277,27

Herstellung. Azathioprin wird hergestellt aus 6-Mercaptopurin und 1-Methyl-4-nitro-5-chloro-imidazol.

Eigenschaften. Fp. liegt über 245° (Zers.); lösl. in W., verd. Salzsäure sowie verd. Natronlauge.

Anwendung. Das Präparat wird allein oder in Kombination mit einer Röntgenbestrahlung, Azaserin, Actinomycin C, Steroiden, Stickstofflostverbindungen und in Verbindung mit Thymektomie bzw. Splenektomie verwendet. Zur Behandlung akuter sowie chronischer Leukämie, idiopathischer Thrombopenie, hämolytischer Anämie und Erythema nodosum.

Dosierung. Bei Nierentransplantationen in Dosen von 2 bis 5 mg/kg Körpergewicht pro Tag; bei Leukämie und anderen Erkrankungen beträgt die Dosierung 1,5 bis 3 mg/kg Körpergewicht.

Aufbewahrung. Unter normalen Lagerungsbedingungen haltbar.

Handelsform: Imuran (Burroughs Wellcome; Tabletten).

III. Pyrimidinderivate

Fluracil. 2,6-Dihydroxy-5-fluor-pyrimidin. 5-Fluor-uracil.

$C_4H_3FN_2O_2$ Formel B. III-1 M.G. 130,08

Herstellung.

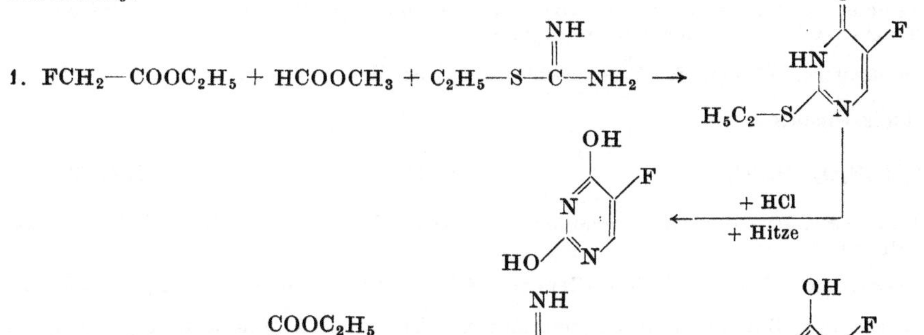

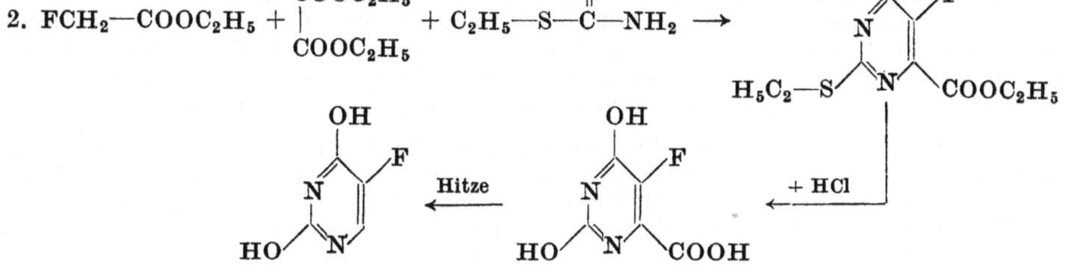

Erkennung. Die UV-Absorptionskurve von 5-Fluoro-Uracil in 0,1 n Salzsäure muß bei 265 bis 266 nm ein Maximum und bei 232 nm ein Minimum aufweisen. Zur Ausmessung wird die zur Gehaltsbestimmung verwendete Lsg. benutzt.

Gehaltsbestimmung. Man pipettiert 2,0 ml Ampullenlsg. in einen 200-ml-Meßkolben, fügt 20 ml 1 n Salzsäure hinzu und füllt mit W. auf. Von dieser Lsg. pipettiert man 2,0 ml in einen zweiten 200-ml-Meßkolben, fügt 20 ml 1 n Salzsäure hinzu und füllt wieder mit W. auf (Meßlsg.). Man mißt die Extinktion der Meßlsg. bei 265 bis 266 nm in einer 1-cm-Quarzküvette gegen 0,1 n Salzsäure als Vergleichslsg.

$E^{1\%}_{1\,cm}$ = 552 beim Maximum (265 bis 266 nm).

Anwendung. Zur Palliativbehandlung von Mamma-, Rectum- und Coloncarcinomen.

Kontra-Indikationen. Schlechter Ernährungszustand, Knochenmarkschädigung, Blutbildveränderung, schwere Leberschädigungen, Ikterus, Schwangerschaft.

Dosierung. Maßgebend für die Dosierung ist das Körpergewicht des Patienten; bei adipösen Personen, oder solchen, bei denen Ödeme, Ascites oder andere Formen abnormer Flüssigkeitsretention zu einer Gewichtszunahme geführt haben, wird vom Sollgewicht ausgegangen.

15 mg/kg Körpergewicht bis zu insgesamt höchstens 1 g verdünnt mit 300 bis 500 ml 5%iger Glucoselsg. werden täglich als vierstündige i.v. Infusion verabreicht. Beim Auftreten der ersten Nebenwirkungen ist die Therapie abzubrechen.

Handelsform: Fluoro-Uracil (Hoffmann-La Roche, Ampullen).

C. Naturstoffe mit zytostatischem Effekt

Demecolcin (INN). Demecolcine. Desacetyl-N-methyl-colchicin.

$C_{21}H_{25}NO_5$ Formel C. I M.G. 371,42

Gewinnung. Aus den Zwiebeln der Herbstzeitlose (Colchicum autumnale L.) sowie aus den Zwiebeln anderer Colchicumarten oder verwandter Liliaceen [SANTAVÝ, F., R. WINKLER u. T. REICHSTEIN: Helv. chim. Acta *36*, 1319 (1953)].

Eigenschaften. Fp. 185°; $[\alpha]_D^{23°} = -123{,}0 \pm 2°$. ($c = 1{,}0217$ in Chlf.).

Anwendung. Demecolcin hemmt wie Colchicin die Zellteilung, indem es die Metaphase des Kernteilungsvorgangs verhindert. Es zeichnet sich durch geringere Toxizität und daher bessere Verträglichkeit als Colchicin aus. Bei chronischen, myeloischen Leukämien, Präcancerosen, Hautcarcinomen.

Dosierung. Durchschnittliche Tagesdosis von 3 bis 5 bis 8 mg oral oder i.v. Wichtig ist die tägliche Leukozytenkontrolle, wöchentlich einmal eine Bestimmung des Hämoglobins, der Erythrozyten sowie der Thrombozyten.

Handelsform: Colcemide (Ciba; Tabletten, Ampullen, Salben).

Vinblastinsulfat.

$C_{46}H_{58}N_4O_9 \cdot H_2SO_4$ Formel C. 2-a M.G. 909,03

Gewinnung. Aus der Immergrünart Vinca rosea L. wird das Alkaloid durch Extraktion erhalten.

Eigenschaften. Fp. 202 bis 205° (Zers.); $[\alpha]_D^{26°} = +42$. (in Chlf.); U.V. λ_{max} 214,259 (in A.).

Anwendung. Zur Behandlung von Morbus Hodgkin, Lymphosarkom, Leukolymphosarkom, Retothelsarkom, großfollikuläre Lymphoblastome, chronische lymphatische und myeloische Leukämien, Mykosis fungoides, Bronchialcarcinom, Leukosarkomatose, Astrozytom, Plasmazellmyelom, Rhabdomyosarkom, Histioblastensarkom, Melanom, Liposarkom, Hypernephrom, maligne Nierentumoren, Neoplasmen des Magen-Darm-Trakts.

Dosierung. Es hat sich bewährt, bei der Behandlung nach folgendem vereinfachtem Dosierungsschema vorzugehen (wöchentlich eine Gabe): 1. Dosis 0,10 mg/kg; 2. Dosis 0,15 mg/kg; 3. Dosis 0,20 mg/kg; 4. Dosis 0,25 mg/kg; 5. Dosis 0,30 mg/kg usw.

Die evtl. weitere Steigerung bis zur maximal verträglichen Dosis (höchstens 0,50 mg/kg) erfolgt im gleichen Rhythmus. Wenn die Dosis erreicht ist, die die Leukozytenzahl auf etwa 3000/mm³ absinken läßt, sollte keine Steigerung mehr vorgenommen werden. Eine solche Leukopenie kann in einzelnen Fällen bereits bei einer Dosis von 0,10 mg/kg eintreten, es können aber auch mehr als 0,30 mg/kg und in sehr seltenen Fällen sogar 0,50 mg/kg erforderlich sein, ehe es zur Leukopenie dieses Ausmaßes kommt. Für die Mehrzahl der Patienten reichen wöchentlich Dosen der Größenordnung von 0,15 bis 0,20 mg/kg aus.

Sobald die Dosis, die eine Leukopenie des oben beschriebenen Ausmaßes hervorruft, feststeht, kann die nächst niedrigere Dosis als Erhaltungstherapie wöchentlich gegeben werden, d.h. also, der Patient erhält die seinen individuellen Verhältnissen angepaßte Maximaldosis, die noch keine nennenswerte Leukopenie auslöst. Die nächste Dosis ist immer erst dann zu verabreichen, wenn der Patient wieder eine Leukozytenzahl von mindestens 4000/mm³ erreicht hat, auch wenn bereits mehr als 7 Tage seit der letzten Injektion vergangen sind. Mitunter kann der onkolytische Effekt vor dem leukopenischen eintreten. Eine Dosiserhöhung ist dann nicht mehr erforderlich.

Wenn eine leukopenische bzw. onkolytische Wirkung erzielt worden ist, sollte der Patient auf eine zeitlich unbegrenzte Erhaltungsbehandlung in regelmäßigen Abständen von 1 bis 2 Wochen eingestellt werden. Dabei ist die maximale Dosis zu wählen, die bei regelmäßiger ambulanter Applikation noch vertragen wird, ohne daß die Leukozytenzahl auf ein gefährliches Niveau absinkt.

Aufbewahrung. Die Substanz ist im Kühlschrank zu lagern. Nach Auflösung kann das Präparat noch 30 Tage lang ohne wesentlichen Wirkungsverlust im Kühlschrank aufbewahrt werden.

Handelsform: Velbe (Lilly).

Vincristinsulfat.

$C_{46}H_{54}N_4O_{10}$ Formel C. 2-b M.G. 921,00

Gehalt. Nicht weniger als 95% Vincrinstinsulfat, spektrophometrisch ermittelt und bezogen auf die getrocknete Substanz.

Gewinnung. Aus der Immergrünart Vinca rosea L. wird das Alkaloid durch Extraktion erhalten.

Eigenschaften. Das Salz ist ein weißes bis schwach gelb gefärbtes, geruchloses, kristallines Pulver; lösl. in W., M., wenig lösl. in A. Die 0,1%ige Lsg. des Salzes in Dimethylformamid-Wasser (1 : 2) darf einen pH-Wert im Bereich 3,5 bis 4,5 haben; die Bestimmung erfolgt mit Glas-Kalomel-Elektroden.

Erkennung. 1. Dünnschichtchromatographisch gibt Vincristinsulfat einen einheitlichen Fleck – Kieselgel GF als Sorptionsmittel, Diäthylamin/Chloroform/Benzol 15 : 100 : 200 als Fließmittel; der R_f-Wert muß von derselben Größe sein wie der der entsprechenden Standardsubstanz. Nach Besprühen mit Cer-ammoniumsulfat-Lsg. wird dieser Fleck blau.

Prüfung. Trocknungsverlust. Nicht mehr als 12,0%, wenn die Substanz 16 Std. bei 40° in einem Vakuumtrockenschrank getrocknet worden ist.

Anwendung. Akute, vor allem kindliche, Leukämieformen.

Dosierung. Bei akuten kindlichen Leukämien wurden mit wöchentlichen Dosen in Höhe von 0,05 bis 1,50 mg/kg Körpergewicht Remissionen erreicht. Als Grundlage für die Einleitung der Therapie kann folgendes Dosierungsschema gelten: 1. Dosis 0,050 mg/kg; 2. Dosis 0,075 mg/kg; 3. Dosis 0,100 mg/kg; 4. Dosis 0,125 mg/kg; 5. Dosis 0,150 mg/kg (Maximaldosis).

Wenn bei einer bestimmten Dosis ein therapeutischer Erfolg zu verzeichnen ist, ist eine weitere Steigerung nicht mehr erforderlich. Ist eine Remission erreicht, dann kommt man in manchen Fällen mit wöchentlichen Erhaltungsgaben von 0,050 bis 0,075 mg/kg aus.

Nebenwirkungen. Die nach Verabfolgung von Vincristin auftretenden Nebenwirkungen sind im allgemeinen reversibel und dosisabhängig. Bei wöchentlichen Gaben von weniger als 0,1 mg/kg ist das Nebenwirkungsrisiko verhältnismäßig gering. Am häufigsten wird Alopezie beobachtet; sehr unangenehm sind die neuromuskulären Störungen.

Eine wirksame Therapie wird bei Anwendung von Vincristin in weitaus geringerem Maße als bei Vinblastin und anderen onkolytisch wirkenden Substanzen durch leukopenische Reaktionen beeinträchtigt. Eine Analyse der nach Vincristin auftretenden Nebenwirkungen in allen Altersgruppen zeigt vielmehr, daß nicht die Knochenmarks-, sondern die neuromuskuläre Toxizität der dosisbegrenzende Faktor ist. Da das Leukopenierisiko jedoch nicht einfach ausgeschlossen werden kann, sollten Arzt und Patient sorgfältig auf jedes Zeichen infektiöser Komplikationen achten. Wenn es während der Behandlung zu einer Leukopenie kommt, ist die nächste Dosis erst nach sorgfältiger Beurteilung des Falles zu verabfolgen. Ein wesentlicher Einfluß auf Erythrozyten und Thrombozyten wird nicht beobachtet. Eine bei Beginn der Behandlung bestehende Thrombopenie kann sogar gebessert werden, ehe es zur Remission des Knochenmarks kommt.

Bei einmal wöchentlicher Verabfolgung des Mittels sind Nebenwirkungen wie Leukopenie, neuritische Schmerzen und Gehbeschwerden normalerweise von kurzer Dauer. Bei Herabsetzung der wöchentlichen Dosen können diese Erscheinungen schwächer werden oder ganz verschwinden. Eine Verteilung der Wochendosis auf mehrere Einzelgaben kann dazu führen, daß die Nebenerscheinungen erst nach Absetzen der Behandlung wieder zurückgehen. Es ist daher unbedingt zu empfehlen, Vincristin nur einmal wöchentlich zu verabfolgen. Andere Nebenwirkungen, wie Haarausfälle, Beeinträchtigung der sensorischen Funktionen, Parästhesien, schleppender Gang, Verlust tiefer Sehnenreflexe und Muskelschwund sind hartnäckiger und klingen frühestens nach Beendigung der Behandlung wieder ab; in der Mehrzahl der Fälle werden sie nach 6 Wochen abgeklungen sein.

Die neuromuskulären Nebenwirkungen laufen häufig in einer ganz bestimmten Reihenfolge ab. Anfangs registriert man lediglich sensorische Störungen und Parästhesien.

Unter fortgesetzter Behandlung treten dann neuritische Schmerzen und schließlich Störungen der Motorik auf. Eventuell auftretende Obstipation spricht gut auf die übliche Behandlung (Abführmittel, Einläufe) an. Die Obstipation kann in Form einer Verstopfung im oberen Kolon auftreten, so daß das Rektum bei digitaler Untersuchung leer sein kann. Eine routinemäßige Obstipationsprophylaxe von Beginn der Behandlung an hat sich gut bewährt.

Aufbewahrung. Vincristin muß im Kühlschrank gelagert werden. Nach Auflösung kann das Präparat noch 14 Tage lang ohne nennenswerten Wirkungsverlust im Kühlschrank aufbewahrt werden.

Handelsform: Vincristin (Lilly; Ampullen).

Proresid[1]. SP-G.

$C_{35}H_{34}O_{13}$ Formel C. 3 M.G. 662,62

Benzylidenverbindungen der gesamten Glucoside von Podophyllum emodi, wobei das Podophyllotoxin-β-D-benzyliden-glucosid (Formel) mit 70% den Hauptanteil stellt.

Gewinnung. Durch Extraktion der schonend getrockneten Wurzelstöcke von Podophyllum emodi konnte eine Fraktion vorwiegend glykosidischer Substanzen gewonnen werden. Durch Verteilungschromatographie der Rohglykoside zwischen Wasser und Essigester ließen sich zwei einheitliche Verbindungen isolieren, die sich als Podophyllotoxin-β-D-glucosid und 4'-Demethylpodophyllo-toxin-β-D-glucosid erwiesen. Diese beiden Glucoside wurden auch aus Podophyllum peltatum erhalten. Die amerikanische Spezies enthält zudem noch zwei weitere zuckerhaltige Stoffe: nämlich α-Peltatin-β-D-glucosid und β-Peltatin-β-D-glucosid [Renz, R., u. A. von Wartburg: Arzneimittel-Forsch. *11*, 327 (1961)].

Eigenschaften. Hell cremefarbenes Pulver von bitterem Geschmack, schmilzt nicht unter 150° (nach Vorheizen auf 100°). Lösl. in Ae. und M., reagiert neutral gegen Lackmuspapier.

Erkennung. Der Identitätsnachweis erfolgt durch dünnschichtchromatographische Auftrennung mit verschiedenen Fließmitteln, Anfärbung des Chromatogramms mit Schwefelsäure/Äthanol und anschließendem Erhitzen.

Gehaltsbestimmung. Gravimetrisch nach Trennung der Komponenten durch Säulenchromatographie oder kolorimetrisch nach Farbreaktionen mit den Reagentien von Keller-Kiliani oder Liebermann.

Anwendung. 1. Zur Metastasen- und Rezidivprophylaxe. 2. Zusätzliche Verabreichung von Zytostatica bei Bestrahlungen. 3. Zur Behandlung fortgeschrittener Carcinome, die operiert und ausbestrahlt sind, und bei denen die klassischen Methoden keine Erfolgschancen mehr bieten. 4. Zur Kombinationsbehandlung mit anderen Zytostatica.

---

[1] Siehe auch Proresid, SP-I, S. 761.

Dosierung. 1. Beginn der oralen Therapie mit kleinen Dosen von 4 Kapseln (bzw. viermal 7 Tr.) täglich. Steigerung der Dosis täglich um 1 Kapsel (bzw. 7 Tr.) bis zur Toleranzgrenze (Durchfall, Übelkeit), die bei einzelnen Patienten bereits nach 6 bis 8 Kapseln, bei anderen nach 15 und mehr Kapseln erreicht wird. Ist infolge von Nebenerscheinungen eine Reduzierung der Dosis notwendig, so sollte nach 2 bis 3 Wochen eine erneute Steigerung der Dosis versucht werden. 2. Lokale Anwendung (Frauen-, Hals-Nasen-Ohren-Heilkunde).

Applikation der SP-G-Tropflsg. mittels Gazestreifen und Tampons.

Handelsformen: Proresid (Sandoz, Kapseln, Tropfen).

Proresid[1]. SP-I. Podophyllinsäureäthylhydrazid.

$C_{24}H_{29}N_2O_8$ Formel C. 4 M.G. 473,49

Herstellung.

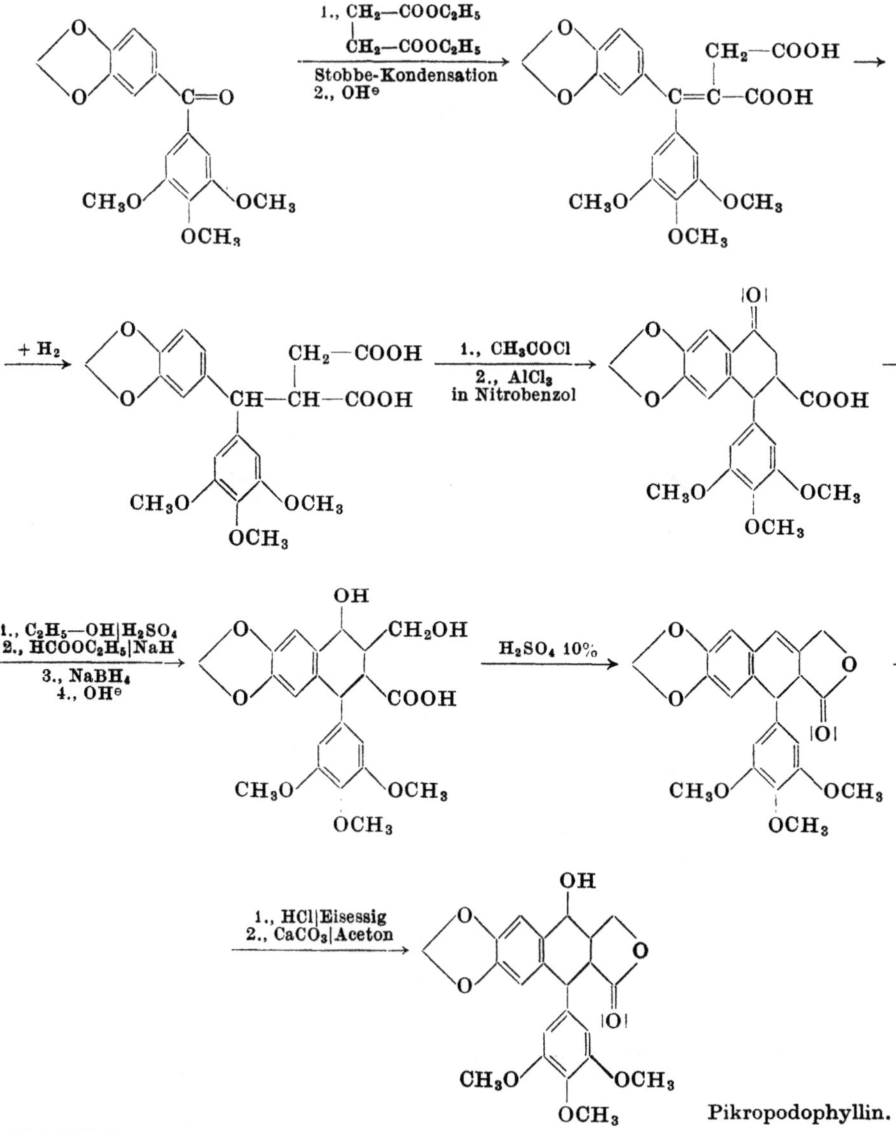

Pikropodophyllin.

[1] Siehe auch Proresid, SP-G, S. 760.

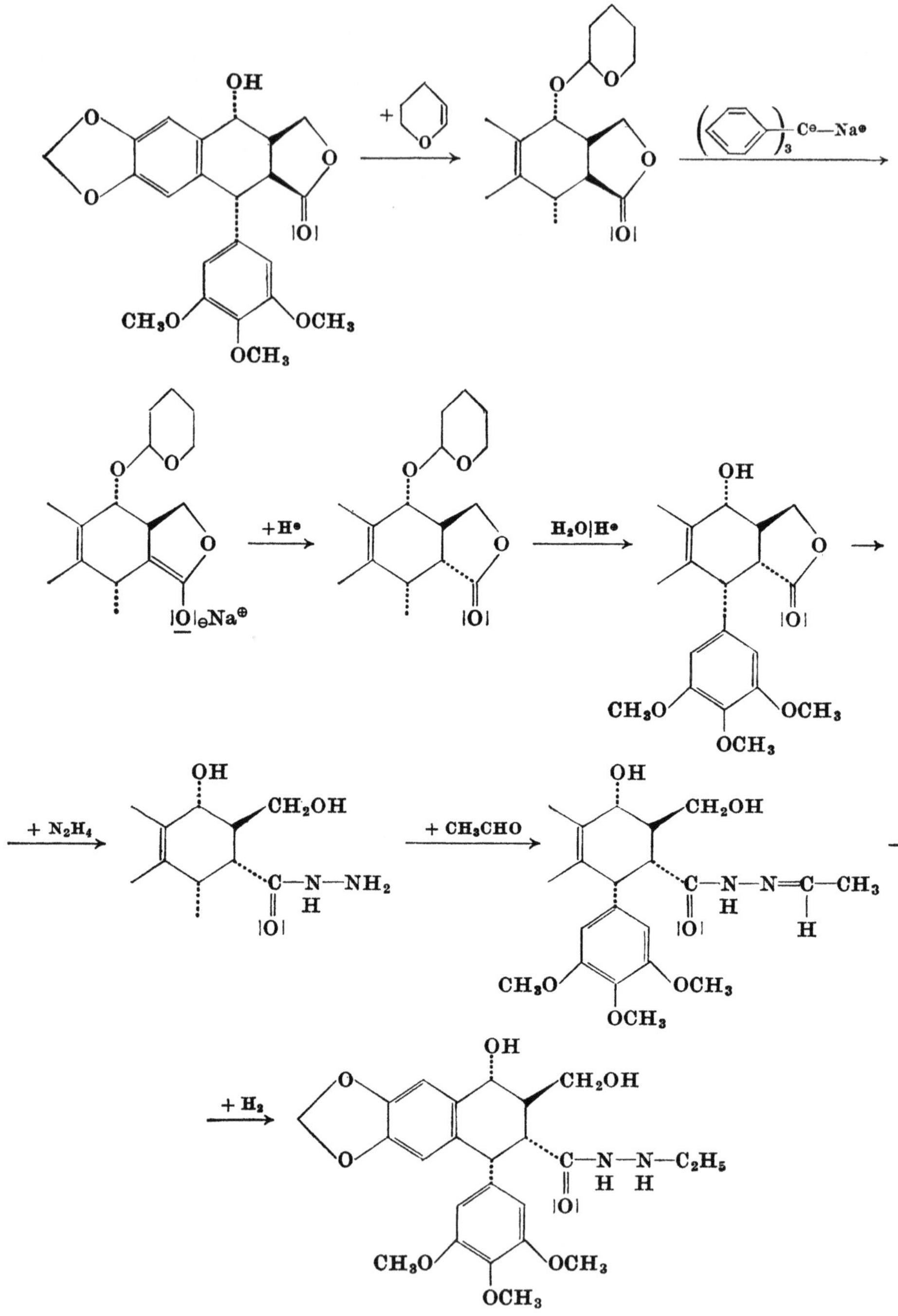

Eigenschaften. Weißes bis gelbliches, feinkristallines Pulver von bitterem Geschmack. Fp. nicht unter 115° (nach Vorheizen auf 100°). Leicht lösl. in A., lösl. in W. Reagiert neutral gegen Lackmus.

Erkennung. Durch Dünnschichtchromatographie mit verschiedenen Fließmitteln, Anfärbung des Chromatogramms mit Schwefelsäure-Alkohol sowie anschließendem Erhitzen.

Gehaltsbestimmung. Spektrophotometrisch im UV oder kolorimetrisch nach Farbreaktionen mit den Reagentien von KELLER-KILIANI oder LIEBERMANN.

Anwendung. 1. Zur Metastasen- und Rezidivprophylaxe. 2. Zusätzliche Verabreichung von Zytostatica bei Bestrahlungen. 3. Die Behandlung fortgeschrittener Carcinome, die operiert und ausbestrahlt sind, und bei denen die klassischen Methoden keine Erfolgschancen mehr bieten. 4. Kombinationsbehandlung mit anderen Zytostatica.

Absolute Gegenindikation ist die Schwangerschaft.

Dosierung. 1. Initialbehandlung. Täglich 2 bis 4 Amp. SP-I i.v. infundieren; (pro Amp. etwa 100 ml Lsg.; Infusionsdauer pro 100 ml etwa 1 Std.) oder 1 bis 2 Amp. SP-I in 20 bis 40 ml 5%iger Glucose- oder physiologischer Kochsalzlsg. verdünnt langsam intravenös injizieren. Die Verdünnung ist nur wenige Stunden haltbar. Bei guter Verträglichkeit kann die Dosis ohne weiteres gesteigert werden.

Dauertherapie. Nach einigen Wochen wird die Dosis schrittweise auf täglich 1 Amp. reduziert, evtl. 3- bis 4mal wöchentlich 1 bis 2 Amp. An den injektionsfreien Tagen ist SP-G oral zu geben.

Zur Metastasenprophylaxe empfiehlt es sich, 2 bis 3 Tage vor der Operation beginnend, täglich eine i.v. Infusion mit 2 Amp. SP-I oder mehr zu verabreichen und eine Infusion (2 bis 3 Amp. SP-I oder mehr) während und nach der Operation laufen zu lassen. Nach einigen Tagen, speziell bei Entlassung des Patienten, geht man auf die orale Erhaltungsbehandlung mit SP-G-Kapseln oder -Tropfen über.

Handelsform: Proresid (Sandoz, Ampullen).

D. Antibiotica mit zytostatischem Effekt

Dactinomycin. Actinomycin D.

$C_{62}H_{86}N_{12}O_{16}$ Formel D. 1 M.G. 1255,40

Gewinnung. Dactinomycin ist der Hauptbestandteil des Actinomycingemisches, das der Streptomyces parvullus bildet.

Eigenschaften. Kristallines, hygroskopisches, goldgelb gefärbtes Pulver. 1 mg löst sich in 1 ml W. von 37°. Elektrolyte vermögen die Löslichkeit in W. erheblich herabzusetzen. Die Löslichkeit der Substanz in anderen Lösungsmitteln bei 25° beträgt: in 95% Äthanol 128 mg/kg; in Propylenglykol 5 mg/ml; in Diäthyläther 0,6 mg/ml; in Methylenchlorid 10 mg/ml.

Lösungen von Dactinomycin sind im pH-Bereich 6 bis 7 relativ stabil; sie sollen vor direkter Lichteinwirkung geschützt werden; Alkali vermag Dactinomycin abzubauen.

Erkennung. Das UV-Spektrum einer methanolischen Lsg. zeigt Maxima bei 440 und 240 nm. $E^{1\%}_{1\,cm} = 200$ bei 440 nm, berechnet auf die getrocknete Substanz.

Gehaltsbestimmung (Sharp und Dohme GmbH). 15 mg der Substanz werden genau gewogen, in einen 100-ml-Meßkolben gegeben und dieser mit reinem M. aufgefüllt. Nach dem Umschütteln werden in einem geeigneten Spektrophotometer bei 240 und 440 nm die Extinktionen gegen reines M. gemessen. Die Berechnung erfolgt nach folgender Gleichung:

$$\% = \frac{a_{440} \cdot D \cdot 1000}{W \cdot (1 - 0{,}1 \cdot L) \cdot E}.$$

a_{440} = beobachtete Extinktion bei 440 nm,
D = Verdünnungsfaktor = 500,
W = Gewicht der Probe in mg,
L = Trocknungsverlust,
$E = E^{1\%}_{1\,cm}$, beträgt für Actinomycin bei 440 nm 202.

Anwendung. Zur stationären Behandlung von Patienten mit Wilms-Tumor, Rhabdomyosarkom und Carcinomen des Hodens und des Uterus (embryonale Tumoren, Teratome, Seminome, Chorionepitheliome) unter entsprechender Kontrolle. Alle anderen Anwendungsmöglichkeiten z.B. Ewing-Sarkom, osteogenes Sarkom, Lymphome, malignes Melanom, Sarcoma botryoides, Neuroblastom des Magen-Darm-Traktes, Mammacarcinom und Lungenkrebs werden zur Zeit noch experimentellen und klinischen Prüfungen unterzogen.

Dosierung. Toxische Reaktionen sind häufig und können schwerwiegend sein; dadurch muß man in vielen Fällen die applizierbare Menge des Zytostaticums einschränken. Der Schweregrad der toxischen Wirkungen schwankt jedoch deutlich und hängt nur zum Teil von der verabreichten Menge ab.

Toxische Symptome erscheinen gewöhnlich erst 2 bis 4 Tage nach Beendigung der Behandlung und erreichen manchmal erst nach Ablauf von 1 bis 2 Wochen ihren Höhepunkt. Übelkeit und Erbrechen treten jedoch schon einige Stunden nach der Applikation auf. Aus diesem Grund sollte man dieses Zytostaticum jeweils nur kurzfristig anwenden.

1. Intravenöse Verabreichung: Erwachsene: Die Normaldosis für Erwachsene beträgt 0,5 mg (500 γ) täglich intravenös, höchstens 5 Tage lang.

Kinder: Bei Kindern kann man täglich 0,015 mg (15 γ) pro kg Körpergewicht 5 Tage lang intravenös verabreichen. Ein anderer Dosierungsplan sieht eine Gesamtmenge von 2,4 mg (2400 γ) pro m^2 Körperoberfläche vor, die im Laufe 1 Woche intravenös gegeben wird.

Sowohl bei Erwachsenen als auch bei Kindern kann man nach Ablauf von wenigstens 2 Wochen das Medikament erneut applizieren, sofern alle toxischen Symptome abgeklungen sind.

2. Intraarterielle Verabreichung: Das zur intraarteriellen Infusion von Dactinomycin angewandte Dosierungsschema sowie die Technik selbst sind von Fall zu Fall verschieden. Im allgemeinen wird die folgende Dosierung als Richtwert vorgeschlagen.

Regionale intraarterielle Infusion

0,05 mg (50 γ) pro kg Körpergewicht für die untere Extremität oder den Beckenbereich.
0,035 mg (35 γ) pro kg Körpergewicht für die obere Extremität.

Bei adipösen Patienten und nach vorausgegangener Bestrahlung oder Chemotherapie sind niedrigere Dosen, gleichzeitige Therapie mit Dactinomycin und anderen Zytostatica ratsam. 10 mg Chlorambucil und 5 mg Methotrexat werden täglich über einen Zeitraum von 16 bis 25 Tagen peroral verabreicht. Am 3. Tag der Chlorambucil-Methotrexat-Behandlung beginnt man mit der intravenösen Verabreichung von täglich 0,5 mg Dactinomycin und gibt diese Menge an 5 aufeinanderfolgenden Tagen. Am 12. und 21. Tag beginnt man mit 2 weiteren fünftägigen Behandlungszyklen mit Dactinomycin.

Während der ersten beiden Wochen der Kombinationsbehandlung können Anzeichen für ein Fortschreiten der Erkrankung bestehen. Andererseits kann es bei fortgesetzter Verabreichung dieser Zytostatica nach Beendigung des 25tägigen Behandlungszyklus zu objektiver und subjektiver Besserung kommen.

Übelkeit und Erbrechen als Folge von Dactinomycin machen eine intermittierende Verabreichung des Mittels erforderlich. Da gelegentlich ein vollständiger Behandlungszyklus nicht vertragen wird, ist es außerordentlich wichtig, den Patienten bei der Anwendung einer derartigen multiplen Chemotherapie täglich auf toxische Nebenwirkungen hin zu beobachten. Treten im Verlaufe der Behandlung Stomatitis, Diarrhoe und eine starke Hemmung der Hämatopoese auf, so sollten die Medikamente abgesetzt werden, bis der Patient sich erholt hat.

Eine Erhaltungstherapie (bestehend aus einer 7tägigen Behandlung mit Chlorambucil/Methotrexat und einer 5tägigen Behandlung mit Dactinomycin vom 3. Tag an) wird insgesamt zweimal im Abstand von 2 Wochen durchgeführt, dann einmal im Monat, bis alle objektiven Anzeichen der Erkrankung verschwunden sind, danach alle 2 Monate einmal.

Vorsichtsmaßnahmen. Dactinomycin ist ein toxisches Arzneimittel und bedarf einer besonders sorgfältigen und regelmäßigen Überwachung des Patienten auf unerwünschte Wirkungen. Es empfiehlt sich außerdem, die Nieren-, Leber- und Knochenmarksfunktionen häufig zu überprüfen. Während der Schwangerschaft wird die Anwendung von Dactinomycin nicht empfohlen. Die toxischen Erscheinungen klingen im allgemeinen nach Absetzen der Medikation ab. Der besseren Übersicht wegen seien die möglichen toxischen Reaktionen bei der Therapie mit Dactinomycin in den folgenden Gruppen zusammengestellt:

1. Oral: Cheilitis, Stomatitis ulcerosa, Pharyngitis.

2. Gastrointestinal: Anorexie, Übelkeit, Erbrechen, Bauchschmerzen, Diarrhoe, Magen-Darm-Ulcera. Übelkeit und Erbrechen treten frühzeitig in den ersten Stunden nach Verabreichung auf; diese Wirkungen können durch Gaben von Antiemetica gemindert werden.

3. Hämatologisch: Anämie, Leukopenie, Thrombozytopenie, Retikulozytopenie. Um eine schwere Beeinträchtigung des hämatopoetischen Systems aufzudecken, sollten die Leukozyten täglich und die Thrombozyten alle 3 Tage gezählt werden. Sinkt einer der beiden Werte deutlich ab, so sollte man Dactinomycin nicht mehr verabreichen bis eine Normalisierung eingetreten ist.

4. Dermatologisch: Alopezie, Exantheme, Akne, Verstärkung des Erythems oder vermehrte Pigmentierung zuvor bestrahlter Hautabschnitte.

5. Weichteile: Dactinomycin ist außerordentlich ätzend. Gelangt die Substanz während der intravenosen Verabreichung in extravasale Abschnitte, so wird das Gewebe schwer geschädigt.

Handelsform: Lyovac-Cosmegen (Merck, Sharp and Dohme).

Actinomycin C. Cactinomycin. (Extra P. 67). Vgl. Bd. I, 1040.

Mischung aus Actinomycin C_2 (45%), Actinomycin C_3 (45%) sowie Actinomycin D (10%).

Herstellung. Aus Streptomyces chrysomallus, der auf einem Glycerin sowie Kaliumnitrat enthaltenen Nährboden kultiviert wird.

Eigenschaften. Orangerote Kristalle, mäßig lösl. in W., Chlf. und M.; nahezu unlösl. in A. und Ae., lösl. in Aceton und Methylenchlorid. Die Lsg. sollten unmittelbar vor Gebrauch hergestellt werden, sind jedoch einige Tage stabil, wenn diese unter sterilen Bedingungen im Dunkeln aufbewahrt werden; außerdem sollen die Lsg. nicht mit anderen Arzneimitteln gemischt werden außer mit Kochsalz (Extra P. 67).

Anwendung. Zur Behandlung von Morbus Hodgkin sowie Leukämie.

Dosierung. Dosen im Bereich von 25 bis 1000 μg sind gegeben worden, außerdem solche im Bereich von 5000 bis 45000 μg (Extra P. 67).
Nach den Angaben der Farbenfabriken Bayer AG soll es sich bei Sanamycin um Actinomycin C handeln. Die Actinomycine A, B und C stellen rote, kristallisierte Antibiotica dar. Actinomycin A wurde von Waksman und Woodruff [Proc. Soc. exp. Biol. (N. Y.) *45*, 609 (1940)] aus Streptomyces antibioticus isoliert. 1949 berichteten Dagliesh und Todd [Nature (Lond.) *164*, 830 (1949)] über ein Actinomycin B, das ebenfalls aus Actinomyceten gewonnen wurde und sich in seinen Eigenschaften nicht vom Actinomycin A unterscheidet. Es besitzt nach Johnson, Todd und Vining (J. chem. Soc. *1952*, S. 2672) die Summenformel $C_{61}H_{88}O_{16}H_{12}$ und liefert bei der Hydrolyse mit Bariumhydroxid das peptidfreie Chinon Actinomycinol B. Aus Streptomyces chrysomallus isolierten Brockmann und Mitarb. [Naturwissenschaften *36*, 376 (1949)] das Actinomycin C, das mit den Actinomycinen A und B nicht identisch ist und nach Säurehydrolyse 6 Aminosäuren ergibt. Actinomycin C ist als kristallisiertes, zytostatisch wirkendes Antibioticum in Deutschland in die Therapie eingeführt und wird bei Lymphogranulomatose (Morbus Hodgkin) empfohlen. Die antibiotische in vitro-Wirksamkeit beträgt bei Bacillus subtilis 0,01 μg/ml, bei Staphylokokken 0,05 μg/ml und bei Bact. coli 100 μg/ml. Die Toxizität beträgt bei der Maus 5 mg/kg intraperitoneal.

Azaserin. Diazoessigsäure-serinester.

$C_5H_7N_3O_4$ Formel D. 3 M.G. 173,13

Gewinnung. Ein Antibioticum aus Streptomyces fragilis.

Eigenschaften. Helle, gelbgrüne Nadeln vom Fp. 157°; sehr leicht lösl. in W., nur sehr schlecht lösl. in kaltem, wasserfreiem M., wasserfreiem A. sowie Aceton, lösl. in warmen wäßrigen Gemischen dieser Lösungsmittel.

Erkennung. Das IR-Spektrum enthält bei 4,66 μ die für die —N=N-Gruppierung charakteristische Absorptionsbande, im UV-Spektrum ist eine solche bei 250,5 nm (pH = 7) vorhanden.

Anwendung. Zur Behandlung von Morbus Hodgkin, Lymphatischer Leukämie, Carcinomen und Sarkomen.

Dosierung. 8 bis 10 mg/kg Körpergewicht per os oder i.v.

Nebenerscheinungen. Zungenbrennen, Stomatitis ulcerosa, Übelkeit, Erbrechen, Leberparenchymschäden.

Handelsform: Azaserin (Parke-Davis).

DON. 6-Diaza-5-oxo-L-norleucin.

$C_6H_9N_3O_3$ Formel D. 4 M.G. 171,15

Gewinnung. Aus verschiedenen Streptomycesarten.

Eigenschaften. Helle, gelbgrüne Kristalle vom Fp. 145 bis 155°. Die Substanz ist leicht lösl. in W. und wäßrigen Lsg. M., A. und Aceton, jedoch nur schlecht lösl. in absolutem A. DON ist sehr empfindlich gegen Hitze und gegen pH-Wertänderungen. Das trockene Pulver zersetzt sich innerhalb weniger Wochen, wenn es der Lichteinwirkung bei Raumtemperatur ausgesetzt wird.

Erkennung. In einer phosphatgepufferten Lsg. vom pH = 7 sind im UV-Spektrum bei 274 nm $\left(E_{1\,cm}^{1\%} = 683\right)$ und bei 244 nm $\left(E_{1\,cm}^{1\%} = 376\right)$ charakteristische Absorptionsbanden vorhanden.

Anwendung. Zur Behandlung von Lymphosarkom, Morbus Hodgkin und anderen malignen Geschwülsten.

Dosierung. Oral 0,2 bis 1,0 mg/kg Körpergewicht täglich.

Nebenerscheinungen. Stomatitis ulcerosa, Diarrhoen, Übelkeit, Erbrechen, gastrointestinale Blutungen.

Aufbewahrung. Trocken, vor Licht geschützt in dunklen Flaschen aufzubewahren.

Das Präparat DON (Parke-Davis) befindet sich noch in klinischer Erprobung.

E. Andere Präparate[1]

Busulphan BP 63, USP XVII. Busulfan (INN). Butandiol-1,4-bis-methansulfonat. 1,4-Butandiol-bis-methansulfonsäure-ester. 1,4-Bis-(methansulfonoxy)-butan.

$C_6H_{14}O_6S_2$ Formel E. 1 M.G. 246,30

Gehalt. Busulfan enthält nicht weniger als 98,5% $C_6H_{14}O_6S_2$, bezogen auf die bei 60° und 5 Torr getrocknete Substanz.

Herstellung. Die Verbindung wird durch Veresterung von 1,4-Butandiol mit Methylsulfonylchlorid in Gegenwart von Pyridin gewonnen.

Eigenschaften. Sehr giftiges, weißes, kristallines, im allgemeinen geruchloses Pulver; Fp. 115 bis 118°. Bei 20° ist 1 T. in 750 T. W. und 25 T. Aceton lösl.

Erkennung und Prüfung. 1. 0,1 g Substanz werden mit 0,1 g Kaliumnitrat sowie 0,25 g Kaliumhydroxid geschmolzen, abkühlen gelassen und der Rückstand in W. gelöst. Nach dem Ansäuern mit verd. Salzsäure und Zugabe von einigen Tropfen Bariumchloridlsg. muß ein weißer Nd. ausfallen. – 2. Eine Lsg. von 0,1 g Substanz in 15 ml W. und 1 ml Natriumhydroxidlsg. wird kurze Zeit erhitzt; es tritt ein intensiver pyridinähnlicher Geruch auf. Anschließend wird die Lsg. abgekühlt. Zur Hälfte dieser Lsg. wird 1 Tr. Kaliumpermanganatlsg. zugegeben; die purpurne Farbe wechselt nach Violett, Blau und schließlich nach Grün. Der Rest wird mit verd. Schwefelsäure angesäuert, und 1 Tr. Kaliumpermanganatlsg. zugegeben; die Farbe des Kaliumpermanganats ändert sich nicht (BP 63). – 3. Wird die Substanz bei 60° und 5 Torr getrocknet, so darf sie nicht mehr als 2% ihres Gewichtes verlieren.

Gehaltsbestimmung. Eine Lsg. von 0,25 g Substanz in 25 ml W. wird unter Rückfluß 30 Min. lang erhitzt. Nach Durchspülen des Rückflußkühlers mit einer kleinen Menge W. und Abkühlen der Lsg. wird mit 0,1 n Natriumhydroxidlsg. gegen Phenolphthalein als Indikator titriert. 1 ml 0,1 n NaOH entspr. 0,01232 g $C_6H_{14}O_6S_2$.

Anwendung. Zur Behandlung von chronischer myeloischer Leukämie.

Dosierung. 0,5 bis 2 mg täglich, in Ausnahmefällen 2 bis 10 mg täglich (Simes, Mailand) verteilt auf 24 Std.

Aufbewahrung. Gut verschlossen und vor Licht geschützt aufzubewahren.

Handelsformen: Miclucin (Simes), Myleran (Burroughs Wellcome), Sulfabutin (Sanabo).

Thiodiglykol. Bis-(2-hydroxyäthyl)-sulfid.

$C_4H_{10}O_2S$ Formel E. 2 M.G. 122,19

Handelsform: Tedegyl (Labaz).

Diphenyl-thiocarbazon. Diphenyl-thiocarbazone.

$C_{13}H_{13}N_4S$ Formel E. 3 M.G. 256,32

[1] Siehe auch Hormone, S. 165ff.

Anwendung. Intravenöse Infusion in Dosen von 160 mg zur Behandlung von Prostatacarcinomen [MEI-CHIAU LO: Canad. med. Ass. J. *80*, 1203 (1960)].

Handelsform: Dithizon (Fischers, Scientific).

Urethanum DAB 7 – BRD, DAB 7 – DDR, ÖAB 9, BP 63, BPC 63, (INN). Aethylurethan. Carbaminsäureäthylester.

$C_3H_7NO_2$ Formel E. 4 M.G. 89,10

Gehalt. Nicht weniger als 89,0%.

Herstellung. $H_2N—CO—NH_2 + C_2H_5OH \rightarrow H_2N—COOC_2H_5 + NH_3$.

Eigenschaften. Farblose, prismatische Kristalle oder Plättchen, die geruchlos sind oder nur einen schwachen Geruch haben; würziger, salzig kühlender und schwach bitterer Geschmack. Lösl. in etwa 1 T. W. oder A., in etwa 1,5 T. Ae. oder Chlf. oder in etwa 3 T. Glycerin. Es ist mäßig lösl. in fetten Ölen. Fp. 48 bis 50° nach längerem Trocknen über Phosphorpentoxid.

Erkennung. 1. Durch Erhitzen mit Kaliumhydroxidlsg. entwickelt sich Ammoniak. – 2. Schwaches Erhitzen mit Schwefelsäure bewirkt die Entstehung von Kohlendioxid. – 3. 0,5 g Substanz werden in 5 ml W. gelöst, 1 g Natriumcarbonat sowie 10 mg Jod hinzugefügt und das Gemisch erwärmt. Es bilden sich gelbe Kristalle von Jodoform beim Abkühlen. – 4. Eine Lsg. von 1 Teil Äthylurethan in 9 T. W. muß klar und farblos sein.

Prüfung (ÖAB 9). 1. Freie Säure. Eine Mischung von 5 ml der Lsg. (1 + 9) und 5 ml W. muß sich nach Zusatz von 2 Tr. Phenolphthaleinlsg. und 0,20 ml 0,1 n Natriumhydroxidlsg. rot färben. – 2. Chlorid. In einer Mischung von 5 ml der Lsg. (1 + 9) und 5 ml W. darf Chlorid in unzulässiger Menge nicht nachweisbar sein. – 3. Nitrat. In einer Mischung von 2 ml der Lsg. (1 + 9) und 1 ml verd. Salzsäure wird etwa 0,1 g Eisen(II)-sulfat gelöst. Unterschichtet man die Lsg. mit konz. Schwefelsäure, so darf sich zwischen den beiden Flüssigkeiten keine gefärbte Zone bilden. – 4. Ammonium. Eine Mischung von 5 ml der Lsg. (1 + 9) und 5 ml W. darf sich auf Zusatz von 2 Tr. Nesslers Reagens innerhalb von 5 Min. nicht verändern. – 5. Schwermetalle. In der Lsg. (1 + 9) dürfen Schwermetalle in unzulässiger Menge nicht nachweisbar sein. – 6. Harnstoff. Eine Lsg. von 2 g Äthylurethan in 2 ml W. darf auf Zusatz von 2 ml konz. Salpetersäure nicht getrübt werden.

Gehaltsbestimmung (ÖAB 9). 0,1782 g Äthylurethan werden in einem Kjeldahl-Kolben 2 Std. lang mit 5 ml konz. Schwefelsäure zum gelinden Sieden erhitzt. Nach dem Abkühlen verdünnt man mit 20 ml W. und bestimmt in der erhaltenen Lsg. den Ammoniakgehalt nach dem Verfahren zur Bestimmung flüchtiger Basen nach KJELDAHL.

Für die angegebene Einwaage muß sich ein Verbrauch an 0,1 n Schwefelsäure von 19,90 bis 20,10 ml ergeben, entsprechend 99,5 bis 100,5% des theoretischen Wertes.

1 ml 0,1 n Schwefelsäure entspr. 8,910 mg $C_3H_7O_2N$. 1 g Äthylurethan entspr. 112,2 ml 0,1 n Schwefelsäure.

Anwendung. Zur Behandlung von chronischer, myeloischer Leukämie sowie multiplen Myelomen.

Dosierung. 0,5 bis 3 g täglich. Einzelmaximaldosis; oral 0,3 g. Tagesmaximaldosis; oral 6,0 g.

Aufbewahrung. Vorsichtig aufzubewahren.

Handelsformen: Urethan-Tabletten (U.S.N.F.); Urethan-Elixier (Jud.N.F.).

Natulan (Roche). 1-Methyl-2-p-(isopropylcarbamoyl)-benzylhydrazin-hydrochlorid.

$C_{12}H_{20}ClN_3O$ Formel E. 5 M.G. 257,76

Erkennung. In einem Reagensglas suspendiert man 0,5 g des Kapselpulvers in 3 ml W., schüttelt gut und filtriert. 1. 0,5 ml des Filtrats mischt man mit 0,5 ml 1%iger Kupfersulfatlsg. und fügt 2 Tr. 10%ige Natronlauge zu. Es entsteht ein grüner Niederschlag, der sich nach einiger Zeit gelb und dann orange färbt. – 2. 0,5 ml einer 1%igen Kupfersulfatlsg. werden mit 0,5 ml 2 n Ammoniaklsg. versetzt. Zu dieser Lsg. gibt man 1 bis 2 ml des Filtrats. Die intensive Blaufärbung verschwindet und die klare Lsg. wird nach kurzem Stehen fast farblos.

Gehaltsbestimmung. Den Inhalt von 6 Kapseln wiegt man genau in ein Becherglas ein, fügt 50 ml Eisessig zu und rührt während 10 Min. gut um. Nach Zugabe von 6 ml 6%iger Quecksilber(II)-acetatlsg. titriert man sofort potentiometrisch mit 0,1 n $HClO_4$ in Eisessig unter Verwendung einer kombinierten Glaselektrode. 1 ml 0,1 n $HClO_4$ entspr. 25,87 mg $C_{12}H_{20}ClN_3O$.

Anwendung. Zur Behandlung von Lymphogranulomatose (Morbus Hodgkin) sowie bei einigen anderen malignen Neoplasien (maligne Retikulose, Retikulosarkom, Morbus Brill-Symmers, Polycythaemia vera rubra).

Dosierung. Auf Grund von Erfahrungen ist es angezeigt, mit kleinen Dosen zu beginnen und diese dann schrittweise zu steigern, bis Tageshöchstdosen von 250 oder 300 mg erreicht sind. Schema für Initialbehandlung: 1. Tag 50 mg; 2. Tag 100 mg; 3. Tag 150 mg; 4. Tag 200 mg; 5. Tag 250 mg; 6. Tag 250 bis 300 mg; folgende Tage 250 bis 300 mg.

Die Behandlung sollte mindestens solange fortgesetzt werden, bis eine Gesamtdosis von 6 g appliziert worden ist. Während der Therapie mit Natulan sind häufige Blutbildkontrollen angezeigt; beim Auftreten von Hautreaktionen sollte die Behandlung sofort abgebrochen werden. Die Wirkung von Barbituraten, Phenothiazinderivaten und Präparaten vom Imipramintyp wird bei gleichzeitiger Behandlung mit Natulan verstärkt. Wegen einer möglicherweise auftretenden Alkoholintoleranz ist unter der Therapie mit Natulan Abstinenz geboten.

Kontraindikationen. Bereits bestehende stärkere Leuko- und Thrombopenien irgendwelcher Genese; bei schweren Leber- und Nierenschäden, sowie bei Schwangerschaft.

Handelsformen: Kapseln 50 und 250 mg.

Diäthylstilboestrol DAB 7 – BRD, (INN). Diaethylstilboestrolum DAB 7 – DDR. α,α'-Diaethyl-4,4'-dihydroxystilben. Diaethyl-dioxystilben. 4,4'-Dioxy-α,α'-diaethylstilben. Trans-3,4-Di-(p-oxyphenyl)-3-hexen. Stilboestrol. Diaethylstilboestrol als Tetranatrium-diphosphat DAB 7 – DDR.

$C_{16}H_{18}O_8P_2Na_4$ Formel E. 6-a M.G. 492,22

Eigenschaften, Erkennung, Prüfung und *Gehaltsbestimmung* s. Hormone, S. 165ff.

Anwendung. Es dient zur Behandlung von Prostata-carcinomen.

Wirkungsweise. Diäthylstilboestrol ist in hoher Dosierung ein starkes Zytostaticum. Die gut lösl., in hoher Dosierung intravenös anwendbare phosphorylierte Verbindung (Honvan) stellt die Transportform dieser Substanz dar. Die hohe Aktivität der sauren Phosphatase sowohl im Primärtumor als auch in Metastasen beim Prostatakrebs führt zur Phosphatabspaltung und damit zur Umwandlung von Honvan in das schwer lösl. zytostatisch wirksame Diäthylstilboestrol, das als Wirkform in den Tumorzellen selbst angereichert wird. Hierdurch wird eine gezielte intensive, organspezifische Chemotherapie beim Prostatakrebs möglich.

Die Anwendung des Stilbens in der phosphorylierten pharmakologisch indifferenten Transportform ermöglicht eine intensive Behandlung mit sehr hohen Dosen. Unerwünschte oestrogene Nebenwirkungen (Gynäkomastie) werden hierbei nur selten und im geringen Ausmaß beobachtet (Asta-Werke AG).

Dosierung. Es ist zu unterscheiden zwischen der Anfangs- und der Dauerbehandlung. 1. Anfangsbehandlung. Diese ist intensiv mit täglichen Injektionen durchzuführen. 5 bis 10 Tage 10 ml (= 2 Amp.), anschließend 10 bis 20 Tage täglich 5 ml (= 1 Amp.).

Unter Umständen muß die Behandlung mit täglichen Injektionen länger fortgesetzt werden.

Wenn tägliche Injektionen von Honvan nicht möglich sind, – besonders in den Anfangsstadien der Erkrankung – oder wenn eine längere Behandlung noch nicht vorangegangen war, kann die Anfangsbehandlung auch oral bei einer Dosis von 3mal täglich 3 bis 4 Tabletten erfolgen. – 2. Dauerbehandlung. Im Anschluß an die intensive Anfangsbehandlung kann nach eintretender klinischer und biochemischer Besserung die Dosis herabgesetzt werden. Hierzu empfiehlt sich eine regelmäßig durchgeführte Therapie mit Honvantabletten, zunächst mit 3mal 1 bis 2 Tabletten täglich, später mit 1 bis 2 Tabletten täglich.

Handelsform: Honvan (= Diäthylstilböstrol-diphosphat) (Asta-Werke AG).

Diäthylstilboestroldipropionat DAB 7 – BRD, (INN). Diaethylstilboestrolum dipropionicum DAB 7 – BRD, DAB 7 – DDR, Ross. 9, Dan. IX. Diaethylstilboestroldipropionat. 4,4'-(Dipropionoxy)-α,α'-diaethylstilben.

$C_{24}H_{28}O_4$ Formel E. 6-b M.G. 380,46

Herstellung.

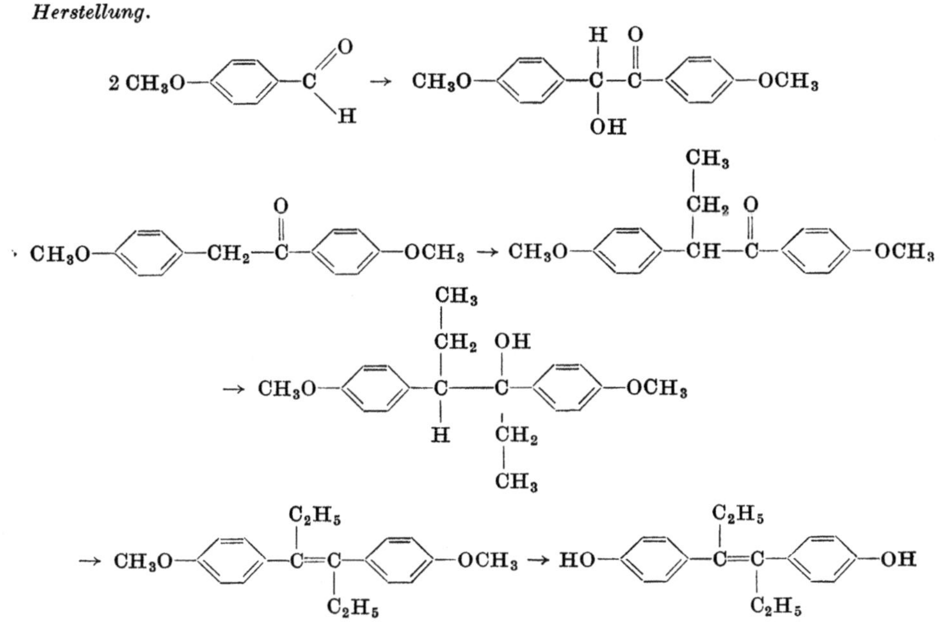

Eigenschaften. Farblose Kristalle oder weißes, kristallines Pulver vom Fp. 104 bis 108° (DAB 7 – BRD). Praktisch unlösl. in W., lösl. in A., fetten Ölen, leicht lösl. in Ae. und Chlf.

Prüfung und *Gehaltsbestimmung* s. Hormone, S. 165 ff.

Anwendung. Prostata-Carcinom und Prostata-Hypertrophie.

Dosierung (DAB 7 – DDR). Einzelmaximaldosis oral 0,001 g, i. m. 0,0005 g. Tagesmaximaldosis oral 0,005 g, i. m. 0,0005 g.

Aufbewahrung. Vor Licht geschützt und gut verschlossen aufzubewahren.

Handelsformen: Cyren „B“ (Bayer), Mulicrin (Schaub, Delmenhorst), Oestro-Gynaedron (Artesan).

Batch number: 10105414

Printed by Printforce, the Netherlands